DAS GROSSE DUDEN-SCHÜLERLEXIKON

Duden für den Schüler

1. Rechtschreibung und Wortkunde
Vom 4. Schuljahr an

2. Bedeutungswörterbuch
Bedeutung und Gebrauch der Wörter

3. Grammatik
Eine Sprachlehre mit Übungen und Lösungen

4. Fremdwörterbuch
Herkunft und Bedeutung der Fremdwörter

5. Die richtige Wortwahl
Ein vergleichendes Wörterbuch sinnverwandter Ausdrücke

6. Die Mathematik I
Bis 10. Schuljahr

7. Die Mathematik II
11. bis 13. Schuljahr

8. Die Physik
Ein Lexikon der gesamten Schulphysik

9. Die Chemie
Ein Lexikon der gesamten Schulchemie

10. Die Biologie
Ein Lexikon der gesamten Schulbiologie

11. Die Geographie
Ein Lexikon der gesamten Schul-Erdkunde

12. Die Musik
Ein Sachlexikon der Musik

13. Politik und Gesellschaft
Ein Lexikon zur politischen Bildung

14. Die Religionen
Ein Lexikon aller Religionen der Welt

15. Das große Duden-Schülerlexikon

DAS GROSSE DUDEN-SCHÜLERLEXIKON

Herausgegeben und bearbeitet
von der Lexikonredaktion
des Bibliographischen Instituts
unter der Leitung von
Gisela Preuß

3., neu bearbeitete Auflage

Bibliographisches Institut Mannheim/Wien/Zürich
Meyers Lexikonverlag

Redaktionelle Bearbeitung:
Ursula Hehlgans, Hans-Heinrich Müller, Mathias Münter,
Lothar Picht, Birgit Staude, Klaus Thome,
Dr. Hans-Werner Wittenberg

Beratende Mitarbeiter der ersten Auflage:
Prof. Dr. G. Frank, Heidelberg – Prof. W. Riethmüller, Heidelberg –
Prof. Dr. H. Schorer (†), Bonn

Verantwortlich für die weiterführende
Literatur:
Gisela Günther, Marianne Schwegler-Hübner

CIP-Kurztitelaufnahme der Deutschen Bibliothek

Das große Duden-Schülerlexikon / hrsg. u. bearb. von d. Lexikonred. d. Bibliograph. Inst. unter d. Leitung von Gisela Preuss. – 3., neu bearb. Aufl. – Mannheim, Wien, Zürich : Bibliographisches Institut, 1979.
1. u. 2. Aufl. u.d.T.: Duden-Schülerlexikon.
ISBN 3-411-01773-2
NE: Preuss, Gisela [Hrsg.]

Das Wort »Duden« ist für
Bücher aller Art für das Bibliographische Institut
als Warenzeichen geschützt

Alle Rechte vorbehalten
Nachdruck, auch auszugsweise, verboten
© Bibliographisches Institut AG, Mannheim 1979
Satz: Bibliographisches Institut, Mannheim
und Zechnersche Buchdruckerei, Speyer (Monophoto-System 600)
Druck und Einband: Klambt-Druck GmbH, Speyer
Printed in Germany
ISBN 3-411-01773-2

Vorwort zur 3. Auflage

Seit 130 Jahren erscheinen in unserem Hause Lexika. Ihr Umfang reicht von einbändigen Werken bis zu einem Lexikon von 52 Bänden. Lange Zeit waren diese Lexika nur für Erwachsene bestimmt, bis wir uns mit dem Kinderduden (1959), dann mit Meyers Kinderlexikon (1960) erstmals an jüngere Benutzer wandten. 1969 ließen wir dieses Duden-Schülerlexikon folgen, das nun in einer dritten, farbig bebilderten Auflage in größerem Format vorliegt.

Wie bei allen unseren Lexika war es auch bei diesem Werk unser Ziel, den Benutzern möglichst viele Informationen anzubieten. Die vielen Wissensgebiete und Themen, die wir einbezogen haben, haben eine strenge Wortauswahl nötig gemacht, die sich sowohl am Lehrstoff der Schulen als auch an den Interessen und Problemen der Jugendlichen, die außerhalb des Schulbereichs liegen, orientierte.

Die meist farbige Bebilderung erleichtert in vielen Fällen das Verständnis komplizierter Zusammenhänge oder gibt zusätzliche Informationen. Im Anhang haben wir unter relativ umfassenden Stichwörtern die Titel von etwa 1000 Büchern zusammengestellt, die weiterhelfen können, wenn das Lexikon dem Benutzer nicht ausführlich genug erscheint.

Kritische Hinweise und Anregungen zur weiteren Verbesserung unseres Duden-Schülerlexikons werden wir auch weiterhin dankbar begrüßen.

Bibliographisches Institut

Anleitung zur Benutzung des Buches

1. Stichwort

Die Stichwörter sind halbfett gedruckt und alphabetisch angeordnet. Die Rechtschreibung entspricht der Schreibung im Duden (Der große Duden, Band 1: Rechtschreibung). Die Umlaute ä, ö, ü werden wie a, o, u alphabetisiert. Wörter, die man unter C vermißt, suche man bei K, Tsch oder Z. Abweichende Schreibungen von Namen sind in runden Klammern beigefügt, z. B.: Jerewan (Eriwan), bei nichtdeutschen Ortsnamen auch der Name in der entsprechenden Sprache, z. B.: Mailand (ital. Milano). Weiter haben wir häufig Synonyme (gleichbedeutende Wörter) in runde Klammern hinter das Stichwort gestellt, z. B.: Mumps (Ziegenpeter).

Bei Hauptwörtern wird das Geschlecht angegeben: *m* (männlich), *w* (weiblich), *s* (sächlich). Bei Wörtern, die nur in der Mehrzahl vorkommen, steht *Mz.* (z. B.: Ardennen *Mz.*). Noch ein besonderer Fall soll genannt werden: Steht ein Hauptwort, von dem es Einzahl und Mehrzahl gibt, als Stichwort in der Mehrzahl, so wird das durch die nachgestellten Abkürzungen deutlich (z. B.: Schmetterlinge *m*, *Mz.*).

Wird das Stichwort im gleichen Artikel in ungebeugter Form verwendet, dann wird nur der Anfangsbuchstabe geschrieben; in dem Artikel **Maas** steht z. B.: Die M. ist 925 km lang.

Bei Stichwörtern mit mehreren verschiedenen Bedeutungen werden die Erklärungen aneinandergereiht und mit Ziffern versehen: 1)...; 2)...; 3)... Wichtige Wörter innerhalb eines Artikels sind durch Schrägschrift (z. B.: *Ringelnatter*) hervorgehoben.

2. Betonung und Aussprache

Betonung oder Aussprache der Stichwörter werden bei Personennamen, geographischen Namen und Fremdwörtern angegeben. Ein Punkt unter einem Selbstlaut bedeutet Kürze (z. B.: Sẹpsis), ein waagrechter Strich Länge des betonten Selbstlauts (z. B.: Sērum). Wenn die Aussprache angegeben ist, steht das Betonungszeichen bei der Lautschrift (der Hauptakzent ist häufig durch ein ′ über dem betreffenden Selbstlaut gekennzeichnet, z. B. *áldschir*). Die Lautschrift verwendet das lateinische Alphabet; folgende Zeichen kommen hinzu:

å ist das dem *o* genäherte a, z. B.: Washington [*u̯åschingtᵉn*]
ch ist der am Vordergaumen erzeugte Ich-Laut
c͟h ist der am Hintergaumen erzeugte Ach-Laut, z. B.: Junta [*c͟hunta*]
ᵉ ist das schwache *e*, z. B.: Manege [*manēschᵉ*]
ⁱ ist das nur angedeutete *i*, z. B.: Make-up [*mеⁱkap*]
ng ist das am Hintergaumen erzeugte *n*, z. B.: Balance [*balangß*]
ʳ ist das nur angedeutete *r*, z. B.: Birmingham [*böʳmingᵉm*]
s ist das stimmhafte (weiche) *s*, z. B.: Design [*disain*]
ß ist das stimmlose (harte) *s*, z. B.: Dessin [*deßäng*]
sch ist das stimmhafte (weiche) *sch*, z. B.: Genie [*sch̶e...*]
th ist der mit der Zungenspitze hinter den oberen Vorderzähnen erzeugte stimmlose Reibelaut, z. B.: Commonwealth [*kọmᵉnᵘelth*]
dh ist der mit der Zungenspitze hinter den oberen Vorderzähnen erzeugte stimmhafte Reibelaut, z. B.: Rutherford [*radhᵉrfᵉrd*]
ᵘ ist das nur angedeutete *u*, z. B.: Paraguay [*...gᵘai*]

Die Lautschrift steht in eckigen Klammern [ ].

3. Herkunft der Wörter

Zu vielen Stichwörtern werden in diesem Buch auch Angaben über die sprachliche Herkunft des Wortes gemacht; sie stehen ebenfalls in der eckigen Klammer, im allgemeinen in abgekürzter Form. Bei zusammengesetzten Wörtern wird die Herkunftsangabe für jeden Teil gegeben, zwischen den Herkunftsangaben steht dann ein Semikolon. Sofern nicht nur die Endsilbe -isch abgekürzt worden ist (z. B.: engl., rumän. für englisch, rumänisch), haben wir die Abkürzungen benutzt, die in dem folgenden Verzeichnis zusammengestellt sind:

ags.	angelsächsisch
afrik.	afrikanisch
ahd.	althochdeutsch
amer.	amerikanisch
aram.	aramäisch
argent.	argentinisch
brasil.	brasilianisch
chin.	chinesisch
dt.	deutsch
frz.	französisch
gr.	griechisch
hebr.	hebräisch
isl	isländisch
ital.	italienisch
jap.	japanisch
Kurzw.	Kurzwort
Kw.	Kunstwort
lat.	lateinisch
mex.	mexikanisch
mhd.	mittelhochdeutsch
mlat.	mittellateinisch
niederdt.	niederdeutsch
niederl.	niederländisch
nlat.	neulateinisch
östr.	österreichisch
portug.	portugiesisch
sanskr.	sanskritisch
singhal.	singhalesisch
skand.	skandinavisch

4. Verweise

Der Verweispfeil (↑) steht bevorzugt vor solchen Wörtern oder auch Namen, die nachgelesen werden sollten, weil dort eine ergänzende Auskunft zum beschriebenen Sachverhalt gegeben wird. Mit Verweisen wurde sparsam umgegangen, da durch viele Verweispfeile die Lesbarkeit des Textes beeinträchtigt worden wäre. Es steht also nicht vor jedem ungeläufigen Wort ein Verweispfeil. Es wurde jedoch darauf geachtet, möglichst alle Wörter, die dem Benutzer unbekannt sein könnten, aufzunehmen.

Bei zusammengesetzten Wörtern empfiehlt es sich, gegebenenfalls auch beim Grundwort oder Bestimmungswort nachzuschlagen, da die Erläuterung dort oft ausreichend ist, z. B.: Dogenpalast (nachsehen bei Doge) oder Stoffwechselprodukt (nachsehen bei Stoffwechsel).

5. Weiterführende Literatur

Etwa 1000 Titel Sachliteratur, die für die Benutzer des Lexikons nach sachkundiger Meinung geeignet sind, sind auf Seite 695 ff. zu finden. Die in diesem Literaturverzeichnis verwendeten Abkürzungen sind auf S. 695 (oben) verzeichnet.

6. Abkürzungen im Text

Abb.	Abbildung
Bez.	Bezeichnung
bzw.	beziehungsweise
DDR	Deutsche Demokratische Republik
dgl.	dergleichen, desgleichen
d. h.	das heißt
E	Einwohner
ebd.	ebendort
f.	folgende Seite
ff.	folgende Seiten
Forts.	Fortsetzung
Jh.	Jahrhundert
m	männlich
Mill.	Million, Millionen
Mz.	Mehrzahl
n. Chr.	nach Christi Geburt
s	sächlich
St.	Sankt
u.	und
u. a.	und anderes; unter anderem
u. ä.	und ähnliches
ü. d. M.	über dem Meeresspiegel
u. d. M.	unter dem Meeresspiegel
UdSSR	Union der Sozialistischen Sowjetrepubliken
USA	Vereinigte Staaten von Amerika
usw.	und so weiter
v. a.	vor allem
VR	Volksrepublik
v. Chr.	vor Christi Geburt
w	weiblich
ⓦ	Warenzeichen
z. B.	zum Beispiel
z. T.	zum Teil

7. Zeichen

*	geboren
†	gestorben
↑	siehe
=	gleich
≈	entspricht
>	größer als
<	kleiner als
≧	größer oder gleich
≦	kleiner oder gleich

Bildquellenverzeichnis

Alpine Luftbild & Co, Innsbruck; E. Andres, Hamburg; T. Angermayer, München; Animal Photography Ltd. S. A. Thompson, London; J. Apel, Hamburg; Archiv für Kunst und Geschichte, Berlin (West); ARDEA, London; The Associated Press, Frankfurt am Main; Australische Botschaft, Bonn; G. und E. Barker, Berlin (West); E. Baumann, Ludwigsburg; Bavaria-Verlag Bildagentur, Gauting; H. Bechtel, Düsseldorf; Dr. G. Bergdolt, Mannheim; H. Bielfeld, Hamburg; Bildarchiv Foto Marburg, Marburg; Bildarchiv für Medizin München; Bildarchiv Preußischer Kulturbesitz, Berlin (West); Biologische Bundesanstalt für Land- und Forstwirtschaft, Dossenheim; Dr. P. Bracht, Reisach; Prof. Dr. H. Bremer, Köln; F. Bruckmann, München; A. Buhtz, Heidelberg; Bundesministerium der Verteidigung, Bonn; Prof. O. Bustamante, New York; Camera Press, London; Central Office of Information, London; Cinema International Corporation, Frankfurt am Main; Dr. J. Demek, Brünn, ČSSR; Deutsche Bundesbahn, Filmstelle, Minden; Deutsche Luftbild, Hamburg; Deutsche Lufthansa, Köln; Deutsches Institut für Filmkunde, Wiesbaden; Deutsches Museum, München; Deutsches Zweiradmuseum, Neckarsulm; H. Dossenbach, Oberschlatt, Schweiz; dpa Bildarchiv, Frankfurt am Main und Stuttgart; Dr. K. Drumm, Tübingen; A. Egner, München; Dr. H. Eichler, Heidelberg; Prof. Dr. T. Ellinger (†), Kopenhagen; G. Ernst, Reichenau; Eupra Press Service, München; W. Ferchland, Varde, Dänemark; E. Fischer, Hamburg; K. D. Francke, Hamburg; Dr. P. Fuchs, Göttingen; Prof. Dr. E. Gabriel, Ahrensburg; H. Gassner, Hamburg; Gemäldegalerie der Akademie der bildenden Künste, Wien; Geopress H. Kanus, München; Germanisches Nationalmuseum, Nürnberg; Dr. S. Gierlich, Freinsheim; Dr. K. Gießner, Hannover; M. Grigarczik, Mannheim; Dr. G. Grill, Heidelberg; Gutenberg-Museum der Stadt Mainz; Dr. W. Haffner, Aachen; Hamburger Kunsthalle, Hamburg; C. und L. Hansmann, Gauting; W. Heinemann, Mannheim; Prof. Dr. A. Herold, Gerbrunn; Herzog Anton Ulrich-Museum, Braunschweig; Hirmer Verlag, München; Historia-Photo, Hamburg; IBA-Internationale Bilderagentur, Oberengstringen, Schweiz; IBM-Deutschland, Sindelfingen; Inst. für Geologie der Technischen Univ. Hannover; Interfoto Friedrich Rauch, München; Dr. W. Jopp, Wiesbaden; Dr. H. Kaufmann, Paris; W. Keimer, Heidelberg; Dr. R. Kiesewetter, Ludwigshafen am Rhein; Prof. Dr. W. Klaer, Geisenheim; P. Kohlhaupt, Sonthofen; Dr. R. König, Kiel; A. Kordecki, Eckernförde; G. Krauß, Heidelberg; R. Kreuder, Tann (Rhön); Kunstsammlung Nordrhein-Westfalen, Düsseldorf; Prof. Dr. Ladstätter, Mössingen; Lambert Schneider Verlag, Heidelberg; Prof. Dr. K. Lenz, Berlin (West); F. K. Frhr. v. Linden, Waldsee; Dr. H. Lücke, Neckarhausen; Margarine Union, Hamburg; M. Matzerath, Karlsruhe; Bildagentur Mauritius, Mittenwald; H. Mertens, Kirchbarkau; T. Molter, Wolfenbüttel; M. Mühlberger, München; E. Müller, Oftersheim; H. Müller, Düsseldorf; National Gallery of Art, Washington, USA; Neue Filmkunst Walter Kirchner, Göttingen; A. v. d. Nieuwenhuizen, Zevenaar, Niederlande; Nowosti (APN), Moskau; Tierbilder Okapia, Frankfurt am Main; Olympia Werke, Braunschweig; K. Paysan, Stuttgart; G. M. Pfaff, Karlsruhe; U. Pfistermeister, Birgland; Pontis Photo, München; Preiss & Co., Albaching; Fritz Prenzel, Gröbenzell; Prof. Dr. W. Rauh, Heidelberg; Dr. E. Retzlaff, Römerberg; roebild Kurt Röhrig, Frankfurt am Main; H. Roger-Viollet, Paris; S. Rothenberg, Korbach; Dr. F. Sauer, Karlsfeld; Dr. K. Schaifers, Heidelberg; A. Schmidecker, Oberschleißheim; J. Schmidt, Ludwigshafen am Rhein; T. Schneiders, Lindau (Bodensee); J. Schörken, München; H. Schrempp, Breisach am Rhein; L. Schultz, Berlin (West); Prof. Dr. W. Schulze, Gießen; F. Schwäble, Eßlingen am Neckar; Natur-Museum und Forschungsinstitut Senckenberg, Frankfurt am Main; Sven Simon, Essen; W. Speiser, Basel; Spielzeugmuseum der Stadt Nürnberg; STERN, Hamburg; Süddeutscher Verlag Bilderdienst, München; K. Thome, Mannheim; W. Tiedemann, Hannover; L. Trenker, Bozen, Italien; Ullstein Bilderdienst, Berlin (West); V-Dia Verlag, Heidelberg; F. U. Vögely, Mannheim; WEREK Pressebildagentur, München; Prof. Dr. H. Wilhelmy, Tübingen; Dr. W. Willer, Heidelberg; Prof. Dr. E. Wirth, Erlangen; F. Wirz, Luzern; M. Wisshak, Sandhausen; Woodmansterne, Watford, Großbritannien; Dr. W. Wrage, Hamburg; ZEFA-Zentrale Farbbild Agentur, Düsseldorf; Carl Zeiss, Oberkochen; G. Ziesler, München; D. Zingel, Wiesbaden.

A

A *s:* **1)** der 1. Buchstabe des ↑Alphabets; **2)** in der Musik die 6. Stufe der C-Dur-Tonleiter. Das eingestrichene a (a' oder a^1) nennt man ↑Kammerton.
A, Abkürzung für: ↑Ampere.
Å, Einheitenzeichen für: ↑Ångström.
a, Abkürzung für: ↑Ar.
Aachen, Stadt in Nordrhein-Westfalen, mit 242 000 E. Die Stadt liegt nahe an der belgisch-niederländischen Grenze. A. hat eine technische Hochschule, eine pädagogische Hochschule sowie zwei Fachhochschulen (für die Ausbildung von Lehrern, Ingenieuren, Wirtschaftsfachleuten u. in sozialen Berufen), außerdem ein Bergamt u. eine Bergschule. Außer Textil-, Glas- u. Maschinenindustrie gibt es vor allem Nahrungs- u. Genußmittelindustrie. Die Stadt besitzt heilkräftige heiße Schwefelquellen, die schon in vorrömischer Zeit benutzt wurden. – A. ist eine römische Gründung. Im Dom (Baubeginn vor 798, danach viele An- u. Umbauten) befindet sich das Grab Karls des Großen, der dort in A. aufhielt. Vom 9. bis zum 16. Jh. wurden in A. die deutschen Könige gekrönt. Zu den nach dem 2. Weltkrieg wiederhergestellten Bauten gehört das gotische Rathaus. – Abb. S. 12.
Aal *m,* schlangenförmig gestalteter Knochenfisch, der sich ähnlich wie Schlangen im Süß- u. Meerwasser fortbewegt. Aale wachsen in Strömen u. Teichen bis zu 1,5 m Länge heran u. ernähren sich (besonders nachts) zum Teil räuberisch von kleineren Wirbeltieren (z. B. Fischen u. Fröschen). Tagsüber verstecken sie sich gern unter Wurzeln oder im Pflanzendickicht, wühlen sich auch häufig bis zum Kopf in den Schlamm ein. Wenn sie geschlechtsreif werden, wandern sie zum Laichen ins Meer. Von den 16 Arten kommt in Europa nur der *Flußaal* vor, dessen Laichwanderung ihn über 6 000 km ohne Nahrungsaufnahme zur Sargassosee führt. Aus seinen Eiern entwickeln sich durchsichtige Larven (Leptocephaluslarven), die vom Golfstrom innerhalb von 3 Jahren an die europäischen Küsten getragen werden. Nachdem sie sich zu „Glasaalen" umgewandelt haben, wandern sie stromaufwärts in die Flüsse u. erst zur Laichwanderung wieder ins Meer. A. sind geschätzte Speisefische. Ihr Blut enthält Nervengift, das sich beim Räuchern und Kochen zersetzt und unschädlich wird.
Aar *m,* dichterische Bezeichnung für: ↑Adler.
Aarau, Hauptstadt des schweizerischen Kantons Aargau, mit 16 000 E. Die Industrie stellt v. a. elektrische u. optische Apparate her; ferner gibt es eine Glockengießerei.
Aare *w,* längster Nebenfluß des Rheins in der Schweiz, 295 km. Die A. entspringt in den Berner Alpen und mündet bei Waldshut.
Aargau *m,* Kanton in der Nordschweiz, mit 444 000 E. Die Hauptstadt ist Aarau. Die Bevölkerung lebt vom Ackerbau, von der Viehzucht u. von der Industrie (Elektro-, Maschinen-, Textil- und Tabakindustrie). Bekannt sind die Mineralquellen des Aargaus.
Aarhus ↑Århus.
Aaron, älterer Bruder des Moses, erster Hoherpriester des Alten Bundes (Bund Gottes mit dem Volk Israel).
Aas *s,* ein in Verwesung übergegangener u. daher oft stinkender Tierkörper. Es gibt Tiere, die von A. leben u. mit A. ihre Jungen aufziehen (z. B. ↑Aaskäfer, ↑Geier).
Aaskäfer *m,* eine Familie von Käfern, deren meiste Arten von Aas leben u. im Aas auch ihre Eier ablegen, damit sich die daraus entwickelnden Larven von den verfaulenden tierischen Stoffen ernähren können. Sie spielen eine Art Gesundheitspolizei und sind daher sehr nützlich. Von den 2 000 Arten kommen viele in Deutschland vor, z. B. der durch Schwarz und Rot sehr schön gefärbte *Totengräber,* der kleine Tierkadaver (z. B. eine Maus) durch Aufwühlen der Erde unter der Leiche buchstäblich vergräbt und dann darin seine Eier ablegt.

Abadan, iranische Hafenstadt im Mündungsgebiet des Schatt Al Arab, mit 361 000 E. Wichtigster Ausfuhrhafen für iranisches Öl. Die Stadt, in der sich große Raffinerien befinden, ist mit den Ölfeldern durch lange Pipelines verbunden. A. entstand mit dem Bau der ersten Erdölraffinerie (1909).
Abakus [gr.] *m:* **1)** Rechen- oder Spielbrett der Griechen und Römer; **2)** Deckplatte eines ↑Kapitells.
Abbasiden, arabisches Kalifengeschlecht. Die A. herrschten in Bagdad von 749 bis 1258 (einer von ihnen war ↑Harun Ar Raschid). Bis 1517 residierten sie dann noch politische Macht in Kairo.
Abbe, Ernst, *Eisenach 23. Januar 1840, †Jena 14. Januar 1905, deutscher Physiker. A. trug wesentlich zur Entwicklung der modernen optischen Technik bei (er entwickelte Mikroskope, Meßinstrumente, Prismenfernrohre usw. für die Firma Carl Zeiss) u. machte viele Erfindungen auf diesem Gebiet. Darüber hinaus leistete er vorbildliche soziale Arbeit: Er wandelte die Firma Zeiss, deren Alleininhaber er geworden war, in die *Carl-Zeiss-Stiftung* um u. beteiligte die Arbeitnehmer am Gewinn dieses Unternehmens; er baute Wohnungen für sie, gewährte bezahlten Urlaub, schuf eine Alters- u. Invalidenversorgung u. führte in seinen Betrieben den Achtstundentag ein. In die Carl-Zeiss-Stiftung wurde auch die Firma „Jenaer Glaswerke Schott u. Gen.", die A. mitbegründet hatte, eingegliedert. Seit 1949 hat die Carl-Zeiss-Stiftung ihren Sitz in Heidenheim an der Brenz.
ABC-Kampfmittel *s, Mz.,* Sammelbezeichnung für: **a**tomare, **b**iologische u. **c**hemische Kampfmittel.

Ernst Abbe

Abraham a Santa Clara

ABC-Staaten

ABC-Staaten *m, Mz.*, zusammenfassende Bezeichnung für: **A**rgentinien, **B**rasilien, **C**hile.

Abel, biblische Gestalt, Sohn Adams u. Evas. A. wurde von seinem älteren Bruder Kain aus Neid erschlagen.

Abendland *s* (Okzident), das Land im Westen, wo die Sonne untergeht; der durch die Antike u. das Christentum geprägte europäische Kulturkreis (im Gegensatz zum Morgenland; ↑Orient).

Abendmahl *s*, das letzte Mahl, das Jesus vor seinem Leiden mit den Jüngern hielt. Dabei stiftete er u. unter Darreichen von Brot und Wein eine neue, von den Jüngern zu wiederholende Feier zum Gedächtnis und zur Vergegenwärtigung seines Opfertodes. Über die Gegenwart Christi beim Abendmahl gab es bereits im Mittelalter verschiedene Auffassungen. Der sich daraus ergebende Abendmahlsstreit wurde auf dem 4. Laterankonzil (1215) zugunsten der *Transsubstantiationslehre* entschieden: Brot u. Wein verwandeln sich bei der Abendmahlsfeier (Eucharistie) in die „Substanz" des verklärten Christus. Dagegen vertraten Luther u. die lutherische Kirche die *Konsubstantiationslehre:* beim Abendmahl verbinden sich Leib u. Blut Christi mit Brot u. Wein, ohne daß sich deren Substanzen verändern. Calvin u. Zwingli verwarfen auch dies u. lehrten, daß Christus nur symbolisch beim A. gegenwärtig sei. – Die berühmteste Darstellung stammt von Leonardo da Vinci (im Kloster S. Maria delle Grazie in Mailand).

Abendstern ↑Venus.

Aberdeen [*äberdin*], schottische Hafenstadt an der Mündung des Dee in die Nordsee, mit 210 000 E. Universitätsstadt (seit 1494). Neben Schiffbau u. Granitschleiferei gibt es Textil- und Elektroindustrie. Der Hafen ist besonders als Fischereihafen bedeutend.

Aberglaube [eigentlich: verkehrter Glaube] *m*, ein Glaube, der auf die Wahrnehmung und Wirkung naturgesetzlich unerklärter Kräfte gerichtet ist, soweit diese nicht in der Religionslehre selbst gelehrten sind. Der A. enthält Anschauungen aus dem religiösen Glauben u. aus dem Weltverständnis früherer Zeiten, meist in vergröberter oder entstellter Form. Der A. will auf überirdische Mächte einwirken u. sie in den Dienst des Menschen stellen. Durch Kartenlegen und Wahrsagerei, mit Amuletten und geheimnisvollen Zeichen, durch „Besprechen" u. a. versucht er, Not u. drohende Gefahr abzuwenden, die Zukunft zu erforschen, böse Geister zu bannen, Glück u. Gesundheit herbeizuführen. Vor allem in früheren Jahrhunderten hat der A. großes Unheil angerichtet: Viele Menschen wurden der Hexerei bezichtigt u. grausam getötet. Reste solcher Anschauungen hat man noch in unseren Tagen festgestellt. Eine heute weitverbreitete Form des Aberglaubens ist der Glaube an Horoskope.

Abessinien, ältere Bezeichnung für: ↑Äthiopien.

Abfahrtslauf ↑Wintersport.

Abgeordneter *m*, Mitglied einer Volksvertretung (Parlament), das die Wahlberechtigten gemäß der Verfassung gewählt haben. Ein A. vertritt die Politik seiner Partei u. die besonderen Interessen seines Wahlbezirks. Er besitzt das Recht auf ↑Immunität.

Abgottschlange *w* (Königsschlange, Königsboa), eine bis 3 m (selten 4 m) lange Riesenschlange. Auf meist gelblichbraunem Grund hat sie große dunkelbraune Flecken. Der Kopf ist abgeplattet, dreieckig, vom Hals abgesetzt u. vorn abgestumpft. Sie ist ungiftig, wird dem Menschen selten gefährlich u. legt keine Eier, sondern bringt lebende Junge zur Welt. Die A. lebt versteckt am Boden u. auf Bäumen, besonders in Wäldern und an Flußufern des tropischen Amerika. Sie frißt bis schweinegroße Säugetiere u. Vögel, die sie vorher durch Umschlingen u. Erdrosseln tötet.

Abhärtung *w*, Gewöhnung des menschlichen Organismus an Belastungen u. Anstrengungen durch Steigerung seiner Anpassungsfähigkeit an Einwirkungen, die sich aus der Umwelt (Kälte, Hitze, Nässe, Infektionen u. a.) herleiten. A. wird erreicht durch häufigen Aufenthalt an der frischen Luft, durch sportliche Betätigung (z. B. Schwimmen), regelmäßige kalte Waschungen u. a. Durch A. wird der Körper widerstands- und leistungsfähig.

Abidjan [*...dschan*], Hauptstadt der Republik Elfenbeinküste, mit 904 000 E. Die Stadt hat eine Universität (seit 1964), einen Hafen u. ist Ausgangspunkt der Eisenbahn nach Obervolta.

Abitur [lat.] *s*, Abgangs-, Reifeprüfung als Abschluß der gymnasialen Oberstufe in der Sekundarstufe II (↑ auch Gymnasium). Wer das A. ablegt oder abgelegt hat, heißt *Abiturient.* Das A. ist die allgemeinen Voraussetzung für die Zulassung zum Studium an wissenschaftlichen ↑Hochschulen. Daneben gibt es die fachgebundene Hochschulreife (Fachhochschulreife), die an den neu eingerichteten Fachoberschulen erworben wird. In Österreich und in der Schweiz heißt das A. *Matura.*

Ablaß *m*, nach katholischer Lehre hat der Sünder auch nach seiner inneren Umkehr noch einige (zeitlich begrenzte) Strafen zu erdulden: entweder hier auf der Erde oder im ↑Fegefeuer. A. bedeutet, daß dem Sünder diese zeitlichen Strafen erlassen werden (ist also nicht mit Sündenvergebung zu verwechseln). Voraussetzung ist, daß er das erforderliche Ablaßwerk leistet (gute Werke, Gebete, Buße). Der A. kann auch den Verstorbenen im Fegefeuer zugewendet werden. Im ausgehenden Mittelalter kam es zu einer Entartung des Ablaßwesens, als mit sogenannten Ablaßbriefen ein einträglicher Handel betrieben wurde. Der Ablaßhandel gab den äußeren Anstoß zur Reformation Martin Luthers.

Ablativ [lat.] *m*, 5. Fall in der lat. Deklination. Er antwortet auf die Frage: woher bzw. womit, wann, wo?

Ablaut *m*, Bezeichnung für die Veränderung des Selbstlauts in der Stammsilbe verwandter Wörter, z. B. Gebinde, Band, Bund. Die Ablaute sind charakteristisch für die starken Verben, z. B. singen, sang, gesungen; werfen, warf, geworfen.

abnorm [lat.], vom Normalen abweichend, krankhaft.

Aachen. Links im Bild der Dom

Absorption

Abstrakte Kunst. W. Kandinsky

Abonnement [abon°mang; frz.] s, für längere Zeit vereinbarter und deshalb verbilligter Bezug von Zeitungen, Zeitschriften, Büchern, Eintrittskarten, Mittagessen u. ähnlichem.

Abraham, Gestalt des Alten Testaments, der erste Stammvater („Erzvater") des Volkes Israel. Er zog aus Haran oder Ur nach Kanaan. Im Neuen Testament gilt er als Urbild unbedingten Glaubensgehorsams.

Abraham a Santa Clara, eigentlich Johann Ulrich Megerle, * Kreenheinstetten bei Meßkirch 2. (1.?) Juli 1644, † Wien 1. Dezember 1709, Augustinermönch, berühmter Kanzelredner in Wien u. satirischer Schriftsteller von derber, bildhafter Sprache. Am bekanntesten sind seine Bußpredigten „Merks Wien" (1680). Seine Schrift „Auf, auf, ihr Christen" (1683) regte Schiller zu seiner Kapuzinerpredigt in „Wallensteins Lager" an. – Abb. S. 11.

Abrasion [lat.] w, die abtragende Tätigkeit der Brandung an der Küste.

Abraum m, im Bergbau gebrauchte Bezeichnung für „taubes", d. h. wertloses Gestein, das im Tagebau abbaubarer Lagerstätten abbauwürdige Mineralien überdeckt oder durchsetzt. *Abraumsalze* sind verunreinigte Kalisalze in großen Lagern über reinen Steinsalzschichten. Früher wurden sie als wertlos „abgeräumt", jetzt als Düngemittel genutzt.

abrupt [lat.], plötzlich u. unvermittelt; zusammenhanglos, abgebrochen.

Abrüstung w, Verminderung der Waffen u. Streitkräfte durch internationale Vereinbarung. Die A. war Thema zahlreicher Konferenzen. 1961 einigten sich die USA u. die UdSSR über Prinzipien einer allgemeinen Abrüstung u. die Errichtung einer Abrüstungskommission, die bisher allerdings nur Teilerfolge erzielen konnte. Von besonderer Bedeutung war das *Atomteststoppabkommen* (Verbot überirdischer Kernwaffenversuche) zwischen den USA, Großbritannien u. der UdSSR; die Atommächte Frankreich u. China unterzeichneten die Vereinbarung jedoch nicht. Bei den zwischen den USA u. der UdSSR seit 1969 geführten „Gesprächen über die Begrenzung der strategischen Rüstung" (engl. *Strategic Arms Limitation Talks,* Abkürzung: *SALT*) kam es bisher zu zwei Vereinbarungen (SALT I u. SALT II).

Abruzzen Mz. (Abruzzischer Apennin), höchster Teil des Apennins, in Mittelitalien. Höchster Berg ist der *Corno Grande* (2914 m).

Abseits ↑Fußball, ↑Wintersport (Eishockey).

Adam und Eva. Miniatur

absolut [lat.], unbedingt, uneingeschränkt, völlig; beziehungslos; unabhängig; Gegensatz: ↑relativ.

absoluter Nullpunkt m, die tiefste überhaupt mögliche Temperatur. Sie liegt bei −273,15 °C.

absolutes Gehör s, die Fähigkeit, die Höhe von Tönen oder Klängen allein nach dem Gehör zu bestimmen; oft verbunden mit der Fähigkeit, einen verlangten Ton ohne Hilfsmittel richtig zu singen.

absolute Temperatur w (thermodynamische Temperatur), Formelzeichen T, vom absoluten Nullpunkt aus gemessen u. in Kelvin (K) angegeben. Zwischen dieser u. der Celsiustemperatur t (in °C) gilt die Umrechnung: $T = t + 273,15$ Grad.

Absolution [lat.] w, in den christlichen Kirchen die Lossprechung von Sünden nach dem Sündenbekenntnis (Beichte). In der katholischen Kirche auch die Befreiung von Kirchenstrafen (z. B. von der ↑Exkommunikation).

Absolutismus ↑Staat.

absorbieren ↑Absorption.

Absorption [lat.] w: 1) „Verschlucken" eines Teils einer Strahlung (z. B. Licht) u. damit Schwächung ihrer Intensität beim Durchgang durch ein Gas, eine Flüssigkeit oder einen festen Stoff, auch beim Auftreffen auf einen Körper, an dem sie reflektiert wird. Die Energie des zurückgehaltenen (*absorbierten*) Anteils wird dabei v. a. in Wärme umgewandelt oder zur Anregung der Atome oder Moleküle des durchstrahlten oder angestrahlten Stoffes verbraucht. – Infolge der A. (und Streuung an kleinen Schwebeteilchen) kann z. B. das Licht nicht bis in größere Meeres-

Achilles. Vasenbild

Abstammungslehre

tiefen dringen. Der rote Anteil des „weißen" Sonnenlichts ist in etwa 9 m Tiefe schon vollständig absorbiert, unterhalb von 1 000 m Tiefe herrscht totale Finsternis. – Nahezu vollständige A. erfolgt z. B. auch beim Auftreffen „weißen" Lichts auf eine mit Ofenruß bedeckte Fläche; sie erscheint uns daher schwarz; **2)** Aufnahme von Gasen durch Flüssigkeiten oder feste Körper, die im Gegensatz zur ↑Adsorption zu einer gleichmäßigen Verteilung im Innern des aufnehmenden (*absorbierenden*) Stoffes führt. – Selterswasser entsteht z. B. durch A. von Kohlendioxid in Wasser. Bei Druckentlastung (Öffnen der Flasche) wird das gasförmige Kohlendioxid nach u. nach wieder weitgehend frei.

Abstammungslehre *w* (Deszendenztheorie), eine von J.-B. Lamarck (1744–1829) 1809 begründete, von Ch. Darwin u. E. Haeckel ausgebaute, anerkannte Lehre, nach der die Pflanzen- u. Tierarten auseinander hervorgegangen sind. Mit der Weiterentwicklung der Organismen kam es im Kampf ums Dasein zu immer stärkeren Spezialisierungen der Lebewesen; d. h., daß die heutigen Arten aus primitiveren Arten früherer Epochen entstanden sind. So entwickelten sich aus den meeresbewohnenden Pflanzen zunächst Fische, daraus die teils an Land, teils noch im Wasser lebenden Lurche, und aus ihnen einerseits die Vögel u. andererseits die Säugetiere mit dem Menschen. Zur Abstammung des Menschen ↑Mensch.

Abstand *m*, grundlegender Begriff der Geometrie; *A. zweier Punkte:* die Länge der Verbindungsstrecke; *A. eines Punktes von einer Geraden oder Ebene:* die Länge des vom Punkt auf die Gerade oder Ebene gefällten Lotes; *A. zweier paralleler Geraden oder Ebenen:* die Länge des Lotes von einem Punkt der Geraden oder Ebene auf die andere; *A. zweier windschiefer Geraden:* die Länge der Strecke, die auf beiden Geraden senkrecht steht.

Abstinenz [lat.] *w*: **1)** Enthaltsamkeit; die Enthaltung z. B. von Alkohol u. Nikotin. Verschiedene Verbände (z. B. das Blaue Kreuz) bemühen sich, den Mißbrauch von Alkohol zu verhindern u. die Menschen vor Reiz- u. Rauschmitteln zu bewahren; **2)** in der katholischen Kirche die Enthaltung von Fleischspeisen an bestimmten Tagen (*Abstinenztagen*).

abstrakt [lat.], begrifflich, nur gedacht; z. B. das Schöne (als Begriff) ist a., die Schöne (eine schöne Frau) dagegen ist ↑konkret.

abstrakte Kunst *w*, Kunstrichtung im 20. Jh. in Malerei und Plastik, die sich vom Gegenständlichen löst u. versucht, das Wesen eines Gegenstandes in der Darstellung zu erfassen. So ist das Fehlen jeglicher erkennbaren Wirklichkeit charakteristisch (z. B. wird aus einem dahinjagenden Reiter bei Kandinsky eine Komposition aus flüchtigen Strichen, die den Eindruck der Vorwärtsbewegung vermittelt). In der Weiterentwicklung der abstrakten Kunst gehen ihre Vertreter dann nicht mehr vom Gegenständlichen aus. Verbunden mit der abstrakten Kunst ist die völlige Freiheit in der Wahl des Materials: Verwendung von Papier, Steinen, Gips, Sand u. a. bei Bildern; von Draht, Holz, Röhren, Metallplatten bei den plastischen „Konstruktionen". Zu nennen sind u. a. Klee, Kandinsky u. Arp als Maler, Archipenko, Arp, Zadkine u. Moore als Plastiker; ↑auch moderne Kunst. – Abb. S. 13.

Abstraktum ↑Substantiv.

absurd [lat.], unsinnig, widersinnig, ungereimt, sinnlos, abwegig; z. B. ein absurder Gedanke.

Abszisse ↑Koordinaten.

Abt [aram. abba = Vater] *m*, Vorsteher einer Mönchsgemeinschaft; er hat die Leitungsgewalt über eine *Abtei*. Die Vorsteherin eines Frauenklosters oder eines Damenstifts nennt man *Äbtissin*.

abteufen, im Bergbau Schächte herstellen u. Bohrungen niederbringen.

a cappella [ital.], mehrstimmige Vokalmusik, bei der eventuell mitwirkende Instrumente mit den Vokalstimmen zusammengehen.

Accra (Akkra), Hauptstadt von Ghana, am Golf von Guinea, mit 664 000 E. Die Stadt hat eine Universität. Es gibt fischverarbeitende Industrie u. eine große Brauerei. A. ist ein Handelszentrum u. ein wichtiger Hafen (Ausfuhr u. a. von Kakao u. Gold).

Acetat [lat.] *s*, Salz (↑Salze) oder ↑Ester der Essigsäure. Von besonderer Bedeutung ist das *Zelluloseacetat* für die Herstellung von Acetatseide (Kunstfaserstoff).

Aceton [lat.] *s*, angenehm riechende, wasserhelle, leicht brennbare Flüssigkeit, CH_3COCH_3. A. wird vorwiegend als Lösungsmittel verwendet, besonders in der Farben- und Lackindustrie (z. B. Nagellackentferner), jedoch auch als Grundstoff zur Herstellung vieler chemischer Substanzen (Chloroform, Acetylen) und zum Aufsaugen von Acetylen. Pulver u. a.

Acetylen [lat.; gr.] *s*, eine farblose, gasförmige Verbindung (C_2H_2), die auf Grund der Dreifachbindung zwischen den zwei Kohlenstoffatomen $(H-C\equiv C-H)$ sehr energiereich (Explosionsgefahr) u. reaktionsfähig ist. Hergestellt wird A. aus Calciumcarbid u. Wasser. Die Verbrennung von A. mit Sauerstoff liefert eine äußerst heiße Schweißflamme von 2 000 bis 2 500 °C. Auch der Brennstoff der mit leicht rußender Flamme brennenden Karbidlampe ist Acetylen. Infolge seiner großen Reaktionsfähigkeit ist A. zum Grundstoff für einen ganzen Chemiezweig zur Herstellung von Alkoholen, Essigsäure, künstlerischen Gummi, Kunststoffen u. vielen anderen chemischen Verbindungen geworden.

Achäer *m*, *Mz.*, altgriechischer Volksstamm; bei Homer Name für alle Griechen.

Achat [gr.] *m*, Mineral, eine Abart des Quarzes in verschiedenen Färbungen. A. wird als Schmuckstein u. als Material für Zapfen u. a. verwendet.

Ache (Ach, Aa, Aach; ahd. aha = Wasser) *w*, häufiger Name von Flüssen u. Bächen im germanischen Sprachgebiet; auch in Zusammensetzungen, z. B. die Salzach (Nebenfluß des Inn).

Achensee *m*, langgestreckter See in Nordtirol (7,3 km², bis 134 m tief); mit Sommerfrischen, einer großen Stauanlage und dem *Achenseewerk*, einem Kraftwerk (jährl. Leistung: 220 Mill. kWh).

Achilles, griechische Sagengestalt; der stärkste und tapferste Held des ↑Trojanischen Krieges, Sohn des Königs Peleus (daher auch *Pelide* genannt) u. der Meernymphe Thetis. Er tötet im Kampf Hektor, den besten Helden der Trojaner, u. fällt durch einen trojanischen Pfeil, den der Gott Apoll in seine Ferse lenkt, die einzige verwundbare Stelle seines Körpers (daher der Ausdruck *Achillesferse* für die schwache Stelle bei einem Menschen). – Abb. S. 13.

Achse *w*: **1)** (Drehachse) gedachte Gerade im Raum, um die eine Drehbewegung stattfindet, z. B. die Erdachse, um die sich die Erde einmal in 24 Stunden dreht; **2)** jede Gerade, zu der die Punkte einer geometrischen Figur oder eines Körpers paarweise symmetrisch liegen (sog. *Symmetrieachse*). Die Figur bzw. der Körper kann auch in einer Drehung um diese Symmetrieachse oder durch Spiegeln an einer durch diese A. gelegten Ebene mit sich selbst zur Deckung gebracht werden. Die Mittellote eines gleichseitigen Dreiecks sind z. B. solche Symmetrieachsen. Jede Symmetrieachse geht durch den Schwerpunkt der Figur bzw. des Körpers; **3)** (Koordinatenachse) ↑Koordinaten; **4)** durchgehender oder geteilter Stab aus Metall oder Holz, an dessen Enden Räder angebracht werden (z. B. bei Kraftfahrzeugen). Achsen dienen auch als Aufhängevorrichtungen für Gegenstände, die drehbar sein müssen.

Achsenmächte *w*, *Mz.*, Bezeichnung für das nationalsozialistische Deutschland u. das faschistische Italien, die seit 1935 bzw. 1936 politisch eng zusammenarbeiteten (Achse Berlin-Rom). Später wurden Japan u. allgemein die mit Deutschland verbündeten Mächte einbezogen.

Acht *w*, eine Strafe im altgermanischen und im mittelalterlichen Recht: der *Geächtete* war aus der Rechtsgemeinschaft ausgestoßen u. galt als vo-

Adoption

gelfrei (d. h., jedermann durfte ihn töten). Die A. wurde vom weltlichen Herrscher verhängt, im Gegensatz zum ↑Bann.

achtern, seemännisch für: hinten. Das *Achterdeck* ist das hintere Deck eines Schiffes.

Ackerbau ↑Landwirtschaft.

Aconcagua, der höchste Berg Amerikas. Er liegt in den argentinischen Anden u. ist 6958 m hoch. 1897 wurde er zum erstenmal bestiegen.

A. D., Abkürzung für: ↑Anno Domini.

ADAC, Abkürzung für: Allgemeiner Deutscher Automobil-Club.

ad acta [lat.], zu den Akten; *ad acta legen,* etwas als erledigt betrachten.

adagio [*adadseho*; ital.], musikalischer Fachausdruck: langsam, gemäßigt. Ein *Adagio* ist ein langsames, etwas verhaltenes Musikstück (oft der 2. Satz einer Sinfonie).

Adam, nach der Schöpfungsgeschichte des Alten Testaments der erste Mensch. In sinnbildlicher Weise wird von ihm berichtet, Gott habe ihn aus dem Erdboden geschaffen und ihm Lebensodem eingeblasen. Mit Eva sei er in einen schuldlosen Lebensraum, das Paradies, gesetzt worden. Sein Ungehorsam gegen Gott habe seine u. Evas Vertreibung aus dem Paradies zur Folge gehabt. – Abb. S. 13.

Adana (auch Seyhan), Stadt im Süden der Türkei, mit 467000 E; Baumwoll- u. Tabakindustrie sowie Baumwoll- u. Tabakhandel.

Adaptation (Adaption) [lat.] *w,* das Anpassungsvermögen von Organen bzw. Organismen an veränderte Umweltbedingungen. Tritt z. B. der Mensch vom Hellen ins Dunkle, so benötigt das Auge etwa 10 Minuten, um sich an die Dunkelheit zu gewöhnen (Dunkeladaptation) und Einzelheiten wahrzunehmen.

Adaption ↑Adaptation.

addieren ↑Addition.

Addis Abeba [= Neue Blume], Hauptstadt Äthiopiens, 2420 m ü. d. M., mit 1,2 Mill. E. In A. A. gibt es eine Universität u. mehrere Hochschulen. A. A. ist Handelszentrum (Kaffee, Häute, Getreide) u. größte Industriestadt des Landes (Zigaretten-, Zement-, Textilindustrie). – Die Stadt wurde 1897 gegründet.

Addition [lat.; = Hinzufügung] *w,* das Zusammenzählen von Zahlen; eine der vier Grundrechenarten. Die Zahlen, die man zusammenzählen (*addieren, summieren*) will, werden *Summanden* genannt. Sie werden durch das Additionszeichen + (lies: plus) miteinander verknüpft. Das Ergebnis einer A. wird als die *Summe* dieser Zahlen bezeichnet.

Adel *m,* früher ein Stand, der auf Grund von Geburt, Besitz oder Leistung bevorrechtigt war. Aus den germanischen Edelfreien (herausgehobene Gruppe der Freien) ging im Mittelalter der *hohe Adel* (Fürsten) hervor, der Hoheitsrechte über große Landgebiete besaß. Aus der Schicht der ehemals freien Dienstmannen (Ministerialen) entwickelte sich die Ritterschaft: sie bildete den Hauptbestandteil des *niederen Adels.* Zuwachs aus anderen Schichten erhielt v. a. der niedere A., seltener der hohe Adel. – Zum *Uradel* gehörten die Geschlechter, die vor 1350 als adelig bezeugt waren. Den *Briefadel* besaßen Familien, die durch ein Adelsdiplom (Brief) geadelt worden waren (seit dem 16. Jh.). Der *persönliche Adel* wurde Einzelpersonen auf Grund besonderer Verdienste zugesprochen (meistens durch Ordensverleihung), er war nicht erblich. – In Deutschland wurde der A. 1919 aufgehoben. Die Titel sind seitdem Bestandteile des bürgerlichen Namens. In Österreich wurde 1919 der A. aufgehoben u. das Führen von Adelstiteln untersagt.

Adelaide [*ǟdᵉlᵉiᵈd*], Hauptstadt Südaustraliens, am Saint-Vincent-Golf, mit 900 000 E. Die Stadt hat eine Universität. Wirtschaftlich wichtig sind Textil- u. Maschinenindustrie. Der Hafen von A. ist *Port Adelaide.*

Aden, Stadt in der Demokratischen Volksrepublik Jemen, mit 264000 E. Die Stadt ist ein bedeutender Handelsplatz (Kaffee, Getreide, Baumwolle u. a.) u. mit befestigtem Hafen ein wichtiger Schiffahrtsstützpunkt. – A. war schon in der Antike ein wichtiger Handelsplatz, desgleichen im Mittelalter. 1839–1967 war A. britisch.

Adenauer, Konrad, * Köln 5. Januar 1876, † Bad Honnef am Rhein-Rhöndorf 19. April 1967, deutscher Staatsmann. A. war 1917–33 Oberbürgermeister von Köln, 1950–66 Bundesvorsitzender der CDU, 1949–63 erster Bundeskanzler der Bundesrepublik Deutschland, 1951–55 auch Außenminister. A. bemühte sich als Bundeskanzler um eine Verbesserung der Stellung Deutschlands auf dem Weg über die europäische Einigung. A. trat für die

Konrad Adenauer

militärische Stärke des Westens und erreichte eine deutsch-französische Verständigung.

Adern ↑Blutkreislauf.

Adhäsion [lat.] *w,* das Haften zweier Stoffe oder Körper aneinander. Ursache der A. sind die Anziehungskräfte zwischen den Molekülen der beiden Stoffe (Körper), die bei hinreichend starker Annäherung an den Berührungsflächen wirksam werden. Beispiele für die A.: Haften von Wassertropfen an einer Fensterscheibe, Haften der Kreide an der Wandtafel, Haften eines Klebstoffes an den zu verklebenden Flächen.

Adjektiv [lat.] *s* (auch Eigenschaftswort), ein Wort, das Personen, Dinge, Vorgänge in ihrer Eigenart oder nach ihren Eigenschaften und Merkmalen kennzeichnet, z. B. das *schnelle* Auto, das Auto ist *schnell,* das Auto fährt *schnell.* Adjektive können gesteigert werden, die drei Vergleichsformen sind: *Grundstufe* (Positiv): schnell; *1. Steigerungsstufe* (Komparativ): schneller; *2. Steigerungsstufe* (Superlativ): am schnellsten oder schnellste (z. B. das schnellste Auto). Ungefähr 15 % aller Wörter der deutschen Sprache sind Adjektive.

Adler: 1) Alfred, * Wien 7. Februar 1870, † Aberdeen 28. Mai 1937, österreichischer Psychologe. Das Streben des einzelnen nach Geltung in seiner gesellschaftlichen Umwelt ist nach A. der stärkste Antrieb menschlichen Handelns; 2) Victor, * Prag 24. Juni 1852, † Wien 11. November 1918, österreichischer Politiker. Einigte die österreichischen Sozialisten und leitete die österreichische Sozialdemokratische Sozialdemokratische Arbeiterpartei; 1918 Außenminister.

Adler *m, Mz.,* große, kräftige, mit Ausnahme von Südamerika weltweit

Flugbild

verbreitete, gut segelnde Greifvögel. Sie schlagen v. a. Säugetiere u. Vögel. Zum Ergreifen bzw. Zerreißen der Beute besitzen sie kräftige Krallen bzw. einen mächtigen, vorn hakig u. spitz auslaufenden Schnabel. Ihre Läufe sind befiedert. Es gibt Seeadler, Fischadler, Schlangenadler, Harpyie u. a. Arten. In Deutschland leben nur noch (vereinzelt) Steinadler, Seeadler u. Fischadler, die alle unter Naturschutz stehen.

Administration [lat.] *w,* Verwaltung.

Admiral ↑General.

Adonis, nach der griechischen Sage ein Jüngling, der von ↑Aphrodite geliebt wird. Auf der Jagd wird er von einem wilden Eber zerrissen. A. gilt als Sinnbild männlicher Schönheit.

Adoption ↑Annahme als Kind.

Adriatisches Meer

Adriatisches Meer s (Adria), Nebenmeer des Mittelmeers, im Norden bis 262 m, im Süden bis 1 260 m tief. Die Westküste (Italien) ist flach u. einförmig, die Ostküste (Jugoslawien) dagegen steil u. stark gegliedert. Bedeutende Häfen: Venedig, Triest, Bari (italienisch); Rijeka, Split (jugoslawisch); Durrës (albanisch). An der West- u. Ostküste gibt es zahlreiche Badeorte.

Adsorption [lat.] w, Anlagerung der Atome oder Moleküle eines Gases, einer Flüssigkeit oder darin gelöster Stoffe an der Oberfläche fester, v. a. poröser Stoffe, auch an Flüssigkeitsoberflächen. Das bekannteste Adsorptionsmittel ist *Aktivkohle*, sehr porenreiche Kohle, die durch Verkohlung von Knochen, Torf oder Holz gewonnen wird. Sie dient z. B. in Gasmasken zur A. von giftigen Gasen; ↑auch Absorption 2).

Advent [lat.; = Ankunft] m, Zeit vor Weihnachten, die die 4 Sonntage vor dem Fest umfaßt. Mit A. beginnt das Kirchenjahr. Der A. ist als Vorbereitungszeit auf die Ankunft Christi gedacht (auf sein geistiges Kommen zu den Gläubigen u. auf seine sichtbare Wiederkehr am Ende der Zeiten).

Adventisten m, Mz., christl. Gemeinschaft, die 1831 in Amerika gegründet wurde u. hauptsächlich dort verbreitet ist. Sie lehrt, daß Christus in naher Zukunft wiederkehren u. für seine Anhänger ein Tausendjähriges Reich auf der Erde errichten wird; danach folgt das Gericht über die Verdammten. Die A. heiligen den ↑Sabbat, sie leben sehr einfach u. vertreten die Erwachsenentaufe. Hauptgruppe: die *Siebenten-Tags-Adventisten*.

Adverb [lat.] s (Umstandswort), ein Wort, das insbesondere ein Geschehen nach Ort (*hier, links*), Zeit (*heute, abends*), Grund (*darum, deshalb*), Art und Weise (*oft, nicht*) näher bestimmt.

adverbiale Bestimmung ↑Satz.
Adverbialsatz ↑Umstandssatz.

Aerosol [a-e-...; gr.] s, Gemenge aus einem Gas oder Gasgemisch (v. a. Luft) u. darin verteilter fester oder flüssiger Schwebstoffe, d. h. Stoffe in feinstverteilter Form, deren Teilchen längere Zeit in der Schwebe bleiben. Die Schwebeteilchen haben Durchmesser zwischen 10^{-5} und 10^{-2} mm. Ein A., das flüssige Schwebeteilchen (Tröpfchen) enthält, bezeichnet man als einen *Nebel*, bei festen Teilchen, die aus einem Verbrennungsprozeß stammen, spricht man von *Rauch*.

Affäre [frz.] w, unangenehme Angelegenheit, peinlicher, skandalöser Vorfall oder Zwischenfall.

Affekt [lat.] m, heftige Erregung, Gemütsbewegung. Wer z. B. in der Wut eine unüberlegte Handlung begeht, *handelt im Affekt*.

affektiert [lat.], gekünstelt, geziert.

Affen m, Mz., Unterordnung eichhörnchen- bis menschengroßer Säugetiere, die meist hangelnd oder kletternd in den Bäumen der Wälder wärmerer Zonen leben u. sich dort vorwiegend von Früchten u. Blättern ernähren. Mit Ausnahme der Hand- u. Fußinnenseiten, der oft grellbunten Gesäßschwielen wie auch häufig des Gesichts ist ihr Körper stets behaart, der Kopf meist rund mit wenig oder stark vorspringenden Kiefern u. einer hochentwickelten, zu einem ausdrucksvollen Mienenspiel befähigten Gesichtsmuskulatur. Letzteres ist ein wichtiges Merkmal, das sich bei keiner anderen Tiergruppe entwickelt hat. Zum Klettern u. zum Pflücken der Früchte u. Blätter sind die A. mit Greifhänden u. -füßen ausgerüstet, eine bemerkenswerte anatomische Besonderheit, der hohe Bedeutung (Werkzeuggebrauch) für die Entwicklung zum Menschen aus einem Vorfahren der heute lebenden A. zukam. Verschiedentlich wurden lange, muskulöse Rollschwänze ausgebildet, die die Tiere um Äste wickeln u. wie eine 5. Hand gebrauchen. A. sind überwiegend Tagtiere. Einige Affenarten (z. B. ↑Paviane) sind zum Bodenleben übergegangen. Neben den dem Menschen am nächsten stehenden Menschenaffen (↑Schimpanse, ↑Gorilla, ↑Orang-Utan) seien hier die ↑Meerkatzen und ↑Gibbons genannt.

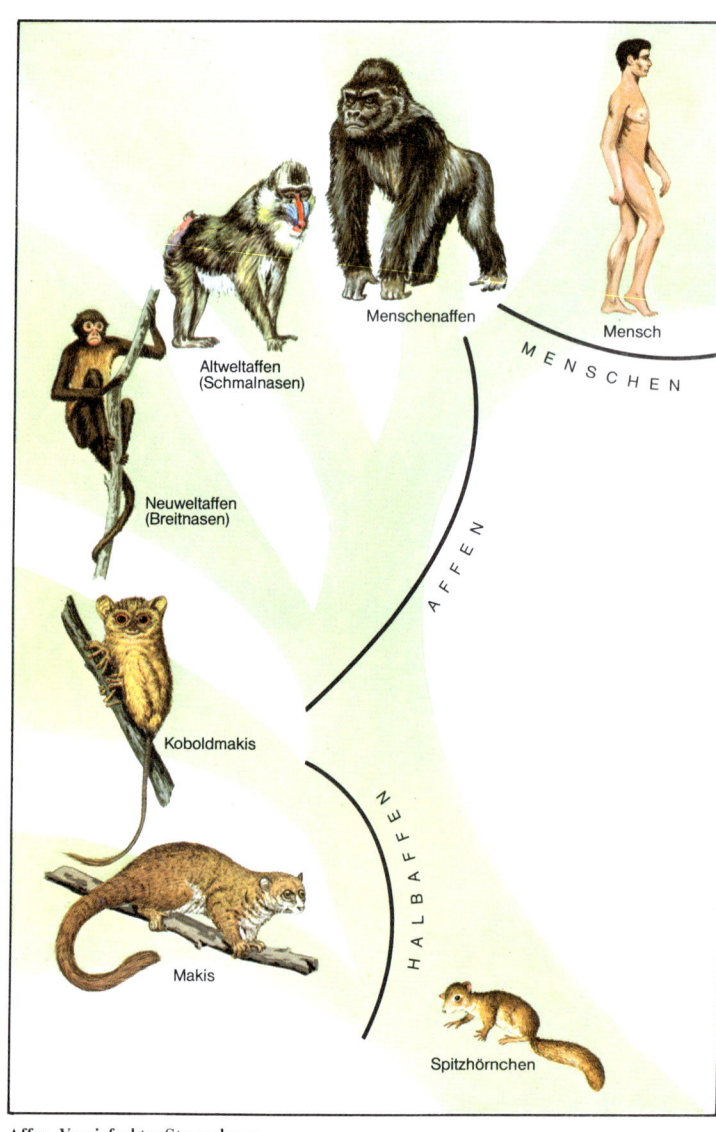

Affen. Vereinfachter Stammbaum

Agamemnon

Affenbrotbaum m, Gattung der Wollbaumgewächse mit mehreren Arten auf Madagaskar, im tropischen Afrika u. in Australien. Die bis 20 m hohen Bäume besitzen dicke, bis 40 m im Umfang messende, säulen- bis flaschenförmige Stämme, die äußerst wasserreich sind. Ihre großen, weißen Blüten werden von Fledermäusen bestäubt; es entwickeln sich aus ihnen gurkenförmige Früchte mit holziger Schale u. eßbarem, trockenem Fruchtmark. Die in Afrika vorkommende Art wird auch als Baobab bezeichnet.

Afghanistan, asiatische Republik (seit 1973), zwischen Iran u. Pakistan, mit 20,3 Mill. E (Moslems); rund 650 000 km². Die Hauptstadt ist Kabul. A. ist ein schwer zugängliches Gebirgsland (bis über 5 000 m). Es hat keine Eisenbahn; der Verkehr wird weitgehend mit Kraftwagen u. Tragtieren erledigt. In den Tälern wird bei künstlicher Bewässerung Getreide, Baumwolle u. Obst angebaut (meist 2 Ernten im Jahr). In den Steppen leben etwa 2 Mill. Hirtennomaden. An Bodenschätzen, die aber oft noch unerschlossen sind, gibt es Blei, Kupfer, Eisenerz, Erdöl, Kohle u. Gold. Bekannt u. geschätzt sind die in A. hergestellten Teppiche. – *Geschichte:* Die eigenständige Geschichte Afghanistans beginnt 1747 mit der Begründung der selbständigen Monarchie A. unter Ahmed Schah (um 1724–73). Durch Eroberungszüge in die umliegenden Länder (v. a. nach Indien) dehnte er sein Reich aus. Der Machtzerfall unter seinen Nachfolgern brachte A. im 19. Jh. unter den Einfluß Großbritanniens. 1919 Anerkennung der Unabhängigkeit von Großbritannien u. Rußland. Wirtschaftliche u. soziale Reformen, unterstützt durch starke finanzielle Hilfe des Auslands (v. a. von den USA u. der UdSSR), führen zu einer langsamen Modernisierung des Landes. Königreich bis 1973, dann Republik; heute liegt die Macht in den Händen eines Revolutionsrates. A. ist Mitglied der UN.

Afrika, Erdteil der „Alten Welt" mit 30,3 Mill. km² und 424 Mill. E. Die Oberfläche ist durch große Becken u. Schwellen gegliedert. Die Sahara im nördlichen Teil Afrikas ist die größte Wüste der Erde. Vom Roten Meer bis zum unteren Sambesi erstreckt sich eine Zone von Vulkanen u. großen Seen (Victoria-, Tanganjika-, Njassasee u. a.; der Ostafrikanische Graben). Der höchste Berg ist der Kilimandscharo (5 895 m). Im Norden u. Süden des Kontinents herrscht ein mäßig heißes Klima, das die entsprechende mittelmeerische Pflanzenwelt hervorbringt. In der Äquatorzone wächst der tropische Regenwald, der nach Norden u. Süden in Savannen u. schließlich in Steppen übergeht. Die größten Ströme Afrikas: Nil, Kongo, Niger, Sambesi, Oranje, Senegal. – Die Bevölkerungsdichte des Erdteils ist gering. Den höchsten Anteil an der *Bevölkerung* haben die Neger (Zentralafrika u. Südafrika). Araber, Berber u. a. hellhäutige Völker leben v. a. im Norden. Weiße haben sich im Süden angesiedelt. Die *Landwirtschaft* bringt Baumwolle, Kaffee, Kakao, Bananen, Zitrusfrüchte, Erdnüsse, Sisal, Kautschuk u. a. hervor. An *Rohstoffen* liefert der Kontinent Diamanten (Zaïre, Südafrika), Gold (Südafrika), Kupfer (Sambia, Zaïre), Eisenerz (Liberia), Uran (Südafrika, Zaïre, Niger), Erdöl u. Erdgas (nördliche Sahara), Phosphat (Marokko). Größere *Industriegebiete* befinden sich in Shaba, Rhodesien u. um Johannesburg. – Die *Tierwelt* Afrikas ist sehr vielgestaltig und gekennzeichnet durch den Reichtum an Großwild. Die Wälder beherbergen viele Arten von Affen, darunter die Menschenaffen Gorilla und Schimpanse. Die Gewässer sind von Flußpferden u. Krokodilen bewohnt. In den Steppen u. Savannen leben Antilopen, Gazellen, Giraffen, Zebras, Büffel, Strauße, Nashörner, Elefanten u. a.; ihnen folgen Raubtiere wie Löwen, Leoparden u. Hyänen. – *Geschichte:* Im Altertum waren den Bewohnern Europas u. Asiens fast nur die Mittelmeergebiete Afrikas bekannt. Als aber die Araber den Islam angenommen hatten, drangen sie nicht nur nach Europa, sondern auch vom Osten u. Nordosten her nach Afrika ein. Dadurch kam es zu großen Wanderungsbewegungen unter den schwarzen Völkern. Während dieser Epoche entstanden schwarzafrikanische Großreiche. 1498 umsegelte Vasco da ↑Gama, der auf dem Wege nach Ostindien die Südspitze Afrikas; in der Folgezeit wurden an der Westküste zur Sicherung dieses Seewegs eine Reihe europäischer Stützpunkte errichtet. Aus ihnen entwickelten sich Küstenkolonien, von denen aus der Sklavenhandel mit Amerika betrieben wurde. Mit dem Rückgang des Sklavenhandels erwachte das Interesse an Pflanzungen (Plantagenwirtschaft) u. damit der Wunsch, den Kolonialbesitz auch ins Binnenland auszudehnen. Aber noch lange war A. ein unerforschter Erdteil. Erst durch die Forschungs- u. Entdeckungsreisen im 19. Jh. (D. Livingstone, H. M. Stanley, H. Barth, G. Nachtigal, H. von Wissmann), die meist ebenfalls von kolonialen Interessen geleitet waren, nahm die Kenntnis von diesem Erdteil sprunghaft zu. Zur gleichen Zeit, v. a. nach 1870, entbrannte ein Wettkampf der großen Kolonialmächte England, Frankreich, Portugal, später auch Deutschlands und Italiens um die noch „freien" Gebiete: ganz A. wurde aufgeteilt. Kulturarbeit leisteten christliche Missionen, die im Rahmen ihrer Möglichkeiten gegen Krankheit u. Seuchen ankämpften u. für die eingeborene Bevölkerung Schulen u. Ausbildungsstätten errichteten. Nach dem 2. Weltkrieg setzten in allen Kolonien starke Unabhängigkeitsbestrebungen ein, die zur Entstehung zahlreicher selbständiger Staaten führten. Die von den Kolonialmächten hinterlassenen Mißstände, aufkeimender Nationalismus u. mangelnde politische Erfahrung der afrikanischen Völker, die Rassenpolitik der Weißen in Südafrika u. der Konkurrenzkampf der Weltmächte um politischen Einfluß – das alles sind Gründe dafür, daß A. heute der Schauplatz dauernder Kämpfe u. Unruhen ist. Die meisten Staaten sind Mitglied der OAU (↑ internationale Organisationen).

Afrikaans (Kapholländisch) s, die Sprache der ↑Buren; sie bildete sich aus niederländischen Mundarten, die mit französischen, deutschen, englischen u. afrikanischen Sprachelementen durchsetzt wurden. Das A. ist seit 1925 neben dem Englischen Amtssprache in der Republik Südafrika.

Ägäisches Meer s (Ägäis), Nebenmeer des Mittelmeeres, zwischen Griechenland, Kreta u. Kleinasien; etwa 180 000 km²; bis 2 962 m tief (bei Kreta); sehr buchten- u. inselreich. Zu den *Ägäischen Inseln* gehören u. a. Kreta, Lesbos u. Gruppen wie die Kykladen, die Sporaden u. der Dodekanes.

Agamemnon, in der griechischen Sage ein König von Mykene, oberster Führer der Griechen im Trojanischen Krieg. Nach der Rückkehr wird er von seiner Gattin Klytämnestra u. ihrem Geliebten Ägisthus ermordet. Sein Sohn ↑Orestes rächt das Verbrechen.

Agave

Agave

Agave w, Gattung der Agavengewächse, die etwa 300 Arten umfaßt u. vom Süden der USA bis ins nördliche Südamerika verbreitet ist. Jede Pflanze bildet eine grundständige Rosette aus fleischigen Blättern, aus der sich oft erst nach vielen Jahren ein bis 8 m hoher Blütenstand aus trichterförmigen Blüten entwickelt. Viele Arten werden als Zierpflanze kultiviert. Vor allem die *Sisalagave* besitzt auch wirtschaftliche Bedeutung, weil ihre Blätter zähe Fasern, den Sisalhanf, liefern. Aus ihm werden v. a. Taue hergestellt. Die auch im Mittelmeergebiet verbreitete *Amerikanische A.* wird dort fälschlicherweise als „Hundertjährige Aloe" bezeichnet. Sie blüht nach etwa 15 Jahren mit gelben Blüten. Aus dem Saft verschiedener anderer Agavenarten wird in Mexiko ein alkoholisches (als *Pulque* bezeichnetes) Getränk bereitet.

Agende [lat.] w, in den evangelischen Kirchen: die Ordnung des Gottesdienstes bzw. das Buch, in dem sie aufgezeichnet ist.

Agent [lat.] m: **1)** ein selbständiger Kaufmann, der für andere Geschäfte (meist Versicherungsverträge) abschließt oder vermittelt; **2)** jemand, der in einem Land für einen fremden Staat geheime Aufträge ausführt (auch als *Spion* bezeichnet).

Aggregat [lat.] s, in der Technik aus mehreren miteinander verbundenen Einzelmaschinen bestehender Satz von Maschinen; auch in anderen Bereichen der Naturwissenschaft spricht man von Aggregaten, wenn einzelne Bestandteile eines bestimmten Bereichs geordnet zusammenwirken.

Aggregatzustand [lat.; dt.] m, Zustandsform, in der physikalische Körper (Stoffe) vorliegen. Es werden drei Aggregatzustände unterschieden: fest (Merkmal: formbeständig), flüssig (Merkmal: volumenbeständig), gasförmig (Merkmal: weder form- noch volumenbeständig). Die Aggregatzustände beruhen auf mehr oder weniger großem Zusammenhalt der einzelnen Moleküle eines Stoffes. Man kann die Aggregatzustände leicht an folgenden Beispielen demonstrieren (Abb.): Ein mit einem Stück Eis gefülltes Reagenzglas (Zustand a) wird erwärmt; das Eis schmilzt (Zustand b), bis nur noch Wasser vorliegt (Zustand c); bei weiterem Erwärmen beginnt das Wasser zu verdampfen (Zustand d), bis es völlig verdampft ist u. den Raum des Glases als Gas erfüllt (Zustand e). Die Zustände b u. d bezeichnet man als heterogene Systeme, d. h. Systeme, in denen zwei Aggregatzustände (Phasen) nebeneinander vorkommen. Hier handelt es sich um die Systeme fest–flüssig und flüssig–gasförmig. Ein Beispiel für ein System fest–gasförmig bekommt man bei der Erwärmung von festen Jodkörnchen in einem Reagenzglas. Das Jod sublimiert, d. h., es geht direkt vom festen Zustand in den gasförmigen Zustand über. Weitere bekannte Beispiele eines Nebeneinanderbestehens zweier Aggregatzustände sind: Schaumbeton (fest–gasförmig), Rauch (fest–gasförmig), Schlamm (fest–flüssig) u. Dampf (flüssig–gasförmig). Die Abb. zeigt die verschiedenen Möglichkeiten des Überganges eines Stoffes aus einem A. in einen anderen. Das Schmelzen, Verdampfen u. Sublimieren sind energieverbrauchende Vorgänge, weil die zwischenmolekularen Kräfte in der Substanz gelöst werden müssen. Meistens geschieht das durch Wärmezufuhr. Das Kondensieren u. Erstarren sind energieliefernde Vorgänge, d. h., es wird Wärme frei.

Aggression [lat.] w, völkerrechtlich: ein rechtswidriger Angriff auf fremdes Staatsgebiet; Angriffsverhalten eines Menschen; feindselige, ablehnende Haltung; *Aggressor*, Angreifer; *aggressiv*, angreifend, angriffslustig; *Aggressivität*, Angriffslust, Streitbarkeit.

Agitation [lat.] w, aufreizende werbende Tätigkeit für bestimmte politische Anschauungen; (politische) Hetze.

Agnus Dei [lat.; = Lamm Gottes] s, Bezeichnung u. Symbol für Christus; danach der Name eines liturgischen Gebets.

Agonie [gr.] w, Todeskampf.

Agra, indische Stadt südöstlich von Delhi, mit 635 000 E. Die Stadt hat eine Universität u. bedeutende Bauten, darunter das ↑Tadsch Mahal. A. hat einen lebhaften Handel u. Textilindustrie.

Agraffe [frz.] w, Zierschnalle.

Agram ↑Zagreb.

Agrarier [lat.] m, Großgrundbesitzer; Landwirt.

Agrarstaat m, ein Staat, dessen Wirtschaft vorwiegend durch die Landwirtschaft bestimmt ist.

Agrippa, Marcus Vipsanius, * 64 oder 63, † 12 v. Chr., römischer Feldherr u. Staatsmann, Schwiegersohn des Kaisers Augustus. Er besiegte Marcus ↑Antonius 31 v. Chr. bei Aktium. 25 v. Chr. ließ er in Rom das ↑Pantheon erbauen.

Ägypten (Arabische Republik Ä.), Republik in Nordostafrika. Ä. ist mit etwa 1 Mill. km² etwa viermal so groß wie die Bundesrepublik Deutschland und hat 36,7 Mill. E. Die Bevölkerung besteht vorwiegend aus moslemischen Arabern. Die Hauptstadt ist Kairo. Das Land ist zum größten Teil Wüste. Die meisten Menschen leben im fruchtba-

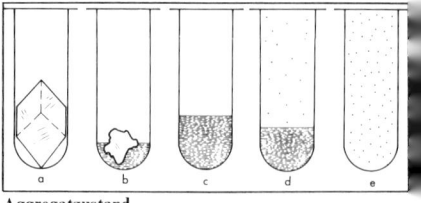
Aggregatzustand

ren Flußgebiet des Nil und im Nildelta, in Oasen sowie an den Küsten des Mittelmeeres u. des Roten Meeres. Nur etwa 3,5 % des Landes können landwirtschaftlich genutzt werden (Anbau von Baumwolle, Getreide, Kartoffeln, Gemüse u. Zuckerrohr; im Niltal kann zwei- bis dreimal im Jahr geerntet werden). Die noch wenig entwickelte Industrie verarbeitet v. a. die angebauten Produkte. Am Golf von Sues wird Erdöl gefördert. Das bei Assuan abgebaute Eisenerz wird in Hilwan bei Kairo verhüttet. Durch den Bau von Staudämmen am Nil (zuletzt der Assuanhochdamm) versucht man, größere Landflächen künstlich zu bewässern u. fruchtbar zu machen. Für den internationalen Durchgangsverkehr war der Suezkanal bis 1967 u. ist wieder seit 1975 bedeutend. Ä. hat mit zahlreichen Denkmälern der alten ägyptischen Kultur bedeutende Anziehungspunkte für den Fremdenverkehr. Zur Geschichte ↑ägyptische Geschichte.

ägyptische Geschichte, schon früh siedelten ackerbauende Völker in dem fruchtbaren Landstrich längs des Nil, der mit seinen alljährigen Überschwemmungen das Land bewässert. Bereits um 3000 v. Chr. gab es zwei große Reiche, Ober- u. Unterägypten, die der ägyptischen Überlieferung nach um 2880 v. Chr. durch Pharao (= König) Menes vereinigt wurden. Das *Alte Reich* bestand von 2620 bis 2100 v. Chr.; Residenz war Memphis. Unter der uneingeschränkten Macht des Erbkönigtums wurden Eroberungszüge nach Nubien u. Palästina unternommen. Aufstände u. soziale Umwälzungen führten zum Zerfall des Reiches in kleinere Fürstentümer. Später gelang noch einmal die Einigung des Reiches von Oberägypten aus: Hauptstadt wurde Theben. Das *Mittlere Reich* bestand von 2040 bis 1650 v. Chr. Es hatte ein wohlgeordnetes Verwaltungssystem. Die Hauptstädte des Reiches wechselten. Neue Bewässerungsanlagen wurden erbaut u. das Kulturland erweitert. Als innere Wirren das Reich schwächten, gelang es Hyksos, einem aus Asien stammenden Volk, Ägypten zu erobern u. es ein Jahrhundert zu beherrschen. Nach ihrer Vertreibung wurde das *Neue Reich* errichtet. Es bestand von 1551 bis 1070 v. Chr.; Hauptstadt war Theben. Während dieser Zeit stieg Ägypten zur Weltmacht auf. Auf den

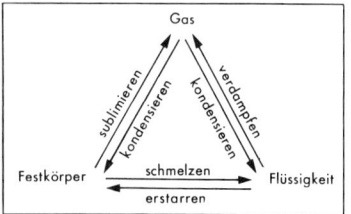

Höhepunkten militär. Machtentfaltung wurden Nubien, Palästina u. Syrien erobert. Die schon im Alten Reich durchgeführten Handelsfahrten nach Punt (vermutlich an der Somaliküste) wurden wieder aufgenommen. Unter ↑ Amenophis IV. brachen schwere religiöse Krisen u. innere Unruhen aus. Nach neuer Festigung unter Ramses II. u. Ramses III. verfiel die ägyptische Macht durch innere u. äußere Kriege. – In den nachfolgenden Jahrhunderten stand Ägypten unter wechselnder Herrschaft. Eine Zeitlang war es persische Provinz, 332 v. Chr. wurde es von Alexander dem Großen erobert. Danach herrschten die ↑ Ptolemäer in Ägypten; unter ihnen erlebte es eine große wirtschaftliche u. kulturelle Blüte. Die Hauptstadt Alexandria wurde Mittelpunkt der hellenistischen Kultur (↑ Hellenismus). Als der Römer 30 v. Chr. Alexandria eroberten, nahm sich Königin ↑ Kleopatra das Leben. Ägypten wurde Provinz des Römischen Reiches. – Schon früh bildeten sich in Ägypten christliche Gemeinden; das Mönchtum nahm von hier seinen Ausgang. 639 wurde das Land von den Arabern erobert. In den folgenden Jahrhunderten wurde es zu einem islamischen Land. Ab 1517 war es Provinz des Osmanischen Reiches, zeitweise aber praktisch selbständig. Gegen Ende des vorigen Jahrhunderts geriet Ägypten durch wirtschaftlichen Druck u. schließlich durch militärische Besetzung unter britische Herrschaft. 1922 wurde es Königreich. Durch einen Staatsstreich wurde 1952 König Faruk zur Abdankung gezwungen u. ein Jahr später die Republik ausgerufen. Die Tatsache, daß Großbritannien noch immer in Ägypten anwesend war, führte zu dauernden Auseinandersetzungen. Sie erreichten ihren Höhepunkt im *Sueskonflikt* (1956), als ↑ Nasser die Verstaatlichung der Sues-Kanal-Gesellschaft verkündete (die Aktien befanden sich in britischer u. französischer Hand), u. daraufhin Israel, Großbritannien u. Frankreich das Land militärisch angriffen. Durch die UN (denen Ägypten als Gründungsmitglied angehört) wurde der Konflikt beigelegt. 1958 wurde durch Zusammenschluß Ägyptens und Syriens die Vereinigte Arabische Republik (VAR) geschaffen. Syrien löste sich 1961 aus dieser Verbindung; Ägypten behielt den Namen bis 1971 bei. 1967 gab es einen neuen Konflikt zwischen Israel u. den arabischen Staaten, an dem Ägypten unter Nasser führend beteiligt war. Die Halbinsel Sinai war seitdem von Israel besetzt. Nachfolger des 1970 gestorbenen Nasser wurde Anwar As Sadat, der 1973 gemeinsam mit Syrien Israel angriff. Nach dem Waffenstillstand schalteten sich die USA vermittelnd ein. 1979 wurde ein Friedensvertrag zwischen Ägypten und Israel erreicht, der eine stufenweise Rückgabe des Sinai festlegte, jedoch eine Isolierung Ägyptens im arabischen Raum zur Folge hatte.

ägyptische Kunst, die Kunst der Ägypter etwa vom 4. Jahrtausend bis zum 1. Jh. v. Chr. Schon aus der *Frühzeit* (etwa 4. Jahrtausend v. Chr.) sind Ton- u. Steingefäße, Figuren u. Felsbilder erhalten. Gegen Ende dieser Frühzeit wurden schon große Grabkammern angelegt, deren Wände mit Kampf-, Jagd- und Tanzszenen bemalt sind. Im *Alten Reich* (etwa 2620 bis 2100 v. Chr.) wurden die Grabanlagen der Könige dann als Pyramiden gebaut. Nach Vorstufen entstand in der 4. Dynastie die endgültige Form der Pyramide (Pyramiden der Könige Cheops, Chephren u. Mykerinos bei Gise). In den Tempeln u. Grabkammern fand man auch die großartigen Zeugnisse der ägyptischen Plastik: Statuen, Sitzbilder u. Reliefs. Erstaunlich ist die wirklichkeitsnahe Wiedergabe der Natur bei all diesen Bildwerken. Aus dem *Mittleren Reich* (2040 bis 1650 v. Chr.) sind Bildnisstatuen erhalten mit charakteristischen persönlichen Zügen. In dieser Zeit verlor die Pyramide an Bedeutung. Im *Neuen Reich* (1551 bis 1070 v. Chr.) entstanden große Tempelanlagen (u. a. Luxor, Karnak, Abu Simbel), außerdem blühten Reliefkunst u. Malerei. Das berühmte Grab des Tutanchamun mit seinen unermeßlichen Schätzen vermittelt eine Ahnung vom Reichtum ägyptischer Kultur. In der *Spätzeit* (bis ins 1. Jh. v. Chr.) ist nur noch die Porträtkunst bemerkenswert.

Ahasver (Ahasverus), der Ewige Jude, eine Gestalt der christlichen Legende. A. verweigert Jesus, der das Kreuz trägt, die Rast vor seinem Hause. Dafür muß er ruhelos über die Erde wandern bis ans Ende der Zeiten. A. wurde zum Sinnbild des heimatlos gewordenen jüdischen Volkes.

Ahmedabad, Stadt in Indien, mit 1,7 Mill. E. Bis 1975 war A. die Hauptstadt des Bundesstaates Gujarat. Es hat eine Universität, alte Moscheen und Tempel. Wirtschaftlich bedeutend ist die Textilindustrie. Das alte Kunsthandwerk ist noch lebendig.

Ahnen *m, Mz.,* Vorfahren. Im *Ahnenkult* werden die verstorbenen Vorfahren religiös verehrt. Besonders ausgeprägt ist der Kult bei Naturvölkern, bei denen der A. im Ahnenbild (Pfahl, Figur, Schädel) immer gegenwärtig sind. Der Ahnenkult ist ein wesentlicher Bestandteil der chinesischen u. der japanischen Religion (Ahnentempel). In Europa war er am stärksten bei den alten Römern entwickelt, die die Masken ihrer A. im Atrium aufbewahrten.

Ähnlichkeit *w,* Gleichheit der Form, im allgemeinen jedoch nicht der Größe. Die für die Ä. von Dreiecken hinreichenden Bedingungen sind in den *Ähnlichkeitssätzen* formuliert: Zwei Dreiecke sind einander ähnlich: 1. wenn sie in zwei Winkeln übereinstimmen, 2. wenn sie im Verhältnis zweier Seiten und in dem von diesen Seiten eingeschlossenen Winkel übereinstimmen, 3. wenn sie in den Verhältnissen der drei Seiten übereinstimmen, 4. wenn sie im Verhältnis zweier Seiten u. dem Gegenwinkel der größeren von diesen übereinstimmen.

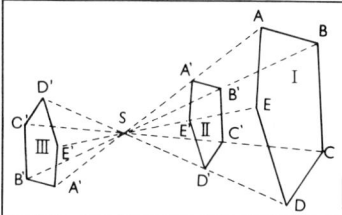

Ahorn *m,* eine Gattung der Blütenpflanzen mit etwa 150 Arten vor allem auf der Nordhalbkugel. Die meist als Bäume, seltener als Sträucher wachsenden Pflanzen besitzen gegenständige, meist gelappte Blätter u. ziemlich kleine, häufig gelblichgrüne Blüten, die zu kleinen Blütenständen zusammengefaßt sind. Die Bestäubung erfolgt durch Insekten oder den Wind. In Deutschland kennt man 4 Arten, von denen die häufigsten sind: der *Spitzahorn* mit langen, spitzen Zähnen an den 5- bis 7lappigen Blättern. Seine gelbgrüßen Blüten stehen in aufrechten Blütenständen u. entfalten sich noch vor den Blättern. Beim *Bergahorn* sind die Zähne

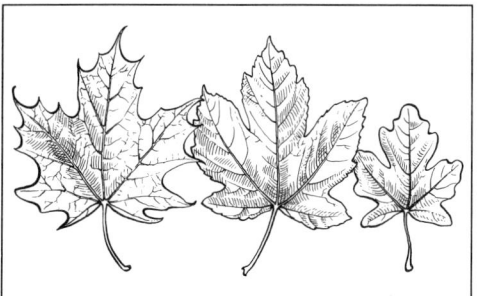

Ahorn. Spitzahorn, Bergahorn, Feldahorn

Akanthus (Ornament)

Ahr

an den Blattlappen stark abgerundet, seine Blüten erscheinen erst nach der Laubentfaltung in hängenden Trauben. Seine Heimat ist das Gebirge. Im Gegensatz zu diesen beiden bis 35 m werdenden Bäumen, die häufig an Straßen u. in Parkanlagen angepflanzt werden, wächst der *Feldahorn* meist als Strauch besonders an Waldrändern u. in Feldgehölzen. Er wird nur 15 m hoch u. hat kleinere Blätter, deren Lappen ungezähnt sind oder nur einige stumpfe Vorsprünge aufweisen.

Ahr *w*, linker Nebenfluß des Rheins (89 km). Die A. entspringt in der Eifel. Am Unterlauf wird Wein angebaut (*Ahrweine*).

Ähre ↑Blütenstand.

Aischylos [*aißchülos*] ↑Äschylus.

Ajaccio [*aschakßjo*], Stadt auf Korsika, mit 50 000 E, an der Westküste der Insel gelegen. A. ist eine Handelsstadt mit Hafen u. Flugplatz.

Akademie [gr.] *w*: **1)** ursprünglich die Philosophenschule Platons am Hain des Heros Akademos (bei Athen); seit dem 15. Jh. Bezeichnung für gelehrte Gesellschaften u. Forschungseinrichtungen; **2)** Fachhochschule (z. B. Bergakademie, A. der bildenden Künste) im Unterschied zur ↑Universität.

Akademiker [gr.] *m*, jemand, der an einer Hochschule seine Ausbildung mit einer Prüfung abgeschlossen hat.

Akanthus [gr.] *m*, Bärenklau, stacheliges Staudengewächs des Mittelmeergebietes. Seine großen, gespaltenen, zum Teil auf gebogenen Stielen sitzenden Blätter wurden in der bildenden Kunst als Ornament verwendet; im Altertum findet man das *Akanthusornament* v. a. an den Kapitellen korinthischer Säulen.

Akazien [gr.] *w*, *Mz.*, Gattung der Hülsenfrüchtler mit etwa 1 000 Arten in den Subtropen u. Tropen. Es sind meist Bäume, seltener Sträucher, die mit den Mimosen eng verwandt sind u. daher auch häufig mit ihnen verwechselt werden (die im Winter in Blumengeschäften angebotenen „Mimosen" sind Blütenstengel von A.). Ihre Blätter können gefiedert oder ungeteilt sein, die kleinen, meist gelb oder weiß blühenden strahligen Blüten stehen fast immer in dichten Blütenständen. Viele Arten besitzen spitze, hohe Dornen, die häufig von Ameisen angebohrt u. bewohnt werden. Für den Menschen haben verschiedene Arten wirtschaftliche Bedeutung, sie liefern Gerbstoffe, wertvolles Nutzholz oder (durch Anzapfen der Rinde) Gummiarabikum als wasserlöslichen Klebstoff. In Deutschland wird oft fälschlicherweise die *Robinie* (ein durch lange, weiße Blütentrauben auffallender Baum) als Akazie bezeichnet.

Akelei [mlat.] *w*, eine Gattung der Hahnenfußgewächse mit etwa 120 Arten, v. a. in den wärmeren Gebieten der nördlichen gemäßigten Zonen. Die bis 1 m hohen Kräuter besitzen schöne, große, meist leuchtend blau, orange oder gelb gefärbte Blüten, die mehrere nach hinten gerichtete Sporne aufweisen, in denen der Nektar verborgen liegt. In Deutschland kommen wild 3 Arten vor, man findet sie noch in den Gebirgen; wegen ihrer Seltenheit stehen sie unter Naturschutz. Ihre Blüten sind blau bis dunkelviolett. Die selbst im Hochgebirge selten gewordene *Alpenakelei* entfaltet ihre besonders großen, hellblauen Blüten von Juni bis August. In den Gärten sieht man viele ausländische, prächtig gefärbte Arten.

Akklamation [lat.] *w*, Zustimmung, Beifall, Zuruf; bei Abstimmungen spricht man von *Annahme durch A.*, d. h. durch Beifall (ohne Stimmenzählung).

akklimatisieren [lat.], *sich a.* heißt, sich an veränderte Lebensverhältnisse anpassen, insbesondere an ein fremdes Klima.

Akko (Akka), israelische Küstenstadt nördlich von Haifa, mit 43 000 E. Schon in phönikischer Zeit – u. später unter wechselnder Herrschaft – war A. wirtschaftlich und militärisch bedeutend. Zur Zeit der Kreuzzüge war die Stadt hart umkämpft. Der Hafen ist heute versandet.

Akkomodation [lat.] *w*, Anpassung; besonders die Einstellung des Auges auf die jeweilige Entfernung.

Akkord [frz.] *m*: **1)** in der Musik ist ein A. ein harmonisch geordneter Zusammenklang von mindestens drei Tönen verschiedener Tonhöhe, z. B. c–e–g (in C-Dur); **2)** Entlohnung nach Arbeitsleistung (meist nach der Stückzahl); Beispiel: ein Packer erhält für jedes Paket, das er packt, 0,65 DM.

Akkordeon [frz.-nlat.] *s* (Ziehharmonika), ein Harmonikainstrument; es hat für die Melodiestimme entweder eine Tastenreihe (daher wird diese Art auch als *Pianoakkordeon* oder *Schifferklavier* bezeichnet) oder eine Knopfreihe. Für die Baßbegleitung hat das A. immer Knöpfe. Mit den Knöpfen für die Begleitung werden Akkorde ausgelöst (daher der Name des Instruments). Beim A. ist (im Gegensatz zur ↑Handharmonika) der Ton bei Druck und Zug gleich.

Akkra ↑Accra.

Akkumulator [lat.] *m*, Kurzform: Akku, eine transportable Energie- bzw. Stromquelle (am bekanntesten als Autobatterie), die sich im Gegensatz zur Taschenlampenbatterie wieder aufladen (regenerieren) läßt. Der am häufigsten verwendete Typ, der *Bleiakkumulator*, besteht im Prinzip aus einem mit verdünnter Schwefelsäure gefüllten Gefäß, in das eine Bleiplatte u. eine mit Bleidioxid (PbO_2) beschichtete Platte hineingetaucht wird. Das elementare (nullwertige) Bleimetall u. das im Bleidioxid vierwertig vorliegende Blei haben das Bestreben, sich beide in zweiwertiges Blei in Form von Bleisulfat ($PbSO_4$) umzuwandeln. Dabei lösen

Ägyptische Kunst. Thron des Tutanchamun

Alaska

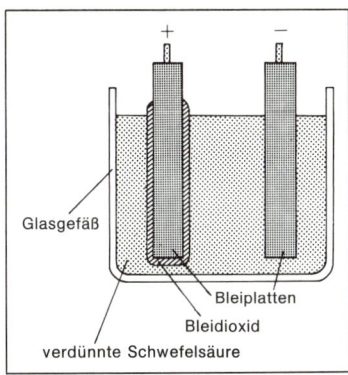

sich sowohl das Blei als auch das Bleidioxid und bilden eine wäßrige Lösung von Bleisulfat. Dieser Vorgang liefert Energie in Form von Strom, der zum Starten von Autos, als Notstromaggregat usw. gebraucht wird. Wird die leere Batterie mit einer stärkeren Gleichstromquelle verbunden, so wird der abgelaufene chemische Vorgang wieder rückgängig gemacht u. der A. wieder in seinen ursprünglichen Zustand gebracht. Damit ist er erneut in der Lage, Strom zu liefern. – Andere Typen sind der *Nickel-Eisen-Akkumulator*, der *Nickel-Cadmium-Akkumulator* u. der *Silber-Zink-Akkumulator*, die z. T. brauchbarer sind als der Bleiakkumulator.

Akkusativ (Wenfall) ↑Fälle.
Akkusativobjekt ↑Satz.
Akrobat [gr.] *m*, Turn- u. Bewegungskünstler, der im Zirkus oder im Varieté schwierige, mitunter waghalsige Übungen vorführt. Man unterscheidet *Parterreakrobaten*, die ihre Kunststücke am Boden ausführen, u. *Luftakrobaten*, die auf dem Seil, an schwingenden Ringen oder am Trapez arbeiten.

Akropolis [gr.] *w*, die Festung auf dem Burgberg griechischer Städte. Gemeint ist meistens die A. von Athen: Die wichtigsten, nur teilweise erhaltenen Bauwerke sind hier der Parthenon, die ↑Propyläen u. das Erechtheion, die in der 2. Hälfte des 5. Jahrhunderts v. Chr. errichtet wurden. Der *Parthenon* ist ein im dorischen Stil erbauter Tempel (mit umlaufendem Säulengang) zu Ehren der Göttin Athene; die Giebelfiguren u. die Reliefs auf den Friesen des Parthenons gelten als Hauptwerke der klassischen Kunst. Zu Ehren des Erechtheus, eines sagenhaften Königs von Athen, wurde im ionischen Stil das *Erechtheum* errichtet; sein berühmtester Teil ist die Korenhalle, so genannt nach den stehenden Mädchenfiguren (gr. kore = Mädchen), die das Gebälk tragen.

Akt [lat.] *m*: **1)** Vorgang, öffentliche Handlung; z. B. der Staatsakt; **2)** Teilabschnitt eines Theaterstücks, der meistens in sich eine gewisse Einheit bildet (andere Bezeichnung: Aufzug); **3)** in der bildenden Kunst die Darstellung des nackten menschlichen Körpers; **4)** geschlechtliche Vereinigung; **5)** ↑Akte.

Akte [lat.] *w* (bes. süddeutsch u. österreichisch: Akt), amtliches Schriftstück, Sammlung zusammengehöriger Schriftstücke.

Aktie [...*zi*ᵉ; niederl.] *w*, die A. ist eine Urkunde, in der dem Inhaber (*Aktionär*) bescheinigt wird, daß er einem Unternehmen (*Aktiengesellschaft*) einen bestimmten Geldbetrag zur Verfügung gestellt hat, mit dem das Unternehmen seine Geschäfte tätigen kann. Mit dem Erwerb einer A. wird der Käufer Miteigentümer der Aktiengesellschaft. Er ist am Gewinn u. Verlust der Aktiengesellschaft beteiligt. Der Gewinn wird meist jährlich verteilt („ausgeschüttet"), jeder Aktionär erhält seinen Anteil (*Dividende*). Jede A. lautet auf einen *Nennwert*, das ist ein Teilbetrag des Grundkapitals der Gesellschaft. Außerdem gibt es für Aktien einen sogenannten *Kurswert*, das ist der Wert, der täglich an der Börse ermittelt wird. Ist die Nachfrage nach einer A. sehr groß, weil es sich z. B. um ein ertragreiches Unternehmen handelt, so ist auch der Kurswert hoch u. damit auch der Betrag, der beim Kauf dieser A. zu zahlen ist.

aktiv [lat.], tätig, rührig, unternehmend, tatkräftig; im Dienst stehend; Gegensatz: ↑passiv.
Aktiv ↑Verb.
Aktivkohle ↑Adsorption.
aktuell [frz.], zeitnah, zeitgemäß.
Akustik [gr.] *w*, die Lehre vom ↑Schall, von seiner Entstehung, Ausbreitung und Wahrnehmung. Die A. befaßt sich mit allen mechanischen Schwingungs- und Wellenerscheinungen in Stoffen (vor allem in der Luft), deren Frequenzen zwischen etwa 16 und 20 000 Hertz liegen (*untere* u. *obere Hörgrenze*) und die als Schall wahrgenommen werden.
akut [lat.], im Augenblick herrschend, vordringlich; unvermittelt; eine *akute Krankheit* ist eine plötzlich auftretende Krankheit.
Akzent [lat.] *m*: **1)** Betonung einer Silbe (Wortakzent) oder eines Redeteils im Satz (Satzakzent); **2)** Betonungszeichen (z. B. in Café); **3)** Aussprache, Tonfall.
Alabaster [gr.] *m*, feinkörniger, durchscheinender, weißgelber bis rötlicher Gips.
Aladin, in der Märchensammlung „Tausendundeine Nacht" ein Jüngling, der eine Wunderlampe besitzt. Wenn er die Lampe reibt, erscheint ein Geist, der ihm alle Wünsche erfüllt.
Ålandinseln, finnische Inselgruppe im Süden des Bottnischen Meerbusens. Von den rund 10 000 Inseln u. Schären sind 90 bewohnt. Die 22 000 E sprechen meist schwedisch. Die Hauptinsel ist *Åland* (650 km²); ihre Hauptstadt Mariehamn hat 9 500 E.
Alarich, * auf einer Insel in der Donaumündung um 370, † in Süditalien 410, König der Westgoten. A. eroberte 410 Rom. Auf dem Weg nach Süditalien, von wo aus er nach Afrika übersetzen wollte, starb er u. wurde bei Cosenza im Busento begraben (Ballade von A. von Platen).
Alarm [ital. all'arme = zu den Waffen!] *m*, Warnungszeichen, Gefahrmeldung; Beunruhigung, Lärm.
Alaska (Abkürzung: Alas.), nördlichster Staat der USA, mehr als sechsmal so groß wie die BRD. Von den 352 000 E sind 23 % Eskimos u. Indianer. Die Hauptstadt ist *Juneau* (6 000 E). A. ist eine Hochfläche, die von vergletscherten Kettengebirgszügen

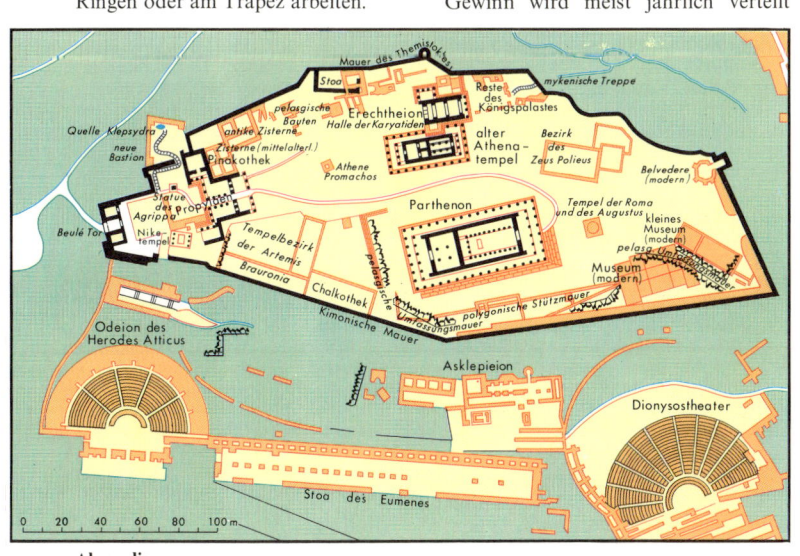

Akropolis

Alaun

eingeschlossen ist. Es hat rauhes Kontinentalklima. Bedeutend sind die seit 1968 entdeckten Erdölvorkommen im Norden Alaskas. Seit 1977 ist die 1 300 km lange Pipeline zur Südküste in Betrieb. Gewonnen werden außerdem Gold, Kohle u. Erze. Die einzige winteroffene Straßenverbindung von Kanada nach A. ist der 2 450 km lange *Alaska Highway* (erbaut 1942). – A. wurde 1741 entdeckt u. war bis 1867 russisch. Die USA kauften A. 1867 für 7,2 Mill. $; 1959 wurde A. 49. Bundesstaat der USA.

Alaun [lat.] *m*, früher von Färbern u. Gerbern verwendetes Beizmittel; durchscheinend, auch weißes Kristallpulver (chemische Bezeichnung: Kaliumaluminiumsulfat; auch als blutstillendes Mittel verwendet.

Alba, Fernando Álvarez de Toledo, Herzog von, * Piedrahita (Ávila) 29. Oktober 1507, † Lissabon 11. Dezember 1582, spanischer Feldherr u. Staatsmann. 1536 erster militärischer Berater Kaiser Karls V.; als Oberbefehlshaber der kaiserlichen Heere siegte er 1547 bei Mühlberg/Elbe über den ↑Schmalkaldischen Bund. Als spanischer Statthalter in den Niederlanden 1567–1573 übte e in Schreckensregiment aus, das schließlich den Abfall der nördlichen Provinzen bewirkte. A. wurde von Philipp II. aus den Niederlanden abberufen. 1580 eroberte er dann Portugal für die spanische Krone.

Albanien, sozialistische Volksrepublik in Südosteuropa, an der Adria, mit 2,6 Mill. E; 27 748 km^2. Die Hauptstadt ist Tirana. Die Bevölkerung besteht vorwiegend aus Albanern. Bevor A. 1967 zum ersten atheistischen Staat der Welt proklamiert wurde, waren 70 % der Bevölkerung Moslems. Das Land ist verkehrsmäßig wenig erschlossen. Die Industrialisierung wird seit 1949 schrittweise vorangetrieben. Ausgeführt werden Chrom, Kupfer, Erdöl, Tabak, Früchte. Der Haupthafen ist Durrës. *Geschichte:* Im Altertum von Rom unterworfen. Im Mittelalter war A. teilweise von Bulgarien, dann von Byzanz, seit 1343 von den Serben u. 1479 bis 1913 von den Türken beherrscht. 1913 wurde A. ein Fürstentum unter Wilhelm I. (= Herrscher) Wilhelm I. (Prinz zu Wied), 1925 Republik, 1928 Königreich. 1939 annektierte Italien das Land. 1946 wurde es Volksrepublik, 1976 sozialistische Volksrepublik. A. ist Mitglied der UN.

Albatrosse [arab.] *m*, *Mz.*, Familie gut segelnder Meeresvögel mit 13 Arten, v. a. in der Südsee. Die mittelgroßen bis sehr großen Vögel besitzen schmale, lange Flügel (der *Wanderalbatros* hat eine Flügelspannweite von 3,5 m u. ist damit der größte heute lebende Meeresvogel), einen kräftigen, vorn hakig gebogenen Schnabel u. durch Schwimmhäute verbundene Zehen. Sie fressen viele Meerestiere (von lebenden u. toten Fischen bis zu Meereskrebsen) u. brüten auf kleinen Inseln. Ihr Gelege besteht nur aus einem Ei in einem aus Schlamm u. Zweigen aufgetürmten Bodennest. Bei manchen Arten speien Jungvögel bei Gefahr dem Feind Tran ins Gesicht, den sie hochwürgen.

Alberich, Zwerg der deutschen Heldensage, Hüter des Nibelungenhorts.

Albertus Magnus, Heiliger, eigentlich Albert Graf von Bollstädt, * Lauingen (Donau) um 1200, † Köln 15. November 1280, deutscher Philosoph, Theologe u. Naturforscher. A. M. war Dominikaner u. einer der bedeutendsten Gelehrten des Mittelalters. Er lehrte in Paris u. Köln. Unter seinen Schülern war ↑Thomas von Aquin.

Herzog Alba **Alexander der Große** **Alkibiades**

Albino *m* (Weißling), ein tierisches oder menschliches Lebewesen, das von Geburt an unfähig ist, bestimmte Pigmente zu erzeugen u. diese in der Haut, den Augen u. in Haaren oder Federn abzulagern. Ein A. erscheint stets weiß u. hat im Unterschied zu weißen Zuchtrassen (wie z. B. dem Schimmel) immer rote Augen. Schon Aristoteles waren „weiße Amseln" bekannt.

Album [lat.] *s*, ein Gedenk- oder Stammbuch; ein Sammelbuch, u. a. für Briefmarken, Fotografien, Bilder.

Alchimie [arab.] *w*, Bezeichnung für die Chemie der Zeit von der Spätantike bis zum 17. Jh. Es war nicht Chemie im heutigen Sinn, sondern ein Experimentieren mit den verschiedensten Stoffen, um mit Hilfe von übernatürlichen Kräften (z. B. unter bestimmten Stellungen der Gestirne zueinander) einen besonderen, „vollkommenen Stoff" hervorzubringen, z. B. den Stein der Weisen. Vom 17. Jh. bis Ende des 18. Jahrhunderts gebrauchte man den Ausdruck A. für die Versuche, Gold aus unedlen Stoffen zu gewinnen.

Aldehyde *m*, *Mz.* [Kw. aus *Alcoholus dehy*drogenatus], wichtige Gruppe von organischen Verbindungen (↑Chemie), die als charakteristisches Merkmal die chemisch sehr reaktionsfähige *Aldehydgruppe* $-C{\lessgtr}{_{O}^{H}}$ tragen. Durch Zusammenlagerung von Aldehydmolekülen entstehen die Aldehydharze (Kunstharze), die zum Teil gegen Wärme, Basen u. Säuren recht unempfindlich sind und daher als elastischer, polierbarer Werkstoff verwendet werden. Der einfachste Aldehyd ist der *Formaldehyd* ($HC{\equiv}{_{O}^{H}}$).

Alemannen *m*, *Mz.*, ursprünglich ein Verband von Teilstämmen der westgermanischen Sweben, zuerst 212 am oberen Main genannt. Nach 233 stoßen die A. über den Limes vor u. siedeln um 260 im ↑Dekumatland. 357 werden sie bei Straßburg von den Römern besiegt. Im 5. Jh. verbreiten sich die A. über Pfalz, Elsaß, Nordschweiz, Rätien. Um 500 werden sie von den Franken, 746 dann endgültig von den Karolingern unterworfen. – Das im frühen 10. Jh. entstandene Stammesherzogtum Schwaben umfaßte noch das gesamte alemannisch-schwäbische Stammesgebiet. Nach 1250 löste sich dieses dann in eine Vielzahl von Territorien auf.

Aleppo, Stadt im nordwestlichen Syrien, mit 640 000 E. In A. gibt es eine Universität u. eine berühmte Moschee. Die Stadt ist ein Verkehrs- u. Handelszentrum und hat Textilindustrie. Ruinen aus dem frühen 2. Jahrtausend v. Chr. zeugen vom Alter der Stadt.

Aletschgletscher, Großer, *m*, größter Alpengletscher, in den Berner Alpen, 129 km^2, 24 km lang. Seitlich vom Gletscher liegt das *Aletschhorn* mit 4 195 m.

Aleuten *Mz.*, Inselkette zwischen Alaska u. Kamtschatka. Die A. gehören zum amerikanischen Bundesstaat Alaska. Sie umfassen rund 70 Inseln. Es gibt zum Teil noch tätige Vulkane. Auf den A. leben 8 100 Menschen. Die Eskimo betreiben Fischerei u. Pelztierfang.

Alexander: 1) A. I. Pawlowitsch, * Petersburg (heute Leningrad) 23. Dezember 1777, † Taganrog 1. Dezember 1825, Sohn Pauls I., russischer Zar seit 1801. Er war Verbündeter Preußens u. Österreichs im Kampf gegen Napoleon I. u. stiftete die ↑Heilige Allianz; **2) A. der Große,** * Pella 356, † Babylon 13. Juni 323 v. Chr., Sohn Philipps von Makedonien, König seit 336. Sein

Erzieher war der Philosoph Aristoteles. A. trug 338 entscheidend zum Sieg bei Chaironeia über die Griechen bei. Mit der Zerstörung Thebens (335) schlug er den Aufstand der Thebaner nieder. 334 brach er dann zum Zug gegen Persien auf u. errang seinen ersten großen Sieg am Granikos über die kleinasiatischen Satrapen. Er eroberte die ganze kleinasiatische Küste u. rückte über Gordion (die Erzählung vom ↑Gordischen Knoten ist sicherlich unhistorisch) nach Kappadokien u. Kilikien vor. Bei Issos besiegte A. den persischen König Darius III. (333). Dann besetzte er Ägypten u. gründete die Stadt Alexandria (331). Nach dem entscheidenden Sieg über Darius bei Gaugamela (331) nahm A. den Titel „König von Asien" an. Er umgab sich mit persischem Prunk u. schloß die politisch bedeutsame Ehe mit der Fürstentochter Roxane. Ende des Jahres 327 brach A. nach Indien auf u. überschritt 326 den Indus. Doch mußte er nach seinem Sieg über den indischen König Poros infolge der Meuterei seiner Truppen umkehren. Zu Anfang des Jahres 324 traf A. wieder in Persien ein. Dort starb er nach kurzer Krankheit. – Trotz des frühen Todes u. obwohl das Reich alles andere als gefestigt war, hat A. doch die folgende Entwicklung nachhaltig beeinflußt. Seine großen Eroberungen u. Städtegründungen erschlossen Vorderasien der griechischen Kultur; ↑auch Diadochen.

Alexandria, wichtigster Hafen u. zweitgrößte Stadt Ägyptens, im westlichen Nildelta, mit 2,3 Mill. E. Universitätsstadt mit mehreren Museen. A. ist Zentrum des ägyptischen Baumwollhandels. – 331 v. Chr. von Alexander dem Großen gegründet, war A. Hauptstadt der ↑Ptolemäer u. Sitz der berühmten Alexandrinischen Bibliothek (die bei der Zerstörung, 47 v. Chr., etwa 700 000 Rollen umfaßte). Seit 30 v. Chr. war A. in römischem Besitz und teilte fortan das Schicksal Ägyptens.

Alexandriner m, nach dem altfranzösischen Alexanderepos (12. Jh.) benannter sechshebiger jambischer Vers (↑Jambus) mit Zäsur nach der dritten Hebung. Der A. war vor allem im 17. u. 18. Jh. gebräuchlich, besonders in der klassischen französischen Tragödie (Beispiel: „Der hóhen Táten Rúhm múß wie ein Tráum vergéhn". A. Gryphius).

Alfred der Große, *Wantage (Berkshire) 848 (?), † 899 (?) angelsächsischer König (seit 871). A., König von Wessex (in Süd- und Südwestengland), hatte schwere Kämpfe mit den Dänen zu bestehen. Es gelang ihm aber, London zu gewinnen (886). Er errichtete Befestigungen u. schuf eine Flotte. Um die Bildung seines Volkes bemühte er sich sehr; u. förderte das Schulwesen u. übersetzte Werke der lateinischen Literatur ins Altenglische.

Algebra [arab.] w, ursprünglich die Lehre von den ↑Gleichungen (speziell von den algebraischen Gleichungen) u. den Methoden zu ihrer Lösung. Häufig zählte man auch das Rechnen mit sogenannten allgemeinen Zahlen (das sind Buchstaben, die als Symbole für beliebig wählbare Zahlen stehen) zur A. – Im Sinne der modernen Mathematik ist A. die Lehre von den algebraischen Strukturen. Man sagt von einer Menge (↑Mengenlehre) von beliebigen Elementen (z. B. Zahlen), sie besitzt eine *algebraische Struktur* (auch: sie ist eine algebraische Struktur), wenn zwischen ihren Elementen eine Verknüpfung (z. B. die Multiplikation) definiert ist, die zwei Elementen einer Menge (z. B. die Summe oder das Produkt dieser beiden Elemente) zuordnet. Je nach der Art der für die Verknüpfung geltenden Regeln unterscheidet man Ringe, Körper, Gruppen u. a.

Algen [lat.] w, Mz., fast immer wasserbewohnende, niedrige, blütenlose Pflanzen (einzelne A. auch an Steinen u. Holz). Die häufig mikroskopisch kleinen Einzeller (manchmal aber auch Vielzeller, die sich zu Riesenorganismen von 100–300 m Länge entwickeln) enthalten meist Chlorophyll (Blattgrün) oder andere Farbstoffe zur ↑Assimilation. Sie kommen in Süß- oder Meereswasser vor. Die zahlreichen Arten werden v. a. zu Grün-, Rot-, Braun- u. Kieselalgen zusammengefaßt. A. dienen als Nahrung für viele Kleintiere, von denen sich wiederum größere Tiere ernähren; darum sind sie im Haushalt der Natur außerordentlich wichtig.

Algerien, Republik in Nordafrika, mit 18,3 Mill. E (Araber u. Europäer, im Gebirge u. in der Sahara Berber; 2 293 190 km². Die Hauptstadt ist Algier. Die Landschaft gliedert sich in den küstennahen Tellatlas und den Saharaatlas, zwischen denen das Hochland der Schotts (Salztonebenen) liegt. Südlich davon erstreckt sich der algerische Teil der Sahara. Landwirtschaft wird besonders an der Küste betrieben, Viehzucht im Gebirge. A. besitzt bedeutende Bodenschätze (Eisenerze, Erdgas, Erdöl u. a.). Über 80 % der Industrieproduktion stammen aus Staatsbetrieben. Das Bahn- u. Straßennetz ist gut ausgebaut. – Im Altertum war A. römische Provinz, im 7. Jh. wurde es arabisch, 1519 türkisch. Vom 15. bis zum 19. Jh. war A. ein Seeräuberstaat. Frankreich besetzte es 1830. Die Berber leisteten unter Emir Abd El Kader bis 1847 Widerstand. 1954 begann der Aufstand der Algerier gegen Frankreich, seit 1962 ist A. unabhängige Republik. A. bezeichnet sich seit 1976 als Staat des revolutionären Sozialismus. Der Islam wurde zur Staatsreligion erklärt. A. ist Mitglied der UN, der Arabischen Liga u. der OAU.

Algier [álschir], Hauptstadt, wirtschaftliches Zentrum u. wichtigster Hafen Algeriens, mit umliegenden Orten 1,6 Mill. E. A. besitzt moderne u. alte arabische Stadtviertel. Es hat eine Universität, einige Museen u. einen botanischen Garten. – A. wurde von den Arabern um 950 gegründet. 1529–1830 war es der Hauptsitz der Piraten, die Algerien beherrschten.

Alhambra [arab.; = die Rote, d. h. rote Burg] w, Burg über Granada in Spanien. Die A. ist ein bedeutender islamischer Schloßbau des 13./14. Jahrhunderts, eine große Anlage mit prachtvollen Innenhöfen u. Gärten.

alias [lat.], anders, sonst, auch ... [genannt]; oft verwendet bei Personen, die neben ihrem Namen noch einen Decknamen führen (z. B. Betrüger, die unter verschiedenen Namen ihr Unwesen treiben; Müller alias Schulz).

Alibi [lat.; = anderswo] s, besonders im Strafverfahren bedeutsamer Beweis, daß der Beschuldigte zur Tatzeit nicht am Tatort war, weil er nachweisen kann, daß er „anderswo" war (Alibibeweis der Unschuld).

Alkalien [arab.] s, Mz., allgemeine Bezeichnung für: ätzende Substanzen (↑Basen). Ihre Lösungen (Laugen) färben Lackmuspapier blau. Im strengen Sinne sind die Hydroxide der Metalle der 1. Hauptgruppe im ↑Periodensystem (Alkalimetalle) u. eventuell auch deren (weniger basische) Karbonate, ebenso das artverwandte Ammoniumhydroxid (NH_4OH) gemeint. Die beiden stärksten Vertreter dieser Verbindungsklasse, das Natriumhydroxid ($NaOH$) u. das Kaliumhydroxid (KOH) werden auch *Ätzalkalien* genannt.

Alkaloide [arab.; gr.] s, Mz., meist kompliziert gebaute, stickstoffhaltige Naturstoffe mit basischem Charakter. Viele von ihnen haben giftige u. sehr spezifische Wirkung insbesondere auf das Zentralnervensystem. Deshalb werden A. vielfach in kleinen Mengen als Anregungs- oder Betäubungsmittel u. ä. verwendet, wobei allerdings oft Suchtgefahr besteht (Rauschgifte). Bekannte Vertreter der A. sind: Koffein aus Kaffeebohnen oder Teeblättern, Chinin (Chinarinde), Atropin (Tollkirsche), Kokain (Kokastrauch), Morphin (Mohn) u. Emetin (Brechwurzel).

Alkazar [alkasar; arab.] m, Bezeichnung für Burg u. Schloß in Spanien. Berühmt sind der A. in Sevilla, eine Anlage des 11. Jahrhunderts, mit Erweiterungsbauten aus dem 14. u. 15. Jh., u. der A. in Toledo, der im Spanischen Bürgerkrieg zerstört wurde (1937) u. heute Nationaldenkmal ist.

Alkeste, Gestalt der griechischen Sage. Sie bewahrt ihren Gatten durch ihren freiwilligen Tod vor dem Sterben. Herakles aber entreißt sie im gewaltigen Kampf dem Tode und führt sie in den Kreis ihrer Familie zurück.

Alkibiades

Alkibiades, *um 450, †Melissa (Phrygien, Kleinasien) 404 v. Chr. (ermordet), athenischer Staatsmann u. Feldherr. Von vornehmer Herkunft, reich und hochbegabt, wurde er von seinem Onkel Perikles u. von Sokrates erzogen. Er war maßlos ehrgeizig u. skrupellos. 415 war er Oberbefehlshaber der Athener auf einem Zug nach Sizilien geworden, wurde aber unterwegs wegen angeblichen religiösen Frevels nach Athen vor Gericht geladen. A. floh ins feindliche Sparta. Nach einem Zwist mit Sparta war er erneut athenischer Feldherr. Nach triumphaler Heimkehr wurde er athenischer Oberbefehlshaber, nach Mißerfolgen jedoch abgesetzt. A. ging nach Thrakien ins Exil, wo er von den Persern umgebracht wurde.

Alkohole [arab.] *m, Mz.,* eine sehr zahlreiche Klasse organischer Verbindungen, die die charakteristische Gruppe ≡ C – OH einmal oder mehrfach tragen (*Di-, Tri- oder Polyalkohole*). Polyalkohole (Mehrfachalkohole) sind an ihrem süßen Geschmack zu erkennen, wie z. B. das flüssige Glycerin u. die verschiedenen (festen) Zuckerarten. Verbindungen, deren ≡ C – OH-Gruppe direkt an einem aromatischen Ring (↑Chemie) sitzt, heißen *Phenole,* sie rechnen nicht zu den Alkoholen. Die A. sind nicht nur häufig, sie sind auch chemisch recht reaktionsfähig u. spielen deshalb in der industriellen Praxis eine bedeutende Rolle. Sie bilden mit Metallen die salzartigen Alkolate, mit Säuren ↑Ester, mit anderen Alkoholen ↑Äther u. vieles andere mehr. Zum anderen sind die (niederen) flüssigen A. gute Lösungsmittel u. finden auch als solche vielfältige Verwendung, z. B. für Lacke, Klebemittel, Heilmittel u. viele andere Chemikalien. Der *Äthylalkohol* (CH_3CH_2OH), allgemein nur Alkohol oder auch *Weingeist* genannt, ist infolge seiner berauschenden Wirkung der entscheidende Bestandteil der *alkoholischen Getränke* (Bier, Wein, Sekt, Spirituosen). Ihr Prozentgehalt ist verschieden, er reicht von 2,5–3 % beim Leichtbier bis über 60 % z. B. bei speziellen Whiskysorten, Arrak u. Rum. Der einfachste (Methyl-)Alkohol (CH_3OH) ist nicht genießbar u. führt u. a. zur Blindheit. Auch ein übermäßiger Genuß von Äthylalkohol (um oder mehr als 70 g pro Tag) führt zu Schäden an der Leber u. zur allgemeinen Auflösung der Charakterstruktur (*Alkoholiker*). Der Weingeist wird durch Gärung mit Hefezellen aus Kohlenhydraten über die wichtige Zwischenstufe Zucker u. eine anschließende Destillation gewonnen.

Allah [arab.; = der Gott], der Name des einen Gottes der Moslems. „La ilaha illa 'llah" („Kein Gott außer Allah"); ↑auch Religion (Die großen Religionen).

Alhambra. Löwenhof

Alleghenygebirge [äl‘gäni-] *s,* Gebirge im Osten der USA, der westliche Teil der ↑Appalachen. Es hat reiche Lagerstätten von Kohle, Eisenerzen, Erdöl u. Erdgas u. ist bis 1 481 m hoch.

Allegorie [gr.] *w,* Darstellung eines Begriffs durch ein Bild. Man stellt z. B. den Tod als ein Skelett mit einer Sense dar oder spricht vom Sensenmann und meint den Tod.

allegro [italien.], musikalische Tempobezeichnung mit der Bedeutung: schnell, freudig, lebhaft.

Aller *w,* rechter Nebenfluß der Weser, 263 km lang. Die A. entspringt in der Magdeburger Börde u. mündet bei Verden (Aller). Sie ist ab Celle schiffbar.

Allergie [gr.] *w,* Überempfindlichkeit des Körpers gegenüber bestimmten Reizen von außen (z. B. Heufieber, durch Blütenstaub hervorgerufen, oder Nesselsucht, durch Genuß von Erdbeeren).

Allerheiligen, katholisches Fest zum Gedächtnis aller Heiligen, am 1. November.

Allerheiligstes *s,* in der katholischen Kirche das in der ↑Eucharistie verwandelte Brot, das im ↑Tabernakel aufbewahrt wird.

Allerseelen, katholischer Gedächtnistag der Verstorbenen (2. November).

Allgäu *s,* deutscher Landschaftsraum im westlichen Alpenvorland u. in den Nördlichen Kalkalpen, zwischen Bodensee u. Lech. Der Hauptort des Allgäus ist Kempten (Allgäu). Das A. ist berühmt wegen seiner Viehzucht u. seiner Milchwirtschaft (Allgäuer Käse) u. hat bekannte Fremdenverkehrsorte.

Allianz [frz.] *w:* **1)** Bündnis, Zusammenschluß zwischen Staaten (z. B. ↑Heilige Allianz); **2)** Bündnis, Vereinigung, Gemeinschaft.

Allegorie „Totentanz"

Alligatoren [engl.] *m, Mz.,* Familie bis 4,5 m langer Reptilien in Amerika u. Ostasien. Sie leben in oder an Gewässern u. unterscheiden sich von den nah verwandten Krokodilen v. a. dadurch, daß die Oberkieferzähne bei geschlossenem Maul seitlich der Unterkieferzähne stehen. Sie fressen große Säugetiere u. Vögel, die sie unter Wasser ziehen u. ersäufen. Am bekanntesten sind der *Mississippi-Alligator* u. die nur in Südamerika vorkommenden *Kaimane*.

Alliteration [lat.] *w,* Folge von Wörtern mit gleichem Anlaut, z. B. „bei Nacht und Nebel"; ↑auch Stabreim.

Alpenpflanzen

Allmende w, in früherer Zeit Ländereien, Wald- u. Weidestücke, die einer Dorfgemeinde gehörten u. zur gemeinschaftlichen Nutzung bestimmt waren; heute v. a. in der Schweiz noch anzutreffen, sonst überall (in Privatbesitz) aufgeteilt.

Alluvium ↑ Holozän.

Alma-Ata, Hauptstadt von Kasachstan, UdSSR, mit 851 000 E. Die Stadt hat eine Universität, Hochschulen, vielseitige Industrie u. einen Flughafen.

Alma mater [lat.; = nährende Mutter] w, ursprünglich ein Beiname römischer Göttinnen, heute Bezeichnung für die Universität.

Alp (auch Elf, Drude oder Nachtmahr genannt) m, Bezeichnung für ein nächtliches Gespenst des Volksglaubens. Als *Alpdrücken* bezeichnet man Angst- oder Beklemmungszustände im Schlaf, die im Volksglauben auf Bedrängnis durch einen A. zurückgeführt werden.

Alpaka [indian.] s: **1)** eine langhaarige, meist schwarze bis schwarzbraune Lamaart in den Hochanden Südamerikas. Es wird dort in großen Herden als Haustier gehalten u. dient v. a. der Wollgewinnung. Die Qualität der Wolle übertrifft die der Schafwolle; **2)** (Alpacca ⓦ) Neusilber, eine Legierung aus Kupfer, Nickel und Zink.

Alpen. Verwallgruppe

Almanach [mlat.] m, ursprünglich nannte man A. eine Kalendertafel im Orient. Bei uns wurde die Bezeichnung seit dem 17. Jh. auf ein Jahrbuch mit fachlichem u. unterhaltendem Inhalt, das oft illustriert war, übertragen. Verlagsalmanache enthalten z. B. neben einem Bücherverzeichnis Lese- u. Bildproben u. Aufsätze von Mitarbeitern.

Almrausch (Almenrausch) m, Bezeichnung für 2 zu den Heidekrautgewächsen gehörende Alpenrosenarten, v. a. in den Alpen u. Pyrenäen. Die bis 1 m hohen Zwergsträucher kommen als Unterholz in lichten Zwergwäldern vor u. besitzen rote, trichterförmige Blüten in kleinen Büscheln. Bei der *Rostroten Alpenrose* sind die Blätter unterseits rostbraun, bei der *Behaarten Alpenrose* tragen die Blätter lange Wimperhaare. Beide Arten stehen unter Naturschutz.

Aloe [gr.] w, Gattung der Liliengewächse mit 250 Arten in den Trockengebieten Afrikas. Die dicken, zu Wasserspeichern umgewandelten Blätter stehen meist in dichten Rosetten, die direkt auf dem Boden aufliegen oder auf hohen Stämmen (bis 15 m) ruhen. Aus der Mitte der Rosette erhebt sich eine aufrechte Rispe von meist leuchtend orangegelben oder roten Blüten. Viele Arten werden als Zierpflanzen gehalten.

Alpenakelei

Alpen *Mz.*, bogenförmig durch Mitteleuropa ziehendes Gebirge. Es entstand im Erdzeitalter der Kreide u. des Tertiärs in mehreren Zeitabschnitten, indem große Gesteinsdecken übereinander u. ineinander gefaltet wurden. Die Linie Bodensee–Comer See trennt West- und Ostalpen. Die höheren Westalpen gipfeln im 4 807 m hohen Montblanc. Die weniger hohen Ostalpen (Großglockner 3 797 m) gliedern sich in drei Zonen: in die Nördlichen Kalkalpen (Kalkgesteine; nach Osten fortgesetzt in den Beskiden u. Karpaten), in die Zentralalpen (kristallines Grundgestein) u. in die Südlichen Kalkalpen (Kalkgestein; fortgesetzt im Dinarischen Gebirge). In den Tälern u. an den Hängen wird Ackerbau betrieben, sonst v. a. Alm- u. Viehwirtschaft, Forstwirtschaft, Bergbau u. Fremdenverkehr. Die Wasserkräfte werden durch Talsperren u. Kraftwerke genutzt. Anteil an den A. haben: Italien, Monaco, Frankreich, die Schweiz, Liechtenstein, die Bundesrepublik Deutschland, Österreich u. Jugoslawien.

Alpenakelei ↑ Akelei.

Alpenglühen s, der rötliche Widerschein der untergehenden Sonne auf den Hochalpenspitzen bei u. nach dem Sonnenuntergang.

Alpenpflanzen w, *Mz.*, Pflanzen, die v. a. oder ausschließlich in den Alpen oberhalb der Baumgrenze vorkommen. Ihr Leben u. ihre Gestalt sind z. T. stark durch die harten Lebensbedingungen geprägt worden. Viele Arten bleiben durch die starke Ultraviolettstrahlung u. die starken Stürme niedrig, müssen lange Wurzeln in die Tiefe treiben, um genügend Wasser zu bekommen u. müssen sich (wegen der oft nur kurzen schneefreien Zeit) schnell zu entwickeln. Von den vielen Arten seien erwähnt: Edelweiß, Enziane, Almrausch, Silberwurz, Alpenglöckchen.

Alpenmurmeltier

Alpensalamander

Alpenrosen

Alpenrosen ↑Almrausch.

Alpentiere s, Mz., Tiere, die v. a. oder ausschließlich in den Alpen vorkommen. Für verschiedene Arten sind die Alpen nur die letzte, von der Zivilisation noch verschonte Zufluchtstätte (z. B. Steinadler, Kolkrabe). Zu den Alpentieren gehören ferner u. a.: Alpensalamander, Ringdrossel, Alpendohle, Murmeltier, Steinbock, Gemse.

Alpha (α), erster Buchstabe des griechischen Alphabets.

Alphabet [gr.] s, die festgelegte Reihenfolge der Schriftzeichen einer Sprache, benannt nach den ersten beiden Buchstaben (Alpha, Beta) des griechischen Alphabets.

Alphastrahlen [gr.; dt.] m, Mz., beim radioaktiven Zerfall (↑Radioaktivität) ausgesandte Strahlen. Sie bestehen aus zweifach positiv geladenen Teilchen, den *Alphateilchen*, die mit großer Energie die radioaktiv zerfallenden Atomkerne verlassen. Diese Alphateilchen sind mit den Atomkernen des Edelgases Helium identisch. Ihre Bahnen lassen sich (z. B. in der Nebelkammer) als feine Nebelspuren sichtbar machen.

Alphorn s, bis 10 m langes hölzernes Trompeteninstrument; v. a. in den Schweizer Alpen gebräuchlich.

alpine Kombination ↑Wintersport (Skilauf).

Alraune w, eine menschenähnlich gestaltete Wurzel der Alraunpflanze (aber auch anderer Pflanzen). Nach dem Volksglauben soll die A. ihrem Besitzer Glück u. Reichtum bringen.

Alster w, rechter Nebenfluß der unteren Elbe, 51 km lang, größtenteils im Gebiet Hamburgs. Hier ist die A. seenartig erweitert (Binnen- und Außenalster), sie mündet im Hamburger Hafen.

Alt [lat.] m, urspünglich wurde mit A. eine hohe Männerstimme bezeichnet; heute bezeichnet man als A. eine tiefe Frauen- oder Knabenstimme.

Altamira, Höhle bei Santillana in Nordspanien, die durch ihre Deckenmalereien aus der Altsteinzeit berühmt wurde. Eine Nachbildung befindet sich seit 1962 im Deutschen Museum in München.

Altar [lat.] m, erhöhter Opferplatz. In der Antike stand der A. stets vor dem Tempel. Auf dem A. wurden Weihrauch u. Opfertiere verbrannt. Im Christentum steht der A. in der Kirche u. ist Mittelpunkt der Feier der ↑Eucharistie bzw. des ↑Abendmahls.

Altdorf ↑Uri.

Altenburg, Stadt im Bezirk Leipzig, mit 54 000 E. Das Rathaus von A. stammt aus der Renaissancezeit, die ältesten Teile des Schlosses aus dem 10. und 11. Jahrhundert. A. ist bekannt durch seine Spielkartenindustrie.

Alternative [frz.] w, Wahl, freie Entscheidung zwischen zwei oder auch mehreren Möglichkeiten.

Altertum s, im allgemeinen der Zeitraum vom Beginn schriftlicher Aufzeichnungen im Alten Orient (um 3000 bis 2800) bis zum Ende der griechisch-römischen Antike (im 4. bis 6. Jh.). Unter *klassischem A.* (*Antike*) versteht man die Zeit der griechisch-römischen Kultur (etwa um 800 v. Chr. bis um 500 n. Chr.).

Altes Testament s, Teil der ↑Bibel. Es umfaßt geschichtliche, Gesetzes- und prophetische Bücher, Spruchweisheit, Psalmen u. a. Es sind Schriften, die in der langen Geschichte des jüdischen Volkes entstanden sind.

Alte Welt w, die Erdteile Europa, Asien, Afrika, im Gegensatz zur *Neuen Welt* (Amerika), die 1492 entdeckt wurde.

Althochdeutsch s, die älteste Stufe der deutschen Sprache, vom Beginn der schriftlichen Überlieferung im 8. Jh. bis etwa 1050 (dann Übergang zum Mittelhochdeutschen). In dieser Zeit findet eine ↑Lautverschiebung statt, durch die sich das Deutsche, besonders das Hochdeutsche, dann später von den anderen germanischen Sprachen abhebt. Das A. setzt sich aus einer Anzahl unterschiedlicher Mundarten zusammen. Auffallend ist die Klangfülle der Wörter, die durch die volltönenden Vokale der Nebensilben bedingt ist, z. B. hazzōn (hassen), trāgi (träge), gispanst (Gespenst).

Altkatholiken m, Mz., die Mitglieder einer Kirche, die sich aus Anlaß der Erklärung (Dogma) der Unfehlbarkeit des Papstes (1870) von der römisch-katholischen Kirche getrennt haben. Die A. stützen sich auf altkirchliche Traditionen und verwerfen u. a. den ↑Primat des Papstes, das ↑Zölibat, den ↑Ablaß u. Mißbräuche in der Heiligenverehrung.

Altlutheraner m, Mz., die Glieder der ältesten deutschen lutherischen Freikirche, heute Evangelisch-lutherische (altlutherische) Kirche genannt. Sie entstand 1830, als sich in Preußen bewußte Lutheraner der vom König vollzogenen Union zwischen Lutheranern u. Reformierten widersetzten.

Altruismus [lat.] m, Uneigennützigkeit; ein Verhalten, das auf das Wohl der Mitmenschen bedacht ist. Gegensatz: ↑Egoismus.

Altsteinzeit w (die ältere Steinzeit, das Paläolithikum), frühester Abschnitt der ↑Steinzeit (vor 1–2 Mill. Jahren). Fundstellen der ersten Steinwerkzeuge u. ä. gibt es in Ost- u. Nordafrika, im Jordantal, in Rumänien, in Mittel- und Westeuropa; ↑auch Vorgeschichte.

Aluminium [lat.] s, chemisches Element (chemisches Symbol Al); spezifisches Gewicht 2,699 g pro cm^3 (relativ leicht!), schmilzt bei 660,1 °C; häufigstes Metall in der Erdkruste. A. ist weich u. dehnbar. Besonders wichtig ist, daß A. sich unter der Einwirkung des in der Luft enthaltenen Sauerstoffs mit einer sogenannten Oxidschicht überzieht, weshalb z. B. Aluminiumgeschirr keinen Schutzüberzug gegen Rost u. a. braucht. Man gewinnt A. aus ↑Bauxit u. verwendet es vielfach in Legierungen z. B. mit Magnesium für Haushaltsgeräte, Bauarmaturen, im Auto- u. Flugzeugbau, in der chemischen Industrie u. im Behälterbau, auch für elektrische Leitungen. 1976 wurden auf der Welt 12,95 Mill. t A. gewonnen, davon in den USA, das in der Erzeugung von A. an erster Stelle steht, 3,856 Mill. t. Die Bundesrepublik Deutschland erzeugte 697 000 t.

Amagasaki, japanische Industrie- u. Hafenstadt auf der Insel Hondo, mit 546 000 E.

Amaler m, Mz. (auch Amelungen genannt), ostgotisches Königsgeschlecht, dem Theoderich der Große angehörte.

Amalgam [mlat.] s, Bezeichnung für die Legierung eines Metalls mit Quecksilber. Der Zahnarzt verwendet Amalgame zum Füllen der Zähne (meist eine Legierung von Zinn, Silber u. Quecksilber). Früher wurde zur Gewinnung z. B. von Gold die *Amalgamation* angewendet: Goldhaltigem Gestein wird Quecksilber angelagert, das sich mit dem Gold verbindet. Dann wird das Quecksilber abgedampft, und man erhält reines Gold.

Amateur [...tör; frz.] m, jemand, der eine Tätigkeit aus Liebhaberei, als Hobby betreibt; ↑auch Sport.

Amati, berühmte italienische Geigenbauerfamilie in Cremona; der bedeutendste war *Nicola A.*, * Cremona 3. Dezember 1596, † ebd. 12. April 1684.

Amazonas m, wasserreichster und zweitlängster Strom der Erde, im nördlichen Südamerika, 6 400 km lang. Die Schiffahrt ist auf dem A. für alle Nationen freigegeben. Im A. sammeln sich alle Gewässer des *Amazonastieflandes*. Es umfaßt über 1/5 Südamerikas u. ist größtenteils von tropischem Regenwald

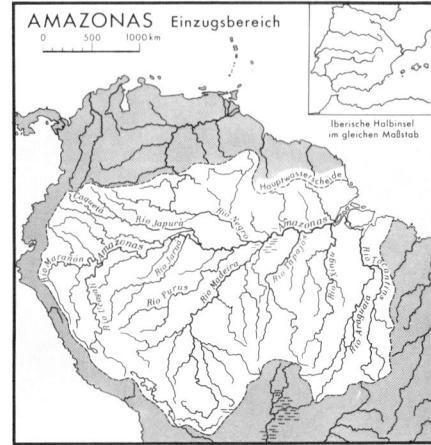

bedeckt („Grüne Hölle"). 1970–74 wurde im brasilianischen Teil die *Transamazônica*, eine über 5 000 km lange Straße, angelegt. Sie soll der Besiedlung sowie der Gewinnung von Holz u. Bodenschätzen dienen.

Amazonen [gr.] *w*, *Mz.*, in der griechischen Sage kriegerische Frauen in Kleinasien, die u. a. mit Herakles, Achilles u. Theseus kämpfen.

Ambition [lat.] *w*, auf ein bestimmtes Ziel gerichtetes Streben; Ehrgeiz.

Ambrosius, Heiliger, * Trier um 340, † Mailand 4. April 397, einer der vier großen lateinischen Kirchenlehrer. A. war seit 374 Bischof von Mailand. Er war ein bedeutender Prediger u. gelehrter Bibelausleger sowie Hymnendichter. Er gilt als Vater des abendländischen liturgischen Kirchengesangs.

ambulant [lat.], wandernd, ohne festen Sitz; *ambulante Behandlung*, eine Behandlung, bei der der Kranke den Arzt aufsucht, im Gegensatz zur *stationären Behandlung* im Krankenhaus; zum ambulanten Gewerbe (Reisegewerbe) zählen Gewerbetreibende ohne festes Geschäftslokal, also die Brezelfrau auf der Straße, der Schausteller auf dem Jahrmarkt u. der Verkäufer, der mit seinen Waren von Haus zu Haus zieht.

Ameisen *w*, *Mz.*, mit über 5 000 Arten weltweit verbreitete, staatenbildende Insektenfamilie. A. leben gesellig; es gibt drei Kasten: Königin (= vollentwickeltes Weibchen), Arbeiterinnen (= Weibchen mit verkümmerten Eierstöcken) u. Männchen. Bei ausländischen Arten gibt es auch noch „Soldaten" (= Arbeiterinnen mit stark ausgebildeten Beißwerkzeugen). Zu bestimmten Zeiten bilden sich große Mengen geflügelter Männchen u. Weibchen.

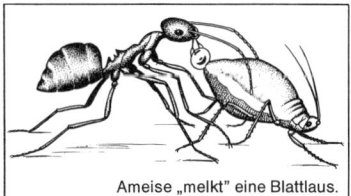

Ameise „melkt" eine Blattlaus.

Kurz nach der Begattung auf dem Hochzeitsflug sterben die Männchen; das begattete Weibchen, das von nun an als Königin bezeichnet wird, läßt sich auf den Boden fallen, wirft die Flügel ab u. gräbt sich eine Brutkammer in den Boden, wo die ersten Eier abgelegt werden. Je nachdem, ob die Eier befruchtet werden oder nicht, entstehen Arbeiterinnen oder Männchen. Die meisten A. lieben süße Stoffe, daher sind ihnen die zuckerhaltigen Exkrete („Honigtau") der Blattläuse eine willkommene Nahrung. Außerdem vertilgen sie in großen Mengen schädliche Insekten. Deshalb stehen manche Arten (z. B. die in Deutschland vorkommende *Rote Waldameise*) unter Naturschutz.

Ameisenbären *m*, *Mz.*, eine Familie der Säugetiere mit 4 Arten in Mittel- u. Südamerika, die v. a. Termiten u. Ameisen fressen. Mit ihren großen, scharfen Krallen brechen sie Termitenbauten auf u. stecken in die Öffnung ihren langen, röhrenförmig ausgezogenen, zahnlosen Kiefer. An der bis 50 cm weit vorstreckbaren, wurmförmigen, äußerst klebrigen Zunge bleiben die Insekten haften. Bekannt sind v. a. der über 2 m messende *Große Ameisenbär* mit langem, buschigem Schwanz u. die kleineren, auf Bäumen lebenden *Tamanduas*.

Ameisenlöwen *m*, *Mz.*, räuberisch lebende Larven der Ameisenjungfern (libellenähnliche Insekten). Sie legen in sandigen Böden trichterförmige Gruben an, auf deren Grund sie auf Beute (herabpurzelnde Insekten) lauern, die sie dann mit ihren langen, gebogenen Zangen ergreifen u. aussaugen.

amen [hebr.; = wahrlich; gewiß], in der christlichen Liturgie Schlußwort in Gebeten u. Gesängen.

Amenophis IV. (Echnaton), ägyptischer König 1353–1336 v. Chr., Gemahl der ↑ Nofretete. Er war ein radikaler religiöser Reformator, der die Verehrung der alten Götter abschaffte u. einen einzigen Gott, den Sonnengott Aton, verehrte u. verehren ließ. Durch diese Maßnahmen rief A. den Widerstand von Volk u. Priestern hervor. Die inneren Kämpfe schwächten die Macht Ägyptens. Nach dem Tode des Königs wurden die alten Kulte wiederhergestellt.

Amerigo Vespucci ↑ Vespucci.

Amerika, ein Doppelkontinent, ↑ Nordamerika u. ↑ Südamerika, durch eine Landbrücke (↑ Mittelamerika) verbunden. A. umfaßt 39,9 Mill. km^2 u. hat 584 Mill. E. A. hat eine Nord-Süd-Ausdehnung von 15 500 km. Seinen Namen erhielt A. nach dem italienischen Seefahrer Amerigo ↑ Vespucci. *Geographie:* Im Westen Amerikas erstrecken sich von Norden nach Süden Gebirge (Rocky Mountains; Anden); daran schließen sich ostwärts weite Tiefländer u. wieder Gebirge (niedriger als die Rocky Mountains u. die Anden) u. Bergländer an. Klimatisch reicht A. vom polaren Norden über die Tropen bis zur südlichen gemäßigten Zone. *Bevölkerung:* A. wurde vor etwa 20 000 Jahren über eine damals wahrscheinlich vorhandene Landbrücke von Nordasien her besiedelt. Es waren kleine Gruppen von Großwildjägern. Die Hauptrassen Amerikas vor der Entdeckung waren Eskimos u. Indianer. Im Andengebiet u. in Mexiko finden wir heute noch bedeutende Reste der Hochkulturen, u. a. der Tolteken, Azteken, Maya u. Inka. Für die heutige Zusammensetzung der Bevölkerung sind die eingewanderten Europäer bestimmend geworden. Im Norden, USA u. Kanada,

Amenophis IV.

waren es vorwiegend Engländer (sie werden als Angloamerikaner bezeichnet), die auch für die Sprache ausschlaggebend wurden, daneben Franzosen, Deutsche, Skandinavier usw. In Mittel- u. Südamerika waren es vorwiegend Spanier u. Portugiesen, die auch die Sprachen der mittel- u. südamerikanischen Staaten bestimmten (daher Lateinamerika, von der lateinischen Abkunft der romanischen Sprachen). Im Norden sind nur noch geringe Reste der Urbevölkerung, Eskimos u. Indianer, vorhanden. Eine viel gewichtigere Rolle spielen neben den Weißen die ehemals als Sklaven hierher verkauften Neger. In Mittel- u. Südamerika ist der Bevölkerungsanteil der Indianer (spanisch: Indios) noch beträchtlich. *Geschichte:* Nach der Landung des Kolumbus eroberten Spanier u. Portugiesen im 16. Jh. auf der Suche nach Gold weite Teile Süd- u. Mittelamerikas. Seit dem 17. Jh. erschlossen vorwiegend Engländer u. Franzosen Nordamerika. Sie mußten sich in heftigen Kämpfen gegen die Indianer behaupten. – ↑ auch Entdeckungen.

Amethyst [gr.] *m*, violette Abart des Quarzes; beliebt als Schmuckstein.

Amfortas, sagenhafter keltischer König, Hüter des ↑ Grals.

Amiens [*amjäng*], nordfranzösische Stadt an der Somme, mit 130 000 E. Die Stadt hat eine berühmte gotische Kathedrale und ist ein Zentrum der französischen Textilindustrie.

Amman, Hauptstadt von Jordanien, 850 m ü. d. M. gelegen, mit umliegenden Orten 607 000 E. Die Stadt ist Residenz des jordanischen Königs. A. hat eine Universität, verschiedenartige Industrien u. ist Verkehrsknotenpunkt mit einem Flughafen.

Ammer *w*, linker Nebenfluß der Isar, 175 km lang. Die A. kommt aus dem Ammergebirge, durchfließt den Ammergau (mit dem Dorf Oberammergau) u. den Ammersee, von da an heißt sie *Amper* (bis zur Mündung bei Moosburg a. d. Isar).

Ammoniak

Ammoniak [lat.] s (Salmiakgeist), ↑basische, gasförmige Stickstoff-Wasserstoff-Verbindung (NH₃), die bei −33 °C flüssig wird u. in diesem Aggregatzustand wasserähnliche Eigenschaften als Lösungsmittel hat (nicht zu verwechseln mit Salmiak, NH₄OH). A. wurde ursprünglich aus verrotteten tierischen Ausscheidungen gewonnen (z. B. Kamelmist) u. hat seinen Namen nach der Oase Ammon (Nordafrika). Heute wird A. aus dem Stickstoff der Luft u. Wasserstoff durch Anwendung sehr hoher Drücke künstlich hergestellt (↑Haber-Bosch-Verfahren) u. in riesigen Mengen für die Gewinnung von Kunstdünger, Spreng- u. Kunststoffen gebraucht. A. löst sich begierig in Wasser (in Form von Ammoniumhydroxid NH₄OH = Salmiak).

Ammoniten [nlat.] m, Mz. (Ammonshörner), vor etwa 60 Mill. Jahren ausgestorbene Weichtiere, die in großer Mannigfaltigkeit die Meere bevölkerten. Sie sind uns nur durch massenhafte Versteinerungen (↑Fossilien) bekannt, die bis 320 Mill. Jahre alt sind. Von ihren meist spiralig eingerollten, mehrkammerigen Gehäusen wurde nur die vorderste Kammer vom Tier bewohnt, die hinteren Kammern waren mit Gas gefüllt u. dienten dem Auftrieb im Wasser. Die A. erreichten Größen bis 2,5 m im Durchmesser.

Ammonshörner ↑Ammoniten.

Amnestie [gr.] w, Befreiung von Strafe für eine unbestimmte Anzahl von Fällen und Tätern durch ein besonders dafür erlassenes Gesetz.

Amöben w, Mz., weltweit verbreitete mikroskopisch kleine einzellige Urtierchen im Süß- u. Meerwasser. Die v. a. Algen u. Bakterien fressenden *Nacktamöben* besitzen keine feste Gestalt, weil sie zur Fortbewegung u. Nahrungsaufnahme mal hier, mal dort lappenförmige „Scheinfüßchen" bilden. Hierher gehören das *Wechseltierchen* u. die in den Tropen die Ruhr verursachende *Ruhramöbe*. Die *Schalamöben* (Thekamöben) bauen sich aus einer chitinähnlichen Substanz ein Gehäuse, in das sie sich bei Gefahr zurückziehen. Die A. gehören zu den Wurzelfüßern.

Amoklaufen [malai.; dt.], anfallartig auftretender Verwirrtheitszustand, in dem der Kranke wahllos Menschen oder Tiere angreift und zu töten versucht.

Amor, römischer Liebesgott (bei den Griechen heißt er Eros).

amorph [gr.], formlos, gestaltlos (Gegensatz: kristallin oder kristallisiert); a. nennt man feste Stoffe, deren kleinste Bausteine (die Atome und Moleküle) sich nicht zu Kristallgittern (↑Kristalle) angeordnet haben. Gläser, Harze sowie Asphalt und Bitumen sind solche amorphen Stoffe. Zuweilen zählt man auch die Flüssigkeiten zu den amorphen Stoffen.

Ampere [ampǟr] s, Einheitenzeichen: A, die nach dem französischen Physiker und Mathematiker André Marie Ampère [frz. ãgpǟr] (1775 bis 1836) benannte Maßeinheit der elektrischen Stromstärke: die Stärke eines zeitlich unveränderlichen elektrischen Stromes, der, durch zwei im Vakuum parallel im Abstand von 1 m voneinander angeordnete, geradlinige, unendlich lange Leiter von vernachlässigbar kleinem, kreisförmigem Querschnitt fließend, zwischen diesen Leitern auf je 1 Meter Leiterlänge elektrodynamisch die Kraft $2 \cdot 10^{-7}$ Newton (= kg m/s²) hervorrufen würde; nach der alten Definition diejenige Stromstärke, bei der pro Sekunde aus einer wäßrigen Lösung von Silbernitrat 1,118 mg Silber abgeschieden wird; ↑auch Elektrizität.

Amphetamine ↑Drogen.

Amphibien ↑Lurche.

Amphibienfahrzeug [gr.; dt.] s, Fahrzeug, das auf dem Land u. mit Schraubenantrieb im Wasser fahren kann. Vor allem Autos u. Panzer werden als Amphibienfahrzeuge gebaut. Flugzeuge, die Schwimmkörper und Räder haben (Landung u. Start zu Wasser u. zu Lande möglich) nennt man *Amphibienflugzeuge*.

Amphitheater [gr.] s, ein dachloses Bauwerk mit schräg ansteigenden Sitzreihen, um eine elliptische ↑Arena gebaut.

Amphora [gr.] w, im alten Griechenland gebräuchliches Tongefäß mit zwei Henkeln (für Wein, Öl u. a.).

Ampulle [lat.] w, an beiden Enden zugeschmolzenes Glasröhrchen mit Lösungen für ↑Injektionen.

Amrum, nordfriesische Insel, zu Schleswig-Holstein gehörend, mit 2400 E. Der Hauptort ist Wittdün (Fähre zum Festland). Auf A. liegen vielbesuchte Seebäder.

Amsel w, eine zur Brutzeit (März bis Juli) v. a. morgens u. abends sehr schön singende Art der Drosseln in Europa, Nordwestafrika u. Vorder-, Süd- u. Ostasien. Die A. frißt vorwiegend Regenwürmer, Schnecken u. Früchte. Im Unterschied zum schwarzen, gelbschnäbeligen Männchen sind Weibchen u. Jungvögel unscheinbar braun. Die zwei bis fünf Eier werden in ein napfförmiges, aus feinen Zweigen gebautes Nest gelegt, das meist in Bäumen, Sträuchern oder auf dem Boden steht. Die Amseln in Mitteleuropa sind Standvögel, nur die in den nördlichen Teilen des Verbreitungsgebietes brütenden Tiere sind Zugvögel.

Amsterdam, Hauptstadt der Niederlande (aber nicht Sitz der Regierung), mit 738000 E. Seit dem 17. Jh. ist A. Welthandelsplatz. Es hat den zweitgrößten Hafen des Landes, am IJsselmeer; Kanäle führen u. a. zur Nordsee u. zum Rhein. Der Weltflughafen *Schiphol* ist wichtiger Knotenpunkt des Flugverkehrs. Der Stadtkern wurde im 13./14. Jh. auf Pfählen über Sumpfgelände erbaut. Er wird von zahlreichen verkehrsreichen Grachten durchzogen u. umgeben. In der Altstadt findet man viele schöne Patrizierhäuser, in den Außenvierteln gibt es vorbildliche moderne Wohnbauten. A. besitzt zwei Universitäten, eine Akademie der Wissenschaften u. bedeutende Museen. Es ist Sitz wichtiger Banken u. einer Börse u. hat eine vielseitige Industrie (berühmt sind die Diamantschleifereien), u. a. Schiffbau.

Amtsgericht ↑Recht (Wer spricht Recht?).

Amu-Darja m, Fluß in Westturkestan. Er ist 2540 km lang u. zunächst Grenzfluß zwischen der UdSSR u. Afghanistan, fließt dann zwischen den Sandwüsten Karakum u. Kysylkum in der UdSSR zum Aralsee. Im Oberlauf wird er *Pjandsch* genannt.

Amulett [lat.] s, ein kleiner Gegenstand, der auf dem Körper, auch in der Kleidung getragen wird. Das A. soll den Träger durch geheimnisvolle Kräfte vor Gefahr schützen oder ihm selbst geheimnisvolle Kräfte verleihen. In gleicher Bedeutung wird das Wort *Talisman* verwendet.

Amundsen, Roald, * Borge (Østfold) 16. Juli 1872, † bei Spitzbergen 1928 (verschollen), norwegischer Polarforscher. Er befuhr als erster die Nordwestpassage (1903–06). Am 14. Dezember 1911 gelangte er als erster zum Südpol. 1926 überflog er mit Ellsworth u. Nobile den Nordpol. A. verfaßte „Die Eroberung des Südpols" (deutsch 1912) u. zusammen mit Ellsworth das Buch „Der erste Flug über das Polarmeer" (deutsch 1927).

Amur m, ostasiatischer Strom, entsteht aus dem Zusammenfluß von Schilka u. Argun; insgesamt 4510 km lang. Der A. mündet ins Ochotskische Meer. Er ist im Sommer schiffbar. Im Unterlauf ist er sehr fischreich. Im größten Teil seines Laufes bildet er die sowjetisch-chinesische Grenze.

Amsterdam

Anachronismus [...*kro*...; gr.] *m*, ein Verstoß wider die Zeitrechnung (Chronologie). Entweder wird eine Begebenheit aus Unkenntnis oder absichtlich in einen falschen Zeitraum versetzt, etwas wird zeitlich falsch zugeordnet (z. B. wenn in einer Erzählung Napoleon I. im Auto fährt) oder entspricht nicht der Anschauungen der Zeit (z. B. wenn heute jemand die Gleichberechtigung von Mann und Frau bestreitet).

Anakonda *w*, im nördlichen Südamerika in Flüssen lebende, bis 9 m lange Riesenschlange (keine Giftschlange). Sie bringt etwa 70 cm lange lebende Junge zur Welt. Wirbeltiere, hauptsächlich ans Wasser kommende Säugetiere u. Vögel, packt sie blitzschnell mit den Zähnen, umwindet sie mit ihrem Körper, erdrosselt u. verschlingt sie.

Anakreontik [gr.] *w*, nach dem griechischen Dichter *Anakreon* (um 580 bis nach 495 [?] v. Chr.) benannte Lyrik des Rokoko, um 1740–70. Sie besang besonders Liebe u. Wein. Die Dichter dieser Art Lyrik nennt man *Anakreontiker* (u. a. Gleim u. Hagedorn).

analog [gr.], entsprechend, ähnlich, vergleichbar.

Analphabet [gr.] *m*, ein Mensch, der weder lesen noch schreiben kann. Das *Analphabetentum* ist kennzeichnend für Länder, in denen es noch kein allgemeines Schulwesen gibt. In Afrika, Asien u. Südamerika beträgt der Anteil der Analphabeten an der Gesamtbevölkerung bis heute zwischen 40 u. 80 %.

Analyse [gr.] *w*, allgemeine wissenschaftliche Methode der kontrollierten Zerlegung eines zusammengesetzten Ganzen, mit dem Ziel, es genauer kennenzulernen; z. B. *Charakteranalyse* (Psychologie), *Blutanalyse* (Medizin), *Stoffanalyse (Chemie)*. Die A. kann qualitativer und quantitativer Natur sein; d. h., die Untersuchung kann sich auf die Feststellung der an einem Ganzen beteiligten Arten oder auf die Feststellung der Anteile der Bestandteile am Ganzen richten. Gegensatz: ↑Synthese.

Ananas [indian.] *w*, mittelamerikanische, in warmen Ländern oft angebaute Pflanze mit wohlschmeckendem, auch Saft lieferndem, fleischig-zapfenartigem, großem Fruchtstand (Ananas[frucht]). Der Fruchtstand steht inmitten einer bodenständigen Rosette aus langen, lanzettlichen, starren Blättern, die Fasern für feine Gewebe liefern. Da die angebauten Formen samenlos sind, dient meist der abgeschnittene Blattschopf des Fruchtstandes als Steckling zur Vermehrung. Die Pflanze stirbt nach der Fruchtbildung ab.

Anapäst [gr.] *m*, antikes Versmaß aus zwei Kürzen u. einer Länge. Soweit man die Bezeichnung A. für deutsche ↑Verse verwendet, bilden zwei unbetonte u. eine betonte Silbe den Versfuß.

Anarchie [gr.] *w*, Herrschaftslosigkeit, Gesetzlosigkeit; ein Zustand, in dem jegliche staatliche Ordnung fehlt.

Anarchismus [gr.] *m*, Lehre der ↑Anarchie. Die Anhänger des A. (*Anarchisten*) lehnen jede staatliche Ordnung u. die dazu erforderliche Gewalt ab, weil diese die freie Entfaltung der Einzelpersönlichkeit verhindern.

Anästhesie [gr.] *w*, Unempfindlichkeit gegen Reize wie z. B. Temperatur u. Schmerz. Meist meint man mit A. die vom Arzt mit Betäubungsmitteln künstlich herbeigeführte Empfindungslosigkeit bei Operationen oder bei schmerzhaften Untersuchungen. Ist das Bewußtsein ausgeschaltet, d. h. bei allgemeiner Betäubung, wird von *Narkose* gesprochen. Örtlich begrenzte Betäubung heißt *Lokalanästhesie*.

Anatolien, Bezeichnung für den asiatischen Teil der Türkei. Der westliche Teil Anatoliens, also die Halbinsel zwischen Schwarzem Meer u. Mittelmeer, wird auch *Kleinasien* genannt.

Anatomie [gr.] *w*, Lehre vom Bau des gesunden menschlichen, tierischen u. pflanzlichen Körpers, also Lehre von den Knochen u. Bändern, von den Muskeln, Gefäßen, Eingeweiden u. Nerven, von den Geweben u. von der Lage der Organe u. ihren Lagebeziehungen. Die A. umfaßt auch die Lehre von den anatomischen Beziehungen verschiedenartiger Lebewesen.

Ancona, mittelitalienische Hafenstadt an der Adria, mit 108 000 E. Die Stadt hat einen Triumphbogen aus römischer Zeit u. einen Dom aus dem 12. Jh. Neben chemischer Industrie gibt es vor allem Schiffbaubetriebe.

Andalusien, historische Landschaft in Südspanien, verwaltungsmäßig eine Region mit 5,9 Mill. E. Neben der Hauptstadt Sevilla sind Granada, Córdoba, Málaga u. Cádiz die bedeutensten Städte. A. gliedert sich in das gut bewässerte fruchtbare Guadalquivirbecken (Anbau von Südfrüchten u. Wein), den Südabfall der Sierra Morena und (im Süden) das andalusische Faltengebirge. Im Hochland wird hauptsächlich Viehzucht betrieben (auch Kampfstiere). An der Küste reger Fremdenverkehr. Die Erzvorkommen (Kupfer, Eisen, Blei, Zink) wurden zum Teil schon von den Phönikern 1100 v. Chr. genutzt.

andante [ital.; = gehend], Tempobezeichnung in der Musik: ruhig, mäßig, langsam.

Anden *Mz.*, junges Faltengebirge, das sich an der gesamten Westküste Südamerikas gleich einem Rückgrat von der venezolanischen Küste bis zum Kap Hoorn hinzieht. Das vulkanreiche Gebirge ist im zentralen Teil bis zu 700 km breit (zwischen West- u. Ostkordillere ein Hochland) u. erreicht eine Höhe von fast 7 000 m (Aconcagua). Die A. sind ein Teil der ↑Kordilleren.

Andersen, Hans Christian, * Odense 2. April 1805, † Kopenhagen 4. August 1875, dänischer Dichter. Neben Romanen schrieb A. hauptsächlich Märchen, die in etwa 80 Sprachen übersetzt wurden u. ihn weltberühmt machten. Die bekanntesten dieser Märchen, die ab 1835 erschienen, sind: „Des Kaisers neue Kleider", „Das häßliche junge Entlein", „Die Prinzessin auf der Erbse".

Andorra, kleine Republik in den östlichen Pyrenäen zwischen Spanien u. Frankreich, mit 29000 E, 453 km². Die Hauptstadt ist *Andorra la Vella* (5 500 E). A. untersteht der Form nach der Oberhoheit des französischen Staatspräsidenten u. des spanischen Bischofs von Urgel. Die Sprache ist vorwiegend katalanisch, die Religion römisch-katholisch. Der kärgliche Boden erlaubt nur Schaf-, Rinder- u. Pferdezucht, so daß heute Handel u. Fremdenverkehr die Haupteinnahmequellen sind. Seit 1278 ist A. selbständig. Die außenpolitischen Interessen des Landes vertritt Frankreich.

Andres, Stefan, * Dhrönchen (Landkreis Trier-Saarburg) 26. Juni 1906, † Rom 29. Juni 1970, deutscher Schriftsteller. Seine Romane, Erzählungen u. Dramen zeigen den Menschen im Kampf um seine Freiheit. Bekannte Werke: „Wir sind Utopia" (Novelle, 1942), „Der Knabe im Brunnen" (Autobiographie, 1953).

Andromeda, Gestalt der griechischen Sage, Tochter des Kepheus u. der Kassiopeia. Weil Kassiopeia den Zorn der Götter hervorruft, wird ihre Tochter A. zur Versöhnung der Götter an eine Klippe geschmiedet u. einem von den Göttern gesandten Meeresungeheuer preisgegeben. ↑Perseus tötet das Ungeheuer u. befreit A. Der Sage nach wird sie später ein Sternbild des Himmels.

Äneas, Gestalt der griechischen u. römischen Sage. Nach dem Fall Trojas flieht Ä. mit dem Schiff u. landet nach langer Irrfahrt in Italien (Latium). Sein Sohn gründet Alba Longa, die Mutterstadt Roms, u. wird der Ahnherr des römischen Geschlechts der Julier. *Vergil* schildert in seinem Epos **Äneis** die Irrfahrt des Äneas u. seine Niederlassung in Latium.

Anekdote [gr.] *w,* knappe Erzählung, die mit oft überraschender, witziger Wendung wiedergibt, die für eine (meist historisch bedeutsame) Person besonders charakteristisch ist.

Anemonen [gr.] *w, Mz.,* Gattung der Hahnenfußgewächse mit etwa 120 hauptsächlich auf der Nordhälfte der Erde verbreiteten Arten, davon sechs in Mitteleuropa, z. B. das *Buschwindröschen.* Verschiedene Arten werden als Zierpflanzen in Gärten, oft im Steingarten, angepflanzt.

Anführungszeichen ↑Zeichensetzung.

Angel *w:* **1)** Gerät zum Fischfang, das aus einer elastischen *Rute* (heute meist aus Glasfiber), einer *Rolle* u. einer darauf gewickelten *Schnur* (aus Kunststoff), die durch Leitringe an der Rute entlangläuft, besteht. Am Ende der Schnur, die ausgeworfen wird, befindet sich der *Haken,* auf den ein Köder gesteckt wird; diesen hält ein *Schwimmer* (aus Kork) in Schwebelage. Das Eintauchen des Schwimmers zeigt, daß ein Fisch angebissen hat. Raubfische werden durch bewegliche Köder (Spinner u. Blinker) angelockt (*Spinnangelei*); **2)** Zapfen an Tür- oder Fensterbeschlägen, um den sich der Tür- oder Fensterflügel dreht (daher: „zwischen Tür und Angel"); **3)** spitz zulaufender Teil von Werkzeugen (z. B. Feile oder Stemmeisen), den der (meist hölzerne) Griff umschließt.

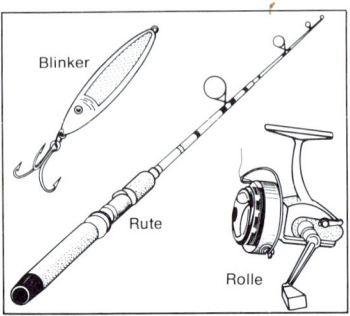

Angelsachsen *m, Mz.,* Sammelname für die germanischen Stämme der Angeln, Sachsen u. Jüten, die im 5./6. Jh. n. Chr. in Britannien („England") einwanderten. Sie drängten die dort ansässigen Kelten in den gebirgigen Westteil des Landes zurück und gründeten 7 kleinere Königreiche, die von König Egbert von Wessex im Jahre 827 vereinigt wurden. Die A. traten bereits im 7. Jh. zum Christentum über u. missionierten nun ihrerseits (z. B. ↑Bonifatius) das germanische Festland. Ab dem 10. Jh. häuften sich die Einfälle der Normannen, die 1066 unter Wilhelm dem Eroberer die A. besiegten.

Angelus Silesius [lat. = Schlesischer Bote], eigentlich Johannes Scheffler, * Breslau 25. Dezember 1624 (Taufdatum), † ebd. 9. Juli 1677, deutscher Dichter des Barocks. Unter dem Einfluß der ↑Mystik trat er zum katholischen Glauben über; mystisches Gedankengut prägte sein dichterisches Werk. A. S. schrieb zahlreiche geistliche Lieder. Sein Hauptwerk ist der „Cherubinische Wandersmann" (1657).

anglikanische Kirche *w* (Church of England), englische Staatskirche im Commonwealth, in den USA u. in Südamerika), mit 20–25 Mill. Mitgliedern. Die a. K. entstand durch den Bruch Heinrichs VIII. (König 1509–47) mit Rom; der König ernannte sich selbst zum Oberhaupt der Kirche, ohne Lehre u. Liturgie zu verändern. Erst sein Nachfolger begann mit vorwiegend kalvinistischen Reformen (↑Puritaner).

Angola, Volksrepublik an der südlichen Westküste Afrikas, mit 6,8 Mill. E; 1 246 700 km². Die Hauptstadt ist *Luanda* (475 000 E). Die Industrie Angolas stützt sich auf die Vorkommen an Diamanten, Erdöl, Eisen u. Mangan; außerdem werden Kaffee, Fisch, Sisal, Baumwolle, Obst u. Holz ausgeführt. – Die ersten portugiesischen Siedlungen entstanden hier um 1520; 1951 wurde A. in den Provinzen Portugals gleichgestellte Überseeprovinz. 1961–75 erkämpften Befreiungsbewegungen die Unabhängigkeit. A. ist Mitglied der UN u. der OAU.

Ångström [ọngström; nach dem schwedischen Physiker A. J. Ångström, 1814–74] *s* (Ångströmeinheit), Einheitenzeichen: Å oder AE, eine v. a. für Wellenlängen höchstfrequenter elektromagnetischer Schwingungen bzw. Wellen verwendete, gesetzlich nicht mehr zugelassene Längeneinheit; 1 Å = 10^{-10} m.

Anilin [arab.] *s,* 1826 entdeckte organische Verbindung (stickstoffhaltig), die ein wichtiger Ausgangsstoff zur Herstellung von Anilinfarben (Teerfarbstoffen) und Arzneimitteln ist.

Anion [gr.] *s,* ein elektrisch negativ geladenes Ion in einem Elektrolyten; bei der ↑Elektrolyse wandern die Anionen entgegen der positiven Stromrichtung zur Anode; ↑auch Kation.

Anis [gr.] *m,* bis 50 cm hohes, flaumig behaartes Doldengewächs, vermutlich aus dem östlichen Mittelmeergebiet. Die Blätter sind rundlich u. gezähnt bis fiedrig gespalten, die Blüten klein u. weiß. Die Früchte enthalten Anisöl, das ihnen den besonderen Geschmack verleiht. Sie werden als Arznei in Form von Tee gegen Blähungen, Husten, Krämpfe u. als Beruhigungsmittel verwendet. Sie dienen auch als Gewürz.

Ankara (früher Angora, im Altertum Ankyra), Hauptstadt der Türkei (seit 1923), mit 1,7 Mill E. Die Altstadt ist winklig u. eng, die Neustadt dagegen modern mit breiten Straßen. A. hat 3 Universitäten u. ist ein wichtiges Handels- u. Verkehrszentrum.

Anker [gr.-lat.] *m:* **1)** Gerät, mit dem ein Schiff oder ein anderer Schwimmkörper auf freiem Wasser gegen Wind, Strömung u. Seegang an seinem Platz gehalten wird; meist ein Schaft mit mehreren Armen aus Metall, der mit dem Schiff durch die *Ankerkette* (die bei großen Ankern über das *Ankergeschirr* bedient wird) verbunden ist; die Arme graben sich in den Grund ein; **2)** Verbindungsteil aus Stahl in der Bautechnik; **3)** beweglicher Teil, der das Steigrad der ↑Uhr hemmt; wird von der Unruh gesteuert; **4)** beweglicher Eisenstück (z. B. in der elektrischen Klingel u. im elektrischen Türöffner), das von einem ↑Elektromagneten angezogen wird, sobald dieser durch einen elektrischen Strom „erregt" wird; **5)** mit Drahtwicklungen versehener Teil einer elektrischen Maschine (↑Elektromotor, ↑Generator), in dem durch ein sich änderndes Magnetfeld eine elektrische Spannung erzeugt (induziert) wird.

Annahme als Kind w (Adoption), die Begründung der rechtlichen Stellung eines ehelichen Kindes: Die Annahme eines Kindes erfordert dessen Einwilligung sowie diejenige seiner Eltern und erfolgt auf Antrag des Annehmenden durch Beschluß des Vormundschaftsgerichts. Der Annehmende muß in der Regel 25 Jahre alt sein. Das Kind erhält den Familiennamen des Annehmenden und tritt in rechtliche Beziehungen zu dessen Verwandten.

Annalen [lat.] Mz., Jahrbücher, Chroniken, die, nach Jahren geordnet, Ereignisse der Vergangenheit übersichtlich wiedergeben. Auch chronologisch angeordnete Geschichtswerke werden A. genannt (u. a. bei ↑Tacitus).

annektieren [lat.], sich etwas gewaltsam aneignen, z. B. ein Land.

Anno Domini [lat.; = im Jahre des Herrn], Abkürzung: A. D. oder a. d.; A. D. steht stets in Verbindung mit einer Jahreszahl u. bedeutet: nach Christi Geburt, z. B. A. D. 1527.

Anode [gr.] w, die positive ↑Elektrode; ↑ auch Elektrolyse.

anorganische Chemie ↑Chemie.

Anouilh, Jean [anuj], *Bordeaux 23. Juni 1910, französischer Dramatiker. Biblische, antike, klassische u. moderne Stoffe formte A. zu erfolgreichen Theaterstücken, die sich durch scharfsinnigen psychologischen Aufbau u. geistreiche Gesellschaftskritik auszeichnen, u. a. „Antigone" (deutsch 1946), „Medea" (deutsch 1949), „Becket oder Die Ehre Gottes" (deutsch 1960), „Die Goldfische oder Mein Vater, der Held" (deutsch 1970).

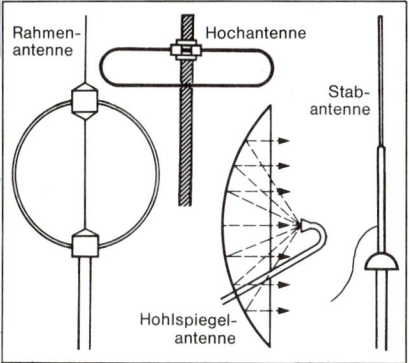
Antenne

Marcus Antonius

Jean Anouilh

Hans Christian Andersen

ansteckende Krankheiten ↑Infektionskrankheiten.

Antarktis [gr.] w, die Land- u. Meergebiete um den Südpol. Das gebirgige Festland, der „6. Erdteil" Antarktika, umfaßt mit den Inseln u. dem Schelfeis (auf dem Wasser schwimmende geschlossene Eisdecke) eine Fläche von etwa 14 Mill. km². Auch das Festland ist mit einer gewaltigen Eisdecke (im Mittel 1720 m mächtig) fast ganz bedeckt, nur einige Küstengebiete sind eisfrei. Die tiefste gemessene Temperatur beträgt −88,3 °C. Die eisfreien Gebiete sind nur spärlich mit Moosen u. Flechten bewachsen; dagegen bevölkern z. T. dichte Scharen von Seevögeln (z. B. Pinguine) u. zahlreiche Meerestiere (z. B. Robben) die Küstengebiete u. Inseln. Die A. wurde zuerst von James Cook 1772–75 umsegelt; 1911 erreichte Amundsen als erster den Südpol. Heute gibt es in der A. Forschungsstationen mehrerer Nationen. Der Abbau von Bodenschätzen ist mit der heutigen Technik zu teuer.

ante Christum [**natum**] [lat.], Abkürzung: a. Chr. [n.], vor Christi Geburt (bei Zeitangaben).

Antenne [lat.] w: **1)** Vorrichtung zum Senden (Sendeantenne) oder zum Empfangen (Empfangsantenne) von elektromagnetischen Wellen, z. B. von Radiowellen. Antennen bestehen aus elektrischen Leitern (Metalldrähte, -stäbe), im einfachsten Fall aus einem (isoliert aufgehängten) Draht. In einer Sendeantenne werden die Elektronen durch die von den Sendeanlagen gelieferte Wechselspannung in Schwingungen versetzt u. strahlen elektromagnetische Wellen ab; diese Wellen erregen in einer Empfangsantenne eine schwache Wechselspannungen gleicher Frequenz u. gleichen Verlaufs, die z. B. einem Rundfunkempfänger zugeführt werden. Nach der Art der Anbringung unterscheidet man Außen- u. Innenantennen; nach der Bauweise unterscheidet man Stab-, Rahmen- u. Hochantennen. Für Kurzwellen und Ultrakurzwellen (Dezimeterwellen) benutzt man Dipolantennen (kurz: Dipole), außerdem Hohlspiegelantennen (Parabolantennen). Diese Antennen empfangen nur Wellen, die aus einer ganz bestimmten Richtung kommen oder senden sehr stark gebündelte Wellen aus (Richtstrahler); **2)** (Fühler) wissenschaftliche Bezeichnung für einen paarig auftretenden faden-, borsten-, keulen-, kamm- oder blätterförmigen Anhang am Kopf z. B. bei Insekten u. Krebstiere. Die A. dient v. a. als Tast- u. Geruchsorgan.

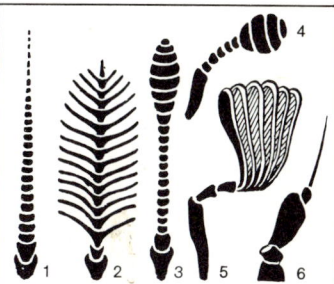
Antenne. 1 borstenförmige A. (z.B. Schabe), 2 doppelseitig gekämmte A. (z.B. Nachtpfauenauge), 3 und 4 keulenförmige A. (z.B. Marienkäfer) mit großer bzw. beschränkter Gliederzahl, 5 blätterförmige A. (z.B. Maikäfer), 6 pfriemenförmige A. mit Endgeißel (z.B. Eintagsfliege)

Anthologie [gr.; = Blütenlese] w, in einer Sammlung zusammengestellte Auswahl von Gedichten oder Prosastücken.

Anthropologie [gr.; = Menschenkunde] w, Lehre vom Menschen. Im engeren Sinne versteht man unter A. die Abstammungslehre u. Rassenkunde des Menschen. In den Geisteswissenschaften versteht man unter A. die Lehre vom Wesen des Menschen u. seiner Stellung in der Welt.

Anthroposophie [gr.; = Weisheit vom Menschen] w., von dem Österreicher Rudolf Steiner (1861–1925) begründete Lehre, die auf der Grundlage des Christentums durch Erforschen der Bezüge des Geistigen im Weltall zum Geistigen im Menschen (Geisteswissenschaft) zu einer Erkenntnis der Entwicklung des Menschen und der Menschheit gelangen will. Auf der Grundlage der A. haben sich einige be-

Antibiotika

sondere Formen der Lebensgestaltung entwickelt; im religiösen Bereich: Christengemeinschaft, im pädagogischen Bereich: Schulen (↑Waldorfschule), therapeutische Einrichtungen und Kindergärten, und im wirtschaftlichen Bereich: Landwirtschaft, Nahrungsmittelerzeugung und Banken.

Antibiotika ↑Penicillin.

Antifaschismus [gr.; ital.] m, Gegnerschaft gegen den ↑Faschismus, v. a. gegen den ↑Nationalsozialismus.

Antigone, in der griechischen Sage Tochter des Ödipus. Sie bestattet gegen das Verbot König Kreons den Leichnam ihres gefallenen Bruders u. wird zur Strafe lebendig eingemauert. Sophokles gestaltete den Stoff in einer Tragödie (442 v.Chr.). Eine moderne Dramatisierung des Stoffes stammt von Jean Anouilh (deutsch 1946), eine Oper von Carl Orff (1949).

Antigua ↑Westindische Assoziierte Staaten.

Antike ↑Altertum.

Antillen Mz., Inselkette, die sich in weitem Bogen von der Halbinsel Yucatán (Mexiko) bis zur Küste Venezuelas erstreckt u. das Karibische Meer umschließt. Den westlichen Teil bilden die *Großen A.:* Kuba, Jamaika, Hispaniola, Puerto Rico. Die *Kleinen A.* werden unterteilt in die Inseln über dem Winde (zwichen Puerto Rico u. Trinidad; Vulkaninseln mit tropischer Vegetation) u. die Inseln unter dem Winde (zwischen Trinidad u. dem Golf von Venezuela; z. T. öde Vulkanfelsen). Innerhalb der Kleinen A. entstanden die Staaten Barbados, Dominica, Grenada u. die Westindischen Assoziierten Staaten, die anderen Inseln gehören zu Frankreich, Großbritannien, den Niederlanden u. den USA.

Antilopen [mgr.] w, Mz., gehörnte, zierlich gebaute u. schnellfüßige Huftiere (Paarzeher) unterschiedlicher Größe (Hasen- bis Pferdegröße). Es gibt sehr verschiedene Antilopenarten in den Steppengebieten Afrikas u. Asiens; die ↑Gazellen dringen bis tief in die Wüsten ein; andere Arten, z. B. der Bongo, leben auch im dichten Urwald, wieder andere (z. B. die Tschiruantilope) im Hochgebirge.

Antimon [mlat.] s, silberweiß glänzendes, sehr sprödes Metall (chemisches Symbol Sb, von lat. Stibium). A. wird in Verbindung mit anderen Metallen (Legierung) als Hartblei zur Herstellung von Schriftlettern im Druckgewerbe u. für Glockengußlegierungen verwendet. In reiner Form Verwendung als ↑Halbleiter in der elektronischen Industrie.

Antipathie [gr.] w, Abneigung, Widerwille; Gegensatz: ↑Sympathie.

Antipode [gr.; = Gegenfüßler] m, ein Mensch, der auf dem entgegengesetzten Punkt des Erdballs wohnt. Zwei Antipoden stehen also mit ihren Füßen gegeneinander. Im übertragenen Sinn nennt man A. einen Menschen mit entgegengesetzter Meinung, entgegengesetztem geistigem Standpunkt.

Antiqua [lat.] w, Druckschrift, deren einfache runde Formen im Unterschied zur eckigen ↑Fraktur heute fast ausschließlich verwendet werden.

Antiquariat [lat.] s, eine Buchhandlung, die gebrauchte oder seltene alte Bücher (auch Kunstblätter u. Handschriften) kauft u. verkauft.

Antiquitäten [lat.] w, Mz., durch Alter u. Seltenheitswert ausgezeichnete Möbel, Kunst- u. Haushaltsgegenstände.

Antisemitismus [nlat.] m, Abneigung u. Feindschaft gegen Juden (nicht gegen andere Semiten, z. B. Araber). Das Wort A. wurde zuerst 1879 von W. Marr gebraucht. Bereits im vorchristlichen Altertum entstanden antisemitische Bewegungen, die auf die religiöse u. gesellschaftliche Absonderung der jüdischen Gemeinden im Römischen Reich zurückzuführen sind. Im Mittelalter kam es in Europa zu Judenverfolgungen, die ihren Höhepunkt zur Zeit der Kreuzzüge fanden. Auch die spanische Inquisition ging besonders grausam gegen die Juden als Nichtchristen vor; z. T. waren die Privilegien, auf Grund derer den Juden Geldgeschäfte erlaubt waren, was ihnen wirtschaftlichen Vorteil eintrug, Grund zu Verfolgungen. – Waren die früheren Verfolgungen durch den anderen Glauben der Juden bedingt, so richtete sich der A. des 19. Jahrhunderts gegen die Juden als „Rasse" (obwohl es keine jüdische Rasse gibt; die Juden gehören rassisch zum orientalischen Rassenkreis). In Deutschland gehörte der A. zum Parteiprogramm des ↑Nationalsozialismus (Nürnberger Gesetze). 1933–45 wurden die europäischen Juden im deutschen Machtbereich systematisch verfolgt u. 5–6 Mill. Juden (v. a. in ↑Konzentrationslagern) ermordet. Obwohl der A. von der Vernunft her nicht zu begründen ist u. oft die unmenschlichsten Formen angenommen hat, ist er auch nach dem 2. Weltkrieg noch vielerorts vorhanden.

Antithese [gr.] w, eine Behauptung, die sich gegen einen ersten Satz (die These) richtet, ihm also entgegengesetzt ist. Auf These, A. und ↑Synthese beruht das System der ↑Dialektik.

Antonioni, Michelangelo, *1912, italienischer Filmregisseur, ↑Film.

Antonius der Große, Heiliger, *um 250 (heute Keman, Mittelägypten) um 250, †356, Eremit in Ägypten. A. gilt als der *Vater des Mönchtums;* er wurde u. a. als Patron gegen ansteckende Krankheiten verehrt.

Antonius, Marcus, *um 82, †1. August 30 v. Chr. (Selbstmord), Vertrauter Cäsars u. als Konsul dessen rechtmäßiger Nachfolger. 43 v. Chr. schloß er mit den beiden anderen mächtigsten Männern im römischen Staat, Lepidus u. Oktavian ein Abkommen, das 2. ↑Triumvirat; A. übernahm die Macht im Osten des Reiches, siegte 42 bei Philippi über die Cäsarmörder Brutus und Cassius und drängte die Parther zurück. 36 heiratete er Kleopatra, die Königin von Ägypten; drei Jahre später kam es zum Bruch mit Oktavian, der mittlerweile alleiniger Herrscher im Westteil des Reiches geworden war. A. unterlag 31 in der Schlacht bei Aktium.

Antonym [gr.] s, Wort, das das Gegenteil von einem anderen Wort ausdrückt oder das die gegensätzliche Ergänzung zu einem anderen bildet, z. B. alt–jung, reden–schweigen, Vater–Mutter (Gegensatz: ↑Synonym).

Antwerpen (frz. Anvers), belgische Stadt am rechten Ufer der Schelde, 88 km vom Meer entfernt, mit 209 000 E. Der Hafen von A. ist einer der größten Europas. A. hat eine Universität u. viele mittelalterliche Baudenkmäler, eine gotische Kathedrale (mit Werken von Rubens), u. ein Renaissancerathaus. Von der vielseitigen bedeutenden Industrie sind Erdöl- u. Zuckerraffinerien, Autoindustrie und Schiffbau besonders wichtig. – A. wurde 1291 Stadt. Im 16. Jh. war es der größte Handelsplatz der Erde.

Aorta ↑Blutkreislauf.

Aosta, italienische Stadt im Nordwesten des Landes, südlich des Großen St. Bernhard, am Oberlauf der Dora Baltea, mit 39 000 E. Hat bedeutende römische Baudenkmäler. A. ist die Hauptstadt der Region *Aostatal.*

Apachen (auch Apatschen) [indian.] m, Mz., bedeutender Indianerstamm im Südwesten der USA. Die A. waren ursprünglich Jäger, leisteten aber dann den vordringenden weißen Siedlern erbitterten Widerstand u. wurden erst 1886 endgültig besiegt. Die A. leben heute (etwa 7 000) als Ackerbauern u. Schafzüchter in ↑Reservaten in Arizona u. New Mexico.

apart [lat.], reizvoll, geschmackvoll.

Apartheid [afrikaans] w, Bezeichnung für die politische, wirtschaftliche, soziale u. räumliche Trennung zwischen den rund 18 Mill. Farbigen (Negern, Indern, Mischlingen) u. den etwa 4 Mill. Weißen in der Republik Südafrika (Trennung in der Schule, in öffentlichen Verkehrsmitteln; Verbot der Heirat von Weißen mit Farbigen usw.). A. wird von der (seit 1948) regierenden Nationalpartei offiziell vertreten u. durchgesetzt, obwohl diese Politik von den UN verurteilt wurde u. als unvereinbar mit den Menschenrechten weltweit auf Ablehnung stößt.

apathisch [gr.], teilnahmslos.

Apeldoorn, in der niederländischen Provinz Geldern gelegene Stadt, mit 135 000 E. Sehenswert ist das königliche Schloß *Het Loo* (17. Jahrhundert).

Apostolisches Glaubensbekenntnis

Apennin *m*, von der Toskana bis nach Sizilien reichender italienischer Gebirgszug; höchster Berg ist mit 2914 m der Corno Grande (in den Abruzzen nordöstlich von Rom). Die Besiedlung dieser kahlen, oft zerklüfteten u. rauhen Landschaft bleibt auf einzelne Becken u. Täler beschränkt. Der Temperaturgegensatz zum übrigen Italien ist erheblich.

Apfelbaum *m*, in vielen Sorten angebautes Rosengewächs mit mehreren Wildformen in Europa u. in Vorderasien, z. B. Holzapfelbaum. Kernobstbaum mit kugeliger Krone u. weißen, außen rot überhauchten, kurzgestielten Blüten, die an Kurztrieben doldenähnlich zusammenstehen. Das meist würzig-süßsäuerliche Fruchtfleisch der Früchte (Äpfel) entsteht durch fleischiges Anschwellen des Blütenstiels; der Fruchtknoten ist das Kerngehäuse der Frucht. Die Fruchtblätter werden zum 5fächerigen Kernhaus mit meist 1–2 Samen (Kerne) je Fach. Das harte, rötlichbraune bis rötlichweiße Stammholz dient für Tischler- u. Drechslerarbeiten.

Apfelsine ↑Orangenbaum.

Aphorismus [gr.] *m*, ein kurzer, meist kritischer, prägnant und geistreich formulierter Ausspruch, z. B. „Junge Leute leiden weniger unter den eigenen Fehlern als unter den Ratschlägen der Alten" (Vauvenargues, 1715 bis 1747). Der A. ist auch als literarische Form (seit der Antike) bekannt. Meisterhafte Aphorismen schrieben in neuerer Zeit u. a. G. Ch. Lichtenberg (1742–79), F. von Schlegel, Marie von Ebner-Eschenbach u. F. Nietzsche.

Aphrodite, griechische Göttin der Schönheit u. der Liebe. In der Göttersage ist A. die Tochter des Zeus u. der Dione, verheiratet mit Hephästus u. Geliebte des Ares, dem sie mehrere Kinder, darunter Eros (↑Amor), schenkt. Nach einer anderen Sage zufolge soll sie aus dem Schaum des Meeres geboren sein. ↑Paris reicht ihr als der Schönsten den Preis.

APO (Apo), Abkürzung für: ↑außerparlamentarische Opposition.

Apogäum [gr.] *s*, erdfernster Punkt eines Körpers auf seiner Bahn um die Erde.

Apokalypse [gr.] *w*, Offenbarung, Enthüllung; in der spätjüdischen Literatur ist die A. eine prophetische Schrift, die in symbolischer u. bilderreicher Sprache über das Ende der Welt u. die dann anbrechende Gottesherrschaft berichtet. Ebenso kennt die frühchristliche Literatur zahlreiche Apokalypsen, von denen das letzte Buch des Neuen Testaments, die Offenbarung des Johannes, die bekannteste ist. In eindrucksvollen, schwer zu deutenden Bildern wird das Ende der Welt geschildert.

Apokalyptische Reiter [gr.; dt.] *m, Mz.*, im 6. Kapitel der Offenbarung des Johannes vier Reiter, die Pest, Krieg, Hunger u. Tod versinnbildlichen. Mehrfach bildlich dargestellt, u. a. von A. Dürer.

Apokryphen [gr.] *s, Mz.*, in der altchristlichen Kirche wurden diejenigen Schriften des Alten Testaments als A. bezeichnet, die nicht im Gottesdienst oder in der Glaubenslehre verwendet werden durften. Auf dem Konzil zu Trient (1545–63) hat die katholische Kirche die meisten dieser Schriften des Alten Testaments anerkannt u. als *deuterokanonisch* bezeichnet, d. h. als Schriften, die nicht im jüdischen Kanon enthalten sind, aber in der katholischen Kirche als kanonische Bücher des Alten Testaments gelten. Von der reformierten Kirche werden die A. verworfen, von den übrigen protestantischen Kirchen werden sie als nicht vollwertige Schriften angesehen. – A. des Neuen Testaments sind Bücher, die den neutestamentlichen Schriften ähnlich sind, aber wegen der unsicheren Herkunft u. ihrer irrigen, phantastischen Lehren keine kirchliche Anerkennung fanden.

Apoll (Apollo), als Sohn des Zeus in der griechischen Göttersage Gott der Sühne, v. a. aber der Heilkunde, der Weissagungen u. der musischen Künste, Führer der 9 Musen u. Gott des Lichtes.

Apostel [gr.] *m, Mz.*, Sendboten, Gesandte; nach dem Neuen Testament Bezeichnung für Missionare der Kirche. Im engeren Sinn die von Jesus zur Führung der Gemeinde, zur Verkündung seiner Botschaft, als Zeugen seines Wirkens u. seiner Auferstehung berufenen 12 A. des Evangeliums: Simon Petrus, Andreas, Jakobus der Ältere, Johannes, Philippus, Bartholomäus, Thomas, Matthäus, Jakobus der Jüngere, Judas Thaddäus, Simon, Judas Ischariot (nach dessen Verrat durch Matthias ersetzt). Auch ↑Paulus wird zu den Aposteln gezählt. Die *Apostelgeschichte* im Neuen Testament ist die Geschichte der Urkirche, ihrer Missionstätigkeit und Ausbreitung.

Apostolisches Glaubensbekenntnis [gr.; dt.] *s* (Apostolikum), nach der Legende das von den 12 Aposteln verfaßte Glaubensbekenntnis der christlichen Kirche. Seinen Ursprung hat es in der Feier der Taufe, in der von Anfang an eine Erklärung des

Aquädukt aus dem 2. Jahrhundert v. Chr. in Spanien

Aphrodite

Apostroph

Glaubens gefordert wurde. Durch verschiedene Glaubensformeln vorbereitet, entwickelte sich im 2. Jh. in Rom eine dreigliedrige Form (der Glaube an den Vater, an den Sohn u. an den Heiligen Geist), die spätestens im 3. Jh. feste Gestalt gewann.

Apostroph [gr.] *m*, Auslassungszeichen. Ein A. steht anstelle eines ausgelassenen Vokals oder einer Buchstabenfolge, z. B.: Mir geht's (es) gut; 'ne (eine) dumme Sache. Darüber hinaus ersetzt es das Beugungs-s im 2. Fall bei Namen, die auf s, ss, ß, x, z oder tz enden, z. B. Günter Grass' „Blechtrommel".

Apotheke [gr.; - Abstellraum, Vorratskammer] *w*, von einem Apotheker geleiteter Betrieb, in dem Arzneimittel zubereitet u. fertige pharmazeutische Präparate vorrätig gehalten werden. Bei rezeptpflichtigen Medikamenten erfolgt die Abgabe nur auf ärztliche Verordnung.

Appalachen *Mz.*, waldreiches Gebirgssystem im Osten Nordamerikas. Die A. erstrecken sich über eine Länge von 3000 km u. erreichen eine Breite bis zu 600 km. Der höchste Berg ist mit 2037 m der Mount Mitchell. Wegen der großen Kohle-, Erdöl- u. Eisenerzvorkommen gehören die A. zu den wirtschaftlich wichtigsten Gebieten Nordamerikas. An ihrem Ostrand, in der *Blue Ridge*, sind die A. noch sehr dicht bewaldet.

Appell [lat.] *m*, Aufruf, Mahnung.

Appenzell, schweizerischer Kanton südlich des Bodensees, seit 1597 (im Verlauf der Gegenreformation) in 2 Halbkantone geteilt: in *A. Innerrhoden* u. *A. Außerrhoden*. Der vorwiegend katholische Halbkanton A. Innerrhoden zählt 13 000 E, der Hauptort heißt *Appenzell* (5 200 E). Die 47 000 E von A. Außerrhoden sind vorwiegend protestantisch; der Hauptort *Herisau* hat 14 000 E. Die Bevölkerung betreibt Viehzucht u. Almwirtschaft. Vielseitig ist die Textilindustrie, besonders bekannt ist die Appenzeller Stickerei.

Apposition ↑ Beifügung.

Appretur [frz.] *w* (Ausrüstung), Bezeichnung für alle Verfahren, durch die eine Textilware ihr endgültiges Aussehen gewinnt. Dazu gehören z. B. das Stärken, das Bleichen, das Färben sowie Verfahren, die die Ware beständig oder knitterfrei machen.

Aprikosenbaum [lat.; dt.] *m*, Rosengewächs aus China, als Steinobstbaum weit verbreitet, besonders in Weinbaugebieten. Die großen, rötlichen bis weißen, ungestielten Blüten erscheinen schon im März. Die wohlschmeckenden Früchte (Aprikosen, Marillen) sind rundlich mit Längsfurche und samtiger Behaarung, gelb bis orange, oft rotbackig. Das gelbe Fruchtfleisch ist nicht sehr saftig. Es löst sich leicht vom glatten, scharfkantigen Steinkern.

Apsis [gr.] *w*, halbrunde Altarnische (Chorhaupt) in christlichen Kirchen (Abb.). Ursprünglich diente die A. als Raum für die Sitze des Geistlichen, allmählich wurde sie dann Teilraum des Chors.

Apulien (ital. Puglia), historische Landschaft in Südostitalien, heute verwaltungsmäßig eine Region. Die 3,8 Mill. E leben vorwiegend in engen stadtähnlichen Dörfern in den fruchtbaren Küstenebenen u. in den Hafenstädten Bari, Brindisi u. Tarent. Die wasserarme, trockene Kalkhochfläche ist fast unbesiedelt. Schafzucht, Weinbau, Mandel- u. Olivenanbau bilden die Haupterwerbsquellen der Bevölkerung.

Aquädukt [lat.] *m*, über Bogenbrücken geführte römische Wasserleitung, die das natürliche Gefälle des Wasserlaufs ausnutzte. Der erste A. der Stadt Rom wurde 312 v. Chr. von Appius Claudius gebaut und führte über eine Länge von 16 km (davon 90 m auf Arkaden) Quellwasser aus den Albaner Bergen in die Stadt. Heute sind die Aquädukte als Ruinen in fast allen Ländern zu sehen, die einmal zum Römischen Reich gehörten. z. B. in Trier, Nîmes, Tarragona, Segovia u. Rom. – Abb. S. 33.

Aquamarin [lat.] *m*, Edelstein, hellblaue oder grüne Abart des ↑ Berylls. Er wird hauptsächlich in Brasilien gefunden.

Aquarell [ital.] *s*, ein mit Wasserfarben gemaltes Bild, bei dem der weiße Grund durchscheint. Die Aquarelltechnik war schon im alten Ägypten gebräuchlich und zum Teil auch in der mittelalterlichen Buchmalerei. Als eigentliche Malgattung findet sie erst seit dem 16. Jh. Verwendung. Hervorragende Meister der Aquarellmalerei sind u. a. Albrecht Dürer u. in der modernen Kunst Paul Cézanne, Paul Klee u. Emil Nolde.

Äquator [lat.] *m*: **1)** mit einer Länge von 40 076,592 km der größte Breitenkreis der Erde. Er teilt die Erde in eine nördliche u. eine südliche Halbkugel, seine Ebene steht senkrecht zur Rotationsachse der Erde; **2)** der *Himmelsäquator* teilt die gedachte Himmelskugel in eine nördliche u. eine südliche Halbkugel. Er ist die Schnittlinie der Ebene des Erdäquators mit der Himmelskugel.

Äquatorialguinea, Republik in Westafrika mit 316 000 E, rund 28 000 km², besteht aus der Provinz Río Muni an der Küste u. 2 entfernteren Inseln. Auf der größeren Insel (Isla Macias Nguema, früher Fernando Póo genannt) liegt die Hauptstadt *Malabo* (20 000 E). In Ä. werden v. a. Kakao u. Kaffee angebaut, außerdem wird Holzwirtschaft betrieben. – Ä. war bis 1968 spanisch. Es ist Mitglied der UN u. OAU u. der EWG assoziert.

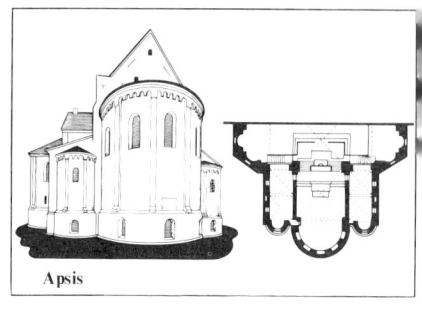

Apsis

Äquatortaufe [lat.; dt.] *w*, seemännische Bezeichnung für eine derbscherzhafte Taufe desjenigen, der zum erstenmal auf einem Schiff den Äquator überquert.

Äquinoktium [lat.] *s*, Tagundnachtgleiche. Bezeichnung für den Zeitpunkt, an dem die Sonne auf ihrer jährlichen Wanderung an der ↑ Ekliptik, den Himmelsäquator schneidet. Im Frühlingsäquinoktium (Frühlingsanfang) und im Herbstäquinoktium (Herbstanfang) sind für alle Orte auf der Erde Tag u. Nacht gleich lang.

Ar [frz.] *s*, Einheitenzeichen: a, eine Flächeneinheit; 1 Ar = 100 m².

Ära [lat.] *w*, Zeitalter, Zeitabschnitt, Amtszeit einer bedeutenden Persönlichkeit; z. B. Nachkriegsära, Adenauerära.

Araber *m, Mz.*, orientalides Volk, das sich von seiner Urheimat *Arabien* hauptsächlich nach Nord-, Nordost- u. Ostafrika u. in den Sudan ausbreitete.

Arabeske [ital.-frz.] *w*: **1)** in der islamischen Kunst verwendetes, oft große Flächen überwucherndes Pflanzenornament (v. a. in der Baukunst); **2)** oft bandartig verwendetes, aus der Dekorationskunst der hellenistisch-römischen Welt entwickeltes Rankenornament der Renaissance; **3)** ein heiteres, phantastisches Musikstück.

Arabien (Arabische Halbinsel), große Halbinsel Vorderasiens. A. ist eine nach Osten abfallende Hochscholle, im Innern etwa 1 000 m hoch, im Süden u. Westen mit hohen, steil zum Meer abfallenden Randgebirgen. Nur im Südwesten fällt genügend Niederschlag für den Anbau von Kaffee, Weihrauch, Mais, Südfrüchten u. a. Das Binnenland hat wüstenhaftes Gepräge. Das Klima in den Küstenstreifen ist feucht u. heiß. Die Bevölkerung wird auf etwa 20 Mill. geschätzt; es sind meist als Hirtennomaden lebende Araber. Bedeutend sind die Erdölfunde am u. im Persischen Golf. Folgende Staaten liegen auf der Halbinsel: Saudi-Arabien, Jemen (Arabische Republik), Jemen (Demokratische Volksrepublik), Oman, die Vereinigten Arabischen Emirate, Katar, Kuwait u. – auf vorgelagerten Inseln – Bahrain; außerdem liegen die südlichsten Teile von Irak u. Jordanien auf der Halbinsel.

AQUARIUM

Ein Aquarium ist ein größeres Glas- oder Kunststoffgefäß, in dem Wassertiere (meist Fische) und Wasserpflanzen zur Beobachtung gehalten werden. Oft sind Aquarien auch Hilfsmittel wissenschaftlicher Beobachtung von Wasserpflanzen und -tieren und dienen zu Lehrzwecken *(Schauaquarium)*. Das Wort Aquarium wurde erstmals 1853 von dem Naturforscher Philip Henry Gosse verwendet; es ist von dem lateinischen Wort aqua (= Wasser) abgeleitet.

Es gibt Aquarien verschiedener Herstellungsart. Das aus einem einheitlichen Guß hergestellte *Vollglasaquarium* reizt wegen seines relativ niedrigen Preises zum Kauf. Seine Nachteile sind, daß es leicht springt (z. B. durch innere Spannungen) und daß das Glas nie ganz einwandfrei ist. Es weist zum Beispiel kleine Bläschen, Schlieren oder Unebenheiten auf, die das Bild der zu betrachtenden Tiere und Pflanzen verzerren. Diese Nachteile gibt es beim *Rahmenaquarium* (auch Gestellaquarium) nicht. Es besteht, wie schon der Name sagt, aus einem Winkeleisenrahmen (meist aus Stahl) in Form starker Quaders oder Würfels, in dessen vier Seiten einwandfreie Glasscheiben eingekittet sind. Der Boden kann aus Metall oder Glas bestehen. Trotz der erheblichen Mehrkosten ist es wegen seiner Vorteile dem Vollglasaquarium vorzuziehen. – Je nachdem, ob man Süß- oder Meerwasserorganismen halten will, kann man zwischen *Süßwasseraquarium* und *Meereswasser-*(oder *Seewasser-)aquarium* unterscheiden. Bezüglich der Wassertemperatur spricht man von einem *Kaltwasser-* oder *Warmwasseraquarium*. Bei ersterem gehen die Wassertemperaturen kaum über 20°C, es benötigt keine Heizanlage und ist zum Beispiel für alle einheimischen Fische geeignet. Das Warmwasseraquarium dient der Haltung von tropischen oder subtropischen Tieren und Pflanzen und besitzt stets eine Heizanlage, mit der eine bestimmte Wassertemperatur im Bereich von etwa 20 bis 30°C eingestellt und gleichmäßig gehalten wird.

Kleine Aquarienbiologie

Sauerstoffversorgung. So wie zum Beispiel der Mensch seinen Sauerstoffbedarf aus der Luft decken muß, so müssen alle Wassertiere ihren zum Leben notwendigen Sauerstoff dem Wasser entnehmen. Dadurch würde das Wasser in einem Aquarium schnell an Sauerstoff verarmen. Man muß also für Sauerstoffquellen sorgen, von denen die wichtigste ausreichender Pflanzenbewuchs ist. Durch die Assimilationstätigkeit der Pflanzen wird nämlich das von den Tieren bei der Atmung abgegebene Kohlendioxid dem Wasser entnommen und mit Hilfe von Licht zu Kohlenhydraten aufgebaut. Dabei wird Sauerstoff frei und an das Wasser abgegeben (↑ Assimilation, ↑ Photosynthese). Daraus ergibt sich als Forderung: Viel Licht für das Aquarium! Zu ihrer Erfüllung bieten sich zwei Möglichkeiten: Man kann das Aquarium direkt oder nahe ans Fenster stellen. Dann entsteht aber allzu starker Algenbewuchs (besonders Grünalgen) an den Aquarienscheiben. Besser ist es, das Aquarium weiter entfernt vom Fenster (oder gar in einer dunklen Ecke) aufzustellen und mit Hilfe künstlicher Beleuchtung (zum Beispiel einer Neonröhre) für genügend Licht zu sorgen.

Eine zusätzliche Sauerstoffanreicherung des Wassers kann mit Hilfe einer Durchlüftungsanlage erzielt werden. Sie ist besonders für ein Warmwasseraquarium zu empfehlen, weil warmes Wasser nicht so viel Sauerstoff aufnehmen kann wie kaltes. Sie besteht aus einer an das Stromnetz angeschlossenen Pumpe, die außerhalb des Beckens angebracht wird und von der aus eine Luftzuleitung ins Wasser führt. Ein poröser, von Aquariumkies bedeckter „Ausströmer" am Ende der Luftzuleitung sorgt für das Aufsteigen kleinperliger Luftblasen, von denen jede Sauerstoff an das Wasser abgibt. Besonders nachts sollte die Durchlüftungsanlage eingeschaltet bleiben, weil die meisten Pflanzen dann nur atmen, das heißt, dem Wasser Sauerstoff entziehen. Bei Neuanschaffungen achte man darauf, daß die Pumpe groß und leistungsfähig genug ist, damit man sie zugleich für die Filteranlage verwenden kann. Weiter sei noch auf folgenden Punkt hingewiesen: Fische springen gern und es kommt nicht selten vor, daß ein Fisch aus dem Aquarium springt und (sehr zum Leidwesen des Besitzers) vertrocknet. Aus diesem Grund deckt man das Aquarium mit Glasscheiben zu. Doch sollte man zwischen den Scheiben Spalten von etwa $1/2$ cm Breite freilassen, damit eine Zirkulation der Außenluft an der Wasseroberfläche stattfinden und das Wasser Sauerstoff aufnehmen kann.

Reinhaltung des Wassers. Da die Aquarienfische die unverdaulichen Stoffe der Nahrung ins Wasser abgeben, sinken sie zu Boden und werden hier von mikroskopisch kleinen Organismen (wie Urtierchen u. Bakterien) zersetzt, zum großen Teil aber auch vom Sauerstoff des Wassers in einfachere Stoffe abgebaut. Das bedeutet eine Sauerstoffabnahme des Wassers. Einen Teil der zersetzten und abgebauten Stoffe können die Pflanzen verwerten. Der größte Teil jedoch bleibt unverwertet am Boden und sammelt sich zu einem Mulm an. Alle diese Stoffe müssen aus dem Aquarium entfernt werden. Dies gelingt am besten mit einer Filteranlage, die an die Durchlüftungspumpe angeschlossen wird und Tag und Nacht in Betrieb sein sollte. Je nachdem, ob innerhalb oder außerhalb des Aquariums gefiltert wird, spricht man von Innen- oder Außenfiltern. Letztere sind den Innenfiltern allemal vorzuziehen, weil ihre Wirkungsweise auf die Entfernung der Abfallstoffe aus dem Aquarium hinzielt. Bei den Innenfiltern bleiben die Stoffe im Aquarium, sie werden lediglich von der Kiesoberfläche in den Kiesboden eingesaugt. Der heute gebräuchlichste Außenfilter besteht aus einem Kasten (meist aus Kunststoff), der außen an das Aquarium gehängt wird (Abb.). Er ist mit Aquariumwasser gefüllt, das durch ein Überlaufrohr aus dem Aquarium zufließt (Prinzip der kommunizierenden Röhren). Eine horizontale, durchlöcherte, die Filtermasse tragende Querwand unterteilt ihn in zwei ungleich große Räume, von denen der kleinere, unten gelegene nur eine Höhe von etwa 1 cm aufweist. Er wird als „Klarwasserkammer" bezeichnet. Das darin enthaltene Wasser ist bereits gefiltert. Es wird durch ein Rohr ins Aquarium zurückgepumpt. In dem Maße, wie dies geschieht, fließt Wasser aus dem oberen Raum in die Klarwasserkammer nach, wobei es den Filter passiert und von Schmutzstoffen befreit wird. Durch das Überlaufrohr fließt ständig ungereinigtes Wasser aus dem Aquarium zu. Als Filter verwendet man heute Perlonwatte mit ein oder zwei Schichten Glaswolle oder Aktivkohle. Letztere hat den Vorteil, daß sie Eiweißzersetzungsprodukte bindet. Man kann die Filtermasse der Außenfilter beliebig verändern. Dadurch erhält sie noch eine ganz besondere Bedeutung. Häufig lieben Fische schwach angesäuertes Wasser. Wenn man für 2 bis 3 Tage eine Schicht Hochmoortorf in die Filtermasse füllt, gelangen die darin enthaltenen Stoffe, wie Huminsäuren, Gerbstoffe, Fettsäuren, in das Aquariumwasser. Diese (auch auf das Pflanzenwachstum günstig wirkende) Ansäuerung des Wassers hat schon zu guten Erfolgen in der Zucht nicht leicht zu haltender Fischarten geführt.

Einrichtung des Aquariums

Bevor man an das Einrichten des Aquariums geht, gibt es allerhand zu bedenken. Zunächst muß man sich darüber klar werden, wo man das Becken aufstellen will. Einige Richtlinien hierüber haben wir bereits gegeben. Will man ein großes Becken (zum Beispiel ein 100 Liter fassendes Aquarium) aufstellen, so sollte man wissen, daß sich dieses voll eingerichtet und mit Wasser gefüllt, nicht mehr verschieben läßt. Hier sind besonders genaue Überlegungen bezüg-

Aquarium (Forts.)

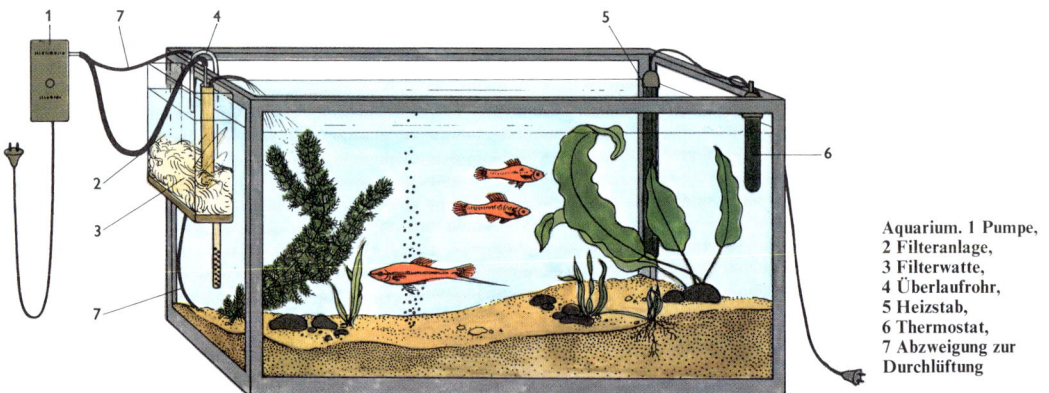

Aquarium. 1 Pumpe, 2 Filteranlage, 3 Filterwatte, 4 Überlaufrohr, 5 Heizstab, 6 Thermostat, 7 Abzweigung zur Durchlüftung

lich des günstigsten Standortes und der besten Wirkung im Wohnraum anzustellen. Am besten stellt man ein so großes Aquarium auf ein dazu passendes, etwa 1 m hohes Gestell oder eine entsprechende Kommode, und zwar so, daß die Bodenfläche des Aquariums nicht direkt auf der Holzplatte ruht. – Die Art der Einrichtung richtet sich nach den Lebensansprüchen der zu haltenden Tiere und Pflanzen. Für höhlenbewohnende Fische müssen Höhlen geschaffen werden. Dafür eignen sich besonders gut Kokosnußschalen, die man entsprechend zuschneidet. Sie müssen allerdings vorher einige Tage lang gewässert werden. Sehr dekorativ sind auch Pflanzenwurzeln, die vielen Fischen Versteckmöglichkeiten bieten. Besonders Wurzeln von Erlen und Weiden sind gut geeignet. Vor ihrer Verwendung müssen sie mindestens eine Stunde lang gekocht werden.

Nach all diesen Vorbereitungen, zu denen bei erfahrenen „Aquarianern" auch die Zubereitung des Wassers gehört (hierüber später mehr), kann man mit der eigentlichen Einrichtung des Aquariums beginnen. In das leere Becken kommt zunächst einmal der Bodengrund. Als unterste Schicht sollte man einen etwas lehmhaltigen Sand nehmen. Auch sauber gewaschener Kies, der mit käuflicher, kolloidartig aufgebauter Aquarienerde vermengt wird, ist zu empfehlen. Damit die für das Pflanzenwachstum notwendigen Stoffe das Wasser nicht trüben, kommt eine etwa 2 cm hohe Deckschicht aus sauber gewaschenem Kies darüber (Korngröße nicht unter 2 mm). Am besten wird das Wasser vor der Bepflanzung eingefüllt.

Bei der Bepflanzung geht man so vor, daß man jeweils die Pflanze zwischen Daumen und Zeigefinger nimmt, wobei der Zeigefinger die Rolle eines Pflanzstocks übernimmt und eine Vertiefung in den Kies bohrt, in die die Pflanze gedrückt wird. Der beim Zurückziehen des Zeigefingers sofort nachrieselnde Kies hält die Pflanze fest. Beim Pflanzen ist besonders darauf zu achten, daß die Wurzeln senkrecht im Kies stecken (so daß sie in die unterste, nährstoffreiche Schicht wachsen können). Zu lange Wurzeln sollen vorher abgeschnitten werden.

Nun werden die Geräte (wie Filter, Beleuchtung, Durchlüftungsanlage) angeschlossen und eingeschaltet. Das Ganze läßt man einige Tage bis eine Woche stehen, damit giftige Gase (wie z. B. Chlor) entweichen und die Pflanzen sich bewurzeln und entwickeln können. Besonders dem Wasser muß erhöhte Aufmerksamkeit geschenkt werden, weil es häufig nicht die Zusammensetzung hat, die bestimmte Arten tropischer oder subtropischer Fische (auch Pflanzen) gewöhnt sind und verlangen. Enthält Wasser sehr viel Calcium- und Magnesiumverbindungen, wie es bei sehr „hartem" Wasser der Fall ist, so können in ihm viele ausländische Fische nicht existieren. In den meisten Fällen ist unser Leitungswasser hart und somit fast immer als Aquariumwasser ungeeignet. Erfahrene „Aquarianer" verzichten meist auf Leitungswasser und bereiten ihr Aquariumwasser selbst zu. Sie holen sich geeignetes Quellwasser (oft von weither) und mengen ihm etwaige fehlende Stoffe bei, zum Beispiel Huminsäuren (auch Humussäuren genannt).

* * *

Arabische Liga ↑internationale Organisationen.

Arad, Stadt in Westrumänien, an der unteren Maros gelegen, mit 171 000 E. Die Stadt hat vor allem Textilindustrie.

Aragonien (span. Aragón), historische Landschaft in Nordostspanien, heute verwaltungsmäßig eine Region. A. erstreckt sich von den Pyrenäen über das Becken des mittleren Ebro bis zum Iberischen Randgebirge. A. hat 1,2 Mill. E, die Hauptstadt ist Zaragoza.

Aralsee, ein 64 500 km² großer (fast so groß wie Bayern), flacher (bis 67 m), abflußloser See östlich des Kaspischen Meeres (UdSSR). In den A. münden der Amu-Darja u. der Syr-Darja.

Ararat *m*, der höchste Gipfel (5 165 m) im Armenischen Hochland (Türkei). Nach dem Alten Testament die Landungsstelle der Arche Noah.

Arbeit [mhd. arebeit = schwere körperliche Anstrengung, Mühsal] *w*: **1)** auf ein Ziel gerichtete Betätigung, berufliche Beschäftigung; **2)** Gegenstand u. Ergebnis geistiger oder körperlicher Betätigung; **3)** eine physikalische Größe. Wirkt eine Kraft (Betrag *K*) auf einen Körper ein u. verschiebt ihn geradlinig um eine bestimmte Strecke *s*, die mit der Kraftrichtung den Winkel α einschließt, so ist die gegen eine andere Kraft (z. B. beim Heben einer Masse die gegen die Schwerkraft) geleistete *mechanische A.* gleich dem Produkt aus der vom Körper zurückgelegten Wegstrecke und der Kraftkomponente $K \cdot \cos \alpha$, die in Richtung des Weges wirkt: $W = K \cdot s \cdot \cos \alpha$. Die einem Körper zugeführte A. wird als Energie oder Arbeitsvermögen in ihm gespeichert (soweit sie nicht in Form von Wärme verlorengeht, z. B. bei allen Arbeiten gegen Reibungskräfte). Sie steht für eine neue Arbeitsleistung zur Verfügung. Unter *technischer A. (Nutzarbeit)* versteht man die von einer Maschine, von ihrem Antriebs- oder Arbeitsstoff (z. B. dem Dampf in Dampfmaschinen) bei gleichbleibenden Arbeitsbedingungen verrichtete Arbeit. Als *elektrische A.* bezeichnet man das Produkt aus elektrischer Spannung *U*, elektrischer Stromstärke I u. der Dauer t des *Stromflusses*: $W = U \cdot I \cdot t$. Elektrische u. mechanische A. sind ineinander umwandelbar. Gesetzliche Maßeinheiten der A. sind: ↑Joule, ↑Newtonmeter, Wattsekunde bzw. ↑Kilowattstunde u. ↑Elektronenvolt; bis zum 31. 12. 1977 waren noch die Einheiten Meterkilopond, Kalorie u. Erg zugelassen.

Arbeiterbewegung w, mit der Ausbreitung der Industrialisierung, d. h. vor allem der Umstellung der Wirtschaft auf den maschinellen Betrieb, entstand im 19. Jh. als neue soziale Schicht das sogenannte ↑Proletariat (Masse der Arbeiter). Da die Fabriken immer mehr Arbeitskräfte benötigten, begann eine große Zuwanderung in die Städte und damit eine ungeheure Umwälzung des gesamten sozialen Gefüges, die als die „soziale Revolution des 19. Jahrhunderts" in die Geschichte eingegangen ist. Die arbeitsrechtliche, soziale u. wirtschaftliche Lage der Arbeiter war ungesichert u. schlecht. Die Arbeitszeit war nicht festgelegt, sie betrug 14 Stunden u. mehr am Tag, Nachtarbeit war nichts Ungewöhnliches. Kinder wurden zur Fabrikarbeit herangezogen (↑Kinderarbeit); für sie u. auch für Frauen gab es keine besonderen Schutzbestimmungen. Die Bezahlung reichte oft nicht einmal für das Allernötigste. Gegen diese Zustände setzten sich die Arbeiter immer stärker zur Wehr. England als Ausgangsland der industriellen Entwicklung erlebte die ersten Protestbewegungen der Arbeiterschaft mit Maschinenzerstörungen, Hungermärschen u. ä. Von dort griffen sie bald auf den Kontinent über (z. B. Schlesischer Weberaufstand im Jahre 1844). Vor allem die Handwerker organisierten sich in Deutschland schon in der 1. Hälfte des 19. Jahrhunderts in Geheimbünden, die bald zu Wegbereitern einer allgemeinen Arbeiterbewegung wurden. Die Theorien von Karl Marx u. Friedrich Engels u. ihr „Kommunistisches Manifest" (1848) trugen dazu bei, daß sich ein immer stärkeres Klassenbewußtsein herausbildete u. daß sich die Arbeiterschaft organisierte. Nach ersten Versuchen in England gründete Ferdinand Lassalle 1863 als erste „echte" Arbeiterpartei der Welt den „Allgemeinen Deutschen Arbeiterverein", aus dem die Sozialdemokratische Partei hervorging. Vorher hatten sich schon einige Arbeitervereine gebildet, so z. B. der „Katholische Gesellenverein" (1846) u. die „Arbeiterverbrüderung" (1848). Durch Beschluß des Deutschen Bundes wurden jedoch 1854 alle Arbeitervereine aufgelöst, der Zusammenschluß von Arbeitern wurde erneut verboten (Koalitionsverbot). Nach u. nach wurde das Verbot in den einzelnen Ländern wieder aufgehoben, u. die Organisierung der Arbeiterschaft nahm immer festere Formen an. Neben kommunistischen und sozialistischen Parteien übernahmen v. a. die ↑Gewerkschaften die Wahrung der wirtschaftlichen, sozialen u. kulturellen Interessen der Arbeitnehmer aller Berufe.

Arbeiterdichtung w, hauptsächlich von Arbeitern verfaßte dichterische Werke, insbesondere Gedichte und Lieder. Ein Grundthema des Verhältnis des Menschen zu seiner Arbeit u. zur Maschine sind. Bedeutende Vertreter sind u. a.: Alfons Petzold (1882–1923), Heinrich Lersch (1889–1936) und Gerrit Engelke (1890–1918).

Arbeitskampf m, kollektive [Kampf]maßnahmen von Arbeitnehmern (↑Streik) bzw. von Arbeitgebern (↑Aussperrung), durch die einer der beteiligten Parteien zur Annahme gestellter Forderungen (v. a. im Hinblick auf die Lohn- u. Arbeitsbedingungen) gezwungen werden soll.

Arber ↑Großer Arber.

archaisch [gr.], altertümlich, frühzeitlich; als a. bezeichnet man die Anfänge eines Kunststils, besonders die vorklassische Epoche der griechischen Kunst.

Archangelsk, sowjetische Handels- u. Hafenstadt an der Nördlichen Dwina, 20 km vom Weißen Meer entfernt, mit 383 000 E. Der Hafen ist nur 6 Monate im Jahr eisfrei. Von großer wirtschaftlicher Bedeutung ist die Holzindustrie u. -ausfuhr, daneben dienen auch der Schiffbau u. die Nahrungsmittelindustrie als Erwerbsquellen der Bevölkerung. – Bis zur Gründung von Petersburg, dem heutigen Leningrad, war A. der einzige Hafen Rußlands.

Archäologe [gr.] m, Altertumsforscher u. Altertumskenner.

Archäologie [gr.] w, als A. oder Altertumskunde wird die Wissenschaft von den Überresten der alten Kulturen (Denkmäler, Funde, Ausgrabungen u. ä.) bezeichnet. Man unterscheidet verschiedene Zweige der A.: die *klassische* (griechisch-römische), *biblische, christliche, mittelalterliche, orientalische* und *altamerikanische Archäologie*. Die *Siedlungsarchäologie* erforscht v. a. vorgeschichtliche Siedlungsformen.

Arche [lat.] w, nach dem Bericht im Alten Testament ein Schiff, das Noah auf Geheiß Gottes erbaute, um sich, seine Familie u. je ein Paar der verschiedenen Tierarten vor der Sintflut zu retten; ↑auch Ararat.

Archimedes, * Syrakus um 287, † ebd. 212 v. Chr., bedeutender griechischer Mathematiker u. Physiker. Er schrieb grundlegende naturwissenschaftliche Werke u. entdeckte mehrere mathematische u. physikalische Gesetze. Er berechnete z. B. Kreisfläche u. Kreisumfang, Kegelschnitte, Quadratwurzeln u. kubische Gleichungen. Außerdem konstruierte A. den Flaschenzug. Er fand auch das **Archimedische Prinzip:** Der statische Auftrieb eines Körpers gleicht dem Gewicht der von ihm verdrängten Flüssigkeits- oder Gasmenge.

Archipel [gr.] m, ursprünglich Name der Inseln des Ägäischen Meeres. Heute wird A. allgemein zur Bezeichnung einer Inselgruppe verwendet.

Architekt [gr.] m, Baufachmann, der den Entwurf, die Planung sowie die künstlerische, bautechnische u. geschäftliche Oberleitung für einen Bau übernimmt. Ausgebildet wird der A. an einer Fachhochschule oder Hochschule u. durch praktische Tätigkeit.

Architektur w, Bauart, Baustil, besonders ↑Baukunst.

Archiv [gr.] s, geordnete Sammlung von Urkunden, Dokumenten usw., auch deren Aufbewahrungsraum.

Archivolte [ital.] w, sichtbarer Teil eines Bogens (Stirnseite) an Portalen, Toren u. ä. Die A. ist entweder ein selbständiger Bauteil oder, an romanischen u. gotischen Portalen, Weiterführung des ↑Gewändes. Sie ist dann meist mit Figuren (*Archivoltenfiguren*) oder Ornamenten verziert.

Ardennen Mz. (frz. Ardennes), die westliche Fortsetzung des Rheinischen Schiefergebirges in Luxemburg, Belgien u. Ostfrankreich. Die A. sind eine waldreiche, wellige Hochfläche mit Hochmooren u. tiefen Tälern. An ihren Nordrändern liegen reiche Kohlelager.

Arena [lat.] w, im Altertum ein sandbestreuter Kampfplatz im Amphitheater u. im Zirkus. Heute wird die Bezeichnung mitunter für einen Sportplatz mit Zuschauersitzen verwendet.

 Archimedes

 Artemis

 Aristoteles

Ares

Ares

Ares, griechischer Gott des Krieges, Sohn des Zeus u. der Hera. Viele bildliche Darstellungen zeigen A. teils als bärtigen Krieger, teils als jungen, kräftigen Mann. In der römischen Mythologie entspricht ihm ↑Mars.

Arezzo, italienische Provinzhauptstadt in der Region Toskana, mit 91 000 E. A. ist bekannt als landwirtschaftlicher u. industrieller Handelsmittelpunkt der gleichnamigen Provinz. Mehrere historische Bauten erinnern an die Vergangenheit der Stadt, die schon im Altertum (als *Arretium*) bekannt war.

Argentinien, südamerikanische Bundesrepublik, mit 26,1 Mill. E; 2 776 656 km². Die Hauptstadt ist Buenos Aires. A. liegt zwischen den Anden im Westen u. dem Atlantischen Ozean im Osten u. hat u. a. gemeinsame Grenzen mit Chile, Bolivien und Brasilien. Das trockene, kühle u. dürftig bewachsene Tafelland im Süden wird abgelöst von ↑Pampas, die den wirtschaftlichen Kern Argentiniens bildet. Im Norden schließt sich das große Tiefland des Gran Chaco, eine heiße Busch- und Waldlandschaft. Das *Klima* ist größtenteils subtropisch bis gemäßigt, im Süden jedoch recht kühl. Rund 90 % der *Bevölkerung* sind Weiße, meist spanischer und italienischer Herkunft; daneben gibt es rund 2,5 Mill. Mestizen u. im Nordosten u. im Süden wenige Indianer. 89 % der Bevölkerung sind Katholiken. Für die *Wirtschaft* besonders wichtig ist die Viehzucht (Rinder, Schafe, Pferde, Schweine). Der Ackerbau geht zugunsten der Industrie immer mehr zurück, in erster Linie werden noch Weizen u. Mais angebaut. An Bodenschätzen finden sich Erdöl, Erdgas, Eisen, Kupfer, etwas Kohle, Uran u. Silber. Wichtige Industriezweige bilden die Nahrungsmittelindustrie (Gefrierfleisch, Zucker, Fleischkonserven u. a.) sowie die Textil- u. Kraftfahrzeugindustrie. Das *Verkehrsnetz* ist um Buenos Aires in der Pampa sowie im Andenvorland dicht u. gut entwickelt, in den übrigen Landesteilen aber sehr schwach ausgebildet. *Geschichte:* 1516 wurde die La-Plata-Mündung durch die Spanier entdeckt, 1535 folgte die Gründung der Stadt Buenos Aires. 1776 wurden die entdeckten u. eroberten Gebiete spanisches Vizekönigreich. 1816 erklärte A. sich vom Mutterland unabhängig. Der wirtschaftliche Aufstieg in der zweiten Hälfte des 19. Jahrhunderts war von inneren Unruhen u. Bürgerkriegen (1880) begleitet. Die Wirtschaftsstruktur – auf der einen Seite die Großgrundbesitzer, auf der anderen die mittellosen unteren Schichten – führte zu sozialen Spannungen, die noch heute nicht überwunden sind. In der Regierungsmacht lösten sich radikale sozialreformerische Kräfte u. konservative, vom Militär gestützte Schichten ab. Der umstrittenste Staatspräsident war Oberst Juan Perón, der 1946 mit Hilfe der Gewerkschaften u. der Arbeiter die Macht erlangte u. 1955 gestürzt wurde. Trotz seiner diktatorischen Herrschaft führte er viele soziale u. wirtschaftliche Reformen (*Peronismus*) durch. Nach einer Entwicklung, die durch häufige Regierungswechsel u. sich verschärfende wirtschaftliche Schwierigkeiten gekennzeichnet ist, wurde Perón 1973 erneut zum Staatspräsidenten gewählt. Als er 1974 starb, kam es zu weiteren Machtkämpfen, in denen sich 1976 eine Militärregierung durchsetzte. – A. ist Gründungsmitglied der UN.

Argon [gr.] *s,* ↑Edelgas, chemisches Symbol Ar, Bestandteil der Luft (0,93 Volumenprozent), aus der es auch durch Luftverflüssigung gewonnen wird. Wegen seiner geringen Wärmeleitfähigkeit wird es u. a. zusammen mit Stickstoff als Gasfüllung von Glühlampen u. Leuchtröhren verwendet; zugleich wird dadurch die Verdampfung der Wolframglühdrähte herabgesetzt.

Argonauten *m, Mz.,* Helden der griechischen Sage, Jason u. seine Begleiter, die auf dem Schiff Argo nach Kolchis fahren, um das ↑Goldene Vlies zu gewinnen.

Argonnen *Mz.,* ein auch *Argonner Wald* genannter Teil des Rheinischen Schiefergebirges in Frankreich, zwischen Maas u. Aisne.

Argument [lat.] *s,* Beweis, beweiskräftige Begründung.

Århus [*órhuß*] (Aarhus), dänische Hafenstadt am Kattegat, mit 246 000 E. Die Stadt hat eine Universität, Eisen- u. Maschinenindustrie sowie eine Erdölraffinerie.

Ariadne, in der griechischen Sage die Tochter des Königs Minos von Kreta. Sie hilft Theseus, mit einem Faden den Weg aus dem Labyrinth zu finden. *Ariadnefaden* wird im übertragenen Sinn gebraucht für: etwas, das jemandem aus einer unüberschaubaren Lage heraushilft.

Arie [ital.] *w,* kunstvolles Sologesangsstück mit Instrumentalbegleitung; meist Bestandteil von Opern, Oratorien u. Kantaten.

Arier [sanskr.] *m, Mz.:* **1)** Angehörige frühgeschichtlicher Völker in Indien u. in Iran, die zur indogermanischen Sprachfamilie gehörten; im weiteren Sinn wird die Bezeichnung gleichbedeutend mit Indogermanen verwendet; **2)** in der nationalsozialistischen Rassenpolitik wurde die Bezeichnung A. für einen Menschen „deutschen oder artverwandten", insbesondere nichtjüdischen Blutes verwendet.

Ariovist, † vor 54' v. Chr., Heerkönig der Sweben. Um 71 v. Chr. ging er mit seinem Heer über den Rhein nach Gallien u. besiegte 61 v. Chr. die Äduer (gallisches Volk zwischen Loire und Saône). Cäsar, der ihn 58 v. Chr. schlug, hat ihn in seinem Buch „De bello Gallico" beschrieben.

Aristokratie [gr.-lat.] *w:* **1)** Bezeichnung für die Adligen als Gesellschaftsschicht; übertragen verwendet man A. für eine Gruppe, die sich aus der Masse heraushebt, z. B. *Geldaristokratie;* **2)** eine Staatsform (↑Staat).

Aristophanes, * Kydathen 445 v. Chr., † Athen um 385 v. Chr., griechischer Dichter. Er schrieb bedeutende Komödien. Es sind etwa 11 seiner 40 Stücke erhalten, in denen er die Mängel der Zeit, die Schwächen seiner Mitbürger u. die Götter geist- u. humorvoll kritisiert u. verspottet. Einige seiner bekanntesten Werke sind „Die Wolken" (423 v. Chr.), „Die Vögel" (414 v. Chr.), „Lysistrate" (411 v. Chr.) u. „Die Frösche" (405 v. Chr.).

Aristoteles, * Stagira in Makedonien 384 v. Chr., † Chalkis auf Euböa 322 v. Chr., griechischer Denker, der neben ↑Sokrates u. ↑Platon die Grundlagen der Philosophie des Abendlandes schuf. A. war Schüler Platons, an dessen „Akademie" er, zuletzt als Lehrer, 20 Jahre blieb. Im Auftrage Philipps von Makedonien wurde er der Erzieher von dessen Sohn Alexander. Später kehrte A. nach Athen zurück u. gründete eine eigene, die peripatetische Schule (der Name stammt von den Wandelgängen, den „peripatoi", die die Schule, das „Lyzeum", umgaben). Nach dem Tode Alexanders des Großen mußte er Athen verlassen u. starb bald darauf. Das Werk des A. umfaßt die gesamten Wissensgebiete seiner Zeit. Als *Aristotelismus* bezeichnet man die Übernahme u. Weiterentwicklung seiner Philosophie in späterer Zeit. So prägte sein Einfluß z. B. auf ↑Thomas von Aquin auch die Grundlagen der katholischen Glaubenslehre; seine Poetik, besonders die Definition der Tragödie, hatte weitreichende Folgen für die Dichtung im 17. u. 18. Jahrhundert. *Werke:* „Organon" (logische Schriften), „Physik", „Metaphysik", „Poetik", „Nikomachische Ethik", „Politik", „Rhetorik". – Abb. S. 37.

Arithmetik ↑Mathematik.

Arkade [ital.] *w,* von zwei Pfeilern oder Säulen getragener Bogen; meist in der Mz. gebraucht für Bogenreihe (Laubengang, Bogengang).

Arktis [gr.] w, Name für die um den Nordpol (Nordpolargebiet) liegenden Länder u. Meere. Das gesamte Gebiet ist etwa 26,4 Mill. km² groß, davon sind 30 % Festland. Den Zentralteil bildet das Nordpolarmeer (14 Mill. km²) mit Tiefen bis 5 449 m. Die Meeresoberfläche ist fast das ganze Jahr über mit Eis bedeckt. Der Festlandboden taut nur im Sommer oberflächlich auf. Das Land besteht hauptsächlich aus Tundren, Zwergstrauchheiden u. Matten mit niedrigen Blütenpflanzen, Moosen u, Flechten. Bäume gibt es nicht. Die Tierwelt ist polar, man findet Moschusochsen, Rens, Eisbären, Polarfüchse, Schneehasen, Wale, Walrosse u.a. Zahlreich ist, v. a. an der Küste, die Vogelwelt vertreten, u. a. zahlreiche Alken, Lummen, Regenpfeifer, Schneeammern. Die A. ist nur dünn besiedelt, die Bewohner (Eskimos, Lappen u.a.) leben als Jäger u. Nomaden, die Rens züchten.

Arlberg m, österreichischer Alpenpaß in 1 793 m Höhe zwischen Tirol u. Vorarlberg. Dem Verkehr dienen 2 Tunnel: Die *Arlbergbahn* von Innsbruck nach Bregenz fährt zwischen Sankt Anton am A. u. Langen durch den 10,27 km langen, 1880–84 erbauten Arlbergtunnel. Dem Autoverkehr steht außer der Paßstraße auch der 13,97 km lange, 1974–78 erbaute *Alberg-Straßentunnel* zur Verfügung.

Armbrust [mlat.] w, aus dem Bogen entstandene Schußwaffe, mit der Bolzen, Pfeile, Stein- und Bleikugeln abgeschossen werden. Im 15./16. Jh. wurde die A. als Waffe allmählich vom Gewehr verdrängt. Heute wird Armbrustschießen als Sport betrieben.

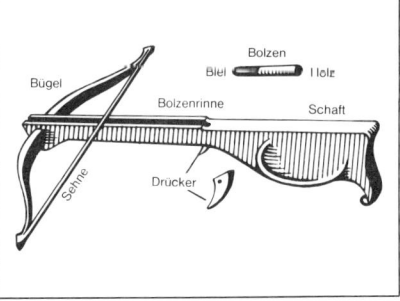

Ärmelkanal ↑ Kanal, Der.
Armenien, Hochland in Vorderasien, das größtenteils zur Türkei, im übrigen zur UdSSR (Armenische Sozialistische Sowjetrepublik mit der Hauptstadt Jerewan) u. zu Iran gehört. Es ist das Quellgebiet von Euphrat u. Arax. Landschaftlich vorherrschend ist die Steppe, geeignet zur Ziegen- u. Schafzucht. In den Tälern werden Getreide, Zuckerrüben, Wein u. Baumwolle angebaut. Wirtschaftlich bedeutend sind die reichen Kupferlager und die Eisenerzgewinnung. Die Bevölkerung besteht vorwiegend aus christlichen Armeniern, moslemischen Kurden u. Turkmenen. Die armenische Sprache gehört zu den indogermanischen Sprachen.

Arminius (fälschlich Hermann), * um 17 v. Chr., † 19 n. Chr. (ermordet), bekannter Fürst des germanischen Stammes der Cherusker. 9 n. Chr. besiegte er die Römer unter ↑ Varus im Teutoburger Wald.

Armstrong, Louis („Satchmo"), * New Orleans 4. Juli 1900, † New York 6. Juli 1971, einer der größten Trompeter u. Sänger des amerikanischen Jazz, der mit seinem vollkommenen Spiel u. seiner tiefen „erdigen" Stimme die Menschen faszinierte.

Arndt, Ernst Moritz, * Groß-Schoritz (Rügen) 26. Dezember 1769, † Bonn 29. Januar 1860, deutscher Dichter und Politiker. Als Verfasser zahlreicher politischer Schriften und Lieder kämpfte er für die nationale Einheit. Er nahm am ↑ Befreiungskrieg teil. Durch seine „Lieder für Teutsche" (1813) wurde er einer der bedeutendsten deutschen Freiheitsdichter.

Arnheim (niederl. Arnhem), Hauptstadt der niederländischen Provinz Geldern, am Niederrhein, mit 126 000 E. Den Haupterwerbszweig der Bevölkerung bilden Textil- u. Metallindustrie.

Arnika w ([Berg]wohlverleih), bis 60 cm hoher, drüsig behaarter Korbblütler mit grundständiger Blattrosette. Die dotter- bis orangegelben, 6–8 cm breiten Blütenköpfchen zeigen sich von Mai bis August auf trockenen Bergwiesen u. Heiden, hauptsächlich in den Alpen u. den südlichen Mittelgebirgen. Als Heilkraut wird A. zur Wundheilung, gegen Quetschungen, Blutergüsse, Fieber, Herzschwäche u. Asthma verwendet.

Arnim, Achim von, eigentlich Ludwig Joachim von A., * Berlin 26. Januar 1781, † Wiepersdorf bei Jüterbog 21. Januar 1831, deutscher Dichter der Romantik. Er schrieb Erzählungen u. Romane u. wurde besonders durch seine Zusammenarbeit mit Clemens ↑ Brentano bekannt.

Arno m, 241 km langer Fluß in Italien. Er kommt aus dem Nordapennin, fließt durch die Toskana u. mündet bei Pisa ins Ligurische Meer.

Aroma [gr.] s, Wohlgeruch und Wohlgeschmack von Genußmitteln; auch natürlicher oder künstlicher Geschmacksstoff für Lebensmittel.

Aronstab m (Zehrwurz), in feuchten Laubwäldern wachsende, sehr giftige Pflanze mit pfeilförmigen, oft dunkel gefleckten Blättern, zwischen denen sich ein stabförmiger Blütenkolben mit keulenartig verdicktem, braunrotem, blütenfreiem Ende erhebt. Er ist teilweise tütenförmig umschlossen von einem großen, grünlichweißen Hüllblatt. Dieses stellt eine Kessel- oder Gleitfalle dar. Durch einen urinartigen Duft werden hauptsächlich kleine Fliegen angelockt. An der glatten Blütenkolbenspitze finden sie keinen Halt u. stürzen in den Kessel, dessen Wand ebenfalls glatt ist. Erst etwa einen Tag später, wenn die Tiere über und über mit Blütenstaub bepudert sind, welken Borsten, die den Kesselausgang versperren, u. auch die Glätte der Wand verliert sich. Die Fliegen können nun zur Bestäubung weiterer Pflanzen entweichen. Im Juli u. August zeigen sich die in einem länglichen Köpfchen stehenden Beerenfrüchte (sehr giftig!) ihre scharlachrote Färbung.

Arosa, bekannter schweizerischer Höhenluftkurort in Graubünden. A. liegt 1 740 bis 1 920 m hoch u. hat 2 700 E. Beliebt ist A. auch als Wintersportplatz. Vorhanden sind zahlreiche Bergbahnen.

Arsen [gr.] s, stahlgraues, metallisch glänzendes, sprödes Metall (chemisches Symbol As), dessen Eigenschaften jedoch bereits auf der Grenze zwischen Metall u. Nichtmetall (Metalloid) liegen. A. kommt rein (gediegen) als Scherbenkobalt, häufiger als Mineral vor, meist in Verbindung mit Schwefel. Verwendung findet A. in metallischer Form als Legierungszusatz, in Form reiner Verbindungen als Grundstoff für Malerfarben, für Ungezieferverilgungsmittel, für chemische Kampfstoffe u. in kleinen Dosen in der Medizin. A. u. seine Verbindungen sind sehr giftig.

Artemis, griechische Göttin der Jagd, Tochter des Zeus u. der Leto u. Zwillingsschwester Apolls. Sie gilt als Schützerin der Jugend u. der Jungfräulichkeit; ihr entspricht die römische Göttin Diana. – Abb. S. 37.

Arterien ↑ Blutkreislauf.

artesischer Brunnen [frz.; dt.] m, eine auf besonderen geologischen Verhältnissen beruhende Brunnenart. Der artesische Brunnen erschließt wasserführende Schichten, die zwischen wasserundurchlässigen Schichten liegen. Vorraussetzung ist, daß die wasserführenden Schichten höher hinaufreichen als der Brunnenauslauf. Nach dem Gesetz der ↑ kommunizierenden Röhren sprudelt das Grundwasser unter Druck hervor. – Abb. S. 40.

Artikel [lat.] m: **1)** Geschlechtswort; man unterscheidet den *bestimmten* A. (der, die, das) u. den *unbestimmten* A. (ein, eine); **2)** auch der Abschnitt eines Vertrages wird A. genannt; **3)** Bezeichnung für einen Zeitungs- oder Zeitschriftenaufsatz; **4)** Glaubenssatz einer Religion.

Artikulation [lat.] w, gegliederte, deutliche Aussprache: *artikuliert sprechen* heißt: die Laute betont deutlich aussprechen.

Artist [frz.] m, ein v. a. im Zirkus oder Varieté auftretender Künstler (z. B. Akrobat, Zauberkünstler).

Artus

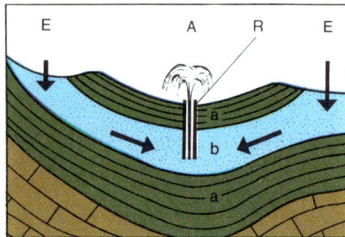

Artesischer Brunnen. A Brunnenauslauf, E Wassereinzugsgebiet, R Brunnenrohr, a wasserundurchlässige Schicht, b wasserdurchlässige Schicht

Artus, sagenhafter walisischer König, der mit den Rittern seiner Tafelrunde (Lanzelot, Erec, Parzival u. a.) in vielen Erzählungen des Mittelalters vorkommt.

Arve w (Zirbelkiefer), Nadelbaum, der besonders an der oberen Waldgrenze der Alpen u. an der nördlichen Waldgrenze der Taiga zu finden ist.

Asbest [gr.] m, Mineral aus ↑Magnesium u. ↑Kieselsäure in fasriger Form. Wegen seiner Feuerbeständigkeit wird A. in versponnener Form als Feuerschutzkleidung, in gepreßter Form als Wärmedämmung in Haushalten u. chemischen Labors verwendet. Mit Beton vermischt wird A. als Dachplatte (Fulgurit, Eternit) gebraucht.

Aschaffenburg, bayrische Stadt in Unterfranken, mit 55 000 E. Eine besondere Sehenswürdigkeit der Stadt ist die Ende des 12. Jahrhunderts begonnene Stiftskirche, in der neben anderen Kostbarkeiten ein Teilstück eines Altars von Matthias Grünewald zu sehen ist. In wirtschaftlicher Hinsicht ist die Papier- u. Bekleidungsindustrie wichtig.

Aschermittwoch m, der Tag, an dem die Fastenzeit beginnt. In der katholischen Kirche empfangen die Gläubigen am A. ein *Aschenkreuz* an der Stirn.

Äschylus (Aischylos), * Eleusis (Attika) 525 oder 524, † Gela (Sizilien) 456 oder 455 v. Chr., berühmter griechischer Dichter. Er wird als der eigentliche Begründer der Tragödie als literarischer Kunstform angesehen. Von etwa 90 Dramen sind nur 7 vollständig erhalten, u. a. „Perser" (472 v. Chr.) u. „Sieben gegen Theben" (467 v. Chr.).

Asen m, Mz., germanisches Göttergeschlecht; ↑ auch germanischer Götterglaube.

Asien, größter Erdteil (44,3 Mill. km²), auf dem mit 2,4 Milliarden Menschen mehr als die Hälfte der Weltbevölkerung wohnt. Zusammen mit Europa bildet A. die eurasiatische Landmasse. Es wird im Westen begrenzt vom Uralgebirge u. vom Uralfluß, von der Manytschniederung, dem Schwarzen u. dem Ägäischen Meer, im Südwesten u. Süden durch den Sueskanal, das Rote Meer u. den Indischen Ozean, im Südosten u. Osten von der Arafurasee, vom Pazifischen Ozean und vom Beringmeer, im Norden durch das Nordpolarmeer. A. ist besonders im Osten u. Südosten stark gegliedert, zahlreiche Inseln liegen vor der Ostküste. Die Gesamtlänge der Küsten beträgt über 70 000 km. Wir finden in A. die höchsten Erhebungen u. ausgedehntesten Hochebenen der Erde sowie große Tiefländer. Der Kontinent wird von Kettengebirgen durchzogen, die sich von den Hochland von Kleinasien über das Armenische Hochland, über die iranischen Ketten bis zum Hindukusch u. Pamir erstrecken. Dort gliedert sich die Kettengebirge in drei Züge. Im Süden erstreckt sich der Himalaja, der sich in Nordsüdrichtung in den Gebirgszügen Hinterindiens fortsetzt. In der Mitte verlaufen die Kunlun, im Norden der Tienschan u. die sibirischen Randkettengebirge. Zwischen den Gebirgszügen liegen ausgedehnte Hochebenen oder Hochbecken (u. a. Iran, Tibet). Große Tiefländer sind den Gebirgen vorgelagert, u. a. die Stromgebiete des Euphrat u. Tigris u. des Ganges sowie das Westsibirische Tiefland. A. hat Anteil an fast allen *Klimabereichen* vom tropischen bis zum Tundrenklima. Bedingt durch die gewaltige Ausdehnung des Kontinents herrscht im Innern ausgesprochenes Kontinentalklima. Im Süden u. Südosten finden wir vorwiegend Monsunklima. In Sibirien liegt der nördliche ↑Kältepol, in Südwestasien dagegen gibt es extrem heiße Gebiete mit mittleren Jahrestemperaturen um 30 °C. Während die Steppen u. Wüsten Arabiens u. Innerasiens zu den niederschlagsärmsten Gebieten zählen, fällt in Assam die größte Regenmenge der Erde. Auch die *Vegetation* ist sehr vielfältig: längs der Eismeerküste verläuft die bis 1 000 km breite Zone der Tundra, an die sich südlich das eurasische Gebiet der Taiga anschließt. Von Vorderasien zieht sich über Innerasien bis in die Mandschurei eine Trockenzone, die von Steppen, Salzsteppen u. Wüsten durchzogen ist. In Vorderindien beherrschen große Savannen u. Dornbuschsteppen das Landschaftsbild, an der Malabarküste, am Fuß des Himalaja u. am unteren Brahmaputra werden sie von dichten Regen- u. Monsunwäldern abgelöst. Auch in Hinterindien gibt es Monsunwälder u. im feuchtheißen Tropengebiet der südostasiatischen Inselwelt immergrüne Regenwälder. Die *Tierwelt* Asiens ist sehr vielfältig, sie reicht von Rens, Eisbären, verschiedenen Pelztierarten (z. B. Zobel) im Norden über Antilopen, Wölfe, Affen, Elefanten, Tiger u. Schlangen bis hin zu farbenprächtigen Vögeln im Süden. Die *Wirtschaft* Asiens (außerhalb der UdSSR, die einen eigenen wirtschaftlichen Bereich bildet) ist bestimmt durch den Gegensatz von intensiver Landwirtschaft in den von Natur aus begünstigten Gebieten u. dem Nomadismus in den Steppen, der Jagd u. Sammelwirtschaft in den Rückzugsgebieten. Bis in die Gegenwart gilt A. als Rohstofflieferant u. erhält dafür Fertigwaren aus Europa u. den USA; heute versuchen die Staaten Asiens mit großem finanziellem u. technischem Einsatz die Industrialisierung voranzutreiben. Es ist reich an Bodenschätzen, besonders an Stein- und Braunkohle, Erdöl, Gold, Erzen u. a. Für den Weltmarkt liefert A. hauptsächlich Reis, Tee, Jute, Kautschuk, Gewürze, Kaffee, Tabak, Zinn. – ↑auch Entdeckungen.

Askese [gr.] w, eine strenge, enthaltsame Lebensweise um sittlicher u. religiöser Ideale willen. Ein *Asket* ist ein enthaltsam u. entsagend (also *asketisch*) lebender Mensch.

Äsop, legendärer griechischer Fabeldichter, der angeblich um die Mitte des 6. Jahrhunderts v. Chr. lebte. Seine Tierfabeln beruhen wahrscheinlich auf mündlich überlieferten Stoffen. – ↑auch Fabel.

Artus. Tafelrunde

Atacama

Athen. Korenhalle am Erechtheum auf der Akropolis

Asowsches Meer s, ein seichtes Nebenmeer (bis 14 m tief) nördlich des Schwarzen Meeres, teils durch die Krim abgetrennt. Von Dezember bis März ist es vereist. Durch die Straße von Kertsch im Süden besteht eine Verbindung zum Schwarzen Meer.
asozial [lat.]: **1)** gemeinschaftsfremd, gesellschaftsschädigend. Man gebraucht das Wort vorwiegend für das Verhalten von Menschen, die sich nicht in die Gemeinschaft einordnen wollen u. Arbeit scheuen; **2)** gemeinschaftsfremd, -unfähig.
Asphalt [gr.] m, Gemisch aus Bitumen und Mineralstoffen, ein pechartiger Rückstand bei der Erdöldestillation. A. kommt auch in der Natur vor. Man verwendet A. für den Straßen- u. Wasserbau, für Dachpappe, als Isolier- u. Kittmasse.
Assimilation [lat.] w, allgemein: Angleichung: **1)** in der Biologie ein Vorgang, bei dem Lebewesen unter Energieverbrauch körperfremde Stoffe in körpereigene umwandeln. Die bekannteste Art einer A. ist die Aufnahme von Kohlendioxid aus der Luft durch die meisten Pflanzen und ihre Umwandlung in Verbindung mit Wasser (von den Wurzeln her) zu Traubenzucker. Dies geschieht unter dem Einfluß des ↑Blattgrüns mit Hilfe des Lichts als Energiequelle (↑Photosynthese); **2)** Angleichung eines Konsonanten an einen anderen; z. B. wird b in mittelhochdeutsch lamb zu m in neuhochdeutsch Lamm; Gegensatz: ↑Dissimilation.
Assistent [lat.] m, Mitarbeiter, Gehilfe seines Vorgesetzten, v. a. im akademischen Bereich.
Assoziation [lat.] w, allgemein bezeichnet man mit A. einen Zusammenschluß, eine Vereinigung zu gegenseitigem Nutzen: **1)** Zusammenschluß, um gemeinsame Interessen wahrzunehmen, z. B. bei Genossenschaften, Gewerkschaften, wirtschaftlichen Unternehmen; **2)** Eingliederung in eine Gemeinschaft von Lebewesen; Pflanzen- oder Tiergesellschaft; **3)** Verknüpfung von Vorstellungen, von denen die eine die andere hervorruft, z. B. von Gegensätzen wie schwarz u. weiß.
assoziieren [lat.], anschließen; *assoziierte Staaten* nehmen ohne formelle Mitgliedschaft an einem Bündnis teil.
Assuan (arab. Aswan), Stadt in Oberägypten, am rechten Nilufer, mit 202 000 E. 6 km südlich von A. befindet sich der 1902 fertiggestellte *Assuanstaudamm.* Das durch ihn aufgestaute Nilwasser ermöglicht eine Bewässerung der Nilebene zu allen Jahreszeiten. Um weiteres Ackerland zu erschließen, wurde 1960–70 der neue *Assuanhochdamm* erbaut. Durch den neuen Stausee wurden manche Siedlungen und Kulturdenkmäler überflutet, die aber zum Teil verlegt wurden (so die beiden Ramsestempel von Abu Simbel).
Assyrien ↑Mesopotamien.
Astern [gr.] w, *Mz.,* Gattung der Korbblütler mit etwa 500 Arten; etwa 12 Arten in Mitteleuropa. Am Blütenstengel stehen mehrere Blütenköpfchen oder nur eines. Die Köpfchen haben meist zungenförmige blaue, violette oder weiße Strahlenblüten, die die meist gelben Scheibenblüten umrahmen. Viele A. werden als Garten- u. Schnittblumen angepflanzt. Die *Sommer-* u. die *Winterastern* gehören zwei anderen Korbblütlergattungen an.
Ästhet [gr.] m, Mensch mit ausgeprägtem Schönheitssinn.
Ästhetik [gr.] w, Lehre vom Schönen; **ästhetisch,** schön, geschmackvoll, stilvoll, ansprechend.
Astrologie [gr.] w, Sterndeutung, Lehre vom angeblichen Einfluß der Gestirne auf irdisches Geschehen. Die A. war u. a. schon im alten China, in Indien und Babylon bekannt. Einen naturwissenschaftlichen Beweis für die Vorhersagen u. Deutungen der *Astrologen* aus dem ↑Horoskop gibt es nicht.
Astronaut [gr.] m, an einem Flug durch den Raum außerhalb der Erdatmosphäre Beteiligter. Man nennt ihn auch Raumpilot, Weltraumfahrer oder Kosmonaut.

Astronautik [gr.] w, Wissenschaft von den Möglichkeiten des Fluges außerhalb der Erdatmosphäre; ↑Weltraumfahrt.
Astronomie [gr.] w, Sternkunde, eine Naturwissenschaft. Die *Stellarastronomie* erforscht die Verteilung u. die Bewegung der Materie im Weltraum. Die *Astrophysik* ermittelt die chemische Zusammensetzung und bestimmte physikalische Gegebenheiten (z. B. Radius, Masse, Leuchtkraft, Druck, Temperatur) einzelner Himmelskörper u. untersucht deren Entwicklung. In der sogenannten *klassischen A.* werden die Richtung beziehungsweise die Richtungsänderung der Gestirnstrahlung gemessen u. damit verbundenen Probleme behandelt, z. B. die Bahnbestimmung der Himmelskörper, astronomische Orts- und Zeitbestimmungen. Fragen des Werdens u. Vergehens von Sternen behandelt die *Kosmogonie.* Mit dem Aufbau der Welt insgesamt, mit den Raum- u. Zeitverhältnissen, die in ihr herrschen, befaßt sich die *Kosmologie.* In den letzten Jahrzehnten sind der astronomischen Wissenschaft durch die Entwicklung der Raketen- u. Raumsondentechnik neue Möglichkeiten zur Erforschung des Weltalls erschlossen worden.
Asturien, waldreiche Gebirgslandschaft an der Nordküste Spaniens, heute etwa dem Gebiet der Provinz Oviedo entsprechend. A. ist wirtschaftlich bedeutend durch vielseitigen Bergbau. Im Mittelalter war das damalige Königreich A. Ausgangspunkt des Kampfes der christlichen Staaten auf der Iberischen Halbinsel gegen die arabische Herrschaft.
Asunción, Hauptstadt der Republik Paraguay, am Ufer des Paraguay, mit 393 000 E. Die Stadt, 1537 von Spaniern gegründet, ist das Wirtschafts- u. Kulturzentrum des Landes.
Asyl [gr.] s: **1)** Zufluchtsort für Verfolgte; **2)** Heim für Obdachlose.
at, Einheitenzeichen für: technische Atmosphäre (↑Atmosphäre 2).
Atacama w, Wüste an der Westküste Südamerikas, in Nordchile. Wegen reicher Salpeter- u. Kupfererzvorkommen gibt es in dem unwirtlichen Gebiet Ansiedlungen.

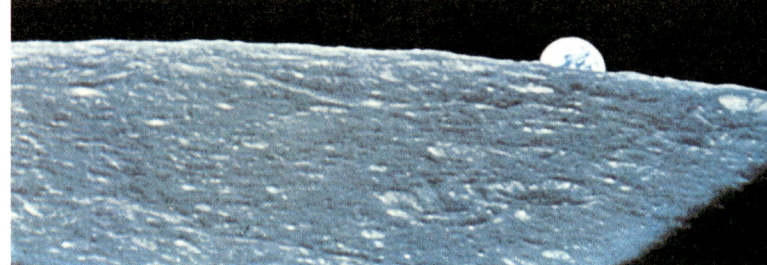

Astronomie. Die Erde geht über dem Mondhorizont auf

Atelier

Atelier [at^{e}lje; lat.-frz.] s, Werkstatt eines Künstlers; auch der Arbeitsraum eines Maßschneiders (*Schneideratelier*) sowie der Raum für die Aufnahme von Fotografien (*Fotoatelier*) und Filmen (*Filmatelier*).

Atemwurzeln w, *Mz.*, senkrecht nach oben wachsende Seitenwurzeln, die über den Boden oder das Wasser in die Luft ragen und der Atmung dienen. A. haben v. a. Mangroven, die in sauerstoffarmen Sümpfen wachsen.

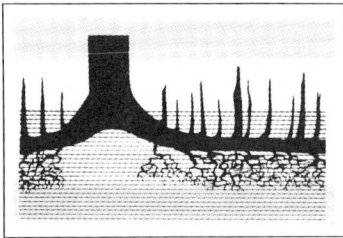

Atheismus [gr.] *m*, als A. bezeichnet man eine Anschauung, die die Existenz Gottes leugnet. Der Gottesleugner heißt *Atheist*.

Athen, Hauptstadt von Griechenland, mit 867 000 E (Groß-Athen mit Piräus: 2,5 Mill. E). Die Verbindung zum Mittelmeer (Golf von Ägina) stellt der 7 km von A. entfernte Hafen Piräus dar. Zusammen mit Piräus bildet A. den wichtigsten Industriebezirk Griechenlands. A. ist auch der kulturelle Mittelpunkt des Landes mit Universität, Hochschulen, wissenschaftlichen (u. a. archäologischen) Instituten u. Museen. Die Baudenkmäler des antiken A. (v. a. die ↑Akropolis) ziehen unzählige Fremde in die Stadt. – A. entstand als Siedlung um den Burgberg mit der Akropolis. In der Antike hatte es als Hauptstadt von Attika seine Blütezeit unter ↑Perikles. Der politische Niedergang Athens begann nach dem Peloponnesischen Krieg (431–404 v. Chr.). Seine Bedeutung als Mittelpunkt des geistigen Lebens büßte es erst nach Schließung der Akademie (529) ein. – Nach wechselvoller Geschichte unter fremden Herrschern (Römern, Byzantinern, Franken, Türken) wurde A. im Griechischen Befreiungskrieg 1834 zur Hauptstadt des neu geschaffenen Königreiches Griechenland erklärt u. wuchs von rund 2 000 Einwohnern im Jahre 1832 schnell zur heutigen Größe heran. – Abb. S. 41.

Athene (auch Pallas A. genannt), Gestalt der griechischen Götterwelt, Lieblingstochter des Zeus, dessen Haupt sie entsprungen sein soll. A. ist die Schutzgöttin der Helden u. Städte (besonders Athens) im Kriege u. Schutzherrin der Wissenschaft, der Künste u. des Handwerks im Frieden. Schlange u. Eule waren ihr als heilige Tiere zugeordnet.

Äther [gr.] *m*: **1)** chemische Verbindungsklasse (↑Chemie) mit der charakteristischen Gruppe $\equiv\!C-O-C\!\equiv$. Man kann Ä. auch als Anhydride zweier Alkohole ansehen. Die Ä. haben sehr gute Eigenschaften als Lösungsmittel u. werden deshalb in der Chemie viel gebraucht, vor allem der *Äthyläther* ($C_2H_5 \cdot O \cdot C_2H_5$). Dieser wird wegen seiner berauschenden Wirkung als Betäubungsmittel benutzt u. auch von Süchtigen verwendet (*Ätherrausch*); **2)** (Lichtäther, Weltäther) nach früheren Auffassungen ein den ganzen Weltraum erfüllender, eigenschaftsloser Stoff, in dem sich die Lichtwellen u. alle anderen elektromagnetischen Wellen ausbreiten. Physikalische Versuche zeigten, daß es einen derartigen Stoff nicht gibt. Diese Feststellung gab den Anstoß zur Aufstellung der ↑Relativitätstheorie.

Äthiopien (früher Abessinien genannt), Republik in Nordostafrika, mit 28,9 Mill. E; 1 221 900 km^2. Die Hauptstadt ist Addis Abeba. Ä. ist ein ausgeprägtes Gebirgsland, das im Ras Daschän bis 4 620 m aufragt und von tief eingeschnittenen Tälern durchzogen wird. Die großen Höhenunterschiede schaffen klimatisch sehr verschiedenartige Regionen: bis 1 800 m feuchtheiß (Äquatornähe!), bis 2 400 m gemäßigt, darüber kühl. Die Bevölkerung besteht aus einer Vielzahl von verschiedenen Völkern u. Stämmen u. lebt zu 90 % von der Landwirtschaft. Der Anbau von Kaffee steht an erster Stelle (die Heimat des Kaffeestrauchs ist die äthiopische Berglandschaft Kafa). Die Bodenschätze sind nur wenig erschlossen, die Industrie ist von geringer Bedeutung. Neben anderen Voraussetzungen fehlen auch Verkehrsverbindungen im unwegsamen Bergland. – Die *Geschichte* Äthiopiens geht zurück auf das alte Reich von Aksum. Im 4. Jh. wurde das Christentum eingeführt. Bis zum 17. Jh. regierten in Ä. Könige mit Statthaltern, die häufig mit den angrenzenden islamischen Völkern Kriege führten. Dann zerfiel es in Teilreiche, die um 1850 vereinigt wurden. 1889 mußte Eritrea an Italien abgetreten werden. Gegen weitere italienische Ansprüche konnte sich Ä. erfolgreich wehren (Sieg über die Italiener bei Aduwa). 1935 überfielen die Italiener Ä. erneut u. hielten es bis 1941 besetzt. Kaiser Haile Selassie (seit 1930) wurde 1974 gestürzt; 1975 wurde die Monarchie abgeschafft. Die Militärregierung strebt eine demokratische Volksrepublik unter proletarischer Führung an. In der vorwiegend von Moslems bewohnten Provinz Eritrea kämpft um ihre Unabhängigkeit. – Ä. ist Gründungsmitglied der UN, Mitglied der OAU u. der EWG assoziiert.

Athlet [gr.] *m*: **1)** im Sport ein Wettkämpfer der Leicht- u. Schwerathletik; **2)** kräftig gebauter, muskulöser Mann, Kraftmensch.

Athos, die östlichste der drei Halbinseln an der Chalkidike (Nordgriechenland), erstreckt sich als rund 50 km langer Gebirgszug ins Ägäische Meer. Auf dem Berg A. (2 033 m), an der Spitze der Halbinsel, siedelten sich seit dem 9. Jh. Mönche an. Heute gibt es auf A. 20 größere und mehrere kleine Klöster, die zu einer Mönchsrepublik zusammengeschlossen sind; Frauen ist der Zutritt streng verboten. Berühmt sind die Athosklöster wegen ihrer Bibliotheken u. als Stätten byzantinischer Kunst.

Atlanta [^{e}tlänt^e], Hauptstadt des Bundesstaates Georgia, USA, mit 497 000 E, davon 40 % Farbige. A. ist ein sehr wichtiges Verkehrs-, Wirtschafts- u. Kulturzentrum im Südosten der USA.

Atlantikcharta [gr.; lat.] *w*, ein Programm, das am 14. 8. 1941 auf einem Schlachtschiff im Atlantischen Ozean zwischen dem amerikanischen Präsidenten Roosevelt u. dem britischen Premierminister Churchill vereinbart wurde. Es sollte die Richtlinien der Politik nach dem 2. Weltkrieg festlegen. Der A., die die ↑Souveränität u. freie Wahl der Regierungsform für alle Völker, Zusammenarbeit aller Nationen vorsah, traten bis Ende des 2. Weltkrieges 45 Staaten bei. Sie war Ausgangspunkt für die UN.

Atlantikpakt (NATO) ↑internationale Organisationen.

Atlantis, eine sagenhafte Insel, die im Atlantischen Ozean liegen soll. Platon berichtet, A. sei ein mächtiges Reich mit hoher Kultur gewesen, das 9 000 Jahre vor seiner Zeit durch eine große Naturkatastrophe an einem Tage im Meer versunken sei. Die Sage von A. hat Wissenschaftler u. Laien immer wieder angeregt, dieses Land zu suchen.

Atlantischer Ozean *m* (Atlantik), das zweitgrößte Weltmeer nach dem Pazifischen Ozean; zur Gesamtfläche des Atlantischen Ozeans, die mehr als $^1/_5$ der Erdoberfläche bedeckt, rechnet man auch seine Nebenmeere (Hudsonbai, Europäisches Nordmeer, Nordsee, Ostsee, Mittelländisches Meer, Golf von Mexiko, Karibisches Meer). Der Atlantische Ozean erstreckt sich bei ei-

Athene

Atom

ner mittleren Breite von 5 500 km und einer Nord-Süd-Ausdehnung von mehr als 21 000 km S-förmig zwischen Europa und Afrika im Osten u. Amerika im Westen. Die mittlere Tiefe liegt zwischen 3 300 u. 3 900 m (in den Nebenmeeren erheblich weniger), die größte bisher gemessene Tiefe beträgt 9 219 m (im Puerto-Rico-Graben). Die Oberfläche des Meeresbodens ist durch die in Nord-Süd-Richtung verlaufende Atlantische Schwelle in 2 Längsbecken geteilt, die durch Seitenschwellen in weitere Becken aufgegliedert werden. Von den Meeresströmungen des Atlantischen Ozeans wird das Klima der angrenzenden Länder wesentlich mitbestimmt (↑Golfstrom). Wirtschaftlich bedeutend ist der Nordatlantik als Fischfanggebiet sowie als Verkehrsweg: über 70% des Gütertransports der Erde werden hier abgewickelt.

Atlas, ein Riese der griechischen Sage, Bruder des Prometheus. A. muß zur Strafe für seinen Kampf auf der Seite der Titanen gegen die Götter das Himmelsgewölbe tragen.

Atlas [gr.] *m,* eine Gruppe zusammenhängender Faltengebirgsketten in Nordwestafrika, die sich in der Längsachse über mehr als 2 000 km durch Marokko, Algerien u. Tunesien erstrecken u. im Djebel Toubkal bis 4 165 m aufragen. Der A. gliedert sich in Rif-, Mittleren, Hohen, Anti-, Tell- u. Saharaatlas. Zwischen Tell- u. Saharaatlas liegt das Hochland der ↑Schotts. Der griechischen Sage nach ist dem Atlasgebirge der versteinerte Riese Atlas.

Atlas [gr.] *m:* **1)** (*Mz.* Atlasse u. Atlanten) eine Sammlung von Land- u. Himmelskarten oder Bildtafeln (z. B. in der Medizin) in Buchform. Der Name wurde durch das 1585–95 erschienene Kartenwerk des Geographen Gerhardus Mercator geprägt, das auf dem Titelblatt den Riesen Atlas als Träger des Himmelsgewölbes zeigt; **2)** der 1. (oberste) Halswirbel, der den Kopf trägt (wie der Atlas das Himmelsgewölbe).

Atlas [arab.] *m,* glatter, glänzender Stoff, der in einer besonderen Webart hergestellt wird (z. B. Atlasseide).

atm, Einheitenzeichen für: physikalische Atmosphäre (↑Atmosphäre 2).

Atmosphäre [gr.] *w:* **1)** allgemein die gasförmige Hülle eines Himmelskörpers, die durch seine Schwerkraft festgehalten wird, speziell die Lufthülle der Erde (*Erdatmosphäre*). Die A. der Erde reicht etwa 800 bis 2 000 km hoch u. besteht in der Nähe des Erdbodens zu 77,1 % aus Stickstoff, zu 20,8 % aus Sauerstoff, zu 0,9 % aus Argon u. (im Durchschnitt) zu 1,1 % aus Wasserdampf; die restlichen 0,1 % bilden die übrigen Edelgase, Wasserstoff u. Kohlendioxid. In 20 bis 25 km Höhe ist ↑Ozon angereichert, das aus dem Luftsauerstoff durch die Einwirkung der Ultraviolettstrahlung der Sonne entsteht. Das Gesamtgewicht der Erdatmosphäre beträgt rund 1,5 Billiarden Tonnen. – Die A. der Erde untergliedert man: 1. in die an den Polen bis in 9 km, am Äquator bis 17 km reichende *Troposphäre,* in der sich die Wettererscheinungen abspielen. In ihr nimmt die Temperatur bis auf −50 °C an der Obergrenze ab; 2. in die *Stratosphäre,* eine fast feuchtigkeitsfreie Übergangsschicht, die bis 50 km hoch reicht u. an deren oberer Grenze die Temperatur auf 0 °C ansteigt; 3. in die *Mesosphäre,* die bis in 80 km Höhe reicht u. in der die Temperatur wieder bis auf −80 °C abnimmt. In dieser Schicht erfolgt das Aufleuchten der Meteore (Sternschnuppen); 4. in die *Ionosphäre,* die von etwa 80 bis 450 km Höhe reicht. In ihr ruft die Sonnenstrahlung schichtweise eine starke Ionisierung (Bildung von Ionen) hervor, die die Schichten elektrisch leitend macht. Man unterscheidet die D-Schicht, die E-Schicht (Heaviside-Schicht, in etwa 110 km Höhe), die F_1-Schicht u. die F_2-Schicht (Appleton-Schicht, zwischen 200 und 600 km Höhe). An der Ionosphäre werden die Radiowellen (Kurzwellen) reflektiert, so daß eine weltweite Kurzwellenempfang möglich ist; 5. in die *Exosphäre* oberhalb 450 km Höhe, die ohne scharfe Grenze in den Weltraum übergeht; **2)** gesetzlich nicht mehr zugelassene Einheit des Drucks, z. B. des Luftdrucks. Man unterscheidet zwischen der physikalischen A. (Einheitenzeichen atm) u. der technischen A. (Einheitenzeichen at). Umrechnung.: 1 atm = 1,013 bar = 0,101 MPa (Megapascal); 1 at = 0,981 bar = 1 kp/cm². Als Einheit des Drucks ist nunmehr ↑Pascal zu verwenden.

Atmung *w,* ein Vorgang, den alle Lebewesen brauchen. Durch die A. werden im Körper kompliziert gebaute organische Stoffe wie Zucker, Stärke, Fette, Eiweiße in einfache zerlegt; dadurch wird Energie zur Erhaltung des Lebens gewonnen. Dies geschieht meist durch Aufnahme von Sauerstoff aus der Luft oder bei Wasserorganismen aus dem Wasser, wo Sauerstoff feinstverteilt vorkommt. Besondere Organe übernehmen diese Aufgabe. Es sind dies die Lungen bei Landwirbeltieren, die Kiemen bei Wassertieren u. die Luft- oder Atemröhren (Tracheen) bei Insekten. Niedere Tiere, z. B. Würmer, Einzeller, nehmen den Sauerstoff über die Körperoberfläche auf, Pflanzen über besondere Spaltöffnungen. Meist transportiert dann die Körperflüssigkeit, z. B. das Blut, den Sauerstoff bis zu den einzelnen Zellen, in denen er mit Hilfe von ↑Enzymen Zuckermoleküle abbaut („verbrennt", oxydiert). Bei dieser *Zellatmung* (innere A.) entstehen Kohlendioxid (wird wieder ausgeatmet), Wasser u. vor allem Energie. Eine andere Form der A. ist die sauerstofflose (anaerobe) A., die besonders bei Bakterien vorkommt u. nur über Enzyme abläuft. – Im engeren Sinne wird unter A. nur der Gasaustausch, d. h. die Aufnahme von Sauerstoff u. Abgabe von Kohlendioxid verstanden, bei Säugetieren und Menschen unter Mitwirkung des Zwerchfells (Bauchatmung), weniger des Brustkorbs (Brustatmung). Der leicht arbeitende Mensch macht durchschnittlich 17–19 Atemzüge in der Minute, bei schwerer Arbeit jedoch 21–30 Atemzüge.

Ätna *m,* mit 3 340 m höchster Vulkan Europas, an der Ostküste Siziliens gelegen. Der Gipfel ist meist schneebedeckt. Bei Ausbrüchen speit der 500 m weite Hauptkrater nur Asche, die Lava quillt aus zahlreichen Nebenkratern u. Spalten. Es sind in geschichtlicher Zeit mehr als 100 Ausbrüche, teilweise mit verheerenden Folgen, bekannt; die letzten Ausbrüche waren 1979. – Abb. S. 44.

Atoll *s,* Bezeichnung für ringförmige Inseln in Korallenriffen in tropischen Meeren. Atolle entstehen durch Ansiedlung von Korallen auf dem Grunde von Vulkankegeln oder untergetauchten Inseln. Die von den Riffen eingeschlossene Wasserfläche heißt Lagune. – Abb. S. 44.

Atom [gr. atomon = das Unteilbare] *s,* kleinstes Teilchen eines chemischen Elements, das auf Grund seines Aufbaus für die chemischen u. physikalischen Eigenschaften der Stoffe verantwortlich ist. Durch Zusammenschluß (*chemische Bindung*) von Atomen entstehen ↑Moleküle; sie sind die kleinsten Teilchen chemischer Verbindungen. Es gibt so viele verschiedene Atomarten, wie es chemische Elemente gibt (↑Periodensystem der chemischen Elemente). Fast zu jeder Atomart gehören mehrere

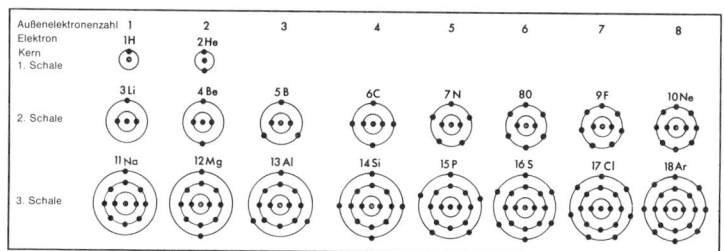

Atom. Schalenaufbau der Atome der ersten 18 chemischen Elemente

43

Atom

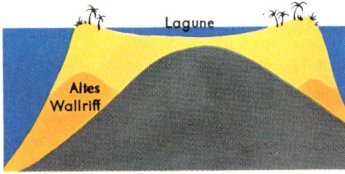

Atoll

Atomsorten, die sich zwar in ihrem chemischen Verhalten völlig gleichen, aber aus Atomen unterschiedlicher Masse bestehen. man bezeichnet sie als *Isotope*. – Die Massen der Atome liegen zwischen $1,6732 \cdot 10^{-24}$ g beim leichten Isotop des Wasserstoffs und etwa $430 \cdot 10^{-24}$ g bei den Elementen mit den höchsten Atommassen, den Transuranen. Die Durchmesser der Atome liegen je nach Atomart zwischen 0,8 und 3 Å. Die Atome sind so klein, daß man sie auch mit den besten Elektronenmikroskopen nicht sehen kann. – Schon der griechische Philosoph Demokrit vertrat die Ansicht, daß die Materie aus kleinsten, unteilbaren u. unveränderlichen Einheiten, Atomen, bestehe. Aber erst im 19. Jh. setzte man sich ernsthaft mit dem A. auseinander. Zu Beginn der wissenschaftlichen Atomtheorie stellte man sie sich einfach als kleine, massive, mehr oder weniger starre Kügelchen vor u. nahm bis zum Beginn des 20. Jahrhunderts an, daß sie unteilbar seien. Verschiedene physikalische Erscheinungen (Elektrolyse, Gasentladungen, Kathodenstrahlen u. a.) ließen aber erkennen, daß man von den Atomen *Elektronen* abtrennen kann, daß also Elektronen in den Atomen vorkommen müssen. Die Entdeckung der ↑Radioaktivität zeigte außerdem, daß die Elemente u. mit ihnen ihre Atome physikalisch nicht unveränderlich sind, sondern zerfallen können. Weitere Experimente, vor allem die Streuung von Kathodenstrahlen (P. Lenard, 1903) u. Alphastrahlen (E. Rutherford, 1906) an Atomen bei ihrem Durchgang durch dünne Metallschichten zeigten schließlich, daß die Atome einen positiv geladenen *Atomkern* enthalten, der sich im Zentrum einer aus Elektronen gebildeten sogenannten *Atom-* oder *Elektronenhülle* befindet. Im Atomkern, der aus *Protonen* u. *Neutronen* besteht (beim Wasserstoff nur aus einem Proton), sind über 99,9% der Masse des Atoms vereinigt, obgleich er von sehr geringer Ausdehnung ist (er ist zehntausendmal kleiner als der Atomdurchmesser selbst). Er besitzt daher eine riesig große Massendichte (sie beträgt $1,4 \cdot 10^{14}$ g/cm³). Er ist positiv elektrisch geladen, wobei die Zahl der positiven Elementarladungen in ihm (die sogenannte *Kernladungszahl*) gleich der Ordnungszahl des betreffenden Elements ist, die dessen Stellung im Periodensystem der chemischen Elemente bestimmt. Diese positive Ladung wird von den negativen Elementarladungen einer gleich großen Zahl von Elektronen in der Atomhülle kompensiert (ausgeglichen), so daß die Atome nach außen hin elektrisch neutral wirken. Erst durch die Abtrennung einzelner Elektronen aus der Atomhülle oder durch Aufnahme zusätzlicher Elektronen in die Atomhülle entstehen positiv oder negativ geladene Atome, die *Ionen*. – Auf Grund seiner Experimente entwarf E. Rutherford 1911 ein Atommodell (*Rutherfordsches Atommodell*), in dem die Elektronen der Atomhülle den Atomkern wie die Planeten die Sonne umkreisen. Dieses Atommodell wurde 1913 von N. Bohr durch Anwendung der Quantentheorie verfeinert. Danach umkreisen die Elektronen den Atomkern auf ganz bestimmten Bahnen (sogenannten Quantenbahnen), auf denen sie jeweils ganz bestimmte Energien besitzen. Bei Zufuhr von Energie (z. B. bei Lichteinstrahlung) kann ein Elektron auf eine weiter außen liegende Bahn mit einer höheren Energie angehoben werden, in der es sich aber nur kurzzeitig (10^{-8} Sekunden) aufhalten kann; es springt sofort wieder auf eine innere Bahn zurück u. strahlt bei diesem „Quantensprung" den Energieunterschied zwischen diesen beiden Bahnenergien in Form von Licht bestimmter Frequenz aus. Der weitere Ausbau des von A. Sommerfeld (Ellipsen als Quantenbahnen) verfeinerten Bohrschen Atommodells ermöglichte auch eine Deutung des Periodensystems der chemischen Elemente u. der chemischen Eigenschaften der Atome. Man hat sich danach vom Atom folgende räumliche Vorstellung zu machen: Die Bahnen der Elektronen eines Atoms lassen sich zu Schalen zusammenfassen, die jede nur eine bestimmte Elektronenzahl aufnehmen kann (u. dann als abgeschlossen bezeichnet wird). Im allgemeinen sind dabei die Elektronen in äußeren Schalen weniger fest an den Kern gebunden als solche in inneren Schalen. Die Zahl der Elektronen in der äußersten Schale bestimmt die Wertigkeit (Valenz) des betreffenden Atoms (bzw. seines Elements). Diese sogenannten *äußeren* Elektronen (oder *Valenzelektronen*) sind für die chemischen Eigenschaften des Atoms verantwortlich. Elemente, deren Atome zwar eine verschiedene Anzahl von inneren Schalen haben, während die jeweils äußerste Schale die gleiche Anzahl von Elektronen aufweist, zeigen ähnliche Eigenschaften u. bedingen so die Ordnung des Periodensystems der chemischen Elemente. Atome, deren äußere Schale vollständig mit Elektronen aufgefüllt ist, sind besonders stabil. Es sind dies die Atome der chemisch besonders inaktiven Edelgase. Man spricht daher auch von einer *Edelgaskonfiguration*,

Ätna. Vulkanausbruch bei Nacht

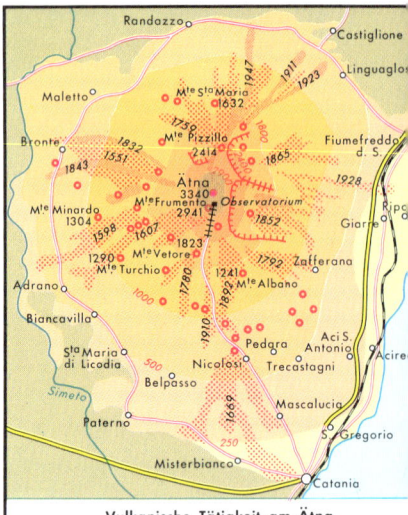

sobald eine abgeschlossene äußere Schale vorliegt. Atome mit vereinzelten äußeren Elektronen, z. B. die Atome der Metalle, geben diese leicht ab. Dagegen haben die Atome, bei denen in der äußersten Schale nur ganz wenige Elektronen zur vollständigen Auffüllung fehlen, das Bestreben, die fehlenden Elektronen von anderen Atomen zu übernehmen u. dadurch ebenfalls eine Edelgaskonfiguration auszubilden. Viele chemische Verbindungen beruhen auf einem derartigen Austausch von Elektronen zwischen den Atomen der beteiligten Elemente. Eine vollständige Erklärung des Aufbaus der Atomhülle u. die Berechnung aller Atomeigenschaften erlaubt erst die moderne Quantentheorie (Quantenmechanik).

Auckland

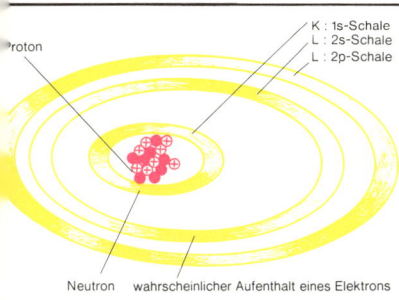

Atom. Schematische Darstellung eines Sauerstoffatoms

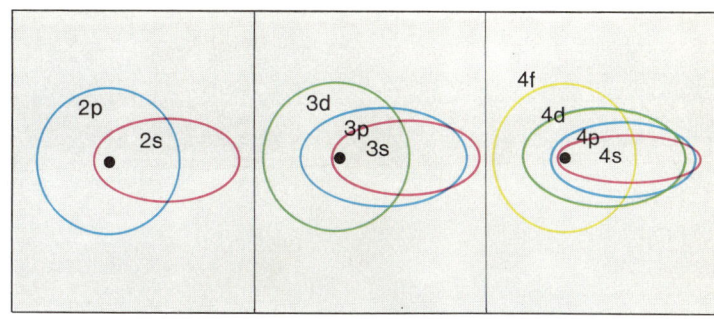

Bohr-Sommerfeldsches Atommodell des Wasserstoffatoms verschiedener Wertigkeiten (s, p, f, d Energiezustände der Elektronen)

Sie wurde 1925/26 von W. Heisenberg als *Matrizenmechanik* u. E. Schrödinger als *Wellenmechanik* in zwei verschiedenen Formen entwickelt, die jedoch die gleichen Ergebnisse liefern. Damit lassen sich auch der Aufbau u. die Eigenschaften der Atomkerne erklären. Nachdem Chadwick 1932 das *Neutron* entdeckt hatte, war es klar, daß die Atomkerne aus den positiv geladenen Protonen, das sind die Kerne des leichten Wasserstoffisotops, u. den elektrisch neutralen u. nahezu gleich schweren Neutronen bestehen. Zwischen diesen Teilen wirken sehr starke Kräfte besonderer Art, die sogenannten *Kernkräfte*, die sie im Atomkern zusammenhalten. Die Protonen bestimmen durch ihre Anzahl die Kernladungszahl. Die aus der Anzahl der Protonen u. Neutronen gebildete Summe, die sogenannte *Massenzahl*, legt die Atommasse des Elements fest. Die Isotope einer Atomart unterscheiden sich nur in der Anzahl der Neutronen in den Atomkernen.

atomare Masseneinheit ↑Masse.
Atombombe ↑Kernspaltung.
Atomenergie ↑Kernenergie.
Atomgewicht, veraltet für: ↑Atommasse.
Atommasse [gr.; dt.] w (relative Atommasse, Atomgewicht), eine Zahl, die angibt, wievielmal die Masse eines Atoms größer ist als die Masse eines Standardatoms (Bezugsatoms). 1961 wurde das Kohlenstoffnuklid ^{12}C als Bezugsatom gewählt u. diesem die relative A. 12,0000 zugeordnet.
Atomreaktor ↑Kernreaktor.
Atrium [lat.] s, Hauptraum des altrömischen Wohnhauses; charakteristisch ist die Öffnung des Daches (zur Belichtung). Auch den Säulenhof des römischen Tempels sowie später den Säulenvorhof der ↑Basilika nennt man Atrium.
Atriumhaus s, eingeschossiges Haus mit Innenhof.
Attaché [...*sche*; frz.] m, Sachverständiger für bestimmte Aufgabenbereiche (z. B. der Kultur, des Militärs), der den diplomatischen Auslandsvertretungen eines Staates zugeordnet ist.

Attentat [lat.-frz.] s, Anschlag auf das Leben eines politischen Gegners oder anderer Personen des öffentlichen Lebens. Der Ausführende heißt Attentäter.
Attersee (auch Kammersee genannt) m, der größte See im Salzkammergut in Österreich. Der A. hat eine Fläche von 45,9 km² u. ist bis 171 m tief.
Attest [lat.] s, schriftliches Zeugnis, besonders die Bescheinigung eines Arztes.
Attika, Halbinsel im Südosten Griechenlands, zugleich Verwaltungsgebiet mit 2,8 Mill E u. der Hauptstadt Athen. A. besteht zu einem großen Teil aus wasserarmem, kahlem Kalkgebirge, in dem Ziegenzucht betrieben wird, u. einigen fruchtbaren Ebenen, in denen Wein u. Ölbäume gedeihen.
Attika [gr.] w, in der Baukunst ein niedriger Aufsatz über dem Hauptgesims eines Gebäudes. Er trägt meist Inschriften, Reliefs u. ä. In der Antike wurde die A. v. a. an Triumphbögen verwendet (Abb.); seit der Renaissance wurde der Gebrauch wieder aufgegriffen. Nun verdeckte die A. den Ansatz des Daches. Im Barock wurde ein eigenes (niedriges) Attikageschoß beliebt.

Attila, König der ↑Hunnen von 434 bis 453. Mittelpunkt seines weiten Reiches war Ungarn. Von dort brach er mehrfach zu Eroberungszügen durch Europa auf u. dehnte in wenigen Jahren seine Herrschaft vom Kaukasus fast an den Rhein aus. 451 drang A. über den Rhein vor u. wurde auf den Katalaunischen Feldern (zwischen Metz u. Troyes) von dem weströmischen Feldherrn Aetius mit Hilfe germanischer Söldner und verbündeter germanischer Heere geschlagen. 452 brach A. einen erfolgreich begonnenen Zug gegen Italien ab. 453 starb er bei der Vorbereitung eines Krieges gegen Ostrom. Sein Reich zerfiel schnell. Sein Name lebt weiter (als Atli, Etzel) in Sagen u. Liedern (z. B. im Nibelungenlied).
Attrappe [frz.] w, die täuschende Nachbildung eines Gegenstandes oder Lebewesens aus Pappe u. ä. Für leicht verderbliche Waren wird die A. zu Werbe- u. Ausstellungszwecken gebraucht, im Experiment u. auf der Jagd, um Tieren einen Artgenossen, einen Feind oder eine Beute vorzutäuschen.
Attribut ↑Beifügung, ↑Satz.
atü, Einheitenzeichen für die gesetzlich nicht mehr zugelassene Druckeinheit technische ↑Atmosphäre zur Angabe von Druckstärken, die den normalen Luftdruck übersteigen, z. B. in Kraftfahrzeugreifen. Die Angabe 1,8 atü bedeutet: der Druck liegt um 1,8 at über dem normalen Luftdruck.
Auckland [åkl^{e}nd], Stadt auf Neuseeland u. wichtigster Hafen des Landes, mit 150 000 E (mit umliegenden Orten 798 000 E) u. einer Universität.

Auerhuhn. Balzender Auerhahn

Audienz

Audienz [lat.] w, Empfang bei hochgestellten politischen oder kirchlichen Persönlichkeiten.

Auerhuhn s, größtes europäisches Wildhuhn, das bis nach Asien hinein vorkommt (in Deutschland selten). Der Hahn wird bis über 1 m lang u. bis 5 kg schwer. Es lebt in abgelegenen, unberührten Nadelwaldgebieten, mit Vorliebe in der Nähe von Mooren, meist am Boden. Es frißt Nadeln, Knospen, Blätter, Beeren u. Kleintiere. Schon vor Morgengrauen kann man im März bis Mai die würgenden, schnalzenden u. wetzenden Töne des balzenden u. dabei Sprünge vollführenden Hahns hören. Das Nest wird in einer Bodenmulde angelegt. – Abb. S. 45.

Auerochse m (Ur), im Mittelalter ausgestorbenes Wildrind mit bis 80 cm langen, spitzen Hörnern. Die Stiere wurden bis 1,80 m hoch, die Kühe waren um $1/4$ kleiner. Vom Auerochsen stammt unser Hausrind ab. In Tiergärten wurde versucht, den Auerochsen aus primitiven Hausrindrassen wieder zu züchten, was jedoch nur zum Teil gelingen konnte.

Auer von Welsbach, Carl Freiherr, * Wien 1. September 1858, † Schloß Welsbach (Kärnten) 4. August 1929, österreichischer Chemiker. Er entdeckte mehrere Elemente und erfand 1885 das Gasglühlicht (Auerlicht), 1898 die elektrische Osmiumglühlampe u. 1903 das Auermetall, aus dem der Feuerstein für Feuerzeuge hergestellt wird.

Auferstehung w, die Vorstellung, daß alle verstorbenen Menschen am Weltende mit Leib und Seele zu neuem, nicht mehr endendem Leben auferstehen. Die Auferstehung Jesu von Nazareth wird im Neuen Testament als das Glauben hervorrufende u. dadurch die Gemeinde begründende Ereignis bezeugt. Sie ist für alle christlichen Kirchen ein zentraler Punkt des Glaubens u. der Theologie, da sie die glaubensmäßige Grundlage für die Auferstehung des Menschen bildet.

Aufforderungssatz ↑ Satz.

Aufgebot s, die öffentliche Bekanntmachung des Standesbeamten über eine bevorstehende Heirat, um bestehende Ehehindernisse (z. B. Doppelehe, Geschwisterehe) festzustellen. Das A. ist gesetzlich vorgeschrieben.

Aufgußtierchen ↑ Infusorien.

Aufklärung w, eine geistige Bewegung des 18. Jahrhunderts, die im 17. Jh. von England ausging u. sich auf dem Wege über Frankreich u. Deutschland über ganz Europa ausbreitete. Einer der wichtigsten Vermittler aufklärerischen Denkens war ↑ Voltaire. – Die A. erfaßte das gesamte geistige Leben in Philosophie (bedeutendster Vertreter in Deutschland: Kant), Politik (Friedrich II., der Große), Erziehung (Pestalozzi), Recht, Literatur (Lessing, Gottsched).

Der Grundgedanke der Aufklärer war: Der Mensch ist ein vernunftbegabtes Wesen. Er darf nur das zur Richtschnur seines Handelns machen, was im logischen Denken u. in der Erfahrung seiner Sinne gegründet ist. Sind die Fähigkeiten des Verstandes noch nicht hinreichend entwickelt, so können sie durch Erziehung ausgebildet werden. Daraus folgten die Verpflichtung zur Toleranz, die Erklärung der Gleichheit und der natürlichen Rechte aller Menschen u. der Glaube an den Fortschritt. Da die A. bürgerliche Freiheiten anstrebte, bereitete sie die Französische Revolution und alle folgenden demokratischen Bewegungen vor. – Im Bereich der Wissenschaften glaubten die Aufklärer an die logisch-systematische Erfaßbarkeit aller Dinge (↑ auch Enzyklopädie). Die Literatur war stark von einer lehrhaftmoralisierenden Absicht gekennzeichnet u. stand unter strengen, vom Verstand bestimmten Regeln. – Allgemein ist A. eine Erklärung bisher unbekannter Zusammenhänge oder Hintergründe, z. B. A. eines Verbrechens.

Aufsatz m, kurze Abhandlung; in der Schule ist das Schreiben von Aufsätzen ein Mittel der Spracherziehung: Es soll die Fähigkeit entwickeln, Erlebnisse, Beobachtungen, Stimmungen u. Gedanken zu einem bestimmten Problem zusammenhängend u. verständlich darzustellen. Dabei wird die Gliederung des Gedankengangs sowie der Umgang mit dem Wortschatz u. den verschiedenen Möglichkeiten der Satzgestaltung geübt.

Aufsichtspflicht w, die (gesetzlich festgelegte) Pflicht der Eltern, Lehrer, Vormünder oder Pfleger (in Heimen) Minderjährige, Geisteskranke oder Krüppel zu beaufsichtigen; bei Verletzung der A. kann Schadenersatz verlangt werden.

Auftrieb m, eine der Schwerkraft entgegenwirkende Kraft, von Archimedes bestimmt: Ein Körper, der in eine Flüssigkeit oder ein Gas taucht, verliert scheinbar so viel an Gewicht, wie von ihm verdrängte Gas- oder Flüssigkeitsmenge wiegt.

Aufwertung w, als A. bezeichnet man die Erhöhung des Wertes einer (z. B. der eigenen) Währung gegenüber fremden Währungen.

Aufwind m, aufwärts gerichtete Luftströmung. Der A. steigt vom Boden auf, er entsteht z. B., wenn ein Luftstrom an einem Berghang nach oben gelenkt wird, oder über einem schnell erwärmten Untergrund (Sand, Heide, große Städte) bei starker Sonneneinstrahlung. Er ist wichtig für den Segelflug.

Aufzug m: **1)** Vorrichtung, mit der Lasten senkrecht oder schräg (Schrägaufzug) gehoben werden können. Der A. im Wohnhaus (Fahrstuhl, Lift) wird elektrisch betrieben, er ist als Einzelkabinenanlage gebaut, früher auch als Paternoster. Vielfältig sind die Sicherheitsvorrichtungen, sie arbeiten meist vollautomatisch; **2)** ↑ Akt 2).

Auge s, das Sehen dienendes Organ. Bei niederen Tieren sind es einzelne lichtempfindliche Zellen in der Haut, die nur hell u. dunkel zu unterscheiden vermögen (z. B. beim Regenwurm). Eine bessere Lokalisation der Lichtquelle ermöglicht das *Grubenauge* vieler Schnecken. Das *Lochkameraauge*, mit dem bereits ein Entfernungsehen möglich ist, ging aus dem Grubenauge hervor. Es findet sich bei vielen Wirbellosen. Eine veränderte Konstruktion zeigt das *Blasenauge*, das meist auch mit einer Linse versehen ist (bei vielen Schnecken u. einigen Kopffüßern). Fast alle Wirbeltiere wie auch der Mensch haben *Linsenaugen*. Viele kleine Linsenaugen zusammen ergeben das „zusammengesetzte Auge" (*Facettenauge*) z. B. der Insekten. – Das paarige A. des Menschen besteht aus dem Augapfel, der durch mehrere Muskeln bewegt werden kann.

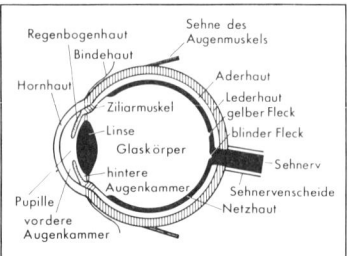

Als Schutzorgane dienen Augenbrauen, Augenlider mit Wimpern, Tränendrüsen u. die Bindehaut. Die runde, schwarze Öffnung inmitten der verschiedenfarbenen, oft braunen, grünlichen oder blauen Regenbogenhaut (Iris; wirkt wie die Blende einer Kamera) ist das Sehloch (Pupille), hinter dem die Augenlinse an Fasern ausgespannt hängt u. daher abgeflacht ist. So ist das A. auf das Sehen in die Ferne eingestellt. Beim Sehen in die Nähe zieht sich ein ringförmiger Muskel (Ziliarmuskel) um die Linse zusammen, so daß die Fasern entspannt werden u. sich die Linse abkugelt. Durch die ↑ Linse werden die auftreffenden Lichtstrahlen gebrochen. Über Pupille u. Regen-

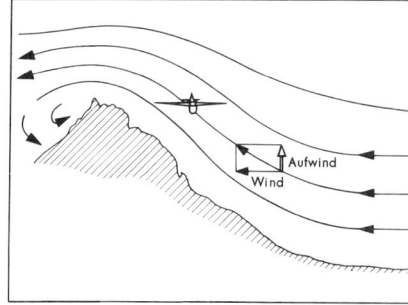

bogenhaut wölbt sich die durchsichtige Hornhaut, geht über in die Lederhaut, die den Augapfel wie eine Kapsel umschließt. Auf dem Teil der Lederhaut, der dem Weiß des Auges entspricht, liegt auch die Bindehaut, die sich als Schleimhaut auf der Unterseite der Augenlider fortsetzt. Den Raum des Augapfels hinter der Linse nimmt der Glaskörper ein, an dem Hintergrund des Auges an die Netzhaut (Retina) angrenzt. Diese ist der lichtempfindliche Teil des Auges (wie der Film in der Kamera), mit helldunkelempfindlichen Stäbchen u. farbempfindlichen Zapfen. Von ihr geht der starke Sehnerv ab, der die Lichtempfindungen zum Gehirn weiterleitet. Die Abgangsstelle ist der „blinde Fleck" der Netzhaut. Am „gelben Fleck", dem Ort des schärfsten Sehens, stehen besonders viel Sehzapfen. Hinter der Netzhaut, unsichtbar ihr u. der Lederhaut (weiße Augenhaut), liegt die blutgefäßreiche Aderhaut, die vorn in die Regenbogenhaut übergeht.

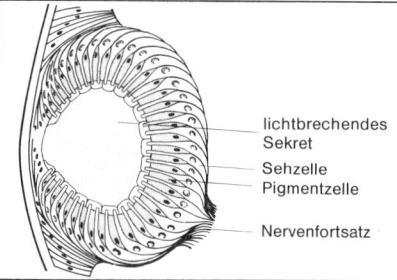

Blasenauge der Schnecke

Augsburg, Hauptstadt des bayrischen Regierungsbezirks Schwaben, an der Mündung der Wertach in den Lech, mit 245000 E. Die Stadt besitzt eine Universität, eine Fachhochschule u. ist v. a. bedeutend als ein Zentrum der Maschinen-, der Textil- u. der Papierindustrie in Süddeutschland. Das Stadtbild ist v. a. von Renaissancebauten geprägt. – A. ging aus der 11 n. Chr. gegründeten römischen Militärkolonie *Augusta Vindelicum* hervor. 1276 wurde A. Reichsstadt. Die günstige Lage an der Handelsstraße nach Italien machte A. seit dem 14. Jh. zu einem wichtigen Handelsplatz. V. a. die Geschlechter der ↑Fugger u. der ↑Welser verschafften A. Geltung in ganz Europa. Bedeutungsvolle Reichstage wurden im 16. Jh. in A. abgehalten.

Augsburger Bekenntnis *s*, die von Philipp Melanchthon verfaßte Bekenntnisschrift des Protestanten, die 1530 auf dem Reichstag zu Augsburg Kaiser Karl V. überreicht wurde. Das A. B. umfaßt 28 Artikel, in denen die Gemeinsamkeiten mit der katholischen Kirche u. die Unterschiede zu ihr dargelegt werden. – 1555 wurde im **Augsburger Religionsfrieden** das A. B. u. damit das Luthertum reichsrechtlich anerkannt. Das Bekenntnis des Landesherrn sollte künftig bestimmend für die Untertanen sein („cuius regio, eius religio" [= wessen das Land, dessen die Religion]).

Auguren [lat.] *m, Mz.*, altrömische Priester, die vor wichtigen Entscheidungen im Staate den Willen der Götter aus bestimmten Zeichen am Himmel (Vogelflug u. a.) zu deuten versuchten. Das *Augurenlächeln* ist das wissende Lächeln der Eingeweihten über den einfältigen Glauben anderer.

Augustiner, katholischer Orden, dessen Mitglieder nach einer Augustinusregel (die jedoch nicht auf den hl. Augustinus zurückgeht) leben. Die A. tragen eine schwarze Kutte mit Kapuze.

Augustinus, Aurelius, Heiliger, * Tagaste (Numidien, Nordafrika) 13. November 354, † Hippo Regius (Numidien, Nordafrika) 28. August 430, Bischof von Hippo u. bedeutendster Kirchenlehrer des Abendlandes. Erst 387 trat A. nach einem unruhigen Leben zum Christentum über, bereits 9 Jahre später wurde er Bischof. Seine Schriften, die autobiographischen „Bekenntnisse" u. „Über den Gottesstaat", beeinflußten das religiöse Denken des Mittelalters entscheidend.

Augustus, ursprünglich Gajus Octavius, genannt Octavianus, * Rom (?) 23. September 63 v. Chr., * Nola bei Neapel 19. August 14 n. Chr., römischer Kaiser. Großneffe Cäsars, der ihn adoptierte u. als seinen Erben einsetzte. Nach dem Tod Cäsars schloß er, im Kampf um die Macht, das 2. ↑Triumvirat ab. Nach Auflösung des Triumvirats begann 27 v. Chr. seine Alleinherrschaft.

Augustus

Er stellte, gewarnt durch die Ermordung Cäsars, den Anschein der republikanischen Staatsordnung wieder her, legte jedoch durch die ihm übertragene Machtfülle den Grund für die weitere Entwicklung des Kaisertums. A. bemühte sich um die Festigung des Reiches im Innern und um die politisch-militärische Sicherung nach außen (z. T. durch neue Eroberungskriege). – Zur Zeit des A. stand Rom in wirtschaftlicher u. kultureller Blüte; man spricht auch vom Goldenen (Augusteischen) Zeitalter Roms.

Auktion ↑Versteigerung.
Aula [lat.] *w*, Festsaal der Schule und der Universität.
Aurora, lateinischer Name der ↑Eos.
Ausbildungsförderung *w*, finanzielle staatliche Zuwendung aus Mitteln des Bundes u. der Länder, die u. a. für in der Ausbildung befindliche Jugendliche vorgesehen ist, wenn diese die für ihren Lebensunterhalt u. ihre Ausbildung erforderlichen Mittel anderweitig nicht zur Verfügung stehen. Die Förderung der schulischen u. der Hochschulausbildung ist durch das Bundesausbildungsförderungsgesetz (BAföG) vom 26. 8. 1971 in der Fassung vom 9. 4. 1976 geregelt. Es sieht eine A. für den Besuch von Gymnasien, Real-, Abend-, Fach-, Hochschulen usw. vor. Gefördert werden (nach den Bestimmungen des Arbeitsförderungsgesetzes) auch die berufliche Fortbildung, die Umschulung und u. a. die betriebliche Berufsausbildung.

Auschwitz (poln. Oświęcim), polnische Stadt 50 km westlich von Krakau mit über 40000 E. Während des 2. Weltkrieges befand sich in A. eines der berüchtigtsten deutschen Konzentrations- u. Vernichtungslager, in dem nach Schätzungen 2,5 bis 4 Mill. Menschen umgebracht wurden.

Auslegerboot *s*, meist schmales Holzboot, das durch beidseitig abgespreizte Schwimmkörper vor dem Kentern bewahrt wird. Das A. ist besonders in Indonesien u. Ozeanien verbreitet.
Ausrufezeichen ↑Zeichensetzung.
Ausrufewort *s* (lat. Interjektion), ein Wort, das eine Empfindung ausdrückt, z. B. ach!, o!, au!
Ausrufezeichen ↑Zeichensetzung.
Aussagesatz ↑Satz.
Aussageweise ↑Verb.
Aussatz ↑Lepra.
Außenhandel ↑Handel.
Außenwinkel *m*, von einer Vieleckseite u. der Verlängerung einer benachbarten Seite gebildeter Winkel. Zu jedem Innenwinkel gibt es jeweils zwei kongruente A.; die Summe der A. eines Dreiecks, allgemein eines Vielecks, beträgt 360° (von jeder Ecke jeweils ein Außenwinkel).

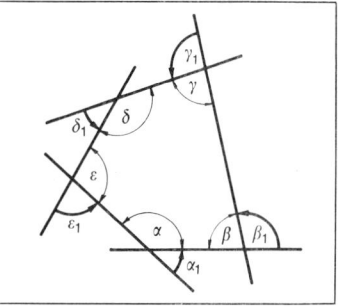

Außenwinkel eines Fünfecks

außerparlamentarische Opposition

außerparlamentarische Opposition w, Abkürzung: APO (Apo), Bezeichnung für die nur lockere Gemeinschaft derjenigen politisch tätigen Gruppen, die sich als Folge der Großen Koalition (CDU/SPD, 1966–69) herausbildeten u. die heutige Form westlicher Demokratie entweder völlig ablehnten oder in wesentlichen Punkten verändern wollten. Die APO beschritt nicht den Weg über die politischen Parteien u. das Parlament, sondern bediente sich „außerparlamentarischer" Mittel (Demonstrationen, Sit-ins u. ä.). Die APO wurde v. a. von Studenten u. Jugendlichen getragen. Die Bewegung zerfiel in den 70er Jahren.

Aussperrung w, Maßnahme der Arbeitgeber im ↑Arbeitskampf: Die Arbeitgeber schließen die Arbeitnehmer (unter Fortfall der Lohnzahlung) von der Arbeit aus. Mit der A. treten die Arbeitgeber meist einem ↑Streik entgegen.

Auster [niederl.] w, 8–10 cm große, 10–15 Jahre alt werdende Muschel in Küstengewässern warmer u. mäßig warmer Meere. Sie ist mit der einen ihrer dicken, blättrig-schuppigen Schalenhälften auf grobem sandigem oder steinigem Grund festgeheftet. Da die A. als Delikatesse, in Nordamerika u. Ostasien auch als Volksnahrungsmittel sehr geschätzt wird, wird sie in 1–9 m Tiefe auf sogenannten *Austernbänken*, oft in besonders angelegten *Austernparks*, gezüchtet. Solche Anlagen finden sich in Europa hauptsächlich an der französischen, der niederländischen und der englischen Küste.

Australien, mit 7,7 Mill. km² der kleinste Erdteil, ganz auf der südlichen Halbkugel gelegen u. vom Indischen u. Pazifischen Ozean umschlossen. Der Kontinent A. bildet mit Tasmanien u. einigen kleinen Inseln den Bundesstaat *Australischer Bund*, der 14,1 Mill. E hat. Die Hauptstadt ist Canberra. A. ist von gedrungener Gestalt u. hat schwach gegliederte Küsten. A. ist arm an Gewässern u. hat nur im Südosten ein größeres Stromsystem (Murray-Darling). Weite Teile der Wüsten u. Steppen im Innern werden durch die große Zahl von artesischen Brunnen (etwa 4 000) für die Viehzucht nutzbar gemacht. A. besitzt eigentümliche Arten von Pflanzen (strauchige Hartlaubvegetationsgürtel: Scrub) u. Tieren, u. a. über 150 Beuteltierarten (darunter das Känguruh), felltragende Schnabeltiere, den Emu (straußenähnlicher Laufvogel), Kakadus u. Lungenfische. A. liegt hauptsächlich in den Subtropen. Das *Klima* ist im wesentlichen kontinental mit großer Trockenheit. Dicht besiedelt ist A. insbesondere im Osten, Südosten und Südwesten. Von den eingeborenen *Australiern* (gewelltes Haar, hoher Wuchs, schlanke Gliedmaßen, dunkelbraune Hautfarbe) existieren noch rund 100 000 in besonderen Reservationen. A. hat bedeutende Bodenschätze (Stein- u. Braunkohle, Eisen, Bauxit, Erdöl u. Erdgas, Uran, Nickel, Gold, Silber u. a.). Es steht an erster Stelle der Wollerzeugung in der Welt (rund 150 Mill. Schafe), und Wolle ist auch das Hauptausfuhrprodukt. *Geschichte:* Im 16. Jh. wurde A. entdeckt. 1788 begann die Besiedlung Australiens durch Weiße. A. war zunächst britische Strafkolonie, doch bald kamen auch freie Siedler. Im 19. Jh. wurden die Kolonien Neusüdwales, Victoria, Tasmanien, Südaustralien, Queensland u. Westaustralien gegründet, die sich 1901 zum Australischen Bund zusammenschlossen. – A. ist Gründungsmitglied der UN u. gehört zum Commonwealth. – ↑auch Entdeckungen.

Autarkie [gr.] w, wirtschaftliche Unabhängigkeit eines Landes durch Selbstversorgung. Autarkiebestrebungen richten sich meist gegen die Einfuhr lebenswichtiger Güter (partielle A.).

Auto ↑Kraftwagen.

Australien. Australier

Autobahnen w, *Mz.*, mehrbahnige, kreuzungsfreie Straßen für den Kraftfahrzeug-Schnellverkehr (Mindestgeschwindigkeit 60 km/Stunde). Jede der beiden Fahrbahnen besteht aus zwei oder auch mehr Hauptfahrspuren von je 3,75 m Breite. Gehalten werden darf nur auf Parkplätzen. Die Zu- u. Abfahrt erfolgt auf besonderen Zubringerstraßen. Am 1. 1. 1979 betrug die Gesamtstreckenlänge der Bundesautobahnen 7 207 km. Autobahnen gibt es in den meisten hochindustrialisierten Staaten (in den USA „highways" genannt). – Die erste nur für den Kraftfahrzeugverkehr bestimmte Strecke in Deutschland wurde 1932 eröffnet (Autostraße Bonn–Köln), bis Ende des 2. Weltkriegs waren 2100 km Autobahnen fertiggestellt.

Autobiographie [gr.] w, literarische Darstellung des eigenen Lebens. Sie kann eine nüchterne Aufzeichnung der äußeren Ereignisse sein (z. B. von Götz von Berlichingen) oder der Versuch einer Selbstergründung, Erkennen des eigenen Ichs (z. B. die „Bekenntnisse" J. J. Rousseaus) oder der Darstellung eines in sich geschlossenen Erlebnisses (z. B. das Kriegserlebnis).

Autodidakt [gr.] m, jemand, der sich durch Selbstunterricht ein bestimmtes Wissen angeeignet hat.

Autogramm [gr.] s, der eigenhändig geschriebene Namenszug einer bekannten Persönlichkeit.

Autokratie [gr.; = Selbstherrschaft] w, Regierungsform, in der die unumschränkte Staatsgewalt in der Hand eines einzelnen Herrschers (*Autokrat*) liegt. Der Zar von Rußland herrschte z. B. unumschränkt, man kann die Zarenherrschaft deshalb als A. bezeichnen.

Automat [gr.] m, Vorrichtung, die einen Arbeitsablauf (nach dem Ingangsetzen) selbsttätig entsprechend den eingestellten Werten ablaufen läßt. Als Automaten werden schon recht einfache Geräte bezeichnet, bei denen z. B. eine Münze Verriegelungen entsperrt (Warenautomat), aber auch kompliziertere Maschinen, wie selbsttätig arbeitende Werkzeugmaschinen, u. schließlich elektronisch betriebene Rechengeräte.

Autobahnen. Autobahnkreuz bei Leverkusen

Automatisierung [gr.-nlat.] w, Merkmal der modernen technischen Entwicklung im Rahmen der ↑Rationalisierung: Alle Prozesse einschließlich der Steuerung und Regelung erfolgen selbsttätig, der Mensch muß weder ständig noch in einem erzwungenen Rhythmus unmittelbar tätig werden. Im engeren Sinne versteht man unter A. die Umstellung eines manuellen Arbeitsablaufes auf automatischen Betrieb. Durch A. wird menschliche Arbeit eingespart oder qualitativ verbessert, der Mensch entlastet. Der höchste Grad der A. wurde bisher in der Verfahrenstechnik und in der Regelung von Kraftwerken erreicht.

autonom [gr.], selbständig, unabhängig, nach eigenen Gesetzen lebend. *Autonome Gebiete* sind im heutigen Sprachgebrauch Gebiete, die eine eigene Verwaltung und das Recht zur Gesetzgebung in allen Bereichen des innenpolitischen Lebens haben. Sie sind aber v. a. in der Außenpolitik von einem anderen souveränen Staat abhängig. Autonome Gebiete sind meist ehemalige Kolonien, die noch nicht die volle Unabhängigkeit erlangt haben, oder Regionen innerhalb eines Staates, in denen sprachliche oder kulturelle Minderheiten leben (z. B. ↑Südtirol).

Autor [lat.] m, Urheber, Verfasser eines Werkes der Literatur, auch der bildenden Kunst, der Fotografie u. der Musik.

Autoreisezug m („Auto im Reisezug"), modernes Verkehrsmittel, hauptsächlich für den Urlaubsverkehr. Man versteht darunter einen Eisenbahnzug mit Waggons zur Beförderung von Personenkraftwagen sowie mit Schlafwagen u. Liegewagen für die Personen.

Autorität [lat.] w: **1)** auf Leistung, Stellung oder Tradition beruhende Macht einer Person oder Institution und das daraus erwachsende Ansehen (z. B. eines hervorragenden Fachmannes, eines Lehrers, des Vaters oder eines obersten Gerichts); **2)** Persönlichkeit oder Institution mit maßgeblichem Einfluß und hohem Ansehen.

autotroph [gr.], sich selbst ernährend; a. sind grüne Pflanzen, die, unabhängig von anderen Organismen, aus anorganischen Stoffen organische Verbindungen aufbauen.

Avantgarde [*awang...*; frz.] w, Vorhut; ursprünglich ein militärischer Ausdruck für einen vor der Haupttruppe voranziehenden (oder voranreitenden) Truppenteil; dann auch im übertragenen Sinn gebraucht. So ist ein *Avantgardist* [*awanggardist*] ein Vorkämpfer für eine Idee oder eine künstlerische Richtung (z. B. in der bildenden Kunst).

Avaren ↑Awaren.

Ave [lat.; = sei gegrüßt], lateinisches Grußwort; auch Kurzbezeichnung für: **Ave Maria** [= „Gegrüßet seist du, Maria"], Anfang u. Bezeichnung des volkstümlichsten katholischen Mariengebets.

Avignon [*awinjong*], Hauptstadt des südfranzösischen Departements Vaucluse, an der Rhone gelegen, mit 89000 E. 1309–76 residierten hier die Päpste. Aus dieser Zeit stammt der hoch aufragende Papstpalast. Heute ist A. ein Zentrum des Fremdenverkehrs.

Awaren m, Mz., türkisch-mongolische Steppennomaden, die im 5./6. Jh. im Donauraum ein ausgedehntes Reich begründeten u. seit etwa 560 durch wiederholte Einfälle das Fränkische Reich beunruhigten. Sie wurden erst von Karl dem Großen endgültig besiegt.

Axel-Paulsen ↑Wintersport (Eiskunstlauf).

Axiom [gr.] s, in der Philosophie und Mathematik ein Grundsatz, der unmittelbar einleuchtet und nicht weiter zu begründen ist, z. B.: „Das Ganze ist größer als einer seiner Teile". Allgemein ein Satz, der weder beweisbar ist, noch eines Beweises bedarf.

Azaleen [gr.] w, Mz., Heidekrautgewächse der Pflanzengattung Alpenrose in zahlreichen Zuchtsorten. Die A. sind beliebte weiß-, rosa- u. rotblühende Garten- u. Topfpflanzen, hauptsächlich aus China u. Japan. Sie lieben kalkfreie Erde und müssen regelmäßig gegossen werden.

Azetat ↑Acetat.
Azeton ↑Aceton.
Azetylen ↑Acetylen.

Azoikum [gr.] s, das Erdzeitalter ohne Spuren von Lebewesen, der älteste Abschnitt der Erdgeschichte.

Azoren Mz., portugiesische Inselgruppe im Atlantischen Ozean. Die 9 größeren Inseln sind bewohnt, nämlich Santa Maria und São Miguel (die größte Insel) im Osten, Faial, São Jorge, Terceira, Graciosa und Pico in der Mitte sowie Corvo und Flores im Westen. Die A. sind 2335 km² groß u. haben 292000 E, sie sind vulkanischen Ursprungs u. erreichen auf der Insel Pico 2351 m Höhe. Das milde Klima der A. begünstigt den Anbau von Orangen, Bananen, Ananas, Mais u. Weizen. Durch ihre Lage sind die A. wichtig für Schiffahrt u. Flugverkehr.

Azteken m, Mz., früher ein bedeutendes Indianervolk in Mexiko. Die A. waren im 14. Jh. ins Mexikotal eingewandert. Ihre Hauptstadt war Tenochtitlán, auf deren Ruinen später die heutige mexikanische Hauptstadt Mexiko erbaut wurde. Die A. errichteten gewaltige Tempelanlagen mit stufenförmigen Pyramiden, auf deren Plattform ein oder zwei Tempel standen. Dort standen auch die Altäre, vor denen den Göttern Menschenopfer dargebracht wurden. Von den Bauten der A. sind nur noch geringe Reste erhalten. Berichte über ihre prunkvollen Bauten u. ihre hohe Kultur sind in Bilderhandschriften aus dem 16. Jh. überliefert.

Azur [frz.] m, Himmelsblau; ein hochblauer Farbton

Autogramm. 1 Jack London, 2 Friedrich Nietzsche, 3 Karl Marx, 4 Henry Ford, 5 Franz Marc, 6 Richard Strauss, 7 Konrad Adenauer, 8 Knut Hamsun, 9 Werner Bergengruen, 10 Ernst von Weizsäcker, 11 Jean Cocteau

B

B: 1) 2. Buchstabe des Alphabets; **2)** chemisches Symbol für: ↑**B**or.

Baal [hebr.; = Herr], semitischer Wetter-, Fruchtbarkeits- u. Himmelsgott, auf einem Stier stehend dargestellt. Der zum Teil auch in Israel verbreitete Baalkult wurde nach dem Bericht der Bibel unter dem Einfluß der Propheten vernichtet.

Babel, hebräischer Name für: ↑Babylon.

Babenberger, ostfränkisches Grafengeschlecht. Die B. waren 976 bis 1156 Markgrafen, 1156 bis 1246 Herzöge der bayr. Ostmark (Österreich). Ab 1156 residierten sie in Wien, dem sie die Stadtrechte gaben. Der letzte B., Friedrich II., der Streitbare, fiel 1246 im Kampf gegen die Ungarn.

Babylon, alte Stadt in ↑Mesopotamien, beiderseits des Euphrat gelegen. B. war die Hauptstadt des Babylonischen Reiches. Die Anfänge der Stadt liegen im 3. Jahrtausend v. Chr. Unter ↑Hammurapi wurde B. der Mittelpunkt der altorientalischen Kultur. Diese Stellung konnte die Stadt bis zur Zeit Alexanders des Großen halten; ihre höchste Blütezeit erlebte sie unter Nebukadnezar II. (605–562 v. Chr.). Die Stadt, die bis etwa 1000 n. Chr. bewohnt war, wurde 1899–1917 von der Deutschen Orient-Gesellschaft teilweise ausgegraben.

Babylonien ↑Mesopotamien.

Babysitter [be¹bißit^{er}; engl.] m, eine Person, die Kleinkinder (gegen Entgelt) beaufsichtigt, wenn die Eltern für einige Stunden fort sind.

Bacchus, lateinischer Name für den griechischen Gott ↑Dionysos.

Bach, Johann Sebastian, * Eisenach 21. März 1685, † Leipzig 28. Juli 1750, deutscher Musiker u. Komponist. Nachdem B., der aus einer sehr musikalischen Familie stammte, Organist in Arnstadt (Thüringen) gewesen war, wurde er 1708 herzoglicher Hoforganist u. Konzertmeister in Weimar. Dort entstanden etwa 20 Kantaten u. zahlreiche Orgelkompositionen. Im Jahre 1717 ging B. als Kapellmeister u. Kammermusikdirektor nach Köthen/Anhalt. Hier komponierte er den größten Teil seiner Orchester-, Kammer- u. Klaviermusik, darunter die 6 „Brandenburgischen Konzerte" und den 1. Teil des „Wohltemperierten Klaviers". Von 1723 bis zu seinem Tode war B. Thomaskantor in Leipzig. Die Johannes- u. die Matthäuspassion, das Weihnachtsoratorium, die „Hohe Messe in h-Moll" und die „Goldberg-Variationen" sind die wichtigsten Werke aus dieser Zeit. 1747 folgte er einer Einladung Friedrichs des Großen nach Potsdam. Über ein Thema des Königs komponierte er das „Musikalische Opfer". B., dessen Söhne z. T. ebenfalls bedeutende Komponisten waren (besonders bekannt ist Wilhelm Friedemann B., 1710–84), übte einen nachhaltigen Einfluß auf die europäische Musik aus, der bis in die heutige Zeit reicht.

Bache w, weibliches Wildschwein.

Bachmann, Ingeborg, * Klagenfurt 25. Juni 1926, † Rom 17. Oktober 1973, österreichische Dichterin. Studierte Philosophie. Ab 1953 gehörte sie zur „Gruppe 47". Sie schrieb v. a. bilderreiche Gedankenlyrik (Gedichtsammlung „Die gestundete Zeit", 1953, u. a.), Hörspiele u. Erzählungen.

Bachstelze w, sperlinggroßer, schwarz-weiß gefärbter Singvogel mit hohen, stelzenartigen Beinen u. langem Schwanz, der beim Laufen fortwährend wippt. Die B. lebt im offenen Gelände, oft am Wasser. Mit Vorliebe frißt sie Wasserinsekten. Ab Mitte April legt sie ihre Eier ab. Sie ist ein häufiger Stand- u. Zugvogel Europas.

Johann Sebastian Bach   Ingeborg Bachmann   Robert Stephenson Smyth, Baron Baden-Powell

Backbord s, in der Seemannssprache die linke Schiffseite (vom Heck, dem Ende des Schiffes, aus gesehen). Die rechte Seite heißt *Steuerbord.* B. trägt rote, Steuerbord grüne Beleuchtung (Positionslampen).

Backfisch m, veralteter Ausdruck für ein Mädchen zwischen dem 12. u. dem 16. Lebensjahr; ↑auch Teenager.

Backsteingotik ↑Gotik.

Bad ↑Heilbad.

Baden, westlicher Teil von Baden-Württemberg. B. umfaßt verschiedene Landschaften zwischen Main, Hochrhein u. Bodensee; die Hauptstadt des früheren Landes B. war Karlsruhe. Die bedeutendste Industriestadt ist Mannheim; im Süden wird Obst-, Wein- und Tabakbau betrieben; Holz- u. Uhrenindustrie herrschen im Schwarzwald vor. – Die Markgrafschaft B. entstand im 12. Jh. im Gebiet des alten Herzogtums Schwaben. 1806 wurde daraus, nach bedeutendem Gebietszuwachs, das Großherzogtum B., das 1918 Freistaat wurde. Seit 1952 gehört B. zu ↑Baden-Württemberg.

Baden-Baden, Stadt und internationaler Kurort im nordwestlichen Schwarzwald, in Baden-Württemberg, mit 49000 E. Die radioaktiven Kochsalzthermen von B.-B. waren bereits den Römern bekannt, die hier die ersten Bäder erbauten. Über der Stadt liegt das alte Schloß Hohenbaden.

Baden-Powell, Robert Stephenson Smyth, Baron [be¹dnpo"il], * London 22. Februar 1857, † Nyeri (Kenia) 8. Januar 1941, englischer General. B.-P. schulte im ↑Burenkrieg Jugendliche für Aufklärungsdienste. Später wurde er der Begründer u. Leiter der englischen Pfadfinderbewegung (1907) u. der internationalen Pfadfinderorganisation. Sein bekanntestes Buch heißt „Scouting for boys" (1908; deutsch „Das Pfadfinderbuch", 1909).

Baden-Württemberg, Land der Bundesrepublik Deutschland, mit 9,1 Mill. E., Hauptstadt Stuttgart. B.-W. wurde 1951 nach einer Volksabstimmung aus den ehemaligen Ländern Baden, Württemberg-Baden u. Württemberg-Hohenzollern gebildet. Es umfaßt einen Teil des Oberrheinischen Tieflandes, den Schwarzwald, den Kraichgau u. Teile des Odenwaldes, Teile des Alpenvorlandes u. das schwäbische Schichtstufenland mit der Schwäbischen Alb. Neben fruchtbaren, landwirtschaftlich genutzten Gebieten u. teilweise intensivem Fremdenverkehr hat B.-W. eine starke verarbeitende Industrie, deren Mittelpunkte Stuttgart u. Mannheim sind. Von besonderer Bedeutung sind die Textil-, Maschinen-, Auto-, Uhren-, Elektro- u. Metallwarenindustrie.

Balkanhalbinsel

Badminton [bädmint*e*n; engl.] s, Federballspiel, das im Einzel oder Doppel gespielt werden kann. Der Ball besteht aus einem Korken, in den 14–16 Federn eingelassen sind (Gewicht 4,7 bis 5,5 g). Er ist über das Netz (1,5 m hoch) zu schlagen u. darf Boden, Netz, Spieler und Schlägerrahmen nicht berühren.

Baedeker, Karl [bä...], * Essen 3. November 1801, † Koblenz 4. Oktober 1859, deutscher Buchhändler u. Verleger. B. gab als erster (1827) Reisehandbücher, die unter seinem Namen berühmt geworden sind, heraus.

Bagatelle [frz.] w, unbedeutende Kleinigkeit, Geringfügigkeit.

Bagdad (arabisch Baghdad), Hauptstadt von Irak, am Tigris gelegen, mit umliegenden Orten 3,5 Mill. E. Die Stadt hat eine typisch orientalische Altstadt. B. ist ein wichtiger Handels- u. Verkehrsknotenpunkt (↑ Bagdadbahn). – 762 wurde B. die Hauptstadt der Kalifen u., besonders im 9. Jh. unter Harun Ar Raschid, Mittelpunkt arabischer Wissenschaft u. Kunst. Im 13. u. 14. Jh. wurde die Stadt mehrere Male von den Mongolen zerstört.

Bagdadbahn w, Eisenbahnstrecke von Konya (nördlich des Taurus) über Bagdad nach Basra (heute bis Umm Kasr), als Fortsetzung der Anatolischen Bahn (von Istanbul nach Konya) ab 1903 erbaut.

Bagger [niederl.] m, Maschine zum Abtragen u. Befördern von großen Massen (Erdreich, Schutt, Minerale, Schlamm u. ä.). Als Eimer-, Schaufel-, Kübel- oder Greiferbagger je nach dem Einsatzzweck gebaut, oft mit Raupenkettenfahrwerk. Moderne Universalbagger können die Arbeitswerkzeuge entsprechend dem Einsatz wechseln.

Bahamas Mz., Staat in Mittelamerika, umfaßt die *Bahamainseln* zwischen Florida u. Haiti, mit 220 000 E (meist Neger u. Mulatten), rund 13 900 km². Die Hauptstadt ist *Nassau* (102 000 E). Mildes Tropenklima begünstigt den starken Fremdenverkehr. – Die B. waren bis 1973 britisch. Sie sind Mitglied des Commonwealth u. der UN u. der EWG assoziiert.

Bahrain, Emirat, das 33 Inseln im Persischen Golf umfaßt, mit 265 000 E; 662 km². Die Hauptstadt ist *Al Manama* (115 000 E). Die wirtschaftliche Grundlage von B. ist das Erdöl auf der gleichnamigen Hauptinsel. Auch Perlenfischerei. – B. stand bis 1971 unter britischer Schutzherrschaft. Es ist Mitglied der UN u. der Arabischen Liga.

Bai [niederl.] w, Meeresbucht.

Baikalsee m, fischreicher Gebirgssee in Südsibirien, etwa sechzigmal so groß wie der Bodensee. Der 456 m über dem Meer gelegene See ist mit einer Tiefe bis 1 620 m der tiefste Binnensee der Erde u. der einzige Binnensee, in dem Robben vorkommen.

Baisse [bäß; frz.] w, starker Rückgang oder Tiefstand der Börsenkurse.

Bake w, feststehendes u. weithin sichtbares Orientierungszeichen v. a. für die Seefahrt. Im Straßenverkehr u. bei der Eisenbahn nennt man Ankündigungszeichen u. Vorsignale Baken; auch der Meßpfahl im Vermessungswesen wird B. genannt.

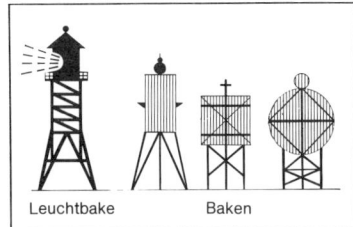

Leuchtbake   Baken

Bakschisch [pers.; = Geschenk] s, Bezeichnung für Almosen u. Trinkgeld, aber auch für Bestechungsgeld (im Orient).

Bakterien [gr.-lat.] w, Mz. (Spaltpilze), primitive, meist einzellige Kleinstlebewesen ohne echten Zellkern. Sie vermehren sich stets durch Querteilung, die meist alle 15 bis 40 Minuten erfolgt. Unter ungünstigen Verhältnissen bilden sich viele Dauersporen (sehr beständig gegen Hitze u. Trockenheit). Sie kommen überall u. in riesiger Anzahl z. B. als Stäbchen (B. im engeren Sinne und ↑ Bazillen), als ↑ Kokken u. ↑ Spirillen vor. Die meisten B. sind Fäulnisbewohner oder Parasiten, die schwere Erkrankungen hervorrufen, z. B. Tuberkulose, Typhus, Lungenentzündung, Cholera, Pest. Viele sind aber auch nützlich für den Menschen, so bei der Verdauung, bei der Gärung u. der Käsereifung. – In 1 m³ Luft einer Bahnhofshalle befinden sich etwa 9 Mill. B., in einer Gaststube etwa 450 000, in Gipfellagen von Hochgebirgen und über den Ozeanen eine Bakterie.

Baku, Hauptstadt der Unionsrepublik Aserbaidschan in der UdSSR, am Kaspischen Meer, mit 961 000 E. Die Stadt ist ein Zentrum der sowjetischen Erdölindustrie (bedeutender Erdölhafen). Sie hat eine Universität. – Als „Zweites Baku" bezeichnet man das Erdölgebiet zwischen Ural u. Wolga, als „Drittes Baku" das in Westsibirien.

Balalaika [russ.] w, weitverbreitetes russisches Volksmusikinstrument, mit langem Hals u. dreieckigem Resonanzkörper. Die B. wird in sechs Größen gebaut. Sie dient zur Begleitung

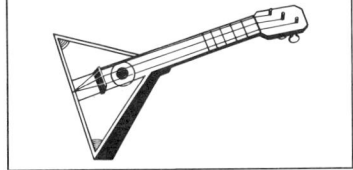

von Volksgesängen und Tänzen, wird aber auch in Orchestern gespielt. Sie wird mit der Hand oder dem Plektron angeschlagen.

Balance [balangß; frz.] w, Gleichgewicht; **balancieren,** ausgleichen, im Gleichgewicht halten.

Baldachin [ital.] m, ursprünglich ein kostbarer Seidenstoff aus Bagdad

Baldachin

(ital. baldacco); dann die daraus gefertigte Prunkdecke oder -bedachung, v. a. über Altar u. Thron; auch der an 4 Stäben befestigte Traghimmel bei Prozessionen sowie ein Zierdach aus Stein oder Holz über Statuen, Altären oder Kanzeln.

Baldr (Baldur) ↑ germanischer Götterglaube.

Baldrian [mlat.] m, bis 1,5 m hohe Pflanze feuchter Standorte mit gefiederten Blättern u. vielen kleinen rötlichen Blüten. Aus der Wurzel werden Mittel zur Nervenberuhigung gewonnen. Baldriantropfen u. Baldrianwein sind Hausmittel gegen Herzklopfen, Kopfschmerzen, Schlaflosigkeit.

Balearen (span. Islas Baleares) Mz., spanische Inselgruppe und Provinz im Mittelmeer, mit 638 000 E. Die B. bestehen aus den Inseln Mallorca, Menorca, Ibiza, Formentera u. mehreren kleinen, meist unbewohnten Inseln. Neben der Fischerei u. der Landwirtschaft (Südfrüchte) ist der Fremdenverkehr (v. a. auf Mallorca) die wichtigste Einnahmequelle für die Inselbewohner.

Bali, Sundainsel östlich von Java, Indonesien, mit 2,2 Mill. E. Die Insel besteht im Norden aus spärlich bewohntem, vulkanischem Bergland, im Süden aus dichtbesiedeltem, fruchtbarem Schwemmland. Die reichverzierten Tempel u. die prunkvollen Tanzzeremonien ließen einen lebhaften Fremdenverkehr entstehen.

Balkan m: **1)** Kurzbezeichnung für Balkanhalbinsel; **2)** waldreiches Faltengebirge in Bulgarien, das der Balkanhalbinsel den Namen gegeben hat. Der höchste Berg ist der *Botew* (2 376 m).

Balkanhalbinsel w (Balkan), der gebirgige Südostteil Europas südlich von Save und Donau. Besonders der Süden ist in viele Horste u. Becken zerstückelt, die Küste ist stark gegliedert. Während an den Küsten Mittelmeerklima herrscht, steht das Innere der Halbinsel unter dem Einfluß des Festland-

Ballade

klimas. Anteil an der Balkanhalbinsel haben: Jugoslawien, Albanien, Griechenland, Bulgarien, die Türkei u. Rumänien.

Ballade [frz.-engl.] w, erzählendes, meist gereimtes Strophengedicht, das eine Handlung in gedrängter Form wiedergibt. Ihre Stoffe nimmt die B. gern aus Geschichte, Sage u. anderem Erzählgut. Dabei zeigt sie eine Vorliebe für das Ungewöhnliche: Sie berichtet von schicksalhaften Begebenheiten (Fontanes „Archibald Douglas"), von heldischer Bewährung (C. F. Meyers „Die Füße im Feuer"), vom Eingreifen dämonischer, gespenstiger Mächte (Bürgers „Lenore") oder von der Übermacht der Natur (Goethes „Erlkönig") u. dergleichen. Eine Sonderform ist die v. a. von Schiller gepflegte Ideenballade, in der durch die Handlung die Macht einer Idee sichtbar wird (z. B. wird die Idee beständiger, selbstloser Freundschaft in Schillers „Bürgschaft" dargestellt). Im 20. Jh. behandelt die B. auch Gegenwartsstoffe (u. a. Brechts „Ballade von der Hanna Cash").

Ballast m, wertloses Material mit hohem Gewicht (Steine, Sand oder Wasser), das von Schiffen, die ohne Fracht auslaufen, mitgeführt wird, um den nötigen Tiefgang u. damit die Stabilität des Fahrzeugs zu erreichen. Auch Luftschiffe u. Freiballons führen B. mit sich, den sie abwerfen, um höher aufsteigen zu können. Im übertragenen Sinn bezeichnet B. etwas Unnötiges, Überflüssiges.

Ballett [ital.] s, künstlerischer Bühnentanz. Das B. setzt Melodie u. Rhythmus in tänzerische Bewegung um. Entweder ist B. ein tänzerisches Spiel ohne jede Handlung, oder es stellt eine dramatische Handlung mit Hilfe tänzerischer Bewegungen dar. Der Ursprung des Balletts liegt in Italien. Wesentliche Impulse gingen seit dem späten 16. Jh. vom französischen Hof aus. Erst seit dem späten 19. Jh. haben die Russen eine führende Rolle inne, die sie seit einigen Jahrzehnten mit den Balletten anderer Nationen teilen müssen. B. wird auch die Tanzgruppe selbst genannt.

Ballistik [gr.] w, die Lehre vom Verhalten u. von der Bewegung geworfener oder geschossener Körper. Die innere B. untersucht das Verhalten des Geschosses bis zu dem Augenblick, in dem es das Rohr oder den Lauf verläßt, die äußere B. das Verhalten des Geschosses während des Fluges, also v. a. die Flugbahn. Wäre kein Luftwiderstand vorhanden, so wäre die Bahn eines Geschosses eine ↑Parabel (Wurfparabel). Infolge des Luftwiderstandes ergibt sich jedoch eine andere Flugbahn, die man als *ballistische Kurve* bezeichnet.

Ballon [auch *balong*; frz.] m, mit Gas (das leichter ist als Luft; z. B. Wasserstoff oder Helium) gefüllter, aus leichtem, festem Material (Baumwolle) gefertigter Flugkörper ohne eigenes Triebwerk, der durch den Auftrieb getragen wird. Der *Fesselballon* ist ortsfest mit einem Drahtseil verankert (als Beobachtungsballon oder früher als Teil der Luftabwehr). Der *Freiballon* wird teils als Sportluftfahrzeug, teils für wissenschaftliche Beobachtungen verwendet. Er ist nur in gewissen Grenzen steuerbar (durch Schleppseile u. Veränderung des Ballasts). Soll der Freiballon steigen, so wird Ballast (meist Sandsäcke) abgeworfen, soll er sinken, so wird Gas abgelassen (mit einer Leine wird das Gasventil geöffnet oder – für schnelles Sinken – eine Reißbahn); ↑auch Luftfahrt.

Baltikum s, zusammenfassende Bezeichnung für Lettland u. Estland, teils unter Einbeziehung Litauens.

Baltimore [*báltimo*ᵣ], Hafenstadt im Bundesstaat Maryland, USA, mit 906 000 E. Die Stadt hat eine Universität. Sie ist ein wichtiger Handelsplatz. Außerdem gibt es hier Werften, Flugzeug- u. Fahrzeugbau.

Balustrade [frz.] w, Brüstung oder Geländer auf kleinen Säulchen (sogenannten *Balustern*).

Balzac, Honoré de [...sạk], * Tours 20. Mai 1799, † Paris 18. August 1850, französischer Schriftsteller. B. unternahm den Versuch, die gesamte menschliche Gesellschaft seiner Zeit in einer gewaltigen Romanfolge, der „Menschlichen Komödie" (mit über 90 Einzeltiteln), darzustellen, und gilt daher als bedeutender Vertreter des literarischen Realismus. Populäre Erzählungen aus seinem Werk sind u. a.: „Das Chagrinleder" (1831), „Vater Goriot" (1834/35), „Oberst Chabert" (1837).

Bamberg, bayrische Stadt in Oberfranken, mit 73 000 E. In der malerischen Altstadt Bambergs sind viele bedeutende Baudenkmäler erhalten. Die Stadt wird überragt vom 1237 geweihten spätromanisch-frühgotischen Dom, der neben berühmten Reliefs u. Statuen auch ein frühgotisches Reiterstandbild, den *Bamberger Reiter*, birgt. Am Domplatz liegen die Alte und die Neue Residenz. B. hat seit 1972 eine Gesamthochschule. Vielseitige Industrie, der Mainhafen u. Hopfenhandel bilden die wirtschaftliche Grundlage der Stadt.

Bambus [malai.] m, bis etwa 30 m hohe Gräser tropischer Länder mit holzigen Halmen. Sie bedecken v. a. Gebiete Südostasiens als undurchdringliche Wälder. B. wächst sehr schnell. Die Halme verwendet man u. a. beim Haus- u. Brückenbau, zur Möbel- u. Instrumentenherstellung. B. ist für viele Völker, besonders in Indien u. Ostasien, nahezu lebensnotwendig.

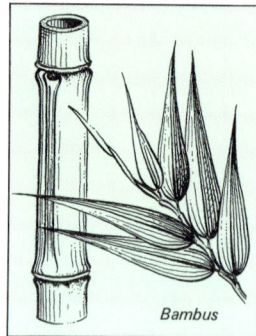

Bambus

banal [frz.], abgedroschen, nichtssagend.

Banane [portug.] w, 3–10 m hohe, baumähnliche Staude der Tropen. Die Früchte (Beerenfrüchte) zahlreicher Arten sind eßbar; die Früchte der Kulturformen sind meist samenlos. Die oberirdische Bananenpflanze stirbt nach der Fruchtreife ab, der sich aus dem Wurzelstock neu entwickelnde Sproß kann schon nach 9 Monaten wieder fruchten. Die für den Export vorgesehenen Früchte werden grün geerntet, in Kühlschiffen transportiert u. dann in Reifungsräumen zur Vollreife gebracht.

Banat s, Landschaft in Nordostjugoslawien, Westrumänien und Ostungarn mit fruchtbaren Feldern in der Ebene u. Wäldern sowie Erz- u. Kohlenlagerstätten im Bergland. Im B. wurden im 18. Jh. deutsche Kolonisten, die *Banater Schwaben*, angesiedelt.

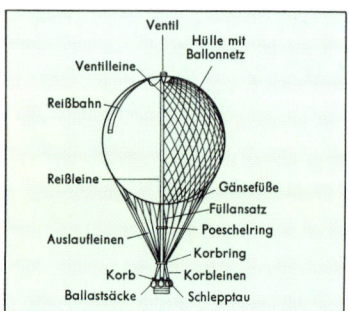

Ballon. Freiballon

Honoré de Balzac

Bann

Bangkok. Buddhistischer Tempel

Barock. „Heilige Familie" von Peter Paul Rubens

Barock. Dreifaltigkeitskirche in Salzburg

Banause [gr.] *m*, ein kleinlicher, engstirniger Mensch, ein Spießbürger, der sich nur für seinen engbegrenzten Lebensbereich interessiert. Ein *Kulturbanause* ist ohne jedes Verständnis für Literatur, bildende Kunst, Musik u. ohne Lebensstil.

Band [*bänd*; engl.] *w*, eine Gruppe von Tanz- u. Jazzmusikern, die in verschiedenen Jazzstilen verschiedene Besetzung haben kann.

Bandage [*...seh^e*; frz.] *w*, elastische Binde oder Lederriemen, auch fester Stützapparat mit Stahlschiene. Mit einer B. stützt man Gelenke oder Muskeln, die verletzt oder zu schwach sind.

Bandkeramik [dt.; gr.] *w*, mit Bandornamenten, v. a. mit Mäander- u. Spiralmustern, verzierte Keramikgefäße der Jungsteinzeit in Mitteleuropa (Ende des 5. bis Ende des 4. Jahrtausends).

Bandleader [*bändlider*; engl.] *m*, der Leiter einer ↑Band.

Bandwürmer *m, Mz.*, wenige mm bis über 15 m lange u. bis 2 cm breite, aus Einzelgliedern bestehende Plattwürmer mit kompliziertem Entwicklungskreislauf. Sie leben als darmlose ↑Parasiten im Darm von Wirbeltieren. Ehe sie fortpflanzungsfähig werden, durchlaufen die meisten ihre Entwicklung in mehreren Wirtstieren. Es gibt über 2000 Arten. Einige für den Menschen gefährliche Arten sind: Fisch-, Hunde-, Rinder- u. Schweinebandwurm; meist werden sie durch den Genuß von rohem Fleisch übertragen.

Bangkok, Hauptstadt u. wichtigster Hafen Thailands, am unteren Menam, mit umliegenden Orten 4,1 Mill. E. Die Stadt ist der kulturelle u. wirtschaftliche Mittelpunkt des Landes. B. besitzt 7 Universitäten. Prächtige Tempelanlagen, Klöster u. Paläste schmücken die Stadt. Der Flughafen ist ein bedeutender internationaler Knotenpunkt.

Bangladesch, Volksrepublik in Südasien, mit 80,6 Mill. E; 142 776 km^2. Die Hauptstadt ist Dacca. B. hat eine hohe Bevölkerungsdichte. 80,4 % sind Moslems, 18,5 % Hindus; Bengali ist Staatssprache. 83 % sind Analphabeten. B. liegt im Mündungsgebiet von Ganges und Brahmaputra und ist mit seinen Schwemmlandschaften u. den reichlichen Niederschlägen (Monsun) ein fruchtbares Gebiet; v. a. Reis-, Zuckerrohr- u. Juteanbau (rund 50 % der Weltjuteerzeugung), Tabak- u. Teekulturen. Neben der Juteindustrie hat B. Baumwoll- u. Holzverarbeitung, Zucker- u. chemische Industrie, ein Stahlwerk u. eine Erdölraffinerie. – B. war nach der Teilung Britisch-Indiens zunächst als Ost-Pakistan ein Teil Pakistans. Nach einem Bürgerkrieg u. einem indisch-pakistanischen Krieg 1971 erlangte B. im Dezember 1971 endgültig seine Unabhängigkeit. – B. ist Mitglied des Commonwealth u. der UN.

Banjo [auch *bändscho*; amer.] *s*, 5- bis 9saitige Gitarre mit langem Hals. Der Steg liegt auf dem Fell einer Trommel, die als Resonanzkörper dient.

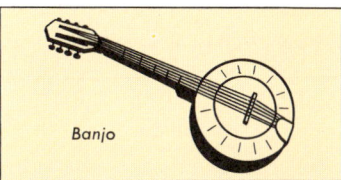
Banjo

Banken *w, Mz.*, im weiteren Sinn alle Unternehmen, die Bankgeschäfte betreiben. In der Bundesrepublik Deutschland sind nach dem Kreditwesengesetz (KWG) *Kreditinstitute* Unternehmen, die Bankgeschäfte betreiben, wenn der Umfang dieser Geschäfte einen in kaufmännischer Weise eingerichteten Geschäftsbetrieb erfordert. Dazu gehören auch Sparkassen sowie öffentliche u. private Bausparkassen; nicht dazu gehören z. B. die Deutsche Bundesbank, die Deutsche Bundespost, die Kreditanstalt für Wiederaufbau sowie Pfandleiher. Sondervorschriften im KWG bestehen für Hypothekenbanken und für Kapitalanlagegesellschaften. Die wichtigsten *Bankgeschäfte* sind: die Annahme von Geldern im Einlagengeschäft, die Gewährung von Darlehen u. anderen Krediten, der Ankauf von ↑Wechseln und ↑Schecks, der Handel mit sowie die Verwahrung und Verwaltung von Wertpapieren, Investmentgeschäfte und die Durchführung des bargeldlosen Zahlungsverkehrs. Die Banken unterliegen der *Bankenaufsicht*, d. h., das Bundesaufsichtsamt für das Kreditwesen wacht darüber, daß die Banken die gesetzlichen Bestimmungen einhalten.

Bankett [ital.] *s*, ein festliches Essen.

Bankett [frz.] *s* (auch Bankette), etwas erhöhter und befestigter, nicht befahrbarer Seitenstreifen einer Straße.

Bankivahuhn [javan.; dt.] *s*, Stammform des ↑Haushuhns. Es lebt in Wäldern Südasiens. Das Weibchen hat im Hochzeitskleid buntes Gefieder, das Männchen ist unscheinbar braun. Das B. ist kleiner als das Haushuhn.

Banknoten *w, Mz.*, von einer Notenbank ausgegebene Geldscheine mit Zahlungsmittelfunktion. Sie lauten stets auf einen runden Betrag; ↑Geld (Geschichte des Geldes).

Bankrott [ital. banca rotta = zerbrochener Tisch (des Geldwechslers)] *m*, Zahlungsunfähigkeit, Zahlungseinstellung (↑auch Konkurs). Man sagt, jemand sei *bankrott*, wenn er Schulden hat u. kein Geld hat, die Schulden zu bezahlen.

Bann *m*, im Mittelalter 1. die königliche Regierungsgewalt, 2. (Kirchenbann) der Ausschluß aus der kirchlichen Gemeinschaft (als Strafe).

53

Banner

Banner [frz.] s, Fahne, Feldzeichen; heute versteht man unter B. eine Flagge, bei der das Tuch an einer Querstange hängt.

Bannmeile w (auch Bannkreis), geschützter Bereich um Parlaments- u. Regierungsgebäude (in der Bundesrepublik Deutschland auch um das Bundesverfassungsgericht). Wer an einer öffentlichen Versammlung oder Demonstration innerhalb der B. teilnimmt, macht sich strafbar.

Bantu m, Mz., große Gruppe von Negerstämmen und -völkern in Mittel- u. Südafrika, z. B. Ambo, Herero, Zulu, die Bantusprachen sprechen (etwa 600 Sprachen).

Baptisten [gr.; = Täufer] m, Mz., Anhänger einer christlichen Freikirche, die Anfang des 17. Jahrhunderts in England entstanden ist. Die B. wanderten aus und breiteten sich zunächst in Amerika aus. Sie haben sich am Modell der christlichen Urgemeinde ausgerichtet und vertreten die Erwachsenentaufe. In der Bundesrepublik Deutschland gab es 1976 etwa 67 000 Baptisten.

Baptisterium [gr.] s, Taufkirche. Besondere Bauten für den Taufgottesdienst wurden v. a. im frühen Mittelalter gebaut. Sie stehen neben der Kirche u. sind meist rund oder achteckig.

Bar [gr.] s, Einheitszeichen bar (in der Meteorologie: b), eine Maßeinheit für den Druck. Ein Bar entspricht einem Druck von hunderttausend ↑Pascal (Pa); 1 bar = 100 000 Pa = 0,1 MPa = $10^5 N/m^2$ = 0,987 atm (↑Atmosphäre 2). In der Meteorologie wird bei der Messung des Luftdrucks meistens der 1 000. Teil des Bars verwendet, das Millibar (mb).

Bär (Sternbild) ↑Großer Bär, ↑Kleiner Bär.

Barbados, Staat, der aus der gleichnamigen, östlichsten Insel der Kleinen Antillen besteht, mit 259 000 E. Die Hauptstadt ist *Bridgetown* (8 800 E). Angebaut wird hauptsächlich Zuckerrohr. – B. war ab 1627 britisch, bis es 1966 unabhängig wurde. Es ist Mitglied des Commonwealth u. der UN u. der EWG assoziiert.

Barbar [gr.] m, ein roher, empfindungsloser, auch ungebildeter Mensch. Ursprünglich, im alten Griechenland, nannte man jeden Nichtgriechen einen Barbaren.

Barbarossa [ital.; = Rotbart], Beiname des Hohenstaufenkaisers ↑Friedrich I.

Barbe [lat.] w, bis 70 cm langer u. bis 12 kg schwerer, langgestreckter Karpfenfisch schnellfließender Gewässer mit sandigem oder kiesigem Grund. Das Maul ist rüsselförmig verlängert. Tagsüber steht sie ruhig am Grund, nachts geht sie auf Nahrungssuche.

Barbiturate [Kw.] ↑Drogen.

Barcelona [barze...], mit 1,9 Mill. E zweitgrößte Stadt Spaniens u. Hauptstadt von Katalonien. B. ist das führende spanische Industriezentrum, hat einen bedeutenden Hafen u. 2 Universitäten. Bemerkenswert sind die gotische Kathedrale und das gotische Rathaus. In B. befindet sich das größte Opernhaus Spaniens. Alljährlich findet in B. eine internationale Mustermesse statt.

Barchent [arab.] m, linksseitig angerauhtes Gewebe.

Barde m, keltischer Dichter und Sänger des Mittelalters.

Bären m, Mz., Raubtierfamilie Eurasiens u. Nordamerikas. Sie sind Sohlengänger, die sich auf den Hinterbeinen aufrichten können. B. sind meist Allesfresser, aber auch reine Pflanzen- oder Fleischfresser. Bekannte Arten sind: *Braunbär*, 2–2,20 m lang u. 150–250 kg schwer, der *Grizzlybär* Nordamerikas, der bis über 350 kg schwer wird, u. der *Eisbär* in der Region des ewigen Eises, der mit 1,80–2,50 m Körperlänge u. durchschnittl. 320–410 kg Gewicht der größte heute lebende Bär ist.

Bärenrobbe ↑Pelzrobbe.

Bärenspinner m, Mz., mit über 6 000 Arten weltweit verbreitete Familie häufig farbenprächtiger Schmetterlinge. Ihre Raupen sind meist dicht u. lang behaart (daher der Name). Häufig ist der in Europa, Nordasien u. Nordamerika vorkommende *Braune Bär*, dessen junge Raupen bräunlich behaart sind u. an niederen, krautigen Pflanzen fressen.

Bari, Hauptstadt der italienischen Region Apulien u. ein wichtiger Hafen am Adriatischen Meer, mit 384 000 E. Die Stadt hat eine Universität, Kirchen aus dem 11. u. 12. Jh. u. ein Kastell Kaiser Friedrichs II. aus dem 13. Jahrhundert. B. ist eine moderne Industrie- und Handelsstadt. Es gibt 2 Autofähren nach Jugoslawien.

Bariton [ital.] m, Männerstimmlage zwischen Tenor und Baß.

Barium [gr.] s, chemisches Element (chemisches Symbol Ba), silberglänzendes Leichtmetall, Dichte 3,75 g/cm^3 (bei 15°C). B. kommt im Schwerspat vor. Es wird für elektronische Geräte, Legierungen, in der Röntgentechnik (Bariumsulfat als Kontrastmittel) u. für Farben verwendet.

Barkasse [span.] w: **1)** größeres Motorboot (v. a. im Hafen verwendet); **2)** größtes Beiboot auf Kriegsschiffen.

Barke [niederl.] w, Boot ohne Mast.

Barlach, Ernst, * Wedel (Holstein) 2. Januar 1870, † Rostock 24. Oktober 1938, deutscher Bildhauer, Graphiker u. Dichter des Expressionismus. In seinen bildhauerischen u. graphischen Werken fand B. einen unverkennbar eigenen Stil. Kennzeichnend sind großzügige, vereinfachte Formen u. verinnerlichter Ausdruck. Bekannte Werke sind die Figuren an der Katharinenkirche in Lübeck und der „Singende Mann". B. hat auch Dramen geschrieben.

Bärlappgewächse s, Mz., krautige Farnpflanzen, die meist in tropischen Regenwäldern vorkommen. Zu den heimischen Arten gehören der *Kolbenbärlapp* u. der *Sprossende Bärlapp*. In früheren Erdzeitaltern (Devon, Karbon, Perm) gab es auch baumartige Formen (Schuppen- u. Siegelbaum). Untergegangene Wälder dieser Arten sind verkohlt u. werden heute als Steinkohle abgebaut.

Barnard, Christiaan [$ba^r n^e r d$], * Beaufort West (Kapprovinz) 8. November 1922, südafrikanischer Mediziner. Er hat am 3. Dezember 1967 die erste erfolgreiche Herzverpflanzung (Herztransplantation) am Menschen durchgeführt.

Barock [portug.] s oder m, Stilbegriff in der Kunst-, Literatur- u. Musikgeschichte; in der *Kunstgeschichte* folgt der B. auf Renaissance u. Manierismus u. umfaßt den Zeitraum von etwa 1580 bis 1760 (Übergang zum Rokoko etwa ab 1730). Die Wurzeln des Barockstils liegen in Rom, die geschichtlichen Wurzeln in der Gegenreformation u. im Absolutismus. An die Stelle der klassischen Schönheit in der Renaissance tritt nun der Ausdruck von Kraft, feierlicher Stimmung u. Verzückung, an die Stelle von Ruhe Bewegung. In der Baukunst wird die nun reichbewegte Fassade an Kirchen u. Palästen durch Hervorhebung der Mitte gegliedert. Im Kircheninneren entsteht ein einheitlicher Gesamtraum. Entscheidend trägt die Ausstattung zur Wirkung bei: Stukkaturen, Deckenfresken, Altäre, Orgel, Kanzel, Beichtstühle, Grabmäler sind vom Baumeister entworfen. Alle Gattungen der bildenden Kunst (Baukunst, Bildhauerkunst, Malerei) haben sich vereinigt, einen prunkvollen Raum zu schaffen, der, im Falle der Kirche, der Verherrlichung Gottes, in Schlössern und Adelspalästen dem Lobpreis des Fürsten oder Adeligen dienen soll. Schöne Bauten des Barocks finden wir z. B. in Rom u. Venedig, in Paris u. Versailles, in Wien, Prag, Salzburg, Dresden, Potsdam, München, Würzburg. Neben bedeutenden Baumeistern wie Bernini (der auch Bildhauer war), Fischer von Erlach, Hildebrandt, B. Neumann kann man die Bildhauer Schlüter (auch Baumeister), Permoser, Donner, E. Q. Asam, I. Günther nennen u. die Maler Tiepolo, Canaletto, Guardi, Maulpertsch, C. D. Asam, Rubens und Rembrandt. – In der *Literturgeschichte* versteht man unter Literatur des B. die europäische Literatur etwa des 17. Jahrhunderts. Sie vereint Sinnenfreude u. Entsagung, Pathos, Prunk u. echte Innerlichkeit, Diesseitsbejahung u. Einsicht in die Vergänglichkeit alles Irdischen, Lebenshunger u. Todesangst. Die Barockliteratur nimmt ihren Ausgang von Italien (Marino), Spanien (Góngora, Lope de Vega, Calderón) u.

den Niederlanden (Heinsius, Vondel) u. wird vorbildlich für Österreich u. Deutschland. Die bedeutende Poetik der Zeit ist Opitz' „Buch von der Deutschen Poeterey" (1624). Das hervorragende epische Werk ist der volksnahe „Simplicissimus" von Grimmelshausen. Die geistliche Dichtung erreicht in der Lyrik, besonders im Kirchenlied, einen neuen Höhepunkt (Paul Fleming, P. Gerhardt, F. von Spee u. a.). Im Drama stehen das Jesuitendrama u. das protestantische Schuldrama nebeneinander. Der bedeutendste Dramatiker ist Andreas Gryphius. – In der *Musikgeschichte* die Zeit vom Ende des 16. Jahrhunderts bis etwa 1730/40. Neu u. charakteristisch sind Werke mit bevorzugt behandelter Oberstimme u. einer ihr zugeordneten Akkordbegleitung. Bed. Vertreter in Deutschland sind u. a.: Schütz, Buxtehude, Telemann, J. S. Bach, Händel. – Abb. S. 53.

Barometer [gr.] *s*, Gerät zur Messung des Luftdrucks. Das *Quecksilberbarometer* besteht aus einem evakuierten, d. h. fast luftleer gepumpten Glasrohr, das unten durch einen offenen Quecksilberbehälter abgeschlossen ist. In dem luftleeren Glasrohr lastet kein Luftdruck auf der Quecksilberoberfläche, die Luft drückt jedoch auf die Oberfläche im offenen Quecksilberbehälter. Dadurch steigt das Quecksilber in dem Rohr so hoch, daß der Druck der Quecksilbersäule gleich dem Luftdruck ist. An einer am Rohr angebrachten Skala läßt sich die Steighöhe u. damit der Luftdruck ablesen. Bei einer Steighöhe von 760 mm spricht man von einem Luftdruck von 760 mm Quecksilber (760 mm Hg oder 760 Torr) oder 1 013 mbar (Millibar; ↑Bar); bei höherem Luftdruck steigt die Quecksilbersäule (man sagt: das B. steigt), bei niedrigerem Luftdruck sinkt sie (das B. fällt). – Das *Dosenbarometer* (Aneroidbarometer), das man in vielen Wohnungen findet, besteht aus einer evakuierten Metalldose, deren dünner u. elastischer Deckel durch den äußeren Luftdruck mehr oder weniger eingedrückt wird. Durch ein Hebelwerk wird diese Bewegung vergrößert u. auf einen Zeiger übertragen, der den Luftdruck auf einer Skala anzeigt.

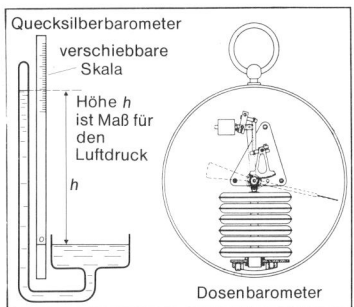

Quecksilberbarometer
verschiebbare Skala
Höhe *h* ist Maß für den Luftdruck
h
Dosenbarometer

Barren [frz.] *m*: **1)** Münzmetallstangen in flacher rechteckiger Form, die mit einem Prägestempel versehen sind; Gold u. Silber werden in dieser Form gehandelt; **2)** Turn- u. Sportgerät mit zwei parallel verlaufenden Holzstangen (Holmen), die auch auf unterschiedliche Höhe eingestellt werden können (Stufenbarren).

Barriere [frz.] *w*, Schranke.

Barrikade [frz.] *w*, Straßensperre, die v. a. bei Straßenkämpfen aus schnell greifbarem Material (Bäumen, Pflastersteinen, Autos u. a.) zur Verteidigung errichtet wird.

Barsch *m* (Flußbarsch), 30 bis 60 cm großer, bis 3 kg schwerer Raubfisch mit dunklen Querbinden, stacheliger Rückenflosse, tief gespaltenem Maul u. einem Stachel am Kiemendeckel. Er lebt als Schwarmfisch in klaren Binnengewässern.

Bartholomäusnacht *w*, die Nacht zum 24. August (Bartholomäustag) 1572, in der auf Befehl der französischen Königinmutter Katharina von Medici führende ↑Hugenotten in Paris und ganz Frankreich ermordet wurden.

Basalt [gr.] *m*, schwarzes, dichtes jungvulkanisches Gestein, das häufig zu gebündelten Säulen erstarrt ist.

Basar [pers.] *m*, Händlerviertel in orientalischen Städten; auch veraltete Bezeichnung für Warenhaus. B. wird auch ein Warenverkauf zu Wohltätigkeitszwecken genannt.

Baseball [*bēßbǎl*; engl.] *m*, v. a. in den USA verbreitetes Schlagballspiel. Gespielt wird von zwei Mannschaften zu je neun Spielern. Während die angreifende Mannschaft alle Spieler über das Spielfeld (175 m lang u. 125 m breit) verteilt, befindet sich von der verteidigenden Mannschaft nur der *Schlagmann* im Spiel, der den auf ihn geworfenen Ball mit dem Schlagstock zurückschlägt u. dann um das im Spielfeld gelegene Baseballquadrat (27,45 m lang u. breit) zu laufen versucht. Wenn dies gelingt, erhält er einen Punkt. Während des Spiels muß jede Mannschaft im Wechsel neunmal angreifen und verteidigen.

Basel, Hauptstadt des schweizerischen Halbkantons Basel-Stadt, beiderseits des Hochrheins gelegen, mit 192 000 E. Die Stadt hat eine Universität, ein Münster (11. bis 14. Jh.), verschiedene Museen. B. ist ein bedeutender Handelsplatz mit Rheinhafen; es hat v. a. chemische u. Textilindustrie. – Im Jahre 1501 kam B. als 9. Ort zur Eidgenossenschaft.

Basel-Landschaft (auch Basel-Land), Halbkanton in der nördlichen Schweiz, südlich des Hochrheins, mit 220 000 E (deutschsprachig). Die Hauptstadt ist *Liestal* (12 000 E). B.-L. liegt hauptsächlich im Jura. Es hat große Kirschbaumkulturen u. viele Zweigbetriebe der Baseler Industrie.

Basel-Stadt, schweizerischer Halbkanton zwischen der französischen u. der deutschen Grenze, mit 214 000 E (deutschsprachig). Die Hauptstadt ist Basel. B.-St. umfaßt die Stadt Basel und den rechtsrheinischen Gebietsanteil am Unterlauf der Wiese (Nebenfluß des Oberrheins).

Basen [gr.] *w*, *Mz.*, nach einfacher Definition wichtige chemische Verbindungsgruppe (↑Chemie), die in Lösung ↑Lackmus blau färbt u. mit ↑Säuren durch Neutralisation ↑Salze bildet. Dies geschieht bei anorganischen B. unter Wasseraustritt:

$NaOH + HCl \rightarrow NaCl + H_2O$
(Base) (Säure) (Salz) (Wasser);

bei den organischen B. durch direkte Vereinigung:

$CH_3NH_2 + HCl \rightarrow CH_3NH_3Cl$
(Base) (Säure) (Salz).

Die wichtigsten u. stärksten anorganischen B. sind die ↑Alkalien. Bekannte organische B. sind die ↑Alkaloide.

Basilika [gr.; = Königshalle] *w*, in der griechischen u. römischen Baukunst Markt- und Gerichtsgebäude, aus dem sich die Hauptform des christlichen Gotteshauses entwickelte. Die B. besteht aus dem Mittelschiff, das durch eine halbrunde ↑Apsis abgeschlossen ist, und zwei oder vier niedrigeren Seitenschiffen. Unter der Apsis kann eine Krypta liegen.

Basis [gr.] *w*, Grundlage, Ausgangspunkt, z. B. die Grundlinie eines Dreiecks, die Grundfläche eines Prismas oder die Grundzahl einer Potenz. B. wird auch der Sockel bei Säulen u. Pfeilern genannt, ebenso der Ausgangspunkt für Verhandlungen sowie Ort u. Gelände als Stützpunkt militärischer Unternehmungen.

basisch [gr.], sich wie eine ↑Base verhaltend.

Basken *m*, *Mz.* (span. Vascos), Volksstamm in den Westpyrenäen beiderseits der französisch-spanischen Grenze. Die B. haben außer ihrer Sprache bis heute viel von ihrem Brauchtum bewahrt. – Das spanische Baskenland verlor im 19. Jh. seine Sonderstellung im spanischen Königreich, letzte Privilegien gingen 1939 verloren. Seit den 60er Jahren kämpfen die B. für mehr Selbständigkeit; 1975 wurde Baskisch als Regionalsprache zugelassen, 1977 vorläufige Teilautonomie zugestanden.

Basketball

Basketball [engl.] m, ein von zwei Mannschaften zu je fünf Spielern u. sieben Auswechselspielern durchgeführtes Spiel. Ziel ist es, einen Ball (Umfang zwischen 75 u. 78 cm, Gewicht zwischen 600 und 650 g) möglichst oft in den in 3,05 m Höhe angebrachten gegnerischen Korb (engl. basket) zu werfen. Spielzeit: zweimal 20 Minuten.

Basra, wichtigste Hafenstadt von Irak, am Schatt Al Arab, mit umliegenden Orten 854 000 E; ehemaliger Endpunkt der Bagdadbahn. Die Stadt hat eine Universität u. eine Erdölraffinerie. Sie wurde 638 von Arabern gegründet.

Baß [ital.] m: **1)** tiefstes Instrument einer Instrumentengattung, z. B. Kontrabaß; **2)** tiefste Männerstimmlage; auch allgemein für tiefe Männerstimme gebraucht.

Bast m: **1)** Gewebe unter der Borke von Bäumen. Der B. dient v. a. der Leitung der Nährstoffe u. der Festigung (Bastfasern). B. wird in der Gärtnerei als Bindebast verwendet; **2)** behaarte, filzige Haut auf neugebildeten ↑Geweihen. B. wird nach der Wachstumsperiode durch Reiben an Zweigen u. a. „abgefegt".

Bastard [frz.] m (Mischling), Nachkomme einer Kreuzung von Pflanzen oder Tieren zweier verschiedener Arten oder Gattungen, wie z. B. der Maulesel (männl. Pferd und Esel) oder das Maultier (männl. Esel und Pferd).

Bastille [baßtije; frz.] w, so hieß ein burgartig angelegtes Staatsgefängnis in Paris. Die B. wurde zu Beginn der Französischen Revolution am 14. Juli 1789 gestürmt u. später zerstört (der 14. Juli ist seitdem französischer Nationalfeiertag).

Batavia ↑Jakarta.

Batik m oder w, aus Südostasien stammendes, sehr altes Musterungsverfahren, bei dem der Stoff entsprechend der gewünschten Musterung mit Wachs überzogen wird. Beim Färben dringt an den wachsüberzogenen Stellen keine Farbe ein. Feine Farbadern zeigen die Stellen, an denen das Wachs gebrochen ist.

Batist [frz.] m, ein feines Baumwollgewebe.

Batschka w, fruchtbare Landschaft in Jugoslawien, zwischen Donau u. Theiß. Bis 1945 gab es dort überwiegend deutsche Dörfer.

Batterie [frz.] w: **1)** Bezeichnung für mehrere zusammengeschaltete elektrische Stromquellen, auch für die einzelnen zusammenschaltbaren *Elemente* oder Zellen. Elemente von Taschenlampenbatterien liefern eine Spannung von 1,5 Volt. Eine Flachbatterie für eine Taschenlampe besteht aus drei Elementen, die so zusammengeschaltet sind, daß sie eine Spannung von 3 · 1,5 Volt = 4,5 Volt liefern. In einem Kofferradio sind vier oder sechs Elemente (Monozellen) hintereinandergeschaltet u. ergeben eine Spannung von 4 · 1,5 Volt = 6 Volt oder 6 · 1,5 Volt = 9 Volt. – Verbindet man die beiden Pole der Taschenlampenbatterie mit einer kleinen Glühbirne, so fließt ein elektrischer Strom, der durch chemische Umwandlungen in der B. entsteht. Er bringt die Birne zum Leuchten. **2)** Bezeichnung für die Kompanie bei der Artillerie u. der Heeresflugabwehrtruppe; **3)** Bezeichnung für die Schlagzeuggruppe einer Band oder eines Orchesters.

Batumi, Hauptstadt der Adscharischen Autonomen Sozialistischen Sowjetrepublik, UdSSR, an der Ostküste des Schwarzen Meeres, mit 117 000 E. Die Stadt ist Endstation der Transkaukasischen Eisenbahn. Der Seehafen von B. ist wichtig für die Ausfuhr von Erdöl (eine Erdölleitung führt von Baku nach Batumi).

Bauch m, der weiche, nicht von Rippen geschützte untere Rumpfabschnitt. In ihm liegt die Bauchhöhle mit den Verdauungs-, Harn- u. inneren Geschlechtsorganen.

Bauchredner m, jemand, der, ohne die Lippen zu bewegen, mit dem Kehlkopf sprechen kann. Es klingt dann so, als ob ein anderer spreche. Auf diese Weise kann der B. auch Tiere nachahmen.

Bauernbefreiung w, die Befreiung der Bauern aus ihrer Abhängigkeit (Erbuntertänigkeit) von einem Gutsoder Grundherrn (in Deutschland im wesentlichen im 19. Jh.), z. B. Befreiung von Frondiensten, vom Gesindezwangsdienst der Kinder (die Kinder der Bauern waren gezwungen, einige Jahre auf dem Gut, im Hause u. auf dem Feld als Gesinde zu dienen).

Bauernkrieg m, Aufstand der süddeutschen u. mitteldeutschen Bauern 1524/25 gegen die Macht der Grundherren. Die Bauern forderten unter Berufung auf die Bibel in 12 Artikeln u. a.: Aufhebung der Leibeigenschaft, Abschaffung des Zehnten, freie Wahl des Pfarrers. Der Aufstand erfaßte ganz Süddeutschland (ohne Oberbayern u. Niederbayern), Österreich, die Schweiz u. Thüringen. Berühmte Bauernführer waren Florian Geyer, Götz von Berlichingen und Thomas Müntzer. Die Bauern erlitten vernichtende Niederlagen. Ihre Lage verschlimmerte sich. Erst im 18. u. 19. Jh. wurden die Bauern frei (↑Bauernbefreiung).

Bauhaus s, Lehr- u. Forschungsinstitut für Architektur, bildende Künste und Handwerk. Das B. wurde 1919 von W. Gropius in Weimar gegründet, 1925 nach Dessau verlegt. 1933 lösten die Nationalsozialisten das B. auf. 1937 wurde es als New Bauhaus in Chicago neu gegründet. Die Künstler wandten sich gegen die überkommenen Stile u. wollten mit ihren Werken dem Menschen dienen. Es entstand ein gegenwartsnaher, zweckbezogener, schlichter

Basketball

Bastille

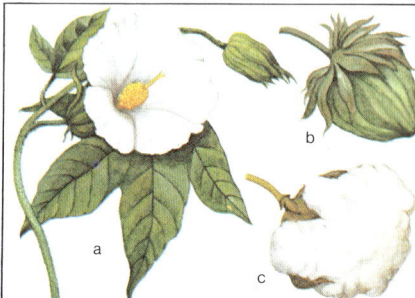

Baumwolle. a Blüte, b unreife Kapsel, c reife, geöffnete Kapsel

Stil, besonders in der Baukunst u. in der industriellen Formgebung. Viele unserer Gebrauchsgegenstände kommen in ihrer Form von B. her. Die Form war damals revolutionär, heute erscheint sie uns alltäglich und vertraut (z. B. Lampen, Gläser, Geschirr, Bestecke, Möbel usw.). Mitglieder des Bauhauses waren u. a. Feininger, Klee, Kandinsky, Schlemmer, Mies van der Rohe.

Baukunst w (Architektur), Bauen nach künstlerischen Gesichtspunkten. Nach der Zweckbestimmung unterscheidet man kirchliche und weltliche B., nach dem Material Holz-, Stein-, Eisen-, Glas- u. Betonbau. – Die B. der alten Völker tritt v. a. in den Grabbauten (ägyptische Pyramiden) und Tempeln vor Augen, die des Mittelalters in den großen Kirchen. In der Neuzeit gewinnen die weltlichen Bauten an Bedeutung: Rathäuser, Schlösser, im 19. u. 20. Jh. insbesondere Theater, Museen, Geschäfts- und Industriebauten.

Baum m, Pflanze mit verholztem Stamm (Holzgewächs), die eine aus Zweigen (Ästen) gebildete Krone trägt u. viele Jahre ausdauert. Bäume können das Laub abwerfen oder immergrün sein. Man unterscheidet verschiedene Baumformen:

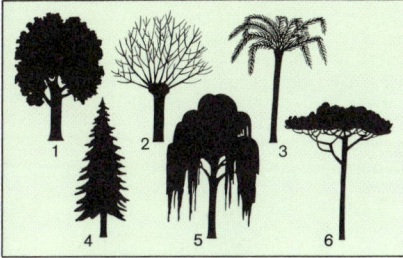

1 Kugelbaum, 2 Kopfbaum,
3 Schopfbaum, 4 Pyramidenbaum,
5 Hängebaum, 6 Schirmbaum

Baumgrenze w, vom Klima abhängige, äußerste Grenzzone, bis zu der Baumwuchs noch möglich ist. Man unterscheidet die montane B., das ist die B. im Gebirge, u. die polare B., das ist die nördlichste u. südlichste Grenze des Baumwuchses den Polen zu.

Baumwolle w, mehrere kraut-, strauch- oder baumartige Malvengewächse der Alten u. Neuen Welt mit meist weißen oder gelben Blüten. Die etwa 5 cm langen Samenhaare der walnußgroßen Kapsel werden zu Garn versponnen. Heute gibt es mehrere tausend Sorten, deren Samenhaare zu Garnen, Stoffen, Watte u. a. verarbeitet werden. – Welternte 1975: 12,33 Mill. t.

Bauxit [nach dem ersten Fundort Les Baux-de-Provence in Südfrankreich] m, erdiges, braunes oder gelbes, durch Verwitterung entstandenes Mineral. B. ist wichtig für die Herstellung von ↑Aluminium.

Bayern (Freistaat B.), flächenmäßig größtes Land der Bundesrepublik Deutschland, mit 10,8 Mill. E, eingeteilt in sieben Regierungsbezirke. Die Hauptstadt ist München. Geographisch gliedert sich B. von Süden nach Norden in die Großlandschaften: Bayerische Alpen, Alpenvorland, Fränkische Alb und Fränkisches Stufenland. Im Nordosten Begrenzung durch Fichtelgebirge, Oberpfälzer u. Bayerischen Wald. Die Bevölkerung setzt sich zusammen aus Bayern im Süden u. Osten, Schwaben im Westen, Franken im Norden u. Nordwesten. Im Alpengebiet wird v. a. Alm- u. Molkereiwirtschaft u. Rindviehzucht betrieben. Im Alpenvorland ist die Gewinnung elektrischer Energie durch zahlreiche Wasserkraftwerke besonders wichtig. In den ostbayrischen Grenzgebieten herrschen Forstwirtschaft u. die Glasindustrie vor. In der Oberpfalz werden Eisenerz, Braunkohle u. Kaolin abgebaut. Östlich von München wird Erdöl u. Erdgas gefördert. Im Fichtelgebirge ist die Glas- u. Porzellanindustrie heimisch. Für große Teile Bayerns ist der Fremdenverkehr wirtschaftlich wichtig. Die Industrien konzentrieren sich auf die Städte, besonders bekannt sind die Bierbrauereien. *Geschichte:* Altbayern, das Land zwischen Alpen, Donau, Lech und Salzach, dazu die Oberpfalz, war seit der Mitte des 6. Jahrhunderts Stammesherzogtum, seit 788 fränkische Provinz, seit Anfang des 10. Jahrhunderts wieder Stammesherzogtum. 1070–1180 stand B. unter welfischer, 1180–1918 unter wittelsbachischer Herrschaft. 1623 wurde B. Kurfürstentum, 1806 Königreich. B. bekam 1818 eine Verfassung. 1918 wurde es Freistaat, der im Dritten Reich „gleichgeschaltet" wurde, 1946 eine neue Verfassung erhielt u. 1949 der Bundesrepublik Deutschland beitrat.

Bayreuth, Hauptstadt des bayrischen Regierungsbezirks Oberfranken u. wichtiges Wirtschaftszentrum Oberfrankens, am Roten Main, mit 69 000 E. Berühmt ist das Wagner-Festspielhaus (1872–76 erbaut), in dem jedes Jahr während der *Bayreuther Festspiele* von bedeutenden Künstlern Wagner-Opern gespielt werden. Die ehemalige Residenzstadt besitzt ein Altes (17. Jh.) u. Neues Schloß (1754–59). 1975 wurde die Universität eröffnet.

Bazillen [lat.] w, Mz., stäbchenförmige Spaltpilze, die Sporen bilden. Unter ihnen sind viele Krankheitserreger, z. B. Milzbrand-, Tetanusbazillen.

Beamte m, Mz., Angehörige des öffentlichen Dienstes, die in einem öffentlich-rechtlichen Dienst- u. Treueverhältnis stehen. Beamter kann nur ein Deutscher werden; er muß eine im einzelnen geregelte Vorbildung u. Befähigung besitzen u. die Gewähr dafür bieten, daß er jederzeit für die freiheitliche demokratische Grundordnung der Bundesrepublik Deutschland eintritt. Vom Beamten wird erwartet, daß er seine ganze Arbeitskraft für das öffentliche Wohl zur Verfügung stellt. Die besonderen Rechte der Beamten sind: die Versorgung im Alter u. die Amtsbezeichnung (Titel).

Beat [*bit*; engl.; = Schlag] m, im Jazz u. in der Popmusik der durchgehende gleichmäßige Grundschlag der Rhythmusgruppe, der das meist vierteilige Grundmetrum des Jazz herausstellt. Das Akzentuieren der Melodiegruppe gegen die Norm des B. heißt *Off-Beat* (= weg vom Grundschlag).

Beatles. Paul McCartney, George Harrison, John Lennon, Ringo Starr (von links)

Bayreuth. Wagner-Festspielhaus

Beatles [bitls] *m, Mz.,* Eigenbezeichnung des erfolgreichsten Quartetts der Beatmusik: *Paul McCartney* (* Liverpool 1942), Baßgitarrist; *Ringo Starr* (eigentlich Richard Starkey, * Liverpool 1940), Schlagzeuger; *John Lennon* (* Liverpool 1940), Rhythmusgitarrist; *George Harrison* (* Liverpool 1943), Melodiegitarrist. Die B. filmten auch. Modebildend war ihre Haartracht („Pilzköpfe"). Die 1965 mit einem Orden ausgezeichnete Gruppe zerfiel 1970; ↑auch Popmusik. – Abb. S. 57.

Beatmusik [bit...; engl.; gr.] *w,* Art der Musik, die besonders auf den ↑Beat abhebt; in Europa wurde sie Anfang der 60er Jahre v. a. von den ↑Beatles u. den ↑Rolling Stones eingeführt.

Bebel, August, * Köln 22. Februar 1840, † Passugg (Schweiz) 13. August 1913, deutscher sozialdemokratischer Politiker u. Publizist. Er war Drechslermeister u. kam 1861 zur Arbeiterbewegung. 1867 wurde er Mitglied des Reichstags. Mit Liebknecht zus. gründete er die SPD (1890) u. wurde bald deren Führer. B. war einer der einflußreichsten u. wirksamsten Vertreter der Sozialdemokratie u. errang Ansehen als Parlamentarier. Er war ein scharfer Gegner Bismarcks. „Unsere Ziele" (1879) u. andere Bücher zeigen ihn als unbeugsamen Verfechter sozialistischer Ideen.

Bechstein, Ludwig, * Weimar 24. November 1801, † Meiningen 14. Mai 1860, deutscher Schriftsteller, Bibliothekar u. Archivar. B. ist vor allem bekannt als Sammler und Herausgeber von Märchen u. Sagen.

Bedecktsamer *m, Mz.,* höchstentwickelte Gruppe der Pflanzen. Die B. bilden mit den ↑Nacktsamern die Abteilung der Samen- u. Blütenpflanzen. Im Gegensatz zu den Nacktsamern sind bei den Bedecktsamern die Samenanlagen in Fruchtknoten eingeschlossen, in denen sie zu Samen reifen. Fast alle Blütenpflanzen sind Bedecktsamer.

Bedingungsform ↑Verb.

Beduinen *m, Mz.,* kamelzüchtende Araberstämme; bis heute leben sie als ↑Nomaden.

Beelzebub [hebr.] *m,* der Fürst der Dämonen im Neuen Testament. *Den Teufel mit dem Beelzebub austreiben* heißt, ein Übel durch ein weit größeres nur noch verschlimmern.

Beere *w,* Frucht mit fleischiger, saftiger, selten austrocknender Fruchtwand. Die B. enthält meist mehrere Samen, z. B. die Johannisbeere, Heidelbeere, Tomate, Tollkirsche, Kürbis, Zitrone, Banane (↑auch Frucht). Es gibt Früchte, die B. genannt werden (z. B. Erdbeere, Himbeere), im botanischen Sinn aber gar keine Beeren sind.

Beethoven, Ludwig van, getauft Bonn 17. Dezember 1770, † Wien 26. März 1827, deutscher Komponist. Seit 1792 lebte B. in Wien. Er studierte dort u. a. bei Haydn u. gab als Pianist Konzerte. Schon sehr bald wurde er von einem Gehörleiden geplagt, das allmählich zu völliger Taubheit führte. Daher hat B. seine letzten Kompositionen, u. a. die 9. Sinfonie, nicht mehr hören können. B. war einer der ersten bedeutenden Komponisten, deren Werke Ausdruck eigener Persönlichkeit, eigenen Erlebnisses, eigenen Schicksals sind. B. schrieb 9 Sinfonien, Kammermusik, 5 Klavierkonzerte, 1 Violinkonzert, Lieder, Chorwerke (u. a. die „Missa solemnis"), Schauspielmusik (zu „Egmont", „Coriolan" u. a.) und eine Oper „Fidelio".

Ludwig van Beethoven

Befehlsform ↑Verb.

Befreiungskriege (Freiheitskriege) *m, Mz.,* die Kämpfe von 1813–15, die Europa von der Herrschaft Napoleons I. befreiten. Österreich, Rußland, Preußen, England u. Schweden vereinigten sich u. stellten drei Armeen auf, die in der Völkerschlacht bei Leipzig (16.–19. Oktober 1813) Napoleon besiegten. Nach weiteren Kämpfen zogen die Verbündeten am 31. März 1814 in Paris ein. Napoleon wurde auf die Insel Elba verbannt. Im März 1815 landete Napoleon wieder in Frankreich, es begann die „Herrschaft der Hundert Tage". Bei Waterloo (oft französisch Belle-Alliance genannt) siegten am 18. Juni 1815 Blücher u. Wellington gemeinsam über Napoleon. Wieder wurde Paris eingenommen. Napoleon wurde auf die Insel Sankt Helena verbannt.

Befruchtung *w,* das Verschmelzen zweier sexuell unterschiedlicher Geschlechtszellen oder Zellkerne zu einer diploiden Zelle, d. h. zu einer Zelle mit je einem Chromosomensatz der mütterlichen und der väterlichen Keimzelle (↑auch Vererbungslehre). Bei Tieren unterscheidet man äußere und innere B.; bei Blütenpflanzen erfolgt die B. nach der Bestäubung.

Begonie *w,* Gattung über 1 000 tropischer Schiefblattgewächse. Die Begonien haben meist schief-herzförmige, bunt gefärbte Blätter u. mannigfaltig gefärbte Blüten. Sie sind beliebte Zimmer- u. Gartenpflanzen.

Behaim, Martin, * Nürnberg 6. Oktober 1459, † Lissabon 29. Juli 1506 oder 1507, deutscher Kosmograph (die Erde Beschreibender). Er war ursprünglich Kaufmann, lebte in den Niederlanden, in Lissabon u. auf den Azoren. Er nahm an Entdeckungsfahrten teil (Westküste Afrikas) u. vollendete 1492 in Nürnberg den ältesten erhaltenen Erdglobus.

Beharrungsvermögen *s* (Trägheit), Eigenschaft aller Körper, im Zustand der Ruhe oder der geradlinigen, gleichförmigen Bewegung zu bleiben, wenn keine Kräfte von außen auf den Körper einwirken. Kommt ein bewegter Körper zur Ruhe, so hat also eine Kraft, z. B. eine Reibungskraft, auf ihn gewirkt. Ein Autofahrer wird beim Auffahren auf ein Hindernis infolge des Beharrungsvermögens nach vorn geschleudert, wenn er nicht durch einen Sicherheitsgurt in seinem Sitz gehalten wird.

Behring, Emil von, * Hansdorf (Westpreußen) 15. März 1854, † Marburg 31. März 1917, deutscher Bakteriologe. B. war Assistent Robert Kochs; 1895 wurde er Professor in Marburg. Er begründete die Serumheilkunde (↑Heilserum) u. stellte als erster ein Serum gegen Diphtherie u. ein Serum gegen Tetanus her.

Beichte *w,* Bekenntnis der Sünden, um deren Vergebung zu erlangen. In der katholischen Kirche versteht man unter B. die persönliche, geheime B. der einzelnen Sünden gegenüber einem Geistlichen (Ohrenbeichte); die B. ist Teil des Bußsakraments (↑auch Sakrament). In den evangelischen Kirchen ist die allgemeine öffentliche B. als Sündenbekenntnis im Gottesdienst üblich.

Beichtgeheimnis *s,* die unbedingte Schweigepflicht des Geistlichen über das, was ihm in der Beichte anvertraut wurde.

Beifügung *w* (lat. Attribut), eine nähere Bestimmung der einzelnen Glieder eines Satzes. Für das Substantiv kann die B. ein Adjektiv sein (der *grüne* Wald), ein Begleiter des Substantivs (*unser* Wald), ein Substantiv im Wesfall (der Wald *unserer Gemeinde*), ein Gefüge aus Verhältniswort u. Substantiv (ein Wald *zur Erholung*), ein Adverb (der Wald *dort*), ein Infinitiv mit „zu" (die Kunst *zu schweigen*) oder (als sogenannte Apposition, vor- oder nachgestellt) ein Substantiv im gleichen Fall (*Tante* Brunhilde, *Klaus* Balzer, *Karl der Große, Nathan der Weise*). Für das Adverb kann die B. ein weiteres Adverb sein (er besucht uns *sehr* oft), ein ungebeugtes Adjektiv (er sitzt *weit* hinten), ein Substantiv mit „als" oder „wie" (Schweigen wirkt mehr als *alles Schelten*), ein Wenfall (er lebte *zehn Jahre* lang in Frankreich) oder ein Gefüge aus Verhältniswort u. Substantiv (dort *am Hang* blüht der Ginster).

beige [besch; frz.], sandfarben; ein beigefarbener (nicht: beiger) Rock.

Bengalen

Beirut, Hauptstadt von Libanon, am Mittelmeer gelegen. B. hatte 1971 702 000 E. Durch die kriegerischen Auseinandersetzungen in Libanon seit 1975 wurde die vorher blühende Wirtschaft der Stadt stark beeinträchtigt, der Hafen verlor seine Bedeutung, die Stadt wurde erheblich zerstört.

Beistrich ↑Zeichensetzung.

beizen, Oberflächen mit einer *Beize* (feste, flüssige oder auch gasförmige Stoffe, die auf chemischem Wege die Oberfläche verändern) behandeln; Holz wird so durch chemische Stoffe farbstärker, Leder wird in seinem Fasergefüge lockerer, Metall verliert unerwünschte Oberflächenschichten u. bildet Schutzschichten; in der Landwirtschaft wird Saatgut (zur Bekämpfung von Krankheitskeimen) gebeizt.

Bekennende Kirche w, Bewegung (seit 1934) der deutschen evangelischen Kirchen, die sich gegen die Eingriffe und Maßnahmen der Nationalsozialisten wehrten sowie gegen die „Deutschen Christen", eine vom nationalsozialistischen Staat geförderte evangelische Glaubensbewegung, die das Alte Testament als „artfremd" (weil jüdisch) ablehnte.

Bekenntnisschule w (Konfessionsschule), ↑Schule, die im Gegensatz zur Gemeinschaftsschule eine religiös-weltanschauliche Orientierung der Unterrichtsinhalte anstrebt. Schüler, Lehrer und Eltern gehören überwiegend der gleichen Konfession an. Die Regelungen über ↑Gemeinschaftsschulen sind in der Bundesrepublik Deutschland uneinheitlich.

Belemniten [gr.] m, Mz., eine Ordnung ausgestorbener Weichtiere, die den heutigen Tintenfischen ähnlich sahen u. auch im Meer lebten. Sie besaßen eine keilförmig zugespitzte Schale. Häufig liegen Versteinerungen (↑Fossilien) in Form eines Steinkerns vor („Donnerkeile"). Die B. waren gute Schwimmer, hatten höchstwahrscheinlich 10 Arme mit Fanghaken u. waren in den Formationen Jura und Kreide (↑Erdgeschichte) weit verbreitet.

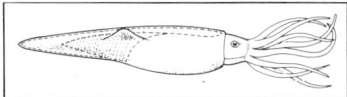

Rekonstruktion

Belfast [bélfaßt], Hauptstadt u. Einfuhrhafen von Nordirland (dem britischen Landesteil Irlands), mit 362 000 E. Seit dem 18. Jh. ist seine Leinenweberei bekannt. Heute gibt es neben Textilindustrie v. a. Schiff-, Flugzeug-, Maschinen- u. Motorenbau. B. hat eine Universität.

Belgien, Königreich in Westeuropa, mit 9,8 Mill. E, im Süden Wallonen, im Norden Flamen. B. hat 30 514 km² Fläche u. ist in neun Provinzen gegliedert. Die Hauptstadt ist Brüssel. Amtssprachen sind Französisch u. Niederländisch. B. ist eines der dichtestbesiedelten Länder Europas (322 E/km²). Es hat regenreiches, maritimes u. wintermildes Klima. Das Land gliedert sich in Niederbelgien (flandrisches Küstenland mit dem ehemaligen Welthafen Brügge; im Nordosten ein Teil des Kempenlandes), in das mittelbelgische Platten- u. Hügelland (von der Schelde u. ihren ebenfalls schiffbaren Nebenflüssen entwässert, mit vielen Kanälen) u. in Hochbelgien mit den Ardennen u. dem Hohen Venn. In der Wirtschaft hat die Industrie (v. a. Steinkohlenbergbau u. hochentwickelte Schwerindustrie) Vorrang vor Ackerbau u. Viehzucht. *Geschichte:* Das Königreich B. entstand 1831, nachdem das 1815 geschaffene Königreich der Vereinigten Niederlande an dem Gegensatz zwischen Nord u. Süd zerbrochen war. Im 19. Jh. wurde B. ein bedeutendes Industrieland. In beiden Weltkriegen war das Land von deutschen Truppen besetzt. Seit 1948 ist B. in Zollunion (seit 1960 in Wirtschaftsunion) mit den Niederlanden u. Luxemburg verbunden (↑Benelux). B. gehört zu den Gründungsmitgliedern der UN u. ist u. a. Mitglied der NATO u. der EG.

Belgrad (serbokroatisch Beograd), Hauptstadt Jugoslawiens u. der Sozialistischen Republik Serbien, an der Mündung der Save in die Donau gelegen, mit 746 000 E. Es ist eine moderne Stadt mit Universität u. mehreren Hochschulen. Von alten Bauten sind vor allem die Festung sowie eine Moschee aus der Türkenzeit erhalten. B. ist ein wichtiges Handelszentrum (Messen) u. Verkehrszentrum (Donauhafen, Flughafen). Es hat Lebensmittelindustrie, Maschinen-, Fahrzeug- u. Schiffbau. – Als römisches Militärlager hieß B. *Singidunum.* Dann siedelten dort Slawen, im 9./10. Jh. war die Stadt bulgarisch. Neu erbaut wurde sie im 14. Jh. als serbische Burg. 1433 wurde B. ungarisch. 1521 eroberten die Türken, 1717 Prinz Eugen die Stadt. 1739 bis 1815 erneut in türkischem Besitz, wurde B. 1827 serbische, 1919 dann auch jugoslawische Hauptstadt.

Belichtungsmesser m, Gerät, mit dem die Belichtung für eine fotografische Aufnahme bestimmt wird. Der B. ist oft in den Fotoapparat eingebaut.

Belize, britische Kronkolonie mit innerer Autonomie an der Ostküste Zentralamerikas. B. hat 150 000 E. Die Hauptstadt *Belmopan* wurde seit 1967 angelegt u. hat jetzt 3 500 E. Die frühere Hauptstadt Belize ist der wichtigste Hafen. Ausgeführt werden Zucker, Zitrusfrüchte u. Holz. – B. hieß bis 1973 *Britisch-Honduras.* Es ist Mitglied des Commonwealth.

Belletristik [frz.] w, die sogenannte schöngeistige Literatur im Gegensatz zur wissenschaftlichen Literatur und Fachliteratur; also v. a. Romane u. Erzählungen.

Bellinzona ↑Tessin.

Belsazar, † 539 v. Chr., babylonischer Kronprinz. B. wurde wohl als Befehlshaber des babylonischen Heeres 539 von den Persern besiegt u. getötet. – Nach der Bibel ist B. der letzte König von Babylon. Weil er bei einem Gastmahl Gott beleidigt hat, erscheint eine geheimnisvolle Schrift an der Wand (*Menetekel*) u. verkündet ihm die baldige Vernichtung seines Reiches. B. starb durch Mord.

Belt m, Name zweier Meeresstraßen in der Ostsee: Der *Große Belt* zwischen den dänischen Inseln Langeland u. Fünen im Westen sowie Lolland u. Seeland im Osten. An der schmalsten, etwa 15 km breiten Stelle besteht eine Fährverbindung zwischen Fünen u. Seeland. Der *Kleine Belt* zwischen der Halbinsel Jütland u. der dänischen Insel Fünen ist an der engsten Stelle 0,7 km breit. Über ihn führen eine kombinierte Straßen- u. Eisenbahnbrücke (seit 1935) u. eine Staßenbrücke (seit 1970).

Belutschistan, Hochland im westlichen Pakistan u. im südöstlichen Iran. Es hat nur geringen Pflanzenwuchs, aber durch künstliche Bewässerung ist der Anbau u. a. von Getreide und Dattelpalmen möglich. Die Bevölkerung besteht v. a. aus moslemischen Belutschen, einem iranischen Hirtenvolk. Sie züchten Schafe, Ziegen, Rinder, Kamele.

Benares ↑Varanasi.

Benedikt von Nursia, Heiliger, * Nursia (heute Norcia) um 480, † Montecassino 21. März 547 (?). Er gründete auf dem Monte Cassino ein Kloster (529), das zur Urzelle des Benediktinerordens (↑Benediktiner) wurde. Seine Regel für das Leben im Orden wurde grundlegend für das abendländische Mönchtum.

Benediktiner m, Mz., Angehörige des ältesten u. bis gegen 1100 einzigen abendländischen Mönchsordens, die nach der Regel des hl. ↑Benedikt von Nursia leben. Nach ihrem Grundsatz „Ora et labora" (= bete u. arbeite) entfalten sie als einzige im Abendland bedeutungsvolle Tätigkeit in der Wissenschaft, im Schulwesen u. in der Landkultivierung.

Benelux, 1948 in Kraft getretene Zollunion, seit 1960 auch Wirtschaftsunion zwischen den Ländern **B**elgien, **Ne**derland (Niederlande) u. **Lux**emburg, die man als *Beneluxländer* (Beneluxstaaten) bezeichnet.

Bengalen, fruchtbare, dicht besiedelte Landschaft des Ganges- u. Brahmaputradeltas mit feuchtheißem Klima. Der westliche Teil bildet den indischen Bundesstaat West Bengal, der östliche fast das gesamte Staatsgebiet von Bangladesch.

59

bengalisches Feuer s, sprühendes, buntes Feuerwerk, erzeugt durch Feuerwerksgemische aus leicht brennbaren Stoffen (Kohlepulver, Schwefelpulver), Oxydationsmitteln (Salpeter, Peroxyde) u. flammenfärbenden Zusätzen.

Benin, Volksrepublik in Westafrika, am Golf von Guinea, mit 3,3 Mill. E; 112 622 km². Die Hauptstadt ist *Porto-Novo* (104 000 E). In B. herrscht tropisches Klima. Die Bevölkerung, Neger vom Stamm der Ewe, betreibt hauptsächlich Ackerbau (Mais, Maniok u. Baumwolle). Der Haupthafen ist *Cotonou*. – Das Land wurde 1892–94 von den Franzosen unterworfen, seit 1960 ist es unabhängig. Bis Ende 1975 hieß es *Dahomey*. – B. ist Mitglied der UN u. OAU u. der EWG assoziiert.

Benue m, größter Nebenfluß des Niger, 1300 km lang. Er entspringt im Hochland von Adamaua in Kamerun u. mündet bei Lokoja in Nigeria. Bei Hochwasser herrscht ein reger Schiffsverkehr.

Benz, Carl, * Karlsruhe 26. November 1844, † Ladenburg 4. April 1929, deutscher Ingenieur. Er baute den ersten Kraftwagen (Patent 1886), nachdem er 1883 die Firma Benz & Cie. gegründet hatte (seit 1926 Daimler-Benz AG; Mercedes-Wagen).

Benzin [arab.] s, feuergefährliche, farblose Flüssigkeit aus einem Gemisch von ↑Kohlenwasserstoffen mit niedrigem Siedepunkt. Gewinnung durch Destillation von Erdöl bei etwa 50 bis 200 °C, heute jedoch vorwiegend durch vorhergehende Zerlegung (Kracken) großer Moleküle der Kohlenwasserstoffe des Erdöls. Nach anderen Verfahren werden Kohlen, Teere, Pech u. Torf verschwelt (unter Luftabschluß) oder unter hohem Druck mit ↑Wasserstoff behandelt (Hydrierung). B. wird als Motorkraftstoff u. als Lösungsmittel gebraucht. Die jährliche Weltproduktion von B. (ohne UdSSR u. Volksrepublik China) betrug 1975 etwa 475 Mill t.

Benzol s, Grundkörper der aromatischen Verbindungen, bestehend aus 6 Kohlenstoff- u. 6 Wasserstoffatomen (↑Chemie). B. ist eine farblose, giftige u. brennbare (mit rußender Flamme brennende) Flüssigkeit. Es wird verwendet als Lösungsmittel, Kraftstoffzusatz (zur Erhöhung der Klopffestigkeit des Motors) u. Ausgangsstoff für die Herstellung von Bunagummi, Chemiefasern, Farbstoffen, Wasch-, Schädlingsbekämpfungs- u. Arzneimitteln. Es kommt im Erdöl, Kokereigas u. Steinkohlenteer vor.

Beowulf, altenglisches Heldenlied in Stabreimen. Es ist das älteste u. einzige vollständig erhaltene altgermanische Heldengedicht. In ihm werden die Heldentaten des südschwedischen Fürsten B. geschildert, der siegreich mit Ungeheuern und Drachen kämpft.

Berber m, Mz., europide Stämme (↑Rasse) in Nordwestafrika (u. a. Kabylen, Guanchen, Tuareg). Die B. sind nomadische Viehzüchter oder Ackerbauern. Sie gehören dem Islam an.

Berberitze w (Gemeiner Sauerdorn), dorniger Strauch mit hängenden, gelben Blütentrauben. Aus den roten, sauer schmeckenden Beeren macht man Sirup u. Kompott. Rinde u. Wurzel enthalten Stoffe, die früher bei Leber- u. Nierenleiden verwendet wurden.

Berchtesgaden, Kurort in Oberbayern, im Berchtesgadener Land, mit 8 500 E. B. liegt im Talkessel der Ache, die im nahen Königssee entspringt. Es ist ein vielbesuchtes Solbad u. hat starken Fremdenverkehr. Das Schloß (zum Teil Museum) ist das ehemalige Klostergebäude des Augustiner-Chorherrenstifts (älteste Teile aus dem 12. Jh.); die Stiftskirche ist aus dem 12. bis 15. Jahrhundert.

Berg, Bengt, * Kalmar 9. Januar 1885, † Landsitz Bokenäs am Kalmarsund 31. Juli 1967, schwedischer Ornithologe (Vogelkundler) u. Schriftsteller. B. schrieb vielgelesene Bücher über Erlebnisse in der Natur, u. a. „Meine Abenteuer unter Tieren" (1955).

Bergbau m, umfassende Bezeichnung für das Aufsuchen, Gewinnen, Fördern u. Aufbereiten (d. h. Säubern u. Abtrennen von unerwünschten Bestandteilen) von nutzbaren Bestandteilen der Erdrinde. Vor allem Erze, Kohle, Salze, sogenannte Steine u. Erden (z. B. Ton, Schiefer), Erdöl u. Erdgas werden im Bergbau aus den Lagerstätten, die vorher aufgespürt u. erkundet werden, gewonnen. Der sogenannte Abbau der Bergbauprodukte erfolgt im Tiefbau, Tagebau oder durch Tiefbohren. Für alle diese Abbauarten gibt es gewaltige Maschinen u. Maschinenanlagen, z. B. im Bergwerk Schrämmaschinen u. Schrapper, Tagebaugroßbagger, zum Bohren in Bohrtürmen arbeitende Bohrmaschinen oder auch ganze Bohrinseln im Meer. Auch das Herausfördern der Bodenschätze geschieht meistens vollmechanisch (Förderbänder, Rutschen, Druckleitungen). Zur Aufbereitung dienen Zerkleinerungsanlagen, Schüttelanlagen u. meist mit Wasser arbeitende Großgeräte, in denen die Produkte nach ihrem unterschiedlichen Gewicht sortiert werden.

Berge ↑S. 62.

Berber

Berchtesgaden

Bergsteigen. Überwindung eines Überhangs mit Hilfe von Trittleitern, Abseilen, Eisklettern

Bergen, zweitgrößte Hafenstadt Norwegens, mit 213 000 E. Der Dom stammt aus dem 13. Jh., die Marienkirche aus dem 12. u. 13. Jh. Die Stadt hat eine Universität. Seehandel, Fischerei u. eine vielseitige Industrie (v. a. Schiffbau) bestimmen die Wirtschaft. Flughafen. – Von 1300 bis 1630 war B. der wichtigste Handelsplatz der Hanse in Skandinavien (Erinnerungen aus dieser Zeit im Hanseatischen Museum).

Bergengruen, Werner, * Riga 16. September 1892, † Baden-Baden 4. September 1964, deutscher Schriftsteller. Er schrieb formstrenge Novellen u. Romane (u. a. „Der Großtyrann u. das Gericht", 1935), auch Reise- u. Jugendbücher („Zwieselchen", 1950; „Die Zigeuner u. das Wiesel", 1956) u. übersetzte russische Literatur.

Bergfried ↑ Burgen.

Bergius, Friedrich, * Goldschmieden (heute zu Breslau) 11. Oktober 1884, † Buenos Aires 30. März 1949, deutscher Chemiker. Er erfand u. a. 1911 das nach ihm benannte Verfahren zur direkten Gewinnung flüssiger Kohlenwasserstoffe aus Kohle, das nach Verbesserungen durch M. Pier 1926 technisch durchführbar wurde.

Bergkrankheit *w* (Höhenkrankheit), in größeren Höhen (z. B. im Gebirge) auftretende körperliche Beschwerden (wie Herzklopfen, Kopfschmerzen, Schwindelgefühl, Atemnot, Erbrechen), die bis zur Bewußtlosigkeit u. zum Tod führen können. Ursache der B. ist der niedrige Luftdruck. Dadurch kann der Körper beim Atmen nicht genügend Sauerstoff aufnehmen. Schnelle Hilfe bringt die künstliche Zuführung von Sauerstoff durch ein Atemgerät.

Bergkristall *m*, glasklarer Quarzkristall. Aus B. werden Schmuckgegenstände u. kostbare Gefäße hergestellt, meist mit geschliffenen Verzierungen.

Bergsteigen *s*, Unternehmungen im Gebirge, vom Bergwandern bis zum Felsklettern. Eine Grundbedingung dafür ist die zweckmäßige Kleidung, also richtige Bergschuhe mit Profilsohlen u. warme Kleidung, um gegen einen Wettersturz gewappnet zu sein. Für das Klettern in Fels und Eis benötigt man je nach dem Grad der Gefährlichkeit ein Perlonseil (30–80 m lang, 12 mm stark), einen Eispickel, Steigeisen, Mauerhaken u. besondere Kletterschuhe.

Bergstraße *w*, Name des Westfußes des Odenwaldes entlang der Straße von Heidelberg nach Darmstadt. Dank des milden Klimas blühen hier die Obstbäume besonders früh.

Bergwacht *w*, eine Organisation freiwilliger Helfer, die denjenigen Hilfe leisten, die in Bergnot geraten sind.

Bergwerk *s*, Industrieanlage mit Anlagen über der Erde (Fördertürme, Maschinenhäuser, Verwaltungsgebäude u. a.) und Schächten u. Stollen unter der Erde, in der im Tiefbau Bodenschätze gewonnen werden (↑ Bergbau).

Beriberi [singhal.] *w*, Krankheit, die aus Mangel an Vitamin B_1 eintritt. Sie kommt v. a. in ostasiatischen Ländern vor. B. führt zu Nervenentzündungen u. Muskellähmungen, zu Wassersucht sowie zu allgemeinem Verfall.

Beringstraße *w*, die 90 km breite Meeresstraße zwischen Amerika und Asien. Sie wurde benannt nach dem Seeoffizier Vitus Jonassen Bering (1680–1741), der sie in russischen Diensten als erster durchsegelte.

Berlichingen, Götz (Gottfried) von, * Jagsthausen 1480, † Burg Hornberg (zu Neckarzimmern) 23. Juli 1562, Reichsritter. Er wurde „der Ritter mit der eisernen Hand" genannt, weil seine rechte Hand, die er 1504 im Landshuter Krieg verloren hatte, durch eine eiserne Hand ersetzt worden war. B. war in viele Fehden verwickelt u. zweimal geächtet. 1525 im Bauernkrieg führte er die aufständischen Bauern im Odenwald an. Sein Lebensbericht liegt als Quelle dem Drama von Goethe zugrunde.

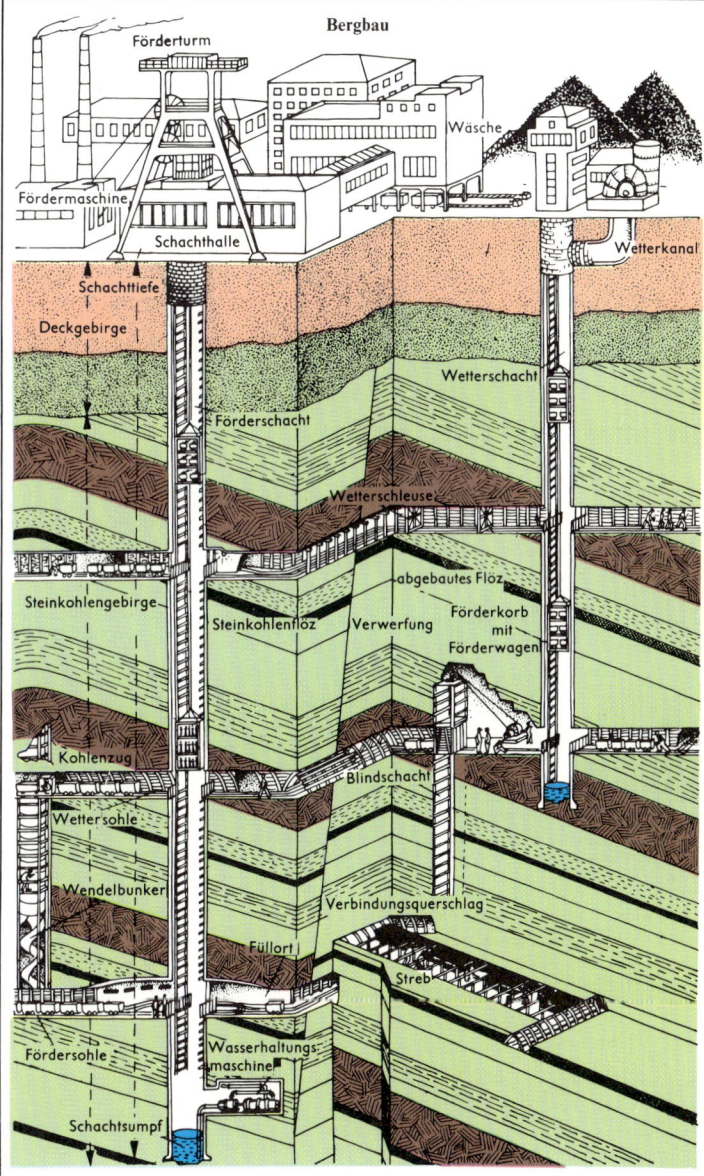

Berlin

BERGE (Auswahl)

Deutschland
Zugspitze	2 962 m	Wettersteingebirge
Watzmann	2 713 m	Berchtesgadener Alpen
Hochfrottspitze	2 649 m	Allgäuer Alpen
Mädelegabel	2 645 m	Allgäuer Alpen
Hochkalter	2 607 m	Berchtesgadener Alpen
Hochvogel	2 593 m	Allgäuer Alpen
Östliche Karwendelspitze	2 538 m	Karwendelgebirge
Nebelhorn	2 224 m	Allgäuer Alpen
Kreuzspitze	2 185 m	Ammergebirge

übriges Europa
Montblanc	4 807 m	Savoyer Alpen
Dufourspitze des Monte Rosa	4 634 m	Walliser Alpen
Weißhorn	4 505 m	Walliser Alpen
Matterhorn	4 478 m	Walliser Alpen
Finsteraarhorn	4 274 m	Berner Alpen
Jungfrau	4 158 m	Berner Alpen
Gran Paradiso	4 061 m	Grajische Alpen
Piz Bernina	4 049 m	Rätische Alpen
Eiger	3 970 m	Berner Alpen
Ortler	3 899 m	Ortlergruppe
Großglockner	3 797 m	Hohe Tauern
Wildspitze	3 774 m	Ötztaler Alpen
Großvenediger	3 674 m	Hohe Tauern
Tödi	3 614 m	Glarner Alpen
Marmolada	3 342 m	Dolomiten
Ätna	3 340 m	Sizilien

Asien
Mount Everest	8 848 m	Himalaja
K 2 (Mount Godwin Austen)	8 611 m	Karakorum
Kangchenjunga	8 598 m	Himalaja
Lhotse	8 571 m	Himalaja
Makalu	8 481 m	Himalaja
Dhaulagiri	8 172 m	Himalaja
Manaslu	8 156 m	Himalaja
Cho Oyu	8 153 m	Himalaja
Nanga Parbat	8 126 m	Himalaja
Annapurna	8 091 m	Himalaja

Afrika
Kibo	5 895 m	Kilimandscharo
Mawensi	5 270 m	Kilimandscharo
Mount Kenya	5 194 m	Kenia
Pic Margherita	5 109 m	Ruwenzori

Nordamerika
Mount McKinley	6 193 m	Alaska
Mount Logan	5 950 m	Kanada
Mount Saint Elias	5 486 m	Alaska/Kanada

Mittelamerika
Citlaltépetl	5 700 m	Mexiko
Popocatépetl	5 452 m	Mexiko
Iztaccíhuatl	5 258 m	Mexiko

Südamerika
Aconcagua	6 958 m	Argentinien
Illimani	6 882 m	Bolivien
Ojos del Salado	6 880 m	Argentinien
Tupungato	6 800 m	Chile/Argentinien
Cerro Mercedario	6 770 m	Argentinien
Huascarán	6 768 m	Peru
Coropuna	6 613 m	Peru
Illampu	6 550 m	Bolivien
Ampato	6 300 m	Peru
Chimborasso	6 267 m	Ecuador

Australien u. Ozeanien
Puncak Jaya	5 030 m	Neuguinea
Mauna Kea	4 205 m	Hawaii

Antarktis
Mount Vinson	5 140 m	Sentinelkette
Mount Kirkpatrick	4 450 m	Königin-Alexandra-Land

Berlin, Stadt am Zusammenfluß von Spree u. Havel, 883 km² umfassend, mit 3,0 Mill. E. Bis 1945 war B. die Hauptstadt Preußens u. des Deutschen Reiches. Seit 1945 steht die Stadt unter der Kontrolle der 4 Mächte UdSSR, USA, Großbritannien u. Frankreich u. ist in 4 Sektoren aufgeteilt (je ein Sektor einer Kontrollmacht unterstellt). Seit 1948 ist sie gespalten in Berlin (West): amerikanischer, britischer u. französischer Sektor, mit 480 km² u. 1,9 Mill. E, u. in Berlin (Ost): sowjetischer Sektor, mit 403 km² und 1,1 Mill. E. *Berlin (West)* ist nach der Verfassung von 1950 deutsches Land, jedoch aufgrund von Vorbehalten der 3 westlichen Alliierten ohne Stimmberechtigung in Bundesrat u. Bundestag. Die Beziehungen zwischen Berlin (West) u. der Bundesrepublik Deutschland sind durch das Viermächteabkommen über Berlin, das 1971 unterzeichnet wurde, festgelegt worden. Berlin (West) ist Sitz der Freien Universität, einer technischen Universität, von 3 Hochschulen u. 6 Fachhochschulen sowie von Forschungsinstituten. Es bestehen 2 Rundfunkanstalten. Ein großer zoologischer u. ein botanischer Garten ziehen viele Besucher an. Berlin (West) ist auch eine Kongreß- u. Messestadt. *Berlin (Ost),* gleichzeitig Bezirk der DDR, ist Sitz der Verwaltungsorgane der DDR, der Humboldt-Universität, von 4 Hochschulen, der Akademie der Wissenschaften der DDR u. anderer Akademien sowie mehrerer Forschungsinstitute. Es hat einen Tierpark u. 2 Rundfunksender. Beide Teile Berlins besitzen namhafte Theater, Bibliotheken, Museen u. andere kulturelle Einrichtungen. – Viele der bedeutenden Bauten Berlins wurden im 2. Weltkrieg zerstört, sie sind zum größten Teil aber wiederhergestellt, u. a. die Deutsche Staatsoper (1741), die Universität (1748; heute Humboldt-Universität), das ehemalige Zeughaus (1695) u. die Gedächtniskirche (Ruine erhalten, daneben Neubau). Die berühmtesten Neubauten sind die Kongreßhalle, die Philharmonie, die Nationalgalerie, die Staatsbibliothek Preußischer Kulturbesitz (eröffnet 1978), das Kongreßzentrum (eröffnet 1979) u. in Berlin (Ost) der 1976 eröffnete Palast der Republik (mit Sitz der Volkskammer, Kongreßzentrum, Restaurants u. Theatern). Die bekanntesten Neubauviertel sind das neue Hansaviertel (errichtet zur internationalen Bauausstellung 1957), das Märkische Viertel, die „Gropiusstadt" u. in Berlin (Ost) der Stadtteil Marzahn. Trotz der Spaltung der Stadt u. der Verkehrsbehinderungen ist die Wirtschaft Berlins von großer Bedeutung. An Industrien ragen hervor (in beiden Teilen) Elektro-, Maschinen-, Textil-, Nahrungsmittelindustrie u. graphische Industrie. – B. ist Verkehrsknotenpunkt. Flughäfen sind Tegel im Westen (der Flughafen Tempelhof ist seit 1975 für den zivilen Luftverkehr geschlossen) u. Schönefeld im Osten. Kanalverbindungen bestehen zur Elbe (Nordsee), zum Mittellandkanal (Ruhrgebiet), zur Oder (Ostsee, Schlesien) u. nach Mecklenburg. *Geschichte:* B. entstand aus den wendischen Fischerdörfern B. u. Köln, die um 1235 Stadtrechte erhielten. 1486 wurde B. Residenz des Landesherrn und hatte dann wesentlichen Anteil am Aufstieg des preußischen Staates. Allmählich entwickelte

Berry

sich die Stadt zum wirtschaftlichen u. kulturellen Mittelpunkt Preußens. 1871 wurde B. Hauptstadt des Deutschen Reiches. Nach starker Zerstörung im 2. Weltkrieg u. der russischen Eroberung 1945 wurde B. in vier Sektoren geteilt. Während der russischen Blockade der Westsektoren vom 24. 6. 1948 bis 12. 5. 1949 wurden diese auf dem Luftweg versorgt. Um den Flüchtlingsstrom aus der DDR u. Berlin (Ost) zu stoppen, wurde am 13. August 1961 von der DDR-Regierung die Grenze nach Berlin (West) bis auf wenige (kontrollierte) Übergänge abgeriegelt. Die errichtete Berliner Mauer ist 45,1 km lang.

Berliner Kongreß *m*, Konferenz europäischer Großmächte u. des Osmanischen Reiches (1878) unter dem Vorsitz Bismarcks („ehrlicher Makler"). Es ging darum, die Verhältnisse auf dem Balkan zu ordnen: der russische Einfluß wurde zugunsten des österreichischen vermindert.

Berlioz, Hector [*berlios*], * La Côte-Saint-André (Isère) 11. Dezember 1803, † Paris 8. März 1869, französischer Komponist. Seine romantischen Kompositionen, die er für Riesenorchester schrieb, zeigen reiche Klangfarben

Hector Berlioz

u. eine überraschende Verwendung der Instrumente. B. versah als einer der ersten seine Werke mit Titeln u. Erläuterungen und gab damit seinen Hörern Hinweise zum Verständnis (Programmusik). B. schrieb Opern, Oratorien, Sinfonien, Lieder, Chorwerke, Kirchenmusik.

Bermudainseln *w*, *Mz.*, 360 Koralleninseln im westl. Atlantischen Ozean, von denen 20 bewohnt sind. Insgesamt sind die B. 53 km^2 groß u. haben 60 000 E. Der Hauptort ist *Hamilton* (3 000 E) auf Hamilton Island. Die seit 1684 britischen B. sind beliebt als Winteraufenthalt der Nordamerikaner.

Bern: 1) Kanton im Westen der mittleren Schweiz, mit 924 000 E (deutschsprachig). Die Hauptstadt ist B. Der Kanton umfaßt das ↑Berner Oberland im Süden (mit Almwirtschaft u. Fremdenverkehr) u. Teile der Schweizer Mittellandes im Norden (mit Anbau von Weizen u. Zuckerrüben). Industrie ist v. a. in den Städten Bern u. Biel angesiedelt. – Vom Kanton B. wurde 1978 der Kanton ↑Jura abgetrennt; **2)** Hauptstadt der Schweiz u. des Kantons B., an der Aare gelegen, mit 149 000 E. Die Stadt hat eine Universität u. mehrere Museen und ist Sitz internationaler Körperschaften, u. a. des Weltpostvereins. B. hat eine malerische Altstadt. Münster u. Rathaus stammen aus dem 15. Jh. Das mächtige Bundeshaus, Sitz des Parlaments, liegt schön über der Aare. B. ist ein wichtiger Verkehrsknotenpunkt der Schweiz. – B. wurde 1191 gegründet u. war seit 1218 Reichsstadt. Es konnte seine Unabhängigkeit gegen stärkere Nachbarn behaupten. 1353 trat es der Eidgenossenschaft bei. 1528 wurde die Reformation in B. eingeführt. Seit 1848 ist B., das nahe der deutsch-französischen Sprachgrenze liegt, Bundeshauptstadt der Schweiz.

Berner Oberland *s*, der nördliche Teil der Berner Alpen, Schweiz. Bekannte hohe Berge: Finsteraarhorn (4274 m), Aletschhorn (4195 m), Jungfrau (4158 m), Mönch (4099 m) u. Eiger (3970 m).

Bernhard von Clairvaux, Heiliger, * Schloß Fontaine bei Dijon um 1090, † Clairvaux (Aube) 20. August 1153, Mystiker und Reformer. Er war Abt der von ihm gegründeten Abtei Clairvaux, die für die Ausbreitung des Zisterzienserordens bedeutsam wurde. B. wirkte als Erneuerer des Ordenslebens u. des ganzen religiösen Lebens.

Bernhardiner *m*, Schutz- und Wachhund, auch Lawinensuchhund mit mächtigem Körper und kurzer Schnauze. B. wurden bereits 1665 auf dem Großen Sankt Bernhard gezüchtet.

Bernstein *m*, aus erdgeschichtlicher Vergangenheit, dem Tertiär, erhaltenes Harz ausgestorbener Nadelbäume. Der B. ist verschieden gelb, gelbrot bis gelbbraun getönt, durchsichtig bis undurchsichtig; mitunter sind Insekten oder auch Pflanzenteile in B. eingeschlossen. Er ist beliebt als Schmuckstein. Abgebaut wird B. hauptsächlich an der sogenannten Bernsteinküste des Samlandes (Ostpreußen), neuerdings auch in Jütland (Dänemark).

Berry, Chuck [*beri*] ↑Popmusik.

BERUFE

Was ist ein Beruf?

Was ein Beruf ist, darüber gibt es verschiedene Auffassungen. Früher wurde Beruf mit Lebensberuf gleichgesetzt, d. h. Beruf konnte nur sein, was auf lange Dauer angelegt war. Einen Beruf hatte nur der, der nach einer gründlichen Ausbildung in der Lage war, eine qualifizierte Arbeit zu leisten. Das Ergebnis einer Berufsarbeit war ein Werk, d. h. etwas Ganzes. Als Beruf sah man nur eine Tätigkeit an, zu der sich der einzelne nach freier Wahl entschieden hatte. Dieser Gedanke findet sich auch im Artikel 12 des Grundgesetzes, der jedem Deutschen das Recht garantiert, Beruf, Arbeitsplatz und Ausbildungsstätte frei zu wählen. Diese und andere Berufsmerkmale, die sich in früheren Epochen herausgebildet haben, reichen auch heute noch in unsere Berufsvorstellungen hinein, viele entsprechen aber nicht mehr oder nur noch in einem gewandelten Sinne der heutigen Arbeitswelt. Die Verhältnisse, die der berufstätige Mensch heute v. a. im industriellen Großbetrieb vorfindet, unterscheiden sich in vielem grundlegend von der Berufssituation der Generationen vor uns. Man kann den Begriff Beruf heute etwa so umschreiben: Beruf ist eine selbstgewählte Tätigkeit innerhalb eines abgegrenzten Arbeitsgebietes, die der einzelne zu seinem Wohle leistet, insbesondere zur Sicherung seines Lebensunterhalts, und zum Wohle der Gemeinschaft. Diese Begriffsbestimmung kann nicht allgemeingültig sein. Es muß dem einzelnen überlassen bleiben, welche Merkmale er dem Begriff Beruf zuordnen will. Die so gewonnene Auffassung wird im wesentlichen davon geprägt sein, von welchem Standpunkt aus der Beruf gesehen wird, aber auch von den Gegebenheiten, unter denen der Beruf erlebt wird.

Wie sich die Berufe entwickelt haben

Früher leistete jeder nach seinen Kräften das, was zur Lebenserhaltung nötig war, ohne daß er sich in seinem Handeln auf einen abgegrenzten Tätigkeitsbereich (auf ein Berufsfeld) beschränkt hätte. Zum Anderen wurde der einzelne den primitiven Lebensverhältnissen mit Fertigkeiten und Kenntnissen gerecht, die noch nicht typisch für einen Beruf zu sein brauchten.

Vor allem mit zunehmender Seßhaftigkeit wurden die Ansprüche und Bedürfnisse der Menschen immer vielfältiger.

Berufe (Forts.)

Auch die Anforderungen an die Qualität eines Arbeitsproduktes stiegen. Jetzt war es auch dem einzelnen möglich, seine Talente zu entwickeln und zu verfeinern, so daß er sich innerhalb bestimmter Bereiche in seinem Können immer stärker von den Stammesgenossen unterschied.

Wir wollen uns anhand eines Beispiels diese Entwicklung veranschaulichen: Das erste Hilfsmittel, das in vorgeschichtlicher Zeit unsere Ahnen verwendeten, um sich im Wasser fortzubewegen, dürfte ein einzelner Baumstamm gewesen sein. Später verband man mehrere Baumstämme so miteinander, daß ein Floß entstand. Der Umfang der dazu nötigen Fertigkeiten und Kenntnisse war zu gering, um von einem Beruf reden zu können. Die Männer, die die Bäume fällten und das Floß bauten, haben sich nach getaner Arbeit ganz anderen Aufgaben zugewandt. Der „Schiffbau" war also nicht ihr Beruf.

Wagen wir jetzt einen großen Sprung in die Gegenwart. Stellen wir uns eine schnittige Jacht vor, einen eleganten Passagierdampfer oder einen der modernen Riesentanker. Welch ein gewaltiger Unterschied im Wissen und in den Fähigkeiten der Floßbauer damals und der Boots- und Schiffbauer heute. Und irgendwo auf dem langen Weg vom Baumstamm zur Jacht und vom Floß zum Passagierdampfer ist die Stelle, wo der Fachmann nötig wurde. Hier lag die Geburtsstunde der Grundberufe.

Ähnlich wie beim Schiffbau ist es auch in anderen Bereichen gewesen. Denken wir an die ersten Hütten und Höhlen, die unseren Vorfahren als Behausung dienten, und vergleichen wir damit die Architektur unserer Zeit. Oder erinnern wir uns daran, daß eines der ersten Kleidungsstücke ein mit einfachsten Mitteln bearbeitetes Tierfell gewesen ist. Welches Können beweisen heute die Kürschner und Schneider, die unsere Kleidung fertigen.

Nach und nach spalteten sich die Grundberufe so weit auf, daß es heute in der Bundesrepublik Deutschland ungefähr 20 000 Berufsbezeichnungen gibt.

Wege, die zu einem Beruf führen

Die heutige Berufswelt ist von großer Vielfalt. Welche beruflichen Möglichkeiten bieten sich uns nun, wenn wir die Hauptschule verlassen oder die „mittlere Reife" erworben haben? Vorweg sei darauf hingewiesen, daß sich die folgenden Erläuterungen auf das Wesentliche beschränken müssen. Wer sich genauer informieren möchte, spreche mit dem Klassenlehrer oder mit dem Berufsberater des Arbeitsamtes.

1. *Die schulischen Grundlagen der Berufsausbildung*

Eine gute schulische Grundlage ist entscheidend für die spätere Berufstätigkeit. Besonders der, der leicht lernt und gern zur Schule geht, sollte seine Schulausbildung so lange weiterführen, wie es die Begabung erlaubt.

Viele erkennen jedoch erst, wenn sie schon im Beruf stehen, daß sie ihr Berufsziel nur mit einer breiteren Schulausbildung erreichen können. Wer also „mittlere Reife" oder Abitur während oder im Anschluß an die Lehre nachholen will, dem sind im Rahmen des ↑zweiten Bildungsweges mehrere Möglichkeiten geboten.

2. *Betriebliche Berufsausbildungen*

a) *Einarbeitungsberufe*

Einarbeitungsberufe sind im Unterschied zu den Ausbildungsberufen staatlich nicht geregelt. Hierzu gehören v. a. die sogenannten Hilfsarbeitertätigkeiten. Diese Einstiegsmöglichkeit in den Beruf sollte nur der wahrnehmen, der aus zwingenden Gründen keinen der später erläuterten Wege gehen kann. Wohl haben die Einarbeitungsberufe den Vorteil, daß der Verdienst zu Anfang höher ist als bei den anderen Einstiegen. Dieser scheinbare Vorteil wird aber durch viele Nachteile mehr als aufgewogen: Die durch eine Hilfsarbeit erworbenen Kenntnisse und Fertigkeiten sind zu gering, als daß sie eine solide, tragfähige Grundlage abgeben könnten, auf der beruflich aufzubauen wäre. Es ist zumeist so, daß der besser Ausgebildete mit seinem Einkommen den Hilfsarbeiter sehr schnell überholt.

b) *Ausbildungsberufe*

Im Bundesgebiet gibt es z. Z. rund 470 anerkannte Ausbildungsberufe. Die Ausbildungszeit dauert meist 3 Jahre, in einigen Ausbildungsberufen 3$^1/_2$ Jahre. Sie kann aufgrund entsprechender schulischer Vorbildung verkürzt werden. Der Ausbildung liegt ein Berufsausbildungsvertrag zugrunde, der alle Rechte und Pflichten des Lehrlings (Auszubildenden) und des Lehrherrn (Ausbildenden) regelt. Grundlage ist das Berufsbildungsgesetz vom 14. August 1969 und die vom Staat erlassenen Ausbildungsordnungen. Die Ausbildungsordnung enthält mindestens die Bezeichnung des Ausbildungsberufes, die Ausbildungsdauer, die Fertigkeiten und Kenntnisse, die Gegenstand der Berufsausbildung sind (Ausbildungsberufsbild), einen Ausbildungsrahmenplan und die Prüfungsanforderungen. Wer diese Unterlagen einsehen möchte, wende sich an die nächstgelegene Industrie- und Handelskammer oder Handwerkskammer oder an die Berufsberatung des Arbeitsamtes. In den „Blättern zur Berufskunde", die von der Bundesanstalt für Arbeit herausgegeben werden, sind die wichtigsten Ausbildungsberufe beschrieben. Die Ausbildungsberufe stehen den Hauptschülern und Bewerbern mit „mittlerer Reife" offen. Insbesondere Großbetriebe suchen teilweise aber auch Abiturienten für kaufmännische Ausbildungswege. Für einige Ausbildungsberufe werden Hauptschüler nur noch ausnahmsweise angenommen, wenn sie überdurchschnittliche Leistungen in der Schule aufweisen.

Bei einer betrieblichen Ausbildung – sie ist die überwiegende Form der beruflichen Ausbildung – besucht der Berufsanwärter einmal oder zweimal in der Woche die Berufsschule. In einigen Berufen wird der Berufsschulunterricht zusammengefaßt als „Blockunterricht" erteilt.

Am Ende der Ausbildungszeit ist eine Prüfung abzulegen. Wer diese Prüfung bestanden hat, ist Geselle, Facharbeiter oder Gehilfe und hat sich damit bereits ein berufliches Fundament geschaffen, wenn es auch nach der Ausbildung nötig ist, immer dazuzulernen, um mit der Entwicklung im Beruf Schritt zu halten. Die Lehrabschlußprüfung kann aber auch Sprungbrett sein zu weiterem beruflichen Aufstieg. Von den zahlreichen Möglichkeiten der Weiterbildung seien nur erwähnt: der Handwerksmeister, der Industriemeister, der Techniker, der Bilanzbuchhalter, der Steuerbevollmächtigte. Ja selbst Fachhochschul- und Hochschulausbildungen lassen sich nach einer Lehre noch verwirklichen. Es ist hier nicht möglich, auf einzelne Berufe einzugehen. Eine Übersicht über die anerkannten Ausbildungsberufe kann beim Berufsberater des Arbeitsamtes eingesehen werden. Er gibt auch Auskunft über die Ausbildungsmöglichkeiten am Ort und in der näheren Umgebung sowie über die Aufstiegs- und Weiterbildungsmöglichkeiten in den verschiedenen Berufen.

c) *Sonstige betriebliche Berufsausbildungen*

Nicht alle betrieblichen Ausbildungen vollziehen sich im Rahmen einer Einarbeitung oder in anerkannten Ausbildungsberufen. Dies gilt z. B. für die Verwaltungen (Bahn, Post, Finanzverwaltung, Polizei, Stadt u. a.), die ihren Nachwuchs nach eigenen Erfordernissen ausbilden. Die Zulassungsvoraussetzungen sind je nach Laufbahn und Verwaltung verschieden. Auch die Dauer der Ausbildung schwankt erheblich (zwischen 18 Monaten und 6 Jahren).

3. *Berufsausbildungen an Schulen*

Im Bundesgebiet gibt es mehr als 150 verschiedene berufsbezogene Schulabschlüsse, die Studienabschlüsse an Hochschulen nicht einbezogen. Einige Gruppen sollen behandelt und die Wege kurz dargestellt werden.

Berufe (Forts.)

a) *Berufsfachschulen*
Für eine kleinere Zahl von anerkannten Ausbildungsberufen bestehen Berufsfachschulen, die bis zum Ausbildungsabschluß führen. Diese Schulen haben oft ein Internat.
In vielen Städten wurden Berufsfachschulen eingerichtet, die nur einen Teil der Lehre ersetzen. Sie dauern 1 Jahr oder 2 Jahre. Die restliche Lehrzeit wird anschließend in einem Betrieb abgeleistet. Solche Berufsfachschulen kennt man z. B. für den Kraftfahrzeugmechaniker, Radio- und Fernsehtechniker, Uhrmacher und Schreiner. Diese Schulen können unmittelbar nach der Hauptschule oder nach der „mittleren Reife" besucht werden.

b) *Berufsaufbauschulen*
Schulen, die in einer Ausbildung stehende Hauptschüler oder Hauptschüler mit einem Ausbildungsberuf zur Fachschulreife führen, die auch den Besuch der Fachoberschule ermöglicht.

c) *Fachschulen*
Schulen, die den Besuch einer Berufsfachschule oder eine berufliche Ausbildung und mittlere Reife oder z. T. den Besuch einer Berufsaufbauschule sowie Berufspraxis voraussetzen. Eine gute Fachschulausbildung dürfte 2 Schuljahre dauern.

Meisterschulen
Die Schuldauer ist sehr verschieden, oft geschieht die Ausbildung in Form von Abend- oder Wochenendunterricht. Voraussetzung sind eine abgeschlossene Berufsausbildung und eine mehrjährige Berufspraxis als Geselle oder Facharbeiter (etwa 5 Jahre).

Technikerschulen
Die „mittlere Reife" wird nicht immer verlangt, ist aber wegen der steigenden Anforderungen sehr förderlich. Bedingungen für die Aufnahme sind eine abgeschlossene Berufsausbildung und wenigstens 2 Jahre Berufspraxis nach dem Lehrabschluß. Die Ausbildungsdauer beträgt 3 bis 4 Semester ($1^1/_2$ bis 2 Jahre). Neben Tagesschulen bestehen Schulen, die im Abendunterricht zum Abschluß führen.

d) *Fachoberschulen*
Zweijährige Schulen, die die Fachschulreife der Berufsaufbauschule oder den Abschluß der Realschule („mittlere Reife") und in beiden Fällen eine berufliche Ausbildung voraussetzen. Zum Teil haben die Fachoberschulen einen Vorkurs (1 Jahr).

e) *Fachhochschulen*
Voraussetzung der Aufnahme ist eine mindestens 12jährige Schulbildung, im allgemeinen der Abschluß einer Fachoberschule.

Ingenieurakademien
Das Studium dauert 6 Semester (3 Jahre) und schließt mit der Ingenieurhauptprüfung ab. Für den Hauptschüler bieten sich zwei Wege an:

entweder	oder
Lehre – eventuell zugleich Besuch eines Aufbaulehrgangs – mit Wochenend- oder Abendunterricht	2jährige gewerblich-technische Berufsfachschule Abschluß: Fachschulreife
Berufsaufbauschule – ganztags Abschluß: Fachschulreife	Lehre oder Praktikum
eventuell Zeichenbüropraxis (je nach Fachrichtung und Ingenieurschule)	eventuell Zeichenbüropraxis (je nach Fachrichtung und Ingenieurschule)
Fachschulstudium	Fachschulstudium
Fachoberschule	Fachoberschule

höhere Wirtschaftsfachschulen (Handelshochschulen)

Den Ingenieurschulen im gewerblich-technischen Bereich entsprechen auf kaufmännischem Gebiet die höheren Wirtschaftsfachschulen. Sie bilden praktische Betriebswirte oder Fachschulkaufleute aus. Zugangsvoraussetzung ist – wie beim Ingenieurstudium – der Abschluß der Fachoberschule, wozu im allgemeinen eine abgeschlossene Berufsausbildung und zusätzlich eine einjährige Berufspraxis gehört. Die Ausbildung dauert 6 Semester (3 Jahre).

Fachhochschulen für Sozialarbeit oder Sozialpädagogik
Aufgenommen werden Bewerber mit „mittlerer Reife", die eine Berufsausbildung abgeschlossen haben oder eine mehrjährige Berufstätigkeit sowie den Abschluß einer Fachoberschule nachweisen. Die Ausbildung dauert 3 Jahre.

Wie findet man den richtigen Beruf?

Wer sich heute für einen Beruf zu entscheiden hat, kann die Fülle der Möglichkeiten kaum überschauen. Wie soll man aber vorgehen, um keine Fehlentscheidung zu treffen? Welcher Beruf ist überhaupt der richtige?
Um es gleich zu sagen: Es gibt kein Rezept und keine Gebrauchsanweisung, die nur beachtet werden müßten, um den richtigen Beruf zu finden. Jede Entscheidung, auch die nach reiflicher Überlegung getroffene, wird noch ein Wagnis sein.
Gesichtspunkte, die bei einer Berufswahl wichtig sein können, gibt es viele. Je nachdem, welche Erwartungen wir mit unserem künftigen Beruf verbinden, werden wir auch zu unterschiedlichen Ansichten darüber kommen, was als richtiger Beruf anzusehen ist. Deshalb kann der hier aufgezeigte Weg nur einer von mehreren sein.
Jeder sollte in seine Überlegungen all das einbeziehen, was ihm wesentlich erscheint. Eine besondere Bedeutung kommt dabei den Interessen und der Begabung zu. Wieso eigentlich? Wir werden verstehen, wie wichtig diese beiden Gesichtspunkte sind, wenn wir uns die in der Schule gewonnenen Erfahrungen ins Gedächtnis rufen. Denken wir an das Schulfach, in dem wir die beste Note haben. Wohl jeder wird zugeben können, daß dieses Fach ihn interessiert und er dafür auch begabt ist. Interesse und Begabung sind also, die uns zu einer guten Leistung befähigen. Gewiß, auch anderes ist nicht nebensächlich. Unser Berufserfolg hängt von vielen Dingen ab. Auf manche haben wir gar keinen oder nur einen geringen Einfluß. Was wir vor allem aber beitragen können, ist unsere Leistung. Sie ist gewissermaßen ein Gewichtstein, den wir in die Waagschale legen.

Von der Leistung im Beruf sind abhängig: 1. der Verdienst, 2. die Berufsaussichten, 3. die Aufstiegsmöglichkeiten.
Nur wer etwas leistet, wird sich wohlfühlen und zufrieden sein im Beruf. Wer also ein gutes Einkommen anstrebt, sich günstige Berufsaussichten und Aufstiegsmöglichkeiten erhofft, wer seinen Beruf nicht als Last empfinden, sondern auch Freude erleben will, wird daher nicht umhin können, Interessen und Begabung in Betracht zu ziehen. Dabei ist heute allerdings zu bedenken, daß manche Berufe überfüllt sind und die Erwartungen nicht zu erfüllen vermögen.
Wie kann man ein Bild von den eigenen Interessen und von der Begabung gewinnen und wie findet man den Beruf, der diesem Bild entspricht? Wir müssen also uns selbst und die Berufe kennenlernen. Sicher ist das nicht leicht, aber auch nicht unmöglich, wie wir gleich sehen werden. Wollen wir uns über uns selbst klar werden, so gilt es zunächst einmal, sich zu beobachten. Wer sich dieser Mühe unterzieht, dem kann nicht verborgen bleiben, wo seine Stärken hat und was ihm besonders liegt. Wir sind aber nicht auf uns allein angewiesen. Ein Gespräch mit einem Freund oder einer Freundin kann uns vielleicht weiterbringen. Unsere Eltern kennen uns am längsten. Wenn wir mit ihnen reden, bekommen wir sicher manchen wertvollen Hinweis.

Berufsberatung

Berufe (Forts.)

Unser Lehrer müßte uns einiges, v. a. über unsere Begabung, sagen können. Ein Gedankenaustausch mit dem Berufsberater könnte zur Klärung beitragen. Er wird, sofern wir es wünschen, eine Eignungsuntersuchung veranlassen, die Aufschluß über den Begabungsschwerpunkt geben kann. Den Arzt dürfen wir nicht vergessen. Ihn müssen wir sogar fragen, denn das Jugendarbeitsschutzgesetz schreibt vor, daß jeder Jugendliche, der noch nicht 18 Jahre alt ist, ärztlich untersucht werden muß, ehe er eine Arbeits- oder Ausbildungsstelle antritt. Jetzt haben wir so viele Mosaiksteinchen zusammengetragen, daß sich zumindest Konturen abzeichnen müßten; vielleicht sehen wir das Bild schon einigermaßen scharf.

Wie kommen wir nun an die Berufe heran? Reden wir vor allem mit Leuten, die Berufe ausüben, für die wir uns interessieren. Der Vater kennt seinen Beruf. Er hat auch Einblicke in andere Berufe. Vielleicht gilt das auch für die Mutter, den Bruder oder die Schwester. Mit ihnen zu sprechen, könnte das Nächstliegende sein. Einiges über die Berufe läßt sich auch beim Berufsberater in Erfahrung bringen. Seien wir aber ehrlich: Wer seinen künftigen Beruf nur vom Erzählen kennt, wird kaum eine rechte Vorstellung haben. Betriebsbesichtigungen, die von den meisten Schulen durchgeführt werden, gestatten einen Blick in die Berufswirklichkeit. Der Berufsberater vermittelt gern ein Gespräch mit Lehrherren. Von ihnen kann man Genaueres über den in Aussicht genommenen Beruf erfahren. Einige Lehrherren sind auch bereit, Berufsanwärtern außerhalb der Schulzeit Gelegenheit zum Zuschauen zu geben.

Wer diese Möglichkeiten nutzt, hat noch keinen Garantieschein, aber die Gewißheit, einiges getan zu haben, um eine gute Wahl, eine fundierte Berufsentscheidung zu treffen.

Die Finanzierung der Ausbildung

Trotz der weitgehenden Schulgeldfreiheit und des allgemeinen Wohlstandes sind die Eltern nicht immer in der Lage, die wirtschaftlichen Belastungen, die durch die Ausbildung ihres Kindes entstehen, zu tragen. Es kommt auch heute noch vor, daß aus finanziellen Erwägungen eine Schulausbildung vorzeitig beendet oder eine kürzere Berufsausbildung anstelle einer breiteren und längeren gewählt wird. Jeder soll aber die Chance haben, das ihm gemäße Schul- und Berufsziel zu erreichen. Deshalb wird Ausbildungsförderung nach dem Bundesausbildungsförderungsgesetz vom 26. 8. 1971 gewährt. Wer eine Schule besucht oder besuchen will, kann Näheres bei der Direktion der Ausbildungsanstalt und beim Arbeitsamt erfahren. Das Arbeitsamt zahlt Beihilfen v. a. für berufliche Ausbildungen, für Umschulung und berufliche Weiterbildung nach dem Arbeitsförderungsgesetz vom 25. 6. 1969 (mehrfach geändert).

* * *

Berufsberatung ↑Berufe.

Berufsfachschule w, vermittelt neben einer erweiterten Allgemeinbildung eine berufliche Grundbildung in einer bestimmten Fachrichtung. Die B. bereitet auf die spätere berufliche Tätigkeit vor. Sie ist eine Vollzeitschule mit bis dreijährigen Ausbildungsgängen. Die Schulzeit richtet sich nach der Art des erstrebten Berufes und nach der Vorbildung. Es gibt Berufsfachschulen verschiedener Fachrichtungen, z. B. Wirtschaft, Technik, Ernährungs- und Hauswirtschaft, Sozialpflege.

Berufskrankheiten w, Mz., Erkrankungen, die bei bestimmten Berufsgruppen durch die Arbeitsweise, das Arbeitsverfahren oder den zu bearbeitenden Rohstoff auftreten können. So kann man durch Arbeiten z. B. im Steinbruch, wo viel Staub eingeatmet wird, eine Staublunge bekommen. Die Bäckerkrätze ist eine Hauterkrankung bei Bäckern, die gegen Mehlstaub empfindlich sind. Beim vielen Arbeiten mit Röntgenstrahlen können Ärzte und Krankenschwestern Strahlenschäden erleiden. Durch Malerfarben, die Arsen, Blei oder Quecksilber enthalten, können bei Malern Vergiftungen auftreten. Bei Arbeiten mit Asbest können Asbestlunge u. Asbestkrebs auftreten.

Berufspraktikum s, praktischer Anteil der Ausbildung vor, während oder nach der Zeit z. B. in der ↑Schule, ↑Berufsfachschule und ↑Hochschule. Durch das B. soll der Schüler bzw. Student Berufsfelder genauer kennenlernen, Kenntnisse, Fähigkeiten, Fertigkeiten vertiefen, sammeln u. anwenden. Die Form u. Dauer des Berufspraktikums ist unterschiedlich.

Berufsschule w, Schule, die die betriebliche Ausbildung begleitet, entweder als Teilzeitschule (Unterricht an ein bis zwei Tagen pro Woche) oder in Form des Blockunterrichts von mehreren Wochen Dauer pro Ausbildungsjahr. Sie ist eine Pflichtschule für alle Jugendlichen, die in einem Ausbildungs- oder Arbeitsverhältnis stehen oder erwerbslos sind, sofern sie nicht andere Schulen (z. B. Gymnasium, Berufsfachschule) besuchen. Die B. dauert in der Regel drei Jahre u. ist nach Berufsrichtungen gegliedert. Schüler des gleichen Berufes sind in Fachklassen zusammengefaßt.

Berufssportler ↑Sport.

Berufung ↑Revision.

Beryll [gr.] m, berylliumhaltiges Mineral. In reinem Zustand ist der B. glasklar. Zur Beryllgruppe gehören u. a. der hellblaue oder grüne Aquamarin, der grüne Smaragd u. der leuchtend gelbe Goldberyll.

Beryllium [gr.] s, sehr sprödes, metallisches Element (chemisches Symbol Be). Starke Ähnlichkeit mit Aluminium, jedoch noch leichter. Gewinnung aus ↑Beryll. Verwendung als härtender Zusatz für Schwermetallegierungen. B. u. seine Verbindungen sind giftig.

Beschleunigung w, die Zunahme oder Abnahme (Verzögerung) der Geschwindigkeit eines Körpers in der Zeiteinheit, z. B. in 1 Sekunde, d. h.: Quotient a aus der Geschwindigkeitszunahme Δv des Körpers u. der dazu erforderlichen Zeit Δt, also $a = \Delta v/\Delta t$. Wächst die Geschwindigkeit eines Fahrzeugs z. B. um 1 Meter pro Sekunde (m/s), so beträgt die Beschleunigung 1 m/s². – Allgemein versteht man unter B. eine Änderung der Richtung oder des Betrages der Geschwindigkeit. Ein Körper, der sich mit gleichbleibender Geschwindigkeit auf einer Kreisbahn bewegt, erfährt ständig eine auf den Mittelpunkt der Kreisbahn hin gerichtete Beschleunigung.

Besitz m, die tatsächliche (nicht die rechtliche) Gewalt über eine Sache (wer z. B. eine Brieftasche findet, ist zwar ihr Besitzer, er muß sie aber dem Eigentümer zurückgeben); ↑auch Eigentum.

Beskiden Mz., zusammenfassende Bezeichnung für die nordwestlichen Verzweigungen der Karpaten in Polen u. der Tschechoslowakei. Der höchste Berg ist die Babia Góra mit 1 725 m.

Bessarabien, hügelige, fruchtbare Landschaft zwischen Pruth, Dnjestr u. der unteren Donau. 1812–1918 russisch, anschließend rumänisch bis 1940, seitdem gehört B. zur UdSSR. Die Bevölkerung setzt sich zusammen aus Rumänen u. Ukrainern. Bis zur Umsiedlung 1940 lebten auch Deutsche dort.

Bessemer-Verfahren s, industrielle Methode zur Herstellung von Flußstahl aus Roheisen. Durch Luftzufuhr wird in der Bessemer-Birne der in dem flüssigen Roheisen befindliche Kohlenstoff teilweise verbrannt. Das Verfahren wurde nach Sir Henry Bessemer (1813–98) benannt, der es 1855 erfand.

Bestäubung w, Übertragung von Blütenstaub durch Wasser, Wind oder Tiere auf die Narbe einer anderen Blüte der gleichen Art. Man unterscheidet Selbstbestäubung u. Fremdbestäubung, je nachdem, ob die B. mit Blütenstaub derselben Blüte, derselben Pflanze oder verschiedener Pflanzen geschieht.

Selbstbestäubung wirkt sich meist nachteilig auf das Samengut aus (↑Inzucht). Bei zwittrigen Blütenpflanzen reifen Staubblätter u. Stempel (männliche u. weibliche Blütenteile) in zeitlichem Abstand u. entgehen so der Selbstbestäubung.

Bestseller [engl.] *m*, Bezeichnung für ein Buch, das besonders erfolgreich verkauft wird.

Betastrahlen *m*, *Mz.*, beim radioaktiven Zerfall (↑Radioaktivität) entstehende Elektronen, die eine Geschwindigkeit bis zu 99 % der Lichtgeschwindigkeit, d. h. bis zu 297000 km/s erreichen.

Bethel, 1872 von F. von ↑Bodelschwingh bei Bielefeld gegründete Heil- u. Pflegeanstalt für geisteskranke u. körperlich behinderte Menschen.

Bethlehem (arabisch Bait Lahm), Stadt südlich von Jerusalem, mit 25 000 E. Im Alten Testament ist B. die Stadt Davids, im Neuen Testament der Geburtsort Jesu. Die zum Gedächtnis daran erbaute Geburtskirche wurde 326 erbaut u. 540 erneuert. – B. liegt heute im von Israel besetzten Westjordanien.

Beton [betong; frz.] *m*, Baustoff aus Sand, Kies (u. anderen Zuschlagstoffen) u. Zement, der mit Wasser angerührt u. so als Frischbeton verbaut wird. Nun erhärtet der Zement u. umschließt die Zuschlagstoffe in einem festen Verbund (man sagt, er bindet ab). B. ist sehr widerstandsfähig gegen Drucklasten. Um ihn gegen Zugkräfte zu verstärken, werden nach verschiedenen Methoden Stahleinlagen mit eingebaut (Stahlbeton).

Betriebsrat ↑Mitbestimmung.

Betschuanaland ↑Botswana.

Bettelorden *m*, *Mz.*, Orden (v. a. Franziskaner und Dominikaner), die nicht nur den persönlichen Besitz der einzelnen Mönche, sondern auch den gemeinsamen Besitz des Klosters ablehnen. Die Mönche erbettelten sich ursprünglich ihren Unterhalt. Heute sind die Armutsbestimmungen gemildert, die Mönche leben von dem Ertrag ihrer Arbeit (Lehrtätigkeit u. a.) u. von z. T. erbettelten Almosen.

Beugung *w*: **1)** eine Abweichung von der geradlinigen Lichtausbreitung. Man kann sie beobachten, wenn das Licht durch enge Öffnungen hindurchtritt. Hinter einem sehr schmalen Spalt entstehen z. B. keine scharfen Schattengrenzen; es gelangt auch Licht in den Schattenbereich, so daß man dort helle (oft farbige) Streifen erkennen kann. Beugungserscheinungen beobachtet man auch, wenn das Licht auf sehr kleine Hindernisse trifft. So sieht man z. B. farbige Streifen, wenn man bei halb geschlossenen Augen durch die Wimpern auf eine helle, entfernte Lampe blickt. Die B. tritt nicht nur beim Licht auf, sondern bei jeder Wellenausbreitung, z. B. bei Wasserwellen, die durch eine schmale Hafeneinfahrt hindurchtreten, oder auch bei Schallwellen (man kann „um die Ecke hören"); **2)** ↑Fälle, ↑Verb.

Beuteltiere *s*, *Mz.*, Unterklasse der Säugetiere mit über 250 Arten in Australien u. auf einigen Nachbarinseln; wenige Arten auch in Süd- u. Mittelamerika. Die sehr wenig entwickelt geborenen Jungen werden in einem Brutbeutel am Bauch der Mutter großgezogen. Im Tertiär waren die B. über alle Erdteile verbreitet. Es gab B. bis zu Nashorngröße. Später wurden sie von jüngeren Säugetierarten verdrängt u. konnten sich nur in den genannten Gebieten erhalten. In Australien finden wir Känguruhs, den Kletterbeutler (Koala) u. viele B., die andere Säugetiergruppen dort vertreten: Beuteldachs, Raubbeutler, Wombat, Beutelratten, Beutelmulle u. Opossummäuse.

Beuthen O. S. (poln. Bytom), Stadt im oberschlesischen Industriegebiet, mit 234 000 E. Die Stadt ist bedeutendes Industriezentrum mit Steinkohlen-, Blei- u. Zinkbergbau sowie Schwerindustrie. – Seit 1945 gehört die Stadt zu Polen.

Bewußtlosigkeit *w*, ein Zustand, in dem das Bewußtsein ausgeschaltet ist. Krankheiten (z. B. Kreislaufschäden, Epilepsie), Verletzungen oder plötzlicher Schreck, die alle zu einer Blutleere im Gehirn führen, können Ursachen einer B. sein, die keine eigenständige Krankheit ist.

BGB, Abkürzung für: ↑**B**ürgerliches **G**esetzbuch.

Bhutan, kleines Königreich im östlichen Himalaja, mit 1,2 Mill. E (Buddhisten). Es grenzt im Norden an Tibet (China) u. im Süden an Indien. Die Hauptstadt ist *Thimphu* (21 000 E.) Erwerbsquellen der Bevölkerung sind Landwirtschaft u. Viehzucht. – Seit 1971 ist B. Mitglied der UN.

Diafra ↑Nigeria.

Biathlon ↑Wintersport.

Bibel [gr.] *w*, die Sammlung von Schriften des ↑Alten Testaments u. des ↑Neuen Testaments. Von den christlichen Kirchen als Heilige Schrift bezeichnet u. als „Heilsgeschichte" angesehen. Die B. schildert im Alten Testament den Weg des jüdischen Volkes als auserwähltes Volk. Das Neue Testament berichtet vom Wirken, Leiden, Sterben u. von der Auferstehung Jesu Christi u. vom Werden der Urgemeinde. – Das Alte Testament ist im wesentlichen in hebräischer Sprache geschrieben, in geringen Teilen aramäisch. Das Neue Testament ist in griechischer Sprache verfaßt worden. – Die B. wurde bis heute in etwa 200 Sprachen übersetzt (einzelne Teile in mehr als 1 000 Sprachen). Die wichtigste ältere Bibelübersetzung ist die des Alten Testaments ins Griechische (die sogenannte Septuaginta). Es folgten Übersetzungen des Neuen Testaments u. der ganzen Bibel ins Syrische u. in andere orientalische Sprachen, dann ins Lateinische (Vulgata). Die älteste germanische Bibelübersetzung ist die des Bischofs Ulfilas ins Gotische (4. Jh.). 1466 erschien in Straßburg die erste, damals etwa hundert Jahre alte vollständige deutsche Übersetzung im Druck, sie war aus der Vulgata übersetzt. Im Gegensatz dazu übersetzte Luther aus dem griechischen u. hebräischen Urtext; im September 1522 erschien das Neue Testament, 1534 die vollständige Bibel in Luthers Übersetzung.

Biber *m*, plumpes, bis 1 m langes, gesellig lebendes Nagetier mit Schwimmhäuten an den Hinterfüßen. Der flache Schwanz (Kelle) dient als Steuer. Der B. frißt Rinde, Blätter u. junge Schößlinge, er kann auch Bäume bis 60 cm Durchmesser seitlich keilförmig annagen u. sie fällen; er verwendet sie teils für seine Baue, teils als Nahrung. Durch groß angelegte Bauten (Erd- u. Schlammburgen, Biberdämme) verändert er Flußlandschaften. In Deutschland lebt er frei nur noch an der mittleren Elbe. Er wird etwa 50 Jahre alt. Sein Fell ist kostbar. – Abb. S. 68.

Bibliographie [gr.; = Bücherbeschreibung] *w*, früher Bezeichnung für allgemeine Bücherkunde, heute nur noch für ein Literaturverzeichnis mit Angabe von Verfasser, Titel, Seiten- u. Bandzahl, Illustrationen, Erscheinungsjahr und -ort der Werke; manchmal auch mit kurzer, auch kritischer Inhaltsangabe.

Bibliothek [gr.] *w* (auch Bücherei): **1)** ein für die Aufbewahrung von Büchern bestimmter Raum oder Bau; **2)** jede planmäßige Büchersammlung. Man unterscheidet öffentliche und private Bibliotheken; bei den öffentlichen unterscheidet man wissenschaftliche Bibliotheken u. ↑öffentliche Büchereien. Es gibt auch Bibliotheken, die ihre Bücher nicht ausleihen (sogenannte Präsenzbibliotheken; die Bücher müssen an Ort und Stelle benutzt werden). Die Bücherbestände werden den Benutzern durch alphabetische Verfasser- u. Sachkataloge erschlossen. Bei den „Freihandbüchereien" kann man sich die Bücher aus den Regalen selbst heraussuchen.

Biedermeier *s*, Bezeichnung für die Zeit etwa von 1815 bis 1848 in Deutschland. In dieser Zeit wollten die Bürger aus Angst vor den Regierungen von Politik nicht viel wissen. Sie zogen sich in ihre stille Häuslichkeit zurück. Diese Zurückgezogenheit prägte auch die Menschen. Der Schriftsteller L. Eichrodt stellte unter dem Namen Gottlieb Biedermeier einen Lehrer dar, mit seiner Genügsamkeit, Geruhsamkeit, Treuherzigkeit u. Engherzigkeit als typisch für seine Zeit gilt. Nach dieser Gestalt der Literatur wurde die Zeit

Bielefeld

benannt. Man spricht auch von einem Biedermeierstil. Er zeigt sich am deutlichsten in der Möbelkunst. Es sind helle Möbel mit hellen Bezügen in betont schlichten und einfachen Formen. Als Maler der Biedermeierzeit ist vor allem Spitzweg zu nennen.

Bielefeld, Stadt in Nordrhein-Westfalen, am Teutoburger Wald, mit 314 000 E. B. hat eine Universität, eine pädagogische Hochschule u. eine Fachhochschule sowie vielseitige Industie, u. a. Leinenindustrie.

Bienen w, Mz., etwa 20 000 verschiedene Hautflüglerarten. Sie betreiben Brutpflege, besitzen einen Sammelapparat zum Eintragen von Blütenstaub u. Nektar, meist auch einen Giftstachel. B. bauen mannigfaltige Nester u. verwenden verschiedene Baumaterialien. Die meisten B. leben einzeln. Staatenbildend u. zum Teil hoch organisiert sind die Hummeln u. die ↑ Honigbienen, die eine intensive Brutpflege betreiben (füttern fortlaufend die Larven). Sie sind wichtig als Honig- u. Wachslieferanten u. als Blütenbestäuber.

Bier s, durch Gärung aus stärkehaltigen Rohstoffen (v. a. Gerste und Weizen) unter Zusatz von Wasser, Hefe und Hopfen gewonnenes alkoholisches Getränk.

Bikini, Atoll der Marshallinseln im Pazifischen Ozean. 1946 wurden die Bewohner evakuiert, da auf B. Atombombenversuche der USA stattfanden. Ab 1968 kehrten sie auf das verwüstete Atoll zurück, wurden aber wegen radioaktiver Spuren 1978 wieder umgesiedelt.

Bikini m, zweiteiliger Badeanzug für Frauen, der den Körper nur wenig bedeckt.

bikonkav ↑ Linsen.

bikonvex ↑ Linsen.

Bilanz [ital.] w, summarische, gegliederte Gegenüberstellung aller am Bilanzstichtag in einem Unternehmen eingesetzten Werte nach ihrer Herkunft (Passiva) u. ihrer Verwendung (Aktiva). Die Posten auf der Aktivseite geben Auskunft über das Vermögen, unterteilt nach Anlage- u. Umlaufvermögen, die auf der Passivseite über das Kapital, unterteilt nach Eigen- und Fremdkapital. Zusammen mit der Gewinn-und-Verlust-Rechnung (Erfolgsbilanz) bildet die B. den Gesamtabschluß des Rechnungswesens einer Unternehmung für ein Geschäftsjahr.

bilateral [lat.], zweiseitig (z. B. ein bilaterales Abkommen).

bildende Kunst w, zusammenfassende Bezeichnung für: Baukunst, Bildhauerkunst, Malerei, Graphik u. Kunstgewerbe.

Bilderschrift w, frühe Entwicklungsstufe der Schrift, eine Vorstufe der Wort- und der Buchstabenschrift. Ein Text ist mit Hilfe von Bildern oder Zeichen „schriftlich" festgehalten. Die B.

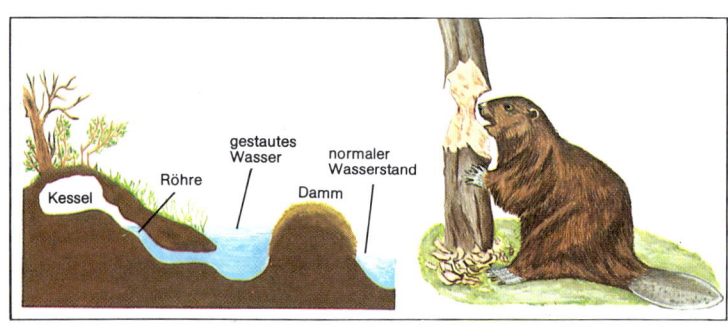

Biber. Das Nagetier beim Fällen eines Baumes (rechts) und Schema seines Uferbaus. Der Zugang zu seiner Wohnburg liegt immer unter Wasser

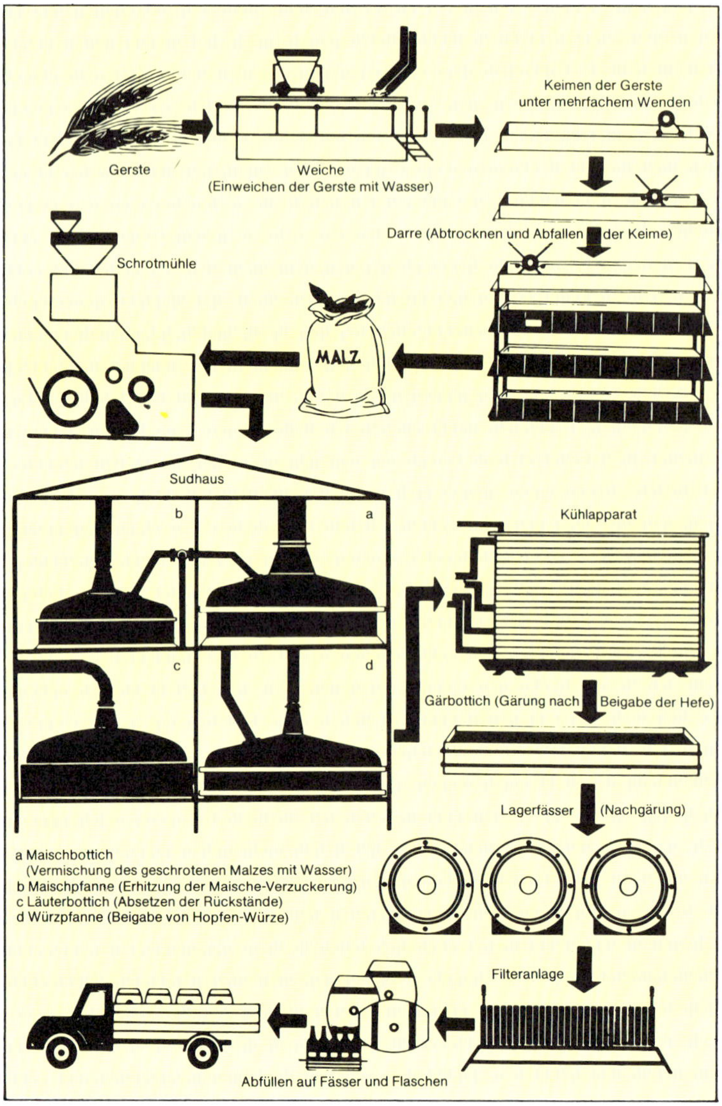

Bier. Bierherstellung

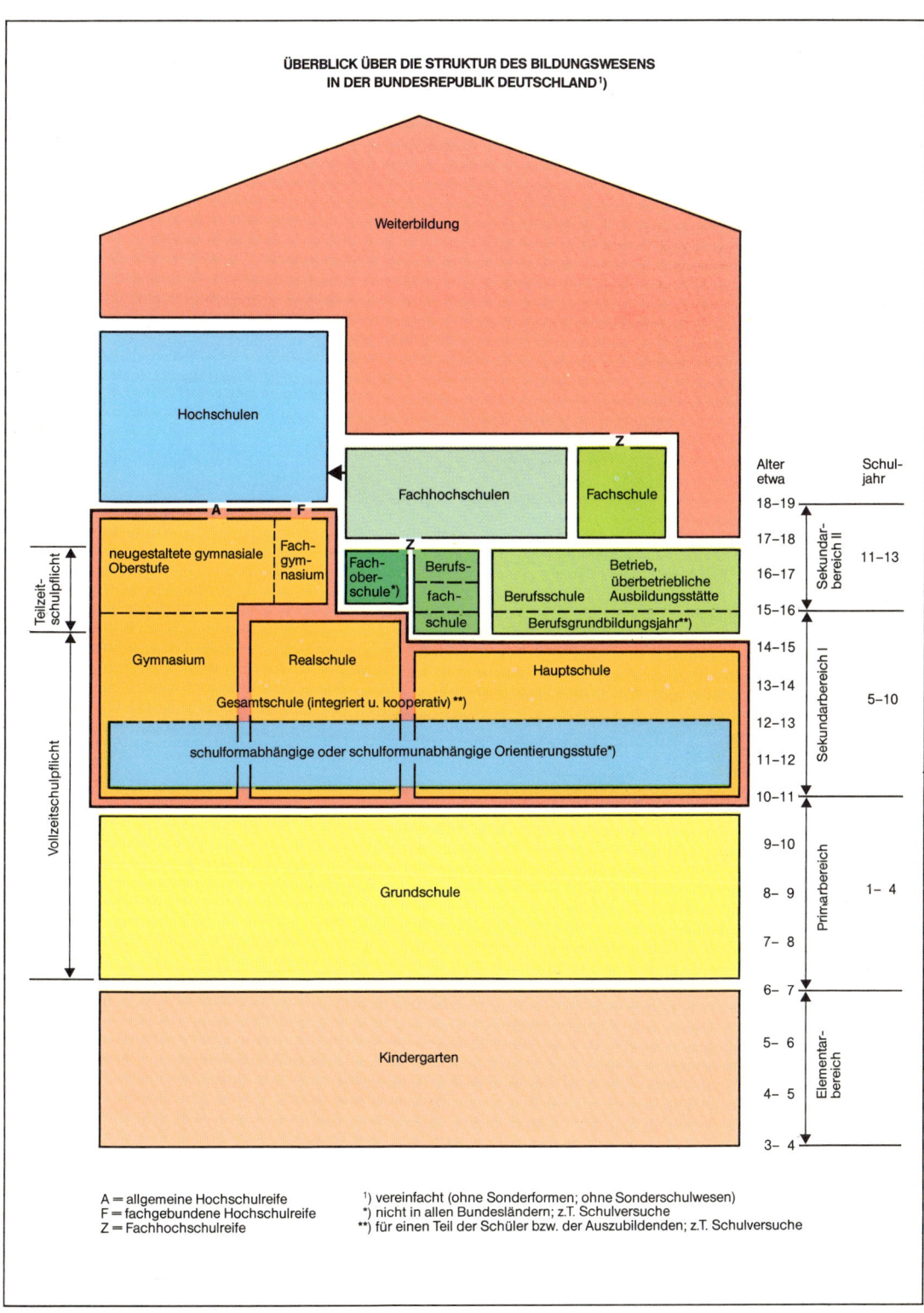

Bildfunk

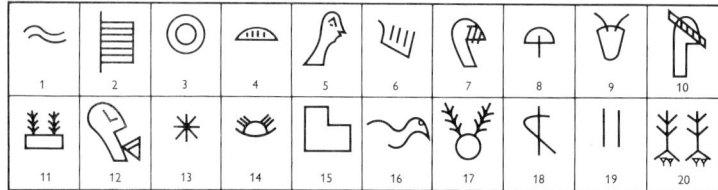

Bilderschrift. Sumerische Bildzeichen: 1 Wasser, 2 Feld, 3 Brunnen, 4 Hügel, 5 Kopf, 6 Hand, 7 Mund, 8 Auge, 9 Ochse, 10 Geheimnis, 11 schreiben, 12 essen, 13 Gottheit, 14 Monat, 15 Stadt, 16 Vogel, 17 Gemüse, 18 Negation, 19 Verdoppelung (Multiplikation), 20 Addition

war bei den Sumerern, den alten Ägyptern, den Kretern, den Maya u. a. üblich. – ↑ auch Keilschrift.

Bildfunk m (Bildtelegrafie), Zweig der Nachrichten-Übertragungstechnik. Bilder werden durch Lichtstrahlen abgetastet. Entsprechend den Helligkeitsverteilungen auf dem Bild ändert das in Photozellen zurückgestrahlte Licht seine Stärke, entsprechend schwankt die Stromabgabe der Photozellen. Beim Empfang werden die Stromstärkeschwankungen wieder in Lichtstärkeschwankungen umgesetzt und aufgezeichnet.

Bildhauerkunst w, im weiteren Sinn die Kunst, aus Holz, Stein, Bronze, Ton, Wachs, Elfenbein ein körperhaftes Gebilde, ein Bildwerk, zu schaffen. Im engeren Sinn ist B. die Kunst, aus Stein ein Bildwerk zu hauen. Man unterscheidet je nach dem Material, mit dem der Künstler arbeitet, zwischen Bildhauer (Stein), Bildschnitzer (Holz, Elfenbein), Modelleur (Ton, Wachs) u. Gießer (Bronze). Das Werk kann vollplastisch sein (eine Freifigur, um die man herumgehen kann) oder halbplastisch (eine Figur, die vor einer Wand steht, deren Rückseite nicht bearbeitet ist) oder ein ↑ Relief. Es kann bemalt sein, „farbig gefaßt" heißt es in der Fachsprache. Diese farbige Fassung war bis zum 19. Jh. allgemein üblich.

Bildung w, sowohl der Prozeß, in dem der Mensch seine geistig-seelische Gestalt gewinnt, als auch diese selbst. Die Bildungsbegriffe der europäischen Tradition gehen bis zum Ausgang des 19. Jahrhunderts auf antike Grundgedanken zurück, so daß bis heute B. v. a. im Zusammenhang mit den Geisteswissenschaften gesehen wird. Eine neue Einstellung zur B. unter stärkerer Einbeziehung technisch-naturwissenschaftlicher, aber auch sozialer bzw. politischer sowie beruflicher Kenntnisse zeichnet sich ab.

Bildungswesen s, alle öffentlichen (staatlichen und kommunalen) u. privaten Erziehungs- u. Bildungseinrichtungen des Elementar-, Primar-, Sekundar- und Tertiärbereiches u. der ↑ Weiterbildung sowie des ↑ zweiten Bildungsweges, der außerschulischen Jugendbildung u. die ↑ Sonderschulen. Das B. in der Bundesrepublik Deutschland entwickelt sich tenziell von einem vertikal zu einem horizontal gegliederten System. Im vertikal gegliederten Bildungssystem müssen frühzeitig die – später nur mit großen Mühen korrigierbaren – Entscheidungen über die weitere Laufbahn in einer bestimmten Einrichtung des Bildungswesens getroffen werden; beispielsweise war dies am Ende der 4. Klasse erforderlich bezüglich der Entscheidung über den Besuch des Gymnasiums, der Realschule oder der Hauptschule u. damit über den späteren Zugang zum Beruf oder Studium. Im horizontal gegliederten B. werden an nahezu jeder Stelle Übergänge zu anderen (weiterführenden) Einrichtungen im B. vorgesehen, die je nach persönlichem Leistungsvermögen, Entwicklungsstand und Anspruch wahrgenommen werden u. damit ständig Korrekturen u. Weiterentwicklungen des zurückgelegten Bildungsweges erlauben; beispielsweise ist damit auch von der Haupt- oder Realschule aus oder nach einer Berufsausbildung der Erwerb der Hochschulreife möglich u. der Zugang zu Hochschulen nicht mehr nur über das Gymnasium u. das Abitur offen. Das B. der Bundesrepublik Deutschland ist in den letzten fünfzehn Jahren durch eine starke Expansion gekennzeichnet. Diese wurde hervorgerufen von einer intensiven Bildungswerbung, von geburtenstarken Jahrgängen, durch die Verlängerung der Vollzeit-Schulpflicht, u. a. aber auch durch eine stärkere Beteiligung an weiterführenden Bildungsgängen über die Pflichtschulzeit hinaus in der Sekundarstufe II u. im Tertiärbereich. So stieg von 1965 bis 1976 die Zahl der Schüler an allgemein- u. berufsbildenden Schulen von 9 450 000 auf 12 320 000, d. h. um etwa 30 %; die Zahl der Studenten nahm im gleichen Zeitraum von 384 000 auf 877 000 um fast 130 % zu. Die Bewältigung dieser und kommender „Schüler- und Studentenberge" wird eines der Hauptprobleme im B. in den nächsten Jahren sein, damit für alle Schüler, Lehrlinge und Studenten eine ausreichende Zahl von Plätzen in den Schulen, der Lehre und den Hochschulen bereitgestellt werden können. Gleichzeitig müssen vielfältige inhaltliche u. strukturelle Reformen durchgeführt werden (z. B. Studienreform, Reform des berufsbildenden Schulwesens, Oberstufenreform [↑ Schulreform]), um den Weiterentwicklungen und neuen Erkenntnissen in Wissenschaft u. Technik u. im Berufsleben durch entsprechende Ausgestaltungen des Bildungswesens besser gerecht werden zu können.

Für die Gestaltung, Verwaltung u. Finanzierung der einzelnen Bereiche des Bildungswesens sind in der Bundesrepublik Deutschland grundsätzlich die einzelnen Bundesländer eigenverantwortlich zuständig; der Bund hat bedeutsame Zuständigkeiten nur in der außerschulischen Berufsbildung, der Berufsberatung, der Ausbildungsförderung, der Rahmengesetzgebung im Hochschulbereich, der Förderung des wissenschaftlichen Nachwuchses. In bestimmten Bereichen, z. B. im Hochschulausbau u. -neubau, ist eine Zusammenarbeit von Bund u. Ländern ausdrücklich vorgesehen (sogenannte Gemeinschaftsaufgaben).

In der Bundesrepublik Deutschland sind einheitliche u. abgestimmte Strukturen und Entwicklungen im B. nur möglich, wenn die Länder zu Kompromissen bereit sind; teilweise wurden – bestimmt durch die jeweilige parteipolitische Richtung von Landesregierungen – auch getroffene Vereinbarungen (z. B. Bildungsgesamtplan, 1973) nicht oder nur in Teilen verwirklicht. Deshalb drängt die Bundesregierung in ihrem „Mängelbericht (1978)" auf eine Stärkung der Bundeskompetenz in der Rahmengesetzgebung zur Bildungspflicht, zu Übergängen u. Abschlüssen im B., zur beruflichen Bildung, um innerhalb der Bundesrepublik Deutschland größtmögliche Vergleichbarkeit u. einheitliche Weiterentwicklungen im B. herbeiführen zu können. – Graphik zum Bildungswesen S. 69.

Billard [biljart; frz.] s, auf einem mit grünem Tuch bezogenen rechteckigen Tisch gespieltes Kugelspiel. Der Tisch wird durch eine Umrandung (Bande) begrenzt. Während des Spiels werden Elfenbeinkugeln (Durchmesser 61–61,5 mm) mit einem Queue [kö], dem 1,38–1,41 m langen Billardstock, gestoßen. Es gibt verschiedene Arten des Billardspiels. Bei der gebräuchlichsten muß eine weiße Kugel die rote u. die andere weiße berühren (Karambolage [...$aseh^e$]).

Billiarde [frz.] w, tausend Billionen, 1 000 000 000 000 000 (eine 1 u. 15 Nullen), in der Potenzschreibweise 10^{15} geschrieben.

Billion [frz.] w, tausend Milliarden, 1 000 000 000 000 (eine 1 u. 12 Nullen), in der Potenzschreibweise 10^{12}; in der UdSSR und in den USA 1 000 Millionen (= 1 Milliarde; 10^9).

Bimsstein m, schaumige, luftreiche, hellgrau gefärbte, glasartige Masse, die sich in ausfließenden Lavaströmen von Vulkanen dadurch bildet, daß der durch Gasblasen aufgeblähte Gesteinsfluß schnell erstarrt. B. schwimmt auf dem Wasser. Er kommt u. a. auf der Insel Lipari, in Ungarn und in Mexiko vor. Als lockere Auswurfmasse von Vulkanen entstandener B. heißt *Bimssteintuff* (Vorkommen z. B. in der Eifel). Zerkleinerter B. (*Bimssteinkies*) dient als Polier- u. Schleifmittel u. als Zusatz zur Seife.

Bindegewebe s, *Mz.*, Gewebe, die Skelette aufbauen, Organe umhüllen u. verbinden sowie Zwischenräume ausfüllen. Man unterscheidet: Gallert- u. Fettgewebe, faseriges B. (Sehnen u. Bänder), Knorpel- u. Knochengewebe.

Bindehaut w, Augenschleimhaut, die die Innenfläche der Lider u. den Vorderteil der Lederhaut überzieht. Entzündung der B. zeigt sich durch Röten, Brennen u. Tränen des ↑Auges.

Bindewort s (lat. Konjunktion), grammatischer Begriff. Das B. verbindet Wörter oder Sätze, u. zwar unterordnend (daß, weil, wenn) u. nebenordnend (aber, denn, oder, sondern, und).

Binnengewässer s, die Gewässer auf dem Festland, also Flüsse, Seen, Kanäle.

Binnenhandel ↑Handel.

Binsen w, *Mz.*, bis 1 m hohe, grasartige oder röhrige Pflanzen, die vom Wind bestäubt werden. Sie wachsen an feuchten Standorten. Die unscheinbaren Blüten stehen in reich verzweigten Blütenständen. Manche Binsen dienen als Flechtmaterial.

biogenetisches Grundgesetz ↑Haeckel, Ernst.

Biographie [gr.; = Lebensbeschreibung] w, Darstellung eines Menschenlebens, das durch besondere Leistungen oder ein besonderes Schicksal bemerkenswert ist. – ↑auch Autobiographie.

Biologie [gr.] w, die Wissenschaft vom Leben. Sie enthält die Teilwissenschaften *Botanik* (Pflanzenkunde), *Zoologie* (Tierkunde) und *Anthropologie* (Menschenkunde). Die *allgemeine* B. beschäftigt sich mit den Vorgängen, die sich in den Lebewesen abspielen u. sucht deren Gesetzmäßigkeiten zu ergründen.

Biotop [gr.] m oder s, der natürliche Lebensraum einer Pflanzen- u. Tiergemeinschaft, der sich deutlich gegen seine Umgebung abgrenzen läßt (z. B. Hochmoor).

Birett [lat.] s, Kopfbedeckung eines Geistlichen.

Birken w, *Mz.*, Gattung von etwa 40 Holzgewächsen. Sie sind einhäusige Laubbäume der nördlichen Zonen. Bestäubt werden sie durch den Wind. Am bekanntesten ist die *Weißbirke* mit hängenden Zweigen u. weißer Rinde. Junge Blätter der Weißbirke werden als Tee gegen Nieren- u. Blasenleiden verwendet.

Birkhuhn s, etwa haushuhngroßer Hühnervogel in lichten Wäldern, Heide- u. Moorgebieten. Das Gefieder des Hahns ist schwarz, oben stahlblau. Über den Augen hat er einen roten Wulst („Rose"). Die Federn des leierförmigen Schwanzes werden als Spielhahnfedern am Hut getragen.

Birma (englisch Burma), sozialistische Republik in Hinterindien mit 31,5 Mill. E; 676 578 km². Die Hauptstadt ist Rangun. B. grenzt an Indien, China u. Thailand. In den geräumigen Becken des Nordbirmanischen Hochlandes wird Reis angebaut, ebenso im Schanhochland (im Osten des Landes). Kernland ist das trockene Irawadibecken. Das Mündungsgebiet des Irawadi, wo reichliche Niederschläge fallen, ist das ertragreichste Reisanbaugebiet Hinterindiens. Wirtschaftlich bedeutend sind ferner die Gewinnung von Teakholz, Blei, Zink, Zinn, Wolfram, Silber, Erdöl u. Erdgas. Die Industrie befindet sich im Ausbau. – B. war ursprünglich ein selbständiges Königreich. Im 19. Jh. wurde es von den Engländern Britisch-Indien angegliedert. 1948 wurde B. unabhängig. – B. ist Mitglied der UN.

Birmingham [*bö^rming^em*]: **1)** Industriestadt in Mittelengland, mit 1,1 Mill. E. Zentrum der englischen Automobil- u. Eisenwaren-, der Maschinen- u. der chemischen Industrie. B. hat zwei Universitäten; **2)** größte Stadt in Alabama, USA, mit 301 000 E. B. ist im amerikanischen Süden das führende Zentrum der Eisen- u. Stahlverarbeitung. In der Umgebung gibt es Eisenerz u. Kohle.

Birne w, saftige, meist wohlschmeckende u. angenehm duftende Frucht des Birnbaums, der zur Familie der Rosengewächse gehört. Man kennt heute etwa 700 Sorten. Viele sind wertvolles Tafelobst.

Bisamratte [hebr.; dt.] w, plumpes Nagetier mit etwa 40 cm langem Körper u. etwa 25 cm langem, seitlich zusammengedrücktem Schwanz. Die B. stammt aus Nordamerika. 1906 wurde sie in Böhmen als Pelztier ausgesetzt u. hat sich seitdem über weite Gebiete Europas verbreitet. Ihre Lebensweise ähnelt der des Bibers. Sie richtet großen Schaden an Dämmen an. Wegen ihres wertvollen Pelzes wird sie in Pelztierfarmen (v. a. in Nordamerika) gehalten.

Bischof [gr.] m, leitender Geistlicher der christlichen Gemeinden. In der *katholischen Kirche* ist der B. Träger der kirchlichen Leitungsfunktionen in der Nachfolge der Apostel. Durch die Bischofsweihe ist er ausgestattet mit der Vollmacht des Lehr-, Priester- und Hirtenamtes. Bischöfliche Zeichen sind der Ring, das Brustkreuz, die Mitra und der Bischofsstab. Auch in der *orthodoxen Kirche* gilt der B. als Nachfolger der Apostel. In den *evangelischen Kirchen* ist der oberste Geistliche einer Landeskirche oft (es gibt daneben andere Amtstitel) der B., der in der Regel von der Synode auf Lebenszeit gewählt wird.

Biskaya, Golf von m (die Biskaya) [*bißkaja*], Teil des Atlantischen Ozeans zwischen der französischen West- u. der spanischen Nordküste. Die Biskaya ist wegen ihrer heftigen Stürme bei den Seeleuten gefürchtet.

Bismarck, Otto Fürst von B.-Schönhausen, Herzog von Lauenburg, *Schönhausen 1. April 1815, †Friedrichsruh 30. Juli 1898, deutscher Staatsmann. Als preußischer Gesandter am Bundestag in Frankfurt am Main (1851–59) kämpfte er für Preußens Vorherrschaft. 1862 wurde er durch König Wilhelm I. zum preußischen Ministerpräsidenten ernannt. 1866 führte das Ringen Bismarcks um die Vormachtstellung Preußens in Deutschland zum Krieg zwischen Preußen u. Österreich, der zugunsten Preußens endete. B. wurde nun Kanzler des Norddeutschen Bundes, der die Staaten nördlich der Mainlinie zusammenfaßte. Dem Sieg im Deutsch-Französischen Krieg 1870/71 folgte die Gründung des Deutschen Reiches, dessen erster Reichskanzler B. wurde. In der Folgezeit bemühte sich B., das durch seine Lage in Mitteleuropa gefährdete Deutschland durch eine vorausschauende

Otto Fürst von
Bismarck-Schönhausen

Georges Bizet

Gebhard Leberecht Fürst
Blücher von Wahlstatt

Bismarckarchipel

Bündnis- u. Vertragspolitik zu sichern (1873 das Dreikaiserabkommen zwischen Preußen, Österreich und Rußland, 1879 Zweibund mit Österreich, 1882 Dreibund unter Einbeziehung Italiens in den Zweibund, 1887 Rückversicherungsvertrag mit Rußland). Eines der wichtigsten Ziele war es dabei, Frankreich in die politische Isolation (Vereinzelung) zu drängen. Innenpolitisch war B. bemüht, das Anwachsen der Sozialdemokratie zu verhindern, unter anderem durch das „Sozialistengesetz" von 1878 (Verbot sozialdemokratischer Zeitungen u. Versammlungen), aber auch durch eine bis heute als epochemachend geltende Arbeiterschutzgesetzgebung (Kranken-, Unfall-, Invaliden- u. Altersversorgung), womit er dem Verlangen der Arbeiterschaft nach voller staatsbürgerlicher Gleichheit begegnen zu können glaubte. Den ↑Kulturkampf mußte er nach einigen Jahren abbrechen. Er setzte nur die staatliche Schulaufsicht, die Einführung von Standesämtern u. die Zivilehe durch. Persönliche u. sachliche Gegensätze führten dazu, daß B. 1890 von Kaiser Wilhelm II. entlassen wurde.

Bismarckarchipel *m*, eine Inselgruppe im Pazifischen Ozean, nordöstlich von Neuguinea, mit 260 000 E (meist Melanesier). Der B. war 1884 bis 1919 deutsche Kolonie u. gehört heute zu ↑Papua-Neuguinea.

Bison [german.-lat.] *m* (Wisent), Gattung sehr großer, dicht wollig behaarter Rinder Europas (↑Wisent) u. Nordamerikas (Bison) mit Kinnbart. Der Amerikanische B. („Indianerbüffel") lebte einst in riesigen Herden in den Prärien Nordamerikas. Sie lieferten die Hauptnahrung für die Indianer. Weiße Siedler schossen Bisons massenweise ab, um den Indianern die Lebensgrundlage zu entziehen. Gegen Ende des 19. Jahrhunderts war der B. fast ausgerottet. Heute leben wieder etwa 30 000 Tiere in Schutzgebieten der USA u. Kanadas.

Bistum [gr.] *s*, Amtsbezirk eines Bischofs (Diözese).

Bitterling *m*, bis 9 cm langer, bunt schillernder, hochrückiger Fisch. Er liebt stehende u. langsam fließende Gewässer u. ist heimisch von Europa bis Kleinasien. Der B. ist ein beliebter Aquarienfisch.

Bittersalz *s*, Magnesiumsalz der Schwefelsäure (Magnesiumsulfat); als Abführmittel verwendet.

Bitumen [lat.] *s*, v. a. aus Erdölen gewinnbare (u. wohl auch wie diese entstandene) dunkelfettige, halbfeste bis feste Gemische aus ↑Kohlenwasserstoffen. B. wird als Isolier- u. Abdichtungsmaterial, für Klebemassen u. Schwarzlacke sowie als Bindemittel beim Bau von Straßendecken verwendet.

Biwak [frz.] *s*, Lager im Freien, v. a. beim Militär.

Bizeps [lat.] *m*, zweiköpfiger Oberarmmuskel, der vom Schulterblatt zum Unterarm zieht und den Arm im Ellenbogen beugt. Bei gebeugtem Arm deutlich sichtbarer Beugemuskel auf der Vorderseite des Oberarms. Sein Gegenmuskel ist der *Trizeps*, der dreiköpfige Streckmuskel auf der Hinterseite des Oberarms.

Bizet, Georges [*bisé*], *Paris 25. Oktober 1838, † Bougival 3. Juni 1875, französischer Komponist. Am berühmtesten von seinen Werken sind die „L'Arlesienne"-Suite (sie entstand aus einer Bühnenmusik) u. die Oper „Carmen" (1875). – Abb. S. 71.

blanko [ital.], leer; noch nicht vollständig ausgefüllt (von Formularen, Schecks u. ä.); *Blankovollmacht*, unbeschränkte Vollmacht (besonders im kaufmännischen Bereich: Vollmacht für alle Geschäfte).

Blankvers [engl.] *m*, ein Vers, der besonders häufig im Drama verwendet wurde (bei Shakespeare, in der deutschen Klassik): fünf unbetonte u. fünf betonte Silben wechseln in der Art des ↑Jambus miteinander ab; in einer sechsten unbetonten Silbe kann der Vers ausklingen. Einen Endreim gibt es nicht. Beispiel (aus Goethes „Tasso"): „Die Ménschen fürchtet núr, wer síe nicht kénnt. / Und wér sie méidet, wírd sie báld verkénnen".

Blase *w*: **1)** häufiges Hohlorgan im Körper von Tier u. Mensch. Es dient zur Speicherung von Flüssigkeiten (z. B. Gallen- und Harnblase) oder Luft (z. B. Schwimmblase der Fische); **2)** blasenförmige Ablösung an der obersten Schicht von Haut und Schleimhaut, unter der sich Luft oder Flüssigkeit (z. B. Blutblase, Eiterblase, Wasserblase) ansammeln kann.

Blasebalg *m*, Gerät, mit dem ein Luftstrom erzeugt werden kann: Wenn die Schwingstange nach unten gedrückt wird, schließt sich das Klappenventil, der Luftstrom entweicht aus der Düse. Geht die Stange nach oben, geht das Ventil auf u. Luft strömt ein.

Blasinstrumente *s, Mz.*, man unterscheidet zwei Gruppen von Instrumenten, bei denen der Ton primär durch den menschlichen Atem hervorgebracht wird: Holzblasinstrumente (Flöte, Klarinette, Fagott u. a.) u. Blechblasinstrumente (Trompete, Posaune, Horn u. a.). B. im weiteren Sinne sind auch die Instrumente, bei denen der Ton durch künstliche Luftzufuhr erzeugt wird (Orgel, Akkordeon, Dudelsack u. a.).

Blasphemie [gr.] *w*, Gotteslästerung, böswillig verletzende und Ärgernis erregende Äußerung über etwas Heiliges.

Blasrohr *s*, Waffe u. Jagdgerät bei verschiedenen Naturvölkern (in Süd- u. Mittelamerika u. in Indonesien). Ein etwa 2 m langes Holz- oder Bambusrohr nimmt das Geschoß, einen kleinen vergifteten Pfeil oder eine Tonkugel, auf. Durch einen kräftigen Atemstoß wird das Geschoß hinausgeblasen.

Blatt *s*, meist flächenartiges Organ bei Pflanzen (ausgenommen Pilze u. Algen), das stets Farbstoffe enthält. Blütenblätter sind meist auffallend leuchtend gefärbt, wodurch sie Insekten zur Bestäubung anlocken. Laubblätter sind in der Regel grün, enthalten das zur ↑Assimilation wichtige Blattgrün u. dienen außerdem der Atmung u. Verdunstung. Als Verdunstungsschutz können sie in heißen Gegenden zu Stacheln umgewandelt werden (z. B. bei Kakteen). Weitere starke Umbildungen ließen in den Blüten Staubgefäße u. Stempel entstehen. Auch die „Nadeln" der Nadelbäume sind Blätter. – Man unterschei-

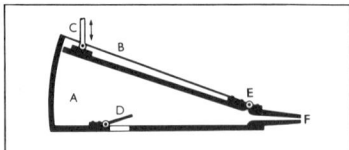

Blasebalg. A Spitzbalg,
B Schwingplatte, C Schwingstange,
D Klappenventil, E Scharnier, F Düse

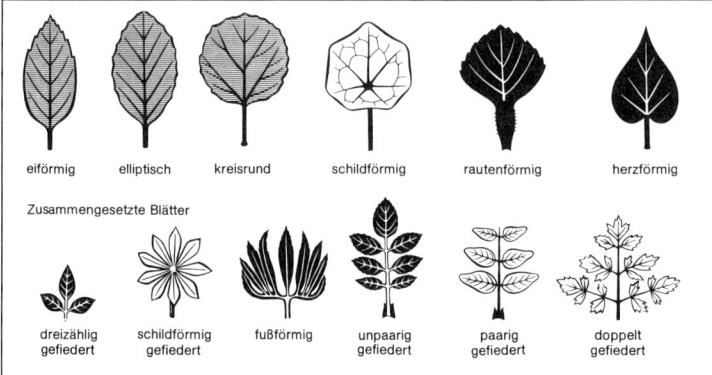

Blatt. Verschiedene Blattformen

det am B. die *Spreite* (Blattfläche), den *Blattstiel*, mit dem das B. am Ast oder Stengel sitzt, u. den *Blattgrund*, der (wie bei den Gräsern) zur schützenden Scheide werden kann.

Blattern ↑Pocken.

Blattgrün (Chlorophyll) *s*, grüner Farbstoff, der in den grünen Teilen der Pflanze enthalten ist. Ohne B. ist die ↑Photosynthese der Pflanzen nicht möglich. Es tritt meist blaugrün u. gelbgrün auf. Es entsteht nur im Licht unter Mitwirkung von Eisen. In seinem Molekülaufbau ähnelt es dem roten Blutfarbstoff Hämoglobin. Heute kann B. auch künstlich hergestellt werden.

Blatthornkäfer *m, Mz.*, Käferfamilie mit mehr als 22 000 Arten, davon 150 in Deutschland; große bis sehr große Käfer, deren Fühlerglieder blattartig erweitert sind. Zu den Blatthornkäfern gehören u. a.: Maikäfer, Laubkäfer, Mistkäfer, Rosenkäfer. Die Larve heißt Engerling.

Blattläuse *w, Mz.*, weltweit verbreitete Unterordnung der Pflanzenläuse. B. sind selten größer als 3 mm. In Mitteleuropa gibt es mehr als 800 Arten, weltweit etwa 3 000. B. sind Pflanzensauger, viele von ihnen sind an Nutzpflanzen schädlich.

Blaubart, im französischen Märchen ein Ritter, der nacheinander sechs Frauen heiratet u. tötet, weil sie ihrer Neugier nachgeben u. trotz seines Verbots ein verschlossenes Zimmer öffnen. Der Stoff wurde in der Literatur u. Musik mehrfach behandelt.

Blauer Reiter *m*, zeitlich begrenzte Künstlergemeinschaft des Expressionismus, benannt nach der Redaktion „Der Blaue Reiter", die 1911 in München gegründet wurde. Zu der nur lose verbundenen Gruppe gehörten Franz Marc, Wassily Kandinsky, Paul Klee, August Macke, Alfred Kubin und andere namhafte Künstler. Ihr Anliegen war die Abkehr von der akademischen Malerei und von hemmenden Traditionen. Kandinsky u. Klee wandten sich dann der abstrakten Malerei zu.

Blausäure ↑Cyanwasserstoff.

Bleche *s, Mz.*, aus Stahl oder anderen Metallen (z. B. Kupfer, Blei, Zinn) durch Walzen hergestellte Platten, Bänder oder Streifen. *Feinbleche* sind unter 3 mm dick, *Mittelbleche* 3–4,75 mm; *Grobbleche* liegen über 4,75 mm Dicke.

Blei *s*, chemisches Symbol Pb (lat. Plumbum), weiches, bläulichgraues Schwermetall. B. ist gegen die meisten chemischen Verbindungen, v. a. gegen Schwefelsäure, sehr beständig u. wird daher in der chemischen Industrie für Apparaturen, Rohrleitungen u. ä. vielfältig verwendet, ebenso für Akkumulatoren, Farben (Bleiweiß, Mennige), in der Glasfabrikation (Bleikristall) u. als Legierungsbestandteil für Lager-, Lötmetall. B. gehört zu den am meisten verwendeten Metallen nach Eisen, Aluminium, Kupfer u. Zink (Weltproduktion 1977 etwa 3,6 Mill. t). B. u. seine Verbindungen sind sehr giftig.

Bleiglanz *m* (Galenit, Bleisulfid), graues Mineral aus Blei u. Schwefel mit Metallglanz (PbS). Wichtigstes Erz zur Gewinnung von Blei (Bleigehalt 86,6 %). B. ist auch wichtig für die Gewinnung von Silber, das in geringer Menge als „Verunreinigung" (neben anderen Stoffen) im B. enthalten ist.

Bleikammern *w, Mz.*, berüchtigtes Untersuchungsgefängnis der Inquisition unter dem Bleidach des Dogenpalastes in Venedig. Es wurde 1797 zerstört.

Blende *w*, in der Optik eine Vorrichtung, mit der Strahlungsbündel im Querschnitt begrenzt u. damit Bildfehler vermieden werden. Beim Auge dient die Pupille als B., die sich durch Erweiterung u. Verengung selbst reguliert. In der Fotografie werden verstellbare Blenden bevorzugt.

Blinddarm *m*, der auf der rechten Unterleibseite gelegene Anfangsteil des Dickdarms, der am unteren Ende geschlossen („blind") ist. Einen kleinen schlauchartigen Anhang zu ihm bildet der *Wurmfortsatz* (Appendix), ein verkümmerter Darmteil, der ebenfalls blind geschlossen ist u. oft mit dem B. verwechselt wird. Die sogenannte *Blinddarmentzündung* ist eigentlich eine Entzündung des Wurmfortsatzes, für die es verschiedene Ursachen gibt: Es können sich z. B. in ihm verhärtete Teile des Darminhalts festsetzen. Wenn sich Schmerzen an der rechten Unterbauchseite einstellen, dazu leichtes Fieber u. möglicherweise Erbrechen, muß unverzüglich der Arzt verständigt werden. Man nimmt an, daß der B. ein stammesgeschichtliches Relikt (Überbleibsel) ist, da Pflanzenfresser einen sehr viel längeren B. haben.

Blindenschrift *w*, von dem Franzosen Louis Braille, der seit seinem 3. Lebensjahr blind war, 1825 entwickeltes Hilfsmittel für Blinde. Jeder Buchstabe besteht aus sechs Punkten, die in Papier eingedrückt werden u. sich auf der anderen Seite ertasten lassen, weil sie dort kleine Erhöhungen bilden. Heute gibt es auch eine Kurz- u. eine Notenschrift für Blinde.

Blindflug *m*, Fliegen ohne Sicht, z. B. bei Nebel, nur nach Instrumenten (künstlicher Horizont, Kompaß, Wendezeiger usw.), Funkpeilung, Radar.

Blindschleiche *w*, mit den Eidechsen eng verwandtes, etwa 40 bis 50 cm langes, beinloses u. daher sich schlängelnd fortbewegendes Kriechtier. Es lebt v. a. an Wald- u. Wiesenrändern Europas, des westlichen Nordafrika u. Südwestasiens. Das oberseits graubraune bis kupferfarbene, unterseits schwarze Tier frißt vorwiegend Würmer und kleine Nacktschnecken. Es kommt besonders in den frühen Morgen- u. Abendstunden hervor, tagsüber verkriecht es sich im feuchten Moos u. unter Steinen. Die B. ist lebendgebärend u. bringt pro Wurf 5–26 Junge zur Welt. Wie die Eidechsen wirft auch sie den Schwanz leicht ab, der jedoch nicht in seiner vollen Länge nachwächst.

Blitz *m*, eine elektrische Entladung zwischen verschieden aufgeladenen Wolken (Wolkenblitz) oder zwischen einer Wolke u. der Erde (Erdblitz). Die in einem Gewitter auftretenden elektrischen Spannungen, die zu einem Blitzschlag führen, können einige 100 Mill. Volt betragen. Ein Erdblitz schlägt meist in vielen Verästelungen von einer Wolke zur Erde, d. h. von oben nach unten, doch gibt es auch Blitze, die die umgekehrte Richtung nehmen; diese gehen v. a. von Turmspitzen, Masten u. anderen Erhebungen aus. – Ein B. stellt einen elektrischen Strom hoher Stromstärke dar (100 000 Ampere), der nur für Bruchteile einer Sekunde fließt. Im „Blitzkanal" wird die Luft so stark erhitzt, daß sie hell aufleuchtet. Infolge der Erhitzung dehnt sie sich explosionsartig aus, es entstehen Schallwellen, die wir als *Donner* hören. Neben den am häufigsten vorkommenden Linienblitzen gibt es die seltenen Kugelblitze u. Perlschnurblitze (nach der Form der Blitze).

Blitzableiter *m*, eine Vorrichtung, die Gebäude, elektrische Anlagen (z. B. die Masten von elektrischen Freileitungen) u. a. vor Beschädigungen durch ei-

Blindenschrift. Alphabet

Blindschleiche

Blitzlicht

nen Blitzschlag schützen soll. Auf den Dächern von Gebäuden werden dazu eine oder mehrere senkrecht stehende metallische Stangen oder aufgebogene Drähte angebracht. Über einen starken, möglichst geradlinig geführten Draht, der die Elektrizität gut leitet, verbindet man sie mit der Erde (möglichst mit dem Grundwasser). Da der Blitz bevorzugt in spitze, aus der Umgebung herausragende Gegenstände einschlägt, nimmt er seinen Weg über den B., so daß das Gebäude selbst geschützt ist. – Der Erfinder des Blitzableiters war der Amerikaner Benjamin Franklin (1706 bis 1790).

Blitzlicht s, beim Fotografieren zur Be- u. Ausleuchtung des Objekts verwendetes Licht, das von besonderen Blitzlampen für Bruchteile von Sekunden ausgestrahlt wird. Das B. entsteht in einer Blitzlampe der üblichen Art durch Verbrennung eines Knäuels dünner Metalldrähte in Sauerstoffgas, mit dem der Glaskolben der Lampe gefüllt ist. Diese Verbrennung setzt ein, wenn beim Betätigen des Kamerakontaktes der Zünddraht im Inneren der Lampe durch einen elektrischen Stromstoß erhitzt wird u. die sogenannte Zündpille zum Aufflammen bringt. – Der *Elektronenblitz,* der in einer mit Edelgas gefüllten Blitzröhre eines Elektronenblitzgerätes entsteht, ist ein elektrischer Funke, der bei einer Spannung von etwa 10 000 Volt durch das Gas in der Röhre hindurchschlägt u. es für kurze Zeit zu hellem Leuchten bringt.

Blizzard [*blis'rd;* amer.] *m,* in Nordamerika ein Schneesturm aus nordwestlicher Richtung, der durch arktische Kaltlufteinbrüche verursacht wird.

Blockade [frz.] *w,* die Absperrung eines Gebiets durch militärische Maßnahmen. Bei der Seeblockade wird beispielsweise ein Gürtel von Kriegsschiffen, Minen usw. vor der Küste eines fremden Staates gelegt, um seinen Handelsverkehr zu unterbinden.

Blockflöte *w,* einstimmiges Blasinstrument aus Holz oder Bambus mit schnabelförmigem Mundstück. Die B. war besonders beliebt im 16. u. 17. Jahrhundert. Heute ist sie v. a. in der Schul- u. Jugendmusik verbreitet. Blockflöten werden in vier Größen (Baß, Tenor, Alt u. Sopran) u. verschiedenen Stimmungen gebaut.

Blocksberg *m,* Bezeichnung für mehrere sagenumwobene Berge, besonders für den Brocken im Harz, die im Volksglauben als Versammlungsort von Hexen galten.

Blockschrift *w,* lateinische Großbuchstaben in gleicher Höhe und Strichstärke, z. B. BLOCKSCHRIFT.

Blücher, Gebhard Leberecht Fürst B. von Wahlstatt, * Rostock 16. Dezember 1742, † Krieblowitz (Schlesien) 12. September 1819, preußischer Feldmarschall. „Marschall Vorwärts" genannt.

In den ↑Befreiungskriegen errang er zahlreiche Siege u. entschied (mit Wellington) bei Belle-Alliance (Waterloo) den Feldzug gegen die Napoleonischen Truppen. – Abb. S. 71.

Blues [*blus;* amer.] *m,* ursprünglich das weltliche Volkslied der Negersklaven in den Südstaaten der USA (entstanden im 19. Jh.): langsam, schwermütig u. ausdrucksstark; der B. wurde zum wichtigen Element des Jazz. B. ist auch ein langsamer Gesellschaftstanz.

Bluff [auch *blaf;* engl.] *m,* gerissene Irreführung.

Blumentiere ↑Korallen.

Blut *s,* in Hohlraumsystemen bzw. im Herz-Kreislaufsystem zirkulierende Körperflüssigkeit, die aus Blutplasma u. Blutzellen (den geformten Elementen) besteht. Hauptaufgabe des Blutes ist die Atemfunktion, d. h., den Sauerstoff zu den Geweben zu transportieren u. die Kohlensäure aus den Geweben zur Lunge. Weiter transportiert das B. Stoffwechselabbauprodukte zu den Nieren, Nährstoffe aus Darm und Leber zu den Geweben sowie Hormone u. Vitamine. Darüber hinaus hat das B. eine Abwehrfunktion gegen Krankheiten und körperfremde Stoffe und regelt die Ableitung überschüssiger Wärme aus dem Körperinnern an die Körperoberfläche. Im Dienste der Blutstillung sorgt es auch für die Blutgerinnung. B. besteht zu etwa 55 % aus *Blutplasma,* eine Flüssigkeit, die u. a. Eiweißstoffe (Fibrinogen, Albumine, Globuline), anorganische Salze und Transportstoffe enthält. An festen Stoffen sind im B. *rote Blutkörperchen* (Erythrozyten, 5 bis 5,5 Mill. pro mm^3), *weiße Blutkörperchen* (Leukozyten, 5 000 bis 10 000 pro mm^3) u. *Blutplättchen* (Thrombozyten, 250 000 bis 400 000 pro mm^3 beim Menschen) enthalten. Alle Bestandteile des Blutes haben ganz bestimmte Aufgaben. Die roten Blutkörperchen (eigentlich der in ein Eiweißgerüst eingelagerte rote Blutfarbstoff, das *Hämoglobin*) bewältigen den Transport des Sauerstoffs. Die weißen Blutkörperchen (etwa 70 % Granulozyten, etwa 25 % Lymphozyten, etwa 5 % Monozyten) haben die Krankheitserreger abzuwehren (dabei Bildung von Eiter) u. Zell- u. Gewebereste zu beseitigen. Die Blutplättchen sind für die ↑Blutgerin-

nung von Bedeutung. – Der erwachsene Mensch von 70 kg hat 5 bis 5^1/$_2$ l Blut (etwa 7 bis 8 % des Körpergewichts). Beim Menschen u. bei Wirbeltieren ist das Blut rot, bei einigen Würmern grün, Krebse, Schnecken u. Tintenfische haben blaues Blut, bei den meisten Tieren ist es jedoch farblos.

Blutbild *s,* Feststellung der Zahl der roten u. weißen Blutkörperchen, des Gehaltes an ↑Hämoglobin sowie des Verhältnisses der Blutkörperchen untereinander.

Blüte *w,* ein aus mehreren Blattkreisen bestehender Sproß bei Pflanzen, der der Fortpflanzung dient. Die Blätter sind oft stark umgebildet. In der Mitte stehen die *Fruchtblätter,* die die weiblichen Blütenteile darstellen u. meist zu einem stempelartigen Gebilde (Stempel) verwachsen sind. Sein unteres Ende bildet der Fruchtknoten (mit der Samenanlage), der sich nach oben zum Griffel verjüngt u. die Narbe trägt. Um den Stempel sind die fadenförmigen *Staubblätter* angeordnet, die Staubbeutel entwickeln, in denen die männlichen Pollen (Blütenstaub) gebildet werden. Das ganze wird von der *Blumenkrone* umhüllt, deren Blätter meist stark vergrößert sind u. durch ihre auffällige Färbung Insekten zur Bestäubung anlocken. Der äußerste Blattkreis wird vom meist kleineren, grünen *Kelch* gebildet. Man unterscheidet Zwitterblüten (Staub- u. Fruchtblätter; z. B. unsere Obstbäume) von rein männlichen u. rein weiblichen Blüten (z. B. bei unseren u. beim Hasel[nuß]strauch). Blüten können einzeln stehen oder zu ↑Blütenständen vereinigt sein.

Blutegel *m,* bis 15 cm langer Ringelwurm in ruhigen, seichten Gewässern. In Deutschland ist er sehr selten. Am Vorder- u. Hinterende besitzt er je einen Saugnapf. Er ernährt sich vom Blut von Wirbeltieren, denen er mit seinen sägeähnlichen Kiefern eine Wunde beibringt u. dann Blut aussaugt. Durch Zusatz eines Stoffes wird das Gerinnen des Blutes verhindert. Der B. saugt, bis er das Drei- bis Vierfache seines Körperumfangs erreicht hat.

Blütenstand *m,* Bezeichnung für den oberen Abschnitt von Pflanzen, der eine, mehrere oder zahlreiche Blüten trägt. Die Einteilung richtet sich nach

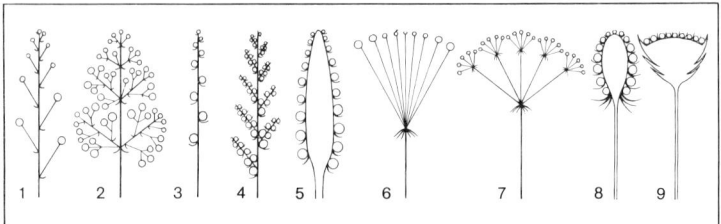

Blütenstand. 1 Traube, 2 Rispe, 3 Ähre, 4 zusammengesetzte Ähre, 5 Kolben, 6 Dolde, 7 zusammengesetzte Dolde, 8 Köpfchen, 9 Körbchen

der Verzweigungsart der blütentragenden Stengelteile.

Blütenstecher m (Apfelblütenstecher), 4–5 mm langer, schwarzbrauner Rüsselkäfer. Häufiger Frühjahrsschädling unserer Apfelbäume. Man bekämpft ihn im Herbst durch Abkratzen u. Bestreichen der Stämme mit Kalkbrühe.

Bluterguß m, ein B. ist die Folge von einem Aderriß: Das Blut tritt in das umliegende Gewebe aus, das Gewebe schwillt an und die Haut verfärbt sich. Blutergüsse entstehen meist durch Prellungen.

Bluterkrankheit w, Erbkrankheit, die nur bei Männern auftritt; bei einem *Bluter* fehlt dem Blut die Fähigkeit zu gerinnen, so daß jede äußere oder innere blutende Wunde gefährlich werden kann. Die Blutung kann nur mit ärztlicher Hilfe gestoppt werden. Die Vererbung erfolgt lediglich durch Frauen.

Blutgerinnung w, Erstarrung des Blutes. Ein gerinnungsförderndes Ferment der Blutplättchen verwandelt das im Blutplasma gelöste Fibrinogen in festes, unlösliches Fibrin (Blutfaserstoff). Darin verfangen sich die festen Blutbestandteile. Der Blutkuchen (das verfestigte Blut) zieht sich langsam zusammen u. preßt dabei eine Flüssigkeit, das Blutserum, ab.

Blutgruppen w, Mz., erbbedingte Merkmale, die 1901 von K. Landsteiner (1868–1943) im Blut entdeckt wurden und zu sogenannten Blutgruppensystemen zusammengefaßt werden. Man unterscheidet 4 Hauptgruppensysteme: 0 (Null), A, B, AB. Diese B. bestimmen die Verträglichkeit von Blut zweier Menschen, was besonders bei Blutübertragungen wichtig ist (↑ auch Rhesusfaktor). Bei Unverträglichkeit kommt es zur Zusammenballung der Blutkörperchen u. zur Verstopfung der Blutgefäße. In Mitteleuropa weisen 40 % die Blutgruppe 0, 40 % A, 13 % B, 7 % AB auf. Die Verteilung der Häufigkeit der B. ist bei anderen Menschengruppen abweichend.

Spender   Empfänger

	0	A	B	AB
0	–	–	–	–
A	+	–	+	–
B	+	+	–	–
AB	+	+	+	–

Verträglichkeit der B. untereinander (+ bedeutet Verklumpung, – keine Verklumpung)

Blutkörperchen ↑ Blut.

Blutkreislauf m, die Bewegung des Blutes in Blutgefäßen. Als Antrieb wirkt das Herz. Niedere Tiere haben einen offenen B., wobei das Blut in Körperhohlräumen fließt. Bei Wirbeltieren u. beim Menschen ist der B. vollständig geschlossen, d. h., das Blut fließt in Arterien (Schlagadern) vom Herzen weg u. mündet in die Kapillaren (Haargefäße), wo der Stoffaustausch (Sauerstoff u. Nährstoffe gegen Kohlendioxid u. Schlacken) stattfindet. Von da gelangt es durch die Venen (Blutadern) zum Herzen zurück. Diesem großen B. (Körperkreislauf) schließt sich der kleine B. (Lungenkreislauf) an, bei dem in der Lunge das Kohlendioxid gegen Sauerstoff ausgetauscht wird. Das sauerstoffreiche Blut wird dem Körper über die Hauptschlagader (Aorta) vermittelt, die aus der linken Herzkammer kommt. – Abb. S. 76.

Blutlaus w, eine Blattlausart mit blutroter Körperflüssigkeit. Sie ist ein Pflanzenschädling, der vor etwa 150 Jahren aus Nordamerika eingeschleppt wurde. Die B. saugt v. a. Saft an Zweigen des Apfelbaums. Der größte Feind der B. ist der Marienkäfer.

Blutprobe w, Untersuchung des Blutes. Am häufigsten ist die Alkoholblutprobe, um bei Verkehrsunfällen oder bei Gefährdung des Verkehrs festzustellen, ob oder wie stark der Verkehrsteilnehmer betrunken ist (festgestellt wird der Gehalt von Alkohol im Blut in Promille).

Blutsenkung w, die Geschwindigkeit, mit der die roten Blutkörperchen im stehenden, ungerinnbar gemachten Blut auf Grund ihrer Schwere absinken. Da Blutkörperchen bei Kranken schneller (selten langsamer) als bei Gesunden absinken, bedient sich der Arzt der B. bei Verdacht auf eine Erkrankung.

Blutserum ↑ Blutgerinnung.

Blutübertragung w (Bluttransfusion), Übertragung von Blut aus einem Organismus in einen anderen; entweder direkt oder aus einer Blutkonserve (haltbar gemachtes Blut eines Spenders). Eine B. ist bei großem Blutverlust und bei bestimmten Blutkrankheiten erforderlich. Zu beachten ist, daß sich Spender- u. Empfängerblut vertragen müssen (v. a. ↑ Blutgruppen und ↑ Rhesusfaktor).

Blutvergiftung w (Sepsis), die Überschwemmung des Bluts und besonders der Lymphbahnen u. Lymphdrüsen mit eiterverursachenden Bakterien, die in eine Wunde in den Körper eingedrungen sind. von den weißen Blutkörperchen nicht mehr bezwungen werden. Es kommt zu hohem Fieber. Treten rote Streifen (von der Wunde aus) auf, so zeigt dies eine Entzündung der Lymphbahnen an. Bei B. ist schnelle ärztliche Hilfe notwendig.

Bö [niederl.] w, heftiger Windstoß.

Boaschlangen [lat.; dt.] w, Mz., zu den Riesenschlangen gehörende, lebendgebärende Schlangen mit etwa 40 Arten, darunter als größte die ↑ Anakonda (8 bis 9 m). Auch Königsschlangen und Abgottschlangen gehören zu den Boaschlangen. Sie sind nicht giftig.

Bob ↑ Wintersport.

Boccia [*botscha*; ital.] s u. w, v. a. in Italien verbreitetes Spiel mit Hartholzkugeln. Die Spieler versuchen, die Bocciakugeln (10–13 cm Durchmesser) möglichst nahe an die zuvor ins Spielfeld gebrachte Zielkugel (*Pallino*; 4 cm Durchmesser) zu werfen. Neben dem Einzelspiel, in denen sich zwei Spieler gegenüberstehen, gibt es Spiele mit Zweier-, Dreier- u. Vierermannschaften.

Bochum, Industriestadt im Ruhrgebiet, Nordrhein-Westfalen, mit 411 000 E. Die Stadt hat eine Universität, verschiedene Fachhochschulen, an denen u. a. die Bereiche Maschinenbau, Wirtschaft, Bergtechnik u. Sozialpädagogik vertreten sind, u. eine Sternwarte. Die wichtigsten Industriezweige sind: Kohlen-, Stahl-, Eisen-, Maschinen-, Auto-, Elektroindustrie, chemische Industrie.

Bockkäfer m, Mz., Käferfamilie mit mehr als 25 000 meist tropischen Arten. Es sind langgestreckte, oft sehr große Käfer mit langen Fühlern u. langen Beinen. Ihre Larven leben im Holz, worin sie Gänge bohren. Oft sind sie Forstschädlinge, ihre Hauptfeinde sind Spechte. Bei uns bekannte Arten sind der schwarzbraune *Große Eichenbock* (Heldbock) an Eichen, der *Hausbock* in Dachstühlen u. der gelbbraune *Große Pappelbock* auf Pappeln u. Weiden.

Böcklin, Arnold, * Basel 16. Oktober 1827, † San Domenico bei Florenz 16. Januar 1901, schweizerischer Maler. B. schuf phantasievolle u. farbenkräftige Werke, in denen Sagengestalten der Antike Landschaften u. Gewässer bevölkern, u. a. „Triton u. Nereide", „Gefilde der Seligen", „Toteninsel".

Bode, linker Nebenfluß der Saale, 169 km lang. Die B. entspringt im Harz, durchfließt die Magdeburger Börde u. mündet in Nienburg/Saale. Mehrere *Talsperren* (u. a. die Rappbodetalsperre) dienen der Wasserversorgung.

Bodelschwingh: 1) Friedrich von, * Lengerich (Haus Marck) 6. März 1831, † Bethel (heute zu Bielefeld) 2. April 1910, deutscher evangelischer Theologe. Seit 1872 Leiter der Anstalt für Anfallskranke in Bethel, die sich zur größten Pflegestätte der Inneren Mission (für geistig und körperlich Hilfsbedürftige) entwickelte. Außerdem begründete er die erste „Arbeiterkolonie" (eine Heimstätte für obdachlosen „Brüder von der Landstraße"), die Betheler Mission, die bis heute in Ostafrika wirkt, u. die theologische Schule von Bethel: **2)** Friedrich von, * Bethel (heute zu Bielefeld) 14. August 1877, † ebd. 4. Januar 1946, Sohn von 1), evangelischer Theologe. Er führte als Leiter der Anstalten von Bethel das Werk seines Vaters fort. Bei der Erweiterung legte er v. a. Wert auf Schulgründungen.

Bodenreform

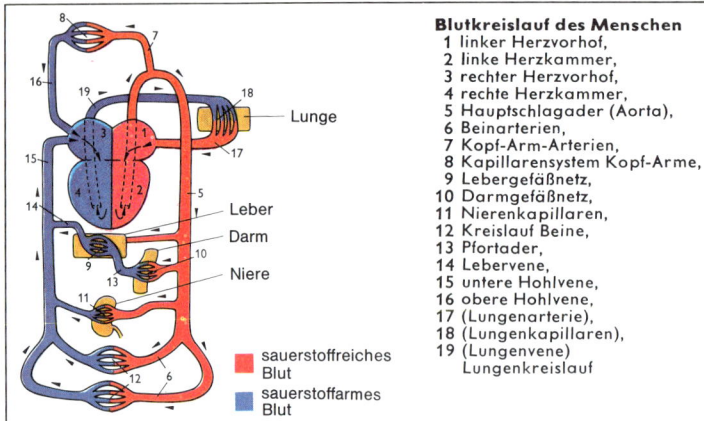

Blutkreislauf des Menschen
1 linker Herzvorhof,
2 linke Herzkammer,
3 rechter Herzvorhof,
4 rechte Herzkammer,
5 Hauptschlagader (Aorta),
6 Beinarterien,
7 Kopf-Arm-Arterien,
8 Kapillarsystem Kopf-Arme,
9 Lebergefäßnetz,
10 Darmgefäßnetz,
11 Nierenkapillaren,
12 Kreislauf Beine,
13 Pfortader,
14 Lebervene,
15 untere Hohlvene,
16 obere Hohlvene,
17 (Lungenarterie),
18 (Lungenkapillaren),
19 (Lungenvene)
Lungenkreislauf

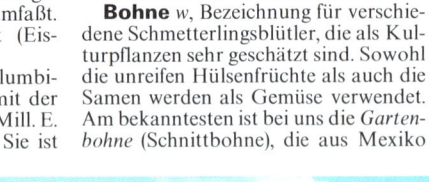

Bogen

Bodenreform [dt.; lat.] w, Änderung der Besitzverhältnisse an Grund und Boden. – Aus jüngster Zeit ist v. a. die B. nach 1945 in der heutigen DDR zu nennen, wo aller Grundbesitz über 100 ha enteignet wurde. Die alten Besitzer erhielten keinerlei Entschädigung.

Bodenschätze m, Mz., Anreicherungen meist mineralischer Rohstoffe im Boden. Sie gliedern sich in: 1. Erze, 2. Nichterze, 3. Kohlegesteine, 4. Salzgesteine, 5. Erdöl, Erdgas u. a., 6. Steine u. Erden, 7. Edel- u. Halbedelsteine.

Bodensee m (Schwäbisches Meer), großer See im Alpenvorland mit deutschem, schweizerischem u. österreichischem Anteil. Der B. ist 538 km² (einschließlich Inseln) groß. Die größte Tiefe beträgt 252 m. Er wird vom Rhein durchflossen; in ihm liegen drei Inseln: Mainau (Schloß, subtropische Pflanzenwelt), Reichenau (romanische Klosteranlage) u. Lindau (Stadt und Hafen). Das Klima ist mild u. ausgeglichen und begünstigt den Fremdenverkehr. Fährschiffe verbinden die Uferstädte.

Bodycheck ↑Wintersport (Eishokkey).

Bofiste m, Mz., Bezeichnung für einige Bauchpilze aus verschiedenen Gattungen, von denen die Gattung *Bovista* der Gruppe den Namen gegeben hat. Auf Wiesen, Weiden u. an Wegen kann man die weißen bis schwärzlich braunen kugel-, knollen- oder keulenförmigen Fruchtkörper finden, die beim *Riesenbofist* bis 60 cm Durchmesser u. ein Gewicht bis 15 kg erreichen können. Bei der Reife öffnet sich der Fruchtkörper am Scheitel, so daß das schwärzliche Sporenpulver ausstäuben kann; deshalb heißen diese Pilze oft auch *Stäublinge*. Der Riesenbofist entwickelt etwa 7 Billionen Sporen. Sie wurden früher als Heilpuder zur Wundbehandlung verwendet. Die meisten B. sind jung eßbar.

Bogen m: **1)** eine kurvenförmige Überdeckung, die sich auf Pfeiler, Säulen oder Mauern stützt; auch bloße Schmuckform. Unterschieden werden u. a. (↑Abb.): 1. Rundbogen (römisch, romanisch u. Renaissance), 2. Kleeblattbogen (spätromanisch), 3. Spitzbogen (gotisch), 4. Vorhangbogen (spätgotisch), 5. Flachbogen (barock), 6. Tudorbogen (spätgotisch in England); **2)** Waffe, Jagd- und Sportgerät; mit dem B., der aus einem gekrümmten Stab (Bügel) u. einer Sehne besteht, werden Pfeile verschossen. Seit der älteren Steinzeit sind einfache und zusammengesetzte B. bekannt. *Bogenschießen* ist heute bei uns Sport: Bei Entfernungen unter 60 m hat die Zielscheibe einen Durchmesser von 60 cm, bei über 60 m einen Durchmesser von 122 cm; **3)** elastischer, mit Pferdehaaren bespannter Holzstab zum Anstreichen der Saiten von Musikinstrumenten, z. B. der Geigenbogen; **4)** im Druckgewerbe ein bedrucktes und gefalztes Blatt, das meist 16 Seiten umfaßt.

Bogenachter ↑Wintersport (Eiskunstlauf).

Bogotá, Hauptstadt von Kolumbien, liegt 2 640 m ü. d. M. u. hat mit der Bevölkerung des Umlandes 3,8 Mill. E. Die Stadt hat 12 Universitäten. Sie ist ein Zentrum des Handels mit Kaffee, Tabak u. Häuten, außerdem der wichtigste Industriestandort Kolumbiens (u. a. mit Automontage, Textil- u. Glasindustrie). – B. wurde 1538 von den Spaniern gegründet.

Boheme [boäm; frz.] w, ungebundenes, außerhalb der bürgerlichen Ordnung lebendes Künstlertum. Wer diese Daseinsform gewählt hat, wird Bohemien [bo-emjäng] genannt. Oft ist damit auch nur ein unbekümmerter Lebenskünstler gemeint. G. Puccini stellte die Welt der Künstler in seiner Oper „La Bohème" (1896) dar.

Böhmen ↑Tschechoslowakei.

Böhmerwald m, Grenzgebirge zwischen der Bundesrepublik Deutschland, der Tschechoslowakei u. Österreich. Die höchste Erhebung ist der Große Arber (1 457 m). Der deutsche Anteil wird als *Hinterer Bayrischer Wald* bezeichnet. Der B. ist sehr reich (stellenweise noch Urwald) u. hat weite Moorflächen. Die Bevölkerung lebt hauptsächlich von Holzwirtschaft, Glasindustrie u. Fremdenverkehr.

Bohne w, Bezeichnung für verschiedene Schmetterlingsblütler, die als Kulturpflanzen sehr geschätzt sind. Sowohl die unreifen Hülsenfrüchte als auch die Samen werden als Gemüse verwendet. Am bekanntesten ist bei uns die *Gartenbohne* (Schnittbohne), die aus Mexiko

Bodensee mit Lindau (Bildmitte) und Bregenzerwald (im Hintergrund)

u. dem westlichen Südamerika stammt. Sie kommt in zwei Zuchtformen vor: als buschartig wachsende *Buschbohne* u. als wenig verzweigte, bis über 2 m an Stützen hoch wachsende *Stangenbohne*. Die leuchtendrot, aber auch weiß blühende *Feuerbohne* stammt wahrscheinlich aus Mittelamerika, die *Dicke B.* (Pferde-, Puff-, Acker-, Saubohne), die auch als Viehfutter verwendet wird, aus Nordafrika. Schon etwa 3 000 Jahre v. Chr. diente in China u. Japan die ↑Sojabohne als wichtiges Nahrungsmittel.

Bohr, Niels, * Kopenhagen 7. Oktober 1885, † ebd. 18. November 1962, dänischer Physiker. Seine Forschungen auf dem Gebiet der Atomphysik waren von grundlegender Bedeutung. B. entwickelte ein nach ihm benanntes Atommodell (↑Atom), mit dem er das ↑Spektrum des Wasserstoffs erklären u. eine Begründung des ↑Periodensystems der chemischen Elemente geben konnte. 1922 erhielt er den Nobelpreis.

Bohren s, ein sogenanntes Fertigungsverfahren. Der Bohrer wird von Hand oder durch elektrischen Antrieb (Bohrmaschine) bewegt. Seine spiralförmig angeordneten Schneiden dringen unter Druckeinwirkung drehend in das Werkstück ein.

Bohrer ↑Bohren.

Bohrmuscheln w, Mz., Gruppe von Meeresmuscheln, die sich mit Hilfe feiner Zähnchen am Rand der Schalen in Stein oder Holz einbohren. Bekannt sind vor allem der *Schiffsbohrwurm*, der früher manches Segelschiff vernichtete, u. der *Pfahl-* oder *Bohrwurm*, der heute in allen deutschen Häfen vorkommt u. dort schwere Schäden anrichtet.

Boje w, verankertes, schwimmendes Seezeichen an einem tonnenförmigen Schwimmkörper, das zur Kennzeichnung der Fahrrinne u. zur Warnung vor Gefahrenstellen angebracht wird. Manche Bojen sind mit besonderen Signaleinrichtungen versehen (Leucht-, Heul- u. Glockenbojen).

Bola ↑Gaucho.

Bolivar, Simón, * Caracas (Venezuela) 24. Juli 1783, † Santa Marta (Kolumbien) 17. Dezember 1830, südamerikanischer Staatsmann u. General. B. befreite Südamerika von der spanischen Herrschaft. 1819–30 war er Präsident von Groß-Kolumbien (das die heutigen Staaten Ecuador, Kolumbien, Venezuela und Panama umfaßte) u. von Oberperu (nach B. 1825 Bolivien genannt). 1826 berief er den ersten Panamerikanischen Kongreß ein, der jedoch nicht die von B. erstrebte Einigung aller Republiken in einem ehemals spanischen Südamerika zu einem Staatenbund brachte. Die zunehmend diktatorische Amtsführung Bolivars rief Widerstände hervor, die ihn schließlich zur Abdankung bewegten. Danach brach Großkolumbien auseinander.

Bolivien, Republik im mittleren Andenraum Südamerikas, mit 6,0 Mill. E (überwiegend Indianer u. Mestizen, 12,3% Weiße); 1 098 581 km². Hauptstadt des Landes ist *Sucre* (63 000 E), Regierungssitz ist La Paz. Kernraum Boliviens ist das über 3 500 m hohe Hochland, das zwischen der West- u. der Nordostkordillere liegt. ²/₃ des Landes sind Tiefland, das zu den Einzugsgebieten des Amazonas u. des Paraná gehört. Das *Klima* ist tropisch. – Unter allen Ländern Südamerikas ist die bolivianische *Wirtschaft* am wenigsten entwickelt. Der größte Teil der Bevölkerung ist in der Landwirtschaft tätig. Hauptanbauprodukte sind Weizen, Mais, Kartoffeln, Gerste, Reis. Die Viehzucht beschränkt sich weitgehend auf Schafe u. Lamas. Hinsichtlich seiner Bodenschätze (besonders Zinn, Wolfram, Eisen, Blei, Kupfer, Silber u. Erdgas) ist B. eines der reichsten Länder der Erde, doch kann ein großer Teil der Bodenschätze aus verkehrstechnischen Gründen noch nicht ausgebeutet werden. Die Industrialisierung schreitet (hauptsächlich wegen unzureichender Energieversorgung) nur langsam voran. Der allgemeine Lebensstandard ist sehr niedrig. Über die Hälfte der Bevölkerung über 15 Jahre sind Analphabeten. *Geschichte:* B., das alte Oberperu, war bis 1538 Teil des Inkareichs, dann wurde es von Spanien erobert. Seit 1825 ist es eine unabhängige Republik. Verlustreiche Kriege gegen Chile u. Paraguay, Militärrevolten u. wechselnde Regierungen, Streiks u. Guerillakämpfe (geführt durch E. „Che" ↑Guevara Serna) kennzeichnen die Geschichte des Landes. B. gehört zu den Gründungsmitgliedern der UN.

Böll, Heinrich, * Köln 21. Dezember 1917, deutscher Schriftsteller. B. setzte sich in seinen frühen Werken mit den Auswirkungen des Krieges auseinander, in den späteren kritisiert er die Sattheit der Wohlstandsgesellschaft. Er schrieb Romane, Kurzgeschichten, Hörspiele, u. a. „Wo warst du, Adam?" (1953), „Und sagte kein einziges Wort" (1953), „Ansichten eines Clowns" (1963), „Gruppenbild mit Dame" (1971), „Die verlorene Ehre der Katharina Blum" (1974). 1972 erhielt B. den Nobelpreis für Literatur.

Böller m, im 16. Jh. Mörser für große Steinkugeln. Heute ein kleines Lärmgeschütz, das bei festlichen Veranstaltungen zum Festschießen verwendet wird.

Bologna [bolonja], Hauptstadt der italienischen Region Emilia-Romagna, mit 486 000 E. In der Stadt fallen zahlreiche Bauwerke aus der Gotik u. Renaissance auf, die meist in rotem Backstein gebaut sind. B. hat mehrere bedeutende alte Kirchen u. Paläste, die älteste Universität Europas (gegründet 1119) u. eine Kunstakademie. Hergestellt werden Lebensmittel-, Spiel- u. Metallwaren, Landmaschinen u. Automobile.

Bolschewismus [russ.], Bezeichnung für die Theorie und Praxis des Sowjetkommunismus (seit Stalins Tod seltener gebraucht).

Bombay [bɔmbeɪ], zweitgrößte Stadt Indiens, an der Westküste Vorderindiens, mit 6,0 Mill. E. Wichtigstes Handels-, Industrie- u. Finanzzentrum Indiens. Neben der Baumwollindustrie hat B. bedeutende Auto-, Seiden-, Woll- u. Filmindustrie. Der Hafen ist der größte indische Hafen am Arabischen Meer. B. hat 2 Universitäten.

Niels Bohr

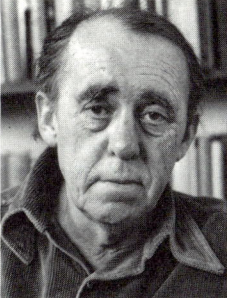
Heinrich Böll

Lucrezia Borgia

Bonn. Rathaus

Bombe

Bombe w, Explosivkörper, v. a. die von Flugzeugen abzuwerfende Fliegerbombe. Mit Bomben sollen Menschen vernichtet oder Städte u. kriegswichtige Anlagen zerstört werden. Heute gibt es neben den herkömmlichen Formen (z. B. Brand-, Spreng-, Nebelbomben) auch Atom- (↑ Kernenergie) u. ↑ Wasserstoffbomben.

Bon [bong; frz.] m: **1)** Gutschein, schriftliche Zahlungsanweisung; **2)** Kassenzettel, der die Zahlung bestätigt.

Bonaparte: 1) Jérôme, *Ajaccio 15. November 1784, †Villegenis bei Paris 24. Juni 1860, Bruder Napoleons I.; König von Westfalen (1807–13). Da er nachlässig u. genußsüchtig war, erhielt er den Namen „König Lustik". 1850 wurde er Marschall von Frankreich u. 1852 Präsident des französischen Senats; **2)** Napoléon ↑ Napoleon I.

Bonifatius, Heiliger, eigentlich Winfrid, genannt „Apostel der Deutschen", *in Wessex (England) 672 oder 673 †bei Dokkum (Friesland) 754, angelsächsischer Mönch. Im Auftrag des Papstes bekehrte er die germanischen Stämme in Deutschland zum Christentum (v. a. in Thüringen u. Hessen). Er erneuerte die fränkische Kirche u. gründete zahlreiche Bistümer u. Klöster, u. a. Fulda (wo sich sein Grab befindet). Auf einer Missionsreise wurde er von heidnischen Friesen erschlagen.

Bonmot [bongmo; frz.] s, treffende, geistreich-witzige Bemerkung.

Bonn, Hauptstadt der Bundesrepublik Deutschland, in Nordrhein-Westfalen, mit 284 000 E. Die Stadt liegt am Rhein (gegenüber der Siegmündung), hat einen Flußhafen. B. ist Sitz zahlreicher Regierungsstellen, des Bundestages, des Bundesrates, vieler Wirtschaftsverbände u. ausländischer Vertretungen. Sehenswürdigkeiten, die sich aus dieser Eigenschaft als Bundeshauptstadt ergeben, sind das Bundeshaus, die Villa Hammerschmidt (Sitz des Bundespräsidenten) sowie das Palais Schaumburg (1949–76 Bundeskanzleramt) u. namentlich das neue Bundeskanzleramt. Zu den älteren Sehenswürdigkeiten gehören das romanische Münster, das Stadtschloß (heute Universität), Schloß Poppelsdorf u. das Geburtshaus Beethovens. Die Stadt hat Leichtmetall-, Papier- u. a. Industrie. – B. war ehemals ein römisches Kastell (Castra Bonnensia). – Abb. S. 77.

Bonvivant [bongwiwang; frz.] m, Lebemann, anspruchsvoller Genießer.

Bonze [jap.] m: **1)** buddhistischer Mönch oder Priester; **2)** verächtliche Bezeichnung für: hohes Parteimitglied, einflußreicher Funktionär.

Boogie-Woogie [bugi wugi; amer.] m, ein Gesellschaftstanz nach lebhaften Jazzrhythmen, der um 1920 in Chicago entstand.

Boote s, Mz., Wasserfahrzeuge bis etwa 15 m Länge. Man unterscheidet nach der Antriebsart Paddel-, Ruder-, Segel- u. Motorboote. Auch kleinere Kriegsschiffe werden B. genannt (z. B. Unterseeboot, Torpedoboot).

Bophuthatswana, Republik in Südafrika, mit 890 000 E. Der Staat besteht aus 6 Teilgebieten, in denen die Tswana, ein Bantuvolk, leben. Die Hauptstadt *Mmabatho* befindet sich erst im Aufbau. Wirtschaftlich wichtig ist der Abbau von Platin, Asbest, Chrom- u. Manganerzen. – Als zweitem Bantuheimatland gewährte Südafrika B. 1977 die Unabhängigkeit, die allerdings kein anderer Staat der Erde anerkannte. Als Einwohner von B. betrachtet Südafrika auch 810 000 Tswana, die in Südafrika arbeiten u. leben.

Bor [pers.] s, in kristallinem Zustand sehr hartes, grauschwarzes Element (chemisches Symbol B), das in der Natur nicht rein vorkommt. In seinem chemischen Verhalten liegt B. zwischen den Metallen u. den Nichtmetallen (daher auch als *Halbmetall* bezeichnet). So wird B. als härtender Bestandteil von ↑ Legierungen verwendet (z. B. Ferrobor). Andererseits bildet B. wie alle Nichtmetalle Säuren (↑ Borsäure). Verwendet wird B. als Reaktorwerkstoff, als Polier- u. Schleifmittel (Diamantersatz). Heute ist es wichtig bei der Herstellung von Sonnenbatterien, die Sonnenlicht direkt in elektrische Energie umwandeln (z. B. in künstlichen Satelliten). Von technischer Bedeutung sind die Verbindungen von B. mit Wasserstoff, die Borurane, die in großen Mengen als Raketentreibstoff gebraucht werden. Verbindungen mit Stickstoff oder Kohlenstoff (Bornitride, Borkarbide) sind wie das B. sehr hart (Hartwerkstoffe).

Bora [ital.] w, kalter, stürmischer Fallwind an der Küste Dalmatiens, besonders im Winter, wenn die kalten Luftmassen vom Land zur wärmeren Adria strömen. Die Bezeichnung wird auch auf ähnlich bedingte Winde in anderen Gebieten angewendet.

Borax [pers.] m, Natriumsalz der ↑Borsäure (Natriumborat). B. wird in der analytischen Chemie (Boraxperle), zur Glasur von Steingut, Porzellan u. Metall (Emaille) sowie als Glaszusatz (Jenaer Glas) u. als Wasserenthärter verwendet.

Borchert, Wolfgang, *Hamburg 20. Mai 1921, †Basel 20. November 1947, deutscher Dichter. B. erlebte die Schrecken des 2. Weltkriegs in Rußland, arbeitete nach seiner Rückkehr trotz schwerer Erkrankung als Theaterregisseur u. gestaltete die Erfahrungen seiner Generation in dem ausdrucksstarken Stück „Draußen vor der Tür" (1947).

Bord m, der obere Rand, die Seitenwand oder das Deck eines Schiffes (auch eines Bootes); *von B. gehen*, das Schiff verlassen; *außenbords*, außerhalb der Schiffswände; *backbord* ist (vom Heck, Schiffsende, aus gesehen) links, *steuerbord* rechts. Das Wort wird auch auf Flugzeuge u. Raumkapseln angewendet.

Bordeaux [bordo], französische Stadt an der Garonne, mit 221 000 E. Obwohl B. 80 km oberhalb der Flußmündung liegt, ist es ein wichtiger französischer Atlantikhafen. B. hat mehrere alte Kirchen u. eine Universität. Die Industrie umfaßt Schiffswerften, Zementwerke, Erdölraffinerien, Zuckerfabriken u. a. B. ist auch Weinbauzentrum: *Bordeauxweine* sind rote u. weiße Weinsorten des südwestfranzösischen Flußgebietes.

Borgia [bordscha], bedeutendes italienisches Adelsgeschlecht spanischer Herkunft. Berühmt war Rodrigo B., der spätere Papst *Alexander VI.* (1432 bis 1503; Papst seit 1492), ein bedeutender, aber auch bedenkenloser Staatsmann. Er entschied 1493 den Streit Spaniens und Portugals um die Kolonien. Sein Sohn *Cesare* (um 1475–1507) machte sich ebenfalls als skrupellos herrschender Kirchenfürst und Staatsmann einen Namen; seine Tochter *Lucrezia* (1480–1519) war in 3. Ehe mit Alfonso d'Este verheiratet u. zog namhafte Dichter u. Gelehrte an den Hof von Ferrara. – Abb. S. 77.

Borke w, der abgestorbene, verkorkte äußere Teil der Rinde der Holzgewächse. Sie bildet ein wirksames Abschlußgewebe nach außen. Beim Dickenwachstum des Stammes kann sie in Schuppen (bei Eiche, Platane u. bei Nadelhölzern) oder in Streifen abgehen.

Borkenkäfer m, Mz., artenreiche Familie meist nur wenige mm großer Käfer. Ihre Larven u. sie selbst ernähren sich von Holz, Bast oder Borke der Bäume, wobei sie typische Fraßgänge (Fraßbilder) anlegen. Durch Massenbefall werden sie zu Holzschädlingen (meist an Nadelhölzern). Der bekannteste u. gefährlichste B. ist der 4–5 mm große, rötliche bis dunkelbraune *Buchdrucker* (Fichtenborkenkäfer) unter der Rinde von Fichten. Er kann ganze Waldbestände vernichten.

Borkum, die größte u. westlichste der Ostfriesischen Inseln (Niedersachsen). B. liegt vor der Mündung der Ems u. ist 35 km² groß. An der Westküste liegt die Stadt *Borkum* (8600 E), ein bekanntes Nordseeheilbad.

Borneo, größte der Sundainseln u. drittgrößte Insel der Erde, mit 7,6 Mill. E (Dajak, Malaien und Chinesen). Die Tiefebenen an der Küste reichen hinein bis an das Gebirgsland des Inneren hinein. Das Klima ist tropisch. In den Regenwäldern leben Orang-Utans. Es werden Kautschuk, Sago, Kopra, Kohle u. Erdöl gewonnen. Der größte Teil Borneos gehört zu Indonesien, der Nordwestteil zu Malaysia, den Norden nimmt das Sultanat Brunei ein.

Bornholm, dänische Ostseeinsel mit 47 000 E. Die Hauptstadt ist *Rønne*. Die Bevölkerung lebt hauptsächlich von Landwirtschaft, Fischerei u. vom Fremdenverkehr. In Steinbrüchen wird Granit gewonnen. Mehrere landeinwärts gelegene Rundkirchen aus dem 12. Jh., die auch als Fluchtburgen dienten, sind erhalten. – B. war bis ins 10. Jh. Handelszentrum der Wikinger.

Borodin, Alexander Porfirjewitsch, * Petersburg (heute Leningrad) 12. November 1833, † ebd. 27. Februar 1887, russischer Komponist. Er schrieb Sinfonien, Kammermusik u. die Oper „Fürst Igor" (Uraufführung 1890).

Borsäure [pers.; dt.] w, Sauerstoffsäure (↑Chemie) des Bors, H_3BO_3. B. kommt als schuppenförmiges Mineral in der Natur vor. Heute wird sie wegen ihrer vielfältigen Verwendung (Borwasser, Borsalbe, Bordünger u. a.) auch technisch aus ihren Natriumsalzen (↑Borax) hergestellt.

Börsen [niederl.] w, *Mz.*, Märkte für Waren, Wertpapiere oder Devisen, an denen bei regelmäßigen Zusammenkünften Angehörige eines bestimmten Personenkreises nach festen Gebräuchen Preise für vertretbare Güter aushandeln u. Umsätze in diesen Gütern tätigen. Auch die Gebäude, in denen diese Versammlungen stattfinden, werden B. genannt. An den Wertpapierbörsen werden die **Börsenkurse** für Wertpapiere ermittelt.

Bosch: 1) Hieronymus, * Herzogenbusch um 1450, begraben ebd. 9. August 1516, niederländischer Maler. Seine Höllenbilder u. Darstellungen des Jüngsten Gerichtes sind Ausdruck einer oft grauenvollen Phantasie; **2)** Robert, * Albeck bei Ulm 23. September 1861, † Stuttgart 12. März 1942, deutscher Industrieller. Er gründete in Stuttgart die spätere Robert Bosch GmbH, ein für die damalige Zeit sozial fortschrittliches Unternehmen, u. rüstete als erster Kraftfahrzeuge einheitlich elektrisch aus. Er entwickelte die Hochspannungsmagnetzündung für Kraftwagen u. rüstete als erster Kraftfahrzeuge einheitlich elektrisch aus.

Bosco, Giovanni, genannt Don Bosco, Heiliger, * Becchi bei Turin 16. August 1815, † Turin 31. Januar 1888, katholischer Priester u. Jugenderzieher. Er nahm sich der verwahrlosten Kinder an. Er schuf für sie Unterkünfte, lebte und lernte mit ihnen, zog sie zur Mitverantwortung heran u. vermied in der Erziehung Zwangsmittel. Don B. gründete die Kongregation der ↑Salesianer.

Bosnien, gebirgige Landschaft im Westen Jugoslawiens. Große Teile der Bevölkerung leben von der Waldwirtschaft, vom Ackerbau u. von der Schafzucht. An der oberen Bosna befinden sich Erzlager, in Zenica ist ein Zentrum der Schwerindustrie entstanden. B. hat zahlreiche Heilquellen u. Badeorte.

Bosporus m, türkische Meerenge zwischen Europa (Thrakien) und Kleinasien, 32 km lang, stellenweise nur 700 m breit. Der B. verbindet das Schwarze Meer mit dem Marmarameer u. weiter mit dem Mittelmeer. Am Südausgang liegt an der Bucht „Goldenes Horn" Istanbul. Seit 1973 führt über den B. eine 1 560 m lange Hängebrücke. – Abb. S. 80.

Boß [amer.] m, umgangssprachlich für: Vorgesetzter, Chef; Parteiführer.

Boston [$bo\beta t^en$], Hauptstadt des Staates Massachusetts, USA, mit 641 000 E. Wichtiger Hafen am Atlantischen Ozean. Die Industrie stellt Schuhe, Maschinen, Schiffe, Chemikalien u. a. her. B. hat 3 Universitäten u. nahebei die berühmte Harvard University in *Cambridge*. – B. war Ausgangspunkt der amerikanischen Unabhängigkeitsbewegung.

Botanik [gr.] w, Pflanzenkunde, eine Teilwissenschaft der Biologie. Die B. zerfällt in zahlreiche Teilgebiete. Die Morphologie befaßt sich mit der äußeren Gestalt und dem inneren Aufbau der Pflanze. Die Systematik benennt die Pflanzen u. gliedert sie nach Verwandtschaftsgraden in ein System ein. Die Physiologie erforscht ihre Lebensvorgänge, und die Ökologie untersucht die Beziehungen der Pflanzen zu ihrer Umwelt.

Botschafter ↑Diplomaten.

Botswana, Republik in Südafrika, mit 710 000 E. Die Hauptstadt ist *Gaborone* (38 000 E). B. ist ein trockenes, abflußloses Steppenhochland u. hat Diamantenfelder. Die Bevölkerung lebt hauptsächlich von Viehhaltung (Rinder, Ziegen, Schafe) u. Fischfang (an Flüssen). – Das Land wurde 1885 britisches Protektorat (*Betschuanaland*); seit 1966 gehört es als unabhängige Republik B. zum Commonwealth. B. ist Mitglied der UN, der OAU u. der EWG assoziiert.

Böttger (Böttiger), Johann Friedrich, * Schleiz (Bezirk Gera) 4. Februar 1682, † Dresden 13. März 1719. Als Alchimist (↑Alchimie) arbeitete er für August den Starken an der Gewinnung von Gold. Zusammen mit dem Physiker E. W. Graf von Tschirnhaus (1651 bis 1708) gelang ihm die Erfindung des europäischen Hartporzellans (1708). Die daraufhin in Dresden gegründete Manufaktur wurde etwas später nach Meißen verlegt (Meißner Porzellan).

Botticelli, Sandro [...*tschäli*], * Florenz 1445, † ebd. 17. Mai 1510, italienischer Maler der Renaissance. Er malte Bilder mit Themen aus der antiken Sage, religiöse Bilder („Geburt der Venus", „Anbetung der Könige" u. a.) u. Porträts. Berühmt sind auch seine Fresken in der Sixtinischen Kapelle in Rom. – Abb. S. 80.

Boulevard [bul^ewar; frz.] m, breite Prachtstraße; **Boulevardpresse,** sensationell aufgemachte, in großen Auflagen erscheinende u. auslande Zeitungen (die auf den Boulevards u. Straßen angeboten werden).

Bourbon [$burbong$], französisches Herrschergeschlecht. Mitglieder des Hauses B. (die *Bourbonen*) herrschten von 1589 bis 1792 u. von 1814 bis 1830 als Könige in Frankreich, von 1714 bis 1931 in Spanien, von 1735 bis 1860 in Neapel. Die Hauptlinie erlosch 1883.

Bourgeois [$bursehoa$; frz.] m, Bürger. Das Wort wird heute nur noch abwertend gebraucht (v. a. von Anhängern des Marxismus): wohlhabender, selbstzufriedener Bürger. Im gleichen Sinne wird **Bourgeoisie** [$bursehoasi$; w$] für „Bürgertum" verwendet.

Boviste ↑Bofiste.

Bowiemesser [$bowi...$; engl.] s, langes Jagdmesser (benannt nach dem amerikanischen Oberst James Bowie, 1796–1836).

Bowle [bol^e; engl.] w, kaltes Getränk aus Wein, Sekt, Zucker u. Früchten oder Kräutern. Auch das Zubereitungs- u. Ausschankgefäß heißt Bowle.

Bowling [bo^uling; engl.] s, amerikanische Form des Kegelspiels; verwendet werden zehn Kegel.

Box [engl.] w: **1)** abgeteilter Raum (Pferdestand, Garagenplatz); **2)** einfache kastenförmige Kamera mit fest eingestellter Blende (↑Fotografie).

Boxen [engl.] s, nach festgelegten Regeln nur von Männern durchgeführter Faustkampf. Bereits in der Antike

Johann Friedrich Böttger

Johannes Brahms

Willy Brandt

Boxhandschuhe

seit 688 v. Chr. war B. bei den Olympischen Spielen üblich. Geboxt wurde mit bloßen oder durch weiche Riemen geschützten Fäusten. In der heutigen Form stammt das B. aus England, wo John Sholto Douglas, Marquess of Queensberry, die 1865–67 ausgearbeiteten u. nach ihm benannten Regeln förderte u. deshalb als Begründer des modernen Boxsports gilt. Der Kampf wird mit ↑Boxhandschuhen im ↑Boxring ausgetragen. Amateure boxen meist drei Runden zu je drei Minuten, Berufsboxer bis zu 15 Runden. Schläge sind nur auf die Vorderseite des Körpers vom Scheitel bis zur Gürtellinie erlaubt. Der Kampf wird entschieden durch: 1. Niederschlag, wenn ein Boxer länger als 10 Sekunden kampfunfähig (englisch *knockout*, Abkürzung *k. o.*) ist, 2. Punktsieg, wenn ein Boxer mehr oder weniger deutliche Vorteile hatte, 3. Disqualifikation, wenn ein Boxer in grober Weise gegen die Regeln verstößt, 4. Aufgabe, wenn ein Boxer den Kampf freiwillig aufgibt, 5. Abbruch, z. B. bei zu großer Unterlegenheit oder Verletzung eines Boxers, 6. Unentschieden, wenn keiner der beiden Boxer Vorteile hatte. – ↑ auch Sport.

Boxhandschuhe [engl.; dt.] *m, Mz.*, mit Seegras oder Roßhaar gefüllte lederne Kampfhandschuhe beim Boxen. Das Gewicht, in Unzen gemessen, verteilt sich gleichmäßig auf Polsterung u. Leder. Amateurboxer kämpfen mit 8-Unzen- (228 g), Berufsboxer meist mit 6-Unzen-Handschuhen (171 g).

Boxring [engl.; dt.] *m*, Austragungsplatz des Boxkampfes. Der B. ist ein von drei 3–5 cm starken Seilen in 40, 80 u. 130 cm Höhe umspanntes Viereck. Die Maße liegen zwischen 4,90 u. 6,10 m im Quadrat. Der Boden ist mit einem elastischen Belag u. einer Plane belegt.

Boykott [*beu...*; engl.] *m*, man spricht von B., wenn z. B. ein Staat durch andere Staaten oder eine bestimmte Ware durch die Käufer planmäßig gemieden oder geächtet (*boykottiert*) wird. Die Bezeichnung B. geht wohl auf den englischen Gutsverwalter Charles Boycott zurück, der sich in Irland durch seine Strenge gegen die Pächter so verhaßt machte, daß er von der Gemeinschaft geächtet wurde. Die Arbeiter gingen aus seinem Dienst, die Kaufleute gaben die Geschäftsverbindung mit ihm auf, alle persönlichen Beziehungen wurden abgebrochen.

Boy-Scout [*beußkaut*; engl.] *m*, englischer ↑Pfadfinder.

Bozen (ital. Bolzano), norditalienische Provinzhauptstadt in Südtirol, mit 107 000 E. Die malerische Altstadt mit der gotischen Pfarrkirche, dem Franziskanerkloster (14. Jh.) u. der Laubengasse (17./18. Jh.) wie auch die landschaftlich schöne Lage mit Schlössern u. Burgen in der Nähe haben B. zu

Sandro Botticelli, Simonetta Vespucci

einem Anziehungspunkt für den Fremdenverkehr gemacht. Der Wein-, Obst- u. Gemüsebau der Umgegend bestimmt den Handel der Stadt u. teilweise die Industrie (Konserven).

Brabant, Provinz in Mittelbelgien. Die Hauptstadt ist Brüssel. Die wichtigsten Erwerbszweige der Bevölkerung sind Ackerbau, Viehzucht (Pferde, Schweine) u. Textilindustrie (u. a. Brabanter Spitzen). Durch die Provinz verläuft die flämisch-wallonische Sprachgrenze. – Im weiteren Sinne ist B. eine Landschaft, die den Südteil der Niederlande u. Teile Belgiens umfaßt (ehemals ein selbständiges Herzogtum).

Brackwasser *s*, Gemisch aus Salz- u. Süßwasser, besonders an Flußmündungen, in Strandseen u. ä.

Brahe, Tycho, * Knudstrup (Schonen) 14. Dezember 1546, † Prag 24. Oktober 1601, dänischer Astronom, seit 1599 bei Kaiser Rudolf II. in Prag. Er verbesserte die Beobachtungsverfahren in der Astronomie u. hinterließ Aufzeichnungen, aus denen ↑Kepler die Gesetze der Planetenbewegungen ableitete.

Brahma ↑ Religion (Die großen Religionen).

Brahmaputra *m*, Fluß in Südasien, 3 000 km lang. Er entspringt im Himalaja u. heißt dort *Tsangpo* u. später *Dihang*. Etwa 1 300 km sind schiffbar. Mit dem Ganges bildet er ein gemeinsames Delta am Golf von Bengalen.

Brahms, Johannes, * Hamburg 7. Mai 1833, † Wien 3. April 1897, deutscher Komponist. B. fühlte sich der musikalischen Tradition verpflichtet u. strebte nach Bewahrung der klassischen

Bosporus mit Hängebrücke

Form (im Gegensatz zu R. Wagner u. dessen Anhängern). So wurde er zum Vertreter einer klassizistischen Romantik. In seinen Werken verbinden sich wuchtige Schwere mit zarter, verträumter Schwermut. Er schrieb 4 Sinfonien, 1 Violin-, 2 Klavierkonzerte, Chorwerke („Ein deutsches Requiem"), mehr als 200 Lieder (u. a. „Guten Abend, gut' Nacht"), Klavierwerke u. a. – Abb. S. 79.

Brand *m*: **1)** in der Medizin: Gewebezerfall, bedingt durch Durchblutungsstörungen; **2)** durch Brandpilze u. Bakterien verursachte Pflanzenkrankheit: Die befallenen Teile erscheinen „versengt"; wirtschaftlicher Schaden entsteht v. a. durch den Getreidebrand.

Brandenburg, eine kiefernwaldreiche Moränenlandschaft im Norddeutschen Tiefland, östlich der Elbe, mit Moorgebieten, zahlreichen Seen, breiten Urstromtälern u. mehreren Höhenzügen (u. a. dem Fläming). Der karge, sandige Boden eignet sich zum Roggen- u. Kartoffelanbau, nur die ehemaligen Brüche sind fruchtbarer. B. ist von vielen Flußarmen (besonders Havel u. Spree) und einem dichten Kanalnetz durchzogen, denen der Binnenhafen Berlin seine Bedeutung verdankt. *Geschichte:* Nach der Völkerwanderung wurde B. von Slawen besiedelt, die im 10. Jh. durch Heinrich I. u. Markgraf Gero unterworfen wurden, sich aber noch einmal befreien konnten. 1134 wurden die Gebiete dann von dem Askanier Albrecht dem Bären erobert, der sich seit 1150 Markgraf von B. nannte. Das Land zog viele deutsche Siedler an, das Gebiet wurde rasch er-

Braunkohle

weitert. Nach dem Aussterben der Askanier kam B. an die Wittelsbacher, dann an die Luxemburger, u. 1415 übertrug Kaiser Sigismund das Kurfürstentum an den Burggrafen Friedrich VI. von Nürnberg aus dem Hause Hohenzollern, der 1417 als Friedrich I. Kurfürst von B. wurde u. die Herrschaft des Hauses Hohenzollern begründete. Unter seinen Nachfolgern kam es zu einem ständigen Gebietszuwachs (u. a. 1614 Kleve, Mark und Ravensberg), 1618 zum endgültigen Erwerb des Herzogtums ↑Preußen). Friedrich Wilhelm, der Große Kurfürst (1640–88), wurde zum eigentlichen Begründer des brandenburgisch-preußischen Staates. 1815 bis 1945 war B. preußische Provinz.

Brandgräber s, *Mz.*, vorgeschichtliche Gräber, in denen die Reste von Leichenverbrennungen beigesetzt wurden.

Brandström, Elsa, genannt „Engel von Sibirien", * Petersburg (heute Leningrad) 26. März 1888, † Cambridge (Mass., USA) 4. März 1948. Als schwedische Abgeordnete des Roten Kreuzes sorgte sie 1915–20 für die deutschen Kriegsgefangenen in Rußland.

Brandt, Willy, früher Herbert Ernst Karl Frahm, * Lübeck 18. Dezember 1913, deutscher Politiker. B. gehörte seit 1931 der sozialistischen Jugendbewegung an, 1933 verließ er Deutschland. In Norwegen u. Schweden arbeitete er als Journalist. 1945 kehrte er zurück, zunächst als Berichterstatter skandinavischer Zeitungen. 1949 wurde er Mitglied des Bundestags (bis 1957). 1958 wurde er Landesvorsitzender der SPD in Berlin, seit 1964 ist B. Bundesvorsitzender der SPD. Regierender Bürgermeister von Berlin war B. von 1957 bis 1966, dann wurde er Vizekanzler u. Außenminister der Koalitionsregierung Kiesinger. Seit 1969 ist B. wieder Mitglied des Bundestags. 1969–1974 war B. Bundeskanzler. 1971 erhielt er den Friedensnobelpreis für seine verständigungsbereite Ostpolitik. Seit 1976 ist B. Vorsitzender der Sozialistischen ↑Internationale. – Abb. S. 79.

Brandung w, die auf die Küste aufprallenden u. sich überstürzenden Wellen. Die B. wirkt meist küstenzerstörend u. erschwert die Schiffahrt (so z. B. in der Bretagne). Küstenaufbauend wirkt sie mitunter an Flachküsten, wo sie parallel zur Küste Sand anhäuft (sogenannte *Brandungsriffe*).

Branntwein *m*, alkoholisches Getränk (etwa 30–60 % Alkohol), das aus gegorenen Flüssigkeiten (Maischen) durch Brennen (↑destillieren) gewonnen wird. Ausgangsstoffe sind z. B. vergorene Trauben (Weinbrand), vergorenes Obst (z. B. Kirschwasser, Himbeergeist), Zuckerrohrmelasse (Rum), Gersten-, Weizen-, Roggenmalz (Korn, Whisky). In Deutschland hat der Staat das alleinige Recht zur Herstellung, Reinigung, Einfuhr u. Verwertung des Branntweins (↑Monopol). Alkohol in dem hier gebrauchten Sinne ist ausschließlich Äthylalkohol (↑Alkohole).

Brasilia, seit 1960 die Hauptstadt Brasiliens. B. liegt 1 060 m ü. d. M. auf der Hochebene des Bundesstaates Goiás, 940 km nordwestlich von der ehemaligen Hauptstadt Rio de Janeiro u. hat 272 000 E. Architektonisch kühne Bauten prägen das Gesicht der weiträumig angelegten Stadt.

Brasilien, Bundesrepublik u. größter Staat in Südamerika, mit 8,5 Mill. km² u. 112,2 Mill. E. Die Hauptstadt des Landes ist Brasília, die größte Stadt ist São Paulo. B. grenzt im Osten an den Atlantischen Ozean u. hat gemeinsame Grenzen mit Venezuela, Kolumbien, Peru und Bolivien. *Landschaftlich* ist B. dreigeteilt: Im Norden liegt das Bergland von Guayana, daran schließt sich das ausgedehnte Amazonastiefland an, u. den Süden nimmt das riesige Brasilianische Bergland ein. Das Amazonasbecken ist das größte tropische Regenwaldgebiet der Erde; es wird vom ↑Amazonas durchzogen. Das leicht hügelige (500–1 000 m) Brasilianische Bergland wird von den Baumsteppen der Campos und den Trockenwäldern der Caatinga beherrscht. An der Ostküste steigt das Bergland zu steilen, bewaldeten Gebirgen auf, die bis 3 000 m hoch sind. Das *Klima* ist tropisch u. im Süden subtropisch. Das Land ist ungleichmäßig besiedelt; 60 % der *Bevölkerung* leben in Städten. Etwa 60 % der Brasilianer sind Weiße, 26 % Mischlinge (Mulatten, Mestizen, Zambos), 11 % Neger, 1 % Asiaten. Indianer gibt es höchstens 200 000. 92 % der Brasilianer sind römisch-katholisch. Die Landessprache ist Portugiesisch. *Wirtschaftlich* bedeutend ist der Anbau von Kaffee (34 % der Welternte), Baumwolle, Kakao, Tabak, Zuckerrohr, Sojabohnen u. Orangen. Wichtig ist auch die Rinderzucht. Die zum Teil reichen Bodenschätze (Kohle, Eisen- u. Manganerze, Bauxit u. Gold) sind wenig erschlossen. Die Industrie ist sehr vielseitig u. konzentriert sich im Südosten u. Süden des Landes. Wichtigste Verkehrswege sind die Fernstraßen. *Geschichte:* Im Jahre 1500 landete der Portugiese Cabral an der brasilianischen Küste. B. wurde ab 1530 kolonisiert u. blieb bis 1821 portugiesische Kolonie. 1821 erzwang B. eine Verfassung u. wurde zunächst (1822) Kaiserreich, 1889 dann Republik. Der liberale Präsident Vargas festigte u. ordnete den Staat. Zwar errichtete er in zwei Regierungsperioden (1930–45 u. 1951–54) ein diktatorisches Regime, nutzte es aber zu sozialen Reformen. Seit seiner von der Opposition erzwungenen Abdankung kam es in B. zu zahlreichen Regierungsneubildungen, die oft durch Revolutionen und Militärputsche verursacht wurden. Seit 1964 steht B. unter der Kontrolle des Militärs. Die nach der Verfassung von 1969 durchgeführten gelenkten Wahlen brachten 1974 der Regierungspartei ARENA die Mehrheit. B. ist Gründungsmitglied der UN.

Bratsche [ital.] *w* (Viola), Streichinstrument aus der Violinfamilie mit vier in Quinten gestimmten Saiten. Die B. ist eine Quinte tiefer gestimmt als die Violine.

Braun, Wernher Freiherr von, * Wersitz (Posen) 23. März 1912,

Wernher von Braun

† Alexandria (Virginia) 16. Juni 1977, amerikanischer Physiker u. Raketeningenieur deutscher Herkunft. B. war während des 2. Weltkriegs in Deutschland an der Entwicklung der V-1- u. V-2-Raketen beteiligt. 1945 ging er in die USA, wo er bis 1972 an der Entwicklung von Trägerraketen u. Raumschiffen maßgeblich beteiligt war.

Braunkohle *w*, Kohle, die durch Zersetzung von Pflanzen (meist riesige Waldungen) durch Einwirkung von Hitze u. Druck unter Luftabschluß in der Vorzeit entstanden ist. B. ist erdge-

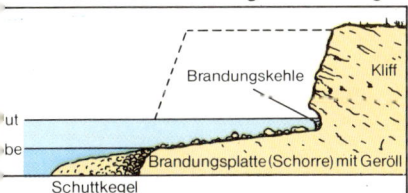

Brandung

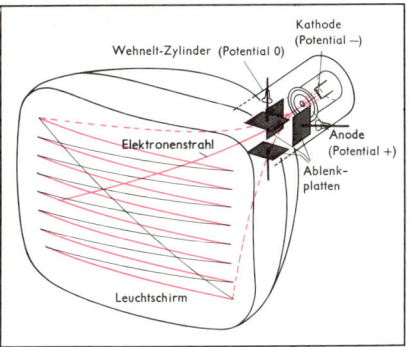

Braunsche Röhre

Braunsche Röhre

schichtlich jünger u. weniger heizkräftig (Kohlenstoffgehalt 55–75%), weicher u. wasserhaltiger als Steinkohle. Oft sind in verkohltem Zustand noch Baumstümpfe erhalten. B. ist gelbbraun bis schwarzbraun. Oft bildet B. mächtige, oberflächennahe Lager u. Flöze, die meistens im Tagebau abgebaut werden. Zu Heizzwecken wird B. zu Briketts gepreßt. B. kann aber auch zu Teer verschwelt werden, aus dem dann durch Destillation Benzin, Heizöl, Paraffin u. andere wertvolle Produkte gewonnen werden. Die größten Mengen B. werden in der DDR (253 Mill. t, 1977), der UdSSR (219 Mill. t, 1976) u. in der Bundesrepublik Deutschland (123 Mill. t, 1977) gefördert (weltweit 945 Mill. t).

Braunsche Röhre (Kathodenstrahlröhre) w, von dem deutschen Physiker Karl Ferdinand Braun (1850–1918) erfundene Vorrichtung zur Sichtbarmachung sehr schnell veränderlicher Vorgänge. Sie wird als Bildröhre in Fernsehgeräten, in Radargeräten u. a. verwendet. – Die B. R. ist eine nach einer Seite hin sich erweiternde, allseitig geschlossene, fast luftleer gepumpte Glasröhre, in die zwei Elektroden hineinragen: die negativ geladene Kathode u. die positiv geladene Anode, oft auch noch mehrere „Steuerelektroden". Von der durch einen elektrischen Strom erhitzten, glühenden Kathode (Glühkathode) gehen Elektronen aus. Diese werden zu einem engen Strahl gebündelt u. fliegen durch die Anziehung, die sie von der positiv geladenen Anode erfahren, auf die Anode zu u. durch deren Öffnung auf die breite Röhrenwand, den sogenannten Bild- oder Leuchtschirm. Beim Auftreffen bringen sie den dort angebrachten Leuchtstoff (Zinksulfid) zum Aufleuchten. – Der Elektronenstrom kann durch Spulen u. Kondensatoren (Ablenkplatten) gesteuert werden, die mit ihren Kraftfeldern auf die Elektronen einwirken u. sie in der gewünschten Richtung ablenken. So läßt sich auf dem Leuchtschirm z. B. ein Bild eines elektrischen Schwingungsvorgangs aufzeichnen. Da der Elektronenstrahl auch in seiner Stärke beeinflußt werden kann, läßt sich auch die Helligkeit des Bildes verändern. – Läßt man den Elektronenstrahl in schneller Folge den ganzen Bildschirm überstreichen u. verändert dabei von Punkt zu Punkt seine Stärke (u. damit die Helligkeit des Punktes auf dem Bildschirm), so läßt sich aus verschieden hellen Punkten ein beliebiges Bild darstellen. Nach diesem Prinzip arbeitet die Bildröhre im Fernsehgerät. – Abb. S. 81.

Braunschweig, Stadt in Niedersachsen, an der Oker, zwischen der Lüneburger Heide u. dem Harz; B. hat 266 000 E, ist Sitz einer technischen Universität, von 2 Hochschulen u. einer Fachhochschule. Sehenswert sind das Grabmal Heinrichs des Löwen im Dom u. das berühmte Löwenstandbild vor der Burg Dankwarderode. Wirtschaftlich wichtig ist der Maschinenbau.

Brazzaville [*brasawil*], Hauptstadt der Volksrepublik Kongo, mit 200 000 E. Die Stadt erstreckt sich über 9 km am rechten Ufer des Kongo und ist bedeutend als Industriezentrum und Umschlagplatz.

Brecht, Bertolt, eigentlich Eugen Berthold Friedrich Brecht, * Augsburg 10. Februar 1898, † Berlin 14. August 1956, deutscher Schriftsteller u. Regisseur. Seit 1924 lebte er in Berlin. 1933, als die Nationalsozialisten die Macht übernahmen, emigrierte B. (seit 1941 in den USA). Er kehrte 1948 nach Berlin (Ost) zurück, wo er mit seiner Frau, Helene Weigel, das weltberühmt gewordene „Berliner Ensemble" gründete. B. ist einer der bedeutendsten, vielseitigsten u. einflußreichsten Dichter des 20. Jahrhunderts. Als Marxist greift er in seinen Werken immer wieder das Problem auf, ob der Mensch unter kapitalistischen Verhältnissen menschenwürdig leben kann. Am wirksamsten wurde er als Regisseur, Theatertheoretiker u. Dramatiker („episches Theater"), doch schrieb er auch realistische u. satirisch-groteske Erzählungen, Balladen, Moritaten u. lyrische Stücke. Zu seinen bekanntesten Werken gehören die Dramen „Die Dreigroschenoper" (1928) und „Mutter Courage u. ihre Kinder" (1939) sowie seine „Kalendergeschichten" (1949). – Abb. S. 84.

Brechung (Refraktion) w, die Änderung der Ausbreitungsrichtung von Wellen beim Übergang von einem Stoff in einen anderen, in dem sie sich mit einer anderen Geschwindigkeit ausbreiten. Fällt z. B. Licht (das ist eine elektromagnetische Wellenerscheinung) schräg auf eine ebene Wasseroberfläche, so wird ein Teil davon zurückgeworfen (reflektiert), der andere Teil dringt in das Wasser ein. Dabei ändert er seine ursprüngliche Ausbreitungsrichtung, er wird gebrochen, u. zwar „zum Einfallslot hin" (Abb.). Hat der Lichtstrahl die umgekehrte Richtung (Lichtquelle im Wasser), so wird er (beim Übergang von Wasser in Luft) entsprechend „vom Einfallslot weg" gebrochen. Ein gerader Stab, den man schräg ins Wasser hält, erscheint daher an der Wasseroberfläche geknickt. – Die B. des Lichts erfolgt bei jedem Übergang von einem durchsichtigen Körper in einen anderen. Geht ein Lichtstrahl durch ein Glasprisma hindurch, so wird er zweimal gebrochen, u. zwar stets von der sogenannten „brechenden Kante" weg (Abb.). Da Licht verschiedener Wellenlänge (verschiedener Farbe) verschieden stark gebrochen wird, wird weißes Sonnenlicht in sein ↑Spektrum zerlegt. – Der Vorgang der B. läßt sich folgendermaßen erklären: Fällt eine Wellenfront aus einem Stoff (in dem die Wellen die Geschwindigkeit v_1 haben) schräg auf die Oberfläche eines anderen Stoffes (in dem sie eine kleinere Geschwindigkeit v_2 haben), so geht von jedem Punkt, der von der Wellenfront getroffen wird, eine als „Elementarwelle" bezeichnete Kugelwelle aus. Da die einzelnen Punkte der Oberfläche durch den schrägen Einfall zeitlich nacheinander erreicht werden (Abb.), gehen die Elementarwellen von Punkt zu Punkt etwas später aus. Dadurch ergibt sich die Überlagerung der Elementarwellen durch eine gegen die ursprüngliche Richtung geneigte Wellenfront. Das Verhältnis der Wellengeschwindigkeiten v_1/v_2 bezeichnet man als die Brechungszahl.

Bregenz, Hauptstadt des österreichischen Bundeslandes Vorarlberg, am Bodensee gelegen, mit 26 000 E.

Brehm, Alfred, * Renthendorf (Thüringen) 2. Februar 1829, † ebd. 11. November 1884, bekannter deutscher Zoologe u. Schriftsteller. Direktor des Zoologischen Gartens in Hamburg seit 1863. In lebendig geschriebenen Büchern schildert er, oft aus eigener Anschauung, das Leben der Tiere. Sein Hauptwerk, „Illustriertes Tierleben" (13 Bände, ab 1864), später „Brehms Tierleben", wurde in viele Sprachen übersetzt.

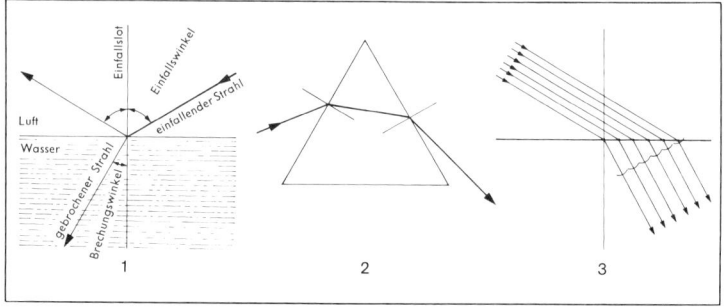

Brechung eines Lichtstrahls: 1 beim Übergang von Luft in Wasser, 2 beim Durchgang durch ein Prisma, 3 Brechung einer ebenen Welle

Bremen: 1) als Freie Hansestadt Bremen das kleinste Land der Bundesrepublik Deutschland, mit den beiden Landesteilen Bremen und Bremerhaven u. 707 000 E; 324 km². Das Land B. liegt in einer fruchtbaren Marschlandschaft; **2)** Hauptstadt von 1) u. Hafenstadt an der Weser, mit 565 000 E, zweitgrößter Seehafen der Bundesrepublik Deutschland. B. hat eine Universität u. 5 Hochschulen. Viele alte Bauten wurden im 2. Weltkrieg zerstört; die meisten Bauten um den Marktplatz blieben erhalten, so das schöne Backsteinrathaus. Auf dem Markt der Roland, das Zeichen der städtischen Freiheit. Wirtschaftlich bedeutend sind hafenorientierte Unternehmen, eisenschaffende u. eisenverarbeitende Industrie, Luft- u. Raumfahrtindustrie sowie Bremens Stellung als Markt für Wolle, Baumwolle, Tabak u. Petroleum. – Abb. S. 84.

Bremerhaven, Hafenstadt an der Wesermündung im Land Freie Hansestadt Bremen; mit 141 000 E, bedeutendem Passagier- u. Fischereihafen, Erzumschlaganlage, Container-Terminal, Schiffahrtsmuseum, Hochschule.

Bremse *w,* Vorrichtung, mit der ein Rad oder ein anderes bewegtes Teil verlangsamt oder angehalten wird; ↑ auch Kraftwagen.

Brenner *m* (ital. Brennero), niedrigster (1 370 m) u. wichtigster Paß in den Ostalpen, der schon in vorgeschichtlicher Zeit begangen wurde. Auf dem B. verläuft die Grenze zwischen Österreich u. Italien. Über den B. führt die *Brennerautobahn.*

Brennessel *w,* Pflanze mit unscheinbaren, hängenden Blüten, die durch den Wind bestäubt werden. B. ist ein häufiges Unkraut, das meist in Massen vorkommt. Die vierkantigen Stengel u. die Blätter tragen zahlreiche Brennhaare, einzelne Pflanzenhaare, mit verkieselter, köpfchenartiger Spitze. Bei Berührung brechen ihre Köpfe ab, u. das Haar dringt in die Haut ein. Dabei ergießt sich ein ameisensäureähnliches Gift aus dem Innern des Brennhaares in die kleine Wunde. Dieses bewirkt einen brennenden Schmerz u. eine kleine Entzündung.

Brennpunkt *m,* der Punkt vor oder hinter einer Linse oder vor einem Hohlspiegel, in dem parallel einfallende Lichtstrahlen vereinigt werden; ↑ auch Ellipse, ↑ auch Parabel.

Brennspiritus *m,* für Putz-, Heizungs- u. Beleuchtungszwecke verwendeter 95 %iger Äthylalkohol. B. wird mit einem Vergällungsmittel († Denaturierung) versetzt u. ist dadurch ungenießbar.

Brennstoffe *m, Mz.,* feste, flüssige oder gasförmige Stoffe, die bei ihrer Verbrennung mehr oder weniger große Wärmemengen freigeben, die man als Heizwert in Zahlen ausdrücken kann. B. kommen in der Natur vor, werden z. T. aber veredelt. Sie bestehen fast durchweg aus Kohlen- u. Wasserstoff († Kohlenwasserstoffe). Feste B. haben einen schwankenden Wassergehalt, der den Heizwert herabsetzt. Mineralische Beimengungen (Ballaststoffe) bleiben bei der Verbrennung als Asche zurück. Der Wert eines Brennstoffs errechnet sich v. a. aus dem Verhältnis von Preis u. Heizwert. Eine besondere Gattung stellen in der jüngsten Zeit die *nuklearen B.* dar, die durch radioaktiven Zerfall Energie u. damit Wärme liefern (Uran, Plutonium). B., deren chemisch gebundene Energie unmittelbar in mechanische Arbeit umgesetzt wird, bezeichnet man als *Kraft-* oder *Treibstoffe.*

Obere Brennstoffheizwerte

	in kcal/kg	in kJ/kg
Acetylen	14 030	58 900
Anthrazit	8 000	33 600
Braunkohle (rhein.)	2 000	8 400
Braunkohlenbriketts	4 500	18 900
Brennholz, lufttrocken	4 000	16 800
Dieselöl, Heizöl	10 000	42 000
Erdöl	10 000	42 000
Fettkohle	8 300	34 900
Grudekoks	7 965	33 500
Holzkohle	7 000	29 400
Hüttenkoks	7 050	29 600
Kohlenstoff, reiner	8 080	33 900
Leichtbenzin	11 400	47 900
Methan	13 280	55 800
Mittelbenzin	10 050	42 200
Motorenbenzol	9 600	40 300
Paraffinöl	10 200	42 800
Spiritus	5 500	23 100
Steinkohlenteeröl	9 100	38 200
Wasserstoff	33 910	142 400

Brentano, Clemens, * Ehrenbreitstein (heute zu Koblenz) 8. September 1778, † Aschaffenburg 28. Juli 1842, deutscher Dichter der Romantik. Eine enge Freundschaft verband ihn mit Achim von Arnim, mit dem er in Heidelberg die berühmte Volksliedersammlung „Des Knaben Wunderhorn" (1806–08) herausgab. B. erwies sich auch in Novellen u. Märchen als meisterhafter Erzähler. – Abb. S. 84.

Breslau (polnisch Wrocław), Universitätsstadt an der Oder in Schlesien, mit 576 000 E. Die nach ihrer Zerstörung (64 %) im 2. Weltkrieg heute wieder aufgebaute Stadt ist wichtige Industriestadt (u. a. Maschinen- u. Waggonbau), einen Oderhafen u. einen Flughafen. – Schon zur Völkerwanderungszeit war B. eines der bedeutendsten Handelszentrum, 1163–1335 war B. die Residenz der schlesischen Herzöge. 1241 fiel Breslau der Zerstörung durch die Mongolen zum Opfer. Später wurde es Mitglied der Hanse, kam an Böhmen (1335) und Habsburg (1526) und 1742 an Preußen. Seit 1945 gehört B. zu Polen.

Brest, 1) französische Hafenstadt an der Küste der Bretagne, mit 166 000 E. Der Hafen wurde bereits im 17. Jh. ausgebaut und von dem berühmten Festungsbaumeister Vauban (1633 bis 1707) befestigt. Heute dient B. als Kriegs- u. Handelshafen u. hat eine Universität; **2)** (früher Brest-Litowsk) sowjetische Stadt in Weißrußland, mit 162 000 E. Die Stadt wurde bekannt durch den *Frieden von Brest-Litowsk* zwischen Rußland und den Mittelmächten (Deutschland, Österreich-Ungarn, Türkei, Bulgarien) im März 1918.

Bretagne [br^{e}tanj^e] *w,* historische Landschaft u. Halbinsel in Frankreich. An der Küste werden Gemüse u. Erdbeeren angebaut, das hügelige Innere ist mit Heiden u. Wald bedeckt. Die B. ist ein Butter- u. Käselieferant. Gute Naturhäfen dienen der Küsten- u. Hochseefischerei. Im Sommer bildet der Fremdenverkehr in den zahlreichen Badeorten an der Küste des Atlantischen Ozeans die Haupterwerbsquelle für die Bevölkerung.

Bretonen *m, Mz.,* keltischer Volksstamm, der im 5. u. 6. Jh. aus England in die Bretagne einwanderte.

Brettspiele *s, Mz.,* Unterhaltungsspiele auf viereckigen Brettern. Sie werden meistens mit Spielsteinen oder Figuren gespielt. Die bekanntesten B. sind Schach, Dame, Mühle, Halma und Puff.

Breughel, Pieter, der Ältere [breug^{e}l], * Breda (?) zwischen 1525 und 1530, † Brüssel 5. September 1569, niederländischer Maler, genannt der „Bauernbreughel". Er malte v. a. biblische Szenen, Szenen aus dem Bauernleben u. Landschaften in derber, ursprünglicher Art. Überwältigend ist die unerschöpfliche Erfindungskraft in Schildern vom Tun u. Treiben der Menschen seiner Zeit (auch die biblischen Szenen hat B. in seine eigene Zeit verlegt). Berühmt die „Bauernhochzeit" (Abb. S. 84), „Die Sprichwörter", „Das Schlaraffenland".

Brevier [lat.] *s:* **1)** Sammlung der täglichen Stundengebete der Geistlichen u. Ordensleute der katholischen Kirche. Das B. enthält u. a. Psalmen, Hymnen u. Bibelabschnitte; **2)** Sammlung wichtiger Stellen aus den Werken eines Philosophen oder Dichters, z. B. Goethebrevier.

Briand, Aristide [briã], * Nantes 28. März 1862, † Paris 7. März 1932, französischer Staatsmann, der als Außenminister (1925–32) der Verständigung mit Deutschland erstrebte. Zusammen mit ↑ Stresemann leitete er eine Politik des Ausgleichs zwischen den Siegermächten des 1. Weltkrieges u. Deutschland ein († auch Locarno). Zusammen mit Stresemann erhielt B. 1926 den Friedensnobelpreis.

Briefgeheimnis

Bertolt Brecht

Clemens Brentano

Benjamin Britten

Bremen

Pieter Breughel der Ältere, Bauernhochzeit

Briefgeheimnis s, neben Post- u. Fernmeldegeheimnis garantiertes Grundrecht, durch das jede schriftliche Mitteilung vor dem Zugriff Unbefugter geschützt wird. Das unberechtigte Öffnen eines verschlossenen Schriftstückes (Brief, Urkunde u. a.) ist strafbar. Dieses Grundrecht ist in der Bundesrepublik Deutschland durch die Notstandsgesetze eingeschränkt worden.

Briefmarken ↑ S. 85f.

Brieftaube w, eine aus verschiedenen Rassen der Haustaube gezüchtete Taubenart, die wegen ihres guten Ortssinnes ihren Heimatschlag immer wiederfindet. Sie hat die Fähigkeit, ziemlich schnell zu fliegen (50–100 km pro Stunde). Früher war sie auch Nachrichtenüberbringer beim Militär.

Brigg [engl.] w, kleines Segelschiff mit zwei vollgetakelten (↑ Takelung) Masten.

Brillant [briljạnt; frz.] m, besonders kunstvolle Schliffform des ↑ Diamanten mit 24 Facetten (Flächen) u. einer Spitze an der Unterseite u. 32 Facetten u. einer Tafel an der Oberseite (zur Erhöhung des „Farbspiels" oder „Feuers"). – Abb. S. 86.

Brille [gr.] w, Augengläser zum Ausgleich von Sehfehlern oder zum Schutz der Augen. Es gibt Brillen mit Sammellinsen für Weit- oder Alterssichtige u. mit Zerstreuungslinsen für Kurzsichtige (↑ auch Linsen). Für Augen mit besonderen Sehfehlern werden Brillen mit zylindrisch geschliffenen Linsen verwendet.

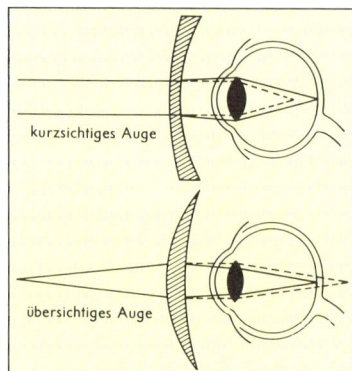
Brille. Brillengläser zur Korrektur des Strahlenganges

Brillenschlange ↑ Kobra.

Brise [roman.] w, günstiger Segelwind, bei dem in der Regel alle Segel gesetzt werden können. Bei Windstärke 2 spricht man von leichter, bei 3 von mäßiger, bei 4 von frischer Brise.

Bristol [brịßtl], bedeutende Hafenstadt in Südwestengland, am Avon gelegen, mit 422 000 E. Die Stadt hat eine Universität u. eine technische Hochschule. Neben dem Hafen für Ein- u. Ausfuhr ist eine vielseitige Industrie (u. a. Flugzeug- u. Maschinenbau, Chemiewerke) die wirtschaftliche Grundlage der Stadt.

Britannien, seit den Fahrten Cäsars über den Kanal (55/54 v. Chr.) gemeinsamer Name für England, Wales und Schottland. Den Griechen und Phönikern war das Land schon im 6. Jh. v. Chr. bekannt. Unter Kaiser Diokletian (ab 284) wurde B. römische Provinz. Um 470 wurde es von den ↑ Angelsachsen erobert.

Britische Inseln Mz., zusammenfassender Name für die Hauptinseln Großbritannien u. Irland, die Hebriden, die Orkney- u. Shetlandinseln sowie Wight, Man u. weitere kleinere Inseln.

Britisches Reich s, früher Bezeichnung für das Vereinigte Königreich Großbritannien und Nordirland u. sein Kolonialreich. Nach dem weitgehenden Zerfall des Kolonialreichs entstand als lockerer Verband das ↑ Commonwealth of Nations.

Britisch-Honduras ↑ Belize.

Britten, Benjamin, * Lowestoft (Suffolk) 22. November 1913, † Aldeburgh (Suffolk) 4. Dezember 1976, bedeutender englischer Komponist. Sein gemäßigt modernes Werk umfaßt Opern (u. a. „Peter Grimes", 1945; „Der Tod von Venedig", 1973), Orchesterwerke, Chorwerke, Kammer- u. Klaviermusik sowie Instrumentalkonzerte.

Broadway [brådʷeⁱ] m, 25 km lange Hauptstraße in New York.

84

BRIEFMARKEN

Geschichte der Briefmarke. Die erste aufklebbare Briefmarke (Postwertzeichen) wurde 1840 in Großbritannien eingeführt. Als ihr Erfinder gilt der spätere britische Generalpostmeister Sir Rowland Hill († 1879). Während vorher das Briefporto – gestaffelt nach Entfernungen – vom Empfänger erhoben worden war, bezahlte nun der Absender die Gebühren im voraus und zwar durch Aufkleben einer Briefmarke, die von der Post durch Stempelabdruck entwertet wurde. Auf diese Weise wurde der Postverkehr erheblich billiger. Noch in den 40er Jahren des vorigen Jahrhunderts gaben auch mehrere Schweizerische Kantone, Brasilien, die USA, die Insel Mauritius („blaue Mauritius"), Belgien und Frankreich Briefmarken aus. Die erste deutsche Briefmarke erschien 1849 in Bayern („schwarzer Einser"); es folgten ab 1850 Sachsen, Preußen und viele andere deutsche Bundesstaaten (das Kaiserreich, mit einheitlicher Reichspost, wurde erst 1871 gegründet). Die erste Postkarte mit eingedrucktem Postwertzeichen stellte Österreich her (1869). Heute gibt es auf der Welt weit über 200 Gebiete (Staaten, Institutionen [z. B. UN] und abhängige Gebiete), die eigene Briefmarken herausgeben.

Arten von Briefmarken. Zu den „allgemeinen Ausgaben" gehören v. a. „Dauermarken", die gewöhnlich über Jahre hinweg an allen Postschaltern eines Landes erhältlich sind. Mit diesen Marken wird die Masse der Einzelsendungen freigemacht („frankiert"). Daneben erscheinen zu besonderen Anlässen (Gedenktage, Jubiläen, Ausstellungen, Olympische Spiele usw.) „Sondermarken", die heute meist nach einem künstlerischen Entwurf im Mehrfarbendruck, manchmal auch in Form eines Blocks oder eines kleinen Gedenkblatts (mit zusätzlicher Inschrift) ausgeführt werden. Die Auflage dieser „Sondermarken" ist meist begrenzt, sie sind darum in der Regel wertvoller als die Dauermarken. Bestimmte Marken kosten einen Zuschlag, den die Post förderungswürdigen Organisationen (z. B. dem Roten Kreuz) zuführt (Wohltätigkeitsmarken).

Neben den „allgemeinen" Ausgaben werden auch Marken für besondere Zwecke herausgegeben. Am bekanntesten sind die Flugpostmarken. Ferner gibt es Dienstmarken (die nur von bestimmten Behörden verwendet werden dürfen), Portomarken (die die Post auf nicht genügend freigemachte Sendungen klebt, für die sie den Fehlbetrag beim Empfänger erheben will, z. B. in Österreich), besondere Marken für Eilsendungen, Zeitungsdrucksachen, Pakete usw.

Die in Postkarten oder Briefumschlägen eingedruckten Wertzeichen rechnen nicht zu den Briefmarken, man spricht hier von „Ganzsachen" (nicht zu verwechseln mit „Ganzbriefen" oder „Ganzstücken" mit aufgeklebten Marken, meist mit Sonderstempel).

Briefmarkensammeln. Das Sammeln von Briefmarken – in der Regel länderweise, seit einiger Zeit auch nach Motiven (z. B. Wappen, Tiere, Bauwerke) – ist fast so alt wie die Briefmarke selbst. Mit Erscheinen der ersten Briefmarkenkataloge (Straßburg 1861, Leipzig 1862) und der ersten Sammlerfachzeitschriften entstand die Briefmarkenkunde (Philatelie). Heute schätzt man die Briefmarkensammler in der Bundesrepublik Deutschland auf 1–3 Millionen.

In allen größeren Städten gibt es Briefmarkensammlervereine, viele von ihnen unterhalten Jugendgruppen und veranstalten regelmäßig Ausstellungen und öffentliche Versammlungen für Briefmarkentausch. Auch die Postverwaltungen bemühen sich um die Sammler. Sie haben sich nicht nur in ihren Briefmarkenausgabenprogrammen ganz auf die Sammler eingestellt, sondern unterhalten auch Dienststellen, die ausschließlich Sammlerwünsche erfüllen.

Hilfsmittel des Sammlers. Wichtigstes Handwerkszeug des Sammlers ist der Briefmarkenkatalog, eine Aufstellung mit Beschreibung, Abbildung und Bewertung sämtlicher in einem Lande erschienenen Briefmarken. Taschenkataloge von Deutschland mit Nebengebieten, jedoch auch von anderen Ländern, sind preiswert in Briefmarkenfachgeschäften und Buchhandlungen erhältlich. Der führende deutschsprachige Weltkatalog ist der mehrbändige Michel-Katalog, in der Schweiz ist der Zumstein-Katalog führend. Die Briefmarken werden in Alben mit oder ohne Vordruck untergebracht. Man klebt die Marken mit speziellen Klebefalzen ein. Moderne „Falzlosalben" sehen für jede Marke eine glasklare Sichthülle vor, sie eignen sich besonders für ungestempelte Marken, deren Gummierung man nicht durch Anbringung eines Klebefalzes beschädigen will. Zur Aufbewahrung doppelter Briefmarken (Dubletten) verwendet man gern Einsteckbücher, hinter deren durchsichtigen Pergaminstreifen die Marken lose eingesteckt werden. Weitere Hilfsmittel des Sammlers sind Pinzette (stumpf u. glatt, zum schonenden Fassen der Marken) und Lupe, auch Wasserzeichensucher, Zähnungsschlüssel; fortgeschrittene Sammler besitzen auch eine Quarzlampe zur Feststellung von Abarten oder Fälschungen u. a.

Erhaltung und Bewertung der Sammlerbriefmarken. Der Preis der Marken richtet sich nach Angebot und Nachfrage. Seltene Marken kosten mehr als solche, die in hoher Auflage in den Verkehr gelangt sind, ungestempelte in der Regel

Auswahl von Briefmarken verschiedener Staaten

Briefmarken (Forts.)

mehr als gestempelte. Bestimmte Länder, wie Österreich, die Schweiz, Liechtenstein oder die Vatikanstadt, sind bei den Sammlern besonders beliebt, deshalb sind deren Marken gesuchter und damit auch teurer als z. B. die Marken Albaniens oder der Türkei, auch wenn diese in viel kleinerer Anzahl ausgegeben wurden. Entscheidend für den Wert einer Marke ist auch ihr Zustand. Während im vorigen Jh. die Briefmarken vielfach noch mit Tischlerleim ins Album geklebt wurden, sind heute die Ansprüche an die äußere Erhaltung einer Marke sehr hoch. Praktisch haben nur völlig einwandfreie Marken einen Wert. Daher empfiehlt es sich, ungestempelte Marken möglichst nur „postfrisch", d. h. mit unverletztem Originalgummi, zu sammeln. Gebrauchte Marken sollten einen sauberen Stempel tragen und möglichst Ort oder Datum der Entwertung oder beides erkennen lassen. Die Zähnung muß stets vollständig sein, fehlende oder kurze Zähne (besonders Eckzähne!) entwerten die Marke meistens ganz. Ausnahmen von den genannten Regeln gelten nur für besonders wertvolle, v. a. alte Marken (Raritäten), die zu Liebhaberpreisen gehandelt werden, wenn sie einwandfrei erhalten sind (Kabinett- oder Luxusstücke). Fehlerhafte Seltenheiten läßt man oft von Fachleuten, ähnlich wie alte Gemälde, reparieren (restaurieren). Die reparierte Marke muß gekennzeichnet werden (mit deutlichem Zeichen auf der Rückseite). Andere Fachleute haben sich ganz auf die Echtheitsprüfung wertvoller Marken spezialisiert, um die Sammler vor Fälschungen zu schützen.

Schon der junge Sammler sollte sich, auch wenn es manchmal schwerfällt, entschließen, nur wirklich einwandfreie Marken in seine Sammlung aufzunehmen. Damit erhöht er nicht nur seine Freude am Sammeln und den gesammelten Marken, sondern bewahrt sich auch vor Enttäuschungen, wenn er später einmal Teile seiner Sammlung tauschen oder verkaufen will.

* * *

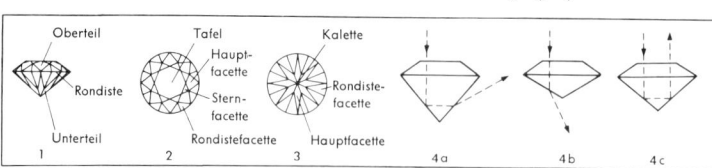

Brillant. Ansicht 1 von der Seite, 2 von oben, 3 von unten, 4 Schliff eines Brillanten: a Unterteil zu dick (Lichtstrahl verläßt den Stein seitlich), b Unterteil zu dünn (Lichtstrahl verläßt den Stein an der Unterseite), c ideales Verhältnis

Brocken *m*, der höchste Berg (1 142 m) im Harz, im Bezirk Magdeburg gelegen; ein über die Waldgrenze reichendes Granitmassiv. Auf dem B. befindet sich eine Wetterwarte.

Brokat [ital.] *m*, schwerer, gemusterter Seidenstoff mit schillernden Metallfäden. B. wird v. a. für kostbare Kleidungsstücke u. als Möbel- oder Gardinenstoff verwendet.

Brom [gr.] *s*, Nichtmetall (chemisches Symbol Br); B. verhält sich chemisch fast wie Chlor (etwas weniger aktiv) u. liegt neben Quecksilber als einziges chemisches Element bei normaler Temperatur als (schwere, rotbraune) Flüssigkeit vor. Vorkommen als ↑Bromide; vorwiegend in gelöster Form in den Meeren, woraus es auch gewonnen wird. Meerwasser enthält im Durchschnitt 0,008 % B., meist in Form von Magnesiumbromid ($MgBr_2$). Im Toten Meer beträgt der $MgBr_2$-Gehalt 1,5 %. Das größte deutsche Bromidvorkommen ist der Abraum von Staßfurt. B. wird in Arzneimitteln, Farbstoffen, Produkten der fotografischen Industrie, Antiklopfmitteln u. vielen anderen chemischen Verbindungen verwendet.

Brombeere *w*, Rosengewächs, das häufig an anderen Pflanzen, an Zäunen u. a. emporklettert. Die glänzenden schwarzen Früchte sind Sammelfrüchte, die sich aus einzelnen Steinfrüchten zusammensetzen.

Bromberg (polnisch Bydgoszcz), Stadt in Nordpolen, mit 323 000 E. Die Haupterwerbsquelle der Bevölkerung bilden Metall-, elektrotechnische u. chemische Industrie. B. hat einen Binnenhafen am *Bromberger Kanal*. - Die Stadt gehörte 1772-1918 zu Preußen.

Bromide [gr.] *s*, *Mz.*, Salze der Bromwasserstoffsäure (HBr), in denen der Wasserstoff (H) durch ein Metall oder eine organische Gruppe ersetzt ist. Silberbromid (AgBr) wird durch Lichtstrahlen zersetzt, wobei das Brom entweicht u. das Silber je nach der Stärke der Belichtung als grauer bis schwarzer Rückstand verbleibt. Es wird als lichtempfindl. Substanz für Filme verwendet.

Bromsilber [gr.; dt.] *s*: **1)** veraltete Bezeichnung für Silberbromid (↑Bromide); **2)** (Bromit) silber- u. bromhaltiges Mineral.

Bronchien [gr.] *w*, *Mz.*, die beiden Verzweigungsäste der Luftröhre, die sich in den beiden Lungenflügeln in immer feinere Äste (Bronchiolen) verzweigen. Sie führen die Luft in die Lunge; *Bronchitis* ist eine Entzündung der Bronchien.

Bronze [*brongß^e*; roman.] *w*, Kupfer-Zinn-Legierung mit verschiedenen Zusätzen (z. B. Zink, Phosphor). Der Kupfergehalt schwankt je nach der Art der Legierung zwischen 60 u. 90 %. B. wurde schon in vorgeschichtlicher Zeit (Bronzezeit) verwendet. Die Menschen dieser Zeit nennt man wegen des rötlichen Metalls auch Rotgießer.

Bronzezeit ↑Vorgeschichte.

Broschüre [frz.] *w*, geheftetes Druckwerk ohne festen Einband.

Brotfruchtbaum *m*, Maulbeerbaumgewächs im tropischen Asien. Der 10-20 m hohe Baum trägt kugelrunde, kindskopfgroße, bis 2 kg schwere Früchte mit ölreichen Samen. Die Brotfrucht ist sehr stärke- und zuckerreich und daher eines der wichtigsten Nahrungsmittel in ihrem Verbreitungsgebiet. Da die Früchte fast das ganze Jahr hindurch reifen, genügen 2 bis 3 Bäume, um einen Menschen zu ernähren. Europäern schmeckt diese Frucht nicht. - Abb. S. 88.

Browning [*brauning*] *m*, nach dem amerikanischen Erfinder J. M. Browning (1855-1926) benannte Faustfeuerwaffe mit Selbstladevorrichtung.

Bruch *m*: **1)** eine in der Form $\frac{a}{b}$ geschriebene Zahl, z. B.:

$$\frac{1}{2}, \frac{1}{3}, \frac{1}{4}, \frac{7}{8}, \frac{9}{5}.$$

Der Wert eines Bruches $\frac{a}{b}$ ist die Zahl, die sich bei der Division $a:b$ ergibt. Der Bruchstrich steht also für die Teilungspunkte;

z. B. ist $\frac{1}{2} = 1:2$, $\frac{1}{3} = 1:3$ usw.

Die Zahl, die über dem Bruchstrich steht, ist der Zähler, die darunter stehende der Nenner. Ein Bruch, dessen Nenner 10, 100, 1 000 usw. ist, nennt man einen *Dezimalbruch*, z. B.

$$\frac{1}{10}, \frac{7}{10}, \frac{9}{100}, \frac{17}{1000}.$$

Dezimalbrüche kann man, ohne dividieren zu müssen, als Dezimalzahlen (d. h. als Zahlen mit Komma) schreiben:

$$\frac{1}{10} = 0,1; \frac{7}{10} = 0,7; \frac{9}{100} = 0,09;$$

$$\frac{17}{1000} = \frac{10}{1000} + \frac{7}{1000} = \frac{1}{100} + \frac{7}{1000} = 0,017.$$

Bei einem *echten Bruch* ist der Zähler kleiner als der Nenner, bei einem *unechten Bruch* ist der Zähler gleich oder größer als der Nenner. Echte Brüche sind also z. B.

$$\frac{1}{2}, \frac{3}{5}, \frac{11}{17};$$

unechte Brüche $\frac{2}{2}, \frac{5}{3}, \frac{12}{9}$ usw.

Ist der Zähler gleich dem Nenner, so stellt der Bruch eine ganze Zahl dar (nämlich 1), ist der Zähler größer als der Nenner, so läßt sich solch ein unechter Bruch als *gemischte Zahl* schreiben, z. B.

$$\frac{5}{3} = \frac{3}{3} + \frac{2}{3} = 1 + \frac{2}{3} = 1\frac{2}{3}.$$

Oft kann man einen Bruch *kürzen*, das heißt: Zähler u. Nenner durch dieselbe Zahl teilen. So ergibt der Bruch $\frac{3}{9}$ durch 3 gekürzt $\frac{1}{3}$, der Bruch $1\frac{2}{12}$ durch 4 gekürzt $\frac{2}{3}$ usw. – Einen Bruch *erweitern* heißt: Zähler u. Nenner des Bruches mit derselben Zahl vervielfachen. – Brüche mit dem Zähler 1 heißen *Stammbrüche*, alle anderen *abgeleitete Brüche*. Brüche, die denselben Nenner haben, nennt man *gleichnamige Brüche*, z. B. $\frac{1}{7}$ u. $\frac{3}{7}$. Man addiert (oder subtrahiert) gleichnamige Brüche, indem man die Zähler addiert (oder subtrahiert) u. den gemeinsamen Nenner beibehält, z. B. $\frac{1}{7} + \frac{3}{7} = \frac{4}{7}$. Will man ungleichnamige Brüche addieren oder subtrahieren, so muß man sie erst gleichnamig machen. Man sucht dazu den Hauptnenner, das ist das kleinste gemeinsame Vielfache, also die kleinste Zahl, die sich durch jeden in der Aufgabe vorkommenden Nenner teilen läßt. Dann erweitert man die Brüche so, daß jeder Nenner zum Hauptnenner wird; z. B. ist bei der Aufgabe $\frac{1}{6} + \frac{4}{9}$ der Hauptnenner 18, also

$$\frac{1 \cdot 3}{6 \cdot 3} + \frac{4 \cdot 2}{9 \cdot 2} = \frac{3}{18} + \frac{8}{18} = \frac{11}{18}.$$

Zwei Brüche werden miteinander multipliziert, indem man Zähler mit Zähler u. Nenner mit Nenner multipliziert, z. B.

$$\frac{3}{4} \cdot \frac{2}{5} = \frac{3 \cdot 2}{4 \cdot 5} = \frac{3 \cdot 2}{2 \cdot 2 \cdot 5} = \frac{3 \cdot 1}{2 \cdot 5} = \frac{3}{10}.$$

Oft kann man schon vor dem Ausmultiplizieren kürzen u. sich so die Rechnung vereinfachen. Ein Bruch wird durch einen anderen dividiert, indem man den Dividend (von den ersten, zu teilenden Bruch) mit dem Kehrwert des Divisors (durch den geteilt werden soll) multipliziert, z. B.

$$\frac{7}{10} : \frac{3}{4} = \frac{7}{10} \cdot \frac{4}{3} = \frac{7 \cdot 4}{10 \cdot 3} =$$

$$= \frac{7 \cdot 2 \cdot 2}{2 \cdot 5 \cdot 3} = \frac{7 \cdot 2}{5 \cdot 3} = \frac{14}{15};$$

2) (Eingeweidebruch) Heraustreten von Baucheingeweiden durch eine Bauchwandlücke (Bruchpforte) in eine Ausstülpung des Bauchfells (Bruchsack), die von Haut überdeckt wird. Die wichtigsten Formen des Bruchs sind: Leisten-, Nabel-, Hodenbruch.

Brücke *w*, Bauwerk, das Verkehrswege über natürliche (z. B. Schluchten, Wasserläufe) oder künstliche (z. B. Bebauung) Hindernisse führt. – ↑ auch Abb. S. 88.

Brückenwaage *w*, eine Tafelwaage mit ungleichlangen Hebelarmen. Die bekannteste Form ist die Dezimalwaage.

Bruckner, Anton, * Ansfelden (Oberösterreich) 4. September 1824, † Wien 11. Oktober 1896, österreichischer Komponist und Organist. Seine Werke entstanden vorwiegend aus einer starken religiösen Bindung. Im Stil war er von R. Wagner beeinflußt. Er schrieb u. a. 11 Sinfonien, 4 Messen, ein Tedeum und Chöre.

Brügge (niederl. Brugge, frz. Bruges), Hauptstadt der belgischen Provinz Westflandern, mit 120 000 E. Früher lag die Stadt direkt an der Nordsee. Infolge Versandung liegt sie heute 12 km landeinwärts an einem 8 m tiefen Seekanal zum Vorhafen *Zeebrügge*. Zahlreiche mittelalterliche Bauten u. Kunstwerke geben der Stadt ihr Gepräge.

Brüllaffen *m, Mz.,* südamerikanische Affen mit Greifschwanz u. einem stark ausgebildeten Kehlkopf, mit dem sie laute, orgelnde Heultöne hervorbringen.

Brunei, Sultanat in Nordborneo, mit 177 000 E. Die Hauptstadt ist *Bandar Seri Begawan* (37 000 E). Haupteinnahmequelle von B. ist das Erdöl vor der Küste. – B. ist seit 1888 britisches Protektorat.

Brunft ↑ Brunst.

Brunhilde (Brünhild), berühmte Frauengestalt der germanischen Sage, die uns v. a. durch die „Edda" u. das „Nibelungenlied" überliefert ist. Im „Nibelungenlied" ist sie die Gattin des Burgunderkönigs Gunther.

Brünn (tschechisch Brno), südmährische Stadt in der Tschechoslowakei, am Südostrand der Böhmisch-Mährischen Höhe gelegen. Die Universitätsstadt zählt 360 000 E u. bildet den Mittelpunkt der mährischen Textil- u. Maschinenindustrie. Die jährliche Messe hat internationale Bedeutung.

Brunnen *m:* **1)** eine meist zur Trinkwasserentnahme bzw. Trinkwasserversorgung dienende Anlage. Man unterscheidet verschiedene Brunnenformen, u. a.: Für langsam sickerndes Grundwasser bevorzugt man den Schachtbrunnen (Abb. S. 88); hierbei kann die Pumpe im Schacht installiert werden. Für größere Tiefen baut man die sogenannten Rohrbrunnen, in die die Saugrohre abgesenkt werden; **2)** das kohlensäure- oder kochsalzhaltige Wasser einer Heilquelle.

Bruno, Giordano, eigentlich Filippo Bruno, * Nola 1548, † Rom 17. Februar 1600 (als Ketzer verbrannt), italienischer Renaissancephilosoph, Dominikaner. B. glaubte an die Unendlichkeit u. an die Einheit des beseelten Universums. Er geriet wegen seiner Auffassungen u. Äußerungen in Konflikt mit den kirchlichen Dogmen. Er wurde von der Inquisition verurteilt und verbrannt.

Brunst *w* (Brunft), ein in bestimmten Zeitabständen auftretender Zustand geschlechtlicher Erregung bei vielen Säugetieren, der zur Paarung der Geschlechter führt. Er wird durch bestimmte Hormone ausgelöst u. gesteuert. Bei manchen Arten tritt die B. nur einmal im Jahr auf (z. B. bei Reh u. Hirsch), bei anderen mehrmals (besonders bei Haustieren). Brunstzeiten: Reh (Juli bis August), Rothirsch (September bis Oktober), Wildschwein (November bis Januar).

Brüssel (niederl. Brussel, frz. Bruxelles), Haupt- u. Residenzstadt des Königreichs Belgien u. Hauptstadt der belgischen Provinz Brabant. B. hat 153 000 E (mit Vorstädten 1 Mill. E). ist Sitz vieler europäischer Behörden u. Institutionen, einer Universität, mehrerer Akademien u. Hochschulen. Besonders anziehend für den Fremdenverkehr ist die malerische Altstadt mit dem gotischen Rathaus (Abb. S. 89) u. anderen bekannten Bauten.

Brüsseler Pakt ↑ internationale Organisationen.

Brustschwimmen ↑ Schwimmen.

Brutknospen *w, Mz.,* sich loslösende kleine, mit Reservestoffen angereicherte zwiebel- oder knollenartige Knospen. Sie bilden sich in den Blattachseln u. dienen der ungeschlechtlichen Vermehrung. Sie kommen bei Farnen und bei manchen Samenpflanzen (z. B. Feuerlilie) vor.

brutto [ital.], ohne Abzug; der *Bruttolohn* z. B. ist der Lohn ohne die Abzü-

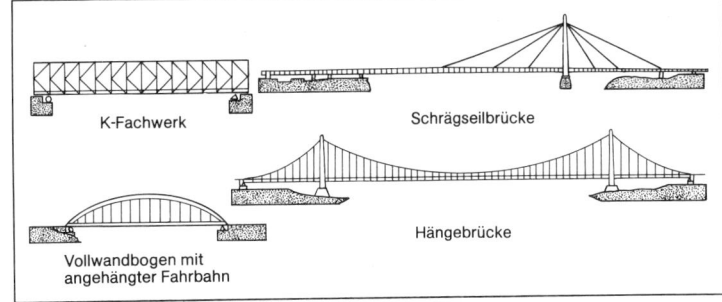

Brücke. Verschiedene Brückenarten

Bruttoregistertonne

Brotfruchtbaum. Zweigende mit Blütenständen und unreifer Frucht (links) sowie reife, angeschnittene Frucht

Brücke. Eisenbahnbrücke bei Edinburgh

ge (Steuern, Versicherungen). Das *Bruttogewicht* ist das Gewicht eines Gegenstandes einschließlich Verpackung.

Bruttoregistertonne [ital.; lat.; dt.] *w*, Abkürzung: BRT, ein Raummaß für die Größe von Schiffen. Bei einer Größenangabe in Bruttoregistertonnen ist immer der Gesamtraum des Schiffes gemeint (einschließlich Maschinenräume u. Besatzungsräume). Eine B. entspricht 2,83 m³.

Brutus, Marcus Junius, * 85, † bei Philippi (Makedonien) 42 v. Chr., römischer Politiker, der sich führend an der Verschwörung gegen Cäsar beteiligte und einer seiner Mörder wurde.

Buch *s*, ein B. besteht seit dem Mittelalter meist aus mehreren gefalzten Bogen Papier zu je 8, 16 oder 32 Seiten, die, als Buchblock zusammengeheftet, in einen Umschlag (Broschüre) oder in eine feste Einbanddecke (Band) geleimt sind. Vorläufer des Buches im Altertum sind u. a. Tontafeln, Papyrus- und Pergamentrollen; ↑ auch Drucken.

Buche (Rotbuche) *w*, bis 40 m hoher sommergrüner Laubbaum. Die B. trägt ganzrandige, glatte, eiförmige Blätter. Die dreikantigen Samen (Bucheckern) sitzen in einer vierteiligen, bestachelten Hülle. Die Bucheckern enthalten etwa 17 % Öl. Das rötliche Holz findet Verwendung für Möbel, Werkzeuge, Wagenteile, Diele, Böden, Holzkohle u. a. Als Spielarten pflanzt man oft Blut-, Gold-, Trauer- u. Pyramidenbuche.

Buchenwald, ein nationalsozialistisches Konzentrationslager bei Weimar, in dem schätzungsweise mehr als 50 000 Menschen den Tod fanden.

Buchhaltung *w* (Buchführung), planmäßige Aufzeichnung aller geschäftlichen Vorgänge. Nach dem Handelsgesetzbuch soll der Kaufmann durch die B. „seine Handelsgeschäfte ersichtlich machen".

Büchner, Georg, * Goddelau bei Darmstadt 17. Oktober 1813, † Zürich 19. Februar 1837, deutscher Dichter und bedeutender Bahnbrecher des modernen Dramas. Seine bekanntesten Werke sind die Dramen „Dantons Tod" (1835) u. „Woyzeck" (1836) sowie das Lustspiel „Leonce und Lena" (1836).

Buchsbaum [lat.; dt.] *m*, immergrüner Baum oder Strauch aus dem Mittelmeergebiet. Er ist ein bekannter u. beliebter Zierstrauch, da er langsam wächst u. mehrere hundert Jahre alt werden kann. Das gelbe, harte Holz eignet sich gut für Druckstöcke, Holzschnitzereien u. Blasinstrumente.

Budapest, Hauptstadt Ungarns, mit 2,1 Mill. E, an der Donau gelegen. B. zählt zu den schönsten Städten Europas u. besteht aus den ehemals (bis 1872) selbständigen Städten *Pest* (am linken Donauufer) u. *Buda* (am rechten Donauufer). Als kultureller Mittelpunkt Ungarns hat B. mehrere Universitäten u. Hochschulen. Viele alte Prachtbauten, besonders am Donaukai, erinnern an die Blütezeit der Stadt im 18./19. Jahrhundert. Wirtschaftlich wichtig ist die Stadt heute als Verkehrsknoten- u. Handelsmittelpunkt sowie als Industriestadt. Sie hat auch Thermalquellen.

Buddha ↑ Religion.

Buddhismus ↑ Religion.

Budget [*büdsche*] ↑ Haushaltsplan.

Buenos Aires, Hauptstadt Argentiniens, u. größte Stadt Südamerikas, 3 Mill. E (mit Vorstädten 8,4 Mill. E). Die Stadt ist der politische, kulturelle (Universitäten) u. wirtschaftliche Mittelpunkt des Landes; sie hat u. a. Automobilwerke, Nahrungs- und Genußmittelindustrie sowie Textil- u. chemische Industrie. Wirtschaftlich besonders wichtig ist der moderne Hafen.

Buffalo [*baffᵉloᵘ*], bedeutende Industriestadt im Staat New York (USA), am Ostufer des Eriesees, mit 463 000 E. Wichtiger Handelsplatz (Binnenhafen).

Büffel [gr.] *m*, *Mz.*, die Sammelbezeichnung für mehrere Rinderarten, die durch ihren massigen Bau u. die meist mächtigen, häufig weit ausladenden Hörner auffallen. Sie bewohnen Südasien u. Afrika u. erreichen Größen bis 3 m Körperlänge u. ein Gewicht bis 900 kg. Der massige, bis 1,8 m schulterhohe *Wasserbüffel* Südasiens besitzt große, fast in einer Ebene sichelförmig nach hinten gebogene Hörner. Beim etwas kleineren *Kaffernbüffel* Afrikas stoßen die stark geschwungenen Hörner in breiter Front auf der Stirn zusammen. Die ↑Bisons Nordamerikas werden fälschlich Büffel genannt.

Bug *m:* **1)** linker Nebenfluß des Narew (zur Weichsel), 776 km lang; **2)** (Südlicher Bug) Zufluß des Schwarzen Meeres in der Ukraine, 792 km lang. Beide Flüsse sind großenteils schiffbar.

Bug *m:* **1)** Vorderteil eines Schiffes, eines Flugzeugs u. a.; **2)** Schulterstück, bes. bei Pferd u. Rind.

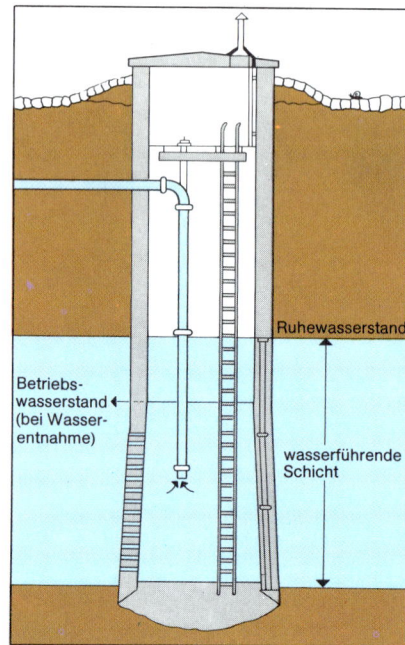

Brunnen. Schema eines Schachtbrunnens

Bundesrepublik Deutschland

Brüssel. Rathaus

Bühne ↑Theater.
Bukarest (rumän. Bucureşti) Hauptstadt u. kultureller u. wirtschaftlicher Mittelpunkt Rumäniens, mit 1,8 Mill. E. Breite Straßen und zahlreiche ausgedehnte Parkanlagen prägen das Stadtbild. Neben einer Universität gibt es mehrere Hochschulen u. Akademien. Besonders interessant ist das große Dorfmuseum. B. ist der wichtigste Industriestandort des Landes.
Bukowina w (Buchenland), eine Landschaft der Ostkarpaten. Der nördliche Teil gehört zur UdSSR, der südliche zu Rumänien.
Bulgarien, Volksrepublik auf der Balkanhalbinsel, mit 8,8 Mill. E; 110 912 km², Die Hauptstadt ist Sofia. Die Landschaft ist von weiten Ebenen u. nahen, teils dichtbewaldeten Gebirgen geprägt. Bis auf die mediterrane Schwarzmeerküste gehört B. zum mitteleuropäischen Vegetationsgebiet. Die Bevölkerung lebt vorwiegend von der Landwirtschaft, wobei die Ausfuhr von Wein, Obst, Tabak u. Tomaten besonders wichtig ist. Eine weitere Erwerbsquelle ist der Fremdenverkehr. Die Schwarzmeerküste im Sommer sowie die Gebirge im Winter sind beliebte Reiseziele auch von Ausländern geworden. Bodenschätze wie Eisenerz, Blei u. Steinkohle fördern die industrielle Entwicklung.
Geschichte: Sie beginnt mit dem Jahr 680, für das die erste Reichsgründung im Gebiet des heutigen B. nachgewiesen werden kann. B. kam 1018 (bis 1186) unter byzantinische Herrschaft u. gehörte später fast 500 Jahre (1396 bis 1878) zum türkischen Machtbereich. In der Folgezeit wurde es als Königreich von den Balkanunruhen beeinflußt. Im 1. wie im 2. Weltkrieg stand das Land auf der Seite Deutschlands u. seiner Verbündeten. Seit der Besetzung durch sowjetische Truppen 1944 gehört B., das sich 1946 als Volksrepublik konstituierte, zum sowjetischen Einflußgebiet. Es ist Mitglied der UN, des Warschauer Pakts sowie des Rats für gegenseitige Wirtschaftshilfe.
Bullauge s, ein dickverglastes, rundes Schiffsfenster, das wasserdicht schließt.
Bulle m, erwachsenes männliches Tier bei Rindern, Elefanten, Nashörnern u. großen Antilopenarten.
Bulle [lat.] w: **1)** Siegel von kreisrunder Form aus Metall (Gold, Silber, Blei). Als Urkundensiegel waren Bullen besonders im Mittelalter gebräuchlich; **2)** mittelalterliche Urkunde, die mit einer B. versiegelt war (besonders Papsturkunden).
Bulletin [*bültäng*; frz.] s, eine amtliche Bekanntmachung, eine offizielle Verlautbarung.
Bumerang [austral.] m, sichelförmige Wurfkeule; als Kampf- u. Jagdgerät wurde der B. besonders von den Eingeborenen in Australien, im Südwesten der USA, in Südindien u. im Ostsudan benutzt (z. T. bis heute). Eine besondere Form ist die *Kehrwiederkeule*, die beim Werfen zum Ausgangspunkt zurückkehrt.

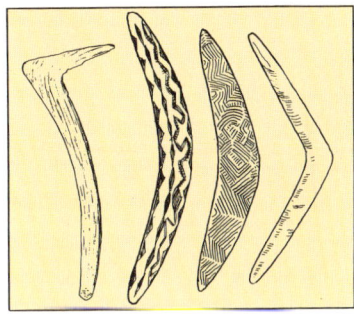

Bumerang. Verschiedene Formen

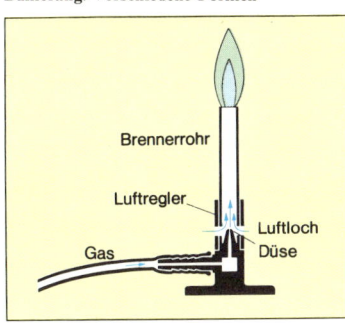

Bunsenbrenner

Bundesausbildungsförderungsgesetz ↑Ausbildungsförderung.
Bundesgerichtshof ↑Recht (Wer spricht Recht?).
Bundesgrenzschutz m, Polizei des Bundes, die die Sicherheit u. Ordnung an den Grenzen der Bundesrepublik Deutschland zu gewährleisten hat. Ihr obliegt auch die Paßkontrolle im Grenzbereich.
Bundesjugendplan m, 1950 eingeleitetes Programm zur Förderung von Jugendverbänden, der Jugendpflege u. -ausbildung sowie der internationalen Jugendarbeit.
Bundesjugendring ↑Jugendverbände.
Bundeskanzler ↑Staat.
Bundeslade w, altisraelitisches Heiligtum, das zur Aufbewahrung der Gesetzestafeln diente oder als Thron Gottes angesehen wurde. Die B. war eine vergoldete Truhe aus Akazienholz.
Bundesliga [dt.; lat.-span.] w, in der Bundesrepublik Deutschland in zahlreichen Sportarten bestehende höchste Spielklasse, u. a. im Fußball, Handball, Basketball, Eishockey.
Bundesminister ↑Staat.
Bundespräsident ↑Staat.
Bundesrat ↑Staat.
Bundesregierung ↑Staat.
Bundesrepublik Deutschland w, Bundesstaat in Mitteleuropa, im Norden begrenzt von Dänemark, im Westen von den Niederlanden, Belgien, Luxemburg, Frankreich, im Süden von der Schweiz u. Österreich, im Osten von der Tschechoslowakei u. der DDR. Die Bundesrepublik Deutschland umfaßt 248 624 km², sie hat 61,396 Mill. E. Mit 247 Einwohnern auf 1 km² ist sie relativ dicht besiedelt. Die Hauptstadt ist Bonn.
Das Gebiet der Bundesrepublik Deutschland läßt sich in 4 Großräume einteilen. 1. Das Norddeutsche Tiefland ist ein durch die Eiszeiten geprägtes Aufschüttungsland mit wenigen niedrigen Höhenzügen (Moränen), ausgedehnten Sand- und Geröllgebieten sowie Mooren und Seen. Im Wattenmeer der Nordsee sind der Küste Düneninseln vorgelagert (Ausnahme die Buntsandsteininsel Helgoland). 2. Es folgt südlich das Gebiet der weitgehend bewaldeten Mittelgebirge, die einen geschlossenen Gürtel, einen Teil der sogenannten Mittelgebirgsschwelle bilden, die aber auch den Südosten (Oberpfälzer und Bayerischer Wald) und den Südwesten (Randgebirge am Graben des Oberrheins) bestimmen. Sie sind zum Teil auch durch Vulkanismus geprägt. 3. Es schließen sich die weiten Hochflächen Süddeutschlands an, die das durch Schichtstufen gegliederte Süddeutsche Stufenland und das allmählich nach Süden ansteigende Nördliche Alpenvorland (südlich der Donau) umfassen. Letzteres ist ein Hügelland (im Süden Moränen) mit weiten, zum Teil bewaldeten Aufschüttungsflächen und Gletscherseen im Süden (größter Gletschersee: Bodensee). 4. Im äußer-

89

Bundesstaat

LÄNDER DER BUNDESREPUBLIK DEUTSCHLAND

Bundesländer	Fläche in km²	Bevölkerung 1977	Landeshauptstadt
Baden-Württemberg	35 751	9 120 700	Stuttgart
Bayern	70 547	10 812 300	München
Berlin (West)	480	1 937 300	–
Bremen	404	706 500	Bremen
Hamburg	747	1 688 000	–
Hessen	21 112	5 538 300	Wiesbaden
Niedersachsen	47 423	7 225 600	Hannover
Nordrhein-Westfalen	34 056	17 049 400	Düsseldorf
Rheinland-Pfalz	19 838	3 645 200	Mainz
Saarland	2 570	1 085 600	Saarbrücken
Schleswig-Holstein	15 696	2 586 800	Kiel
insgesamt	248 624	61 395 700	

sten Süden hat die Bundesrepublik Deutschland Anteil am Hochgebirge der Alpen (Zugspitze 2962 m).
Das *Klima* Deutschlands ist unbeständig. Niederschläge gibt es zu allen Jahreszeiten. Der größte Teil der Bundesrepublik Deutschland wird zur Nordsee entwässert (Rhein, Ems, Weser, Elbe), der Süden und Südosten zum Schwarzen Meer (Donau).
Besiedlung und Wirtschaft: Die Bundesrepublik Deutschland ist ein Industrieland (45 % aller Beschäftigten sind in Industrie und Handwerk tätig). Ausgesprochene Industriezentren mit starker Bevölkerungsballung wechseln jedoch mit weiten, dünner besiedelten Gebieten, in denen die Landwirtschaft bestimmend ist. In den Mittelgebirgen, im Alpenvorland und besonders in Südwestdeutschland mit seiner hohen Städtedichte wechseln landwirtschaftliche Betriebe und Wald mit Städten mit Gewerbe- u. Industriebetrieben der unterschiedlichsten Art. Von der Landwirtschaft (in der 6,6 % der Erwerbstätigen arbeiten) bestimmte Gebiete sind das Norddeutsche Tiefland, das Alpenvorland (im Allgäu besonders Milchwirtschaft) u. die Gebiete mit lockeren Lehm-, Löß- oder fruchtbaren Verwitterungsböden (v.a. Kölner Bucht, Harzvorland, Wetterau, Oberrheintal, die Gäue von Stuttgart bis Schweinfurt und das Unterbayerische Hügelland), in denen besonders Weizen, Zuckerrüben, Gemüse und Obst angebaut werden. Weinbau wird im Oberrheinischen Tiefland, an Rhein, Mosel, Ahr, Nahe, Main, Neckar sowie am Bodensee betrieben. Tabak- und Hopfenbau spielen nur eine geringe Rolle. Steinkohle (1977 wurden 84,8 Mill. t gefördert), Braunkohle (122,9 Mill. t), Kali- und Steinsalz, Eisenerz (1,0 Mill. t Eisen) sowie silber- und goldhaltiges Blei-Zink-Erz sind wirtschaftlich wichtig, auch Erdöl (5,4 Mill. t; gefördert v.a. im Norddeutschen Tiefland im Gebiet zwischen Elbe, Weser und Ems, außerdem im Alpenvorland und im Oberrheinischen Tiefland) und Erdgas. Unter den Ballungsräumen ist das Rheinisch-Westfälische Industriegebiet (der Teil östlich des Rheins: Ruhrgebiet), das in das Aachener und Kölner Gebiet übergeht, das größte. Weniger ausgedehnt sind das Industrierevier an der Saar, das Rhein-Main-Gebiet (Zentrum Frankfurt am Main), das Rhein-Neckar-Gebiet um Ludwigshafen am Rhein und Mannheim, die Räume Stuttgart, Nürnberg und München sowie die bedeutenden Hafenstädte Hamburg und Bremen. Die Zonenrandgebiete haben sich seit 1945 bedeutend langsamer entwickelt als die übrigen Gebiete. Ein wichtiger Wirtschaftsfaktor, v.a. im Küstengebiet, im Hochgebirge und in Teilen der Mittelgebirge, ist der Fremdenverkehr. Der Güterverkehr (ohne Nahverkehr) wird zu 37 % auf der Straße (davon Autobahnen 7 207 km), zu 30 % auf der Schiene (insgesamt 31 595 km; 34 % der Strecken sind elektrifiziert), zu 26 % auf dem Wasser (Duisburg ist der größte Binnenhafen Europas), zu 7 % durch Rohrfernleitungen abgewickelt. Frankfurt am Main hat den größten Flughafen der Bundesrepublik Deutschland.
Nach dem Ende des 2. ↑Weltkrieges wurde Deutschland in vier Besatzungszonen aufgeteilt, Berlin in vier Sektoren, die Gebiete östlich der Oder-Neiße-Linie wurden abgetrennt (↑Deutschland). In den vereinigten Westzonen erfolgte nach der Währungsreform 1948 ein wirtschaftlicher Aufschwung, begünstigt durch den Marshallplan (↑Europäisches Wiederaufbauprogramm). 1949 wurde das Grundgesetz verabschiedet und die Bundesrepublik Deutschland gegründet. Die Bundesrepublik Deutschland ist ein Bundesstaat (über Verfassung und Staatsaufbau ↑Staat). Seit 1949 wurde die Bundesrepublik Deutschland in das westliche Bündnissystem eingegliedert. 1955 trat sie der NATO bei, seit 1957 ist sie Mitglied der EWG (↑internationale Organisationen) und seit 1973 Mitglied der UN. Die beiden stärksten Parteien sind die ↑CDU und die ↑SPD. Die CDU (in Verbindung mit der CSU) war 1949–69 Regierungspartei; die SPD stand in der Opposition, bis nach der innenpolitischen Krise von 1966 die beiden Parteien eine gemeinsame Regierung bildeten. Seit 1969 besteht eine SPD/FDP-Koalitionsregierung, die erstmals größere Bewegung in die Ost- und Deutschlandpolitik brachte. So erfolgte 1970 der Abschluß des Deutsch-Sowjetischen (↑UdSSR) und des Deutsch-Polnischen Vertrages (↑Polen), 1971 der des Viermächteabkommens über ↑Berlin. 1972 wurde der Grundvertrag mit der DDR und 1973 der Vertrag mit der ↑Tschechoslowakei abgeschlossen.

Bundesstaat *m*, Staatsform, bei der mehrere Gliedstaaten (in der Bundesrepublik Deutschland die Länder) einen Gesamtstaat bilden. Die einzelnen Gliedstaaten behalten ihre Eigenstaatlichkeit (z. B. Kulturhoheit der Länder), übertragen aber einen Teil ihrer Staatsgewalt auf den Gesamtstaat. Bundesstaaten sind u.a. auch Österreich, die Schweiz u. die USA.

Bundestag ↑Staat.

Bundestagspräsident ↑Staat.

Bundesverdienstkreuz ↑Orden 2).

Bundesverfassungsgericht ↑Recht (Wer spricht Recht?).

Bundesversammlung ↑Staat.

Bundeswehr *w*, die Streitkräfte der Bundesrepublik Deutschland. Die Gesamtstärke von Heer, Marine u. Luftwaffe betrug 1977 rund 487 000 Mann (zuzüglich 1,2 Mill. Reservisten), die der NATO unterstellt sind. Im Frieden steht der Bundesminister für Verteidigung, im Kriegsfall der Bundeskanzler an der Spitze der Bundeswehr.

Bundeszentralregister *s*, zentrales Register in der Bundesrepublik Deutschland, in das u.a. strafgerichtliche Verurteilungen, Entmündigungen, Vermerke über Zurechnungsunfähigkeit eingetragen werden. Das B. erteilt jeder Person, die das 14. Lebensjahr vollendet hat, auf Antrag ein Zeugnis über den sie betreffenden Inhalt des Zentralregisters (Führungszeugnis). Ferner werden an bestimmte Behörden Führungszeugnisse über Personen erteilt. Eintragungen über strafgerichtliche Verurteilungen werden nach bestimmten Fristen getilgt.

Bundschuh *m*, Name u. Feldzeichen aufständischer Bauernverbände, die es v.a. zu Beginn des 16. Jahrhunderts in großer Zahl gab. Benannt wurden sie nach dem Schuh des Bauern im Mittelalter. – ↑auch Bauernkrieg.

Bungalow [*bŭngalo;* Hindi-engl.] *m*, ursprünglich das leichtgebaute, einstöckige Sommerhaus der Europäer in Indien u. anderen Kolonialgebieten;

Buß- und Bettag

heute allgemein alle ebenerdigen Einfamilienhäuser mit flachen Dächern.

Bunsenbrenner *m*, 1855 von R. W. Bunsen (1811–99) konstruierter Gasbrenner, bei dem das zugeführte Gas die notwendige Verbrennungsluft durch eine verstellbare Öffnung ansaugt. – Abb. S. 89.

Buñuel, Luis, * 1900, spanischer Filmregisseur, ↑ Film.

Burckhardt, Jacob, * Basel 25. Mai 1818, † ebd. 8. August 1897, bedeutender schweizerischer Kultur- u. Kunsthistoriker und Begründer einer systematischen Kunstwissenschaft. Sein bedeutendstes Werk ist „Die Cultur der Renaissance in Italien" (1860).

Buren *m, Mz.*, die Nachkommen der seit 1652 in das Kapland in Südafrika eingewanderten niederländischen u. deutschen Siedler; überwiegend Viehzüchter. 1835–38 „Großer Treck" nach Norden u. Gründung mehrerer Freistaaten, die heute zur Republik Südafrika gehören.

Burenkrieg (auch Zweiter Südafrikanischer Freiheitskrieg genannt) *m*, der Krieg zwischen Großbritannien und den Burenstaaten 1899–1902.

Bürge *m*, jemand, der sich vertraglich verpflichtet hat, für einen anderen zu *bürgen* (die *Bürgschaft* zu übernehmen), d. h. an seiner Stelle zahlen, wenn der andere nicht zahlen kann.

Burgen ↑ S. 92 f.

Burgenland *s*, Bundesland im Osten Österreichs, mit 268 000 E. Das hügelige Land wird vorwiegend landwirtschaftlich genutzt. Die Hauptstadt ist Eisenstadt.

Bürgerinitiative *w*, in den letzten Jahren in immer stärkerem Maße auftretende neue Form gesellschaftlich-politischer Selbstorganisation von Bürgern. B. entstehen auf Initiative solcher Bürger, die der Meinung sind, daß Parteien, Verwaltungen und Parlamente die Interessen und Bedürfnisse der Bürger (z. B. im Schulwesen, Spielplatzbau, beim Bau von Kernkraftwerken) nicht ausreichend kennen.

Bürgerkrieg *m*, ein mit Waffengewalt ausgetragener Kampf zwischen den Bürgern eines Landes (aus politischen, wirtschaftlichen oder religiösen Gründen).

bürgerliche Ehrenrechte ↑ Ehrenrechte.

Bürgerliches Gesetzbuch *s*, Abkürzung: BGB, Zusammenfassung des Zivilrechts Deutschlands in 5 Büchern: allgemeiner Teil, Recht der Schuldverhältnisse, Sachenrecht, Familienrecht, Erbrecht. Das BGB ist seit dem 1. 1. 1900 in Kraft. Es wurde den veränderten Zeitumständen häufig angepaßt.

Bürgermeister *m*, das gewählte Oberhaupt der Stadt- u. Landgemeinden. Seine Stellung u. seine Aufgaben sind in den jeweiligen Gemeindeverfassungen festgelegt.

Burgtheater *s*, berühmtes Theater in Wien. Es wurde 1741 als Hofbühne von Kaiserin Maria Theresia gegründet.

Burgund (frz. Bourgogne), ostfranzösische, historisch berühmte Landschaft u. bekanntes Weinbaugebiet. B. hatte große Bedeutung als Durchgangsland u. Verbindung zwischen Frankreich u. Deutschland.

Burgunder (Burgunden) *m, Mz.*, ostgermanischer Volksstamm, der im 1. Jh. n. Chr. zwischen Oder und Weichsel siedelte, im 3. Jh. dann am Main nachweisbar ist. Im frühen 5. Jh. waren die B. in die Gegend um Worms und Mainz eingedrungen, wo ein großer Teil von ihnen von hunnischen Truppen im Dienst des weströmischen Heerführers Aetius vernichtet wurde (historischer Kern der Nibelungensage). Die Reste der B. wurden 433 am Westrand der Alpen (Mittelpunkt Genf) angesiedelt und dort 534 von den Franken geschlagen.

Burma ↑ Birma.

Bürokratie [frz.] *w*, als B. bezeichnet man die Gesamtheit der Verwaltung; *Ministerialbürokratie* nennt man die führende Schicht der Verwaltungsbeamten. B. wird häufig in der Bedeutung: engstirnige, unbewegliche, umständliche, an überholten Formen hängende Beamtenherrschaft gebraucht.

Burundi, Republik in Ostafrika. Es ist einer der kleinsten jungen afrikanischen Staaten u. zählt 4,0 Mill. E; 27 834 km². Die Hauptstadt Bujumbura (90 000 E) liegt am Tanganjikasee. Die Wirtschaftsgrundlage Burundis ist seine Agrarerzeugung. Besonders wichtig ist der Anbau von Bananen, Bohnen u. Hirse. – B. war früher ein Teil von ↑ Ruanda-Urundi, 1962 wurde es unabhängig. Es ist Mitglied der UN u. OAU u. der EWG assoziiert.

Busch, Wilhelm, * Wiedensahl bei Stadthagen 15. April 1832, † Mechtshausen (Landkreis Hildesheim-Marienburg) 9. Januar 1908, deutscher Dichter u. Maler. In seinen humorvollen Bilderfolgen mit knappen, treffenden Texten stellte er die Schwächen seiner Mitmenschen dar u. sagte, meist versteckt, bittere Wahrheiten. Am bekanntesten wurden seine Werke „Max u. Moritz", „Die fromme Helene", „Hans Huckebein", „Fipps, der Affe".

Buschmänner *m, Mz.*, Volk im südlichen Afrika von kleinem Wuchs. Die Hautfarbe der B. ist ein helles fahles Gelb oder Rötlichbraun. Auffallend sind an ihnen die runzelige u. faltenreiche Haut u. ihr kurzes, enge Spiralen bildendes Kraushaar. Sie leben vorwiegend als Sammler u. Jäger.

Buschneger, *m, Mz.*, in Wäldern lebende Nachkommen entlaufener Negersklaven im nördlichen Südamerika u. auf den Westindischen Inseln.

Buschwindröschen *s*, Hahnenfußgewächs auf Wiesen u. im Wald mit weißen oder rötlichen Blüten u. 3 mehrfach geteilten Blättern. Es gehört zu unseren ersten Frühjahrsblühern u. steht meist in größeren Beständen. Galt früher als harntreibend.

Busineß [*bisniß*; engl.] *s*, Geschäft oder Geschäftsleben.

Bussarde [lat.-frz.] *m, Mz.*, Unterfamilie der Greifvögel mit 40 Arten. Lange, breite Flügel befähigen sie zum Segeln (Kreisen). Der Schwanz ist kurz und abgerundet. B. haben kurze, jedoch scharfkrallige Zehen. In Mitteleuropa kommen der Mäusebussard und der Rauhfußbussard vor.

Buße *w*: 1) die Sühne für eine Schuld. Alle Religionen kennen die B. in irgendeiner Form; Ausdruck dieser Formen sind u. a. Opfer, Beichte, Fasten. Durch die B. soll die Schuld gegenüber der Gottheit gesühnt werden; 2) im mittelalterlichen Recht bezeichnete man als B. die an den Geschädigten zu zahlende Geldentschädigung; 3) (Geldbuße) ↑ Bußgeld.

Bußgeld *s*, bei Verstößen gegen Ordnungswidrigkeiten (z. B. im Straßenverkehr, im Wirtschafts- und Steuerrecht) angedrohtes Ahndungsmittel (Geldbuße).

Buß- und Bettag, der am letzten Mittwoch des Kirchenjahres in den deutschen evangelischen Kirchen begangene Tag der Besinnung.

Wilhelm Busch (Selbstbildnis)

George Gordon Noel Lord Byron

Jacob Burckhardt

91

BURGEN

Burg Eltz in Rheinland-Pfalz   **Alkazar in Segovia**

Burgen sind befestigte Wohnsitze des Mittelalters, die vor allem zum Schutz und zur Verteidigung errichtet wurden: Sie sollten die Bewohner bei feindlichen Angriffen „bergen". Deshalb mußten sie so gebaut sein, daß die Belagerten in ihnen notfalls längere Zeit ausharren und Angreifer abwehren konnten. Darum auch ihre Lage an schwer zugänglichen Stellen, entweder auf steilen Bergen, schroffen Felsen und beherrschenden Höhen (Höhenburgen; z. B. die Hangburgen an Rhein, Mosel und Neckar) oder im Flachland inmitten von Sumpfgelände und Wassergräben, auf natürlichen oder künstlich geschaffenen Inseln (Nieder- oder Wasserburgen; sie sind besonders in Westfalen und am Niederrhein verbreitet). Manchmal weisen schon die Namen auf die Lage der Burgen hin: Felsenstein, Schroffenstein, Stolzenfels, Wartburg, Königswart (warten = spähen, beobachten, ausschauen), Wasserburg, Haidenburg usw. Auch wehrhafte und befestigte Kirchen dienten als Burgen (Kirchenburgen, Wehrkirchen).

Das „Sich-flüchten" der Bevölkerung in einen gesicherten Bezirk als die häusliche Wohnstatt ist schon seit alters her bekannt. Das Volk floh bei Einfällen feindlicher Stämme oder Heere in Flucht- oder Fliehburgen und fand dort „Zuflucht". Diese Fliehburgen unterschieden sich von den mittelalterlichen Herren- und Ritterburgen meist durch ihre Größe und die flächigere Anlage, denn sie mußten vielen Personen Raum bieten. Ihrer Bestimmung nach dienten sie nur in Notzeiten als Aufenthaltsort und Lagerplatz und boten wenig Wohnbequemlichkeit. Der Sachsenherzog Heinrich errichtete nach seiner Wahl zum deutschen König einen Ring von Flucht- und Verteidigungsburgen gegen die Ungarn, und als diese nach 9jährigem Waffenstillstand wieder in Deutschland einfielen, waren die Dörfer, Häuser und Ställe ausgestorben. Mit Weib und Kind, Vieh und Vorräten hatten sich die Bauern hinter die schützenden Mauern und Gräben zurückgezogen.

Burgähnliche Befestigungen gab es zu allen Zeiten; römische Bergkastelle und Warttürme sind ebenso wie germanische Fels- und Fliehburgen Vorläufer unserer Ritterburgen, die etwa seit dem 10. Jh. als steinerne Wehr- und Wohnbauten der Landesherren, der Grafen und des Adels entstanden. Ihre wichtigsten Aufgaben waren Schutz und Überwachung von Straßen oder Gebieten, sie sicherten Zollstationen (z. B. am Rhein) und dienten als Gerichtsstätten.

Wie sah eine solche Burg aus? Trotz aller Verschiedenheit waren sie sich ähnlich, es gibt Bestandteile, die jede Burg besaß.

Von den Mauertürmen oder der Spitze des mächtigen Bergfrieds aus konnten herannahende Feinde früh gesehen werden; die Zugbrücke (Fallbrücke) wurde hochgezogen und legte sich verstärkend vor das schwere Eichentor. Burggraben, Wall und Mauern waren kaum zu überwinden; aus Pechnasen, von Türmchen, Zinnen und Scharten aus wurden Pech, kochendes Wasser oder Öl auf die Angreifer gegossen, Steine, Baumstämme und Felsbrocken hinabgeschleudert. Die Umfassungs- oder Ringmauer (Bering) hatte innen einen Wehrgang (Umgang), von dem aus sich die Burgbewohner mit Pfeil, Speer, Armbrust und – nach Erfindung des Schießpulvers – mit Feuerwaffen verteidigten. Damit die Armbrust gespannt werden konnte, waren die kleinen Maueröffnungen nach innen größer als nach außen, später genügten für die Gewehre schmale Schießscharten.

Oft tobte ein erbitterter Kampf. Die Angreifer versuchten, den Graben mit Steinen, Erde und Reisigbündeln zu füllen, sie schleuderten aus Wurfmaschinen Steinkugeln und schossen mit brennenden Pfeilen, um die Holzteile der Burg in Brand zu setzen. Ein mächtiger Baumstamm wurde auf einen Karren gelegt und – als Rammbock – so lange gegen das Tor gerammt, bis es brach. Gegen das herabkommende Öl schützte man sich mit tragbaren, dachähnlichen Holzkonstruktionen. Über fahrbare Holzgestelle in Mauerhöhe oder über Leitern gelang es bisweilen, ins Burginnere vorzudringen. Durchbrachen die Angreifer das äußere Tor, so zogen sich die Verteidiger in den Burgkern, den inneren Burghof, zurück und ließen zwischen Vorhof (Zwinger) und Burgkern ein Fallgitter herunter. Der Innenhof war gegen den Hang zu (dem schwächsten Verteidigungspunkt, weil von dort durch Belagerungsmaschinen die größte Gefahr drohte) durch eine mehrere Meter dicke Schildmauer geschützt. Im Zentrum lagen die Hauptteile der Burg, Bergfried und Palas, auch der Brunnen. Wasser war als Trinkwasser und für das Löschen etwaiger Brände wichtig. Gelang es den Feinden, auch in den Innenhof vorzudringen, so bot der Bergfried, ein mächtiger und hoher Turm mit dickem Mauerwerk, schmalen Fensteröffnungen und Schießscharten, die letzte Zuflucht. Seine Mauern waren so dick, daß selbst die Sprengungen der Franzosen im 17. Jh. sie nur teilweise zerstörten (Heidelberger Schloß). Der Eingang zum Bergfried war klein und lag hoch; er konnte nur mit Leitern erreicht werden; im Innern befanden sich Waffen, Nahrungs- und Wasservorräte, damit sich die Belagerten in dem fast uneinnehmbaren, trutzigen Bauwerk lange halten konnten. Die Belagerungszeit von Burgen zog sich über Monate,

Burgen (Forts.)

Schema einer Burganlage.
1 Bergfried, 2 Verlies,
3 Zinnenkranz, 4 Palas,
5 Kemenate (Frauenhaus),
6 Vorratshaus,
7 Wirtschaftsgebäude,
8 Burgkapelle, 9 Torhaus,
10 Pechnase, 11 Fallgatter,
12 Zugbrücke, 13 Wachtturm,
14 Palisade (Pfahlzaun),
15 Wartturm, 16 Burgtor,
17 Ringgraben, 18 Torgraben

oft auch über Jahre hin und sollte nicht an mangelnden Vorräten scheitern.

Der Bergfried wurde, seiner Bedeutung gemäß, beim Burgenbau zuerst errichtet und ist auch, wegen seiner stabilen Bauweise, in vielen Ruinen am besten erhalten. Anfangs Herzstück und Mittelpunkt der Burg, rückte er später mehr an die Außen- und Schildmauer. Der durchschnittliche Durchmesser betrug etwa 10 m. Er besaß oft Galerien und Erker und war verschieden im Grundriß: quadratisch, fünfeckig (Kaiserburg in Eger) oder später rund, weil die Geschosse besser abprallten. Man baute ihn immer höher, und dies nicht nur aus Verteidigungsgründen, bezeugte seine imponierende Höhe doch auch die Macht des Burgherrn. Der Bergfried war in drei oder vier, durch Leitern oder Treppen verbundene Geschosse unterteilt. Er enthielt zuunterst das Verlies, das als Gefängnis diente.

Mit dem Bedürfnis nach mehr Wohnbequemlichkeit wurde im Laufe der Jahrhunderte aus dem Bergfried ein befestigter Wohnturm, der mehr Raum bot und mit Kaminen, Toilette (Toilettenableitungsschacht in der Mauer), Sitznischen an den Fenstern, Ecktürmen usw. ausgestattet war.

Das eigentliche Hauptwohngebäude war der Palas, das Herrenhaus mit Rittersaal und Rüstkammer. Auch er bot in früherer Zeit nur wenig Wohnbequemlichkeit. Nur die Kemenaten, die Frauengemächer, meist abseits gelegen, besaßen Kamine (caminata = heizbarer Raum). Hölzerne Fensterläden schützten die Räume bei unfreundlicher Witterung; Glas gab es noch nicht (es wurde erst seit dem 14. Jh. häufiger benutzt). Man nahm statt dessen feines, ölgetränktes Leinen. Im Winter waren die Fensteröffnungen mit Fellen verhängt. Die Burgfrauen und Ritterfräulein stickten, nähten und spannen, denn alle Kleidung wurde selbst angefertigt. An den Wänden hingen Felle oder kostbare Textilien als Schmuck, im Spätmittelalter verkleidete man die Wände auch mit Täfelungen. Als Zerstreuung der an langen Winterabenden um den Kamin versammelten Bewohner dienten Brett- und Würfelspiele; Fackeln, Öllichter oder Kienspäne erhellten den Raum meist nur spärlich. In den einsam gelegenen Burgen gehörten fahrende ↑Minnesänger zu den gern gesehenen Gästen.

Die Längsseite des langen und schmalen Palas zeigte aus klimatischen Gründen meist nach Süden. Der Palas besaß zwei oder mehr Stockwerke und war innen anfangs dreigeteilt: ein großer Rittersaal, an den sich zu beiden Seiten zwei kleinere Räume anschlossen, von denen einer als Durchgang zur Kapelle diente. Zum Hauptgeschoß führte eine Freitreppe. In späterer Zeit wurde meist der Wohnturm mit dem Palas verbunden und das Innere in viele kleinere, leichter heizbare Räume aufgeteilt.

Getrennt von diesen Herrenwohnräumen lagen die Stallungen, Vorratsräume und die Wohnung für die Ritterknechte und das Gesinde.

Die einst stolzen und mächtigen, nun zerfallenen Burgen waren Wohnsitze des Ritterstandes, der im hohen Mittelalter dem Aufgebot der Könige und Landesherren folgte. Die Ritter leisteten Reiter- und Waffendienste und erhielten dafür Lehen: Burgen, Land und Leute. Sie waren Dienstmannen ihrer Lehnsherren und als Stand mit ihresgleichen durch „ritterliche" Erziehung und Lebensanschauung verbunden. Ihre Welt war der Kriegsdienst und die Jagd, die ritterliche Fehde und das Turnier. Seit der Zeit der staufischen Kaiser nannten sie sich meistens nach ihren festen Wohnsitzen, den Stammburgen.

Im Wandel der Zeiten wurden die Burgen oft umkämpft, in kriegerischen Auseinandersetzungen eingeäschert und zerstört, danach wieder aufgebaut, erweitert und verstärkt, schließlich verfielen sie doch zu Ruinen, steinerne Zeugen einer vergangenen Epoche. Nur wenige blieben unversehrt (Eltz; Marksburg). Manche von ihnen, oftmals umgebaut, wandelten sich, der technischen und militärischen Entwicklung entsprechend, zur Festung (Ehrenbreitstein; Rheinfels u. a.), andere zum mehr Raum und Wohnkultur bietenden Schloß. Viele Burgen wurden im 19. Jh., der Zeit der Romantik, restauriert (Marienburg, Stolzenfels, Wartburg u. a.).

* * *

Butler [batᵉr; engl.] m, Chefdiener eines größeren, aufwendig geführten Haushalts, bes. in England.

Butter w, ein wertvolles, aus Milch gewonnenes Speisefett. Für die Herstellung von 1 kg B. benötigt man etwa 25 l Milch. Die Milch wird in Zentrifugen ausgerahmt. Der Rahm wird in Buttermaschinen (Butterfässern) durchgearbeitet, bis Butterklümpchen ausgeschieden werden, die dann für den Verbrauch zubereitet werden. Die beim Buttern zurückbleibende säuerliche Magermilch nennt man *Buttermilch*.

Butterblume ↑ Dotterblumen.

Butterfly ↑ Wintersport (Eiskunstlauf).

Butterflystil ↑ Schwimmen.

Butzenscheiben w, Mz., runde, in Blei gefaßte, kleine Fensterglasscheiben mit einseitiger Verdickung (dem Butzen); besonders im 16. Jh. verwendet.

Buxtehude, niedersächsische Stadt westlich von Hamburg, mit 31 000 E. Die Stadt ist Mittelpunkt des *Alten Landes*, einer fruchtbaren Marschlandschaft mit Obstbau. B. hat eine Fachhochschule.

Byrd, Richard Evelyn [börd] * Winchester (Virginia) 25. Oktober 1888, † Boston 12. März 1957, amerikanischer Admiral u. Polarforscher, der nach eigenen Angaben 1926 (neuerdings angezweifelt) als erster den Nordpol überflog; 1929 überflog er als erster den Südpol.

Byron, George Gordon Noel Lord [bairᵉn], * London 22. Januar 1788, † Mesolongion (Griechenland) 19. April 1824, englischer Dichter der Romantik. B. gelangte mit Gedichten u. Verserzählungen zu internationalem Ruhm. Beachtung fand auch sein exzentrischer Lebenswandel. Er starb als begeisterter Anhänger der griechischen Freiheitsbewegung. – Abb. S. 91.

byzantinische Kunst w, die Kunst des ↑ Byzantinischen Reiches, erwachsen aus spätantiken und frühchristlichen Traditionen. Eine bedeutende Schöpfung der Baukunst ist die Kuppelbasilika, eine Vereinigung von Längsbau (Basilika) u. Rundbau (Kuppel). Hauptwerk ist die Hagia Sophia in Konstantinopel (heute Istanbul). Wichtig als Zeugnisse der byzantinischen Kunst sind die Kirchen von Ravenna mit ihren einzigartigen Mosaiken. Von außerordentlicher Schönheit sind byzantinische Goldschmiedearbeiten.

Byzantinisches Reich s (auch Oströmisches Reich, Byzanz, Ostrom), die 395 durch die Teilung des römischen Weltreichs entstandene östliche Hälfte des Imperium Romanum. Es bestand bis zur Eroberung durch die Türken (1453) u. umfaßte zur Zeit seiner größten Ausdehnung Vorderasien, die griechischen Inseln u. den Balkan.

Byzanz (das spätere Konstantinopel und heutige Istanbul), antike Handelsstadt am Bosporus. B. wurde um 660 v. Chr. gegründet, 330 n. Chr. als Konstantinopel Hauptstadt des Römischen Reiches, 395 Hauptstadt des Oströmischen (Byzantinischen) Reiches.

C

C: 1) 3. Buchstabe des Alphabets; **2)** Anfangston der Grundtonleiter (C-Dur); **3)** römisches Zahlzeichen für: 100 (centum); **4)** chemisches Symbol für: Kohlenstoff; **5)** Abkürzung für: ↑ Celcius.

ca., Abkürzung für: circa (zirka), ungefähr.

Caballero [kabaljero] m, spanische Bezeichnung für Herr, Ritter, Edelmann.

Caboto, Giovanni (John Cabot [engl. *dschon käbᵉt*]), * Genua um 1450, † um 1499, italienischer Seefahrer in englischen Diensten. Er entdeckte 1497 das nordamerikanische Festland (Labrador?), das er für China hielt. Sein Sohn *Sebastiano C.* (um 1474/1483 bis 1557), der mit seinem Vater Amerika erreicht hatte, erforschte später in spanischen Diensten Teile Südamerikas.

Cabral, Pedro Álvarez [...wral], * Belmonte (Beira Alta) um 1467, † um 1520, portugiesischer Seefahrer. Er erreichte 1500 die Küste von Brasilien, das er für Portugal in Anspruch nahm. Später gründete er in Vorderindien portugiesische Handelsniederlassungen.

Cádiz [kadith], südwestspanische Hafenstadt am Golf von C., mit 141 000 E. Auf einer schmalen Landzunge gelegen, ist die Südwestseite durch Mauern gegen das Meer geschützt. Bemerkenswert ist die Alte Kathedrale (12. u. frühes 17. Jh.). Wichtige Wirtschaftszweige sind der Schiffbau u. die Fischerei. Ausgeführt werden Wein u. Seesalz. C. hat einen Flughafen. – C. wurde um 1100 v. Chr. von Phöniziern gegründet, 206 v. Chr. von den Römern erobert, im 5. Jh. von den Westgoten zerstört. 711 bis 1262 war C. arabisch.

Cadmium [gr.] s, Metall, chemisches Symbol Cd, Ordnungszahl 48, Atommasse 112,4; Schmelzpunkt 321 °C; Siedepunkt 769 °C; Dichte 8,65 g/cm³. Das silberglänzende Metall ist so weich, daß man es schneiden oder zu dünnen Folien walzen oder hämmern kann. C. kommt in der Natur v. a. als Bestandteil von Zinkerzen vor. In Form seiner Legierungen mit Zinn, Blei, Quecksilber u. a. findet C. vielfache Verwendung.

Cagliari [kaljari], Hauptstadt Sardiniens, an der Südküste der Insel gelegen, mit 240 000 E. Die Kathedrale war 1312 vollendet. Die Bastionen stammen zum Teil noch aus dem Mittelalter. Aus römischer Zeit ist ein Amphitheater erhalten. C. hat eine Universität. Es ist ein wichtiger Hafen u. Handelsplatz. Bedeutend ist die Meersalzgewinnung.

Cagliostro, Alessandro Graf von [kaljoßtro], eigentlich Giuseppe Balsamo, * Palermo 8. Juni 1743, † Schloß San Leone bei Urbino 26. August 1795, berühmter italienischer Abenteurer. Er trat als Geisterbeschwörer, Alchimist, Freimaurer (u. a. in Deutschland) auf. Wegen seiner Betrügereien mußte er oft von Ort zu Ort ziehen. 1789 wurde er in Rom wegen Ketzerei zum Tode verurteilt, dann zu lebenslanger Haft begnadigt.

Caisson [käßong; frz.] m, versenkbarer, unten offener Kasten aus Stahl oder Stahlbeton, der als eine Art Taucherglocke bei Unterwasserarbeiten eingesetzt wird. Im C. herrscht höherer Luftdruck als normal, denn das Wasser drückt die im Kasten eingeschlossene Luft zusammen, ohne sie allerdings verdrängen zu können. Deshalb müssen die Arbeiter beim Verlassen des Caissons sich langsam an den Normaldruck gewöhnen (es kommt sonst zur *Caissonkrankheit*, bei der sich Gas im Blut löst, was zu Lähmungen oder gar zum Tod führen kann).

cal, Kurzzeichen für die gesetzlich nicht mehr zugelassene Einheit ↑ Kalorie.

Calais [kalä], nordfranzösische Hafenstadt an der Straße von Dover, mit 79 000 E. Nach der Zerstörung im 2. Weltkrieg entstand eine moderne Stadt. C. ist ein wichtiger Ausgangshafen für den Fährverkehr nach England. C. hat einen Flughafen, ist Seebad u. besitzt eine beachtliche Eisen- u. Textilindustrie u. Fischereiflotte. – Die Stadt war eine alte flandrische Festung. Im Hundertjährigen Krieg wurde sie von den Engländern erobert (1347) u. blieb als letzte englische Festlandbastion bis 1558 in englischem Besitz. – Bekannt ist das dortige Denkmal „Die Bürger von Calais" (von Rodin).

Calcium (Kalzium) [lat.] s, metallisches Element, chemisches Symbol Ca, Ordnungszahl 20, ungefähre Atommasse 40, Schmelzpunkt 845 °C; Siedepunkt 1487 °C; Dichte 1,55 g/cm³. Es ist nach Eisen u. Aluminium das dritthäufigste Metall; ↑ auch Kalkspat.

Calderón de la Barca, Pedro, * Madrid 17. Januar 1600, † ebd. 25. Mai 1681, bedeutender spanischer Dramatiker des Barock. Er war Geistlicher, Hofkaplan König Philipps IV. Sein Werk, etwa 200 Schauspiele, ist vom Weltbild des Katholizismus geprägt. Bekannt sind v. a.: „Das große Welttheater" (1645), „Der Richter von Zalamea", „Das Leben ein Traum", „Der standhafte Prinz" (alle 1636).

Cali, Stadt in Kolumbien, im fruchtbaren Tal des Río Cauca, am Fuß der Westkordillere, 1 103 m ü. d. M. gelegen. C. hat mit der Bevölkerung des Umlandes 1,2 Mill. E. Die Stadt ist das Handelszentrum für Westkolumbien (mit Straße u. Bahn zur Küste) u. hat eine vielseitige Industrie. C. ist auch Universitätsstadt.

Callus ↑ Kallus.

Calvin, Johannes, eigentlich Jean Cauvin [*sehang kowäng*], * Noyon (Oise) 10. Juli 1509, † Genf 27. Mai 1564, französisch-schweizerischer Reformator. C. ist neben Luther u. Zwingli der dritte der führenden Reformatoren. Er wirkte in Genf, wo er 1541 eine neue strenge Kirchenordnung einführte, die weite Verbreitung fand. Besonderheiten seiner Reformation sind die Lehre von der Prädestination (Vorherbestimmung des Menschen zu Heil oder Verwerfung durch Gott) u. die Deutung des ↑ Abendmahls.

Camargue [*kamarg*] w, südfranzösische Landschaft des Rhonedeltas, südlich von Avignon, mit versumpften Strandseen. Der südliche Teil der C. steht unter Naturschutz. Berühmt sind die Flamingokolonien und die halbwilden (verwilderten) Pferde (Camarguepferde) in dieser urtümlichen Landschaft. – Abb. S. 96.

Cambridge [*ke¹mbridsch*], ostenglische Stadt, mit 104 000 E. Die neben Oxford berühmteste Universität Englands wurde im frühen 13. Jh. gegründet. Sie ist mit zahlreichen (mehr als 20) Colleges, einer Sternwarte u. der berühmten King's College Chapel (15./16. Jh) eine Stadt für sich. Bekannt ist die jährliche Ruderregatta der Universitäten Oxford u. Cambridge auf dem Fluß Cham.

Camera obscura ↑ Fotografie.

Camões, Luís de [*kamongisch*], * Lissabon (oder Coimbra?) Ende 1524 oder Anfang 1525, † Lissabon 10. Juni 1580, portugiesischer Dichter. Seine Werke sind der bedeutendste Beitrag Portugals zur Weltliteratur. Sein Hauptwerk ist das Epos „Die Lusiaden" (1572, deutsch 1806). Es schildert die historischen Taten der Portugiesen, v. a. die Taten des Vasco da Gama. Hervorzuheben sind die realistischen Natur- u. Schlachtenschilderungen voller Lebendigkeit u. sprachlicher Meisterschaft. C. war auch ein hervorragender Lyriker.

Johannes Calvin

Enrico Caruso

Fidel Castro

Campanile ↑ Kampanile.

Camping [*kämping;* engl.] s, zeitweiliges Leben auf landschaftlich meist reizvoll gelegenen *Campingplätzen* (Zeltplätzen) in Zelten oder Wohnwagen.

Camus, Albert [*kamü*], * Mondovi (Algerien) 7. November 1913, † bei Villeblevin (Yonne) 4. Januar 1960, französischer Schriftsteller. Beeinflußt vom französischen Existenzialismus, schildert C. die Verantwortung des Menschen in der „absurden" Welt, d. h. in einer Welt, in der der Mensch, ohne Gott, sich selbst überlassen ist. Neben philosophischen Essays sind v. a. die Romane „Die Pest" (deutsch 1948), „Der Fremde" (deutsch 1948) u. „Der Fall" (deutsch 1957) zu nennen.

Canberra [*känb⁰r⁰*], Hauptstadt des Australischen Bundes, im Hauptstadtterritorium innerhalb des südöstlichen Neusüdwales. Die Stadt wurde 1913 wegen der Rivalität der Städte Melbourne u. Sydney um den Regierungssitz gegründet u. hat heute 198 000 E. Seit 1927 ist C. Sitz des Parlaments, seit 1946 Sitz der Nationalen Universität.

Candela ↑ Lichtstärke 2).

Cannae, Ort in Apulien, bekannt durch Hannibals Sieg über die Römer (216 v. Chr.).

Cannes [*kan*], französische Stadt an der Côte d'Azur, mit 70 000 E. Das milde Klima begünstigt die Stadt, die als Seebad u. Winterkurort Bedeutung hat. Oft finden in C. Kongresse statt, jedes Jahr im Mai internationale Filmfestspiele.

Cañon [*kanjon, kanjōn;* span.] *m*, enges, tief eingeschnittenes, steilwandiges Tal. Besonders bekannt ist der ↑ Grand Canyon (Gran Cañon) in den USA.

Canossa, Burg (heute Ruine) im Apennin, bei Reggio nell'Emilia. Im 11. Jh. war die Burg im Besitz der Markgrafen von Tuszien. Hier löste 1077 Papst Gregor VII. den deutschen König Heinrich IV. vom Bann (daher Canossagang = Demütigung). Der König errang mit der persönlichen Demütigung einen politischen Erfolg, da er seine volle Handlungsfreiheit zurückgewann.

Capri, Kalkfelseninsel im Golf von Neapel, 10,4 km² groß, bis 589 m hoch, mit Höhlen (berühmt ist vor allem die Blaue Grotte). Die beiden Städte auf C. sind C. mit 7 900 E u. *Anacapri* mit 4 500 E. C. hat dank des milden Klimas eine üppige Vegetation. Wegen seiner Schönheit wird C., das schon in römischer Zeit ein beliebter Erholungsort war, viel von Fremden aufgesucht.

Caracas, Hauptstadt Venezuelas, nahe der Küste des Karibischen Meeres in einem fruchtbaren Talkessel gelegen, mit 2,2 Mill. E. Die moderne Industrie- (chemische, Textil-, Nahrungsmittelindustrie) u. Handelsstadt ist auch Sitz von 5 Universitäten. Mit dem Durchstich der 2 000 m hohen Küstenkordillere wurde die kürzeste Autobahnverbindung zwischen C. u. seinem Hafen *La Guaira* hergestellt. Flughafen. – C. wurde 1567 gegründet und ist seit 1831 Landeshauptstadt.

Carbide [lat.] s, *Mz.*, Verbindungen des Kohlenstoffs mit Metallen, z. B. bekannte Calciumcarbid (CaC_2), das mit Wasser ↑ Acetylen entwickelt. Es gibt aber auch C., die der Kohlenstoff mit Bor oder Silicium bildet. Diese zeichnen sich durch große Härte aus (anstelle von Industriediamanten als Schleifmittel u. ä. verwendet).

Cardiff, Hauptstadt von Wales, am Bristolkanal, mit 277 000 E. Die Stadt ist ein bedeutendes Zentrum v. a. der Schwerindustrie. Im Hafen von C. spielte früher die Kohleausfuhr die überragende Rolle. C. ist das kulturelle Zentrum von Wales (mit Universität, walisischem Nationalmuseum u. a.). Die normannische Burg ist stark restauriert.

Carlos, Don, * Valladolid 8. Juni 1545, † Madrid 24. Juli 1568, Sohn Philipps II., Infant von Spanien. Wurde, weil er geistesgestört war, von der Thronfolge ausgeschlossen. Als er seine Flucht plante, wurde er in Haft genommen. In Schillers Drama ist Don C. nicht geschichtstreu dargestellt.

Carnegie, Andrew [*ka'nägi*], * Dunfermline (Schottland) 25. November 1835, † Lenox (Massachusetts) 11. August 1919, amerikanischer Stahlindustrieller, bekannt als „Stahlkönig".

Carnuntum

Er erwarb ein riesiges Vermögen, von dem er beträchtliche Teile für Stiftungen aufwendete, die v. a. wissenschaftlichen Forschungen dienten.

Carnuntum, östlich von Wien an der Donau gelegene alte keltische Stadt, dann bedeutende römische Festung, Sitz des römischen Statthalters, Hafen der römischen Donauflotte; um 400 zerstört. Bei Ausgrabungen wurden u. a. das Militärlager, zwei Amphitheater u. die Zivilstadt mit Palast entdeckt.

Carstens, Karl, *Bremen 14. Dezember 1914, deutscher Jurist und Politiker. Seit 1960 Professor, 1960–69 war C. Staatssekretär, zuerst im Auswärtigen Amt, dann im Verteidigungsministerium bzw. im Bundeskanzleramt. Seit 1972 ist er Mitglied des Bundestags, seit 1976 Bundestagspräsident. Im Mai 1979 wurde er Bundespräsident.

Cartagena [...ch_ena]: **1)** südostspanische Hafenstadt am Mittelmeer, mit 155 000 E. C. hat Hütten- u. chemische Industrie sowie Schiffbau; wichtigster spanischer Kriegshafen; **2)** kolumbische Hafenstadt am Karibischen Meer. Mit der Bevölkerung des Umlandes hat C. 340 000 E. Die Altstadt, im Stil der spanischen Kolonialzeit, wurde ab 1533 erbaut. C. ist Sitz einer Universität. Der Hafen dient v. a. der Erdölausfuhr. Die Stadt hat Nahrungsmittel-, Textil-, Leder- u. chemische Industrie.

Caruso, Enrico, *Neapel 27. Februar 1873, † ebd. 2. August 1921, italienischer Opernsänger, einer der bedeutendsten Tenöre. – Abb. S. 95.

Casablanca, größte Stadt u. wichtigster Hafen Marokkos, am Atlantischen Ozean, mit 2 Mill. E (drittgrößte Stadt Afrikas). C., in dem die Hälfte der marokkanischen Industrie ansässig ist, zeigt im Zentrum großzügige, breite Straßen u. moderne Hochhäuser.

Cäsar (Gajus Julius Caesar), *Rom 13. Juli 100, † ebd. 15. März 44 v. Chr., römischer Staatsmann, Feldherr u. Schriftsteller. Er entstammte dem Patriziergeschlecht der Julier u. war Neffe des Marius. Umfassend gebildet, schlug er die für einen Patrizier übliche Ämterlaufbahn ein. 58–51 vollendete er die Eroberung Galliens u. unternahm 55/54 zwei Expeditionen nach Britannien. Im Jahre 60 hatte C. ein Triumvirat mit Pompejus u. Crassus geschlossen, 49 begann er einen Bürgerkrieg gegen Pompejus (Crassus war inzwischen gestorben) u. besiegte ihn. Im Jahre 44 wurde C. zum Diktator auf Lebenszeit ernannt. Somit war er ein gesetzmäßiger Alleinherrscher u. begann mit einer großzügig geplanten Neuordnung des Reiches. Das Königsdiadem wies C. zurück, doch machte er sich wegen selbstherrlicher Regierungsmethoden verhaßt. Er fiel einer Senatorenverschwörung zum Opfer; während der Senatssitzung an den Iden des März (15. 3.) 44 wurde er erdolcht. – Große Tatkraft, Machtwille, rasches Erfassen der Situation, diplomatisches Geschick, Organisationstalent und militärische Leistungen zeichneten ihn aus; er zeigte aber auch persönliche und politische Skrupellosigkeit. Er schrieb sieben Bücher über den gallischen Krieg („De bello Gallico") u. drei über den Bürgerkrieg („De bello civili"); auch führte er den Julianischen ↑Kalender ein. – In der Literatur wurde C. häufig dargestellt.

Cäsium [lat.] s, chemisches Symbol Cs, Ordnungszahl 55, Atommasse ungefähr 132,9; silberweißes, sehr weiches Metall, das schon bei 28,5 °C schmilzt. C. ist das unedelste, reaktionsfähigste Metall. Es bildet z. B. mit Wasser unter Feuererscheinung die stärkste anorganische Base (Cäsiumhydroxid). C. ist sehr selten u. kommt gediegen (rein) nicht vor. Verwendet wird es für die Herstellung von Photozellen u. anderen elektronischen Bauelementen.

Castro, Fidel, *Mayarí (Oriente) 13. August 1927, kubanischer Politiker. C. war ursprünglich Rechtsanwalt. Er stellte sich gegen die Diktatur des kubanischen Präsidenten Batista. 1953 war ein Aufstand Castros erfolglos, 1956 begann C. mit wenigen Anhängern einen bewaffneten Kampf, der Anfang 1959 zum Erfolg führte. C. wurde Ministerpräsident und herrscht seitdem als kommunistischer Diktator. Der Grundbesitz wurde enteignet, die Industrie verstaatlicht. C. entmachtete die katholische Kirche und verstaatlichte die kirchliche Schule. Innerhalb weniger Jahre beseitigte er das Analphabetentum fast vollständig. Außenpolitisch steht er in scharfem Gegensatz zu den USA. – Abb. S. 95.

Camargue

Castrop-Rauxel, Industriestadt im Ruhrgebiet, nordwestlich von Dortmund, mit 81 000 E. Wirtschaftlich bedeutend sind der Steinkohlenbergbau u. die chemische Industrie. C. hat einen Hafen am Rhein-Herne-Kanal.

Catania, zweitgrößte Stadt Siziliens, an der Ostküste der Insel, am Fuß des Ätna, mit 400 000 E. Durch den Ausfuhrhafen (v. a. für Südfrüchte, Wein u. Mandeln), den Handel u. seine vielseitige Industrie wurde C. zu einem bedeutenden Wirtschaftszentrum. C. hat einen barocken Dom, eine Universität, ein vulkanologisches Institut u. ein Observatorium. – Die Stadt ist eine griechische Gründung (8. Jh. v. Chr.), 263 v. Chr. wurde sie römisch. Nach dem Erdbeben von 1693 wurde die Stadt fast völlig neu aufgebaut.

Paul Cézanne (Selbstbildnis)

Gajus Julius Cäsar (Marmorkopf)

Cézanne

Marc Chagall, Ich und das Dorf

Cato (Marcus Porcius C. Censorius), *Tusculum (heute Frascati) 234, †149 v. Chr., römischer Politiker u. Schriftsteller, Vertreter altrömischer Sittenstrenge u. einfacher Lebensführung.

Caudillo [*kaudiljo;* span.] *m,* im Mittelalter Bez. für den Heerführer in Spanien. Heute im spanischsprechenden Amerika Bezeichnung für einen politischen Machthaber; Titel ↑Francos.

CD, Abkürzung für: Corps Diplomatique [*kor diplomatik;* frz.], Diplomatisches Korps (zusätzliches Kraftfahrzeugkennzeichen).

CDU, Abkürzung für: Christlich-Demokratische Union, 1945 in den deutschen Ländern (außer in Bayern, dort ist die entsprechende Partei die *Christlich-Soziale Union,* Abkürzung CSU) gegründete Partei. Nach Programm u. Anhängerschaft ist die CDU überkonfessionell und fühlt sich dem Christentum verpflichtet. Die CDU bildet mit der CSU eine gemeinsame Fraktion im Bundestag. Sie war 1949–69 Regierungspartei. Geprägt wurde die CDU lange Zeit durch K. ↑Adenauer. Bei der Bundestagswahl 1976 erhielt die CDU 38,0 % der Zweitstimmen, die CSU 10,6 %.

Celebes [*zelebeß*] (indonesisch Sulawesi), drittgrößte der Sundainseln, Indonesien, mit 9 Mill. E. Die wichtigsten Städte sind *Makassar* u. *Manado.* C. ist ein gebirgiges Land mit schmalen Küstenstreifen, fast zur Hälfte von immergrünen tropischen Wäldern bedeckt. Im Norden der Insel finden sich einige tätige Vulkane. An Bodenschätzen hat C. v. a. Gold, Silber, Nickel u. Schwefel. Ausgeführt werden: Kaffee, Kopra, Kautschuk, Gewürznelken, Reis. – Seit 1512 gab es in C. Handelsstützpunkte der Portugiesen; diese wurden im 17. Jh. von Niederländern verdrängt, die bis 1860 alle einheimischen Fürsten unterwarfen. Seit 1949 gehört C. zu Indonesien.

Celesta [*tsche...;* ital.] *w,* Stahlplattenklavier. Die zart klingenden Stahlplatten werden über eine Klaviatur mit Hämmerchen angeschlagen. 1886 in Paris erfunden.

Celle, Stadt in Niedersachsen, an der Aller u. am Südrand der Lüneburger Heide, mit 74 000 E. Viele schöne Fachwerkhäuser, das ehemals herzogliche Schloß (v. a. 16. u. 17. Jh.), Schloßkapelle u. -theater sowie die barockisierte gotische Stadtkirche prägen das Stadtbild. In C. ist die Deutsche Bohrmeisterschule u. ein Institut für Bienenforschung. Die Erdölindustrie ist durch nahegelegene Förderung begünstigt. Berühmt ist das Landgestüt (gegründet 1735).

Cello [*tschälo;* ital.] *s,* Kurzform für: ↑Violoncello.

Celsius, Anders, * Uppsala 27. November 1701, †ebd. 25. April 1744, schwedischer Astronom. Er führte 1742 die heute gebräuchliche Temperaturskala ein, bei der der Abstand zwischen Gefrier- u. Siedepunkt des Wassers in 100 gleiche Teile (°C) unterteilt ist.

Cembalo [*tschäm...;* ital.] *s,* Kurzform von Clavicembalo, ein Tasteninstrument mit 1–2 Manualen (Tastenreihen). Die Saiten, die parallel zu den Tasten gespannt sind, werden mit Kielen aus Kunststoff oder Leder angerissen. Sie können (durch Handzüge, die herausgezogen werden, oder Pedaltritte) in ihrer Tonhöhe und Klangfarbe verändert werden. Das C. war im 17. u. 18. Jh. sehr beliebt. – Abb. S. 98.

Cent [*ßänt, zänt;* lat.-frz.-engl.] *m,* Scheidemünze u. a. in den USA, in Kanada, im Australischen Bund, in Südafrika u. in den Niederlanden.

Cer [nlat.] *s* (Cerium), chemisches Symbol Ce, Ordnungszahl 58, Atommasse ungefähr 140,1. C. ist ein verhältnismäßig weiches, gut verformbares u. chemisch reaktionsfähiges Metall. Bei 150 °C verbrennt es mit Sauerstoff unter heller Lichterscheinung zu Ceroxid. Verwendet wird C. v. a. für Legierungen u. Feuersteine.

Ceres, italisch-römische Göttin der Feldfrucht u. des Wachstums. Sie entspricht der griechischen Göttin ↑Demeter.

Cervantes Saavedra, Miguel de [*thärwantäß-*], getauft Alcalá de Henares 9. Oktober 1547, † Madrid 23. April 1616, spanischer Dichter. Sein Hauptwerk ist der Roman „... Don Quijote von der Mancha" (1605–15, deutsch 1799). Er schildert die Abenteuer eines armen Adligen u. seines treuen, pfiffigen Waffenträgers Sancho Pansa. Die Weltfremdheit des „Ritters von der traurigen Gestalt", der in idealen Vorstellungen befangen ist, und die nüchterne, nur auf das Praktische gerichtete Schläue des Dieners spiegeln menschliche Charaktere u. Verhaltensweisen.

Ceylon [*zailon*] ↑Sri Lanka.

Cézanne, Paul [*ßesan*], *Aix-en-Provence 19. Januar 1839, †ebd. 22. Oktober 1906, französischer Maler. Ausgehend vom Impressionismus gelangte er zu einem eigenen Stil, der die moderne Kunst entscheidend beeinflußt hat. C. versuchte, auch den inneren Aufbau des Bildes u. eine Ordnung des Geschehens allein durch die Farbe deutlich zu machen. Er malte Landschaften, Stilleben, Figurenbilder u. Bildnisse in schwerer, satter Farbigkeit, mitunter auch, wie seine Aquarelle, aufgelockert u. zartfarben.

Chamäleon

Champignon (Waldchampignon)

Adelbert von Chamisso

Chabarowsk

Cembalo

Chabarowsk, sowjetische Stadt im Fernen Osten, mit 513 000 E. Flußhafen an der Mündung des Ussuri in den Amur. Die Stadt ist ein Industriezentrum (Erdölraffinerie, Schiff- u. Maschinenbau, Holzverarbeitung) an der Transsibirischen Eisenbahn.

Chabrol, Claude [*sch*...], * 1930, französischer Filmregisseur, ↑ Film.

Chagall, Marc [*sch*...], * Liosno bei Witebsk 7. Juli 1887, russischer Maler, der in Paris lebt. In märchenhaften Bildern in leuchtenden, warmen Farben läßt er Erinnerungen aus dem russisch-jüdischen Leben lebendig werden. – Abb. S. 97.

Chaldäer [*k*...] *m, Mz.,* der wichtigste Großstamm der Aramäer in Babylonien. Die Chaldäer gelangten 626 v. Chr. in Babylon zur Herrschaft (bis 539 v. Chr.).

Chalkidike *w,* waldreiche griechische Halbinsel in Makedonien. Sie springt mit den drei gebirgigen Landzungen: Athos, Sithonia u. Kassandra weit ins Ägäische Meer vor.

Chalkis, Hauptstadt der griechischen Insel Euböa, an der Westküste gelegen, mit 36 000 E. Die durch eine Zugbrücke mit dem Festland verbundene Stadt hat 2 Häfen u. ist Handelszentrum für landwirtschaftliche Produkte. – Ch. war in makedonischer Zeit eine bedeutende Festung, auch unter den Venezianern (ab 1209), die es als Handelsstützpunkt ausbauten.

Chalzedon [*kal*...; *gr.*] *m,* durchscheinendes, matt glänzendes Mineral, das in seiner Struktur weitgehend dem Quarz entspricht. Je nach der Farbe unterscheidet man: *Chrysopras* (grün), *Jaspis* (bläulich, gelb, rot oder braun), *Karneol* (rötlich). Die wichtigste Varietät ist Achat.

Chamäleons [*ka*...] *s, Mz.,* Echsenfamilie mit langer, klebriger, vorn keulig verdickter Schleuderzunge, mit der Insekten gefangen werden, einem Wickelschwanz u. Greiffüßen. Die Augen können einzeln bewegt werden. Durch einen Farbwechsel können die Tiere sich ihrer Umgebung anpassen (Menschen mit unbeständigem, schillerndem Charakter werden daher oft mit Ch. verglichen). Sie leben meist auf Bäumen im Mittelmeergebiet, in Afrika u. in Indien. – Abb. S. 97.

Chamisso, Adelbert von [*schamißo*], eigentlich Louis Charles Adélaïde de Ch. de Boncourt, * Schloß Boncourt (Champagne) 30. Januar 1781, † Berlin 21. August 1838, deutscher Dichter und Naturforscher. Vor der Französischen Revolution 1789 floh Ch. nach Deutschland. Er schrieb romantische Gedichte und Balladen. Weltruhm brachte ihm die Geschichte des Mannes, der seinen Schatten verkaufte („Peter Schlemihls wundersame Geschichte", 1814). 1815–18 nahm er an einer Weltumseglung teil, die er beschrieb. – Abb. S. 97.

Chamois [*schamoa*; *frz.*] *s,* weiches Gemsen-, Ziegen- oder Schafleder.

Chamoispapier, hellgelbes (gemsfarbenes) Kopierpapier (Fotografie).

Champagne [*schangpanje*] *w,* weiträumige Schichtstufenlandschaft im Osten des Pariser Beckens. Man unterscheidet die *trockene Ch.* (da wasserdurchlässig) im Westen mit Schafweiden und die *feuchte Ch.* im Osten mit vielen Gehölzen, mit Ackerbau und Viehzucht. In beiden Teilen wird Weinbau betrieben (bekannte Spitzensorten), berühmt ist der *Champagner,* der dort hergestellte Schaumwein.

Champignon [*schampinjong*] *m,* Gattung der Lamellenpilze mit mehr oder weniger stark gewölbtem, glattem oder mit Schuppen bedecktem, weißem, gelblichem oder bräunlichem Hut, Stielmanschette u. safranroten bis dunkelbraunen Lamellen. In Deutschland kommen u. a. vor: Feldchampignon, Schafchampignon u. Waldchampignon. Verwechseln kann man Champignons leicht mit den giftigen Knollenblätterpilzen oder giftigen Champignonarten. Die nicht giftigen Champignons sind wertvolle Speisepilze. Man züchtet sie (Champignonkulturen) in Kellerräumen und Höhlen, die gleichmäßig warm sein müssen. – Abb. S. 97.

Champion [*tschämpjen*; *engl.*] *m,* der jeweilige Meister in einer Sportart.

Chance [*schangße*; *frz.*] *w,* Glücksfall, günstige Gelegenheit, Aussicht.

Chanson [*schangßong*; *frz.*] *s,* ursprünglich jedes Gedicht in Strophen, das weltlichen Inhalt hatte. Seit dem 15. Jh. bezeichnete man volkstümliche mehrstimmige Lieder als Chanson. Heute versteht man unter Ch. ein witziges, häufig freches, mitunter auch leicht sentimentales u. melancholisches Lied.

Chaos [*kaoß*; *gr.*] *s:* **1)** der ungeordnete Urzustand der Welt; **2)** im heutigen Sprachgebrauch: Wirrwarr, völliges Durcheinander, Unordnung.

Chaplin, Charlie [*tschäplin*], eigentlich Charles Spencer Chaplin, * London 16. April 1889, † Vevey (Schweiz) 25. Dezember 1977, britischer Filmschauspieler, Drehbuchautor u. Produzent. Chaplins Stummfilme, die durch groteske Situationskomik auffallen, sind in Wahrheit Tragikomödien des einfachen Menschen im Widerstreit mit der Umwelt. Große mimische Ausdruckskraft, verbunden mit feiner Satire u. Parodie, ist auch für die späteren Tonfilme kennzeichnend. Zu den wichtigsten Filmen zählen u. a. „Goldrausch" (1925) u. „Moderne Zeiten" (1936).

Charakter [*ka*...; *gr.*] *m,* die Eigenart, Wesensart einer Person oder einer Sache, die geistig-seelische Prägung eines Menschen. Sagt man von einem Menschen, er sei charakterlos, so verurteilt man sein sittliches Verhalten. Ein charaktervoller Mensch dagegen ist ein Mensch mit hohem sittlichem Verantwortungsgefühl, der seinen Standpunkt unerschütterlich vertritt. Sagt man, ein Mensch habe Ch., so meint man, er habe eine gute, verläßliche Wesensart.

Chariten [*gr.*] *w, Mz.,* in der griechischen Mythologie Töchter des Zeus u. Göttinnen der Anmut: *Aglaia* (Glanz), *Euphrosyne* (Frohsinn) u. *Thalia* (Blüte).

Charkow, sowjetische Stadt im Nordosten der Ukraine, mit 1,4 Mill. E. In Ch. gibt es eine Universität u. mehrere Hochschulen. Ch. ist ein bedeutendes Zentrum für Maschinenbau (Turbinen-, Lokomotiven- u. Traktorenwerke) u. ein wichtiger Verkehrsknotenpunkt.

charmant [*schar*...; *frz.*], bezaubernd, liebenswürdig; eine Person hat *Charme* bedeutet: sie besitzt Anmut, Liebreiz, Anziehungskraft.

Charlie Chaplin in den Filmen „Goldrausch" und „Moderne Zeiten"

Charon, in der griechischen Göttersage der Fährmann der Unterwelt. Er setzt die Schatten der Toten über die Gewässer der Unterwelt.

Charta [*kar...*; lat.] w, im heutigen Staats- und Völkerrecht eine Urkunde, die für das Rechtsleben bestimmend ist; u. a. die Ch. der UN.

chartern [(*t*)*schar...*; engl.], ein Schiff oder ein Flugzeug mieten.

Chartres [*schartre*], französische Stadt u. Wallfahrtsort an der Eure, südwestlich von Paris, mit 39 000 E. Berühmt ist die gotische Kathedrale mit reichen Portalen u. bedeutenden Glasfenstern.

Charybdis, bei Homer ein Meeresungeheuer, das dreimal am Tage das Meerwasser aufsaugt u. wieder ausspeit. ↑Szylla u. Ch. sperren bei Homer eine Meerenge.

Chassis [*schaßi*; frz.] s, Fahrgestell von Wagen, besonders von Kraftfahrzeugen. Unter Ch. versteht man auch einen Rahmen, z. B. den Rahmen eines Rundfunkgeräts.

Chauvinismus [*schowi...*; frz.] m, übertriebener Nationalismus. Der Name geht zurück auf eine französische Lustspielfigur des 19. Jahrhunderts, den übertrieben patriotischen Rekruten Chauvin.

Chef [*schef*; frz.] m, Vorgesetzter, Leiter (z. B. eines Betriebes, einer Abteilung), Geschäftsinhaber.

Chef..., häufiges Bestimmungswort von Zusammensetzungen mit der Bedeutung „Haupt..., Ober...", z. B. Chefarzt, Chefredakteur.

Chemie ↑ S. 101 ff.

Chemiefasern [arab.; dt.] w, Mz., Sammelbegriff für alle Fasern, die auf chemischem Wege völlig künstlich (vollsynthetisch) oder durch Veränderung von Naturstoffen, wie z. B. Zellulose u. Eiweiß (halbsynthetisch) hergestellt werden. Vollsynthetische Ch. sind beispielsweise Perlon, Nylon, Dralon, Trevira, Dolan u. viele andere. Die Grundstoffe für diese Gruppe werden hauptsächlich aus Kohle, Erdöl, Erdgas, Luft u. Wasser gewonnen. Halbsynthetische Fasern sind z. B. Reyon, Acetat u. Zellwolle. Nach ihrer endgültigen Form werden die Ch. eingeteilt in Chemiefäden (Endlosfäden) u. Chemie-(Spinn-)Fasern (Stapelfasern). Die Endlosfäden ergeben glatte, seidenartige Gewebe. Die Stapelfasern werden in Stücke von wenigen Zentimetern geschnitten, wie Schafhaare zu Garn versponnen u. zu mehr wollartigen, flauschigen Stoffen verwoben oder auch verstrickt. Als dritte Gruppe von Ch. kann man die anorganischen Glasfasern (Glasfiberstab) u. mannigfaltigen Metallfäden (z. B. Lurexgewebe) ansehen.

chemische Elemente ↑ Periodensystem der chemischen Elemente, ↑ Chemie.

chemische Formeln ↑ Chemie.

chemische Verbindungen ↑ Chemie.

Chemnitz [*kem...*] ↑ Karl-Marx-Stadt.

Cheops [*che...*] (ägyptisch Chufu), ägyptischer König (um 2 530 v. Chr.) der 4. Dynastie. Regierte 23 Jahre, ließ in der Nähe seiner Residenz Memphis die Cheopspyramide (↑ Pyramide 2) erbauen.

Cherbourg [*schärbur*], bedeutende französische Hafenstadt an der Nordküste der Halbinsel Cotentin in der Normandie, mit 32 000 E. Schiffbau u. Fischerei sind die wichtigsten Unternehmen.

Cherub [hebr.; Mz. Cherubim] m, nach der im Alten Testament geschilderten Vision ein lichtumflossener Engel in unmittelbarer Nähe Gottes.

Cherusker m, Mz., germanischer Volksstamm an der mittleren Weser, der wahrscheinlich in den Sachsen aufgegangen ist. Die Ch. kämpften unter ↑ Arminius gegen die Römer (9 n. Chr.).

Chiang Kai-shek ↑ Tschiang Kai-schek.

Chicago [*schikago*], zweitgrößte Stadt der USA, am Südwestufer des Michigansees, im Bundesstaat Illinois, mit 3,4 Mill. E. Die Stadt hat mehrere Universitäten u. eine technische Hochschule. Sie ist der größte Vieh- u. Getreidemarkt der USA u. hat riesige Schlachthöfe. Wichtige Industrien sind: Nahrungs-, Genußmittel-, Elektro-, Eisen- u. Stahlindustrie. Ch. ist der größte Bahnknotenpunkt (mit 38 Linien) u. hat den größten Flughafen der Erde. Sein bedeutender Hafen ist durch den ↑ Sankt-Lorenz-Strom auch für Seeschiffe zugänglich.

Chiemsee [*kim...*] m, größter See Bayerns, im Alpenvorland, 80,1 km² groß, bis 74 m tief; mit drei Inseln: auf *Herrenchiemsee* Prunkschloß König Ludwigs II. im Stil von Versailles, auf *Frauenchiemsee* eine alte Benediktinerinnenabtei; die *Krautinsel* ist unbewohnt.

Chiffon [*schifong*; frz.] m, ein feinfädiges Baumwoll- oder Seidengewebe.

Chiffre [*schifre*; frz.] w: **1)** Ziffer; **2)** Geheimzeichen, Geheimschrift (chiffrieren); **3)** bei Anzeigen in Zeitungen u. Zeitschriften eine Verbindung von Buchstaben u. Ziffern als Kennummer. Sie kennzeichnet die Anzeige für den Verlag u. verbirgt für den Leser den Namen der Person, die die Anzeige aufgegeben hat.

Chile [*tschile*], Republik im Westen Südamerikas, mit 10,7 Mill. E; 756 946 km². Die Hauptstadt ist Santiago de Chile. Die Anden im Osten u. der Pazifische Ozean im Westen bilden die natürlichen Grenzen des langgestreckten Landes. Man unterscheidet vom Landesinneren bis zum Meer: die Hochkordillere der Anden (bis fast 7 000 m hoch), die mittleren Hochebenen (im Norden) u. die Senken (im Süden), die Küstenkordillere u. die Küstenebenen. Zahlreiche Gipfel der Gebirge sind vulkanischen Ursprungs. Die Häufigkeit der Erdbeben in Ch. zeigt an, daß die tektonischen Kräfte in diesem Gebiet noch nicht zur Ruhe gekommen sind. Im Norden des Binnenlandes fehlt jeglicher Niederschlag, die Atacama ist die trockenste Wüste der Erde. Die Flüsse haben ein sehr starkes Gefälle, sie entspringen auf der Hochkordillere u. fließen gegen Westen zum Pazifischen Ozean. Sie sind kaum schiffbar. – Die Bevölkerung besteht aus 25 % Weißen (v. a. Spanier u. Italiener, im Süden auch Deutsche), etwa 70 % Mestizen u. 2 % Indianern. Ch. ist fast dreimal so groß wie die Bundesrepublik, aber über die Hälfte des Landes ist nicht nutzbar (Gebirge, Wüste). Es gibt nur wenig Acker- u. Weideland. Man erntet Weizen, Hafer, Gerste u. betreibt Schaf- u. Rinderzucht. Das Klima ist subtropisch bis kühl-gemäßigt. An Bodenschätzen finden sich: Kupfer, Eisen, Salpeter, Jod, Quecksilber, Gold, Steinkohle, Erdöl u. Erdgas. Exportiert werden vor allem Bergbauprodukte u. a. Obst, Wein u. Papier. – Ch. war 1540 von den Spaniern erobert worden u. erkämpfte sich 1810–18 seine Unabhängigkeit. Seit Ende des 19. Jahrhunderts ist Chiles Geschichte durch ein relativ stabiles parlamentarisches System gekennzeichnet, gleichzeitig verschärften sich jedoch die sozialen Probleme. Der christdemokratische Präsident E. Frei brachte zwar in den 1960er Jahren die von Unternehmen der USA ausgebeuteten Kupferminen unter nationale Kontrolle, konnte aber die Lage der Volksmassen nicht verbessern. Der Versuch des marxistischen Präsidenten S. Allende Gossens, dies (ab 1971) durch eine z. T. radikale Wirtschaftspolitik zu erreichen, wurde 1973 durch einen blutigen Militärputsch zunichte gemacht. – Ch. ist Gründungsmitglied der UN.

Chimborasso [*tschim...*], 6 267 m hoher erloschener Andenvulkan im mittleren Ecuador.

China, Volksrepublik in Ostasien, mit 9 561 000 km² fast vierzigmal so groß wie die Bundesrepublik Deutschland ist. Ch. hat 849 Mill. E. Die Hauptstadt ist Peking. Große Teile Chinas werden von Hochländern (darunter Tibet als das größte Hochland der Erde) u. Gebirgen eingenommen. Im Osten gibt es ausgedehnte Tieflandgebiete. Hochkontinentales, extrem winterkaltes Klima haben Hochasien u. die Mandschurei, wüstenhaft trocken ist dagegen Zentralasien und subtropisch Südchina. Die Niederschläge fallen im gesamten Ch. meist während des Sommers; von ihnen hängt die Wasserführung der großen Ströme (Jangtsekiang, Hwangho u. Sikiang) ab. Zu den reichen

Chinchillas

Bodenschätzen gehören: Kohle (insbesondere im Norden), Erdöl, Erdgas, Eisen, Zinn, Wolfram u. Antimon. Der Hauptteil der Bevölkerung treibt Landwirtschaft, v. a. Reis, Weizen u. Mais werden angebaut, daneben Baumwolle, Tee, Sojabohnen. Wichtig sind auch Schweinehaltung u. Fischerei. Ch. ist auf die Einfuhr von Getreide (außer Reis) angewiesen. Dem starken Bevölkerungszuwachs folgt eine laufende Steigerung der industriellen Produktion. *Geschichte:* Ch. ist eines der ältesten Kulturländer der Erde. Die früheste uns bekannte Dynastie herrschte zwischen dem 18. u. dem 15. Jh. v. Chr. Gegen die Hunnen wurde im 3. Jh. v. Chr. die ↑Chinesische Mauer errichtet. Im 7. Jh. n. Chr. war Ch. ein Weltreich, das sich bis zum Kaspischen Meer, nach Korea u. Tibet erstreckte. Von der glanzvollen Hofhaltung des Kaisers von Ch. (des Großkhans Kublai) berichtete Marco ↑Polo dem staunenden Abendland. Im 16. Jh. begannen die Europäer in Ch. Einfluß zu gewinnen. Um die Mitte des 19. Jahrhunderts wurde Ch. gewaltsam dem europäischen Handel erschlossen. 1911 wurde Ch. Republik. Ab 1920 entwickelte sich ein lange andauernder Bürgerkrieg, der nur während des chinesisch-japanischen Krieges (1937–45) eingestellt wurde. Nach dem Sieg der Kommunisten wurde 1949 die chinesische Volksrepublik unter ↑Mao Tse-tung u. Tschu En-lai ausgerufen. Die Nationalchinesen zogen sich nach ↑Taiwan zurück. 1950 schloß Ch. mit der UdSSR einen Freundschafts- und Beistandspakt (1976 gekündigt). 1951 gelang der Volksrepublik die Eingliederung Tibets. 1958 trat Mao Tse-tung als Staatspräsident ab, blieb aber Parteivorsitzender. Allmählich wurde die chinesische Stellung im kommunistischen Lager immer selbständiger. Ch. geriet in ideologischen Streit mit der UdSSR. Im Oktober 1964 zündete Ch. seine 1. Atombombe. Die teilweise blutig verlaufende Kulturrevolution (1965–68) festigte im Endeffekt die Stellung Mao Tse-tungs u. schaltete mit Hilfe der „Roten Garden" die gegnerischen („revisionistischen") Kräfte aus. Seit 1971 bemüht sich Ch. erfolgreich, aus seiner bisherigen Isolation herauszutreten. Diplomatische Beziehungen zu vielen Ländern (u. a. zur Bundesrepublik Deutschland u. zu Japan) wurden aufgenommen; der amerikanische Präsident Nixon besuchte Ch. im Februar 1972. Nach Maos Tod (1976) wird im Zuge der verstärkten Industrialisierung des Landes der wirtschaftliche, technische u. kulturelle Austausch mit den westlichen Industrieländern erheblich intensiviert. – Ch. ist Mitglied der UN seit 1971.

Chinchillas [*tschintschiljaß*] *s* oder *w*, *Mz.* (Wollmäuse), in den Bergen (den Anden) von Peru, Bolivien u. Chile lebende Nagetiere mit dichtem, seidenweichem, silber- bis blaugrauem Fell u. buschigem Schwanz (heute nahezu ausgerottet). Man unterscheidet zwei Arten, die wegen ihres Fells gezüchtet werden (begehrte Pelztiere).

Chinesische Mauer (auch Große Mauer) w, in Nordchina Ende des 3. Jahrhunderts v. Chr. errichtete Schutzmauer. Sie besteht vorwiegend aus gestampftem Lehm (nördlich von Peking aus Steinen) u. ist mit Türmen (bis 12 m hoch) u. befestigten Toren versehen. Die insgesamt etwa 6 250 km lange Mauer (mit zahlreichen Abzweigungen) ist unten 7,6 m, oben bis etwa 5 m dick. Sie ist bis zu 9 m hoch. Seit der Mingdynastie (1368–1644) hat dieses größte Bauwerk der Erde seine heutige Form.

Chinin [indian.] *s*, aus der Chinarinde (Rinde des Chinarindenbaums) gewonnenes Alkaloid, das zur Behandlung der Malaria u. als fiebersenkendes Mittel verwendet wird. Es ist in hohen Dosen giftig. Heute wird es überwiegend synthetisch hergestellt.

Chirurgie [gr.] *w*, Lehre von der operativen Behandlung erkrankter Organe, auch die operative Heilbehandlung selbst.

Chitin [gr.] *s*, die Körperhülle von Insekten u. anderen Gliederfüßern bildender fester, elastischer u. meist besonders leichter (fürs Fliegen), zelluloseähnlich gebauter Stoff. Ch. kommt auch in den Zellwänden von Pilzen u. Flechten vor. Es ist ein stickstoffhaltiges Kohlenhydrat. Im schweren, harten Panzer der Krebse sind außer Ch. Kalksalze enthalten.

Chittagong [*tschitᵉgong*], Hafen- und Industriestadt in Bangladesch, mit 417 000 E, am Golf von Bengalen gelegen; wichtigste Ausfuhrgüter sind Tee, Jute u. Juteprodukte.

Chlodwig I. [*klot...*], * um 466, † Paris 511, fränkischer König. Er gründete als fränkischer Gaukönig das Fränkische Reich, zu dessen Mittelpunkt er Paris machte. 498 ließ er sich taufen. Dieses Ereignis hatte große politische Tragweite, da Ch. damit die Unterstützung der christlichen Kirche gewonnen hatte.

Chlor [*klor*; gr.] *s*, typisches Nichtmetall (chemisches Symbol Cl); giftiges, gelblichgrünes, stechend riechendes Gas. Es verbindet sich direkt mit fast allen anderen chemischen Elementen, am heftigsten mit den Alkali- u. Erdalkalimetallen u. bildet mit diesen ↑Chloride. Wegen dieser starken Neigung zur Zusammenlagerung mit anderen Stoffen (Reaktionsfähigkeit) kommt Ch. in der Natur nicht frei vor, sondern meist als Chlorid von Natrium (NaCl, Steinsalz) oder Kalium (KCl, Sylvin) in der Erdkruste u. gelöst im Meer. Gewinnung von Ch. erfolgt großtechnisch durch ↑Elektrolyse. Die Verbindung von Ch. mit Wasserstoff heißt ↑Salzsäure (Salzsäuregas) oder Chlorwasserstoff (HCl). Die Verbindung geschieht unter Umständen sogar explosionsartig (Chlorknallgasreaktion). Elementares Ch. wird z. B. zum Bleichen von Papier u. Rohtextilien, zur Desinfektion von Bädern, Trink- u. Abwässern sowie bei der Metallherstellung gebraucht. Vor allem aber wird es in einer Unzahl von Fällen an organische Verbindungen angelagert (Chlorierung), um diesen bestimmte chemische oder mechanische Eigenschaften zu geben (Beispiel: Kunststoffe).

Chloride [*kl...*; gr.] *s*, *Mz.*, Salze der ↑Salzsäure, d. h. Verbindungen zwischen Chlor u. Metallen, Nichtmetallen oder (meist organischen) Molekülen. Das häufigste Chlorid ist das Natriumchlorid (NaCl), das als Steinsalz bergmännisch gefördert wird u. in gereinigter Form als Kochsalz jedermann bekannt ist.

Chlorkalk [*kl...*; gr.; dt.] *m*, weiße, krümelige, wenig stabile Verbindung von Kalzium mit Sauerstoff u. Chlor. Ch. wirkt als Bleich- u. Desinfektionsmittel wie ↑Chlor, jedoch weniger stark. In vielen Fällen ist der feste Ch. besser zu handhaben als das gasförmige Chlor, z. B. bei der Entseuchung von Gelände u. Gebäuden.

Chloroform [*kl...*: gr.; lat.] *s*, Trichlormethan (CHCl$_3$), schwer brennbares, farbloses Lösungsmittel für Harze, Fette, Öle, Kautschuk, Extraktionsmittel für Antibiotika. Ch. war früher das am meisten gebrauchte Betäubungsmittel, heute wird es kaum noch verwendet. Ch. ist der Grundstoff zur Herstellung von Teflon u. Treibgas für Spraydosen (Freon).

Chlorophyll ↑Blattgrün.

Chinesische Mauer

CHEMIE

Die Chemie ist in ihren ersten Anfängen vermutlich fast so alt wie die Menschheit selbst. So zeigen die für die vorgeschichtlichen Höhlenmalereien verwendeten Farben, die hergestellt werden mußten, Urformen der chemischen Technologie. Nach einem in der Natur ebenfalls nicht vorkommenden Metallwerkstoff (↑Legierung), der Bronze, wurde sogar ein ganzes vorgeschichtliches Zeitalter benannt. Funde auf der Insel Kreta zeigen, daß man schon um 3000 bis 2500 v. Chr. neben Kupfer, Gold, Silber und Blei auch den Purpurfarbstoff sowie die Technik zur Herstellung von Glasuren kannte. Der Schminkkasten der ägyptischen Königin Kleopatra (69–30 v. Chr.) soll so schwer und inhaltsreich gewesen sein, daß er von zwei Sklaven getragen werden mußte. Auch das läßt darauf schließen, daß man zu dieser Zeit bereits über eine große Anzahl von Stoffen verfügte, die durch chemische Vorgänge, z. B. Auszüge, hergestellt werden mußten. 400 n. Chr. erschienen in Indien die ersten Arzneimittelbücher.

Dieser mehrtausendjährigen Epoche solider und auf der Probierkunst beruhender Leistungen auf dem Gebiete der Chemie folgte in der gesamten damals bekannten Welt etwa um die Zeit Christi eine verschieden lange dauernde Periode der *Alchimie*. In ihr suchte man aufgrund von gedanklichen Spekulationen nach dem „Stein der Weisen", „dem Großen Elixir", „der Kunst, Gold zu machen" und sogar nach einem Mittel für die Unsterblichkeit. Diese Richtung wurde im Lauf der Zeit immer phantastischer, doch darf man deswegen die ernsthaften Fortschritte – beispielsweise der Töpfer oder der Metallschmelzer – bei der heutigen Betrachtung nicht vergessen. Den Beginn oder Neubeginn wissenschaftlicher Chemie kann man für Europa etwa mit Paracelsus ansetzen. Schon 1604 folgten erste Ansätze einer Atomtheorie durch den Arzt Daniel Sennert. Die Chemie entwickelte sich in der Folgezeit zu dem lebensbestimmenden Faktor, der sie heute für uns ist.

Was ist nun Chemie?

Kurz und wohl auch verständlich läßt sich die Chemie als die Wissenschaft bezeichnen, die sich mit den Gesetzmäßigkeiten der Umsetzungen, des Aufbaues und des Abbaues natürlich vorhandener Stoffe befaßt, aus denen unsere Welt besteht. Hierbei wird letztlich der Zweck verfolgt, Stoffe (chemische Verbindungen) herzustellen, die in der Natur entweder überhaupt nicht oder in unzureichender Menge vorkommen, weil die Menschen sie brauchen. So kommt z. B. das als Chilesalpeter (Natriumnitrat) bezeichnete Düngemittel in der Natur nur wenig vor. Man mußte daher in neuerer Zeit wegen des wesentlich erhöhten Bedarfs an Düngemitteln dazu übergehen, Natriumnitrat künstlich herzustellen. Das geschah in einem solchen Umfange, daß die natürlichen Vorkommen ihre Bedeutung fast völlig verloren. Ein Beispiel für in der Natur überhaupt nicht vorkommende Stoffe, deren Vorhandensein aus unserem täglichen Leben aber nicht mehr wegzudenken ist, ist die riesige Gruppe der sogenannten Kunststoffe, die durchweg künstlich hergestellt werden. Hier zeigt sich die Bedeutung der chemischen Forschung u. der chemischen Industrie besonders deutlich.

Ziel der Chemie ist die Veränderung von Stoffen, d. h. von Materie. Voraussetzung für die Veränderung der Materie ist zunächst die Kenntnis von ihrem Aufbau. Für eine einfache Betrachtung genügt die Vorstellung, daß der Baustein der Materie das ↑Atom ist. Bis heute kennen wir 105 verschiedene Atomarten oder Elemente, deren überwiegende Mehrzahl bereits im Jahre 1869 von dem Russen Dmitri Iwanowitsch Mendelejew und dem Deutschen Lothar Meyer in genialer Weise nach Perioden und Gruppen geordnet im ↑Periodensystem der chemischen Elemente zusammengestellt worden sind. Je nach der Zusammensetzung unterscheiden wir zwei Arten von Materie oder Stoffen: Ein Stoff, der aus einer einzigen Atomart (Element) besteht, nennt man Elementsubstanz (z. B. Brom oder Silber); Stoffe aus verschiedenartigen Elementen nennt man chemische Verbindungen (z. B. ↑Borax und ↑Benzol). Infolge der ungeheuer vielfältigen Möglichkeiten, die verschiedenen Atome in Ketten, Ringen, Schichten u. a. aneinanderzulagern bzw. zu verbinden, sind uns längst weit über eine Million chemischer Verbindungen bekannt. Sie sind in der überwiegenden Mehrzahl aus einigen wenigen Elementen zusammengesetzt.

Die chemischen Verbindungen lassen sich grob in zwei Hauptgruppen einteilen: Die weitaus größte Gruppe sind die organischen Verbindungen oder Kohlenstoffverbindungen. Das kommt daher, daß Kohlenstoffatome die ausgesprochene Neigung zeigen, zum Teil sehr große Ketten, Ringsysteme u. a. zu bilden.

Säuren	$O=S(O-H)(O-H)$ Schwefelsäure H_2SO_4	$-H$ (auch H^+ geschrieben)
Basen	$Na-O-H$ Natriumhydroxid $NaOH$	$-O-H$ (auch OH^- geschrieben)
Salze	$Na + Cl$ Natriumchlorid $NaCl$	zwei (oder mehr) Ionen getrennt durch ‖
Alkohole	H–C(H)(H)–C(H)(H)–O–H Äthylalkohol C_2H_5OH	–C(H)(H)–O–H
Aldehyde	H–C(H)(H)–C(=O)(H) Acetaldehyd C_2H_4O	–C(=O)H
Äther	H–C(H)(H)–O–C(H)(H)–H Dimethyläther C_2H_6O	charakteristische Gruppe –C(H)(H)–O–C(H)(H)– (nicht reaktionsfähig)
Ester	H–C(H)(O)–C(=O)–O–C(H)(H)–C(H)(H)–H Acetessigester $C_4H_8O_2$	$O=C-O-C$

Die zweite Gruppe bilden die anorganischen Verbindungen, deren Moleküle bis auf wenige Ausnahmen (z. B. Kohlendioxid) keine Kohlenstoffatome enthalten; zu ihnen zählen

Chemie (Forts.)

die Säuren, Basen und Salze, die Oxide, Sulfide und zahlreiche andere Stoffe.
Die anorganischen Verbindungen entstehen dadurch, daß ihre Atome bestrebt sind, durch Elektronenabgabe oder -aufnahme an oder von anderen Atomen ihre äußeren Elektronenschalen der besonders stabilen Edelgaskonfiguration (↑Atom) anzugleichen. So gibt z. B. beim Natriumchlorid (↑Chloride) das Natriumatom sein einziges Elektron der äußeren Schale an die äußere Schale des Chloratoms ab, wo gerade noch ein Elektron zur Edelgaskonfiguration fehlt. Damit haben beide Atome, die dadurch zu (entgegengesetzt elektrisch geladenen) Ionen geworden sind, Edelgaskonfiguration erreicht u. bilden eine stabile Verbindung (S. 103, Abb. a). Diesen Bindungstyp nennt man heteropolar. Bei der vorwiegend bei den organischen Verbindungen vorkommenden homöopolaren Bindung (Abb. b) kreisen die für die Bindung verantwortlichen Elektronen nicht um jeweils einen Atomkern wie bei den heteropolaren Verbindungen, sondern um das gesamte Molekül oder wenigstens um einen Teil davon. Bei einem dritten Bindungstyp, der metallischen Bindung (Abb. c), hat man sich den Zusammenhalt der Atome so zu erklären, daß die Atomrümpfe (z. B. in einem Stück Messing) an festliegenden Gitterplätzen (↑Kristalle) sitzen, während die Bindungselektronen sich als sogenanntes Elektronengas ohne Zuordnung zu einem bestimmten Atomkern frei in dem gesamten Metallstück bewegen können. Die Verschiebbarkeit der Elektronen ist auch der Grund, warum Metalle und Legierungen den elektrischen Strom leiten können. Tatsächlich gibt es jedoch keine einzige Verbindung, die nur einem dieser Bindungstypen zugehört. Vielmehr liegt in jedem praktischen Falle ein Kompromiß zwischen zwei oder auch allen drei Typen vor.
Bei der großen Zahl der bekannten chemischen Verbindungen ist es notwendig, für ihre Bezeichnung und die Darstellung von chemischen Reaktionen eine symbolische Formelsprache zu verwenden. Jedes Element hat deshalb ein Symbol (↑Periodensystem der chemischen Elemente), das meistens aus dem Anfangsbuchstaben des deutschen, lateinischen oder griechischen Namens besteht (z. B. Bor = B, Wasserstoff [lat. Hydrogenium] = H). Zur Unterscheidung von einem anderen Symbol fügt man mitunter den zweiten Buchstaben hinzu (z. B. Bor = B, Brom = Br). Wenn man nun die Elementsymbole untereinander mit soviel Strichen (Valenzstrichen, Bindungen) verbindet, wie das jeweilige Atom Valenzelektronen (↑Atom) hat, so ergibt sich eine sogenannte Strich- oder Strukturformel. Derartige Strukturformeln sind die des ↑Benzols (Abb. d), einer organischen Verbindung, dessen Moleküle aus sechs Kohlenstoff- und sechs Sauerstoffatomen bestehen, sowie die der verschiedenen, rechts dargestellten Verbindungstypen. Beim Benzol hat jedes der sechs C-Atome vier Valenzelektronen und betätigt dementsprechend auch je vier Bindungen, nämlich eine zu einem H-Atom, eine zweite zu einem benachbarten C-Atom und eine Doppelbindung (= zwei Bindungen) zum anderen benachbarten C-Atom. Die H-Atome haben jeweils nur ein Valenzelektron und betätigen dementsprechend auch nur eine Bindung, und zwar zum jeweils benachbarten C-Atom.
Eine vereinfachte Bezeichnungsweise für Moleküle und deren Reaktionen sind die sogenannten Summenformeln. Hier werden die in einem Molekül vorhandenen Atome hintereinander geschrieben. Die Anzahl der in einem Molekül vorhandenen gleichen Atome wird durch eine kleine tiefgesetzte Zahl (Index) ausgedrückt. So ist z. B. der Borwasserstoff BH_3 eine Verbindung, deren Moleküle aus je einem Bor- und drei Wasserstoffatomen bestehen; beim Benzol lautet die Brutto- oder Summenformel C_6H_6. Wenn eine Gruppe aus verschiedenen Atomen in einem Molekül mehrfach vorkommt, wird sie in Klammern gesetzt und ebenfalls mit dem entsprechenden Index versehen, z. B. $Ca(OH)_2$. Mit Hilfe dieser so zusammengesetzten Formeln für Moleküle ist man nun auch in der Lage, chemische Reaktionen, d. h. Zusammenlagerung, Zerteilung u.a. Veränderungen der Moleküle, in sogenannten Reaktionsformeln auszudrücken;

z. B.
Na + Cl = NaCl
(Natrium + Chlor = Natriumchlorid)

oder: $Ca(OH)_2$ = CaO + H_2O
(Kalziumhydroxid = Kalziumoxid + Wasser)

oder:
NaBr + AgOH = AgBr + NaOH
(Natriumbromid + Silberhydroxid = Silberbromid + Natriumhydroxid)

Bei diesen Reaktionsformeln müssen die aufgeschriebenen Atome in Art und Anzahl auf beiden Seiten der Formel übereinstimmen, lediglich die Kombinationen ändern sich. So wird z. B. der chemische Vorgang bei der Entladung des ↑Akkumulators durch die folgende Formel beschrieben:

$$Pb + PbO_2 + 2 H_2SO_4 = 2 PbSO_4 + 2 H_2O$$
(2 Pb, 2 S, 10 O, 4 H = 2 Pb, 2 S, 10 O, 4 H).

Sowohl im Anfangs- wie auch im Endstadium sind also 2 Blei-, 2 Schwefel-, 10 Sauerstoff- und 4 Wasserstoffatome vorhanden.

Reaktionstypen		
HCl + NaOH	⇌ Salzbildung / Hydrolyse	NaCl + H_2O
PbO + O	⇌ Oxydation / Reduktion	PbO_2
$H_2C=CH_2$ + HBr	⇌ Anlagerung / Abspaltung	H_2C-CH_2 mit H, Br
C=O + C=O + C=O usw.	⇌ Polymerisation / Monomerisierung	C-O-C-O-C usw.
H-C-C-C-H (mit O, H)	⇌ Umlagerung	H-C-C=C-H (mit O, H)

Zum Verständnis chemischen Geschehens muß man die Moleküle gedanklich in einen reaktionsfähigen Teil (funktionelle Gruppe) und den für den Reaktionsvorgang wenig interessanten Molekülrest (R), der unverändert bleibt, unterteilen. R kann dabei sehr klein, aber auch sehr groß sein (z. B. bei den ↑Alkoholen mit der funktionellen Gruppe $-O-H$ gibt es CH_3-O-H, wie auch $C_{10}H_{21}-O-H$). Im ersten Falle ist R gleich CH_3, im zweiten R gleich $C_{10}H_{21}$. Trotzdem reagieren beide Stoffe etwa gleich. Die chemischen Verbindungen, die sich innerhalb eines Moleküls (intramolekular) oder zwischen zwei oder mehr Molekülen abspielen und deren mögliche Anzahl natürlich noch größer als die Anzahl der Verbindungen ist. Man kann also, indem man sich bei der Beschreibung von Verbindungen und Reaktio-

Chromosomen

Chemie (Forts.)

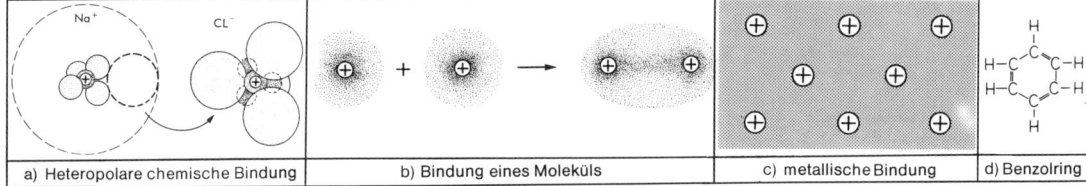

a) Heteropolare chemische Bindung   b) Bindung eines Moleküls   c) metallische Bindung   d) Benzolring

nen auf die sich verändernden Molekülteile (funktionelle Gruppen) beschränkt, das gesamte chemische Geschehen auf eine überschaubare Zahl von Verbindungs- und Reaktionstypen zurückführen. Einige der wichtigsten sind auf S. 101 u. S. 102 dargestellt.

Außer diesen verschiedenen Formelschreibweisen benötigt der Chemiker natürlich auch eine Sprache, in der er sich auch mündlich (z. B. auf internationalen Kongressen) möglichst präzise und doch zweckmäßig verständlich machen kann. (So spricht man z. B. $C_6H_{12}N_4$ Hexamethylentetramin.) Das ist die chemische Nomenklatur, die bis heute auf der Suche nach weiterer Vereinfachung einem ständigen Wandel unterliegt. So bezeichnete man z. B. bis vor kurzem die Salze der unterschwefligen Säure, der schwefligen Säure und der Schwefelsäure noch als Hyposulfite, Sulfite und Sulfate. Heute dagegen spricht man einfach von Sulfaten, denen die ↑Wertigkeit des Schwefels in dem jeweiligen Salz einfach angefügt wird, also Sulfate (II), Sulfate (IV) bzw. Sulfate (VI).

Diese fast unzulässig vereinfachende Darstellung kann nur eine Ahnung davon vermitteln, was die Chemie ist und wohin sie zielt. Es muß außerdem bedacht werden, daß unser chemisches Wissen trotz aller sichtbaren und großartigen Erfolge noch immer nicht mehr als kleine Inseln im großen Ozean der unbekannten Natur sind. Selbst die modernste chemische Fabrik ist trotz ihrer technologischen Kunst und allen Forschergeistes primitiv neben der natürlichen und vollautomatischen „Fabrik", wie sie etwa eine Pflanze mit ihrem Jahreszeitenrhythmus, ihrer Erhaltung und Vermehrung darstellt.

* * *

Cholera [ko...; gr.] w, schwere Infektionskrankheit des Darms mit Erbrechen u. heftigen Durchfällen, die eine lebensgefährliche Austrocknung des Körpers bewirken. Bereits wenige Stunden nach der Ansteckung kommt es zu Brechdurchfällen. Die Ch. ist heute noch in Indien verbreitet.

cholerisch [ko...; gr.], unausgeglichen, unbeherrscht, aufbrausend, jähzornig. Ein *Choleriker* ist ein reizbarer, in seinen Gefühlen sehr wechselhafter Mensch.

Chopin, Frédéric [*schopäng*], * Żelazowa-Wola bei Warschau 1. März (nach eigenen Angaben) 1810, † Paris 17. Oktober 1849, polnisch-französischer Klavierkomponist u. -virtuose. Seine rhythmisch vielseitige Musik wurzelt in der polnischen Nationalmusik.

Chor [*kor*; gr.] *m*: **1)** in der griechischen Tragödie der Tanzplatz, dann auch der Gemeinschaftstanz mit Gesang; **2)** bestimmter Kirchenraum mit Hauptaltar; **3)** eine Gruppe von Sängern; der *gemischte Chor* vereinigt männliche und weibliche Stimmen.

Choral [*ko...*; gr.] *m*: **1)** in der katholischen Kirche ein einstimmiger Gesang mit lateinischem Text (Gregorianischer Gesang); **2)** in der evangelischen Kirche das deutschsprachige Gemeindelied (mehrstimmige Choräle in den Oratorien von Bach u. Händel).

Chow-Chow [*tschautschau*; chin.] *m*, seit etwa 2 000 Jahren in China gezüchtete Hunderasse.

Christchurch [*kraißtschö'tsch*], größte Stadt Neuseelands, mit 172 000 E, auf der Südinsel gelegen. Ch. ist eine bedeutende neuseeländische Industriestadt u. hat eine Universität. Mit dem Hafen *Lyttelton* ist Ch. durch einen Straßentunnel verbunden.

Christentum ↑Religion (Die großen Religionen).

Christenverfolgung w, Verfolgung der Christen, die sich weigerten, den römischen Kaiser als Gott zu verehren. Sie galten als Staatsfeinde. Zu grausamen Verfolgungen kam es bereits unter den Kaisern Nero u. Trajan. Planmäßig geschah dies aber erst unter Decius (249), Valerian (257) u. Diokletian (Anfang des 4. Jahrhunderts). – 311 wurde dann ein Toleranzedikt erlassen.

Christlich-Demokratische Union ↑CDU.

Christlicher Verein Junger Männer, Abkürzung: CVJM, freie Vereinigung der evangelischen männlichen Jugend. Weltbund: *Young Men's Christian Association* (Abkürzung: YMCA).

Frédéric Chopin

Sir Winston Churchill

Marcus Tullius Cicero

Christophorus, Heiliger, legendärer Märtyrer. Nach einer mittelalterlichen Legende war Ch. ein Riese, der das Christuskind durch einen reißenden Strom getragen hat.

Christus [*kr...*; gr.], „der Gesalbte"; Übersetzung des hebräischen „Messias"; ↑Religion (Die großen Religionen).

Chrom [*krom*; gr.] *s*, silberglänzendes, zähes Metall (chemisches Symbol Cr). Ch. ist häufig Bestandteil von Hartstahllegierungen. Wegen seiner guten Beständigkeit gegen Wettereinflüsse u. chemische Verbindungen wird es auch als Oberflächenschutz auf Stahl verwendet. Die Chromate (Salze der Chromsäure) benutzt man zur Ledergerbung u. als Farbe (Chromgelb).

Chromosomen [gr.] *s, Mz.*, stark anfärbbare Strukturen im Kern jeder Zelle, die Träger der Erbanlagen. Ein Chromosom besteht aus zwei Einzelfäden, den *Chromatiden*, jedes Chromatid ist wie eine Doppelspirale gebaut, die aus DNS (Desoxyribonukleinsäure) besteht u. auf der die Erbanlagen (Gene) aufgereiht sind. Jede Tier- u. Pflanzenart enthält in ihren Zellkernen eine ganz bestimmte, für sie kennzeichnende Anzahl von Ch.; die Ch. einer Zelle bilden einen Chromosomensatz, Geschlechtszellen enthalten einen einfachen, Körperzellen einen doppelten Chromosomensatz; bei Menschen beträgt er z. B. 23 bzw. 46, bei der Saubohne u. bei der Stubenfliege 6 bzw. 12, bei der Kartoffel u. bei der Gartenschnecke 24 bzw. 48, beim Karpfen 52 bzw. 104. Die Zahl der Ch. ist (also) nicht für die Entwicklungshöhe maßgebend.

Chronik [*kr...*; gr.] w, Darstellung geschichtlicher Ereignisse nach ihrer Zeitfolge.

Chronologie [*kr...*; gr.] w, Zeitfolge, Zeitrechnung; *chronologisch,* nach der Zeitfolge geordnet.

Chronometer [gr.; = Zeitmesser] s, eine besonders genau gehende, erschütterungsfrei gelagerte, hauptsächlich in der Astronomie, in der Luft- u. Schiffahrt verwendete Uhr.

Chrysanthemen [gr.] (Winterastern) w, *Mz.,* in den verschiedensten Farben blühende Korbblütler, die auch als *Wucherblumen* bezeichnet werden. Eine bei uns heimische Chrysantheme ist z. B. die Wiesenmargerite. Die Ch. in Gärten u. als Schnittblumen vom Gärtner kommen ursprünglich aus China u. Japan; sie haben z. T. sehr große, kugelige Blütenköpfe u. einen hohen, buschförmigen Wuchs.

Chur [*kur*], Hauptstadt des schweizerischen Kantons Graubünden, mit 33 000 E. Sehenswert ist die romanischgotische Kathedrale (12./13. Jh.). Erwerbsquellen sind der Wein- u. Obsthandel, die Textilindustrie u. der Fremdenverkehr.

Churchill, Sir Winston [*tschör-tschil*], * Blenheim Palace bei Woodstock (Oxford) 30. November 1874, † London 24. Januar 1965, englischer Staatsmann. Er gehörte, mit längeren Unterbrechung, der konservativen Partei an. Er war seit 1906 in verschiedenen Ministerien tätig. 1940–45 u. 1951–55 war er Premierminister. Während des 2. Weltkriegs bemühte er sich mit großer Energie, die Abwehrkräfte seines Landes zu steigern u. die Zusammenarbeit mit den Verbündeten zu verstärken. Für seine geschichtlichen und politischen Schriften erhielt er 1953 den Nobelpreis für Literatur. – Abb. S. 103.

CIA [*engl. ßi-ai-e[i]*], Abkürzung für: *Central Intelligence Agency,* 1947 gegründetes Zentralamt des Geheimdienstes der USA; arbeitet mit dem *DIA* ([*di-ai-e[i]*], Abkürzung für: *Defense Intelligence Agency*) zusammen, einer Militärbehörde für Gegenspionage u. geheimen Nachrichtendienst.

Cicero, Marcus Tullius, * Arpinum (heute Arpino) 3. Januar 106, † Caieta (heute Gaeta) 7. Dezember 43 v. Chr. (ermordet), römischer Staatsmann (Republikaner). Er vereitelte 63 als Konsul die Verschwörung des Catilina. Als Redner u. Schriftsteller hat er die lateinische Sprache zu klassischer Höhe geführt. – Abb. S. 103.

Cincinnati [*ßinßinäti*], Stadt in Ohio, USA, mit 451 000 E, am Fluß Ohio gelegen. C. hat 2 Universitäten. Früher waren für die Wirtschaft der Stadt große Schlachthäuser u. Bierbrauereien bestimmend, heute sind es der Werkzeugmaschinenbau u. die chemische Industrie.

Circe [*zirze*] (auch Kirke), in der griechischen Sage eine Zauberin, die die Gefährten des ↑ Odysseus in Schweine verwandelt; im übertragenen Sinne: verführerische Frau („becircen" = verführen).

Citlaltépetl [*ßit...*] (Pico de Orizaba), höchster Berg Mexikos, 5 700 m. Der C. ist ein Vulkan.

City [*ßiti;* engl.] w, Geschäftsviertel in Großstädten; Innenstadt.

Clair, René [*klär*], * 1898, französischer Filmregisseur, ↑ Film.

Claudel, Paul [*klodäl*], * Villeneuve-sur-Fère (Aisne) 6. August 1868, † Paris 23. Februar 1955, französischer Dichter. Seine Werke sind von katholischer Religiosität geprägt. Er schrieb Lyrik (u. a. „Fünf große Oden", deutsch 1939) u. Schauspiele in lyrischer, bilderreicher Sprache (u. a. „Verkündigung", deutsch 1913, „Der seidene Schuh", deutsch 1913).

Claudius, Matthias, * Reinfeld (Holstein) 15. August 1740, † Hamburg 21. Januar 1815, deutscher Dichter. Er gab die Zeitschrift „Der Wandsbecker Bote" heraus. Bekannt wurde er v. a. durch seine volksliedhafte, von tiefer Gläubigkeit erfüllte Lyrik („Der Mond ist aufgegangen").

Cleveland [*kliwl[e]nd*], größte Stadt in Ohio, USA. C. liegt am Eriesee u. hat 751 000 E. Die Stadt hat 3 Universitäten. Die Industrie umfaßt v. a. Hüttenwerke, Maschinen- u. Fahrzeugbau sowie Farbenwerke. Großer Umschlaghafen für Erze u. Kohle.

Clinch [*klin(t)sch;* engl.] m, Umklammerung des Gegners im Boxkampf.

Clique [*klik[e];* frz.] w, Gruppe, Freundeskreis; Bande, Klüngel.

Cluny [*klüni*], französische Stadt westlich der unteren Saône, mit 4 300 E. Die Entstehung der Stadt geht auf eine ehemalige Benediktinerabtei zurück, die 910 gegründet wurde. Die von den *Kluniazensern* im 10./11. Jh. angestrebte Reform des kirchlichen Lebens wurde später mit dem ↑ Zisterziensern weitergeführt.

Cocktail [*kokte[i]l;* engl.] m, Mischgetränk aus Alkohol, Fruchtsäften u. a.

Chrysanthemen

Cocteau, Jean [*kokto*], * Maisons-Lafitte bei Paris 5. Juli 1889, † Milly-la-Forêt bei Paris 11. Oktober 1963, französischer Dichter, Maler, Komponist u. Filmregisseur. Mit seinem vielseitigen, experimentierfreudigen Schaffen beeinflußte er die meisten künstlerischen Strömungen seiner Zeit. Er schrieb u. a. den Roman „Kinder der Nacht" (deutsch 1953) u. die Dramen „Orpheus" (deutsch 1959) und „Die Höllenmaschine" (deutsch 1951).

Coda ↑ Koda.

Code [*kod;* frz.] m: **1)** Schlüssel zu Geheimschriften, auch Telegrafen- u. Telegrammschlüssel; **2)** ein System von Sprachzeichen und Regeln zu ihrer Verknüpfung.

Code [*kod;* frz.] m, in der französischen Rechtsprache: Gesetzeswerk, Gesetzbuch.

Codex ↑ Kodex.

Coimbra [*kuimbra*], mittelportugiesische Stadt, mit 57 000 E. Neben alten Kirchen besitzt C. prächtige Gebäude der ältesten Universität Portugals (1290 in Lissabon gegründet, 1308 nach C. verlegt). C. ist auch Handelsmittelpunkt (Wein, Südfrüchte) u. hat Textilindustrie u. Keramikwerkstätten.

College [*kolidsch;* engl.] s: **1)** in Großbritannien höhere Schule mit Internat, die zum Universitätsstudium vorbereitet (z. B. Eton C.); als Teil einer Universität ist das C. eine Gemeinschaft von Lehrkräften u. Studenten sowie das Gebäude, in dem sie zusammen wohnen (z. B. Oxford, London); **2)** in USA Fakultät, Universitätsinstitut oder Fachschule.

Collie [engl.] m, Schottischer Schäferhund.

Colmar, französische Stadt im Oberelsaß, mit 64 000 E. Die Altstadt mit ihren Fachwerkhäusern ist sehr malerisch. Im Unterlindenmuseum befindet sich der Isenheimer Altar des Matthias Grünewald. Die Stadt hat Textil- u. Nahrungsmittelindustrie.

Computer

Comics. Typisch ist die Sprechblase (hier bei Obelix aus der Serie „Asterix"

Córdoba. Innenraum der ehemaligen Moschee

Computer. Moderne Großanlage

Colombo, Hauptstadt von Sri Lanka, an der Westküste Ceylons, mit 607 000 E. In C. gibt es mehrere Hindutempel u. eine große Moschee. Die Stadt besitzt eine Universität. Hafen u. Flughafen haben eine Schlüsselstellung für Verkehr u. Handel zwischen Europa, Süd- u. Ostasien u. Australien.

Colorado: 1) Fluß im Südwesten der USA, 2700 km lang. Der C. hat sich in das Coloradoplateau eingeschnitten (↑auch Grand Canyon), er mündet aus mexikanischem Gebiet in den Golf von Kalifornien. An seinem Unterlauf befinden sich Bewässerungsanlagen u. Wasserkraftwerke; **2)** (Abkürzung: Col. oder Colo.) Bundesstaat der USA, mit 2,5 Mill. E. Die Hauptstadt ist Denver. Die wirtschaftliche Bedeutung des Staates liegt v. a. in seinen Bodenschätzen (Erdöl, Erdgas, Kohle, Uran, Zinn, Vanadium, der reichsten Molybdänlagerstätten der Welt). Die Landwirtschaft liefert Getreide, Kartoffeln u. Gemüse; auf großen Weideflächen wird Viehzucht betrieben.

Colt [kolt; nach dem amerikanischen Erfinder Samuel Colt, 1814–62] *m*, ein Revolver (viele verschiedene Modelle).

Columbia [k^{e}lạmbi^e], Hauptstadt von Südkarolina, USA, mit 114 000 E. Die Stadt hat eine Universität. Bedeutend ist ihre Baumwollindustrie.

Columbus ↑Kolumbus.

Columbus [k^{e}lạmb^{e}ß], Hauptstadt von Ohio, USA, mit 540 000 E. Die Stadt hat 2 Universitäten u. eine vielseitige Industrie sowie Druckereien. – C. ist auch Name einiger kleinerer Städte in den USA.

COMECON (RGW)↑internationale Organisationen.

Comenius, Johann Amos (tschech. Jan Amos Komenský), * Nivnice (Südmährisches Gebiet) 28. März 1592, † Amsterdam 15. November 1670, bedeutender tschechischer Pädagoge, Bischof der Böhmischen Brüdergemeine. C. setzte sich für einen lebendigen u. anschaulichen Unterricht ein. Lange Zeit war sein reichbebildertes Unterrichtswerk „Orbis sensualium pictus" (1653; etwa: Die Welt des Sichtbaren in Bildern) in Gebrauch.

Comer See (ital. Lago di Como), Alpenrandsee in Norditalien, 146 km² groß, bis 410 m tief. Mildes Klima u. landschaftliche Schönheit haben den C. S. zu einem Anziehungspunkt für den Fremdenverkehr werden lassen, die Haupterwerbsquelle für die Bevölkerung.

Comics [kọmiks; engl.] *Mz.* (Comic strips), Bildserien abenteuerlichen oder spaßigen Inhalts mit wenig Text.

Commonwealth of Nations [kọm^{e}n"älth ^{e}w ne^{i}sch^{e}ns; engl. = Gemeinschaft der Völker] *s*, Verband unabhängiger Staaten, die teils die formale Oberhoheit der britischen Krone anerkennen, teils durch Tradition u. wirtschaftliche Bindungen dem Verband angehören. Mitglieder sind: Vereinigtes Königreich Großbritannien und Nordirland, Australischer Bund, die Bahamas, Bangladesch, Barbados, Botswana, Fidschiinseln, Gambia, Ghana, Guyana, Indien, Jamaika, Kanada, Kenia, Lesotho, Malawi, Malaysia, Malta, Mauritius, Nauru, Neuseeland, Nigeria, Sambia, Sierra Leone, Singapur, Sri Lanka, Swasiland, Tansania, Tonga, Trinidad u. Tobago, Uganda, Westsamoa, Zypern. Innerhalb des C. of N. tragen Großbritannien, Australien und Neuseeland Verantwortung für abhängige Gebiete. *Geschichte:* Das C. of N. entstand aus dem Britischen Reich (*British Empire*), das sich etwa seit dem 17. Jh. durch Erwerbung von Kolonien bildete. Nach u. nach wurde einzelnen Gebieten Selbstregierung gewährt. Es entstanden ↑Dominions. Durch das Westminsterstatut von 1931 wurde das Empire zum Commonwealth, einer lockeren Verbindung, umgewandelt.

Communiqué ↑Kommuniqué.

Como, italienische Stadt am ↑Comer See; sie hat 97 000 E. Sehr sehenswert ist die Altstadt mit mittelalterlichen Mauern und Türmen, der Basilika Sant'Abbondio (11. Jh.) und dem Dom (Gotik u. Renaissance). Neben dem Fremdenverkehr ist die Seidenindustrie u. der Handel von wirtschaftlicher Bedeutung.

Computer [kompjut^{er}] *m*, englische Bezeichnung für: elektronische Rechenanlage, Rechenmaschine, Elektronengehirn, mit der große Mengen von Zahlen (Daten) auf Grund eines gespeicherten Programms verarbeitet werden können. Daher auch der Name Da-

105

tenverarbeitungsmaschine. Da ein C. gewöhnlich nur mit zwei Werten arbeitet, werden alle eingegebenen Zahlenwerte und Daten zunächst im sogenannten Compiler in das ↑Dualsystem übertragen. Der C. besteht im wesentlichen aus elektronischen Bauteilen (v. a. ↑integrierte Schaltungen). Die Rechengeschwindigkeit ist daher sehr viel größer als die mechanischer Rechenmaschinen. Sie liegt bei einigen Mill. Additionen pro Sekunde. Viele umfangreiche Berechnungen, zum Beispiel solche von Satelliten- oder Planetenbahnen, wurden erst durch den Einsatz von Computern möglich.

Concerto grosso [kontschärto –; ital.] s, mehrsätziges Instrumentalwerk der Barockzeit: eine Solistengruppe (meistens 3) und eine stärker besetzte Klanggruppe musizieren im Wechsel miteinander. Die Hauptmeister sind Corelli, Vivaldi und Händel.

Conférencier [kongferangßie; frz.] m, Ansager bei Unterhaltungsveranstaltungen, der mit Plaudereien einzelne Nummern des Programms verbindet.

Conrad, Joseph [engl. konräd], * Berditschew bei Kiew 3. Dezember 1857, † Bishopsbourne (Kent) 3. August 1924, englischer Schriftsteller polnischer Herkunft. C. fuhr lange Jahre zur See. In seinen Romanen u. Novellen schildert er das Seemannsleben, abenteuerliche Begebenheiten aus fernen Ländern u. die Probleme von Menschen, die sich gegen drohende Gewalten behaupten müssen. Seine bekanntesten Werke sind „Lord Jim" (deutsch 1934) u. „Taifun" (deutsch 1908).

Constantin ↑Konstantin.

Cook, James [kuk], * Marton-in-Cleveland (York) 27. Oktober 1728, † auf Hawaii 14. Februar 1779 (von Eingeborenen erschlagen), englischer Seefahrer. Er unternahm drei bedeutende Südseereisen, auf denen er zahlreiche Inseln im Pazifischen Ozean u. die Ostküste Australiens entdeckte. Auf der Suche nach einem sagenhaften Südland stieß er bis in die Antarktis vor. Er entdeckte die Hawaii-Inseln wieder (nachdem im 16. Jh. schon Spanier dort gewesen waren), erforschte auch die Küste Alaskas u. die Beringstraße.

Cooper, James Fenimore [kuper], * Burlington (New Jersey) 15. September 1789, † Cooperstown (New York) 14. September 1851, amerikanischer Schriftsteller. Berühmt wurden seine „Lederstrumpf"-Erzählungen (darunter der Roman „Der letzte der Mohikaner", deutsch 1826), in denen er das Leben der Indianer u. der nordamerikanischen Siedler schildert.

Copyright [kopirait; engl.] s, ↑Urheberrecht. Der Vermerk C., in Druckwerken mit dem Vermerk © u. dem Namen u. Ort des Verlags sowie dem Jahr des Erscheinens, schützt gegen unberechtigten Nachdruck.

Córdoba: 1) Stadt in Südspanien, mit 162 000 E. Die enge, malerische Innenstadt ist maurischen Ursprungs. In die ehemalige Hauptmoschee, eine der größten der Welt mit 860 Säulen, wurde die Kathedrale eingebaut (Abb. S. 105). C. ist Mittelpunkt eines Wein- u. Olivenanbaugebietes. Bedeutend ist ferner die kunsthandwerkliche Verarbeitung von Leder, Gold u. Silber sowie der Maschinenbau, die Lebensmittel- u. die chemische Industrie. Von 756 bis 1030 war C. Residenz der maurischen Kalifen, ein Mittelpunkt der Künste und Wissenschaften; **2)** drittgrößte Stadt Argentiniens, mit 802 00 E. Die Stadt hat 2 Universitäten und ist ein wichtiges Handels-, Verkehrs- u. Industriezentrum (Fahrzeugbau u. chemische Industrie).

Corinth, Lovis, * Tapiau bei Königsberg (Pr) 21. Juli 1858, † Zandvoort (Niederlande) 17. Juli 1925, deutscher Maler des Impressionismus. Sein Werk ist gekennzeichnet durch eine kraftvolle Malweise, anfangs in schweren u. dunklen, später in zunehmend helleren Farben. Er schuf religiöse Bilder, Landschaften, Porträts und Selbstbildnisse.

Cork (irisch Corcaigh), Stadt in Irland, an der Mündung des Lee (Südküste), mit 129 000 E. Der Hafen von C. ist einer der besten Naturhäfen Europas. C. ist sowohl Handels- u. Industriestadt (u. a. bedeutende Lederindustrie) als auch der geistige Mittelpunkt Südirlands.

Corneille, Pierre [kornäj], * Rouen 6. Juni 1606, † Paris 1. Oktober 1684, Dramatiker der klassischen französischen Literatur. Die Helden seiner Tragödien sind Willensmenschen, die den Widerstreit von Pflicht u. Leidenschaft heroisch überwinden. Zu seinen bekanntesten Werken gehören „Le Cid" (1636), „Horace" (1641), „Cinna" (1643) u. „Polyeucte" (1643).

Cortés, Hernán [span. korteß], * Medellín (Provinz Badajoz) 1485, † Castilleja de la Cuesta bei Sevilla 2. Dezember 1547, spanischer Konquistador (Eroberer). Mit einer kleinen Söldnerschar drang er 1519 in das Innere Mexikos ein. Er eroberte die Hauptstadt des Aztekenreiches u. nahm Herrscher Moctezuma II. Xocoyotzin gefangen. Ein Aufstand der Azteken erzwang seinen Rückzug, jedoch eroberte er 1521 Mexiko erneut. Sein rücksichtsloses Vorgehen führte zum Zusammenbruch der aztekischen Kultur.

Cortina d'Ampezzo, italienischer Höhenkurort (1224 m ü. d. M.) und Wintersportplatz in den Dolomiten, mit 8 500 E. Hier fand die Winterolympiade 1956 statt.

Cosinus ↑Kosinus.

Costa Rica, Republik in Zentralamerika, mit 2,1 Mill. E; 50 900 km². Die Hauptstadt ist *San José* (228 000 E). Die von Nordwesten nach Südosten das Land durchziehenden Gebirgszüge haben z. T. noch tätige Vulkane. In einem Hochbecken im mittleren C. R. leben $^2/_3$ der Bevölkerung (im Gegensatz zu den anderen zentralamerikanischen Ländern fast ausschließlich Weiße). Ausgeführt werden v. a. Bananen u. Kaffee, außerdem Zucker, Kakao, Baumwolle u. Rinder. *Geschichte:* C. R. wurde 1563 von den Spaniern erobert und war bis 1823 eine Provinz des spanischen Vizekönigreichs Neuspanien. 1848 wurde es eine selbständige Republik. – C. R. gehört zu den Gründungsmitgliedern der UN.

Cotangens ↑Kotangens.

Côte d'Azur [kotdasür; frz.; blaue Küste] w, Bezeichnung für den südlichen Küstenstreifen Frankreichs u. die Küste Monacos (also für den Westteil der ↑Riviera).

Cottbus: 1) Bezirk in der DDR, mit 877 000 E. Er besteht aus einem Teil des ehemaligen Landes Brandenburg u. im Südosten aus Teilen Niederschlesiens. In der Niederlausitz ist der Braunkohlenbergbau sehr wichtig. Im Spreewald finden sich noch Reste der sorbischen Bevölkerung; **2)** Hauptstadt von 1), an der Spree, mit 105 000 E. Bedeutend sind die Textil-, die Elektro- u. die Nahrungsmittelindustrie.

Coubertin, Pierre Baron de [kubärtäng], * Paris 1. Januar 1863, † Genf 2. September 1937, französischer Historiker. Begründete die modernen ↑Olympischen Spiele.

Coulomb [kulong; frz.] s, Einheitenzeichen: C, nach dem französischen Physiker C. A. Coulomb (1736–1806) benannte Maßeinheit für die Elektrizitätsmenge (elektrische Ladung). 1 C = 1 As (Amperesekunde).

Countdown [kauntdaun; engl.] m oder s, zurückschreitende Ansage der Zeiteinheiten (ab Null), besonders vor dem Start von Weltraumraketen. Währenddessen werden die letzten Kontrollen durchgeführt. Treten dabei Störungen auf, so wird der C. unterbrochen. Auch die letzten Kontrollen selbst bezeichnet man als Countdown.

Covent Garden [kowent ga'den; engl.], früher der Klostergarten von Westminster, heute Marktplatz in London. In der Nähe liegt das königliche Opernhaus C. G. (erbaut 1858).

Coventry [kowentri], mittelenglische Industriestadt, mit 334 000 E. Die Industrie stellt Autos, Maschinen, Flugzeuge, Textilien u. a. her. 1940 wurde die Stadt auf Hitlers Befehl durch deutsche Luftangriffe systematisch zerstört („ausradiert"). Zur Erinnerung ließ man neben der neuen Kathedrale (1954–62) die Ruinen der alten Kathedrale stehen.

Cowboy [kaubeu; engl.] m, berittener nordamerikanischer Rinderhirt.

Cranach: 1) Lucas, der Ältere, * Kronach 1472, † Weimar 16. Oktober 1553, deutscher Maler, Kupferstecher

 James Cook
 Oliver Cromwell
 Marie Curie

und Zeichner der Reformationszeit. C. schuf religiöse Bilder (z. B. „Ruhe auf der Flucht", 1504), Bibelillustrationen sowie Bilder mit Themen aus der antiken Sagenwelt. Sehr bekannt ist sein Lutherbildnis; **2)** Lucas, der Jüngere, * Wittenberg 4. Oktober 1515, † Weimar 25. Januar 1586, deutscher Maler; Sohn, Schüler u. Mitarbeiter von 1); bekannt sind vor allem seine Poträts.

Crassus, Marcus Licinius C. Dives („der Reiche"), * 115 oder 114, † 53 v. Chr. (gefallen), römischer Politiker und Feldherr. Zusammen mit ↑Cäsar u. Pompejus bildete er das 1. Triumvirat.

Cremona, italienische Stadt im Süden der Lombardei, mit 82 000 E. am Po gelegen. C. hat viele alte Paläste und Kirchen mit wertvollen Kunstschätzen, darunter den Dom (12./13. Jh.) mit dem höchsten Kampanile Italiens, dem „Torrazzo" (111 m). Bedeutend ist die Seidenindustrie. Einen besonderen Ruf erwarb sich die Stadt durch die Geigenbauer des 16. bis 18. Jahrhunderts (Amati, Guarneri, Stradivari).

crescendo [*kruschändo*; ital.], musikalischer Fachausdruck: anwachsend in der Tonstärke. Zeichen: <.

Crew [*kru*; engl.] w, Schiffs-, Boots-, Flugzeugmannschaft u. ä.

Cromwell, Oliver [*krom"el*], * Huntingdon 25. April 1599, † London 3. September 1658, englischer Staatsmann u. Heerführer. Er war das Haupt der ↑Puritaner im Bürgerkrieg gegen die absolute Königsherrschaft Karls I., den er 1549 hinrichten ließ. In der Republik, die daraufhin gebildet wurde, regierte C. ab 1653 als „Lord Protector" mit uneingeschränkter Macht. Unnachsichtig verfolgte er alle, die sich seinen religiösen u. politischen Vorstellungen nicht anschlossen. Außenpolitisch gelang es ihm, die Stellung Englands zu stärken. Bald nach seinem Tod wurde die Monarchie wieder eingeführt.

Csárdás [*tschárdasch*] m, ungarischer Nationaltanz, der aus einem langsamen u. einem schnellen Teil besteht.

ČSSR, Abkürzung für: Československá Socialistická Republika, ↑Tschechoslowakei.

CSU, Abkürzung für: Christlich-Soziale Union (↑CDU).

Cumberland [*kamb^er l^end*], bis 1974 Grafschaft in Nordwestengland, seither Teil der neugebildeten Grafschaft Cumbria.

Cup [*kap*; engl.] m, Pokal, Ehrenpreis, der bei Sportwettkämpfen vergeben wird, z. B. Europa-Cup im Fußball.

Curaçao [*kuraßao*], niederländische Insel der Kleinen Antillen, vor der Küste Venezuelas, mit 161 000 E. Die Hauptstadt ist *Willemstad*. Die Insel ist durch ihre Erdölraffinerien bekannt.

Curie, Marie [*küri*], geborene Skłodowska, * Warschau 7. November 1867, † Sancellemoz (Haute-Savoie) 4. Juli 1934, französische Chemikerin u. Physikerin polnischer Herkunft. Marie C. entdeckte das ↑Radium u. erhielt dafür 1903 den Nobelpreis für Physik zusammen mit ihrem Lehrer H. Becquerel u. ihrem Mann Pierre Curie. Ihre Arbeiten auf dem Gebiet der Radiochemie, die Reindarstellung des metallischen Radiums u. die Untersuchungen der chemischen Verbindungen dieses Elements trugen ihr 1911 auch den Nobelpreis für Chemie ein.

Curie [*küri*] s, Einheitenzeichen: Ci (früher auch c oder C), nach dem französischen Physikerehepaar Pierre u. Marie Curie benannte, nicht mehr zugelassene Einheit der Aktivität eines radioaktiven Strahlers; 1 Ci entspricht $3{,}7 \cdot 10^{10}$ Zerfällen pro Sekunde.

Curriculum [lat.] s (Bildungsgang), in der Pädagogik hat C. den Begriff Lehrplan ersetzt. C. unterscheidet sich vom Lehrplan v. a. durch eine systematische Entwicklung und Begründung von Lernzielen, durch die Abstimmung der Lehrmittel auf die Lernziele, durch methodische Anweisungen an den Lehrer zur Umsetzung des Geplanten im Unterricht und zur Überprüfung des Erfolgs des Lernprozesses. Das C. ermöglicht auf diese Weise eine kritische und rationale Beurteilung der Ziele u. Inhalte sowie der Methoden des Unterrichts.

Curry [*kari, köri*; engl.] m (auch s), scharfe indische Gewürzmischung, die v. a. für Reisgerichte verwendet wird.

Cutter [*kat^er*; engl.] m, Schnittmeister bei Film und Fernsehen (englisch to cut = schneiden). Der C. schneidet aus der Menge der (aufgenommenen) Filmaufnahmen die brauchbaren Teile heraus u. setzt aus ihnen den endgültigen Film in der im Drehbuch vorgesehenen Folge zusammen. Den Beruf üben meist Frauen aus (*Cutterin*).

Cuxhaven, Stadt u. Nordseebad in Niedersachsen, an der Elbemündung, mit 60 000 E. Vorhafen Hamburgs, Überseehafen (Amerikahafen), Fährfen (für Helgoland, Nordfriesische Inseln u. Brunsbüttel) u. bedeutender Hochseefischereihafen. C. hat Fischauktionshallen u. Fischindustrie.

CVJM, Abkürzung für: ↑Christlicher Verein Junger Männer.

Cyanide [gr.] s, Mz., überaus giftige, schon in geringer Menge tödlich wirkende Salze des ↑Cyanwasserstoffs. Das bekannteste Cyanid ist das Kaliumcyanid (KCN). Da C. mit Gold, Silber, Nickel, Chrom und anderen edlen Schwermetallen lösliche komplexe Verbindungen eingehen, werden sie z. B. oft beim Vergolden und Versilbern von Gegenständen verwendet.

Cyanwasserstoff [gr.; dt.] m (Cyanwasserstoffsäure, Blausäure), HCN, farblose, bittermandelähnlich riechende Flüssigkeit; sehr schwache Säure; ihre Salze sind die ↑Cyanide. C. zersetzt sich in wäßriger Lösung. In sehr geringen Mengen vorhanden in den Kernen von Mandeln u. Steinobst. Überaus giftig.

Cyrenaika (arabisch Al Barka), Landschaft im Osten Libyens. Sie erstreckt sich von der Küste am Mittelländischen Meer bis in die Libysche Wüste hinein. Die Bewohner der C. sind Hirtennomaden.

Cyrus ↑Kyros.

D

D: 1) 4. Buchstabe des Alphabets; **2)** 2. Stufe der C-Dur-Tonleiter; **3)** römisches Zahlzeichen für: 500; **4)** Abkürzung für: **D**octor theologiae.

da capo [ital.], Beifallsruf: wiederholen!

Dacca, Hauptstadt von Bangladesch, mit umliegenden Orten 2,1 Mill. E, im Ganges-Brahmaputra-Delta gelegen. D. hat v. a. Textil-, Glas-, Gummi-, Kunstdünger- u. Streichholzfabriken u. ist der größte Binnenhafen des Landes. In D. gibt es 3 Universitäten.

Dach s, Überdeckung eines Bauwerks zum Schutz gegen Witterungseinflüsse. Es besteht aus dem *Dachstuhl* (Holz oder Stahl) u. der *Dachdeckung* (Ziegel, Schiefer, Holzschindel, Rohr, Schilf, Stroh oder Kunststoff).

Dachau, oberbayrische Stadt an der Amper, mit 33 000 E. Es hat Spezialmaschinen- u. Fahrzeugbau. Bei D. befand sich von 1933 bis 1945 ein ↑Konzentrationslager.

Dach der Welt, Bezeichnung für das Hochland von ↑Pamir.

Dachpappe w, mit Teer getränkte Pappe, in die Sand eingewalzt ist. D. wird zum Isolieren gegen Feuchtigkeit verwendet.

Dachreiter m, Türmchen aus Holz oder Stein auf dem Dachfirst (der obersten waagerechten Kante des geneigten Daches).

Dachs m, 70 cm langes u. bis 20 kg schweres Dämmerungs- u. Nachttier. Der D. lebt in großen, ruhigen Wäldern. Er hat einen plumpen, grauen, unterseits schwarzen Körper, einen schwarzweißen Kopf, kurzen Stummelschwanz u. breite, mit Grabklauen versehene Vorderpfoten. Der Wohnkessel des Dachses (Dachsbau), der mehrere Eingänge hat, liegt bis 5 m unter der Erde. Im Winter schläft der D., der zu den Allesfressern gehört, tagelang einen normalen Schlaf (Winterruhe).

Dachstein m, österreichischer Gebirgsstock in den Nördlichen Kalkalpen, mit 2 995 m hoch (Hoher D.). Bekannt sind die Rieseneishöhle (die auch im Sommer −1 °C hat; mit eindrucksvollen gefrorenen Wasserfällen) u. die Mammuthöhle.

Dackel m (Dachshund, Teckel), kurz- und krummbeinige Haushunderasse mit Hängeohren, langgestrecktem Körper u. langem, horizontal getragenem Schwanz. Der D. wurde ursprünglich nur als Jagdhund auf Fuchs u. Dachs im Bau verwendet. Es wurden verschiedene Formen gezüchtet: Kurzhaar-, Langhaar- und Rauhhaardackel.

Dadaismus [frz.] m, während des 1. Weltkrieges entstandene Kunst- und Literaturrichtung, die die bestehenden Kunstauffassungen ablehnte. Der D. versuchte, innere u. äußere Wahrnehmungen ohne jeden logischen Zusammenhang aneinandergereiht wiederzugeben. Er bereitete den ↑Surrealismus vor.

Dädalus, griechische Sagengestalt. D. muß aus Asien fliehen, er baut auf Kreta das Labyrinth für den Minotaurus u. wird dort von König Minos gefangengehalten. Mit seinem Sohn ↑Ikarus flieht er mit Hilfe künstlicher Flügel, u. entkommt nach Sizilien.

DAG, Abkürzung für: **D**eutsche **A**ngestellten-**G**ewerkschaft (↑Gewerkschaften).

Daguerre, Jacques [*dagär*], * Cormeilles-en-Parisis bei Paris 18. November 1787, † Bry-sur-Marne bei Paris 10. Juli 1851, französischer Maler u. Erfinder der *Daguerreotypie* (1837). Diese ist das älteste praktisch verwendbare fotografische Verfahren; ↑auch Fotografie.

Dahlien w, Mz., bis über 1 m hohe, z. T. buschig wachsende Gartenpflanze aus Mexiko. Als Korbblütler entwickeln sie im Sommer u. Herbst große, langgestielte Blütenköpfchen in den verschiedensten Farben. Gefüllte D. haben beinahe kugelig runde Blütenköpfchen, z. B. die Pompondahlien.

Dahn, Felix, * Hamburg 9. Februar 1834, † Breslau 3. Januar 1912, deutscher Schriftsteller, Geschichtsforscher u. Rechtsgelehrter. Er verfaßte den Roman „Ein Kampf um Rom" (1876).

Dahomey [*daomä*] ↑Benin.

Daimler, Gottlieb Wilhelm, * Schorndorf 17. März 1834, † Bad Cannstatt (heute zu Stuttgart) 6. März 1900, deutscher Erfinder. D. konstruierte neben C. Benz die ersten brauchbaren Kraftfahrzeuge und Motorräder. 1890 gründete er die *Daimler-Motoren-Gesellschaft* (Mercedes), die 1926 mit der Firma Benz & Cie zur heutigen *Daimler-Benz AG* verschmolzen wurde.

Dajak m, Mz., zusammenfassender Name für die altmalaiischen Stämme auf der Insel Borneo. Sie leben in Pfahlbauten an Flüssen. Oft ist Pfahlbau an Pfahlbau aneinandergebaut, eine ganze Dorfstraße entlang. Als Hauptnahrungsmittel bauen die D. Reis an. Bewaffnet sind sie mit Schwert, Blasrohr u. Schild. Früher waren sie Kopfjäger. Bemerkenswert sind ihre Maskentänze.

Dakar, Hauptstadt u. wichtigster Hafen der Republik Senegal, auf der Halbinsel Kap Vert am Atlantischen Ozean, mit 800 000 E. Moderne Stadt mit breiten Straßen u. Hochhäusern. D. hat eine Universität u. ist ein bedeutender internationaler Verkehrsknotenpunkt mit Flug- und Seeverbindungen nach Europa, Südafrika u. Südamerika. In D. werden v. a. landwirtschaftliche Produkte u. Fisch verarbeitet.

Dakota m, Mz., nordamerikanischer Indianerstamm der Siouxfamilie. Die D. lebten beiderseits des Missouri, ursprünglich von Feldbau, später von Bisonjagd. Gegen die sie verdrängenden Europäer wehrten sie sich mit aller Härte. Heute leben sie in ↑Reservaten.

Daktyloskopie [gr.] w, die Wissenschaft vom Hautrelief u. -muster der Finger, der inneren Handflächen u. der Fußsohlen. Dieses Hautrelief ist bei jedem Menschen anders, es ändert sich nicht während des Lebens u. läßt sich nicht verändern. Diese Tatsache nutzt die Kriminalistik zur Indentifizierung eines Menschen (Fingerabdruck).

Daktylus [gr. = Finger] m, antikes Versmaß, das aus einer Länge u. zwei Kürzen bzw. einer betonten und zwei unbetonten Silben besteht.

Dachs

Daktyloskopie.
Wirbel, Schleife und Bogen (von links) bei Fingerabdrücken

Dampfmaschine

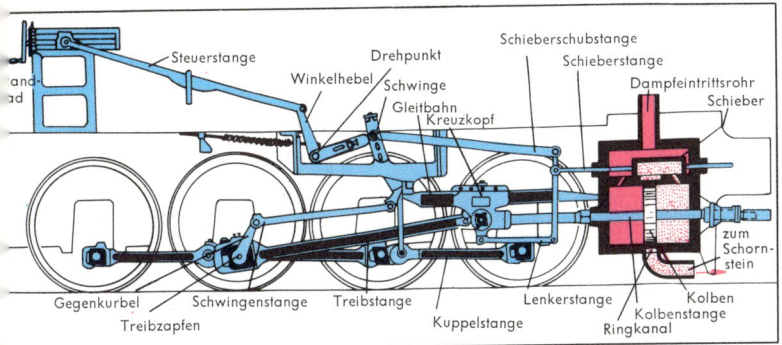

Dampfmaschine. Antrieb und Steuerung einer Dampflokomotive (links), Dampfantrieb eines Rades mit Laufschaufeln

Dalai-Lama [tibet.] *m*, Priester u. weltliches Oberhaupt im Lamaismus, der tibetanischen Form des Buddhismus (geistliches Oberhaupt ist der Pantschen-Lama). Der 14. D.-L. flüchtete 1959 vor den Chinesen nach Indien.

Dali, Salvador, * 1904, spanischer Maler u. Graphiker, ↑moderne Kunst.

Dallas [däl*e*ß], Stadt im nördlichen Texas, USA, mit 844 000 E. Die Stadt hat 2 Universitäten u. neben einem der größten Baumwollmärkte der Welt eine vielseitige Industrie (Maschinenbau, Erdöl-, Baumwoll-, Holz- u. Nahrungsmittelindustrie). In D. wurde John F. Kennedy am 22. 11. 1963 ermordet.

Dalmatien (serbokroatisch Dalmacija), jugoslawische Küstenlandschaft an der Adria von Istrien im Nordwesten bis an die Bucht von Kotor. Der stark gegliederten Küste sind viele Inseln vorgelagert (*Dalmatinische Inseln*). Das milde Klima macht D. zu einem beliebten Fremdenverkehrsziel. Die Bevölkerung betreibt außerdem Fischfang, Schiffahrt u. Handel. Die bedeutendsten Städte sind Split und Dubrovnik.

Dalton, John [dålt*e*n], * Eaglesfield bei Cockermouth (Cumberland) 6. (?) September 1766, † Manchester 27. Juli 1844, englischer Physiker u. Chemiker. Er stellte wichtige Untersuchungen über das physikalische Verhalten der Gase an u. fand das nach ihm genannte *Daltonsche Gesetz:* Der Gesamtdruck eines Gasgemisches setzt sich zusammen aus der Summe der Einzeldrücke,

d. h. der Druckverhältnisse der einzelnen Gase. D. gab auch bedeutende Anregungen für eine moderne Atomtheorie.

Damaskus, Hauptstadt Syriens, mit 1,1 Mill. E. Die enge orientalische Altstadt mit Zitadelle u. großer Moschee ist von einer Mauer umgeben. Neben ihr liegen moderne Viertel mit Hochhäusern. D. ist der geistige Mittelpunkt des Landes (mit Universität). Außer Nahrungsmittelindustrie u. Brokatwebereien spielt der Handel eine große Rolle (jährliche Messe). Die Stadt wurde erstmals im 15. Jh.v.Chr. erwähnt, 64 v. Chr. wurde sie römisch, 635 arabisch, 1516 osmanisch, seit 1946 gehört sie zu Syrien.

Damast [ital., nach der Stadt Damaskus] *m*, einfarbiges, feinfädiges u. in sich gemustertes Baumwollgewebe, dessen glänzendes Muster durch wechselnde Bindung entsteht; hauptsächlich für Tisch- u. Bettwäsche verwendet.

Damespiel *s*, ein Brettspiel, das auf einem Schachbrett mit je 12 Steinen von zwei Teilnehmern gespielt wird.

Damhirsch *m*, etwa 1 m hoher Hirsch mit meistens rotbraunem, weißgeflecktem Fell, weißem Spiegel und beim männlichen Tier mit Schaufelgeweih. Seine Heimat ist Kleinasien. Durch Aussetzung im frühen Mittelalter ist er auch in Mitteleuropa heimisch geworden.

Damokles, Höfling des Tyrannen Dionysios I. (oder II.) von Syrakus (4. Jh. v. Chr.). Als D. den Herrscher um sein Glück beneidete, ließ dieser ihn unter einem Schwert speisen, das an einem Pferdehaar aufgängt war; so zeigte er ihm die Gefahr, von der das Glück der Mächtigen u. Reichen ständig bedroht ist. *Damoklesschwert* steht für: stets drohende Gefahr.

Dämon [gr.] *m*, im griechischen Altertum verstand man unter D. das Göttliche im Menschen. So sprach z. B. Sokrates von seinem „Daimonion", der inneren Stimme, die ihm half, das Gute zu erkennen. In primitiven Religionen dagegen u. im Aberglauben gelten Dä-

monen meist als böse Mächte, die Krankheiten u. ä. Mißgeschick bringen.

Dampf *m*, Bezeichnung für den gasförmigen Aggregatzustand eines Stoffes, der gleichzeitig in flüssiger oder fester Form vorkommt, so daß ständig Moleküle vom flüssigen oder festen Aggregatzustand in den gasförmigen übergehen u. umgekehrt. Im engeren Sinne versteht man unter D. den Wasserdampf. Dieser ist als Gas unsichtbar; er ist nur sichtbar, wenn er bereits fein verteiltes, tröpfchenförmiges Wasser enthält (Nebel). – Große Mengen Wasserdampf entstehen z. B. beim Sieden von Wasser. In einem geschlossenen Gefäß kann dabei der Druck, den der D. auf die Wände ausübt (*Dampfdruck*), sehr hoch werden. Diesen Dampfdruck nutzt man z. B. in Dampfmaschinen.

Dampfer *m* (*Dampfschiff*), durch eine oder mehrere ↑Dampfmaschinen angetriebenes größeres Schiff. Die *Raddampfer* sind durch *Schraubendampfer* abgelöst worden. Fracht- u. Passagierdampfer erreichen heute Geschwindigkeiten zwischen 25 u. 35 Seemeilen pro Stunde. Der schnellste Passagierdampfer der Welt war die „United States" (USA, 44 893 BRT), die die Strecke New York–Großbritannien 1952 in 3 Tagen, 10 Stunden u. 40 Minuten zurücklegte; ↑auch Schiffahrt.

Dämpfer *m*, eine Vorrichtung bei Musikinstrumenten, die den Ton abschwächt. Damit wird seine Klangfarbe verändert, zuweilen auch die Tonhöhe. D. sind z. B. bei Streichinstrumenten ein Holzkamm, der auf den Steg gesetzt wird, bei Blasinstrumenten ein Holzkegel, der eingeschoben wird, bei der Trommel ein Filzdämpfer. Beim Klavier wird zur Dämpfung des Tones das linke Pedal niedergedrückt u. damit die Tastatur verschoben, so daß beim Anschlag nur noch ein Teil der Saiten getroffen wird.

Dampflokomotive ↑Dampfmaschine.

Dampfmaschine *w*, die älteste der vom Menschen gebaute Wärmekraftmaschine. Sie nutzt die Energie unter

Damhirsch

Druck stehenden (gespannten) Dampfes aus. Der englische Mechaniker James Watt baute 1782 die erste D. in der heute noch üblichen Weise. Die Abb. zeigt die Wirkungsweise dieser *Kolbendampfmaschine* am Beispiel der Dampflokomotive: Der im Dampfkessel erzeugte Dampf drückt auf den Kolben u. bewegt ihn nach vorn, wobei der Schieber, der jeweils eine der Einlaßöffnungen abdeckt, entgegengesetzt läuft. Der entspannte Dampf strömt aus dem Schornstein. Durch den Schieber wird nun die andere Eintrittsöffnung freigegeben, der Druck wirkt von der anderen Seite, der Kolben bewegt sich nach rückwärts. Dieses Spiel wiederholt sich dauernd, das Gestänge überträgt die Kolbenbewegung auf die Räder, die Lokomotive fährt. Anders wird die Energie gespannten Dampfes in der *Dampfturbine* ausgenützt: Der Dampf strömt mit großer Geschwindigkeit auf ein mit Platten besetztes Rad, das in Drehung versetzt wird (Abb.). Meist baut man mehrere Räder hintereinander, um die Dampfenergie besser u. vollständiger nutzen zu können.

Danaer [...$a^e r$; gr.] *m*, Name der Griechen bei Homer. Unter **Danaergeschenk** versteht man ein unheilbringendes Geschenk (nach dem ↑Trojanischen Pferd).

Danebrog [dän.; = Flagge] *m*, Bezeichnung für die dänische Flagge (rot mit weißem Kreuz).

Dänemark, Königreich zwischen Nord- und Ostsee, mit 43 075 km² etwa so groß wie Niedersachsen, mit 5,1 Mill. E. Die Hauptstadt ist Kopenhagen. Das Land umfaßt die Halbinsel Jütland (70 % der Landfläche) u. neben 400 kleinen die Hauptinseln Seeland, Fünen, Lolland, Falster u. Bornholm, außerdem gehören ↑Grönland u. die ↑Färöer zum Königreich. Während Ostjütland u. die Inseln fruchtbaren Boden haben, hat Westjütland vorwiegend Sandboden mit Heide u. Mooren. – Abgesehen von etwas Erdöl, das seit 1972 in den Nordsee-Ölfeldern gefördert wird, besitzt D. keine Bodenschätze. Die Industrie stützt sich auf die musterhafte Landwirtschaft (besonders Viehzucht) und den Fischfang. Wichtig ist auch der Fährbetrieb nach Skandinavien (↑Vogelfluglinie). – Ende des 5. Jahrhunderts wanderten die Dänen in das Land ein, das unter Gorm dem Alten (um 950) geeint wurde. 1397 wurden in der *Kalmarer Union*, unter der dänischen Königin Margarete, D., Schweden und Norwegen vereinigt. Anfang des 16. Jahrhunderts löste sich Schweden aus dieser Union, 1814 ging Norwegen an Schweden verloren. 1848–50 u. 1864 kam es zu deutsch-dänischen Kriegen um Schlewig-Holstein, das von D. an Österreich u. Preußen abgetreten wurde. Im 1. Weltkrieg blieb D. neutral, gewann aber durch den Versailler Vertrag Nordschleswig hinzu. 1940–45 war D. von deutschen Truppen besetzt. D. ist Mitglied der UN, der NATO, des Europarats und der EG.

Dangrade ↑Judo.

Dante Alighieri, *Florenz im Mai 1265, †Ravenna 14. September 1321, bedeutender italienischer Dichter. D. war zeitlebens in politische Parteikämpfe verwickelt. Aus diesem Grunde wurde er 1302 aus seiner Heimatstadt verbannt. Sein Hauptwerk, die „Divina Commedia" („Göttliche Komödie"; er arbeitete ab 1313 daran) schildert in großartigen Bildern den Weg des Dichters durch das Jenseits, von der Hölle über den Läuterungsberg zum Paradies, u. gibt in Begegnungen u. Gesprächen ein umfassendes Bild seiner Zeit. Das Werk ist in toskanischer Mundart geschrieben (nicht wie damals üblich in Latein), die damit zur italienischen Schriftsprache wurde. Dies brachte Dante den Titel des „Vaters der italienischen Dichtung" ein.

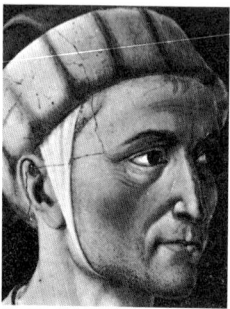  

Dante Alighieri — Georges Jacques Danton — Charles Robert Darwin

Danton, Georges Jacques [*dangtong*], *Arcis-sur-Aube 28. Oktober 1759, †Paris 5. April 1794, französischer Revolutionär. Rechtsanwalt, eine der führenden Persönlichkeiten der Französischen Revolution. Er organisierte 1792 die Septembermorde (Massenmorde zur Abschreckung der Gegner). Als D. ab Herbst 1793 eine gemäßigtere Politik verfolgte, geriet er in Gegensatz zu Robespierre, der ihn verhaften u. hinrichten ließ. – Berühmt ist Büchners Drama „Dantons Tod" (1835).

Danzig (polnisch Gdańsk), bedeutende Industrie- u. Hafenstadt am Weichseldelta, mit 421 000 E. Die Stadt wurde im 2. Weltkrieg stark zerstört, wichtige mittelalterliche Bauten wurden aber wiederaufgebaut (u. a. die gotische Marienkirche, das Rathaus, der Artushof u. das Krantor). D. hat eine Universität, eine technische Hochschule, Werften, Maschinen-, Lebensmittel- u. chemische Industrie. – Im Mittelalter war D. eine bedeutende See- u. Handelsmacht (Mitglied der Hanse). Nachdem D. seit dem 15. Jh. unter polnischer Lehnshoheit gestanden hatte, kam es 1793 an Preußen. Durch den ↑Versailler Vertrag wurde es Freistaat als „Freie Stadt Danzig". Am 1. September 1939 wurde D. dem Deutschen Reich eingegliedert, seit 1945 gehört es zu Polen.

Daphne [gr.; = Lorbeer], Nymphe der griechischen Göttersage. Als Apoll D. verfolgt, wird sie auf ihr Flehen in einen Lorbeerstrauch verwandelt. R. Strauss gestaltete diesen Stoff in einer Oper (1938).

Dardanellen *Mz.* (im Altertum Hellespont genannt), Meeresenge zwischen Ägäischem u. Marmarameer. Die D. sind 65 km lang und an ihrer engsten Stelle 1,3 km breit. Dies machte sie zu einem strategisch wichtigen Punkt, besonders für Rußland bzw. für die UdSSR, da sie die einzige Verbindung vom Schwarzen Meer zum Mittelmeer sind. Daraus entstand im 19. Jh. zur Dardanellenfrage: Nichttürkischen Kriegsschiffen wurde die Durchfahrt verboten. Im 1. Weltkrieg waren die D. heiß umkämpft, danach wurden sie entmilitarisiert, 1936 aber von den Türken neu befestigt. Die Durchfahrt ist, unter bestimmten Bedingungen, nun auch Kriegsschiffen erlaubt.

Darius, Name persischer Könige: **1) D. I.,** der Große (†486 v. Chr.), König seit 522, schuf die Einheit des Persischen Reiches, das unter ihm größte Ausdehnung und Machtfülle erlangte. Sein Angriff auf Griechenland scheiterte allerdings (Schlacht bei Marathon 490 v. Chr.); **2) D. III.** (um 380–330 v. Chr.), verlor Reich u. Thron an Alexander den Großen (Schlacht bei Issos 333 v. Chr.).

Darlehen *s*, Überlassung von Geld mit der Vereinbarung, den Betrag (oft in Raten) zurückzuzahlen. Meist muß man für ein D. Zinsen zahlen.

Darm *m*, schlauchförmiger Abschnitt des Verdauungskanals (↑Verdauung) zwischen Magenausgang u. After (bei niederen Tieren zwischen Schlund u. After). Beim Menschen ist der D. etwa 8 m lang. Er ist gegliedert in Dünndarm u. Dickdarm. Der Dünndarm ist unterteilt in Zwölffingerdarm,

Leerdarm und Krummdarm. In den Zwölffingerdarm werden Fermente abgeschieden, auch enden hier der Gallengang u. der Ausführungsgang der Bauchspeicheldrüse. Hier und im ganzen Dünndarm wird die aus dem Magen kommende Nahrung aufbereitet, die Darmwände nehmen die verwertbaren Stoffe dann auf. Der Dünndarm ist stark gefaltet. Dadurch ist die Oberfläche vergrößert. Zahlreiche ringförmige und parallele sowie unzählige kleine ↑Zotten bewirken dasselbe. Zwischen den Zotten sitzen Drüsen, die für die Verdauung wichtigen Darmsaft liefern. An den Dünndarm schließt sich der Dickdarm (mit Blinddarm, Grimmdarm u. Mastdarm) an. Im Dickdarm wird das Wasser entzogen u. der Kot geformt. Wellenförmige Bewegungen des Darms transportieren den Kot zum After. Als *Darmflora* bezeichnet man die ↑Mikroorganismen, die sich im gesamten Verdauungsweg befinden. Auch sie sind an der Aufbereitung der Nahrung beteiligt; weiter hat die Darmflora die Aufgabe, eindringende Krankheitserreger zu bekämpfen (↑auch Abb. Tafel Mensch).

Darmstadt, Stadt in Südhessen, mit 139 000 E. Außer einer technischen Hochschule u. 3 Fachhochschulen befinden sich in D. u. a. das „Institut für Datenverarbeitung der Gesellschaft für Mathematik u. Datenverarbeitung" sowie die „Zentralstelle der Deutschen Bundespost für Dokumentation u. Information". D. ist Sitz der Deutschen Akademie für Sprache u. Dichtung. Die Stadt hat Verlage u. Druckereien, chemische Industrie, Maschinenfabriken u. Gerätebau. Auf der Mathildenhöhe stehen wichtige Jugendstilbauten.

darstellende Kunst *w,* zusammenfassende Bezeichnung für Schauspiel- u. Tanzkunst sowie Pantomimik. Mitunter werden zur darstellenden Kunst auch noch Malerei u. Plastik gezählt, obwohl beide wesentliche Teile der ↑bildenden Kunst sind.

Darwin, Charles Robert, * Shrewsbury (Shropshire) 12. Februar 1809, † Down (heute zu London) 19. April 1882, bedeutender englischer Naturforscher. Beobachtungen, die D. auf einer Expedition nach Südamerika u. im Pazifischen Ozean mit dem Segelschiff „Beagle" (= Spürhund) machte, ließen ihn daran zweifeln, daß die Tierarten im Laufe der Zeit unverändert bleiben. In seinem Hauptwerk „Über den Ursprung der Arten durch natürliche Zuchtwahl" (1859) verschaffte er der ↑Abstammungslehre allgemeine Anerkennung u. begründete die Selektionslehre (Selektion = Auswahl). Hierin erklärt D. die Entstehung der Arten durch natürliche Auslese. Alle Lebewesen erzeugen einen hohen Überschuß an Nachkommen, außerdem können sprunghafte Veränderungen der ↑Erbanlagen der einzelnen Nachkommen auftreten, die zu einer Verschlechterung oder Verbesserung der Lebenseignung führen. Im „Kampf ums Dasein" setzen sich dann nur die Lebewesen mit der besten Lebenseignung durch. Dadurch sind die Arten einer dauernden Veränderung unterworfen. Diese Lehre, der *Darwinismus,* ist in der Biologie heute voll anerkannt.

Datenschutz *m,* gesetzlich geregelter Schutz des Bürgers vor Beeinträchtigung seiner Privatsphäre durch unbefugte Erhebung, Speicherung und Weitergabe von Daten. Die an verschiedenen Stellen (in *Datenbanken* von Krankenhäusern, Versicherungen, Behörden u. a.) gesammelten Angaben (über den Gesundheitszustand, die Vermögensverhältnisse, den beruflichen Werdegang usw.) dürfen nicht unkontrolliert, also mißbräuchlich und zum Schaden des einzelnen verwendet werden.

Datenverarbeitungsmaschine ↑Computer.

Dativ (Wemfall) ↑Fälle.

Dativobjekt ↑Satz.

Dattelpalme [gr.; lat.] *w,* im tropischen und subtropischen Afrika u. Asien, als Zierpflanze auch in Südeuropa vorkommende Palmengattung. Sie kann bis 20 m hoch werden. Die sehr in die Tiefe (bis 30 m) wachsenden Wurzeln finden selbst noch in Wüstengebieten Wasser. Die D. ist deshalb die wichtigste Nutzpflanze der Oasen. Sie liefert dort die mehlig-trockenen, stärkereichen „Trockendatteln", während die saftig-süßen „Saftdatteln", die bei uns getrocknet zu kaufen sind, von einer Kulturrasse stammen.

Datumsgrenze [lat.; dt.] *w,* eine Linie, die ungefähr mit dem 180. Längengrad östlich bzw. westlich von ↑Greenwich zusammenfällt. Überschreitet man die Linie nach Westen, wird ein Kalendertag übersprungen, dagegen muß er doppelt gezählt werden, wenn die Linie nach Osten überschritten wird. – Karte S. 112.

Dau (auch Dhau, Dhaw) [arab.] *w,* Küstensegelschiff mit zwei oder drei Masten, von denen jeder ein Dreiecksegel trägt. Die D. ist v. a. in Arabien u. in Ostafrika gebräuchlich.

Daudet, Alphonse [dodä], * Nîmes 13. Mai 1840, † Paris 16. Dezember 1897, französischer Schriftsteller. D. gestaltete in seinen Romanen heitere und liebenswerte Stimmungsbilder seiner provenzalischen Heimat („Briefe aus meiner Mühle", 1869, deutsch 1921; „Die wunderbaren Abenteuer des Tartarin von Tarascon", deutsch 1884).

Daunen *w, Mz.,* zarte Federn (↑Dunen).

David, erster eigentlicher König von Israel-Juda (etwa 1000–970 v. Chr.). Nachfolger Sauls, einte D. Juda u. Israel u. dehnte seinen Herrschaftsbereich weiter aus. Das eroberte Jerusalem erhob er zur Hauptstadt des Reiches (die ↑Bundeslade wurde dorthin gebracht). Seinen Sohn ↑Salomo setzte er als Nachfolger ein. An Davids Gestalt knüpft sich die messianische Erwartung auf die Wiederkehr (als 2. David).

Davidstern *m,* ein Sechsstern aus zwei ineinandergeschobenen Dreiecken. Im Judentum ist der D. erst seit dem Mittelalter (neben dem Fünfstern) anzutreffen, als religiöses Symbol seit dem 19. Jh., als Symbol des ↑Zionismus seit 1897. In der Zeit des Nationalsozialismus mußten die Juden einen (meist gelben) D. an der Kleidung tragen. 1948 wurde der D. in die Flagge Israels aufgenommen.

DDR, Abkürzung für: ↑**D**eutsche **D**emokratische **R**epublik.

DDT, Abkürzung für: **D**ichlor**d**iphenyl**t**richloräthan, ein giftiges Insektenvertilgungsmittel, dessen Verwendung in der BRD seit 1972 nur in ganz bestimmten Ausnahmefällen gestattet ist.

Debakel [frz.] *s,* Zusammenbruch, katastrophale Niederlage.

Debatte [frz.] *w,* Diskussion, bei der die Aussprache in geregelter Rede u. Gegenrede abläuft (z. B. im Parlament).

Debitor [lat.] *m,* Schuldner.

Debussy, Claude [dᵉbüßi], * Saint-Germain-en-Laye 22. August 1862, † Paris 25. März 1918, französischer Komponist. Durch neue Klanggefüge und Instrumentation erreichte D. neue Klangwirkungen, die ihn zum Meister des französischen ↑Impressionismus machten. Wichtige Werke: „Vorspiel

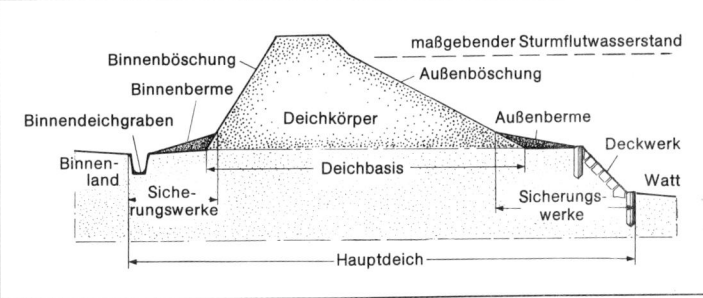

Deich. Schematische Darstellung

Debüt

Delhi. Grabmal des Herrschers Humajun

zum Nachmittag eines Fauns" (1894), „Pelleas u. Melisande" (1902).

Debüt [debü; frz.] s, erstes öffentliches Auftreten.

Deck [niederdt.] s, waagerechte Fläche, die ein Schiff nach oben hin abschließt. In größeren Schiffen gibt es auch Decks zur waagerechten Unterteilung. Man unterscheidet Ober-, Zwischen-, Promenaden- und Bootsdeck.

Deckfarbe w, Öl- oder Lackfarbe, die den Untergrund überdeckt.

decrescendo [dekreschándo; ital.], in der Musik: abnehmende Tonstärke, leiser werdend. Zeichen: >.

DED, Abkürzung für: ↑ Deutscher Entwicklungsdienst.

de facto [lat.], den Tatsachen entsprechend; unter einer *De-facto-Anerkennung* versteht man eine praktisch vollzogene völkerrechtliche Anerkennung, ohne daß sie z. B. durch einen Vertrag festgelegt wurde. Dagegen bedeutet *de jure:* dem Recht und seinen Formalitäten (z. B. Vertrag) gemäß.

Defensive [frz.] w, Verteidigung, Abwehr; Gegensatz: ↑ Offensive.

definieren [lat.], den Inhalt eines Begriffs durch knappes Bestimmen der wesentlichen Merkmale festlegen und abgrenzen (eine *Definition* geben).

Defizit [lat.; = es fehlt] s, Fehlbetrag; Verlust.

Defoe, Daniel [defō"], *London 1659 oder 1660, †ebd. 26. April 1731, englischer Schriftsteller. Als Kaufmann gescheitert, wandte sich D. als Journalist gegen politische und religiöse Unfreiheit. Mit 60 Jahren wurde er durch seinen ersten Roman, in dem in Tagebuchform geschilderten Erlebnisse des Schiffbrüchigen „Robinson Crusoe" (deutsch 1720/1721) berühmt.

Degas, Edgar [dⁿga], *Paris 19. Juni 1834, †ebd. 26. September 1917, französischer Maler des ↑Impressionismus. Hauptthema seiner Bilder ist der Mensch in seiner Bewegung.

Degen m, seit dem 14. Jh. gebräuchliche Hieb- und Stoßwaffe mit gerader, schmaler Klinge; heute als Sportwaffe gebräuchlich.

Degeneration [lat.] w, Verschlechterung der Leistungsfähigkeit u. des Erscheinungsbildes bei Individuen, Organen, Zellverbänden und Zellen. Eine D. kann u. a. auf ↑Mutation, Schäden durch ↑Inzucht, ↑Domestikation und Abbauerscheinungen beruhen.

Deich m, künstlicher Damm an der Meeresküste oder längs eines Flusses zum Schutz gegen Überschwemmungen. Deiche sind aus Erde aufgeschüttet, mit Rasen bedeckt u. auf der Wasserseite mit Steinen befestigt. Es gibt auch zementierte oder gepflasterte, teils fahrbare Dämme als Deich. – Abb. S. 111.

Deismus [lat.] m, zur Zeit der Aufklärung verbreitete Gottesauffassung, nach der Gott zwar die Welt geschaffen hat, in das Weltgeschehen aber nicht weiter eingreift. Der bedeutendste Vertreter des D. in Deutschland war ↑Lessing.

de jure ↑de facto.

Deka... [gr.; = zehn], Bestimmungswort in der Bedeutung Zehn..., z. B.: Dekagramm = 10 Gramm.

Dekade [gr.] w, Zehnzahl, zehn Stück, Zeitraum von zehn Tagen.

Dekadenz [frz.] w, Verfall, Niedergang, Entartung.

Dekan [lat.] m: **1)** an Hochschulen Leiter einer Fakultät, eines Fachbereichs u. ä.; **2)** in verschiedenen evangelischen Landeskirchen ein Vorgesetzter von Pfarrern; **3)** in der katholischen Kirche Vorsitzender des Kardinalkollegiums, Würdenträger eines Dom- oder Stiftskapitels, Vorsteher eines Kirchenkreises.

Deklaration [lat.] w, grundsätzliche Erklärung; z. B. die D. der Menschenrechte in der Französischen Revolution.

Deklination [lat.; = Abweichung] w: **1)** ↑Fälle; **2)** Abweichung der Richtung einer Magnetnadel von der wahren Nordrichtung, da magnetischer u. geographischer Nordpol nicht übereinstimmen; **3)** Winkelabstand eines Gestirns vom Himmelsäquator (↑Äquator 2).

Dekret [lat.] s, Verfügung, Erlaß; Entscheidung nach richterlicher Untersuchung.

Dekumatland s (lat. decumates agri), bei Tacitus vorkommende Bezeichnung für das zwischen Rhein, Neckar u. Main liegende, seit dem späten 1. Jh. n. Chr. durch den Limes eingegrenzte Gebiet.

Delegation [lat.] w, Abordnung, Vertretung (Mitglied einer D.: *Delegierter*); Übertragung von Zuständigkeiten, Aufgaben.

Delft, niederländische Stadt, mit 85 000 E. Die Stadt hat ein malerisches Stadtbild mit vielen Grachten, eine technische Hochschule u. ein Museum (Prinsenhof). Berühmt wurde D. durch seine Fayenceherstellung.

Delhi [deli], Hauptstadt von Indien, mit 3,3 Mill. E, davon entfallen 302 000 E auf *Neu-Delhi,* den Sitz der Regierung. D. hat eine Universität u. ist größtes Kultur-, Verkehrs- (Flugplatz) u. Handelszentrum Nordindiens mit wichtiger Industrie (Textilien). Die im 11. Jh. gegründete Stadt hat prächtige Paläste und Moscheen. Seit 1911 Hauptstadt Indiens.

Delikt [lat.] s, Straftat, rechtswidrige, schuldhafte Handlung.

Delphi, altgriechische Kultstätte an den Südhängen des Parnaß, nördlich des Golfs von Korinth. D. war Mittelpunkt der Verehrung des Gottes ↑Apoll u. bedeutendste Orakelstätte der Griechen (wichtig für politische u. militärische Unternehmungen). Der *Omphalos* (ein halbovaler Stein) im Tempel des Apoll galt als der „Nabel" der Welt.

Delphine [gr.] *m, Mz.*, in allen Meeren vorkommende Familie 1–9 m langer, vorwiegend Fische fressender Zahnwale; fischähnl. Meeressäugetiere. Die Schnauze ist meist schnabelartig verlängert, die Rückenfinne kräftig entwickelt. D. leben im allgemeinen gesellig, oft in großen Gruppen. Einige D. sind gefährliche Räuber. D. sind lebhaft u. flink, außerordentlich intelligent (vermutlich dem Schimpansen überlegen) und verständigen sich durch ein System akustischer Signale. Sie freunden sich mit Menschen an u. lassen sich Kunststücke beibringen. Immer wieder wird berichtet, daß sie Menschen (Kinder) gerettet hätten, die sich in Not befanden. – Zu den Delphinen gehören u. a. der Gemeine Delphin, der Tümmler, Grindwale u. Schwertwale.

Delphinschwimmen ↑ Schwimmen.

Delsberg ↑ Jura 2).

Delta [gr.] *s:* **1)** der 4. Buchstabe des griechischen Alphabets (δ, Δ), entspricht dem lateinischen D. **2)** nach dem griechischen Buchstaben benannte Art der Flußmündung, bei der der Fluß ein von Flußarmen durchzogenes, meist dreieckiges Schwemmland aufbaut, das in das Meer oder in einen See hineinwächst.

Demagoge [gr.] *m*, ursprünglich in seiner eigentlichen Bedeutung (Volksführer) gebraucht, wandelte sich der Sinn des Begriffes später in: Volksverführer, Aufwiegler.

Dementi [frz.] *s*, offizieller Widerruf, Berichtigung (v. a. in der Politik gebraucht).

Demeter, griechische Göttin des Ackerbaus u. der Fruchtbarkeit, „Mutter Erde". Der Kult der D. war einer der mächtigsten im alten Griechenland.

Demokratie ↑ Staat.

demolieren [frz.], (etwas) beschädigen, kaputtmachen, zerstören.

Demonstration [lat.] *w:* **1)** anschauliche Beweisführung durch Versuche (z. B. im Physikunterricht) oder schematische Darstellung; **2)** Veranstaltung unter freiem Himmel, durch die Forderungen oder Proteste öffentlich bekannt gemacht werden sollen. Das Recht auf D. wird durch die Grundrechte geschützt, die aber gesetzlich beschränkt werden können (↑ Bannmeile, Versammlungsgesetz). Auch Rechte Dritter dürfen nicht beliebig verletzt werden. In der Bundesrepublik Deutschland besteht für Demonstrationen (unter freiem Himmel) Anmeldepflicht.

Demonstrativpronomen ↑ Pronomen.

Demontage [...*tasch*e; frz.] *w*, Abbau, Abbruch; etwas *demontieren* bedeutet: etwas abbauen (besonders Industrieanlagen).

Demoskopie ↑ Meinungsforschung.

Demosthenes, * Paiania (Attika) 384, † Kalaureia 322 v. Chr., griechischer Redner u. Staatsmann. D. rief in seinen berühmten Reden, den „Philippika", die Athener auf, ihre Freiheit gegen Philipp von Makedonien zu verteidigen.

Denaturierung [lat.] *w:* **1)** (Vergällung) das Versetzen von Stoffen (Kochsalz, Alkohol) mit kleinen Mengen übelriechender oder übelschmeckender Substanzen, um sie für bestimmte Zwecke unbenutzbar zu machen. Steuerbehörden denaturieren Stoffe, um sie aus steuerlichen Gründen ungenießbar zu machen (z. B. das als Brennspiritus bestimmte Äthanol [Alkohol]); **2)** in der Biochemie bezeichnet man als D. eine durch chemische, bakteriologische oder physikalische Einwirkung hervorgerufene, nicht rückgängig zu machende Strukturveränderung von ↑ Eiweißstoffen; z. B. Milch wird zu Quark.

Den Haag ↑ Haag, Den.

Denunziation [lat.] *w*, Verrat oder Verleumdung eines anderen aus unehrenhaften Gründen; v. a. in totalitären Staaten üblich, um Gegner des Regimes „anzuschwärzen".

Denver, Hauptstadt des Bundesstaates Colorado, USA, am Ostabfall der Rocky Mountains, mit 515 000 E. Die Stadt hat eine Universität, bedeutende Viehmärkte, Eisen- u. Baumwollindustrie, neuerdings auch Wintersport.

Departement [...*mang*; frz.] *s*, Abteilung; Verwaltungsbezirk in Frankreich.

Deportation [lat.] *w*, zwangsweise Verschickung von Menschen als Strafe oder aus politischen Gründen im Gebiet des deportierenden Staates in vorbestimmte Aufenthaltsgebiete.

Depot [*depo*; frz.] *s:* **1)** Aufbewahrungsort von Sachen (z. B. Munitionsdepot, Straßenbahndepot); **2)** in der Medizin: Ablagerung, z. B. Depotfett (im Unterhautgewebe abgelagertes Fett); **3)** (Wertpapierdepot) die einer Bank zur Verwahrung übergebenen Wertpapiere (Aktien u. ä.).

Depression [lat.] *w:* **1)** Niedergeschlagenheit, Verstimmung; **2)** in der Geographie: Festlandgebiete, deren Oberfläche unter dem Meeresspiegel liegt, z. B. das Tote Meer −396 m; **3)** Tiefdruckgebiet (↑ Wetterkunde); **4)** unter D. wird auch die Auswirkung einer Wirtschaftskrise verstanden (Arbeits- u. Auftragslosigkeit bei sinkenden Preisen).

Deputat [lat.] *s:* **1)** Gehalt oder Lohn (auch ein Teil davon) in Form von Sachleistungen; **2)** Anzahl der Pflichtstunden, die eine Lehrkraft zu geben hat.

Deputation [lat.] *w*, Abordnung.

Derby [*där*bi; engl. *da*bi] *s*, ursprünglich nur Bezeichnung für das alljährlich bei Epsom, einer englischen Stadt südwestlich von London, stattfindende Pferderennen für Dreijährige über eine Entfernung von 2400 Meter. Benannt wird das D. nach dem 12. Earl of D., der 1780 das erste Rennen veranstaltete. Später wurden auch Pferderennen für Dreijährige in anderen Ländern über die gleiche Distanz Derby genannt.

Derwisch [pers.; = Bettler] *m*, islamischer Bettelmönch; die Derwische wirkten als Lehrer der Jugend u. Helfer der Notleidenden.

Descartes, René [*dekart*], * La Haye-Descartes (Touraine) 31. März 1596, † Stockholm 11. Februar 1650, französischer Philosoph. Durch seinen methodischen Zweifel (nur die Tatsache des eigenen Zweifels ist unbestreitbar), der der Wahrheitsfindung unabhängig von jeder Autorität diente, wurde D. zum Begründer der neuzeitlichen Philosophie. In der Mathematik war er einer der Wegbereiter der analytischen Geometrie u. der Prozentrechnung.

Deserteur [...*tör*; frz.] *m*, fahnenflüchtiger Soldat, Überläufer.

De Sica, Vittorio, * 1902, † 1974, italienischer Filmregisseur, ↑ Film.

Design [*disain*; engl.] *s*, Entwurf, Plan, Muster, Modell u. die so erzielte Form eines Gebrauchsgegenstandes. Der Gestalter wird *Designer* [*disain*er] genannt.

designieren [lat.], berufen, ernennen, für ein Amt (das noch besetzt ist) vorsehen.

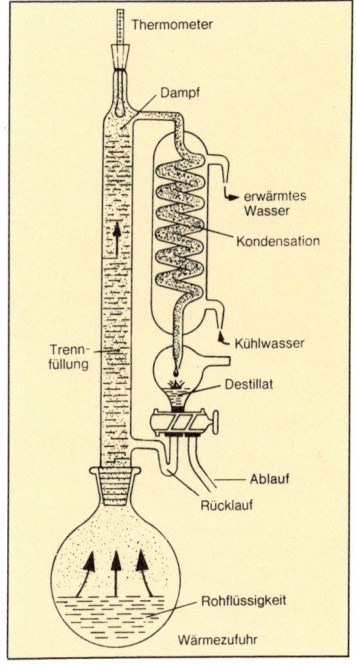

Destillieren.
Schema eines Destillierapparates

Desinfektion

Desinfektion [lat.] w, Verfahren, mit dem Krankheitserreger vernichtet werden. Man *desinfiziert* mit chemischen Mitteln (z. B. Jodoform oder Karbolsäure) oder mit physikalischen Mitteln (z. B. Wasserdampf, Ultraschall).

Despot [gr.] m, Tyrann, Gewaltherrscher.

Dessau, Stadt im Bezirk Halle, mit 101 000 E. Die Stadt D. hat sich im 20. Jh. zu einer bedeutenden Industriestadt entwickelt (Waggon-, Maschinen- u. Gerätebau, u. hat physikalischen Fabriken), hat einen Elbhafen. – D. war 1603–1918 Residenz von Anhalt u. ehemals Sitz des ↑Bauhauses.

Dessert [däßär oder däßärt; frz.] s, Nachtisch, Nachspeise.

Dessin [däßäng; frz.] s, Entwurf, Muster (bei Textilien).

Destillation ↑destillieren.

destillieren [lat.], flüssige Stoffgemische durch Verdampfen reinigen oder auch trennen. Die *Destillation* wird dadurch möglich, daß die gemischten Stoffe unterschiedliche ↑Siedepunkte haben. Verdampft man z. B. in einem *Destillierkolben* Meerwasser, so verdampft das Wasser (es wird durch Abkühlen wieder verflüssigt), die Salzanteile bleiben zurück (Rückstand). Wenn Stoffe schwer zu trennen sind, so wendet man die *fraktionierte Destillation* an, wobei aus sogenannten *Kolonnen* die nacheinander anfallenden *Fraktionen* (so nennt man die *Destillate* hier) einzeln abgezogen werden. Von großer Bedeutung ist die Destillation v. a. für die Verarbeitung von ↑Erdöl. – Abb. S. 113.

destilliertes Wasser, durch Destillation gereinigtes Wasser.

destruktiv [lat.], zerstörerisch.

Deszendenztheorie ↑Abstammungslehre.

Detail [detaj; frz.] s, Einzelheit, Einzelteil.

Detektiv [engl.] m, jemand, der in privatem Auftrag gewerbsmäßig Informationen beschafft u. über Angelegenheiten anderer Auskunft erteilt.

Detektor [lat.] m, allgemein ein Nachweis- oder Aufspürgerät, z. B. zum Nachweis von Strahlen (Strahlendetektor, Teilchendetektor).

Detmold, Hauptstadt des Regierungsbezirks D. in Nordrhein-Westfalen, an der Werre, am Rand des Teutoburger Waldes, mit 66 000 E u. zwei Hochschulen (Musik u. Architektur). Bemerkenswert sind das Renaissanceschloß u. einige alte Fachwerkhäuser sowie das Landesmuseum. An Industrie hat D. v. a. Möbelindustrie. 1613–1945 war D. Hauptstadt des Landes Lippe. – In der Nähe von D. befindet sich auf der Grotenburg das Hermannsdenkmal zur Erinnerung an die Schlacht im ↑Teutoburger Wald.

Detroit [ditreut], Hafen- u. Industriestadt in Michigan, USA, am Sankt-Lorenz-Seeweg, mit 1,5 Mill. E. Die Stadt hat 2 Universitäten. Sie ist Mittelpunkt der Autoindustrie in den USA (General Motors, Ford, Chrysler); hinzu kommen eine hochspezialisierte Industrie für Autozubehör (einschließlich Reifen) u. 3 Erdölraffinerien.

deutsch, bezeichnet ursprünglich die Sprache des Volkes im Gegensatz zur lateinischen Amts- u. Kirchensprache, aber auch im Gegensatz zum Fremden, zum Romanischen (Welschen). Das Wort entstand um 700 (althochdeutsch: diutisc, lateinisch: theodiscus; wahrscheinlich abgeleitet vom althochdeutschen diot = Volk); ab etwa 900 wurde das Wort auch für das Volk selbst verwendet.

Deutsche Demokratische Republik w, Republik in Mitteleuropa, die im Westen an die Bundesrepublik Deutschland, im Süden an die Tschechoslowakei, im Osten an Polen grenzt. Die DDR umfaßt 108 179 km², sie hat 16,758 Mill. E. Mit 155 Einwohnern pro km² ist sie sehr viel weniger dicht besiedelt als die Bundesrepublik Deutschland (247 E pro km²). Größte Städte der DDR sind Berlin (Ost), Leipzig, Dresden, Karl-Marx-Stadt, Magdeburg, Halle/Saale, Rostock u. Erfurt. Das Gebiet der DDR erstreckt sich von der Ostseeküste mit vorgelagerten großen Inseln über das Norddeutsche Tiefland (2/3 des Landes) bis in die Mittelgebirgsschwelle (höchste Erhebung: Fichtelberg im Erzgebirge, 1 214 m). Das Tiefland ist durch die Eiszeiten geprägt: Grundmoränenlandschaften im Norden, Endmoränenzüge und dazwischenliegende Sandflächen (Mark Brandenburg) sowie Urstromtäler mit einem engmaschigen Gewässernetz. Vor und zwischen den Gebirgen liegen mit Löß erfüllte Becken (Magdeburger Börde, Thüringer Becken, Leipziger Tieflandsbucht). Während der Norden und das Zentrum überwiegend landwirtschaftlich genutzt werden oder mit Kiefernwäldern bestanden und daher dünn besiedelt sind, ist der Süden dank fruchtbarer Böden und zahlreicher Bodenschätze zugleich wichtiges Agrar- und Industriegebiet mit großer Bevölkerungsdichte. Die gesamte Wirtschaft ist staatlich gelenkte (über 95 % aller Betriebe sind staatlich oder halbstaatlich) Planwirtschaft. Neben Hüttenwerken werden besonders die chemische Industrie (Zentrum Merseburg-Halle/Saale-Dessau), Maschinen- und Fahrzeugbau (Schiffbau in Rostock), elektrotechnische, optische (Jena, Dresden) und feinmechanische Industrie ausgebaut. Dazu werden alle vorhandenen Rohstoffe ausgenutzt, so vor allem Braunkohle (1977 wurden 253,7 Mill. t gefördert, die DDR steht damit an 1. Stelle in der Weltproduktion), die zum Teil in Wärmekraftwerken (84 % der Energieerzeugung) verarbeitet wird. Weiter werden Kalisalze (3,2 Mill. t Kaliumoxid; im Harzvorland, an der Werra und bei Bernburg/Saale) gewonnen, daneben Kupferschiefer (am Nordrand des Thüringer Beckens), Uranerz (bei Gera), Erdgas (in der Altmark), Zinn- u. Nickelerz (im Erzgebirge), Kaolin (für Meißner Porzellan) und Kreide (auf Rügen). Das landwirtschaftlich genutzte Land umfaßt 6,29 Mill. ha (76 % Ackerland, 20 % Wiesen und Weiden), davon werden nur 5,3 % privat bewirtschaftet, das übrige Land von landwirtschaftlichen Produktionsgenossenschaften (LPG) und volkseigenen Gütern. Hauptanbauprodukte sind Getreide und Kartoffeln, daneben Zuckerrüben, Ölsaaten (vor allem Raps), Gemüse (um die Großstädte, im Oderbruch und Spreewald) und Obst; zum Teil gibt es intensive Milchwirtschaft. Im Zentrum des Landwirtschaftsgebietes liegt Berlin, das alte Kultur-, Verkehrs- und Wirtschaftszentrum (auch bedeutender Industriestandort), das jedoch seit der Teilung der Stadt viel von seiner zentra-

BEZIRKE DER DDR

Bezirk	Fläche in km²	Bevölkerung 1977	Bezirkshauptstadt
Berlin (Ost)	403	1 118 100	—
Cottbus	8 262	877 400	Cottbus
Dresden	6 738	1 821 700	Dresden
Erfurt	7 349	1 238 000	Erfurt
Frankfurt	7 186	693 900	Frankfurt/Oder
Gera	4 004	737 200	Gera
Halle	8 771	1 855 600	Halle/Saale
Karl-Marx-Stadt	6 009	1 953 200	Karl-Marx-Stadt
Leipzig	4 966	1 429 500	Leipzig
Magdeburg	11 525	1 279 300	Magdeburg
Neubrandenburg	10 792	624 500	Neubrandenburg
Potsdam	12 572	1 116 200	Potsdam
Rostock	7 074	875 900	Rostock
Schwerin	8 672	589 200	Schwerin
Suhl	3 856	548 100	Suhl
insgesamt	108 179	16 757 800	

Deutscher Entwicklungsdienst

len Funktion eingebüßt hat. Wald steht außer auf den Sandgebieten des Nordens im Thüringer Wald und Erzgebirge, die deshalb neben dem Elbsandsteingebirge (Sächsische Schweiz) und den Bädern an der Ostsee die wichtigsten Erholungsgebiete sind. Die DDR ist durch ein enges Straßen- (darunter 1 585 km Autobahnen), Eisenbahn- (14 215 km) und Binnenwasserstraßennetz erschlossen; Überseehäfen sind Rostock, daneben Wismar (vor allem für Kalisalz) und Stralsund; einziger internationaler Flughafen ist Schönefeld bei Berlin.

Nach dem Ende des 2. Weltkriegs wurde Deutschland in vier Besatzungszonen aufgeteilt, Berlin in vier Sektoren, die Gebiete östlich der Oder-Neiße-Linie wurden abgetrennt († Deutschland). In der sowjetisch besetzten Zone wurden 1946 die kommunistische und die sozialdemokratische Partei zur Sozialistischen Einheitspartei Deutschlands (SED) vereinigt, die seither das gesamte Leben in diesem Teil Deutschlands bestimmt. 1948 erfolgte auch hier eine Währungsreform und 1949 die Gründung der *Deutschen Demokratischen Republik* (DDR), die 16,8 Millionen Einwohner (1977) hat. Ihre Hauptstadt ist Berlin (Ost). Seit dem 8. April 1968 ist in der DDR eine neue Verfassung in Kraft. Nach dem Verfassungstext ist das oberste staatliche Machtorgan die Volkskammer, deren Abgeordnete vom Volk gewählt werden (die Wahl ist jedoch nicht frei, da die Parteien unter dem Einfluß der SED stehen und sich bei der Wahl mit ihr zu einem Block zusammenschließen); sie ist die einzige verfassungs- und gesetzgebende Körperschaft in der DDR. Die tatsächliche Macht liegt jedoch beim Staatsrat, der von der Volkskammer gewählt wird und die politischen Richtlinien im Sinne der SED festlegt. Der Vorsitzende des Staatsrates hat die Aufgaben und die Befugnisse eines Regierungschefs. Außer dem Staatsrat gibt es noch den Ministerrat, der ebenfalls von der Volkskammer gewählt wird: er ist für die Durchführung der politischen, wirtschaftlichen, kulturellen, sozialen und militärischen Aufgaben verantwortlich. Die DDR wurde nach ihrer Gründung völkerrechtlich fast nur durch die sozialistischen Staaten anerkannt und völlig in das Militär- und Wirtschaftssystem des Ostblocks eingegliedert (Warschauer Pakt, Rat für gegenseitige Wirtschaftshilfe).

Der steigende Druck auf das gesamte öffentliche Leben und die schlechten wirtschaftlichen Verhältnisse hatten in der DDR schon bald eine umfangreiche Fluchtbewegung in die Bundesrepublik Deutschland zur Folge. Der Aufstand am 17. Juni 1953 wurde gewaltsam unterdrückt. Nach weiterem Ansteigen der Fluchtbewegung wurden die Grenzen nach Westen immer stärker abgeriegelt, vollständig mit dem Bau der Berliner Mauer am 13. August 1961. Die Grenze zwischen der DDR u. der Bundesrepublik Deutschland wurde von der DDR nahezu unüberwindlich gemacht. Wirtschaftlich kam es in der DDR zu einem Aufschwung, der die DDR an die Spitze der Ostblockstaaten stellte. 1972 wurde zwischen der DDR u. der Bundesrepublik Deutschland der Grundvertrag abgeschlossen, der die Anerkennung der DDR durch fast alle Staaten folgte. 1973 wurde die DDR Mitglied der UN.

deutsche Geschichte ↑ Deutschland.

Deutsche Kommunistische Partei ↑ DKP.

deutsche Kunst w, die Kunst im deutschsprachigen Raum. Mit Karl dem Großen, der die Künste förderte, kann man die Entwicklung einer deutschen Kunst beginnen lassen. Diese *karolingische Kunst* ist weder eine deutsche noch eine französische Kunst, sie ist die Kunst des Fränkischen Reiches. Das Hauptwerk der karolingischen Baukunst auf deutschem Boden ist die Pfalzkapelle in Aachen. Die eigentliche deutsche Kunst beginnt dann im 10. Jh. mit der *ottonischen Kunst*. Aus dieser Frühzeit sind u. a. erhalten: die Kirche St. Michael in Hildesheim, die Bronzetüren in Augsburg u. Hildesheim, die Goldene Madonna im Essener Münster, großartige Werke der Buchmalerei u. Goldschmiedekunst. Es sind herbe, strenge, ausdrucksstarke Werke. In der *Romantik* (11.–13. Jh.) wurden in Deutschland v. a. die großen Kaiserdome Speyer, Mainz u. Worms gebaut, desgleichen Maria Laach u. einige Kölner Kirchen. In der Plastik wurden v. a. monumentale Werke geschaffen (Braunschweiger Löwe, Chorschranken in Hildesheim u. Halberstadt), in der Goldschmiedekunst entstanden hervorragende Zeugnisse (Dreikönigsschrein in Köln). Aus der *Gotik* (etwa 1220–1500) sind zahlreiche bedeutende Bauten erhalten geblieben, u. a. St. Elisabeth in Marburg, das Straßburger Münster, der Kölner Dom, St. Stephan in Wien; aus der Spätgotik das Ulmer Münster, die Frauenkirche in München, die großen Backsteindome in Lübeck, Stralsund, Wismar u. a. In der Plastik findet sich eine Vielfalt bedeutsamer Werke: Skulpturen in Straßburg, Bamberg, Magdeburg, Mainz u. Naumburg, Köln. In der Spätgotik sind berühmt geworden Werke von Peter Parler, Hans Multscher, Nikolaus Gerhaert von Leyden, Bernt Notke, H. Backoffen, T. Riemenschneider, Veit Stoß u. a. In der Malerei der Spätgotik – für die Hochgotik ist die Manessische Handschrift in Heidelberg zu nennen – sind kostbare Meisterwerke entstanden, u. a. von Konrad von Soest, Meister Francke, Stephan Lochner. In der *Renaissance* u. im *Manierismus* (etwa 1500–1580) blühten v. a. Malerei u. Graphik: Dürer, Grünewald, Altdorfer, L. Cranach d. Ä., Hans Baldung, H. Holbein d. J. sind hier zu nennen. In der Baukunst sind besonders Schloßbauten (Ottheinrichsbau in Heidelberg) u. Rathäuser (Rothenburg ob der Tauber) zu erwähnen. Für den *Frühbarock* (etwa 1580–1630) ist der Baumeister E. Holl in Augsburg bedeutend, ebenfalls in Augsburg der Bildhauer D. Petel, dann die Maler A. Elsheimer u. J. Liss. Im *Spätbarock u. Rokoko* (etwa 1680 bis 1770), nach der Pause des Dreißigjährigen Krieges, erhob sich die deutsche Kunst noch einmal zu überragender Größe. Berühmt wurden Schlösser u. Wallfahrtskirchen, z. B. in Wien Werke von J. B. Fischer von Erlach, in Franken u. Böhmen von den Dientzenhofers, in Franken von B. Neumann. Unter den zahlreichen Bildhauern sind v. a. G. R. Donner in Wien, A. Schlüter in Berlin, B. Permoser in Dresden, von den großen Freskomalern nur C. D. Asam u. J. Zick bedeutend. Weltruf genießen die Porzellane aus Meißen u. Nymphenburg. In *Klassizismus u. Romantik* (etwa 1770–1830) sind Hauptvertreter der Baukunst K. H. Schinkel in Berlin, L. von Klenze in München, der Plastik G. Schadow in Berlin, der Malerei C. D. Friedrich. Im *19. Jahrhundert* finden sich neben Malern einer konservativ-bürgerlichen Richtung (Richter, Spitzweg) auch Maler, die neue Wege suchen (H. von Marées). Im *20. Jahrhundert* wirken einige Architekten bahnbrechend für eine von der Funktion bestimmten Architektur. Bedeutsam für die gesamte Entwicklung der modernen Malerei wurde der deutsche Expressionismus sowie die Vertreter der abstrakten Malerei, u. a. Kandinsky, P. Klee. Von den Bildhauern nennen wir nur E. Barlach; ↑ auch moderne Kunst. – Abb. S. 117.

Deutsche Lebens-Rettungs-Gesellschaft e. V. w (Abkürzung: DLRG), eine 1913 gegründete Organisation, die Maßnahmen gegen den Tod des Ertrinkens fördert: Sie sorgt v. a. für die Einrichtung von Rettungsstellen u. für die Ausbildung von Rettungsschwimmern.

Deutsche Mark ↑ DM.

deutsche Literatur ↑ S. 116ff.

Deutscher Bund m, der 1815 gegründete deutsche Staatenbund, in dem Österreich den Vorsitz hatte. Er wurde 1866 aufgelöst.

Deutscher Entwicklungsdienst m (Abkürzung: DED), gemeinnützige, 1963 gegründete Gesellschaft mit Sitz in Berlin (West). Aufgaben: Entsendung von Entwicklungshelfern v. a. für die Bereiche Gesundheitswesen, Sozialarbeit, Schulwesen, landwirtschaftliche Entwicklung, technisch-handwerkliche Programme.

DEUTSCHE LITERATUR

Die ersten Zeugnisse der deutschen Literatur sind aus dem frühen Mittelalter überliefert. Sie sind meist in lateinischer Sprache, dem sogenannten Mittellatein, geschrieben. Anfänge deutschsprachiger Literatur sind Übersetzungen theologischer Texte ins Althochdeutsche. Später aufgezeichnete Dichtungen, die Jahrhunderte lang nur mündlich weitererzählt wurden, sind nur sehr spärlich vorhanden. Es handelt sich dabei vorwiegend um Heldenlieder (am bekanntesten ist das um 800 in Fulda aufgezeichnete „Hildebrandslied", das jedoch nicht vollständig erhalten ist) und Zaubersprüche, die vom Christentum noch unberührt sind. Einflüsse des Christentums und auch der Antike werden in den Dichtungen der Folgezeit sichtbar, aus denen v. a. die Evangeliendichtungen herausragen. Um 830 wurde die „Evangelienharmonie" (eine aus dem Wortlaut der vier Evangelien zusammengefügte fortlaufende Erzählung vom Leben und Wirken Jesu) des frühchristlichen Kirchenschriftstellers *Tatian* ins Althochdeutsche übertragen. Nach dem Vorbild dieses sogenannten althochdeutschen Tatian entstand dann der altsächsische „Heliand" (um 830). Die bedeutendste Evangeliendichtung stammt von *Otfrid von Weißenburg* († 871), dessen „Evangelienbuch" eine der ersten größeren Reimdichtungen in althochdeutscher Sprache ist. Später werden Stoffe aller Art in die Dichtung einbezogen. Gestalten aus Sage und Geschichte, Fabelmotive auch aus fremden Kulturbereichen, v. a. aus dem Morgenland (im Zusammenhang mit den Kreuzzügen), werden aufgenommen.

Allmählich beginnt in der weitergebildeten Form des Deutschen (Mittelhochdeutsch) die *ritterliche Dichtung der Stauferzeit* (etwa 1170–1250), die eine enge Beziehung zur ritterlich-höfischen Gesellschaft hat. Es sind v. a. zwei Gattungen, die während dieser Blütezeit der mittelhochdeutschen Dichtung gepflegt werden: das höfische Epos und die lyrische Dichtung des Minnesangs. Das höfische Epos greift meist Stoffe aus französischen Quellen auf. Am Anfang steht *Heinrich von Veldeke* (um 1140 – vor 1210), der mit seiner „Eneit" das Vorbild für die drei großen höfischen Ependichter schuf. *Hartmann von Aue* (um 1160 – nach 1210) ist der erste bedeutende Vertreter des höfischen Epos. Seine beiden Hauptwerke sind die Epen aus der Sage um König Artus, „Erec" und „Iwein". Der zweite große Epiker ist der fränkische Ritter *Wolfram von Eschenbach* (um 1170 – nach 1220), dessen „Parzival" zu den hervorragendsten Dichtungen in deutscher Sprache gehört. *Gottfried von Straßburg* (12. Jh.), ein Bürgerlicher von hoher Gelehrsamkeit, dichtete das unvollendet gebliebene Epos „Tristan und Isolt". In der Blütezeit des höfischen Epos entstand im süddeutschen Raum das anonyme ↑„Nibelungenlied", das in krassem Gegensatz zur höfischen Welt und Lebensauffassung und ganz in der Tradition des heidnischen germanischen Heldenliedes steht. Verwandtschaft zu nordischen Liedern (z. B. der ↑Edda) ist nachweisbar. Den Höhepunkt der mittelhochdeutschen Lyrik bildet der Minnesang, der seine Blüte um 1200–20 erlebte. Die ↑Minnesänger waren zugleich Dichter, Komponisten und vortragende Sänger ihrer Lieder. Eingeleitet vom *Kürenberger* (Mitte des 12. Jahrhunderts), fortgeführt von *Friedrich von Hausen* (um 1150–1190), wird er vollendet von *Heinrich von Morungen* (um 1155–1222), *Reinmar von Hagenau* (zwischen 1160 und 1170 bis zwischen 1205 und 1210) und v. a. *Walther von der Vogelweide* (um 1170 – um 1230; auch politische Lyrik, sogenannte Sprüche). Von den späteren ist noch *Oswald von Wolkenstein* (um 1377–1445) zu nennen. Im *späten Mittelalter* (etwa 1250–1450) erreichen der Bürgerstand und das Bauerntum eine große Bedeutung. *Wernher der Gartenaere* (2. Hälfte des 13. Jahrhunderts) verfaßte das bekannteste Werk der sogenannten dörperlichen Dichtung (= Bauerndichtung), den „Meier Helmbrecht". Die Kunst der ritterlichen Minnesänger übernahmen im 15. Jh. die bürgerlichen Meistersinger, deren Vorläufer *Heinrich von Meißen*, genannt Frauenlob (um 1250–1318), und deren Hauptvertreter *Hans Sachs* (1494 bis 1576) war, zugleich ein Meister des in dieser Zeit aufgekommenen Fastnachtspiels. Einige seiner Werke werden noch heute gespielt, unter anderem „Der fahrende Schüler im Paradeis".

Kennzeichnend für die Literatur des *Humanismus und der Reformation* (1450–1600) ist die Übernahme von Stoffen der italienischen Renaissance. Große Bedeutung erlangte das zunächst nur in lateinischer Sprache abgefaßte Schuldrama, das von den römischen Dichtern, v. a. von Terenz und Seneca d. J., beeinflußt war. Eine Meisterleistung vollbrachte der Reformator *Martin Luther* (1483–1546) mit seiner Bibelübersetzung, die die neuhochdeutsche Sprache wesentlich geprägt hat. Die Dichtung des *deutschen Barocks* (17. Jh.) zeigt ein zwiespältiges Gesicht. Bejahung des Diesseits und das Bewußtsein der Vergänglichkeit, die Gegensätze von Sinnenfreude und Entsagung bestimmen die Dichtung dieser Epoche. Dramen, Lyrik, Predigten sind die wichtigsten Gattungen, daneben als Höhepunkt u. wichtigstes Zeitdokument der Roman „Simplizissimus" des *Johann Jakob Christoffel von* ↑*Grimmelshausen* (1622–1676). Bedeutendste Lyriker sind *Friedrich von Spee* (1591–1635), der wie Paul Gerhardt (1607 bis 1676) das Kirchenlied pflegte, *Daniel Casper von Lohenstein* (1635–1683), *Christian Hofmann von Hofmannswaldau* (1617–1679), ↑*Angelus Silesius* mit dem Hauptwerk „Cherubinischer Wandersmann" und *Andreas Gryphius* (1616 bis 1664), der sich auch als Verfasser von Dramen (v. a. Tragödien mit antiker sowie christlicher Thematik) einen Namen machte. Ein Meister des satirischen Sinngedichts ist *Friedrich Freiherr von Logau* (1604–1655).

Die *Dichtung der Aufklärung* (1720–85) ist entscheidend von der Philosophie beeinflußt, insbesondere von den Gedanken *Gottfried Wilhelm Leibniz'*, der lehrte, daß die bestehende Welt harmonisch aufgebaut u. wegen ihres inneren Gleichgewichts die beste aller denkbaren Welten sei. So wendet sich auch die Dichtung der irdischen, schön u. vernünftig eingerichteten Wirklichkeit zu. Der Einklang zwischen dem Schöpfer u. dem Geschöpf, im Barock vergeblich gesucht, ist nun gefunden und wird meisterhaft gestaltet in dem Werk von *Friedrich Gottlieb Klopstock* (1724–1803), v. a. in dem biblischen Epos „Der Messias". Durch die Hinwendung zur Schöpfung wird das Interesse am Menschen neu geweckt, das in der Literatur der *Empfindsamkeit* und des *Pietismus* seinen sprachlichen Ausdruck findet (v. a. Briefliteratur und autobiographische Romane). Höhepunkt und Abschluß der Aufklärung sind die Dichtungen und Abhandlungen *Gotthold Ephraim Lessings* (1729–1781), der in seinem Drama „Nathan der Weise" Humanität und Toleranz als Ideale menschlichen Zusammenlebens darstellte und mit „Minna von Barnhelm" ein Lustspiel schuf, das alle bisherigen Komödien in den Schatten stellte. Meisterhaft waren seine Fabeln, eine Gattung, die auch *Gottlieb Wilhelm Rabener* (1714–1771) und *Christian Fürchtegott Gellert* (1715 bis 1769) pflegten. Vertreter der Lyrik sind die *Anakreontiker*, die heiter verspielte Liedchen von Liebe, Freundschaft u. Wein dichteten, unter anderem *Johann Wilhelm Ludwig Gleim* (1719–1803), *Johann Peter Uz* (1720–1796) und *Salomon Geßner* (1730–1788). Den bedeutendsten Erziehungsroman dieser Epoche, „Geschichte des Agathon", schrieb *Christoph Martin Wieland* (1733–1813), der auch Verfasser der Epen „Oberon" u. „Musarion" ist. Als Reaktion auf die Dichtung der Aufklärung entstand die des *Sturm und Drangs* (1770–1785). Eine Bewegung, deren Name von einem Schauspiel *Friedrich Maximilian Klingers* (1752–1831) stammt, wird von dem Protest einer jungen Generation gegen die Dichtung der Aufklärung und aller vorherigen Strömungen, aber auch die ganze Lebenshaltung der Zeit getragen. An die Stelle der Vernunft soll das Empfinden treten. In der Kunst werden alle festen Regeln abgelehnt.

DEUTSCHE KUNST

Renaissance (links):
A. Dürer,
Oswolt Krel (1499)
19. Jahrhundert (rechts):
C. D. Friedrich,
Kreidefelsen
auf Rügen (1818)

Romanik (links):
Speyrer Dom
(1030 begonnen)
Rokoko (rechts):
B. Neumann,
Treppenhaus von
Schloß Augustusburg
in Brühl (1743–48)

Gotik (links):
T. Riemenschneider,
vier von zwölf Aposteln
(Holzfiguren, um 1510)
20. Jahrhundert (rechts):
E. Barlach,
Singender Mann
(Bronze, 1930)

deutsche Literatur (Forts.)

Die neuen Forderungen, die an „echte Dichtung" gestellt werden, proklamiert *Johann Gottfried Herder* (1744–1803), der von dem Philosophen *Johann Georg Hamann* (1730–1783) beeinflußt ist. Die bekanntesten Dichter sind der schon genannte Klinger, *Johann Anton Leisewitz* (1752 bis 1806), *Jakob Reinhold Michael Lenz* (1751–1792) mit den Dramen „Der Hofmeister" u. „Die Soldaten", *Heinrich Wilhelm Gerstenberg* (1737–1823), *Johann Wolfgang von Goethe* (1749–1832) mit seinem Frühwerk (vor allem „Die Leiden des jungen Werthers", „Urfaust", „Götz von Berlichingen" und unmittelbare Erlebnislyrik in den „Sesenheimer Liedern") und *Friedrich von Schiller* (1759–1805) mit seinen frühen Dramen („Die Räuber", „Kabale und Liebe") sowie *Gottfried August Bürger* (1747–1794) mit der Neuentdeckung der Ballade („Lenore") und *Christian Friedrich Daniel Schubart* (1739–1791) mit politisch-radikaler Lyrik.

Auf die Dichtung des Sturm u. Drangs folgen *Klassik* (1786 bis 1832) u. *Romantik* (1795–1830). Diese Begriffe bezeichnen zwei Weltanschauungen und Kunststile, die fast gleichzeitig nebeneinander bestehen, einander widerstreiten, sich aber auch gegenseitig fördern und ergänzen. Mittelpunkt der klassischen Dichtung war Weimar, wo die beiden bedeutendsten Dichter der deutschen Klassik, Goethe und Schiller, wirkten. Sie waren beeinflußt von der Deutung der griechischen bildenden Kunst („edle Einfalt und stille Größe") durch *Johann Joachim Winckelmann* (1717–1768), von der Forderung einer harmonischen Ausbildung aller menschlichen Kräfte durch *Wilhelm Freiherr von Humboldt* (1767 bis 1835) und von der Philosophie *Immanuel Kants* (1724–1804). Zwischen Goethe und Schiller kam es zu einer fruchtbaren Zusammenarbeit; beide trieben wissenschaftliche Studien auf verschiedenen Gebieten. Goethe v. a. als Naturbeobachter, Schiller in Geschichte und Philosophie. Aus einer Fülle von Werken seien nur einige wenige genannt. Goethe schrieb klassische Dramen („Iphigenie auf Tauris", ein Bekenntnis der Humanität, „Torquato Tasso", „Faust"), den Bildungsroman „Wilhelm Meisters Lehrjahre" sowie – im Gegensatz zu den Gedichten seiner Sturm-und-Drang-Zeit – formstrenge Lyrik („Grenzen der Menschheit", „Das Göttliche"), Schiller wandte sich neben der lyrischen Dichtung v. a. dem historischen Drama zu („Don Carlos", „Wallenstein", „Maria Stuart"). Die Dichtung der *Romantik* war grundlegend von der Naturphilosophie *Friedrich Wilhelm Joseph von Schellings* (1775–1854) beeinflußt. Es entstanden neue Wissenschaften: Altertumskunde, Germanistik, Romanistik und Geschichtswissenschaft. Mittelpunkte der Romantik waren Berlin, Heidelberg, Jena und Halle. Man besann sich auf die nordisch-germanische und altdeutsche Kultur. Symbol der Romantik war die „blaue Blume", Zeichen für die Sehnsucht nach dem Unendlichen. Die bedeutendsten Dichter waren *Ludwig Tieck* (1773–1853), *Novalis* (1772–1801; er schrieb die von der Mystik beeinflußten „Hymnen an die Nacht" sowie den Roman „Heinrich von Ofterdingen"), *Achim von Arnim* (1781–1831) und *Clemens Brentano* (1770–1842; beide schufen die Volksliedersammlung „Des Knaben Wunderhorn"), *Joseph Freiherr von Eichendorff* (1788–1857; bekannt seine Novelle „Aus dem Leben eines Taugenichts" und volksliedhafte Lyrik). Die Brüder *Jacob* (1785–1863) und *Wilhelm Grimm* (1786–1859) gaben auf Anregung Achim von Arnims die „Kinder- und Hausmärchen" heraus. *Ernst Theodor Amadeus Hoffmann* (1776 bis 1822) übersteigerte das Geheimnisvolle der Romantik ins Spukhaft-Dämonische („Gespenster-Hoffmann"), *Friedrich Baron De La Motte-Fouqué* (1777–1843) schrieb das romantische Märchen „Undine" und *Adelbert von Chamisso* (1781–1838) „Peter Schlemihls wundersame Geschichte", in der bereits realistische Züge enthalten sind. Einer realistischen und volkstümlichen Nebenströmung ist *Johann Peter Hebel* (1760–1826) mit seinem „Schatzkästlein des Rheinischen Hausfreundes" zuzurechnen. Zwischen diesen beiden großen Stilrichtungen stehen drei Dichter, die sich jeder literarischen Einordnung entziehen, *Jean Paul* (1763 bis 1825) mit humorvollen Erzählwerken aus der kleinbürgerlichen Welt, *Friedrich Hölderlin* (1770–1843) mit lyrischen Werken, in denen er die griechische Antike verherrlicht, u. *Heinrich von Kleist* (1777–1811), der v. a. in seinen Dramen die Welt in ihrer Doppeldeutigkeit u. Unsicherheit darstellt. Vertreter der sogenannten *Schwäbischen Romantik* sind unter anderem *Ludwig Uhland* (1787–1862) mit Balladen und lyrischen Naturgedichten und *Wilhelm Hauff* (1802–1827) mit dem historischen Roman „Lichtenstein" und dem Märchenzyklus „Das Wirthaus im Spessart".

Die Dichtung des 19. Jahrhunderts brachte jene Strömungen in den Vordergrund, die in Anfängen längst vorhanden waren. Die Dichtung des *Realismus* (1830 – um 1890) wird von einer großen Anzahl untereinander völlig verschiedener Vertreter geprägt. Nach dem sogenannten *Biedermeier* (*Eduard Mörike*, 1804–1875; er schrieb v. a. Naturlyrik und die Novelle „Mozart auf der Reise nach Prag") setzt die realistische Epoche um 1830 ein und erreicht um 1850 ihren Höhepunkt. Bleibende dramatische Werke schufen *Christian Dietrich Grabbe* (1801–1836), *Georg Büchner* (1813 bis 1837) und *Christian Friedrich Hebbel* (1813–1863), in Österreich *Franz Grillparzer* (1791–1872) und Ludwig Anzengruber (1839–1889). Romane schrieben *Gottfried Keller* (1819–1890), *Jeremias Gotthelf* 1797–1854), *Theodor Fontane* (1819–1898), Wilhelm Raabe (1831–1910), Novellen v. a. *Theodor Storm* (1817–1888), *Marie Freifrau von Ebner-Eschenbach* (1830–1916) u. *Conrad Ferdinand Meyer* (1825–1898), der auch wie Theodor Storm als Lyriker hervortrat. *Annette Freiin von Droste-Hülshoff* (1797–1848) mit ihrer formstrengen Novelle „Die Judenbuche" und *Adalbert Stifter* (1805 bis 1868) mit Erzählungen u. den Romanen „Der Nachsommer" u. „Witiko" sind stärker landschaftlich gebunden. *Charles Sealsfield* (1793–1864) verfaßte meisterhafte Schilderungen v. a. des nordamerikanischen Kontinents, wohin er 1823 aus einem Prager Kloster geflohen war. Die Bewegung des *Jungen Deutschland* (1830–1850) war politisch orientiert. Vertreter dieser Richtung waren unter anderem *Ferdinand Freiligrath* (1810–1876), *Georg Herwegh* (1817–1875) mit politischer Lyrik und *Heinrich Heine* (1797–1856), der poetische Leistungen von großem Wert vollbrachte („Buch der Lieder", „Deutschland. Ein Wintermärchen").

Die Dichtung der *Jahrhundertwende* u. des Anfangs des 20. Jahrhunderts ist durch zahlreiche Stilrichtungen wie Naturalismus, Impressionismus, Neuromantik, Expressionismus, Neue Sachlichkeit gekennzeichnet, die nicht zeitlich voneinander abgrenzbar sind. Oft ist es nicht möglich, das Werk ein- und desselben Dichters nur einem Stil zuzuordnen. Den *Naturalismus* (1889–1900) begründeten *Gerhart Hauptmann* (1862–1946) mit dem Drama „Vor Sonnenaufgang" und die anfangs zusammenarbeitenden Autoren *Arno Holz* (1863–1929) und *Johannes Schlaf* (1862–1941) mit gemeinsam verfaßten Novellen („Papa Hamlet") im sogenannten Sekundenstil, bei dem jedes Geschehen und jeder Gedanke exakt, objektiv und möglichst im zeitlichen Ablauf beschrieben wird. Konsequent ist der naturalistische Stil in Hauptmanns „Webern" durchgeführt. *Frank Wedekind* (1864–1918), der von den Sturm-und-Drang-Dichter und von Georg Büchner beeinflußt war, stellte die Macht des Sexuellen über den Menschen und den Kampf gegen die falsche bürgerliche Moral in den Mittelpunkt („Frühlings Erwachen"). *Richard Dehmel* (1863–1920) vertrat einen sozial betonten Naturalismus. Sein Hauptwerk ist der Roman in Romanzen „Zwei Menschen". Neben dem Naturalismus entwickelten sich die Stilrichtungen des Impressionismus, der Neuromantik, des Neuklassizismus und des Symbolismus, deren Vertreter bemüht waren, den Naturalismus zu überwinden, von dem

deutsche Literatur (Forts.)

sich auch Gerhart Hauptmann abwandte („Hanneles Himmelfahrt"). *Paul Ernst* (1866–1933) schrieb neuklassizistische Dramen, *Stefan George* (1868–1933) formstrenge, der Neuromantik verwandte, zwischen Symbolismus und Impressionismus stehende Lyrik („Der siebente Ring",. „Der Stern des Bundes"). *Rainer Maria Rilke* (1875–1926) dichtete unter anderem „Das Buch der Bilder", „Die Weise von Liebe und Tod des Cornets Christoph Rilke" sowie den autobiographischen Roman „Die Aufzeichnungen des Malte Laurids Brigge" und die mystisch-dunklen, schwerverständlichen „Duineser Elegien". Vertreter des Wiener Impressionismus waren *Arthur Schnitzler* (1862–1931) mit Konversationsstücken, in denen er die Wiener Gesellschaft der Jahrhundertwende kritisch darstellt („Liebelei", „Reigen"), und *Hugo von Hofmannsthal* (1874–1929) mit seinem Frühwerk (Lyrik und lyrische Dramen), während er sich später vorwiegend dem Drama zuwandte, das unter anderem vom griechischen Drama („Elektra"), vom religiösen Mysterienspiel („Jedermann") und vom Altwiener Lustspiel („Der Schwierige") beeinflußt ist. Als Verfasser des Librettos zur Oper „Der Rosenkavalier" schuf er eine neue Form des Musiktheaters. *Thomas Mann* (1875–1955) wird als einer der bedeutendsten deutschsprachigen Romanschriftsteller angesehen („Buddenbrooks", „Der Zauberberg", „Lotte in Weimar", die Joseph-Romane, „Bekenntnisse des Hochstaplers Felix Krull"). Dazwischen liegt die kurze Zeit des *Expressionismus* (1911–25); das Drama wurde bevorzugt, in das alle anderen Künste (Musik, Bild) einbezogen waren. Vertreter waren *Rheinhard Johannes Sorge* (1892–1916), *Walter Hasenclever* (1890–1940), Georg Kaiser (1878–1945), *Ernst Toller* (1893–1939). Als Lyriker traten hervor: *Georg Heym* (1887–1912), *Georg Trakl* (1887–1914), *August Stramm* (1874–1915) und *Gottfried Benn* (1886–1956). *Franz Kafka* (1883–1924), bedeutend als Erzähler („Der Prozeß", „Das Schloß"), stand dem Expressionismus nahe. *Robert Musil* (1880–1942) schrieb das umfangreiche, Fragment gebliebene Romanwerk „Der Mann ohne Eigenschaften". Der Expressionismus wirkte auch auf *Bertolt Brecht* (1898–1956), der mit dem von ihm entwickelten epischen Theater die Dramatik der Moderne wesentlich prägte. Von seinen Stücken seien die „Dreigroschenoper" und „Mutter Courage und ihre Kinder" genannt. Die Dichtung des Nachexpressionismus zeigt konservativere Züge bei *Hans Carossa* (1878–1956), *Ernst Wiechert* (1887–1950), *Franz Werfel* (1890–1945) und *Hermann Hesse* (1877–1962). Während des Dritten Reiches gingen zahlreiche Schriftsteller ins Exil, andere in die „innere Emigration". Sie vermieden die Darstellung der Wirklichkeit und wandten sich der Gestaltung zeitloser, zum Teil religiöser Themen zu (*Werner Bergengruen*, 1892–1964; *Reinhold Schneider*, 1903–1958). Ein entscheidender Einschnitt prägt das Gesamtbild der deutschen Literatur nach dem Zweiten Weltkrieg. Mit der Teilung Deutschlands vollzog sich auch eine Aufspaltung in zwei deutsche Literaturen mit jeweils eigenständiger Entwicklung. In der DDR bestehen zunächst die zwei Strömungen des sozialistischen und des kritischen Realismus nebeneinander, bis 1957/58 die ausschließliche Gültigkeit der sozialistischen Literatur gefordert wird. Seit Mitte der 60er Jahre weisen einzelne Schriftsteller zunehmend auf Widersprüche zwischen Ideologie und Wirklichkeit hin. Bekannte Autoren sind unter anderem die Lyriker *Johannes Bobrowski* (1917–1965) und *Wolf Biermann* (*1936), der Dramatiker *Peter Hacks* (*1928) und die Prosaschriftsteller *Hans Marchwitza* (1890–1965), *Erwin Strittmatter* (*1912), *Hermann Kant* (*1926) und *Christa Wolf* (*1929). In der deutschsprachigen Literatur Österreichs, der Schweiz u. der Bundesrepublik Deutschland gibt es neue Ansätze in der Lyrik bei *Karl Krolow* (*1915), *Günter Eich* (1907 bis 1972), *Ingeborg Bachmann* (1926–1973), *Marie Luise Kaschnitz* (1901–1974), *Nelly Sachs* (1891–1970). Als Erzähler haben sich *Max Frisch* (*1911; auch Dramatiker, z. B. „Andorra"), *Heinrich Böll* (*1917), *Elisabeth Langgässer* (1899–1950), *Heimito von Doderer* (1896–1966), *Hans Erich Nossack* (1908–1976), *Hermann Kasack* (1896–1966), *Stefan Andres* (1906–1970), *Martin Walser* (*1927), *Alfred Andersch* (*1914), *Günter Graß* (*1927), *Walter Jens* (*1927), *Siegfried Lenz* (*1926), *Gerd Gaiser* (1908–1976), *Wolfgang Weyrauch* (*1907), *Uwe Johnson* (*1934) einen Namen gemacht. Bedeutende Dramatiker sind *Carl Zuckmayer* (1896–1977), *Peter Weiss* (*1916) und *Friedrich Dürrenmatt* (*1921). Bei aller Verschiedenheit der Aussage sind bei vielen Schriftstellern der Moderne gemeinsame Anliegen, wie Zeitkritik, Gesellschaftskritik und Kritik an den überkommenen Ordnungen (Staat, Kirche), festzustellen. In manchen Werken kommt diese Kritik indirekt und verschleiert zum Ausdruck, etwa bei *Peter Handke* (*1942), der sich in Prosa, Stücken u. a. besonders mit den Problemen und Möglichkeiten der Sprache auseinandersetzt; andere Schriftsteller zeigen eine deutliche, manchmal scharfe Protesthaltung in der Wahl und Ausführung zeitkritischer Themen, so z. B. *Hans Magnus Enzensberger* (*1929), der nicht nur mit Gedichten und dramatischen Werken, sondern auch mit kulturkritischen Essays und politischen Schriften hervorgetreten ist.

DEUTSCHLAND

Deutschland ist aus dem Frankenreich Karls des Großen hervorgegangen; Ludwig der Fromme teilte dieses Reich unter seine Söhne. Der Ostteil kam an Ludwig den Deutschen, der Westteil an Karl den Kahlen. Später fiel auch der nördliche Teil des Lotharingischen Zwischenreiches an das ostfränkische Reich (843–911). Dieses ostfränkische Reich ist die Grundlage des Deutschen Reiches, dessen eigentliche Geschichte mit dem Aussterben der ostfränkischen Karolinger und der Wahl (911) Konrads I. zum deutschen König begann. Das Königtum behauptete sich nicht nur nach außen (gegen Ungarn und Slawen), sondern auch nach innen gegen die starken Herzöge der verschiedenen Stämme. Das Reich erlangte eine politische Vormachtstellung im Abendland. Dies zeigte die Kaiserkrönung Ottos I., des Großen, 962 in Rom. Aber der Kampf der Herrscherhäuser der ↑Salier und ↑Staufer gegen das Papsttum um die Vorherrschaft im Reich (besonders der ↑Investiturstreit) und das Erstarken der Landesherren (das besonders im Gegensatz zwischen ↑Staufern und ↑Welfen deutlich wurde) schwächten das deutsche Königtum. Kaiser Friedrich II. mußte geistlichen und weltlichen Fürsten weitgehende Zugeständnisse machen. Nach seinem Tode (1250) brach die Königsmacht zusammen (1254–73 Interregnum). Die sieben mächtigsten Landesfürsten wählten fortan als Kurfürsten den König, oft mehr nach eigenem Interesse als nach den Bedürfnissen des Reiches. Die Könige waren gezwungen, ihrem Hause durch den Erwerb großer ↑Territorien Macht zu verschaffen (Hausmachtpolitik), um sich gegen die Fürsten behaupten zu können. Besonders die Herrscherhäuser der Luxemburger und der Habsburger betrieben eine Hausmachtpolitik großen Stils. Vom Ende des Spätmittelalters bis 1806 waren fast alle deutschen Könige Habsburger. Im Spätmittelalter erlangten Städtebünde größere Bedeutung, v. a. die ↑Hanse. In der ersten Hälfte des 14. Jahrhunderts endete die deutsche ↑Ostsiedlung, die um 1150 begonnen hatte. Seit 1226 hatte der ↑Deutsche Orden seine Macht in Preußen und im Baltikum entfaltet, sein Staat zerfiel im 15. Jahrhundert.

Deutschland (Forts.)

1517 machte Luther seine Thesen in Wittenberg bekannt. 1521 erfolgte seine Verurteilung auf dem Reichstag zu Worms durch Kaiser Karl V., der die habsburgisch-österreichischen und die spanischen Länder in seiner Hand vereinte. Kriege und bewaffnete Erhebungen erschütterten Deutschland in dieser religiös aufgewühlten Zeit (Ritteraufstand; Bauernkrieg; Schmalkaldischer Krieg). Eine Vernichtung der evangelischen ↑Reichsstände wurde nicht zuletzt durch die Türkengefahr und die Auseinandersetzung Karls V. mit Frankreich, den Kaiser zu Zugeständnissen zwangen, verhindert. 1555 wurde der Augsburger Religionsfriede geschlossen. 1556 dankte Karl V. ab, die habsburgischen Besitzungen wurden unter die österreichische (Ferdinand I.) und die spanische (Philipp II.) Linie geteilt. Die einsetzende ↑Gegenreformation (Jesuitenorden; Konzil zu Trient) führte zu Militärbündnissen (1608 protestantische „Union"; 1609 katholische „Liga"), die 1618-48 im Dreißigjährigen Krieg wirksam wurden, in den auch ausländische Mächte eingriffen (Schweden, Frankreich, Spanien). Im Westfälischen Frieden 1648 wurde den Reichsfürsten die „Landeshoheit" und damit praktisch die Selbständigkeit zuerkannt. Das bedeutete die Zersplitterung des Reiches in viele kleine Fürstentümer. In das Zeitalter des Absolutismus fielen neue Auseinandersetzungen zwischen Frankreich (Ludwig XIV.) und dem Haus Habsburg. In den Türkenkriegen gewannen die Habsburger Ungarn, Siebenbürgen und Teile Serbiens und im Spanischen Erbfolgekrieg die spanischen Niederlande, Mailand, Sardinien und Neapel. Österreich wurde damit führende Macht in Italien. Um die gleiche Zeit begann der Aufstieg von Brandenburg-Preußen (1675 Sieg über die Schweden bei Fehrbellin), bei Friedrich II., der Große, im Sinne des aufgeklärten Absolutismus regierte. Sein Einfall in Schlesien, das er für Preußen beanspruchte, begründete den Kampf zwischen Preußen und Österreich um die Vorherrschaft in Deutschland. Maria Theresia von Österreich konnte den Verlust Schlesiens nicht verhindern (Siebenjähriger Krieg 1756-63); Preußen wurde Großmacht.
Französische Revolution, Koalitions- und Napoleonische Kriege veränderten das Reich: ↑Säkularisierung der geistlichen Territorien, Aufhebung der Reichsstände (↑Reichsdeputationshauptschluß 1803); Niederlegung der deutschen Kaiserkrone 1806; Niederlage Preußens; Vergrößerung der mittelgroßen deutschen Staaten. Die Niederlage Napoleons I. in Rußland gab den Anstoß für die ↑Befreiungskriege (1813 Völkerschlacht bei Leipzig). Auf dem ↑Wiener Kongreß 1814/15 erfolgte die Neuordnung Deutschlands und die Schaffung des ↑Deutschen Bundes als loser Staatenbund. Die Folgezeit bis 1848 wurde durch eine Politik bestimmt, die versuchte, alte Zustände wieder zu errichten (System Metternich). Liberal-nationale Bestrebungen konnten sich auch in der 1848er Revolution trotz anfänglicher Erfolge nicht durchsetzen. Die Politik Bismarcks erzwang die nationale Einigung unter Ausschaltung Österreichs (1866; Norddeutscher Bund). Während des Krieges gegen Frankreich (1870/71) wurde das Deutsche Reich unter Führung Preußens gegründet, König Wilhelm I. von Preußen wurde Deutscher Kaiser. Bis 1890 bestimmte ↑Bismarck als Reichskanzler die Geschicke Deutschlands. Seine umsichtige Bündnispolitik sicherte den europäischen Frieden. Innenpolitisch tat er den Schritt zu einer Sozialgesetzgebung, geriet aber auch in Konflikt mit Katholiken und Sozialdemokraten (↑Kulturkampf). 1888 trat Kaiser Wilhelm II. die Regierung an, seine Entlassung Bismarcks und sein „Neuer Kurs" bedeuteten das Ende des Bismarckschen Bündnissystems und führten zum Zusammenrücken Englands, Frankreichs und Rußlands gegen die ↑Mittelmächte und schließlich zum Ausbruch des 1. ↑Weltkrieges (1914-18). Im November 1918 mußte das Reich den Waffenstillstand schließen, die Revolution brach aus, der Kaiser verließ Deutschland. Die entstehende Weimarer Republik war belastet durch die harten Bedingungen des ↑Versailler Vertrages, die zahlreiche innenpolitische Krisen auslösten (Ruhrbesetzung; Geldentwertung). Seit 1923 konnte die Lage Deutschlands nach innen und nach außen gefestigt werden. 1925 wurde Hindenburg zum Reichspräsidenten als Nachfolger von F. Ebert gewählt. Ende der 20er Jahre radikalisierte sich das politische Leben erneut von rechts (NSDAP; ↑Nationalsozialismus) und links (KPD) infolge der Weltwirtschaftskrise. Die Regierungsgewalt wurde mit Notverordnungen ausgeübt. Am 30. Januar 1933 erfolgte die „Machtergreifung" Hitlers. Das Ermächtigungsgesetz und das Verbot aller politischen Parteien außer der NSDAP ermöglichten die Errichtung der nationalsozialistischen Diktatur. Damit begann die Unterdrückung Andersdenkender, die in der „Endlösung" der Judenfrage gipfelte. Gleichzeitig verfolgte Hitler eine Machtpolitik mit dem Ziel der Erweiterung des „deutschen Lebensraumes": 1938 Anschluß Österreichs, Angliederung des Sudetengebietes; 1939 Zerschlagung der Tschechoslowakei, Abschluß des deutsch-russischen Nichtangriffspaktes. Der Einmarsch in Polen eröffnete den 2. ↑Weltkrieg, der mit der deutschen Kapitulation am 8. Mai 1945 endete. Das von Kräften der deutschen ↑Widerstandsbewegung geplante Attentat auf Hitler mißlang am 20. Juli 1944. Das Ende des Krieges bedeutete das Ende des deutschen Staates. Deutschland wurde in vier Besatzungszonen geteilt, Berlin in vier Sektoren. Die Gebiete östlich der Oder-Neiße-Linie, die mit 114 296 km² 24 % des Reichsgebietes von 1937 umfassen und 9,8 Mill. E (1944) hatten, wurden abgetrennt und bis zu einer endgültigen Regelung in einem Friedensvertrag unter polnische und russische Verwaltung gestellt, die deutsche Bevölkerung wurde aus diesen Gebieten vertrieben. In Nürnberg wurden Kriegsverbrecherprozesse abgehalten, die Entnazifizierung (Einstufung der Nationalsozialisten gemäß ihrem Verschulden) begann. In diese Zeit fielen die Anfänge staatlichen Neubeginns, die Bildung von Parteien und Ländern. Der wachsende politische Gegensatz zwischen Ost und West verhinderte den Abschluß eines Friedensvertrages und führte schließlich zur Spaltung Deutschlands; ↑Bundesrepublik Deutschland, ↑Deutsche Demokratische Republik.

Staatsoberhäupter

Deutsches Reich

Reichspräsidenten
Friedrich Ebert	1919–1925
Paul von Hindenburg	1925–1934
Adolf Hitler („Führer und Reichskanzler")	1934–1945
Karl Dönitz	1945

Bundesrepublik Deutschland

Bundespräsidenten
Theodor Heuss	1949–1959
Heinrich Lübke	1959–1969
Gustav Heinemann	1969–1974
Walter Scheel	1974–1979
Karl Carstens	seit 1979

Deutsche Demokratische Republik

Präsident
Wilhelm Pieck	1949–1960

Vorsitzender des Staatsrates
Walter Ulbricht	1960–1973
Willi Stoph	1973–1976
Erich Honecker	seit 1976

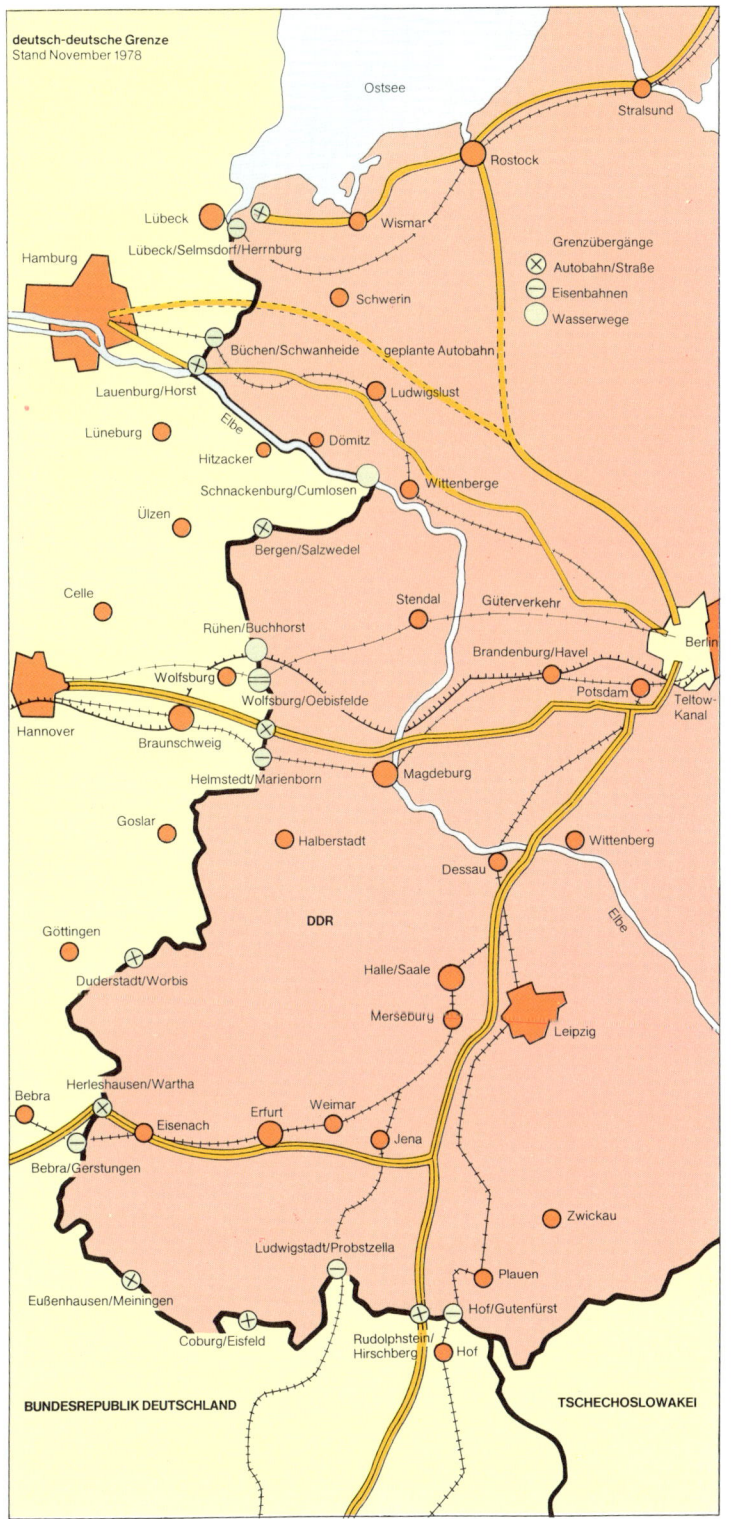

deutsche Sprache

Deutscher Fußball-Bund m (Abkürzung: DFB), höchster Verband aller in der Bundesrepublik Deutschland bestehenden Fußballvereine. Er wurde 1900 in Leipzig gegründet, 1949 in Stuttgart wiedergegründet. Sitz Frankfurt am Main.

Deutscher Orden m (Deutschherren), ein 1198/1199 in Palästina gegründeter geistlicher Ritterorden. Seine Aufgaben: Kampf gegen Ungläubige, Krankenpflege. Ordenszeichen: weißer Mantel mit schwarzem Kreuz. 1211–25 kämpfte der Orden im siebenbürgischen Burzenland gegen die heidnischen Kumanen; 1226 begann er die heidnischen Preußen zu unterwerfen u. zu christianisieren. Bald darauf vereinigte er sich mit den Schwertbrüdern (Kurland, Livland). Das von ihm beherrschte Land verwandelte er in ein blühendes Staatswesen. Sitz des *Hochmeisters* wurde 1309 die Marienburg. Als die ursprüngliche Missionsaufgabe beendet war, begann der Niedergang des Ordens. Er verlor Gebiete an das Königreich Polen u. mußte die polnische Oberhoheit für das Ordensgebiet anerkennen. 1525 wurde das Ordensland in ein weltliches protestantisches Herzogtum umgewandelt. Die katholisch gebliebenen Brüder setzten außerhalb des früheren Staates bestimmte Ordenstraditionen fort.

Deutscher Sportbund m (Abkürzung: DSB), in der Bundesrepublik Deutschland höchster Verband des gesamten Sports. Ihm gehören die Sportbünde der einzelnen Länder u. die Fachverbände (z. B. der Deutsche Fußball-Bund) an. Gegründet 1950 in Hannover, Sitz Berlin (West).

Deutscher Turner-Bund m (Abkürzung: DTB), Spitzenorganisation aller Turnverbände in der Bundesrepublik Deutschland. Nachfolgeverband der Deutschen Turnerschaft, gegründet 1950 in Tübingen, Sitz Frankfurt am Main.

deutsche Sprache w, eine indogermanische Sprache. Sie gehört zum germanischen Sprachstamm u. unterscheidet sich von anderen westgermanischen Sprachen vor allem durch die 2. (die hochdeutsche) ↑Lautverschiebung. Die unterschiedliche Verbreitung dieser Lautverschiebung gliederte die *hochdeutschen Mundarten* in 2 Gruppen: in das *Oberdeutsche* (Alemannisch, Bayrisch-Österreichisch, Oberfränkisch) u. in das *Mitteldeutsche* (Westmitteldeutsch: Rhein- u. Mittelfränkisch; Ostmitteldeutsch: Thüringisch, Obersächsisch, Schlesisch). Unberührt von der 2. Lautverschiebung blieben die *niederdeutschen Mundarten* (Niederfränkisch, Westfälisch, Niedersächsisch u. a.). Die Grenze zwischen dem hoch- u. dem niederdeutschen Sprachgebiet verläuft etwa von Aachen über Benrath am Rhein, Kassel u. Magdeburg bis

121

Deutsches Reich

Fürstenberg an der Oder. – Geschichtlich wird die hochdeutsche Sprache eingeteilt in *Althochdeutsch* (etwa 750 bis 1100), *Mittelhochdeutsch* (etwa 1100 bis 1500) u. *Neuhochdeutsch* (etwa ab 1500). Im 15./16. Jh. begann sich eine über die Mundarten hinausgehende ↑Hochsprache herauszubilden, gefördert durch die Einführung der Buchdruckerkunst u. Luthers Bibelübersetzung.

Deutsches Reich *s*: **1)** amtliche Bezeichnung für den deutschen Staat von 1871 bis 1938 (1938 bis 1945 mit Österreich: *Großdeutsches Reich*); **2)** fälschliche Bezeichnung für das Heilige Römische Reich bis 1806.

Deutschland ↑S. 119f.

Devise [frz.] *w*, Wahlspruch, Losung.

Devisen [lat.] *w*, *Mz.*, Zahlungsmittel in ausländischer Währung, z. B. im Ausland zahlbare Schecks, Wechsel. Ausländische Banknoten u. Münzen heißen dagegen *Sorten* (in der Allgemeinsprache bezeichnet man sie meist als Devisen).

devot [lat.], unterwürfig.

Dextrin [lat.] *s*, süßes, klebriges Gemisch von Abbauprodukten bei der Zersetzung von Stärke durch Säuren, Wärme oder Fermente. So bildet sich D. z. B. beim Backen von Brot in der braunen Kruste. D. wird auch als Bestandteil des Briefmarkenklebstoffs verwendet.

Dezennium [lat.] *s*, Jahrzehnt.

Dezi... [lat.], Abkürzung: d, Vorsatz vor Maß- u. Gewichtseinheiten, der den zehnten Teil der betreffenden Einheit bezeichnet; beispielsweise ist ein Dezimeter $1/10$ Meter: 1 dm = 0,1 m.

Dezimalsystem [lat.; gr.] *s*, oder Zehnersystem; ↑dekadisches Zahlensystem.

Dezimalwaage ↑Waage.

DFB, Abkürzung für: ↑Deutscher Fußball-Bund.

Dia, Kurzwort für: ↑Diapositiv.

Diabas [gr.] *m*, grünliches Ergußgestein (Grünstein).

Diabetes ↑Zuckerkrankheit.

diabolisch [gr.], teuflisch.

Diadem [gr.] *s*, Stirnband, Stirnreif.

Diadochen [gr.; = Nachfolger] *m*, *Mz.*, die Feldherren Alexanders des Großen, die sich nach dessen Tod bekämpften (Diadochenkämpfe). Sie teilten sein Reich in sogenannte *Diadochenreiche* auf (z. B. Ägypten, das in der Folgezeit von den Ptolemäern, u. Syrien, das von den Seleukiden beherrscht wurde).

Diagonale [gr.] *w*, die Verbindungsstrecke zweier nicht benachbarter Ecken eines Vielecks (z. B. Viereck, Fünfeck usw.) oder eines Vielflachs (z. B. Würfel, Quader). Bei den Diagonalen eines Vielflachs unterscheidet man *Raumdiagonalen*, die durch sein Inneres verlaufen, u. *Flächendiagonalen*, die in den Begrenzungsflächen liegen.

Diagramm [gr.] *s* (Schaubild), die zeichnerische Darstellung der Zahlenwerte von physikalischen Größen (z. B. Weg, Temperatur), Wirtschaftsdaten (Börsenkurse, Preise), Bevölkerungszahlen u. a. in ihrer Abhängigkeit von den Zahlenwerten einer anderen Größe (z. B. Zeit). Auch die Fieberkurve ist ein D.; die menschliche Körpertemperatur wird in ihrem zeitlichen Verlauf in das D. eingetragen.

Diakon [gr.; = Diener] *m*, in der katholischen Kirche ein Geistlicher, der um einen Weihegrad unter dem Priester steht. In der evangelischen Kirche Helfer in der Gemeindearbeit oder in der Inneren Mission; als Pfarrdiakon dem Pfarrer gleichgestellt.

Diakonisse [gr.] *w*, evangelische Gemeinde- und Pflegeschwester. Diakonissen werden in Diakonissenmutterhäusern ausgebildet.

Dialekt ↑Mundart.

Dialektik [gr.] *w*, bei den alten griechischen Philosophen war D. die Kunst, im Gespräch durch Rede u. Gegenrede die Wahrheit zu finden. Seither versteht man darunter auch eine spitzfindige Art des Argumentierens. – Bei Hegel u. Marx ist D. ein grundlegendes Prinzip: Jede Entwicklung vollzieht sich in drei Schritten: in Satz (These), Gegensatz (Antithese) u. Zusammenfassung von Satz u. Gegensatz zu einer höheren Einheit (Synthese).

Dialog [gr.] *m*, Zwiegespräch, Wechselrede; wichtiges Element des Dramas; ↑auch Monolog.

Diamant [frz.] *m*, wertvollster ↑Schmuckstein; er besteht aus reinem Kohlenstoff in besonderer Kristallisationsform. Hinreichend große u. reine (glasklare) Diamanten werden in der Schmuckindustrie zu ↑Brillanten geschliffen. Als Gewichtseinheit dient das ↑Karat. Der größte bekannte D. wog 3 106 Karat (= 621,2 g). Hauptvorkommen in Zaïre, Südafrika, UdSSR. Etwa 95 % der gefundenen Diamanten sind klein u. trüb oder farblich verunreinigt. Diese werden in der Industrie wegen ihrer großen Härte als Schleif- u. Bohrmaterial verwendet. Seit 1955 werden Industriediamanten unter Drücken von mehreren 100000 bar aus reinem Graphit künstlich hergestellt. – Abb. S. 124.

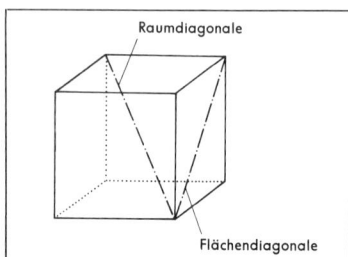

Diagonale

Diana, in der römischen Mythologie die Göttin der Jagd.

Diapositiv [gr.; lat.] *s*, Kurzform: Dia, durchsichtiges, fotografisch erzeugtes Bild, das mit dem Diaskop (Diaprojektor, ↑auch Projektionsapparat) auf eine weiße Fläche vergrößert projiziert werden kann.

Diaskop [gr.] *s*, ein Bildwerfer (Projektor) für Diapositive; als *Epidiaskop* (Kombination von Diaskop u. Episkop) auch zur Projektion von undurchsichtigen Papierbildern geeignet.

Diaspora [gr.] *w*, die unter Andersgläubigen zerstreut lebenden Glieder einer Religionsgemeinschaft; auch das Gebiet, in dem sie wohnen. Ursprünglich wurde D. für die außerhalb Palästinas lebenden Juden gebraucht.

Diät [gr.] *w*, eine Kostform für Kranke, die in ihrer Zusammensetzung besondere Rücksicht auf den Krankheitszustand des Körpers nimmt. So wird z. B. bei Gallenleiden eine fettarme *Gallendiät* verordnet.

Diäten [mlat.] *Mz.*, Tagegelder, besonders die finanzielle Entschädigung der Abgeordneten.

Diaz (Dias), Bartolomeu [*dias* (*diasch*)], * um 1450, † nahe dem Kap der Guten Hoffnung Ende Mai 1500, portugiesischer Seefahrer. Er umsegelte auf der Suche nach einem Seeweg nach Indien als erster die Südspitze Afrikas, der er den Namen „Stürmisches Kap" gab (später „Kap der Guten Hoffnung" genannt).

Dichte (Massendichte) *w*, Formelzeichen ϱ (Rho), das Verhältnis $\varrho = m/V$ der Masse m eines aus völlig einheitlichem Material bestehenden Körpers zu seinem Volumen V; zahlenmäßig die in 1 cm³ enthaltene Masse eines Stoffes; Maßeinheit der D.: Gramm je Kubikzentimeter (g/cm³). Dichte einiger Stoffe bei 0 °C u. 760 Torr (= 1013 mbar):

Stoff	Dichte
Wasser (bis 4 °C)	0,9998 g/cm³
Aluminium	2,69 "
Eisen	7,6 "
Gold	19,3 "
Holz	0,5–0,9 "
Luft	0,00129 "

Dichtung *w*: **1)** Sprachkunstwerk. Besondere Formen sind: Lyrik, Epik, Dramatik; **2)** Vorrichtung in der Technik, die den unerwünschten Übertritt von Gasen oder Flüssigkeiten durch Fugen oder Risse verhindert. Als Dichtungsmaterial sind elastische Stoffe, z. B. Gummi, Leder, Asbest, Blei, v. a. aber Kunststoffe üblich.

Dickens, Charles, * Landport bei Portsmouth 7. Februar 1812, † Gadshill Place bei Rochester 9. Juni 1870, englischer Schriftsteller. Humorvoll schildert er das Volksleben seiner Zeit. Er stellt aber auch mit deutlicher Sympathie für die Armen u. Unterdrückten soziale Mißstände dar. Zu seinen bekanntesten Romanen gehören „Oliver Twist" (deutsch 1838/39) u. „David Copperfield" (deutsch 1849).

Didaktik [gr.] w, Lehre u. Forschung vom ↑Unterricht.

Diderot, Denis [did*e*ro], * Langres 5. Okt. 1713, † Paris 31. Juli 1784, französischer Schriftsteller und Philosoph. D. war neben Voltaire einer der bedeutendsten Vertreter der französischen Aufklärung. Er verfaßte eine Vielzahl schöngeistiger, kritischer u. wissenschaftlicher Schriften und leistete als Herausgeber der „Encyclopédie" (35 Bände, 1751–80) einen hervorragenden Beitrag zum Geistesleben der Neuzeit.

Dido, sagenhafte Gründerin u. Königin von Karthago.

Diebstahl m, wer eine Sache, die ihm nicht gehört, wegnimmt, um sie sich widerrechtlich anzueignen, begeht D. u. wird mit Geldstrafe oder Freiheitsstrafe bis zu 5 Jahren bedroht. In schweren Fällen (z. B. *Einbruchdiebstahl; D. mit Waffen u. Bandendiebstahl*) kann eine Strafe bis zu 10 Jahren verhängt werden.

Dienste m, Mz., in der gotischen Baukunst lange, dünne Säulen oder Halbsäulen, die einen Pfeilerkern umkleiden (wegen des Eindrucks gebündelter Säulen Bündelpfeiler genannt) oder der Wand vorgelagert sind.

Dientzenhofer, bayrische Architektenfamilie des 17. und 18. Jahrhunderts; von ihren Mitgliedern stammen bedeutende Bauten des Hoch- und Spätbarocks, u. a. in Bamberg, Fulda und Prag.

Diesel, Rudolf, * Paris 18. März 1858, † 29. September 1913 (im Ärmelkanal ertrunken), deutscher Ingenieur. Er erfand den ↑Dieselmotor.

Dieselmotor m, eine Verbrennungskraftmaschine, die R. Diesel erfunden hat. Hohe Verdichtung der Luft im Zylinder (bis 25 : 1, ergibt einen Überdruck von etwa 50 at ≈ 50 bar) erzeugt Temperaturen von 700–900 °C. In die erhitzte Luft wird zerstäubtes Schweröl (*Dieselkraftstoff*) eingespritzt, das sich sofort entzündet u. den Kolben abwärts treibt. Dieselmotoren können sowohl als Vier- wie als Zweitakter arbeiten. In beiden Fällen komprimiert der Kolben bei einem Aufwärtsgang die Luft u. erhitzt sie. Beim Viertakter dient ein Aufwärtsgang dem Auspuffen der Verbrennungsgase u. der anschließende Abwärtsgang dem Ansaugen von Frischluft, beim Zweitakter erfolgt das Auspuffen u. Eindringen von Frischluft gleichzeitig beim tiefsten Stand des Kolbens. Der D. wird bevorzugt zum Antrieb von Schiffen verwendet. Er verdrängte auch in Eisenbahnbetrieb die in den Dampflokomotiven eingebauten Dampfmaschinen auf den nicht elektrifizierten Strecken u. im Rangierbetrieb.

Rudolf Diesel   **Adolph Diesterweg**   **Walt Disney**

Bei Omnibussen u. Lastkraftwagen hat er den Ottomotor (↑Kraftwagen) wegen seiner hohen Wirtschaftlichkeit fast völlig verdrängt.

Diesterweg, Adolph, * Siegen 29. Oktober 1790, † Berlin 7. Juli 1866, deutscher Pädagoge. D. setzte sich für eine bessere Ausbildung der Lehrer ein u. vertrat die Auffassung, daß für die Schule die Aufgabe der Erziehung wichtiger sei als die Vermittlung von Wissen. Den staatlichen u. kirchlichen Einfluß auf das Schulwesen bekämpfte er.

Dietrich von Bern (im Mittelalter war Bern der deutsche Name für Verona), Gestalt der deutschen Heldensage, dessen geschichtliches Vorbild der Ostgotenkönig ↑Theoderich der Große ist. D. tritt in zahlreichen deutschen u. nordischen Epen des Mittelalters auf, u. a. im „Nibelungenlied" u. in der „Thidreksaga".

diffamieren [lat.], verleumden.

Differential [lat.] s (Differentialgetriebe, Ausgleichsgetriebe), eine Vorrichtung in der angetriebenen Achse von Kraftfahrzeugen, mit der die Unterschiede an Kräften u. Geschwindigkeiten, die zwischen den beiden Rädern der Achse (z. B. in Kurven) auftreten können, ausgeglichen werden. – Abb. S. 124.

Differentialrechnung [lat.; dt.] w, von dem englischen Naturforscher I. Newton u. dem deutschen Gelehrten G. W. von Leibniz begründetes Teilgebiet der Mathematik. Die D. ist eines der wichtigsten mathematischen Hilfsmittel der Naturwissenschaften u. der Technik. – Die grundlegende Aufgabe der D. ist die Bestimmung des sogenannten *Differentialquotienten* einer gegebenen Funktion $f : x \to f(x)$.

Differenz [lat.] w: **1)** Unterschied, Fehlbetrag, **2)** in der Mathematik das Ergebnis einer ↑Subtraktion; **3)** Meinungsverschiedenheit.

Diffusion [lat.] w, eine von selbst eintretende, allmähliche Vermischung verschiedener Stoffe, die ursprünglich getrennt vorlagen (u. aneinander grenzten), z. B. von verschiedenen Flüssigkeiten miteinander oder von Duftstoffen mit der Luft.

Dimension

Dijon [dischong], Stadt in Ostfrankreich, am Kanal von Burgund, mit 150 000 E. Die Stadt besitzt bedeutende kirchliche Bauten wie die Kathedrale u. die Kirche Notre-Dame (14./15. Jh.) u. eine Universität. D. ist ein wichtiger Verkehrsknotenpunkt, ein Zentrum des Burgunderweinhandels u. besitzt vielseitige Industrie.

Diktat [lat.] s: **1)** Niederschrift nach einem gesprochenen Text; **2)** aufgezwungene, harte Verpflichtung (vor allem im politischem Bereich).

Diktatur ↑Staat.

Diktiergerät [lat.; dt.] s, Aufnahme- und Wiedergabegerät für gesprochene Texte, das mit Netz- oder Batteriebetrieb ausgestattet sein kann. Die Schallaufzeichnung erfolgt über Mikrofon auf magnetischen Tonträgern, die nach dem Löschen eines aufgenommenen Textes (durch Entmagnetisierung) wieder besprechbar sind. Das Abhören erfolgt über Kopfhörer oder Lautsprecher.

Dilemma [gr.] s, Zwangslage; Wahl zwischen zwei unangenehmen Möglichkeiten.

Dilettant [ital.] m, Nichtfachmann, Laie; jemand, der etwas nur unzulänglich beherrscht.

dilettantisch, unfachmännisch, unzulänglich.

Dill m, ein gelblich blühendes Doldengewächs, das in Südurasien bis Indien wild vorkommt u. bei uns in Gärten angepflanzt wird. D. wird frisch oder getrocknet als Gewürz für Salate u. Soßen sowie zum Einlegen von Gurken verwendet.

Diluvium ↑Erdgeschichte.

Dimension [lat.] w: **1)** allgemein: Ausdehnung, Ausmaß, Größenordnung; auch Bereich; **2)** in der Mathematik die Ausdehnung geometrischer Grundgebilde nach Länge, Breite u. Höhe (jeweils eine D.); ein Punkt hat die D. null, eine Gerade hat eine D., eine Ebene hat zwei, der Raum u. jeder Körper drei Dimensionen; **3)** Bezeichnung für das einer physikalischen Größe zugeordnete Produkt aus den Grundgrößenarten (*Grunddimensionen*) des verwendeten Maßsystems

123

DIN

Diamant in geschliffenem (links) und rohem Zustand

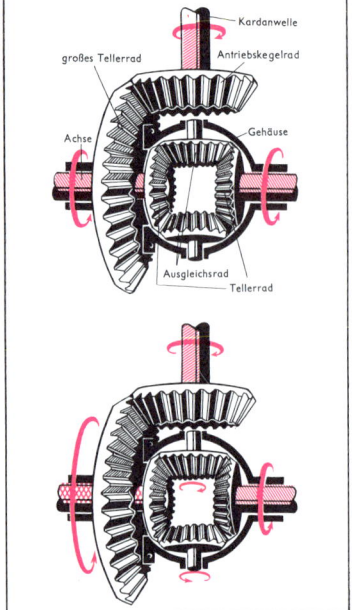

Differential eines Kraftwagens bei Geradeausfahrt (oben) und bei Kurvenfahrt

(z. B. Länge, Zeit, Masse) oder ihren Potenzen (auch solche mit negativen oder gebrochenen Exponenten): Die D. einer physikalischen Größe gibt an, wie diese Größe (bzw. ihre Maßeinheit) mit den Grundgrößen (bzw. deren Maßeinheiten) verknüpft ist u. sich aus ihnen zusammensetzt; z. B. ist die D. der Geschwindigkeit das Produkt aus der Grunddimension Länge u. dem Kehrwert der Grunddimension Zeit, also der Quotient aus Länge u. Zeit; als Maßeinheit der Geschwindigkeit ergibt sich folglich der Quotient aus einer Längen- u. einer Zeiteinheit.

DIN, Kennzeichen für Erzeugnisse, die den von **DIN Deutsches Institut für Normung e. V.** in Gemeinschaft mit allen Beteiligten erarbeiteten Normen entsprechen. Die Normen entstehen in Zusammenarbeit mit Vertretern von Behörden u. Wirtschaft, sie sollen einheitlich beachtet werden, um die Zusammenarbeit in der Industrie zu erleichtern. Am bekanntesten sind die Papierformate nach DIN. Die Maße der meistverwendeten Reihe A sind:

DIN A 0:	84,1 × 118,9 cm,
DIN A 1:	59,4 × 84,1 cm,
DIN A 2:	42,0 × 59,4 cm,
DIN A 3:	29,7 × 42,0 cm,
DIN A 4:	21,0 × 29,7 cm,
DIN A 5:	14,8 × 21,0 cm,
DIN A 6:	10,5 × 14,8 cm,
DIN A 7:	7,4 × 10,5 cm,
DIN A 8:	5,2 × 7,4 cm,

DIN A 4 ist Briefbogen-Normformat.

Dingo [austral.] *m*, australischer Wildhund mit ziemlich kurzem, rötlichbraunem bis gelblichem Fell, relativ buschigem Schwanz u. Stehohren. Der D. ist vermutlich eine verwilderte primitive Haushundform. Früher ernährte er sich hauptsächlich von Känguruhs, später raubte er Tiere aus Schafherden. Heute ist er fast ausgerottet.

Dingwort ↑Substantiv.

Dinosaurier [gr.] *m*, *Mz.*, eine von der Trias- bis zur Kreidezeit lebende Ordnung der Kriechtiere mit meist schwerfälligem, langgestrecktem Körper u. kleinem Schädel, teils auf den Hinterbeinen gehend. Ihre Größe schwankte zwischen tauben- bis huhngroßen Kleinformen u. Riesenformen, die über 12 m hoch u. bis zu 35 m lang waren (die größten Landtiere überhaupt). Sie waren ursprünglich räuberische Fleischfresser, erst im Verlauf der Entwicklung wurden viele Arten zu Pflanzenfressern.

Diogenes von Sinope, genannt der „Kyniker", * um 400, † wohl zwischen 328 u. 323 v. Chr., griechischer Philosoph. Er vertrat in Leben u. Lehre den Verzicht auf jede äußere Annehmlichkeit. Von ihm wird erzählt, er habe in einer Tonne gewohnt, um seine Bedürfnislosigkeit zu beweisen.

Dionysos, in der griechischen Mythologie der Gott des Weins u. der Fruchtbarkeit.

Diözese [gr.] *w*, in der katholischen Kirche der Amtsbereich eines Bischofs, das Bistum; in einzelnen evangelischen Kirchen der Amtsbereich eines Superintendenten.

Diphtherie [gr.] *w*, ansteckende Krankheit, die zunächst die Atemwege befällt. Sie zeigt sich 3–5 Tage nach der Ansteckung durch Rötung und Schwellung der Mandeln. Nach kurzer Zeit bildet sich ein grauweißer Belag im Rachen. Die Bakteriengiftstoffe überschwemmen schließlich den ganzen Körper und können zu schweren Herzschäden u. Nervenlähmungen führen. Auch Erstickungsgefahr kann auftreten. Bei D. muß schnellstens ein Arzt gerufen werden, der ein Serum spritzt. Durch eine Schutzimpfung kann die Krankheit vermieden werden.

Diphthong [gr.] *m*, Doppellaut, z. B. au, ei.

Diplom [gr.] *s*, Urkunde, durch die eine besondere Leistung, v. a. eine bestandene Prüfung, bescheinigt wird. Viele Akademiker schließen ihre Ausbildung mit einer Diplomprüfung ab (z. B. Diplomingenieur, Diplomvolkswirt, Diplompolitologe).

Diplomaten [frz.] *m*, *Mz.*, höhere Beamte des Außenministeriums bzw. des diplomatischen Dienstes. Sie vertreten die Interessen ihres Staates bei einem anderen Staat, nehmen Mitteilungen der eigenen u. der fremden Regierung entgegen u. leiten sie weiter, nehmen an Audienzen u. Konferenzen teil. Zu ihren Vorrechten gehören die Freiheit von der Gerichtsbarkeit des fremden Staates sowie Zoll- u. Steuerfreiheit. Dem Rang nach unterscheidet man 4 Klassen: Botschafter (ihm entspricht der päpstliche Nuntius), Gesandter, Ministerresident, Geschäftsträger.

dippen [engl.], die Schiffsflagge zum Gruß halb niederholen u. wieder hissen.

direkte Rede *w*, wörtliche Wiedergabe einer Aussage im Gegensatz zur indirekten Rede, die die Aussage eines anderen oder auch des Sprechers selbst in der Berichtform ausdrückt. Beispiel: Er sagte: „Morgen reise ich" (direkte Rede); Er sagte, er werde morgen reisen (indirekte Rede).

Direktor [lat.] *m*: **1)** Leiter eines Gymnasiums, einer Berufs-, Berufsfach-, Fachober-, Fach-, Gesamtschule; **2)** jemand, der einem Unternehmen, einer Behörde vorsteht.

Dirigent [lat.] *m*, Chor- oder Orchesterleiter; Leiter einer musikalischen Aufführung.

Diskont ↑Wechsel.

diskret [lat.], verschwiegen, rücksichtsvoll, taktvoll.

Diskus [gr.] *m*, scheibenförmiges, aus Holz gefertigtes Wurfgerät, das mit einem Metallring eingefaßt ist u. in der Mitte einen Eisenkern hat. Im sportlichen Wettkampf, dem *Diskuswerfen*, wiegt der D. 2 kg (bei einem Durchmesser von 22 cm) für Männer u. 1 kg für Frauen (Durchmesser 18 cm).

Disney, Walt [*disni*], * Chicago 5. Dezember 1901, † Burbank 15. Dezember 1966, amerikanischer Filmproduzent. D. begründete den Zeichentrick-

Walt Disney, Mickymaus und Pluto

Disneyland. Dornröschenschloß

film („Mickymaus", „Donald Duck", „Bambi" u. a.) u. drehte später berühmte Naturfarbfilme („Die Wüste lebt", „Wunder der Prärie" u. a.). 1955 begründete er in Anaheim bei Los Angeles **Disneyland,** einen Vergnügungspark mit Gestalten aus Märchen u. Abenteuerbüchern. – ↑auch Abb. S. 123.

dispensieren [lat.], von einer Pflicht oder Vorschrift befreien, beurlauben.

Dispersion [lat.] w: **1)** Auffächerung weißen Lichts in ein Spektrum bei Brechung (Spektralzerlegung); **2)** in der Chemie eine Mischung, bei der ein Stoff in einem andern fein verteilt (aber nicht gelöst) ist.

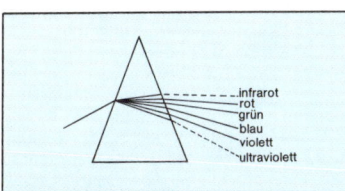

Dispersion von weißem Licht beim Durchgang durch ein Prisma

Disposition [lat.] w: **1)** Anordnung, Gliederung (z. B. eines Aufsatzes); **2)** Neigung, angeborene oder erworbene Anlage (z. B. für eine Krankheit).

Disput [lat.] m, Wortwechsel, Streitgespräch.

disqualifizieren [lat.], (jemanden) für untauglich erklären; einen Sportler d. heißt, ihn wegen groben Verstoßes gegen die sportlichen Regeln vom Wettkampf ausschließen.

Dissertation [lat.] w, eine schriftliche wissenschaftliche Arbeit zur Erlangung der Doktorwürde.

Dissidenten [lat.] m, Mz., Getrennte, Andersdenkende. Personen, die sich außerhalb einer Religionsgemeinschaft stellen, Religionslose. Heute v. a. gebraucht als Bezeichnung für Menschen, die in sozialistischen Staaten für die Verwirklichung der Bürger- u. Menschenrechte eintreten.

Dissimilation [lat.; = Entähnlichung] w, stärkere Unterscheidung von zwei gleichen oder ähnlichen Lauten innerhalb eines Wortes durch Veränderung oder Ausstoßung des einen Lautes; z. B. der Wechsel von t zu k in Kartoffel aus Tartüffel, die Ausstoßung eines n in König aus kuning (Gegensatz ↑Assimilation).

Dissonanz [lat.] w: **1)** allgemein Mißklang, Mißton, Unstimmigkeit; **2)** in der Musik eine Tonverbindung, die in einem Spannungsverhältnis zueinander steht und nach Auflösung in einer Konsonanz (= Zusammenklang) verlangt.

Distanz [lat.] w, Abstand, Entfernung; Reserviertheit, Zurückhaltung; sich distanzieren: etwas, das man nicht billigt, zurückweisen.

Distelfink ↑Stieglitz.

Disteln w, Mz.: **1)** Gattung der Korbblütler mit etwa 100 Arten in Eurasien u. Afrika. Sie haben stachelige Blätter u. meist purpurfarbene oder weiße Röhrenblüten in meist großen Blütenköpfen; **2)** volkstümliche Bezeichnung für stachelige Korbblütler aus verschiedenen Gattungen (z. B. Akkerdistel).

Distichon [gr.] s, ein Doppelvers, meistens die Verbindung von ↑Hexameter u. ↑Pentameter; Beispiel (von Schiller): „Ím Hexámeter steígt des Springquélls flüssige Säule, / Ím Pentámeter dráuf fällt sie melódisch heráb."

Disziplin [lat.] w: **1)** Zucht, Ordnung; **2)** Fachgebiet, Wissenszweig; Sportart.

Disziplinarmaßnahmen w, Mz., auf Grund des Disziplinarrechts verhängte Strafe für Dienstvergehen von Beamten, Richtern u. Soldaten. Die Strafe reicht vom Verweis bis zur Entfernung aus dem Dienst.

Dithmarschen, Landschaft an der Nordseeküste, zwischen Elbe- u. Eidermündung, in Schleswig-Holstein. Im fruchtbaren Marschland an der Küste, das teilweise erst durch Eindeichung gewonnen wurde, wird Ackerbau betrieben (auch Feldgemüse-, v. a. Kohlanbau). Das Innere ist Geestland mit Mooren u. Heide. Hier ist die Viehzucht verbreitet. – Seit dem 13. Jh. war D. eine nahezu freie Bauernrepublik; erst 1559 wurde sie von Dänemark unterworfen. 1966 kam D. an Preußen.

dito [ital.], Abkürzung: do. oder dto., gleichfalls, dasselbe.

Diva [lat.; = die Göttliche] w, gefeierte Sängerin oder Schauspielerin.

Dividende ↑Aktie.

Division [lat.: = Teilung] w: **1)** das Teilen von Zahlen, eine der vier Grundrechenarten; man errechnet, wie oft eine Zahl in einer anderen enthalten ist. Die Zahl, die durch eine andere dividiert (teilt), heißt Dividend, die Zahl, durch die man teilt, Divisor, das Ergebnis Quotient; **2)** größerer militärischer Verband.

Dixieland-Jazz [díkßiländ dschäs; engl.] m, eine Form des Jazz, die durch Nachahmung der Instrumentalmusik der Neger durch weiße Musiker entstanden ist. Die beim „schwarzen" Jazz lässige (relaxed) Betonung des 2. u. 4. Taktviertels ist härter, die Zeitmaße sind beschleunigter, die eigentliche Off-Beat-Technik (↑Beat) wird nicht mehr angewendet.

Djakarta [dsch...] ↑Jakarta.

DJH, Abkürzung für: **D**eutsches **J**ugendherbergswerk e. V.; ↑auch Jugendherberge.

DKP, Abkürzung für: **D**eutsche **K**ommunistische **P**artei, eine am 22. 9. 1968 gegründete, z. T. die Ziele der früheren ↑KPD verfolgende Partei.

DLRG, Abkürzung für: ↑**D**eutsche **L**ebens-**R**ettungs-**G**esellschaft.

DM, Abkürzung für: **D**eutsche **M**ark. Seit dem Währungsgesetz vom 21. Juni 1948 ist sie die Währungseinheit der Bundesrepublik Deutschland. Sie trat an die Stelle der Reichsmark (RM), die am 30. August 1924 eingeführt worden war und die Rentenmark ablöste. Die Rentenmark (RM) war am 13. Oktober 1923 eingeführt worden u. hatte die Inflation nach dem 1. Weltkrieg beendet.

Dnepropetrowsk, sowjetische Stadt in der Ukraine, am Dnjepr, mit 976 000 E u. einer Universität. Die Industrie umfaßt Hüttenwerke, Stahl- u. Walzwerke, Maschinen- u. Lokomotivbau, die Herstellung von Bergwerkausrüstungen u. a. Wirtschaftlich bedeutend ist der Flußhafen.

Dnjepr m, schiffbarer Fluß in der UdSSR, mit 2 200 km der drittlängste Strom Europas. Der D. entspringt auf den Waldaihöhen u. mündet ins Schwarze Meer. An seinem Lauf befinden sich mehrere große Stauanlagen u. Wasserkraftwerke. Über den Pripjet,

Dnjestr

einen Nebenfluß, u. den 93 km langen *Dnjepr-Bug-Kanal* besteht eine Wasserstraßenverbindung zur Ostsee.

Dnjestr *m*, Fluß im Südwesten der UdSSR, 1 352 km. Der D. entspringt in den Karpaten u. mündet ins Schwarze Meer; schiffbar.

Dobermann *m*, aus Pinschern gezüchtete Rasse bis etwa 70 cm schulterhoher Haushunde. Der D. ist kurzhaarig mit aufrechten gestutzten Ohren u. kurzer, kupierter (gestutzter) Rute. Seine Farbe ist meist schwarz oder braun mit rostroten Abzeichen.

Dobrudscha *w* (rumän. Dobrogea), Landschaft zwischen der unteren Donau u. dem Schwarzen Meer. Der größte Teil ist rumänisch, ein kleiner Teil im Süden bulgarisch. Die Landschaft hat Steppencharakter. Angebaut werden Getreide, Wein, Obst u. Gemüse. Die Industrie ist v. a. im Gebiet von Konstanza angesiedelt. Ein weiterer Erwerbszweig ist der Fremdenverkehr in den Seebädern.

Dock [engl.] *s*, Anlage zum Bau oder zur Reparatur v. a. von Schiffen. Das *Trockendock* ist ein Becken, das mit einem Schleusentor versehen ist. Wenn ein Schiff eingefahren ist, wird das D. leergepumpt, das Schiff senkt sich auf vorbereitete Stapelklötze. Das *Schwimmdock* ist ein hohlwandiger Stahlkörper, der mit Wasserballast unter das zu „dockende" Schiff fährt u. dann leergepumpt wird, wobei er das Schiff aufnimmt. *Dockschiffe* sind fahrbare Trockendocks (für kleinere Schiffe).

Dodekaeder [gr.] *s* (Zwölfflächner, Zwölfflach), ein von 12 ebenen Flächen begrenzter Körper; wird er aus 12 kongruenten, regelmäßigen Fünfecken begrenzt, so spricht man von einem *regelmäßigen D.* (auch *Pentagondodekaeder*). Sind es 12 kongruente Rauten (Rhomben), so liegt ein *Rhombendodekaeder* vor.

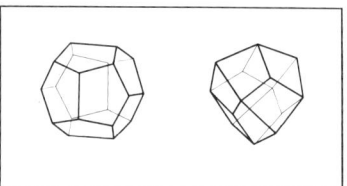

Dodekaeder. Regelmäßiges (links) und Rhombendodekaeder

Doge [*dosche*: ital.] *m*, Titel des Staatsoberhauptes in den früheren Stadtrepubliken Venedig und Genua.

Doggen *w*, *Mz.*, eine Rassengruppe kräftiger, kurz- u. glatthaariger Hunderassen verschiedener Größe, z. B. Boxer, Bordeauxdogge, Bulldogge, Deutsche Dogge, Mops.

Doggerbank *w*, Sandbank in der Nordsee zwischen England u. Dänemark. Sie ist etwa 300 km lang, 120 km breit u. liegt nur 13–20 m unter dem Meeresspiegel. Das Gebiet der D. ist besonders günstig für den Fischfang.

Dogma [gr.] *s*, eine verbindliche religiöse Lehrmeinung, ein kirchlicher Glaubenssatz. Nach katholischer Lehre wird das D. als ein von Gott geoffenbarter Glaubenssatz angesehen. Das D. gilt deshalb als unanfechtbar u. verpflichtet alle Katholiken zur Anerkennung. Nach evangelischer Auffassung ist das D. eine kirchliche Lehre, die ständig durch das Evangelium überprüft werden muß.

Dohle *w*, etwa 30 cm großer, meist schwarzer Rabenvogel mit grauem Nacken, grauen Ohrdecken u. dunkelgrauer Bauchseite; die Flügelspannweite erreicht 65 cm. Die D. bewohnt Türme, Ruinen u. Felswände, sie brütet in Höhlen u. lebt meistens in zahlenstarken Kolonien.

Doktor [lat.] *m*, Abkürzung: Dr., den Doktortitel kann ein Studierender dadurch erwerben, daß er nach mehrjährigem Studium an einer Hochschule eine schriftliche wissenschaftliche Arbeit (*Dissertation*) anfertigt u. eine mündliche Prüfung ablegt. In der Umgangssprache versteht man unter „Doktor" meistens den Arzt, den Dr. med (= Doktor der Medizin). Man kann aber in allen Wissenschaften den Doktorgrad erwerben (z. B. Dr. phil. = Doktor der Philosophie, Dr. jur. = Doktor der Rechte). Außer den erworbenen Doktortiteln gibt es auch solche, die „ehrenhalber" verliehen werden; die Abkürzung dafür ist: Dr. h. c. oder Dr. e. h. (lateinisch „honoris causa" = ehrenhalber).

Doktrin [lat.] *w*, Lehre, Theorie; Standpunkt, Grundsatz (v. a. im politischen Bereich); **doktrinär,** starr an einem bestimmten Standpunkt festhaltend, einseitig auf eine enge Lehrmeinung festgelegt.

Dokument [lat.] *s*, Urkunde, Schriftstück, Beweismittel.

Dolch *m*, Stoßwaffe mit feststehender, meist gerader Klinge, die meist zwei Schneiden hat.

Dolde ↑ Blütenstand.

Doldenblütler *m*, *Mz.* (Doldengewächse), Familie zweikeimblättriger Pflanzen mit über 3 000 Arten, meist Kräuter oder Stauden. Die Stengel sind hohl, oft gerillt u. knotig verdickt, die Blätter wechselständig. Die kleinen, weißen oder gelben Blüten stehen in Dolden. D. sind u. a.: Sellerie, Möhre, Fenchel, Anis, Kümmel.

Doline [slaw.] *w*, napf- oder trichterförmige Vertiefung im Karststein. Dolinen entstehen durch Einsturz unterirdischer Hohlräume, die durch Auslaugung von Kalk- u. Salzgesteinen gebildet wurden, oder unmittelbar durch Auslaugung der Gesteine an der Oberfläche. Wachsen mehrere Dolinen zusammen, entsteht eine *Schüsseldoline*.

Dollar [amer.] *m*, Zeichen: $, Währungseinheit der USA (1 D. = 100 Cents). Der D. ist (mit Zusatzbezeichnung) Währungseinheit zahlreicher anderer Länder (u. a. Australien, Kanada, Liberia, Malaysia, Neuseeland).

Dollart *m*, Nordseebucht im Bereich der Emsmündung, südlich von Emden. Der D. ist durch mehrere Sturmfluten im 14. und 16. Jh. entstanden.

Dolmen [frz.] *m*, vorgeschichtliche Grabkammer aus senkrecht aufgestellten Steinen und einer Deckplatte. Ursprünglich waren D. mit Erde oder Steinen hügelartig bedeckt.

Dolmen

Dolmetscher [ungar.] *m*, berufsmäßiger Übersetzer, der Gespräche fließend übersetzt.

Dolomit *m*, farbloses, weißes oder bräunliches Mineral (aus Kalzium- u. Magnesiumkarbonat).

Dolomiten *Mz.*, Teil der Südlichen Kalkalpen, östlich von Etsch u. Eisack. Steil aufragende, zerklüftete Berge (in der Marmolada bis 3 342 m) u. üppig grüne Täler sind kennzeichnend für die D., die viel von Fremden aufgesucht werden.

Dom [lat. domus (ecclesiae) = Haus der Kirchengemeinde)] *m*, im allgemeinen Bezeichnung für die Bischofskirche (Kathedrale).

Domestikation [lat.] *w*, allmähliche Umwandlung von Wildtieren in ↑ Haustiere durch den Menschen.

Dominante [lat.-ital.] *w*, der 5. Ton einer Tonleiter.

Dominica, Inselstaat im Bereich der Kleinen Antillen, mit 78 000 E, die Fläche (751 km²) entspricht der Hamburgs. Die Hauptstadt ist *Roseau* (10 000 E). Die gebirgige Insel wurde am 3. 11. 1493 von Kolumbus entdeckt. 1783 wurde D. britisch, am 3. 11. 1978 wurde es unabhängig. D. ist Mitglied des Commonwealth u. der UN.

Dominik, Hans, * Zwickau 15. November 1872, † Berlin 9. Dezember 1945, deutscher Ingenieur u. Schriftsteller, der mit Zukunftsromanen sehr erfolgreich war.

Dominikaner *m*, *Mz.*, Angehörige des Dominikanerordens, eines vom heiligen Dominikus 1216 gegründeten

Seelsorgeordens zur Unterrichtung der Gläubigen und zur Bekehrung der Ungläubigen. Berühmte Gelehrte waren D., u.a. Thomas von Aquin u. Giordano Bruno.

Dominikanische Republik, Republik im östlichen Teil der Antilleninsel ↑Hispaniola, mit 5,0 Mill. E (meist Mulatten); 48 442 km². Die Hauptstadt ist *Santo Domingo* (671 000 E). Waldreiche Gebirge im Innern mit tief eingeschnittenen, dicht besiedelten Tälern; fruchtbare Küstenebene im Süden. Angebaut werden Zuckerrohr (Zucker ist Hauptexportgut), Reis, Bananen, Kaffee u. Kakao. Bodenschätze sind Nickel, Bauxit, Gold u. Silber. – 1844 löste sich das Land von der Republik Haiti u. wurde als D. R. selbständig. Gründungsmitglied der UN.

Dominion [*dominjᵉn;* engl.] *s,* ehemalige Bezeichnung für ein selbständiges Mitglied des ↑Commonwealth of Nations.

Domino [ital.] *s,* Gesellschaftsspiel für 2 bis 4 Spieler mit 28 oder mehr Legesteinen. Jeder Stein ist in zwei Felder geteilt u. in jedem Feld mit einer Zahl versehen (von 0–6). Beim Spiel werden die Steine aneinandergelegt, deren Felder die gleichen Zahlen haben.

Domino [ital.] *m,* langer, schwarzer Maskenmantel mit Kapuze; auch der Träger eines Dominos.

Dompteur, Dompteuse [*...tör; ...tösᵉ;* frz.], *m, w,* Tierbändiger, Tierbändigerin.

Don *m,* Strom im europäischen Teil der UdSSR, 1 870 km lang; schiffbar. Der D. entspringt auf der Mittelrussischen Platte u. mündet ins Asowsche Meer.

Donar (auch Thor), altgermanischer Gott des Donners. Der Wochentagname Donnerstag geht auf D. zurück; ↑auch germanischer Götterglaube.

Donau *w,* zweitlängster Strom Europas (2 850 km), entsteht aus Breg u. Brigach bei Donaueschingen. Die D. durchfließt Süddeutschland, Österreich u. einen Zipfel der Tschechoslowakei, danach durchfließt oder berührt der Strom die Staaten Ungarn, Jugoslawien, Rumänien, Bulgarien u. die UdSSR. Mehrfach durchbricht die D. verschiedene Gebirge. D. bildet so malerische Stromengen, z. B. in der Wachau, am Ungarischen Mittelgebirge u. am ↑Eisernen Tor. In einem dreiarmigen Delta mündet sie in Rumänien ins Schwarze Meer. Der Strom, der ab Regensburg schiffbar ist, gewinnt als Großschiffahrtsweg immer mehr an Bedeutung, seit 1963 eine grundlegende Stromregulierung von den beteiligten Staaten (gemeinsame Donaukommission) beschlossen wurde.

Donbass ↑Donez.

Donez [*danjez*] *m,* rechter Nebenfluß des Don, 1 053 km lang, davon 222 km schiffbar. Der D. umfließt im Unterlauf die westlich gelegene Donezplatte mit dem Donez-Steinkohlenbecken (russische Kurzform: *Donbass*), das zu den bedeutendsten sowjetischen Industriegebieten gehört.

Don Juan [*don ehuan,* auch *donjuan*], literarische Gestalt spanischer Herkunft, ein reicher, stolzer, gottloser Verführer. Diese Gestalt ist immer wieder behandelt worden, als Roman u. Drama, als Oper von Mozart („Don Giovanni" [die italienische Form des Namens]), als sinfonische Dichtung von R. Strauss.

Donner ↑Blitz.

Donnerkeile ↑Belemniten.

Don Quijote ↑Cervantes Saavedra, Miguel de.

Doping [engl.] *s* (Dopen), unerlaubte, zum Teil gefährliche Anwendung leistungssteigernder Mittel bei Mensch u. Tier vor sportlichen Wettkämpfen.

Doppelpunkt ↑Zeichensetzung.

Dordogne [*...donjᵉ*] *w,* rechter Nebenfluß der Garonne (die unterhalb der Dordognemündung den Namen Gironde führt). Die D. ist 490 km lang, davon sind 117 km schiffbar. Das Flußgebiet ist reich an Felshöhlen mit berühmten vorgeschichtlichen Funden u. ↑Felsbildern (u. a. Cro-Magnon, La Madeleine, Le Moustier).

Dorf *s,* kleinere ↑Gemeinde, ländliche Siedlung vorwiegend bäuerlichen Charakters. Heute verlassen viele Dorfbewohner täglich ihr D., um einer Beschäftigung in der Industrie nachzugehen (sogenannte Pendler).

Dorier (Dorer) *m, Mz.,* Name des vom 12. Jh. v. Chr. an in Griechenland eingewanderten, mit der dort ansässigen Bevölkerung verwandten Stammes (*dorische Wanderung*), der den gesamten Peloponnes in Besitz nahm u. ↑Sparta gründete.

dorische Säulenordnung ↑Säule.

Dörpfeld, Wilhelm, * Barmen (heute Wuppertal-Barmen) 26. Dezember 1853, † auf Lefkas (Griechenland) 25. April 1940, deutscher Archäologe. Er leitete Ausgrabungen in Olympia u. in Troja, wo er Mitarbeiter Schliemanns war.

Dorsche *m, Mz.,* nahezu weltweit verbreitete Familie der Dorschfische mit über 50 bis 1,8 m langen Arten. Die D. gehören zu den wichtigsten Nutzfischen, u. a. der ↑Kabeljau u. der ↑Schellfisch. Der noch nicht geschlechtsreife Kabeljau u. dessen (kleinere) Ostseeform werden als *Dorsch* bezeichnet.

Dortmund, Stadt in Nordrhein-Westfalen, im Ruhrgebiet, mit 621 000 E die größte Stadt Westfalens, in industrieller u. fruchtbarer Landschaft gelegen. D. hat eine Universität, eine Fachhochschule u. eine pädagogische Hochschule. Unter den Sehenswürdigkeiten sind zu erwähnen einige alte Kirchen, das moderne Theater, der Fernsehturm u. die Westfalenhalle für Veranstaltungen. D. ist ein bedeutendes Industriezentrum, es hat Eisen- und Stahlwerke, Brauereien u. Werke für Maschinenbau. D. ist ein Verkehrsknotenpunkt mit einem großen Hafen am ↑Dortmund-Ems-Kanal. – Im 10. Jh. entstanden, war D. schon im 12./13. Jh. eine bedeutende Handelsstadt, führendes Mitglied der Hanse u. Reichsstadt.

Dortmund-Ems-Kanal *m,* Kanal zwischen dem östlichen Ruhrgebiet u. Emden, 269 km lang. Durch den Rhein-Herne-Kanal u. den Datteln-Hamm-Kanal mit dem Rhein verbunden.

Dostojewski, Fjodor Michailowitsch [*...fßki*], * Moskau 11. November 1821, † Petersburg (heute Leningrad) 9. Februar 1881, russischer Schriftsteller. D. ist ein meisterhafter Gestalter des menschlichen Seelenlebens, der v. a. schwierig und außenseiterisch veranlagte Menschen schildert

(Verbrecher, Spieler, Wüstlinge, Gottesleugner und Gottsucher). Hauptwerke sind u. a.: der Roman „Die Brüder Karamasow" (deutsch 1884; darin „Die Legende vom Großinquisitor"), die Autobiographie „Aufzeichnungen aus einem Totenhaus" (Erlebnisse aus seiner Verbannungszeit in Sibirien; deutsch 1864), die Romane „Schuld und Sühne" (deutsch 1882) und „Der Idiot" (deutsch 1889).

Dotter *m* und *s,* im Ei eingelagerte Reservestoffe, als Nährsubstanz für die Entwicklung des ↑Embryos dienen.

Dotterblumen *w, Mz.,* Pflanzengattung der Hahnenfußgewächse. In Deutschland kommt nur die von März bis Mai dottergelb blühende *Sumpfdotterblume* (auch *Butterblume* genannt) auf Sumpfwiesen u. an Wassergräben vor. Sie hat herzförmige, am Rand gekerbte Blätter.

Double [*dubᵉl;* frz.; = doppelt] *s,* Ersatzspieler von ähnlichem Aussehen wie der Hauptdarsteller, der z. B. bei gefährlichen Szenen im Film eingesetzt wird. Er wird auch als *Stuntman* [*ßtantmᵉn;* engl.-amer.] bezeichnet.

Douglasfichte [*du...*] *w* (auch Douglasie, Douglastanne), bis 100 m hohes, raschwüchsiges Kieferngewächs in Nordamerika. Die Krone ist kegelförmig. Die Rinde ist grau bis braun u. im Alter tief gespalten. Die länglichen Zapfen, etwa 5–10 cm lang, hängen an den Zweigen; sie sind zimtbraun; ihre Deckschuppen ragen zwischen den Fruchtschuppen weit hervor. Die Nadeln sind schlank u. weich u. haben unterseits zwei weißliche Streifen. Der wertvolle Forst- u. Parkbaum liefert Bau- und Möbelholz.

Dover [do^uw^{er}], englische Hafenstadt u. Seebad an der Straße von D., mit 34 000 E. Von D. aus ist ein Fährverkehr nach Boulogne-sur-Mer, Calais, Dünkirchen, Ostende u. Zeebrugge eingerichtet.

Doyle, Sir Arthur Conan [*deul*], * Edingburgh 22. Mai 1859, † Crowborough (Sussex) 7. Juli 1930, englischer Schriftsteller. Er ist der Verfasser der zu Weltruhm gelangten Kriminalromane mit dem Meisterdetektiv Sherlock Holmes.

Dozent [lat.] *m*, Abkürzung Doz., Hochschullehrer.

Dr., Abkürzung für: ↑Doktor.

Drache *m*, krokodilartiges Fabelwesen, das in den Mythen u. Märchen der meisten Völker vorkommt. Der Sieg über den Drachen bedeutet Sieg über Chaos u. Finsternis.

Drachenbaum *m*, ein Agavengewächs auf den Kanarischen Inseln. Der mächtige, bis 20 m hohe Baum besitzt schopfartig angeordnete, schwertförmige Blätter u. weißliche, in Rispen stehende Blüten. Er liefert bei Verwundungen rotes Harz („Drachenblut").

Drachenfliegen *s*, Flugsportart mit sogenannten Hängegleitern. Gestartet wird von Bergkanten u. Hängen. Der in Gurten hängende Pilot kann durch Bewegung des Steuertrapezes Anstellwinkel u. Seitenlage verändern.

Draht *m*, Metallware mit rundem Querschnitt u. großer Länge. D. wird aus Metallblöcken bis auf 5 mm gewalzt u. dann durch Ziehen bis auf den gewünschten Durchmesser gebracht (Platindraht z. B. bis auf 0,001 mm). *Drahtseile* werden aus Einzeldrähten zusammengedreht.

Drahtseilbahn ↑Seilbahn.

Drahtwürmer *m, Mz.:* **1)** schlanke, langgestreckte, runde, braune Schnellkäferlarven, die meist unterirdisch an Pflanzen schmarotzen; **2)** Larven von einigen Fliegenarten, die unterirdisch an Rüben u. Kartoffeln schmarotzen.

Draisine *w*, Vorläufer des Fahrrades, konstruiert von dem deutschen Forstmann Karl Freiherr Drais von Sauerbronn (1785–1851). Eine D. ist ein Laufrad; Laufschritte bewegen es vorwärts (radähnlich, mit sehr primitiver Lenkung).

Drake, Sir Francis [*dre^ik*], * Crowndale (Devon) um 1540, † vor Portobelo (Panama) 28. Januar 1596, englischer Seeheld. Er unternahm erfolgreiche Kaperfahrten gegen die Spanier u. segelte um die Erde. Auf zum Teil tollkühnen Fahrten störte er die Vorbereitungen zur Aufstellung der spanischen Armada (die gegen England gesandte Flotte) u. nahm 1588 am erfolgreichen Kampf gegen diese Flotte als Vizeadmiral teil.

Drakon, athenischer Gesetzgeber des 7. Jahrhunderts v. Chr. Er zeichnete das geltende Strafrecht auf, das durch seine Härte sprichwörtlich wurde (*drakonische Strafen*).

Drama [gr.; = Handlung] *s*, die Darstellung einer Handlung, die sich gegenwärtig auf einer Bühne vor unseren Augen entwickelt, in Wort und Gebärdenspiel. Wichtige Formen des Dramas sind: Tragödie, Tragikomödie, Komödie, Schauspiel und Lustspiel.

Dramatik [gr.] *w:* **1)** dramatische Dichtkunst (↑Drama); **2)** erregende Spannung.

Dramaturgie [gr.] *w*, Lehre vom Aufbau u. der Struktur eines Dramas; Bearbeitung eines Dramas.

drastisch [gr.], sehr wirksam.

Drau *w*, schiffbarer rechter Nebenfluß der Donau, 749 km lang. Die D. kommt aus den Dolomiten (Italien), fließt durch Österreich und mündet in Jugoslawien unterhalb von Osijek (deutscher Name: Esseg). Sie bildet zum Teil die ungarisch-jugoslawische Grenze.

Drehbank *w* (technisch richtiger: Drehmaschine), sehr vielseitig verwendete wichtige Maschine für Handwerk u. Industrie, v. a. zum *Drehen*, bei dem durch Drehmeißel Späne von einem Werkstück (aus Holz oder Metall) abgenommen werden. Es gibt viele Arten des Drehens, dementsprechend zahlreiche Formen von Drehbänken. Heute arbeiten sie oft automatisch (durch Programme elektronisch gesteuert).

Drehbuch *s*, Manuskript für Film oder Fernsehsendung mit Text u. genauen Anweisungen für alle Einzelheiten.

Drehstrom ↑Wechselstrom.

Dreibund *m*, 1882 geschlossenes Verteidigungsbündnis zwischen dem Deutschen Reich, Österreich-Ungarn u. Italien. Es wurde mehrfach erneuert, zerfiel dann durch Ausscheiden Italiens im 1. Weltkrieg.

Dreieck *s*, von drei in einer Ebene liegenden Geraden (den Dreieckseiten) begrenzte geometrische Figur. Die Summe der drei Innenwinkel eines Dreiecks beträgt 180°. Ein D. mit einem stumpfen Winkel (größer als 90°) nennt man *stumpfwinklig*, ein D. mit einem rechten Winkel (gleich 90°) *rechtwinklig*, ein D. mit nur spitzen Winkeln (kleiner als 90°) *spitzwinklig*. Sind alle Dreieckseiten gleich lang, so spricht man von einem *gleichseitigen* D., sind nur zwei Seiten gleich lang, so heißt

Draisine

Drachenbaum

Drachenfliegen

Dreieck. Verschiedene Dreiecksformen

Dresden. Der Zwinger ist nach starken Zerstörungen im Zweiten Weltkrieg völlig wiederhergestellt worden. Im Bild links der Wallpavillon (ein Torbau)

Drohverhalten eines Fuchses

das D. *gleichschenklig*. – Im rechtwinkligen D. bezeichnet man die dem rechten Winkel gegenüberliegende Seite als *Hypotenuse*, die dem rechten Winkel anliegenden Seiten sind die *Katheten*. Die Verbindungslinien der Eckpunkte eines Dreiecks mit den Mittelpunkten der jeweils gegenüberliegenden Seite sind die *Seitenhalbierenden*, die von den Ecken auf die Dreieckseiten gefällten Lote sind die *Höhen*. Eine Gerade, die einen Innenwinkel eines Dreiecks in zwei gleich große Winkel teilt, nennt man eine *Winkelhalbierende*, die in den Mittelpunkten der Dreieckseiten errichteten Senkrechten sind die *Mittelsenkrechten*. Die Seitenhalbierenden, die Höhen, die Winkelhalbierenden und die Mittelsenkrechten schneiden sich jeweils in einem Punkt. Der Schnittpunkt der Mittelsenkrechten ist der Mittelpunkt des *Umkreises*, das ist der Kreis, der durch alle Ecken des Dreiecks geht. Der Schnittpunkt der Winkelhalbierenden ist der Mittelpunkt des *Inkreises*, das ist der Kreis, der alle Dreieckseiten von innen berührt. Der Schnittpunkt der drei Seitenhalbierenden ist der *Schwerpunkt* des Dreiecks. – Den Flächeninhalt F eines Dreiecks berechnet man nach der Formel

$$F = \tfrac{1}{2} g \cdot h,$$

wobei g eine beliebige Dreieckseite sein kann u. h die auf dieser „Grundlinie" senkrecht stehende Höhe bedeutet. Dreiecke, deren Eckpunkte u. damit auch die (gekrümmten) Seiten auf einer Kugeloberfläche liegen, bezeichnet man als *sphärische Dreiecke*.

Dreifaltigkeit *w* (Trinität), die im Christentum geglaubte Dreiheit der Personen (Vater, Sohn, Geist) in Gott.

Dreifelderwirtschaft *w*, lange Zeit maßgebende Form der Ackerbewirtschaftung, eine dreijährige Fruchtfolge. In regelmäßigem Wechsel wird $1/3$ des Ackerlandes mit Wintergetreide (Herbstsaat), $1/3$ mit Sommergetreide (Frühjahrssaat) bestellt u. $1/3$ wird zur Brache (keine Einsaat, der Acker soll ruhen). Die heute übliche verbesserte Form der D. ersetzt die Brache im 3. Jahr durch Hackfrüchte (Kartoffeln, Rüben) oder durch Einsaat von Grünfutter (Klee u. a.).

Dreikampf *m*, aus drei Disziplinen bestehender Mehrkampf in verschiedenen Sportarten, u. a. in der Leichtathletik (100-m-Lauf, Weitsprung u. Kugelstoßen).

Dreißigjähriger Krieg

Dreiklang *m*, Zusammenklang von drei Tönen, insbesondere der in Terzen aufgebaute Dur- oder Molldreiklang, z. B. in C-Dur auf C aufgebaut: c-e-g, in c-Moll auf c aufgebaut: c-es-g.

Dreiklassenwahlrecht *s*, früheres Parlamentswahlrecht in Preußen (1849–1918): Die Bevölkerung jedes Wahlbezirks wurde in drei Gruppen aufgeteilt, von denen jede einen gleich hohen Steuergesamtbetrag aufbrachte u. jede die gleiche Anzahl Wahlmänner stellte. Eine kleine Gruppe mit hohem Steueraufkommen hatte dadurch ebenso viele Stimmen wie eine große Zahl Minderbemittelter.

Drei Könige (Heilige Drei Könige) *m*, *Mz.*, die im Neuen Testament erwähnten drei Weisen aus dem Morgenland, die, dem Stern über Bethlehem folgend, kommen, um dem „König der Juden" zu huldigen: Kaspar, Melchior, Balthasar.

Dreisatz *m*, ein Rechenschema, in dem aus drei bekannten Größen eine vierte, unbekannte Größe bestimmt wird. – Beispiel: 12 Knöpfe kosten 1,80 DM, wieviel kosten 5 Knöpfe? – Man rechnet wie folgt: Wenn 12 Knöpfe 1,80 DM kosten, dann kostet 1 Knopf den 12. Teil davon, also 1,80 DM : 12. 5 Knöpfe kosten fünfmal so viel, also 1,80 DM : 12 · 5. Im Rechenschema:
12 Knöpfe kosten 1,80 DM
5 Knöpfe kosten ? DM

$$\frac{1{,}80 \cdot 5}{12}\,\text{DM} = \frac{0{,}30 \cdot 5}{2}\,\text{DM} = \frac{1{,}50}{2}\,\text{DM}$$
$$= 0{,}75\,\text{DM}.$$

Dreisprung *m*, leichtathletische Weitsprungübung, bei der auf den Absprung vom Sprungbalken zwei weitere Sprünge (mit wechselndem Bein) folgen.

Dreißigjähriger Krieg *m*, deutscher u. europäischer Krieg von 1618 bis 1648. Die *Ursachen* waren vor allem der religiöse Gegensatz zwischen Katholiken u. Protestanten (die katholische Liga, die Vereinigung der katholischen Reichsstände, stand gegen die protestantische Union, die Vereinigung der protestantischen Reichsstände). Es kam das Streben der Reichsstände nach Erweiterung ihrer Macht hinzu. *Anlaß* war der Aufstand des vorwiegend protestantischen Adels in Böhmen gegen das katholische Landesfürstentum. – 1. *Böhmisch-Pfälzischer Krieg* 1618–23: Nach dem „Prager Fenstersturz" (die kaiserlichen Statthalter wurden aus einem Fenster der Prager Burg gestürzt) wurde der protestantische Kurfürst Friedrich V. von der Pfalz zum König gewählt. 1620 wurde dieser in der Schlacht am Weißen Berge bei Prag von kaiserlichen Truppen geschlagen. 2. *Niedersächsisch-Dänischer Krieg* 1625–29: König Christian IV. von Dänemark führte protestantische Truppen heran. Er wurde 1626 von Tilly geschlagen, der gemeinsam mit Wallenstein

129

Dreschmaschine

Norddeutschland unterwarf. 3. *Schwedischer Krieg* 1630–35: König Gustav II. Adolf von Schweden landete in Pommern, besiegte Tilly bei Breitenfeld u. zog bis Mainz. Er fiel 1632 in der Schlacht bei Lützen. 1634 wurde Wallenstein ermordet. 1635 wurde ein Separatfrieden zwischen Sachsen u. Kaiser Ferdinand II. geschlossen. 4. *Schwedisch-Französischer Krieg* 1635–48: Um das Haus Habsburg zu schwächen, griff Frankreich auf der Seite Schwedens ein. Damit wird der Religionskrieg endgültig zu einem Machtkampf nationaler Interessen: Es geht nicht mehr um den Glauben, sondern um Landbesitz u. politischen Einfluß. Der unentschiedene Kampf u. die allgemeine Kriegsmüdigkeit führten dann zum ↑Westfälischen Frieden.

Dreschmaschine ↑Mähdrescher.

Dresden: 1) Bezirk der DDR, mit 1,8 Mill. E. Der Bezirk umfaßt das nordsächsische Flachland, die Oberlausitz, die Sächsische Schweiz, die östliche Erzgebirge u. den Elbtalkessel. Im Osten u. Westen herrscht Landwirtschaft vor, in der Lausitz sind Textilindustrie u. Waggonbau von besonderer Bedeutung, im Elbtal Steinbruchbetriebe, Garten- u. Obstbau, bei Meißen Kaolingewinnung u. bedeutende keramische Industrie (u. a. Porzellan), in den Gebirgen Holz- u. Papierindustrie; 2) Hauptstadt von 1), mit 512 000 E. Die Stadt liegt in landschaftlich schöner Lage am Rand der Dresdener Heide. Durch Luftangriffe wurde D. 1945 in den letzten Kriegstagen stark zerstört (zum großen Teil auch die bedeutenden Bauten aus dem 18. Jahrhundert). Wiederaufgebaut wurden u. a. Zwinger (eine von M. D. Pöppelmann 1711–28 geschaffene Barockanlage; Abb. S. 129), Brühlsche Terrasse, Hofkirche, Kreuzkirche. D. hat eine technische Universität, Forschungsinstitute, eine bekannte Gemäldegalerie. Bei Rossendorf liegt das Zentralinstitut für Kernforschung. Industrie: Elektro-, feinmechanische, optische, Bekleidungs-, Tabak- und Maschinenindustrie. Für den Verkehr wichtig sind der Elbhafen und der Flugplatz. – Um 1200 wurde D. gegründet. 1485–1918 Residenz der Wettiner, bis 1952 Hauptstadt von Sachsen.

Dressur [frz., mit lat. Endung] w, Abrichtung von Tieren zu bestimmtem Verhalten. D. wird erreicht entweder durch Lohn u. Strafe (man nennt diese Art der D. *Fremddressur*) oder durch Erfolgs- u. Mißerfolgserleben (als Selbstdressur bezeichnet).

Dressurreiten s, im Reitsport Disziplin, in der der Ausbildungsstand eines Pferdes in einzelnen Übungen geprüft u. bewertet wird, v. a. gymnastische Durchbildung u. Gehorsam.

dribbeln [engl.], den Ball durch sehr kurze Stöße vorwärtstreiben (z. B. im Fußball u. Handball).

Drift w, durch Wind hervorgerufene oberflächliche Wasserbewegung; als D. bezeichnet man auch das durch die Strömung bewirkte Treiben eines Schwimmkörpers (Eisscholle, Flaschenpost).

Dritte Republik w, Bezeichnung für Frankreich 1870–1940.

dritter Stand m, Bürgertum, Handwerker u. Bauern, die bis zur Französischen Revolution nach Adel u. Geistlichkeit an der 3. Stelle in der ständischen Gliederung standen.

Drittes Reich s, Bezeichnung für das Deutsche Reich während der Herrschaft des Nationalsozialismus 1933 bis 1945.

Dritte Welt w, neuere Sammelbezeichnung für alle Entwicklungsländer, die keinem der beiden großen Machtblöcke (unter Führung der USA u. der UdSSR) angehören.

Drogen ↑S. 132f.

Drogerie [frz.] w, Einzelhandelsgeschäft, in dem ↑Drogen (im ursprünglichen Sinn), nicht rezeptpflichtige Arzneimittel sowie Kosmetika, Fotoartikel, Blumendünger, Nährpräparate, Verbandsstoffe u. a. angeboten werden.

Drohne ↑Honigbiene.

Drohverhalten s, abweisendes u. angriffsbereites Verhalten von Tieren gegen Artgenossen oder auch artfremde Tiere. – Abb. S. 129.

Dromedar s, bis 2,50 m hohes u. bis 2,60 m langes, einhöckeriges Reit- u. Lasttier, das hauptsächlich in Nordafrika, Arabien u. Vorderasien in trockenen Gebieten mit salzhaltigen Futterpflanzen vorkommt. Es kann länger als eine Woche ohne Wasseraufnahme leben. Als Reittier legt es bis über 100 km pro Tag zurück, als Lasttier 40–50 km. Es liefert Fett, Fleisch, Wolle u. fettreiche Milch, der Kot dient getrocknet als Brennmaterial. Wilde Dromedare gibt es schon seit langem nicht mehr; ↑auch Kamel.

Drontheim (norweg. Trondheim), norwegische Hafen- u. Handelsstadt am eisfreien Drontheimfjord, mit 136 000 E. Zentrum der norwegischen Fischerei u. wichtiger Verkehrsknotenpunkt. Sehenswert ist der normannische, spätromanisch-gotische Dom, der über dem Grab des heiligen Olaf errichtet wurde.

Drosseln w, Mz, weltweit verbreitete, insektenfressende Singvogelfamilie mit spitzem, schlankem Schnabel, großen Augen, meist gestutztem Schwanz u. ziemlich langen Beinen. D. sind fast durchweg Zugvögel u. gute Sänger. Nur das Weibchen baut aus eingespeicheltem Lehm u. Pflanzenfasern das napfförmige, sehr haltbare Nest. Es gibt über 300 Arten, darunter Amsel, Singdrossel, Misteldrossel, Schmätzer, Rotdrossel u. Nachtigall.

Droste-Hülshoff, Annette Freiin von, * Schloß Hülshoff bei Münster (Westfalen) 10. Januar 1797, † Meersburg am Bodensee 24. Mai 1848, deutsche Dichterin. Ihr Werk, in strenger u. herber Sprache geschrieben, ist von religiösen Ahnungen u. Visionen bestimmt. Den Höhepunkt ihrer Erzählkunst bildet die Novelle „Die Judenbuche" (1842).

Druck m, Formelzeichen p, das Verhältnis einer Kraft F zu der Fläche A, auf die sie senkrecht einwirkt $p = F/A$. Gesetzliche Maßeinheiten für den D. sind das ↑Pascal (Pa), das ↑Newton pro Quadratmeter (N/m^2) und das ↑Bar (bar; b): $1\ Pa = 1\ N/m^2 = 10^{-5}$ bar (↑auch Atmosphäre 2). Der D. wird mit einem Barometer oder Manometer gemessen.

Drucken s, Vervielfältigen einer Vorlage durch Abdrucken einer teilweise gefärbten *Druckform* auf einen Druckträger (z. B. Papier).

Druckverfahren: 1. *Hochdruck* (Buchdruck): Die Druckelemente sind erhaben, d. h. sie wirken wie ein Stempel auf den Druckträger (ebenso vervielfältigt ein Künstler Holzschnitte). Im modernen *Rotationsdruck* (für Zeitungen und Zeitschriften) verwendet man Matern (Pappformen, die von der Druckform als Negativ abgenommen werden) als mehrfach verwendbare Abgußmodelle für die Druckformen. 2. *Tiefdruck:* Die „druckenden" Teile liegen vertieft in der Druckform, das Papier saugt die Farbe wie aus Näpfchen an (ähnlich ist die Technik beim Kupferstich). 3. *Flachdruck* (mit den Hauptverfahren Steindruck oder Lithographie, Offsetdruck, Lichtdruck): Die „druckenden" Stellen liegen in der gleichen Ebene wie die „nichtdruckenden", nur sind erstere fet-

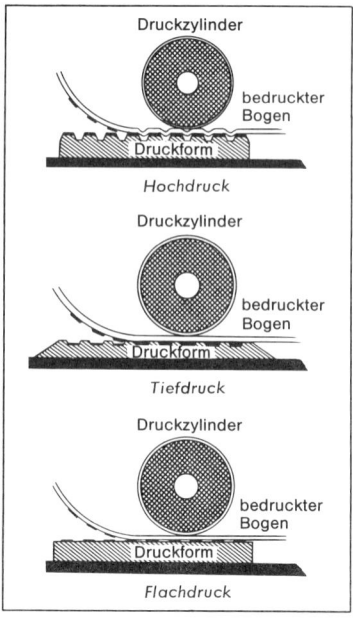

tig u. nehmen Farbe an, während letztere feucht gehalten werden u. keine Farbe annehmen können. Andere Druckverfahren sind „nicht mechanisch", z. B. die meisten Bürokopierverfahren, die mit Chemikalien oder elektrischen Aufladungen arbeiten.
Seit der Erfindung des Druckens mit beweglichen Lettern (Buchstaben) durch J. ↑Gutenberg um 1450 ist der Hochdruck in Gebrauch. Bereits im 15. Jh. liegen die Anfänge des Tiefdrucks, u. zwar in Form von Kupferstichen (man gravierte das Druckbild in eine Kupferplatte). Ende des 18. Jahrhunderts kam der Steindruck hinzu, dessen Prinzip auf A. ↑Senefelder zurückgeht u. der praktisch die erste Form des Flachdrucks darstellt. Die zunächst nur manuellen Praktiken zur Vervielfältigung wurden mit zunehmender Technisierung maschinell ausgeführt. Diese Entwicklung setzte im frühen 19. Jh. ein. Die genannten Grundverfahren wurden verfeinert, die Druckvorlagen konnten fotografisch hergestellt werden, der Druck farbiger Vorlagen wurde möglich (↑Farbdruck).

Druden *m, Mz.,* im Volksglauben böse, nächtliche Geister, die Alpdrükken u. Alpträume verursachen. Um sich vor ihnen zu schützen, gebrauchte man magische Zeichen, z. B. den **Drudenfuß,** der schon in der Antike als magisches Zeichen bekannt war.

Drudenfuß

Druiden [kelt.] *m, Mz.,* heidnische Priester der Kelten. Sie waren zugleich Richter, Seher u. Heilkundige.

Druse *w,* Hohlraum im Gestein, dessen Wände mit wohlausgebildeten Kristallen bedeckt sind.

Drüsen *w, Mz.,* ein- bis vielzellige Organe, die besonders im tierischen u. menschlichen Körper lebenswichtige Säfte erzeugen u. abgeben. Es gibt D., die ihren Saft durch Ausfuhrgänge der Haut nach außen abgeben (z. B. Milch-, Schweißdrüsen). Andere ergießen ihr Sekret in innere Hohlräume, z. B. die Magendrüsen in den Magen, die Hormondrüsen in die Blutbahn. Auch Pflanzen haben D., z. B. die Nektardrüsen, die Nektar ausscheiden.

Drusus, Nero Claudius D. Germanicus, * 14. Januar 38, † im September 9 v. Chr., römischer Feldherr; Stiefsohn des Kaisers Augustus. D. war Statthalter der gallischen Provinz u. Kommandeur an der Rheinfront. Zahlreiche Feldzüge gegen die Germanen führten ihn bis an Ems, Weser u. Elbe.

DSB, Abkürzung für: ↑Deutscher Sportbund.

Dschibuti (frz. Djibouti), Republik an der Küste Nordostafrikas, mit 108 000 E; 23 000 km². Die Bewohner sind Hirtennomaden u. Fischer. Die gleichnamige Hauptstadt (62 000 E) hat einen großen Hafen. – Seit 1884 war das Gebiet französisch, 1977 wurde D. unabhängig. D. ist Mitglied der Arabischen Liga u. der OAU.

Dschingis-Khan, eigentlich Temüjin, * Deligün boldogh (am Kerulen) 1155, † Provinz Ningsia im August 1227, Begründer eines mächtigen mongolischen Weltreichs. Er unterwarf zahlreiche türkische Stämme, besiegte Chinesen u. Russen u. fiel in Indien ein. Das Reich zerfiel nach seinem Tod.

Dschungel [ind.] *m,* in tropischen Ländern verbreiteter feuchter, dichter u. daher oft lichtarmer Urwald, in den der Mensch nur mühsam durch Lianengeflecht u. im Kampf gegen Schlangen u. Insekten einzudringen vermag.

Dschunke [malai.] *w,* chinesisches Segelschiff (bis 500 t Tragfähigkeit) mit bis zu 5 Masten, einem flachen, breiten Rumpf u. hochgezogenem Bug. Segel aus Bastmatten, verstärkt durch Bambusrohr.

Dsungarei [ts...] *w,* wüstenhafte Beckenlandschaft zwischen dem Mongolischen Altai u. dem östlichen Tienschan (China). Die Bewohner sind Dsungaren u. Chinesen.

DTB, Abkürzung für: ↑Deutscher Turner-Bund.

Dualismus [lat.] *m:* **1)** Zweiheit, Gegensätzlichkeit; **2)** die Rivalität zweier Gewalten in einem Staatenbund oder Bundesstaat, z. B. der D. zwischen Österreich u. Preußen im Deutschen Bund (1815–66); **3)** philosophische Lehre, nach der zwei verschiedene, unabhängig nebeneinander bestehende Prinzipien das Weltgeschehen bestimmen, z. B. Natur (Körper) u. Geist. – Gegensatz: ↑Monismus.

Dualsystem (Binärsystem, dyadisches System) [lat.; gr.] *s,* ein Zahlensystem, das mit 2 Ziffern (0 u. 1 bzw. O u. L) bei der stellenmäßigen Darstellung von Zahlen auskommt: Mit 1 bzw. L wird das Vorhandensein, mit 0 bzw. O das Fehlen einer bestimmten Potenz von 2 in einer solchen nach Potenzen zerlegten Dezimalzahl zum Ausdruck gebracht. Die Dezimalzahl 5 ($= 1 \cdot 2^2 + 0 \cdot 2^1 + 1 \cdot 2^0$) erhält als Dualzahl die Darstellung 101 bzw. LOL.

Dübel *m,* in seiner einfachsten Form ein in die Wand eingelassenes Holzstück zum Aufnehmen von Schrauben oder Nägeln. Neuere Konstruktionen aus Metall oder Kunststoff spreizen sich beim Einschlagen oder Einschrauben u. halten so in der Wand.

Dublette [frz.] *w,* ein doppelt vorhandener Gegenstand; v. a. Doppelstücke in Sammlungen.

Dublin [*dåblin*] (ir. Baile Átha Cliath), Hauptstadt der Republik Irland, an der Irischen See, mit 568 000 E. Die Stadt hat ein schönes, in manchen Teilen malerisches Stadtbild. 2 Universitäten, eine vielseitige Industrie (Maschinenbau, Automontage, chemische u. Textilindustrie) u. der Hafen (Ausfuhr landwirtschaftlicher Produkte) prägen die Stadt. – D. wurde von Wikingern gegründet.

Dubrovnik (ital. Ragusa), jugoslawische Hafenstadt an der süddalmatinischen Küste, mit 31 000 E. Alte Festungsmauern rund um die Innenstadt, gotische u. barocke Bauten prägen das Stadtbild. D. wird als Seebad u. wegen des milden Klimas auch im Winter gern aufgesucht.

Dudelsack *m* (Sackpfeife; engl. bagpipe), altes Volksmusikinstrument, das heute noch v. a. in Schottland, Irland, in der Bretagne u. in Südosteuropa gebräuchlich ist. Es besteht aus einem Luftsack aus Fell oder Leder, in den eine oder mehrere Pfeifen eingelassen sind. Der Luftstrom wird durch Armdruck in die Pfeife bzw. Pfeifen gepreßt.

Duden *m,* Bezeichnung für Nachschlagewerke (v. a. Wörterbücher) aus dem Bibliographischen Institut, Mannheim. Benannt sind sie nach dem deutschen Philologen u. Gymnasialdirektor Konrad Duden (1829–1911), dessen „Vollständiges Orthographisches Wörterbuch der deutschen Sprache" (1880) für die deutsche Rechtschreibung verbindlich wurde.

Duell [frz.] *s,* Zweikampf mit tödlich wirkenden Waffen. Das heute verbotene D. wurde früher vorwiegend um Ehrstreitigkeiten ausgetragen. D. wird oft in übertragenem Sinn verwendet, z. B. Rededuell.

Duero (portug. Douro) *m,* schiffbarer Fluß in Spanien u. Portugal, 895 km lang. Bei der portugiesischen Stadt Porto mündet er in den Atlantischen Ozean.

Duett [ital.] *s,* Musikstück für 2 Singstimmen; in einer Oper bildet es oft den Handlungshöhepunkt.

Duisburg [*düs...*], Stadt an der Mündung der Ruhr in den Rhein, in Nordrhein-Westfalen, mit 578 000 E. D. ist ein bedeutender Industrie- (v. a. Schwerindustrie), Verkehrs- u. Handelsplatz des Ruhrgebiets u. der größte Binnenhafen Europas. Die Stadt entstand um eine fränkische Königspfalz des 8. Jahrhunderts u. hatte schon früh lebhaften Handel. Seit 1972 hat D. eine Gesamthochschule.

Dukaten [ital.] *m,* Goldmünze des 13.–19. Jahrhunderts, eine der wichtigsten Welthandelsmünzen der Geschichte. Ab 1559 Hauptgoldmünze des Heiligen Römischen Reiches.

DROGEN

Unter *Drogen* versteht man getrocknete und zerkleinerte Naturstoffe, die meist pflanzlicher Herkunft sind, so z. B. von Blättern, Rinden, Wurzeln oder Blüten stammen. Sie finden insbesondere als Heilmittel Verwendung, ihre Heilwirkung kann jedoch in eine schädliche Wirkung umschlagen, wenn stark wirksame (giftige) Drogen unsachgemäß angewendet werden. Die Bezeichnung Drogen in diesem ursprünglichen Sinn ist heute weniger üblich; wenn man von Drogen spricht, meint man vielmehr bestimmte *Rauschgifte* wie Morphium, Haschisch und andere rausch- und/oder suchterzeugende Stoffe.

Rauschgifte (Drogen) sind natürliche oder künstlich hergestellte chemische Substanzen, die nach der Einatmung (z B. von Haschisch) oder bei Einspritzung (z. B. von Morphium) vorübergehend ein rauschartiges Wohlbefinden hervorrufen. Wegen der vorübergehenden Wirkung besteht bei allen Rauschgiften Gewöhnungs- und Suchtgefahr, die Gefahr der *Drogenabhängigkeit*, die zur seelischen und körperlichen Zerstörung der Persönlichkeit führen kann. Es gibt Drogen, die lediglich eine seelische Abhängigkeit erzeugen. Sie entsteht meist bei seelisch unausgeglichenen Menschen und äußert sich in einem unwiderstehlichen Drang, das Suchtmittel einzunehmen, entweder um ein besonderes Gefühl des Wohlbefindens zu erreichen oder um Mißempfindungen auszuschalten. Andererseits gibt es Drogen, die neben der seelischen auch eine körperliche Abhängigkeit herbeiführen. Der Körper paßt sich dem Genuß dieser Drogen an, braucht sie schließlich als unentbehrliche „Nährstoffe" für bestimmte Gewebe und zeigt heftige Reaktionen, wenn ihm die Droge entzogen wird.

Drogen, die seelische Abhängigkeit erzeugen
1. *Kokain* ist in den Blättern des in Peru und Bolivien heimischen Kokastrauchs enthalten und gelangt durch Kauen der Blätter, durch Schnupfen oder durch Injektionen in den Körper. Die Folge ist eine kurzfristige Ekstase, auch Halluzinationen (Sinnestäuschungen) können sich entwickeln. Längerfristiger Mißbrauch soll zum körperlichen Verfall und zum Abbau der Persönlichkeitsstruktur führen können. 2. *Haschisch* (*Marihuana*) ist ein weitverbreitetes Rauschgift des Orients, das aus dem Indischen Hanf gewonnen wird u. dessen Mißbrauch in Europa verstärkt Ende der 1960er Jahre einsetzte. Es bewirkt Rauschzustände mit Sinnestäuschungen und Veränderung des Raum-Zeit-Erlebens, Euphorie (Zustand überbetonter Heiterkeit) und Analgesie (Schmerzlosigkeit). Ein längerer Genuß führt zu körperlichem und geistigem Verfall. Haschisch wird in verschiedenen Zusammensetzungen gegessen, getrunken, geschnupft und geraucht. 3. Die *Halluzinogene LSD* (Lysergsäurediäthylamid), *Meskalin* und in ihrer Wirkung verwandte Substanzen rufen vor allem Sinnestäuschungen hervor (intensiviertes Farbensehen, Ineinanderübergehen von Sinnesempfindungen, Aufhebung des Zeitempfindens u. a.). Sie können außer euphorischen Stimmungen auch starke Niedergeschlagenheit erzeugen, in der es zum Selbstmordversuch kommen kann. LSD ist kein Naturprodukt, sondern eine halbsynthetische Substanz, die von allen Halluzinogenen die weiteste Verbreitung in Europa gefunden hat. 4. *Amphetamine* (*Weckamine*) sind im Handel erhältliche Tabletten gegen Fettleibigkeit, Niedergeschlagenheit und Müdigkeit, deren übermäßige Einnahme (oft in Verbindung mit Alkohol und anderen die Wirkung steigernden Mitteln) die gleichen Symptome wie beim Kokainrausch hervorruft: psychische Hochstimmung, Redseligkeit und Antriebsreichtum. Gelegentlich können Verwirrtheitszustände und ↑Psychosen auftreten. Der Grad der Gewöhnung ist in der Regel gering.

Drogen, die körperliche (und seelische) Abhängigkeit erzeugen
1. Zu den *Opiaten*, auf deren Entzug der Körper mit Erscheinungen wie zentralnervöser Reizbarkeit und Überfunktion des ↑vegetativen Nervensystems reagiert, gehört in erster Linie das *Morphium*. Es ist wegen seiner schmerzstillenden, einschläfernden Wirkung sehr wichtig für die Medizin. Nicht selten führt seine Einnahme zum Erbrechen. Bei Gewöhnung an Morphium entsteht eine chronische (anhaltende) Morphiumvergiftung (Morphinismus) mit bald einsetzendem körperlichem Verfall und seelischer Zerrüttung. Ähnlich wie Morphium können auch *Kodeine* und bestimmte synthetische Schmerzbetäubungsmittel wirken. Eine der suchtgefährlichsten Drogen ist das *Heroin*. Es wird aus Morphium gewonnen und meist durch Einspritzung zugeführt. Heroin versetzt den Menschen in eine maßlose Glückseligkeit und veranlaßt ihn zu übersteigerter Aktivität. Später stellen sich Müdigkeit und langsame Atmung ein. Drohende Erstickungsanfälle werden durch erneute Zuführung von Heroin überwunden. Im Laufe der Zeit wird dieses gefährliche Suchtmittel in immer kürzeren Abständen und immer höheren Dosen gespritzt, was Ersticken oder Herzversagen zur Folge haben kann. 2. *Barbiturate* und andere Schlaf- und Beruhigungsmittel dieses Typs lösen Entziehungserscheinungen wie Zittern, Angst, Delirien und Krämpfe aus. Barbituratabhängigkeit im Sinne einer Barbituratsucht äußert sich durch chronischen Mißbrauch in Rausch, Verwirrtheit, Schläfrigkeit und Gedächtnisstörungen.

Wegen der Gefahr der gesundheitlichen Schäden unterliegen die Rauschgifte dem strengen Betäubungsmittelgesetz, das die Verwendung derartiger Substanzen nur für medizinische Zwecke (z. B. Schmerzlinderung) zuläßt. Im weiteren Sinne muß man auch den Alkohol, die koffeinhaltigen Getränke wie Kaffee und Tee sowie den Tabak den Rauschgiften zurechnen, insbesondere deshalb, weil auch bei diesen sogenannten Anregungsmitteln die Gefahr einer Sucht besteht. Der Alkoholismus, der ständig zunimmt, ist immer noch die am weitesten verbreitete Sucht.

Der Drogenmißbrauch ist in der Bundesrepublik Deutschland im wesentlichen ein Jugendproblem, von dem besonders Schüler und Studenten im Alter von etwa 14 bis 22 Jahren

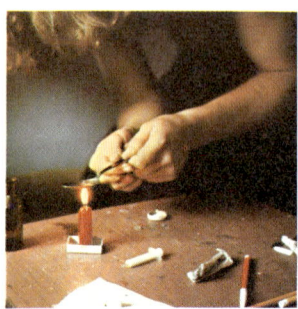

Vorbereitung zur Drogeneinspritzung

Einspritzung von Heroin

Haschischraucher

Duplikat

Drogen (Forts.)

betroffen sind. Die Tendenz geht dahin, daß verstärkt auch Lehrlinge und Jungarbeiter Drogen nehmen, der Drogenkonsum auf immer jüngere Jahrgänge übergreift und nach anfänglichem Genuß von relativ harmlosen Drogen das „Umsteigen" auf härtere, gefährlichere Drogen erfolgt. Die Jugendlichen benutzen die Droge, um den Spannungs- und Konfliktsituationen zu entfliehen, die sich zwischen ihnen und den Eltern, in der Schule bzw. im Beruf und im politischen Bereich ergeben. Die Drogen helfen ihnen, die problematische Wirklichkeit (Abhängigkeit von Eltern, Lehrern oder Vorgesetzten, steigender Leistungsdruck in der Schule oder im Betrieb u. a.) zu verdrängen, die sie anders nicht oder noch nicht bewältigen können oder wollen. Drogenmißbrauch bewirkt, abgesehen von den ernsten körperlichen und seelischen Schäden, auch eine Änderung im sozialen Verhalten der Jugendlichen. Oft lösen sie sich vom Elternhaus, entziehen sich dem Zwang, dem sie in der Schule oder im Beruf ausgesetzt sind, bilden Gruppen und Wohngemeinschaften. Sie isolieren sich also von einer vermeintlich oder tatsächlich verständnislosen Gesellschaft, lehnen die ihnen zugedachte Rolle in ihr ab, leugnen die Gültigkeit gesellschaftlicher Normen. Diese Normen sind besonders dann außer Kraft gesetzt, wenn es um die Beschaffung der „lebensnotwendigen" Droge geht. Je größer die Abhängigkeit von ihr, desto kleiner ist der Schritt zur ungesetzlichen, kriminellen Tat (Diebstahl, Einbrüche in Apotheken, Fälschung von Rezepten usw.). – Von offizieller Seite versucht man, dem Drogenproblem mit verschärften Strafandrohungen, verstärktem Einsatz von Zollfahndung und Polizei beizukommen. Es gibt Kliniken, Nervenheilanstalten und Fürsorgeheime, die Drogenabhängige aufnehmen und eine Heilung versuchen, doch reichen die zur Verfügung stehenden Plätze nur für eine geringe Zahl von ihnen aus. Auch sind die Behandlungsmethoden wenig erfolgreich, was sich an einer Rückfallquote von etwa 98% zeigt. Auf Grund privater Initiative (der Kirchen, der Arbeiterwohlfahrt u. a.) entstanden deshalb sogenannte *Release-Zentren* und Drogenberatungsstellen, die jugendliche Drogenabhängige in Gruppen behandeln. Im Gruppengespräch geschieht eine Auseinandersetzung mit den Problemen, die zum Drogenkonsum geführt haben, werden andere Möglichkeiten ihrer Bewältigung aufgezeigt, wird also auf diese Weise eine Wiedereingliederung in die Gesellschaft versucht. Auskunft über diese Einrichtungen erhält man bei den Jugendämtern.

* * *

Albrecht Dürer (Selbstbildnis)

Henri Dunant

Friedrich Dürrenmatt

Dumas, Alexandre, der Ältere [*düma*], * Villers-Cotterêts (Aisne) 24. Juli 1802, † Puys bei Dieppe 5. Dezember 1870, französischer Roman- u. Theaterschriftsteller, der in seinen Werken vorwiegend Ereignisse der französischen Geschichte und abenteuerliche Begebnisse behandelte. Besonders bekannt wurden seine Romane „Die drei Musketiere" (deutsch 1844), „Der Graf von Monte Christo" (deutsch 1846), „Das Halsband der Königin" (deutsch 1849).

Dunant, Henri [*dünang*], * Genf 8. Mai 1828, † Heiden (Kanton Appenzell Außerrhoden) 30. Oktober 1910, schweizerischer Schriftsteller. Die Greuel der Schlacht von Solferino (1859) ließen ihn eine Konferenz einberufen, die die ↑Genfer Konvention beschloß. Ihr folgte auf Anregung Dunants die Gründung des Roten Kreuzes. 1901 erhielt er zusammen mit Frédéric Passy (1822–1912) den Friedensnobelpreis.

Dundee [*dandi*], schottische Hafen- und Universitätsstadt, mit 195 000 E, am Firth of Tay (Nordsee) gelegen. Traditionsreich ist die Juteverarbeitung.

Dunen (Daunen) w, *Mz.*, zarte Federn (Flaumfedern), deren Schaft u. Fahne schlaff sind.

Dünen w, *Mz.*, durch den Wind aufgeschüttete Sandablagerungen, die man vorwiegend am Meer u. in der Wüste findet. Binnendünen können als *Querdünen* (sie verlaufen quer zur Windrichtung), *Längsdünen* oder bogenförmige *Sicheldünen* auftreten. – Bei *Wanderdünen* werden die Sandkörner ständig von der Luvseite der D. abgetragen u. an der Leeseite wieder abgelagert, die D. „wandern" also in Richtung des Windes. – Abb. S. 134.

Düngemittel s, *Mz.*, Nährstoffe, die man dem Boden zur Förderung des Pflanzenwachstums zusetzt, weil er an natürlich vorhandenen Nährstoffen verarmt ist. Man unterscheidet organische D. (Wirtschaftsdünger, z. B. Stallmist, Jauche, Kompost) u. mineralische D. (Handelsdünger). Handelsdünger, die nur ein notwendiges Nährelement enthalten, werden als Einzeldünger, die mit mehreren eine größere Zahl von ihnen aus als Mehrstoff- oder Volldünger bezeichnet. Die wichtigsten Nährelemente sind Stickstoff, Phosphor, Kalium, Kalzium, in geringen Mengen auch Magnesium, Eisen, Schwefel.

Dunkeladaptation ↑Adaptation.

dünsten, Speisen im eigenen Saft mit wenig Fett in einem geschlossenen Gefäß gar werden lassen. Hierbei bleiben die Vitamine der Speisen weitgehend erhalten.

Dünung w, weitschwingende Wellenbewegung der Meeresoberfläche.

Duo [ital.] s, Musikstück für zwei verschiedene Instrumente.

Duplikat [lat.] s, Zweitausfertigung eines Schriftstücks.

133

Dur

Dur [lat. durus; = hart] s, Tonart mit der großen ↑Terz; ↑auch Moll.

Durban [dö̱rbe̱n], bedeutende Hafen- u. Industriestadt der Republik Südafrika, mit 843 000 E, am Indischen Ozean gelegen. D. hat eine Universität u. ist Seebad.

Dürer, Albrecht, *Nürnberg 21. Mai 1471, †ebd. 6. April 1528, deutscher Maler, Zeichner, Kupferstecher u. Radierer. In seiner Kunst durchdringen sich Spätgotik u. Renaissance, christliche u. weltliche Themen beherrschen in gleicher Weise sein Werk, das Gemälde (Altartafeln, Porträts, z. B. „Kaiser Maximilian", Selbstporträts), Aquarelle (Landschaften), Holzschnitte („Apokalypse", „Kleine Passion", „Große Passion" u. a.) u. Kupferstiche (u. a. „Ritter, Tod u. Teufel") umfaßt. Seine Werke zeichnete D. mit seinem ↑Monogramm. – Abb. S. 133 u. S. 117.

Dürrenmatt, Friedrich, *Konolfingen bei Bern 5. Januar 1921, schweizerischer Dramatiker u. Erzähler. D. kritisiert in seinen Stücken mit Witz, Humor u. Ironie das selbstgefällige Spießbürgertum. Seine Dramen „Die Ehe des Herrn Mississippi" (1952) u. „Die Physiker" (1962) sowie die Komödie „Der Besuch der alten Dame" (1956) werden auf den deutschsprachigen Bühnen häufig aufgeführt. Die Kriminalgeschichte „Der Richter und sein Henker" (1952) wurde verfilmt. – Abb. S. 133.

Düse w, ein Rohr, dessen Querschnitt sich allmählich verengt. Strömt eine Flüssigkeit oder ein Gas durch eine D., so wird die Strömungsgeschwindigkeit an der engsten Stelle, dem Düsenhals, um so höher, je enger dieser Querschnitt ist. – Düsen werden z. B. zum Zerstäuben von Flüssigkeiten verwendet, im Strahltriebwerk von Düsenflugzeugen, in Turbinen u. als Spinndüsen für Kunststoffasern.

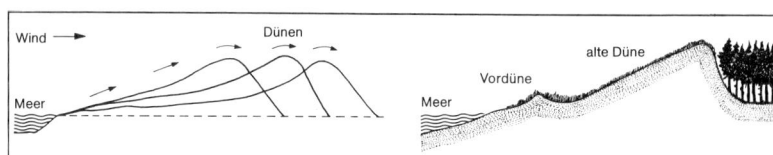

Dünen. Schema der Bildung von Küstendünen

Düsenflugzeug s, in der Umgangssprache Bezeichnung für ein Flugzeug, das von einem oder mehreren ↑Strahltriebwerken angetrieben wird.

Düsseldorf, Hauptstadt von Nordrhein-Westfalen, mit 612 000 E, am Niederrhein gelegen. Außer der Universität hat D. 2 Akademien u. 2 Fachhochschulen. Es ist Sitz vieler Konzernverwaltungen, hat bedeutende Stahl-, Papier- u. chemische Industrie u. eine gute Verkehrslage (mit Rheinhafen u. Flughafen).

Dvořák, Antonín [dwórsehak], *Nelahozeves bei Prag 8. September 1841, †Prag 1. Mai 1904, tschechischer Komponist. Er verband Einflüsse Beethovens, der deutschen romantischen Musik u. Brahms' mit Elementen der slawischen Volksmusik. Seine Kompositionen sind temperamentvoll u. volkstümlich; u. a. 9 Sinfonien, Kammermusik (v. a. 14 Streichquartette), Opern, Lieder u. Klaviermusik.

Dyck, Sir Anthonis van [daik], *Antwerpen 22. März 1599, †London 9. Dezember 1641, neben Rubens bedeutendster flämischer Maler des 17. Jahrhunderts. Wurde u. a. berühmt durch Porträts (Bildnisse vornehmer Damen und Herren, oft in kühler, fast hochmütiger Haltung) in vorwiegend braun-dunkler Farbgebung sowie durch seine religiösen Werke.

Dylan, Bob [dile̱n], eigentlich Robert Zimmermann, *Duluth (Minnesota) 24. Mai 1941, amerikanischer Sänger u. Komponist. Die von ihm verfaßten u. vertonten Lieder sind von Blues u. Westernmusik beeinflußt. Die meisten seiner Lieder erheben Anklage gegen Krieg, Rassendiskriminierung u. soziale Mißstände. D. begründete den Folk-Rock. – ↑auch Popmusik.

Dyn [gr.] s, als Einheitenzeichen dyn geschrieben, eine gesetzlich nicht mehr zugelassene Maßeinheit der Kraft; 1 dyn ist die Kraft, die einer Masse von 1 g die Beschleunigung 1 cm/s² erteilt; 1 dyn = 1 g · cm/s². Gesetzliche Einheit ist heute das ↑Newton.

Dynamik [gr.] w, ein Teilgebiet der Mechanik; die Lehre von den Bewegungen der Körper unter dem Einfluß von Kräften.

Dynamit [gr.] s, Sprengstoff, in dem das flüssige, hochexplosive Nitroglycerin mit Kollodiumwolle zur besseren Handhabung verfestigt (gelatiniert) ist. Das 1867 von Alfred Nobel erstmalig hergestellte D. wurde noch mit Kieselgur verfestigt. Verwendet wird D. zur Sprengung sehr harter Gesteine (Berg- u. Tunnelbau).

Dynamo ↑Generator.

Dynastie [gr.] w, Herrscherhaus (Fürstenhaus), Herrscherfamilie.

dz, Abkürzung für: **D**oppel**z**entner; 1 dz = 100 kg.

D-Zug m, Kurzform für: Durchgangszug, ein Zug, der nur an wichtigen Stationen hält. Der D-Zug ist ein zuschlagpflichtiger Schnellzug bei Benutzung bis zu 50 km Entfernung.

E

E, 5. Buchstabe des Alphabets.

Ebbe und Flut ↑Gezeiten.

Ebenholz s, Holz von Arten der Dattelpflaume. Es ist sehr hart u. fein gemustert u. hat einen sehr dunklen Kern. Es kann auch in rotbraunen oder rötlichen Tönungen gestreift sein. Verwendet wird E. für die Kunsttischlerei, für Drechslerwaren u. Musikinstrumente.

Eber m, das männliche Schwein.

Eberesche w, Baum oder Strauch aus der Familie der Rosengewächse. Die Blüten sind klein u. weiß u. stehen in endständigen Doldenrispen, die ungenießbaren Früchte sind scharlachrot.

Ebert, Friedrich, *Heidelberg 4. Februar 1871, †Berlin 28. Februar 1925, deutscher Staatsmann. Der gelernte Sattler beschäftigte sich schon frühzeitig mit Politik. Als Schriftleiter der sozialdemokratischen Bürgerzeitung und SPD-Abgeordneter der Bremer Bürgerschaft setzte er sich für enges Zusammengehen mit den Gewerkschaften ein u. wirkte vermittelnd bei allen parteilichen Auseinandersetzungen. 1913 wählte ihn die SPD als Nachfolger August Bebels zu ihrem Parteivorsitzenden, später führte er auch die Fraktion seiner Partei im Reichstag, dem er seit 1912 angehörte. Nach dem Sturz der Monarchie wurde er im November 1918 zum Vorsitzenden des ↑Rats der Volksbeauftragten und 1919 zum 1. deutschen Reichspräsidenten gewählt. Dieses Amt hatte er bis zu seinem Tode inne. Obgleich er von konservativen Kreisen angefeindet wurde, hat E. in den ersten Jahren der Weimarer Republik viel dazu beigetragen, die neue demokratische Ordnung zu festigen.

Friedrich Ebert

Ebner-Eschenbach, Marie Freifrau von, geb. Gräfin Dubsky, * Schloß Zdislavice bei Kroměříž 13. September 1830, † Wien 12. März 1916, österreichische Erzählerin. Sie schildert mit warmer menschlicher Teilnahme Adel u. Bürgertum Wiens u. die Welt der mährischen Bauern. Bekannt wurden v. a. ihre Erzählung „Das Gemeindekind" (1887) u. die Tiergeschichte „Krambambuli" (1883).

Ebro *m*, 910 km langer, kaum schiffbarer Fluß in Nordostspanien. Er durchfließt das Ebrobecken, eine trockene Steppenlandschaft, u. mündet südlich von Tarragona ins Mittelmeer.

Echo *s*, Zurückwerfen des Schalls durch ein Hindernis (Wand, Berg, Waldrand), wobei der zurückgeworfene Schall getrennt vom ursprünglichen wahrgenommen wird. Das menschliche Ohr kann 2 Schallereignisse, z. B. 2 Pistolenschüsse nur dann getrennt hören, wenn zwischen beiden mindestens $1/10$ Sekunde liegt. Da der Schall in $1/10$ Sekunde etwa 34 m zurücklegt, muß zwischen Schallquelle u. Hindernis mindestens ein Abstand von 34 m : 2 = 17 m (Hin- u. Rückweg!) bestehen, wenn ein Echo zustande kommen soll.

Echolot *s*, Gerät zur Bestimmung der Wassertiefe. Von einem Schiff aus wird ein Schall- oder Ultraschallimpuls in Richtung Meeresboden geschickt. Aus der Zeit, die bis zum Eintreffen des Echos vergeht, kann die Meerestiefe berechnet werden. Das E. wird auch zur Ortung von Fischschwärmen benutzt, von denen der Schall ebenfalls zurückgeworfen wird (*Fischlupe*).

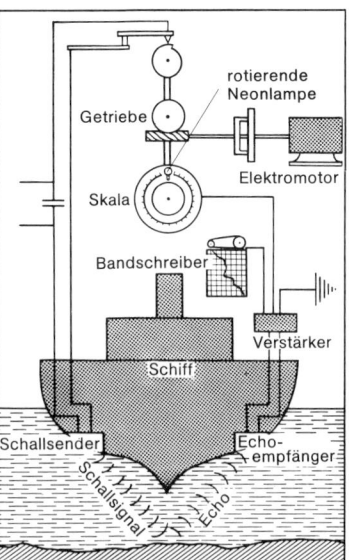

Echolot. Schematische Darstellung

Echsen *w*, *Mz*., Schuppenkriechtiere mit etwa 3000 Arten, 3 cm bis 3 m lang. Meist mit vier Gliedmaßen, die teilweise oder ganz zurückgebildet sein können. Zu den E. gehören die Eidechsen.

Eckermann, Johann Peter, * Winsen (Luhe) 21. September 1792, † Weimar 3. Dezember 1854, deutscher Schriftsteller. Er war seit 1823 der Vertraute, literarische Gehilfe Goethes, der ihn an der Herausgabe seiner Werke beteiligte. Sein wichtigstes Werk sind die „Gespräche mit Goethe in den letzten Jahren seines Lebens" (1837–48).

Eckhart (Eckart, Eckehart), genannt Meister Eckhart, * Hochheim bei Gotha um 1260, † Avignon (?) vor dem 30. April 1328, deutscher Mystiker u. bedeutender Prediger. Etwa 200 seiner Predigten, zum Teil in deutscher Sprache verfaßt, sind erhalten.

Ecklohn *m*, der Normalstundenlohn, der im Tarifvertrag für eine bestimmte Lohngruppe festgesetzt wurde.

Eckstoß ↑ Fußball.

Ecuador (Ekuador), Republik in Südamerika, mit 7,6 Mill. E (hauptsächlich Mestizen u. Indianer); 283 561 km². Die Hauptstadt ist Quito, größte Stadt u. Haupthafen ist Guayaquil. Landschaftlich gliedert sich E. in das Andenhochland (Sierra), die Küstenebene (Costa) u. das obere Amazonasbecken (Oriente). Nur ein geringer Teil des Landes wird landwirtschaftlich genutzt (Kaffee, Kakao, Bananen, Zuckerrohr, Reis, Mais), mehr als die Hälfte ist von Regenwald bedeckt (Balsaholz, Kautschuk), der Rest Hochgebirge (Chimborasso 6 267 m). Bodenschätze sind Erdöl (Hauptexportgut), Kupfer, Zink, Silber u. Gold. – 1532 wurde E. spanisch, 1822 Teil des unabhängigen Groß-Kolumbien. Seit 1830 ist E. selbständige Republik. Gründungsmitglied der UN.

Edda *w*, eigentlich der Name eines Handbuchs der Skaldenkunst, der sogenannten *Snorra-Edda* (auch *jüngere* oder *Prosa-Edda* genannt). Sie ist in Handschriften aus dem 13. u. 14. Jh. überliefert u. soll der Überlieferung nach von Snorri Sturluson um 1230 verfaßt worden sein. Der Name wurde auf ein fälschlich Saemund dem Weisen zugeschriebenes Werk übertragen, die *Saemundar-Edda*, die zwischen dem 9. u. 12. Jh. entstanden u. im 13. Jh. in Island aufgezeichnet wurde. Sie ist eine Sammlung altnordischer Götter- u. Heldenlieder.

Edelgase *s*, *Mz*., Sammelbezeichnung für die sechs geruch-, geschmack- u. farblosen Gase Helium, Neon, Argon, Krypton, Xenon u. Radon, die Elemente der VIII. Hauptgruppe des Periodensystems der chemischen Elemente. Die E. sind besonders reaktionsträge u. deshalb auch unbrennbar u. ungiftig. Erst 1962 gelang es, chemische Verbindungen der E. mit Fluor u. Sauerstoff herzustellen. Die Luft enthält etwa 1 % E., größtenteils Argon. Radon entsteht durch den radioaktiven Zerfall von ↑ Uran. Verwendet werden E. v. a. als Füllung von Leuchtröhren (Neon), Glühlampen (Krypton, Xenon) u. als Ballonfüllung (Helium). Letzteres wird in flüssiger Form (bei etwa −270 °C) in der modernen Technik auch zunehmend als Kühlmittel verwendet.

Edelgaskonfiguration ↑ Atom.

Edelmetalle [dt.; gr.] *s*, *Mz*., Sammelbezeichnung für die Metalle, die in reinem Zustand normalerweise beständiger sind als ihre Verbindungen. E. sind z. B. Silber, Gold, Quecksilber, Ruthenium, Rhodium, Palladium, Osmium, Iridium u. Platin. Die E. kommen in der Natur meist rein (gediegen) vor; Ausnahme bilden die weniger edlen Metalle Silber u. Quecksilber.

Edelsteine *m*, *Mz*., ungenaue Bezeichnung für ↑ Schmucksteine, die besonders hart, durchsichtig, selten u. schön sind. Bekannte E. sind u. a. Diamant, Saphir, Smaragd, Rubin. Wegen ihrer Härte werden (kleine) E. vielfach auch als Polier- u. Schleifmittel sowie als Lager für bewegliche Teile (z. B. bei Uhren) verwendet u. deshalb auch in steigendem Maße künstlich hergestellt.

Edelweiß *s*, eine Gattung der Korbblütler, die in den Gebirgen u. Steppen Asiens u. Europas vorkommt; niedrige, dicht behaarte, weißliche bis grüne Stauden mit kleinen Blütenköpfchen mit Trugdolden, die von abstehenden Hochblättern umstellt sind. Das unter Naturschutz stehende E. der Alpen wächst meist direkt unterhalb der Schneegrenze. – Abb. S. 136.

Edikt [lat.] *s*, allgemein ein amtlicher Erlaß bzw. eine Bekanntmachung. In neuerer Zeit wird der Begriff nur noch im Namen von Gesetzen gebraucht, z. B. „E. von Nantes".

Edinburgh [ädinbə*r*ə], Hauptstadt von Schottland, mit 470 000 E, ehemalige Residenz der schottischen Könige. Das Stadtbild wird beherrscht von der mittelalterlichen Burg u. einigen Palästen. Heute ist die Stadt ein angesehenes Kultur- u. Bildungszentrum mit 2 Universitäten, Hochschulen, Museen u. Bibliotheken. Edinburghs wirtschaftliche Bedeutung liegt hauptsächlich auf dem Gebiet der Papierindustrie, des Buchdrucks u. des Verlagswesens.

Edison, Thomas Alva [ädiß*ə*n], * Milan (Ohio) 11. Februar 1847, † West Orange (New Jersey) 18. Oktober 1931, berühmter amerikanischer Erfinder, der über 2 000 Patente anmeldete (u. a. Phonograph, Kinetograph). 1882 richtete er in New York das erste öffentliche Elektrizitätswerk der Welt ein. – Abb. S. 136.

Efendi [türk.; = Herr] *m*, früher (bis 1934) türkische Anredeform für die gebildeten Stände.

Efeu *m*, eine Kletterpflanze mit immergrünen Laubblättern. Die Blätter an jungen Zweigen sind drei- bis fünflappig, an älteren Zweigen dagegen

Effekten

Thomas Alva Edison

Werner Egk

Lamoraal Graf von Egmond

Edelweiß

Eidechsen. Smaragdeidechse

eiförmig. Die im Herbst sich öffnenden Blüten werden von Fliegen bestäubt. Erst im nächsten Frühjahr reifen die giftigen, schwarzen Beeren. Die Efeuzweige liegen auf dem Boden oder klettern an Bäumen oder Mauern empor. Dort halten sie sich mit Haftwurzeln fest.

Effekten [lat.] *Mz.*, Wertpapiere, die in der Regel an der Börse gehandelt werden u. der Kapitalanlage dienen, z. B. Aktien, Pfandbriefe, Investmentzertifikate.

EFTA ↑internationale Organisationen.

EG, Abkürzung für: ↑Europäische Gemeinschaften.

Eger *w:* **1)** (tschech. Ohře) linker Nebenfluß der Elbe in der Tschechoslowakei, entspringt im Fichtelgebirge (Bayern), 256 km lang; **2)** (tschech. Cheb) Stadt an 1), mit 28 000 E. Sehenswert ist die Ruine der alten Kaiserpfalz aus dem 12. Jh. Wirtschaftlich von Bedeutung ist die Textil-, Fahrrad- u. Maschinenindustrie.

Egk, Werner, ursprünglich W. Mayer, * Auchsesheim bei Donauwörth 17. Mai 1901. Die eigenwilligen Kompositionen des deutschen Komponisten sind u. a. von bayrischer Folklore, Dramatik u. Klangfreude geprägt. Bekannt wurden u. a. seine Opern „Columbus" (1933), „Peer Gynt" (1938), „Der Revisor" (1957) u. „17 Tage u. 4 Minuten" (1966).

eGmbH ↑Genossenschaften.

Egmond (Egmont), Lamoraal Graf von E., Fürst von Gavere, * La Hamaide (Hennegau) 18. November 1522, † Brüssel 5. Juni 1568, niederländischer Feldherr u. Statthalter von Flandern. E. stand auf seiten der flandrischen Opposition gegen die spanische Verwaltung u. wurde deshalb hingerichtet. Goethe hat sein Schicksal in der Tragödie „Egmont" gestaltet. Beethoven schrieb dazu eine Bühnenmusik.

Egoismus [lat.] *m*, Selbstsucht u. Eigenliebe. E. äußert sich in der Unfähigkeit, zugunsten anderer auf etwas zu verzichten. Der *Egoist* ist ein Mensch, der immer nur sein eigenes Wohl u. seine eigenen Vorteile im Auge hat. Gegensatz: ↑Altruismus.

Ehe *w*, Lebensgemeinschaft zwischen Mann und Frau, die als eine Grundform menschlichen Zusammenlebens (↑auch Familie) festen sozialen, religiösen und rechtlichen Bindungen unterworfen ist. Nach katholischer Lehre ist die E. ein Sakrament u. unlösbar (außer durch den Tod). Obwohl die Protestanten die E. als gottgewollte Lebensgemeinschaft von lebenslanger Dauer ansehen, ist eine Ehescheidung für sie nicht ausgeschlossen. – In Deutschland gilt seit 1875 die Zivilehe, d. h. die vor dem Standesbeamten vollzogene Ehe. Sie kann durch gerichtliches Urteil aus gesetzlich aufgezählten Gründen für nichtig erklärt (z. B. bei Doppelehe), aufgehoben (z. B. bei arglistiger Täuschung) oder auf Antrag eines oder beider Ehegatten geschieden werden.

Ehrenbürger *m*, ein für besondere Verdienste um die Gemeinde bzw. Stadt ausgezeichneter Bürger. Auch Universitäten verleihen das Ehrenbürgerrecht. Besondere Rechte oder Pflichten hat ein E. in der Regel nicht.

Ehrenpreis *m*, eine Gattung der Rachenblütler mit blauen, seltener weißen, gelben oder rosafarbenen Blüten, die in Trauben angeordnet sind. Die Arten sind z. T. Ackerunkräuter, Gebirgsoder Heilpflanzen, auch Zierpflanzen.

Ehrenrechte *s, Mz.*, die Fähigkeit, öffentliche Ämter zu bekleiden; bei Verurteilung zu mindestens 1 Jahr Freiheitsstrafe wegen eines Verbrechens verliert der Verurteilte das passive Wahlrecht sowie die Amtsfähigkeit für 5 Jahre.

Ei *s:* **1)** ↑Eizelle; **2)** die Eizelle zusammen mit den Nährsubstanzen u. den Eihüllen, die sie umschließen. Beim Huhn ist das eigentliche Ei der Eikeim (Keimscheibe, „Hahnentritt") u. der Nahrungsdotter (Eidotter). Die umgebenden Schichten werden im Eileiter des Huhns gebildet; ↑auch Eizelle.

Eibe *w*, Gattung der Eibengewächse mit immergrünen Nadeln. Die bekannteste Art ist die Gemeine E., die über 1 000 Jahre alt werden kann. Die auf der Oberseite dunkler, auf der Unterseite heller grün gefärbten Nadeln sind flach u. weich u. so gedreht, daß sie 2 Zeilen bilden. Der Same ist von einem roten Samenmantel umgeben u. täuscht so eine Beere vor. Er schmeckt süß u. ist als einziger Teil der Eibe nicht giftig. Vögel, die ihn fressen, verbreiten die Samen mit ihren Ausscheidungen. Die Pflanze ist zweihäusig.

Eiche *w*, Gattung der Buchengewächse, zu der die sommer- u. immergrüne Bäume gehören. Ihre Blätter sind gesägt bis gelappt. Die männlichen Blüten stehen in Kätzchen zusammen, die weiblichen sind unscheinbar, stehen einzeln oder in Ähren. Die Pflanze ist ↑einhäusig. Die weiblichen Blüten werden vom Wind bestäubt. Die Früchte sind Nüsse (Eicheln). Sie sitzen in einem festen Fruchtbecher. Eichen liefern wertvolles Nutzholz.

Eichelhäher *m*, etwa 35 cm großer, rötlich-brauner Rabenvogel in Europa, Nordwestafrika u. Vorderasien. Der E. hat einen schwarzen Schwanz, einen weißen Flügelfleck und blauschwarz gebänderte Flügeldecken. Er nistet in Baumkronen, ist sehr neugierig u. wachsam. Auf Menschen reagiert er mit rätschendem Schreckruf u. warnt damit alle Bewohner des Waldes.

eichen, Maße (z. B. Längenmaßstäbe, Litergefäße) u. Meßgeräte (z. B. Waagen) auf ihre Genauigkeit amtlich überprüfen. Alle derartigen Geräte, die im öffentlichen Bereich (Kaufläden, Gaststätten usw.) benutzt werden, müssen regelmäßig von staatlichen Eichämtern kontrolliert (geeicht) werden.

Eichendorff, Joseph Freiherr von,

* Schloß Lubowitz bei Ratibor 10. März 1788, † Neisse 26. November 1857, bedeutendster Dichter der deutschen Hochromantik. Seine Themen sind Natur, Sehnsucht, Wanderlust u. Lebensfreude. In seiner berühmten Novelle „Aus dem Leben eines Taugenichts" (1826) verbindet er kunstvoll Erzählung u. Lied. Viele seiner Lieder wurden vertont.

Eichhörnchen s, etwa 25 cm langes Nagetier, Gattung Baumhörnchen, mit buschigem, etwa 20 cm langem Schwanz u. langen Haarpinseln an den Ohren, Fell rot bis rotbraun, seltener grau oder schwarz. Das E. klettert schnell u. springt sehr geschickt, wobei der Schwanz zum Steuern benutzt wird. Sein Nest (Kobel) wird meist in Astgabeln angelegt u. mit Moos gut gepolstert. Das E. hält eine oft unterbrochene Winterruhe.

Eichsfeld s, ein Gebiet am Oberlauf der Leine u. der Wipper, zwischen Harz u. unterer Werra. Der Nordteil gehört zu Niedersachsen, der Südteil zum Bezirk Erfurt. Das E. wird hauptsächlich land- u. forstwirtschaftlich genutzt.

Eid m, feierliche Bekräftigung einer Aussage. Zeugenaussagen vor Gericht müssen meistens beeidet werden. Eine beeidete Aussage kann für die Verurteilung oder den Freispruch eines Angeklagten entscheidend sein. Der E. dient also der Rechts- u. Urteilsfindung. Das Beschwören (Beeiden) einer bewußt falschen Aussage (Meineid) wird streng bestraft. Auch der „fahrlässige Falscheid" ist strafbar. Ein Eid kann auch vor Übernahme eines Amtes (z. B. von Beamten) geleistet werden.

Eidechsen w, Mz., bis 60 cm lange, lebhafte Kriechtiere mit gestrecktem Körper, fast immer überkörperlangem, leicht abbrechendem, jedoch wieder nachwachsendem Schwanz und wohlentwickelten Extremitäten. Sie ver- scharren ihre Eier an sonnigen Orten, wo sie von der Sonne ausgebrütet werden. Den Winter überdauern sie in Erdhöhlen. Bei uns gibt es die Zauneidechse u. die Mauereidechse (beide bis 25 cm lang), die bis 18 cm lange Bergeidechse u. die (sehr seltene) 50 cm lange Smaragdeidechse.

Eiderente w, bis 60 cm lange Meeresente an den Küsten der nördlichen Meere. Das Männchen ist prächtig mit schwarzem Bauch, weißem Rücken u. hellgrünem Nacken, das Weibchen unscheinbar braun, dicht schwarz gebändert. Die E. taucht bis 10 m tief nach Muscheln u. Krabben. Die Nester legen die Eiderenten kolonienweise an.

Eidesmündigkeit w, die altersmäßig bedingte Fähigkeit zur Eidesleistung vor Gericht; sie tritt mit Vollendung des 16. Lebensjahres ein.

Eidgenossenschaft, Schweizerische ↑ Schweiz.

Eiger. Nordwand

Eierstock m, Teil der weiblichen Geschlechtsorgane, in dem die Eizellen gebildet werden. Beim Menschen u. bei den Wirbeltieren paarig angelegt.

Eifel w, die rauhe Hochfläche mit tief eingeschnittenen Tälern ist ein Teil des westlichen Rheinischen Schiefergebirges u. liegt nördlich der Mosel zwischen dem Rhein u. den Ardennen. Der höchste Berg ist die Hohe Acht (747 m). Die südliche Eifel, die sogenannte Vulkaneifel, ist reich an Vulkankuppen, alten Lavaströmen, Asche- u. Bimssteinfeldern sowie reizvollen Maaren.

Eiffelturm m, Wahrzeichen u. Sehenswürdigkeit von Paris. Der E. wurde von dem französischen Ingenieur A. G. Eiffel (1832–1923) für die Pariser Weltausstellung von 1889 gebaut u. ist 300,5 m hoch (mit Antenne 320,8 m).

Eigenschaftswort ↑ Adjektiv.

Eigentum s, im Unterschied zum ↑ Besitz die rechtliche Verfügungsmacht

Einbaum. Herstellung durch Ausbrennen

Eifel. Gemündener Maar

über eine Sache. Das E. ist in der Bundesrepublik Deutschland im Grundgesetz garantiert, es kann allerdings zum Wohle der Allgemeinheit vom Staat eingeschränkt werden. Scheitert z. B. der Bau einer wichtigen öffentlichen Einrichtung (z. B. einer Straße) daran, daß der Eigentümer eines Grundstücks sich nicht von seinem E. trennen will, so kann er (gegen Entschädigung) enteignet werden. Die Höhe der Entschädigung richtet sich nach dem Wert der enteigneten Sache.

Eiger m, 3970 m hoher Gipfel der Finsteraarhorngruppe in den Berner Alpen (Schweiz). Berühmt ist seine steile Nordwand, die 1938 zum erstenmal von Bergsteigern durchstiegen wurde (Abb. S. 137). Durch das 3619 m hohe Eigerjoch ist der Eiger mit dem ↑ Mönch verbunden.

Eileiter m, röhrenförmiger Ausführgang für die Eizellen aus dem Eierstock. Beim Menschen paariger, 8–10 cm langer Schlauch, der die reifen Eizellen am Eierstock in einem trichterförmigen Teil auffängt u. in die Gebärmutter leitet.

Einbaum m, ein bei vielen Naturvölkern noch heute verwendetes Boot: aus einem einzigen Baumstamm ausgehöhlt (oft durch Feuer; Abb. S. 137).

Einbeck, Stadt in Niedersachsen, südlich von Hannover, mit 30000 E. Die ehemalige Hansestadt hat mittelalterliche Befestigungsanlagen u. viele Fachwerkbauten. In E. gibt es mehrere Brauereien.

Einfuhr ↑ Import.

Eingeweide s, meist Mz., alle inneren Organe.

einhäusig, Blütenpflanzen, bei denen männliche u. weibliche Blüten getrennt auf derselben Pflanze vorkommen.

Einheitsstaat ↑ Staat.

Einhorn s, ein pferdeartiges Fabeltier mit einem großen Horn auf der Stirn.

Einhufer m, Mz. (Unpaarzeher), Huftiere, bei denen bis auf die Mittelzehe alle Zehen rückgebildet sind, z. B. Pferd, Esel, Zebra.

Einkommensteuer w, Steuer, bei der das Einkommen Grundlage für die zu zahlende Steuer ist. Die E. ist eine Personensteuer, der natürliche u. juristische Personen unterliegen. Wird die E. vom Lohn oder Gehalt einer Person berechnet u. vom Arbeitgeber an das Finanzamt abgeführt, so wird sie als *Lohnsteuer* bezeichnet. Wenn Personen ein höheres Einkommen haben (die Grenze ist im Einkommensteuergesetz festgelegt) oder Selbständige sind, so werden sie zur Einkommensteuer veranlagt, d. h., das Finanzamt setzt die Steuer auf Grund der Steuererklärung des Steuerpflichtigen fest. Die E., die juristische Personen für ihre Einnahmen zahlen müssen, wird als *Körper-*

schaftsteuer bezeichnet. – Die Höhe der zu zahlenden Steuer richtet sich bei Lohn- oder Gehaltsempfängern nach dem Einkommen, aber auch nach dem Familienstand (so zahlt z. B. eine ledige Person mehr Steuern als ein Familienvater mit 3 Kindern). Außerdem können bestimmte Sonderausgaben u. Werbungskosten sowie außergewöhnliche Belastungen von dem zu versteuernden Einkommen abgezogen werden. Auch Betriebe können bestimmte Ausgaben absetzen.

Einsiedeln, berühmter Wallfahrtsort in der Schweiz (Kanton Schwyz), mit 9900 E. Das Benediktinerkloster *Maria Einsiedeln* wurde im 10. Jh. gegründet.

Einstein, Albert, * Ulm 14. März 1879, † Princeton (New Jersey, USA)

18. April 1955, berühmter deutsch-amerikanischer Physiker. E. ist der Schöpfer der epochemachenden ↑ Relativitätstheorie u. war entscheidend an einer Weiterentwicklung der ↑ Quantentheorie Max Plancks beteiligt. Neben vielen anderen Ehrungen erhielt er 1921 den Nobelpreis für Physik. Zusammen mit anderen Forschern gab er 1939 den Anstoß zum Bau der ersten Atombombe.

Eintagsfliegen w, Mz., 0,3–6 cm körperlange, weltweit verbreitete Insekten mit zartem, schlankem Körper und meist 3 langen, vielgliedrigen Schwanzanhängen. Mundteile u. Darm sind bei den erwachsenen E. verkümmert, so daß eine Nahrungsaufnahme nicht möglich ist. Sie leben höchstens einige Tage, meist nur wenige Stunden nach der Begattung u. sind oft in großen Schwärmen über dem Wasser anzutreffen. Die Larven entwickeln sich 1–4 Jahre im Wasser u. häuten sich dabei zwanzigmal u. öfter.

Einzahl ↑ Numerus 2).

Einzelhandel m, Zweig des Handels, der Waren an den Endverbraucher (d. h. an denjenigen, der die Waren für sich selbst verwendet) verkauft. Der E. bezieht seine Waren meistens vom *Großhandel*, teils direkt vom Erzeuger. Zum E. gehören Fachgeschäfte, Warenhäuser, Versandgeschäfte, Filialbetriebe u. a.

Einzeller m, Mz., Lebewesen, deren Körper nur aus einer einzigen Zelle be-

stehen bzw. nicht zellig gegliedert sind, die jedoch Kolonien bilden können. Sie gehören entweder zu den Pflanzen (z. B. Bakterien, Schleimpilze) oder zu den Tieren (z. B. Wimpertierchen). Während pflanzliche E. anorganische Stoffe in organische Stoffe umsetzen können (↑ Photosynthese), sind tierische E. auf organische Nahrung angewiesen.

Eis s, gefrorenes Wasser. Beim Abkühlen auf 0 °C (Erstarrungspunkt) geht das Wasser vom flüssigen in den festen ↑ Aggregatzustand über. Dabei dehnt es sich aus. Daher zerplatzen wassergefüllte Gefäße u. Rohre beim Gefrieren, u. daher (geringere Dichte!) schwimmt Eis auf Wasser (Eisberge). Ein See gefriert also zuerst an der Oberfläche. Die entstandene Eisschicht verhindert das weitere Abkühlen des darunter befindlichen Wassers u. schützt so Wassertiere u. -pflanzen. Um ein Kilogramm Eis von 0 °C in Wasser zu verwandeln, muß man eine Wärmemenge von 333,8 J/g zuführen (Schmelzwärme). Dieselbe Wärmemenge wird beim Gefrieren frei.

Eisbär m, in der Arktis lebender, bis 2,5 m langer, 1,6 m hoher u. durchschnittlich 320–410 kg schwerer Bär. Das Fell ist weiß bis gelblichweiß. Der E. ernährt sich hauptsächlich von Robben, Fischen, Seevögeln, im Sommer auch von Beeren u. Kräutern. Er schwimmt u. taucht vorzüglich.

Eisberge m, Mz., im Meer schwimmende größere Eismassen, die sich von bis ans Meer reichenden Gletschern gelöst haben. Nur etwa $1/9$ ihrer gesamten Masse ragt über die Meeresoberfläche heraus. E. können bis etwa 180 km^2 groß sein (das ist etwa so groß wie die Insel Fehmarn). Besonders im nördlichen Atlantischen Ozean sind sie eine große Gefahr für die Schiffahrt.

Eisbrecher m, Mz.: 1) Schiffe, die das Eis auf zugefrorenen Schiffahrtsstraßen aufbrechen, um eine Fahrrinne zu schaffen. Der E. schiebt sich mit seinem abgeschrägten Vorderteil auf die Eisfläche, die dann unter seinem Gewicht zerbricht. Der sehr breite Rumpf schiebt die beim Einbrechen entstandenen Eisschollen weit beiseite; 2) keilförmige Schutzgerüste, mit deren Hilfe Brückenpfeiler vor Beschädigungen durch treibende Eisschollen geschützt werden.

Eisen s, chemisches Symbol Fe (lat. Ferrum), häufigstes Schwermetall in der Erdkruste, die zu etwa 4,7 % aus E. besteht, das jedoch meist in Form seiner Verbindungen (Eisenerze) vorkommt. Die wichtigsten Eisenerze sind Magnet-, Rot-, Brauneisenstein, Eisenspat und Pyrit (Eisenkies). Reines E. findet sich in Meteoren, es darauf hinweist, daß auch die anderen Himmelskörper zu großen Teilen aus E. bestehen. Reines E. ist ein silberweißes, biegsames Metall, spezifisches Gewicht

7,874, Schmelzpunkt bei 1 535 °C. Praktisch hat man es fast immer mit ↑ Legierungen aus E. u. Kohlenstoff zu tun. Eisenlegierungen mit einem Kohlenstoffgehalt von mehr als 1,7 % bezeichnet man als Gußeisen, Legierungen mit weniger als 1,7 % Kohlenstoff als Stahl. Darüber hinaus wird Stahl durch vielerlei Zusätze, z. B. Silicium, Mangan, Schwefel, Phosphor, Chrom, Molybdän u. Vanadium veredelt, um Werkstoffen bestimmte gewünschte Eigenschaften zu geben. Das sogenannte Roheisen wird aus den Erzen im ↑ Hochofen bei etwa 1 700 °C herausgeschmolzen. Erst dieses Roheisen wird dann durch verschiedene Verfahren mit den genannten Zusätzen versehen u. in den gewünschten Zustand gebracht. Die Verwendung von E. in seinen verschiedenen Formen ist heute außerordentlich vielfältig. Zu erwähnen ist, daß E. auch im menschlichen Körper eine wichtige Rolle spielt. So trägt z. B. jedes Molekül des roten Blutfarbstoffes (Hämoglobin) in seinem Zentrum ein Eisenatom. Die Verwendung von E. kann bis in die Mitte des 2. Jahrtausends v. Chr. zurückverfolgt werden, wahrscheinlich ist sie noch älteren Datums; ↑ auch Eisenverbindungen, ↑ Vorgeschichte.

Eisenach (Wartburgstadt Eisenach), Stadt im Bezirk Erfurt, am Nordwestfuß des Thüringer Waldes, mit 50 000 E. Die Stadt wird von der ↑ Wartburg überragt u. hat ein Lutherhaus u. ein Bachmuseum. Den Haupterwerbszweig der Bevölkerung bilden die Maschinen- u. die Autoindustrie.
Eisenbahn ↑ S. 140 f.
Eisenchlorid ↑ Eisenverbindungen.
Eisenerz, österreichische Bergbaustadt am Nordfuß der Eisenerzer Alpen (Steiermark), mit 11 000 E. Die Stadt hat noch Häuser aus dem 16. u. 17. Jahrhundert. Interessant ist die befestigte Pfarrkirche (16. Jh.). Im nahen *Erzberg* wird Eisenerz abgebaut (90 % der österreichischen Eisenerzförderung). Schon zur Römerzeit wurde der Erzberg abgebaut. Durch den Tagebau erniedrigte sich die Höhe des Berges von früher 1 532 m auf heute 1 465 m.
Eisenoxid ↑ Eisenverbindungen.
Eisenstadt, Hauptstadt des österreichischen Bundeslandes Burgenland, mit 10 000 E. Die Stadt hat bedeutenden Weinbau u. Weinkellereien.
Eisenstein, Sergej [Michailowitsch], *1898, †1948, sowjetischer Filmregisseur, ↑ Film.
Eisensulfid ↑ Eisenverbindungen.
Eisenverbindungen w, Mz., die Gruppe von Stoffen, die Eisen als metallischen Bestandteil enthalten. Man unterscheidet zwischen den zweiwertigen u. den viel häufigeren dreiwertigen Verbindungen des Eisens. Die wichtigsten E. sind die Eisenoxide, die aus Eisen u. Sauerstoff in wechselnder Zusammensetzung bestehen, z. B. FeO u. Fe_2O_3. Die bekannteste Form der Eisenoxide ist der Rost, der durch die Einwirkung des Luftsauerstoffs auf Eisen bzw. Stahlteile entsteht. Mehr oder weniger wasserhaltige Eisenoxide nennt man Eisenhydroxide. Eisenerzlager in dieser Form kommen häufig in sumpfigen Gebieten vor, z. B. Brauneisenstein oder Raseneisenerz. Eisensulfid, auch Pyrit oder Eisenkies genannt, ist eine Verbindung zwischen Eisen u. Schwefel u. spielt als Rohstoff für die Gewinnung von Roheisen wie auch von Schwefelsäure eine große Rolle. Eine weitere wesentliche Gruppe der E. sind die Eisensalze, die man durch Auflösen von Eisen in Säuren herstellen kann. Die wichtigsten dieser Salze sind die Eisenchloride (Verbindungen aus Eisen u. Chlor) u. die Eisensulfate (Verbindungen aus Eisen, Schwefel und Sauerstoff). Das wasserhaltige Sulfat des zweiwertigen Eisens wird teilweise auch Eisenvitriol genannt. Die E. finden unter anderem vielfach Verwendung als Malerfarben u. zur Färbung von billigen Gläsern. Zweiwertiges Eisen färbt grünlich, dreiwertiges bräunlich. Auch in der Medizin werden viele Präparate in Form einer E. verwendet.
Eisenvitriol ↑ Eisenverbindungen.
Eisenzeit ↑ Vorgeschichte.
Eiserne Hochzeit w, der 70. oder 75. Hochzeitstag.
eiserne Lunge w, Metallkammer zur künstlichen Beatmung bei Atemlähmung. Bis auf den Kopf befindet sich der ganze Körper des Patienten in der eisernen Lunge, die luftdicht abgeschlossen ist.
Eiserner Vorhang m, ein von Winston Churchill 1946 geprägter Ausdruck für die Trennungslinie zwischen der westlichen Welt u. dem sich abriegelnden sowjetischen Machtbereich.
Eisernes Kreuz s, 1813 gestifteter Preußischer Kriegsorden, der 1870, 1914 u. 1939 erneuert wurde. Den Orden gab es in drei Klassen, 1939 kam als höchster Orden das Ritterkreuz hinzu.
Eisernes Tor s, das 130 km lange Durchbruchstal der Donau an der rumänisch-jugoslawischen Grenze. Im engeren Sinn wird nur der östlichste Abschnitt des Donaudurchbruchs als E. T. bezeichnet. Dort wurde ein Staudamm, verbunden mit 2 Kraftwerken (seit 1972 in Betrieb), errichtet.
Eisheilige m, Mz., volkstümlicher Name für die Tage vom 11. bis 14. Mai (Mamertus, Pankratius, Servatius, Bonifatius) u. den 15. Mai (die „kalte Sophie") an denen oft Kälteeinbrüche erfolgen.
Eishockey ↑ Wintersport.
Eishöhlen w, Mz., Höhlen, in denen sich das ganze Jahr über natürliche Eisbildungen erhalten. Sie befinden sich überwiegend in so großen Höhen, daß die Temperaturen im Durchschnitt unter 0 °C liegen u. dadurch das einsickernde Wasser gefriert. Eine bekannte Eishöhle ist die *Rieseneishöhle* im ↑ Dachstein.
Eiskunstlauf ↑ Wintersport.
Eisleben, Stadt im östlichen Harzvorland, im Bezirk Halle, mit 28 000 E. In der hübschen Altstadt liegen das Geburts- und Sterbehaus Martin Luthers. Wirtschaftlich bedeutend sind die Kupferhütten. Der seit 1199 in E. betriebene Kupferschieferbergbau hat sich in jüngster Zeit verlagert (in Richtung Sangerhausen).
Eismeere s, Mz., die Pack- und Treibeis führenden Meere der Polargebiete: das *Nordpolarmeer,* umgeben von Eurasien u. Nordamerika, sowie die *südlichen Eismeere,* die den antarktischen Kontinent umgeben. In den Eismeeren wird Hochseefischerei, Wal- und Robbenfang betrieben. Durch Treibeis u. Eisberge ist die Schiffahrt stark gefährdet.
Eisschnellauf ↑ Wintersport.
Eistanzen ↑ Wintersport.
Eisvogel m, etwa 17 cm langer Vogel mit großem Kopf, langem Schnabel u. leuchtendroten Füßen, Rücken metallisch blaugrün, Bauch kastanienbraun, Kehle u. Halsseiten weiß. Der E. lebt an Bächen u. Gewässern, wo er auf Ästen u. Pfählen stundenlang nach Fischen Ausschau hält. Seine Nisthöhle baut er am Ende eines bis 1 m tief in die Uferwand getriebenen Ganges.
Eiszeiten w, Mz., verschiedene Zeiten der Erdgeschichte, in denen es zu Vergletscherungen riesigen Ausmaßes kam. E. entstehen durch einen weltweiten Temperaturrückgang, dessen Ursache noch nicht endgültig geklärt ist (es werden genannt: Schwankung der Sonnenstrahlung sowie Gebirgsbildung u. a.). – Als Eiszeit im engeren Sinne bezeichnet man das jüngste Eiszeitalter (etwa 600 000 bis 20 000 v. Chr.): Hier unterscheidet man 4 Hauptvereisungen (mittlere Jahrestemperatur etwa 5 Grad tiefer als heute) u. 3 Zwischeneiszeiten (mittlere Jahrestemperatur 5–6 Grad höher als heute). Von Skandinavien schob sich das Inlandeis bis Mitteldeutschland vor (Elster-, Saale-, Warthe-, Weichseleiszeit). Von den Alpen flossen die Gletscher ins Vorland (Günz-, Mindel-, Riß-, Würmeiszeit). Das Eis führte schwere Felsblöcke mit, die nach dem Abschmelzen als *Findlinge* liegenblieben; der abgelagerte Gesteinsschutt bildete Schuttwälle, die *Moränen.* Beim Schmelzen der Eismassen entstanden die ↑ Urstromtäler.
Eiter m, oft bei Entzündungen abgesonderte Flüssigkeit aus weißen Blutkörperchen, zerfallenem Gewebe u. Blutserum. E. wird vom Körper als Abwehrreaktion gegen Krankheitserreger gebildet, die von den weißen Blutkörperchen vernichtet werden.

EISENBAHN

Die Eisenbahn ist ein schienengebundenes Transportmittel mit einzelnen oder zu Zügen zusammengekuppelten Wagen, die entweder selbst angetrieben oder von Lokomotiven gezogen werden; sie verkehren auf einem Gleisstreckennetz.
Geschichte: Die 1. Dampflokomotive erbaute der Engländer R. Trevithick 1803/1804. 1825 wurde die von G. Stephenson geschaffene Bahnlinie Stockton-Darlington in Betrieb genommen, auf der die erste Eisenbahn mit Dampflokomotive verkehrte. Am 7. Dezember 1835 wurde die „Ludwigsbahn" von Nürnberg nach Fürth (6,1 km), die erste deutsche Bahnlinie, eröffnet. Die zunächst privaten Unternehmen wurden bald verstaatlicht, es entstanden die Eisenbahnen der deutschen Länder, die 1920 zur Deutschen Reichsbahn zusammengefaßt wurde. Mit der Gründung der Bundesrepublik Deutschland ging die Eisenbahn in den Besitz des Bundes über (Deutsche Bundesbahn, Abkürzung: DB). In der DDR heißt die Eisenbahn weiterhin Deutsche Reichsbahn (Abkürzung: DR).
Die Dampflokomotive blieb bis ins frühe 20. Jh. das einzige Zugmittel der Eisenbahn. 1903 wurde erstmals der elektrische Zugbetrieb erprobt. Neben den ständig weiterentwickelten elektrischen Triebfahrzeugen erwuchs der Dampflokomotive nach 1945 in der Diesellokomotive ein weiterer Konkurrent.
Gleisanlage: Die Geländeverhältnisse und das zu erwartende Verkehrsaufkommen bestimmen beim Bau einer Eisenbahnstrecke die Linienführung. Die Steigung einer Hauptbahnstrecke soll 12,5‰ (bei Neubau), die einer Nebenbahnlinie 40‰ nicht überschreiten. Der Krümmungshalbmesser der Kurven muß entsprechend der vorgesehenen Geschwindigkeit gewählt werden, z. B. 1 080 m für 160 km/h. Der Unterbau besteht aus der planierten Streckenführung. Der Oberbau (Schotterbettung mit Gleisanlage) lagert auf der dachförmig geneigten Unterbaukrone. Die Schiene wird durch die Radlast auf Biegung beansprucht (zur besseren Standfestigkeit Breitfußschiene) sie überträgt die Radlast über die Schwellen (60–70 cm Abstand) auf das Schotterbett. Die Schienen sind im Abstand der Spurweite auf den Schwellen (aus Holz, Stahl oder Stahlbeton) befestigt. Die Enden der 15, 30 oder 60 m langen Schienen werden mit Stoßlaschen verbunden oder (heute vorwiegend, bei der DB rund 80 %) verschweißt. Weichen ermöglichen den Übergang der Schienenfahrzeuge von einem Gleis zum anderen, Kreuzungsweichen ermöglichen den Übergang von einem Kreuzungsgleis zum anderen.
Sicherungsanlagen: Signale (Form- und Lichtsignale) geben dem Lokomotivpersonal Fahranweisung. Die Hauptsignale sichern den Raumabstand aufeinanderfolgender Züge und verhindern Gegen- und Flankenfahrten. Vor ihnen ist im Mindestbremsabstand von 700–1 200 m ein Vorsignal angeordnet, das die Stellung des Hauptsignals anzeigt. Stellwerke dienen zum fernwirkenden Stellen der Weichen und Signale. Von ihnen aus wird der Weg des Zuges, die Fahrstraße, im voraus eingestellt. Mechanische oder elektrische Sperren im Stellwerk lassen nur das Verstellen von Weichen freier, unbelegter Fahrstraßen zu. Dem Zug kann die Freigabe der Einfahrt in eine Fahrstraße durch das Hauptsignal erst gegeben werden, wenn die Strecke unbelegt und alle zugehörigen Weichen richtig gestellt sind. Man unterscheidet mechanische, elektromechanische und elektrische Stellwerke (letzteres auch Drucktastenstellwerk genannt). Die induktive Zugbeeinflussung (Indusi), mit der die Schnellfahrstrecken der DB ausgerüstet sind, verhindert das Überfahren eines auf Halt stehenden Hauptsignals. Sie löst automatisch die Notbremsung aus.
Bahnhofsanlagen: Personenbahnhöfe sind Anlagen der Eisenbahn, die dem Personenverkehr dienen. Nach Lage des Empfangsgebäudes zur Gleisanlage unterscheidet man Kopf-, Anschluß-, Insel-, Kreuzungs- und Keilbahnhöfe. Das Abstellen von Reisezuggarnituren oder einzelner Personenwagen erfolgt in Abstellbahnhöfen. Der Warenumschlag von Straßen- auf Schienenfahrzeuge geschieht in Güterbahnhöfen. Im Rangierbahnhof werden die Güterzüge nach Bestimmungsorten geordnet und zu Güterzügen zusammengestellt, ankommende Güterzüge umgruppiert oder aufgelöst. Die vorgeordneten Züge werden dann nach der Reihenfolge der Unterwegsbahnhöfe eingegliedert. Die Lokomotiven werden in Bahnbetriebswerken abgestellt, gepflegt und versorgt. Große Reparaturarbeiten und Generalüberholungen führen Eisenbahnausbesserungswerke durch.

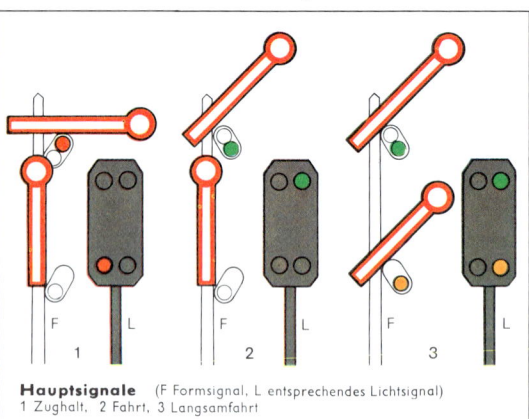

Hauptsignale (F Formsignal, L entsprechendes Lichtsignal)
1 Zughalt, 2 Fahrt, 3 Langsamfahrt

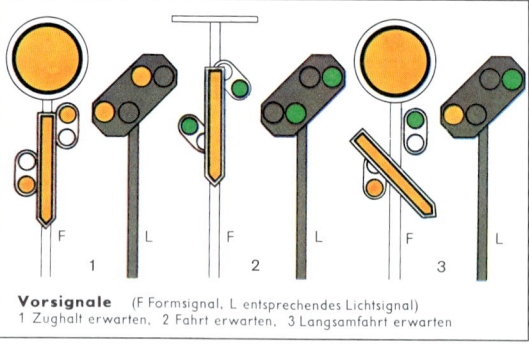

Vorsignale (F Formsignal, L entsprechendes Lichtsignal)
1 Zughalt erwarten, 2 Fahrt erwarten, 3 Langsamfahrt erwarten

Triebfahrzeuge: Die sehr unterschiedlichen Anforderungen an Zugkraft und Geschwindigkeit bedingen die Vielzahl der Triebfahrzeugbauarten. Die Höhe der zulässigen Achslast begrenzt die zur Haftung zwischen Triebrad und Schiene erforderliche Belastung. Die Antriebsleistung der Maschine muß daher auf mehrere Achsen aufgeteilt werden. Eine schwere Güterzuglokomotive weist 5–6 Antriebsachsen auf, Lokomotiven leichter Personen- und Schnellzugwagen 3–4 Triebachsen. Das klassische Triebfahrzeug der Eisenbahn ist die Dampflokomotive. Wegen des schlechten Wirkungsgrades (maximal 12 %), der mangelnden Betriebsbereitschaft (Anheizvorgang) und des relativ großen Personalbedarfs war sie zum Aussterben verurteilt. Die elektrischen Lokomotiven der DB sind in Drehgestellbauweise ausgeführt, wobei jede Achse des Drehgestells mit einem Elektromotor von 550–1 200 Kilowatt (750–1 600 PS) Leistung ausgerüstet ist. – Im Dezember 1978 waren vom gesamten Streckennetz der DB (rund 28 500 km) gut $1/3$ (rund 10 650 km) elektrifiziert. Die Oberleitungen stehen unter einer Spannung von 15 000 Volt. Auf den nichtelektrifizierten Strecken werden

Elastizität

Eisenbahn (Forts.)

Dieseltriebfahrzeuge eingesetzt. Mit Ausnahme der zum Rangierdienst eingesetzten V 60 sind alle Dieseltriebfahrzeuge der DB Drehgestellokomotiven. Für den Nah-, Bezirks- und Schnellverkehr wurden Reisezugwagen mit eigener Antriebsanlage (Triebwagen) entwickelt. Neben den wirtschaftlichen Schienenomnibussen mit Dieselmotor werden auf nichtelektrifizierten Nebenstrecken elektrische Speichertriebwagen (entnehmen die elektrische Energie großen mitgeführten Akkumulatoren) eingesetzt. Im Vorort- u. im Bezirksverkehr stark belasteter Bahnhöfe werden die Triebfahrzeuge der Lokomotivzüge beim Wechseln der Fahrtrichtung nicht umgesetzt (Wendezugbetrieb). Bei Schiebefahrt wird das Triebfahrzeug vom Steuerabteil des vordersten Reisezugwagens aus ferngesteuert.
Wagen: Im Nah- und Bezirksverkehr werden neben 2- und 3achsigen Personenzugwagen zunehmend 4achsige Drehgestellwagen mit ruhigem Lauf eingesetzt. Die 4achsigen D-Zug-Wagen gleichen in Größe und grundsätzlichem Aufbau den modernen Nahverkehrswagen.
Die Verschiedenheit der Aufgaben im Gütertransport führte zu einer Vielzahl von Güterwagenbauarten, u. a. offene und gedeckte, Klappdeckel-, Behältertransport-, Kühl-, Rungen- und Kesselwagen.
Bremsen: Im Eisenbahnbetrieb werden neben der (älteren) Klotzbremse Scheibenbremsen verwendet. Bei der Feststellbremse werden zum Sichern abgestellter Fahrzeuge die Bremsklötze mechanisch angelegt. Die zum Abbremsen schwerer Züge erforderlichen großen Bremskräfte werden mit der Druckluftbremsanlage erzeugt. Schnellfahrende Zugeinheiten sind zusätzlich mit Schienenbremsen ausgerüstet. Sie wirken unmittelbar auf die Schiene (batteriegespeiste Elektromagneten saugen Schleifschuhe gleichsam fest).

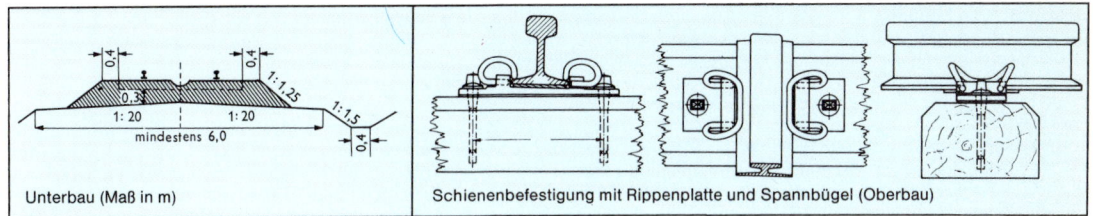

Unterbau (Maß in m) | Schienenbefestigung mit Rippenplatte und Spannbügel (Oberbau)

* * *

Eiweißstoffe *m*, *Mz.* (Proteine [gr. protos; = das Erste, Ursprüngliche]), unbedingt notwendige Bausteine jeder lebenden Zelle. E. setzen sich verschiedenartig aus Aminosäuren zusammen, chemischen Verbindungen, die neben viel Kohlenstoff, Wasserstoff und Sauerstoff v. a. Stickstoff als charakteristisches Element enthalten. Auch Schwefel kommt in Aminosäuren vor. Die wichtigsten heute bekannten etwa 20 Aminosäuren lagern sich bei der Bildung von Eiweißstoffen in veränderlicher Reihenfolge zu den verschiedensten Eiweißstoffen in Form von Riesenketten zusammen, die so groß werden können, daß man sie mit dem Elektronenmikroskop sehen kann. Weil der menschliche Körper die E. weder aus Kohlenhydraten noch aus Fetten selbst aufbauen kann, sind sie für die menschliche Ernährung lebensnotwendig. Besonders viel Eiweiß enthalten Fleisch, Eier u. Milchprodukte, auch Hülsenfrüchte. Da die mit der Nahrung aufgenommenen E. eine andere Aminosäurekombination (Sequenz) haben, als der menschliche Körper sie benötigt, werden die E. im Darm durch Fermente in ihre Bestandteile (die Aminosäuren) zerlegt u. nach Durchwandern der Darmwand im Körper in der für Menschen körpereigenen Reihenfolge wieder richtig zusammengesetzt. Der tägliche Bedarf für einen erwachsenen Menschen beträgt etwa 70 g, davon sollen etwa 20 g tierische E. sein. Die Aufnahme von zu wenig Eiweiß führt früher oder später zu tödlichen Mangelkrankheiten.

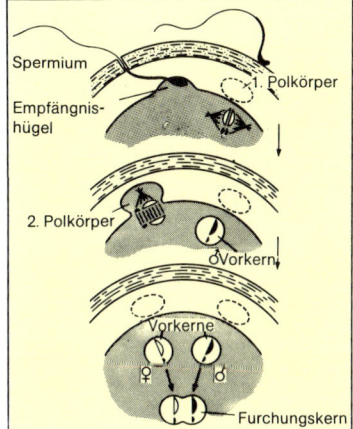

Eizelle. Befruchtung beim Menschen (schematisch)

Eizelle *w*, weibliche Geschlechtszelle bei Mensch, Tier u. Pflanze. Beim Menschen u. bei Tieren wird die E. in besonderen Geschlechtsorganen (Eierstock) gebildet (bei Pflanzen in der Samenanlage). Bei der Befruchtung der E. durch eine männliche Keimzelle bildet sich an der Stelle, wo die Keimzelle eindringt, der Empfängnishügel. Die Entwicklung des Keimes beginnt mit der *Eifurchung* (Teilung der Eizelle); ↑ auch Geschlechtskunde.
Ekliptik [gr.] *w*, die Bahn, auf der sich die Sonne im Laufe eines Jahres am Himmel scheinbar bewegt, wobei sie die 12 Sternbilder des Tierkreises durchwandert. In Wirklichkeit bewegt sich jedoch nicht die Sonne, sondern die Erde. Die E. entspricht also der Ebene der Erdbahn um die Sonne. Sie ist um 23° 27′ gegenüber dem Himmelsäquator geneigt, da die ↑ Erdachse nicht senkrecht auf der Erdbahn steht.

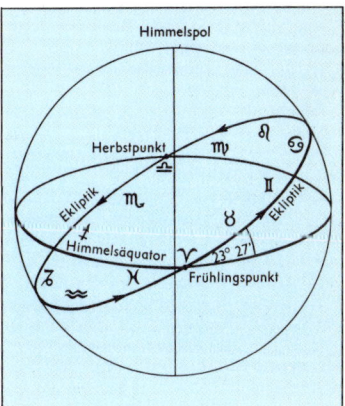

Ekliptik

Ekstase [gr.] *w*, Verzückung, Begeisterung.
Ekuador ↑ Ecuador.
Ekzem [gr.] *s*, entzündliche Hautkrankung auf Grund einer Überempfindlichkeit; die Erscheinungsformen sind im allgemeinen: Bläschenbildung, Juckreiz, Rötung u. Nässen der Haut.
Elastizität [gr.] *w*, Fähigkeit vieler Stoffe, nach einer Verformung ihre ursprüngliche Gestalt wieder anzuneh-

men. Eine gespannte Feder will z. B. auf Grund ihrer E. ihre ursprüngliche Form wieder annehmen, sie will sich entspannen. Dabei gibt sie die Arbeit, die zum Spannen (Verformen) erforderlich war, wieder ab u. kann damit beispielsweise ein Uhrwerk antreiben.

Elbe w, zweitlängster deutscher Fluß; 1 165 km lang, davon sind 940 km schiffbar. Die E. entspringt im Riesengebirge u. mündet bei Cuxhaven in die Nordsee. Es bestehen Kanalverbindungen zu Oder, Weser, Rhein u. Ostsee.

Elbrus m, höchster Berg des Kaukasus (UdSSR), 5 633 m; ein erloschener Vulkan mit vergletschertem Doppelgipfel.

Elbsandsteingebirge s, waldreiches, durch Gewässer zerfurchtes Tafelland aus Kreidesandstein, beiderseits der Elbe, zwischen Erzgebirge u. Lausitzer Bergland. Im Hohen Schneeberg bis 721 m hoch. Der schönste Teil ist die *Sächsische Schweiz*; hier gibt es viele Luftkurorte.

Elbursgebirge s, Gebirge südlich des Kaspischen Meeres, in Iran. Die höchste Erhebung ist der Demawend mit 5 601 m.

Elch m, größter lebender Hirsch mit bis 3,1 m Länge, 2,4 m Schulterhöhe u. bis über 500 kg Gewicht. Die männlichen Tiere tragen ein mächtiges, nach den Seiten gerichtetes, bis 20 kg schweres Schaufelgeweih. Der E. lebt in den Wäldern u. Mooren des nördlichen Nordamerika, in Nord- u. Osteuropa u. Nordasien. Er ist ein Einzelgänger; seine spreizbaren Hufe ermöglichen das Begehen von moorigem Boden. Außerdem ist er ein guter Schwimmer. In der UdSSR wird er als Reit- und Zugtier abgerichtet.

Eldorado [span.] s, sagenhaftes Goldland in Südamerika; das Wort wird übertragen für „Traumland, Paradies" gebraucht.

Elefanten m, Mz., einzige Familie der sonst ausgestorbenen Rüsseltiere, deren Arten bis zu 4 m Schulterhöhe, 5,5–7,5 m Körperlänge u. bis zu 6 t Gewicht erreichen. Sie können 40–75 Jahre alt werden. Ihr aus Nase u. Oberlippe gebildeter Rüssel dient als Geruchs- u. Greiforgan, die Ohren fächeln bei Hitze u. regulieren dadurch die Wärmeabgabe des Körpers. Die Stoßzähne im Oberkiefer sind umgewandelte Schneidezähne ohne Wurzeln, wachsen ständig nach u. liefern das ↑Elfenbein (an manchen Orten Grund für die Ausrottung). E. leben in kleinen, meist friedfertigen Herden, bösartig sind dagegen Einzelgänger. – Der *Afrikanische Elefant* besitzt riesige Ohren, eine aufsteigende Rückenlinie u. in beiden Geschlechtern Stoßzähne. Der *Indische Elefant* hat kleinere Ohren, die weiblichen Tiere haben nur selten sichtbare Stoßzähne. Er wird in Südostasien gezähmt und als Arbeitstier verwendet.

Elegie [gr.] w, ursprünglich ein Gedicht in Distichen (↑Distichon), in dem die griechischen Dichter der Antike die verschiedensten Themen besangen; bei den Römern (Ovid u. a.) wurde die E. zum Gedicht schwermütigen und wehmütigen Inhalts oder auch zum Trauerlied entwickelt; **elegisch,** klagend, wehmütig.

Elektra, griechische Sagengestalt, Tochter des Königs Agamemnon. E. treibt ihren Bruder Orestes dazu, den Tod der ermordeten Vaters zu rächen (Tragödien von Sophokles u. Euripides, Oper von R. Strauss mit Text von H. von Hofmannsthal).

elektrische Einheiten w, Mz., im Meßwesen verwendete Einheiten, in denen elektrische Größen gemessen werden. Die wichtigsten sind: Volt (Spannung), Ampere (Stromstärke), Ohm (elektrischer Widerstand), Coulomb (elektrische Ladung), Watt (Leistung), Joule bzw. Kilowattstunde (Energie, Arbeit), Farad (Kapazität).

Elektrizität [gr.] w, ein in mehrfachem Sinne benutztes Wort. Es bezeichnete ursprünglich nur die elektrische Ladung, wird aber mittlerweile auch als Bezeichnung für den elektrischen Strom u. für die elektrische Energie benutzt. 1. *Elektrische Ladung:* In der Natur treten zwei Arten elektrischer Ladungen auf, die positive u. die negative. Sie werden gemessen in Coulomb (C). Die kleinstmögliche elektrische Ladung ist die des Elektrons. Sie hat eine Größe von etwa $1,6 \cdot 10^{-19}$ C u. ist negativ. Gleichnamige Ladungen stoßen sich gegenseitig ab, ungleichnamige ziehen sich an. Diese Kräfte zwischen elektrischen Ladungen wirken über den freien Raum hinweg. In der Umgebung eines elektrisch geladenen Körpers besteht ein elektrisches Feld, das durch Feld- oder Kraftlinien veranschaulicht wird. Diese geben für jeden Punkt des Raumes die Richtung der Kraft an, die dort auf eine Ladung wirkt. Elektrische Feldlinien beginnen stets an einer positiven u. enden stets an einer negativen Ladung. Nie beginnen oder enden sie frei im Raume. Positive u. negative Ladungen sind in einem Körper im allgemeinen gleichmäßig verteilt. u. heben sich dadurch in ihrer Wirkung nach außen auf, sie neutralisieren sich. Durch Reiben können sie jedoch voneinander getrennt werden. Reibt man beispielsweise einen Hartgummistab mit einem Katzenfell, so trennt man die vorhandenen Ladungen. Der Hartgummistab wird elektrisch negativ, das Katzenfell elektrisch positiv geladen. Elektrische Ladungen lassen sich also weder erzeugen noch vernichten, sondern nur trennen und wieder vereinigen. Die Ladungsmenge des gesamten Weltalls bleibt unverändert. In einem elektrischen Leiter sind die elektrischen Ladungen frei beweglich. Bringt man einen solchen Leiter in ein elektrisches Feld, so werden die Ladungen getrennt. Die positiven Ladungen sammeln sich an dem einen Ende, die negativen an dem anderen Ende. Diese Erscheinung heißt elektrische ↑Influenz. 2. *Elektrischer Strom:* Bewegen sich elektrische Ladungen in einem Leiter, beispielsweise in einem Draht, so spricht man von einem elektrischen Strom. Als Stromstärke I bezeichnet man die pro Sekunde durch den Leiter hindurchfließende Ladung (Q): $I = Q/t$. Sie wird gemessen in ↑Ampere (A). Der elektrische Strom läßt sich nur an seinen Wirkungen erkennen. Diese sind: a) *Die Wärmewirkung:* Ein stromdurchflossener dünner Draht wird erhitzt (elektrischer Heizofen, Bügeleisen, Glühlampe). b) *Die chemische Wirkung:* Durch einen Stromfluß können chemische Verbindungen in ihre Bestandteile zerlegt werden (Elektrolyse). c) *Die magnetische Wirkung:* Ein stromdurchflossener Leiter ist von einem Magnetfeld umgeben (Elektromagnet, Elektromotor). – Ebenso wie ein Wasserstrom nur fließen kann, wenn ein Gefälle vorhanden ist, kann auch ein elektrischer Strom nur fließen, wenn ein Spannungsgefälle, kurz eine elektrische Spannung, vorhanden ist. Sie wird gemessen in Volt (V). Wir unterscheiden Gleichstrom (Gleichspannung) u. Wechselstrom (Wechselspannung). Beim Gleichstrom erfolgt die Bewegung der Ladungsträger stets in derselben Richtung, beim Wechselstrom dagegen vollführen die Ladungsträger eine Hin- u. Herbewegung. Jeder Körper setzt dem Fließen des elektrischen Stroms einen bestimmten Widerstand entgegen. Er wird gemessen in Ohm (Ω). Ein Widerstand R hat die Größe 1 Ω, wenn eine an seine Enden gelegte Spannung (U) von 1 V einen Stromfluß von 1 A hervorruft. Allgemein ist: $R = U/I$ (Ohmsches Gesetz). 3. *Elektrische Energie:* Mit Hilfe des elektrischen Stroms kann man Arbeit verrichten, z. B. einen Aufzugmotor betreiben. Der elektrische Strom besitzt also Energie. Die Größe der Stromarbeit (Energie) ist gegeben aus der Beziehung: Stromarbeit = Stromstärke × Spannung × Zeit. Gemessen wird die Stromarbeit in Wattsekunden (Ws) oder Joule (J): 1 Wattsekunde = 1 Volt × 1 Ampere × 1 Sekunde = 1 VAs. Weitere Einheit: 1 Kilowattstunde (kWh) = 3 600 000 Ws = 3,6 Megajoule (MJ). Als elektrische Leistung (N) bezeichnet man die pro Sekunde abgegebene Stromarbeit. Es gilt: Leistung = Spannung × Stromstärke. Gemessen wird die elektrische Leistung in Watt (W). 1 Watt = 1 Volt × 1 Ampere = 1 VA. Weitere Einheiten: 1 Kilowatt (kW) = 1 000 W; 1 Megawatt (MW) = 1 000 000 W.

Elektroden [gr.] w, Mz., die Endstücke der stromführenden Zu- bzw.

Ableitung der Gleichstromquelle z. B. bei der ↑Elektrolyse. Die Kathode gibt Elektronen durch ihre Grenzflächen an den Elektrolyten ab, die Anode nimmt Elektronen aus der Umgebung auf; ↑auch Elektronenröhre.

Elektrolyse [gr.] w, jede in Lösungen u. Salzschmelzen mit Hilfe des elektrischen Stromes (Gleichstrom) bewirkte chemische Umsetzung, insbesondere die teilweise oder auch vollständige Zersetzung von Stoffen. Die dazu notwendige Vorrichtung, die Elektrolysezelle, u. der Vorgang selbst sind in der Abb. schematisch dargestellt. Die Zelle ist mit einer meist wäßrigen Lösung einer stabilen chemischen Substanz (meist eines Salzes) mit einer Salzschmelze gefüllt. Die im Elektrolysierbad gelöste Substanz bzw. die Salzschmelze ist der sogenannte Elektrolyt; seine Moleküle sind in entgegengesetzt geladene Ionen aufgespalten (elektrolytisch dissoziiert). In die Lösung tauchen die beiden mit der Stromquelle verbundenen ↑Elektroden. Man kann sich die Wirkung des Gleichstroms bei der E. als „Elektronenpumpe" vorstellen. Die negative Elektrode (die Kathode) gibt von ihrer Oberfläche Elektronen, das sind die Träger des elektrischen Stromes, an die in der Nähe befindlichen positiven Ionen (Kationen) ab u. bringt diese damit zur elektrischen Entladung u. Abscheidung. Die positive Elektrode (die Anode) „saugt" hingegen die in der Nähe befindlichen negativen Ionen (Anionen) ab, übernimmt deren negative Ladung (überschüssige Elektronen) u. bringt auf diese Weise die nun ebenfalls elektrisch neutral gewordenen negativen Ionen zur Abscheidung. – Die E. ist technisch wichtig z. B. bei der Gewinnung von ↑Chlor. Hier werden Alkalichloride in die entsprechenden Metalle Natrium oder Kalium u. in das gasförmige Chlor elektrolytisch zerlegt. Die negativ geladenen Chlorionen scheiden sich dabei unter Elektronenabgabe als gasförmiges Chlor (Cl_2) an der Anode ab u. werden in geeigneten Behältern aufgefangen. Das Natrium oder Kalium scheidet sich unter Elektronenaufnahme an der Kathode ab u. wird ebenfalls durch geeignete Vorrichtungen gespeichert, oder aber man läßt es bereit zu anderen Produkten weiterreagieren. Ebenfalls sehr wichtig ist die E. bei der Oberflächenbehandlung von Metallteilen. Dabei wird das in der Lösung befindliche positiv geladene Metall auf der als Werkstück geformten Kathode in gleichmäßiger Schicht abgeschieden (Vergoldung, Verchromung, Vernicklung u. a.). Schließlich kann man die E. auch zur Herstellung besonders reiner Metalle verwenden. So wird z. B. Rohkupfer in Säure gelöst u. mit Hilfe der E. wieder an der Kathode abgeschieden, wobei man ein sehr reines Metall (Elektrolytkupfer) erhält.

Elektromagnet [gr.] m, elektrisch erregter Magnet, bestehend aus einer Spule mit Weicheisenkern. Sobald ein elektrischer Strom durch die Spule fließt, wird sie magnetisch. Elektromagneten gibt es in Stab- u. Hufeisenform. Benutzt werden sie in Elektromotoren, Relais, Morseapparaten u. dergleichen, aber auch als Kräne für Eisenschrott (Tragkraft über 20 Tonnen).

elektromagnetische Wellen ↑Wellen.

Elektromotor [gr.; lat.] m, Gerät zur Umwandlung elektrischer Energie in mechanische Energie. Der E. beruht auf der magnetischen Wirkung des elektrischen Stromes. Er besteht in seiner einfachsten Ausführung aus einem Hufeisenmagneten, zwischen dessen Polen eine Spule (Anker) drehbar gelagert ist. Über Kohlestifte oder kleine Drahtbürsten, die auf einem Polwender (Kommutator) schleifen, wird der Spule Strom zugeführt. Der *Kommutator* besteht aus zwei halbkreisförmigen Metallscheiben, die durch eine Isolationsschicht voneinander getrennt sind. Während des Stromflusses wird die Spule magnetisch u. dreht sich so weit, daß ihr magnetischer Nordpol dem Südpol des Hufeisenmagneten u. ihr magnetischer Südpol dem Nordpol des Hufeisenmagneten gegenübersteht. In dieser Lage würde sie stehenbleiben, wenn nicht im selben Augenblick durch den Kommutator die Stromrichtung umgepolt würde. Nun wird aus dem Nordpol der Spule ein Südpol u. aus dem Südpol ein Nordpol. Die Spule bewegt sich um eine halbe Umdrehung, bis sich wiederum entgegengesetzte Pole von Spule und Hufeisenmagnet gegenüberstehen. Am Kommutator erfolgt nun eine erneute Umpolung, u. das Spiel beginnt von neuem. Es kommt zu einer stetigen Drehbewegung der Spule.

Um einen gleichmäßigeren Verlauf der Drehbewegung zu erhalten, benutzt man einen Trommelanker, der aus mehreren gegeneinander versetzten Spulen besteht. Der Kommutator hat dann entsprechend mehr Segmente u. wird als Kollektor bezeichnet. Der eben beschriebene E. arbeitet nur mit Gleichstrom (Gleichstrommotor). In der Regel benutzt man anstelle des Hufeisenmagneten einen Elektromagneten. Beim Motor mit Fremderregung werden Anker u. Elektromagnet von getrennten Stromquellen gespeist. Auch ein solcher Motor ist nur mit Gleichstrom zu betreiben. Sollen Magnet u. Anker von der gleichen Stromquelle versorgt werden, so gibt es 2 Schaltmöglichkeiten: 1. Anker u. Magnet sind parallel geschaltet (Nebenschlußmotor), 2. Anker u. Magnet sind in Reihe geschaltet (Hauptschlußmotor). Beim Nebenschlußmotor ist die Drehzahl weitgehend unabhängig von der Belastung. Das Anzugsvermögen dagegen ist gering. Der Hauptschlußmotor besitzt zwar ein großes Anzugsvermögen, seine Drehzahl jedoch nimmt bei Belastung stark ab. Um sowohl ein großes Anzugsvermögen als auch stabile Drehzahlen zu erhalten, hat man den Doppelschlußmotor konstruiert. Er arbeitet beim Start als Hauptschlußmotor u. wird nach Erreichen der gewünschten Drehzahl als Nebenschlußmotor geschaltet. Doppelschlußmotoren finden bei elektrischen Lokomotiven u. Straßenbahnen Verwendung. Hauptschlußmotoren lassen sich auch mit Wechselstrom betreiben, da der Stromrichtungswechsel gleichzeitig im Anker u. Magnet erfolgt (Allstrommotor). Die zahlreichen speziellen Wechselstrom- u. Drehstrommotoren arbeiten grundsätzlich nach dem gleichen Prinzip wie die Gleichstrommotoren u. nutzen die magnetische Wirkung des elektrischen Stromes aus. Der Synchronmotor ist ein spezieller Wechselstrommotor, dessen Drehzahl nur von der Wechselstromfrequenz abhängt. Er wird insbesondere in elektrischen Uhren verwendet. Die Leistung von Elektromotoren wird in Kilowatt (kW) angegeben.

Elektron [gr.] s, elektrisch negativ geladener Baustein des Atoms. Seine Masse beträgt im Ruhezustand etwa $9,1 \cdot 10^{-27}$ g. Das E. ist Träger der kleinstmöglichen elektrischen Ladung (Elementarladung). Ihr Wert beträgt etwa $1,6 \cdot 10^{-19}$ Coulomb. Elektronen bilden die Hüllen der ↑Atome.

Elektronenblitz ↑Blitzlicht.
Elektronengehirn ↑Computer.
Elektronenmikroskop [gr.] s, Mikroskop, bei dem ↑Kathodenstrah-

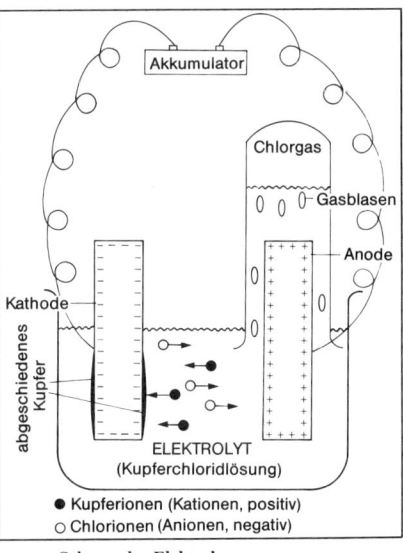

Schema der Elektrolyse einer Kupferchloridlösung

Elektronenröhre

len zur Erzeugung eines vergrößerten Abbildes des betrachteten Gegenstandes verwendet werden. Gegenstände, deren Ausdehnung kleiner ist als die Wellenlänge des sichtbaren Lichtes (0,0004–0,0007 mm) lassen sich nicht mehr mit dem normalen Lichtmikroskop betrachten. Das E. ermöglicht dagegen die Darstellung von Gegenständen, deren Ausdehnung nur 1 millionstel mm beträgt, da die Wellenlänge von Kathodenstrahlen etwa 100 000mal kleiner ist als die des sichtbaren Lichtes. Anstelle von Glaslinsen werden beim E. stromdurchflossene Spulen verwendet. Ihr Magnetfeld wirkt auf Kathodenstrahlen ähnlich wie eine Sammellinse auf Lichtstrahlen. Das entstehende Bild wird auf einem Leuchtschirm betrachtet oder fotografiert. Da sich Elektronen über größere Strecken nur im luftleeren Raum ausbreiten können, befindet sich die gesamte Anlage im ↑Vakuum.

Elektronenröhre [gr.; dt.] w, weitgehend luftleer gepumpter Glaskolben, in dem zwischen 2 Elektroden (Kathode u. Anode) ein Elektronenstrom fließt. Bei der einfachsten E., der Diode, sind nur Kathode u. Anode vorhanden. Die Kathode wird durch einen Glühfaden erhitzt u. sendet Elektronen aus, die sich im Glaskolben ansammeln. Legt man nun an die Kathode den Minuspol u. an die Anode den Pluspol einer Gleichspannungsquelle, so werden die aus der Kathode austretenden Elektronen von der Anode abgesaugt. Es fließt in dem so entstandenen Stromkreis (Anodenkreis) ein Strom (Anodenstrom). Polt man um, so daß die Anode am negativen u. die Kathode am positiven Pol liegt, so fließt kein Strom, weil die negativ geladenen Elektronen nun von der Anode abgestoßen werden. Durch die Diode kann also der Strom nur in einer Richtung fließen. Sie wirkt wie ein Ventil u. wird deshalb zur Gleichrichtung von Wechselstrom benutzt (Gleichrichterröhre). Bei der Triode (Drei-Elektroden-Röhre) befindet sich zwischen Kathode u. Anode noch eine netzförmige 3. Elektrode, das Gitter. Je nachdem, ob an diesem Gitter eine positive oder negative Spannung (Gitterspannung) liegt, wird der Anodenstrom verstärkt oder geschwächt. Mit der Gitterspannung läßt sich der Anodenstrom also steuern. Man spricht daher auch vom Steuergitter. Außer Dioden u. Trioden sind noch Tetroden (4-Elektroden-Röhren), Pentoden (5-Elektroden-Röhren), Hexoden (6-Elektroden-Röhren) und Oktoden (8-Elektroden-Röhren) v. a. als Senderöhren zur Erzeugung hoher Signalleistungen gebräuchlich (als Empfänger- bzw. Verstärkerröhren in Rundfunkgeräten sind sie heute weitgehend durch Halbleiterbauelemente wie Transistoren, integrierte Schaltungen u. a. ersetzt).

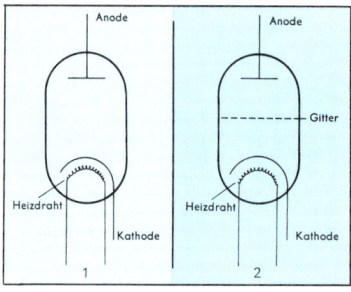

Elektronenröhre. 1 Diode, 2 Triode

Elektronenstrahlen ↑Betastrahlen, ↑Kathodenstrahlen.

Elektronenvolt [gr.] s, Einheitenzeichen eV, Energieeinheit, die vorwiegend in der Atomphysik verwendet wird. Ein Elektron hat die Energie 1 eV, wenn es ein Spannungsgefälle von 1 Volt durchlaufen hat. 1 eV = $1{,}602 \cdot 10^{-19}$ J (↑Joule).

Elektronik [gr.] w, Teilgebiet der Physik, das sich mit dem Stromfluß (Elektronenfluß) in Gasen, Halbleitern u. im Vakuum u. seiner technischen Verwendbarkeit befaßt. Auf den Ergebnissen der E. fußt u. a. die gesamte Nachrichtentechnik (Rundfunk, Radar usw.), Regeltechnik u. die Wirkungsweise der ↑Computer.

elektronische Rechenmaschine ↑Computer.

Elektroskop [gr.] s, Gerät zum Nachweis ruhender elektrischer Ladungen. Es beruht auf der Erscheinung, daß sich gleichnamige Ladungen abstoßen, u. besteht z. B. aus zwei dicht nebeneinander hängenden, leicht beweglichen Metallblättchen (Blättchenelektroskop), die sich in geladenem Zustand spreizen.

Element [lat.] s: **1)** allgemein Grundstoff, Grundbestandteil; **2)** ↑Batterie; **3)** (chemisches Element) Grundstoff, der sich chemisch nicht weiter zerlegen läßt. Zur Zeit sind 105 chemische Elemente bekannt, davon sind 11 Gase, 2 Flüssigkeiten u. 92 feste Stoffe (wenn man Zimmertemperatur u. den normalen Atmosphärendruck ansetzt); ↑auch Chemie, ↑Periodensystem der chemischen Elemente.

Elementarbereich [lat.; dt.] m, im ↑Bildungswesen alle Einrichtungen außerfamiliärer Erziehung und Bildung vom 3. Lebensjahr eines Kindes an bis zu dessen Eintritt in die ↑Schule (↑Primarbereich); v. a. Kindergärten.

Elementarteilchen [lat.; dt.] s, Mz., die kleinsten in der Natur auftretenden materiellen Teilchen, die selbst nicht weiter zerlegbar sind, sich aber ineinander umwandeln können. Zur Zeit sind etwa 200 von ihnen bekannt. Die wichtigsten sind Protonen, Neutronen u. Elektronen, aus denen die ↑Atome aufgebaut sind.

Eleve [frz.] m, Schüler, Lehrling (z. B. Landwirtschaftseleve).

Elfen m (Elf) oder w (Elfe), Mz., in der germanischen Göttersage hilfreiche oder bösartige kleine Geister. Erst seit Ch. M. ↑Wieland sind E. weibliche Geisterwesen.

Elfenbein s, Handelsbezeichnung für die aus Zahnbein bestehenden Stoßzähne der Elefanten u. des Mammuts, weiter auch des Walrosses, Narwals u. Nilpferdes. Die weißlichgelbe, vorwiegend aus phosphorsaurem Kalk bestehende Substanz ist polierfähig u. dient zur Herstellung von Schnitzereien, Billardbällen, Klaviertasten usw.

Elfenbeinküste, Republik in Westafrika, mit 6,7 Mill. E (meist Sudanneger); 322 463 km² Hauptstadt und wichtigster Hafen ist Abidjan. An die Küstenebene mit vielen Lagunen schließt sich im Hochland an. Der tropische Regenwald im Süden geht im Norden in Savanne über. Von großer wirtschaftlicher Bedeutung sind Ölpalmen-, Kaffee- u. Kakaoplantagen sowie die Gewinnung von Edelholz (rote Hölzer). – Die E. war früher französische Kolonie. Seit 1960 ist sie unabhängig. Sie ist Mitglied der UN u. der OAU u. der EWG assoziiert.

Elia (Elias), Prophet im Alten Testament. Er lebte im 9. Jh. v. Chr. u. bekämpfte den Götzendienst unter den Israeliten.

Elisabeth, Heilige, * Sárospatak (Nordungarn) 1207, † Marburg 17. November 1231, Gemahlin Landgraf Ludwigs IV. von Thüringen. Nach dessen frühem Tod führte sie ein Leben der Entsagung u. der tätigen Nächstenliebe in der Krankenpflege. Viele Legenden haben sich um ihre Gestalt gebildet.

Elisabeth I., * Greenwich (heute zu London) 7. September 1533, † Richmond 24. März 1603, Tochter Heinrichs VIII., englische Königin seit 1558. Sie

festigte das zerrissene Land im Innern u. förderte planmäßig Wirtschaft, Handel und Schiffahrt. E. ließ ↑Maria Stuart hinrichten. Unter Elisabeths Herrschaft wurde die Vormacht Spaniens gebrochen (↑Drake) u. die Großmachtstellung Englands begründet, u. a. durch die Entdeckung u. Eroberung überseeischer Gebiete. Gleichzeitig kam es zu einer Blüte der englischen Dichtung (Shakespeare) u. Kunst. Die ganze Epoche wird das *Elisabethanische Zeitalter* genannt.

Elite [frz.] *w*, Auslese; Gruppe von Menschen mit besonderer Befähigung; die Besten, Führenden (in Wissenschaft, Politik, Sport u. a.).

Elixier [arab.] *s*, ein Zaubertrank, der neue Lebenskraft spenden soll, ein Heiltrank.

Ellipse [gr.] *w*, eine in sich geschlossene Kurve aus der Familie der Kegelschnitte. Für alle Punkte der E. gilt, daß die Summe ihrer Entfernungen von zwei festen Punkten, den beiden Brennpunkten F_1 u. F_2, gleich ist. Den größtmöglichen Durchmesser der E. bezeichnet man als Hauptachse, den kleinstmöglichen als Nebenachse. Der Schnittpunkt beider Achsen ist der Mittelpunkt der Ellipse. Der Abstand zwischen Mittelpunkt (*m*) u. beiden Brennpunkten heißt lineare Exzentrizität *e*. Die Gleichung der E. lautet:

$$\frac{x^2}{a^2} + \frac{y^2}{b^2} = 1,$$

worin *a* gleich der Hälfte der Hauptachse u. *b* gleich der Hälfte der Nebenachse ist. Zur Konstruktion der E. befestigt man einen Faden, ohne ihn straff zu spannen, an zwei Punkten (Brennpunkte F_1 u. F_2), spannt ihn mit einem Bleistift u. beschreibt mit gespanntem Faden eine Kurve, die E. (Gärtnerkonstruktion).

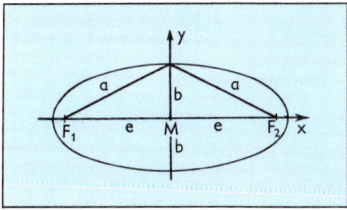

Elmsfeuer [ital.; dt.] *s*, eine meist kurz vor Gewittern auftretende elektrische Entladungserscheinung in der Atmosphäre. Dabei bilden sich um spitze Gegenstände wie Kirchtürme oder Telegrafenmasten blaßblaue Leuchterscheinungen mit einem knisternden Geräusch.

El Salvador ↑Salvador, El.

Elsaß *s* (frz. Alsace), Landschaft in Ostfrankreich, zwischen Vogesen u. Oberrhein, Schweizer Jura u. Pfälzer Wald. Die Bevölkerung ist vorwiegend alemannisch. Im Oberrheinischen Tiefland werden Getreide, Kartoffeln, Tabak u. Hopfen angebaut, am Rande der Vogesen Obst u. Wein. In den Vogesen überwiegt die Wald- u. Milchviehwirtschaft. Die Kalisalzvorkommen bei Mülhausen gehören zu den bedeutendsten der Erde. Nach dem 2. Weltkrieg wurde im E. verstärkt Industrie angesiedelt. Neben Textil- u. chemischer Industrie finden sich v. a. Fahrzeug- u. Maschinenbau sowie Brauereien. Hauptindustriezentren sind Straßburg, Mülhausen u. Colmar. – Das E. war als Grenzland oft Gegenstand des Streites. Seit dem 17. Jh. gehörte es zu Frankreich, 1871–1918 zum Deutschen Reich, seitdem wieder zu Frankreich.

Elster *w*, ein fast 0,5 m (mit Schwanz) großer Rabenvogel, der v. a. an Waldrändern u. in offenen, von Bäumen durchsetzten Geländen Eurasiens, Nordwestafrikas u. des westlichen Nordamerika vorkommt. Der weißschultrige u. weißbauchige, ansonsten schwarze, metallisch schimmernde Vogel fällt durch seine kurzen Flügel, die er fast flatterartig bewegt, u. den langen Schwanz auf. Die meist 6–7 grünlichbis bläulichweißen, bräunlich gefleckten Eier legt die E. in ein großes, haubenförmig überdachtes Baumnest. Brutperiode: März bis Mai. Die E. stiehlt gern blanke Gegenstände, daher: *diebische Elster*. – Abb. S. 149.

Elster *w*, Name von Flüssen in Mitteldeutschland: 1. *Schwarze E.*, rechter Nebenfluß der Elbe, 188 km; 2. *Kleine E.*, 66 km; 3. *Weiße E.*, rechter Nebenfluß der Saale, 257 km.

elterliche Sorge *w*, das Recht u. die Pflicht der Eltern bzw. der nichtehelichen Mutter, für die Person u. das Vermögen ihrer unmündigen Kinder zu sorgen u. sie rechtlich zu vertreten (z. B. bei Geschäftsabschlüssen).

Elternbeirat *m* (Schulpflegschaft, Elternvertretung, Elternausschuß), er setzt sich zusammen aus den gewählten Elternvertretern der einzelnen Klassen einer Schule u. vertritt die Interessen der Eltern bei der Gestaltung der Bildungs- und Erziehungsarbeit in der ↑Schule, ist jedoch nicht berechtigt, Schülern, Lehrern, Schulleitern oder dem Schulamt Weisungen zu erteilen. Die Aufgaben und Ziele des Elternbeirats sind in den Bundesländern verschieden. Die Vorsitzenden der Elternbeiräte aller Schulen einer Stadt bilden in einigen Bundesländern den Gesamtelternbeirat, die Vorsitzenden der Gesamtelternbeiräte eines Landes den Landeselternrat. Die Länderelternräte haben sich zu einem Bundeselternrat zusammengeschlossen.

Elternmitwirkung *w*, die Mitwirkung der Eltern in verschiedenen Organen der Schule (↑Schulmitwirkung). Mitwirkungsorgane sind z. B. ↑Elternbeirat, Elternausschuß, Elternvertretung, Klassenpflegschaft, Schulpflegschaft, Schulkonferenz. Die Mitwirkungsrechte sind zum überwiegenden Teil Rechte, die entweder in einem größeren Kreis (z. B. in einer Klassenpflegschaft von allen Eltern einer Klasse) oder von gewählten Vertretern der Eltern (z. B. im Elternbeirat oder in der Schulkonferenz) wahrgenommen werden. Sinn der Mitwirkung ist es, den Kindern und Jugendlichen eine möglichst angstfreie, anregende und erfolgreiche Schulzeit zu sichern. Erreicht werden soll dies durch gegenseitige Information und Beratung sowie durch mehr Gemeinsamkeit bei der Gestaltung der Bildungs- und Erziehungsarbeit. Die Tätigkeit in den Mitwirkungsorganen ist ehrenamtlich.

Elysium [gr.] *s*, in der griechischen Sage ein gesegnetes Gefilde in der Unterwelt, der Aufenthaltsort der Seligen.

Email [*emaj;* frz.] *s* (Emaille), v. a. aus Soda, Borax, Flußspat sowie Quarzsand u. Feldspat mit färbenden Metalloxiden u. Trübungsmitteln hergestellter glasharter Überzug auf metallischen Flächen.

Emanzipation [lat.] *w*, Befreiung aus dem Zustand der rechtlichen, politisch-sozialen, geistigen oder psychischen Abhängigkeit. *Frauenemanzipation:* berufliche und rechtliche Gleichstellung der Frauen mit den Männern. Organisierte Formen des Kampfes entwickelten sich erneut seit den 60er Jahren.

Embargo [span.] *s*, im Völkerrecht Maßnahmen, mit denen ein Staat (oder ein anderes Völkerrechtssubjekt) zu einem bestimmten Tun oder Unterlassen veranlaßt werden soll: Ein Waffenembargo, d. h. ein Verbot von Waffenlieferungen, soll den, gegen den es verhängt worden ist, z. B. von kriegerischen Unternehmen abhalten.

Emblem [gr.] *s*, Kennzeichen, Sinnbild; Hoheitszeichen.

Embryo [gr.] *m* (Keimling), ein Keim im Anfangsstadium seiner Entwicklung; die noch ungeborene Leibesfrucht (beim Menschen nach dem 4. Monat *Fetus* genannt).

Emden, Hafenstadt in Ostfriesland, Niedersachsen, mit 53 000 E. Die Stadt hat günstige Binnenwasserstraßenverbindungen durch die Ems, den Ems-Jade-Kanal u. den Dortmund-Ems-Kanal. E. ist Umschlaghafen für das Ruhrgebiet (Einfuhr von Erzen, Ausfuhr von Kohle). Die Stadt hat Werften, Autoindustrie u. eine Erdölraffinerie. E. ist Sitz einer Fachhochschule.

Emigrant [lat.] *m*, jemand, der auswandert (besonders aus politischen, rassischen oder religiösen Gründen). **Emigration** [lat.] *w*, Auswanderung, aber auch der Aufenthalt in einem fremden Land nach der Auswanderung.

Eminenz [lat.; = Erhabenheit, Hoheit] *w*, Titel u. Anrede („Eure E.") für Kardinäle. – Als *Graue E.* bezeichnet man einen einflußreichen Politiker, der nach außen kaum in Erscheinung tritt, sondern „hinter den Kulissen" wirkt (zurückgehend auf Père Joseph, Berater Richelieus).

Emir [arab.] *m*, arabischer Fürstentitel.

Emirat [arab.] s, orientalisches Fürstentum.

Emission [lat.] w: **1)** Ausgabe von neuen Wertpapieren; **2)** Aussendung einer Wellenstrahlung oder einer Teilchenstrahlung; **3)** Ausströmen luftverunreinigender Stoffe in die Außenluft.

Emmer ↑ Weizen.

Empfängnis w, Befruchtung des menschlichen Eies durch die Samenzelle (↑ Geschlechtskunde).

Empfängnisverhütung ↑ Geschlechtskunde.

Empire [angpir; frz.] s: **1)** das französische Kaiserreich Napoleons I. u. Napoleons III.; **2)** Kunststil zur Zeit Napoleons I.: ein kühler Klassizismus, der sich von Kunstformen der römischen Kaiserzeit anregen ließ (v. a. Innenarchitektur, Möbel, Mode).

Empire, British ↑ Commonwealth of Nations.

Empirismus [gr.] m, eine philosophische Grundhaltung, die im Gegensatz zum ↑ Rationalismus davon ausgeht, daß alles Wissen auf der Erfahrung u. der Erforschung der äußeren Welt beruht u. davon abgeleitet ist. Ein bedeutender Vertreter der empiristischen Methode war J. Locke.

Ems w, Fluß in Nordwestdeutschland, 371 km lang. Die E. mündet in den ↑ Dollart. Sie ist eine wichtige Verkehrsstraße zwischen dem Ruhrgebiet u. der Nordsee (der Dortmund-Ems-Kanal benutzt streckenweise die Ems).

Emu [portug.] m, bis 1,5 m hoher, bräunlicher, flugunfähiger Laufvogel, v. a. in den Savannen u. lichten Buschgebieten Australiens u. Tasmaniens. Der häufig in kleinen Trupps auftretende Vogel ist ein sehr schneller Läufer mit Spitzengeschwindigkeiten von 65 km pro Stunde. In eine kunstlose Nestmulde werden 10–12 dunkelgrüne Eier gelegt, die das Männchen ausbrütet. Die Küken sind hell u. dunkel längsgestreift.

Emulsion [lat.] w, Gemisch von zwei ineinander nicht oder kaum löslichen Flüssigkeiten, wobei die eine Flüssigkeit die andere in Form kleiner Tröpfchen in sich einbettet. Emulsionen sind durchweg weißlich-trübe (milchig). Die bekannteste E. ist die Milch, ein Gemisch aus wäßriger Lösung u. Fetttröpfchen. Je nach ihrer Stabilität können sich Emulsionen im Laufe der Zeit entmischen u. zwei getrennte Schichten bilden.

Energie [gr.] w, die Fähigkeit, Arbeit zu verrichten. Beispielsweise besitzt eine gespannte Feder E., denn sie kann beim Entspannen Arbeit verrichten (Armbrust, Luftpistole). Ein Körper kann auf Grund seiner Lage (gegenüber einem Ausgangszustand) E. besitzen (*potentielle* E.), wie z. B. die gespannte Feder oder ein angehobener Körper, oder auf Grund seiner Bewegung (*kinetische* E.), wie z. B. ein sich bewegendes Fahrzeug oder eine sich drehende Schwungscheibe. Außerdem unterscheidet man noch folgende Energiearten: Wärmeenergie, elektrische E., magnetische E., chemische E. u. Atom- oder Kernenergie. – Die einzelnen Energieformen lassen sich ineinander umwandeln. Beispielsweise wird beim Verbrennen von Kohle, Öl u. dergleichen chemische E. in Wärmeenergie umgewandelt. Im Wärmekraftwerk wird chemische E. bei der Verbrennung in Wärmeenergie, diese in der Dampfturbine in mechanische E. u. diese schließlich im Generator in elektrische E. umgewandelt. E. kann weder erzeugt noch vernichtet werden. Die Summe aller Energien des gesamten Weltalls ist unveränderlich. Bei physikalischen oder chemischen Vorgängen wird lediglich eine Energieform in eine andere umgewandelt. – Die gesetzlich festgelegte Einheit der E. sind das ↑ Joule (= Wattsekunde) und dessen dezimale Vielfache und Teile, z. B. das Kilojoule (1 kJ = 1 000 J). Andere Energieeinheiten sind die ↑ Kalorie und (in der Atomphysik) das ↑ Elektronenvolt.

Engadin s, 95 km lange Tallandschaft des Inns im schweizerischen Kanton Graubünden. Bekannte Kurorte u. Wintersportplätze im E. sind St. Moritz u. Pontresina.

Engagement [anggaseh*e*mang; frz.] s: **1)** Anstellung, Stellung, besonders eines Bühnenkünstlers; **2)** starker (persönlicher) Einsatz, insbesondere für eine Idee oder Weltanschauung.

Engel [gr.; = Bote] m, nach christlicher Auffassung Mittler zwischen der Gottheit u. den Menschen. Engel werden gedacht als Wesen mit einem Körper aus Licht oder Äther (Astralleib) oder einem Feuerleib. Als gefallene Engel (z. B. Luzifer) gelten häufig die widergöttlichen Mächte der Dämonen. Im Neuen Testament gibt es die Vorstellung vom Schutzengel.

Engels, Friedrich, * Barmen (heute Wuppertal-Barmen) 28. November 1820, † London 5. August 1895, deutscher Politiker. E. lernte in England (er lebte ab 1842 in Manchester) die gedrückte Lage der Arbeiter kennen. Er arbeitete aktiv in der Arbeiterbewegung mit, die für bessere soziale Verhältnisse sorgen wollte, und verfaßte wissenschaftliche Arbeiten zur Theorie des Sozialismus. Mit K. ↑ Marx begründete er den ↑ Marxismus.

Engerlinge m, Mz., Larven der ↑ Blatthornkäfer; häufig durch Wurzelfraß schädlich werdende Larven der ↑ Maikäfer. Als einer ihrer natürlichen Feinde gilt die Saatkrähe (↑ Krähen).

England, Teil von ↑ Großbritannien; oft gebraucht anstelle von Großbritannien.

Enns w, rechter Nebenfluß der Donau, 254 km lang. Die E. hat Stauanlagen mit bedeutenden Kraftwerken.

Ensemble [angsangbl; frz.] s: **1)** die Gemeinschaft von Sängern oder Schauspielern an einem Theater; kleine Musikergruppe; **2)** mehrteilige, aufeinander abgestimmte Damenbekleidung, z. B. Mantel mit Kleid.

Entbindung ↑ Geschlechtskunde.

Entdeckungen ↑ S. 147 ff.

Enten m, Mz., Unterfamilie der ↑ Entenvögel; v. a. auf Gewässern (oder in deren Nähe) lebende Schwimmvögel. E. haben Schwimmhäute. An den Schnabelinnenseiten sind quergestellte lamellenartige Erhöhungen, die mit entsprechenden Bildungen an der Zunge einen Seihapparat darstellen; das (für die E.) nahrungsreiche Wasser wird mit dem Schnabel aufgenommen, die festeren pflanzlichen u. tierischen Bestandteile bleiben zurück (während das Wasser an den Schnabelseiten abfließt) u. werden gefressen. E. sind Nestflüchter. Die in Europa häufigste Entenart ist die Stockente, aus der die Hausentenrassen gezüchtet wurden. – Abb. S. 149.

Entente [angtangt; frz.] w, Bündnis; im 1. Weltkrieg Bezeichnung für Deutschland u. seine Verbündeten. **Entente cordiale** [angtangt kordjal; frz.] w, Bündnis zwischen Großbritannien u. Frankreich 1904 (1907 Beitritt Rußlands) nach Ausgleich ihrer kolonialen Interessen.

Entenvögel m, Mz., weltweit verbreitete Vogelfamilie mit etwa 150 Arten, die meist am Wasser leben; ↑ Enten, ↑ Gänse.

Friedrich Engels

Hans Magnus Enzensberger

Epikur

ZUR GESCHICHTE DER ENTDECKUNGEN

Am 21. Juli 1969 sind zum ersten Mal Menschen auf dem Mond gelandet; noch vor 500 Jahren wußte man in unserem Teil der Welt nicht, daß es jenseits des Ozeans einen großen Kontinent, Amerika, gibt.
Und doch waren schon viele Menschen in fremden Ländern gewesen und hatten Kunde von Teilen der Welt gebracht, in die nur selten ein Europäer kam. Trotz allem hatte man vor 500 Jahren, wenn wir einmal vom Mittelmeerraum absehen, nur recht spärliche geographische Kenntnisse, und es bedurfte noch vieler Reisen wagemutiger Männer, bis sich aus zahllosen Einzelkenntnissen ein wirklichkeitstreues Bild der Erde ergab.
Wir können nicht im einzelnen den Gründen nachgehen, die Anlaß für die oft tollkühnen Fahrten waren, die ins Unbekannte führten. Meist standen wirtschaftliche und politische Gründe hinter diesen Unternehmungen, ob man nun im Altertum nach Metallen suchte, ob Kolumbus sich gen Westen auf eine Fahrt nach Indien begab oder ob zum Beispiel die Erwerbung von Kolonien ins Innere Afrikas führte.
In den Sagen des Altertums finden wir Hinweise darauf, daß man schon damals Kenntnis von weit entfernten Orten hatte. So wird im Gilgamesch-Epos, einer babylonischen Dichtung etwa aus dem 19. bis 18. Jh. v. Chr., vom hohen Norden berichtet, wo der Held der Dichtung eine Nacht erlebt, die 20 Stunden dauert. In der griechischen Sage von Herakles hören wir, daß dieser am Ende des Mittelmeeres den Weg durch zwei Felsen versperrt fand, die er auseinanderschob, um in den Ozean zu gelangen. Lange Zeit nannte man die Straße von Gibraltar, die gemeint war, die „Säulen des Herkules" (so hieß Herakles in lateinischer Sprache). Auch das unter dem Namen Homers überlieferte Heldengedicht „Odyssee", das die Irrfahrt des Odysseus auf der Rückkehr von den Kämpfen um Troja schildert, zeigt, daß man sich damals nicht nur in den heimischen Gewässern auskannte.
Die früheste wirkliche Expedition, von der wir wissen, wurde um 1480 v. Chr. von der ägyptischen Königin Hatschepsut ausgesandt. Sie führte an die arabischen Küsten und nach Punt – so der Name in ägyptischen Inschriften –, das wahrscheinlich an der Somaliküste zu suchen ist.
Im Alten Testament wird von einer See-Expedition König Salomos nach Ophir (möglicherweise ein anderer Name für Punt) berichtet.
Etwa seit dem 11. Jh. v. Chr. wuchs die Seemacht der Phöniker, eines seefahrenden Volkes im östlichen Mittelmeerraum. Sie verließen erstmals das Mittelmeer und entdeckten um 800 v. Chr. die Kanarischen Inseln und Madeira. Die Kunde von diesen Inseln ging jedoch wieder verloren. Um 600 v. Chr. beauftragte der ägyptische König Necho II. phönikische Seefahrer mit der Umseglung des afrikanischen Festlandes. Der griechische Geschichtsschreiber Herodot berichtet, diese Phöniker hätten ihre Fahrt im Roten Meer begonnen und seien zwei Jahre später durch die „Säulen des Herkules" zurückgekehrt. Aber Herodot selbst bezweifelt diese Angaben. In griechischer Übersetzung liegt der Bericht über eine Expedition vor, die der karthagische Feldherr Hanno (um 500 v. Chr.) unternommen haben soll. Danach war seine Expedition mit 60 Schiffen ausgerüstet, und die Fahrt ging an der westafrikanischen Küste entlang bis in das Gebiet südlich der Goldküste. Wahrscheinlich hatte aber schon 100 Jahre vor Hanno ein Karthager die „Säulen des Herkules" durchfahren, Himilkon, dessen Weg dann jedoch nach Norden führte. Er berichtet von mächtigen grauen Nebeln und mag bis an die Küste der Bretagne, vielleicht sogar bis Cornwall vorgedrungen sein.
In das späte 4. Jh. v. Chr. fallen die Fahrten des griechischen Seefahrers Pytheas von Massilia (heute Marseille). Pytheas berichtet, er sei um die britischen Inseln gefahren. Sein Ziel war Cornwall wegen seines Reichtums an Zinn. Er berichtet auch von Thule, dem sagenhaften Land im Norden. Außerdem will er die „Meerlunge" gesehen haben, wahrscheinlich undurchdringlich dichte Nebel im Norden. Nach seinem Bericht muß Pytheas auch die Küsten der Ostsee bis ins Baltikum befahren haben.
Machen wir nun einen Sprung in den Norden, von wo aus die Wikinger – auch sie sind als Seefahrer berühmt – ihre Fahrten unternehmen.
Schon im 9. Jh. n. Chr. ist Other, der Robben- und Walfang betrieb, bis in den hohen Norden Norwegens vorgedrungen. Im 9. Jh. sollen sich irische Mönche sechs Monate in Thule aufgehalten haben. Leider weiß man immer noch nicht, welches Land mit Thule gemeint ist. Bereits im späten 8. Jh. soll der erste Wikinger Island erreicht haben. Im 9. Jh. kamen mehrere Wikinger nach Island (oder Sneland, wie sie es nannten). Darunter war auch Ingólfur Arnarson, der 874 Reykjavík gründete. 877 soll ein Wikinger Grönland gesichtet haben. Von Island aus wurden mehrere Erkundungsfahrten nach Grönland unternommen, das ab 986 unter Erik dem Roten auch besiedelt wurde.
Es konnte kaum ausbleiben, daß von Grönland aus auch Amerika entdeckt wurde. Bjarn Herlufsson war auf einer Grönlandfahrt abgetrieben worden und brachte als erster Kunde von einem fremden Land (wahrscheinlich Labrador). Dies ließ die Grönländer nicht ruhen, und um das Jahr 1000 machte sich Leif Eriksson, der Sohn Eriks des Roten, mit 35 Mann auf, das Land im Westen zu erkunden. Sie erreichten die amerikanische Küste, folgten ihr nach Süden und kamen wohl bis Massachusetts. Wilde Trauben müssen sie am meisten überrascht haben, denn sie nannten das Land Vinland (= Weinland). Leif Eriksson blieb ein Jahr in Vinland. Seine Berichte zogen mehrmals Wikinger ins Land; sie wurden dort jedoch nicht seßhaft, immer wieder wurden sie von Indianern angegriffen und vertrieben.
Bevor wir nun über die folgenden Zeitraum berichten, der mit dem sogenannten Entdeckungszeitalter beginnt (15. und 16. Jh.), wollen wir uns in Erinnerung rufen, daß die Entdecker auf Segelschiffen auf ihre Fahrten gingen, daß sie auf Segelschiffen die Ozeane überquerten. Die Schiffe waren auf den Wind angewiesen; bei Flauten (Windstille) kamen sie nicht vorwärts, und bei Sturm waren die nicht sehr großen Schiffe dem Wetter ziemlich hilflos preisgegeben. Den Kompaß kannte man damals schon, wenn auch die Bestimmungen mit ihm sehr viel ungenauer waren als heute. Die Zeit maß man mit dem Stundenglas (Sanduhr, die die Stunden zählte). Große Angst hatten alle Seefahrer vor dem Skorbut, einer schrecklichen Krankheit, die durch die eintönige Verpflegung ohne Obst und Gemüse hervorgerufen wurde (Vitaminmangelkrankheit). Das einzige Konservierungsmittel für Lebensmittel war damals Salz. Es war ein entbehrungsreiches und gefahrvolles Leben, das die Seeleute führen mußten.
Afrika. Schon die Ägypter versuchten, nach Süden vorzudringen und die Länder dort zu erkunden. Ägypter, Phöniker und Griechen vermittelten die ersten geographischen Kenntnisse Afrikas. Bedeutende Geographen und Geschichtsforscher des Altertums beschrieben, teils nach eigener Kenntnis, teils nach Berichten, die zu ihrer Zeit bekannten Teile Afrikas (Herodot, Strabo, Ptolemäus u. a.). Aus dem 14. Jh. n. Chr. stammt der Bericht des arabischen Reisenden Ibn Battuta, der bereits den Sudan und Timbuktu kannte.
Mit dem 15. Jh. bricht dann das Zeitalter der großen Entdeckungen an. J. G. Zarco entdeckte 1419 Madeira, G. Eanez erreichte 1435 die Bucht des Río de Oro, A. Gonzales brachte von einer Reise an den Río de Oro nicht nur Gold, sondern auch Neger mit nach Portugal und erregte damit beträchtliches Aufsehen. D. Fernandes erreichte um 1450 die Senegalmündung und A. Ca' da Mosto 1455 die Kapverdischen

Zur Geschichte der Entdeckungen (Forts.)

Inseln. D. Cão kam 1482/1483 bis an die Kongomündung und erreichte den 22. Grad südlicher Breite. 1488 umschiffte B. Diaz erstmals das Kap der Guten Hoffnung. Aus der ersten Hälfte des 16. Jahrhunderts stammt die Beschreibung Nordafrikas von Leo dem Afrikaner, einem getauften Moslem. Im frühen 17. Jh. erforschte Pater Antonio Fernandes Äthiopien. Im 18. Jh. wurde dann das Kapland erforscht (P. Kolb), wurden die Quellen des Blauen Nils entdeckt (J. Bruce) und der Mittellauf des Kongo (M. Park). Im 19. Jh. nahmen die Entdeckungsfahrten zu und ermöglichten bis zum Ende des Jahrhunderts auch die genaue kartographische Darstellung Afrikas. Genannt seien nur noch einige der bedeutendsten Entdeckungsfahrten: R. Caillié erforschte 1827/28 Timbuktu, J. Richardson durchquerte 1850/51 die Sahara, A. Overweg und H. Barth bereisten in denselben Jahren den Sudan, D. Livingstone durchquerte 1854–56 Südafrika, erforschte 1858 den Mittellauf des Sambesi und bereiste 1859 das Gebiet am Schirwa- und am Njassasee. J. H. Speke erforschte den Tanganjika- und Victoriasee (1858), G. Nachtigal erkundete Tibesti (1869), G. Schweinfurth erforschte Uelle (1870), K. Mauch entdeckte 1871 die Ruinen von Simbabwe, V. L. Cameron durchquerte 1873–75 Äquatorialafrika, H. M. Stanley 1874–77 Zentralafrika, Stanley erforschte 1887/88 den Kongo, und Teile Südafrikas.

Asien. Die Entdeckungsgeschichte Asiens geht eigene Wege. Teile dieses Kontinents waren den frühen europäischen Kulturvölkern eher bekannt als der Norden Europas. Herodot (um 490–um 425 v. Chr.) ist einer der frühen Zeugen für die Kenntnisse der Griechen; er berichtet von asiatischen Gebieten bis fast an den Indus. Alexander der Große kam auf seinen Kriegszügen bis an den Indus; er ließ das eroberte Land planmäßig erforschen. Griechische Geographen drangen bis ans Bengalische Meer vor, und Ptolemäus konnte bereits von den Malaiischen Inseln und dem Chinesischen Meer berichten. Das Römische Reich reichte zeitweise bis tief nach Asien hinein. Man wußte also schon früh von asiatischen Ländern und Kulturen. Römerinnen trugen Gewänder aus Seide, die aus China kam; ostasiatische Gewürze wurden gehandelt. Man muß annehmen, daß die Waren auf den langen Wegen über Zwischenhändler weitergegeben wurden.

Erst im 13. Jh. kommt es zu bedeutenden Reisen. Berühmt ist die von Marco Polo beschriebene Reise, die er mit seinem Vater und einem Onkel unternahm. Sie zogen 1271, teils auf der alten Seidenstraße im Innern Asiens, nach China, wo sie mehr als 20 Jahre blieben. 1497 stach Vasco da Gama in See, um auf dem Seeweg um das Kap der Guten Hoffnung nach Indien zu fahren, wo er im Mai 1498 ankam. Noch zweimal führte er eine Flotte nach Indien. Zeitweise waren es dann v. a. Missionare und Abenteurer, die nach Asien aufbrachen, meist auf dem Landweg. Lange Zeit blieb das Innere Asiens unbekannt, während die Küstenländer und die Inseln Südostasiens nach und nach bereist wurden (F. de Magalhães kam 1521 auf die Philippinen, F. Mendes Pinto 1542 nach Japan. S. I. Tscheljuskin erreichte 1742 die Nordspitze Asiens). Zu den bedeutenden Männern, denen wir genaue Berichte verdanken, gehören E. Kämpfer, der 1683–93 Asien bereiste, C. Niebuhr, der 1761–67 im Auftrag des dänischen Königs an der Erforschung der Arabischen Halbinsel teilnahm, S. Pallas, der im Auftrag der Russischen Akademie der Wissenschaften 1768–74 den Ural und Sibirien bereiste. Im 19. Jh. sind u. a. zu nennen: F. W. Junghuhn (Java), A. Th. von Middendorf (Nord- u. Ostsibirien), der Missionar É.-R. Huc (Mongolei und Tibet), N. M. Prschewalski (Turkestan und Tibet), P. K. Koslow (China). Der erfolgreichste Asienforscher der jüngsten Zeit und der noch immer populärste Reisende ist wohl S. Hedin, der auf sechs Expeditionen große Teile Asiens erkundete. Seine bedeutendste Leistung ist die Erforschung Zentralasiens.

Amerika. Daß Amerika um das Jahr 1000 von Grönland aus zum ersten Mal entdeckt wurde, haben wir bereits berichtet. Im 15. Jh. suchten die seefahrenden Nationen nach einem neuen Seeweg nach Indien. Man wußte, daß die Erde eine kugelförmige Gestalt hat, folglich mußte es auch einen Weg nach Indien geben, der westwärts führte. Kolumbus machte sich 1492 im Auftrag der spanischen Könige auf den Weg und erreichte am 12. Oktober 1492 San Salvador, eine der Bahamainseln. Damit war Amerika zum zweiten Mal entdeckt. Noch dreimal fuhr Kolumbus nach Amerika, entdeckte Kuba und Haiti, wo er eine spanische Niederlassung gründete, kam auf seiner dritten Reise an die Nordküste Südamerikas und damit erstmals auf amerikanisches Festland und auf seiner letzten Fahrt an die Ostküste Mittelamerikas.

Schon 1497 war auch G. Cabato gen Westen aufgebrochen und hatte Labrador (Nordamerika) erreicht. 1499–1502 bereiste A. Vespucci die Nord- und Ostküste Südamerikas. V. N. de Balboa erreichte 1513 nach Überschreiten der Enge von Panama die Küste am Pazifischen Ozean und begann die Erforschung der amerikanischen Westküste. 1519 fuhr Hernán Cortés mit 11 Schiffen und 800 Mann nach Amerika. Sie landeten auf der Halbinsel Yucatán, drangen in die Hauptstadt des Aztekenreiches vor und erbeuteten ungeheure Schätze. Cortés blieb bis 1527 in Amerika, kämpfte auf Eroberungszügen gegen die Indianer, aber auch gegen rivalisierende spanische Truppen. Auf einer zweiten Fahrt drang er bis an den Golf von Kalifornien vor.

Wenden wir uns Südamerika zu. Schon 1500 ist V. Y. Pinzón an der Ostküste Südamerikas gewesen und hat die Mündung des Amazonas und des Orinokos entdeckt. Im selben Jahr bereiste auch P. A. Cabral die brasilianische Küste. V. Y. Pinzón unternahm mit J. D. de Solís zwei weitere Reisen nach Südamerika. 1519 brach F. de Magalhães auf, einen westlichen Weg nach den Molukken zu suchen. Er erreichte die südamerikanische Küste etwa bei Rio de Janeiro, segelte südwärts und kam im Oktober 1520 an die Meeresstraße, die Feuerland von Südamerika trennt (nach ihm Magalhäesstraße benannt). Er wandte sich weiter westwärts, kam in den Pazifischen Ozean und erreichte die Philippinen, wo er im Kampf gegen Eingeborene fiel. Sein Schiff fuhr weiter gen Westen und vollendete so die erste Weltumseglung.

F. Pizarro, der bereits 1509 nach Amerika kam, unternahm mehrere Vorstöße gen Süden, bevor er 1527 erstmals nach Peru kam, das er dann 1532–35 mit D. de Almagro eroberte. Pizarro wurde nach grausamen Kämpfen zum Herrscher über das Reich der Inka. D. de Almagro eroberte 1535–37 Chile. G. Pizarro überquerte die Anden und drang in das Amazonastiefland vor. F. de Orellana, der ihn begleitete, durchquerte als erster den Kontinent auf dem Amazonas. 1615 fuhren J. Le Maire und W. C. Schouten als erste um das südlichste amerikanische Kap. Es heißt nach dem Geburtsort Schoutens Kap Hoorn. Die Zeit der spanischen und portugiesischen Eroberer neigte sich dann ihrem Ende zu; hinfort waren es Entdecker und Forscher, die Südamerika bereisen. Von den vielen, die sich um die weitere Kenntnis dieses Erdteils verdient machten, nennen wir Ch.-M. de La Condamine, A. von Humboldt, A. de Saint-Hilaire, Ch. Darwin und R. H. Schomburgk.

Von Haiti aus unternahm J. Ponce de León, der an der zweiten Fahrt Kolumbus' teilgenommen hatte, mehrere Fahrten. 1513 kam er nach Nordamerika und erforschte weite Teile der Küste Floridas. J. Cartier fuhr 1534 im Auftrag des französischen Königs nach Westen. Auch Frankreich wollte an den Schätzen der Neuen Welt teilhaben. Cartier erreichte die nordamerikanische Küste bei Neufundland, wandte sich dann gen Süden, bereiste den Sankt-Lorenz-Golf, nahm das Land (Kanada) für Frankreich in Besitz und kehrte, mit zwei Indianern an Bord, nach Frankreich

Zur Geschichte der Entdeckungen (Forts.)

zurück. Die Indianer berichteten von einem an Edelmetallen reichen Land, und Cartier brach 1535 wieder nach Amerika auf. Diesmal fuhr er den Sankt-Lorenz-Strom aufwärts; er kam bis in die Gegend von Montreal, entdeckte aber das vermutete reiche Land nicht. Auf einer dritten Fahrt brachte er die ersten französischen Kolonisten nach Kanada. 1539 organisierte H. de Soto eine Expedition nach Florida. Bis 1543 (de Soto starb 1542 am Fieber) wurden weite Teile des Mississippigebietes erforscht. Wieder auf der Suche nach einem westlichen Weg nach China und Japan unternahm H. Hudson drei Fahrten, alle ohne Erfolg. Auf der dritten Fahrt entdeckte er 1610 die Hudsonbai. Peter der Große, Zar von Rußland, beauftragte V. J. Bering mit der Erforschung der ostasiatischen Küste. Bering durchfuhr 1728 die nach ihm benannte Meeresstraße zwischen Nordasien und Nordamerika. Auf einer zweiten Reise (1741) erreichte er Alaska und die Aleuten. A. Mackenzie unternahm im heutigen Kanada mehrere Reisen, 1789 befuhr er dabei den nach ihm benannten Mackenzie River. Um 1795 bereiste G. Vancouver die Westküste Nordamerikas. Nordamerika bot noch bis in unser Jh. unerforschte Gebiete. Von den zahlreichen Forschern nennen wir noch J. Ch. Fremont, K. Preuß, Low, Stuck und K. Rasmussen.

Australien. Lange Zeit vermutete man auf der südlichen Erdhalbkugel einen großen Kontinent, den man „terra australis" (= Südland) nannte. Im frühen 17. Jh. erreichten Holländer (D. Hartog, P. Nuyts) als erste die Küste Australiens, wie man die Insel seit 1814 nennt. Zuerst wurde sie unter dem Namen Neuholland bekannt, nach dem „Südland" suchte man weiter. Als A. Tasman 1642 in das „Südmeer" geschickt wurde, entdeckte er unter anderem auch die nach ihm benannte Insel Tasmanien, aber auch die gebirgige, abweisende Nordküste Australiens. J. Cook, einer der bedeutendsten Entdecker, befuhr auf der ersten seiner berühmten Reisen (1769–1771) die gesamte australische Ostküste, nahm das Land für Großbritannien in Besitz, durchfuhr die Torresstraße und fuhr dann weiter westwärts. Auf seiner zweiten Reise (1772–1775) durchforschte er die südlichen Meere und stellte fest, daß es das Südland der alten Vorstellung nicht gibt. M. Flinders und G. Bass entdeckten den Inselcharakter Tasmaniens und bereisten 1796–1802 die australische Ost- und Nordküste. Bereits 1788 kam der erste britische Sträflingstransport unter dem Gouverneur A. Phillip in Australien an, denn man hatte die unwirtliche Insel als Sträflingsinsel ausersehen. Die erste Siedlung war Port Jackson (heute Sydney). Es folgten freie Siedler, und bereits um 1830 war der schmale Landstreifen zwischen dem Meer und dem Gebirge, den Blauen Bergen, zu eng geworden, so daß man westwärts vorstoßen mußte. Den Expeditionen folgten die Siedler. Von den Männern, die unter großen Entbehrungen Gebirge und Wüsten erforschten, nennen wir Ch. Stuart, E. J. Eyre, L. Leichhardt u. J. M. Stuart.

Nichts haben wir bisher über die Entdeckungen in Ozeanien, im Nord- und Südpolargebiet berichtet. Wenigstens über die Polargebiete wollen wir noch einige Daten geben. Man hatte im hohen Norden schon manche Entdeckung gemacht, hatte 1576 einen Wasserweg nördlich von Amerika gesucht, aber erst 1875/76 erkannte man, daß Grönland eine Insel ist (G. Nares und andere). 1878/79 gelang es A. E. Freiherr von Nordenskiöld, die Nordöstliche Durchfahrt (vom Atlantischen zum Pazifischen Ozean, nördlich von Europa und Asien) zu befahren. F. Nansen durchquerte mit O. Sverdrup 1888 erstmals Grönland, 1893–96 kamen sie auf ihrer Nordpolfahrt bis 86° 14′ nördlicher Breite. 1903–06 durchfuhr R. Amundsen als erster die Nordwestliche Durchfahrt (nördlich von Nordamerika, von Osten nach Westen). 1914/15 gelang B. A. Wilkizki die Fahrt in entgegengesetzter Richtung. Im Jahre 1909 kam R. E. Peary auf dem Weg über das Eis dem Nordpol am nächsten. Überflogen wurde der Nordpol 1926 nach eigenen Angaben von R. E. Byrd im Flugzeug (wird neuerdings angezweifelt), wenige Tage später erreichten R. Amundsen, L. Ellsworth und U. Nobile den Pol im Luftschiff. Eine Großtat, wenn auch mehr technischer Art, war die Fahrt eines amerikanischen Atom-U-Bootes unter dem Polareis (1958). Am 5. April 1969 erreichten vier britische Forscher, die Anfang Februar 1968 von Alaska aus aufgebrochen waren, den Nordpol. Ihre Überquerung des Polarkreises beendeten sie am 29. Mai 1969 nördlich von Spitzbergen.

Während das Gebiet um den Nordpol von einer schwimmenden Eiswüste bedeckt ist, gibt es am Südpol einen Kontinent, der allerdings mit einer dicken Eisdecke (bis 2 500 m) bedeckt ist. Den Kontinent Antarktika entdeckte C. Borchgrevink erst 1895. J. Cook hatte die Antarktis schon 1772–75 umsegelt. Viele Forscher haben nach und nach Teile der noch immer nicht ganz bekannten Antarktis erforscht. Der Norweger R. Amundsen kam 1911 als erster an den Südpol; nur fünf Wochen nach ihm erreichte den Südpol auch der Brite R. F. Scott, der auf dem Rückweg in Schneestürmen ums Leben kam. R. E. Byrd überflog erstmals den Südpol 1929, zwischen 1930 und 1947 unternahm er vier Expeditionen in die Antarktis. 1957/58 hat V. E. Fuchs erstmals die Antarktis über den Südpol durchquert. Heute haben mehrere Staaten Forschungsstationen in diesem Erdteil.

* * *

Enten. Stockenten

Elster

Enzian. Stengelloser Enzian

Enthusiasmus [gr.] *m*, Begeisterung, leidenschaftliche Ergriffenheit.

Entwicklungshilfe *w*, Hilfe für Länder, die in Industrie, Landwirtschaft, Handel und Verkehr noch schwach entwickelt sind (*Entwicklungsländer*). Die reicheren Länder (meist hochindustrialisiert) versuchen die Entwicklungsländer durch wirtschaftliche (Geld, Industrieausrüstungen, Bewässerungsanlagen u. a.) u. technische (Ausbildung von Fachleuten, Entsendung von Fachleuten) Hilfe zu unterstützen. In den Entwicklungsländern, die 2/3 der Erdbevölkerung umfassen, leiden noch viele Menschen unter Hunger, mangelhafter Ernährung, Krankheit, schlechten Wohnverhältnissen, rückständigen Schul- u. Berufsausbildungsverhältnissen.

Entzündung *w*, örtliche Reaktion des Körpers (Gewebes) auf infektiöse (durch Bakterien und Viren), chemische (Gifte, z. B. beim Insektenstich) oder physikalische (Strahleneinwirkung, z. B. Sonnenbrand) Schädigung. Zeichen einer E. sind: Rötung, Hitze, Schmerzen, Schwellung, Fieber.

Enzensberger, Hans Magnus, * Kaufbeuren 11. November 1929, deutscher Schriftsteller. Mit treffsicherer Sprache greift er gesellschaftliche Mißstände, überkommene Machtverhältnisse u. Denkgewohnheiten an; Lyrik (u. a. „Verteidigung der Wölfe", 1957, „Landessprache", 1960), Essays. - Abb. S. 146.

Enzian *m*, Gattung der Enziangewächse, die mit über 200 Arten v. a. in den Gebirgen der Nordhalbkugel vorkommen (in Deutschland etwa 24 Arten). Meist blaublütig u. kurzstengelig (z. B. die stengellose E. mit besonders großer Blüte), seltener höhere Pflanzen mit roten (z. B. *Purpurblütige E.*, bis 60 cm hoch) oder gelben Blüten (z. B. der bis 1,4 m hohe *Gelbe E.*, aus dessen Wurzeln *Enzianschnaps* bereitet wird). Wegen ihrer Seltenheit stehen viele Arten unter Naturschutz. – Abb. S. 149.

Enzyklika [gr.] *w*, Rundschreiben bzw. Lehrschreiben, in dem der Papst zu wichtigen Glaubens- u. Sittenfragen Stellung nimmt.

Enzyklopädie [gr.] *w*, Nachschlagewerk; eine übersichtliche, meist alphabetisch angeordnete Darstellung aller Wissensgebiete oder eines bestimmten Wissensgebietes in seiner Gesamtheit. Die erste große E. der Neuzeit entstand in der Zeit der Aufklärung unter der Leitung von D. ↑Diderot in Frankreich.

Enzyme [gr.] *s*, *Mz*. (Fermente), neben den ↑Hormonen u. ↑Vitaminen die dritte Gruppe von biologischen ↑Katalysatoren, die die Unzahl der chemischen Reaktionen, die sich im pflanzlichen, menschlichen u. tierischen Organismus abspielen, katalysieren, steuern u. regeln. Sie bestehen im wesentlichen aus hochmolekularen ↑Eiweißstoffen. Charakteristika der E. sind, daß sie zwar von den lebenden Zellen gebildet werden müssen, aber auch außerhalb der lebenden Zelle ihre Wirkung ausüben können u. daß jedes Enzym nur ganz bestimmte chemische Reaktionen, die sich im Organismus abspielen u. steuern kann. Daraus ergibt sich, daß die Zahl der E. in die Tausende gehen muß. Technisch werden gewisse E. verwendet bei der Gärung in der Brauerei u. bei der Alkoholgewinnung, bei der Käseherstellung aus Quark u. in der Hefe im Bäckereigewerbe. In der Medizin werden E. z. B. bei Schädigungen der Darmflora eingesetzt.

Eos, griechische Göttin der Morgenröte.

Eosin [gr.] *s*, roter Farbstoff; wird zur Herstellung von roten Tinten, Lippenstiften u. a. gebraucht.

Epidemie [gr.] *w*, zeitlich u. örtlich begrenztes, gehäuftes Auftreten einer Infektionskrankheit, z. B. Grippe, Malaria, Typhus.

Epidiaskop [gr.] *s*, Bildwerfer, mit dessen Hilfe sowohl durchsichtige als auch undurchsichtige Bilder auf eine Bildwand projiziert werden können.

Epigone [gr.; = Nachgeborener] *m*, schwacher, unbedeutender Nachfolger eines bedeutenden Vorgängers; Nachahmer ohne Schöpferkraft (besonders in der Kunst).

Epigramm [gr.; = Aufschrift] *s*, ursprünglich Aufschrift auf einem Grabmal, Standbild u. ä. Schon im Altertum entwickelte sich daraus die Kunstform des knappen u. treffenden Sinn- u. Spottgedichtes; bekannte Epigrammatiker sind u. a. Lessing, Goethe u. Schiller.

Epik [gr.] *w*, erzählende Dichtung (im Gegensatz zu Lyrik u. Dramatik) in Versen oder in Prosa. Großformen der E. sind Epos u. Roman; zu den Kleinformen gehören Novelle, Kurzgeschichte, Sage u. Märchen, Fabel, Anekdote u. a. – Im engeren Sinn ist E. eine zusammenfassende Bezeichnung für Werke, die unter den Begriff *Epos* fallen. Ein Epos ist eine längere Versdichtung und behandelt vor allem heldische und sagenhafte sowie ritterliche Stoffe (z. B. „Ilias" u. „Odyssee", „Nibelungenlied", „Parzifal"), aber auch Stoffe aus der bürgerlichen Welt (Goethes „Hermann u. Dorothea"), aus der Tierfabel (Epen um Reineke Fuchs) u. aus anderen Bereichen. Wie der Roman neigt das Epos zu einer breiten Schilderung von Welt u. Leben.

Epikur, * auf Samos 341, † Athen 270 v. Chr., griechischer Philosoph. Der Sinn des Lebens liegt für E. im diesseitigen Glück, das der Mensch aber nicht durch Genüsse wie Essen u. Trinken erlangt, sondern in der Weisheit förderlicher Zurückgezogenheit. – Abb. S. 146.

Epilog [gr.] *m*, abschließendes Nachwort; Nachspiel, Schlußrede.

Epiphanie [gr.; = Erscheinung] *w*, im Altertum nannte man die Erscheinung einer Gottheit E., später bezeichnete man mit E. den feierlichen Einzug eines als Gott verehrten Herrschers. – *Epiphanias* ist das Fest der „Erscheinung des Herrn" (6. Januar).

episch [gr.], erzählend; die ↑Epik betreffend.

Episkop [gr.] *s*, Bildwerfer für undurchsichtige Bilder, z. B. für Abbildungen aus einem Buch; ↑auch Epidiaskop.

Episode [gr.] *w*, zeitlich begrenztes Ereignis, Erlebnis; Zwischenspiel.

Epistel [gr.-lat.] *w*, Brief; Bezeichnung für die im Neuen Testament enthaltenen Briefe sowie deren Lesung in der Liturgie. In der Literatur Briefgedicht in langen Versen.

Epoche [gr.] *w*, (größerer) Zeitabschnitt in der Geschichte, der durch die Eigenart vorherrschender Verhältnisse (in Wirtschaft, Politik, Kunst u. a.) oder durch ein besonderes Ereignis an seinem Beginn gekennzeichnet ist (z. B. die E. der Weltraumfahrt); oft gleichbedeutend mit ↑Zeitalter.

Epos ↑Epik.

Equipe [ekip; frz.] *w*, Reitermannschaft, auch allgemein [Sport]mannschaft.

Erasmus von Rotterdam, ab 1496 nannte er sich Desiderius E., * Rotterdam 27. (28. ?) Oktober 1469 (1466 ?, 1467 ?), † Basel 12. Juli 1536, niederländischer Theologe, bedeutender Humanist. Er kritisierte kirchliche Mißstände, lehnte aber die Reformation Luthers ab. Er schrieb u. a. die Satire „Lob der Torheit", eine ironische Lobrede auf das Laster.

Erasmus von Rotterdam.
Kupferstich von Albrecht Dürer

Erato, eine der ↑Musen.

Erbanlage *w*, die Veranlagung eines Lebewesens, bestimmte Eigenschaften (Merkmale) im Zusammenwirken mit den Umweltfaktoren zu entwickeln. Diese Veranlagung liegt in den Genen der Chromosomen begründet u. wird durch die Keimzellen der Eltern bei der Befruchtung an die Kinder weitergegeben; ↑Vererbungslehre.

Erdöl

Erbgesetze ↑Vererbungslehre.
Erbmasse w, die Gesamtheit der ↑Erbanlagen.
Erbsen, w, Mz., die Gattung E., die zu den Schmetterlingsblütlern gehört, umfaßt 7 Arten, darunter die schon zur Steinzeit verwertete *Gartenerbse* (Saat-, Speiseerbse), eine wertvolle Gemüsepflanze. Die Samen der Hülsenfrüchte bestehen hauptsächlich aus den beiden dick angeschwollenen Keimblättern, in denen neben Stärke besonders viel Eiweiß als Nahrung für den Keimling gespeichert liegt. In der Rinde der Wurzeln leben *Knöllchenbakterien,* die das Zellgewebe zu Wucherungen anregen. Es bilden sich *Wurzelknöllchen.* Wichtig sind diese Bakterien, weil sie Stickstoff aus der Luft aufnehmen u. ihn dann den Pflanzen zuführen. Pflügt man die Pflanzen um u. läßt sie im Boden verfaulen, wird dieser mit wertvollen Stickstoffverbindungen als Dünger angereichert.
Erbsünde ↑Sünde.
Erdachse w, die Achse, um die die Erde sich um sich selbst dreht. Diese Drehung vollzieht sich in 23 Stunden, 56 Minuten u. 4 Sekunden, gemessen an der Wiederkehr der Kulmination eines Sterns, jedoch 24 Stunden, gemessen an der Wiederkehr der Sonnenkulmination. Durch die Drehung der Erde scheint es, als drehe sich das Himmelsgewölbe um uns (Auf- u. Untergehen der Sonne [↑Ekliptik], des Mondes u. der Sterne). Die gedachte Verlängerung der E. zeigt zum Himmelspol (dem Polarstern). Die E. steht nicht senkrecht auf der Ebene der Bahn, die die Erde jährlich einmal um die Sonne beschreibt. Dadurch entstehen auf der Erde die ↑Jahreszeiten.
Erdbeben s, Erschütterung des Erdbodens, die große Zerstörungen hervorrufen kann. Man unterscheidet Einsturzbeben, vulkanische Beben u. tektonische Beben. *Einsturzbeben* entstehen, wenn ein Hohlraum in der Erdkruste zusammenbricht; *vulkanische Beben* sind Begleiterscheinungen von Vulkanausbrüchen. Die stärksten u. häufigsten E. gehören zu den *tektonischen Beben.* Verursacht werden sie durch Gesteinsverschiebungen in der Erdkruste; diese führen zu Spannungszuständen, die sich von Zeit zu Zeit mit großer Gewalt ausgleichen. Der Ausgangspunkt eines solchen Bebens heißt Erdbebenherd (oder Hypozentrum). Er liegt bis zu 700 km unter der Erdoberfläche. Die Stelle der Erdoberfläche, die genau über dem Erdbebenherd liegt, heißt Epizentrum. Dort werden die größten Zerstörungen hervorgerufen. Die Erschütterungen breiten sich als Erdbebenwellen im Innern u. an der Oberfläche der Erde aus. Sie werden mit Erschütterungsmessern (Seismographen) registriert. Ihre Stärke wird angegeben nach der (1935 von dem amerikanischen Seismologen Ch. F. Richter aufgestellten) Richter-Skala: schwächste E. 0–0,5, stärkste E. (Weltbeben) 7,5–8,5. Die Erde wird jährlich von einigen hunderttausend E. erschüttert. Die meisten davon sind allerdings kaum merkbar u. rufen keine Zerstörungen hervor. Auf der Erde gibt es Gebiete, die besonders häufig von E. heimgesucht werden. Sie liegen am Rande junger Faltengebirge (↑Gebirge), insbesondere am Rande des Pazifischen Ozeans u. entlang der sich von Südeuropa bis weit nach Asien erstreckenden Hochgebirgskette. Liegt der Erdbebenherd unter dem Meeresboden, so entsteht ein *Seebeben.* Dabei bilden sich oft sehr hohe Flutwellen, die an den nächstliegenden Küsten Überschwemmungen hervorrufen können.
Erdbeeren w, Mz., Gattungsbezeichnung für mehr als 20 Arten der Rosengewächse, deren rote Früchte (ebenfalls E. genannt) als Sammelfrüchte auf einem fleischig werdenden, wohlschmeckenden Blütenboden viele kleine harte Nußfrüchtchen (die gelblichen „Kernchen") tragen. Drei Arten kommen in Deutschland als Wildpflanzen (z. B. die Walderdbeere) vor. Andere Arten, wie die Gartenerdbeere, werden angepflanzt. E. treiben meist Ausläufer u. haben weiße Blüten.
Erde, w, Planet, der die Sonne umkreist. Die Umlaufzeit der E. um die Sonne beträgt 365 Tage (= 1 Jahr). Die Bahn der Erde ist nahezu ein Kreis, der mittlere Abstand von der Sonne beträgt 149,6 Mill. km. Bei ihrem Umlauf um die Sonne dreht sich die E. außerdem täglich einmal um ihre eigene Achse (↑Erdachse). Bei dieser täglichen Drehung um sich selbst bewegt sich die E. gleichzeitig 29,8 km pro Sekunde auf ihrer Bahn um die Sonne weiter. Mit der Sonne u. dem ganzen Sonnensystem bewegt die E. sich außerdem noch um das Sternsystem der Milchstraße (einmal in 234 Mill. Jahren). – Die E. ist eine an den Polen abgeplattete Kugel (die Form wird als *Geoid* bezeichnet). Der Radius beträgt am Pol 6357 km, am Äquator 6378 km. Am Äquator hat die E. einen Umfang von 40077 km. Die Oberfläche der E. beträgt 510,1 Mill. km^2, davon sind aber nur 29,3 % Land. Der Aufbau der E. wird als schalenförmig angenommen. Das Alter der E. wird mit 4,5 Milliarden Jahren angenommen. – Abb. S. 152.
erden ↑Erdung.
Erdgas s, Sammelbezeichnung für alle Gase, die durch Eruption oder künstliche Bohrungen an der Erdoberfläche austreten. Dazu gehören das eigentliche E. sowie andere gasförmige Stoffe wie Stickstoff, Edelgase, Wasserstoff sowie die giftigen Gase Kohlenmonoxid u. Schwefelwasserstoff. Das eigentliche E. ist brennbar u. besteht vorwiegend aus dem Kohlenwasserstoff Methan (CH$_4$). Es hat den gleichen Ursprung wie das Erdöl u. befindet sich meist in den Kuppeln (Gaskappen) von Erdöllagerstätten. Es ist wegen seiner Verwendung als Brennstoff und für die Petrolchemie (↑Erdöl) von technischem Interesse. Der Vorteil des Erdgases liegt darin, daß es infolge von Eigendruck selbsttätig aus der Erde austritt, also nicht gefördert werden muß wie Kohle u. Erdöl. Da E. nicht giftig ist u. sein Heizwert den von Stadtgas (Leuchtgas) übersteigt, hat es für die Gasversorgung in den letzten Jahren an Bedeutung gewonnen.
Erdgeschichte ↑S. 154 f.
Erdkunde ↑Geographie.
Erdmagnetismus [dt.; gr.] m, magnetische Erscheinungen der Erdkugel. Der magnetische Südpol liegt in der Nähe des geographischen Nordpols (73,8° nördlicher Breite, 100,8° westlicher Länge), der magnetische Nordpol in der Nähe des geographischen Südpols (68,1° südlicher Breite, 144,0° östlicher Länge). Jede Magnetnadel stellt sich in Richtung auf die magnetischen Kraftlinien ein, also auf die beiden magnetischen Pole. Auf dieser Tatsache beruht der ↑Kompaß.
Erdnußpflanze w, ein einjähriger, bis 70 cm hoher Schmetterlingsblütler, dessen Heimat Südamerika ist. Die Blätter sind paarig gefiedert, die Blüten gelb u. unscheinbar. Nach der Befruchtung wachsen die Stiele abwärts u. bohren den Fruchtknoten in den Erdboden. Dort wachsen die Hülsenfrüchte heran. Aus den Samen wird Erdnußöl gewonnen.
Erdöl s, flüssiges Gemisch aus ketten- oder ringförmigen Kohlenwasserstoffen mit geringen Beimischungen von Stickstoff, Schwefel und Sauerstoff. E. ist aus pflanzlichem u. tierischem Material der Vorzeit entstanden. Aus diesem bildeten sich vor etwa 500 bis 300 Mill. Jahren Faulschlämme, die nicht verwesen oder verrotten konnten, weil sie von der Luft abgeschlossen waren. Durch Druck und Hitze wurde aus dem organischen Material unter Mitwirkung von Bakterien, Fermenten und Katalysatoren (Stoffen, die eine chemische Reaktion veranlassen) Kohlensäure abgespalten. Dadurch entstand das E. in seiner heutigen Zusammensetzung. Das E. hat sich zwischen Erdschichten in Erdöllagern gesammelt. Von dort wird es heute durch Bohrungen (durch darüberliegende Gesteinsschichten) erschlossen u. herausgepumpt. E. ist einer der wichtigsten Rohstoffe. Die Weltförderung lag 1977 bei 2520 Mill. Tonnen, wovon auf die Bundesrepublik Deutschland nur 5,4 Mill. Tonnen entfielen. Als Raffination bezeichnet man die Aufarbeitung von E. zu Kraft- u. Treibstoffen, Heizölen, Schmierstoffen u. Straßenbaumaterialien (Bitumen). Daneben beschäftigt sich ein eigener Zweig der chemischen

Erdsatellit

Industrie (Petrolchemie) mit der Verarbeitung von E. u. ↑Erdgas: Durch geeignete Verfahren u. über vielfältige Zwischenprodukte werden E. u. Erdgas in die unterschiedlichsten Endprodukte überführt. Vorstufe ist dabei das Zerkleinern (Kracken) der größeren Moleküle beider Stoffe in ganz einfach gebaute Moleküle durch kurzzeitiges Erhitzen. Die so entstehenden Vorprodukte, die sich dadurch auszeichnen, daß sie sehr leicht chemische Verbindungen eingehen, sind Ausgangsstoff für weitere Verfahren u. unzählige Produkte der Petrolchemie, z. B. Kunststoffe, Gummi, Textilien, Waschmittel, Lebensmittel.

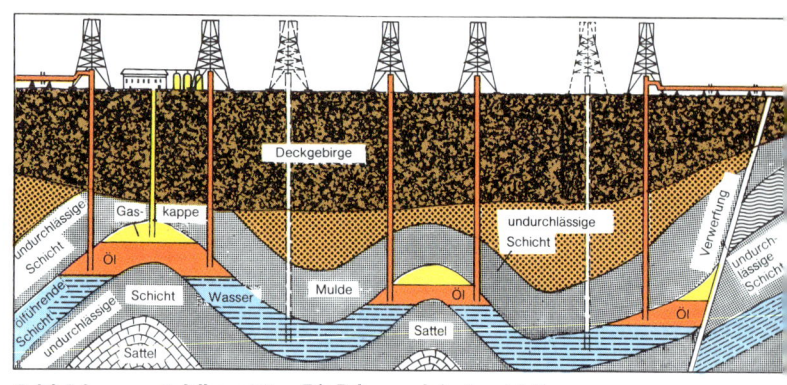

Erdöl. Schema von Erdöllagerstätten. Die Bohrungen beim 3. und 6. Turm von links sind geschlossen

Erdsatellit [dt.; lat.] *m*, künstlicher Himmelskörper, der sich auf einer kreisförmigen oder ellipsenförmigen Bahn antriebslos um die Erde bewegt. Seine Geschwindigkeit muß so groß sein, daß Fliehkraft u. Erdanziehungskraft einander gerade die Waage halten. Für einen in 200 km Entfernung von der Erdoberfläche kreisenden Satelliten ist das bei einer Geschwindigkeit von etwa 8 m/s der Fall. Der 1. E. wurde am 4. 10. 1957 (Sputnik 1), der erste bemannte E. am 12. 4. 1961 (Wostok 1) gestartet. Erdsatelliten werden außer für wissenschaftliche u. militärische Zwecke vorwiegend für die Nachrichtenübermittlung (Nachrichtensatelliten), Wetterbeobachtungen (Wettersatelliten) u. als Navigationshilfe für Schiffe u. Flugzeuge (Navigationssatelliten) verwendet. Der einzige natürliche Satellit der Erde ist der ↑Mond; ↑auch Weltraumfahrt.

Erdteil *m* (Kontinent), zusammenhängendes Festland im Gegensatz zu den Inseln. Als Erdteile gelten: Europa, Asien (beide zusammen werden auch als einheitlicher E. aufgefaßt u. so Eurasien genannt), Afrika, Nordamerika u. Südamerika (zusammenfassend auch als Doppelkontinent Amerika bezeichnet), Australien u. Antarktika. Der Landanteil der Erdteile an der gesamten Landfläche der Erde beträgt: Afrika 20 %, Antarktika (mit Schelfeis) 9,4 %, Asien 29,7 %, Australien 6 %, Europa 6,7 %, Nordamerika 16,2 %, Südamerika 12 %.

Erdung *w*, Verbindung elektrischer Geräte, insbesondere ihrer von außen zugänglichen Gehäuse, mit der Erde zum Schutz vor Unfällen. Das Berühren eines geerdeten Gehäuses ist selbst dann ungefährlich, wenn es durch einen Defekt unter Spannung steht, da der Strom direkt zur Erde abfließen kann u. nicht den Umweg über den Körper der berührenden Person nimmt. Häufig erfolgt die E. über das Stromnetz (eine sogenannte Nulleitung übernimmt die Erdung).

Erdzeitalter ↑Erdgeschichte.
Erechtheum ↑Akropolis.
Eremit [gr.] *m*, Einsiedler.

Erfurt: 1) Bezirk der DDR, mit 1,2 Mill. E. Der Bezirk umfaßt den Hauptteil des Thüringer Beckens, dazu den Südteil des Eichsfeldes, einen Teil des Unterharzes u. den Nordteil des Thüringer Waldes. Im inneren Becken fruchtbares Ackerland mit Weizen- u. Zuckerrübenanbau. Bedeutend ist der Kalisalzabbau im Norden. Die Städte haben eine vielseitige Industrie; **2)** Hauptstadt von 1), mit 207 000 E., an der Gera gelegen. In E. gibt es eine medizinische Akademie, eine pädagogische Hochschule, eine Ingenieurschule u. eine Fachschule für Gartenbau. Berühmt ist die Baugruppe des gotischen Doms u. der gotischen Severikirche, die beide durch eine Freitreppe verbunden sind. E. hat Maschinenbau, elektrotechnische u. Schuhindustrie. Wichtig u. weltberühmt ist die Erfurter Blumen- u. Samenzucht (jährliche Gartenbauausstellung). – Im 14./15. Jh. war E. eine der bedeutendsten deutschen Städte. 1392–1816 war E. Universitätsstadt.

Erg *s*, gesetzlich nicht mehr zugelassene Einheit für ↑Arbeit bzw. ↑Energie.
Ergänzung ↑Satz.
Eriesee [i^e ri...] *m*, einer der 5 Großen Seen in Nordamerika; 25 612 km² groß, bis 64 m tief. Durch den See verläuft die Grenze zwischen Kanada u. den USA. Die Haupthäfen sind: Buffalo, Erie, Cleveland u. Toledo.
Erinnyen [gr.] *w*, *Mz.*, griechische Göttinnen der Rache.
Eris, griechische Göttin der Zwietracht.
Eritrea, Provinz Äthiopiens, am Roten Meer, mit 2 Mill. E. Hauptstadt ist *Asmara*, der Haupthafen *Massaua*. E. ist ein trockenes, sehr heißes Küstentiefland, im Innern ist es gebirgig u. fruchtbar (Ackerbau). – ↑auch Äthiopien, Geschichte.
Eriwan ↑Jerewan.
Erkältung *w*, Bezeichnung für verschiedene nach Kälteeinwirkung auftretende infektionsbedingte Erkrankungen, v.a. der Luftwege. Die kalte Witterung wirkt dabei nur auslösend.

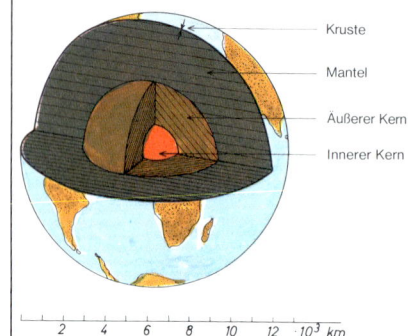

Erde. Tiefengliederung des Erdkörpers

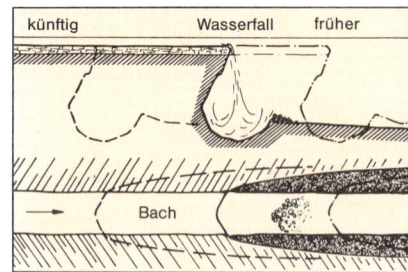

Erosion. Rückschreitende Erosion (Schema)

Erlangen, bayrische Universitätsstadt (Universität E.-Nürnberg) in Mittelfranken, an der Regnitz, mit 101 000 E. Ein einheitliches barockes Stadtbild zeigt die im späten 17. Jh. planmäßig angelegte Hugenottensiedlung mit Kirchen, Schloß u. Markgrafentheater. E. hat v.a. elektrotechnische Industrie.

Erle *w*, Gattung der Birkengewächse mit etwa 30 Arten. Die unterseits graugrünen Blätter sind am Rande leicht gelappt oder gesägt. Die weiblichen Blüten der einhäusigen Pflanzen sitzen in gestielten eiförmigen Kätzchen dicht unterhalb der länglichen, herunterhängenden männlichen Kätzchen. Die

Esche

Eruption. Zwei Phasen aus der Entstehung der Vulkaninsel Surtsey vor Island; Aufnahmen vom 16. November 1963 (3. Ausbruchstag) und 5. Juli 1965 (rechts)

Früchte, kleine, rundliche, fünfeckige Nüßchen, stehen in Fruchtzapfen, die verholzen. E. liefern Nutzholz.

Ermanarich (auch Ermanrich), † nach 370, ostgotischer König. Er verlor durch die Hunnen sein südrussisches Reich. In der germanischen Heldensage ist E. ein rücksichtsloser Herrscher.

Ernährung w, bei Pflanze, Tier u. Mensch die Zufuhr von Stoffen in fester, flüssiger oder gasförmiger (z. B. Kohlendioxid bei Pflanzen) Form, die zur Lebenserhaltung, Arbeitsleistung u. zum Wachstum notwendig sind. Pflanzliche u. tierische Nahrungsmittel enthalten Fette, Eiweiß, Kohlenhydrate, Wasser, Mineralsalze, Spurenelemente, Vitamine u. unverdauliche Reste. Eiweiß, Fett u. Kohlenhydrate liefern bei der Verbrennung im Stoffwechsel Energie. Eiweiß wird für den Aufbau (Baustoff), Fette u. Kohlenhydrate für die Arbeitsleistung (Betriebsstoffe) gebraucht. – Pflanzen ernähren sich *autotroph*, d. h., sie sind imstande, anorganische Stoffe in organische Stoffe als Nahrung umzuwandeln. Tiere u. der Mensch hingegen ernähren sich *heterotroph*, d. h., sie sind auf die von anderen Lebewesen (Pflanzen) aufgebauten organischen Stoffe als Nahrung angewiesen.

Ernst: 1) Max, * Brühl bei Köln 2. April 1891, † Paris 1. April 1976, französischer Maler u. Plastiker deutscher Herkunft. Er gehört zu den Gründern des ↑Surrealismus, deren bedeutendster Vertreter er wurde; **2)** Paul, * Elbingerode/Harz 7. März 1866, † Sankt Georgen an der Stiefing (Steiermark) 13. Mai 1933, deutscher Schriftsteller. Er ist Vertreter der ↑Neuklassik. Die stärkste Wirkung geht von seinen Novellen aus, u. a. „Komödianten- u. Spitzbubengeschichten" (1920).

Eros ↑Amor.

Eros [gr.] m, sehnsuchtsvolles sinnliches Verlangen; das der Liebe unter den Geschlechtern innewohnende Prinzip ästhetisch-sinnlicher Anziehung; durch Seele u. Geist geadelte sinnliche Liebe.

Erosion [lat.] w, abtragende u. schürfende Arbeit an der Erdoberfläche durch Wind, Wasser oder Eis. Im engeren Sinn versteht man unter E. die verändernde Kraft fließender Gewässer, die sich linienhaft in das Gestein einschneiden. So entstehen z. B. Flußtäler. Das Ausmaß der E. ist abhängig von der Stoßkraft des Wassers (Menge, Gefälle), von dem Widerstand, welches das Gestein der E. leistet u. von der ursprünglichen Geländebeschaffenheit.

Erotik [gr.] w, unter E. versteht man heute meist die zur Harmonie des geistigen, sinnlichen und körperlichen Erlebens gesteigerte Sexualität. Das körperliche Verlangen ist dabei Teil der alle Wesensschichten der Persönlichkeit umfassenden Erlebnisfähigkeit. Die E. unterscheidet sich damit wesentlich von der ↑Sexualität.

ERP, Abkürzung für: European Recovery Program, ↑Europäisches Wiederaufbauprogramm.

Erste Hilfe ↑S. 155ff.

Erster Weltkrieg ↑Weltkrieg.

Eruption [lat.] w, Ausbruch von Lava, Asche, Dampf, Gas; bei Vulkanen das Aufdringen von Magma (flüssiges, gashaltiges Gestein) aus dem Erdinnern an die Erdoberfläche.

Eruptivgesteine ↑Gesteine.

Erzberg m, österreichischer Berg in der Steiermark, bei ↑Eisenerz.

Erzbischof m, in der katholischen Kirche der Leiter einer Kirchenprovinz bzw. regierender Bischof einer Erzdiözese (mehrere Diözesen umfassend).

Erze s, *Mz.*, Minerale, die ein oder mehrere Metalle in so hoher Konzentration enthalten, daß sie sich als Rohstoff zur Metallgewinnung eignen. Die E. sind in der Regel in ihren Lagerstätten von anderem Gestein (taubem Gestein) umgeben, das vor der eigentlichen Metallgewinnung entfernt bzw. ausgeräumt wird.

Erzengel m, *Mz.*, namentlich hervortretende Engel, wie Michael, Gabriel, Raphael, Uriel.

Erzgebirge s, sächsisch-böhmisches Grenzgebirge zwischen Elstergebirge u. Elbsandsteingebirge. Die höchste Erhebung auf deutscher Seite ist der Fichtelberg mit 1 214 m, auf tschechoslowakischer Seite der Keilberg mit 1 244 m. Im Mittelalter wurde im E. viel Bergbau betrieben, besonders Silberbergbau. Nach 1945 gab es im wesentlichen Uranbergbau, der zumeist wieder aufgegeben wurde. Bekannt ist die Holz- u. Spielzeugindustrie.

Erziehung w, im weitesten Sinne alle Einwirkungen der Umwelt auf die körperliche, seelische, geistige und charakterliche Entwicklung des Menschen, der im Unterschied zum Tier ein auf Lernen angelegtes und angewiesenes Wesen ist. Das Verständnis von E. wird dadurch beeinflußt, ob man annimmt, daß sich vererbte Anlagen entfalten werden, oder daß allein E. für die Entwicklung dieser Anlagen verantwortlich ist. Die E., die zunächst in der natürlichen Umwelt (Familie, Bauernhof, Handwerksbetrieb) erfolgte, wurde mit zunehmender Differenzierung und Komplizierung der gesellschaftlichen und kulturellen Verhältnisse immer stärker in eigens für die E. geschaffene Institutionen ausgegliedert (Schule, Kindergärten, Freizeitstätten, Kinderheime). Die individuellen und gesellschaftlichen Voraussetzungen und Folgen der E. sowie ihre Organisationsformen erforscht die Erziehungswissenschaft (Pädagogik).

Erziehungsberechtigte m, *Mz.*, Personen, denen die ↑Personensorge für einen Minderjährigen zusteht, in der Regel die Eltern.

Erzväter m, *Mz.*, die im Alten Testament genannten Stammväter Israels: Abraham, Isaak u. Jakob.

ESA, Abkürzung für: European Space Agency, am 31. Mai 1975 gegründete Europäische Weltraumorganisation mit Sitz in Neuilly-sur-Seine, die die Entwicklung u. den Bau von Satelliten bzw. Trägerraketen für friedliche Zwecke betreibt u. eine Kooperation der europäischen Staaten in der Weltraumforschung u. Raumfahrttechnik herbeiführen soll.

Esche w, Gattung der Ölbaumgewächse mit etwa 65 Arten. Es sind meistens Bäume mit gegenständigen, meist unpaarig gefiederten Blättern. Die Blüten stehen in Rispen oder Trauben. Die Frucht ist eine geflügelte Nuß, die vom Wind verbreitet wird. Aus dem Holz werden Werkzeuge angefertigt.

ERDGESCHICHTE
Geologische Formationstabelle

Zeitalter	Formation in Mill. Jahren	Abteilung	geologische Ereignisse	Entwicklung des Lebens
Erdneuzeit (Neozoikum)	Quartär 1	Holozän (Alluvium)	Durch das Abschmelzen der eiszeitlichen Gletscher steigt der Meeresspiegel, während die vom Eis entlasteten Teile der Erdkruste sich heben. Die heutigen Landschaftsformen entstehen.	Die Pflanzen u. Tiere der Gegenwart entstehen u. breiten sich aus.
		Pleistozän (Diluvium)	In mehreren Eiszeiten, die von warmen Zwischenzeiten unterbrochen werden, bedecken gewaltige Eismassen große Teile der Erde.	Höhlenbär, Mammut, Nashorn, Wisent, Rentier, Schneehase, Eisfuchs u. Hirsche bevölkern Urwald u. Tundra. Das Auftreten des Menschen kann als sicher angenommen werden.
	Tertiär 60	Jungtertiär (Neogen) Alttertiär (Paläogen)	Neben den Alpen werden die Pyrenäen, die Karpaten, der Apennin, der Kaukasus, die zentralasiatischen Hochgebirgsketten u. die Kordilleren aufgefaltet. Durch Verschiebung älterer abgetragener Gebirge entstehen die deutschen Mittelgebirge (Schollengebirge) u. der Rheingraben. Bei fortschreitender Temperaturabnahme bilden sich große Braunkohlenlager.	Blütenpflanzen (v. a. Palmen u. Kastanien) sind neben den Nacktsamern vorherrschend. Insekten u. Reptilien treten in zahlreichen Arten auf. Die Säugetiere entwickeln sich schnell zu höheren Formen (z. B. das Pferd) weiter. Erstes Auftreten von Herrentieren, als Vorfahren der heutigen Menschenaffen u. des Menschen.
Erdmittelalter (Mesozoikum)	Kreide 65	Oberkreide Unterkreide	Die Meere bedecken den größten Teil der Erde. Neben den Rocky Mountains falten sich die Anden u. die Kernzone der Alpen auf. Warmes, ausgeglichenes Klima herrscht auf der ganzen Erde.	Riesensaurier (die zu den größten bekannten Landtieren gehören) u. ↑Ammoniten sterben aus. Erste Blütenpflanzen lassen sich nachweisen.
	Jura 45	Malm Dogger Lias	Bei ausgeglichenem Klima sind große Teile des Festlandes auf der ganzen Erde überflutet. In Nordamerika beginnt die Auffaltung der Rocky Mountains.	Erste Vögel treten auf. ↑Ammoniten u. ↑Belemniten sind stark verbreitet (wichtige Leitfossilien). Die Riesensaurier entwickeln sich.
	Trias 30	(Germanische Trias:) Keuper Muschelkalk Buntsandstein	Das deutsche Gebiet wird häufig überflutet (Bildung des germanischen Beckens). Auf der Südhalbkugel herrscht starke Vulkantätigkeit.	Die Reptilien (zum Teil als ↑Saurier) beginnen die Erde zu beherrschen. Erste Säugetiere treten auf.
Erdaltertum (Paläozoikum)	Perm 45	Zechstein Rotliegendes	Bei starker Vulkantätigkeit herrschen große Klimagegensätze zwischen der Nord- u. Südhalbkugel: Während im Norden bei starker Hitze ganze Meere eindampfen u. so mächtige Salzlager entstehen, ist der Süden der Erdkugel größtenteils vereist.	Die Nadelhölzer breiten sich aus. Während die Reptilien in zahlreichen hochentwickelten Formen auftreten, entwickeln sich die Amphibien (↑Lurche) langsam zurück.
	Karbon 80	Oberkarbon (Produktives Karbon) Unterkarbon (Kohlenkalk)	In Mitteleuropa u. Nordamerika bildet sich das variskische Gebirge, das bei feuchtheißem Klima mit gewaltigen Wäldern bedeckt ist, aus deren Ablagerungen die heutigen Kohlenlager entstehen. Starke Schmelzflüsse dringen aus dem Innern der Erde in die Erdkruste ein u. bilden dort Erzlager.	Die Pflanzen- u. Tierwelt ist besonders reichhaltig. ↑Bärlappgewächse, Schachtelhalme u. Farne bedecken in üppigen Formen das feste Land. Erste Nadelhölzer u. erste geflügelte Insekten treten auf. Während die Mehrzahl der Panzerfische ausstirbt, beginnen Reptilien, die Erde zu bevölkern.

Erdgeschichte (Forts.)

Zeitalter	Formation in Mill. Jahren	Abteilung	geologische Ereignisse	Entwicklung des Lebens
Erdaltertum (Paläozoikum)	Devon 50	Oberdevon Mitteldevon Unterdevon	Bei starker Vulkantätigkeit sinken große Teile des Festlandes ab u. werden vom Meer überflutet.	Knochen- u. Knorpelfische breiten sich aus. Erste Insekten lassen sich nachweisen.
	Silur 50		In Nordamerika faltet sich das Appalachengebirge auf. Das kaledonische Gebirge entsteht, das sich von den britischen Inseln über Westskandinavien u. Spitzbergen bis Grönland erstreckt. Das Klima ist ausgeglichen.	Die Korallen entwickeln sich weiter u. bilden einen großen Formenreichtum. Erste primitive Landpflanzen tauchen auf.
	Ordovizium 90		Heftige Vulkanausbrüche erschüttern die Erdoberfläche. Der nordamerikanische Kontinent erlebt die größte u. längste Meeresüberflutung der Erdgeschichte. Im allgemeinen herrscht warmes Klima vor.	Die Meerespflanzen breiten sich über alle Meere aus u. mit ihnen Seeigel u. Muscheln. Als erste Wirbeltiere treten Panzerfische auf.
Erdfrühzeit (Präkambrium)	Kambrium 100	Oberkambrium Mittelkambrium Unterkambrium	Die Meere breiten sich weiter aus. Weiträumige Senkungsgebiete entstehen u. Lavamassen brechen aus dem Innern der Erde hervor.	Erste Korallen, Kopf- u. Armfüßer, Spinnen, Krebse (↑ Trilobiten als Leitfossilien) u. Ringelwürmer treten auf.
	Algonkium 2 500 Archaikum		Es entstehen erste Gebirge, die Urkontinente u. Urozeane. Das Klima ist unterschiedlich (teilweise weitreichende Vereisung).	Im Algonkium finden sich erste Spuren tierischen Lebens. Aus dem Archaikum lassen sich Algenreste nachweisen.
	Azoikum		Entstehung der Erde	

* * *

ERSTE HILFE

Mitunter wird man, ehe man sich's versieht, Zeuge eines Unfalls; man kommt hinzu, wie jemand unglücklich stürzt und sich dabei verletzt, wie sich jemand verbrüht oder wie jemandem schlecht wird, wie jemand Nasenbluten bekommt oder wie jemand bewußtlos aus dem Wasser gezogen wird. Was tut man, wenn so etwas geschieht? Einen Arzt holen, ist immer das erste. Und bis dahin? Kann man etwas tun und darf man etwas tun? Falsche Hilfe ist oft genauso gefährlich wie gar keine Hilfe. Wird keine Hilfe geleistet, bevor ein Arzt kommt, so kann dies für den Verletzten den Tod bedeuten. Darum sollte sich jeder darüber informieren, was man bei verschiedenen Unfällen sofort tun kann. Am besten ist es, man besucht einen Erste-Hilfe-Kurs beim Roten Kreuz. Dort wird über die verschiedenen Unfälle ausführlich gesprochen, und es wird erörtert, welche Hilfe vor Eintreffen des Arztes oder vor dem Abtransport des Verletzten möglich ist. Außerdem wird in einem solchen Kurs auch praktisch geübt, so daß man besser behält, was man in Notfällen tun soll.

Wichtig ist die Reihenfolge, in der man Erste Hilfe vor dem Eintreffen des Arztes leistet, besonders dann, wenn es sich um mehrere Verletzte handelt, etwa bei einem Autounfall. Die größte Gefahr muß zuerst abgewendet werden. Deshalb soll man sich an diese Reihenfolge halten:

1. den oder die Verletzten richtig lagern,
2. starke Blutungen stoppen,
3. künstliche Atmung einleiten,
4. Schutzverband und Schienen anlegen.

Wie man das im einzelnen macht, ist weiter unten unter den Stichwörtern Lagerung, Blutungen, Wiederbelebung, Wunden u. Knochenbrüche zu lesen. Verzeichnet sind noch andere Stichwörter zur Ersten Hilfe. Die Stichwörter sind alphabetisch geordnet (Verweise gelten hier nur innerhalb dieses Artikels).

Oft sagen die Verletzten oder ohnmächtig Gewesenen sehr bald, sie fühlten sich schon wieder ganz wohl und man könne sie jetzt alleine lassen. Das sollte man aber nicht tun, Verletzte überschätzen oft ihre Kräfte oder fühlen sich, alleingelassen, vollkommen hilflos. Es kann ihnen auch wieder schlechter gehen. Selbst transportieren darf man Verletzte nie. Auch schmerzlindernde Mittel sollte nur der Arzt geben.

abschnüren (abbinden): Bei stoßweise aus Schlagadern hervorspritzendem Blut muß man das verletzte Glied herzwärts der Wunde mit einem breiten, elastischen Band zusammenschnüren (niemals dicht unter oder über dem Knie oder Ellenbogen). Man bindet aber nur ab, wenn ein ↑ Druckverband nicht ausreicht, das Blut zu stillen. Die Abschnürung

Erste Hilfe (Forts.)

darf nicht länger als eineinhalb Stunden fest zugezogen sein (Zeitpunkt notieren und am Verband befestigen). Nie einen Bindfaden nehmen!

Augenverletzung ↑Fremdkörper.

Bauchverletzungen: Nie etwas zu trinken oder zu essen geben!

Bewußtlosigkeit: ↑Lagerung; Bewußtlosen darf man ebenfalls nie etwas zu trinken oder zu essen geben!

Bißwunden: Wundumgebung mit Jodtinktur pinseln, trocken verbinden. Bei Tollwutverdacht muß man innerhalb von 24 bis 48 Stunden geimpft werden; ↑auch Schlangenbiß.

Blitzschlag: Flach lagern, bei Atemstillstand sofort künstliche Atmung; schluckweise Wasser, Fruchtsaft oder Kornkaffee (Malzkaffee) zu trinken geben; auf jeden Fall den Arzt holen; ↑auch Verbrennungen.

Bluten nach Zahnziehen: Mullpäckchen einlegen, fest zubeißen.

Blutungen, äußere: Die verletzten Glieder hochlegen (eventuell senkrecht halten) und ↑Druckverband anlegen. Meistens wird dadurch Blutstillung erreicht, sonst ↑abschnüren. Notfalls muß man die Schlagader, die zur Wunde führt, sofort zudrücken; die richtigen Druckpunkte sind auf der Abbildung eingezeichnet; bei der Halsschlagader greift man von hinten zu; ↑auch Nasenbluten, ↑Bluten nach Zahnziehen.

Blutungen, innere: Ruhig lagern, Eisbeutel auf die Gegend des blutenden Organs (wenn bekannt) legen.

Brustkorbverletzungen: Auf die verletzte Seite legen; eine offene Wunde muß vorher luftdicht verbunden werden (über den Wundverband Heftpflaster dachziegelförmig übereinanderkleben, man kann auch ein Gummituch mitverwenden).

Druckverband: Über den Wundverband ein oder mehrere Verbandpäckchen zur Blutstillung fest anwickeln.

elektrische Unfälle: Strom sofort unterbrechen! Also ausschalten, Stecker ziehen oder Sicherung herausnehmen. Hochspannung kann nur der Fachmann gefahrlos unterbrechen. Kann der Strom nicht sofort unterbrochen werden, stellt man sich auf Bretter oder Gummi und versucht, den Betroffenen an den Kleidern oder mit Hilfe eines Holzes (Besen) vorsichtig wegzuziehen. Nicht direkt berühren! Bei Atemstillstand sofort künstliche Atmung. Schluckweise Wasser, Fruchtsaft oder Kornkaffee geben; Arzt holen; ↑auch Verbrennungen.

Erfrieren: Erfrorenen in kühlen Raum bringen, nasse und enge Kleidung entfernen, notfalls abschneiden, nie abreißen; mit Schnee oder kaltem Wasser abreiben, unter ärztlicher Aufsicht auftauen! Bei Atemstillstand künstliche Atmung, möglichst aber mit Sauerstoffbeatmungsgerät. Bei Wunden trockenen Schutzverband anlegen. Man muß mit erfrorenen Gliedern sehr vorsichtig umgehen, denn sie brechen leicht. Heiße Getränke sollte man auch verabreichen.

Ersticken: Mund öffnen, Flaschenkork oder Taschentuchknebel zwischen die Zähne tun und mit dem Finger Fremdkörper herausholen oder ihn durch Herbeiführen von Erbrechen herausbefördern. Den Betroffenen auf den Kopf stellen (auf schräg aufgestelltes Bügelbrett auf den Bauch legen, Kopf nach unten) und Rücken beklopfen. Erst wenn die Atemwege völlig frei sind, kann bei Atemstillstand mit der künstlichen Atmung begonnen werden.

Ertrinken: Bei der Rettung den Ertrinkenden nach Anruf zur eigenen Sicherheit von hinten fassen (unter die Achseln oder unter das Kinn). Nach Landung beengende Kleidungsstücke lösen, mit dem Finger den Mund von Sand und Schlamm reinigen (gegebenenfalls künstliches Gebiß entfernen). Danach den Verunglückten mit dem Bauch über Stuhl oder Knie legen, den Kopf zurückbeugen (damit Wasser auslaufen kann). Bei nicht wahrnehmbarer Atmung hiermit keine Zeit verschwenden, sondern sofort Wiederbelebung!

Fremdkörper: Um noch tieferes Eindringen oder Nebenver-

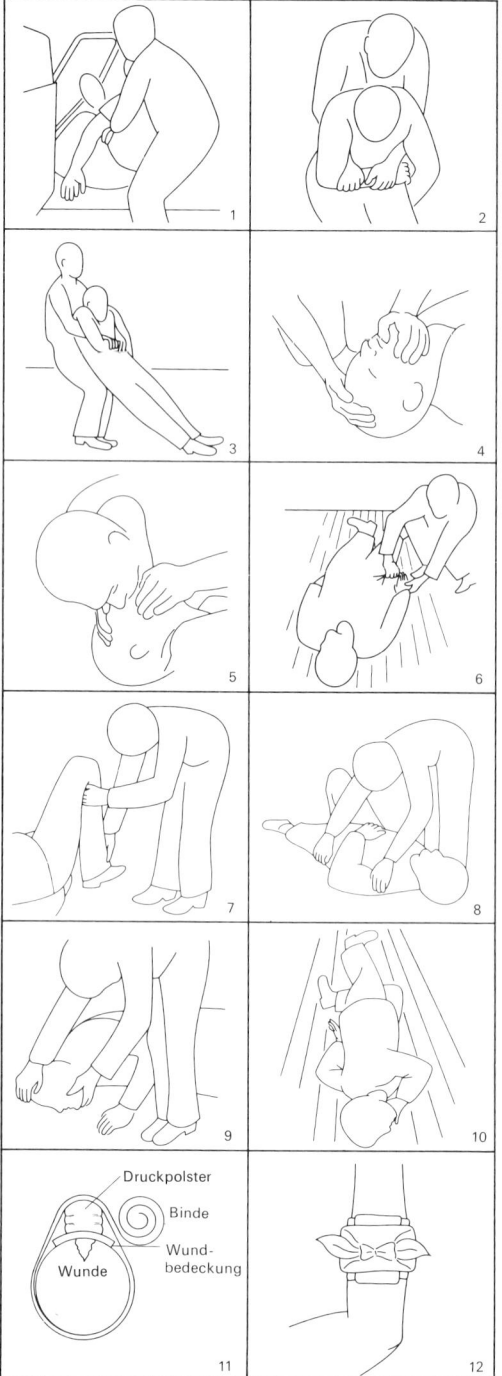

1, 2, 3: Bergung eines Verletzten aus einem Kraftfahrzeug; 4, 5: Mund-zu-Mund-Beatmung; 6, 7, 8, 9, 10: Verletzten in die Seitenlage bringen; 11, 12: Druckverband

Erste Hilfe (Forts.)

letzungen zu vermeiden, darf nur der Arzt Fremdkörper aus Auge, Nase und Ohr entfernen. Bei Augenverletzungen verbindet man erst einmal beide Augen. Kleine Sandkörnchen und ähnliches kann man oft durch Vorziehen der Lider (an den Wimpern) entfernen oder zu fassen bekommen. Größere Fremdkörper darf man auch an anderen Körperstellen nicht entfernen (Verblutungsgefahr), man macht nur einen Schutzverband. Bei Gräten im Hals läßt man trockenes Brot oder Kartoffeln essen oder auch Essig oder Zitrone trinken; ↑auch Ersticken.
Gasvergiftung: In allen Fällen für frische Luft sorgen! Oberkörper freimachen, den Verunglückten in Decken hüllen. Bei Atemstillstand künstliche Atmung (außer bei lungenschädlichen Gasen wie Chlor, Phosgen, nitrosen Gasen, Schwefeldioxid. Sehr gut ist es, Handflächen und Fußsohlen der Vergifteten zu reiben.
Hitzschlag und Sonnenstich: Kleidung öffnen! Schuhe und Strümpfe ausziehen! An schattigem Ort lagern! Bei blaurotem Gesicht Kopf hoch legen, bei blassem Gesicht Kopf tief legen! Wenn der Erkrankte nicht atmet, Wiederbelebung.
Insektenstiche: den Stachel möglichst entfernen, Giftbläschen dabei nicht zerdrücken! Bei Entzündung Arzt aufsuchen.
Knochenbrüche: Auch wenn man nicht sicher ist, ob ein Bruch oder eine Verrenkung oder Verstauchung vorliegt, stellt man die beiden benachbarten Gelenke ruhig, bei einem Unterarmbruch also Ellbogen und Handgelenk, bei Oberarmbruch Schulter und Ellbogen, bei Oberschenkelbruch Hüfte und Knie usw. Das Ruhigstellen erreicht man durch Schienen, z. B. mit Schirm oder Stöcken, sowie mit Hilfe von Tüchern. Die Abbildungen zeigen, wie lang die Schienen sein müssen, damit die benachbarten Gelenke auch wirklich ruhiggestellt werden. Wenn zugleich offene Wunden da sind, müssen diese vorher mit einem Schutzverband versehen werden. Die Schienen müssen gut gepolstert werden.
künstliche Atmung ↑Wiederbelebung.
Kollaps (Schwächeanfall mit blasser Haut, kaltem Schweiß und beschleunigtem Puls): Erkrankten zudecken, Herz massieren, heißen Kaffee, Weinbrand oder Sekt geben.
Krämpfe: Bei schweren Anfällen den Kranken nicht festhalten, sondern frei auf Decken lagern; bei Krämpfen, die nur einen Teil des Körpers betreffen, hilft Wärme (feuchte, heiße Tücher); ↑auch Wadenkrampf.
Lagerung: Von Verletzten und Kranken: Einen Verletzten, der bewußtlos ist oder Gefahr läuft, bewußtlos zu werden, muß man auf die Seite legen, wie es die Abbildung zeigt. Damit soll verhindert werden, daß er Blut oder Erbrochenes einatmet und daran erstickt. Fällt jemand aus anderen Gründen in Ohnmacht, so legt man ihn flach hin, die Beine jedoch hoch. Sobald jemand nach Atem ringt, wird er halb sitzend gelagert; bei Brustkorbverletzungen ebenfalls, sonst flache Lagerung. Verletzte Glieder werden immer hochgelegt. In allen Fällen soll der Kranke von allen Seiten erreichbar sein, seine Kleider sollen gelockert werden.
Nasenbluten: Blutenden hinsetzen und Kopf leicht nach hinten neigen, notfalls das Nasenloch seitlich zudrücken; nasse, kalte Tücher auf Stirn und Nacken legen.
Ohnmacht: Den Ohnmächtigen bringt man in frische Luft und lagert ihn flach, die Beine hoch.
Schlagaderblutungen ↑Blutungen.
Schlangenbiß: Die durch das Gift betäubte Wunde wird durch einen Kreuzschnitt erweitert, damit sie tüchtig ausblutet; das gebissene Glied wird abgebunden, reichlich Kaffee geben; schnellstens zum Arzt.
Schock: Ein Schock tritt fast immer nach schweren Verletzungen ein. Keinerlei Bewegung mit dem Verletzten ausführen, selbst in wärmster Jahreszeit gut zudecken, Kopf tief, Arme und Beine hochlegen; frische Luft ist wichtig.
Schutzverband ↑Wunden.

Sonnenstich ↑Hitzschlag und Sonnenstich.
Tollwut ↑Bißwunden.
Verätzungen, äußere: Sowohl bei Säure- wie bei Laugenwunden mit reichlich Wasser abspülen, dadurch wird der ätzende Stoff verdünnt. Die umliegende Haut, wenn möglich, schützen. Bei Augenverätzungen dabei Kopf zur verletzten Seite beugen. Kleidung, wenn nötig, entfernen.
Verätzungen, innere: Reichlich Wasser geben, aber keinesfalls zum Erbrechen reizen. Es kann auch Tee oder Haferschleim gegeben werden, bei Laugenverätzungen auch Essigoder Zitronenwasser, bei Säureverätzungen Kreideaufschwemmung, verdünnte Kalkmilch.
Verbände: Verbände werden grundsätzlich herzwärts gewickelt; ↑auch Wunden, ↑Druckverband.
Verbrennungen: Brennende Personen anhalten, zu Boden werfen. Brand durch Umhüllen mit Decken, Kleidungsstücken, Tüchern usw., auch durch Herumwälzen des Brennenden auf dem Boden ersticken. Festgeklebte Kleider nicht entfernen. Brandblasen nicht öffnen! Einfacher trockener Verband oder Brandwundenverbandpäckchen; kein Brandpuder, kein Öl, keine Salbe. Bei größeren Verbrennungen keinen Verband, sondern den Verletzten zudecken (Decken über Reifenbahre oder über umgekehrten Stuhl legen), schluckweise zu trinken geben. Bei kleineren Verbrennungen genügt zur Schmerzlinderung oft schon, die Verbrennung unter kaltes fließendes Wasser zu bringen oder mit Stärkemehl oder Brandsalbe zu kühlen.
Verbrühungen: Behandlung wie bei ↑Verbrennungen.
Vergiftungen durch Genuß verdorbener Nahrungsmittel oder giftiger Pflanzen (Tollkirschen, Pilze), durch mißbräuchlich verwendete Arzneien, chemische Giftstoffe oder übermäßig genossenen Alkohol: Solange der Vergiftete noch bei Bewußtsein ist, für Entleerung des Magens durch Erbrechen sorgen. Nach dem Erbrechen kann Milch oder Haferschleim gegeben werden. Dem sofort aufzusuchenden Arzt ist die Art der Vergiftung zu melden, damit keine Zeit mit Feststellung des Giftes verlorengeht; ↑auch Schlangenbiß, ↑auch Gasvergiftung.
Verrenkungen (Verschiebung zweier durch Gelenke verbundener Knochen gegeneinander): Niemals einrenken! Wie beim Knochenbruch ruhigstellen und den Arzt rufen.
Verschüttung: Mund und Nasen-Rachen-Raum reinigen, künstliche Atmung, bei vorhandenem Bewußtsein Kaffee, Weinbrand geben; bei von Lawinen Verschütteten ↑auch Erfrieren.
Verstauchungen (Bänderzerrung): Ruhigstellung, kühlfeuchte Umschläge (essigsaure Tonerde); ↑auch Verrenkungen, ↑Knochenbrüche.
Wadenkrampf: Fuß fest auf kalten Boden stellen oder sitzend die Knie zur Brust ziehen; auch feuchte heiße Umschläge können helfen.
Wiederbelebung (künstliche Atmung): Nur zulässig bei Atemstillstand! Gegebenenfalls vorher Mund und Nasen-Rachen-Raum reinigen, dabei Kopf zur Seite legen; dem Verunglückten darf man nichts einflößen. Am wirksamsten von verschiedenen Wiederbelebungsversuchen ist die Beatmung von Mund zu Nase oder Mund zu Mund. Diese Methode ist jedoch so schwierig, daß sie besser nur von geübten Helfern ausgeführt werden sollte. Auch die folgenden Methoden sind im Ungeübten nur im Notfall anwenden.
Wiederbelebung nach Silvester-Brosch (Armmethode): Den Verunglückten flach auf den Rücken legen. Eine Rolle aus Kleidungsstücken u. ä. unter die Schulterblätter legen, um den Kopf tief zu lagern. Dann seinen Kopf zur Seite drehen. Der Helfer kniet hinter dem Kopf des Verunglückten (am besten auf *einem* Knie!), faßt beide Arme in den Ellenbeugen und führt sie langsam in seitlichen Halbbögen bis neben den Kopf zum Boden hinunter, wobei er zählt: „ein-undzwanzig, zwei-und-zwanzig" (Einatmung). Dann faßt der

Esel

Erste Hilfe (Forts.)

Helfer die Arme an den Ellenbogen und führt sie in senkrechten Halbbögen nach vorn auf den Brustkorb zurück, drückt diesen kräftig nach abwärts und von den Seiten zusammen, wobei er zählt: „drei-und-zwanzig, vier-und-zwanzig" (Ausatmung).

Wiederbelebung nach Thomsen (Brustkorbmethode): Den Verunglückten flach auf den Rücken legen. Eine Rolle aus Kleidungsstücken oder ähnlichem unter die Schulterblätter legen, um den Kopf tief zu lagern. Dann den Kopf zur Seite drehen. Der Helfer kniet seitlich vom Kopf des Verunglückten; er hält mit seinem Knie den Kopf in seitlich gedrehter Haltung fest. Einen Arm (nur unverletzt) des Verunglückten führt er nach oben zwischen seine beiden Oberschenkel, wodurch die erste Einatmung bewirkt wird (Kniestellung so weit, daß der Arm frei auf und ab pendeln kann). Sind beide Arme verletzt, so bleiben sie seitwärts auf dem Boden liegen. Dann legt der Helfer seine beiden Hände mit gespreizten Fingern auf den Brustkorb (Daumen am Brustbein, Zeigefinger am Rippenbogen), beugt den Oberkörper vor und drückt den Brustkorb nach vorn abwärts zusammen (Ausatmung). Unterdessen zählt er: „ein-und-zwanzig, zwei-und-zwanzig". Sodann verlagert der Helfer seinen Oberkörper nach hinten (rückwärts), richtet sich dabei gleichzeitig auf und hebt seine Hände etwas vom Brustkorb des Verunglückten ab (Einatmung); zählen: „drei-und-zwanzig, vier-und-zwanzig" (Ein- und Ausatmen etwa 15mal in der Minute). Noch nach stundenlanger Wiederbelebung kann Erfolg eintreten. Deshalb muß jede Wiederbelebung so lange fortgesetzt werden, bis Erfolg eintritt oder der Arzt sichere Todeszeichen feststellt. Während der Wiederbelebung möglichst Beatmungsgerät herbeischaffen lassen u. anwenden.

Wunden: Eventuelle grobe Verschmutzungen der Wundumgebung entfernen, niemals in Richtung auf die Wunde hin wischen, anschließend Wundumgebung mit Jod oder Kölnischwasser bestreichen. Wunde nicht mit den Fingern berühren! Wunde selbst nicht waschen, keinen Puder, keine Salbe auftragen, sondern Schutzverband mit keimfreiem Verbandmull und Binden anlegen. Man läßt Wunden nie unbedeckt, notfalls nimmt man gebügelte Wäsche.

* * *

Esel *m:* **1)** Wildesel (Steppenesel), in Nord- u. Nordostafrika lebender, fast ausgerotteter E. mit langen Ohren, kurzer, dünner, stehender Mähne u. dünnem Quastenschwanz. Er ist die Stammform des Hausesels, der bereits vor mehr als 4000 Jahren im alten Ägypten u. in Mesopotamien als Zug-, Trag- u. Reittier gezüchtet wurde. Kreuzungen von Eselhengst mit Pferdestute nennt man *Maultier*, von Pferdehengst mit Eselstute *Maulesel*, beide sind unfruchtbar. – Abb. S. 160; **2)** Halbesel (Pferdeesel), in Steppen u. Wüsten Asiens lebendes Tier, z. B. Kiang, Kulan, Onager; in seinem Aussehen halb Pferd, halb E.; seine Laute liegen zwischen Pferdewiehern u. Eselgeschrei.

Eskalation [lat.] *w*, eine (stufenweise) Steigerung, insbesondere beim Einsatz militärischer oder politischer Mittel, wenn ein bestimmtes militärisches oder politisches Ziel erreicht werden soll.

Eskimos *m, Mz.*, Volk im arktischen Nordamerika, Grönland u. an den Küsten Nordostasiens. Sie nennen sich selbst Inuit (= Menschen). Ihre Zahl wird auf etwa 50000 geschätzt. Sie sind von kleinem Wuchs, haben eine gelbbraune Hautfarbe, einen recht kräftigen Körperbau u. gelten als Nachkommen mongolider Stämme, die in früherer Zeit von Nordasien her eingewandert sind. Sie leben hauptsächlich vom Jagen u. Fischen u. wohnen im Winter in kuppelförmigen Schneehütten (Iglus) oder Steinhäusern u. im Sommer in Zelten. Als Verkehrsmittel dienen ihnen hauptsächlich Kufenschlitten u. Boote. Als Schlittenhund dient der Polarhund (auch Eskimohund). Wie die Boote, so besteht auch die Kleidung der E. vorwiegend aus Fellen. Berühmt sind ihre Knochen- u. Walroß-Elfenbeinschnitzereien. – Abb. S. 160.

Espartofasern [span.] *w, Mz.*, die Halme eines Federgrases aus dem Mittelmeergebiet, die als Fasermaterial verwendet werden.

Espe *w* (Zitterpappel), Nutz- u. Zierbaum, der bis 25 m hoch wird. Da die rundlichen, gebuchteten Blätter einen langen Stiel besitzen, zittert das Laub schon bei geringer Luftbewegung. Die männlichen u. weiblichen Blüten sind in großen, dicken, hängenden Kätzchen angeordnet. Das Holz ist sehr weich u. leicht spaltbar. Es wird besonders für Zündhölzer verwendet. In Nord- u. Osteuropa bilden Espen zusammen mit Erlen u. Birken große Wälder.

Esperanto *s*, von dem polnischen Arzt L. Zamenhof 1887 entwickelte Welthilfssprache, die nur 16 grammatische Grundregeln kennt. Sie baut vorwiegend auf romanischen Sprachen u. auf Englisch auf. Benannt wurde die Sprache nach dem Decknamen des Erfinders, Dr. Esperanto (= der Hoffende).

Essay [*eße*^{i}; engl.; = Versuch] *m* oder *s*, Aufsatz in eleganter, geistreicher Form über eine literarische oder wissenschaftliche Frage (im Unterschied zur streng wissenschaftlichen Untersuchung).

Essen, Stadt in Nordrhein-Westfalen, mit 667000 E. Durch ihre zentrale Lage im Ruhrgebiet u. ihre Häfen am Rhein-Herne-Kanal wurde die Stadt Sitz vieler Industrieverbände u. -verwaltungen u. ein wichtiger Handelsplatz. E. ist außerdem eine bedeutende Industriestadt mit Eisen- u. Metallerzeugung u. -verarbeitung sowie Steinkohlenbergbau. Als Bildungs- u. Forschungseinrichtungen bestehen u. a. eine Gesamthochschule (seit 1972) u. die Folkwang Hochschule (für Musik, Theater, Tanz). In dem Museum Folkwang befinden sich viele Meisterwerke der Kunst aus dem 19. u. 20. Jh. Der frühere Wohnsitz der Familie Krupp, die Villa Hügel, ist heute Ort vieler Kunstausstellungen u. Konzerte.

Essenz [lat.] *w*, konzentrierte, meist alkoholische Lösung von ätherischen Ölen oder anderen, meist pflanzlichen Stoffen, die zur Geschmacks- oder auch Geruchsverbesserung von Nahrungsmitteln, Getränken u. a. verwendet werden. Bekannte Beispiele sind die Liköressenzen, durch die man dem gewöhnlichen Branntwein unter Zuckerzusatz einen angenehmen Geschmack verleiht.

Essig *m*, wäßrige, verdünnte Lösung von Essigsäure, die auch andere geschmacksverbessernde natürliche Stoffe enthält. E. ist in der Küche ein häufig gebrauchtes Würz- u. Konservierungsmittel. E. wird durch Vergärung von Früchten, Wein u. Branntwein hergestellt.

Essigsäure *w*, einfach gebaute, aber sehr wichtige organische Säure aus Kohlenstoff, Wasserstoff u. Sauerstoff. Sie hat einen stechenden Geruch u. ätzende Wirkung auf Haut u. Schleimhäute. Ebenso kann die E. den roten Blutfarbstoff zerstören (Hämolyse). Reine, d. h. wasserfreie E. nennt man *Eisessig*, weil sie bei 16,6 °C in eisartiger Form erstarrt. E. kann neben anderen Verfahren z. B. durch Oxidation von Äthylalkohol gewonnen werden u. ist der wesentliche Bestandteil des Essigs. Technisch wird die E. sehr häufig u. vielfältig verwendet. Die Salze der E. nennt man Acetate (z. B. ↑essigsaure Tonerde). Chemische Summenformel: CH_3COOH; Strukturformel:

$$\begin{array}{c} H O \\ | \| \\ H-C-C \\ | \backslash \\ H OH \end{array}$$

essigsaure Tonerde w, Verbindung von Aluminium mit Essigsäure (Aluminiumacetat); e. T. wird in etwa 8 %iger wäßriger Lösung oder als Bestandteil von Salben zur Wundbehandlung verwendet.

Esslingen am Neckar, Industriestadt in Baden-Württemberg, mit 94 000 E. Die Stadt hat eine pädagogische Hochschule u. 2 Fachhochschulen (für Technik u. für Sozialwesen). Das mittelalterliche Stadtbild weist viele Fachwerkhäuser u. alte Kirchen auf.

Establishment [iβtäblischm^{e}nt; engl.] s, unter E. versteht man heute die herrschende Schicht der politisch u. wirtschaftlich Mächtigen.

Este ↑ Ferrara.

Ester [Kunstwort aus Essigäther] m, Verbindung von organischen oder anorganischen Säuren mit Alkoholen (↑ Chemie). Viele E. zeichnen sich durch angenehmen Geruch u. Geschmack aus u. werden als Geschmacksaromen in der Süßwarenindustrie sowie bei der Parfümbereitung verwendet.

Estland, Unionsrepublik der UdSSR an der Ostsee, nördlichster der 3 ehemaligen baltischen Staaten. Die 1,4 Mill. E. sind hauptsächlich Esten, daneben gibt es Russen u. Finnen. E. ist ein seen- u. waldreiches Gebiet, nur im Südosten u. östlich der Hauptstadt Reval findet man Hügelland. Die Milch- u. Viehwirtschaft, die Ausnutzung der Bodenschätze (u. a. Ölschiefer) u. die chemische, Maschinen- u. Textilindustrie bilden die Erwerbsquellen der Bevölkerung. – Seit 1918 war E. selbständige Republik, 1940 wurde es der UdSSR angegliedert.

Estrich [gr.-mlat.] m, ein fugenloser Fußbodenbelag aus unterschiedlichen Materialien (z. B. Zement, Gips, Kalkmörtel). Meistens dient er als Unterboden.

etablieren [frz.], begründen, sich festsetzen, niederlassen.

Etappe [frz.] w: 1) (veraltete) Bezeichnung für das Versorgungs- u. Verwaltungsgebiet hinter der militärischen Front im 1. Weltkrieg; 2) Abschnitt, Stufe, Teilstrecke (z. B. bei Radrennen).

Etat [eta] ↑ Haushaltsplan.

Ethik [gr. Ethos; = sittliche Einstellung] w, Lehre vom sittlichen Wollen u. Handeln des Menschen. Die E. versucht zu erklären, wie der Mensch handeln soll u. warum er so handeln soll.

Etikett [frz.] s, Zettel mit Aufschrift; z. B. für ein Schreibheft oder für die Auszeichnung von Waren (häufig mit Preisangabe).

Etikette [frz.] w, vornehme Form des gesellschaftlichen Lebens.

Etrusker m, Mz., ein Kulturvolk des Altertums im Mittelmeerraum. Ihre Herkunft ist noch unklar, wahrscheinlich kamen sie im 1. Jahrtausend v. Chr. aus Kleinasien nach Mittelitalien. Sie bildeten dort mehrere Stadtstaaten (Blütezeit 7.–4. Jh.), die in einem Bund vereinigt waren u. bis ins 4. Jh. v. Chr. eine führende Rolle spielten. Das Reich der E. verlor seinen Einfluß hauptsächlich durch den Aufstieg Roms. Viele erhaltene etruskische Grabdenkmäler zeugen von einer eigenständigen Schrift u. Sprache. Bedeutende Denkmäler etruskischer Kunst sind in Form von Schmuckplatten, Urnen, Sarkophagen mit Deckelfiguren, Grabmalereien sowie Vasen- u. Keramikarbeiten erhalten geblieben.

Etsch w (ital. Adige), oberitalienischer Fluß; er ist mit einer Länge von 415 km der zweitgrößte Fluß Italiens, seine Quelle liegt am Reschenpaß, die Mündung im Golf von Venedig.

Etüde [frz.] w, ein musikalisches Übungsstück. Es greift jeweils bestimmte Schwierigkeiten heraus, deren Beherrschung die Fingerfertigkeit z. B. des Klavierspielers erhalten soll. Es entwickelten sich auch eigenständige Konzertetüden (z. B. von Chopin).

Etui [etwi; frz.] s, Hülle, Behälter (z. B. Brillenetui).

Etymologie [gr.; = Lehre von der wahren Bedeutung (eines Wortes)] w, Wissenschaft der Entstehung u. Herkunft der Wörter u. ihrer Bedeutungen. In diesem Lexikon findet man hinter vielen Stichwörtern in der eckigen Klammer etymologische Angaben; ↑ auch Volksetymologie.

Etzel, in der deutschen Heldensage der Name für den Hunnenkönig Attila.

Eucharistie [gr.; = Danksagung] w, ursprünglich das Dankgebet der urchristlichen Abendmahlsfeier. Später wurde die Abendmahlsfeier selbst so genannt.

Eugen, Prinz von Savoyen-Carignan, bekannt als „Prinz Eugen" [eugen], * Paris 18. Oktober 1663, † Wien 21. April 1736, österreichischer Feldmarschall u. Staatsmann. Im Kampf gegen die Türken errang er meh-

rere große Erfolge, so bei Zenta 1697 u. bei Belgrad 1717. Auch im Spanischen Erbfolgekrieg gegen Frankreich war er siegreich. Außer durch militärische u. staatsmännische Erfolge wurde er als großzügiger Förderer von Kunst u. Wissenschaft bekannt.

Eukalyptus [gr.] m, bis 150 m hohe u. bis 3 m dicke, immergrüne Bäume oder Sträucher, die hauptsächlich in Australien wachsen. Die Früchte sind holzige Kapseln mit 4 Fächern u. vielen Samen. Die Bätter liefern Eukalyptusöl (z. B. für Hustenmittel).

Euklid, griechischer Mathematiker, der um 300 v. Chr. lebte. Sein vielbändiges Werk „Stoicheia" (= Elemente) ist bis in die Neuzeit als grundlegendes Lehrwerk anerkannt worden. Von den rund 500 Lehrsätzen u. mathematischen Beweisen ist besonders der *Lehrsatz des Euklid* (Kathetensatz) bekannt geworden; er besagt: Im rechtwinkligen Dreieck ist das Quadrat über einer Kathete flächengleich dem Rechteck aus der Hypotenuse u. der Projektion dieser Kathete auf die Hypotenuse.

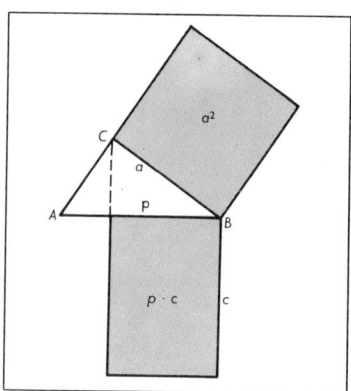

Lehrsatz des Euklid ($a^2 = p \cdot c$)

Eulen w, Mz.: 1) meist im Wald lebende, über die ganze Erde verbreitete, nachts jagende Vögel (etwa 140 Arten) mit nach vorn gerichteten, unbeweglichen Augen, die meist von einem Federkranz umgeben sind. Ihr Gehör ist fein, ihr samtartig weiches Gefieder erlaubt ihnen einen fast lautlosen Flug. Sie verschlingen ihre Beute zunächst ganz, die unverdaulichen Haare und Knochen werden wieder ausgewürgt (*Gewölle*). E. stehen in Deutschland unter Naturschutz, z. B. Schleiereule, Uhu, Stein- u. Waldkauz. Die E. gilt als Sinnbild der Weisheit; 2) Familie der Nachtfalter, die auf grauen Vorderflügeln eine dem Gefieder der Eulenvögel ähnliche Musterung tragen. Zu ihnen gehören viele Pflanzenschädlinge, z. B. die Kohleule.

Eulenspiegel, Till, Titelgestalt eines deutschen Volksbuches. Ob er wirklich gelebt hat, ist umstritten; angeblich wurde er in Kneitlingen bei Braunschweig um 1300 geboren u. starb in Mölln 1350. Die ursprüngliche Fassung des Eulenspiegelbuches ging verloren, erhalten ist die erste hochdeutsche Fassung (Straßburg 1515). Es ist eine Sammlung von Schwänken mit einer

Euphrat

Rahmenerzählung. Der Schalk Till E. treibt mit vielen Leuten seine Späße u. legt sie meistens gründlich herein. Diese Geschichten wurden in fast alle europäischen Sprachen übersetzt.

Euphrat (türk. Firat nehri, syr. Al Furat, irak. Nahr Al Furat u. [im Unterlauf] Schatt Al Furat) *m*, 2 700 km langer Fluß in Vorderasien, entspringt in der östlichen Türkei, durchfließt Syrien u. Irak u. mündet unterhalb von Abadan in den Persischen Golf. Er ist nur streckenweise schiffbar.

Eurasien, Bezeichnung für die zusammenhängende Landmasse der Erdteile *Europa* u. *Asien* (mehr als $1/3$ des gesamten Festlandes der Erde).

EURATOM, Kurzwort für: **Euro**päische **Atom**gemeinschaft, Zusammenschluß der Staaten der EG zur gemeinsamen Erforschung u. Nutzung der Kernenergie. Der Vertrag trat am 1. Januar 1958 in Kraft. Sitz der Gemeinschaft ist Brüssel.

Euripides, * auf Salamis 485/484 oder 480, † vermutlich in Pella (Makedonien) 407/406 v. Chr., nach Äschylus und Sophokles einer der großen griechischen Tragiker; von 82 ihm zugeschriebenen Werken blieben 18 erhalten (u. a. „Alkestis", 438; „Medea", 431).

eurocheque [...*schäk*], besondere Art des ↑Schecks.

Eurokommunismus *m*, Bezeichnung für eine sich in Westeuropa abzeichnende veränderte Einstellung der kommunistischen Parteien (v. a. Italiens, Frankreichs, Spaniens): Sie akzeptieren den demokratischen Wechsel der Regierungen u. streben eine Beteiligung an der Regierung an.

Europa, in der griechischen Mythologie die Tochter des Königs von Phönikien. Sie wird von Zeus, der sich in einen zahmen Stier verwandelt, nach Kreta entführt.

Europa, Erdteil, der – vom Zusammenhang der Landmasse her gesehen – eine Halbinsel Asiens ist (begrenzt durch Uralgebirge, Uralfluß, Kaspisches Meer und Schwarzes Meer). Wegen seiner historisch bedeutsamen Rolle wird E. jedoch als selbständiger Erdteil bezeichnet. – *Bevölkerung:* E. hat (ohne UdSSR) 670 Mill. E (hauptsächlich Romanen, Germanen u. Slawen, dazu Griechen, Kelten, Ungarn, Basken u. a.). Die Bevölkerung ist der Konfessionszugehörigkeit nach überwiegend christlich (römisch-katholisch besonders in Süd-, West- u. Mitteleuropa; protestantisch besonders in Großbritannien, in Nord- u. Mitteleuropa; orthodox besonders in Südost- u. Osteuropa). – Für die Form des Erdteils ist eine starke Küstengliederung mit Randmeeren, großen Halbinseln u. Inseln kennzeichnend. Der Buchtenreichtum förderte die Anlage von Häfen, das Gewässernetz begünstigte die Schaffung bedeutender Binnenwasserstra-

Esel. Nubische Wildesel

Europa und der Stier. Attische Vasendarstellung (um 490 v. Chr.)

Europäische Bewegung. Flagge

Europarat. Flagge

Eskimo

ßen, so daß die E. umgebenden Meere jetzt großenteils durch schiffbare Ströme u. Kanäle miteinander verbunden sind. Von Osten her reicht ein großes, schmaler werdendes Tiefland bis zur Westküste; es trennt das gebirgige Skandinavien von dem Gebiet der Mittelgebirge. Im Süden schließen sich hohe Faltengebirge an (Alpen, Pyrenäen, Apennin, Karpaten u. a.). Die höchsten Erhebungen befinden sich in den Alpen (Montblanc 4 807 m). – An *Bodenschätzen* (in Klammern die Länder mit den höchsten Förderungserträgen) findet man Steinkohle (UdSSR, Polen, Großbritannien, Bundesrepublik Deutschland), Braunkohle (DDR, UdSSR, Bundesrepublik Deutschland), Eisenerze (UdSSR, Schweden, Frankreich), Erdöl (UdSSR, Großbritannien, Rumänien, Bundesrepublik Deutschland), Erdgas (UdSSR, Niederlande, Rumänien, Bundesrepublik Deutschland, Italien), Bauxit (UdSSR, Ungarn, Griechenland, Jugoslawien, Frankreich), dazu Blei, Kupfer, Zink, Stein- u. Kalisalze u. a. – E. hat großenteils ein mildes, ausgeglichenes *Klima;* es wird entscheidend bestimmt durch Westwinde, die vom nördlichen Atlantischen Ozean her ungehindert ins Land eindringen (während der nördliche Atlantische Ozean vom ↑Golfstrom, der „Warmwasserheizung Europas", erwärmt wird). Nach Osten hin geht das ozeanische in ein kontinentales Klima mit starken Temperaturschwankungen innerhalb des Jahres über. Polares Klima herrscht nur im äußersten Norden. Die wärmsten Gebiete sind die Mittelmeerländer u. die Steppen in der südöstlichen UdSSR. Die Niederschläge nehmen im allgemeinen von Westen nach Osten ab. – *Pflanzenwelt:* Entsprechend dem Klima gliedert sich E. von Norden nach Süden in folgende Pflanzenwuchszonen: Tundra (am äußersten Rand Nordrußlands), Nadelwaldzone (Skandinavien,

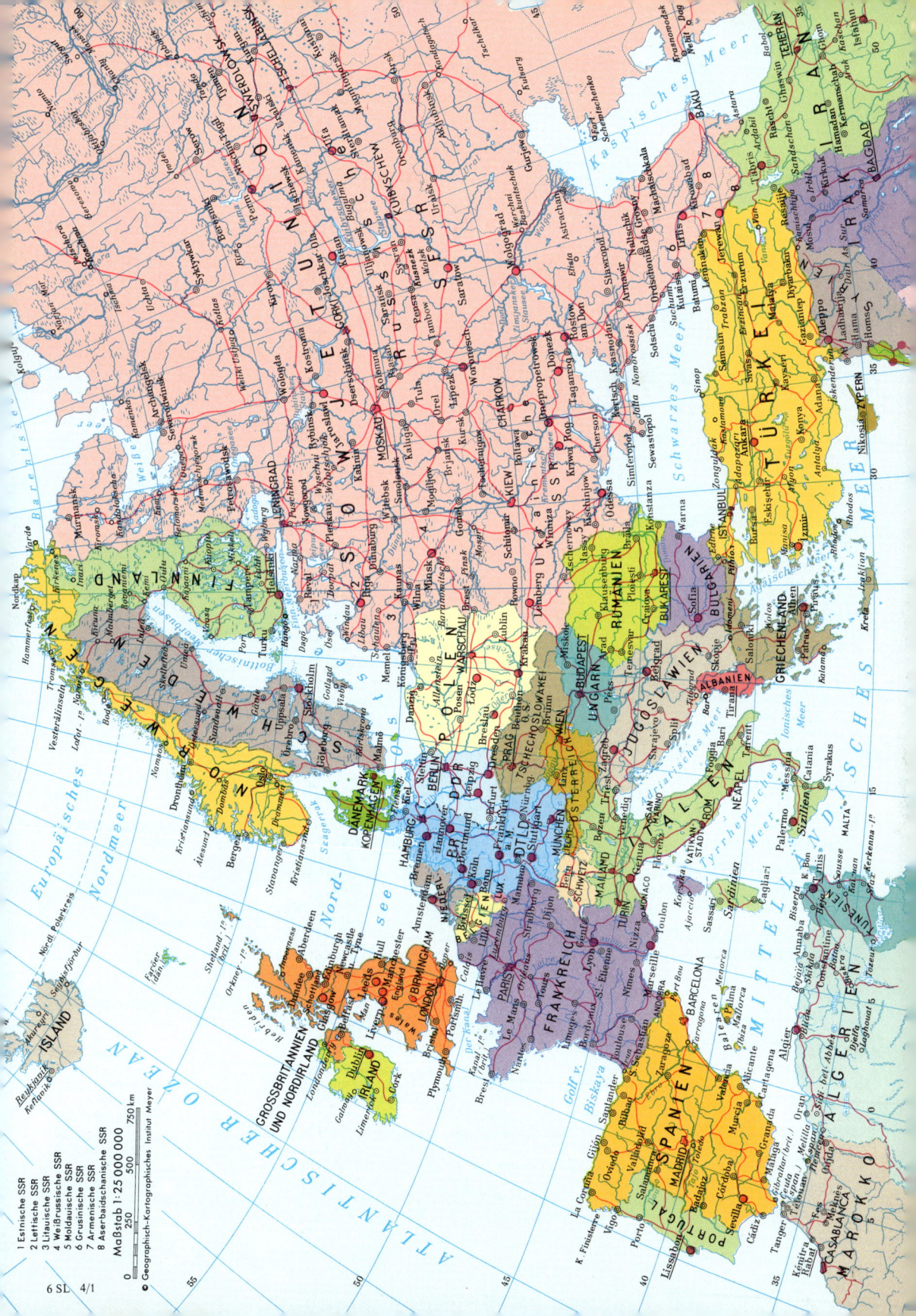

Europabrücke

Nordrußland), Laubmischwaldgürtel (West-, Mittel- u. Osteuropa, nach Süden und Südosten weitergreifend, in Südrußland durch Steppe ersetzt), Hartlaubzone (Mittelmeergebiet). – *Tierwelt:* Durch die Eiszeit wurde ein großer Teil der ursprünglichen Tierwelt ausgerottet oder verdrängt. Die Wiederbesiedlung dauert noch heute an. In der Tundra finden wir Rentier, Vielfraß, Lemming, in den Waldgürteln Hirsch, Elch, Reh, Wildschwein, Bär, Dachs, Luchs, Fuchs, zahlreiche Nager wie Eichhörnchen, Hamster, Mäuse, Hasen; dazu kommen, besonders im Mittelmeerraum, wechselwarme Tiere, z. B. Eidechsen. In den höheren und Hochgebirgen, für die Weiden und Matten kennzeichnend sind, finden sich Steinbock, Gemse u. Murmeltier. – Die Bezeichnung E. wurde von den alten Griechen zuerst für das Festland im Gegensatz zu den Inseln und Halbinseln verwendet, später für das gesamten Erdteil nördlich des Mittelmeeres. – Angaben zur Geschichte Europas sind in den einzelnen Länderartikeln zu finden u. in den Zeittafeln beim Stichwort Geschichte.

Europabrücke w, mit 180 m höchste Brücke Europas, südlich von Innsbruck, 785 m lang.

Europäische Bewegung w, eine Dachorganisation übernationaler Europaorganisationen zur Schaffung der Vereinigten Staaten von Europa; Sitz Brüssel. Ausgangspunkt war das von Sir Winston ↑Churchill 1948 gegründete *United Europe Movement.* Zahlreiche Verbände, die sich um die Einigung Europas bemühen, sind Mitglieder dieser Dachorganisation. Beigetragen hat sie zur Gründung der Montanunion, der EWG u. Euratom. – Flagge S. 160.

Europäische Freihandelsassoziation ↑internationale Organisationen.

Europäische Gemeinschaften w, Mz. (Abkürzung: EG), Sammelbezeichnung für EWG (↑internationale Organisationen), ↑EURATOM u. EGKS (↑Europäische Gemeinschaft für Kohle und Stahl).

Europäische Gemeinschaft für Kohle und Stahl (Montanunion, Abkürzung: EGKS) w, 1951 gegründete Organisation zur gemeinsamen Verwertung von Kohle, Eisenerz u. Stahl. Mitglieder sind heute alle Staaten, die Mitglieder der EWG sind. Die ursprünglichen Organe der EGKS sind weitgehend in den gemeinsamen Organen der EG aufgegangen.

Europäisches Parlament s, Versammlung der Europäischen Gemeinschaften, dessen konstituierende Sitzung vom 19. bis 21. März 1958 in Straßburg stattfand. Straßburg u. Luxemburg sind (wechselnd) Tagungsort. Das Europäische Parlament hat nur kontrollierende u. beratende Befugnisse. Mit der (ersten) Direktwahl der Abgeordneten im Juni 1979 hofft man, den Weg für mehr Rechte des Parlaments zu bahnen.

Europäisches Wiederaufbauprogramm s (European Recovery Program, Abkürzung: ERP, Marshallplan), auf Anregung des amerikanischen Außenministers G. C. Marshall zur wirtschaftlichen Unterstützung der europäischen Länder von den USA begründetes Hilfswerk. Es wurde ab 1948 durchgeführt von der Verwaltung für wirtschaftliche Zusammenarbeit (der *ECA*) mit Sitz in Washington, für Europa mit Sitz in Paris, sowie von der Organisation für europäische wirtschaftliche Zusammenarbeit, der *OEEC* (auch Europäischer Wirtschaftsrat genannt), ebenfalls mit Sitz in Paris. Die OEEC wurde 1961 durch die *OECD* (Organisation für wirtschaftliche Zusammenarbeit und Entwicklung) ersetzt. Außer den Mitgliedsländern der OEEC: Belgien, Bundesrepublik Deutschland, Dänemark, Frankreich, Griechenland, Großbritannien, Irland, Island, Italien, Luxemburg, Niederlande, Norwegen, Österreich, Portugal, Schweden, Schweiz, Spanien, Türkei sind in der OECD auch Finnland, die USA, Kanada u. Japan Mitglieder geworden. Neben der wirtschaftlichen Entwicklung, der Sicherung der Mitgliedstaaten u. der Koordinierung (Aufeinanderabstimmen) ihrer Wirtschaftspolitik bemühen sich auch um die wirtschaftliche Entwicklung anderer Staaten.

Europäische Wirtschaftsgemeinschaft ↑internationale Organisationen.

Europaparlament ↑Europäisches Parlament.

Europarat (Council of Europe, Conseil de l'Europe), durch mehrseitigen völkerrechtlichen Vertrag (Satzung vom 5. 5. 1949, mehrfach geändert) geschaffene internationale Organisation europäischer Staaten (1978: 21 Mitglieder, Sitz Straßburg. Ziel des Zusammenschlusses ist die Wahrung und Förderung der Prinzipien der Freiheit u. des gemeinsamen europäischen Erbes sowie die Sicherung des wirtschaftlichen und sozialen Fortschritts. Der E. hat mehr als 60 wichtige Konventionen (u. a. die Europäische Sozialcharta) ausgearbeitet, die zur Einigung Europas beitragen sollen. – Flagge S. 160.

Europastraßen w, Mz., von 18 europäischen Staaten 1950 in Genf festgelegte Fernstraßen für den internationalen Durchgangsverkehr. Die Straßen sind numeriert u. durch grüne Schilder mit einem weißen E gekennzeichnet.

Europide ↑Rasse.

Euroscheck ↑Scheck.

Eurydike, Gestalt der griechischen Sage; Gemahlin des Orpheus, der sie der Unterwelt zu entreißen versucht (↑Orpheus).

Euterpe, eine der ↑Musen.

Eva, nach biblischer Überlieferung die Frau Adams u. Stammutter des Menschengeschlechts.

evakuieren [lat.]: **1)** ein Vakuum herstellen (durch Abziehen der Luft); **2)** ein Gebiet oder eine Stadt räumen (z. B. im Krieg, um die Bevölkerung vor Bombenangriffen zu bewahren).

Evangelische Kirche in Deutschland w (Abkürzung: EKD), Bund von 21 deutschen evangelischen Landeskirchen des lutherischen, reformierten und unierten Bekenntnisses in der Bundesrepublik Deutschland und Berlin (West). Die Grundordnung wurde 1948 in Eisenach festgelegt. Danach hat die EKD nur gesamtkirchliche Aufgaben, aber keinen Einfluß auf die Lehre der einzelnen Gliedkirchen. Das leitende Organ ist der Rat der EKD.

Evangelium [gr.; = gute Botschaft] s, die Botschaft Jesu vom Kommen des Gottesreichs. Später wurde die gesammelte schriftliche Überlieferung der Worte u. Taten Jesu auch so bezeichnet (E. nach Matthäus, Markus, Lukas u. Johannes).

Everest, Mount [maunt $ew^er\mathit{i}\mathit{ß}t$] m (tibet. Tschomolungma), höchster Berg der Erde, im Himalaja, 8 848 m hoch. Der Berg wurde nach Sir George Everest benannt, der ihn im 19. Jh. beschrieb u. vermaß. Die Erstbesteigung gelang 1953 dem Neuseeländer E. P. Hillary u. dem Nepalesen Tenzing Norgay, die erste Besteigung ohne Sauerstoffgeräte am 8. Mai 1978 R. Messner u. P. Habeler.

Evergreen [$\mathit{\hat{a}w^ergrin}$; engl.; = Immergrün] m, auch s, ein Schlager, der jahrelang, mitunter sogar jahrzehntelang beliebt ist.

evident [lat.], offenkundig, unmittelbar überzeugend. **Evidenz** w, unmittelbare Gewißheit.

Evolution [lat.] w, Entwicklung, insbesondere die Entwicklung der Arten (Biologie); im engeren Sinn die gleichmäßige und friedliche Entwicklung der menschlichen Gesellschaft im Gegensatz zur ↑Revolution.

EWG ↑internationale Organisationen.

Ewiger Landfriede ↑Fehde.

Ewiges Licht s, ununterbrochen brennende Lampe in katholischen Kirchen als Zeichen der Gegenwart Christi. – Auch in Synagogen brennt ein E. L. (*Ner tamid* [hebr.; = E. L.]).

exakt [lat.], genau, sorgfältig: *exakte Wissenschaften* nennt man die Mathematik u. die auf ihr fußenden Naturwissenschaften, z. B. die Physik.

Examen [lat.] s, Prüfung.

Exekution [lat.] w, die Vollstreckung gerichtlicher Entscheidungen; im engeren Sinne: Hinrichtung. In Österreich ist E. auch Bezeichnung für ↑Zwangsvollstreckung.

Exekutive ↑Gewaltenteilung.

Eyth

Exempel [lat.] s, Beispiel.
Exemplar [lat.] s, ein einzelnes von vielen gleichen Stücken, z. B. Büchern oder Briefmarken.
exemplarisch [lat.], musterhaft; e. bestrafen heißt: eine strenge, abschreckende Strafe verhängen.
Exerzitien [lat.] s, Mz., in der katholischen Kirche „geistliche Übungen" zur Vermittlung des rechten Glaubens in klösterlicher Einsamkeit u. Stille.
Exil [lat.] s, Aufenthalt im Ausland nach Flucht oder Verbannung. E. wird auch der Ort der Verbannung genannt.
Existentialismus [lat.] m, eine v. a. in Frankreich seit etwa 1940 aufgekommene Richtung der ↑Existenzphilosophie; als wichtigste Autoren traten J.-P. Sartre, Simone de Beauvoir und A. Camus hervor.
Existenz [lat.] w: 1) zentraler Begriff der ↑Existenzphilosophie, der das Besondere u. Einzigartige eines jeden menschlichen Lebens meint, das mit seiner (problematischen) Freiheit gegeben ist; 2) Dasein als Wirklichkeit, Tatsächlichkeit; 3) Auskommen, Unterhalt (z. B.: er fand eine neue Existenz).
Existenzminimum [lat.] s, der Mindestbetrag des zur Lebensführung notwendigen Einkommens.
Existenzphilosophie [lat.; gr.] w, Bezeichnung für eine philosophische Richtung, die in den 1920er Jahren v. a. in Deutschland und Frankreich aufkam und die menschliche ↑Existenz in den Mittelpunkt ihres Fragens stellte. Die bedeutendsten Vertreter der E. sind M. Heidegger u. K. Jaspers. – ↑auch Existentialismus.
exklusiv [lat.], ausschließend; sich absondernd; vornehm.
Exkommunikation [lat.] w, Kirchenbann; Ausschluß einer Person aus der katholischen Kirche.
Exkremente [lat.] s, Mz., meist feste Ausscheidungen aus dem menschlichen u. tierischen Körper. Sie setzen sich zusammen aus unverdaulichen Nahrungsresten, abgestorbenem Körpergewebe u. Darmbakterien.
Exlibris [lat.; = aus den Büchern] s, künstlerisch ausgeführtes Buch-

Ex libris
Frau Johanna Rettich, geb. Flaischlen

eignerzeichen mit dem Namen oder Wappen des Besitzers, das auf die Innenseite des Buchdeckels geklebt wird.
exotisch [gr.], fremdländisch, fremdartig. Man spricht z. B. von exotischen Pflanzen.
Expander [lat.-engl.] m, Sportgerät zur Kräftigung der Muskeln. Der E. besteht aus mehreren Metallspiralen oder Gummizügen, die an zwei Handgriffen auseinandergezogen werden.
Expansion [lat.] w, Ausdehnung, z. B. von politischer Macht, wirtschaftlicher Größe; in der Physik Ausdehnung von Gasen, z. B. beim Erwärmen.
Expedition [lat.] w: 1) Forschungsreise, auch Feldzug; 2) Versandabteilung eines Unternehmens, auch die Versendung selbst.
Experiment [lat.] s, planmäßiger wissenschaftlicher Versuch, mit dessen Hilfe eine vermutete Gesetzmäßigkeit bestätigt oder widerlegt werden soll.
Experte [lat.] m, Sachverständiger.
Explosion [lat.] w, sehr rasch verlaufende chemische Umwandlung eines Stoffes (meist Verbrennung), die unter starker Gas- u. Hitzeentwicklung vor sich geht. Die dabei entstehende Druckwelle kann in der Umgebung große Zerstörungen hervorrufen.
Export [lat.-engl.] m, Ausfuhr inländischer Güter.
expreß [lat.], schnell, eilig.
Expressionismus [lat.] m, eine revolutionäre Kunstrichtung des frühen 20. Jahrhunderts. Die Künstler des E. wollten in ihren Werken ihre geistige Anschauung u. ihre seelischen Erlebnisse zum Ausdruck bringen (↑auch moderne Kunst). – In der Literatur ergriff der E. nur Deutschland (etwa 1910–25). Er ist ein Protest gegen überlieferte Formen der Kunst u. des Lebens. In bildhafter, oft visionärer Sprache wird der Untergang des Alten u. der Anbruch einer neuen Zeit verkündet. Dem entsprechen eine Steigerung des Gefühls bis zum Pathos, Rausch u. zur Begeisterung ebenso wie die Stimmung des Grauens u. eines nahenden Endes. Der „neue Mensch" (z. B. bei Georg Kaiser) soll aus seinem ursprünglichen Wesen heraus leben u. nicht durch gesellschaftliche Übereinkunft u. hergebrachte Verhaltensweisen eingeengt werden. Bei den Frühexpressionisten (vor dem 1. Weltkrieg) überwiegt eine verinnerlichte, unpolitische Haltung (Georg Trakl, Georg Heym u. a.), bei den späteren zeigen sich radikale Züge mit dem Willen zu sozialer u. politischer Umgestaltung (Johannes R. Becher, Franz Werfel, Ernst Toller u. a.).
extern [lat.], außen, auswärtig; draußen befindlich.
Externsteine ↑Teutoburger Wald.
Exterritorialität [lat.] w, völkerrechtlich geregelte Befreiung von der Rechtsordnung u. Staatsgewalt des Gastlandes für die diplomatischen Ver-

treter eines anderen Staates (Unantastbarkeit). E. gilt ebenfalls für das Staatsoberhaupt oder für Truppenteile einer anderen Nation, die sich während eines Besuches oder um Übungen durchzuführen auf dem Gebiet eines anderen Staates aufhalten. Auch internationale Organisationen (z. B. die UN) genießen E. aufgrund besonderer Verträge.
Extrakt [lat.] m: 1) eingedickter Auszug aus tierischen, pflanzlichen u. technischen Stoffen. Tomatenmark ist z. B. ein E. aus Tomaten; 2) Zusammenfassung des Inhalts eines Buches u. ä.
Extraktion [lat.] w: 1) Herauslösen einzelner Stoffe aus Stoffgemischen bzw. Pflanzenteilen (z. B. des Zuckers aus den Zuckerrübenschnitzeln) mit Hilfe von Lösungsmitteln (Wasser, Alkohol, Benzin u. ä.). Der herausgelöste (extrahierte) Stoff heißt Extrakt; 2) Ziehen eines Zahns.
extravagant [frz.], überspannt, ausgefallen, verstiegen.
Extrem [lat.] s, höchster Grad, äußerster Standpunkt. Man spricht von: äußersten Extremen (Gegensätzen).
Exzenter [nlat.] m, Vorrichtung zur Umwandlung einer Drehbewegung in eine hin- u. hergehende Bewegung. Der E. besteht aus einer Kreisscheibe, die sich um eine nicht durch ihren Mittelpunkt verlaufende Achse dreht. Auf der Scheibe sitzt ein gleitender Ring, an dem die Exzenterstange befestigt ist. Dreht sich die Scheibe, dann bewegt sich die Exzenterstange hin u. her.
exzentrisch [nlat.]: 1) außerhalb des Mittelpunktes liegend; in der Geometrie werden auf einer Ebene liegende Kreise u. Kugeln exzentrisch genannt, wenn sie keinen gemeinsamen Mittelpunkt haben; 2) verschroben, überspannt.
Exzeß [lat.] m, Ausschreitung, Ausschweifung.
Eyck [ä'k], Hubert van, * Maaseik (?) um 1370 (?), † Gent 18. September 1426 (?), u. Jan van, * Maaseik (?) 1390, begraben Brügge 9. Juli 1441, niederländische Maler. Die beiden Brüder waren die berühmtesten Maler ihrer Zeit u. galten als die Erfinder der Ölmalerei; ihr bekanntestes Werk ist der von Hubert begonnene u. von Jan vollendete Genter Altar.
Eyth, Max von, * Kirchheim unter Teck, 6. Mai 1836, † Ulm 25. August 1906, deutscher Ingenieur u. Schriftsteller. Er konstruierte zusammen mit dem Engländer J. Fowler (1826–64) einen Dampfpflug, den er selbst in vielen Ländern der Erde einführte. 1884 gründete E. in Berlin die Deutsche Landwirtschaftsgesellschaft. Er schrieb volkstümliche Romane u. Erzählungen aus der Welt der Technik. Über sein Leben u. seine Reisen berichtete er in dem Buch „Hinter Pflug u. Schraubstock" (1899).

F

F: 1) 6. Buchstabe des Alphabets; **2)** 4. Ton der C-Dur-Tonleiter; **3)** Abkürzung für: ↑Fahrenheit; **4)** Abkürzung für: ↑Farad; **5)** chemisches Symbol für ↑Fluor.

f ↑forte.

Fa., Abkürzung für: Firma.

Fabel [lat.] w: **1)** ein kurzes, lehrhaftes Gleichnis in Form einer Geschichte oder eines Gedichts. Die Hauptpersonen sind oft Tiere, die wie Menschen reden u. handeln. Die Fabeldichter wollen menschliche Schwächen zeigen. Bedeutende Fabeldichter waren der Grieche Äsop, der Römer Phädrus, der Franzose La Fontaine, der Russe Krylow, in Deutschland Gellert u. Lessing; **2)** eine knappe Zusammenfassung, die den Inhalt eines Bühnenstückes oder einer erzählenden Dichtung wiedergibt.

Fabeltiere [lat.; dt.] s, Mz., Phantasiegeschöpfe wie Drache, Einhorn, Greif u. Zerberus. In Mythen, Märchen u. Sagen spielen sie von jeher eine wichtige Rolle.

Fabrik [lat.-frz.] w, Betrieb, in dem Waren in großen Stückzahlen von Arbeitern mit Maschinen, meist in ↑Fließarbeit, hergestellt werden.

Facettenauge [faßät*e*n...; frz.; dt.] s (Netzauge, Komplexauge), das Auge der Gliederfüßer (mit Ausnahmen), das sich aus zahlreichen Einzelaugen (Sehkeilen) zusammensetzt.

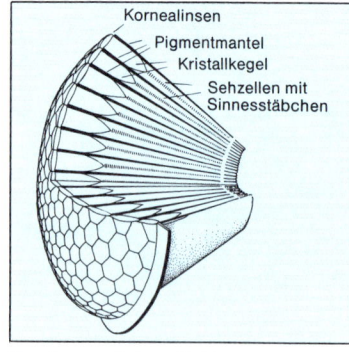

Facettenauge (schematisch)

Facharbeiter m, Arbeiter, der in einem anerkannten Ausbildungsberuf eine Ausbildung erhalten u. eine Abschlußprüfung abgelegt hat. Er wird gegenüber dem ungelernten oder angelernten Arbeiter meist besser bezahlt.

Facharzt m, Arzt, der sich auf ein Fachgebiet spezialisiert hat; z. B. F. für Kinderkrankheiten.

Fachhochschulen w, Mz., seit 1969 eingerichtete Hochschulen, in denen – im Vergleich zu ↑Universitäten – kürzere u. praxisbezogenere Studiengänge angeboten werden. Die früheren Ingenieurschulen u. höheren Fachschulen (Akademien) für Wirtschaft, Sozialwesen, Gestaltung u. a. sind z. T. zu F. erhoben worden; andere F. wurden neu gegründet. Die Zulassung erfolgt nach mindestens 12jähriger Schulbildung (Fachhochschulreife). Die Studiendauer beträgt in der Regel 6 Semester, z. T. verbunden mit 1 bis 2 Praxissemestern (Berufspraktikum). An F. wird die Graduierung erworben, z. B. Betriebswirt (grad.). Einige F. wurden inzwischen mit anderen Hochschulen zu ↑Gesamthochschulen zusammengeschlossen; dort ist der Übergang auf Diplom-Studiengänge erleichtert worden.

Fachoberschule w, meist zweijährige ↑Schule, die durch fachpraktische Ausbildung während der 11. Klasse sowie fachkundlichen theoretischen ↑Unterricht auf das Studium an einer ↑Fachhochschule vorbereitet. In ihren Fachrichtungen (Wirtschaft, Technik, Hauswirtschaft, Gestaltung, Sozialpädagogik u. Sozialarbeit) ist sie auf die Fachhochschule ausgerichtet. Sie vermittelt aber auch allgemeinbildende Fächer. Das Abschlußzeugnis der ↑Realschule oder ein gleichwertiger Abschluß wird vorausgesetzt. Der Besuch der Klasse 11 kann durch eine abgeschlossene Berufsausbildung u. den Besuch einer Berufsaufbauschule ersetzt werden.

Fachschule w, Schule, die der beruflichen Weiterbildung dient u. eine erweiterte u. vertiefte Fachbildung im erlernten Beruf vermittelt. Voraussetzung für den Besuch der F. ist in der Regel eine abgeschlossene Berufsausbildung u. eine mehrjährige Berufspraxis. Die F. gibt es als Tagesschule, z. T. auch als Abendschule. Die Dauer der Ausbildung ist unterschiedlich. Es gibt verschiedene Arten der F.: z. B. für Technik, Wirtschaft, Landwirtschaft. Die Ausbildung an der F. endet in einigen Bundesländern mit einer staatlichen Abschlußprüfung (z. B. staatlich anerkannter Erzieher).

Fachwerkbau w, Bauweise für Wände, bei der zunächst ein Rahmenwerk errichtet wird. Die Zwischenräume (Fächer) werden dann mit Lehm, Ziegelsteinen u. ä. ausgefüllt. Bei *Fachwerkhäusern* ist das Holzgerüst von außen sichtbar; die Balken sind oft kunstvoll verziert.

Fadenwürmer m, Mz., drehrunde Schlauchwürmer, die bei einem Durchmesser von 5–12 mm bis 1 m lang werden können. Viele bleiben aber unter einer Länge von 1 cm. Sie besitzen nur Längsmuskeln u. bewegen sich schlängelnd fort. Sie leben entweder frei oder schmarotzen in Mensch, Tier u. Pflanze. Weltweit gibt es fast 15 000 Arten; dazu gehören u. a.: Spulwürmer, Madenwürmer, Hakenwürmer u. Trichinen.

Fading [fe*i*ding; engl.] s, Schwunderscheinung beim Empfang von Radiowellen, wobei kurzzeitige Lautstärkeschwankungen auftreten. Sie wird in den meisten Empfängern durch einen automatischen Schwundausgleich beseitigt. Als F. bezeichnet man auch Ermüdungserscheinungen an Fahrzeugbremsen, die bisweilen nach einer Dauerbremsung auftreten.

Fafner (Fafnir), in der germanischen Sage ein Riese, der in Drachengestalt einen großen Goldschatz hütet. Er wird von Siegfried erschlagen.

Fagott [ital.] s, ein Holzblasinstrument, das Baßinstrument unter den Holzblasinstrumenten im Orchester. Es

Fachwerkbau. Marktplatz in Fritzlar

Fachwerkbau. Altstadt von Herborn

164

Faksimile

Falken. Gerfalke

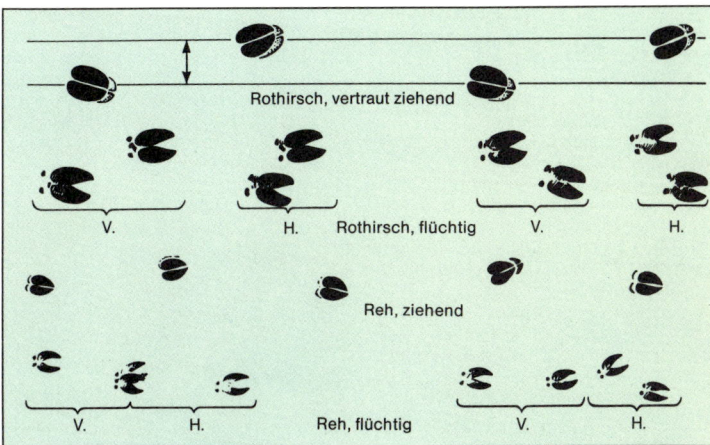

Fährte von Rothirsch und Reh

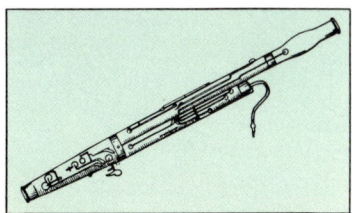

Fagott

hat eine lange, U-förmig geknickte Röhre (etwa 260 cm lang) u. 19–22 Klappen. Der Ton kann schnarrend u. näselnd sein, aber auch voll und unheimlich.

Fähe w, in der Jägersprache die weiblichen Tiere von Fuchs, Wolf, Dachs und Marder.

Fahlerze s, Mz., wichtige Gruppe von kupferhaltigen ↑Erzen, in denen die metallischen Bestandteile in chemischer Verbindung mit Schwefel als Sulfide vorliegen. Die F. sind jedoch von so unterschiedlicher Zusammensetzung, daß der Silberanteil z. B. bis mehr als 30 % betragen kann. Außerdem können Quecksilber, Germanium, Gallium u. auch Eisen als metallischer Bestandteil auftreten. Der Schwefel hingegen kann teilweise durch Arsen, Antimon u. Wismut ersetzt werden. Ihren Namen tragen die F. nach ihrem dunklen, matten („fahlen") Glanz. Die wichtigsten Vertreter dieser Gruppe sind Freibergit (viel Silber), Schwazit (viel Quecksilber), Tetraedrit (viel Antimon), Germanit (8 % Germanium) u. Tennantit (viel Arsen).

Fahndung w, von der Polizei durchgeführte Suche nach einer verdächtigen oder vermißten Person oder einer Sache (z. B. als Beweis); ↑auch Interpol.

Fahne w, ein nur einseitig an einer Stange befestigtes Tuch in bestimmten Farben, zum Teil auch mit Wahrzeichen oder Sinnbildern. Meistens ist die F. Wahrzeichen einer Gemeinschaft, z. B. eines Landes oder eines Vereins. Als Feldzeichen für Truppen war die F. bereits im Altertum bekannt, seit dem 9. Jh. verwendeten sie alle abendländ. Völker. Formen der F. sind das ↑Banner, die ↑Standarte, die ↑Flagge.

Fähre w, Wasserfahrzeug zur Beförderung von Personen (Personenfähre) oder Fahrzeugen (Autofähre, Eisenbahnfähre) über Meeresarme, Seen oder Flüsse. Der Antrieb erfolgt durch Maschinen oder durch Menschenkraft. Bei Flußfähren wird oft die Flußströmung als Antriebskraft benutzt. Solche Fähren heißen Gierfähren. Sie sind mit einer Laufrolle an einem über den Fluß gespannten Seil befestigt u. lassen sich durch den Strömungsdruck von Ufer zu Ufer treiben, indem sie schräg zur Strömung gestellt werden. Auch ↑Luftkissenfahrzeuge werden als Fähren eingesetzt.

Fahrenheit, Daniel Gabriel, * Danzig 24. Mai 1686, † Den Haag 16. September 1736, deutscher Physiker. Er führte das Quecksilberthermometer ein u. die nach ihm benannte Temperaturskala (100 °C = 212 °F, 0 °C = 32 °F), die in den angelsächsischen Ländern gebräuchlich ist.

Fahrrad s, zwei-, selten dreirädriges, über Tretkurbeln angetriebenes Fahrzeug. Bauformen: Sport- oder Tourenrad, Damenrad (ohne Rahmenrohr zwischen Sattel u. Lenker zur Erleichterung des Aufstiegs), Kinderrad, Klapprad (einklappbar, damit es z. B. im Kofferraum eines Autos mitgeführt werden kann), Rennrad (besonders leicht gebaut, mit nach unten gebogenem Lenker zur Verminderung des Luftwiderstands des Oberkörpers während der Fahrt), Tandem (zwei- oder mehrsitzig mit einer entsprechenden Zahl von Tretkurbeln). Der Antrieb erfolgt vom Tretlager über eine Kette zum Hinterrad; häufig ist die Kraftübertragung durch eine Gangschaltung veränderbar: Die Kette kann wechselweise auf nebeneinanderliegende, unterschiedlich große Zahnräder geschaltet werden, so daß, je nach Steigung der Fahrstrecke, mit der gleichen Kraft pro Kurbeldrehung ein längerer oder kürzerer Weg (= verschieden viele Hinterraddrehungen) zurückgelegt werden kann. Gebremst wird durch Rücktritt (Schleifwirkung in der Nabe des Hinterrads) oder mit Felgenbremsen (durch von Hand betätigten Kabelzug greifen de Bremsklötze). – Vorläufer des Fahrrads war die ↑Draisine (1818). Der Franzose E. Michaux brachte 1867 sein mit Pedalen u. Bremsen versehenes „Veloziped" auf den Markt. Nach der Erfindung des Speichenrads, der Luftreifen (1888) u. der Verwendung von Kugellagern begann um die Jahrhundertwende die industrielle Fahrradproduktion, die bis heute eine ständige Ausweitung erfahren hat. In der Bundesrepublik Deutschland wurden 1977 über 3 Mill. Fahrräder hergestellt.

Fahrstuhl ↑Aufzug.

Fährte w, die hintereinanderliegenden Fußabdrücke von Tieren im Boden oder im Schnee. Auch die Spur eines Gesuchten oder Flüchtenden wird als F. bezeichnet (jemandem auf der F. sein).

Fahrwasser s, Schiffahrtsweg in Küstennähe oder in einem Fluß. Das F. hat die für die Schiffahrt erforderliche Wassertiefe u. ist durch Seezeichen gekennzeichnet.

fair [fär; engl.], ehrenhaft, anständig; besonders im Sport: den Regeln entsprechend, kameradschaftlich.

Fakir [arab.] m, ein hinduistischer oder islamischer Asket (↑Askese). Die Bezeichnung F. wurde in Europa durch Fakire bekannt, die sich durch Erdulden von Qualen als „Kunststücke" vorführten.

Faksimile [lat.; = mach ähnlich!] s, originalgetreue Wiedergabe einer

Faktoren

Vorlage, z. B. einer Handschrift. Heute wird ein F. allgemein auf fotomechanischem Wege hergestellt.

Faktoren [lat.] *m, Mz.*, Zahlen oder Größen, die miteinander multipliziert werden (↑Multiplikation).

Fakultät [lat.] *w*, fachliche Abteilung einer Hochschule, z. B. naturwissenschaftliche, rechtswissenschaftliche, medizinische, philosophische Fakultät. An der Spitze der F. steht der *Dekan*. An vielen Hochschulen haben kleinere Fachbereiche die Fakultäten abgelöst.

Falange [*falánche;* span.] *w*, 1933 in Spanien gegründete faschistische Partei, die 1937–75 (als spanische Einheitspartei) von ↑Franco Bahamonde geleitet wurde. Nach Francos Tod (1975) ging ihr Einfluß zurück, sie wurde 1977 aufgelöst.

Falken ↑Jugendverbände.

Falken *m, Mz.*, Familie der Greifvögel, zu der die bei uns vorkommende Gattung mit dem gleichen Namen F. gehört. Ihr Körper ist schlank, ihre Flügel sind u. spitz. Ihr Gefieder zeigt dunkle Flecken oder Streifen, die Bauchseite ist meist heller als der Rücken. Der Schnabel ist hakig gebogen u. besitzt Hornzähne (*Falkenzahn*) am Oberschnabelrand. F. sind hervorragende Flieger u. jagen viele andere Vögel, Mäuse u. Insekten; sie bauen keine eigenen Horste, sondern benutzen verlassene Nester oder nisten in Felsnischen oder auf dem Boden. – Abb. S. 165.

Falkenzahn

Fall *m:* **1)** freier Fall, Bewegung eines frei beweglichen Körpers im Anziehungsbereich der Erde. Er erfolgt in Richtung des Erdmittelpunktes mit ständig zunehmender Geschwindigkeit. Der freie F. stellt also eine beschleunigte Bewegung dar. Die Beschleunigung erfolgt gleichförmig, d. h., die Geschwindigkeit nimmt in gleichen Zeitabschnitten um den gleichen Betrag zu. Der freie Fall wird durch folgende Gesetze beschrieben: Für den fallend zurückgelegten Weg *s* gilt:

$$s = \frac{g}{2} t^2$$

und für die Geschwindigkeit *v* des fallenden Körpers gilt: $v = g \cdot t$ mit g = Erdbeschleunigung ≈ 9,81 m/sec², t = Fallzeit: **2)** ↑Fälle.

Falla, Manuel de [*fálja*], *Cádiz 23. November 1876, †Alta Gracia (Argentinien) 14. November 1946, spanischer Komponist. Er schrieb Opern, Konzerte („Nächte in spanischen Gärten", 1911–15) u. Ballette („Der Dreispitz", 1919). Sein Stil ist stark von der spanischen Volksmusik u. vom Impressionismus beeinflußt.

Fallada, Hans, eigentlich Rudolf Ditzen, *Greifswald 21. Juli 1893,

†Berlin 5. Februar 1947, deutscher Schriftsteller. Er schildert in seinen Romanen das Dasein der „kleinen Leute" u. die Not der Ausgestoßenen und Gestrandeten, u. a. „Kleiner Mann – was nun?" (1932), „Wer einmal aus dem Blechnapf frißt" (1934).

Fälle *m, Mz.* (lat. Kasus), das Deutsche kennt vier Fälle bei der Beugung (Deklination) des Substantivs, des Adjektivs, des Artikels, des Pronomens u. des Zahlworts. Das folgende Beispiel zeigt die vier F. in der Einzahl: 1. Fall oder Werfall (Nominativ): der grüne Tisch, 2. Fall oder Wesfall (Genitiv): des grünen Tisches, 3. Fall oder Wemfall (Dativ): dem grünen Tisch[e], 4. Fall oder Wenfall (Akkusativ): den grünen Tisch. Alle diese Formen sind auch in der Mehrzahl möglich.

Fällen (Ausfällen) *s*, eine der wichtigsten Grundoperationen in der chemischen Praxis. Der Zweck des Fällens ist die Abtrennung bestimmter Bestandteile aus Lösungen in Form unlöslicher Verbindungen; F. wird durch Zugabe von Fällungsmitteln erreicht. Gießt man z. B. in eine (farblose) Lösung von Kochsalz (Natriumchlorid, NaCl) eine ebenfalls farblose Lösung von Silbernitrat (Höllenstein, AgNO₃), so scheidet sich weißes, unlösliches Silberchlorid (AgCl) am Boden des Gefäßes ab:

$$NaCl + AgNO_3 \rightarrow NaNO_3 + AgCl.$$

Das Silberchlorid kann dann abfiltriert werden. Die F. ist langsam u. unter Rühren vorzunehmen, da das Fällungsprodukt sonst leicht unerwünschte Lösungsbestandteile einschließt u. „mitreißt". Durch mehrmaliges Wiederauflösen u. F. des Niederschlags erhält man ein immer reineres Produkt.

Fallreep *s*, Treppe oder Strickleiter (Jakobsleiter), die man an der Bordwand von Schiffen zum Be- u. Entsteigen herablassen kann.

Fallschirm *m*, Vorrichtung zum Abbremsen einer Fallbewegung. In einem halbkugelförmigen Stoffschirm fängt sich beim Fallen die Luft. Sie kann durch ein kleines Loch an der höchsten Stelle des Schirms entweichen. Dadurch werden Pendelbewegungen verhindert. Der F. befindet sich, sorgfältig zusammengefaltet, in einem Verpackungssack. Geöffnet wird er beim Absprung entweder automatisch durch eine mit dem Flugzeug verbundene Reißleine oder durch Handabzug. Der Springer hängt in einem Gurtzeug, das durch Leinen mit dem Schirm verbunden ist. Der geöffnete Schirm sinkt mit etwa 5–5½ m in der Sekunde nach unten. Da zur völligen Entfaltung des Fallschirms etwa 3 Sekunden erforderlich sind, ist ein Absprung aus 80 m Höhe theoretisch unbedenklich. Vorgeschrieben ist im Fallschirmsport eine Öffnungshöhe des Fallschirms von 400 m. Fallschirme werden auch zum Niederbringen von Material (Lastfallschirme) u. zur Abbremsung schnell landender Flugzeuge, Raumschiffkapseln u. a. benutzt (Bremsfallschirme).

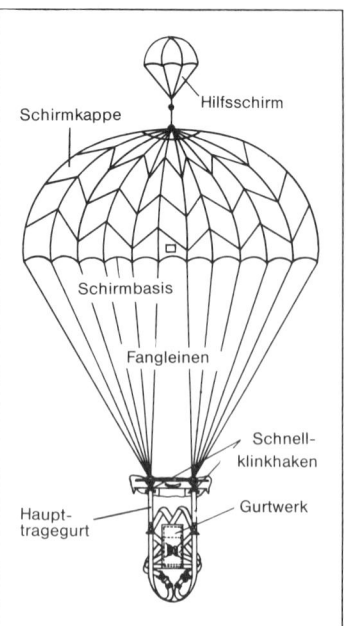

Fallschirm. Schemazeichnung

Faltboot *s*, zerlegbares Paddelboot. Es besteht aus einem leichten Holz- oder Metallgerüst, über das eine gummierte Leinwand gezogen wird.

Faltengebirge ↑Gebirge.

Famagusta, Hafenstadt an der Ostküste Zyperns, mit 39 000 E. Die

Farbstoffe

Stadt hat bedeutende mittelalterliche Bauwerke, u. a. die jetzt als Moschee verwendete Kathedrale aus dem frühen 14. Jahrhundert.

Familie [lat.] w: **1)** die aus der Ehe hervorgegangene Gemeinschaft der Eltern u. Kinder. Im allgemeinen Sprachgebrauch wird auch die Verwandtschaft, v. a. die, mit der man in engeren Beziehungen steht, als F. verstanden. – Früher, bei den Römern, gehörten auch die Sklaven, im Mittelalter die Hörigen u. das Gesinde, bis weit in die Neuzeit hinein Gesellen u. Lehrlinge, die in der Werkstatt des Familienvaters arbeiteten, zur Familie. Die Form der F. hat sich mit der Wirtschaftsform u. in einer gewissen Abhängigkeit davon verändert. Die Rechte u. Pflichten der einzelnen Familienmitglieder sind heute bei uns im 4. Buch des Bürgerlichen Gesetzbuches (BGB) geregelt; **2)** eine systematische Einheit in der Biologie, in der man Tier- u. Pflanzengattungen, die näher miteinander verwandt sind, zusammenfaßt. So gehören z. B. zur Ordnung „Raubtiere" die Familien „Hundeartige", „Bärenartige", „Katzenartige".

Familienstand ↑Personenstand.

Fan [fän; engl.] m, aus dem englischen Wort *fanatic* gebildetes Kurzwort als Bezeichnung für jemanden, der von einer Sache oder einem Menschen besonders begeistert ist, z. B. Sportfan, Jazzfan.

Fanatismus [lat.] m, blinder Eifer, Glaubensschwärmerei; hemmungsloser, rücksichtsloser Einsatz für eine Überzeugung.

Fanfare [frz.] w: **1)** schmetterndes Trompetensignal auf Töne des Dreiklangs (z. B. beim Militär, zur Eröffnung von Festspielen); **2)** eine gestreckte Trompete ohne Ventile.

Farad [nach ↑Faraday] s, Einheitenzeichen: F, gesetzliche Einheit der Kapazität. Ein Kondensator hat die Kapazität 1 F, wenn eine Ladung von 1 Coulomb eine Spannung von 1 Volt erzielt: $1\,F = 1\,\frac{Coulomb}{Volt}$. Meist werden kleinere Einheiten verwendet:
1 mF (Millifarad) = 10^{-3} F
1 µF (Mikrofarad) = 10^{-6} F
1 nF (Nanofarad) = 10^{-9} F
1 pF (Pikofarad) = 10^{-12} F.

Faraday, Michael [fär^{e}di], * Newington (heute zu London) 22. September 1791, † Hampton Court (heute zu London) 25. August 1867, englischer Physiker u. Chemiker. Er war der erste, der Chlor verflüssigte u. Benzol gewann. Am bekanntesten wurde er durch seine Arbeiten zur Elektrizitätslehre: Ihm gelang der Nachweis der elektromagnetischen ↑Induktion. Von F. stammen auch grundlegende Arbeiten zur ↑Elektrolyse. F. prägte viele Begriffe der Physik, z. B. Elektrolyse, Elektrode, Kathode, Anode, Anion u. Kation.

Farbdruck m, Verfahren zur Herstellung bunter Drucke. Bei dem häufig verwendeten Vierfarbendruck werden von dem zu druckenden Bild vier Druckplatten in den Farben Rot, Gelb, Blau u. Schwarz hergestellt und dann übereinandergedruckt. Für die farbgetreue Wiedergabe von Gemälden reichen diese vier Farben oft nicht aus; man kann die Zahl der verwendeten Farben jedoch auch erhöhen.

Farbe w, eine Sehempfindung, die durch Lichtstrahlen bestimmter Wellenlänge hervorgerufen wird. Läßt man weißes Licht (Sonnenlicht, Licht einer Bogenlampe) durch ein ↑Prisma treten, so ergibt sich hinter dem Prisma ein farbiges Lichtband, ein sogenanntes ↑Spektrum. Genauere Untersuchungen dieser Erscheinung ergeben, daß das sichtbare Licht aus einem Gemisch elektromagnetischer Wellen besteht, deren Wellenlänge zwischen 380 nm (1 nm = 1 Nanometer = 1 Millionstel Millimeter) und 750 nm liegt. Die verschiedenen Wellenlängen werden durch das Prisma verschieden stark abgelenkt, u. zwar um so stärker, je kürzer sie sind. Das rote Licht hat eine Wellenlänge von 750 nm, das violette eine solche von 380 nm. So ruft jede Wellenlänge in diesem Bereich eine ganz bestimmte Farbempfindung hervor. Alle überhaupt möglichen Farben sind also im weißen Licht enthalten. Ein Körper erscheint farbig, wenn er nur bestimmte Bestandteile des auf ihn treffenden weißen Lichtes zurückwirft. Ein roter Körper wirft beispielsweise das rote Licht zurück, während er die übrigen Bestandteile „verschluckt". Die Wirkung eines Farbglases (Farbfilter) beruht darauf, daß es nur bestimmte Bestandteile des weißen Lichts hindurchläßt, die anderen „verschluckt" (absorbiert).

Färben s, technischer Vorgang zum Einfärben von Textilgewebe. Bei der Beizfärbung wird eine Farblösung verwendet, aus der das Färbgut sofort in seiner endgültigen Farbe herauskommt. Bei der Küpenfärbung dagegen entwickelt sich die Farbe erst beim Trocknen des Färbgutes unter dem Einfluß des Sauerstoffs der Luft. Besonders lichtecht sind die sogenannten Indanthrenfarben.

Farbenblindheit w, eine meist angeborene Unfähigkeit, Farben zu erkennen. Der absolut farbenblinde Mensch sieht die Welt so, wie sie auf einer Schwarzweißfotografie erscheint. In den meisten Fällen besteht jedoch nur eine *Farbenfehlsichtigkeit* (Farbsinnstörung), eine meist angeborene Abweichung vom normalen Farbempfinden bzw. Farbenunterscheidungsvermögen, die sich z. B. als Rot-Grün-Blindheit zeigen kann. Die erbliche Farbsinnstörung ist bei Frauen selten.

Farbensymbolik w, schon seit ältester Zeit haben die Menschen den Farben einen bestimmten Sinn beigelegt. Die Bedeutung der Farben war u. ist bei den Völkern oft verschieden. Bei uns gilt heute im allgemeinen Weiß als Unschuld, Rot als Liebe, Blau als Treue, Grün als Hoffnung, Gelb als Neid, Schwarz als Trauer; die Farbe der Trauer ist in China u. Japan dagegen Weiß, in der Türkei Violett.

Farbfernsehen ↑Fernsehen.

Farbstoffe m, Mz., chemische Substanzen, die die Eigenschaft haben, künstliches oder natürliches Licht so zu absorbieren, daß nur das Licht bestimmter Wellenlängen zurückgeworfen (reflektiert) oder durchgelassen wird, wobei über das Auge im Gehirn ein ganz bestimmter Farbeindruck entsteht (↑ auch Farbe). – Bei den Farbstoffen unterscheidet man anorganische u. organische. Diese beiden Gruppen wiederum sind zu unterteilen in natürlich vorkommende u. künstlich hergestellte (synthetische) F. Natürliche anorganische F. sind z. B. der schon in der Urzeit zu Höhlenzeichnungen verwendete Rötelfarbstoff, Schlämmkreide u. Graphit. Die synthetischen anorganischen F. sind durch einfache chemische Operationen zu gewinnen, z. B. Kobaltblau, Bleirot (Mennige), Chromgelb u. Bleiweiß. Zu den bekanntesten natürlich vorkommenden pflanzlichen F. gehören Indigo u. Alizarin aus der Krappwurzel sowie das Blattgrün, weiter die Vielzahl der in den Blumen vorkommenden Blütenfarbstoffe. Beispiele für natürlich vorkommende F. tierischen Ursprungs sind das Antikpurpur aus der Purpurschnecke u. der rote Blutfarbstoff Hämoglobin. Die zahllosen synthetischen organischen F., die zu einem großen Teil indirekt aus dem Steinkohlenteer gewonnen werden, haben die natürlichen organischen F. in der Praxis fast völlig verdrängt, weil sie über eine größere Licht- u. Waschechtheit verfügen u. auch in vielen Fällen eine bessere Farbwirkung ergeben. – Je nach dem Verdünnungsmittel, in dem die F. zur besseren Handhabung gelöst oder vermischt werden, unterscheidet man Wasser-, Öl-, Leim- u. Lackfarben. Nach ihrer Durchsichtigkeit unterscheidet man Deckfarben, die den Untergrund völlig verschwinden lassen, u.

Michael Faraday

167

Farbwechsel

Farbwechsel Lasurfarben, die infolge ihrer glasartigen Struktur den Untergrund noch durchscheinen lassen.

Farbwechsel m, manche Tiere haben die Fähigkeit, ihre Körperfarbe zu wechseln. Neben dem langsam ablaufenden sogenannten morphologischen F. gibt es den physiologischen F., der auf einer Wanderung vorhandener ↑Pigmente in den pigmentführenden Zellen der Körperoberfläche beruht. Der F. erfolgt sehr schnell u. kann sich rasch wieder umkehren. F. zeigen viele wirbellose Tiere u. einige kaltblütige Wirbeltiere. Er wird nervös oder hormonell gesteuert u. dient v. a. der Tarnung. Besonders eindrucksvoll ist der F. der Tintenfische.

Farm [engl.] w, Bez. für landwirtschaftliche Betriebe in England, den USA u. anderen englischsprachigen Ländern. – Bei uns versteht man darunter v. a. einen Betrieb, in dem eine bestimmte Nutztierart gezüchtet u. aufgezogen wird, z. B. Hühner-, Chinchilla-, Nutria-, Nerzfarm.

Farne m, Mz., meist krautige, manchmal baumartige Pflanzen, die hauptsächlich in den Tropen wachsen. Sie bilden keine Blüten aus u. tragen meist große, reich gefiederte Blätter (Wedel), an deren Unterseite sich Sporenbehälter befinden. Fortpflanzung mit ↑Generationswechsel. Bei uns gibt es die Hirschzunge, den Tüpfel-, den Adler-, den Wurmfarn u. a. In erdgeschichtlicher Vorzeit war die Erde von weiten Farnwäldern bedeckt, aus denen teilweise unsere Steinkohlenlager entstanden sind.

Farnpflanzen w, Mz., Pflanzenabteilung, zu der die Farne, die Bärlappgewächse, die Schachtelhalme u. die Urfarne gehören.

Färöer [dän.; = Schafinseln], dänische Inselgruppe zwischen Island u. Norwegen; von den 18 Inseln, die keinen Baumwuchs haben, sind 17 bewohnt. Die Hauptstadt ist *Tórshavn* (11 000 E). Auf den Färöern wohnen 40 000 *Färinger* (oder Färöer), deren Vorfahren in der Wikingerzeit aus Norwegen eingewandert sind. Sie leben hauptsächlich vom Fischfang, von der Schafzucht u. von der Wollverarbeitung. Der Ackerbau (Kartoffeln) ist gering.

Fasane [gr.] m, Mz., eine mit fast 30 Arten weltweit verbreitete Art der Fasanenartigen, die ursprünglich nur in Asien vorkamen. Es sind meist Bodenvögel, deren Männchen prächtig gefärbt sind u. verlängerte Schwanzfedern aufweisen. Am bekanntesten ist der *Edelfasan* (Jagdfasan), der bereits um 1250 bei Köln nachgewiesen ist. In Tiergärten sind Goldfasane und Silberfasane häufig.

Fasching m, in Österreich u. Süddeutschland Bezeichnung für die Zeit der ↑Fastnacht.

Faschismus [ital.] m: **1)** politische Bewegung in Italien, die 1919 von Mussolini organisiert wurde. Der F. lehnte die Demokratie, den Parlamentarismus u. die Freiheit der Wirtschaft ab. Seine besondere Gegnerschaft galt dem Kommunismus. Er verkündete die Allmacht des Staates, die vollkommene Unterordnung des einzelnen unter die Zwecke des Staates u. unter den Willen eines Führers (ital. Duce). Als Sinnbild wählte er das Beil mit den Rutenbündeln (lat. fasces), das im alten Rom den Konsuln vorangetragen wurde als Zeichen ihrer Gewalt über Leben u. Tod. 1922 übernahmen die Faschisten mit dem „Marsch auf Rom" (etwa 40 000 Teilnehmer) die Regierungsgewalt in Italien, die sie durch Terror u. rücksichtslosen Machtgebrauch allmählich festigten. Die anderen Parteien wurden ausgeschaltet, Presse-, Meinungs- u. Versammlungsfreiheit aufgehoben. Im Bündnis mit dem deutschen Nationalsozialismus übernahm der F. später die judenfeindliche Rassenpolitik, wenn auch in milderer Form. 1940 führte das faschistische Regime Italien an der Seite Deutschlands in den 2. Weltkrieg. 1943 endete es durch einen Staatsstreich (↑ auch Italien, Geschichte); **2)** im weiteren Sinne versteht man unter F. alle politischen Strömungen des 20. Jahrhunderts, die von den Vorstellungen des italienischen F. beeinflußt sind. Faschistische Bewegungen gab es in Österreich („Vaterländische Front"), Ungarn („Pfeilkreuzler"), Rumänien („Eiserne Garde"), Belgien („Rexisten") u. anderen Ländern. In Deutschland gelangte der ↑Nationalsozialismus zu unumschränkter Herrschaft. Auch heute noch gibt es Staaten mit faschistisch beeinflußten Regierungen.

Fasnacht ↑Fastnacht.

Faßbinder, Rainer Werner, * 1945, deutscher Filmregisseur, ↑Film.

Fasten s, der freiwillige Verzicht auf Nahrung. Manchmal besteht das F. in völligem Nahrungsverzicht für eine gewisse Zeit, manchmal erstreckt es sich nur auf bestimmte Speisen, z. B. Fleisch. Gefastet wird in fast allen Religionen. Die Gründe sind unterschiedlich: Man will damit Trauer oder Demut ausdrücken, eine Gottheit versöhnen, Wünsche bekämpfen, die als verwerflich gelten, oder die Willenskraft stärken. In der katholischen Kirche gibt es zwei *Fastenzeiten* vor den Hochfesten (Ostern u. Weihnachten); gebotene Fastentage sind nur noch Aschermittwoch u. Karfreitag. Die evangelische Kirche hat das kirchliche F. abgeschafft.

Fastnacht (Fasnacht) w, ursprünglich der Abend vor der Fastenzeit, später v. a. die letzten drei Tage oder auch die Woche vor der Fastenzeit; seit dem 19. Jh. meist verstanden als die Zeit vom Dreikönigstag bis Aschermittwoch. Gefeiert wird F. seit dem Mittelalter.

Fasane. Goldfasan

Fastnachtsspiele s, Mz., kurze, derbwitzige Theaterstücke für die Fastnachtszeit, v. a. im 15. u. 16. Jh. Die bekanntesten F. schrieb Hans Sachs (u. a. „Das Hofgesind der Venus", 1517; „Das Narrenschneiden", 1536; „Der fahrende Schüler im Paradeis", 1550).

Fatalismus [lat.] m, der Glaube, daß das Schicksal (*Fatum*) von einer höheren Macht vorherbestimmt sei. Das menschliche Handeln wird gegebenenfalls durch diesen Glauben bestimmt. Bei den Moslems zeigt sich die Unterwerfung unter das Schicksal (*Kismet*) als völlige Ergebenheit in den Willen Allahs.

Fata Morgana ↑Luftspiegelung.

Fátima, portugiesischer Wallfahrtsort südöstlich von Leiria. Drei Kinder berichteten hier 1917 von mehreren Marienerscheinungen u. von Botschaften, die dabei an sie ergangen seien. 1930 erklärte die katholische Kirche die Berichte für glaubwürdig.

Fatum ↑Fatalismus.

Fäulnis w, Zersetzung organischer Stoffe, die von Bakterien bei Sauerstoffmangel durchgeführt wird. Häufig entstehen dabei stinkende Gase wie Ammoniak u. Schwefelwasserstoff.

Faultiere s, Mz., Säugetierfamilie, die im tropischen Mittel- u. Südamerika beheimatet ist. Es sind ausgesprochene Baumtiere, die praktisch ihr ganzes Leben, auch die Schlafzeit, mit dem Rücken nach unten hängend, in den Bäumen verbringen. Nur zum Kotabsetzen oder zum Baumwechsel gehen sie kurzfristig auf den Erdboden. Arme u. Beine haben lange Sichelkrallen zum Anhängen u. Klettern. Die F. fressen hauptsächlich Blätter.

Faun (lat. Faunus) m, römischer Feld-, Wald- u. Herdengott.

Fauna [lat.] w: **1)** die Tierwelt eines bestimmten, begrenzten Gebietes; **2)** ein Tierbestimmungsbuch für ein bestimmtes Gebiet. Die Bezeichnung geht zurück auf die römische Waldgöttin F., die als Beschützerin der Tiere galt.

Faust, Dr. Johannes (wahrscheinlich Georg F.), * Knittlingen (Württemberg) um 1480, † Staufen (Breisgau) 1536 oder kurz vor 1540, Arzt u. Gelehrter, der in Deutschland umherzog u. als Zauberkünstler großes Aufsehen erregte. Schon zu seinen Lebzeiten wurde er eine Sagengestalt u. mit vielen umlaufenden Geschichten über Zauberkünste u. Teufelsbündnisse in Verbindung gebracht. Zum ersten Mal wurden diese Geschichten im Volksbuch vom Dr. Faust (erschienen 1587) niedergeschrieben. Oft ist in der Dichtung das Leben des Mannes gestaltet worden, der angeblich seine Seele dem Teufel verpfändete, um übermenschliches Wissen u. geheimnisvolle Macht über die Natur zu gewinnen. Goethe hat in seiner berühmten Faustdichtung F. als einen Menschen dargestellt, der rastlos nach Erkenntnis strebt u. so am Ende vor dem Zugriff des Teufels gerettet wird.

Faustball m, zu den Rückschlagspielen gehörendes Mannschaftsspiel. Zwei Mannschaften zu je fünf Spielern stehen sich auf einem 50 m langen u. 20 m breiten Spielfeld gegenüber, das durch eine 3–5 cm starke Leine, 2 m über der Mittellinie an 2 Pfosten befestigt, in zwei gleiche Hälften geteilt ist. Ein Lederhohlball (Umfang 62–68 cm, Gewicht 320–380 Gramm) wird mit der Faust oder dem Unterarm so in das gegnerische Feld gespielt, daß dem Gegner ein Rückschlag unmöglich ist. Die Wertung des Spiels, das 2 × 15 Minuten dauert, erfolgt nach Punkten. Jeder Fehler bringt der gegnerischen Mannschaft einen Punkt. Ein Fehler kommt dann zustande, wenn der Ball oder ein Spieler die Schnur berührt, wenn der Ball unter die Leine gespielt wird, wenn der Ball zweimal hintereinander im gleichen Feld den Boden berührt, ohne daß ihn ein anderer Spieler schlägt, wenn der Ball einen anderen Körperteil als den Arm eines Spielers berührt, wenn der Ball über die Spielfeldgrenze hinausfliegt, wenn der Ball, nachdem er von 3 Spielern der gleichen Mannschaft geschlagen worden ist, nicht in das gegnerische Feld gelangt, wenn der Ball nicht mit geschlossener Faust geschlagen wird, wenn er mit beiden Armen oder Fäusten berührt wird. Sieger ist diejenige Mannschaft, die nach Ablauf der Spielzeit die meisten Punkte erzielt hat.

Faustkampf ↑ Boxen.

Faustkeil m, Steinwerkzeug u. Waffe der älteren und mittleren Steinzeit (↑ Vorgeschichte). Der F. ist beiderseitig kantig zugeschlagen u. wurde zum Schlag u. Stoß in der Faust geführt.

Faustrecht s, früher häufig geübte Selbstverteidigung (beim Fehlen einer durchgreifenden staatlichen Gewalt); auch zur Durchsetzung eines Anspruchs geübte tätliche Auseinandersetzung. Heute ist F. nur als Notwehr erlaubt.

Favorit [frz.] m, Günstling, Liebling; der aussichtsreichste Teilnehmer in einem Wettkampf.

Fayence [*fajangß*; frz.] w (Majolika), Tonwaren (Gefäße, Tafeln) mit bemalter Zinnglasur (Figuren oder Ornamente), benannt nach der italienischen Stadt Faenza. Fayencen waren schon im 2. Jahrtausend v. Chr. weit verbreitet. Besonders schöne Fayencen gibt es aus der Zeit der Renaissance.

Fazit [lat.: = es macht] s, Ergebnis, Endsumme.

FBI [*efbiai*] m oder s, Abkürzung für: **F**ederal **B**ureau of **I**nvestigation [*fed*^e*r*e*l bjuro*^u *ow inweßt*^i*ge*^i*sch*^e*n*; engl.], Bundeskriminalpolizei der USA (1908 gegründet); dem Bundesjustizminister unterstellt. Zuständig für Verstöße gegen das Bundesstrafrecht. Seit 1935 ist der FBI außerdem Zentrale für den internationalen Polizei- und Erkennungsdienst (Waffen- u. Fingerabdrucksammlung u. ä.), Spionage u. Sabotageabwehr. Die Agenten des FBI werden G-man (Kurzwort aus: **G**overnment **man**) genannt.

FDJ, Abkürzung für: **F**reie **D**eutsche **J**ugend, die 1946 gegründete Einheitsorganisation der Jugend in der DDR, mit rund 2 Mill. Mitgliedern; Nachwuchsorganisation der SED. Aufgabe ist die politische Organisierung der Jugend, deren ideologische Erziehung sowie Freizeitgestaltung, die bis zur vormilitärischen Ausbildung reicht. Das Beitrittsalter beträgt 14 Jahre. Kinder im Alter von 6–14 Jahren werden bei den „Jungen Pionieren" auf ihre Tätigkeit in der FDJ vorbereitet.

FDP (F. D. P.), Abkürzung für: **F**reie **D**emokratische **P**artei, politische Partei, die 1948 aus der Vereinigung mehrerer Gruppen hervorging. Bei der Bundestagswahl 1976 erhielt die FDP 7,9 % der Zweitstimmen. Die FDP hat rund 80 000 Mitglieder (1978).

Fe, chemisches Symbol für Eisen (lat. Ferrum).

Feature [*fitsch*^er; engl.] s, für Presse, Rundfunk, Film oder Fernsehen aktuell aufgemachter Bericht, u. a. bestehend aus Reportage u. Kommentar, im Hörfunk u. Fernsehen dramaturgisch aufbereitet.

Fechten s, Zweikampf mit Hieb- u. Stoßwaffen. Heute wird das F. nur noch als Sport geübt. Dabei werden 3 Waffen verwendet: Florett (auch für Damen), Degen u. Säbel. Angriff und Verteidigung (Parade) folgen einander in schnellem Wechsel. Als Treffer gilt beim Florett ein Stoß auf den Oberkörper (nicht Kopf u. Arme), beim Degen ein Stoß auf den Körper, beim Säbel Stoß u. Hieb auf den Oberkörper einschließlich Kopf u. Arme. Der Kopf wird durch eine Drahthaube geschützt,

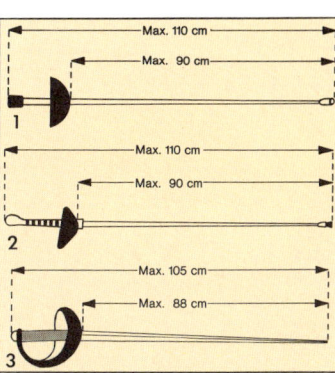

Fechten. Formen und Maße von Florett, Degen und Säbel (von oben)

Felsbilder.
Bogenschützen (Libysche Wüste)

die sogenannte Fechtmaske, der Oberkörper durch eine wattierte Jacke. Seit einiger Zeit gibt es Westen mit einem elektrischen Trefferanzeiger.

Feder w: **1)** eine aus Horn bestehende Bildung der Vogelhaut, die mit den Schuppen der Kriechtiere u. den Haaren der Säugetiere gleichzusetzen ist. Die F. besteht aus dem Kiel u. der Fahne. Der Grundteil des Kiels, die Spule, ist nund u. hohl u. steckt in der Haut. Am oberen Teil, dem Schaft, ist die Fahne angeordnet. Sie besteht aus Ästchen, die zu beiden Seiten des Schaftes sitzen; beidseitig an den Ästchen sitzen Strahlen, die durch Häkchen fest miteinander verbunden sind. Man unterscheidet Deckfedern, die das Großgefieder bilden, u. ↑ Dunen (Daunen). **2)** Vorrichtung aus elastischem Material (meist Stahl) zum Abfangen von Stößen u. Erschütterungen besonders bei Fahrzeugen. Biegungsfedern verbiegen sich u. Torsionsfedern (Torsion = Verdrehung) verdrehen sich. Gebräuchlichste Federarten sind: Blattfedern, Spiralfedern, Schraubenfedern u. Drehstäbe. Im modernen Fahrzeugbau werden

169

Federball

auch Luftpolster zur Federung verwendet (Luftfederung). Federn, die zum Antrieb von Uhrwerken u. ä. benutzt werden, heißen Triebfedern.

Federball m, ein Spiel, das man einzeln oder paarweise gegeneinander spielen kann. Dazu werden leichte Schläger u. ein Kork- oder Kunststoffball mit Federn verwendet, der über eine Schnur oder ein Netz (Höhe 1,50 m) geschlagen wird. Das Spielfeld braucht nicht größer als 13 × 5 m zu sein u. läßt sich schon auf Campingplätzen, Spielwiesen oder Höfen einrichten. Bei der einfachsten Spielart wird nur der Hauptfehler gezählt: das Verfehlen des Balles in der Luft. Die wettkampfmäßige Spielart heißt ↑Badminton.

Fee [frz.] w, Märchenfigur, die die Macht hat, Wünsche zu erfüllen Meistens ist sie den Menschen freundlich gesinnt.

Fegefeuer s, nach der katholischen Glaubenslehre Zustand der Läuterung des Menschen nach dem Tod. Die Lehre vom F. geht davon aus, daß diejenigen, die in der Gnade Gottes sterben, durch die Sühnetat Christi u. die Fürbitte der Kirche gereinigt u. vollendet werden.

Fehde w, im Mittelalter ein Privatkrieg, den jemand führte, um seine Rechtsansprüche auf eigene Faust durchzusetzen. Rittern war diese Art, Streitigkeiten zu regeln, rechtlich erlaubt. Die F. mußte angekündigt werden. Durch das Gesetz des Ewigen Landfriedens (erlassen vom Wormser Reichstag 1495) wurde die F. verboten.

Fehmarn, deutsche Ostseeinsel zwischen Kieler u. Mecklenburger Bucht, mit 12000 E. Auf F. wird Getreide u. Feldgemüse angebaut. Der Hauptort ist Burg. Als *Fehmarnbelt* bezeichnet man die 18 km breite Meeresstraße zwischen F. u. der dänischen Insel Lolland. *Fehmarnsund* heißt die etwa 1 km breite, zwischen F. u. der Halbinsel Wagrien gelegene Meeresstraße, über die eine Brücke der ↑Vogelfluglinie führt.

Feigenbaum m, Art der Gattung Feige, die kultiviert in vielen tropischen u. subtropischen Gebieten angebaut wird. Die Blätter der Milchsaft führenden Sträucher oder kleinen Bäume sind groß, derb u. fingerförmig gelappt. Die eßbaren Früchte der Kulturfeige (Eßfeige) sind aus der Blütenstandsachse gebildet, die die Steinfrüchtchen umschließt. Eßbar sind nur Feigen, deren langgriffelige weibliche Blüten von der Feigenwespe bestäubt wurden.

Feigenkaktus [lat.; gr.] m (Opuntia), Kaktusgewächs, heimisch im tropischen Amerika, weltweit verbreitet, im Mittelmeer verwildert. Die Sprossen sind breit u. abgeflacht, die Früchte etwa feigengroß, rot u. eßbar.

Feile w, Werkzeug zur Bearbeitung von Metallen, Holz, Kunststoffen u. dergleichen. Die F. besteht aus gehärtetem Stahl u. hat an ihrer Oberfläche zahlreiche kleine Schneiden (Hiebe). Damit werden Späne von dem zu bearbeitenden Werkstück abgehoben. Je nach Form u. Verwendungszweck unterscheidet man Rundfeilen, Dreikantfeilen, Grobfeilen, Schlichtfeilen u. a.

Feld s: 1) agrarisch genutzte Landfläche; 2) in der Physik ein Gebiet (Raum), in dem eine Kraft wirksam ist, z. B. heißt der Raum um einen Magneten Magnetfeld.

Feldahorn ↑Ahorn.

Feldberg m, höchster Berg des Schwarzwaldes, 1 493 m. Seine Kuppe ragt über die Baumgrenze hinaus.

Feldhandball ↑Handball.

Feldheuschrecken ↑Heuschrecken.

Feldspat m, Sammelbezeichnung für eine Gruppe von Silikatmineralen, in denen aber im Durchschnitt jedes vierte Siliciumatom durch ein Aluminiumatom ersetzt ist. Ein typisches Beispiel dafür ist der weitverbreitete Kalifeldspat $K[AlSi_3O_8]$. Die Feldspäte machen den überwiegenden Teil (etwa 60 %) der Erdkruste aus. Die Anzahl der zu dieser Mineralgruppe gehörenden Vertreter ist sehr groß, die chemische Zusammensetzung und Struktur sind sehr unterschiedlich, ebenso ihre Farben und Erscheinungsformen. Durch Verwitterung gehen die Feldspäte in andere Formen (Sedimente) über, die als Tone, Lehme usw. bei der Bodenbildung auf der Erde eine entscheidende Rolle spielen.

Feldstecher m, ein ↑Fernrohr mit zwei eingebauten Prismen (↑Prisma). Die Rohrlänge ist stark verkürzt.

Fellachen [arab.] m, Mz., die Akkerbauern u. Landarbeiter arabischer Länder, besonders Ägyptens. Die F. sind Muslime.

Felleisen [zu frz. valise = Koffer] s, Mantelsack, Rucksack oder Tornister der wandernden Handwerksburschen.

Fellini, Federico, *1920, italienischer Filmregisseur, ↑Film.

Felsbilder s, Mz., an einem Felsen angebrachte gemalte oder eingeritzte Darstellungen. F. sind in allen Erdteilen zu finden, die ältesten stammen aus der jüngeren Altsteinzeit, die jüngsten aus unserer Zeit. Die ältesten gemalten F. sind in Höhlen erhalten geblieben, wo Temperatur u. Luftfeuchtigkeit gleichmäßig waren. Berühmt sind die Höhlenmalereien von Altamira bei Santillana del Mar (Nordspanien) u. Lascaux bei Montignac (im französischen Departement Dordogne). Man findet Tier- und Menschendarstellungen, Jagdszenen, magische Zeichen usw. Die Farben sind Eisenoxide: Dunkelbraun, Rot, Ocker und Gelb neben Schwarz u. Weiß. Sie wurden entweder unmittelbar trocken aufgetragen oder verrieben mit verschiedenen Bindemitteln. – Abb. S. 169.

Felsengebirge ↑Rocky Mountains.

Fememorde m, Mz., Morde, die von Geheimbünden an politischen Gegnern begangen werden. Die Fememörder geben vor, in Selbsthilfe sogenannte Feinde des Volkes oder „Verräter" zu verurteilen u. „hinzurichten", weil die Zeit oder die Gesellschaft rechtlos sei. Besonders bekannt wurden F. rechtsradikaler Verbände in Deutschland nach dem 1. Weltkrieg u. in der neueren Terrororganisationen, v. a. der Palästinenser.

Femgericht s, im Mittelalter u. in der frühen Neuzeit Bezeichnung für Gerichte, die neben den fürstlichen und städtischen Gerichten für sich das Recht beanspruchten, schwere Rechtsbrüche, besonders gegen den ↑Landfrieden, zu verurteilen. Femgerichte gab es v. a. in Westfalen; sie waren nur für Freie zuständig, daher nannte man sie auch *Freigerichte (Freistuhl)*. Im 15. Jh. bildeten sich die Femgerichte zu Geheimbünden um, die Verhandlungen fanden nun heimlich statt; es kam zu Übergriffen und die Femgerichte verfielen.

Femininum ↑Substantiv.

Fenchel m, ein Doldenblütler, der im Mittelmeergebiet heimisch ist. Der Gartenfenchel wird als Gewürzpflanze kultiviert. Aus den etwa 8 mm langen Früchten werden Fenchelöl u. Fencheltee hergestellt. Als Gemüse wird eine Sorte mit zwiebelförmig verdickten Blattscheiden angebaut.

Fermate [ital.] w, Zeichen (⌒) über einer Note oder Pause, die dadurch auf eine nicht genau festgelegte Zeit, oft bis zum doppelten Wert verlängert wird.

Fermente ↑Enzyme.

Ferner [von Firn = Altschnee] m, in Tirol übliche Bezeichnung für Gletscher.

Ferner Osten m, die östlichen Randländer u. Inseln Asiens von Ostsibirien bis Hinterindien.

Fernglas s, kleines, handliches ↑Fernrohr für beidäugiges Sehen.

Fernheizung w, Wärmeversorgung mehrerer Gebäude oder ganzer Stadtteile von einem zentralen Heizwerk aus. Der dort erzeugte Dampf wird über unterirdische, gut gegen Wärmeverluste isolierte Rohrleitungen den angeschlossenen Gebäuden zugeführt. Meist wird die F. von Elektrizitätswerken betrieben, die dafür die Abdämpfe ihrer Dampfturbinen verwenden.

Fernlenkung w, Steuerung von Fahrzeugen über Funk (seltener auf akustischem oder optischem Weg). Die Funksignale werden dabei verschlüsselt, um Störungen durch fremde Funkstationen unmöglich zu machen. F. wird insbesondere in der Kriegstechnik, bei unbemannten Flugzeugen, Raketen u. Raumflugkörpern verwendet.

Fernrohr s, optisches Instrument, mit dem man entfernte Gegenstände unter einem größeren Sehwinkel sieht. Sie rücken dadurch scheinbar näher. Man unterscheidet die mit Linsen arbeitenden Refraktoren von den mit Hohlspiegeln arbeitenden Reflektoren. Zu den Refraktoren gehört das Keplersche (astronomische) Fernrohr. Es besteht aus zwei Sammellinsen, dem Objektiv u. dem Okular. Das Objektiv erzeugt in seiner Brennebene von dem Gegenstand ein umgekehrtes verkleinertes, reelles Zwischenbild, das durch das Okular wie durch eine Lupe betrachtet wird. Die Länge 1 des Keplerschen Fernrohrs ist gleich der Summe der Brennweiten von Objektiv (f_{ob}) und Okular (f_{ok}): $1 = f_{obj} + f_{ok}$, sein Vergrößerungsmaßstab v ist: $v = f_{obj}/f_{ok}$. Das Keplersche Fernrohr liefert ein umgekehrtes Bild. Um es aufzurichten, kann eine dritte Sammellinse (Umkehrlinse) zwischen Objektiv u. Okular geschaltet oder zwei Umlenkprismen in den Strahlengang gebracht werden (Prismenfernrohr). Beim Galileischen (holländischen) Fernrohr ist das Objektiv eine Sammellinse, das Okular dagegen eine Zerstreuungslinse (auch Streulinse). Seine Länge ist $f_{obj} - f_{ok}$; das Bild steht aufrecht. Wegen seiner Kürze wird es vorwiegend als Opernglas verwendet. Zu den Reflektoren gehört das Spiegelteleskop. Bei ihm erzeugt ein Hohlspiegel das reelle Zwischenbild, das dann ebenfalls durch das Okular wie durch eine Lupe betrachtet wird. – Abb. S. 172.

Fernschreiber m, Anlage zur telegrafischen Übermittlung schriftlicher Nachrichten. Sender u. Empfänger sind in einem Gerät untergebracht, das einer Schreibmaschine ähnelt. Der Empfänger wird wie beim Telefon über eine Wählerscheibe angewählt. Drückt man dann z. B. an einem Gerät in München auf die Taste h, dann schlägt auf dem angewählten Gerät in Hamburg ebenfalls die Taste h an. Bis zu 400 Zeichen können in der Minute übermittelt werden. Sondernetze haben größere Übermittlungsgeschwindigkeiten.

Fernsehen s, Übertragung von Bildern mittels elektromagnetischer Wellen. Das von der Fernsehkamera aufgenommene Bild wird in 625 Zeilen zerlegt, jede dieser Zeilen in 800 Punkte. Ein einziges Bild wird also in 625 × 800 = 500 000 Punkte zerlegt. Der Helligkeitswert jedes einzelnen dieser Punkte wird registriert, in elektr. Signale umgewandelt u. über eine Sendeantenne dem Empfänger übermittelt. Damit auf dem Empfängerbildschirm ein möglichst flimmerfreies Bild entsteht, müssen 25 Bilder pro Sekunde gesendet werden. Das entspricht einer Anzahl von 12 500 000 Bildpunkten, die pro Sekunde abgetastet u. gesendet werden müssen. Auf dem Bildschirm des Empfängers wird das Bild durch einen Elektronenstrahl Punkt für Punkt wieder aufgebaut. Der Elektronenstrahl eilt dabei auf ebenfalls 625 Zeilen über den Bildschirm. Seine Helligkeit wird auf jeder Zeile 800mal von den Sendersignalen so gesteuert, daß sie der des gerade von der Fernsehkamera aufgenommenen Bildpunktes entspricht. *Farbfernsehen* heißt die farbrichtige Wiedergabe von Vorgängen oder Vorlagen auf einem Empfängerbildschirm, wobei die Übertragung wie beim Schwarzweißfernsehen erfolgt. Da aber nicht nur ein Bild, sondern drei Bilder in den Grundfarben Rot, Grün und Blau zerlegt, übertragen und wieder zusammengesetzt werden müssen, ist das Farbfernsehen technisch sehr viel komplizierter. Die Farbfernsehkamera hat drei Kameraröhren, die mit Farbfiltern versehen sind, so daß jede der drei Röhren eine der drei Farben Rot, Grün oder Blau aufnimmt. Im Empfänger werden diese Farbsignale der Bildröhre zugeführt, wo sie wieder in die drei Farbauszüge zurückverwandelt werden, wobei die drei Schirmbilder in zusammengesetzter Mischung dem Auge des Beobachters als farbiges Gesamtbild erscheinen. Das älteste System ist das amerikanische NTSC-System. Dabei wird aus den drei verschiedenen elektronischen Farbsignalen ein „Helligkeitssignal" gebildet, das auf einem normalen Fernsehempfänger als Schwarzweißbild erscheint. Außer dem Helligkeitssignal werden nur zwei Farbdifferenzsignale übertragen, da sich das dritte Farbsignal aus den beiden übertragenen Farbdifferenzsignalen gewinnen läßt. Im Empfängergerät werden aus dem Helligkeitssignal und den ursprünglichen drei Farbauszugssignale wieder hergestellt. Die Farbbildröhre enthält drei Elektronenstrahlerzeuger, die so gerichtet sind, daß ihre Strahlen durch eines von etwa 500 000 Löchern einer Loch- oder Schattenmaske auf eine Dreiergruppe von rot, grün oder blau aufleuchtenden Leuchtstoffscheibchen auf dem Farbbildschirm treffen. Insgesamt befinden sich also auf dem Bildschirm 3 mal 500 000, eine anderthalb Millionen Farbleuchtpunkte. Dieses NTSC-System erfüllte eine der wichtigsten Anforderungen: Es ist für Schwarzweißempfang sehr gut verträglich („kompatibel"). Allerdings war die Störanfälligkeit auch besonders groß. Durch eine Weiterentwicklung des deutschen Technikers Walther Bruch wurden diese Fehler weitgehend beseitigt. Er polte eines der beiden Farbdifferenzsignale von Zeile zu Zeile um, drehte es um 180 Grad in der Phase. Nach der englischen Bezeichnung „Phase Alternating Line" hierfür wurde das System PAL genannt. In Frankreich hatte man gleichfalls an einer Verbesserung des NTSC-Systems gearbeitet. Dieses System wird SECAM genannt. Im Farbbild hat das SECAM-Verfahren im Vergleich zum PAL-System Nachteile, es ist gegenüber Störungen empfindlicher und für den Schwarzweißempfang schlechter geeignet. Vorteile hat es für Magnetbandaufzeichnungen von Farbbildern. Die meisten westeuropäischen Länder arbeiten heute mit dem PAL-System, die Staaten des Ostblocks haben das SECAM-System übernommen. – Abb. S. 173.

Fernsprecher m (Telefon), Anlage zur Übermittlung mündlicher Nachrichten. Der F. besteht aus einem Handapparat mit Mikrofon u. Hörer u. einer Wähleinrichtung. Beim Drehen der Wählerscheibe werden Stromimpulse erzeugt, die in einer Vermittlungszentrale den Kontakt zum gewünschten Empfänger herstellen. Die Schallschwingungen beim Sprechen werden durch das Mikrofon in elektrische Stromschwankungen umgewandelt. Diese gelangen über die Drahtverbindung zum Hörer des Empfängers. Dort bringen sie eine Metallmembran zum Schwingen, von der dann der ursprüngliche Schall wieder abgestrahlt wird.

Fernuniversität w, 1974 mit Sitz in Hagen gegründete ↑Gesamthochschule, die seit 1975 unterrichtet. Sie schickt ihren Studierenden das Lehrmaterial (Briefe, Kassetten, Tonbänder) zur Bearbeitung nach Hause u. bietet in Studienzentren Betreuung, Kurzkurse u. Wochenendseminare als Studienbestandteile an. Möglich sind Vollzeitstudien u. – bei gleichzeitiger Berufstätigkeit – Teilzeit- u. Kursstudien derzeit in Mathematik, Elektrotechnik, Informatik, Wirtschaftswissenschaften, Erziehungs- u. Sozialwissenschaften. Die F. soll ausgebaut werden. – Fernuniversitäten gibt es seit dem späten 19. Jahrhundert.

Ferrara, norditalienische Stadt am Po, mit 155 000 E. Die Stadt hat eine Kathedrale aus dem 12. Jh. sowie Renaissancepaläste. F. ist Sitz einer Universität. Hauptindustriezweige sind Zucker- u. chemische Industrie. Im 16. Jh. machte das Adelsgeschlecht der Este F. zu einem kulturellen Mittelpunkt Italiens; an ihrem Hof wirkten die Dichter Ariosto u. Tasso.

Fes, Stadt im nördlichen Marokko, mit 325 000 E. Religiöser Mittelpunkt des Landes u. Handelszentrum. F. hat zahlreiche Moscheen u. eine islamische Universität.

Fes [*fäß;* arab.] m, rote Filzkappe mit dunkelblauer Quaste bei den Arabern des Mittelmeerraumes (wohl nach der gleichnamigen Stadt in Marokko benannt). In der Türkei seit 1925 verboten.

Festigkeit w, Widerstandskraft, die ein Körper einer Verformung entgegensetzt. Man unterscheidet u. a. die F. gegenüber Zugkräften u. die F. gegenüber

Festival

Druckkräften. Gemessen wird die F. in N/cm² oder N/mm² (früher in kp/cm² oder kp/mm²). Ein Stoff hat die F. 1 N/cm², wenn ein aus ihm gefertigter Stab von 1 cm² Querschnittsfläche eine Kraft von 1 N gerade noch ertragen kann, ohne verformt zu werden.

Festival [fɛstiwᵉl, festiwəl; engl.] s, kulturelle Großveranstaltung (z. B. Filmfestival, Musikfestival).

Festmeter s, Abkürzung: fm, Raummaß für Holz. 1 fm ist gleich 1 m³ feste Holzmasse. Im Gegensatz dazu versteht man unter einem *Raummeter*, Abkürzung: rm (auch Ster), 1 m³ geschichtete Holzstämme. Seit 1. Januar 1978 sind beide Maße gesetzlich nicht mehr zugelassen.

Fetisch [frz.] m, ein beliebiger Gegenstand, dem übernatürliche Kräfte zugeschrieben werden u. der bei Naturvölkern religiös verehrt wird.

Fette s, Mz., ↑Ester des ↑Glycerins, in denen jede OH-Gruppe des letzteren durch eine längerkettige Fettsäure ersetzt (substituiert) ist; z. B.:

$$\begin{array}{l} CH_2OOCC_{17}H_{35} \\ CHOOCC_{17}H_{35} \\ CH_2OOCC_{17}H_{35} \end{array}$$
Glycerin mit drei Molekülen Stearinsäure verestert

$$\begin{array}{l} CH_2OOCC_{17}H_{35} \\ CHOOCC_{17}H_{33} \\ CH_2OOCC_{17}H_{35} \end{array}$$
Glycerin mit zwei Molekülen Stearinsäure und einem Molekül Ölsäure verestert

Die wichtigsten dieser Fettsäuren sind die Palmitin-, Stearin- u. Ölsäure. Je nach der Art der im Fettsäuremolekül vertretenen Ölsäuren können die F. fest oder flüssig sein. Im letzteren Falle spricht man von Ölen. Die F. sind neben den ↑Kohlenhydraten u. ↑Eiweißstoffen die dritte Gruppe der Hauptnahrungsmittel des Menschen u. haben mit rund 39kJ/g bei weitem den höchsten Nährwert. Das ist ungefähr doppelt soviel wie bei Kohlenhydraten oder Eiweiß. Wegen ihres hohen Nährwertes werden die F. wahrscheinlich auch im Organismus in Form von Depots als Nahrungsmittelreserven (Fettpolster) gespeichert. Eine Fettschicht dient (v. a. bei Tieren) im Winter auch als guter Wärmeisolator. Neben der Verwendung als Nahrungsmittel werden F. zur Herstellung von Seifen, Cremes, Haarölen u. Salben gebraucht, außerdem zur Textilveredlung u. zur Herstellung von Ölfarben u. Lederpflegemitteln. Keine F. im Sinne der Definition sind eine ganze Anzahl von technisch verwendeten Schmierstoffen, wie z. B. Mineralöle oder Siliconfette.

Fettkräuter s, Mz., insektenfressende Pflanzen, die auf moorigen Standorten vorkommen. Die Blüten sind langgestielt u. besitzen einen Sporn. Die in Rosetten angeordneten, fleischigen Blätter sind auf ihrer Oberfläche mit Kleb- u. Verdauungsdrüsen besetzt. Beim Insektenfang rollt sich der Blattrand etwas ein. Zu den Fettkräutern gehören z. B. das Gemeine Fettkraut mit blauvioletten Blüten u. das Alpenfettkraut mit weißen, gelbgestreiften Blüten.

Feudalismus [mlat.] m, in verschiedener Bedeutung gebrauchter Begriff: 1. In der Geschichtswissenschaft nennt man F. das gesellschaftliche, politische u. wirtschaftliche System in den mittelalterlichen Ländern des Abendlandes, das durch das Lehnswesen (↑Lehen) geprägt war. In diesen Gemeinwesen war der Adel mit Landbesitz u. mit politischen, militärischen u. gerichtshoheitlichen Vorrechten ausgestattet u. bildete die herrschende Schicht. 2. In der Französischen Revolution wurde die Feudalgesellschaft, gekennzeichnet durch adligen Grundbesitz u. bevorrechtigten Stand, als Gegensatz zur modernen bürgerlichen Gesellschaft gesehen. 3. Im 19. Jh. dehnte man den Begriff auf alle Arten von persönlichen Abhängigkeitsverhältnissen aus, besonders auf die Herrschaft von Großgrundbesitzern über die auf ihrem Land sitzenden Bauern oder Pächter. 4. Im Marxismus-Leninismus ist F. die „notwendige sozioökonomische Formation" der Menschheit zwischen Sklavenhaltergesellschaft und Kapitalismus.

Feuer, eine unter Licht-, Wärme- u. Flammenentwicklung erfolgende ↑Verbrennung.

Feuerbach: 1) Anselm, * Speyer 12. September 1829, † Venedig 4. Januar 1880, deutscher Maler, Neffe von 2). Er schuf Landschaftsbilder u. Gestalten in klassizistischem Stil. Berühmte Gemälde: „Iphigenie", „Das Gastmahl des Plato"; **2)** Ludwig, * Landshut 28. Juli 1804, † auf dem Rechenberg bei Nürnberg 13. September 1872, deutscher Philosoph. Als Schüler u. Kritiker G. F. W. ↑Hegels machte sich F. eine philosophische Kritik der Theologie zur Hauptaufgabe.

Feuerland, südamerikanische Insel, südlich der Magalhãesstraße. Mit den umliegenden kleinen Inseln bildet sie den *Feuerlandarchipel*, dessen Osten zu Argentinien u. dessen Westen zu Chile gehört. Die gebirgigen Inseln in dem unwirtlichen Klima sind nur von wenigen Menschen bewohnt, die v. a. von der Schafzucht leben. Auf F. wird Erdöl u. Erdgas gefördert. Die indianische Urbevölkerung ist fast ausgestorben.

Feuersalamander m, bis 20 cm langer, schwarzer Salamander mit gelben bis orangefarbenen Flecken auf der Körperoberseite. Sein Körper ist plump, sein Kopf groß. Drüsen am Hinterkopf u. auf dem Rücken sondern ein Gift ab, das auch auf Schleimhäuten

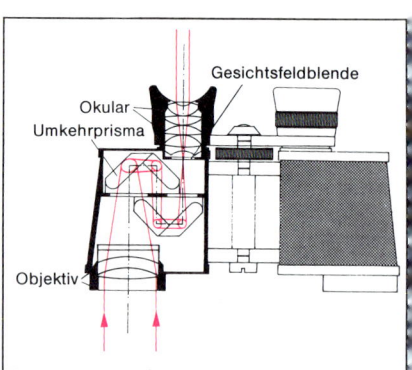

Fernrohr. Strahlengang beim Prismenfeldstecher mit zwei Umkehrprismen

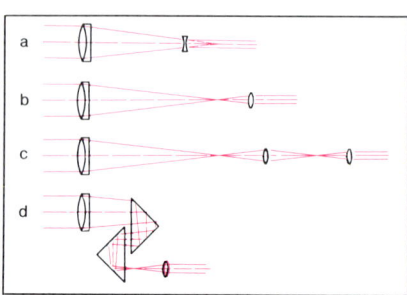

Fernrohr. Arten der Linsenfernrohre und ihre Längenverhältnisse: a Galileisches Fernrohr (1608), b Keplersches Fernrohr (1611), c Fernrohr mit Linsenumkehrsystem (Kepler 1611), d Prismenfernrohr (Porro 1854)

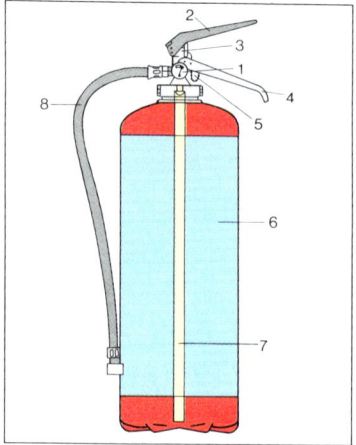

Feuerschutz. Handfeuerlöscher: 1 Manometer, 2 Betätigungshebel, 3 Betätigungsventil, 4 Tragegriff, 5 Kettchen mit Sicherungsstift, 6 Lösch- und Treibmittelbehälter, 7 Steigrohr, 8 Schlauch mit Spritzdüse

des Menschen Entzündungen hervorrufen kann. Der F. steht bei uns unter Naturschutz.

Feuerzeug

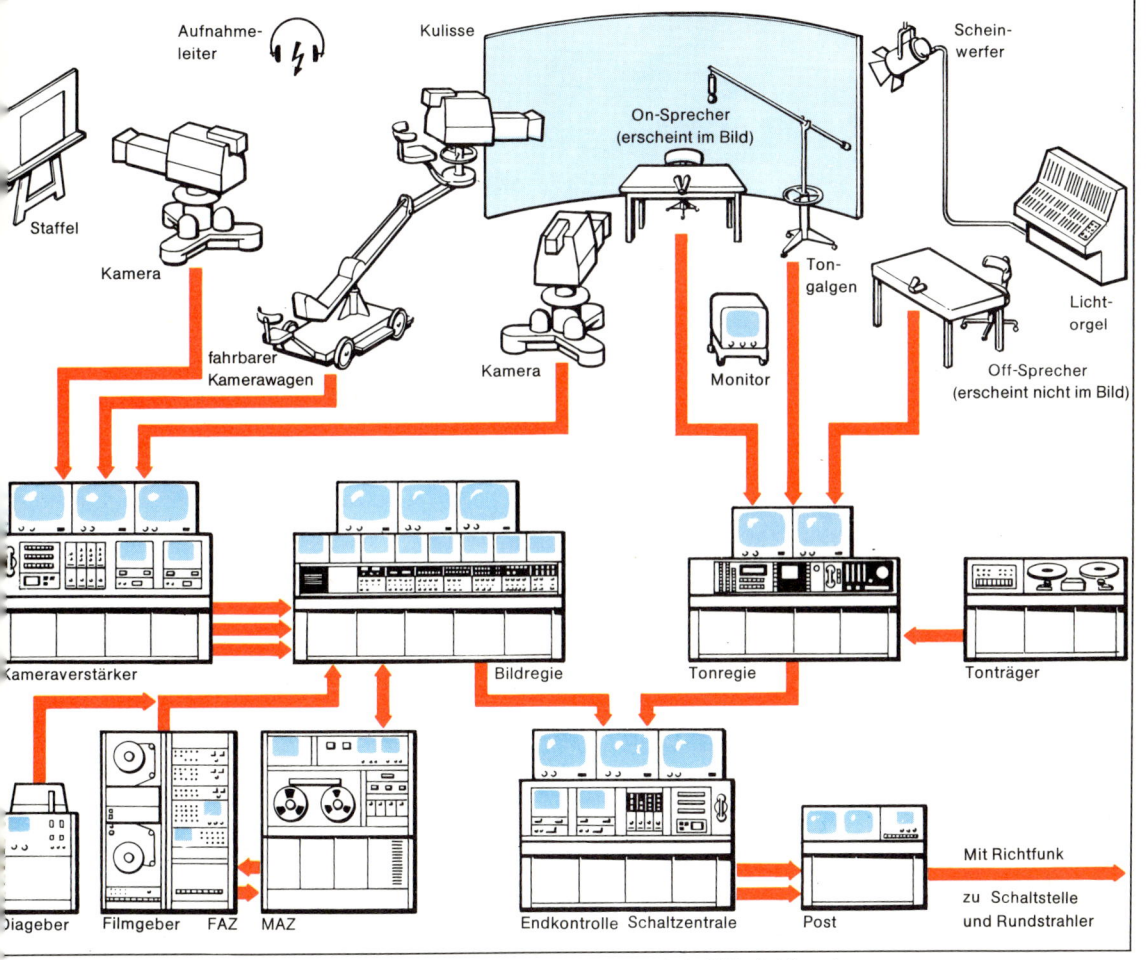

Fernsehen. Schema eines Fernsehstudios (FAZ Filmaufzeichnung, MAZ magnetische Bildaufzeichnung)

Feuerschiff s, ein Schiff mit Leuchtfeuer, das der Schiffahrt zur Orientierung dient. Es liegt an einer bestimmten, auf Seekarten verzeichneten Stelle eines Fahrwassers.

Feuerschutz m, alles, was zur Verhütung von Bränden u. zum raschen Löschen schon ausgebrochener Brände dient. Dazu gehören Feuermelder u. Feuerlöschgeräte, aber auch Vorschriften, die bei der Errichtung von Häusern u. Betrieben zu beachten sind. In Gebäuden mit starkem Publikumsverkehr (z. B. in Kaufhäusern) sind automatische Feuerlöscheinrichtungen eingebaut (Wasserberieselungsanlagen, die den gefährdeten Raum unter Wasser setzen).

Feuerwehr w, Aufgabe der F. ist es, Gefahren abzuwehren, die durch Brände drohen, und bei anderen Notständen bzw. bei Unfällen Hilfe zu leisten. Sie handelt dabei nach dem Grundsatz: retten, bergen, löschen. In allen größeren Städten gibt es eine *Berufsfeuerwehr*. Die Löschzüge der Berufsfeuerwehr bestehen aus einem Funkkommandowagen, einem Löschgruppenfahrzeug (meist mit einem Wassertank von 1 600 l Inhalt), einem Tanklöschfahrzeug (meist mit einem Wassertank von 2 400 l Inhalt) sowie einer Drehleiter (sie wird auch zur Rettung von Menschen eingesetzt). Zu den zahlreichen Spezialfahrzeugen gehören Unfallrettungswagen, Kranwagen u. Strahlenschutzfahrzeuge. Die Mannschaft ist in einer *Feuerwache* stationiert, wo sie telefonisch oder durch *Feuermelder* benachrichtigt werden kann. Die Feuerwehrmänner tragen Schutzkleidung u. Helme mit Nackenschutz. – Gemeinden ohne Berufsfeuerwehr müssen eine *Freiwillige Feuerwehr* aufstellen. In ihr ist die Mitgliedschaft freiwillig, der Dienst ehrenamtlich. Größere Betriebe haben eine eigene Werksfeuerwehr.

Feuerwerk s, das unter Licht-, Funken- u. Knallerscheinungen vor sich gehende Abbrennen von Feuerwerkskörpern als Volksbelustigung. Die Feuerwerkskörper bestehen aus dickwandigen Papphülsen, die mit einem brennbaren Pulver (meist Schwarzpulver) gefüllt sind. Durch Zusätze werden farbige Leuchterscheinungen u. sprühende Funken erzeugt.

Feuerzeug s, kleines handliches Gerät zur Erzeugung einer Flamme. Es besteht aus einem mit Benzin oder Gas gefüllten Brennstoffbehälter, einem Reibrädchen u. einem Feuerstein (Cereisen). Reibt das Rädchen am Feuerstein, so werden Funken erzeugt, die einen mit Benzin getränkten Docht oder das ausströmende Gas entzünden. Bei elektrischen Feuerzeugen erfolgt die Entzündung des Brennstoffs durch einen stromdurchflossenen Glühdraht oder einen durch elektromagnetische Induktion erzeugten Funken.

Feuilleton

Feuilleton [föj'tong; frz.] s, der kulturelle Teil einer Tageszeitung. Das F. umfaßt Romanteile, Erzählungen, Gedichte, Aufsätze, Theater-, Film-, Fernseh- u. Buchbesprechungen sowie Nachrichten aus Kunst und Wissenschaft, Zeichnungen u. Fotos.

ff, Abkürzung für: ↑fortissimo.

ff., Abkürzung für: folgende, z. B. Seiten (im Buch), Verse (im Gedicht).

ff., Handelsbezeichnung für: sehr fein (= beste Qualität).

Fiasko [ital.] s, Mißerfolg, Zusammenbruch.

Fibel [lat.] w, eine Nadel oder Spange zum Zusammenhalten der Gewänder. Fibeln gehören zu den meistüberlieferten Schmuck- und Gebrauchsstücken. In Europa waren sie etwa seit dem 14./13. Jh. v. Chr. (bis ins späte Mittelalter) verbreitet.

Fibel [gr.] w, Kinderlesebuch (besonders für die Schulanfänger).

Fichte, Johann Gottlieb, * Rammenau (Oberlausitz) 19. Mai 1762, † Berlin 29. Januar 1814, deutscher Philosoph.

F. war der Sohn eines Webers, er studierte zunächst Theologie u. war als Hauslehrer tätig, bis er 1790 mit der Philosophie Immanuel Kants bekannt wurde u. sein weiteres Wirken selbst der Philosophie widmete. F. erhielt eine Professur in Jena, später in Tübingen u. wurde 1810 zum ersten Rektor der neugegründeten Universität Berlin gewählt. In seinen „Reden an die deutsche Nation" (1807/08) rief er zum Widerstand gegen die französische Fremdherrschaft auf.

Fichtelgebirge s, deutsches Mittelgebirge im nordöstlichen Bayern mit dem Schneeberg (1 053 m) als höchster Erhebung. Das F. ist reich bewaldet u. dicht besiedelt. Neben Glas-, Porzellan-, Textil- u. holzverarbeitender Industrie ist der Fremdenverkehr Erwerbsquelle der Bevölkerung.

Fichten w, Mz., Kieferngewächse mit einzelnen, vierkantigen Nadeln, die vom Zweig nach allen Seiten abstehen. Die reifen Zapfen hängen herab. Sie zerfallen bei der Reife nicht. Der wichtigste Waldbaum in Nord- u. Osteuropa ist die *Gemeine Fichte* oder *Rottanne*. Sie kann bis 60 m hoch, bis 1,50 m dick u. bis 1 000 Jahre alt werden.

Ihr Holz wird als Bauholz u. zur Herstellung von Papier u. Zellwolle verwendet.

Fidel (Fiedel) w, Vorläufer der Geige; auch volkstümliche Bezeichnung für die Geige.

Fidschi, Staat im südwestlichen Pazifischen Ozean, der die Fidschiinseln u. die Insel Rotuma umfaßt. Die Hauptstadt ist Suva (96 000 E); 18 272 km². Von den 320 meist vulkanischen und Koralleninseln sind etwa 100 bewohnt. Rund die Hälfte der 600 000 E sind Inder. Zuckerrohr, Kokosnußöl u. Gold sind die Hauptausfuhrgüter. – Die ehemals britische Kolonie (seit 1874) wurde 1970 unabhängig. F. ist Mitglied des Commonwealth u. der UN u. der EWG assoziiert.

Fieber s, erhöhte Körpertemperatur, die als Zeichen einer Krankheit auftreten kann. Beim Menschen gilt eine Körpertemperatur über 38 °C (im After gemessen) als Fieber.

FIFA w, Kurzwort für: **F**édération **I**nternationale de **F**ootball **A**ssociation, Internationaler Fußballverband; 1904 in Paris gegründet. Sitz ist heute Zürich.

Figaro m, Komödienfigur, schlauer, listiger Kammerdiener; bekannt v. a. als Opernheld bei Mozart. F. wird scherzhaft auch für „Friseur" gebraucht.

Fiktion [lat.] w: **1)** etwas nur Vorgestelltes, Erdachtes; **2)** eine falsche Annahme, die als methodisches „Hilfsmittel" bei der Wahrheitsfindung dient.

Filchner, Wilhelm, * München 13. September 1877, † Zürich 7. Mai 1957, deutscher Forschungsreisender. Er reiste u. a. nach Tibet, China u. Nepal u. leitete 1911/12 die 2. deutsche Südpolarexpedition. Bekannt wurden v. a. seine Erlebnisberichte.

Filiale [lat.] w, Zweigniederlassung eines Geschäfts, einer Bank o. ä.

Filigran [lat.] s, aus feinen Gold- oder Silberdrähten gearbeitetes Geflecht, vorwiegend für Schmuckstücke.

Film ↑S. 175.

Filter [lat.] m oder s: **1)** Vorrichtung zum Trennen fester Stoffteilchen aus Flüssigkeiten u. Gasen. Staubfilter halten beispielsweise die in der hindurchströmenden Luft befindlichen Staubteilchen zurück. Aquarienfilter reinigen das Wasser von kleinsten Schmutzteilchen. Als Filtermaterial wird Papier, Sand, Ton u. a. verwendet; **2)** in der Optik Gläser, die bestimmte Bestandteile des sichtbaren Lichts zurückhalten (z. B. Gelbfilter); **3)** in der Elektrotechnik bestimmte (aus Kondensatoren u. Spulen bestehende) Schaltungen, die nur für Wechselströme bestimmter Frequenzen durchlässig sind.

Filz m, weiches stoffartiges Material, das aus zusammengepreßten bzw. gewalkten kurzen Haaren (*Haarfilz*) oder Wollfäden (*Wollfilz*) besteht.

Finale [ital.] s: **1)** allgemein: Schlußteil, Abschluß; **2)** der letzte Satz einer Sinfonie oder einer Sonate; die Schlußszene eines Opernaktes; **3)** Endkampf, Endrunde eines Wettkampfes (v. a. im Sport).

Finalsatz ↑Umstandssatz.

Finanzen [mlat.-frz.] Mz., Geldmittel, Vermögen; besonders das Staatsvermögen.

Finderlohn m, wer eine gefundene Sache abgibt (beim Eigentümer, bei der Polizei), hat einen rechtlichen Anspruch auf Finderlohn. Wenn die Sache bis zu 1 000, – DM wert ist, beträgt der F. 5 %, darüber hinaus 3 %. Für Tiere beträgt der F. nur 3 %. Für Funde in öffentlichen Gebäuden, Straßenbahnen, Schulen usw. gibt es F. nur für Sachen, die mehr als 100, – DM wert sind; der F. beträgt hier nur 2,5 bzw. 1,5 %. Wer eine gefundene Sache, die mehr als 10, – DM wert ist, für sich behält, macht sich strafbar.

Findling ↑Eiszeiten.

Fingerabdruck ↑Daktyloskopie.

Fingerentzündung w (Umlauf, Panaritium), eine durch Infektion entstehende Entzündung, die sich oft nicht nach außen, sondern ins Innere des Fingers oder der Hand ausbreitet, sich oft auch unter dem Nagel entwickelt. Die F. tritt meist nach ganz unscheinbaren Verletzungen auf, kann aber recht gefährlich werden (Sehnen und Knochen angreifend). Bei Verdacht ist unbedingt ein Arzt aufzusuchen.

Fingerhut m, eine Gattung der Rachenblütler. Es sind Stauden, die 1 bis 1,5 m hoch werden, mit langröhrigen Blüten, die in langen Trauben stehen. Häufig wachsen sie auf Kahlschlägen. Eine einheimische Gift- und Heilpflanze (zur Herzbehandlung) ist der *Rote Fingerhut*. Der *Gelbe F.* hat gelbe, innen rot geäderte Blüten. Die in Mitteleuropa vorkommenden 3 Arten stehen unter Naturschutz. – Abb. S. 176.

Fingersprache ↑Taubstummheit.

Finkenvögel m, Mz., Singvogelfamilie, mit Ausnahme Australiens überall auf der Erde vorkommt. F. besitzen einen meist kurzen, kegelförmigen Schnabel mit kurzer Spitze. Ihre Nahrung sind Sämereien u. Insekten. Sie sind gute Sänger u. gute Nestbauer. Bekannte Arten sind u. a. Buchfink, Stieglitz, Zeisig.

Finn-Dingi ↑Segeln.

Finne w, sehr kleine, seltener bis kindskopfgroße Larve von Bandwürmern. Meist entwickelt sie sich im Darm des ↑Zwischenwirts. Häufig gelangt sie durch den Genuß von rohem oder nicht durchgebratenem Fleisch in einen Endwirt, bevor sie zum fertigen Bandwurm heranwächst.

Finnland (finn. Suomi), Republik in Nordeuropa, mit 4,7 Mill. E; 337 032 km². Die Hauptstadt ist Helsinki. Nachbarländer sind Schweden, Nor-

FILM

Wir gehen ins Filmtheater (Kino), um uns einen Film anzusehen. Dieser Film ist ein durchsichtiger Kunststoffstreifen, der mit lichtempfindlicher Schicht versehen ist. Bei der Aufnahme wurde er belichtet (wie bei der Fotografie), und bei der Wiedergabe werden die Lichtbilder in schneller Folge auf einer Leinwand wiedergegeben. Man verwendet dabei einen Film von meist 35 mm Breite, der mit 24 Bildern pro Sekunde belichtet wird. Sprache und Geräusche werden während der Aufnahme aufgezeichnet (Tonfilm); Musik u. Gesang werden vorher im Tonstudio aufgenommen u. im Filmatelier als „Playback" über den Lautsprecher vorgespielt. Die Handlung wird dann entsprechend dazu fotografiert. Für Wochenschau, Fernsehen u. Expeditionsfilme werden meist 16-mm-Filme genommen, für Amateurfilme meist 8-mm-Filme. Außer dem Spielfilm gibt es den Kurzfilm, den Trickfilm, den Dokumentarfilm, den Kulturfilm, den Lehrfilm, den wissenschaftlichen Film, den Industriefilm, den Werbefilm u. die Wochenschau. Alle diese Filme geben Vorgänge in ihrem Bewegungsablauf wieder. Daß dies überhaupt möglich ist, liegt an der Trägheit des menschlichen Auges. Schnell aufeinanderfolgende Bilder, von denen jedes weniger als $1/_{20}$ s dem menschlichen Auge sichtbar ist, werden nämlich nicht mehr getrennt voneinander wahrgenommen. Deswegen kann ein bewegter Gesamtvorgang, in eine Reihe Einzelbilder zerlegt, wiedergegeben werden.

Die Anfänge des Films gehen ins 19. Jh. zurück. Es erschienen als „Lebensrad", „Wundertrommel", „Abblätterbücher" Erfindungen, die den Bewegungsablauf in Einzelbilder auflösten. Der Taschenkinematograph von J. B. Linnett war ein kleines Buch, das beim schnellen Abblättern eine Figur zeigte, die sich zu bewegen schien. Seit 1872 machte E. Muybridge mit 24 Einzelkameras Bewegungsanalysen von galoppierenden Pferden. 1887 erfand O. Anschütz den elektrischen Schnellseher für derartige Reihenbilder. Rollfilme von 35 mm Breite, die heute noch benutzt werden, entwickelte Edison 1892. 1895 zeigten die Brüder Skladanowsky in Berlin und die Brüder Lumière in Paris ihre ersten auf diesem Material hergestellten Filme. Die ersten Filme waren nicht länger als 20 m. Da sie *Stummfilme* waren, wurden sie von einem Ansager kommentiert. In Frankreich drehte G. Méliès als erster Filme mit Berufsschauspielern. Der erste deutsche Autorenfilm (ein Film, dessen Drehbuch nach dem Werk eines Dichters oder Schriftstellers geschrieben worden war) war „Der Andere", den M. Mack 1912 mit A. Bassermann drehte. 1913 wurde der Film zum Kunstwerk erhoben mit dem Streifen „Der Student von Prag", einem Film mit P. Wegener von dem Dänen St. Rye. In Italien herrschte der Monumentalfilm vor, während die USA schon seit 1900 mit dem Wildwestfilm (Western) nach Europa kamen. 1915 errang dann D. W. Griffith mit „Birth of a nation" (Geburt einer Nation) für Hollywood weltweite Anerkennung. Während des 1. Weltkrieges trat die Filmkomödie in den Vordergrund, für die Mack Sennett mit der „Slapstick comedy" die Grundlage legte. Es folgten Ch. Chaplin („Goldrausch", 1925), Buster Keaton („Der General", 1926), Harold Lloyd („Grandma's boy", 1922).

Die deutsche Filmproduktion erlangte erst nach dem 1. Weltkrieg Bedeutung. 1917 war die Universum-Film AG (Ufa) gegründet worden. Mit den Regisseuren E. Lubitsch („Die Augen der Mumie Ma", 1918), F. W. Murnau, G. W. Pabst, F. Lang, P. Wegener und den Schauspielern W. Krauss, C. Veidt, F. Kortner waren die Höhepunkte des Stummfilms erreicht. Die Filmgattungen reichten von der Filmkomödie über den historischen Großfilm bis zum zeitbezogenen realistischen Film mit sozialkritischen Themen. Von Frankreich sind v. a. der amerikanische Künstler Man Ray mit dadaistischen und der spanische Regisseur L. Buñuel („Ein andalusischer Hund", 1928) mit surrealistischen Einflüssen zu nennen (beide arbeiteten damals in Paris). In der UdSSR schufen v. a. S. [M.] Eisenstein („Panzerkreuzer Potemkin", 1925) u. W. Pudowkin („Sturm über Asien", 1929) den sowjetischen Revolutionsfilm.

Seit 1927 löste der *Tonfilm* den Stummfilm ab. Große Erfolge wurden „Broadway melody" (1929) und „Der Kongreß tanzt" (1931). Vor 1933 drehten in Deutschland J. von Sternberg („Der blaue Engel", 1930), G. W. Pabst („Dreigroschenoper", 1931), F. Lang („M", 1931; „Das Testament des Dr. Mabuse", 1932). Nach 1933 emigrierten viele berühmte Regisseure und Schauspieler; G. von Ucicky („Der Postmeister", 1940), W. Forst („Bel Ami", 1938) waren noch große Regisseure dieser Zeit. In Frankreich traten die Regisseure R. Clair („Unter den Dächern von Paris", 1930), J. Duvivier („Spiel der Erinnerung", 1937), M. Carné („Hafen im Nebel", 1937) und J. Renoir in den Vordergrund. Walt Disney begründete mit seinen Zeichentrickfilmen eine eigene Filmrichtung. In Großbritannien waren die Regisseure A. Hitchcock („Der Mann, der zuviel wußte", 1934), Sir C. Reed, P. Czinner u. M. Powell tätig.

Die ersten *Farbfilme* waren 1935 „Becky Sharp" von R. Mamoulians in den USA, in Deutschland 1936 der Kurzfilm „Das Schönheitsfleckchen" von C. Froelich.

In Deutschland setzte die Nachkriegsproduktion 1946 mit dem Film „Die Mörder sind unter uns" von W. Staudte ein. Es folgten 1947 von H. Käutner „In jenen Tagen", 1949 von W. Liebeneiner „Liebe 47". Neben den vielen Unterhaltungsfilmen, die dann gedreht wurden, sind als überragende Leistungen zu nennen: 1954 von A. Weidemann „Canaris", 1955 von H. Käutner „Des Teufels General", 1958 von K. Hoffmann „Wir Wunderkinder", 1959 von B. Wicki „Die Brücke". Italien entwickelte den Neorealismus. Regisseure wie L. Visconti („Die Erde zittert", 1948), V. De Sica („Fahrraddiebe", 1948), A. Lattuada („Ohne Gnade", 1947) sowie v. a. R. Rossellini („Rom, offene Stadt", 1945; „Paisà", 1946) zeigten neue Wege in dieser Richtung. Seit den sechziger Jahren sind M. Antonioni („Blow-up", 1966), P. P. Pasolini (†1975; „Teorema - Geometrie der Liebe", 1968), F. Fellini („$8^1/_2$", 1962; „Julia u. die Geister", 1964) führend. Auch eine neue Art des brutalen Western kommt aus Italien - der Italowestern (S. Leone, „Spiel mir das Lied vom Tod", 1968). England zeigte nach dem Krieg Shakespeare-Filme von Sir Laurence Olivier („Heinrich V.", 1944). Weltbekannt wurde 1949 „Der dritte Mann" von Sir Carol Reed sowie 1957 „Die Brücke am Kwai" von D. Lean. Als Regisseur der neueren Generation tritt T. Richardson hervor. In Frankreich gab es nach dem Krieg verschiedene Stilrichtungen. Surrealistisch waren v. a. „La belle et la bête" (1946) und „Orphée" (1949) von J. Cocteau. Der harte Film wurde bekannt durch „Lohn der Angst" (1952) von H. G. Clouzot. 1958-60 gab es dann die „Neue Welle", als Reaktion auf die Filmkrise, mit den Regisseuren F. Truffaut („Sie küßten u. sie schlugen ihn", 1958), C. Chabrol („Schrei, wenn du kannst", 1959), J.-L. Godard („Außer Atem", 1959) und anderen. Der Pole R. Polanski wurde schon mit seinem ersten Film, „Das Messer im Wasser" (1961), international bekannt, ging später ins Ausland und drehte dort u. a. den Film „Tanz der Vampire" (1966). In der Bundesrepublik Deutschland folgte auf Veselys Film „Das Brot der frühen Jahre" (1961) der sogenannte Junge deutsche Film mit den Regisseuren U. Schamoni, V. Schlöndorff („Der junge Törless", 1965), A. Kluge („Die Artisten in der Zirkuskuppel: ratlos", 1968), E. Reitz, J. Schaaf. Der produktivste Regisseur des neuen deutschen Films ist R. W. Faßbinder („Die bitteren Tränen der Petra von Kant", 1971; „Eine Reise ins Licht", 1978). Wichtige Regisseure in der DDR sind u. a. E. Günther („Lotte in Weimar", 1974/75), J. Kunert („Die Abenteuer des Werner Holt", 1963/64), K. Maetzig („Ernst Thälmann", 2 Teile, 1953-55). – Abb. S. 177.

Finsteraarhorn

wegen u. die UdSSR. F. ist reich an Seen, Wäldern u. Mooren u. hat ein kühles, feuchtes Klima. Die Bevölkerung lebt hauptsächlich von Rinder- u. Schweinezucht, im Norden u. Osten von Rentierzucht sowie von der bedeutenden Holz- u. Papierindustrie. *Geschichte:* Das Land wurde wahrscheinlich schon im 2. Jh. v. Chr. von Finnen besiedelt, im 12./13. Jh. eroberten es die Schweden. Seit Ende des 15. Jahrhunderts wurde F. zu einem ständigen Kampfplatz zwischen Schweden u. Rußland, das 1721–1809 ganz F. erobern konnte. 1917 wurde F. unabhängig. Durch die Kriege 1939/40 u. 1941–44 gegen die UdSSR verlor F. Wyborg mit Westkarelien u. Petsamo (heute Petschenga), damit 10 % seiner landwirtschaftlichen Erzeugung u. wichtige Industriegebiete. – F. ist Mitglied der UN u. der EFTA assoziiert.

Finsteraarhorn, höchster Gipfel der Berner Alpen (Schweiz), 4 274 m.

Finte [ital.] w, Vorwand, Lüge, Ausflucht, Täuschung.

Firlefanz m: **1)** wertloses Zeug, Flitterkram; **2)** Unsinn, Gerede.

firm [lat.], fest, sicher, geübt, kenntnisreich (in einem Fach).

Firma [ital.] w, Abkürzung: Fa., Handelsname, unter dem ein Kaufmann, eine Handelsgesellschaft oder eine Genossenschaft ihre Geschäfte betreibt. Der Firmenname muß in das ↑Handelsregister eingetragen werden.

Firmament [lat.] s, Himmelsgewölbe, sichtbarer Himmel.

Firmung [lat.] w, ↑Sakrament der katholischen Kirche. Die F. soll dazu dienen, den Glauben zu festigen, u. wird durch Handauflegung und Salbung der Stirn empfangen. Dieses Sakrament wird, meist durch den Bischof, nur einmal im Leben (einige Jahre nach der Erstkommunion) gespendet.

Firn m, alter Schnee im Hochgebirge, der durch mehrmaliges Auftauen u. Gefrieren körnig geworden ist.

Firnis [frz.] m, Anstrichmittel, das als Schutzanstrich v. a. für Gegenstände verwendet wird, die starken Witterungseinflüssen ausgesetzt sind. Die Grundlage ist meist Leinöl, zugesetzt sind Trockenstoffe.

First m, oberste Dachkante, an der die schrägen Dachflächen aneinanderstoßen.

Fische m, Mz., im Wasser lebende Wirbeltiere mit einem meist seitlich abgeplatteten Körper (1 cm bis 15 m lang), der paarige Brust- u. Bauchflossen, unpaarige Rücken- u. Afterflossen u. eine Schwanzflosse trägt. Die Schwanzflosse ist das Hauptbewegungsorgan. Die Haut ist schleimig u. mit Schuppen oder Knochenplatten besetzt. Das Skelett ist knorplig (Knorpelfische) oder knöchern (Knochenfische). F. sind wechselwarme Tiere u. atmen fast stets durch Kiemen. Die meisten F. legen

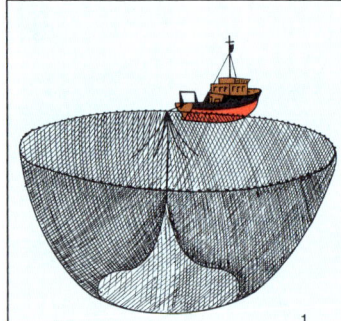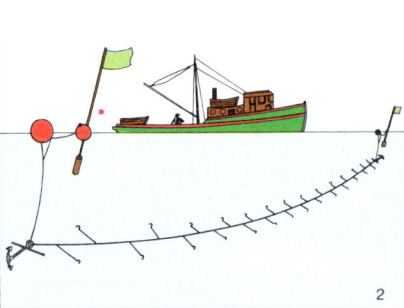

Fischerei. 1 Hecktrawler mit einer Ringwade (bis zu 500 m langes Rundnetz), 2 Kutter mit Langleine

Eier (Laich), nur wenige bringen lebende Junge zur Welt.

Fischerei w, unter F. versteht man den Fang von Lebewesen, die im Wasser leben u. für den Menschen nutzbar sind. Man unterscheidet mehrere Arten. Bei der großen Hochseefischerei bleiben die Dampfer mehrere Wochen auf See. Meistens wird der Fang auf dem Schiff verarbeitet. Hauptsächlich wird Kabeljau gefangen, außerdem Rotbarsch u. Hering. In der kleinen Hochseefischerei u. in der Küstenfischerei (bei uns Nord- u. Ostsee) verwendet man Kutter mit Schwimmschleppnetzen, Scherbrettnetzen, Garnelen- und Aalreusen, Fischzäune u. Angeln. Die Fanggebiete der Küstenfischerei sind die Priele des Wattenmeeres u. ein Küstenstreifen, der z. B. an der Nordsee bis 20 km breit ist. Der Fang besteht hauptsächlich aus Krabben, Krebsen, Aalen, Schollen u. Garnelen. In der Binnenfischerei verwendet man die gleichen Fanggeräte wie bei der Küstenfischerei. Gefangen werden Edelfische wie Aal, Hecht, Zander, Karpfen, Schleie. Wegen starker Verschmutzung der Flüsse ist die Binnenfischerei in den letzten Jahren stark zurückgegangen.

Fischer von Erlach, Johann Bernhard, * Graz 18. Juli 1656, † Wien 5. April 1723, österreichischer Barockbaumeister. Er war kaiserlicher Hofarchitekt in Wien. Seine bekanntesten Werke sind die Karlskirche u. die Hofbibliothek in Wien.

Fischmehl s, Handelsbezeichnung für eiweißreiche Futtermittel aus getrockneten, zermahlenen Fischabfällen. F. wird v. a. zur Schweine- u. Geflügelfütterung verwendet.

Fischreiher m, ein etwa 90 cm langer, stelzbeiniger Reiher, der in ganz Eurasien u. in großen Gebieten Afrikas lebt. Der Kopf ist weiß mit schwarzem Federschopf, die Oberseite grau. Er nistet kolonieweise auf hohen Bäumen oder im Schilf. Er fliegt mit auf die Schultern zurückgelegtem Kopf u. ausgestreckten Beinen. Er frißt Fische, kleine Wirbeltiere u. Insekten.

Fingerhut. Gelber Fingerhut

Fischreiher

Fischwanderungen w, Mz., ausgedehnte Wanderungen bestimmter Fischarten, meist zum Aufsuchen der Laichplätze. So wandern die ↑Aale zum Laichen von den Flüssen ins Meer, die Lachse u. Störe vom Meer in die Flüsse. Andere Fische, z. B. Heringe, Sardinen, Thunfische, Dorsche, unternehmen unregelmäßige weite Nahrungswanderungen. Auch der Wechsel der Wassertemperatur im Verlauf des Jahres veranlaßt manche Fische zu Wanderungen.

176

FILM

links:
„Belle de jour"
(1966, Regie
L. Buñuel)
rechts:
„Der blaue Engel"
(1930, Regie
J. von Sternberg)

links: Buster Keaton
in „Der General"
(1926)
rechts: Dick und Doof
in „Rache ist süß"
(1934)

„Die verlorene Ehre
der Katharina Blum"
(1975, Regie
V. Schlöndorff
und M. von Trotta)

FOTOGRAFIE

Fotografie ist, vom Technischen her gesehen, das Festhalten (und Wiedergeben) von optischen Eindrücken oder noch einfacher gesagt: eine Bildaufzeichnung.

Zwei Erkenntnisse, die völlig unabhängig voneinander sind, waren nötig, um eine Bildaufzeichnung möglich zu machen. Da ist einmal die Camera obscura [= dunkle Kammer], die schon Leonardo da Vinci, der berühmte italienische Maler, Zeichner, Baumeister und Naturforscher (1452–1519) kannte und beschrieb: Ein von der Sonne beschienener Gegenstand erscheint in einem gegenüberliegenden dunklen Raum, der mit einem kleinen Loch versehen ist, als umgekehrtes Bild. Die beleuchteten Gegenstände senden ihr Bild durch das Loch. Lange Zeit hat man diese Möglichkeit als Zeichenhilfe benutzt, erst später kam man auf den Gedanken, das entstandene Bild „festzuhalten".

Schon im frühen 17. Jh. wußte man, daß Silbernitrat sich im Sonnenlicht verfärbt. Um 1800 versuchte man erstmals, Camera-obscura-Bilder mit Hilfe von Silbernitraten herzustellen, aber erst J. N. Niepce (1765–1833) gelangen 1824 die ersten „Fotografien". In seinen letzten Lebensjahren arbeitete er mit J. Daguerre daran, seine Erfindung zu verbessern. Daguerre verwendete als lichtempfindlichen Stoff Silberjodid. Das latente Bild (durch Lichteinwirkung entstanden, aber noch nicht sichtbar) entwickelte er mit Quecksilberdämpfen. Dieses Verfahren (Daguerreotypie genannt) wurde 1839 bekanntgemacht und eroberte die ganze Welt. Im Laufe der Zeit wurde es durch immer bessere Verfahren ersetzt. Unsere heutige Fotografie hat mit diesen Anfängen nur noch die Prinzipien gemein.

Fotografische Apparate

Die „Bausteine" eines modernen Fotoapparates (auch Kamera) sind: ein lichtdichtes Gehäuse mit Filmhalterung und Filmtransportvorrichtung, ein Objektiv, ein Verschluß, ein Sucher zur Festlegung des Bildausschnitts, ein Entfernungsmesser (meist mit dem Sucher gekoppelt) sowie eine Vorrichtung zum Messen der erforderlichen Belichtung. Man unterscheidet im allgemeinen drei Kameratypen: Kleinbildkamera (24 × 36 mm, 24 × 24 mm und „Halbformat" 18 × 24 mm auf perforiertem [randgelöchertem] 35-mm-Film), Mittelformatkamera (Rollfilm für Aufnahmeformat 4 × 4 cm, 4,5 × 6 cm, 5,7 × 7,2 cm [sogenanntes Idealformat], 6 × 6 cm und 6 × 9 cm), Großbildkamera (Platten, Planfilm und/oder Rollfilm in den Formaten 6 × 9 cm, 6,5 × 9 cm, 9 × 12 cm, 10 × 15 cm, 13 × 18 cm und 18 × 24 cm).

Nach dem Suchersystem unterscheidet man weiterhin zwischen Durchblicksucherkameras, Meßsucherkameras (das sind Durchblicksucherkameras gekoppelt mit Entfernungsmesser; bei Großbildkameras kann die Einstellung auch über die Mattscheibe erfolgen), einäugige Spiegelreflexkameras (mit *einem* Linsensystem; alle Formate), zweiäugige Spiegelreflexkameras (mit *zwei* voneinander unabhängigen, gleichen Linsensystemen; überwiegend Mittelformat 6 × 6 cm). Bei den Spiegelreflexkameras wird der Bildausschnitt dem Fotografierenden über einen reflektierenden Spiegel sichtbar gemacht.

Nach dem Verschluß (Mechanismus, der für die Zeit der Belichtung den Film freigibt) unterscheidet man zwei Typen von Kameras: mit Zentralverschluß (d. h., der Verschluß ist in das Objektiv eingebaut) oder mit Schlitzverschluß (d. h., der Verschluß liegt in der Kamera direkt vor dem Film).

Man kann noch eine weitere Unterscheidung treffen, indem man die Kameratypen nach Kameras mit festeingebautem Objektiv und solchen mit Wechselobjektiven trennt. Fast alle guten Kameras verfügen entweder über auswechselbare Objektive der verschiedensten Brennweiten oder über entsprechende Vorsatzlinsen. Es gibt natürlich auch zahlreiche Spezialkameras bzw. Sonderausführungen; hier sind die wichtigsten: Polaroid-Land-Kameras (sie liefern fertige Schwarzweißbilder in etwa 10 Sekunden und fertige Farbbilder in etwa 1 Minute), Kleinstbildkameras (sie sind kaum größer als eine Streichholzschachtel und haben das Filmformat 8 × 11 mm und 12 × 17 mm), Stereokameras (sie erzeugen mit zwei Objektiven die im Abstand von 65 mm angeordnet sind, zwei Bilder, die bei der Betrachtung mit einem Spezialgerät einen räumlichen Eindruck vermitteln). Weiterhin gibt es Luftbildkameras, Panoramakameras und Superweitwinkelkameras. – Fast alle Kameras sind heutzutage mit Kontakten ausgerüstet, die sowohl die Verwendung von Elektronenblitzen als auch von herkömmlichen Blitzlampen zulassen.

Objektive

Die Camera obscura (Lochkamera) hatte kein Objektiv, daher lieferte sie nur unscharfe, lichtschwache Abbildungen. Der wichtigste Bestandteil einer Kamera ist also das Objektiv. Ein Objektiv ist eine Kombination aus mehreren Linsen (meist drei oder mehr), die eine sammelnde Wirkung haben und zur Erzeugung einer scharfen, lichtstarken Abbildung erforderlich sind. Die wichtigsten Merkmale eines Objektivs sind: Brennweite, Lichtstärke und Bildkreis.

Brennweite: Die Brennweite ist die Entfernung vom Mittelpunkt des Objektivs bis zum Film, bei der das Objektiv eine scharfe Abbildung eines im Unendlichen liegenden Gegenstandes zeichnet. Daraus ergibt sich, daß die Brennweite die Bildgröße auf dem Negativ beeinflußt bzw. bestimmt. Die Brennweite eines sogenannten Standardobjektivs ist etwa so groß wie die Bildfelddiagonale des verwendeten Filmmaterials. Die Brennweite eines Objektivs ist konstant und kann nicht verändert werden. Eine Ausnahme bildet die sogenannte Gummilinse mit veränderlicher Brennweite. Die Brennweite wird üblicherweise in mm angegeben (bei älteren Objektiven auch in cm) und ist auf der Objektivfassung eingraviert.

Lichtstärke: Die sogenannte Lichtstärke eines Objektivs, die üblicherweise ebenfalls auf der Objektivfassung eingraviert ist, ist eine Maßeinheit. Sie bezeichnet den wirksamen Durchmesser eines Objektivs im Verhältnis zu seiner Brennweite. Man setzt hier also zwei Faktoren in Beziehung zueinander und spricht deshalb auch von der „relativen Öffnung" eines Objektivs. Ausgehend von der Lochkamera kann man sagen, je größer die Öffnung, desto mehr Licht kann weitergeleitet werden; das gleiche gilt auch für Kameras mit Linsen. Hat also ein Objektiv eine Brennweite von 50 mm und eine Öffnung von 25 mm (was häufig bei teuren Kleinbildkameras der Fall ist), so teilt man 50 durch 25 und erhält die Maßeinheit für die Lichtstärke, die in diesem Fall 2 beträgt. Auf der Objektivfassung liest man also f/2 (d. h.: focus 2), die größte Blende des Objektivs ist also die Öffnung 2. Natürlich lassen sich alle Objektive, ausgenommen das Objektiv der Box, durch einen in das Objektiv eingebauten Mechanismus verändern bzw. abblenden, d. h., kann die größte Öffnung durchaus in kleinere Öffnungen verwandeln. Doch hier muß man vorsichtig rechnen: Mit dem Abblenden erreicht man eine größere Schärfentiefe (auch Tiefenschärfe), denn blendet man ein Objektiv von der Blende 2 bei einer angenommenen Verschlußzeit von $^{1}/_{250}$ Sek. auf Blende 4 ab, so bedeutet dies nicht, daß man nun die Belichtungszeit nur verdoppeln muß. Man muß sie nämlich um das Vierfache verlängern (also etwa $^{1}/_{60}$ Sek. belichten), denn die Intensität des einfallenden Lichtes ist dem Quadrat der Entfernung zwischen Lichtquelle und beleuchtetem Gegenstand (Motiv) umgekehrt proportional. Die Schwierigkeit dieser Umrechnung ist hinfällig, wenn man, wie alle guten Fotografen, einen Belichtungsmesser benutzt. Als Faustregel kann man sagen, daß die Belichtungszeit verdoppelt werden muß, wenn man um einen Blendenwert stärker

Fotografie (Forts.)

abblendet, d. h., die lichtdurchlässige, wirksame Öffnung verkleinert. Die internationale Blendenreihe hat folgende Werte: 1, 1,4, 2, 2,8, 4, 5,6, 8, 11, 16 und 22.

Bildkreis: Ein Objektiv zeichnet ein kreisförmiges Bild, die Schärfe sowie die wirksame Lichtdurchlässigkeit wirken sich jedoch nicht gleichmäßig über die ganze zur Verfügung stehende Bildfeld aus, d. h., Schärfe und Helligkeit nehmen zum Rand hin ab. Aus diesem Grunde muß das Negativ (also das Bild) immer nur ein Teil des gleichmäßig ausgeleuchteten Kreises sein (die Diagonale des Negativs muß also kleiner sein als der Durchmesser des Bildkreises). Zusammenfassend ist zu sagen, daß man grundsätzlich zwischen fest eingebauten Objektiven und Wechselobjektiven unterscheidet; hinzu kommt die Unterscheidung nach Objektiven mit kurzer Brennweite (Weitwinkelobjektive; sie ermöglichen z. B. bei engen Raumverhältnissen die Aufnahme eines verhältnismäßig großen Gegenstandes aus geringer Entfernung), Objektive mit normaler Brennweite (Standardobjektive; festeingebaute Objektive sind fast immer Standardobjektive) und Objektive mit langer Brennweite (Teleobjektive; sie ermöglichen z. B. die Aufnahme eines verhältnismäßig weit entfernten Gegenstandes). Bei all diesen Objektiven sind Brennweite und Lichtstärke konstant (gleichbleibend). Eine Ausnahme bildet die sogenannte Gummilinse (auch Varioobjektiv). Sie hat bei gleichbleibender Lichtstärke eine veränderliche Brennweite, die von etwa 36 mm bis etwa 82 mm (für Kleinbildkameras) reicht und dadurch ohne Wechsel des Objektivs ein sehr schnelles Arbeiten des Fotografen innerhalb dieser Brennweiten erlaubt. Um gut zu fotografieren, muß man zuerst seine Kamera gut kennen. Weiter ist es sehr wichtig, daß man sich im Sehen übt. Ein guter Fotograf muß mehr und besser sehen als seine Mitmenschen, denn nur dadurch unterscheidet er sich von den „Knipsern", all denjenigen, die zwar auch einen Fotoapparat bedienen, aber nie ein gutes Bild fertigbringen. Ein gutes Bild soll den Betrachter ansprechen und ihm etwas mitteilen. Wichtig ist also einmal der Bildinhalt (das Abgebildete) und zum anderen die Bildkomposition. Beim Bildinhalt kann es darum gehen, daß der Fotograf ruhende Motive (Häuser, Kirchen, Pflanzen u. ä.) zu fotografieren versucht. Bei solchen Motiven muß der Fotograf Wert auf die richtige Verteilung von Licht und Schatten legen (ein Motiv, das durch eine Schattenlinie „zerschnitten" wird, kann nur in Ausnahmefällen interessant sein). Auch die Entscheidung, ob etwa ein Brunnen im vollen Licht oder bei Seitenlicht fotografiert werden soll, ist eine Überlegung wert. Beiwerk, ein Kind z. B., das sich über den Brunnenrand beugt, kann ein Bild beleben, es kann aber auch das Bild stören. So etwa muß der Fotograf „sehen". Oder nehmen wir ein anderes Beispiel. Da steht ein Dackel, der freudig mit dem Schwanz wedelt. Der „Knipser", den das Bild entzückt, wird vielleicht ein technisch einwandfreies Bild zustandebringen, nur sieht man darauf nichts von der Freude des Hundes. Der Fotograf dagegen wird schnell die Belichtungszeit verlängern, und eine winzige Unschärfe im Bild zeigt, daß der Hund schwanzwedelnd dasteht.

Dem Anfänger kann man nicht oft genug sagen, daß er möglichst dicht an sein Motiv herangehen muß. Das Motiv soll, wenn es irgend geht, das Bildformat ausfüllen. Einen Teil aus einem Bild zu vergrößern, ist nur dann von Interesse, wenn die Wirkung einer längeren Brennweite (Teleperspektive) nachgeahmt werden soll.

Hat man das Motiv richtig im Sucher, so wird das Bild scharf eingestellt. Das geschieht durch Verschieben des gesamten Objektivs oder nur der Frontlinse oder auch nach dem Entfernungsmesser, je nach dem Typ des Fotoapparates. Nun folgt die Einstellung der Schärfentiefe (Tiefenschärfe). Je kleiner die Blende, desto größer die Schärfentiefe. Den Bereich kann man jeweils am Objektiv ablesen.

Schwarzweißfotografie

In der Schwarzweißfotografie werden die Farben des Motivs in verschiedene Grautöne übersetzt. Man verwendet hierzu Aufnahmematerial von unterschiedlicher Empfindlichkeit, je nach Zweck der Aufnahme und abhängig vom Motiv. Im wesentlichen besteht das Aufnahmematerial (Film) aus einer lichtempfindlichen Schicht, die in einem Einbettungsmittel (meist Gelatine) auf den eigentlichen „Träger" (Glas, Papier, Kunststoff) aufgetragen ist. Diese Emulsion besteht heute im wesentlichen aus Bromsilber mit Jodsilber zuzüglich bestimmter organischer Farbstoffe, die man Sensibilisatoren nennt. Von der Art der Herstellung sowie von der weiteren Behandlung hängen die Eigenschaften des Aufnahmematerials ab: Empfindlichkeit, Gradation (Verlauf der Schwärzung), Lichthoffreiheit (ohne Schleierbildung), Auflösungsvermögen (das Vermögen, feinste Dinge wiederzugeben) und Körnigkeit, die im Zusammenwirken die Qualität bestimmen. – Die Empfindlichkeit des Filmmaterials, oft auch als Filmgeschwindigkeit bezeichnet, wird in Deutschland nach einem Normverfahren in DIN angegeben. International üblich ist die Angabe der Empfindlichkeit sowohl in DIN als auch in ASA; in den Ostblockstaaten kommt die sowjetische Norm GOST hinzu.

Jedes System arbeitet nach verschiedenen Methoden, so daß Umrechnungen nur bedingt korrekt sind. Grundsätzlich sind diese Angaben nur als Annäherungswerte zu verstehen, da sie durch die Bearbeitung des Filmmaterials beim Entwickeln beeinflußt werden können. Je höher die Empfindlichkeitsangabe bzw. die Filmgeschwindigkeit ist, um so kürzer wird die Belichtungsdauer. Für Anfänger ist die Benutzung von Filmmaterial mit einer Geschwindigkeit von 18 DIN empfehlenswert. – Was geschieht bei der Belichtung des Films in der Kamera? Über die physikalischen und chemischen Vorgänge gibt es zur Zeit zwei recht unterschiedliche, komplizierte Theorien, die wir hier nicht erläutern wollen. Grundsätzlich kann man sagen, daß ein Bild entsteht, das erst durch die Bearbeitung sichtbar und haltbar gemacht wird, nach der Entwicklung das Negativ. Das Negativ gibt die Lichtwerte umgekehrt wieder, d. h., die hellen Werte erscheinen dunkel und die dunklen (Schatten) hell.

Hat man den Film belichtet, so sind folgende Arbeitsgänge notwendig: 1. Entwicklung, 2. Unterbrechung, 3. Fixierung, 4. Wässerung, 5. Trocknung. Diese Arbeiten verrichtet man in der Dunkelkammer, weil jede weitere Lichteinwirkung auf den Film das Bild zerstören würde. Für den Anfänger, der seinen Film selbst entwickelt, ist es sehr empfehlenswert, sich ganz genau an die Angaben der Filmhersteller zu halten und die für jeden Film speziell empfohlenen Chemikalien und Lösungen zu benutzen, um möglichst gute Negative zu erhalten. Hat man das Negativ, so möchte man auch ein Positiv sehen, das nun das fotografierte Motiv in den wirklichen Helligkeitswerten zeigt. Um ein Positiv zu erhalten, muß man das Negativ kopieren (oder vergrößern). Dazu sind sieben Arbeitsgänge erforderlich: 1. Belichten des Fotopapiers, 2. Entwicklung, 3. Unterbrechung, 4. Fixierung, 5. Wässerung, 6. Trocknung und 7. Nachbehandlung (Entfernung von Kratzern, Flecken usw.). – Es gibt auch einen Schwarzweiß-Umkehrfilm: Er ist dem Umkehrfilm der Farbfotografie ähnlich und wird nach der Belichtung mit Hilfe eines Spezialverfahrens direkt in ein vorführfertiges Diapositiv umgekehrt.

Farbfotografie

Von der grundlegenden Entdeckung durch Maxwell im Jahre 1861 bis zur praktischen Anwendung hat die Farbfotografie eine mehrere Jahrzehnte dauernde Entwicklung durchmachen müssen. Experimentierte man ursprünglich auf der Grundlage der additiven Farbmischung (zwei oder mehr Farben ergeben eine neue Farbe), so beruhen die modernen

179

Fiskus

Fotografie (Forts.)

Verfahren auf der subtraktiven Farbmischung (neue Farben entstehen durch Ausfilterung von Farben). Es handelt sich hierbei um Aufnahmematerial, bei dem in mehreren Schichten (drei Schichten) meist die Farben Gelb, Purpur und Blaugrün enthalten sind. – Die Belichtung der Farbfilme erfolgt nach den Empfindlichkeitsangaben, die denen der Schwarzweißfilme entsprechen (DIN, ASA, GOST), allerdings sind die Toleranzen (Abweichmöglichkeiten) hinsichtlich der Über- bzw. Unterbelichtung sehr eng begrenzt. – Die Entwicklung des Farbaufnahmematerials ist teilweise so kompliziert, daß sie nur vom Hersteller bzw. von von ihm beauftragten Entwicklungsanstalten vorgenommen werden kann. Nur einige Filmtypen können auch selbst entwickelt und weiterverarbeitet werden, jedoch sind kostspielige Laborgeräte erforderlich, um sehr gute Ergebnisse zu erzielen. – Ähnlich wie bei der Schwarzweißfotografie gibt es auch bei der Farbfotografie zwei Gruppen von Aufnahmematerial: Umkehrmaterial und Negativmaterial. Der Umkehrfilm ist das bevorzugte Aufnahmematerial der Berufsfotografen. Nach der Entwicklung liefert der Umkehrfilm ein Diapositiv, das man sofort betrachten und für die ↑Projektion benutzen kann. Es eignet sich auch am besten für Vorlagen zur Reproduktion (Wiedergabe im Druck). Nachteilig wirkt sich beim Umkehrfilm nur aus, daß man nach Aufnahme und Entwicklung nichts mehr daran verändern (verbessern) kann. Im Gegensatz hierzu ist das Negativmaterial (genau wie beim Schwarzweißmaterial) auch nach der Aufnahme und Entwicklung beeinflußbar (z. B. während des Vergrößerungsprozesses) bzw. zu korrigieren. Für den Fotografen, der mit dem immer noch verhältnismäßig teuren Farbfilm arbeitet, ist es wichtig zu wissen, daß es bei der Farbfotografie nicht darauf ankommt, ein möglichst buntes Bild zu „schießen". Farbfotografie nicht mit Buntfotografie zu verwechseln. Farbliche Kontraste machen ein Bild wirkungsvoll, Beschränkung auf nur wenige Farben, möglicherweise in verschiedenen Abstufungen, lassen den guten Fotografen erkennen. Der farbliche Kontrast sollte jedoch nie „künstlich" wirken.

Die Probleme liegen bei der Farbfotografie anders als bei der Schwarzweißfotografie. Hier wie dort gehören Übung und Einfühlungsgabe dazu, wirklich gute Aufnahmen zu machen.

* * *

Fiskus [lat.] *m*, Bezeichnung für den Staat als Eigentümer des Staatsvermögens; auch das Staatsvermögen (die Staatskasse) selbst.

fit [engl.], gut vorbereitet, gut trainiert, leistungsfähig.

fix [lat.], umgangssprachlich für geschickt, gewandt, flink, pfiffig.

fixieren [lat.]: **1)** schriftlich festlegen; **2)** befestigen, festmachen; **3)** fotografisches Material (im Fixierbad) lichtbeständig machen.

Fixsterne [lat.; dt.] *m, Mz.*, auf die Astronomen des Altertums zurückgehende Bezeichnung für die am Himmel als feststehend angenommenen ↑Sterne (im Gegensatz zu den ↑Planeten).

Fjord [skand.] *m*, weit ins Landesinnere reichender Meeresarm mit steilen Felswänden. Fjorde sind durch zurückgehende Gletscher der Eiszeit entstanden. Wegen ihrer z. T. großen Tiefe sind sie für die Schiffahrt von Bedeutung, da die Überseeschiffe auf ihnen weit ins Landesinnere fahren können. Besonders die norwegischen Fjorde sind ihrer landschaftlichen Schönheit wegen vielbesuchte Reiseziele.

Fläche *w*, geometrisches Gebilde, das nur zwei Ausdehnungen (Dimensionen) besitzt, Länge u. Breite. Die Fläche steht somit zwischen der Geraden mit nur einer Dimension (der Länge) u. dem Körper mit drei Dimensionen (Länge, Breite, Höhe). Man unterscheidet ebene Flächen (Ebenen) u. gekrümmte Flächen (Kugeloberfläche, Zylindermantel u. ä.). Der Flächeninhalt gibt an, wievielmal die Flächeneinheit (m^2, cm^2, mm^2) in der vorliegenden Fläche enthalten ist.

Flächensatz *m*, eines der von Johannes ↑Kepler entdeckten Planetengesetze. Es besagt, daß sich die Planeten nicht mit gleichförmiger Geschwindigkeit auf ihrer ellipsenförmigen Bahn um die Sonne bewegen, sondern daß die Verbindungslinie zwischen Planet u. Sonne in gleichen Zeiten gleichgroße Flächen überstreicht. In Sonnennähe bewegt sich ein Planet also schneller, als er sich an sonnenfernen Stellen seiner Bahn bewegt.

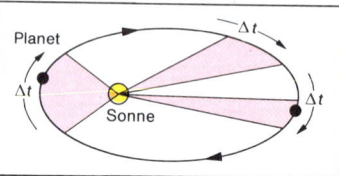

Flächensatz. Die roten Flächen sind inhaltsgleich

Flachs *m* (Lein), einjähriges, 30 bis 120 cm hohes Leingewächs mit lanzettlichen Blättern u. meist himmelblauen od. weißen Blüten. Die Früchte sind Kapseln. Aus den Samen gewinnt man durch Auspressen Leinöl, das zur Herstellung von Firnis, Ölfarbe, Seife u. a. verwendet wird. Aus den Stengeln gewinnt man Flachsfasern; diese werden zu Garn versponnen, aus dem man Leinwand webt. Man unterscheidet den *Springlein* mit aufspringenden Fruchtkapseln u. den *Schließlein*, bei dem die Kapseln geschlossen bleiben.

Flachsee *w*, ein Meer bis zu 200 m Tiefe. Die F. umfaßt vorwiegend die Meeresteile am Rande der Kontinente u. Inseln, also über dem ↑Schelf.

Flagellaten ↑Geißelträger.

Flaggen *w*, drei- oder viereckige Tücher in charakteristischen Farben, oft auch mit Zeichen, die (als *National-* oder *Staatsflaggen*) Hoheitszeichen eines Staates sind. Im Gegensatz zu ↑Fahnen sind F. nicht fest an einer Stange oder einem Mast befestigt (↑auch Tafel Flaggen S. 184, 185 u. 188).

flagrant [lat.], offenkundig, ins Auge fallend, eindeutig; jemanden *in flagranti* ertappen bedeutet: jemanden auf frischer Tat ertappen.

Flamen *m, Mz.*, Bevölkerung im Westen u. Norden Belgiens (fast 60 % der Gesamtbevölkerung) sowie in kleineren angrenzenden Gebieten Frankreichs u. der Niederlande. Ihre Sprache, *Flämisch*, ist eine Mundart des Niederländischen.

Flamingos [span.] *m, Mz.*, bis 1,4 m große grazile Stelzvögel. Sie leben in warmen Gebieten in Europa (Südfrankreich, Südspanien), Südasien, Afrika u. Südamerika. Ihr Gefieder ist weiß, rot oder rosafarben mit schwarzen Partien. Die sehr langen Beine u. der lange Hals sind im Flug gestreckt. Wie Enten durchsuchen sie mit ihrem Schnabel seichtes Wasser, Seen oder Sümpfe nach kleinen Wassertieren u. Pflanzen. Sie nisten in riesigen Brutkolonien in Sumpf- u. Überschwemmungsgebieten. Ihre Schlammnester, die unter der Sonne

Flaschenbäume

Flamingo

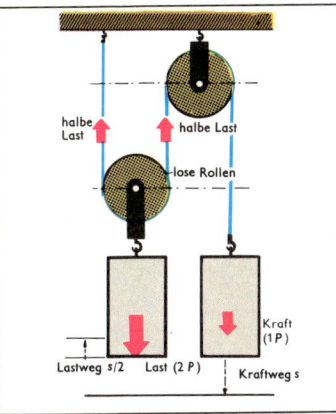
Flaschenzug mit loser und fester Rolle

F. wird mitunter zur Erforschung der Meeresströmungen gebraucht.

Flaschenzug m, Gerät zum Heben schwerer Lasten. Im einfachsten Fall besteht der F. aus einer festen u. einer losen Rolle, über die ein Seil geführt wird. An der losen Rolle hängt die Last. Sie verteilt sich auf 2 Seilabschnitte. Zieht man am freien Ende des Seiles, braucht man daher nur eine Kraft aufzuwenden, die halb so groß ist wie die Last. Dafür muß man aber das Seil um den doppelten Betrag der Strecke ziehen, um den die Last gehoben wird. Das Produkt aus Kraft u. Weg (= Arbeit) bleibt gleich. Was an Kraft gewonnen wird, muß am Weg zugesetzt werden (Goldene Regel der Mechanik). Benutzt man 4 Rollen (2 feste u. 2 lose), so ist zum Heben nur eine Kraft erforderlich, die $1/4$ der Last beträgt. Bei n Rollen beträgt die Kraft nur $1/n$ der Last.

Flattertiere s, Mz. (Fledertiere, Handflügler), Ordnung der Säugetiere mit etwa 900 Arten. Die F. werden in die beiden Unterordnungen Flederhunde u. ↑Fledermäuse unterteilt.

Flaubert, Gustave [flobär], * Rouen 12. Dezember 1821, † Croisset bei Rouen 8. Mai 1880, französischer Dichter. Neben Balzac war F. der Begründer des französischen literarischen Realismus. In seinen Erzählwerken bemühte er sich, durch naturgetreue Darstellung u. ausgefeilt sachlichen Stil die Einflüsse der Romantik zu überwinden. Bleibenden Erfolg hatte v. a. sein Roman „Madame Bovary" (1857, deutsch 1892).

Flausch m, dicker, weicher Wollstoff, der insbesondere für Mäntel u. Schlafdecken verwendet wird.

Flaute w, seemännischer Ausdruck für Windstille.

flechten, durch Verkreuzen oder Verschlingen von Bändern, Ruten, Bastfäden u. a. Gebrauchsgegenstände wie Matten, Teppiche, Körbe, Hüte u. Borten herstellen.

steinhart werden, bauen sie über dem Wasserspiegel. Das Weibchen legt nur ein Ei, das gemeinsam von den Eltern bebrütet wird. Die Jungen sind Nestflüchter.

Flammeri [engl.] m, kalte sturzfähige Süßspeise, z. B. Grießflammeri.

Flandern, historische Landschaft in den südwestlichen Niederlanden, Nordwestbelgien u. Nordfrankreich. F. war im Mittelalter eine Grafschaft, die bereits damals wegen ihrer Tuchindustrie berühmt war. Die bekanntesten Städte sind Brügge und Gent.

Flanell [frz.] m, auf einer Seite oder beiderseits gerauhtes Textilgewebe.

Flaschenbäume m, Mz., Bäume heißer, trockener Gebiete, besonders Australiens, deren Stamm flaschenförmig verdickt ist, da er als Wasserspeicher dient.

Flaschenpost w, Übermittlung von Nachrichten in festverschlossenen Flaschen, die ins Meer geworfen wurden in der Hoffnung, daß sie irgendwann gefunden werden. Besonders bei Schiffsuntergängen war dies üblich. Die

Florenz. Im Hintergrund rechts der Dom und links der Palazzo Vecchio

Flechten

Flechten w, Mz., niedere Pflanzen, deren Körper von Algen u. Pilzen aufgebaut wird. Die beiden Partner leben in einer Lebensgemeinschaft (Symbiose). Der Pilz versorgt die Alge mit Salzen u. Wasser, die Alge den Pilz mit Kohlenhydraten. Die Fortpflanzung u. Verbreitung erfolgt durch Schlauchsporen oder durch losgelöste Flechtenteile, die Soredien. F. wachsen auf Felsen, Baumrinden oder auf dem Boden in krustigen, strauch- oder laubförmigen Lagern; z. B. Isländisch Moos, Rentierflechte, Mannaflechte.

Fleckfieber s (Flecktyphus), eine lebensgefährliche Infektionskrankheit des Menschen, die von hohem Fieber u. rötlichem, später bläulichem Ausschlag begleitet wird. Der Erreger wird v. a. durch Kleiderläuse bzw. Läusekot in Hautwunden des Menschen übertragen. Unbehandelt sterben mehr als 50 % der Erkrankten.

Fledermäuse w, Mz., Unterordnung der Flattertiere. F. sind 3 bis 16 cm lang, die Flügelspannweite beträgt etwa 18–70 cm. Der Kopf kann stark verkürzt, aber auch sehr lang sein. Auf der Nase haben sie oft häutige Aufsätze, die Ohren sind mittelgroß bis sehr groß, die Augen klein. F. orientieren sich durch Ultraschallortung (die Laute werden durch Nase oder Mund ausgestoßen). Die einheimischen F. halten sich tagsüber u. während des Winterschlafs meist in Baum- u. Felshöhlen auf.

Fleisch s, ganz allgemein werden alle Weichteile von Tieren, aber auch von Pflanzen (z. B. Fruchtfleisch) als F. bezeichnet. Meistens sind mit F. die Teile von warmblütigen Tieren gemeint, die als Nahrungsmittel verwendet werden. Muskelfleisch ist außer bei Vögeln u. Fischen rot. Verdorbenes F. führt meist zu schweren Vergiftungen.

fleischfressende Pflanzen w, Mz., auf nährstoffarmen Böden wachsende Pflanzen, die sich durch den Fang kleiner Tiere, z. B. Insekten, zusätzliche Nahrung verschaffen. Um die Tiere anzulocken, sind sie oft auffällig gefärbt oder scheiden süße Säfte aus. Bei manchen Arten sind die Blätter oder Blattteile zu klebrigen Fallen umgebaut, andere können die Blätter zusammenklappen, um Tiere zu erbeuten. In Deutschland kommen u. B. folgende f. Pf. vor: Fettkraut, Sonnentau, Wasserschlauch, in anderen Ländern: Venusfliegenfalle, Kannenpflanze.

Fleming, Sir Alexander, * Lochfield Darvel (Ayr) 6. August 1881, † London 11. März 1955, englischer Bakteriologe (Bakterienforscher), Professor in London. Er entdeckte 1928 das Penicillin u. erhielt 1945 den Nobelpreis (mit E. B. Chain und Sir H. W. Florey).

Flensburg, Hafenstadt mit Industrie an der *Flensburger Förde* (etwa 50 km von der Ostsee ins Land reichend), in Schleswig-Holstein, mit 91 000 E. Bekannt sind die gotischen Backsteinkirchen, die Nikolai- u. die Marienkirche. F. ist Sitz einer pädagogischen Hochschule, einer Fachhochschule u. des Kraftfahrt-Bundesamtes.

Flexion [lat.] w, Beugung eines Wortes (Deklination u. Konjugation; ↑Fälle, ↑Verb).

Flibustier [...i^er; engl.] m, Mz., Bezeichnung für Seeräuber in westindischen Gewässern u. in Mittelamerika (vom 17. bis zum 19. Jh.); meist Franzosen, aber auch Engländer u. Niederländer. Sie plünderten v. a. spanische Schiffe u. Besitzungen.

Flieder m: **1)** Gattung der Ölbaumgewächse, deren Vertreter gegenständige, ganzrandige Blätter besitzen. Die duftenden Blüten stehen in Rispen. Der *Gemeine F.* wurde am Ende des 16. Jahrhunderts von Konstantinopel nach Wien gebracht. Heute wird er in zahlreichen Kulturformen als Zierstrauch angepflanzt; **2)** volkstümliche Bezeichnung für Holunder.

Fliegen w, Mz., zweiflügelige Insekten mit kurzen dreigliedrigen Fühlern u. leckenden oder saugenden Mundwerkzeugen. Die Larven sind fußlos (Maden) u. leben als Fäulnisbewohner, als Schädlinge in u. an Pflanzen, als Parasiten auf Tieren oder als Räuber.

Fliegende Fische m, Mz., bis 45 cm lange Hochseefische. Sie benutzen ihre großen, flügelähnlichen Brustflossen zum Gleitflug über die Wasseroberfläche. Bei manchen Arten sind auch die Bauchflossen vergrößert. F. können bis 6 m aus dem Wasser hochschnellen u. führen oft bis zu 50 m weite Gleitflüge aus.

Fliegender Holländer, Gestalt aus einer seit etwa 1600 bekannten Sage: ein holländischer Kapitän, der wegen seines vermessenen Prahlens dazu verdammt ist, auf ewige Zeiten auf den Weltmeeren zu segeln. R. Wagner schrieb eine Oper „Der Fliegende Holländer" (1843).

Fliegender Hund m, bis 40 cm langer, schwanzloser Flederhund mit einer Flügelspannweite bis 1,5 m. Tagsüber hängt er, in die Flughaut eingewickelt, den Kopf nach unten, in Urwaldbäumen (v. a. Indonesiens). In der Dämmerung fliegt er zu oft 30–50 km entfernten Futterplätzen. Er ernährt sich von Früchten, v. a. Bananen u. Feigen.

Fliegenpilz m, ein sehr giftiger Lamellenpilz mit scharlachrotem oder gelbrotem Hut, der mit kleinen, weißen Flecken bedeckt ist. Die Flecken sind Reste der Hülle, die den jungen Fruchtkörper ganz einhüllt. Der Stiel ist knollig verdickt u. trägt eine Manschette. Früher diente der F., in Milch gelegt, zum Töten von Fliegen. Er enthält u. a. das Gift Muskarin, das von manchen Völkern als Rauschgift verwendet wird.

Fliehkraft ↑Zentrifugalkraft.

Fließarbeit w, eine Form der Arbeitsteilung, die besonders in großen Betrieben bei der Herstellung großer Mengen von gleichen Erzeugnissen angewandt wird. Jeder Arbeiter hat dabei stets dieselben Handgriffe auszuführen. Das Werkstück wird durch ein Fließband (deshalb auch *Fließbandarbeit*) von einem Arbeiter zum anderen weiterbefördert.

Fließpapier s, ohne Verwendung von Leim hergestelltes Papier, das eine sehr große Saugfähigkeit besitzt.

Flinte w, Jagdgewehr, dessen Lauf innen glatt ist; für die F. verwendet man Schrotpatronen.

Flirt [auch: *flö't*; engl.] m, spielerische Form der erotischen Werbung; harmlose Liebelei.

Flöhe m, Mz., bis 7 mm große, seitlich stark zusammengedrückte, flügellose Insekten. Ihr Kopf ist breit, die kurzen Fühler sind in Kopfgruben eingesenkt. Die langen Hinterbeine dienen als Sprungbeine. F. leben als blutsaugende Schmarotzer auf Vögeln, Säugetieren u. Menschen. Dabei können sie gefährliche Krankheitserreger übertragen, z. B. Pest u. Fleckfieber. Sie leben etwa 2 Jahre u. können länger als ein Jahr hungern. Die beinlosen Larven entwickeln sich in Kot, Abfällen, Nestern u. warmen, trockenen Ställen. Arten: Menschenfloh, Hundefloh, Rattenfloh, Hühnerfloh.

Flora [lat.] w: **1)** die gesamte Pflanzenwelt, auch die eines bestimmten Gebietes; **2)** Pflanzenbestimmungsbuch für ein bestimmtes Gebiet; **3)** die Gesamtheit der Bakterien in einem Körperorgan, z. B. Darmflora (das sind alle Bakterien, die im Darm leben).

Florenz (ital. Firenze), italienische Stadt am Arno, Hauptstadt der Toskana, mit 465 000 E. Sie ist eine berühmte Kunststadt u. hat viele bedeutende Kunstdenkmäler aus dem Mittelalter u. der Renaissance: v. a. den Dom (mit der Kuppel des berühmten Baumeisters Brunelleschi u. dem ↑Baptisterium mit kostbaren Mosaiken), die Kirche San Lorenzo mit den vielbewunderten Medici-Grabmälern des ↑Michelangelo, den Palazzo Vecchio (der erste ständige Sitz der Stadtregierung). Zwei der bedeutenden Museen sind die Uffizien u. der Palazzo Pitti. F. ist eine Stadt des Kunsthandwerks u. der Druckereien u. hat viele Messen. – Die Stadt war schon im 4. Jh. Bischofssitz, im Mittelalter eine mächtige Gewerbe- u. Handelsstadt, immer wieder in die in Italien herrschenden Kämpfe der päpstlichen und der kaiserlichen Partei verwickelt. Unter den Medici, die 1434 die Regierung von F. übernahmen, wurde die Stadt zum Zentrum von Kunst u. Wissenschaft. Bis 1737 (seit 1569 als Großherzöge von Toskana) regierten die Medici in F., dann wurde die Stadt mit Toskana lothringisch, später österreichisch, dann italienisch. – Abb. S. 181.

Florett [frz.] s, ein Stoßdegen mit vierkantiger Klinge u. Handschutz; Sportwaffe (↑ Fechten).

Florian, heiliger Märtyrer, † um 304. Wurde in dem österreichischen Fluß Enns ertränkt. Der heilige F. ist Patron gegen Feuergefahr u. daher oft an Bauernhäusern dargestellt.

Florida (Abkürzung: Fla.), Halbinsel und Staat im Südosten der USA, mit 8,4 Mill. E. Die Hauptstadt ist *Tallahassee* (72 000 E). F. hat subtropisches Klima, aber winterliche Kälteeinbrüche u. Wirbelstürme. Berühmt sind die Badeorte Miami und Palm Beach sowie der Startplatz für Weltraumflüge, Kap Canaveral. Wichtig für Floridas Wirtschaft ist der Anbau von Orangen, Grapefruit, Mandarinen u. Gemüse.

Floskel [lat.] w, nichtssagende Redewendung.

Floß s, ein meist aus zusammengefügten Holzstämmen (auch aus Bambus oder Schilf) bestehendes Wasserfahrzeug. Bei Naturvölkern noch als Beförderungsmittel für Menschen u. Tiere benutzt. In Form von Flößen werden Baumstämme auf Flüssen transportiert (Flößerei).

Flossen w, Mz., der Fortbewegung dienende Organe oder Hautsäume im Wasser lebender Tiere, insbesondere bei Fischen. Sie werden durch Flossenstrahlen gestützt. Man unterscheidet paarige F. (Brust-, Bauchflossen) u. unpaarige (Rücken-, Fett-, Schwanz-, Afterflosse).

Flöte w, wahrscheinlich das älteste Blasinstrument. Knochenflöten sind aus der Jungsteinzeit bekannt. Bis zur Mitte des 18. Jahrhunderts verstand man unter F. eine Längsflöte (Blockflöte), seither eine Querflöte (heute im allgemeinen *Boehmflöte*, nach dem Erfinder genanntes Instrument mit verschließbaren Grifflöchern).

Flotte [german.-roman.] w, alle Schiffe eines Staates, unterschieden in Handels- u. Kriegsflotte; man unterscheidet auch nach der Art (z. B. Fischereiflotte) oder nach dem Einsatzgebiet (z. B. Nordseeflotte).

Flöz s, bergmännische Bezeichnung für eine Schicht nutzbarer, abbauwürdiger Gesteine, die als Ablagerungen im Laufe der Erdgeschichte entstanden sind, z. B. *Kohlenflöz, Kaliflöz.*

Fluchtlinie w: **1)** bei der perspektivischen Konstruktion die auf den unendlichen Fluchtpunkt zulaufende Linie, die von einem Punkt eines Objekts aus gezogen ist. In dem Fluchtpunkt treffen sich dann sämtliche Fluchtlinien der Konstruktionszeichnung (↑ Perspektive 2); **2)** Baufluchtlinie, im Bauwesen eine Grenze, über die hinaus nicht gebaut werden darf.

Flugblatt s, zur Information (über ein bestimmtes Ereignis), zur Propaganda (z. B. bei Wahlen) oder als Werbemittel herausgebrachtes Druckblatt, das meist kostenlos verteilt wird.

Flugboot s, Wasserflugzeug, dessen Rumpf als Schwimmkörper ausgebildet ist. Beim Starten u. Landen gleitet der Rumpf durchs Wasser; ↑ auch Wasserflugzeug.

Flügel m, Mz.: **1)** flächige Organe bei Tieren, die diese zum Fliegen befähigen. Bei Vögeln u. Flattertieren sind sie durch eine Umbildung der vorderen Gliedmaßen entstanden. Bei den Insekten sind es Ausstülpungen der Körperoberfläche; **2)** die Tragflächen eines Flugzeugs; **3)** beweglicher Teil des Fensters u. Türen; **4)** an den Hauptbau sich (im Winkel) anschließender Baukörper (Seitenflügel); **5)** Klavier in Flügelform, bei dem die Saiten in Richtung der Tasten laufen.

Flügelaltar m, spätgotische Altarform, die v. a. in den Ländern nördlich der Alpen gebräuchlich war: ein Altar mit feststehendem Mittelteil (eine bemalte Tafel oder ein Schrein, eine Art Kasten, mit geschnitzten Figuren) u. zwei oder mehr beweglichen Seitenflügeln (auch diese entweder bemalt oder geschnitzt).

Gesprenge

Flügel — Schrein

Predella

Flugzeug s, ein Luftfahrzeug, das spezifisch schwerer ist als Luft. Im Gegensatz dazu sind Ballons u. Luftschiffe spezifisch leichter als Luft u. erfahren dadurch einen Auftrieb. Der Auftrieb von Flugzeugen erfolgt durch die an den Tragflächen vorbeiströmende Luft. Die Tragflächen haben eine solche Form, daß die an der Oberseite vorbeiströmende Luft im Vergleich zu der an der Unterseite vorbeiströmenden einen größeren Weg zurücklegen muß. Dadurch entsteht an der Oberseite ein Sog, der das F. nach oben zieht. Ein F. „liegt" also nicht auf der Luft, sondern es „hängt" an der Luft. Es kann sich nur in der Luft halten, wenn der Auftrieb größer ist als sein Eigengewicht. Es muß sich also in bezug auf die umgebende Luft bewegen. Dazu benötigt es einen Motor über einen Propeller (Propellerflugzeuge) oder durch den Schub eines Düsentriebwerks (Düsenflugzeuge). Bei zu geringer Geschwindigkeit wird der Auftrieb zu klein, daß das F. absacken kann. Gesteuert wird das F. mit dem Höhen-, Seiten- u. Querruder. Höhen- und Seitenruder sind am hinteren Teil des Flugzeugs im ↑ Leitwerk zusammengefaßt. Das Querruder befindet sich an der Hinterkante der Tragflächen. Mit dem Höhenruder läßt sich das F. um die Querachse, mit dem Seitenruder um die senkrechte Achse u. mit dem Querruder um die Längsachse drehen. Beim Kurvenflug werden Querruder u. Seitenruder gleichzeitig bedient. Start u. Landung erfolgen auf Flugplätzen (Landflugzeuge) oder auf Wasserflächen (Wasserflugzeuge). Landflugzeuge besitzen ein Fahrwerk, das während des Fluges in der Regel eingezogen wird, um den Luftwiderstand zu verringern. Wasserflugzeuge haben entweder zwei Schwimmer (Schwimmflugzeug) oder einen als Bootskörper ausgebildeten Rumpf (Flugboot). Senkrechtstarter benötigen weder Start- noch Landebahn. Zu den Flugzeugen gehören auch Hubschrauber u. Tragschrauber (Drehflügelflugzeuge), bei denen der Auftrieb durch einen ↑ Rotor erfolgt. Hubschrauber können senkrecht starten u. landen u. auch in der Luft stehenbleiben. Der Vortrieb erfolgt beim Hubschrauber über den Rotor, beim Tragschrauber über einen besonderen Propeller; ↑ auch Luftfahrt, ↑ Segelflug.

Flugzeugträger m, großes Kriegsschiff mit seitlichen Aufbauten, auf dessen Deck Flugzeuge starten u. landen können. Zur Verkürzung der Startstrecke dienen ↑ Katapulte, zur Verkürzung der Landestrecke Fangseile, in die ein am landenden Flugzeug angebrachter Fanghaken greift. Größter F. ist die „Enterprise" (USA) mit 75 700 BRT, 4 600 Mann Besatzung u. bis zu 100 Flugzeugen (Stapellauf 1960).

Fluidum [lat.] s, bestimmte (reizvolle) Ausstrahlung, die von Personen oder Kunstwerken ausgeht.

Flunder ↑ Schollen.

Fluor [lat.] s, Nichtmetall, chemisches Symbol F; Ordnungszahl 9. Giftiges, grünliches Gas; chemisches Verhalten ähnlich wie ↑ Chlor, nur noch wesentlich aggressiver. So reagiert F. mit Schwefel bereits bei −180 °C. Vorkommen vor allem als ↑ Flußspat u. Kryolith, einem Mineral aus Natrium, Aluminium u. F. (Na_3AlF_6). Wegen seiner außerordentlichen Neigung, Verbin-

Flaggen I

Flaggen II

Fluoreszenz

dungen zu bilden, kann freies F. nur durch Elektrolyse aus seinen Salzen gewonnen werden. Verwendung zur Herstellung von besonders widerstandsfähigen Kunststoffen (Teflon), Treibgas für Sprühdosen (Frigen), Narkosemitteln u. a. F. ist ein wichtiges Spurenelement im Körper u. ist z. B. in Knochen u. Zähnen unentbehrlich.

Fluoreszenz [lat.] w, charakteristische Leuchterscheinungen von festen Körpern, Flüssigkeiten oder Gasen, die durch den Einfall von Lichtstrahlen hervorgerufen werden. Die einfallenden Strahlen (Primärstrahlen) erregen den Stoff zu einer langwelligeren Eigenstrahlung (Sekundärstrahlung). Auch unsichtbare Primärstrahlen (ultraviolette Strahlen, Röntgenstrahlen) können sichtbare Sekundärstrahlen erzeugen. Diese Erscheinung wird beim Röntgenschirm zur Sichtbarmachung von Röntgenstrahlen verwendet.

Flurbereinigung w, Zusammenlegung u. verbesserte wirtschaftliche Gestaltung von zersplittertem oder unwirtschaftlichem ländlichem Grundbesitz nach neuzeitlichen betriebswirtschaftlichen Gesichtspunkten. So soll die Erträge der Land- u. Forstwirtschaft steigern. Durch Zusammenlegung der Felder kann z. B. der Einsatz von Landmaschinen viel zweckmäßiger sein. Die F. wird von den Behörden durchgeführt unter Mitwirkung aller beteiligten Grundeigentümer. Die Maßnahmen der F. haben nicht selten zur Zerstörung der alten Kulturlandschaft geführt.

flüssige Luft w, Luft im flüssigen ↑Aggregatzustand; f. L. hat eine Temperatur von −194,5 °C. Sie wird als Kühlmittel, als Sauerstoffträger in Raketentreibstoffen, als Sprengmittel u. als Ausgangsprodukt für die Gewinnung von Stickstoff u. Edelgasen verwendet.

Flußpferde s, Mz., in Afrika beheimatete Verwandte der Schweine. Der plumpe, nackte Körper trägt ein riesenhaftes Maul, in dem außer den Backenzähnen oben u. unten nur je zwei Schneide- u. Eckzähne sitzen. Die emporgehobenen, verschließbaren Nasenlöcher erlauben den Flußpferden, im flachen Wasser oder Sumpf unterzutauchen. – Das *Gewöhnliche Flußpferd* oder *Nilpferd* wird bis 4,50 m lang u. bis zu 1000 kg schwer. Als Nahrung benötigt es täglich etwa 50 kg Pflanzen. Die Haut ist dick, glatt u. fast haarlos. Die Eckzähne des Unterkiefers sind zu „Hauern" ausgebildet.

Flußsäure (Fluorwasserstoffsäure) w, relativ schwache anorganische Säure. Sie besteht aus einer mehr oder weniger konzentrierten Lösung von Fluorwasserstoff (HF) in Wasser. F. löst viele Metalle unter Bildung von Fluoriden (Verbindung von F. mit Metallen), die edleren Metalle wie Kupfer und Silber jedoch nur schwer, Gold u. Platin überhaupt nicht. Jedoch ist F. die einzige Säure, die Quarz (Siliciumdioxid, SiO_2), den Hauptbestandteil des Glases, auflösen kann; es wird daher zum Ätzen von Gläsern verwendet.

Flußspat m (Fluorit), Mineral, das chemisch eine Verbindung von Calcium u. Fluor ist (Calciumfluorid, CaF_2). F. ist eigentlich glasglänzend farblos, aber meist durch Beimengungen in allen möglichen Farben getönt. Wichtiger Rohstoff zur Herstellung von ↑Flußsäure, Email, Glasuren u. Milchglas.

Flut ↑Gezeiten.

Flying Dutchman ↑Segeln.

Flysch [*flisch*; schweizer.] s, Abtragungsschutt (Mergel u. Schiefertone mit Sandsteineinlagerungen) aus den erdgeschichtlichen Zeiten Kreide u. Alttertiär (↑Erdgeschichte), besonders in den Alpen u. ähnlichen Faltengebirgen.

Fock, Gorch, eigentlich Hans Kinau, * Finkenwerder (heute zu Hamburg) 22. August 1880, † (gefallen) in der Seeschlacht am Skagerrak 31. Mai 1916, deutscher Schriftsteller; bekannt v. a. durch seinen Roman „Seefahrt ist not".

Föderalismus [lat.] m, politisches Gestaltungsprinzip, gemäß dem eine Anzahl von Gliedstaaten (Länder, Kantone) in einem ↑Bundesstaat zusammengeschlossen sind, wobei den Gliedstaaten eine gewisse Eigenständigkeit (Eigenstaatlichkeit) u. Selbstverantwortung zukommt u. die Gliedstaaten an der Verantwortung für den Bundesstaat teilhaben.

föderativ [lat.], bundesmäßig; gemäß dem Föderalismus.

Fohlen s (Füllen), Bezeichnung für ein junges Pferd bis zum 3. Lebensjahr.

Föhn m, Luftströmungen, die über ein Gebirge wehen. Sie geben an der Luvseite (dem Wind zugekehrt) Feuchtigkeit ab u. erwärmen sich beim Absteigen an der Leeseite (dem Wind abgekehrt). F. verursacht bei manchen Menschen gesundheitliche Störungen (Mattigkeit, Schlaflosigkeit, Kopfschmerzen u. a.).

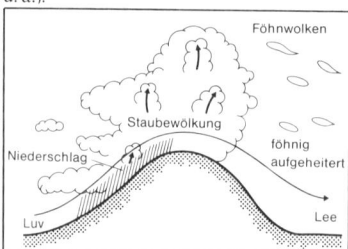

Föhn. Schematische Darstellung der Föhnentstehung

Föhr, eine der Nordfriesischen Inseln, in Schleswig-Holstein, mit 9100 E. Der Hauptort ist Wyk auf F. Die Einwohner leben von Landwirtschaft und Fremdenverkehr.

Föhre ↑Kiefer.

Fokussierung [lat.] w, Vereinigung von Strahlen in einem Punkte, dem ↑Brennpunkt. Bei der F. von Wellenstrahlen, z. B. Lichtstrahlen, Wärmestrahlen, Radarstrahlen, werden Hohlspiegel oder Sammellinsen benutzt, bei ↑Korpuskularstrahlen dagegen elektrische oder magnetische Felder (Elektronenlinsen).

Foliant [lat.] m, großformatiges Buch (in ↑Folio).

Folie [...*iᵉ*; lat.] w, sehr dünnes Metall- oder Kunststoffblatt.

Folio [lat.] s, Buchformat in der Größe eines halben Bogens (etwa 40 × 60 cm).

Folklore [engl.] w, zunächst Bezeichnung für mündlich überliefertes Volksgut, besonders Volksmusik, -tanz u. Gesang; heute das gesamte überlieferte Volkstum.

Folksong [*fōᵘkßong*; engl.] m, Bezeichnung für ein dem Volkslied nahestehendes Lied. Der amerikan. F. (etwa seit 1920) geht v. a. von europäischen Volksliedern u. von Negerliedern aus. Er ist oft mit politischen u. sozialen Bewegungen verknüpft u. nähert sich dann dem Protestsong.

Follikel [lat.] m, Säckchen, Bläschen, Balg; z. B. Haarfollikel (Haarbalg), Eifollikel (Follikelsprung ↑Geschlechtskunde).

Fond [*fong*; frz.] m: **1)** Rücksitz im Wagen; **2)** Hintergrund eines Bildes oder einer Bühne; **3)** zurückgebliebener Saft beim Braten oder Dämpfen von Fleisch, aus dem die Bratensoße bereitet wird.

Fondant [*fongdang*; frz.] m, leicht schmelzende Zuckermasse, die u. a. als Schokoladefüllung verwendet wird.

Fonds [*fong*; frz.] m, Geld- oder Vermögenswerte, die für einen bestimmten Zweck vorgesehen sind.

Fondue [*fongdü*; frz.] w oder s, berühmtes schweizerisches Gericht aus zerschmolzenem Käse, Wein u. a. Zutaten, das aus einem gemeinsamen Topf mit Brotstückchen aufgetunkt wird. *Fleischfondue:* kleine Fleischstückchen, die bei Tisch in einem Topf mit siedendem Fett gegart werden.

Fontane, Theodor, * Neuruppin 30. Dezember 1819, † Berlin 20. September 1898, deutscher Dichter u. Theaterkritiker. Er wurde zunächst durch Gedichte u. Balladen (u. a. „Archibald Douglas", „John Maynard") bekannt. Berühmt wurde er durch seine realistischen Gesellschaftsromane (u. a. „Frau Jenny Treibel", 1892; „Effi Briest", 1895), in denen er menschliche Probleme und Schicksale meisterhaft darstellt; in den Gesprächen seiner Gestalten läßt er die Umwelt deutlich werden u. lenkt die Aufmerksamkeit auf überholte Wertungen.

Fontäne [frz.] w, ein mächtiger aufsteigender Wasserstrahl, vor allem eines Springbrunnens.

Ford, Henry [fo'rd], * Dearborn (Michigan) 30. Juli 1863, † Detroit 7. April 1947, amerikanischer Großindustrieller; gründete 1903 die *Ford Motor Company*, Detroit, die er zu einem der führenden Automobilwerke der Welt ausbaute. Seine Stiftung (F. Foundation) dient der Förderung von Wissenschaft, Erziehung und Sozialarbeit.

Förderband s, ein von einem Motor angetriebenes, über zwei Umlenkrollen laufendes endloses Band, mit dem große Mengen von Materialien über kurze Strecken befördert werden können. An der einen Umlenkrolle wird das Transportgut auf das F. geladen, an der anderen fällt es wieder herunter. Erfolgt der Transport schräg nach oben, so sind auf dem F. in regelmäßigen Abständen Leisten angebracht, die das Zurückrutschen des Fördergutes verhindern.

Forellen w, Mz., schnelle u. gewandte Lachsfische in Bächen, Flüssen, Binnenseen u. küstennahen Meeresgewässern. Zu unterscheiden sind die Europäische Forelle mit Seeforelle u. Bachforelle u. die Regenbogenforelle. F. gelten als wertvolle Speisefische u. werden deshalb häufig in Fischzuchtanlagen gehalten.

Formation [lat.] w: **1)** im Militärwesen die Gliederung einer Truppe nach besonderen Gesichtspunkten, z. B. Gefechtsformation; **2)** in der Geologie die Gesteinsschichtenfolge, die sich in einem größeren erdgeschichtlichen Zeitraum gebildet hat.

Formel [lat.] w, Darstellung gesetzmäßiger Zusammenhänge zwischen zwei oder mehreren Größen in einer Kurzform. Die einzelnen Zahlen u. Größen werden dabei durch Buchstaben vertreten, der Zusammenhang zwischen ihnen wird durch mathematische Symbole (Zeichen), wie =, <, > usw. dargestellt. Beispiel: Den Flächeninhalt (F) eines Quadrates erhält man, wenn man die Seitenlänge (a) mit sich selbst multipliziert. Die Formel hierzu lautet: $F = a^2$. Weitere Beispiele:
$$(a + b)^2 = a^2 + 2ab + b^2$$
(binomischer Lehrsatz),
$R = \frac{U}{I}$ (Ohmsches Gesetz).

Formosa ↑Taiwan.

forte [ital.], Abkürzung: f, bedeutet in der Musik: stark, laut.

fortissimo [ital.], Abkürzung: ff, bedeutet in der Musik: sehr stark, sehr laut.

Fort Knox [fo:rt noks] s, Militärlager in Kentucky, USA; hier lagern die amerikanischen Goldreserven.

Fortuna, römische Göttin des Schicksals u. des Glücks.

Forum [lat.] s: **1)** Mittelpunkt der römischen Städte, ein Platz mit Behördengebäuden, Zentrum des Geschäftslebens. Das *F. Romanum*, der von Tempeln u. öffentlichen Gebäuden umgebene Platz im alten Rom, war Mittelpunkt des politischen Lebens für das ganze Reich; **2)** Gericht, Gerichtshof; **3)** Öffentlichkeit; **4)** Personenkreis, der eine sachverständige Erörterung von Problemen garantiert.

Fosbury-Flop ↑Hochsprung.

Fossilien [lat.] s, Mz. (Einzahl Fossil), Tier- und Pflanzenreste, auch Lebensspuren, z. B. Fährten, Kriechspuren, aus erdgeschichtlicher Vergangenheit, die als Versteinerungen vorliegen. F., die für eine Schicht oder Schichtgruppe bezeichnend sind, nennt man *Leitfossilien*. Mit Hilfe der Leitfossilien kann man das Alter der Schichten bestimmen. – Abb. S. 189.

fotogen [gr.], zum Fotografieren geeignet. Personen, die auf Fotografien immer natürlich u. gut getroffen wirken, sind fotogen. Entsprechend sagt man bei Fernsehaufnahmen von Personen: *telegen*.

Fotografie ↑S. 178 ff.

Fotokopie [gr.; lat.] w, fotografisch hergestelltes Duplikat (Doppel) von Urkunden, Zeugnissen, Briefen, Buchseiten u. ä. Fotokopien werden zumeist durch direkten Kontakt des Originals mit lichtempfindlichem Papier ohne Verwendung eines Fotoapparates hergestellt.

Foucault, Léon [fuko], * Paris 18. September 1819, † ebd. 11. Februar 1868, französischer Physiker. Er bestimmte mit Hilfe einer Drehspiegelmethode die Lichtgeschwindigkeit im Wasser u. bestätigte die Wellentheorie des Lichts. F. untersuchte auch die Entstehung von elektrischen Wirbelströmen in Metallen. Berühmt wurde er durch einen Pendelversuch, mit dem er die Achsendrehung der Erde physikalisch nachwies (1850).

Foul [faul; engl.] s, Regelverstoß im Sport.

Fracht w: **1)** Ladung eines Schiffes, Lastkraftwagens oder eines sonstigen Verkehrsmittels; **2)** Entgelt für die Beförderung.

Frack m, ein meist schwarzer Abendanzug. Das Jackett hat hinten zwei lange Frackschöße („Schwalbenschwanz"). Zum F. gehören u. a. eine weiße Weste, ein Hemd mit gestärktem Brustteil u. eine weiße Querschleife. Als Berufskleidung von Kellnern wird der F. mit schwarzer Weste und schwarzer Querschleife getragen.

Fragesatz ↑Satz.

Fragezeichen ↑Zeichensetzung.

Fragment [lat.] s, Bruchstück. Überrest; unvollendetes (meist literarisches) Werk.

Fraktion [lat.] w, der Zusammenschluß gleichgesinnter Abgeordneter (auch verschiedener Parteien) in der Volksvertretung (Parlament). Die *Fraktionsdisziplin* legt den Mitgliedern der F. eine einheitliche Stimmabgabe nahe.

Fraktur [lat.] w: **1)** Knochenbruch; **2)** die gebrochene deutsche Schrift, die durch die ↑Antiqua verdrängt wurde.

Franc [fraŋ; frz.] m, in Zusammensetzungen Bezeichnung für Währungseinheiten; z. B. Französischer F. (Abkürzung: FF), Belgischer F. (Abkürzung: bfr). 1 Franc = 100 Centimes.

Franco Bahamonde, Francisco, * El Ferrol (heute El Ferrol del Caudillo) 4. Dezember 1892, † Madrid 20. November 1975, spanischer General u. Politiker. Hatte beim Militäraufstand im Juli 1936 eine Schlüsselposition inne, wurde im September 1936 zum Chef der sogenannten nationalspanischen Regierung bestimmt. Baute seine Position im Spanischen Bürgerkrieg, den er mit deutscher u. italienischer Hilfe gewann, aus. 1938 wurde er Staatschef u. errichtete, gestützt auf das Militär, die Einheitspartei der Falange u. den Interessenbund mit der katholischen Kirche, eine faschistische Diktatur (↑Faschismus).

Frank, Anne, eigentlich Annelies Marie F., * Frankfurt am Main 12. Juni 1929, † Konzentrationslager Bergen-Belsen im März 1945. Die jüdische Familie F. wanderte nach der Machtergreifung durch die Nationalsozialisten 1933 u. der beginnenden Judenverfolgung aus u. ließ sich in Amsterdam nieder. Nach dem deutschen Überfall auf die Niederlande versteckte sie sich, wurde aber 1944 verraten u. in das Konzentrationslager Bergen-Belsen verschleppt, wo alle bis auf den Vater ermordet wurden. A. F. wurde bekannt durch ihr Tagebuch, das sie vom 12.

Henry Ford

Francisco Franco Bahamondo

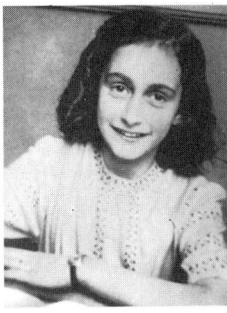
Anne Frank

Flaggen III

Fossilien. Seelilie, Blatt eines Samenfarns, Ammonit (von links)

6. 1942 bis zum 1. 8. 1944 führte und das als erschütterndes Zeitdokument das Schicksal einer Gruppe von Verfolgten schildert u. stellvertretend für die Leiden von Hunderttausenden steht. Das Tagebuch wurde nach dem Krieg veröffentlicht und in zahlreiche Sprachen übersetzt, bald auch dramatisiert und verfilmt.

Franken m, Mz., ein westgermanischer Stamm, der in der Geschichte erstmals im 3. Jh. erwähnt wird. Im 4. bis 6. Jh. drangen die F. nach Gallien, die Mosel u. den Main aufwärts vor; ↑auch Fränkisches Reich.

Franken, ehemaliges deutsches Territorium, zu dem das Gebiet an Main, Mittelrhein u. Neckar gehörte. Es zerfiel bald in West- oder Rheinfranken u. Ost- oder Mainfranken u. wurde 939 gänzlich aufgelöst. Der Name F. wird heute nur noch für den östlichen Teil verwendet.

Franken m, schweizerische Bezeichnung für den *Schweizer F.* (Abkürzung: sfr). 1 sfr = 100 Rappen.

Frankfurt, Bezirk in der DDR, mit 694 000 E. Hauptstadt Frankfurt/Oder. Der Bezirk ist Teil des ehemaligen Landes Brandenburg. In dem flachen bis hügeligen Gebiet werden Getreide, Kartoffeln, Zuckerrüben, im Oderbruch v. a. Gemüse angebaut. Bedeutung haben Erdölverarbeitung in Schwedt/Oder u. Eisenverhüttung in Eisenhüttenstadt.

Frankfurt am Main, hessische Stadt in der Untermain-Ebene, mit 635 000 E. Als ein Knotenpunkt des mitteleuropäischen Eisenbahn- u. Luftverkehrs (Rhein-Main-Flughafen) sowie durch Anschluß an Wasserwege u. Autobahnen hat F. am M. eine sehr günstige Verkehrslage. Wirtschaftlich ist es eine der wichtigsten deutschen Städte mit vielseitiger Industrie u. bedeutenden Messen. Als Bank- u. Börsenplatz nimmt es die erste Stelle in der Bundesrepublik Deutschland ein (u. a. Sitz der Deutschen Bundesbank).

Zu den Bildungseinrichtungen gehören die Universität, 3 Hochschulen, eine Fachhochschule sowie das Naturmuseum u. Forschungsinstitut Senckenberg (größtes deutsches Forschungsmuseum) u. mehrere Kunstmuseen. Als Geburtsstadt Goethes beherbergt F. das Goethehaus mit dem Goethemuseum. – Die Geschichte Frankfurts geht bis in die Römerzeit zurück. Seit dem 13. Jh. gewann F. ständig wachsende Bedeutung als Handelsplatz. Seit 1356 war es Ort der deutschen Königswahl, von 1562 bis 1806 wurden hier die Kaiser gekrönt. 1848/49 war es Tagungsort der ↑Frankfurter Nationalversammlung.

Frankfurter Fürstentag m, Zusammenkunft der deutschen Fürsten u. Freien Städte 1863 in Frankfurt am Main. Auf diesem F. F. sollte eine Reform des ↑Deutschen Bundes ermöglicht werden. Die Reform scheiterte, weil der preußische König der Zusammenkunft fernblieb.

Frankfurter Nationalversammlung w, das Parlament, das am 18. Mai 1848 in der Frankfurter Paulskirche zusammentrat mit dem Ziel, einen deutschen Nationalstaat zu schaffen u. ihm eine Verfassung zu geben. – Der Versuch, Deutschland zu einigen, scheiterte u. a. an den unvereinbaren Interessen der beteiligten Personen und Mächte.

Frankfurt/Oder, Hauptstadt des Bezirks Frankfurt der DDR. Sie liegt am Mittellauf der Oder und hat 75 000 E. Die Stadtteile rechts der Oder gehören seit 1945 zu Polen. – F./O. war seit 1368 Hansestadt. 1506–1811 hatte die Stadt eine Universität. Noch heute ist F./O. ein wichtiger Platz im Ost-West-Verkehr.

frankieren [ital.], freimachen durch Postwertzeichen; maschinell frankiert man mit Frankiermaschinen.

Fränkische Alb w (Frankenalb, Fränkischer Jura), wasserarme Hochfläche mit Trockentälern u. Tropfsteinhöhlen. Die F. A. erstreckt sich, im Westen steil abfallend, im Osten mit fruchtbarem Vorland, zwischen oberem Main und Donau.

Fränkische Schweiz w, landschaftlich reizvolles Gebiet im Nordteil der Fränkischen Alb, beiderseits der Wiesent, mit bizarren Felsen.

Fränkisches Reich s, von dem fränkischen König ↑Chlodwig I. gegründetes Reich, das er nach seinem Sieg über die Römer (486; damit Vernichtung der letzten Reste der römischen Herrschaft) u. über die Alemannen (wohl 496) errichten konnte. Mit dem Sieg über die Westgoten (507) gelang Chlodwig der Erwerb von ganz Aquitanien (das Land zwischen Loire u. Garonne), so daß bei seinem Tode (511) das Fränkische Reich große Teile des heutigen Frankreich, das heutige Belgien u. einen Teil der heutigen Niederlande, Westdeutschland u. große Teile Süddeutschlands umfaßte. Auch die Herrschaftsteilung nach Chlodwigs Tod führte zu weiterer Ausdehnung: 531 wurde das Thüringerreich erobert, 534 Burgund vollends gewonnen (das heutige Südostfrankreich und die Schweiz), 537 die Provence. Nach kurzer Vereinigung des Reiches unter Chlothar I. (558–561) kam eine neue Teilung in drei Reichsteile: Austrien (Hauptstadt Reims), Neustrien (Hauptstadt Paris) u. Burgund (Hauptstadt Orléans). Kämpfe zwischen den Königen, zwischen Königen u. Adligen, zwischen Neustrien u. Austrien begünstigten den Aufstieg der karolingischen ↑Hausmeier. Nachdem der Merowingerkönig Childerich III. abgesetzt worden war, wurde der Karolinger Pippin König (751/52). Unter seinem Sohn ↑Karl dem Großen erreichte das Fränkische Reich seine größte Macht u. Ausdehnung (um 800). Nach Karls Tod (814) verfiel das Reich u. wurde schließlich geteilt (Verträge von Verdun, 843, Meerssen, 870, und Ribemont, 880).

Franklin, Benjamin [*frängklin*], * Boston 17. Januar 1706, † Philadelphia 17. April 1790, nordamerikanischer Politiker, Schriftsteller u. Physiker. F. stieg durch unermüdliches Selbststudium vom einfachen Handwerker in hohe Ämter auf. Als Politiker setzte er sich für die amerikanische Unabhängigkeit ein u. hatte großen Anteil an der Erarbeitung der demokratischen Verfassung der neu entstandenen USA (1787). F. trieb auch naturwissenschaftliche Studien, besonders zur Elektrizitätslehre. Er machte zahlreiche Erfindungen u. a. erfand er den Blitzableiter. Über seinen Werdegang berichtet F. in dem Buch: „Sein Leben von ihm selbst erzählt".

franko [ital.], frei. Im Geschäftsleben heißt f.: die Fracht- oder Portokosten werden vom Absender getragen.

Frankreich, Republik in Westeuropa, mit 53,1 Mill. E; 547 026 km². Die

Franz

Hauptstadt ist Paris. Bis auf geringe Minderheiten, z. B. Deutsche im Elsaß u. in Lothringen u. Italiener auf Korsika, besteht die *Bevölkerung* aus Franzosen, einem Mischvolk aus Kelten, Romanen u. Germanen mit vorwiegend römisch-katholischer Konfession. Bedingt durch seine Lage zwischen dem Atlantik (Golfstrom) u. dem Mittelmeer ist F. den ausgleichenden Meereswinden geöffnet u. hat so ein mildes *Klima*. Im Süden ist es mediterran, im Westen maritim-atlantisch u. im Osten mitteleuropäisch. *Geographisch* ist das Land durch weite Flußsysteme u. Bergländer deutlich in verschiedene Landschaften gegliedert: Im Nordosten u. Osten erstrecken sich die Ardennen u. Vogesen, an die sich westlich das Seine-Loire-Becken mit dem Pariser Becken anschließt, hier bildet das Bretonische Massiv die westliche Begrenzung. Südlich der Vogesen hat F. Anteil am Jura u. an den Westalpen mit dem ↑Montblanc. Westlich dieser Gebirge erstreckt sich das Saône- u. Rhonetal, auf das das ausgedehnte, 1 211 m hohe Zentralmassiv u. dann das Garonnebecken folgen. Im Süden verläuft über die Pyrenäen die Grenze zu Spanien. *Wirtschaftlich* sind Industrie und Landwirtschaft von gleicher Bedeutung. F. ist das wichtigste Weizenexportland Europas, daneben ist der Weinbau sehr ertragreich u. berühmt u. fast über das ganze Land verbreitet. Bedeutend ist auch der Anbau von Zuckerrüben. Die Viehzucht (Rinder, Schweine, Schafe) liefert hochwertige Fleisch- u. Milchprodukte (v. a. Käse). Die großen Industriezentren befinden sich hauptsächlich in den Abbaugebieten von Kohle u. Eisen, also u. a. um Lille, im Zentralmassiv u. in Lothringen. Unter den Industrien stand lange Zeit die Textilindustrie an führender Stelle. Weitere Hauptzweige der Industrie sind die Hüttenindustrie, der Automobil- u. Flugzeugbau sowie die chemische Industrie u. die für F. typische Konfektions-, Galanteriewaren- u. Parfümindustrie. Wichtige *Bodenschätze* sind außer Kohle und Eisen auch Bauxit, Erdgas, Kalisalz, Blei, Zink u. Uran. Der Energiegewinnung dienen auch mehrere Kernkraftwerke. Das *Verkehrsnetz* ist gut ausgebaut. Größter französischer Hafen ist Marseille. Mehrere bedeutende Häfen liegen am Kanal u. am Atlantischen Ozean. *Geschichte:* Um 600 v. Chr. gründeten Griechen die Kolonie Massilia (Marseille), etwa gleichzeitig drangen keltische Stämme nach Süd- und Westfrankreich ein. Zur Sicherung der Landverbindung von Italien nach Spanien errichteten 121 v. Chr. die Römer in Südfrankreich die römische Provinz *Gallia Narbonensis;* später wurde nach u. nach das Gebiet zwischen den Küsten, dem Rhein, den Alpen u. den Pyrenäen zur römischen Provinz. Seit 406 n. Chr. wurde das Land allmählich zum Einzugsgebiet der Germanen, u. um 500 entstand unter Chlodwig I. das ↑Fränkische Reich, das unter ↑Karl dem Großen seine größte Macht u. Ausdehnung hatte. Nach seinem Tod zerfiel das Reich in ein ost- u. ein westfränkisches Reich; die zuletzt im Vertrag von Ribemont (880) festgelegte Grenze blieb während des ganzen Mittelalters bestehen. Nach dem Tod des letzten französischen Karolingers ging die königliche Gewalt (seit 987) auf die ↑Kapetinger über, deren Hausmacht sich in der Île de France (Gebiet um Paris) konzentrierte. Der Hundertjährige Krieg mit England (1339–1453), das Anspruch auf den französischen Thron erhob, gefährdete die französische Monarchie. Der Krieg ging schließlich zugunsten Frankreichs aus, u. mit Ludwig XI. (1461–1483) wurde die absolute Monarchie begründet, die unter Ludwig XIII. (1610–1643) u. Ludwig XIV. (1643 bis 1715) ihren Höhepunkt erreichte. Durch die Staatskunst des Kardinals Richelieu wurde Frankreich im 17. Jh. zur europäischen Großmacht. Die Eroberungskriege Ludwigs XIV. gegen Spanien, die Niederlande u. Deutschland brachten F. zwar Gebietszuwachs, zerrütteten aber die Staatsfinanzen; im Siebenjährigen Krieg (1756–1763) gingen die nordamerikanischen Kolonien an England verloren. Die Mißwirtschaft unter Ludwig XV. und Ludwig XVI. führte 1789 zur ↑Französischen Revolution. Aus den Wirren der Revolution ging ↑Napoleon I. als der starke Mann hervor; er krönte sich 1804 zum Kaiser der Franzosen. Nach erfolgreichen Kriegen gegen Preußen, Spanien, Portugal u. Österreich, die bedeutende Gebietserweiterungen zur Folge hatten, wurde die Große Armee in Rußland vernichtet. Die daraufhin einsetzenden ↑Befreiungskriege führten 1814 u. endgültig 1815 zur Niederlage u. Verbannung Napoleons. Die wiedereingesetzten Bourbonen (Ludwig XVIII.) wurden in der Julirevolution 1830 endgültig vertrieben; der Herrschaft des „Bürgerkönigs" Louis Philippe machte die Februarrevolution 1848 ein Ende. Der Präsident der neuen Republik erklärte sich 1852 als Napoleon III. zum Kaiser der Franzosen. Der Deutsch-Französische Krieg 1870/71 führte zur Niederlage Frankreichs u. zum Sturz des Kaisers. Bis zum 1. Weltkrieg dehnte F. sein Kolonialreich in Afrika u. Südostasien aus. 1914–1918 1. Weltkrieg. 1923 besetzten französische Truppen das Ruhrgebiet. 1939–1945 2. Weltkrieg; nach dem Waffenstillstand 1940 übernahm Marschall Pétain in Vichy die Regierung des unbesetzten Südfrankreich. Britische u. amerikanische Truppen befreiten F. 1944. 1958 wurde de Gaulle Staatspräsident (bis 1969). Er lehnte eine Verschmelzung der westeuropäischen Staaten ab u. befürwortete ein Europa der Vaterländer unter Einschluß der osteuropäischen Staaten als Gegengewicht gegen die USA u. die UdSSR. Außerdem baute er eine Atomstreitmacht auf. Die sozialen Probleme, die de ↑Gaulle zugunsten der Außenpolitik vernachlässigte u. die zu den bürgerkriegsähnlichen Maiunruhen von 1968 führten, dauern bis heute an. – F. ist Mitglied der NATO, trat aber 1966 aus deren militärischen Organen aus; es ist Mitglied der EG u. Gründungsmitglied der UN.

Franz von Assisi, Heiliger, * Assisi 1181 oder 1182, † ebd. 3. Oktober 1226, Ordensstifter. Nach sorgloser Jugend wandte er sich einem Leben freiwilliger Armut zu. Er zog durch das Land, lehrte die Menschen Liebe zu allen Geschöpfen und gewann rasch viele Anhänger, aus denen die ↑Franziskaner hervorgingen. – Abb. S. 192.

Franz II., * Florenz 12. Februar 1768, † Wien 2. März 1835, römisch-deutscher Kaiser, als Franz I. ab 1804 Kaiser von Österreich. 1806 verzichtete er (unter Druck Frankreichs und wegen der Gründung des ↑Rheinbundes) auf die deutsche Kaiserwürde. Nach den ↑Befreiungskriegen berief er 1814 den Wiener Friedenskongreß ein. Seine Politik stand unter der Leitung von ↑Metternich u. war betont reformfeindlich (↑Restauration).

Franziskaner, Name der Bettelorden, die auf ↑Franz von Assisi zurückgehen. Die F. leben nach der Regel ihres Ordensstifters in strenger Armut u. widmen sich besonders der missionarischen Seelsorge u. dem Unterricht.

Franz Joseph I., * Schönbrunn (heute zu Wien) 18. August 1830, † ebd. 21. November 1916, Kaiser von Österreich und König von Ungarn. Die Revolution von 1848 führte zur Abdankung Kaiser Ferdinands I. zugunsten seines Neffen Franz Joseph, der zunächst die von Metternich geprägte absolutistische Regierungsform beibehielt. Mehrere Aufstände in Ungarn u. Italien sowie die nationale Bewegung der Tschechen u. nicht zuletzt die österreichische Niederlage im Deutschen Krieg von 1866 zwangen den Kaiser zur Umgestaltung seines Reiches (Begründung der Doppelmonarchie Österreich-Ungarn) u. zu Verfassungsreformen. Auf außenpolitischem Gebiet bemühte sich F. J. I. um eine Ausweitung und Festigung der österreichischen Stellung auf dem Balkan und eine engere Anlehnung an das Deutsche Reich. Die Regierungszeit des Kaisers ist vorwiegend durch die Gegensätze zwischen den Völkern in seinem Reich u. durch ihre Forderung nach Selbständigkeit geprägt. F. J. I. hatte die auseinanderstrebenden nationalen Kräfte noch zusammenhalten können, sein Tod beschleunigte den Zusammenbruch Österreich-Ungarns.

Französische Revolution w, die entscheidende Revolution der Neuzeit. Sie wurde hervorgerufen durch die in Frankreich herrschenden Mißstände, die Willkürherrschaft der Könige, die immer größer werdende Staatsverschuldung bei gleichzeitiger Zunahme der Steuerlast, die Hungersnot usw. Begünstigt wurde sie durch die Aktivität des Bürgertums, dessen politischer u. gesellschaftlicher Aufstieg durch die Wirtschaftsordnung des Feudalismus sehr erschwert wurde. Die breite Schicht des dritten Standes (der Bürger) schuf die geistigen Grundlagen (↑Aufklärung) für den Kampf gegen die bevorrechtigten Stände, den Adel u. die Geistlichkeit. Nachdem im Mai 1789 wegen der Finanznot der Regierung die Generalstände (Geistlichkeit, Adel, dritter Stand) einberufen worden waren u. sich im Juni der dritte Stand als Nationalversammlung erklärt hatte, erfolgte am 14. Juli der Sturm auf die ↑Bastille, das alte Staatsgefängnis. Das war der eigentliche Beginn der Revolution (der 14. Juli ist noch heute Nationalfeiertag). Die Nationalversammlung beschloß tiefgreifende Veränderungen; die Vorrechte von Adel u. Geistlichkeit wurden abgeschafft, ein feierliche Erklärung der Menschen- und Bürgerrechte (nach amerikanischem Vorbild) verabschiedet. Die Revolution nahm eine immer radikalere Richtung. Führende Männer waren Danton u. Marat. Es begannen Massenverhaftungen u. Massenmorde. Von der Nationalversammlung, die neue Volksvertretung, beschloß die Abschaffung des Königtums. In einem Prozeßverfahren wurde Ludwig XVI. verurteilt u. am 21. Januar 1793 hingerichtet (die Königin Marie Antoinette etwa ein halbes Jahr später). Um den Angriff der verbündeten europäischen Staaten abzuwehren, führte Frankreich die allgemeine militärische Dienstpflicht ein. Der Wohlfahrtsausschuß (das ausführende Organ des Nationalkonvents) mit Robespierre an der Spitze u. der Nationalkonvent übten eine Schreckensherrschaft aus. Tausende u. Abertausende wurden hingerichtet, zuletzt auch Robespierre u. seine Anhänger (1794). 1795 übernahm ein Direktorium von fünf Konventsmitgliedern die Regierung. In den Kämpfen Frankreichs gegen die europäischen Staaten stieg Napoleon empor, der innenpolitisch viele Forderungen der Französischen Revolution verwirklichte. Die allgemeine Losung: „Freiheit, Gleichheit, Brüderlichkeit" blieb eine immer wieder u. auch heute noch erhobene Forderung der Vorkämpfer für die ↑Menschenrechte.

Französisch-Guayana, französisches Überseedepartement an der Nordostküste von Südamerika. Die 62 000 E leben fast alle in der Küstenebene. Die Hauptstadt ist *Cayenne* (30 000 E). Über 90 % des Landes sind von tropischem Regenwald bedeckt. F.-G. hat kaum genutzte Bauxitlagerstätten. – Die frühere Sträflingskolonie wurde 1946 französisches Überseedepartement.

Fräser [frz.] m, ein zumeist walzenförmiges Werkzeug, das an seinem Umfang u. bisweilen auch an seiner Stirnseite zahlreiche scharfe Schneiden besitzt. In eine Fräsmaschine eingespannt, dreht es sich u. schabt dabei Späne von dem zu bearbeitenden Werkstück ab. Als F. bezeichnet man auch den Arbeiter, der die Fräsmaschine bedient.

Frater [lat.; = Bruder; Mz. Fratres] m, früher Selbstbezeichnung der Mönche. Seitdem man Priester- u. Laienmönche unterscheidet, ist F. die Bezeichnung für Laienmönche.

Frauenfeld, Hauptstadt des nordschweizerischen Kantons Thurgau, mit 19 000 E. Im 18. Jh. hielt die Schweizerische Eidgenossenschaft die Beratung der Orte in Frauenfeld ab.

Frauenschuh m, die prächtigste der in Deutschland vorkommenden Orchideen; mit gelber, schuhähnlicher Blütenlippe u. rotbraunen Blüten[hüll]blättern. Der F. wächst in Laubwäldern. Er ist sehr selten u. steht unter Naturschutz.

Fregatte ↑Kriegsschiffe.
Freiballon ↑Ballon.
Freiberg, älteste Bergstadt am Erzgebirge, im Bezirk Karl-Marx-Stadt, mit 51 000 E. Die Stadt ist Sitz einer Bergakademie u. hat ein Bergbaumuseum. Der spätgotische Dom hat ein berühmtes romanisches Portal, die „Goldene Pforte". Im Mittelalter war in F. der Silberbergbau, heute werden Blei, Schwefelkies und Zinkblende abgebaut. Neben der Hüttenindustrie gibt es u. a. Landmaschinenbau u. Papierindustrie.

Freibeuter m, früher Bezeichnung für einen Räuber, v. a. ↑Piraten, der überall auftauchte, wo er Beute machen konnte; heute Bezeichnung für jemanden, der auf Kosten anderer rücksichtslos Gewinne erzielt.

Freiburg: 1) (frz. Fribourg) Kanton in der Westschweiz, mit 182 000 E, die zum größten Teil französisch sprechen; **2)** (frz. Fribourg; auch Freiburg im Üechtland genannt) Hauptstadt von 1), mit 40 000 E, auf einer Flußinsel an der Saane gelegen. Im Stadtbild sind noch mittelalterliche Bauten erhalten (Wohnhäuser, Kirchen, Wehranlagen). F. ist eine Schulstadt (u. a. einzige katholische Universität der Schweiz).

Freiburg im Breisgau, Stadt am Westrand des Schwarzwaldes, in Baden-Württemberg, mit 175 000 E. Das Freiburger Münster, das spätgotische Kaufhaus u. schöne alte Bürgerhäuser sind bedeutende historische Bauwerke. F. hat eine Universität, 2 Hochschulen u. 2 Fachhochschulen. Wichtige Erwerbsquellen sind der Handel (besonders für Wein) u. der Fremdenverkehr. – F. wurde 1120 gegründet u. nahm im Mittelalter einen raschen Aufstieg durch Silbererzbergbau.

Freie Demokratische Partei ↑FDP.
Freie Deutsche Jugend ↑FDJ.
Freihafen m, Hafen, in den ausländische Waren eingeführt werden können, ohne daß Zoll dafür erhoben wird. Auch das Lagern, Umladen u. Verarbeiten der Güter auf dem Freihafengelände sowie die erneute Ausfuhr sind zollfrei. Gegen das Hinterland (Zollinland) ist der F. sorgfältig abgesperrt. Bekannte deutsche Freihäfen gibt es in Hamburg, Bremen u. Bremerhaven.

Freihandel m, Handelsverkehr mit anderen Staaten, der durch keinen Zoll u. keinerlei Beschränkungen der Ein- u. Ausfuhr behindert ist u. so wirtschaftliche Beziehungen zwischen verschiedenen Ländern ermöglicht, als gebe es keine Grenzen. Der Gedanke des Freihandels ging im 19. Jh. von Großbritannien aus. In abgwandelter Form gibt es heute Versuche, z. B. durch die EG u. die EFTA, ihn zu verwirklichen.

Freiheitskriege ↑Befreiungskriege.

Freikirche w, Bezeichnung für religiöse Gemeinschaften im Bereich der evangelischen Kirche, die sich von den Landeskirchen getrennt haben, weil sie entweder von deren Bekenntnis abweichen oder nach dem Vorbild der urchristlichen Gemeinden vom Staat unabhängig bleiben wollen.

Freilauf m, eine insbesondere beim Fahrrad verwendete Vorrichtung, mit der ein angetriebenes Rad immer dann von der Antriebsachse getrennt wird, wenn es sich so schneller dreht als unter dem Einfluß des Antriebs. Wenn man beispielsweise beim Fahrrad aufhört zu treten, dann kann das Hinterrad trotzdem frei weiterrollen, wird es doch im gleichen Augenblick von Antrieb getrennt. Der F. des Fahrrades befindet sich in der Nabe des Hinterrades. Er besteht im wesentlichen aus dem auf der Antriebsachse sitzenden Antriebsstern und den Antriebswalzen. Beim Vorwärtstreten werden die Antriebswalzen vom Antriebsstern an das Nabengehäuse gepreßt, dadurch wird das Rad angetrieben. Unterbricht man das Treten, so hört auch der Druck auf die Antriebswalzen auf, sie lösen sich von der Nabe, das Rad kann sich frei weiterdrehen. Meist ist der Fahrradfreilauf mit einer Rücktrittbremse verbunden, d. h., beim Rückwärtstreten wird das Rad abgebremst.

Freimaurer m, Mitglied einer Gemeinschaft, die sich ein Wirken im Sinn edler Menschlichkeit (geistige Freiheit, Duldsamkeit, Hilfsbereitschaft) zur Aufgabe gemacht hat. Der Bund der

freireligiös

Feimaurer wurde 1717 in England gegründet u. ist heute mit rund 6 Mill. Mitgliedern in der westlichen Welt (v. a. in den USA) verbreitet. Es gibt keine internationale Organisation, jedoch lose Zusammenschlüsse innerhalb einzelner Staaten. Die örtlichen Vereinigungen der F. heißen Logen. Die Arbeit in den Logen geschieht nach dem Vorbild der mittelalterlichen Bauhütten (Verwendung von Bräuchen u. Zunftzeichen, Verschwiegenheit; Gedanke des Bauens am Menschen).

freireligiös [dt.; lat.], Bezeichnung für eine im 19. Jh. entstandene religiöse Haltung. Die Freireligiösen lehnen den Glauben an einen persönlichen Gott ab, haben aber viel Brauchtum aus den Kirchen übernommen (z. B. Namens-, Jugend- u. Totenweihen; sonntägliche Feierstunde mit Ansprache eines Predigers). Die Grundlage ihres Glaubens bildet der ↑Pantheismus, der aus verschiedenen Quellen gespeist wird (z. B. Goethe, fernöstliche Philosophie u. ä.), aber auch der Theismus u. Atheismus. Der 1859 gegründete „Bund freireligiöser Gemeinden" wurde nach dem 2. Weltkrieg neu aufgebaut.

Freischütz *m*, nach der Volkssage ein Schütze, der mit 6 von 7 Kugeln, die mit Hilfe des Teufels gegossen sind, jedes Ziel trifft. Die 7. Kugel aber lenkt der Teufel nach seinem Willen. – Die Oper „Der F." von Carl Maria von Weber (1821) behandelt diese Sage.

Freischwimmen *s*, das Erwerben des ersten Schwimmzeugnisses. Dafür muß man 15 Minuten lang ununterbrochen schwimmen u. aus 1 m Höhe ins Wasser springen.

Freistil: 1) ↑Ringen; **2)** ↑Schwimmen.

Freistoß ↑Fußball.

Fremdenlegion [dt.; lat.] *w*, eine 1831 gegründete französische Truppe, die aus angeworbenen Soldaten aller Nationen besteht u. in den außereuropäischen Gebieten Frankreichs Kriegsdienste leistet. Die F. wurde nach 1945 v. a. in Algerien und Indochina eingesetzt, zuletzt (1978) in ↑Shaba.

Fremdwort *s*, ein aus einer fremden Sprache übernommenes Wort, das noch deutlich fremdsprachliche Merkmale, z. B. ungewöhnliche Aussprache, Schreibung, Flexion, Endung, Buchstabenverbindung, aufweist, also noch nicht voll der deutschen Sprache angeglichen ist (Team, Hifi, Sound, Beat, Engagement, Atlas/Atlanten). Im Gegensatz zum F. hat sich das *Lehnwort* dem Deutschen so angepaßt, daß die Herkunft des Wortes nicht mehr erkennbar ist, z. B. Fenster (aus lateinisch fenestra), Mauer (aus lateinisch murus). Die Fremdwörter im Deutschen stammen vorwiegend aus dem Lateinischen, Griechischen, Französischen u. Englischen. Auch heute werden Wörter aus fremden Sprachen übernommen.

Der heilige Franz von Assisi bei der Vogelpredigt (Glasfenster)

Friedrich I. Barbarossa (Goldschmiedearbeit zur Aufbewahrung einer Reliquie)

Frequenz [lat.] *w*, eine für Schwingungen jeder Art benutzte Größe, die angibt, wieviele Schwingungen pro Zeiteinheit erfolgen. Gemessen wird die F. in Hertz (Hz). 1 Hz = 1 Schwingung pro Sekunde. Weitere Einheiten:
1 Kilohertz (kHz) = 1 000 Hz,
1 Megahertz (MHz) = 1 000 000 Hz.

Freskomalerei [ital.; dt.] *w*, eine künstlerische Technik, bei der Wasserfarben noch frischer Putz bemalt wird; die Farbpigmente binden mit dem Kalk (des Putzes) zu einer dauerhaften Verbindung ab. Die F. wurde nach Anfängen in der Antike seit etwa 1300 besonders in Italien gepflegt. Dort befinden sich, u. a. im Vatikan, berühmte Fresken Michelangelos u. Raffaels.

Freskomalerei.
Deckenfresko von Michelangelo in der Sixtinischen Kapelle des Vatikans

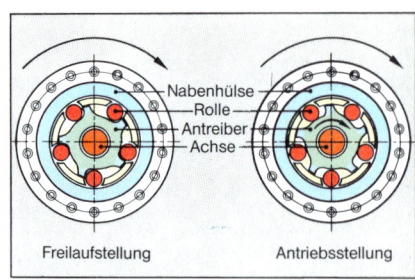

Freilauf beim Fahrrad

Frettchen ↑Iltis.

Freundschaftsinseln ↑Tongainseln.

Frevel *m*, veraltend für: aus Mißachtung, Auflehnung oder Übermut bewußt begangener Verstoß gegen die bestehende Ordnung.

Freyja (Freia, Freya), altnordische Göttin der Fruchtbarkeit u. Liebe. F. ist die Schwester ↑Freyrs. In manchen Sagen erscheint sie als Gattin Wodans (anstelle von Frigg). Sie trägt ein Federgewand; ↑auch germanischer Götterglaube.

Freyr (Freir, Frey, Fricco), als Gott des Lichts u. der Fruchtbarkeit war F. eine der meistverehrten nordgermanischen Göttergestalten. Man stellte sich ihn auf einem goldenen Eber reitend oder mit dem Wunderschiff Skidbladnir fahrend vor; ↑auch germanischer Götterglaube.

Freytag, Gustav, * Kreuzburg O. S. 13. Juli 1816, † Wiesbaden 30. April 1895, deutscher Schriftsteller des ↑Realismus. F. stellte v. a. das Leben u. Wirken des aufstrebenden Bürgertums um 1850 dar (z. B. in „Soll u. Haben", 1855). In dem sechsbändigen Geschichtsroman „Die Ahnen" (1873–1881) unternahm er den Versuch, das Schicksal eines Geschlechts von der Germanenzeit bis ins 19. Jh. zu schildern. Kulturgeschichtlich interessant sind seine „Bilder aus der deutschen Vergangenheit" (1859 ff.).

Friedensbewegung w, Bezeichnung für alle organisierten Bemühungen, Kriege zu verhindern. Im 20. Jh. bemühten sich v. a. der Völkerbund u. nach 1945 die UN um den Völkerfrieden; ↑auch Pazifismus.

Friedenskorps [dt.; frz.] s (Peace Corps [piß ko'; engl.]), von Präsident Kennedy in den USA 1961 begründete Organisation von Freiwilligen für den Einsatz in den Entwicklungsländern. Sie helfen beim landwirtschaftlichen und industriellen Aufbau; sie erhalten kein Gehalt dafür. In der Bundesrepublik Deutschland ist die entsprechende Organisation der *Deutsche Entwicklungsdienst* (1963 gegründet).

Friedenspflicht w, Pflicht der Vertragsparteien, für die Dauer des Tarifvertrags den Arbeitsfrieden zu wahren.

Friedrich II., * Iesi bei Ancona 26. Dezember 1194, † Fiorento bei Lucera 13. Dezember 1250, deutscher König und Kaiser. Als Sohn Kaiser Heinrichs VI. u. Enkel Friedrichs I. Barbarossa wurde er (schon mit vier Jahren war er König von Sizilien) von seinem Vormund, Papst Innozenz III., in den deutschen Thronwirren als Gegenkönig gegen den Welfen Otto IV. aufgestellt und 1212 zum König gewählt. 1220 gewann der ↑Staufer auch in Rom die Kaiserkrone. Von griechischen u. arabischen Lehrern erzogen, war F. II. hochgebildet. Er schuf in Sizilien einen modernen, straff organisierten Staat. Neben einer zentralen Behörde wirkten Beamte (für die damalige Zeit ganz ungewöhnlich). Seine Regierungszeit war die letzte große Zeit des mittelalterlichen Kaisertums.

Friedrich II., der Große, genannt der Alte Fritz, * Berlin 24. Januar 1712, † Sanssouci bei Potsdam 17. August 1786, preußischer König. Er wurde streng u. verständnislos von seinem auf Zucht und Ordnung bedachten Vater erzogen. 1730 unternahm er einen mißglückten Fluchtversuch. Dann lebte er auf Schloß Rheinsberg im Kreise von Gelehrten u. Künstlern. Mit seinem Regierungsantritt (1740) begann sein erfolgreicher Kampf gegen Kaiserin Maria Theresia um Schlesien, das er aus machtpolitischen Gründen rechtswidrig besetzte. F. II. führte drei Kriege, der dritte war der Siebenjährige Krieg

1756–1763. Seine militärischen u. politischen Erfolge begründeten die Großmachtstellung Preußens. Im Heer, im Rechts- u. im Erziehungswesen führte er Reformen durch. Er ließ Sumpfgelände für die Landwirtschaft trockenlegen u. förderte Künste u. Wissenschaften.

Friedrich I. Barbarossa, * Waiblingen (?) 1122, † im Salef (heute Göksu nehri) 10. Juni 1190, deutscher König und Kaiser. Sohn Herzog Friedrichs II. von Schwaben aus dem Geschlecht der ↑Staufer. Er wurde 1152 zum deutschen König gewählt u. 1155 in Rom von Papst Hadrian IV. zum Kaiser gekrönt. Sein Bemühen, die kaiserliche Macht in Italien wiederherzustellen, verwickelte ihn in schwere Kämpfe. Nach der 1176 bei Legnano erlittenen Niederlage schloß er Frieden mit dem Papst u. den lombardischen Städten. Als Führer des 3. Kreuzzuges ertrank er im Fluß Salef in Kleinasien. Nach der Sage schläft der Kaiser verzaubert im Kyffhäuser. – Abb. S. 192.

Friedrich Wilhelm, der Große Kurfürst, * Berlin 16. Februar 1620, † Potsdam 9. Mai 1688, Kurfürst von Brandenburg (seit 1640). Er gewann im Westfälischen Frieden 1648 u. a. Hinterpommern u. erhielt im Frieden von Oliva 1660 die Souveränität im Herzogtum Preußen. 1675 besiegte er bei Fehrbellin die Schweden, die in Brandenburg eingefallen waren. Kennzeichnend für die Politik des Großen Kurfürsten ist sein ausschließlich zweckbestimmtes Verhalten; einmal auf schwedischer, dann wieder auf polnischer Seite, auf seiten des Kaisers, dann auf seiten Frankreichs rang er um Vorteile für sein Land. Unter F. W. wurde Brandenburg im Sinne des Absolutismus umgestaltet.

Friedrich, Caspar David, * Greifswald 5. September 1774, † Dresden 7. Mai 1840, deutscher Maler der Romantik. Er malte stimmungsvolle Landschaften, u. a. „Kreuz im Gebirge", „Mönch am Meer", „Greifswalder Hafen", „Kreidefelsen auf Rügen" (Abb. S. 117).

Fries [frz.] m: 1) in der Baukunst ein gliedernder, schmückender Wandstreifen; 2) ein dicker Wollstoff, v. a. zum Abdichten von Fenstern u. Türen.

Friesen m, Mz., ein westgermanischer Stamm an der Nordseeküste (der heutigen deutschen u. niederländischen). Brauchtum u. Sprache werden z. T. noch gepflegt.

Friesische Inseln w, Mz., Inselkette entlang der Nordseeküste; dazu gehören die niederländischen *Westfriesischen Inseln* von Texel bis Rottumeroog, die deutschen *Ostfriesischen Inseln* von Borkum bis Wangerooge u. die deutschen u. dänischen *Nordfriesischen Inseln* von Nordstrand bis Fanø. Auf den Inseln finden sich bekannte Seebäder, u. a. Borkum, Norderney, Westerland.

Frigg, nord- u. westgermanische Göttin, Gemahlin Wodans u. Mutter Baldrs. Sie wurde verehrt als Beschützerin der Ehe u. des häuslichen Herdes; ↑auch germanischer Götterglaube.

Frisch, Max, * Zürich 15. Mai 1911, schweizerischer Erzähler u. Dramatiker. Bekannt sind seine Romane „Stiller" (1954), „Homo Faber" (1957) u. „Mein Name sei Gantenbein" (1964). Er verfaßte u. a. die Dramen „Herr Biedermann u. die Brandstifter" (Hörspiel 1956) u. „Andorra" (1962), auch Tagebücher (1946–49 u. 1966–71). Hauptthema seines Werks ist der moderne Mensch, der sich mit den verschiedensten politischen und gesellschaftlichen Anschauungen auseinandersetzt.

frivol [frz.], leichtfertig, frech.

Fröbel, Friedrich, * Oberweißbach/ Thür. Wald 21. April 1782, † Marienthal (heute zu Bad Liebenstein) 21. Juni 1852, deutscher Pädagoge. Er befaßte sich v. a. mit der Erziehung der Kinder im Vorschulalter u. begründete 1837 den ersten deutschen Kindergarten.

Frobisher (Forbisher), Sir Martin [fro"bisch^er], * Normanton (York) um 1535, † Plymouth 22. November 1594, englischer Seefahrer. Auf der Suche nach einer nordwestlichen Durchfahrt vom Atlantischen zum Pazifischen Ozean entdeckte er 1576 die nach ihm benannte *Frobisher-Bay* (an der Südostküste von Baffinland). Später begleitete er F. ↑Drake u. nahm an der Vernichtung der spanischen Flotte teil.

Frondienste m, Mz., Dienstleistungen, die abhängige Personen früher einem Herrn (althochdeutsch Fro) zu leisten hatten. Im Westen Deutschlands wurden F. meist im 14. Jh. durch Abgaben ersetzt, in der ostdeutschen Gutswirtschaft verschärften sie sich.

Fronleichnam [mittelhochdeutsch vrônlîchnam; = Leib des Herrn], katholisches Kirchenfest am 2. Donnerstag nach Pfingsten mit der feierlichen Verehrung der ↑Eucharistie.

Front [lat.-frz.] w: 1) vorderste Kampflinie einer kämpfenden Truppe; auch die Truppe selbst wird so genannt; 2) in der Wetterkunde: meist an Tiefdruckgebiete gebundene Luftzone, die die Grenze zu anderen Luftmassen bil-

Froschlurche

det, die wärmer oder kälter sind (entsprechend sagt man Kaltfront oder Warmfront). Durchziehende Fronten verursachen oft plötzliche Wetteränderungen.

Froschlurche m, Mz., weltweit verbreitete Ordnung der Lurche. Die Hinterbeine sind als Sprung- und Schwimmbeine ausgebildet. Das Maul ist weit, die Zunge muskulös u. klebrig. Die Haut enthält zahlreiche Schleim- u. Giftdrüsen. Viele F. verfügen über eine Stimme, deren Laute mit Hilfe von Schallblasen hervorgebracht werden. Die Eier (Laich) werden ins Wasser abgelegt. Aus den Eiern entwickeln sich Larven (Kaulquappen), die einen Ruderschwanz u. Kiemen, aber keine Gliedmaßen besitzen. Man unterscheidet u. a. Scheibenzüngler, Krötenfrösche, ↑Laubfrösche, Echte Frösche.

Froschmann m, ein freischwimmender Taucher, der mit Schwimmanzug, Schwimmflossen, Sauerstoffgerät u. a. ausgerüstet ist; v. a. für Noteinsätze.

Frostbeulen w, Mz., Beulen, die durch Einwirkung feuchter Kälte entstehen. Es sind geschwollene u. gerötete, später bläulich verfärbte Stellen der Haut, v. a. an Füßen u. Händen, Nase u. Ohren. Behandlung u. a. mit Wechselbädern u. Frostsalben.

Frostspanner m, Mz., verschiedene Schmetterlinge aus der Familie Spanner, die im Spätherbst oder Frühwinter während der Dämmerung umherfliegen. Zu den Frostspannern gehören verschiedene Schädlinge, z. B. Kleiner F., Großer F., deren Larven auf Obstbäumen leben.

Frucht w, aus der Blüte hervorgehendes pflanzliches Organ, das die Samen bis zur Reife birgt u. meist auch der Samenverbreitung dient. Die F. wird von den Fruchtblättern bzw. dem Stempel, oft unter Beteiligung weiterer Teile der Blüte u. des Blütenstandes (z. B. des Blütenbodens) gebildet.

frugal [lat.], mäßig, einfach (in bezug auf Speisen gebraucht: ein frugales Mahl); oft fälschlich im Sinne von „üppig" angewendet.

Frühgeburt ↑Geschlechtskunde.
Frühkapitalismus ↑Kapitalismus.
Frühling m, eine der vier Jahreszeiten, die Zeit vom 21. März bis zum 22. Juni (auf der nördlichen Halbkugel) beziehungsweise vom 23. September bis zum 22. Dezember (auf der südlichen Halbkugel). Der *Frühlingspunkt* (u. damit Frühlingsanfang) ist der Zeitpunkt, an dem die Sonne den Schnittpunkt ihrer Bahn mit dem Himmelsäquator erreicht (u. dem 21. März, im Schaltjahr um den 20. März; ↑auch Ekliptik).

Füchse m, Mz., Raubtiere aus der Raubtierfamilie der Hundeartigen. Der Kopf ist zugespitzt, der Schwanz buschig behaart. Ihre Augen besitzen im Gegensatz zu denjenigen der übrigen Hundeartigen eine längliche, senkrechte Pupille. F. besitzen eine Afterdrüse, die eine übelriechende Flüssigkeit ausscheidet. Ihr Geruchs- u. Gehörsinn ist gut. Hierher gehört der Rotfuchs mit vielen Unterarten, von denen der Blau-, Silber- u. Weißfuchs wertvolle Pelztiere sind. Weitere Arten: Polarfuchs, Graufuchs.

Fudschijama m, höchster Berg Japans, auf der Insel Hondo, 3 776 m. Der F. ist ein nicht tätiger Vulkan mit einem 600 m breiten Krater. Er ist der heilige Berg der Japaner.

Fuge [lat.] w: **1)** nach strengen Gesetzen aufgebautes Musikstück: Das gleiche Thema tritt in den verschiedenen Stimmen nacheinander auf und wird kunstvoll gegeneinandergesetzt (v. a. J. S. Bach); **2)** Zwischenraum zwischen gemauerten Steinen, Brettern usw.

Fugger, fürstliches u. gräfliches Geschlecht, seit 1367 in Augsburg. Die F. waren ursprünglich Webermeister. Im 15. Jh. wandten sie sich Geldgeschäften zu, trieben dann Handel mit überseeischen Waren (z. B. Gewürzen) u. betätigten sich im Silber- u. Kupferbergbau. Ihr Kontor war ein Finanzzentrum u. ein Mittelpunkt des Welthandels. Begründer der Hausmacht war *Jakob F., der Reiche*, * Augsburg 6. März 1459, † ebd. 30. Dezember 1525. Er finanzierte mit einem Darlehen die Wahl Karls I. zum Kaiser (Kaiser Karl V.). – ↑auch Welser.

Führerschein m, behördliche Erlaubnis (Fahrerlaubnis) zur Führung von Kraftfahrzeugen, die aufgrund ihrer Bauart mehr als 6 km in der Stunde fahren (Ausnahmen: Krankenfahrstühle bis 10 km/Stunde und Fahrräder mit Hilfsmotor [Mofa] bis 25 km/Stunde). In der Bundesrepublik Deutschland gibt es 5 Klassen. *Klasse 1:* Krafträder mit einem Hubraum von mehr als 50 cm^3; *Klasse 2:* Kraftfahrzeuge, deren zulässiges Gesamtgewicht mehr als 7,5 t beträgt u. Züge mit mehr als drei Achsen; *Klasse 3:* alle Kraftfahrzeuge, die nicht zu Klasse 1, 2, 4 oder 5 gehören, d. h. alle Personenkraftwagen; *Klasse 4:* Kraftfahrzeuge mit einem Hubraum von nicht mehr als 50 cm^3 beziehungsweise mit einer Höchstgeschwindigkeit von nicht mehr als 20 km pro Stunde. *Klasse 5:* Fahrräder mit Hilfsmotor, Kleinkrafträder mit einer Höchstgeschwindigkeit von nicht mehr als 40 km pro Stunde. Der *internationale F.* wird erteilt nach den Klassen A: Kraftfahrzeuge mit einem zulässigen Gesamtgewicht bis 3,5 t; B: Kraftfahrzeuge mit mehr als 3,5 t zulässigem Gesamtgewicht; C: Krafträder.

Führungszeugnis (früher: polizeiliches Führungszeugnis) s, Zeugnis über den Inhalt des ↑Bundeszentralregisters, in das u. a. strafgerichtliche Verurteilungen eingetragen werden.

Fulda: 1) w, der linke Quellfluß der Weser; die F. entspringt in der Rhön u. vereinigt sich bei Münden mit der Werra zu Weser; **2)** hessische Stadt an der F., mit 58 000 E. Der mittelalterliche Stadtkern hat einen z. T. noch erhaltenen Mauerring. Bemerkenswert sind u. a. die karolingische Michaelskirche u. der Dom, der in der Barockzeit an der Stelle der karolingischen Abteikirche errichtet wurde, sowie das barocke Schloß, die ehemalige Residenz der Fürstäbte. F. ist Sitz einer philosophisch-theologischen Hochschule u. einer Fachhochschule.

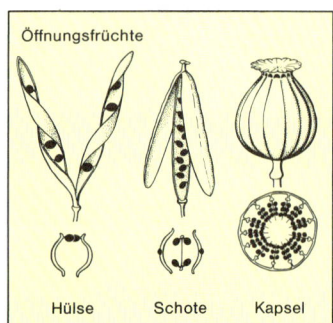 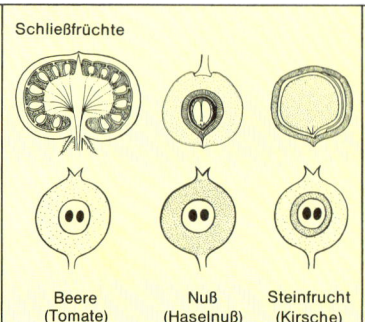 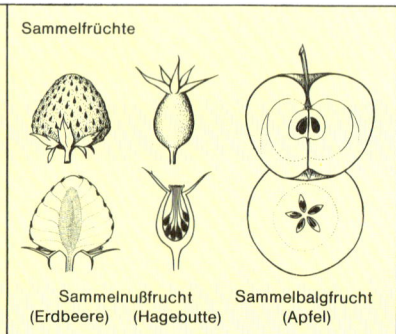

Frucht. Verschiedene Fruchtformen

FUSSBALL

Das Fußballspiel ist heute über die ganze Erde verbreitet. Keine andere Sportart begeistert so viele Zuschauer.
Spiele, bei denen ein Ball mit dem Fuß gestoßen und vorwärts getrieben wurde, gab es schon in sehr alter Zeit u. in allen Kontinenten, unter anderem auch bei den Eskimos. Hervorzuheben ist das Spiel „Tsu-chü", das seit dem 3. Jahrtausend v. Chr. in China oft erwähnt wird u. sich offensichtlich rasch im Volk verbreitete. Auch den Römern war ein dem Fußballspiel verwandtes Ballspiel bekannt. Die mittelalterlichen „Fußballspiele" kannten so gut wie keine Regeln. In der heute allgemein verbreiteten Form hat sich das Fußballspiel in England entwickelt, wo das Spiel seine ersten Regeln erhielt, die von der 1863 in London gegründeten Football-Association anerkannt wurden. Die Engländer wurden dann auch die Lehrmeister des Fußballspiels, u. von England aus hat das Spiel seinen Siegeszug durch alle Länder angetreten. Im Laufe der Zeit gab es zwar Regelveränderungen u. -verbesserungen, der Grundgedanke des Spiels hat sich bis heute nicht gewandelt.

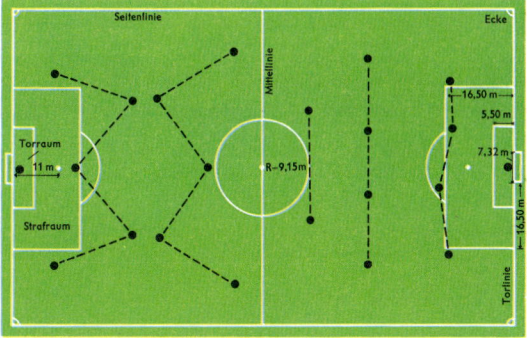

Fußball-Spielfeld mit Aufstellung der Mannschaften im WM-System (linke Hälfte) und im 2–4–4-System

Gespielt wird auf einem rechteckigen Spielfeld: Es soll zwischen 90 u. 120 m lang sein (bei internationalen Spielen zwischen 100 u. 110 m) u. eine Breite von 45 bis 90 m haben (bei internationalen Spielen zwischen 64 u. 75 m). Das Feld ist durch zwei Seitenlinien u. zwei Torlinien begrenzt. An den beiden Endpunkten der Torlinien sind Eckfahnen angebracht. Bei der Eckfahne befindet sich jeweils ein Viertelkreis mit einem Radius von einem Meter, aus dem heraus die Eckstöße ausgeführt werden. Die beiden Tore haben eine Breite von 7,32 u. eine Höhe von 2,44 m. Vor dem Tor befindet sich der Torraum mit einer Tiefe von 5,50 m u. je 5,50 m Abstand von den Torpfosten. Den Torraum, in dem der Torwart besonderen Schutz genießt, umgibt der Strafraum im Abstand von 16,50 m von den Pfosten u. einer Tiefe von ebenfalls 16,50 m. Im Strafraum befindet sich der sogenannte Elfmeterpunkt. Das ganze Spielfeld wird durch die Mittellinie in zwei Hälften geteilt, in denen die beiden Mannschaften vor Beginn des Spiels Aufstellung nehmen. Der Lederball hat einen Umfang von 68 bis 71 cm u. ein Gewicht zwischen 390 u. 453 Gramm.
Jede Mannschaft besteht aus elf Spielern. Dazu kommen noch zwei Auswechselspieler. Während die Mannschaftsaufstellung früher genau geregelt war u. jeder Spieler innerhalb der Mannschaft einen bestimmten Platz hatte, ist man im Laufe der Zeit von dieser etwas starren Haltung abgekommen. Die ursprüngliche Aufteilung der Mannschaft in Torwart, zwei Verteidiger, drei Läufer u. fünf Stürmer gibt es heute nur noch auf dem Papier, wenn man von der Aufgabe des Torwarts absieht. Es greifen vielmehr möglichst viele Spieler an, auf der anderen Seite versuchen ebensoviele, in der eigenen Abwehr Tore zu verhindern. Am beliebtesten ist heute das aus Südamerika stammende 2-4-4-System: zwei Angriffsspieler vorn, vier Mittelfeldspieler, vier Abwehrspieler vor dem Torwart. Von den Abwehrspielern stehen zwei gestaffelt (Vorstopper und Libero), während die beiden anderen die „Ballschlepper" zum Angriff sind. Die Aufstellung 4-3-3: vier Angriffs-, drei Mittelfeld-, drei Abwehrspieler ist oft bei leichteren Spielgegnern üblich.
Die international gültigen Regeln umfassen siebzehn Punkte, die den gesamten Spielablauf regeln, aber auch Bestimmun-

Kopfballszene aus dem Weltmeisterschaftsendspiel 1978 Argentinien–Niederlande in Buenos Aires, die den Ausgleich zum 1:1 für die Niederländer brachte

Zweikampfszene aus dem Weltmeisterschaftsendspiel 1974 Bundesrepublik Deutschland–Niederlande in München

Fußball (Forts.)

gen enthalten über die Spielfeldmaße, den Ball, die Ausrüstung der Spieler sowie das Amt des Schiedsrichters u. der Linienrichter, über Beginn u. Dauer des Spieles. Regelverstöße werden vom Schiedsrichter geahndet, u. zwar in der Art, daß am „Tatort" ein Freistoß gegen die Mannschaft des unsportlichen Spielers verhängt wird. Je nach Schwere des „Fouls" (Regelwidrigkeit) spricht man von einem direkten oder indirekten Freistoß. Ein Spieler darf ungehindert einen Schuß abgeben, der beim direkten Freistoß unmittelbar zum Torerfolg führen kann, während beim indirekten Freistoß der Ball von einem weiteren Spieler vorher noch berührt werden muß. Ein Freistoß ist unter anderem fällig, wenn ein Spieler absichtlich einen Gegner tritt oder ihn zu treten versucht, einem Gegner ein Bein stellt, ihn durch „Rempeln" zu Boden wirft, ihn schlägt oder zu schlagen versucht, sich auf den Gegenspieler aufstützt oder sein Schußbein gefährlich („gefährliches Spiel") hochreißt, den Ball mit der Hand oder mit dem Arm absichtlich berührt. Handspiel ist nur dem Torwart innerhalb des eigenen Strafraumes erlaubt. Verstößt ein Spieler der verteidigenden Mannschaft gegen diese Regeln im eigenen Strafraum, so muß der Schiedsrichter einen Strafstoß (auch als Elfmeter bezeichnet) verhängen. Dieser wird an der Elfmetermarke ausgeführt u. darf nur vom Torwart abgewehrt werden, der auf der Torlinie stehen muß u. seine Füße erst dann bewegen darf, wenn der Ball gespielt ist. Verstößt ein Spieler der verteidigenden Mannschaft in irgendeiner Weise während der Ausführung des Strafstoßes gegen die Regeln, so muß der Strafstoß wiederholt werden, wenn kein Tor erzielt worden ist. Verstößt dagegen ein Spieler der angreifenden Mannschaft gegen die Regeln, so ist der Strafstoß nicht zu wiederholen, wenn ein Tor erzielt worden ist. Verstößt der ausführende Spieler gegen die Regeln, dann wird der gegnerischen Mannschaft am Ort des Regelverstoßes ein indirekter Freistoß zugesprochen.

Ein Tor ist erzielt, wenn der Ball in seiner ganzen Größe die Torlinie zwischen den Pfosten unterhalb der Querlatte überschritten hat. Allerdings dürfen von der Mannschaft, die das Tor erzielt hat, keine Regelwidrigkeiten begangen worden sein. Eine sehr wichtige Rolle spielt dabei die sogenannte Abseitsregel (Regel Nr. 11). Ein Spieler der angreifenden Mannschaft ist „abseits", wenn er sich im Augenblick der Ballabgabe (nicht der Ballannahme!) näher am gegnerischen Tor befindet u. nicht mindestens zwei Gegner zwischen sich u. dem gegnerischen Tor hat. Die Abseitsregel ist jedoch aufgehoben, wenn der Spieler den Ball in der eigenen Hälfte annimmt, wenn der Ball zuletzt von einem gegnerischen Spieler berührt wurde oder wenn der Ball direkt von einem Torabstoß, einem Eckstoß, einem Einwurf oder einem Schiedsrichterball kam. Falls der Ball während des Spieles die Seitenlinien in einer vollen Umdrehung überschritten hat, gibt es einen Einwurf gegen die Mannschaft, deren Spieler den Ball über die Seitenlinie gestoßen hat. Der einwerfende Spieler muß außerhalb des Spielfeldes stehen u. den Ball mit beiden Händen über dem Kopf ins Spielfeld werfen. Ein Tor kann mit dem Einwurf nicht erzielt werden. Ein Eckstoß wird vom Schiedsrichter gegeben, wenn ein Spieler den Ball über die eigene Torauslinie spielt. Der Eckstoß wird von einem Spieler der gegnerischen Mannschaft aus dem Viertelkreis um die Eckfahne ausgeführt.

Die Einhaltung der Regeln wird vom Schiedsrichter überwacht, der dabei von zwei Linienrichtern unterstützt wird, die ihren Platz an den beiden Seitenlinien haben. Sie weisen den Schiedsrichter auf Regelverstöße hin. Die eigentliche Entscheidung trifft jedoch der Schiedsrichter. Diese Entscheidung, auch Tatsachenentscheidung genannt, ist unanfechtbar, selbst wenn der Schiedsrichter sich irrt.

Das Spiel, das normalerweise zweimal 45 Minuten dauert, beginnt im Mittelfeldkreis mit dem Anstoß derjenigen Mannschaft, die bei der vom Schiedsrichter vor dem Spielbeginn vorgenommenen Platzwahl unterlag. Der in der Mitte stehende Spieler gibt den Ball zu einem Spieler der eigenen Mannschaft. Wenn der Ball im „Spiel" ist, versuchen die Mitglieder der den Ball führenden Mannschaft, diesen, ohne daß ein Gegner eingreifen kann, in Richtung des gegnerischen Tores und ins Tor zu treiben. Die Spieler der anderen Mannschaft suchen dieses Vorhaben zu vereiteln u. den Ball nach geglückter Abwehr zum eigenen Sturm zu bringen, der seinerseits angreift u. ein Tor zu erzielen versucht. Ist ein Tor gefallen, so stößt die Mannschaft, die einen Treffer hinnehmen mußte, aus dem Mittelkreis heraus an. Sieger ist diejenige Partei, die die meisten Tore erzielt hat. Wenn beide Mannschaften nach Ablauf des Spieles kein Tor oder die gleiche Anzahl von Toren erzielt haben, gilt das Spiel als „unentschieden".

Das Fußballspiel ist ein Mannschaftsspiel. Gemeinschaftsgeist, Uneigennützigkeit u. Unterordnung auch des besten Einzelkönners kennzeichnen dieses Spiel.

Der Fußballsport ist gut organisiert. In der Bundesrepublik Deutschland ist der Deutsche Fußballbund (DFB) Dachorganisation aller bestehenden Fußballvereine. Die 18 besten sind in der Fußballbundesliga zusammengefaßt. Der Meister der Bundesliga ist deutscher Fußballmeister. Ab 1974/75 spielt eine 2. Liga in zwei Gruppen („Gruppe Süd" u. „Gruppe Nord") zu je 20 Vereinen.

Alle vier Jahre finden Fußballweltmeisterschaften statt. Sieger waren:

1930: Uruguay	1962: Brasilien
1934: Italien	1966: England
1938: Italien	1970: Brasilien
1950: Uruguay	1974: Bundesrepublik Deutschland
1954: Bundesrepublik Deutschland	1978: Argentinien
1958: Brasilien	

Auch bei den olympischen Spielen gibt es Fußballturniere. Sieger waren:

1902: England	1952: Ungarn
1908: England	1956: UdSSR
1920: Belgien	1960: Jugoslawien
1924: Uruguay	1964: Ungarn
1928: Uruguay	1968: Ungarn
1936: Italien	1972: Polen
1948: Schweden	1976: DDR

* * *

Fulton, Robert [fultᵉn], * Little Britain (heute Fulton, Pennsylvania) 14. November 1765, † New York 24. Februar 1815, amerikanischer Mechaniker. Nach Ablehnung seiner Erfindungen (Torpedo, Bau eines Unterseebootes) in England u. Frankreich führte er in den USA die Dampfschiffahrt als erster zu praktischem u. wirtschaftlichem Erfolg. Am 17. August 1807 fand die erste Fahrt mit der „Clermont" auf dem Hudson zwischen New York u. Albany statt. F. baute auch (1815) das erste dampfgetriebene amerikanische Kriegsschiff.

Fumarole [ital.] w, Ausströmung von Gas u. von heißem Wasserdampf (200–800 °C), der hauptsächlich dem Grundwasser entstammt, in vulkanischen Gebieten, nachdem die eigentliche vulkanische Tätigkeit nachgelassen oder ganz aufgehört hat.

Fundament [lat.] s, bei Bauwerken der Unterbau, der bis auf den tragfähigen Untergrund hinabgeführt werden muß.

Fünen, dänische Insel zwischen Großem u. Kleinem Belt, mit 446 000 E. Hochentwickelte Landwirtschaft. Hauptort ist ↑Odense.

Fünfkampf m, sportlicher Wettkampf nach altgriechischem Muster. Der *moderne* F. umfaßt Geländeritt, Degenfechten, Pistolenschießen, 300-m-Freistilschwimmen u. 4 000-m-Geländelauf, der *internationale* F. für Männer (auch leichtathletischer F. genannt) Weitsprung, Speerwurf, 200-m-Lauf, Diskuswurf u. 1 500-m-Lauf. Im *deutschen* F. messen sich die Sportler im 100-m-Lauf, im Weitsprung, Kugelstoßen, Hochsprung u. im 400-m-Lauf. Der *internationale* F. *für Frauen* wird im Kugelstoßen, Hochsprung, 200-m-Lauf, 100-m-Hürdenlauf u. im Weitsprung ausgetragen.

fünfte Kolonne w, im Spanischen Bürgerkrieg (1936–39) entstandene Bezeichnung für umstürzlerische Gruppen, die im Interesse einer fremden Macht (v. a. in Krisenzeiten) politische Ziele verfolgen.

Funktechnik [dt.; gr.] w, Teilgebiet der Nachrichtentechnik, das sich mit der drahtlosen Übermittlung von Signalen, Nachrichten u. Bildern befaßt. Als Träger dienen elektromagnetische ↑Wellen. Zur F. gehören u. a. Rundfunk-, Fernseh-, Funkmeß- u. Radartechnik.

Funktion [lat.] w: **1)** Tätigkeit, Wirksamkeit; Aufgabe; Amt, Dienststellung; **2)** Vorschrift, nach der jedem Element einer Menge (Urbildmenge) ein Element einer anderen Menge (Bildmenge) zugeordnet wird (man spricht auch von einer Abbildung); z. B. kann man jedem Schüler seine Bank zuordnen. – Handelt es sich, was meist der Fall ist, um Zahlenmengen, so wird durch eine F. (Zeichen *f*) jeder Zahl

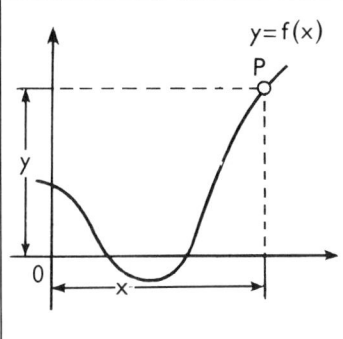

x aus der Urbildmenge eine Zahl *y* aus der Bildmenge zugeordnet. Man schreibt: *y = f(x)*. Die Urbildmenge stellt den Definitionsbereich der F. dar; ihre Elemente *x* heißen Argumente (unabhängige ↑Variable). Die Bildmenge stellt den Wertebereich oder Wertevorrat der F. dar; ihre Elemente *y* heißen *Funktionswerte* (abhängige Variable). Beispiel für eine F. ist die Vorschrift *y* = 3 *x*. Sie bedeutet: Jedem *x*∈R („x Element aus der Menge der reellen Zahlen") ist ein *y*∈R zugeordnet in der Art, daß *y* genau dreimal so groß ist wie *x*. - Die Wertepaare *P* = (*x*, *y(x)*) einer beliebigen F. *y = f(x)* lassen sich graphisch in einem rechtwinkligen kartesischen Koordinatensystem (↑Koordinaten) darstellen.

Funktionalstil m, Stil, der sich aus der Funktion der sprachlichen Mitteilung ergibt (z. B. Überredung, Bericht).

Funktionsverb (Streckformverb) s, Verb, das in einer festen Verbindung mit einem – meist von einem Verb abgeleiteten – Substantiv steht u. dabei seinen eigentlichen Inhalt weitgehend verloren hat, z. B. in Erwägung *ziehen*, zum Tragen *kommen*, Beachtung *finden*.

Furie [lat.], wütendes Weib (nach den Furae, römischen Rachegöttinnen).

Furka w (auch Furkapaß), schweizerischer Paß vom Rhonetal (Gletsch) ins Urserental (Andermatt). Über die 2 431 m hohe F. führt die *Furkastraße;* die *Furka-Oberalp-Bahn* unterfährt den Paß in einem 1 850 m langen Tunnel.

Furnier [frz.] s, dünne Blätter von edlem Holz (z. B. Kirschbaum), die auf geringerwertiges Holz, das sogenannte *Blindholz* (z. B. Kiefer), aufgeleimt werden. Furniere, in der Möbelindustrie verwendet, werden maschinell durch Sägen, Schälen oder Schneiden hergestellt; sie haben eine Stärke von 0,05 bis 10 mm. *Sperrholz* entsteht, wenn mindestens 3 Schichten Furniere so zusammengeleimt werden, daß die Faserrichtungen gegeneinander versetzt sind. Neuerdings gibt es auch *Kunststoff-furniere.*

Fürsorge w, Hilfsmaßnahmen für in Not geratene Menschen. Die öffentliche Wohlfahrtspflege wird seit 1962 als ↑Sozialhilfe bezeichnet.

Fürst [althochdeutsch furisto; der Vorderste, Erste] m, seit dem Mittelalter Bezeichnung für die höchste Schicht des hohen Adels, die durch ihre besondere Königsnähe an der Herrschaft über das Reich, bes. in seiner territorialen Gliederung, teilhatte, v. a. Herzöge u. Herzogsgleiche sowie Erzbischöfe, Bischöfe u. Äbte der Reichsabteien. Mit ihnen mußte sich die königliche Macht immer wieder in schweren Kämpfen auseinandersetzen. Aus dem Fürstenstand ging in Deutschland im 13./14. Jh. die Gruppe der *Kurfürsten* hervor, die den König zu wählen hatten.

Fürth, bayrische Stadt in Mittelfranken, am Zusammenfluß von Pegnitz u. Rednitz, mit 99 000 E. Die Stadt hat Elektronik- u. andere Industrie. 1835 verkehrte zwischen Nürnberg u. F. die erste deutsche Eisenbahn.

Furunkel [lat.] m, akute eitrige Entzündung eines Haarbalgs u. seiner Talgdrüse. Es entwickelt sich ein schmerzhafter Knoten, in dessen Mitte ein Eiterpfropf sitzt.

Fürwort ↑Pronomen.

Füsiliere [von frz. fusil; = Gewehr] m, Mz., ursprünglich die mit ↑Steinschloßgewehr bewaffneten Fußtruppen des französischen Königs Ludwig XIV., später die mit Gewehr bewaffnete leichte Infanterie.

Fuß m: **1)** der unterste Teil des Beins, der durch das Fußgelenk mit dem Unterschenkel verbunden ist. Er besteht z. B. beim Menschen aus 7 Fußwurzelknochen, 5 Mittelfußknochen u. 14 Zehenknochen, von denen nur die große Zehe 2, die übrigen Zehen je 3 Knochenglieder besitzen. Alle Knochen sind durch straffe Bänder miteinander verbunden; **2)** der letzte 1- bis 4gliedrige Abschnitt des Insektengliedmaßen; **3)** ein bauchseits gelegener Teil des Körpers der Weichtiere, der zur Fortbewegung dient (deshalb auch *Kriechsohle* genannt); **4)** englisches und amerikanisches Längenmaß (engl. foot): 0,3048 m; **5)** altes deutsches Längenmaß, je nach dem Land zwischen 0,25 u. 0,43 m; unterteilt in Zoll.

Fußball ↑S. 195f.

Füssen, bayrische Stadt am Lech, am Alpenrand, mit 10 000 E. Bemerkenswert sind die am Hang des Schloßbergs gelegene ehemalige Benediktinerabtei St. Mang mit ihrer Barockkirche u. das um 1500 erbaute Schloß. Von der Stadtmauer sind noch Wehrtürme u. Teile des Wehrgangs erhalten. Nahe F. liegen die Königsschlösser Neuschwanstein u. Hohenschwangau. Bedeutend für den Fremdenverkehr.

Fußnote [dt.; lat.] w, Anmerkung; Erläuterung oder Ergänzung eines Textes ganz unten auf der Buchseite (an deren „Fuß").

Futur[um] ↑Verb.

G

G: 1) 7. Buchstabe des Alphabets; **2)** 5. Stufe der C-Dur-Tonleiter.

g: 1) Abkürzung für: **G**ramm; **2)** Abkürzung für: **G**roschen (in Österreich).

Gabardine [frz.] *m*, dichter Stoff aus Kammgarnen mit Schrägrippung.

Gablonz an der Neiße (tschechisch Jablonec nad Nisou), Stadt in der Tschechoslowakei, mit 37 000 E. Wichtigster Betrieb ist ein Lastkraftwagenwerk. Bekannt war die Stadt früher durch ihre Glasschmuckindustrie. Nach 1945 wurden die von dort vertriebenen Deutschen in *Kaufbeuren-Neugablonz* angesiedelt.

Gabriel, einer der Erzengel; Überbringer göttlicher Botschaften.

Gabun, Republik an der Westküste Äquatorialafrikas, mit 530 000 E (Bantus u. Pygmäen); 267 667 km². Die Hauptstadt ist *Libreville* (85 000 E). Ausfuhrgüter sind Erdöl, Manganerz, Edelhölzer, auch Uranerz. In G. liegt das durch A. ↑ Schweitzers Urwaldkrankenhaus weltbekannt gewordene Lambaréné. – G. war französisches Kolonialgebiet ist seit 1960 unabhängig. Es ist Mitglied der UN u. der OAU u. der EWG assoziiert.

Gage [*gascheˀ*; frz.] *w*, Entgelt für einen Künstler (z. B. Schauspieler, Musiker, Artist).

Gala [span.] *w*, Festbekleidung; *Galavorstellung, Galaabend,* besonders festliche Veranstaltung.

galant [frz.], höflich, rücksichtsvoll, ritterlich.

Galapagosinseln [span.; = Schildkröteninseln] *w, Mz.,* Inselgruppe im Pazifischen Ozean unter dem Äquator, 13 größere u. viele kleinere Inseln (nur 4 sind bewohnt), mit 4 100 E. Durch die isolierte Lage der Inseln (900 km vom Festland entfernt) überlebten dort sonst schon ausgestorbene Tierarten u. bildeten sich in der Abgeschlossenheit viele spezifische Rassen heraus. Es gibt dort große Leguane (Echsen), seltene Vogelarten u. Riesenschildkröten, die der Insel den Namen gaben. Seit 1885 gehören die G. zu Ecuador.

Galatea, in der griechischen Göttersage eine der Meeresnymphen (Nereiden), die oft in der Malerei der Antike, der Renaissance und des Barocks dargestellt wurde.

Galater *m, Mz.,* keltisches Volk, das im 3. Jh. v. Chr. aus Mitteleuropa nach Kleinasien (*Galatien*) wanderte. Der **Galaterbrief** des Apostels Paulus war an die christlichen Gemeinden Galatiens gerichtet.

Galeere [ital.] *w,* wenig seetüchtiges Ruderschiff, erstmals um 1000 gebaut.

Galileo Galilei

Luigi Galvani

Mahatma Gandhi

Als Kriegsschiff vom 14. bis ins 18. Jh. verwendet. Die G. hatte meist zwei Masten mit Lateinsegeln. Die Besatzung betrug bis zu 500 Mann. Seit dem 16. Jh. war die G. mit Geschützen bestückt.

Galeone ↑ Kriegsschiffe.

Galerie [ital.] *w*: **1)** langgestreckter Raum, an einer Seite mit Fenstern, Arkaden o. ä., z. B. in Klöstern u. Schlössern; **2)** Kunstsammlung (früher in 1) ausgestellt); auch die Ausstellungsräume einer Kunstsammlung oder Kunsthandlung; **3)** oberster Rang für Zuschauer (im Theater).

Galeriewald [ital.; dt.] *m*, schmaler Waldstreifen, der einem Flußlauf folgt.

Galiläa, Landschaft in Nordisrael, zwischen Libanon u. Karmel. Das heute zum größten Teil zum Staat Israel gehörende Gebiet war Heimat u. Wirkungsstätte von Jesus von Nazareth.

Galilei, Galileo, * Pisa 15. Februar 1564, † Arcetri bei Florenz 8. Januar 1642, italienischer Mathematiker, Physiker u. Astronom. Durch die Einführung des Experiments (z. B. Versuche zum freien Fall am schiefen Turm von Pisa) wurde er zum Begründer der modernen Physik. G. bestätigte die Erkenntnisse des Kopernikus: Die Erde dreht sich um die Sonne, nicht die Sonne um die Erde, wie man damals allgemein glaubte. Auf Grund dieser Lehre wurde G. 1633 von der Inquisition zum Widerruf seiner Erkenntnisse gezwungen, weil die Kirche in ihnen einen Widerspruch zur Bibel zu sehen meinte. Neben den Fallgesetzen entdeckte G. die Pendelgesetze u. das Trägheitsgesetz. Er konstruierte eine Wasserwaage u. das nach ihm benannte Fernrohr, mit dem er die Jupitermonde u. die Sonnenflecken entdeckte.

Galion [gr.] *s*, Vorbau am Bug älterer Schiffe. Die **Galionsfigur** ist eine aus Holz geschnitzte, meist bunt bemalte Verzierung am Galion.

Gälisch *s*, keltische Sprache, die neben dem Englischen heute noch im schottischen Hochland, auf den Hebriden u. anderen schottischen Inseln, in Irland u. auf der Insel Man gesprochen wird. In Irland (Éire) ist G. neben Englisch Amtssprache.

Galizien, Landschaft nördlich der Karpaten, zwischen Weichsel, Lubliner und Wolynisch-Podolischer Platte. Neben ertragreichem Weizen- u. Zuckerrübenanbau finden sich besonders im westlichen Teil bedeutende Ergas-, Erdöl- u. Kalisalzvorkommen. Seit dem Mittelalter war G. ein Teil Polens, 1772 wurde es österreichisch, 1919 kam es wieder zu Polen. Seit 1939 gehört Ostgalizien zur UdSSR (Hauptort Lemberg), Westgalizien (Hauptort Krakau) verblieb bei Polen.

Galläpfel *m, Mz.,* G. nennt man die mehr oder weniger kugelförmigen Wucherungen (Gallen) an Blättern, Knospen u. jungen Trieben von Eichen. Sie werden durch die Larven von Gallwespen hervorgerufen. Sie enthalten Tannin, einen Rohstoff für die Gerberei u. Färberei. Die Tintenherstellung aus Galläpfeln war den Ägyptern schon vor 2 500 Jahren bekannt.

Galeere (um 1670)

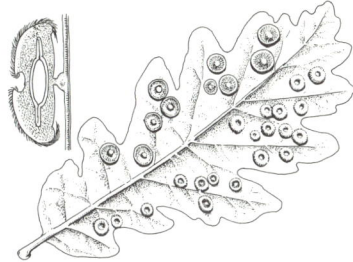

Galläpfel. Gallen auf einem Eichenblatt

Galle [lat.] *w:* **1)** eine gelbliche Flüssigkeit, die in der Leber gebildet u. in den Zwölffingerdarm oder die ↑Gallenblase abgegeben wird. Die G. bewirkt, daß die mit der Nahrung aufgenommenen Fette von den Verdauungssäften des Darmes abgebaut werden können. Wird die G. am Abfließen gehindert, tritt sie ins Blut über u. führt zu Gelbsucht. Die *Gallenfarbstoffe* entstehen aus dem Blutfarbstoff Hämoglobin; **2)** ↑Galläpfel.

Gallenblase [lat.; dt.] *w*, birnenförmiges Hohlorgan am unteren Leberrand. In der G. wird die ↑Galle 1) eingedickt u. gespeichert. Mitunter bilden sich in der G. *Gallensteine*, die in Form u. Zusammensetzung unterschiedlich sein können. Mit der sehr schmerzhaften *Gallensteinkolik* ist oft eine Gallenblasenentzündung verbunden. Bei Gallensteinen wird die G. oft durch eine Operation entfernt.

Gallerte [lat.] *w*, flüssiges Stoffgemisch, das beim Abkühlen zu einer halbfesten, schwabbeligen Masse erstarrt u. im Haushalt zur Herstellung von Pudding, Götterspeise, Gelee, Sülze usw. verwendet wird. Grundstoff ist sehr oft Gelatine.

Gallien (lat. Gallia), von den keltischen Galliern besiedeltes Gebiet südlich u. nordwestlich der Alpen. *Gallia cisalpina*, „Gallien diesseits der Alpen" (von Rom aus gesehen), das heutige Norditalien, wurde 222–191 v. Chr. von Rom unterworfen; *Gallia transalpina* „Gallien jenseits der Alpen", hauptsächlich das heutige Frankreich u. Belgien, wurde 58–51 v. Chr. von Cäsar endgültig erobert. In der Zeit der Völkerwanderung drangen germanische Stämme in G. ein u. verschmolzen mit der galloromanischen Bevölkerung. Im 5. Jh. ging G. nach u. nach im Fränkischen Reich auf.

Gallium [lat.] *s*, aluminiumähnliches Metall; chemisches Symbol Ga; Ordnungszahl 31. Weißglänzendes, dehnbares Metall, das bereits bei etwa 30°C schmilzt. Chemisch reagiert G. ähnlich wie ↑Aluminium, mit dem Unterschied, daß es in seinen Verbindungen nicht nur dreiwertig, sondern in seltenen Fällen ein- oder zweiwertig auftreten kann. Da die Gewinnung von reinem G. sehr schwierig ist, ist G. teurer als Gold. Wegen seines hohen Siedepunkts (über 2000°C) wird G. anstelle von Quecksilber für Hochtemperaturthermometer verwendet, mit denen man Temperaturen bis zu 1 200°C messen kann. Auch in anderen Fällen verwendet man das ungiftige G. anstelle des giftigen Quecksilbers, z. B. als Lampenfüllungen. Die wichtigste *Galliumverbindung* ist heute *Galliumarsenid* (GaAs), das als ↑Halbleiter verwendet wird.

Gallone *w* (engl. gallon), englischamerikanisches Hohlmaß. Es entspricht in Großbritannien 4,55 l, in den USA 3,785 l.

Galopp *m:* **1)** schnellste Gangart des Pferdes, bei der jeweils Vorder- bzw. Hinterhufe gleichzeitig hochgeworfen werden; **2)** um 1825 aufgekommener Rundtanz im $^2/_4$-Takt, der Polka verwandt.

Galsworthy, John [*gålsʷördhi*], * Coombe (heute zu London) 14. August 1867, † London 31. Januar 1933, englischer Schriftsteller. Seine Romane (am bekanntesten „Die Forsyte Saga", 1906–21, deutsch 1925) u. Dramen schildern realistisch u. kritisch die englische Gesellschaft um die Jahrhundertwende; 1932 erhielt G. den Nobelpreis.

Galvani, Luigi, * Bologna 9. September 1737, † ebd. 4. Dezember 1798, italienischer Arzt u. Naturforscher; entdeckte bei Versuchen mit Froschschenkeln die „galvanische" Elektrizität (↑galvanisches Element).

galvanisches Element (elektrochemisches Element) *s*, nach L. ↑Galvani benannte elektrische Stromquelle, bei der die Spannung durch chemische Vorgänge erzeugt wird. Ein g. E. ist z. B. der ↑Akkumulator u. die Taschenlampenbatterie.

galvanisieren [nach L. ↑Galvani], einen Gegenstand mit einer dünnen Metallschicht auf elektrischem Wege überziehen. Will man beispielsweise ein Stück Eisenblech mit einem Kupfer-

Paul Gauguin, Contes barbares

Ganges. Hindus beim rituellen Bad

Gama

überzug versehen (verkupfern), so hängt man es zusammen mit einer Kupferplatte in eine Lösung von Kupfersulfat ($CuSO_4$). In dieser Lösung ist das Kupfersulfat in Ionen gespalten, u. zwar in positiv geladene Kupferionen (Cu^{++}) u. negativ geladene SO_4-Ionen (SO_4^{--}). Bringt man nun an die Kupferplatte den Pluspol, u. an das Blech den Minuspol einer Gleichspannungsquelle, so wandern die Kupferionen zum Eisenblech, setzen sich dort fest u. bilden mit der Zeit einen festen, festsitzenden Kupferüberzug. Die SO_4-Ionen wandern zur Kupferplatte u. holen von dort gerade so viel Kupfer in die Lösung, daß ihr Gehalt an Kupferionen konstant bleibt. Auf entsprechende Art können Gegenstände auch vernickelt, verchromt, verzinkt, verzinnt, versilbert oder vergoldet werden. Nichtleitende Gegenstände überzieht man vor dem Galvanisieren mit einer elektrisch leitenden Schicht (z. B. Graphit).

Gama, Vasco da, Graf von Vidigueira, * Sines um 1469, † Cochin (Indien) 24. Dezember 1524, portugiesischer Seefahrer. Er entdeckte 1497/98 im Auftrag des portugiesischen Königs den Seeweg um Afrika nach Indien, gründete dort u. in Afrika Kolonien u. wurde 1524 Vizekönig von Indien.

Gambe [ital. Viola da Gamba; = Kniegeige] w, sechssaitiges altes Streichinstrument, das zwischen den Knien gehalten wurde. Die G. ist Vorläuferin des Cellos u. wurde durch dieses im 18. Jh. verdrängt.

Gambia: 1) Fluß in Westafrika, etwa 1 100 km lang; **2)** Staat an der Westküste Afrikas, am Unterlauf von 1), mit 11 295 km² halb so groß wie Hessen, mit 550 000 E. Die Hauptstadt ist *Banjul* (39 000 E). In G. herrscht feuchtheißes Klima. Ausfuhrgüter sind Erdnüsse u. Erdnußprodukte. – Seit 1843 war G. britische Kolonie, 1965 wurde es unabhängig. G. ist Mitglied des Commonwealth, der UN u. der OAU u. der EWG assoziiert.

Gammastrahlen [gr.; dt.] m, Mz., kurzwellige, energiereiche elektromagnetische Strahlen mit einer Wellenlänge zwischen 10^{-9} cm u. 10^{-12} cm. G. entstehen bei Atomkernumwandlungen (↑Radioaktivität). Sie sind noch durchdringender als ↑Röntgenstrahlen.

Gammler m, Herumtreiber, Nichtstuer; insbesondere Bezeichnung für Jugendliche, die sich aus Protest gegen die „etablierte" industrielle Arbeits- u. Leistungsgesellschaft von dieser zurückziehen u. dies auch durch ihr Äußeres (lange Haare, ungepflegte Kleidung) zeigen. Sie ziehen von Ort zu Ort, nächtigen im Freien oder in unbewohnten Häusern, Schuppen o. ä. Arbeiten tun sie nur im Fall der Not. Diese Lebensform wählten junge, meist in Gruppen umherziehende Jugendliche in großer Zahl in den 60er Jahren. Meist gliederten sie sich nach einigen Gammlerjahren wieder in die Gesellschaft ein.

Gams w, landschaftlich u. von den Jägern gebrauchte Bezeichnung für ↑Gemse.

Gamsbart m, Rückenhaare der Gemse, zu einem Büschel zusammengefaßt, auf dem Hut getragen.

Gandhi: 1) Indira, * Allahabad 19. November 1917, indische Politikerin; Tochter Nehrus. 1938 Abgeordnete. 1966–77 Ministerpräsidentin der Republik Indien; **2)** Mohandas Karamchand, genannt „Mahatma" (= große Seele), * Porbandar (Gujarat) 2. Oktober 1869, † (ermordet) Delhi 30. Januar 1948, Führer der indischen Freiheitsbewegung gegen die Engländer. G. organisierte den gewaltlosen Widerstand u. rief zum ↑Boykott der englischen Einrichtungen u. Behörden auf. Nach der Erlangung der Unabhängigkeit Indiens (1947) suchte er die Gegensätze zwischen Moslems u. Hindus zu schlichten; er wurde von einem fanatischen Hindu erschossen. – Abb. S. 198.

Ganges m, Strom in Indien u. Bangladesch, 2700 km lang, davon etwa die Hälfte schiffbar. Er entspringt im Himalaja, durchfließt die *Gangesebene* nach Südosten u. bildet mit dem Brahmaputra ein gewaltiges Mündungsdelta zum Golf von Bengalen. Der G. ist der heilige Strom der Hindus, das Ziel vieler gläubiger Pilger. – Abb. S. 199.

Ganglienzelle [gr.; dt.] w, Nervenzelle im Zentralnervensystem, in den Nervenknoten u. in Sinnesorganen. Die G. besitzt einen großen Kern u. sendet einen oder mehrere Fortsätze (*Dendriten*) aus, mit denen andere Ganglienzellen verbunden sind. Meist wird ein Hauptfortsatz (*Neurit*) zur reizleitenden Nervenfaser. Die G. dient der Aufnahme u. Verarbeitung von Reizen.

Gangster [gängßt{er}; engl.] m, Schwerverbrecher; einer organisierten Verbrecherbande (engl. gang) angehörender Verbrecher.

Gangway [gängweï; engl.] w, beweglicher Laufgang zum Besteigen eines Schiffes oder Flugzeugs.

Gänse w, Mz., kräftige Schwimmvögel in den gemäßigten u. kälteren Regionen Eurasiens u. Nordamerikas. Der Hals ist deutlich länger als bei Enten, der Schnabel ist keilförmig. Zwischen den Zehen haben die G. Schwimmhäute. Meist sind G. gute Flieger, sie fliegen mit gestrecktem Hals u. häufig in Keilformation. Die Stammform der Hausgans ist die Grau- oder Wildgans, ein Zugvogel, der im Herbst bis Nordafrika fliegt. – Abb. S. 202.

Gänseblümchen s (auch Maßliebchen) s, 5–15 cm hoher Korbblütler. Die Strahlenblüten sind weiß oder rötlich, die Scheibenblüten gelb. Die Blütenblätter bilden eine Rosette. Eine Zuchtform ist das *Tausendschön*.

Gänsehaut w, durch Zusammenziehen feiner Muskeln an den Haarbälgen entstehende, durch Frösteln oder seelische Empfindungen (Schreck, Gruseln) ausgelöste vorübergehende Veränderung der Hautoberfläche (erinnert an die Haut einer gerupften Gans).

Ganymed, in der griechischen Göttersage ein Jüngling (trojanischer Prinz), den Zeus wegen seiner Schönheit durch einen Adler entführen läßt u. zum Mundschenk der Götter macht.

Garantie [frz.] w, Gewähr, Gewährleistung, Sicherheit. Beim *Garantievertrag* verpflichtet sich der Verkäufer (*Garant*) einer Ware, z. B. eines Fernsehapparats, zum Schadenersatz, wenn dieser innerhalb einer bestimmten Zeit, der *Garantiezeit* oder *-frist*, die zugesicherten Eigenschaften nicht aufweist oder verliert bzw. ein versprochener Erfolg ausbleibt. – Völkerrechtlich ist G. die von einem Staat übernommene Verpflichtung, die Unabhängigkeit u. Unantastbarkeit, auch die Neutralität eines anderen Staates oder die Erfüllung bestimmter Verträge zu sichern.

Gardasee [ital. Lago di Garda] m, der größte u. östlichste der oberitalienischen Seen, am Alpenrand, 370 km², bis 346 m tief. Bei besonders mildem Klima herrscht hier eine üppige Vegetation, die, verbunden mit der landschaftlichen Schönheit, den See zu einem beliebten Reiseziel macht.

Garde [frz.] w, früher die Leibwache eines Fürsten oder Feldherrn, z. B. die Schweizergarde (heute noch als Ehrenwache des Papstes); auch Bezeichnung für eine Kern- oder Elitetruppe.

Garmisch-Partenkirchen, Ort in Oberbayern, am Fuß des Wettersteingebirges, 720–2 960 m ü. d. M. gelegen, mit 27 000 E. Der vielbesuchte Kur- u. Wintersportort ist Ausgangspunkt der höchsten Bahn Deutschlands, der Zugspitzbahn.

Garn s, gesponnener Faden, der auf der Spinnmaschine aus Fasern hergestellt oder aus Spinnflüssigkeiten (Chemiefäden) gewonnen wird. G. ist Ausgangsmaterial für die Herstellung von Textilgeweben.

Garnelen [niederl.] w, Mz., meist im Meer an flachen, sandigen Küsten lebende Zehnfußkrebse mit schlankem, oft glasig durchsichtigem Körper. Der lange Hinterleib trägt Schwimmfüße u. endet mit einem Schwanzfächer. Die beiden vordersten Beinpaare haben kleine Scheren. Die Fühler sind lang. – Bei uns bekannt sind die *Nordseegarnele* (oder Krabbe) und die *Ostseegarnele*, beide bis 7 cm lang. Gekocht u. von ihrem Chitinpanzer befreit, werden sie gern gegessen. Getrocknet werden sie als Viehfutter verwendet.

Garnison [frz.] w, ständiger Standort militärischer Streitkräfte; auch Bezeichnung für die dort stationierten Truppen.

Garnitur [frz.] w, als G. bezeichnet man die Ausstattung oder Dekoration einer Sache (z. B. einer Aufschnittplatte), aber auch etwas Zusammengehöriges (z. B. Polstergarnitur, Wäschegarnitur).

Garonne [...on] w, Hauptfluß im Südwesten Frankreichs, 647 km lang. Die G. entspringt in den Pyrenäen, fließt durch das *Garonnebecken* u. mündet in den Golf von Biskaya. Der 75 km lange Mündungstrichter der G. (unterhalb der Mündung der Dordogne in die G.) heißt *Gironde*.

Gartenanlage ↑Park.

Gartenerbse ↑Erbsen.

Gärung w, Abbau (Spaltung) organischer Verbindungen, v. a. von Kohlenhydraten. Während man früher glaubte, daß die G. durch Bakterien u. Pilze (z. B. Hefe) bewirkt wird, hat man nachweisen können, daß die in diesen Kleinstlebewesen vorhandenen ↑Enzyme für die G. verantwortlich sind. Formen der G. sind uns bekannt als Milchsäuregärung, als „Gehen" des Sauerbrotteiges in der Bäckerei u. vor allem als *alkoholische G.*, bei der der in den verschiedensten Früchten enthaltene Zucker bzw. die in anderen Pflanzen vorhandene Stärke über die Stufe des Zuckers zu ↑Alkohol gespalten (vergoren) wird. Ebenfalls von technischer Bedeutung ist die Essigsäuregärung. Bei der Vergärung von Eiweiß spricht man auch von Fäulnis. Charakteristisch für alle Arten der G. ist, daß das Endprodukt stets eine organische Verbindung ist (Alkohol, Essigsäure, die Fäulnisgifte Indol u. Skatol), während bei dem sich im Körper mit Hilfe der Atmung vollziehende Abbau organischer Verbindungen in der Hauptsache Kohlendioxid (CO_2) u. Wasser (H_2O), also rein anorganische Endprodukte bilden.

Gas [gr.] s: **1)** Bezeichnung für einen Körper in dem ↑Aggregatzustand, in dem er weder eine bestimmte Gestalt noch einen bestimmten Rauminhalt hat. Ein G. füllt jeden ihm zur Verfügung stehenden Raum ganz aus. Die meisten Stoffe lassen sich beim Erhitzen in den gasförmigen Zustand überführen (z. B. Wasser). Ebenso lassen sich alle Gase durch Abkühlen in den flüssigen u. festen Zustand versetzen (z. B. Luft). Drückt man ein Gas zusammen, erhöht man also seinen Druck, so verringert sich sein Volumen. Gleichzeitig steigt die Temperatur (eine Luftpumpe wird warm!). Verringert man den Druck auf ein G., so entspannt es sich, sein Rauminhalt nimmt zu, seine Temperatur nimmt ab. Erhöht man die Temperatur eines Gases, so versucht das G., sich auszudehnen. Kann es das nicht, so erhöht sich sein Druck. Diese Vorgänge werden beschrieben durch das allgemeine Gasgesetz. Es lautet:
$$p \cdot V = R \cdot T$$
(p = Druck des Gases, V = Volumen des Gases, T = Temperatur des Gases, R = universelle Gaskonstante); **2)** (Leuchtgas) ↑Stadtgas.

Gasometer [gr.] m, Gasbehälter, in dem das in ↑Gaswerk erzeugte ↑Stadtgas gespeichert wird.

Gastein w (Gasteiner Tal), 40 km langes, von der *Gasteiner Ache* durchflossenes dichtbesiedeltes Hochtal in den Hohen Tauern (Österreich); Hauptort Badgastein.

Gastronomie [gr.-frz.] w: **1)** Gaststättengewerbe; **2)** feine Kochkunst.

Gasvergiftung [gr.; dt.] w, Vergiftung durch Einatmen von giftigen Gasen u. Dämpfen. Die meisten Gasvergiftungen erfolgen durch Stadtgas (defekte Gasleitungen im Haushalt), durch Kohlenmonoxid (Auspuffgase von Autos, schadhafte Öfen) oder durch Sumpfgas (Futtersilos auf Bauernhöfen); ↑auch Erste Hilfe.

Gaswerk [gr.; dt.] s, Anlage zur Erzeugung von brennbaren Gasen (Stadtgas, Leuchtgas). Ausgangsstoff ist Steinkohle, die unter Luftabschluß auf etwa 1 000 bis 1 200 °C erhitzt wird. Als Rückstand bleibt Koks, der zu Heizzwecken verwendet werden kann. Das Rohgas wird gereinigt u. einem ↑Gasometer, von dort dem Verbraucher zugeführt. In zunehmendem Maße wird Öl als Ausgangsstoff für die Gaserzeugung benutzt. Die Verwendung von ↑Erdgas im Haushalt verdrängt allmählich die bestehenden Gaswerke.

GATT, Abkürzung für engl.: General Agreement on Tariffs and Trade; deutsch: Allgemeines Zoll- u. Handelsabkommen; 1947 zwischen 23 Staaten geschlossener Vertrag zur Vereinfachung u. Förderung des internationalen Handels; das GATT ist eine Sonderorganisation der UN. Heute sind 84 Staaten Vollmitglieder, die Bundesrepublik Deutschland seit 1951. Die im GATT zusammengeschlossenen Länder beherrschen mehr als 80 % des gesamten Welthandels. Der Vertrag enthält u. a. Bestimmungen über die Zusicherung der *Meistbegünstigung* (= die Zuerkennung von handelspolitischen Vorteilen, die einigen Handelspartnern gewährt werden, an weitere Handelspartner), die Herabsetzung von Zöllen u. die Beseitigung von mengenmäßigen Beschränkungen der Ein- u. Ausfuhr.

Gaucho [*gautscho*; indian.] m, berittener Viehhirt in den Pampas Argentiniens. Die Gauchos sind größtenteils Mestizen (↑Mischlinge). Sie sind berühmt wegen ihrer Reiterkunststücke u. der Geschicklichkeit, mit der sie die *Bola* (1–4 verbundene Riemen, mit Stein- oder Metallkugeln am Ende beschwert, die sich um die Beine des verfolgten Tieres schlingen u. es niederwerfen) u. das ↑Lasso handhaben.

Gauguin, Paul [*gogäng*], * Paris 7. Juni 1848, † Atuona (Marquesasinseln) 8. Mai 1903, französischer Maler. Einen Teil seines Lebens verbrachte G. auf Tahiti u. anderen Südseeinseln, deren Landschaft u. Menschen er in leuchtenden Farben malte. Er wurde ein Wegbereiter des Expressionismus. – Abb. S. 199.

Gaulle, Charles de [*gol*], * Lille 22. November 1890, † Colombey-les-deux-Églises 9. November 1970, französischer General u. Staatsmann. Nach der französischen Niederlage 1940 organisierte er von London aus die Fortsetzung des französischen Widerstandes. Er wurde nach der Befreiung Frankreichs von den deutschen Truppen Regierungs- u. Staatschef bis 1946. Nach dem Aufstand der Algerienfranzosen

1958 kam er erneut an die Macht. Als 1. Präsident der V. Republik beendete er die Kämpfe in Algerien, das unabhängig wurde. Seine Politik war auf die Wiederherstellung einer Großmachtposition Frankreichs gerichtet u. auf die Schaffung eines eigenständigen Europa unter Führung Frankreichs. Er propagierte ein „Europa der Vaterländer" u. wandte sich gegen eine Vormachtstellung der USA in Europa. Nach einer Volksbefragung 1969, in der sich die Franzosen gegen seine innenpolitischen Pläne entschieden, trat de Gaulle zurück.

Gauß, Carl Friedrich, * Braunschweig 30. April 1777, † Göttingen 23. Februar 1855, deutscher Mathematiker, Astronom u. Physiker. Seine Zahlentheorie (*Gaußsche Zahlenebene*) war bahnbrechend für die moderne Mathematik. Zusammen mit W. Weber konstruierte er die ersten elektrischen Telegrafen. Nach G. ist die Einheit der magnetischen ↑Induktion 2) benannt.

Gavotte [*gawot^e*; frz.] w, französischer Tanz im $^2/_2$-Takt.

Gay-Lussac, Joseph Louis [*gelüßak*], * Saint-Léonard-de-Noblat (Haute-Vienne) 6. Dezember 1778, † Paris 9. Mai 1850, französischer Physiker u. Chemiker. G.-L. stellte das Volumen-Temperatur-Gesetz der Gase auf: Er bewies die Abhängigkeit des Gasvolumens von der Temperatur.

Gaze [*gas^e*; frz.] w, netzartiges Gewebe.

Gazellen [arab.] w, Mz., zierliche Paarhufer mit langen, schlanken Beinen

Gebärmutter

u. geringeltem Gehörn. Sie sind Bewohner der Steppen, Wüsten u. Halbwüsten Afrikas u. Asiens.

Gebärmutter w, im Unterbauch liegendes weibliches Geschlechtsorgan bei Säugetieren u. Mensch. Die G. liegt zwischen Blase u. Mastdarm, sie ist ein muskulöses Hohlorgan, in das die Eileiter münden. Die G. dient der Aufnahme des befruchteten Eies, das sich in der G. entwickelt, bis die Frucht bei der Geburt ausgetrieben wird; ↑ auch Geschlechtskunde.

Gebirge s, Berge u. Hochflächen, die von Tälern u. Senken durchzogen werden, bilden ein Gebirge. Man unterscheidet nach der Entstehung *tektonische* u. *vulkanische*, nach der Höhe *Mittel-* u. *Hochgebirge*. Tektonische G. entstanden durch Auffaltung der Erdkruste (*Faltengebirge*, z. B. die Alpen), vulkanische G. durch Hervorbrechen flüssiger Gesteinsmassen (z. B. die Rhön). Die Mittelgebirge haben gerundete Gipfel u. gewölbte Rücken, die Hochgebirge dagegen steile Hänge, spitze Gipfel u. schmale Grate. *Rumpfgebirge* sind tektonische G., die durch Verwitterung u. Abtragung bereits weitgehend zerstört sind; *Kettengebirge* sind langgestreckte Faltengebirge.

Gebiß s, Gesamtheit der Zähne bei Wirbeltieren. Fische, Lurche u. Kriechtiere haben gleichartige, den Kiefern oberflächlich aufsitzende Zähne. Säugetiere haben zwei Zahngenerationen. Beim Menschen zählt das *Milchgebiß* 20, das bleibende G. 32 Zähne (oben u. unten je 4 Schneidezähne, 2 Eckzähne u. 10 Backenzähne, davon 4 sogenannte Vorbackenzähne; der letzte Zahn auf jeder Seite wird Weisheitszahn genannt, weil er oft erst nach dem 20. Lebensjahr durchbricht).

Geburt ↑ Geschlechtskunde.

Geburtenregelung w, Planung der Familiengröße u. der zeitlichen Aufeinanderfolge von Geburten durch Verwendung empfängnisverhütender Mittel (↑ Geschlechtskunde).

Gedächtnis s, Fähigkeit, über längere Zeiträume Sinneseindrücke u. Gedanken, die unbewußt aufgenommen oder bewußt gelernt worden sind, zu speichern u. bei bestimmter Gelegenheit willkürlich oder unwillkürlich zu vergegenwärtigen. Diese *Erinnerung* wird ausgelöst durch Erlebnisse, die im Gedächtnis eingeprägten ähnlich sind (Assoziation) oder durch willentliche Konzentration, Sich-Besinnen auf das Vergangene; sie kann auch spontan eintreten. Der Erfolg des Einprägens hängt vom persönlichen Interesse an der Sache, beim Lernen von der Häufigkeit der Wiederholung ab. „Gedächtnisstützen", auch Eselsbrücken genannt, leisten hierbei oft gute Hilfe.

Gedankenstrich ↑ Zeichensetzung.

Gedicht s, eine meist kurze, oft lyrische, aber auch Gedanken aussprechende oder eine Handlung gestaltende Dichtung, gewöhnlich in festgefügter („gebundener") Form. Die Form besteht in einem geregelten Aufbau der Verse u. Strophen. Die einzelnen Elemente, aus denen sich die Form zusammensetzt, können sein: ein bestimmter Wechsel betonter u. unbetonter Silben, eine festgelegte Silbenzahl für jede Zeile, ein harmonischer Rhythmus (der sich allerdings nicht aus starren Regeln ableiten läßt), Reime u. a. Diese Elemente bringen durch ihr Zusammenspiel u. zusammen mit dem Inhalt eine dichterische Wirkung hervor. Einige der Elemente können auch fehlen. Seit dem 18. Jh. (gelegentlich auch schon in der Antike) gibt es Gedichte, die keine feste Form haben, sondern sich fast nur noch durch ihre rhythmische und bildhafte Sprache von der gewöhnlichen Prosa unterscheiden. Gerade in unserer Zeit wird die überkommene Form oft als lästig u. beengend für den wahren Ausdruck empfunden. – Heute verwendet man die Bezeichnung G. vor allem für Dichtungen aus dem Bereich der ↑ Lyrik sowie für ↑ Balladen. Früher nannte man mitunter auch Dramen u. Epen Gedichte (z. B. nannte Schiller den „Don Carlos" ein „dramatisches Gedicht").

Geest w, ein Landschaftsgürtel im nordwestdeutschen Küstengebiet, der an die Marsch anschließt, aber höher gelegen ist. Die G. ist trocken u. wenig fruchtbar. Sie entstand aus steinigen u. sandigen Ablagerungen der Eiszeit.

Gefälle s, ein Maß für die Neigung der Verbindungslinie zwischen zwei verschieden hoch gelegenen Punkten. Das G. gibt das Verhältnis vom Höhenunterschied (h) der beiden Punkte zur waagerechten Entfernung (s) derselben Punkte an: G. = h/s. Ein G. von 1 : 25 liegt vor, wenn auf eine waagerechte Entfernung von 25 m ein Höhenunterschied von 1 m kommt. Oft wird das G. auch in % angegeben. 10 % G. bedeutet einen Höhenunterschied von 10 m auf eine waagerechte Entfernung von 100 m.

Gefieder s, die Gesamtheit der Federn eines Vogels.

Gefrieren s: **1)** Übergang des Wassers bzw. wäßriger Lösungen vom flüssigen in den festen ↑ Aggregatzustand (Eisbildung). Der Gefrierpunkt des reinen Wassers liegt bei 0 °C; Meerwasser (salzhaltig) gefriert bei $-2 °C$; **2)** Methode zur Konservierung wasserhaltiger Lebensmittel, die durch das Gefrieren ihres Wasserbestandteils für längere Zeit haltbar werden (Einfrieren bei $-30°$ bis $-45 °C$; *Gefrierlagerung* bei $-18°$ bis $-30°C$).

Gegengifte ↑ Gift.

Gegenreformation [dt.; lat.] w, das Bemühen der katholischen Kirche, durch innere Reformen u. politische Maßnahmen (v. a. mit Hilfe der katholi-

Gänse. Graugans

Gazellen. Damagazelle

schen Landesherren) die Reformation zurückzudrängen. Die G. ging vom Trienter Konzil (1545–1563) aus u. erfaßte ganz Europa, besonders aber Deutschland. Politische Machtkämpfe drängten schließlich die Glaubensfragen zurück, so daß es zu blutigen Religionskriegen in den Niederlanden, in Frankreich u. Deutschland (↑ Dreißigjähriger Krieg) kam.

Gegenwart ↑ Verb.

Gehalt s, monatlich gezahltes Arbeitsentgelt der Angestellten u. Beamten.

Geheimschrift w, eine Schrift zur Weitergabe von Nachrichten in einer Form, die nur Eingeweihten verständlich ist. Die G. wird mit unsichtbarem Schreibstoff (Geheimtinte) oder verabredeten Zeichen (Chiffren) geschrieben und kann dann nur bei Anwendung des ↑ Codes entschlüsselt werden.

Geheimwissenschaften w, *Mz.*, Lehren von den dunklen, dem Verstand nicht zugänglichen Urgründen der Natur u. des Menschenlebens, die nur an „Eingeweihte" weitergegeben werden (z. B. Alchimie oder Magie).

Gehirn s, bei Wirbeltieren u. beim Menschen bildet das G. zusammen mit dem Rückenmark das Zentralnervensystem. Im G. werden die Sinneseindrük-

Gelbsucht

ke verarbeitet, vom G. werden die willkürlichen und ein Teil der unwillkürlichen Handlungen gesteuert. Das G. vermittelt die Antwort des Lebewesens auf Reize aus der Umwelt u. die Zusammenarbeit der einzelnen Körperorgane. – Das G. des Menschen hat ein mittleres Gewicht von 1 245 g (bei Frauen) bzw. 1 375 g (bei Männern); der Intelligenzgrad steht in keinem Verhältnis zum Gehirngewicht. Das *Großhirn* besteht aus zwei stark gefurchten Halbteilen, die durch einen dicken Nervenstrang verbunden sind. Der oberflächliche Teil ist die etwa 3 mm dicke u. rund 14 Milliarden Nervenzellen enthaltende *Großhirnrinde* (auch *graue Substanz* genannt). Das Großhirn ist der Sitz von Bewußtsein, Intelligenz, Gedächtnis und Lernfähigkeit. Das Kleinhirn ist v. a. für den richtigen Ablauf aller Körperbewegungen verantwortlich, außerdem ermöglicht es die Orientierung im Raum. Zum *Zwischenhirn* gehören der Thalamus (Sehhügel) u. der Hypothalamus. Der *Thalamus* ist v. a. Schaltstation zwischen Peripherie u. Großhirn, der *Hypothalamus* ist Steuerungszentrum für vegetative Funktionen. Der *Hirnstamm* ist Steuerungszentrum für Atmung u. Blutkreislauf. Über den Hirnstamm erstreckt sich die *Formatio reticularis*, die u. a. den Schlaf-wach-Rhythmus steuert. Im *verlängerten Mark*, das ins Rückenmark übergeht, liegen Steuerungszentren für automatische Vorgänge (v. a. Herzschlag, Stoffwechsel) u. das *Reflexzentrum* für Kauen, Schlucken sowie für Schutzreflexe (z. B. Lidschluß). – Bei niederen Tieren bezeichnet Gehirn eine Anhäufung von Nervenzellen mit davon ausgehenden Nervenfortsätzen.

Geier *m*, ausschließlich von Aas lebender Greifvogel mit wenig gekrümmten Krallen. Der Kopf u. der obere Teil des Halses sind meist völlig nackt; Flügelspannweite bis 3 m. Allein kreist der

Kondor

G. in großen Höhen, bis er einen Kadaver erspäht hat. In kurzer Frist versammeln sich dann viele G. zum gemeinsamen Fressen. Sie nisten in Felswänden. Größter G. ist der *Kondor* in den Anden (Südamerika). Er erreicht eine Fluggeschwindigkeit von mehr als 130 km in der Stunde.

Geige (Violine) *w*, ein Streichinstrument mit hellem u. durchdringendem Klang, das um 1600 entwickelt wurde. Die G. ist stimmführendes Instrument u. wichtigster Klangträger des Orchesters. Sie hat vier Saiten und ist in Quinten gestimmt. Der Geigenbau erreichte seine höchste Vollendung im 17. und 18. Jh. in Oberitalien u. Tirol; bedeutende Geigenbauer waren N. Amati, A. Stradivari, A. und G. A. Guarneri.

Geisel *m* oder *w*, eine Person, die mit Leib u. Leben für etwas haftet. So wurden z. B. früher hochgestellte Persönlichkeiten dem Gegner als Gewähr für die Erfüllung eines Vertrages übergeben. Im 2. Weltkrieg wurden Geiselerschießungen oft als Druck gegen die Zivilbevölkerung durchgeführt; im Genfer Abkommen 1949 wurde die Geiselnahme in Kriegszeiten generell verboten. – Mit einer Geiselnahme versuchen (v. a. in jüngster Zeit) mitunter Verbrecher u. politische Terroristen ihre Ziele durchzusetzen oder ihr Entkommen nach einem Verbrechen zu erzwingen. Sie wird mit schwerer Strafe bedroht.

Geiser ↑Geysir.
Geiserich, *389 (?), †25. Januar 477, König der Vandalen u. Alanen. 429 führte er sein Volk von Spanien nach Nordafrika, wo er das erste unabhängige Germanenreich auf römischem Boden gründete. Von dort aus unternahm er Eroberungszüge u. beherrschte mit seinen Schiffen das westliche Mittelmeer.

Geisha [*gescha;* jap.] *w*, Gesellschafterin, Tänzerin, Sängerin in japanischen Teehäusern.

Geißbart *m*, eine bis 2 m hohe Staude auf feuchten Wiesen. Die Blätter sind gefiedert. Die wohlriechenden, weißen, 5zähligen Blütchen, deren Staubgefäße weit aus der Krone herausragen, stehen in Ähren. Gehört zu den Rosengewächsen.

Geißblatt *s*, umschlingt in Laubwäldern mit seinem biegsamen, dünnen Stamm Sträucher u. schwächere Bäume. Die zweilippigen, gelblichen Blüten öffnen sich am Abend u. locken mit ihrem starken Duft Nachtschmetterlinge an, die den Nektar in dem röhrenförmigen Teil der Blüte erreichen können.

Geißelträger *m* (Flagellaten), Einzeller, die teils als pflanzliche G. (sie können assimilieren), teils als tierische G. anzusehen sind. Sie sind langgestreckt bis rundlich, haben eine Geißel oder mehrere Fortbewegungsorganellen. Sie sind farblos oder grün, gelb, braun oder rot. Oft leben sie als Parasiten, viele sind Erreger von Krankheiten.

Geißelung *w*, im Altertum eine weitverbreitete Körperstrafe, die mit Peitschen oder Ruten vollzogen wurde. Im Mittelalter gab es die G. als kirchliche Strafe oder als Bußübung (Selbstgeißelung) u. a. bei Ordensgemeinschaften.

Gelatine [*sehe...*; frz.] *w*, ein farb- u. geschmackloser, aus Knochen u. Hautabfällen gewonnener Leim. Wird er Flüssigkeiten beigemischt, so erstarren sie zu einer gallertartigen Masse. G. wird bei der Zubereitung von Puddings u. Sülzen, aber auch zur Herstellung von Filmen u. in der Medizin verwendet.

Gelbes Meer *s*, Randmeer des Pazifischen Ozeans zwischen Korea u. der Nordostküste Chinas. Nur in der innersten Bucht, vor der Mündung des Hwangho (des „Gelben Flusses"), ist es wirklich gelb gefärbt durch den Lehm, den der Hwangho mitführt.

Gelbsucht *w*, wenn die Absonderungen der Galle nicht, wie normal, in den Darm, sondern ins Blut gelangen, tritt eine G. auf: Das Weiße der Augen,

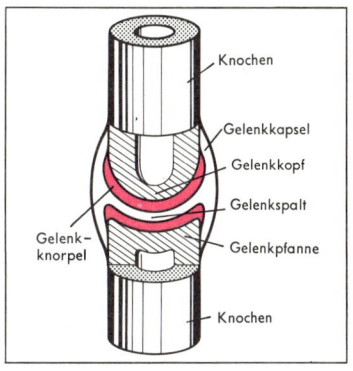
Gelenk (schematisch)

203

die Haut u. die Schleimhäute färben sich gelb. Verschiedene Leber- u. Gallenkrankheiten können die Ursache sein. Bei Neugeborenen ist die G. eine harmlose Erscheinung, die meist nur wenige Tage dauert.

Geld ↑ S. 205.

Gelee [*schele*; frz.] *s*, eingedickter, gallertartiger Frucht- oder Fleischsaft.

Gelenk *s*, bewegliche Verbindung zweier oder mehrerer Knochen mit überknorpelten Knochenenden, die durch einen schmalen, mit Flüssigkeit (Gelenkschmiere) gefüllten Gelenkspalt getrennt sind. Die Knochenenden werden durch die aus Bindegewebe (Fortsetzung der Knochenhaut) bestehende, oft durch Bänder verstärkte Gelenkkapsel verbunden. In den meisten Fällen sind die Gelenkenden so geformt, daß eine erhabene Fläche (Gelenkkopf) in eine Vertiefung (Gelenkpfanne) hineinpaßt. Mitunter wird dies durch Einschalten von Zwischenknorpelscheiben (z. B. im Kniegelenk) erreicht. *Arten der Gelenke:* Kugelgelenk (Schulter-, Hüftgelenk), Scharniergelenk (Ellbogen, Fingergelenke), Sattelgelenk (Daumengelenk). – Abb. S. 203.

Gellert, Christian Fürchtegott, * Hainichen (Sachsen) 4. Juli 1715, † Leipzig 13. Dezember 1769, deutscher Dichter der Aufklärung. Besonders bekannt wurde er durch seine Fabeln. Er schrieb auch Lehrgedichte, geistliche Lieder u. Erzählungen.

Gelsenkirchen, Industriestadt in Nordrhein-Westfalen, mit 316 000 E. Der Steinkohlenbergbau in G. ist durch Zechenstillegungen stark zurückgegangen. G. hat Eisen- u. Stahlindustrie, Glashütten, Großbetriebe der Erdöl- u. Kohlechemie sowie Häfen am Rhein-Herne-Kanal. In G. gibt es 2 Fachhochschulen.

Gemeinde *w*: **1)** eine Gebietskörperschaft des öffentlichen Rechts mit dem Recht der Selbstverwaltung. Sie ist das unterste politische Gemeinwesen im Staat. Die Gemeindeordnungen der Bundesländer regeln das Gemeinderecht, zu dem in der Regel die Selbstverwaltung aller örtlichen Angelegenheiten gehört, z. B. der Bau von Schulen u. Sportanlagen, die Versorgung der Gemeinde mit Wasser, Gas u. Strom, die Müllabfuhr u. die Unterhaltung der Gemeindestraßen. Zur Erfüllung ihrer vielfältigen Aufgaben wählen die wahlberechtigten Gemeindebürger bestimmte Organe, deren Amtsbezeichnungen u. Aufgaben in der Gemeindeverfassung festgelegt sind; **2)** die kleinste Einheit einer kirchlichen Gliederung, z. B. die Pfarrei oder Pfarrgemeinde.

Gemeinsamer Markt *m*, unkorrekt für: Europäische Wirtschaftsgemeinschaft.

Gemeinschaftsschule *w*, Schule, in die die Schüler verschiedener religiöser und weltanschaulicher Überzeugungen gemeinsam unterrichtet werden. Bestimmend für die G. ist, daß keine Identifizierung mit einem bestimmten Bekenntnis besteht, sondern daß Erziehung u. Unterricht über konfessionelle bzw. religiös-weltanschauliche Grenzen hinweg ausgerichtet sind. Die G. ist die in der Bundesrepublik Deutschland vorherrschende Schulform; ↑ dagegen Bekenntnisschule.

gemischtes Doppel *s* (Mixed), beim Tennis, Tischtennis, Badminton u. Squash eine Mannschaft, die aus einer Frau u. einem Mann besteht.

Gemme [lat.] *w*, Schmuckstein mit vertiefter (Intaglio) oder erhabener (Kamee) Darstellung. Die Bilder (z. B. Figuren) sind in den Edel- oder Halbedelstein eingeschnitten. Gemmen waren schon in Mesopotamien im 3. Jahrtausend v. Chr. bekannt.

Gemse *w*, braunes, ziegenähnliches Tier, das von der oberen Waldgrenze bis zum Firnbereich der europäischen Hochgebirge in Rudeln lebt. Eingebürgert sind sie auch in Mittelgebirgen. Die Hufe sind weich, mit vorstehenden harten Rändern; die Afterklauen werden wie Steigeisen eingesetzt. Am weißbackigen Kopf stehen die geringelten (Jahresringe!), oben stärker gekrümmten Hörner, die „Krickeln". Die G. gehört zu den Wiederkäuern.

Gemüse *s*, Sammelbegriff für pflanzliche Nahrungsmittel (außer Obst, Getreide u. Kartoffeln), die roh oder nach Zubereitung der menschlichen Ernährung dienen. Man unterscheidet: Wurzel- u. Knollengemüse (Kohlrabi, Rettich, Radieschen, Rote Rübe), Blatt- u. Stielgemüse (Spinat, Mangold, Porree), Fruchtgemüse (Erbse, Gurke), Kohlgemüse (Weißkohl, Rosenkohl).

genant [*seh…*; frz.], peinlich, unangenehm.

Gene [gr.] *s, Mz.,* die in den Kernschleifen (↑ Chromosomen) des Zellkernes aufgereihten Erbanlagen (Erbfaktoren). Ihre Gesamtheit stellt das Erbgut eines Lebewesens dar.

General [lat.] *m*, höchster Offiziersrang; in der deutschen Bundeswehr bestehen folgende Stufen: Brigadegeneral (bei der *Marine*) Flottillenadmiral), Generalmajor (Konteradmiral), Generalleutnant (Vizeadmiral), General (Admiral).

Generalstaaten [lat.] *Mz.*, vom 16. bis 18. Jh. Name der Versammlung der Abgeordneten der niederländischen Provinzstaaten. Im heutigen Königreich der Niederlande ist G. Name des Parlaments.

Generalstab [lat.; dt.] *m*, eine besonders ausgebildete Gruppe von Offizieren, die den obersten Befehlshaber bei der Organisation u. Durchführung militärischer Operationen unterstützt.

Generalstreik ↑ Streik.

Generation [lat.] *w:* **1)** die Gesamtheit gleichaltriger Individuen einer Art; beim Menschen werden in der Generationenfolge unterschieden: Großeltern, Eltern, Kinder, Enkel; **2)** die Gesamtheit einer Altersgruppe, die sich durch ähnliche Orientierungen u. Einstellungen von anderen Altersgruppen abhebt. Als **Generationskonflikte** bezeichnet man die zwischen Jugendlichen u. Erwachsenen bestehenden Spannungen.

Generationswechsel [lat.; dt.] *m*, Wechsel der Fortpflanzungsweise bei Pflanzen u. Tieren im Verlauf von zwei oder mehreren Generationen. Häufig zeigen die verschiedenen Generationen mit dem Wechsel der Fortpflanzungsweise auch einen Wechsel im Aussehen. So entwickelt sich aus der auskeimenden Moosspore die grüne Moospflanze, die als die geschlechtliche Generation die männlichen u. die weiblichen Keimzellen hervorbringt. Nach der Befruchtung der Eizelle entsteht aus dieser die zweite, die ungeschlechtliche Generation, die als Parasit auf der Moospflanze zu einer langgestielten Mooskapsel heranwächst u. die Sporen ausbildet. – Beim Farn sind es die großen Blattwedel, die der Sporen wegen als die eine selbständige, ungeschlechtliche Generation darstellen, während die Geschlechtsgeneration ein unscheinbares blattförmiges, grünes, dem Boden anliegendes Gebilde (Vorkeim, Prothallium) darstellt. – Eine andere Form des Generationswechsels kommt z. B. bei Blattläusen vor. Bei diesen wechseln Generationen, die sich eingeschlechtlich fortpflanzen (d. h., deren Eier sich unbefruchtet entwickeln), mit Generationen, deren Vertreter sich zweigeschlechtlich, d. h. über befruchtete Eier fortpflanzen. Die verschiedenen Generationen leben oft auf ganz verschiedenen Pflanzen (G. mit Wirtswechsel) u. haben häufig unterschiedliches Aussehen (sind z. B. geflügelt bzw. ungeflügelt).

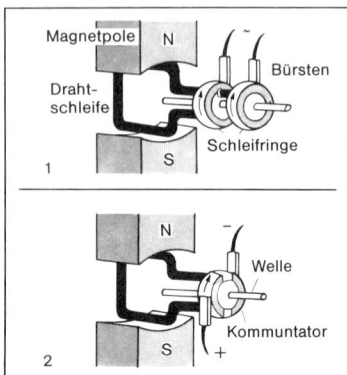

Generator. 1 Wechselstromgenerator, 2 Gleichstromgenerator (N Nordpol, S Südpol des Magneten)

ZUR GESCHICHTE DES GELDES

Geld, das heute für uns so selbstverständlich ist, gab es nicht zu allen Zeiten. Ursprünglich lebten die Menschen in Gruppen zusammen u. versorgten sich selbst mit allem, was sie brauchten. Erst langsam entwickelten die Menschen spezielle Fähigkeiten, und manche stellten von bestimmten Dingen, die sie besonders gut anfertigen konnten, mehr her, als sie selbst gebrauchten (z. B. Speerspitzen). So entwickelte sich eine gewisse Arbeitsteilung, die einen Tauschhandel zur Folge hatte: man tauschte Beile gegen Speerspitzen, oder der Jäger erwarb Speerspitzen gegen ein Stück erlegtes Wild. Jeder „bezahlte" das, was er erwarb, mit etwas, das er selbst hergestellt hatte oder nicht brauchte. Man kaufte also nicht, wie wir heute, sondern man tauschte Waren. An die Stelle des direkten Tausches trat nach und nach ein Warenaustausch mit Tauschmitteln, z. B. Vieh, Getreide, Schmuck, Muscheln, Felle. Das Tauschmittel verkörperte einen bestimmten Wert, zu dem alles, was man erwerben oder verkaufen wollte, in ein Verhältnis gesetzt wurde.

Bei den Römern war es ursprünglich das Vieh, das diesen allgemeinen Wert darstellte (Geld heißt lateinisch pecunia, abgeleitet von lateinisch pexus = Vieh; daher pekuniär = geldlich). Es war Grundlage der Berechnung aller Werte, etwa 1 Stück Vieh (Rind oder Schaf) = soundso viele Beile, Kleidungsstücke oder ähnliches. Mit der Zeit verlangte man jedoch nach einem handlicheren Tauschwert u. ersetzte die primitiven Tauschmittel mehr u. mehr durch Metalle. Hierbei, wie später bei den Münzen, benutzte man Gold u. Silber, aber auch Kupfer, Zinn u. Bronze wurden verwendet. Es leuchtet ein, daß die wertvollen Metalle bevorzugt wurden, denn sie verkörperten bei verhältnismäßig geringem Gewicht einen verhältnismäßig hohen Wert.

Anfangs formte man das Metall zu Barren, deren Wert u. Gewicht festgesetzt wurde. Von den Kaufleuten des alten Ägypten wissen wir, daß sie diese Barren mit einem eigenen Stempel versahen. Dadurch ersparten sie sich das mühsame Nachwiegen, u. man wußte, daß Barren mit einem bestimmten Stempel ein ganz bestimmtes Gewicht u. damit einen ganz bestimmten Wert hatten. Das Zeichnen der Barren war also zuerst Privatsache. Gyges, König der Lyder († 652 v. Chr.), ließ in seinem Reich das Geld von Beamten durch Aufprägen eines Löwenkopfes, Symbol der königlichen Macht, kennzeichnen. Den zuerst eckigen Metallplättchen gab man nach und nach eine runde Form, sie wurden unseren *Münzen* immer ähnlicher. Etwa 100 Jahre nach Gyges läßt sich im Reich der Perser die erste Goldwährung feststellen. Grundlage dieser Währung war der *Dareikos* (nach Darius I.), eine Münze mit den königlichen Symbolen. Von da aus verbreitete sich die Münze über die ganze antike Welt: Durch die Handelsbeziehungen der Perser mit den ionischen Bewohnern der kleinasiatischen Küste kam hier zunächst persisches Münzgeld in Umlauf. Schon im 6. Jh. v. Chr. begannen die ionischen Städte ihre eigenen Münzen zu prägen, geschmückt mit den Symbolen der jeweiligen Stadt (anfangs meist Tierdarstellungen). Durch die seefahrenden ionischen Kaufleute wurden die Münzen auch in den Städten des griechischen Mutterlandes u. weit darüber hinaus bekannt.

Die Beliebtheit der unteritalienischen Griechenmünze führte dann auch bei den Römern, die bereits ein eigenes Münzwesen kannten, zu einer verfeinerten Münzprägung. Seit dem 3. Jh. v. Chr. prägten sie v. a. Silbermünzen, die mit Tierbildern oder Götterköpfen geschmückt waren. Goldmünzen kamen in Rom erst um 80 v. Chr. in Umlauf. Später bestanden dann Silber- und Goldwährung nebeneinander, doch wurde die Goldmünze bevorzugt. Nach dem Ende des Römischen Reiches blieben bis zum Beginn des Mittelalters die Münzen der Antike gültig; Neuprägungen erfolgten nach ihrem Vorbild. Unter den Karolingern, besonders von Karl dem Großen, wurde das Münzwesen reformiert. Die Prägung von Goldmünzen wurde eingestellt. Es war nur noch Silbergeld im Umlauf. Grundlage des Münzsystems war das *Karolingische Pfund*, neben das im 11. Jh. die *Mark* trat. Mit der zunehmenden Zersplitterung des Reiches ging auch die Einheitlichkeit des Münzwesens wieder verloren. Es entwickelte sich eine Vielzahl von Geldwerten und Gewichtsmaßen. Seit dem 13. Jh. kamen auch wieder Goldmünzen in Umlauf, die zunächst in Oberitalien, später aber auch in den deutschen Reichslanden geprägt wurden. Nach ihrem Metall nannte man sie *Gulden*, die dann bald zur Hauptrechnungseinheit wurden. Andere weitverbreitete Goldmünzen waren die *Dukaten*, die 1559 zu Reichsmünzen erklärt wurden. Bedingt durch den steigenden Geldbedarf wurden die Gulden auch bald in Silber geprägt. Am bekanntesten wurde der Silbergulden aus Sankt Joachimsthal (geprägt seit 1520). Er zeigte auf der Vorderseite das Bild des heiligen Joachim. Man nannte ihn kurz *Joachimsthaler* oder einfach *Taler*. Die Bezeichnung Taler war bald für jeden Silbergulden gebräuchlich. Bis 1872 war der Taler die wichtigste Silbermünze, auch die amerikanische Bezeichnung *Dollar* leitet sich von diesem Wort ab. Mit der Gründung des Deutschen Reiches (1871) wurde auch die Währung vereinheitlicht. Allgemeines Zahlungsmittel wurde die *Mark* (= 100 Pfennige). 10- u. 20-Markstücke prägte man in Gold (bis zum Ersten Weltkrieg).

Alle Münzen, deren Metallwert (Warenwert) ihrem Geldwert entspricht, nennt man Währungsmünzen (im Deutschen Reich die goldenen Münzen). Daneben gibt es die sogenannten Kreditmünzen, deren Metallwert niedriger liegt als ihr Geldwert. Zu den Kreditmünzen zählen v. a. die Scheidemünzen, das sind die Münzen mit kleinen Werten. Kreditmünzen sind auch die Silbermünzen in Ländern mit Goldwährung (zum Beispiel im Deutschen Reich bis 1918). Der Wert (Geldwert) der Kreditmünzen wird von der ausgebenden Stelle garantiert.

Nach dem Ersten Weltkrieg wurde in Deutschland die Papierwährung eingeführt, die es schon früher in anderen Staaten gegeben hatte. Papiergeld (Banknoten) kann durch Metalle gedeckt sein, das heißt, es wird zur Erleichterung des Zahlungsverkehrs ausgegeben, für die gesamte Menge der umlaufenden Währung ist jedoch die entsprechende Menge Metall (Gold, Silber und anderes) vorhanden. Daneben gibt es die im 20. Jh. vorherrschende Papierwährung, die nicht durch Metall gedeckt ist. Um den Wert des Geldes zu erhalten, darf der Staat nicht mehr Geld drucken beziehungsweise in Umlauf bringen, als in seiner Volkswirtschaft Güter vorhanden sind.

* * *

Generator

Generator [lat.] *m* (Dynamo), Gerät zur Umwandlung mechanischer Energie in elektrische Energie. In seiner Bauweise entspricht der G. dem ↑ Elektromotor. Seine Arbeitsweise beruht auf der Erscheinung der elektromagnetischen Induktion. Bewegt man einen elektrischen Leiter in einem Magnetfeld so, daß er die Feldlinien schneidet, so entsteht an seinen Enden eine elektrische Spannung (Induktionsspannung). Die Lage von Plus- u. Minuspol ist von der Richtung der Magnetfeldlinien u. von der Bewegungsrichtung des Leiters abhängig. Im Prinzip besteht der G. aus einem Magneten, in dessen Feld sich eine Drahtschleife dreht. Ihre Enden sind mit Schleifringen verbunden, von denen die Induktionsspannung über Gleitkontakte abgegriffen werden kann. Diese Anordnung liefert eine Wechselspannung, da sich nach jeder Halbdrehung die Bewegungsrichtung der Drahtschleife gegenüber dem Magnetfeld verändert. Setzt man an die Stelle der beiden Schleifringe einen aus zwei Halbringen bestehenden Kommutator (↑ Elektromotor), so erhält man einen pulsierenden Gleichstrom. Damit dieser möglichst „glatt" wird, benutzt man mehrere gegeneinander versetzte Drahtschleifen. Der Polwender ist dann so eingerichtet, daß er immer auf die Schleife schaltet, in der gerade die höchste Spannung erzeugt wird. Verwendet man Spulen an Stelle der einfachen Drahtschleifen, so ergibt sich eine wesentlich höhere Induktionsspannung. Eine weitere Erhöhung der Spannung erhält man, wenn man an Stelle des Dauermagneten einen Elektromagneten setzt. Diesen kann man entweder durch eine Gleichstromquelle erregen (Fremderregung) oder durch den im Generator erzeugten Strom selbst (Eigenerregung, elektrodynamisches Prinzip). Außer Gleich- u. Wechselstromgeneratoren gibt es noch Drehstromgeneratoren, bei denen drei Wechselströme erzeugt werden, die zeitlich zueinander versetzt sind. Die Generatoren werden zumeist durch Dampf- oder durch Wasserturbinen angetrieben. – Abb. S. 204.

Genese (Genesis) [gr.] *w*, Entstehung, Entwicklung; z. B. einer Krankheit.

Genesis [gr.] *w*, Bezeichnung für das 1. Buch Mose im Alten Testament, das u. a. die Schöpfungsgeschichte enthält.

Genetik [gr.] *w*, Wissenschaft von der Vererbung; befaßt sich als *klassische* G. mit den Gesetzmäßigkeiten der Vererbungsgänge, als *Molekulargenetik* mit der Vererbung im Bereich der Moleküle u. als *praktische* G. mit erbbiologischen Untersuchungen, genetischen Beratungen sowie der Züchtung besonders ertragreicher Pflanzen u. wirtschaftlich vorteilhafter Tiere.

Genezareth, See von (auch See von Tiberias genannt) *m*, in Nordisrael gelegenes fischreiches Gewässer, das vom Jordan durchflossen wird. Der See von G. liegt 209 m unter dem Meeresspiegel, ist 21 km lang, bis 13 km breit.

Genf (frz. Genève): **1)** Kanton im Südwesten der Schweiz, mit 338 000 E; der überwiegende Teil der Bevölkerung spricht Französisch; **2)** Hauptstadt von 1), am Ausfluß der Rhone aus dem Genfer See, mit 155 000 E. Die Stadt ist kultureller Mittelpunkt der französischen Schweiz (mit Universität) sowie Tagungsort wichtiger Konferenzen u. Sitz internationaler Organisationen (Rotes Kreuz, Internationales Arbeitsamt, Weltgesundheitsorganisation). Die Kathedrale der Stadt stammt aus dem 12. u. 13. Jh. Die Industrie stellt Uhren u. Bekleidung her. – In der Reformationszeit wirkte Calvin in G.; 1919–46 war es Sitz des Völkerbundes (im Gebäude des Völkerbundes ist heute das europäische Büro der UN).

Genfer Konvention *w*, ein internationales Abkommen, das 1864 in Genf durch die Vermittlung H. ↑ Dunants zustande kam; es wurde später mehrmals ergänzt u. erweitert, u. a. 1949 durch die sogenannten *Genfer Abkommen* (vier Einzelabkommen), in der deutschen Gesetzessprache *Genfer Rotkreuz-Abkommen* genannt. Durch diese sollen die Leiden des Krieges gemildert werden; vorgesehen ist die Pflege verwundeter u. kranker Soldaten, die Überprüfung von Kriegsgefangenenlagern, Hilfe beim Gefangenenaustausch, Schutz der Zivilbevölkerung, Suche nach Vermißten u. a. Die Einrichtungen der G. K. gehören zum ↑ Roten Kreuz.

Genfer See *m* (frz. Lac Léman), See zwischen Westalpen u. Jura. Er wird von der Rhone durchflossen u. ist bis 310 m tief. Durch den See verläuft die französisch-schweizerische Grenze.

Genie [*seh...;* frz.] *s*, ein außerordentlich begabter, schöpferischer Mensch, der seine Gaben zur höchsten Vollendung bringt und Außergewöhnliches leistet.

Genitiv (Wesfall) ↑ Fälle.
Genitivobjekt ↑ Satz.

Genossenschaften *w, Mz.*, freiwillige Vereinigungen von Personen, die ein bestimmtes wirtschaftliches Ziel verfolgen. V. a. Landwirte u. kleinere Gewerbetreibende schließen sich zusammen, um unter günstigeren Bedingungen zu produzieren, Geld (Kredit) von den Banken zu erhalten, vorteilhafter einzukaufen oder bessere Absatzmöglichkeiten für ihre Güter zu schaffen. So gibt es u. a. Molkerei-, Winzer-, Bau- und Verbrauchergenossenschaften. Die einzelnen Mitglieder (Genossen), mindestens 7, müssen eine in der Satzung (Statut) festgelegte Geldsumme als Betriebsvermögen aufbringen. Die Einzelheiten über G. sind im Genossenschaftsgesetz geregelt. Ein Zusatz zum Namen einer G. läßt immer erkennen, wie die Haftung für die Schulden geregelt ist: eGmbH (eingetragene Genossenschaft mit beschränkter Haftpflicht) bedeutet, daß bei einem ↑ Konkurs das einzelne Mitglied mit einer vorher bestimmten Geldsumme haftet. Die eGmuH ist eine eingetragene Genossenschaft mit unbeschränkter Haftpflicht (alle Mitglieder haften mit ihrem ganzen Vermögen). In Deutschland wurden die ersten Genossenschaften seit der Mitte des 19. Jahrhunderts durch H. Schulze-Delitzsch u. F. W. Raiffeisen gegründet. – In der Sowjetunion u. den anderen Ostblockstaaten ist das Genossenschaftswesen weiter entwickelt als bei uns: Dort werden Güter gemeinschaftlich u. mit gemeinschaftlichen Mitteln erzeugt u. der erarbeitete Gewinn auf die Mitglieder verteilt; ↑ auch Kolchose.

Genre [*schangr;* frz.] *s*, Gattung, Wesen, Art; die **Genremalerei** stellt Begebenheiten des Alltags dar, besonders aus einem häuslichen oder bäuerlichen Lebenskreis (v. a. in der niederländischen Malerei).

Gent, Hauptstadt der belgischen Provinz Ostflandern, an der Schelde, mit 143 000 E. Das malerische Stadtbild weist viele bedeutende Baudenkmäler auf (u. a. die gotische Kathedrale, in der sich der berühmte *Genter Altar* der Brüder van Eyck befindet). Die Stadt besitzt eine Universität. Der Hafen von G. ist durch Kanäle mit der Küste verbunden. G. hat Maschinenbau u. Chemiewerke, es ist außerdem das Zentrum der belgischen Textilindustrie. In zahlreichen Gartenbauunternehmen wird Blumenzucht betrieben. – G. war im Mittelalter eine der größten Städte Europas u. Sitz blühender Tuchweberei.

Gentleman [*dschäntlem*e*n;* engl.] *m*, ein Mann von gesitteter (feiner) Lebensart und ehrenhaftem Charakter.

Genua (ital. Genova), italienische Hafenstadt am *Golf von G.*, mit 801 000 E. Die Stadt ist reich an mittelalterlichen Kirchen u. Palästen und besitzt bedeutende Kunstsammlungen. Sie hat eine Universität. Zu ihrer vielseitigen Industrie gehören Schiff-, Maschinen- und Fahrzeugbau. – Im Mittelalter war G. eine mächtige Handelsrepublik mit großem Einfluß im Mittelmeergebiet.

Geodäsie [gr.] *w*, die Erd- und Landesvermessung (*höhere* G.) u. die auf kleinere Räume bezogene Land- u. Feldvermessung (*niedere* G.). Die G. liefert die Grundlagen für die Herstellung von Landkarten. Der entsprechende Wissenschaftler heißt *Geodät*.

Geographie [gr.] *w*, ursprünglich beschäftigte sich die G. mit der Beschreibung von Land u. Leuten in aller Welt (*Erdkunde*). Die heutige G. konzentriert sich auf aktuelle Probleme der

Gera

Umwelt von Menschengruppen. Dabei beschreibt die moderne *Sozialgeographie* Räume unterschiedlicher sozialer Verhaltensgruppen u. Lebensformen u. beschäftigt sich (zusammen mit Nachbarfächern) mit der regionalen Entwicklungsplanung. Die moderne *Geosystemforschung* untersucht (zusammen mit anderen Naturwissenschaften) die Entwicklungen des Naturhaushalts. Die *Länderkunde* zeigt die aktuellen Probleme u. praktischen Informationen (über Natur, Bevölkerung, Wirtschaft) auf.

geographische Breite, geographische Länge ↑Gradnetz der Erde.

Geoid [gr.] *s*, Bezeichnung für die geometrische Form des Erdkörpers (↑Erde).

Geologie [gr.] *w*, die Lehre von der Entstehung, der Entwicklung u. dem Bau der Erde. Die *allgemeine* oder *dynamische* G. untersucht die Kräfte, die auf die Erdkruste einwirken (z. B. Wind, Wasser, vulkanische Kräfte). Die *Tektonik* beschreibt die Lagerungsverhältnisse der Gesteine. Die *historische* G. stellt die Erdgeschichte dar, die *angewandte* G. nutzt die geologischen Forschungsergebnisse für wirtschaftliche u. technische Zwecke (z. B. für die Entdeckung von Bodenschätzen, Tunnelbau).

Geometer [gr.] *m*, Landvermesser, heute ein Vermessungsingenieur. Seine im Auftrag von Behörden vorgenommenen Messungen dienen dazu, die genauen Maße von Grundstücken festzustellen oder den Bau von Straßen, Eisenbahnstrecken, Kanälen u. ä. durch Messungen vorzubereiten.

Geometrie ↑Mathematik.

Geophysik [gr.] *w*, Wissenschaft von den physikalischen Vorgängen, die im Erdkörper, in den Gewässern u. in der Lufthülle stattfinden.

Georg, Heiliger, der nach der Überlieferung im frühen 4. Jh. den Märtyrertod starb. Die Legende berichtet, er habe als tapferer Krieger einen Drachen getötet. Diese Szene ist oft in der bildenden Kunst dargestellt worden. G. war u. a. Schutzpatron der mittelalterlichen Ritterschaft. Er gehört zu den 14 Nothelfern.

Georgien (Grusinien), Unionsrepublik der UdSSR, zwischen Kaukasus, Kleinem Kaukasus u. Schwarzem Meer, mit 5,0 Mill. E, davon $^2/_3$ Georgier. Die Hauptstadt ist Tiflis. G. ist das sowjetische Hauptanbaugebiet für subtropische Kulturpflanzen u. Tee sowie ein bedeutender Lieferant von Manganerzen. Wichtig sind Wein-, Obst- u. Tabakbau. Neben Nahrungsmittelindustrie hat G. auch Hütten-, Maschinen- u. chemische Industrie. Bedeutend ist der Fremdenverkehr in den Badeorten am Schwarzen Meer u. in den Kurorten mit Mineralquellen im Kaukasus.

geozentrisch [gr.], g. nennt man das von ↑Ptolemäus gelehrte Weltbild: Die Erde gilt als Mittelpunkt (Zentrum) des Weltalls; sie wird von der Sonne, dem Mond u. den Planeten umkreist. Das von ↑Kopernikus aufgestellte Weltbild heißt *heliozentrisch:* Im Mittelpunkt des Planetensystems steht die Sonne. – Das Wort g. kann auch bedeuten: auf den Erdmittelpunkt bezogen.

Gepard [frz.] *m*, schlanke, hochbeinige, kleinköpfige Katzenart der afrikanischen u. asiatischen Steppen. Pfoten schmal, die Krallen sind nicht zurückziehbar. Der G. hetzt seine Beute u. erreicht dabei für kurze Strecken Geschwindigkeiten bis zu 100 km/Stunde. Geparde werden zur Jagd abgerichtet („Jagdleoparden").

Gera: 1) Bezirk der DDR, mit 737 000 E. Er erstreckt sich von den östlichen Randgebieten des Thüringer Beckens zum Thüringer u. Frankenwald. An der Saale liegen zwei der größten deutschen Stauseen (Bleiloch- u. Hohenwartetalsperre). Im Norden überwiegen Ackerbau und Industrie. Bedeutend sind der Uranerzbergbau, die Eisenhüttung, die optische u. die Arzneimittelindustrie; verbreitet ist die Textilindustrie; im Gebirge Fremdenverkehr; **2)** Hauptstadt von 1), an der Weißen Elster, mit 119 000 E. Die Stadt hat Textil- u. Maschinenindustrie.

Gepard

Gent. Genter Altar

Gerade

Gerade w: **1)** die kürzeste Verbindung zweier Punkte, die beiderseits über diese beiden Punkte hinaus, theoretisch bis ins Unendliche, verlängert wird; **2)** Fachausdruck aus der Boxersprache. Bei der Geraden wird die Faust auf dem kürzesten Wege gegen den Gegner geschlagen. Dabei wird die Schulter des schlagenden Armes nach vorn bewegt.

Geradflügler m, Mz., Insekten mit kauenden Mundwerkzeugen u. vielgliedrigen Fühlern. Die Vorderflügel sind häufig als lederartige Deckflügel ausgebildet, die Hinterflügel faltbar. Zu den Geradflüglern, die etwa 17 000 Arten umfassen, gehören Schaben, Heuschrecken, Grillen, Ohrwürmer.

Geranie [gr.] w, gärtnerische Bezeichnung für ↑Pelargonie.

Geräteturnen ↑Turnen.

gerben, tierische Haut zu Leder verarbeiten. Vor dem G. werden zunächst die Oberhaut mit den Haaren u. die Unterhaut mit den Fleisch- u. Fettresten entfernt. Übrig bleibt die Lederhaut, die mit Gerbstoffen versetzt u. so zu Leder verarbeitet wird. Man unterscheidet im wesentlichen drei Arten der Gerbung: Lohgerbung, Chromgerbung u. Sämischgerbung. Bei der *Lohgerbung* werden pflanzliche Gerbstoffe wie z. B. Eichenrinde (Lohe) verwendet. Das so erhaltene Leder wird v. a. für Schuhsohlen verwendet. Das Oberleder der Schuhe wird zumeist durch *Chromgerbung* gewonnen. Dabei werden Salze des Chroms, Aluminiums oder Eisens als Gerbstoffe benutzt. Die *Sämischgerbung* erfolgt mit Robben- oder Dorschtran u. liefert ein sehr weiches Leder (Handschuhleder).

Gerhardt, Paul, * Gräfenhainichen 12. März 1607, † Lübben/Spreewald 27. Mai 1676, deutscher Dichter und lutherischer Pfarrer. Seine Lieder, von empfindsamer Frömmigkeit u. Gottvertrauen geprägt, bilden den Höhepunkt der evangelischen Kirchenlieddichtung nach Luther. Zu den bekanntesten von ihnen gehören „O Haupt voll Blut u. Wunden", „Befiehl du deine Wege" u. „Geh aus, mein Herz u. suche Freud".

Gerichte ↑Recht (Wer spricht Recht?).

Gerichtsvollzieher m, ein staatlicher Vollstreckungsbeamter, der u. a. im Auftrag eines ↑Gläubigers, meist auf Grund eines gerichtlichen Urteils oder Vergleichs, beim Schuldner eine ↑Pfändung vornimmt.

Germanen m, Mz., Sammelname für Völker u. Stämme in Nord- u. Mitteleuropa, die der sogenannten indogermanischen Sprachfamilie angehören. Man unterscheidet drei Gruppen (nach Sprachmerkmalen u. Wohnsitzen um die Zeitenwende): *Nordgermanen* (in Skandinavien u. Dänemark), *Westgermanen* (zwischen Rhein, Elbe und Donau) und *Ostgermanen* (im Oder- und Weichselgebiet). – In zeitgenössischen Berichten werden die G. als hochgewachsen, blond (oder rothaarig) u. blauäugig geschildert. Sie waren Ackerbauern u. Viehzüchter, gleichzeitig aber auch Jäger u. Krieger. Geschick bewiesen sie in handwerklichen Leistungen (Webarbeiten, Waffen, Geräte, Schmuck). Die Stammesgemeinschaften bestanden aus Freien, Halbfreien u. Knechten. Aus den Freien ragten einzelne Geschlechter hervor, die die Anwartschaft auf die Führung hatten, v. a. in Kriegszeiten: Wer zum Heerführer gewählt wurde, war Herzog. Erst in der Völkerwanderungszeit bildete sich das Königtum heraus. Das ursprüngliche Stammesgebiet der G. war Südskandinavien, Dänemark u. Norddeutschland zwischen der Elbe u. der Oder. Nachdem sie sich bis zur Ems u. zur Weichsel ausgebreitet hatten, drangen sie seit etwa 500 v. Chr. weiter nach Süden u. Westen vor. Im Jahre 113 v. Chr. kam es zum ersten Zusammenstoß mit den Römern (↑Kimbern u. ↑Teutonen). In dem Jh. vor Christi Geburt unterwarfen die Römer die Stämme s. Länder an beiden Ufern des Rheins. Ihre Versuche, die Elblinie zu erreichen, mißlangen jedoch. Nach der Niederlage im Teutoburger Wald 9 n. Chr. (↑Arminius) nahmen die Römer ihre Reichsgrenze zurück. Nur im Südwesten behielten sie von G. besiedeltes Gebiet in ihrer Hand, das sie durch den ↑Limes befestigten. Nach immer neuen Angriffen auf die römischen Grenzen brachen die G. in der Völkerwanderungszeit in das Römische Reich ein. Es entstanden germanische Reiche in Gallien u. Spanien (Westgoten), Nordafrika (Vandalen), Italien (Ostgoten, Langobarden) u. in Britannien (Angeln u. Sachsen). Diese Reiche hatten meist keinen langen Bestand. Gegen Ende des 5. Jahrhunderts wurde das Fränkische Reich gegründet. Unter den ↑Karolingern vereinigte es fast alle westgermanischen Stämme in sich. Die Nordgermanen (↑Normannen) griffen seit dem 9. Jh. in die europäische Geschichte ein.

germanische Kunst w, die Kunst der Germanen, etwa zwischen 1800 v. Chr. u. 800 n. Chr. (in Skandinavien bis etwa 1200). Die Entwicklung dieser Kunst läßt sich am besten am Schmuck der Waffen u. Geräte verfolgen. Sie

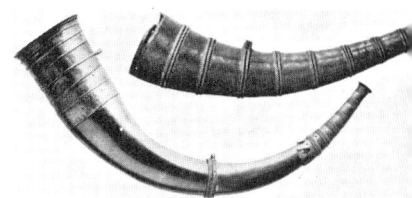

Hörner aus der Bronzezeit

führt von gradlinigen Mustern über Spiral- u. Sternmuster zu Wellenranken u. -bändern u. zu Kerbschnittverzierungen. In der Hochblüte der germanischen Kunst (6.–8. Jh.) ist das Tierornament u. das Bandgeflecht charakteristisch.

germanischer Götterglaube ↑ S. 209.

germanische Sprachen w, Mz., eine Sprachgruppe innerhalb der Sprachenfamilie der ↑Indogermanen (im Unterschied etwa zu der slawischen oder der romanischen Sprachgruppe). Von den indogermanischen Sprachen unterscheidet sie sich durch Veränderungen, die bei der sogenannten germanischen ↑Lautverschiebung aufgetreten sind. Es gibt einen *nordgermanischen* Sprachzweig (Norwegisch, Isländisch, Schwedisch, Dänisch), einen *westgermanischen* (Englisch, Friesisch, Niederländisch, Deutsch) u. einen *ostgermanischen*, dessen Sprachen untergegangen sind (z. B. Gotisch, Vandalisch, Burgundisch).

Germanistik [lat.] w, Wissenschaft von der deutschen Sprache u. Literatur; im weiteren Sinn auch das Gotische u. Altnordische mit umfassend. Wesentliche Anstöße für die G. kamen von den Brüdern ↑Grimm.

Gershwin, George [gö"sch"in], * New York-Brooklyn 26. September 1898, † Beverly Hills (Kalifornien) 11. Juli 1937, amerikanischer Komponist.

Tierdarstellung

Er verband europäische Musiktradition mit dem Jazz und schuf dadurch eine eigenständige amerikanische Kunstmusik. Zu seinen berühmtesten Werken gehören die „Rhapsody in blue" (1924), die Fantasie „Ein Amerikaner in Paris" (1928) u. die Negeroper „Porgy and Bess" (1935).

GERMANISCHER GÖTTERGLAUBE

Die Germanen lebten um 100 v. Chr. in einem Gebiet, das etwa von der Maas bis zur Weichsel u. von Skandinavien bis zur Donau reichte. In der ↑Völkerwanderung wurden die Grenzen des von ihnen beherrschten Raumes viel weiter vorgeschoben. Diese Germanenstämme waren in Sprache u. Kleidung, in der Art, wie sie auf verstreuten Gehöften siedelten u. Ackerbau u. Viehzucht betrieben, aber auch in ihren religiösen Vorstellungen verwandt. Dennoch kannten die germanischen Völker keine einheitliche Religion. Es ist für die Frühzeit nicht einmal festzustellen, ob es Gottheiten gab, die von allen Germanen verehrt wurden. Für die spätere Zeit wissen wir von drei Hauptgottheiten, die wohl überall bekannt waren: Wodan, Donar u. Ziu.

Es gab zwei Göttergeschlechter, die *Asen*, die im himmlischen Gefilde Asgard, u. die *Wanen*, die in den Tiefen der Erde u. des Meeres wohnten. Herrscher über alle war Wodan. *Wodan* (bei den Nordgermanen heißt er Odin), der Göttervater, war der Herr über Leben u. Tod, der im Krieg über Sieg oder Niederlage entschied. Er wanderte oft als einäugiger Alter mit Schlapphut, Mantel u. Stab durch die Welt, auf seiner Schulter saßen Raben, die Vögel des Schlachtfeldes, u. kündeten ihm das Wissen der Welt. Der Allvater thronte auf hochragendem Sitz in Walhall, überschaute die Welt u. sah alles Tun der Menschen. Er sandte *Walküren* (Kampfjungfrauen) aus, die, von Raben u. Adlern begleitet, die Helden im Kampf schützten u. die Gefallenen nach Walhall führten. Walhall war der Aufenthaltsort der auf dem Schlachtfeld gefallenen Krieger, ausgewählter Helden, die hier weiter ihre Kämpfe u. Kampfspiele austrugen, mit Wodan an langer Tafel sitzen durften u. von ihren Taten erzählten. Ehrlose Kämpfer büßten ihre Schuld im Innern der Erde in der Unterwelt (Hel), wo die Göttin Hel herrschte, die Anspruch auf alle Toten hatte, die nicht in Walhalla eingingen. (Das Wort Hel wurde von den christianisierten Germanen beibehalten [Hölle], allerdings in verändertem Sinn.)

Donar (bei den Nordgermanen hieß er Thor) war der Gott des Gewitters; er schwang den Hammer, mit dem er Blitze auf die Erde schleuderte u. den Donner verursachte. Er war aber auch der Beschützer von Haus u. Hof, Ackerbau u. Viehzucht. Ihm wurde v. a. geopfert, wenn man Fruchtbarkeit für die Felder erflehte.

Ziu war ursprünglich der höchste Himmelsgott, Gott des Rechtes u. des Krieges, von den Römern mit Mars verglichen.

Frigg, Gemahlin Wodans u. Mutter Baldrs, des Lichtgottes, schützte als Göttin der Fruchtbarkeit das Haus u. die Familie.

Noch heute erinnern unsere Wochentagsnamen an diese Gottheiten: Dienstag (Ziu), Donnerstag (Donar), Freitag (Frigg).

Die Walküren waren überirdische weibliche Wesen, ebenso die Nornen *Urd*, *Werdandi* u. *Skuld*, die Schicksalsgöttinnen. Sie woben u. flochten den Schicksalsfaden der Menschen. Eine von ihnen, Urd, schnitt ihn durch u. bestimmte damit den Tod. Neben weiteren Göttern wie Baldr, Freyr, Freyja, Loki u. a. wirkten nach dem Glauben der Germanen Geister in der Natur, unter u. über der Erde u. in der Luft, z. B. Riesen, Zwerge, Elfen, Nixen u. Kobolde.

Bis zur Römerzeit gibt es keine schriftlichen Berichte u. Quellen über den germanischen Götterglauben, wir sind für die frühe Zeit auf Ausgrabungen u. a. Funde angewiesen. Erst durch Zeugnisse antiker Schriftsteller erfahren wir mehr, weitere Kenntnisse vermitteln v. a. die altisländischen Gedichte u. Lieder, die in der ↑Edda überliefert sind.

* * *

Gerstäcker, Friedrich, * Hamburg 10. Mai 1816, † Braunschweig 31. Mai 1872, deutscher Schriftsteller. Er durchzog aus Abenteuerlust die USA, Südamerika u. Australien. Bekannt wurde er durch spannende Schilderungen seiner Reisen u. Abenteuer, u. a. in den Romanen „Die Flußpiraten des Mississippi" (1848), „Gold" (1858), „Unter den Penchuenchen" (1867).

Gerste w, Gattung der Süßgräser mit rund 25 Arten auf der Nordhalbkugel u. in Südamerika. Die Blüten stehen in Ähren zusammen. Jeder Knoten der Blütenstandachse trägt drei einblütige, dicht nebeneinanderstehende, lang begrannte Ährchen (↑auch Grannen). Die bekannteste Gerstenart ist die als Getreide angebaute, anspruchslose *Saatgerste* in verschiedenen Kulturformen. Man unterscheidet u. a. eine im Frühjahr ausgesäte u. im gleichen Jahr fruchtende *Sommergerste* u. eine im Herbst gesäte *Wintergerste*. Die Körner werden v. a. in der Bierbrauerei, für Graupen, Grütze, Malzkaffee u. als Viehfutter verwendet (selten für Brotgetreide).

Gesamthochschule w, neue Form einer wissenschaftlichen ↑Hochschule, die die Aufgaben herkömmlicher Hochschulen (Universität, pädagogische Hochschule, Fachhochschule sowie von anderen Hochschulen) in Studium, Lehre und Forschung gemeinsam wahrnimmt. In einer G. werden Studiengänge verschiedener Fachrichtungen angeboten, die innerhalb eines Faches nach Dauer gestuft und nach Studienschwerpunkten differenziert sind und mit einem Diplom abschließen; zwischen den Studiengängen sind die Übergänge erleichtert. Sowohl ↑Abitur als auch Fachhochschulreife ermöglichen – teils mit besonderen „Brückenkursen" – den Zugang zu allen Studiengängen der Gesamthochschule. Die G. Kassel, eröffnet 1971, war die erste G. in der Bundesrepublik Deutschland; inzwischen gibt es in Nordrhein-Westfalen sechs und in Bayern vier weitere Gesamthochschulen; zahlreiche Hochschulen verschiedensten Typus sind zu Gesamthochschulbereichen zusammengefaßt, in denen der Aufbau weiterer Gesamthochschulen ermöglicht werden soll.

Gesamtschule w, eine Schule, in der die verschiedenen herkömmlichen Schulformen (Haupt-, Realschule, Gymnasium) zusammengefaßt werden. Entweder zur gemeinsamen Nutzung bestimmter Einrichtungen bei organisatorischer und pädagogischer Unabhängigkeit untereinander (Schulzentren) oder unter gemeinsamer Leitung aus Vertretern aller beteiligten Schulen zur Erleichterung der Zusammenarbeit z. B. in der Orientierungsstufe, durch Lehreraustausch, durch schulformübergreifende Arbeitsgemeinschaften (kooperative, additive G.) oder aber zu einer neuen Einheit, in der die Unterschiede zwischen den Schulformen aufgehoben sind (integrierte G.). Die wichtigsten Merkmale der integrierten G. sind: Statt des Unterrichts im Klassenverband besteht ein flexibles Kurssystem, Die Kurse sind einerseits nach Pflicht- u. Wahlfächern u. andererseits nach dem Niveau u. dem individuellen Lerntempo der Lernenden differenziert. Da nicht nach Schulformen differenziert wird, können an der G. alle Abschlüsse (Hauptschulabschluß, mittlere Reife u. Abitur) erlangt werden. Die G. ist eine Ganztagsschule. Die integrierten Gesamtschulen wurden 1969 zum erstenmal vom Bildungsrat empfohlen mit dem Ziel: Chancengleichheit für alle, d. h. Vermeidung früher Schullaufbahnentscheidungen, Förderung des einzelnen gemäß Neigung und Fähigkeit, breites Fächerangebot. Die G. ist bislang nur in Hessen als Regelschule eingeführt, in anderen Bundesländern nur als Angebotsschule oder als Schulversuch.

Gesandter ↑Diplomaten.

Geschäftsfähigkeit w, die Fähigkeit, selbständig wirksame Geschäfte abzuschließen. Kinder bis zu 7 Jahren

Geschichte

sind *geschäftsunfähig*, d. h., alle von ihnen abgeschlossenen Geschäfte sind unwirksam (im täglichen Leben richtet man sich allerdings nicht immer danach, z. B. wenn ein Fünfjähriger für 20 Pfennig Bonbons kauft). Kinder u. Jugendliche von 7 Jahren bis zur ↑Volljährigkeit (mit 18 Jahren) sind *beschränkt geschäftsfähig*, d. h., sie können wirksame Geschäfte abschließen, wenn der gesetzliche Vertreter (die Eltern oder der Vormund) diesen zustimmt. Wenn sie allerdings von ihrem Taschengeld etwas kaufen, ist das Geschäft von vornherein gültig, weil sie über ihr Taschengeld frei verfügen können (sogenannter Taschengeldparagraph). Mit der Volljährigkeit wird man *unbeschränkt geschäftsfähig*. – Beschränkt geschäftsfähig oder geschäftsunfähig sind auch Geisteskranke, Trunksüchtige u. Drogenabhängige, wenn sie entmündigt worden sind.

Geschichte *w*, Entwicklungsprozeß der menschlichen Gesellschaft als Ganzes oder einzelner Individuen. Die *Geschichtswissenschaft* erforscht die G. u. vermittelt die gewonnenen Kenntnisse u. Erkenntnisse. Die G. im engeren Sinne beginnt mit der schriftlichen Überlieferung. Die Quellen für die Geschichtsschreibung sind Urkunden, Chroniken, Abbildungen, mündliche Berichte u. schriftliche Aufzeichnungen aller Art (für die neuere Zeit z. B. auch Zeitungsartikel, Wochenschauen usw.). – Früher betrachtete man die G. als Abfolge politischer u. militärischer Ereignisse. Heute sieht man sie als einen Entwicklungsprozeß in seiner wirtschaftlichen, politischen, ideologischen, sozialen und kulturellen Ausformung. – ↑auch S. 212ff.

Geschlechtskrankheiten *w*, *Mz.*, zusammenfassende Bezeichnung für Infektionskrankheiten, die fast ausschließlich durch Geschlechtsverkehr übertragen werden. Jeder Erkrankte ist verpflichtet, sich vom Arzt behandeln zu lassen. So lange die Gefahr besteht, daß er die Krankheit überträgt, ist ihm der Geschlechtsverkehr untersagt. Es gibt vier Geschlechtskrankheiten, von denen der ↑Tripper am häufigsten vorkommt u. die ↑Syphilis am gefährlichsten ist.

Geschlechtskunde ↑S. 217ff.

Geschütz *s*, eine Feuerwaffe zum Abschießen von ↑Granaten mit unterschiedlich großem Durchmesser, *Kaliber* (von 2 cm bei der Flak bis 20 cm u. mehr bei schweren Geschützen). Das Geschützrohr hat innen schraubenförmige Züge, durch die der abgeschossenen Granate eine Drehung um die Längsachse (Drall) beigebracht wird. Dadurch verhindert man das Überschlagen u. Taumeln des Geschosses auf seiner Bahn. Das Geschützrohr ruht auf einem Unterbau, der *Lafette*. Sie kann fest oder fahrbar sein (auch Selbstfahrlafette). An ihr befindet sich die Zieleinrichtung. Eine Rücklaufvorrichtung fängt den Rückstoß beim Abschuß auf u. bringt das Rohr in seine ursprüngliche Lage zurück. Dadurch braucht das G. nicht nach jedem Schuß neu gerichtet zu werden. Man unterscheidet Kanonen u. Haubitzen: Die Kanonen bringen die Granate auf eine flache, die Haubitzen auf eine steile Flugbahn.

Geschwader *s*, ein Verband von Kriegsschiffen oder Flugzeugen.

Geschwindigkeit *w*, Formelzeichen *v*, Verhältnis von zurückgelegtem Weg *s* zu der dazu benötigten Zeit *t*: $v = s/t$. Gebräuchliche Maßeinheiten: m/s (Sekunde) und km/Std. Zwischen m/s und km/Std. bestehen folgende Beziehungen: 1 m/s = 3,6 km/Std.; 1 km/Std. = 0,277 m/s.

Geschworene *m*, *Mz.*, frühere Bezeichnung der ehrenamtlichen Laienrichter, die neben den Berufsrichtern im Schwurgericht mitwirkten. Seit 1972 werden sie als ↑Schöffen bezeichnet.

Geselle *m*, Handwerker, der seine Ausbildungszeit mit der *Gesellenprüfung* abgeschlossen hat. Diese Prüfung wird von den ↑Innungen vorgenommen, die über die bestandene Prüfung eine Urkunde ausstellen, den *Gesellenbrief*.

Gesellschaft *w*: **1)** die Gesamtheit der Menschen, die im staatlichen, wirtschaftlichen u. geistigen Leben zusammenwirken; meist auf das jeweilige Wirtschaftssystem u. die politisch-staatlichen Verhältnisse bezogen, z. B. sozialistische oder kapitalistische G.; **2)** ein vertraglich geregelter Zusammenschluß von Personen, die ein gemeinsames Ziel anstreben. Man unterscheidet verschiedene Rechtsformen: Gesellschaften mit wirtschaftlichem Ziel; z. B. Offene Handelsgesellschaft, Kommanditgesellschaft, Aktiengesellschaft, G. mit beschränkter Haftung (GmbH); bei Gesellschaften mit ideellem Zweck (z. B. wissenschaftliche, sportliche, wohltätige Gesellschaften) meist Verein oder Gesellschaft des bürgerlichen Rechts.

Gesellschaft Jesu ↑Jesuiten.

Gesellschaftsinseln *w*, *Mz.*, zum französischen Überseeterritorium Französisch-Polynesien gehörende Inselgruppe im südlichen Pazifischen Ozean. Sie besteht aus Koralleninseln u. einigen erloschenen Vulkanen u. hat 100000 E. Die Hauptinsel ist ↑Tahiti. Ausgeführt werden Kopra, Vanille u. Perlmutter.

Gesetz *s*: **1)** die Formulierung eines (meist) unwandelbaren, wesentlichen Zusammenhangs zwischen bestimmten Dingen u. Erscheinungen bzw. Vorgängen in der Natur, Wissenschaft u. Gesellschaft, der unter gleichen Bedingungen stets in gleicher Weise feststellbar sein muß. Man unterscheidet Denkgesetze (logische Gesetze) u. Naturgesetze; **2)** ein unter Beteiligung der Volks-

Geschütz.
Panzerhaubitze SF M 110 der Bundeswehr

vertretung in einem verfassungsmäßig vorgesehenen Gesetzgebungsverfahren (↑auch Gesetzgebung) zustandegekommener Rechtssatz sowie jede hoheitliche generelle Regelung, die allgemeinverbindliche Wirkung hat.

Gesetzgebung *w*, das Verfahren der G. der Bundesrepublik Deutschland ist folgendermaßen geregelt: Die Bundesregierung, der Bundesrat u. die Mitglieder des Bundestages haben die *Gesetzesinitiative*, d. h., sie arbeiten einen Gesetzentwurf aus u. legen ihn dem *Bundestag* vor. Dort wird die *Gesetzesvorlage* in 3 Lesungen (Beratungen) erörtert. Nach der 1. Lesung (der sogenannten Grundsatzdebatte) wird die Vorlage zur Überprüfung an einen *Ausschuß* des Bundestages verwiesen. Der Ausschuß versieht sie, wenn nötig, mit Abänderungsvorschlägen u. gibt sie an den Bundestag zurück. Dort können bei der 2. Lesung zu jeder einzelnen Vorschrift Abänderungsanträge gestellt werden. Die 3. Lesung bringt die Schlußabstimmung über das Gesetz u. damit seine *Verabschiedung*. Die verabschiedete Fassung wird nun dem Bundesrat übermittelt. Bei *Zustimmungsgesetzen* (z. B. verfassungsändernde Gesetze) ist die Zustimmung des Bundesrates notwendig, bei einfachen Gesetzen (*Einspruchsgesetze*) kann er Einspruch (mit aufschiebender Wirkung) einlegen. Eine wichtige Rolle spielt hierbei der *Vermittlungsausschuß* (bestehend aus Mitgliedern des Bundestages und Bundesrates), der dem Bundestag Änderungen vorschlagen kann, über die erneut abgestimmt werden muß. Findet ein Gesetz die Zustimmung des Bundesrats, so wird es nach Gegenzeichnung durch den Bundeskanzler oder durch den zuständigen Fachminister vom Bundespräsidenten unterzeichnet (*ausgefertigt*) u. im Bundesgesetzblatt veröffentlicht (*verkündet*); damit tritt es zum angegebenen Termin in Kraft.

gesetzlicher Vertreter *m*, Vertreter für Personen, die in ihrer ↑Geschäftsfähigkeit beschränkt sind: Eltern für die Kinder, ↑Vormund für Minderjährige (soweit nicht die Eltern oder ein Elternteil g. V. ist) u. Entmündigte.

DAS GESETZGEBUNGSVERFAHREN IN DER BUNDESREPUBLIK DEUTSCHLAND

ZEITTAFELN ZUR GESCHICHTE

Der Alte Orient

um 3000	Entstehung von Stadtstaaten in Mesopotamien
um 3000	Entstehung des Pharaonenreiches am Nil durch Zusammenschluß Ober- und Unterägyptens
um 3000	Erfindung der Schrift in Mesopotamien und in Ägypten
um 2500	Bau der Pyramiden in Ägypten
1800–1200	Hethiterreich in Kleinasien
um 1700	König Hammurapi von Babylon läßt eine Gesetzessammlung veröffentlichen
nach 1250	Eroberung Palästinas durch die Israeliten
um 1000	König David schafft ein großes Reich mit der Hauptstadt Jerusalem, das nach König Salomos Tod (um 930) in zwei Teile zerfällt
um 700	Höchste Machtentfaltung des Assyrischen Reiches
587	Die Babylonier erobern Jerusalem; Babylonische Gefangenschaft der Juden
seit 550	Aufstieg der Perser, die ein riesiges Reich errichten

Griechenland

seit 2000	Einwanderung der Indogermanen in den Mittelmeerraum
um 2200 bis um 1400	Hohe Blüte der Kultur auf Kreta (minoische Kultur)
um 1100 bis um 900	Einwanderung der Dorier
776	Erste Spiele in Olympia
um 621	In Athen Aufzeichnung der Gesetze durch Drakon
594	Neue Gesetzgebung durch Solon
508/507	Athen wird Demokratie
490–448	Perserkriege
490	Sieg der Griechen bei Marathon
480	Schlacht bei den Thermopylen; Seesieg der Athener bei Salamis
448	Athen wird Vormacht in Griechenland, Blütezeit unter Perikles
431–404	Peloponnesischer Krieg; Athen unterliegt Sparta
404–386	Sparta Vormacht in Griechenland
380–360	Vorherrschaft Thebens
359–336	König Philipp II. von Makedonien; er erobert Griechenland
336–323	Alexander der Große
333	Schlacht bei Issos
332	Alexander in Ägypten
331	Sieg bei Gaugamela über den Perserkönig
330–325	Züge Alexanders nach Innerasien und nach Indien
323	Tod Alexanders; Zerfall seines Reiches in Teilreiche (sogenannte Diadochenreiche)

Rom

753	Sagenhafte Gründung Roms
510	Sturz der Königsherrschaft
um 450	Zwölftafelgesetz
387/386	Die Gallier erobern Rom
340–272	Rom unterwirft Mittel- und Süditalien
264–241	1. Punischer Krieg (gegen Karthago); Sizilien wird römische Provinz
218–201	2. Punischer Krieg (gegen Karthago);
216	Niederlage der Römer durch Hannibal bei Cannae
202	Römischer Sieg bei Zama über Hannibal; Spanien wird römische Provinz
149–146	3. Punischer Krieg (gegen Karthago); Zerstörung Karthagos
148–146	Makedonien und Griechenland endgültig unterworfen
133–121	Reformbewegung der Gracchen
121	Die Provence (Gallia Narbonensis) wird römische Provinz
113	Einfall der Teutonen und Kimbern; sie werden 102 bzw. 101 vernichtend geschlagen
73–71	Sklavenaufstand des Spartakus
58–51	Cäsar erobert Gallien
44	Cäsar wird ermordet
31 v. Chr. bis 14 n. Chr.	Augustus; mit ihm beginnt die römische Kaiserzeit.
9 n. Chr.	Sieg des Arminius über römische Legionen unter Varus im Teutoburger Wald
14–37	Kaiser Tiberius
54–68	Kaiser Nero
64	Brand Roms; erste Christenverfolgung
66–70	Jüdischer Aufstand gegen die Römer; 70 Zerstörung Jerusalems
79	Untergang von Pompeji und Herculaneum durch Ausbruch des Vesuvs
83	Baubeginn des Limes in Germanien
98–117	Kaiser Trajan; größte Ausdehnung des Römischen Reiches
303	Christenverfolgung des Kaisers Diokletian
313	Kaiser Konstantin erkennt das Christentum an
325–337	Alleinherrschaft Kaiser Konstantins; er macht Byzanz (Konstantinopel) zur Hauptstadt
395	Teilung des Römischen Reiches in Ostrom und Westrom
476	Ende des Weströmischen Reiches

Völkerwanderung und frühes Mittelalter

375	Vorstoß der mongolischen Hunnen nach Europa. Die Westgoten weichen vor ihnen nach Westen aus. In der einsetzenden Völkerwanderung entstehen zahlreiche germanische Reiche auf römischem Boden: das der Westgoten in Südfrankreich und Nordspanien, das der Ostgoten (Theoderich) in Italien, das der Vandalen in Nordafrika, das der Langobarden in Oberitalien.
395–410	Alarich, König der Westgoten
406/07	Übergang der Alanen, Sweben, Vandalen und Burgunder über den Rhein
410	Plünderung Roms durch die Westgoten
413–36	Burgunderreich bei Worms
um 445	Attila (Etzel) wird Alleinherrscher der Hunnen
451	Niederlage Attilas auf den Katalaunischen Feldern (in der südlichen Champagne)
453	Tod Attilas

Zeittafeln zur Geschichte (Forts.)

482–511	Der Merowinger Chlodwig begründet das Frankenreich	1054	Endgültige Trennung (Schisma) zwischen Rom (römisch-katholische Kirche) und Byzanz (griechisch-orthodoxe Kirche)
493–526	Theoderich der Große, König der Ostgoten. Sein Reich zerfällt unter seinen Nachfolgern		
		1056–1106	Kaiser Heinrich IV.
527–565	Kaiser Justinian; er versucht noch einmal, die Einheit des Römischen Reiches herzustellen	1066	Wilhelm „der Eroberer" (Herzog der Normandie) erobert England (Schlacht bei Hastings)
		1075–1122	Investiturstreit
534/35	Vernichtung des Vandalenreiches durch oströmische Heere	1096–99	Erster Kreuzzug; Gottfried von Bouillon; Eroberung Jerusalems
553	Untergang der Ostgoten	1122	Wormser Konkordat, Beilegung des Investiturstreits
568	Entstehung des Langobardenreiches in Oberitalien um Pavia	1152–90	Kaiser Friedrich I. Barbarossa
um 570	Geburt Mohammeds, des Begründers des Islams	1156	Österreich selbständiges Herzogtum
		1180	Prozeß gegen Heinrich den Löwen
622	Hedschra, Auswanderung Mohammeds von Mekka nach Medina, Beginn der islamischen Zeitrechnung	1184	Hoffest zu Pfingsten in Mainz. Höhepunkt der Kultur der Stauferzeit
		1189–92	Dritter Kreuzzug
632	Tod Mohammeds; Eroberungszüge der Araber zur Verbreitung des Islams	1189–99	König Richard I. Löwenherz von England
637	Eroberung von Jerusalem	1190	Barbarossa ertrinkt im Salef während des dritten Kreuzzuges
642	Eroberung von Ägypten		
637–43	Eroberung von Persien; Vorstoß nach Indien	1198–1216	Papst Innozenz III.; Höhepunkt der Macht des Papsttums
674–78	Belagerung von Konstantinopel	1206–27	Dschingis-Khan errichtet sein mongolisches Großreich
670	Im Westen arabischer Vorstoß bis nach Tunis, 698/99 nach Marokko		
		1212–50	Kaiser Friedrich II.
687	Die Hausmeier der Merowinger werden die eigentlichen Herrscher im Frankenreich	1215	Magna Carta libertatum (Urkunde über die Beschränkung der Macht des Königs) in England
711	Übergang der Araber über die Straße von Gibraltar; Vernichtung des Westgotenreiches	1215	Dschingis-Khan erobert Peking
		1221	Vordringen der Mongolen in Indien bis zum Indus
718–25	Übergang der Araber über die Pyrenäen	1231	Beginn der Eroberung Preußens durch den Deutschen Orden
732	Sieg Karl Martells über die Araber bei Tours und Poitiers	1241	Mongolenschlacht bei Liegnitz
675–754	Bonifatius; Missionstätigkeit bei den deutschen Stämmen	1254–73	Interregnum, kaiserlose Zeit in Deutschland
735	Ausdehnung des Frankenreiches nach Aquitanien und Südburgund	1273	Wahl Rudolfs von Habsburg zum König
751/52	Der Hausmeier Pippin wird König der Franken. Er unterwirft 754/56 die Langobarden	1278	Sieg Rudolfs über König Ottokar von Böhmen
		1280	Der Mongolenkhan Khubilai macht sich zum Kaiser von China
754	Märtyrertod des Bonifatius bei den Friesen	1282	Söhne und Verwandte Rudolfs von Habsburg mit Österreich, Steiermark, Kärnten und Krain belehnt; Bildung der habsburgischen Hausmacht
768–814	Karl der Große, Sohn Pippins. Er gründet das fränkische Großreich		
800	Karl der Große wird in Rom zum Kaiser gekrönt	1291	„Ewiger Bund" der 3 Schweizer Waldstätte Uri, Schwyz und Unterwalden
802–1066	Angelsächsische Könige in England		
843	Teilung des Frankenreiches in Lotharingien, Ost- und Westfrankenreich	1288–1326	Osman I., Begründer des Osmanischen Reiches; Beginn der türkischen Vorherrschaft in Kleinasien
870	Ludwig der Deutsche (Ostfranken) und Karl der Kahle (Westfranken) teilen das Lotharingerreich unter sich	1309	Die Marienburg wird Sitz des Deutschen Ordens
		1309–76	Die Päpste residieren in Avignon
	Hoch- und Spätmittelalter	1315	Sieg der Schweizer über Leopold von Österreich bei Morgarten
919	Wahl Heinrichs I. zum König		
936–73	Kaiser Otto I., der Große	1328–1498	Regierung des Hauses Valois in Frankreich
955	Entscheidender Sieg Ottos I. bei Augsburg über die Ungarn		
		1339–1453	Hundertjähriger Krieg zwischen England und Frankreich
962	Kaiserkrönung in Rom (Entstehung des Heiligen Römischen Reiches [Deutscher Nation])	1347–78	Kaiser Karl IV.
		1347–51	Die Pest in Europa
976	Kaiser Otto II. belehnt die Babenberger mit der Ostmark (Österreich)	seit 1354	Vordringen der Türken in Südosteuropa
um 1000	Die Normannen entdecken von Grönland aus Amerika		

213

Zeittafeln zur Geschichte (Forts.)

1356	Die „Goldene Bulle", Reichsgesetz zur Regelung der Königswahl
1360–1405	Timur-Leng begründet das zweite mongolische Großreich
um 1370	Die Hanse auf dem Höhepunkt ihrer Macht
1386	Sieg der Schweizer bei Sempach über ein österreichisches Ritterheer
1389	Sieg der Türken über die Serben in der Schlacht auf dem Amselfeld
seit 1400	Aufstieg der Medici in Florenz
1410	Polnisch-litauischer Sieg über den Deutschen Orden bei Tannenberg
1414–1418	Konzil zu Konstanz; Jan Hus wird 1415 als Ketzer verbrannt
1419–36	Hussitenkriege
1422	Erste Belagerung von Byzanz durch die Türken
1429	Jeanne d'Arc, die „Jungfrau von Orléans", besiegt die Engländer
um 1450	Erfindung des Buchdrucks mit beweglichen Typen durch Johannes Gutenberg in Mainz
1453	Die Türken erobern Byzanz; Ende des Oströmischen Reiches
1455–85	Rosenkriege in England
1462–1505	Iwan III., Großfürst von Moskau, begründet den russischen Einheitsstaat; 1480 Annahme des Titels „Zar von ganz Rußland"
1477	Sieg der Schweizer über Herzog Karl den Kühnen von Burgund bei Nancy
1485–1603	Haus Tudor in England
1488	Der Portugiese Bartolomeu Diaz umsegelt das Kap der Guten Hoffnung
1492	Die Spanier erobern Granada; Ende der Maurenherrschaft in Spanien
1492	Christoph Kolumbus entdeckt Amerika
1493–1519	Kaiser Maximilian I.

Vom Beginn der Neuzeit bis zum Dreißigjährigen Krieg

1498	Vasco da Gama entdeckt den Seeweg nach Ostindien
1517	Ägypten und Syrien werden Teil des Osmanischen Reiches
1517	Thesenanschlag Martin Luthers an der Schloßkirche zu Wittenberg
1518	Beginn der Reformation Zwinglis in der Schweiz
1519–56	Kaiser Karl V. Er beherrscht die spanischen und habsburgischen Länder und mit den Kolonien ein „Reich, in dem die Sonne nicht untergeht"
1519–21	Cortés erobert das Aztekenreich in Mexiko
1519–22	Erste Erdumsegelung durch den Portugiesen Fernão de Magalhães
1521	Luther auf dem Reichstag zu Worms
1521	Sultan Sulaiman II., der Prächtige, erobert Belgrad
1524/25	Bauernkrieg in Deutschland
1525	Umwandlung des Ordensstaates in ein Herzogtum
1526	Schlacht bei Mohács; die Türken erobern fast ganz Ungarn
1529	Erste Belagerung Wiens durch die Türken
1530	Augsburger Bekenntnis
1532–35	Eroberung des Inkareiches in Peru durch Francisco Pizarro
1534	Gründung des Jesuitenordens durch Ignatius von Loyola
1534	Trennung der englischen Kirche vom Papsttum
1541	Calvin führt in Genf die Reformation ein
1545–63	Konzil von Trient
1546/47	Schmalkaldischer Krieg
1555	Augsburger Religionsfriede
1556–98	König Philipp II. von Spanien
1558–1603	Königin Elisabeth I. von England
1562–98	Hugenottenkriege in Frankreich
1568–1648	Freiheitskrieg der Niederländer gegen Spanien
1571	Türkische Niederlage in der Seeschlacht von Lepanto
1572	Bartholomäusnacht in Paris
1582	Einführung des Gregorianischen Kalenders durch Papst Gregor XIII.
1584	Gründung der ersten englischen Kolonie in Nordamerika: Virginia
1587	Maria Stuart wird enthauptet
1588	Vernichtung der spanischen Armada durch die Engländer
1598	Schließung des Stalhofes der Hanse in London
1608	Gründung der protestantischen „Union"
1608	Gründung des Jesuitenstaates in Paraguay
1609	Gründung der katholischen „Liga"
1603–1714	Regierung des Hauses Stuart in England und Schottland
1611–32	König Gustav II. Adolf von Schweden
1618–1648	Dreißigjähriger Krieg
1620	Auswanderung der Pilgerväter aus England nach Nordamerika auf der „Mayflower"
1620	Schlacht am Weißen Berge bei Prag
1624–42	Kardinal Richelieu leitender französischer Minister unter Ludwig XIII.
1632	Tod Gustavs II. Adolf in der Schlacht bei Lützen
1634	Wallenstein wird ermordet.
1648	Westfälischer Friede, abgeschlossen in Münster und Osnabrück

Vom Dreißigjährigen Krieg bis zur Französischen Revolution

1643–1715	Ludwig XIV., der „Sonnenkönig", König von Frankreich (Selbstherrschaft ab 1661)
1649	Verurteilung und Hinrichtung des englischen Königs Karl I.
1653–58	Oliver Cromwell Lordprotektor in England
1660	Rückkehr der Stuarts auf den englischen Thron
1661–83	Colbert, Finanzminister Ludwigs XIV.; Vertreter des Merkantilismus
1667–71	Kosakenaufstand in Rußland unter Stenka Rasin
1675	Sieg des Großen Kurfürsten über die Schweden bei Fehrbellin
1674–96	Johann Sobieski, König von Polen

Zeittafeln zur Geschichte (Forts.)

1679	Habeaskorpusakte in England vom Parlament erlassen
1681	Frankreich besetzt Straßburg
1682–99	Türkenkrieg
1683	Die Türken belagern Wien
1688	Glorreiche Revolution in England
1689	Declaration of Rights: Wilhelm von Oranien vom englischen Parlament als König anerkannt
1688–97	Ludwigs XIV. Krieg um die Pfalz
1689–1725	Peter I., der Große, Zar von Rußland
1690	Die Engländer gründen Kalkutta
1697	Sieg des Prinzen Eugen von Savoyen über die Türken bei Zenta
1697	Friede zu Rijswijk
1697	August der Starke von Sachsen wird König von Polen
1697–1718	Karl XII., König von Schweden
1699	Friede von Karlowitz; Ungarn (ohne Banat) und Siebenbürgen an die Habsburger
1700–1721	Nordischer Krieg
1701–14	Spanischer Erbfolgekrieg
1703	Peter der Große gründet Petersburg
1704	Die Engländer erobern Gibraltar
1706	Sieg des Herzogs von Marlborough bei Ramillies über die Franzosen
1711–40	Kaiser Karl VI.
1713/14	Friedensschlüsse zu Utrecht, Rastatt und Baden
1704–1901	Regierung des Hauses Hannover in Großbritannien
1717	Prinz Eugen erobert Belgrad
1718	Friede von Passarowitz; Banat, Teile Serbiens und Kleine Walachei an die Habsburger
1718	Die Franzosen gründen New Orleans
1740–86	Friedrich II., der Große, von Preußen
1740–80	Kaiserin Maria Theresia
1740–48	Österreichischer Erbfolgekrieg
1740–42	Friedrich der Große besetzt Schlesien (Erster Schlesischer Krieg)
1754	Der Engländer Robert Clive beginnt seinen Kampf gegen die Franzosen in Vorderindien
1755–63	Britisch-französischer Kolonialkrieg
1756–63	Der Siebenjährige Krieg
1757	Schlacht bei Leuthen
1757	Sieg Clives bei Plassey, der die britische Macht in Indien begründet
1757–61	William Pitt der Ältere leitender britischer Minister
1759/60	Die Briten erobern Quebec und Montreal; Kanada wird britisch
1762–96	Zarin Katharina II. von Rußland
1763	Friede von Hubertusburg; Preußen behält Schlesien
1765–90	Kaiser Joseph II.
1772	Erste Teilung Polens. 1793 und 1795 folgen zwei weitere Teilungen
1775–83	Unabhängigkeitskrieg der nordamerikanischen Kolonien gegen das britische Mutterland
1776	Unabhängigkeitserklärung der Vereinigten Staaten; Erklärung der Menschenrechte
1783	Rußland besetzt die Krim
1787	Verfassung der USA
1787	Beginn der französischen Kolonialherrschaft in Indochina
1769–71	Erste Weltreise von James Cook; Australien wird britischer Besitz
1789–97	George Washington erster Präsident der USA

Die Zeit von 1789 bis 1848

1789	Ausbruch der Französischen Revolution; Erklärung der Menschenrechte
1792	Frankreich wird Republik
1793	Hinrichtung König Ludwigs XVI.
1793/94	Schreckensherrschaft in Frankreich (Robespierre)
1798	Sieg Nelsons bei Abukir
1799	Staatsstreich Napoleons; er läßt sich 1804 zum Kaiser der Franzosen erheben
1803	Reichsdeputationshauptschluß
1805	Dreikaiserschlacht bei Austerlitz
1806	Ende des Heiligen Römischen Reiches Deutscher Nation
1806	Errichtung der Kontinentalsperre gegen England
1806/07	Napoleon besiegt Preußen
1807/08	Reformen des Freiherrn vom Stein in Preußen, von Hardenberg weitergeführt
1810	Andreas Hofer wird erschossen
1810–25	Unabhängigkeitskampf der mittel- und südamerikanischen Kolonien gegen Spanien und Portugal
1812	Krieg Napoleons gegen Rußland; Brand Moskaus
1813	Völkerschlacht bei Leipzig
1814	Abdankung Napoleons; Verbannung nach Elba. König Ludwig XVIII. von Frankreich
1814/15	Wiener Kongreß; Neuordnung Deutschlands und Europas. Gründung des Deutschen Bundes
1815	Die 100 Tage der Rückkehr Napoleons; Schlacht bei Waterloo
1820	Ausbruch der Revolutionen in Spanien, Portugal, Neapel-Sizilien
1821–29	Unabhängigkeitskrieg Griechenlands gegen die osmanische Herrschaft
1821–48	Metternich österreichischer Staatskanzler
1823	Monroedoktrin: „Amerika den Amerikanern"
1830	Die Franzosen besetzen Algerien
1830	Julirevolution in Frankreich
1830	Belgien löst sich von den Niederlanden und wird unabhängiger Staat
1830	Revolution in Polen
1832	Parlamentsreform in Großbritannien
1832	Hambacher Fest
1833	Gründung des Deutschen Zollvereins
1835	Erste deutsche Eisenbahn zwischen Nürnberg und Fürth
1837–1901	Königin Viktoria von England
1847	Sonderbundskrieg in der Schweiz
1848	Kommunistisches Manifest
1848	Februarrevolution in Frankreich. Märzrevolution in Deutschland. Nationalversammlung in der Paulskirche in Frankfurt am Main

Zeittafeln zur Geschichte (Forts.)

Von 1848 bis zum 1. Weltkrieg

1848–1916	Franz Joseph I., Kaiser von Österreich
1852–70	Napoleon III., Kaiser der Franzosen
1853–56	Krimkrieg
seit 1858	Begründung eines französischen Kolonialreiches in Hinterindien
1860	Die Russen gründen Wladiwostok
1861	Gründung des Königreichs Italien
1861–88	Wilhelm I., König von Preußen, seit 1871 Deutscher Kaiser
1861–65	Sezessionskrieg in den USA
1863	Aufstand in Polen
1864	Henri Dunant gründet das Rote Kreuz
1865	Präsident Lincoln (USA) ermordet
1866	Krieg zwischen Österreich und Preußen; Auflösung des Deutschen Bundes
1867	Durch „Ausgleich" zwischen Österreich und Ungarn entsteht die Doppelmonarchie Österreich-Ungarn
1870/71	Deutsch-Französischer Krieg; Frankreich muß Elsaß-Lothringen abtreten
1871	Gründung des Deutschen Reiches; Kaiser Wilhelm I.; Bismarck Reichskanzler (1871–90)
1873	Höhepunkt des „Kulturkampfes"
1874–80	Ministerium Disraeli in Großbritannien
1877	Annahme des Titels „Kaiserin von Indien" durch Königin Viktoria
1878	Berliner Kongreß
1878	Zweibund Österreich-Preußen
1881	Die Franzosen erobern Tunis
1882	Großbritannien besetzt Ägypten
seit 1882	Rasche Aufteilung Afrikas unter die europäischen Kolonialmächte
1882	Dreibund Italien-Österreich-Deutsches Reich
1888–1918	Wilhelm II., Deutscher Kaiser, König von Preußen
1890	Entlassung Bismarcks
1892	Annäherung zwischen Rußland und Frankreich
1894	Beginn des Dreyfus-Prozesses
1899–1902	Burenkrieg
1900	Boxeraufstand
1904	Begründung der britisch-französischen Entente cordiale
1904/05	Russisch-Japanischer Krieg, Niederlage Rußlands
1905/06	Revolution und neue Verfassung in Rußland
1907	Begründung der britisch-russischen Entente
1911/12	Revolution in China (Sun Yat-sen); China wird Republik

Die Zeit der beiden Weltkriege

1914	Ermordung des österreichischen Thronfolgers in Sarajevo
1914–18	Der Erste Weltkrieg
1917	Revolution in Rußland; der Zar dankt ab (später ermordet)
1917	Kriegseintritt der USA gegen die Mittelmächte
1918	Ausbruch der Revolution in Deutschland; Waffenstillstand; Flucht des Kaisers
1919	Weimarer Nationalversammlung
1919–25	Friedrich Ebert erster Reichspräsident
1919	Versailler Vertrag: Gebietsabtretungen Deutschlands; Verlust der Kolonien; Reparationszahlungen
1919/20	Friedensverträge von Sèvres, Trianon, Neuilly, Saint-Germain
1919	Gründung des Völkerbundes
1922	Rapallovertrag zwischen Deutschland und der UdSSR
1922	Beginn der Inflation in Deutschland
1922	Mussolinis Marsch auf Rom; Italien wird faschistische Diktatur
1923–38	Kemal Pascha (Atatürk) gestaltet die moderne Türkei
1924	Tod Lenins; Nachfolger wird Stalin
1925	Tod Eberts; Hindenburg wird Nachfolger als Reichspräsident
1925	Vertrag von Locarno
1926	Aufnahme Deutschlands in den Völkerbund
1929–32	Weltwirtschaftskrise
1930	Beginn des indischen Freiheitskampfes unter Mahatma Gandhi
1931	Die britischen Dominions werden unabhängig und gleichberechtigt
1931	In Deutschland fast 6 Mill. Arbeitslose
1933	„Machtergreifung" Hitlers
1933	Ermächtigungsgesetz
1933–45	nationalsozialistische Diktatur in Deutschland
1933–45	Franklin D. Roosevelt Präsident der USA
1933	Austritt Japans und Deutschlands aus dem Völkerbund
1935/36	Italien annektiert Abessinien
1936–39	Bürgerkrieg in Spanien
1936	„Achse Berlin-Rom"
1936–38	Höhepunkt der Terrorpolitik Stalins in der UdSSR
1938	Deutschland annektiert Österreich; Konferenz von München: Sudetengebiet Deutschland angegliedert; Judenpogrom in Deutschland
1939	Hitler besetzt die Tschechoslowakei; deutsch-sowjetischer Nichtangriffspakt; deutscher Einmarsch in Polen
1939–45	Der Zweite Weltkrieg
1939/40	Deutschland besetzt Polen, Dänemark, Norwegen, die Niederlande, Belgien, Frankreich; Kriegseintritt Italiens
1941	Kriegserklärung Deutschlands an die UdSSR; japanischer Überfall auf Pearl Harbor; Kriegserklärung Deutschlands u. Italiens an die USA Ausbau des totalitären Systems und der nationalsozialistischen Raub- und Vernichtungspolitik im deutschen Herrschaftsbereich
1943	Stalingrad; Landung der Alliierten auf Sizilien und in Süditalien
1944	Invasion der Alliierten an der französischen Kanalküste. 20. Juli: Die Widerstandsbewegung gegen Hitler scheitert
1945	Bedingungslose Kapitulation Deutschlands; Abwurf von Atombomben auf Japan, Kapitulation Japans

Fortsetzung ↑ Zeitgeschichte

GESCHLECHTSKUNDE

Wie alle Lebewesen (Pflanzen, Tiere) entwickelt sich auch der Mensch aus einer einzigen Zelle. Wie bei den weitaus meisten der Pflanzen u. Tiere muß diese Zelle befruchtet werden, das heißt, die (weibliche) Eizelle muß mit einer (männlichen) Samenzelle verschmelzen. Dieser Vorgang der Befruchtung steht am Anfang all der Lebewesen, die sich durch geschlechtliche Fortpflanzung vermehren.

Die Geschlechtsorgane des Menschen

Bereits im Augenblick der Befruchtung einer Eizelle im Körper der Frau ist über das Geschlecht des neu entstehenden Lebewesens entschieden. Zwar ist die Eizelle zunächst noch so klein, daß man auch bei stärkster Vergrößerung nicht erkennen kann, ob es ein Junge oder ein Mädchen ist; aber spätestens am Ende des dritten Schwangerschaftsmonats können beim noch ungeborenen Kind die äußeren Geschlechtsmerkmale festgestellt werden. Ihre völlige u. funktionsfähige Ausbildung erfahren die Geschlechtsorgane des Menschen jedoch erst in der sogenannten Reifezeit (Pubertät). Da die männlichen u. weiblichen Geschlechtsorgane sich nicht nur in der äußeren Gestalt, sondern auch in ihrer Funktion sehr voneinander unterscheiden, werden sie hier getrennt besprochen. Hinter den deutschen Bezeichnungen stehen in Klammern die Fachausdrücke. Die Zahlen beziehen sich auf die Erläuterungen der Bildtafel S. 218.

Die männlichen Geschlechtsorgane. Die verschiedenen Organgruppen des menschlichen Körpers werden nach ihrer Haupttätigkeit (Funktion) bezeichnet. Die Geschlechtsorgane (Genitalien) dienen der Fortpflanzung (auch Fortpflanzungsorgane genannt). Ihr Bau, beziehungsweise ihre Form ist dieser Funktion angepaßt. Dabei unterscheidet man die äußeren u. die inneren Geschlechtsorgane. Zu den äußeren Geschlechtsorganen des Mannes gehören das Glied (Penis, 13) u. der Hodensack (Scrotum, 7), in dem sich die beiden Hoden (Testes, 10) befinden. Der vordere, etwas verdickte Teil des Gliedes heißt Eichel (Glans penis, 12). Die beschützende Vorhaut (Praeputium, 11) läßt sich zurückstreifen, so daß die Eichel dann freiliegt. Ist dieses Zurückstreifen durch Verwachsung mit der Eichel oder Vorhautverengung (Phimose) jedoch nicht möglich, muß der Arzt aufgesucht werden, der für Abhilfe sorgen kann.

Zu den inneren Geschlechtsorganen gehören die schon erwähnten Hoden. Sie sind die männlichen Keimdrüsen, in denen die Samenzellen (Spermien) zur Befruchtung der weiblichen Eizelle gebildet werden. Gespeichert werden die Samenzellen in den Nebenhoden (Epididymes, 8). Durch den Samenleiter (Ductus deferens, 1 u. 9) gelangen sie in die obere Harnröhre (Urethra masculina, 14). Die männliche Harnröhre dient also sowohl dem Ablassen des Urins aus der Harnblase (Vesica urinalis, 18) als auch der Ausstoßung des Samens. Die paarig vorhandenen Samenleiter führen kurz vor der Einmündung in die Harnröhre durch die Vorsteherdrüse (Prostata, 4). Diese Drüse produziert den größten Teil der Samenflüssigkeit, die zusammen mit den Samenzellen bei der Samenentleerung (Pollution oder Ejakulation) ausgestoßen wird. Im männlichen Glied befinden sich drei sogenannte Schwellkörper: die beiden vorderen (Corpora cavernosa penis, 15) u. der hintere (Corpus spongiosum penis, 16). Bei geschlechtlicher Erregung wird in diesen Schwellkörpern Blut angestaut, wodurch es zur Vergrößerung, Versteifung u. Aufrichtung (Erektion) des Gliedes kommt.

Die Geschlechtsorgane der Frau liegen im Gegensatz zum Mann vorwiegend im Inneren des Unterleibes. Zu den äußeren weiblichen Geschlechtsorganen gehören die großen (äußeren) Schamlippen (Labia majora pudendi, 24), die kleinen (inneren) Schamlippen (Labia minora pudendi, 23) u. der Kitzler (Clitoris) mit Schwellkörper (25). Der gesamte Bereich der äußeren weiblichen Geschlechtsorgane wird auch als Scham bezeichnet. Durch die Scheide (Vagina, 21) wird die Verbindung mit den inneren Geschlechtsorganen hergestellt. Sie dient zur Aufnahme des männlichen Gliedes beim Geschlechtsakt. Der Scheideneingang ist bei Jungfrauen durch das Jungfernhäutchen (Hymen, 22) auf etwa 5 bis 10 Millimeter eingeengt. Es kann vorkommen, daß das Jungfernhäutchen zunächst ganz geschlossen ist. Dann muß es zu Beginn der Pubertät operativ geöffnet werden, damit die Regelblutung abfließen kann. Vor dem Scheideneingang mündet die Harnröhre (Urethra feminina, 8). Zu den inneren Geschlechtsorganen der Frau gehören die Gebärmutter (Uterus, 12 bis 20), zwei Eierstöcke (Ovarien, 27) u. zwei Eileiter (Tubae uterinae, 26). Die Eierstöcke sind die Keimdrüsen der Frau, in denen sich die Eizellen befinden.

Die geschlechtliche Reifung des Menschen

Obwohl die inneren u. äußeren Geschlechtsorgane des Menschen schon bei der Geburt fast vollständig ausgebildet sind, erlangen sie erst in der Reifezeit (Pubertät) ihre volle Funktionsfähigkeit. Diese Reifezeit liegt etwa zwischen dem 11. u. 15. Lebensjahr u. wird noch einmal in Vorpubertät u. eigentliche Pubertät unterteilt. Im allgemeinen setzen die geschlechtlichen Reifungsvorgänge beim Jungen etwa ein Jahre später ein als beim Mädchen u. sind auch erst entsprechend später abgeschlossen. Innerhalb beider Geschlechtsgruppen gibt es jedoch sehr starke individuelle Schwankungen hinsichtlich der angegebenen Zeitpunkte.

Die Vorpubertät (etwa 10. bis 12. Lebensjahr) ist hauptsächlich durch ein etwas verlangsamtes Tempo des Längenwachstums bei etwas stärkerer Gewichtszunahme als bisher bestimmt. Dabei erfolgt eine erste Ausprägung in Richtung der typischen weiblichen u. männlichen Körperformen. Der Körper des Mädchens wird nun durch stärkeren Fettansatz besonders an Schultern, Brust und Hüften weicher u. abgerundeter u. erhält mitunter ein etwas dickes, „pummeliges" Aussehen, das sich meist in der eigentlichen Pubertät wieder verliert. Zu einer besonderen Steigerung der Tätigkeit der Geschlechtshormone kommt es noch nicht. Es kann sich lediglich schon der erste stärkere Haarwuchs in den Achseln (Achselhaar) u. an den äußeren Geschlechtsorganen (Schamhaar) einstellen.

Mit Einsetzen der Pubertät (etwa von 12 Jahren an) wächst der Körper wieder schneller, wobei besonders Arme u. Beine auffällig an Länge zunehmen. Viele Mädchen u. Jungen wirken durch ihre „hochgeschossene" Körperform vorübergehend schlaksig. Nun beginnt auch die durch besondere Wirkstoffe (Hormone) ausgelöste eigentliche geschlechtliche Reifung, die sich äußerlich beim Jungen durch einen Stimmwechsel (Stimmbruch), Wachstum der Hoden u. des Gliedes, beim Mädchen durch Ausprägung der Brüste u. Tieferwerden der Stimme u. bei beiden Geschlechtern durch weitere Zunahme der Schambehaarung bemerkbar wird.

Die geschlechtliche Reifung des Jungen. Die den Reifungsprozeß in Gang setzenden u. später die Geschlechtsfunktion erhaltenden Hormone werden in bestimmten Drüsen gebildet u. von dort in die Blutbahn abgegeben. Die Produktion von Samenzellen u. männlichen Geschlechtshormonen im Hoden wird durch Hormone der etwa haselnußgroßen Hirnanhangdrüse (Hypophyse) gesteuert. Das Zusammenwirken der hormonalen Prozesse, an deren Auswirkungen auch bestimmte Nervenbahnen beteiligt sind, ist äußerst kompliziert. Bis zum Einsetzen der Pubertät ist der Arbeitsweg von der Hirnanhangdrüse zu den eigentlichen Geschlechtsorganen gesperrt, u. auch die Keimdrüsen sind bis zu diesem Zeitpunkt für die übergeordneten Hormone weniger oder gar nicht empfänglich. Von der Pubertät an bilden sich in den Hoden täglich etwa 200 bis 500 Mill. winzig kleine Samenzellen, die ihre letzte Ausreifung im Nebenhodengang erhalten. Damit die Samenzellen immer frisch sind,

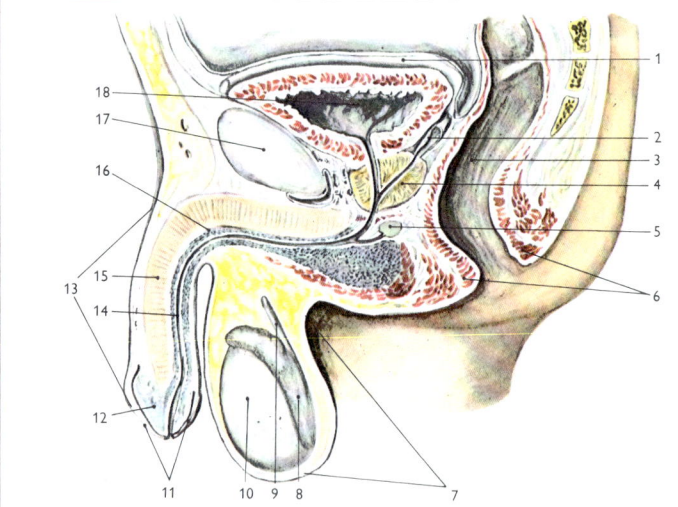

Geschlechtskunde (Forts.)

Querschnitt durch das männliche Becken

1 Samenleiter (Ductus deferens)
2 Samenblasen (Vesicula seminalis)
3 Mastdarm (Rectum)
4 Vorsteherdrüse (Prostata)
5 Cowpersche Drüse (Glandula bulbourethralis)
6 After (Anus) mit Schließmuskulatur
7 Hodensack (Scrotum)
8 Nebenhoden (Epididymis)
9 Samenleiter (Ductus deferens)
10 Hoden (Testis)
11 Vorhaut (Praeputium)
12 Eichel (Glans penis)
13 männliches Glied (Penis)
14 Harnröhre (Urethra masculina)
15 Schwellkörper (Corpus cavernosum penis)
16 Harnröhrenschwellkörper (Corpus spongiosum penis)
17 Symphyse (Symphysis)
18 Harnblase (Vesica urinaria)

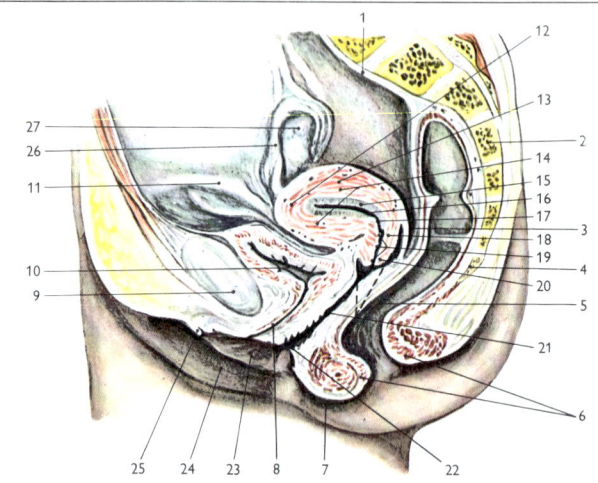

Querschnitt durch das weibliche Becken

I.
1 Vorgebirge (Promontorium)
2 Kreuzbeinwirbel (Os sacrum), durchschnitten
3 Douglas-Raum
4 Steißbeinwirbel (Os coccygis; durchschnitten)
5 Mastdarm (Rectum)
6 After (Anus) mit Schließmuskulatur
7 Dammgegend (Perineum)
8 Harnröhre (Urethra feminina)
9 Symphyse (Symphysis)
10 Harnblase (Vesica urinaria)
11 rundes Mutterband (Ligamentum teres uteri)

II. Gebärmutter (Uterus):
12 Gebärmuttergrund (Fundus uteri)
13 Gebärmutterkörper (Corpus uteri)
14 Gebärmuttermuskulatur (Myometrium)
15 Gebärmutterschleimhaut (Endometrium)
16 Gebärmutterhöhle (Cavum uteri)
17 Gebärmutterenge (Isthmus uteri)
18 Gebärmutterhals (Cervix uteri)
19 äußerer und innerer Muttermund (Ostium uteri)
20 Scheidenteil des Gebärmutterhalses (Portio vaginalis)

III.
21 Scheide (Vagina) mit Scheidengewölbe (dient als „Samentasche")
22 Gegend des Jungfernhäutchens (Hymenes)

IV. Scham (Vulva):
23 kleine Schamlippe (Labium minus pudendi)
24 große Schamlippe (Labium majus pudendi)
25 Kitzler (Clitoris) mit Schwellkörper

V. Anhangsgebilde:
26 rechter Eileiter (Tuba uterina)
27 rechter Eierstock (Ovarium)

Mann und Frau (Rückenansicht)

Mann und Frau mit Kind

Geschlechtskunde (Forts.)

werden die bereits erzeugten vom Körper nach u. nach wieder abgebaut oder es wird in bestimmten Zeitabständen (im Durchschnitt alle zwei Wochen) der gesamte Vorrat als trübweiße u. dicklichzähe („sämige") Flüssigkeit meist nachts, oft begleitet von Träumen, ausgestoßen. Diesen vom Körper selbst ausgelösten Samenausstoß nennt man Pollution; er ist völlig normal u. in keiner Weise schädlich. Erfolgt die Pollution zum erstenmal, weiß der Junge, daß er nun in geschlechtlicher Hinsicht reif ist.

Die geschlechtliche Reifung des Mädchens. Genau wie beim Jungen wird auch beim Mädchen der geschlechtliche Reifungsprozeß durch besondere Hormone eingeleitet u. gesteuert. Schon bei der Geburt verfügt ein Mädchen über 400 000 bis 500 000 Eizellen (etwa 200 000 bis 250 000 je Eierstock). Davon geht aber bis zum Eintritt der Pubertät der größte Teil zugrunde. Zur letzten Ausreifung gelangen im fortpflanzungsfähigen Alter (etwa 12. bis 50. Lebensjahr) nur 400 bis 550 Eizellen. Das Einsetzen der Ausreifung der bis dahin ruhenden Eizellen ist der wichtigste Vorgang in der Pubertät des Mädchens. Von nun an reifen in beiden Eierstöcken zusammen jährlich 12 bis 14 Eizellen heran. Das Heranreifen erfolgt in kleinen Eibläschen (Follikel). Etwa alle 27 Tage platzt eines dieser Eibläschen auf. Dieser Vorgang heißt Eisprung (Follikelsprung oder Ovulation). Die herausgesprungene reife Eizelle ist etwa 0,1 bis 0,15 mm groß (das entspricht etwa einer Nadelspitze). Sie wird vom trichterförmigen Anfangsteil des etwa 10 bis 20 cm langen Eileiters aufgefangen u. ist auf dem Wege zur Gebärmutter nur wenige Stunden befruchtungsfähig. Erfolgt in diesem Zeitraum keine Befruchtung durch männliche Samenzellen, so stirbt das Ei ab u. wird durch Säfte völlig aufgelöst. Unmittelbar nach dem Eisprung haben die Schleimhäute an den Wänden der Gebärmutter mit dem Aufbau einer Nährschicht für das eventuell befruchtete Ei begonnen („Speisekammer der Gebärmutter"). Kommt es nicht zur Befruchtung, wird die nun überflüssig gewordene Nährschicht ausgestoßen u. tritt als bräunliche bis rote Flüssigkeit aus der Scheide aus. Weil dieser Vorgang, der etwa 3 bis 5 Tage dauert, in regelmäßigen Abständen (im Durchschnitt alle 27 Tage) erfolgt, nennt man ihn die Regelblutung oder kurz Regel, Monatsblutung oder auch „die Tage" (Menstruation oder Menses). Erfolgt diese Blutung zum erstenmal, spricht man von der Menarche. Das mitunter bei leichtem Unwohlsein austretende Blut wird durch Zellstoffvorlagen (Damenbinden, kurz Binden genannt) aufgefangen. Manche Frauen bevorzugen Tampons. Der Zeitraum vom Eintritt einer Regelblutung bis zum Beginn der nächsten wird als Zyklus oder Periode bezeichnet. Er kann zwischen 21 u. 31 Tage betragen. In den ersten zwei Jahren nach der Menarche ist der Zyklus noch unregelmäßig. Auch später kann es aus besonderen Gründen (Ortswechsel, Aufregung, Freude, Ängste, Anstrengung usw.) zu Unregelmäßigkeiten in den Abständen zwischen zwei Blutungen kommen.

Zeugung und Geburt

Von dem Augenblick an, in dem die weiblichen u. männlichen Geschlechtsorgane reife Eizellen bzw. reife Samenzellen produzieren (allgemeines Kennzeichen: Menarche u. erste Pollution), ist der Mensch in der Lage, Kinder zu zeugen. Dazu ist es nötig, daß beide – Ei u. Samen – zusammenkommen. Die äußeren Geschlechtsorgane ermöglichen das Zusammenbringen u. damit die Vereinigung der Keimzellen beider Geschlechter. Das durch verstärkte Blutzufuhr in den Schwellkörpern steif gewordene Glied des Mannes wird in die Scheide der Frau eingeführt. Diese mit körperlichem Lustgefühl verbundene geschlechtliche Vereinigung von Mann u. Frau wird als Geschlechtsverkehr, Geschlechtsakt, Beischlaf oder Paarung bezeichnet. Durch rhythmische Bewegungen der Körper wird dabei das Lustempfinden gesteigert, bis es seinen Höhepunkt, den Orgasmus, erreicht. In diesem Augenblick wird aus der Harn-Samen-Röhre des Gliedes die aus den männlichen Geschlechtsdrüsen stammende Samenflüssigkeit, das Sperma, vor den Eingang der Gebärmutter (Gebärmuttermund) geschleudert. Dieser beabsichtigte Samenausstoß heißt Ejakulation (der unbeabsichtigte Pollution). Die durchschnittliche Menge einer üblichen Samenentleerung beträgt 2 bis 6 cm^3. Darin sind 120 bis 540 Mill. Samenzellen enthalten. Diese Samenzellen, an denen man Kopf, Mittelstück u. Schwanz unterscheidet, sind sehr klein (0,04 bis 0,06 cm lang) u. haben etwa die Form einer jungen Kaulquappe. Nach ihrem Ausstoß dringen diese Samenzellen in die Gebärmutter ein u. wandern langsam bis in beide Eileiter hinauf. Treffen sie in einem der Eileiter auf eine reife Eizelle, dringt nur eine einzige Samenzelle in das Innere des Eis ein. (Die große Zahl der ausgestoßenen Samenzellen soll gewährleisten, daß wirklich eine Befruchtung stattfindet, zumal viele Samenzellen auf der Wanderung zur Eizelle absterben. Lebensfähig sind Samenzellen etwa bis zu 2 Tagen.) Nachdem die ins Ei-Innere eingedrungene Samenzelle den Eizellkern erreicht hat, verbinden sich Ei- und Samenzellkern. In diesem Augenblick erfolgt die Befruchtung (Empfängnis), u. der Entwicklungsprozeß eines neuen Lebewesens (die Schwangerschaft) beginnt. Mit der Befruchtung ist auch das Geschlecht des Keimes bestimmt.

Von dem Ort der Befruchtung im oberen Teil des Eileiters wandert das befruchtete Ei in etwa 5 Tagen in die Gebärmutter, wo nach weiteren 5 bis 6 Tagen seine Einnistung in die vorbereitete, mit Nährstoffen angereicherte Gebärmutterschleimhaut erfolgt. Da diese nun die Aufgabe der Ernährung des Keimes übernehmen muß, wird sie nicht wie sonst ausgestoßen, die Monatsblutung unterbleibt, ein Zeichen, daß eine Schwangerschaft eingetreten ist. Bis zur Geburt des Kindes werden 9 Monate vergehen. So lange dauert eine Schwangerschaft. Während dieser Zeit werden von den Eierstöcken keine reifen Eizellen freigegeben, so daß eine erneute Befruchtung ausgeschlossen ist.

Etwa 30 Stunden nach der Befruchtung – also noch während der Wanderung durch den Eileiter zur Gebärmutter – hat sich die befruchtete Eizelle bereits einmal geteilt. Dieser sich jetzt fortlaufend wiederholende Vorgang der Zellteilung leitet den Entwicklungs- u. Wachstumsprozeß des Keimes ein. Zwischen den einzelnen Teilungsschritten vergehen etwa 15 Stunden. Bei den ersten Zellteilungen können bei totaler Durchschnürung die neu entstandenen Zellen jede für sich die Entwicklung zu einem vollständigen Menschen fortsetzen. In solchen Fällen kommt es zu eineiigen Mehrlingsschwangerschaften. Bald aber geht diese Fähigkeit verloren, u. die Zellen sind dann nur noch als Ganzes lebens- u. entwicklungsfähig. Da eine befruchtete Eizelle immer nur entweder weiblichen oder männlichen Geschlechts ist, sind durch eine völlige Teilung eventuell aus ihr hervorgegangene Zwillinge (also eineiige Zwillinge) oder auch Vierlinge entweder nur Mädchen oder nur Jungen. Es kommt mitunter auch vor, daß mehrere Eizellen zugleich befruchtet werden. In diesen Fällen kann es zu Mehrlingsgeburten verschiedenen Geschlechts kommen. Dann handelt es sich also um zweieiige Zwillinge. Während sich eineiige Zwillinge meist zum Verwechseln ähnlich sehen, haben zweieiige Zwillinge nicht mehr Ähnlichkeit miteinander als zu verschiedenen Zeiten geborene Geschwister.

Wenn sich der Keim (auch Embryo genannt) am 5. bis 6. Tag nach der Befruchtung in die Schleimhaut der Gebärmutter eingenistet hat, dringt sein Ernährungsgewebe in Form kleiner Zotten in die Zellschicht der Gebärmutterschleimhaut ein u. eröffnet die Bluträume, wodurch die Nahrungsstoffzufuhr endgültig hergestellt ist. In der Gebärmutter bildet sich nun eine zusätzliche Ernährungsmasse: der

219

Geschlechtskunde (Forts.)

sogenannte Mutterkuchen (Plazenta). Aus einem Teil des in die Gebärmutterschleimhaut eingedrungenen Ernährungsgewebes entwickelt sich allmählich die Nabelschnur, die Versorgungsleitung zwischen Mutter u. Kind bis zur Geburt.

In einem komplizierten Entwicklungsvorgang nach einem „eingeborenen" Bauplan wächst nun ein neuer Mensch heran. Es vollzieht sich ein Geschehen, das trotz aller bisherigen Forschungsergebnisse über die einzelnen Abläufe wie ein Wunder erscheint. Über die genauen Entwicklungsvorgänge des menschlichen Keimes bis zum 11. Tag ist noch sehr wenig bekannt. Nach 26 Tagen beträgt die Gesamtlänge des Embryos 3, nach 30 Tagen 4,5 mm. Bereits im 2. Monat bildet sich die menschliche Form heraus: Kopf, Arm- u. Beinanlagen sind deutlich zu erkennen. V. a. der 3. Monat steht dann ganz im Zeichen der Ausbildung der künftigen Körperformen. Von nun an nennt man den Keimling Fetus. An den Augenbrauen wachsen schon Härchen, die ersten zarten Bewegungen sind möglich. Am Ende des 4. Monats ist der Fetus etwa 16 cm groß. Jetzt spürt auch die Mutter bereits die Bewegungen des Kindes.

In den ersten vier Monaten der Schwangerschaft kann die Entwicklung des Kindes im Leib der Mutter durch vielerlei Einflüsse empfindlich gestört werden. Unfälle, außergewöhnliche körperliche Anstrengungen, infektiöse Erkrankungen, eingenommene Medikamente, Zigaretten (Nikotin), Alkohol und ähnliches können zu Schädigungen, Mißbildungen oder sogar zum Tod des Keimes führen, so daß eine vorzeitige Ausstoßung der Leibesfrucht, eine sogenannte Fehlgeburt, erfolgt. Manche früh erworbenen Mißbildungen führen erst später zu Störungen (Tod und Frühgeburt) oder zum Absterben des Kindes bei der Entbindung (Totgeburt). Grundsätzlich sind Frühschäden während der gesamten Schwangerschaft nicht ausgeschlossen. Alkohol, Nikotin, Schmerz-, Schlaf- u. Betäubungsmittel gelangen über den Mutterkuchen in den Blutkreislauf des Kindes (obwohl keine direkte Verbindung, etwa durch Adern, besteht!). Eine werdende Mutter sollte also solche Dinge nicht zu sich nehmen, abgesehen von dem, was der Arzt verordnet hat. In den letzten 5 Monaten der Schwangerschaft wächst das Kind bis auf eine Größe von etwa 55 cm und ein Gewicht von 3 bis 4 kg heran. Dadurch wird der Raum in der Gebärmutter immer enger. Der Bauch der Frau wölbt sich nun stark nach außen. Naht dies die Schwangerschaft dem Ende, stellen sich die Geburtswege auf den Geburtsvorgang ein: Gebärmutterhals, Muttermund, Scheide, Damm lockern sich, die Gebärmutter verlagert sich nach unten.

Die Geburt beginnt mit den ersten starken Wehen. Das sind Muskelzusammenziehungen (Kontraktionen) der Gebärmutter, mit denen sie versucht, die Leibesfrucht hinauszupressen. Erste schwache Wehen stellen sich oft schon eine Woche vor der Geburt ein u. machen sich als rhythmisch wiederkehrendes Ziehen im Bauch, oft verbunden mit Kreuzschmerzen, bemerkbar. Später werden die Wehen stärker u. schaffen durch Erweiterung des Gebärmutterhalses u. Öffnung des Muttermundes den Geburtskanal. Auf diese Eröffnungsperiode der Geburt folgt die Austreibungsperiode. Nun üben die Muskelfasern beim Zusammenziehen einen starken Druck auf das Kind aus (Austreibungs- oder Preßwehen). Mit dem Kopf voran (bei ca. 96 % aller Geburten) wird das Kind durch die nun stark erweiterte Scheide aus dem Mutterleib hinausgetrieben. Nachdem die Atmung in Gang gekommen ist, wird die Nabelschnur abgebunden u. durchgetrennt (Abnabelung). Etwa eine Viertelstunde nach der Geburt wird der noch in der Gebärmutter verbliebene Mutterkuchen mit dem restlichen Teil der Nabelschnur als sogenannte Nachgeburt ausgestoßen. Nach der Entbindung muß die Frau noch einige Tage im Bett bleiben, um sich wieder ganz zu erholen (Wochenbett oder Kindbett).

Um zu starke Schmerzen in den letzten Phasen der Geburt zu vermeiden, bekommt die Frau in diesem Augenblick meist eine leichte Betäubung. Viele werdende Mütter nehmen heute an Kursen für Schwangerschaftsgymnastik teil. Hier lernen sie, durch Entspannungs-, Atem- u. Preßübungen, die Geburt zu erleichtern, so daß eine Betäubung nicht nötig ist. Eine Geburt kann je nach Umständen weniger als 1 Stunde, aber auch länger als 48 Stunden dauern. Bei Mehrlingsgeburten kommen die Kinder (oft im Abstand von Stunden) nacheinander zur Welt. Schon bei Zwillingen ist also einer der beiden „der ältere". Kann ein Kind aus bestimmten Gründen (z. B. zu enges Becken der Mutter) nicht auf normale Weise geboren werden, erfolgt ein Kaiserschnitt. Dabei wird unter Narkose zuerst der Bauch u. dann die Gebärmutter geöffnet u. das Kind herausgenommen. Die Operationswunde heilt im allgemeinen bald ab. Kinder, die vor Ablauf von 28 Schwangerschaftswochen geboren werden, sind nicht lebensfähig (Fehlgeburten). Geburten zwischen 29. u. 38. Schwangerschaftswoche bezeichnet man als Frühgeburten. Sie können durch besondere ärztliche Maßnahmen (Brutkasten) am Leben erhalten werden.

Das Geschlechtsleben des Menschen

Bau, Entwicklung und Funktion der menschlichen Geschlechtsorgane sind bisher nur unter dem Gesichtspunkt ihrer Bedeutung für die Zeugung neuen Lebens dargestellt worden. Bei der Beschreibung des Zeugungsvorganges wurde schon erwähnt, daß die Vereinigung von Mann u. Frau im Geschlechtsakt von beiden als lustvolles Erlebnis empfunden wird. Es verhält sich hier wie bei anderen der Erhaltung des menschlichen Lebens dienenden Vorgängen u. Zuständen (Stillung des Hungers u. Durstes, Erfrischung durch Schlaf, Geborgenheit, Wärme usw.), die der Mensch ja auch als angenehm empfindet. Schon das kleine Kind spielt mit seinen äußeren Geschlechtsorganen, wie es sich mit seinen Händen u. Füßen, Mund u. Nase beschäftigt. Es „erspielt" sich sozusagen seinen Körper. Spätestens in der Pubertät, wenn die Ausreifung der Geschlechtsorgane erfolgt, merken Junge u. Mädchen, daß die Berührung des Gliedes bzw. Kitzlers ein eigenartiges, angenehmes Gefühl auslöst. Aus den zunächst mehr zufälligen Berührungen werden mit zunehmender Reizempfindlichkeit dieser Organe u. zunehmendem Sexualdrang, der zuerst ungerichtet ist, bewußt ausgeführte Handlungen zur sexuellen Lusterzeugung. Man bezeichnet sie als Selbstbefriedigung, Ipsation oder auch als Onanie oder Masturbation. Obwohl durch solche Selbstbefriedigungen keine körperlichen oder seelischen „Schäden" entstehen können, wird oft mit Strafe gedroht, um solche vermeintlichen Folgen abzuwenden. Strafandrohungen lassen aber oft erst wirkliche Schäden entstehen, nämlich Angstzustände, Schuld- und Minderwertigkeitsgefühle, die dann wiederum zu schweren geschlechtlichen Fehlhaltungen führen können. Übertrieben häufige Selbstbefriedigung ist selten Ursache, sondern meist Folge psychischer Störungen. Im allgemeinen ist die Selbstbefriedigung nur eine durch den erwachten Geschlechtstrieb ausgelöste Durchgangsphase. Aber nicht nur der zunehmende Sexualtrieb bedrängt den jungen Menschen mit Einsetzen der Pubertät. Neben dieser hormonal ausgelösten Erscheinung findet ein schon in der Vorpubertät beginnender geistig-seelischer Umwandlungsprozeß statt. Man verläßt nun das Kindesalter und wird allmählich ein Erwachsener. Dieser Übergang vollzieht sich nicht ohne Schwierigkeiten. Ehe der Schritt in die Welt der „Großen" gelingt, stellt sich ihr gegenüber Mißtrauen ein, das nicht selten bis zur radikalen Ablehnung führen kann. Viele Jugendliche ziehen sich nun in sich selbst zurück, fühlen sich unverstanden u. zeigen eine verstärkte Reizbarkeit. Auch zwischen Gleichaltrigen kommt es nun zu Spannungen. Die beiden Geschlechter sondern sich vorüberge-

Geschlechtskunde (Forts.)

hend voneinander ab. Jungen u. Mädchen können „sich nicht riechen" u. bedenken einander mit abfälligen Bemerkungen. Freundschaften entstehen jetzt fast nur unter gleichgeschlechtlichen Partnern. Diese Lebensphase wird auch als „zweites Trotzalter" bezeichnet (das erste liegt im 3. bis 4. Lebensjahr).

Allmählich wird das Verhalten dann wieder ausgeglichener. Der zuerst nur auf den eigenen Körper bezogene Sexualtrieb wird jetzt als Sehnsucht u. Drang zum anderen Geschlecht empfunden. Es kommt nun zu Freundschaften zwischen Jungen u. Mädchen, zu zärtlichen Zuneigungen, zur „ersten Liebe". Ein neues Problem taucht auf: Obwohl die körperliche und geschlechtliche Reife erreicht ist, stehen einer völligen gegenseitigen Hingabe junger Menschen vor der Eheschließung trotz der Hinwendung zu einem natürlichen Sexualverhalten auch heute noch bestimmte Schranken entgegen. Obwohl allgemein der Eindruck einer großen sexuellen Freiheit herrscht, muß jeder Mensch für sich entschieden u. bedenken, was der letzte Schritt der körperlichen Vereinigung für ihn bedeuten kann.

Eine Schwierigkeit für sehr junge Menschen ist wohl darin zu sehen, daß sie, obwohl sie körperlich (geschlechtlich) reif sind, psychisch (seelisch) durchaus nicht reif sein müssen. Oft ist es eher Neugierde als Zuneigung, die sie zum ersten Geschlechtsverkehr drängt, oder auch eine gewisse Rivalität zu „erfahrenen" Altersgenossen. Eine ausschließlich körperliche Beziehung zweier Menschen führt oft nur bei einem zu wirklicher Befriedigung u. ist oft nur von kurzer Dauer. Geschlechtsverkehr mit öfter wechselnden Partnern kann seelisch nachteilige Folgen haben. Körperliche Beziehungen zweier Menschen sollten darum die Erfüllung ihrer Liebe zueinander sein, nicht nur die Befriedigung des Triebes.

Geht ein Mädchen Geschlechtsverkehr ein, wird bei der Einführung des Gliedes das Jungfernhäutchen durchstoßen (Defloration), das allerdings auch aus anderen Gründen (Krankheiten, Unfälle und ähnliches) zerrissen sein kann. Trotz aller Verhütungsmittel ist eine Befruchtung niemals völlig ausgeschlossen. Zu frühe Kinder bedeuten aber fast immer großes Leid für alle Beteiligten. Zu früh geschlossene Ehen werden nach neuesten Statistiken sehr häufig wieder geschieden. Viele Liebespaare begnügen sich daher mit dem sogenannten „Petting". Dabei werden innige Liebkosungen bis zum gegenseitigen Spielen an den Geschlechtsorganen ausgetauscht, ohne daß es zur letzten körperlichen Vereinigung kommt.

Von den Methoden und Mitteln zur *Empfängnisverhütung* ist zunächst die Ausnutzung der empfängnisfreien Tage zu nennen (Methode Knaus-Ogino). Es wurde oben dargestellt, daß die Eizelle nach Verlassen des Eierstocks nur kurze Zeit befruchtungsfähig ist. Da dieser Eisprung meistens zwischen dem 10. bis 17. Tag nach Einsetzen der Regelblutung erfolgt, kann theoretisch in den Tagen vor- und nachher eine Befruchtung nicht erfolgen. Wegen Unregelmäßigkeit im Termin des Eisprunges ist aber eine Befruchtung – selbst während der Regelblutung – niemals völlig ausgeschlossen.

Der genaue Termin des Eisprungs läßt sich durch tägliche Messung der Körpertemperatur (morgens vor dem Aufstehen) feststellen. Zwei Tage nach dem Eisprung nämlich steigt die Körpertemperatur um 4 bis 6 Zehntelgrade an (sogenannter Temperatursprung). Bei der Methode des unterbrochenen Geschlechtsverkehrs (Coitus interruptus) wird das Glied vor dem Samenerguß aus der Scheide gezogen. Da schon vor der Ejakulation Samen unbemerkt ausgetreten sein kann, ist auch hier keine völlige Sicherheit gegeben. Eine andere Verhütungsmethode besteht in chemischen Präparaten, die in Form von Tabletten oder Gelees vor dem Verkehr in die Scheide eingebracht werden, um die Samenzellen abzutöten. Weitaus unsicherer sind hinterher durchgeführte Spülungen, weil dann die Samenzellen schon in den Gebärmutterhalskanal eingetreten sein können. Das bekannteste Verhütungsmittel ist der Überzug aus dünnem Gummi für das Glied des Mannes (Präservativ oder Kondom), das zugleich vor einer möglichen Ansteckung mit ↑Geschlechtskrankheiten schützt. Weniger gebräuchlich und umständlicher zu handhaben sind Kappen für den Muttermund (Pessare), die bei der Frau das hintere Scheidengewölbe absperren. Die wohl größte Sicherheit bieten die vom Volksmund als „Antibabypille" bezeichneten hormonalen Verhütungsmittel. Diese Ovulationshemmer – so ist ihre wissenschaftliche Bezeichnung – müssen täglich eingenommen werden. Mädchen sollten aber niemals ohne Rücksprache mit einem Arzt die „Pille" nehmen, da ihre Wirkung für den noch wachsenden Körper schädlich sein kann.

Der *Geschlechts-* oder *Sexualtrieb* wird von fast allen Menschen als der mächtigste empfunden. Nicht immer bewegt er sich in Bahnen, die allgemein als „normal" empfunden werden; so kommt es mitunter vor, daß der Trieb auf das gleiche Geschlecht gerichtet ist (Homosexualität). Wird die Befriedigung nur in abartigen Handlungen (↑Sadismus, ↑Masochismus, ↑Sodomie) gefunden, spricht man von Perversionen (Umkehrungen). Manche Menschen werden durch ihren Geschlechtstrieb so stark beherrscht, daß sie sich zu strafbaren Handlungen hinreißen lassen, z. B. zur Vergewaltigung oder zu Unzucht mit Kindern. Oft leiden die Betroffenen selbst unter ihrem übermächtigen oder krankhaften Trieb. In vielen Fällen könnten sie eher durch ärztliche Behandlung (Psychiater; eventuell auch durch einen chirurgischen Eingriff) als durch Strafandrohung oder Strafvollzug vor Straftaten bewahrt werden. Mit Freiheitsstrafe bedroht wird der Geschlechtsverkehr mit Angehörigen der eigenen Familie (Blutschande oder Inzest).

Der Geschlechtstrieb ist für den Menschen von großer Bedeutung, weil er die Nachkommenschaft u. damit die Erhaltung der Art sichert. Es gab Zeiten, in denen jede geschlechtliche Betätigung, die nicht diesem Zweck diente, als Sünde oder etwas Schmutziges bezeichnet wurde. Diese Auffassung hat sich seit dem 2. Weltkrieg zunehmend geändert. Man weiß u. gibt zu, daß sexuelle Befriedigung den Menschen frei u. glücklich machen kann. Aber man muß auch wissen, welche Verantwortung der Mensch übernimmt, wenn er sich dem letzten Schritt der körperlichen Liebe hingibt.

* * *

Geßler, Hermann (auch Gryßler oder Geßler von Bruneck), der Sage nach ein tyrannischer Landvogt in Schwyz u. Uri; er soll von ↑Tell bei Küßnacht am Rigi erschossen worden sein. Historisch gesichert ist die Person Geßlers nicht.

Gestapo s, Mz., Abkürzung für: **Ge**heime **Sta**atspolizei, die politische Polizei 1933–45. Sie war berüchtigt u. gefürchtet wegen ihres brutalen Vorgehens beim Bespitzeln, Verfolgen u. Verhören politisch mißliebiger Personen. Sie richtete eigene Arbeitserziehungslager ein, konnte Menschen ins Gefängnis u. KZ einweisen u. war mit sogenannten Einsatzgruppen an der Massenvernichtung der Juden beteiligt. Im Nürnberger Prozeß wurde sie zu einer verbrecherischen Organisation erklärt.

Gesteine, Mz., natürliche feste Bildungen der Erdkruste, die aus einem Mineralgemenge (verschiedene Arten von Mineralen), aus einer einzigen Mineralart oder aus Resten abgestorbener Tiere u. Pflanzen bestehen. Nach der Entstehung unterscheidet man mehrere Arten: 1. Die *magmatischen Gesteine,* die auch *Erstarrungs-* oder *Eruptivgesteine* (lat. eruptio = Ausbruch) genannt werden, haben sich aus der heißen, flüssigen Masse des Erdinnern (Magma) gebildet. Sie sind besonders hart. Erstarrte das empordringende Magma bereits innerhalb der Erdkruste, so entstanden die Tiefengesteine (z. B. Granit); erstarrte es erst an der Oberfläche, so bildeten sich Ergußgesteine (z. B. Basalt). 2. Die *Schicht-* oder *Sedimentgesteine* (lat. sedimentum = Ablagerung) sind Gesteine, die durch Verfestigung aus den Sedimenten (Ablagerungen) hervorgegangen sind. Sie sind meist schichtförmig ausgebildet. Durch Verfestigung wird aus Ton Schiefer, aus Sand Sandstein; die Ablagerungen können durch Wasser oder Wind bewirkt worden sein. Ferner können Sedimentgesteine aus den Ablagerungen wäßriger Lösungen (Steinsalz) oder aus abgestorbenen Tier- u. Pflanzenresten (Korallenkalk) hervorgegangen sein. 3. Die *metamorphen Gesteine* (gr. metamorphoun = umwandeln) sind magmatische u. Sedimentgesteine, die durch erhöhten Druck, hohe Temperatur u. a. umgewandelt wurden. Dabei entstanden aus kleinsten Kristallen aufgebaute Gesteine (z. B. Marmor), die oft schieferartig aufgebaut sind (z. B. Gneis).

Gesundheitspflege w (Hygiene), Teilgebiet der Medizin; ihre Aufgaben sind die Gesunderhaltung des Menschen u. die Steigerung seiner Leistungsfähigkeit. Die G. ist daher für Staat u. Bevölkerung von größter Bedeutung. Einen wichtigen Platz nehmen dabei die *Gesundheitsämter* ein. Impfungen verhindern das Aufkommen gefährlicher Seuchen (z. B. der Pocken). Durch Reihenuntersuchungen werden Kranke (z. B. Tuberkulosekranke) ermittelt. Tollwutverdächtige Tiere müssen zur Untersuchung gebracht werden. In den Schulen überwacht ein Schularzt den Gesundheitszustand der Schüler. Für Gewerbebetriebe (z. B. Gaststättengewerbe) bestehen gesetzliche Regelungen. – Die persönliche G. erstreckt sich v. a. auf die Körperpflege, Sauberkeit von Kleidung u. Wohnung, richtige, vitaminreiche Ernährung, Abhärtung u. Kräftigung des Körpers durch Sport u. das Meiden von Alkohol u. Nikotin.

Gethsemane, nach biblischem Bericht ein Garten am Fuße des Ölbergs bei Jerusalem; der Ort, an dem Jesus verhaftet wurde.

Getreide s, Sammelbezeichnung für aus Gräsern gezüchtete ↑Kulturpflanzen, die wegen ihrer mehlhaltigen Früchte angebaut werden: Weizen, Gerste, Hafer, Roggen, Hirse, Reis, Mais.

Getriebe s, Vorrichtung zur Übertragung einer Kraft von der Antriebsmaschine zu der Stelle, wo sie gebraucht wird. Beim Auto gibt es verschiedene Arten von Getrieben; ↑Kraftwagen.

Getto ↑Ghetto.

Geusen [frz.; = Bettler] m, Mz., ursprünglich Spott-, dann Ehrenname der Niederländer, die im 16. Jh. gegen die Spanier um ihre Freiheit kämpften.

Gewaltenteilung w, der französische Philosoph u. Schriftsteller *Charles de Montesquieu* (1689–1755) vertrat die Auffassung, daß die Staatsgewalt auf drei Gewalten aufzuteilen sei, damit sich an einer Stelle nicht zuviel Macht ansammle. Seine Theorie wurde zur Grundlage aller demokratischen Staatsverfassungen. Danach werden folgende Gewalten unterschieden: 1. die gesetzgebende Gewalt (*Legislative*), die beim Parlament liegt; 2. die vollziehende Gewalt (*Exekutive*), die bei der Regierung u. der Verwaltung liegt; 3. die rechtsprechende Gewalt (*Jurisdiktion*), die bei den Gerichten liegt. Eine vollkommene G. ist in keinem Staat verwirklicht; ↑auch Staat.

Getreide. 1 Hafer, 2 Weizen, 3 Roggen, 4 Gerste

Granit

Gneis

Bunter Sandstein

Gewichtheben

Gewölbe. Sterngewölbe

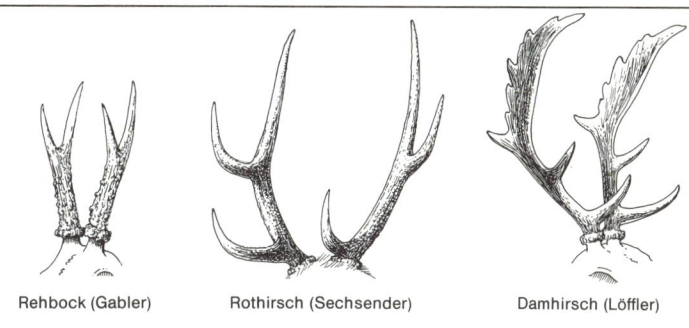

Geweih

Gewände s, Tür- oder Fensterumrahmung, insbesondere die durch einen tiefen schrägen Einschnitt eines Portals oder eines Fensters entstandenen seitlichen Mauerflächen. Diese wurden v. a. in der romanischen u. gotischen Baukunst reich verziert.

Gewehr s, eine Handfeuerwaffe, mit der ↑Patronen abgeschossen werden können. Das G. besteht aus Schaft (Kolben), Schloß u. Rohr (Lauf). Besitzt das Rohr schraubenförmige Züge in dem Innern, durch die das abgeschossene Geschoß eine Drehbewegung um seine Längsachse erhält (Drall), dann spricht man auch von einer Büchse. Bei der Flinte dagegen ist der Lauf innen glatt. Ein G., dessen Schaft bis zur Rohrmündung reicht, heißt *Stutzen*. Beim automatischen G. können mehrere Schüsse in dichter Folge abgegeben werden; Auswurf der Patronenhülse, Einschieben der neuen Patrone u. Spannen des Verschlusses erfolgen durch den Rückstoß oder den Gasdruck des vorhergehenden Schusses.

Geweih s, Kopfschmuck der männlichen Rehe, Hirsche, Elche u. der männlichen u. weiblichen Rentiere. Das G. besteht aus einer Verlängerung des Stirnbeins. Beim jährlichen Abwurf bleibt ein kurzer Knochenstumpf stehen, der von der Körperhaut wieder überzogen wird. Sobald das neue G. ausgewachsen ist, trocknet die samtige Haut („Bast") u. wird abgescheuert („gefegt"). Nach der ↑Brunst stirbt das G. von oben her langsam ab. – Einfachste Form ist ein Spieß, beim nächsten Geweihwechsel gabelt er sich. Durch weitere Gabelungen entstehen die Sechs-, Acht-, Zehnender usw. Die Stärke des Geweihes u. die Zahl der Enden sind vom Kräftezustand des Tieres, nicht vom Alter abhängig. Abgeflachte Gabelstangen werden als Löffel oder Schaufeln bezeichnet.

Gewerbe s, jede selbständige wirtschaftliche Tätigkeit, die auf Gewinn abzielt, ausgenommen sind die Berufe in der Land- u. Forstwirtschaft, Fischerei u. im Bergbau u. die freien Berufe.

Gewerkschaften w, *Mz.:* **1)** unabhängige Verbände von Arbeitnehmern (Arbeitern, Angestellten, Beamten). Ihre *Ziele* sind: gerechte Entlohnung der Arbeitnehmer, Verminderung der Arbeitszeit, ausreichender Schutz am Arbeitsplatz gegen Unfälle u. Krankheit, Sicherung gegen Arbeitslosigkeit, Mitbestimmung im Betrieb, Humanisierung der Arbeit und anderes. Die G. vertreten die Interessen der Arbeitnehmer gegenüber den Arbeitgebern u. gegenüber dem Staat. Für ihre Ziele wirken die G. mit verschiedenen Mitteln: Wenn es um Lohn- oder Gehaltsforderungen geht, versuchen sie, diese beim Abschluß eines neuen ↑Tarifvertrages durchzusetzen. Gelingt dies nicht, so ist ein gesetzlich erlaubtes Druckmittel der ↑Streik. Ferner wirken die G. bei der Bildung von Betriebsräten mit. Bei der ↑Mitbestimmung spielen sie eine wesentliche Rolle. Die G. finanzieren sich durch die Beiträge ihrer Mitglieder und durch eigene Unternehmen (Banken, Konsumgenossenschaften usw.). Verwaltung u. Organisation liegen in der Hand von (hauptamtlichen) *Gewerkschaftsfunktionären*. – Die ersten G. wurden 1825 in England gegründet. In den sechziger Jahren des vorigen Jahrhunderts kam es auch in Deutschland zu gewerkschaftlichen Zusammenschlüssen. Weltanschauliche und politische Unterschiede führten schon bald zu einer Aufspaltung der gewerkschaftlichen Bewegung. Nach dem 2. Weltkrieg bildeten sich in der Bundesrepublik Deutschland politisch u. konfessionell neutrale G. (wenn auch eine traditionelle Bindung an die SPD besteht). Die größte gewerkschaftliche Organisation ist der *Deutsche Gewerkschaftsbund* (DGB): Er umfaßt 17 Einzelgewerkschaften (z. B. Gewerkschaft Leder, IG Metall) mit insgesamt etwa 7,63 Mill. Mitgliedern (1978). Jugendliche Arbeitnehmer haben die Möglichkeit, sich der DGB-Gewerkschaftsjugend anzuschließen. – Neben dem DGB gibt es die *Deutsche Angestellten-Gewerkschaft* (DAG), den *Christlichen Gewerkschaftsbund Deutschlands* (CGB) sowie gewerkschaftsähnliche Organisationen, wie den *Deutschen Beamtenbund* (DBB), den *Deutschen Handels- u. Industrieangestellten-Verband* (DHV) u. a. – Die G. in den sogenannten sozialistischen Ländern sind, wie die gesamte Wirtschaft, staatlich gelenkt; sie sind also keine unabhängigen Arbeitnehmervertretungen in unserem Sinne. Zu ihnen gehört auch der *Freie Deutsche Gewerkschaftsbund* (FDGB), die Einheitsgewerkschaft in der DDR. – Nach dem 2. Weltkrieg entstand als wichtigste internationale Organisation der *Weltgewerkschaftsbund* in Paris (Sitz heute Prag). Da er vollständig unter kommunistischen Einfluß geriet, wurde 1949 in Brüssel der nichtkommunistische *Internationale Bund Freier Gewerkschaften* gegründet; **2)** eine Unternehmensform im Bergbau. Die Beteiligten werden *Gewerken*, ihre Anteile am Unternehmen *Kuxe* genannt.

Gewicht s: **1)** im täglichen Leben übliche, im geschäftlichen Verkehr bei der Angabe von Warenmengen auch gesetzlich zugelassene Bezeichnung für die ↑Masse von Warenmengen, Gütern u. a.; **2)** (Gewichtskraft) die Kraft G, mit der ein Körper zur Erde hingezogen wird (genauer: in Richtung Erdmittelpunkt). Die Gewichtskraft G ist einerseits von der Masse m des Körpers, andererseits von der Erdbeschleunigung g abhängig. Es gilt: $G = m \cdot g$. Maßeinheiten der Gewichtskraft sind die Einheiten der ↑Kraft.

Gewichtheben s, Sportart aus der Gruppe der Schwerathletik. Ein Gewicht muß über den Kopf gebracht u. mit gestreckten Armen dort zwei Sekunden gehalten werden. Bei Olympischen Spielen gibt es zwei beidarmige

Gewichtsklassen

Übungen (olympischer Zweikampf); 1. *Stoßen:* das Gewicht muß von der Brust aus mit einem kräftigen Stoß nach oben gebracht werden; außerdem ist ein Ausfallschritt erlaubt; 2. *Reißen:* das Gewicht muß in einem Zug vom Boden nach oben gebracht werden. Die Gewichtheber werden in ↑Gewichtsklassen eingeteilt.

Gewichtsklassen w, *Mz.*, in einigen Sportarten genau geregelte Einteilung der Kämpfer nach ihrem Körpergewicht, da dieses einen entscheidenden Einfluß auf die Leistung hat.

Gewissensfreiheit w, das staatlich garantierte Recht des Menschen, in seinen Äußerungen u. Handlungen nur der Stimme seines Gewissens zu folgen. In der Bundesrepublik Deutschland im Grundgesetz garantiert.

Gewitter s, Ausgleich elektrischer, an Teilchen einer Gewitterwolke gebundener positiver u. negativer Ladungen durch Blitze. Voraussetzung dafür ist, daß durch rasches Aufsteigen feuchtwarmer Luftmassen u. deren plötzliche Abkühlung in der Höhe sich an unterschiedlichen Wolkenteilchen elektrische Ladungen entgegengesetzter Vorzeichen bilden, die zum Ausgleich drängen. Der Blitz verursacht den Donner.

Gewölbe s, gebogene Überdeckung eines Raumes aus Naturstein, Ziegel oder Beton. Man unterscheidet u.a. *Tonnengewölbe* mit halbkreisförmigem Bogen, *Kreuzgewölbe* als Durchdringung zweier Tonnen (Kreuzrippengewölbe u. Kreuzgratgewölbe), *Sterngewölbe* mit sternförmigen u. *Netzgewölbe* mit netzähnlichen Gewölbekonstruktionen. – Abb. S. 223.

Gewürze s, *Mz.*, Wurzeln, Rinde, Sprosse, Blätter, Blüten, Früchte oder Samen einheimischer oder ausländischer Pflanzen, die wegen ihres aromatischen Geruchs als würzende Zugaben zur menschlichen Nahrung verwendet werden. *Einheimische G.* sind u.a. Anis, Beifuß, Bohnenkraut, Borretsch, Dill, Estragon, Fenchel, Kerbel, Knoblauch, Koriander, Küchenzwiebel, Kümmel, Liebstöckel, Majoran, Meerrettich, Petersilie, Pfefferminze, Porree, Rosmarin, Salbei, Schnittlauch, Sellerie, Senf, Thymian, Wacholder. *Ausländische G.* sind u.a. Gewürznelken, Ingwer, Kapern, Lorbeer, Muskat, Paprika, Pfeffer, Zimt.

Geyer, Florian, * Giebelstadt bei Ochsenfurt um 1490, † Rimpar bei Würzburg 10. Juni 1525, fränkischer Reichsritter und Bauernführer. 1525 schloß er sich den aufständischen Bauern an u. wurde Führer der Bauern im Taubertal. Er gewann ihnen mehrere kleine Städte u. Rothenburg ob der Tauber, wurde dann aber das Opfer eines Mordanschlags. G. trat für eine Reichsreform ein, die die Vorrechte des Adels und der Kirche beseitigen sollte.

Geysir [isländ.] (auch Geiser) *m,* eine Heißwasserquelle vulkanischen Ursprungs, die ihr Wasser unter Dampfdruck periodisch explosionsartig ausstößt. Die berühmtesten Geysire gibt es auf Island, auf der Nordinsel Neuseelands u. im Yellowstone-Nationalpark (Wyoming, USA).

Gezeiten *Mz.* (Tiden), zweimal täglich in je $12^1/_2$-stündigem Zeitraum erfolgendes Ansteigen (*Flut*) u. Fallen (*Ebbe*) des Meeresspiegels, besonders wahrnehmbar an den Küsten. Ursache der G. ist v.a. die Anziehungskraft des Mondes, daneben, wenn auch schwächer, die Anziehungskraft der Sonne. Wirken beide gleichzeitig ein (bei Vollmond u. Neumond), dann verstärken sich die G. u. erzeugen die kräftigen *Springtiden.* Bei Halbmond hebt die Sonne einen Teil der Gezeitenkräfte des Mondes auf, es entstehen die besonders schwachen *Nipptiden.* Der höchste Wasserstand wird *Hochwasser,* der niedrigste *Niedrigwasser,* das Mittel aus Hoch- u. Niedrigwasser *Mittelwasser* genannt. Der *Tidenhub* ist der Höhenunterschied zwischen Hoch- und Niedrigwasser; er beträgt bei Cuxhaven 3,2 m, die höchsten Werte (21 m) wurden in Neufundland gemessen. Nach dem Lauf der Gestirne läßt sich das Eintreffen der G. für jeden Küstenort im voraus berechnen u. in Gezeitenkalendern bekanntgeben (wichtig für den Schiffsverkehr der Seehäfen).

GG, Abkürzung für: Grundgesetz (in der Bundesrepublik Deutschland).

Ghana, Republik in Westafrika, mit 238 537 km² fast so groß wie die Bundesrepublik Deutschland, mit 10,5 Mill. E. Die Hauptstadt ist Accra. An die schwer zugängliche Lagunenküste u. die Küstenebene schließen sich Hochebenen an. G. hat tropisches Klima. Das Landesinnere wird von Savannen eingenommen, der Südwesten von Wald. Mit rund 25 % der Weltkakaoernte ist G. der wichtigste Kakaoproduzent der Erde. Exportiert werden außerdem Holz, Gold, Bauxit u. Industriediamanten. – G. war ehemals englisches Kolonialgebiet (unter dem Namen *Goldküste*) u. wurde 1957 unabhängig. G. ist Mitglied der UN u. der OAU u. der EWG assoziiert.

Ghetto (Getto) [ital.] *s,* seit dem Mittelalter durch Verbot des Zusammenlebens von ↑Juden u. Christen übliches, streng abgeschlossenes Stadtviertel, in dem die Juden wohnten. Ghettos gab es bis ins 19. Jh.; unter Hitler wurden Juden in den besetzten Ostgebieten (v.a. in Polen) erneut in Ghettos gezwungen. – Mit G. bezeichnet man heute auch einen Ort, an dem rassische oder religiöse Minderheiten in aufgezwungener Isolation leben.

Ghibellinen (Gibellinen) [ital.] *m, Mz.,* im hohen Mittelalter, als Kaiser u. Päpste sich häufig bekämpften, wurden die Anhänger des Kaisers in Italien G. genannt. Ihre Gegner, die Anhänger des Papstes, hießen *Guelfen.*

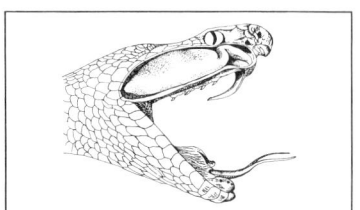

Giftschlangen. Kopf einer Klapperschlange mit freigelegter Giftdrüse

Gibbons [frz.] *m, Mz.,* kleine, schwanzlose, baumbewohnende Affenfamilie mit 7 Arten. In Herden von 20 bis 30 Tieren leben die G. in den Urwäldern Südostasiens. Körper schlank, Brustkorb kurz u. breit, Arme stark verlängert. G. sind bis 70 cm lang u. schwanzlos.

Gibraltar, Halbinsel an der Südspitze Spaniens, die die 5,8 km² große britische Kronkolonie G. bildet. Die 30 000 E sprechen meist spanisch. Die Stadt ist terrassenförmig an dem steilen Kalkfelsen angelegt. Der Hafen an der Bucht von Algeciras ist ein bedeutender Kriegs- u. Handelshafen. Die strategische Bedeutung Gibraltars ergibt sich aus der Lage an der wichtigen *Straße* (Meerenge) *von G.,* die das Mittelmeer mit dem Atlantischen Ozean verbindet. Die geringste Breite ist 14 km, so nahe liegen dort Europa u. Afrika einander gegenüber. Schon die Araber legten an dieser Stelle ein Kastell an, dann war G. spanisch; seit 1704 ist es englischer Besitz. Spanien verlangt seit einigen Jahren die Rückgabe Gibraltars. – Der Felsen von G. beherbergt die einzigen wildlebenden Affen Europas.

Gießen, hessische Stadt an der Lahn, mit 75 000 E. 1977–79 war G. mit *Wetzlar* (38 000 E) zur Stadt *Lahn* vereinigt. G. hat eine Universität, eine Fachhochschule u. vielseitige Industrie.

Gift s, in der Natur vorkommende oder künstlich hergestellte organische u. anorganische Stoffe, die nach Eindringen in den menschlichen oder tierischen Organismus zu einer spezifischen Erkrankung (Vergiftung) mit vorübergehender Funktionsstörung, bleibendem Gesundheitsschaden oder zum Tod führen. Oft haben Gifte in besonders geringer Menge gegen bestimmte Krankheiten eine heilende Wirkung u. sind dann als Arzneimittel verwendbar, z. B. Opium. *Gegengifte* sind Stoffe, die Gifte unwirksam machen.

Giftpflanzen w, *Mz.,* Pflanzen, die in allen Teilen oder in einzelnen Organen Stoffe enthalten, die schon in geringen Mengen beim Menschen gesundheitliche Schäden hervorrufen. Zu den G. († auch Gift) gehören u.a. Herbstzeitlose, Akelei, Nieswurz, Eisenhut,

Geysir Strokkur (Island)

Gibraltar

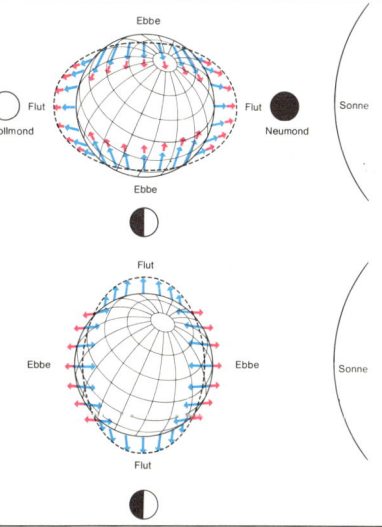

**Gezeiten. Springflut bei Voll-
beziehungsweise Neumondkonstellation
(oben) und Nippflut bei
Halbmondkonstellation
(die blauen Linien deuten die
Anziehungskraft des Mondes,
die roten Linien die der Sonne an)**

Schlafmohn, Schöllkraut, Tollkirsche, Stechapfel, Fingerhut, Schierling, Seidelbast. **Giftpilze** *m, Mz.*, Pilze mit Stoffen, die für den Menschen giftig sind. Besonders gefährlich sind Knollenblätterpilze, roter Rißpilz, einige rote u. gelbe Täublinge, Lorcheln, Stockmorchel, Satanspilz. Es gibt auch Pilze, die nur roh giftig sind. – Proben mit Silberlöffel, die bei giftigen Pilzen „anlaufen" sollen, oder Geschmacksversuche sind nicht zuverlässig. **Giftschlangen** *w, Mz.*, Schlangen, die im Oberkiefer zwei Zähne besitzen, in die die Oberkieferspeicheldrüsen (Giftdrüsen) einmünden. Bei geschlossenem Maul liegen die Giftzähne in Hautfalten, beim Beißen werden sie aufgerichtet. Die G. stehen den nicht giftigen Schlangen meist an Größe nach. Es gibt etwa 400 Arten von G., u. a. Klapperschlange, Brillenschlange (Kobra), Korallenottern. Einheimisch ist nur die Kreuzotter u. die Aspisviper; ↑ auch Erste Hilfe. **Giganten** [gr.] *m, Mz.*, Riesen der griechischen Göttersage, Söhne der Erdgöttin Gäa. **Gilde** *w*, im Mittelalter eine genossenschaftliche Vereinigung, gegründet zum gegenseitigen Schutz u. zur gegenseitigen Unterstützung sowie zur Pflege der Geselligkeit. Die Gilden waren nach Berufsständen gegliedert. Die *Kaufmannsgilden* hatten in den Städten oft gemeinsame Niederlassungen. **Gips** [semit.] *m*, in der Natur als Mineral vorkommendes, schwerlösliches Calciumsalz der Schwefelsäure (Calciumsulfat, $CaSO_4$). Die reinste Form des natürlich vorkommenden Gipses ist der Alabaster. G. enthält pro Molekül 2 Moleküle Wasser (H_2O), das durch Erhitzung größtenteils entfernt werden kann, wobei die Verbindung pulverförmig wird. Beim Anrühren mit Wasser wird das abgegebene Wasser wieder aufgenommen u. der G. erhärtet wieder. Auf diesem chemischen Vorgang (Abbinden genannt) beruht die vielfältige Verwendung von G. im Baugewerbe und in der chemischen Industrie.

Giraffen [arab.-ital.] *w, Mz.*, die Steppen Afrikas bewohnende Wiederkäuer mit einer Scheitelhöhe bis 6 m, Körperhöhe bis zum Widerrist etwa 3 m. Der überlange Hals hat 7 stark verlängerte Wirbel. G. haben vorstehende Augen u. zwei knöcherne, von der Körperhaut überzogenen Stirnzapfen. Mit ihrer langen, schwarzblauen Zunge holen die G. Blätter u. Zweige von den Bäumen. Um Wasser oder Nahrung vom Boden aufnehmen zu können, müssen sie die Vorderbeine spreizen. **Giraudoux,** Jean [*schirodu*], * Bellac (Haute-Vienne) 29. Oktober 1882, † Paris 31. Januar 1944, französischer Schriftsteller u. Diplomat. G. wurde bekannt als Verfasser von Dramen, in denen er antike Stoffe aufgreift, um moderne Fragen zu behandeln, u. a. „Der Trojanische Krieg findet nicht statt" (deutsch 1936). – Abb. S. 226. **Giro** [*schiro*; ital.] *s*, Überweisung im bargeldlosen Zahlungsverkehr (*Giroverkehr*) von Konto zu Konto (im allgemeinen als *Girokonto* bezeichnet); ↑ auch Kontokorrentkonto. **Gironde** [*schirongd*] ↑ Garonne. **Girondisten** [*schi...*; frz.] *m, Mz.*, in der ↑ Französischen Revolution eine Gruppe gemäßigter Republikaner, benannt nach dem Departement Gironde in Südwestfrankreich, da die meisten Anhänger aus dieser Gegend stammten. Mit den ↑ Jakobinern stürzten sie das Königtum, gerieten jedoch mehr u. mehr in Gegensatz zu den Jakobinern. In der Zeit der Schreckensherrschaft wurden viele G. hingerichtet. **Gise,** südwestlich von Kairo gelegene ägyptische Stadt, mit 712 000 E. In der Nähe liegen die bedeutendsten Pyramiden Ägyptens, die Cheops-, die Chephren- u. die Mykerinospyramide

Gitarre

(↑ auch Pyramide 2) sowie die aus gewachsenem Felsen gehauene Sphinx.

Gitarre [gr.-arab.-span.] w, ein Zupfinstrument mit flacher Decke u. meist auch flachem Boden; mit kreisförmigem Schalloch. Heutige Besaitung: E–A–d–g–h–e^1 (wirklicher Klang).

Gladiatoren [lat.] m, Mz., im alten Rom Teilnehmer an öffentlichen Kampfspielen auf Leben und Tod, den *Gladiatorenspielen*. Die G. waren Sklaven, Kriegsgefangene, verurteilte Verbrecher, aber auch Angeworbene. Sie wurden in besonderen Gladiatorenschulen ausgebildet u. kämpften gegeneinander oder gegen wilde Tiere. Ihre Ausrüstung war verschiedenartig, teils hatten sie Schwerter (daher der Name, lat. gladius = Schwert), teils waren sie mit Netz u. Dreizack ausgerüstet.

Glarus: 1) Kanton in der Ostschweiz, mit 36 000 E. Neben Almwirtschaft findet sich auch viel Industrie; **2)** Hauptort von 1), an der Linth, mit 6 200 E.

Glas s, strenggenommen bezeichnet G. alle Stoffe, die sich in glasartigem Zustand befinden. Der glasartige Zustand tritt ein, wenn eine Schmelze fest wird, ohne dabei zu kristallisieren. In der Praxis verwendet man die Bezeichnung G. nur für die unterkühlte Schmelze von Quarz (Siliciumdioxid, SiO_2) mit den verschiedensten Zusätzen. Für das gewöhnliche G. (*Natronglas*) wird dem feingemahlenen Quarzsand Natrium- u. Calciumcarbonat zur Herabsetzung des Schmelzpunktes zugesetzt. Dieses G. kann man durch Zugabe anderer Verbindungen (vorwiegend Oxide) in seinen Eigenschaften stark verändern. So wird z. B. durch Zusatz von Boroxid (B_2O_3) u. Aluminiumoxid (Al_2O_3) die Widerstandsfähigkeit gegen chemisch wirksame Stoffe (Reagenzien) u. hohe Temperaturen bedeutend verbessert (*Jenaer Glas*). Durch Zusatz von bestimmten Schwermetalloxiden erhält man gefärbte Gläser, wie *Flaschenglas* (durch Eisenoxid), *Kobaltglas* (durch Kobaltoxid) und *Rubinglas* (durch feinst zerteiltes Gold). Zusatz von Bleioxid (PbO) erhöht die Lichtbrechung (*Kristallglas*). – Abb. S. 228.

Glasgow [*glǽsgoʊ*], größte Stadt und wichtigstes Wirtschaftszentrum Schottlands, mit 897 000 E, am Clyde gelegen (35 km vor seiner Mündung in den Firth of Clyde an der schottischen Westküste). Die Stadt hat 2 Universitäten. Die Kathedrale stammt aus frühgotischer Zeit. Der bedeutende See- und Binnenhafen hat zahlreiche Werften u. Dockanlagen. G. ist ein wichtiges Industriezentrum (v. a. Schwerindustrie). Es besitzt einen internationalen Flughafen.

Glasmalerei w, die farbige Gestaltung von Glasfenstern. In der mittelalterlichen G. wurden die Fenster aus verschiedenfarbigen Glasstückchen mo-

Jean Giraudoux

Christoph Willibald Gluck

saikartig zusammengesetzt. Die schönsten Fenster dieser Art stammen aus der französischen Gotik. Im 16. Jh. entstanden dann Gemälde auf Glas, die von Handwerkern nach Entwürfen von Malern ausgeführt wurden. – Abb. S. 229.

Glasur [nlat.] w: **1)** Zuckerguß auf Backwaren usw.; **2)** glasartige Masse als Überzug auf Tonwaren u. Porzellan, um eine glatte Oberfläche zu erzielen.

Glaswolle w (Glaswatte), zu feinen Fäden ausgesponnenes Glas, das v. a. zur Wärmeisolierung (z. B. von Heizungsrohren) verwendet wird.

Glatz (polnisch Kłodzko), Stadt in Niederschlesien, an der oberen Glatzer Neiße, mit 28 000 E. Die Stadt liegt inmitten des *Glatzer Kessels*, der besonders reich an Mineralquellen u. Eisenerzen ist. Der Glatzer Kessel ist umgeben vom *Glatzer Bergland* mit dem Reichensteiner Gebirge im Osten, dem Eulengebirge im Norden, der Heuscheuer im Nordwesten, dem Habelschwerdter Gebirge im Südwesten und dem *Glatzer Schneegebirge* (im Großen Schneeberg bis 1 425 m hoch) im Süden. – G. gehört seit 1945 zu Polen.

Glaubensfreiheit w, das Recht des einzelnen, völlig unbeeinträchtigt nach seiner religiösen Überzeugung zu leben. Die G. ist in vielen modernen Staatsverfassungen (so z. B. in der Bundesrepublik Deutschland, in Österreich u. in der Schweiz) garantiert.

Glaubersalz s, kristallisiertes Natriumsulfat ($Na_2SO_4 \cdot 10\,H_2O$). G. wird beim Färben u. Veredeln von Textilien verwendet. Medizinisch wird G., das u. a. in den Quellen von Bad Mergentheim, Marienbad, Karlsbad vorkommt, als Abführmittel verwendet.

Gläubiger m, jemand, der gegen einen anderen (den Schuldner) eine Forderung hat.

Gleichgewicht s, derjenige Zustand, in dem sich ein Körper (oder ein System oder Teilsystem) befindet, wenn sich alle auf ihn wirkenden Kräfte gegenseitig aufheben. Im Zustand des Gleichgewichts bleibt der Körper in Ruhe. Man unterscheidet drei Gleichgewichtsarten: 1. *stabiles Gleichgewicht*: Der Körper kehrt nach einem Anstoß von selbst in seine ursprüngliche Gleichgewichtslage zurück. Sein Schwerpunkt hat die tiefstmögliche Lage; 2. *labiles Gleichgewicht*: Der Körper entfernt sich nach einem Anstoß immer weiter von seiner ursprünglichen Gleichgewichtslage. Sein Schwerpunkt

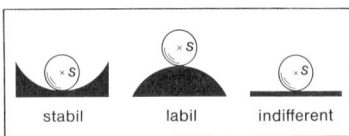
stabil — labil — indifferent

(S) hat die höchstmögliche Lage; 3. *indifferentes Gleichgewicht*: Der Körper befindet sich nach einem Anstoß in der neuen Lage wiederum im Gleichgewicht. Die Lage des Schwerpunktes bleibt erhalten.

Gleichgewichtsorgan s, das G. zeigt Menschen u. Tieren eine Veränderung ihrer Körperlage an. Im gesamten Tierreich sind diese Organe ähnlich gebaut: ein fester Körper übt auf Sinneshaare einen Druck aus. Bei den Wirbeltieren u. beim Menschen dienen die Vorhofsäckchen (Lagesinnesorgan) u. die flüssigkeitsgefüllten Bogengänge (Bewegungssinnesorgan) des inneren Ohrs als Gleichgewichtsorgan.

Gleichnis s, eine besondere Art des Vergleichs. Eine Vorstellung wird durch eine vergleichende Aussage aus einem anderen Bereich verdeutlicht. Ein beiden Aussageebenen gemeinsames bezeichnendes Merkmal, das ungesagt bleibt, erhöht die Spannung. Das G. ist durch Vergleichspartikeln („so ... wie") gekennzeichnet. Bekannte Beispiele sind die biblischen Gleichnisse.

Gleichrichter m, Gerät zur Umwandlung von Wechselstrom in Gleichstrom. Der G. wirkt als „elektrisches Ventil", d. h., er läßt den Strom nur in einer Richtung hindurch.

Gleichsetzungsnominativ ↑ Satz.

Gleichstrom m, elektrischer Strom, der ständig in derselben Richtung fließt, z. B. in einer Taschenlampe (↑ Elektrizität).

Gleichung w, mathematische Form für die Aussage, daß zwei Zahlen oder Größen einander gleich sind. Mittelpunkt der G. ist das Gleichheitszeichen.

Die rechts u. links davon stehenden Zahlen oder Größen sind gleich, z. B. $3 + 5 = 8$. *Identische Gleichungen* enthalten entweder überhaupt keine unbekannte Größe $(3 + 7 = 10)$ oder sie sind für alle Werte einer in ihnen enthaltenen Unbekannten x erfüllt $[x^2 - 1 = (x + 1) \cdot (x - 1)]$. *Bestimmungsgleichungen* sind nur für ganz bestimmte Werte der Unbekannten erfüllt $(x + 1 = 3$ z. B. nur für $x = 2)$. *Funktionsgleichungen* stellen einen Zusammenhang zwischen zwei oder mehreren Größen dar $(y = 3 x + 1)$. Alle physikalischen Gesetze lassen sich als Funktionsgleichungen darstellen.

Gletscher *m, Mz.*, Eismassen der Landoberfläche, die sich als Ströme langsam talabwärts bewegen oder als Eisüberflutung große Teile des festen Landes bedecken. In über der Schneegrenze gelegenen Gebieten, wo der im Winter gefallene Schnee den Sommer überdauert, kommt es zur Ausbildung ausgedehnter Firnfelder. Diese stellen das eigentliche *Nährgebiet* der G. dar. Aus diesem Gebiet gehen die G. zungenförmig in das *Zehrgebiet* über, wo sich an Gletscherende Eisnachschub u. Schmelzverlust etwa entsprechen. Der vom G. mitgeführte u. an den Seiten, auf dem Grunde u. vor der Gletscherzunge abgelagerte Schutt wird als *Moräne* bezeichnet. Man unterscheidet drei Hauptgruppen von Gletschern: 1. das *Inlandeis*, eine in sich geschlossene Eismasse von großer Ausdehnung (in der Antarktis 13 Mill. km²), 2. die *Plateaugletscher*, weite Hochflächen bedeckende, relativ flache G. mit kurzen, steilen Gletscherzungen (Norwegen, Island) u. 3. die *Talgletscher*, deren Eismassen in vorgeformten Tälern aus den Hochgebirgen abfließen. In Tirol wird der Talgletscher *Ferner* genannt. – Abb. S. 237.

Gliederfüßer *m, Mz.*, artenreichster Stamm des Tierreichs, umfaßt rund ³/₄ aller Tierarten; dazu gehören v. a. Spinnentiere, Asselspinnen, Krebstiere, Tausendfüßer, Pfeilschwanzkrebse u. Insekten. – Die G. sind zweiseitig-symmetrische Wirbellose mit gegliederten paarigen Gliedmaßen, aus denen auch Fühler u. Mundwerkzeuge hervorgegangen sind. Der Körper ist oft gleichförmige, schmale Körperabschnitte (besonders am Hinterleib) gegliedert, die zum Teil (Kopf, Brust) verschmolzen sind. Die Oberhaut scheidet einen gegliederten Chitinpanzer ab, der als Außenskelett u. Austrocknungsschutz dient. In den offenen Blutkreislauf ist oft ein röhrenförmiges Herz eingeschaltet. Atmung durch Kiemen (Krebse), Fächertracheen (Spinnentiere), Tracheen (Tausendfüßler, Insekten). Die G. haben Facettenaugen. Die G. entwickeln sich über Larvenformen, die den erwachsenen Tieren sehr unähnlich sind; oft wird ein Puppenstadium durchlaufen.

Gliedertiere *s, Mz.*, eine weltweit verbreitete Gruppe von 5 Tierstämmen (darunter ↑Ringelwürmer, ↑Gliederfüßer), die im Wasser, auf dem Lande u. in der Luft leben. G. sind innerlich und äußerlich in gleichmäßige, schmale Körperabschnitte gegliedert.

Gliedsatz *m*, Satzglied oder Gliedteil in Gestalt eines abhängigen vollständigen Satzes, oft auch Nebensatz genannt. Nebensätze, die ein Gliedteil (eine Beifügung) vertreten, werden zur Unterscheidung oft auch *Gliedteilsatz* genannt.

Gliedteilsatz ↑Gliedsatz.

Glimmer *m*, eine Gruppe von Mineralen, die dünne, blättchenförmige Kristalle (meist aus Tonerde) ausbilden. G. kommt in Granit u. Gneis vor.

Globetrotter [*gloptr...;* engl.] *m*, Weltbummler.

Globus [lat.] *m*, in der Geographie u. Astronomie eine Kugel mit der winkel- u. flächentreuen Abbildung der Erdoberfläche oder der scheinbaren Himmelskugel auf ihrer Oberfläche. Der erste G. wurde 1492 von Martin Behaim in Nürnberg geschaffen.

Glocken *w, Mz.*, kelchförmige, metallene Hohlkörper. Sie sind mit der *Glockenkrone* aufgehängt am *Glockenbalken*, der mit zwei Zapfen schwingbar im *Glockenstuhl* gelagert ist. Durch Seil (von Hand) oder durch Triebwerke (elektrisch) wird der Glockenbalken u. damit die Glocke zum Schwingen gebracht. Die in die G. eingehängten Klöppel schlagen dabei an den unteren Glockenrand u. bringen die G. zum Tönen. Mehrere G. in einem Geläut sind aufeinander abgestimmt.

Glockenblumengewächse *s, Mz.*, mit etwa 2 000 Arten v. a. in den tropischen u. subtropischen Gebieten verbreitete Pflanzenfamilie. Die fünf lose miteinander verbundenen Staubblätter entleeren den Blütenstaub vor dem Entfalten der Narbe auf Haare an der Griffeloberfläche. Der Fruchtknoten entwickelt sich zu einer samenreichen Kapsel. Bekannte einheimische Art ist die *Glockenblume* mit etwa 300 Arten. Ihre Blüte hat meist die Form einer Glocke. Zahlreiche Glockenblumen sind Zierpflanzen.

Glockenspiel *s:* 1) in Kirchen- u. Rathaustürmen befindliches Spiel aufeinander abgestimmter, kleinerer ↑Glocken in verschiedener Größe. Mit Hilfe eines Regierwerkes werden die Glocken zum Erklingen gebracht; 2) Musikinstrument: waagerecht in einem Rahmen angeordnete, abgestimmte Metallplättchen, die mit Metallhämmerchen angeschlagen werden. Bei Militärkapellen sind sie in einem lyraförmigen Rahmen aufgehängt.

Glockentierchen *s*, auf einem spiralig aufdrehbaren Stiel festsitzender ↑Einzeller, der zu den ↑Wimpertierchen gehört.

Glosse [gr.] *w:* 1) Übersetzung oder Erläuterung eines Wortes in alten Handschriften (vor der Erfindung des Buchdrucks); diese Glossen wurden oft in *Glossaren*, einer frühen Wörterbuchform, zusammengestellt; 2) journalistische Form: knapper Text, in dem zu einem aktuellen Ereignis ironisch Stellung genommen wird; 3) Randbemerkung.

Gluck, Christoph Willibald Ritter von, *Erasbach (Landkreis Neumarkt i. d. OPf.) 2. Juli 1714, † Wien 15. November 1787, deutscher Komponist. G. war bedeutend als Reformer der Oper. Bei ihm wurde die bis in seine Zeit nebensächliche Handlung für die Oper wichtig; Arien, Rezitative, Chöre, Pantomimen, Orchestermusik haben sich ihr unterzuordnen. G. schrieb u. a. „Orpheus und Eurydike" (1762).

Glucose ↑Traubenzucker.

Glühlampe *w*, elektrische Lichtquelle, die auf der Wärmewirkung des elektischen Stromes beruht. In einem, meist wendelförmig aufgerollter Draht wird durch den Stromfluß zur Weißglut gebracht. Damit er nicht verbrennt, befindet er sich in einem weitgehend luftleer gepumpten Glaskolben. Die Stromzufuhr erfolgt über den Sokkel. Um das allmähliche Verdampfen des Glühdrahts im luftleeren Raum zu verhindern, werden Glühbirnen heute häufig mit Edelgasen gefüllt. Die Lichtausbeute ist gering. Etwa 95 % der zugeführten elektrischen Energie werden in nutzlose Wärmeenergie umgewandelt. Wirtschaftlicher arbeiten Leuchtstoffröhren. – Abb. S. 228.

Glühwürmchen ↑Leuchtkäfer.

Glycerin [gr.] (Glyzerin) *s*, häufigster dreiwertiger ↑Alkohol (Trialkohol), wesentlicher Bestandteil aller (!) Fette u. fetten Öle. G. ist eine süßlich schmeckende, fast ölige, farblose Flüssigkeit, die aus Kohlenstoff, Sauerstoff u. Wasserstoff besteht. Verwendung findet G. als Frostschutzmittel (Autokühler usw.), Zusatz für Farben, Seifen, Hautcremes u. Zahnpasta sowie als Hauptbestandteil des Sprengstoffes Nitroglycerin.

Glykogen [gr.] *s*, in der Leber u. in den Muskeln als sogenannte tierische Stärke gespeicherte chemische Verbindung, deren Moleküle aus sehr vielen Traubenzuckermolekülen zusammengesetzt sind. Bei Bedarf wird das G. mit Hilfe eines ↑Hormons (Adrenalin) wieder in Traubenzucker zerlegt, der Traubenzucker wird den lebenden Zellen zum Verbrauch zugeführt.

GmbH *w*, Abkürzung für: Gesellschaft mit beschränkter Haftung, Rechtsform einer Kapitalgesellschaft (↑Gesellschaft 2). Das Kapital (Stammkapital) beträgt mindestens 20 000 DM. Die GmbH ist eine ↑juristische Person, sie haftet mit ihrem ganzen Vermögen. Zur Gründung einer GmbH ist es erfor-

Gnade

Glas. Herstellung eines Glasgefäßes mit der Glasmacherpfeife

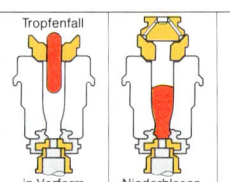
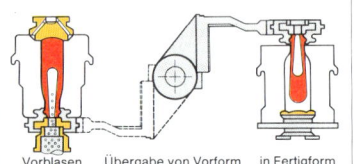

Glas. Maschinelle Herstellung einer Flasche

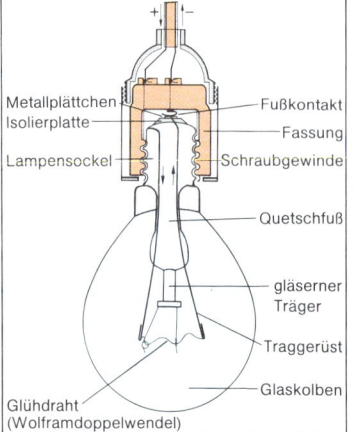

Glühlampe. Schematische Darstellung

Johann Wolfgang von Goethe. Goethe in der Campagna (Gemälde von Tischbein)

Vincent van Gogh, Der Spitalgarten von Saint-Paul

derlich, daß mindestens zwei Gesellschafter einen notariell beurkundeten Vertrag abschließen und eine Eintragung in das ↑Handelsregister erfolgt.

Gnade w: **1)** die Hilfe Gottes, v. a. als unverdiente Vergebung menschlicher Sünde; **2)** Gewährung von Milde, Schonung, insbesondere gegen einen Besiegten oder einen (rechtlich) Verurteilten.

Gneis m, weitverbreitetes, metamorphes, kristallines Schiefergestein, v. a. aus Quarz, Feldspat u. Glimmer bestehend. – Abb. S. 222.

Gnom m, Kobold, Zwerg, Erdgeist; auch sehr kleiner Mensch.

Gnus [afrikanisch] s, Mz., zu den Kuhantilopen gehörende große Steppentiere in Afrika; bis 2,4 m lang. Der Kopf mit den Hörnern u. der massige, kurze Hals ähneln dem des Rindes. Die langen Beine, der schlankere Hinterleib u. der herabhängende Schwanz mit langer Quaste erinnern an ein Pferd. Die G. leben in Herden.

Gobelin [gob^eläng; frz.] m, seit dem 17. Jh. Bezeichnung für einen handgewirkten Wandteppich (ein farbloser Kettfaden wird mit einem von Hand geführten farbigen Schußfaden gekreuzt). Der G. zeigt meist figürliche Darstellungen. Der Name kommt von der französischen Färberfamilie des Jean Gobelin, in deren Haus in Paris 1662 die erste Manufaktur eingerichtet wurde.

Gobi w, von Gebirgen umgebenes Hochbecken in Innerasien, im Süden der Mongolischen Volksrepublik und in Nordchina, rund achtmal so groß wie die Bundesrepublik Deutschland; Wüsten- und Steppenlandschaft.

Godard, Jean-Luc [godar], *1930, französischer Filmregisseur, ↑Film.

Godwin Austen, Mount [maunt god^uin åßtin] ↑K 2.

Goethe, Johann Wolfgang von, *Frankfurt am Main 28. August 1749, †Weimar 22. März 1832, deutscher Dichter, einer der bedeutendsten Dichter der Weltliteratur. G. studierte Jura in Leipzig u. dann (1770/71) in Straßburg. Dort schrieb er unmittelbar erlebte Liebesgedichte, angeregt von seiner

Glasmalerei.
Fenster aus dem Straßburger Münster

Liebe zu Friederike Brion. Dann war G. wieder in Frankfurt, vorübergehend auch am Reichskammergericht in Wetzlar, wo er Charlotte Buff kennenlernte. In dieser Zeit entstanden das Drama „Götz von Berlichingen mit der eisernen Hand" (1773) u. der empfindsame Briefroman „Die Leiden des jungen Werthers" (1774), für dessen weibliche Hauptfigur Ch. Buff das Vorbild war. Der Roman machte den jungen Dichter berühmt. Im November 1775 folgte G. der Einladung an den Weimarer Hof durch den jungen Herzog Karl August. Es begann eine vielseitige Tätigkeit in verantwortungsvollen Stellen, u. a. war G. Prinzenerzieher, Staatsrat u. Minister, Geheimer Rat, Leiter der obersten Finanzbehörde. Bedeutungsvoll war für ihn seine Liebe zu Charlotte von Stein. Entscheidend für seine Entwicklung u. sein gesamtes weiteres dichterisches Schaffen wurde die erste Italienreise (1786–88), die einer Flucht aus den engen Weimarer Verhältnissen gleichkam. Das Italienerlebnis vermittelte G. einen tiefen Eindruck von der Kunst der Antike und deren Wiedergeburt in der Renaissance. Von nun an bemühte er sich um das klassische Kunstideal und wurde zum „Klassiker". Er schuf die „Römischen Elegien" (1788), gestaltete die „Iphigenie auf Tauris" (1787) in Blankversen, beendete die Tragödie „Egmont" (1788) und schrieb den „Torquato Tasso" (1788–90). Nach seiner Rückkehr nach Weimar hatte G. Christiane Vulpius in sein Haus aufgenommen, er heiratete sie 1806. 1790 zweite Italienreise. Durch die Freundschaft mit Schiller ab 1795 (bis zu Schillers Tod 1805) wandte G. sich erneut einer schöpferischen literarischen Tätigkeit zu. Es entanden in direkter Zusammenarbeit die „Xenien" (1796), pointierte ↑Epigramme. Im „Balladenjahr" 1797 schrieb G. zahlreiche Balladen im Wettstreit mit Schiller, u. a. „Der Zauberlehrling" und „Der Gott u. die Bajadere". Daneben arbeitete G. an der endgültigen Fassung von „Wilhelm Meisters Lehrjahren" (1795/96), dem richtungweisenden Entwicklungs- u. Erziehungsroman der deutschen Klassik. In diese Zeit fällt auch das Versepos „Hermann u. Dorothea" (1797). Alle Werke dieser Epoche überragt jedoch der „Faust", dessen erster Teil 1806 beendet u. dessen zweiter Teil 1831 abgeschlossen wurde. Während seines ganzen Lebens trieb G. auch naturwissenschaftliche Studien, die z. T. bedeutende Erkenntnisse brachten (besonders auf den Gebieten Pflanzenkunde, Farbenlehre, Mineralogie u. Anatomie). Von seinen Werken seien noch genannt die dichterische Autobiographie „Aus meinem Leben. Dichtung u. Wahrheit" (1829) u. das lyrische Hauptwerk „West-östlicher Divan" (1819), mit einigen Gedichten der Marianne von Willemer. Goethes Gesamtwerk zeugt von einer heute kaum mehr denkbaren umfassenden Bildung.

Gogh, Vincent van [*goeh*], * Groot-Zundert bei Breda 30. März 1853, † Auvers-sur-Oise bei Paris 29. Juli 1890 (Selbstmord), niederländischer Maler. G. war einer der Bahnbrecher der modernen Malerei, der Vorläufer des Expressionismus. Seine Hauptwerke schuf er nach seiner Übersiedlung in die Provence (1888). Es sind ausdrucksstarke Bilder in starker Farbigkeit, u. a. Sonnenblumenbilder, Porträts, Selbstbildnisse u. südliche Landschaften.

Gogol, Nikolai Wassiljewitsch, * Bolschije Sorotschinzy (Gebiet Poltawa) 1. April 1809, † Moskau 4. März 1852, russischer Schriftsteller. G. war Sohn eines ukrainischen Gutsbesitzers u. lebte ab 1828 in Peterburg. Er war dort als Hauslehrer tätig, als Staatsbeamter u. Dozent, schließlich als freier Schriftsteller; 1836–1848 lebte er, mit einigen Unterbrechungen, im Ausland. Sein Hauptwerk ist der Roman „Die toten Seelen" (deutsch 1846). Daneben schuf G. bedeutende erzählende Werke, u. a. „Taras Bulba" (deutsch 1846) u.

Goldener Schnitt

„Der Mantel" (deutsch 1883). Meisterwerke der russischen Bühnenliteratur sind seine Komödien, v. a. „Der Revisor" (deutsch 1877).

Go-in ↑Sit-in.

Go-Kart [engl.] m, Bezeichnung für einen niedrigen, unverkleideten Sportrennwagen.

Gold s, wertvolles Edelmetall, chemisches Symbol Au (lat. Aurum); Ordnungszahl 79; Atommasse 196/197. G. ist ein rötlichgelbes, lebhaft glänzendes, außerordentlich dehnbares u. chemisch beständiges Metall. Neben Kupfer ist G. das einzige Metall, das einen Farbton zeigt. Es tritt in dreiwertigen Verbindungen, seltener auch in einwertigen Verbindungen auf. Wegen seiner überaus großen chemischen Beständigkeit kommt G. in der Natur überwiegend in reiner Form (gediegen) vor, daneben jedoch auch in Verbindungen mit Tellur, Selen oder in Begleitung von Kupfer- u. Silbererzen. Durch die Verwitterung der goldhaltigen Gesteine gelangt das Metall in die Flußsande u. kann daraus durch Auswaschen (*Goldwäscherei*) gewonnen werden. Neben seine Verwendung als Schmuckmetall dient G. als Grundlage von Währungen (↑Geld). Die technische Verwendung von G. ist sehr begrenzt. Durch die beachtliche Dehnbarkeit des Metalls ist man in der Lage, Folien von einer Stärke von nur 1/10000 mm herzustellen, die man zur Vergoldung technischer Armaturen, aber auch von Bilderrahmen, Möbeln u. a. verwendet. In einer Glasschmelze bewirkt feinstverteiltes G. die schöne, tiefrote Färbung des sogenannten Rubinglases.

Goldener Schnitt m, stetige Teilung, d. h. die Teilung einer Strecke ($\overline{AB}$) in zwei Teile mit dem Teilpunkt P, so daß sich der kleinere Teil ($\overline{PB}$) zum größeren Teil ($\overline{AP}$) verhält, wie der

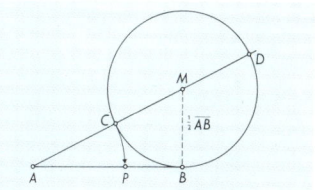

Goldenes Horn

größere Teil zur gesamten Strecke. Mathematisch ausgedrückt: $\overline{PB}:\overline{AP} = \overline{AP}:\overline{AB}$. Da diese Art der Teilung als besonders harmonisch empfunden wird, wird sie häufig in der Kunst u. Architektur verwendet.

Goldenes Horn s: **1)** Hafenbucht von Istanbul; **2)** Hafenbucht von Wladiwostok.

Goldenes Kalb s, aus Gold gegossener Jungstier, der im alten Israel als Fruchtbarkeitssymbol verehrt wurde, was die Propheten bekämpften. Die gebräuchliche Wendung „Tanz um das Goldene Kalb" bedeutet krasse Gewinnsucht (dies verfälscht die biblische Aussage).

Goldenes Vlies s, das Fell des goldenen Widders, das die ↑Argonauten eroberten.

Golden Gate [$go^uld^en ge^et$; engl; = Goldenes Tor] s, Einfahrt in die Bucht von San Francisco im amerikanischen Bundesstaat Kalifornien. Die Einfahrt wird von der 1933–37 erbauten Golden-Gate-Brücke überspannt (Spannweite 1 280 m).

Goldfisch m, eine rötlich- oder gelblich-goldfarbene Zuchtform der Silberkarausche. Vermutlich seit dem 10. Jh. in China gezüchtet. Im 17. Jh. wurde der G. in Europa eingeführt. Weiterzüchtungen sind der Schleierschwanz, der Teleskopfisch u. das Himmelsauge. Goldfische kann man in bepflanzten, daher sauerstoffreichen Aquarien u. in Freilandteichen halten.

Goldhamster ↑Hamster.
Goldküste ↑Ghana.

Golf [ital.] m, größere Meeresbucht, gelegentlich auch Bai genannt. Ist der G. untergliedert, so erhalten die kleinen Einschnitte meist die Bezeichnung *Bucht* oder *Bai*.

Golf [engl.] s, ein Rasenballspiel, das auf einem bis 50 ha großen Gelände gespielt wird. Über natürliche u. künstliche Hindernisse ist ein Hartgummiball (bis 46 g) vom Abschlagplatz in Löcher (9 oder 18 von 10,8 cm Durchmesser) mit möglichst wenigen Schlägen zu treiben. Mit gleichem Spielziel, jedoch räumlich eingeengt auf künstliche Bahnen, wird *Minigolf* (Kleingolf) gespielt.

Golfstrom m, eine warme ↑Meeresströmung. Sie entsteht aus der Vereinigung eines Teiles des Südäquatorial- u. des Nordäquatorialstroms im Karibischen Meer, im Golf von Mexiko (daher der Name G.) u. im westlichen Atlantischen Ozean. Der G. zieht vor der Ostküste Nordamerikas nordwärts u. wird südlich von Neufundland nach dem Zusammentreffen mit dem kalten nördlichen Labradorstrom nach Osten abgelenkt. Sich fächerförmig ausbreitend, überquert er als *Nordatlantikstrom* den nördlichen Atlantischen Ozean, bestreicht die Westküsten Europas u. schickt seine Ausläufer bis ins Nord-

polarmeer nördlich von Skandinavien. Die durchschnittliche Temperatur des Golfstroms liegt vor der nordamerikanischen Ostküste zwischen +27° u. +20°C, vor der westirischen Küste bei +10°C u. vor Nordskandinavien noch bei +5°C.

Golgatha (eigentlich: Golgotha) [aram.; = Schädel], Kreuzigungsstätte Jesu, so benannt nach der schädelförmigen Gestalt des Hügels vor den Toren Jerusalems.

Goliath, im Alten Testament ein Krieger der ↑Philister, der durch seine Größe auffiel; von dem jungen David mit der Steinschleuder getötet.

Gon [gr.] s, Einheitenzeichen gon, eine v. a. in der Geodäsie verwendete Maßeinheit für ebene Winkel: der 100. Teil eines rechten Winkels (90°): 1 gon = 0,9°.

Gondel [ital.] w: **1)** schmales, zum Teil überdachtes venezianisches Boot, das vorn u. hinten steil nach oben verlängert ist; **2)** außerhalb des Rumpfes oder an Tragflächen von Luftfahrzeugen angebrachter Körper zur Aufnahme von Triebwerken, Navigationseinrichtungen, Treibstoff; beim Luftschiff Motorgondel sowie Führergondel (für die Besatzung u. die Fahrgäste), beim Freiballon für Menschen u. für den Ballast; **3)** Kabine an Seilbahnen.

Gong [malai.] m, Musikinstrument asiatischer Herkunft; eine frei aufgehängte, mehr oder weniger stark gewölbte Bronzescheibe, die mit einem Klöppel angeschlagen wird.

Gonorrhö ↑Tripper.

Gordischer Knoten m, ein kunstvoll verknüpfter Knoten an einem Streitwagen des Königs Gordios in der kleinasiatischen Stadt Gordion. Die Herrschaft über Asien war der Sage nach dem verheißen, der den Knoten lösen könnte. Alexander der Große durchhieb ihn mit seinem Schwert. Danach bezeichnet man als *gordischen Knoten* eine Aufgabe, die nur durch Gewalt zu lösen ist.

Gorgonen w, Mz. (Einzahl: Gorgo), drei Ungeheuer der griechischen Sage mit Schlangenhaaren u. Flügeln: Stheno, Euryale u. Medusa. Ihr Anblick soll alle versteinert haben. Nur Medusa war sterblich. Ihr schlug ↑Perseus das Haupt ab u. schenkte es der Göttin Athene als abwehrendes Schildzeichen.

Gorilla [afrik.] m, Menschenaffe, der in Herden von 10–20 Tieren die Urwälder Mittelafrikas bewohnt. Der G. ist kräftig u. muskulös, aufrecht mißt er etwa 1,75 m. Beim Gehen setzt er die Hinterfüße mit der ganzen Sohle, die Vorderfüße nur mit den Fingerknöcheln auf. Um den Gegner einzuschüchtern, richtet sich der G. auf u. trommelt mit den Fäusten auf die Brust. Nur zur Verteidigung gebraucht er das starke Gebiß. Seine Nahrung besteht aus Blättern, Schößlingen und Früchten.

Gorilla. Berggorilla

Gorki, Maxim, eigentlich Alexei Maximowitsch Peschkow, * Nischni Nowgorod (heute Gorki) 28. März 1868, † Moskau 18. Juni 1936, russischer Schriftsteller. G. durchstreifte als Gelegenheitsarbeiter weite Teile Rußlands u. der Ukraine u. schilderte dann in Skizzen u. Erzählungen das Leben der Landstreicher. 1905 lernte er Lenin kennen, später bekannte er sich zum Bolschewismus. G. gilt als Mitbegründer des ↑sozialistischen Realismus. Sein

bedeutendes Werk umfaßt v. a. erzählende (u. a. den Roman „Mutter", deutsch 1907) u. dramatische Werke (u. a. „Nachtasyl", deutsch 1903). Wichtig sind auch die autobiographischen Werke „Meine Kindheit" (deutsch 1917), „Unter fremden Menschen" (deutsch 1916) u. „Meine Universitäten" (deutsch 1952).

Gorki (bis 1932 Nischni Nowgorod), sowjetische Industrie- u. Hafenstadt an der Wolga, mit 1,3 Mill. E, eine der wichtigsten Industriestädte der UdSSR. G. hat eine Universität u. einen ↑Kreml von 1500–1519 mit 11 Türmen. Zur Industrie gehören v. a. eine Werft, ein Autowerk, viele Machinenbaubetriebe, eine Erdölraffinerie u. ein Glaswerk. G.

ist ein wichtiger Bahnknotenpunkt u. hat einen Flughafen. Es wurde 1221 gegründet.

Görlitz, niederschlesische Stadt an der Lausitzer Neiße. Die westlichen Stadtteile gehören heute zum Bezirk Dresden der DDR u. haben 82 000 E; die östlichen Stadtteile gehören seit 1945 zu Polen u. bilden die Stadt *Zgorzelec* mit 30 000 E. Bemerkenswert sind die spätgotische Peter- u. Paulskirche u. die zahlreichen Baudenkmäler aus der Renaissance (u. a. das Rathaus) u. aus dem Barock. Vielseitige Industrie.

Gornergletscher m, 13 km langer u. 69 km² großer Gletscher in den Walliser Alpen, in der Schweiz. Der G. ist der zweitgrößte Gletscher der Alpen. An seinem Nordrand befindet sich der 3 089 m hohe *Gornergrat*, ein hervorragender Aussichtsberg, auf den man von Zermatt aus mit einer Zahnradbahn gelangen kann. – Abb. S. 232.

Goslar, niedersächsische Stadt am Nordrand des Harzes, mit 54 000 E. Mittelalterliches Stadtbild mit Fachwerkhäusern, Zunfthaus, Kaiserpfalz u. mehreren romanischen Kirchen. Die Bevölkerung lebt weitgehend vom Fremdenverkehr. Wichtige Industriezweige sind die chemische, Baustoff- u. Textilindustrie.

Göteborg, südschwedische Hafenstadt an der Mündung des Götaälv in das Kattegat, mit 442 000 E. Die Stadt hat einen fast eisfreien See- u. Binnenhafen u. ist Schwedens bedeutendste Hafenstadt. Zu der vielseitigen Industrie gehören 3 Werften u. 2 Autowerke. G. hat eine Universität.

Goten m, Mz., ostgermanische Stammesgruppe, die ursprünglich in Südskandinavien ansässig war u. dann an der unteren Weichsel siedelte. Zwischen 150 u. 180 n. Chr. zogen die G. ans Schwarze Meer; im 3. Jh. teilten sie sich in Ostgoten u. Westgoten. – Die *Ostgoten* errichteten unter König Ermanarich in Südrußland ein großes Reich, das 375 von den Hunnen unterworfen wurde. Nach dem Ende der hunnischen Herrschaft zogen sie über den Balkan nach Italien. Dort gründete ↑Theoderich der Große das mächtige Ostgotenreich. Nach seinem Tode wurde es, obwohl die Könige Witigis, Totila u. Teja tapferen Widerstand leisteten, von den oströmischen Feldherren Belisar und Narses in langen Kämpfen (535 bis 553) vernichtet. – Die *Westgoten* wurden 376 von den Hunnen aus dem Land zwischen Theiß u. Dnjestr vertrieben u. drangen ins Römische Reich vor. Als römische Reichsangehörige siedelten sie vorübergehend südlich der unteren Donau. Unter König ↑Alarich zogen sie dann über die Balkanhalbinsel nach Italien, wo sie 410 Rom plünderten. 418 gründeten sie im südwestlichen Gallien das Tolosanische Reich, das sie bis weit nach Spanien ausdehnten. Die westgotische Herrschaft in Gallien wurde 507 von dem Frankenkönig Chlodwig zerschlagen; das Schwergewicht des Reiches verlagerte sich nach Spanien in das Gebiet um Toledo. 711 wurde das Westgotenreich von den Arabern vernichtet.

Gotik [lat.] w, eine Stilepoche der europäischen Kunst, in Frankreich etwa seit 1140, in England etwa seit 1175, in Deutschland etwa seit 1220. Der gotische Baustil ist eine französische Schöpfung. Die wichtigsten Merkmale sind: Spitzbogen, Rippengewölbe, Strebewerk (Strebepfeiler u. Strebebogen am Außenbau zur Aufnahme des Gewölbedrucks), ↑Maßwerk, Triforium (Zwischengeschoß zwischen Bogenreihe u. Fenstergeschoß), ↑Dienste, Netzu. Sterngewölbe (netz- u. sternförmige Gewölbe); meist schmal, hoch aufstrebend. Von den zahlreichen bedeutenden Bauten heben wir hervor die französischen Kathedralen in Paris (Notre-Dame), Chartres, Reims u. Amiens, das Straßburger Münster, den Kölner Dom, den Stephansdom in Wien, den Veitsdom in Prag, die englische Kathedrale in Canterbury. Eine wichtige Sondererscheinung in Norddeutschland ist die *Backsteingotik* mit starker Vereinfachung der gotischen Formen (z. B. die Marienkirche in Lubeck). In der *Plastik* ist für die G. die S-Schwingung (leicht gebogene Stellung, wie ein S geschwungen) der Figuren kennzeichnend; zu nennen ist u. a. T. ↑Riemenschneider. In der *Malerei* finden wir in der G. eine besonders hohe Blüte in der Glasmalerei, in der Tafelmalerei u. in der Buchmalerei (u. a. St. Lochner). Die G. wird von der Renaissance abgelöst.

Gotland, schwedische Insel mit 3 001 km² (größte Ostseeinsel) u. 55 000 E. Einzige Stadt auf G. ist *Visby*. Die Insel ist waldreich, das Klima mild. Haupterwerbsquellen der Bevölkerung sind Getreideanbau, Fischerei, Baustoffindustrie u. neuerdings der Fremdenverkehr. G. gehört seit 1645 zu Schweden, vorher war es in dänischem Besitz.

Gott m, eine in allen Religionen verehrte übersinnliche Macht in personaler Gestalt, der Schöpfer u. Lenker der Welt. Der Glaube an G. ist von zentraler Bedeutung für die Vorstellungswelt fast aller Religionen. Judentum, Christentum und Islam verehren einen G., andere Religionen dagegen mehrere Götter, z. B. in der frühen Antike. Auch große Religionsstifter können in der Tradition zum G. werden, z. B. im späten Buddhismus; ↑auch Religion (Die großen Religionen).

Gottfried von Straßburg, deutscher Dichter um 1200, der in mittelhochdeutscher Sprache schrieb; bedeutender Epiker der höfischen Zeit. Er ist der Verfasser des unvollendeten Epos „Tristan u. Isolt", in dem er die unglückliche Liebe zweier Menschen beschreibt.

Gotthardgruppe w, Gebirgsmassiv im Nordteil der Tessiner Alpen (Schweiz). Die höchste Erhebung der G. ist der Pizzo Rotondo mit 3 192 m. In der G. entspringen die Flüsse Rhone, Aare, Reuß, Rhein u. Tessin. In der G. liegt der wichtigste schweizerische Alpenpaß, der *Sankt Gotthard* (2 108 m ü. d. M.). Die 1882 eröffnete *Gotthardbahn* von Göschenen nach Airolo benutzt den 15 km langen *Gotthardtunnel*. Über den Sankt Gotthard führt die 26 km lange *Gotthardstraße* von Andermatt nach Airolo. Ein Straßentunnel soll 1980 eröffnet werden.

Gotthelf, Jeremias, eigentlich Albert Bitzius, * Murten (Kanton Freiburg) 4. Oktober 1797, † Lützelflüh (Kanton Bern) 22. Oktober 1854, bekannter schweizerischer Erzähler, von Beruf Pfarrer. In seinen realistischen u. kritischen Erzählungen beschreibt er das Leben auf dem Dorf. Mit seinen Romanen „Uli der Knecht" u. „Uli der Pächter" (1841, Neufassung 1846 u. 1849) gehört er zu den bedeutenden Vertretern der Bauerndichtung.

Göttingen, niedersächsische Stadt an der Leine, mit 124 000 E, ehemalige Hanse- u. alte Universitätsstadt (1736). Mehrere gotische Kirchen u. das gotische Rathaus ergänzen das malerische Stadtbild. Neben der Universität gibt es u. a. mehrere wissenschaftliche Institute sowie Institute und Forschungsstellen der Max-Planck-Gesellschaft. Wesentlichen Anteil an der wirtschaftlichen Entwicklung der Stadt haben feinmechanische u. optische Industrie, Aluminiumverarbeitung, Textil- und Papierindustrie.

Göttinger Sieben Mz., Bezeichnung für 7 Göttinger Professoren (J.

Gotik. Elisabethkirche in Marburg

Götz von Berlichingen

u. W. Grimm, F. Ch. Dahlmann, G. Gervinus, H. von Ewald, W. Albrecht u. W. Weber), die 1837 gegen die Aufhebung der Verfassung durch König Ernst August II. von Hannover protestierten u. daraufhin entlassen u. z. T. des Landes verwiesen wurden.

Götz von Berlichingen ↑Berlichingen, Götz von.

Gouache [*quasch;* frz.] (Guasch) *w*, Malerei mit deckenden Wasserfarben (mit Deckweiß u. harzigen Bindemitteln); z. B. in der Miniaturmalerei im Mittelalter u. für Bildnisminiaturen des Biedermeiers verwendet. In der modernen Kunst wurde diese Technik wieder aufgegriffen.

Gouverneur [*guwernör;* frz.] *m*, in den USA Name für den höchsten Beamten der vollziehenden Gewalt (Exekutive) eines Bundesstaates, in Belgien für den höchsten Beamten einer Provinz.

Goya y Lucientes, Francisco José de [*goja,* auch *geua i luthięnteß*], * Fuendetodos bei Zaragoza 30. März 1746, † Bordeaux 16. April 1828, spanischer Maler. G. ist einer der größten Maler Spaniens. In tiefen, satten Farben malte er v. a. Porträts, mit denen er die innere Leere der höfischen Gesellschaft enthüllte. In seinen Radierungen schildert er mit schonungsloser Offenheit die Greuel des Krieges u. die im Menschen liegende Grausamkeit.

Gracchus [*grachuß*]: Gajus Sempronius, * 154 oder 153, † 121 v. Chr. (Selbstmord), u. Tiberius Sempronius, * 163 oder 162, † 133 v. Chr. (ermordet), römische Politiker u. Reformer. Die *Gracchen,* beide Volkstribunen, bemühten sich, den Großgrundbesitz zu beschränken u. Land an Kleinbauern zu vergeben. Gajus Sempronius G. erließ einige Gesetze zugunsten der Kleinbauern. Im *Getreidegesetz* wurde bestimmt, daß dem Volk Getreide zu einem festgesetzten (niedrigen) Preis zu geben sei. Die Reformen der Gracchen wurden z. T. mit Waffengewalt verhindert, das Ackergesetz 129 v. Chr. außer Kraft gesetzt. – ↑auch römische Geschichte.

Gracht [niederl.] *w*, ein Kanal, vorwiegend innerhalb einer Stadt, in den Niederlanden. Von Grachten durchzogen ist v. a. Amsterdam.

Grad [lat.] *m*: **1)** Winkelmaß. 1 Grad (1°) ist der 360. Teil eines Vollwinkels. Der Grad wird unterteilt in 60 (Winkel-)Minuten ('): 1° = 60', 1 Minute in 60 Winkelsekunden (''): 1' = 60''; **2)** Temperaturmaß. Gebräuchlich ist bei uns: Grad Celsius (°C). 1 °C ist der 100. Teil des Temperaturunterschieds zwischen Gefrier- und Siedepunkt des Wassers.

Gradierwerk [lat.; dt.] *s*, mit Reisig oder Schwarzdornästen belegtes Holzgerüst, über das man ↑Sole rieseln läßt. Durch die Verdunstung des Wassers steigt der Salzgehalt der Sole. Schwerlösliche Salze scheiden sich an dem Geäst aus (Dornsteine). Früher wurde aus der salzig angereicherten Sole Salz gewonnen (durch Sieden). Heute sind Gradierwerke nur in Heilbädern zu finden, wo die Heilungsuchenden (bei Erkrankungen der Atemwege) die salzhaltige Luft einatmen.

Gradnetz der Erde *s,* der Ortsbestimmung dienendes „gedachtes" Liniennetz, das die Erde überzieht (mathematisch ein sphärisches Koordinatensystem). Längenkreise ziehen sich um die Pole rund um die Erde, von Pol zu Pol heißen sie Meridiane. Der Nullmeridian läuft durch Greenwich in England, von dort werden die Meridiane nach Osten u. nach Westen je bis 180° gezählt. Sie geben die geographische Länge an (z. B. liegt Ulm 10° östlicher Länge). Die Grade werden in Minuten ('), diese in Sekunden ('') unterteilt (↑Grad 1). Um einen Ort genau bestimmen zu können, muß man auch die Breite auf der Erdkugel angeben. Ausgangspunkt ist der ↑Äquator, von dort wird nach Norden u. Süden bis 90° (Nord- u. Südpol) gezählt. Die Lage von Ulm ist durch folgende Angabe genau bestimmt: 10° östlicher Länge, 48° 24' nördlicher Breite.

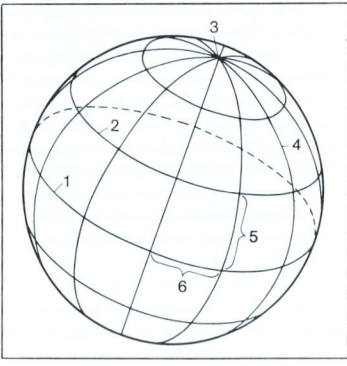

Gradnetz der Erde. 1 Äquator, 2 Breitenkreis (Parallelkreis), 3 Nordpol, 4 ein Längenkreis, 5 geographische Breite (beliebig), 6 geographische Länge (beliebig)

Graf [gr.-mlat.] *m*, ursprünglich Titel des königlichen Vertreters in einer *Grafschaft,* dem u. a. die Organisation des Heeres u. die Gerichtsbarkeit oblagen. Seit dem 9. Jh. wurde das Amt des Grafen erblich. Der Titel blieb bis in die Neuzeit erhalten; er ist seit 1919 Bestandteil des Familiennamens.

Gral [frz.] *m*, in der mittelalterlichen Dichtung ein wunderwirkender Stein, der Heilung und Glückseligkeit spendet, sowie Bezeichnung für die Abendmahlsschale bzw. ein Gefäß, in dem das Blut Christi am Kreuz aufgefangen worden sein soll. Die Legende vom G. wurde u. a. von Wolfram von Eschenbach in seinem Epos „Parzival" dargestellt.

Gornergletscher

Gramm [gr.] *s,* Abkürzung: g, Maßeinheit für die Masse. 1 g ist die Masse eines Kubikzentimeters Wassers bei 4 °C.

Grammatik [gr.] *w,* der Teil der Sprachwissenschaft, der sich mit den sprachlichen Formen u. deren Funktion im Satz, mit dem Aufbau sowie den Gesetzmäßigkeiten der Sprache (Wort- u. Satzbildung) beschäftigt.

Grammophon ↑Plattenspieler.

Granada, südspanische Stadt in Andalusien, mit 214 000 E. Unter den vielen maurischen Baudenkmälern ist die ↑Alhambra besonders erwähnenswert, unter der die zahlreichen Kirchen die Kathedrale (erbaut 1523–1703). G. ist ein wichtiges Industrie- u. Handelszentrum u. Sitz einer Universität.

Granat [lat.] *m*, eine Gruppe gesteinsbildender Minerale von großer Härte; dazu gehört auch der *Pyrop* (meist einfach G. genannt), der blutrot bis schwarz ist; der leuchtend rote G. findet häufig als Schmuckstein Verwendung.

Granat

Granate [lat.] *w,* ein mit Sprengstoff gefülltes Geschoß, das von einem ↑Geschütz oder einem Granatwerfer abgeschossen wird u. beim Aufschlagen explodiert.

Gran Canaria, drittgrößte der Kanarischen Inseln, mit 1 532 km² u. 574 000 E. Die Hauptstadt ist *Las Pal-*

Graß

Grand Canyon

Gräser. Süßgräser: 1 Knäuelgras, 2 Wiesenrispengras, 3 Wohlriechendes Ruchgras, 4 Zittergras, 5 Wiesenfuchsschwanz, 6 Aufrechte Trespe, 7 Englisches Raigras

mas de Gran Canaria (368 000 E). Vielgestaltige Landschaft u. reiche Vegetation machen G. C. zu einem Anziehungspunkt für den Fremdenverkehr.

Gran Chaco [- *tschąko*] (Chaco) *m*, ein etwa 800 000 km² umfassendes, flaches östliches Andenvorland in Nordargentinien, Westparaguay u. Südbolivien, mit ausgedehnten Wäldern u. Grasebenen.

Grand Canyon [*gränd känj*e*n*] *m*, ein etwa 350 km langes, schluchtartiges Durchbruchstal des Colorado in Nordwestarizona (USA). Vielfarbige Sandu. Kalksteinschichten u. fast senkrecht bis zu 1 800 m tief abstürzende Hänge haben den G. C. zur Sehenswürdigkeit gemacht.

Grande [span.] *m*, seit 1520 hoher spanischer Adelstitel.

grandios [ital.], großartig, überwältigend, erhaben.

Granit [ital.] *m*, weißlichgraues bis rötliches, körniges Tiefengestein. Hauptgemengteile sind Quarz, Glimmer u. Feldspat. G. wird v. a. als Bauu. Pflasterstein verwendet. – Abb. S. 222.

Grannen *w, Mz.*, steife Borste an den Früchten (Körnern) der Gräser.

Grapefruit [*gré*i*pfrut*; engl.] *w*, sehr große, fast runde Zitrusfrucht mit zitronengelber Schale; reich an Vitamin C und B_1.

Graphik [gr.] *w*, Sammelname für Holzschnitte, Kupferstiche, Radierungen u. Lithographien sowie im weiteren Sinne auch Handzeichnungen. Besonders großen Raum nimmt heute die *Gebrauchsgraphik* ein, u. a. als Werbegraphik mit Plakaten, Prospekten u. Inseraten, als amtliche Graphik mit Geldscheinen u. Briefmarken u. als Buchgraphik.

graphische Darstellung *w* (Graph), zeichnerische Darstellung einer ↑Funktion, z. B. in einem rechtwinkligen (kartesischen) Koordinatensystem; ↑auch Diagramm.

Graphit [gr.] *m*, Zustandsform des reinen Kohlenstoffs. Er ist schwarz, glänzend, weich u. ein guter Leiter für Elektrizität u. Wärme. In der Industrie braucht man G. zur Herstellung von Bleistiften, Farben, Schmiermitteln, Elektrogeräten u. a.

Graphologie [gr.] *w*, die Kunst von der Deutung der Handschrift als Ausdruck des Charakters eines Menschen. Nach Ansicht der *Graphologen* zeigen sich bestimmte Charaktereigenschaften in den Merkmalen einer Handschrift. Die G. wird mitunter für die Beurteilung von Bewerbern u. für die Anfertigung von Gutachten bei Gericht herangezogen.

Gräser *s, Mz.*, allgemeine Bezeichnung für die Süßgräser u. die Saueroder Riedgräser, die zu den Einkeimblättrigen gehören. Die Bestäubung erfolgt durch den Wind. Die *Süßgräser* umfassen rund 800 weltweit verbreitete Arten. Ihr Stengel ist durch Stengelknoten gegliedert. Die Blätter sind lang u. schmal u. besitzen eine Blattscheide, die den Stengel umfaßt. Die Blüten sind unscheinbar, haben keine Blütenhülle, sondern trockenhäutige Hochblätter (Spelzen), die die Staubblätter u. den Fruchtknoten umhüllen. Mehrere Blüten stehen in einem Ährchen zusammen, die Ähren bilden. Die Süßgräser sind als Futtergräser von großem Nutzen für die Viehhaltung. Die als ↑Getreide angebauten G. liefern Mehl. Oft baumhohe verholzende Süßgräser sind die verschiedenen Bambusarten. – Von den *Sauergräsern* kennt man rund 3 700 Arten. Sie wachsen oft an feuchten, sumpfigen Orten. Sie sind den Süßgräsern sehr ähnlich, besitzen jedoch einen meist kantigen, knotenlosen Stengel. Hierzu gehören z. B. die Seggen u. Wollgräser.

Graß, Günter (verwendet auch die Schreibung Grass), * Danzig 16. Oktober 1927, deutscher Schriftsteller. G. gehörte zur ↑Gruppe 47. Seine Romane und Erzählungen sind zeitkritisch, teils naturalistisch, teils grotesk. Bekannt wurden v. a. seine Romane „Die Blechtrommel" (1959) und „Hundejahre" (1963) sowie die Erzählung „Katz u. Maus" (1961). G. verfaßte auch mehrere Bühnenstücke, von denen das „deutsche Trauerspiel" „Die Plebejer proben den Aufstand" (1966) vielleicht am deutlichsten seine Auffassung von der gesell-

Grat

Günter Graß El Greco (Selbstbildnis) Edvard Grieg

schaftlichen Verantwortung des Künstlers widerspiegelt. Als politischer Schriftsteller trat G. besonders mit dem Roman „Örtlich betäubt" (1969) u. dem Bericht „Aus dem Tagebuch einer Schnecke" (1972) hervor. Sein Erzählwerk „Der Butt" (1977) ist eine breitangelegte, aus mythologischen Bezügen entfaltete Parodie auf die Geschichte der Zivilisation.

Grat m, die mehr oder weniger scharfe Kammlinie zweier steil abfallender Gebirgshänge.

gratis [lat.], unentgeltlich, frei, umsonst, kostenlos.

Graubünden, größter Kanton der Schweiz, 7109 km², 165 000 E. Die Hauptstadt ist Chur. G. ist ein vielbesuchtes Alpenland mit zahlreichen heilklimatischen Orten, Mineralbädern u. Wintersportplätzen (St. Moritz, Davos, Arosa u. a.). Neben dem Fremdenverkehr spielt die Almwirtschaft als Erwerbsquelle der Bevölkerung eine große Rolle.

Graveur [...ör; frz.] m, Handwerker oder Kunstgewerbler, der Zeichen, Schriften oder Bilder in Holz, Metall, Stein, Glas oder andere Materialien einritzt, d. h. eingraviert. Neben zeichnerischem Talent muß der G. eine ruhige u. geschickte Hand haben. Gravierkunst war schon im Alten Orient hochentwickelt.

Gravitation [lat.] w, Massenanziehung; die Anziehungskraft, die 2 Körper lediglich auf Grund ihrer Masse aufeinander ausüben. Die G. der Erde bezeichnet man auch als *Schwerkraft*. Sie ist die Ursache für das ↑Gewicht eines Körpers. Für die Größe K. der Anziehungskraft von 2 Körpern mit der Masse m_1 u. m_2, die im Abstand von r voneinander stehen, gilt das *Newtonsche Gravitationsgesetz*:

$$K = f \cdot \frac{m_1 \cdot m_2}{r^2},$$

worin f die sogenannte *Gravitationskonstante*

$$(= 6{,}670 \cdot 10^{-11} \, m^3 \, kg^{-1} \, s^{-2})$$

ist. Auf diesem Gesetz beruht die Bewegung des Mondes, der Planeten u. der künstlichen Satelliten.

Graz, Hauptstadt des österreichischen Bundeslandes Steiermark, an der Mur, mit 253 000 E. Die Stadt hat eine Universität u. eine technische Hochschule, mehrere bedeutende Kirchen (u. a. den spätgotischen Dom), das Landhaus aus dem 17. Jh., Schloß Eggenberg aus dem 17. Jh.; Wahrzeichen der Stadt ist der Uhrturm von 1561 am Schloßberg. G. hat eine vielseitige Industrie, v. a. Kraftfahrzeug-, Maschinen-, Stahlindustrie u. Waggonbau.

Grazien [lat.] w, Mz., die drei römischen Göttinnen der Anmut. In der griechischen Mythologie entsprechen ihnen die ↑Chariten.

Greco, El, eigentlich Dominikos Theotokopulos, * Fodele bei Iraklion (Kreta) um 1541, † Toledo 6. oder 7. April 1614, griechisch-spanischer Maler. Er malte Porträts u. v. a. Altarbilder in leuchtenden, zum Teil eigentümlich fahlen Farben u. mit effektvoller Beleuchtung. Charakteristisch sind seine überlangen, oft dramatisch bewegten Figuren. El Grecos Bilder beeindrucken durch ihr intensives Leben.

Greenwich [grinidsch], Stadtteil von London. G. wurde bekannt durch die 1675 gegründete Sternwarte, die 1948 nach Herstmonceux in der englischen Grafschaft East Sussex verlegt wurde. Durch G. verläuft der *Nullmeridian* (↑Gradnetz der Erde). Seit 1925 gilt die Greenwicher Zeit als astronomische Weltzeit.

Gregorianischer Gesang m, einstimmiger Gesang der katholischen (römischen) ↑Liturgie. Die Bezeichnung geht zurück auf Papst Gregor I., der die Liturgie neu ordnete. Der Gregorianische Gesang ist ein Sprechgesang im Wechsel zwischen einem Vorsänger u. der Kirchengemeinde.

Gregorianischer Kalender m, die heute noch geltende Einteilung eines Kalenderjahres in 365,2425 Tage, eingeführt von Papst Gregor XIII. im Jahre 1582. Der Gregorianische Kalender löste den ungenaueren Julianischen Kalender ab, den Cäsar eingeführt hatte; ↑auch Kalender.

Greif m, ein geflügeltes Fabeltier mit Adlerkopf (oder Adleroberkörper) u. Löwenkörper. Der G. ist ein altes vorderasiatisches Motiv, er verkörpert die Macht (in Ägypten Erscheinungsform des Königs). Seit den Kreuzzügen beliebtes Wappentier.

Greifswald, nahe der Ostsee gelegene Universitätsstadt im Bezirk Rostock, mit 59 000 E; mehrere mittelalterliche Bauwerke. Nahe G., in Lubmin, steht ein Kernkraftwerk.

Greifvögel m, Mz., mit rund 290 Arten weltweit verbreitete Ordnung 14–140 cm langer Vögel mit Spannweiten von 25 cm bis über 3 m. G. sind kräftige, gut fliegende, oft ausgezeichnet segelnde Tiere, die sich vorwiegend tierisch ernähren. Kurzer hakig gekrümmter Oberschnabel, kräftige Beine, meist gekrümmte, spitze Krallen. Man unterscheidet: Sekretäre, Neuweltgeier, Falken u. Habichtartige (zu letzteren gehören u. a. alle ↑Habichte, die Bussarde, Adler, Milane u. Weihen). Fast alle G. stehen in Europa (ausgenommen Frankreich u. Italien) unter Naturschutz.

Grenada [gre^{i}ne^{i}d^e], Staat, der aus der gleichnamigen Insel der Kleinen Antillen u. Nachbarinseln besteht, 344 km², mit 105 000 E. Die Hauptstadt ist *Saint George's* (8 600 E). G. liefert $^1/_3$ der Weltproduktion an Muskatnüssen. Ausgeführt werden außerdem Kakao u. Bananen. – G. wurde 1674 französisch, 1763 britisch u. 1974 unabhängig. Es ist Mitglied des Commonwealth u. der UN u. der EWG assoziiert.

Grenoble [...nobl], größte Stadt der französischen Alpen, an der Isère gelegen, mit 166 000 E. Seit dem späten 4. Jh. ist G. Bischofssitz. Sehenswert sind die Kathedrale aus dem 12./13. Jh. u. das Kunstmuseum. Außer der Universität (seit 1339) hat G. ein bedeutendes Kernforschungszentrum. Die unmittelbare Nähe idealer Skigebiete begünstigte Grenobles Wahl als Austragungsort der X. Olympischen Winterspiele 1968. Von wirtschaftlicher Bedeutung sind besonders die Hütten- u. die chemische Industrie, traditionell ist die Handschuhmacherei.

Gretna Green [gretna grin], schottisches Dorf, das als Heiratsort Minderjähriger Berühmtheit erlangte. Bis 1969 waren 21 Tage Aufenthalt Voraussetzung für die Eheschließung (ohne Einwilligung der Eltern), die der Friedensrichter (Dorfschmied) vollzieht. Neuerdings muß das heimatliche Standesamt zustimmen.

Griechenland, Republik in Südosteuropa, umfaßt den Südteil der Balkanhalbinsel mit den umliegenden Inseln im Mittelmeer; mit 133 944 km² etwa halb so groß wie die Bundesrepublik Deutschland, 9,2 Mill. E. Die Hauptstadt ist Athen. Mit Albanien, Jugoslawien, Bulgarien u. der Türkei hat G. gemeinsame Grenzen. Die griechische Bevölkerung (daneben einige Minderheiten) gehört fast ausschließlich der

griechische Geschichte

Griechische Kunst. Älterer Heratempel in Paestum (um 540 v. Chr.)

Griechische Kunst. Attische Statue des Poseidon (Bronze, um 460 v. Chr.)

griechisch-orthodoxen Kirche an. Das Innere des Landes ist gebirgig (bis über 2000 m) mit kleinen, fruchtbaren u. dichtbevölkerten Becken. Die Beckenebenen sind der Lebensraum der Bevölkerung, die Gebirge sind oft kahl u. unwirtlich u. schwer zugänglich. Wie in allen mittelmeerischen Ländern wurde auch in G. schon sehr früh Raubbau an den Wäldern getrieben u. dadurch die Verkarstung begünstigt. Das Klima ist mediterran mit heißen Sommern u. regenreichen Wintern. Etwa ein Viertel der Bodenfläche wird landwirtschaftlich genutzt. Thessalien ist die Kornkammer Griechenlands. Bedeutend ist auch der Tabakbau (besonders in Thrakien u. Makedonien), die Erzeugung von Olivenöl sowie von Korinthen, Sultaninen, Zitrusfrüchten, Pfirsichen u. Baumwolle. Rinder werden v. a. im Norden gehalten, Schafe u. Ziegen im Süden. Die Fischerei ist noch sehr rückständig. Wesentliche Deviseneinnahmen bringt der Fremdenverkehr. Bodenschätze gibt es nur in geringem Umfang (u. a. Braunkohle, Bauxit, Magnesit, Erdöl). *Geschichte:* Mit der Teilung des Römischen Reiches 395 wurde G. ein Teil des Byzantinischen Reiches. Mit dem Fall von Konstantinopel (1453) wurde G. türkisch. Das griechische Nationalgefühl wurde bis ins 19. Jh. wachgehalten durch die orthodoxe Kirche u. durch vereinzelte Aufstände. Der Freiheitskrieg 1821–30 brachte G. dann die Unabhängigkeit. In den Balkankriegen 1912 u. 1913 konnte es Kreta, Epirus u. Teile Makedoniens erwerben. Im 1. Weltkrieg war G. anfangs neutral, dann auf seiten der ↑Entente (Erwerbung von Südmakedonien u. Südthrakien). 1922 erlitt G. im Krieg gegen die Türkei einige Gebietsverluste. 1924–35 war G. Republik, dann wieder Monarchie. 1940 griff Italien G. an, 1941–44 war G. von den Deutschen besetzt, 1945 bis 1949/50 herrschte in G. Bürgerkrieg. 1967 übernahm eine Militärjunta (Regierungsausschuß von Offizieren) die Macht u. beseitigte das demokratische System; der König ging ins Ausland. 1973 wurde die Republik ausgerufen (1. Staatspräsident: G. Papadopulos); nach erneutem Militärputsch wurde 1974 das parlamentarische System wieder eingeführt (Ministerpräsident: K. Karamanlis). – G. ist Mitglied der UN u. der NATO (trat aber 1974 aus den militärischen Organen der NATO aus). Es ist der EWG assoziiert. Ab 1. Januar 1981 wird G. Mitglied der EG sein.

griechische Geschichte, die Geschichte des alten Griechenlands. Sie beginnt mit der Einwanderung indogermanischer Stämme etwa 2000 v. Chr. Diese vermischten sich allmählich mit der mittelmeerischen, vorindogermanischen Bevölkerung. Es entwickelte sich eine eigenständige, die sogenannte mykenische Kultur (seit etwa 1600 v. Chr.) unter starkem Einfluß der kretischen Hochkultur. – Die dorische Wanderung (seit etwa 1200 v. Chr.) verstärkte das indogermanische Bevölkerungselement. Die Dorier unterwarfen Argolis, Lakonien u. Messenien, besiedelten dann die Inseln Kythera, Kreta, Thera, Milos, Rhodos u. Kos u. den Süden der kleinasiatischen Westküste. Die Nordwestgriechen saßen in Thessalien, Nord- u. Mittelgriechenland. Die Ionier blieben auf Attika u. Euböa beschränkt, zu ihrem Siedlungsbereich gehörten Chios, Samos u. die kleinasiatische Küste nördlich von Milet. Königtum u. Adelsherrschaft waren frühe politische Formen. Seit dem 8. Jh. v. Chr. kam als politische Neuerung die *Polis* auf, der Stadtstaat mit völkerrechtlicher u. staatsrechtlicher Selbständigkeit sowie wirtschaftlicher Unabhängigkeit. Die Konzentrierung auf engstem Raum ermöglichte allen die Teilnahme am politischen, kulturellen, geistigen u. wirtschaftlichen Leben. Vom 8. bis 6. Jh. v. Chr. gründeten die Griechen Kolonien in Sizilien, Mittel- u. Unteritalien, an der Rhonemündung, auf Korsika u. an den Küsten des Schwarzen Meeres. – Sparta wurde nach der Eroberung Messeniens (8. Jh. v. Chr.) u. der Herausbildung des Peloponnesischen Bundes im 6. Jh. v. Chr. als konservativ-aristokratischer Militärstaat zur griechischen Vormacht. – Athen entwickelt sich vom Adelsstaat zum Rechtsstaat mit Rechtsgleichheit aller Bürger (Reformen Solons) u. unter Kleisthenes zum wirklichen Volksstaat, zur Demokratie. – Nach Niederwerfung des ionischen Aufstandes (500–494 v. Chr.) versuchten die Perser, Griechenland zu unterwerfen. Darius I. scheiterte 490 v. Chr. bei Marathon, Xerxes 480 v. Chr. bei Salamis, 479 v. Chr. unterlagen die Perser bei Plataä. Gleichzeitig siegten die Griechen Siziliens über die mit den Persern verbündeten Karthager. Athen, Nebenbuhler Spartas, an der Spitze des Attisch-Delischen Seebundes führte den Kampf gegen die Perser allein weiter. Unterlegen ihnen 448 v. Chr. Unter Perikles blühten in Athen Kunst, Dichtung, Philosophie u. Wissenschaft. Der Peloponnesische Krieg endete mit der völligen Niederlage Athens, doch konnte Sparte seine Vormachtstellung nicht aufrechterhalten. Nach der Eroberung Griechenlands durch Philipp II. von Makedonien (Chaironeia 338 v. Chr.) schuf Alexander der Große mit der Eroberung Persiens ein Weltreich. Aus den Kämpfen der Diadochen ging Makedonien einschließlich Griechenland als einer der drei Nachfolgestaaten hervor. Nach dem Sieg Roms über Makedonien (197 v. Chr.) wurden die Griechen von den Römern 196 v. Chr. für frei erklärt. Die

griechische Kunst

Niederlage der Makedonen bei Pydna (168 v. Chr.) bedeutete das Ende der politischen Selbständigkeit. Griechenland wurde römische Provinz; ↑auch Griechenland, Geschichte.

griechische Kunst w, die Kunst der Griechen etwa vom 11. bis 1. Jh. v. Chr. Sie sah in dem idealen Bild des Menschen (ein schöner Körper, beherrscht von einem klaren, wachen Geist) das Maß aller Dinge. So entsprechen die Maßverhältnisse des Tempels der menschlichen Figur, so ist der Vasenkörper mit Fuß, Bauch, Schulter, Hals entsprechend dem menschlichen Körper gegliedert. Der schön gestaltete Mensch war das Ideal, nach dem auch die Götterbilder geformt wurden. – Die *geometrische Kunst* (etwa 1000–700 v. Chr.) ist die erste eigene griechische Kunst; ihren Namen erhielt sie nach der geometrischen Musterung der Gefäße. In der *archaischen Zeit* (Archaik; 700–480 v. Chr.) entstanden die ersten Tempelbauten, der dorische u. der ionische Tempel (↑auch Säulen), die ersten monumentalen Statuen. Die *Klassik* bedeutet den Höhepunkt der griechischen Kunst. In der *frühklassischen Kunst* (auch strenger Stil genannt; 480–450 v. Chr.) wird das Einfache, Schlichte, Organische betont. Das Hauptwerk dieses Stils ist der Zeustempel von Olympia mit seinen Skulpturen. Auch einige originale Bronzewerke sind aus dieser Zeit erhalten, u. a. der Wagenlenker von Delphi. In der *hochklassischen Kunst* (450–400 v. Chr.) entstanden der Parthenon, die Propyläen, der Niketempel u. das Erechtheum auf der Akropolis von Athen unter der Leitung von Phidias, der auch berühmte Bildwerke schuf, voll Harmonie u. Schönheit. In der *spätklassischen Kunst* (400 bis etwa 300 v. Chr.) wurden große Tempel gebaut, Theater u. prunkvolle Grabbauten. Der bedeutendste Bildhauer dieser Zeit ist Praxiteles. Strenge u. Würde des Hochklassischen sind gemildert. In der *hellenistischen Kunst* (etwa 300–100 v. Chr.) mischen sich realistische Züge mit leidenschaftlicher Bewegtheit (u. a. Pergamonaltar, Laokoongruppe). In der Baukunst werden die Ausmaße ins Gigantische gesteigert: große Burg-, Stadt- u. Marktanlagen, Bibliotheken u. Gymnasien (u. a. in Pergamon, Alexandria und Ephesus). – Abb. S. 235.

griechischer und römischer Götterglaube ↑S. 238.

griechisches Alphabet

Buchstabe	Name	Lautwert
A, α	Alpha	a
B, β	Beta	b
Γ, γ	Gamma	g
Δ, δ	Delta	d
E, ε	Epsilon	ẹ
Z, ζ	Zeta	z
H, η	Eta	ẹ
Θ, ϑ	Theta	th
I, ι	Jota	i
K, κ	Kappa	k
Λ, λ	Lambda	l
M, μ	My	m
N, ν	Ny	n
Ξ, ξ	Xi	x
O, o	Omikron	ọ
Π, π	Pi	p
P, ρ	Rho	r
Σ, σ, ς	Sigma	s
T, τ	Tau	t
Y, υ	Ypsilon	y
Φ, φ	Phi	ph
X, χ	Chi	ch
Ψ, ψ	Psi	ps
Ω, ω	Omega	ọ

griechisch-orthodoxe Kirche ↑orthodoxe Kirche.

griechisch-römischer Stil ↑Ringen.

Grieg, Edvard, * Bergen 15. Juni 1843, † ebd. 4. September 1907, norwegischer Komponist. Seine spätromantischen Werke sind besonders von der nordischen Volksmusik geprägt. Bekannt sind seine Bühnenmusik zu Ibsens „Peer Gynt" u. seine Kammermusik, das Klavierkonzert in a-Moll u. mehrere Klavierwerke (u. a. „Lyrische Stücke"). – Abb. S. 234.

Grill [engl.] m, Rost, auf dem v. a. Fleisch ohne Fett gebraten wird.

Grillen w, Mz. (Grabheuschrecken), mit über 2000 Arten weltweit verbreitete Überfamilie der Insekten, in Europa 8 Arten, 1,5–50 mm groß. Jeder Deckflügel der Männchen besitzt an der Unterseite eine Schrilleiste u. am Rand eine scharfe Schrillkante. Werden diese aneinander gerieben, so werden Zirplaute erzeugt. Die Hinterbeine sind meist als Springbeine ausgebildet. Die *Feldgrille* lebt v. a. auf trockenen Feldern u. Wiesen. Die *Hausgrille* (oder *Heimchen*) ist durch ihr Leben in geheizten Gebäuden in der Entwicklung nicht von den Jahreszeiten abhängig. Bei der *Maulwurfsgrille* sind die Vorderbeine zu Grabschaufeln umgestaltet.

Grillparzer, Franz, * Wien 15. Januar 1791, † ebd. 21. Januar 1872, der bedeutendste österreichische Dramatiker. G., ein reizbarer u. von Depressionen geplagter Mensch, war zunächst als Hauslehrer, dann in der Verwaltung tätig (Direktor des Hofkammerarchivs (1832–56). Erst nach 1850 hatten seine von Goethe u. Schiller, Shakespeare, Lope de Vega u. Calderón beeinflußten Werke großen Erfolg. Einziges Lustspiel: „Weh dem der lügt" (1840); Tragödien: u. a. „Sappho" (1819), „Ein treuer Diener seines Herrn" (1830), „Ein Bruderzwist in Habsburg" (1872).

Grimm: 1) Jacob, * Hanau 4. Januar 1785, † Berlin 20. September 1863, deutscher Romantiker, Sprachwissenschaftler u. Erforscher des germanischen Altertums. G. gilt als der Begründer der ↑Germanistik. Als Professor für Altertumswissenschaft in Göttingen gehörte er zu den ↑„Göttinger Sieben". Auf Anregung Achim von Arnims gab er zusammen mit seinem Bruder Wilhelm die Sammelwerke „Kinder- u. Hausmärchen" (1812–15) u. „Deutsche Sagen" (1816–18) heraus. Seine eigenen Hauptwerke sind „Deutsche Grammatik" (1819–37), „Deutsche Mythologie" (1835). Wiederum in Zusammenarbeit mit seinem Bruder Wilhelm begann er das „Deutsche Wörterbuch" (1854 ff.), das nach seinem Tode fortgeführt, jedoch erst 1961 beendet wurde; **2) Wilhelm,** * Hanau 24. Februar 1786, † Ber-

Johann Jakob Christoffel von Grimmelshausen

Franz Grillparzer

Wilhelm (links) und Jacob Grimm

Großglockner mit dem Talgletscher Pasterze

Grislybär

lin 16. Dezember 1859, Bruder von Jacob G. u. wie dieser Sagen- und Märchenforscher, als Professor in Göttingen auch Mitglied der ↑ „Göttinger Sieben". Er gab zahlreiche mittelhochdeutsche Dichtungen heraus. Ihm ist v. a. auch die Bearbeitung der Märchen zu verdanken.

Grimmelshausen, Johann (Hans) Jakob Christoffel von, *Gelnhausen um 1622, †Renchen (Landkreis Kehl) 17. August 1676, deutscher Dichter. In seinem Hauptwerk, dem großen Barockroman „Der Abentheuerliche Simplicissimus Teutsch" (1669), zeichnet er ein drastisches Bild vom Dreißigjährigen Krieg.

Grimsel w (auch Grimselpaß), schweizerischer Paß vom Haslital ins Oberwallis, 2 165 m ü. d. M. Die G. verbindet das Aare- mit dem Rhonetal.

Grippe [frz.] w, eine durch Viren hervorgerufene Infektionskrankheit, die oft als Epidemie auftritt u. sich häufig über ganze Erdteile verbreitet. G. äußert sich mit Fieber, Schüttelfrost u. Gliederschmerzen.

Grislybär [engl.; dt.] (Graubär) m, im westlichen Nordamerika lebender Bär, dessen Bestände sehr stark zurückgegangen sind. Allesfresser, Schulterhöhe etwa 0,9–1 m, braungelb bis dunkelbraun, auch fast schwarz gefärbt; mit langen Vorderkrallen.

Groningen, Hauptstadt der niederländischen Provinz G., mit 162 000 E. Bekannt ist G. als wirtschaftliches u. kulturelles Zentrum der nördlichen Niederlande. Es hat eine Universität u. viele Bauten aus dem 16. u. 17. Jh. Bedeutend ist v. a. der Getreidehandel, die chemische u. die Textilindustrie.

Grönland, mit 2 175 600 km² die größte Insel der Erde (gut achtmal so groß wie die Bundesrepublik Deutschland). Sie wird zum arktischen Nordamerika gerechnet. u. ist mit 50 000 E. nur schwach besiedelt. Die Hauptstadt Grönlands ist *Godthåb* (8 800 E) im Westen der Insel. Das Innere der Insel ist zum größten Teil mit Inlandeis bedeckt, das eine Dicke bis etwa 3 400 m erreicht. Die Küste ist stark gegliedert u. durch tiefgreifende Fjorde zerklüftet, südlich 75° nördlicher Breite ist sie eisfrei. Das arktische Klima bringt kühle Sommer u. kalte Winter. Die polaren Temperaturen im Norden liegen im Sommer nicht über 0°C, im Winter bei −30°C u. tiefer. Entsprechend (polar) ist die Tierwelt mit Eisbären, Moschusochsen, Rens, Polarwölfen, -füchsen u. -hasen sowie Robben. In Küstennähe gibt es zahlreiche Seevogelarten. Der Haupter-

Großbritannien

werbszweig der Bevölkerung (Grönländer: Mischbevölkerung aus Europäern u. Eskimo) ist die Fischerei (bis etwa 1920 war es die Robbenjagd). Abgebaut werden Blei- u. Zinkerze. – G. wurde um 900 von den Wikingern (↑Normannen) entdeckt u. gehörte wechselnd zu Norwegen u. Dänemark. 1815 wurde es endgültig dänisch (seit 1979 mit Selbstverwaltung).

Gros [niederl.] s, ein früher gebräuchliches Stück- oder Zählmaß, 1 Gros = 12 Dutzend = 144 Stück.

Gros [*gro*; frz.] s, die Hauptmasse, z. B. eines Heeres, einer Menge oder der Bevölkerung; *en gros*, in großer Menge.

Groschen [mlat.] m, in Deutschland übliche Bezeichnung für Münzen seit dem 13. Jh. Seit dem 14. Jh. $1/21$ bis zu $1/30$ ↑Taler. Noch heute wird das Zehnpfennigstück oft G. genannt. In Österreich ist ein G. = $1/10$ Schilling.

Großbritannien (Vereinigtes Königreich von G. u. Nordirland). Königreich in Nordwesteuropa, mit 244 035 km² etwa so groß wie die Bundesrepublik Deutschland, mit 55,9 Mill. E (Engländer, Schotten, Walliser, Iren; überwiegend Mitglieder der ↑anglikanischen Kirche, 5,3 Mill. Katholiken). Die Hauptstadt ist London. Politisch ist G. gegliedert in England, ↑Schottland, ↑Wales u. ↑Nordirland. Im Süden der Hauptinsel liegen fruchtbare Ebenen u. Hügelländer, im Westen die Mittelgebirge von Wales u. Cornwall. Den Norden nehmen Mittelgebirge mit weiten Wiesen- und Weidegebieten ein. Höchster Berg ist der Ben Nevis (1 343 m). Die Küste ist stark gegliedert, ihr sind zahlreiche kleine Inseln vorgelagert. Das Klima ist ozeanisch, mit milden Wintern, kühlen Sommern, reichlichen Niederschlägen u. häufiger Nebelbildung. 10 % der Gesamtfläche sind Wälder, rund 80 % werden landwirtschaftlich genutzt, überwiegend durch Viehzucht, v. a. Schafzucht, die seit dem 12. Jh. die Grundlage der englischen Wollindustrie ist. Im Fischfang steht G. innerhalb der EG hinter Dänemark an 2. Stelle. Wichtigster Wirtschaftszweig ist die Industrie (G. ist der älteste moderne Industriestaat der Erde), die auf der Grundlage der reichen Steinkohlevorkommen u. der heute allerdings weitgehend erschöpften Erzvorkommen entstand. Die bedeutendsten Industriezweige sind die Hüttenindustrie (hauptsächlich Stahlerzeugung) sowie Flugzeug-, Fahrzeug- u. Maschinenbau. Mit dem seit 1967 in der Nordsee geförderten Erdgas kann G. seinen eigenen Bedarf decken. Seit 1975 fördert es auch Erdöl in der Nordsee. – Die günstige Lage zur Mitte Europas, seine Bedeutung als atlantische Gegenküste Nordamerikas u. die große Anzahl ausgezeichneter Naturhäfen machen G. zu einem Zentrum des Weltverkehrs. –

GRIECHISCHER UND RÖMISCHER GÖTTERGLAUBE

Die griechische Bevölkerung entstand durch Verschmelzung der Urbevölkerung mit den in mehreren Wellen einwandernden indoeuropäischen Stämmen, die ihren eigenen Glauben mitbrachten. Viele der griechischen Götter kommen deshalb auch bei anderen indoeuropäischen Stämmen vor. Auch die Religionen der vorgriechischen Bevölkerung und der kretisch-minoischen Kultur haben den griechischen Glauben entscheidend beeinflußt. Über die genauen Zusammenhänge ist jedoch nur wenig Sicheres bekannt.

In der frühesten Zeit gab es neben wenigen allgewaltigen Gottheiten keine persönlichen Götter, vielmehr wurden ungegenständliche Begriffe wie Liebe, Recht, Schicksal usw. als göttlich verehrt u. so zu Gottheiten. Es entstanden zahlreiche u. vielfältige Naturgottheiten. Etwa im 2. Jahrtausend v. Chr. hatte sich dann der uns bekannte Götterglaube der Griechen herausgebildet. Es waren die großen Dichter Homer u. Hesiod, die für die Verbreitung der Religion sorgten, wenngleich ihre Vorstellungen von den göttlichen Wesen in zahlreichen Punkten entscheidend voneinander abwichen. Während bei Hesiod die Götter ehrfurchtgebietende Mächte waren, denen die Menschen erschauernd gegenüberstanden, feierten die mit menschlichen Zügen bedachten homerischen Götter rauschende Feste auf dem Olymp und traten in mannigfache Beziehungen zu den Irdischen. Bei aller Verschiedenheit in Auffassung u. Darstellung haben beide Dichter jedoch entscheidend dazu beigetragen, daß so etwas wie ein gemeingriechischer Götterglaube entstand. Kultorte waren v. a. die einer Gottheit geweihten Tempel (↑ auch griechische Kunst).

Der Mythologie zufolge war am Anfang das Chaos, der unermeßlich weite, leere Raum. Nun entstand Gäa (die Erde), Tartarus (der Abgrund) und Eros (die Liebe). Gäa, die Allmutter Erde, gebar aus sich selbst Uranos, den Himmel, mit dem sie sich vereinte u. zahlreiche Nachkommen hatte, die Titanen, die Zyklopen u. andere. Der jüngste der Titanen war Kronos, der sich gegen seinen Vater Uranos erhob, ihn stürzte u. sich zum Herrscher des Himmels machte. Mit seiner Schwester Rhea, die auch seine Gemahlin war, hatte er viele Kinder, darunter Hera, Poseidon, Hades, Demeter u. Zeus. Als Zeus herangewachsen war, stürzte auch er seinen Vater u. kämpfte gemeinsam mit seinen Geschwistern gegen die Titanen, besiegte sie u. warf sie in den Abgrund. Nach diesen Unruhen zieht Frieden ein in die von Zeus u. den Seinen beherrschte Welt der Götter, die nun frei von Gewalttätigkeiten ist.

Die große Götterfamilie besteht aus den Geschwistern Zeus, Hera (seiner Gattin), Hades, Gott der Unterwelt, Poseidon, Gott des Meeres, Hestia, Göttin des Herdes u. des Herdfeuers, u. Demeter, Göttin des Ackerbaus u. der Fruchtbarkeit, u. aus den Kindern des Zeus: Athene, Göttin der Weisheit, nach der Athen benannt ist, Apollo, Gott des Lichtes, Artemis, Göttin der Jagd, Hephäst, Gott des Feuers, Ares, Gott des Krieges, Aphrodite, Göttin der Liebe, Persephone, Göttin der Unterwelt, u. Hermes, dem Boten der Götter. Die drei Brüder hatten sich die Herrschaft der Welt geteilt: Zeus erhielt den Himmel, Poseidon das Meer u. Hades die Unterwelt. Die Erde beherrschten alle drei gemeinsam. Zeus jedoch, der älteste u. auch klügste, steht noch über den beiden Brüdern. Die himmlischen Götter wohnen, um Zeus geschart, auf den Höhen des Olymp u. erfreuen sich ihrer Unsterblichkeit, die sie, ebenso wie ihre ewige Jugend, durch den Genuß von ↑ Nektar und Ambrosia erhalten.

Im Rang unter den olympischen Göttern stehen Wesen, die ebenfalls göttliche Züge tragen, zum Beispiel die Göttin der Morgenröte Eos sowie Iris, Göttin des Regenbogens, Tyche, Göttin des Glücks, u. Selene, Göttin des Mondes. Meeresgötter neben Poseidon, dem Beherrscher des Meeres, sind Amphitrite, die Gemahlin des Poseidon, Okeanos, der die Erde u. das Meer umfließende große Weltstrom, Nereus, der Meergreis u. Vater der Meernymphen, sowie zahlreiche Flußgötter u. Quellnymphen. Erdgötter u. Götter der Unterwelt sind die Allmutter Erde, Gäa, die Nymphen, die auf der Erde in Hainen, auf Bergen, an Quellen, Flüssen, in Tälern u. Grotten wohnen, Dionysos, der Gott des Weines, seine Begleiter, die Satyrn, Pan, der Gott der Herden u. des Waldes, die Zentauren, Thanatos, der Gott des Todes, u. sein Bruder Hypnos, der Gott des Schlafs, die Erinnyen, Rachegöttinnen, u. Hekate, die Göttin der Zauberei u. des nächtlichen Spukwesens. Die Götter, die sehr menschlich gesehen werden, begeben sich von Zeit zu Zeit unter die Menschen, nehmen an ihren Freuden u. Sorgen teil u. verbinden sich in Liebe mit ihnen. Götter hatten mit jungen Mädchen, unsterbliche Göttinnen mit sterblichen Männern gemeinsame Kinder, die Heroen. Sie waren aus der Masse der Menschen herausgehoben u. lebten nach ihrem Tode (auch sie waren trotz eines göttlichen Elternteils nicht unsterblich) fernab von den gewöhnlichen Sterblichen auf den glücklichen Inseln der Seligen. Die anderen Menschen gingen nach ihrem Tode in das gefürchtete Schattenleben der Unterwelt ein, in dem Hades herrschte. Dort wurde jeder auf der Erde begangene Frevel bestraft. Die guten Menschen lebten jedoch in glücklicher Gemeinschaft mit den Göttern.

Der Glaube der Römer unterschied sich von dem der Griechen entscheidend. Zuerst bildeten sich zahlreiche Einzelgötter heraus, die nur für einen ganz eng begrenzten Bereich zuständig waren, z. B. Terminus, der Gott der Grenzsteins. Tempel waren ebenso unbekannt wie Götterstatuen. Es gab auch keine Göttersagen. Viele römische Gottheiten waren Natur- und Ackerbaugötter (z. B. Saturn, Gott des Ackerbaus, Ceres, Göttin der Fruchtbarkeit, u. Faunus, Gott des Feldes u. Schützer der Viehzucht). Daneben hatte jedes einzelne Haus seine besonderen Schutzgottheiten, die Laren, die Penaten u. die Genien. Die Manen wurden als Geister der Toten verehrt. Die ältesten Staatsgötter waren Jupiter, oberster Gott u. Schützer des römischen Staates, Mars, ursprünglich ein alter Bauerngott, u. Quirinus, ursprünglich ein Kriegsgott (er wurde später dem zum Gott erhobenen Gründer Roms, Romulus, gleichgesetzt). Diese drei höchsten Götter wurden später durch die Dreiheit Jupiter, Juno und Minerva (Göttin der Künste) ersetzt. Schon sehr früh (etwa im 6. Jh. v. Chr.) geriet der römische Götterglaube – wie die ↑ römische Kunst (Tempel, Götterstatuen) – unter den Einfluß des griechischen. Es wurden griechische Götter übernommen oder alte römische Gottheiten mit Zügen von griechischen ausgestattet, so daß sie weitgehend die gleichen Wesenszüge annahmen. Jupiter entsprach Zeus, seine Gemahlin Juno der Hera, der Gott Mars wurde mit Ares gleichgesetzt u. zum Kriegsgott. Neptun entsprach Poseidon, Minerva der Athene, Orkus dem Hades, Venus, eine alte Frühlings- u. Gartengöttin, wurde der Aphrodite gleichgesetzt. Die Priester suchten aus dem Flug und Verhalten der Vögel, aus den Eingeweiden der Tiere den Willen der Götter zu erforschen. Sie waren wichtige Staatsbeamte, deren oberster der Pontifex maximus war. Sein Amt und sein Titel gingen auf die Kaiser über, die sich später zu Lebzeiten als Götter verehren ließen. Die orientalischen Kulte, die gegen Ende des Römischen Reiches nach Rom kamen, und die rasche Verbreitung des Christentums führten schließlich zum Untergang der vielgestaltigen antiken Götterwelt.

* * *

Geschichte: Bis ins 1. Jh. v. Chr. lassen sich Einwanderungen verschiedener Stämme der ↑Kelten – u.a. der *Briten* – nachweisen. 55 v. Chr. landete Cäsar in Britannien, 43 n. Chr. wurde der Südostteil unter dem Namen *Britannia* römische Provinz. Die Einwanderung von Angeln, Jüten u. Sachsen um 470 führte zur Gründung von 7 Reichen, die im 9. Jh. zu einem Reich vereint u. gefestigt wurden. Nach dem Sieg Wilhelms des Eroberers, Herzog der Normandie, bei Hastings (1066) begann die Normannenherrschaft mit enger Bindung an die Normandie u. die französische Kultur. Heinrich II. beherrschte als bedeutendster König Englands im Mittelalter große Teile von Frankreich als französisches Lehen. Im ↑Hundertjährigen Krieg (1339–1453) verlor England alle Besitzungen auf dem Festland (nur Calais wurde bis 1558 gehalten). Unter der Königin Elisabeth I. (1558–1603) wurde die englische Macht gefestigt u. erweitert sowie England zur Kolonialmacht entwickelt. Jakob I. aus dem schottischen Haus Stuart vereinigte England, Schottland u. Irland zum Königreich Großbritannien u. Irland. Unter den Stuarts (1603–1714) kam es zu heftigen Kämpfen zwischen dem König u. dem Parlament, die schließlich zur Hinrichtung Karls I. (1649) u. zur Errichtung einer Republik unter Oliver Cromwell führten. Mit Karl II. wurde das Königtum wiederhergestellt (1660) u. die koloniale Ausweitung vorangetrieben. Als sich der katholische König Jakob II. durch sein eigenmächtiges Regiment mißliebig machte, riefen seine Gegner den protestantischen Prinzen Wilhelm III. von Oranien nach England; Jakob II. ergriff die Flucht u. wurde für abgesetzt erklärt (Glorious revolution; 1688/89). Wilhelm III. u. seine Gemahlin Maria, die gemeinsam regierten, unterzeichneten 1689 die Bill of Rights (= Gesetz der [Grund]rechte), die dem Parlament wesentliche Rechte zusicherte u. damit zur Grundlage des parlamentarischen Königtums wurde. 1714 fiel die Königswürde durch Erbfolge an den Kurfürsten von Hannover, der als Georg I. G. u. Hannover in Personalunion verband. Während des Siebenjährigen Krieges gelang es G., seinen Kolonialbesitz in Nordamerika wesentlich zu erweitern (v. a. auf Kosten Frankreichs); gleichzeitig eroberte es Ostindien. Damit war es zur stärksten Kolonial- u. Wirtschaftsmacht der Erde geworden u. hatte die unbestrittene Herrschaft auf den Meeren. Allerdings lösten sich im Unabhängigkeitskrieg (1775–83) die nordamerikanischen Kolonien – außer Kanada – vom Mutterland. Der Kampf gegen das revolutionäre Frankreich u. gegen Napoleon I. brachte weitere Gewinne (Malta, Ceylon, das Kapland, Helgoland u.a.); die Seesiege von Abukir u. Trafalgar (durch Admiral Nelson) u. die Vernichtung der dänischen Flotte 1807 (zur Abwehr der von Napoleon verfügten Blockade) sicherten die britische Seeherrschaft. 1837 trat Königin Viktoria ihre Herrschaft an; ihre 63jährige Regierungszeit gilt als Glanzzeit der britischen Geschichte. Mit ihrem Regierungsantritt endete die Personalunion zwischen G. u. Hannover. In der Außenpolitik hielt sich G. von Bündnissen mit anderen Staaten frei („splendid isolation"). Gleichzeitig war es mit dem Ausbau seines Kolonialreiches beschäftigt, so durch den ↑Burenkrieg (1899–1902). Der Sieg über Deutschland u. die mit ihm verbündeten Mächte im 1. Weltkrieg u. der Gewinn von Gebieten, die G. im Auftrage des Völkerbundes zu verwalten hatte (Mandatsgebiete), ging mit schrittweiser Umwandlung des britischen Weltreiches (*Empire*) in das ↑Commonwealth of Nations einher. Zwischen den Weltkriegen betrieb G. eine Politik des Ausgleichs zwischen Frankreich u. Deutschland. Nach der Besetzung der Tschechoslowakei durch Hitler verstärkte G. seine Rüstung. 1939 erklärte es nach dem deutschen Einfall in Polen Deutschland den Krieg. Während des 2. Weltkriegs u. nach 1945 löste sich das Britische Reich weiter auf. 1949 wurde Irland unabhängige Republik. Seit 1952 ist Elisabeth II. Königin. Innenpolitisch bedeutsam war der Weg zum ↑Wohlfahrtsstaat durch umfassende Gesetze unter C. R. Attlee (Premierminister von 1945 bis 1951). Die Hinwendung Großbritanniens zum europäischen Kontinent dokumentierte sich im Beitritt zu den EG (1973). G. ist Gründungsmitglied der UN, Mitglied der NATO u. der EG.

Großer Arber *m*, höchster Gipfel des Bayerischen Waldes (1 457 m); im Nordwesten u. Südosten des Großen Arbers liegen der *Kleine* u. der *Große Arbersee.*

Großer Bär *m* (lat. Ursa Maior), das bekannteste ↑Sternbild des nördlichen Himmels, dessen sieben auffälligsten Sterne auch *Großer Wagen* genannt werden.

Großer Belt ↑Belt.

Großer Kurfürst *m*, Beiname des brandenburgischen Kurfürsten ↑Friedrich Wilhelm.

Großer Ozean ↑Pazifischer Ozean.

Großer Wagen ↑Großer Bär.

Großglockner *m*, höchster österreichischer Berg (3 797 m) und zugleich höchste Erhebung der Hohen Tauern. Östlich des G. verläuft die 47,8 km lange *Großglockner-Hochalpenstraße,* eine 1930–35 erbaute Nord-Süd-Verbindung zwischen Salzburg u. Kärnten, die einen reizvollen Blick auf die Hochalpen bietet. Der G. wurde im Jahre 1800 erstmals erstiegen. – Abb. S. 237.

Großstadt *w*, in der Statistik eine Stadt mit mehr als 100 000 Einwohnern.

Großvenediger *m*, stark vergletschertes Bergmassiv (3 674 m) in den Hohen Tauern (Österreich). Der G. wurde 1841 erstmals erstiegen.

Großwesir [dt.; arab.] *m*, Titel des obersten Amtsträgers im Osmanischen Reich (1922 abgeschafft).

grotesk [gr.], absonderlich, phantastisch wirkend. Eine Erzählform des Widersprüchlichen wie ein phantastisch geformtes Tier- u. Pflanzenornament werden als *Groteske* bezeichnet.

Grummet (Grumt) *s*, Heu vom 2. oder 3. (jährlichen) Wiesenschnitt.

Grün, Max von der, * Bayreuth 25. Mai 1926, deutscher Schriftsteller. Er arbeitete 1951–64 als Bergmann im Ruhrgebiet u. wurde bekannt als freier Schriftsteller u. wurde bekannt durch seine im Kohlenrevier spielenden sozialkritischen Erzählungen, Hör- u. Fernsehspiele, u.a.: „Irrlicht und Feuer" (1963), „Smog" (1968), „Aufstiegschancen" (1970), „Stellenweise Glatteis" (1973).

Grundbuch *s*, öffentliches Verzeichnis, in das alle Grundstücke eingetragen sind. In der Regel ist für jedes Grundstück ein *Grundbuchblatt* angelegt, auf dem alle Angaben über Eigentumsverhältnisse, Schulden, ↑Hypotheken, Wegerechte u. ä. verzeichnet sind. Das G. wird im allgemeinen vom Amtsgericht als dem *Grundbuchamt* geführt.

Gründerjahre *s, Mz.,* Bezeichnung für die Jahre 1870–1900, in denen auf Grund der französischen Kriegsentschädigung nach 1871 zahlreiche wirtschaftliche Neugründungen erfolgten; viele von ihnen hatten keinen Bestand.

Gründgens, Gustaf, * Düsseldorf 22. Dezember 1899, † Manila 7. Oktober 1963, deutscher Schauspieler, Regisseur u. Intendant. Seine berühmteste Theaterrolle war die des Mephisto in Goethes „Faust"; er spielte auch in Filmen (u.a. „M", 1931, von F. Lang) u. drehte eigene Filme; seine eigenwillig akzentuierten Theaterinszenierungen setzten neue Maßstäbe.

Grundgesetz ↑Verfassung.

Grundrechenarten ↑Addition, ↑Subtraktion, ↑Multiplikation, ↑Division.

Grundrechte ↑Menschenrechte.

Grundriß *m*, maßstabgerechter Plan eines Bauwerkes, aus dem die Maße des Bauwerks sowie die Raumaufteilung zu ersehen sind.

Grundschule *w*, in Deutschland seit 1919 (Weimarer Verfassung) die für alle gemeinsame Pflichtschule in den ersten 4 Jahren (in Berlin 6 Jahre), die organisatorisch u. pädagogisch „Grund"-Lage für die weiterführenden ↑Schulen (Hauptschule, ↑Realschule, ↑Gymnasium, ↑Gesamtschule) ist. Der Unterricht an der G. ist in den ersten Jahren weniger fachspezifisch gegliedert. Im Vordergrund steht die Vermittlung der Kulturtechniken (Schreiben, Lesen, Rechnen).

Grundstufe

Grundstufe ↑ Adjektiv.

Grundwasser *s*, Wasser, das durch Versickerung der Niederschläge oder aus Seen u. Flüssen in die Erd- u. Gesteinsschichten gelangt ist. Das G. sammelt sich in *Grundwasserträgern* u. fließt dem Gefälle folgend ab. Es tritt in Quellen aus oder wird durch Brunnen gefördert. Der *Grundwasserspiegel* ist die Grenzfläche zwischen lufthaltiger u. wassergesättigter Zone des Bodens.

Grundzahl *w*: **1)** ↑ Kardinalzahl; **2)** Basis; bei Potenzen diejenige Zahl, die mit sich selbst multipliziert werden soll (bei der Potenz 3^7 ist die Zahl 3 die Grundzahl).

Grünewald, Matthias, eigentlich Mathis Gothart, genannt Nithart, *Würzburg (?) wahrscheinlich um 1480, †Halle/Saale (?) Ende August 1528 (?), bedeutender deutscher Maler. G. war hauptsächlich in Mainz u. am Mittelrhein tätig. Sein bekanntestes Werk ist der Isenheimer Altar (heute in Colmar).

Matthias Grünewald, Kreuztragung

Grünspan *m*, Kupfersalz der Essigsäure (Kupferacetat); grüne, giftige chemische Verbindung, die sich u. a. beim Kochen von essigsäurehaltigen Früchten oder Fruchtsäften in kupferhaltigen Gefäßen (wozu auch Messinggeschirr gehört) bildet.

Gruppe 47 *w*, 1947 von dem Schriftsteller Hans Werner Richter in München begründete lose Vereinigung deutscher Autoren, deren Hauptanliegen eine Auseinandersetzung mit den Problemen der Nachkriegszeit war. Zur G. 47, die sich 1977 auflöste, gehörten u. a. G. Graß u. H. Böll.

Grusinien ↑ Georgien.

Guadalquivir [*guadalkibir*] *m*, Fluß vom Andalusischen Gebirgsland zum Golf von Cádiz, Spanien. Der G. ist 657 km lang u. ab Sevilla schiffbar.

Guadeloupe [*gᵘadᵉlup*], französisches Überseedepartement (seit 1946) innerhalb der Kleinen Antillen, mit 324 000 E. Es besteht aus der Hauptinsel G. (mit 1 510 km² die größte Insel der Kleinen Antillen) u. mehreren kleinen Inseln. Die Hauptstadt ist *Basse-Terre* (16 000 E). Ausgeführt werden Rohrzucker u. Bananen.

Guam ↑ Marianen.

Guanako [indian.] *m*, wildlebende, hirschgroße Kamelart in den Hochebenen u. Gebirgen Ecuadors u. Perus bis Feuerland. Die Guanakos sind hochbeinig u. tragen ein langes, dichtes Haarkleid aus sehr dünnen Haaren, das oberseits schmutzig rotbraun, an Brust u. Bauch weißlich ist. Der Kopf – mit langen, beweglichen Ohren – ist grau u. schwärzlich. Aus dem G. ist durch Züchtung das ↑ Lama hervorgegangen.

Guano [indian.] *m*, Vogelmist, v. a. von Kormoranen, Pelikanen u. Pinguinen. Auf den regenarmen Inseln vor der Küste von Peru u. Chile hat er sich in dicken Schichten angesammelt u. wurde wegen seines hohen Gehalts an Phosphor, Stickstoff u. Kalium abgebaut u. als Düngemittel verwendet. Heute stehen anorganische Düngemittel im Vordergrund.

Guatemala: **1)** Republik in Zentralamerika, mit 108 889 km² etwa dreimal so groß wie Baden-Württemberg, Hauptstadt G. Von den 6,4 Mill. E sind über 50 % Indianer, 30–40 % Mestizen, daneben gibt es Weiße u. Neger. G. ist ein Hochgebirgsland mit zahlreichen Vulkanen und fruchtbaren Hochebenen. Im Tiefland herrscht tropischer Regenwald vor, in höheren Lagen Laub- u. Nadelwald. Die Haupterwerbszweige der Bevölkerung sind der Anbau von Baumwolle, Bananen u. Zuckerrohr sowie die Rinderhaltung. G. ist Gründungsmitglied der UN; **2)** Hauptstadt von 1), mit 717 000 E; 1 500 m ü. d. M. gelegen. G. hat die wichtigsten Industriebetriebe des Landes u. 2 Universitäten.

Guayana, Landschaft im Nordosten Südamerikas. Sie umfaßt Französisch-G., Surinam, Guyana, das östliche Venezuela u. greift im Süden auf brasilianisches Gebiet über. Die Küstenebene ist fruchtbar, das gebirgige Innere kaum erschlossen.

Gudrun ↑ Kudrun.

Guericke (Gericke), Otto von [*ge...*], *Magdeburg 30. November 1602, †Hamburg 21. Mai 1686, deutscher Erfinder u. Physiker; seit 1646 Bürgermeister von Magdeburg, das er bei Friedensverhandlungen in Osnabrück u. auf dem Reichstag vertrat. 1654 führte G. die von ihm erfundene Luftpumpe öffentlich in Regenburg vor. Später folgte der berühmte Versuch mit den Magdeburger Halbkugeln. Außerdem erfand er ein Barometer u. erkannte den Zusammenhang zwischen Luftdruck u. Wetter. Andere Versuche führten zur Erfindung einer Elektrisiermaschine u. zur Erklärung des Blitzes als elektrische Entladung.

Guerilla [*geril(j)a*; span.] *m*, Bezeichnung für den Kleinkrieg, den bewaffnete Gruppen der einheimischen Bevölkerung gegen eine Besatzungsmacht (oder im Bürgerkrieg gegen die reguläre Armee) führen; auch die Gruppen selbst u. die Angehörigen einer solchen Gruppe werden G. genannt. – ↑ auch Partisanen.

Guanako

Gürteltiere. Riesengürteltier

Johannes Gutenberg. Rekonstruktion seiner Werkstatt (Mainz, Gutenberg-Museum)

Guevara Serna, Ernesto [ge...], genannt Che Guevara, * Rosario (Argentinien) 14. Juni 1928, † in Bolivien 9. Oktober 1967, kubanischer Arzt u. Politiker. G. S. war Waffengefährte Fidel Castros u. gilt als einer der Anführer des kubanischen Kommunismus. 1961 wurde er Industrieminister u. bestimmte maßgeblich den Wirtschaftskurs Kubas. 1965 zog er sich von allen offiziellen Ämtern zurück u. widmete sich ab 1966 dem „Kampf gegen den Imperialismus" in Bolivien. Er wurde von Regierungstruppen gefangengenommen und erschossen.

Guinea [*ginea*], Republik in Westafrika, mit 245 857 km² etwa so groß wie die Bundesrepublik Deutschland. Die 4,7 Mill. E sind Sudanneger moslemischen Glaubens. Die Hauptstadt *Conakry* (526 000 E [mit umliegenden Orten]) ist das Wirtschaftszentrum des Landes. G. verfügt über 2/3 der Bauxitvorräte der Erde; gewonnen werden außerdem Diamanten u. Eisenerz sowie Kaffee, Palmnüsse u. -kerne. – G. war ehemals französisches Kolonialgebiet u. wurde 1958 unabhängig. G. ist Mitglied der UN u. der OAU u. der EWG assoziiert.

Guinea-Bissau, Republik in Westafrika, 36 125 km², mit 534 000 E. Die Hauptstadt ist *Bissau* (38 000 E). Der Anbau dient der Selbstversorgung. – Das frühere *Portugiesisch-Guinea* wurde 1974 unabhängig. G.-B. ist Mitglied der UN, der Arabischen Liga u. der OAU u. ist der EWG assoziiert.

Gulden *m*, Bezeichnung für verschiedene Münzen, ursprünglich verwendet für die in Deutschland seit Beginn des 14. Jahrhunderts geprägten Goldgulden. Später ging der Name auf den silbernen *Reichsguldiner* u. mehrere regionale Münzen über. Seit 1679 ist der G. die Hauptwährungsmünze der Niederlande.

Gulliver [auch *gal*...], Titelgestalt des gesellschaftskritischen, satirischen Romans „Gullivers Reisen" von Jonathan Swift (1726).

Gummi [ägypt.] *s*, Bezeichnung für Pflanzensäfte (v. a. aus ↑Kautschukbäumen), die an der Luft verharzen u. eine feste, elastische Struktur annehmen. Bekanntester Vertreter ist das **Gummiarabikum,** das aus verschiedenen arabischen Akazienarten gewonnen u. als Klebstoff u. Bindemittel verwendet wird. Oft wird auch ↑Kautschuk als Gummi bezeichnet.

Gummilinse [ägypt.; dt.] *w* (Zoomobjektiv), optische Linse mit stufenlos veränderlicher Brennweite. Bei der motorischen G. erfolgt die Brennweitenänderung durch einen eingebauten Elektromotor. Sie wird meist als Objektiv für Filmkameras u. in der ↑Fotografie verwendet. Da bei Vergrößerung der Brennweite ein Kameraobjektiv immer stärker wie ein Fernrohr (Teleobjektiv)

Gustav II. Adolf   Otto von Guericke

wirkt, den gefilmten Gegenstand also allmählich immer „näher heranholt", läßt sich mit der G. der Eindruck einer auf das Objekt zufahrenden Kamera erzeugen, ohne daß diese sich bewegt.

Gunther (Gunnar), germanische Sagengestalt, Gatte Brunhilds und Bruder von Kriemhild, Gernot u. Giselher. G. wird mitschuldig am Tod seines Schwagers Siegfried. Im Nibelungenlied ein schwacher Fürst, der im Schatten seines Gefolgsmanns Hagen steht. In der Walthersage als feiger u. habgieriger Fürst geschildert, in der Edda aber als Held.

Gurk, österreichischer Wallfahrtsort in Kärnten mit 1 500 E. Sehenswert ist der romanische Dom mit Krypta, Hochaltar u. berühmten romanischen u. gotischen Monumentalmalereien.

Gurke *w*, Kürbisgewächs aus dem nördlichen Vorderindien, einjähriges, einhäusiges Fruchtgemüse mit langen, schlanken, fleischigen Beerenfrüchten. Die Samen (Gurkenkerne) sind platt u. eiförmig. Die Blattranken sind unverzweigt, die Blüten gelb u. glockenförmig.

Gürteltiere *s*, *Mz.*, Familie der Säugetiere in Süd- u. Nordamerika. Ihr Körper wird von einem Panzer bedeckt, der sich am Rumpf aus gürtelartigen Ringen zusammensetzt u. dadurch beweglich ist. Die Unterseite ist behaart. Der zugespitzte Kopf trägt einen verknöcherten Schild. Die vorderen Gliedmaßen sind sehr kräftig entwickelt u. tragen Grabkrallen. Als Nahrung dient kleines Getier.

Gußeisen *s*, ↑Eisen, das sich durch den hohen Kohlenstoffgehalt von 2 und mehr % sehr gut in Formen gießen läßt (Heizkörper, Motorblöcke, Maschinenteile u. a.), dafür aber den Nachteil hat, daß es außerordentlich spröde ist u. im Gegensatz zu dem kohlenstoffarmen *Schmiedeeisen* (etwa 0,5 % Kohlenstoff) nicht schmiedbar. Zwischen G. u. Schmiedeeisen liegt der ↑Stahl (bis etwa 1,7 % Kohlenstoff).

Gustav II. Adolf, * Stockholm 19. Dezember 1594, † bei Lützen 16. November 1632, schwedischer König. Unter seiner Herrschaft stieg Schweden zur führenden Macht des europäischen Nordens auf. Aus Sorge vor einer Ausbreitung der kaiserlichen Macht an der Ostsee u. einer katholischen ↑Restauration griff er 1630 in den Dreißigjährigen Krieg ein u. rettete die stark bedrängten protestantischen Fürsten u. a. durch Siege bei Breitenfeld (1631) u. bei Rain am Lech (1632). Er fiel in der Schlacht bei Lützen.

Gutenberg, Johannes, eigentlich Gensfleisch zur Laden, genannt G., * Mainz zwischen 1397 u. 1400, † ebd. 3. Februar 1468, deutscher Buchdrucker. G. erfand um 1450 den Druck mit beweglichen, gegossenen Lettern u. schuf damit den für die kulturelle Entwicklung der Neuzeit entscheidend wichtigen Buchdruck. Sein erster Druck war ein Gedicht vom Weltgericht, der berühmteste ist die Gutenbergbibel (1450–56), die künstlerisch u. technisch hervorragend gestaltet ist.

Guyana, Staat an der Nordküste Südamerikas, mit 215 000 km² nicht ganz so groß wie die Bundesrepublik Deutschland, mit 810 000 E. Die Hauptstadt ist *Georgetown* (mit umliegenden Orten 182 000 E). G. liegt im Bergland von Guayana, dem die Küstenebene vorgelagert ist. 70 % des Landes sind mit tropischem Regenwald bedeckt. Ausfuhrgüter sind Rohrzucker, Bauxit, Reis, Rum, Holz u. Fisch. – Das frühere *Britisch-Guayana* wurde 1966 unabhängig. Seit 1970 bezeichnet sich G. als „kooperative Republik" (die Wirtschaft liegt in Händen von Genossenschaften). G. ist Mitglied des Commonwealth u. der UN sowie der EWG assoziiert.

Gyges, † etwa 652 v. Chr., König von ↑Lydien. Er soll den Lyderkönig Kandaules getötet haben, um dessen Frau u. Thron zu erlangen. Die Geschichte des G. wurde vielfach in der Dichtung behandelt, u. a. durch Hebbel in der Tragödie „Gyges und sein Ring" (1856).

Gymnasium [gr.] *s*, im klassischen Griechenland Bezeichnung für öffentliche Einrichtungen, in denen Jünglinge und Männer Leibesübungen pflegten. Später kam die geistige Ausbildung hinzu. Seit dem 16. Jh. wurde der Name für die höheren Schulen verwendet, in denen der Klerikernachwuchs herangebildet u. deshalb besonders die alten Sprachen gepflegt wurden. Diese blieben bis in die 2. Hälfte des 19. Jahrhunderts die tragenden Schulfächer. Seit 1812 hießen in Preußen, später auch in anderen deutschen Ländern alle Schulen, die auf die Universität vorbereiteten, Gymnasium. Zu Beginn des 20. Jahrhunderts prägten sich mit zunehmender Bedeutung der Naturwissenschaften u. der neueren Sprachen verschiedene Typen aus: humanistisches G. (Betonung der alten Sprachen), Real-G. (Betonung der neueren Sprachen) und Oberrealschule (Betonung der Mathematik u. Naturwissenschaften); 1945 wurde die Oberrealschule umbenannt in: altsprachliches (humanistisches), neusprachliches und mathematisch-naturwissenschaftliches Gymnasium. Daneben entstanden wirtschaftliche, sozialwissenschaftliche und musische Gymnasien. An allen Typen konnte man die Berechtigung zum Hochschulstudium durch die Reifeprüfung (↑Abitur) erlangen. Die Entscheidung zum Besuch des Gymnasiums fällt nach dem 4. Pflichtschuljahr (↑Grundschule). Alternativen sind: Realschule, Hauptschule, Gesamtschule. Die ↑Schulreform der letzten Jahre hat versucht, die frühe Entscheidung korrigierbar zu machen: gymnasiale Aufbauformen führen begabte Haupt- und Realschüler im Anschluß an die 7. (oder 8.) Klasse der Hauptschule in 6 Jahren oder im Anschluß an die ↑mittlere Reife (10. Klasse der Realschule) in 3 Jahren zur allgemeinen Hochschulreife. In letzter Konsequenz führte dieser Reformversuch zur Aufhebung der verschiedenen Schulformen (↑Gesamtschule). Außerdem versuchte man, durch eine innere Reform das G. den veränderten gesellschaftlichen Bedingungen anzupassen. Die Reform der gymnasialen Oberstufe (Vereinbarung von 1972) unterscheidet nicht mehr nach gymnasialen Typen, sondern läßt außerhalb eines Pflichtbereichs den Schülern weitgehend freie Wahl in der Fächerkombination. Es kann nur die allgemeine Hochschulreife erworben werden (fachgebundene Hochschulreife an ↑Fachoberschulen). Das Abendgymnasium führt begabte Lehrgangsteilnehmer nach einem halb- bis einjährigen Vorkurs in einem dreijährigen Hauptkurs mit etwa 17 Wochenstunden zur allgemeinen Hochschulreife. Der Unterricht findet mit Ausnahme des letzten Jahres abends statt. Er wird stets neben dem Beruf besucht.

Gymnastik [gr.] w, systematisch betriebene Bewegungsschulung, weitgehend ohne Gerät. Man unterscheidet heute *rhythmische* G. (als Ausdrucksgymnastik), *Zweckgymnastik* (G. als Übungsmethode für andere Sportarten) u. *Krankengymnastik* (als medizinisches Heilverfahren).

Gynäkologie [gr.] w, Lehre von den Frauenkrankheiten u. von der Geburtshilfe.

H

H: 1) 8. Buchstabe des Alphabets; **2)** 7. Stufe der C-Dur-Tonleiter; **3)** chemisches Symbol für Wasserstoff (Hydrogenium).

ha, Abkürzung für: ↑Hektar.

Haag, Den (amtlich 's-Gravenhage), Regierungssitz u. königliche Residenz der Niederlande, mit 471 000 E. Sehenswert sind die Grote Kerk (15./16. Jh.), das Alte Rathaus (16. Jh.) u. der Binnenhof mit öffentlichen Gebäuden (13.–18. Jh.). D. H. ist Sitz des Internationalen Gerichtshofes der UN u. des Ständigen Schiedshofes; außerdem hat die Stadt eine Völkerrechtsakademie. D. H. besitzt bedeutende Museen. Der Vorort *Scheveningen* ist ein bekanntes Seebad.

Haardt w, der östliche Teil des Pfälzer Waldes. Er fällt im Osten steil zur Oberrheinischen Tiefebene ab, an den Hängen wird Wein angebaut. Höchste Erhebung ist die *Kalmit* (683 m). Die malerische Landschaft mit ihren Bergen zieht viele Fremde an.

Haare s, *Mz.*, ein- oder mehrzellige, meist fadenförmige Horngebilde der Haut bei Tier u. Mensch. Unter den Wirbeltieren haben nur Säugetiere H., die v. a. der Temperaturregulation dienen, aber auch eine Tastsinnesfunktion haben. Die meisten Säugetiere haben ein den ganzen Körper bedeckendes Haarkleid. Beim Menschen treten H. nur an bestimmten Stellen auf. Das menschliche Haar besteht aus dem *Haarschaft* (er ragt aus der Haut) u. der *Haarwurzel*, die in eine *Haarpapille* hineinragt. Die Gesamtzahl der H. des Menschen beträgt etwa 300 000 bis 500 000, davon entfallen etwa $1/4$ auf die Kopfbehaarung. Das Haar wächst täglich 0,25 bis 0,40 mm. Nach Wachstumsende löst es sich von der Papille u. diese bildet ein neues Haar, das das alte mitschiebt, bis es ausfällt (täglich etwa 50 bis 120 H.). – Bei Pflanzen sind H. meist aus Einzelzellen der Epidermis hervorgehende Anhangsgebilde.

Haargefäße s, *Mz.* (Kapillaren), feinste Endverzweigungen der Blut- u. Lymphgefäße. Sie dienen dem Stoffaustausch. Sehr oft bilden sie den Übergang vom arteriellen zum venösen Blutgefäßsystem (↑Blutkreislauf). Meist sind sie netzartig ausgebildet. Besonders wichtig sind die H. in der Lunge (Sauerstoffaufnahme ins Blut), in der Darmwand (Aufnahme der verflüssigten Nährstoffe ins Blut) u. in der Haut.

Haarlem, Hauptstadt der niederländischen Provinz Nordholland, mit 163 000 E. Zu den bedeutendsten Bauwerken gehört die Grote Kerk (Ende 15. Jh.). H. hat Werften, Maschinenbau u. chemische Industrie. Es besitzt Weltruf als Blumenmarkt u. Mittelpunkt der niederländischen Blumenzwiebelzucht.

Habeaskorpusakte [lat.] w, das englische Grundgesetz zum Schutz der persönlichen Freiheit von 1679: Niemand darf ohne richterlichen Befehl in Haft genommen oder gehalten werden.

Haber-Bosch-Verfahren s, von dem deutschen Chemiker Fritz Haber (1868–1934) im Experiment entwickeltes u. von dem deutschen Chemiker Carl Bosch (1874–1940) für die Industrie ausgebautes Verfahren zur künstlichen Gewinnung von ↑Ammoniak. Ausgangsstoffe sind Stickstoff u. Wasserstoff. Zwei Arbeitsgänge: Zuerst wird Synthesegas gewonnen, das dann in einem Schichtenreaktor unter Verwendung eines ↑Katalysators (Eisen) in Ammoniak umgesetzt wird. Für 1 t Ammoniak werden rund 2 000 m³ Wasserstoff u. 660 m³ Stickstoff verbraucht.

Habichte m, *Mz.*, weltweit verbreitete Greifvögel mit über 50 Arten. Sie schlagen ihre Beute meist im Überraschungsflug. Bei uns sind v. a. Hühnerhabicht u. ↑Sperber bekannt. Der *Hühnerhabicht* wird bis zu 50 cm (Männchen) bzw. 60 cm (Weibchen) groß. Er richtet unter Hausgeflügel u. Niederwild (Hasen, Rebhühner u. a.) Schaden an u. wird deshalb stark verfolgt. Seine Beute tötet er mit den Krallen (Fängen). Schonzeit: März bis September. – Abb. S. 244.

Habsburger m, *Mz.*, nach der Habsburg (zwischen Aare u. Reuß) benanntes Herrschergeschlecht. Ursprünglich waren die H. Grafen mit Besitzungen in der Schweiz u. im Elsaß. Mit *Rudolf von Habsburg*, der auch Österreich u. die Steiermark erwarb, erlangten sie die Königswürde (1273). Albrecht II. verband die habsburgischen mit den luxemburgischen Besitzungen (Böhmen, Mähren). 1452–1806 waren die H. deutsche Könige u. Kaiser (mit Ausnahme einer kurzen Unterbrechung). *Maximilian I.* erwarb (1477) durch Heirat Burgund, sein Sohn Philipp durch die Ehe mit Johanna von Kastilien und Aragonien Spanien und dessen überseeische Kolonien. *Karl V.* (1500–58) besaß ein „Reich, in dem die

Sonne nicht unterging". Unter ihm kam es zur Teilung in eine spanische Linie, die 1700 ausstarb, und eine österreichische Linie, die mit Karl VI. im Mannesstamm erlosch (1740). Seine Tochter *Maria Theresia* heiratete Franz Stephan von Lothringen, damit wurde das Haus Habsburg-Lothringen begründet. 1806 verzichtete es auf die deutsche Kaiserkrone. Ab 1804 waren die regierenden Mitglieder des Hauses Kaiser von Österreich. 1918 mußte Karl I. abdanken; Österreich wurde Republik.

Hackbrett s, zitherartiges, meist trapezförmiges Saiteninstrument, das mit Klöppeln geschlagen wird.

Hackfrüchte w, *Mz.*, Früchte von Kulturpflanzen, bei deren Wachstum der Boden oftmals gehackt werden muß; z. B. Kartoffeln, Zuckerrüben.

Hades m, in der griechischen Göttersage die Unterwelt oder der Gott der Unterwelt.

Hadrian (Publius Aelius Hadrianus), * Italica (Spanien) 24. Januar 76, † Baiae (Kampanien) 10. Juli 138, römischer Kaiser seit 117. Er war ein Freund griechischer Bildung u. Kultur. Das Reich sicherte er durch innere Reformen u. nach außen durch den Bau von Grenzwällen (u. a. durch den ↑ Limes).

Haeckel, Ernst [hä...], * Potsdam 16. Februar 1834, † Jena 9. August 1919, deutscher Zoologe u. Naturphilosoph. H. verschaffte dem biogenetischen Grundgesetz Geltung. Das Gesetz besagt: Die Entwicklung eines Lebewesens von der Eizelle zum erwachsenen Zustand stimmt weitgehend mit der Entwicklung überein, die seine Vorfahren im Verlaufe der Stammesgeschichte erfahren haben. Mit zahlreichen Schriften vergrößerte H. die Zahl der Anhänger des Gedankens von der Entwicklung der Arten (alle Lebewesen gehen aus einfacheren Formen hervor).

Hafen m, schützender Anker u. Anlegeplatz für Schiffe, mit Anlagen für Verkehr u. Güterumschlag. Der offene *Tidehafen* hat (bei geringem Gezeitenunterschied) Verbindung zum Außenwasser u. kann jederzeit von Schiffen angelaufen werden. Der geschlossene H. oder *Dockhafen* gleicht durch eine Dockschleuse einen zu hohen Gezeitenunterschied aus. Der *Fluthafen* kann von Schiffen nur bei Flut angelaufen werden; ↑ auch Freihafen.

Hafer m, Getreideart, deren Heimat man in Vorderasien vermutet. Der Blütenstand ist eine Rispe mit zwei- bis mehrblütigen Ährchen. Die Körner dienen als Pferdefutter oder werden zu Haferflocken, Hafergrieß u. Hafermehl verarbeitet.

Haff s, Meeresbucht, die durch eine ↑ Nehrung zum größten Teil vom offenen Meer abgeschnürt ist. Ein vollkommen vom Meer abgeriegeltes H. heißt *Strandsee*.

Kaiser Hadrian　　**Ernst Haeckel**　　**Otto Hahn**

Haftpflicht w, die Pflicht zum Schadenersatz, wenn jemand an dem Schaden eines anderen Schuld hat; z. B. müssen Autobesitzer für Personen- u. Sachschäden aufkommen, die sie schuldhaft mit ihrem Auto verursacht haben. Sie sind verpflichtet, eine Haftpflichtversicherung abzuschließen, die dann Schadenersatz leistet. – Ebenso haften Eltern für ihre Kinder, z. B. müssen sie den Schaden ersetzen, der durch ihre Kinder verursacht worden ist.

Hagebutte w, rote Sammelnußfrucht der Rosengewächse. Sie wird von dem fleischig gewordenen Blütenboden gebildet, der sich krugförmig ausbildet. Die Frucht ist reich an Vitamin C (oft zu Marmelade u. Mus verarbeitet). Die Nüßchen liefern den aromatischen Hagebuttentee.

Hagel m, Niederschlag in Form von harten Eiskörnern mit 5–50 mm Durchmesser. Er tritt besonders dann auf, wenn im Sommer eine Kaltluftfront auf warme Luftmassen stößt.

Hagen von Tronje, Gestalt der Nibelungensage; treuer Gefolgsmann König Gunthers u. Mörder Siegfrieds.

Hagen, Stadt am Nordwestrand des Sauerlandes, in Nordrhein-Westfalen, mit 226 000 E. Die Stadt hat Großbetriebe der Eisen-, Stahl- u. Metallindustrie. Sie ist Sitz der ersten Fernuniversität der Bundesrepublik Deutschland (gegründet 1974) u. einer Fachhochschule.

Hagia Sophia [gr.] w, eine 532–537 erbaute Kirche in Konstantinopel (heute Istanbul, Türkei), die zuerst Krönungskirche der oströmischen Kaiser war, ab 1453 als Moschee diente u. seit 1934 Museum ist. Die H. S. – ein Meisterwerk der byzantinischen Baukunst – ist ein hoher Kuppelbau mit reicher Marmor- und Mosaikverkleidung im Inneren.

Häher m, *Mz.*, allgemeine Bezeichnung für Rabenvögel, die andere Tiere durch kreischende Rufe vor Feinden warnen. In Eurasien kommen u. a. vor: Eichelhäher, Tannenhäher u. Unglückshäher.

Hahn, Otto, * Frankfurt am Main 8. März 1879, † Göttingen 28. Juli 1968, deutscher Chemiker u. Physiker, Professor in Berlin u. Göttingen, 1946–60 Präsident der Max-Planck-Gesellschaft. H. war ein bedeutender Atomforscher. Ihm sind zahlreiche Entdeckungen auf dem Gebiet der radioaktiven Substanzen zu verdanken. 1938 entdeckte er mit F. Straßmann u. die Kernspaltung. u. die Möglichkeiten der Atomenergiegewinnung; 1944 erhielt er den Nobelpreis für Chemie.

Hahnenfußgewächse s, *Mz.*, Pflanzenfamilie mit etwa 2 000 formenreichen Arten v. a. auf der Nordhalbkugel. Sie sind meist Kräuter, seltener Halbsträucher oder Lianen. Häufig besitzen sie hahnenfußartig geteilte Blätter. Bekannte H. sind z. B. das Buschwindröschen, die Dotterblume, der Eisenhut, der Rittersporn.

Haifa, wichtigste Hafenstadt Israels, am Mittelmeer gelegen, mit 226 000 E. Die Stadt ist Sitz einer Universität u. einer technischen Hochschule. Neben Metallgießereien hat H. eine Werft, chemische u. Textilindustrie.

Haifische m, *Mz.* (Haie), Ordnung der Knorpelfische mit etwa 250 weltweit verbreiteten, meist im Meer lebenden Arten. Sie sind langgestreckte, bis 15 m lange Räuber mit 5–7 Paar seitlich liegenden Kiemenspalten. Das breite Maul liegt auf der Kopfunterseite u. trägt mehrere Reihen scharfer u. spitzer Zähne. Die Schwanzflosse ist unregelmäßig ausgebildet. H. legen Eier oder sind lebendgebärend. Bekannt ist z. B. der *Blauhai*; er wird etwa 4 m lang, lebt in tropischen u. subtropischen Meeren; er wird auch dem Menschen gefährlich. Der häufigste Hai der Nordsee ist der etwa 1 m große *Dornhai*. In europäischen Meeren außer der Ostsee leben die 45 cm bis 1 m großen *Katzenhaie*. Der bis 4 m lange *Heringshai* ist Fischfresser, der bis über 15 m lange *Riesenhai* der warmen Meere ist Planktonfresser ebenso wie der *Walhai*. Er ist gleichzeitig eines der größten lebenden Wirbeltiere.

Haiphong, Hafenstadt in Vietnam, im Delta des Roten Flusses. Mit seinen Vorstädten hat H. 1,2 Mill. E u. ist eine wichtige Industriestadt des Landes.

Haithabu

Knut Hamsun

Georg Friedrich Händel

Peter Handke

Haithabu, bedeutender Handelsplatz des Mittelalters, an der Schlei (gegenüber dem heutigen Schleswig). H. wurde wohl um die Mitte des 8. Jahrhunderts gegründet, im 10. Jh. befestigt; zeitweise war es Wikingerhafen. Ausgrabungen seit 1900 haben aufschlußreiche Funde aus der Wikingerzeit erbracht.

Haiti: 1) anderer Name für die Antilleninsel ↑ Hispaniola; **2)** Republik im Westen der Insel Hispaniola, mit 4,8 Mill. E (meist Neger); 27 750 km². Die Hauptstadt ist *Port-au-Prince* (475 000 E). Für den Export werden Kaffee, Zuckerrohr, Sisal u. Baumwolle angebaut. Außerdem wird Bauxit ausgeführt. Es gibt nur wenige größere Industriebetriebe. – H. ist Mitglied der UN. – ↑ auch Hispaniola.

Haken *m*, beim Boxen ein ruckartiger, mit angewinkeltem Arm aufwärts geführter Schlag.

Halbaffen *m, Mz.*, Unterordnung der Herrentiere, die in Afrika, auf Madagaskar u. in Südasien leben. Sie stehen den Insektenfressern in Bau u. Aussehen nahe. Sie sind großäugige, meist nächtlich lebende Baumbewohner. Zu ihnen gehören z. B. Makis, Lemuren, Indris u. Fingertiere.

Halbedelsteine *m, Mz.*, diejenigen ↑ Schmucksteine, die nicht mehr zu den ↑ Edelsteinen gerechnet werden. H. kommen häufiger vor als Edelsteine; sie sind von geringerer Härte, nicht durchsichtig u. durch Fremdbestandteile mehr oder weniger verunreinigt.

Halbfabrikat [dt., lat.] *s*, bearbeiteter Rohstoff, der einer weiteren Bearbeitung bedarf, z. B. Rohzucker oder Bleche.

Halbleiter *m*, ein Stoff, dessen elektrische Leitfähigkeit bei normaler Temperatur zwischen der von reinen Metallen (Leiter) u. der von Isolatoren (Nichtleiter) liegt u. mit wachsender Temperatur stark zunimmt. H. sind von großer technischer Bedeutung durch ihre Anwendbarkeit in sogenannten Halbleiterbauelementen, die als Gleichrichter oder als Verstärker (↑ Transistor) in elektrische Schaltungen eingebaut werden.

Halbmesser *m* (Radius), die Hälfte des Durchmessers eines ↑ Kreises oder einer Kugel. Der H. ist also gleich der Entfernung von Kreismittelpunkt (Kugelmittelpunkt) bis zur Kreislinie (Kugeloberfläche).

Halbpräfix ↑ Vorsilbe.
Halbsuffix ↑ Nachsilbe.
Halbwertszeit ↑ Radioaktivität.

Halde *w*, künstliche Aufschüttung von taubem Gestein oder von Kohle bzw. Erzen in der Nähe von Bergwerken. Bisweilen bezeichnet man auch natürlich entstandene Gesteinsaufschüttungen als Halden.

Halle, Bezirk der DDR, mit 1,9 Mill. E. Die Hauptstadt ist ↑ Halle/Saale. Der größte Teil des Bezirkes ist fruchtbares Ackerbaugebiet; der Westen u. der Nordosten sind waldreich. Im Osten u. Süden befinden sich bedeutende Industriezentren mit Braunkohlenbergbau u. Chemiegroßwerken (in Wolfen, Bitterfeld, Leuna u. Schkopau).

halleluja [hebr.; „preiset Gott!"], aus den Psalmen übernommener gottesdienstlicher Gebetsruf.

Hallenhandball ↑ Handball.

Halle/Saale, Hauptstadt des Bezirks ↑ Halle, mit 231 000 E. In H./S. befindet sich die Universität Halle-Wittenberg, zu der seit 1946 auch die Franckeschen Stiftungen gehören (Anstalten zur Jugenderziehung u. -betreuung, einst ein Zentrum des ↑ Pietismus). Sehenswürdigkeiten sind die Burg Giebichenstein (10. Jh.), die Moritzburg (um 1500) u. die Marktkirche (16. Jh.). Da H./S. die Geburtsstadt G. F. ↑ Händels ist, werden hier Händelfestspiele veranstaltet. Dank ihrer Lage im mitteldeutschen Braunkohlengebiet hat die Stadt eine bedeutende Industrie: Wärmekraftwerke, Maschinen- u. Waggonbau, chemische, elektrotechnische u. Genußmittelindustrie, Zementfabriken. – Halle war ehemals eine Hansestadt mit bedeutendem Salzhandel. – Westlich von H./S. wurde ab 1964 *Halle-Neustadt* erbaut, eine Wohnstadt mit jetzt 89 000 E.

Halley, Edmund [*häli*], *London 8. November 1656, †Greenwich (heute London-Greenwich) 25. Januar 1742, englischer Astronom, Direktor der Sternwarte in Greenwich. Er entdeckte, daß Kometen in bestimmten Zeitabständen wiederkehren u. daß Fixsterne eine Eigenbewegung haben. H., ein Freund Newtons, veröffentlichte dessen Buch „Principia mathematica". Nach H. ist der *Halleysche Komet* benannt, der z. B. 1910 gut zu sehen war u. für 1986 wieder erwartet wird.

Halligen *w, Mz.*, Gruppe der Nordfriesischen Inseln im Wattenmeer vor der Westküste Schleswig-Holsteins. Die flachen, meist unbedeichten Marschinseln werden häufig von Sturmfluten überschwemmt, deshalb stehen die Gebäude auf künstlichen Hügeln: Warften oder Wurten. Die Bewohner der H. betreiben Rinder- u. Schafzucht.

Halluzination [lat.] *w*, Trugwahrnehmung, durch krankhafte Veränderung der seelisch-geistigen Funktionen bedingte Sinnestäuschung.

Halluzinogene ↑ Drogen.

Halogene [gr.] *s, Mz.*, die Elemente Fluor, Chlor, Brom, Jod u. das seltenere Astat. Mit Metallen bilden sie Salze, die *Halogenide* genannt werden (↑ Chemie). Das bekannteste Halogenid ist das Natriumchlorid, NaCl, also eine Verbindung des Halogens Chlor mit ↑ Natrium. Natriumchlorid ist im täglichen Leben unter dem Namen Koch- oder Steinsalz bekannt. **Halogenlampen** haben eine Edelgasfüllung, der ein Halogen (meist Brom) beigemischt ist; wegen ihrer großen Lichtausbeute werden sie v. a. in Projektoren u. Scheinwerfern verwendet.

Hals, Frans, *Antwerpen (?) zwischen 1581 und 1585, begraben Haarlem 1. September 1666, niederländischer Maler. Seine Porträts, Gruppenbildnisse u. Genrebilder sind von frischer Lebendigkeit, u. a. „Amme mit Kind", „Malle Babbe" (auch „Hille Bobbe"), „St.-Georg-Schützengilde".

Hambacher Fest *s*, demokratisch-republikanische Massenversammlung auf Schloß Hambach (Pfalz) vom 27.

Hühnerhabicht

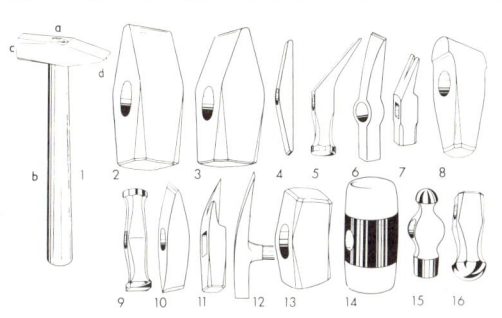

Hammer 1). 1 Schlosserhammer (a Hammerkopf, b Hammerstiel, c Bahn, d Finne), 2 Kreuzschlaghammer, 3 Vorschlaghammer, 4 Sickenhammer, 5 Schusterhammer, 6 Maurerhammer, 7 Schreinerhammer, 8 Ballhammer, 9 zweibahniger Schlichthammer, 10 Kesselsteinhammer, 11 Lattenhammer, 12 Geologenhammer, 13 Steinhauerschlägel, 14 Holzhammer, 15 Schlosserhammer mit Kugelfinne, 16 Polierhammer

Hamster. Goldhamster

bis 30. Mai 1832. In radikalen Reden wurde ein Bekenntnis für Deutschlands Einheit u. die Freiheit abgelegt. Das H. F. war Anlaß zur verstärkten Unterdrückung freiheitlicher u. nationaler Bestrebungen durch die Regierung des Deutschen Bundes.

Hamburg, zweitgrößte deutsche Stadt u. Welthafen an der unteren Elbe, zugleich Land der Bundesrepublik Deutschland (*Freie u. Hansestadt H.*), mit 1,7 Mill. E. Wirtschaftlicher Mittelpunkt ist der moderne u. großzügig angelegte Hafen, der auch von den größten Seeschiffen angelaufen werden kann. H. ist Sitz großer Schiffahrtsgesellschaften und hat einen bedeutenden Seefischmarkt. Die Industrie ist äußerst vielseitig: sie umfaßt Werften samt Zulieferbetrieben, Kupfererzeugung, Erdölraffinerien, Maschinenbau, elektrotechnische Industrie, Ölmühlen, Verarbeitungsbetriebe für Kaffee u. Tabak u. vieles andere mehr. Als Handelszentrum besitzt H. eine Börse u. ist Sitz vieler Banken u. Versicherungen. Außerdem sind viele Zeitungs- u. Buchverlage in H. ansässig. Außer der Universität hat H. 4 Hochschulen (u. a. Hochschule der Bundeswehr) u. 2 Fachhochschulen; zu den Forschungsinstituten gehört u. a. das Hamburgische Weltwirtschaftsarchiv. H. besitzt die älteste deutsche Oper (Hamburger Staatsoper), mehrere Theater u. Museen. Bekannt ist Hagenbecks Tierpark. Wahrzeichen der Stadt ist der 132 m hohe Turm der Michaeliskirche („Michel"), in dessen Nähe sich das Vergnügungsviertel St. Pauli befindet. – H. entstand um 825 u. wurde ein bedeutendes Mitglied der Hanse. Im 16. u. 17. Jh. gelangte es als Seehandelsplatz zu Weltgeltung, wobei es seine Unabhängigkeit erfolgreich gegen Dänemark verteidigte. H. trat 1871 dem Deutschen Reich bei.

Hameln, niedersächsische Stadt an der Weser, im Weserbergland, mit 60 000 E. Die alte Hansestadt hat schöne Renaissancegebäude (u. a. Rattenfängerhaus; ↑ auch Rattenfänger von H.). Neben Getreidemühlen gibt es Nahrungsmittel-, Teppich-, Maschinen- u. Elektroindustrie.

Hamiten *m, Mz.,* eine gegen Ende des 19. Jahrhunderts eingeführte Bezeichnung für eine Sprachgruppe von Völkern verschiedener Rassen in Nord- u. Nordostafrika. Zunächst rechnete man auch die Berber dazu, später meinte man damit nur die osthamitischen Völker, v. a. die Kuschiten, die als Hirtennomaden u. Viehzüchter besondere Lebens- u. Kulturformen entwickelt haben.

Hamm, Industriestadt an der Lippe, in Nordrhein-Westfalen, mit 172 000 E. Die Stadt hat mehrere Häfen u. einen der größten Rangierbahnhöfe Europas (für die Versorgung des Ruhrgebietes). Die Industrie umfaßt Brauereien u. Brennereien, Textil-, Eisen- u. Lackfabriken.

Hammelsprung *m,* ein Abstimmungsverfahren im Parlament: Die Abgeordneten verlassen den Saal u. kehren durch 3 verschiedene Türen (Ja-, Nein- u. Stimmenthaltungstür), wo sie gezählt werden, wieder zurück.

Hammer *m:* 1) ein Schlagwerkzeug, das je nach der Verwendungsart verschiedene Formen hat. Schwere Hämmer werden durch Dampf (Dampfhammer) oder Preßluft (Preßlufthammer) angetrieben; 2) leichtathletisches Sportgerät, das aus einer massiven Metallkugel, einem Drahtseil u. einem dreieckigen Griff besteht; Gesamtlänge des Geräts höchstens 121,5 cm. Im sportlichen Wettbewerb, dem *Hammer*werfen, wiegt der H. für Männer 7,25 kg, für Jugendliche zwischen 5 u. 6,25 kg.

Hammerfest, nördlichste Stadt Europas, in Norwegen, auf der Insel Kvaløy. H. hat 7 500 E. Bedeutend für die Wirtschaft sind die Fischerei, die Fischverarbeitung u. die Transiederei, ferner der Hafen. Die Polarnacht dauert hier vom 21. November bis zum 22. Januar.

Hammurapi (Hammurabi), König von Babylonien (1728–1686 v. Chr.). Nach harten Kämpfen stellte er die politische Einheit Mesopotamiens her. Er brachte dem Land wirtschaftliche Blüte, war ein Förderer der Künste u. ist bekannt als Schöpfer einer umfangreichen Gesetzessammlung.

Hämoglobin [gr.; lat.] *s,* roter Blutfarbstoff, der in den roten Blutkörperchen enthalten ist. In seinem Bau ähnelt er dem ↑Blattgrün. H. nimmt in den Atmungsorganen Sauerstoff auf, befördert ihn an die Verbrauchsstellen im Körpergewebe u. befördert von dort Kohlendioxid zu den Atmungsorganen, wo es nach außen freigesetzt wird.

Hamster *m,* Gattungsgruppe 5 bis 35 cm langer plumper Nagetiere, meist mit großen Backentaschen. Der H. (*Feldhamster*) ist ein nächtlich lebender Steppen- u. Feldbewohner. Sein Fell ist bräunlich bis rötlichgelb (am Kopf), u. hat weiße Flecken an Maul, Wangen u. vorderen Körperseiten. Seinen Winterschlaf, den er mehrmals unterbricht, hält er in einem selbstgegrabenen Bau. Er zehrt dann von den eingetragenen Getreidevorräten. Sein Fell wird zu Mantelfutter verarbeitet. Der H. wird etwa 6–10 Jahre alt. Zu den Hamstern gehört der *Goldhamster,* der etwa 18 cm lang (Schwanz 1,5 cm) u. oberseits grau bis goldbraun gefärbt ist.

Hamsun: 1) Knut, * Lom (Oppland) 4. August 1859, † Nørholm bei Grimstad 19. Februar 1952, norwegischer Schriftsteller. Ein starkes Naturgefühl u. die Darstellung seelischer Vorgänge, die den Personen selber nicht bewußt sind, sind kennzeichnend für seine Romane, die in seiner norwegischen Heimat spielen; u. a. „Hunger" (deutsch 1891), „Pan" (deutsch 1895), „Segen der Erde" (deutsch 1918). 1920 erhielt H. den Nobelpreis für Literatur; 2) Marie, geborene Andersen, * Elverum (Hedmark) 19. November 1881, † Nørholm bei Grimstad 5. August 1969, war verheiratet mit Knut H., norwegische Erzählerin; sie schrieb anschauliche Kinderbücher (u. a. über die „Langerudkinder", mehrere Bände, deutsch 1928–32).

Hand *w,* Endabschnitt der Vordergliedmaßen der Wirbeltiere u. des Menschen. Die H. besteht aus Handwurzel, Mittelhand u. den Fingern. Je nach Funktion ist sie durch Reduktion (Rückbildung), Verschmelzung oder Verlängerung der Knochenelemente oft

245

stark umgestaltet (z. B. Vogelflügel, Huf).

Handball ↑ S. 249.

Handel m, gewerbsmäßiger Ein- u. Verkauf von Gütern (Waren). Nach Art der gehandelten Waren unterscheidet man: *Warenhandel*, *Immobilienhandel* (mit Grundstücken u. Gebäuden), *Effektenhandel* (mit Wertpapieren), *Geldhandel* (Kreditwesen). Nach Art der Kundschaft unterscheidet man: *Einzelhandel* (der sich an den Verbraucher zu) u. *Großhandel* (er vermittelt zwischen Hersteller u. Wiederverkäufer). Nach Art des Vertriebs: *Selbstbedienungshandel*, *Versandhandel* u. a. Der H. innerhalb des Landes heißt *Binnenhandel*, der über die Staatsgrenzen hinaus *Außenhandel*, gegliedert in Export (Ausfuhr) u. Import (Einfuhr).

Händel, Georg Friedrich, * Halle/Saale 23. Februar 1685, † London 14. April 1759, deutscher Komponist u. Organist. Nach einigen Jahren in Hamburg (an der Hamburger Oper) u. in Italien lebte H. seit 1712 in London. Er schrieb bis 1741 mehr als 40 Opern, dann nahezu ausschließlich Oratorien (v. a. „Messias", 1742). In seiner Kammermusik, Orchesterwerke („Wassermusik", „Feuerwerksmusik") u. Orgelkonzerte. Er war neben Bach der bedeutendsten Komponist der Barockzeit. – Abb. S. 244.

Handelsregister [dt.; lat.] s, beim Amtsgericht geführtes Register (Verzeichnis), in das alle Firmen eingetragen werden müssen.

Handelsschule w, freiwillig (meist 2 Jahre) besuchte ↑ Berufsfachschule. Sie vermittelt neben allgemeinbildenden Stoffen kaufmännisch-technische u. betriebswirtschaftliche Kenntnisse. Die höhere H. (1 oder 2 Jahre) setzt die sogenannte ↑ mittlere Reife oder die Fachoberschulreife voraus. Hier werden auch eine zweite Fremdsprache u. Volkswirtschaftslehre unterrichtet. Je nach Typ ist der Abschluß die Fachhochschulreife oder die Berufsabschluß oder die Hochschulreife.

Handelsspanne w, der Unterschied (die Differenz) zwischen Verkaufs- u. Einstandspreis (Einkaufspreis zuzüglich Transport- u. sonstigen Nebenkosten) in Prozenten des Verkaufsumsatzes. Aus der H. müssen die Kosten gedeckt u. Gewinne erzielt werden. Beispiel: Ein Buchhändler bezahlt für 10 Bücher, die er eingekauft hat, mit Porto 117.– DM. Er verkauft die Bücher für 180.– DM (Stück 18.– DM). Die H. beträgt 35 %.

Handfeste, veraltete Bezeichnung für eine Urkunde.

Handharmonika w, volkstümliches Musikinstrument mit Knopfreihen für die Melodie u. Knopfreihen für die Akkordbegleitung. Die Töne werden dadurch erzeugt, daß über einen Blasebalg mit Saug- u. Druckluft Metallzungen in Schwingung versetzt werden. Eine Weiterentwicklung ist das ↑ Akkordeon.

Handikap [*händikäp;* engl.] *s:* **1)** Behinderung, Benachteiligung; **2)** im Pferdesport Wettbewerb mit Streckenvorgabe für leistungsschwächere Teilnehmer.

Handke, Peter, * Griffen (Kärnten) 6. Dezember 1942, österreichischer Schriftsteller. Besonders in seinen Stükken (u. a. „Publikumsbeschimpfung", 1966) experimentierte H. mit den Möglichkeiten der Sprache. Seine Prosa enthält z. T. autobiographische Elemente, so der Roman „Der kurze Brief zum langen Abschied" (1972). Seine Erzählung „Die linkshändige Frau" (1976) verfilmte er 1978. – Abb. S. 244.

Handwerk s, Berufsstand, der zum Gewerbe zählt. Dem Kunden werden Dienste geleistet oder eigens für ihn hergestellte Erzeugnisse verkauft. Der Berufsweg ist: Auszubildender – Geselle – Meister. Handwerksbetriebe sind meistens kleine oder mittlere Betriebe. Die Produktionsmittel sind Eigentum des Meisters. – Bestimmte Handwerkszweige, wie Schmiedekunst u. Töpferei, wurden schon im Altertum ausgebildet. Im Mittelalter stand das H. in höchster Blüte. Die Handwerker waren in Zünften organisiert, heute sind sie in ↑ Innungen zusammengeschlossen. Das Vordringen von Technik u. Industrie im 19. Jh. führte zu Wandlungen: Einige Handwerkszweige (z. B. Seifensiederei) mußten der Industrie weichen, andere (z. B. Schuhmacherei) wurden weitgehend auf Instandsetzungsarbeiten abgedrängt. Es entstanden aber auch viele neue Handwerkszweige (z. B. Elektroinstallation, Kraftfahrzeugmechanik, Radio- u. Fernsehtechnik).

Hanf m, ein bis etwa 4 m hohes Hanfgewächs. Die zweihäusige Faser- u. Ölpflanze hat langgestielte, fingerige Blätter. Aus den Bastfasern der Stengel stellt man Bindfäden, Seile, Abdichtungen von Rohrleitungen (Werg) u. a. her. Angebaut wird H. v. a. in Indien, Iran u. Ostafghanistan. V. a. in Indien gewinnt man aus den grünen Pflanzenteilen Haschisch (↑ Drogen).

Hänfling m (Bluthänfling), etwa 13 cm großer Finkenvogel in Eurasien. Das Männchen ist an der Oberseite bräunlich, an der Brust u. am Scheitel rot gefärbt. Der H. lebt häufig in Anlagen u. Gärten u. frißt überwiegend Pflanzenkost, am liebsten ölhaltige Hanfsamen. Er ist ein sehr beliebter Käfigvogel mit wohlklingendem, erlerntem Gesang. In Gefangenschaft verliert er seine rote Brustfärbung.

Hangar [frz.] m, Flugzeughalle.

Hängebahn w, eine Bahn zum Transport von Gütern oder Personen, bei der die einzelnen Wagen an einer Schiene (Laufschiene) hängen. Hängebahnen gehören zur Gruppe der Einschienenbahnen. Die bekannteste u. älteste H. zur Personenbeförderung ist die 1898–1903 in Wuppertal erbaute.

Hangendes s, eine Schicht, die *über* einer bestimmten Gesteinsschicht liegt; die unterlagernde Schicht heißt *Liegendes* (v. a. im Bergbau).

Hannibal, * 247, † in Bithynien 183 v. Chr., karthagischer Feldherr. Er wurde 221 Oberbefehlshaber des karthagischen Heeres in Spanien. Im 2. Punischen Krieg zog H. über die Alpen nach Italien. Er besiegte die Römer in mehreren Schlachten, u. a. bei Cannae (216). 211 stand er vor Rom (*H. ad portas!*), konnte die Römer aber nicht völlig bezwingen. Nach der Landung des römischen Feldherrn Scipio Africanus des Älteren in Afrika wurde H. nach Karthago zurückgerufen. Er unterlag 202 bei Zama den Römern; die Karthager mußten daraufhin Frieden schließen. 195 floh er nach Syrien, später nach Bithynien. Um der Auslieferung an Rom zu entgehen, beging H. Selbstmord.

Hanno, karthagischer Seefahrer, der um 500 v. Chr. lebte. Er fuhr mit einer Flotte an der Westküste Afrikas entlang u. kam wahrscheinlich bis nach Kamerun.

Hannover, Hauptstadt von Niedersachsen, an der Leine, mit 544 000 E. In H. gibt es eine technische Universität, 4 Hochschulen, 2 Fachhochschulen sowie die Akademie für Raumforschung u. Landesplanung u. weitere Forschungseinrichtungen. Das Stadtbild wird von moderner Architektur u. vorbildlicher Verkehrsführung geprägt. Einige bedeutende Baudenkmäler der Altstadt sind nach ihrer Zerstörung im 2. Weltkrieg wieder aufgebaut worden, u. a. die Marktkirche, das Alte Rathaus u. das Leineschloß (Landtagsgebäude). Die Herrenhäuser Gärten sind eine hervorragende barocke Parkanlage. H. beherbergt eine vielseitige Industrie: Fahrzeug-, Autozubehör-, Nahrungsmittel-, Metall-, Maschinen-, Textil-, elektrotechnische, chemische u. Genußmittelindustrie. Bedeutend ist die jährlich stattfindende Industriemesse. H. ist ein wichtiger Verkehrsknotenpunkt (Bahn, Straße, Mittellandkanal, Flughafen). – Kurz vor 1100 wurde H. als Marktsiedlung erwähnt, es erhielt 1241 Stadtprivilegien (Vorrechte), seit 1386 war es Hansestadt. 1636–1866 war H. Residenz; 1714–1837 regierten die hannoverschen Kurfürsten in Großbritannien.

Hanoi, Hauptstadt von Vietnam, am rechten Ufer des Roten Flusses; mit umliegenden Orten hat H. 1,4 Mill. E. Es ist Sitz einer Universität u. hat Textil-, Maschinen- u. chemische Industrie.

Hanse [althochdeutsch hansa; = Kriegerschar, Gefolge] w, deutsche Kaufleute im Mittelalter, die sich im Ausland zusammenschlossen, um ihre

Handelsbelange gemeinsam zu vertreten u. sich gegenseitig Schutz u. Beistand zu geben. Mit der Verbindung von Lübeck u. Hamburg begann die Entwicklung zum größten deutschen Städtebund. Ihm gehörten zur Zeit der größten Blüte alle bedeutenden Handelsstädte nördlich der Linie Köln–Dortmund–Göttingen–Halle/Saale–Breslau–Thorn–Dünaburg–Dorpat an. Die wirtschaftliche Macht der H. beruhte auf der Beherrschung der Ostsee, Handelsvorrechten auf den nordischen Meeren u. in englischen u. niederländischen Häfen. Die wichtigsten Niederlassungen waren in London, Brügge, Bergen, Visby und Nowgorod. Die Machtstellung der H. verringerte sich seit dem späten 15. Jh. u. a. durch das Erstarken Englands, Dänemarks u. der Niederlande, die zunehmende Macht der Landesfürsten u. durch die mit den überseeischen Entdeckungen einsetzende Verlagerung der Handelswege. 1630 hatten Lübeck, Hamburg u. Bremen einen engeren Bund geschlossen; sie nennen sich noch heute Hansestädte. – Karte S. 248.

Hanswurst *m*, früher die possenhafte Bühnenfigur, der volkstümliche Narr, heute noch als Kasperle in Puppenspielen. H. ist schlagfertig, schlau, geistesgegenwärtig u. witzig u. hat einen unmäßigen Appetit.

Hantel *w*, aus Holz oder Metall gefertigtes Sportgerät für Freiübungen oder zum Stemmen. Die H. besteht meist aus zwei durch einen Griff verbundenen Eisenkugeln. Beim ↑Gewichtheben wird eine Scheibenhantel verwendet.

Happening [*häp*ᵉ*ning*, engl.; = Ereignis, Geschehnis] *s*, Bezeichnung für ein überraschendes, aufsehenerregendes „Geschehnis", das „veranstaltet" wird. Meistens wird dabei etwas zerschlagen oder zerstört, eine Puppe, ein Auto oder ein altes Möbelstück, oder es wird sonst etwas Unsinniges getan (Luftballons werden losgelassen, Hühnerblut oder Farbe wird an die Wand gespritzt oder ähnliches); oft wird der Vorgang von Musik oder Lärm begleitet. Ein H. ist eine Art von Kunst sein; die zur Mitwirkung aufgeforderten Zuschauer sollen dadurch schockartig aus dem täglichen Trott herausgerissen u. auf mancherlei Mißstände in der Gesellschaft, an die man sich schon zu sehr gewöhnt hat, aufmerksam gemacht werden.

Happy-End [*häpi-end*; engl.] *s*, der glückliche Ausgang einer Geschichte.

Harakiri [jap.] *s* (Seppuku), ritueller Selbstmord (durch Bauchaufschneiden) bei den japanischen Adligen (v. a. den ↑Samurai, seit dem 12. Jh. bis in unsere Zeit); H. gilt als „ehrenhafte" Reaktion auf „entehrende" Lebensumstände.

Hardenberg: 1) Friedrich Leopold Freiherr von ↑Novalis; **2)** Karl August

Hannibal

Wilhelm Hauff

Gerhart Hauptmann

Fürst von, * Essenrode (Landkreis Gifhorn) 31. Mai 1750, † Genua 26. November 1822, preußischer Staatsmann. Er führte seit 1810 als preußischer Staatskanzler in der Nachfolge des Freiherrn vom Stein bedeutende Reformen durch, u. a. Gewerbefreiheit (freie Ausübung eines ↑Gewerbes), Gleichberechtigung der Juden, Abschluß der ↑Bauernbefreiung. H. vertrat Preußen auf dem ↑Wiener Kongreß.

Harem [arab.-türk.; = verboten] *m*, Frauengemächer des moslemischen Hauses, zu denen kein fremder Mann Zutritt hat.

Häresie [gr.] *w*, Bezeichnung für eine von der kirchlichen Lehre abweichende Glaubensüberzeugung. H. ist Irrlehre in einzelnen Glaubenswahrheiten (nicht Glaubensabfall). Die **Häretiker**, die Anhänger einer H., wurden u. a. durch die ↑Inquisition verfolgt.

Harfe *w*, Musikinstrument, dessen Saitenebene senkrecht zur Decke des Resonanzkörpers verläuft. Die Saiten werden mit den Fingerkuppen beider Hände angezupft. Die heute gebräuchliche Form ist die Doppelpedalharfe. Sie besteht aus dem Fuß mit sieben Pedalen (sie können alle Saiten zweimal um jeweils einen Halbton erhöhen), der Vorderstange, die senkrecht auf dem Fuß steht, dem Resonanzkasten, der sich vom Fuß schräg nach oben verjüngt, u. dem geschwungenen Saitenhals, der die oberen Enden von Vorderstange u. Resonanzkasten verbindet. Zwischen Saitenhals u. Resonanzkasten sind die Saiten (46–48) gespannt.

Harlekin [ital.-frz.] *m*, früher eine komische Figur des Stegreiftheaters; ähnlich dem ↑Hanswurst.

Harlem [*hal*ᵉ*m*], Stadtteil in New York, in dem überwiegend Farbige wohnen.

Harmonie [gr.] *w*: **1)** Übereinstimmung, Eintracht, Ebenmaß; **2)** in der Musik im Sinne von ↑Akkord u. ↑Harmonik verwendet; **3)** in der bildenden Kunst das ausgewogene, ruhige, maßvolle, gesetzmäßige Verhältnis der Teile zueinander.

Harmonik [gr.] *w*, in der Musik Bezeichnung für Zusammenklänge u. ihre Beziehungen. In der Klassik Akkordfolgen nach bestimmten bevorzugten Grundtonschritten, in der Romantik trat das Leittonprinzip in den Vordergrund. Nachdem im 20. Jh. bei einigen Komponisten der Quartaufbau bei der Akkordbildung an die Stelle des Terzaufbaus trat, treten spezifische harmonische Wirkungen in den Hintergrund.

Harmonika [gr.] *w*, ein Musikinstrument mit aufeinander abgestimmten selbstklingenden Zungen, Röhren, Plättchen; insbesondere ↑Mundharmonika, ↑Handharmonika, ↑Akkordeon.

Harmonium [gr.] *s*, ein Tasteninstrument in Form eines Klaviers mit orgelähnlichem Klang. Die Töne werden durch frei schwingende Zungen erzeugt, die durch Druck- oder Saugwind in Bewegung versetzt werden.

Harn *m* (Urin), von den Nieren gebildete, über den Harnleiter abgeleitete Flüssigkeit, die in ↑Kloake 2) oder der Harnblase gespeichert (beim Menschen bis etwa 0,5 l) u. dann über die Harnröhre ausgeschieden wird. Der H. enthält Abfallprodukte der Stoffwechselvorgänge (hauptsächlich Harnstoff, bei den Vögeln besonders Harnsäure in Form weißer Kristalle), die aus dem Blut ausgeschieden werden. An Harnuntersuchungen kann der Arzt Krankheiten erkennen. Der Mensch sondert täglich durchschnittlich etwa 1,5 l, das Pferd etwa 3–10 l (je nach Rasse) u. das Rind etwa 6–25 l H. ab.

Harnisch ↑Rüstung.

Harpune [niederl.] *w*, ein Wurfspieß mit Widerhaken, der an einer Leine befestigt ist. Die H. wird vorwiegend bei der Jagd auf größere Fische verwendet. Sie wird entweder von Hand geschleudert oder, wie beim Walfang, mit einer Kanone abgeschossen. Mit der Leine wird der erbeutete Fisch oder Wal eingeholt.

Harpyien [...*püᵉn*; gr.] *w*, *Mz.*, in der griechischen Göttersage Sturmdämonen, die man sich (später) als häßliche Riesenvögel mit Frauenköpfen vorstellte.

Harsch *m*, verfestigter Schnee. *Windharsch* entsteht durch Oberflächenver-

Härteskala

dichtung des Schnees, bewirkt durch Winddruck. *Sonnenharsch* entsteht durch Schmelzen der Schneeoberfläche u. erneutes Gefrieren.

Härteskala w (Mohssche Härteskala; nach F. Mohs), Reihenfolge von 10 Mineralen, von denen das folgende immer härter ist als das vorhergehende:

Härtestufe	Mineral
1	Talk
2	Gips
3	Kalkspat
4	Flußspat
5	Apatit
6	Orthoklas
7	Quarz
8	Topas
9	Korund
10	Diamant

Alle übrigen Minerale lassen sich durch Ritzproben in diese 10 Härtestufen einordnen. Beispielsweise liegt die Härte eines Minerals zwischen Härtestufe 3 u. 4, wenn sich mit ihm Kalkspat gerade noch ritzen läßt, während es selbst vom Flußspat geritzt werden kann.

harte Währungen w, *Mz.*, Währungen, die sich durch volle Konvertibilität (unbeschränkte Umtauschmöglichkeit) auszeichnen u. wegen ihrer (relativen) Stabilität von anderen Ländern für „hart" (wertbeständig) gehalten u. daher als Verrechnungseinheiten und Währungsreserven benutzt werden.

Hartgummi s (Ebonit), ein aus Kautschuk u. Schwefel hergestellter Kunststoff. Er leitet den elektrischen Strom nicht u. wird deshalb v. a. in der Elektrotechnik als Isoliermaterial verwendet.

Hartmann von Aue, * um 1160, † nach 1210, deutscher Dichter. Er stammte aus alemannischem Geschlecht u. nannte sich Dienstmann der Herren von Aue. Er verfaßte (in mittelhochdeutscher Sprache) die Ritterepen „Erec" (um 1185) u. „Iwein" (um 1202) u. führte damit den Sagenstoff um König↑Artus in die deutsche Literatur ein. Auch in seinen Legendendichtungen „Gregorius" (um 1187–89) u. „Der arme Heinrich" (um 1195) war H. bemüht, ritterlich-höfische Ideale zu gestalten. H. schrieb einen klaren Versstil.

Harun Ar Raschid, * Rai Februar 766, † Tus bei Meschhed 24. März 809, abbasidischer Kalif seit 786 (↑Abbasiden), der in „Tausendundeiner Nacht" als weiser u. gerechter Herrscher gepriesen wird.

Harz m, Horstgebirge zwischen dem Thüringer Becken und dem Norddeutschen Tiefland, der Leine u. der Saale. Höchster Berg ist mit 1142 m der Brocken. Der *Oberharz* mit großen Nadelwäldern ist im Durchschnitt 200 m höher als der östliche *Unterharz*, der klimatisch weniger rauh ist. Die

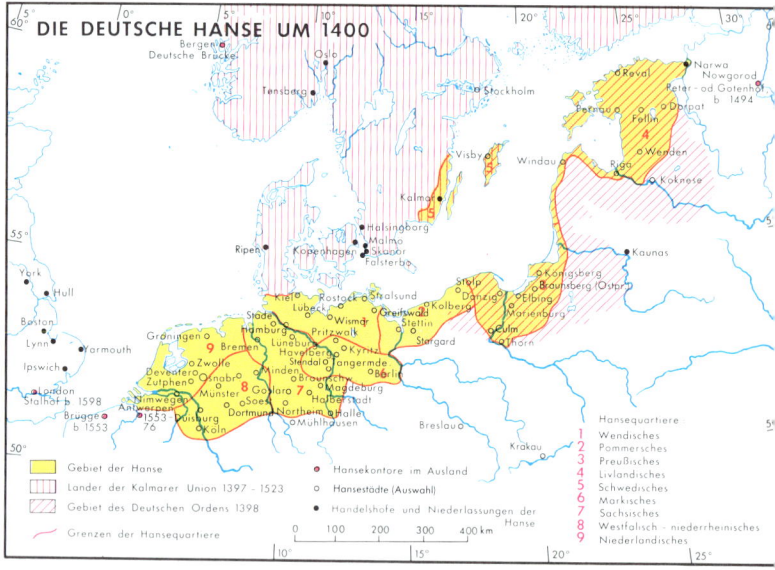

Flüsse bilden oft tief eingeschnittene Täler u. sind z. T. durch große Talsperren gestaut (Oker-, Rappbode-, Oder-, Söse-, Eckertalsperre). Sehr alt ist der Abbau von Silber-, Blei-, Zink-, Eisen- u. Kupfererzen. Die Lagerstätten sind zum Teil erschöpft. Der Bergbau hat sich in das Harzvorland verlagert (Kali-, Steinsalz, Kupfer, Braunkohle). Der H. ist ein vielbesuchtes Wintersport- und Erholungsgebiet.

Harze s, *Mz.*, Sammelbezeichnung für eine große Gruppe von zähelastischen Stoffen, die chemisch völlig verschiedener Natur u. Herkunft sein können, die aber gewisse gemeinsame physikalische Eigenschaften haben. So haben die H. z. B. keinen genauen Schmelzpunkt, sondern werden bei Erwärmung allmählich weich, verformbar und klebrig. Von den natürlichen Harzen sind die Baumharze, wie sie etwa aus angeschnittenen Rinden von Nadelbäumen (Kiefern, Fichten, Tannen) fließen, am bekanntesten. Heute können eine große Anzahl von Harzen künstlich hergestellt werden. Sie finden Verwendung v. a. für Lacke, Kitte, Leime u. als Dichtungsmittel für Boote u. Fässer. Die H. sind seit langem bekannt u. wurden als sehr beständige chemische Substanzgemische bereits im Altertum zur Einbalsamierung der Toten gebraucht. Bernstein u. Kopal sind fossile Harze.

Haschisch ↑Drogen.

Hase m (Feldhase), erdfarbenes, bis etwa 70 cm langes, mit den Nagetieren eng verwandtes Säugetier mit auffallend langen Hinterbeinen u. großen Ohren. Der H. bewohnt mit Vorliebe Ebenen u. offene Landschaften, wo er sich eine flache Grube scharrt. Als Nahrung bevorzugt er Kraut, Rüben u. Klee; im

Hase. Feldhase

Winter wird er durch den Rindenfraß an Obstbäumen schädlich. Er ist das wichtigste Jagdtier Mitteleuropas. Der H. wirft jährlich etwa dreimal 3 bis 6 Junge. Seine Lebensdauer beträgt etwa 8–12 Jahre. Er wird als Wildbret sehr geschätzt; ↑auch Kaninchen.

Haselnußstrauch m, bis 5 m hoher Strauch mit rundlichen, zugespitzten, doppelt gesägten Blättern. Die männlichen Blüten sind lange, hängende Kätzchen, die weiblichen einfache Stempelblüten. Die öl- u. eiweißreiche Frucht (Haselnuß) liefert hochwertiges Speiseöl, das auch in der Ölmalerei u. in der Parfümindustrie geschätzt wird. Der H. wird heute in vielen Kulturrassen (hauptsächlich in Südosteuropa) angebaut. Eichhörnchen u. Häher fressen die Früchte gern.

Hasenscharte w, angeborene seitliche Lippenspalte. Die H. kann durch frühzeitige Operation behandelt werden.

Hat-Trick (Hattrick) [hätrik; engl.] m, Bezeichnung für den dreimaligen Torerfolg hintereinander desselben

HANDBALL

Das Handballspiel ist in der Anlage dem Fußballspiel verwandt, hat aber nie eine gleich große Anziehungskraft gehabt. In letzter Zeit gewinnt es jedoch, allerdings nur in der Form des Hallenhandballs, immer mehr Anhänger. Nachdem Feldhandball einmal (1936 in Berlin, als Deutschland Olympiasieger wurde) olympische Disziplin war, wurde in München (1972) zum ersten Mal bei Olympischen Sommerspielen Hallenhandball gespielt. Neben den bereits erwähnten Formen Feld- u. Hallenhandball gibt es noch das sogenannte Kleinfeldhandballspiel, das dem Hallenhandball gleicht, jedoch im Freien gespielt wird. Da sich Hallen- u. Kleinfeldhandball einerseits u. Feldhandball andererseits in einigen Punkten unterscheiden, muß im folgenden auf Gemeinsames und Verschiedenes eingegangen werden. Feldhandball, Hallenhandball u. Kleinfeldhandball werden von Männern u. Frauen gespielt.

Das eigentliche Ursprungsland des Handballs ist Deutschland, obwohl es bereits 1898 in Dänemark ein Wurfspiel mit dem Namen „Haandbold" gab, das jedoch mit dem heutigen Handballspiel weit weniger gemeinsam hatte als das einige Jahre später in Schweden gespielte Spiel mit dem Namen „Handboll". Als Entstehungsjahr des Handballspiels in seiner heute geübten Form gilt das Jahr 1917; damals erhielt das von dem Berliner Frauenturnwart M. Heiser für seine Turnerinnen (die Regeln waren dem Torball-, Raffball- u. Fußballspiel entnommen) entwickelte Spiel wesentlich verbesserte Regeln u. den Namen Handball. Die ersten deutschen Meisterschaften der Männer wurden 1922, die der Frauen 1923 ausgetragen.

Alle Arten des Handballspiels verfolgen das gleiche Ziel: ein Ball soll unter Beachtung aller Regeln in das gegnerische Tor geworfen werden; das eigene Tor ist vor gegnerischen Würfen zu schützen. Der Lederball hat einen Umfang von 58 bis 60 cm u. ein Gewicht von 425 bis 475 g (für Frauen, B-Jugendmannschaften u. Schülermannschaften 54 bis 56 cm Umfang u. ein Gewicht zwischen 325 und 400 g). Gespielt wird auf einem rechteckigen Spielfeld, das beim Feldhandball eine Länge zwischen 90 u. 110 m u. eine Breite zwischen 55 u. 65 m haben soll. Beim Hallen- und Kleinfeldhandball betragen die Maße zwischen 38 u. 44 m in der Länge u. zwischen 18 und 22 m in der Breite, bei internationalen Spielen 40 × 20 m. Sowohl beim Feld- als auch beim Hallen- und Kleinfeldhandball wird das Spielfeld durch die Mittellinie in zwei gleiche Hälften geteilt, in der die Mannschaften vor Spielbeginn Aufstellung nehmen. Im Jahre 1952 wurde das Feldhandballspielfeld in drei gleich große Drittel eingeteilt. Diese Einteilung beeinflußt das Spiel entscheidend. Im Drittel vor dem Tor dürfen sich nämlich nur sechs Spieler der angreifenden u. sechs der verteidigenden Mannschaft aufhalten (der Torwart wird nicht mitgezählt). Die beiden Tore haben folgende Maße: Beim Feldhandball sind sie 7,32 m breit und 2,44 m hoch. Beim Hallen- u. Kleinfeldhandball beträgt die Breite 3 m, die Höhe 2 m. Der Torraum im Feldhandball wird geschaffen, indem vor dem Tor von der Mitte des Tores ein Halbkreis mit 13 m Radius gezogen wird; im Hallenhandball, indem vor dem Tor in 6 m Abstand parallel zur Torlinie eine 3 m lange Linie gezogen wird, an der sich beiderseits ein Viertelkreis mit 6 m Radius um die Torpfosten anschließt. Das Spiel dauert normalerweise zweimal 30 (für Männer) bzw. zweimal 25 Minuten (für Frauen u. Jugendliche).

Das Feldhandballspiel wird von einem Schiedsrichter geleitet, der von zwei Torrichtern unterstützt wird. Im Hallenhandballspiel überwachen zwei Schiedsrichter die Einhaltung der Regeln.

Der Ball darf mit allen Körperteilen außer Füßen u. Unterschenkeln gespielt werden. Ein Spieler darf sich mit dem Ball in der Hand höchstens drei Schritte bewegen, er darf im Feldhandball den Ball beliebig oft, im Hallenhandball nur einmal auf den Boden tippen und fangen. Der Ball darf von einem Spieler nicht länger als drei Sekunden gehalten werden. Eine Mannschaft besteht im Feldhandball aus 10 Feldspielern u. Torwart, im Hallenhandball aus 6 Feldspielern u. Torwart. Sieger ist diejenige Mannschaft, die nach Ablauf der Spielzeit die meisten Tore erzielt hat. Bei kleineren Regelverstößen wird der durch den Regelverstoß benachteiligten Mannschaft ein Freiwurf zugesprochen. Bei groben Regelwidrigkeiten (v. a. wenn der Gegner beim Torwurf regelwidrig vom Ball getrennt wird) wird ein Strafwurf von der 14- bzw. 7-Meter-Marke verhängt, der direkt in Richtung des Tores ausgeführt werden muß. Überschreitet der Ball die Seitenlinien, dann wird er von der Mannschaft eingeworfen, die ihn nicht ins „Aus" gespielt hat. Spielt ein Spieler der verteidigenden Mannschaft (beim Hallen- u. Kleinfeldhandball mit Ausnahme des Torwarts) den Ball über die eigene Torauslinie, dann wird ein Eckwurf gegeben. Dieser wird dort ausgeführt, wo sich Torauslinie u. Seitenlinie schneiden.

Wegen der schnelleren Spielweise, bedingt durch das kleinere Spielfeld, und der abwechslungsreichen Szenen wird das Hallenhandballspiel von Jahr zu Jahr beliebter. Selbst große Handballnationen haben das Feldhandballspiel in der alten Form eingeschränkt bzw. ganz aufgegeben (in der Bundesrepublik Deutschland gibt es seit 1974 keine offiziellen Meisterschaften mehr). Der Internationalen Handball-Föderation (IHF) gehören z. Z. 65 nationale Verbände an.

Weltmeisterschaft 1978: Bundesrepublik Deutschland im Endspiel gegen die UdSSR (links) und die Siegerehrung der deutschen Mannschaft (rechts)

Hauff

Spielers in einer Halbzeit (v. a. beim Fußball).

Hauff, Wilhelm, * Stuttgart 29. November 1802, † ebd. 18. November 1827, deutscher Dichter. Obwohl H. sehr jung starb, hinterließ er ein umfangreiches Werk. Neben den Märchen, u. a. „Das Wirtshaus im Spessart" (1826), wurde auch sein historischer Roman „Lichtenstein" (1826) sehr bekannt. – Abb. S. 247.

Hauptmann, Gerhart, * Bad Salzbrunn 15. November 1862, † Agnetendorf (Landkreis Hirschberg im Riesengebirge) 6. Juni 1946, deutscher Dichter. Durch seine frühen Dramen, die die menschliche Wirklichkeit in Wort u. Bühnenbild sehr genau wiedergeben u. gesellschaftliche Mißstände schonungslos anprangern, wurde H. zum Mitbegründer des deutschen *Naturalismus;* als dessen Hauptwerk gilt sein Stück „Die Weber" (1892). Weiter sind zu nennen: die Novelle „Bahnwärter Thiel" (1892), die Komödien „College Crampton" (1892) u. „Der Biberpelz" (1893), das Drama „Rose Bernd" (1903) u. die Tragikomödie „Die Ratten" (1911). H. erhielt 1912 den Nobelpreis. – Abb. S. 247.

Hauptnenner m (Generalnenner), das kleinste gemeinsame Vielfache der Nenner mehrerer ungleichnamiger Brüche, z. B. 30 bei $\frac{1}{2}, \frac{1}{3}, \frac{1}{5}$. Man kann die Brüche nun erweitern, damit sie *gleichnamig* werden ($\frac{15}{30}, \frac{10}{30}, \frac{6}{30}$).

Hauptsatz ↑Satz.
Hauptschule ↑Schule.
Hauptwort ↑Substantiv.

Hausapotheke [dt.; gr.] w (Verbandskasten). Die H. enthält die wichtigsten Hilfsmittel für die ↑Erste Hilfe. In eine solche H. gehört folgendes:
Heftpflaster 1 m × 2 cm
Pflasterwundverband
  4 cm breit, 10 cm lang
  6 cm breit, 10 cm lang
  8 cm breit, 10 cm lang
je 1 Mullbinde
  6 cm, 8 cm, 10 cm breit
¼ m keimfreier Verbandmull
10 g Verbandwatte oder Zellstoff
  2 Verbandpäckchen
  1 Brandwundenverbandpäckchen
  1 Tupfröhrchen Jodtinktur
  3 Dreiecktücher
  2 Lederfingerlinge
10 Sicherheitsnadeln
  1 Schere
  1 Pinzette
  1 Fieberthermometer
  1 Anleitung zur Ersten Hilfe bei Unfällen
Außerdem sind wünschenswert: Hoffmannstropfen, Baldriantropfen, Kamillentee, eine Augenklappe u. eine elastische Binde.

Haushalt m, häusliche Gemeinschaft (meistens die Familie) mit gemeinsamer Wirtschaftsführung. Auch die Wirtschaftsführung einer öffentlichen Körperschaft z. B. einer Stadt, einer Kirchengemeinde u. eines Staates heißt Haushalt. – Um einen Familienhaushalt zu führen, sind vielseitige Kenntnisse u. Fähigkeiten erforderlich, u. a. auf dem Gebiet der Ernährung, der Instandhaltung der Wohnung u. der Führung der Haushaltskasse.

Haushaltsplan m (Budget, Etat), ein Voranschlag der künftigen Einnahmen u. Ausgaben der öffentlichen Hand (z. B. des Staates, der Gemeinde).

Haushaltungsschule w, ein- bis zweijährige hauswirtschaftliche Berufsfachschule, in der Schüler nach Abschluß der Haupt- oder Realschule eine grundlegende hauswirtschaftliche Ausbildung erhalten. Absolventen der H. werden in Betrieben der Ernährungswirtschaft und der Großverpflegung, in Anstaltshaushalten sowie in Privathaushalten sowie in sozialen u. pflegerischen Einrichtungen tätig.

Haushuhn s, Sammelbezeichnung für die aus dem ostasiatischen Bankivahuhn gezüchteten Hühnerrassen. Es ist heute als Haustier weltweit verbreitet. Die rund 150 Hühnerrassen lassen sich in 5 Gruppen einteilen: *Legerassen* mit einer Leistung von nahezu 300 über 60 g schweren Eiern pro Huhn im Jahr, *Zwierassen*, die zur Eier- u. Fleischnutzung dienen, *Fleischrassen*, die v. a. zur Fleischgewinnung gehalten werden (bis 6 kg schwer), sowie *Zierhühner* u. *Kampfhühner* (für Hahnenkämpfe).

Hausmeier m, ursprünglich bei den Franken u. anderen germanischen Völkern der Vorsteher des königlichen Hauswesens u. der Domänen. Seit etwa 600 im Fränkischen Reich Führer des kriegerischen Gefolges, drängten die H. der ↑Merowinger die Könige beiseite u. setzten als Führer des Adels in einigen Reichsteilen dessen Interessen durch. 751 ließ sich ↑Pippin III. zum König wählen, womit das Amt des Hausmeiers erlosch.

Haussa m, Mz., moslemisches Negermischvolk im mittleren Sudan. Die H. sind meist Händler, ihre Sprache Verkehrs- u. auch Schriftsprache in Westafrika geworden ist. Sie sind bekannt für Metall- u. Lederverarbeitung.

Hausse [*hoß*; frz.] w, plötzliches, starkes Steigen der Börsenkurse; Gegensatz ↑Baisse.

Haustiere s, Mz., Tiere, die zum Nutzen des Menschen gezüchtet werden. H. werden aber nicht nur zum materiellen Nutzen, sondern auch zur Freude u. Unterhaltung gehalten (z. B. Zimmervögel, Zierfische, Katzen, Hunde). Meist leben die H. mit dem Menschen in einer Gemeinschaft. Nach Forschungsergebnissen ist der Wolf das erste vom Menschen gezähmte Tier, das in die Gemeinschaft des Menschen aufgenommen wurde. Außer den bekannten einheimischen Haustieren gibt es z. B. im Norden das Ren, in Zentralasien den Jak, in Südamerika das Lama. Im Altertum gehörten zu den Haustieren auch Geparde (Jagdleoparden), manche Affen, Antilopen u. sogar Löwen (in Persien).

Haut w, Gewebe, das den Körper vielzelliger Lebewesen nach außen abschließt u. schützt. Bei Pflanzen nennt man die H. auch Schale oder Rinde; bei Weichtieren u. Gliederfüßern können von der H. Panzer, Schalen u. Gehäuse (z. B. aus Chitin oder Kalk) ausgebildet werden. Bei Wirbeltieren einschließlich Mensch besteht sie aus dem in der Tiefe liegenden Unterhautbindegewebe, der Leder- u. der Oberhaut (Epidermis). Das fettzellenreiche *Unterhautbindegewebe* bildet einen Schutz gegen Druck, Stöße u. gegen Kälte. Die *Lederhaut* enthält Nerven, Blutgefäße, die Schweißdrüsen u. Haarwurzeln sowie die Hautmuskulatur (beim Menschen 0,3–2,4 mm dick); die *Oberhaut* (Cutis) bildet den Abschluß nach außen, ist bei den Wirbellosen einschichtig, sonst mehrschichtig. Durch Verhornung der Außenschicht (*Hornschicht*) u. durch Auswüchse entstehen z. B. Schuppen, Haare, Nägel, Krallen, Hörner, Hufe u. Federn. Reißfestigkeit u. Dehnbarkeit der H. schützen vor mechanischen Einwirkungen. Ein Säureschutzmantel wehrt Bakterien ab. Die ↑Pigmente der in der Epidermis liegenden Keimschicht absorbieren Licht u. ultraviolette Strahlung. Durch die Absonderung von Schweiß ist die H. an der Regulation des Wasserhaushalts u. v. a. an der Temperaturregulation beteiligt, wobei ihr weitverzweigtes Kapillarnetz eine wichtige Rolle spielt (*Kapillaren* = feinste Blut-

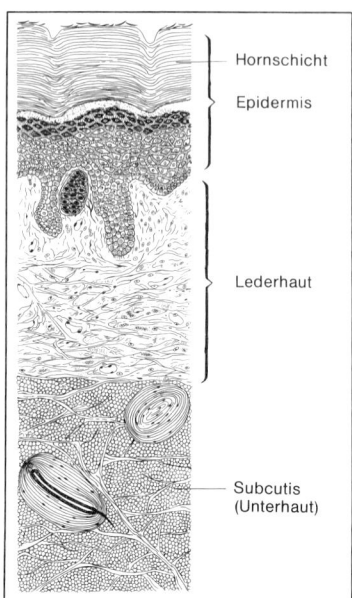

Haut

gefäße, die dem ↑Stoffwechsel zwischen Blut u. Gewebe dienen). Außerdem ist die H. ein wichtiges ↑Sinnesorgan, da ihre zahlreichen Sinneszellen dem Zentralnervensystem eine Vielfalt von Wahrnemungen vermitteln.

Hautflügler m, Mz., Insektenordnung, deren über 100 000 Arten weltweit verbreitet sind. Sie können 0,6 mm bis 1 cm groß sein u. besitzen zwei meist farblose, glasklare, häutige Flügelpaare mit wenig Adern u. beißende oder leckende Mundwerkzeuge. Die Weibchen haben einen Legestachel. Zu den Hautflüglern gehören z. B. die Bienen, Wespen u. Ameisen.

Havanna, Hauptstadt und bedeutendster Hafen von Kuba, an der Nordwestküste der Insel gelegen, mit 1,9 Mill. E. In H. besteht eine Universität. Die Stadt ist das Industriezentrum Kubas, u. a. wird Tabak verarbeitet (Havannazigarren).

Havarie [arab.-frz.] w, Schäden an einem Schiff u. seiner Ladung, die auf der Fahrt durch Unfall oder Wettereinfluß entstehen.

Havel w, schiffbarer rechter Nebenfluß der mittleren Elbe, 341 km lang. Die H. fließt von der Mecklenburgischen Seenplatte durch die reizvollen *Havelseen* (bei u. in Berlin) bis unterhalb von *Havelberg* (7 100 E; romanischer Dom, spätgotisch erneuert). Viele Kanäle zweigen von der H. ab (z. B. zur Elbe u. zur Oder). Im fruchtbaren *Havelländischen Hügelland* (beiderseits der mittleren H., südwestlich von Berlin) werden Obst u. Gemüse angebaut; außerdem ist die Blumenzucht verbreitet. Als *Havelland* bezeichnet man das Gebiet im Bogen des Flusses zwischen Rathenow u. Berlin.

Havre, Le [lᵉ awrᵉ], französische Hafenstadt in der Normandie, an der Mündung der Seine in den Ärmelkanal, mit 217 000 E. Die Stadt ist ein bedeutender Güterumschlag- u. Passagierhafen, sie hat Werften, Maschinen-, Flugzeug-, Auto- u. chemische Industrie.

Hawaii-Inseln w, Mz., Inselgruppe im nördlichen Pazifischen Ozean, mit 865 000 E. Die Hauptstadt ist ↑Honolulu. Die Inselgruppe besteht aus 8 größeren Vulkaninseln (7 sind bewohnt) u. vielen kleinen Koralleninseln. Angebaut werden hauptsächlich Zuckerrohr u. Ananas. Die landschaftlich schönen Inseln haben starken Fremdenverkehr. – Die Inseln, die 1778 von J. Cook entdeckt wurden, sind seit 1898 von den USA besetzt. Seit 1959 bilden sie als *Hawaii* den 50. Bundesstaat der USA.

Haydn, Joseph, * Rohrau (Niederösterreich) 31. März (?) 1732, † Wien 31. Mai 1809, österreichischer Komponist. In seinem umfangreichen Werk (u. a. über 100 Sinfonien) brachte H. die Sonatenform zu ihrer höchsten Vollendung u. wurde so zum eigentlichen Begründer der Wiener Klassik. Neben hervorragender Kammermusik sind v. a. seine Oratorien zu nennen: „Die Schöpfung" (1798) u. „Die Jahreszeiten" (1801). H. hatte bedeutenden Einfluß auf die Musik seiner Zeit, mit Mozart war er befreundet, der junge Beethoven war sein Kompositionsschüler. – Abb. S. 252.

H-Bombe ↑Wasserstoffbombe.

Hearing [hiring; engl.] s, öffentliche Anhörung von Fachleuten zu einer bestimmten Frage durch Ausschüsse eines Parlaments.

Hebbel, Christian Friedrich, * Wesselburen (Landkreis Norderdithmarschen) 18. März 1813, † Wien 13. Dezember 1863, deutscher Dramatiker. In seinen Stücken schildert H. einzelne Menschen, die an großen Wendepunkten der Geschichte stehen, in tragischen Gegensatz zur überkommenen Ordnung geraten u. an der geschichtlichen Weiterentwicklung zugrunde gehen. H. nennt dies eine „furchtbare Notwendigkeit". Bekannte Dramen sind „Maria Magdalene" (1844), „Agnes Bernauer" (1855) u. „Gyges u. sein Ring" (1856). – Abb. S. 252.

Hebel, Johann Peter, * Basel 10. Mai 1760, † Schwetzingen 22. September 1826, deutscher Dichter. Er schrieb schlichte, naturverbundene Gedichte in alemannischer Mundart sowie besinnliche u. humorvolle Geschichten, die im „Schatzkästlein des rheinischen Hausfreundes" (1811) gesammelt sind.

Hebel m, ein physikalisches Gerät aus der Gruppe der einfachen Maschinen, mit dem Kraft auf Kosten des Weges gewonnen werden kann. Der H. ist ein starrer, meist stabförmiger Körper, der um eine Achse drehbar ist. Befindet sich die Drehachse am Ende des Hebels, so spricht man von einem einarmigen H., andernfalls von einem zweiarmigen Hebel. Hängt auf der einen Seite eines zweiarmigen Hebels eine Last *L*, so muß man, damit der H. im Gleichgewicht bleibt, auf der andern Seite eine Kraft *K* ausüben. Die Gleichgewichtsbedingung wird durch das Hebelgesetz beschrieben: Kraft × Kraftarm = Last × Lastarm (Kraftarm = Abstand des Angriffspunktes bzw. der Wirkungslinie der Kraft von der Drehachse; Lastarm = Abstand des Angriffspunktes bzw. der Wirkungslinie der Last von der Drehachse). Beim einarmigen H. greifen Last u. Kraft an demselben Hebelarm an. Sie müssen dann entgegengesetzt gerichtet sein. Mit Hilfe des Hebels können also schwere Lasten mit geringen Kräften gehoben werden, wenn nur der Kraftarm länger ist als der Lastarm. Arbeit läßt sich dabei allerdings nicht gewinnen, denn was an Kraft gewonnen wird, muß an Weg zugesetzt werden. Das Produkt aus Kraft u. Weg (= Arbeit) bleibt daher unverändert. Der H. wird in mannigfaltiger Weise im täglichen Leben verwendet, z. B. als Brechstange, Nußknacker u. Zange. – Der H. war schon den alten Ägyptern bekannt, die nur mit seiner Hilfe die schweren Steinblöcke beim Bau der Pyramiden bewegen konnten.

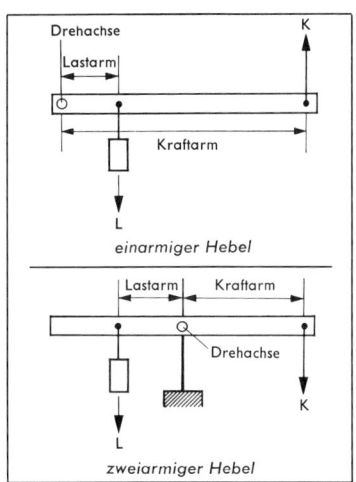

einarmiger Hebel

zweiarmiger Hebel

Heber m, ein Gerät, mit dem man Flüssigkeiten aus offenen Gefäßen entnehmen kann. Seine Wirkung beruht auf der Erscheinung des Luftdruckes. Der *Stechheber* ist ein beiderseits offenes Glasrohr, das am oberen Ende eine kugelförmige Erweiterung hat. Das untere Ende wird in die Flüssigkeit getaucht, am oberen Ende wird mit dem Mund gesaugt. Hält man nun das obere Ende zu, so kann man die angesaugte Flüssigkeit entnehmen. Sie wird durch den äußeren Luftdruck im H. gehalten. Der *Saugheber* ist eine gebogene Glasröhre mit zwei verschieden langen Schenkeln. Der kurze Schenkel wird in die Flüssigkeit getaucht, am längeren wird einmal kurz gesaugt. Es fließt dann so lange Flüssigkeit aus dem Gefäß, bis der Flüssigkeitsspiegel in Höhe der Austrittsöffnung des Hebers liegt. Der *Giftheber* ist ein Saugheber mit zusätzlichem Ansaugrohr.

Hebräer m, Mz., alte Bezeichnung für Angehörige des Volkes Israel.

hebräische Schrift w, die Schrift der Juden. Das hebräische Alphabet (22 Buchstaben) kennt nur Mitlaute. Dar-

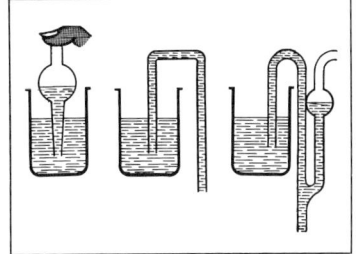

Stech-, Saug- und Giftheber (von links)

über hinaus gibt es Vokalzeichen, die zur Sicherstellung eines korrekten Textes bestimmten Texten hinzugefügt werden. Die h. Sch. wird von rechts nach links geschrieben; sie ist heute die in Israel gebrauchte Schrift.

Hebriden *Mz.*, schottische Inselgruppe westlich von Nordschottland. Von den rund 500 felsigen Inseln sind etwa 100 bewohnt, die Bewohner leben fast ausschließlich von Schafzucht u. Fischfang.

Hecht *m*, bis 1,5 m langer u. bis 35 kg schwerer Raubfisch. Der H. lebt in klaren Binnengewässern in Eurasien u. Nordamerika. Der Körper ist torpedoförmig, die Schnauze ist oben abgeplattet, der Unterkiefer steht vor. Das Maul zeigt eine starke Bezahnung. Der H. ist ein sehr gefräßiger Standfisch, der seiner Beute auflauert, um sie durch blitzschnelles Vorstoßen zu erjagen. Er kann etwa 20–30 Jahre alt werden. Als Speise- u. Sportfisch wird er sehr geschätzt.

Heck *s*, der hintere Teil eines Schiffes. Heute spricht man auch vom H. eines Autos oder eines Flugzeugs.

Heckenrose *w*, in Gebüschen wachsende Wildrose. Sie ist bis 2,5 m hoch u. hat kräftige Stacheln. Die Blüten sind rosa bis weiß, die Früchte (Hagebutten) orangerot u. eiförmig.

Hedin, Sven, * Stockholm 19. Februar 1865, † ebd. 26. November 1952, schwedischer Asienforscher. Er überquerte den Himalaja u. bereiste China u. Tibet, wo er sich längere Zeit aufhielt. Der von H. entdeckte Transhimalaja wurde nach ihm Hedingebirge genannt. Über seine Reisen u. Expeditionen verfaßte er zahlreiche Reisebeschreibungen u. wissenschaftliche Berichte, die von grundlegender Bedeutung für unser Wissen über Zentralasien sind. Bekannte Bücher Hedins sind: „Von Pol zu Pol" (1911/12), „Auf großer Fahrt" (1929), „Rätsel der Gobi" (1931).

Hedschra [arab.] *w*, im Arabischen bedeutet das Wort etwa soviel wie Loslösung, Auswanderung; in der Tradition des Islams wird damit die Auswanderung ↑Mohammeds von Mekka nach Medina im September 622 bezeichnet. Dies ist der Beginn der islamischen Zeitrechnung, also ist z. B. das Jahr 150 nach der Hedschra das Jahr 772 nach Christus.

Heer *s*, Teil der Streitkräfte, der für den Landkrieg ausgebildet ist (im Unterschied zu Marine und Luftwaffe).

Hefepilze *m, Mz.*, einzellige, mikroskopisch kleine Schlauchpilze. Sie vermehren sich durch Sprossung, wobei sie meist lange in verzweigten Sproßketten verbunden bleiben. Sie kommen auf Früchten u. a. Naturprodukten vor. In zuckerhaltigen Flüssigkeiten erzeugen sie die alkoholische ↑Gärung. Bekannt sind v. a. die Bierhefe u. die Weinhefe, die beide in verschiedenen Rassen vorkommen. Sie werden in Reinkultur gezüchtet u. in Gärungsbetrieben verwendet.

Hegel, Georg Wilhelm Friedrich, * Stuttgart 27. August 1770, † Berlin 14. November 1831, deutscher Philosoph, der als Hochschullehrer in Jena, Heidelberg u. Berlin lehrte. Er gilt als der bedeutendste Vertreter des deutschen ↑Idealismus. Als das Wesen von Welt u. Geschichte sah er den Geist an, der sich im Laufe der Geschichte höher entwickelt, indem sich aus Entgegengesetztem (These u. Antithese) etwas Neues (Synthese) bildet, das wiederum diesem dialektischen Kreislauf unterworfen ist. Höchste Stufe dieser Entwicklung ist die Philosophie, in der der Geist sich selbst erkennt u. so zu sich selbst findet. Hegels Lehre hatte großen Einfluß auf die Philosophie u. Geistesgeschichte des 19. Jahrhunderts, insbesondere auf Marx. Seine bedeutendsten Schriften sind: „Phänomenologie des Geistes" (1807), „Wissenschaft der Logik" (1816), „Encyklopädie der philosophischen Wissenschaften" (1817).

Hegemonie [gr.] *w*, Vorherrschaft oder Überlegenheit eines Staates über die Nachbarstaaten.

Heide *w*, offene Landschaft mit typischem Pflanzenwuchs. Die *Zwergstrauchheide* ist durch nährstoffarme, saure Böden u. feuchtes Klima bedingt: Hier herrschen Heidekraut, Glockenheide u. Besenginster vor, hinzu kommen Kiefern, Birken, Wacholder u. a. Besonders ausgeprägt ist die Zwergstrauchheide in Norddeutschland (Lüneburger H.). *Steppenheide* findet man auf trockenen, meist kalkreichen Böden: Sie besteht aus Gräsern, Stauden, Kräutern, Flechten und Moosen; bisweilen (doch selten) wachsen auch hier Bäume und Sträucher.

Heidegger, Martin, * Meßkirch bei Stockach 26. September 1889, † Freiburg im Breisgau 26. Mai 1976, deutscher Philosoph. Er lehrte an den Universitäten Marburg und Freiburg. Die Gedanken Heideggers, die er in einer eigenwilligen Sprache formulierte, übten großen Einfluß auf die Philosophie u. Theologie der Gegenwart aus. Sein die ↑Existenzphilosophie mitbegründendes Hauptwerk ist „Sein und Zeit" (1927).

Heidekrautgewächse *s, Mz.* (Erikagewächse), Pflanzenfamilie mit über 2 500 weltweit verbreiteten Arten. Sie sind meist kleine Sträucher, seltener Bäume. Ihre Blätter sind ledrig, winter- oder sommergrün, zuweilen sogar nadelförmig. Bekannte H. sind z. B. das *Heidekraut* (Besenheide), ein Zwergstrauch mit kleinen nadelförmigen Blättern u. fleischroten Blüten in Trauben. Es ist eine gute Bienenweide. Die *Glokkenheide* trägt ihre fleischfarbenen glockenförmigen Blüten in Büscheln am Stengelende. H. sind u. a.: Heidel- u. Preiselbeere, Alpenrosen u. Azaleen.

Heidelbeere *w* (Blaubeere), Zwergstrauch der Heidekrautgewächse in Eu-

Joseph Haydn

Christian Friedrich Hebbel

Sven Hedin

Georg Wilhelm Friedrich Hegel

Martin Heidegger

Gustav Heinemann

Heinemann

Heidelberg. Altstadt mit Schloß und Neckar

ropa u. Nordasien. Die einzelnen, kugeligen, grünlichen bis rötlichen Blüten sitzen an grünen, scharfkantigen Stengeln. Die Früchte sind blauschwarze, wohlschmeckende Beeren mit rotem Saft. Sie werden zu Kompott, Saft u. Obstwein verarbeitet. Blätter u. Früchte werden in der Volksheilkunde verwendet.

Heidelberg, Stadt am Neckar u. an der Bergstraße, in Baden-Württemberg, mit 129 000 E. Neben einer Universität (gegründet 1386), 2 Hochschulen, einer Fachhochschule u. der Heidelberger Akademie der Wissenschaften hat H. Max-Planck-Institute und ein Krebsforschungszentrum. Berühmt ist die Stadt durch ihre romantische Lage am Ausgang des Neckartals u. durch das Heidelberger Schloß (1689 zerstört, teilweise wieder aufgebaut). Die Schönheit der Stadt machte H. in der Romantik zu einem künstlerischen Zentrum u. später zu einem Ziel für Touristen aus aller Welt.

Heiden m, Mz., ursprünglich für alle Nichtchristen gebraucht, seit der Neuzeit nicht mehr für Juden u. Moslems.

Heidschnucke w, kleines, sehr genügsames Hausschaf, das seit alters in der Lüneburger Heide gehalten wird. Heidschnucken werden 40 bis 70 kg schwer u. liefern jährlich 2 bis 3 kg Schurwolle. Es gibt zwei Zuchtformen: graue, gehörnte u. weiße, ungehörnte Heidschnucken.

Heilbad s, Badeort, der auf Grund seiner ↑Heilquellen u. seiner Bade- u. Kureinrichtungen zur Erholung u. zur Heilung bestimmter Krankheiten (z. B. Rheuma, Herz- u. Kreislauferkrankungen) besonders geeignet u. staatlich anerkannt ist. Ein H. darf darum die Bezeichnung Bad vor seinem Namen führen, z. B. Bad Nauheim.

Heilbronn, Stadt am Neckar, in Baden-Württemberg, mit 112 000 E. Die Stadt hat einen modernen großen Flußhafen, Maschinen-, Auto-, Nahrungsmittel- u. chemische Industrie. In der Umgebung gibt es Salzbergwerke, Salinen u. Weinbau. H. hat eine Fachhochschule.

Heilige Allianz w, der 1815 in Paris geschlossene Bund zwischen Rußland, Österreich u. Preußen, dem in der Folgezeit fast alle europäischen Staaten beitraten. Sein Ziel sollte sein, politisches Handeln christlichen Grundsätzen zu unterwerfen. Der Bund diente jedoch unter Führung Metternichs in erster Linie der Unterdrückung freiheitlicher u. demokratischer Bewegungen u. der Erhaltung der alten Ordnung.

Heilige Drei Könige ↑Drei Könige.

Heiligenschein m (Nimbus), in der bildenden Kunst eine Lichtscheibe oder ein Strahlenkranz um das Haupt Gottes, Christi oder eines Heiligen.

Heiliger Geist, nach der christlichen Glaubenslehre die dritte Person der Dreifaltigkeit. Sie ist dem Vater u. dem Sohn wesensgleich. Die christliche Kunst stellt den Heiligen Geist seit alters (nur in Dreifaltigkeitsbildern) als Taube dar.

Heiliges Römisches Reich s, seit dem Mittelalter amtliche Bezeichnung für das Herrschaftsgebiet des Kaisers u. der in ihm verbundenen Reichsterritorien; der Zusatz „deutscher Nation" wurde nur zeitweise verwendet.

Heilpflanzen w, Mz., Pflanzen, die medizinisch verwertbare Substanzen liefern u. daher Heilzwecken dienen. Auch die industriell für Arzneimittel ausgewerteten Pflanzen gehören zu den Heilpflanzen.

Heilpraktiker m, Heilkundiger, der eine amtliche Erlaubnis zur Berufsausübung braucht, jedoch keine Zulassung als Arzt hat. Der H. darf bestimmte Krankheiten nicht behandeln, auch darf er rezeptpflichtige Arzneien nicht verschreiben.

Heilquellen w, Mz., natürliche Quellen, deren Wasser auf Grund der darin enthaltenen Stoffe (z. B. Minerale, Kohlensäure) für Trink- u. Badekuren verwendet wird. So unterscheidet man u. a. Sauerbrunnen (zur Förderung der Verdauung), kohlensaure Quellen (für Kohlensäurebäder bei Herzkrankheiten), Bitterquellen (bei Magen- u. Darmleiden), Jodquellen (bei Arterienverkalkung) u. radioaktive H. (zur Behandlung von Rheuma).

Heilsarmee w (Salvation Army), von dem englischen Prediger William Booth (1829–1912) 1878 gegründete christlich-soziale Bewegung, die sich der Rettung Verwahrloster, dem Kampf gegen Laster (Alkoholmißbrauch) u. der Sorge für Arbeitslose widmet. Der organisatorische Aufbau ist militärisch. Das Hauptquartier befindet sich in London. Weltweit gibt es etwa 2 Mill. „Soldaten".

Heilserum [dt.; lat.] s, zur Immunisierung bei Infektionen, als Gegengift bei Schlangenbissen u. ä. verwendetes Serum, das von Menschen oder Tieren gewonnen wird, die Antikörper (Abwehrstoffe) gebildet haben.

Heine, Heinrich, * Düsseldorf 13. Dezember 1797, † Paris 17. Februar 1856, deutscher Dichter. H. lebte ab

1831 in Frankreich. Seine politischen u. zeitkritischen Schriften, in denen er die Obrigkeit verspottete, wurden 1835 in Deutschland verboten. Heines Werk umfaßt u. a. Liebeslyrik, Lieder, Balladen, Reiseskizzen u. Novellen. Neben den Gedichten (v. a. „Buch der Lieder", 1827) wurde besonders die satirische Versdichtung „Deutschland, ein Wintermärchen" (1844) bekannt.

Heinemann, Gustav, * Schwelm an der Ruhr 23. Juli 1899, † Essen 7. Juli 1976, deutscher Politiker. Während der

Heinrich

nationalsozialistischen Herrschaft gehörte H. zu den führenden Männern der ↑Bekennenden Kirche. Er wurde 1949 Innenminister, trat aber 1950 wegen der Wiederaufrüstungspolitik Adenauers zurück u. verließ die CDU. 1957 wurde H. wieder Mitglied des Bundestages, nachdem er in die SPD eingetreten war, u. wandte sich gegen die Deutschlandpolitik Adenauers. 1966 Bundesjustizminister, 1969–74 Bundespräsident. – Abb. S. 252.

Heinrich: *deutsche Könige und Kaiser:* **1) H. I.,** * um 875, † auf der Pfalz Memleben (südöstlich des Harzes) 2. Juli 936, Herzog von Sachsen, der 919 als Nachfolger Konrads I. König wurde. Er errang viele militärische u. politische Erfolge, unter denen die Abwehr der Ungarn die bedeutendste ist (Sieg bei Riade an der Unstrut 933); **2) H. II.,** der Heilige, * Abbach (heute Bad Abbach) 6. Mai 973, † Pfalz Grona (heute Göttingen-Grone) 13. Juli 1024, Herzog von Bayern. Er wurde 1002 als Nachfolger Ottos III. zum König gewählt u. in Aachen gekrönt, 1014 empfing er in Rom die Kaiserkrone. In mehreren Feldzügen (1003–18) zwang er die Polen zum Verzicht auf Böhmen u. Meißen. In Deutschland stützte er sich besonders auf Bischöfe u. Äbte. Er starb kinderlos u. wurde im Bamberger Dom beigesetzt; **3) H. III.,** * 28. Oktober 1017, † Pfalz Bodfeld (Harz) 5. Oktober 1056, Herzog von Bayern u. Schwaben u. König von Burgund. 1028 wurde er als Nachfolger Konrads II. zum König gewählt, 1039 trat er die Regierung an u. wurde 1046 in Rom zum Kaiser gekrönt. Er war ein von religiösen Idealen erfüllter Herrscher, der sein Amt als königliches Priestertum auffaßte. Trotz vielfältiger Erschütterungen führte er das Reich zu einem Höhepunkt mittelalterlicher Kaisermacht; **4) H. IV.,** * Goslar (?) 11. November 1050, † Lüttich 7. August 1106, Sohn Heinrichs III. Er wurde bereits 1056 zum König gewählt, die Regentschaft lag jedoch bis 1066 in den Händen seiner Mutter Agnes von Poitou. In dieser Zeit konnte die Kirche maßgeblichen Einfluß auf die kaiserliche Macht gewinnen. Der Versuch Heinrichs IV., diesen Einfluß einzuschränken, führte über innere Unruhen zum ↑Investiturstreit. Papst Gregor VII. verhängte gegen den König den Kirchenbann, der erst durch den *Gang nach Canossa* (1077) u. die Anerkennung der päpstlichen Macht durch H. IV. gelöst wurde. Nachdem er so die politische Handlungsfreiheit wiedergewonnen hatte, versuchte er durch mehrere Italienzüge die volle Macht wiederzuerringen. Er vertrieb schließlich Gregor VII. aus Rom u. ließ sich von dem Gegenpapst Klemens III. 1084 zum Kaiser krönen. Der 1080 erneut über ihn verhängte Kirchenbann wurde erst nach seinem

Werner Heisenberg   Herodot

Tod (1111) gelöst. Danach konnte er im Dom zu Speyer beigesetzt werden. Die endgültige Aussöhnung mit dem Papsttum erreichte sein Sohn H. V. durch das Wormser Konkordat (1122). – *Bayern u. Sachsen:* **5) H.** der Löwe, * um 1129, † Braunschweig 6. August 1195, Herzog von Sachsen u. von Bayern. Er war der bedeutendste Herrscher des welfischen Hauses im Mittelalter u. dehnte von Sachsen aus sein Territorium weit in das östliche Gebiet östlich der Elbe aus. Er gründete 1158 die Städte Lübeck u. München. Er begleitete seinen Vetter Kaiser Friedrich I. Barbarossa auf den ersten beiden Italienzügen, hielt sich beim dritten u. vierten jedoch aus eigenen machtpolitischen Interessen zurück. Dies führte zur Ächtung durch den Kaiser u. zum Verlust seiner Herzogtümer. Nach seiner Unterwerfung blieb ihm nur der welfische Familienbesitz um Braunschweig u. Lüneburg, sein übriges Herrschaftsgebiet wurde neu verteilt. – *England:* **6) H. VIII.,** * Greenwich (heute zu London) 28. Juni 1491, † Westminster 28. Januar 1547, seit 1509 englischer König. Die vom Papst verweigerte Scheidung von seiner ersten Frau führte zur Trennung der englischen Kirche von Rom. Der König machte sich selbst zum Oberhaupt der anglikanischen Kirche u. ließ den Klosterbesitz zugunsten der Krone einziehen. Er gilt als despotischer, eitler u. selbstherrlicher politischer Gegner ließ er hinrichten, u. a. seine zweite Frau Anne Boleyn, seine fünfte Frau Katharina Howard (insgesamt war er sechsmal verheiratet) und den Lordkanzler Thomas More.

Heinzelmännchen *s, Mz.,* Zwerge, die als hilfreiche Hausgeister in Märchen u. Sagen auftreten.

Heisenberg, Werner, * Würzburg 5. Dezember 1901, † München 1. Februar 1976, deutscher Physiker. H. wurde bereits mit 26 Jahren Professor in Leipzig u. erhielt 1932 den Nobelpreis für Physik. Seit 1958 war er Professor in München. H. entwickelte u. a. die Quantenmechanik, mit der eine mathematische Beschreibung der ↑Atome möglich ist; weitere bedeutende Arbeiten befassen sich mit der Physik der Atomkerne u. der Elementarteilchen.

Heizung *w,* allgemein eine Vorrichtung zum Erwärmen von Stoffen, Geräten u. a.; im engeren Sinn Vorrichtung zur Erwärmung von Räumen. Bei der Einzelheizung ist jeder Raum mit einem Ofen versehen, während bei der Zentralheizung von einem Ofen aus mehrere Räume beheizt werden. Die Wärmeübertragung geschieht dabei entweder durch Dampf (Dampfheizung), Warmwasser (Warmwasserheizung) oder Warmluft (Warmluftheizung). Vom zentralen Ofen führen Rohrleitungen zu den einzelnen Räumen. Nach der Art des Verbrennungsstoffes unterscheidet man Kohleheizung, Ölheizung u. Gasheizung. Eine andere Art der H. nutzt die elektrische Energie. Elektrische Öfen werden meist als Speicheröfen gebaut. Diese werden mit billigem Nachtstrom aufgeheizt u. geben die Wärme tagsüber ab. Bei der automatischen H. wird die Wärmezufuhr durch einen ↑Thermostat so gesteuert, daß eine einmal eingestellte Raumtemperatur ständig aufrechterhalten bleibt. Bei der Fernheizung werden ganze Stadtteile von einem zentralen Heizwerk aus beheizt.

Hektar [gr.] *s,* Abkürzung: ha, Flächenmaß; 1 ha = 100 a = 10 000 m^2.

Hektoliter [gr.] *m,* Abkürzung: hl, Hohlmaß; 1 hl = 100 Liter.

Hektor, in der griechischen Mythologie der Held der Trojaner. Er ist der Sohn des Königs Priamos u. Gatte der Andromache. Achill tötet ihn im Zweikampf.

Hekuba (griech. Hekabe), griechische mythologische Gestalt; Hauptgemahlin des Königs Priamos von Troja; Mutter Hektors.

Hel, in der germanischen Mythologie das Totenreich in der Unterwelt. Es ist die Wohnstätte aller auf dem Land Gestorbenen (nicht der Gefallenen). Hel ist zugleich Name der Göttin des Totenreiches.

Helena, Gestalt der griechischen Göttersage, Tochter des Zeus und der Leda, Gemahlin des Menelaos. Ihre

Entführung durch den trojanischen Prinzen ↑Paris wird zum Anlaß des ↑Trojanischen Krieges.

Helgoland, zu Schleswig-Holstein gehörende Nordseeinsel in der Deutschen Bucht. Die 2 400 E leben vorwiegend vom Fremdenverkehr. Der Hummerfang geht sehr zurück. Die Insel ist ein Buntsandsteinsockel mit steiler Kliffküste. Sie wurde durch einen deutsch-britischen Vertrag 1890 von Deutschland erworben.

Heliand *m*, altsächsisches Epos, das wohl um 830 entstanden ist. Es schildert in Stabreimen das Leben u. Leiden Jesu; dennoch zeigt das Epos starke germanische Züge.

Helikopter ↑Hubschrauber.

Helios, griechischer Sonnengott; Herr des Lichtes.

heliozentrisch ↑geozentrisch.

Helium *s*, Edelgas, chemisches Symbol He. Ordnungszahl 2, Atommasse 4, Siedepunkt 268,9 °C. Dieses unbrennbare ↑Edelgas findet sich in der Luft unserer Atmosphäre, kann aber auch aus Erdgas isoliert werden. Während H. wegen seiner Unbrennbarkeit früher v. a. zur Füllung von Ballonen u. Luftschiffen verwendet wurde, wird es heute in großem Maße in flüssigem Zustand als Kühlmittel in der Reaktortechnik u. bei Tiefsttemperaturversuchen in der Chemie, Physik u. Technik gebraucht.

Hellas, klassischer Name für Griechenland.

Hellenismus [gr.] *m*, Bezeichnung sowohl für den Vorgang (auch *Hellenisierung* genannt) als auch für die Epoche der stärksten Ausbreitung u. Annahme der griechischen Kultur (seit Alexander dem Großen bis zur römischen Kaiserzeit, etwa um Christi Geburt). Daneben war in der Spätantike mit H. v. a. der Gegensatz der heidnischen Tradition gegenüber der sich ausbreitenden christlichen Religiosität gemeint.

hellenistisch, den ↑Hellenismus betreffend; **hellenistische Kunst** ↑griechische Kunst.

Hellespont [gr.] *m*, antike Bezeichnung für die ↑Dardanellen.

Helmholtz, Hermann Ludwig Ferdinand von, * Potsdam 31. August 1821, † Charlottenburg (heute zu Berlin) 8. September 1894, deutscher Physiker u. Physiologe. Er untersuchte u. a. eingehend die Nervenleitung, den Sehvorgang und die Tonempfindungen, begründete die Klanganalyse sowie die chemische Thermodynamik und entdeckte unabhängig von J. R. Mayer den Satz von der Erhaltung der Energie.

Helmstedt, niedersächsische Stadt östlich von Braunschweig, mit 28 000 E. Sie liegt an der Grenze zur DDR.

Heloten [gr.] *m, Mz.*, rechtlose Sklaven im alten Griechenland (unterworfene Achäer u. Messenier).

Helsinki, Hauptstadt Finnlands u. bedeutendste Hafenstadt des Landes, mit 493 000 E. Sie ist auf einer felsigen Halbinsel erbaut. Klassizistische u. moderne Bauten prägen das Stadtbild. H. ist kulturelles, geistiges u. wirtschaftliches Zentrum des Landes, Sitz mehrerer Hochschulen.

Helvetia, die Schweiz, benannt nach den **Helvetiern**, einem keltischen Volksstamm, der im 1. Jh. v. Chr. in das Schweizer Mittelland einwanderte.

Helvetische Republik ↑Schweiz.

Hemingway, Ernest [...″e^i], * Oak Park (Illinois) 21. Juli 1899, † Ketchum (Idaho) 2. Juli 1961, amerikanischer Schriftsteller. Von Jugend an unternahm H. gefahrvolle Reisen, 1918 ging er als Freiwilliger des Roten Kreuzes an die italienische Front u. danach in den Nahen Osten. Später war er journalistisch tätig, u. a. als Berichterstatter im Spanischen Bürgerkrieg, in China u. in Frankreich. In seinen Romanen u. Kurzgeschichten schildert er das Leben als Selbstbewährung in Abenteuer u. Gefahr. Seine nüchterne und sparsame Art zu schreiben wurde vorbildlich für den modernen Roman u. die Kurzgeschichte. 1954 erhielt H. den Nobelpreis für Literatur. Zu seinen Hauptwerken gehören der Roman „Wem die Stunde schlägt" (deutsch 1941) u. die Erzählung „Der alte Mann u. das Meer" (deutsch 1952).

Hemisphäre [gr.] *w*, Halbkugel, insbesondere nennt man die nördliche u. südliche Halbkugel der Erde so.

Hendrix, Jimi ↑Popmusik.

Hephäst, griechischer Gott des Feuers u. des Schmiedehandwerks.

Hera, griechische Göttin der Ehe.

Herakles ↑Herkules.

Heraldik ↑Wappenkunde.

Herbarium [lat.] *s* (Herbar), Sammlung getrockneter Pflanzen u. Pflanzenteile, die meist systematisch geordnet wird. Die gepreßten u. auf Papierbogen geklebten Pflanzen werden mit Angaben wie Name, Fundort, Datum u. a. versehen.

Herbst *m*, eine der vier Jahreszeiten, die Zeit vom 23. September bis zum 22. Dezember (auf der nördlichen Halbkugel) bzw. vom 21. März bis zum 22. Juni (auf der südlichen Halbkugel). Der *Herbstpunkt* ist der dem Frühlingspunkt gegenüberliegende Schnittpunkt der Sonnenbahn (↑Ekliptik) mit dem Himmelsäquator.

Herbstzeitlose *w*, Liliengewächs auf feuchten Wiesen. Die krokusähnliche, hellviolette Blüte erscheint im Herbst. Die Reservestoffe zum Blühen entnimmt sie ihrer tief in der Erde sitzenden Knolle. Erst im Frühjahr trägt sie breite lanzettförmige Blätter u. Fruchtkapseln. Die H. enthält ein sehr giftiges Alkaloid. – Abb. S. 256.

Herder, Johann Gottfried von, * Mohrungen 25. August 1744, † Weimar 18. Dezember 1803, deutscher Dichter u. Philosoph, einer der großen Anreger der deutschen Geistesgeschichte. Er wurde u. a. bekannt durch die Schrift „Über die neuere deutsche Literatur" (1767) u. seine Volksliedersammlung „Stimmen der Völker in Liedern" (erschienen 1807).

Hering *m*, ein bis etwa 45 cm langer Fisch, der den Nordatlantik auf der Suche nach Nahrung (vor allem Plankton u. Jungfische) u. Laichplätzen in großen Schwärmen durchzieht. Er wird mit 3–7 Jahren geschlechtsreif u. etwa 20 Jahre alt. Ein Weibchen bringt (pro Laichperiode) bis 70 000 Eier hervor. Von den verschiedenen, u. a. durch die Wirbelanzahl u. den Ort u. Zeitpunkt des Ablaichens unterscheidenden Rassen ist für die europäische Fischerei der Norwegische H. besonders wichtig. Der H. hat große wirtschaftliche Bedeutung, er kommt u. a. als grüner H., Salzhering (Pökelhering), Räucherhering (Bückling), Matjeshering (noch nicht geschlechtsreifer, mild gesalzener H.) auf den Markt, daneben in verschiedenen Marinaden als Bismarckhering, Rollmops, Brathering.

Herisau ↑Appenzell.

Herkules (griech. Herakles), der bedeutendste Held der griechischen Sage. Er ist ein Sohn des Zeus u. der Alkmene u. von außergewöhnlichen Kräften. Schon in der Wiege erwürgt er zwei Schlangen. Berühmt sind die zwölf Taten des H., die er im Dienste des Königs Eurystheus vollbringt. – Abb. S. 256.

Hermann der Cherusker ↑Arminius.

Hermannsdenkmal ↑Teutoburger Wald.

Hermelin *s* (Großes Wiesel), bis 30 cm lange, sehr schlanke Marderart auf der nördlichen Halbkugel, mit bis 12 cm langem Schwanz. Im Winter ist die Oberseite des kleinen Raubtiers ganz oder teilweise weiß (im Sommer braun), die Unterseite gelblichweiß, die Schwanzspitze stets schwarz. Es kommt meist in Feldgehölzen u. an Waldrändern vor. Ein H. wird etwa 8–10 Jahre alt. Wegen seines kostbaren Pelzes wird es oft gejagt.

Hermes, griechischer Gott des sicheren Geleits, der Kaufleute wie der Diebe, der Fruchtbarkeit, des Schlafs u. der Träume. Er tritt v. a. als Götterbote auf und wird meistens mit Flügelschuhen u. Stab dargestellt.

hermetisch [gr.], unzugänglich, luft- u. wasserdicht verschlossen.

Herodes I., der Große, * um 73, † 4 v. Chr., Herrscher des jüdischen Staates (seit 37 v. Chr.), der sehr gewaltsam u. mit römischer Unterstützung regierte. Ihm wird der Kindermord in Bethlehem nachgesagt. Er ließ den Tempel in Jerusalem erneuern u. viele andere Bauten errichten.

Herodot, * Halikarnassos nach 490, † Athen nach 430 v. Chr., griechischer

Heroin

Heinrich Hertz

Theodor Herzl

Thor Heyerdahl

Geschichtsschreiber, der neun Bücher „Historien" schrieb. Er wird oft als „Vater der Geschichtsschreibung" bezeichnet. – Abb. S. 254.

Heroin ↑ Drogen.

Herold [frz.] *m*, im Mittelalter ein Hofbeamter, der v. a. die Turnierbücher mit den aufgezeichneten Wappen (daher die Bezeichnung Heroldskunst oder Heraldik) zu führen hatte.

Heronsball *m*, ein teilweise mit Flüssigkeit gefülltes Gefäß, in das von außen durch einen luftdicht schließenden Stopfen eine Röhre eingeführt ist.

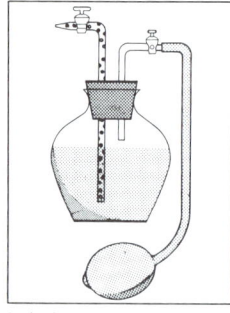

Erhöht man den Luftdruck im Inneren des Gefäßes, indem man etwa durch eine zweite Öffnung hineinbläst, so wird Flüssigkeit durch die Röhre hinausgetrieben. Benutzt wird der H. als Spritzflasche, Parfümzerstäuber u. ä.

Heros [gr.] *m*, Held, Halbgott.

Herrentiere *s*, *Mz*. (Primaten), Ordnung bezüglich der Gehirnentwicklung sehr hochstehender Säugetiere. Die H. haben nach vorn gerichtete Augen, fünffingrige Greifhände, ein gut ausgebildetes Gehör u. guten Tastsinn. Zu den Herrentieren gehören Halbaffen, Affen u. der Mensch.

Hertz, Heinrich, * Hamburg 22. Februar 1857, † Bonn 1. Januar 1894, deutscher Physiker. Er wies als erster experimentell nach, daß Licht eine elektromagnetische Wellenerscheinung ist. Seine Forschungen bildeten die Grundlage für die Entwicklung der Radiotechnik. Nach ihm ist die gesetzliche Einheit der Frequenz *Hertz* (Abkürzung: Hz), 1 Schwingung pro Sekunde, benannt.

Herz *s*, zentrales Pumpsystem im Blutkreislauf der Tiere u. der Menschen. Bei niederen Tieren ist es meist ein zusammenziehbarer Schlauch mit Öffnungen an Vorder- u. Hinterende oder auch an den Seiten. Bei den Wirbeltieren findet sich von den Fischen an bis zu den Säugetieren eine fortschreitend ausgeprägtere Unterteilung in Vor- u. Herzkammern, die zu einer völligen Trennung des sauerstoffreichen (arteriellen) Blutes (aus der Lunge) vom sauerstoffarmen (venösen) führt. So besitzen die Fische nur einen Herzvorhof u. eine Herzkammer mit rein venösem Blut, die Lurche zwei Vorhöfe u. eine Herzkammer mit venösem u. arteriellem Blut gemischt (bei den kiementragenden Larven noch rein venös), die Kriechtiere zwei Vorhöfe u. zwei unvollständig voneinander getrennte Herzkammern, daher Blut gemischt. Bei den Vögeln u. Säugetieren besteht das H. aus zwei völlig voneinander getrennten Herzkammern, die eine mit nur venösem, die andere mit nur arteriellem Blut. Damit haben sich auch zwei gesonderte Blutkreisläufe ausgebildet: ein über die Lungen gehender kleiner Lungenkreislauf u. ein großer Körperkreislauf. – Beim Menschen, bei dem das H. die höchste Ausbildung erreicht, ist es ein faustgroßer, über die Herzkranzgefäße mit Blut versorgter Hohlmuskel, der als Saug- u. Druckpumpe den Blutstrom antreibt, wobei vier *Herzklappen* (je eine zwischen Vorhof u. Herzkammer, zwei am Abgang der beiden Blutadern) als Ventile ein Rückfließen verhindern. Das H. des Mannes wiegt etwa 310 g, das der Frau etwa 260 g schwer u. schlägt normalerweise in der Minute 60- bis 70mal.

Herzegowina *w*, das Gebiet der Neretva (215 km langer Zufluß zur Adria) in der jugoslawischen Republik Bosnien u. H. Die H. besteht aus hohen Kalkmassiven, verkarsteten Hochflächen u. den Ebenen der unteren Neretva. – Die Landschaft stand im Laufe der Geschichte unter wechselnder Herrschaft (römisch, byzantinisch, serbisch, bosnisch, türkisch, österreichisch); 1918 wurde die H. ein Teil Jugoslawiens.

Herbstzeitlose

Herkules mit dem Unterwelthund Zerberus

Herzl, Theodor, * Budapest 2. Mai 1860, † Edlach an der Rax (Niederösterreich) 3. Juli 1904, jüdischer österreichischer Schriftsteller. In seinem Buch „Der Judenstaat" (1896) schlug er vor, dem jüdischen Volk eine nationale Heimstätte zu geben. Er wurde damit zum Begründer des ↑ Zionismus.

Herzog *m*, in altgermanischer Zeit ein Heerführer, bis ins hohe Mittelalter Herrscher über ein Stammesgebiet, später allgemein höchster Adelsrang.

Herztransplantation [dt.; lat.] *w*, Übertragung eines lebenden, gesunden Herzens von einem eben gestorbenen Menschen auf einen Kranken, dessen nicht mehr heilbares Herz herausgenommen wird. Eine bisher nicht überwundene Schwierigkeit bei der H. bilden die natürlichen Abwehrreaktionen des Körpers gegen das fremde Organ. Die erste H. wurde von dem südafrikanischen Arzt ↑ Barnard vorgenommen.

Hesperiden [gr.] w, Mz., in der griechischen Mythologie Nymphen, die die goldenen Äpfel im Garten der Götter hüten.

Hesse, Hermann, * Calw 2. Juli 1877, † Montagnola (Schweiz) 9. August 1962, deutscher Erzähler u. Lyriker (seit 1923 schweizerischer Staatsbürger). Sein Werk wird bestimmt von dem Gegensatz Geist–Leben (Natur) u. weist starke Einflüsse durch die indische Philosophie auf. H. schrieb u.a. „Unterm Rad" (1906), „Die Morgenlandfahrt" (1932) u. „Das Glasperlenspiel" (1943).

Hessen, Land der Bundesrepublik Deutschland, mit 5,5 Mill. E; 21 112 km². Die Hauptstadt ist Wiesbaden. Das Kerngebiet ist das Hessische Bergland. H. umfaßt weiter den Taunus (im Südwesten), den rechtsrheinischen nördlichen Teil des Oberrheinischen Tieflandes, den Hauptteil des Odenwaldes (im Süden), kleine Teile des Weserberglandes (im Norden), des Westerwaldes (im Westen) u. des Spessarts (im Südosten). Die ergiebigsten Ackerbaugebiete sind Untermainebene, Wetterau, unteres Lahntal, Schwalmgrund u. Kasseler Becken. Rheingau u. Bergstraße sind wichtige Wein-, Obst- u. Gemüsebaugebiete. An Bodenschätzen hat H. Kalisalzlager, Eisenerze, Erdöl u. -gas, Braunkohle, zahlreiche Tonvorkommen u. Mineralquellen (H. ist das bäderreichste Land der Bundesrepublik Deutschland). Die Untermainebene bis Darmstadt im Süden gehört zu den größten deutschen Industrie-, Handels- u. Verkehrszentren, führend sind chemische, Gummi-, Leder-, elektrotechnische u. Autoindustrie. – H. war im frühen Mittelalter Teil des Herzogtums Franken. 1122 kam es an Thüringen. Nach dem Erlöschen des thüringischen Landgrafenhauses wurde H. selbständige Landgrafschaft (1292). Im 16. Jh. wurde es in Oberhessen (H.-Darmstadt) u. Niederhessen (H.-Kassel) geteilt.

hetero..., Hetero... [gr.], Bestimmungswort mit der Bedeutung „anders, fremd, ungleich, verschieden".

Hethiter, indogermanisches Volk, das im östlichen Kleinasien ein Großreich unter Einbeziehung zahlreicher Kleinfürstentümer errichtete. Hauptstadt war seit dem 16. Jh. v. Chr. Hattusa (heute Boğazkale). Um 1200 v. Chr. zerfiel das Reich.

Heuschnupfen m (Heufieber), im späten Frühjahr zur Zeit der Gräserblüte (seltener auch im Herbst) bei manchen Menschen auftretende Krankheit. Durch eine Entzündung der Nasenschleimhaut u. der Bindehaut der Augen treten Schnupfen, Niesen u. Tränenfluß auf. Hinzu können noch Atemnot, Fieber u. Kopfschmerzen kommen. Ursache dieser Beschwerden ist eine Überempfindlichkeit (Allergie) des Körpers gegen Blütenstaub. H. kann durch Medikamente gelindert werden.

Heuschrecken w, Mz., mit über 10 000 Arten weltweit verbreitete Ordnung etwa 0,2–25 cm langer Insekten. Die *Feldheuschrecken* kommen mit 47 Arten in Deutschland vor. Sie sind Pflanzenfresser; v. a. fressen sie Gräser. Ihre Fühler sind meist nur von halber Körperlänge. Sie zirpen durch Reiben ihrer Hinterbeine (die eine Schrilleiste mit Zähnchen besitzen) an einer verstärkten Ader der Vorderflügel. Die *Laubheuschrecken* zählen in Deutschland 29 Arten. Sie leben meist auf Bäumen oder Sträuchern von zarten Blättern u. kleinen Insekten. Ihre Fühler haben mindestens Körperlänge. Sie zirpen durch Aneinanderreiben der Vorderflügel. Zu den Feldheuschrecken gehören die oft durch Kahlfraß schädlichen *Wanderheuschrecken*, die hauptsächlich in warmen Ländern vorkommen. Die dichten Schwärme können über 100 km lang sein u. 1 000 bis 2 000 km weit wandern.

Heuss, Theodor, * Brackenheim 31. Januar 1884, † Stuttgart 12. Dezember 1963, deutscher Staatsmann u. Publizist. H. war 1924–28 u. 1930–33 Mitglied des Reichstages. Während der Zeit des Nationalsozialismus war er politisch ausgeschaltet, betätigte sich jedoch (trotz Verbots) publizistisch. Nach 1945 war er einer der Gründer der FDP u. ihr erster Bundesvorsitzender. H. war ein maßgeblicher Mitarbeiter am Grundgesetz der Bundesrepublik Deutschland. 1949 wurde er zum Bundespräsidenten gewählt u. blieb bis 1959 im Amt. Er ist Verfasser zahlreicher Schriften, insbesondere zu Fragen der Geschichte und Politik. H. verschaffte Deutschland im Ausland neue Anerkennung.

Hexameter [gr.; = Sechsfuß] m, antiker sechsfüßiger ↑ Vers, dessen letzter Fuß um eine Silbe gekürzt ist. Der H. ist der Grundvers im antiken Epos (Homer, Vergil). Durch Überlieferung im Mittelalter u. im Humanismus wurde der H. dann von der deutschen Dichtung übernommen. Beispiel: „Áls man bei Hófe vernáhm, es kómme Réineke wírklich, / Drängte sich jéder heraús, ihn zu séhen, die Gróßen und Kléinen (Goethe: „Reineke Fuchs"). In Verbindung mit dem ↑ Pentameter wird der H. als ↑ Distichon verwendet.

Hexen w, Mz., nach dem Volksglauben zauberkundige Frauen mit übernatürlichen, schädigenden Kräften. Der Glaube an das Vorhandensein von H., der selbst heute noch zu finden ist, steigerte sich gegen Ende des Mittelalters zum *Hexenwahn*. Man beschuldigte die vermeintlichen H., mit dem Teufel einen Pakt geschlossen zu haben, der Ketzerei zu frönen, Schadenzauber zu verüben usw. Es begannen grausame Hexenverfolgungen (erst im 18. Jh. seltener).

Heyerdahl, Thor, * Larvik 16. Oktober 1914, norwegischer Naturforscher. Er fuhr 1947 auf einem Floß, das nach alten indianischen Vorbildern gebaut u. nach dem indianischen Gott „Kon-Tiki" benannt war, von Peru zu den ostpolynesischen Inseln (Tahiti). Die Reise dauerte 97 Tage. Ihr Sinn war es, die Möglichkeit der Besiedlung der Inseln des Pazifischen Ozeans von Südamerika aus nachzuweisen. 1970 überquerte H. von Marokko aus den Atlantik in einem Papyrusboot.

Hierarchie [gr.] w; **1)** in der katholischen Kirche Bezeichnung für die Gesamtheit der Geistlichkeit u. deren Rangordnung; **2)** Bezeichnung für ein Herrschaftssystem von nach Über- u. Unterordnung gegliederten Rängen.

Hieroglyphen [gr.; = heilige Inschriften] w, Mz., Schriftzeichen, die die Form von Bildern haben, besonders im alten Ägypten üblich. – Abb. S. 258.

Hildebrandslied s, ältestes, nicht ganz erhaltenes Heldenlied der deutschen Literatur in Stabreimen. Aufgezeichnet wurde es Anfang des 9. Jahrhunderts in Fulda. Das H. schildert die tragische Begegnung Hildebrands, des Waffenmeisters Dietrichs von Bern, mit seinem Sohn Hadubrand, der ihn nicht erkennt u. ihm den unvermeidbaren Zweikampf abfordert, in dem der Vater den Sohn erschlägt.

Hildebrandt, Johann Lucas von, * Genua 14. November 1668, † Wien 16. November 1745, neben J. B. Fischer von Erlach der bedeutendste österreichische Baumeister des Barock. Er baute u. a. das Untere u. das Obere Belvedere in Wien (begonnen 1714) u. das Schloß Mirabell in Salzburg (1721 bis 1727); er schuf Pläne für Schloß Pommersfelden u. die Würzburger Residenz.

Hildesheim, niedersächsische Stadt an der Innerste, südöstlich von Hannover, mit 104 000 E. In H. besteht eine pädagogische Hochschule u. eine Fachhochschule. Bemerkenswert ist die Altstadt mit Dom (11. Jh.; 1960 wiederhergestellt) u. a. bedeutenden Kirchenbauten, darunter St. Michael (um 1007 begonnen; 1957 wiederhergestellt) u. St. Godehard (12. Jh.), dem Rathaus (13. bis 15. Jh.) mit dem Rolandsbrunnen u. Fachwerkhäusern. H. hat eine vielseitige Industrie.

Hilfsverb s (Hilfszeitwort), Bezeichnung für ein Verb in der besonderen Funktion, bestimmte Zeitformen in Verbindung mit einem Vollverb zu bilden, z. B. „ich *bin* gegangen, ich *werde* schlafen, ich *wurde* gelobt, ich *habe* gelesen". In der saloppen oder landschaftlichen Umgangssprache wird auch *tun* als Hilfsverb gebraucht, z. B. ich *tu* mir das merken; arbeiten *tut* er gut. Hilfsverben können auch als Vollverben gebraucht werden, z. B. „hier *sind* viel Mücken"; ↑ auch Modalverb.

Himalaja

Himalaja [sanskr.; = Schneewohnung] m, Faltengebirge in Zentralasien, zwischen dem Hochland von Tibet u.

Himbeere

Paul Hindemith

Paul von Beneckendorff und von Hindenburg

Andreas Hofer

Hieroglyphen von einem Königsgrabmal

Himalaja

der nordindischen Tiefebene, 2 500 km lang u. durchschnittlich 200 km breit. Es ist das höchste Gebirge der Erde, mit zahlreichen Achttausendern, u. a. dem Mount ↑Everest.

Himbeere w, Rosengewächs, das besonders an feuchten Waldstellen u. in Lichtungen häufig zu finden ist. Die H. ist ein stacheliger Halbstrauch mit gefiederten, unterseits meist weißfilzigen Blättern u. bringt im 2. Jahr die roten, weißen oder gelben beerenartigen Sammelsteinfrüchte hervor. Man verwendet sie als Obst, für Marmeladen u. Säfte.

Himmel m: **1)** das über dem Horizont liegende scheinbare „Gewölbe". Die Himmelskugel ist nur eine Hilfsgröße der Astronomie. Die blaue Farbe des Himmels entsteht durch die auswählende Streuung des Sonnenlichts an den Luftmolekülen, die den kurzwelligen (blauen) Anteil des Lichtes am stärksten zur Geltung bringt; **2)** in mehreren Religionen die Stätte alles Überirdischen, oft der Wohnsitz Gottes oder der Götter.

Himmelsäquator ↑Äquator.

Hindemith, Paul, *Hanau am Main 16. November 1895, †Frankfurt am Main 28. Dezember 1963, deutscher Komponist. Er gilt als Bahnbrecher der modernen Musik (Abkehr von der Dur- u. Molltonart u. a.) u. schrieb u. a. die Opern „Mathis der Maler" (1934/35) u. „Die Harmonie der Welt" (1956/57), Orchesterwerke, Kammer-, Schulmusik.

Hindenburg, Paul von Beneckendorff u. von, *Posen 2. Oktober 1847, †Neudeck (Westpreußen) 2. August 1934, deutscher Heerführer im 1. Weltkrieg. Deutsche Truppen drängten 1914 nach seinen Plänen die Russen aus Ostpreußen (Schlacht bei Tannenberg). 1925–34 war H. Präsident des Deutschen Reiches, 1933 berief er Hitler zum Kanzler.

Hindernislauf ↑Lauf 1).

Hinduismus ↑Religion (Die großen Religionen).

Hindustan [pers.], Bezeichnung für Indien als Ganzes oder für das Gangesgebiet.

Hinterindien, südöstliche Halbinsel Asiens. Sie wird im Norden von China u. der indischen Provinz Assam begrenzt. In Nord–Süd-Richtung ist sie von Gebirgen durchzogen. Hauptflüsse sind der Irawadi, der Saluen, der Menam u. der Mekong. Es herrscht Monsunklima (Trockenzeit von November bis April, Regenzeit von Mai bis Oktober). Die Bevölkerung besteht aus Negritos, Weddiden, Malaien, Thai u. Chinesen. H. umfaßt die Staaten ↑Birma, ↑Thailand, ↑Laos, ↑Kambodscha, ↑Vietnam, einen Teil von ↑Malaysia u. ↑Singapur.

Hiob, Buch des Alten Testaments: die Geschichte von Hiob, einem frommen u. gerechten Mann, der trotz Unglück u. Leid am Glauben festhält.

Hiobsbotschaft w, Unglücksbotschaft (nach dem biblischen Hiob, über den plötzlich Unglück hereinbricht).

Hippokrates, *auf der Insel Kos um 470, †Larissa um 370 v. Chr., griechischer Arzt. H. ist der Begründer der wissenschaftlichen Heilkunde. An seine verantwortungsbewußte Haltung erinnert der (ihm zugeschriebene) *hippokratische Eid,* noch heute Grundlage des Ärztegelöbnisses (nur dem Patienten zu dienen, ihm keinen Schaden zuzufügen).

Hiroschima, Hafenstadt auf der japanischen Insel Hondo, mit 853 000 E. In H. gibt es eine Universität. Die Stadt ist ein Handelszentrum u. hat bedeutende Industrie (Schiff-, Auto- u. Maschinenbau, chemische u. Textilindustrie). – Durch den amerikanischen Atombombenangriff vom 6. August 1945 wurde H. stark zerstört; es gab über 200 000 Tote u. 100 000 Verwundete. Nach dem Krieg wurde H. als moderne Großstadt wieder aufgebaut.

Hirsche m, Mz., weltweit verbreitete Familie wiederkäuender Paarhufer. H. leben meist in Rudeln, die von weiblichen Alttieren angeführt werden. Die Männchen tragen ein Geweih (beim Ren auch des Weibchen). Viele H. sind begehrte Jagdtiere. Am bekanntesten sind das Reh u. der rotbraune *Edel-* oder *Rothirsch* mit 1,2–1,5 m Schulterhöhe. Sein Geweih, das (selten) 40 Enden erreicht, wirft er im Februar ab. Das neue Geweih ist bis Ende Juli fertig ausgebildet. Er bevorzugt Laubwälder, wo er von Anfang August bis Ende Januar gejagt wird. Er wird bis etwa 20 Jahre alt. Der etwas kleinere *Damhirsch* besitzt ein weißgeflecktes Sommerkleid. Vom 5. Lebensjahr an verbreitern sich die Geweihstangen zu Schaufeln. Seine Lebensdauer beträgt 20–25 Jahre. Er kam durch die Römer aus dem Mittelmeergebiet zu uns. Weitere Vertreter sind u. a. der Elch u. das Ren, in Amerika der Wapiti.

Hirschfänger m, kurze, an der Spitze zweischneidige Seitenwaffe des Jägers. Der Jäger benutzt den H. zum Abstechen von angeschossenem Wild.

Hirschhornsalz s, Ammoniumsalz der Kohlensäure, das beim Backen als Treibmittel verwendet wird, weil es beim Erwärmen in gasförmige Stoffe zerfällt.

Hitler

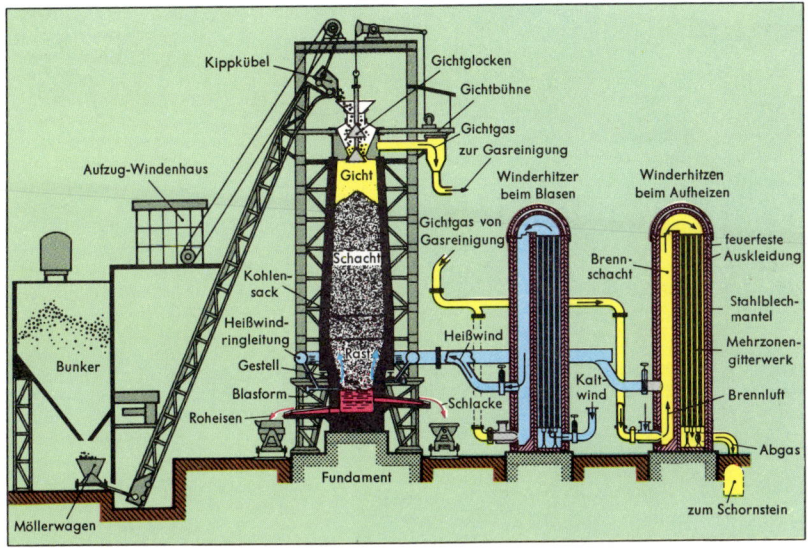

Hochofen. Roheisenerzeugung

Adolf Hitler

Hochsprung. Fosbury-Flop

Hiroschima nach dem Atombombenabwurf

Hirschkäfer m, mit über 1 000 Arten weltweit verbreiteter Blatthornkäfer. Der *Eurasische H.* ist der größte europäische Käfer (bis 8 cm lang). Das Männchen trägt gewaltige geweihförmige Oberkiefer, mit denen es unblutige Kämpfe austrägt. Der H. leckt zuckerhaltige, aus Eichen auslaufende Säfte. Seine Entwicklung von der weißen, im Moderholz lebenden Larve bis zum fertigen Käfer dauert 5–8 Jahre. Als Käfer lebt er nur etwa 4 Wochen. Er fliegt gern an gewitterschwülen Abenden im Juni u. Juli. Der H. steht unter Naturschutz.

Hirse w, Gattung der Süßgräser mit rund 500 Arten. Getreide mit kleinen runden Körnern, die keine Längsfurche haben. Bekannt ist z. B. die *Echte (Deutsche) H.*, die wahrscheinlich aus Ostasien stammt u. seit der Jungsteinzeit in Mitteleuropa angepflanzt wird. Sie trägt etwa 20 cm lange überhängende Rispen. Die Körner werden zu Brot oder brotartigen Fladen, für Suppen u. Brei verwendet sowie als Viehfutter. Heute v. a. in Asien angebaut.

Hirtenbrief m, Schreiben eines Bischofs oder einer Kirchenleitung an die Gläubigen. Religiöse u. kirchliche Fragen stehen neben der Erörterung aktueller Zeitprobleme.

Hispaniola (Haiti), zweitgrößte Insel der Großen Antillen. Sie ist von Gebirgsketten durchzogen. 1492 wurde die Insel von Kolumbus entdeckt, der sie H. (= Klein-Spanien) nannte; der Name Haiti (=Gebirgsland) ist indianischen Ursprungs. H. gehörte zum spanischen Kolonialreich, 1697 bis 1804 war der westliche Teil der Insel in französischem Besitz. Nach jahrelangen Machtkämpfen entstand 1844 die ↑Dominikanische Republik u. 1860 endgültig die Republik ↑Haiti.

Historie [lat.] w, Geschichte als Geschehen (nicht als Wissenschaft).

Hit [engl.] m, Spitzenschlager (bes. erfolgreiches Musikstück). Eine *Hitparade* ist eine Zusammenstellung der jeweils beliebtesten Schlager.

Hitchcock, Alfred [*hitschkok*], * 1899, britischer Filmregisseur, ↑Film.

Hitler, Adolf, * Braunau am Inn 20. April 1889, † Berlin 30. April 1945, nationalsozialistischer Politiker u. Diktator. Er baute nach dem 1. Weltkrieg die NSDAP auf, durch die er zu politischer Macht gelangte. Er wurde 1933 Reichskanzler des Deutschen Reiches u. nach Hindenburgs Tod auch Reichspräsident. Als „Führer" war er Mittel-

Hitlerjugend

punkt u. treibende Kraft des ↑Nationalsozialismus. Er verursachte den 2. ↑Weltkrieg u. beendete bei der deutschen Niederlage sein Leben durch Selbstmord.

Hitlerjugend w (Abkürzung: HJ), nationalsozialistische Jugendorganisation, die 1926 unter anderem Namen gegründet u., nach Ausschaltung der anderen ↑Jugendverbände, 1936 als Staatsjugend unter der Leitung eines „Reichsjugendführers" die einzige zugelassene Jugendorganisation wurde. Die NSDAP unterwarf damit alle Jugendlichen von 10 bis 18 Jahren ihrem Einfluß.

Hoangho ↑Hwangho.

Hobby [engl.] s (Steckenpferd), Lieblingsbeschäftigung außerhalb des Berufes oder der täglichen Pflichten, z. B. Briefmarkensammeln oder Basteln.

Hobel m, ein Werkzeug, mit dem die Oberfläche von Holz oder Metall geglättet wird; auch in Form von Hobelmaschinen gebräuchlich.

Hoch s (Hochdruckgebiet), Gebiet hohen Luftdrucks mit absinkender Luftbewegung. In den unteren Schichten fließt Luft aus dem Hoch, zum Ausgleich fließt Luft aus höheren Schichten nach, wobei sich Wolken auflösen, was zu heiterem u. trockenem Wetter führt. Die Absinkbewegungen können auch in einiger Höhe enden, wo sich eine Sperrschicht bildet, über der wärmere Luft als darunter liegt. An dieser Grenzfläche können sich Verunreinigungen sammeln, so daß eine Dunstschicht entsteht, wobei es v. a. im Winter zu Nebelbildungen kommt.

Hochbau m, derjenige Zweig des Bauwesens, der sich mit der Errichtung von Bauten über der Erdoberfläche befaßt (z. B. Häuser, Fabrikhallen, Türme). Gegensatz: ↑Tiefbau.

Hochblätter, s, Mz., Umbildungs- u. Hemmungsformen von Laubblättern höherer Pflanzen im oberen Sproßbereich. Ausbildungsformen sind u. a. Blütenscheiden (z. B. beim Aronstab) u. blütenblattähnliche Organe (z. B. beim Weihnachtsstern).

Hochfrequenz w, Abkürzung: HF, elektromagnetische Schwingungen mit Frequenzen zwischen 10 kHz (10 000 Schwingungen pro Sekunde) u. 30 GHz (3 000 000 000 Schwingungen pro Sekunde). Hochfrequente Schwingungen werden insbesondere in der Nachrichtentechnik verwendet.

Ho Chi Minh [...tschi...], * Kim Liên 19. Mai 1890, † Hanoi 3. September 1969, vietnamesischer kommunistischer Politiker. Im 2. Weltkrieg führte er gegen die Japaner den Kampf für die Unabhängigkeit Indochinas. Danach errichtete er die Republik Vietnam, deren Staatschef er wurde. Die zurückkehrende französische Kolonialmacht bekämpfte er mit seiner Be-freiungsorganisation (Vietminh) erfolgreich. Seit der Teilung des Landes (1954) war er Staatspräsident Nord-Vietnams u. Chef der kommunistischen Partei. Einer der bekanntesten Führer des Kommunismus.

Hochkultur w, Bezeichnung für Kulturen verschiedener historischer Epochen, die über eine staatliche Organisation, eine gesellschaftliche Schichtung, ein entwickeltes Handwerk (und darauf aufbauend, über Wirtschaft u. Kunst) verfügen u. meist bereits eine Schrift entwickelt haben. Man wendet die Bezeichnung u. a. an auf Kulturen des Altertums (z. B. Ägypten) u. indianische Kulturen (z. B. Maya).

Hochmoor ↑Moor.

Hochofen m, großer, schachtförmiger Ofen zur Gewinnung von Roheisen u. Eisenlegierungen aus Eisenerzen. Der H. wird über die *Gicht* schichtweise mit Koks u. *Möller* (Erze u. bestimmte Zusätze, z. B. Kalkstein) gefüllt. Aus den *Winderhitzern* wird erhitzte Luft zugeführt, so daß der Koks verbrennen kann. Das dabei entstehende Kohlenmonoxid „reduziert" die Erze, indem es ihnen den chemisch gebundenen Sauerstoff entzieht und sich dabei mit ihm zu Kohlendioxid verbindet; aus diesem Reduktionsprozeß entsteht allmählich metallisches Eisen, das aus dem H. entnommen („abgestochen") wird. Nebenprodukte des Hochofenprozesses sind *Schlacke* (dient z. B. als Baumaterial) und *Gichtgas* (beheizt z. B. die Winderhitzer). – Abb. S. 259.

Hochschulen w, Mz., wissenschaftliche Stätten für Studium, Lehre u. Forschung. Zum Hochschulbereich zählen heute ↑Universitäten, ↑Gesamthochschulen, technische, medizinische, pädagogische, Kunst- (Akademien), Musik- u. Sporthochschulen sowie ↑Fachhochschulen. H. gehören neben anderen besonderen Berufsausbildungsstätten zum ↑Tertiärbereich im ↑Bildungswesen. Voraussetzung zur Zulassung zum Studium an einer Hochschule ist im allgemeinen ein erfolgreicher Abschluß im ↑Sekundarbereich (↑Abitur, Fachhochschulreife, besondere Zulassungsprüfungen). Lehrbetrieb u. Studium bestehen im wesentlichen aus Vorlesungen (Vorträge eines Hochschullehrers über ein bestimmtes Fach- und Themengebiet), Seminaren oder Übungen (in denen die Studenten unter Anleitung selbständig lernen und arbeiten), Kolloquien (Lehrdiskussionen für fortgeschrittene Studenten) u. der praktischen Ausbildung in Instituten, Werkstätten, Laboratorien, Kliniken u. ä. Das Studium wird nach einer Mindestanzahl von Semestern (meist in der Regel schriftlicher Hausarbeit, Klausurarbeiten u. mündlichen Prüfungen durch ein Staatsexamen (Lehrer, Juristen u. a.) oder durch Hochschulprüfungen mit akademischen Graden (Graduierung, Magister, Diplom, Doktor) abgeschlossen. Mitglieder einer Hochschule sind die an ihr hauptberuflich Tätigen u. die eingeschriebenen Studenten. Die Organisation der Hochschule folgt den traditionell überkommenen Grundsätzen der akademischen Selbstverwaltung mit einem ↑Rektor (Präsidenten) oder einem Leitungsgremium (z. B. Rektorat) als oberster Leitung und zentralen Kollegialorganen (↑Senat, Universitätsparlament, Konvent u. a.) zur Beschlußfassung über Grundordnung u. Grundsatzangelegenheiten der Hochschule u. zur Wahl der Hochschulleitung. Die H. sind in Fakultäten, Abteilungen oder Fachbereiche als organisatorische Grundeinheiten gegliedert. Zum Personal gehören nach dem ↑Hochschulrahmengesetz Professoren, Hochschulassistenten, wissenschaftliche u. künstlerische Mitarbeiter u. andere Lehrkräfte, weiterhin Lehrbeauftragte u. Tutoren. Besonders in den letzten fünfzehn Jahren wurde der Hochschulbereich durch Ausbau und Neugründungen stark ausgeweitet; trotzdem ist die ↑Zulassung in vielen Studiengängen (besonders Medizin, Naturwissenschaften) durch ↑Numerus clausus eingeschränkt. An den H. in der Bundesrepublik Deutschland u. Berlin (West) waren im Winter 1977/78 fast 920 000 Studierende eingeschrieben. Wesentliche Zukunftsaufgaben der H. liegen in ihrer Öffnung für alle Studierwilligen, der inhaltlichen Studienreform u. dem Ausbau von Möglichkeiten zu ↑Weiterbildung durch Aufbau-, Kontakt- und Ergänzungsstudien.

Hochschulrahmengesetz s, am 27. 1. 1976 in Kraft getretenes Bundesgesetz, das für alle staatlichen u. staatlich anerkannten ↑Hochschulen Rahmenregelungen über ihre Aufgaben in Studium, Lehre u. Forschung, über die ↑Zulassung zum Studium, über die Mitgliedschaft u. die Mitwirkungsrechte der einzelnen Gruppen, über Organisation, Verwaltung und Planung setzt. An das H. sind Landesgesetze anzupassen oder entsprechend zu verabschieden. Wegen der mit verbundenen schwerwiegenden Veränderungen im Hochschulbereich (Ordnungsrecht, Regelstudienzeit, verfaßte Studentenschaft, Zulassungsverfahren) ist es bis heute umstritten. Es wurde noch längst nicht überall umgesetzt, u. von zahlreichen Gruppen wird eine baldige Neufassung gefordert.

Hochspannung w, elektrische Spannungen von mehr als 1 000 Volt. Eine Berührung von H. führenden Leitungen ist lebensgefährlich.

Hochsprache ↑Standardsprache.

Hochsprung m, leichtathletische Sprungübung, bei der eine in der Höhe verstellbare Sprunglatte überquert werden muß. Um dies zu erreichen, werden verschiedene Sprungstile angewendet. Beim *Scherprung* machen die Beine bei der Überquerung der Latte die Bewegung einer Schere. Beim *Rollsprung* wird mit dem der Latte zugewendeten Bein abgesprungen, der Körper erfährt eine Drehung, er wird „gerollt". Von Spitzenspringern werden heute meist der *Straddle* [ßträd*e*l] (auch *Wälzsprung* oder *Wälzer* genannt), eine Weiterentwicklung des Rollsprungs, oder der *Fosbury-Flop* [foßb*e*ri] bevorzugt. Beim Fosbury-Flop läuft der Springer von vorn auf die Sprunglatte zu, dreht sich während des Absprungs u. überquert, den Kopf voraus, die Latte, der er bei der Überquerung den Rücken zuwendet. – Abb. S. 259.

Hochstapler *m*, ein Betrüger, der unter falschem, oft adligem Namen und/oder falschem Titel als Angehöriger der Oberklasse auftritt u. gewinnreiche Betrügereien verübt.

Hockergrab *s*, Grabstätte, in der ein Toter, meist auf der Seite liegend, in Hockstellung beigesetzt worden ist. Diese Bestattungsart findet sich bei vielen Naturvölkern; in Mitteleuropa war sie v. a. in der jüngeren Steinzeit u. in der frühen Bronzezeit gebräuchlich.

Höckerschwan ↑Schwäne.

Hockey [hoki; engl.] *s*, von 2 Mannschaften zu je 11 Spielern auf Rasen gespieltes Ballspiel. Das Spielfeld ist 91,40 m lang u. zwischen 50 u. 55 m breit. Gespielt werden 2 Halbzeiten zu je 35 Minuten. Ziel des Spiels ist es, einen Ball aus Leder oder Plastik (Umfang 22,4–23,5 cm, Gewicht 156–163 g) mit der flachen Seite der abgebogenen Keule des Hockeystocks in das gegnerische Tor (3,66 m breit, 2,14 m hoch) zu schlagen. Ein Tor ist nur dann gültig, wenn der Schuß innerhalb des 14,63 m von der Torlinie entfernten Schußkreises abgegeben wurde. H. wird von Männern u. Frauen gespielt.

Hoden ↑Geschlechtskunde.

Hodler, Ferdinand, * Bern 14. März 1853, † Genf 19. Mai 1918, schweizerischer Maler. Er malte u. a. Historienbilder u. schweizerische Landschaften, oft als monumentale Wandgemälde. Kennzeichnend für ihn sind die scharfen Umrisse u. die klare Komposition.

Hödr (Hödur), germanischer Gott, blinder Sohn Wodans u. Bruder Baldrs, den er mit einem Mistelzweig, den Loki ihm als Pfeil reicht, unbeabsichtigt tötet.

Hofburg *w*, ehemaliges kaiserliches Schloß in Wien. Die einzelnen Teile dieses großen Gebäudekomplexes sind in der Zeit vom 13. bis ins frühe 20. Jh. entstanden.

Hofer, Andreas, * St. Leonhard in Passeier 22. November 1767, † Mantua 20. Februar 1810, Tiroler Freiheitsheld. Er war einer der Anführer des Tiroler Volksaufstands 1809 gegen Napoleon I. Nach siegreichen Kämpfen wurde er verraten, gefangengenommen u. standrechtlich erschossen. – Abb. S. 258.

Hoffmann, Ernst Theodor Amadeus, * Königsberg (Pr) 24. Januar 1776, † Berlin 25. Juni 1822, deutscher Dichter der Romantik. In seinen phantasiereichen Novellen, Erzählungen und Märchen verbindet er oft eine normale Alltagswelt mit einer spukhaften Geisterwelt. Auch als Komponist, Maler u. Zeichner war H. erfolgreich. Seine bekanntesten Werke sind „Die Elixiere des Teufels" (1815/16) u. „Lebensansichten des Katers Murr ..." (1820/21).

Hoffmann [**von Fallersleben**], August Heinrich, * Fallersleben bei Braunschweig 2. April 1798, † Schloß Corvey (Westfalen) 19. Januar 1874, deutscher Dichter. Er schrieb vaterländische Gedichte, u. a. „Deutschland, Deutschland über alles", u. heitere, sangbare Lieder, von denen besonders die Kinderlieder bekannt sind (z. B. „Alle Vögel sind schon da" u. „Ein Männlein steht im Walde").

Hofmannsthal, Hugo von, * Wien 1. Februar 1874, † Rodaun (heute zu Wien) 15. Juli 1929, österreichischer Dichter. Er wurde schon als Jugendlicher bekannt durch formvollendete, stimmungsreiche Dichtungen. Später erneuerte er das geistliche Spiel des Mittelalters („Jedermann", 1911) u. das barocke Drama („Das Salzburger große

Welttheater", 1922); er bearbeitete antike Stoffe (u. a. „Elektra", 1904) u. verfaßte Lustspiele (u. a. „Der Schwierige", 1921). Für R. Strauss schrieb er Operntexte (u. a. „Der Rosenkavalier", 1911).

Hoheitsgewässer ↑Küstenmeer.

Hoheitsrechte *s*, *Mz.*, die Rechte des Staates, z. B. Gesetzgebung, Polizeigewalt, Wehrhoheit, Ausübung der Gerichtsbarkeit. Die H. machen in ihrer Gesamtheit die Staatsgewalt aus.

Hoheitszeichen *s*, *Mz.*, Zeichen, die die Staatshoheit symbolisieren, z. B. Flaggen, Wappen, Siegel, Grenzzeichen.

Hohenstaufen *m*, Berg vor dem Steilrand der Schwäbischen Alb, 684 m hoch. Auf dem H. stand etwa von 1080 bis 1525 die Stammburg der ↑Staufer (heute nur noch geringe Reste).

Hohenzollern *m*, *Mz.*, deutsches Fürstengeschlecht. Es wird als schwäbisches Grafengeschlecht zuerst im 11. Jh. erwähnt (unter dem Namen Zollern). Seit 1191 waren die H. Burggrafen von Nürnberg. Um 1214 teilte sich das Geschlecht in eine fränkische u. eine schwäbische Linie. – Die H. der *fränkischen Linie* wurden Reichsfürsten (seit 1417). 1701 erlangten sie für ↑Preußen die Königskrone (unter Friedrich III., der als König Friedrich I. hieß). Der bedeutendste der H. war Friedrich II. Von 1871 bis 1918 waren die H. deutsche Kaiser. – Die *schwäbische Linie* teilte sich 1575 in die Zweige H.-Hechingen (erloschen 1869) u. H.-Sigmaringen. – H. ist auch der Name eines 855 m hohen Berges vor dem Steilrand der Schwäbischen Alb; er trägt die Stammburg der Hohenzollern.

Höhle *w*, große Hohlform im Gestein. Man unterscheidet *primäre Höhlen*, die zugleich mit der Gesteinsbildung entstanden sind (z. B. Lavahöhlen), u. *sekundäre Höhlen*, die durch Aushöhlung des Gesteins (z. B. durch Brandung) entstanden. Am größten sind die Karsthöhlen (↑Karst), die z. T. ganze Höhlensysteme bilden (häufig als Tropfsteinhöhlen). Zu den größten Höhlen der Erde zählt die Gouffre Berger bei Grenoble (Frankreich) mit einer Tiefe von 1 141 m; die größten Höhlen Deutschlands sind die Heimkehle bei Uftrungen im Südharz (1 700 m Länge), die Teufelshöhle bei Pottenstein in der Fränkischen Schweiz (1 500 m Länge) u. die Barbarossahöhle am Kyffhäuser (1 300 m Länge).

Höhlenbär *m*, ein sehr großer, während der letzten Eiszeit ausgestorbener Bär, der nach Knochenfunden zeitweise in Höhlen oder in deren Nähe gelebt haben muß.

Hohlmaße *s*, *Mz.* (Raummaße), Maßeinheiten für den Rauminhalt von Körpern. Die gebräuchlichsten sind: 1 Kubikmeter (m^3) = 1 000 Kubikdezimeter (dm^3), 1 dm^3 = 1 000 Kubikzentimeter (cm^3), 1 cm^3 = 1 000 Kubikmillimeter (mm^3). Für Flüssigkeiten werden folgende Hohlmaße verwendet: 1 Liter (l) = 1 dm^3, 1 Milliliter (ml) = 1 cm^3, 1 Hektoliter (hl) = 100 l.

Hohlspiegel *m* (Konkavspiegel, Sammelspiegel), kugelförmig ge-

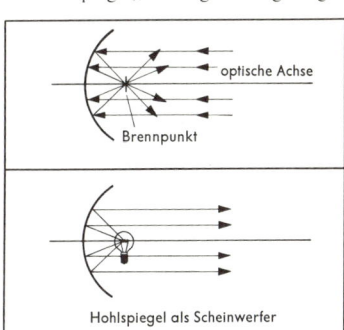

Hohlspiegel als Scheinwerfer

Hohltiere

krümmter, an der Innenseite verspiegelter Körper. Läßt man parallel zur optischen Achse verlaufende Lichtstrahlen auf den H. fallen, dann werden sie so zurückgeworfen (reflektiert), daß sie sich in einem Punkt, dem Brennpunkt, schneiden. Umgekehrt werden Lichtstrahlen, die vom Brennpunkt ausgehen, nach der Reflexion zu Parallelstrahlen. Die Entfernung von der Spiegelfläche zum Brennpunkt heißt Brennweite. Sie ist von der Stärke der Krümmung abhängig. H. werden u. a. als Scheinwerfer (Taschenlampe, Autoscheinwerfer) benutzt. Die Lichtquelle befindet sich dabei im Brennpunkt. In astronomischen Fernrohren werden H. benutzt, um das von den Sternen kommende Licht in einem Punkt zu sammeln (Spiegelteleskop).

Hohltiere s, *Mz.*, Unterabteilung des Tierreichs mit über 9 000 im Wasser lebenden, sehr einfach gebauten, urtümlichen Arten. Ihre Körperwand besteht nur aus zwei Zellschichten mit einer dünnen Membran oder dicken Gallertschicht dazwischen. Ihr Inneres wird von einem einzigen Hohlraum gebildet, der oft in Nischen geteilt ist u. nur eine Öffnung nach außen besitzt, den Mund. Zu den Hohltieren gehören die Nesseltiere u. Rippenquallen.

Holbein: 1) Hans, der Ältere, * Augsburg um 1465, † Basel (?) 1524, deutscher Zeichner u. Maler an der Wende der Spätgotik zur Renaissance; **2)** Hans, der Jüngere, * Augsburg im Winter 1497/98, begraben London 29. November 1543, Sohn von 1), deutscher Maler u. Zeichner der Renaissance. Bedeutend sind vor allem seine Bildnisse, aber auch seine Zeichnungen für Holz- u. Metallschnitte (z. B. Bibelillustrationen). Seit 1536 war er Hofmaler König Heinrichs VIII. von England.

Hölderlin, Friedrich, * Lauffen am Neckar 20. März 1770, † Tübingen 7. Juni 1843, deutscher Dichter. Er sehnte sich nach einer Harmonie zwischen Mensch u. Natur, wie er sie in einem idealisierten Bild des alten Griechenland erblickte u. für die Zukunft wieder erhoffte. Seine feierlich-ernsten, manchmal schwermütigen Gedichte in altgriechischen Vers- u. Strophenformen sind von großer sprachlicher Schönheit; er schrieb den Roman „Hyperion ..." (1797–99) u. das (unvollendete) Drama „Der Tod des Empedokles" (3 Fassungen, 1798–1800, erschienen 1826). Seit seinem 32. Lebensjahr lebte H. in geistiger Umnachtung.

Holdinggesellschaft [ho"lding; engl.; dt.] *w,* zur Leitung eines Konzerns gegründete Gesellschaft, die selbst weder mit der Produktion noch mit dem Verkauf zu tun hat.

Holland ↑ Niederlande.

Hölle *w,* nach christlicher Auffassung eine Wirklichkeit, in der der Mensch nach Gottes Gericht die Verdammnis erleidet.

Höllenstein *m,* Silbersalz der ↑ Salpetersäure, AgNO$_3$. Der H. trägt seinen Namen deshalb, weil er in der Medizin oder auch beim Rasieren zum Desinfizieren kleiner Wunden verwendet wird u. dabei ein brennendes Gefühl erzeugt. Die Verbindung ist von technischer Bedeutung beim Versilbern von Metall- u. Glasgegenständen aller Art.

Hollerith-Lochkartenverfahren [nach dem Erfinder H. Hollerith, 1860–1929] *s,* Verfahren der Informationsverarbeitung, bei dem gelochte Karten als Informationsträger durch Abtastfedern entsprechend der Lochung sortiert werden (Geschwindigkeit bis 100 000 Karten pro Stunde).

Hollywood [ho̱liwud], nordwestlicher Stadtteil von ↑ Los Angeles, Zentrum der amerikanischen Filmindustrie.

Holmenkollen, bewaldeter Höhenzug im Norden von Oslo, 371 m hoch; bedeutendes norwegisches Wintersportgebiet, in dem seit 1883 Skiwettbewerbe stattfinden. Am H. befindet sich die älteste Sprungschanze der Welt.

Holozän [lat.] *s,* die jüngste Abteilung der Erdgeschichte, die ältere Bezeichnung ist *Alluvium.* Im H. schmolzen die eiszeitlichen Gletscher ab, damit stieg der Meeresspiegel an, es entstand z. B. die heutige Ostsee. Die Pflanzen- u. Tierwelt entsprach im wesentlichen der gegenwärtigen.

Holstein ↑ Schleswig-Holstein.

Holunder (Schwarzer H.) *m,* Geißblattgewächs in Eurasien. Der bis 6 m hohe Strauch oder Baum steht meist in der Nähe menschlicher Ansiedlungen. Er hat eine tief gefurchte Rinde, die Zweige enthalten weißes Mark. Die weißlichen, stark duftenden Blüten stehen in breiten, flachen Doldenrispen. Die daraus hervorgehenden Steinfrüchte („Holunderbeeren") sind zuerst rot, dann schwarz. Sie enthalten Vitamin C u. sind eßbar.

Holz *s,* Naturstoff aus dem Pflanzenreich. In den Stämmen vieler mehrjähriger Pflanzen, v. a. der Bäume, wird Jahr für Jahr von einem Zellbildungsgewebe (Kambium) Holz u. Bast gebildet. Der Stamm wächst in die Dicke. Am Querschnitt ist zu sehen, daß sich der Holzteil aus konzentrischen Ringen, den Jahresringen, zusammensetzt. Jeder einzelne Ring beginnt innen mit großen, dünnwandigen Zellen. Diese werden im Frühjahr während eines gesteigerten Wachstums gebildet (Früh[jahrs]holz). Dann werden die Zellen des Jahresrings kleiner, die Holzstruktur dichter. Es

Hans Holbein der Ältere, Darbringung im Tempel

Holzschnitt. „Apokalyptische Reiter" von A. Dürer

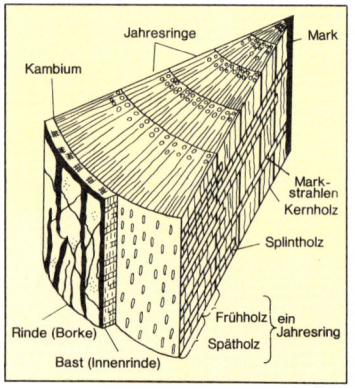

Holz. Stammquerschnitt

Homer

Honigbiene. a Arbeiterin, b Königin, c Drohne

folgt das Sommer- u. Herbstholz (Spätholz), bis die Winterruhe einsetzt u. das Wachstum für einige Zeit ruht. – Die im Holzteil eines Stammes verlaufenden Gefäße dienen der Wasserleitung. Durch Einlagerung von Holzstoffen (Lignin) in die Zellwände verholzen die Zellen im Alter immer mehr, wodurch das Gewebe eine größere Festigkeit erhält. Während das jüngere *Splintholz* noch aus lebenden Zellen besteht, wird das Zentrum des Stammes meist von totem, stark verholztem u. gerbstoffreichem, dunklerem *Kernholz* eingenommen (wenn man vom kleinen zentralen Marktell absieht).

Holzkohle w, feinporige, leicht pulverisierbare Form der Kohle mit sehr großer Oberfläche. H. entsteht, wenn Holz unter Luftabschluß erwärmt u. zum Glimmen gebracht wird. Während die in der Medizin als Desinfektionsmittel u. in der Chemie als Absorptionsmittel gebrauchte H. heute industriell hergestellt wird, gab es früher den Köhler, der im Wald große Holzstöße aufschichtete, sie mit einer Erdschicht bedeckte u. mit Hilfe ganz geringer Luftzufuhr zu H. verglimmen ließ. Diese Holzstöße nannte man Meiler.

Holzschnitt m, eine der ältesten graphischen Künste. Die Druckform (Stock genannt) ist meist aus Birnbaumholz. Der Formschneider (Reißer) arbeitet die Linien der seitenverkehrt aufgepausten oder aufgeklebten Zeichnung (es kann auch unmittelbar auf das Holzbrett gezeichnet werden) als erhöhte Stege quer zur Faserrichtung heraus. Die stehengebliebenen Flächen u. Stege werden mit Druckfarbe eingewalzt, die unter der Presse auf saugendes Papier abgezogen wird. Diese Technik ist seit dem 14. Jh. in Übung. Anfangs waren Zeichner u. Formschneider dieselbe Person, später wurde meistens die vom Künstler für einen H. entworfene Zeichnung von einem Formschneider ausgeführt, damit waren künstlerische u. handwerkliche Arbeit getrennt. Die früheren Holzschnitte haben nur einfache Umrißzeichnungen. Im Verlauf der Entwicklung wurde die Technik immer mehr verfeinert, mit Innenzeichnung u. Schattierung. Die erste große Blütezeit des Holzschnitts war von 1490 bis etwa 1550, v. a. mit A. Dürer. Die zweite Blütezeit setzte im 19. Jh. ein u. hat insbesondere im 20. Jh. hervorragende Vertreter hervorgebracht, u. a. Munch, Barlach, Heckel, Kirchner, Beckmann, Grieshaber.

Homer, griechischer Dichter (Epiker) der 2. Hälfte des 8. Jahrhunderts v. Chr. Ihm werden die ↑Ilias u. die ↑Odyssee zugeschrieben, die ersten u. zugleich bedeutendsten altgriechischen Heldenlieder.

homogen [gr.], aus Gleichartigem zusammengesetzt, einheitlich.

Homöopathie [gr.] w, von dem deutschen Arzt S. F. Hahnemann (1755–1843) begründetes Heilverfahren, nach dem den Kranken solche Mittel in hoher Verdünnung gegeben werden, die in größerer Menge bei Gesunden ähnliche Erscheinungen hervorrufen wie die Krankheiten, gegen die sie angewendet werden.

Homosexualität [gr.; lat.] w, sexueller Trieb, der auf das gleiche Geschlecht gerichtet ist.

Hondo, größte Insel Japans, 230 766 km². Auf H. liegt Tokio.

Honduras, Republik in Zentralamerika, mit 2,8 Mill. E (über 70 % Mestizen, dazu Indianer, Neger u. Weiße); 120 088 km². Die Hauptstadt ist *Tegucigalpa* (271 000 E). H. ist nur im Westen u. Süden dichter besiedelt u. intensiver ausgenutzt. Im feuchtheißen Küstentiefland am Karibischen Meer breiten sich riesige Bananenplantagen aus. Bananen sind das Hauptexportgut. Ausgeführt werden außerdem Kaffee, Holz, Vieh u. Fleisch. Die reichen Bodenschätze (Blei, Zink, Antimon, Silber, Gold) sind kaum erschlossen. Der Haupthafen ist Puerto Cortés am Golf von Honduras. – H. wurde 1502 von Kolumbus entdeckt, 1524 von Spanien erobert. Bis 1821 war es ein Teil des spanischen Generalkapitanats Guatemala, dann von Spanien unabhängig. 1823 wurde H. Mitglied der Zentralamerikanischen Konföderation, 1838 selbständige Republik. H. ist Gründungsmitglied der UN.

Honegger, Arthur, * Le Havre 10. März 1892, † Paris 27. November 1955, französisch-schweizerischer Komponist. Er ist ein führender Vertreter der zeitgenössischen Musik u. schrieb zahlreiche Chor- u. Bühnenwerke (u. a. „Johanna auf dem Scheiterhaufen", Text von P. Claudel, 1938), Kantaten, sinfonische Sätze („Pacific 231"), Konzerte, Kammermusik u. a.

Hongkong, britische Kronkolonie an der südchinesischen Küste, mit 947 km² u. 4,5 Mill. E (hauptsächlich Chinesen). Die Kolonie umfaßt die Insel H. (75 km²) mit der Hauptstadt *Victoria*, die Halbinsel Kaulun (9 km²) sowie das an die Halbinsel anschließende Gebiet der New Territories u. zahlreiche meist unbewohnte Nebeninseln. H. hat 2 Universitäten. Führender Wirtschaftszweig ist die Textil- u. Bekleidungsindustrie, außerdem hat H. Werften, Elektronik-, optische u. chemische Industrie. Durch die Flüchtlinge vom chinesischen Festland wuchs die Bevölkerung nach 1900 rasch an – Die Insel H. ist seit 1842 britisch, Kaulun seit 1860, die restlichen Gebiete seit 1898.

Honig m, klebrig-flüssige süße Masse, die die Honigbienen in ihrem Honigmagen aus Nektar bilden. H. wird von den Bienen in Honigwaben gelagert, wo er heranreift u. ihnen als Wintervorrat dient. Er besteht zu etwa 70–80 % aus einem Zuckergemisch, zu etwa 20 % aus Wasser u. aus kleinen Mengen organischer Säuren, Eiweißen (v. a. Enzyme) sowie Spuren von Mineralstoffen u. Vitaminen. Je nach Herkunft unterscheidet man den hellen Blütenhonig (z. B. Akazien- u. Heidehonig) u. den dunkleren Blatthonig (z. B. Tannen- u. Fichtenhonig). Meist gewinnt man ihn durch Schleudern der Waben. – H. wird seit dem Altertum in der Volksheilkunde verwendet. Bis ins 16. Jh. war H. das einzige Mittel, um Speisen zu süßen.

Honigbiene

Honigbiene w, die H. wird in Bienenkörben oder -stöcken (Beuten) gehalten. Die wilde H. hat ihr Nest meist in hohlen Bäumen. Ein Bienenvolk besteht aus bis zu 70 000 Bienen. Es sind dies hauptsächlich Weibchen mit verkümmerten Geschlechtsorganen, die sogenannten *Arbeitsbienen*. Gleich nach dem Schlüpfen bis zum 3. Tag danach sind diese damit beschäftigt, die Brutzellen für die Eiablage zu reinigen (*Putzbienen*). Von ihrem 3. bis 5. Lebenstag füttern sie ältere Maden mit Pollen u. Honig aus Vorräten des Stocks (*Ammenbienen*). Bis zum 12. Lebenstag, solange die stark angeschwollenen Speicheldrüsen den Nährspeichel (Futtersaft) bilden, füttern sie damit als Ammenbienen die frisch aus dem Ei geschlüpften Larven. Vom 12. bis 18. Lebenstag, wenn die Wachsdrüsen voll entwickelt sind, bauen sie als *Baubienen* Waben. Als *Wehrbienen* halten sie vom 19. bis 22. Tag Wache am Flugloch. Von da an bis zu ihrem Tod nach 4–5 Wochen Lebenszeit (den Winter über bleiben sie mehrere Monate am Leben) fliegen sie als *Sammelbienen* (*Trachtbienen*) aus, um von den Blüten entweder Nektar oder eiweißreiche Pollen einzuholen. Der Nektar wird in einem Vormagen, dem Honigmagen, transportiert. Für die Aufnahme des Blütenstaubs besitzen die Arbeiterinnen sogenannte „Körbchen", die, wenn sie mit Pollen gefüllt sind, als gelbe „Höschen" zu erkennen sind. Die *Königin (Weisel)*, die 3–5 Jahre alt wird, ist das einzige voll fruchtbare Weibchen. Seine ausschließliche Tätigkeit ist das Eierlegen (in 24 Stunden bis etwa 3 000 Eier). Die Königin wird nur einmal, u. zwar wenige Tage nach dem Schlüpfen, auf einem kurzen Hochzeitsflug in der Luft begattet. Sie entwickelt sich aus einem befruchteten Ei wie auch die Arbeitsbienen, wird aber als Larve im Gegensatz zu den Larven der Arbeiterinnen bis zum Schlüpfen nur mit Futtersaft ernährt. – Aus unbefruchtet abgelegten Eiern entstehen *Drohnen*. Dies sind die (stachellosen) Männchen, von denen einige Hundert vom Früh- bis Spätsommer im Stock leben u. dann allmählich von den Arbeiterinnen vertrieben oder getötet werden (Drohnenschlacht). Ihr einziger Daseinszweck ist die Begattung der jungen Königinnen. – Die Honigbienen schwärmen hauptsächlich im Frühsommer, wenn sich das Volk sehr stark vermehrt hat. In einer Wolke von Arbeiterinnen verläßt die alte Königin den Stock. Nach einem kurzen Zwischenaufenthalt, z. B. an einem Baumast, an dem sich eine dichte „Schwarmtraube" bildet, u. nachdem „Spürbienen" als Kundschafter einen geeigneten Unterschlupf gefunden haben, bezieht der Schwarm den neuen Nestplatz. Im alten Stock schlüpft in der Zwischenzeit die neue Königin u. übernimmt nach der Begattung die Aufgabe der alten. – Sticht eine H. den Menschen, so bleibt der Giftstachel in der Haut stecken, da er kleine Widerhaken hat. Er reißt samt der Hinterleibspitze ab, das Tier geht zugrunde. Die Drohnen besitzen keinen Stechapparat. – Zur Verständigung untereinander haben die Bienen eine eigene Bienensprache entwickelt: Durch *Rundtänze* auf den Waben teilen heimkehrende Sammelbienen mit, daß sie in der Nähe eine üppige Futterquelle entdeckt haben. Ist die Futterquelle mehr als 100 m vom Stock entfernt, so wird deren Richtung und Entfernung durch einen *Schwänzeltanz* angezeigt. – Abb. S. 263.

Honolulu, Hauptstadt u. Haupthafen der Hawaii-Inseln, USA, an der Südküste der Insel Oahu, mit 325 000 E. In H. besteht eine Universität. Die Stadt hat Zucker- u. Konservenindustrie (v. a. Ananasverarbeitung) u. ist der Hauptkreuzungspunkt der Schiffahrts- u. Luftverkehrslinien im nördlichen Pazifischen Ozean; nordwestlich von H. ↑Pearl Harbor.

Honorar [lat.; = Ehrensold] s, Vergütung für die freiberufliche Leistung in wissenschaftlichen u. a. Berufen (Ärzte, Rechtsanwälte, Schriftsteller), oft auch für die Auftragsleistung bei Künstlern.

honoris causa ↑Doktor.

Hopfen (Gemeiner Hopfen) m, zweihäusiges Hanfgewächs in Auwäldern u. Erlenbrüchen der nördlichen Halbkugel. Die Sprosse sind 3 bis 6 m lang u. rechtswindend. Die Blätter sind zugespitzt herzförmig bis tief gebuchtet. Die weiblichen Pflanzen werden seit dem 8. Jh. angebaut. Ihre zapfenartigen Blütenstände liefern einen scharf riechenden, bitter schmeckenden Stoff (Hopfenbitter). Er gibt dem Bier Würze u. Haltbarkeit.

Horaz (Quintus Horatius Flaccus, * Venusia 8. Dezember 65, † 27. November 8 v. Chr., römischer Dichter. Er verfaßte angriffslustige Spottverse („Epoden" und „Satiren"). In den „Oden" besang er den römischen Staat, Freundschaft, Liebe und Wein. Als „Ars poetica" (Lehre der Dichtkunst) wurde eine seiner „Epistulae" berühmt.

Höriger m, nach mittelalterlichem Recht ein halbfreier oder unfreier Bauer. – Der Hof, den er bewirtschaftete, gehörte seinem Grundherrn, dem er Abgaben u. Dienste leisten mußte. Er durfte den Hof nicht eigenmächtig aufgeben; er selbst konnte nicht ohne den Hof u. dieser nicht ohne ihn verkauft werden.

Horizont [gr.] m, die sichtbare Grenzlinie zwischen Himmel u. Erde. Auf See wird diese Linie *Kimm* genannt.

Hormone [gr.] s, Mz., Gruppe von biologischen Wirkstoffen, die im Körper selbst gebildet werden u. bereits in ganz geringen Mengen wichtige Steuerungsfunktionen im Stoffwechsel des Körpers wahrnehmen. Beim Menschen sind eine ganze Reihe von Hormonen bekannt, als Beispiele seien das Hormon der Nebenniere, das Adrenalin, das der Bauchspeicheldrüse, das ↑Insulin, u. die Sexualhormone erwähnt. Sowohl eine zu geringe als auch eine zu starke Hormonproduktion führt zu schweren Krankheitserscheinungen.

Horn s, sehr altes Blasinstrument, ursprünglich ein Tierhorn, auch eine Muschel, ein Knochen u. dergleichen, dann aus Ton, Holz oder Metall gefertigt. Das H. hat ein meist konisches (kegelförmiges) Rohr, Grifflöcher u. ein Mundstück (meist in Trichterform). Im engeren Sinn ist H. soviel wie ↑Waldhorn.

Hornhaut w: 1) die äußerste Schicht (Hornschicht) der Haut aus abgestorbenen, verhornten Zellen; 2) die uhrglasartig gewölbte, durchsichtige Vorderfläche des Augapfels beim Linsenauge (↑Auge).

Hornisse w, bis 25 mm (Königin bis 35 mm) lange, braun u. gelb gefärbte, größte einheimische Wespenart. Sie ist staatenbildend u. baut ovale, bis über 0,5 m lange Nester mit waagerechten Waben, die stockwerkartig übereinander liegen. Man findet die Nester im Dachgebälk, in hohlen Bäumen oder in Nistkästen. Ein Volk kann 3 000 bis 5 000 Tiere zählen. Die Stiche der H. können für Menschen u. Tiere gefährlich (sogar tödlich) sein.

Horntiere s, Mz., wiederkäuende Paarhufer, die als Kopfschmuck mannigfaltig ausgebildete Hörner (Hornscheiden, die auf knöchernen Stirnzapfen sitzen) tragen. Sie sind hasen- bis büffelgroß u. leben meist in Rudeln. Zu ihnen gehören z. B. Rinder, Gemsen, Gazellen, Antilopen, Ziegen, Schafe.

Horoskop [gr.] s, eine schematische Darstellung der Stellung der Planeten zur Zeit der Geburt eines Menschen oder zur Zeit eines wichtigen Ereignisses; aus dieser Stellung (Konstellation) werden in der ↑Astrologie Charakter u. Schicksal gedeutet.

Hörspiel s, für den Rundfunk entwickelte u. an seine technischen Möglichkeiten gebundene dramatische Gattung. Beim H. muß das Wort auch die Aufgabe des Szenenbildes, des Lichtes, der Gestik u. a. ersetzen.

Horst m: 1) großes Nest v. a. von Greif- u. Stelzvögeln; 2) ↑Verwerfung.

Hortensie w, Gattung der Steinbrechgewächse mit etwa 90 Arten in Ost-, Südostasien sowie Nord- u. Südamerika. Es sind meist Sträucher mit grünen, weißen, roten oder blauen Blüten in großen traubigen oder doldigen Blütenständen. Oft sind die außen stehenden Blüten stark vergrößert u. unfruchtbar. Bei uns wird die H. seit dem 18. Jh. als beliebte Zierpflanze in zahlreichen Sorten gezüchtet.

Humboldt

Alexander Freiherr von Humboldt

Wilhelm Freiherr von Humboldt

Christiaan Huygens

Horus (Horos), altägyptischer Gott. Er wurde als Falke verehrt u. war ursprünglich wohl Lichtgott. Jeder Pharao gilt als seine Verkörperung u. nennt sich „Horus".

Hospitant [lat.] *m*, Gastteilnehmer (z. B. beim Unterricht), Gasthörer (bei Vorlesungen).

Hostess [*hoßtäß* u. *hostäß*; engl.] *w*, Begleiterin, Betreuerin, Führerin, Auskunftsdame (bei Ausstellungen, Messen u. a.).

Hostie [lat. hostia; = Schlachtopfer, Opfertier] *w*, die in der katholischen und lutherischen Eucharistie- bzw. Abendmahlsfeier verwendete ungesäuerte Oblate, aus Weizenmehl mit Wasser gebacken.

Hottentotten *m, Mz.*, Volk in Südwestafrika. Charakteristisch sind runzelige Haut, kurzes Kraushaar u. Fettsteiß. Die H. waren früher reine Hirtennomaden u. lebten im südlichsten Afrika, von wo sie von den Weißen nach Norden u. Osten abgedrängt wurden.

Houston [*hjußt^{e}n*], Industriestadt im Südosten von Texas, USA, mit 1,2 Mill. E. In H. bestehen 3 Universitäten. Im Südosten der Stadt liegt das Kontrollzentrum der ↑NASA. H. ist ein bedeutender Baumwollmarkt u. hat eine vielseitige Industrie. Auch als Verkehrsknotenpunkt ist die Stadt von Bedeutung; durch einen 80 km langen Schiffahrtskanal ist H. mit dem Golf von Mexiko verbunden.

Hub *m*, die Länge des Weges, den der Kolben eines Verbrennungsmotors oder einer Dampfmaschine bei einem Hin- oder Hergang, also zwischen dem oberen u. unteren Umkehrpunkt, zurücklegt.

Hubraum *m* (Hubvolumen), Raum im Zylinder eines Verbrennungsmotors oder einer Dampfmaschine: der Quotient aus Hub und Zylinderdurchmesser.

Hubschrauber *m* (Helikopter), Flugzeug, bei dem der Auftrieb nicht durch Tragflächen, sondern durch rotierende Drehflügel (Rotor) erzeugt wird. Ein H. kann senkrecht starten u. landen u. auch in der Luft stehenbleiben. Um einen Vortrieb zu erzeugen, werden die Rotorblätter während der Drehung verstellt. Auch die Steuerung erfolgt durch Verstellen der Rotorblätter. Der Rotor wird durch einen Motor, eine Gasturbine oder durch Düsen angetrieben.

Huch, Ricarda, *Braunschweig 18. Juli 1864, †Schönberg (Taunus) 17. November 1947, deutsche Dichterin. Sie schildert die Schreckenszeit des Dreißigjährigen Krieges in dem Werk „Der große Krieg in Deutschland" (1912–14).

Hudsonbai [*haḏß^{e}n*...] *w*, großes Binnenmeer im nordöstlichen Kanada (mehr als doppelt so groß wie die Nordsee). Durch die 700 km lange Hudsonstraße ist es mit dem Atlantischen Ozean u. über den Foxekanal mit dem Nordpolarmeer verbunden. Nur in den Monaten Juli bis Oktober können die Schiffe verkehren, die übrige Zeit ist infolge starker Vereisung u. schwerer Stürme die Schiffahrt auf der H. nicht möglich.

Huf *m*, Hornmasse, die das Endglied der 3. (mittleren) Zehe bei Huftieren umhüllt.

Huftiere *s, Mz.*, Gruppe meist großer, pflanzenfressender Säugetiere. Häufig besitzen sie lange, schlanke Gliedmaßen u. mit Hufen versehene Zehenendglieder; das Schlüsselbein fehlt. Zu den Huftieren gehören die Ordnungen Paarhufer (z. B. *Nichtwiederkäuer* z. B. Schweine, Flußpferde; als *Wiederkäuer* z. B. Rinder u. Hirsche), Unpaarhufer (z. B. Pferde u. Nashörner) u. auf einer primitiveren Entwicklungsstufe Röhrenzähner, Klippschliefer, Seekühe u. Rüsseltiere.

Hugenotten [frz.] *m, Mz.*, Bezeichnung für die Anhänger des Kalvinismus (↑Calvin) in Frankreich. Ihr politischer u. religiöser Gegensatz zur katholischen Partei u. zum despotischen Königtum führte zu den *Hugenottenkriegen* (1562–98). Obwohl in der ↑Bartholomäusnacht (1572) Tausende von H. ermordet wurden, konnten sie sich behaupten. Im Edikt von Nantes (1598) wurde ihnen durch König Heinrich IV. die Freiheit der Religionsausübung sowie die Ausübung politischer Ämter gewährt. Das Edikt wurde von Ludwig XIV. (1685) aufgehoben, die Mehrzahl der H. verließ daraufhin Frankreich. Die im Lande gebliebenen H. erhielten erst nach der Französischen Revolution die volle Gleichberechtigung.

Hugo, Victor [*ügo*], *Besançon 26. Februar 1802, †Paris 22. Mai 1885, einer der bedeutendsten und volkstümlichsten Dichter Frankreichs. Mit seinen zahlreichen Romanen, Dramen u. Gedichten schuf er Musterbeispiele romantischer Dichtung. Besonders sein Roman „Der Glöckner von Notre Dame" (1831) gilt als Meisterwerk.

Hühnervögel *m, Mz.*, weltweit verbreitete Ordnung der Vögel. Es sind kräftige, kurzflügelige Bodenvögel (der Flug ist schwerfällig flatternd). Sie scharren am Boden nach Nahrung u. legen dort auch ihre Nester an. Die Hähne sind oft bunter gefärbt als die Hennen u. meist größer. Die Jungtiere sind Nestflüchter. Viele H. sind Haus- oder Jagdtiere. Zu ihnen gehören z. B. ↑Haushuhn, Fasan, Pfau, Perlhuhn, Truthuhn, Rebhuhn, Wachtel, Auer- u. Birkhuhn.

Hull [*hal*] (offiziell Kingston upon Hull), ostenglische Hafen- u. Universitätsstadt am Humber, eine der bedeutendsten See- u. Fischereihäfen Englands, mit 282 000 E. Sehenswert sind die mittelalterlichen Kirchen. Als Erwerbsquellen dienen auch der Schiffbau sowie die Metall- u. chemische Industrie.

Hülsenfrüchte *w, Mz.*, Früchte, die aus einem langen Fruchtblatt, das an den Rändern verwächst, gebildet werden. Sie öffnen sich an der Verwachsungsnaht u. an der Mittelrippe. Ihre Samen sind reich an Eiweißen, Kohlenhydraten u. auch an Fetten, sie sind wichtige Nahrungsmittel (z. B. Erbsen, Linsen, Bohnen u. Erdnüsse).

Humanismus [lat.] *m*, geistesgeschichtliche Bewegung des 14. bis 16. Jahrhunderts. Angeregt durch das Studium antiker Schriften verlrat die H. das Ziel edler, allseitig gebildeter Menschlichkeit, die auf der Freiheit des einzelnen beruht. Die Humanisten wandten sich auch gegen die Autorität der Kirche u. waren dadurch nicht unwesentlich an der Ausbreitung der Reformation in Deutschland beteiligt. Bedeutende **Humanisten:** Erasmus von Rotterdam, Reuchlin, Ph. Melanchthon, Ulrich von Hutten.

Humanität [lat.] *w*, vom Geist der Humanitas (= Menschlichkeit, Menschenliebe) durchdrungene Haltung u. Gesinnung; auch verstanden als eine Gesinnung, die die Verwirklichung der ↑Menschenrechte anstrebt.

Humboldt: 1) Alexander Freiherr von, *Berlin 14. September 1769, †ebd. 6. Mai 1859, deutscher Naturforscher u. Geograph. Er unternahm zahlreiche Forschungsreisen, u. a. nach Südamerika, Kuba, Mexiko u. in den Ural. Mit

Hummeln

Wissenschaftlern aus allen Teilen der Erde gab er in Paris ein großes Reisewerk über Amerika in 30 Bänden heraus. Durch seine Reiseberichte leistete er wesentliche Beiträge zur Meeres-, Wetter-, Klima- u. Landschaftskunde. Durch eigene Forschungen förderte er nahezu alle Naturwissenschaften der damaligen Zeit; **2)** Wilhelm Freiherr von, * Potsdam 22. Juni 1767, † Tegel (heute zu Berlin) 8. April 1835, Bruder von A. von H., deutscher Diplomat, Philosoph u. Sprachforscher. Er war ein führender Vertreter des humanistischen Bildungsideals. Seine Ideen wurden wegweisend für eine Universitätsreform. Maßgebend war sein Einfluß bei der Gründung der Berliner Universität (1810) u. damit auf die künftige Gestaltung des akademischen Studiums u. der wissenschaftlichen Forschung.

Hummeln w, *Mz.*, Gattung großer, plumper, pelzig behaarter Bienen mit rund 200 Arten. Sie tragen einen langen Saugrüssel u. sind staatenbildend, wobei in Europa einjährige Mutterstaaten angelegt werden. Dabei überwintert nur das große Weibchen u. gründet im Frühjahr ein Nest mit Brut- u. Honigzellen. H. sind wichtig als Blütenbestäuber. Bekannte H. sind z. B. die Erd-, Stein-, Garten- u. Wiesenhummel.

Hummer m, bis 50 cm langer u. bis 4 kg schwerer, braun bis dunkelbraun gefärbter Zehnfußkrebs. Die beiden Scheren sind als Fang- u. als Knackscheren ausgebildet. Er lebt v. a. an der europäischen Felsenküste des Atlantischen Ozeans, wo er sich von Schnecken u. Muscheln ernährt. Gekocht gilt er als Delikatesse. Beim Kochen nimmt er eine rote Färbung an.

Humperdinck, Engelbert, * Siegburg 1. September 1854, † Neustrelitz 27. September 1921, deutscher Komponist. Er komponierte v. a. Märchenopern; bekannt wurde besonders „Hänsel und Gretel" (1893).

Humus [lat.] m, Sammelbezeichnung für abgestorbene tierische u. pflanzliche Substanzen u. a. auf dem Boden, die durch Mikroorganismen (z. B. Bakterien, Pilze) u. biochemische Vorgänge weiter abgebaut werden (Humifizierung). H. ist für die Fruchtbarkeit des Bodens von großer Bedeutung.

Hunde m, *Mz.* (Hundeartige), eine mit rund 40 Arten fast weltweit verbreitete Familie der Raubtiere, bei denen besonders der Geruchssinn hoch entwickelt ist. Mit seiner Hilfe können sie geringste, z. B. vom Auftreten der Beutetiere beim Laufen herrührende Geruchsspuren wahrnehmen (Fährtenverfolgung). Zur Familie der H. gehören Füchse u. Schakale sowie der Wolf, Stammvater der über 400 Haushundrassen.

Hundertjähriger Krieg, der 1337–1453 (mit zwei Unterbrechungen) zwischen England und Frankreich geführte Krieg. England verlor fast alle Gebiete, die es auf dem Festland besessen hatte. Die berühmteste Gestalt des Hundertjährigen Krieges war die Jungfrau von Orléans (↑ Jeanne d'Arc).

Hundstage m, *Mz.*, die Tage vom 23. 7. bis 23. 8., an denen die Sonne in der Nähe des Sirius (Hundsstern) steht. Für Europa sind es meist die heißesten Tage im Jahr.

Hunnen m, *Mz.*, ein ostasiatisches Nomadenvolk. Um 200 v. Chr. bildeten die H. in der Mongolei ein Großreich. Ihre Kriegszüge gegen ihre Nachbarvölker, besonders gegen die Chinesen, führten schließlich zur Zerstörung des Reiches. Teile der H. zogen daraufhin nach Osteuropa, später bis nach Frankreich u. Italien. Dem Hunnenkönig ↑ Attila († 453) gelang noch einmal die Errichtung einer weiträumigen Herrschaft. Nach seinem Tode zerfiel dieses letzte große Hunnenreich.

Hunsrück m, Teil des westlichen Rheinischen Schiefergebirges. Die höchste Erhebung ist mit 818 m der Erbeskopf.

Hürdenlauf ↑ Lauf 1).

Huronen m, *Mz.*, nordamerikanischer, fast ausgestorbener Indianerstamm.

Huronsee m, der zweitgrößte der fünf Großen Seen in Nordamerika, 61 797 km².

Hurrikan [auch: *harik^{e}n*; indian.] m, ein tropischer Wirbelsturm im karibischen Raum u. im Südosten der USA. Am häufigsten tritt er in den Monaten August bis Oktober auf. Die meisten Hurrikane entstehen etwa 1 500 km südöstlich der Bahamainseln u. ziehen von hier aus durch den Golf von Mexiko oder an die amerikanische Ostküste zwischen Florida u. New York.

Hus, Jan (Johannes Huß), * Husinec (Südböhmisches Gebiet) um 1370 (?), † Konstanz 6. Juli 1415, tschechischer Reformator. Er verbreitete die religiösen u. sozialrevolutionären Lehren des englischen Theologen John Wyclif u. kämpfte gegen die kirchlichen Mißstände sowie für eine stärkere Unabhängigkeit der Tschechen. Auf dem Konzil zu Konstanz (1415) wollte er seine Lehren verteidigen. Da er nicht widerrief, wurde er verurteilt u. verbrannt. Sein untadeliges Leben u. seine Standhaftigkeit ließen ihn zum tschechischen Nationalhelden werden.

Hütte w (Hüttenwerk), industrielle Anlage, in der aus natürlichen Vorkommen (Bodenschätzen) oder rohstoffhaltigen Rückständen Metalle oder auch Stoffe wie Glas, Schwefel u. a. gewonnen und z. T. weiterverarbeitet werden.

Hutten, Ulrich von, * Burg Steckelberg bei Schlüchtern 21. April 1488, † Insel Ufenau im Zürichsee 29. August 1523, deutscher Humanist u. Publizist. Er war ein Gegner des Papsttums u. trat u. a. für ein einheitliches, starkes deutsches Kaiserreich mit führender Beteiligung der Ritterschaft ein.

Huygens, Christiaan [*hö^{i}eh^{e}nß*], * Den Haag 14. April 1629, † ebd. 8. Juli 1695, niederländischer Physiker, Mathematiker u. Astronom. H. erfand die Pendel- sowie die Federuhr (mit Federunruh) u. entdeckte die Pendel- u. Stoßgesetze sowie die Zentrifugalkraft. Mit Hilfe selbstentwickelter Fernrohre beobachtete er den Saturnring, den Orionnebel u. den ersten Saturnmond. H. verfaßte Schriften über das Wesen des Lichts (Wellentheorie). – Abb. S. 265.

Hwangho m (Hoangho), der „Gelbe Fluß", zweitgrößter Fluß Chinas, 5 464 km. Er entspringt im Nordosten des Hochlandes von Tibet u. mündet in den Pohaigolf (Gelbes Meer). Der H. ist der schlammreichste Strom der Erde. Er hat seinen Lauf mehrfach verlegt u. dabei katastrophale Überschwemmungen verursacht. Nach 1950 wurden die alten Schutzdämme verstärkt u. neue errichtet.

Hyänen [gr.] w, *Mz.*, Raubtierfamilie mit 3 Arten in Savannen u. Wüsten Afrikas, Südwestasiens u. Vorderindiens. Sie sind etwa 90–165 cm lange, nächtlich lebende Aasfresser mit kräftigem Gebiß, die auch wehrlose Beute anfallen. Die H. haben große Ohren u. einen dicken Hals. Durch die längeren Vorderbeine bildet sich ein abschüssiger Rücken. Bekannt sind v. a. die *Gestreifte Hyäne* mit schwarzen Querstreifen im gelblichgrauen Fell in Nordostafrika, in Südasien u. die *Gefleckte Hyäne* mit braunen Tupfen auf dem grauen Fell in Süd- u. Ostafrika.

Hyazinthe [gr.] w, ein Liliengewächs mit rund 30 Arten im Mittelmeergebiet u. im Orient. Die Zwiebelpflanze trägt kleine, trichterförmigglockige, duftende Blüten in großen Trauben. Bei uns wird die H. in zahlreichen farbenprächtigen, einfachen oder gefüllten Spielarten gezüchtet.

Hydrant [gr.] m, eine Wasserentnahmestelle an öffentlichen Straßen, an die die Feuerwehr u. die Stadtreinigung ihre Schläuche anschließen können. Zumeist liegen die Hydranten, durch einen Eisendeckel abgeschlossen, unter der Straßenoberfläche.

Hydrate [gr.] s, *Mz.*, Bezeichnung für die große Gruppe von Verbindungen, die Wassermoleküle in mehr oder weniger fester Form chemisch gebunden haben, wobei die Art der Bindung u. die Lage der Wassermoleküle im Gesamtmolekül bzw. im ↑ Kristall sehr verschieden sein können. Im allgemeinen verlieren die H. beim Erhitzen Wasser u. gehen schließlich in wasserfreie Verbindungen, Anhydride, über. Die sogenannten Kohlenhydrate haben mit den Hydraten nichts zu tun.

hydraulisch [gr.], mit Flüssigkeitsdruck bzw. Wasserantrieb arbeitend.

hydraulische Presse w, eine Vorrichtung, mit deren Hilfe große Kräfte erzeugt werden können. Sie beruht auf der Erscheinung, daß sich der Druck in Flüssigkeiten allseitig gleichmäßig ausbreitet. Die h. P. besteht aus einem Gefäß mit zwei Zylindern verschiedener Durchmesser, in dem sich zwei Kolben bewegen können. Das Ganze ist mit Flüssigkeit, meist Wasser, gefüllt. Drückt man mit der Kraft K_1 auf den Kolben mit dem kleineren Durchmesser u. ist F_1 die Fläche dieses Kolbens, dann ist der auf die Flüssigkeit ausgeübte Druck $p = K_1/F_1$. Derselbe Druck wirkt nun auf den größeren Kolben,

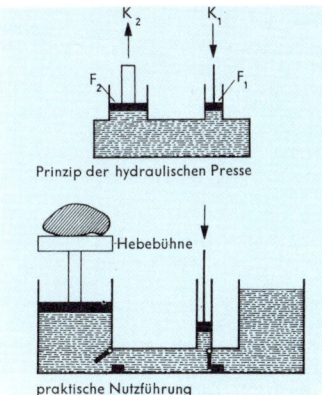
Prinzip der hydraulischen Presse
praktische Nutzführung

dessen Fläche F_2 sei, u. drückt diesen mit der Kraft K_2 nach oben. Es gilt dann also: $p = K_2/F_2$. Also ergibt sich:

$$K_1/F_1 = K_2/F_2.$$

Da F_2 größer ist als F_1, ist also auch K_2 größer als K_1. Was an Kraft gewonnen wird, muß an Weg zugesetzt werden. Hydraulische Pressen werden insbesondere als Hebebühnen in Autowerkstätten u. in der Flüssigkeitsbremse von Kraftfahrzeugen verwendet.

Hydrogenium ↑ Wasserstoff.

Hydrokultur w (Hydroponik, Wasserkultur), Bezeichnung für verschiedene Kultivierungsarten von Pflanzen in Wasser (statt im Boden), in dem die erforderlichen Nährstoffe gelöst werden.

Hygiene ↑ Gesundheitspflege.

Hygrometer [gr.] s, ein Gerät zur Messung der Luftfeuchtigkeit. In seiner allgemein gebräuchlichsten Form besteht das H. aus einem Menschenhaar, das sich bei hoher Luftfeuchtigkeit verlängert, bei geringer Luftfeuchtigkeit dagegen verkürzt.

Hymne [gr.] w, ursprünglich ein feierlicher, meist religiöser Lob- u. Preisgesang. Später bezeichnete man als H. den Lobgesang im Stundengebet. In der deutschen Dichtung wurde die H. als freie, anfänglich der Ode ähnliche Form von Goethe, Hölderlin u. a. verwendet; ↑ auch Nationalhymnen.

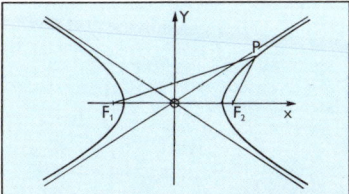

hyper..., Hyper... [gr.], Vorsilbe mit der Bedeutung „über, übermäßig, über – hinaus", z. B. hypermodern = übermodern, übertrieben neuzeitlich.

Hyperbel [gr.] w, eine Kurve aus der Familie der ↑ Kegelschnitte. Für alle Punkte (P), die auf der H. liegen, gilt, daß die Differenz ihrer Entfernungen von zwei festen Punkten, den Brennpunkten F_1 u. F_2, stets gleich groß ist. Die H. besteht aus 2 Ästen. Dort, wo die Entfernung der beiden Hyperbeläste voneinander am kleinsten ist, liegen die beiden Scheitelpunkte A_1 u. A_2. Ihre Entfernung ist 2a. Das ist aber auch gerade der feste Wert, den die Differenz der Entfernungen jedes Hyperbelpunktes von den beiden Brennpunkten hat.

Hypnose [gr.] w, durch ↑ Suggestion herbeigeführte, weitgehend auf den Kontakt mit der Person des Hypnotiseurs verengte Bewußtseinsänderung, die in körperlicher Hinsicht eher einem nur teilweisen Wachsein als einem Schlafzustand gleicht. Tiefe der H. wie auch die Hypnotisierbarkeit überhaupt hängt wesentlich von der Person des zu Hypnotisierenden ab. Zur Behandlung (*Hypnotherapie*) kann H. in der Psychotherapie u. zur Linderung von funktionellen Störungen u. Schmerzzuständen eingesetzt werden. Auch Selbsthypnose ist möglich.

Hypochonder [gr.] m, Bezeichnung für einen Menschen, der sich seine Krankheiten nur einbildet oder kleine Beschwerden stark überbewertet.

Hypophyse [gr.] w (Hirnanhangsdrüse), etwa bohnengroßes Organ an der Basis des Zwischenhirns. Die H. ist eine wichtige Hormondrüse, die in Wechselbeziehung zu anderen Hormondrüsen steht u. v. a. für den Hormonhaushalt des Körpers verantwortlich ist.

Hypotenuse [gr.] w, in einem rechtwinkligen ↑ Dreieck die Seite, die dem rechten Winkel gegenüberliegt. Sie ist die längste Dreiecksseite.

Hypothek [gr.] w, das Pfandrecht an einem bebauten oder unbebauten Grundstück zur Sicherung einer Geldforderung. Die H. lautet auf einen bestimmten Betrag u. wird ins Grundbuch eingetragen. Ein Grundstück kann mit mehreren Hypotheken belastet werden (erste, zweite H. usw.). Der Grundstücks- bzw. Hauseigentümer gibt seinem Gläubiger durch die eingetragene H. die Sicherheit, daß jederzeit der Gegenwert für das geliehene Geld vorhanden ist. Kann der Schuldner das Geld nicht zurückzahlen, so wird gegebenenfalls das Grundstück bzw. Haus versteigert u. die Forderung des Gläubigers von der erzielten Summe beglichen.

Hypothese [gr.] w, Unterstellung, Voraussetzung; eine H. „unterstellt" einen bestimmten Zusammenhang von Tatsachen, dessen Richtigkeit noch bewiesen werden muß. Die meisten naturwissenschaftlichen Theorien wurden u. werden zunächst *hypothetisch* aufgestellt, dann mittels Forschungsarbeit bestätigt oder korrigiert.

Hypozentrum [gr.] s, der Ausgangspunkt eines Erdbebens.

Hysterie [gr.] w, krankhafte seelische Verhaltensweise, die sich in laut aufgeregtem, übertreibendem Gebaren äußert. Das Verhalten nennt man *hysterisch*, doch verwendet man dieses Wort auch für nichtkrankhaftes, aufgeregtes Getue.

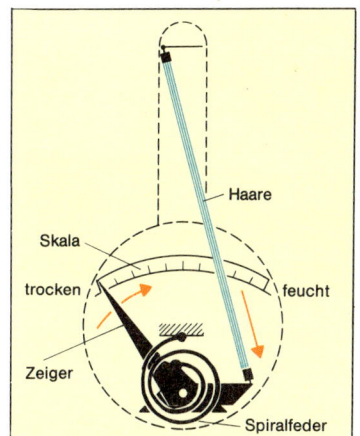

Hygrometer.
Schema eines Haarhygrometers

I

I: 1) 9. Buchstabe des Alphabets; **2)** römisches Zahlzeichen für 1.

Iberische Halbinsel w (Iberien, Pyrenäenhalbinsel), südwesteuropäische Halbinsel zwischen Pyrenäen, Mittelmeer u. Atlantischem Ozean. Die Straße von Gibraltar trennt die I. H. von Afrika.

Ibisse [ägypt.] m, Mz., Familie storchenähnlicher Vögel mit langen Beinen, langem Hals u. langem Schnabel (nach der Schnabelform unterscheidet man die Unterfamilien *Sichler* u. *Löffler*). Es gibt etwa 30 mittelgroße bis große Arten, die hauptsächlich wärmere Gebiete bewohnen (in Sümpfen, an Ufern oder in Steppen). Die I. leben gesellig u. fliegen in schräger oder V-förmiger Kette, mit gerade nach vorn gestrecktem Hals u. nachgezogenen Beinen. – Abb. S. 270.

Ibsen, Henrik, *Skien 20. März 1828, †Kristiania (heute Oslo) 23. Mai 1906, norwegischer Dichter. I. schrieb bedeutende gesellschaftskritische Dramen, in denen die Brüchigkeit der Beziehungen der Menschen untereinander enthüllt. Dazu zählen u. a. die Dramen „Nora oder Ein Puppenheim" (deutsch 1880), „Gespenster" (deutsch 1884) u. „Hedda Gabler" (deutsch 1891).

Ibykos, griechischer Dichter des 6. Jahrhunderts v. Chr. aus Unteritalien. In Italien trat er als Sänger auf, auf Samos lebte er am Hofe des Polykrates. Schiller gestaltete eine Anekdote über die Ermordung des I. in seiner Ballade „Die Kraniche des Ibykus".

Ichthyosaurus ↑Saurier.

Idar-Oberstein, Stadt in Rheinland-Pfalz, an der oberen Nahe, mit 37 000 E. Es ist malerisch an steilen Felsen gelegen u. Sitz vieler berühmter Schmucksteinschleifereien. I.-O. hat eine Diamanten- u. Edelsteinbörse.

Ideal [gr.] s, Inbegriff der Vollkommenheit; Musterbild, vollkommenes Urbild.

Idealismus [gr.] m, im allgemeinen versteht man unter I. das menschliche Streben nach höheren Werten u. Idealen. Als philosophische Lehre steht der I. im Gegensatz zum ↑Materialismus. Die idealistischen Philosophen erklären, daß alle Dinge ihr eigentliches Dasein erst in etwas Geistigem erhalten, daß die Wahrheit der Wirklichkeit im Gedanklichen liege. Diese zuerst von ↑Platon vertretene Lehrmeinung prägte auch den *deutschen Idealismus*, die während der ersten Hälfte des 19. Jahrhunderts in Deutschland verbreitete Philosophie (Hegel, Schelling, Fichte), wonach das menschliche Bewußtsein selbst den Mittelpunkt aller Erkenntnis und zugleich den Ausgangspunkt für alles Bestehende u. dessen geschichtliche Entwicklung bilde.

Idee [gr.] w: **1)** seit ↑Platon ein Grundbegriff der abendländischen Philosophie: das sinnlich nicht faßbare, ewig seiende Urbild eines Dinges; **2)** allgemein auch ein blitzartiger Gedanke, ein Einfall oder ein schöpferischer Plan (z. B. eines Künstlers).

Identität [lat.] w, Wesensgleichheit, Echtheit; Übereinstimmung von angenommenem u. wirklichem Sein.

Ideologie [gr.] w: **1)** an eine soziale Gruppe, eine Kultur u. ä. gebundenes System von Weltanschauungen, Grundeinstellungen und Wertungen; **2)** eine weltanschauliche Konzeption, in der Ideen der Erreichung wirtschaftlicher oder politischer Ziele dienen (besonders in totalitären Systemen).

Idiolekt [gr.] m, Sprache als Sprachbesitz u. Sprachverhalten eines einzelnen, eines Individuums; ↑auch Mundart, ↑Soziolekt.

Idol [gr.] s, Götzenbild (in Menschengestalt), Abgott; jemand oder etwas, der bzw. das Gegenstand übermäßiger Verehrung ist, auch als Wunschbild junger Menschen (z. B. Sportler oder Filmschauspieler).

Idyll [gr.] s, das Bild oder der Zustand eines friedlichen u. einfachen Lebens, oft in ländlicher Abgeschiedenheit.

Idylle [gr.-lat.] w, Schilderung eines Idylls in der Literatur oder der bildenden Kunst.

Igel m (Europäischer I.), bis 30 cm langer, plumper, graubrauner Insektenfresser mit aufrichtbarem Stachelkleid. Bei Gefahr rollt sich das nächtlich lebende Tier zusammen. Man findet I. an Waldrändern, Hecken u. in Gärten. I. leben von Insekten, Würmern, Schnecken u. Mäusen, bisweilen auch von Jungvögeln. Sie halten Winterschlaf. Der I. steht bei uns unter Naturschutz. – Abb. S. 270.

Iglu [eskimoisch] m oder s, kuppelförmige, aus würfelförmigen Schneeblöcken errichtete Hütte der Eskimo.

Ignatius von Loyola, eigentlich Íñigo López Oñaz y Loyola, *Schloß Loyola bei Azpeitia (Guipúzcoa) 1491, †Rom 31. Juli 1556. Zuerst Offizier. Nach einer Verwundung wandte er sich religiöser Literatur u. beschloß, Priester zu werden. 1534 begründete er den Orden der ↑Jesuiten u. wurde 1541 deren erster „General". Bis heute maßgebend sind seine geistlichen Übungen im „Buch der Exerzitien".

ignorieren [lat.], etwas nicht wissen wollen, es absichtlich übersehen, nicht beachten.

IJsselmeer [äiβcl...] s, Name für den gegen die Nordsee abgedeichten Restsee der ehemaligen ↑Zuidersee.

Ikarus, griechische Sagengestalt; I. u. sein Vater ↑Dädalus entfliehen aus Kreta mit Hilfe künstlicher Flügel. Als I. zu nahe an die Sonne kommt, schmilzt das Wachs der Flügel, u. er stürzt ins Meer.

Ikone [gr.] w, mit dem Kult der Ostkirche verbundene Darstellung von Christus, der Gottesmutter u. den Heiligen. Die ältesten erhaltenen Ikonen stammen aus dem 6. Jh. Bedeutend war v. a. die byzantinische (10.–15. Jh.) u. die russische Ikonenmalerei (v. a. im 16. u. 17. Jh.). In der I. wird das Dargestellte kultisch verehrt. – Abb. S. 271.

Ilias, ein unter dem Namen Homer überliefertes Epos von den 51 entscheidenden Tagen des ↑Trojanischen Krieges.

illegal [lat.], ungesetzlich, nicht dem geltenden Recht entsprechend. Gegensatz: ↑legal.

Iller w, rechter Nebenfluß der Donau. Die I. entspringt in den Allgäuer Alpen u. mündet südwestlich von Ulm in die Donau. Sie ist 165 km lang.

Illusion [lat.] w, Selbsttäuschung, Einbildung, nicht erfüllbare Wunschvorstellung.

Illustration [lat.] w, anschauliche Erläuterung, z. B. die Bildbeigabe zum Text eines Druckwerks.

Illyrer (Illyrier) m, Mz., indogermanisches Volk des Altertums an der östlichen Adriaküste, landeinwärts bis an die Donau.

Illyrien, das Gebiet der ↑Illyrer. Es wurde unter Kaiser Augustus endgültig römisch u. dann im 7. Jh. von Slawen besiedelt. Später war I. türkisch, 1809 französisch, 1815 österreichisch, seit 1919 jugoslawisch.

Iltis m, bis 45 cm körperlanger Marder mit etwa 20 cm langem Schwanz. Der I. ist schwarzbraun gefärbt, an Lippen, Kinn u. seitlich der Nase weißlich. Er lebt in Wald u. Feld, bevorzugt aber

Ignatius von Loyola

die Nähe von Gewässern oder von Dörfern u. Gehöften. Nachts jagt er kleine Wirbeltiere. Er wird etwa 8–10 Jahre alt. Das weißliche oder gelbliche *Frettchen*, eine gezüchtete Form des Iltisses, wird bei der Jagd auf Kaninchen verwendet (es wird in den Kaninchenbau eingelassen u. treibt die Kaninchen aus dem Bau). – Abb. S. 270.

Image [*imidsch*; engl.] *s*, Vorstellung, Bild, das ein einzelner oder eine Gruppe von einer Einzelperson, Gruppe oder Sache hat; Bild (oft idealisiert) von jemandem oder etwas in der öffentlichen Meinung.

imaginär [lat.], nur scheinbar, nur in der Einbildung vorhanden.

Imam [arab.; = Vorbeter, Anführer] *m*, ursprünglich der Prophet oder sein Beauftragter, jetzt allgemein der Vorbeter in der Moschee; geistlicher Ehrentitel verdienter Gelehrter; Titel des Oberhaupts der Gemeinschaft aller Moslems.

Imitation [lat.] *w*, Nachahmung, Nachbildung (z. B. von Schmuckgegenständen).

Imker *m*, Bienenzüchter.

Immatrikulation [lat.] *w*, Einschreibung in die Liste der Studierenden (Matrikel), Aufnahme an einer Hochschule.

Immobilien [lat.] *Mz.*, unbewegliche Güter (v. a. Grundstücke u. Gebäude einschließlich der Sachen, die fest mit ihnen verbunden sind).

immun [lat.], unempfänglich für Ansteckung; in übertragenem Sinne auch: unempfindlich, nicht zu beeindrucken.

Immunität [lat.] *w*: **1)** verfassungsrechtlicher Schutz des Abgeordneten vor behördlicher Verfolgung, wenn er eine Straftat begangen hat. Der Abgeordnete darf nur in folgenden Fällen zur Verantwortung gezogen oder z. B. verhaftet werden: 1. wenn das Parlament dies genehmigt (also die I. aufhebt) oder 2. wenn der Abgeordnete auf frischer Tat ertappt bzw. im Laufe des Tages nach der Tat festgenommen wird; **2)** Unempfänglichkeit für ↑Infektionskrankheiten. Es gibt angeborene I. und erworbene I. (durch Impfung oder vom Körper als Reaktion auf eine Infektion gebildet).

Imperativ ↑Verb.

Imperfekt ↑Verb.

Imperialismus [lat.] *m*, das Bestreben von Staaten, ihren Machtbereich auszudehnen. Der Begriff wurde erstmals für die Politik Napoleons I. verwendet. Als Zeitalter des I. bezeichnet man jedoch die Zeit von 1870 bis 1918, die durch den Wettlauf der Großmächte um die Aufteilung der Kolonialgebiete (vorwiegend Afrika) gekennzeichnet ist. Zunächst begann Großbritannien als damals einzige große Kolonialmacht mit dem Ausbau u. der Sicherung seines Weltreiches. Die anderen Staaten (u. a. Frankreich, Rußland u. Deutschland) folgten. Die imperialistische Politik führte zu Krisen u. Spannungen der Großmächte untereinander u. war eine der Ursachen für den 1. Weltkrieg. Im Vordergrund imperialistischer Politik stehen v. a. wirtschaftliche (Rohstoffe, Absatzmärkte u. a.) u. machtpolitische Interessen.

Imperium [lat.] *s*, im heutigen Sprachgebrauch Großreich oder Weltreich; früher soviel wie Kaiserreich.

Impfpistole ↑Injektion.

Impfung *w*, die Schutzmaßnahme gegen ↑Infektionskrankheiten. Tote oder in ihrer Aktivität abgeschwächte Mikroorganismen oder auch abgeschwächte Gifte werden zur Immunisierung in den Körper eingebracht (durch ↑Injektion, Schluckimpfung oder auch in eine Hautritzung). Der Körper bildet daraufhin spezifische Abwehrstoffe (↑auch Immunität). In Deutschland ist z. B. die Pockenschutzimpfung seit 1874 gesetzlich vorgeschrieben; weiter gibt es Impfungen gegen Diphtherie, Keuchhusten, Scharlach, spinale Kinderlähmung, Tetanus, Virusgrippe u. andere Krankheiten. Man unterscheidet Impfungen, die zum Zweck der Heilung einer Krankheit ausgeführt werden u. Schutzimpfungen.

Import [lat.] *m* (Einfuhr), der I. ist ein Teilbereich des Außenhandels u. umfaßt den gesamten Kauf von Waren sowie den Bezug von Dienstleistungen aus dem Ausland. Die Bundesrepublik Deutschland kaufte 1977 für rund 235 Milliarden DM ausländische Waren.

Impotenz [lat.] *w*: **1)** Zeugungsunfähigkeit, Unfähigkeit (eines Mannes) zum Geschlechtsverkehr; **2)** Unfähigkeit, v. a. künstlerisches Unvermögen.

imprägnieren [lat.], feste Stoffe, z. B. Textilien oder Holz, mit bestimmten Flüssigkeiten durchtränken, um sie entweder wasserundurchlässig zu machen (z. B. Stoffe) oder vor Fäulnis, Ungezieferbefall u. ä. (z. B. Holz) zu schützen.

Impressionismus [lat.-frz.] *m*, eine Stilrichtung der modernen Kunst, entstanden um 1870 in der französischen Malerei (Name nach Monets Landschaft „Impression..."). Voraussetzung war die Freilichtmalerei (d. h., die Bilder wurden nicht mehr im Atelier, sondern draußen in der Natur, direkt vor dem Motiv gemalt). Das „Wie" der Darstellung interessierte mehr als das „Was". Farbe u. Komposition sind vom persönlichen Eindruck bestimmt; ↑auch moderne Kunst. Abb. S. 271. – In der *Literatur* bezeichnet I. eine Stilrichtung von etwa 1890 bis 1910. Die Dichter des I. erstrebten eine möglichst genaue Wiedergabe persönlicher Eindrücke, es ging ihnen um das Erfassen seelischer Regungen u. Stimmungen, um das Erfassen des Flüchtigen und Augenblicklichen u. um die Wiedergabe von Sinneseindrücken. Dies bedingte eine Vorliebe für die Lyrik u. führte vielfach zu einer lyrischen Grundhaltung auch bei Prosaskizzen und dramatischen Werken. Bedeutende deutschsprachige Vertreter des I. sind D. von Liliencron, H. von Hofmannsthal, R. M. Rilke und A. Schnitzler. – In der *Musik* ist der I. auf C. Debussy beschränkt (Neigung zur Tonmalerei u. Einflüsse exotischer Musik).

Improvisation [lat.] *w*, die Kunst, etwas Eigenschöpferisches ohne Vorbereitung aus dem Stegreif darzubieten. Ein Ausgangspunkt ist meist vorhanden. In der Musik ist es z. B. ein Akkord, beim Theater etwa ein bestimmter Charaktertyp, von dem aus sich dann das *improvisierte* Spiel entwickelt.

Impuls [lat.] *m*: **1)** Anstoß, Anlaß, Anreiz; **2)** Bewegungsgröße, Formelzeichen *I*, eine physikalische Größe, u. zwar das Produkt aus Masse *m* u. Geschwindigkeit *v* eines Körpers:
$$I = m \cdot v.$$
Die Summe aller Impulse eines physikalischen Systems, auf das keine Kräfte von außen wirken, bleibt stets gleich groß.

Indanthrenfarbstoffe [Kunstwort] *m*, *Mz.*, Warenzeichen für eine Gruppe chemisch völlig verschieden gebauter künstlicher Textilfarbstoffe, die sich u. a. durch außergewöhnlich hohe Wasch- u. Lichtechtheit auszeichnen. I. sind natürlichen Farbstoffen in ihrer Anwendbarkeit u. Beständigkeit überlegen.

Indefinitpronomen ↑Pronomen.

Index [lat.] *m*: **1)** alphabetisches Stichwortverzeichnis; **2)** Meßziffer, Meßwert; **3)** Kennzahl zur Unterscheidung gleichartiger Größen, z. B. a_1, a_2, a_3.

Indianer *m*, *Mz.*, die Eingeborenenbevölkerung Amerikas (ohne die Eskimos). Sie wanderten in mehreren Gruppen von Nordostasien ein und gehören der mongoliden Rasse an. In Mittel- u. Südamerika entwickelten sie Hochkulturen (u. a. Maya, Azteken, Tolteken). Mit der Eroberung Amerikas durch die Europäer wurden die I. teils zurückgedrängt, meist aber vernichtet. Man unterscheidet etwa 150 verschiedene Sprachgruppen; am wichtigsten sind in *Nordamerika*: Athapasken (Dene), Algonkin, Sioux, Irokesen, Uto-Azteken, Caddo, Muskogee; in *Südamerika*: Kariben, Aruak, Tupí, Ge, Pano, Guaicurú, Araukaner, Patagonier, Chibcha, Quechua u. Tucano. – In Mittel- u. Südamerika machen die I. (ohne die Mischlinge) heute etwa 5 % der Gesamtbevölkerung aus; in den Indianerreservationen Nordamerikas leben rund 1 Mill. Indianer. – Abb. S. 271.

Indien: **1)** im weitesten Sinne Süd- u. Südostasien mit Vorderindien u. Ceylon, Hinterindien u. dem Malaiischen ↑Archipel; **2)** Bundesstaat in Südasien

Indigo

mit 625,8 Mill. E (nach China der volkreichste Staat der Erde), 3,288 Mill. km². Die Hauptstadt ist ↑Delhi. Im Norden gliedern die Gebirgsregionen des Karakorum u. des Himalaja das Land, die Flußebenen des Indus u. des Ganges schließen sich südlich an sowie das Hochland von Dekhan, das durch Hügel u. kleinere Gebirgsketten von der Indus-Ganges-Ebene getrennt ist. Den Steilabfall des Hochlandes von Dekhan zu den wenig gegliederten Küsten der vorderindischen Halbinsel bilden die Ost- u. Westghats. Das Klima ist im Süden tropisch, im Norden subtropisch-gemäßigt. Die *Bevölkerung* gliedert sich in zahlreiche Rassen-, Volks- u. Stammesgruppen von unterschiedlicher Kulturhöhe. 83 % sind Hindus, 11 % Moslems. Die Amtssprache ist Hindi. – In der *Landwirtschaft* sind Haupterzeugnisse: Reis, Weizen, Hirse, Zuckerrohr, Baumwolle, Jute, Tee (30 % der Tee-Ernte der Welt), Kaffee, Kautschuk, Tabak, Pfeffer. Obwohl I. vorwiegend Agrarland ist, müssen Weizen u. Reis eingeführt werden. *Bodenschätze* sind Kohle, Erdöl, Eisen-, Mangan- u. Kupfererze, Bauxit, Glimmer. Mit seiner *Industrie* zählt I. zu den 15 größten Industriemächten der Erde. *Verkehr:* I. hat das größte, aber nicht das dichteste Eisenbahnnetz Asiens. Bedeutende Häfen sind: Bombay, Kalkutta, Madras, Kandla. *Geschichte:* Zwischen 1500 u. 1000 v. Chr. Einwanderung der Indogermanen, die die Ureinwohner (Drawida) unterwarfen oder vernichteten. Im 1. Jahrtausend v. Chr. entstand in I. ein strenges Kastenwesen (↑Kaste). Buddha trat gegen das Kastenwesen auf, ohne es beseitigen zu können. Die Versuche Alexanders des Großen, auch I. in sein Großreich einzubeziehen, scheiterten wie die seiner Nachfolger. Der bedeutendste Herrscher u. Gesetzgeber des indischen Großreiches war Aschoka (272–231 v. Chr.), der die Verbreitung des Buddhismus förderte. Seit etwa 700 n. Chr. wurde dieser von den Hinduismus verdrängt. 712 fielen die Araber in I. ein; es beginnt die Ausbreitung des Islams. 1398 eroberte der Mongolenherrscher Timur-Leng große Teile Indiens. Am Anfang des 16. Jahrhunderts gründeten portugiesische Seefahrer Handelsstützpunkte (u. a. Goa), 1525 wurde das mongolische Reich der Großmogule (Hauptstadt Delhi) gegründet. Im 17. Jh. wurde die Stellung der ↑ostindischen Kompanien immer stärker. Seit 1765 besitzt der Großmogul nur noch eine Scheinherrschaft. 1818 hatte sich die Herrschaft Englands in I. durchgesetzt. Ein Aufstand 1857/58 gegen Großbritannien blieb erfolglos. Die (britische) ostindische Kompanie wurde aufgelöst u. I. nunmehr unmittelbar durch die britische Krone verwaltet; diese setzte einen Vizekönig ein. 1877 nahm Königin Viktoria den Titel einer „Kaiserin von Indien" an. Nach dem 1. Weltkrieg begannen Selbständigkeitsbestrebungen (↑Gandhi 2). 1947 erreichte I. den Status eines Dominions u. die Unabhängigkeit. Es wurde in zwei Länder geteilt, in die Indische Union (Land der Hindus) u. Pakistan (Land der Moslems). 1950 wurde I. selbständige Republik im Rahmen des Commonwealth. Seit der Entstehung des indischen Staates kam es mehrfach zu bewaffneten Konflikten mit Pakistan um territoriale Fragen (v. a. um Kaschmir). 1975 kam Sikkim als 22. Bundesstaat zu Indien. I. ist Mitglied der UN.

Indigo [span.] *m*, einer der in der Kulturgeschichte am längsten bekannten natürlichen Farbstoffe, der dunkelblau ist u. bereits vor mehreren tausend Jahren aus der Indigopflanze gewonnen wurde (heute künstlich hergestellt).

Indio [span.] *m*, Bezeichnung für einen süd- oder mittelamerikanischen Indianer.

indirekt [lat.], mittelbar, auf Umwegen, nicht geradezu; **indirekte Rede** ↑direkte Rede; **indirekte Steuern** ↑Steuern.

Indischer Ozean (Indik) *m*, kleinstes der drei Weltmeere, zwischen Indien, Afrika, Antarktis, Australien. Mit dem Roten Meer, dem Persischen Golf u. der Andamanensee als Nebenmeeren ist der Indische Ozean 75 Mill. km² groß.

Individualismus [lat.] *m*, Anschauung, die die Eigenständigkeit eines Menschen in einer Gemeinschaft betont.

Individualist [lat.] *m*, Mensch, der seine persönliche Eigenart, sein Anderssein gegenüber den Menschen seiner Umgebung betont.

individuell [lat.-frz.], dem ↑Individuum eigentümlich; vereinzelt; besonders geartet.

Individuum [lat.; = das Unteilbare] *s*, das Einzelwesen, die einzelne Person.

Indizien [lat.] *Mz.* (Einzahl: das Indiz), Anzeichen, bedeutsame Tatsachen, die zur Aufklärung eines Sachverhalts dienen.

Indizienbeweis [lat.; dt.] *m*, dem Täter ist die von ihm geleugnete Tat nicht direkt, sondern nur durch bedeutsame Tatsachen (Indizien; z. B. Fingerabdrucke an der Mordwaffe, Anwesenheit am Tatort u. a.) zu beweisen.

Indochina, das ehemalige französische Gebiet in Hinterindien; es umfaßt Kambodscha, Laos u. Vietnam.

Indoeuropäisch ↑Indogermanisch.

Indogermanen *m*, *Mz.*, Bezeichnung für alle Völker, deren Sprache zu den *indogermanischen Sprachen* (↑Indogermanisch) gehört.

Indogermanisch (Indoeuropäisch), erschlossene Grundsprache der Indogermanen; benannt nach den räumlich am weitesten voneinander entfernten Vertretern, den Indern im Südosten u. den Germanen im Nordwesten; dazu gehören z. B. Indisch, Iranisch, Griechisch, Italisch, Slawisch, Germanisch.

Indonesien, Republik in Südostasien. Sie umfaßt den größten Teil des Malaiischen ↑Archipels und hat 143,3 Mill. E; 1 904 569 km². Die Hauptstadt ist Jakarta. Zu I. gehören die Großen Sundainseln: Borneo (außer Nordteil), Sumatra, Celebes, Java (mit dem weitaus größten Bevölkerungsanteil), die Kleinen Sundainseln, die Molukken u. der Westteil von Neuguinea (West-

Ibisse. Heiliger Ibis

Igel

Iltis

Industrialisierung

Ikone

Impressionismus.
„Frühstück im Freien" von C. Monet

Indianer. Utah-Indianer

kartoffeln, ↑Sojabohnen, Zuckerrohr, Tee, Kaffee, Tabak, Gewürzen. In der Viehzucht überwiegen Rinder, Ziegen u. Schafe. An Bodenschätzen besitzt I. reiche Vorkommen an Zinn, Kohle, Erdöl u. Bauxit. Ausgeführt werden Erdöl u. Erdölprodukte, Holz, Kautschuk, Zinn, Palmöl, Kaffee, Tee, Tabak, Pfeffer. Wichtigster Hafen ist der von Jakarta. – *Geschichte:* Die indonesische Inselwelt wurde vom südasiatischen Raum aus besiedelt (als I. noch z. T. mit dem asiatischen Festland verbunden war). Die kulturelle Entwicklung zeigt starke indische Einflüsse sowohl in der Religion (Brahmanismus, Buddhismus) als auch in mittelalterlichen Tempelbauten. Der Islam breitete sich seit dem 14. Jh. aus. Seit dem 16. Jh. nahm der europäische Einfluß immer mehr zu, zunächst durch Portugiesen und Spanier. Seit 1602 bauten die Niederländer hier ihr ostindisches Kolonialreich auf. 1818 wurde I. als *Niederländisch-Indien* niederländische Kolonie. Unabhängigkeitsbestrebungen führten 1949 zur Bildung des unabhängigen Staates. Seit 1976 gehört auch das ehemalige Portugiesisch-Timor zu Indonesien. I. ist Mitglied der UN.

Induktion [lat.] *w:* **1)** (elektromagnetische I.) die von Michael Faraday 1831 entdeckte Erscheinung, daß an den Enden eines durch ein Magnetfeld bewegten elektrischen Leiters eine elektrische Spannung entsteht, die sogenannte *Induktionsspannung*. Verbindet man die Leiterenden, so fließt ein Strom, der *Induktionsstrom*. Die Stromrichtung ist abhängig von der Bewegungsrichtung des Leiters u. von der Richtung der Magnetfeldlinien. Eine wesentlich größere Induktionsspannung ergibt sich, wenn man eine Spule mit vielen Windungen durch das Magnetfeld bewegt. Mit Hilfe der elektromagnetischen I. läßt sich also ein elek-

trischer Strom durch mechanische Bewegung erzeugen. Ausgenutzt wird diese Erscheinung beim ↑Generator. Die Entdeckung der elektromagnetischen I. war die Voraussetzung für die Entwicklung der modernen Elektrotechnik, denn erst durch ihre Anwendung wurde es möglich, große Mengen elektrischer Energie zu erzeugen; **2)** (magnetische I., magnetische Flußdichte) eine physikalische Größe, die (zusammen mit der magnetischen Feldstärke) den magnetischen Zustand des Raumes beschreibt; **3)** (vollständige I.) ein mathematisches Beweisverfahren, mit dessen Hilfe die Gültigkeit einer Aussage, die von einer natürlichen Zahl abhängig ist, für alle natürlichen Zahlen bewiesen werden kann. Beweis in zwei Schritten: 1. Schritt: Die Richtigkeit der Aussage wird für die natürliche Zahl $n = 1$ durch Rechnung bewiesen. 2. Schritt: Unter der Annahme, daß die Aussage für die natürliche Zahl n richtig ist, wird bewiesen, daß sie dann auch für die darauffolgende natürliche Zahl $n + 1$ richtig ist. Aus den beiden Schritten wird gefolgert, daß die Aussage für alle natürlichen Zahlen Gültigkeit hat.

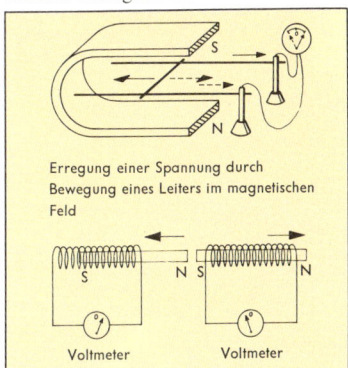

Elektromagnetische Induktion

Indus *m*, längster Strom in Vorderindien, 3 200 km lang. Der I. entspringt in Südwesttibet im Transhimalaja, durchfließt Kaschmir u. Pakistan u. mündet in das Arabische Meer (rund 8 000 km² großes Delta). Für den Schiffsverkehr ist der I. ungeeignet. Er dient vornehmlich der Bewässerung u. der Gewinnung von Wasserkraft. Der Tarbeladamm in Pakistan ist 2,5 km lang.

Industrialisierung [lat.] *w*, Auf- u. Ausbau der Industrie; meist spricht man bei einem Staat von I., in dem bislang Land- u. Forstwirtschaft vorherrschten. Mit der I. verändert sich der wirtschaftliche u. soziale Aufbau (Heranbildung von Arbeitskräften, Ausbau des Verkehrsnetzes, Erschließung bzw. Sicherung von Rohstoffen, Ausweitung des Handels u. a.). – Der Prozeß der I. hat gegen Ende des 18. Jahrhunderts in Großbritannien eingesetzt u. zu Beginn des 19. Jahrhun-

irian). Die meisten Inseln sind gebirgig. Es gibt zahlreiche tätige Vulkane. Größere Ebenen finden sich auf Borneo u. Sumatra. Die *Bevölkerung* besteht überwiegend aus Malaien (meist Moslems), über 800 000 E sind Chinesen. Das *Klima* ist gleichmäßig tropisch mit zum Teil reichen Niederschlägen. *Vegetation:* Fast 70 % des Landes sind mit tropischem Regen- u. Hochwald bedeckt (Teakbaum, Bambus, Sagopalmen). I. hat eine rege *Landwirtschaft:* Anbau von Reis, Mais, ↑Maniok, Süß-

271

Industrie

derts auf Deutschland übergegriffen. Er war u. a. gekennzeichnet durch zunehmende Arbeitsteilung u. Spezialisierung, Einsatz neuer Techniken u. Massenproduktion, Nutzbarmachung u. Verbrauch neuer Energiequellen (Kohle, Erdöl, Elektrizität), Entwicklung des Finanzwesens u. des Verkehrs sowie durch steigendes Realeinkommen pro Kopf der Bevölkerung. Dieser Prozeß verlief unter tiefgreifenden sozialen Krisen u. Umwälzungen, die man unter dem Begriff *industrielle Revolution* zusammenfaßt.
Gewinnung von Rohstoffen sowie die mechanische oder chemische Bearbeitung bzw. Verarbeitung von Roh- u. Halbfabrikaten in Fabriken (Fabriksystem) oder (seltener) in Heimarbeit (↑ Verlagssystem). Als Merkmale der I. sind zu nennen: Arbeitsteilung (Zerlegung des Herstellungsverfahrens in zahlreiche Einzelvorgänge) u. Spezialisierung der Produktion. Die nicht ganz scharfe Abgrenzung zum Handwerk ergibt sich aus der stärkeren Trennung von Betriebsleitung u. Produktion in der I., aus der Betriebsgröße u. aus der Möglichkeit, in einem Unternehmen recht verschiedene Dinge zu produzieren. Die Entwicklung der I. in der Bundesrepublik Deutschland ist durch eine abnehmende Anzahl der (v. a. kleineren u. mittleren) Betriebe bei steigenden Umsätzen u. fortschreitender Automatisierung gekennzeichnet.

Infant [span.] *m*, seit dem 13. Jh. Titel der königlichen Prinzen (Infantin = Prinzessin) in Spanien u. Portugal.

Infektion [lat.] *w*, Ansteckung durch Krankheitserreger; ↑ auch Infektionskrankheiten.

Infektionskrankheiten [lat.; dt.] *w*, *Mz.*, Krankheiten, die durch Übertragung von Krankheitserregern (Infektion) hervorgerufen werden und meist mit Fieber verbunden sind. I. werden v. a. durch ↑ Bakterien u. ↑ Viren verursacht. Die Art der Übertragung der Krankheitserreger ist verschiedenartig: von Mensch zu Mensch durch *Tröpfcheninfektion* (Nies- oder Hustentröpfchen, z. B. bei Tuberkulose) oder durch *Kontaktinfektion* (Berührung keimhaltigen Materials) sowie durch *Nahrungsmittelaufnahme* (z. B. durch verseuchtes Wasser); Krankheiten, die von Tieren auf Menschen übertragen werden, nennt man *Zoonosen*; eine Ansteckung kann über Säugetiere erfolgen (z. B. Tollwut) oder über Insekten (z. B. Malaria). Die Zeit zwischen der Infektion (Eindringen des Erregers in den Körper) u. dem Ausbruch der Krankheit wird als *Inkubationszeit* bezeichnet.
Um ↑ Seuchen zu vermeiden, müssen die Kranken isoliert (abgesondert) werden. Zur Vorbeugung gegen I. werden Schutzimpfungen vorgenommen (↑ Impfung).

Inkubationszeit
Diphtherie	2– 5 Tage
Keuchhusten	7–14 Tage
Kinderlähmung, epidemische	4–10 Tage
Leberentzündung (zwei versch. Erreger)	1–22 Wochen
Masern	9–14 Tage
Mumps	14–21 Tage
Pocken	10–14 Tage
Röteln	14–21 Tage
Scharlach	3– 6 Tage
Tetanus	3–21 Tage
Tollwut	1–3 Monate
Tuberkulose	etwa 6–8 Wochen
Windpocken	14(–28) Tage

Inferno [lat.] *s*, Unterwelt, Hölle; auch Name des ersten Teils der „Göttlichen Komödie" („Divina Commedia") von Dante Alighieri.

Infiltration [lat.] *w:* **1)** Eindringen, Einsickern, Einströmen (z. B. von Flüssigkeiten; auch von krankheitserregenden Substanzen); **2)** ideologische Unterwanderung.

Infinitiv ↑ Verb.

Inflation [lat.] *w*, laufende Entwertung des Geldes, verbunden mit steigenden Preisen. Man unterscheidet nach der Höhe der Preissteigerungen in einem bestimmten Zeitraum nach *schleichender*, *trabender* u. *galoppierender* Inflation.

Influenz [lat.] *w:* **1)** (elektrische I.) die Trennung der elektrischen Ladungen in einem Leiter unter dem Einfluß eines elektrischen Feldes. Die positiven Ladungen wandern zur negativen Seite des Feldes, die negativen Ladungen zur positiven. Bewirkt wird die elektrische I. dadurch, daß sich gleichnamige elektrische Ladungen abstoßen u. ungleichnamige anziehen. **2)** (magnetische I.) die Erscheinung, daß ein unmagnetischer Körper aus Weicheisen oder irgendeinem anderen magnetischen Material in der Nähe eines Magneten selbst zu einem Magneten wird. Sie beruht auf der Ausrichtung der Elementarmagneten unter dem Einfluß eines magnetischen Feldes.

Informatik [lat.] *w*, die Wissenschaft von den elektronischen Datenverarbeitungsanlagen u. von ihrer Anwendung.

Information [lat.] *w*, Unterrichtung, Benachrichtigung, Aufklärung (z. B. durch die Presse).

Infrarotstrahlung [lat.; dt.] *w*, für das menschliche Auge unsichtbare elektromagnetische Strahlung, deren Wellenlänge größer ist als die des roten Lichts (↑ Farbe). Infrarote Strahlen erkennt man an ihrer Wärmewirkung. Diese wird beim Infrarotstrahler u. beim Infrarotgrill für Heizzwecke ausgenutzt. Infrarotstrahlen durchdringen ungehindert Nebel u. Wolken. Die Infrarotfotografie verwendet Filmmaterial, das für Infrarotlicht empfindlich ist, u. kann damit „durch die Wolken sehen". Man kann mit diesem Filmmaterial auch in der Dunkelheit fotografieren.

Infusorien [lat.] *Mz.* (Aufgußtierchen), meist einzellige Organismen, die sich im Aufguß (Übergießen von Heu mit Wasser) entwickeln.

Ingenieur [*inschenjör*; frz.] *m*, ein Techniker, der an einer technischen Universität, technischen Hochschule oder Fachhochschule ausgebildet worden ist. Nach der Abschlußprüfung führt der I. den akademischen Titel graduierter Ingenieur, abgekürzt: Ing. (grad.), oder den Titel Diplomingenieur (Dipl.-Ing.). An der technischen Hochschule kann auch der Doktorgrad (Dr.-Ing.) erworben werden. Ingenieure gibt es für die verschiedensten Fachrichtungen: u. a. Hochbauingenieur, Elektroingenieur, Maschinenbauingenieur.

Ingolstadt, Stadt an der Donau, in Oberbayern, mit 88 000 E. Sehenswert sind einige bedeutende Kirchen (spätgotische Stadtpfarrkirche, Barockkirche St. Maria Victoria), das Alte u. Neue Schloß u. Reste der alten Stadtbefestigung. Textil-, Auto-, Maschinen-, Tabakindustrie u. ein Hüttenwerk sind die Hauptträger der Industrie. I. ist das wichtigste Zentrum der Erdölverarbeitung in Süddeutschland (Erdölleitungen von Mittelmeer).

Ingwer [sanskr.] *m*, alte Kulturpflanze aus Südostasien, die jetzt überall in den Tropen u. Subtropen kultiviert wird. Der brennend scharf schmeckende Wurzelstock (Rhizom) liefert ein häufig verwendetes Gewürz. Man verwendet I. als Magenmittel u. zur Herstellung von Likören u. Konfekt. In England wird er zu Ingwerbier vergoren.

Inhalation [lat.] *w*, Einatmen von gasförmigen, dampfförmigen oder zerstäubten Heilmitteln. Sie dient der Behandlung von Erkrankungen der Luftwege.

Initialen [lat.] *Mz.* (Einzahl: das Initial), oft durch Verzierung, Farbe u. besondere Größe ausgezeichnete Anfangsbuchstaben.

Initiation [lat.] *w*, durch bestimmte Bräuche (*Initiationsriten*) geregelte Aufnahme eines Neulings in eine Standes-, Alters- oder Religionsgemeinschaft (besonders bei Naturvölkern), einen Geheimbund u. a. Gemeinschaften.

Initiative [lat.] *w*, Anstoß zu einer Handlung; Entschlußkraft, Unternehmungsgeist.

Injektion [lat.] *w*, Einspritzen einer (sterilen) Flüssigkeit in den Körper mit einer Injektionsspritze oder -pistole. Je nach der Einspritzflüssigkeit kann man unter die Haut (*subkutane I.*), in den Muskel (*intramuskuläre I.*) u. in die Vene (*intravenöse I.*) spritzen. Mit der Injektionspistole (*Impfpistole*) wird der

Impfstoff unter hohem Druck unter die Haut gepreßt.

Inka, Name einer indianischen Großfamilie bei Cuzco in Südamerika, aus der die Herrscher des *Inkareiches* hervorgingen. Sie stellte auch die hohen Beamten. Die I. herrschten ab etwa 1200 in Cuzco, ab 1438 dehnte sich das Reich bis in das heutige Ecuador u. Nordchile, um 1500 bis Mittelchile aus. An der Spitze stand der *Inka*, der als Sohn der Sonne verehrt wurde. Vier Vizekönige verwalteten die Reichsteile. Die Bevölkerung hatte $1/3$ ihrer Erträge dem König u. $1/3$ den Göttern darzubringen. Die Religion war ein Sonnenkult. Die öffentlichen Bauten waren aus wohlbehauenen Steinen ohne Mörtel errichtet. Das Handwerk zeigt einen hohen Stand. Knotenschnüre wurden für statistische Zwecke benutzt. Das Inkareich wurde 1533 von den Spaniern zerstört.

Inkarnation [lat.; = Fleischwerdung] *w*, Eingehen eines göttlichen oder jenseitigen Wesens in menschliche Gestalt. Unter I. versteht man insbesondere die Menschwerdung Jesu Christi.

Inklination [lat.] *w:* **1)** allgemein: Neigung, Hinneigung; **2)** Neigung des Erdmagnetfeldes gegen die Waagrechte; **3)** Winkel einer Planetenbahn gegen die ↑Ekliptik.

inklusive [lat.], Abkürzungen: inkl., incl., einschließlich, inbegriffen; z. B. bei der Preisangabe: Übernachtung inklusive Frühstück.

inkognito [ital.; = unerkannt], unter fremdem Namen, ohne erkannt werden zu wollen.

Inkubationszeit ↑Infektionskrankheiten.

Inlandeis *s*, in sich geschlossene, weite Gebiete bedeckende Eismasse, die sich unabhängig vom darunterliegenden Land entwickelt. Während der Eiszeit waren weite Teile Europas (bis zum Nordrand der deutschen Mittelgebirge) vom I. überdeckt. Heute gibt es v. a. noch das *grönländische I.* mit rund 1,8 Mill. km^2 Ausdehnung u. das *I. der Antarktis* mit rund 13 Mill. km^2.

Inn *m*, rechter Nebenfluß der Donau. Der I. entspringt nahe dem Malojapaß (Oberengadin), durchfließt Graubünden (Engadin), Tirol u. Oberbayern u. mündet in Passau. Der I. ist 510 km lang u. nicht schiffbar. Zahlreiche Kraftwerke.

Innere Mongolei *w*, autonome Region der Volksrepublik China, nördlich der Chinesischen Mauer, mit 6 Mill. E; Hauptstadt ist *Huhehot* (530 000 E); größtenteils Steppe u. Halbwüste; Viehzucht (v. a. Schafe, Pferde, Kamele).

innerer Monolog *m*, in der epischen Dichtung (seit dem ausgehenden 19. Jh.) die Wiedergabe von Gefühlen, unausgesprochenen Gedanken u. Vorstellungen in Form der direkten Rede (jedoch ohne deren Satzzeichen!).

Innsbruck, Hauptstadt des österreichischen Bundeslandes Tirol, an der Mündung der Sill in den Inn, mit 120 000 E. Kulturzentrum Tirols mit Universität, Theater, Museen. I. hat bedeutende Kirchen, u. a. die Hofkirche (1553–63) mit dem Grabmal Kaiser Maximilians I. u. die Stadtpfarrkirche St. Jakob (1717–24). Erwähnenswert sind auch die Hofburg (v. a. 18. Jh.) u. das Landhaus der Tiroler Stände (1725–28) sowie die zahlreichen schönen Bürgerhäuser. Das Wahrzeichen von I. ist das Goldene Dachl (Ende 15. Jh.), der Prunkerker des Fürstenhofes. I. ist Handels- (Innsbrucker Herbstmesse) und Industriezentrum. – I. wurde um 1180 gegründet, es erhielt 1239 Stadtrechte. 1964 u. 1976 war I. Austragungsort der Olympischen Winterspiele. – Abb. S. 274.

Innung *w*, freiwilliger Zusammenschluß selbständiger Handwerker des gleichen Handwerks oder von fachlich einander nahestehenden Handwerken in einem bestimmten Bezirk (z. B. Stadt oder Kreis). Der Zusammenschluß erfolgt zur Förderung der gemeinsamen Interessen u. der Fortbildung der Mitglieder. Die I. überwacht die Ausbildung der Lehrlinge (Auszubildenden) u. kann, wenn die Handwerkskammer sie dazu ermächtigt, die Gesellenprüfung abnehmen.

Inquisition [lat.] *w*, Bezeichnung für die Überprüfung des Glaubens durch kirchliche Behörden u. daraufhin verfügte staatliche Verfolgung von Ketzern. Im 12. Jh. wurde die I. erstmals in größerem Umfang angewandt. Seit 1231 gab es päpstliche *Inquisitoren*, meist waren es ↑Dominikaner u. ↑Franziskaner (in Spanien im 15. Jh. die gefürchteten Großinquisitoren). Seit 1251 wurde ein Geständnis durch Folter erzwungen. Hatte der Angeklagte „gestanden", erfolgten die feierliche Verurteilung u. die Urteilsvollstreckung (meist durch Feuertod). Die I. verfolgte in Spanien auch die Maranen (zur Taufe gezwungene Juden, die insgeheim Juden blieben) u. die Morisken (äußerlich Christen gewordene Mauren), später auch die Evangelischen. Berüchtigt war auch die Verfolgung der „Hexen" durch die Inquisition.

I.N.R.I., Abkürzung für: Iesus Nazarenus Rex Iudaeorum (= Jesus von Nazareth, König der Juden), lateinische Inschrift am Kreuz Christi.

Insekten [lat.] *s, Mz.* (Kerbtiere), hochentwickelte, artenreichste Tierklasse, die mit etwa 775 000 Arten (in Mitteleuropa etwa 28 000 Arten) alle Lebensräume bewohnt. I. sind Gliederfüßer (0,02–33 cm lang), die in Kopf, Brust u. Hinterleib gegliedert sind u. ein Außenskelett aus Chitin besitzen. Sie atmen durch ein Luftröhrensystem (Tracheensystem). Das Nervensystem ist strickleiterähnlich ausgebildet. Am Kopf sitzen ein Paar Fühler, ein Paar große Netzaugen (Facettenaugen) und drei Paar Mundgliedmaßen. Die Brust trägt drei Beinpaare u. meist zwei Flügelpaare. Im Hinterleib sitzen die Atemöffnungen (Stigmen). I. sind getrenntgeschlechtliche Tiere, meist eierlegend. Meist machen sie eine Verwandlung (Metamorphose) durch, die über eine Larve (z. B. Made, Raupe) zum Vollinsekt (Imago) führt. Wenn sich zwischen Larve u. Vollinsekt ein Ruhestadium (Puppe) einschiebt, spricht man von vollkommener Verwandlung (z. B. bei Käfern u. Schmetterlingen). Viele I. sind große Schädlinge (z. B. Reblaus, Mai-, Kartoffelkäfer, Hausbock u. Wanderheuschrecke), Krankheitsüberträger (z. B. Fliegen, Stechmücken u. Flöhe), aber auch Nutzinsekten (z. B. Seidenspinner, Honigbiene u. Ameisen). Zu den I. gehören Schmetterlinge, Zweiflügler (z. B. Stubenfliege, Stechmücke), Hautflügler (z. B. Bienen, Wespen, Ameisen), Schnabelkerfe (Bettwanze, Reblaus, Blattlaus), Flöhe, Libellen u. Geradflügler (z. B. Heuschrecken, Grillen, Ohrwürmer). – Abb. S. 274.

insektenfressende Pflanzen ↑fleischfressende Pflanzen.

Insektenfresser *m, Mz.*, allgemeine Bezeichnung für insektenfressende Tiere u. Pflanzen sowie Name einer Säugetierordnung. Es sind meist kleine dämmerungs- oder nachtaktive Tiere mit spitzen Zähnen. Zu ihnen gehören z. B. die Igel, Spitzmäuse u. Maulwürfe. – Auch die ↑fleischfressenden Pflanzen werden I. genannt.

Inserat [lat.] *s*, Anzeige in einer Zeitung, Zeitschrift usw.

Insignien [lat.] *Mz.* (Einzahl: das Insigne), Herrschaftszeichen, Standeszeichen; ↑auch Reichsinsignien.

Inspiration [lat.] *w:* **1)** Einatmung; **2)** plötzliche Eingebung, Erleuchtung; Einfall, Anregung.

Instanz [lat.] *w*, zuständige Stelle, v. a. bei Behörden u. Gerichten.

Instinkt [lat.] *m*, ererbte, biologisch zweckmäßige Verhaltensweisen bei Tier u. Mensch. Sie werden durch Bedürfnisse (z. B. Hunger, Durst) über das Nervensystem ausgelöst. Das von Erfahrung unabhängige Instinktverhalten dient hauptsächlich der Lebens- u. Arterhaltung. Beim Menschen ist der I. meist nur versteckt vorhanden, die Saugbewegungen des Säuglings jedoch sind ein Instinktverhalten. Bei Tieren sind Fortpflanzung u. alles, was damit zusammenhängt (Balz, Nestbau usw.), vom I. bestimmt.

instinktiv [lat.], vom ↑Instinkt bestimmt; gefühlsmäßig.

Insulin [lat.] *s*, in der Bauchspeicheldrüse gebildetes Hormon, dessen vielfachen Wirkungen die Herabsetzung des Zuckergehalts im Blut sowie eine Steigerung des Kohlenhydratab-

Insulin

273

Intarsien

Innsbruck mit Karwendelgebirge

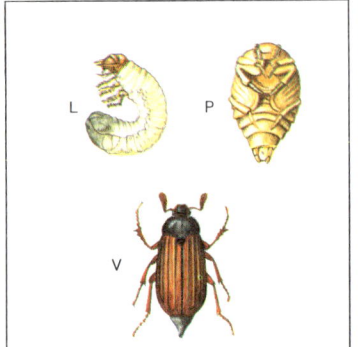

Insekten. Metamorphose beim Maikäfer
(L Larve, P Puppe, V Vollinsekt)

Insekten (gelb). Artenzahl im
Verhältnis zu den übrigen Tierarten

baus im Vordergrund stehen. Wird zu wenig I. gebildet, tritt ↑Zuckerkrankheit auf.

Intarsien [lat.] w, Mz., Einlegearbeiten in Holz aus andersfarbigem Holz sowie aus Elfenbein, Schildpatt oder Metall.

Integralrechnung [lat.; dt.] w, Teilgebiet der Mathematik, Umkehrung der ↑Differentialrechnung. Aus der abgeleiteten Funktion $f(x)$ wird die ursprüngliche ↑Funktion 2) ermittelt.

Integration [lat.] w, Herstellung oder Wiederherstellung einer Einheit, Vervollständigung. Das Wort I. wird auf vielen Gebieten gebraucht, z. B. spricht man von I. der Staaten der EG u. meint ihr Zusammenwachsen zu einer wirtschaftlichen u. auch politischen Einheit; I. eines Menschen in eine Gemeinschaft, z. B. eines neuen Schülers in eine Klasse, meint den Prozeß der Eingliederung.

integrierte Schaltung w, in der modernen Elektronik verwendete Schaltung, die nicht aus einzelnen Bauelementen (Transistoren, Widerstände u. a.) zusammengesetzt wird, sondern aus einem einzigen, nur wenige mm^2 großen Stück eines Halbleiterkristalls besteht, in dem besonders präparierte, mikroskopisch kleine Bereiche die Aufgaben der einzelnen Bauelemente übernehmen.

Intellekt [lat.] m, im Unterschied zu ↑Intelligenz meint I. das Vermögen, durch kritische Einschätzung von Wahrnehmungen u. aus einer Vielzahl von Erfahrungen Erkenntnisse u. Einsichten zu erlangen.

Intellektuelle [lat.] m, Mz., Bezeichnung für (eine Gruppe von) Menschen, die wegen ihrer Ausbildung u. ihrer geistigen Tätigkeit eine führende Rolle in der Gesellschaft übernehmen (können).

Intelligenz [lat.] w: **1)** Fähigkeit, die sich in der verstandesmäßigen Erfassung u. Herstellung anschaulicher u. v. a. abstrakter Beziehungen äußert; durch sie wird die Bewältigung neuartiger Situationen möglich; **2)** Gesamtheit der aus Intellektuellen bestehenden Gruppen der Gesellschaft.

intensiv [lat.], eindringlich; stark; gründlich.

Intercity-Züge [...ßiti; engl.] m, Mz. (IC-Züge), komfortabel ausgestattete Eisenbahnzüge (sowohl nur 1. Klasse als auch 1. u. 2. Klasse), die der Schnellverbindung zwischen Großstädten der Bundesrepublik Deutschland dienen. Für die Benutzung der seit 1971 verkehrenden Züge muß ein Fahrpreiszuschlag bezahlt werden.

Interesse [lat.] s, geistige Anteilnahme, Aufmerksamkeit; Wißbegierde.

Interjektion ↑Ausrufewort.

Intermezzo [ital.] s, ein kurzes Zwischenspiel in einem Drama oder in einer Oper, ebenso ein selbständiges kurzes Musikstück.

Internat [lat.] s, eine Schule, die mit einem Heim verbunden ist, in dem die Schüler wohnen; oft nur Bezeichnung für das Wohnheim.

international [lat.], nicht national begrenzt, überstaatlich, zwischenstaatlich.

Internationale [lat.] w: **1)** Zusammenschluß sozialistischer Parteien u. Gewerkschaften verschiedener Länder. Die 1. I. wurde 1864 von K. Marx in London gegründet; nach einer Spaltung 1872 löste sie sich 1876 auf. 1889 gründeten Parteien aus 20 Ländern in Paris die 2. I.; auf ihrem ersten Kongreß wurde der 1. Mai zum Kampftag für die Erreichung des 8stündigen Arbeitstags erklärt. Mit Ausbruch des 1. Weltkriegs zerfiel die 2. I., wurde 1919 von reformistischen (nichtmarxistischen) Sozialisten neu gegründet u. verband sich mit einer ähnlichen 1921 in Wien ins Leben gerufenen Organisation (der sogenannten Zweieinhalbten I.). Zu Beginn des 2. Weltkriegs wurde auch dieser Zusammenschluß aufgelöst u. erst 1951 in Frankfurt am Main neu begründet unter dem Namen Sozialistische Internationale mit (1977) 55 sozialistischen u. sozialdemokratischen Mitgliedsparteien; ihr Präsident ist seit 1976 W. Brandt. 1919–56 bestand die in

Ionosphäre

Moskau gegründete 3. I., die bis 1940 Komintern und ab 1947 Kominform (Informationsbüro der kommunistischen und Arbeiterparteien) genannt wurde. Auf Grund der Auseinandersetzungen zwischen Stalin u. Trotzki in der UdSSR kam es 1938 (bei Paris) zur Gründung einer trotzkistischen 4. I., die auch heute besteht, aber für die internationale Arbeiterbewegung sehr geringe Bedeutung hat; **2)** Kampflied der internationalen sozialistischen Arbeiterbewegung; es beginnt: „Wacht auf, Verdammte dieser Erde" u. hat den Kehrreim: „Völker, hört die Signale! Auf zum letzten Gefecht! Die I. erkämpft das Menschenrecht!".

internationale Organisationen ↑ S. 276 ff.

Internationales Olympisches Komitee s, Abkürzung: IOK (englisch: International Olympic Committee, Abkürzung: IOC), verantwortliches Gremium für die Olympischen Spiele.

internieren [lat.], in staatlichen Gewahrsam nehmen; im Krieg werden z. B. Angehörige eines feindlichen Staates interniert, d. h. in Lagern (*Internierungslagern*) untergebracht.

Interpellation [lat.] w, parlamentarische Anfrage von Abgeordneten oder einer Fraktion an die Regierung.

Interpol w, Kurzbezeichnung für die Internationale Kriminalpolizeiliche Organisation, gegründet 1923, Sitz Paris. I. verfolgt durch Einschaltung der jeweils zuständigen staatlichen Behörden Verbrecher außerhalb des Landes, in dem diese die Straftat begangen haben, u. Verbrechen, die über die nationalen Grenzen hinausweisen, z. B. Rauschgiftschmuggel.

Interpretation [lat.] w, Auslegung, Erklärung, Deutung, v. a. von Texten.

Interpunktion ↑ Zeichensetzung.

Interregnum [lat.; = Zwischenherrschaft] s, im allgemeinen versteht man unter I. die Zeit vom Tode eines Herrschers bis zur Wahl bzw. bis zum Amtsantritt des Nachfolgers. In der deutschen Geschichte wird v. a. die Zeit zwischen dem Tod Konrads IV. (1254) u. der Wahl Rudolfs von Habsburg (1273) so bezeichnet.

Interrogativpronomen ↑ Pronomen.

Intervall [lat.] s, Zwischenraum, Zeitabstand; in der Musik versteht man unter I. den Abstand zweier Töne voneinander.

intervenieren [lat.], dazwischentreten, eingreifen, vermitteln.

Interview [...*wju*; engl.] s, Befragung einer meist bekannten Persönlichkeit über ihre Meinung zu einem Thema von öffentlichem Interesse durch einen Reporter.

intim [lat.]: **1)** vertraut, eng befreundet; gemütlich, anheimelnd; **2)** die Geschlechtsorgane, das Geschlechtsleben betreffend.

intransitiv ↑ Verb.

Intrige [frz.] w, Ränkespiel; hinter dem Rücken eines anderen betriebene unlautere Machenschaft mit dem Ziel, diesen zu schädigen.

Invalide [lat.] m, eine Person, die durch Unfall, Krankheit oder Kriegsverletzung arbeits- oder erwerbsunfähig wurde.

Invasion [lat.] w, Einfall; Einrücken feindlicher Truppen in ein fremdes Gebiet.

Inventar [lat.] s: **1)** Bestand, u. a. von Einrichtungsgegenständen; **2)** Verzeichnis der Vermögensgegenstände, das der Kaufmann neben der Bilanz jedes Jahr zu erstellen hat.

Investition [lat.] w, betriebswirtschaftlich die Überführung von Finanzkapital in Sachkapital, d. h. Einsatz von Zahlungsmitteln zum Erwerb oder zur Erstellung von Anlage- (insbesondere Maschinen und Gebäude) u./oder Vorratsvermögen (Aufbau bzw. Erweiterung von Lagerbeständen); volkswirtschaftlich derjenige Teil der erzeugten Gütermenge, der nicht für den unmittelbaren Verbrauch bestimmt ist.

Investiturstreit [lat.; dt.] m, im 11. Jh. kam es zwischen Papst Gregor VII. u. Kaiser Heinrich IV. zum Streit um das Recht der Einsetzung (*Investitur*) von Bischöfen u. Äbten. Im Wormser Konkordat (1122) wurde der I. beendet. Der Kaiser setzte die Bischöfe in ihre weltlichen, der Papst in die geistlichen Rechte ein.

Inzucht w, Fortpflanzung unter nahe verwandten Lebewesen. I. beschleunigt die Bildung erbmäßig reiner Stämme u. ist deshalb in der Landwirtschaft für Tier- u. Pflanzenzucht wichtig. Für den Menschen wirkt sich I. nachteilig aus, da sie das Auftreten gewisser Erbkrankheiten begünstigt. Eine auch als Blutschande bezeichnete Form der I. ist der *Inzest*: die Geschlechtsgemeinschaft zwischen sehr nahen Verwandten, wie Geschwistern, Vater u. Tochter usw. (in der Bundesrepublik Deutschland strafrechtlich verfolgt).

IOK, Abkürzung für: ↑ Internationales Olympisches Komitee.

Ionen [gr.] s, Mz., chemische Teilchen, die aus Atomen oder Atomgruppierungen durch Abgabe oder Aufnahme von Elektronen entstanden sind u. deshalb in jedem Falle eine elektrische Ladung haben. Die I. (mit positiver elektrischer Ladung), die durch Elektronenabgabe entstanden sind, nennt man Kationen; I. (mit negativer elektrischer Ladung), die durch Elektronenaufnahme entstanden sind, nennt man Anionen. Der Grund für die Bildung der I. ist das Bestreben der chemischen Teilchen, ihre äußersten Elektronenschalen möglichst aufzufüllen u. sie der sogenannten Edelgaskonfiguration anzunähern (↑ Chemie, ↑ Atom).

Ionier m, Mz., der Name der nach Ionien (den Küstengebieten im Westen Kleinasiens) etwa 1100–900 v. Chr. ausgewanderten Griechen. Sie siedelten außer auf den Inseln des Ägäischen Meeres auch in Unteritalien u. Sizilien, v. a. aber gründeten sie eine Reihe von Handelsstädten in Kleinasien (meist selbständige Stadtstaaten), die 546 v. Chr. ins Perserreich eingegliedert, nach dem ionischen Aufstand (500–494) ab 480 wieder eine gewisse (vorübergehende) Unabhängigkeit erlangten u. 334 durch Alexander den Großen vollständig befreit wurden (Erneuerung des Ionischen Bundes).

ionische Säulenordnung ↑ Säule.

Ionosphäre ↑ Atmosphäre.

Irak. Dattelpalmenhain mit Bewässerungskanal

INTERNATIONALE ORGANISATIONEN

Aus der Vielzahl der internationalen Organisationen werden im folgenden diejenigen näher erläutert, die in Europa von besonderer Wichtigkeit sind: die EWG, die EFTA u. der RGW (COMECON) sowie die WEU, die NATO und der Warschauer Pakt sowie einige außereuropäische Organisationen, die in den letzten Jahren auch für die europäischen Staaten große Bedeutung erlangt haben.

Am Ende des 2. Weltkrieges lag Europa weithin in Trümmern. So war es zunächst die wirtschaftliche Lage, die die Staaten zur Zusammenarbeit auf wirtschaftlichem u. auch politischem Gebiet bereit machte. Es kam hinzu, daß die europäischen Staaten nach dem Ende des Krieges nicht in der Lage waren, aus eigener Kraft den Wiederaufbau vorzunehmen. Die USA machten ihre Hilfe von einem eigenen Wiederaufbauprogramm Europas abhängig.

Nach ersten europäischen Wirtschaftsabkommen, an denen auch die USA beteiligt waren, sowie der Gründung der ersten gemeinsamen politischen Institution, dem ↑Europarat (1949), folgte 1951 die Gründung der *Europäischen Gemeinschaft für Kohle und Stahl* (Abkürzung: EGKS; auch Montanunion genannt) durch Frankreich, die Bundesrepublik Deutschland, Italien, Luxemburg, Belgien und die Niederlande. Aus der erfolgreichen Zusammenarbeit der Montanunion entstand bei den Mitgliedsländern der Wunsch, die wirtschaftliche Zusammenarbeit auch auf andere Wirtschaftsbereiche auszudehnen. Im Juni 1955 beschlossen die Außenminister der sechs Staaten die Schaffung eines Gemeinsamen Marktes u. die gemeinsame Entwicklung der Atomenergie zu friedlichen Zwecken. Am 25. März 1957 wurde in Rom der Vertrag zur Gründung der *Europäischen Wirtschaftsgemeinschaft* (Abkürzung: EWG) unterzeichnet. Neben den wirtschaftlichen Zielsetzungen dieses Vertrages stellten sich die obengenannten sechs Staaten die Aufgabe, auf einen immer engeren politischen Zusammenschluß der europäischen Völker hinzuarbeiten. Der EWG-Vertrag wurde auf unbegrenzte Dauer geschlossen u. trat am 1. Januar 1958 in Kraft. Seine wichtigsten Ziele sind im einzelnen: die Beseitigung der Zölle u. der mengenmäßigen Beschränkungen der Ein- u. Ausfuhr, die Einführung eines gemeinsamen Zolltarifs u. einer gemeinsamen Handelspolitik gegenüber Nichtmitgliedsländern, eine gemeinsame Landwirtschafts- und Verkehrspolitik, die Koordinierung (Abstimmung) der gesamten Wirtschaftspolitik u. die Assoziierung (Angliederung ohne formelle Mitgliedschaft) weiterer Länder, die mit den Vertragsstaaten in besonders engen wirtschaftlichen u. politischen Beziehungen stehen. Diese Ziele sollten schrittweise in einer Übergangszeit von 12 Jahren verwirklicht werden; die Übergangszeit sollte auf höchstens 15 Jahre ausgedehnt werden. In der Übergangszeit bis Ende 1969 wurden die Errichtung der Zollunion (Wegfall der Binnenzölle, gemeinsamer Außenzoll) u. erhebliche Fortschritte auf dem Wege zu einem gemeinsamen Agrarmarkt erreicht. Seit 1971 wird an der stufenweisen Verwirklichung der Wirtschafts- und Währungsunion gearbeitet. Mit Wirkung vom 1. 1. 1973 traten Großbritannien, Irland und Dänemark der EWG bei. Für Portugal u. Spanien wird die Vollmitgliedschaft angestrebt, Griechenland wird am 1. 1. 1981 Vollmitglied.

Die folgenden Organe nehmen die Aufgaben der Gemeinschaft wahr: 1. Die *Versammlung* – sie besteht aus 142 Abgeordneten der nationalen Parlamente u. hat als Europäisches Parlament gegenüber der Kommission beratende u. kontrollierende Funktion. 2. Der *Rat* – er setzt sich aus Mitgliedern der Regierungen der EWG-Länder zusammen; jede Regierung entsendet einen Vertreter (Minister). Sie haben die Wirtschaftspolitik der Mitgliedsländer aufeinander abzustimmen; dem Rat obliegt auf fast allen Gebieten die Entscheidungsbefugnis. 3. Die *Kommission* – sie ist die Exekutivbehörde der EWG u. besteht aus 9 von den Regierungen ernannten Mitgliedern, die sowohl vom Rat als auch von ihren eigenen Regierungen unabhängig sind. Ihre wichtigste Aufgabe ist es, dafür zu sorgen, daß die Bestimmungen des Vertrages ausgeführt werden. Die Kommission allein hat in vielen Fällen das Recht, Vorschläge zu machen (sogenanntes Initiativrecht), über deren Verwirklichung jedoch der Rat zu entscheiden hat. 4. Der *Gerichtshof* – er ist zuständig für die Wahrung des Rechts bei der Auslegung und Anwendung des Vertrages. 7 von den Regierungen ernannte Richter prüfen die Rechtmäßigkeit der verschiedenen Beschlüsse. 5. Der *Wirtschafts- u. Sozialausschuß* – er unterstützt u. berät den Rat u. die Kommission in allen wirtschaftlichen und sozialen Fragen.

Die genannten Organe sind z. T. auch für die Montanunion und ↑EURATOM zuständig. Seit 1. Juli 1967 bestehen ein gemeinsamer Ministerrat u. eine gemeinsame Kommission für die EWG, die Montanunion u. EURATOM, die nun *Europäische Gemeinschaften* (EG) genannt werden. 1958 wurde das Europäische Parlament geschaffen, in dem 198 Abgeordnete der nationalen Parlamente die politische Einigung vorantreiben sollten. Erst ab 1979 werden 410 Abgeordnete unmittelbar von der Bevölkerung gewählt, wodurch die Möglichkeit des Parlaments zur Erfüllung seiner Aufgaben verbessert wird, obwohl seine Befugnisse weiterhin sehr beschränkt sind. Ein Grund für die geringen Fortschritte auf dem Weg zur politischen Einheit mag darin gelegen haben, daß es in Westeuropa nicht nur eine, sondern zwei nebeneinander und z. T. auch gegeneinander bestehende Wirtschaftsgemeinschaften gab. Das war neben der Sechsergemeinschaft EWG (seit 1973 neun Mitglieder) die EFTA.

Zunächst hatte man versucht, gemeinsam eine Große Freihandelszone zu errichten, doch die Ziele der einzelnen Länder waren zu verschieden. Die 6 Montanunionländer wollten eine Zollunion mit gemeinsamem Außenzolltarif bilden u. hatten außerdem das Fernziel der politischen Einigung. Die übrigen Länder, angeführt von Großbritannien, waren zwar bereit, innerhalb Westeuropas die Ein- u. Ausfuhrzölle abzuschaffen, bestanden dafür jedoch auf dem Recht, mit außereuropäischen Ländern bzw. Nichtmitgliedsländern (Drittländer genannt) eigene Abmachungen treffen zu können. Besonders für Großbritannien war dieser Punkt wichtig, da es den Mitgliedern des ↑Commonwealth besondere Vorzugszölle eingeräumt hatte, die schwerlich abzuschaffen waren. Ein weiterer Punkt war, daß die Anhänger der Großen Freihandelszone die Landwirtschaft zunächst aus dem Vertrag ausklammern wollten. So bildete man zwei Wirtschaftsgemeinschaften, auf der einen Seite die EWG und auf der anderen die EFTA. Der Vertrag über die Bildung einer *Europäischen Freihandelsassoziation* (European Free Trade Association, Abkürzung: EFTA; auch Europäische Freihandelszone genannt) trat am 3. Mai 1960 in Kraft. Mitgliedsländer sind Island, Norwegen, Österreich, Portugal, Schweden und die Schweiz; Finnland ist assoziiertes Mitglied; Dänemark, Irland und Großbritannien verließen die EFTA 1973, um der EWG beizutreten. Anders als die EWG will die EFTA eine reine Freihandelszone (unbeschränkter Handel der Vertragspartner untereinander) u. keine Zollunion sein. Der EFTA-Zusammenschluß ist also rein wirtschaftlicher Art, ihm fehlt jede politische Zielsetzung. Innerhalb der EFTA sollten alle Zölle auf industrielle Waren stufenweise abgeschafft werden. Dieses Ziel wurde am 1. Januar 1967 verwirklicht. Das einzige gemeinsame Organ ist der *Rat*, in dem jedes Land eine Stimme hat. Trotz Ausweitung des Freihandels ist die Wirtschaftskraft der EFTA-Länder nicht in gleichem Umfang gestiegen wie die der EWG-Länder seit ihrem wirtschaftlichen Zusammenschluß. Besonders die wirtschaftliche Entwicklung Großbritanniens hatte zur Sorge Anlaß gegeben u. die Notwendigkeit eines größeren wirtschaftlichen Zusammenschlusses ge-

Internationale Organisationen (Forts.)

zeigt. Lange scheiterte eine Aufnahme der EFTA-Länder in die EWG an der ablehnenden Haltung Frankreichs.

Auch der östliche Teil Europas hat sich, unter Führung der UdSSR, zu einem Wirtschaftsblock zusammengeschlossen, zum *„Rat für gegenseitige Wirtschaftshilfe"* (RGW; Council for Mutual Economic Assistance, Abkürzung: COMECON). Zu den Gründerstaaten gehören neben der UdSSR Bulgarien, Ungarn, Polen, Rumänien u. die Tschechoslowakei. Als Gründungsdatum gilt der 25. Januar 1949. Bereits einen Monat später wurde auch Albanien, ein Jahr später die DDR, 1962 die Mongolische Volksrepublik, 1972 Kuba u. 1978 Vietnam aufgenommen. Während Albanien seit 1962 nicht mehr am RGW teilnimmt, kam Jugoslawien 1964 als assoziiertes Mitglied hinzu. Der Zusammenschluß war als Antwort auf das amerikanische Hilfsprogramm für Europa nach 1945 gedacht, das für alle europäischen Länder galt u. an dem auch Polen u. die Tschechoslowakei Interesse gezeigt hatten. Ziel der RGW-Gründung war eine verstärkte wirtschaftliche Zusammenarbeit auf allen Gebieten, der Austausch wirtschaftlicher Erfahrungen, gegenseitige technische Hilfe und gemeinsame wirtschaftliche Planung. Die wichtigsten Organe sind 1. die *Ratstagung* – sie ist das höchste Organ und besteht aus Abordnungen aller Mitgliedsländer, die selbst die Zusammensetzung ihrer Abordnung bestimmen. Die Ratstagung bestimmt die Richtlinien des RGW und behandelt alle Hauptfragen. 2. Die *Tagung der Ländervertreter im Rat (Exekutivkomitee)* – diesem Organ gehört für jedes Land ein Vertreter an; es behandelt zwischen den Sitzungen der Ratstagung alle wichtigen Fragen und bestimmt die Arbeitsrichtung der beiden folgenden Organe, die ihm unterstellt sind. 3. Die *Ständigen Kommissionen* – sie werden von der Ratstagung geschaffen und sind in erster Linie technische Arbeitsausschüsse, die die Zusammenarbeit der Mitgliedsländer organisieren. Alle wirtschaftlichen Entscheidungen werden in den Ständigen Kommissionen von den entsprechenden Fachleuten vorbereitet und auf Notwendigkeit u. Wirksamkeit geprüft. 4. Das *Sekretariat* – es trägt zur Vorbereitung und Durchführung aller Tagungen bei; es erarbeitet Wirtschaftsberichte über die Entwicklungen in den einzelnen Ländern und kontrolliert die Erfüllung der Beschlüsse. Der Sekretär ist die oberste Amtsperson des RGW. Er vertritt den Rat nach außen (z. B. gegenüber anderen Organisationen). Er und seine Stellvertreter werden von der Ratstagung ernannt.

Durch die überragende Wirtschaftskraft der UdSSR u. die politische Abhängigkeit der RGW-Länder von der UdSSR ist eine echte Partnerschaft innerhalb dieses Wirtschaftsblocks kaum gegeben.

Westeuropa ist vom Machtbereich der UdSSR nicht nur wirtschaftlich, sondern auch militärisch getrennt. Auf beiden Seiten haben sich große militärische Organisationen gebildet: im Westen die NATO und im Osten der Warschauer Pakt.

In Westeuropa kam es nach mehreren Konferenzen zunächst zum Abschluß des *Brüsseler Pakts* (17. März 1948) zwischen Großbritannien, Belgien, Frankreich, Luxemburg u. den Niederlanden. Mit dem Beitritt der Bundesrepublik Deutschland u. Italiens am 23. Oktober 1954 wurde der Brüsseler Pakt in die *Westeuropäische Union* (WEU) umgewandelt. Dieses Bündnis war in erster Linie ein Verteidigungspakt, sah aber daneben auch wirtschaftliche, soziale u. kulturelle Zusammenarbeit vor. Folgende Organe erfüllen die Aufgaben der WEU: 1. der *Rat* – er besteht aus den 7 Außenministern der Mitgliedsländer u. beschäftigt sich mit Fragen der Durchführung des Vertrages. Er tagt zweimal im Jahr. 2. Die *Versammlung* – sie setzt sich aus den gleichen Mitgliedern zusammen wie die Versammlung des Europarats und hat beratende Funktion. 3. Das *Generalsekretariat* (London) sowie 4. das *Amt für Rüstungskontrolle* und 5. der *Ständige Rüstungsausschuß*. Für die militärischen Aufgaben im Rahmen der WEU ist der NATO-Oberbefehlshaber zuständig.

Die wachsenden Spannungen zwischen West u. Ost u. die zunehmenden militärischen Aktionen der UdSSR in Osteuropa veranlaßten die USA, über die schon bestehenden Bündnisse hinaus die westeuropäischen Staaten zu einem Block zusammenzuschließen, an dem die USA selbst entscheidenden Anteil haben. Am 4. April 1949 wurde die *Nordatlantikpakt-Organisation* (North Atlantic Treaty Organization, Abkürzung: NATO) in Washington gegründet. Die USA, Kanada, Großbritannien, Frankreich, Belgien, die Niederlande, Luxemburg, Dänemark, Norwegen, Island, Portugal u. Italien unterzeichneten den Vertrag zur gemeinsamen Verteidigung ihrer Staaten. Jeder Angriff gegen eines der Länder wird als Angriff gegen alle betrachtet. 1952 wurden auch Griechenland u. die Türkei u. 1955 die Bundesrepublik Deutschland Mitglieder der NATO. Oberstes Führungsorgan ist der *Nordatlantikrat*, dem Regierungsvertreter aller Mitgliedsländer angehören. Vorsitzender ist der *Generalsekretär*, der gleichzeitig das Internationale Sekretariat der NATO leitet. Für alle die NATO betreffenden Fragen gibt es Fachausschüsse. Die militärische Organisation umfaßt im wesentlichen den *Militärausschuß* (oberste militärische Instanz), der sich aus den Generalstabschefs der Mitgliedsländer zusammensetzt, die *Ständige Gruppe* (Exekutivbehörde des Militärausschusses), die für alle strategischen Fragen zuständig ist, u. die *Oberkommandos*. Der gesamte NATO-Bereich ist in drei Kommandobereiche eingeteilt: 1. das alliierte Oberkommando Europa, 2. das alliierte Oberkommando Atlantik, 3. das alliierte Oberkommando Ärmelkanal. Dazu kommt die Regionale Planungsgruppe für das Gebiet Kanada und USA. Frankreich zog sich 1966 aus den militärischen NATO-Organen zurück, blieb formell aber Mitglied, um in politischen Fragen mitsprechen zu können; das gleiche gilt seit 1974 für Griechenland.

Das Gegenstück zur NATO bildet auf östlicher Seite der Warschauer Pakt. Diese militärische Organisation ist am 14. Mai 1955 nach der Einbeziehung der Bundesrepublik Deutschland in die NATO entstanden. Bis dahin hatten die Ostblockländer lediglich untereinander militärische Beistandspakte geschlossen, auf eine größere Organisation jedoch verzichtet. Das in Warschau geschlossene Bündnis ist ein Vertrag über Zusammenarbeit, Freundschaft u. gegenseitigen militärischen Beistand im Falle eines bewaffneten Überfalls. Die Gründerstaaten sind Albanien, Bulgarien, Polen, Rumänien, die Tschechoslowakei, Ungarn u. die UdSSR. Die DDR trat dem Pakt 1956 bei, während Albanien wegen seiner chinafreundlichen Haltung 1965 von den Tagungen des Warschauer Paktes ausgeschlossen wurde u. 1968 offiziell austrat. Der Warschauer Pakt hat zwei Organe: 1. der *Politischen Beratenden Ausschuß* – er setzt sich aus je einem Vertreter der Mitgliedsländer zusammen u. ist zur Beratung u. Beschlußfassung in allen allgemeinen militärischen Fragen ermächtigt. Darüber hinaus ist er für den gesamten nichtmilitärischen Bereich zuständig. 2. Das *Vereinte Oberkommando der Streitkräfte* – seine Aufgabe ist es, die Verteidigungsfähigkeit des Paktes zu erhalten, militärische Pläne auszuarbeiten u. über die Verteilung der Truppen zu entscheiden. An der Spitze des Vereinten Oberkommandos steht der Oberkommandierende. Dieser Posten bleibt laut Vertrag stets der UdSSR vorbehalten. Der Sitz des Vereinten Oberkommandos ist Moskau. Die Bestimmungen des Warschauer Paktes sind so weit gefaßt, daß sie auch militärische Aktionen gegen die eigenen Mitgliedsstaaten erlauben, wenn dort durch Umgestaltungen der Regierungen der „Bestand der sozialistischen Ordnung" nicht mehr gewährleistet ist. Dies war in den Augen der UdSSR 1956 in Ungarn u. 1968 in der Tschechoslowakei der Fall.

Iphigenie

Internationale Organisationen (Forts.)

Von den außereuropäischen internationalen Organisationen seien hier nur noch diejenigen erwähnt, die für die Außenpolitik auch der europäischen Länder zunehmende Bedeutung erlangt haben.

Auf dem Hintergrund der internationalen Wirtschaftsbeziehungen kam es 1960 zur Gründung der *Organisation der Erdöl exportierenden Länder* (Organization of Petroleum Exporting Countries, Abkürzung: OPEC); ihr gehören zur Zeit an: Algerien, Ecuador, Indonesien, Irak, Iran, Katar, Kuwait, Libyen, Nigeria, Saudi-Arabien, Venezuela u. die Vereinigten Arabischen Emirate. Diese Länder treiben eine gemeinsame Erdölpolitik u. kamen mehr u. mehr dazu, ihre Übermacht gegenüber den Erdöl benötigenden Nationen auszunutzen.

Im Zusammenhang mit dem Nahostkonflikt spielt die bereits 1945 gegründete *Arabische Liga* (1977 etwa 20 Mitglieder) eine wichtige Rolle, doch gerade die Politik gegenüber Israel führte immer wieder zu großen Zwistigkeiten unter den arabischen Staaten. So wurde z. B. das Gründungsmitglied Ägypten wegen seinem Friedensvertrag mit Israel 1979 von der Mitarbeit in der Arabischen Liga ausgeschlossen, obwohl es noch 1976 für die Stärkung der Organisation gesorgt hatte, indem seine Vertreter den Antrag für die bald erfolgte Aufnahme der *Palästinensischen Befreiungsorganisation* (PLO) stellten.

Ähnliche innere Schwierigkeiten treten immer wieder bei der *Organisation für Afrikanische Einheit* (Organization of African Unity, Abkürzung: OAU) zutage. Der 1963 gegründete Zusammenschluß von über 40 Staaten konnte bei den Konflikten auf dem afrikanischen Kontinent während der letzten Jahre (Angola, Dschibuti, Somalia, Uganda, Westsahara, Zaïre) kaum eine vermittelnde Rolle spielen. Das Hauptziel der OAU, die Förderung der Entkolonialisierung in Afrika u. die Beseitigung der Herrschaft weißer Minderheiten (Rhodesien, Südafrika), wird jedoch v. a. in den UN mit weitgehender Geschlossenheit vertreten.

* * *

Iphigenie [...ni-e], griechische Sagengestalt. Zur Besänftigung der Göttin Artemis soll I. von ihrem Vater Agamemnon geopfert werden. Von Artemis entrückt, wirkt sie bei den Taurern als Priesterin. Als sie dort ihren Bruder ↑Orestes nach Landessitte opfern soll, erkennen sich die Geschwister u. fliehen in ihre Heimat. Der Stoff wurde oft im Drama behandelt (u. a. von Äschylus, Racine, Goethe u. G. Hauptmann).

Irak, Republik in Vorderasien, mit etwa 437 500 km² fast doppelt so groß wie die Bundesrepublik Deutschland, mit 11,9 Mill. E. Die Hauptstadt ist Bagdad. Die Bevölkerung Iraks besteht zum größten Teil aus moslemischen Arabern, der Norden des Landes dagegen ist von moslemischen Kurden bewohnt; Nomaden durchziehen die Steppengebiete. Das Kerngebiet Iraks ist das von Euphrat u. Tigris durchflossene Mesopotamien. Das Klima zeigt sehr große tägliche Temperaturschwankungen. Angebaut werden Getreide, Tabak, Baumwolle und Südfrüchte. Für Datteln ist I. der Hauptlieferant am Weltmarkt. Umfangreich ist die Schafzucht. Die wichtigste Einnahmequelle des Staates ist der Erdölexport. Überseehäfen sind Basra u. Umm Kasr. Die Industrie ist z. T. noch im Aufbau. – I. entstand nach dem Zerfall des Osmanischen Reiches (1918) als unabhängiger Staat. 1921–58 war I. Monarchie, seit 1958 ist I. Republik. Gründungsmitglied der UN u. Mitglied der Arabischen Liga. – Abb. S. 275.

Iran (seit 1934 amtlicher Name für Persien), islamische Republik in Vorderasien, zwischen Kaspischem Meer u. Persischem Golf, mit 32,2 Mill. E; 1 648 000 km². Die Hauptstadt ist Teheran. I. ist ein Gebirgs- u. Hochland mit wüstenhaften Becken im Zentrum u. im Osten, dem erdölreichen Sagrosgebirge (bis 4 548 m) im Südwesten u. dem Elbrusgebirge (bis 5 601 m) im Norden. Die *Bevölkerung* besteht zu 66 % aus Iranern, ferner Kurden, Angehörigen von ↑Turkvölkern u. a. Sie sind vorwiegend ↑Schiiten. Das *Klima* ist subtropisch, zum Teil extrem arid (d. h. oft Jahre ohne Niederschlag). Von der *Landwirtschaft* leben 70 % der Bevölkerung (Anbau von Reis, Baumwolle, Obst, Wein, Tee, Tabak; Schaf-, Ziegen- u. Rinderzucht). Das Rückgrat der iranischen *Industrie* ist die Erdölförderung. Unter den erdölfördenden Staaten steht I. an 4. Stelle in der Welt. Andere *Bodenschätze* sind Erdgas, Eisen, Chrom, Kupfer u. Kohle. Wichtigste Industriestadt ist Teheran, mit Abstand folgen Isfahan, Täbris, Ahwas u. Abadan. *Geschichte:* Unter Schah Resa (seit 1925) begann die moderne Entwicklung Persiens. Wegen seiner Bedeutung für den amerikanischen Nachschub in die UdSSR wurde I. 1941 von den Alliierten besetzt. Mit Großbritannien geriet es 1951 in Konflikt wegen der Verstaatlichung der Ölindustrie (1954 beigelegt). 1978/79 kam es, v. a. von den Schiiten getragen, zu einer Revolution, die sich zuerst gegen den Schah (der das Land verlassen mußte) u. seine Politik wandte, dann aber antrat, aus I. einen islamischen Staat zu entwickeln. I. gehört zu den Gründungsmitgliedern der UN. 1963 schloß es ein Handelsabkommen mit der EWG; ↑auch persische Geschichte.

Iridium [nlat.] *s*, Edelmetall, chemisches Symbol Ir, Ordnungszahl 77; Atommasse 192,2. Das sehr harte, silberweißglänzende Metall ist mit einer Dichte von 22,4 g/cm³ neben Osmium das schwerste natürlich vorkommende Element. I. wird nur in Form seiner Legierungen (vorwiegend mit Platin) für sehr hochwertige Materialien verwendet (z. B. Injektionsnadeln, elektrische Kontakte).

Iris, Gestalt der griechischen Göttersage, die geflügelte Botin der Götter, Verkörperung des Regenbogens (danach auch Bezeichnung für die Regenbogenhaut des Auges).

Iris [gr.] *w*, Regenbogenhaut des Auges. Durch Pigmenteinlagerung in sie entstehen die Augenfarben. Eine pigmentarme I. wirkt blau, zunehmende Pigmentierung ergibt dunkle Färbung bis schwarz; ↑auch Auge.

Irkutsk, sowjetische Stadt am Oberlauf der Angara, nahe dem Baikalsee, mit 519 000 E. Die Stadt hat eine Universität u. mehrere Hochschulen. Schwermaschinenbau, Nahrungsmittel- u. Holzindustrie sind die wirtschaftliche Grundlage der Stadt. I. ist das Zentrum der ostsibirischen Pelzwirtschaft. In der Umgebung intensiver Bergbau (Steinkohle, Eisenerze) u. große Wasserkraftwerke.

Irland: 1) nordwesteuropäische Insel, von der britischen Hauptinsel durch die Irische See getrennt; 4,7 Mill. E. Die Insel ist im Norden u. Süden bergig. Im Innern erstreckt sich die geräumige Zentralebene mit großen Mooren, wasserreichen Flüssen u. Seen. Das Klima ist gemäßigt, die Niederschläge reichlich. I. ist waldarm, aber reich an saftigen Weiden („Grüne Insel"). Der Nordosten (↑Nordirland) gehört politisch zu Großbritannien; **2)** (ir. Éire) Republik, die den Hauptteil von **1)** umfaßt. Sie hat 3,2 Mill. E (94 % sind katholisch); 70 283 km². Die Hauptstadt ist Dublin. Die erste Amtssprache ist Irisch, die zweite Englisch. Das Wirtschaftsleben wird hauptsächlich durch die Landwirtschaft bestimmt. Wiesen u. Weiden (rund 75 % der landwirtschaftlich genutzten Fläche) begünstigen die Viehzucht (Pferde, Rinder, Schafe u. Geflügel). An Bodenschätzen sind Zink- u. Bleierze sowie Torf u. wenig Steinkohle vorhanden. Die Industrie produziert

Israel

Irland. Südirische Küstenlandschaft mit Resten eines frühchristlichen Klosters

Island. Dampfquelle (100 °C) an der Südwestküste

1171 begann die englische Eroberung Irlands. Die politischen Gegensätze wurden seit der Reformation durch religiöse verstärkt, da die Iren streng katholisch blieben. Aufstände wurden blutig niedergeworfen, u. a. durch O. Cromwell. Die Iren wurden politisch entrechtet. Hunger u. Verelendung trieben sie zur Auswanderung (meist nach Nordamerika). 1921 wurde I. als Freistaat I. (ohne das nordirische Ulster) Dominion, 1937 souveräner Staat, 1949 schied I. aus dem Commonwealth aus. I. ist Mitglied der UN u. der EG.

ironisch [gr.], mit feinem, geistreichem, verstecktem Spott; leicht spöttelnd; z. B.: „Du bist mir aber ein Schelm".

irrational [lat.], durch Verstand, Vernunft, Geist nicht erfaßbar; der Logik, dem Denken entzogen.

Isaak, Patriarch des Alten Testaments, Sohn Abrahams u. Saras. Isaaks Opferung durch Abraham wird von Gott als Glaubensprobe gefordert, dann verhindert. Seiner Ehe mit Rebekka entstammen Jakob u. Esau.

Isar w, rechter Nebenfluß der Donau in Bayern. Die I. entspringt im Karwendelgebirge, fließt durch München und mündet unterhalb von Deggendorf. Die I. ist 295 km lang. Bedeutende Kraftwerke nutzen ihre Wasserkraft.

Isegrim, Name des Wolfs in der Fabel.

Isis, altägyptische Göttin, Schwester und Gemahlin des ↑Osiris, Mutter des Horus; wegen ihrer Treue nach dem Tod des Osiris verehrt.

Islam ↑Religion (Die großen Religionen).

Island, Republik im nördlichen Atlantischen Ozean, südlich des Polarkreises. I. besteht aus der gleichnamigen, zweitgrößten Insel Europas (nach der Hauptinsel von Großbritannien) mit vorgelagerten kleineren Inseln (insgesamt 103 000 km^2) u. hat 220 000 E. Die Hauptstadt u. der Haupthafen ist Reykjavík. Die Sprache ist Isländisch, die Religion evangelisch-lutherisch. Bevölkert sind vorwiegend die Küstengebiete. I. ist ein Hochplateau (im Hvannadalshnúkur bis 2119 m) aus vulkanischem Material. Rund 30 Vulkane sind noch tätig. Es gibt zahlreiche ↑Geysire u. heiße Quellen; in u. bei Reykjavík werden sie praktisch genutzt (u. a. Heizung und Warmwasserversorgung; Beheizung von Treibhäusern). Im Innern findet man gewaltige Gletscher (Vatnajökull 8456 km^2 u. a.). Im Süden ist die Küste zum Teil flach mit kleinen Buchten; die übrigen Küsten sind sehr reich gegliedert mit tiefen Fjorden. Es herrscht ein ozeanisches, verhältnismäßig mildes Klima, das durch den Golfstrom begünstigt wird. In der Pflanzenwelt herrschen Moose, Flechten, Weiden, Birken, Ebereschen vor. Heimisch ist der Polarfuchs, charakteristisch das Alpenschneehuhn; an den Küsten gibt es viele Seevögel. Keine Stadt außer Reykjavík hat mehr als 13 000 E. Nur in geringer Teil der landwirtschaftlichen Nutzfläche wird für den Ackerbau genutzt (Kartoffeln, Rüben), der Rest sind Wiesen u. Weiden für Ponys, Schafe, Rinder. Wichtigste Erwerbsquelle ist der Fischfang (80 % des Exports). Das Zentrum der Fischereiwirtschaft auf der Insel Heimaey wurde 1973 durch Vulkanausbruch schwer getroffen. Die Industrieproduktion ist nicht sehr vielseitig, meist werden eingeführte Rohstoffe verarbeitet. Seit 1969 besteht eine Aluminiumhütte, sie machte Aluminium zum zweitwichtigsten Exportgut. I. besitzt keine Eisenbahn, ein wichtiges Verkehrsmittel ist das Flugzeug. *Geschichte:* I. wurde im späten 8. Jh. entdeckt, im 9. Jh. begann die Besiedlung von Norwegen aus, um 1000 wurde I. christianisiert. 1262 (1264) kam es an Norwegen, 1380 an Dänemark. 1918 wurde I. selbständiger Staat in Personalunion mit Dänemark, 1944 selbständige Republik. 1972 erweiterte I. seine Fischereigrenze auf 50, 1975 auf 200 Seemeilen. I. ist Mitglied der UN und der NATO. Mit der EWG besteht ein Freihandelsabkommen.

Isobaren [gr.] w, *Mz.,* diejenigen Linien auf einer Wetterkarte, auf denen die Orte mit gleichem Luftdruck liegen.

Isolator [lat.] *m*, Stoff, der den elektrischen Strom kaum oder überhaupt nicht leitet. Der beste I. ist das Vakuum (luftleerer Raum). Gebräuchliche Isolatoren sind Hartgummi, Porzellan u. Kunststoffe. *Wärmeisolatoren* sind Stoffe, die eine geringe Wärmeleitfähigkeit besitzen (z. B. Glaswolle, Holz, Kunststoffe).

isolieren [lat.], absondern, vereinzeln, abschließen; *sich isolieren,* sich absondern, sich abschließen.

Isonzo *m* (slowenisch Soča), Zufluß zum Golf von Triest, 138 km lang. Der I. entspringt in den Julischen Alpen (Jugoslawien) u. mündet in Italien. Im 1. Weltkrieg war das Gebiet des mittleren I. Schauplatz mehrerer Schlachten.

Isothermen [gr.] w, *Mz.,* diejenigen Linien auf einer Wetterkarte, auf denen die Orte mit gleicher mittlerer Temperatur liegen.

Isotop ↑Atom.

Israel: 1) in biblischer Zeit bis zur Teilung des jüdischen Reiches Name des jüdischen Volkes, dann des Nordstaates; **2)** Republik in Vorderasien, am Mittelmeer, mit 3,6 Mill. E (85 % Juden); 20 700 km^2. Die Hauptstadt ist Jerusalem. Die Küstenebene am Mittelmeer geht zum Landesinnern in die Hochländer von Galiläa, Samaria u. Judäa über. Ostwärts fällt das Gebirge zur Jordansenke ab mit dem Toten Meer (396 m u. d. M.) u. dem See von Genezareth (209 m u. d. M.). Das Wüstengebiet des Negev im Süden nimmt

(oft mit ausländischem Kapital) v. a. für den Export. Neben der Nahrungs- u. Genußmittelindustrie gibt es Wollgewebeherstellung, Montage von Kraftfahrzeugen u. Maschinen, Chemiewerke. *Geschichte:* In vorgeschichtlicher Zeit wurde I. durch Kelten besiedelt. Im 5. Jh. wurden die Iren Christen. Die hauptsächlich von Mönchen getragene irische Kirche (Blütezeit 6.–9. Jh.) hatte einen wesentlichen Anteil an der Christianisierung Englands u. des Festlands.

279

mehr als die Hälfte des Landes ein. Das Klima ist im Küstensaum mediterran, im Landesinnern wüstenhaft, in der Jordansenke subtropisch bis tropisch. I. ist waldarm. Fur die Landwirtschaft ist die genossenschaftliche Siedlungsform des ↑Kibbuz charakteristisch. In weitgehend neugeschaffenen Anbaugebieten, v. a. in der Küstenebene u. im Norden des Landes, werden Getreide, Baumwolle, Zitrusfrüchte und Gemüse angebaut. An Bodenschätzen sind Phosphat, Salze, Kupfer, Erdöl u. Erdgas vorhanden. Neben chemischer Industrie hat I. 2 Stahlwerke, Maschinen-, Schiff- u. Flugzeugbau, Elektronikindustrie sowie rund 400 Diamantschleifereien. *Geschichte:* Am 15. 5. 1948 endete das britische Mandat über Palästina, der unabhängige Staat I. wurde ausgerufen. Der Angriff der arabischen Staaten führte zum Krieg, der mit einem Waffenstillstand 1949 endete. Die zum großen Teil geflüchtete arabische Bevölkerung durfte nicht mehr zurückkehren. Im Oktober/November 1956 brach erneut ein bewaffneter Konflikt mit Ägypten aus, diesmal wegen der Behinderung israelischer Schiffahrt im Sueskanal (Großbritannien und Frankreich beteiligten sich auf seiten Israels). 1967 führte I. mit Ägypten, Jordanien u. Syrien Krieg (Sechstagekrieg), weil die arabischen Staaten die Straße von Tiran (Meerenge zwischen der Insel Tiran u. der Halbinsel Sinai) gesperrt hatten u. erneut drohten, I. „auszulöschen". Militärische Erfolge Israels führten zur Besetzung der Halbinsel Sinai, Jordaniens westlich des Jordan u. syrischer Grenzgebiete; Waffenstillstand nach wenigen Tagen, aber keine Friedensverhandlungen. 1973 kam es erneut zu einem Krieg (Jom-Kippur-Krieg) zwischen I., Ägypten u. Syrien, in dem die arabischen Länder die von I. besetzten Gebiete zurückzugewinnen versuchten. Nach Ende des Krieges wurden erstmals seit 1949 direkte Verhandlungen zwischen I. u. Ägypten aufgenommen. Ende 1975 wurde der äußerste Westen der Halbinsel Sinai (mit Erdölfeldern) von israelischen Truppen geräumt, 1979 schlossen I. und Ägypten einen Friedensvertrag. ↑auch Palästina. – I. ist Mitglied der UN. Mit der EWG besteht ein Freihandelsabkommen.

Istanbul (bis 1930 meist Konstantinopel, im Altertum Byzanz genannt), Hafenstadt beiderseits des Bosporus u. am Marmarameer, größte Stadt der Türkei, mit 2,5 Mill. E. Handels- u. Kulturzentrum; I. hat zwei Universitäten, wissenschaftliche Institute (u. a. Deutsches Archäologisches Institut), Museen, Bibliotheken. Das Zentrum der Stadt liegt auf dem europäischen Ufer: Stambul, mit Hafen (Goldenes Horn). Hier sind die bedeutendsten Bauwerke der Stadt: die ↑Hagia Sophia, zahlreiche Moscheen (teilweise ehemalige Kirchen u. Klöster), der Sultanspalast, aber auch die enge Altstadt mit unzähligen Geschäften. Auf asiatischer Seite liegen die neueren Stadtteile. I. hat Werften, eine vielseitige Industrie (u. a. Textil-, Tabak-, Porzellan-, pharmazeutische Industrie). Es ist Verkehrsknotenpunkt, wichtig ist der internationale Flughafen. – 1453–1923 war I. die Hauptstadt des Osmanischen Reiches.

Isthmus [gr.] *m*, Landenge, z. B. I. von Korinth.

Italien, Republik in Südeuropa, mit 56,4 Mill. E; 301 260 km². Die Hauptstadt ist Rom. Die Bevölkerung ist zu 99 % römisch-katholisch. Im Norden Italiens leben deutsche, französische, slawische und rätoromanische Minderheiten. Die Amtssprache ist Italienisch. I. gliedert sich in Oberitalien (von den Alpen bis südlich des Po), Mittelitalien (bis nördlich von Neapel), Süditalien u. Insel-Italien (u. a. Sardinien, Sizilien). Im Norden hat I. Anteil an den Alpen (an den Talausgängen des Gebirges die oberitalienischen Seen: Gardasee, Comer See, Lago Maggiore u. a.). Die fruchtbare, feuchte, von eingedeichten Flüssen durchzogene Poebene dehnt sich in einem Lagunengürtel jährlich um 70–80 m ins Adriatische Meer aus. Die Gebirgsketten des Apennin bilden den Hauptteil der Halbinsel, dem an der Westseite eine Kette von Erhebungen vorgelagert ist. Zwischen ihnen liegen ehemals versumpfte Ebenen. Im Südwesten hat der Apennin jenseits der Straße von Messina im hohen Kalkgebirge Siziliens seine Fortsetzung. Eine der fruchtbarsten, am dichtesten besiedelten Landschaften (wenn auch durch Vulkanausbrüche bedroht) dehnt sich an den unteren Hängen des Vesuv u. um den Golf von Neapel aus. Ein weitverzweigtes Flußnetz hat nur der Po, die übrigen Flüsse sind kurz und versiegen teilweise im Sommer. Das *Klima* ist in der Poebene fast mitteleuropäisch, an den oberitalienischen Seen subtropisch mild, die Halbinsel hat Mittelmeerklima. In der *Wirtschaft* ist Oberitalien den anderen Gebieten, besonders Süditalien, überlegen. Zentrum der italienischen Landwirtschaft und auch Industrie (Mailand, Turin) ist die Poebene. Einen hohen Anteil am italienischen Export haben landwirtschaftliche Produkte: Wein, Tabak, Südfrüchte, Olivenöl, Frühgemüse, Äpfel. An *Bodenschätzen* ist I. arm, von Bedeutung sind Erdöl, Erdgas, Quecksilber, Eisen, Antimon, Schwefel u. Marmor. Die wichtigsten Industriezweige sind Rohstahlerzeugung u. Autoindustrie, Schiff- u. Maschinenbau, chemische Industrie. Sehr wichtig ist der starke Fremdenverkehr. *Geschichte:* Seit dem Ende des Weströmischen Reiches (476) befand sich I. unter germanischer Herrschaft. Auf ↑Odoaker folgte das Ostgotenreich Theoderichs des Großen (Hauptstadt Ravenna). 553 wurde I. oströmische Provinz. 568 drangen die Langobarden nach I. ein u. gründeten ein Reich mit der Hauptstadt Pavia. In Mittelitalien bildete sich der ↑Kirchenstaat; Karl der Große unterwarf die Langobarden u. wurde Schutzherr des Kirchenstaats. Karls Kaiserkrönung (800) durch den Papst begründete die Verbindung von Kirche u. Imperium (Reich). I. blieb bis ins späte Mittelalter Teil des Reiches. Durch den Aufschwung von Handel u. Verkehr in der Zeit der Kreuzzüge gewannen die Städte Macht u. größere Selbständigkeit (führend war Mailand). Ihre Eigenmächtigkeit bekämpfte Kaiser Friedrich I. Barbarossa. Durch die Ausdehnung der staufischen Macht über das Normannenreich in Unteritalien geriet der Kirchenstaat in die Gefahr der Umklammerung, die erst mit dem Untergang der Staufer (1268) beseitigt wurde. Im 14. u. 15. Jh. entstanden im Norden Mittel- u. Kleinstaaten (u. a. Florenz, Venedig, Mailand), die sich untereinander bekämpften, aber bedeutende kulturelle Leistungen hervorbrachten. Im Kampf gegen Frankreich errang Spanien im 16. Jh. die Vormachtstellung in I.; 1713 fielen die spanischen Besitzungen (Sardinien, Neapel, Mailand) an Österreich. Verhältnismäßig selbständig blieben im wesentlichen nur der Kirchenstaat und Piemont-Savoyen. Piemont-Savoyen erhielt Sardinien 1720 im Tausch gegen Sizilien. 1735 kam Neapel-Sizilien an die spanischen Bourbonen, 1737 Toskana an Lothringen-Habsburg, 1768 Korsika an Frankreich. Nach dem Zusammenbruch der Herrschaft Napoleons I. über Italien wurden der Kirchenstaat u. das Königreich Sardinien wiederhergestellt, Österreich erhielt außer der Lombardei auch Venetien u. herrschte durch habsburgische Seitenlinien in Toskana, Modena u. Parma. Die Jahre 1815–70 waren die Zeit des *Risorgimento* [ital.; = Wiedererstehung; *rißordsehimento*], die Zeit der Einheitsbestrebungen. 1859 gewann Sardinien-Piemont mit französischer Hilfe die Lombardei. Eine Nationalbewegung brachte den Anschluß Italiens (ohne den Kirchenstaat) an Sardinien-Piemont. Giuseppe Garibaldi (1807–82) besetzte 1860 Sizilien u. Neapel, 1861 wurde das Königreich I. ausgerufen, zunächst ohne Venetien (es kam 1866 hinzu) u. ohne Rom, das 1870 nach Abzug der französischen Truppen mit I. vereinigt u. Hauptstadt wurde. Viktor Emanuel II. von Sardinien nahm den Titel König von I. an. 1882 schloß I. einen Dreibund mit Österreich-Ungarn und dem Deutschen Reich. Im 1. Weltkrieg war I. zunächst neutral, dann auf seiten der Entente. 1919 gewann I. Südtirol, Triest u. Istrien. Innenpolitische Krisen, wirtschaftliche

Jahreszeiten

Schwierigkeiten begünstigten die Bildung der faschistischen Kampfverbände unter Mussolini. Sein Marsch auf Rom hatte Erfolg, im Oktober 1922 berief der König Mussolini als Ministerpräsidenten. Damit begann die Diktatur des Faschismus. 1936 eignete sich I. Äthiopien an, 1939 besetzte es Albanien. 1940 trat I. auf deutscher Seite in den 2. Weltkrieg ein. Nach Landung der Alliierten in I. (1943) wurde Mussolini abgesetzt und Waffenstillstand geschlossen. 1946 mußte der König abdanken, I. wurde Republik. Im Pariser Friedensvertrag 1947 verlor I. Istrien an Jugoslawien, den Dodekanes (u. a. Rhodos, Leros, Patmos) an Griechenland u. mußte auf seine afrikanischen Kolonien verzichten. Seit Ende des Krieges stellen die Christlichen Demokraten den Regierungschef, doch stehen ihnen seit einigen Jahren die Kommunisten als fast gleichstarke politische Kraft gegenüber. Auch angesichts der schwierigen wirtschaftlichen Lage (Inflation, Arbeitslosigkeit) streben die Kommunisten in einem „historischen Kompromiß" eine gemeinsame Regierung mit den Christlichen Demokraten an. – I. ist Mitglied der UN, der EG u. der NATO.

Iwan, *russische Fürsten:* **1) I. III.** Wassiljewitsch, genannt I. der Große, * Moskau 22. Januar 1440, † ebd. 27. Oktober 1505, Großfürst von Moskau seit 1462. I. gelang die Vereinigung der großrussischen Territorien durch den sogenannten Moskauer Staat. Er stärkte die Zentralverwaltung; **2) I. IV.** Wassiljewitsch, genannt I. der Schreckliche, * Moskau 25. August 1530, † ebd. 28. März 1584, Großfürst ab 1533, Zar seit 1547. Er machte sein Staatswesen zu einer unbeschränkten Autokratie (Selbstherrschaft) u. förderte es durch eine enge Bindung an Westeuropa. Er

Iwan IV.

herrschte mit blutigem Terror. Im Jähzorn tötete er seinen ältesten Sohn. Gegen Ende seines Lebens begann die Unterwerfung Sibiriens.

Iwrith, modernes Hebräisch, Amtssprache in Israel.

J

J: 1) 10. Buchstabe des Alphabets; **2)** Abkürzung für: ↑Joule.

Jacht [niederl.] *w*, größeres Segelboot mit Kajüte; ein meist sehr aufwendig eingerichtetes Schiff für Sport- u. Vergnügungsfahrten.

Jade [lat.] *m*, ein besonders in China beliebter, blaßgrüner Schmuckstein (ein sehr dichtes, körniges bis faseriges Mineral). – Abb. S. 282.

Jaffa ↑Tel Aviv-Jaffa.

Jagd *w*, das Aufsuchen, Verfolgen u. Erlegen des Wildes. Die J. ist so alt wie die Menschheit selbst. Der Mensch der frühen Zeit war Sammler u. Jäger. Er lebte vom Fleisch der erlegten Tiere, aus den Fellen fertigte er seine Kleidung u. aus den Knochen u. Sehnen seine Werkzeuge. Bei vielen Naturvölkern ist die J. noch heute die wesentliche Beschäftigung des Mannes. Bei uns dient die J., auch Weidwerk genannt, der sinnvollen Auslese des jagdbaren Wildes, da die natürliche Auslese nach dem Aussterben vieler Raubtierarten zum großen Teil unterbleibt. Sie schließt auch die Hege mit ein, das heißt Maßnahmen zur Erhaltung des Wildes, z. B. Fütterung in Notzeiten. Die Jagdgesetze verpflichten den Jäger zum weidgerechten Jagen u. schreiben ihm Jagd- u. Schonzeiten für die einzelnen Wildarten vor. Die Länder können die Jagdzeiten abkürzen oder vorübergehend aufheben oder die Schonzeiten für bestimmte Gebiete, v. a. zur Beseitigung kranken oder kümmernden Wildes, zur Wildseuchenbekämpfung oder aus Gründen der Wildhege, befristet aufheben. Die J. wird von Forstbeamten u. Privatjägern ausgeübt, die im Besitz eines behördlichen Jagdscheins sein müssen. Unberechtigtes Jagen (↑Wilderei) wird bestraft. Als *hohe Jagd* bezeichnet man die J. auf Hochwild, das sind Hirsche (Rotwild, Damwild), Wildschweine (Schwarzwild), Gemsen, Mufflon u. Auerhähne, als *niedere Jagd* die J. auf Niederwild, das sind Hasen, Kaninchen, Rebhühner u. Fasane sowie Rehwild. Es gibt verschiedene Arten der Jagdausübung: die *Pirsch,* bei der der Jäger das Jagdrevier durchstreift, den *Anstand* oder *Ansitz,* d. h., der Jäger erwartet in Deckung oder auf einem Hochsitz das Wild, die *Treibjagd,* bei der das Wild von Treibern den Schützen zugetrieben wird, die *Fallenjagd* auf Raubwild, die *Beize* mit abgerichteten Habichten u. Falken auf Flugwild u. Kaninchen, die *Baujagd* mit Terrier u. Dackel auf Fuchs u. Dachs (in Revieren mit Tollwutgefahr verboten) u. mit Frettchen (↑Iltis) auf Kaninchen (Frettieren). Die *Parforcejagd,* eine Hetzjagd zu Pferd hinter einer Hundemeute, ist in der Bundesrepublik Deutschland verboten.

Jagdspringen ↑Springreiten.

Jaguar [indian.] *m*, leopardenähnliches, aber etwas größeres Raubtier (bis 1,85 m) der dichten Wälder Mittel- u. Südamerikas. Es bevorzugt die Wassernähe, wo es Säugetiere, Vögel, Reptilien, seltener Fische erbeutet. Als Vieh räuber ist der J. sehr gefürchtet. Wegen seines Fells wurde er zu stark bejagt, er ist teilweise bereits ausgerottet. – Abb. S. 282.

Jahn, Friedrich Ludwig, * Lanz (Bezirk Schwerin) 11. August 1778, † Freyburg/Unstrut 15. Oktober 1852, deutscher Erzieher, Begründer der Turnbewegung in Deutschland („Turnvater

J."). 1811 eröffnete er in der Hasenheide bei Berlin den ersten Turnplatz. Nach seiner Auffassung sollte das Turnen zum Gemeinschaftsbewußtsein und zu deutschem Volkstum erziehen.

Jahr *s*, diejenige Zeit, die die Erde für einen vollen Umlauf um die Sonne benötigt. Ein J. dauert, mißt man es nach dem Durchgang durch den Frühlingspunkt (*Sonnenjahr*), genau 365 Tage 5 Stunden 48 Minuten 47 Sekunden; ↑auch Kalender.

Jahresringe ↑Holz.

Jahreszeiten *w, Mz.,* die vier Zeitabschnitte Frühling, Sommer, Herbst u. Winter, in die das ↑Jahr aufgeteilt wird. Der Winter beginnt an dem Tag, an dem die Sonne auf der Nordhalbkugel der Erde ihren tiefsten Stand erreicht hat (21. oder 22. Dezember; Wintersonnenwende). Der Frühling beginnt am darauffolgenden ↑Äquinoktium. Der Sommer beginnt an dem Tag, an dem die Sonne auf der Nordhalbkugel der Erde ihren höchsten Stand erreicht hat (21. oder 22. Juni; Sommersonnenwende). Der Herbst beginnt am darauf-

Jahwe

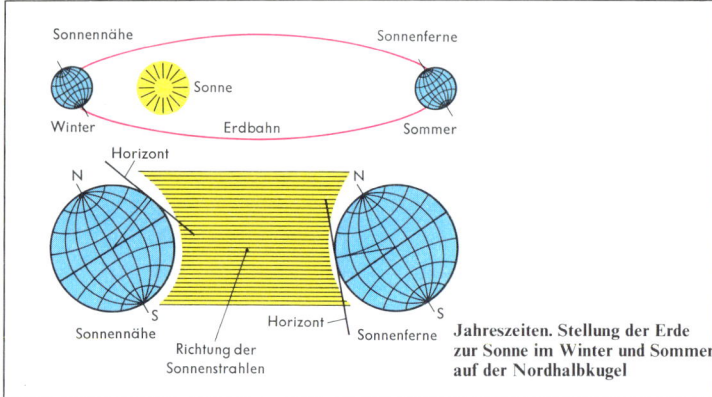

Jahreszeiten. Stellung der Erde zur Sonne im Winter und Sommer auf der Nordhalbkugel

folgenden Äquinoktium. Die Temperaturunterschiede der einzelnen J. werden durch die Neigung der ↑Erdachse zur Bahn der Erde um die Sonne u. die davon abhängige Einfallsrichtung der Sonnenstrahlen auf die Erde bewirkt. Auf der Nordhalbkugel der Erde ist der Sommer, auf der Südhalbkugel die Zeit unseres Winters die wärmste Jahreszeit.

Jahwe ↑Religion (Die großen Religionen).

Jak (Yak) [tibet.] *m*, langhaariges Rind im zentralasiatischen Hochland. In den entlegenen Teilen, besonders Osttibets, lebt der bis über 2 m hohe, braunschwarze *Wildjak* noch in einigen kleinen Herden. Aus dem J. wurde der zahme, wesentlich kleinere *Hausjak* (oder Grunzochse) gezüchtet, das Hausrind der Tibeter. Auch dieser trägt ein langes, dichtes Haarkleid, das grau, rötlich, braun oder gescheckt ist.

Jakarta (auch Djakarta; bis 1949 Batavia genannt), Hauptstadt u. wichtigster Hafen Indonesiens. Die Stadt liegt im Nordwesten der Insel Java u. hat 4,7 Mill. E (Inder, Europäer, Malaien, Chinesen u. a.). Sie besitzt eine Universität. Es gibt Eisen-, Schiffbau-, Auto-, Textil- u. chemische Industrie. – 1619 von Niederländern gegründet.

Jakob, Stammvater des Volkes Israel im Alten Testament, Sohn Isaaks. Von J. wird berichtet, er habe seinem älteren Zwillingsbruder Esau das Erstgeburtsrecht um ein Linsengericht abgekauft u. sich durch betrügerische List den väterlichen Segen verschafft. Seine 12 Söhne gelten als Väter der 12 Stämme Israels.

Jakobiner *m*, *Mz.*, Mitglieder eines zunächst gemäßigten, dann jedoch radikalen politischen Klubs während der Französischen Revolution, benannt nach ihrem Versammlungslokal, dem ehemaligen Kloster St. Jakob in Paris. Ihre Schreckensherrschaft endete mit dem Sturz ↑Robespierres.

Jakuten *m*, *Mz.*, mongolides Volk in der UdSSR, in Nordostsibirien. Die 296 000 J. sind z. T. Hirtennomaden mit Rinder-, Pferde- u. Renherden.

Jalta, sowjetischer Kurort an der Südküste der Krim, mit 76 000 E. – Auf der *Konferenz von J.* zwischen Stalin, Roosevelt u. Churchill (4.–11. Februar 1945) wurde u. a. über die Organisation der UN u. darüber verhandelt, wie nach dem Kriege mit dem besiegten Deutschland zu verfahren sei.

Jamaika, mittelamerikanischer Staat und drittgrößte Insel der Großen Antillen, mit 2,1 Mill. E (77 % Neger, 18 % Mulatten); 10 962 km². Hauptstadt und Haupthafen ist *Kingston* (117 000 E). Die gebirgige Insel hat tropisch-feuchtes Klima. An der Küste u. an Gebirgshängen werden Zuckerrohr, Bananen, Zitrusfrüchte, Tabak, Kakao u. Gewürzpflanzen angebaut. Das Land verfügt über bedeutende Bauxitlagerstätten. Ferner gibt es Zucker- u. Tabakfabriken, Herstellung von Jamaika-Rum, ein Stahlwerk, eine Erdölraffinerie sowie Textil- u. chemische Industrie. – Die Insel wurde 1494 von Kolumbus entdeckt, seit 1655 war sie britische Kolonie, 1962 erhielt sie die Unabhängigkeit. J. ist Mitglied des Commonwealth u. der UN sowie der EWG assoziiert.

Jamboree [*dschämbᵉri*; engl.] *s*, internationales Pfadfindertreffen.

Jambus [gr.] *m*, Versfuß aus einer kurzen (unbetonten) mit folgender langer (betonter) Silbe; z. B. Gedicht; ↑auch Vers.

Jam Session [*dschäm ßeschᵉn*; engl.] *w*, zwangloses Spiel (aus dem Stegreif) von Jazzmusikern; auch Programmteil von Jazzkonzerten.

Jangtsekiang *m*, größter Fluß Asiens, mit einer Länge von 6 300 km. Er entspringt im Hochland von Tibet, tritt bei Ichang in die Ebene ein u. mündet in breitem Trichter bei Schanghai ins Ostchinesische Meer. 2 800 km sind schiffbar.

Janitscharen [türk.] *m*, *Mz.*, von 1329 bis 1826 die Kerntruppe des türkischen Heeres; sie wurde aus Kriegsgefangenen, die man zur Annahme des Islams gedrängt hatte, u. aus Söhnen christlicher Untertanen gebildet.

Janus, römischer Gott des Ein- u. Ausgangs; der *Januskopf* wird mit zwei in entgegensetzte Richtung blickenden Gesichtern dargestellt.

Japan (jap. Nippon), Kaiserreich in Ostasien. Es umfaßt die Hauptinseln

Janus. Januskopf

Jade. Chinesische Schale

Jaguar

Jak. Wildjak

Jedermann

Jean Paul

Jeanne d'Arc vor Paris (aus einer Handschrift von 1484)

Hondo, Hokkaido, Kiuschu u. Schikoku sowie rund 3 500 kleinere Inseln u. hat 113,9 Mill. E; 372 393 km². Die Hauptstadt ist Tokio. J. ist vorwiegend gebirgig (viele hohe Vulkane, u. a. Fudschijama); größere Ebenen findet man nördlich von Tokio u. an den reich gegliederten Küsten; häufig treten Erdbeben auf. Außer auf Hokkaido sind fast überall die Sommer tropisch-heiß u. regenreich, die Winter mild. Das Land ist zu 60 % bewaldet. Angebaut werden neben Reis auch Gerste, Weizen, Kartoffeln, Tee, Tabak u. sehr viel Obst. Bedeutend sind die Seidenraupenzucht, die Fischerei u. die Perlmuschelzucht. J. ist arm an Bodenschätzen. Für die hochentwickelte Industrie müssen Erdöl, Schwermetalle u. Kokskohle zu mehr als 90 % des Bedarfs eingeführt werden. In den Hauptindustriezentren Tokio-Jokohama, Kobe-Osaka, Nagoja und Kitakiuschu findet man Eisen- u. Stahlindustrie, Maschinen- u. Kraftfahrzeugbau, Elektronik-, optische u. bedeutenden Schiffbau. *Geschichte:* Seit dem 7. Jh. n. Chr. war J. ein Beamtenstaat nach chinesischem Muster mit dem Tenno (Kaiser) als absolutem Herrscher. Seit dem Ende des 12. Jahrhunderts war es ein Feudalstaat; die Regierungsgewalt lag bei den Schogunen (Reichsfeldherren). 1867 gelangte sie wieder in die Hände der (als göttlich verehrten) Kaiser zurück. Nach über zweihundertjähriger Absperrung des Landes gegen alle Einflüsse von außen erzwangen die USA um die Mitte des 19. Jahrhunderts die Öffnung mehrerer Häfen für den Verkehr mit dem Ausland. Damit begann die moderne Entwicklung Japans u. sein Aufstieg zur ostasiatischen Großmacht (durchgreifende Reformen im Inneren, Industrialisierung, Aufbau einer Flotte). Seine Ausdehnungspolitik führte zu mehreren Kriegen (z. B. 1937–45 gegen China). Im 2. Weltkrieg kämpfte J. als Verbündeter Deutschlands u. Italiens (1941 japanischer Überfall auf den amerikanischen Flottenstützpunkt Pearl Harbor; 1945 amerikanischer Atombombenabwurf auf Hiroschima u. Nagasaki). Nach der Kapitulation mußte J. auf die früher eroberten Gebiete außerhalb seines Inselreiches verzichten; es folgte eine Angleichung an die westlichen Demokratien, nach Beendigung der amerikanischen Besetzung erlangte J. 1952 seine Hoheitsrechte zurück. J. ist UN-Mitglied.

Jargon [*schargong*; frz.] *m*: 1. sondersprachlicher Wortschatz bestimmter sozialer Schichten u. Berufsgruppen (z. B. im Sport: *Leder* für Ball, *Kasten* für Tor); 2. ungepflegte, derbe Ausdrucksweise (wird auch als *Slang* bezeichnet).

Jasmin [pers.] *m*, bis 3 m hoher, laubabwerfender Strauch mit langröhrigen weißen, rosa oder gelben, z. T. stark duftenden Blüten. Das aus Ostasien stammende Ölbaumgewächs gedeiht bei uns an geschützten Stellen. Es ist eine beliebte Zierpflanze.

Jaspers, Karl, * Oldenburg (Oldenburg) 23. Februar 1883, † Basel 26. Februar 1969, deutscher Philosoph, Vertreter der ↑Existenzphilosophie. Er äußerte sich auch zu politischen Fragen („Wohin treibt die Bundesrepublik?", 1966).

Jaspis *m*, als Schmuckstein verwendetes Mineral. J. ist undurchsichtig, stark grau, bläulich, gelb, rot oder braun gefärbt, teils gebändert.

Jause [slowen.] *w*, in Österreich Bezeichnung für: Zwischenmahlzeit, Vesper.

Java, eine der Großen Sundainseln, mit 79 Mill. E. Sie ist die am dichtesten bevölkerte u. wirtschaftlich bedeutendste Insel ↑Indonesiens mit der Hauptstadt Jakarta. Es gibt auf J. zahlreiche tätige Vulkane. Vulkanische Böden u. Monsunklima haben große Fruchtbarkeit zur Folge; Hauptanbauprodukte sind Reis u. Zuckerrohr, ferner werden Tabak, Tee, Chinarinde, Kaffee, Kautschuk, Kopra u. Kapok gewonnen. Weitere Wirtschaftszweige sind die Erdölförderung, die Textilindustrie u. die Verarbeitung landwirtschaftlicher Produkte.

Jazz ↑284.

Jeanne d'Arc [*schandark*], Heilige, genannt Jungfrau von Orléans, * Domrémy-la-Pucelle zwischen 1410 u. 1412, † Rouen 30. Mai 1431, ein Mädchen aus begüterter Bauernfamilie, das sich im Hundertjährigen Krieg (zwischen England u. Frankreich) durch göttlichen Auftrag zur Befreiung Frankreichs berufen fühlte. Sie befreite 1429 das belagerte Orléans u. führte Karl VII. nach Reims zur Krönung. Nachdem die Burgunder sie gefangengenommen und den Engländern ausgeliefert hatten, wurde sie der Zauberei u. Ketzerei angeklagt u. verbrannt. In Frankreich wird sie als Nationalheldin verehrt. 1920 wurde sie heiliggesprochen. – In der Literatur wurde das Leben der J. d'A. mehrfach behandelt (u. a. von Schiller, Shaw und Anouilh).

Jean Paul [*schang-*], eigentlich Johann Paul Friedrich Richter, * Wunsiedel 21. März 1763, † Bayreuth 14. November 1825, deutscher Schriftsteller. In seinen Romanen verbinden sich eine wirklichkeitsnahe Darstellung des kleinbürgerlichen Lebens, liebevoller Humor u. eine oftmals kauzige u. verschrobene Phantasie. Er schrieb u. a. „Leben des vergnügten Schulmeisterlein Maria Wuz" (1793), „Siebenkäs" (1796/97), „Titan" (1800–03), „Flegeljahre" (1804/05).

Jeans [*dschins*; engl.] *Mz.*, strapazierfähige, enge, meist blaue (*Blue jeans*) Hose aus Baumwollstoff, z. T. mit durch Nieten verstärkten Nähten (*Nietenhosen*); ursprünglich Arbeitshosen in den USA, seit den 50er Jahren weltweit v. a. von jüngeren Menschen getragenes unkonventionelles Kleidungsstück.

Jedermann (engl. Everyman), ein geistliches Schauspiel um das Sterben eines reichen Mannes, den alle seine Freunde verlassen. Nur seine „guten Werke" u. sein Glaube begleiten ihn vor Gottes Richterstuhl. Das Spiel ent-

Fortsetzung S. 285

JAZZ

Der Jazz ist eine Musik, die aus der Berührung zweier unterschiedlicher Kulturen hervorgegangen ist: aus der europäisch-amerikanischen einerseits und der afrikanischen andererseits. Man bezeichnet ihn daher häufig auch als „afroamerikanische Musik". Die Urheber des Jazz waren die Nachfahren der von den europäischen Kolonisatoren als Sklaven in die Südstaaten der USA verschleppten Afrikaner. Beraubt ihrer ursprünglichen Sprache u. Kultur, hatten diese im Laufe des 19. Jahrhunderts eigenständige Musikgattungen zu entwickeln begonnen, die sowohl afrikanische als auch abendländische Elemente enthielten: die Spirituals (religiöse Gesänge), die Worksongs (rhythmische Arbeitslieder der Sklaven) u. die Blues (weltliche Lieder). Der nach der Sklavenbefreiung einsetzende Zug der Neger in die Städte brachte die Neger zunehmend in Kontakt mit der europäischen Musik. Die von dieser auf die Frühformen des Jazz einwirkenden Einflüsse zeigten sich v. a. in der Übernahme einfacher melodischer u. harmonischer Strukturen, wie sie in der Marsch- u. Tanzmusik jener Zeit üblich waren, sowie in der Verwendung des entsprechenden Instrumentariums. Von den Elementen des Jazz, die auf afrikanische Traditionen zurückweisen, ist besonders der Rhythmus zu nennen. Kennzeichnend für diese sind eine starke Spannung u. beständige Konfliktbildung zwischen den Akzenten, wie es für die afrikanischen Trommelmusiken typisch ist.

Um die Jahrhundertwende verschmolzen schwarze Musiker die verschiedenartigen Einflüsse zum ersten vollausgebildeten Stil des Jazz, nach dem Ort seiner Entstehung *New-Orleans-Stil* genannt. Es war eine emphatische (eindringliche) Musik mit starker rhythmischer Akzentuierung, rauher Tonbildung u. mehrstimmigen Improvisationen. Allmählich prägte sich eine Standardbesetzung der Jazzgruppen aus: Kornett oder Trompete, Klarinette u. Posaune bildeten die Melodiegruppe; Klavier, Banjo oder Gitarre, Baß u. Schlagzeug die Rhythmusgruppe. Der New-Orleans-Jazz war eine „schwarze" Musik, seine wichtigsten Solisten waren der legendäre Kornettist Buddy Bolden, der Posaunist Kid Ory u. der Pianist u. Komponist Jelly Roll Morton. Sehr bald jedoch wurde diese „schwarze" Musik durch weiße Musiker nachgeahmt, es entstand der ↑*Dixieland-Jazz*, angeführt von der „Original Dixieland Jazz Band". Mit dieser Gruppe von weißen Musikern begann ein Prozeß, der sich in der Geschichte des Jazz ständig wiederholte: Schwarze Musiker entwickelten einen Stil, weiße Musiker imitierten ihn, verflachten, glätteten ihn, entsprechend dem Geschmack des breiten Publikums, u. machten damit riesige Geschäfte, während die schwarzen Musiker leer ausgingen u. wiederum einen neuen Stil entwickelten.

Anfang der 20er Jahre begann mit der wachsenden Industrialisierung in den nördlichen Großstädten der USA, ein anhaltender Strom von Negern aus den ländlichen Bezirken des Südens in diese Städte zu ziehen. Mit ihnen zogen, dem Laufe des Mississippi folgend, die New-Orleans-Musiker. Das neue Zentrum des Jazz wurde *Chicago*, wo in dieser Zeit so berühmte Musiker wie King Oliver, Louis Armstrong u. Johnny Dodds arbeiteten. Auch hier entstand unter dem Einfluß u. durch Imitation des „schwarzen" New-Orleans-Jazz ein neuer „weißer" Stil, der *Chicago-Jazz*, dessen bedeutendster Vertreter der Trompeter Bix Beiderbecke war: Die Gruppenimprovisation wurde weitgehend aufgegeben, Solisten traten stärker hervor, die Tonbildung wurde glatter u. dem europäischen Klangideal zunehmend angepaßt. Zu dieser Stilrichtung gehörten z. B. auch der Klarinettist Pee Wee Russell u. der Gitarrist Eddie Condon.

Der Chicago-Jazz bildete das Bindeglied zwischen den sogenannten klassischen Jazzstilen u. dem *Swing*. Dieser entstand Anfang der 30er Jahre u. war v. a. eine Angelegenheit der großen Orchester (Big Bands). Im Swingstil rückten die afrikanischen Elemente des Jazz weiter in den Hintergrund. Die Big Bands erforderten eine straffe musikalische Disziplin u. ließen nur wenig Freiheit für spontane Improvisation. Diese hatten nur die Starsolisten, die nun – ähnlich wie die Filmstars aus Hollywood – zu weltweiter Berühmtheit gelangten, darunter v. a. der Klarinettist u. Orchesterleiter Benny Goodman, den man als den „King of swing" (König des Swing) feierte. Die Entwicklung des modernen Jazz setzte um 1940 in New York ein. Der Saxophonist Charlie Parker, der Trompeter Dizzy Gillespie, der Pianist Thelonious Monk u. andere farbige Musiker schufen als Reaktion auf den kommerzialisierten Swing eine neue Form des Musizierens mit erregend wirkenden, zerfetzten, ausbruchartigen Melodielinien u. Rhythmen. Der neue Stil erhielt den lautmalenden Namen *Bebop*. Daneben entwickelte der Big-Band-Leiter Stan Kenton den *Progressive Jazz*, der sich der europäischen zeitgenössischen Musik annäherte, auf die Dauer aber unfruchtbar blieb. Im Laufe der 50er Jahre bildeten sich in der Nachfolge des Bebop zwei sehr unterschiedliche Stilbereiche heraus: *Cool Jazz* und *Hard-Bop*. Der erstere, vorwiegend von weißen Musikern praktiziert, knüpfte an die harmonischen Errungenschaften des Bebop an, glättete aber dessen Rhythmik u. Tonbildung zu einer verhaltenen Kühle des Ausdrucks u. paßte sich teilweise der abendländischen Kunstmusik an. Der Hard-Bop hingegen betonte als „schwarzer" Gegenpol des Cool Jazz die Wurzeln des Jazz, indem er auf alte Formen der afroamerikanischen Volksmusik zurückgriff (Worksong, Blues) u. diese in die Gestaltungsprinzipien des Bebop einzuschmelzen versuchte.

Die geringe Tragfähigkeit von Cool Jazz u. Hard-Bop führte um 1960 zu dem entscheidenden Bruch in der Entwicklung des Jazz. Im *Free Jazz* (= freier Jazz) wurden fast alle herkömmlichen Gestaltungsprinzipien des Jazz aufgehoben: an die Stelle der bis dahin gültigen Formgerüste trat die „offene Form"; die harmonischen Gesetzmäßigkeiten wurden verschleiert oder ignoriert, der den Rhythmus regelnde Grundschlag (Beat) weitgehend aufgegeben, u. die Tonbildung führte durch starke Geräuschanteile zu rein klanglichen Improvisationsverläufen. Seit 1965 begannen sich im Free Jazz drei auseinanderstrebende Entwicklungen abzuzeichnen: 1. der sogenannte „mainstream" (= Hauptstrom) des Free Jazz, der stark bluesbetont ist, 2. ein an die europäische Neue Musik anknüpfender Stil u. 3. ein außereuropäische Musikformen angelehnter Stil. – Seit Anfang der 70er Jahre machen sich zunehmend Versuche einer Verschmelzung von Jazz und ↑Popmusik bemerkbar. Die wichtigsten Vertreter des Free Jazz sind die Saxophonisten John Coltrane, Ornette Coleman u. Archie Shepp sowie der Pianist Cecil Taylor u. der Bassist Charlie Mingus. In jüngster Zeit kann man auch *deutsche* Jazzinterpreten zu den stilbildenden Musikern zählen, so den Posaunisten Albert Mangelsdorff, den Trompeter Manfred Schoof u. den Saxophonisten Peter Brötzmann. Der Jazz entstand im Zusammenwirken vieler Elemente u. verbreitete sich über Rassenschranken u. Nationalitäten hinweg. Er hat zahlreiche Erscheinungsformen der Musik – von der Tanzmusik der 20er Jahre bis zur ↑Beatmusik u. Popmusik unserer Zeit – befruchtet u. auch viele der in der europäischen Musiktradition stehenden Komponisten inspiriert. – Alle Jazzstile bestehen noch heute nebeneinander weiter.

* * *

Johannes Paul II.

stand um 1500 in England u. wurde mehrmals bearbeitet. Am bekanntesten ist heute die Nachdichtung von H. von Hofmannsthal (1911).

Jefferson, Thomas [*dsehef$^{er}β^en$*], * Shadwell (Virginia) 13. April 1743, † Monticello (Virginia) 4. Juli 1826, amerikanischer Staatsmann u. Schriftsteller, 3. Präsident der USA (1801 bis 1809). Im Befreiungskampf gegen England verfaßte er die amerikanische Unabhängigkeitserklärung vom 4. Juli 1776. Als Präsident erwarb er Louisiana von Frankreich. J. gilt als der Schöpfer der amerikanischen Demokratie.

Jehova, unrichtige Lesart des Namens Jahwe.

Jemen (Arabische Republik), Staat im Südwesten der Arabischen Halbinsel, mit 7,1 Mill. E; rund 195 000 km². Die Hauptstadt ist *Sana* (135 000 E), der wichtigste Hafen Al Hudaida. Der Küstensaum am Roten Meer ist heiß u. trocken, hat jedoch eine hohe Luftfeuchtigkeit; hier ist der Anbau von Baumwolle, Tabak u. Südfrüchten möglich. Die Hochflächen u. Hochgebirge haben reichlich Niederschläge: es werden Hirse, Mais, Weizen u. Kaffee angebaut. Verbreitet ist die Viehzucht (Schafe, Ziegen u. Kamele). – Nach Zugehörigkeit zum Osmanischen Reich wurde der Jemen 1918 ein selbständiges Königreich, 1962 dann Republik. Der darauffolgende Bürgerkrieg, mit ägyptischer Unterstützung der republikanischen Seite, endete 1970. Die Verfassung wurde 1974 durch einen Militärputsch außer Kraft gesetzt. Das Land ist Mitglied der UN u. der Arabischen Liga.

Jemen (Demokratische Volksrepublik), Staat im Süden der Arabischen Halbinsel, grenzt im Süden an den Golf von Aden, im Westen an die Arabische Republik Jemen, im Norden an Saudi-Arabien u. im Osten an Oman. Die Volksrepublik J. hat 1,8 Mill. E; rund 290 000 km². Die Hauptstadt ist *Asch Schab* (10 000 E). Das Land besteht größtenteils aus wüstenhaftem Gebirgsland mit Oasen- und Nomadenwirtschaft. Die Salzgärten bei Aden u. eine Erdölraffinerie sind die einzigen großen Wirtschaftsbetriebe. – 1967 entstand aus verschiedenen kleineren Territorien im Kampf gegen die britische Protektoratsherrschaft die *Volksrepublik Südjemen,* die sich seit 1970 Demokratische Volksrepublik J. nennt. Das Land ist Mitglied der UN u. der Arabischen Liga.

Jena, Stadt an der Saale im Bezirk Gera, mit 101 000 E; J. hat eine Universität, eine Sternwarte u. ein Planetarium. Bedeutend sind optische, Glas- und Arzneimittelindustrie. – Um 1800 war J. einer der geistigen Mittelpunkte Deutschlands: hier wirkten zeitweise Schiller, Fichte, Schelling, Hegel, die Brüder Schlegel u. a.

Jenissei *m,* Fluß in Sibirien, 4 092 km lang. Der Mündungstrichter hat eine Länge von 435 km. Bis Igarka ist der J. mit Hochseeschiffen befahrbar, doch ist der Fluß die meiste Zeit des Jahres vereist. In Südsibirien stehen am J. 2 große Wasserkraftwerke.

Jeremia (Jeremias), * Anathot um 650, † in Ägypten um 585 v. Chr., Prophet des Alten Testaments. Ihm zugeschrieben werden die *Klagelieder* (über den Untergang des Reiches Juda u. Jerusalems).

Jerewan (Eriwan), Hauptstadt der Unionsrepublik Armenien in der UdSSR, mit 928 000 E. Die Stadt ist ein kulturelles Zentrum (mit Universität) u. hat neben Maschinenbau, Elektro- u. chemischer Industrie z. B. auch Wein- u. Sektkellereien.

Jerusalem, Hauptstadt von Israel, auf einer Hochfläche über dem Kidrontal. Der Ostteil Jerusalems (Altstadt) gehörte 1948–67 zu Jordanien u. wird jetzt von Israel verwaltet. Die gesamte Stadt hat 326 000 E. Sie ist jüdischer, christlicher u. moslemischer Wallfahrtsort. J. hat über 70 Synagogen, die „Klagemauer" (Rest der Tempelmauer), zahlreiche Kirchen (darunter die Grabeskirche). u. Moscheen. Die Stadt ist das kulturelle Zentrum Israels (mit Universität). Außerdem hat J. Schuh-, Elektro-, Arzneimittelindustrie und Diamantschleifereien. *Geschichte:* J. war um 1000 v. Chr. Hauptstadt des Judäerreiches unter den Königen David u. Salomo. 587 v. Chr. zerstörten die Babylonier Stadt u. Tempel. Unter römischer Herrschaft baute Herodes der Große J. zu einer prächtigen Stadt aus. Um 30 n. Chr. wurde Jesus von Nazareth hier vor Gericht gestellt u. gekreuzigt. 70 n. Chr. zerstörten die Römer nach einem jüdischen Aufstand den Tempel. In den folgenden Jahrhunderten befand sich J. unter wechselnder Herrschaft (im Zeitalter der Kreuzzüge war es umstritten zwischen Christen u. Moslems). – Abb. S. 286.

Jesaja (Isaias), Prophet des Alten Testaments. Etwa 740–700 v. Chr. kämpfte er für die religiöse Erneuerung des Volkes Israel u. gegen soziale Mißstände.

Jesuiten *m, Mz.,* Mitglieder der *Gesellschaft Jesu* (lat. Societas Jesu, SJ), des größten katholischen Ordens. Die Leitung der straff organisierten Gemeinschaft hat ein Ordensgeneral. Die J. sind v. a. in der Mission, in Wissenschaft, Erziehung u. persönlicher Seelsorge tätig. – Der Orden wurde 1534 von Ignatius von Loyola begründet. Er spielte in der Gegenreformation eine wichtige Rolle; 1773 vom Papst aufgehoben, 1814 jedoch wieder zugelassen. Es gibt heute etwa 28 000 Jesuiten.

Jesus ↑ Religion (Die großen Religionen).

Jiu-Jitsu ↑ Judo.

Job [*dsehob;* engl.] *m,* Beschäftigung (bei der es v. a. auf das Geldverdienen ankommt), Gelegenheitsarbeit, Stelle (im Gegensatz zum Beruf).

Jod [gr.] *s,* typisches Nichtmetall, chemisches Symbol J, Ordnungszahl 53; Atommasse ungefähr 127. Das zu den ↑ Halogenen gehörende Element liegt in violetten, schuppenartigen Blättchen vor, die sich schon bei Zimmertemperatur unter Bildung brauner Gase, teilweise unter Umgehung des flüssigen Zustandes verflüchtigen (sublimieren). Chemisch verhält sich J. ähnlich wie Chlor, ist jedoch nicht so aggressiv. Das sehr seltene Element ist in der organischen Chemie Bestandteil vieler Verbindungen. Am bekanntesten ist seine desinfizierende Wirkung.

Jogging ↑ Trimmbewegung.

Joghurt [türk.] *m* oder *s,* aus pasteurisierter Vollmilch oder entrahmter Frischmilch durch Eindampfung u. Zugabe bestimmter Milchsäurebakterien hergestelltes Nahrungsmittel von deutlich saurem, angenehm aromatischem Geschmack. J. ist gut verdaulich u. beeinflußt die Darmflora günstig. Es wurde zuerst in der Türkei hergestellt.

Johannes: 1) J. der Evangelist, Heiliger, Apostel. J. gehörte zum engsten Jüngerkreis Jesu. Die Verfasserschaft des *Johannesevangeliums,* der (Geheimen) Offenbarung und der 3 *Johannesbriefe* ist umstritten; **2) J. der Täufer,** Heiliger, † wahrscheinlich in Machaerus (Palästina) um 28 n. Chr., Bußprediger in der Wüste östlich des Jordan. Er verkündete das Kommen des Messias u. forderte als Zeichen der inneren Umkehr die Taufe.

Johannesburg, größte Stadt der Republik Südafrika, im südlichen Transvaal. Sie liegt 1 753 m ü. d. M. u. hat 1,4 Mill. E. Die Stadt besitzt 2 Universitäten. Sie ist Zentrum der größten Goldfelder der Erde (am Witwatersrand) u. wichtigstes Handels- u. Industriezentrum von Südafrika (Maschinenbau, Diamantschleifereien, Nahrungsmittel-, Textil- u. a. Industrie).

Johannes Paul II., * Wadowice

18. Mai 1920, vorher Karol Wojtyła, Papst (seit 17. Oktober 1978). 1964 wurde er Erzbischof von Krakau, 1967 Kardinal; er ist der erste polnische u. seit

Johannisbeere

Jordanien. Das Bergland von Edom (südlich des Toten Meeres)

1522 bzw. 1523 der erste nichtitalienische Papst.

Johannisbeere w, im weiteren Sinn alle unbestachelten Arten der Gattung Stachelbeere, im engeren Sinn die als Nutzpflanze kultivierte Rote u. Schwarze J., die in Busch- oder Halbstrauchform gezogen werden. Die Früchte sind reich an Vitamin C.

Johanniterorden m, der älteste geistliche Ritterorden, entstanden aus der Tradition eines Hospitals für Pilger u. Kranke in Jerusalem. 1155 erhielt der Orden eine erste Regel. Er breitete sich v. a. im Mittelmeerraum aus, seine Aufgaben umfaßten auch den (bewaffneten) Grenzschutz. Die Tracht war ein schwarzer Mantel mit weißem Kreuz. Ab 1291 hatte der J. seinen Sitz auf Zypern, ab Anfang des 14. Jahrhunderts auf Rhodos, wo er einen souveränen Ritterstaat begründete. Als der J. 1522 Rhodos verlor, erhielt er Malta (daher auch *Malteser* genannt), das er bis 1798 besaß. Heute gibt es einen protestantischen J. u. einen katholischen Malteserorden, die beide auf karitativem Gebiet tätig sind.

Jokohama, neben Kobe wichtigste Hafenstadt Japans, mit 2,7 Mill. E. Die Stadt liegt südlich von Tokio u. hat mehrere Universitäten. Bedeutende Industriezweige sind Schiffbau, Stahl-, Auto- u. chemische Industrie.

Jordan m, Fluß in Palästina, u. entspringt im Hermon (Syrien), durchfließt den See von Genezareth u. die Landschaft Ghor u. mündet ins Tote Meer. Seine Länge beträgt rund 330 km.

Jordanien, Königreich in Vorderasien östlich des Jordan, mit 2,8 Mill. E; 88 572 km². Die Hauptstadt ist Amman. Die geringe Bevölkerungszahl erklärt sich aus der Landesbeschaffenheit: 80% des Landes sind Wüste u. Halbwüste. Angebaut werden Weizen, Gerste, Gemüse u. Südfrüchte, hinzu kommt eine ausgedehnte Viehwirtschaft (v. a. Schafe u. Ziegen). Wichtigster Wirtschaftszweig ist der Abbau von Phosphat, das wertmäßig die Hälfte des Gesamtexports ausmacht. – J. entstand als Königreich aus dem britischen Mandat Transjordanien u. Teilen Palästinas (1950). Den Anspruch auf die seit dem Krieg 1967 von Israel besetzten Gebiete westlich des Jordan hat J. 1974 zugunsten der PLO (†Palästina) aufgegeben. J. ist Mitglied der UN u. der Arabischen Liga; mit der EWG besteht ein Kooperationsabkommen.

Joseph, Heiliger, im Neuen Testament Ehemann Marias u. Vater Jesu (in der katholischen Tradition Pflegevater Jesu).

Joseph, im Alten Testament Sohn Jakobs u. Rahels. Er wird durch die Schuld seiner Brüder als Sklave nach Ägypten verkauft, macht sich dort als Traumdeuter des Pharao einen Namen u. gelangt zu Ansehen u. Würde.

Joseph II., * Wien 13. März 1741, † ebd. 20. Februar 1790, Sohn von Franz I. u. Maria Theresia, seit 1765 deutscher Kaiser. Er vertrat den aufgeklärten Absolutismus u. setzte zahlreiche Reformen durch, u. a. im Bildungs- u. Sozialwesen u. auf kirchenpolitischem Gebiet.

Joule [*dschul;* nach dem engl. Physiker J. P. Joule, 1818–89] s, Einheitenzeichen J, gesetzliche Maßeinheit für die Arbeit bzw. Energie. 1 J ist die Arbeit, die verrichtet wird, wenn der Angriffspunkt einer Kraft der Stärke 1 N (†Newton) in Richtung der Kraft um 1 m verschoben wird. Es gilt die Beziehung: 1 Joule = 1 Newtonmeter = 1 Wattsekunde = $1 m^2 \cdot kg \cdot s^{-2}$.

Journal [*sehurnal;* frz.] s: **1)** Tageszeitung, Zeitschrift; **2)** bei der Buchführung das Tagebuch, in dem die einzelnen Geschäftsvorgänge in ihrer Reihenfolge gebucht werden.

Journalist [*sehur...;* frz.] m, Mitarbeiter einer Zeitung, Zeitschrift, des Rundfunks oder Fernsehens. Er kann u. a. als Redakteur, Korrespondent oder als freier Mitarbeiter schriftstellerisch oder als Fotograf (Bildjournalist) tätig sein.

Judäa, Bergland in Vorderasien westlich des Toten Meeres.

Judas Ischariot (Iskarioth), einer der 12 Apostel. Er verriet Jesus für 30 Silberlinge.

Juden m, Mz., Angehörige des jüdischen Volkes u. der jüdischen Religion. Ihre Geschichte ist in ihrer frühesten Zeit die Geschichte semitischer Nomadenstämme, die nach 1250 v. Chr. in Palästina seßhaft wurden. Unter ihrem König David bildeten sie ein einheitliches Reich Israel mit der Hauptstadt Jerusalem. Mit dem Zerfall des Reiches in die Königreiche Juda u. Israel um 925 v. Chr. begann eine wechselvolle Geschichte, die nach der Zerstörung Jerusalems (70 n. Chr.) durch die Römer zur Zerstreuung der J. über alle Länder führte. In Deutschland lebten J. schon seit der Römerzeit. Die ältesten Gemeinden liegen im Gebiet um Mainz, Worms u. Speyer. Ihre wirtschaftliche Tätigkeit beschränkte sich gezwungenermaßen auf Geldverleih u. Pfandnahme. Da den Christen der Geldverleih gegen Zinsen durch kirchliches Verbot untersagt war, waren die J. bei den Fürsten u. beim Kaiser als Geldgeber willkommen. Größere Judenverfolgungen

Jerusalem. Altstadt mit Felsendom

begannen in Deutschland u. in anderen Ländern (z. B. England) u. a. während der Kreuzzüge (seit 1096), Höhepunkt in älterer Zeit waren die Verfolgungen in den Pestjahren 1348–50 u. die Vertreibung der J. aus Spanien u. Portugal Ende des 15. Jahrhunderts. Bis ins 18. Jh. war die Stellung der J. in allen Ländern politisch, sozial u. rechtlich ungesichert. Mit hohen Steuern u. anderen Abgaben mußten sie sich das Niederlassungsrecht erkaufen, das ihnen oft nur an ganz bestimmten, abgeson-

Fortsetzung S. 288

JUDO

Judo ist die sportliche Wettkampfart des *Jiu-Jitsu*. Das Wort Jiu-Jitsu ist japanisch u. wird mit „sanfte Kunst" übersetzt. Es ist die jahrhundertealte Kunst der waffenlosen Selbstverteidigung, die wohl von den Indern entwickelt, dann von den Chinesen u. später von den Japanern übernommen wurde. Es werden hauptsächlich Hebelgriffe u. Schläge gegen empfindliche Körperstellen angewendet, die unter Umständen tödlich sein können. In Japan wurde Jiu-Jitsu vervollkommnet. Die gefährlichen Schläge u. Griffe wurden entschärft, u. der japanische Pädagoge Schigoro Kano entwickelte das neue System, das er Judo (jap. ju = „sanft nachgeben" u. do = „Weg", „Grundsatz") nannte. 1882 gründete er eine Judoschule. Heute ist dieser Sport auf der ganzen Erde verbreitet.

Der sportliche Wettkampf wird nach festgelegten Regeln auf einer mindestens 6 × 6 bzw. (bei Meisterschaften) 9 × 9 m großen federnden Mattenfläche ausgetragen. Die Kämpfer (*Judokas*) tragen eine reißfeste, weiße Kampfkleidung (*Judogi*). Diese besteht aus einer Kampfjacke (*Kimono*) u. einer langen Hose (*Zubon*). Die Jacke wird von einem etwa 4 cm breiten Gürtel (*Obi*) zusammengehalten. Die Kampfzeit ist auf 3 bis höchstens 20 Minuten festgelegt. Meistens einigt man sich auf 5 Minuten. Bei Weltmeisterschaften werden in der Vorrunde gewöhnlich 6, in den Vorschlußrunden 10 u. in den Endrunden 15 Minuten gekämpft. Die beiden Teilnehmer stehen sich beim Kampfbeginn in einem Abstand von 3,50 m gegenüber u. begrüßen sich durch Verneigen. Der Kampf ist immer dann entschieden, wenn der Gegner a) mit Kraft u. Schwung auf den Rücken geworfen wird, b) sich aus einem Haltegriff nicht befreien kann u. aufgibt, c) mindestens 30 Sekunden in einer „Festhalte" verharren muß, d) durch einen Würgegriff oder Armhebel überrascht u. zum Nach- oder Aufgeben gezwungen wird. Zu den (über 100) Wurftechniken gehören die – aus dem Stand erfolgen – Hüft-, Fuß- u. Beinwürfe. Daneben gibt es Würfe, bei denen der Werfende nachgibt u. selbst zu Boden geht, um den Gegner durch einen gültigen Wurf zu Fall zu bringen. Jeder Wurf läuft in drei ineinander übergehenden Abschnitten ab. Nach der Störung des Gleichgewichts folgt der Wurfansatz u. schließlich der entscheidende Niederwurf. Die (über 80) Grifftechniken werden in Hebel-, Halte- u. Würgegriffe unterteilt. Zu jedem Wurf- oder Halteversuch gibt es bestimmte Abwehrmaßnahmen; Gleichgewichtssinn u. gute Reflexe sind oft entscheidender als Kraft. Da die Fertigkeiten im Judo auch zur Selbstverteidigung bei einem ernsthaften, kriminellen Angriff nützlich sind, ist die Ausbildung in dieser Sportart auch für Frauen u. Mädchen sinnvoll.

Naturgemäß dauert es einige Jahre, bis der Judoschüler alle Griffe u. Würfe beherrscht. Je nach dem Stand ihrer Leistung werden die Judokas in verschiedene Leistungsgruppen eingestuft, die als Schülergrade (6 Kiugrade in den Farben der Gürtel weiß, gelb, orange, grün, blau u. braun) u. Meistergrade (10 Dangrade: 1–5 schwarz, 6–8 rotweiß, 9 u. 10 rosarot oder schwarz) bezeichnet werden. Außerdem gibt es die Einteilung in 5 Gewichtsklassen sowie die Allkategorie (ohne Gewichtsbeschränkung). Seit 1964 (mit Ausnahme 1968) ist Judo olympische Disziplin. Bis 1970 waren die Leistungswettbewerbe den Männern vorbehalten, Weltmeisterschaften für Frauen haben jedoch bisher noch nicht stattgefunden.

Ansatz zum Beinwurf

Ansatz zum Fußwurf

Vorbereitung zum Hüftwurf

jüdische Religion

derten Plätzen (Ghettos) gewährt wurde. Die volle Gleichberechtigung erhielten sie zuerst 1776 in den USA, 1791 folgte Frankreich (Napoleon I.). Obwohl die Gleichstellung der J. auf dem Wiener Kongreß (1814/15) bestätigt wurde, verwirklichte man sie in den deutschen Ländern erst viel später. Auch die übrigen Staaten folgten erst in der 2. Hälfte des 19. Jahrhunderts (z. B. Großbritannien 1858, die Schweiz 1874). Die Gleichstellung der J. brachte einen wachsenden Einfluß auf wirtschaftlichem, kulturellem u. politischem Gebiet mit sich, der wiederum neuen Vorwand zu judenfeindlicher Propaganda u. Verfolgung bot. Den Höhepunkt der Feindschaft gegen die J. bildete die nationalsozialistische Judenverfolgung, in deren Verlauf 5 bis 6 Mill. europäischer J. ermordet wurden. Seit der Gründung Israels 1948 haben die J. wieder einen eigenen Staat, der allerdings bis heute von den arabischen Nachbarstaaten bedroht wird.

jüdische Religion ↑ Religion (Die großen Religionen).

Judo ↑ S. 287.

Jugendamt s, die für alle Angelegenheiten der öffentlichen Jugendhilfe zuständige Behörde (Teil der Verwaltung der kreisfreien Städte u. der Landkreise). Meist arbeiten die Jugendämter in enger Verbindung mit den Sozialämtern. Zu den Aufgaben der Jugendämter gehören: Mitwirkung im Vormundschafts- u. Pflegekinderwesen, bei der Erziehungsbeistandschaft, bei der freiwilligen Erziehungshilfe u. der Fürsorgeerziehung sowie bei der Jugendgerichtshilfe. Die Jugendämter sind außerdem zuständig für die Erziehungsberatung, für Maßnahmen des Jugendschutzes sowie für Hilfen im Beruf u. in der Berufsausbildung.

Jugendarrest [dt.; mlat.] m, im Jugendstrafrecht ein Zuchtmittel, das für Straftaten verhängt wird, für die eine ↑ Jugendstrafe nicht erforderlich ist. Der J. wird nur in das Erziehungsregister eingetragen. Er wird entweder als Freizeitarrest (Einschließung am Wochenende; höchstens viermal), Kurzarrest (bis zu 6 Tagen) oder Dauerarrest (bis zu 4 Wochen) verhängt. Die Unterbringung der Jugendlichen während dieser Zeit geschieht in besonderen Anstalten.

Jugendbewegung w, die gegen Ende des 19. Jahrhunderts entstandene Bewegung der Jugend, die aus der reglementierten „Enge" u. „Zivilisiertheit" des bürgerlichen Lebens nach mehr Selbstbestimmung, Einfachheit u. Naturverbundenheit strebte. Ausdrucksformen der neuen (romantisch verklärten) Lebensanschauung waren u. a. Wandern, Lagerleben, Volkslied u. -tanz sowie Laienspiel. Als erster Zusammenschluß gleichgesinnter Jugendgruppen wurde 1901 in Berlin der *Wandervogel* gegründet. Eine noch umfassendere Organisation entstand 1913 mit der *Freideutschen Jugend;* sie propagierte v. a. die „innere Freiheit" des einzelnen. Alle nach dem 1. Weltkrieg bestehenden Verbände der J., die politisch u. konfessionell unabhängig sein wollten, wurden 1923 unter der Bezeichnung *bündische Jugend* zusammengefaßt. Viele davon gingen nach 1933 in der Hitlerjugend auf, die übrigen, insbesondere die *Freie Sozialistische Jugend* (seit 1918; ab 1925 *Kommunistischer Jugendverband Deutschlands* genannt), wurden verboten. – ↑ auch Jugendverbände.

Jugendfürsorge ↑ Jugendhilfe.

Jugendherberge w, Abkürzung JH, Übernachtungs- u. Aufenthaltsstätten für jugendliche Wanderer u. Reisende. Die erste deutsche J. wurde 1909 in Altena im Sauerland gegründet. Heute gibt es in zahlreichen Ländern Jugendherbergen, in der Bundesrepublik Deutschland sind es zur Zeit 575 mit 71 353 Betten.

Jugendhilfe w, die Gesamtheit der Maßnahmen zur Förderung der Jugend. Man unterscheidet *Jugendfürsorge* (schützende, vorbeugende oder heilende Maßnahmen für schutzbedürftige, gefährdete, geschädigte oder verwahrloste Jugendliche) und Jugendpflege (↑ Jugendamt).

Jugendliteratur w, unter J. versteht man Literatur, die 1. für Jugendliche geschrieben worden ist (sowohl Erzählungen als auch Sachbücher), 2. Werke der Weltliteratur, die für Jugendliche bearbeitet worden sind, 3. Märchen u. Sagen. – Eine Zusammenstellung von Sachbüchern für Jugendliche ist auf S. 695 ff. zu finden.

Jugendrecht ↑ S. 289.

Jugendschutz m, alle Maßnahmen zum Schutz von Kindern u. Jugendlichen gegen negative Einflüsse, die ihrer körperlichen u. seelischen Gesundheit aus dem Arbeitsprozeß, den Massenmedien u. aus öffentlichen Veranstaltungen drohen können. Sie sind geregelt im Jugendarbeitsschutzgesetz (Verbot von Nacht- u. Sonntagsarbeit, Mindesturlaub, besonderer Gefahrenschutz, Verbot von Kinderarbeit), im Gesetz zum Schutz der Jugend in der Öffentlichkeit (Verbot bzw. Beschränkung des Aufenthalts von Jugendlichen in Gaststätten, Spielhallen, Abgabeverbot von Alkohol) u. in dem Gesetz über die Verbreitung jugendgefährdender Schriften.

Jugendstil ↑ moderne Kunst.

Jugendstrafe w, die gegenüber Jugendlichen oder Heranwachsenden verhängte, erzieherisch ausgestaltete Freiheitsentziehung in Jugendstrafanstalten. Sie ist die einzige Kriminalstrafe des Jugendstrafrechts (↑ Jugendrecht) u. beträgt 6 Monate bis zu 5 Jahren, bei schweren Verbrechen 10 Jahre.

Jugendstrafrecht ↑ Jugendrecht.

Jugendverbände ↑ S. 290.

Jugendweihe w, feierliche Einführung von Jugendlichen in die Welt der Erwachsenen. Die J. ist bei Freireligiösen u. Freidenkern entstanden u. ersetzt bei ihnen die Konfirmation. Während der Zeit des Nationalsozialismus wurde von Parteiorganisationen eine J. eingeführt u. gefördert. Auch in der DDR, die den christlichen Kirchen ablehnend gegenübersteht, nehmen die Jugendlichen überwiegend an der J. teil.

Jugendzentrum s, Einrichtung, die Jugendlichen Möglichkeiten der Freizeitgestaltung bieten soll. Im J. sind z. B. Bibliotheken, Diskussionsräume u. Sportanlagen zu finden.

Jugoslawien, sozialistische föderative Republik in Südosteuropa; sie besteht aus den Sozialistischen Republiken Serbien, Kroatien, Slowenien, Bosnien u. Herzegowina, Makedonien, Montenegro. Die Hauptstadt ist Belgrad. Von den 21,7 Mill. E sind rund 40 % Serben, 22 % Kroaten, 8 % Slowenen, ferner Albaner, Makedonier u. a. Flächenmäßig ist J. mit 255 804 km² etwas größer als die Bundesrepublik Deutschland. Es hat gemeinsame Grenzen mit Italien, Österreich, Ungarn, Rumänien, Bulgarien, Griechenland u. Albanien. Den größten Teil des Landes nehmen z. T. bewaldete, z. T. verkarstete Gebirge ein. Sie laufen meist parallel zur buchtenreichen Küste des Adriatischen Meeres. Im Innern der Gebirge gibt es mehrere fruchtbare Becken u. im Nordosten hat J. Anteil am Großen Ungarischen Tiefland. Die Küstenstädte sind z. T. wichtige Häfen, u. a. Rijeka, Split u. Dubrovnik. Grundlage der Wirtschaft bildet in erster Linie die Landwirtschaft (Anbau von Mais, Weizen, Tabak, Obst, Wein u. a. sowie Schaf- u. Schweinezucht). Bodenschätze (Kohle, Kupfer, Eisen, Zink, Blei, Uran, Bauxit u. a.) sind reichlich vorhanden. Die Industrie hat sich nach 1960 rasch entwickelt. Eine wichtige Einnahmequelle ist auch der Fremdenverkehr. *Geschichte:* 1918 wurde aus Teilen der Österreichisch-Ungarischen Monarchie, dem Königreich Montenegro u. dem Königreich Serbien das „Königreich der Serben, Kroaten u. Slowenen" gegründet, das 1929 in „Königreich J." umbenannt wurde. Im 2. Weltkrieg von Deutschland besetzt (1941) u. zwischen Deutschland, Italien u. einigen Balkanstaaten aufgeteilt, kam es im Land zu einer regen Tätigkeit kommunistischer Partisanen (angeführt vom heutigen Staatspräsidenten Tito). Nach der Befreiung von der Besetzung durch die sowjetische Armee (1944) Gründung der Föderativen Volksrepublik J. 1945 durch ↑ Tito. Seit 1948 verfolgt J. eine blockfreie Politik u. einen eigenen Weg zum Sozialismus. Es gehört zu den Gründungsmitgliedern der UN u. ist dem COMECON assoziiert.

JUGENDRECHT
Rechte und Pflichten von Kindern und Jugendlichen

Schon mit der Geburt erwirbt der Mensch Rechte und Pflichten, die zunächst die Eltern als gesetzliche Vertreter wahrnehmen. Mit zunehmendem Alter wird der Kreis der selbständig wahrzunehmenden Rechte u. Pflichten größer, während das Erziehungs- und Vertretungsrecht der Eltern allmählich zurückgeht. Insoweit müssen die Rechte von Eltern u. Kindern, entsprechend dem jeweiligen Entwicklungsstadium des Kindes, gegeneinander abgewogen werden. Der Staat (Vormundschaftsgericht) schreitet erst im Falle eines Mißbrauchs der elterlichen Erziehungsgewalt ein (↑ auch Vormund, ↑ Vormundschaft). Die Grenze, an der ein Mißbrauch angenommen wird, verschiebt sich mit dem Älterwerden des Kindes zu dessen Gunsten, d.h., das Recht des Kindes auf freie Entfaltung seiner Persönlichkeit wird immer stärker geschützt. Im einzelnen hat sich hierzu eine umfangreiche Rechtsprechung entwickelt.

Ehemündigkeit und Volljährigkeit
Heiraten kann ein Mädchen mit Einwilligung der Eltern bereits mit 16 Jahren, vorher nur mit zusätzlicher Erlaubnis des Vormundschaftsgerichts. Männer werden mit 18 Jahren ehemündig. Die *Volljährigkeit* (unbeschränkte ↑ Geschäftsfähigkeit) beginnt mit 18 Jahren.

Finanzen
Grundsätzlich können Jugendliche ohne Zustimmung ihrer Eltern bzw. ihres Vormunds keine finanziellen Verpflichtungen eingehen. Sind sie jedoch älter als 7 Jahre, so sind Zahlungen (z. B. beim Kauf einer Sache) im Rahmen ihres *Taschengeldes* ebenso voll wirksam wie z. B. die Annahme von *Schenkungen* (↑ Geschäftsfähigkeit). Ab 7 Jahren kann auch schon eine *Schadenersatzpflicht* bestehen (z. B. bei Beschädigung fremder Sachen), wenn der Jugendliche die erforderliche Einsicht besitzt. Ab 16 Jahren kann der Jugendliche ein *Testament* errichten, jedoch bis zur Volljährigkeit nur offen vor einem Notar.

Kirche und Religion
Über die *religiöse Erziehung* bestimmen die Eltern, bis das Kind 14 Jahre alt (*religionsmündig*) ist (im Falle einer Religionsänderung der Eltern nur bis zum Alter von 12 Jahren). Dann kann der Jugendliche aus eigenem Entschluß aus einer Kirche austreten, in eine Kirche eintreten oder zu einem anderen Bekenntnis übertreten. Von diesem Alter an kann er sich auch selbständig vom schulischen Religionsunterricht abmelden.

Kraftfahrzeugführerschein
Mit 16 Jahren können Jugendliche einen ↑ Führerschein der Klasse 4 (Mopeds) erwerben.

Lehre (Ausbildung) und Betrieb
Der ↑ *Lehrvertrag* (*Ausbildungsvertrag*) wird für den ↑ Minderjährigen von seinen Eltern bzw. seinem Vormund abgeschlossen u., falls erforderlich, auch gekündigt. Der Inhalt des Vertrages ist zum Schutz des Lehrlings (Auszubildenden) weitgehend gesetzlich vorgeschrieben. Die Art der Ausbildung dürfen die Eltern nicht willkürlich auswählen. Im Betrieb ist der Jugendliche unter 18 Jahren durch das *Jugendarbeitsschutzgesetz* (↑ Jugendschutz), das im Betrieb öffentlich aushängen muß, besonders geschützt. Arbeitnehmer unter 18 Jahren können in Betrieben mit mindestens 5 Jugendlichen einen *Jugendvertreter* wählen.

Schule
Mit 6 Jahren beginnt die allgemeine ↑ Schulpflicht. Die Eltern bestimmen, auf welche Schule das Kind gehen u. welche weiterführende Schule es besuchen soll. Ihre Entscheidung darf sich aber nicht als willkürlich u. somit mißbräuchlich darstellen. Das Maß der von den Eltern zu tragenden Unterhaltskosten (einschließlich der Kosten für Bildung bzw. Berufsvorbildung) bestimmt sich nach dem Einkommen. In bestimmten Fällen gewährt der Staat finanzielle ↑ Ausbildungsförderung.

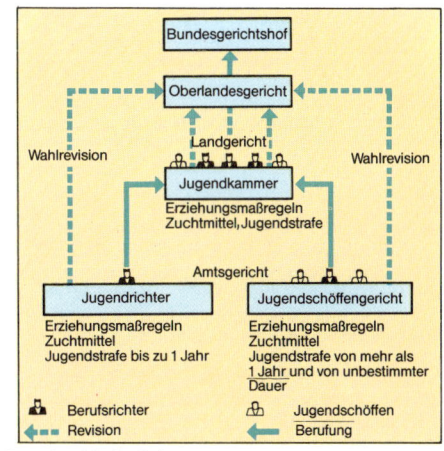

Jugendgerichtsbarkeit

Schutz von Jugendlichen in der Öffentlichkeit
Kinder über 6 Jahre u. Jugendliche dürfen öffentliche *Filmveranstaltungen* besuchen, wenn die vorgeführten Filme für die jeweilige Altersgruppe freigegeben sind u. wenn die Veranstaltung für Jugendliche unter 12 Jahren bis 20 Uhr, unter 16 Jahren bis 22 Uhr u. unter 18 Jahren bis 23 Uhr beendet ist. Der Genuß von *Tabakwaren* in der Öffentlichkeit ist erst ab 16 Jahren gestattet. Der *Alkoholkonsum* in Gaststätten ist grundsätzlich schon mit 16 Jahren zulässig, z. B. Bier, Wein oder andere niedrigprozentige Alkoholika, Branntwein und andere hochprozentige Alkoholika dürfen jedoch an Jugendliche nicht ausgeschenkt werden. Der Besuch von *Spielhallen*, *Varietés* usw. ist für Jugendliche nicht gestattet. Öffentliche *Tanzveranstaltungen* dürfen von Jugendlichen allein unter 16 Jahren nicht, unter 18 Jahren nur bis 22 Uhr, in Begleitung eines Erziehungsberechtigten bis 24 Uhr besucht werden.

Staatsbürgerliche Rechte und Pflichten
Mit 18 Jahren beginnt das *aktive u. passive Wahlrecht* zu den Organen von Bund, Ländern, Gemeinden usw. Voll stimmberechtigte Parteimitglieder können Jugendliche jedoch nach den Satzungen der Parteien schon früher werden. Ebenfalls mit 18 Jahren beginnt die allgemeine ↑ *Wehrpflicht* für Männer. Nach dem Grundgesetz darf niemand zum Kriegsdienst mit der Waffe gezwungen werden. Kriegsdienstverweigerer müssen Zivildienst leisten.

Jugendstrafrecht
Grundsätzlich bestehen für Erwachsene und Jugendliche dieselben strafrechtlichen Verbote. Im Jugendgerichtsgesetz sind jedoch u. a. die Grenzen strafrechtlicher Verantwortlichkeit nach Alter und persönlicher Entwicklung sowie die strafrechtlichen Folgen der Straftaten Jugendlicher besonders geregelt. Strafrechtlich verantwortlich (↑ Strafmündigkeit) sind *Jugendliche* frühestens ab 14 Jahren u. auch dann nur, wenn sie zur Zeit der Tat reif genug waren, das Unrecht der Tat einzusehen u. nach dieser Einsicht zu handeln. *Heranwachsende* (zwischen 18 u. 21 Jahren) werden wie Erwachsene über 21 Jahre bestraft, es sei denn, sie stehen in ihrer Entwicklung einem Jugendlichen gleich oder es handelt sich um eine typische Jugendverfehlung. In diesen Fällen gilt für sie ebenfalls Jugendstrafrecht mit dem gesetzlich geregelten besonderen Verfahren. Dem Jugendgericht stehen Erziehungsmaßregeln, Zuchtmittel (z. B. ↑ Jugendarrest) und die ↑ Jugendstrafe (dem Jugendrichter nur bis zu 1 Jahr) zur Verfügung. – ↑ auch S. 481 ff.

JUGENDVERBÄNDE

Freizeitgestaltung
Neben Schule, Hausaufgaben u. später neben der Arbeit im Betrieb steht dem Jugendlichen Zeit zur Verfügung, die er meist nach Belieben verbringen kann: seine Freizeit. Diese Freizeit kann der Jugendliche allein oder gemeinsam mit anderen gestalten. Um gemeinsame Unternehmungen in der Freizeit anzuregen, zu planen oder zu fördern, gibt es neben anderen Einrichtungen eine Vielzahl von Jugendverbänden, in denen der Jugendliche sich organisieren kann. Dazu gehören u. a. die *jugendpflegerischen Jugendverbände*, die Kindern u. Jugendlichen helfen, ihre Freizeit zu gestalten, u. dabei einen Beitrag zur Erziehung der Jugendlichen meist auf der Grundlage ihrer Weltanschauung u. der daraus ableitbaren Wertvorstellungen u. Verhaltensweisen leisten. Ihre Arbeit findet in kleinen, nach dem Alter (oft auch nach dem Geschlecht) zusammengestellten Gruppen statt. Zu diesen Verbänden gehören v. a. weltanschaulich gebundene, z. B. die christlichen, die u. a. im Bund der Deutschen Katholischen Jugend (553 000 Mitglieder) u. in der Arbeitsgemeinschaft der Evangelischen Jugend Deutschlands (1,4 Mill. Mitglieder) zusammengeschlossen sind, u. die sozialistischen Verbände, wie die Sozialistische Jugend Deutschlands – Die Falken (152 000 Mitglieder). Die Gruppenabende dieser Verbände haben ein weitgefächertes Programm, das auf den Wünschen der Mitglieder beruht. Andere Jugendverbände, wie z. B. die Deutsche Sportjugend (6,66 Mill. Mitglieder), der Ring Deutscher Philatelistenjugend (15 000 Mitglieder) u. die Deutsche Wanderjugend (110 000 Mitglieder), pflegen dagegen nur eine bestimmte Freizeitbeschäftigung (Sport, Wandern, Briefmarkensammeln); ihre Gruppen- bzw. Übungsabende sind auf ganz bestimmte Sachgebiete beschränkt. In der Regel geschieht die Arbeit dieser Verbände auf weltanschaulich neutraler Grundlage.

Interessenverbände
Schüler, Lehrlinge, Jungarbeiter haben in ihren unterschiedlichen Lebensbereichen (Schule oder Betrieb) auch unterschiedliche Probleme. Um diese Probleme lösen zu können, organisieren sich z. B. Schüler in Gruppen, die auf Bundesebene im Politischen Arbeitskreis Schule (PAS) zusammengeschlossen sind, Lehrlinge und Jungarbeiter in der Gewerkschaftsjugend des DGB (rund 1,2 Mill. Mitglieder), der Deutschen Beamtenbundjugend (80 000 Mitglieder) u. in der Jugend der Deutschen Angestelltengewerkschaft (110 000 Mitglieder). Die *Jugendinteressenverbände* setzen sich für die Interessen ihrer Mitglieder im jeweiligen Lebensbereich ein, nehmen darüber hinaus aber auch zu allgemeinen politischen Problemen Stellung. Dabei vertreten ihre Mitglieder die verschiedensten politischen Richtungen. Die Tätigkeit der Jugendlichen in diesen Gruppen oder Verbänden hat nicht mehr nur den Sinn, Freizeit zu gestalten, sondern ist stärker auf bestimmte Ziele gerichtet. So streben z. B. Schülergruppen eine stärkere Mitsprache in der Schule und die Abschaffung des Numerus clausus an. Lehrlinge u. Jungarbeiter dagegen setzen sich für bessere Arbeitsbedingungen im Betrieb u. höhere Löhne ein. Solche Verbesserungen können nicht von einzelnen erreicht werden.

Jugend und Politik
Den Jugendlichen einen stärkeren Einfluß auf politische Entscheidungen zu ermöglichen, besonders politische Probleme im Interesse der Jugendlichen zu lösen, ist das Ziel der meisten *politischen Jugendverbände*, v. a. der drei im Ring Politischer Jugend (RPJ) zusammengeschlossenen Verbände: der Jungsozialisten (SPD; 350 000 Mitglieder), der Jungen Union (CDU; 260 000 Mitglieder) u. der Deutschen Jungdemokraten (FDP; 25 000 Mitglieder). Voraussetzung dazu ist allerdings die Einsicht der Jugendlichen, daß ihre Probleme (in Familie, Schule, Betrieb usw.) meist nicht nur den einzelnen angehen u. allein gelöst werden können, sondern mit der gesellschaftlichen Ordnung verbunden sind. So kann z. B. der Numerus clausus, von dem die Abiturienten direkt betroffen sind, nicht ohne Folgen für andere Interessengruppen abgeschafft werden. Bundes- u. Länderhaushalte müßten vielmehr zu Lasten anderer Bereiche (also gegen den Widerstand anderer Interessengruppen) umgeschichtet werden, um den Bau weiterer universitärer Einrichtungen u. damit die Erhöhung der Studienplätze zu ermöglichen. – Bessere Lern- u. Arbeitsbedingungen für den Auszubildenden im Betrieb können z. B. nur durch höhere Investitionen des Lehrherrn erreicht werden. Da diese Investitionen dem Lehrherrn keinen Gewinn bringen, müssen solche Verbesserungen in der Regel gegen den Widerstand des Lehrherrn durchgesetzt werden. Diese beiden Beispiele verdeutlichen, daß Probleme in der Regel die Interessen mehrerer Gruppen berühren. Zu zeigen, welche Mittel einzelne Gruppen zur Durchsetzung ihrer Interessen besitzen, welche Konflikte hierbei entstehen u. mit welchen Mitteln diese Konflikte zu lösen sind, d. h. *politische Bildungsarbeit* zu leisten, ist Aufgabe politischer Jugendverbände.

Mitarbeit
Die Mitarbeit in Jugendverbänden beschränkt sich nicht allein auf regelmäßig stattfindende Gruppenabende. Es werden u. a. auch Ferienlager u. Wochenendausflüge, Schulungskurse u. Wochenendseminare, öffentliche Aktionen mit Informationsständen u. Flugblättern, öffentliche Veranstaltungen u. Diskussionen organisiert. Außerdem verfassen die Jugendlichen meist selbständig Artikel für ihre Mitgliedszeitschriften u. für Broschüren, die die Öffentlichkeit über die Arbeit in den Jugendverbänden informieren sollen. Auch führen sie Aktionen durch, um Hilfsbedürftige (z. B. alte Menschen, Kinder von ausländischen Arbeitnehmern oder aus Obdachlosensiedlungen) zu unterstützen.

Organisation
Jugendverbände gibt es in Deutschland seit dem 19. Jahrhundert. Neben den ersten Organisationen der ↑Jugendbewegung u. der ↑Pfadfinder gab es bereits vor dem 1. Weltkrieg politische und konfessionelle Jugendverbände. Zur Zeit des Nationalsozialismus bestand als einziger Jugendverband die ↑Hitlerjugend. Nach 1945 wurden die Jugendverbände neu gegründet. Die meisten der in der Bundesrepublik Deutschland aktiven Jugendverbände sind Abteilungen eines Erwachsenenverbandes. Sie sind mit diesem Erwachsenenverband fest verbunden; die Mitgliedschaft im Jugendverband bedeutet gleichzeitig die Mitgliedschaft im Erwachsenenverband (z. B. Gewerkschaftsjugend). Andere Jugendverbände sind dagegen selbständig, obwohl gewisse Bindungen zu Erwachsenenorganisationen (z. B. Falken zur SPD) oder zu konfessionellen Institutionen bestehen. Die meisten Jugendverbände sind im *Bundesjugendring*, andere im Arbeitskreis zentraler Jugendverbände (1979: 6 Verbände mit insgesamt etwa 173 000 Mitgliedern) zusammengeschlossen. Der Bundesjugendring, der Arbeitskreis zentraler Jugendverbände u. der Ring Politischer Jugend erhalten aus dem ↑Bundesjugendplan für ihre Maßnahmen auf dem Gebiet der Jugendpflege bzw. der politischen Bildung finanzielle Unterstützung. Auf Landes-, Kreis- und Ortsebene bestehen entsprechende Jugendringe, die entsprechend gefördert werden.

Anschriften: Deutscher Bundesjugendring, Haager Weg 44, 53 Bonn; Arbeitskreis zentraler Jugendverbände, Forststr. 3 a, 401 Hilden; Ring Politischer Jugend, Nordstr. 16, 53 Bonn; Politischer Arbeitskreis Schulen, Langgasse 10, 53 Bonn.

Junge Pioniere ↑FDJ.

Jungfrau w, 4158 m hoher Gipfel in den Berner Alpen (Schweiz). Zum 3454 m hohen Jungfraujoch führt die 1896–1912 erbaute *Jungfraubahn*.

Jungfrau von Orléans ↑Jeanne d'Arc.

Jungsteinzeit ↑Vorgeschichte.

Jüngstes Gericht (Endgericht) s, nach biblisch-christlicher Lehre das am *Jüngsten Tag* zu erwartende öffentliche, abschließende göttliche Gericht über alle Menschen.

junior [lat.], Abkürzung: jr. oder jun., jünger, der Jüngere.

Juno, römische Göttin, Gemahlin Jupiters.

Junta [auch: *chunta*; span.] w, besonders in den lateinamerikanischen Ländern ein Ausschuß, der Regierungsaufgaben wahrnimmt. Als *Militärjunta* oder J. bezeichnet man die provisorische Regierung von Militärs, die die Macht im Staat übernommen haben.

Kaiser Justinian I., der Große (Mosaik)

Jupiter, römischer oberster Himmelsgott. Er entspricht dem griechischen Gott Zeus. J. war der Hauptgott u. Schirmherr des römischen Staates. Als der „Mächtigste u. Gewaltigste" wurde J. zusammen mit Juno u. Minerva im bedeutendsten Staatsheiligtum auf dem Kapitol verehrt.

Jupiter [lat.] m, der größte Planet des Sonnensystems. Der J. umläuft in 11,86 Jahren die Sonne u. rotiert in weniger als 10 Stunden um seine Achse. Sein Durchmesser beträgt 11,20 Erddurchmesser. In seiner Atmosphäre wurden bisher Wasserstoff (75%), Deuterium, Helium, Methan u. Ammoniak nachgewiesen. Der J. hat 12 Satelliten (Monde).

Jura m: **1)** Gebirge in der Westschweiz u. in Ostfrankreich mit Höhen bis zu 1718 m; **2)** Kanton der Schweiz in 1). Die 67000 E sprechen überwiegend Französisch. Die Hauptstadt *Delsberg* (französisch Delémont) hat 12000 E. In der Wirtschaft sind die Viehzucht u. die Uhrenindustrie am wichtigsten. – Der Kanton J. wurde erst 1978 vom Kanton Bern abgetrennt.

Jura ↑Erdgeschichte.

Jura [lat.; = die Rechte] Mz. (Einzahl: das Jus), Bezeichnung für alle zur Rechtswissenschaft gehörenden Begriffe u. Vorgänge.

Jurisdiktion ↑Gewaltenteilung.

Jurist [lat.] m, eine Person, die Rechtswissenschaft studiert hat u. sich beruflich mit dem Recht befaßt. Als *Volljurist* wird derjenige bezeichnet, der die 1. juristische Staatsprüfung u. nach dem Vorbereitungsdienst (Referendarzeit) auch die 2. juristische Staatsprüfung abgelegt hat. Nur als Volljurist kann man Rechtsanwalt werden bzw. in den juristischen Staatsdienst übernommen werden, also z. B. den Beruf des Richters oder Staatsanwaltes ergreifen.

juristische Person w, eine Organisation mit allgemeiner Rechtsfähigkeit, meist aufgrund einer Eintragung in ein amtliches Register (z. B. Vereins- oder Handelsregister). Eine j.P. kann grundsätzlich alle Rechte u. Pflichten einer natürlichen Person innehaben (z. B. Erbrecht, Haftpflicht).

Jurte [türk.] w, ein rundes, mit Filzdecken belegtes Zelt der Hirtennomaden in West- u. Zentralasien u. in Ostsibirien. Die J. ist 2–3 m hoch, ihr Durchmesser beträgt 6–8 m.

Jury [frz. *schüri*, engl. *dschuri*] w: **1)** in angelsächsischen Ländern ein Geschworenenkollegium in Prozessen wegen besonders schwerer Straftaten; **2)** Preisrichterkollegium bei Wettbewerben, z. B. bei sportlichen Veranstaltungen; **3)** Kollegium aus Fachleuten, das Werke für eine Ausstellung auswählt.

Justinian I., der Große, * Tauresium 482, † Konstantinopel (heute Istanbul) 11. November 565, seit 527 byzantinischer Kaiser. J. verwirklichte noch einmal die Einheit des Römischen Reiches u. gewann u. a. die nördlichen Teile Afrikas, Italien u. das südliche Spanien zurück. Außerdem führte er mehrere Verwaltungsreformen durch, ließ ein bedeutendes Gesetzeswerk („Corpus Juris Civilis") zusammenstellen u. errichtete bedeutende Bauwerke, darunter die ↑Hagia Sophia.

Jute [angloind.] w, Lindengewächs mit etwa 40 Arten. J. wächst meist in Überschwemmungsgebieten. Einige Arten sind wichtige Faserpflanzen, aus deren Stengeln man 1,5–2,5 m lange, grobe, braune Bastfasern (auch J. genannt) gewinnt. Man verwendet sie zur Herstellung von Säcken, Matten, Seilerwaren.

Jütland (dän. Jylland), dänische Halbinsel zwischen Nord- u. Ostsee, mit 2,2 Mill. E. Ein Höhenrücken teilt J. in die fruchtbare Grundmoränenlandschaft im Osten mit mehreren größeren Städten u. Häfen u. in das dünn besiedelte Geestland im Westen.

K: 1) 11. Buchstabe des Alphabets; **2)** Einheitenzeichen für: ↑Kelvin.

K 2 (auch Mount Godwin Austen genannt), zweithöchster Berg der Erde, 8611 m, im Karakorum. Er wurde 1954 erstmals bestiegen.

Kaaba [arab.; = Würfel] w, das zentrale Heiligtum des Islams, Mittelpunkt der Moscheeanlage in Mekka u. Ziel von Pilgerfahrten. Die K. ist ein steinernes, würfelförmiges Gebäude, in das der „Schwarze Stein", der einst vom Himmel gefallen sein soll (ein Meteorit), eingemauert ist. – Abb. S. 292.

Kabale [frz.] w, veraltete Bezeichnung für: Ränke, Intrige.

Kabarett [frz.] s: **1)** eine Kleinkunstbühne, die besonders in Chansons u. ↑Sketches Zeitkritik übt; **2)** meist drehbare, in kleine Fächer aufgeteilte Platte für Speisen.

Kabeljau [niederl.] m, die Hochseeform des Dorsches. Er erreicht eine Länge von 1,50 m. Seine Nahrung besteht aus kleinen Fischen. Die bedeutendsten Fanggebiete sind Nordsee, Barentsee u. die Neufundlandbänke.

Kabinett [frz.] s: **1)** Nebenzimmer; u. a. zur Aufstellung von Sammlungen (z. B. Münzkabinett); **2)** nach ursprünglich englischem Sprachgebrauch die Gesamtheit der Minister.

Kabriolett [frz.] (Kabrio) s, ein Personenkraftwagen mit aufklappbarem, versenkbarem bzw. abnehmbarem Verdeck.

Kabul [auch *ka...*], Hauptstadt von Afghanistan, am Fluß K., mit 318000 E. Die Stadt ist das Wirtschafts- u. Handelszentrum des Landes; sie besitzt Textil- u. Nahrungsmittelindustrie sowie u. a. ein Fahrradmontagewerk. K. ist Sitz einer Universität. Es entstand am Schnittpunkt alter Karawanenstraßen.

Kabylen m, Mz., Berberstamm in Nordalgerien. Die K. treiben v. a. Ackerbau.

Kadaver

Kadaver [lat.] *m*, ein in Verwesung übergehender Tierkörper; ↑ auch Aas.

Kadenz [lat.] *w*: **1)** Folge von Akkorden, durch die ein Musikstück abgeschlossen wird; **2)** unbegleitetes kunstvolles Spiel des Solisten in einem Konzert (z. B. Klavier-, Violinkonzert), kurz vor dem Schluß eines musikalischen Satzes; **3)** Versausgang (↑ Reim).

Kader [frz.] *m:* **1)** erfahrener Kern nationaler Streitkräfte (v. a. Offiziere und Unteroffiziere); **2)** Gruppe von besonders ausgebildeten oder geschulten Personen, die wichtige Funktionen in Partei, Wirtschaft, Staat u. ä. haben; auch Bezeichnung für den einzelnen Angehörigen.

Kadi [arab.] *m*, Richter in islamischen Ländern.

Käfer *m*, mit rund 350 000 Arten fast weltweit verbreitete Ordnung 0,25 bis 160 mm langer Insekten (davon rund 5 700 Arten in Mitteleuropa). Der Körper hat meist einen harten Hautpanzer und stark verhärtete Vorderflügel, die in Ruhe die gefalteten, häutigen Hinterflügel schützen und meist auch den ganzen Hinterleib bedecken. Zum Flug werden die Flügeldecken abgespreizt und nur die Hinterflügel benutzt. Am Körper sind drei gelenkig miteinander verbundene Abschnitte zu unterscheiden: 1. Kopf mit Augen, Antennen u. kauenden Mundwerkzeugen; 2. Halsschild mit einem Beinpaar; 3. mittleres u. letztes Brustsegment (mit je einem Bein- u. Flügelpaar), das starr mit dem Hinterleib verschmolzen ist. – Die meisten K. sind Pflanzenfresser (darunter viele Pflanzenschädlinge, z. B. Kartoffelkäfer, Maikäfer, Borken- und Rüsselkäfer); viele leben räuberisch u. werden, indem sie Schadinsekten u. anderen Kleintieren nachstellen, nützlich (z. B. Marienkäfer, viele Lauf- u. Buntkäfer). Verschiedene Arten leben in Aas, Dung oder Mist. – Entsprechend den unterschiedlichen Lebensgewohnheiten haben sich die Beine bei manchen Käfern umgebildet zu Lauf-, Grab- (bei Mistkäfern), Sprung- (bei Flohkäfern) oder Schwimmbeinen. Die Entwicklung ist eine vollkommene ↑ Metamorphose.

Kaffee [arab.] *m*, geröstete Samen der ↑ Kaffeepflanze u. das daraus bereitete Getränk. Die Samen enthalten 0,7 bis 2,5 % Koffein, das anregend auf Herz u. Atmung wirkt, im Übermaß aber Nervosität u. Schlaflosigkeit verursacht. – Im 16. u. 17. Jh. wurde das Kaffeetrinken von den Arabern in Europa verbreitet.

Kaffeepflanze [arab.; dt.] *w* (Kaffeestrauch), in Afrika, Südasien u. Neuguinea heimischer Strauch oder Baum mit immergrünen, ledrigen Blättern u. kleinen Blüten. Die roten, kirschenähnlichen Steinfrüchte haben zwei bohnenförmige oder einen rundlichen Samen (Kaffeebohnen). Die Früchte werden getrocknet, in Schälmaschinen werden

die Samen von Fruchtteilen befreit. – Kaffeepflanzen gedeihen bei Temperaturen von 15–30 °C in feuchten Gebieten bis 1 700 m Höhe.

Kafka, Franz, * Prag 3. Juli 1883, † Kierling bei Wien 3. Juni 1924, einer der bedeutendsten österreichischen Erzähler des 20. Jahrhunderts. Alle seine Prosawerke stellen den Menschen in

einer Art Selbstentfremdung dar: Das Menschliche, die Bindung an den Nachbarn, das Vertrauen auf die Gesellschaft sind verlorengegangen. Die Welt ist rätselhaft u. undurchschaubar geworden, u. flößt dem Menschen Angst ein. K. verfaßte u. a. die Erzählung „Die Verwandlung" (1915). Er hinterließ die Romanfragmente „Der Prozeß" (1925), „Das Schloß" (1926) und „Amerika" (1927), die sein Freund M. Brod herausgab.

Kaftan [türk.] *m*, vorne offenes, weites orientalisches Obergewand, das u. a. auch auf dem Balkan heimisch wurde.

Kai [niederl.] *m*, befestigte Ufermauer in Häfen, an der die Schiffe zum Be- u. Entladen anlegen.

Kaimane ↑ Alligatoren.

Kain, Gestalt des Alten Testaments, ältester Sohn Adams und Evas, der seinen Bruder Abel tötete.

Kairo, Hauptstadt Ägyptens, deren Hauptteil am rechten Nilufer liegt, am Beginn des Nildeltas, mit 5,9 Mill. E die größte Stadt Afrikas. K. hat 3 Universitäten, wissenschaftliche Institute, Bibliotheken, mehrere Museen (u. a. das bedeutende Ägyptische Museum) u. viele z. T. bedeutende Moscheen. Erhalten sind Teile der alten Stadtmauer mit Türmen. In K. sind 25 % aller ägyptischen Industriebetriebe ansässig. Außerdem ist K. ein Fremdenverkehrszentrum mit internationalem Flughafen. – K. wurde 969 gegründet u. ist seit 973 ägyptische Hauptstadt. Ende des 19. Jahrhunderts entwickelte sich K. zur Weltstadt. Am linken Nilufer ist K. mit ↑ Gise zusammengewachsen.

Kaiser [von lat. Caesar] *m*, Titel der römischen Herrscher seit Augustus, in Westrom bis 476 (Absetzung des letzten Kaisers durch Odoaker), in Ostrom bis 1453 (Eroberung von Konstantinopel durch die Türken). Das abendländische Kaisertum entstand 800 mit der Kaiserkrönung Karls des Großen durch Papst Leo III. Es war von 962 (Otto der Große) bis 1806 (Franz II., der schon 1804 den Titel eines Kaisers von Österreich angenommen hatte) mit dem deutschen Königtum verbunden. 1871–1918 war der preußische König Deutscher Kaiser. Der Kaisertitel war u. ist Herrschertitel auch in anderen Ländern.

Kaaba

Kaktusgewächse. Goldkugelkaktus

Kalender

Kakadus. Gelbhaubenkakadu   Kakaobaum. Blüte und Frucht

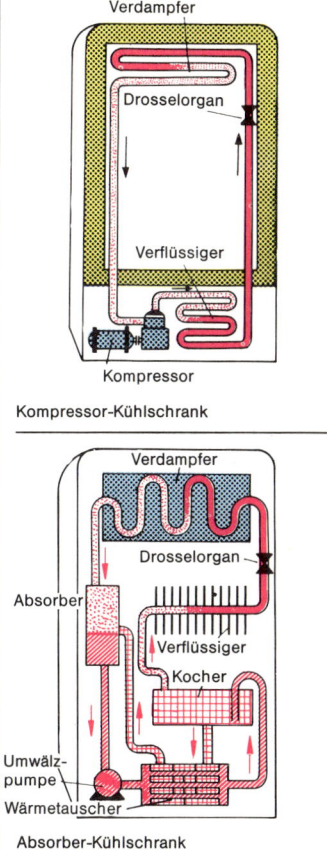

Kältemaschine

Kalebassen aus Kamerun

Kaiserslautern, Industriestadt im Süden von Rheinland-Pfalz, mit 100 000 E. In K. besteht eine Universität (seit 1975) u. eine Fachhochschule. Bemerkenswert sind die Reste der Kaiserpfalz u. des Kasimirschlosses sowie die gotische Stadtpfarrkirche. K. hat Maschinenbau, Textilindustrie u. Fertigung von Autozubehör. – Der Ursprung Kaiserslauterns war ein fränkischer Königshof. 1152 wurde der Pfalzbau Kaiser Friedrichs I. Barbarossa errichtet. 1276 wurde K. Reichsstadt u. kam 1375 zur Kurpfalz.

Kaiserstuhl *m*, vulkanischer Gebirgsstock in der Oberrheinischen Tiefebene, nordwestlich von Freiburg im Breisgau, 557 m hoch. Das Basaltgestein ist an vielen Stellen mit hohen Lößschichten bedeckt. Der Boden u. ein günstiges Klima erlauben ergiebigen Gemüse-, Obst- u. Weinbau.

Kajak ↑ Kanusport.

Kakadus [malai.] *m, Mz.*, große Papageien in Australien, auf Celebes, Neuguinea u. auf den Philippinen, mit langen Kopffedern u. kräftigem Schnabel, dessen Unterkiefer breiter ist als der Oberkiefer. Die K. sind gesellige Vögel, ihre Nester bauen sie in Bäume u. Felsen, doch halten sie sich häufig am Boden auf. Auch beliebte Käfigvögel.

Kakao [auch: ...*kau*; aztek.-span.] *m*, Same des ↑ Kakaobaumes, auch das aus den gerösteten u. entfetteten Samen gewonnene Pulver u. das hieraus bereitete Getränk. K. ist der Grundstoff für Schokolade.

Kakaobaum [aztek.-span.; dt.] *m*, im tropischen Amerika heimischer, bis 14 m hoher Baum. Die 20–35 cm langen Blätter sind immergrün. Die roten, einem fünfzackigen Stern ähnelnden Blüten entsprießen in Büscheln dem Stamm oder älteren Ästen. Daraus entwickeln sich die bis 20 cm langen, gurkenähnlichen Früchte, in deren Fruchtfleisch 40–60 Samen (Kakaobohnen) eingebettet sind.

Kaktusgewächse [gr.; dt.] *s, Mz.* (Kakteen), mit über 1 500 Arten in Amerika südlich des 35. Breitengrades heimische Gewächse, die auch in andere Erdteile (z. B. Mittelmeergebiet) eingeschleppt wurden. Die wenige Zentimeter bis 20 m hohen Sprosse sind gerippt, die Blätter meist zu Stacheln rückgebildet. K. speichern im Stamm in dafür besonders geeignetem Gewebe Wasser (sogenannte Stammsukkulenten). Die meist großen, prächtigen Blüten sind nur kurzzeitig geöffnet; sie werden von Schmetterlingen u. Kolibris bestäubt. – Die meisten K. wachsen auf steinigen Hochebenen mit langdauernder Trokkenheit, die Verdunstungsfläche der K. (Stacheln) ist deshalb recht klein. Zusätzlicher Verdunstungsschutz wird durch Verdickung u. Wachsüberzug der Außenhaut, Versenkung der Spaltöffnungen u. filzige Behaarung erreicht.

Kalahari *w*, abflußlose Beckenlandschaft in Südafrika, hauptsächlich in Westbotswana. Durch sanfte Schwellen ist sie in mehrere kleine Becken geteilt. In der Mitte u. im Süden gibt es rote Flugsanddünen mit Dorngehölzen, steile Inselberge. Der Norden ist Dorn- u. Trockensavanne. Zahlreiche Trockenflußbetten durchziehen die K. Das Klima ist ein sehr trockenes Savannenklima (kein Wüstenklima) mit wenig Niederschlägen. Der Regen versickert schnell im durchlässigen Sand. Der Norden entwässert periodisch zum Sambesi. Die K. ist Rückzugsgebiet der Buschmänner u. einiger Bantustämme. Der **Kalahari-Gemsbock-Nationalpark** ist ein Wildschutzgebiet in der nördlichen Kapprovinz (Republik Südafrika). In ihm leben große Herden von Antilopen sowie Strauße, Gnus, Löwen.

Kalebasse [arab.] *w*, bauchiges, flaschenartiges Gefäß, aus dem Flaschenkürbis oder den Früchten des Kalebassenbaums hergestellt; in tropischen u. subtropischen Gebieten verbreitet.

Kaleidoskop [gr.] *s*, eine Röhre, in der mit bunten Glassplittern u. Spiegeln regelmäßige Muster erzeugt werden, die durch Drehen und Schütteln verändert werden können; auch übertragen gebraucht für ständig wechselnde Eindrücke.

Kalender [lat.] *m*, die Einteilung der Zeit in Tage, Wochen, Monate u. Jahre. Die Zeit, die zwischen zwei Durchgängen der Sonne durch den höchsten Punkt ihrer Bahn (am Mittag, wenn sie genau im Süden steht) vergeht, bezeichnet man als wahren Sonnentag. Diese wahren Sonnentage sind untereinander nicht gleich lang. Der mittlere Sonnentag hat genau 24 Stunden. Die Zeit, die die Erde für einen vollen Umlauf um die Sonne benötigt, wird als

293

Kali

Jahr bezeichnet. Ein Jahr dauert 365 Tage 5 Stunden 48 Minuten 47 Sekunden. Im täglichen Leben rechnet man ein Jahr dagegen zu 365 Tagen. Um die überzähligen 5 Stunden 48 Minuten 47 Sekunden auszugleichen, schaltet man alle 4 Jahre einen zusätzlichen Tag (*Schalttag*, 29. Februar) ein. Man erhält ein Schaltjahr zu 366 Tagen. Schaltjahre sind alle Jahre, deren Jahreszahl durch 4 teilbar ist. Dabei hat man nun aber des Guten zu viel getan, denn viermal 5 Stunden 48 Minuten 47 Sekunden ergeben ja keinen ganzen Tag zu 24 Stunden. Man läßt deshalb das Schaltjahr in 400 Jahren dreimal ausfallen. Bei dieser heute gebräuchlichen Kalendereinteilung erhält man erst nach 3 333 Jahren einen überzähligen Tag. Für die Schaltjahre gilt also: Jedes Jahr, dessen Jahrszahl sich durch 4 teilen läßt, ist ein Schaltjahr. Das Schaltjahr fällt aus, wenn sich die Jahreszahl durch 100 teilen läßt, also auf zwei Nullen endet. Das Schaltjahr findet dagegen statt, wenn sich die Jahreszahl durch 400 teilen läßt. Beispiele: 1960, 1964, 1968, 1972 sind Schaltjahre, 1700, 1800, 1900 waren keine Schaltjahre, 1200, 1600, 2000, 2400 sind Schaltjahre. Die heute gültige K. heißt *Gregorianischer K.*, er geht auf eine Kalenderreform (1582) durch Papst Gregor XIII. zurück, die den *Julianischen K.*, der von Cäsar eingeführt worden war, verbesserte (der Julianische K. war ungenauer; zwischen dem Jahresanfang des Sonnenjahres u. des Kalenderjahres hatte sich bis zur Reform von 1582 ein Unterschied von 10 Tagen ergeben). Neben dem Gregorianischen K. gibt es einen jüdischen u. einen islamischen K., die beide ganz anders aufgebaut sind. Für die religiösen Festtage gelten beide noch heute, doch hat sich im internationalen Verkehr der Gregorianische K. weitgehend durchgesetzt.

Kali [arab.] *s*, unrichtige Bezeichnung für ↑ Kalisalze.

Kaliber [gr.] *s*, der innere Durchmesser von Rohren. Die Bezeichnung K. wird v. a. für den Durchmesser von Geschütz- u. Gewehrrohren u. auch für den Durchmesser der daraus abgefeuerten Geschosse verwendet.

Kalif [arab.; = Stellvertreter] *m*, Titel der Nachfolger Mohammeds als religiöse und politische Herrscher des Islams.

Kalifornien: 1) Landschaft an der Südwestküste Nordamerikas; man unterscheidet *Oberkalifornien* im Norden mit dem Kalifornischen Längstal (zu den USA gehörig) u. *Niederkalifornien* im Süden, die lange, gebirgige Halbinsel, die zu Mexiko gehört. Zwischen Niederkalifornien u. der Westlichen Sierra Madre liegt der tief einschneidende *Golf von K.*; **2)** (Abkürzung: Calif.) Staat der USA (Oberkalifornien umfassend), mit 21,2 Mill. E. Die Hauptstadt ist *Sacramento* (254 000 E). K. ist der größte Produzent der USA von Obst, Gemüse, Wein, Zucker (Anbau v. a. im zentralen Kalifornischen Längstal). Der Süden von K. ist wüstenhaft. Bodenschätze sind Erdöl u. Erdgas, Quecksilber, Wolfram, Blei, Chrom, Zink, Kupfer, Eisen. Ehemals war die Gewinnung von Gold erheblich („Goldener Westen"). Neben Nahrungsmittelindustrie hat K. u. a. Flugzeug- u. Raumfahrtindustrie, in Hollywood Filmindustrie. Hauptstädte sind San Francisco und Los Angeles. Der Süden ist als Winteraufenthalt beliebt.

Kalisalze [arab.; dt.] *s*, *Mz.*, Salze des ↑ Kaliums, die v. a. in Form des Kaliumchlorids (KCl) bergmännisch abgebaut werden. K. werden in großen Mengen als Düngemittel verwendet, da ↑ Kalium für Pflanzen lebensnotwendig ist. Kaliumcarbonat (Pottasche, K_2CO_3) wird bei der Herstellung von Waschmitteln u. Seifen verwendet, Kaliumnitrat u. -chlorat (KNO_3 bzw. $KClO_3$) als Bestandteil von Schieß- u. Sprengpulvern sowie von Streichhölzern u. Feuerwerkskörpern.

Kalium [arab.] *s*, metallisches Element, chemisches Symbol K, Ordnungszahl 19; Atommasse ungefähr 39; Schmelzpunkt 63,7 °C; Siedepunkt 774 °C; Dichte 0,86. Das silberglänzende K. ist so weich, daß man es mit dem Messer schneiden kann. Es ist chemisch äußerst reaktionsfähig. So fährt beispielsweise auf eine Wasseroberfläche geworfenes Stückchen des Metalls unter Zischen u. Feuererscheinung so lange hin u. her, bis es unter Entweichen des Wassers zu Kaliumhydroxid (Kalilauge, KOH) verbraucht ist. Das geschieht unter Wasserstoffentwicklung nach der folgenden Formel: $K + H_2O \rightarrow KOH + H$. Der Wasserstoff verbrennt sofort mit dem Sauerstoff der Luft zu Wasser. Die Verbindungen des Kaliums sind durchweg einwertig u. wohl die häufigsten u. zahlreichsten der anorganischen Welt.

Kalk *m*, wichtigster Bestandteil des Mörtels beim Bauen. K. ist chemisch gesehen Calciumoxid (CaO) u. wird durch Erhitzen auf hohe Temperaturen („Brennen") aus ↑ Kalkspat gewonnen. K. wird dann mit Wasser behandelt, wobei sich Calciumhydroxid (gelöschter Kalk, $Ca(OH)_2$) bildet. Dieses dem Mörtel beigemischte $Ca(OH)_2$ verbindet sich an der Luft wieder mit Kohlendioxid (CO_2) und wird dabei praktisch wieder zu seinem gesteinsartigen Ausgangsmaterial, dem Calciumcarbonat (Kalkspat, $CaCO_3$).

Kalkspat *m* (Calcit), sehr verbreitetes Mineral der chemischen Zusammensetzung $CaCO_3$. K. bildet den Rohstoff für die Bauindustrie in großen Mengen verbrauchten ↑ Kalk. Er ist der Hauptbestandteil des sogenannten Kalksteins, aus dem ganze Gebirge bestehen, z. B. die Kalkalpen. Auch die Marmore der verschiedensten Färbung u. Herkunft sind mehr oder weniger verunreinigter Kalkspat.

Kalkulation [lat.] *w*, in der kaufmännischen Kostenrechnung die Ermittlung der Kosten für die Leistungseinheit (z. B. für ein Auto in einer Autofabrik).

Kalkutta, größte Stadt Indiens, Hauptstadt des Bundesstaates West Bengal, mit 3,1 Mill. E. Die Stadt liegt im Gangesdelta, am Hugli, dem wichtigsten Mündungsarm des Ganges, der bis K. für Seeschiffe befahrbar ist. Sie hat drei Universitäten, zahlreiche Institute, eine bedeutende Lepraforschungsstation u. das Indische Museum. Von der Industrie sind Textil-, Metall- u. chemische Industrie besonders wichtig. K. ist ein Welthafen (ausgeführt werden v. a. Jute u. Tee) u. besitzt einen internationalen Flughafen. – K. entstand aus einer Handelsniederlassung der britischen ostindischen Kompanie u. war 1774–1912 Hauptstadt von Britisch-Indien.

Kalliope, eine der ↑ Musen.

Kallus [lat.] *m*, Gewebe, das sich bei Knochenbrüchen an der Bruchstelle bildet.

Kalmen [frz.] *w*, *Mz.*, völlige Windstillen; *Kalmenzonen* sind Gebiete, v. a. am Äquator, in denen die meiste Zeit des Jahres völlige Windstille herrscht.

Kalmücken *m*, *Mz.*, westmongolisches Volk an der unteren Wolga, UdSSR. Es gibt etwa 137 000 K. Früher waren sie Nomaden.

Kalorie [lat.] *w*, Einheitenzeichen cal, gesetzlich nicht mehr zugelassene Einheit der Energie, speziell der Wärmeenergie (Wärmemenge); mit dem ↑ Joule ergibt sich folgende Beziehung: 1 cal = 4,190 J, 1 J = 0,239 cal.

Kaltblüter ↑ Wechselwarme.

Kältemaschine [dt.; frz.] *w*, eine Vorrichtung zur Erzeugung tiefer Temperaturen. Dem Kühlgut wird dabei Wärme entzogen. Kältemaschinen werden u. a. im Haushaltskühlschrank verwendet. Man unterscheidet im wesentlichen zwei Arten, die Kompressormaschine (Kompressorkühlschrank) u. die Absorbermaschine (Absorberkühlschrank). In beiden Maschinen wird zur Erzeugung tiefer Temperaturen die Tatsache ausgenutzt, daß zum Verdampfen einer Flüssigkeit eine bestimmte Wärmemenge, die sogenannte Verdampfungswärme, erforderlich ist. Sie wird der Umgebung entzogen. Verdampft wird ein sogenanntes Kältemittel, meist Ammoniak. Bei der *Kompressormaschine* wird Ammoniakdampf durch einen Kompressor zusammengepreßt, anschließend in einem mit Kühlrippen versehenen Verflüssiger (Kondensator) durch Luft oder Wasser abgekühlt, wobei er flüssig wird. Das flüssige Ammoniak wird durch eine Rohrleitung ins Innere des Kühlschrankes geleitet. Dort wird in einem Verdampfer der Druck herabgesetzt. Das flüssige Ammoniak verdampft dabei. Die dazu erforderliche Verdampfungswärme entzieht er der Luft im Kühlschrank u. dem Kühlgut. Der Kompressor zurückgesaugt, wo der Kreislauf von neuem beginnt. In der *Absorbermaschine* ist das Ammoniak in Wasser gelöst. Durch eine Heizvorrichtung wird das Wasser erwärmt. Dabei entweicht das gasförmige Ammoniak. Hat sich genügend Ammoniakdampf angesammelt, steigt schließlich der Druck so weit an, daß das Ammoniak flüssig wird. Das flüssige Ammoniak wird nun in das Innere des Kühlschrankes geleitet, verdampft dort u. strömt zu einem Absorber, wo es sich wiederum in Wasser löst. Das ammoniakhaltige Wasser strömt in den Kocher, wo der Vorgang von neuem beginnt. Die K. wird durch einen ↑Thermostaten gesteuert. – Abb. S. 293.

Kältepole [dt.; gr.] *m, Mz.*, die Orte auf der Erde mit der niedrigsten Temperatur. Auf der Nordhalbkugel Oimjakon in Ostsibirien mit −70 °C, auf der Südhalbkugel die sowjetische Station Wostok im antarktischen Hochland mit −88,3 °C. Nahe dem Südpol wurde neuerdings eine Temperatur von −94,5 °C gemessen.

kalter Krieg *m*, ein diplomatischer, wirtschaftlicher u. propagandistischer (nicht militärischer) Kampf zwischen Staaten bzw. Staatenblöcken. Die Bezeichnung ist seit dem Erscheinen des Buches „Kalter Krieg" von W. Lippmann (1947) üblich geworden, insbesondere für Auseinandersetzungen im Ost-West-Konflikt.

Kambodscha, Staat in Hinterindien, mit 8,4 Mill. E (Khmer); 181035 km². Die Hauptstadt ist Phnom Penh. Der größte Teil des Landes ist Tiefland. Es wird von bewaldeten Gebirgen überragt. Mit dem Mekong verbunden ist der See Tonle Sap. K. hat tropisches Monsunklima. Über 70% des Kulturlandes nehmen Reisfelder ein. Andere Erzeugnisse des Landes sind Sesam, Baumwolle, Kautschuk, Tabak u. Pfeffer. – K. war vom 9. bis 13. Jh. das Zentrum des mächtigen ↑Khmerreichs. 1863 wurde es französisches Protektorat u. gehörte ab 1887 zu Indochina. 1949 wurde K. ein unabhängiger Staat in der Französischen Union, 1955 trat es aus der Union aus. 1970 wurde das Königreich K. eine Republik. In dem 1970–75 herrschenden Bürgerkrieg standen auf der einen Seite v. a. die kommunistischen „Roten Khmer", auf der anderen die proamerikanische offizielle Regierung. Trotz militärischen Eingreifens der USA siegten die „Roten Khmer". Die Regierung der „Roten Khmer", die Hunderttausende von Menschen umbringen ließ, wurde Anfang 1979 durch vietnamesische Truppen gestürzt. – K. ist Mitglied der UN.

Kambrium ↑Erdgeschichte.

Kamele [gr.] *s, Mz.*, Familie wiederkäuender, langhalsiger Paarhufer, zu der vier Arten gehören: Dromedar (einhöckrig), Kamel (zweihöckrig) sowie Guanako (u. a. ↑Lama) und Vikunja. Körperlänge etwa 1,3–3,5 m, Schulterhöhe 70 bis 230 cm. Das Fell ist dicht u. wollig. K. können 6–8 Tage ohne Aufnahme von Wasser u. Nahrung Lasten tragen, da der große Magen wasser- u. nahrungsspeicherndes Gewebe besitzt. – Milch, Wolle u. Fleisch werden von den Nomaden genutzt, der getrocknete Mist dient als Brennmaterial. – Das Dromedar wurde schon in der Steinzeit in Syrien gezähmt. – Abb. S. 296.

Kamelie *w*, ostasiatischer Strauch oder Baum mit immergrünen Blättern u. ungestielten roten Blüten. In Zuchtformen treten auch gefüllte weiße oder gelbliche Blüten auf. Die K. gehört zu den Teegewächsen. – Abb. S. 296.

Kamera [lat.] *w*, ein Gerät zum Aufnehmen fotografischer Bilder (↑Fotografie).

Kamerun, Bundesrepublik in Zentralafrika, zwischen dem Golf von Biafra u. dem Tschadsee, mit 7,5 Mill. E; 475442 km². Die Hauptstadt ist *Jaunde* (295000 E). K. gliedert sich in verschiedene Klima- u. Vegetationszonen zwischen tropischem Regenwald (im Süden) u. Trockensavanne (südlich des Tschadsees). Im Westen erheben sich vulkanische Gebirge mit dem Kamerunberg (4070 m). Die Bevölkerung besteht aus Bantustämmen im südlichen Waldhochland, Sudannegern im offenen Land. Der überwiegende Teil der Bevölkerung lebt von der Landwirtschaft, angebaut werden: Kakao, Kaffee, Bananen, Kautschuk, Ölpalmen, Baumwolle, Erdnuß. K. hat Erdöl- u. Erdgasvorkommen. Es gibt nur wenige größere Industriebetriebe. Duala ist der größte Überseehafen Kameruns. *Geschichte:* Vor dem 1. Weltkrieg war K. deutsche Kolonie, danach teils französisches, teils britisches Mandatsgebiet. Der französische Teil wurde 1960 unabhängige Republik, an die 1961 der Süden des ehemals britischen Teiles angeschlossen wurde (der Norden des ehemals britischen Teiles gehört seitdem zu Nigeria). K. ist Mitglied der UN u. OAU u. der EWG assoziiert.

Kamille [gr.] *w*, Korbblütler mit weißen, zungenförmigen Rand- u. gelben, röhrenförmigen Scheibenblüten. Die getrockneten, würzig riechenden Blütenköpfchen der *Echten K.* dienen als „Tee" gegen Darmbeschwerden, zu Spülungen oder Umschlägen. Die Echte K. wächst oft an Feldrändern.

Kanada

Kammermusik [dt.; gr.] *w*, für eine kleine Gruppe von Solisten (Geiger, Cellist usw.) bestimmte Instrumental- u. Vokalmusik im Unterschied zu Orchester- u. Chormusik.

Kammerton *m*, der auf 440 Hertz festgelegte Ton a¹, nach dem Musikinstrumente gestimmt werden.

Kammgarn *s*, ein feines, glattes, langfaseriges ↑Garn aus Wolle oder Kunststoffasern, bei dem die Fasern parallel zueinander liegen. Im Gegensatz dazu sind die Fasern beim *Streichgarn* kurz u. liegen nicht parallel.

Kampagne [...panje; frz.] *w*, zeitlich begrenzte Aktion, die wirtschaftliche, politische oder militärische Ziele verfolgt.

Kampanile (ital. Campanile) *m*, ein freistehender Glockenturm.

Kampfer [sanskr.] *m*, aus dem Kampferbaum (v. a. in Südostasien u. Ostafrika gezüchteter Zimtbaum) gewonnene weiße Masse, die einen charakteristischen Geruch hat; heute auch synthetisch hergestellt. K. wird für die Herstellung von Zelluloid verwendet u. als alkoholische Lösung in der Medizin (für Einreibungen u. als Anregungsmittel für die Atmung).

Kamtschatka, nordostasiatische Halbinsel zwischen Beringmeer u. Ochotskischem Meer, UdSSR, mit zwei parallelen Gebirgsketten u. 28 noch tätigen Vulkanen.

Kanaan, älteste Bezeichnung für Palästina, das (im Alten Testament) dem Volke Israel verheißene Land.

Kanada, Bundesstaat in Nordamerika, flächenmäßig (9,976 Mill. km²) so groß wie Europa, mit 23,3 Mill. E, von denen 45% britischen u. 29% französischen Ursprungs sind. Die Ureinwohner (Indianer, Eskimo) machen unter 1% der Bevölkerung aus. Die Landschaft Kanadas ist sehr vielfältig: Von der stark gegliederten Küste am Pazifischen Ozean steigen die Coast Mountains auf. Das sich anschließende Hochplateau wird im Osten von den Rocky Mountains begrenzt, die sich zu flachwelligen Tafeldach abdachen. Dieses geht zum Kanadischen Schild über. Neufundland u. das Gebiet südlich des Sankt-Lorenz-Stromes sind Ausläufer der Appalachen. Außer an der Südost- und Südwestküste herrscht kühles Kontinentalklima vor, die nördlichen Landesteile haben arktisches Klima (60% des Landes haben Dauerfrostboden). An die Tundra im Norden schließen sich nach Süden große Nadel- u. Laubwälder an. Im Südwesten finden wir ausgedehnte Prärielandschaften mit fruchtbarem Boden. Hauptsiedlungsgebiete sind der Südwesten u. vor allem das langgestreckte fruchtbare Land um den Sankt-Lorenz-Strom im Südosten. Hier ist das „Herz Kanadas" mit der Hauptstadt Ottawa u. den großen Städten Toronto, Montreal, Quebec. K. hat

295

Kanadier

Kamelie

eine stark mechanisierte u. auf den Export ausgerichtete Landwirtschaft (vorwiegend Großbetriebe); die Präriegebiete gehören z. B. zu den größten Weizenanbaugebieten der Erde. Neben dem Weizen spielt auch der Anbau von Hafer, Gerste, Mais u. Obst eine große Rolle. Wirtschaftlich bedeutend ist außerdem die Viehzucht (besonders Rinder) u. der Fischfang. Eine weitere Grundlage der Wirtschaftskraft Kanadas bilden die reichen Vorkommen an Bodenschätzen (v. a. Erdöl, Erdgas, Eisen, Nickel, Kupfer, Uran, Kalisalze) u. eine gut ausgebaute, vielfältige Industrie. Haupthandelspartner sind die USA und Großbritannien. *Geschichte:* K. wurde im 16. u. 17. Jh. längs des Sankt-Lorenz-Stromes durch Franzosen besiedelt. 1763 ging es in britischen Besitz über, 1867 wurde es Dominion u. 1926 selbständiges Mitglied des Commonwealth. Dazwischen liegt die Zeit der großen Einwanderungen u. der wirtschaftlichen Entwicklung. K. ist Gründungsmitglied der UN u. Mitglied der NATO.

Kanadier ↑ Kanusport.
Kanal *m*, ein künstlich angelegter Wasserlauf. Schiffahrtskanäle haben meist stehendes Wasser. *Binnenkanäle* verbinden Flüsse miteinander (Rhein-Main-Donau-Kanal, Mittellandkanal) oder auch Seen. *Stichkanäle* schaffen Verbindungen zwischen Seehäfen u. Industriegebieten. *Seekanäle* verbinden zwei durch eine Landenge getrennte Meere oder Meeresteile miteinander (Panamakanal, Nord-Ostsee-Kanal). Höhenunterschiede werden bei Schiffahrtskanälen durch Schleusen oder Schiffshebewerke überwunden. Mit Hilfe von *Bewässerungskanälen* wird Wasser in trockene, unfruchtbare Gebiete gebracht. *Entwässerungskanäle* dienen zur Trockenlegung sumpfiger Gegenden; sie sammeln das Grundwasser, das an den Kanalwänden austritt. Über *Abwässerkanäle* wird das verschmutzte Abwasser aus Haushalt u. Industrie abgeleitet (↑ Kanalisation).
Kanal, Der (auch Ärmelkanal), Meeresstraße zwischen England u. Frankreich. Die engste Stelle (Dover–Calais) ist 35 km breit. An dem Ende 1973 bei Dover begonnenen Kanaltunnel wird nicht mehr weitergebaut.
Kanalinseln *w, Mz.* (Normannische Inseln), Inseln im Kanal vor der französischen Küste, mit insgesamt 129 000 E. Die K. (Hauptinseln: Jersey, Guernsey) gehören als Selbstverwaltungsgebiete der englischen Krone.
Kanalisation [nlat.] *w*, Einrichtung zur Ableitung der in Haushaltungen oder Industriebetrieben anfallenden Abwassers u. des Regenwassers. Die Abwässer fließen zunächst über Fallröhren in die unter den Gebäuden befindlichen Grundleitungen u. von dort zu einer unter der Straße verlaufenden Sammelleitung. Mehrere solcher Sammelleitungen vereinigen sich zu einem Hauptkanal. Die Hauptkanäle münden in einen Hauptsammler, durch den die Abwässer dann zur Kläranlage fließen. Für Kanalarbeiter ist das Kanalisationsnetz über Einstiegschächte zugänglich. Das gesamte Rohrnetz hat ein Gefälle, das Wasser fließt mit einer Geschwindigkeit von 0,6 bis 1,3 m in der Sekunde.
Kanarienvogel *m*, auf den Kanarischen Inseln u. den Azoren beheimateter graugrüner Finkenvogel. Er ist um 1500 nach Spanien u. später nach ganz Europa gelangt. Aus der Wildform wurden größere u. verschiedenfarbige Rassen als gut singende Käfigvögel gezüchtet (Harzer Roller, Holländischer K., Englischer Kanarienvogel).
Kanarische Inseln *w, Mz.*, eine spanische Inselgruppe vulkanischen Ursprungs vor der nordwestafrikanischen Küste. Am bekanntesten sind die Inseln La Palma, Teneriffa u. Gran Canaria, mit insgesamt 1,3 Mill. E. Neben dem regen Fremdenverkehr bilden der Obst- u. Gemüsebau (Bananen, Tomaten u. a.) sowie die Holz-, Tabak- und Papierindustrie die Haupterwerbsquellen der Bevölkerung.
Kandidat [lat.] *m*: **1)** Anwärter, Bewerber, z. B. um ein Amt; **2)** ein Student vor oder in der Abschlußprüfung.
Kandinsky, Wassily, * Moskau 4. Dezember 1866, † Neuilly-sur-Seine 13. Dezember 1944, russischer Maler u. Graphiker. Er war einer der ersten Vertreter der ↑ abstrakten Kunst. Zeitweise lebte er in Deutschland, der Schweiz u. Frankreich. Zusammen mit Franz Marc gründete er 1911 in München die Künstlergemeinschaft „Blauer Reiter" u. lehrte mehrere Jahre am ↑ Bauhaus. Charakteristisch an seinen abstrakten Bildern sind die leuchtenden, harmonisch gegeneinandergesetzten Farben.
Kängurus [austral.] *s, Mz.*, ↑ Beuteltiere mit starken Hinterbeinen, die sie zu weiten Sprüngen befähigen. Die Vorderbeine sind kurz u. schwach; die 2. u. 3. Zehen sind verwachsen u. dienen zum Kämmen des Fells. Die Jungen

Kamele. Hauskamel

Känguruhs. Rotes Riesenkänguruh

kommen sehr wenig entwickelt zur Welt u. werden vom Muttertier im Beutel monatelang ernährt. Die K. sind Pflanzenfresser u. leben in den Buschsteppen Australiens. Die größte Art ist das 1,65 m (ohne Schwanz) lange *Rote Riesenkänguruh*. Es gibt etwa 50 Arten.
Kaninchen *s*, dem Hasen verwandtes Nagetier mit graubraunem Fell u. kurzen Ohren. Das *Wildkaninchen* lebt gesellig in selbstgegrabenen Röhren u. wirft 4- bis 7mal im Jahr 4–10 (zunächst blinde) Junge. Durch seine Baue verursacht es große Schäden in Dämmen u. Straßenböschungen. Von Südosteuropa u. Nordafrika aus verbreitete sich das K. in fast ganz Europa. In Australien u. Neuseeland eingeschleppt, wurde es zur Landplage. Das Wildkaninchen wird bis zu 3 kg schwer. – *Zuchtformen:* schwere Rassen: Riesen, Widder; kleine Rassen: Chinchilla, Hermelin; Langhaarrassen: Angora, Opossum. Das Hauskaninchen wird v. a. wegen seines Fleisches u. seines Fells gehalten.

Kannibalismus *m*, rituelles Verzehren von toten Menschen, um sich die Macht oder Kraft des Opfers anzueignen. Dieser Brauch ist seit früher Zeit v. a. bei Ackerbauvölkern belegt (heute sehr selten). Als *Kannibalen* bezeichnet man auch einen rohen, ungesitteten Menschen.

Kanon [gr.] *m*: **1)** ein Musikstück, bei dem zwei oder mehr Stimmen nacheinander mit dem Thema einsetzen u. es bis zur abschließenden Kadenz durchführen; **2)** Regel, Richtschnur.

Kanone ↑ Geschütz.

Kant, Immanuel, * Königsberg (Pr) 22. April 1724, † ebd. 12. Februar 1804, deutscher Philosoph. 1770 wurde K. Professor für Logik u. Metaphysik in Königsberg, wo er sein ganzes Leben verbrachte. Als Vertreter der ↑ Aufklärung begründete er mit seinem Hauptwerk „Kritik der reinen Vernunft" (1781) die neue Erkenntnistheorie (ein Teil der Philosophie, der nach Wegen, Möglichkeiten u. Grenzen menschlicher Erkenntnis fragt).

Kantate [lat.] *w*, seit etwa 1620 die Bezeichnung für ein mehrteiliges, instrumental begleitetes Sologesangsstück mit lyrischen oder dramatischen Texten. Später entstanden auch *geistliche Kantaten*, ihr bedeutendster Komponist war Johann Sebastian Bach.

Kanton, bedeutendste Hafenstadt u. Wirtschaftszentrum im Süden Chinas, mit 3 Mill. E. In K. gibt es 3 Universitäten. Wirtschaftlich von großer Bedeutung sind die Textilindustrie (v. a. Seide), der Bau von Schiffen, Maschinen u. Traktoren sowie die chemische Industrie. – K. war vom 16. bis in die Mitte des 19. Jahrhunderts die einzige chinesische Stadt, die dem europäischen Handel geöffnet war.

Kanton [frz.] *m*, Bezeichnung für die Gliedstaaten der ↑ Schweiz.

Kanu [auch *kanu*; engl.] *s*, ursprünglich ein Boot aus Baumrinde oder Tierhäuten bei den Indianern Nord- u. Mittelamerikas; heute Oberbegriff für Kajak u. Kanadier (↑ Kanusport).

Kanusport. Einerkanadier

Kanüle [frz.] *w*: **1)** spitz geschliffene Hohlnadel an Injektionsspritzen; **2)** Röhrchen, das bei Gefahr von Erstickung in die Luftröhre eingelegt wird (Luftröhrenschnitt), z. B. bei Diphtherie.

Kanusport *m*, Bezeichnung für alle sportlichen Wettbewerbe, die mit dem *Kajak*, einem ein- bis viersitzigen Sportpaddelboot (mit Doppelpaddel), oder dem *Kanadier* (auch *Kanu*; ein- oder zweisitzig sowie Mannschaftskanu für 6 bzw. 8 Personen mit Steuermann; halb kniend mit Stechpaddel vorangetrieben) ausgetragen werden. Die Wettkämpfe finden auf Kurz- (500 m), Mittel- (1 000 m) oder Langstrecken (6 000 bzw. 10 000 m) in glatten Gewässern oder als *Kanuslalom* auf (bis zu 800 m mit Toren ausgeflaggten) Wildwasserläufen statt.

Kanzel [lat.] *w*: **1)** erhöhter Standort für den Prediger im kirchlichen Raum; **2)** Bergvorsprung; **3)** Pilotenkabine im Flugzeug.

Kaolin [chin.] *s* (Porzellanerde), durch Verwitterung von mineralischen ↑ Silicaten des Aluminiums entstandenes Tongestein, das für ↑ Porzellan verwendet wird. Sehr häufig ist K. mit farbige Metallverbindungen verunreinigt u. wird dann teilweise im Bauwesen als wasserundurchlässiger Stoff verwendet. Die Vorkommen von K. sind relativ häufig. Ihren Namen trägt die weiße Porzellanerde nach dem chinesischen Berg Kaoling.

Kap [niederl.] *s*, vorspringender Teil einer Küste.

Kapazität [lat.] *w*: **1)** Aufnahmefähigkeit, Leistungsfähigkeit (z. B. die K. einer Fabrik); **2)** hervorragender Fachmann (z. B. ein bedeutender Wissenschaftler); **3)** in der Physik: 1. eine Größe (Formelzeichen C), die als Verhältnis der ↑ Ladung zu der an den Klemmen herrschenden ↑ Spannung eine wichtige Kenngröße für einen ↑ Kondensator ist, 2. in Amperestunden angegebene Elektrizität, die einem ↑ Akkumulator maximal zu entnehmen ist (Produkt aus Stromstärke und Zeit).

Kapern [gr.] *w*, *Mz.*, in Essig oder Öl eingelegte Blütenknospen (z. T. auch die Früchte) vom Kapernstrauch. Der dornige, sonnige Felsen u. Mauern überwachsende *Kapernstrauch* kommt wild im Mittelmeergebiet vor, wird aber auch angepflanzt (besonders in Südfrankreich). Er hat große, weiße Einzelblüten an langen Stielen.

Kapetinger *m*, *Mz.*, französisches Königsgeschlecht, das von 987 bis 1328 herrschte. Sein Begründer war der Herzog der Franken, Hugo Capet, der die Herrschaft der Karolinger ablöste.

Kapillaren ↑ Haut.

Kapital [lat.] *s*, einer der drei Produktionsfaktoren (neben Boden u. Arbeit), die Gesamtheit der Geld- u. Sachmittel (Wertpapiere, Geldguthaben, Grundstücke, Gebäude, Maschinen, Lagerbestände bzw. Vorräte u. a.) eines Betriebs bzw. einer Volkswirtschaft. Das *Eigenkapital* umfaßt denjenigen Teil des Gesamtkapitals, der einem Betrieb als Eigentum zur Verfügung steht (z. B. Aktienkapital), das *Fremdkapital* dagegen umfaßt dasjenige K., das im Wege der Kreditaufnahme beschafft wird.

Kapitalismus [lat.] *m*, ein Wirtschaftssystem, in dem den Unternehmern (Arbeitgebern) die Masse der Arbeitnehmer gegenübersteht. Der Unternehmer ist der Besitzer der Produktionsmittel. Streben nach Gewinn, wirtschaftlicher Macht u. Zweckmäßigkeit in der Produktion kennzeichnen den kapitalistischen Unternehmer. Schon im 14. u. 15. Jh. beginnen sich Formen des K. zu entwickeln (*Frühkapitalismus*). Neue Produktionsmethoden u. die dadurch gegebenen Möglichkeiten der Versorgung einer sich rasch vermehrenden Bevölkerung sind die Voraussetzungen für die im frühen 19. Jh. beginnende Epoche des eigentlichen K., die wesentlich auch durch die vom ↑ Proletariat bestimmte neue Gesellschaftsordnung gekennzeichnet ist. Der K. begründete die ungeheure Expansion der modernen Wirtschaft. In der westlichen Welt hat der K. starke Wandlungen erfahren. Als *Staatskapitalismus* (der Staat verfügt allein über die Produktionsmittel) lebt er in kommunistischen Wirtschaftssystemen weiter.

Kapitalist [lat.] *m*, Kapitalbesitzer; Person, deren Einkommen aus Kapitalerträgen besteht.

Kapitell [lat.] *s*, der oberste Teil (das Kopfstück) einer Säule oder eines Pfeilers. – Abb. S. 298.

Kapitol *s*: **1)** einer der sieben Hügel Roms, auf dem einst die Heiligtümer der kapitolinischen Dreiheit (Jupiter, Juno u. Minerva) standen. Das K. war das kultische Zentrum des Römischen Reiches. Der heutige Platz mit dem Reiterstandbild Mark Aurels u. drei Palästen wurde von Michelangelo geschaffen; **2)** Parlamentsgebäude der USA in Washington.

Kapitulation [lat.] *w*: **1)** allgemein die Unterwerfung unter die stärkere Macht; **2)** völkerrechtlich ein Vertrag, mit dem sich eine Truppe, Festung bzw. ein Land dem Feind ergibt; *bedingungslose K.* bedeutet vollständige militärische u. politische Unterwerfung.

Kaplan [lat.] *m*, ursprünglich ein Geistlicher an der fränkischen Hofkapelle. Heute v. a. Bezeichnung für einen den Gemeindepfarrer unterstützenden katholischen Priester.

Kapok [malai.] *m*, Samenhaare verschiedener tropischer Wollbäume. Sie werden zum Polstern, als Füllung von Matratzen oder als schalldämmende Einlagen verwendet.

Kapstadt

Kapitell.
1 ionisches Kapitell,
2 korinthisches Kapitell,
3 romanisches Würfelkapitell,
4 gotisches Kelchblockkapitell

Kapstadt (Cape Town, Kaapstad), zweitgrößte Stadt der Republik Südafrika, am Atlantischen Ozean, mit 826 000 E. Die Stadt gehört zu den am schönsten gelegenen Städten der Erde. Sie ist ein wichtiges Industrie-, Verkehrs- u. Handelszentrum (bedeutender Hafen). K. ist Sitz des südafrikanischen Parlaments u. hat neben der Universität zahlreiche Forschungsinstitute, Bibliotheken u. Museen. – 1652 gegründet.

Kapuzinerkresse w, Pflanzenfamilie mit rund 80 Arten. Die gelben bis roten Blüten der *Großen K.* sind langgespornt, die Blätter schildförmig. Sie ist eine beliebte Zierpflanze.

Kapverdische Inseln w, *Mz.*, Inselgruppe vor der westafrikanischen Küste, bildet die Republik *Kap Verde*, mit 303 000 E; 4 033 km². Die Hauptstadt ist *Praia* (21 000 E). In dem tropisch-atlantischen Klima gedeihen Zuckerrohr, Kaffee u. Bananen. – Die ehemals portugiesischen Inseln wurden 1975 unabhängig. Kap Verde ist Mitglied der UN u. der EWG assoziiert.

Kar s, nischenartige Hohlform an einem ehemals vergletscherten Hang. Das K. wird auf beiden Seiten u. im Rücken durch steile Bergwände begrenzt. Der wannenförmige Karboden wird talwärts durch die Karschwelle begrenzt u. enthält meist einen Karsee. Ein allseitig durch Kare zugespitzter, isolierter Berg (z. B. Matterhorn) wird Karling genannt.

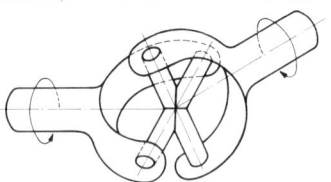

Kar

Karabiner [frz.] *m*, eine Büchse (↑Gewehr) mit kurzem Rohr.

Karaffe [arab.] w, eine geschliffene, bauchige Glasflasche für Wein, Saft oder Wasser.

Karaganda-Kohlenbecken s, Kohlenbecken in Kasachstan (UdSSR), mit Kohlenvorräten von etwa 51 Milliarden t (bis in Tiefen von 1 800 m).

Karakorum [auch: *karakorum*] *m*, stark vergletschertes Hochgebirge in Pakistan und Indien; höchste Erhebung ist der K 2 mit 8 611 m.

Karat [frz.] *s*: **1)** Einheitenzeichen Kt oder k, die Masseneinheit für Schmucksteine: 1 k = 0,2 g; **2)** Maß der Feinheit einer Goldlegierung; reines Gold = 24 K.; Gold, das mit 333 gekennzeichnet ist, hat 8 K., solches mit 750 hat 18 Karat.

Karate [jap.; = leere Hand] *s*, aus Ostasien stammender waffenloser Nahkampf- u. Selbstverteidigungssport, wobei die körperlichen Gliedmaßen als „Waffen" ausgebildet u. gegen empfindliche Körperstellen des Gegners eingesetzt werden (durch Schlag, Stoß, Stich oder Tritt). Im sportlichen Wettkampf (dem ↑Judo ähnlich) werden Angriff u. Abwehr nach bestimmten, Verletzungen ausschließenden Regeln durchgeführt.

Karatschi, bedeutende pakistanische Hafenstadt am Arabischen Meer, mit 5 Mill. E. Sitz einer Universität. K. hat eine vielseitige Industrie, darunter Metall-, Elektro-, chemische Industrie u. 2 Erdölraffinerien. Internationaler Flughafen. 1947–59 Hauptstadt von Pakistan.

Karausche [russ.-litau.] *w*, ein karpfenähnlicher Süßwasserfisch in flachen Gewässern Europas u. Asiens. Karauschen werden im allgemeinen bis 50 cm lang.

Karavelle [niederl.] *w*, Segelschiffstyp des 14.–16. Jahrhunderts mit 2 bis 3 Masten.

Karawane [pers.] *w*, eine Gruppe von Händlern oder Pilgern, die sich zur Durchquerung siedlungsfeindlicher u. gefährlicher Gegenden zusammengefunden hat. Reisen in Karawanen waren u. sind z. T. noch heute verbreitet. Im Laufe der Zeit haben sich *Karawanenstraßen* herausgebildet, an denen es auch Übernachtungsstätten (*Karawansereien*) gibt.

Karawanken *Mz.* (auch Krainer Berge oder Krainberge), Gruppe der südlichen Kalkalpen. Sie bilden das Grenzgebirge zwischen Österreich u. Jugoslawien. Die höchste Erhebung ist der Hochstuhl mit 2 238 m.

Karbolineum [lat.] s, rotbraunes, öliges Substanzgemisch, das durch Destillation aus dem Steinkohlenteer gewonnen wird. Wegen seiner desinfizierenden Wirkung wird es gegen Baumschädlinge, wegen seiner fäulnishemmenden Wirkung zur Imprägnierung von Holz verwendet.

Karbon ↑ Erdgeschichte.

Karbunkel [lat.] *m*, Entzündung der Haarbalge, die durch Eitererreger hervorgerufen wird. Sie führt zu einer Erkrankung des umgebenden Hautbezirks u. zum Gewebezerfall. Der K. erfordert ärztliche Behandlung.

Kardangelenk (Kreuzgelenk) *s*, Gelenk, mit dessen Hilfe zwei starre Antriebswellen so miteinander verbunden werden, daß sie während der Drehung einen Winkel miteinander bilden können. – ↑ auch Kraftwagen.

kardanische Aufhängung w, eine Aufhängevorrichtung, bei der der aufgehängte Körper sich nach allen Seiten drehen kann. Sie wird insbesondere auf Schiffen verwendet. Der kardanisch aufgehängte Körper (Kompaß, Uhr, Lampe u. a.) kann sämtliche Bewegungen ausgleichen u. behält dadurch auch bei starkem Seegang stets seine ursprüngliche Lage bei.

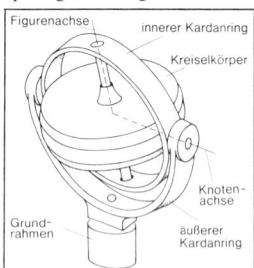

Kardanische Aufhängung

Kardinal [lat.] *m*, nach dem Papst der höchste Würdenträger der katholischen Kirche. Die Papstwahl ist seit 1059 ausschließliches Recht des *Kardinalskollegiums* (1977: 132 Kardinäle).

Kardinalzahlen [lat.; dt.] *w*, *Mz.* (Grundzahlen), diejenigen Zahlen, mit denen die Anzahl der Elemente einer Menge angegeben wird (eins, zwei, drei usw.); ↑ dagegen Ordinalzahlen.

Karenzzeit [lat.; dt.], Wartezeit, Sperrfrist.

Karibisches Meer *s*, Teil des Amerikanischen Mittelmeeres, zwischen den Antillen, der Nordküste Südamerikas u. der mittelamerikanischen Landbrücke.

Karies [...*i-eß*; lat.] *w* (auch Zahnfäule), wohl verbreitetste Erkrankung der Zähne, bei der von der Zahnoberflä-

Karnische Alpen

che her das Hartgewebe (Zahnschmelz u. Zahnbein) zerstört wird; die Ursachen dieser Zerstörung werden v. a. in chemischen Prozessen gesehen (Einwirkung vergärender Speisereste), jedoch spielt dabei auch die jeweils unterschiedliche, z. T. erblich bedingte Zahnsubstanz eine große Rolle. Zur Stärkung des Hartgewebes können (z. B. dem Trinkwasser beigegebene) Fluorverbindungen nützlich sein. Die wichtigsten vorbeugenden Maßnahmen sind gründliche tägliche Zahnpflege u. regelmäßige zahnärztliche Untersuchung.

Karikatur [ital.] w, übertreibende Darstellung, meist als politische oder gesellschaftliche Kritik, die einleuchtend Typisches witzig heraushebt.

Karikatur. Gymnasiallehrer (1907)

Karl der Große (Bronze, 9. Jahrhundert)

Karl: *deutsche Könige u. Kaiser:* **1) K. der Große,** * 2. April 747, † Aachen 28. Januar 814, König der Franken seit 768, römischer Kaiser seit 800. Er entstammte einem Geschlecht, das nach ihm ↑Karolinger genannt wird. K. dehnte die Grenzen des Frankenreichs über das gesamte Festland zwischen Elbe, Donau, Unteritalien, den Pyrenäen u. dem Meer aus u. bezog durch sein Eingreifen in Italien u. Spanien, durch Verbindungen zu Byzanz u. zum Kalifen (Harun Ar Raschid) in Bagdad als einziger germanischer Herrscher die gesamte Mittelmeerwelt in sein Blickfeld ein. Er vollendete die innere Organisation des Fränkischen Reichs u. wurde zum Schöpfer der mittelalterlichen Gemeinschaft der germanischen u. romanischen Völker. Karls größtes außenpolitisches Unternehmen waren die 772 beginnenden Kriege gegen die Sachsen, die nach schweren Kämpfen unterworfen u. christianisiert wurden (804). 773/774 eroberte er das Langobardenreich u. nannte sich nun auch König der Langobarden. Mit der Absetzung Herzog Tassilos III. von Bayern beseitigte er das letzte Stammesherzogtum. Gegen die Araber drang er bis zum Ebro vor (801). Zur Sicherung des Reiches gründete er Marken (Grenzgebiete). Seine Krönung am 25. Dezember 800 durch Papst Leo III. in Rom bedeutete die Erneuerung des westlichen Imperiums, in dem sich Germanentum mit christlich-römischer Überlieferung verband. K. förderte Kunst und Wissenschaft u. versammelte zahlreiche Gelehrte an seinem Hof in Aachen. Er ist eine der bedeutendsten Herrscherpersönlichkeiten der Weltgeschichte; **2) K. V.,** * Gent 24. † beim Kloster San Jerónimo de Yuste (Spanien) 21. September 1558, 1516–56 König von Spanien, 1619–56 deutscher Kaiser. Er war streng katholisch u. sah in der universalen Kirche die Ergänzung seiner Universalmonarchie. Wie er selbst sagte, beherrschte er ein Reich, in dem „die Sonne nicht unterging", u. meinte das Heilige Römische Reich, Spanien u. die spanischen Kolonien. Beherrschende Ereignisse seiner Regierungszeit waren die zahlreichen Kriege mit Frankreich, die Türkenkriege sowie die Ausbreitung des Protestantismus. Im Schmalkaldischen Krieg 1546/47 warf er zwar die rebellischen protestantischen Fürsten nieder, erlitt jedoch im darauffolgenden Krieg mit Moritz von Sachsen, der mit Frankreich u. der deutschen Fürstenopposition verbündet war, eine Niederlage. Er mußte deshalb 1555 den Augsburger Religionsfrieden hinnehmen, in dem das Luthertum reichsrechtlich als Konfession anerkannt wurde. Daraufhin dankte er 1556 ab (die deutschen Erbländer hatte er schon 1521 an seinen Bruder abgetreten) u. zog sich in eine Villa beim Kloster Yuste zurück. – *Burgund:* **3) K. der Kühne,** Graf von Charolais, * Dijon 10. November 1433, † vor Nancy 5. Januar 1477 (gefallen), seit 1467 Herzog von Burgund. Er wollte den burgundisch-niederländischen Länderkomplex seines Vaters zu einem lebensfähigen Königreich zwischen Frankreich u. Deutschland ausbauen. Bei dem Versuch, Lothringen zu erobern, fand er in der Schlacht um Nancy den Tod. Seine Regierungszeit wurde trotz der außenpolitischen Verwicklungen zur Blütezeit der spätmittelalterlichen burgundischen Kultur.

Karl-Marx-Stadt (bis 1953 Chemnitz): **1)** Bezirk in der DDR, mit 2 Mill. E. Er umfaßt das mittlere u. westliche Erzgebirge, das Elstergebirge und den südwestlichen Teil des sächsischen Hügellandes und ist sehr dicht besiedelt. Im Süden wird Erzbergbau (Uran, Blei, Zink u. a.) betrieben, der Steinkohlenbergbau bei Zwickau wurde 1977 eingestellt. Im ganzen Bezirk findet man eine bedeutende Textilindustrie, in den Gebirgen Holz-, Spielwaren- und Musikinstrumentenindustrie, in einigen Städten Maschinen- u. Fahrzeugbau; **2)** Hauptstadt von 1), mit 311 000 E. Neben einer technischen Hochschule u. Fachschulen hat K.-M.-St. mehrere Museen, u. a. das Naturkundemuseum mit einem „versteinerten Wald". Die Schloßkirche stammt aus dem 12. bis 16. Jh.; Industrie: Maschinen- u. Fahrzeugbau, Gießereien, Elektro- u. vielseitige Textilindustrie. – Die Stadt besaß schon im Mittelalter als Zentrum der Textilindustrie große Bedeutung.

Karlsbad (tschech. Karlovy Vary), tschechoslowakische Stadt u. Kurort an der Eger, mit 50 000 E. Die radioaktiven Glaubersalzquellen (44–72 °C) sind ein gutes Heilmittel gegen Stoffwechselkrankheiten. Herstellung von Karlsbader Salz; Glas- und Porzellanindustrie.

Karlsruhe, Stadt in Baden-Württemberg, im nördlichen Oberrheinischen Tiefland, mit 275 000 E. Den Mittelpunkt der 1715 gegründeten u. planmäßig angelegten Stadt bildet das Schloß mit den von dort strahlenförmig ausgehenden Straßen. K. ist Sitz einer Universität, von Hochschulen, wissenschaftlichen Instituten u. a., des Bundesverfassungsgerichts u. Bundesgerichtshofs. Von wirtschaftlicher Bedeutung sind die Erdölraffinerien (Pipeline von Marseille) sowie die Eisen-, Maschinen- u. Elektroindustrie u. der Rheinhafen. Nahebei Kernforschungszentrum.

Karneval [ital.] *m*, im Rheinland gebräuchliche Bezeichnung für ↑Fastnacht.

Karnische Alpen *Mz.*, Teil der Südlichen Kalkalpen entlang der italienisch-österreichischen Grenze. Die höchste Erhebung ist die Hohe Warte (2 780 m).

Kärnten

Kärnten, österreichisches Bundesland zwischen den Hohen Tauern u. Gurktaler Alpen im Norden u. den Karnischen Alpen u. Karawanken im Süden, mit 529 000 E. Die Hauptstadt ist Klagenfurt. Wirtschaftliches Zentrum ist das Klagenfurter Becken mit mildem Klima u. fruchtbarem Ackerland. Neben der Almwirtschaft nimmt die Holzwirtschaft einen bedeutenden Platz ein. Bergbau gibt es besonders auf Blei, Eisen u. Braunkohle. Im Sommer bildet der Fremdenverkehr eine wichtige Erwerbsquelle, v. a. im Gebiet der Kärntner Seen (Wörther, Ossiacher, Faaker u. Millstätter See, Weißensee).

Karolinen *Mz.*, Gruppe von 963 Inseln im Pazifischen Ozean (meist Atolle), mit insgesamt 75 000 E. Erwerbsquellen der Bevölkerung (meist Mikronesier) sind der Export von Kopra, Tapioka u. Trockenfisch. – Die K. waren 1686–1899 spanisch, 1899–1919 deutsche Kolonie, dann unter japanischer Verwaltung. Seit 1947 sind sie UN-Treuhandgebiet u. werden von den USA verwaltet.

Karolinger *m*, *Mz.*, nach Karl dem Großen benanntes fränkisches Herrschergeschlecht. Es regierte in Deutschland bis 911, in Frankreich bis 987.

Karosserie [frz.] *w*, Oberteil des Kraftfahrzeugs, das dem Fahrgestell aufsitzt.

Karpaten *Mz.*, ein 1 300 km langer Gebirgszug im südöstlichen Mitteleuropa. Die K. erstrecken sich bogenförmig von Preßburg durch die Tschechoslowakei, Polen, die UdSSR u. Rumänien bis zum Eisernen Tor u. sind entstehungsgeschichtlich die östliche Fortsetzung der Alpen. Den höchsten Teil bildet die Hohe Tatra mit der 2 655 m hohen Gerlsdorfer Spitze. Die K. gliedern sich in die West-, Wald-, Ost- u. Südkarpaten u. sind waldreich. In den dicht besiedelten Tälern wird Ackerbau u. Viehzucht betrieben, in den höher gelegenen Gebieten Almwirtschaft. In den Ost- u. am Rande der Südkarpaten gibt es Erdölvorkommen. In den Wäldern leben noch Bären, Wölfe u. anderes Großwild.

Karpfenfische *m*, *Mz.* (Weißfische), meist als Speisefische dienende Süßwasserfische ohne Fettflossen und Zähne. Zu den Karpfenfischen (rund 1 000 Arten) gehören u. a. Karpfen, Karausche, Elritze, Bitterling, Plötze u. Brachsen. – *Karpfen*, bis 0,5 m lang, bis über 30 kg schwer, in pflanzenreichen Gewässern mit schlammigem Grund; das große Maul ist von 4 Barteln umgeben, Rücken- u. Afterflossen sind stachelig. Der Karpfen wächst sehr schnell, ist ein beliebter Speisefisch u. wird oft in Teichen gezüchtet. Das Weibchen legt von April bis Juni etwa 1 Mill. Eier an Pflanzen ab. – Zuchtformen sind der Lederkarpfen (schuppenlos) u. der Spiegelkarpfen (wenige große Schuppen).

Karriere [frz.] *w:* **1)** schnelle u. erfolgreiche berufliche Laufbahn; **2)** die schnellste Gangart des Pferdes, der Renngalopp.

Karst [nach der jugoslawischen Landschaft Karst benannt] *m*, vorwiegend in Kalkstein- u. Gipsgebirgen auftretende geologische Bildungen; entstanden durch Auswaschung u. Erosion leichtlöslicher Gesteine.

Kartell [frz.] *s*, vertragliche Vereinbarung zwischen rechtlich selbständigen Unternehmen mit dem Zweck, den Wettbewerb untereinander ganz oder teilweise auszuschließen. In der Bundesrepublik Deutschland unterliegt die Kartellbildung dem Kartellgesetz. Danach gibt es *verbotene Kartelle*, dazu gehören v. a. Kartelle, die für eine bestimmte Ware einen einheitlichen Preis vereinbaren. Verboten sind auch Gebietskartelle, die unter den zugehörigen Unternehmen den Markt in Absatzgebiete aufteilen. *Anmeldekartelle* sind Kartelle, die beim Kartellamt angemeldet werden müssen, z. B. Rabattkartelle (Absprachen über die Gewährung eines einheitlichen Rabatts) oder Exportkartelle (Absprachen über das Exportgeschäft). *Erlaubniskartelle* bedürfen der Zustimmung des Kartellamtes. Hierzu werden z. B. Spezialisierungskartelle gezählt, Firmen, die eine Beschränkung auf ein ganz bestimmtes Warenangebot vereinbaren.

Karthago, Hauptstadt des Karthagerreiches an der nordafrikanischen Küste (nahe der heutigen Stadt Tunis). K. wurde im 9. oder 8. Jh. v. Chr. von den Phönikern gegründet. Mittelpunkt der Stadt bildete die Burg, neben dem Handelshafen gab es einen Kriegshafen. Das ertragreiche Hinterland förderte die Entwicklung der Stadt, die bereits im 7. Jh. v. Chr. die Vormachtstellung im westlichen Mittelmeer innehatte. V. a. auf Sizilien, Malta u. Sardinien gab es karthagische Niederlassungen. Das Eingreifen Roms in die karthagisch-griechischen Kämpfe in Sizilien führte zu den Punischen Kriegen, die mit der Vernichtung Karthagos durch die Römer endeten (146 v. Chr.). – Nach dem Wiederaufbau der Stadt, die nun zur römischen Provinz Africa gehörte, erlangte K. erneut Bedeutung als Handelsstadt. 697 n. Chr. wurde sie von den Arabern endgültig zerstört.

Kartoffel *w*, aus Südamerika stammendes Nachtschattengewächs mit rauhhaarigen Fiederblättern. Aus den weißen oder violetten Blüten entwickelt sich eine grüne, giftige Beere. Zur Verbreitung dienen die an unterirdischen Sproßausläufern entstehenden, stärkereichen Knollen (Saat-, Speise- u. Futterkartoffeln). – Im 16. Jh. wurde die K. nach Europa eingeführt. Friedrich II., der Große, zwang seine Untertanen zum Anbau der K., die erst allmählich zum Volksnahrungsmittel wurde.

Kartoffelkäfer *m* (Coloradokäfer), 1 cm langer Blattkäfer mit 10 schwarzen Streifen auf den gelben Flügeldecken. Der K. u. seine roten Larven ernähren sich von den Blättern der Kartoffelpflanzen. Sie treten oft in Massen auf u. sind gefürchtete Schädlinge.

Kartographie [frz.; gr.] *w*, Wissenschaft u. Technik vom Entwerfen, Zeichnen und Herstellen von Karten.

Karwendelgebirge *s* (Karwendel), im engeren Sinne eine Gebirgsgruppe östlich von Mittenwald; im weiteren Sinne Teil der Tirolisch-Bayerischen Kalkalpen zwischen Seefelder Sattel, Isartal, Achensee u. Inntal. Die höchste Erhebung ist die Birkkarspitze (2 756 m).

Karwoche *w* (Heilige Woche, Stille Woche), in den christlichen Kirchen die Woche vom Palmsonntag bis zur Osternacht. Sie ist dem Gedächtnis des Leidens u. des Todes (besonders der *Karfreitag*) und der Auferstehung Jesu Christi gewidmet.

Karzinom [gr.] *s* (Krebs), bösartige Geschwulst bzw. Geschwulstkrankheit. Die Krebszellen sind teilungsfähig u. wachsen besonders stark. Sie können im Körper verschleppt werden u. sogenannte Tochtergeschwülste (Metastasen) bilden. Die Heilungschancen sind um so besser, je eher die Krankheit festgestellt wird.

Kasachen *m*, *Mz.*, Turkvolk in Mittelasien. Die K. waren früher Moslems. Noch heute sind sie z. T. Hirtennomaden. Sie leben in der Kasachischen Sozialistischen Sowjetrepublik u. in Nachbargebieten.

Kasan, Hauptstadt der Tatarischen Autonomen Sozialistischen Sowjetrepublik (UdSSR), an der Wolga, mit

Kautschukbaum. Gummizapfer

Katzen. Siamkatze

958 000 E. In K. gibt es eine Universität. Im Bogorodizkikloster befindet sich die berühmte schwarze Madonna von K. Die Stadt ist ein Industriezentrum.

Kaschmir, Landschaft und ehemaliges Himalajafürstentum. Kerngebiet ist die Ebene von Srinagar (1 600 m ü. d. M.), ein breites, schwer zugängliches Tal mit mildem Klima, das vorwiegend ackerbaulich genutzt wird (Anbau von Reis, Mais, Weizen, Obst u. Gemüse). In den höher gelegenen Gebieten Kaschmirs wird v. a. Ziegenzucht betrieben. Bodenschätze (Steinkohle, Eisen, Bauxit, Blei) werden bisher kaum ausgebeutet. *Geschichte:* Nach der Teilung Britisch-Indiens (1947) in die Indische Union u. Pakistan kam es in dem für beide Länder wichtigen Gebiet zu Grenzstreitigkeiten (Kaschmirkonflikt), in deren Folge K. besetzt wurde. Ein von den UN vermittelter Waffenstillstand (1949) beendete den Streit vorläufig. Die von Indien besetzten östlichen Teile wurden 1957 als Bundesstaat *Jammu and Kashmir* (4,6 Mill. E) in die Indische Union eingegliedert. Der pakistanische Teil wird *Azad* (= Freies) *Kashmir* (1 Mill. E) genannt. Seit dieser Zeit kommt es häufig zu Konflikten. Die schon 1949 geforderte Volksabstimmung über die politische Zukunft Kaschmirs fand bis heute nicht statt. Die Grenze zwischen dem indischen u. pakistanischen Teil wurde nach dem indisch-pakistanischen Krieg (1971) im Juli 1972 neu festgesetzt.

Kasein [lat.] s, Eiweißstoff, der v. a. in der Milch vorkommt u. den Hauptbestandteil des Käses bildet.

Kaskade [ital.-frz.] w, stufenförmig angelegter Wasserfall.

Kaskoversicherung [span.; dt.] w, Versicherung gegen Schäden am eigenen Kraftfahrzeug, die durch eigenes Verschulden entstanden sind.

Kaspisches Meer, größter, sehr fischreicher Binnensee der Erde (nahezu 700mal so groß wie der Bodensee); östlich des Kaukasus, im Süden der UdSSR gelegen. Das Südufer gehört zu Iran. Das Kaspische Meer ist im Nordteil flach u. verlandet im Norden u. Osten. Im Süden bis 1 025 m tief.

Kassandra, Gestalt der griechischen Mythologie. Ihre Sehergabe wendet Apoll, weil K. ihn verschmäht, zum Fluch. Sie findet niemals Glauben mit ihren Prophezeiungen.

Kassel, Stadt in Hessen, mit 200 000 E, an der Fulda gelegen. K. ist die wirtschaftlich wichtigste Stadt in Nordhessen sowie Sitz einiger Bundesbehörden (u. a. Bundesarbeitsgericht) u. einer Gesamthochschule. Neben Maschinen-, Motoren- u. Fahrzeugbau gibt es optische, Textil- u. andere Industrie. Die Verkehrslage der Stadt ist seit 1945 durch die nahe Grenze zur DDR ungünstig. Ein besonderer Anziehungspunkt ist Kassel-Wilhelmshöhe mit seinem Schloß u. einer Wasserkaskade, über der sich ein achteckiges Bauwerk mit der Statue des Herkules aufragt. Seit 1955 wird in K. (in der Regel alle 4 Jahre) die Documenta, eine Ausstellung bildender Kunst der Gegenwart, veranstaltet. Jährlich gibt es Musiktage.

Kastagnetten [...tanjet^{e}n; frz.] w, Mz., Rhythmusinstrument spanischer

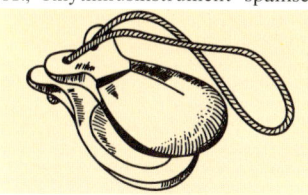

Sänger u. Tänzer. Zwei innen ausgehöhlte Holzschalen werden in der flachen Hand gegeneinandergeschlagen.

Kastanie [lat.] w, die im Mittelmeerraum beheimatete *Edelkastanie* ist ein Buchengewächs. Bei uns wird die K. in Parkanlagen, in Südwestdeutschland stellenweise als Waldbaum angepflanzt. Der Rand der lanzettförmigen Blätter ist stachelig gezähnt. Die eßbaren Samen (Maronen) sind von einer stacheligen Hülle umschlossen. Die ebenfalls von stacheligen Hüllen umgebenen Samen der *Roßkastanie* (ein Roßkastaniengewächs) dienen nur als Viehfutter. Aus den klebrigen Knospen dieses 20–30 m hohen Baumes entfalten sich 5- bis 7fingrige Blätter. Die weißen oder rötlichen Blüten stehen in großen Blütenständen („Kerzen").

Kaste [frz.] w, eine sich streng abschließende Gesellschaftsschicht mit besonderen Sitten u. Gebräuchen (z. B. dürfen die Kastenmitglieder nur untereinander heiraten). Die ausgeprägteste Kastenordnung findet sich (trotz Aufhebung durch die Verfassung) in Indien. Hier unterscheidet man im wesentlichen vier Kasten: Brahmanen (Priester), Kschatrija („Krieger"; Adel u. Könige), Waischja (meist Bauern u. Handwerker) u. Schudra (niedere, dienende Kaste). Außerhalb der Kasten befindet sich die Masse der ↑Parias.

Kastell [lat.] s: **1)** befestigtes Truppenlager der Römer; **2)** v. a. in Südeuropa Bezeichnung für eine Burg oder ein Schloß.

Kastilien (span. Castillà), zentrales Hochland in Spanien (rund 800 m hoch). Das Kastilische Scheidegebirge teilt K. in die historische Provinz Altkastilien im Norden u. Neukastilien im Süden. K. ist ein dürres, regenarmes Gebiet mit weithin baumloser Steppenvegetation, nur in den Tälern ist der Boden ergiebig.

Kästner, Erich, * Dresden 23. Februar 1899, † München 29. Juli 1974,

deutscher Schriftsteller. In aktuellen, zeitkritischen Gedichten u. dem Roman „Fabian" (1931/32) wandte er sich mit Kritik u. Witz gegen die spießbürgerliche Moral, den Militarismus u. den Faschismus. Daneben machte er sich besonders als Autor unterhaltender Romane sowie amüsanter, spannender Jugendbücher einen Namen. Seine bekanntesten Jugendbücher, die in zahlreiche Sprachen übersetzt u. auch verfilmt wurden, sind: „Emil und die Detektive" (1929), „Pünktchen und Anton" (1931), „Das fliegende Klassenzimmer" (1933) und „Das doppelte Lottchen" (1949).

Kastration [lat.] w, Entfernung oder Ausschaltung der Keimdrüsen (Hoden oder Eierstöcke) bei Mensch u. Tier. Bei Menschen liegen meist medizinische Gründe vor, bei Tieren meist wirtschaftliche (z. B. um die Tiere zahmer u. fetter werden zu lassen).

Kasus ↑Fälle.

Katakomben [lat.] w, Mz., unterirdische Begräbnisstätten, die für das frühe Christentum charakteristisch sind. Die meisten K., die oft weitläufige, verzweigte Stollenanlagen darstellen, finden sich in Rom. K. waren auch Zufluchtsort für verfolgte Christen.

Katalonien (span. Cataluña), nordostspanische Landschaft am Mittelmeer, mit 6 Mill. E. Zentrum ist die Haupt- u. Hafenstadt Barcelona. K. wird vom Katalonischen Bergland durchzogen (im Matagalls bis 1 676 m ü. d. M.). In den fruchtbaren Küstengebieten werden hauptsächlich Wein und Oliven angebaut, in den Tälern der Pyrenäen wird Viehwirtschaft betrieben. Haupterwerbsquelle der Bevölkerung bildet der Fremdenverkehr in den zahlreichen Seebädern entlang der Costa Brava u. der Costa Dorada.

Katalysator

Katalysator [gr.] *m*, Stoff, der schon in geringen Spuren einen chemischen oder biochemischen Vorgang beschleunigt, ohne dabei verbraucht zu werden.

Katanga ↑Shaba.

Katapult [gr.] *m oder s:* **1)** ein schon im Altertum benutztes Wurfgeschütz in Form einer großen Armbrust. Das Geschoß, meist ein schwerer Stein, wird von einer gespannten Sehne über große Entfernungen geschleudert; **2)** eine vorwiegend auf Flugzeugträgern verwendete Startvorrichtung. Das Flugzeug steht mit laufendem Triebwerk auf einem Schlitten, der von Preßluft oder Dampf ruckartig vorwärtsbewegt wird u. die startende Maschine schon nach etwa 15 m mit der notwendigen Abhebegeschwindigkeit in die Luft schleudert.

Katar, arabisches Emirat am Persischen Golf, auf der gleichnamigen Halbinsel. Von den 100 000 E (Moslems) leben die meisten in der Hauptstadt *Ad Dauha*. Der Reichtum des Scheichtums ist Erdöl. – K. war 1916–71 britisches Protektorat. Mitglied der UN u. der Arabischen Liga.

Katarrh [gr.] *m*, Entzündung der Schleimhäute mit Absonderung einer wäßrigen oder schleimigen Flüssigkeit; häufig mit leichtem Fieber verbunden.

Katastrophe [gr.] *w*, Verhängnis, Unheil, Zusammenbruch, großes Unglück, z. B. Flugzeugkatastrophe, Eisenbahnkatastrophe.

Katechet [gr.] *m*, christlicher Religionslehrer; heute oft gebraucht für einen Religionslehrer ohne volle theologische Ausbildung.

Katechismus [gr.] *m*, seit der Reformation Bezeichnung für ein meist in Frage- und Antwortform zusammengestelltes Lehrbuch des christlichen Glaubens; am berühmtesten sind die von Martin Luther 1529 veröffentlichten Katechismen „Großer Katechismus" und „Kleiner Katechismus". Angeregt durch Luther entstand eine große Zahl weiterer Katechismen, aber nur der Heidelberger Katechismus hat eine vergleichbare Bedeutung.

Katechumene [gr.-mlat.] *m*, in der frühen christlichen Kirche Bezeichnung für den Taufbewerber.

Kategorie [gr.; = Grundaussage] *w:* **1)** Art, Gattung, Klasse; **2)** in der Philosophie die obersten Gattungsbegriffe (Aristoteles).

Katheder [gr.] *m*, Pult, Kanzel.

Kathedrale [gr.] *w*, Bezeichnung für die Bischofskirche, die Hauptkirche eines Bistums. In Deutschland und Italien wird diese meistens Dom genannt.

Katheten [gr.] *w, Mz.*, die Schenkel des rechten Winkels in einem rechtwinkligen Dreieck (Ankathe u. Gegenkathete). Die dem rechten Winkel gegenüberliegende Seite des Dreiecks heißt ↑Hypotenuse.

Kathode [gr.] *w*, die negative ↑Elektrode; ↑auch Elektrolyse.

Kathodenstrahlen [gr.; dt.] *m, Mz.*, eine aus schnellbewegten ↑Elektronen bestehende Strahlung, die von der ↑Kathode einer Gasentladungsröhre ausgeht. Pumpt man eine Glasröhre, in die zwei Elektroden eingeschmolzen sind, weitgehend luftleer (unter 0,1 mbar) u. legt zwischen die beiden Elektroden eine hinreichend hohe elektrische Gleichspannung, so treten senkrecht aus der Kathode Elektronen aus, die zur ↑Anode wandern. Treffen sie auf Glas oder einen geeigneten Leuchtschirm, so erregen sie eine grünliche bzw. bläuliche Lichterscheinung. Da die K. also aus Elektronen bestehen, die die negative Ladung besitzen, werden sie im elektrischen ↑Feld zur positiven Platte hin abgelenkt. Auch durch magnetische Felder lassen sich K. ablenken. K. werden u. a. in der Fernsehröhre (↑Braunsche Röhre) u. im ↑Elektronenmikroskop verwendet.

katholische Kirche *w*, größte christliche Kirche, in strenger Einheit u. Hierarchie (Rangordnung) aufgebaut: Papst, Bischof, Priester, Diakon, Laien. Zentrum der katholischen Kirche u. Sitz des Papstes ist Rom. Nach dem Selbstverständnis ihrer Mitglieder ist die k. K. die von Jesus Christus gestiftete Gemeinschaft der Gläubigen mit dem römischen Bischof (Papst) als Oberhaupt. – Es gibt rund 552 Mill. Katholiken, in der Bundesrepublik Deutschland (einschließlich Berlin) rund 27 Millionen.

Kation [gr.] *s*, ein elektrisch positiv geladenes ↑Ion in einem Elektrolyten; bei der ↑Elektrolyse wandern die Kationen zur Kathode; ↑auch Anion.

Kattegat *s*, Meerenge zwischen Jütland (Dänemark) u. Schweden. Verbindungsweg zwischen der Nordsee (Skagerrak) u. der Ostsee (Sund, Großer u. Kleiner Belt). Das K. ist bis 140 m tief.

Kattowitz (poln. Katowice), polnische Industriestadt im oberschlesischen Industriegebiet, mit 344 000 E. Zentrum des oberschlesischen Steinkohlenbergbaus; Schwerindustrie. K. hat eine Universität.

Kattun [arab.] *m*, Gewebe aus ungefärbter Baumwolle, heute auch aus Chemiefasern in ↑Leinwandbindung. K. wird roh als *Nessel*, bedruckt als *Musselin* gehandelt.

Katzen *w, Mz.*, Familie nahezu weltweit verbreiteter Landraubtiere mit schmalem, geschmeidigem Körper. Der rundliche Kopf bietet nur für kurze Kiefer Platz. Das Gebiß ist ausgezeichnet für das Schlagen von Fleischwunden geeignet. K. können ihre Krallen vorstrecken (mit Ausnahme des Geparden). Entsprechend der nächtlichen Lebensweise sind Seh-, Hör- u. Tastsinn (Schnurrhaare) sehr gut ausgebildet. Die schlitzförmigen Pupillen stehen senkrecht. Gegliedert werden die K. in: Kleinkatzen, Großkatzen u. Gepard. Zu den K. gehören: Löwe, Tiger, Leopard, Jaguar, Puma, Luchs, Wildkatzen. – Der Stammform der Hauskatze ist die nordafrikanische *Falbkatze*. Bereits vor mehr als 4000 Jahren wurden in Ägypten K. gezähmt u. als Haustiere gehalten. Heute gibt es sehr unterschiedliche Zuchtrassen, z. B. Perserkatze, Siamkatze. – Abb. S. 301.

Kaukasus *m* (Großer Kaukasus), Hochgebirge in der UdSSR zwischen Kaspischem Meer u. Schwarzem Meer, über 1100 km lang, bis zu 180 km breit. Der höchste Berg ist der Elbrus mit 5633 m, ein erloschener Vulkan. Im Kaukasusgebiet wohnen Volksstämme mit einheimischen, kaukasischen Sprachen. Abbau von Erzen u. Kohle. Der südlich des K. gelegene *Kleine K.* gehört zum Armenischen Hochland.

Kaulquappe *w*, geschwänzte, fußlose Larve der Froschlurche. Das rundliche Maul der K. besitzt einen Hornschnabel u. ist von Lippenzähnchen eingefaßt. Anfangs atmet die K. durch Kiemen. Nach einigen Tagen rücken diese später ganz unter eine Hautfalte u. verschwinden später ganz, während sich die Lungen ausbilden. Der seitlich zusammengedrückte Flossenschwanz dient zum Schwimmen. Nach einigen Wochen werden an der Schwanzwurzel die Hinterbeine sichtbar; bald folgen die Vorderbeine. Gleichzeitig schrumpft der Schwanz allmählich ein.

Kaunas (früher Kowno), Stadt an der Memel, in Litauen (UdSSR), mit 352 000 E. Wichtiges Kulturzentrum (mit 4 Hochschulen). K. besitzt einen Binnenhafen u. eine vielseitige Industrie (Metall-, Nahrungsmittel-, Holz- u. Papierindustrie).

Kausalität [lat.] *w*, ursächlicher Zusammenhang; die Gesetzmäßigkeit, daß zwischen Ursache u. Folge ein Verhältnis besteht. Eine Ursache bewirkt notwendig eine Folge, bzw. eine Folge entwickelt sich aus einer Ursache.

Kausalsatz ↑Umstandssatz.

Kaution [lat.] *w*, Sicherheitsleistung. Bei Vertragsabschlüssen wird mitunter ein bestimmter Geldbetrag als K. verlangt, der bei Vertragsbruch verfällt. Die K. soll sicherstellen, daß der Vertrag nicht gebrochen wird.

Kautschuk [indian.] *m*, natürlicher oder künstlich hergestellter gummiartiger Stoff. Der natürliche K. wird durch Eindicken des aus angeritzten Kautschukbäumen fließenden Milchsaftes (Latex) gewonnen. Der künstliche K., der aus ↑Kohlenwasserstoffen gewonnen wird, ist unter dem Namen Buna bekannt.

Kautschukbaum [indian.; dt.] *m*, Sammelbezeichnung für verschiedene ↑Kautschuk liefernde Pflanzen. Nur wenige sind wirtschaftlich von gewisser

Bedeutung. 95 % der Welternte an Naturkautschuk kommen vom *Parakautschukbaum* (Gattung Hevea), einem bis über 30 m hoch werdenden Wolfsmilchgewächs aus dem tropischen Amerika (hauptsächlich Amazonasgebiet). Der Baum wird weltweit längs des Äquators (besonders in Malaysia, Indonesien u. Thailand) in großen Plantagen angebaut. Wenn die Bäumchen etwa 5–6 Jahre alt sind, wird die Rinde angeschnitten u. der ausfließende, 25 bis 30 % Kautschuk enthaltende Milchsaft (Latex) in einem Behälter aufgefangen. Der Baum hat eine glatte, weißliche Rinde u. langgestielte, große, dreizählig gefingerte Blätter. – Abb. S. 300.

Kauz ↑ Steinkauz, ↑ Waldkauz.

Kavallerie [frz.] w, zu Pferd kämpfende Truppe (im Unterschied zu Infanterie u. Artillerie); heute (trotz des Namens) motorisiert.

Kaviar [türk.] m, gesalzener Rogen (Eier) der störartigen Fische. Kaviarersatz wird aus dem Rogen von Zander, Hecht, Barsch, Karpfen, Lachs u. anderen Fischen gewonnen.

Keaton, Buster [kit^{e}n], * 1896, † 1966, amerikanischer Filmschauspieler u. -regisseur, ↑ Film.

Kegel m, Körper, der von einer ebenen, meist kreisförmigen (Kreiskegel) Grundfläche, der Basis, u. der gekrümmten Kegelfläche, dem Mantel, begrenzt ist. Der gerade Kreiskegel entsteht durch Drehung eines rechtwinkligen Dreiecks um eine Kathete, die die Höhe des Kegels bestimmt. Der schiefe Kegel hat den Höhenfußpunkt außerhalb des Mittelpunktes der Basis. Der Rauminhalt des Kegels ist ⅓ Basis × Höhe. Der *Kegelstumpf* entsteht durch Abschneiden der Kegelspitze parallel zu seiner Ebene.

Kegelschnitte m, Mz., eine Gruppe geometrischer Figuren, die entstehen, wenn ein gerader Kreiskegel durch eine Ebene geschnitten wird. Je nachdem, welchen Winkel die Schnittebene mit der Grundfläche des Kegels bildet, entsteht als Schnittfigur ein Kreis (Schnittebene parallel zur Grundfläche des Kegels), eine Ellipse, eine Parabel oder beim Schnitt durch einen Doppelkegel eine Hyperbel.

Kehlkopf m, stimmbildendes Organ des Menschen. Das feste Gerüst bilden Schild-, Ring- u. zwei Stellknorpel. Zwischen den Stellknorpeln u. dem Ringknorpel sind die Stimmbänder so ausgespannt, daß sie die Höhle des Kehlkopfes bis auf einen schmalen Spalt, die Stimmritze, verschließen. Der K. liegt im Hals vor der Speiseröhre. Beim Schlucken wird der K. durch den Kehldeckel verschlossen. Beim „Verschlucken" hat sich der Kehldeckel nicht rechtzeitig geschlossen. Die eingeatmete Luft nimmt ihren Weg über den K. in die Luftröhre.

Keiler m, männliches Wildschwein (Jägersprache).

Keilschrift w, Schrift, die nach dem keilförmigen Eindruck des Griffels in den weichen Ton der Schreibtafel benannt ist. Die K. entwickelte sich aus einer ↑ Bilderschrift. Sie entwickelte sich zur Lautschrift (mit etwa 500 Zeichen). Verwendet wurde die K. v. a. in Babylonien u. Assyrien.

Keim m, das aus der befruchteten Eizelle hervorgehende Lebewesen bis zu seiner völligen Ausbildung.

Keimdrüsen (Geschlechtsdrüsen) w, Mz., drüsenähnliche Organe der männlichen (Hoden) u. der weiblichen (Eierstock) Tiere u. des Menschen.

Keimling ↑ Embryo.

Keimzellen w, Mz. (Geschlechtszellen, Gameten), die grundsätzlich nur aus einer Zelle bestehenden u. der geschlechtlichen Fortpflanzung dienenden Zellen. Die männlichen (beweglichen) K. sind die Samenzellen, die weiblichen (unbeweglichen) sind die Eizellen.

Kelim [türk.] m, gewebter Teppich oder Wandbehang. Er hat auf beiden Seiten das gleiche Muster. Hauptherstellungsgebiete sind der Kaukasus, Anatolien u. Jugoslawien.

Keller: 1) Gottfried, * Zürich 19. Juli 1819, † ebd. 15. Juli 1890, einer der bedeutendsten Dichter der Schweiz. K. wollte zuerst Maler werden, erkannte dann bei einem Studienaufenthalt in München seine überwiegend dichterische Begabung. Er schuf neben vielen Gedichten vorwiegend erzählende Werke, die sich durch Phantasie u. Darstellungskunst, Humor u. Menschenkenntnis und meisterhafte Sprache auszeichnen. Zu seinen bekanntesten Werken gehören: Die Novellensammlungen „Die Leute von Seldwyla" (1856 u. 1874; darin u. a. „Kleider machen Leute"), die „Züricher Novellen" (1878; darin u. a. „Das Fähnlein der sieben Aufrechten") u. „Das Sinngedicht" (1882). Eigene Erlebnisse gestaltete er in dem Entwicklungsroman „Der grüne Heinrich" (1854/55, 2. Fassung 1879/80); **2)** Helen [Adams], * Tuscumbia (Alabama) 27. Juni 1880, † Westport (Connecticut) 1. Juni 1968, amerikanische Schriftstellerin. Seit dem 2. Lebensjahr blind u. taubstumm, konnte sie es durch Fleiß, Selbstüberwindung u. mit Hilfe ihrer Lehrerin bis zum Studium bringen u. einen akademischen Grad erwerben. In ihrer Autobiographie „Die Geschichte meines Lebens" (deutsch 1904) u. anderen Werken beschrieb sie ihr schweres u. erfülltes Leben. Sie widmete ihre Kraft den Blinden und Taubstummen.

Kellerassel w, in Kellern u. feuchten Wäldern lebende graue, fast weltweit verschleppte Assel (Asseln gehören zur Ordnung der Höheren Krebse). Asseln sind Pflanzenfresser.

Kelten m, Mz., indogermanisches Volk in Westeuropa, das im 8./7. Jh. im Gebiet von der Champagne u. Saar über dem Mittelrhein u. Bayern bis Böhmen siedelte, im 7./6. Jh. auf die Iberische Halbinsel u. nach Britannien kam. Um 400 drangen die K. nach Italien vor, wo sie die Etrusker besiegten u. Rom plünderten. Ein Teil der K. zog bis nach Griechenland u. Kleinasien (hier nannte man sie Galater). Im 1. Jh. v. Chr. wurden sie von Germanen u. Römern (Unterwerfung Galliens durch Cäsar) verdrängt u. zum Teil vernichtet; der Rest verschmolz mit der römischen Bevölkerung. Keltisches Volkstum blieb bis heute in der Bretagne, in Wales, Irland u. Schottland erhalten.

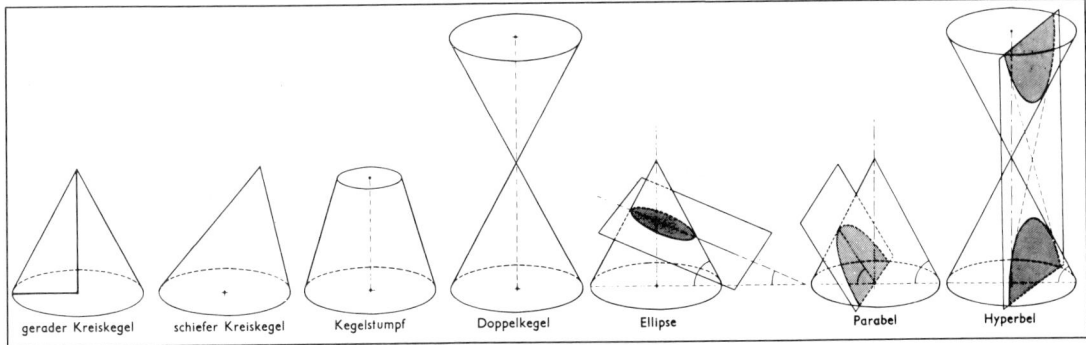

Kegel und Kegelschnitte

Kelvin

Kelvin s, Einheitenzeichen K, gesetzliche Einheit der ↑absoluten Temperatur. 0 K entspricht der Temperatur des ↑absoluten Nullpunktes, 273,15 K der Temperatur des Eispunktes (0 °C) u. 373,15 K der Temperatur des Dampfpunktes von Wasser (100 °C).

Kenia, Republik in Ostafrika. K. ist mit einer Fläche von 582 646 km² mehr als doppelt so groß wie die Bundesrepublik Deutschland, es hat 14,3 Mill. E (außer Afrikanern auch 110 000 Asiaten, 38 000 Europäer u. 27 000 Araber). Hauptstadt sowie wichtiger ostafrikanischer Verkehrsknotenpunkt ist Nairobi, wichtigster Seehafen ist Mombasa. 85 % der Bevölkerung wohnen in dem auch für Europäer klimatisch günstigen Hochland im Südwesten. Die Nord-, Ost- u. Südostabdachung bilden Steppen- u. Wüstensteppen. An der niederschlagsreicheren Küste gedeihen Mangrove-, im Hochland tropische Höhenwälder (Nebelwälder) zwischen 1 800 u. 3 000 m ü. d. M. In den nur sehr dünn besiedelten Trockengebieten u. in den dichten Nebelwäldern konnte sich die ursprüngliche Tierwelt gut erhalten. In K. liegen auch mehrere Nationalparks u. Reservate, die reich an den bekannten afrikanischen Großtieren (Elefanten, Löwen, Leoparden, Giraffen, Antilopen, Zebras usw.) sind. Angebaut u. ausgeführt werden v. a. Kaffee, Tee u. Sisal. – K. war britisches Kolonialgebiet, 1963 wurde es unabhängig. Es ist Mitglied der UN, der OAU u. der EWG assoziiert.

Kennedy: 1) John F[itzgerald], * Brookline bei Boston 29. Mai 1917, † Dallas 22. November 1963, Präsident der USA (Demokrat) seit 1960. K. erstrebte einen friedlichen Ausgleich mit dem Ostblock, zeigte aber auch Härte, indem er den Versuch der UdSSR vereitelte, auf Kuba Raketenbasen zu errichten (1962). Besonderes Gewicht in seiner Außenpolitik erhielten die Beziehungen zu den Ländern der Dritten Welt. Im Innern kämpfte er gegen die Rassentrennung u. für eine Erneuerung des amerikanischen Bildungswesens. K. wurde 1963 bei einem Attentat in Dallas ermordet. **2)** Robert F[rancis], * Boston 20. November 1925, † Los Angeles 6. Juni 1968, Bruder von John F. K., amerikanischer Politiker. Er vertrat die Bürgerrechtsbewegung u. trat für die Gleichberechtigung der Farbigen ein. Als Bewerber um die Präsidentschaftskandidatur wurde er Opfer eines Attentats.

Kentern [niederdt.] s, seitliches Umkippen von formstabilen Booten oder Schiffen nach Überschreiten des Kenterwinkels.

Kepler, Johannes, * Weil der Stadt 27. Dezember 1571, † Regensburg 15. November 1630, deutscher Astronom u. Mathematiker. Hofastronom Kaiser Rudolfs II. K. ist der Erfinder des Keplerschen Fernrohrs u. Entdecker der Keplerschen Gesetze, die die Planetenbahnen erklären u. beschreiben. Sie weisen u. a. nach: 1. daß sich die Planeten in ellipsenförmigen Bahnen um die Sonne bewegen; 2. daß die Sonne in einem Brennpunkt dieser Ellipse steht; 3. daß die Bewegung der Planeten in Sonnenferne langsamer ist als in Sonnennähe; 4. daß die Strecke Planet–Sonne in gleichen Zeiten gleiche Flächen bestreicht. Mit seinen Entdeckungen bestätigte K. die Erkenntnisse des Kopernikus u. verschaffte dem Kopernikanischen Weltbild Anerkennung.

Keramik [gr.] w, zusammenfassende Bezeichnung für Erzeugnisse aus gebranntem Ton (u. a. ↑Porzellan, ↑Steingut, ↑Steinzeug). Schon aus der Jungsteinzeit sind keramische Erzeugnisse bekannt. Höhepunkte der Keramikkunst sind griechische Vasen, chinesisches u. europäisches Porzellan.

Kernenergie [dt.; gr.] w, aus den Atomkernen stammende, bei ↑Kernspaltungen, ↑Kernverschmelzungen u. a. Kernreaktionen sowie beim radioaktiven Zerfall (↑Radioaktivität) freiwerdende Energie (oft auch *Atomenergie* genannt); sie wird z. B. in ↑Kernreaktoren der technischen Verwendung zugeführt. Die je Masseneinheit freiwerdende K. ist etwa eine Million mal größer als die bei chemischen Reaktionen umgesetzten Energien; hierauf beruht die überaus starke Wirkung von Atombombenexplosionen.

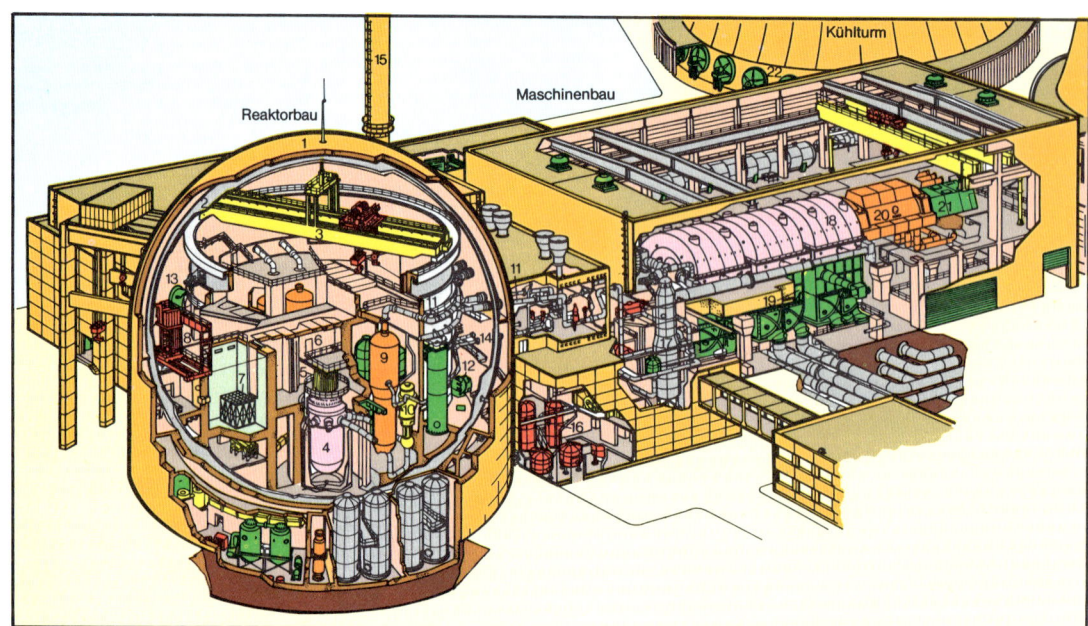

Kernreaktor. Teilschematische Darstellung des Druckwasserreaktors Biblis:
1 Betonhülle, 2 Sicherheitshülle (Stahl), 3 Rundlaufkran, 4 Reaktordruckbehälter, 5 Steuerantrieb, 6 Reaktorraum,
7 Brennelementlagerbecken, 8 Lademaschine, 9 Dampferzeuger, 10 Hauptkühlmittelpumpe, 11 Frischdampf,
12 Personenschleuse, 13 Materialschleuse, 14 Speisewasser, 15 Abluftkamin, 16 radioaktives Abwasser,
17 Zwischenüberhitzer, 18 Turbinen, 19 Kondensator, 20 Generator, 21 Erregermaschine, 22 Kühlturmventilator

Kernfusion [dt.; lat.] w, die ↑ Kernverschmelzung von sehr leichten Atomkernen, insbesondere von Kernen des schweren Wasserstoffs (Deuterium u. Tritium) zu Heliumkernen; bei sehr hohen Temperaturen; erfolgt z. B. in der Sonne u. den anderen Sternen (ihre Energiequelle) sowie bei Wasserstoffbombenexplosionen.

Kernkraftwerk ↑ Kernreaktor.

Kernobst s, eßbare Früchte der Kernobstgewächse, einer Familie der Rosengewächse. Aus den Fruchtblättern u. dem damit verwachsenen Blütenboden bildet sich eine Frucht mit reichem Fruchtfleisch (teilweise aus dem Stiel) u. kleinen Samen („Kerne"). Zum K. gehören Apfel, Birne, Quitte.

Kernphysik [dt.; gr.] w, ein Teilgebiet der Physik, das sich mit dem Aufbau u. den Eigenschaften der Atomkerne (↑ Atom) sowie ihren Wechselwirkungen befaßt. Den Ausgangspunkt bildeten die Untersuchungen der natürlich ablaufenden Kernumwandlungen (↑ Radioaktivität); heute stehen v. a. die künstlich durch Beschuß mit energiereichen Teilchen (v. a. anderen Atomkernen) herbeigeführten Kernreaktionen, -streuungen u. -umwandlungen im Mittelpunkt der Forschung.

Kernreaktor [dt.; lat.] m, eine Anlage, die die bei ↑ Kernspaltungen freiwerdende ↑ Kernenergie in andere Energieformen (im wesentlichen in Wärme) umwandelt u. einer weiteren technischen Verwendung, v. a. in einem *Kernkraftwerk* zur Erzeugung elektrischer Energie, zuführt. Als Brennstoff (*Kernbrennstoff, Spaltstoff*) dient vorwiegend Uran, das mit dem Uranisotop U 235 (Atomgewicht 235) angereichert ist, sowie Plutonium; er befindet sich in den sog. Brennstäben im Innern des Kernreaktors, dem Core. Durch Ein- u. Ausfahren von Cadmiumstäben, die einen Teil der bei den Kernspaltungen freiwerdenden Neutronen absorbieren (verschlucken), wird die Zahl der Kernspaltungen pro Zeiteinheit auf gleicher Höhe gehalten, so daß keine ↑ Kettenreaktion einsetzt.

Kernspaltung w, die durch Neutronen bewirkte Spaltung von schwersten Atomkernen (z. B. Kernen des Uranisotops U 235 u. des Plutoniums) in zwei leichtere Bruchstücke (Atomkerne z. B. von Barium u. Krypton) bei gleichzeitigem Freiwerden von ↑ Kernenergie u. mehreren Neutronen. Die freiwerdenden Neutronen rufen bei Auftreffen auf anderen Kerne weitere Kernspaltungen hervor, so daß bei Vorhandensein einer Mindestmenge (*kritische Masse*) von spaltbarem Material (*Spaltstoff*) eine ↑ Kettenreaktion von Kernspaltungen einsetzen kann (bei der Explosion von Atombomben).

Kernverschmelzung w, die Vereinigung von zwei sich mit großer Geschwindigkeit bewegenden Atomkernen bei ihrem Zusammenstoß zu einem schwereren Kern, wobei ↑ Kernenergie und meist auch Elementarteilchen freiwerden. – ↑ auch Kernfusion.

Kerze w: **1)** eine Lichtquelle, bei der im Docht aus imprägnierter Baumwolle von Wachs, Talg, Stearin oder Paraffin umgeben ist. In der Nähe des brennenden Dochtes verdampft das Wachs zu brennbarem Gas. Die Kerzenflamme ist also glühendes Gas; **2)** ↑ Zündkerze.

Kescher (Käscher) [niederdt.] m, beutelförmiges Netz, das an einem Metallbügel befestigt ist, mit langem Stiel. Man benutzt den K. zum Fangen von Insekten u. anderen Tieren, auch zum Einfangen von Fischen.

Ketteler, Wilhelm Emmanuel Freiherr von, * Münster 25. Dezember 1811, † Burghausen 13. Juli 1877, ab 1850 Bischof von Mainz. K. lernte as Geistlicher in Berlin die Not der Arbeiter kennen; er versuchte, ihr Los durch sein Wirken zu verbessern („Arbeiterbischof"). Er war 1848 Abgeordneter der Frankfurter Nationalversammlung u. ein Vorkämpfer der katholischen Sozialpolitik.

Kettenbriefe m, Mz., Briefe, die mit dem Hinweis verschickt werden, daß mehrfaches Abschreiben u. Verschicken an andere Glück, eine Verweigerung dieser Weitergabe Unglück bringe (Unfug!).

Kettenreaktion [dt.; lat.] w, Reaktionsform in der Chemie u. in der Kernphysik, bei der eine einmal in Gang gebrachte Reaktion ohne weiteres Zutun von außen durch die entstandenen, meist energiereichen Reaktionsprodukte von selbst so lange weitergetrieben wird, bis die Substanz verbraucht ist. Der klassische Fall einer K. ist die Atomexplosion.

Ketzer m, Bezeichnung für den Anhänger einer Lehre, die von der kirchl. Lehre abweicht (↑Häresie).

Keuchhusten m, eine ↑Infektionskrankheit bei Kindern, gelegentlich auch bei Erwachsenen. Übertragen wird K. meist durch Tröpfchen (in der Atemluft). Der K. beginnt 7–14 Tage nach der Ansteckung mit Husten u. Schnupfen; 1–2 Wochen danach stellen sich besonders nachts krampfartige Hustenanfälle, möglicherweise mit Erbrechen ein. K. dauert meist 6–8 Wochen u. hinterläßt Immunität. Impfung gegen K. ist möglich.

Kfz, Abkürzung für: Kraftfahrzeug (↑ Kraftwagen).

Khaiberpaß m, wichtigster Paß zwischen Afghanistan und Pakistan, 1 072 m ü. d. M. Die Paßstraße war oft das natürliche Einfallstor für Eroberer, die aus Zentralasien nach Vorderindien vordrangen.

Khaki [hindustan.] m, fester, gelbbrauner Stoff, v. a. für Tropenuniformen verwendet.

Khan [türk.] (Chan) m, mongolischer Herrschertitel, der in den islamischen Nachfolgestaaten des Mongolenreiches Titel des regierenden Fürsten wurde; das Fürstentum wird als *Khanat* bezeichnet.

Khartum, Hauptstadt der Republik Sudan, am Zusammenfluß von Weißem u. Blauem Nil gelegen, mit 334 000 E (mit den Nachbarstädten *K.-Nord* u. *Omdurman* ergibt sich ein Stadtgebiet mit 784 000 E). K. ist das Kulturzentrum des Landes mit Universität, Instituten, Museen. Standort mehrerer Industriebetriebe u. auf Grund günstiger Lage u. Verkehrswege bedeutende Handelsstadt.

Khmer m, Mz., das Volk von Kambodscha. Die Khmer sind Anhänger des Buddhismus. Sie bildeten vom 9. bis 13. Jh. einen mächtigen Staat in Hinterindien, das **Khmerreich,** dessen bedeutendstes Denkmal die Tempelstadt von Angkor ist.

kHz, Einheitenzeichen für **Kilohertz**; 1 kHz = 1 000 Hz (Schwingungen pro Sekunde).

Kibbuz [hebr.] m (Mz.: Kibbuzim), jüdische Gemeinschaftssiedlung in Is-

Kibbuz Margaliyyot im Norden Israels

Kiebitz

rael mit dem Grundsatz der unbezahlten Arbeit, der vollständigen Versorgung durch die Gemeinschaft sowie der Selbstverteidigung. Die Kibbuzim bildeten mit ihrer Siedlungsarbeit eine wesentliche Voraussetzung für die Gründung des Staates Israel.

Kiebitz *m*, Sumpfvogel mit schwarzer, aufrichtbarer Federkappe. Die Oberseite des Gefieders ist schwarz, grün oder violett schimmernd, die Wangen weiß, die Haube schwarz. Er wird bis 35 cm lang. Den Namen hat der K. nach seinem Lock- u. Warnruf („kiwit"). Anfang April legt das Weibchen 4 Eier in ein Nest am Boden. Im September zieht der K. nach Süden, er überwintert aber auch in England u. in Irland.

Kiefer *w* (Föhre), Nadelbaum mit mehr als 80 Arten, v. a. auf sandigen Böden. Aus braunen Knospen gehen im Frühjahr junge Zweige (Langtriebe) hervor, die anfangs von rostbraunen Blättchen umhüllt sind. In den Achseln dieser Blättchen (Tragblätter) entstehen kleine Höcker (Kurztriebe), aus denen sich je ein Nadelpaar entwickelt. Die einzelne Nadel lebt 2–3 Jahre. Die männlichen Blüten ähneln den Kätzchen von Laubbäumen, die weiblichen Blüten sind aufrechtstehende rötliche Zapfen. Die Samenanlage liegt frei auf dem Fruchtblatt (Nacktsamer). Die Pollenkörner keimen erst ein Jahr nach der Befruchtung, dann neigt sich der Zapfen nach unten. Im zweiten Jahr wächst er rasch u. verholzt. – Die K. wird bis 50 m hoch, durch Abwerfen der unteren Äste erhält sie eine schirmförmige Krone.

Kiefer *m*, paariger Knochen, fest mit dem Gesichtsschädel verwachsen. Der K. trägt die Zähne. Der Unterkiefer ist der einzige bewegl. Knochen des Gesichtsschädels.

Kiel, Hauptstadt von Schleswig-Holstein, am Südende der *Kieler Förde* gelegen, wichtiger deutscher Ostseehafen, mit 257 000 E. Die Stadt erhielt nach großen Zerstörungen im 2. Weltkrieg ein modernes, von Wasser- u. Grünflächen durchsetztes Stadtbild. Sie ist Sitz einer Universität, einer pädagogischen Hochschule u. von 2 Fachhochschulen u. hat Werftindustrie mit Zulieferbetrieben. Alljährlich findet in K. die *Kieler Woche* statt (internationale Segelsportveranstaltung).

Kiel *m*, der untere Längsverband des Boots- bzw. Schiffsrumpfes. Er verbindet die beiden Außenhautseiten miteinander. Meist besteht er aus einem schweren Balken oder aus Stahl.

Kiemen *w*, *Mz.*, Atmungsorgane zur Aufnahme von Sauerstoff aus dem Wasser u. Abgabe von Kohlendioxid bei vielen Wassertieren. Es sind Ausstülpungen der Körperwand, die von vielen Blutgefäßen durchzogen sind. Die K. der Krebse sitzen an den Beinen, bei den im Wasser lebenden Weichtieren in der Mantelhöhle, bei den Larven der Lurche büschelartig am Kopf. Bei den Fischen tragen Skeletteile (die Kiemenbögen) die Kiemenblättchen. Der Kiemendeckel schützt das ganze Organ.

Kieselalgen [dt.; lat.] *w*, *Mz.*, Einzeller mit verkieselter, zweiteiliger Schale. Durch Ablagerung großer Mengen dieser Schalen entstand ↑Kieselgur.

Kieselgur *w* (Diatomeenerde), mächtige Ablagerungen in Seen oder Mooren aus den Kieselsäuregerüsten der Kieselalgen, die sich im Laufe der Erdgeschichte abgelagert haben. K. wird wegen ihrer Feinverteilung u. großen Oberfläche u. a. als Trockenmittel im chemischen Labor sowie als Wasserfilter verwendet.

Kieselsäuren *w*, *Mz.*, Sauerstoffsäuren des Siliciums, die in verschiedenster, z. T. sehr komplizierter Form vorliegen. Die einfachste der K. ist die Mono- od. Orthokieselsäure (H_4SiO_4). Die Salze der K. sind die ↑Silicate.

Kiew [*kief*], Hauptstadt der Ukraine (UdSSR) u. Hafenstadt am Dnjepr, mit 2,1 Mill. E. Eine der größten sowjetischen Städte u. altes Kulturzentrum mit vielen Klöstern u. Kirchen (u. a. Höhlenkloster; Sophienkathedrale). Sitz einer Universität u. vieler Hochschulen. Als wichtiger Handels-, Wirtschafts- u. Verkehrsmittelpunkt beherbergt die Stadt eine vielseitige Industrie (Maschinen- u. Gerätebau, Textil-, Schuh-, Nahrungsmittel- u. Holzindustrie).

Kilimandscharo *m*, höchstes afrikanisches Bergmassiv im Nordosten von Tanganjika. Der K. besitzt 3 Vulkangipfel: Kibo (5895 m, vergletschert), Mawensi (5270 m) u. Shira (4000 m). Die Hänge sind bis über 3000 m reich an Wildtieren. Am Fuß des Bergmassivs bis 1000 m Höhe erstrecken sich heiße Savannen, die zum Teil landwirtschaftlich genutzt werden (v. a. Kaffee- u. Sisalanbau); darüber folgen die Zonen des Nebelwaldes, der Matten (Bergweiden), schließlich die Felsen- u. Geröllhalden u. die Eisregion.

Kilo... [gr.] Kurzzeichen k, Vorsatz vor Einheiten, die das Tausendfache der betreffenden Einheit bezeichnet; z. B. 1 kg = 1000 g, 1 kV = 1000 V.

Kilogramm [gr.] *s*, Einheitszeichen kg, Einheit der Masse.

Kilopond [gr.; lat.] *s*, Einheitszeichen kp, gesetzlich nicht mehr zulässige Einheit der Kraft. 1 kp = 1000 p (Pond) = 9,80665 N (Newton).

Kilowattstunde, Einheitszeichen kWh, Einheit der Energie, die v. a. in der Elektrotechnik verwendet wird. Der Verbrauch an elektrischer Energie wird in kWh gemessen. 1 kWh wird verbraucht, wenn 1 Stunde lang 1 Kilowatt (kW) verbraucht wird. Ein elektrisches Gerät mit 250 W (Watt) verbraucht in vier Stunden 1 kWh.

Kimberley [*kimberli*], Stadt in der Republik Südafrika, mit 116 000 E. Das im Norden der Kappprovinz gelegene K. ist Zentrum eines der größten Diamantengebiete der Erde.

Kimbern *m*, *Mz.*, germanischer Volksstamm in Nordwestjütland, der nach Zusammenschluß mit anderen Stämmen (u. a. Teutonen u. Ambronen) auf seinen Zügen nach Süden mehrfach römische Heere besiegte, u. a. 113 v. Chr. bei Noreia (in den Ostalpen). In der Folgezeit wandten sie sich nach Gallien, Spanien u. Belgien. Sie trennten sich von den ↑Teutonen, um Italien von zwei Seiten aus anzugreifen. Die K. stießen von Österreich nach Oberitalien vor u. wurden 101 v. Chr. von Marius bei Vercellae (nordöstlich des oberen Po) vernichtend geschlagen.

Kimme ↑Visier.

Kimmung ↑Luftspiegelung.

Kinderarbeit *w*, eine mit der Industrialisierung im 19. Jh. stark zunehmende Form der Lohnarbeit. Kinder, z. T. schon mit 4 Jahren, wurden damals als billige Arbeitskräfte in Bergwerken u. Fabriken mißbraucht. Das Durchschnittsalter betrug etwa 8–9 Jahre, die tägliche Arbeitszeit bis zu 16 Stunden. Zeit zum Spielen oder gar Urlaub gab es nicht, Sonntags- u. Nachtarbeit war nicht verboten. Viele Kinder starben vor Erschöpfung und Überanstrengung. 1833 verbot das englische Parlament die Arbeit für Kinder unter 9 Jahren, die Arbeitszeit für 9–12jährige wurde auf 9 Stunden, die für 13–18jährige auf 12 Stunden begrenzt. Man muß die Bestimmungen dieses Gesetzes, das in jener Zeit als fortschrittlich empfunden wurde, mit unserem heutigen Jugendschutzgesetz vergleichen, um den sozialen Fortschritt zu ermessen. Auch die preußische Regierung verbot 1839 die Kinderarbeit bis zum Alter von 9 Jahren; 9–16jährige durften 10 Stunden arbeiten. Heute ist K. (mit wenigen gesetzlich festgelegten Ausnahmen) verboten.

Kinderdörfer *w*, *Mz.* (Jugenddörfer, Schuldörfer), Siedlungen mit Wohnungen u. Schulen für elternlose u. heimatlose Kinder u. Jugendliche. Sie werden dort in Familiengruppen zusammengefaßt. Am bekanntesten ist das Kinderdorf „Pestalozzi" in Trogen (Schweiz). Bei den SOS-Kinderdörfern, die der österreichische Sozialpädagoge H. Gmeiner seit 1949 gründete, umfassen die Gruppen in der Regel 8 Kinder (bis zu 14 Jahren). Sie leben mit einer „Mutter", einer unverheirateten Frau, in Einfamilienhäusern u. bilden eine Familiengemeinschaft.

Kindergärtnerin *w*, Angestellte für die Betreuung der Kinder in Kindergärten und Kinderheimen (Berufsbezeichnung ist heute Erzieherin). Die

Ausbildung ist in den einzelnen Bundesländern verschieden geregelt: im allgemeinen wird ein einjähriges hauswirtschaftliches Praktikum verlangt, es folgen zwei Jahre Besuch einer Fachschule u. zum Abschluß eine staatliche Prüfung.

Kinderkrankheiten w, *Mz.*, ↑Infektionskrankheiten, die vorwiegend im Kindesalter auftreten: Masern, Scharlach, Diphtherie, Keuchhusten, Röteln, Windpocken, Kinderlähmung; Vorbeugung, teils auch Linderung durch ↑Impfung.

Kinderlähmung w (spinale K., Poliomyelitis), meist epidemisch (als Seuche) auftretende, anzeigepflichtige, akute Infektionskrankheit vorwiegend von Kindern u. jüngeren Menschen. Befallen werden bestimmte Zellen des Rückenmarks, zuweilen auch des Gehirns. Die Krankheit setzt ein mit Fieber, Schnupfen u. Darmkatarrh, steifem Nacken u. Rücken. Nach wenigen Tagen treten Lähmungen auf, hauptsächlich der Muskeln des Rumpfes u. der Beine, aber auch der Augen, in schweren Fällen der Atmungsorgane. Später führt die K. zu Muskelschwund, Störungen des Wachstums, Mißbildung der Gliedmaßen. Vorbeugung durch ↑Impfung (↑auch Schluckimpfung).

Kinderpflegerin w, Betreuerin von Säuglingen, Kleinkindern u. Schulkindern in Haushalten, Kinderkrankenhäusern u. Kinderheimen. Die Ausbildung erfolgt an einer staatlich anerkannten Berufsfachschule (2 Jahre). Anschließend muß ein einjähriges Praktikum abgeleistet werden.

King, Martin Luther, * Atlanta (Georgia) 15. Januar 1929, † Memphis (Tennessee) 4. April 1968, protestantischer Geistlicher. K. war die führende Persönlichkeit der amerikanischen Bürgerrechtsbewegung, die sich für die Gleichberechtigung aller amerikanischen Bürger, v. a. der Farbigen einsetzt. Im Gegensatz zur radikalen Black-power-Bewegung (= Bewegung der schwarzen Macht) versuchte K., die Forderungen der farbigen Bevölkerung auf dem Wege der Gewaltlosigkeit durchzusetzen. Für seine Bemühungen wurde ihm 1964 der Friedensnobelpreis verliehen. K. fiel einem Mordanschlag zum Opfer. – Abb. S. 308.

Kiosk [türk.-frz.] *m*: **1)** orientalisches Gartenhäuschen; **2)** ein Ladenhäuschen, eine Verkaufsbude für Zeitungen, Getränke, Süßigkeiten u. a.

Kioto, japanische Stadt auf der Insel Hondo, mit 1,5 Mill. E. Die alte kaiserliche Residenzstadt (794–1884) ist das Zentrum des japanischen Buddhismus. Zahlreiche Tempel, Klöster u. Paläste prägen das Stadtbild. K. hat 6 Universitäten. Bedeutend ist die Elektro- u. Elektronikindustrie.

Kipling, Rudyard, * Bombay 30. Dezember 1865, † London 18. Januar 1936, englischer Schriftsteller. K. lebte lange Zeit in Indien und unternahm weite Reisen. Weltbekannt sind seine Tiergeschichten „Im Dschungel" („Dschungelbuch"; deutsch 1898), „Das neue Dschungelbuch" (deutsch 1899) u. der Roman „Kim" (deutsch 1908). 1907 erhielt er den Nobelpreis für Literatur. – Abb. S. 308.

Kirche [gr.] *w:* **1)** christliches Gotteshaus, im Gegensatz zur Synagoge der Juden oder zur Moschee der Moslems; **2)** die christliche Glaubensgemeinschaft sowie die Gesamtheit der Anhänger einer in einer festen Organisationsform zusammengeschlossenen Konfession, die ebenfalls Kirche genannt werden kann. Es gibt demnach innerhalb des Christentums, dessen Anhänger sich als Glieder *einer* Kirche verstehen, eine große Zahl von organisierten Einzelkirchen. Sie lassen sich durch folgende äußere Merkmale charakterisieren u. von den ↑Sekten unterscheiden: 1. durch die im allgemeinen deutlich erkennbare Unterscheidung von Amtsträgern und Laien (Rollendifferenzierung); 2. durch den weitgehend rationalen Charakter ihrer Organisation unter gleichzeitiger Vermeidung nichtrationaler, z. B. ekstatischer Elemente; 3. durch ihren universalen Geltungsanspruch: Kirchen verstehen sich als Organisationsmöglichkeit, die grundsätzlich jedem Menschen offensteht; damit verbunden ist ein Anspruch auf Allgemeingültigkeit der in ihnen vorherrschenden Normen (z. B. des Verhaltens), die nach dem Verständnis der Kirchen nicht nur für ihre Anhänger gelten.

Alle christlichen Kirchen verstehen sich nicht als beliebige Organisationsformen, in denen sich Gläubige zusammengeschlossen haben, sondern gehen davon aus, daß der Stifter des christlichen Glaubens, Jesus Christus, eine Gemeinschaft gewollt habe, die in den verschiedenen Kirchen mit diesem Bezug auf Christus und die Bibel verwirklicht wird. – ↑auch katholische Kirche, ↑Protestantismus, ↑Religion.

Kirchenburg [gr.; dt.] *w*, befestigte Kirche, burgartige Kirchenanlage; ↑Burgen.

Kirchenjahr *s*, die Ordnung des Jahres nach dem kirchlichen Festkalender; Beginn am 1. Advent.

Kirchenstaat *m*, das ehemalige Herrschaftsgebiet der Päpste in Mittelitalien, in dem der Papst wie ein weltlicher Fürst herrschte. 754 von dem fränkischen König Pippin dem Papst geschenkt und später erweitert (unter Napoleon I. aufgehoben, erneut seit 1815). 1870 nahmen italienische Truppen den K. für das neu entstandene Königreich Italien in Besitz (er wurde nach Volksabstimmung aufgelöst). Die Lateranverträge von 1929 erklärten einen Teil Roms, die *Vatikanstadt* um Peterskirche u. Vatikan, zum souveränen Territorium unter der Herrschaft des Papstes.

Kirgisen *m*, *Mz.*, Turkvolk in Mittelasien. Die K. waren früher Moslems. Noch heute sind sie z. T. Hirtennomaden. Sie leben v. a. in der Kirgisischen Sozialistischen Sowjetrepublik.

Kiribati, Republik im Pazifischen Ozean, mit 56 000 E. Beiderseits des Äquators gelegen, umfaßt K. v. a. die Gilbertinseln u. Ocean Island. Die Hauptstadt ist Bairiki. Wirtschaftlich wichtig sind Kopragewinnung u. Phosphatbergbau. Das Gebiet war früher in britischem Besitz. 1979 wurde K. unabhängig.

Kirschbaum *m*, aus Kleinasien stammendes Steinobstgehölz. Man unterscheidet Süßkirschen u. Sauerkirschen. Die Blätter sind gesägt. Aus den weißen, in Dolden stehenden Blüten entwickelt sich je eine Steinfrucht, die Kirsche. Das harte Holz hat eine schöne Maserung u. wird als Möbel- u. Drechselholz verwendet. Der K. bevorzugt warme Lagen mit lockeren Kalkböden.

Kiruna, schwedische Stadt in Lappland, mit 31 000 E. Flächenmäßig ist K. die größte Stadt der Erde (größer als Schleswig-Holstein) in einem der bedeutendsten Eisenerzbergbaugebiete. Bis 1964 wurden die Erze im Tagebau abgebaut, jetzt in Stollen.

Kismet ↑Fatalismus.

Kitsch *m*, Bezeichnung für scheinkünstlerische, geschmacklose Gegenstände, Bilder, Filme, Bücher u. ä. Kitsch tritt oft mit dem Anspruch auf bzw. wird mit dem Hinweis angeboten, Kunst zu sein, ist aber unwahr u. verlogen u. auf einen unkritischen Käufergeschmack zugeschnitten. Kitschfilme u. Kitschromane z. B. bieten nur eine süßliche, aufreizend verklärte Schein- u. Traumwelt, suchen dadurch zu gefallen. Besonders in der Andenkenindustrie blüht der Kitsch.

Kitte *m*, *Mz.*, plastische Massen, die v. a. zum Ausfüllen von Löchern, Unebenheiten u. ä. dienen. Die K. bestehen immer aus einem festen Stoff u. einem beigemengten Lösungsmittel, das beim Härten verdunstet.

Kitzbühel, bekannter Luftkurort u. Wintersportplatz in Tirol (Österreich), mit 8 000 E. K. liegt am Nordrand der *Kitzbüheler Alpen* (bis 2 559 m hoch).

Kiugrade ↑Judo.

Kiuschu, drittgrößte der japanischen Inseln, etwa so groß wie Baden-Württemberg, mit 12,7 Mill. E. Die Insel ist gebirgig (mit tätigen Vulkanen); sie besitzt fruchtbare Küstenebenen u. im Norden das größte Steinkohlengebiet Japans. Wichtigste Wirtschaftszweige sind Textil-, Porzellan- u. Schwerindustrie.

Klabautermann [niederdt.] *m*, im Volksglauben ein Schiffskobold, der die Schiffe begleitet. Bei drohender Gefahr

Klafter

Martin Luther King

Rudyard Kipling

Friedrich Gottlieb Klopstock

Klapperschlangen. Texasklapperschlange

soll er sich durch Klopfen bemerkbar machen.

Klafter w (auch: m oder s): **1)** altes Längenmaß (in Preußen 1,883 m); **2)** Raummaß für Brennholz (in Preußen etwa 3,3 m³).

Klagenfurt, Hauptstadt des österreichischen Bundeslandes Kärnten, mit 85 000 E. Die Stadt liegt östlich des Wörther Sees. K. ist ein wichtiges Kultur-, Wirtschafts- (Kärntner Messe) und Fremdenverkehrszentrum. Wahrzeichen der Stadt ist der Lindwurmbrunnen auf dem Neuen Platz.

Klapperschlangen w, Mz., Gattung bis über 2,5 m langer Giftschlangen (mit rund 25 Arten) des tropischen Amerika. Mit einer aus Hornringen bestehenden, laut raschelnden Klapper schrecken sie den Gegner ab. K. bringen lebende Junge zur Welt.

Klarinette [ital.-frz.] w, Holzblasinstrument mit zylindrisch gebohrtem Körper u. Schnabelmundstück. Es gibt Klarinetten in verschiedenen Stimmlagen (v. a. in B, A u. C). Die K. hat einen weichen Klang.

Klassenkampf [lat.; dt.] m, nach der Lehre des Marxismus-Leninismus der Kampf zwischen herrschenden u. unterdrückten Klassen, zwischen Ausbeutern u. Ausgebeuteten. Der K. wird verstanden als die eigentliche Triebkraft der Geschichte, in der immer wieder Klassen aufeinanderprallen (z. B. Sklavenhalter–Sklaven; Adel–Bürgertum; Bürgertum–↑Proletariat). Im Kapitalismus der industriellen Gesellschaft ist nach dieser Lehre der Kampf zwischen den Reichen (den Besitzern der Produktionsmittel) u. den verarmenden Arbeitenden (die keinen Anteil an den Produktionsmitteln besitzen) auf seinem Höhepunkt angelangt. Nach der Auffassung des Kommunismus siegt notwendig das Proletariat u. wird dann durch eine Diktatur die klassenlose Gesellschaft errichten. Die Entwicklung der letzten Jahrzehnte hat zunehmend zu einer Verwischung der Klassenunterschiede geführt.

Klassik [lat.] w, Wertbezeichnung für die kulturelle Blütezeit eines Landes. Früher war der Begriff auf die Kultur der Antike begrenzt, die damit als vorbildlich, vollkommen, mustergültig gekennzeichnet wurde. Dann hat sich die Bedeutung des Wortes erweitert als Bezeichnung für Zeiten überragender kultureller Leistungen, für Höhepunkte künstlerischer Entwicklung. Ihre Werke gelten als „klassisch". Als die K. Englands gilt das Zeitalter der Königin Elisabeth I. (Shakespeare), als K. Spaniens die Zeit des 16./17. Jahrhunderts (Calderón, Cervantes). In Frankreich gelten die Dichter des 17. Jahrhunderts, vor allem Racine, Molière u. Corneille, als Vertreter der Klassik. Die *deutsche* K. beginnt etwa mit Goethes erster italienischer Reise 1786–88 u. endet strenggenommen mit Schillers Tod 1805. Im engen Sinn gehören nur Goethe u. Schiller zur deutschen K., doch hat ihr Einfluß nicht nur ihre Zeit geprägt, er reichte vielmehr weit ins 19. Jh. Voraussetzung für diese Blütezeit der deutschen Literatur waren der Rationalismus, der Sturm u. Drang, die Leistungen Klopstocks, Wielands, Lessings u. Herders. Wichtig war der Einfluß der Philosophen Spinoza (auf Goethe) u. Kant (auf Schiller). Winckelmann schrieb den griechischen Kunstwerken „edle Einfalt, stille Größe" zu u. gab damit der deutschen K. ihr Kunstideal. Menschenbildung u. -erziehung durch die Darstellung von Persönlichkeiten, die wahre Humanität u. Harmonie verkörpern, war das Ziel. Jede Gestalt u. Gestaltung soll, über das Besondere hinausgehend, Allgemeingültigkeit besitzen. - In der *Musik* bedeutet K. soviel wie ↑Wiener Klassik.

Klassizismus [lat.] *m*: **1)** in der *bildenden Kunst* der auf das Rokoko folgende Stil (etwa 1770 bis 1830; in Frankreich Louis-seize [l^uißäs] und Empire [angpir]). Kennzeichnend für ihn ist der Rückgriff auf die Antike (↑ auch Stilkunde). Seine Hauptvertreter in Deutschland sind Schinkel (Nikolaikirche in Potsdam; Neue Wache und Schauspielhaus in Berlin), Langhans (Brandenburger Tor) u. Klenze (Propyläen, Glyptothek u. Alte Pinakothek in

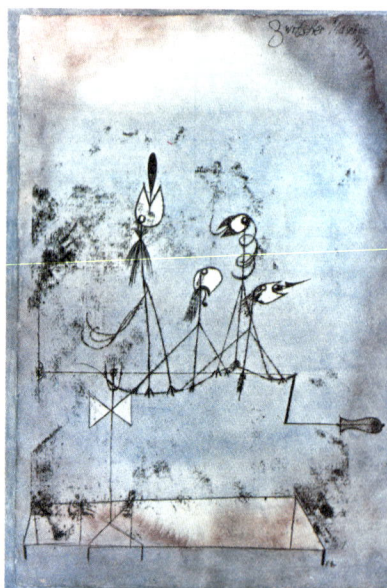
Paul Klee, Die Zwitscher-Maschine

München; Walhalla bei Regensburg). Führende Bildhauer sind Thorvaldsen (Löwe von Luzern), Canova, Schadow u. Rauch; **2)** in der *Literatur* wird im K. ebenfalls das Vorbild der Antike oder solcher Epochen, die ihrerseits an die Antike anknüpfen, als verbindlich betrachtet. Dabei wirkt die Form der übernommenen Vorbilder häufig so beherrschend, daß sie die Phantasie der Dichter einengt. Klassizistische Strömungen gab es in der italienischen Renaissance, dann im Frankreich des 17. Jahrhunderts (v. a. N. Boileau-Despréaux, P. Corneille, J. Racine), im Deutschland des 18. Jahrhunderts (Gottsched) sowie in nahezu allen anderen Ländern.

Klausel [lat.] w, Sondervereinbarung, Nebenbestimmung in einem Vertrag.

Klausenburg (rumän. Cluj Napoca), rumänische Stadt im nördlichen Siebenbürgen, mit 262 000 E. Die Stadt

Kloster

ist ein wichtiges Kultur-, Handels- u. Wirtschaftszentrum, sie besitzt eine Universität u. eine vielseitige Industrie (u. a. größte Schuhfabrik Rumäniens).

Klausur [lat.] *w*: **1)** Bezeichnung für den abgeschlossenen, den Ordensleuten vorbehaltenen Teil innerhalb eines Klosters; **2)** (Klausurarbeit) eine unter Aufsicht in einer bestimmten Zeit anzufertigende wissenschaftliche Prüfungsarbeit.

Klavichord [lat.] *s*, Tasteninstrument, Vorläufer des Klaviers. Die Saiten werden über eine Taste mit einem Metallstift angeschlagen u. geben einen feinen, dünnen Ton.

Klavier [lat.-frz.] *s* (auch Pianoforte), ursprünglich Bezeichnung für alle Tasteninstrumente, dann für das bis 1709 entwickelte Hammerklavier. Hier werden nach Tastendruck die Saiten durch Filzhämmerchen angeschlagen. Die Gesamtheit der Tasten bei K. und ↑Klavichord heißt *Klaviatur*. Aus dem Hammerklavier haben sich das Pianoforte oder K. im engeren Sinn (senkrechte Saitenanordnung) und der Flügel (waagrechte Saitenanordnung) entwickelt. Die Bezeichnung Pianoforte ist zusammengesetzt aus piano = leise u. forte = laut, um anzuzeigen, daß man mit diesem Instrument laut u. leise spielen kann. Das ist nicht mit allen Saiteninstrumenten möglich (z. B. nicht mit dem Cembalo). Der Tonumfang beträgt heute 7 Oktaven.

Klee, Paul, *Münchenbuchsee bei Bern 18. Dezember 1879, † Muralto bei Locarno 29. Juni 1940, deutsch-schweizerischer Maler und Graphiker. K. beteiligte sich am berühmten ↑Blauen Reiter und wurde ein einflußreicher Lehrer am ↑Bauhaus. K. ist einer der berühmtesten Maler der modernen Kunst; seine traumhaft zarte Bildwelt sucht alles in einem inneren Wesen zu fassen u. sichtbar zu machen.

Klee *m*, Schmetterlingsblütler mit rund 300 Arten, in Europa 20 Arten. Die Blätter sind meist dreizählig, die Stempel u. Staubblätter liegen in den röhrig verwachsenen Blütenblättern, die meist in Dolden oder Trauben stehen. An den Wurzeln sitzen Stickstoffbakterien. – Es gibt Rot- oder Wiesenklee mit roten Blütenköpfchen, Weißklee, Steinklee.

Kleiber *m* (Spechtmeise), gedrungen gebauter Singvogel, der in der Borke von Bäumen nach Insekten sucht. Als einziger Vogel läuft er an Bäumen auch kopfabwärts.

Kleinasien ↑Anatolien.

Kleiner Bär *m* (lat. Ursa Minor), ein bekanntes ↑Sternbild am nördlichen Himmel, dessen hellste Sterne den *Kleinen Wagen* bilden u. der mit äußersten „Deichselstern" als *Polarstern*.

Kleiner Belt ↑Belt.

Kleiner Wagen ↑Kleiner Bär.

Kleinhirn ↑Gehirn.

Kleist, Heinrich von, *Frankfurt/Oder 18. Oktober 1777, † Wannsee (heute zu Berlin) 21. November 1811, deutscher Dichter. Er endete nach unruhigem Leben als Offizier und Schriftsteller durch Freitod. K. steht mit seinem Schaffen zwischen Klassik u. Romantik; er ist einer der größten deutschen Dramatiker („Prinz Friedrich von Homburg", 1821; „Die Hermannsschlacht", 1821) u. ein Meister des Lustspiels („Der zerbrochene Krug", 1811). Von seinen großen Sprachkunst zeugen auch die zahlreichen Novellen, u. a. „Michael Kohlhaas" (1810) und „Das Erdbeben von Chili" (1810) sowie Gedichte, Anekdoten und Essays.

Kleister *m*, Klebemittel, hergestellt aus Stärke oder Mehl u. Wasser.

Kleopatra, *Alexandria 69, † ebd. 30 v. Chr., ägyptische Königin. Sie verbündete sich mit den Römern gegen ihre Widersacher und gewann Cäsar für sich. Sie wurde seine Geliebte, später vermählte sie sich mit dem römischen Feldherrn Antonius. Nach dessen Niederlage gegen Augustus versuchte sie vergeblich, auch diesen an sich zu fesseln, u. endete durch Selbstmord (Schlangenbiß). Sie ist Dramenfigur in Shakespeares „Antonius u. Kleopatra" u. in G. B. Shaws „Caesar u. Cleopatra".

Kleopatra

klerikal [gr.], dem ↑Klerus angehörend, seine Gesinnung vertretend.

Klerus [gr.] *m*, Geistlichkeit, die Gesamtheit des Priesterstandes der katholischen Kirche.

Klette *w*, röhrenblütiger Korbblütler mit 6 Arten in der nördlich gemäßigten Zone Eurasiens. Häufigste Art ist die Große K. mit großen, rötlichen bis purpurfarbenen Blütenköpfchen.

Klient [lat.] *m*, jemand, der die Dienste eines Rechtsanwalts in Anspruch nimmt u. sich z. B. von ihm vertreten läßt.

Klima [gr.] *s*, K. ist der durchschnittliche Wetterverlauf in einem längeren Zeitabschnitt in einer bestimmten Gegend. Das K. setzt sich aus vielen einzelnen Vorgängen in der Atmosphäre zusammen. Die wichtigste Rolle spielen dabei Temperatur, Luftdruck u. Wind, Niederschlag u. Verdunstung, Luftfeuchtigkeit u. Bewölkung. Die Klimaprozesse werden durch die Sonneneinstrahlung in Gang gesetzt, aber durch die Gegebenheiten unseres Planeten maßgeblich beeinflußt. Es sind dies 1. die geographische Breite (5 Hauptklimazonen: Die Tropen um den Äquator, polwärts anschließend je eine gemäßigte Zone auf der Nord- u. der Südhalbkugel, je eine kalte Zone um Nord- u. Südpol; 2. die unregelmäßige Land-Meer-Verteilung (kontinentales u. Seeklima). 3. Höhenlage u. Relief (Gebirgs- u. Tieflandklima); 4. Vegetation (Pflanzenwuchs) u. a. Aus dem Zusammenwirken all dieser Gegebenheiten ergeben sich recht unterschiedliche Klimatypen u. Klimaprovinzen.

Klio, eine der ↑Musen.

Klischee [frz.] *s*, Druckstock oder Hochdruckplatte. Im übertragenen Sinn nennt man K. eine Nachbildung, einen Abklatsch ohne eigenen Wert sowie eine immer wieder gebrauchte Redewendung.

Kloake [lat.] *w*: **1)** ein Abzugskanal (meist unterirdisch), eine Senkgrube; **2)** der Endabschnitt des Darms, wenn er die Ausführungsgänge der Harn- u. Geschlechtsorgane aufnimmt, z. B. bei Lurchen, Kriechtieren u. Vögeln.

Klöppeln *s*, Handarbeitsart zur Verfertigung von Spitzen. Durch Kreuzen, Drehen u. Flechten von Garnfäden, die auf Klöppel (Holzstäbe) gewickelt sind, werden die Spitzen auf dem Klöppelkissen hergestellt. Berühmt sind die erzgebirgischen u. die Brüsseler Klöppelspitzen.

Klopstock, Friedrich Gottlieb, *Quedlinburg 2. Juli 1724, † Hamburg 14. März 1803, deutscher Dichter. K. schrieb ausdrucksstarke Oden u. eine zu seiner Zeit vielbewunderte u. vielgelesene Versdichtung „Der Messias" (20 Gesänge, 1748–73).

Kloster [lat.] *s*, die von der Außenwelt abgeschlossene Wohnung von Mönchen u. Nonnen, die hier nach ihrer Ordensregel leben. Das abendländische Klosterwesen entstand im Mittelalter nach dem Vorbild der ↑Benediktiner. Die Klosteranlagen bestehen im Kern aus Kirche, Kreuzgang u. dem Wohnhaus der Mönche mit Speisesaal (Refektorium), Schlafteil und Kapitelsaal (Versammlungsraum). Schule und weitläufige Wirtschaftsgebäude sind häufig angegliedert (zu diesem Teil gehören

309

u. a. Mühle, Bäckerei, Schreinerei, Weberei, Kelterei u. weitere Werkstätten, Viehställe, Vorratsräume u. das Gästehaus. An der Spitze eines Männerklosters steht meist ein Abt, eines Frauenklosters eine Äbtissin. Die Klöster sorgten in den ersten Jahrhunderten des Klosterwesens für die Rodung der Wälder u. Urbarmachung des Landes u. waren Mittelpunkte der Kultur, Kunst und Wissenschaft (Bibliotheken). Seit dem Aufkommen der Bettelorden gibt es auch kleinere, v. a. der Seelsorge dienende Klöster.

Kluge, Alexander, *1932, deutscher Schriftsteller u. Filmregisseur, ↑Film.

Knallgas [dt.; gr.] s, Gemisch aus zwei Teilen Wasserstoff u. einem Teil Sauerstoff, das bei Entzündung durch Funken oder ähnliches unter heftiger Explosion zu Wasser reagiert nach der Formel:

$$2 H_2 + O_2 \rightarrow H_2O.$$

Technisch werden diese Reaktion u. die dabei entwickelte Wärme im sogenannten Knallgasgebläse z. B. beim Schweißen ausgenutzt.

Knappe m: 1) im Mittelalter ein Edelknabe, der vom 14. bis zum 21. Lebensjahr einem fremden Ritter diente, um das Waffenhandwerk zu erlernen und seine ritterliche Erziehung zu vollenden. Nach Schwertleite u. Ritterschlag wurde er selbst Ritter; 2) bis in die 1970er Jahre Lehrberuf im Bergbau.

Kneippkur w, von dem Pfarrer Sebastian Kneipp (1821–97) entwickelte Wasserkur. In der K. werden v. a. Bäder, Güsse, Waschungen u. Wickel angewendet.

Knoblauch m, bis 70 cm hohe Zwiebelpflanze von eigenartigem Geruch. Die von einer weißen Haut umschlossenen, zusammengesetzten Zwiebeln werden als Gewürz verwendet. Aus der weißen Scheindoldenblüte entwickeln sich Brutzwiebeln.

Knochen m, härtester Bestandteil des Wirbeltierkörpers. Die K., die in ihrer Gesamtheit das ↑Skelett bilden, verleihen dem Körper Festigkeit u. schützen leichtverletzliche Organe. Die Röhrenknochen enthalten das fette gelbe Knochenmark. Im fettlosen roten Knochenmark werden rote Blutkörperchen gebildet. Der Ernährung des Knochens dient die Knochenhaut, die den K. außen umgibt.

Knochenfische m, Mz., Klasse der Fische mit vielen Arten in Meeres- u. Süßgewässern. Ihr Skelett ist weitgehend bis völlig verknöchert, der Körper meist beschuppt, eine Schwimmblase vorhanden. Die meisten heute lebenden Fische sind Knochenfische. Sie sind seit dem Devon (↑Erdgeschichte) bekannt, waren zunächst Süßwasserbewohner und eroberten das Meer erst in der Trias, wo sie die ↑Knorpelfische allmählich verdrängten.

knockout [nokaut] ↑Boxen.
Knöllchenbakterien ↑Erbsen.
Knollen w, Mz., nährstoffhaltige Verdickungen an Sproß oder Wurzel. Sproßknollen: Kartoffel, Kohlrabi, Herbstzeitlose; Wurzelknollen: Dahlie, Rettiche.

Knollenblätterpilz m, bis 10 cm hoher Lamellenpilz mit hautartigem Ring am Stiel u. knolliger Verdickung am Fuß. Er ist der giftigste heimische Pilz u., besonders jung, leicht mit dem Champignon zu verwechseln. Der Genuß von Knollenblätterpilzen führt zu tödlich verlaufenden Pilzvergiftungen.

Knorpel m, elastisch-feste, kalkarme Stützsubstanz im Körper der Wirbeltiere, die bei den Knorpelfischen zeitlebens als Skelett erhalten bleibt. Bei den übrigen Wirbeltieren einschließlich Mensch wird sie größtenteils hautartig abgebaut u. durch sich neubildende Knochensubstanz ersetzt. Nur z. B. die Gelenkflächen, Rippenenden (mit dem Brustbein) u. Ohrmuscheln bleiben knorpelig.

Knorpelfische m, Mz., Klasse der Fische, deren verknorpeltes Skelett nicht verknöchert. Auch fehlt ihnen die Schwimmblase. Sie waren in früheren erdgeschichtlichen Zeiten (Karbon bis Trias) mit zahlreichen Arten vertreten, wurden aber von den ↑Knochenfischen weitgehend verdrängt. Heute noch 3 Ordnungen: ↑Haifische, ↑Rochen, Seedrachen.

Knossos ↑Kreta.
Knoten m: 1) Verschlingung von Seilen, Tauen, Fäden. Besonders im Schiffahrtswesen ist die Kenntnis verschiedener K. wichtig; 2) Kurzzeichen: kn, Maßeinheit für die Schiffsgeschwindigkeit. 1 kn = 1 Seemeile (= 1,852 km)/Stunde.

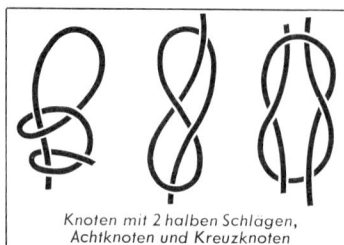
Knoten mit 2 halben Schlagen, Achtknoten und Kreuzknoten

k. o. ↑Boxen.
Koala [austral.] m (Beutelbär), rund 60 cm großes Beuteltier. Der K. lebt auf Eukalyptusbäumen in Wäldern Ostaustraliens und ernährt sich nur von ganz bestimmten Blättern dieser Bäume. – Abb. S. 312.

Koalition [frz.] w, Vereinigung, Bündnis, Zusammenschluß mehrerer Parteien oder Staaten zur Durchsetzung von Zielen. Ein von mehreren Staaten gemeinsam gegen einen Staat geführter Krieg wird *Koalitionskrieg* genannt (v. a. die vier Kriege der verbündeten europäischen Mächte gegen Frankreich zwischen 1792 und 1807). Wenn sich in einer parlamentarischen Demokratie verschiedene Parteien (z. B. SPD u. FDP) an der Regierung beteiligen, nennt man diese eine *Koalitionsregierung*.

Kobalt [mlat.] s, Schwermetall, chemisches Symbol Co, Ordnungszahl 27, Atommasse etwa 59. K. ist ein sehr hartes u. zähes Metall; Schmelzpunkt 1492 °C, der Siedepunkt ist nicht genau bekannt (bei etwa 3200 °C); Dichte 8,9. Das grau glänzende Metall ist dem Nickel u. Eisen sehr ähnlich u. chemisch sehr beständig. Es reagiert erst bei sehr hohen Temperaturen mit Sauerstoff, den Halogenen, Schwefel usw. zu den entsprechenden Verbindungen, lediglich von verdünnten oxydierenden Säuren wird das Metall leicht gelöst.

Kobe, neben Jokohama wichtigste Hafenstadt Japans, mit 1,4 Mill. E, auf der Insel Hondo, an der Osakabucht gelegen. K. ist Sitz von 2 Universitäten u. ein wichtiges Industriezentrum (Eisen- u. Stahlindustrie, Schiff- u. Waggonbau, Gummiindustrie).

Koblenz, Stadt in Rheinland-Pfalz, am Zusammenfluß von Rhein u. Mosel gelegen („Deutsches Eck"), mit 116000 E. Trotz Zerstörungen im 2. Weltkrieg besitzt K. ein schönes Stadtbild mit bedeutenden Kirchen (u. a. St. Castor) u. anderen Bauwerken (Moselbrücke aus dem 14. Jh., Schloß u. a.). Auf dem rechten Rheinufer erhebt sich die Feste Ehrenbreitstein. – K. ist eine römische Gründung. – Abb. S. 312.

Kobra [portug.] w (Brillenschlange), bis 1,8 m lange Giftnatter v. a. Asiens. Sie kann die Halsrippen ausbreiten. Dadurch wird an der Oberseite eine Zeichnung sichtbar, die zwei umrandeten Augen ähnelt. Oft von Schlangenbeschwörern benutzt. Die K. ist (wie alle Schlangen) taub; sie folgt in allen Bewegungen denen des Schlangenbeschwörers.

Koch, Robert, *Clausthal (heute zu Clausthal-Zellerfeld) 11. Dezember 1843, †Baden-Baden 27. Mai 1910, berühmter deutscher Arzt u. Forscher. K. entdeckte u. a. die Erreger des Milzbrandes, der Tuberkulose u. der Cholera. Auf zahlreichen Reisen erforschte er viele ansteckende Krankheiten, darunter die Pest, die Malaria u. die Schlafkrankheit. Er begründete die experimentelle Bakteriologie (Lehre von den Bakterien). 1905 erhielt er den Nobelpreis. – Abb. S. 311.

Köchelverzeichnis ↑Mozart.
Kochsalz ↑Salz.
Koda [ital.] w, in der Musik Schlußteil eines Satzes, v. a. bei der Sonate.
Kodeine [gr.] ↑Drogen.
Kodex (Codex) [lat.] m: 1) eine Buchform, die die Buchrolle der Antike ablöste: wachsüberzogene Holztafeln, Papyrus- oder Pergamentblätter, die

zwischen Holzdeckeln zusammengebunden sind; **2)** Bezeichnung für eine gebundene Handschrift aus dem Mittelalter; **3)** Bezeichnung für ein Gesetzbuch, eine Gesetzessammlung; das Gesetzbuch der katholischen Kirche heißt z. B. lateinisch: Codex Juris Canonici.

Koedukation [*ko-e...; lat.*] *w*, gemeinschaftliche Erziehung von Jungen u. Mädchen in Schulen u. Internaten.

Koexistenz [*ko-e...; lat.*] *w*, gleichzeitiges Nebeneinanderbestehen. Im politischen Sprachgebrauch bedeutet K. das friedliche Nebeneinanderbestehen von Staaten mit verschiedenen Gesellschafts- u. Wirtschaftsformen.

Koffein [*nlat.*] *s*, anregendes u. belebendes ↑Alkaloid der Kaffeebohne u. der Teeblätter. Während der Koffeingehalt der Kaffeebohnen ungefähr 1,2 % beträgt, kann er in Teeblättern bis zu 5 % betragen. Auch die Kolanuß hat einen durchschnittlichen Koffeingehalt von 3,5 %. Heute kann das Alkaloid auch synthetisch hergestellt werden.

Kogge *w*, bauchiges Segelschiff des 13.–15. Jahrhunderts mit hohem Bord. Die K. besaß zwei oder drei Masten u. hohe Aufbauten, besonders am Heck.

Kohäsion [*lat.*] *w*, der Zusammenhalt der Atome oder Moleküle eines Stoffes. Sie beruht auf den Anziehungskräften (Kohäsionskräften), die zwischen ihnen bestehen. Wegen der K. ist es erforderlich, eine bestimmte Kraft auszuüben, wenn man einen Körper zerbrechen oder zerreißen will; ↑ auch Adhäsion.

Kohl *m*, als Gemüse verwendete Pflanzen aus der Familie der Kreuzblütler. Alle Kohlarten haben Schotenfrüchte.

Kohle *w*, braune bis tiefschwarze, mehr oder weniger kompakte kohlenstoffreiche Zersetzungsprodukte organischer Substanzen aus früheren Erdzeitaltern. Sie werden heute bergmännisch abgebaut u. sowohl als Brennmaterial als auch als überaus wichtiger Rohstoff für viele Zweige der chemischen Industrie gebraucht. Deshalb spricht man direkt von *Kohlechemie* bzw. der dabei vorgenommenen *Kohleveredlung*. Der Steinkohlenteer ist beispielsweise Ausgangsprodukt für tausende hochwertige chemische Verbindungen, z. B. organische Lösungsmittel, Farben, Medikamente u. vieles andere. Je nach dem Datum des Absterbens der organischen Materie u. dem Druck, dem die verkohlenden Produkte innerhalb der Erdschichten ausgesetzt waren, kann man grob unterteilen in: Torf, Braunkohle u. die tiefliegende, härtere u. vor allem kohlenstoffreichere Steinkohle; ↑ auch Holzkohle.

Kohlendioxid [*dt.; gr.*] *s*, farb- u. geruchloses, ungiftiges Gas, das Bestandteil der atmosphärischen Luft ist u. außerdem beim Stoffwechsel im menschlichen u. tierischen Körper ent-

Robert Koch   **Adolf Kolping**   **Christoph Kolumbus**

steht (↑Kohlenhydrate), außerdem auch bei allen anderen Verbrennungen von Kohle oder kohlenstoffhaltigen Substanzen. Das K. hat die chemische Formel CO_2.

Kohlenhydrate [*dt.; gr.*] *s, Mz.*, sehr große Gruppe von organischen chemischen Verbindungen, die in der Regel aus Ketten oder Ringen von Kohlenstoffatomen bestehen, deren freie ↑Valenzen Sauerstoff u. Wasserstoffatome tragen. K. sind neben Fetten u. Eiweißen die dritte große Gruppe für den Menschen wichtiger Nährstoffe. Bekannte Vertreter sind z. B. der Zucker u. die Stärkearten, wie Mehl, Hülsenfrüchte, Kartoffeln u. viele andere mehr. K. bilden den mengenmäßig größten Anteil aller organischen Verbindungen auf der Erde, sie sind in jeder lebenden Zelle vorhanden u. an deren Aufbau beteiligt. Ihre Aufgabe erfüllen sie in der menschlichen Ernährung als Energielieferanten. Sie werden im Magen zerlegt, gehen durch die Darmwand in die Blutbahn über u. werden dann in den verschiedensten Gegenden des Körpergewebes mit Hilfe des ebenfalls durch die Blutbahn zugeführten Sauerstoffs zu ↑Kohlendioxid (CO_2) u. Wasser (H_2O) verbrannt. Dieser Vorgang liefert dem Körper die notwendige Bewegungs- u. Wärmeenergie.

Kohlenmonoxid [*dt.; gr.*] *s*, ungesättigtes, überaus giftiges Oxid des Kohlenstoffs, CO, das bei der Verbrennung von Kohlenstoff mit unzureichenden Mengen an Sauerstoff entsteht. K. entsteht aus Kohlendioxid mit glühendem Kohlenstoff, allgemein auch bei unvollständiger Verbrennung von kohlenstoffhaltigem Material, enthalten z. B. im Motorauspuffgas u. Stadtgas. Es hat techn. große Bedeutung, u. a. beim Hochofenprozeß.

Kohlenstoff *m*, chemisches Symbol C, Nichtmetall, Ordnungszahl 6, Atommasse ungefähr 12. K. in seinen Verbindungen ist allgegenwärtig, weil er Bestandteil aller organischen Materie, aber auch gebirgsbildender Carbonate (Kalkstein) ist. Darüber hinaus findet er sich in Form von ↑Kohlendioxid auch in der atmosphärischen Luft u.

in allen Gewässern. Der K. kommt mehr oder weniger rein in verschiedenen Formen vor, neben ↑Kohle, Koks u. ↑Ruß als Graphit (reiner K.), der heute in der Reaktortechnik große Bedeutung erlangt hat. Die edelste Form des Kohlenstoffs ist der ↑Diamant; ↑ auch Kohlenhydrate.

Kohlenwasserstoffe *m, Mz.*, sehr große Gruppe chemischer Verbindungen des Kohlenstoffs mit Wasserstoff. Man unterscheidet grob die kettenförmigen K., die sogenannten Paraffine, die je nach der Anzahl der Kohlenstoffatome des Moleküls gasförmig, flüssig oder fest sind. Das niederste Glied in dieser Kette ist das Methan mit der Zusammensetzung CH_4, das nächsthöhere Glied wäre das Äthan mit der Zusammensetzung C_2H_6. K. kommen in der Natur in Form sehr komplizierter Gemische als Erdgas, Erdöl u. Erdwachs vor. Sie werden in großen Mengen als Brenn- u. Treibstoffe sowie als Ausgangsstoffe zur Herstellung von Kunststoffen u. a. verwendet.

Kohlweißlinge *m, Mz.*, Tagfalter, deren Larven als Kreuzblütler, meist Kohlarten, leben u. gefürchtete Schädlinge sind. Der *Große Kohlweißling*, mit bis 6 cm Spannweite, hat schwarze Ecken an den Vorderflügeln. Die spitzen, gelben Eier werden in Häufchen abgelegt; die graugrünen Raupen sind schwarz gefleckt.

Kohorte [*lat.*] *w*, altrömische Truppeneinheit.

Kojote ↑Präriewolf.

Kokain ↑Drogen.

kokett [*frz.*], gefallsüchtig, eitel.

Kokken *w, Mz.*, kugelförmige ↑Bakterien, die meist keine Sporen ausbilden. Sie können einzeln vorkommen oder in Form von Ketten, Tafeln oder Paketen aneinandergelagert sein. Bekannt als ↑Parasiten sind die *Staphylokokken*, die goldgelben Eiter hervorrufen. Die *Streptokokken* sind Entzündungserreger. Die *Gonokokken* verursachen den ↑Tripper.

Kokon [*...kong*; *gr.*] *m*, Gespinsthülle mancher Insektenpuppen. In den K. spinnen sich die Insekten vor der Verpuppung ein. Auch die um Eigelege ge-

311

Kokoschka

sponnene Hülle, z. B. von Spinnen, wird K. genannt.

Kokoschka, Oskar, * Pöchlarn (Niederösterreich) 1. März 1886, österreichischer Maler, Graphiker u. Dichter, einer der bedeutendsten Vertreter des Expressionismus. Seine Bilder besitzen mitunter eine rauschhafte Farbigkeit. Er schuf neben Porträts (Adenauer) und Landschaften zahlreiche Städtebilder (Hamburg, Dresden, Berlin, Salzburg u. a.). u. verfaßte mehrere expressionistische Dramen („Mörder, Hoffnung der Frauen"; „Der brennende Dornbusch") sowie Erinnerungen (1970). – Abb. S. 313.

Kokosnuß [span.; dt.] w, etwa 1 kg schwere Steinfrucht der Kokospalme. Die den Samen umschließende Fruchthülle besteht aus einer äußeren Schicht, die die *Kokosfasern* liefert, u. der harten Schale des Steinkerns. Der Samen hat eine dünne, braune Samenschale. Das Nährgewebe für den Keimling besteht aus weißem, ölreichem, schmackhaftem *Kokosfleisch* u. der *Kokosmilch*.

Kokospalme [span.; lat.] w, bis 30 m hoch werdende Palme mit bis 6 m langen Fiederblättern. Sie wird an allen tropischen Meeresküsten als wichtige Nutzpflanze angebaut. Die Kokosmilch wird getrunken, die Blattfiedern als Flechtmaterial verwendet, das Holz als Baumaterial, die Endknospen als Gemüse.

Koks [engl.] m, industriell hergestellte Form der Steinkohle, die durch Erhitzung auf hohe Temperaturen (unter Ausschluß von Sauerstoff) von ihren flüchtigen Bestandteilen befreit worden u. deshalb kohlenstoffreicher ist als die Kohle. Der sogenannte Gaskoks ist ein Nebenprodukt bei der Erzeugung von ↑Stadtgas, während der für den Hochofenprozeß gebrauchte Hüttenkoks eigens in dafür geschaffenen Kokereien gewonnen wird (er ist hochwertiger als Gaskoks, weil die als Ausgangssubstanz benutzte Kohle eine andere Zusammensetzung hat).

Kolanuß w, Same des bis 20 m hohen, tropischen Kolabaumes. Die K. enthält anregende Stoffe, u. a. durchschnittlich 3,5 % Koffein.

Kolben m: 1) Maschinenteil, das sich in einem Zylinder dicht an der inneren Zylinderwand hin- u. herbewegt u. die aus der Verbrennung eines Brennstoff-Luft-Gemisches oder der Ausdehnung eines anderen unter Druck stehenden Arbeitsgases (z. B. Dampf) stammende Druckkraft aufnimmt u. z. B. über eine Pleuelstange u. eine Kurbelwelle (↑Kraftwagen) weiterleitet; bei anderen Maschinen (z. B. bei manchen Pumpenarten) ist – umgekehrt – der K. das letzte Glied in der Kette der Kraftübertragungsglieder; 2) (hinterer Teil vom) Schaft des ↑Gewehrs.

Kolchose [russ. Kolchos, Kurzwort aus *kollektivnoje chosjaistvo*

Koala

= Kollektivwirtschaft] w, landwirtschaftlicher Großbetrieb in der UdSSR, der von den Mitgliedern der K. gemeinsam betrieben wird. Außer einem kleinen Privatanteil an Land u. Vieh sind Grund, Vieh und Wirtschaftsgeräte gemeinsamer Besitz. Der K. entspricht in der DDR die ↑landwirtschaftliche Produktionsgenossenschaft.

Kolibakterien [gr.] w, Mz., Bakterien, die im unteren Dünndarm u. im Dickdarm leben. Sie sind wichtig für die Verdauung u. verhindern Fäulnisprozesse. Außerhalb des Darms treten sie als Krankheitserreger auf.

Kolibri [malai.] m, kleiner Vogel mit metallisch glänzendem Gefieder. Es gibt etwa 320 Arten. Sie wiegen 2–20 g. Mit langem, röhrenförmigem Schnabel u. der langen gespaltenen Zunge können sie Nektar aus Blüten holen. Die Füße dienen zum Anklammern, zum Laufen oder Hüpfen sind sie nicht geeignet. Mit bis zu etwa 50–80 Schlägen in einer Sekunde erzeugen die Flügel beim Fliegen ein helles, gleichmäßig summendes Geräusch. – Abb. S. 313.

Kolik [gr.] w, plötzlich auftretender heftiger Leibschmerz, verursacht durch Darmkatarrh, Verstopfung, einen Gallen- oder Nierenstein.

Kollaboration [lat.] w, freiwillige Zusammenarbeit mit dem Landesfeind, insbesondere, wenn dieser das Land besetzt hat. Die Dänen, Franzosen, Holländer usw., die während des 2. Weltkrieges mit der deutschen Besatzungsmacht zusammenarbeiteten, bezeichnet man als *Kollaborateure*.

Kolleg [lat.] s, Einrichtung im ↑zweiten Bildungsweg zur Erlangung der Hochschulreife.

Kollegschule w, neue Schulform im Sekundarbereich (Sekundarstufe II), die im Schulversuch erprobt wird. Durch eine entsprechend kombinierte Ausbildung soll sie den gleichzeitigen Erwerb von Bildungsabschlüssen berufsqualifizierender und allgemeinbildender bzw. studienbezogener Art als Doppelqualifikation ermöglichen.

Kollektiv [lat.] s, eine Gruppe von Menschen, die gemeinsame Ziele u. Überzeugungen haben u. sich gegenseitig unterstützen, um ein Ziel zu erreichen. Auch die Arbeitsgemeinschaften der ↑Kolchosen und ↑landwirtschaftlichen Produktionsgenossenschaften sind Kollektive.

Kolloid ↑Lösung.

Kollwitz, Käthe, * Königsberg (Pr) 8. Juli 1867, † Moritzburg bei Dresden 22. April 1945, deutsche Malerin u. Graphikerin. In ausdrucksstarken, ergreifenden Zeichnungen, graphischen Blättern u. Bildfolgen sowie Plastiken ge-

Koblenz. Deutsches Eck

312

Kometen

Oskar Kokoschka, Elblandschaft bei Dresden

Kolibri

Kolosseum

staltete sie oft das Elend der Armen und Unterdrückten. Arbeitslosigkeit, Hunger, Armut u. Tod sind ihre Themen. Berühmt sind auch ihre Selbstbildnisse.

Köln, Stadt in Nordrhein-Westfalen, mit 978 000 E, in der fruchtbaren Kölner Bucht am Rhein gelegen. K. besitzt eine Universität, 3 Hochschulen, 3 Fachhochschulen, bedeutende Museen sowie Bundesämter u. -institute. Trotz großer Zerstörungen im 2. Weltkrieg blieben viele mittelalterliche Kirchen u. andere Bauten erhalten oder konnten wieder hergestellt werden (u. a. St. Gereon, St. Aposteln, St. Pantaleon, Gürzenich). Weltberühmt ist der Kölner Dom, eines der bedeutendsten Bauwerke der Gotik (Baubeginn 1248, Höhe 160 m). Als wichtiges Wirtschafts- u. Handelszentrum mit Rheinhafen beherbergt die Stadt eine vielseitige Industrie (u. a. Auto-, chemische u. kosmetische Industrie [Kölnisch Wasser]). – K. ist eine römische Gründung u. war im Mittelalter eine bedeutende Handelsstadt.

Kolonialismus [lat.] *m*, eine Form des ↑Imperialismus: die Besitznahme u. Beherrschung von Gebieten in Übersee (Kolonien) durch europäische Mächte. Ziel der Kolonialmächte war es, sich die Kolonialgebiete wirtschaftlich nutzbar zu machen, militärische Stützpunkte zu gewinnen u. so die eigene Macht zu stärken. Der K. erreichte gegen Ende des 19. Jahrhunderts seinen Höhepunkt; die bedeutendsten Kolonialmächte dieser Zeit waren Großbritannien u. Frankreich.

Kolonie [lat.] *w*: **1)** Ansiedlung von Menschengruppen außerhalb ihres Mutterlandes. Die griechischen Siedlungen des Altertums im Mittelmeerraum waren Kolonien in diesem Sinn; **2)** auswärtiger Territorialbesitz eines Staates, meist in anderen Erdteilen. Kolonien haben keine Selbstverwaltung, sie werden vom Mutterstaat aus regiert (↑auch Kolonialismus); **3)** Zusammenschluß pflanzlicher oder tierischer Individuen einer Art.

Kolonnade [frz.] *w*, in der Baukunst ein Säulengang, bei dem das die Säulen verbindende Gebälk gerade ist.

Koloratur [ital.] *w*, mit schnellen, weiten Läufen u. Sprüngen versehene Passage einer Sopranarie, deren Ausführung eine virtuose Stimmbeherrschung voraussetzt.

Kolosseum *s*, Amphitheater in Rom, von den flavischen Kaisern 70–80 n. Chr. erbaut. Es besaß rund 50 000 Sitzplätze. Obwohl es lange Zeit als Steinbruch benutzt wurde, ist es noch heute eine imponierende Ruine.

Kolping, Adolf, genannt der Gesellenvater, *Kerpen bei Köln 8. Dezember 1813, † Köln 4. Dezember 1865, deutscher katholischer Priester. K. war zunächst Schuhmachergeselle; er stammte aus ärmlichen Verhältnissen. Als Priester gründete er den ersten katholischen Gesellenverein; dieser bildete die Grundlage des *Kolpingwerkes* (ab 1849), das sich die religiöse, berufliche u. soziale Erziehung der katholischen Handwerksgesellen zur Aufgabe macht. Heute umfaßt das Kolpingwerk alle Ausbildungsberufe u. hat in der Bundesrepublik Deutschland 210 000 Mitglieder in 2 500 Kolpingsfamilien mit örtlichen Niederlassungen mit Gesellenhaus (Kolpinghaus). – Abb. S. 311.

Kolumbien, Republik im Nordwesten Südamerikas, mit 1 138 914 km² mehr als viermal so groß wie die Bundesrepublik Deutschland, 25,0 Mill. E (68 % Mestizen, 20 % Weiße, 10 % Neger, Mulatten, Zambos, 2 % Indianer). Die Hauptstadt ist Bogotá. K. wird von drei Gebirgsketten der Anden durchzogen, das weite östliche Tiefland ist tropisch heiß (Savannen u. Wälder). Die höhergelegenen Landesteile, in denen der Großteil der Bevölkerung lebt, haben gemäßigtes Klima. Angebaut werden Kaffee (K. ist nach Brasilien der wichtigste Kaffeeerzeuger der Welt), Baumwolle, Zuckerrohr, Bananen, Tabak u. Reis. K. ist reich an Erdöl, Kohle, Gold, Silber, Platin, Eisen u. liefert 90 % aller Smaragde der Erde. Die Industrie ist seit 1945 im Aufschwung begriffen. Wichtigster Hafen ist Buenaventura am Pazifischen Ozean, außerdem hat K. 4 große Häfen am Karibischen Meer. – Das Gebiet des Staates K. wurde im 16. Jh. von Spanien unterworfen. 1819 erfolgte die Loslösung von Spanien. K. ist Gründungsmitglied der UN.

Kolumbus, Christoph, * Genua 1451, † Valladolid 20. Mai 1506, genuesischer Seefahrer in spanischen Diensten, der Entdecker Amerikas. K. landete nach einer abenteuerlichen Fahrt am 12. Oktober 1492 auf der Bahamainsel Guanahani, die er San Salvador nannte, kam dann nach Kuba u. Haiti, wo er eine spanische Niederlassung gründete. Er glaubte den Seeweg nach Indien gefunden zu haben (daher die Namen „Indianer" für die Ureinwohner u. „westindische" Inseln). K. unternahm noch Fahrten, auf denen er die Nordküste Südamerikas u. die Ostküste Mittelamerikas entdeckte; ↑auch Entdeckungen. – Abb. S. 311.

Komantschen *m*, *Mz.*, nordamerikanischer Indianerstamm der südlichen Prärieigebiete; heute in Oklahoma angesiedelt.

Kometen [gr.] *m*, *Mz.*, Schweifsterne, nur selten für das bloße Auge sichtbare Himmelskörper des Sonnensystems. K. sind nicht scharf umgrenzt, den Kometenkern umgibt eine Koma (neblige, faserige Hülle). Vom *Kometenkopf* (Kern u. Koma) gehen die *Kometenschweife* aus, die bis 250 Mill. km lang sein können. Die Leuchterscheinung beruht z. T. auf der Refle-

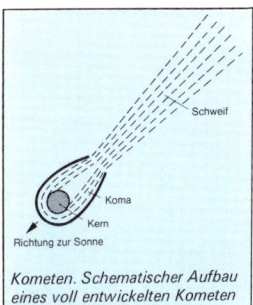
Kometen. Schematischer Aufbau eines voll entwickelten Kometen

313

Komik

xion des Sonnenlichts, z. T. aber auch auf dem Leuchten von Gasen, die infolge der Einwirkung von Kernmaterial verdampfen.

Komik [gr.] w, Gattungsmerkmal der Komödie: die übertreibende, Lachen erregende Darstellung von Sein und Anspruch (Schein).

Komintern w, Abkürzung für: **kom**munistische **Intern**ationale, die von Lenin 1919 gegründete 3. Internationale, ein Zusammenschluß der kommunistischen Parteien Europas u. Amerikas mit dem Ziel, den Weltkommunismus u. die Weltrevolution zu fördern. Die K. wurde 1943, ein Zugeständnis Stalins an die Westmächte, aufgelöst. 1947 kam es zur Gründung der Nachfolgeorganisation *Kominform* (Abkürzung für: *kommunistisches Inform*ationsbüro), die bis 1956 bestand.

komische Oper ↑ Opera buffa.

Komitee [frz.] s, leitender, mit besonderen Aufgaben betrauter Ausschuß.

Komma ↑ Zeichensetzung.

Kommentar [lat.] m: **1)** Erläuterung eines wissenschaftlichen Textes, meist durch fortlaufende Bemerkungen; **2)** in Presse, Funk u. Fernsehen versteht man unter K. eine Erläuterung und Bewertung. Der K. nimmt zu politischen, wirtschaftlichen, kulturellen u. anderen wichtigen Ereignissen Stellung.

Kommission [lat.] w: **1)** Ausschuß von Beauftragten, die eine bestimmte Aufgabe übernehmen sollen (z. B. eine Untersuchungskommission zur Aufklärung eines Verbrechens u. ä.); **2)** Geschäftsauftrag, der vom *Kommissionär* für „fremde Rechnung" ausgeführt wird. Wenn ein Händler eine Ware in K. nimmt, dann kauft er sie nicht, sondern er hält sie bereit, um sie für den, der sie in K. gegeben hat, zu verkaufen.

kommunal [lat.], die Gemeinde betreffend. Durch die *Kommunalwahl* werden die Gemeindevertretungen (Stadtrat, Gemeinderat) gewählt. *Kommunalsteuern* sind Gemeindesteuern.

Kommune [frz.] w: **1)** Bezeichnung für die (politische) Gemeinde; ↑ auch Pariser Kommune; **2)** im heutigen Sprachgebrauch versteht man unter K. auch die Lebensgemeinschaft junger Anhänger sozialistisch-kommunistischer Ideen, die in der Form einer Großfamilie zusammenleben.

Kommunion [lat.] w, in der katholischen Kirche Empfang der ↑ Eucharistie. Zur *Erstkommunion* gehen die Kinder meist im 9. oder 10. Lebensjahr.

Kommuniqué [...*münike;* frz.] s, regierungsamtliche Mitteilung oder Veröffentlichung (z. B. über die Ergebnisse von Beratungen u. ä.).

Kommunismus m, politische Lehre, die die klassenlose Gesellschaft erstrebt; ↑ Marxismus.

Kommunistisches Manifest s, die Programmschrift des ↑ Marxismus,

1847/48 von Karl ↑ Marx u. Friedrich ↑ Engels in Brüssel als Flugschrift verfaßt. Sie erläutert den ↑ Klassenkampf, fordert u. a. Enteignung des Privatbesitzes an Produktionsmitteln u. die Diktatur des Proletariats. Es schließt mit der berühmten Losung: „Proletarier aller Länder, vereinigt euch!"

kommunizierende Röhren *Mz.,* untereinander verbundene Gefäße.

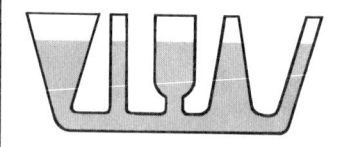

Füllt man sie mit Flüssigkeit, so steigt sie in allen Gefäßen unabhängig von deren Form u. deren Rauminhalt bis zu gleicher Höhe an.

Kommutator ↑ Elektromotor.

Komödie [gr.-lat.] w, ein Drama, das die Gegensätzlichkeit der Welt unter dem Gesichtspunkt der Komik gestaltet u. erlebt. Es wird ein Konflikt oder ein Scheinkonflikt gestaltet, der meist auf komischen Charakteren u. Situationen beruht. Die Lösung enthüllt menschliche Schwächen. Unzulänglichkeiten auf heitere oder spöttische Art; z. B. „Der eingebildete Kranke" von Molière.

Komoren *Mz.,* Inselgruppe im Indischen Ozean, zwischen Madagaskar u. der Küste Ostafrikas. 3 Hauptinseln erklärten 1975 ihre Unabhängigkeit u. bilden die Republik K. (1 797 km^2) mit 370 000 E u. der Hauptstadt *Moroni* (12 000 E). Die vierte Hauptinsel (Mayotte) wird auf Grund eines Volksentscheides ihrer 38 000 E weiterhin von Frankreich verwaltet. Die Republik K. ist Mitglied der UN u. OAU u. der EWG assoziiert.

Kompanie [ital.] w: **1)** kleine Truppeneinheit, mehrere Kompanien bilden ein Bataillon; **2)** veraltete Bezeichnung für Handelsgesellschaft (abgekürzt Co.,

Cie), geführt von mehreren *Kompagnons* (= Teilhabern).

Komparativ ↑ Adjektiv.

Kompaß [ital.] m, Gerät zur Bestimmung der Himmelsrichtung. Der *Magnetkompaß* besteht in seiner einfachsten Bauart aus einer beweglichen Magnetnadel. Sie stellt sich auf der Windrose in Richtung der Feldlinien des erdmagnetischen Feldes ein (↑ Erdmagnetismus). Nur an wenigen Orten der Erde zeigt sie genau nach Norden. An den übrigen Orten weicht der K. von der Nord-Süd-Richtung ab; die Abweichung wird als Mißweisung oder ↑ Deklination bezeichnet. Beim *Kreiselkompaß* wird die Erscheinung ausgenutzt, daß ein Körper, der um eine freie Achse rotiert (↑ Kreisel), die Richtung seiner Drehachse unter allen Umständen beibehalten will. Er besteht aus einem sich sehr schnell drehenden Kreisel (etwa 20 000 Umdrehungen/Sek.). Seine Drehachse wird in die gewünschte Richtung gebracht u. zeigt so lange in diese Richtung, wie sich der Kreisel dreht. Er wird dabei von einem Elektromotor angetrieben. Kreiselkompasse werden auch als künstliche Horizonte in Flugzeugen verwendet.

Kompaßpflanzen [ital.; dt.] *w, Mz.,* Pflanzen, die ihre Blätter in eine bestimmte Stellung zur Sonnenstrahlung bringen. Durch die Stellungsänderung erhalten sie entweder besonders viel Sonnenstrahlen oder sie schützen sich vor ihnen.

Kompensation [lat.] w, Ausgleich, Entschädigung. *Kompensationsgeschäfte* sind Tauschgeschäfte.

Kompetenz [lat.] w, Zuständigkeit, z. B. einer Behörde; Sachverstand, Fähigkeit.

Komplementärfarben [lat.; dt.] w, *Mz.,* sich ergänzende Farben; zwei Farben des Spektrums, die sich zu Weiß ergänzen. Rot u. Grün sind K., denn wenn man sie vereinigt, ergibt sich Weiß. Weitere K. sind u. a. Blau u. Gelb, Violett u. Grüngelb.

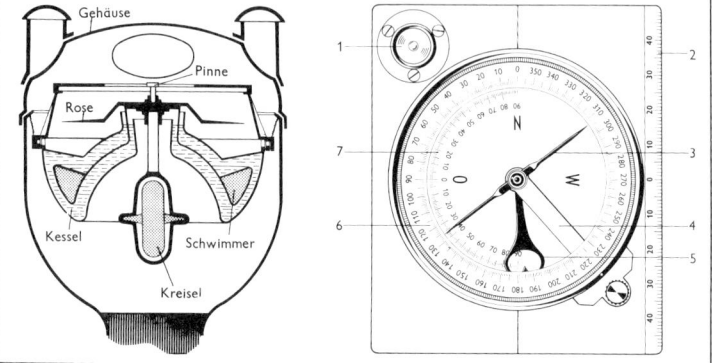

Kompaß. Einfacher Kreiselkompaß im Schnitt (links) und Magnetkompaß (Geologenkompaß)
1 Libelle, 2 Millimeterskala, 3 Kompaßnadel, 4 Arretierung, 5 Klinometer zur Bestimmung des Fallwinkels, 6 linksläufige Gradeinteilung des Kompasses, 7 Gradeinteilung des Klinometers

komplett [frz.], vollständig, abgeschlossen.
Komplikation [lat.] w: **1)** Verwicklung, Schwierigkeit; **2)** Verschlimmerung einer Erkrankung durch eine weitere Krankheit oder einen unvorhergesehenen Umstand (z. B. innere Blutung nach einer Operation).
Kompliment [frz.] s, Höflichkeitsbezeigung, Gruß; auch Anerkennung, Schmeichelei.
Komplize (auch Komplice) [frz.] m, Mittäter bei einer Straftat.
Komplott [frz.] s, Verschwörung, geheime Verabredung zu einer gemeinsamen Handlung; meist ist eine strafbare Handlung gemeint, z. B. der Anschlag auf eine Person.
Komponente [lat.] w, Bestandteil eines Ganzen, Teilkraft.
Komponist [lat.] m, Schöpfer eines Musikstückes.
Komposition [lat.] w: **1)** sinnvolle Zusammenstellung von Dingen, auch von Wörtern; **2)** schöpferische Gestaltung eines Musikstücks, auch das Musikstück selbst. In der Literatur u. in der bildenden Kunst entsprechend der Aufbau eines Sprachkunstwerks; Gestaltung eines Gemäldes, einer Zeichnung, einer Plastik usw.
Kompost [lat.] m, aus pflanzlichen u. tierischen Abfällen aufbereiteter Dünger. Die Abfälle werden mit Erde, möglichst auch mit Kalk durchmischt u. feucht gehalten. Nach 1–2 Jahren ist der K. zu einer krümeligen Masse zerfallen.
Kompressor [lat.] m, ein Gerät zum Verdichten von Gasen oder Dämpfen. Bei Hochleistungsmotoren in Rennwagen u. Flugzeugen wird das explosive Gas-Luft-Gemisch zunächst durch einen K. verdichtet u. dann in den Verbrennungsraum (Zylinder) gebracht. Dadurch wird eine höhere Motorleistung erzielt (Kompressormotor). Kompressoren werden u. a. auch zur Erzeugung von Preßluft für Preßlufthämmer u. in Kältemaschinen verwendet.
Kompromiß [lat.] m (selten s), Übereinkunft durch gegenseitige Zugeständnisse.
Komsomolzen m, Mz., Mitglieder des *Komsomol*, der einzigen staatlichen Jugendorganisation in der UdSSR. Der Komsomol erfaßt die 14–28jährigen.
Komteß (Komtesse) [frz.] w, unverheiratete Tochter eines Grafen.
Kondensation [lat.] w, in der Physik der Übergang eines gasförmigen Stoffes in den flüssigen (oder auch festen) Aggregatzustand durch Abkühlung oder hinreichende Druckerhöhung. In der Chemie versteht man unter K. eine Reaktionsart, bei der sich zwei Moleküle unter Abspaltung eines Moleküls Wasser (H_2O) zusammenlagern. Da sich bei Vorliegen entsprechender Moleküle diese Reaktion unter Bildung von Ketten u. netzförmigen Gebilden bis ins Unendliche fortsetzen kann, spielt die K. (Polykondensation) bei der Herstellung von ↑Kunststoffen sowie auch von Kunstharzen eine überragende Rolle.
Kondensator [lat.] m: **1)** eine Vorrichtung zur Verflüssigung von Dämpfen. Mit Kondensatoren werden insbesondere die Abdämpfe von Dampfmaschinen u. Dampfturbinen verflüssigt u. können dann als Wasser wieder dem Dampfkessel zugeführt werden; **2)** elektrischer K., Speicher für elektrische Ladungen. Der Plattenkondensator besteht aus zwei voneinander isolierten Platten. Legt man an diese Platten eine elektrische Gleichspannung, so werden sie aufgeladen. Die aufgenommene Ladung ist um so größer, je höher die anliegende Spannung ist. Das Verhältnis von aufgenommener Ladung Q zur anliegenden Spannung U bleibt dabei stets gleich. Es ist ein Maß für die Aufnahmefähigkeit des Kondensators u. heißt Kapazität C. Es gilt also: $C = Q/U$. Gemessen wird die Kapazität in Farad (F). 1 F = 1 Coulomb/Volt. Ihre Größe hängt von der Plattenfläche A, vom Plattenabstand d u. von dem dazwischenliegenden Isoliermaterial (Dielektrikum) gemäß der folgenden Formel ab:

$$C = \varepsilon \cdot \frac{A}{d}$$

wobei ε eine Kennzahl für das betreffende Dielektrikum ist u. Dielektrizitätskonstante genannt wird. In einem Gleichstromkreis geschaltet, sperrt der K., nachdem er einmal aufgeladen ist, den Stromfluß. Für Wechselstrom dagegen ist er infolge der elektrischen ↑Influenz durchlässig, u. zwar um so besser, je höher die Frequenz des Wechselstromes ist. Kondensatoren sind wichtige Bauteile in elektronischen Geräten. Sie werden u. a. zur Trennung von Gleich- u. Wechselströmen und in ↑Schwingungskreisen verwendet. Gebaut werden sie u. a. in Form von Blockkondensatoren u. Drehkondensatoren. Bei Drehkondensatoren läßt sich die Kapazität verändern.
Kondition [lat.] w: **1)** Geschäftsbedingung (v. a. Lieferungs- u. Zahlungsbedingungen); **2)** körperliche Leistungsfähigkeit, v. a. eines Sportlers.
Konditional ↑Verb.
Konditionalsatz ↑Umstandsatz.
Konditor [lat.] m, Zucker-, Feinbäcker. Ausbildungsberuf (dreijährige Ausbildungszeit).
Kondor ↑Geier.
Konfektion [frz.] w, serienmäßige, fabrikmäßige Herstellung von Kleidungsstücken.
Konferenz [lat.] w, Sitzung, Besprechung, Tagung. Versammlung, auf der über bestimmte Fragen beraten wird (Lehrerkonferenz, Ministerkonferenz u. ä.).

Konfession [lat.] w: **1)** Bekenntnisschrift als Zusammenfassung von Glaubenssätzen; auch das Geständnis des persönlichen Lebens; **2)** Bezeichnung für die Gesamtheit der Angehörigen einer Glaubensgemeinschaft sowie die Glaubensgemeinschaft selbst, wie römisch-katholisch, evangelisch-reformiert, evangelisch-lutherisch, orthodox.
Konfessionsschule ↑Bekenntnisschule.
Konfirmation [lat.] w (Einsegnung), in den evangelischen Kirchen die feierliche Aufnahme der Jugendlichen in die Gemeinde, meist im Alter von etwa 14 Jahren. Der K. durch den Geistlichen gehen Prüfung, Glaubensbekenntnis u. Konfirmationsgelübde des *Konfirmanden* voraus. Nach der K. sind die Jugendlichen zum Abendmahl zugelassen u. dürfen eine Patenschaft annehmen.
Konflikt [lat.] m: **1)** Streit, Zwiespalt, Uneinigkeit zwischen Personen, Staaten u. ä.; **2)** auch den Widerstreit (Zwiespalt) der Gefühle u. Gedanken des einzelnen Menschen nennt man Konflikt.
Konföderation [lat.] w, Staatenbund. Die *Konföderierten Staaten von Amerika* waren die 1861 von der Union abgefallenen Südstaaten (↑Sezessionskrieg).
Konformismus [lat.] m, eine Haltung, die sich stets um Anpassung bemüht. Ein *Konformist* richtet seine Einstellung immer nach der herrschenden Meinung, um Konflikte zu vermeiden.
Konfrontation [lat.] w, Gegenüberstellung, z. B. von Zeugen vor Gericht; Auseinandersetzung, Aufeinandertreffen von Gegnern.
Konfuzius (Konfutse, chin. Kung-tzu), eigentlich Kung Chiu, * 551, † 479 v. Chr., chinesischer Philosoph. Wuchs in ärmlichen Verhältnissen auf, gehörte zur Gruppe der „Gelehrten". Er bekleidete nur kurze Zeit ein hohes Staatsamt. Dann unterrichtete er als Wanderphilosoph zahlreiche Schüler u. wirkte als Ratgeber an verschiedenen Fürstenhöfen. K. lehrte, das höchste Ziel allen Strebens sei die sittliche Vollkommenheit (Menschlichkeit, Nächstenliebe u. Güte). Keimzelle der irdischen Ordnung war für ihn die Familie. Seine Lehre sollte die Grundlage für die chinesische Gesellschafts- u. Sozialordnung bilden. K. wurde wie ein Heiliger in Tempeln verehrt. Aus seinen Lehren entstand der *Konfuzianismus*, eine Religion, die in Ostasien etwa 300 Mill. Anhänger hat.
Konglomerat [lat.] s, grobkörniges Sedimentgestein aus gerundeten Gesteinsstücken (Geröll), die durch tonige, kalkige oder andere Bindemittel verkittet sind.
Kongo m: **1)** zweitgrößter Fluß Afrikas, 4320 km lang. Im Oberlauf bis

Kongo

Königssee mit Sankt Bartholomä, im Hintergrund die Watzmann-Ostwand

zu den Stanleyfällen heißt der Fluß Lualaba. Er erweitert sich im Mittellauf zu einem seeartigen Strom mit Inseln und mündet südlich von Cabinda in den Atlantischen Ozean. Der K. ist mit seinen Nebenflüssen (insgesamt etwa 13 000 km Wasserstraßen) die wichtigste Verkehrsader der Volksrepublik Kongo u. von Zaïre. Wasserfälle u. Stromschnellen im oberen Flußlauf; **2)** ehemaliges Negerkönigreich am unteren Kongo; **3)** Volksrepublik in Zentralafrika, im Südosten von 1) begrenzt. mit 342 000 km² nicht ganz eineinhalbmal so groß wie die Bundesrepublik Deutschland, mit 1,4 Mill. E. Die Hauptstadt ist Brazzaville. Weite Gebiete mit tropischem Regenwald, im Südosten Feuchtsavanne. Ausgeführt werden v. a. Edelhölzer. – Das Land war seit 1886 französische Kolonie u. erhielt 1960 die Unabhängigkeit. Es ist Mitglied der UN u. OAU u. der EWG assoziiert.

Kongo (Demokratische Republik) ↑Zaïre.

Kongreß [lat.] *m*: **1)** Tagung, Zusammenkunft, große Versammlung von Wissenschaftlern, Politikern, Berufsvertretern u. a., auf der Fachfragen und gemeinsame Angelegenheiten besprochen werden. Bekannt aus der Geschichte ist z. B. der ↑Wiener Kongreß; **2)** in den USA Bezeichnung für das Parlament, die gesetzgebende Versammlung, die aus Senat u. Repräsentantenhaus besteht.

Kongruenz [lat.] *w*, Übereinstimmung, Deckungsgleichheit. Zwei Figuren sind *kongruent* (Zeichen: ≅), wenn sie sich zur Deckung bringen lassen, wenn sie also sowohl in ihrer Form als auch in ihrer Größe übereinstimmen. Für die K. von Dreiecken gelten die folgenden Kongruenzsätze: 1. Dreiecke sind kongruent, wenn sie in drei Seiten übereinstimmen; 2. Dreiecke sind kongruent, wenn sie in zwei Seiten u. dem von ihnen eingeschlossenen Winkel übereinstimmen; 3. Dreiecke sind kongruent, wenn sie in einer Seite u. den beiden anliegenden Winkeln übereinstimmen; 4. Dreiecke sind kongruent, wenn sie in zwei Seiten u. dem der größeren Seite gegenüberliegenden Winkel übereinstimmen; 5. Dreiecke sind kongruent, wenn eine Seite, ein anliegender und ein gegenüberliegender Winkel übereinstimmen.

König *m*, Herrschertitel, schon früh weit verbreitet u. bei den meisten Völkern Titel des Stammesoberhauptes. Die Königssippe leitete ihre Herkunft oft von einem Gott ab (Gottkönigtum). Die königliche Macht umfaßte das Amt des obersten Richters, Feldherrn u. oft auch des obersten Priesters. Aus dem germanischen Stammeskönigtum entstand das fränkische Reichskönigtum (Pippin), daraus das deutsche u. das französische Königtum. Karl der Große fügte noch den Kaisertitel hinzu, der in Deutschland im Mittelalter (Otto der Große; Friedrich I. Barbarossa) und bis weit in die Neuzeit mit dem Königstitel verbunden blieb. Die erstarkenden Fürsten übernahmen den Königstitel später z. T. auch für ihre Länder (z. B. Preußen, Bayern, Sachsen u. a.). Seit dem Ende des 1. Weltkrieges gibt es in Deutschland u. Österreich keine Kaiser- u. Königswürde mehr, dagegen sind andere europäische Staaten noch Königreiche (u. a. Belgien, Dänemark, Großbritannien, die Niederlande, Norwegen, Schweden, Spanien). Auch außerhalb Europas gibt es noch zahlreiche Königreiche (Jordanien u. a.).

Königsberg (Pr) (russisch Kaliningrad), Hafenstadt am Pregel, nahe der Mündung ins Frische Haff, mit 345 000 E. K. (Pr) war Hauptstadt der Provinz Ostpreußen. Die Stadt ist Sitz einer Universität, hier wirkte u. lebte Immanuel Kant. Von den bedeutenden Bauwerken sind der gotische Dom u. die Altstädtische Kirche von Schinkel nur als Ruinen erhalten. Die Ruinen des Schlosses wurden abgetragen. K. (Pr) beherbergt eine vielseitige Industrie (Maschinen-, Schiffbau, Zellstoffabriken; Bernsteinverarbeitung). Die Stadt ist mit dem Vorhafen Pillau und der Ostsee durch den Königsberger Seekanal (42 km) verbunden. – K. (Pr) ist eine Gründung des Deutschen Ordens (seit 1457 Sitz des Hochmeisters); später Krönungsstadt der preußischen Könige. Seit 1945 gehört K. (Pr) zur UdSSR.

Königskerze *w*, Gattung der Rachenblütler mit etwa 250 Arten. In Mitteleuropa ist die *Großblütige K.* häufig. Sie wird bis 2 m hoch. Die Blütenröhre breitet sich in einem 4- oder 5spaltigen Saum aus, so daß die gelbe Blumenkrone die Form eines Rades erhält.

Königsschlange ↑Abgottschlange.

Königssee *m*, langgestreckter See in Oberbayern nahe Berchtesgaden, bis 188 m tief. Der See ist wegen seiner landschaftlich schönen Lage am Fuße des Watzmann ein vielbesuchtes Ausflugsziel. Auf einer Halbinsel befinden sich die Wallfahrtskapelle St. Bartholomä und ein ehemaliges Jagdschloß.

konisch [gr.], kegelförmig.

Konjugation ↑Verb.

Konjunktion ↑Bindewort.

Konjunktiv ↑Verb.

Konjunktur [lat.] *w*, die in verschiedenen Zeiten wechselnde wirtschaftliche Gesamtlage. Bei gutem oder sehr günstigem Stand der Wirtschaftslage spricht man von guter K. oder Hochkonjunktur (auch Hausse), bei einem schlechten von schwacher K., von Depression oder Krise. Die Konjunkturpolitik macht es sich zur Aufgabe, durch Eingriffe in die Wirtschaft größere Konjunkturschwankungen u. Krisen zu vermeiden.

konkav [lat.], nach innen gekrümmt, hohl (besonders in der Optik); Gegensatz: konvex; ↑auch Linsen.

Konkordat [lat.] *s*, Vertrag zwischen einem Staat u. der katholischen Kirche zur Regelung der gegenseitigen Beziehungen. In einem K. werden staatlich-kirchliche Angelegenheiten rechtlich festgelegt.

konkret [lat.], anschaulich, gegenständlich, greifbar, wirklich; Gegensatz: abstrakt.

Konkretum ↑Substantiv.

Konkurrenz [lat.] *w*, freier Wettbewerb, v. a. im wirtschaftlichen Bereich.

Konkurs [lat.] *m*, wird ein Unternehmen zahlungsunfähig, kann der Unternehmer den K. beantragen. Das *Konkursverfahren*, ein besonderes gerichtliches Vollstreckungsverfahren, wird eröffnet. Da die Schulden im allgemeinen das Vermögen übersteigen, werden die ↑Gläubiger, soweit nicht besondere Voraussetzungen gegeben sind, gleichmäßig (gemäß ihren Forderungen) befriedigt.

Konquistadoren [span.] *m*, *Mz.*, Bezeichnung für die spanischen u. portugiesischen Eroberer Mittel- u. Südamerikas im 16. Jh.; durch ihre Expeditionen wurden die indianischen Reiche erobert, ausgeplündert und zerstört. Bekannte K. waren u. a. ↑Cortés u. Pizarro.

Konrektor [lat.] *m*, Vertreter des Rektors an einer Grund-, Haupt-, Real- oder Sonderschule.

Konsekutivsatz ↑Umstandssatz.

Konsens [lat.] *m*, Übereinstimmung der Meinungen, Einigkeit; auch Genehmigung.

Konsequenz [lat.] *w*, Folgerichtigkeit, Schlüssigkeit; auch die Folgerung, die man aus einem Tatbestand zieht, oder die Folge, Auswirkung eines Tatbestandes.

konservativ [lat.], am Hergebrachten festhaltend, auf Überlieferungen beharrend. Der politisch Konservative möchte die bestehende Ordnung weitgehend beibehalten, zumindest nicht revolutionär verändern.

Konservatorium [lat.] s, Ausbildungsstätte für alle Fachgebiete der Musik; im engeren Sinn die zwischen den Volks- u. Jugendmusikschulen u. den Musikhochschulen einzuordnende Stätte der Musikausbildung.

Konservierung [lat.] w, Haltbarmachung; insbesondere die Haltbarmachung von Nahrungsmitteln, um sie vor der Zersetzung durch Fäulnis, Schimmelpilze u. a. zu bewahren. Es gibt viele Arten der K., am gebräuchlichsten sind v. a. das Kühlen, Trocknen, Sterilisieren, Eindicken, Pasteurisieren, Pökeln (Einsalzen), Räuchern u. Gefrieren. Bestimmte chemische Konservierungsmittel sind nach dem Lebensmittelgesetz kennzeichnungspflichtig. Neben die im Handel bisher am meisten verwendete K. in Konserven (Blechdosen) sind moderne Konservierungsverfahren wie Tiefkühlen, Vakuumverpackung, Bestrahlung mit Beta- oder Gammastrahlen getreten.

Konsonant ↑ Mitlaut.
Konsonanz ↑ Dissonanz.
konstant [lat.], gleichbleibend, unveränderlich. Eine **Konstante** ist eine unveränderliche Größe.

Konstantin I., der Große, * Naissus (heute Niš, Jugoslawien) 28. Februar 280 (?), † bei Nikomedia 337, römischer Kaiser. K. gelangte erst nach jahrelangen Kämpfen zur Alleinherrschaft. Vor seinem Sieg bei Rom hatte er, vielleicht nach einer Vision, Kreuzzeichen auf die Waffen seiner Soldaten setzen lassen („Mit diesem Zeichen wirst Du siegen"). Durch sein Mailänder Edikt 313 wurde das Christentum gleichberechtigte Religion und erhielt staatlichen Schutz. Die Christenverfolgungen hatten ein Ende. Wahrscheinlich sollten seine Toleranz gegenüber den Christen u. seine ganze Gesetzgebung der Stabilisierung des Reiches dienen. K. machte Byzanz unter dem neuen Namen Konstantinopel zur neuen Hauptstadt des Römischen Reiches.

Konstantinopel ↑ Istanbul.

Konstanz, Stadt am Bodensee, in Baden-Württemberg, mit 69 000 E. Grenzübergangsort in die Schweiz u. wichtiges Fremdenverkehrszentrum. Die Stadt hat eine Universität u. eine Fachhochschule. An ihre reiche Geschichte erinnern noch viele Kirchen u. Bauwerke (das ehemalige Dominikanerkloster mit Kreuzgang, jetzt Inselhotel; Münster; Konzilsgebäude, 1388 als Kaufhaus erbaut; Rathaus; ehemalige Zunfthäuser aus dem 14. u.

Kaiser Konstantin I.
(römisches Goldstück)

15. Jh.). K. war im Mittelalter ein bedeutender Handelsmittelpunkt und Tagungsort; in der Reichsstadt fand 1414 bis 1418 das Konstanzer Konzil statt, das Jan Hus zum Tod verurteilte.

Konstitution [lat.] w: **1)** insbesondere die körperliche Verfassung, Beschaffenheit, Widerstandskraft eines Menschen; **2)** Verfassung, Verordnung, Satzung. **konstitutionell** bedeutet verfassungsmäßig; eine *konstitutionelle Monarchie* ist eine durch Verfassung beschränkte Monarchie.

Konstrukt [lat.] s, gedankliche Hilfskonstruktion für die Beschreibung erschlossener Erscheinungen.

Konstruktion [lat.] w: **1)** in der Geometrie das Zeichnen (Konstruieren) einer geometrischen Figur aus gegebenen Größen; **2)** in der Technik die Entwicklung u. der Zusammenbau von Maschinen oder Bauwerken; oft auch als Bezeichnung für die Bauart selbst verwendet, z. B. Fachwerkstruktion, Massivbaukonstruktion; **3)** nach festen Regeln vorgenommene Zusammenordnung, z. B. von Wörtern oder Satzgliedern (Sprachwissenschaft) oder von Begriffen (Philosophie).

Konsul [lat.] m: **1)** höchster Staatsbeamter im alten Rom. Es gab 2 Konsuln, die jährlich neu gewählt wurden. Sie waren Vorsitzende des Senats, besaßen viele Ehrenrechte u. waren in Kriegszeiten Befehlshaber des Heeres; **2)** in Frankreich waren 1799–1804 drei Konsuln die Träger der Staatsgewalt. Erster K. war Napoleon. Die Konsulatsverfassung bestand bis zur Erhebung Napoleons zum Kaiser (1804); **3)** Vertreter eines Staates im Ausland. Zu seinem Aufgabenbereich gehören die Wahrnehmung der politischen u. wirtschaftlichen Interessen seines Landes und die Unterstützung von Angehörigen seines Staates, wenn dies nötig ist. Die Befugnisse von *Honorarkonsuln* sind eingeschränkt.

Konsultation [lat.] w, Befragung, z. B. eines Arztes oder Rechtsanwalts, ärztliche Beratung; *konsultieren*, einen Rat einholen, jemanden (z. B. einen Arzt) zu Rate ziehen.

Konsum [lat.] m, Verbrauch. Ein *Konsument* ist ein Verbraucher. *Konsumgüter* sind Güter, die in der Regel sofort verbraucht werden (z. B. Nahrungsmittel), im Gegensatz zu Gebrauchsgütern (z. B. Möbel).

Konsumgenossenschaft w, Genossenschaft, die den gemeinsamen Großeinkauf von Lebensmitteln u. sonstigen Konsumgütern anstrebt mit dem Ziel, diese an ihre Mitglieder in kleinen Mengen abzugeben. Seit 1945 ist auch der Verkauf an Nichtmitglieder erlaubt. Größte deutsche K. ist die *co op*.

Kontakt [lat.] m: **1)** Berührung, Verbindung, Fühlungnahme; **2)** Verbindung zweier elektrischer Leiter, die durch bloße Berührung den Stromfluß weiterleiten (z. B. Steck-, Klemm- oder Schraubkontakt).

Konterrevolution [lat.] w, kommunistische Bezeichnung für eine Gegenrevolution (antikommunistische Revolution oder Opposition) gegen die bestehende Staats- u. Gesellschaftsordnung in einem kommunistischen Staat, die ihrerseits auch durch eine Revolution errichtet worden war.

Konterschlag [lat.; dt.] m (Konter), Schlag beim Boxen, der aus der Verteidigung geführt wird (Gegenschlag).

Kon-Tiki, Name eines Floßes aus Balsaholz, mit dem Thor ↑Heyerdahl mit fünf Begleitern von Peru nach Raroia (Französisch-Polynesien) segelte.

Kontinent [lat.] m, Erdteil; auch Festland im Gegensatz zu den Inseln.

Kontinentalklima [lat.; gr.] s, ↑Klima im Innern großer Landflächen mit starken Temperaturunterschieden zwischen Tag u. Nacht, v. a. aber zwischen Winter u. Sommer; geringe Niederschläge.

Kontinentalsperre [lat.; dt.] w, von Napoleon I. 1806 über das europäische Festland verfügte Blockade, die sich gegen England richtete, das seinerseits die französischen Häfen für neutrale Schiffe sperrte. Die englische Wirtschaft wurde geschädigt, doch wurde England dadurch nicht zum Frieden gezwungen. Die festländische Industrie wurde durch die K. gestärkt.

Kontingent [lat.] s, Beitrag, Anteil, eine begrenzte Anzahl oder Menge, z. B. eine bestimmte Warenmenge, die ein- oder ausgeführt werden darf. In Kriegszeiten werden Waren u. Lebensmittel meistens *kontingentiert*, jeder erhält nur einen bestimmten Anteil.

kontinuierlich [lat.], stetig, fortdauernd, unausgesetzt, unaufhörlich.

Konto [ital.] s: **1)** Eintragung der Geschäftsvorgänge in Zahlen (Einnahmen und Ausgaben), wobei den Eingängen (Haben) auf der linken Seite die Ausgaben (Soll) auf der rechten Seite gegenübergestellt werden; **2)** (Bankkonto) die Rechnung, die eine ↑Bank für einen Kunden führt. Ein K. wird nur auf Antrag eröffnet. Die meisten Bankkonten sind Girokonten oder Sparkonten (↑Sparbuch).

Kontokorrentkonto [ital.] *s* (auch laufendes Konto), für die laufenden Geschäftsbeziehungen einer Bank mit einem Kunden eingerichtetes Konto. Der Kunde zahlt auf das K. Geld ein, läßt erhaltene Schecks gutschreiben oder empfängt dort Überweisungen. Anderseits kann er selbst von diesem K. Überweisungen vornehmen, Schecks ausstellen oder Geld bar abheben. All diese Möglichkeiten bietet auch ein Girokonto (↑Giro). Das Besondere eines Kontokorrentkontos besteht darin, daß die Bank einen ständigen Kredit bis zu einer bestimmten, vorher festgelegten Höhe einräumt. Dieselbe Besonderheit gilt – wenn auch meist zu günstigeren Bedingungen – für sogenannte *Gehaltskonten*.

Kontor [frz.] *s*, Handelsniederlassung; Geschäftsraum eines Kaufmanns.

Kontorist, Kontoristin [frz.-niederl.] *m, w*, Angestellter bzw. Angestellte der kaufmännischen Verwaltung.

kontra [lat.], gegen, wider, entgegengesetzt.

Kontrabaß [lat.; ital.] *m* (Baß, Baßgeige), tiefstes u. größtes Streichinstrument des Orchesters. Es hat im allgemeinen vier Saiten ($_1$E, $_1$A, D, G), vereinzelt auch drei oder fünf.

Kontrapunkt [mlat.] *m*, in der Musik die Satztechnik, in der die einzelnen Stimmen selbständig und gleichberechtigt geführt werden. Meister dieser Kompositionsart waren v. a. Palestrina u. J. S. Bach.

konträr [lat.], entgegengesetzt, widrig.

Kontrast [lat.] *m*, Gegensatz, auffallender Unterschied; besonders von Farben gesagt, die sich deutlich voneinander abheben.

Konvent [lat.] *m*: **1)** Versammlung der stimmberechtigten Mitglieder (Mönche, Nonnen) eines Klosters; Klostergemeinschaft; **2)** die Volksvertretung in der Französischen Revolution 1792 (*Nationalkonvent*).

Konvention [lat.] *w*: **1)** Übereinkunft, Abkommen, Vertrag; z. B. ↑Genfer Konvention; **2)** Regeln des Umgangs, des sozialen Verhaltens, die als Verhaltensnormen gelten. Wer sie beachtet, verhält sich *konventionell*.

Konventionalstrafe [lat.; dt.] *w*, vertraglich vereinbarte Geldbuße, die derjenige zahlen muß, der einen Vertrag nicht einhält (z. B. wenn ein Termin nicht eingehalten wird) oder mangelhaft erfüllt.

Konversation [lat.] *w*, geselliges Gespräch, Plauderei.

konvertieren [lat.], übertreten, besonders von einem Glauben zum anderen, insbesondere zur katholischen Kirche. Der Übertretende wird als *Konvertit* bezeichnet.

konvex [lat.], nach außen gekrümmt (besonders in der Optik); Gegensatz: konkav; ↑auch Linsen.

Konzentrationslager *s, Mz.* (Abkürzung: KZ), Massenlager, in denen Menschen ohne rechtliche Grundlage aus politischen, auch aus rassischen, religiösen und anderen Gründen gefangengehalten werden. In den Konzentrationslagern der Nationalsozialisten, besonders in den ab 1941 eingerichteten Vernichtungslagern wie Auschwitz, Majdanek u. Treblinka, wurden in den Jahren 1933–45 (nach Schätzungen) mindestens 5–6 Mill. Juden u. mindestens 500 000 nichtjüdische Häftlinge ermordet. – Vorläufer der K. wurden 1901 im Burenkrieg eingerichtet: der englische Oberbefehlshaber Kitchener ließ Frauen u. Kinder der kämpfenden Buren in K. bringen.

konzentrisch [mlat.], einen gemeinsamen Mittelpunkt habend; um einen gemeinsamen Mittelpunkt herum angeordnet; auf diesen zustrebend.

Konzept [lat.] *s*, Entwurf, die erste Fassung eines Aufsatzes, einer Rede oder Schrift.

Konzern [engl.] *m*, Zusammenschluß mehrerer Unternehmen zu einer wirtschaftlichen Einheit; die rechtliche Selbständigkeit der einzelnen Unternehmen bleibt jedoch erhalten. Konzerne besitzen oft große wirtschaftliche Macht.

Konzert [lat.] *s*: **1)** musikalische Veranstaltung; **2)** aus mehreren Sätzen bestehende Komposition für ein Orchester u. gegebenenfalls ein oder mehrere Soloinstrumente.

Konzession [lat.] *w*: **1)** Zugeständnis; **2)** behördliche Genehmigung, z. B. die Schankkonzession für einen Gastwirt.

Konzessivsatz ↑Umstandssatz.

Konzil [lat.] *s*, Versammlung kirchlicher Würdenträger zur Klärung von Glaubens- u. Sittenfragen und zur Regelung des kirchlichen Lebens, besonders in der römisch-katholischen Kirche. Auf ökumenischen (allgemeinen) *Konzilen* wird die gesamte katholische Kirche durch den Papst u. die Bischöfe vertreten. Zu *Provinzialkonzilen* beruft ein Erzbischof die Bischöfe seiner Kirchenprovinz ein. – Das 1. ökumenische Konzil tagte 325 in Nizäa; dort wurde das altchristliche (heute noch gültige) Glaubensbekenntnis beschlossen. Das 22. (bzw. 21.) ökumenische Konzil (Vaticanum II) tagte 1962–67 in Rom.

Koog [niederdt.] *m*, dem Meer abgewonnenes u. durch Deiche geschütztes Land in Norddeutschland; ↑auch Neulandgewinnung.

Kooperation [lat.] *w*, Zusammenarbeit.

Koordinaten [lat.] *w, Mz.*, Zahlen oder Größen, durch die die Lage eines Punktes eindeutig angegeben wird. Um die Lage eines Punktes durch K. anzugeben, ist ein Koordinatensystem erforderlich. In der Geometrie wird am häufigsten das rechtwinklige (kartesische)

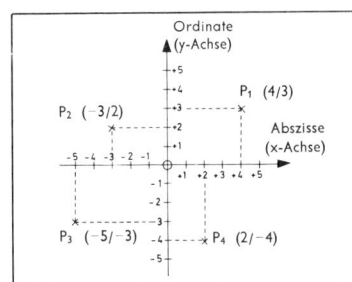

Koordinatensystem benutzt. Es besteht aus zwei senkrecht aufeinander stehenden Achsen, der waagerechten *x*-Achse (Abszisse) u. der senkrechten *y*-Achse (Ordinate). Ihr Schnittpunkt heißt Koordinatenursprung. Die Lage eines Punktes in diesem Koordinatensystem ist dann eindeutig bestimmt durch seinen Abstand von der *y*-Achse (*x*-Koordinate) u. seinen Abstand von der *x*-Achse (*y*-Koordinate). Der Abstand nach oben bzw. rechts wird dabei positiv gerechnet, der nach links bzw. unten negativ. Mit der Schreibweise P_4 (2/−4) wird ausgedrückt, daß die *x*-Koordinate des Punktes P_4 gleich +2, die *y*-Koordinate gleich −4 ist, daß der Punkt P_4 also 2 Längeneinheiten rechts von der *y*-Achse u. 4 Längeneinheiten unterhalb der *x*-Achse liegt. Um die Lage eines Punktes im Raum anzugeben, ist noch eine 3. Achse erforderlich, die senkrecht sowohl auf der *x*-Achse als auch auf der *y*-Achse steht. Mit Hilfe solcher Koordinatensysteme lassen sich Funktionen graphisch darstellen. Zum Koordinatensystem der Erde ↑Gradnetz der Erde.

Kopenhagen (dän. København), Haupt-, Residenz- u. bedeutendste Hafenstadt, Kultur-, Handels- u. Industriezentrum Dänemarks. K. liegt am Sund, im wesentlichen auf Seeland (teilweise auf Amager) u. hat 529 000 E. Seine Bedeutung als Residenz läßt sich an königlichen Bauten erkennen: Schloß Rosenborg (1610–26), Schloß Christiansborg (1732–40), Schloß Amalienborg (1754 bis 1760; heutige Residenz). K. hat eine Universität u. weitere Hochschulen sowie Seefahrtschulen, dazu zahlreiche Museen. Die Industrie umfaßt Maschinen- u. Schiffbau, Brauereien, eine Porzellanmanufaktur, Textilindustrie u. a. – K. wurde 1043 als Fischerdorf *Havn* erwähnt. 1254 erhielt es Stadtrecht. Seit 1445 ist es Residenz.

Kopernikus, Nikolaus, * Thorn 19. Februar 1473, † Frauenburg 24. Mai 1543, bedeutender Astronom, Domherr in Frauenburg (Ostpreußen). In der Zeit vor K. hat man geglaubt, im Mittelpunkt des Weltalls befinde sich die Erde, werde von Sonne, Mond u. Planeten umkreist (*geozentrisches* oder *ptolemäisches Weltsystem*). K. erkannte, daß die Erde ein Planet ist u. mit anderen

Planeten die Sonne umkreist. Dieses *kopernikanische* oder *heliozentrische Weltsystem* suchte er durch Beobachtungen mit selbstgebauten Instrumenten zu beweisen. Seine Auffassung konnte sich gegen die alte Lehre erst nach den Arbeiten von Galilei u. Kepler durchsetzen.

Köpfchenschimmel *m*, Gattung der Algenpilze mit 40 Arten. K. bilden graue oder weiße Schimmelrasen, z. B. auf Brot; ↑auch Schimmelpilze.

Kopffüßer ↑Tintenfische.

Kopilot [lat.; roman.] *m*, zweiter Flugzeugführer; zweiter Pilot in einem Raumfahrzeug; auch der Beifahrer beim Autosport.

Kopra [portug.] *w*, zerkleinerte u. getrocknete Kokosnußkerne; verwendet für die Herstellung von Glycerin, Kunstharzen, Seifen, Speisefett.

Kopten *m, Mz.*, die arabisch sprechenden christlichen Nachkommen der alten Ägypter. Sie gehören zur *koptischen Kirche*, die seit dem 5. Jh. in Ägypten besteht.

Kopulation [lat.] *w:* **1)** ↑Veredelung; **2)** der der Zeugung beim Menschen entsprechende Vorgang bei Tieren (Paarung, Begattung); **3)** völlige Verschmelzung von zwei Zellen.

Korallen [gr.] *w, Mz.* (Blumentiere), festsitzende, meist ein Kalk- oder Horngerüst bildende Hohltiere der warmen Meere. Durch mächtige Anhäufungen dieser Skelette entstehen die Korallenbänke u. -riffe, die nur in ihrem oberen Teil lebende Tiere enthalten. – Die Einzelpolypen der in 100–200 m Tiefe lebenden *Edelkoralle* scheiden ein gemeinsames, weißes oder rotes Skelett ab, das zu Schmuck verarbeitet wird. – Abb. S. 320.

Koran [arab.] *m*, das heilige Buch des Islams. In 114 *Suren* (Abschnitten) enthält es die Offenbarungen Mohammeds. Der K. ist für die Moslems auch Grundlage des Rechts.

Korbball *m*, ein von 2 Mannschaften zu je 7 Spielerinnen durchgeführtes Spiel. Ziel ist es, einen Ball (Umfang zwischen 50 u. 60 cm, Gewicht zwischen 400 u. 500 g) möglichst oft in den an einem Ständer in 2,50 m Höhe angebrachten gegnerischen Korb zu werfen. Der Korb befindet sich in einem Sperrkreis mit 6 m Durchmesser, dem sogenannten Korbraum. Gespielt wird zweimal 15 Minuten.

Korbblütler *m*, eine der größten Pflanzenfamilien mit rund 20000 Arten in mehr als 900 Gattungen. Die Blütenstände sind aus vielen unvollständigen Einzelblüten zusammengesetzt. Bei den *Röhrenblüten* sitzen dem unterständigen Fruchtknoten zwei verkümmerte Kelchblätter u. die verwachsene 5zipfelige Blumenkrone auf. Die Beutel der 5 Staubbehälter sind zu einer Röhre verwachsen, durch die sich der Griffel hindurchschiebt. Den *Zungenblüten* fehlen Staubblätter und Griffel. Jede Einzelblüte ist von einem kleinen, dreizackigen Spreublatt begleitet. Der Blütenstand ist von mehreren kleinen Laubblättern umgeben. – *Röhrenblütige K.* (nur Röhrenblüten enthaltend): Kornblume, Disteln, Kletten, Eberwurz. *Zungenblütige K.* (nur Zungenblüten enthaltend): Löwenzahn, Bocksbart, Wegwarte, Salat, Lattich. *Strahlenblütige K.* (die Röhrenblüten sind von einem Kranz Zungenblüten umgeben): Sonnenblume, Aster, Dahlie, Gänseblümchen, Arnika, Schafgarbe, Kamille.

Kordilleren [...iljeren, span.] *w, Mz.*, Gebirge im Westen des amerikanischen Doppelkontinents, von Alaska bis Kap Horn, rund 15000 km lang. Die K. Südamerikas werden meist als ↑Anden bezeichnet; in Nordamerika unterscheidet man mehrere pazifische Gebirgsketten u. die ↑Rocky Mountains.

Korea, nach Süden vorspringende Halbinsel Ostasiens, zwischen dem Gelben u. dem Japanischen Meer. K. wurde 1945 in Nord- u. Süd-Korea geteilt (die Grenze verläuft etwa am 38. Breitengrad). *Nord-Korea* (Demokratische Volksrepublik K.) hat 16,7 Mill. E; 120 538 km^2; die Hauptstadt ist *Pjongjang* (1,5 Mill. E). *Süd-Korea* (Republik K.) hat 36,4 Mill. E; 98 477 km^2; die Hauptstadt ist ↑Seoul. Das Land wird von einem etwa in Nord-Süd-Richtung verlaufenden Gebirge durchzogen. Die Süd- u. die Westküste sind stark gegliedert. K. (besonders Süd-Korea) ist vorwiegend auf die Landwirtschaft ausgerichtet: Es werden Reis, Gerste, Weizen, Sojabohnen u. Baumwolle angebaut; Rinder- u. Schweinezucht sind verbreitet. Einen wichtigen Erwerbszweig bildet die Fischerei. An Bodenschätzen (besonders in Nord-Korea) findet man Kohle, Graphit, Eisen-, Wolfram-, Molybdän- u. Golderze. Es gibt Maschinen-, Textil- u. chemische Industrie sowie Hüttenwerke. – Seit dem Mittelalter unter chinesischer Oberhoheit. 1910 eignete sich Japan das Land gewaltsam an. Nach dem 2. Weltkrieg wurde es von der UdSSR und den USA geteilt. 1950 löste ein Vorstoß nordkoreanischer Truppen den *Koreakrieg* aus: Nord-Korea wurde von China unterstützt, Süd-Korea durch UN-Truppen unter amerikanischem Oberbefehl. Die Kämpfe endeten 1953 mit dem Waffenstillstand von Panmunjon. Noch heute stehen UN-Truppen an der Grenze der beiden Länder. 1972 fanden die ersten Gespräche zwischen Nord- u. Süd-Korea statt, die eine Verbesserung der gegenseitigen Beziehungen zum Gegenstand hatten. Beide Staaten sehen die Wiedervereinigung als Endziel ihrer Politik an.

Korinth, griechische Hafenstadt am Südufer des Golfs von K. u. am Kanal von K. (für Seeschiffe), mit 21 000 E. Das K. des Altertums, das jetzige *Alt-Korinth*, lag 5 km weiter südwestlich. Dort befinden sich bedeutende Ruinen der Antike (u. a. der Tempel des Apoll). Über Alt-K. erhebt sich der Burgberg *Akrokorinth* mit vorwiegend mittelalterlichen Ruinen. K. war im alten Griechenland der bedeutendste Handels- u. Umschlagplatz nach Athen. Seine kulturelle Blüte erlebte es im 7./6. v. Chr. Im 1. Jh. n. Chr. gründete der Apostel Paulus hier eine Christengemeinde, an die er die beiden *Korintherbriefe* schrieb.

korinthische Säulenordnung ↑Säule.

Kork [span.-niederl.] *m*, als äußere Rindenschicht schützt der K. bei vielen mehrjährigen Pflanzen mit sekundärem Dickenwachstum die inneren Gewebe vor dem Austrocknen. Er ist sehr elastisch, undurchlässig für Gase u. Flüssigkeiten u. widerstandsfähig. K., v. a. von *Korkeichen*, wird zu Flaschenkorken u. als schwingungsdämpfender Bodenbelag verwendet.

Kormorane [frz.] *m, Mz.*, bis 90 cm große, gewandt fliegende u. tauchende, fischfressende Wasservögel (Ruderfüßer) mit watschelndem Gang. Wegen seiner Schädlichkeit für die Fischerei ist der Kormoran in Mitteleuropa fast gänzlich ausgerottet, in Japan u. China wird er zum Fischfang abgerichtet. – Abb. S. 320.

Korn *s*, Bezeichnung für jene Getreideart, die in einer Gegend vorwiegend zur Gewinnung des Brotmehles angebaut wird: in Deutschland, Österreich u. Rußland Roggen, in Frankreich u. England Weizen, in Italien u. Nordamerika Mais.

Korn ↑Visier.

Körperschaftsteuer ↑Einkommensteuer.

Korps [*kor;* frz.] *s*, Großverband des Heeres, aus Divisionen u. Korpstruppen (z. B. Pionier- oder Artillerieverbände) bestehend.

Korpuskularstrahlen [lat.; dt.] *m, Mz.*, aus Teilchen bestehende Strahlen, u. a. Elektronenstrahlen, Ionenstrahlen, Neutronenstrahlen.

Korrespondent [lat.] *m:* **1)** für eine Zeitung, den Rundfunk oder das Fernsehen arbeitender Berichterstatter;

Korrespondenz

Kran. Brückenkran

Kormorane. Guanokormorane

Kraniche. Klunkerkraniche

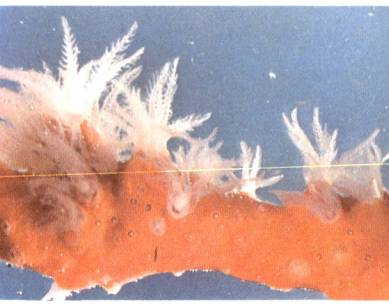
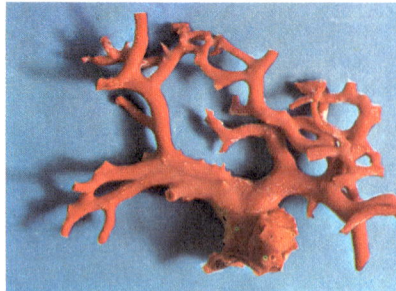

Korallen. Teilstück aus dem Tierstock der Edelkoralle (mit lebenden Einzelpolypen) und das Skelett einer Edelkoralle (unten)

2) Bearbeiter des kaufmännischen Schriftwechsels. **Korrespondenz** w, Briefwechsel; Schriftverkehr.

Korrosion [lat.] w: **1)** zerstörende Veränderung an der Oberfläche metallischer Körper durch chemische oder elektrochemische Vorgänge, z. B. durch Oxydation, durch Einwirkung von Wasser u. Kohlensäure, Salzbildung; **2)** chemische Zerstörung u. Zersetzung des Gesteins, besonders durch die chemische Wirkung des Wassers u. der in ihm gelösten Stoffe.

Korruption [lat.] w, Bestechlichkeit; Verderbtheit, Sittenverfall.

Korsika, französische Insel im Mittelmeer, mit 290 000 E. Der Hauptort ist Ajaccio. Das stark zertalte Gebirge im Innern erreicht eine Höhe von 2707 m. Das Küstenland im Osten ist fruchtbar, zum Teil aber sumpfig und fieberverseucht. An der Westküste gibt es gute Naturhäfen. Weite Teile der Insel sind mit Wald und Macchia bedeckt. Die *Korsen* sprechen italienisch, Amtssprache ist jedoch Französisch. Die Aufzucht von Schaf- und Ziegenherden u. die Fischerei sind wichtige Erwerbszweige. In dem milden Klima gedeihen Kastanien u. Oliven, Korkeichen, Südfrüchte u. Wein. – Die Insel befand sich im Laufe ihrer Geschichte unter wechselnder Herrschaft, 1764/68 trat Genua K. an Frankreich ab.

Korund [tamil.] m, besonders kristallisierende, sehr harte Form von natürlich vorkommendem Aluminiumoxid (Al_2O_3). Der gemeine K. (auch Smirgel oder Schmirgel genannt) wird wegen seiner Härte als Schleif- u. Poliermittel verwendet. Schön gewachsene Kristalle sind als ↑Edelsteine sehr beliebt. Meist sind sie jedoch durch Spuren von Metalloxiden gefärbt u. tragen andere Namen. So ist der Rubin ein durch geringe Mengen von Chromoxid rot gefärbter, der Saphir ein durch Eisen- oder Titanoxid blau gefärbter K.; es gibt auch violette, gelbe u. grüne Spielarten. Der industriell verwendete K. kann auch synthetisch hergestellt werden.

Korvette ↑Kriegsschiffe.

Koryphäe [gr.] w, ein hervorragender Könner, jemand, der Außerordentliches auf seinem Gebiet leistet.

Kosaken [türk.] m, Mz., Angehörige militärisch organisierter Reiterverbände in Rußland, u. a. an Dnjepr u. Don. Meist standen sie unter der Leitung eines *Hetmans* oder *Atamans*. Nach ihrer Unterwerfung unter die Zarenherrschaft wurden sie zum Schutz der südöstlichen Grenzen eingesetzt. Viele K. verließen als Gegner der Bolschewiki im Bürgerkrieg Rußland. Ihre Chöre sind berühmt.

koscher [jidd.], rein, einwandfrei (nach den jüdischen Speisevorschriften, die z. B. Schweinefleisch verbieten).

Kosinus [lat.] m, Abkürzung: cos, eine der ↑Winkelfunktionen.

Kosmetik [gr.] w, Körper- und Schönheitspflege.

Kosmonaut ↑Astronaut, ↑Weltraumfahrt.

Kosmopolit [gr.] m, Weltbürger; jemand, der sich weniger einem bestimmten Volk als vielmehr der ganzen Menschheit verbunden fühlt. – Für eine Pflanzen- oder Tierart bedeutet die Bezeichnung K., daß sie weltweit verbreitet ist.

Kosmos ↑Weltall.

Kotangens [lat.] m, Abkürzung: cot, eine der ↑Winkelfunktionen.

KPD, Abkürzung für: **K**ommunistische **P**artei **D**eutschlands, 1918/19 aus dem ↑Spartakusbund hervorgegangene politische Gruppierung, die bis 1933 zu einer (stalinistisch geprägten) Massenpartei (fast 6 Mill. Wähler) entwickelte. Unter dem ↑Nationalsozialismus wurde sie zerschlagen; 1945 neu gegründet, in der sowjetischen Besatzungszone vereinigte sie sich mit der SPD zur SED (der führenden Partei der DDR). In der Bundesrepublik Deutschland wurde sie 1956 als verfassungsfeindlich verboten, jedoch bildeten sich hier verschiedene Nachfolgeorganisationen. – ↑auch Marxismus.

Krabben [niederdt.] w, Mz.: **1)** kurzschwänzige Krebse (Taschenkrebs, Wollhandkrebs u. a.) mit rundlichem Körper u. verkürztem, nach unten eingeschlagenem Hinterleib. Das Fleisch der K. ist zart, schmackhaft u. nahrhaft; **2)** Handelsbezeichnung für die Nordseegarnele (↑Garnele).

Kraft w, physikalische Größe, die nur an ihrer Wirkung zu erkennen ist. Sie bewirkt entweder eine Bewegungsänderung oder die Verformung eines Körpers. Umgekehrt kann gesagt wer-

320

den: Immer wenn eine Bewegungsänderung oder eine Verformung auftritt, wirkt eine Kraft. Physikalisch festgelegt ist die K. als das Produkt aus Masse u. Beschleunigung: Kraft = Masse × Beschleunigung. Die Einheit der K. ist das ↑Newton (N). Eine K. hat die Größe 1 N, wenn sie einer Masse von 1 kg eine Beschleunigung von 1 m/s² erteilt. – Die

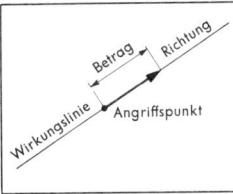

K. wird durch ihren Angriffspunkt, ihre Größe u. durch die Richtung ihrer Wirkung bestimmt. Sie ist also eine gerichtete Größe, ein sogenannter Vektor. – Zu Gewichtskraft ↑Gewicht 2).

Kraftfeld s, der Raum, in dem auf einen Körper eine ↑Kraft ausgeübt wird. Beispielsweise stellt der Raum um einen Magneten ein K. dar, denn in ihm wird auf einen Eisenkörper eine Kraft ausgeübt.

Kraftrad (Kurzform: Krad) s, im engeren Sinne ↑Motorrad; im weiteren Sinne alle einspurigen Kraftfahrzeuge (z. B. ↑Moped).

Kraftwagen ↑S. 322 ff.

Kraftwerk s, eine Anlage zur Gewinnung elektrischer Energie (auch Elektrizitätswerk genannt). Kernstück eines Kraftwerks ist der ↑Generator. Beim *Wärmekraftwerk* wird der Generator durch Dampfmaschinen oder Dampfturbinen angetrieben. Die dazu erforderliche Wärmeenergie wird durch Verbrennung von Kohle, Öl oder auch Torf gewonnen. Beim *Atomkraftwerk* (*Kernkraftwerk*) liefern ↑Kernreaktoren die erforderliche Wärmeenergie. *Vulkanische Kraftwerke* nutzen die Wärmeenergie der Erde in vulkanischen Gebieten aus. Bei *Wasserkraftwerken* wird die Energie von künstlichen oder natürlichen Wasserfällen, von rasch strömenden Flüssen oder von Gezeitenströmungen zum Antrieb der Generatoren verwendet. *Windkraftwerke* nutzen die Luftströmungen aus. Der Generator wird dabei von Windturbinen angetrieben. Die Leistungsfähigkeit von Kraftwerken wird in Kilowatt (kW) bzw. Megawatt (MW) angegeben.

Krähen w, Mz., etwa 50 cm lange, schwarze Singvögel (Rabenvögel), die als Allesfresser auch Eier u. Junge anderer Vögel rauben. Die K. leben meist gesellig. Die *Rabenkrähe* ist völlig schwarz, die *Saatkrähe* besitzt einen kahlen, weißen Fleck um die Schnabelwurzel. Die graue *Nebelkrähe* Ostdeutschlands überwintert teilweise in Südwestdeutschland.

Krain, Landschaft, die den größten Teil der jugoslawischen Teilrepublik Slowenien umfaßt. Sie wird im Norden von den Karawanken, im Westen vom Karst, im Osten von der Save u. den Steiner Alpen, im Süden von der oberen Kulpa begrenzt.

Krakatau, Vulkaninsel in der Sundastraße, zwischen Sumatra u. Java. Durch einen katastrophalen Vulkanausbruch 1883 wurde die Insel zersprengt u. auf ein Drittel ihrer früheren Größe verkleinert. Alles Leben wurde dabei vernichtet. Eine gewaltige Flutwelle, die noch bis Südamerika verspürt wurde, richtete vor allem auf Sumatra u. Java schlimme Verwüstungen an. Etwa 50 000 Menschen verloren bei dieser größten Vulkankatastrophe seit Menschengedenken das Leben.

Krakau, (poln. Kraków), Stadt in Südpolen, an der oberen Weichsel gelegen, mit 685 000 E. Sehenswert sind die gotische Marienkirche mit dem Marienaltar des Veit Stoß, der Dom (1364 geweiht), das Schloß u. das ehemalige Tuchhaus. K. hat eine Universität. Neben Elektroindustrie u. Maschinenbau gibt es Hütten-, Textil-, Nahrungsmittel- u. chemische Industrie. – Nach der Zerstörung durch die Mongolen wurde K. als deutsche Kolonialstadt neu gegründet (1257). Seit 1320 war es Krönungsstadt der polnischen Könige. Im 18. u. 19. Jh. geriet es unter österreichische Herrschaft, 1918 wurde es wieder polnisch.

Kraken ↑Tintenfische.

Kral [portug.-niederl.] m, Rundsiedlung afrikanischer Nomadenstämme, die um einen offenen oder eingezäunten Schlafplatz der Tiere angeordnet ist.

Krampf m, unwillkürliche, heftige Muskelzusammenziehung. Beim *tonischen* K. verharrt der Muskel in der Anspannung, beim *klonischen* wechselt er zwischen Anspannung u. Erschlaffung. Hervorgerufen wird der K. durch Überanstrengung des Muskels, durch Vergiftungen oder durch Veränderungen im Zentralnervensystem; ↑auch Erste Hilfe.

Kran m, eine Vorrichtung zum Heben u. seitlichen Versetzen von Lasten. Man unterscheidet je nach Verwendungszweck zahlreiche unterschiedliche Bauarten. Im Baugewerbe werden meist Drehkräne benutzt. Zum Transport schwerer Werkstücke in Fabrikhallen verwendet man den Brückenkran. Er besteht aus einer fahrbaren Brückenkonstruktion, auf der sich eine sogenannte Laufkatze, an der das Hebeseil befestigt ist, bewegen kann. Eine besondere Bauart des Brückenkrans ist der *Brückenkabelkran*. Bei ihm hängt die Laufkatze an einem Tragseil. Brückenkabelkräne werden vorwiegend beim Schiffbau verwendet. Zum Be- u. Entladen von Schiffen benutzt man Portalkräne oder Verladebrücken. Schwimmkräne sind Kräne, die auf schwimmfähigen Pontons montiert sind.

Kraniche m, Mz., etwa 1,50 m lange Watvögel mit langem Hals, kleinem Kopf u. kräftigem Schnabel. Sie leben v. a. in sumpfigen Landschaften u. Steppen; meist Zugvögel. Heute kehren nur noch wenige Paare im März aus Afrika nach Norddeutschland zurück.

Kraulschwimmen ↑Schwimmen.

Krebs m, im allgemeinen Sprachgebrauch Bezeichnung für bösartige Geschwülste (v. a. ↑Karzinom u. Sarkom) u. einige bösartige Systemerkrankungen des Blutes.

Krebstiere (auch Krustentiere) s, Mz., Klasse von weniger als 1 mm bis 50 cm großen Gliederfüßern mit fast 35 000 Arten. Der Körper ist meist in Kopf, Brust u. Hinterleib geteilt. Bei größeren Formen wird der aus Chitin bestehende Panzer durch Einlagerung von Kalk hart u. spröde. Da der Kalkpanzer beim Wachstum hinderlich ist, muß der Krebs ihn von Zeit zu Zeit in einer Häutung abwerfen, dabei werden auch Schlund u. Vordermagen mitgehäutet. Die Grundform der Körperanhänge ist ein zweiästiges Spaltbein, das je nach seiner Aufgabe vielfältige Abwandlungen im Bau erfahren hat. Der Kopf trägt 2 Paar Antennen, 3 Paar Mundgliedmaßen u. ein Netzaugenpaar. Als Bewohner des Wassers atmen die K. durch Kiemen, kleine Formen manchmal durch die zarte Körperhaut. Die Fortpflanzung erfolgt durch Eier, direkt oder über Larvenstadien. – Im Meerwasser leben zahlreiche Kleinkrebsarten, die ein wichtiges Fischfutter darstellen (Krebsplankton).

Kredit [ital.-frz.] m: **1)** Überlassung einer Geldsumme für eine bestimmte Zeit gegen einen Preis (Zins); **2)** übertragen für: Glaubwürdigkeit.

Kreditinstitute ↑Banken.

Krefeld, Stadt im Niederrheinischen Tiefland, Nordrhein-Westfalen, mit 226 000 E. Die Stadt ist das Zentrum der deutschen Samt- u. Seidenindustrie u. hat eine Textilforschungsanstalt sowie eine Fachhochschule. Daneben gibt es Maschinen- u. Waggonbau, Edelstahl-, Elektro-, Nahrungsmittel- u. andere Industrie.

Kreide ↑Erdgeschichte.

Kreide, weißer, feinkörniger, weicher u. lockerer Kalkstein. Er bildete sich in der sogenannten Kreidezeit aus den Kalkpanzern u. -hüllen kleinerer Meerestiere.

Kreis m, eine in sich geschlossene, gleichmäßig gekrümmte Kurve, auf der alle Punkte liegen, die von einem Punkte, dem Kreismittelpunkt M, die gleiche Entfernung haben. Diese Entfernung heißt Radius (r) oder Halbmesser. Der Kreisdurchmesser (d) ist der doppelte Wert des Halbmessers: $d = 2r$. Als

Fortsetzung S. 326

DER KRAFTWAGEN

Bald nach der Erfindung der Dampflokomotive wurden auch Dampfwagen erprobt, doch die Entwicklung motorgetriebener Straßenfahrzeuge nahm ihren Aufschwung erst mit dem Benzinmotor. Einen ersten Versuch damit machte der deutsche Erfinder S. Marcus 1870. Es dauerte allerdings noch fast zwei Jahrzehnte, bis Marcus selbst, G. Daimler u. W. Maybach sowie zu gleicher Zeit C. Benz brauchbare „Motorkutschen" konstruierten. Als um die Jahrhundertwende verschiedene Erfindungen (v. a. die von R. Bosch entdeckte Magnetzündung) den Bau von Kraftfahrzeugen begünstigten, begann bald die industrielle Serienproduktion (G. ↑Daimler, C. ↑Benz, H. ↑Ford). In unserer Zeit sind Zahl u. Vielfalt der Modelle kaum noch überschaubar. Bei allen K. – vom schnittigen Sportwagen u. Formelrennwagen bis zum schweren Lastwagen, vom viersitzigen Personenauto bis zum Omnibus – sind jedoch die wesentlichen Merkmale die gleichen: Es handelt sich um zweispurige, drei-, vier- oder mehrrädrige, nicht an Schienen gebundene Landfahrzeuge, die von einem Motor (meist einer Verbrennungskraftmaschine) angetrieben werden.

Man unterscheidet zwischen dem Fahrwerk u. den Aufbauten. Je nach dem Verwendungszweck (z. B. Beförderung von Personen und/oder Sachen) sind die Aufbauten der K. sehr verschieden gestaltet. Das Fahrwerk dagegen, das die Bauteile umfaßt, die der Fortbewegung dienen, weist grundsätzlich die gleichen Baugruppen auf: Motor, Kupplung, Getriebe, Gelenkwellen, Achsgetriebe, Achsen, Federung, Räder mit Bereifung, Lenkung, Bremsen u. elektrische Anlage. Diese Baugruppen sind in das Gerüst des Kraftwagens eingebaut.

Fahrzeuggerüst
Bei Lastkraftwagen ist das Fahrzeuggerüst ein besonderer, aus verwindungssteifen Metallbauteilen oder aus Rohren zusammengeschweißter Rahmen. Diese Rahmenkonstruktionen werden auch noch häufig bei Omnibussen angewendet. Dagegen besitzen Personenkraftwagen heute fast immer einen mittragenden Aufbau, d. h., der Aufbau übernimmt teilweise die Aufgabe des Rahmens; bei der Schalenbauweise (für Personenkraftwagen) tragen sich z. B. die Bleche der Aufbauten selbst, bei der Skelettbauweise (vielfach bei Omnibussen) befindet sich unter den Verkleidungsblechen ein fachwerkartiges Holz- oder Stahlgerippe, das die Aufgabe des Rahmens übernimmt.

Antrieb
Der Antrieb eines Kraftwagens erfolgt im allgemeinen durch einen Verbrennungsmotor. Man unterscheidet – je nach Lage des Motors – Frontmotor, Mittelmotor u. Heckmotor. Angetrieben wird der K. über die Vorder- oder Hinterräder (Vorderrad-, Hinterradantrieb), in seltenen Fällen über alle vier Räder (Allradantrieb; v. a. bei Geländewagen). Bei herkömmlicher Bauweise befindet sich der Motor mit Kupplung u. Wechselgetriebe vorn im Fahrzeug, wirkt über eine Gelenkwelle auf das an der Hinterachse liegende Achsgetriebe u. von dort auf die Hinterräder. Bei Fahrzeugen mit Heckmotor liegen Motor, Kupplung, Wechselgetriebe u. Achsgetriebe direkt über der Antriebsachse (Hinterachse). Der Vorteil dieser Bauweise besteht darin, daß für das gesamte Triebwerk nur wenig Platz benötigt wird; allerdings sind lange Bedienungsgestänge (z. B. Schaltgestänge) notwendig.

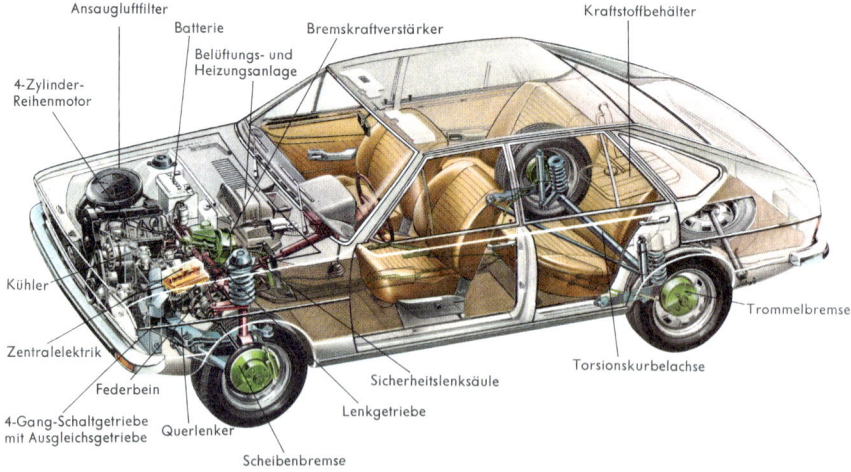

Viertürige Limousine (VW)

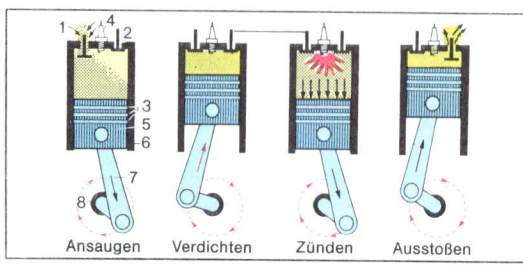

Ottomotor. 1 Einlaßventil, 2 Auslaßventil, 3 Kolbenringe, 4 Zündkerze, 5 Kolben, 6 Zylinder, 7 Pleuel, 8 Kurbelwelle

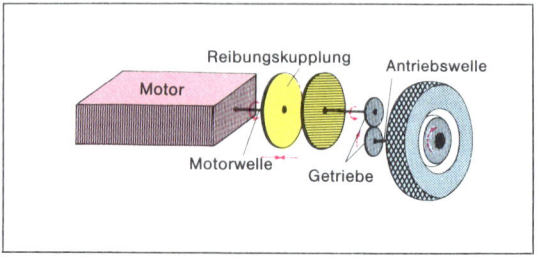

Schema der Kraftübertragung bei Kraftfahrzeugen

Der Kraftwagen (Forts.)

Moderner Sportwagen (Porsche 928)

Durch den Einbau eines Mittelmotors (Hinterradantrieb), der vor der Hinterachse liegt, wird eine günstige Gewichtsverteilung erzielt (v. a. bei zweisitzigen Sportwagen verwendet). Der moderne Personenwagenbau neigt immer mehr zur Konstruktion mit Frontmotor u. Vorderradantrieb, die auch bei leichtgewichtigen Kleinwagen günstige Fahreigenschaften garantiert. Denn das Fahrverhalten von Fahrzeugen mit Hinterradantrieb unterscheidet sich von dem bei Vorderradantrieb grundsätzlich: Die bei Hinterradantrieb schiebend wirkende Antriebskraft macht es z. B. schwer, das Fahrzeug bei Glatteis in der Spur zu halten. Beim Vorderradantrieb wirkt die Antriebskraft ziehend; ein schleuderndes, rutschendes oder seitlich ausbrechendes Fahrzeug wird darum immer in Richtung der angetriebenen Vorderräder gezogen, auch wenn diese z. B. bei der Kurvenfahrt eingeschlagen sind.

Antriebsmaschine
Als Antriebsmaschine wird bei Personenkraftwagen vorwiegend der Ottomotor (so genannt nach dem Erfinder), bei Lastkraftwagen dagegen meist der Dieselmotor verwendet. Diese Verbrennungskraftmaschinen machen die in einem Kraftstoff (Benzin, Dieselöl) enthaltene chemische Energie durch Verbrennung frei u. setzen sie in einem Teil in mechanische Arbeit um. Der bei der Verbrennung im Zylinder entstehende Druck der Verbrennungsgase bewegt den Kolben. Diese Kolbenbewegung überträgt sich über die Pleuelstange auf die Kurbelwelle u. versetzt diese in Drehung. Das an der Kurbelwelle befestigte u. sich mit dieser drehende Schwungrad speichert einen Teil der freiwerdenden Arbeit. Es dreht daher die Kurbelwelle so lange weiter, bis die verbrannten Gase aus dem Zylinder ausgeschoben u. neue Luft u. neuer Brennstoff in den Zylinder gebracht sind, so daß ein neues Arbeitsspiel stattfinden kann. Ein Arbeitsspiel besteht bei den Viertaktmotoren aus vier Takten (bzw. Hüben). Ein Takt ist dabei der einmalige Bewegungsgang des Kolbens zwischen den beiden Totpunkten (Umkehrpunkten) im Zylinder. Man nennt die Stellung, in der sich der Kolben bei seiner Bewegung am weitesten von der Kurbelwelle entfernt hat, den oberen Totpunkt. Der untere Totpunkt ist die Stellung, in der sich der Kolben der Kurbelwelle am meisten genähert hat. Den zwischen den beiden Totpunkten liegenden Rauminhalt, der vom Kolben bei jedem Hub überfahren wird, bezeichnet man als Hubraum bzw. Hubvolumen des Zylinders. In K. sind fast immer Mehrzylindermotoren eingebaut. Nach der Anordnung der einzelnen Zylinder unterscheidet man dabei: Reihenmotoren (Zylinder hintereinander); V-Motoren (zwei Reihen in einem bestimmten Winkel zueinander); Boxermotoren (zwei Reihen liegender Zylinder im Winkel von 180° angeordnet). Die Hubräume aller Zylinder zusammen ergeben den Gesamthubraum (= Gesamthubvolumen) eines Motors.

Das Arbeitsspiel des Viertaktmotors läuft beim Ottomotor folgendermaßen ab:
1. Takt = Ansaugen: Der Kolben bewegt sich bei geöffnetem Einlaßventil vom oberen zum unteren Totpunkt. Durch den im Zylinder entstehenden Unterdruck wird Kraftstoff-Luft-Gemisch, das z. B. in einem Vergaser hergestellt wird, angesaugt.
2. Takt = Verdichten: Bei geschlossenen Ventilen geht der Kolben vom unteren zum oberen Totpunkt, wodurch das Kraftstoff-Luft-Gemisch verdichtet wird. Gegen Ende dieses Taktes wird das brennfähige Gemisch durch den elektrischen Funken einer Zündkerze gezündet.
3. Takt = Arbeiten: Der bei der Verbrennung entstehende Druck treibt den Kolben bei geschlossenen Ventilen vom oberen zum unteren Totpunkt.
4. Takt = Ausschieben: Bei geöffnetem Auslaßventil bewegt sich der Kolben vom unteren zum oberen Totpunkt u. schiebt die Abgase bis auf den im Brennraum verbleibenden Rest aus dem Zylinder.

Damit ist ein Arbeitsspiel beendet, ein neues kann beginnen. Für vier Takte sind zwei Umdrehungen der Kurbelwelle erforderlich. Da aber während dieser zwei Umdrehungen jedes Ventil nur einmal betätigt werden muß, läuft die Antriebswelle für den Ventilmechanismus, die Nockenwelle, nur mit halber Kurbelwellendrehzahl. Dies wird erreicht durch eine Übersetzung 2:1 zwischen den Antriebsrädern, den sogenannten Steuerrädern; ↑ auch Dieselmotor, ↑ Zweitaktmotor, ↑ Wankelmotor.

Der Kraftstoff wird dem Motor meist durch eine besondere Kraftstoffpumpe zugeführt. Der Vergaser soll bei jedem Belastungszustand des Motors das richtige Mischungsverhältnis zwischen Luft u. Kraftstoff herstellen. Dies geschieht dadurch, daß die durch den Vergaser gesaugte Luft dort befindlichen Kraftstoff mitreißt (Zerstäuberprinzip). Gasgeben erfolgt durch Verdrehen einer im Vergaserrohr befindlichen Klappe, der sog. Drosselklappe. Ist diese ganz geschlossen, wird die Leerlaufeinrichtung wirksam. Beim Öffnen (z. B. plötzlichem Gasgeben) gibt eine kleine Pumpe

Der Kraftwagen (Forts.)

zusätzlich Kraftstoff in das Vergaserrohr (Beschleunigungseinrichtung). Bei kaltem Wetter wird entweder von Hand oder automatisch die Starteinrichtung des Vergasers betätigt, um das Kraftstoff-Luft-Gemisch mit Kraftstoff anzureichern, denn bei kaltem Motor schlägt sich ein Teil des Kraftstoffes an den Wandungen nieder, so daß ein normales Gemisch noch nicht brennfähig wäre.

Kühler
Im Motor wird nur etwa ein Drittel der im Kraftstoff enthaltenen Energie in nutzbare Arbeit umgewandelt; zwei Drittel fallen als Wärme an, deshalb müssen Motoren gekühlt werden. Bei der Luftkühlung wird die Wärme durch Anblasen der zu kühlenden Teile mit Luft abgeführt. Bei der Wasserkühlung wird die Wärme an das Kühlwasser u. von diesem in einem besonderen Kühler an die Luft abgegeben.

Schmierung
Alle gleitenden Teile des Motors müssen geschmiert werden. Die Schmierung ist meist eine Druckumlaufschmierung: Das in der Ölwanne sich ansammelnde Öl wird von einer Zahnradpumpe unter Druck an die zu schmierenden Stellen gebracht.

Kupplung
Zwischen Motor u. Wechselgetriebe ist gewöhnlich eine ausrückbare Kupplung eingebaut. Sie ermöglicht: 1. ein stoßfreies Anfahren aus dem Stillstand; 2. eine Unterbrechung des Kraftflusses beim Schalten eines Ganges bzw. beim Ändern des Übersetzungsverhältnisses; 3. das Fernhalten von Fahrbahnstößen vom Triebwerk. Meistens ist die Kupplung als Einscheiben-Trockenkupplung mit dem Schwungrad des Motors zusammengebaut. Die beiderseits mit Reibbelägen versehene Mitnehmerscheibe sitzt längsverschiebbar auf der genuteten Eingangswelle des Wechselgetriebes. Kupplungsfedern bringen eine Druckplatte zum Anliegen u. drücken dadurch die Mitnehmerscheibe gegen das Schwungrad, so daß die entstehende Reibung die Getriebewelle mitdreht. Bei Betätigen des Kupplungspedals wird die Druckplatte abgehoben u. damit die Verbindung unterbrochen (ausgekuppelt). Als Anfahrkupplung ist auch die Strömungskupplung (↑ Strömungsgetriebe) geeignet.

Der Kupplung nachgeschaltet ist das *Wechselgetriebe*. Es hat die Aufgabe, die an den Antriebsrädern wirksam werdenden Antriebskräfte den verschiedenen Fahrbedingungen anzupassen, da die Fahrwiderstände sehr stark schwanken (Fahrt auf der Ebene, Bergfahrt, Beschleunigen beim Anfahren u. beim Überholen usw.). Ohne Wechselgetriebe bringt der Motor nur eine in geringen Grenzen veränderliche Antriebskraft auf. Ein K., dessen Motor das richtige Drehmoment (darunter versteht man das Produkt aus Antriebskraft und Radhalbmesser) an den Antriebsrädern für eine Fahrt auf der Ebene aufbringt, könnte jedoch keine Steigung befahren, da dafür ein größeres Drehmoment bzw. eine größere Antriebskraft am Umfang der Antriebsräder nötig ist. Durch Zwischenschalten verschiedener Zahnradpaare zwischen Motor u. Antriebsräder (in Wirklichkeit sitzen diese Zahnräder im Wechselgetriebe) läßt sich jedoch in einfacher Weise das Drehmoment für die Bergfahrt vergrößern. Greifen zwei Zahnräder ineinander, so ist nach dem Gesetz „Wirkung=Gegenwirkung" die Kraft, die das erste Rad an der Eingriffsstelle auf das zweite ausübt, gleich der Kraft, mit der das zweite Rad auf das erste „rückwirkt". Haben beide Räder verschiedene Durchmesser, so wirkt diese gleichgroße Kraft beim kleinen Rad an einem kleinen Halbmesser, beim großen Rad aber an einem großen Halbmesser. Da Kraft mal Hebelarm gleich dem Drehmoment ist, muß sich das Drehmoment am großen Zahnrad gegenüber dem am kleinen Rad im Verhältnis der beiden Radhalbmesser vergrößern. Dabei geschieht jedoch noch etwas anderes: Führt die Welle mit dem kleinen Rad z. B. eine ganze Umdrehung aus, so hat das große Rad, da sein Umfang größer ist, nur den Teil einer Umdrehung ausgeführt. Eine Vergrößerung des Drehmoments an der Welle des großen Rades führt daher gleichzeitig zu einer Erniedrigung der Drehzahl an der gleichen Welle. Das bedeutet, daß eine Vergrößerung des Drehmoments u. damit der Antriebskraft an den Antriebsrädern immer mit einem Herabsetzen der Drehzahl an den Antriebsrädern verbunden ist. Eine Vergrößerung der Antriebskraft muß daher zwangsläufig mit einer Verringerung der Fahrgeschwindigkeit erkauft werden. Schaltet man verschiedene Gänge eines Wechselgetriebes, so greifen verschiedene Zahnradpaare ineinander. Hierdurch lassen sich verschiedene Übersetzungsverhältnisse zwischen den Drehzahlen der Eingangswelle ins Getriebe, die vom Motor kommt, u. der Ausgangswelle bzw. Abtriebswelle, die zu den Antriebsrädern führt, herstellen. In demselben Maß, in dem die Drehzahl zwischen Ein- und Ausgang herabgesetzt wird, steigt dabei das Drehmoment an (Drehmomentenwandler). Nur beim sogenannten Schon- oder Schnellgang ist die Ausgangsdrehzahl größer als die Eingangs- bzw. Motordrehzahl, so daß bei hohen Fahrgeschwindigkeiten die Motordrehzahl niedrig liegt u. daher der Motor entsprechend geschont wird. Im direkten Gang (üblicherweise der größte Gang, bei Schongangetrieben der vorletzte Gang) ist die Eingangs- mit der Ausgangswelle unter Umgehung der Zahnräder direkt verbunden, so daß die Übersetzung 1:1 ist. Beim Rückwärtsgang wird durch Zwischenschalten eines weiteren Zahnrades zwischen die beiden Räder eines Radpaars erreicht, daß die Ausgangswelle des Getriebes umgekehrte Drehrichtung wie seine Eingangswelle bekommt, so daß das Fahrzeug trotz gleichbleibender Drehrichtung der Motorwelle rückwärts fahren kann; ↑ auch vollautomatisches Getriebe.

Während Wechselgetriebe das Drehmoment wandeln sollen, stellt das meist eine Gelenkwelle (Kardanwelle) nachgeschaltete *Achsgetriebe* die Gesamtübersetzung zu den Antriebsrädern her. In diesen Achsantrieb ist gleichzeitig das *Ausgleichsgetriebe* (Differential) eingebaut. Es sorgt dafür, daß die Antriebsräder eines Kraftwagens bei der Kurvenfahrt unterschiedliche Drehzahlen haben. Bei der Kurvenfahrt das innere Rad einen kürzeren Weg zurücklegen muß als das äußere. Die vom Wechselgetriebe kommende Welle trägt an ihrem hinteren Ende ein kegelförmiges Zahnrad (Antriebskegelrad). Es treibt ein anderes größeres Kegelrad, das sogenannte Tellerrad, an, das lose auf einer Hälfte der Hinterachse sitzt. Das Tellerrad ist fest mit einem Gehäuse verbunden, in dessen Innerem vier Ausgleichsräder angeordnet sind. Die Wellen, auf denen diese Ausgleichsräder sitzen, sind fest im Gehäuse gelagert. Zwei der Ausgleichsräder sind mit je einer Halbachse verbunden, die zu den Antriebsrädern führen. Bei Geradeausfahrt treibt das Antriebskegelrad das große Tellerrad an, das damit verbundene Gehäuse wird mitgenommen. Die vier Ausgleichsräder werden, ohne daß sie sich gegeneinander drehen, wie ein starres Ganzes mitgenommen: Die linke u. die rechte Halbachse drehen sich dabei mit gleicher Drehzahl. Muß sich in einer Kurve nun z. B. die linke Halbachse schneller drehen, so dreht sich auch das mit der linken Halbachse verbundene Ausgleichsrad gegenüber dem Tellerrad etwas schneller. Dies ergibt an zwei angrenzenden Ausgleichsrädern eine Drehung, die bewirkt, daß das rechte Rad sich dann genau um so viel langsamer dreht, als sich das linke schneller dreht.

Reifen
Nach dem Aufbau eines Reifens unterscheidet man Diagonal- u. Gürtel- bzw. Radialreifen. Beim Diagonalreifen wird der Gewebeunterbau (Karkasse) aus 2 bis 16 sich unter verschiedenen Winkeln diagonal kreuzenden Gewebelagen gebildet. Gürtel- bzw. Radialreifen haben Gewebelagen, die radial, d. h. quer zur Rollrichtung des Rades, liegen. Dies

Der Kraftwagen (Forts.)

ergibt besseren Fahrbahnkontakt, höhere Kurvenstabilität, bessere Wintereigenschaften, aber geringeres Schluckvermögen für Fahrbahnstöße. Die Lauffläche des Reifens besteht aus Natur- oder Kunstkautschuk. Zur Übertragung der Antriebskräfte ist sie mit Querprofil, zur Spurhaltung (beim Lenken) u. zur Aufnahme von Seitenkräften (in der Kurve) mit Längsprofil versehen.

Radaufhängung
Von großer Bedeutung für das Fahrverhalten des Kraftwagens sind die Art der Radaufhängung, der Achsen u. der Federung sowie deren Zusammenwirken. Man unterscheidet grundsätzlich zwischen Starrachsen, bei denen die beiden Räder einer Achse gemeinsam aufgehängt u. abgefedert sind, u. Schwingachsen, bei denen jedes Rad für sich aufgehängt u. abgefedert ist. Bei Starrachsen können die Enden zur Aufnahme der Achsschenkel als Gabelachse (gegabelt) oder als Faustachse (wie eine nicht ganz geschlossene Faust) ausgebildet sein. Bei Schwingachsen gibt es viele Ausführungen, wie z. B. Pendelachsen, Achsen mit Doppelquerlenker u. Kurbelachsen.
Bei der Aufhängung der Vorderräder müssen Vorspur, Sturz, Spreizung u. Nachlauf in ihrer Größe aufeinander abgestimmt sein. Vorspur bedeutet, daß die Vorderräder bei Geradeausfahrt nicht parallel zur Fahrtrichtung stehen, sondern vorn etwas näher zusammenstehen als hinten. Diese Vorspur beträgt etwa 2–3 mm, d. h., die Felgenränder haben in halber Radhöhe vorn 2–3 mm weniger Abstand als hinten am Vorderrad. Dadurch wird die Flatterneigung verringert. Sturz bedeutet, daß die Räder oben nach außen geneigt sind (1–3°). Durch den Sturz wird das Rad gegen den Lagerbund gedrückt u. das Lagerspiel ausgeschaltet. Spreizung nennt man die Neigung des Achsschenkelbolzens um 4–8° oben nach innen. Durch die Spreizung greifen die Stöße der Fahrbahn an einem kleineren Hebelarm an. Die Neigung des Achsschenkelbolzens um 1–4° oben nach hinten nennt man Nachlauf. Durch diese Stellung trifft die Verlängerung des Achsschenkelbolzens die Fahrbahn vor dem Reifenberührungspunkt. Dadurch werden die Räder gezogen u. nicht geschoben, so daß das Vorderrad mit Nachlauf das Bestreben hat, sich von selbst in die gerade Fahrtrichtung einzustellen.

Federung
Die Federung des Kraftwagens soll die harten Fahrbahnstöße in weiche Schwingungen umwandeln u. diese möglichst schnell abklingen lassen bzw. dämpfen. Zu einem großen Teil wird die Federung von den Luftreifen übernommen. Den Rest übernehmen Blatt-, Schrauben- oder Drehstabfedern, Gummi- oder Luftfedern u. Stoßdämpfer, die die Schwingung des Rades u. des Wagenkörpers dämpfen sollen.

Lenkung
Zur Lenkung des Kraftwagens kann jedes Vorderrad mit seinem Achsschenkel um den am Ende der Vorderachse sitzenden Lenkzapfen geschwenkt werden (Achsschenkellenkung). Die Drehbewegung des Lenkrades wird von der mit ihm verbundenen Lenkwelle auf eine Schnecke oder Schraube übertragen u. hier in eine Hin- u. Herbewegung des Lenkstockhebels umgewandelt. Die am Lenkstockhebel angehängte Lenkstange stellt die Verbindung zum Lenkhebel her, der mit dem Achsschenkel eines Vorderrades verbunden ist. Zum zweiten Vorderrad wird die Lenkbewegung durch eine quer zur Fahrtrichtung liegende (bei Schwingachsen geteilte) Spurstange übertragen, die beiderseits an den mit den Achsschenkeln starr verbundenen Spurhebeln befestigt ist. Die Abmessungen der einzelnen Hebel u. Stangen sind so gewählt, daß bei der Kurvenfahrt alle Räder einschließlich der gelenkten möglichst auf Kreisbahnen abrollen, die ihren gemeinsamen Mittelpunkt auf dem Mittelpunkt der Kurvenfahrt haben. Dieser Punkt muß auf einer Verlängerung der Hinterachse liegen, da andernfalls die einzelnen Räder bei der Kurvenfahrt nicht nur rollen, sondern auch seitlich „radieren" müßten. Die Vorderräder dürfen daher beim Lenkeinschlag nicht parallel stehen; sie müssen vielmehr mit ihrer Achse auf den Mittelpunkt der Kurvenfahrt zeigen. Außerdem müssen alle Lenkungen so beschaffen sein, daß sie stabil sind, d. h. das Bestreben haben, nach einem Lenkeinschlag (auch nach Fahrbahnstößen) von selbst in die Geradeausstellung zurückzulaufen, was nur bei richtigem Nachlauf und richtiger Spreizung der Vorderräder möglich ist.

Bremsanlagen
Jedes Fahrzeug muß zwei voneinander unabhängige Bremsanlagen besitzen. Mindestens eine, die Betriebsbremse (fußbetätigt), muß dabei unmittelbar auf alle Räder wirken; die zweite braucht als Feststellbremse (meist als Handbremse) jedoch nur zwei Räder abzubremsen. Bei vielen K. werden zur Unterstützung des Fahrers u. zum Aufbringen genügend großer Bremskräfte Hilfskräfte mechanischer oder hydraulischer Art sowie Vakuum u. Druckluft herangezogen. Zur Erhöhung der Sicherheit werden mehr u. mehr bei der Betriebsbremsanlage zwei voneinander unabhängige Bremskreise verwendet, so daß bei Ausfall eines Kreises der zweite Kreis sofort u. selbständig das Bremsen übernimmt (Zweikreisbremse). Die verwendeten Bremsen sind Reibungsbremsen, u. zwar hauptsächlich Innenbackenbremsen (Radialbremsen) u. Scheibenbremsen (Axialbremsen). Innenbackenbremsen besitzen zwei Bremsbacken, die außen mit einem Reibbelag versehen sind. Beim Bremsen werden diese Backen auseinandergedrückt, so daß sie sich von innen an die Bremstrommel anlegen u. so das mit der Bremstrommel verbundene Rad abbremsen. Die Bremsbacken können dabei so angeordnet sein, daß sich nach dem Anpressen an die Trommel durch die auftretende Reibung der Anpreßdruck u. damit die Bremswirkung von selbst weiter verstärkt (Servobremse). Die in Personenkraftwagen üblichen Scheibenbremsen sind meist sogenannte Teilscheibenbremsen bzw. Zangenbremsen: eine stählerne Bremsscheibe ist mit dem abzubremsenden Rad verbunden. Zum Abbremsen greifen zangenartig angeordnete Bremsbeläge an dieser Scheibe an. Da die Bremsscheibe zum größten Teil außerhalb der Beläge läuft, wird sie ausreichend gekühlt. Für die Handbremsanlage aller Kraftwagenarten werden Seilzüge verwendet. In allen anderen Fällen erfolgt die Kraftübertragung meist hydraulisch (Öldruckbremse). Durch biegsame Schläuche kann die Bremsflüssigkeit an die gelenkten Räder zum Bremsbetätigungszylinder geleitet werden. Hier wirkt der Öldruck auf einen Kolben u. dieser wieder auf die anzupressenden Bremsbacken. Da der Druck in den Bremsschläuchen überall gleich groß ist, wird hierbei gleichzeitig vollkommener Bremsausgleich, d. h. an allen Rädern die gleiche Bremswirkung erzielt.

Elektrische Anlage
Die elektrische Anlage des Kraftwagens umfaßt die Zündanlage (nur bei Ottomotoren) mit Zündspule, Unterbrecher, Kondensator, Verteiler u. Zündkerzen u. (bei Otto- u. Dieselmotoren) die Lichtmaschine, den Anlasser, die Batterie, die Hupe, die Scheibenwischer, die einzelnen Lampen, das Blinkrelais u. die Schalter.

* * *

Kreisel

Kreisumfang U bezeichnet man die Länge der Kreislinie (Peripherie). Es gilt: $U = 2\pi r$ (π = Ludolfsche Zahl = 3,14159...). Für die Kreisfläche F gilt die Beziehung: $F = \pi r^2$. Eine Gerade, die den K. in einem Punkt berührt, heißt Tangente; eine Gerade, die den K. schneidet, heißt Sekante. Das im

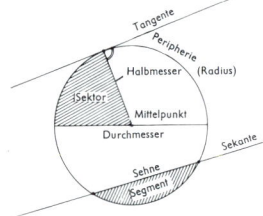

Kreml in Moskau

Kreisinneren verlaufende Stück einer Sekante heißt Sehne. Der Durchmesser ist also die längstmögliche Sehne eines Kreises. Ein von einer Sehne abgeschnittenes Kreisstück heißt Kreisabschnitt oder Kreissegment. Als Kreisausschnitt oder Kreissektor bezeichnet man dagegen ein durch zwei Radien begrenztes Kreisstück. Die Fläche des Kreissektors (F_s) ist von dem Winkel α abhängig, den die beiden Radien bilden. Es gilt:

$$F_s = \frac{\pi r^2 \alpha}{360}.$$

Für die Länge des Kreisbogens (b_s), der den Kreissektor begrenzt, gilt:

$$b_s = \frac{2\pi r \alpha}{360} = \frac{\pi r \alpha}{180}.$$

Zwei Kreise, die denselben Mittelpunkt haben, heißen konzentrische Kreise. Die Fläche, die von zwei konzentrischen Kreisen mit verschiedenen Radien r_1 u. r_2 begrenzt wird, heißt Kreisring. Für seinen Flächeninhalt gilt:

$$F_R = \pi(r_1^2 - r_2^2).$$

Kreisel *m*, ein symmetrisch gebauter Körper, der sich um seine Symmetrieachse dreht. Der K. ist bestrebt, die Lage seiner Drehachse im Raum beizubehalten. Auf dieser Erscheinung beruht die Wirkungsweise des Kreisel-

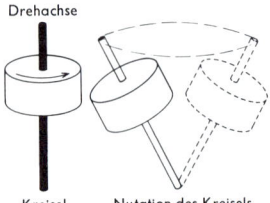

kompasses (↑Kompaß). Übt man auf die Drehachse eine Kraft aus, so weicht sie senkrecht zur Wirkungsrichtung dieser Kraft aus. Eine kurzzeitige Krafteinwirkung auf ein Ende der Drehachse, etwa einen Schlag, beant- wortet der K. mit einer kegelförmigen Bewegung seiner Drehachse (Nutation). Nach kurzer Zeit richtet er sich dann wieder auf, u. die Drehachse stellt sich auf ihre ursprüngliche Richtung ein. Diese Erscheinung läßt sich gut am Kinderkreisel beobachten.

Krematorium [lat.] *s*, Anstalt zur Einäscherung von Leichen.

Kreml [russ.] *m*, befestigter, burgartiger Stadtteil russischer Städte im Mittelalter. Am bekanntesten ist der *Moskauer K.*, der mehrere alte Kirchen und viele Paläste umfaßt. Er war Sitz der Großfürsten von Moskau u. der russischen Zaren bis 1709. Nach 1918 wurde er Sitz des Obersten Sowjets u. der Regierung.

Kreolen [span.] *m*, *Mz.*, Bezeichnung für die Nachkommen romanischer Einwanderer in Mittel- u. Südamerika (*weiße K.*); in Brasilien auch für die Nachkommen der Negersklaven (*schwarze Kreolen*).

Kreta, die größte der griechischen Inseln, im östlichen Mittelmeer, mit 457 000 E. Die größte Stadt ist Iraklion. Das Innere besteht vorwiegend aus Kalkgebirgen; unter den 3 Gebirgsstöcken erreicht der Ida eine Höhe von 2456 m. Klima u. Pflanzenwelt sind mittelmeerisch. In den kleinen fruchtbaren Ebenen der Nordküste werden u. a. Wein, Oliven u. Zitrusfrüchte angebaut. Vom 3. Jahrtausend bis 1200 v. Chr. war K. der Mittelpunkt der *kretischen* oder *minoischen Kultur* (so genannt nach dem sagenhaften König Minos). Als Zeugnisse aus diesem Zeitraum sind Palastanlagen erhalten, teils mit großen Wandgemälden, dazu Schmuck, buntbemalte Vasen u. a. (einen der großen Paläste hat der Engländer Evans in Knossos ausgegraben). Vor 1400, erneut vor 1000 wanderten griechische Stämme ein, 67 v. Chr. wurde K. von den Römern erobert. Danach wechselte die Herrschaft noch mehrmals (1669–1897 war K. türkisch), bis K. 1913 endgültig mit Griechenland vereinigt wurde.

Kreuz *s*, ein uraltes symbolisches Zeichen bei vielen Völkern. Das christliche K. ist zum Sinnbild für das Leiden Christi u. damit für Christus selbst geworden. Dieses Zeichen knüpft an das hölzerne K. an, an dem Christus starb. – Man unterscheidet mehrere Kreuzformen.

Kreuzblütler *m*, *Mz.*, weltweit verbreitete vielgestaltige Pflanzenfamilie mit rund 3000 Arten; meist Kräuter oder Stauden. Jede Blüte besteht aus je 4 freien Kelch- und Blumenkronblättern, die kreuzweise gestellt sind; die Blüten stehen meist in Trauben. Zu den Kreuzblütlern gehören u. a. Senf, Raps, die Kohlarten, Rüben, Salat, Kresse, Rettich, Meerrettich, viele Zierpflanzen u. Unkräuter (u. a. Hederich).

Kreuzer ↑ Kriegsschiffe.

Kreuzotter *w*, die einzige in Deutschland verbreitete Viper. Sie wird bis 85 cm lang, Kopf u. Schwanz sind deutlich vom Rumpf abgesetzt. Das dunkelbraune bis schwarze Zickzackband hebt sich bei den dunkleren Formen kaum von der Grundfärbung ab. Als Nahrung dienen Mäuse u. andere lebende Tiere geringer Größe. Meist ist die K. nicht bösartig, greift aber an, wenn sie gereizt wird. Der Biß bedeutet

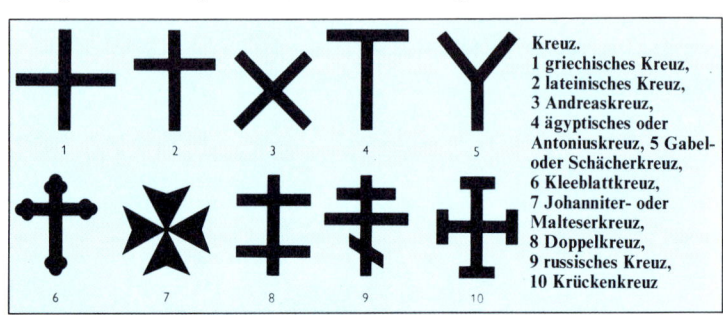

Kreuz. 1 griechisches Kreuz, 2 lateinisches Kreuz, 3 Andreaskreuz, 4 ägyptisches oder Antoniuskreuz, 5 Gabel- oder Schächerkreuz, 6 Kleeblattkreuz, 7 Johanniter- oder Malteserkreuz, 8 Doppelkreuz, 9 russisches Kreuz, 10 Krückenkreuz

Kriemhild

Kreuzotter

Kröten. Erdkröte

Krone. Deutsche Kaiserkrone

auch für den Menschen Lebensgefahr; ↑ auch Erste Hilfe (Schlangenbiß).

Kreuzzüge *m, Mz.*, im Mittelalter Kriegszüge gegen „Heiden" oder „Ketzer", v. a. die Züge christlicher Heere, die sich das Ziel setzten, das „Heilige Land" (Palästina) aus der Hand der Ungläubigen zu befreien. – Man unterscheidet heute 7 K. Auf dem *1. Kreuzzug* (1096–99), nach mehreren Anläufen u. der Gründung von Grafschaften u. Herzogtümern im Vorderen Orient, gelang es den Kreuzfahrern unter Gottfried von Bouillon, Jerusalem zu erstürmen. Die siegreichen Christen richteten unter den Moslems ein furchtbares Blutbad an und hielten danach eine große Bußprozession. 1187 gewann Sultan Saladin Jerusalem zurück. Der *3. Kreuzzug* (1189–92) sollte als Reichskrieg unter kaiserlicher Führung durchgeführt werden, aber Kaiser Friedrich I. Barbarossa ertrank, noch bevor das Ziel erreicht war. Auch dem französischen u. dem englischen Kreuzfahrerheer (unter König Richard Löwenherz) gelang es nicht, Jerusalem zu erobern. Immerhin wurde mit Saladin ein Waffenstillstand sowie freier Zugang für friedliche Pilger vereinbart. Auf dem *5. Kreuzzug* (1228/1229) erlangte Kaiser Friedrich II. durch einen Vertrag (kampflos) die Herrschaft über Jerusalem. Solche Gewinne und Teilerfolge waren aber nie von Bestand. Die übrigen K. verfehlten ihren Zweck vollkommen. Schlecht organisierte Heereszüge brachten vielen den Tod und oft endeten sie, bevor sie Palästina erreichten, oder es kam zu schlimmen Entartungen der Kreuzzugsidee: So wurde der *4. Kreuzzug* (1202–04) ein Krieg gegen Christen, denn die Venezianer lenkten ihn in gewinnsüchtiger Absicht u. gegen den Willen des Papstes nach Konstantinopel, das erobert u. geplündert wurde. Eine der sonderbarsten Erscheinungen dieser Zeit ist der *Kinderkreuzzug* (1212): Aus Frankreich u. Deutschland brachen tausende von Kindern auf, um waffenlos im Heiligen Land für den Glauben zu streiten. Viele gingen zugrunde, andere wurden in die Sklaverei verkauft; der Zug wurde völlig aufgegeben. Auf dem *7. Kreuzzug* (nach Nordafrika) kamen der französische König Ludwig IX., der Heilige, u. der größte Teil seines Heeres durch die Seuche ums Leben (1270); die Moslems eroberten die besetzte Stadt Tunis 1291 zurück. – Es waren verschiedene Kräfte u. Beweggründe, die rund 200 Jahre lang in Europa die Kreuzzugsidee lebendig erhielten. Die christlichen Ritter erblickten hier eine Aufgabe für sich: So wie sie ihren Lehnsherren in Gefolgschaftstreue verbunden waren, so wollten sie auch für ihren obersten Lehnsherrn Jesus Christus in den Streit ziehen. Geweckt u. verstärkt wurde die Idee durch eifernde Kreuzzugsprediger, die den Teilnehmern an solchen Kriegsfahrten Sündenvergebung u. für den Fall des Todes das ewige Heil verhießen. Die Vorstellungen u. Ideale dieser Zeit spiegeln sich in den Dichtungen des Mittelalters. Häufig waren aber auch sehr weltliche Interessen im Spiel: Viele wurden von der Aussicht auf reiche Beute angetrieben; andere, die große Schulden hatten, begaben sich auf die Reise, um ihren Gläubigern zu entgehen; viele lockte das Abenteuer, die fürstlichen Teilnehmer hofften auf den Gewinn neuer Herrschaftsbereiche. Die Zwietracht zwischen den Heerführern, ihre Rivalität, hat denn auch manchen Erfolg vereitelt. Der eigentliche Nutzen der K. bestand darin, daß Abend- u. Morgenland dabei in eine nähere Verbindung kamen. Es entwickelte sich ein lebhafter Handel, u. die Kenntnis fremder Länder u. Völker nahm zu.

Kricket [engl.] *s,* in der Spielanlage dem deutschen Schlagballspiel und dem amerikanischen Baseball verwandtes Ballspiel, das auf einem Rasenplatz (80 m lang und zwischen 60 und 70 m breit) von zwei Mannschaften von je 11 Spielern ausgetragen wird.

Kriechtiere *s, Mz.* (Reptilien), heute mit über 6000 Arten weltweit verbreitete Klasse 0,04–10 m langer wechselwarmer Wirbeltiere. Die K. der gemäßigten Zone halten einen Winterschlaf. Die trockene Hornhaut besteht meist aus Schuppen oder Schildern. Wie bei den Vögeln besitzt das Auge außer den beiden Lidern eine Nickhaut; eine Ohrmuschel fehlt; Harnleiter, Darm u. Eileiter münden gemeinsam in der Kloake. Alle K. atmen durch Lungen. Zu den Kriechtieren gehören u. a. ↑Eidechsen, ↑Krokodile, ↑Schildkröten, ↑Schlangen.

Kriegsschiffe *s, Mz.*, Schiffe mit besonderer Waffenausrüstung für den Kampf auf See oder von See her gegen das Land. – In der Antike gab es zunächst Ruderkriegsschiffe, die, zur ↑Galeere weiterentwickelt, bis zum 18. Jh. (v. a. im Mittelalter) in Gebrauch waren. Seit dem 13. Jh. wurden auch Segelschiffe, insbesondere ↑Koggen, zu Kriegszwecken eingesetzt. Im 16. Jh. verwendeten z. B. England u. Spanien im Seekrieg (↑Drake) *Galeonen* (Artilleriebewaffnung, mehrere Decks). Da diese später als *Linienschiffe* bezeichneten schweren K. (im 19. Jh. mit Dampfantrieb) durch wendigere Begleitschiffe geschützt u. unterstützt werden mußten, setzte man in zunehmendem Maße *Fregatten* (trotz starker Bewaffnung sehr schnell u. manövrierfähig, gut zum Kaperkrieg geeignet) u. *Korvetten* (ursprünglich bewaffnete Handelsschiffe, zum kleineren Kreuzer weiterentwickelt) ein. Mit dem Aufschwung der Technik im 20. Jh. (Diesel-, Atomantrieb; Minen-, Raketenbewaffnung) wurde die Kriegsmarine erheblich verstärkt; die mächtigen Staaten unserer Zeit verfügen über Seestreitkräfte mit einer Vielzahl von Kriegsschiffen: vom *Landungsboot* über den *Kreuzer* (heute selteneres Aufklärungs- oder Geleitschiff) u. die Fregatte bis zum *Zerstörer* (110–160 m lang, 12 bis 16 m breit, mit Artillerie oder Lenkwaffen ausgerüstet, Geschwindigkeit bis über 40 Knoten), vom *Torpedo-* (heute meist als *Schnellboot*) über das ↑Unterseeboot bis zum ↑Flugzeugträger; ↑auch Schiffahrt.

Kriemhild, in der Nibelungensage die Gattin Siegfrieds. Nach Siegfrieds Ermordung heiratet sie den Hunnenkönig Etzel, um sich an den Mördern ihres Gatten, Hagen u. den eigenen Brüdern, zu rächen.

327

Krim

Krim w, zur Ukraine (UdSSR) gehörende Halbinsel zwischen Asowschem u. Schwarzem Meer, Hauptstadt Simferopol. Die K. ist mit dem Festland durch die *Landenge von Perekop* verbunden. Der nördliche Teil der Halbinsel ist Steppe. Im Süden erhebt sich das Jailagebirge (bis 1 545 m). An dessen Südhängen gedeihen Oliven, Wein u. Südfrüchte. Wichtige Orte an der Südküste sind ↑Sewastopol (als Hafen) u. ↑Jalta (als Kurort).

Krinoline [frz.] w, ein in der Mitte des 19. Jahrhunderts getragener, in den Hüften schmaler, nach hinten sich weitender Reifrock.

Kristalle [gr.] *m, Mz.*, regelmäßige Anordnung von Materieteilchen (Atomen, Molekülen oder Ionen), die sich durch räumliche Periodizität (Wiederholung) auszeichnen u. auf diese Weise regelmäßig geformte Festkörper bilden, die in der verschiedensten Art, aber in jedem Falle durch ebene Flächen begrenzt sind. Je nach der Anordnung der Teilchen entsteht eine bestimmte Kristallstruktur bzw. ein Kristallgitter, das durch genau festgelegte Abstände zwischen den einzelnen Teilchen (meist Atomen) u. ebenfalls genau festgelegte Winkel definiert ist. Als ganz grobes Schema kann man sich einen Kristall wie einen Mauersteinen, in regelmäßiger Abfolge gefügten Mauerblock vorstellen, wobei die Art der Verlegung der einzelnen Steine im Gesamtgefüge die dem Kristallgitter entsprechende Struktur bestimmt. Die Mannigfaltigkeit der in der Natur vorkommenden u. auch im Labor reproduzierbaren (nachbildbaren) Kristallstrukturen läßt sich anhand der in ihnen vorhandenen Symmetrieelemente (Spiegelbildebenen, Symmetrieachsen usw.) in sechs sogenannte Kristallsysteme unterteilen. Dies sind das kubische, hexagonale, tetragonale, rhombische, monokline u. trikline System. Im *kubischen System* lassen sich die Kristallformen auf ein Achsenkreuz von drei Achsen beziehen, die gleich lang sind und senkrecht aufeinander stehen. Im *hexagonalen System* lassen sich die Kristallformen auf ein Achsenkreuz von vier Achsen beziehen, von denen drei gleich lang sind u. sich unter Winkeln von 60 bzw. 120° schneiden; die vierte Achse steht senkrecht auf diesen. Im *tetragonalen System* lassen sich die Kristallformen auf ein rechtwinkliges Achsenkreuz beziehen, worin jedoch nur zwei Achsen gleich lang sind. Im *rhombischen System* lassen sich die Kristallformen ebenfalls auf ein rechtwinkliges Achsenkreuz beziehen, in dem aber alle drei Achsen verschieden lang sind. Im *monoklinen System* finden sich ebenfalls drei verschieden lange Achsen, die sich aber nur unter zwei rechten und einem schiefen Winkel schneiden. Im *triklinen System* besteht das Bezugsachsenkreuz aus drei ungleich langen Achsen, die sich alle unter schiefen Winkeln schneiden. Innerhalb dieser sechs Kristallsysteme werden die Kristallstrukturen jeweils wieder in Kristallklassen unterteilt, deren Anzahl sich in den letzten Jahrzehnten mit der Verfeinerung der v. a. röntgenographischen Untersuchungsmethoden wesentlich vermehrt hat. Die Entstehung der K. aus Schmelzen oder Lösungen hat man sich so vorzustellen, daß die Teilchen sich an einem bestimmten Punkt, einem sogenannten Kristallkeim, in regelmäßiger Anordnung „aufstellen", wie das z. B. beim Antreten einer Kompanie Soldaten oder einer Ballettgruppe geschieht. Man kann das selbst gut beobachten, wenn man z. B. einen Wollfaden (der hier den Kristallkeim darstellt) in eine konzentrierte Lösung von Kochsalz oder von Kaliumchromsulfat (Alaun) hineinhängt u. die Lösung einige Tage ohne Erschütterungen stehen läßt. Bei etwas Glück kann man Alaunkristalle züchten, deren Ebenen völlig glatt sind u. deren Kantenlänge mehrere Zentimeter beträgt.

Kriterium [gr.] *s*, Merkmal, Kennzeichen, in den exakten Wissenschaften eine hinreichende Bedingung für das Bestehen eines Sachverhalts.

Kroatien, Teilrepublik ↑Jugoslawiens, mit 4,5 Mill. E. die Hauptstadt ist Zagreb. Haupterwerbszweig der *Kroaten* ist die Landwirtschaft (Getreide, Gemüse, Obst; Viehzucht). Bedeutend aber auch die Holzverwertung (große Wälder in den Gebirgsgegenden), die Fischerei u. neuerdings der Bergbau (Kohle, Bauxit). Industrie vor allem in Zagreb. – K. hatte eine sehr wechselvolle Geschichte: Römer, Ostgoten, Franken, Byzantiner u. andere Völker unterwarfen das Land. Seit Beginn des 12. Jahrhunderts war es eng an Ungarn gebunden, wurde öfter in seinem Grenzbestand verändert u. lange von den Türken bedroht; seit dem 16. Jh. Glied der österreichisch-ungarischen Völkergemeinschaft; es war ab 1867 der ungarischen Krone unterstellt; seit 1918 gehört es (außer 1941–45) zu Jugoslawien.

Krocket [engl.] *s*, Rasenspiel, bei dem 2 Parteien (jede Mannschaft 1–4 Spieler) mit 80 bis 100 cm langen Holzhämmern Kugeln (Durchmesser 9 cm, Gewicht 400 g) mit möglichst wenigen Schlägen durch die über das Spielfeld verteilten Tore (20 cm hoch, 20 cm breit) treiben.

Krokodile *s, Mz.*, Ordnung 1,5–7 m langer, in tropischen u. subtropischen Gebieten verbreiteter ↑Kriechtiere. Dem Leben im Wasser sind die K. sehr gut angepaßt: nur die Augen u. Nasenlöcher überragen den flachen Schädel u. erheben sich über die Wasseroberfläche, wenn der Rest des Körpers untergetaucht ist. Die vier Hinterzehen sind durch Schwimmhäute verbunden, die fünf Vorderzehen sind frei. Die K. sind Fleischfresser (v. a. Fische, Vögel u. Säuger); ↑auch Alligatoren.

Krokus [gr.] *m*, Gattung der Schwertliliengewächse. Da der K. als Knolle überwintert, blüht er schon im zeitigen Frühjahr. Die neue Knolle entwickelt sich über der alten u. wird durch quergeringelte Zugwurzeln in die richtige Tiefe unter der Erdoberfläche gebracht. Die sechs violetten, weißen oder gelben Blütenblätter stehen in zwei Kreisen über dem Fruchtknoten. Es sind drei Staubblätter vorhanden.

Krone w, Zeichen herrscherlicher Würde. Ursprünglich war die K. nur ein glatter oder ein mit Edelsteinen verzierter goldener Reif. Später wurden Kronen mit drei Flammen (Lilien) oder mit (meist acht) Bügeln geschmückt. Die alte deutsche Kaiserkrone besteht aus acht mit Edelsteinen u. Emaileinlagen verzierten Platten, Kreuz u. Bügel. Sie stammt aus dem 10. Jh. u. befindet sich heute in der Schatzkammer der Wiener Hofburg. Als Rangabzeichen des Adels gab es besondere Adelskronen. – Die dreifache Krone des Papstes heißt *Tiara*. – Abb. S. 327.

Kronos, eine Gestalt der griechischen Mythologie, Vater des Zeus. Er wurde auch als Gott der Zeit aufgefaßt (wegen der Namensähnlichkeit mit griechisch „chronos" = Zeit).

Kropf *m*: 1) krankhafte Anschwellung der Schilddrüse, die durch Jodzufuhr verhindert oder gemildert werden kann. Drückt der K. auf die Luftröhre, kann es zu Atemnot kommen; 2) drüsenreiche Ausstülpung der Speiseröhre bei Vögeln. Hier wird die aufgenommene Nahrung gespeichert u. vorverdaut; 3) bei den Insekten bezeichnet K. jenen Teil des Vorderdarms, in dem die Nahrung verweilt, bis sie in den Kaumagen gelangt.

Krösus, der letzte König von Lydien in Kleinasien (560–547 v. Chr.); sein Reichtum wurde sprichwörtlich.

Kröten w, *Mz.*, landbewohnende Froschlurche; ihre Haut ist warzig u. drüsenreich. Aus den Drüsen hinter den Ohren wird bei vielen Arten eine giftige, schleimige Flüssigkeit abgegeben. Die Vorderbeine, die zum Graben befähigen, sind fast ebenso lang u. dick wie die Hinterbeine, die kleine Sprünge ermöglichen. Die Eier (Laich) werden in Schnüren im Wasser abgelegt. – Abb. S. 327.

Kruzifix [auch: kru...; lat.] *s*, plastische oder gemalte Darstellung (Figur) des gekreuzigten Christus an einem Kreuz.

Krypta [gr.] *w*, unterirdischer Raum unter dem Chor alter, besonders romanischer Kirchen (als Grabstätte oder als Aufbewahrungsort von ↑Reliquien).

Krypton [gr.] *s*, Edelgas, chemisches Symbol Kr, Ordnungszahl 36,

Kulturkampf

Atommasse 83,8. Das farb- u. geruchlose u. chemisch wie alle ↑Edelgase sehr reaktionsträge Gas kommt in der Luft zu etwa 1/1000‰ vor u. wird durch Destillation der ↑flüssigen Luft gewonnen; Schmelzpunkt −156,6 °C; Siedepunkt −152,3 °C. Ein Liter des Gases wiegt 3,73 g (bei 0 °C), ist also sehr schwer. Technische Verwendung findet das K. als Füllgas von Glühlampen, weil es als reaktionsträger Stoff die Verdampfung der hoch erhitzten Glühdrähte zurückdrängt u. damit deren Lebensdauer wesentlich verlängert.

KSZE ↑Menschenrechte.

Kuala Lumpur, Hauptstadt von Malaysia, mit 700 000 E. Die Stadt besitzt 2 Universitäten. Die Zinnbergwerke u. großen Kautschukplantagen in der Umgebung haben K. L. zu einem wichtigen Handelsplatz für Kautschuk u. Zinn werden lassen. Der Hafen ist *Port Klang*.

Kuba (span. Cuba), größte Insel der großen Antillen u. Republik in Mittelamerika (mit vielen kleinen, küstennahen Inseln u. Inselgruppen). K. hat 9,5 Mill. E (hauptsächlich Weiße spanischer Abkunft, ferner Neger u. Mestizen); 110 922 km². Die Hauptstadt ist Havanna. K. besteht größtenteils aus Hügel- u. Flachland; an der karibischen Küste ist es versumpft; das Gebirge im Südosten erreicht eine Höhe von 1972 m. Es herrscht tropisches Seeklima. An der Spitze der Landwirtschaft steht der Zuckerrohranbau (K. gehört zu den wichtigsten Rohrzuckerproduzenten der Welt), ferner werden Reis, Mais, Kaffee, Kakao, Ananas, Bananen, Baumwolle u. Sisal angebaut. Viehhaltung u. Fischfang werden wesentlich gesteigert. Unter den Bodenschätzen ist Nickel am wichtigsten; es wird auch Erdöl gefördert. Die Industrie umfaßt Zucker- und Erdölraffinerien, Textilherstellung, Tabakverarbeitung u. a. An der Südküste Kubas befindet sich der amerikanische Militärstützpunkt Guantánamo. *Geschichte:* 1492 wurde die Insel von Kolumbus entdeckt; von 1511 bis 1898 war sie spanisch. Seit 1901 ist K. Republik. 1959 wurde Fidel Castro Ministerpräsident, nachdem er mit seinen Guerillakämpfern den Diktator Batista vertrieben hatte. Er verwandelte K. in einen sozialistischen Staat (bei gleichzeitiger Abwendung von den USA u. Anlehnung an die UdSSR). Wegen der Errichtung sowjetischer Raketenbasen auf der Insel kam es 1962 zur *Kubakrise.* Nach der Blockade Kubas durch die USA wurden die sowjetischen Raketen wieder aus dem Lande entfernt. – K. ist Gründungsmitglied der UN u. seit 1972 Mitglied des RGW.

Kubik... [lat.], Vorsilbe mit der Bedeutung, daß die dahinterstehende Einheit in die 3. Potenz erhoben werden soll: Kubikmeter = m³, Kubikzentimeter = cm³. K. ist also die Vorsilbe von Raummaßen. Unter einer Kubikzahl versteht man die 3. Potenz einer natürlichen Zahl ($8 = 2^3$, $27 = 3^3$, $64 = 4^3$). Die Kubikwurzel $\sqrt[3]{\ }$ einer Zahl a ist diejenige Zahl b, die zur 3. Potenz erhoben a ergibt: $\sqrt[3]{a} = b$, wenn $b^3 = a$, z.B.: $\sqrt[3]{64} = 4$, denn $4^3 = 64$.

kubisch [lat.], würfelförmig (↑Kubik...).

Kubismus ↑moderne Kunst.

Kuckucke *m, Mz.,* Familie schlanker Baumvögel mit langem, schmalem Schnabel, langem Schwanz u. Kletterfüßen. Wie viele andere K. ist der bei uns heimische *Gemeine Kuckuck* ein Brutschmarotzer: Das kleine Ei wird in ein fremdes Nest gelegt. Nach dem Schlüpfen entfernt der nesthockende junge Kuckuck die anderen Jungvögel oder Eier aus dem Nest. Der etwa 30 cm lange erwachsene Kuckuck vertilgt v. a. Insekten u. Früchte.

Kudrun (Gudrun), im 13. Jh. entstandenes Heldenepos, das die Geschichte Kudruns erzählt: Von einem abgewiesenen Freier geraubt, hält sie ihrem Verlobten 13 Jahre lang bis zu ihrer Befreiung die Treue.

Kugel *w*, eine gleichmäßig gekrümmte, in sich geschlossene Fläche, auf der alle Punkte liegen, die von einem bestimmten Punkt, dem Kugelmittelpunkt, die gleiche Entfernung haben. Als K. bezeichnet man auch den durch diese Fläche begrenzten Körper. Die Entfernung der Kugeloberfläche vom Kugelmittelpunkt heißt Radius (r). Der doppelte Wert des Radius wird als Durchmesser d bezeichnet: $d = 2r$. Die Kugeloberfläche O erhält man aus der Beziehung: $O = 4\pi r^2$. Für den Rauminhalt V der Kugel gilt: $V = \frac{4}{3}\pi r^3$.

Kugelalge *w*, Gattung der Grünalgen mit über 10 frei in Süßwasser lebenden Arten. Es bilden sich Kolonien aus bis zu 20 000 jeweils mit 2 Geißeln ausgestatteten Zellen, die durch Plasmastränge miteinander in Verbindung stehen. Kugelalgen werden oft fälschlich als Kugeltierchen bezeichnet.

Kugellager *s*, eine Vorrichtung, mit sich drehenden Achse zwischen einer sich drehenden Achse u. dem Achslager herabgesetzt wird. Das K. besteht aus zwei gehärteten Stahlringen, zwischen denen sich Kugeln befinden. Der innere Laufring sitzt auf der Achse, der äußere im Lager. Durch das K. wird die verhältnismäßig große Gleitreibung in die wesentlich kleinere Rollreibung umgewandelt. Befinden sich zwischen den Laufringen kleine Rollen, so spricht man von einem Rollenlager.

Kugelstoßen *s,* sportlicher Wettbewerb in der Leichtathletik mit einer massiven Metallkugel (für Männer 7,257 kg, für Frauen 4 kg). Schwungholen ist nur in einem Kreis von 2,135 m Durchmesser erlaubt. – Abb. S. 330.

Kühlschrank ↑Kältemaschine.

Kuibyschew, sowjetische Stadt an der mittleren Wolga, mit 1,2 Mill. E. Die Stadt besitzt eine Universität u. ist eine der bedeutendsten Industriestädte der UdSSR. In K. gibt es u. a. Erdölverarbeitung u. Flugzeugbau. – Oberhalb der Stadt erstreckt sich der *Kuibyschewer Stausee* (6450 km²).

Ku-Klux-Klan [auch: *kjuklaksklän;* engl.] *m,* politischer Geheimbund in den USA, gegründet 1865 nach dem Sezessionskrieg. Er kämpfte mit Terror u. Lynchjustiz gegen die Gleichberechtigung der Neger. 1871 wurde der Geheimbund verboten; er lebte im 1. u. nach dem 2. Weltkrieg wieder auf u. richtete sich nun – auch in milderen Formen – gegen die Rassenintegration der Farbigen.

Kuli [angloind.] *m,* Bezeichnung für billige Arbeiter, zuerst in Süd- u. Ostasien.

Kulmination [lat.] *w:* **1)** der Durchgang eines Gestirns durch den höchsten Punkt (Kulminationspunkt) seiner täglichen Bahn am Himmel. Es steht dann genau im Süden; **2)** Erreichung des Höhepunktes, Gipfelpunktes, z. B. einer Laufbahn.

Kult (Kultus) [lat.; = Pflege] *m:* **1)** an feste Formen, Riten, Orte, Zeiten gebundene religiöse Verehrung einer Gottheit durch eine Gemeinschaft; **2)** übertriebene Verehrung, die man jemandem angedeihen läßt.

Kultur [lat.] *w:* **1)** Gesamtheit der geistigen u. künstlerischen gesellschaftlichen Leistungen einer Gemeinschaft als Ausdruck hoher menschlicher Entwicklung; **2)** Bildung, verfeinerte Lebensweise; **3)** Zucht von Bakterien u. a. auf Nährböden; **4)** Pflege und Bebauung des Bodens; **5)** junge Bestände von Forstpflanzungen.

Kulturkampf [lat.; dt.] *m,* ein Streit zwischen dem preußischen Staat u. der katholischen Kirche nach der Gründung des Deutschen Reiches von 1871, in dem es um Ansprüche u. Rechte der Kirche u. des Staates ging. Im Verlauf der Auseinandersetzungen wurden verschiedene Gesetze erlassen, die auf den Widerstand des katholischen Teils der Bevölkerung stießen. So wurde der Kirche die Schulaufsicht entzogen, die bürgerliche Eheschließung vor dem Standesbeamten eingeführt u. die Jesuiten-

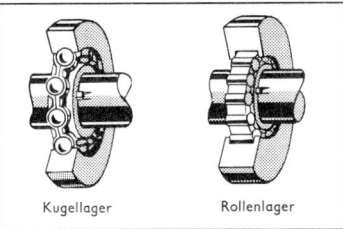
Kugellager   Rollenlager

Kulturpflanzen

orden verboten. Nach dem Tode Papst Pius' IX. (1878) kam es zu einem Ausgleich.

Kulturpflanzen w, Mz., Bezeichnung für alle Pflanzen, die vom Menschen planmäßig angebaut, geerntet u. verwertet werden.

Kultusministerium [lat.] s, das für kulturelle Angelegenheiten, d. h. für Unterrichts-, Bildungs-, Rundfunkwesen u. a. zuständige Ministerium. In der Bundesrepublik Deutschland steht die Kulturhoheit ausschließlich den Ländern zu; es gibt also kein Bundeskultusministerium. Für überregionale (über die Länder hinausgehende) Fragen ist die *Ständige Konferenz der Kultusminister* mit Büro in Bonn zuständig.

Kümmel m, bis 1 m hoher, zweijähriger Doldenblütler. Die Blätter sind feinfiedrig, die Blüten weiß. Wegen des in ihnen enthaltenen Kümmelöls werden die Samen als Gewürz für Brot, Fleischspeisen, Käse u. Branntwein verwendet.

Kunstgewerbe s, zweckgebundene (im Gegensatz zu den „freien Künsten" Malerei und Plastik), „angewandte Kunst", z. B. bei Möbeln, Porzellan, Gläsern, Emailarbeiten, Keramik, Textilien. Heute unterscheidet man vielfach zwischen K. u. dem *Kunsthandwerk*, das die handwerkliche Ausführung in den Vordergrund stellt.

Kunstseide w, ältere Sammelbezeichnung für Chemiefäden (↑Chemiefasern).

Kunststoffe m, Mz., Materialien wie Fäden, Folien, Gläser, Preßmassen usw., die durch ↑Polymerisation oder Polykondensation (↑Kondensation) aus einfachen, meist ungesättigten, kleinen Grundverbindungen hergestellt werden. Die Grundstoffe für die Herstellung der heute immer rascher anwachsenden Anzahl von Kunststoffen sind in steigendem Maße die in kleine Moleküle zerlegten (gekrackten) Bestandteile des Erdöls u. neuerdings auch des Erdgases. Je nach der Art der Grundstoffe u. des Herstellungsverfahrens sowie auch durch gewisse Nachbehandlungen kann man heute K. nahezu jeder beliebig gewünschten Art herstellen. Wir kennen diese Produkte in Form von Spielzeug, Autoteilen, Zahnbürsten, Kleidung, Plastikbeuteln usw.

Kuomintang [chin.; = Nationale Volkspartei] w, chinesische demokratisch-nationale Partei. Sie wurde 1912 von Sun Yat-sen gegründet, unter Tschiang Kai-schek bildete sie 1923–27 eine Einheitsfront mit den Kommunisten, erneut 1937–45 gegen Japan. 1928 wurde die K. Regierungspartei u. bekämpfte die Kommunisten. Im Bürgerkrieg nach dem 2. Weltkrieg konnte sie sich gegen die Kommunisten nicht behaupten. Seit 1949 ist die K. auf ↑Taiwan beschränkt.

Kupfer s, Metall, chemisches Symbol Cu, Ordnungszahl 29, mittlere

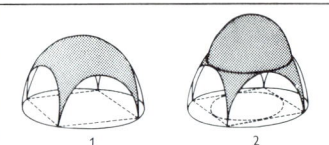

Kuppel. 1 Hängekuppel (Pendentifs als Kuppelteile), 2 Pendentifkuppel (Pendentifs selbständige Teile)

Atommasse ungefähr 63,5. Das rötlich gefärbte Halbedelmetall ist neben Gold das einzige Metall, das eine deutliche Farbe aufweist. Es ist ziemlich hart u. zäh, jedoch dehnbar. Schmelzpunkt 1 083 °C; Siedepunkt 2 595 °C; Dichte 8,96. In der Natur kommt K. meist zusammen mit Eisen vor. Die hervorragende Bedeutung des Metalls liegt in seiner guten elektrischen Leitfähigkeit, die nur ganz wenig unterhalb der von Silber liegt, das den besten elektrischen Leiter darstellt. Wenn man bedenkt, mit welch dichtem Netz von Stromleitungen z. B. unsere Städte bis in die Haushalte hinein überzogen sind, wird die Wichtigkeit des Metalls deutlich. Für diese Zwecke muß durch ↑Elektrolyse gereinigtes K., sogenanntes Elektrolytkupfer, verwendet werden, da schon geringe Verunreinigungen die Leitfähigkeit stark herabsetzen. Gegenüber der Verwendung des reinen Metalls tritt seine Bedeutung als Legierungsbestandteil fast zurück, obwohl es zusammen mit Zink das technisch überaus wichtige Legierung Messing bildet. Die Bronze, schon aus der sogenannten Bronzezeit bekannt, ist eine Legierung aus Zinn u. Kupfer.

Kupferstich m, ältestes Tiefdruckverfahren. Die Zeichnung wird mit einem Grabstichel in eine Kupferplatte eingeritzt. Der Grabstichel hat einen rautenförmigen Querschnitt und ist schräg angeschliffen. Dieser schräge Anschliff heißt „Schildchen". Das Schildchen hebt den Span ab, der von der Spitze ausgestochen wurde. Ein Polierstahl glättet die Kanten. Die Druckfarbe wird nur von den Vertiefungen angenommen u. von dort auf das Papier übertragen. – Die Technik des Kupferstichs wird seit dem 15. Jh. angewandt. Ein Meister im K. war Dürer.

Kupfervitriol [dt.; mlat.] s, Kupfersulfat, technisch wichtiges Kupfersalz.

kupieren [frz.], Ohren und/oder Schwanz stutzen, kürzen (bei Hunden u. Pferden).

Kuppel [lat.] w, geschlossene oder geöffnete Gewölbekonstruktion über rundem, quadratischem oder vieleckigem Raum. Bei größeren Kuppelkonstruktionen ist die K. meist doppelschalig, sie hat dann eine innere Raumkuppel u. eine äußere Kuppelschale. Beim Übergang vom quadratischen oder vieleckigen Raum zur K. sind als Hilfskonstruktion Hängewickel (Pendentifs [*pangdangtifs*] genannt) notwendig.

Kupplung w: 1) Vorrichtung zum Verbinden von Fahrzeugen, z. B. K. zwischen Motorfahrzeug u. Anhänger bei Lastkraftwagen, K. zwischen Eisenbahnwagen; 2) eine meist lösbare Verbindung zwischen einer Antriebsmaschine u. dem angetriebenen Maschinenteil, z. B. die lösbare Verbindung zwischen Motor und angetriebenen Rädern beim ↑Kraftwagen. Durch Herabtreten des Kupplungspedals kann diese Verbindung zeitweise gelöst werden, wie z. B. beim Schalten des Getriebes.

Kuratorium [lat.] s, Aufsichtsbehörde, z. B. einer öffentlichen Körperschaft, Anstalt, Stiftung.

Kurbel w, ein einarmiger Hebel, mit dem eine Achse gedreht wird. Je länger die K. ist, um so leichter läßt sich die Achse drehen, um so größer ist aber auch der Weg, den man bei einer Kurbelumdrehung zurücklegen muß. Was an Kraft gewonnen wird, muß an Weg zugesetzt werden.

Kurden m, Mz., Volk in *Kurdistan*, einer Landschaft in Vorderasien (Türkei, Iran, Irak und Nachbargebiete). Schätzungen über die Zahl der K. schwanken zwischen 8 u. 30 Mill.; sie sind Ackerbauern, teilweise auch Hirtennomaden, u. meist Moslems. V. a. in Irak u. Iran führen die K. erbitterte Kämpfe um Autonomie.

Kurfürst ↑Fürst.

Kurie [lat.] w, die päpstlichen Zentralbehörden.

Kurilen Mz., etwa 1 200 km langer Inselbogen im nordwestlichen Pazifi-

Kugelstoßen

schen Ozean zwischen Kamtschatka u. Hokkaido. Es sind gebirgige, wenig bewaldete Vulkaninseln. Die Bewohner leben von Pelztier- u. Fischfang. Die K. sind in sowjetischen Besitz.

Kurisches Haff *s*, Ostseehaff im Gebiet der Memelmündung vor der ostpreußischen u. litauischen Küste. Es ist 1 619 km² groß. Von der Ostsee ist es getrennt durch die *Kurische Nehrung*, eine 96 km lange Landzunge vom Samland bis zur Memel mit hohen Dünen.

Kurland, Landschaft im westlichen Lettland (UdSSR) mit dem Hauptort Libau. Die Niederung an der Ostseeküste ist sumpf- u. seenreich.

Kurzschluß *m*, eine meist durch schadhafte elektrische Leitungen od. Geräte hervorgerufene direkte Verbindung zwischen den beiden Polen einer Spannungsquelle. Es fließt dann ein sehr großer Strom, der das Kabel so stark erhitzt, daß ein Brand entstehen kann. Verhindert werden schädliche Auswirkungen eines Kurzschlusses durch elektrische ↑Sicherungen.

Kurzschrift *w* (Stenographie), eine gegenüber der normalen Schrift verkürzte Schrift, die durch flüssige Linienführung u. besondere Zeichen ein schnelles Schreibtempo ermöglicht. Nach dem Grad der Kürzung unterscheidet man Verkehrs- u. Eilschrift. Selbstlaute werden meist nur durch verschiedene Stärke der Mitlautzeichen zum Ausdruck gebracht. Jede K. enthält außerdem feststehende Kurzformen, die sogenannten Kürzel (Sigel).

Kurzstreckenlauf ↑Lauf 1).

Kurzwellen *w, Mz.*, elektromagnetische Wellenlängen zwischen 100 u. 10 m. Das entspricht einer Frequenz von 3 000 000 bis 30 000 000 Hz. K. haben eine sehr große Reichweite. Sie werden deshalb für weitreichende Funk- u. Rundfunkverbindungen verwendet.

Küstenmeer *s*, in sich über das Hoheitsgebiet eines Staates zu Lande u. über seine inneren Gewässer hinaus erstreckender, an seine Küste grenzender Meeresstreifen, auf den sich seine Souveränität erstreckt (Hoheitsgewässer). Die Souveränität erstreckt sich sowohl auf den Luftraum über dem K. als auch auf dessen Meeresgrund u. -untergrund. Lange Zeit hatte das K. eine Breite von 3 Meilen (*Dreimeilenzone*), heute werden häufig breitere (12, 50 bis 200 Meilen) Küstenmeere als Hoheitsgewässer anerkannt bzw. von einzelnen Staaten beansprucht. Jenseits des Küstenmeers schließt sich die *Anschlußzone* an, in der ein Küstenstaat die erforderliche Kontrolle ausüben kann, um insbesondere Verstöße gegen seine Zoll-, Finanz-, Gesundheits- u. Einwanderungsvorschriften zu verhindern bzw. zu ahnden (gewöhnlich 12 Meilen breit).

Kutter [engl.] *m*, ein einmastiges Segelschiff für Küstenschiffahrt u. Fischerei, heute meist mit Hilfsmotor.

Kuwait: 1) Emirat am Nordende des Persischen Golfs, mit 1,1 Mill. E; 18 083 km². Die Bevölkerung besteht hauptsächlich aus Arabern, daneben Perser, Armenier u. a. Das Land ist größtenteils Wüste, aber eines der bedeutendsten Erdölgebiete der Erde. Rohrleitungen führen zu den 3 Erdölausfuhrhäfen. Auch Fischerei; die gefangenen Garnelen werden größtenteils in die USA geliefert. Es bestehen einige Industriebetriebe. K. ist Mitglied der UN u. der Arabischen Liga; **2)** Hauptstadt von 1), Hafen an der Bucht von K., mit 290 000 E. Die Stadt ist Handels- u. Umschlagplatz. Wichtig ist v. a. die Erdölraffinerie.

Kyffhäuser [*kif...*] *m*, kleines Waldgebirge südlich der Goldenen Aue, Bezirk Halle. Bei den Ruinen der Burg K. steht das Kyffhäuserdenkmal (457 m ü. d. M.). Am Südfuß des K. liegt die Barbarossahöhle. Nach der Sage schläft im K. verzaubert ein deutscher Kaiser, ursprünglich sollte es Friedrich II. sein, dann wurde die Sage auf Friedrich I. Barbarossa übertragen.

Kykladen *Mz.*, Gruppe von über 200 gebirgigen griechischen Inseln im Ägäischen Meer, südöstlich von Attika u. Euböa, mit 86 000 E und der Hauptstadt *Ermupolis* (14 000 E). Angebaut werden: Wein, Oliven, Feigen, Tabak, Zitrusfrüchte. Abgebaut werden: Marmor, Bauxit, Blei, Hämatit und Schwefel.

Kyros II., der Große, † 529 v. Chr., persischer König seit 559 v. Chr. Er eroberte Medien, Lydien u. Babylon u. wurde dadurch Beherrscher eines Weltreiches.

KZ, Abkürzung für: ↑Konzentrationslager.

L

L: 1) 12. Buchstabe des Alphabets; **2)** römisches Zahlzeichen für 50.

l, Abkürzung für: Liter.

Lab (Labferment, Chymosin) *s*, Gemisch von Enzymen, das im Magen von Kälbern vorkommt u. dort die Gerinnung von Milcheiweiß bewirkt. L. wird in großem Maßstabe aus zerkleinerten Kälbermägen gewonnen und in der Milchwirtschaft zur Käseherstellung verwendet.

labil [lat.], unbeständig, schwankend, unsicher.

Laboratorium [lat.] *s* (Kurzform: Labor), Raum für Arbeiten chemischer, physikalischer, biologischer u. ähnlicher Art, mit den entsprechenden Geräten ausgestattet. Die Arbeitsräume, die für Arbeiten in größerem (halbtechnischem) Maßstab dienen, nennt man im Gegensatz zum L. *Technikum*. Der Gehilfe im L. wird *Laborant* genannt.

Labrador, größte Halbinsel Nordamerikas, an der Ostküste Kanadas gelegen, zwischen Hudsonbai u. Sankt-Lorenz-Golf. L. ist fast sechsmal so groß wie die Bundesrepublik Deutschland, auf L. leben aber nur 28 000 E (darunter Indianer und Eskimo). In dem wald- u. seenreichen Hochland herrscht rauhes Klima, bedingt durch die kalte Meeresströmung an der Ostküste (Labradorstrom). Der Norden u. Nordosten ist von Tundra bedeckt, nur im Süden ist Getreide- u. Gemüseanbau möglich. Haupterwerbsquelle sind Fischfang, Renzucht, Robben- u. Pelztierjagd sowie die Ausbeutung der reichen Eisenerzvorkommen.

Labyrinth [gr.] *s*: **1)** ein schwer zu durchdringendes Gewirr von Gängen u. Räumen, vergleichbar einem Irrgarten, aus dem herauszufinden nicht leicht ist. Der Sage nach erbaute Dädalus ein L., die Behausung des Minotaurus, für den König Minos von Knossos; **2)** Innenohr (↑Ohr).

Lachgas (Distickstoffmonoxid, Stickoxydul, N$_2$O) *s*, gasförmige, farblose, angenehm riechende Verbindung, deren Einatmung zunächst eine ange-

Lachs

Lachs

nehme, rauschartige Wirkung, später eine narkotische Wirkung hervorruft (v. a. bei Zahnoperationen verwendet).

Lachs *m*, bis 1,5 m großer u. bis 45 kg schwerer Raubfisch im Norden des Atlantischen Ozeans. Der L. lebt die meiste Zeit im Meer. Nur zur Laichzeit wandert er die Flüsse aufwärts. In den Quellgebieten laicht er. Er legt an einem Tag bis zu 40 km zurück, u. springt 2–3 m hoch u. 4–6 m weit. Nach 2–3 Jahren wandern die Jungfische ins Meer. – Abb. S. 331.

Lacke [sanskr.] *m, Mz.*, Lösungen von Harzen oder kautschukähnlichen Substanzen in Ölen, Benzol, Aceton, Benzin u. a., die zum Oberflächenschutz in dünner Schicht ein- oder mehrfach auf zu schützende Werkstoffe wie Holz u. Metall aufgetragen werden. Nach der Verdunstung (z. B. bei Benzin) oder der Verharzung des Lösungsmittels (z. B. bei Terpentinöl) bilden sie einen dünnen, festhaftenden, schützenden Film.

Lackmus [niederl.] *m* oder *s*, aus der Lackmusflechte gewonnener Farbstoff, der die Eigenschaft hat, sich in saurer Lösung rot, in basischer Lösung blau zu färben. In der Chemie wird L. deshalb zum Bestimmen von Säuren u. Basen (Laugen) verwendet. In der Praxis verwendet man meist mit Lackmuslösung getränkte Papierstreifen, sogenanntes *Lackmuspapier*, das man in die zu prüfende Lösung eintaucht.

Ladogasee *m*, größter See Europas, nordwestlich von Leningrad in der Sowjetunion gelegen. Der L. ist mit 18 135 km² etwa 34mal so groß wie der Bodensee u. bis 230 m tief. Sein Wasser fließt durch die Newa in die Ostsee, eine Kanalverbindung besteht zum Weißen Meer. Der fischreiche See ist von Dezember bis April vereist.

Ladung (elektrische Ladung) *w*, die auf einem Körper befindliche positive oder negative Elektrizitätsmenge (bzw. der Überschuß der positiven gegenüber der negativen Elektrizitätsmenge oder umgekehrt). Die Einheit der L. ist das ↑Coulomb.

La Fayette (Lafayette), Marie Joseph Motier, Marquis de [*lafajät*], * Schloß Chavaniac (Haute-Loire) 6. September 1757, † Paris 20. Mai 1834, französischer General u. Staatsmann. La F. kämpfte im amerikanischen Unabhängigkeitskrieg an der Seite George Washingtons. Er wurde nach seiner Rückkehr nach Paris zu einem führenden Politiker der Französischen Revolution u. setzte sich in der Nationalversammlung für die Verkündung der Menschen- und Bürgerrechte ein.

La Fontaine, Jean de [*lafongtän*], * Château-Thierry 8. Juli 1621, † Paris 13. April 1695, französischer Dichter. Er wurde berühmt durch seine „Fabeln" (1668–94, deutsch 1791–94), mit denen er an Fabeldichtungen der Antike anknüpfte. Voller Humor verspottet er Schwächen der Menschen, die er gleichnishaft als Tiere auftreten läßt. Am bekanntesten sind: „Der Fuchs u. der Rabe" u. „Die Grille u. die Ameise".

Lagenschwimmen ↑Schwimmen.

Lager *s*, ein Maschinenteil, der eine sich drehende Achse trägt. Das L. besteht zumeist aus einem Hohlzylinder, in dem die Achse steckt. Beim *Gleitlager* steckt die Achse unmittelbar im Hohlzylinder. Zwischen L. u. Achse findet eine Gleitreibung statt, die man durch Schmieren oder Ölen möglichst klein hält. Aus Kunststoff bestehende L. bedürfen bisweilen überhaupt keiner Schmierung. Beim *Wälzlager* befinden sich zwischen Achse u. L. Kugeln oder Rollen (↑Kugellager).

Lagerlöf, Selma, * Gut Mårbacka (Värmland) 20. November 1858, † ebd. 16. März 1940, schwedische Dichterin. Sie erhielt 1909 den Nobelpreis für ihren Roman „Gösta Berling" u. wurde 1914 als erste Frau in die Schwedische Akademie aufgenommen. Sie verfaßte tief religiöse, phantasievolle u. heimatverbundene Erzählungen. Eines der bekanntesten Jugendbücher ist der Märchenroman „Wunderbare Reise des kleinen Nils Holgersson mit den Wildgänsen" (deutsch 1907/08).

Lagerpflanzen *w, Mz.* (Thalluspflanzen), niedere Pflanzen. Sie sind nicht, wie die Blütenpflanzen, in Sproß, Blätter u. Wurzel gegliedert. Zu den L. gehören u. a. Algen, Pilze, Flechten, Moose.

Lago Maggiore [- *madsehore*] (Langensee) *m*, zweitgrößter See in Oberitalien, an der Grenze zwischen Italien u. der Schweiz gelegen, in die er mit seinem Nordteil hineinragt. Der L. M. ist 66 km lang, bis zu 5 km breit; 212 km². Mildes Klima u. landschaftliche Schönheit machten den L. M. zu einem Mittelpunkt des Fremdenverkehrs; von seinen Inseln ist die Isola Bella am bekanntesten. Viel besuchte Orte am L. M.: Locarno, Ascona, Stresa, Laveno.

Lagos, Hauptstadt von Nigeria, am Golf von Guinea, mit 1,1 Mill. E. Bedeutende Hafen- u. Industriestadt (Textilindustrie, Montage von Kraftfahrzeugen sowie Rundfunk- u. Fernsehgeräten, Herstellung von Kunststoffwaren, Arzneimitteln u. a.), auch Sitz einer Universität.

Lagune [ital.] *w*: 1) flacher Strandsee, der durch Sandinseln (Dünen) vom offenen Meer abgetrennt ist. Bekanntes Beispiel: die Lagunen von Venedig. Lagunen in der Ostsee heißen ↑Haff; 2) die von Korallenriffen umgebene Wasserfläche eines Atolls.

Lähmung *w*, die Unmöglichkeit, einen bestimmten Muskel oder ein bestimmtes Organ in Tätigkeit zu setzen oder Empfindungen wahrzunehmen. Ursache ist die Erkrankung bzw. Schädigung eines Nervs oder dessen Schaltstelle im Gehirn oder Rückenmark. Durch ↑Narkose wird eine zeitlich begrenzte L. hervorgerufen.

Lahn *w*, rechter Nebenfluß des Rheins, 245 km lang. Die L. entspringt im Rothaargebirge und mündet südlich von Koblenz.

Lahore [*lahor*], zweitgrößte Stadt in Pakistan, im Pandschab gelegen, mit 2,1 Mill. E. Moscheen u. berühmte Gartenanlagen prägen das Stadtbild. L. ist Sitz einer Universität u. eines Kernforschungsinstituts. Metall-, Textil-, chemische, Zigaretten- u. Nahrungsmittelindustrie sind die Haupterwerbsquelle der Bevölkerung. Internationaler Flughafen.

Lai [*lä*; frz.], im Mittelalter ein mit Harfenbegleitung vorgetragenes bretonisches Lied, später ein französisches oder provenzalisches Gedicht; bedeutend sind v. a. die Lais der Marie de France; die entsprechende mittelhochdeutsche Form ist der *Leich*.

Laibach ↑Ljubljana.

Laich *m*, Eier von Fischen, Lurchen u. Schnecken. Die Eier sind von einer Gallertschicht umgeben u. werden in Streifen, Schnüren oder Ballen abgelegt.

Laie [gr.] *m*: 1) ein Katholik, der nicht dem geistlichen Stand angehört; 2) Nichtfachmann, Nichtsachverständiger.

Laienrichter (offiziell: ehrenamtliche Richter) *m, Mz.*, nicht juristisch

Marie Joseph Motier, Marquis de La Fayette

Selma Lagerlöf

landwirtschaftliche Produktionsgenossenschaft

ausgebildete Personen, die an bestimmten Gerichten (z. B. Arbeits-, Sozialgericht) tätig sind; ↑ auch Schöffe.

Laienspiele s, *Mz.*, Theaterstücke, die von Laien (nicht von Berufsschauspielern) aufgeführt werden. Laiendarsteller können Kinder, Schüler, Jugendliche oder Erwachsene sein, je nach dem Kreis, in dem und vor dem die Stücke gespielt werden (Kindergarten, Schule, Laienspielkreis).

lakonisch [gr.], kurz, treffend u. knapp (ohne Erläuterung) in der Redeweise. Das Wort bezieht sich auf die wortkarge u. dennoch schlagfertige Ausdrucksweise der Lakonier (Bewohner der Gegend um Sparta).

Lakritze [gr.-mlat.] w, eingedickter Saft (Lakritzen-, Bären-, Süßholzsaft) aus der Wurzel des Süßholzstrauchs, der in Südeuropa u. in Asien wächst. L. wird gegen Husten u. gegen Magen- u. Zwölffingerdarmgeschwüre verwendet. Sie ist (meist in Stangenform) in Verbindung mit Zucker u. Stärkesirup auch ein beliebtes Naschwerk.

Lama [tibet.; = „der Obere"] m, tibetanischer Priester oder Mönch. Die in Tibet, Ladakh u. Nepal verbreitete Form des Buddhismus heißt *Lamaismus* (Verschmelzung des Buddhismus mit älteren tibetanischen religiösen Kulten). Höchster Würdenträger ist der ↑ Dalai-Lama.

Lama [span.] s, rotbraune bis schwarze oder weiße, höckerlose Kamelart auf den Hochebenen Perus u. Boliviens. Das L. wurde aus dem Guanako als Haustier gezüchtet. Es liefert Fleisch, Wolle u. Milch. Als Lasttier wird nur der Hengst verwendet, der bis 50 kg tragen kann. – Abb. S. 334.

Lambaréné ↑ Schweitzer.

Lamellen [frz.] w, *Mz.*: 1) dünne Blättchen unter dem Hut von Pilzen, die danach als Lamellenpilze bezeichnet werden. Die L. sind die Träger der Fruchtschicht, die die Pilzsporen enthält; 2) in der Technik bezeichnet man dünne Plättchen oder Scheiben als Lamellen.

Landerziehungsheim s, auf dem Land eingerichtete Privatschule der Sekundarstufe, in der die Schüler in kleinen Schul- und Familiengemeinschaften leben und erzogen werden. Eine freie Form des gemeinschaftlichen Lebens, Schülermitverantwortung, soziale Dienste und vielseitige Aktivitäten sollen die Selbsterziehung und Charakterbildung der Schüler stärker fördern, als dies in Stadtschulen möglich ist.

Landeskirche w, in Deutschland eine evangelische Kirche, deren Mitglieder alle in einem bestimmten Gebiet wohnen. Die Landeskirchen entstanden in der Reformationszeit. Damals, als viele Fürsten die neue Lehre annahmen, richteten sie in ihren Ländern selbständige Landeskirchen für ihre Untertanen ein. Daher entsprechen die Grenzen vieler Landeskirchen heute noch den politischen Grenzen jener Zeit. Es gibt lutherische, reformierte u. unierte Landeskirchen, die als Gliedkirchen der ↑ Evangelischen Kirche in Deutschland angehören.

Landeszentralbanken w, *Mz.*, Abkürzung: LZB, Hauptverwaltungen der Deutschen Bundesbank in den Bundesländern.

Landflucht w, Abwanderung der Landbevölkerung in Industriebezirke. L. ist als Schlagwort besonders in der 2. Hälfte des 19. Jahrhunderts aufgekommen, als die rasche Industrialisierung Massenabwanderungen vom Land in die Stadt mit sich brachte. Meist gingen jüngere Landarbeiter u. landlose Bauernsöhne in Städte, um dort mehr zu verdienen u. ihre Lebensbedingungen zu verbessern.

Landfriede m, seit dem frühen Mittelalter von Kaisern u. Königen immer wieder neu erlassenes Gesetz, das Fehden u. andere bewaffnete Auseinandersetzungen bei Strafe verbot. Der L. galt für eine bestimmte Zeit u. einen bestimmten Bereich. Wer den Landfrieden brach, beging *Landfriedensbruch* u. wurde hart bestraft. Nach dem Zerfall der Kaisermacht im späten Mittelalter wurde der L. auch zwischen Fürsten u. Städten vereinbart.

Landgewinnung ↑ Neulandgewinnung.

Landgraf m, seit dem 12. Jh. deutscher Fürstentitel; Landgrafen standen einer Landgrafschaft vor. Ursprünglich sollte der L. die königliche Macht gegenüber den Herzogtümern stärken. Seit dem Spätmittelalter ist L. nur noch ein Titel ohne besondere rechtliche Bedeutung.

Ländler m, Rundtanz aus Bayern u. Österreich im $3/4$-Takt. Der L., Vorläufer des Walzers, wird mäßig schnell getanzt.

Landshut, Hauptstadt des Regierungsbezirkes Niederbayern, an der Isar gelegen, mit 56 000 E. Gut erhalten ist das mittelalterliche Stadtbild mit der bedeutenden (u. a. die spätgotische St.-Martins-Kirche), Stadtresidenz, Rathaus u. Burg Trausnitz. Elektrotechnische, Farben- u. Möbelindustrie sind die wichtigsten Zweige der vielseitigen Industrie. Die alle 3 Jahre mit historischem Umzug als Volksfest gefeierte „Landshuter Fürstenhochzeit" erinnert an die Vermählung Georgs des Reichen mit Hedwig von Polen.

Landsknecht m, Bezeichnung für die deutschen Söldner vom Ende des 15. bis Ende des 16. Jahrhunderts, die in geordneten Gruppen (Haufen) zu Fuß kämpften. Sie waren die ersten Berufssoldaten u. ließen sich vom Kriegsherrn anwerben. Bewaffnet waren sie mit Spieß, Sturmhaube, Hellebarde, Schwert und später auch mit Feuerwaffen (Arkebuse). – Abb. S. 334.

Landstände m, *Mz.*: 1) Bevölkerungsgruppen u. ihre Vertreter (Standesvertretungen), die sich seit dem Mittelalter gegenüber den Landesherren herausbildeten: Geistliche (Prälaten), Ritter, Städte. Der im 15./16. Jh. beträchtliche Einfluß der L. (Steuergesetzgebung, lokale Selbstverwaltung, Beschwerderecht u. ä.) wurde in der Zeit des Absolutismus weitgehend zurückgedrängt; 2) im 19. Jh. Bezeichnung für Landtag.

Landtag m, die vom Volk gewählte Versammlung von Abgeordneten (Parlament) in den deutschen und österreichischen Bundesländern. Der L. heißt in Berlin Abgeordnetenhaus, in Bremen u. Hamburg Bürgerschaft. MdL bedeutet Mitglied des Landtags.

Landwirtschaft (Agrarwirtschaft) w, die Nutzung des Bodens durch Anbau von Nutzpflanzen auf Äckern (Ackerbau) u. durch Zucht u. Haltung von Nutztieren. Im weiteren Sinne rechnet man auch den Gartenbau sowie die sogenannten landwirtschaftlichen Nebengewerbe (Mühlen, Brennereien, Mostereien, Kellereien usw.) zur Landwirtschaft. – Ehe die Menschen L. betrieben, waren sie Jäger, Fischer u. Sammler. Dann begannen sie, Pflanzen, deren Früchte sie gesammelt hatten, anzubauen u. Tiere zu zähmen. Ihre ersten Geräte waren Grabstock u. Hacke, später erfand man den Pflug. Düngung, wie wir sie heute kennen, gab es nicht. Brachte ein Acker keinen Ertrag mehr, dann wurde er als Weide genutzt u. ein neues Stück Land unter den Pflug genommen. Seit der Zeit Karls des Großen gab es in Mitteleuropa die ↑ Dreifelderwirtschaft. Da die Bevölkerung zunahm, mußte man neue Wege finden, um die Erträge des Bodens zu verbessern. Seit dem 18. Jh. wurden die Erträge in der L. immer mehr gesteigert, z. B. durch den Anbau neuer Pflanzen (Kartoffeln, Zuckerrüben), durch landwirtschaftliche Maschinen, bessere Ausbildung der Landwirte (Landwirtschaftsschulen), v. a. aber durch die Einführung der mineralischen Düngemittel (im 19. Jh.). Bis in die Gegenwart gab es Verbesserungen (v. a. durch stärkere Mechanisierung, so daß in der Bundesrepublik Deutschland die laufend geringer werdende landwirtschaftliche Nutzfläche steigende Erträge bringt. Moderne Mittel zur Verbesserung der L. sind die ↑ Flurbereinigung, die Vergrößerung oder Auflösung kleiner Betriebe, die in ihrer jetzigen Größe unwirtschaftlich arbeiten, u. die Aussiedlung (Herausnahme von Hofanlagen aus dem engen Dorfverband u. Neubau außerhalb des Dorfes), außerdem der wirtschaftliche Maschineneinsatz, z. B. durch mehrere Betriebe gemeinsam.

landwirtschaftliche Produktionsgenossenschaft w, Abkürzung: LPG, in der DDR der genossen-

333

Lang

Elisabeth Langgässer

Ferdinand Lassalle

Orlando di Lasso

Lama

schaftliche Zusammenschluß u.a. von Bauern und Landarbeitern zu einem gemeinschaftlichen Wirtschaftsbetrieb. Landwirtschaftliche Produktionsgenossenschaften entstanden nach sowjetischem Vorbild, oft unter Anwendung von Druckmitteln.

Lang, Fritz, *1890, †1976, österreichisch-amerikanischer Filmregisseur, ↑Film.

Langeoog, ostfriesische Insel, Nordseebad mit 2700 E.

Langgässer, Elisabeth, * Alzey 23. Februar 1899, †Rheinzabern (Landkreis Germersheim) 25. Juli 1950, deutsche Dichterin. Schrieb Gedichte, Romane („Das unauslöschliche Siegel", 1946; „Märkische Argonautenfahrt", 1950) u. Erzählungen. Im Mittelpunkt ihrer Werke stehen meist religiöse Probleme u. die Schreckensjahre der Kriegs- u. Nachkriegszeit.

Langlauf ↑Lauf 1), ↑Wintersport.

Langobarden m, Mz., westgermanischer Volksstamm. Die L. zogen im 5. Jh. aus dem Unterelbegebiet nach Böhmen u. Südmähren. Um 570 errichteten sie in Italien ein Reich mit der Hauptstadt Pavia (Lombardei = Langobardei). Es wurde 774 von Karl dem Großen erobert u. mit dem Fränkischen Reich vereinigt.

Langstreckenlauf ↑Lauf 1).

Languste [frz.] w, scherenloser Langschwanzkrebs, der im Mittelmeer u. in atlantischen Küstengewässern (England, Irland) auf Felsen in 15 bis 100 m Tiefe lebt. Als Speisekrebs wird die Gemeine L. sehr geschätzt. Sie wird bis etwa 45 cm lang u. bis 8 kg schwer.

Langwellen w, Mz., elektromagnetische Schwingungen mit Wellenlängen von 1000 bis 10000 m (Frequenzbereich 300–30 kHz).

Lanolin [lat.] s, aus Schafwolle gewonnene, salbenartige Substanz, die ein Gemisch aus einer größeren Anzahl chemischer Substanzen darstellt. Da L. die Fähigkeit hat, bis zu 100% Wasser aufzunehmen, eignet es sich gut als Grundlage von Salben, Hautcremes, Seifen u. a. kosmetischen Artikeln.

Lanzettfischchen [frz.; dt.] s, Mz., einzige Familie der Schädellosen,

eine Vorform der Wirbeltiere. Ihr bis 7 cm langer Körper ist glashell, lanzettförmig u. besitzt einen Flossensaum. Er zeigt bereits den Grundbauplan der Wirbeltiere; eine Rückenseite (Chorda dorsalis), darüber ein Rückenmarksrohr, bauchwärts liegt ein Darmkanal mit einem Kiemenkorb. Knöcherne oder knorpelige Wirbel werden nicht ausgebildet. Das Blutgefäßsystem ist geschlossen. L. leben, meist im Sand vergraben, an den Küsten fast aller gemäßigten u. warmen Meere.

Laokoon [...ko-on], Gestalt der griechischen Mythologie. Priester in Troja, der die Trojaner vor dem hölzernen Pferd der Griechen warnte. Die den Griechen hilfreiche Göttin Athene schickte Schlangen, die ihn u. seine Söhne erwürgten. Die Laokoongruppe, eine berühmte Plastik des 1. Jahrhunderts v. Chr., stellt diesen Vorgang dar; sie gab den Anstoß zu Lessings kunsttheoretischer Schrift „Laokoon: oder über die Grenzen der Malerei u. Poesie" (1766).

Landsknecht. Landsknechtsschütze um 1550 (links) und Landsknecht mit Schwert um 1540

Laos, demokratische Volksrepublik in Hinterindien am mittleren Mekong, mit 236 800 km² etwa so groß wie die Bundesrepublik Deutschland, mit 3,5 Mill. E. Die Hauptstadt ist Vientiane (177 000 E). L. ist gebirgig, teil-

Languste. Gemeine Languste

weise dicht bewaldet u. reich an Wild u. Edelhölzern (Teakholz). Angebaut werden v. a. Reis, Mais, Kartoffeln, Kaffee, Baumwolle u. Kardamom (Gewürzpflanze). – L. gehörte im 19. Jh. zu Thailand, Ende des 19. Jahrhunderts wurde es Teil des französischen Kolonialreiches. Es ist seit 1953 unabhängig. In dem 1960 entflammten Bürgerkrieg zwischen den von den USA unterstützten Regierungstruppen u. den prokommunistischen Pathet-Lao-Verbänden setzten sich die Kommunisten 1975 endgültig durch, der König mußte abdanken. – L. ist Mitglied der UN.

Laotse, chinesischer Weiser u. Philosoph. Nach der chinesischen Überlieferung lebte er im 4. oder 3. Jh. v. Chr. u. gilt als Verfasser des Buches „Taoteking" (= Buch von Tao und Te). L. begründete die Lehre vom Tao, die den Menschen u. a. durch Selbstbesinnung den rechten Weg zeigen will. Sie hat sich zum ↑Taoismus weiterentwickelt.

La Paz ↑Paz, La.

lapidar [lat.], kurz und bündig, z. B. lapidare Redeweise.

Lapislazuli [mlat.] m (Lasurstein), blauer, mitunter grünlich bis violetter Schmuckstein.

Lappen (Samen) m, Mz., Volksgruppe in Lappland, den nördlichen Gebieten Finnlands, Schwedens, Norwegens u. im angrenzenden Teil der UdSSR. Die L. sind klein, gelbhäutig und dunkelhaarig. Ihre Sprache gehört zur finnisch-ugrischen Sprachgruppe. Sie leben meist als Halbnomaden in den von Wald, Sümpfen u. Tundren bedeckten

Gebieten. Rentierzucht, Fischfang u. Jagd sichern ihren Lebensbedarf. Akkerbau ist nur im südlichen Lappland möglich. In den kalten u. langen Wintern benutzen sie zur Fortbewegung einkufige, von Rentieren gezogene Schlitten. Heute leben noch etwa 30000–40000 Lappen.

Lärche w, Gattung der Kieferngewächse, bis 45 m hoch werdende Bäume, die ursprünglich nur im Hochgebirge wuchsen, heute aber auch in tieferen Lagen angepflanzt werden. Die L. wirft im Herbst ihre Nadeln ab, sie ist sommergrün. Im Frühjahr bilden sich an Kurztrieben Büschel hellgrüner Nadeln. An den Langtrieben stehen die Nadeln zerstreut u. einzeln. Die männlichen Blüten stehen in hängenden, gelben Zapfen, die weiblichen in rötlichen, aufrechten Zapfen. Die Samen werden bereits nach einem Jahr reif u. ausgestreut. Trotzdem bleiben die Zapfen mehrere Jahre am Baum hängen. Die L. liefert wertvolles Bau- u. Furnierholz.

largo [ital.], in der Musik Bezeichnung für: breit, langsam; gedehnt u. getragen zu spielen. Als *Largo* wird der Satz einer Komposition in diesem Tempo bezeichnet.

Larve [lat.] w, freilebende, sich selbständig ernährende Jugendform von Tieren. Die L. kann sich im Aussehen, in der Ausbildung bestimmter Organe u. in der Lebensweise vom erwachsenen Tier beträchtlich unterscheiden. Nach einer bestimmten Zeit, die bei den einzelnen Tierarten verschieden lang ist, macht die L. eine Umwandlung (Meta-

Laubfrösche.
Europäischer Laubfrosch

Laufkäfer. Gartenlaufkäfer

morphose) zum erwachsenen Tier durch.

Las Casas, Bartolomé de, * Sevilla 1474, † Madrid 31. Juli 1566, spanischer Dominikaner. 1515 ging er als Missionar nach Mittelamerika, 1543 wurde er Bischof von Chiapas in Mexiko. L. C. bekämpfte die grausamen Methoden der Unterdrückung u. Zwangsmissionierung durch die spanischen Eroberer, verhinderte die Ausrottung der Indianer u. setzte sich Papst und Kaiser gegenüber für die Indianer ein.

Laser ↑Maser.

lasieren [pers.], eine dünne durchsichtige oder durchscheinende Lackschicht auftragen. Bei lasiertem Holz schimmert die Maserung durch.

Lassalle, Ferdinand [*laßal*], * Breslau 11. April 1825, † Genf 31. August 1864, deutscher Politiker und Arbeiterführer. L. wirkte bahnbrechend für die sozialistische Arbeiterbewegung, er entwickelte ein Programm, in dem er u. a. allgemeine, gleiche, geheime und direkte Wahlen forderte. 1863 war er an der Gründung des „Allgemeinen Deutschen Arbeitervereins" beteiligt, der später mit der SPD verschmolz.

Lasso, Orlando di, * Mons (Hennegau) um 1532, † München 14. Juni 1594, niederländischer Komponist. Er lebte seit 1556 in München (Hofkapellmeister). L. ist neben Palestrina ein bedeutender Vertreter des A-cappella-Gesanges (↑a cappella) u. des Kontrapunkts.

Lasso [span.] s, langes Wurfseil mit loser Schlinge am Ende. Cowboys, Gauchos u. Indianer Nord- und Südamerikas benutzen mit viel Geschick Lassos zum Einfangen von Tieren.

Lasurstein ↑Lapislazuli.

Latein s, ursprünglich Sprache der ↑Latiner, dann der Römer. L. verbreitete sich als Verkehrs- und Amtssprache über das ganze Römische Reich. Man unterscheidet *klassisches L.*: Schriftsprache, Sprache der klassischen Literatur und Dichtung u. *Vulgärlatein*: Umgangssprache des Volkes, aus der sich die romanischen Sprachen entwik-

kelt haben. L. ist noch heute in der katholischen Kirche die Sprache offizieller Verlautbarungen; als Mittellatein sprachen es die Gebildeten bis zur Renaissance, die das klassische L. neu belebte. Obwohl schon lange eine tote Sprache (kein Volk spricht mehr L.), blieb es wesentlicher Bestandteil europäischer Kultur und Bildung. Lehnwörter und auch Fremdwortbildungen (Medizin, Naturwissenschaften u. a.) zeigen seine Bedeutung bis heute. Lateinkenntnisse sind Voraussetzung für bestimmte Studienfächer.

Lateinamerika, zusammenfassende Bezeichnung für alle Länder Süd- u. Mittelamerikas, in denen Spanisch oder Portugiesisch gesprochen wird (einschließlich Mexiko). Die gemeinsame Herkunft des Spanischen u. Portugiesischen aus dem Lateinischen war namengebend für diesen Raum u. hebt ihn vom angloamerikanischen Sprachraum ab.

La-Tène-Zeit [*latän*...] w, Kulturperiode der vorrömischen Eisenzeit im Bereich von Britannien bis an die untere Donau. Sie ist benannt nach den Funden in La Tène am Neuenburger See, die uns eine Vorstellung von der keltischen Kultur um 500 v. Chr. vermitteln.

latent [lat.], versteckt, verborgen, nicht sichtbar. Einer latenten Krankheit z. B. fehlen die üblichen Merkmale.

Lateran m, päpstlicher Palast u. Basilika (San Giovanni in Laterano) in Rom, bis 1308 päpstliche Residenz. Der L. liegt außerhalb der ↑Vatikanstadt, gehört aber völkerrechtlich zu ihr. Der Palast beherbergt heute Museen.

Laterna magica [lat.; = Zauberlaterne] w, eine Vorläuferin des Bildwerfers, die auf das 16. Jh. zurückgeht.

Latifundien [lat.] s, *Mz.* (Einzahl: Latifundium): **1)** Großgrundbesitz, ausgedehnte Landgüter im Römischen Reich, die von Sklaven bewirtschaftet wurden; **2)** allgemein: riesiger Land- und Forstbesitz.

Latiner m, *Mz.*, im Altertum italische Bewohner von ↑Latium.

5 000-m-Lauf von Karl Fleschen (1977)

Latium

Latium (ital. Lazio), historische Landschaft in Mittelitalien zwischen Tyrrhenischem Meer und Albanerbergen, vom Tiber durchflossen. Im Altertum von den Latinern bewohnt. Die Führung in L. übernahm schon im 4. Jh. v. Chr. Rom.

Latsche w (Knieholz, Krummholz, Legföhre), eine Unterart der Bergkiefer, die in den Ostalpen vorkommt. Sie wächst strauchartig mit aufwärts gerichteten Zweigen an der Waldgrenze der Gebirge. Da sie große Schneemassen festhält, schützt sie vor Lawinen.

Lattich m: **1)** Gattung der Korbblütler; krautige Pflanzen, die in ihrem Stengel Milchsaft enthalten. Sie sind z. T. giftig, z. T. werden sie als Nutzpflanzen angebaut (z. B. Kopfsalat, Sommerendivie). Zu den ↑Kompaßpflanzen gehört der Stachellattich; **2)** Bezeichnung für verschiedene Korbblütler, z. B. Hasenlattich, Huflattich.

Laubfrösche m, Mz., Familie der Froschlurche; die vorwiegend im tropischen Amerika u. in Australien vorkommenden Tiere sind bis 13 cm lange, schön gefärbte Baumbewohner mit glatter Haut u. Haftballen an den Finger- u. Zehenspitzen. Die kleineren Männchen besitzen eine große Schallblase u. eine laute Stimme. In Europa lebt nur der 4–5 cm große, oberseits lindgrüne, unterseits weißliche Europäische Laubfrosch. – Abb. S. 335.

Laubheuschrecken ↑Heuschrecken.

Laubhölzer s, Mz., Holzgewächse der Bedecktsamer. Ihre Blätter sind meistens flächig ausgebildet u. lassen eine Blattspreite erkennen (im Gegensatz zu den Nadeln der Nadelhölzer). L. unserer Breiten werfen ihre Blätter im Herbst meistens ab. Viele L. liefern Nutzholz.

Laubhüttenfest s, 7tägiges (außerhalb Israels 8tägiges) Erntedankfest der Juden (Ende September/Anfang Oktober). Das L. ist mit vielfältigem Brauchtum verbunden. Die Menschen essen in Hütten mit Laubdächern zur Erinnerung an den Auszug der Juden aus Ägypten u. ihre Wanderung durch die Wüste.

Laue, Max von, * Pfaffendorf (heute zu Koblenz) 9. Oktober 1879, † Berlin 24. April 1960, deutscher Physiker. L. entdeckte 1912 die Beugung von Röntgenstrahlen an Kristallen u. wies damit die Wellennatur der Strahlen sowie die Gitterstruktur der Kristalle nach. 1914 erhielt er den Nobelpreis für Physik. Auch an der Entwicklung der ↑Relativitätstheorie u. der ↑Quantentheorie war er maßgeblich beteiligt.

Lauf m: **1)** Disziplin der Leichtathletik. Nach Streckenlänge sind zu unterscheiden: der Kurzstreckenlauf, er umfaßt (im olympischen Programm) die Strecken von 100, 200 u. 400 m; der Mittelstreckenlauf: 800 u. 1 500 m (au-ßerolympisch auch 1 englische Meile = 1609,3 m) u. 3000 m; der Langstreckenlauf (Langlauf): 5 000 m (Frauen 3000 m) u. 10 000 m sowie der Marathonlauf (42 195 m). Olympische Staffelwettbewerbe werden über 4×100 m u. 4×400 m ausgetragen. Zum L. gehören außerdem der Hürdenlauf (Männer: Hürden 106 cm hoch, Strecken 110 u. 400 m; Frauen: Hürden 76,2 cm hoch, offizielle Wettbewerbe über 100, 200 u. 400 m) u. der Hindernislauf über 3000 m; Abb. S. 335; **2)** der aus einem Metallrohr bestehende Teil bei Faust- u. Handfeuerwaffen (Gewehrlauf); **3)** eine schnelle Folge von auf- oder absteigenden Tönen (Musik); **4)** bei Vögeln der Teil des Beines, der sich an die Zehenknochen anschließt; **5)** in der Jägersprache: Bein der jagdbaren Säugetiere außer beim Bären, Dachs u. Marder.

Laufkäfer m, Mz., weltweit verbreitete Käferfamilie mit meist dunkler, metallisch glänzender Körperfläche. L. sind schlank u. langbeinig, haben kräftige Kieferzangen u. fadenförmige Fühler. Sie ernähren sich räuberisch von Insekten, Schnecken u. Würmern. – Abb. S. 335.

Laugen w, Mz., im allgemeinen Bezeichnung für die wäßrigen Lösungen von basisch reagierenden chemischen Substanzen, die man daran erkennt, daß sie ↑Lackmus blau färben. In der Regel sind die Lösungen von Oxiden, Hydroxiden u. Carbonaten der Alkali- u. Erdalkalimetalle, die in der Lage sind, mit Säuren typische Salze zu bilden. Durch Zugabe von Schwefelsäure, H_2SO_4, zu einer Lösung von Calciumhydroxid, $Ca(OH)_2$, in Wasser (Lauge) das schwer lösliche Calciumsulfat (Gips; $CaSO_4$):

$$Ca(OH)_2 + H_2SO_4 \rightarrow CaSO_4 + 2H_2O.$$

Lausanne [losan], Hauptstadt des Schweizer Kantons Waadt, mit 134 000 E. Sitz einer Universität, einer technischen Hochschule u. des Schweizer Bundesgerichts. Die landschaftlich schöne Lage am Nordufer des Genfer Sees u. das milde Klima begünstigen den Fremdenverkehr. Weinbau, Schokoladen-, Tabak- u. Eisenindustrie gehören zu den weiteren wirtschaftlichen Grundlagen der Stadt.

Läuse w, Mz.: **1)** Echte L. sind kleine, 1–6 mm lange, stark abgeflachte, flügellose Insekten, die bei Menschen u. warmblütigen Tieren Blut saugen. Weltweit gibt es 400 Arten. Einige übertragen Krankheiten (z. B. Fleckfieber). Zum Festhalten besitzen sie Klammerbeine mit einer einschlagbaren Endklaue. Ihre Eier (Nissen) werden an Wirtshaaren festgeklebt. Sie kommen immer nur auf einem ganz bestimmten Wirt vor, z. B. Menschenlaus, Hundelaus; **2)** ↑Pflanzenläuse.

Lausitz w, Landschaft beiderseits der Lausitzer Neiße u. der oberen u. mittleren Spree. Die L. umfaßt Teile Brandenburgs, Niederschlesiens u. Sachsens. Der Lausitzer Grenzwall trennt die gebirgige Oberlausitz mit dem Lausitzer Bergland u. dem Lausitzer Gebirge (bis 793 m) von der flachwelligen Niederlausitz. In der Oberlausitz gibt es Textilindustrie u. Granitbrüche, in der Niederlausitz Braunkohlenbergbau, Ackerbau u. Fischzucht. – Der Teil östlich der Lausitzer Neiße gehört seit 1945 zu Polen.

Laute [arab.] w, Saiteninstrument, das von den Arabern nach Europa gebracht worden ist. Es hat meist 6 Saiten, einen kurzen Hals, meist einen vom Hals abgeknickten Wirbelkasten u. einen Resonanzkörper in Form einer halbierten Birne. Die L. wird gezupft.

Lautlehre ↑Phonetik.

Lautschrift w, eine Schrift, mit der – im Gegensatz zur Rechtschreibung – die Laute möglichst getreu wiedergegeben werden. Die L. hat zu diesem Zweck besondere Zeichen entwickelt, da es viel mehr Laute gibt als Buchstaben des Alphabets. Am gebräuchlichsten ist die Internationale L., für die die Association Phonétique Internationale (gegründet 1886) verantwortlich ist. Die L. bezeichnet man auch als phonetische Umschrift. – In diesem Buch verwenden wir eine sehr einfache Lautschrift, die die richtige Aussprache nur angenähert wiedergibt.

Lautsprecher m, ein Gerät zur Umwandlung elektrischer Schwingungen in Schallschwingungen. Die einfachste Bauart ist der vorwiegend im Telefonhörer verwendete magnetische L. Er besteht aus einem Hufeisenmagneten, um den eine Spule gewickelt ist. Davor befindet sich eine dünne Blechplatte. Fließt nun ein Wechselstrom durch die Spule, so wird je nach Stromrichtung die magnetische Wirkung des Hufeisenmagneten verstärkt oder abgeschwächt. Die Platte beginnt im Rhythmus des Wechselstromes zu schwingen u. strahlt einen Schall ab. In Rundfunkgeräten wird vorwiegend der dynamische L. verwendet. Er besteht aus einer kegelförmigen Pappmembran, an deren Spitze eine leichte, ringförmige Spule befestigt ist, u. aus einem Topfmagneten. Das ist ein Dauermagnet, dessen einer Pol als Topf ausgebildet ist und dessen anderer Pol als zylinderförmige Säule im Inneren dieses Topfes steht. Zwischen Topfrand u. Säule befindet sich ein schmaler ringförmiger Luftspalt, in den die Spule eingeführt wird. Fließt ein Wechselstrom durch die Spule, so beginnt sie u. damit auch die Pappmembran mit der Frequenz des Wechselstromes zu schwingen. Dadurch werden Schallschwingungen u. im Ohr Schallempfindungen hervorgerufen. Um eine gute Klangqualität (Hi-Fi) zu erzielen, werden mehrere L. zusammengeschaltet (im einfachsten

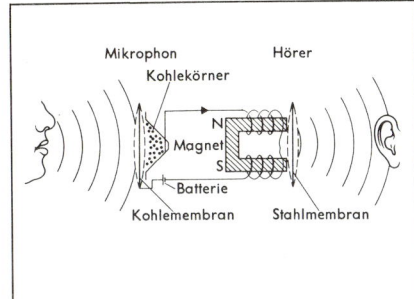
Magnetischer Lautsprecher

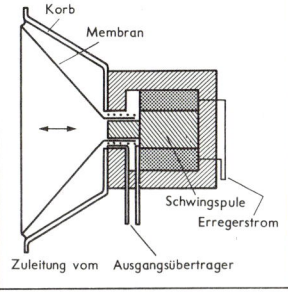
Dynamischer Lautsprecher

Fall z. B. ein Hochtonlautsprecher für die hohen Töne und ein Tieftonlautsprecher für die tiefen Töne) gemeinsam in einer Lautsprecherbox untergebracht. Für die Wiedergabe von Stereosendungen sind zwei solcher Lautsprecherboxen erforderlich.

Lautverschiebung w, bestimmte Veränderungen der Verschlußlaute (p, t, k; b, d, g) in den germanischen Sprachen u. im Althochdeutschen. Die *germanische L.* (erste L.) trennte die germanischen von den indogermanischen Sprachen. Die *hochdeutsche L.* (althochdeutsche, zweite L.), vom 5. Jh. an, trennte die hochdeutschen Mundarten von den anderen westgermanischen Sprachen. Die Veränderungen (sie betreffen wieder nur die Mitlaute) gingen vom Süden des deutschen Sprachgebietes aus, sie drangen nicht gleichmäßig nach Norden vor. Das Niederdeutsche blieb unbeeinflußt. Auf der 2. L. beruhen z. B. folgende Unterschiede: niederdeutsch A*pp*el – hochdeutsch A*pf*el, D*ö*r – T*ü*r, i*k* – i*ch*, ä*t*en – e*ss*en, tw*ee* – *zw*ei.

Lava [ital.] w, glühende, flüssige Gesteinsmasse, die beim Ausbruch eines Vulkans aus dem Erdinnern an die Erdoberfläche geschleudert wird. Sie hat eine Temperatur von 1 000 bis 1 300 °C u. erstarrt nach der Abkühlung zu grauschwarzem Gestein. Auch der Bimsstein ist ein Lavagestein. – Abb. S. 338.

Lavendel [lat.-ital.] m, eine meist in den Mittelmeerländern verbreitete Gattung der Lippenblütler; Sträucher oder Kräuter mit blauen oder violetten Blüten. Der *Echte L.* ist bis 60 cm hoher Halbstrauch mit blauvioletten Blüten. Die ätherischen Öle aus den Blüten werden zur Herstellung von Lavendelöl, Seife u. Parfüm verwendet.

Lavoisier, Antoine Laurent de [*la-woasie*], * Paris 26. August 1743, † ebd. 8. Mai 1794, französischer Chemiker. L. begründete die moderne Chemie durch seine Einsicht, daß genaue Mengenmessungen für chemische Untersuchungen notwendig sind. U. a. wies L. nach, daß der Verbrennungsprozeß eine Sauerstoffaufnahme ist (Oxydation).

Lawinen [ladin.] w, *Mz.*, an Berghängen niedergehende Schnee- und Eismassen, die ganze Dörfer unter sich begraben können. Zum Schutz gegen L. werden Schutzmauern u. -wälle errichtet, Wälder aufgeforstet (sogenannte Bannwälder), Straßen überbaut bzw. durch Tunnel und Galerien geführt u. a. Man unterscheidet: 1. *Staublawinen* aus trockenem, lockerem Neuschnee, die auch durch Luftdruck große Zerstörungen anrichten; 2. *Grundlawinen* aus nassem Schnee, die eine große Ausdehnung haben können u. mit ungeheurer Wucht zu Tal stürzen; 3. *Schneebrettlawinen* aus gespanntem, gepreßtem Schnee. Sie gehen explosionsartig in großen Schollen nieder, oft schon bei kleinsten Störungen. – Niedergehende Gesteinsmassen bezeichnet man als *Steinlawinen*.

Layout [le*i*aut oder le*i*aut; engl.] s, Skizze für die Gestaltung von zu druckenden Seiten mit Bild u. Text, z. B. für Prospekte, Zeitungen, bebilderte Bücher.

Lazarett [venezianisch-ital.] s, Militärkrankenhaus.

Lebensdauer w, das Lebensalter, das von einem Lebewesen erreicht wird. Einige durchschnittliche Werte von *Pflanzen*: 300–500 Jahre Kiefer, Tanne, Fichte; 600–1 000 Jahre Buche, Linde; bis 2 000 Jahre Zypresse; bis über 4 000 Jahre Mammutbaum; von *Tieren*: Wenige Minuten Männchen der Gemeinen Feigenwespe; einige Stunden bis Tage Eintagsfliegen; 3–4 Jahre Wanderratte; 10–12 Jahre Reh, Rotfuchs, Wildkatze; 15 Jahre Schaf; bis 20 Jahre Regenwurm; bis 50 Jahre Pferd; bis etwa 100 Jahre große Greifvögel; bis über 100 Jahre Hecht, Karpfen, Perlmuschel; bis etwa 300 Jahre Riesenschildkröte.

Lebenslauf m (Curriculum vitae), kurze schriftliche Darstellung des eigenen Lebens, u. a. für Bewerbungen.

Lebensstandard ↑ Standard.

Leber w, im Bauchraum liegende größte Drüse des menschlichen u. tierischen Körpers. Die L. hat zahlreiche Aufgaben: Sie stellt Galle her u. scheidet sie ab, sie reguliert den Eiweiß-, Fett- u. Kohlenhydratstoffwechsel, sie speichert ↑Glykogen u. entgiftet den Körper.

Lebertran m, hell- bis goldgelbes, klares, fettes Öl, das hauptsächlich aus der Leber von Kabeljau u. Schellfisch gewonnen wird. Es enthält Vitamin A u. D u. wird deswegen als Mittel v. a. gegen Rachitis verwendet.

Lech m, rechter Nebenfluß der Donau, 263 km lang. Der L. entspringt südöstlich der Roten Wand in Vorarlberg (Österreich). Nordöstlich von Donauwörth (Bayern) mündet er in die Donau. Am L. befinden sich zahlreiche Wasserkraftwerke.

Leck s, undichte Stelle an Booten u. Schiffen oder Rohrleitungen.

Le Corbusier [*l^ekorbüsie*], eigentlich Charles Édouard Jeanneret-Gris, * La Chaux-de-Fonds 6. Oktober 1887, † Roquebrune-Cap-Martin (Alpes-Maritimes) 27. August 1965, französischer Architekt schweizerischer Herkunft; auch Maler u. Bildhauer. Er beeinflußte mit seiner Skelettbauweise (nicht die Wände, sondern Stützen tragen den Bau) maßgeblich die Entwicklung der modernen Architektur; weite Wirkung auch durch seine eigenwilligen Wohn- u. Kirchenbauten (Wohnhochhaus in Marseille mit Läden, Spielplatz u. a.; Wallfahrtskirche von Ronchamp). Er schuf ideale Städtebauprojekte (mit Funktionszonen).

Leder s, durch ↑Gerben haltbar gemachte Tierhaut. L. wird sowohl für Dinge des täglichen Gebrauchs (Taschen, Kleidung, Schuhe) als auch für technische Zwecke (Treibriemen) verwendet.

Gertrud Freiin von Le Fort

Franz Léhar

Wladimir Iljitsch Lenin

Lederstrumpf, Held der Lederstrumpfgeschichten, einer Folge von Erzählungen des amerikanischen Schriftstellers J. F. ↑Cooper.

Lee w, die dem Wind abgekehrte Seite des Schiffes. Die Schiffsseite, die dem Wind zugekehrt ist, heißt *Luv*.

Leeds [*lids*], englische Industriestadt am Aire, nordöstlich von Manchester, mit 500 000 E. Die Stadt ist Sitz einer Universität u. Zentrum der englischen Woll- u. Bekleidungsindustrie.

Le Fort, Gertrud Freiin von [*l^efor*], * Minden 11. Oktober 1876, † Oberstdorf 1. November 1971, deutsche Dichterin. Sie gestaltete v. a. religiöse u. historische Themen. Ihre bekanntesten Werke sind: „Das Schweißtuch der Veronika" (Roman, 1928), „Der Papst aus dem Ghetto" (Roman, 1930) u. „Die Letzte am Schafott" (Novelle, 1931). – Abb. S. 337.

legal [lat.], gesetzlich, gesetzmäßig. Gegensatz: ↑illegal.

Legat [lat.] *m:* **1)** im alten Rom ein Gesandter des Senats; später auch Offizier, Unterfeldherr oder Statthalter; **2)** päpstlicher Gesandter (meist ein Kardinal); Bevollmächtigter des Papstes bei besonderen Anlässen.

legato [ital.], Abkürzung: leg., in der Musik Bezeichnung für gebunden (im Gegensatz zu staccato); in der Notenschrift durch einen *Legatobogen* (Bogen über oder unter den zu bindenden Noten) kenntlich gemacht.

Legende [lat.] *w:* **1)** Erzählung (in volkstümlich lehrhafter Form) aus dem Leben eines Heiligen. Dabei wird meist ein wahrer Kern phantasievoll u. mit dichterischer Freiheit ausgeschmückt. Als Legenden werden in weiterem Sinn sagenhafte Erzählungen religiösen Inhalts mit einer wunderbaren Wendung des Geschehens bezeichnet; auch übertragen für: unwahre Geschichte; **2)** erklärender Text zu Abbildungen, v. a. zu Landkarten. Die verwendeten Zeichen werden in der L. erläutert (z. B. ⟞⟝ ≍ für Brücken).

Legierungen [ital.] *w*, *Mz.*, Gruppenbezeichnung für alle metallischen u. metallartigen Werkstoffe, die durch das Zusammenschmelzen von mindestens zwei Metallen entstanden sind. Hin u. wieder kann der zweite oder ein weiterer Bestandteil einer Legierung auch ein Nichtmetall wie Kohlenstoff, Silicium, Phosphor, Bor u. ä. sein. Die L. haben im allgemeinen Eigenschaften, die von denen der reinen Metalle deutlich verschieden sind, z. B. bessere Schmiedbarkeit, größere Widerstandsfähigkeit gegen Luft oder chemische Reagenzien usw. Demzufolge kann man durch geeignete Mischung von Metallen Werkstoffe mit bestimmten gewünschten Eigenschaften herstellen. Besonders bekannte L. sind: Bronze (Kupfer u. Zinn), Messing (Kupfer u. Zink), Silberamalgam (Silber u. Quecksilber) u. als technisch bedeutendste Legierung Stahl (Eisen u. wenig Kohlenstoff).

Legion [lat.] *w:* **1)** Truppeneinheit des altrömischen Heeres. Seit Marius war die L. gegliedert in 10 *Kohorten*, diese waren unterteilt in jeweils 3 *Manipel*, der Manipel war unterteilt in je 2 *Zenturien* (Hundertschaften). Die Legionäre waren mit Helm, Langschild, Panzer, Lanze, Schwert u. Dolch bewaffnet; **2)** Fremdenlegion; **3)** unbestimmt große Zahl, Menge.

Legislative ↑Gewaltenteilung.

Legislaturperiode [lat.; gr.] *w*, Zeitraum der Tätigkeit eines Parlaments (Wahlperiode).

legitim [lat.], rechtmäßig; allgemein anerkannt. Eine legitime Regierung ist eine vom Volk gewählte, rechtmäßige Regierung. Nicht zu verwechseln mit ↑legal.

Legitimation [lat.] *w*, Beglaubigung, Ausweispapier; *sich legitimieren* bedeutet sich ausweisen.

Lehár, Franz [*lehar, lehar*], * Komorn 30. April 1870, † Bad Ischl 24. Oktober 1948, österreichisch-ungarischer Operettenkomponist. L. hat die klassische Wiener Operette neu belebt. Er schrieb u. a.: „Die lustige Witwe" (1905), „Das Land des Lächelns" (1929). – Abb. S. 337.

Lehen *s*, Gut, das im Mittelalter der König seinen Getreuen für Kriegsdienste verlieh. Der König entlohnte seine Gefolgsmänner mit Ländereien, Ämtern oder Rechten. Sie erhielten das L. anfangs nur auf Lebenszeit, später wurde es erblich. Der König war oberster *Lehnsherr*, die Fürsten u. hohen Geistlichen konnten Teile ihres Lehnsbesitzes an ihre Gefolgsleute weiterverleihen. So entstand eine Lehnspyramide, an deren Spitze der König stand. Der Lehnsträger, auch *Vasall* genannt, war seinem Lehnsherrn zur Treue verpflichtet, u. mußte bestimmte Dienste leisten oder Abgaben entrichten. Bei der Belehnung leistete der Lehnsmann den *Lehnseid*.

Lehnwort ↑Fremdwort.

Lehrvertrag (Ausbildungsvertrag) *m*, zwischen dem Lehrherrn (dem Ausbildenden) u. einem Lehrling (einem Auszubildenden) in schriftlicher Form abgeschlossener Vertrag (innerhalb von 4 Wochen nach Beginn der Ausbildung). In ihm wird der Lehrherr u. a. verpflichtet, die Erziehung des Lehrlings zu fördern, ihn in die Berufsschule zu schicken, ihm eine sachgemäße berufliche Ausbildung zu geben u. für gesunde Arbeitsbedingungen zu sorgen. Zu den Pflichten des Lehrlings gehören u. a. die ordentliche Ausführung der ihm übertragenen Arbeiten, die Schweigepflicht (keine Weitergabe von Geschäftsgeheimnissen) u. der ehrliche Wille, sich in die Betriebsgemeinschaft einzufügen. Ist der Auszubildende noch nicht volljährig, müssen auch die Eltern

Lava. Fladenlava

Wilhelm Leibl,
Die drei Frauen in der Kirche

bzw. der Vormund den L. unterschreiben. Der Auszubildende erhält auf Grund einer Abschlußprüfung vor der Handwerkskammer oder Handwerksinnung ein Zeugnis, den *Gesellenbrief*. Der Lehrling in der Industrie erhält auf Grund einer Prüfung vor der Industrie- u. Handelskammer den *Facharbeiterbrief*.

Leibeigenschaft *w*, Bezeichnung für die Abhängigkeit von einem Herrn. Die L. entstand in den germanischen Reichen des frühen Mittelalters. Sie war in den Abstufungen des Abhängigkeitsverhältnisses sehr unterschiedlich. Vielfach war der Leibeigene mit dem Hof (Fronhof) unlöslich verbunden, d. h., er konnte nicht fortziehen. Er gehörte teils zum Hausgesinde, teils war er Feldarbeiter. Es gab auch Leibeigene, die bestimmte Dienste leisten mußten, einen Kopfzins zahlten u. dem Gesindezwang unterworfen waren, d. h., ihre Kinder

338

mußten einige Zeit dem Herrn dienen. Durch die ↑Bauernbefreiung wurde die L. abgeschafft.

Leibl, Wilhelm, * Köln 23. Oktober 1844, † Würzburg 4. Dezember 1900, deutscher Maler, bedeutender Vertreter des Realismus. L. ist v.a. durch Bilder aus dem oberbayrischen Bauernleben u. Porträts bekannt.

Leibniz, Gottfried Wilhelm, * Leipzig 1. Juli 1646, † Hannover 14. November 1716, deutscher Philosoph u. Gelehrter. Er entwickelte unabhängig von ↑Newton die Differentialrechnung und die Integralrechnung. Er verfaßte bedeutende Arbeiten als Theologe, Historiker, Rechts- u. Sprachwissenschaftler u. besonders als Philosoph. L. war auch als Diplomat tätig. Man nennt ihn einen der letzten großen Universalgelehrten. Auf ihn geht die Gründung der Akademie der Wissenschaften in Berlin zurück.

Leichtathletik [dt.; gr.] w, zusammenfassende Bezeichnung für die sportlichen Übungen u. Wettkämpfe im Gehen, Laufen (↑Lauf), Springen (↑Weitsprung, ↑Dreisprung, ↑Hochsprung), Werfen u. Stoßen (↑Kugelstoßen) sowie für die verschiedenen Mehrkämpfe (↑Dreikampf, ↑Fünfkampf, ↑Zehnkampf).

Leichtmetall [dt.; gr.] s, ein Metall oder eine Metallegierung mit einer Dichte als 4,5 g/cm³. Zu den Leichtmetallen gehören u. a. Aluminium, Magnesium, Natrium u. Kalium. Leichtmetalle werden insbesondere im Flugzeugbau verwendet.

Leichtöl s, die bei der Destillation von Steinkohlenteer bei Temperaturen von 170–190 °C übergehenden flüssigen Produkte, die im wesentlichen aus den aromatischen chemischen Verbindungen Benzol, Toluol u. Xylol bestehen. Durch eine weitere, vorsichtigere Destillation (↑destillieren) werden sie getrennt u. als wertvolle Rohstoffe in der chemischen Industrie u. als Kraftstoff verwendet. Die bei höherer Temperatur übergehenden flüssigen Produkte aus dem Steinkohlenteer nennt man Mittel- u. Schweröle.

Leideform ↑Verb.

Leier [gr.] w, Musikinstrument mit Schallkörper u. 2 Jocharmen, die das als Saitenhalter dienende Joch tragen. Es wurde mit einem Plektron (Plättchen) gezupft. Die verschiedenen Formen tragen eigene Namen.

Leim m, wasserlösliche Klebstoffe, die beim Verdunsten des als Lösungsmittel dienenden Wassers fest werden. Im allgemeinen werden die aus organischen Stoffen (Eiweiß, Gelatine, Stärke u. a.) von Tieren gewonnenen Klebstoffe als L. bezeichnet, jedoch versteht man heute auch pflanzliche oder künstlich hergestellte Stoffe als L., sofern sie die Funktion eines Klebemittels haben.

Leinen s (Leinwand, Linnen), glattes Gewebe in Leinwandbindung. Das aus Flachs gewonnene Garn wird zu L. gewebt. Die Bezeichnung *Reinleinen* ist nur erlaubt, wenn das Gewebe aus reinem Leinengarn (Flachsgarn) besteht. *Halbleinen* ist ein Gewebe aus Leinen- u. Baumwollgarnen. L. dient heute u. zur Herstellung von Tisch- u. Bettwäsche.

Leinwandbindung w, Bindung, bei der der Kettfaden abwechselnd über u. unter dem Schußfaden des Gewebes liegt.

Leipzig: 1) Bezirk in der DDR, mit 1,4 Mill. E. Er umfaßt den Hauptteil der Leipziger Tieflandsbucht und den Norden des Mittelsächsischen Hügellandes. Im Nordosten herrscht waldreiches Heideland vor, sonst größtenteils fruchtbare Ackerbaugebiete mit Weizen-, Zuckerrüben- u. Gemüseanbau. Im gesamten Westen wird Braunkohle abgebaut. Hier entstanden auch Industrien auf der Grundlage von Braunkohle (Brikett-, Großkraftwerke). Im Südwesten der Stadt L. sowie in ihrer Umgebung findet sich Textil-, Eisen-, Maschinen- u. chemische Industrie; 2) Hauptstadt von 1), größte Stadt Mitteldeutschlands, mit 564 000 E. Sitz einer Universität und zahlreicher Hochschulen. Die Deutsche Bücherei u. zahlreiche Betriebe des Buch- u. Verlagswesens machten L. zur Buchstadt. Es war außerdem Zentrum des deutschen Pelzhandels u. Kürschnergewerbes. Außer durch bedeutende Bauwerke ist L. weltberühmt durch seine Musiktradition (J. S. Bach, Thomanerchor; Gewandhausorchester) u. als Messestadt (seit etwa 1500). – In der *Völkerschlacht bei Leipzig* wurde Napoleon 1813 von den verbündeten Preußen, Österreichern, Schweden, Engländern u. Russen besiegt, woran das Völkerschlachtdenkmal erinnert.

Leistung w, physikalische Größe, u. zwar die in der Zeiteinheit verrichtete Arbeit. Man erhält die L., indem man die Arbeit durch die dazu erforderliche Zeit teilt:

$$\text{Leistung} = \frac{\text{Arbeit}}{\text{Zeit}}.$$

Bei gleicher Arbeit ist also die L. um so größer, je geringer die dazu erforderliche Zeit ist. Verrichtet man die gleiche Arbeit in der halben Zeit, so hat man die doppelte L. erbracht.
Die gesetzlich vorgeschriebene Einheit der L. ist das Watt (W) mit seinen dezimalen Vielfachen und Teilen, z. B. Kilowatt (1 kW = 1 000 W), Megawatt (1 MW = 1 000 kW), Milliwatt (1 mW = 1/1000 W). Ältere Leistungseinheiten sind PS (↑Pferdestärke) und kp m/s (Kilopondmeter pro Sekunde), das ist die L., die man vollbringt, wenn man in 1 Sekunde 1 Kilogramm 1 m hoch hebt.

Tabelle einiger Leistungen

Dauerleistung des Menschen
    0,074 kW (0,1 PS)
kurze Höchstleistung des Menschen
    2,22 kW (3 PS)
mittlere Leistung eines Pferdes
    0,5 kW (0,7 PS)
PKW der Mittelklasse
    55 kW (75 PS)
Diesellokomotive V 200
    1 839 kW (2 500 PS)
Düsenverkehrsflugzeug
    88 000 kW (120 000 PS)

Leistungslohn ↑Lohn.

Leitartikel [dt.; lat.] m, ein größerer Zeitungsartikel, der zu allgemeinen

Gottfried Wilhelm Leibniz

Nikolaus Lenau

Siegfried Lenz

Leonardo da Vinci, Ginevra de' Benci

Tagesfragen u. politischen Ereignissen Stellung nimmt. Er steht an hervorragender Stelle der Zeitung u. spiegelt deren politische Richtung.

Leitfossilien ↑ Fossilien.

Leitwerk s, Baugruppe eines Flugzeugs, meist am hinteren Ende (Heckleitwerk), gebildet aus Höhen- und Seitenleitwerk, die jeweils aus einer feststehenden Flosse (zur Stabilisierung der Flugzeugbewegungen) und daran angebrachten Rudern (Höhen- und Seitenruder; zur Flugzeugsteuerung) bestehen. Gelegentlich ist das Höhenruder auch als Pendel- oder Flossenruder ausgeführt (keine Unterteilung in Flosse und Ruder; als Ganzes um eine waagerechte Achse drehbar).

Lektor [lat.] m: **1)** Lehrer an einer Hochschule, für Übungen u. ä., oft (ein Ausländer) für Sprachkurse; **2)** wissenschaftlich oder literarisch ausgebildeter Mitarbeiter eines Verlages, der Manuskripte prüft u. bearbeitet; **3)** Vorleser der biblischen Lesungen im christlichen Gottesdienst.

Lektüre [frz.] w: **1)** das fortlaufende, den inhaltlichen Zusammenhang verfolgende Lesen; **2)** Lesestoff.

Lemberg (russ. Lwow), sowjetische Stadt in der Ukraine, mit 629 000 E. Universitätsstadt mit zahlreichen anderen Hochschulen. L. hat zwei bedeutende Kathedralen. Von der vielseitigen Industrie sind Fahrzeug-, Elektro-, chemische u. Glasindustrie besonders wichtig. Verkehrsknotenpunkt. – Seit 1340 polnisches Kultur- u. Handelszentrum. L. kam 1772 an Österreich, es wurde 1919 erneut polnisch u. fiel nach dem 2. Weltkrieg mit den von Polen abgetretenen Gebieten an die UdSSR.

Lemminge [dän. u. norweg.] m, Mz., Gruppe von drei Gattungen bis 15 cm großer, stummelschwänziger Wühlmäuse mit 11 Arten in den nördlichen Polargebieten; die L. leben in lichten Wäldern, in Tundren u. auf Hochflächen. Ihr Fell ist dick u. weich, im Sommer rötlich bis grau, im Winter weiß. Massenvermehrungen der L. führen zu weiten Wanderungen vieler L. (Lemmingzüge).

Lena w, Fluß in Ostsibirien, UdSSR. Die L. entspringt im Baikalgebirge am Westufer des Baikalsees, sie ist 4 400 km lang u. mündet in die Laptewsee (Nordpolarmeer). Der nur teilweise schiffbare Strom ist von Oktober bis Mai vereist.

Lenau, Nikolaus, eigentlich Nikolaus Franz Niembsch, Edler von Strehlenau, * Csatád (Ungarn; heute Lenauheim, Rumänien) 13. August 1802, † Oberdöbling (heute zu Wien) 22. August 1850, österreichischer Dichter. L. ist v. a. durch seine schwermütigen, düster gestimmten Naturgedichte bekannt, in denen er seinem Weltschmerz Ausdruck gab. – Abb. S. 339.

Lenin, Wladimir Iljitsch, eigentlich W. I. Uljanow, * Simbirsk (heute Uljanowsk) 22. April 1870, † Gorki bei Moskau 21. Januar 1924, russischer Revolutionär u. Politiker. L. wurde wegen seiner revolutionären Tätigkeit 1897–1900 nach Sibirien verbannt, lebte bis 1917 dann meist im Ausland, übernahm aber schon 1903 die Führung der russischen Bolschewisten. 1917, mitten im 1. Weltkrieg, kehrte er mit deutscher Hilfe nach Rußland zurück. Dort errichtete er die Diktatur der bolschewistischen Partei u. erzwang die politische und wirtschaftliche Umwandlung seines Landes in einen kommunistischen Staat. L. hat als bedeutender Politiker den Gang der modernen Geschichte entscheidend beeinflußt und in seinem Schrifttum den Leninismus (↑ Marxismus) begründet. – Abb. S. 337.

Leningrad, sowjetische Hafenstadt an der Newamündung (Finnischer Meerbusen), mit 4 Mill. E die zweitgrößte Stadt der UdSSR. Neben einer Universität, großen Bibliotheken, Theatern, einer Oper, zahlreichen Akademien u. Hochschulen besitzt L. bedeutende Bauwerke (Planetarium, Winterpalais, Kathedralen) u. Museen (Eremitage). L. ist auch Zentrum einer vielseitigen Industrie. – Die Stadt wurde 1703 von Zar Peter dem Großen gegründet. Bis 1914 hieß sie Sankt Petersburg, bis 1924 Petrograd. 1712–1917 war L. Hauptstadt Rußlands. 1917 brach hier die Oktoberrevolution aus. Petrograd wurde zu Ehren Lenins umbenannt.

Leninismus ↑ Marxismus.

lento [ital.], in der Musik für: langsam, gedehnt zu spielen.

Lenz, Siegfried, * Lyck (Ostpreußen) 17. März 1926, deutscher Schriftsteller. L. schrieb Dramen, Hörspiele u. Erzählungen, die meist Zeitprobleme behandeln u. Menschen darstellen, die sich in einer Entscheidung bewähren müssen. Zu seinen bekanntesten Werken gehören: „So zärtlich war Suleyken" (Erzählungen, 1955), „Zeit der Schuldlosen" (Drama, 1961), „Deutschstunde" (Roman, 1968), „Das Vorbild" (Roman, 1973), „Heimatmuseum" (Roman, 1978). – Abb. S. 339.

Leoben, österreichische Stadt an der Mur (Steiermark), mit 35 000 E. Fremdenverkehrsort mit bedeutenden Kirchenbauten, Sitz einer Bergbauhochschule. Die nahegelegenen Eisenerz- und Braunkohlengruben machten L. zum Zentrum der obersteirischen Schwerindustrie.

Leonardo da Vinci [...tschi], * Vinci bei Florenz 15. April 1452, † Château de Cloux (heute Clos-Lucé) bei Amboise) 2. Mai 1519, italienischer Maler u. Zeichner, Baumeister, Bildhauer, Naturforscher u. Erfinder. L. ist eine der bedeutendsten Persönlichkeiten der Renaissance; auf den verschiedensten Gebieten vollbrachte er geniale Leistungen: Neben weltberühmten Gemälden (u. a. „Mona Lisa", „Anna Selbdritt", „Abendmahl") u. einer unübersehbaren Fülle von Zeichnungen schuf er plastische Werke („Reiterstandbild des Francesco Sforza", 1499 zerstört) u. wirkte als Baumeister (Modell für die Kuppel des Mailänder Doms). Malerei war für L. Wissenschaft, Vorstoß zu den Gesetzen der Natur, zu der er auch durch Studien auf den Gebieten der Anatomie, Zoologie, Botanik, Geometrie u. der Technik Zugang fand. Er machte zahlreiche bedeutende Erfindungen (u. a. Tauchgeräte, Flugmaschinen, mechanischer Webstuhl, bewegliche Brücken, Pumpen; alle damals nicht verwirklicht) und erarbeitete Landkarten, Stadtpläne sowie ingenieurtechnische Entwürfe (Festungsanlagen, Kanalbauten). – Abb. S. 339.

Leoncavallo, Ruggiero, * Neapel 8. März 1858, † Bagni di Montecatini 9. August 1919, italienischer Komponist. Von seinen Opern wurde „Der Bajazzo" (1892) ein Welterfolg.

Leonidas, König von Sparta im 5. Jh. v. Chr. Im Freiheitskampf der Griechen gegen die Perser verteidigte er heldenhaft den Thermopylenpaß u. fiel 480 v. Chr. mit 300 Spartanern u. 700 Thespiern. Die Inschrift auf dem ihnen zu Ehren errichteten Löwendenkmal lautet in der Übertragung Schillers: „Wanderer, kommst du nach Sparta, verkündige dorten, du habest uns hier liegen gesehen, wie das Gesetz es befahl".

Leopard [lat.] m (Panther), bis 1,5 m lange Großkatze in Afrika u. Asien. Das Fell ist dunkelbraun bis schwarzbraun gefleckt auf gelbem Grund. Häufig werden nur schwarz gefärbte Tiere als Panther bezeichnet. Der L. jagt, meist allein, vorwiegend nachts. Seine Beutetiere sind Antilopen, Affen, Wildschweine, Nagetiere u. Vögel. – Abb. S. 342.

Lepra [gr.-lat.] w (Aussatz), chronische Infektionskrankheit, die nur durch langen unmittelbaren Kontakt übertragen wird. Erreger ist der Hansen-Bazillus. Erkankte werden wegen der Ansteckungsgefahr völlig isoliert. Haut u. Schleimhäute sind mit Knoten u. Geschwüren bedeckt. L. kann heute zwar gelindert, jedoch nicht geheilt werden. In Mitteleuropa gibt es seit dem 17. Jh. keine Erkrankungen, auf der Erde sind etwa 7 Mill. Kranke registriert.

Lerchen w, Mz., Singvogelfamilie in baumarmen Landschaften, besonders in Afrika. Erdfarbene Bodenvögel, die ihre gut getarnten Nester in flachen Erdmulden anlegen. Die Männchen tragen ihren Gesang häufig in steil aufsteigendem Rüttelflug vor. In Mitteleuropa kommen u. a. Feldlerche, Heidelerche u. Haubenlerche vor.

Lesotho, Königreich im südlichen Afrika, mit 1,2 Mill. E; 30 355 km². Die Hauptstadt ist *Maseru* (16 000 E). L. gehört zu den ärmsten Staaten der Erde.

Die Bewohner leben hauptsächlich von Getreideanbau u. Viehzucht. Abgebaut werden Diamanten. – L. wurde unter dem Namen Basutoland britisches Schutzgebiet u. ist seit 1966 als L. unabhängiges Mitglied des Commonwealth. Es ist Mitglied der UN u. der EWG assoziiert.

Lesseps, Ferdinand Marie Vicomte de, * Versailles 19. November 1805, † La Chênaie (bei Tours) 7. Dezember 1894, französischer Diplomat

u. Ingenieur. L. ist der Erbauer des ↑Sueskanals. 1879 begann er mit dem Bau des Panamakanals, scheiterte aber mit diesem Projekt.

Lessing, Gotthold Ephraim, * Kamenz (Bezirk Dresden) 22. Januar 1729, † Braunschweig 15. Februar 1781, deutscher Dichter, einer der bedeutendsten Vertreter der deutschen Aufklärung. L. war zeitweilig Mitarbeiter des Nationaltheaters in Hamburg, danach Bibliothekar in Wolfenbüttel. In „Laokoon: oder über die Grenzen der Malerei u. Poesie" (1766) versucht er, die beiden Kunstgattungen theoretisch gegeneinander abzugrenzen. In der „Hamburgischen Dramaturgie" (104 Stücke; 1767 bis 1769) setzt er sich mit dem Wesen des Dramas auseinander. Beispielgebend für die betreffenden Dramengattungen wollte L. mit seinen bürgerlichen Trauerspielen „Miß Sara Sampson" (1755) u. „Emilia Galotti" (1771) wirken sowie mit seinem Lustspiel „Minna von Barnhelm" (1767). In dem Schauspiel „Nathan der Weise" (1779) setzte sich L. für den Gedanken der Humanität u. Toleranz ein. Ferner verfaßte er Fabeln, Epigramme, Streitschriften, Abhandlungen über literarische u. religionsphilosophische Fragen u. a. In seiner Schrift „Die Erziehung des Menschengeschlechts" (1780) äußert er den Gedanken, daß die Besserung der Menschheit durch vernunftgemäße Beachtung religiöser Grundsätze zu erreichen sei. – Abb. S. 342.

Letter [lat.] w, der einzelne Druckbuchstabe.

Lettland, Unionsrepublik der UdSSR an der Ostsee, mittlerer der 3 ehemaligen baltischen Staaten, etwa dreimal so groß wie Hessen, mit 2,5 Mill. E. Die Hauptstadt ist Riga. L. ist ein hügeliges, seen- u. waldreiches Land. Seine Industrie erzeugt v. a. Rundfunkgeräte, Telefonanlagen, Generatoren, Landmaschinen u. Waggons. – Seit 1918 war L. selbständige Republik; 1940 wurde es der UdSSR angegliedert.

Leuchte w (umgangssprachlich Lampe), Gerät zur Halterung u. zum Schutz von Lampen (künstlichen Lichtquellen, z. B Glühbirnen). Die L. bewirkt die zweckmäßige Verteilung des Lampenlichtes.

Leuchtfarben w, Mz., Gruppe von Farben (Druckfarben), deren besonders intensive Farbkraft darauf beruht, daß sie durch Bestrahlung mit kurzwelligem ↑Licht (fluoreszierende Farben) oder auch mit sichtbarem Licht (phosphoreszierende Farben) zur verstärkten Aussendung von Lichtwellen, die im Bereich des Sichtbaren liegen, angeregt werden. Bei Zusatz von radioaktiven Stoffen, z. B. Uransalzen, ist eine vorherige Bestrahlung der Leuchtfarbe nicht notwendig. Die zur Aussendung der Lichtstrahlen notwendige Energie wird in diesen Fällen durch die Radioaktivität, d. h. durch selbsttätig verlaufenden Kernzerfall geliefert.

Leuchtfeuer s, Vorrichtung, mit deren Hilfe Lichtsignale ausgesendet werden. Sie markieren Schiffahrtswege, warnen vor gefährlichen Stellen in der Nähe von Schiffahrtsstraßen (Riffe, Untiefen, Landvorsprünge) u. haben Bedeutung für die Navigation. Drehfeuer senden einen umlaufenden starken Lichtstrahl aus. Bei Blinkfeuern werden die Lichtsignale in regelmäßigen Abständen unterbrochen. L. befinden sich auf Leuchttürmen, in Leuchtbojen, auf Feuerschiffen u. ä.

Leuchtgas ↑Stadtgas.

Leuchtkäfer m, Mz., Familie von Käfern, die an ihren Hinterleibsringen Leuchtorgane tragen. Männchen u. Weibchen strahlen nachts kaltes, gelblichgrünes bis orangerotes Licht aus, das durch Oxydation des Leuchtstoffs Luciferin entsteht. Durch diese Signale finden die Tiere den Weg zueinander. Die umherfliegenden Männchen suchen die im Gras oder im Gebüsch sitzenden, flügellosen Weibchen auf. Eine bekannte Art ist das *Johanniswürmchen* (Glühwürmchen, Johanniskäfer).

Leuchtröhre w, eine meist mit Edelgas (Neon, Helium u. ä.) gefüllte Glasröhre, in die zwei Elektroden eingeschmolzen sind. Beim Anlegen einer hohen elektrischen Spannung (etwa 5 000 V) fließt ein Strom, durch den die Gasmoleküle zum Leuchten erregt werden. Die Farbe des Lichts hängt von dem verwendeten Gas ab (z. B. Neon – rot, Helium – rötlichgelb, Quecksilberdampf – bläulichweiß). Leuchtröhren werden in der Hauptsache für Reklamezwecke (Leuchtschrift) verwendet; ↑dagegen Leuchtstofflampe.

Leuchtstoffe m, Mz. (Leuchtmassen, Luminophore), diejenigen chemischen Substanzen, die ↑Lumineszenz aufweisen u. für die Aussendung des „kalten Lichts" der ↑Leuchtröhre verantwortlich sind. Die Leuchtpunkte auf den Zifferblättern von Uhren sind aus Leuchtstoffen.

Leuchtstofflampe w, eine ↑Leuchtröhre, bei der das Glas mit einer besonderen Leuchtstoffschicht überzogen ist. Insbesondere der ultraviolette Bestandteil des Lichts erregt den Leuchtstoff zu hellem Leuchten. Damit die L. mit der normalen Haushaltsspannung von 220 V betrieben werden kann, sind die Elektroden heizbar. Beim Einschalten der Lampe werden sie zum

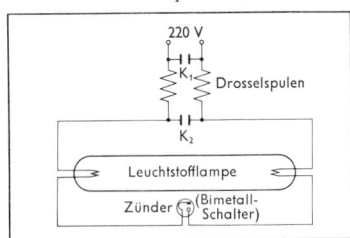

Glühen gebracht. Durch eine besondere Zündvorrichtung entsteht gleichzeitig ein kurzer Spannungsstoß (Zündspannung), der den Stromfluß durch die Röhre einleitet. Einmal in Gang gebracht, fließt der Strom dann bei einer Spannung von 220 V weiter.

Leuchtturm ↑Leuchtfeuer.

Leuk..., Leuko... [gr.], Bestimmungswort von Zusammensetzungen mit der Bedeutung „weiß, hell, glänzend"; z. B. ↑Leukozyten, Leukoderma (Bildung weißer Flecken auf der Haut).

Leukämie [gr.] w, eine bösartige Erkrankung der weißen Blutzellsysteme mit Veränderungen der Blutkörperchen im Blut. Dabei vergrößern sich Milz, Leber und Lymphknoten (↑Lymphe 1). Im Knochenmark treten Veränderungen auf. Äußere Anzeichen sind anfangs Mattigkeit, Abmagerung, Blutungen u. schließlich Fieber.

Leukozyten [gr.] m, Mz. (weiße Blutkörperchen), kernhaltige Blutzellen, die die Blutgefäße verlassen u. z. B. selbständig zu einer Wunde vordringen, um eindringende Krankheitserreger zu vernichten.

Leumund m, guter oder schlechter Ruf, in dem jemand auf Grund seines Lebenswandels bei seiner Umgebung steht.

Levante [ital.] w, alte Bezeichnung für die Küstenländer des östlichen Mittelmeeres.

Leverkusen, Industriestadt nördlich von Köln, Nordrhein-Westfalen, mit 164 000 E. In L. gibt es eine bedeutende chemische Industrie.

Lexikon [gr.] s, Nachschlagewerk in alphabetischer Ordnung, in dem

Gotthold Ephraim Lessing

Libellen. Blaue Prachtlibelle

Leopard

Sachauskünfte zu Namen u. Begriffen sowie meist auch Worterklärungen gegeben werden. Umfangreiche Lexika nennt man auch ↑Enzyklopädien. Das sogenannte Konversationslexikon des 19. Jahrhunderts wollte einem gebildeten Bevölkerungskreis als Nachschlagewerk dienen. Es gibt auch Fachlexika u. Spezialexika für besondere Gebiete oder einen bestimmten Leserkreis (Gesundheitslexikon, Sportlexikon, das vorliegende Schülerlexikon u. a.).

Lhasa, Hauptstadt von Tibet (China), mit 90 000 E. Die Stadt liegt 3 650 m ü. d. M. Sie wird überragt von der ehemaligen Palastburg (Potala) des ↑Dalai-Lama. L. ist das Zentrum des Lamaismus mit vielen prächtigen ↑Pagoden u. Klöstern (Europäern war der Zutritt in der Regel verboten). Knotenpunkt bedeutender Straßen; verschiedene Industriezweige.

Lianen [frz.] w, Mz., Kletterpflanzen, die an anderen Gewächsen, an Felsen u. Mauern emporklimmen, um ihre Blätter aus dem Schatten ans Licht zu bringen. L. haben sehr verschiedenartige Organe, die ihnen das Klettern ermöglichen, z. B. vom Sproß ausgehende Wurzeln, Dornen, Haftscheiben, Klimmhaare. L. sind besonders kennzeichnend für tropische Regenwälder. In Deutschland kommen u. a. vor: Efeu, Erbse, Hopfen u. wilder Wein.

Libanon: 1) Republik an der vorderasiatischen Mittelmeerküste, mit 10 400 km² halb so groß wie Hessen, mit 3,1 Mill. E (53% Christen, 45% Moslems). Die Hauptstadt ist Beirut. Das vorwiegend gebirgige Land besitzt fruchtbare Täler u. Küsten, dort werden Zitrusfrüchte, Oliven u. Getreide angebaut. Ölhäfen mit Raffinerien sind Tripoli u. Saida. – L. war bis 1918 türkisch, kam dann unter französische Mandatsverwaltung u. wurde 1941 unabhängig. Seit 1967 kämpft die Palästinensische Befreiungsbewegung (PLO) von L. aus gegen Israel. Da die von Israel unterstützten christlichen Milizen dies verhindern wollen, befindet sich das Land in einem fortwährenden Bürgerkrieg, der 1976 zur Stationierung syrischer Truppen führte. – L. ist Gründungsmitglied der UN u. Mitglied der Arabischen Liga; **2)** m, Gebirge in 1), bis 3 088 m hoch.

Libelle [lat.] w, Hilfseinrichtung vieler Instrumente, mit denen man die waagrechte oder senkrechte Richtung einstellt oder kontrolliert. Die L. ist meist ein kleiner Flüssigkeitsbehälter, in dem eine Gasblase mit eingeschlossen ist. Die Luftblase bewegt sich, sie nimmt immer die höchstmögliche Lage ein. In der Waagerechten sitzt sie genau in der Mitte.

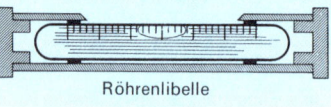

Röhrenlibelle

Libellen [lat.] w, Mz. (Wasserjungfern), große, farbenprächtige Insekten mit schlankem Körper, dickem Kopf (mit großen Facettenaugen) u. vier schmalen, häutigen Flügeln. Sie erjagen ihre Insektenbeute im Flug, bei dem sie hohe Geschwindigkeiten (bis 100 km in der Stunde) erreichen. Die im Wasser lebenden Larven ernähren sich von Wassertieren. Unter mehreren Häutungen wachsen sie heran, verlassen das Wasser als Nymphen, aus denen die fertigen Insekten schlüpfen.

liberal [lat.]: **1)** frei u. vorurteilslos denkend u. handelnd; besonders in der Politik u. Religion: freiheitlich gesinnt; **2)** tolerant gegen die Meinungen anderer.

Liberalisierung [lat.] w, Aufhebung von staatlichen Beschränkungen, insbesondere auf dem Gebiet der Wirtschaft, aber auch auf kulturellem Gebiet.

Liberalismus [lat.] m, Lebensform u. Geisteshaltung, die für die persönliche Freiheit des einzelnen u. seine freie Entfaltung eintritt. Der L. stellt das Recht auf Freiheit in den Vordergrund u. verlangt im Staat, in der Wirtschaft u. in der Kultur größtmögliche Freiheit u. Selbstverantwortung. Wirtschaftlich bedeutet das ein Eintreten für einen freien Handel, eine freie Marktordnung, ein freies Spiel der Kräfte. Im kulturellen u. religiösen Bereich werden Glaubensfreiheit u. Toleranz gefordert. Im Staat sollen die politischen Grundfreiheiten (Grundrechte; ↑Menschenrechte) gesichert sein. Als politische Bewegung des aufstrebenden Bürgertums hatte der L. im 19. Jh. seine Blütezeit. Die Durchsetzung der repräsentativen Demokratie war eines der Ziele des Liberalismus.

Liberia, älteste Republik Westafrikas, mit 1,8 Mill. E (Sudanneger u. Nachkommen befreiter Negersklaven aus den USA). Die Hauptstadt ist Monrovia. Das Land ist mit 111 369 km² dreimal so groß wie Baden-Württemberg; es steigt von der Küste in niedrigen Stufen zum Hochland an, besitzt heißfeuchtes Tropenklima u. besteht zu mehr als $1/3$ aus tropischem Regenwald. Hauptausfuhrgüter sind Eisenerze u. Kautschuk. L. hat die größte Handelsflotte der Erde. – Seit 1822 werden hier befreite Negersklaven aus den USA angesiedelt, 1847 wurde die unabhängige Republik ausgerufen. L. ist Gründungsmitglied der UN u. OAU u. der EWG assoziiert.

Libretto [ital.] s, Text sowie Textbuch von Opern, Operetten und Singspielen.

Libyen, sozialistische arabische Volksrepublik in Nordafrika, mit 1 759 540 km² etwa siebenmal so groß wie die Bundesrepublik Deutschland, mit 2,4 Mill. E. Die Hauptstadt ist Tripolis. L. besteht größtenteils aus der Libyschen Wüste (nur wenige Oasen); lediglich in der Küstenebene ist Landwirtschaft möglich. Seit 1958 wird Erdöl gewonnen u. ausgeführt. – L. war bis 1912 türkisch, wurde dann italienische Kolonie, 1951 unabhängiges Königreich, 1969 nach einem Militärputsch unter Oberst Al Kadhdhafi Republik, Ende 1976 Volksrepublik. Der Plan eines Zusammenschlusses mit Ägypten

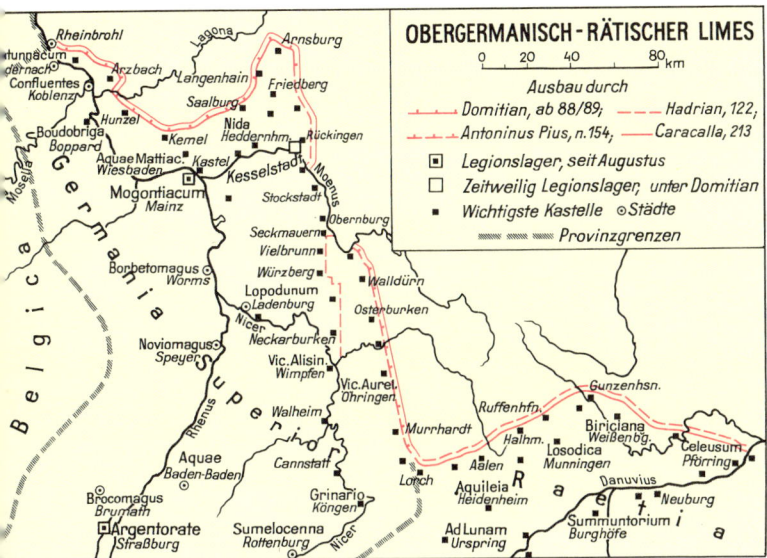

OBERGERMANISCH-RÄTISCHER LIMES
Ausbau durch Domitian, ab 88/89; Hadrian, 122; Antoninus Pius, n. 154; Caracalla, 213
■ Legionslager, seit Augustus
□ Zeitweilig Legionslager, unter Domitian
● Wichtigste Kastelle ○ Städte
Provinzgrenzen

Lilien. Goldbandlilie

führte zu Spannungen zwischen beiden Staaten. – L. ist Mitglied der UN, der OAU u. der Arabischen Liga.

Licht s, elektromagnetische ↑Wellen, die im menschlichen Auge einen Sinneseindruck hervorrufen. Die Länge der Wellen liegt zwischen 0,0008 mm u. 0,0004 mm. Lichtstrahlen breiten sich geradlinig im Raum aus. Die Ausbreitung erfolgt, wie bei allen elektromagnetischen Wellen, auch im leeren Raum (Vakuum). Die Ausbreitungsgeschwindigkeit beträgt im leeren Raum 299 790 km/s. In verschiedenen Stoffen (Luft, Glas, Wasser, Kristall) ist die Lichtgeschwindigkeit unterschiedlich groß. Von zwei Stoffen bezeichnet man denjenigen als den optisch dichteren, in dem die Lichtgeschwindigkeit geringer ist. Beim Durchgang durch die Trennfläche zwischen zwei Stoffen mit unterschiedlicher optischer Dichte erfährt ein Lichtstrahl eine Richtungsänderung (↑Brechung des Lichts). *Reflexion des Lichts:* An der Oberfläche lichtundurchlässiger Körper oder an der Trennfläche zweier Stoffe mit verschiedener optischer Dichte wird ein Teil des auftreffenden Lichtstrahles zurückgeworfen. Diese Erscheinung wird als ↑Reflexion bezeichnet. *Beugung des Lichts:* Trifft ein Lichtstrahl auf den Rand eines Hindernisses, so erfährt er dort eine Ablenkung. Ein Teil des Lichts dringt in den Schattenraum hinter dem Hindernis ein. Man spricht von einer ↑Beugung des Lichtstrahls. *Dispersion des Lichts:* Läßt man einen Lichtstrahl durch ein ↑Prisma fallen, so wird das weiße L. in ↑Farben zerlegt. Man spricht von ↑Dispersion des Lichts. Das weiße L. ist also ein Gemisch von Farben. Jeder Farbe entspricht eine bestimmte Wellenlänge. Rotes L. hat eine Wellenlänge von 0,0008 mm, violettes L. eine solche von 0,0004 mm. Die Wellenlänge der übrigen Farben liegt zwischen diesen beiden Werten. *Interferenz des Lichts:* Treffen zwei Lichtstrahlen gleicher Wellenlänge (monochromatisches [= einfarbiges] L.) aufeinander, so überlagern sie sich unter bestimmten Voraussetzungen in der Art, daß sie sich an manchen Stellen gegenseitig verstärken, an anderen dagegen aber gegenseitig auslöschen. Diese Erscheinung nennt man Interferenz des Lichts. Diese Interferenzerscheinungen sind ein wichtiger Beweis für die Wellennatur des Lichts (Wellentheorie). Es gibt aber auch Erscheinungen, die dieser Wellentheorie widersprechen u. sich nur dadurch erklären lassen, daß man das L. als eine aus kleinen Teilchen (Korpuskeln, genannt Photonen oder Lichtquanten) bestehende Strahlung ansieht (Korpuskulartheorie). Keine der beiden Theorien kann für sich allein alle Erscheinungen des Lichts erklären. Das L. hat also sowohl Wellen- als auch Teilchencharakter. Man spricht von einem Dualismus des Lichts.

Lichtjahr s, Einheitenzeichen Lj, die Entfernung, die das Licht in einem Jahr zurücklegt; 1 Lj = $9,4605 \cdot 10^{12}$ km.

Lichtpause [dt.; gr.] w, auf fotochemischem Wege hergestellte Kopie von Schriftstücken, Zeichnungen u. a.

Lichtstärke w: 1) das Verhältnis vom Durchmesser der Linsenöffnung u. der Brennweite. Eine L. von 1 : 2 bedeutet, daß die Brennweite der betreffenden Linse (oder des Linsensystems) doppelt so groß ist wie der Durchmesser der Linsenöffnung. Die L. spielt insbesondere bei Fotoobjektiven eine wichtige Rolle. Mit Hilfe der veränderlichen Blende kann dabei die L. verändert werden; ↑auch Fotografie; 2) eine photometrische Größe; der Quotient I aus dem Lichtstrom Φ, der von einer (nahezu punktförmigen) Lichtquelle in einen bestimmten Raumwinkel Ω ausgestrahlt wird, u. diesem Raumwinkel: $I = \Phi/\Omega$. Gesetzliche Maßeinheit (Basiseinheit) der L. ist die Candela (Einheitenzeichen cd).

Lidice [*lidize*] (deutsch Liditz), tschechischer Ort in Mittelböhmen, nordwestlich von Prag. Bekannt wurde L. durch die furchtbare Vergeltungsaktion der SS (↑Nationalsozialismus) 1942 nach dem Attentat auf den „Reichsprotektor" Heydrich. L. wurde völlig zerstört, fast alle Einwohner wurden ermordet.

Lido [ital.] m, italienische Bezeichnung für Nehrung, den Landstreifen zwischen ↑Lagune 1) u. Meer. Am bekanntesten ist der L. von Venedig.

Liebermann, Max, * Berlin 20. Juli 1847, † ebd. 8. Februar 1935, deutscher Maler u. Graphiker, einer der bedeutendsten Vertreter des deutschen Impressionismus. L. schuf neben Porträts vor allem Landschafts- u. Gartenbilder mit u. ohne Figurengruppen.

Liebig, Justus Freiherr von, * Darmstadt 12. Mai 1803, † München 18. April 1873, deutscher Chemiker. L. unternahm bahnbrechende Forschungen auf allen Gebieten der Chemie. Am bekanntesten wurden seine Entdeckungen im Bereich der Ernährung (Fleischextrakt) u. Landwirtschaft (Einführung künstlichen Düngers zur Steigerung des Bodenertrags). – Abb. S. 344.

Liebknecht: 1) Karl, * Leipzig 13. August 1871, † Berlin 15. Januar 1919, deutscher Politiker, Abgeordneter der SPD im Reichstag, Sohn von Wilhelm L. Er gründete mit Rosa Luxemburg den Spartakusbund. L. wurde zusammen mit Rosa Luxemburg 1919 von Rechtsradikalen ermordet. Abb. S. 344; **2)** Wilhelm, * Gießen 29. März 1826,

Liechtenstein

Justus Freiherr von Liebig

Karl Liebknecht

Charles Augustus Lindbergh

† Charlottenburg (heute zu Berlin) 7. August 1900, deutscher Politiker; gründete 1869 zusammen mit August Bebel die Sozialistische Arbeiterpartei Deutschlands (seit 1890 SPD).

Liechtenstein, kleines Fürstentum am rechten Ufer des Alpenrheines, zwischen Österreich u. der Schweiz, mit 24 000 E; 160 km². Die Hauptstadt ist Vaduz. L. ist wirtschaftlich eng an die Schweiz gebunden, die das Land auch außenpolitisch vertritt. L. ist eines der kleinsten Länder Europas. Es ist Mitglied der EFTA.

Lied s, Gedicht, das gesungen werden kann. Im Unterschied zum Volkslied sind beim Kunstlied Dichter u. Komponist bekannt. Es gibt viele Liedformen, wie Kirchenlied, Kinderlied u. a. Besonders reich an Liedschöpfungen sind die deutsche Klassik und die Romantik (Goethe, Eichendorff, Heine, Mörike, Uhland u. a.).

Lienz, österreichische Stadt in Osttirol, an der Drau, mit 12 000 E. Durch seine landschaftlich schöne Lage am Fuße der Lienzer Dolomiten ist L. ein Zentrum des Fremdenverkehrs.

Liestal ↑Basel-Landschaft.

Lift [engl.] m, Fahrstuhl, Aufzug.

Liga [lat.-span.] w: **1)** Bezeichnung für ein Bündnis, v. a. im 15.-17. Jh.; **2)** Bezeichnung für Vereinigung (z. B. L. für Menschenrechte); **3)** im Sport Bezeichnung für eine Wettkampfklasse, in der mehrere Mannschaften eines bestimmten Gebietes von etwa gleicher Spielstärke zusammengeschlossen sind (z. B. Regionalliga, Bundesliga).

Liguster [lat.] m (Rainweide), Gattung der Ölbaumgewächse. Es sind immer- oder sommergrüne Sträucher mit meist kleinen, weißen Blüten in großen Rispen. In Deutschland wird der *Gemeine* L. als Zierhecke angepflanzt. Er kann 5 m hoch werden, ist sommergrün u. besitzt stark duftende Blüten.

Lilien [lat.] w, Mz., Gattung der Liliengewächse mit rund 100 Arten in der gemäßigten Zone der Nordhalbkugel. Mehrjährige Zwiebelpflanzen mit schmalen Blättern u. trichterförmigen bis fast glockenförmigen Blüten. L. gehören zu den ältesten Zierpflanzen (in Europa seit dem 15. Jh.) u. wachsen nur sehr selten wild. – Abb. S. 343.

Lilienthal, Otto, * Anklam 23. Mai 1848, † Berlin 10. August 1896, deutscher Ingenieur u. Flugpionier. L. studierte den Vogelflug u. baute einen Flugapparat; 1891 unternahm er damit seinen ersten Gleitflug; er erreichte Weiten bis zu 300 m.

Liliput, Name des Märchenlands der Zwerge in dem Buch „Gullivers Reisen" von J. Swift. Danach bezeichnet man kleine Menschen als *Liliputaner*.

Lille [lil], Industriestadt in Nordfrankreich, mit 172 000 E, nahe der belgischen Grenze gelegen. L. besitzt 3 Universitäten u. ist Zentrum der nordfranzösischen Textil- und Maschinenindustrie.

Lima, Hauptstadt von Peru, mit 2,8 Mill. E, wenige Kilometer landeinwärts vom Pazifischen Ozean gelegen (Seehafen ist Callao). L. ist wirtschaftliches u. kulturelles Zentrum des Landes, besitzt 9 Universitäten, 2 Hochschulen, Museen, Theater, Bibliotheken sowie eine vielseitige Industrie. – Die Stadt wurde 1535 von F. Pizarro gegründet. Oft wurde die Stadt von Erdbeben heimgesucht.

Limes [lat.] m, in der römischen Kaiserzeit die befestigte Reichsgrenze, insbesondere die zur Sicherung angelegten Grenzbefestigungen in Britannien, im Rhein- u. Donaugebiet, in Dakien, Arabien und Afrika. Der bekannteste ist der obergermanisch-rätische L., mit dessen Anlage vor 88/89 begonnen u. der seit 90 ausgebaut wurde. Der obergermanische (Wall und Graben, mit Palisaden) u. der rätische L. (Steinmauer), die durch Wachttürme u. Kastelle geschützt waren, wurden wegen feindlicher Vorstöße ab 258/259 aufgegeben. Reste des L. sind z. B. nahe der ↑Saalburg zu sehen. – Karte S. 343.

Limmat w, rechter Nebenfluß der Aare in der Schweiz. Die L. heißt bis zum Zürichsee Linth u. ist 140 km lang. Sie entspringt in den Glarner Alpen und mündet bei Brugg.

Limousine [...mu...; frz.] w, Personenkraftwagen mit geschlossenem Aufbau (auch mit Schiebedach).

Lincoln, Abraham [lingk^{e}n], * Hodgenville (Ky.) 12. Februar 1809, † Washington 15. April 1865, 16. Präsident der USA. Eine der volkstümlichsten und bedeutendsten Gestalten der amerikanischen Geschichte. L. stammte aus ärmlichen Verhältnissen, arbeitete sich bis zum Rechtsanwalt empor, wurde Abgeordneter der Republikaner u. 1860 zum Präsidenten gewählt. Sein Eintreten für die Beseitigung der Sklaverei löste den ↑Sezessionskrieg aus. Nach siegreicher Beendigung des Krieges trat L. für eine Aussöhnung mit den Südstaaten ein, wurde aber bald nach seiner Wiederwahl (1864) von J. W. Booth, einem Fanatiker aus den Südstaaten, erschossen.

Lindau (Bodensee), bayrische Stadt am Bodensee, mit 25 000 E. Die malerische Altstadt liegt auf einer Bodenseeinsel und ist durch eine Brücke u. einen Bahndamm mit dem Festland verbunden. Lindau (B.) entstand wohl im 11. Jahrhundert. Es wird von vielen Fremden besucht.

Lindbergh, Charles Augustus [lindbö̱rg], * Detroit 4. Februar 1902, † auf Manui (Hawaii) 26. August 1974, amerikanischer Flieger. Er überquerte 1927 als erster im Alleinflug den Atlantik von New York nach Paris in 33 $^1/_2$ Stunden und berichtete darüber in seinem Buch „Mein Flug über den Ozean" (deutsch 1954).

Linde w, Gattung der Lindengewächse mit rund 30 Arten; bis 40 m hohe, sommergrüne Bäume mit meist herzförmigen, etwas unsymmetrischen, gesägten Blättern. Die gelblichen oder weißlichen Blüten sitzen in meist hängenden, kleinen Trugdolden. Die Fruchtstände werden durch den Wind verbreitet, wobei ein Deckblatt als Flugorgan dient. Eine L. kann bis 1 000 Jahre alt werden. Ihr Holz ist weich u. wird deshalb für Schnitz- u. Drechslerarbeiten verwendet. Getrocknete Blüten liefern einen schweißtreibenden Tee. In Deutschland wachsen v. a. Sommerlinden u. Winterlinden.

Lindgren, Astrid [...gren], geb. Ericsson, * Näs (Südschweden) 19. November 1907, schwedische Schriftstellerin. Sie schreibt sehr phantasievolle, fesselnd erzählte Geschichten für Kinder; bekannt wurden v. a. die Pippi-Langstrumpf-Serie (deutsch 1949–51), die Bücher um den Meisterdetektiv Kalle Blomquist (deutsch 1950–57) u. um Karlsson vom Dach (deutsch 1956–68).

Lindwurm m, in der nordischen u. der deutschen Sagenwelt ein ungeflügelter Drache. Ein L. bewacht in der Nibelungensage den Nibelungenhort u. wird von Siegfried erschlagen.

Linguistik [lat.] w, Sprachwissenschaft, bes. die moderne theorieorientierte u. auf die Gegenwartssprache bezogene Richtung.

Linienschiff ↑Kriegsschiffe.

Liquidation

Linné, Carl von, * Hof Råshult bei Stenbrohult (Kronoberg) 23. Mai 1707, † Uppsala 10. Januar 1778, schwedischer Naturforscher. L. erfaßte u. ordnete die gesamte zu seiner Zeit bekannte Tier- u. Pflanzenwelt in einem System u. beschrieb dabei viele Tiere u. Pflanzen zum ersten Mal. Mit der Unterscheidung von Gattungs- u. Artnamen führte er die wissenschaftliche Benennung von Pflanzen u. Tieren ein.

Linoleum [lat.] *s*, strapazierfähiger Fußbodenbelag, der aus Schichten von Korkmehl, Jutegewebe, Harz u. Leinöl besteht.

Linolschnitt *m*, ein dem Holzschnitt verwandtes Bilddruckverfahren.

Linse *w*, eine alte Kulturpflanze aus dem Orient. Schmetterlingsblütler, ein 30–50 cm hohes Kraut mit kleinen, bläulichweißen Blüten. Die eßbaren Hülsenfrüchte enthalten 1–3 gelbe, rote oder schwarze Samen. Es gibt zahlreiche groß- u. kleinsamige Sorten. Das eiweißreiche Linsenstroh liefert wertvolles Viehfutter.

Linsen *w*, *Mz.*, durchsichtige Körper aus Glas, Quarz, Kunststoff oder (beim Auge) aus organischem Material, die von gekrümmten Flächen begrenzt werden. Ein Lichtstrahl wird beim Durchgang durch L. gebrochen. Die am häufigsten verwendeten L. werden durch Kugelflächen begrenzt. Als optische Achse einer Linse bezeichnet man die Gerade, die durch den Linsenmittelpunkt geht u. senkrecht auf der Linsenebene steht. Konvexe L. sind nach außen gewölbt u. in der Mitte dicker, konkave L. sind nach innen gewölbt u. in der Mitte dünner als am Rande. Bikonvexe Linsen sind an beiden Flächen nach außen, bikonkave nach innen gewölbt. Konvexe L. werden wegen ihrer optischen Eigenschaften auch *Sammellinsen* genannt. Für sie gelten folgende Gesetze: 1. Parallel zur optischen Achse einfallende Lichtstrahlen (Parallelstrahlen) treffen sich nach Durchgang durch die Linse in einem Punkte, dem Brennpunkt F. 2. Vom Brennpunkt F ausgehende Lichtstrahlen (Brennpunktstrahlen) verlaufen nach Durchgang durch die Linse parallel zur optischen Achse. 3. Durch den Linsenmittelpunkt verlaufende Lichtstrahlen (Mittelpunktstrahlen) gehen ungebrochen durch die Linse hindurch. Der Abstand eines Brennpunktes (F, F') vom Linsenmittelpunkt heißt Brennweite f. Sie ist um so kleiner, je stärker die Linse gekrümmt ist. Der Kehrwert von f wird als Brechkraft bezeichnet u. in Dioptrien (1 dptr = 1 m^{-1}) gemessen. Sammellinsen können von einem Gegenstand G ein reelles Bild B (Abb.) liefern. Es gilt dabei die Linsenformel $1/g + 1/b = 1/f$ ($g =$ Abstand des Gegenstandes vom Linsenmittelpunkt, $b =$ Abstand des Bildes vom Linsenmittelpunkt, $f =$ Brennweite). Sammellinsen werden insbesondere in Fotoapparaten, Bildwerfern, Fernrohren u. Mikroskopen verwendet. Konkave L. werden auch als *Zerstreuungslinsen* bezeichnet. Für sie gelten folgende Gesetze: 1. Parallel zur optischen Achse einfallende Strahlen verlaufen nach Durchgang durch die Linse so, als kämen sie von einem Punkte her, dem Brennpunkt F. 2. Strahlen, die so auf die Zerstreuungslinse fallen, daß sie, wenn sie nicht gebrochen würden, durch den Brennpunkt gingen, werden zu Parallelstrahlen. 3. Mittelpunktstrahlen gehen ungebrochen durch die Zerstreuungslinse hindurch, die nur scheinbare Bilder von Gegenständen liefert.

Linz, Hauptstadt von Oberösterreich, an der Donau gelegen, mit 207 000 E. Neben einer der ältesten Kirchen Österreichs (Martinskirche, 8. Jh.) schmücken L. weitere bedeutende Kirchen, ein Schloß u. schöne alte Adelshäuser. Unter der vielseitigen Industrie steht die Hüttenindustrie (Hochöfen, Stahlwerke) an erster Stelle.

Lipase [gr.] *w*, Verdauungsferment, das Fette in Glycerin u. Fettsäuren aufspaltet.

Lipizzaner *m*, *Mz.*, sehr gelehrige u. edle Warmblutpferde, die ihren Namen nach dem Stammgestüt Lipizza bei Triest erhalten haben. Die Prüfung u. Auslese der Hengste findet seit 1735 in der Spanischen Reitschule in Wien statt, für die die L. als Dressurpferde Weltruhm errangen. L. erreichen eine Schulterhöhe von 1,6 m, die Brust ist breit, die Beine kurz. L. sind meist Schimmel. – Abb. S. 346.

Lipoide [gr.] *s*, *Mz.*, fettähnliche, lebenswichtige Substanzen, die in tierischen und pflanzlichen Zellen vorkommen u. osmotische (↑Osmose) und elektrische Zellvorgänge beeinflussen.

Lippenblütler *m*, *Mz.*, weltweit verbreitete Pflanzenfamilie mit etwa 200 Gattungen. Es sind Kräuter oder Stauden mit vierkantigem Stengel, dessen Kanten oft versteift sind. An den Knoten stehen sich immer 2 Blätter gegenüber. Je 2 Blattpaare stehen über Kreuz. Die Lippenblüten haben gewöhnlich eine Ober- u. eine Unterlippe. Der vierteilige Fruchtknoten (4 Klausen) zerfällt bei der Reife in vier Teilfrüchte (Nüßchen). Zu den Lippenblütlern gehören viele Heil- u. Gewürzpflanzen u. viele Unkräuter (u. a. Lavendel, Melisse, Salbei, Basilienkraut, Weiße Taubnessel, Kriechender Günsel).

Liquidation [lat.] *w*: **1)** Kostenberechnung von Ärzten, Rechtsanwälten u. a.; **2)** Geschäftsabwicklung bei Auf-

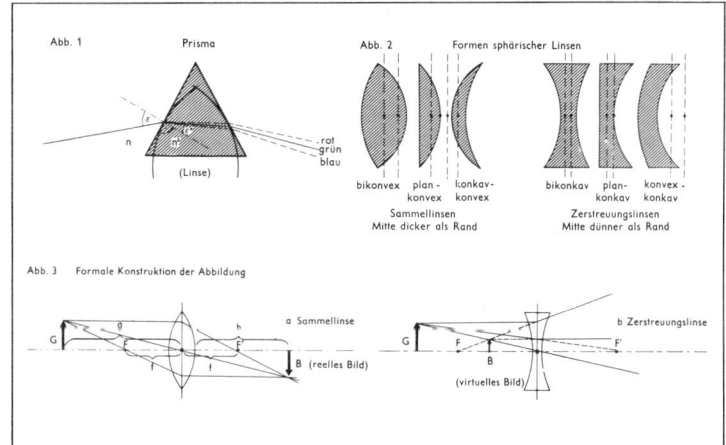

Linsen

Carl von Linné

Friedrich List

Franz von Liszt

345

Lissabon

lösung eines Unternehmens (z. B. einer Aktiengesellschaft). Dazu gehören: Einziehung von Außenständen, Begleichung von Schulden, Verkauf von Waren u. Maschinen, Aufteilung des Erlöses an die Eigentümer u. a.

Lissabon, Hauptstadt und größter Hafen Portugals, mit 830 000 E. Die Stadt liegt an der seeartig erweiterten Mündung des Tejo, nahe dem Atlantischen Ozean. Kastell, Kirchen u. Klöster, zahlreiche Prachtbauten u. die großzügige Stadtanlage mit breiten Prachtstraßen u. Plätzen machen L. zu einer der schönsten Städte der Welt. L. ist Sitz von 3 Universitäten, mehreren Hochschulen u. wissenschaftlichen Instituten. Wichtig als Industriezentrum u. Handelsstadt. – Die Stadt wurde 1755 durch ein Erdbeben zu $2/3$ zerstört, aber rasch wieder aufgebaut.

List, Friedrich, * Reutlingen 6. August 1789, † Kufstein 30. November 1846, deutscher Volkswirtschaftler. L. trat für die Aufhebung der innerdeutschen Zollschranken ein (zu seiner Zeit bestand Deutschland noch aus 39 Staaten) u. forderte Schutzzölle nach außen, um das Wachstum der deutschen Industrie zu sichern. Der von ihm geplante Ausbau des deutschen Eisenbahnnetzes sollte die wirtschaftliche Entwicklung vorantreiben u. die deutschen Einheitsbestrebungen fördern. – Abb. S. 345.

Liszt, Franz von * Raiding (Burgenland) 22. Oktober 1811, † Bayreuth 31. Juli 1886, ungarisch-deutscher Komponist und Klaviervirtuose. Neben vielen Klavierkompositionen (u. a. „Ungarische Rhapsodien") schuf L. Messen, Oratorien u. bedeutende Orchesterwerke. Von seinen sinfonischen Dichtungen sind „Les préludes" und „Prometheus" am bekanntesten. – Abb. S. 345.

Litanei [gr.] w, gesprochenes oder gesungenes Wechselgebet zwischen Vorbeter (Chorsänger oder auch Chor) und Gemeinde; ein Bittgebet zu Gott oder den Heiligen.

Litauen, Unionsrepublik der UdSSR an der Ostsee, südlicher der 3 ehemaligen baltischen Staaten, mehr als dreimal so groß wie Hessen, 3,3 Mill. E. Die Hauptstadt ist Wilna. L. ist ein seenreiches Flachland mit Hügelland im Osten u. Westen. Die Landwirtschaft ist auf Viehzucht spezialisiert, die Industrie sehr vielseitig. – Seit 1918 war L. selbständige Republik; 1940 wurde es der UdSSR angegliedert.

Liter s, auch m, Abkürzung: l, ein Hohlmaß, das insbesondere für Flüssigkeiten verwendet wird.
1 l = 1 Kubikdezimeter (dm³)
1 Hektoliter (hl)   = 100 l
1 Zentiliter (cl)   = 1/100 l
1 Milliliter (ml)   = 1/1000 l (= 1 cm³).

Literatur [lat.] w, Sammelbezeichnung für Schrifttum aller Art. Im engeren Sinn bezeichnet man mit L. nur die schöne (schöngeistige) L. (auch Belletristik genannt). Durch Vorsatz eines kennzeichnenden Wortes kann der Begriff L. auf ein bestimmtes Gebiet eingeengt werden (Unterhaltungsliteratur, Weltliteratur, Jugendliteratur, Nationalliteratur u. ä.); das wissenschaftliche Schrifttum zu einem bestimmten Fachgebiet oder Gegenstand, populärwissenschaftliches Schrifttum, religiöse Schriften usw. gehören zur L. im weiteren Sinne; ↑ auch deutsche Literatur S. 116 ff.

Literatursprache ↑ Standardsprache.

Litfaßsäule w, Anschlagsäule für Plakate oder Bekanntmachungen. Die erste L. wurde am 1. Juli 1855 von dem Drucker E. Litfaß u. dem Zirkusdirektor Renz in Berlin aufgestellt.

Lithium [gr.] s, sehr leichtes Alkalimetall, chemisches Symbol Li; Ordnungszahl 3; Atommasse 6,94. L. ist ein silberglänzendes, ziemlich zähes Metall, das in seiner chemischen Reaktionsfähigkeit dem ↑Natrium recht ähnlich, jedoch etwas beständiger ist. So wird es an der feuchten Luft sehr viel langsamer angegriffen als die übrigen Alkalimetalle (Natrium, Kalium, Rubidium u. Cäsium). Die Verbindungen von L. sind durchweg einwertig. Das Metall ist relativ selten; es kommt in Gesteinen (Mineralen) vor. Die bedeutendsten Lithiumvorkommen befinden sich in Kanada. Gewonnen wird das Metall (wie auch die anderen Alkalimetalle) durch Elektrolyse geschmolzener Lithiumsalze.

Lithographie [gr.] w (Kurzform Litho), Flachdruckverfahren (Steindruck), 1796/97 von A. Senefelder erfunden. Eine Platte eines bestimmten, feinporigen Kalksteins dient als Druckstock. Das darauf mit Fettkreide oder fettiger Farbe gezeichnete Bild verbindet sich mit dem kohlensauren Kalk des Steins zu fettsaurem Kalk. Nur an diesen Stellen haftet Farbe, die nach dem Druckvorgang auf dem Papier erscheint. Farblithographien erfordern meist mehrere Platten. Bedeutende Künstler des 19. u. 20. Jahrhunderts von Goya u. Daumier bis zu Picasso u. Chagall haben die L. als Technik gepflegt.

Liturgie [gr.] w, der Gottesdienst der christlichen Kirchen, besonders der offizielle Gottesdienst in seinen geregelten Formen.

liturgisch [gr.], gottesdienstlich, der ↑Liturgie gemäß.

Liverpool [*liwerpul*], englische Stadt an der Mündung des Mersey in die Irische See, mit 575 000 E. Zweitgrößter englischer Hafen, wichtiges Handelszentrum u. führender Baumwollmarkt der Welt. Die Stadt hat eine Universität. Ihre Industrie ist sehr vielseitig. Mit dem jenseits des Mersey gelegenen Birkenhead ist L. durch einen Tunnel unter dem Fluß verbunden.

Stephan Lochner, Rosenhagmadonna

Live-Sendung [*laiw...*; engl.; dt.] w, Direktsendung vom Ort des Geschehens; das Aufgenommene wird unmittelbar in Bild und Ton (Fernsehen) oder Ton (Rundfunk) gesendet. Bei einer L. sind nachträgliche Änderungen (z. B. durch die Redaktion) nicht möglich.

Livingstone, David [*livingßt*ⁿ*n*], * Blantyre bei Glasgow 19. März 1813, † Chitambo (Sambia) 1. Mai 1873, schottischer Missionar u. Forschungsreisender. L. bereiste Süd- und Mittelafrika, erforschte die Flußläufe des Sambesi u. Kongo, entdeckte u. a. die Victoriafälle, die Kongoquellflüsse u. verschiedene innerafrikanische Seen (Njassasee). 4 Jahre lang galt er als verschollen, bis er von Sir Henry M. Stanley 1871 gefunden wurde. Mit diesem gemeinsam erforschte er das Gebiet des Tanganjikasees. Nach ihm sind die *Livingstonefälle* des unteren Kongo u. das *Livingstonegebirge* in Tanganjika benannt. – Abb. S. 348.

Livius, Titus, * Patavium (heute Padua) 59 v. Chr., † ebd. 17 n. Chr., römischer Geschichtsschreiber. L. beschrieb

Lipizzaner

LOKOMOTIVEN

Lokomotive „Rocket" von George Stephenson (1826)

Dampflokomotive der Reihe 23 (1950)

Die erste in Deutschland gebaute Lokomotive („Saxonia", 1836)

Diesellokomotive der Reihe 218 (1968)

Elektrolokomotive der Reihe 151 (1973)

Schnelltriebzug der Reihe 403 (1974)

Livland

in 142 Büchern die Geschichte Roms von der Gründung der Stadt bis zu seiner Zeit. Von diesem umfangreichen Werk sind nur Teile überliefert.

Livland, historische Landschaft im Baltikum, östlich des Rigaer Meerbusens, seenreich u. fruchtbar. Im 12. Jh. wurde L. vom deutschen Schwertbrüderorden unterworfen u. christianisiert; nach dem Zerfall der Macht des Deutschen Ordens wurde L. zwischen den Nachbarmächten zerrissen u. 1918 zwischen Estland u. Lettland aufgeteilt. Heute gehört es zur UdSSR.

Lizenz [lat.] w, vollständige oder teilweise Übertragung eines Nutzungsrechts, eines Patents oder eines Gebrauchsmusters durch den Urheber in einem Vertrag (*Lizenzvertrag*). Der *Lizenznehmer* hat die vereinbarte *Lizenzgebühr* zu entrichten. **Lizenzspieler** *m*, Berufssportler, der durch den Verband die Erlaubnis zur beruflichen Ausübung des Sportes erhalten hat.

Ljubljana (deutsch Laibach), Hauptstadt der jugoslawischen Teilrepublik Slowenien, mit 174 000 E. Universitätssitz u. wichtiges Industriezentrum. Über der Stadt liegt die Burg, in der Stadt finden sich mittelalterliche u. barocke Bauten. Bis 1918 war L. bei Österreich u. Hauptstadt des Kronlandes Krain.

Llano [*ljano*; span.] *m*, tropische oder subtropische baumarme bis baumlose Ebene in Lateinamerika.

Lobby [engl.] w, Wandelhalle im englischen u. amerikanischen Parlament, in dem Interessenvertreter (*Lobbyisten*) die Abgeordneten für sich u. ihre Interessen (z. B. für eine Unterstützung der Bauern) zu gewinnen suchen. Danach wird L. auch in anderen Staaten für die Gesamtheit der Interessenvertreter verwendet.

Locarno, schweizerische Stadt u. Kurort im Tessin, am Nordufer des Lago Maggiore, mit 16 000 E. Hier wurde 1925 der *Locarnopakt* (auch Locarnovertrag) abgeschlossen, der die politischen Ausgleich zwischen Deutschland u. den Westmächten vorantrieb, die deutsche Westgrenze vertraglich sicherte u. den Eintritt Deutschlands in den Völkerbund vorbereitete.

Lochkarten w, *Mz.*, Karten, in die bestimmte Zahlenwerte als Löcher eingestanzt werden können. In der Regel enthalten die L. 80 Spalten, in denen die Ziffern 0 bis 9 untereinanderstehen. Es können also bis zu 80 Ziffern pro Karte gelocht werden. Diese 80 Spalten können nach Belieben zu Gruppen zusammengefaßt werden. Auf L. lassen sich alle Werte aufzeichnen, die irgendwie in Zahlenform verschlüsselt werden können. Mit Hilfe von Sortiermaschinen können große Mengen von L. nach bestimmten Gesichtspunkten geordnet werden. Beispielsweise kann man alle L., in deren 3. Spalte die Ziffer 5 steht, maschinell in kürzester Zeit aussortieren lassen. Für Lochkarten werden (anders als bei der elektronischen Datenverarbeitung) nur elektromechanische Bauelemente verwendet. L. dienen auch zur Eingabe von Daten in ↑Computer. Zur Steuerung automatischer Maschinen (Drehbänke, Schreibmaschinen) oder von Betriebsabläufen (Fließbänder, Taktstraßen) werden die den L. verwandten Lochstreifen verwendet.

Lochner, Stephan, * Meersburg (?) um 1410, † Köln 1451, deutscher Maler, Meister der spätgotischen Kölner Schule. Bekannte Bilder sind das „Kölner Dombild" (mit „Anbetung der Könige") u. die „Rosenhagmadonna". – Abb. S. 346.

Locke, John [*lok*], * Wrington bei Bristol 29. August 1632, † Oates (Essex) 28. Oktober 1704, englischer Philosoph. L. ist der Hauptvertreter des englischen ↑Empirismus. In der Staatslehre vertritt L. die Volkssouveränität, d. h. die Ausübung aller Staatsgewalt durch das Volk (Grundlage der Demokratie), u. die Rechtsgleichheit (Gleichheit vor dem Gesetz).

Loden *m*, Streichgarnware, die meist stark gewalkt u. meist strichgeraubt ist, verwendet v. a. für Wander-, Sport- u. Trachtenkleidung.

Łódź [*"utśj*] (deutsch Lodz [*lotsch*]), zweitgrößte Stadt Polens, mit 798 000 E. Neben einer Universität hat L. weitere Hochschulen. Vorherrschend ist die Textilindustrie.

Lofotinseln *Mz.* (norweg. Lofoten), Inselgruppe vor der Nordwestküste Norwegens, im Europäischen Nordmeer; 900 bis fast 1 200 m hohe, kahle, granitene Felsengruppen springen weit ins Meer vor. Im Innern der Inseln gibt es Täler mit Wiesen. Haupterwerbsquelle der 27 000 Bewohner ist der Kabeljaufang.

Log [engl.] *s*, Gerät zum Bestimmen der Schiffsgeschwindigkeit. Früher wurde sie mit einer Leine (Logleine) gemessen, in der im Abstand von etwa 7 m Knoten eingeknotet waren. Am Ende der Leine befand sich ein senkrechtes Brett. Die Leine wurde ins Wasser gelassen, und je nach der Anzahl der Knoten, die in einer bestimmten Zeit von

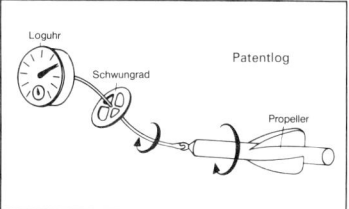

Patentlog

der Logwelle abrollten, bestimmte man die Geschwindigkeit. Heute benutzt man das *Patentlog* (ein Zählwerk zeigt die Umdrehungen eines nachgeschleppten Propellers an).

Logarithmus [gr.] *m*, Abkürzung: log, der L. einer Zahl a zur Basis b ist diejenige Zahl, mit der man b potenzieren muß, um a zu erhalten. Man schreibt:

$$^{b}\log a = x, \text{ wenn } b^x = a,$$

z. B. $^2\log 16 = 4$, denn $2^4 = 16$. Die Zahl b (bzw. 2) heißt *Basis*. Die Zahl a (bzw. 16) heißt *Numerus*. Die Zahl x (bzw. 4) heißt L. Der L. stellt also einen Exponenten dar. Beim praktischen Rechnen werden in der Regel die Logarithmen zur Basis 10 benutzt (Briggssche oder dekadische Logarithmen). Man schreibt statt $^{10}\log a$ kürzer $\lg a$. Die Zahlenwerte der Logarithmen sind in Logarithmentafeln aufgezeichnet. Insbesondere gilt:

$\lg 1 = 0$, denn $10^0 = 1$;
$\lg 10 = 1$, denn $10^1 = 10$;
$\lg 100 = 2$, denn $10^2 = 100$;
$\lg 1000 = 3$, denn $10^3 = 1000$ usw.

Für das Rechnen mit Logarithmen gelten folgende Logarithmengesetze, die sich aus den Rechenregeln für Potenzen mit gleichen Grundzahlen ergeben:

1) $\lg(a \cdot b) = \lg a + \lg b$,
z. B. $\lg(12 \cdot 17) = \lg 12 + \lg 17$;
2) $\lg(a : b) = \lg a - \lg b$,
z. B. $\lg(168 : 3) = \lg 168 - \lg 3$;
3) $\lg a^b = b \cdot \lg a$,
z. B. $\lg 3^{64} = 64 \cdot \lg 3$;
4) $\lg \sqrt[b]{a} = \frac{1}{b} \cdot \lg a$,
z. B. $\lg \sqrt[12]{2} = \frac{1}{12} \cdot \lg 2$.

David Livingstone

John Locke

Hermann Löns

Logbuch [engl.; dt.] s, gesetzlich vorgeschriebenes Schiffstagebuch. Ins L. werden täglich Kurs, Geschwindigkeit, Wetter u. besondere Ereignisse eingetragen; ähnlich in der Luftfahrt.

Loge [losch'; frz.] w: **1)** Pförtnerraum; **2)** kleiner abgeteilter Raum für Zuschauer im Theater; **3)** geheime Gesellschaft; Vereinigung von Freimaurern und ihr Versammlungsort.

Loggia [lodscha; ital.] w, nach vorn offene, gewölbte u. überdachte Bogenhalle auf Säulen oder Pfeilern. Sie kann an ein Haus angebaut oder freistehend sein. Oft findet sich eine L. im Obergeschoß (z. B. eines Schlosses). Loggien sind v. a. in den südeuropäischen Ländern verbreitet.

Logik [gr.] w, Lehre vom folgerichtigen, gesetzmäßigen Denken (Philosophie). Klares u. richtiges Denken bezeichnet man auch in der Umgangssprache als L. oder logisches Denken.

Logis [loschi; frz.] s: **1)** Unterkunft; Wohnung; **2)** Mannschaftsraum auf Schiffen.

Lohengrin, Sagengestalt, Gralsritter, Sohn Parzivals. L. besiegt den Gegner Elsas von Brabant u. vermählt sich mit der Fürstin. Diese fragt ihn entgegen ihrem Versprechen nach seinem Namen u. seiner Herkunft. Daraufhin muß er sie verlassen. – Die Sage wurde in mehreren Epen des Mittelalters u. von R. Wagner in der Oper „Lohengrin" (1850) gestaltet.

Lohn m, allgemein jedes als Vergütung von Arbeitsleistungen anzusehende Einkommen. Dazu zählen: Löhne im engeren Sinn (Arbeitseinkommen der Arbeiter), Gehälter (Angestellte) u. die Bezüge der Beamten; Lohncharakter haben auch Honorare, Gagen u. a. (Einkommen aus freiberuflicher Tätigkeit). Arten: Geldlohn u. Naturallohn, Zeitlohn u. Leistungslohn (Stundenlohn mal Arbeitsstunden bzw. Akkordlohn), Tariflohn (L. gemäß einem Tarifvertrag).

Lohnsteuer ↑Einkommensteuer.

Loire [loar] w, größter Fluß Frankreichs, 1 012 km lang. Die L. entspringt in den Cevennen u. mündet westlich von Nantes in den Atlantischen Ozean.

Lokaltermin [lat.] m, gerichtlicher Termin, der am Tat- oder Unfallort abgehalten wird. Zweck ist die Aufklärung eines Sachverhalts oder die Beweissicherung.

Loki, Gestalt des germanischen Götterglaubens, listenreich, wandlungsfähig und boshaft; tötet Baldr und leitet damit den Untergang der Götter ein.

Lokomotive [lat.] w, Abkürzung: Lok, Zugmaschine für Schienenfahrzeuge. Die Dampflokomotive wird durch eine meist zweizylindrige ↑Dampfmaschine angetrieben. Die Dampferzeugung erfolgt für gewöhnlich in der L. selbst. Brennstoff u. Kesselspeisewasser werden meist in einem angehängten Tender (Vorratswagen) mitgeführt. Feuerlose Lokomotiven besitzen zwar einen Dampfkessel, aber keine Feuerungsanlage. Sie „tanken" Dampf an einer festen Dampferzeugungsanlage. Da sie nur einen geringen Aktionsradius besitzen, werden sie vorwiegend im Werks- oder Rangierverkehr eingesetzt. Bei elektrischen Lokomotiven erfolgt der Antrieb durch Elektromotoren. Die erforderliche elektrische Energie wird über einen Fahrdraht (Spannung = 15 000 Volt) oder mitgeführten Akkumulatoren zugeführt. Diesellokomotiven besitzen einen Dieselmotor, der die Räder über ein zumeist automatisch arbeitendes Getriebe antreibt. Bei der dieselelektrischen L. treibt ein Dieselmotor einen elektrischen Generator an, mit dessen Energie Elektromotoren betrieben werden, die auf den angetriebenen Achsen sitzen. Die Dampflokomotiven treten immer mehr in den Hintergrund; ↑ auch Eisenbahn. – Abb. S. 347.

Lombard [ital.-frz.] m oder s, Gewährung eines Kredits gegen Verpfändung von beweglichen Sachen (Waren u. ä.).

Lombardei (ital. Lombardia) w, Landesteil in Oberitalien zwischen Lago Maggiore, Po u. Gardasee. Der Name leitet sich von den ↑Langobarden her. Die L. ist dicht bevölkert u. der bedeutendste Industrieraum Italiens. Der Hauptort ist ↑Mailand. Im Alpenland wird Wein, in den fruchtbaren Ebenen, die z. T. durch Kanäle bewässert werden, Weizen, Mais, Zuckerrüben u. Flachs angebaut sowie Viehzucht betrieben.

London [land'n], Hauptstadt Großbritanniens, mit 7 Mill. E eine der größten Städte der Welt mit einem der größten Häfen (beiderseits der Themse im Londoner Becken gelegen). L. ist Zentrum des britischen Welthandels u. Verkehrsnetzes. Die Innenstadt (City) beherbergt die Zeitungs- und Geschäftsviertel mit Banken (u. a. Bank of England), Geschäftshäusern und Geschäftsstraßen, die in die werktäglich Hunderttausende zur Arbeit fahren. Der Stadtteil Westminster ist Verwaltungsmittelpunkt der Stadt u. des Landes, Residenz der englischen Königin (Buckinghampalast) und Sitz der Regierung (Parlament). Themseabwärts erstreckt sich das riesige Hafengebiet mit Fabriken, Lagerhallen u. Werftanlagen. L. ist reich an Parkanlagen (u. a. Hydepark), besitzt rund 1 600 Kirchen u. viele bedeutende historische Bauten: die Westminsterabtei, die St.-Pauls-Kathedrale mit ihrer mächtigen Kuppel, den Tower u. die Towerbrücke, das Parlamentsgebäude, die „Mutter der Parlamente", mit einem Wahrzeichen der Stadt, dem Uhrturm „Big Ben", die königlichen Paläste u. a. Die Stadt besitzt mehrere Universitäten, Akademien u. berühmte Museen (Britisches Museum mit bedeutender Bibliothek; Nationalgalerie). Schiffs-, Flug- u. Eisenbahnlinien verbinden L. mit allen Teilen des Landes u. der Erde. – L. war bereits zur Römerzeit ein bedeutender Handelsplatz.

Löns, Hermann, * Culm bei Bromberg 29. August 1866, † bei Reims 26. September 1914 (gefallen), deutscher Schriftsteller. L. beschrieb in meisterhaften Naturschilderungen die norddeutsche Heidelandschaft u. ihre Tierwelt: „Mein grünes Buch" (1901), „Mein braunes Buch" (1906), „Mümmelmann" (1909), „Was da kreucht und fleucht" (1909), . L. schrieb auch volksliedhafte Lyrik und volkstümliche Romane.

Looping [lup...; engl.] m, auch s, eine Figur beim Kunstflug: Überschlag vorwärts oder rückwärts.

Lope de Vega, Félix ↑ Vega Carpio, Lope Félix de.

Lorbeer m, Gattung der Lorbeergewächse im Mittelmeergebiet. Es sind Bäume oder Sträucher mit ledrig glänzenden Blättern u. Beerenfrüchten, die nur je einen Samen enthalten. Der Echte L., der 10–12 m hoch wird, ist ein Charakterbaum des Mittelmeergebietes. Seine Blätter sind zugespitzt u. wellig. L. wird auch als Zierstrauch angepflanzt. Die Blätter werden als Gewürz verwendet. Der L. war im alten Griechenland Apoll heilig. Er galt als Zeichen des Sieges u. Ruhmes.

Lorcheln w, Mz., häufige Schlauchpilze in sandigen Kiefernwäldern. Der Fruchtkörper erscheint im Frühjahr. Die Fruchtschicht überzieht die Oberseite des braunen hohlen Hutes, der Wülste besitzt, die wie Gehirnwindungen aussehen. L. enthalten Giftstoffe.

Lord [engl.] m, Titel u. Anrede für den hohen englischen Adel; auch hohe Würdenträger u. Regierungsbeamte erhalten den Titel (z. B. Lordkanzler); ↑ auch Oberhaus.

Loreley w, 132 m hoher untertunnelter Felsen am rechten Rheinufer bei St. Goarshausen. An dieser engen Stelle ist das Rheinbett am tiefsten. Die Gestalt der Rheinnixe L. wurde von C. Brentano geschaffen. Bekannt wurde sie v. a. durch das berühmte Gedicht Heinrich Heines: „Ich weiß nicht, was soll es bedeuten...". Durch ihren Gesang soll sie vorbeifahrende Schiffer ins Verderben locken. – Abb. S. 350.

Lorenz, Konrad, * Wien 7. November 1903, österreichischer Tierpsychologe, einer der Begründer der vergleichenden Verhaltensforschung. Er erforschte das Verhalten der Tiere untereinander u. im Vergleich zum menschlichen Verhalten. Verfaßte u. a.: „Über tierisches u. menschliches Verhalten" (1965). Erhielt 1973 den Nobelpreis. – Abb. S. 350.

Lortzing, Albert, * Berlin 23. Oktober 1801, † ebd. 21. Januar 1851, deutscher Opernkomponist. Seine gemüt-

Konrad Lorenz — Albert Lortzing — Lotosblume — Loreley

voll heiterer komischer Opern, deren Texte er meist selbst verfaßte, sind volkstümlich geworden, besonders „Zar u. Zimmermann" (1837), „Der Wildschütz" (1842), „Undine" (1845), „Der Waffenschmied" (1846).

Los Angeles [...*ändseh*e*l*e*ß*], größte Stadt Kaliforniens, USA, mit 2,8 Mill. E. Erdölverarbeitung, Auto-, Flugzeug- u. Nahrungsmittelindustrie. Die bedeutende Industrie- u. Handelsstadt ist auch Sitz mehrerer Universitäten. Der Stadtteil Hollywood ist als Filmmetropole weltbekannt.

Löß *m*, gelbbraunes, staubfeines Sediment (60–70 % Quarz, 10–30 % Kalk), das besonders fruchtbar ist. L. findet sich in großer Ausdehnung in China (hier in mächtigen Schichten), Südsibirien, der Ukraine, in der Magdeburger Börde u. in Rheinhessen. Er wurde in Europa während der Eiszeiten zusammengeweht u. angeschwemmt. Durch Sickerwasser u. Verwitterung werden sogenannte *Lößkindel* (Kalkzusammenballungen) ausgeschieden.

Losung *w*: 1) Erkennungswort, Parole (beim Militär); 2) im Protestantismus: täglicher Bibelspruch; 3) (Gelöse) Exkremente (Kot) von Wild u. Hund.

Lösung *w*, normalerweise Bezeichnung für ein flüssiges System, in dem ↑Moleküle (z. B. bei Zucker) oder ↑Ionen (z. B. bei Salzen, Säuren oder Basen) durch mindestens eine oder mehrere Schichten des Lösungsmittels (Wasser, Alkohol, Benzol u. viele andere mehr) völlig voneinander getrennt sind. Die L. spielt in der Chemie u. besonders in der chemischen Industrie eine große Rolle, weil in einer L. Substanzen, die chemisch reagieren sollen, in besonders fein verteilter Form vorliegen u. dadurch besonders reaktionsfähig sind. Nach Beendigung der beabsichtigten chemischen Reaktion (z. B. der Bildung eines Farbstoffes) wird das Lösungsmittel in der Regel durch Erhitzung (Destillation) wieder entfernt, so daß die gewünschte Substanz dann in fester Form vorliegt. Erwähnt sei von mehreren anderen Lösungsformen nur die als *Kolloid* (kolloidale L.), die sich dadurch auszeichnet, daß die gelösten Teilchen wesentlich größer als die einer normalen L. sind. Man findet dies v. a. bei Eiweißlösungen u. anderen organischen Stoffen. Alle Lösungen bestehen aus dem Lösungsmittel u. dem Gelösten. Die Menge, die ein Lösungsmittel bei einer bestimmten Temperatur zu lösen vermag, nennt man die Löslichkeit (des gelösten Stoffes). Im allgemeinen nimmt die Löslichkeit mit der Temperatur zu.

Lot *s*: 1) an einem Faden aufgehängtes Metallgewicht, das die Senkrechte anzeigt. Das *Senkblei* hängt dann „lotrecht"; 2) Gerät zum Messen der Wassertiefe vom Schiff aus. Dies geschah früher ebenfalls durch ein Senkblei (↑ auch Echolot; 3) in der Mathematik: die durch einen vorgegebenen Punkt verlaufende Senkrechte zu einer gegebenen Geraden oder Ebene; 4) Metall zum ↑Löten; 5) eine alte Massen- u. Gewichtseinheit.

löten, zwei Metallteile durch ein in flüssigem Zustand aufgebrachtes, leicht schmelzendes Metall (*Lot*) verbinden. Der Schmelzpunkt des Lotes liegt dabei niedriger als der der zu verbindenden Metallteile. Beim *Weichlöten* liegt der Schmelzpunkt des Lotes unter 400 °C (z. B. Blei, Zinn, Zink). Beim *Hartlöten* werden Lote mit einer Schmelztemperatur von über 500 °C verwendet (z. B. Messing). Das Schmelzen des Lotes erfolgt mit Lötkolben, Lötlampen oder Schweißbrennern.

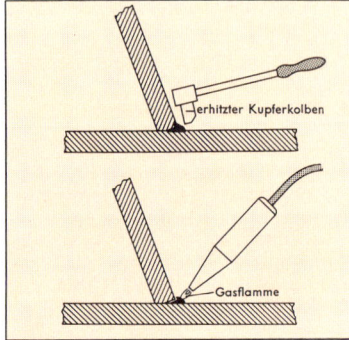

Weichlöten mit Lötkolben (oben)
Hartlöten (unten)

Lothringen (frz. Lorraine), Gebiet in Ostfrankreich zwischen Vogesen, Champagne u. Ardennen an der oberen Maas und Mosel. L. besitzt reiche Eisenerzlager (Longwy, Diedenhofen, Briey), Kohle- u. Salzvorkommen (Nancy) u. ist ein bedeutendes Industriezentrum Frankreichs; 75 % der französischen Eisenerzförderung u. 66 % der französischen Stahlproduktion kommen aus L. Hauptorte sind Nancy u. Metz. – Im Laufe der Geschichte gehörte L. wechselnd zum Heiligen Römischen Reich u. zu Frankreich; 1871 bis 1918 gehörte ein Teil zum deutschen Reichsland Elsaß-L., das nach dem 1. Weltkrieg wieder an Frankreich kam.

Lotosblumen [gr.; dt.] *w*, *Mz*., Wasserpflanzen mit großen schildförmigen Blättern u. großen, einzeln stehenden Blüten. L. wachsen in Ostasien, Nordaustralien u. in den wärmeren Gebieten von Nordamerika bis nach Kolumbien. In Deutschland werden sie als Zierpflanzen gehalten.

Lotse [niederl.] *m*: 1) Seemann, der in schwierigem Fahrwasser (bestimmten gefährlichen Flußstrecken wie z. B. im Rhein zwischen Bingen u. Koblenz, Hafeneinfahrten, Flußmündungen u. ä.) die Führung von Schiffen übernimmt; für bestimmte Gewässer besteht Lotsenzwang; der L. muß ein besonderes ↑Patent besitzen; 2) Schülerlotse ↑Straßenverkehr.

Lotterie [niederl.] *w*, Glücksspiel, bei dem Lose gekauft u. gezogen werden. Bei den Ziehungen werden einige (meist numerierte) Lose als Gewinne ausgelost. Für die Veranstaltung einer öffentlichen L. ist eine staatliche Genehmigung erforderlich. Mindestens 30 % des Spielkapitals müssen Gewinne sein. Lotterien werden oft zu wohltätigen Zwecken veranstaltet.

Lourdes [*lurd*], französische Stadt am Nordrand der Pyrenäen, mit 18 000 E. Einer der bedeutendsten katholischen Wallfahrtsorte der Welt. In einer Grotte bei L. hatte Bernadette Soubirous, ein französisches Hirtenmädchen, 1858 mehrere Marienerscheinungen. Die in dieser Grotte entspringende

Luftfahrt

Lourdes. Basilika oberhalb der Grotte

Löwe

Ludwig XIV., König von Frankreich

Quelle gilt seitdem als wunderheilkräftig. Bedeutende Bauwerke sind die Basilika, die Rosenkranzkirche u. die moderne Basilika St. Pius X.

Louvre [luwrᵉ] m, ehemals Schloß der französischen Könige am rechten Seineufer in Paris; mehrfach umgebaut u. durch Anbauten erweitert. Der L. – seit 1793 öffentliches Museum – beherbergt heute eine der größten Gemälde- u. Kunstsammlungen der Erde. Hier befinden sich u. a. die „Mona Lisa" von Leonardo da Vinci u. die Statue „Venus von Milo" (2. Jh. v. Chr.).

Löwe m, die einzige gesellig (in kleinen Rudeln) lebende u. jagende Großkatze, etwa bis 1,9 m lang, Schwanz etwa 0,7–1 m lang, am Schwanz eine dunkle Endquaste. Schulterhöhe etwa 1 m. Löwen leben in den Steppen u. Savannen Afrikas südlich der Sahara u. in Reservaten in Indien. Vor u. während der Eiszeiten waren sie über ganz Eurasien u. Nordamerika verbreitet. Die Männchen besitzen eine mächtige Mähne. Sie jagen v. a. Paarhufer u. Zebras.

Löwen (niederl. Leuven, frz. Louvain), belgische Stadt östlich von Brüssel, in der Provinz Brabant, mit 30 000 E. In L. gibt es 2 Universitäten, bedeutende Kirchenbauten u. ein hervorgendes gotisches Rathaus. An die Zeit Löwens als Zentrum der Tuchfabrikation erinnert die gotische Tuchhalle (seit 1432 Universität). Heute beherbergt die Stadt u. a. Nahrungsmittel-, Maschinenbau-, chemische u. Lederindustrie.

loyal [loajal; frz.], gesetzestreu, regierungstreu; auch redlich, anständig.

Loyola, Ignatius von ↑Ignatius von Loyola.

LPG, Abkürzung für: ↑landwirtschaftliche **P**roduktions**g**enossenschaft.

LSD ↑Drogen.

Lübeck, Hafenstadt in Schleswig-Holstein, an der unteren Trave, mit 229 000 E; der Stadtteil *Travemünde*, ein bekanntes Seebad, liegt direkt an der Ostsee (Lübecker Bucht). Nach den schweren Zerstörungen im 2. Weltkrieg wurde die Innenstadt von L. wiederaufgebaut. Wichtigste Bauten sind das Holstentor, der Dom, die Marienkirche, das ehemalige St.-Annen-Kloster (heute Museum), das Heilig-Geist-Hospital, das Rathaus u. die Salzspeicher. L. hat 2 Hochschulen u. eine Fachhochschule. Neben ihrer Bedeutung als Ostseehafen besitzt die Stadt eine vielseitige Industrie (Metall-, Holz-, Lebensmittel- [auch Lübecker Marzipan], Textil- u. chemische Industrie, Werften). – Im Mittelalter war L. führende Stadt der Hanse u. wichtiger Handelsplatz. Das lübische Stadtrecht wurde für zahlreiche Städte im Ostseeraum vorbildlich.

Lubitsch, Ernst, *1892, †1947, deutscher Filmregisseur, ↑Film.

Lublin, polnische Stadt zwischen Weichsel u. Bug im Lubliner Hügelland, mit 272 000 E. In L. gibt es 2 Universitäten. Die Stadt ist ein wichtiger Verkehrsknotenpunkt u. Zentrum einer vielseitigen Industrie (Lastkraftwagenwerk, Landmaschinenbau u. a.).

Luchs m, etwa 1,10 m lange u. 75 cm hohe, hochbeinige Raubkatze mit mächtigen Pranken u. scharfen Krallen. Der Kopf ist klein, die Ohrspitzen tragen Haarpinsel. Hauptbeutetiere des in der Nacht jagenden Tiers sind Rehe u. Wildhühner. Der L. lebt in Wäldern der nördlichen Erdteile; in Deutschland wurde er ausgerottet; im Bayerischen Wald wurden Luchse freigesetzt.

Ludwig XIV., genannt der „Sonnenkönig", *Saint-Germain-en-Laye 5. September 1638, †Versailles 1. September 1715, König von Frankreich. Er übernahm 1661 persönlich die Regierung u. verkörperte am eindeutigsten die Regierungsform des Absolutismus. Bekannt ist sein Wahlspruch: „Der Staat bin ich", d. h., er vereinigte alle Staatsgewalt in seiner Hand. Unter seiner Regentschaft erlebte Frankreich einen Höhepunkt glanzvoller Machtentfaltung u. eine Blütezeit französischer Kunst u. Literatur. L. XIV. erbaute das berühmte Schloß zu Versailles. Seine prächtige Hofhaltung wurde von vielen europäischen Fürsten nachgeahmt. Er scheiterte jedoch mit seiner Außenpolitik u. legte durch seine vielen Kriege u. seine kostspielige Prachtentfaltung den Grund für die wirtschaftliche, finanzielle u. militärische Zerrüttung des Landes, die dann später zur ↑Französischen Revolution führte.

Ludwigshafen am Rhein, Industriestadt in Rheinland-Pfalz, mit 165 000 E, gegenüber von Mannheim am linken Rheinufer gelegen. L. ist ein bedeutendes Zentrum der chemischen Industrie, es besitzt einen großen Rheinhafen u. 2 Fachhochschulen.

Luft w, das die Erde umgebende Gasgemisch. Es hat folgende Zusammensetzung:

Stickstoff	78 %
Sauerstoff	21 %
Argon	0,9 %.

Der Rest besteht aus Spuren von Kohlendioxid (0,03 %), Wasserstoff u. Edelgasen. Ohne L. könnten die meisten Lebewesen nicht existieren.

Luftdruck m, der durch das Gewicht der Luft erzeugte Druck. Er wird gemessen in ↑Bar. In der Wetterkunde wird der Luftdruck oft auch in Millibar (mb) angegeben. Der Luftdruck in Meereshöhe beträgt im Durchschnitt 1 013 mb (Normaldruck); er schwankt je nach Wetterlage zwischen 987 mb u. 1 040 mb. Niedrigere u. höhere Drücke werden nur in seltenen Ausnahmefällen gemessen. Mit zunehmender Höhe nimmt der Luftdruck ab. In Erdbodennähe beträgt die Druckabnahme etwa 1 mb auf 14,5 m Höhenunterschied. In größerer Höhe nimmt der Druck dann langsamer ab. In etwa 5 500 m Höhe ist er auf die Hälfte, in etwa 16 km Höhe auf $1/10$ seines ursprünglichen Wertes abgesunken; ↑auch Barometer.

Luftfahrt ↑S. 352 ff.

351

GESCHICHTE DER LUFTFAHRT

Sich wie ein Vogel in die Luft zu erheben u. zu fliegen, ist ein alter Wunschtraum der Menschen. Nach u. nach wurde aus diesem Traum Wirklichkeit, u. heute findet man es selbstverständlich, zwischen vielen Reisenden zu sitzen u. schnell von Europa nach Amerika zu fliegen. – Geht man auf die Anfänge zurück, so stößt man auf die griechischen Sagengestalten Dädalus u. Ikarus; mit Hilfe von Schwingen aus Federn u. Wachs fliehen sie aus einem Labyrinth. Ikarus kommt der Sonne zu nahe, das Wachs schmilzt, die Schwingen zerfallen, u. er stürzt ins Meer. Wie viele Menschen ähnliche Versuche unternommen haben u. dabei tödlich verunglückten, wird man nie ergründen können. – Der Drachen, den man im Herbst so schön steigen lassen kann, ist zum Beispiel eine Erfindung der Chinesen aus dem 4. Jh. v. Chr. Um 1500 zeichnete ↑Leonardo da Vinci bereits Skizzen von Schwingenflugzeugen, Hubschraubern u. Fallschirmen, aber es dauerte dann noch fast drei Jahrhunderte, bis die ersten Menschen sich tatsächlich in die Luft erhoben. Es waren der französische Arzt Pilâtre de Rozier u. der Marquis d'Arlandes, die mit einem Heißluftballon der Brüder Montgolfier (man nennt diesen Ballon daher auch Montgolfiere) am 21. November 1783 die erste Luftreise von 25 Minuten über eine Entfernung von 10 km unternehmen u. überlebten. Kurze Zeit danach machte der Ballon des Physikers J. A. C. Charles (man nennt das Gerät daher Charlière) von sich reden, denn er war mit Wasserstoff gefüllt. Der Physiker u. einer seiner Mitarbeiter, M. N. Robert, unternahmen am 1. Dezember 1783 den ersten großen Flug, er dauerte mehr als zwei Stunden u. führte über eine Entfernung von 43 km von Paris nach Nesle. Nun, da der Bann gebrochen war, u. da man sah, daß der Mensch fliegen kann, wenn auch nicht mit eigenen Schwingen, entzündete sich bei anderen Konstrukteuren eine lebhafte Phantasie. Man versuchte jetzt, die Ballone lenkbar zu machen, damit sie nicht nur den Launen des Windes unterworfen waren. Man stattete sie mit Segeln aus u. mit Rudern.

Der französische Uhrmacher Pierre Julien konstruierte Lenkballonmodelle mit Uhrwerkantrieb, aber es blieb dem Franzosen Henri Giffard vorbehalten, den ersten Motorflug der Welt- u. Luftfahrtgeschichte zu unternehmen. Im Jahre 1852 flog sein Lenkballon, angetrieben von einer 3-PS-Dampfmaschine, mit einer Geschwindigkeit von etwa 10 Kilometern pro Stunde von Paris nach Trappes. – In der folgenden Zeit experimentierte man viel an der Konstruktion von sogenannten Luftschiffen. Das waren zunächst stromlinienförmige Ballone, später brachte man mehrere Ballone in einem starren, überzogenen Gerüst unter. Erfolgreich mit ihren Konstruktionen waren der Brasilianer französischer Abstammung Alberto Santos-Dumont u. der Deutsche Ferdinand Graf von Zeppelin. Nach ihm nannte man alle von ihm gebauten Luftschiffe Zeppelin. Im Jahre 1910 wurde mit dem Zeppelin „Deutschland" der erste planmäßige Passagierdienst der Welt aufgenommen. 1937 fiel der Zeppelin „Hindenburg" bei seiner Landung in Lakehurst am 6. Mai einem Brand zum Opfer. Dies bedeutete das Ende der Passagierdienste mit den Zeppelinen.

Trotz aller Erfolge mit Ballonen u. mit Luftschiffen begnügten sich die Menschen nicht damit und versuchten weiterhin, sich mit Vogelschwingen in die Luft zu erheben. Diese Entwicklung dauerte nach der Konstruktion der Ballone noch einige Zeit. Es wurden sehr viele Versuche unternommen, bahnbrechend waren v. a. die des Deutschen Otto Lilienthal, der ab 1891 Flugversuche mit Gleitflugzeugen unternahm u. dabei 1896 tödlich verunglückte. Erst am 17. Dezember 1903 glückte den amerikanischen Brüdern Wright der erste Motorflug. Er dauerte zwar nur 12 Sekunden u. führte nur über eine Entfernung von 35 m, aber die Grundlagen für das Motorflugzeug waren damit geschaffen. Die Entwicklung ging zunächst nur langsam weiter, denn die Konstrukteure der damals noch sehr vogelähnlichen Flugapparate waren zumeist auch Erbauer u. zugleich Testpiloten. Das Baumaterial war, gemessen an heutigen Verhältnissen, sehr primitiv. Man konstruierte Hochdecker, Mitteldecker, Dreidecker u. Doppeldecker. Ein junger Konstrukteur, Claude Dornier, der sich auf den Bau von Wasserflugzeugen u. Flugbooten spezialisiert hatte, führte schließlich 1914 Stahl u. Duraluminium in den Flugzeugbau ein. Mit dem Ersten Weltkrieg trat der Flugzeugbau in eine Phase stürmischer Entwicklung ein. Waren die Franzosen zunächst führend, so übernahmen später die Deutschen die Spitze in der Entwicklungsarbeit u. praktischen Erprobung v. a. von Lang-

Jagdflugzeug Albatros (1917)

Flugboot Do X (1929)

Motorflugzeug der Brüder Wright (1909)

Verkehrsflugzeug Junkers Ju 52 (1931)

LUFTFAHRT I

Der Airbus A 300 B wurde unter Beteiligung der Deutschen Airbus GmbH von mehreren Firmen der europäischen Luftfahrtindustrie entwickelt. Bei der Deutschen Lufthansa AG ist er seit April 1976 im Einsatz

**Modernes Reiseflugzeug
Piper Aztec**

**Modernes Sportflugzeug
Reims Rocket (Cessna)**

Luftfeuchtigkeit

Geschichte der Luftfahrt (Forts.)

streckenflugzeugen. Trotz verschiedener Nachkriegsbehinderungen konstruierte Dornier ein sogenanntes Verkehrs-Großflugboot, das als Do X gewaltiges Aufsehen erregte, war es doch das erste Flugzeug, das bis zu 170 Personen an Bord nehmen konnte. Gegen Ende der zwanziger Jahre schienen die meisten Konstruktionen so ausgereift, daß man an Liniendienste denken konnte. Die meisten der noch heute bedeutenden Luftfahrtgesellschaften wurden gegründet oder entstanden durch den Zusammenschluß kleinerer Gesellschaften, die bis dahin nur in bestimmten Landesteilen tätig waren. Gleichzeitig wurden die Flugzeuge immer komfortabler u. schneller. Um die Mitte der dreißiger Jahre entstanden zahlreiche Flugzeugtypen, die auf Erprobungsflügen bewiesen, daß der Atlantische Ozean kein Hindernis mehr war. Doch der interkontinentale Flugdienst blieb auch weiterhin eine Sache der Flugboote.

Der Zweite Weltkrieg setzte allen kühnen Erwartungen der Zivilluftfahrt zunächst ein Ende, die fertiggestellten Langstreckenmaschinen wurden zu Fernaufklärern u. Bombenflugzeugen umgebaut. Aber auch diesmal ging die Entwicklung durch den Krieg schneller voran. Die ersten Düsenflugzeuge u. Raketenflugzeuge wurden in Deutschland voll entwickelt und teilweise noch zum Einsatz gebracht. Nach dem Krieg zog man Nutzen aus den militärisch gewonnenen Erkenntnissen: Anfangs waren es umgebaute amerikanische Langstreckenbomber, die den Linienverkehr von Kontinent zu Kontinent ermöglichten, danach waren es aus diesen Typen abgeleitete Passagiermaschinen. Die herkömmlichen Triebwerke wichen langsam den durch Turbinen angetriebenen Propellertriebwerken (Turbopropflugzeuge), denen bald auch die Düsentriebwerke folgten. Diesmal waren es die Engländer, die mit der De-Havilland-Comet im Jahre 1952 der internationalen Konkurrenz um eine Nasenlänge voraus waren. – 1958 eröffnete die amerikanische Fluggesellschaft PANAM (Pan American World Airways) den Düsenflugdienst zwischen New York u. Europa, u. heute gibt es kaum noch eine Fluggesellschaft, die nicht Düsenflugzeuge einsetzt. – In den letzten Jahren wurden Großraumflugzeuge (Jumbo-Jet, Airbus u. a.) für 300 bis 500 Passagiere entwickelt, um bei der zunehmenden Zahl von Flugreisenden eine Überfüllung der Luftstraßen u. Flughäfen (durch eine zu große Anzahl von Flugzeugen) zu vermeiden. – Nachdem bereits 1947 das erste bemannte Flugzeug (Bell X 1) mit Überschallgeschwindigkeit geflogen war und „Düsenjäger" heute z. T. schon die dreifache Schallgeschwindigkeit erreichen, begann man ab 1956 auch mit der Entwicklung von Überschallverkehrsflugzeugen (Concorde, Tupolew Tu-144), die seit 1976/77 Passagiere im planmäßigen Liniendienst befördern.

Schon sehr früh bestand der Wunsch nach Spezialflugzeugen. So begann man schon in den ersten Jahrzehnt dieses Jahrhunderts mit der Konstruktion von Wasserflugzeugen. Es waren eigentlich Landflugzeuge, sie hatten lediglich anstelle der Räder sogenannte Schwimmer. Danach wandte man sich dem sogenannten Flugboot zu. Es war eine Neuentwicklung, da der Rumpf bootsmäßig konstruiert wurde u. lediglich an den Tragflächen Schwimmstützen angebracht waren. Flugboote bewältigten den Verkehr von Kontinent zu Kontinent bis zum Ende des Zweiten Weltkriegs. – Andere Konstrukteure bemühten sich, ein möglichst langsam fliegendes Flugzeug zu bauen. Die brauchbarste Konstruktion war der 1936 von Focke gebaute Hubschrauber FW 61. Zwar wurde auch dieser Flugzeugtyp weiterentwickelt, aber seine vielseitige Verwendbarkeit wurde vorerst nur bei flugsportlichen Veranstaltungen demonstriert. Die eigentliche praktische Verwirklichung der Hubschrauberidee setzte erst nach dem Zweiten Weltkrieg ein. Heute ist der Hubschrauber aus dem zivilen u. militärischen Anwendungsbereich nicht mehr wegzudenken. – Noch nicht abgeschlossen sind die Experimente mit Flugzeugen, die auf sehr kurzen Strecken (STOL-Flugzeuge) oder sogar senkrecht starten u. landen können (YTOL-Flugzeuge). – ↑ auch Flugzeugträger.

* * *

Luftfeuchtigkeit w, der Gehalt der Luft an Wasserdampf. Die absolute L. gibt an, wieviel Gramm Wasserdampf in 1 m³ Luft enthalten sind. Die Luft vermag nur eine ganz bestimmte Menge von Wasserdampf aufzunehmen, dann ist sie gesättigt. Die Sättigungsgrenze (maximale Luftfeuchtigkeit) ist abhängig von der Temperatur. Je wärmer die Luft ist, um so mehr Wasserdampf kann sie aufnehmen. Kühlt man gesättigte Luft ab, so wird ein Teil des Wasserdampfes wieder zu Wasser. Es bilden sich Nebel, Tau oder Niederschläge in Form von Regen, Schnee oder Hagel. Die relative L. gibt an, wieviel % der Sättigungsmenge die Luft an Wasserdampf enthält. Eine relative L. von 100 % bedeutet also, daß die Luft gesättigt ist. Mit steigender Temperatur nimmt bei gleichbleibender absoluter L. die relative L. ab. Die relative L. spielt eine wichtige Rolle für das Wohlbefinden des Menschen; am angenehmsten sind 45 % bis 65 %. L. wird mit ↑ Hygrometern gemessen.

Luftgewehr s, ein Gewehr, mit dem Bleikugeln oder Bolzen durch die Energie von zusammengepreßter Luft abgeschossen werden.

Luftkissenfahrzeug „Hovercraft"

Lufthansa (Deutsche Lufthansa AG) w, 1926 gegründetes, 1953 wiedergegründetes Luftverkehrsunternehmen. Die L. unterhält Linienverkehr nach zahlreichen Ländern.

Luftkissenfahrzeug s, räderloses Fahrzeug, das durch Luftstrahlen zum Schweben über dem Boden gebracht wird u. sich auf diesem Luftkissen vorwärtsbewegt. Es dient v. a. zur Überquerung von Wasserflächen und weglosem Gelände. Das Luftpolster wird durch einen aus Düsen nach unten austretenden Luftstrom gebildet. 1955 wurde erstmals ein Patent für ein L. vergeben.

Luftpumpe w: **1)** eine Vorrichtung zum Verdichten von Luft oder anderen

Gasen in einem geschlossenen Raum oder Behälter; v.a. zum Aufpumpen von Fahrzeugreifen benutzt; **2)** eine Vorrichtung zum Absaugen von Luft aus einem Raum, in dem ein ↑Vakuum hergestellt werden soll. Die *Kolbenluftpumpe* besteht aus einem Zylinder, in dem ein Kolben bewegt werden kann. Beim Herausziehen des Kolbens ist der Zylinder mit dem luftleer zu pumpenden Raum (Rezipient) verbunden. Ein Teil der Luft wird in den Zylinder gesaugt. Nun wird die Verbindung zum Rezipienten geschlossen u. eine Verbindung zum Außenraum hergestellt. Der Kolben wird in den Zylinder hineinbewegt u. treibt die Luft hinaus. Bei der *Wasserstrahlpumpe* reißt ein durch ein Rohr strömender Wasserstrahl die abzusaugende Luft mit. Bei Verwendung dieser beiden Pumpenarten bleibt auch nach längerer Pumpzeit noch verhältnismäßig viel Luft im Rezipienten zurück. Zum weiteren Auspumpen werden verschiedene Arten von Pumpen verwendet, u.a. eine Turbomolekularpumpe, die ein Vakuum bis 10^{-8} mbar erreicht.

Luftröhre w, bei lungenatmenden Tieren einschließlich Mensch der Abschnitt der Luftwege, der zwischen Kehlkopf u. Bronchien liegt. Das Rohr ist mit einer Schleimhaut ausgekleidet, die mit zahlreichen Flimmerhärchen bedeckt ist. Zur Verstärkung besitzt der L. 16–20 knorpelige, hufeisenförmige Halbringe.

Luftschiff s, ein lenkbares Luftfahrzeug, das leichter als Luft ist. Es besteht aus einem großen Ballon, der mit einem Gas gefüllt ist, das leichter ist als Luft (Wasserstoff, Helium). Bei starren Luftschiffen erhält der Ballon seine Form durch ein Leichtmetallgerüst, bei unstarren dagegen durch den Druck des Füllgases. Der Antrieb erfolgt durch Motoren über Luftschrauben, die sich in besonderen Motorgondeln unter dem L. befinden. Gesteuert wird an L. durch Leitwerke am hinteren Ende; ↑auch Zeppelin.

Luftspiegelung w, die Erscheinung, daß man Gegenstände, die hinter einer Anhöhe oder hinter dem Horizont liegen, in scheinbarer Nähe erblickt. Das kommt besonders in Wüstengebieten vor (wo man die L. *Fata Morgana* nennt): Durch den heißen Sand werden die unteren Luftschichten stark erhitzt u. ausgedehnt, die oberen dichten Luftschichten werfen dann die Lichtstrahlen wie ein Spiegel zurück. Auf See wird die L. *Kimmung* genannt.

Luftwurzeln w, Mz., oberirdisch entstehende Wurzeln vieler Pflanzen. Sie sind je nach ihren Aufgaben verschieden gestaltet; z. B. Haftwurzeln (sie umklammern feste Gegenstände), Atemwurzeln (sie dienen der Atmung der Pflanzen). Die L. bleiben meist unverzweigt.

Lugano, schweizerische Stadt u. Kurort im Tessin, am Nordufer des Luganer Sees, mit 29 000 E. Die schöne landschaftliche Lage der Stadt zwischen Monte Brè u. Monte San Salvatore u. das milde Klima machten sie zu einem Zentrum des Fremdenverkehrs.

Lügendetektor m, ein Gerät, das fortlaufend ablesbare Aufzeichnungen über den Verlauf der Herzströme, der Atemfrequenz (Dichte, Häufigkeit der Atmung), des Blutdrucks u. der Hautfeuchtigkeit einer gefragten Person macht. Aus daraus ersichtlichen, sonst nicht kontrollierbaren Reaktionen glaubt man, auf den Wahrheitsgehalt von Aussagen schließen zu können. L. sind als Beweismittel vor Gericht allgemein nicht zugelassen.

Lukas, einer der 4 Evangelisten, Arzt in Antiochien, Begleiter des Apostels Paulus. Nach kirchlicher Überlieferung ist er der Verfasser des Lukasevangeliums u. der Apostelgeschichte. Die Legende hielt ihn auch für einen Maler. L. ist deshalb Schutzpatron der Maler.

lukullisch [lat.; nach dem römischen Feldherrn Lucullus], üppig, schwelgerisch.

Lumineszenz [lat.] w, Sammelbezeichnung für alle Lichterscheinungen, die nicht durch Erhitzen (Glühen) hervorgerufen werden. Die L. kann sehr verschiedene Ursachen haben (durchweg verwickelte u. schwer zu erklärende chemische u. physikalische Prozesse innerhalb der Stoffe, bei denen L. auftritt) u. durch Bestrahlung, Reibung, elektrische Energie oder chemische Veränderungen bewirkt werden. Zwei wesentliche Fälle der L. sind die ↑Fluoreszenz u. die ↑Phosphoreszenz, die beide durch Bestrahlung der entsprechenden ↑Leuchtstoffe hervorgerufen werden. Der Unterschied liegt jedoch darin, daß bei der Fluoreszenz die Leuchterscheinungen innerhalb einer tausendstel Sekunde, d. h. also in der Praxis während der Bestrahlung, erfolgen, wohingegen bei der Phosphoreszenz nach der Bestrahlung des Leuchtstoffes ein stundenlanges Nachleuchten beobachtet werden kann. Ein weiterer bekannter Fall ist die sogenannte Biolumineszenz, die man deutlich bei Glühwürmchen beobachten kann. Sie beruht auf chemischen Veränderungen innerhalb der in den Tieren enthaltenen Leuchtstoffe.

Lummen [nord.] w, Mz., entengroße Meeresvögel, die an Pinguine erinnern. Sie brüten in Kolonien auf Felsen nördlicher Meere.

Lüneburger Heide w, ausgedehntes Heidegebiet in Norddeutschland zwischen Aller und Elbe. Die Ursprünglichkeit und vielbesungene Schönheit der Heidelandschaft mit Heidekraut, Wacholder u. Kiefern bewahrt heute nur noch das Naturschutzgebiet um den Wilseder Berg. Weite Gebiete werden landwirtschaftlich genutzt. Bei Celle (im Südosten der L. H.) wird Erdöl gewonnen. Am Nordrand der L. H. liegt *Lüneburg* (63 000 E).

Lunge w, das Atmungsorgan im Brustraum aller luftatmenden Wirbeltiere. Beim Menschen ist die L. in den rechten u. linken Lungenflügel geteilt, die vom Brustfell umschlossen werden. Die wichtigsten Teile der L. sind die Lungenbläschen, in denen der Gasaustausch zwischen Lunge u. Blut stattfindet.

Lunte w, Zündschnur aus Hanf, mit der in früheren Zeiten die Pulverladungen von Geschützen gezündet wurden.

Lupe w, ein Vergrößerungsglas (Sammellinse), mit dem sich im günstigsten Fall ein Abbildungsmaßstab (Vergrößerung) von 1 : 25 erreichen läßt.

Lupine [lat.] w, Gattung der Schmetterlingsblütler mit rund 200 Arten; Kräuter oder Halbsträucher mit häufig gefingerten Blättern. Die Blüten stehen in Trauben. Die Fruchthülse ist meistens dick u. ledrig. In den Wurzeln dringen Knöllchenbakterien ein, die den Luftstickstoff binden können. Dieser gebundene Stickstoff wird von der Wirtspflanze aufgenommen. Lupinen werden deshalb häufig zur Gründüngung verwendet oder zur Bodenverbesserung auf Waldschlägen angepflanzt, außerdem liefern sie Grünfutter.

Lurche m, Mz. (Amphibien), Wirbeltierklasse, die von den Fischen zu den Landtieren überleitet. Es sind wechselwarme Tiere mit stets feuchten, schleim- u. eiweißdrüsenreichen Haut, die der Atmung dient. Außerdem atmen die L. durch die Lunge. Die meisten Arten sind zumindest zur Fortpflanzung ans Wasser gebunden. Aus den im Wasser abgelegten Eiern entwickeln sich kiementragende Larven (Kaulquappen) mit einem Ruderschwanz. Sie machen eine tiefgehende Verwandlung (Metamorphose) zu den erwachsenen Tieren durch. Die ältesten L. u. damit die ältesten Landtiere (außer Insekten) lebten bereits im Devon.

Lure w, Blasinstrument aus Bronze im sogenannten nordischen Kreis der jüngeren Bronzezeit. Die L. ist ein über 2 m langes gewundenes Rohr mit zurückgebogenem Mundstück. Der breite, scheibenähnliche Rand an der Schallöffnung ist verziert. Die L. ist einstimmig und hat einen posaunenähnlichen Klang. Luren sind meist paarweise gefunden worden (sie sind wohl auch paarweise geblasen worden).

Lustspiel s, eine der Komödie nahestehende Form des Dramas, die nicht wie die Komödie menschliche Fehler bloßstellen u. lächerlich machen will, sondern in versöhnender Heiterkeit u. verstehender Liebe die Unzulänglichkeiten der Welt u. der Menschen darstellt; z. B. Shakespeares „Sommernachtstraum".

LUFTFAHRT II

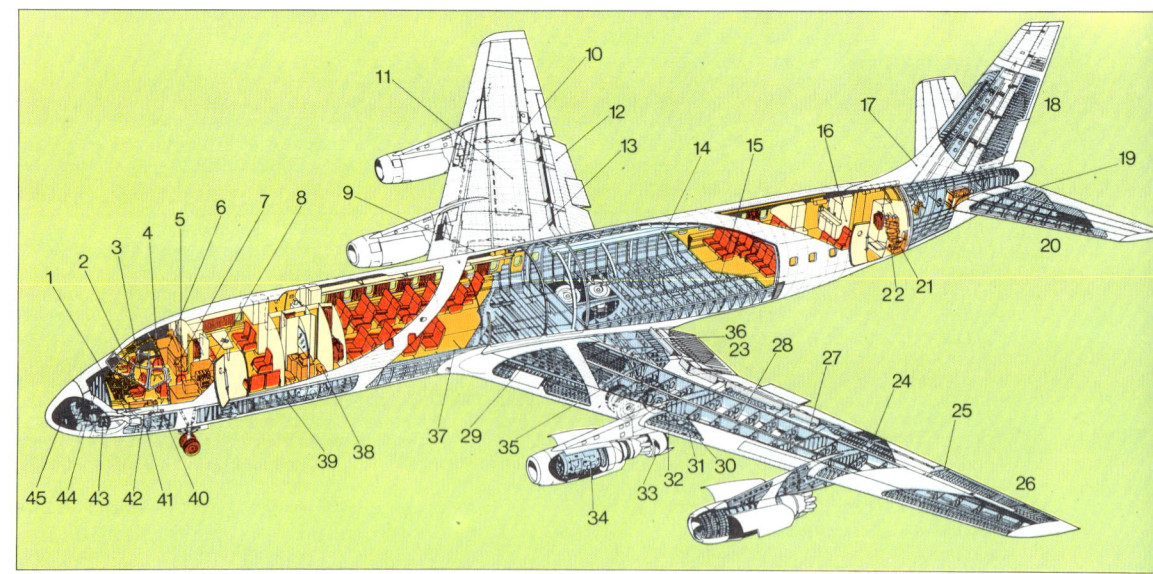

Flugzeug. Schnitt durch ein Düsenverkehrsflugzeug (DC 8). 1 Steuerleitungen für Servoruder und Leitwerk, 2 Platz des Kopiloten, 3 Platz des Flugkapitäns, 4 Platz des Flugingenieurs, 5 Platz des Navigators, 6 Klimaanlage des Flugdecks, 7 Sauerstoffdruckregler und -druckanzeiger, 8 Flugüberwachungs- und Stabilisierungsrechner; Radioanlagen, 9 zweiter Haupttank, 10 Kraftstoffpumpe, 11 erster Haupttank, 12 äußere Klappe, 13 Spoiler, 14 Stringer, 15 rückwärtiger Gepäckraum, 16 Bordküche, 17 Seitenleitwerk, 18 Seitenruder, 19 integral ausgesteifte Beplankung, 20 Höhenleitwerk, 21 Höhenrudersteuerleitungen, 22 Seitenrudersteuerleitungen, 23 innere Klappe, 24 Trimmklappe, 25 inneres Querruder, 26 äußeres Querruder, 27 hinterer Holm, 28 Mittelholm, 29 Vorderholm, 30 Enteisungsleitung, 31 Kraftstoffleitung, 32 Feuerlöschmittel, 33 Schubumkehrvorrichtung, 34 Luftstrahltriebwerk, 35 Hauptfahrwerk, 36 Hilfsholm, 37 Sauerstoffleitung, 38 Toilette, 39 vorderer Gepäckraum, 40 Kühlanlage, 41 Kabinenluftführung, 42 Wärmetauscher, 43 Klimaanlage, 44 vorderer Druckspant, 45 Wetterradar und Gleitpfadantenne

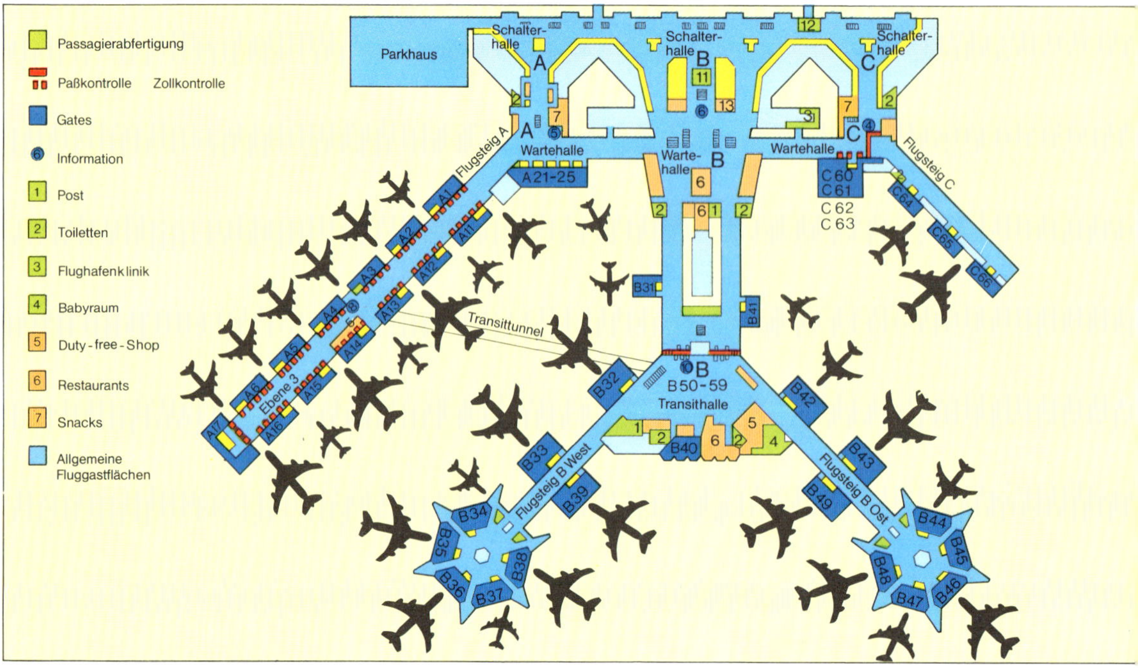

Flughafen. Vereinfachter Plan des Terminals des Rhein-Main-Flughafens in Frankfurt am Main

Luther, Martin, * Eisleben 10. November 1483, † ebd. 18. Februar 1546, deutscher Reformator. L. wurde als Bergmannssohn geboren, er studierte Rechtswissenschaft in Erfurt u. trat dann in das Kloster der Erfurter Augustiner ein. Später lehrte er als Doktor der Theologie u. Professor an der Universität in Wittenberg. Von Gewissenskämpfen um die Frage nach einem gnädigen Gott gequält, unterwarf er sich harter Klosterzucht u. strengem Studium u. fand schließlich eine Antwort im Römerbrief des Paulus: Gottes Gerechtigkeit kommt aus dem Glauben. Die Gnade kann nicht durch Bußübungen oder gute Werke verdient werden, sondern der Mensch wird gerecht allein durch den Glauben an Gott. 1517 schlug er, veranlaßt durch den Ablaßhandel des Dominikaners Tetzel, seine 95 Thesen (Sätze) an die Schloßkirche in Wittenberg. Sie waren in kurzer Zeit in ganz Deutschland bekannt. L., der ursprünglich nur Reformen innerhalb der Kirche beabsichtigte, wurde nun zur Auseinandersetzung mit der Kirche u. dem Papst gezwungen. Die päpstliche Bulle, die ihm den Bann androhte, verbrannte er öffentlich. Durch seine Reformschriften („An den christlichen Adel deutscher Nation..."; „Von der Babylonischen Gefangenschaft der Kirche"; „Von der Freiheit eines Christenmenschen") wuchs die von ihm ausgelöste Reformbewegung mächtig an. L. wurde gebannt u. vor den Reichstag nach Worms geladen; dort lehnte er erneut einen Widerruf seiner Lehre ab und verfiel der Reichsacht. Kurfürst Friedrich der Weise von Sachsen gewährte ihm Schutz u. Asyl auf der Wartburg. Hier schuf er sein sprachliches Meisterwerk, die Übersetzung des Neuen Testaments. Mit ihr trug er entscheidend zur Entwicklung u. Verbreitung einer „hochdeutschen" Schriftsprache bei. L. wurde auch der Begründer des evangelischen Kirchenliedes (u. a. „Ein feste Burg ist unser Gott"). 1525 heiratete er Katharina von Bora. Bis zu seinem Tode wandte er sich gegen Verfälscher seiner Lehre („Schwarmgeister"; „Wiedertäufer") u. suchte in Schrift u. Wort den neuen Glauben zu festigen, der, unter dem Schutz vieler Fürsten, immer weitere Verbreitung fand. Luthers Wirken hat Geschichte u. Geist der beginnenden Neuzeit entscheidend mitbestimmt.

Lüttich (frz. Liège, niederl. Luik), belgische Stadt an der Mündung der Ourthe in die Maas, mit 139 000 E. Infolge der nahegelegenen Erz- und Steinkohlenbergwerke ist L. ein bedeutendes Zentrum der Eisen-, Stahl-, Maschinen- u. Waffenindustrie. Die an historischen Bauten reiche Stadt ist Sitz einer Universität.

Lutz ↑Wintersport (Eiskunstlauf).
Luv ↑Lee.
Luxemburg, Rosa, * Zamość 5. März 1870, † Berlin 15. Januar 1919,

deutsche kommunistische Politikerin. Eine der führenden Persönlichkeiten der Linksradikalen innerhalb der SPD. Sie gründete gemeinsam mit Karl ↑Liebknecht den ↑Spartakusbund. 1918 wurde sie mit Liebknecht Vorsitzende der KPD (Kommunistische Partei Deutschlands). Rosa L. trat in Reden, Schriften u. Aufsätzen u. a. für einen eigenständigen deutschen Kommunismus gegenüber Moskau ein. Sie wurde 1919 von Rechtsradikalen ermordet.

Luxemburg: 1) Großherzogtum zwischen der Bundesrepublik Deutschland, Belgien u. Frankreich, mit 360 000 E; 2 586 km². Staatssprachen sind Französisch u. Luxemburgisch („Letzeburgesch"), eine deutsche Mundart. Der Nordteil des Landes wird durch das 400–559 m hohe *Ösling* gebildet, mit Wald, Heide u. Wiesen. Im Süden schließt sich die fruchtbare *Gutland* an mit Getreide- u. Zuckerrübenanbau, aber auch Obst- u. Gemüse- u. an den Hängen Weinbau, außerdem Rinder- u. Schweinezucht. Im Süden hat L. Anteil an den lothringischen Eisenerzen (Minette) mit der darauf aufbauenden Stahlindustrie. Durch die Moselkanalisierung gewann L. Anschluß an Rhein u. Ruhrgebiet. *Geschichte:* L. war eine Grafschaft des mittelalterlichen Heiligen Römischen Reiches. Es wurde 1354 Herzogtum, 1443 ein Teil Burgunds, 1477 ein Teil der habsburgischen Niederlande (damit wurde es 1555 spanisch u. 1714 österreichisch). 1815 wurde L. Großherzogtum im ↑Deutschen Bund (in Personalunion mit den Niederlanden). 1839 mußten die wallonischen Gebiete Luxemburgs an Belgien abgetreten werden. Nach vergeblichen Versuchen Frankreichs, L. käuflich zu erwerben, wurde L. 1867 als neutral erklärt. Seit 1890 wird L. von eigenen Herrschern regiert (Aufhebung der Personalunion mit den Niederlanden). Im 1. u. 2. Weltkrieg wurde L. von deutschen Truppen besetzt. Seit 1922 besteht Wirtschaftsunion mit Belgien. L. ist Mitglied der Zollunion ↑Benelux, der EG u. der NATO sowie Gründungsmitglied der UN; 2) Haupt- u. Residenzstadt von 1), an der Alzette, mit 78 000 E. Die Stadt hat mehrere wissenschaftliche Institutionen u. ein Technikum, auch zahlreiche Dienststellen der EG. Sehenswert ist die gotische Kathedrale Notre-Dame u. die Kirche Saint-Michel (16. Jh.) sowie das großherzogliche Palais (1572). L. hat Hütten-, Textil-, Nahrungsmittel-, Tabakindustrie und Maschinenbau. Bekannt ist der Rundfunksender. Internationaler Flughafen.

Luxus [lat.] *m*, überdurchschnittlicher Aufwand in der Lebensführung. Die luxuriöse Lebensweise reicht von Großzügigkeit bis zur Verschwendung, sie neigt zu Üppigkeit u. Prunk.

Luzern: 1) schweizerischer Kanton im Alpenvorland, mit 293 000 E; 2) Hauptstadt von 1), am Vierwaldstätter See gelegen, mit 65 000 E. Die malerische Altstadt weist viele historische Bauten auf (Stadtmauer mit Türmen, Holzbrücken, Kirche, mittelalterliche Wohnbauten). L. besitzt Apparatebau u. Bekleidungsindustrie u. ist ein Zentrum des Fremdenverkehrs.

Luzerne [frz.] *w:* 1) (Monatsklee) etwa 80 cm hoch werdender Schmetterlingsblütler. Die L. ist eine gegen Dürre u. Winterkälte widerstandsfähige Staude mit sehr tief reichender, stark verzweigter Pfahlwurzel. Wegen ihres hohen Eiweißgehalts ist sie eine wichtige Futterpflanze; 2) die Deutsche L. (Sichelklee) wird nur 20–60 cm hoch. Ihre gelben Blüten sind in einer großen, kopfförmigen Traube angeordnet. Sie ist als Futterpflanze weniger wichtig.

Luzifer [lat.] *m*, Bezeichnung für: Teufel.

Luzon [luʂon], größte u. wichtigste Insel der Philippinen. L. ist etwa dreimal so groß wie Baden-Württemberg, mit 17,5 Mill. E. Die Insel ist vorwie-

Martin Luther. Gemälde von L. Cranach d. Ä.

Lydien

gend gebirgig (z. T. tätige Vulkane) u. reich an Bodenschätzen (Eisen, Chrom, Gold, Kupfer, Nickel, Kohle). In den fruchtbaren Ebenen werden Reis, Zuckerrohr, Hanf, Tabak u. Kaffee angebaut. Wichtigste Stadt ist Manila. Nach der Insel ist die *Luzonstraße* benannt, eine 380 km breite Meeresstraße zwischen Taiwan u. L., die das Südchinesische Meer mit dem Pazifischen Ozean verbindet.

Lydien, im Altertum ein Reich an der Westküste Kleinasiens mit der Hauptstadt Sardes. Das Königreich, das zeitweise nahezu ganz Kleinasien umfaßte, erlebte seine Blüte im 7. u. 6. Jh. v. Chr. Sprichwörtlich wurde der Reichtum des lydischen Königs ↑Krösus.

Lykurg, sagenhafter Begründer der Verfassung Spartas. Soll um 750 v. Chr. gelebt u. vom Orakel von Delphi den Auftrag zur Ordnung der politischen Verhältnisse Spartas erhalten haben.

Lymphe [gr.] *w*: **1)** farblose bis hellgelbe Körperflüssigkeit, die dem Blutplasma (↑Blut) entstammt. Die L. tritt aus den Blutkapillaren in Gewebsspalten über, sammelt sich in *Lymphgefäßen* u. wird darin zu den Venen, also ins Blutgefäßsystem zurückgeführt. In die Lymphgefäße sind *Lymphknoten* (auch: *Lymphdrüsen*) eingeschaltet, die Lymphzellen bilden, Krankheitskeime vernichten u. als Filter wirken. Die L. transportiert Fette, die sie aus dem Darm aufnimmt, sie ernährt u. reinigt Zellgebiete, die nicht von Blutkapillaren versorgt werden; **2)** Kurzbezeichnung für: Pockenlymphe, den Impfstoff gegen Pocken.

lynchen, jemanden, der wirklich oder angeblich eine Straftat begangen hat, ohne Gerichtsurteil töten. Oft geschieht dies durch eine erregte Volksmenge unmittelbar nach einer Tat. Das Wort ist nach einem amerikanischen Pflanzer, wohl nach Ch. Lynch (1736 bis 1796), gebildet worden, der in Virginia mit einem ungesetzlichen Gericht eigenmächtige Urteile fällte.

Lynchjustiz [engl.; lat.] *w*, ungesetzliche Justiz (↑lynchen).

Lyon [liǫng], mit 454 000 E drittgrößte Stadt Frankreichs, an der Mündung der Saône in die Rhone gelegen. L. ist wichtiges Verkehrs-, Handels- u. Kulturzentrum, besitzt drei Universitäten, ein reichhaltiges Kunstmuseum u. ein berühmtes Textilmuseum. Zwischen Rhone u. Saône sowie auf dem rechten Saôneufer befindet sich der Stadtkern mit Kathedrale, zahlreichen Kirchen u. dem Rathaus. L. war schon im Mittelalter Mittelpunkt der Seidenerzeugung u. hat sich diese Stellung bis heute erhalten. Daneben besteht eine vielseitige Industrie: Schwer-, chemische u. Nahrungsmittelindustrie (u. a. kandierte Früchte), Fahrzeugbau. L. ist eine Messestadt u. hat einen internationalen Flughafen.

Lyrik [gr.] *w*, eine Grundform der Dichtung neben Epik u. Dramatik. Zur L. rechnet man Gedichte, in denen sich ein unmittelbares Erleben ausspricht: Gefühle u. seelische Vorgänge haben den Vorrang, die Eindrücke der Außenwelt werden „verinnerlicht". Nach Art des Inhalts, der Verse u. der Strophen unterscheidet man verschiedene lyrische Gedichtformen, wie z. B. das Lied, die Ode, das Sonett u. die Elegie. – Unter den Begriff *Gedankenlyrik* fallen Gedichte, in denen eine Idee oder ein gedankliches Erlebnis gestaltet wird. – Die L. des 20. Jahrhunderts ist nicht mehr Ausdruck des Erlebten, sie hat sich vielfach von den gewohnten Ausdrucksformen gelöst. Das moderne ↑Gedicht ist „gemacht", es zeichnet sich aus durch schlichtes Sagen, neue Bildlichkeit oder innersprachliche Reflektiertheit, die sich bisweilen nur schwer dem Verständnis erschließt.

Lyzeum [gr.-lat.] *s*, frühere Bezeichnung für: höhere Lehranstalt (Gymnasium) für Mädchen.

M

M: 1) 13. Buchstabe des Alphabets; **2)** römisches Zahlzeichen für 1 000 (**mille**).

m, Abkürzung für: ↑Meter.

Mäander [nach dem kleinasiatischen Fluß M. (heute Menderes nehri)] *m*: **1)** gewundener, schlingenreicher Flußlauf; **2)** ein sehr altes Ornamentband, meist aus einer rechtwinklig gebrochenen Linie gebildet, aber auch als wellenförmige, fortlaufende „Schnecken" (sogenannter Spiralmäander oder laufender Hund). – Abb. S. 360.

Maar [lat.] *s*, rundliche, trichterförmige Vertiefung in der Erdoberfläche, meist mit Wasser gefüllt. Die Maare entstanden durch vulkanische Gasexplosionen. Viele Maare gibt es in der südlichen ↑Eifel, der sogenannten Vulkaneifel.

Maas (frz. Meuse) *w*, Fluß in Frankreich, Belgien u. in den Niederlanden. Sie entspringt nordöstlich von Langres u. mündet im Rheindelta. Die M. ist 890 km lang. Ab Sedan ist sie schiffbar u. zum Teil kanalisiert.

Macbeth [mᵉkbǟth], † bei Lumphanan (Aberdeen) 1057, König von Schottland seit 1040. Er besiegte seinen Vorgänger, Duncan I.; er fiel im Kampf gegen Duncans Sohn. – M. ist das Thema eines Trauerspiels von W. Shakespeare u. einer Oper von G. Verdi.

Macchia [makia; ital.] *w*, immergrüne Gebüschformation im Mittelmeergebiet. Die Pflanzen sind der langen sommerlichen Trockenheit angepaßt.

Machiavelli, Niccolò [makiawęli], * Florenz 3. Mai 1469, † ebd. 22. Juni 1527, italienischer Politiker u. Geschichtsschreiber. In seinen Schriften,

v. a. in „Il principe" („Der Fürst"), untersuchte M. die Ursachen der politischen Ohnmacht Italiens seiner Zeit. Er schildert einen Herrscher, dessen Handeln allein Machtgründen entspringt (*Machiavellismus*).

Mackenzie River [mᵉkęnsiriᵉʳ] *m*, zweitgrößter Strom Nordamerikas, in Kanada, mit dem Hauptzufluß Slave River/Peace River u. dessen Quellfluß 4 240 km lang. Er entspringt mit vielen Quellflüssen in den Rocky Mountains u. mündet mit breitem Delta in die Beaufortsee (Nordpolarmeer). Der Strom wurde nach dem schottischen Geographen Sir *Alexander Mackenzie* (1764–1820) benannt, der auf ihm vom Großen Sklavensee bis zum Nordpolarmeer fuhr.

Madagaskar, Inselrepublik vor der Südostküste Afrikas, viertgrößte Insel der Erde, mit 587 041 km² u. 8,5 Mill. E (meist Madagassen, die teils aus malaiisch-indonesischen, teils aus negroiden Gruppen bestehen). Die Hauptstadt *Antananarivo* (367 000 E) hieß bis 31. 12. 1975 Tananarivo. Zentrale Hochplateaus werden von Vulkangebirgen überragt u. fallen zu den Küstenebenen steil ab. M. ist regenreich, nur der Süden ist trocken. Angebaut werden Reis, Maniok, Zuckerrohr, Kaffee, Tabak, Baumwolle. Im Innern des Landes werden Zeburinder u. Schafe gezüchtet. Abgebaut werden Chrom, Gold, Graphit, Glimmer, Edelsteine, Marmor. Die Industrie verarbeitet v. a. landwirtschaftliche Erzeugnisse. M. hat nur drei Eisenbahnlinien. Haupthäfen sind Tamatave u. Majunga. Wichtige Exportgüter: Kaffee, Vanille, Gewürznelken, Fleisch, Fisch u. Reis. *Geschichte:* M.

war den Arabern seit dem 7. Jh. bekannt. 1509 wurde es erstmals von Portugiesen aufgesucht. 1894/95 von Frankreich erobert; 1896 französische Kolonie. Seit 1960 ist M. unabhängiger Staat. Seit 31. 12. 1975 ist M. eine sozialistisch ausgerichtete „demokratische Republik". Es ist Mitglied der UN u. OAU u. der EWG assoziiert.

Madeira [*madera*], Hauptinsel der Madeiragruppe u. des portugiesischen Distrikts Funchal, mit 266 000 E. Die Hauptstadt ist Funchal. M. ist gebirgig, im Pico Ruivo bis 1 862 m hoch. Es hat mildes Klima, tropische Vegetation. Angebaut werden Wein (Madeira), Zuckerrohr, Gemüse u. Bananen. Reger Fremdenverkehr.

Maden w, *Mz.*, fußlose Larven mancher Insekten, besonders von Fliegen u. Bienen.

Madjaren (Magyaren) *m, Mz.*, aus dem Ural kamen die M. über Südrußland gegen Ende des 9. Jahrhunderts in das Donau-Theiß-Gebiet; ↑ auch Ungarn, Geschichte.

Madonna [ital.; = meine Herrin] w, Bezeichnung für: Maria, die Mutter Jesu.

Madras, Hauptstadt des indischen Bundesstaates Tamil Nadu, mit 2,6 Mill. E. Die Hafenstadt am Golf von Bengalen hat eine Universität u. wissenschaftliche Institute, Baumwoll-, Metall-, Leder-, chemische u. Nahrungsmittelindustrie. – M. ist eine englische Gründung (1640) u. war lange Zeit eine der drei Hauptsitze der britischen ostindischen Kompanie.

Madrid, Hauptstadt Spaniens, am Manzanares, mit 3,9 Mill. E. In M. gibt es 2 Universitäten, zahlreiche Akademien, wissenschaftliche Institute sowie Museen (u. a. der berühmte Prado). Es hat bedeutende Kirchen, u. a. die Kathedrale San Isidro (17. Jh.). Sehenswert ist auch der Königspalast (18. Jh.) u. die Parkanlage „El Retiro". An Industrie hat M. Baugewerbe, Eisen- u. Stahlwerke, Flugzeug-, Fahrzeug- u. Maschinenbau. – M. wurde erstmals im 8. Jh. als maurische Festung genannt. 932, endgültig 1083 wurde es von den Christen erobert u. ist seit 1561 Hauptstadt.

Madrigal [ital.-frz.] s, mehrstimmiges weltliches Kunstlied (v. a. im 16. u. 17. Jh.).

Mafia (Maffia) [ital.] w, im 18. Jh. in Sizilien entstandener Geheimbund, dessen Mitglieder (*Mafiosi*) Verwaltung u. Polizei bekämpften, um ungesetzliche Geschäfte zu betreiben, die sie später auch in Italien u. seit dem 19. Jh. in den USA weiterführten. Bis heute konnte der Einfluß der M. (z. B. im Rauschgifthandel) nicht völlig ausgeschaltet werden.

Magalhães, Fernão de [*magaljaⁱngsch*], *um 1480, † auf der Insel Mactan (Philippinen) 27. April 1521, portugiesischer Seefahrer. Er stand zuerst in portugiesischen, dann in spanischen Diensten. Von Karl V. erhielt er fünf Schiffe, mit denen er 1519 aufbrach, um den westlichen Weg nach den Molukken zu finden. 1520 erreichte er die Mündung des La Plata, fand die (nach ihm benannte) Magalhãesstraße im Süden Südamerikas u. gelangte 1521 zu den Marianen u. Philippinen, wo er in Kämpfen mit den Eingeborenen fiel. Diese erste Erdumsegelung wurde von dem Spanier Juan Sebastián de Elcano zu Ende geführt.

Magazin [arab.-ital.] *s:* **1)** Vorratshaus, Lagerhaus, Lagerraum; **2)** Bezeichnung u. Titelbestandteil periodischer Zeitschriften, auch von Funk- u. Fernsehsendungen; **3)** Patronenkammer in (automatischen) Gewehren oder Pistolen.

Magdeburg: 1) Bezirk in der DDR, mit 1,3 Mill. E. Er umfaßt den westlichen Teil des nördlichen Harzvorlandes, die Altmark u. das Gebiet der mittleren Elbe zwischen Mulde- u. Havelmündung. Bedeutend ist der Stein- und Kalisalzbergbau im Süden; im Südwesten wird Braunkohle gefördert. Die Landwirtschaft ist ein wichtiger Wirtschaftszweig, v. a. in der *Magdeburger Börde* (Lößgebiet zwischen Ohre und Saale); **2)** Hauptstadt von 1), an der mittleren Elbe, mit 282000 E. M. besitzt eine technische u. eine pädagogische Hochschule, eine medizinische Akademie u. Fachschulen. Sehenswürdigkeiten sind v. a. der Dom (1209–1363) u. die Liebfrauenkirche (um 1064 begonnen). M. ist das Zentrum des Schwermaschinenbaus der DDR. Sein Elbhafen ist der bedeutendste Binnenhafen der DDR. Im 9. Jh. war M. Grenzort gegen die Slawen, seit 968 Erzbistum. Es nahm einen bedeutenden Aufschwung seit dem 12. Jh., war später Mitglied der Hanse. Das Magdeburger Stadtrecht wurde im 14. Jh. weit nach Osten verbreitet. In der Reformationszeit war M. ein Zentrum des Protestantismus. 1631 wurde es während des Dreißigjährigen Krieges von Tilly erobert, geplündert und brannte ab. 1666 kam M. an Brandenburg.

Magdeburger Halbkugeln w, *Mz.*, zwei Halbkugeln, die sich luftdicht aneinander pressen lassen. Pumpt man sie weitgehend luftleer, so werden sie vom äußeren Luftdruck so stark zusammengepreßt, daß sie nur mit größter Kraftanstrengung getrennt werden können. Der Erfinder der Luftpumpe, der Magdeburger Bürgermeister Otto von ↑Guericke, führte damit die Wirkung des Luftdrucks vor. Er spannte an die luftleer gepumpten Halbkugeln (Durchmesser etwa 50 cm) rechts u. links je 8 Pferde. Sie konnten die Halbkugeln nicht trennen.

Magen *m*, bei Wirbeltieren u. Mensch der auf die Speiseröhre folgende, erweiterte Teil des Vorderdarmes. Bei anderen Tieren, z. B. den Insekten: der gesamte Mitteldarm oder ein Teil von ihm. Ursprünglich diente er bei den Wirbeltieren nur der Speicherung der Nahrung, später auch zur Vorverdauung durch Sekrete u. zur Zerkleinerung. In einem bestimmten Abschnitt der Magenwand werden Pepsin (ein ↑Enzym) u. Salzsäure gebildet, die der Verdauung dienen. Bei Wiederkäuern besteht der Magensack aus 4 einzelnen Abschnitten: Pansen, Netzmagen, Blättermagen, Labmagen. Bei den Vögeln, besonders bei Körnerfressern, folgt auf einen Drüsenmagen ein Muskelmagen.

Magdeburger Halbkugeln. Otto von Guerickes Schauversuch im Jahre 1663 (Kupferstich)

Magie

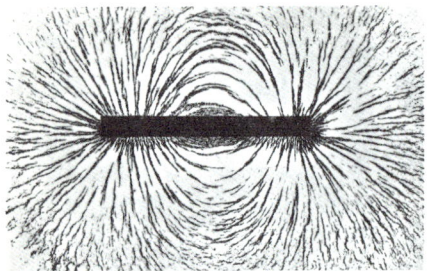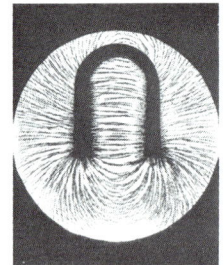

Magnet. Magnetische Feldlinien eines Stabmagneten (links) und eines Hufeisenmagneten (alle Feldlinien wurden mit Eisenfeilspänen sichtbar gemacht)

Mäander (Ornamentband)

Mäander der Wümme in Norddeutschland

Mähdrescher

Manchen Tieren fehlt der M. völlig, z. B. Lungenfischen, Lanzettfischchen, Würmern.

Magie [pers.-lat.-gr.] w, Praktiken, mit denen der Mensch versucht, seinen (eigenen) Willen auf die Umwelt zu übertragen. M. steht dem Zauber nahe. Die *schwarze M.* richtet sich gegen einen Feind oder eine feindliche Gruppe (z. B. wird eine Puppe, die Abbild eines Feindes ist, durchbohrt, wodurch der Feind sterben soll). Die *weiße M.* will Segen u. Glück für einen einzelnen oder für die eigene Gruppe erreichen.

Magister [lat.; = Meister] m, akademischer Grad; in der Bundesrepublik Deutschland seit 1960 der M. Artium (M. A.) an Universitäten für geisteswissenschaftliche Fächer allgemein eingeführt worden.

Magma [gr.] s, die unter der Erdkruste befindliche, flüssige u. zumeist gashaltige Gesteinsschmelze. Ihre Hauptbestandteile sind Siliciumdioxid, SiO_2, und Aluminiumoxid, Al_2O_3. Ihre durchschnittliche Temperatur beträgt an Ausflußstellen etwa 1 200 °C. M. tritt in Form von Lava an die Erdoberfläche u. erstarrt zu sogenannten magmatischen Gesteinen.

magmatische Gesteine ↑ Gesteine.

Magnesium [gr.] s, Metall, chemisches Symbol Mg, Ordnungszahl 12; mittlere Atommasse 24,3. M. ist ein silberglänzendes, weiches Leichtmetall von der Dichte 1,74; Schmelzpunkt 650 °C; Siedepunkt etwa 1 097 °C. Es ist mit etwa 1,3 % der festen Erdkruste eines der häufigsten Metalle, kommt jedoch in der Natur infolge seines unedlen Charakters nur in Form vielfältiger Verbindungen vor. Die wichtigsten derartigen mineralischen Verbindungen sind Dolomit ($CaCO_3 \cdot MgCO_3$) u. Magnesit ($MgCO_3$). Technisch wird das M. v. a. in Form von Leichtmetallegierungen verwendet.

Magnet [gr.] m, ein Körper, der Eisen, Kobalt u. Nickel anzieht. Seinen Namen erhielt er nach dem Ort Magnesia, wo schon im Altertum magnetisches Eisenerz gefunden wurde. Diese natürlichen Magnete besitzen nur eine geringe Anziehungskraft. Man verwendet deshalb vorwiegend künstliche Magnete, die zumeist aus Stahl bestehen. Je nach Form unterscheidet man Stab-, Hufeisen-, Scheiben- u. Topfmagnete. Die magnetische Kraft ist nicht gleichmäßig über den ganzen Magneten verteilt. Die Stellen eines Magneten, an denen die Anziehungskraft am größten ist, heißen Magnetpole. Hängt man einen Stabmagneten freibeweglich auf, so stellt er sich in nord-südlicher Richtung ein. Das nach Norden zeigende Ende bezeichnet man als magnetischen Nordpol, das nach Süden zeigende als magnetischen Südpol. Der Bereich zwischen den Polen, in dem die magnetische Kraft sehr klein ist, heißt indifferente Zone. Zerbricht man einen Stabmagneten in der Mitte, so stellen beide Bruchstücke vollkommene Magnete dar, mit je einem Nord- u. Südpol. Setzt man die Teilung immer weiter fort, so gelangt man schließlich zu einem kleinstmöglichen Magneten, dem sogenannten Elementarmagneten. Teilt man diesen, so erhält man zwei unmagnetische Bruchstücke. Magnetpole treten also stets paarweise auf. Man spricht von magnetischen Dipolen. Auch unmagnetisches Eisen enthält Elementarmagnete. Sie liegen allerdings kreuz u. quer durcheinander u. heben sich dadurch in ihrer Wirkung gegenseitig auf. Streicht man mehrmals mit einem Magneten über ein unmagnetisches Stück Eisen, so werden die Elementarmagneten geordnet, das Eisenstück wird magnetisch. Dieser Vorgang heißt magnetische Induktion. Der Raum um einen Magneten, in dem er auf andere Körper eine Kraft ausübt, heißt Magnetfeld. Zwischen elektrischem Strom u. Magnetfeld besteht ein enger Zusammenhang (Elektromagnetismus). Ein stromdurchflossener Leiter ist von einem Magnetfeld umgeben. Diese Erscheinung nutzt man beim ↑ Elektromagneten aus.

magnetischer Pol ↑ Magnet.

Magnetismus [gr.] m, die Lehre vom magnetischen Feld u. dem Verhalten von Körpern im magnetischen Feld. Es zeigt sich, daß alle Körper in einem Magnetfeld durch magnetische ↑ Induktion 1) selbst magnetisch werden. Nach der Art des induzierten M. unterscheidet man diamagnetische, paramagnetische u. ferromagnetische Stoffe. Diamagnetische Stoffe (z. B. Wasser, Schwefel) werden aus einem Magnetfeld herausgedrängt; paramagnetische Stoffe (z. B. Aluminium, Magnesium) werden in ein Magnetfeld hineingezogen; ferromagnetische Stoffe (Eisen, Kobalt, Nickel) werden ebenfalls in ein Magnetfeld hineingezogen, jedoch mit einer etwa 1 000mal so großen Kraft wie die paramagnetischen Stoffe; ↑ auch Magnet.

Maikäfer. Feldmaikäfer

Magnolien [nach dem französischen Botaniker P. Magnol, 1638 bis 1715] w, Mz., sommer- oder immergrüne Bäume oder Sträucher. Die Blüten sind oft sehr groß u. besitzen farbige Blütenhüllblätter. M. sind beliebte Zierpflanzen.

Mahagoni [indian.] s, wertvolles, rötlichbraunes Holz von tropischen Bäumen amerikanischer, asiatischer u. afrikanischer Herkunft.

Maharadscha [sanskr.] m, indischer Herrschertitel: Großfürst; **Maharani**, Frau des Großfürsten.

Mähdrescher m, Maschine, mit der Körnerfrüchte geerntet und gedroschen (Dreschmaschine) werden. Zwei Maschinen sind also miteinander verbunden. Mit dem M. wird das Getreide im Fahren geschnitten, die Körner werden ausgedroschen und gereinigt, das Stroh wird gebunden.

Mahler, Gustav, * Kaliště (Mähren) 7. Juli 1860, † Wien 18. Mai 1911, österreichischer Komponist u. Dirigent. Er

war als Dirigent u. a. in Kassel, Leipzig, Budapest, Hamburg und Wien (dort auch Direktor der Hofoper) tätig. Seine eigenen Kompositionen wurzeln in der Romantik. Sie sind lyrisch; düstere Klänge u. leidenschaftliche Ausbrüche sind kennzeichnend für Mahlers Werk. Er schrieb „Kindertotenlieder", „Das Lied von der Erde", 10 Sinfonien u. a.

Mähren, historisches Gebiet in der Tschechoslowakei, zwischen Böhmen und der Slowakei. Der Hauptort ist Brünn. M. umfaßt die Becken von Olmütz u. Brünn sowie Teile des Wiener Beckens. Im Westen wird es begrenzt durch die Böhmisch-Mährische Höhe, im Osten durch die Karpaten u. Beskiden, im Süden u. Norden durch Österreich und Schlesien. Sehr wichtig ist die Landwirtschaft. An Industrie ist vor allem Textil-, Leder- u. Metallindustrie zu erwähnen. *Geschichte:* Die keltischen Bewohner verließen um 60 v. Chr. das Land. Es folgten germanische Stämme, nach deren Abzug im 6. Jh. Slawen nachrückten. Im 9. Jh. war M. Mittelpunkt des Großmährischen Reiches, das zeitweise bis nach Böhmen u. in die Slowakei reichte u. auch Gebiete an Oder u. Weichsel u. südlich der Donau umfaßte. 906 wurde das Reich durch die Ungarn vernichtet. Im 11. Jh. wurde M. endgültig mit Böhmen verbunden.

Maiglöckchen s, Gattung der Liliengewächse, bei 20 cm hohe, giftige Waldpflanze, die im Mai blüht, wenn der Wald beginnt, sich zu belauben. Die weißen Blüten sind glockenförmig u. strömen einen betäubenden Duft aus. Das M. ist eine altbekannte Heilpflanze gegen Herzerkrankungen.

Maikäfer m, Mz., Gattung der Laubkäfer. Bei uns kommen vor: *Feldmaikäfer* (Gemeiner M.), schwarz mit weißlicher Behaarung; Kopfschild, Fühler, Flügeldecken u. Beine sind rötlichbraun. Sein Hinterleib trägt an den Seiten je 5 weiße Dreiecke. Das Weibchen legt 3–5 Eigelege mit etwa 30 Eiern in etwa 10 cm Bodentiefe ab, dann stirbt es. Nach 4–6 Wochen schlüpfen die Larven (Engerlinge), die sich von Pflanzenwurzeln ernähren. In ihrem 3. Lebensjahr, zu Anfang Juni, verpuppen sich die Larven in 30–40 cm Erdtiefe. Nach der Überwinterung im Boden schlüpft der Käfer im nächsten Frühjahr. Der *Waldmaikäfer* (Roßkastanienmaikäfer) sieht ähnlich aus, ist aber etwas kleiner. Er kommt hauptsächlich in sandigen Gebieten vor. Durch anhaltende Bekämpfung ist der M. bei uns selten geworden.

Mailand (ital. Milano), norditalienische Stadt in der Lombardei, mit 1,7 Mill. E. In M. gibt es 2 Universitäten, ein Polytechnikum, eine Handelshochschule, mehrere wissenschaftliche Institute, Bibliotheken (Ambrosiana), Archive, Museen, Theater u. eine Oper (Scala). Bemerkenswerte Bauten sind v. a.: die Kirche Sant'Ambrogio (altchristliche Anlage, der heutige Bau aus dem 10.–12. Jh.), der gotische Dom (1386 begonnen) u. das Kastell (15. Jh.). M. ist ein bedeutendes Wirtschaftszentrum Italiens, Sitz zahlreicher Banken; Auto-, Flugzeug-, Eisenbahn- u. Maschinenbau, Textil-, chemische, Nahrungsmittel-, Papier- u. Möbelindustrie sind die wichtigsten Industriezweige. M. ist der Schauplatz internationaler Messen u. der wichtigste Verkehrsknotenpunkt Oberitaliens. *Geschichte:* M. ist eine keltische Gründung. 222 v. Chr. wurde es von den Römern erobert (*Mediolanum*), im 4. Jh. n. Chr. wurde es Erzbistum, 961 von Otto dem Großen unterworfen. M. war das Haupt verbündeter Städte der Lombardei im Kampf gegen die Kaiser, 1162 wurde es völlig zerstört, dann wieder neu aufgebaut. Unter der Herrschaft der Visconti wurde M. Mittelpunkt eines Herzogtums (1395), seit 1450 herrschte das Geschlecht der Sforza. Im 16. Jh. war es zeitweise französisch, 1535 wurde es habsburgisch. Im 19. Jh. war M. führend an der Einigung Italiens beteiligt.

Main m, rechter Nebenfluß des Rheins. Er entsteht südwestlich von Kulmbach aus den Quellflüssen *Weißer M.* u. *Roter M.* u. mündet gegenüber von Mainz; 524 km lang u. ein bedeutender Schiffahrtsweg (schiffbar ab Bamberg für Schiffe bis 1350 t).

Mainz, Hauptstadt von Rheinland-Pfalz, am Rhein, 184 000 E. Die Stadt ist Sitz einer Universität, einer Hochschule, von 2 Fachhochschulen, der Akademie der Wissenschaften u. der Literatur, der Deutschen Fernsehakademie u. a. Es hat Museen (u. a. Römisch-Germanisches Zentralmuseum, Gutenberg-Museum) u. ist Sitz des Zweiten Deutschen Fernsehens. M. hat zahlreiche bedeutende Bauten, v. a. den Kaiserdom (1239 geweiht) u. a. Kirchen, die Kurfürstliche Schloß (17./18. Jh.), das barocke ehemalige Deutschordenshaus (jetzt Landtagsgebäude), barocke Adelshöfe u. Renaissancebrunnen. Zement-, chemische, Glas-, Papier- und Nahrungsmittelindustrie, Sektkellerei, Waggon- u. Maschinenbau, Verlage u. Druckereien sind die wichtigsten Industriezweige. *Geschichte:* Seit 13 v. Chr. war M. römisches Militärlager (*Mogontiacum*). Im 3. Jh. war es römische Provinzhauptstadt u. wurde in der Völkerwanderungszeit großenteils zerstört. 746 wurde M. Sitz des ↑Bonifatius, 782 Erzbischofssitz. Unter bedeutenden Erzbischöfen u. (seit dem 13. Jh.) Kurfürsten war es ein Zentrum des Reiches

Mais. Maiskolben

Mais

u. eine wichtige Handelsstadt. 1462 verlor es alle städtischen Freiheiten u. wurde Residenz des Kurfürstentums. 1477 wurde die Universität gegründet (bis 1797, 1946 neu gegründet). 1792/93 u. 1797–1814 war M. französisch. Nach dem Wiener Kongreß kam es an Hessen-Darmstadt. Seit 1950 ist M. Hauptstadt von Rheinland-Pfalz.

Mais [indian.] *m*, eine indianische Kulturpflanze, eine Grasart, über deren Wildform nichts bekannt ist. Der bis 2 m hoch werdende, markhaltige Stengel schließt oben mit einer Blütenrispe ab, die nur männliche Blüten enthält. In den Blattachseln sitzen kolbenförmige Blütenstände mit weiblichen Blüten. Diese Kolben sind von Hochblättern umhüllt. Die reifen, meist gelben Samen stehen in Längsreihen. Sie werden als Nahrungsmittel oder hochwertiges Viehfutter verarbeitet oder verfüttert. Außerdem stellt man Maisstärke, Maisbier oder Traubenzucker aus ihnen her. Junge Maispflanzen werden als Grünmais verfüttert, aus den Hochblättern stellt man Zigarettenpapier her. Da M. viel Wärme braucht, wird er in Deutschland v. a. im Süden angebaut. – Abb. S. 361.

Maische *w*, durch Zermahlen, Zerquetschen und Dämpfen (notfalls unter Zusatz von Wasser) hergestellter Brei aus Weintrauben (Weinkelterei), Früchten (Spirituosenbrennerei) oder getrocknetem Gerstenmalz (Bierbrauerei). Der in ihr enthaltene Zucker oder die enthaltene Stärke wird über den Zucker zu Alkohol vergoren.

Majorität [lat.] *w*, Mehrheit; Stimmenmehrheit.

Makedonien (Mazedonien), Gebirgslandschaft auf der Balkanhalbinsel. Sie umfaßt den nordgriechischen Landesteil M. (mit 1,9 Mill. E, Hauptstadt Saloniki), die *Sozialistische Republik M.* in Südjugoslawien (mit 1,8 Mill. E, Hauptstadt Skopje) u. Gebietsteile Südwestbulgariens. Die Bevölkerung besteht vorwiegend aus Makedoniern, Serben, Griechen, Albanern, Bulgaren, Türken. Die Gebirge sind siedlungsfeindlich, die fruchtbaren Becken u. Täler dicht besiedelt. Es wird Schafzucht, Wein- u. Obstbau betrieben, Weizen, Mais, Reis, Baumwolle u. Mohn angebaut; die Maulbeerbaumkulturen sind die Grundlage für die Seidenraupenzucht. Bodenschätze sind Braunkohle, Magnesit u. Chromerz. *Geschichte:* Der makedonische Staat wurde um 700 v. Chr. begründet. König Philipp II. (359–336 v. Chr.) erzwang den Zugang zum Meer, besiegte Thebaner u. Athener bei Chaironeia (338 v. Chr.), erreichte die Einigung der Griechen u. errang die Vorherrschaft in Griechenland. Sein Sohn Alexander der Große (336–323 v. Chr.) errichtete von M. aus ein Weltreich, das aber in den Kämpfen der ↑Diadochen wieder zerfiel. Im 3. Makedonischen Krieg gegen Rom unterlag M. u. wurde 148 v. Chr. römische Provinz. Im Mittelalter stand M. unter bulgarischer u. byzantinischer, später serbischer Herrschaft. Seit dem 14. Jh. war es türkisch. Nach dem 2. Balkankrieg, im Frieden von Bukarest 1913, wurde M. zwischen Serbien, Griechenland und Bulgarien geteilt.

Make-up [*me¹kap*; engl.; = Aufmachung] *s*, Verschönerung des Gesichts mit kosmetischen Mitteln.

Makler *m*, ein M. ist selbständig u. gewerbsmäßig als Vermittler tätig. Man unterscheidet u. a. Waren-, Effekten-, Immobilien-, Versicherungs-, Frachten-, Schiffs- u. Heiratsmakler.

Makrokosmos ↑Mikrokosmos.

Malabarküste (Pfefferküste) *w*, lagunen- u. haffreiche Schwemmlandküste Südwestindiens, zwischen Goa u. Kap Comorin. Hier wachsen Reis, Kokospalmen u. Pfeffer.

Malachit [gr.] *m*, smaragdgrünes bis dunkelgrünes Kupfermineral mit der chemischen Zusammensetzung $Cu_2(OH)_2CO_3$. M. ist schwach durchscheinend bis undurchsichtig. Schöne Stücke werden als Schmucksteine verarbeitet.

Málaga, südspanische Hafenstadt u. Kurort am Mittelmeer, mit 428 000 E. Die Kathedrale stammt im wesentlichen aus der Renaissance. Erhalten sind bedeutende Reste der maurischen Befestigungen mit Palästen u. Gärten („Alcazaba" und „Gibralfaro"). Nahrungs- u. Genußmittelindustrie sowie Schiffbau sind die wichtigsten Industriezweige. Verschifft werden besonders Wein, Südfrüchte, Fisch, Blei- u. Eisenerze. – M. war ein phönikischer Handelsort (gegründet im 12. Jh. v. Chr.). Seit dem Ende des 3. Jahrhunderts v. Chr. war M. römisch, später westgotisch. 711 wurde es von den Arabern besetzt. Seit 1487 ist es spanisch.

Malaien *m, Mz.*, Völker u. Stämme Südostasiens, mit hellbrauner Hautfarbe, schwarzem Haar (meist glatt) u. breiter Nase. Die M. sind klein bis mittelgroß. Nach der kulturellen Entwicklung werden sie unterschieden in Primitiv-, Alt- u. Jungmalaien. Sie sind überwiegend Ackerbauern u. Viehzüchter, geschickte Kunsthandwerker u. Seefahrer. Die ursprünglichen Religionen (Ahnenkult) wurden vom Hinduismus, seit dem 15. Jh. vom Islam abgelöst.

Malaiischer Bund *m*, 1948 gebildeter Staatenbund unter britischer Oberhoheit im Süden der Halbinsel Malakka (mit vorgelagerten Inseln), bestehend aus 9 malaiischen Sultanaten (Johore, Kedah, Kelantan, Negri Sembilan, Pahang, Perak, Perlis, Selangor, Trengganu) u. den beiden britischen Besitzungen Penang u. Malakka. 1957 wurde der Bund ein unabhängiger Staat, 1963 ein Teil von Malaysia.

Malakka: 1) südasiatische Halbinsel. Sie ist gebirgig (bis 2 190 m), 1 500 km lang, an der schmalsten Stelle (Isthmus von Kra) nur 40–50 km breit. Der Nordwesten gehört zu Birma, der Nordosten u. der Mittelabschnitt zu Thailand, der Süden zu Malaysia (Landesteil Westmalaysia). Die Bevölkerung besteht v. a. aus Malaien u. Chinesen, im Norden leben Thai. Den immergrünen Regenwald im Innern bewohnen kleinwüchsige Stämme (Sakai u. Semang). Auf M. gibt es große Kautschukplantagen; **2)** Stadt in Malaysia, an der Westküste von 1), mit 87 000 E. Der ehemals bedeutende Hafen an der Malakkastraße wird heute selten von Seeschiffen angelaufen.

Malaria [ital.] *w* (Wechselfieber), Infektionskrankheit, die in 3 Arten vorkommt, meist in den Tropen. Die Erreger (Plasmodien) sind Einzeller, werden von Mücken (Moskitos) übertragen. Die Krankheit äußert sich (je nach Art der Erreger) in regelmäßig oder auch unregelmäßig wiederkehrenden Fieberanfällen.

Malawi, Republik in Südostafrika, westlich u. südlich des Njassasees, mit 5,5 Mill. E; 118 484 km². Hauptstadt ist seit 1975 *Lilongwe* (75 000 E). Nahezu die gesamte Bevölkerung lebt von der Landwirtschaft. Angebaut werden hauptsächlich Mais u. als Ausfuhrprodukte Tabak, Tee, Erdnüsse u. Baumwolle. Neu ist die Konsumgüterindustrie. – 1891 wurde M. britisches Protektorat (1907 „Njassaland" genannt), 1964 unter dem Namen M. unabhängig, 1966 Republik im Verband des Commonwealth. M. ist Mitglied der UN u. OAU u. der EWG assoziiert.

Malaysia, Bundesstaat in Südostasien, mit 12,6 Mill. E; 333 507 km². Die Hauptstadt ist Kuala Lumpur. Im Bundesstaat M. sind seit 1963 der frühere ↑Malaiische Bund auf der Halbinsel Malakka (Westmalaysia) u. die ehemaligen britischen Kolonien Sabah (800 000 E) u. Sarawak (1,1 Mill. E) im Norden der Insel Borneo (Ostmalaysia) zusammengeschlossen. Die 13 Gliedstaaten werden von 9 Sultanen u. 4 Gouverneuren regiert. Staatsoberhaupt ist einer der Sultane, für 5 Jahre gewählt. Die Bevölkerung besteht v. a. aus Malaien u. Chinesen, Ostmalaysia hat einen hohen Anteil an Altmalaien. Über 70 % der Staatsfläche sind immergrüner tropischer Regenwald. Exportkulturen sind v. a. Kautschukbäume u. Ölpalmen, ferner Kokospalmen, Ananas, Gewürze u. Tabak. Nach Kautschuk ist Holz das wichtigste Ausfuhrprodukt. Reisernte, Rinder- u. Schweinehaltung decken nahezu den Inlandbedarf. Mit seiner Zinnerzförderung (in Westmalaysia) steht M. an 1. Stelle in der Welt. Das in Ostmalaysia geförderte hochwertige Erdöl wird ausgeführt u. dafür anderes Erdöl eingeführt. Die Industrie befindet sich fast ausschließlich in Westmalaysia. M. hat 6 Seehäfen. – Es ist Mitglied des Commonwealth u. der UN.

Malediven *Mz.*, Republik im Indischen Ozean, bestehend aus 1973 Koralleninseln (298 km²; nur 191 sind bewohnt) südwestlich der Südspitze Indiens. Die 140 000 E sind Moslems. Die Hauptstadt ist *Male* (16 000 E). Ausgeführt werden Fisch, Kopra, Kokosnüsse und -fasern. – Seit 1887 waren die M. ein Sultanat unter britischer Schutzherrschaft, 1965 wurden sie unabhängig u. 1968 Republik. Die M. sind Mitglied der UN.

Malerei *w*, die künstlerische Gestaltung einer Fläche mit Farben. Die wichtigsten Techniken sind: Freskomalerei, Öl-, Wachsmalerei, Aquarell, ↑Gouache, ↑Pastellmalerei. Nach Format u. Farbträgern unterscheidet man: Wandmalerei u. Deckenmalerei, Glasmalerei, Tafelmalerei (oder Leinwandmalerei), Buchmalerei; nach dem Stoffgebiet (mit zahlreichen Unterarten): Historienmalerei, Genremalerei, Bildnis, Stilleben, Interieur (Innenraumbild), Landschaftsmalerei, Marinemalerei (auch Seestücke genannt), Architekturbild, abstrakte (gegenstandslose) Malerei.

Mali, Republik in der westlichen Sahara u. in den Flußgebieten des oberen Niger u. Senegal, mit 6,0 Mill. E; 1,24 Mill. km². Die Hauptstadt ist *Bamako* (200 000 E). Von der wildreichen Savanne im Süden geht das Land nach Norden in Wüste über. Angebaut wird v. a. Hirse, daneben Reis u. Mais u. für die Ausfuhr Erdnüsse u. Baumwolle. Viehzucht (Ziegen, Schafe u. Rinder) v. a. im mittleren Landesteil. – M. ist seit 1960 unabhängige Republik. Es ist Mitglied der UN u. OAU u. der EWG assoziiert.

Mallorca, Hauptinsel der Balearen, Spanien, mit 492 000 E. Die Hauptstadt ist *Palma* (299 000 E). M. ist gebirgig, im Nordwesten bis 1 445 m hoch. Die Küste ist felsig u. buchtenreich. Wein, Oliven u. Zitrusfrüchte werden angebaut (Bewässerung durch Windmühlen). M. hat Nahrungsmittel-, Textil-, Schuh-, Glas- u. keramische Industrie. Wichtig ist der Fremdenverkehr.

Malmö, schwedische Hafenstadt am Sund, mit 240 000 E die drittgrößte Stadt Schwedens. Sehenswürdigkeiten sind die gotische Peterskirche, Schloß Malmöhus (16. Jh.); heute Stadtmuseum), das Renaissancerathaus u. das moderne Stadttheater (1942–44). M. hat Schiff- u. Flugzeugbau, Textil-, Zement- u. Nahrungsmittelindustrie. Mit Kopenhagen ist es durch eine Fähre verbunden. – M. wurde um 1150 gegründet u. war zur Zeit der ↑Hanse eine bedeutende Handelsstadt.

Malojapaß *m*, schweizerischer Alpenpaß vom Oberengadin in das Bergell, in Graubünden, 1 815 m ü. d. M.

Malta, Inselstaat im Mittelmeer zwischen Sizilien u. Nordafrika, mit den Inseln M., Gozzo und Comino, 332 000 E; 316 km². Die Hauptstadt ist Valletta. Die Inseln haben buchtenreiche Küsten u. sind im Innern stark verkarstet. Angebaut werden Getreide, Kartoffeln, Futterpflanzen, Zitrusfrüchte u. Wein. Spitzen-, Textil-, Schuh- u. Tabakindustrie sind die wesentlichen Erwerbszweige. Reger Fremdenverkehr. *Geschichte:* Im frühen Altertum war M. eine phönikische Kolonie, um 400 v. Chr. wurde es karthagisch, 218 v. Chr. römisch, 870 n. Chr. arabisch u. 1090 normannisch, später Teil des Königreichs Sizilien. Seit 1530 gehörte M. dem Johanniterorden (Malteser). 1798 wurde es von Napoleon I., 1800 von England erobert, das die Insel zu einem militärischen Stützpunkt ausbaute. Seit 1964 selbständig, seit 1974 eine parlamentarische Republik. Der Vertrag über die Aufrechterhaltung eines britischen Militärstützpunkts lief 1979 aus. – M. ist Mitglied des Commonwealth u. der UN u. der EWG assoziiert.

Malteser[**ritter**] ↑Johanniterorden.

Malz *s*, zum Keimen gebrachtes Getreide (es wird durchfeuchtet). Durch den Prozeß wird die Stärke teilweise in Malzzucker u. in Dextrine (Stärkegummi, Klebemittel) zerlegt. Bei der Herstellung von Bier u. Spiritus wird der Malzzucker vergoren.

Mamelucken [arab.-ital.] *m*, *Mz.*, ursprünglich aus dem Schwarzmeergebiet stammende Militärsklaven, die einen großen Teil der Heere in islamischen Ländern stellten. In Ägypten stiegen sie zur Oberschicht auf u. machten sich 1257 zu Herren des Landes. Sie regierten Ägypten u. Syrien bis zur türkischen Eroberung (1517). Erst 1811 aber verloren die M. ihren Einfluß auf Politik u. Verwaltung.

Mammon [aram.-gr.] *m*, abschätzige Bezeichnung (u. a. im Neuen Testament) für: Geld, Reichtum.

Mammut [russ.] *s*, gegen Ende der Eiszeit ausgestorbener, bis 4 m hoher Elefant in den Steppen Eurasiens, Nord- u. Südamerikas. Er trug ein dichtes, langhaariges Fell u. bis fast 5 m lange, gebogene oder eingerollte Stoßzähne. Er war das Jagdtier des damaligen Menschen. In zahlreichen Höhlenmalereien ist er dargestellt. Im Dauerfrostboden Sibiriens wurden vollständige Kadaver gefunden.

Mammutbaum [russ.; dt.] *m*, bis 135 m hoher, immergrüner Nadelbaum mit der einzigen Art *Riesenmammutbaum*, im westlichen Nordamerika in 1500–2500 m Höhe. Man kennt einige wohl 3000 bis 4000 Jahre alte Bäume. Die Stämme haben einen Durchmesser bis zu 12 m. Der M. liefert wertvolles Nutzholz. In Deutschland wird er gelegentlich in Wäldern u. Parkanlagen angepflanzt. – Abb. S. 364.

Manager [mänᵉdschᵉr; engl.] *m*, mit der Führung eines großen Unternehmens beauftragter Angestellter. Als *Management* bezeichnet man die gesamte Unternehmensleitung. M. nennt man auch die geschäftlichen Betreuer von Berufssportlern, Künstlern u. Artisten.

Manchester [mäntschißtᵉr], mittelenglische Stadt östlich von Liverpool, mit 531 000 E. Die Stadt hat drei Universitäten. Die Kathedrale stammt aus der Spätgotik. Seit dem 18. Jh. ist M. Zentrum der englischen Baumwollindustrie. Sie ist noch heute neben der Eisen- u. Stahlerzeugung der wichtigste Industriezweig.

Mandarin [sanskr.] *m*, europäische Bezeichnung für einen hohen Beamten der chinesischen Kaiserzeit.

Mandarine [sanskr.] *w*, Art der Zitruspflanzen, ein kleiner Baum oder Strauch mit dornigen Blättern, dessen Heimat Südchina ist. Die flachgedrückt-kugeligen, apfelsinenähnlichen Früchte besitzen eine leicht abzulösende Schale.

Mandat [lat.] *s*: **1)** Auftrag, Vollmacht; **2)** Amt u. Auftrag eines Abgeordneten; **3)** vom Völkerbund oder von den UN erteilte Vollmacht an einen Staat, ein bestimmtes Gebiet (*Mandatsgebiet*) treuhänderisch (d. h. im Auftrag) zu verwalten.

Mandelbaum *m*, Baum oder Strauch, der mit dem Pfirsichbaum nahe verwandt ist. Die im Frühjahr vor den Blättern erscheinenden Blüten sind weiß. Das Fruchtfleisch der Steinfrüchte, der Mandeln, öffnet sich bei der Reife u. löst sich vom Steinkern ab. Der M. wird in wärmeren Gebieten in zwei Formen angepflanzt, als Süßmandel u. als Bittermandel. – Abb. S. 364.

Mandeln, *Mz.*: **1)** Steinfrüchte des Mandelbaums mit einem einzigen Samen, der bis zu 50 % Öl enthält. Die Steinkerne kommen als *Krachmandeln* in den Handel; **2)** Bezeichnung für im Kopf liegende Lymphdrüsen, z. B. Gaumenmandel, Rachenmandel.

Mandoline [ital.-frz.] *w*, Musikinstrument mit tiefgewölbtem Schallkasten, kurzem Hals u. leicht nach hinten abgeknicktem Wirbelbrett. Sie hat 4 Doppelsaiten aus Stahl, die mit einem harten Plektron (Plättchen) angerissen, aber auch gezupft werden. Die Saiten sind gestimmt: g, d¹, a¹, e².

Mandschurei *w*, nordöstlicher Teil Chinas. Er umfaßt die Provinzen Liaotung, Kirin u. Heilungkiang. Der westliche Teil der M. gehört zur Inneren Mongolei. Das große, von Gebirgen umgebene mandschurische Tiefland ist ein bedeutendes Wirtschaftsgebiet Chinas. Auf dem fruchtbaren Lößboden werden v. a. Sojabohnen angebaut, ferner Hirse, Mais u. Weizen. Die M. hat

Manege

Mammutbaum

Mandelbaum.
Zweig mit Früchten

Mangan.
Manganknollen aus dem Pazifischen Ozean

reiche Bodenschätze: Steinkohle, Eisenerz, Gold u. a. Metalle. In der südlichen M. ist die Schwerindustrie bedeutend. *Geschichte:* Das südliche Küstengebiet war seit dem 3. Jh. v. Chr. chinesisch, im Osten herrschten Tungusen, im Westen Mongolen. Seit etwa 700 n. Chr. war die spätere M. das Reich Pohai, das von tungusischen oder mongolischen Herrschern regiert wurde. Seit 1583 herrschte die Mandschudynastie, die 1644–1912 auch in China regierte. 1931 wurde die M. von Japan besetzt u. in den von Japan abhängigen Staat *Mandschukuo* einbezogen. Seit 1945 ist die M. wieder ein Teil Chinas.

Manege [manɛ̜ʃeke; frz.] w, meist runde Vorführfläche im Zirkus.

Manet, Édouard [manä], * Paris 23. Januar 1832, † ebd. 30. April 1883, französischer Maler. Er wurde zum „Vater" des Impressionismus. Revolutionierend u. seinerzeit schockierend waren die Wahl u. die Gestaltung seiner Themen; so zeigt sein berühmtes Bild „Frühstück im Freien" (1863) eine unbekleidete Frau inmitten einer Männergesellschaft.

Mangan [gr.] s, Metall, chemisches Symbol Mn, Ordnungszahl 25; mittlere Atommasse etwa 55. Das stahlglänzende Schwermetall hat eine Dichte von 7,2; Schmelzpunkt 1244 °C, Siedepunkt 2097 °C. Neben vielen anderen ist der Braunstein (Mangandioxid, MnO_2) das wichtigste in der Natur vorkommende Manganmineral. Häufig kommt M. auch als Bestandteil von Eisenerzen vor. Das reine Metall wird v. a. als Legierungsbestandteil von Werkzeugstählen verwendet. Neu entdeckt wurden in letzter Zeit gewaltige Mengen von sogenannten Manganknollen auf dem Boden der Ozeane.

Mangrove [engl.] w, Pflanzenbestand des Salzwassers tropischer Küstenzonen. Er besteht aus immergrünen, meist baumartigen Gehölzen mit ↑Atemwurzeln u. ↑Stelzwurzeln.

Manhattan [mänhät'n], Strominsel im Mündungsgebiet des Hudson River, mit dem gleichnamigen ältesten Stadtteil von New York, mit 1,5 Mill. E.

Manie [gr.] w, Besessenheit, Sucht, krankhafte Leidenschaft.

Manier [frz.] w: **1)** Art u. Weise, Eigenart; Stil eines Künstlers, oft in abwertendem Sinn als gekünstelt verstanden; **2)** (Manieren) Lebensart, Umgangsform.

Manierismus [frz.] m, moderner Stilbegriff für die Kunst der Spätrenaissance. Der M. ist ein bewußt antiklassischer Stil. Kennzeichen für ihn sind: Streckung der Figuren, ihre fehlende Standfestigkeit, kalte Farben, der Zug zum Effektvollen, Gekünstelten. Unter den führenden Meister des M. rechnet man u. a. die Maler Tintoretto u. El Greco u. den Bildhauer Giovanni da Bologna.

Manifest [lat.] s, Grundsatzerklärung, Programm (einer Kunst- oder Literaturrichtung, einer politischen Partei), Aufruf.

Maniküre [lat.-frz.] w: **1)** Hand-, besonders Nagelpflege; **2)** Hand-, Nagelpflegerin.

Manila, größte Stadt u. bedeutendster Hafen der Philippinen, mit 1,5 Mill. E, auf Luzon, an der Manilabucht. M. hat 13 Universitäten. Nahrungsmittel-, Tabak-, Holz-, Leder-, Textil- u. Hüttenindustrie sind die wichtigsten Industriezweige. Bis 1948 offizielle Hauptstadt der Philippinen.

Maniok [indian.] m, tropische Kulturpflanze, ein Wolfsmilchgewächs, ein bis 3 m hoher, krautiger Strauch. Aus den durchschnittlich 5 kg schweren, bis 1 m langen u. 20 cm dicken Wurzelknollen wird Stärkemehl (*Tapioka*) gewonnen. M. ist ein wichtiges Nahrungsmittel der einheimischen Bevölkerung in Afrika, Südamerika u. Westindien.

Manipulation [lat.] w, Kunstgriff; Machenschaft; gezielte Beeinflussung von Menschen ohne deren Wissen u. oft gegen deren Willen.

Manitu [indian.] m, bei den Algonkin (↑Indianer) eine übernatürliche Kraft, die bestimmten Dingen, Tieren oder auch Menschen innewohnt; auch personifiziert als „Großer Geist".

Mann: 1) Heinrich, * Lübeck 27. März 1871, † Santa Monica bei Los Angeles 12. März 1950, Bruder von Thomas Mann, deutscher Schriftsteller. Er verließ 1933 Deutschland u. lebte zunächst in Frankreich, dann in den USA. Sein gesellschaftskritisches Werk umfaßt u. a. die Romantrilogie „Das Kaiserreich" („Der Untertan", 1914, „Die Armen", 1917, „Der Kopf", 1925), den Roman „Professor Unrat" (1905, als „Der blaue Engel" 1930 verfilmt) u. historische Romane um den französischen König Heinrich IV. Er schrieb auch bedeutende Essays u. Streitschriften; **2)** Thomas, * Lübeck 6. Juni 1875, † Zürich 12. August 1955, deutscher Schriftsteller. Er verließ 1933 Deutschland u. lebte bis 1939 in der Schweiz, dann in den USA. Nach dem 2. Weltkrieg kehrte er in die Schweiz zurück. M. ist einer der bedeutendsten Erzähler des 20. Jahrhunderts. Bereits in seinem ersten Roman „Buddenbrooks" (1901), der den Verfall einer Lübecker Kaufmannsfamilie schildert, kündigt sich das Thema seines Gesamtwerkes an. Die Gegensätze Bürger–Kunst, Leben–Geist werden immer neu abgewandelt. Die späteren Romane sind Kultur- u. Zeitanalysen. Zu nennen sind u. a. die Novelle „Tonio Kröger" (1903), die Joseph-Romane (1939–42), „Doktor Faustus" (1947). Bewundernswert an M. ist vor allem seine hohe Sprachkunst u. seine sorgsame, ironische Darstellung der Charaktere, die zu Verfilmungen vieler seiner Erzählungen u. Romane anregte, z.B. „Buddenbrooks" (1923; 1959), „Die Bekenntnisse des Hochstaplers Felix Krull" (1957), „Wälsungenblut" (1964), „Der Tod in Venedig" (1971), „Lotte in Weimar" (1975). – Abb. S. 366.

Manna [hebr.] s: **1)** zuckerhaltige, honigartige Ausscheidung verschiedener Pflanzenarten (z. B. Mannaesche, Kameldorn), auch als Nahrung verwendet; **2)** (eßbares) Fruchtmus (in bis zu 60 cm langen Hülsenfrüchten) der Röhrenkassie, einer subtropischen Pflanze in Indien u. Birma; **3)** im Alten Testament das wunderbar (als Geschenk Gottes) vom Himmel gefallene Brot, das die Israeliten während ihrer Wü-

Marabu

Mannheim.
Der Wasserturm, das Wahrzeichen der Stadt

Franz Marc, Rehe im Walde II

Marderhund

stenwanderung gefunden haben sollen (wahrscheinlich der Honigtau der auf Tamarisken lebenden Mannaschildlaus).

Mannequin [$man^ekäng$; frz.] s, Vorführdame bei Modenschauen.

Mannheim, Stadt an der Mündung des Neckars in den Oberrhein, Baden-Württemberg, mit 307000 E. Zusammen mit Ludwigshafen am Rhein ist M. ein bedeutendes Handels- u. Industriezentrum im Rhein-Neckar-Raum. Es ist Sitz einer Universität u. von Fachhochschulen. Das große Schloß u. die Jesuitenkirche stammen aus dem 18. Jh. M. besitzt einen großen Binnenhafen. Die Erdölraffinerie ist an die Ölleitung Marseille–Karlsruhe angeschlossen. Weitere Industriezweige sind: Maschinenbau, Fahrzeug-, Elektro-, Lebensmittel-, Bau-, Textilindustrie, Druckereien, chemische u. pharmazeutische Industrie. – M. wurde 1606 als Festungsstadt gegründet. 1622 u. 1689 wurde es völlig zerstört, seit 1698 nach einheitlichem Gesamtplan wieder aufgebaut. 1720–78 war M. Residenzstadt der Kurpfalz, 1803 wurde es badisch.

Manometer [gr.] s, ein Gerät zur Messung von Drücken in Gasen u. Flüssigkeiten.

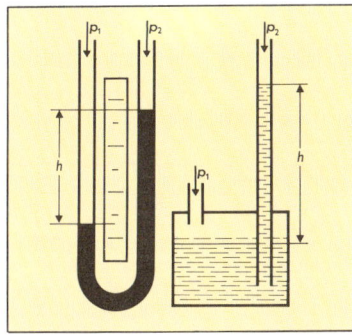

U-Rohr-Manometer und Gefäßmanometer.
Es gilt: Druckdifferenz $p_1 - p_2 = y \cdot h$
(y spezifisches Gewicht der Flüssigkeit, h Höhendifferenz)

Manöver [frz.] s: **1)** größere militärische Übung unter kriegsmäßigen Bedingungen; **2)** gesteuerte Bewegung z. B. eines Schiffes oder Raumfahrzeuges; **3)** Scheinmaßnahme, Täuschungsversuch.

Mansarde [frz.] w, für Wohnzwecke ausgebautes Dachgeschoß.

Mantua (ital. Mantova), italienische Provinzhauptstadt in der Lombardei, mit 66000 E. Bedeutende Kirchen- u. Palastbauten. M. ist ein landwirtschaftliches Handelszentrum u. hat Maschinenbau, Nahrungsmittel- u. Porzellanindustrie. – Die Stadt ist wohl eine etruskische Gründung, später war sie keltisch, dann römisch. Seit dem 12. Jh. Stadtrepublik, 1530 Herzogtum. 1708 wurde M. österreichisch. 1805–14 war es französisch, 1814–66 wieder österreichisch, seither ist es italienisch.

manuell [frz.], mit der Hand.

Manufaktur [lat.] w, Frühform des industriellen Betriebs zur Erzeugung von Massenwaren, vorwiegend durch handwerkliche Fertigung (z. B. Herstellung von Teppichen, Glaswaren u. a.).

Manuskript [lat.] s: **1)** handschriftliches Buch der Antike u. des Mittelalters; **2)** handschriftliche Ausarbeitung eines Werkes; **3)** Druckvorlage eines Textes (auch in Maschinenschrift).

Maori m, Mz., im 14. Jh. nach Neuseeland eingewandertes polynesisches Volk. Es gibt heute 227000 M. Ihre Kunst ist sehr hochstehend (Reliefarbeiten, Plastik).

Mao Tse-tung, * Shaoshan (Hunan) 26. Dezember 1893, † Peking 9. September 1976, chinesischer Politiker u. Schriftsteller. Er war seit 1921 in der kommunistischen Partei tätig, v. a. als Organisator von Bauernverbänden. 1934/35 war er der Führer der kommunistischen Verbände im „Langen Marsch" quer durch China nach Norden, wo die Kommunisten sich einen neuen Ausgangspunkt für ihren Kampf schufen. 1947–49 wurden die Truppen ↑Tschiang Kai-scheks vom chinesischen Festland vertrieben. 1949–54 war M. T. Vorsitzender der Zentralen Volksregierung der Volksrepublik ↑China, 1954–58 Präsident des Zentralen Volksrates (Staatsoberhaupt), dann Vorsitzender des Politbüros u. des Zentralkomitees. Neben Arbeiten zum Marxismus-Leninismus veröffentlichte M. T. auch Lyrik. Bekannt ist auch im Westen die „Mao-Bibel", eine Sammlung von grundsätzlichen Bemerkungen Mao Tse-tungs. Er übte einen maßgeblichen Einfluß auf die Entwicklung der Volksrepublik China u. des Weltkommunismus aus. – ↑auch Marxismus. – Abb. S. 366.

Marabu [arab.] m, Gattung bis 1,4 m langer Störche mit mächtigem Schnabel; drei Arten in Afrika, Indien

u. Südostasien. Kopf u. Hals sind nackt. Der Kopf ist z. T. aufblähbar. Der M. ernährt sich von Aas (wie Geier „Gesundheitspolizei") u. Kleintieren.

365

Heinrich Mann Thomas Mann Mao Tse-tung

Maracaibo, venezolanische Hafenstadt am Golf von Venezuela u. am Maracaibomeer, mit 786 000 E. Die Stadt ist Sitz einer Universität u. Zentrum der Erdölindustrie.

Marathonlauf ↑ Lauf 1).

Marburg, hessische Universitätsstadt an der oberen Lahn, mit 73 000 E. Die Universität wurde 1527 gegründet. Die Elisabethkirche ist eine der frühesten gotischen Kirchen in Deutschland (begonnen 1235). Der sogenannte Landgrafenchor birgt die Grabmäler der hessischen Landgrafen. Das erhöht liegende Schloß stammt im wesentlichen aus dem 13.–15. Jh. Die Industrie (u. a. Arzneimittelherstellung) spielt nur eine untergeordnete Rolle. – M. entstand aus einer Ansiedlung am Fuße des erstmals 1138/39 bezeugten Schlosses u. wurde bekannt als Wohnsitz u. Grabstätte der hl. Elisabeth.

Marc, Franz, * München 8. Februar 1880, † bei Verdun 4. März 1916, deutscher Maler u. Graphiker. Mit ↑ Kandinsky zusammen war er Begründer des ↑ Blauen Reiters. Im Mittelpunkt seines Schaffens steht das Tier als Sinnbild des geheimnisvollen Lebens der Natur. Die Bilder Marcs haben leuchtende Farben; die späteren Bilder sind immer stärker kristallartig aufgesplittert, bis sie abstrakt werden. „Tiger", „Tierschicksal", „Blaues Pferd", „Tirol". – Abb. S. 365.

March w, linker Nebenfluß der Donau. Die M. entspringt am Ostrand des Glatzer Schneegebirges, Tschechoslowakei, bildet im Unterlauf die tschechoslowakisch-österreichische Grenze und ist 358 km lang.

Märchen s, Erzählung mit meist gutem Ausgang, in der die Grenzen zwischen Wirklichkeit u. Wunderbarem aufgehoben sind. Geister u. Zaubermächte wirken auf das Geschehen ein, Tiere und Dinge sprechen u. handeln wie Menschen. Das Gute wird belohnt u. das Böse bestraft. Man unterscheidet Volksmärchen u. Kunstmärchen. Die *Volksmärchen* sind Schöpfungen unbekannter Dichter. Sie sind bei den verschiedenen Völkern in verschiedenen Abwandlungen zu finden. Die bedeutendste Sammlung der orientalischen Volksmärchen ist „Tausendundeine Nacht", die der deutschen Volksmärchen „Kinder- u. Hausmärchen" der Brüder Grimm (1812). Die *Kunstmärchen* knüpfen an die Volksmärchen an. Ihre Verfasser sind bekannt, u. deren Persönlichkeit hat Gestalt u. Inhalt des M. geprägt. Bedeutende Autoren von M. sind der Franzose Charles Perrault ([*päro*], 1628–1703; „Feenmärchen für die Jugend", deutsch 1822), der Däne H. Ch. Andersen, der Engländer Oscar Wilde ([*"aild*], 1854–1900; „Der glückliche Prinz u. a. Erzählungen", deutsch 1903) sowie die Deutschen C. Brentano, W. Hauff, E. T. A. Hoffmann, E. Mörike u. L. Tieck.

Marconi, Guglielmo Marchese, * Bologna 25. April 1874, † Rom 20. Juli 1937, italienischer Physiker. M. war neben K. F. Braun Begründer des drahtlosen Nachrichtenverkehrs (1899 drahtlose Verbindung über den Ärmelkanal, 1901 über den Nordatlantik). Er erfand die einseitig geerdete Sendeantenne, den geschlossenen, abgestimmten ↑ Schwingungskreis, den Magnetdetektor, die Hohlspiegelrichtantenne u. a. Er erhielt 1909 den Nobelpreis zusammen mit K. F. Braun.

Marco Polo ↑ Polo, Marco.

Marder *m, Mz.,* weltweit verbreitete Raubtierfamilie mit rund 70 Arten. M. sind meist schlank u. niedrig gebaut, sie sind etwa 15–150 cm lang. Meist sind sie Nagetierjäger. Zu den Mardern gehören u. a. Wiesel, Iltis, Raubmarder, Dachs, Stinktier u. Otter. M. liefern z. T. sehr wertvolle Pelze, u. a. Nerz- u. Zobelfelle. M. im engeren Sinne sind der Baum- (Edel-) u. der Steinmarder in den deutschen Wäldern bzw. in der Nähe von Siedlungen.

Marderhund *m*, etwa 60 cm körperlanges, waschbärähnliches Raubtier. Aus den Gebirgswäldern Ostasiens nach Europa eingewandert. Der M. hat kurze Beine, langhaariges, graubräunliches Fell u. schwarze Augenringe. Er hält (als einziger Hundeartiger) Winterruhe. – Abb. S. 365.

Margarine *w*, durch Vermischung von mindestens 80 % Fett, bis 18 % Wasser u. 1 bis 2 % fettfreier Trockenmasse hergestelltes butterähnliches Speisefett. Als Ausgangsstoffe bei der Herstellung dienen gereinigte Öle, Hartfette, Kokosfette, Schweineschmalz, Lezithin u. Eigelb zur Mischung, Carotin zur Gelbfärbung, Vitamine (A u. D) und Zitronensäure zur Geschmacksangleichung an Butter, Kochsalz als Konservierungsmittel, gesäuerte Magermilch u. Wasser. In der *Kirne* wird das Fett-Magermilch-Gemisch mit allen Zusätzen bei erhöhter Temperatur gemischt. Anschließend wird die flüssige Masse unter Druck in gekühlten Zylindern kristallisiert. Nach dem Entspannen entsteht eine streichbare Masse.

Margerite ↑ Wucherblume.

Maria, nach dem Neuen Testament Name der Mutter von Jesus von Nazareth.

Marianen *Mz.*, Inselgruppe im westlichen Pazifischen Ozean, in Mikronesien, mit 119 000 E (Mikronesier, Mischlinge). Die größte Insel ist *Guam* (105 000 E). Die Inseln haben reiche Phosphat- u. Schwefelvorkommen. Zuckerrohr, Kaffee, Kokosnüsse werden angebaut. Im Osten u. Süden werden die M. vom *Marianengraben* bogenförmig umzogen (in der Witjastiefe I, im Süden, 11 022 m tief). Die M. wurden 1521 von Magalhães entdeckt u. waren seit 1565 spanisch. 1898 wurde Guam an die USA abgetreten, 1899 die übrigen Inseln an das Deutsche Reich verkauft. Guam, das 1941–44 von Japanern besetzt war, untersteht heute dem Innenministerium der USA. Die übrigen Inseln waren 1920–45 japanisches Mandat, standen dann unter Treuhandverwaltung der USA u. sind seit 1976 den USA als „assoziiertes Commonwealth" angegliedert.

Maria Stuart [-*ʃtuart*, -*ʃtju*ᵉ*rt*], * Linlithgow 7. oder 8. Dezember 1542, † Fotheringhay Castle 8. Februar 1587, Königin von Schottland (1542–67). Sie strebte nach der englischen Krone und geriet dadurch in Gegnerschaft zu ↑ Elisabeth I. Gleichzeitig stand sie als Katholikin im Gegensatz zum protestantischen England. Durch Wirren u. Aufruhr im eigenen Lande bedrängt, floh sie zu Elisabeth I., die sie jedoch gefangensetzte. Da sie in mehrere Verschwörungen gegen Elisabeth verwickelt schien, ließ diese sie nach neunzehnjähriger Haft hinrichten. – Das Schicksal der schottischen Königin hat Schiller in seinem Trauerspiel „Maria Stuart" (1801) dargestellt.

Maria Theresia, * Wien 13. Mai 1717, † ebd. 29. November 1780, Erzherzogin von Österreich, Königin von Böhmen u. Ungarn. Als Gemahlin Kaiser Franz' I. war sie 1745–65 Kaiserin. 1740 auf Grund der ↑ Pragmatischen Sanktion Nachfolgerin ihres Vaters, Kaiser Karls VI., in der Gesamtherrschaft des Hauses Österreich. Zunächst mußte sie in den ersten beiden Schlesischen Kriegen u. im Österreichischen Erbfolgekrieg ihre Thronrechte behaupten. Sie verlor dabei jedoch Schlesien an Preußen (1748); der Versuch, im Siebenjährigen Krieg das Land zurückzugewinnen, scheiterte trotz einzelner militärischer Erfolge. Im übrigen widmete sie sich hauptsächlich der Innenpolitik u. ließ Reformen auf vielen Gebieten durchführen (u. a. Neuordnung der Verwaltung, Finanzreform, Agrar- u. Heeresreform, Aufbau eines Volksschulwesens). M. T. war eine der bedeutendsten Herrschergestalten Österreichs.

Marienburg (Westpr.) (poln. Malbork), westpreußische Stadt an der Nogat, mit 33 000 E, seit 1945 zu Polen. 1309–1457 war die Marienburg Residenz des Hochmeisters des ↑Deutschen Ordens; das 1280 begonnene Ordensschloß (nach 1945 restauriert), eine große weitläufige Anlage mit Hochschloß, Mittelschloß u. Kapellenchor, ist noch immer das Wahrzeichen der Stadt u. ein Anziehungspunkt für den Fremdenverkehr.

Marienkäfer *m, Mz.* (Herrgottskäfer, Glückskäfer), kleine, meist halbkugelige, gelbrot u. schwarz gezeichnete Käfer. Die bunten Larven leben auf Blättern u. fressen, wie auch die Käfer, Blatt- u. Schildläuse, oft bis zu 50 Stück am Tag. Dadurch können sie sehr nützlich sein u. werden, v. a. in Amerika, zur Schädlingsbekämpfung eingesetzt.

Marihuana ↑Drogen.

Marine [lat.] *w*, das See- u. Flottenwesen eines Staates. Man unterscheidet zwischen der *Handelsmarine*, dazu gehören alle Fahrgast-, Fracht- u. Tankschiffe eines Landes, u. der *Kriegsmarine*, die einen Teil der Gesamtstreitkräfte eines Landes bildet.

Marionette [frz.] *w*, eine an Fäden oder Drähten bzw. von unten durch Stäbe geführte bewegliche Gliederpuppe als Spielfigur eines Marionettentheaters. Im übertragenen Sinne bezeichnet man auch einen willenlosen Menschen, der einem anderen als Werkzeug dient, als Marionette. – Abb. S. 368.

maritim [lat.], das Meer, auch das Seewesen betreffend.

Marius, Gajus, * Cereatae bei Arpinum 156, † Rom 13. Januar 86 v. Chr., römischer Konsul u. Feldherr. Er besiegte 107 v. Chr. Jugurtha, den König von Numidien, 102 die Teutonen bei Aquae Sextiae u. 101 die Kimbern bei Vercellae. Ihm verdankt Rom eine bedeutsame Heeresreform (Schaffung eines Berufsheeres). Seit 88 v. Chr. stand M. im Bürgerkrieg gegen seinen Nebenbuhler ↑Sulla. Er wurde geächtet u. floh nach Afrika. 87 kehrte er zurück u. wütete gegen seine Gegner. Er starb als Konsul.

Mark *w*, eine seit dem 9./10. Jh. in Europa übliche Gewichtseinheit; am bekanntesten wurde die *kölnische M.* (= $^1/_2$ Pfund). Von der Gewichtseinheit ist der Name für verschiedene Münzen übernommen worden. In Deutschland wurde die M. 1873 als Münzeinheit eingeführt; Währungseinheit war von 1924–48 die *Reichsmark;* seit 1948 ist in der Bundesrepublik Deutschland die *Deutsche M.* (↑DM) Münzeinheit. In der DDR wurde die Deutsche M. als Währungseinheit 1964 in *M. der Deutschen Notenbank,* 1968 in *M. der DDR* umbenannt.

Mark *w*, eigentlich Grenze, auch Land im Gemeinbesitz oder umgrenztes Gebiet; v. a. war im Fränkischen Reich u. seinen Nachfolgereichen ein Grenzgebiet, das der Sicherung der Grenzen sowie der Gewinnung von Neuland diente. Die Marken waren in Grafschaften aufgeteilt und vielfach Grundlage für die Entstehung eines Landesterritoriums (↑Territorium), z. B. entwickelte sich Österreich aus der bayrischen Ostmark.

Mark *s:* 1) lockeres Grundgewebe inmitten pflanzlicher Sprosse. Es dient als Stoff- u. Wasserspeicher; 2) bei Tier u. Mensch Gewebe im Innern von Kanälen (Knochenmark, Rückenmark) oder Organen (Nebennierenmark).

Mark Aurel (Marcus Aurelius Antonius), * Rom 26. April 121, † Vindobona (heute Wien) 17. März 180, römischer Kaiser (seit 161). Sein eigentliches Interesse galt der Philosophie, obwohl die politische Lage des Römischen Reiches ihn zu dauernden Abwehrkämpfen zwang (z. B. ↑Markomannen). Seine in griechischer Sprache geschriebenen, von stoischer Philosophie geprägten „Selbstbetrachtungen" erregten v. a. in der Renaissance starkes Interesse.

Marketender [ital.] *m*, der in früherer Zeit die Manöver- oder Kriegstruppen begleitende Händler; entsprechend nannte man die Händlerin *Marketenderin.*

Markomannen *m, Mz.,* zu den Sweben gehörender germanischer Stamm, der zu Cäsars Zeit im Maintal siedelte. Ihr König Marbod führte sie 8–6 v. Chr. nach Böhmen, wo sie den Kern seines Reiches bildeten. Ab 19 n. Chr. gerieten sie in lose Abhängigkeit von Rom, gegen das sie 166–180 die *Markomannenkriege* führten. Sie überschritten im 3. u. 4. Jh. die Donau. 433 kamen sie unter die Herrschaft der Hunnen.

Markt *m:* 1) (Marktplatz) der Stadtmittelpunkt, an dem sich das öffentliche Leben abspielt; oft mit Rathaus, Postamt usw., auf dem Platz der Wochenmarkt; 2) in der Wirtschaft das Zusammentreffen von Angebot u. Nachfrage (z. B. auf dem Wochenmarkt). Im übertragenen Sinne wird jede Veranstaltung zum Verkauf von Waren aller Art M. genannt. Der Ausgleich von angebotenen und gesuchten Waren auf dem M. erfolgt durch den Preis. Ist das Angebot größer als die Nachfrage, so sinkt der Preis, ist umgekehrt die Nachfrage größer als das Angebot, so steigt der Preis.

Mark Twain [- *t"e^in*], eigentlich Samuel Langhorne Clemens, * Florida (Missouri) 30. November 1835, † Redding (Connecticut) 21. April 1910, amerikanischer Schriftsteller u. bedeutender Humorist. Sein Hauptwerk, der vorwiegend als Jugendbuch verstandene Roman „Abenteuer u. Fahrten des Huckleberry Finn" (deutsch 1890), die Fortsetzung des Romans „Die Abenteuer Tom Sawyers" (deutsch 1876), ist eines der hervorragendsten Werke der amerikanischen Prosaliteratur am Ende des 19. Jahrhunderts.

Maria Stuart, Königin von Schottland

Kaiserin Maria Theresia

Kaiser Mark Aurel (Marmorkopf)

Mark Twain

Marktwirtschaft

Marionetten (moderne Figuren)

Mars. Aufnahme der Mars-Landefähre „Viking 1"

Marktwirtschaft w, im Gegensatz zu den v.a. im Ostblock bestehenden zentral (staatlich) gelenkten Wirtschaften eine freie Wirtschaft. Kennzeichen der M. sind: *freier Wettbewerb*, d. h., jeder Unternehmer kann produzieren, was u. wieviel er will; *freie Preisbildung*, d. h., die Preise richten sich nach Angebot und Nachfrage (ist ein Gut knapp, so ist der Preis hoch); keine *staatlichen Eingriffe* (z. B. bestimmt der Staat nicht, wie hoch die Preise sein dürfen). In der Geschichte hat sich aber gezeigt, daß in der M. bestimmte staatliche Eingriffe notwendig sind. Aus diesem Grund besteht in der Bundesrepublik Deutschland seit 1948 die *soziale Marktwirtschaft*. Die Wirtschaft wird weder gelenkt, noch ist sie völlig frei in ihrem Ablauf. Der Staat greift bei sozial unerwünschten Ergebnissen ein.

Markus, Heiliger, Gestalt des Neuen Testaments; nach der Apostelgeschichte war er der Begleiter von Paulus auf der 1. Missionsreise. Nach altkirchlicher Überlieferung war er „Dolmetscher des Petrus" u. Verfasser des *Markusevangeliums*. Er ist der Schutzheilige der Stadt Venedig.

Marmarameer s, Binnenmeer in der Türkei. Es trennt Europa (Balkanhalbinsel) von Asien (Anatolien). Über den Bosporus ist es im Norden mit dem Schwarzen Meer u. über die Dardanellen im Westen mit dem Ägäischen Meer verbunden. Das M. ist 280 km lang u. bis zu 80 km breit.

Marmor [gr.] m, natürlich vorkommender, kristalliner ↑Kalkspat, der durch die verschiedensten Verunreinigungen mehr oder weniger schön gemustert ist u. aus diesem Grunde in poliertem Zustand für Zierplatten, Fußböden, Schalen u. ä. verwendet wird.

Marokko, Königreich in Nordwestafrika. Es ist mit 458 730 km² nicht ganz doppelt so groß wie die Bundesrepublik Deutschland u. hat 18,2 Mill. E, davon über 50 % Araber u. rund 40 % Angehörige berberischer Stämme, daneben Mauren, Neger u.a. Die Hauptstadt ist Rabat. Staatsreligion ist der Islam. Das Analphabetentum ist noch stark verbreitet. M. erstreckt sich von der Küste des Mittelmeeres, die vom Rifatlas begleitet wird, u. des Atlantischen Ozeans über die Ketten des Atlas, die das Land diagonal durchziehen, bis in die nordwestliche Sahara. 60 % der Bevölkerung leben von der Landwirtschaft, die Mehrzahl davon als Kleinstbauern. Die Industrialisierung des Landes zieht zahlreiche der Einwohner in die Städte (besonders an der Nordwestküste). – Von wirtschaftlicher Bedeutung ist neben der Landwirtschaft (vorwiegend Getreide, auch Gemüse u. Zitrusfrüchte) die Viehwirtschaft (Schafe, Ziegen, Rinder u. a.) sowie die Fischerei. Der Waldbestand (besonders Laubwald) ermöglicht Holz- u. Papierindustrie. M. ist der viertgrößte Korkproduzent der Welt. Wichtiger Exportartikel ist auch das Alfagras (Papierrohstoff). M. ist reich an Bodenschätzen, v. a. Phosphaten (eines der bedeutendsten Phosphatausfuhrländer), Kohle, Mangan, Eisen, Blei, Kobalt, Erdöl u. Erdgas. Wichtige Industrie- u. Hafenstadt ist Casablanca am Atlantischen Ozean. Seit kurzem spielt auch der Fremdenverkehr eine wirtschaftliche Rolle. *Geschichte:* Um 40 n. Chr. wurde M. als *Mauretanien* römische Provinz, im 5. Jh. wurde es von den Vandalen, im 6. Jh. vom Ostrom u. um 700 von den Arabern erobert u. Kernland eines arabischen Reiches (Maurisches Reich). Im 15. und 16. Jh. wurden Teile von M. von den Portugiesen, Spaniern u. Engländern erobert. Frankreich gewann durch geschickte Vertragspolitik zunehmenden Einfluß; 1912 wurde M. größtenteils französisches Protektorat. 1956 erlangte es die Unabhängigkeit (wenig später Königreich). Es ist Mitglied der UN, der OAU u. der Arabischen Liga.

Mars m, von der Sonne her gesehen der vierte der großen Planeten. Der M. braucht rund 687 Tage, um die Sonne zu umlaufen. Der geringste Abstand, den die Erde u. Mars haben können, ist mit 56 Mill. km 140mal größer als der Abstand von der Erde zum Mond. Die Marsatmosphäre besteht wahrscheinlich zu 98 % aus Kohlendioxid (nach Atmosphärenmessungen von Raumsonden).

Mars, römischer Agrar- und Kriegsgott. Er wurde als Ahnherr der Römer verehrt u. war der Schützer des römischen Staates. Nach ihm ist der Monat März benannt.

Marsch w (Marschland, Marschen), Niederung vor Flachküsten oder an Flußläufen, die durch Verlandung des Watts entstanden ist. Die M. besteht aus fruchtbaren Böden (hauptsächlich Ton). Deiche schützen sie vor Überflutung.

Marsch m, Musikstück zur Unterstreichung des Gleichschritts einer Gruppe in gleichmäßigem Rhythmus u. meist geradem Takt. Man unterscheidet verschiedene Formen, z. B. Militärmarsch, Trauermarsch; auch als Tanz.

Marschall m, das Wort bedeutete ursprünglich Pferdeknecht. Im Mittelalter hatte der M. die Stellung eines Stallmeisters inne, später wurde er Aufseher über das fürstliche Gesinde u. Anführer der waffenfähigen Mannschaft. Im 16. Jh. wurde der M. oberster Befehlshaber der Truppen u. erhielt einen hohen militärischen Rang. Noch heute ist M. in verschiedenen Ländern der höchste militärische Rang (z. B. in der UdSSR).

Marseillaise [marßäjäs^e: frz.] w, ein 1792 von C. J. Rouget de Lisle in Straßburg komponiertes französisches Marschlied. Es wurde im gleichen Jahr von der Truppe aus Marseille (daher der Name) in Paris gesungen u. wurde zum Lied der Revolution; 1795, endgültig 1879 französische Nationalhymne; sie beginnt: „Allons, enfants de la patrie...".

Marseille [marßäj], französische Hafen- u. Handelsstadt am Golfe du Lion (Mittelmeer), mit 903 000 E. Älte-

Mastodon. Skelett

ste Stadt Frankreichs (um 600 v. Chr. von Griechen gegründet). Den Kern bildet der alte Hafen, um den die Stadt an Kalkhängen ansteigt. Reste eines römischen Theaters u. römischer Hafenanlagen sind noch erhalten. Daneben sind sehenswert das Rathaus aus dem 17. Jh., die Kathedrale aus dem 19. Jh. (mit romanischen Teilen) u. die Basilika Notre-Dame-de-la-Garde aus dem 19. Jh. sowie das Wohnhochhaus von Le Corbusier. M. hat eine Universität, mehrere Hochschulen sowie Forschungsinstitute. Die Stadt ist der bedeutendste französische Handelshafen. Der neue Erdölhafen u. Industriekomplex von M. befindet sich in *Fos-sur-Mer.*

Marshallinseln [ma̱ʳsch*e*l...] *Mz.,* ein Atollarchipel im östlichen Mikronesien mit 25 000 E. Die hauptsächlichsten Erwerbsquellen der Bevölkerung bilden Kopragewinnung u. Fischfang. – Die M. wurden 1529 von den Spaniern entdeckt, 1885 deutsches Schutz- u. 1920 japanisches Mandatsgebiet. Seit 1945 stehen die M. unter Treuhandverwaltung der USA.

Marshallplan ↑ Europäisches Wiederaufbauprogramm.

Märtyrer [gr.] *m,* jemand, der für seinen Glauben bzw. für seine Überzeugung den Tod oder schwere Leiden (*Martyrium*) auf sich nimmt.

Marx, Karl, *Trier 5. Mai 1818, † London 14. März 1883, deutscher Theoretiker des Sozialismus und begründer des Marxismus. Nach dem Studium der Rechtswissenschaft und Philosophie in Bonn u. Berlin, das ihn in eine kritische Stellung zu ↑ Hegel gebracht hatte, wandte er sein Interesse wirtschaftlichen u. sozialen Themen zu. Er arbeitete zunächst als Chefredakteur der liberalen „Rheinischen Zeitung" in Köln. 1843 ging er nach Paris, von wo er jedoch auf Verlangen der preußischen Regierung ausgewiesen wurde. Er lebte dann einige Zeit in Brüssel, wo er die enge Zusammenarbeit mit F. ↑ Engels, die schon in Paris begonnen hatte, fortsetzte. Gemeinsam mit ihm verfaßte er das „Kommunistische Manifest" (1848), eine wichtige Programmschrift der marxistisch-sozialistischen Bewegung. 1848 kehrte M. nach Köln zurück, wo er die „Neue Rheinische Zeitung" herausgab. Nach deren Verbot lebte er seit 1849 ständig in London, meist unter wirtschaftlichen Schwierigkeiten und unterstützt von Engels. Dort arbeitete er an theoretischen Schriften: u. a. verfaßte er nun sein Hauptwerk „Das Kapital" (1. Band 1867; der 2. Band wurde 1885, der 3. Band 1894 von Engels herausgegeben). 1864–66 leitete M. die von ihm gegründete „Internationale Arbeiterassoziation"; ↑ auch Marxismus.

Marxismus ↑ S. 370f.

Märzrevolution [dt.; lat.] *w,* Bezeichnung für die revolutionären Vorgänge 1848 in Deutschland u. Österreich. In den meisten deutschen Staaten führte die M. zur Einsetzung liberaler Ministerien u. zur Durchsetzung liberaler Reformen (z. B. Pressefreiheit). Wichtigstes Ergebnis der M. in Deutschland war die ↑ Frankfurter Nationalversammlung.

Maschine [frz.] *w:* **1)** Kraftmaschine: eine Vorrichtung zur Gewinnung von mechanischer Energie (Bewegungsenergie) aus anderen Energieformen (Dampfmaschine, Elektromotor, Ottomotor); **2)** Arbeitsmaschine: eine Vorrichtung, die, von einer Kraftmaschine angetrieben, bestimmte Arbeiten verrichtet (Webstuhl, Drehbank, Staubsauger, Nähmaschine); **3)** einfache M.: in der Physik Bezeichnung für eine Vorrichtung, mit deren Hilfe Kraft auf Kosten des Weges gewonnen werden kann (Hebel, Flaschenzug, schiefe Ebene).

Maschinengewehr [frz.; dt.] *s,* Abkürzung: MG, vollautomatische Handfeuerwaffe. Ein MG gibt bis zu 1 200 Schuß in der Minute ab.

Maschinenpistole [frz.; tschech.] *w,* Abkürzung: MPi, kurze, handliche automatische Handfeuerwaffe, die v. a. im Nahkampf gebraucht wird (500–600 Schuß pro Minute).

Maser [meist: me̱ⁱs*e*r; Abkürzung für engl. **m**icrowave **a**mplification by **s**timulated **e**mission of **r**adiation; = Mikrowellenverstärkung durch erzwungene Strahlungsemission] *m,* Gerät zur Erzeugung und Verstärkung sehr kurzwelliger elektromagnetischer Wellen (Mikrowellen). Die Wirkungsweise des M.s beruht auf der Wechselwirkung von elektromagnetischer Strahlung u. Materie, wobei durch geeignete Maßnahmen mehr Atome oder Moleküle in einen Zustand höherer Energie gebracht werden, als dies normalerweise der Fall ist. Kehren diese Moleküle in den Grundzustand zurück, so entsteht elektromagnetische Strahlung (Wellen). Auch Lichtwellen können nach dem Prinzip des Masers verstärkt werden, man spricht dann von *Laser* („microwave" ist durch „light", das englische Wort für Licht, zu ersetzen). Ein Laser sendet einen sehr eng gebündelten, energiereichen Lichtstrahl aus, der für Zwecke der Nachrichtenübertragung (100 Fernsehprogramme können über einen Strahl übertragen werden), zur Herstellung feiner Bohrungen u. für vieles andere eingesetzt werden kann.

Masern *Mz.,* eine fieberhafte ↑ Infektionskrankheit. Besonders Kinder werden von M. befallen. Äußeres Erkennungszeichen ist ein rötlicher, grobfleckiger Ausschlag. Die M. sind meist mit Bindehautentzündung u. Schnupfen verbunden. Gefährlich ist weniger die Krankheit selbst als vielmehr die häufig eintretenden Komplikationen, wie Lungenentzündung u. Mittelohrentzündung.

Maskat ↑ Oman.

Maskottchen [frz.] *s,* für glückbringend gehaltener Gegenstand, meist in Gestalt einer Puppe oder eines Tiers.

Maskulinum ↑ Substantiv.

Masochismus *m,* nach dem österreichischen Schriftsteller Sacher-Masoch (1836–1895) benannte sexuelle Fehlhaltung; ein *Masochist* ist jemand, der beim Erdulden von Demütigungen oder körperlichen Mißhandlungen geschlechtlichen Genuß empfindet (↑ dagegen Sadismus).

Massachusetts [mäß*e*tschu̱ß*e*tß], (Abkürzung: Mass.), Bundesstaat im Nordosten der USA (Atlantikküste), mit 5,8 Mill. E. Die Hauptstadt ist Boston. M. gehört zu den Gründerstaaten der USA. Neben der Landwirtschaft (u. a. Äpfel, Tabak) ist die Industrie wirtschaftlich von größter Bedeutung, besonders die Elektro- u. Elektronikindustrie.

Massage [...a̱sch*e*; frz.] *w,* die Behandlung des Körpers oder einzelner Körperteile mit bestimmten Handgriffen, z. B. Klopfen, Kneten, Reiben. Massagen werden meist von besonders dafür ausgebildeten Kräften, *Masseuren* u. *Masseusen,* ausgeführt. Zweck der M. ist die Lockerung und Erweiterung geschrumpfter oder verhärteter Gewebe. Sie wird u. a. bei rheumatischen Erkrankungen, Haltungsschäden u. Verletzungsfolgen der verschiedensten Art (z. B. Sportunfällen) angewendet. Durch M. wird die Durchblutung gefördert u. die Muskulatur gekräftigt.

MARXISMUS
Marxismus-Leninismus-Stalinismus-Maoismus

Die theoretische Grundlage des Marxismus ist der *Materialismus*. Der *dialektische Materialismus* ist ein von Karl ↑Marx und Friedrich ↑Engels unter maßgeblichem Einfluß G. W. F. ↑Hegels entwickeltes philosophisches System, das von der Materie als Grundlage allen Seins ausgeht. Dabei wird die Materie nicht als eine leblose, in sich ruhende Größe verstanden; sie entwickelt sich ständig vom Niederen zum qualitativ Höheren. Diese Entwicklung beruht auf einer der Materie innewohnenden Gegensätzlichkeit. Diese ist das zur Gesetzmäßigkeit erhobene *dialektische Prinzip der Materie*. Die Anwendung des dialektischen Materialismus auf die menschliche Gesellschaft ist der *historische Materialismus*, nach dem der Inhalt des gesellschaftlichen Bewußtseins durch die ökonomischen Lebensbedingungen bestimmt wird. Für Marx sind letztlich die ökonomischen Verhältnisse, also die Art und die Weise, wie die Menschen einer bestimmten Gesellschaft ihren Lebensunterhalt erarbeiten, für die Beurteilung der Gesellschaft maßgeblich. Aus der historischen Abfolge der Gesellschaftssysteme entwickelte Marx das Konzept einer Gesellschaftsform der Zukunft: den *Kommunismus*, der aus dem Kapitalismus über den Sozialismus entstehen wird. Die Umwandlung von einem Gesellschaftssystem in ein anderes vollzieht sich nach dem dialektischen Prinzip. Bezogen auf den Kapitalismus heißt das, daß sich der Widerspruch zwischen *Arbeit* und *Kapital* bzw. zwischen *Proletariat* und *Bourgeoisie* (Klassengegensatz) immer stärker entwickelt. Äußeres Anzeichen dieser wachsenden Gegensätzlichkeit ist die Konzentration (Anhäufung) des Kapitals in den Händen weniger (Kapitalisten) auf der einen und die Verelendung der besitzlosen, lohnabhängigen Arbeitermassen (Proletariat) auf der anderen Seite. Einen Hauptgrund dafür sieht Marx in der Tatsache, daß der Arbeiter durch seine Arbeit wesentlich mehr Wert erzeugt, als er in Form des Arbeitslohnes bezahlt bekommt. Dieser *Mehrwert*, den sich der Kapitalist aneignet, ist die eigentliche Quelle des (kapitalistischen) Reichtums. Die bürgerlich-kapitalistische Gesellschaftsordnung und damit die Herrschaft des Menschen über den Menschen zu beseitigen, ist die revolutionäre Aufgabe, die Marx dem Menschen stellt.

Das Endziel des Kommunismus als klassenlose Gesellschaft, der über mehrere Stufen erreicht werden soll: 1. Eroberung des staatlichen Herrschaftsapparates durch die Masse der Entrechteten, 2. Enteignung der Besitzenden und Vergesellschaftung aller Fabriken, Banken, landwirtschaftlichen Betriebe, also aller Produktionsmittel, womit die Besitzenden die Nichtbesitzenden in Abhängigkeit halten, 3. Aufbau eines sozialistischen Staates unter der ausschließlichen Führung der Besitzlosen (Diktatur des Proletariats), 4. Entstehung des Kommunismus, in dem jeder nach seinen Möglichkeiten arbeitet und das erhält, war er nach den aus der Arbeit entstehenden Bedürfnissen braucht, 5. Absterben der staatlichen Organisation.

Die klassenlose Gesellschaft ist für Marx deshalb keine Utopie, weil er den Menschen in erster Linie als gesellschaftliches Wesen (also nicht als Individuum) versteht, dessen wahre menschliche Eigenschaft darin besteht, gesellschaftlich zu handeln und zu denken, also für die Gesellschaft u. nicht für sich selbst zu arbeiten. Obwohl marxistische Ideen von allen Arbeiterbewegungen (den sozialdemokratischen Parteien und den sozialistischen Gewerkschaften) der Industriestaaten Westeuropas übernommen wurden, gelang eine Revolution nur in einem Land, das weit hinter der allgemeinen industriellen Entwicklung in Europa zurückgeblieben war: in Rußland. Lenin, der 1899–1905 und 1908–17 in der Emigration in Westeuropa gelebt hatte, war es, der die theoretische Grundlage dafür lieferte, daß der Monopolkapitalismus (↑Monopol) kein nationales, sondern ein internationales Problem ist. Nach ihm bedeutet es keinen Widerspruch zur marxistischen Theorie, wenn die internationale Revolution in einem industriell unterentwickelten Lande ihren Ausgang nimmt. Mit diesem Programm der Bolschewiki (der stärksten Fraktion in der russischen sozialdemokratischen Partei seit 1903) war die Grundlage für die Oktoberrevolution von 1917 gelegt. Auf dem Stuttgarter Kongreß der 2. Internationale (1907) hatten Lenin und Rosa Luxemburg gesagt, daß im Falle eines Krieges die wirtschaftliche und politische Krise zur „Aufrüttelung des Volkes" und zur „Beseitigung der kapitalistischen Klassenherrschaft" auszunutzen sei.

Nach anfänglicher Kriegsbegeisterung auch der Arbeitermassen 1914–16 zeigte sich eine wachsende Revolutionsbereitschaft in den europäischen Ländern. Die Macht des russischen Zaren brach im Februar 1917 endgültig zusammen. In Deutschland kam es zu Massenstreiks, in der französischen Armee zu einer Rebellion. Am 7. November 1917 eroberten die Bolschewisten die Macht in Rußland. Lenins Vorhersage, die Revolution werde auf die anderen Länder übergreifen, traf allerdings nicht ein. Lenin behauptete sich gegen innere und äußere Feinde mit der „Elite des Proletariats", der Kommunistischen Partei der Sowjetunion (KPdSU), und diese Partei gab für alle Bereiche des gesellschaftlichen Lebens die Richtlinien aus. Es begann der Aufbau des Sozialismus, die staatlichen Zentralen erstarkten, von allen wurde Arbeitsdisziplin verlangt, die Bildung von Fraktionen in der Partei wurde verboten. Zum Sitz der 3. (der kommunistischen) Internationale (1919) wurde Moskau, das neue Zentrum der internationalen Arbeiterbewegung. Von hier aus beeinflußte Lenin als unbestrittener Führer die Arbeiterbewegungen Europas. Eine freie Auseinandersetzung innerhalb der sozialistischen Bewegung war auf lange Zeit ausgeschlossen. Die westeuropäischen Sozialdemokraten spalteten sich in reformistische (sozialdemokratische) und revolutionäre (kommunistische) Parteien. Unter Stalin geriet seit 1924 (Todesjahr Lenins) die kommunistische Internationale unter einen nationalen Machtanspruch, der tiefe Gläubigkeit in die siegreiche Revolution und an die UdSSR verlangte.

Der *Stalinismus* wurde zum Inbegriff kommunistischer bürokratischer Machtpolitik. Innerhalb der Partei schaltete Stalin die alten internationalistischen Revolutionäre auf brutale Art durch sogenannte Säuberungen aus. Schon 1927 hatte er Trotzki verbannt, der zum Kampf gegen die nationalistische Parteiführung aufgerufen hatte. Stalin hatte den Staat fest in der Hand: Partei, Massenorganisationen, Jugendverbände und vor allem die Geheimpolizei waren seine Instrumente. Darüber hinaus entstanden eine starke genossenschaftlich organisierte Landwirtschaft und binnen kurzer Zeit eine beachtliche Schwerindustrie.

Bei Stalins Tod 1953 war trotz der starken Schäden während des Krieges 1941–45 die Produktion der sowjetischen Wirtschaft enorm gestiegen. Chruschtschow rechnete 1956 auf dem 20. Parteitag der KPdSU mit Stalins Methoden der Machtausübung und insbesondere mit dem Personenkult ab. Heute werden wichtige Entscheidungen in der Regel im Plenum des Zentralkomitees durch Abstimmung getroffen. Die durch den siegreichen Ausgang des 2. Weltkrieges bedingte Erweiterung des kommunistischen Machtbereiches in Ost- und Südosteuropa stand allerdings noch lange unter stalinistischen Vorzeichen. Die politische Abhängigkeit dieser „Satellitenstaaten" von Moskau ist darin begründet. Eine Ausnahme bildet Jugoslawien, das seit Kriegsende unter Tito (sogenannter Titoismus) einen eigenen Weg zum Sozialismus verfolgt.

Marxismus (Forts.)

Der internationale Kommunismus wird heute jedoch nicht mehr nur von Moskau gesteuert. Seit sich 1949 die chinesischen Kommunisten unter Mao Tse-tung, Tschu En-lai und Lin Piao aus eigener Kraft des chinesischen Festlandes bemächtigt und sich seit 1962 von Moskau losgesagt haben, gibt es einen zweiten Mittelpunkt kommunistischer Weltpolitik. Auch die chinesischen Kommunisten waren nicht in einem hochindustrialisierten, sondern in einem bäuerlichen Land erfolgreich. Der chinesische Staat wird nach den Grundsätzen des „demokratischen Zentralismus" (Einheit von Partei- und Staatsorganisationen) von der kommunistischen Partei Chinas geführt. Als die große Leistung Maos für die sozialistische Bewegung gilt seine Strategie der revolutionären Bewegung (die praktisch z. B. in Kuba und Vietnam durchgeführt wurde): Der Guerillakrieg ist ein System von Angriffsaktionen kleiner revolutionärer Kampfgruppen mit Rückzugsmöglichkeiten, wobei immer breitere Schichten des Volkes in den Kampf hineingezogen werden. Maos ehemaliger Mitstreiter, der General Lin Piao, erweiterte dieses Konzept für eine Weltrevolution: Durch kommunistische Revolutionen in agrarisch strukturierten Ländern sollen die „Städte der Welt", nämlich die hochindustrialisierten Staaten, eingekreist und „besiegt", d. h. in die Revolution einbezogen werden.

* * *

Massai *m*, *Mz.*, Eingeborenenstamm in Ostafrika (Kenia und Tansania), etwa 170 000 M. Sie sind meist Nomaden, die Rinderzucht betreiben. Ihre Rundhütten decken sie mit Rinderhäuten. Sie tragen meist Lederkleidung, kunstvoll bemalte Lederschilde u. reichen Schmuck aus Eisen.

Massaker [frz.] *s*, Gemetzel, Blutbad, Massenmord.

Masse *w*, eine physikalische Eigenschaft aller Körper, die sich auf zweierlei Weise äußert: Zum einen als Widerstand, den der Körper einer Bewegungsänderung (Beschleunigung oder Abbremsung) entgegensetzt (träge M.), u. zum anderen als Fähigkeit, infolge der allgemeinen ↑Gravitation einen anderen Körper anzuziehen bzw. von einem anderen Körper angezogen zu werden (schwere M.). Träge M. u. schwere M. sind einander gleich. Zwischen M. (*m*) u. Energie (*E*) besteht die von Einstein aufgestellte Beziehung: $E = m \cdot c^2$ (*c* = Lichtgeschwindigkeit). Die M. wird gemessen in *Kilogramm* (kg) bzw. *Gramm* (g). 1 kg ist die M. des bei Paris aufbewahrten Urkilogramms, eines Körpers aus einer Platin-Iridium-Legierung, dessen M. ziemlich genau der eines Liters Wasser bei 4 °C entspricht.

1 kg = 1 000 Gramm (g),
1 g = 1 000 Milligramm (mg).

In der Atom- u. Kernphysik wird außerdem als gesetzliche Einheit der Masse die *atomare Masseneinheit* (Einheitenzeichen u) verwendet, die als der 12. Teil der Masse eines Atoms des Kohlenstoffisotops ^{12}C definiert ist: $1 u = 1{,}660277 \cdot 10^{-24}$ g.

Massenmedien [dt; lat.] *s*, *Mz.* (Massenkommunikationsmittel), Sammelbezeichnung für Presse, Funk, Film u. Fernsehen. Die M. verbreiten eine Fülle von Nachrichten, Informationen, Berichten und Kommentaren aus allen Bereichen (u. a. Politik, Kultur, Sport); sie spiegeln u. prägen zugleich den Charakter der Öffentlichkeit (↑öffentliche Meinung) eines Landes bzw. einer Sprachgemeinschaft.

massiv [frz.], ohne Hohlräume; fest, dauerhaft; grob.

Maßstab *m*, bei Landkarten, Bauplänen usw. das Verhältnis zwischen der gezeichneten Strecke u. der wirklichen Strecke. Der M. 1 : 100 000 bedeutet, daß eine Strecke von 1 cm auf der Karte einer Strecke von 100 000 cm = 1 km in der Wirklichkeit entspricht.

Maßwerk *s*, das „gemessene Werk" aus geometrischen Formen. Es füllt das Bogenfeld der Fenster u. Portale u. der Zierpiegel darüber u. a. wird auch als Wandgliederung verwendet. Das M. ist ein typisches Kennzeichen des gotischen Baustils.

Mast *m*: 1) Träger elektrischer Leitungen oder Antennen, z. B. Sendemast, Lichtmast; 2) bei Segelschiffen Träger (aus Holz oder Metall) der gesamten Vorrichtungen zum Anbringen u. Handhaben der Segel. Meistens befindet sich der M. in der Mittschiffslinie. Er kann aus einem (Pfahlmast) oder aus zwei Stücken (Untermast u. Stenge) bestehen. Bei Schiffen mit zwei u. mehr Masten hat jeder M. seine eigene Bezeichnung, z. B. Fockmast, Großmast, Besanmast. Bei Motorschiffen gibt es darüber hinaus noch Signalmasten.

Mastdarm *m*, Endabschnitt des Dickdarms im Anschluß an den Grimmdarm (bei Säugetieren u. Mensch).

Mastodon [gr.] *s*, ein etwa elefantengroßes Rüsseltier, das im Tertiär lebte. – Abb. S. 369.

Masuren, Teil des Preußischen Höhenrückens im südlichen Ostpreußen. M. ist eine Endmoränenlandschaft mit den Masurischen Seen und ausgedehnten Kiefernwaldungen; v. a. herrschen Forst- und Fischwirtschaft vor.

Match [*mätsch;* engl.] *s*, sportlicher Wettkampf, z. B. beim Tennis gesagt.

Materialismus [lat.] *m*, Weltanschauung, der zufolge die ↑Materie Grundlage der Erkenntnis ist. Seele u. Geist sind für den M. Funktionen der Materie. Der sogenannte *praktische M.* als Lebensstil gibt Macht, Besitz u. Sinnengenuß den Vorzug gegenüber philosophischen, religiösen u. auch künstlerischen Problemen. ↑Marx u. ↑Engels begründeten den *dialektischen M.* mit ihrer Auffassung, das gesellschaftliche Verhalten des Menschen sei durch die Klassengegensätze bedingt. Der *historische M.* sieht diese Gegensätze als Motor der geschichtlichen Entwicklung an; ↑auch Marxismus.

Materialist [lat.] *m:* 1) Anhänger des ↑Materialismus; 2) jemand, der stets auf den eigenen Vorteil (v. a. in materieller, d. h. geldlicher Hinsicht) bedacht ist.

materialistisch [lat.], den ↑Materialismus betreffend; auf den eigenen Vorteil, auf Besitz u. Gewinn bedacht. Davon zu unterscheiden ist das Wort *materiell;* es bedeutet: stofflich, körperlich, greifbar; die Materie betreffend.

Materie [lat.] *w*, in der Physik eine Bezeichnung für alles, was in der Natur vorhanden ist u. eine Masse besitzt, gleich, ob fest, flüssig oder gasförmig.

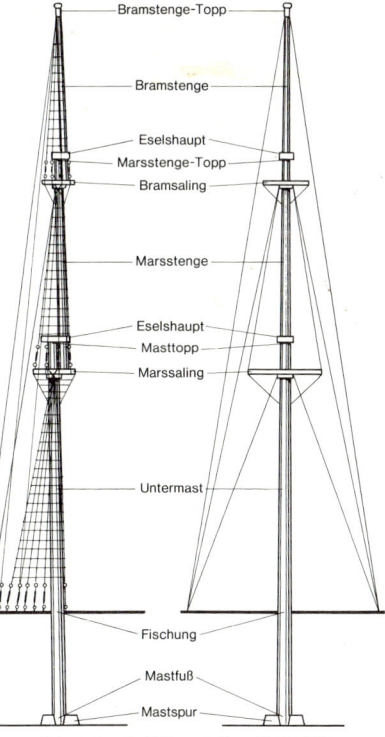

Mast. Segelschiffmast eines Vollschiffs

materiell ↑materialistisch.

Mathematik [gr.] w, die Wissenschaft, die sich mit Zahlen, Größen, Mengen u. Figuren u. den Beziehungen beschäftigt, die zwischen ihnen bestehen. Die M. ist in zahlreiche Teilgebiete unterteilt. Die *Arithmetik* behandelt die Gesetze des Rechnens mit Zahlen (Addition, Subtraktion, Multiplikation, Division). In der *Algebra* werden hauptsächlich Gleichungen untersucht u. Wege zu ihrer Auflösung aufgezeigt. Die *Differential- u. Intergralrechnung* (Analysis) untersucht veränderliche Größen (z. B. Steigungen, Kurvenkrümmungen) und behandelt (in der Intergralrechnung z. B. die Berechnung krummlinig begrenzter Flächen) mit Hilfe „unendlich kleiner Größen", der sogenannten Differentiale. Die *Geometrie* untersucht ebene Figuren (Planimetrie) u. Körper (Stereometrie). Ein Teilgebiet der Planimetrie ist die Lehre von den Dreiecken (Trigonometrie). Weitere wichtige Teilgebiete der M. sind *Mengenlehre, Funktionentheorie, Vektorrechnung, analytische Geometrie* u. *Wahrscheinlichkeitsrechnung*. Alle bisher aufgeführten Teilgebiete der M. faßt man unter der Bezeichnung *reine M.* zusammen. Ihre Erforschung geschieht ohne unmittelbaren Bezug auf ihre praktische Verwendbarkeit. In der *angewandten M.* dagegen werden die Ergebnisse der reinen M. für die Lösung von Aufgaben aus Naturwissenschaft, Technik u. Wirtschaft nutzbar gemacht.

Matinee [frz.] w, eine künstlerische Vorstellung am Vormittag.

Matisse, Henri [*matiß*], * Le Cateau (Nord) 31. Dezember 1869, † Nizza 3. November 1954, französischer Maler u. Graphiker. M. war der bedeutendste Vertreter des Fauves (↑moderne Kunst). Seine bevorzugte Farbe war Rot. Hervorzuheben sind seine Stilleben, Radierungen u. Wandmalereien.

Matrikel [lat.] w, amtliches Personen- oder Sachverzeichnis; besonders das Verzeichnis aller an einer bestimmten Universität Studierenden (Immatrikulierten).

Matrize [frz.] w, eine Hohlform, mit deren Hilfe man Gegenstände gießen, pressen oder prägen kann. Die M. stellt dabei das Negativ des herzustellenden Gegenstandes dar.

Matrose [niederl.] m: **1)** Ausbildungsberuf der Seeschiffahrt. Die Ausbildungszeit dauert 3 Jahre u. hat folgende Abschnitte: 3 Monate Besuch einer Seemannsschule, 9 Monate *Decksjunge,* 1 Jahr *Jungmann* u. 1 Jahr *Leichtmatrose*. Besteht der Auszubildende die Prüfung, so wird er *Vollmatrose*. Zu den Arbeitsverrichtungen des Matrosen gehören Reinigungs- u. Instandhaltungsarbeiten am Schiff, Vorbereitungen für das Be- u. Entladen, Signaldienst u. a. Nach langjähriger Fahrzeit ist der Aufstieg zum Bootsmann möglich. Der längere Besuch einer Seemannsschule kann zum Steuermann u. zum Kapitän führen; **2)** unterster Mannschaftsdienstgrad in der Bundesmarine.

Matterhorn s (ital. Monte Cervino), stark vergletscherter Berg in den Walliser Alpen, an der schweizerisch-italienischen Grenze, 4478 m. Das M. wurde erstmals 1865 von Zermatt aus bestiegen.

Matthäus, Heiliger, Apostel u. Evangelist, der in allen neutestamentlichen Apostelkatalogen genannt wird. Nach altkirchlicher Überlieferung gilt er als Verfasser eines Evangeliums, aus dem das *Matthäusevangelium* entstanden sein soll.

Matura ↑Abitur.

Mauerpfeffer (Scharfer Mauerpfeffer) m, 5–10 cm hohes Dickblattgewächs, Gattung Fetthenne, das häufig in Fels- u. Mauerspalten siedelt u. kleine Rasen bildet. Die dicken, fleischigen Blätter dienen als Wasserspeicher. Blätter u. Stengel schmecken pfefferartig.

Mauersegler m, bis 16 cm langer, rußschwarzer, leicht bläulich schimmernder Segler mit weißlicher Kehle, sichelförmigen Flügeln u. kurzem Gabelschwanz. Der M. fliegt außergewöhnlich schnell (180 km/Stunde).

Maulbeerbaum m, sommergrüne Bäume oder Sträucher in der nördlichen gemäßigten u. in der subtropischen Zone. Die Blüten stehen in Kätzchen. Die Scheinfrüchte sehen brombeerartig aus. Der in China heimische Weiße M., dessen Blätter die Nahrung für die Seidenraupen liefern, ist wirtschaftlich von Bedeutung. Der Schwarze M. liefert schwarzrote, wohlschmeckende Früchte.

Maulesel ↑Esel.

Mauersegler

Maulwürfe. Europäischer Maulwurf

Mausoleum. Einige der Mausoleen von Samarkand

Maultier ↑ Esel.
Maul- und Klauenseuche w (Abkürzung: MKS), eine ansteckende, fieberhafte Viruskrankheit bei Klauentieren, v. a. bei Rind, Schaf u. Ziege. Übertragen wird die Krankheit durch verseuchtes Futter, durch engen Kontakt der Tiere u. wahrscheinlich auch durch den Menschen. Erkrankte Tiere bekommen einen Blasenausschlag an Maul, Euter u. in den Klauenspalten. Auf den Menschen wird die MKS durch das Trinken ungekochter Milch übertragen. Bekämpft wird die Seuche durch Schutzimpfungen; bricht sie dennoch aus, werden Sperrmaßnahmen verhängt, um die weitere Ausbreitung zu verhindern.
Maulwürfe m, Mz., Familie der Insektenfresser in Eurasien u. Nordamerika. Grabende Formen besitzen kleine Augen u. Ohren, ihre Vorderfüße sind zu Grabschaufeln verbreitet. Der *Europäische Maulwurf* wird 14 cm lang. Er legt einen unterirdischen Wohnbau an, von dem aus zahlreiche Gänge in sein Jagdrevier führen. Er lebt von Regenwürmern u. Bodeninsekten. Der Eingang zu seinem Bau ist gekennzeichnet durch einen Maulwurfshügel. Der M. hält keinen Winterschlaf. Jährlich werfen die Weibchen einmal Junge (bis zu 7). M. werden etwa 3 Jahre alt.
Mauren m, Mz., Bezeichnung für das islamische Mischvolk aus Berbern und Arabern in Nordwestafrika und v. a. in Spanien (bis zur Rückeroberung durch die christlichen Spanier 1492).
Mauretanien, Republik in Nordwestafrika, in der westlichen Sahara bis zum Atlantischen Ozean, im Südwesten bis zum Senegal. M. hat 1,5 Mill. E; 1,03 Mill. km². Die Hauptstadt ist *Nouakchott* (70 000 E). M. ist größtenteils Wüste, im Süden Dornsavanne. Die Bevölkerung, überwiegend Nomaden, besteht zu 81 % aus Arabern u. Berbern. Im Süden wird Ackerbau (Hirse, Reis u. a.) betrieben, sonst Nomaden- (Viehhaltung: Kamele, Rinder, Schafe, Ziegen) u. Oasenwirtschaft. Wirtschaftliche Bedeutung haben die Küstenfischerei u. die Gummiarabikumgewinnung. M. hat bedeutende Bodenschätze, u. a. Eisen u. Kupfer. – In der Antike war M. (*Mauretania*) der Name für Nordwestafrika (etwa das heutige Marokko). Im 4. Jh. n. Chr. wanderten von Norden her Berber in das heutige M. ein. Jahrhundertelang stand M. unter arabischem Einfluß, in teils stärkerer, teils loser Abhängigkeit von Marokko. Erst im 19. Jh. drangen Franzosen ins Land ein. 1904 wurde M. französisches Protektorat, 1920 französische Kolonie, 1958 autonome Republik innerhalb der Französischen Gemeinschaft, 1960 von Frankreich unabhängig. Es ist Mitglied der UN, der OAU u. der Arabischen Liga. Es ist der EWG assoziiert.

Maya. Tempelpyramide in Uxmal auf der Halbinsel Yucatán

Mauritius, Insel im Indischen Ozean, östlich von Madagaskar, mit 895 000 E; 2 045 km². Die Hauptstadt ist *Port Louis* (mit umliegenden Orten 137 000 E). Auf M. wird v. a. Zuckerrohr angebaut. – M. wurde 1505 von Portugiesen entdeckt. Erst 1810 wurde es von England erobert, zu dem es bis 1968 (mit einigen umliegenden Inseln als Kolonie mit innerer Autonomie) gehörte. Seitdem ist M. unabhängiger Staat im Commonwealth. Es ist Mitglied der UN u. der OAU u. der EWG assoziiert. – Bekannt wurde M. durch Briefmarkenfehldrucke im Jahre 1847, von denen nur wenige in den Handel kamen. Die *blaue Mauritius*, eine blaue Zwei-Pence-Marke, von der nur 12 Stück bekannt sind, gehört zu den größten Kostbarkeiten unter den Briefmarken.
Mäuse w, Mz.: **1)** Bezeichnung für zahlreiche Gattungen kleiner Nagetiere mit einer spitzen, behaarten Schnauze, großen, runden Augen, nackten, mittellangen Ohren u. beschupptem, kaum behaartem, ziemlich langem Schwanz. Sie sind Überträger vieler Krankheiten u. Seuchen. In Mitteleuropa kommen u. a. vor: Hausmaus, Feldmaus, Waldmaus, Rötelmaus, Zwergmaus, **2)** verschiedene Gruppen von Mäuseartigen, zu denen u. a. Wühlmaus, Springmaus u. Schlafmaus gehören. Die Mäuseartigen sind eine Unterordnung der Nagetiere mit rund 1 200 Arten, die weltweit verbreitet ist. Sie werden bis 40 cm lang.
Mauser w, Haarwechsel bei Säugetieren beziehungsweise Federwechsel bei Vögeln. Haar- u. Federwechsel können recht unterschiedlich auftreten. Bei Vögeln wird nach der Brutperiode das Gefieder vollständig ersetzt (Enten z. B. können dabei flugunfähig sein), vor der Brutperiode wird ein Teil des Gefieders gewechselt (Hochzeitskleid). Bei Säugetieren erfolgt die M. meist im Frühjahr u. im Herbst u. dient der Angleichung an die sich ändernde Temperatur. Die Wollhaare werden vermehrt oder vermindert, auch die Grannenhaare wechseln; beim Hermelin z. B. ändern sich Länge, Dicke u. Farbe (im Sommer hellbraun, im Winter weiß).
Mausoleum [gr.-lat.] s, ein monumentales Grabmal. Die Bezeichnung geht zurück auf das berühmte Grabmal des Königs Mausolos in Halikarnassos, das zu den ↑Sieben Weltwundern zählte. – Abb. S. 371.
Maut w, Zoll, Wegegeld; österreichisch für: Gebühr für die Benutzung von Straßen (*Mautstraßen*) u. Brücken.
Maxime [lat.] w, Grundsatz; Lebensregel.
maximal [lat.], sehr groß, größt..., höchst..., höchstens.
Maximilian I., genannt der letzte Ritter, * Wiener Neustadt 22. März 1459, † Wels (Oberösterreich) 12. Januar 1519, König seit 1486, Kaiser seit 1508. Er heiratete 1477 Maria, die Erbin von Burgund, u. begründete damit die Macht der Habsburger in den Niederlanden. Durch diese Heirat kam er in einen Gegensatz zu Frankreich. Es gelang ihm, das burgundische Erbe zunächst erfolgreich zu verteidigen. Außerdem vertrieb er die Ungarn aus Österreich u. erwarb 1490 Tirol. Seine zweite Heirat, mit Bianca Maria Sforza (1493), Tochter des Herzogs von Mailand, führte zu dem Versuch, die kaiserliche Macht in Italien zu vergrößern. M. kämpfte gegen Frankreich, an das

er Mailand abtreten mußte. Für seine weitreichenden politischen Pläne benötigte er die Hilfe der Reichsstände u. gab deshalb mehreren Reformwünschen seine Zustimmung. So wurde auf dem Reichstag zu Worm 1495 der Ewige Landfriede (Abschaffung des Fehderechts) verkündet.. M., ein Förderer von Kunst u. Wissenschaft, verfaßte selbst Schriften. – Abb. S. 376.

Maximum [lat.] *s* (Maximalwert), Höchstwert, Höchstmaß; Gegensatz: ↑Minimum.

Maxwell, James Clerk [mäkßⁿel], * Edinburgh 13. Juni 1831. † Cambridge

5. November 1879, britischer Physiker. Er verfaßte bedeutende Arbeiten zur Theorie der Gase u. zur Elektrizitätslehre. Die von ihm aufgestellten *Maxwellschen Gleichungen* sind Grundgleichungen der Elektrizitätslehre.

May, Karl, * Ernstthal (heute Hohenstein-Ernstthal) 25. Februar 1842, † Radebeul bei Dresden 30. März 1912, deutscher Jugendschriftsteller. Schauplatz seiner spannenden u. phantasiereichen Abenteuerromane sind v. a. der Nahe Osten u. die amerikanischen Indianergebiete, die er nur z. T. aus eigener Anschauung kannte. Zu seinen Hauptwerken gehören: „Winnetou" (1893 ff.), „Old Surehand" (1894 ff.), „Der Schatz im Silbersee" (1894), „Im Land des Mahdi" (1896).

Maya *m, Mz.,* eine Gruppe mittelamerikanischer Indianerstämme (u. a. in Guatemala u. Südmexiko). Sie bilden eine Sprachfamilie. Die Geschichte der M. läßt sich in vier Epochen einteilen, in denen Staatsform u. Kultur zu beachtlicher Höhe entwickelt wurden: 1. Frühzeit (1500 bis 500 v. Chr.), 2. Übergangsperiode (500 v. Chr. bis 250 n. Chr.), 3. klassische Zeit (3.–9. Jh.), 4. nachklassische Zeit (10.–15. Jh., unter mexikanischem Einfluß in Yucatán). Zahlreiche monumentale Steintempel erinnern noch heute an die großartige Kultur v. a. der klassischen Zeit. Viele künstlerische u. wissenschaftliche Leistungen der M. sind nachgewiesen worden, u. a. weitreichende Kenntnisse in Astronomie u. Mathematik (*Mayakalender*) u. eine Bilderschrift (*Mayahieroglyphen*). Der Verfall der Mayakultur wurde im 16. Jh. beschleunigt u. abge-

schlossen durch die Raubzüge der spanischen Eroberer. – Abb. S. 373.

Mayflower [mẹⁿflauⁿʳ] *w,* Name des Auswandererschiffes, auf dem 1620 die puritanischen Pilgerväter von England nach Massachusetts segelten.

Mazedonien ↑Makedonien.

Mäzen [lat.] *m,* ein Freund u. Förderer von Kunst, Wissenschaft oder Sport. Die Bezeichnung geht zurück auf den Römer Maecenas, der ein besonderer Gönner der Dichter Horaz u. Vergil war.

Mazurka [*mas…;* poln.] (Masurka) *w,* polnischer Nationaltanz in schnellem $3/4$-Takt mit betontem Rhythmus.

MdB, Abkürzung für: Mitglied des Bundestages.

MdL, Abkürzung für: Mitglied des Landtages.

Mechanik [gr.] *w,* Teilgebiet der Physik: die Lehre von den Kräften u. Bewegungen u. von dem Zusammenhang, der zwischen Kräften u. Bewegungen besteht. Die M. wird unterteilt in Statik, Kinematik u. Dynamik. Die *Statik* untersucht die Gleichgewichtszustände zwischen Kräften. In der *Kinematik* werden Bewegungsvorgänge beschrieben, ohne daß man sich dabei mit ihren Ursachen befaßt. Die *Dynamik* dagegen untersucht die Wechselwirkung zwischen Kräften u. Bewegungen.

mechanisch [gr.]: **1)** zur Mechanik gehörend; **2)** gedankenlos, ohne Überlegung, maschinenmäßig.

Mechanismus [gr.] *m:* **1)** der Aufbau einer Maschine oder eines Gerätes; **2)** der Vorgang, der in einer Maschine abläuft; **3)** jeder automatisch ablaufende Vorgang.

Mecklenburg, ehemaliger Gliedstaat des Deutschen Reiches an der Ostsee, zwischen Schleswig-Holstein, Brandenburg u. Pommern. Rund 10 % des Landes sind Moor- u. Seenflächen, die von Endmoränenzügen umgeben sind. Die *Mecklenburgische Seenplatte* mit Schweriner See, Plauer See, Müritz u. a. ist ein ähnlich beliebtes Erholungs- u. Ausflugsgebiet wie die zahlreichen Seebäder an der Ostseeküste. Wirtschaftlich bedeutend sind an der Küste Fischerei, Fischverarbeitung u. Schiffbau, im Binnenland die Landwirtschaft (Getreide, Kartoffeln u. a.). *Geschichte:* Nach dem Abzug germanischer Stämme wurde M. um 600 n. Chr. von Slawen besiedelt. 1160 wurde das Land von Heinrich dem Löwen endgültig wieder dem Reich angegliedert. Im 13. Jh. begann die Ansiedlung deutscher Siedler. Im 14. Jh. wurde M. Herzogtum. 1549 wurde die Reformation eingeführt. 1621 wurde das Land in M.-Schwerin u. M.-Güstrow (seit 1701 M.-Strelitz) geteilt, die beide 1815 zu Großherzogtümern erhoben wurden. Nach Abdankung der beiden Fürstenhäuser (1918) erhielten die beiden Länder demokratische Verfassungen; als Land M.

wurden sie 1934 vereinigt. Seit 1945 gehört das Gebiet des 1952 aufgelösten Landes M. zur DDR.

Medaille [medáljᵉ; frz.] *w,* eine zum Andenken an Personen oder historische Ereignisse geprägte Schaumünze. Oft als Anerkennung verliehen.

Medea, in der griechischen Sage die des Zauberns mächtige Tochter des Königs von Kolchis. Sie hilft Jason das Goldene Vlies zu erringen. Die Sage wurde in der Literatur mehrfach behandelt (Euripides, Corneille, Grillparzer, Anouilh u. a.).

Meder ↑Medien.

Medici [mẹditschi], florentinische Bankiersfamilie, die im 16. Jh. zu fürstlichem Rang aufstieg u. die glanzvolle Blütezeit der Stadt Florenz heraufführte; zuerst an der Stadtregierung beteiligt, dann faktische Stadtherren, ab 1531 Herzöge, ab 1569 Großherzöge von Toskana. Das Geschlecht der M., dem drei Päpste (Leo X., Leo XI. u. Clemens VII.) u. zwei Königinnen (Katharina u. Maria von Frankreich) entstammten, erlosch 1737.

Medien, antike Landschaft im nordwestlichen Iran; das Gebiet der *Meder*, eines indogermanischen Volkes, das nach langen Kämpfen das Reich der Assyrer zerstörte (um 610 v. Chr.). Später wurde M. persische Provinz.

Medikamente [lat.] *s, Mz.,* Heilu. Arzneimittel.

Medina, saudi-arabische Oasenstadt nördlich von Mekka, mit 100 000 E. Neben Mekka ist M. der bedeutendste islamische Wallfahrtsort. In der Großen Moschee befinden sich die Gräber Mohammeds, seiner Tochter Fatima und der beiden ersten Kalifen, Abu Bakr und Omar.

Medina [arab.; = Stadt], übliche Bezeichnung für das alte, oft ummauerte Zentrum (Altstadt) arabischer Städte.

mediterran [lat.], zum Mittelmeer gehörend, auf die Mittelmeerländer bezogen.

Medium [lat.] *s:* **1)** Mittel, Mittler; **2)** in der Chemie der Stoff (meistens ein Lösungsmittel), in dem sich eine chemische Reaktion abspielt. In der Physik ist das M. ebenfalls das Material, in dem ein physikalisches Geschehen abläuft. So ist es beispielsweise für die Leitung des elektrischen Stroms, des Lichts und des Schalls sehr wesentlich, in welchem M. sich der jeweilige Vorgang vollzieht; Silber z. B. leitet den elektrischen Strom sehr gut, Porzellan dagegen sehr schlecht; die Schallgeschwindigkeit beträgt im Wasser 1 464 m/s, in der Luft 331 m/s.

Medizin [lat.] *w:* **1)** Heilkunde oder Lehre vom gesunden u. kranken Menschen. M. ist die Wissenschaft von den Krankheitsursachen, der Heilung von Krankheiten u. der Vorbeugung gegen Krankheiten; **2)** Heilmittel, Arznei.

Meinungsforschung

Medizinball [lat.; dt.] *m*, fester, mit Tierhaaren gefüllter, 2–3 kg schwerer Lederball für zahlreiche Spiele u. gymnastische Übungen.

Medizinmann [lat.; dt.] *m*, bei Naturvölkern der Zauberpriester, der Krankheiten u. böse Geister vertreiben soll.

Medusa (Meduse) ↑Gorgonen.

Meer *s*, die zusammenhängenden Wassermassen der Erde. Sie bedecken fast 71% der Erdoberfläche. Durch die Landmassen ist das M. in drei Ozeane (Weltmeere) gegliedert: ↑Pazifischer Ozean, ↑Atlantischer Ozean u. ↑Indischer Ozean. Zu den Nebenmeeren zählt man die *Randmeere* (z. B. Nordsee, Beringmeer) sowie die *Mittelmeere* (zwischen den Erdteilen; z. B. Nordpolarmeer, Mittelländisches Meer). Hinzu kommen die innerhalb eines Kontinents (Erdteils) gelegenen *intrakontinentalen Mittelmeere* (z. B. Rotes Meer, Ostsee). Nach Tiefe u. Landferne gliedert man das M. in Küstenzone, Flachsee u. Tiefsee. Die größten Meerestiefen (Witjastiefe I im Marianengraben mit 11 022 m ist die bisher tiefste gemessene Stelle) finden sich in sogenannten Tiefseegräben. Das Bodenrelief des Meeres ist sehr vielfältig. Man unterscheidet: Kontinentalränder, Tiefseebecken u. die mittelozeanischen Rücken. Letztere bilden ein zusammenhängendes Gebirgssystem von etwa 60 000 km Länge, das sich durch alle Ozeane erstreckt. Der durchschnittliche Salzgehalt des Meerwassers liegt bei 34–35‰, schwankt jedoch stark (Persischer Golf 40‰, Ostsee 7–10‰, Mittelländisches Meer etwa 38‰). Die Meeresbewegungen treten als Wellen, Gezeiten u. Meeresströmungen auf. Das M. kennt drei große Lebensbereiche: den Meeresboden (*Benthal*), das offene M. (*Pelagial*) u. die Tiefsee (unter 800 m). Die Meeresflora besteht in erster Linie aus Algen u. Seegräsern, die Fauna ist überaus vielfältig.

Meeresströmungen *w*, *Mz.*, Transport von Wassermassen (meist der oberflächennahen Schichten) in den Ozeanen. M. entstehen entweder durch Einwirkung stetig wehender Winde wie Monsun u. Passat (*Driftströme*) oder durch Meerwasserunterschiede, die mit der Temperatur u. dem Salzgehalt zusammenhängen (*Gefäll-* oder *Gradientströme*). Sie werden infolge der Erdumdrehung auf der Nordhalbkugel nach rechts, auf der Südhalbkugel nach links abgelenkt. Warme M. (z. B. der Golfstrom) u. kalte M. (z. B. der Labradorstrom) beeinflussen das Klima stark.

Meerkatzen *w*, *Mz.*, 35–70 cm lange baumbewohnende, langschwänzige Affen (Schmalnasen) mit nacktem Gesicht u. Backentaschen. Nackte oder nur wenig behaarte Körperteile sind oft auffallend gefärbt. Sie leben in Gruppen v. a. in Afrika südlich der Sahara.

Meerrettich *m*, ausdauernde Pflanze aus der Familie der Kreuzblütler mit rübenartigen, bis 4 cm dicken Wurzeln. Sie enthalten Senföle u. liefern ein scharfes Küchengewürz. M. wird als Nutzpflanze angebaut.

Meerschaum *m*, leichtes, poröses Mineral, aus dem Tabakspfeifenköpfe und Zigarettenspitzen hergestellt werden.

Meerschweinchen *s*, *Mz.*, Nagetierfamilie mit rund 15 Arten in Südamerika mit gedrungenem Körperbau u. fast vollständig zurückgebildetem Schwanz. Die bei uns bekannten kleinen, bis 20 cm langen und ziemlich kurzbeinigen Hausmeerschweinchen graben Höhlen u. sind vorwiegend nachts aktiv. Bereits von den Inkas wurden M. als Haustiere gehalten; zunächst waren es nur Opfertiere, später wurden sie auch gegessen. M. sind heute als Versuchstiere unentbehrlich. – Abb. S. 376.

Meeting [*miting*; engl.] *s*, offizielles Treffen zweier oder mehrerer Personen zu einer Besprechung.

Megaphon [gr.] *s*, Schalltrichter zur Verstärkung der menschlichen Stimme. Das schmale Ende wird an den Mund gehalten, aus dem breiten Ende treten die Schallwellen gebündelt aus u. haben dadurch eine große Reichweite. Es gibt auch elektrisch verstärkte Megaphone. Man verwendet Megaphone hauptsächlich bei Sportveranstaltungen oder Massenaufmärschen.

Mehltau *m*, Pflanzenkrankheit, die durch *Echte Mehltaupilze* (Schlauchpilze) verursacht wird. Die Pilze leben auf Früchten u. Blättern von Wild- u. Kulturpflanzen. Frisch befallene Blätter sehen nach einigen Tagen wie mit Mehl bestäubt aus. Später zeigt sich ein spinnwebartiger Überzug. Das Fadengeflecht der Pilze treibt Saugfäden in die Zellen der Oberhaut. Besonders gefürchtet ist der *Rebenmehltaupilz*. Erkrankte Blätter verdorren, befallene Beeren platzen auf. Auch die *Falschen Mehltaupilze* (Algenpilze) schädigen Pflanzen. Das Fadengeflecht lebt in Blättern u. Früchten. Die Unterseite erkrankter Blätter ist mit weißem Pilzrasen überzogen.

Mehrheitswahl ↑Wahlrecht (Wählen, aber wie?).

Mehrkampf *m*, ein aus mehreren Einzelwettbewerben bestehender sportlicher Wettkampf. Die Leistung in jeder Einzeldisziplin wird nach Punkten bewertet, deren Summe das Gesamtergebnis ergibt.

Mehrwertsteuer *w*, Steuer, die auf den Umsatz von Waren u. Dienstleistungen erhoben wird, jedoch auf jeder Produktionsstufe nur die jeweilige Wertschöpfung. Eine Fabrik kauft beispielsweise für 1 000,– DM Rohwolle, sie zahlt 1 000,– DM u. 13 % M., also zusammen 1 130,– DM. Sie verarbeitet die Wolle zu Stoff, den sie für 2 200,– DM plus 13 % M. (2 200,– DM + 286,– DM = 2 486,– DM) verkauft. Die Fabrik muß nun nicht 286,– DM M. abführen, sondern 286,– DM minus 130,– DM (der Mehrwertsteuerbetrag, der ihr beim Einkauf der Rohwolle berechnet wurde), also 156,– DM. Die M. zahlt also der Endverbraucher.

Mehrzahl ↑Numerus 2).

Meile *w*, alte Längeneinheit, Wegemaß. Heute ist die M. noch in den angelsächsischen Ländern (1 mile = 1,609 km) u. als Seemeile (= 1,524 km) gebräuchlich. Früher galt in Deutschland z. B. die *geographische* M. (7,4216 km), in Preußen die *Schrittmeile* (7,5325 km).

Meiler [mlat.] *m*, ein mit Erde, Reisig u. Rasenstücken abgedeckter Holzstapel. Wird er angezündet, so verglimmt das Holz bei nur geringer Luftzufuhr zu Holzkohle.

Meineid ↑Eid.

Meinungsforschung *w* (Demoskopie), Teilgebiet der Sozialwissenschaft. Erforscht wird die Meinung, d. h. die Einstellung der Menschen zu bestimmten Dingen, u. das menschliche Verhalten. Da man nicht alle Menschen befragen oder beobachten kann, wählt man unter ganz bestimmten Gesichtspunkten eine Anzahl Menschen aus, die für die Gesamtheit repräsentativ sind (d. h. die ausgewählte Menge muß sich z. B. ebenso wie die Gesamtheit aus verschiedenen Schichten zusammensetzen). Die M. wird u. a. angewendet bei der Marktforschung, bei der Untersuchung der Lebensverhältnisse u. Le-

Karl May

Philipp Melanchthon

Felix Mendelssohn-Bartholdy

Meinungsfreiheit

bensgewohnheiten bestimmter Bevölkerungsgruppen, bei der Vorhersage von Wahlergebnissen u. bei bestimmten Einzelfragen (z. B. welcher Politiker besonders beliebt ist).

Meinungsfreiheit w, wichtiges demokratisches Grundrecht, in der Bundesrepublik Deutschland durch das Grundgesetz gewährleistet. Man versteht unter M. das Recht, die eigene Meinung in Wort, Schrift u. Bild frei zu äußern u. zu verbreiten.

Meisen w, Mz., Familie 9–20 cm langer Singvögel. Lebhafte Standvögel, die gut in Sträuchern u. Bäumen klettern. Ihre Nahrung besteht vorwiegend aus Insekten u. Kleintieren. Sie nisten in Höhlen oder in selbstgebauten Nestern. In Mitteleuropa kommen u. a. vor: Blaumeisen, Kohlmeisen, Haubenmeisen u. Schwanzmeisen.

Meißel m, Werkzeug aus Stahl mit keilförmiger Schneide, mit dessen Hilfe Teile aus der Oberfläche von Stein, Metall u. ä. herausgeschlagen werden.

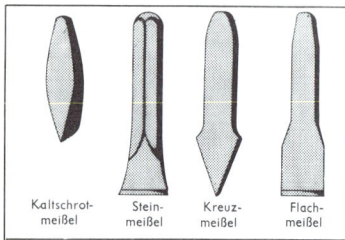
Kaltschrotmeißel · Steinmeißel · Kreuzmeißel · Flachmeißel

Meißen, Stadt an der Elbe im Bezirk Dresden, mit 42 000 E. Zu den Sehenswürdigkeiten des altertümlichen Stadtkerns gehören das Rathaus u. die Frauenkirche aus dem 15. Jh. sowie der Dom (13.–15. Jh.) u. die Albrechtsburg (ab 1471) auf dem Burgberg. Wichtige Wirtschaftszweige sind die Herstellung von Porzellan u. keramischen Erzeugnissen, der Maschinenbau u. die Juteverarbeitung. – M. entstand bei der 929 gegründeten Burg Misna u. erhielt Anfang des 13. Jahrhunderts Stadtrechte. Der Ort war während des Mittelalters markgräfliche Residenz. 1710 wurde hier von August II., dem Starken, als erste europäische Porzellanmanufaktur die **Meißner Porzellanmanufaktur** gegründet, die lange Zeit in der Porzellanherstellung absolut führend war. Besonders das buntbemalte, v. a. blaue Geschirr u. die Kleinplastiken aus Porzellan waren sehr begehrt. Die auch heute noch nach altem Muster (u. a. Zwiebelmuster) hergestellten Tafelservice sind ein anerkannter Exportartikel der DDR.

Meister (Handwerksmeister) m, ein Handwerker, der die *Meisterprüfung* abgelegt hat. Er ist damit berechtigt, einen Handwerksbetrieb selbständig zu führen u. Lehrlinge auszubilden.

Meistersinger m, Mz., bürgerliche Liederdichter u. Sänger („Dichterkom-

ponisten") des Mittelalters. Sie stammten meist aus dem Handwerkerstand. Seit dem 15. Jh. hatten sie in Singschulen eine zunftmäßige Organisation. Es galt eine feststehende Rangordnung (Schüler, Singer, Dichter, Meister). Die M. widmeten sich einmal dem kirchlichen Hauptsingen, zum anderen dem unterhaltsamen Zechsingen. Die wichtigsten Schulen der M. waren u. a. Nürnberg, Augsburg, Mainz u. Straßburg. Einer der bedeutendsten M. war Hans ↑ Sachs.

Mekka, bedeutendster Wallfahrtsort des Islams, mit 270 000 E, am Nordostrand der Tihama (Saudi-Arabien) gelegen. In M., dem kultischen Mittelpunkt des Islams, wurde Mohammed geboren, hier befindet sich die ↑ Kaaba.

Mekong m, einer der längsten Flüsse (4 500 km) Asiens u. der Hauptfluß Hinterindiens. Er entspringt in China u. mündet in Vietnam mit einem breiten Delta ins Südchinesische Meer. Schiffbar ist der M. bei normaler Wasserhöhe 550 km, davon 350 km für Seeschiffe. Der M. ist bisher nicht überbrückt.

Melancholie [gr.] w, Schwermut, Trübsinn. Der *Melancholiker* ist ein zu Traurigkeit bzw. Schwermut neigender Mensch; ↑ auch Temperament.

Melanchthon, Philipp, eigentlich Philipp Schwartzerd, * Bretten (bei Karlsruhe) 16. Februar 1497, † Wittenberg 19. April 1560, deutscher Humanist u. Reformator. M. ist der Verfasser der ersten lutherischen Bekenntnisschriften u. organisierte die protestantische Gelehrtenschule. Nach dem Tode Martin Luthers war er das Haupt des Luthertums. Er vertrat dessen Lehre jedoch nicht in allen Punkten. Wegen seiner umfangreichen Lehrtätigkeit u. seiner Mitwirkung bei der Gestaltung des Schul- u. Universitätswesens erhielt er den Beinamen Praeceptor Germaniae (= Lehrer Deutschlands). – Abb. S. 375.

Melanesien, nordöstlich von Australien gelegene westpazifische Inseln. Dazu gehören u. a. Neuguinea, Bismarckarchipel u. Salomoninseln.

Melasse [frz.] w, noch stark zuckerhaltiger, zähflüssiger Rückstand bei der Gewinnung von ↑ Zucker; als hochwertiges Viehfutter u. zur Gewinnung von Spirituosen verwendet.

Melbourne [mɛlbᵉrn], Hauptstadt des australischen Bundesstaates Victoria, 65 000 E (mit Vorstädten 2,6 Mill. E). M. ist Sitz von drei Universitäten u. von Forschungsinstituten. Die Stadt bildet ein wichtiges Industriezentrum; hervorzuheben sind Flugzeugwerke, Schiffbau, Schwermaschinenbau, Textilindustrie u. die zahlreichen Obstkonservenfabriken. Wirtschaftlich von Bedeutung ist auch der Hafen.

Melisse [gr.] w, Lippenblütler, dessen Blüten in Scheinquirlen stehen. M. ist eine Heil- u. Gewürzpflanze.

Kaiser Maximilian I.

Meißner Porzellan.
Pantalone und Kolombine (um 1740)

Meerschweinchen. Hausmeerschweinchen

Melk, österreichische Stadt mit 6 400 E, an der Donau. M. wurde durch das Benediktinerstift bekannt, das 1702–36 als großartige barocke Anlage auf einem 57 m hohen Felsen über der Stadt neu erstand.

Melodica [gr.] w, von der Firma Hohner entwickeltes Blasinstrument mit Tasten. Die Zungenstimmen werden bei einer Mundharmonika in Schwingungen versetzt. Es gibt zwei Ausführungen: M. soprano (Tonumfang c^1–c^3) u. M. alto (Tonumfang f–f^2).

Melodie [gr.] w, eine in sich geschlossene, auf Tonstufen geordnete Folge von Tönen, die Ausgewogenheit zeigt u. in sich sinnvoll ist.

Melone [ital.] w, saftige, meist kugelige bis ovale Beerenfrüchte verschiedener Kürbisgewächse.

Melpomene, eine der ↑Musen.

Meltau m (Honigtau), klebrigsüßer Saft auf Pflanzen, der entweder von den Pflanzen selbst, durch den Mutterkornpilz oder durch Insekten ausgeschieden wird; ↑dagegen Mehltau.

Melusine, in der altfranzösischen Sage eine schöne Meernixe, die einen Menschen heiratet.

Membran [lat.] w: **1)** ein dünnes Häutchen, das u. a. zur Abgrenzung von Organen (z. B. Trommelfell) u. von Zellen (Zellmembran) dient. Die *Zellmembran* spielt als Trennwand zwischen Lösungen verschiedener Konzentration eine besondere Rolle; meist sind Zellmembranen nur für das Lösungsmittel oder nur für den gelösten Stoff durchlässig (eine Voraussetzung für die ↑Osmose); **2)** in der Technik ein meist rundes, nur am Rande eingespanntes elastisches Plättchen zur Übertragung von Druckänderungen (z. B. Umwandlung elektromagnetischer in akustische Schwingungen u. umgekehrt).

Memel: 1) (litau. Nemunas) w, osteuropäischer Fluß. Die M. hat eine Länge von 937 km, sie entspringt südl. von Minsk u. mündet ins Kurische Haff; **2)** (litau. Klaipėda) litauische Hafenstadt am Ausgang des Kurischen Haffs in die Ostsee (UdSSR), mit 169 000 E. Wirtschaftlich bedeutend ist die Fisch- u. Zelluloseindustrie. – M. wurde 1252 von den Schwertbrüdern (Ritterorden) gegründet. 1919 wurde sie mit dem umgebenden *Memelland* von Deutschland getrennt (bis 1939) u. kam nach dem 2. Weltkrieg an die UdSSR.

Memoiren [memoar͜ᵉn; frz.] Mz., literarische Darstellung von Lebenserinnerungen.

Memorandum [lat.] s, ausführliche Denkschrift.

Menagerie [menaʃeri; frz.] w, Tierschau, Tierpark.

Mendel, Gregor, * Heinzendorf (Nordmährisches Gebiet) 22. Juli 1822, † Brünn 6. Januar 1884, österreichischer Augustinerabt u. Vererbungsforscher. Bei Kreuzungsversuchen (besonders mit Bohnen u. Erbsen) entdeckte er die nach ihm benannten Mendelschen Regeln (↑Vererbungslehre).

Mendelssohn-Bartholdy, Felix, * Hamburg 3. Februar 1809, † Leipzig 4. November 1847, deutscher Komponist. Er trat schon mit neun Jahren als Pianist auf und komponierte seit seinem 11. Lebensjahr. Durchsichtig klar und melodisch sind seine Werke, u. a. Sinfonien, Konzerte, Kammermusik, Klavierwerke („Lieder ohne Worte"). Berühmt ist seine Musik zu Shakespeares Komödie „Ein Sommernachtstraum". – Abb. S. 375.

Menelaos, sagenhafter König von Sparta; die Entführung seiner Gattin Helena durch Paris war der Anlaß für den Trojanischen Krieg.

Mengenlehre w, von G. Cantor (1845–1918) begründetes Teilgebiet der Mathematik, das nahezu alle Gebiete dieser Wissenschaft beeinflußte. Eine *Menge* ist eine Zusammenfassung von bestimmten wohlunterschiedenen Objekten unserer Anschauung oder unseres Denkens zu einem Ganzen, z. B. die Menge der geraden Zahlen, die Menge der Schüler einer Klasse, die Menge der Primzahlen zwischen 10 u. 20. Die Objekte einer Menge nennt man ihre *Elemente*, z. B. ist 11 ein Element der Menge M der Primzahlen zwischen 10 und 20, man schreibt $11 \in M$. Eine Menge ist bestimmt, wenn man weiß, welches ihre Elemente sind. So kann man Mengen in aufzählender Form (Listenform) angeben: Man schreibt ihre Ele-

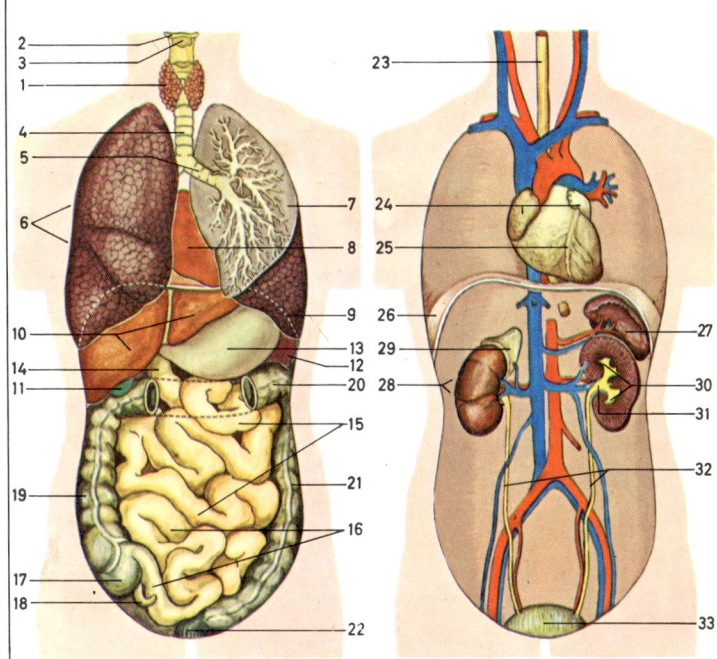

Mensch. Die inneren Organe (von vorn)

1 Schilddrüse
2 u. 3 Kehlkopf
2 Zungenbein
3 Schildknorpel
4 Luftröhre
5 Luftröhrenast (Bronchie)
6 u. 7 Lunge
6 rechter Lungenflügel
7 oberer Lungenlappen (Schnitt)
8 Herz
9 Zwerchfell
10 Leber
11 Gallenblase
12 Milz
13 Magen
14–22 Darm
14–16 Dünndarm
14 Zwölffingerdarm
15 Leerdarm
16 Krummdarm
17–22 Dickdarm
17 Blinddarm
18 Wurmfortsatz
19 aufsteigender Grimmdarm
20 querliegender Grimmdarm
21 absteigender Grimmdarm
22 Mastdarm
23 Speiseröhre
24 u. 25 Herz
24 Herzrohr
25 vordere Längsfurche
26 Zwerchfell
27 Milz
28 rechte Niere
29 Nebenniere
30 u. 31 linke Niere (Längsschnitt)
30 Nierenkelch
31 Nierenbecken
32 Harnleiter
33 Harnblase

mente, durch Komma getrennt, zwischen geschweifte Klammern, z. B. für die Menge der Primzahlen zwischen 10 u. 20 $M = \{11, 13, 17, 19\}$. Eine andere Darstellung ist die beschreibende Form: Man gibt eine Eigenschaft *E* an, die für alle Elemente der betreffenden Menge zutrifft, man schreibt dann $M = \{x|E(x)\}$, gelesen: *M* ist die Menge aller *x*, die die Eigenschaft *E* haben; z. B. $M = \{x|x$ ist eine Primzahl u. *x* liegt zwischen 10 u. 20$\}$. Bezeichnet man die Menge aller Primzahlen mit *P*, so kann man dafür auch schreiben: $M = \{x|x \in P$ und $10 \leq x \leq 20\}$. – Zwischen den Elementen einer Menge können bestimmte Verknüpfungen definiert sein (z. B. die Addition in der Menge der ganzen Zahlen), man spricht dann von einer algebraischen *Struktur*.

Mennige [lat.] *w* (Minium), gelbrotes bis dunkelrotes Pulver, das nicht in Wasser löslich ist. M. ist ein Bleioxid, Pb_3O_4. Es wird als Rostschutz verwendet, meist als Malerfarbe, für Bleiglasherstellung, Bleiglasuren u. a.

Mennoniten *m, Mz.*, Anhänger täuferischer Freikirchen. Sie bekennen sich zur Erwachsenentaufe sowie zu strenger Kirchenzucht u. Sittenstrenge. Sie sind benannt nach dem friesischen Theologen Menno Simons (1496–1561), der die gemäßigten Vertreter der Täufer um sich sammelte u. zu eigenen Gemeinden zusammenschloß. Die M. sind heute besonders in den Niederlanden, in Nord- u. Südamerika vertreten. In der Bundesrepublik Deutschland gibt es rund 12 000 Mitglieder.

Mensa [lat.; = Tisch] *w:* **1)** Altar, auch Deckplatte des Altars; **2)** Speiseraum für Studenten.

Mensch *m*, in der biologischen Systematik ist der heutige M. (*Jetztmensch*) der einzige noch lebende Vertreter der Art Homo sapiens der Gattung Mensch (Homo), der der Ordnung Herrentiere angehört. Eine weitere, ausgestorbene Menschenart ist der vor etwa 700 000 Jahren entstandene und etwa bis vor 200 000 Jahren nachgewiesene *Frühmensch* (Homo erectus), dessen Rassen auch als *Pithecanthropusgruppe* oder Javamenschen zusammengefaßt werden. Hierzu gehören die Peking- bzw. Chinamenschen sowie der durch den Unterkieferfund von Mauer bei Heidelberg bekanntgewordene *Heidelbergmensch.* Der *Neandertaler* gehört einer ausgestorbenen, urtümlichen Rasse des Homo sapiens an. Die Menschen, die dieser Rasse zugeordnet werden können, werden als Neandertalergruppe zusammengefaßt oder auch als *Altmenschen* bezeichnet. Sie sind vor etwa 250 000 Jahren entstanden u. verschwanden wieder vor etwa 40 000 Jahren. Diese „echten" Menschen der Gattung Homo gingen aus den *Urmenschen* der *Australopithecusgruppe* u. diese (vor etwa 6 Mill. Jahren) aus den *Vormenschen* (Übergangsformen zwischen ↑Affen u. Menschen) hervor, die vor etwa 30 Mill. Jahren zu den Urmenschenaffen (primitive Menschenaffen) überleiten. Der M. stammt also nicht von den heutigen Menschenaffen ab. Beide sind Vettern mit gemeinsamen Vorfahren. Von den Affen unterscheidet sich der M. hauptsächlich durch die noch stärkere Ausbildung des Großhirns, die ihn zu einem betont vernunft-, bewußtseins- u. sprachbegabten Lebewesen macht. Dem Tierreich im Menschenreich gegenüberzustellen ist darin begründet, daß der M. in einer selbstgeschaffenen, kulturellen Umwelt lebt. – Abb. S. 377.

Menschenaffen (Große Menschenaffen) *m, Mz.*, Familie etwa 65 bis 150 cm körperlanger Affen mit langen Armen u. verhältnismäßig kurzen Beinen. Ihr Daumen kann den anderen Fingern gegenübergestellt werden (Greifhand). Sie leben überwiegend auf Bäumen u. ernähren sich von pflanzlicher Nahrung. Zu den M. gehören Gorilla, Orang-Utan u. Schimpanse. Die Gibbons werden manchmal zu den M. gerechnet.

Menschenrassen ↑ Rasse.

Menschenrechte *s, Mz.*, den Menschen von Natur aus eigene Grundrechte, die als vor- u. überstaatlich anzusehen sind. Zu den wichtigsten Menschenrechten gehören: Recht auf Gleichheit, auf Unversehrtheit, auf Meinungs- u. Glaubensfreiheit, auf Widerstand gegen Unterdrückung. Die Entwicklung der M. ging einher mit der Entwicklung des Naturrechts. Wichtige Erfolge in der Entwicklung der Grundrechte des Bürgers bedeuten die amerikanische Declaration of Independence von 1776 u. die Déclaration des droits de l'homme et du citoyen von 1789. Heute sind die M. wesentlicher Bestandteil aller demokratischer Verfassungen. Die UN haben sich schon 1948 mit der Annahme einer „Allgemeinen Erklärung der M." zu den Grundfreiheiten bekannt. Die UdSSR u. a. sozialistische Staaten stimmten dieser Erklärung jedoch nicht zu. Auf der KSZE (= Konferenz für Sicherheit u. Zusammenarbeit in Europa) in Helsinki (1975) unterzeichneten alle Teilnehmer (darunter die UdSSR u. ihre Bündnispartner) die Schlußakte, in der die (seither von angemahnten Bürgerrechten im Ostblock oft zitierte) Achtung der Menschenrechte u. Grundfreiheiten als Prinzip Anerkennung fand.

Menstruation [lat.] *w* (Periode, Regel), in regelmäßigen Abständen auftretende Blutung aus der Gebärmutter; ↑Geschlechtskunde.

Menuett [frz.] *s*, offener, anmutiger Paartanz in mäßig schnellem $^3/_4$-Takt mit kleinen Schritten u. vielen Figuren. Das M. wurde als Hoftanz unter Ludwig XIV. eingeführt. Es fand später auch Eingang in die Kunstmusik, u. a. als Teil der Suite, Sinfonie u. Sonate.

Menzel, Adolph von, *Breslau 8. Dezember 1815, †Berlin 9. Februar 1905, deutscher Maler, Zeichner u. Graphiker. Besonders bekannt wurde er durch seine Federzeichnungen für die Holzstiche zu Kuglers „Geschichte Friedrichs des Großen". Er malte auch Szenen aus dem Leben Friedrichs des Großen (u. a. „Flötenkonzert"), Innenräume u. Straßenszenen sowie, was damals Aufsehen erregte, eins der ersten Industriebilder („Eisenwalzwerk"). Große Sachtreue zeichnet seine Werke aus. – Abb. S. 380.

Mercator, Gerhardus, eigentlich Gerhard Kremer, *Rupelmonde (Flandern) 5. März 1512, †Duisburg 2. Dezember 1594, niederländischer Geograph u. Kartograph. M. schuf Globen u. Karten, darunter eine Weltkarte, für die er ein Verfahren zur winkelgetreuen Abbildung der Erdoberfläche (*Mercatorprojektion*) entwickelte, das bis heute die Grundlage für die Herstellung von Seekarten bildet. Seine gesammelten Karten gab M. als Atlas heraus.

Merian, Matthäus, der Ältere, *Basel 22. September 1593, †Langenschwalbach (heute Bad Schwalbach) 19. Juni 1650, schweizerischer Kupferstecher u. Buchhändler. M. wurde berühmt durch die etwa 2 100 europäischen Städteansichten u. Karten, die von ihm selbst oder aus seiner Werkstatt stammen u. von hohem kulturgeschichtlichem Wert sind.

Meridian [lat.] *m*, Längenkreis der Erde (↑Gradnetz der Erde).

Merkur, römischer Gott des Handels.

Merkur [lat.] *m*, der kleinste unter den Planeten. Er ist der Sonne am nächsten u. kann deshalb nur in der Abend- oder Morgendämmerung beobachtet werden. Der M. umläuft die Sonne in 58,65 Tagen.

Merowinger *m, Mz.*, fränkisches Königsgeschlecht; ihre größte Machtentfaltung hatten die M. unter Chlodwig I. (um 465–511). Die M. wurden 751 von den ↑Karolingern abgelöst.

Meskalin ↑Drogen.

Mesopotamien [gr.; = (Land) zwischen den Strömen] (Zweistromland), das Stromgebiet der Flüsse Euphrat u. Tigris im Zentralirak u. im nordöstlichen Syrien. - In der Antike entwickelten sich in dem Lebensraum an den Flüssen bedeutende frühgeschichtliche Kulturen, im Süden *Babylonien* (nach der Stadt Babylon) u. im Norden (bei Assur) *Assyrien.* Im 3. Jahrtausend v. Chr. schufen die ↑Sumerer ein großes Reich; sie verschmolzen mit den (ab etwa 3000) eingewanderten semitischen Akkadern u. brachten großartige Kulturleistungen hervor (↑Ur). Unter König ↑Hammurapi erlangte das Altbabylonische Reich (1894–1595) seine größte Ausdehnung. Im Laufe des 2. Jahrtausends wuchs Assyrien, das lange unter babylonischer Oberhoheit gestanden hatte, zu einer Großmacht heran u. unterwarf seinerseits Babylonien um 1200 v. Chr.; unter Nebukadnezar I. (1124–03) gewannen die Babylonier ihre Selbständigkeit zurück, gerieten aber ab etwa 900 erneut unter assyrische Herrschaft (Neuassyrisches Weltreich 912–627). Bevor die Perser im 6. Jh. M. eroberten (↑Kyros II.), kam es zu einer letzten Blütezeit Babylons unter ↑Nebukadnezar II. (Spätbabylonisches Reich). Nach der Zerstörung des Perserreiches durch ↑Alexander den Großen gehörte M. zum Herrschaftsgebiet der ↑Diadochen (ab 312 Herrschaft der ↑Seleukiden; Hellenisierung der babylonischen Kultur), bis es (gegen Ende des 2. Jahrhunderts v. Chr.) von den ↑Parthern erobert wurde. Auf diese folgten für kurze Zeit die Römer (114–117 n. Chr.) und nach ↑Sassaniden u. Byzantinern (↑Byzantinisches Reich) im 7. Jh. die Araber. M. blieb bis ins 16. Jh. weitgehend arabisch u. war danach bis zum 1. Weltkrieg türkisch (↑Türkei, Geschichte). Seit 1921 gehört der größte Teil Mesopotamiens zum Irak.

Messe [lat.] *w:* **1)** die Feier der ↑Eucharistie. – Die unveränderlichen Bestandteile der M., Kyrie, Gloria, Kredo (Credo), Sanctus (mit Benedictus), Agnus Dei, sind oft vertont worden. Berühmte Messen gibt es u. a. von Haydn, Mozart u. Beethoven; **2)** in bestimmten Abständen (oftmals jährlich) stattfindende wirtschaftliche Veranstaltung, bei der das Warenangebot eines oder mehrerer Wirtschaftszweige zum Kauf angeboten wird. Man spricht von *Fachmessen, allgemeinen Messen u. Mustermessen*. Auf der Mustermesse dienen die gezeigten Waren nur als Vorlage für Bestellungen.

Messias ↑Religion (Die großen Religionen).

Messina, italienische Hafenstadt an der Nordostspitze Siziliens, mit 265 000 E. Nach dem großen Erdbeben von 1908, das die Stadt fast völlig zerstörte, wurde M. modern neu aufgebaut. Viele historisch wertvolle Gebäude (z. B. der Dom) wurden nach altem Vorbild neu errichtet. M. ist eine sehr lebendige Stadt mit Universität, wissenschaftlichen Instituten, Theater, Museum u. einem bedeutenden Passagierhafen. – Im Laufe ihrer langen Geschichte – M. wurde im 8. Jh. v. Chr. als griechische Kolonie gegründet – gehörte die Stadt verschiedenen Reichen an (u. a. dem der Römer, Sarazenen u. Normannen) u. durchlebte abwechselnd Niedergang, Wiederaufbau u. Blütezeit. Ihre verkehrsgünstige Lage an der wichtigen *Straße von M.* begünstigte stets von neuem den Wiederaufbau der Stadt.

Meteor. Lichtspur eines Meteoriten beim Eindringen in die Erdatmosphäre (links) und Bruchstück eines Eisenmeteoriten

Messing *s*, gelbliche bis rötliche Legierungen aus 56 bis 90 % Kupfer mit Zink als Hauptlegierungsbestandteil. Durch Zulegierung anderer Metalle wie Zinn, Blei u. a. in geringen Mengen erhält man die sogenannten Sondermessinge, die entweder eine höhere mechanische Festigkeit haben oder gegen Korrosion beständiger sind.

Meßschraube ↑Mikrometer.

Meßtischblatt *s*, großmaßstabige Karte, im Maßstab 1 : 25 000.

Mestizen ↑Mischlinge.

Metalle [gr.] *s, Mz.*, Sammelbezeichnung für diejenigen chemischen Elemente, die in reinem Zustand (mit Ausnahme des Quecksilbers) fest, undurchsichtig u. (mit Ausnahme von Kupfer u. Gold) metallisch weißglänzend sind. Sie vermögen den elektrischen Strom u. die Wärme sehr gut zu leiten u. sind besonders bei großer Reinheit mehr oder weniger gut verformbar durch Pressen, Hämmern, Schmieden, Ziehen usw. Die Metallatome werden in ihrem jeweiligen Kristallgitter (↑Kristalle) durch die Metallbindung (↑Chemie) zusammengehalten. von Säuren in der Mehrzahl unter Bildung der entsprechenden Salze gelöst. Die Verbindungen der M. untereinander nennt man ↑Legierungen. M. untergliedert man einmal – nach ihrem Bestreben, sich mit Sauerstoff zu Oxiden zu verbinden – in unedle M. (Eisen, Natrium, Magnesium), halbedle (Nickel, Kupfer usw.) u. edle (Gold, Platin u. a.) Metalle. Nach der ↑Dichte unterscheidet man Leicht- u. Schwermetalle. Als Schwermetalle bezeichnet man im allgemeinen M. mit einer höheren Dichte als 6.

metamorphe Gesteine *s, Mz.*, durch ↑Metamorphose 2) umgewandelte ↑Gesteine.

Metamorphose [gr.] *w*, Verwandlung, Umgestaltung: **1)** die indirekte Entwicklung vom Ei zum geschlechtsreifen Tier durch Einschaltung gesondert gestalteter, selbständiger Larvenstadien (hauptsächlich bei ↑Insekten); **2)** zusammenfassende Bezeichnung für die Umwandlung der ↑Gesteine innerhalb der Erdkruste, die v. a. durch Druck- u. Temperatureinwirkung erfolgt (z. B. durch Umschmelzen).

Metapher [gr.] *w*, ein bildlicher Ausdruck, der durch die Übertragung eines Wortes aus seinem gewöhnlichen Bedeutungszusammenhang in einen anderen entsteht; z. B. „Brand" anstelle von „Durst".

Metaphysik [gr.] *w*, ursprünglich Bezeichnung für den Teil des Werkes des Aristoteles, in dem er die Bedeutung von „sein" zu erforschen sucht u. sein (philosophisch gesprochen) die Frage nach dem Sein stellt, d. h. nach demjenigen, welches dem Seienden, der Welt, vorausgeht u. zugrunde liegt (der Name M. bedeutet nach der Physik", da sie im aristotelischen Lehrsystem nach der Physik eingeordnet war). Diese Art des philosophischen Fragens, wobei es um die hinter den Erscheinungen liegende „wahre" Sein (die Transzendenz) geht, wird seitdem als M. bezeichnet. Höhepunkte metaphysischen Denkens im Abendland waren die griechische Philosophie, die Philosophie des Mittelalters u. die rationalistische Philosophie in Frankreich u. Deutschland im 17. u. 18. Jahrhundert. Erst die Kritik Kants bewies die Unmöglichkeit der exakten wissenschaftlichen Darstellung u. Lösung metaphysischer Fragen.

Metastase [gr.] *w* (Tochtergeschwulst), Geschwulst, die an einer von dem Ursprungsort der Krankheit entfernten Körperstelle durch Verschleppung von Krankheitsstoffen entstanden ist. Metastasen kommen besonders bei ↑Karzinomen vor.

Meteor [gr.] *m*, die Lichterscheinung, die ein außerirdischer Kleinkörper (*Meteorit*) beim Eindringen in die Erdatmosphäre hervorruft. Kleinere Meteore nennt man *Sternschnuppen* (bis 10 g schwer), größere *Feuerkugel*. Meteore leuchten in einer Höhe von etwa 120–80 km auf, wahrscheinlich auf Grund der Luftverdichtung oder Stoßerregung. Sie erlöschen infolge Verdampfung. In seltenen Fällen dringen größere Meteoriten in die Erde ein u. hinterlassen kraterähnliche Einschlagstellen.

Meteorologie ↑Wetterkunde.

Meter [gr.] *s*, Einheitszeichen m, in der Bundesrepublik Deutschland gesetzliche Einheit der Länge. Genau fest-

379

Methan

gelegt wurde das M. durch das in Sèvres bei Paris aufbewahrte Urmeter, einen Stab aus einer Platin-Iridium-Legierung. Seit 1960 ist das M. definiert als das 1 650 763,73fache der Wellenlänge der Orangelinie des Kryptonisotops 86. Vom M. abgeleitete, gebräuchliche Längeneinheiten:

1 Millimeter (mm) = 0,001 m,
1 Zentimeter (cm) = 0,01 m,
1 Dezimeter (dm) = 0,1 m,
1 Kilometer (km) = 1 000 m.

Methan [gr.] s, niedrigster ↑Kohlenwasserstoff der Zusammensetzung CH_4; brennbares, farb- u. geruchloses Gas; Hauptbestandteil des ↑Erdgases.

Methode [gr.] w, ein nach Mittel u. Zweck planmäßiges Verfahren (z. B. Unterrichtsmethode oder Untersuchungsmethode in der Wissenschaft).

Methodisten m, Mz., Anhänger der um 1730 von dem Engländer John Wesley (1703–91) begründeten, aus der anglikanischen Kirche hervorgegangenen Freikirche. Sie betont die persönliche Glaubensbindung an Jesus Christus u. leistet in großem Umfang praktische Sozialarbeit. Heute gibt es rund 20 Mill. M., davon 12 Mill. in den USA.

Methusalem, Gestalt des Alten Testaments, Großvater Noahs. M. erreichte das höchste Alter der biblischen Urväter. Sprichwörtlich wurde die Wendung: *alt wie Methusalem*.

Metrik [gr.] w: **1)** ↑Verslehre; **2)** in der Musik die Lehre vom Takt u. von der Taktbetonung.

Metronom [gr.] s, Taktmesser. Ein Uhrwerk mit einem Pendel, das bei jedem Hin- u. Hergang ein knackendes Geräusch gibt. Die Schwingungsdauer des Pendels kann verändert werden. Das M. wird zur Kontrolle der Gleichmäßigkeit des Tempos beim Musizieren benutzt.

Metropole [gr.] w, Hauptstadt.

Mette [lat.] w, ein mitternächtliches Stundengebet (heute im Morgengrauen). In der Karwoche feiert man z. B. die *Dunkelmetten* u. zu Weihnachten die *Christmette* (1. Weihnachtsgottesdienst).

Metternich, Klemens Wenzel Fürst, * Koblenz 15. Mai 1773, † Wien 11. Juni 1859, österreichischer Staatsmann. M. wurde 1809 Außenminister u. übernahm später weitere hohe Ämter (1821 Haus-, Hof- u. Staatskanzler). Zeitlebens bekämpfte er die Französische Revolution u. die durch sie hervorgerufenen politischen u. gesellschaftlichen Veränderungen. Nach dem Sturz Napoleons I. versuchte er, die traditionelle Politik des europäischen Gleichgewichts wieder herzustellen. Dieser Politik der Restauration diente außenpolitisch v. a. der Abschluß der ↑Heiligen Allianz. Innenpolitisch erfolgten Polizeimaßnahmen zur Bekämpfung „revolutionärer", d. h. vor allem republikanischer u. demokratischer Bestrebungen. Seine starre Politik trug zum Ausbruch der Revolution von 1848 bei, während der er im März 1848 gestürzt wurde.

Metz, französische Departementshauptstadt an der Mosel, mit 111 000 E. Die Stadt hat bedeutende alte Kirchen (u. a. gotische Kathedrale mit Glasgemälden aus dem 14.–16. Jh.). Teile der alten Befestigung (darunter das Deutsche Tor aus dem 13. Jh.) sind erhalten. Von der Industrie sind Eisen- u. Stahlverarbeitung, Tabak-, Textil- und Nahrungsmittelindustrie hervorzuheben. Moselhafen. – M. wurde von den Galliern gegründet.

Meuterei [frz.] w, aufständisches Verhalten (v. a. Soldaten, Gefangene, Seeleute) gegenüber einem oder mehreren Vorgesetzten. Die M. äußert sich meistens in der Verweigerung des Gehorsams, aber auch in Gewaltanwendung gegenüber den Vorgesetzten.

Mexiko: 1) Bundesrepublik im Süden Nordamerikas u. im Norden Mittelamerikas. M. ist mit 2,022 Mill. km^2 etwa achtmal so groß wie die Bundesrepublik Deutschland u. hat 64,6 Mill. E. Die Bevölkerung (96,1 % Mestizen, 3,2 % Indianer, 0,6 % Weiße) ist überwiegend katholisch. Die Landessprache ist Spanisch. Zu den Küstenebenen steil abfallende Gebirgszüge der Sierra Madre umschließen das mexikanische Hochland mit dem Hauptsiedlungsgebiet im südlichen Hochland u. der Vulkanzone mit den höchsten Bergen,

Adolph von Menzel, Das Balkonzimmer

Citlaltépetl (5 700 m) und Popocatépetl (5 452 m). Ausgeprägte Landschaftsgliederung im zentralen M.: tropisch-feucht mit Wäldern u. Savannen bis 800 m, gemäßigt bis 1 800 m, kühl mit Höhenwäldern u. Grasfluren. Die Niederschläge nehmen von dem wüstenhaften Norden Mexikos nach Süden stark zu, den meisten Niederschlag empfängt die Ostküste. Obwohl nur 14 % des Landes ackerbaulich genutzt werden, ist die Landwirtschaft überaus ertragreich. Hauptsächlich angebaut werden Mais, Baumwolle, Zuckerrohr, Kaffee, Tabak, Obst (Bananen) u. Gemüse. Etwa 35 % des Landes werden als Weideland genutzt. Die großen Wälder liefern vielerlei Arten von Nutz- u. Edelhölzern (u. a. Mahagoni). Daneben ist M. reich an Bodenschätzen, besonders an Erdöl, Erdgas, Silber, Blei, Gold, Zink, Kupfer, Eisen, Quecksilber, Antimon. Die Industrie des Landes reicht von der Hütten-, Textil-, Nahrungsmittel- u. Tabakindustrie bis zur chemischen Industrie. Die wichtigsten Verkehrsmittel in M. sind Eisenbahn u. Flugzeug. Haupthäfen sind *Veracruz Llave* und *Tampico* (Ölhafen). Bedeutender Fremdenverkehr. *Geschichte:* Nach der Eroberung des Aztekenreiches durch die Spanier im 16. Jh. bildete M. das spanische Vizekönigreich Neuspanien. Zu Beginn des 19. Jahrhunderts erlangte das Land die Unabhängigkeit vom Mutterland, doch konnte im Innern des Landes keine Einigkeit erzielt werden. Es kam zum Bürgerkrieg u. in dessen Folge 1864 zur Errichtung des Kaiserreiches M. (Kaiser wurde der österreichische Erzherzog Maximilian), das jedoch bald wieder zerbrach. 1867 wurde M. endgültig Re-

Klemens Wenzel Fürst Metternich

Conrad Ferdinand Meyer

Adam Mickiewicz

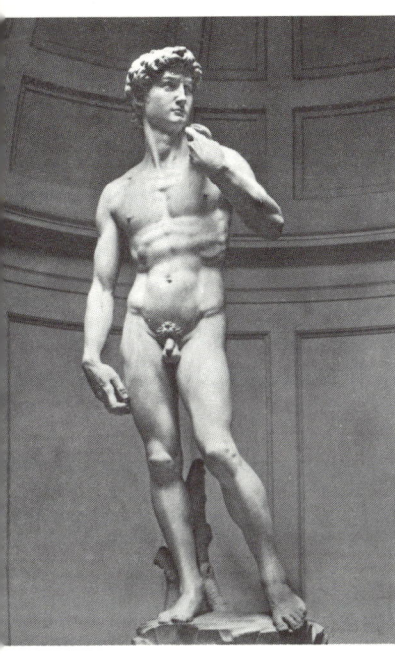

Michelangelo, David (Marmor)

publik. Unter dem Präsidenten P. Díaz (Amtszeit 1877–80 u. 1884–1911) folgte eine ruhige Phase in der mexikanischen Geschichte. Der Sturz dieses Präsidenten leitete eine Epoche sozialrevolutionärer Unruhen mit Bürgerkriegen u. häufigen Regierungswechseln ein. Heute zählt M. zu den stabilsten u. auch wirtschaftlich gesündesten Ländern Lateinamerikas. M. ist Gründungsmitglied der UN; **2)** (Ciudad de México) Hauptstadt von 1), in einem seenreichen Hochland (2 240 m ü. d. M.) gelegen, mit 8,6 Mill. E. Viele Bauwerke u. Gebäude (u. a. die Kathedrale) dieser schachbrettartig angelegten, modernen Stadt erinnern an die spanische Kolonialzeit. M. ist Verkehrsknotenpunkt, Handels- u. Wirtschaftszentrum des Landes mit 8 Universitäten, Bibliotheken, Museen u. bedeutenden Industriewerken (v. a. Stahlwerke, Textil-, Maschinen- u. chemische Industrie). Die Stadt wurde im 16. Jh. auf den Ruinen der Aztekenhauptstadt Tenochtitlán erbaut.

Meyer, Conrad Ferdinand, * Zürich 11. Oktober 1825, † Kilchberg (Kanton Zürich) 28. November 1898, schweizerischer Dichter. Zu seinen bedeutendsten Werken gehören der historische Roman „Jürg Jenatsch" (1876/83), seine historischen Novellen „Das Amulett" (1873) u. „Gustav Adolfs Page" (1882).

MEZ, Abkürzung für: ↑ **m**ittel**e**uropäische **Z**eit.

Mezzosopran ↑Sopran.

Michael, einer der Erzengel (in der katholischen Kirche); gilt nach dem Alten Testament als der „Höchste der Fürsten".

Michelangelo [mikeländsehelo] (M. Buonarroti), * Caprese (heute Caprese Michelangelo) bei Arezzo 6. März 1475, † Rom 18. Februar 1564, italienischer Bildhauer, Maler, Baumeister u. Dichter. M. ist einer der berühmtesten u. auch vielseitigsten Künstler der Renaissance. Zu seinen berühmtesten Werken gehört der David, als Wahrzeichen der Stadt vor dem Palazzo Vecchio in Florenz aufgestellt (das Original ist heute im Museum). Die Medici-Kapelle in Florenz schmücken die Medici-Grabmäler von M. In Rom ist das malerische Hauptwerk: die mit biblischen Szenen ausgemalte Decke und das Fresko „Jüngstes Gericht" an der Altarwand der Sixtinischen Kapelle. Michelangelos bedeutendstes architektonisches Werk ist die Kuppel der Peterskirche. Sein ganzes Werk ist von leidenschaftlichen Spannungen erfüllt, ein ständiges Ringen um die Verwirklichung der vollkommenen Schönheit. Dieser stete Kampf wird auch in seinen Dichtungen, v. a. in seinen Sonetten, deutlich.

Michigansee [mischig^{e}n...] m, der drittgrößte der Großen Seen Nordamerikas im Nordosten der USA. Der M. ist sehr fischreich. An seinem Südufer liegen Chicago u. Milwaukee.

Mickiewicz, Adam [mizkjewitsch], * Zaosie (heute in der Weißrussischen SSR) 24. Dezember 1798, † Konstantinopel (heute Istanbul) 26. November 1855, berühmter polnischer Dichter der Romantik u. Patriot, der nach dem Niedergang ↑Polens der polnischen Nation eine große Zukunft verkündete. M. schrieb Epen (v. a. „Herr Thaddäus"), Balladen, Sonette u. a.; er lebte überwiegend im Ausland.

Midgard m, nach der germanischen Kosmologie die zwischen dem Totenreich u. dem Himmel liegende, von den Menschen bewohnte Welt. Der M. ist umschlungen von der *Midgardschlange*, einem im Weltmeer lebenden, riesenhaften dämonischen Wesen. Außerhalb von M. liegt *Utgard*, die Welt der Riesen.

Miesmuschel w (Pfahlmuschel), meist 6–8 cm lange, blauschwarze Muschel, die sich mit Hilfe von Haftfäden an Pfählen, Steinen u. toten Muschelschalen festsetzt. In den Gezeitenzonen Europas u. Nordamerikas bildet sie oft riesige Muschelbänke. Ihr Fleisch ist eßbar, sie wird deswegen auch gezüchtet.

Miete w, die Überlassung einer Sache zum Gebrauch gegen Bezahlung (Mietzins, auch M.; z. B. für eine Wohnung, ein Auto).

Mikado [jap.; = erhabene Pforte] m, Bezeichnung für den Kaiser von Japan (sein eigentlicher Titel ist „Tenno").

Mikado [jap.] s, ein Geschicklichkeits- u. Geduldspiel mit dünnen Holz- oder Plastikstäbchen.

Mikroben [gr.] w, *Mz.*, allgemeinsprachliche Bezeichnung für ↑Mikroorganismen.

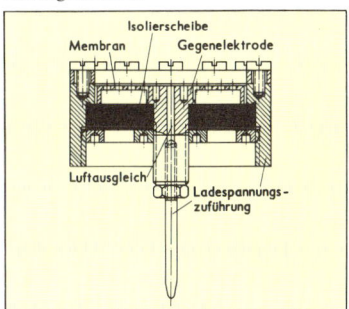

Kondensatormikrofon

Mikrofon [gr.] s, Gerät, mit dessen Hilfe Schallschwingungen in elektrische Schwingungen umgewandelt werden können. Das einfachste M. ist das *Kohlemikrofon.* Es besteht aus einer Kohlemembran u. einem Kohleblock, die durch einen Hartgummiring voneinander isoliert sind. Der Zwischenraum ist mit feinen Kohlekörnern ausgefüllt. Legt man eine elektrische Gleichspannung zwischen Kohlemembran u. Kohleblock, so fließt ein Strom über die Kohlekörnchen. Drückt man auf die Membran, so werden die Kohlekörner zusammengepreßt. Der elektrische Widerstand wird dadurch geringer u. der Strom bei gleicher Spannung größer. Durch die Schallschwingungen wird nun die Membran zu Schwingungen erregt. Im Rhythmus dieser Schwingungen schwanken der elektrische Widerstand der Kohlekörner u. damit die Stärke des Stromes. Die Stromschwankungen entsprechen dabei den Schallschwingungen. Kohlemikrofone werden vorwiegend im Telefon verwendet. Sie sind nur für Sprachübertragungen geeignet. – Beim *Kondensatormikrofon* wird durch die Schallschwingungen die Kapazität eines ↑Kondensators 2), dessen eine Platte als eine Membran ausgebildet ist, periodisch geändert. Kondensatormikrofone genügen den höchsten Ansprüchen an eine klang-

Miesmuschel

Mikrokosmos

treue Schallübertragung u. werden vorwiegend in Rundfunkstudios verwendet. Daneben gibt es noch Tauchspulenmikrofone, die vorwiegend für Reportermikrofone verwendet werden, u. Kristallmikrofone, die z. B. in Hörgeräte für Schwerhörige eingebaut werden.

Mikrokosmos [gr.] *m*, philosophischer Begriff für die Welt im Kleinen, der kleinen u. kleinsten Lebewesen, auch der Atome u. Moleküle, im Gegensatz zum *Makrokosmos*, der Welt mit dem Weltall, den Sonnen- u. Milchstraßensystemen, dem Unendlichen.

Mikrometer [gr.] *s* (Meßschraube), ein Gerät zur Messung sehr kleiner Längen. Der zu messende Gegenstand

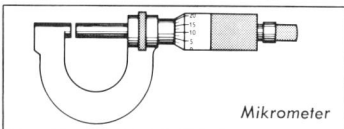
Mikrometer

wird zwischen zwei eben geschliffene Flächen gebracht, deren Abstand durch eine Schraube verändert werden kann. Bei einer halben Umdrehung der Schraube ändert sich dieser Abstand beispielsweise um 0,5 mm. An der Schraube ist eine Skala angebracht, auf der man den jeweils eingestellten Abstand ablesen kann.

Mikronesien, zusammenfassende Bezeichnung für mehrere Gruppen kleiner Vulkan- u. Koralleninseln im westlichen Pazifischen Ozean: Marianen, Karolinen, Marshallinseln, Gilbert and Ellice Islands u. Nauru. In dem tropischen Seeklima gedeihen Kokospalmen u. Zuckerrohr. Die Mikronesier betreiben Fischfang; mit ihren Auslegerbooten erweisen sie sich als ausgezeichnete Seefahrer.

Mikroorganismen [gr.] *m*, *Mz.* (Mikroben), einzellige pflanzliche u. tierische Organismen, die nur durch ein Mikroskop sichtbar sind (Bakterien, Blaualgen u. a.).

Mikrophon ↑Mikrofon.

Mikroprozessor [gr.; lat.] *m*, eine ↑integrierte Schaltung, die zur Steuerung (nach einem festen Programm) von Maschinen und Geräten unterschiedlichster Art verwendet werden kann. Durch Hinzuschaltung eines Datenspeichers und einer Eingabe- und Ausgabevorrichtung für die Daten entsteht ein *Mikrocomputer* (Kleinstrechner, z. B. ein programmierbarer Taschenrechner, Bordrechner in Flugzeugen).

Mikroskop [gr.] *s*, Abbildungsgerät, mit dem man Objekte sehr geringer Größe sichtbar machen kann. Es besteht in seiner einfachsten Bauart aus zwei Sammellinsen. Die dem betrachteten Gegenstand zugewandte Linse heißt Objektiv, die dem Auge zugewandte heißt Okular. Das Objektiv liefert von dem Gegenstand, der sich zwischen der einfachen u. doppelten Brennweite (Abstand zwischen Linse u. dem Schnittpunkt der Strahlen) befindet, ein vergrößertes reelles Zwischenbild, das durch das Okular nochmals vergrößert u. wie durch eine Linse betrachtet wird. Um den Abbildungsmaßstab verändern zu können, besitzen die meisten Mikroskope mehrere Objektive, die abwechselnd durch eine Drehvorrichtung (Revolver) in den Strahlengang gebracht werden können. Mit Mikroskopen der eben beschriebenen Art lassen sich Abbildungsmaßstäbe bis höchstens 1 : 2000 erreichen, größere Maßstäbe ermöglicht das ↑Elektronenmikroskop. – Abb. S. 384.

Milben *w*, *Mz.*, Ordnung der Spinnentiere mit rund 10 000 Arten. M. erreichen eine Körperlänge von 0,1 bis 30 mm, die meisten werden 0,5–2 mm lang. Kopf, Brust u. Hinterleib sind miteinander verschmolzen. Ihre Mundwerkzeuge sind verschieden gebaut, je nachdem, ob sie zum Kauen, Stechen oder Saugen dienen. Die meisten M. leben auf dem Land, aber auch im Süß- u. Salzwasser kommen M. vor sowie als Schmarotzer an oder in Tieren u. Pflanzen. Zu den M. zählen u. a. Käse-, Krätz-, Wassermilbe, Zecke.

Milch *w*, weiße, undurchsichtige Flüssigkeit mit feinstverteiltem Fett, das sich bei längerem Stehen an der Oberfläche als Rahm absetzt. M. wird in den Milchdrüsen der weiblichen Säugetiere u. der Frau (vor u.) nach dem Gebären als Nahrung für die Jungen bzw. Kinder gebildet. Der Fettgehalt beträgt bei der Frauenmilch etwa 4 % (Kuhmilch 3,8 %, Schafmilch 6 %). In der Milch ist *Milchzucker* gelöst (Frauenmilch 7 %, Kuhmilch 4,9 %, Schafmilch 4 %) sowie Eiweiß (Frauenmilch 1,2 %, Kuhmilch 3,5 %, Schafmilch 4 %). M. wird durch Bakterien, die den Milchzucker zu Milchsäure vergären, sauer. Das Eiweiß gerinnt u. flockt aus. Es entsteht Quark, aus dem Käse bereitet wird. Die trübe Flüssigkeit, die zurückbleibt, ist die *Molke*. Besonders wichtig sind die Vitamine in der M. sowie die Schutzstoffe gegen Krankheiten. An Mineralstoffen befinden sich in der M. besonders Kalk, Phosphor-, Kalium- u. Eisensalze. Durch Zentrifugieren gewinnt man aus dem Fett der M. *Butter*. Durch völligen Entzug des Wassers wird aus M. *Trockenmilch* gewonnen.

Milchgebiß ↑Gebiß.

Milchstraße *w*, Hauptebene eines linsenförmigen rotierenden Sternsystems (*Milchstraßensystem*), zu dem die Sonne, alle sichtbaren Sterne (etwa 500) sowie weitere etwa 200 Milliarden Sterne gehören. Ein Umlauf der Sonne dauert $200 \cdot 10^6$ Jahre, die Sonne bewegt sich mit etwa 250 km/Sekunde. In der Ebene mißt das Milchstraßensystem 30 000 pc (1 pc [= Parsec] = 3,26 Lichtjahre = $3{,}087 \cdot 10^{13}$ km).

Milieu [*miliö*; frz.] *s*, Lebensumstände, Umwelt. Die *Milieuforschung* untersucht den Einfluß der Umwelt auf die Entwicklung des Menschen. Nach verschiedenen *Milieutheorien* ist die Umwelt für die Entwicklung u. das Verhalten der Lebewesen von entscheidender Bedeutung.

Militär [frz.] *s*, das Heerwesen bzw. die gesamten Streitkräfte.

Militarismus [frz.] *m*, von M. spricht man, wenn militärische Gesinnung u. militärisches Verhalten nicht auf das Militär beschränkt bleiben, sondern das gesamte Leben eines Volkes durchdringen: Bereits die Jugend wird auf den Wehrdienst vorbereitet, der Grundsatz von Befehl u. Gehorsam gewinnt allgemeine Gültigkeit, militärische Erwägungen üben den stärksten Einfluß auf die Politik aus. Rein äußerlich macht sich eine Vorliebe für Aufmärsche, Uniformen u. ä. bemerkbar.

Military [*militʻri*; engl.] *w*, im Pferdesport Vielseitigkeitsprüfung, die aus Dressurreiten, Geländeritt u. Jagdspringen an drei aufeinanderfolgenden Tagen besteht.

Miliz [lat.] *w*, eine Heeresform, bei der im Gegensatz zum stehenden Heer die Truppen erst im Krieg aufgestellt werden; in Friedenszeiten folgen einer kurzen Dienstzeit wiederholt militärische Übungen. In den Ostblockländern werden auch Polizeitruppen halbmilitärischer Art M. genannt.

Milli... [lat.], Vorsilbe mit der Bedeutung tausendstel. 1 Millimeter = 1 tausendstel Meter. 1 Milligramm = 1 tausendstel Gramm.

Milliarde [frz.] *w*, 1 000 Millionen = 1 000 000 000 (10^9).

Millibar ↑Bar.

Million [ital.] *w*, 1 000 Tausend = 1 000 000 (10^6).

Miltiades, * 540, † Athen um 489 v. Chr., griechischer Staatsmann u. Feldherr. Unter seiner Führung besiegten die Athener 490 bei Marathon das persische Heer.

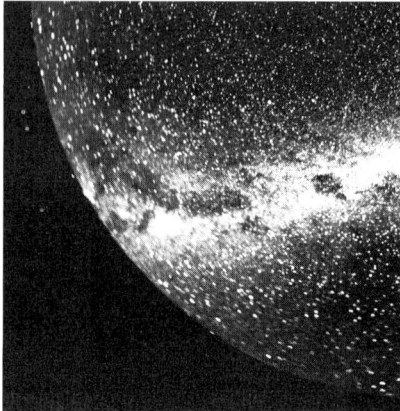
Milchstraße (Ausschnitt)

Milwaukee [*mil"åki*], Stadt in Wisconsin, USA, mit 717000 E. Bedeutender Hafen am Westufer des Michigansees. M. besitzt 2 Universitäten. Die Industrie stellt Maschinen, Autos und Lebensmittel her; außerdem gibt es große Brauereien.

Milz *w*, meist hinter oder nahe beim Magen gelegenes Organ der Wirbeltiere (einschließlich Mensch). In der M. liegen Bezirke mit weißen u. roten Blutkörperchen. Beim Kind werden in der M. weiße u. rote Blutkörperchen gebildet, später nur noch weiße. Außerdem werden rote Blutkörperchen abgebaut.

Mime [gr.] *m*, selten gebraucht für: Schauspieler.

Mimik [gr.] *w*, Gebärden- u. Mienenspiel (z. B. des Schauspielers).

Mimikry [...*kri*; engl.] *w*, Form der Schutzanpassung im Äußeren wehrloser Tiere; besonders bei Insekten häufig auftretende Erscheinung, daß wehrlose Tiere äußerlich Tieren ähneln, die von räuberischen Tieren gemieden werden (weil sie wehrhaft sind oder widerlich schmecken): Schlammfliegen ähneln z. B. Bienen, Schwebfliegen ähneln Wespen.

Mimosen [gr.] *w*, *Mz.*: **1)** ↑Akazien; **2)** (Sinnpflanze) Kräuter, Sträucher oder Bäume, die hauptsächlich im tropischen u. subtropischen Amerika wachsen. Sie besitzen oft Dornen oder Stacheln. Die kleinen Blüten sitzen in gestielten kugeligen Köpfchen oder in walzenförmigen Ähren. Als Zierpflanze bekannt ist die *Schamhafte Mimose*, ein stacheliger Halbstrauch. Die Blattfiedern klappen bei Berührung zusammen u. senken sich nach unten.

Minarett [arab.] *s*, Turm der Moschee, von dem die Gläubigen fünfmal am Tage vom Gebetsrufer (Muezzin; heute oft durch Tonband) zum Gebet gerufen werden.

Minderjährige *m* oder *w*, *Mz.*, Personen, die noch nicht das 18. Lebensjahr vollendet haben, noch nicht volljährig sind.

Mine [frz.] *w*: **1)** Bergwerk, Erzgang. Je nach dem Mineral spricht man von Silbermine, Goldmine, Diamantenmine u. ä.; **2)** Einlage in Bleistiften, Kopierstiften, Buntstiften oder Kugelschreibern, die das Schreiben ermöglicht (Material, das färbende Stoffe enthält); **3)** Hohlraum in Pflanzenteilen, der durch Fraß von Insekten oder Larven enstanden ist; **4)** Sprengkörper, der insbesondere als Sperre verwendet wird. Man unterscheidet Land-, See- u. Luftminen. Landminen werden in den Boden eingegraben u. explodieren durch den Druck darüber hinweglaufender Personen, Tiere oder darüber hinwegfahrender Fahrzeuge. Seeminen werden durch den Anprall eines Schiffes, durch die Schiffgeräusche oder durch das Magnetfeld eines eisernen Schiffskörpers zur Explosion gebracht. Luftminen sind sehr große Fliegerbomben.

Minerale [frz.] *s*, *Mz.* (Mineralien), Sammelbezeichnung für alle aus chemischen Elementen oder (v. a.) anorganischen oder (selten) organischen Verbindungen bestehenden Substanzen, die als Bestandteil von Gesteinen (der Erdkruste, des Erdmantels und von Meteoriten) in der Natur vorkommen oder die sich auch bei anorganisch-technischen Vorgängen (v. a. bei Schmelz- oder Kristallisationsprozessen) bilden.

Minerva, römische Göttin (entspricht der Athene), Beschützerin des Handwerks, der Weisheit u. der schönen Künste.

minimal [lat.], sehr klein, sehr gering, sehr niedrig, winzig.

Minimum [lat.] *s* (Minimalwert), der kleinstmögliche Wert, den eine Größe annehmen kann. Gegensatz: ↑Maximum.

Minister [lat.] *m*, Mitglied einer Regierung, im allgemeinen Leiter eines *Ministeriums*. Ministerien sind die höchsten Regierungs- und Verwaltungsbehörden eines Staates; sie haben einen bestimmten Aufgabenbereich, z. B. Wirtschaft oder Justiz. Der Chef einer Regierung führt oft den Titel Ministerpräsident; ↑ auch Staat.

Ministerialen [lat.] *m*, *Mz.*, ursprünglich unfreie Dienstleute im Hof-, Verwaltungs- oder Kriegsdienst. Ihre rechtliche Stellung besserte sich vom 11. Jh. an, sie gewannen volle Freiheit, nahmen ritterliche Lebensformen an u. gingen (meist) im niederen Adel auf.

Minnesänger *m*, *Mz.*, die Dichter des Mittelalters, deren kunstvolle Lieder von der *Minne* handelten, von der verehrenden Liebe zu einer meist höhergestellten Frau. Die M. gehörten meist dem Adel, v. a. dem Ritterstand an. Sie vertonten ihre Gedichte selbst u. trugen sie als Sänger zur Harfe oder zur Fidel vor. Ihre Zuhörer waren die adligen Damen u. Herren an den Höfen u. auf den Ritterburgen. Bedeutend war u. a. Walther von der Vogelweide.

Minorität [lat.] *w*, Minderheit.

Minotaurus *m*, in der griechischen Sage ein mischgestaltiges Wesen (halb Stier, halb Mensch). Der M. haust auf Kreta im Labyrinth, bis Theseus ihn tötet.

Minsk, Hauptstadt von Weißrußland, UdSSR, mit 1,2 Mill. E. Universitätsstadt mit mehreren anderen Hochschulen, einer Akademie der Wissenschaften u. weiteren Instituten. Wirtschaftlich bedeutend sind Maschinenbau u. metallverarbeitende Industrie.

Mischlinge *m*, *Mz.*, Menschen, deren Eltern oder Vorfahren verschiedenen Rassen angehören: *Mulatten* (Neger u. Weiße), *Mestizen* (Indianer u. Weiße), *Zambos* (Indianer u. Neger).

Mispel *w*, 2–6 m hoher Baum oder Strauch aus der Familie der Rosengewächse. Die Blätter sind lanzettlich, die Blüten groß u. weiß. Die birnenähnlichen Früchte werden erst durch Lagerung oder Frost schmackhaft. In Europa kommt die M. verwildert vor.

Mission [lat.] *w*: **1)** allgemein Sendung, Entsendung, Auftrag, Gesandtschaft. Im engeren Sinn versteht man unter M. die Sendung der Kirche zur Verkündigung der christlichen Botschaft unter Nichtchristen (*Äußere M.*). Die evangelische *Innere M.* u. die katholische *Volksmission* widmen sich der religiösen Erneuerung u. der Sozialarbeit im eigenen Land. Die M. geht auf den Auftrag Jesu an seine Jünger zurück, seine Lehre allen Menschen zu verkünden; **2)** diplomatische Vertretung eines Staates im Ausland.

Missionar [lat.] *m*, der in der christlichen ↑Mission tätige Geistliche oder Laie.

Mississippi *m*, Strom in den USA, 3 750 km lang. Der M. entsteht als Abfluß aus dem Lake Itasca u. mündet mit großem Delta in den Golf von Mexiko. Der M. entwässert mit seinem Stromnetz 40 % der USA. Große Mengen von Sinkstoffen bilden Sand- u. Schlammbänke, die zu Stauungen führen. Während der Frühjahrshochwasser kann es zu riesigen Überschwemmungen kommen. Jährlich transportiert der M. 112,8 Mill. t Sinkstoffe ins Meer, schiebt seine Mündungsarme immer weiter ins Meer vor. Die größten Nebenflüsse des M. sind der Missouri, der Arkansas River, der Red River und der Ohio.

Missouri [*mißuri*] *m*, rechter Nebenfluß des Mississippi, im nördlichen Mittelwesten der USA, 3 726 km. Im Unterlauf ist der M. schiffbar. Nördlich von Saint Louis mündet er in den Mississippi.

Mistel *w*, bis 1 m hoher, gelbgrüner, strauchiger Halbschmarotzer. In Deutschland kommt nur die *Weiße M.* vor, die auf Laubbäumen, Weißtannen u. Kiefern zu finden ist. Die immergrünen Blätter sind derb u. lederartig, die gelblichen Blüten unscheinbar. Die erbsengroßen, weißen, klebrigen Beeren werden von Vögeln gefressen u. durch Vogelkot verbreitet. Mit Hilfe von Saugorganen entzieht die M. der Wirtspflanze Wasser u. Nährsalze. Da sie Blattgrün besitzt, ist sie zur ↑Photosynthese befähigt u. baut die organischen Stoffe selbst auf. – Abb. S. 384.

Mistkäfer *m*, *Mz.*, bis 2,5 cm große, meist metallisch grün, blau oder violett schimmernde Blatthornkäfer mit kurzen Grabbeinen. Sie leben fast alle von verwesenden Stoffen, besonders von Tierkot, den sie auch als Nahrung für ihre Larven verscharren. In Mitteleuropa am bekanntesten ist der Roßkäfer.

Mistral [frz.] *m*, ein heftiger, kalter Fallwind im Südosten Frankreichs, besonders im unteren Rhonetal, der kalte

Mitbestimmung

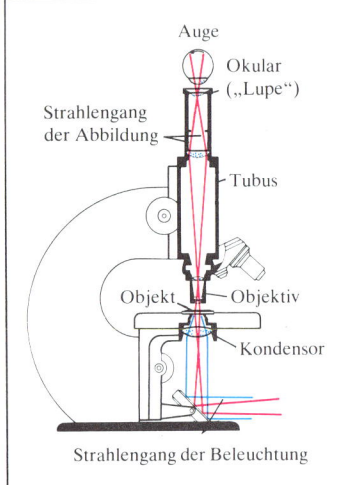

Mikroskop (schematisch)

Luftmassen aus den nördlichen Gebirgsgegenden nach Süden führt.

Mitbestimmung w, die Beteiligung der Arbeitnehmer bzw. ihrer Vertreter an der Willensbildung in privatwirtschaftlichen Betrieben bzw. Unternehmen sowie in öffentlichen Dienststellen. Man unterscheidet M. durch den Betriebsrat u. M. im Aufsichtsrat. In jedem Betrieb mit mehr als 5 Beschäftigten, die mehr als 18 Jahre alt sind, ist ein *Betriebsrat* (im öffentlichen Dienst ein *Personalrat*) zu wählen, der in sozialen Angelegenheiten u. Fragen des Arbeitsschutzes mitentscheidet u. in personellen Angelegenheiten (z. B. bei Einstellungen, Entlassungen) Beratungs-, Anhörungs- u. Widerspruchsrechte besitzt. Ein vom Betriebsrat zu wählender *Wirtschaftsausschuß* hat Informations- u. Beratungsrechte in wirtschaftlichen Angelegenheiten. Sind in einem Betrieb 5 oder mehr jugendliche Arbeitnehmer beschäftigt, ist eine *Jugendvertretung* zu bilden.

Den *Aufsichtsrat* betreffend (das gesetzlich vorgeschriebene Aufsichtsorgan für Aktiengesellschaften u. GmbHs) gibt es seit 1951 die M. in der Montanindustrie. Hier bilden ebenso viele Vertreter der Arbeitnehmer wie der Arbeitgeber sowie ein neutrales Mitglied den Aufsichtsrat. Außerdem ist durch den *Arbeitsdirektor*, der nicht gegen die Stimmen der Arbeitnehmervertreter bestellt oder abberufen werden kann, eine weitergehende M. möglich. 1976 trat ein zweites Gesetz in Kraft, wonach auch in den übrigen Wirtschaftsbereichen (ausgenommen sogenannte Tendenzbetriebe, also z. B. Zeitungs- u. a. Verlage) die M. eingeführt werden soll. In Betrieben mit mehr als 2 000 Beschäftigten ist der Aufsichtsrat paritätisch (zu gleichen Teilen) mit Vertretern der Eigentümer (z. B. Aktionäre) u. der Arbeitnehmer zu besetzen; letztere müssen aus den Gruppen der Arbeiter, Angestellten u. leitenden Angestellten gewählt werden (Anzahl je nach Gruppenstärke; die in den Betrieben vertretenen Gewerkschaften stellen davon 2 (bei einem zwanzigköpfigen Aufsichtsrat 3) der Arbeitnehmervertreter. Die M. der Arbeitnehmerseite ist allerdings beschränkt, da der Aufsichtsrat nur Kontrollaufgaben hat; die Richtlinien für den Betrieb u. für seine Entwicklung bestimmt die Unternehmensleitung. Bei Stimmengleichheit im Aufsichtsrat entscheidet dessen Vorsitzender, der gewöhnlich die Arbeitgeberseite vertritt.

Mithras, indoiranischer Gott des Rechts u. der staatlichen Ordnung, der im 1 Jh. n. Chr. im Römischen Reich als ein mit der Sonne in Verbindung stehender Erlösergott neue Bedeutung erlangte. Besonders die Soldaten verehrten ihn. So fand man in römischen Garnisonen *Mithräen*, unterirdische Räume, die dem Kult des M. dienten.

Mitlaut m (Konsonant), Sprachlaut, der dadurch gebildet wird, daß die ausströmende Atemluft während einer gewissen Zeit gehemmt oder eingeengt wird; z. B. p, m, r; ↑auch Selbstlaut.

Mitra [gr.] w, Bischofsmütze.

Mittelalter s, in der europäischen Geschichte etwa die Zeit zwischen 500 (Ende des Altertums) u. 1500 (Beginn der Neuzeit); ↑auch Geschichte.

Mittelamerika, die Landbrücke zwischen Nord- und Südamerika, also der größte Teil von Mexiko (das bisweilen noch zu Nordamerika gerechnet wird) und das sogenannte *Zentralamerika* (zwischen der Landenge von Tehuantepec im Norden und der Landenge von Darién im Süden); dazu die Westindischen Inseln.

mitteleuropäische Zeit w, Abkürzung: MEZ, Zeit, die für die Orte auf dem 15. Grad östlicher Länge gültig ist. Sie liegt um eine Stunde vor der Weltzeit (die nach dem Nullmeridian Greenwich bestimmt wird) u. gilt in allen Ländern Mittel- u. Westeuropas (Ausnahme Irland u. Portugal).

Mittelländisches Meer s, Nebenmeer des Atlantischen Ozeans zwischen Südeuropa, Nordafrika u. Vorderasien; meist als *Mittelmeer* bezeichnet. Man unterscheidet mehrere Teile: das Tyrrhenische, das Adriatische, das Ägäische Meer u. a. Das Schwarze Meer ist ein Nebenmeer. Die größte Tiefe beträgt 5 267 m. In den Küstengebieten, deren Klima durch heiße Sommer u. milde Winter gekennzeichnet ist, gedeihen u. a. Zitrusfrüchte, Oliven, Wein und Feigen.

Mittellandkanal m, Kanalverbindung zwischen Weser u. Elbe; der 323 km lange Kanal ist für Schiffe bis zu 1 000 t befahrbar. Der M. verbindet über den Dortmund-Ems-Kanal (Anschlußkanal) das Ruhrgebiet mit der Elbe (südlich von Magdeburg) u. wird durch den Elbe-Havel-Kanal bis Berlin fortgesetzt.

Mittelmächte w, Mz., im 1. Weltkrieg Deutschland u. Österreich-Ungarn, dann auch auf die Bündnispartner Türkei und Bulgarien ausgedehnt. Die Gegenpartei waren die Alliierten (Großbritannien, Frankreich, Rußland, später auch die USA u. Japan).

Mittelmeer ↑Mittelländisches Meer.

Mittelstreckenlauf ↑Lauf 1).

Mittelwort ↑Verb.

Mitternachtssonne w, eine Erscheinung in den Gebieten zwischen den Polarkreisen u. den Erdpolen: im Sommer (sowohl der Nord- wie auch der Südhalbkugel) sinkt die Sonne auch um Mitternacht nicht unter den Horizont. An den Polarkreisen ist die M. nur an einem Tag zu beobachten (*Mittsommernacht*). Nach Norden bzw. Süden nimmt die Zeitdauer der M. ständig zu, an den Polen umfaßt sie ein halbes Jahr. Auf der entgegengesetzten Seite der Erdkugel herrscht *Polarnacht*. Die M. ist durch Achsenstellung der Erde zur ↑Ekliptik bedingt. – Abb. S. 391.

mittlere Reife w, allgemein gebräuchliche (nicht amtliche) Bezeichnung für den erfolgreichen Abschluß des 10. Schuljahres (Sekundarstufe I) an Realschulen, an Hauptschulen mit Aufbauklassen, an Gesamtschulen u. an Gymnasien. Gleich gewertet werden der erfolgreiche Abschluß einer Berufsfachschule, die mit meist zweijährigem Schulzeit auf der Hauptschule aufbaut, sowie der Abschluß der Berufsaufbauschulen. Die m. R. ermöglicht den Zugang zu einer Reihe gehobener Berufe in Wirtschaft, Verwaltung, Sozialarbeit u. a. Sie ist Voraussetzung für den Besuch von Fachoberschulen (Fachschulreife) und qualifiziert in besonderen Fällen für die gymnasiale Oberstufe.

Mistel. Weiße Mistel auf einer Birke

DIE MODE
IM WANDEL DER ZEITEN

Von besonders großem Einfluß auf die Entwicklung der europäischen Mode war die römische Tunika. Die Tunika war ursprünglich ein ärmelloses, hemdartiges Gewand aus Wollstoff, das durch einen Gürtel gerafft wurde. Die Frauen trugen zwei Tuniken übereinander. Der vornehme römische Bürger drapierte über seine lange Tunika ein großes ovales Tuch, die Toga, als Obergewand. Der einfache römische Legionär u. Mann trug eine kurze Tunika u. ein auf der Schulter zusammengehaltenes Tuch, die Lacerna, die auf Reisen auch von vornehmen Bürgern bevorzugt getragen wurde. Hosen waren den Römern nicht bekannt, die römischen Legionäre lernten sie bei den Galliern und Germanen kennen u. trugen sie dann zur kurzen Tunika. Die Tunikaform des Gewandes hielt sich bis ins späte Mittelalter. Adel u. Geistlichkeit trugen seit dem 11. Jh. im Unterschied zu den niederen Ständen eine bodenlange Tunika (noch in Mönchsgewändern erhalten). Aus den zwei Tuniken der Frau entwickelten sich ein Untergewand mit langen Ärmeln (Cotte), das auch allein getragen werden konnte, u. ein ärmel- u. gürtelloses Obergewand (Sukenie, später Surcot). Cotte, Sukenie u. dazu der uns in ähnlicher Form schon von den Römern bekannte Schultermantel wurden von Frau u. Mann getragen. Im 14. Jh. änderte sich die Herrenmode völlig. Die lange Tunikaform verschwand, der Adlige trug ein kurzes tailliertes Wams (Schecke) mit langen Ärmeln, das mit Knöpfen geschlossen wurde. Die Knöpfe sind in Europa durch die Kreuzzüge bekannt geworden (in der Bronzezeit hatte es sie schon einmal gegeben). Zu dieser Schecke trug man strumpfartige Beinlinge, die aus Stoff genäht waren, sowie Schnabelschuhe (Schuhe mit verlängerter Spitze). Das Wams änderte seine Länge mehrfach, Mitte des 15. Jahrhunderts wurde es so eng, daß man anfing, es aufzuschlitzen, woraus eine ganze Mode wurde. – Das Oberkleid der Frau erhielt im 15. Jh. zum Teil lange Ärmel u. einen Gürtel. In Italien wurde es dann nicht mehr durchgehend geschnitten, sondern aus Rock und Mieder zusammengenäht. Das Mieder wurde bald tief ausgeschnitten, das in Fältchen gelegte Hemd wurde sichtbar, wie es schon in der Herrenmode üblich geworden war. Der Bürger des 15./16. Jahrhunderts trug nämlich ein tief ausgeschnittenes Wams mit oft prächtigen langen Ärmeln u. darüber einen meist ärmellosen, vorne nicht verschließbaren Umhang, die Schaube. Als Kopfbedeckung setzte sich das Barett durch. – Führende Weltmacht des 16. Jahrhunderts war Spanien, die steife spanische Hoftracht mit Stehkragen u. mächtiger Halskrause wurde in Europa tonangebend. Das Wams beziehungsweise das Mieder lief spitz zu, der Rock wurde über einen kegelförmigen Reifrock gespannt. Die oberhalb der Knie endenden Hosen wurden durch Wattierung nach unten verbreitert. Der Soldat des Dreißigjährigen Krieges befreite sich als erster von dieser hemmenden Tracht. In der 2. Hälfte des 17. Jahrhunderts übernahm Frankreich in der Mode die führende Rolle. Seit den 70er Jahren trug der Höfling einen bis zu den Knien reichenden taillierten Rock, den Justaucorps, u. darunter eine Weste von gleichem Schnitt. Dazu wurden eine Kniehose (Culotte), seidene Strümpfe u. Schnallenschuhe mit hohen Absätzen getragen. Bei der Dame war der ans Mieder angenähte obere Rock vorne aufgeschnitten u. zurückgeschlagen. Die Stoffe waren außerordentlich kostbar (Brokat, Samt, Seide). Im 18. Jh., zur Zeit des Rokoko, wurde die Rocklinie mit Hilfe eines Reifrocks immer breiter; unentbehrlich waren Fächer, Rüschen, Schleifen u. Stöckelschuhe. Der Kavalier setzte eine Perücke mit einem Haarbeutel im Nacken auf, die Seitenhaare waren zu Rollen gelegt. Allmählich setzte sich dann der Zopf des preußischen Militärs durch.
In England hatte sich im 18. Jh. eine ganz unabhängige, schlichte bürgerliche Mode entwickelt. Das hochgegürtete, glatt herabfallende Baumwollkleid der englischen Bürgerin wurde in der Französischen Revolution als Chemisenkleid große Mode. Der englische taillierte Herrenrock mit zurückgenommenen Schößen, später Frack genannt, setzte sich nach der Französischen Revolution in ganz Europa durch, seit Mitte des 19. Jahrhunderts wurde er als Straßenanzug vom Gehrock verdrängt, der auch vorn Schöße hatte. Zu beiden gehörte eine kurze Weste, bis 1860 aus Samt oder Seide. Trug man zunächst noch Kniehosen u. Stiefel, so wurden bald die Röhrenhosen der französischen Sansculotten bevorzugt, in der Biedermeierzeit mit Steg versehen waren. Die Bügelfalte gibt es erst seit dem 20. Jahrhundert. Um den Hals schlang man einen Schal oder eine Schleifenkrawatte, Vorläufer von Schlips u. Fliege. Die Form des Zylinders als Kopfbedeckung setzte sich durch. Das heutige durchgehend geschnittene Jackett mit nur noch leicht taillierten Seitennähten kam Mitte des 19. Jahrhunderts auf, ebenso der Mantel in den noch heute üblichen Formen. – Die Frauenmode nahm keine so stetige Entwicklung. Zunächst wurde das Chemisenkleid mit immer tiefer angesetzten Puffärmeln versehen, der Rock wurde immer weiter. Nachdem der Reifrock (Krinoline) wieder eine Rolle gespielt hatte, wurde die Schleppe modern, gern wurde dann auch der Oberrock geschürzt. Anfang der 70er Jahre u. wieder 1885 wurde das Kleid hinten gleich unterhalb der Taille künstlich gebauscht (Turnüre oder Cul de Paris), aber schon Mitte der 70er Jahre erreichte die Damenmode die seitdem im großen und ganzen gültige schmale Linie. Der enge Rock weitete sich in den 90er Jahren unten zum Glockenrock, bis 1910 der überenge „Humpelrock" aufkam. In den 90er Jahren kam auch die Bluse auf, die zu dem seit den 80er Jahren als Straßenkleidung üblichen Kostüm mit langer Jacke die gegebene Ergänzung war. Fußbekleidung war nach wie vor der Halbstiefel. Anstelle der bisherigen Capes u. Schals wurde jetzt auch der Mantel aus der Herrenmode entlehnt. – Im 20. Jh. kamen schließlich der kurze Rock u. die lockere Taille auf, beides praktisch u. bequem. Die Taille verschwand gegen Ende des 1. Weltkrieges. Das schon lange heftig umstrittene Korsett wurde seltener getragen, als der Pullover (Jumper) aufkam. Die Mode der 20er Jahre, die den Rock auf Wadenlänge verkürzte, war bequem u. elegant zugleich. Seitdem schwankt der Rocksaum zwischen Wadenlänge (besonders als „New Look" nach dem 2. Weltkrieg) u. Knielänge oder noch höher (Minirock). Extreme Ausformungen letzter Zeit waren der knöchellange Maxirock u. die Hot pants (kurze, enge Damenhosen). Immer mehr setzt sich die lange Hose als Damenbekleidung durch; sie kann zu allen Gelegenheiten getragen werden, der Hosenanzug auch im Theater. Jeans in allen Farben (v. a. Blue jeans) u. aus verschiedenen Materialien (u. a. Cord jeans) werden besonders von jungen Leuten bevorzugt. Überhaupt wird Mode mehr und mehr für die Jungen gemacht, für die es auch einen rascheren Modewechsel gibt als für das gesetztere Alter. Als modisches Schuhwerk sind heute insbesondere Stiefel beliebt, zu hochgekrempelten Jeans, Röcken, sogar zu Sommerkleidern.

* * *

DIE MODE IM WANDEL DER ZEITEN

1) lange Tunika, römisch; 2) kurze Tunika mit Lacerna; 3) Toga; 4) 193 n. Chr., römischer Legionär; 5) 870 n. Chr., fränkischer Ritter; 6/7) Anfang 14. Jahrhundert, Ritter in Sukenie, Dame in Cotte und Schultermantel; 8) Dame in Sukenie; 9) um 1400, böhmischer Ritter in Schecke; 10) Anfang 15. Jahrhundert; 11) Anfang 16. Jahrhundert; 12) 1. Hälfte 15. Jahrhundert, Surcot; 13) dieselbe Zeit, Obergewand mit Ärmeln, spitze Haube (Hennin); 14) um 1490, Schaube und Barett, italienisch; 15) Anfang 16. Jahrhundert, vornehme italienische Bürgerin; 16) um 1520, Student; 17/18) spanische Hoftracht; 19) Adliger im Dreißigjährigen Krieg; 20/21) französische Hoftracht, Dame um 1700, Herr 1710; 22) Contouche; 23/24) um 1730, französische Hoftracht; 25/26) 1803, Chemisenkleid und Frack; 27) 1823, Gehrock; 28) 1817, Empirekleid mit Puffärmeln; 29) 1833; 30/31) 1834; 32) 1837, Turnüre; 33) 1872, Jackett; 34) 1905, Glockenrock; 35) 1925; 36) 1926; 37) 1934; 38) 1969; 39) Jeans

DIE MODE IM WANDEL DER ZEITEN

Mixed

Mixed ↑gemischtes Doppel.

mm, Abkürzung für die Längeneinheit Millimeter (↑Meter).

Moçambique [*mußambik^e*; auch: *mosanbik*], Volksrepublik an der Küste Südostafrikas, mit 9,7 Mill. E; 799 380 km². Die Hauptstadt *Maputo* (380 000 E) hieß bis 1976 Lourenço Marques. M. ist im Norden ein Hoch- u. Gebirgsland, im Süden u. an der Küste ein ebenes Niederungsgebiet mit tropischen Wäldern. Angebaut werden Zuckerrohr, Baumwolle u. Sisalagaven. An der Küste wachsen Kokospalmen (Kopragewinnung). Wirtschaftlich von Bedeutung sind: chemische und Textilindustrie, Zuckerraffinerien u. a. Die Haupthäfen sind Maputo u. Beira. – M. ist Mitglied der UN u. der OAU.

Modalsatz ↑Umstandssatz.

Modalverb *s*, Bezeichnung für ein Verb in der besonderen Funktion, in Verbindung mit einem Vollverb die persönliche Einstellung des Sprechers zum Inhalt der Aussage, die Bedingung für die Verwirklichung des verbalen Geschehens auszudrücken, z. B. ich *kann, muß, soll, will, darf* arbeiten. Diese Verben können auch als Vollverben gebraucht werden, z. B. er *will* ins Kino; sie *mag* lange Röcke; ↑auch Hilfsverb.

Mode ↑S. 385 ff.

Modell [ital.] *s*, Vorbild, Muster, Entwurf; z. B. ist die maßstabgerechte, verkleinerte Ausführung von Gebäuden, Maschinen oder anderen Dingen ein M. (Modelleisenbahn, Flugzeugmodell u. ä.). Auch die Person, die dem Künstler *M. steht*, bezeichnet man so. Eine vereinfachte Darstellung eines Gegenstands oder Vorgangs nennen die Naturwissenschaftler M. (z. B. Bohrsches Atommodell).

moderato [ital.], Abkürzung: mod., musikalische Tempobezeichnung: gemäßigt.

Moderator [lat.] *m*, Redakteur in Hörfunk u. Fernsehen, der als Sprecher die einzelnen Teile einer Sendung (meist) kommentierend verbindet.

moderne Kunst ↑S. 389 f.

moderner Fünfkampf ↑Fünfkampf.

Modulation [lat.] *w*: **1)** in der Musik der Übergang von einer Tonart in eine andere; **2)** in der Nachrichtentechnik das Aufprägen einer Schwingung niederer Frequenz auf eine Trägerschwingung hoher Frequenz. Wird durch die niederfrequente Schwingung die Amplitude (Schwingungsweite) der Trägerschwingung verändert, dann spricht man von einer *Amplitudenmodulation;* wird die Frequenz der Trägerschwingung verändert, spricht man von einer *Frequenzmodulation;* wird die Phasenlage verändert, dann handelt es sich um eine *Phasenmodulation*. Bei Rundfunkübertragungen werden die Schallschwingungen zunächst durch ein ↑Mikrofon in elektrische Schwingungen umgewandelt, u. mit diesen wird dann eine hochfrequente Trägerschwingung moduliert. Im Rundfunkempfänger erfolgt dann wieder die Trennung von Trägerschwingung u. schallfrequenter Schwingung (*Demodulation*). Im Lang-, Mittel- u. Kurzwellenbereich wird vorwiegend die Amplitudenmodulation, im UKW-Bereich vorwiegend die Frequenzmodulation verwendet. – Abb. S. 391.

Modus ↑Verb.

Mofa ↑Moped.

Mogadischu ↑Somalia.

Möglichkeitsform ↑Verb.

Mohammed, *Mekka um 570, †Medina 8. Juni 632, Stifter des Islams (↑Religion [Die großen Religionen]). M. fühlte sich zum Propheten Allahs berufen. Seine Offenbarungserlebnisse fanden im ↑Koran ihren Niederschlag. Da er in seiner Heimatstadt nicht anerkannt wurde, übersiedelte er nach Medina, wo er eine große Anhängerschaft gewann. Von hier aus bekehrte u. unterwarf er die arabischen Stämme. M. sah sich als Erneuerer der Religion Abrahams u. als Nachfolger von Moses u. Jesus an, den er als Propheten anerkannte. Von Juden u. Christen abgelehnt, entwickelte sich seine Lehre zu einer eigenständigen Religion.

Mohammedaner *m*, von den Bekennern des Islams abgelehnte Bezeichnung für ↑Moslem.

Mohikaner *m, Mz.* (Mahican), nordamerikanischer Indianerstamm, der im 17. Jh. vom Hudson River nach Westen zog u. in anderen Indianerstämmen aufging. Bekannt wurden die M. v. a. durch J. F. ↑Coopers Roman „Der Letzte der Mohikaner".

Mohn *m*, Kräuter oder Stauden mit weißem, giftigem Milchsaft. Die großen Blüten sind verschieden gefärbt. Die kugeligen, eiförmigen oder länglichen Kapseln enthalten eine große Anzahl von Samen. Der Kulturmohn ist eine wichtige Ölpflanze. Aus dem Milchsaft halbreifer Kapseln des Schlafmohns gewinnt man ↑Opium.

Mohrenhirse *w* (Sorghum), der Hirse verwandtes Getreidegras; in Trockengebieten Afrikas u. Asiens als Brotgetreide, in Nordamerika als Futterpflanze angebaut.

Mokassin [indian.] *m*, absatzloser, weicher Wildlederschuh der nordamerikanischen Indianer.

Mokick ↑Moped.

Mol [lat.] *s*, Einheitenzeichen mol, Einheit der Stoffmenge; 1 M. ist die Menge eines chemisch einheitlichen Stoffes, die seinem relativen Molekulargewicht in g entspricht. 1 mol H_2O (Molekulargewicht 18,02) sind also z. B. 18,02 g Wasser.

Molche *m, Mz.*, Bezeichnung für fast stets im Wasser lebende Schwanzlurche. Sie haben einen im Querschnitt ovalen Ruderschwanz; die Männchen weisen oft einen Rückenkamm auf. In Mitteleuropa kommen u. a. vor: Bergmolch, Fadenmolch, Kammolch u. Teichmolch.

Moldau *w*: **1)** linker Nebenfluß der Elbe, in der Tschechoslowakei, 440 km lang. Die M. entspringt im Böhmerwald u. mündet bei Mělník; **2)** rumänische Landschaft zwischen Ostkarpaten u. Pruth. Der Hauptort ist *Jassy*. Auf fruchtbaren Böden werden Getreide u. Zuckerrüben angebaut; auch Weinbau.

Molekül [frz.] *s*, das kleinste Teilchen einer chemischen Verbindung, das noch alle Eigenschaften dieser Verbindung besitzt; ↑Chemie.

Molière [*moljär*], eigentlich Jean-Baptiste Poquelin, getauft Paris 15. Januar 1622, †ebd. 17. Februar 1673, der bedeutendste französische Komödiendichter. In seinen Stücken wird die

Komik oft aus dem Charakter der Hauptpersonen entwickelt (Charakterkomödie: z. B. „Der Geizige", 1668), oder es werden Zeittorheiten verspottet (z. B. „Der Bürger als Edelmann", 1672). Weitere bekannte Werke: „Der Misanthrop" (1667), „Tartuffe" (1669).

Molke ↑Milch.

Molkerei *w*, Betrieb zur Verarbeitung von Milch. Molkereiprodukte sind: Milch, Rahm (Sahne), Magermilch, Dosenmilch, Sauermilch, Buttermilch, Joghurt, Milchpulver, Quark, Käse u. Butter. Als Rückstand bleibt die Molke.

Moll [lat. mollis; = weich] *s*, Tonart mit der kleinen ↑Terz; ↑auch Dur.

Moloch *m*, eine Gottheit der Karthager, der Menschenopfer dargebracht wurden. Der Name wird übertragen für eine Macht verwendet, die alles verschlingt (Beispiel: „der M. Verkehr").

Molukken *Mz.*, indonesische Inselgruppe zwischen Celebes und Neuguinea, mit 1,2 Mill. E. Die Hauptstadt ist *Ambon*. Die größten Inseln sind Halmahera, Ceram u. Buru. Ausgeführt werden Gewürze (u. a. Muskatnuß, Gewürznelken), Kopra, Harz u. Holz.

Monaco, Fürstentum in Südeuropa, an der Côte d'Azur. M. ist 1,8 km² groß u. hat 25 000 E. Die Hauptstadt heißt ebenfalls M. (1 700 E). Zu M. gehören außerdem die Städte Monte Carlo u. La Condamine. Das milde Klima

MODERNE KUNST

Am Beginn der modernen Kunst steht der *Impressionismus*. Das revolutionierend Neue an dieser in Frankreich aufgekommenen Richtung der Malerei war, daß man versuchte, das zu malen, was man unmittelbar sah u. wie man es sah (bis dahin malte man fast ausschließlich im Atelier). Man wollte den optischen Eindruck (= Impression) wiedergeben, den man z. B. hat, wenn an einem Junimorgen Licht auf eine Wasserfläche trifft. Schon hier wird deutlich, daß der Gegenstand (z. B. ein historisches Geschehen), der bisher das Hauptanliegen für eine künstlerische Darstellung gewesen war, nicht mehr als wichtig angesehen wird. Wichtig ist nunmehr – u. das ist das entscheidende Neue –, wie der Künstler etwas sieht, sein Eindruck u. auch seine Empfindung. Die Hauptvertreter des Impressionismus sind die Franzosen Manet, Monet, Degas, Renoir. In Deutschland malten u. a. Leibl, Liebermann u. Corinth impressionistisch. Die nächste Generation wollte sich nicht mit der bloßen Wiedergabe eines optischen Eindrucks zufriedengeben u. versuchte, im Bild das innere Wesen der Dinge zu erfassen. Aus diesem Verlangen entstanden verschiedene Bewegungen. Zu Wegbereitern der Kunst des 20. Jahrhunderts wurden die Mitglieder der Künstlergruppe der *Nabis*, ausgehend von Paul Gauguin, die mit einfachen Formen u. Farben das „Wesentliche", „Wirkliche" im Bilde geben wollten. Der um 1900 herrschende *Jugendstil* wollte einen alle Kunstgattungen erfassenden neuen Stil schaffen. Vom Handwerklichen ausgehend, erreichte er besondere Leistungen im Kunsthandwerk (Möbel, Stoffe, Porzellan usw.), in der Baukunst u. in der Buchgraphik. Charakteristisch sind die Schmuckformen pflanzlicher Herkunft.

Für die moderne Kunst auf dem Weg zur Abstraktion wurden dann die Fauves, die Expressionisten, die Kubisten u. die Futuristen entscheidend. Die *Fauves* (= die Wilden) wurden von einem Kritiker so genannt, als sie im Herbst 1905 in Paris zum ersten Mal ihre Bilder ausstellten u. allgemeines Ärgernis erregten. Kennzeichnend für ihre Bilder sind die starken Farben, die das Räumliche im Bild nicht mehr zulassen. Die Bilder werden flächig u. dekorativ. Der bedeutendste unter den Fauves war Henri Matisse. Die Begegnung mit den Werken von van Gogh, Gauguin und Cézanne ist für ihn wegweisend gewesen. Auch die *Expressionisten* wollten den Impressionismus überwinden. Sie versuchten in ihren Bildern ihre Ideen u. ihre seelischen Erlebnisse auszudrücken. Starke Linien, elementare, kraftvolle Farben, Verzerrung der Naturformen bis zur Auflösung des Gegenständlichen, das sind Merkmale ihrer Kunst. Expressionisten sind die Maler der Künstlervereinigung „Brücke" (1905 in Dresden gegründet), Kirchner, Heckel, Nolde, O. Mueller u. a., und die Maler der Künstlergemeinschaft „Blauer Reiter" (1911 in München gegründet), Kandinsky u. Marc, dann Macke, Klee, Kubin, Jawlensky. Expressionisten sind auch Kokoschka und Beckmann u. der Franzose Rouault. Die Plastik fängt nun wieder an, eine Rolle zu spielen, während man für den Impressionismus nur den Bildhauer Rodin nennen kann, dessen Plastiken impressionistischen Bildern nahestehen. Im Expressionismus sind es Lehmbruck, der dem Ausdruck zuliebe die Gestaltung bis zur beginnenden Verformung des menschlichen Körpers treibt, Barlach, der in einfachen, großen Formen tief Menschliches auszusagen weiß, und Archipenko, der zu abstrakten Bildungen kommt.

Für die *Kubisten* war die große Gedächtnisausstellung für Cézanne († 1906) das entscheidende Ereignis (1907 in Paris). Die Werke Cézannes, der gesagt hatte: „Alles in der Natur formt sich nach Kugel, Kegel und Zylinder", waren v. a. für Picasso richtungweisend. 1907 entstanden die ersten kubistischen Bilder. In ihnen ist das Organische (Kopf, Körper) zugunsten geometrischer Formen aufgelöst. Dabei wird das Kubische (Kubus = Würfel), das heißt das Dreidimensionale, Körperhafte, betont. Damit müssen nun die starken Farben der Fauves verdrängt werden, sie wirken für eine kubistische Darstellung zu flächenhaft. Die Kubisten malen Ton in Ton, also in Abstufungen einer Farbe. Im weiteren Verlauf der Entwicklung wird der Gegenstand durch einzelne Sehakte zerlegt. Die einheitliche Perspektive wird aufgegeben. Der Gegenstand soll möglichst vollständig dargestellt werden, in allen Einzelheiten, nicht nur gesehen, sondern auch gedacht werden. Die Naturform wird verlassen, eine Kunstform ist entstanden. Für den Kubismus war die Form das Wesentliche, für die Fauves war es die Farbe. Beide, Form u. Farbe, waren in der alten Malerei die Mittel, die Natur möglichst wirklichkeitsgetreu wiederzugeben. Sie sind nunmehr Selbstzweck der Darstellung in der modernen Malerei geworden. Man experimentierte mit ihnen. – Fauvismus u. Kubismus waren der Beitrag Frankreichs zur Entwicklung der Malerei des 20. Jahrhunderts, der Expressionismus der Beitrag Deutschlands und der Futurismus der Beitrag Italiens.

Die *Futuristen* (Boccioni, Carrà u. a.) lösten die Einheit des Bildes auf, indem sie, vom Tempo des modernen Großstadtlebens angeregt, zeitlich oder räumlich auseinanderliegende Ereignisse nebeneinander zeigten.

Um 1910 wurden zum erstenmal rein abstrakte Bilder gemalt. Etwa gleichzeitig hatte man in Deutschland (hier war es Kandinsky), in Rußland, Frankreich u. in den Niederlanden diese revolutionäre Art der Malerei entwickelt. Nicht mehr der Gegenstand wird dargestellt, das Kunstwerk selbst ist nun Gegenstand, Inhalt u. Aussage. Vorbereitet durch verschiedene Bewegungen (v. a. Fauvismus u. Kubismus), war dieser Durchbruch zur Abstraktion für die Kunst des 20. Jahrhunderts entscheidend. Wenn auch weiterhin „gegenständlich" gemalt wurde – Picasso z. B. hat nie abstrakt gemalt, der Surrealismus, ein wichtiger Zweig der neuen Kunst, ist mit der Darstellung von Unbewußtem, von Visionen u. Träumen nicht abstrakt (z. B. S. Dalí) –, so ist doch die abstrakte Malerei die wichtigste künstlerische Aussage unserer Zeit. Bedeutsam wurde das ↑*Bauhaus* (1919 gegründet), das nicht nur für die moderne Architektur richtungweisend war, sondern durch Lehrer wie Kandinsky u. Klee, führende abstrakte Maler, auf junge Künstler wirkte. In den Niederlanden war es die *Stijlgruppe* (zu deren Begründern u. Hauptvertretern Mondrian gehörte), die entscheidend zur abstrakten Malerei beitrug.

Neben der Malerei wurde die Rolle der Plastik immer gewichtiger. Künstler wie H. Arp schufen abstrakte Bildwerke. Die Entwicklung wurde unterbrochen durch den Nationalsozialismus u. den 2. Weltkrieg.

Nach 1945 fängt Nordamerika an, in der Kunst eine führende Rolle zu spielen. Nahezu alle neueren Richtungen gingen von Nordamerika aus, so der *abstrakte Expressionismus* (auch Action painting genannt), dessen Bilder, mit graphischen oder farbigen Zeichen übersponnen, Ausdruck des Unbewußten im Menschen sein sollen, die *Op-art*, bei der die geometrischen Zeichen durch Veränderung des Standortes des Betrachters in ihrer optischen Erscheinung erfahren werden, die ↑*Pop-art*, die Gegenstände der technischen Umwelt zur Bildgestaltung in herausfordernder Absicht darbietet. Werke der Plastik und der Malerei sind hier nicht mehr zu trennen. Besondere Erscheinungsformen des modernen Kunstgeschehens sind ↑*Happening* u. „Aktionen" aller Art.

* * *

Moderne Kunst

Erich Heckel, Bauernhof
(1909; Expressionismus)

Pablo Picasso,
Stilleben in einer Landschaft
(1915; Kubismus)

Max Beckmann, Die Nacht (1918/19;
Weiterentwicklung des Expressionismus)

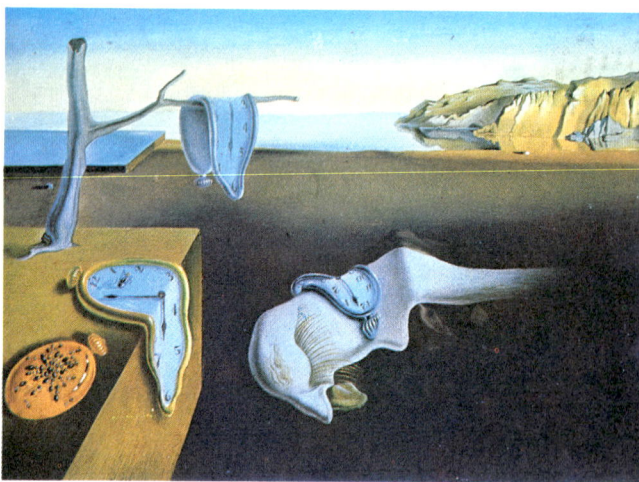

Salvador Dalí, Die Beständigkeit der Erinnerung
(1931: Surrealismus)

Andy Warhol, Marilyn Monroe
(1967; Pop-art)

Joseph Beuys, Ausstellungsstücke (Environment)
als Elemente einer Aktion (1968)

Mond

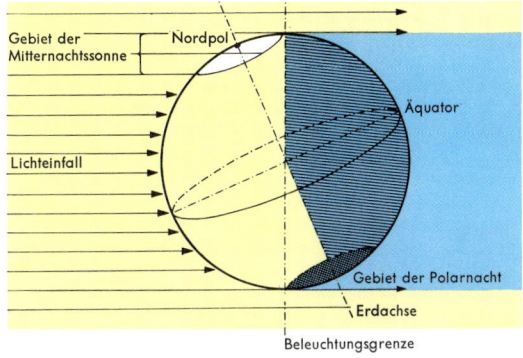

Mitternachtssonne

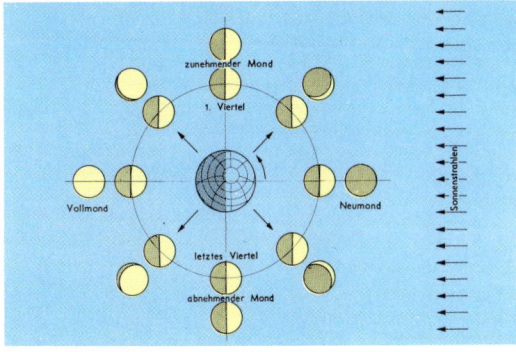

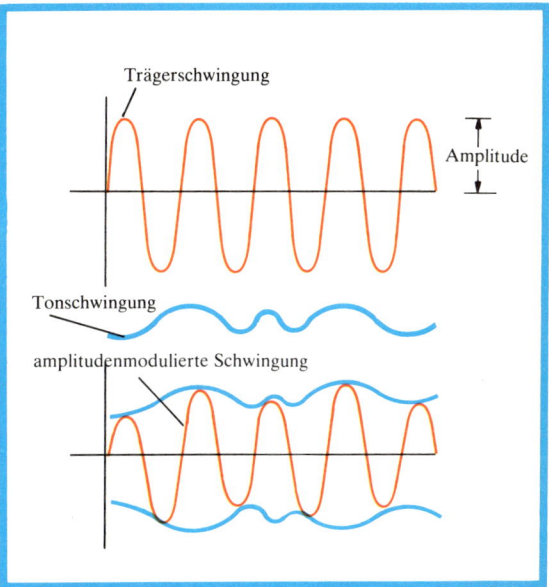

Modulation. Prinzip der Amplitudenmodulation einer Trägerschwingung mit einer Tonschwingung

◀ Mond. Der Mondlauf im Anblick von Norden auf die Mondbahnebene. Im äußeren Ring die Mondphasen, wie sie von der Erde aus zu sehen sind

u. die reizvolle Lage am Mittelmeer haben Monacos Entwicklung zu einem Zentrum des internationalen Fremdenverkehrs begünstigt. – Das Fürstentum untersteht seit 1297 (endgültig 1454) der Familie Grimaldi (heute Rainier III.). Die Schutzmächte wechselten mehrmals, seit 1918 ist Frankreich Schutzmacht.

Monarchie ↑Staat.
Mönch *m*, Gipfel in den Berner Alpen, südwestlich von Grindelwald, Schweiz; 4 099 m.
Mönche *m, Mz.*, Mitglieder einer religiösen Gemeinschaft, deren asketisch-religiösen Forderungen sie sich freiwillig meist lebenslang unterwerfen. Im Christentum ist die älteste Form des Mönchtums das zurückgezogene Leben als Eremit. ↑Benedikt von Nursia stellte Mönchsregeln auf, die bis heute weithin Gültigkeit haben (Armut, Keuschheit, Gehorsam, Askese, Arbeit). – Außerhalb des Christentums spielt das Mönchswesen v. a. im Buddhismus eine Rolle.
Mönchengladbach, Stadt in Nordrhein-Westfalen, im Niederrheinischen Tiefland, mit 259 000 E. Bedeutendes Zentrum der Textilindustrie. M. hat eine Fachhochschule.
Mond *m*, der der Erde nächste Himmelskörper. Der M. umkreist in einem Monat einmal die Erde, mit der gemeinsam er die Sonne umkreist. Die Mondbahn ist gegen die ↑Ekliptik geneigt. Der M. ist 384 405 km von der Erde entfernt (mittlere Entfernung), sein Halbmesser beträgt 1 738 km (0,272 des Erdhalbmessers). Am auffälligsten am M. sind für den Menschen die Mondphasen (Vollmond, abnehmender M., Neumond u. zunehmender M.). Der M. hat keine eigene Leuchtkraft, er wird von der Sonne angestrahlt. Die Mondphasen (Lichtphasen des Mondes) sind von der Stellung von Sonne u. M. zueinander abhängig. Der M. dreht sich einmal um sich selbst in der Zeit, in der er einen Umlauf um die Erde vollzieht. Dadurch sieht man immer dieselbe Seite vom M. Durch Unregelmäßigkeiten in seiner Bewegung kann man von der Erde aus etwas mehr als die Hälfte des Mondes, nämlich 59 %, beobachten. Schon mit bloßem Auge kann man auf dem M. hellere u. dunklere Flecken erkennen. Die dunkleren Flecken nennt man zwar Meere, Seen u. Buchten, es sind jedoch mehr oder weniger große Ebenen, die nur an vereinzelten Stellen von Gebirgen durchzogen werden. Für die Oberfläche sind kraterförmige Formationen typisch. Im runden Krater, der nach innen steil, nach außen mäßig abfällt, erheben sich oft mehrere Berge, die jedoch niedriger sind als der Kraterwall. Je nach Größe unterscheidet man Krater, Kraterebenen, Ring- u. Wallsysteme (diese oft mit einem Durchmesser von mehr als 200 km). Die Zahl der Krater ist sehr groß. Moderne Karten zeigen auf der der Erde zugewandten Seite mehr als 33 000, doch ist durch die Mondsonden bewiesen worden, daß die kraterartigen Formationen sich in noch kleineren Größenordnungen (Durchmesser von wenigen Metern) fortsetzen. Es gibt auf dem M. aber auch Gebirgsketten, Hügellandschaften u. einzelne Berge. Typisch sind auch Rillen, schmale Schluchten, die oft 300 bis 500 km lang sind. Nicht geklärt sind bisher Strahlensysteme, die von den großen Ringsystemen ausgehen. Die Mondsonden haben festgestellt, daß entgegen den Erwartungen die Oberfläche des Mondes nicht von Staubmassen bedeckt ist, sie besteht vielmehr aus einem lavaähnlichen Gestein. Da dem M. eine ↑Atmosphäre fehlt, strahlt die Sonne ungehindert auf diesen Himmelskörper. Bei Vollmond herrscht auf dem M. eine Temperatur von 120 °C, während dort, wo die Sonnenstrahlen den M. nicht treffen, die Temperatur bei −130 °C liegt.
Bereits der griechische Philosoph Anaxagoras (5. Jh. v. Chr.) erklärte die Mondphasen u. die Mondfinsternisse richtig. Galilei konnte 1610 die Unebenheiten auf dem M. durch Fernrohrbeobachtung feststellen; er schuf auch die erste Karte vom Mond. Die ersten fotografischen Aufnahmen vom M.

Mondfinsternis

stammen von H. Draper (1837–82). Teleskopaufnahmen wurden in den 50er u. 60er Jahren durch Aufnahmen von (teils bemannten) Mondsonden ergänzt. Im Mai 1969 wurde der M. erstmals von einer Mondsonde umrundet. Am 20. Juli 1969 landeten die Amerikaner N. A. Armstrong u. E. E. Aldrin auf dem M. (Rückstart nach 21 Stunden u. 36 Minuten mit 27 kg Gesteinsproben). Weitere Landungen auf dem M. folgten bis 1972. – Abb. S. 394.

Mondfinsternis w, Verfinsterung des Mondes. Sie kommt dadurch zustande, daß die Erde in die Verbindungslinie Sonne–Mond tritt u. so die Sonnenstrahlen vom Mond fernhält. Wird der Mond nur teilweise verdunkelt, so spricht man von *partieller M.*, bei völliger Verdunkelung von *totaler Mondfinsternis*.

Monet, Claude [monä], *Paris 14. November 1840, †Giverny (Eure) 6. Dezember 1926, französischer Maler des ↑Impressionismus. Sein Bild „Impression, Sonnenaufgang" gab der ganzen Kunstrichtung den Namen. Seine Landschaften u. Städtebilder sind darauf angelegt, v. a. seinen Eindruck von Licht und Atmosphäre wiederzugeben.

Mongolei w, Gebiet in Innerasien. Politisch ist es in die ↑Mongolische Volksrepublik (Äußere M.) u. in die ↑Innere Mongolei gegliedert.

Mongolen m, Mz., innerasiatische Völkergruppe in der Mongolei u. in den angrenzenden Gebieten Chinas u. der Sowjetunion. Es gibt heute über 3 Mill. Mongolen. Die meisten leben als Steppennomaden; sie züchten Pferde, Kamele, Schafe, Jaks u. Rinder. Als Behausung benutzen sie *Jurten* (runde, aus Holzgittern u. darübergespannten Filzdecken gebildete Zelte). – Die M. waren eines der größten Eroberervölker. Im frühen 13. Jh. einigte *Dschingis-Khan* die Stämme und errichtete ein mongolisches Großreich. Nach seinem Tode wurde es in mehrere Teilreiche aufgegliedert. Eines davon, die *Goldene Horde*, umfaßte Westsibirien u. Osteuropa (Zerfall im 15. Jh.). Im 14. Jh. begründete *Timur-Leng* ein neues mongolisches Großreich. In verheerenden Feldzügen eroberte er von Mittelasien aus Persien, das Indusgebiet, Syrien, Kleinasien u. Teile Rußlands. In Indien regierten mongolische, islamische Herrscher, *Großmoguln*, vom 16. Jh. bis 1858.

Mongolide ↑Rasse.

Mongolische Volksrepublik w, Staat in Innerasien, mit 1,56 Mill. km² mehr als sechsmal so groß wie die Bundesrepublik Deutschland, 1,5 Mill. E. Die Hauptstadt ist Ulan Bator. Das Land ist eine von Gebirgsketten durchzogene Hochfläche. Der größte Teil ist Steppe u. Halbwüste. Den Süden u. Südosten nimmt die Wüste Gobi ein. Die Wirtschaft beruht vorwiegend auf der von Nomaden betriebenen Viehzucht (↑Mongolen). Es sind reiche, aber noch wenig genutzte Bodenschätze vorhanden. – Die M. V. ist Mitglied der UN und des RGW.

Mongolismus [nlat.] m, Form des Schwachsinns mit angeborenen charakteristischen Fehlbildungen.

Monismus [gr.] m, Lehre, die die Welt aus einem einzigen Prinzip erklärt. Dieses Prinzip kann verschiedener Art sein, z. B. idealistisch oder materialistisch. Alle Gegensätzlichkeiten u. Mannigfaltigkeiten gehen aus dem einen Prinzip hervor. – Gegensatz: ↑Dualismus 3).

Monitor [lat.] m, allgemein eine Kontroll- oder Prüfeinrichtung; beim Fernsehen ein Fernsehkontrollgerät für Redakteure u. Sprecher, die mit diesem Gerät ihren Text zeitlich auf die Bildabfolge abstimmen.

Monogramm [gr.] s, Anfangsbuchstaben eines Namens; oft künstlerisch gestaltet.

Monolog [gr.] m, Selbstgespräch; v. a. die längere, selbstgesprächähnliche Rede einer Person im Schauspiel; Gegensatz: ↑Dialog.

Monopol [gr.] s, eine Marktform, bei der das Angebot (oder die Nachfrage) in einer Hand vereinigt ist. Der Hersteller oder Verkäufer (*Monopolist*) kann nach Belieben Preise bestimmen; da nur er allein die Ware anbietet, ist der freie Wettbewerb u. damit eine freie Preisbildung ausgeschaltet. Wegen der Gefahr des Mißbrauchs unterliegt die Monopolbildung in fast allen Staaten besonderen gesetzlichen Bestimmungen. Von einem *Staatsmonopol* (*Finanzmonopol*) spricht man, wenn sich der Staat die Herstellung und den Verkauf bestimmter Güter sichert (z. B. Branntwein-, Zündwarenmonopol in der Bundesrepublik Deutschland) oder wenn er bestimmte Dienstleistungen *monopolisiert* (z. B. die Post). – Der *Monopolkapitalismus* ist eine Entwicklungsepoche des ↑Kapitalismus, die durch Unternehmenszusammenschlüsse mit monopolähnlichen Merkmalen gekennzeichnet ist. Das Wort M. wird von Gegnern des Kapitalismus häufig als politisches Schlagwort verwendet.

Monotheismus [gr.] m, der Glaube an einen einzigen Gott. *Monotheistisch* sind das Judentum, das Christentum u. der Islam.

Monrovia, Hauptstadt von Liberia, am Atlantischen Ozean, mit 204 000 E. Bedeutender Handelsplatz (landwirtschaftliche Erzeugnisse) u. größter Hafen des Landes (Eisenerzausfuhr). Die Stadt besitzt eine Universität.

Monstranz [lat.] w, in der katholischen Kirche ein kostbar geschmücktes Schaubehälter für die geweihte ↑Hostie.

Monsun [arab.] m, beständiger, im jahreszeitlichen Rhythmus die Richtung wechselnder Wind. Im Sommerhalbjahr weht er regenbringend vom Meer zum Land, im Winterhalbjahr trocken vom Land zum Meer. Der M. ist besonders ausgeprägt in Süd- u. Ostasien. Er verursacht dort das **Monsunklima** mit Regen- u. Trockenzeit. Hervorgerufen wird der M. zunächst durch raschere Erwärmung der Landmasse im Sommer. Die über dem Land erwärmten Luftmassen steigen hoch, u. die dichtere Luft von den benachbarten, kühleren Meeren drängt nach. Im Winter ist der Vorgang umgekehrt.

Montage [montaseh^e; frz.] w, Zusammenbau eines Gerätes oder eines Bauwerks aus Einzelteilen.

Montanindustrie [lat.] w, die Bergbau- u. Hüttenindustrie.

Montanunion ↑internationale Organisationen.

Montblanc [mongblang] m, der höchste Gipfel der Alpen u. Europas, in der *Montblancgruppe*, an der französisch-italienischen Grenze. Der M. ist 4 807 m hoch u. stark vergletschert. Seit 1965 werden die französische und die italienische Seite durch einen 11,6 km langen Straßentunnel verbunden, der durch die Montblancgruppe führt. Der Hauptgipfel wurde erstmals 1768 bestiegen.

Monte Carlo, Stadt in Monaco, Seebad, mit 9 900 E. International bekannt durch sein Spielkasino.

Montenegro (serbokroatisch Crna Gora), Teilrepublik ↑Jugoslawiens, mit 565 000 E. Die Hauptstadt ist *Titograd* (55 000 E). M. ist ein rauhes, zum Teil

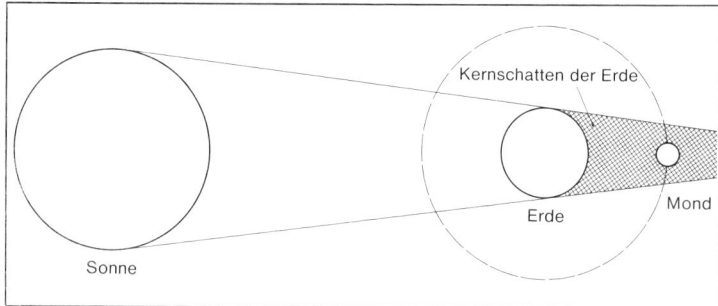

Mondfinsternis

Morphologie

bewaldetes Gebirgsland mit einem schmalen Küstenstreifen an der Adria. Nördlich des Skutarisees liegt eine fruchtbare Ebene, in der Getreide, Kartoffeln u. Obst angebaut werden. – M. stand seit dem 16. Jh. unter türkischer Oberhoheit. Um die Mitte des 19. Jahrhunderts wurde es erbliches Fürstentum, 1910 Königreich. Seit 1918 gehört es, mit einer Unterbrechung im 2. Weltkrieg, zu Jugoslawien.

Monte Rosa *m*, Gebirgsstock der Walliser Alpen, in Italien u. in der Schweiz. Er erreicht in der Dufourspitze eine Höhe von 4634 m.

Montesquieu, Charles de [mongteßkjö] ↑Gewaltenteilung.

Montevideo, Hauptstadt Uruguays, am Rio de la Plata, mit 1,2 Mill. E (mehr als $2/5$ des Landes). Politisches und kulturelles Zentrum des Landes mit 2 Universitäten, Nationalakademie, Bibliothek, Museen, Theater. Die Stadt ist schachbrettartig angelegt mit breiten Straßen. Über den Hafen von M. werden 90 % der Ein- u. Ausfuhr abgewickelt. Die Industrie fußt weitgehend auf den Erzeugnissen der Landwirtschaft (Fleisch-, Woll-, Leder-, Mühlen-, Textilindustrie), daneben Zement- u. chemische Industrie.

Montmartre [mongmartr^e] *m*, Stadtteil auf einer Anhöhe im Norden von Paris. M. wurde bekannt als Künstler- u. Vergnügungsviertel.

Montreal [...triál], größte Stadt Kanadas, 1,1 Mill. E (mit Vorstädten 2,8 Mill. E). M. liegt auf einer Insel im Sankt-Lorenz-Strom u. ist von Ozeandampfern erreichbar. Der Hafen ist einer der größten Binnenhäfen der Erde. Die Stadt, die ein bedeutendes Handels-, Industrie- u. Finanzzentrum ist, besitzt auch 5 Universitäten. Die Industrie stellt Flugzeuge, Schiffe, Maschinen, Textilwaren u. a. her. Wichtigste Umschlaggüter des Hafens sind Getreide u. Erdöl. Der Flughafen von M. ist der bedeutendste Kanadas. In M. finden wichtige Messen u. Ausstellungen statt (Weltausstellung 1967).

Monument [lat.] *s*, Denkmal.

monumental [lat.], denkmalartig; großartig, gewaltig.

Moor *s* (je nach Landschaft auch Ried, Bruch, Moos, Fenn u. a. genannt), sumpfiges Gebiet mit schwammartigem, feuchtem Boden aus abgestorbenen Pflanzenteilen (↑auch Torf). Moore entstehen dort, wo Niederschläge oder Grundwasser viel Feuchtigkeit erzeugen u. der Boden nur wenig wasserdurchlässig ist. Zur Bildung von Flach- oder *Niedermooren* kommt es, wenn stehende Gewässer durch Pflanzenwuchs vom Ufer aus verlanden oder wenn ein Gebiet immer wieder überschwemmt wird. Hier wachsen v. a. Gräser, Schilf, Binsen u. Moose. *Hochmoore* bilden sich im wesentlichen aus Torfmoos bei reichlichen Niederschlägen u. hoher Luftfeuchtigkeit; von der Wasserzufuhr durch das Grundwasser sind sie völlig unabhängig. Das Torfmoos überwächst immer wieder die eigenen unteren Schichten, die dabei absterben. Durch das ständige Wachstum an der Oberfläche, das in der Mitte am stärksten ist, entsteht eine leichte, uhrglasförmige Wölbung (daher die Bezeichnung Hochmoor). Diese Wölbung kann ihrerseits durch polsterartige Aufwölbungen u. dazwischenliegende wassergefüllte Senken u. Rinnen recht unregelmäßig gestaltet sein. Bisweilen bildet sich in der Mitte, wenn die Wölbung „reißt", ein See (das *Moorauge*). Zur typischen Pflanzenwelt der Hochmoore gehören neben dem Torfmoos v. a. Heidekraut, Erlen u. Birken. – Die ausgedehntesten Moore Deutschlands befinden sich in Nordwestdeutschland. – Abb. S. 395.

Moore, Henry [mu^r], * Castleford (Yorkshire) 30. Juli 1898, englischer Bildhauer, einer der bedeutendsten der Gegenwart. Seine Plastiken, meist Darstellungen des menschlichen Körpers, sind gekennzeichnet durch mehr oder weniger starke Stilisierungen (Änderungen der wirklichen Form zugunsten seiner eigenen Auffassung vom Menschen).

Moose *s, Mz.,* die M. bilden mit rund 25000 weltweit verbreiteten Arten eine eigene Abteilung des Pflanzenreichs u. lassen sich in die beiden Klassen Leber- u. Laubmoose gliedern. Sie sind sehr urtümliche, kleine, meist grüne Pflanzen, meist Landpflanzen. Sie bilden noch keine echten Wurzeln aus u. haben einen charakteristischen ↑Generationswechsel. Ihre Samenzellen besitzen zwei peitschenartige Geißeln, mit deren Hilfe sie z. B. in einem Regentropfen die Eizelle, die chemische Lockstoffe ausscheidet, schwimmend erreichen können, um sie zu befruchten.

Moped *s,* ursprünglich Fahrrad mit Hilfsmotor (**mo**torisiertes **Ped**al), heute ein Kleinkraftrad, dessen zugelassene Höchstgeschwindigkeit 40 km/Std. beträgt. Eine neuere Art M. ist das *Mokick* (Kurzwort aus **Mo**ped u. **Kick**starter), das äußerlich einem Motorrad ähnelt. Der Benutzer eines Mopeds braucht einen Versicherungsschein für sein Fahrzeug. u. muß mindestens 16 Jahre alt sein. Er muß ferner den Führerschein Klasse 5 besitzen, es sei denn, die Höchstgeschwindigkeit des Fahrzeugs beträgt nicht mehr als 25 km/Std. (beim sogenannten *Mofa* [= Motorfahrrad], das man bereits mit 15 Jahren benutzen darf); bei Höchstgeschwindigkeiten von mehr als 25 km/Std. ist das Tragen eines Schutzhelms gesetzliche Vorschrift (↑auch Motorrad).

Moral [lat.] *w:* **1)** Sitte oder sittliches Verhalten des Menschen; auch die Lehre von den Gesetzen des sittlichen Verhaltens; **2)** Gesinnung, Einstellung, z. B. Arbeitsmoral, Kampfmoral; **3)** Nutzanwendung; z. B. die einer Geschichte (d. h. die daraus zu ziehende Lehre).

Moräne ↑Eiszeiten, ↑Gletscher.

morbid [lat.], kränklich, angekränkelt; im Verfall begriffen, brüchig.

Morcheln *w, Mz.,* Schlauchpilze auf Grasplätzen, an Waldrändern u. Parkanlagen. Der Fruchtkörper ist in Stiel u. Hut gegliedert. Beide sind hohl u. brüchig. Der Hut zeigt wabenartige, grubige Vertiefungen. Seine Oberfläche ist von der Fruchtschicht überzogen. M. sind nur abgebrüht u. in kleinen Mengen eßbar.

Morgenland *s,* poetische Bezeichnung für ↑Orient.

Mörike, Eduard, * Ludwigsburg 8. September 1804, † Stuttgart 4. Juni 1875, deutscher Dichter, von Beruf Pfarrer. Seine lyrischen Gedichte u. Balladen sind von eindringlicher Anschaulichkeit, sie sind geprägt von Naturgefühl, Frömmigkeit u. märchenhaft-romantischen Vorstellungen. Am bekanntesten sind die Erzählwerke „Maler Nolten" (Roman; 1. Fassung 1832), „Mozart auf der Reise nach Prag" (Novelle; 1856) u. die Märchendichtung „Das Stuttgarter Hutzelmännlein" (1853).

Moritat *w,* eine Schauergeschichte in Liedform, wie sie früher von umherziehenden Straßensängern (*Bänkelsängern*) zu entsprechenden Bildern u. zur Drehorgelmusik vorgetragen wurde.

Mormonen *m, Mz.* (Kirche Jesu Christi der Heiligen der letzten Tage), eine Religionsgemeinschaft, die 1830 von *Joseph Smith* (1805–44) in Amerika begründet wurde. Das *Buch Mormon* („die heilige Schrift der Ureinwohner Amerikas") ist neben der Bibel wichtigste Glaubensgrundlage. Die M. erwarten eine baldige Endzeit u. ein darauffolgendes 1000jähriges Reich. Sie gründeten 1847 ↑Salt Lake City als ihr religiöses Zentrum. Die Mormonen zählen etwa 3,3 Mill. Mitglieder.

Morphium ↑Drogen.

Morphologie [gr.] *w,* Gestaltlehre, Formenlehre, z. B. der Erdoberfläche (Geographie), der Tiere u. Pflanzen (Biologie); in der Sprachwissenschaft die Lehre von der Gestaltveränderung der Wörter (z. B. ↑Fälle).

MOND

Mondboden mit Fußspuren der Astronauten von Apollo 11; rechts ein Landebein der Mondlandeeinheit

Nach der Landung auf dem Mond (Apollo 11) verläßt ein Astronaut die Landeeinheit

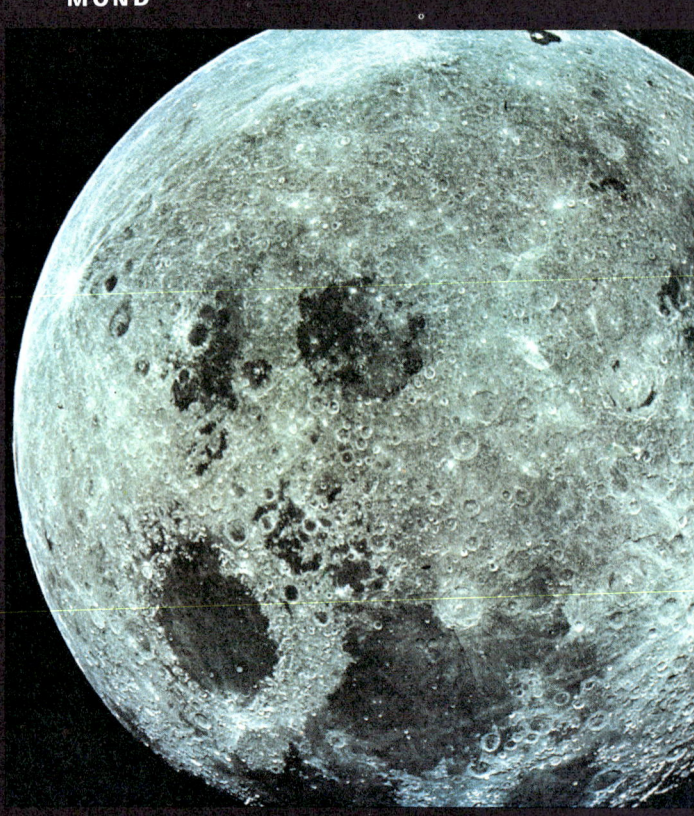

Aufnahme des Mondes von Apollo 8 am 24. Dezember 1968. In der Bildmitte erkennt man das Mare Smythii und das Mare Marginis, im unteren Teil des Bildes das Mare Crisium und das Mare Foecunditatis, am unteren Bildrand rechts das Mare Nectaris

Mikrophotographie der wichtigsten Bestandteile des Mondstaubs. Man erkennt runde bis längliche Rotationskörper aus Glas (0,25 bis 0,5 mm Durchmesser). Bruchstücke verschieden gefärbter Gläser, Breccien (zum Beispiel links unten), Anorthosit und Feldspat (rechts daneben), darüber eine Breccie mit Glaskruste und Pyroxen (das golden glänzende kleine Bruchstück)

Morsezeichen *s, Mz.*, von dem amerikanischen Erfinder Samuel Morse (1791–1872) entwickeltes Alphabet für die telegrafische Nachrichtenübermittlung. Es besteht aus Punkten u. Strichen, die in verschiedener Weise gesendet werden können: als kurze u. lange Stromstöße über Funk oder Kabel, als kurze u. lange Licht- oder auch Klopfsignale.

MORSEALPHABET

a	·−	n	−·	å	·−−·−
ä	·−·−	o	−−−	é	··−··
b	−···	ö	−−−·	ñ	−−·−−
c	−·−·	p	·−−·		
ch	−−−−	q	−−·−	*Ziffern:*	
d	−··	r	·−·	1	·−−−−
e	·	s	···	2	··−−−
f	··−·	t	−	3	···−−
g	−−·	u	··−	4	····−
h	····	ü	··−−	5	·····
i	··	v	···−	6	−····
j	·−−−	w	·−−	7	−−···
k	−·−	x	−··−	8	−−−··
l	·−··	y	−·−−	9	−−−−·
m	−−	z	−−··	0	−−−−−

Punkt ·−·−·−
Komma −−··−−
Doppelpunkt −−−···
Bindestrich −····−
Apostroph ·−−−−·
Klammer −·−−·−
Fragezeichen ··−−··
Anführungszeichen ·−··−·
Unterstreichung ··−−·−
Doppelstrich −···−
Trennung −··−·
Bruchstrich −··−·
Anfangszeichen −·−·−
Schlußzeichen ···−·−
Verstanden ···−·
Irrung ········
Sendeaufforderung −·−
Warten ·−···
Notruf (SOS) ···−−−···

Mörtel [lat.] *m*, Gemisch aus Sand, Kalk (oder Zement) u. Wasser, mit dem man beim Bauen die Steine miteinander verbindet oder die Wände u. Decken verputzt.

Mosaik [ital.-frz.] *s*, figürliche Darstellung oder Ornament aus bunten Stein-, Glas- oder Tonstückchen. Die Einzelteile werden in noch feuchten Kitt oder Mörtel eingedrückt oder auf eine Unterlage geklebt. Mit Mosaiken wurden u. a. altrömische Villen und später Kirchen geschmückt.

Moschee [arab.] *w*, Kultgebäude des Islams, meist mit einem oder mehreren schlanken Türmen (↑Minarett), das Dach oft aus einer oder mehreren Kuppeln. In der M. die nach Mekka ausgerichtete Gebetsnische (*Mihrab*) und die Predigtkanzel (*Mimbar*). Geschmückt sind die Moscheen mit kunstvollen Ornamenten u. mit Koransprüchen, die in künstlerischer Schrift gestaltet sind (keine Darstellung von Personen). Bei jeder M. ist, meist im Hof, ein Brunnen zu finden, an dem die Gläubigen die Waschungen, die ihnen vor jedem Gebet vorgeschrieben sind, vornehmen.

Moschusochse [sanskr.-pers.-gr.; dt.] *m*, etwa 1,8–2,5 m körperlanges Rind der arktischen Tundra, mit breiten, die Stirn bedeckenden Hörnern. Moschusochsen sind schwarzbraun u. langhaarig. Wenn sie angegriffen werden, stellen sie sich zur Abwehr in einem Kreis auf.

Mosel *w*, linker Nebenfluß des Rheins, 545 km. Die M. entspringt in den Südvogesen, bildet ab Trier viele Windungen (Mäander) u. mündet bei Koblenz. Die M. ist ab Thionville (Diedenhofen) kanalisiert (14 Schleusen). Weit bekannt sind die *Moselweine* (die nicht nur von der M., sondern auch aus ihren Seitentälern stammen).

Moses ↑Religion (Die großen Religionen; jüdische Religion).

Moskau, Hauptstadt der UdSSR, an der Moskwa, mit 7,6 Mill. E. Sitz der Regierung, des Obersten Sowjets u. aller Partei-, Gerichts-, Armee- u. Wirtschaftsbehörden, die für die UdSSR in ihrer Gesamtheit zuständig sind. Gleichzeitig hat M. als Hauptstadt der größten Unionsrepublik, der Russischen Sozialistischen Föderativen Sowjetrepublik (RSFSR), die entsprechenden Behörden. Im Kern der Stadt befindet sich der ↑Kreml, um den sich in konzentrischen Kreisen die jüngeren Stadtteile lagern. Unmittelbar neben dem Kreml liegt der Rote Platz, auf dem politische Kundgebungen u. die großen Militärparaden stattfinden, mit der Basiliuskathedrale (1554–60) u. dem Lenin-Mausoleum. Auffällig im Stadtbild sind die neueren Bauten im sowjetischen Prunkstil, z. B. das Außenministerium u. das Hauptgebäude der Lomonossow-Universität, die mit ihren Instituten u. Nebengebäuden ein ganzes Stadtviertel bildet. Daneben gibt es zahlreiche andere Hochschulen u. wissenschaftliche Einrichtungen, wie die Akademie der Wissenschaften, die Lumumba-Universität (vorwiegend für Studierende aus den Entwicklungsländern), Bibliotheken, Theater, Museen. In Kolomenskoje, einem 1960 eingemeindeten Dorf, befindet sich eine ehemalige Zarenresidenz mit Palastbauten aus dem 17. Jh. Als Wirtschaftszentrum verfügt M. über eine ausgedehnte Industrie mit nahezu allen Indu-

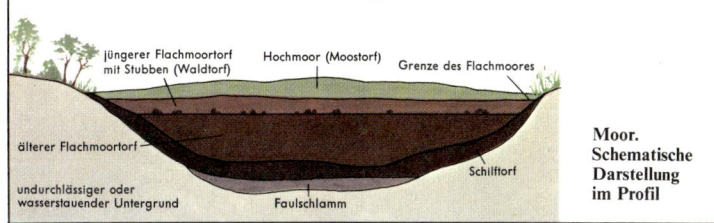

Moor. Schematische Darstellung im Profil

Moschee. Selimiye-Moschee in Edirne (Türkei)

Moskitos

striezweigen. M. ist der wichtigste Bahnknotenpunkt der UdSSR u. hat einen Binnenhafen (Kanalverbindung zur Wolga). Ein besonderes Prunkstück der Stadt ist die U-Bahn-Anlage. – M. wird erstmals 1147 erwähnt. Seit 1328 ist es Sitz des Oberhauptes der russisch-orthodoxen Kirche. Von 1328 bis 1712 war M. russische Hauptstadt u. Regierungssitz der Zaren (1712 von Petersburg abgelöst). 1922 wurde M. Hauptstadt der UdSSR.

Moskitos [span.] *m*, *Mz*. (Stechmücken), mittelgroße Mücken, Familie mit etwa 2 500 Arten, die v. a. in den Tropen vorkommen. Viele Arten sind Blutsauger u. zugleich gefährliche Krankheitsüberträger (Malaria, Gelbfieber).

Moslem (Muslim, Mohammedaner) *m*, Anhänger des Islams (↑Religion [Die großen Religionen]).

Most [lat.] *m*, unvergorener Fruchtsaft (besonders Traubensaft). In Süddeutschland, der Schweiz u. Österreich Bezeichnung für Obstwein.

Motel [auch *mot*ᵉ*l*; amer.] *s*, Hotel, v. a. für Autoreisende bestimmt.

Motette [ital.] *w*, mehrstimmige geistliche Vokalmusik; zuerst ohne, später mit Instrumentalbegleitung (v. a. J. S. Bach).

Motiv [lat.] *s:* **1)** Beweggrund des Handelns, Antrieb; **2)** Gegenstand oder Thema, das zur Darstellung reizt (Literatur, bildende Kunst); **3)** die kleinste musikalische Einheit.

Motor [lat.] *m*, eine Kraftmaschine zur Gewinnung von Bewegungsenergie aus anderen Energieformen; z. B. Elektromotor, Dieselmotor, Windturbine.

Motorrad [lat.; dt.] *s*, ein zweirädriges, einspuriges Motorfahrzeug. Es wird zumeist von einem luftgekühlten Ottomotor angetrieben. Bei kleineren Motorrädern verwendet man Zweitaktmotoren, bei größeren Viertaktmotoren. Je nach Größe des Hubraumes unterscheidet man: *Leichtmotorräder* (bis 250 cm³), *mittelschwere Motorräder* (bis 350 cm³) u. *schwere Motorräder* (über 350 cm³). Der Motor treibt das Hinterrad entweder über eine Kette oder über eine Kardanwelle an. Kleine Motorräder mit Tretkurbel bezeichnet man als ↑Mopeds. Für das Führen von Motorrädern bis 50 cm³ Hubraum ist der Führerschein Klasse 4, über 50 cm³ Hubraum der Führerschein Klasse 1 erforderlich; das Tragen eines Schutzhelms ist gesetzlich vorgeschrieben. – Abb. S. 398.

Motorroller [lat.; dt.] *m*, ein motorradähnliches Fahrzeug mit kleinen Rädern u. einer Verkleidung, durch die der Fahrer vor Schmutz geschützt wird. Der M. ist führerscheinpflichtig.

Motorsport [lat.; engl.] *m*, zusammenfassende Bezeichnung für sportliche Wettbewerbe mit motorgetriebenen Fahrzeugen (Automobil-, Motor-

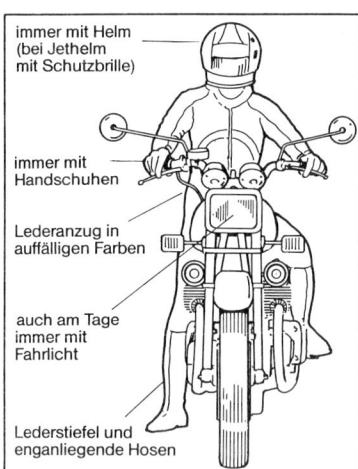

Motorrad. Schutzkleidung für den Fahrer

rad-, Motorbootrennsport). Zur Gewährung fairer Vergleichsmöglichkeiten im überwiegend auf Höchstgeschwindigkeit ausgerichteten M. sind die Fahrzeuge in Leistungsgruppen eingeteilt. Im Automobil- (3 Kategorien, 9 Gruppen) u. Motorradrennsport (2 Kategorien, 15 Klassen) werden auf speziellen Rennstrecken (z. B. Fahrerweltmeisterschaft der Formel-1-Piloten, Straßenweltmeisterschaft für Solo- u. Seitenwagenmaschinen) oder auf öffentlichen Straßen u. im Gelände (z. B. Rallyes, Autocross; Trial, Motocross) nationale u. internationale Meisterschaften ausgetragen. Beim Motorbootrennsport unterscheidet das internationale Reglement 2 Kategorien (Boote mit Außenbord- u. mit Einbaumotor). – Die schweren Unfälle im M. (Gefährdung für Fahrer u. Zuschauer) fördern immer wieder die Diskussion über den Sinn u. ein mögliches Verbot dieser Sportart. – Abb. S. 399.

Motto [ital.] *s*, Sinn-, Wahl-, Leitspruch; Kennwort.

Mount Everest ↑Everest, Mount.

Möwen *w*, *Mz.*, fluggewandte Vögel, die an Meeresufern u. an Gewässern im Binnenland der kalten u. gemäßigten Zone vorkommen. Sie sind dohlen- bis kolkrabengroß. Ihr Gefieder ist überwiegend weiß, nur Rücken u. Flügel zeigen graue Farbtöne. Der Schnabel ist leicht hakenförmig. Die Flügel sind lang u. zugespitzt, zwischen den Vorderzehen haben sie Schwimmhäute. Neben Fischen fressen M. Weichtiere, Aas u. Abfälle, an Land auch Obst, Würmer u. Vogeleier. Da sie nicht tauchen können, sind sie auf das angewiesen, was an der Oberfläche schwimmt. In Mitteleuropa kommen u. a. vor: Eismöwe, Heringsmöwe, Lachmöwe, Silbermöwe. – Abb. S. 398.

Mozart, Wolfgang Amadeus, * Salzburg 27. Januar 1756, † Wien 5. Dezember 1791, österreichischer Komponist. Von seinem Vater Leopold M., der zu seiner Zeit ein namhafter Komponist war, wurde er musikalisch ausgebildet. Als Wunderkind erregte er Aufsehen; schon im Alter von 6 Jahren machte er mit seinem Vater u. mit seiner Schwester „Nannerl" Konzertreisen. 1769 wurde er erzbischöflicher Konzertmeister in Salzburg, eine Anstellung, die ihm viel Ärger u. manche Demütigung brachte u. die er durch drei Italienreisen unterbrach. 1777 erreichte er seine Entlassung aus dem Dienst des Salzburger Erzbischofs. 1780 ließ er sich in Wien nieder, wo er als freier Künstler lebte, häufig in wirtschaftlichen Schwierigkeiten. Erst 1787, als ihm in Prag seine Oper „Don Giovanni" großen Erfolg brachte, wurde er mit einem bescheidenen Gehalt kaiserlicher Kammerkomponist. Er starb 35jährig über der Arbeit am „Requiem" (Totenmesse) u. wurde in einem Armengrab an heute

unbekannter Stelle beigesetzt. – M. ist einer der Hauptvertreter der „Wiener Klassik" (neben Haydn u. Beethoven) u. einer der bedeutendsten Komponisten überhaupt. Er war überaus produktiv in allen musikalischen Gattungen; er schrieb rund 50 Sinfonien, dazu zahlreiche Konzerte, kammermusikalische und Klavierwerke, Messen, Kantaten, Singspiele (Höhepunkt „Die Entführung aus dem Serail", 1782) u. a. Seine wichtigsten Opern sind „Die Hochzeit des Figaro" (1786), „Don Giovanni" (1787), „Così fan tutte" (1790) u. „Die Zauberflöte" (1791). Ludwig Ritter von Köchel (1800–1877) verzeichnete Mozarts Werke im *Köchelverzeichnis* (Abkürzung: KV).

Mücken *w*, *Mz*. (Schnaken), weltweit verbreitete Unterordnung der Zweiflügler mit rund 35 000 Arten. Es sind kleine bis mittelgroße Insekten mit langen, vielgliedrigen Fühlern, schlanken Beinen u. dünnhäutigen Flügeln. Viele dieser Insekten ernähren sich blutsaugend. Einige der wichtigsten Familien: Gallmücken, Haarmücken, Kriebelmücken, Pilzmücken, Stechmücken, Schnaken, Zuckmücken.

Mufflon [ital.-frz.] *m* (Muffelwild, Europäischer Mufflon), ein bis 90 cm schulterhohes, oberseits kastanienbrau-

Murmeltiere

nes Wildschaf mit weißem Bauch u. hellen u. dunklen Abzeichen am übrigen Körper. Das Männchen trägt mächtige, sichelförmig gebogene Hörner. Der M. lebt in kleineren Rudeln unter Führung eines starken Bocks v. a. in gebirgigen Gegenden. – Abb. S. 398.

Mühle w, eine Vorrichtung zur Zerkleinerung von Getreidekörnern, Kaffeebohnen, Gesteinen, Erzen u. ähnlichen Stoffen.

Mulatten ↑Mischlinge.

Mull [engl.] m, feinfädiges, sehr poröses Gewebe aus Baumwolle oder Chemiefaser (v. a. für Binden u. Windeln).

multilateral [lat.], mehrseitig; *multilaterale Verträge* sind Verträge, die zwischen mehr als zwei Staaten abgeschlossen worden sind.

Multiplikation [lat.] w, eine der vier Grundrechenarten. Die M. stellt eine verkürzte Addition gleichgroßer Summanden dar: 3 + 3 + 3 + 3 + 3 + 3 + 3 = 7 · 3. Die Zahlen, die miteinander multipliziert werden, heißen *Faktoren* (der erste Faktor ist der *Multiplikand*, der zweite der *Multiplikator*), das Ergebnis heißt *Produkt*. Für die M. gelten das Vertauschungsgesetz: $a \cdot b = b \cdot a$ sowie das Verbindungsgesetz: $a \cdot b \cdot c = (a \cdot b) \cdot c = a \cdot (b \cdot c) = (a \cdot c) \cdot b$ u. das Verteilungsgesetz: $(a \pm b) \cdot c = a \cdot c \pm b \cdot c$.

multiplizieren [lat.], malnehmen (↑Multiplikation).

Mumie [arab.] w, eine Leiche, die durch natürliche Einflüsse (z. B. Austrocknung) oder durch künstliche Verfahren (z. B. Einbalsamierung) vor Verwesung geschützt ist. Mumien sind u. a. aus dem alten Ägypten erhalten, wo die Leichen der Vornehmen, aber auch die von heiligen Tieren, einbalsamiert wurden.

Mumps m (Ziegenpeter), durch Viren hervorgerufene Infektionskrankheit, die eine Entzündung der Ohrspeicheldrüse (mitunter auch anderer Drüsen) mit schmerzhaften Schwellungen hervorruft.

Munch, Edvard [norweg. *muŋk*], * Løten bei Hamar 12. Dezember 1863, † Hof Ekeby bei Oslo 23. April 1944, norwegischer Maler u. Graphiker; gehört mit van Gogh u. Hodler zu den Wegbereitern u. Begründern des Expressionismus.

München, Landeshauptstadt von Bayern, an der Isar, im Alpenvorland, mit 1,3 Mill. E. Sitz zahlreicher Bundes- u. Landesbehörden, der Bayerischen Akademie der Wissenschaften, einer Universität u. einer technischen Universität, weiterer Hochschulen, der Max-Planck-Instituten, UNESCO-Instituten u. a. M. besitzt bedeutende Museen, u. a. das „Deutsche Museum von Meisterwerken der Naturwissenschaft u. Technik" sowie die Alte Pinakothek, Theater u. Oper, Tierpark Hellabrunn. Zu den zahlreichen Sehenswürdigkeiten gehören die spätgotische Frauenkirche, deren hohe Türme Wahrzeichen der Stadt sind, u. die barocke Theatinerkirche, die Residenz (16–19. Jh.), Schloß Nymphenburg (begonnen 1663) mit der Amalienburg (1734–39) von Cuvilliés, bedeutende klassizistische (u. a. Propyläen) u. moderne Bauten (u. a. die evangelische Matthäuskirche). Berühmt ist auch der Englische Garten. Die Stadt zieht mit regem Kunstleben sowie als Kongreß- u. Messestadt viele Fremde an. Bekannt ist das jährliche Oktoberfest. 1972 fanden in M. die Olympischen Sommerspiele statt. Vielseitige Industrie: Brauereien, Maschinen-, Metall-, Elektro-, Fahrzeug-, Konfektions-, Foto-, optische Industrie, Apparatebau, Porzellanmanufaktur, Verlage. – M. wurde 1157/58 von Heinrich dem Löwen als Marktstadt gegründet, es war seit 1255 Residenz der Wittelsbacher u. seit 1505 die Hauptstadt Bayerns. Unter König Ludwig I. (1825 bis 1848) wurde München zum Kulturmittelpunkt Süddeutschlands.

Münchhausen, Karl Friedrich Hieronymus Freiherr von, genannt „der Lügenbaron", * Bodenwerder (Weser) 11. Mai 1720, † ebd. 22. Februar 1797,

deutscher Offizier. Seinen Freundeskreis unterhielt er durch unglaubliche Abenteuergeschichten. Diese Geschichten wurden weitererzählt, aufgeschrieben u. um Erzählungen anderer Herkunft vermehrt. Gottfried August Bürger gab die bekannteste Sammlung von Münchhausengeschichten heraus.

Mundart w (Dialekt), in bestimmten, meist ländlichen Gebieten gesprochene Sprache, die im Unterschied zur ↑Standardsprache weniger genormt ist, einen begrenzteren, aber im Bedeutungsbereich oft genaueren, zum Teil „veralteten" Wortschatz u. einen einfacheren Satzbau hat. Mundarten bilden die Grundschicht der Standardsprache (Nationalsprache). Heute wird in ursprünglichen Dialektgebieten (z. B. Bayern, Schwaben, Mecklenburg) immer seltener eine reine Mundart gesprochen; ↑Idiolekt, ↑Soziolekt.

Mundharmonika [dt.-nlat.] w, volkstümliches Musikinstrument, bei dem die Töne durch freischwingende metallene Zungen in einem länglichen, flachen Kästchen erzeugt werden. Die Zungen reagieren auf Druck- u. Saugwind.

Mündigkeit w, vor der ↑Volljährigkeit erlangen Jugendliche u. a. mit 14 Jahren die volle *Religionsmündigkeit* (d. h., sie können über die eigene Religionszugehörigkeit frei entscheiden) sowie eine bedingte *Strafmündigkeit*, Mädchen erlangen mit 16 Jahren eine bedingte *Ehemündigkeit*, alle Jugendlichen mit 16 Jahren die *Eidesmündigkeit*.

Münster [lat.] s (seltener: m), Stiftskirche, Dom.

Münster, Stadt in Nordrhein-Westfalen, mit 266 000 E. Die Universitätsstadt hat auch eine pädagogische Hochschule und Fachhochschulen. Alte Kirchen, darunter der Dom aus dem 13. Jh., gehören zu den Sehenswürdigkeiten, wie auch das gotische Rathaus, alte Häuser mit Laubengängen u. das fürstbischöfliche Schloß (18. Jh.; heute Universität). Die Industrie stellt Maschinen, Textil-, Leder-, Metallwaren u. a. her. M. besitzt Häfen am Dortmund-Ems-Kanal.

Müntzer (Münzer), Thomas, * Stolberg/Harz 1489 (?), † bei Mühlhausen 27. Mai 1525. Zuerst war M. katholischer Geistlicher, dann Anhänger Luthers. Als Prediger entwickelte er Ideen, die sich von Luthers reformatorischen Absichten bald unterschieden. Er ging davon aus, daß das Reich Gottes auf Erden verwirklicht werden müsse. Bald war er als aufrührerischer Geist verschrien, wurde aus mehreren Orten ausgewiesen und nahm Kontakt mit aufständischen Bauern auf. Er rief die Bauern Thüringens auf, sich dem Aufstand anzuschließen. Das Heer, dessen Anführer er war, wurde bei Frankenhausen am Kyffhäuser vernichtend geschlagen, er selbst gefangengenommen, grausam gefoltert u. enthauptet.

Münzen ↑Geld.

Mur w, linker Nebenfluß der Drau, 454 km lang; unterhalb Graz schiffbar.

Murmansk, sowjetische Hafenstadt u. Flottenstützpunkt (eisfreier Hafen) im Norden der Halbinsel Kola, mit 369 000 E. Reparaturwerften u. Fischereiindustrie sind die wirtschaftlichen Grundlagen der Stadt, die auch einige wissenschaftliche Institute (u. a. für Polarforschung) beherbergt.

Murmeltiere s, *Mz.*, Nagetiere aus der Familie der Erdhörnchen, die in Steppen, Hochsteppen und Wäldern vorkommen. Die umfangreiche Erdbauten anlegenden Bodenbewohner leben in Kolonien u. sind reine Pflanzenfresser. Ihre Nahrung halten sie beim

397

Musäus

Motorrad

Möwen. Heringsmöwe

Mufflon

Fressen mit den „Händen". Bei Gefahr pfeifen sie schrill u. durchdringend. Ihren Winterschlaf verbringen sie in tiefen, unterirdischen Bauten; Abb. S. 25 (Alpenmurmeltier).

Musäus, Johann Karl August, *Jena 23. März 1735, †Weimar 28. Oktober 1787, deutscher Schriftsteller. Am bekanntesten wurde seine Sammlung „Volksmärchen der Deutschen" (1782 bis 1787).

Muschelkalk ↑Erdgeschichte.
Muscheln [lat.] w, *Mz.*, Klasse der Weichtiere mit rund 8000 Arten. Ihr Körper ist symmetrisch u. wird von einer zweiteiligen Schale umschlossen. Die Schale trägt an ihrem oberen Rand oft ein „Schloß" aus ineinandergreifenden Zähnen u. Gruben. Durch zwei Schließmuskeln kann die Schale geschlossen werden. Einen Kopf haben die M. nicht. Ein fleischiger, beilförmiger Fuß an der Bauchseite dient zur Fortbewegung. Zu beiden Seiten des Körpers hängen Kiemen in die Mantelhöhle hinein. Sie sind mit Flimmerzellen besetzt u. saugen Wasser mit Nahrungsteilchen (Plankton) in die Mantelhöhle. M. sind träge, sich nur langsam bewegende Tiere, die entweder im Sand vergraben leben oder sich an Felsen, Mauern u. Pfählen festsetzen oder sich auch in Holz einbohren. Als menschliche Nahrungsmittel werden die Miesmuscheln u. die Herzmuschel geschätzt. Eine Delikatesse sind die Austern. Wichtig für die Schmuckindustrie ist v. a. die Seeperlmuschel. Schädlich für Schiffe u. Hafenanlagen, in deren Holz sie sich einbohren, sind Bohrmuschel u. Schiffsbohrwurm.

Musen [gr.] w, *Mz.*, in der griechischen Mythologie neun Töchter des Zeus, Schutzgöttinnen der Künste u. der Wissenschaften: *Erato* (Liebesdichtung), *Euterpe* (lyrische Poesie u. Gesang), *Kalliope* (erzählende Dichtkunst), *Klio* (Geschichtsschreibung), *Melpomene* (Trauerspiel), *Polyhymnia* (Hymnendichtung), *Terpsichore* (Tanz u. Chorgesang), *Thalia* (Lustspiel) u. *Urania* (Sternkunde).

Museum [gr.-lat.] *s*, Ausstellungsgebäude für Kunstwerke u. Kunstgewerbe, wissenschaftliche, historische u. technische Sammlungen.

Musical [mjusike^l; engl.] *s*, unterhaltendes Bühnenstück mit Musik, das durch Singspiel, Revue, Operette, z. T. auch vom Kabarett beeinflußt worden ist und darstellerische, tänzerische und musikalische Elemente verbindet. Entstanden ist das M. bereits im 19. Jh. in New York, im 20. Jh. hatte es dann durchschlagende Erfolge (u. a. „My fair Lady").

Musik [gr.] w, Tonkunst. Man unterscheidet: Instrumental- u. Vokalmusik (Gesangsmusik). Man kann andererseits auch zwischen Volks- u. Kunstmusik unterscheiden; ↑S. 400f.

musisch [gr.], künstlerisch, künstlerisch begabt.

Muskatnuß [mlat.; dt.] w, von Schale u. Samenmantel befreiter, getrockneter einziger großer Samen der walnußgroßen Frucht des Muskatnußbaumes, der in den Tropenländern angebaut wird. Die M. ist ein beliebtes Küchengewürz.

Muskelkater [lat.; dt.] *m*, Muskelschmerzen, die nach Überanstrengung der betroffenen Muskeln auftreten. Sie werden durch eine Ansammlung von Stoffwechselschlacken im Muskelgewebe, z. B. Milchsäure, hervorgerufen; auch feinste Risse im Muskelgewebe können die Ursache sein. Zur Behandlung sind Ruhe, Wärme u. Massagen geeignet.

Muskelkrampf [lat.; dt.] *m*, schmerzhafte Zusammenziehung eines Muskels oder einer Muskelgruppe; ↑Erste Hilfe.

Muskeln [lat.] *m*, *Mz.*, Organe aus Muskelgewebe, die der Bewegung des Körpers dienen. Das Muskelgewebe kann sich zusammenziehen, dehnt sich aber nicht aktiv. Deshalb gehört zu jedem Muskel ein Gegenmuskel (z. B. Bizeps u. Trizeps). Der Anstoß zum Zusammenziehen wird durch Nerven übermittelt. Die *Skelettmuskeln* der Wirbeltiere bestehen aus Muskelfaserbündeln, die durch Bindegewebsscheiden voneinander getrennt sind. Die Muskelfaserbündel werden gemeinsam von einer Muskelscheide umhüllt. Ein einzelnes Muskelfaserbündel besteht

MOTORSPORT

Weltmeister der Formel 1 wurde 1977 zum zweiten Mal Niki Lauda (Österreich) auf Ferrari

Motorradstraßenweltmeister in der 500-ccm-Klasse wurde 1975 Giacomo Agostini (Italien) auf Yamaha

Seitenwagenmaschine (Yamaha TTM/BEO-A-77) von Biland und Williams (Schweiz/Großbritannien) in einem Weltmeisterschaftslauf 1978

Motorrennboot

MUSIK
Deutsche Musiker und ihre Werke

Der Anfang der Geschichte der deutschen Musik ist mit den Namen einiger Mönche des 9. u. 10. Jahrhunderts verknüpft, die geistliche Gesänge komponierten. – Im 12. Jh. entwickelte sich nach französischen Vorbildern der deutsche Minnesang (Höhepunkt um 1200–1220). Die ↑Minnesänger waren zugleich Dichter, Komponisten u. vortragende Sänger ihrer Lieder. Besonders bekannt wurden *Walther von der Vogelweide* (um 1170–1230), *Hartmann von Aue* (2. Hälfte des 12. – Anfang des 13. Jahrhunderts), *Neidhart von Reuenthal* (1. Hälfte des 13. Jahrhunderts), später *Oswald von Wolkenstein* (um 1377–1445).

Die Kunst der Minnesänger ging mit ihren Formen in den Meistersang der bürgerlichen Singschulen über (↑ auch Meistersinger), dessen bedeutendster Vertreter *Hans Sachs* (1494–1576) war.

In einigen Liedersammlungen sind geistliche u. weltliche Lieder aus dem späteren Mittelalter erhalten geblieben. Besonders im 15., 16. u. zu Beginn des 17. Jahrhunderts entstanden neben ↑ Motetten u. Messen (↑ Messe 1) zahlreiche mehrstimmige deutsche Lieder. Einige Meister: *Heinrich Isaak* (um 1450–1517), *Paul Hofhaimer* (1459–1537) und *Michael Praetorius* (1571–1621), der führende Vertreter der evangelischen Kirchenmusik seiner Zeit.

Gleichzeitig mit den ersten Gesangbüchern der evangelischen Kirchen (Erfurter Enchiridien) gab *Johann Walter* (1496–1570) die erste mehrstimmige Vertonung evangelischer Kirchenlieder heraus. Das Vorwort stammt von *Martin Luther* (1483–1546), der großen Einfluß auf die Entwicklung des deutschen Kirchengesangs hatte.

Neben Heinrich Isaak wirkten im deutschen Raum zahlreiche andere Niederländer. Der bedeutendste von ihnen war *Orlando di Lasso* (um 1532–1594), Leiter der Münchner Hofkapelle, der alle Kompositionsformen seiner Zeit vollendet beherrschte.

Der erste einer langen Reihe deutscher Komponisten, der in Italien musikalische Bildung erwarb u. italienische Einflüsse in seinen Kompositionen zeigt, war *Hans Leo Haßler* (1564–1612), ein Schöpfer sowohl von Vokal- als auch Instrumentalwerken.

Die Instrumentalmusik trat in Deutschland verhältnismäßig spät in Erscheinung. Seit dem 15. Jh. entwickelte sich eine bedeutende Orgelkunst. Wichtige Orgelmeister waren *Samuel Scheidt* (1587–1654), *Dietrich Buxtehude* (1637? bis 1707) und *Johann Pachelbel* (1653–1706).

Herausragende Komponisten neben Scheidt waren Schein und Schütz.

Johann Hermann Schein (1586–1630), Kantor an der Leipziger Thomasschule, schuf v. a. Vokalkompositionen. Einer der bedeutendsten deutschen Komponisten der Zeit ist *Heinrich Schütz (1585–1672), der nach Musikstudien in Italien 1617* kursächsischer Hofkapellmeister in Dresden wurde. Er schrieb v. a. geistliche Vokalmusik, darunter Passionen u. „Die sieben Worte Jesu am Kreuze". In dieser Zeit, auch im Werk von Schütz deutlich, vollzog sich (von Italien ausgehend) der Übergang von der Polyphonie zur Monodie, d. h. vom mehrstimmigen Satz (selbständiger Verlauf jeder Stimme) zu einem Satz, in dem die Melodie führend ist und dieser eine Akkordbegleitung zugeordnet ist.

1627 wurde die erste deutsche Oper, „Dafne", geschaffen von Schütz und dem Dichter Martin Opitz, aufgeführt. Die Musik ist verschollen. Eifrige Pflege fand die Oper an den Fürstenhöfen: Am Kaiserhof in Wien wirkte *Johann Joseph Fux* (1660–1741), der neben Opern auch Messen u. Oratorien schrieb. Herrschte an den Fürstenhöfen die italienische Oper vor, so bemühte man sich an den bürgerlichen Opernhäusern der Städte um eine deutsche Oper. Am wichtigsten war die Hamburger Oper am Gänsemarkt, für die u. a. *Reinhard Keiser* (1674–1739) u. *Georg Philipp Telemann* (1681–1767) schrieben. Telemann war ein vielseitiger Komponist, der Opern sowie Passionen, Oratorien, Orchestersuiten, Kantaten, Kammermusik u. a. schuf.

Die großen Meister der ersten Hälfte des 18. Jahrhunderts sind neben Fux u. Telemann Bach u. Händel. Im Mittelpunkt des Schaffens von *Johann Sebastian Bach* (1685–1750) steht die Kirchenmusik: nahezu 200 erhaltene Kantaten, Choräle, Passionen (nach Johannes u. Matthäus), „Weihnachtsoratorium", Messe in h-Moll, Orgelwerke. Von Bach stammen ferner weltliche Kantaten, „Das Wohltemperierte Klavier" (zweimal 24 Präludien und Fugen), „Kunst der Fuge", Orchestersuiten, 6 „Brandenburgische Konzerte", Instrumentalkonzerte.

Georg Friedrich Händel (1685–1759) war von der italienischen Musik beeinflußt u. wandte sich der Oper („Julius Cäsar", „Xerxes") u. dem Oratorium zu („Der Messias"). Wie Bach hinterließ auch er kammermusikalische Werke u. Orchesterstücke („Wassermusik", „Feuerwerksmusik").

Neben den großen Meistern prägte v. a. die Mannheimer Schule, insbesondere mit dem aus Böhmen stammenden *Johann Stamitz* (1717–1757), das deutsche Musikleben des 18. Jahrhunderts.

Für die Entwicklung einer deutschen Oper war *Christoph Willibald Gluck* (1714–1787) von Bedeutung. Das Neue an seinen Opern („Orpheus und Eurydike", „Alceste", „Iphigenie auf Tauris") war die Verbindung der bisher streng gesonderten Teile der Oper (Rezitativ, Arie, Chor) zu einem einheitlichen Ganzen, die Einfachheit der Melodien an Stelle der mit Koloraturen verzierten Arien. Neben ihm war für die Entwicklung der deutschen Oper auch das deutsche Singspiel (mit gesprochenen Dialogen) wichtig, darunter „Doktor u. Apotheker" des Wieners *Karl Ditters von Dittersdorf* (1739–1799). Gegen Ende des 18. Jahrhunderts wurde Wien Mittelpunkt des musikalischen Schaffens.

Haydn, Mozart u. Beethoven sind die beherrschenden Erscheinungen der Wiener Klassik.

Joseph Haydn (1732–1809) gab den neuen Formen der Instrumentalmusik, dem Streichquartett, der Sinfonie, der Klaviersonate, ihre klassische Gestalt.

Neben seiner Kammer- u. Orchestermusik (107 Sinfonien, Instrumentalkonzerte) schuf er Oratorien („Die Schöpfung", „Die Jahreszeiten"), Opern, Messen, Lieder.

Wolfgang Amadeus Mozart (1756–1791) führte das deutsche Singspiel auf den Höhepunkt („Die Entführung aus dem Serail"), erreichte mit „Don Giovanni" einen ersten Gipfel der dramatischen Oper u. verband in der „Zauberflöte" komische u. ernste Oper. Weitere Opern sind: „Die Hochzeit des Figaro", „Così fan tutte". Von derselben Meisterschaft geprägt sind auch seine anderen Kompositionen: Chorwerke (Messen, Requiem), Arien, Lieder, 49 Sinfonien („Jupitersinfonie"), Serenaden („Eine kleine Nachtmusik"), Instrumentalkonzerte (für Klavier, Violine, Bläser), Kammermusik (Quintette, Quartette), Klavierwerke, Orgelwerke.

Ludwig van Beethoven (1770–1827), der aus Bonn nach Wien kam, war der Vollender der Wiener Klassik. Neu u. bedeutend an seinem Werk ist die in seinem Kompositionsstil u. -form sich erstmals ausdrückende Kraft einer einzig ihrem inneren Erleben folgenden Künstlerpersönlichkeit. Im Mittelpunkt seines Schaffens stehen die Orchesterwerke: 9 Sinfonien (besonders bekannt die 3. und die 6. mit den Bezeichnungen „Eroica" und „Pastorale" u. die 9. mit dem Schlußchor über Schillers Ode „An die Freude"); daneben: 5 Klavierkonzerte, 1 Violinkonzert, Ouvertüren, die Oper „Fidelio", Musik zu Goethes „Egmont", die „Missa solemnis", Kammermusik (Streichquartette), Klavierwerke, Lieder.

Franz Schubert (1797–1828) wurde zum Meister des deutschen romantischen Liedes. Er schuf über 600 Lieder (darunter die Zyklen „Die schöne Müllerin" und „Die Winterreise").

400

Musik (Forts.)

Manche von ihnen wurden so volkstümlich wie Volkslieder („Heidenröslein", „Das Wandern", „Der Lindenbaum"). Daneben entstanden Sinfonien, Opern u. Singspiele, Musik zu „Rosamunde", Messen, Kammermusik („Forellenquintett", Streichquartette), Klavierwerke (Sonaten, deutsche Tänze).

Neben dem Zentrum Wien erlebte in der Zeit der Romantik ganz Deutschland eine neue Blütezeit der Musik. *Carl Maria von Webers* (1786–1826) romantische Oper „Der Freischütz" brachte die Lösung von italienischen u. französischen Einflüssen. Weitere Werke Webers: die Opern „Euryanthe" und „Oberon", Orchesterwerke, Kammermusik, Klavierwerke, Lieder. Neben Weber sind zu nennen *Albert Lortzing* (1801–1851) mit den Opern „Zar und Zimmermann", „Der Wildschütz" u. seiner Zauberoper „Undine", ein Meister der deutschen komischen Oper, sowie *Friedrich von Flotow* (1812–1883) mit „Alessandro Stradella" u. „Martha", *Otto Nicolai* (1810–1849) mit der heiteren Oper „Die lustigen Weiber von Windsor".

Robert Schumann (1810–1856) kann man in seinem Liedschaffen als Nachfolger Schuberts ansehen. Im Mittelpunkt seines Werkes stehen jedoch Klavierkompositionen („Kinderszenen"). Er schuf auch Chor-, Orchesterwerke (4 Sinfonien, Konzerte) u. Kammermusik. Der vierte große Meister der Frühromantik neben Weber, Schubert und Schumann ist *Felix Mendelssohn-Bartholdy* (1809–1847). Von ihm stammen Orchesterwerke (5 Sinfonien, Ouvertüren, Instrumentalkonzert), Schauspielmusiken, darunter die Musik zu Shakespeares „Sommernachtstraum", Kammermusik, Klavier- u. Gesangswerke.

Franz Liszt (1811–1886) schuf v.a. Klavierwerke (Rhapsodien, Etüden, 2 Klavierkonzerte). Bekannt sind auch seine sinfonischen Dichtungen („Les préludes").

Unter den vielen Musikern, die Liszt tatkräftig förderte, war auch *Richard Wagner* (1813–1883), bei dem das musikdramatische Schaffen im Vordergrund steht. Sein Ziel war das Gesamtkunstwerk: Musik, Dichtung u. Bühnenbild sollten zu einer Einheit verschmelzen. Seine großen Bühnenwerke, zu denen er selbst die Texte schrieb, sind: „Der Fliegende Holländer", „Tannhäuser", „Lohengrin", „Der Ring des Nibelungen" (4 Teile: „Das Rheingold", „Die Walküre", „Siegfried", „Götterdämmerung"), „Tristan und Isolde", „Die Meistersinger von Nürnberg", „Parsifal". Besonders interessante Aufführungen dieser Werke sind alljährlich die von Wagner selbst begründeten Bayreuther Festspiele. In der Nachfolge Wagners standen *Peter Cornelius* (1824–1874) mit der komischen Oper „Der Barbier von Bagdad", *Engelbert Humperdinck* (1854–1921) mit der Märchenoper „Hänsel und Gretel", *Eugen d'Albert* (1864–1932), der durch die veristische „wirklichkeitsnahe" Oper „Tiefland" bekannt wurde. Auch *Hugo Wolf* (1860–1903), der fast ausschließlich Lieder (rund 300) komponierte, war Wagner-Nachfolger. Die Neuromantiker Bruckner u. Brahms waren die großen Sinfoniker der 2. Hälfte des 19. Jahrhunderts. In *Anton Bruckners* (1824–1896) 9 Sinfonien, den Messen u. dem Tedeum entstand ein Gesamtwerk von gewaltiger Eindringlichkeit, in dem sich tiefe Gläubigkeit ausdrückt. Es ist, wie auch das Werk von *Johannes Brahms* (1833–1897), noch von den Formen der Klassik bestimmt. Brahms schrieb neben 4 Sinfonien Instrumentalkonzerte, Chorwerke (u.a. „Ein deutsches Requiem"), Kammermusik, Klavierwerke u. Lieder.

Im 19. Jh. war Wien das Zentrum der Komposition von Unterhaltungsmusik. Es entstanden Walzer, Märsche u. Operetten, geschaffen von *Joseph Lanner* (1801–1843), *Johann Strauß (Vater)* (1804–1845), *Johann Strauß (Sohn)* (1825 bis 1899), dem Komponisten der Operetten „Die Fledermaus", „Der Zigeunerbaron", „Eine Nacht in Venedig", *Franz von Suppé* (1819–1895), *Karl Millöcker* (1842–1899), *Carl Zeller* (1842–1898). Zu Beginn des 20. Jahrhunderts eröffnete *Franz Lehár* (1870–1948) mit seinen Operetten („Die lustige Witwe", „Der Graf von Luxemburg", „Das Land des Lächelns") eine neue Glanzzeit für diese Gattung. In Berlin wirkte *Paul Lincke* (1866–1946).

In der Nachfolge Brahms' schuf *Max Reger* (1873–1916) Orgel- u. Klavierwerke, Kammermusik, Orchester- u. Vokalwerke. Zu den Neuromantikern zählen noch *Gustav Mahler* (1860–1911), der 10 Sinfonien, Gesangswerke mit Orchesterbegleitung („Lieder eines fahrenden Gesellen", „Kindertotenlieder") u. Lieder schuf, *Richard Strauss* (1864–1949), bedeutend als Sinfoniker (sinfonische Dichtungen „Don Juan", „Till Eulenspiegels lustige Streiche", „Ein Heldenleben") und Musikdramatiker (Opern „Salome", „Elektra", „Der Rosenkavalier", „Ariadne auf Naxos", „Arabella", fast alle in Zusammenarbeit mit dem Dichter Hugo von Hofmannsthal), und *Hans Pfitzner* (1869–1949) mit Kammermusik, Orchester- und Bühnenwerken („Palestrina").

Den Übergang von der Neuromantik zur Moderne bildet die Wiener Schule, die um *Arnold Schönberg* (1874–1951) entstand. Schönberg darf als eigentlicher Schöpfer der ↑Zwölftonmusik angesehen werden. Zu seinen Schülern gehörten *Alban Berg* (1885–1935; Opern „Wozzeck" u. „Lulu", Violinkonzert) u. *Anton von Webern* (1883–1945). *Ernst Křenek* (*1900) gelangte zu einer Zwölftontechnik eigener Prägung u. zur ↑seriellen Musik. Er schrieb die Jazzoper „Jonny spielt auf".

Paul Hindemith (1895–1963) war Gegenspieler der Wiener „Zwölftöner". Auch er verwendete eine Art Zwölftontechnik, betonte aber mehr als die Wiener die strenge, gesetzmäßige Richtung. Mit der Hinwendung zum ↑Kontrapunkt griff er auch alte Formen wieder auf. Werke: Opern („Mathis der Maler", „Die Harmonie der Welt"), Kammermusik, Lieder, Chöre, Konzerte, sinfonische Werke.

Die Wiederentdeckung alter Musik u. Volksmusikelemente spielen auch bei *Carl Orff* (*1895) eine große Rolle. Einige Werke: „Carmina Burana", die Märchenopern „Der Mond" u. „Die Kluge". Bühnenkomponist ist auch *Werner Egk* (*1901) mit seiner Märchenoper „Die Zaubergeige".

Weitere Vertreter der Moderne: *Boris Blacher* (1903–1975), *Hermann Reutter* (*1900), der Österreicher *Gottfried von Einem* (*1918) mit seiner Oper „Dantons Tod", *Karl Amadeus Hartmann* (1905–1963), *Wolfgang Fortner* (*1907).

Nach dem 2. Weltkrieg wurde die Schönberg-Schule zur ↑seriellen Musik u. elektronischen Musik weiterentwickelt, u.a. von *Karlheinz Stockhausen* (*1928). *Hans Werner Henze* (*1926) und *Giselher Klebe* (*1925) fanden eigene Wege im Rahmen der Moderne, beide wurden auch als Komponisten von Opern bekannt.

* * *

Muslim

aus vielen Muskelfasern, die wiederum aus vielen Muskelfibrillen (fadenförmig angeordnete Eiweißmoleküle) aufgebaut sind.

Muslim [arab.] *m*, fachsprachlich gebraucht für: ↑Moslem.

Mussolini, Benito, *Predappio (Provinz Forlì) 29. Juli 1883, †Giulino di Mezzegra (Provinz Como) 28. April 1945, italienischer Politiker. Begründer u. Führer („Duce") der faschistischen Partei (↑Faschismus 1). Als Ministerpräsident (1922–43) errichtete er in Italien eine Diktatur. Nach der Kapitulation Italiens im 2. Weltkrieg wurde er von italienischen Partisanen erschossen; ↑auch Italien, Geschichte.

Mustang [span.] *m*, verwildertes, auch halbwild gehaltenes Pferd der nordamerikanischen Prärie.

Musterung *w*, ärztliche Untersuchung auf Tauglichkeit für den Wehrdienst.

Mutation [lat.] *w*: **1)** eine sprunghafte Veränderung im Erbgefüge einer Zelle. Erkennbar wird sie in Stoffwechselvorgängen oder/und im Aussehen (z. B. Blutbuche: rote Blätter). Eine M. kann von selbst (spontan) eintreten oder durch bestimmte Faktoren (z. B. bestimmte Bestrahlungen, Chemikalien) hervorgerufen werden, die auf das Erbgut einwirken u. es verändern; **2)** Stimmbruch.

Mutterkorn *s*, schwarzviolettes Pilzfadengeflecht im Fruchtknoten u. Korn von Getreide. Es wird vom Mutterkornpilz gebildet. Das M. enthält Giftstoffe. Mit den Körnern können diese ins Mehl u. ins Brot gelangen. Sie rufen eine schwere Erkrankung hervor, die sich durch Kribbeln in den Gliedern u. Nervenkrämpfe äußert. Bei der Geburtshilfe werden die Giftstoffe als Wehenmittel eingesetzt.

Muttermal *s*, eine angeborene, fleckenförmige Fehlbildung in der Haut. Das M. kann durch Farbstoffeinlagerung dunkel aussehen oder auch bläulichrot. Oft überragt es die übrige Haut; mitunter ist es behaart.

mykenische Kultur *w*, die Kultur der Bronzezeit (etwa 1570 bis 1150 v. Chr.) auf dem griechischen Festland, benannt nach *Mykene*, einem antiken Königssitz (heute Ruinenstätte) auf der Peloponnes. Aus dieser Epoche stammen Palastanlagen, zum Teil mit gewaltigen Befestigungen (Mykene, Tiryns, Troja), ferner von Kreta beeinflußte Wandmalereien, Schacht- u. Kuppelgräber sowie kostbare Grabbeigaben (goldene Totenmasken, Waffen, Goldschmuck u. a.). Die m. K. spiegelt sich zum Teil noch in den Epen Homers wieder.

Myriaden [gr.] *w*, *Mz*., unzählig viele ..., ungezählte große Menge.

Myrte [semit.] *w*, Gattung immergrüner Bäume oder Sträucher mit kleinen, ledrigen Blättern. Die Blüten stehen einzeln oder in Trauben. Die Zweige der *Gemeinen M.* (*Brautmyrte*) eines

Myrte. Gemeine Myrte

Mykenische Kultur. Goldene Totenmaske (links) und Löwentor in Mykene

1–5 m hohen Strauches im Mittelmeergebiet, werden bei uns als Brautschmuck verwendet. Außerdem liefert sie ein Heilmittel gegen Erkrankungen der Atemwege.

Mystik [gr.; = Geheimlehre] *w*, eine besondere Form der Religiosität: das Bestreben gläubiger Menschen, durch Abkehr von allem Äußeren, durch Hingabe u. Versenkung in die eigene Seele eine unmittelbare, persönliche Vereinigung mit Gott zu erreichen. M. gibt es in fast jeder Religion. Deutsche Mystiker des Mittelalters waren Meister Eckhart, Johannes Tauler u. Heinrich Seuse. – Das Wort *mystisch* (= zur M. gehörig) bedeutet auch „dunkel, geheimnisvoll".

Mythologie [gr.] *w*, Gesamtheit mythischer Vorstellungen (↑Mythos) eines Volkes (z. B. griechische Mythologie), aber auch die wissenschaftliche Erforschung u. die Deutung der Mythen.

Mythos [gr.] *m*, eine Aussage, die letztgültig sein soll u. die Existenz u. Geschichte der Welt wie des Menschen auf das Handeln von Gottheiten zurückführt, auf deren Wirken im Himmel, auf der Erde, bei ihrer Begegnung mit den Menschen, u. in der Unterwelt. Der M. erhellt den Grund aller Erscheinungen des Daseins.

N

N: 1) 14. Buchstabe des Alphabets; **2)** Abkürzung für: Norden; **3)** chemisches Symbol für: Stickstoff (Nitrogenium); **4)** Einheitenzeichen für: ↑Newton.

Nabe *w*, der innerste Teil eines Rades, durch den die Achse verläuft.

Nachrichtensatellit [dt.; lat.] *m*, künstlicher ↑Erdsatellit, mit dessen Hilfe Funksignale über große Entfernungen übertragen werden können. Er dient zur Übermittlung von Fernseh- und Rundfunkprogrammen, von Telefongesprächen u. ä. Passive Nachrichtensatelliten reflektieren dabei lediglich die auf sie treffenden Funksignale (Echowirkung). Aktive Nachrichtensatelliten dagegen empfangen die Funksignale, verstärken sie u. senden sie in der gewünschten Richtung auf die Erde zurück. Besonders gut geeignet für die Nachrichtenübermittlung sind die sogenannten Synchronsatelliten. Das sind künstliche Erdsatelliten, deren Umlaufzeit um die Erde genau 24 Stunden beträgt. Sie bewegen sich also genauso schnell, wie sich die Erde um ihre Achse dreht; für den Betrachter stehen die Synchronsatelliten scheinbar bewegungslos am Himmel.

Nähmaschine

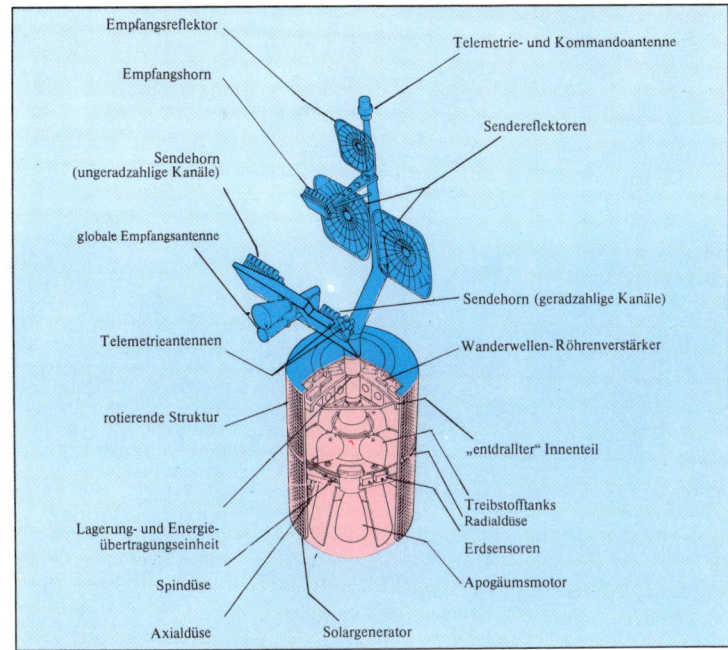

Nachrichtensatellit. Intelsat IV A mit seinen Hauptbestandteilen

Nachtigall

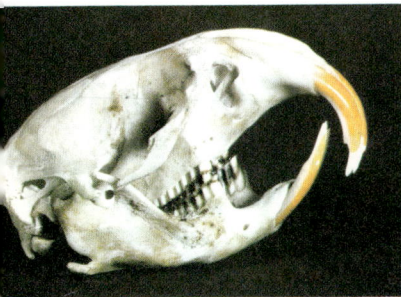

Nagetiere. Gebiß einer Schermaus

Nachsilbe *w* (lat. Suffix), eine sich an den Wortstamm anschließende Silbe, die als selbständiges Wort nicht mehr vorkommt (z. B. -heit, -ung, -lich in Weis*heit*, Prüf*ung*, fröh*lich*), oder ein Wort, das an ein anderes angefügt wird u. in dieser Verbindung in seiner Bedeutung verblaßt (Halbsuffix) (z. B. -weise, -voll, -freundlich in stellen*weise*, wunder*voll*, haut*freundlich*). Mit Hilfe von Nachsilben werden von bereits vorhandenen Wörtern neue Wörter abgeleitet; ↑ auch Vorsilbe.

Nachtarbeit *w*, Berufsausübung zwischen 20 Uhr u. 6 Uhr, wenn diese Zeit nicht, wie bei Schichtarbeit, die normale Arbeitszeit ist. N. ist nur in bestimmten Berufszweigen gestattet u. meist nur zu genau festgelegten Zeiten. Strenges Verbot von N. gilt v. a. für Jugendliche u. Frauen, doch gibt es auch hier Ausnahmen.

Nachtblindheit *w*, Unvermögen, bei Dunkelheit zu sehen. N. kann u. a. auf Vitamin-A-Mangel zurückzuführen sein.

Nachtigall *w*, etwa sperlinggroßer, hochbeiniger, oberseits graubrauner, unterseits bräunlichweißer Singvogel mit braunrotem Schwanz. Die N. lebt meist versteckt in Laubwäldern, in dichten Büschen. Berühmt ist die N. wegen ihres abwechslungsreichen und wohltönenden Gesangs, der meistens nachts u. frühmorgens erklingt.

Nachtschattengewächse *s, Mz.*, Pflanzenfamilie mit etwa 2 300 Arten, die hauptsächlich in Amerika vorkommen. Es sind meist krautige oder holzige Pflanzen. Viele unter ihnen sind wichtige Nutzpflanzen, z. B. Kartoffel, Tabak, Paprika u. Tomate. Alle N. enthalten ↑ Alkaloide, die oft giftig sind. Giftpflanzen sind z. B. das *Bilsenkraut*, der *Schwarze Nachtschatten* (mit weißen Blüten u. schwarzen Beeren), der *Stechapfel* u. die *Tollkirsche*. Aber auch Zierpflanzen wie z. B. die Judenkirsche u. die Petunie gehören zu dieser Familie.

Nachtwandeln ↑ Schlafwandeln.

Nacktsamer *m, Mz.*, Holzgewächse, deren Samenanlagen (im Gegensatz zu den Bedecktsamern) offen an den Fruchtblättern sitzen. Die N. bilden mit den ↑ Bedecktsamern die Abteilung der Samen- oder Blütenpflanzen. N. sind u. a. die Nadelhölzer.

Nadelhölzer *s, Mz.* (Koniferen), Klasse nacktsamiger Pflanzen, die weltweit verbreitet sind. Sie haben sich hauptsächlich auf der nördlichen Halbkugel stark entwickelt. N. sind reichverzweigte Bäume, auch Sträucher mit sehr vielen kleinen, meist nadelförmigen Blättern. Die weiblichen Blüten werden oft zu holzigen Zapfen. N. sind wichtige Nutzhölzer (Bau- u. Werkhölzer) u. Zierbäume. Bekannt sind z. B. Fichte, Kiefer, Tanne, Eibe, Lärche, Zypresse u. Wacholder. – Abb. S. 404.

Nagasaki, bedeutende japanische Hafenstadt an der Westküste von Kiuschu, mit 450 000 E. Sitz einer Universität u. Industriezentrum (Schiffbau, Maschinenindustrie, in der Nähe Kohlenbergwerke). Der Friedenspark u. zahlreiche Kulturinstitute erinnern an die Atombombenexplosion am 9. 8. 1945, die N. zum größten Teil zerstörte. N. war von 1641 bis 1857 der einzige für das Ausland offene japanische Hafen.

Nagetiere *s, Mz.*, Ordnung der Säugetiere mit über 1 800 weltweit verbreiteten Arten. Meist sind sie maus- bis schweinegroße Pflanzenfresser. Kennzeichen ist das Nagetiergebiß mit je einem Paar scharfer, meißelartiger, leicht gebogener, ständig wachsender Schneidezähne (*Nagezähne*) im Ober- u. Unterkiefer. Die Eckzähne fehlen. Da N. sich sehr schnell u. sehr zahlreich vermehren, werden sie oft schädlich. Viele sind wichtige Pelztiere, z. B. Hamster, Biberratte, Chinchilla. Andere, wie Meerschweinchen, weiße Mäuse, Ratten, spielen als Versuchstiere eine große Rolle.

Nahe *w*, linker Nebenfluß des Rheins, 116 km lang. Die N. entspringt bei Sankt Wendel u. mündet bei Bingen. Das Nahetal ist ein bekanntes Weinanbaugebiet.

Nähmaschine [dt.; frz.] *w*, eine Vorrichtung, mit der Nähte schnell u. gleichmäßig hergestellt werden können. Ein von einer auf- u. abbewegten Nadel mitgeführter Oberfaden wird dabei mit einem Unterfaden, der sich auf einer Spule unterhalb des Nähmaschinen-

403

Nahostkonflikt

Nadelhölzer mit ihren Fruchtständen. 1 Weiß- oder Edeltanne, 2 Fichte, 3 Kiefer, 4 Lärche

tisches befindet, verschlungen. Ein Transporteur bewegt den Stoff nach jedem Stich um eine Stichlänge weiter. Der Antrieb erfolgt durch Tretkurbel oder Elektromotor. – Abb. S. 406.

Nahostkonflikt ↑Israel, ↑ägyptische Geschichte, ↑Palästina.

Naht w, beim Vernähen zweier Stoffteile entsteht eine N. Auch die Verbindung von Metallteilen durch Schweißen, Kleben, Löten oder Nieten nennt man N., ebenso die chirurgisch durch Nähen oder Klammern vorgenommene Vereinigung von Wundrändern, Nerven und Gefäßen.

Nairobi, Hauptstadt von Kenia, mit 650 000 E die größte Stadt Ostafrikas. N. liegt 1 670 m ü. d. M. Es ist Sitz einer Universität u. das bedeutendste Verkehrs-, Handels- u. Verwaltungszentrum Ostafrikas.

naiv [frz.]: **1)** natürlich, kindlich, unbefangen, arglos; **2)** einfältig, töricht.

Namenstag m, bei den Katholiken die Feier am Fest des Heiligen, dessen Namen man trägt.

Namibia (Südwestafrika), von der Republik Südafrika verwaltetes Treuhandgebiet im südwestlichen Afrika, mit 823 168 km² mehr als dreimal so groß wie die Bundesrepublik Deutschland, mit 890 000 E. Die Hauptstadt ist *Windhuk* (76 000 E). Den größten Anteil der Bevölkerung bilden mit 64 % die verschiedenen Bantuvölker, es folgen die Weißen mit 12 % (von diesen sprechen rund 66 % Afrikaans, 24 % Deutsch u. 8 % Englisch als Muttersprache; alle drei Sprachen sind offizielle Landessprachen, ferner Bergdama, Hottentotten, Buschmänner u. Mischlinge. Von der Küstenwüste Namib steigt das Land steil zur inneren Hochfläche an. Sie geht in die weiten Ebenen des Nordens, Nordostens und Ostens über. Die Vegetationszonen des Landesinneren reichen von der Halbwüste im Süden über Dorn- und Trockensavannen bis zu Feuchtsavanne und Trockenwald im regenreicheren Norden. Da die Niederschläge sehr unregelmäßig fallen, spielt die Wasserwirtschaft (Staudämme, Bewässerungssysteme) eine entscheidende Rolle. In der Landwirtschaft wird v. a. Viehzucht betrieben (Rinder u. Karakulschafe); im Norden geringer Ackerbau mit künstlicher Bewässerung. Die Fischerei ist einer der wichtigsten Wirtschaftszweige. N. besitzt bedeutende Bodenschätze, v. a. Diamanten (hauptsächlich Schmuckdiamanten), außerdem Kupfer, Blei, Zink. Die Industrieproduktion ist sehr gering (Fisch- u. Fleischkonserven). – Das ehemalige deutsche Schutzgebiet (seit 1884/85) kam 1919 als Mandat des Völkerbundes unter südafrikanische Verwaltung u. erhielt 1977 einen Sonderstatus. Der Verfassungsplan der aus Vertretern der elf ethnischen Gruppen gebildeten „Turnhallen-Konferenz", der die Herrschaft der weißen Minderheit durch eine Regierung aus Vertretern aller ethnischen Gruppen ersetzen will, wird von Südafrika unterstützt, von den UN, der OAU u. der SWAPO (Abkürzung für: *South West African Peoples Organization*; die den bewaffneten Kampf will) abgelehnt.

Namur [namür], belgische Provinzhauptstadt an der Mündung der Sambre in die Maas, mit 31 000 E. Aus dem 18. Jh. stammen Kathedrale, Provinzialpalast u. Festung. N. hat Stahlwaren- u. Glasindustrie. – N. entwickelte sich im 11. Jh. zur Stadt; bis 1866 bedeutende Festung.

Nancy [nangßi], ostfranzösische Stadt in Lothringen, mit 107 000 E, an der Meurthe u. am Rhein-Marne-Kanal gelegen. N. hat 2 Universitäten u. ist reich an bedeutenden historischen Bauten, die aus der Zeit stammen, als N. Hauptstadt Lothringens war (Église des Cordeliers mit Grablege des herzoglichen Hauses, ehemaliger Herzogspalast, Place Stanislas, Rathaus, alte Stadttore). Eisen-, Stahl- u. Textilindustrie sind die wichtigsten Industriezweige der auch als Handelszentrum bedeutenden Stadt.

Nanga Parbat m, höchster Gipfel des westlichen Himalaja, im pakistanischen Teil Kaschmirs gelegen, 8 126 m hoch. Seit 1932 wurden deutsche Expeditionen unternommen. Die Erstbesteigung gelang Hermann Buhl 1953.

Nanking, bedeutende chinesische Hafenstadt am Unterlauf des Jangtsekiang, mit 1,8 Mill. E. Sitz einer berühmten Universität, einer technischen Universität u. wichtiges Handels- und Industriezentrum (u. a. Eisen-, Stahl-, Maschinen-, chemische, Zementindustrie, Textilfabrikation). N. bedeutet „südliche Hauptstadt" (im Gegensatz zum nördlichen Peking). – Die Stadt war bis 1421 Hauptstadt u. Residenz der Kaiser der Mingdynastie, 1911/12 Sitz der Revolutionsregierung, 1928–37 Hauptstadt Chinas (Nationalregierung).

Nansen, Fridtjof, * Gut Store Frøn (heute zu Oslo) 10. Oktober 1861, † Lysaker (heute zu Bærum bei Oslo) 13. Mai 1930, norwegischer Polarforscher u. Diplomat. N. durchquerte als erster Grönland von Osten nach Westen, drang mit seinem Schiff „Fram" ins Packeis des Nordpolarmeeres vor u. dann mit Schlitten u. auf Skiern bis über den 86. Grad nördlicher Breite. Dabei wies er die ↑Drift des Polareises nach. Als Oberkommissar des Völkerbundes leitete er nach dem 1. Weltkrieg die Heimkehr Kriegsgefangener aus Rußland. Er organisierte Hilfsaktionen für die unter Hungersnot leidende Bevölkerung der UdSSR. 1922 wurde auf seine Anregung der Nansenpaß als Ausweis für Staatenlose geschaffen. 1922 erhielt N. den Friedensnobelpreis. Von seinen Büchern sind am bekanntesten: „In Nacht u. Eis" (deutsch 1897) u. „Auf Schneeschuhen durch Grönland" (deutsch 1891).

Nantes [nangt], nordwestfranzösische Hafenstadt, mit 254 000 E. Die Stadt hat eine Universität u. eine Hochschule für Maschinenbau. Die historisch bedeutende Stadt (das *Edikt von N.* sicherte die Rechtsstellung der Hugenotten) zeigt zahlreiche alte Bauten (spätgotische Kathedrale, ehemaliges herzogliches Schloß, Stadthäuser des 16. u. 17. Jahrhunderts). N. ist durch einen Seekanal mit dem Vorhafen Saint-Nazaire verbunden u. ein wichtiges Industrie- u. Umschlagszentrum (u. a. Nahrungsmittel-, Eisen-, Stahl-, Maschinenindustrie.

Napalm ⓦ [Kunstwort] s, gelartige Brandmittel, die besonders durch die Anwendungsform der Napalmbomben bekannt geworden sind. Das N. ver-

Fridtjof Nansen

Napoleon I.

Gamal Abd el Nasser

brennt infolge seiner Zähflüssigkeit nur auf einer begrenzten Fläche u. hat dort infolge seiner konzentrierten Hitzeentwicklung (2000 °C u. mehr) verheerende Wirkungen.

Naphthalin [pers.-gr.] s, ein Kohlenwasserstoff ($C_{10}H_8$), der in großen Mengen im Steinkohlenteer enthalten ist u. aus diesem durch Destillation gewonnen wird. N. ist ein überaus vielseitiger Ausgangsstoff in der organisch-chemischen Industrie.

Napoleon I., ursprünglich Napoleone Buonaparte, später Napoléon Bonaparte, * Ajaccio (Korsika) 15. August 1769, † Longwood (St. Helena) 5. Mai 1821, Kaiser der Franzosen (1804 bis 1814 bzw. 1815). N. war der berühmteste Feldherr seiner Zeit. Der gebürtige Korse besuchte die französische Militärschule, zeichnete sich aus u. wurde schon 1793 zum General befördert. 1796 erhielt er den Oberbefehl in Italien. Damals stand halb Europa in Waffen gegen das revolutionäre Frankreich. In einem ruhmreichen Feldzug warf N. Österreich nieder u. zwang es zum Frieden (1797); er wurde als Retter Frankreichs gefeiert. 1798 u. 1799 kämpfte er in Ägypten gegen England. Nach seiner Rückkehr nach Paris durch einen Staatsstreich (1799) Erster Konsul geworden, übernahm N. die diktatorische Gewalt. Der siegreich beendete 2. Koalitionskrieg brachte Frankreich den Gewinn aller linksrheinischen deutschen Gebiete. 1804 ließ sich N. zum Kaiser krönen, 1805 zum König von Italien. Neue Bündnisse seiner Gegner zwangen ihn zu neuen Feldzügen. Bei Trafalgar erlitt seine Flotte eine Niederlage durch Nelson; N. konnte jedoch in der Dreikaiserschlacht (1805) bei Austerlitz den Zaren von Rußland u. den Kaiser von Österreich schlagen. Danach baute er seine Macht weiter aus: Er erhob seine Brüder zu Königen eroberter Gebiete u. veranlaßte die Gründung des ↑Rheinbundes; damit schieden mehrere deutsche Fürsten aus dem Verband des Reiches aus. Nach der Niederwerfung Preußens 1806/07 (Doppelschlacht bei Jena u. Auerstedt) u. dem Friedensschluß mit Rußland war N. Herr des europäischen Festlands bis zur russischen Grenze. 1810 vermählte er sich nach Scheidung von seiner ersten Gattin Joséphine de Beauharnais mit der Tochter Kaiser Franz' I. von Österreich, Marie Louise. Um den Handel Englands zu treffen, erließ er die ↑Kontinentalsperre. 1812, als der Zar sich der Sperre nicht fügte, begann Napoleons Feldzug gegen Rußland. Der Marsch nach Moskau, der Brand der Stadt, die Vernichtung u. Auflösung der „Großen Armee" auf dem Rückzug in der Kälte des Winters (Übergang über die Beresina) führten zum Zusammenbruch der Napoleonischen Macht u. zu den ↑Befreiungskriegen. 1813 siegten die verbündeten Österreicher, Preußen u. Russen in der Völkerschlacht bei Leipzig. N. wurde 1814 zur Abdankung gezwungen, die Fürstentum Elba (Insel) wurde ihm als Aufenthalt zugewiesen. Von dort gelang ihm 1815 die Flucht nach Frankreich, wo er die „Herrschaft der 100 Tage" errichtete, die durch den Sieg Blüchers u. Wellingtons bei Waterloo (Belle-Alliance) beendet wurde. N. wurde nach dem Einmarsch der Verbündeten in Paris erneut verbannt, diesmal auf St. Helena im Atlantischen Ozean. Folgen seines Wirkens waren die Ausbreitung der Ideen der Französischen Revolution u. des modernen Staatsgedankens.

Narbe w: 1) nach dem Wundverschluß gebildetes Hautgewebe, unelastisch gewordenes Bindegewebe, das wenig Gefäße besitzt u. keine Drüsen, Haare u. Nerven enthält; 2) oberster Teil des Stempels (mit klebriger Oberfläche) der höheren Pflanzen. Die N. nimmt den Blütenstaub auf.

Narkose, [gr.] w, vorübergehender Zustand einer Lähmung des Zentralnervensystems nach Gabe eines Narkosemittels (Betäubungsmittel). Man unterscheidet verschiedene Arten der Narkose (z. B. durch Einatmen oder Injektion). – ↑auch Anästhesie.

Narses, * in Armenien um 480, † Rom 574, Feldherr Kaiser Justinians I. 551 wurde er Oberbefehlshaber in Italien. Er besiegte 552 die Ostgoten unter Totila u. Teja.

Narvik, norwegische Hafenstadt am inneren Ofotenfjord, mit 19 000 E. Der Hafen ist das ganze Jahr eisfrei. Hier werden die schwedischen Eisenerze aus Kiruna u. Gällivare verschifft.

Narzisse [gr.] w, Gattung der Amaryllisgewächse mit etwa 20 Arten in Mitteleuropa u. im Mittelmeergebiet. Die Zwiebelpflanzen tragen einzelne oder mehrere Blüten mit einer Nebenkrone im Innern der Blüte. Bei uns gedeihen hauptsächlich die *Gelbe* N. (Osterglocke) mit gelber Blütenhülle u. langer Nebenkrone. Die *Weiße* N. ist wohlriechend u. trägt eine kurze Nebenkrone mit rotem Rand. Ihre Zwiebel ist giftig. – Abb. S. 406.

NASA, Abkürzung für: **N**ational **A**eronautics and **S**pace **A**dministration, die zivile Nationalbehörde der USA für Luftfahrt u. Weltraumforschung.

Nase w, Geruchsorgan der Wirbeltiere, bei höheren Wirbeltieren u. dem Menschen auch Teil des Atmungsweges. Die N. besteht aus den Nasenbein, dem Nasenknorpel u. der Nasenscheidewand, die die beiden Nasenhöhlen voneinander trennt. Ihr Inneres wird von einer Schleimhaut bedeckt, die die N. feuchthält, während Härchen Staub u. kleine Fremdkörper, die mit der Luft eindringen, auffangen. Gleichzeitig wird in der N. die Atemluft auf Körpertemperatur vorgewärmt. Dem Geruchssinn dienen Riechzellen im oberen Teil der Nase.

Nashörner s, Mz. (Rhinozerosse), Familie pflanzenfressender Unpaarhufer in den Steppen Afrikas u. Asiens; etwa 2–4 m lang, bis 3,6 t schwer; sie sind sehr groß, plump, fast haarlos, haben panzerartige Beine. Am Vorderkopf tragen sie ein oder zwei Hörner. Etwa 40 Zentner schwer wird das *Panzernashorn* Indiens mit großen Panzerplatten. Das *Spitzmaulnashorn* lebt in Afrika u. trägt 2 Hörner. Das *Breitmaulnashorn* (auch in Afrika) ist mit rund 4 m Länge, 2 m Schulterhöhe u. einem 1 m langen Vorderhorn nach dem Elefanten das größte Landsäugetier der Erde.

Nasser, Gamal Abd el, * Bani Murr (Asjut) 15. Januar 1918, † Kairo 28. September 1970, ägyptischer Staatsmann. Er beteiligte sich 1952 an der Beseitigung der Königsherrschaft in Ägypten, wurde Ministerpräsident, dann ägyptischer Staatspräsident und 1958 Staatsoberhaupt der Vereinigten Arabischen Republik (↑ägyptische Geschichte). Politisch erstrebte er die Einigung der arabischen Völker, Unabhängigkeit von den Machtblöcken in Ost u. West u. die Vernichtung Israels. Den wirtschaftlichen Aufbau seines Landes suchte er mit sozialistischen Methoden voranzutreiben.

Nation [lat.] w, eine soziale Großgruppe, die aufgrund ihrer gemeinsamen Geschichte u. Kultur sowie eines

Nationaldemokratische Partei Deutschlands

gemeinsamen Wohngebiets miteinander verbunden ist. Gemeinsame Sprache, Religion u. Rechtsordnung sind wesentliche Merkmale wie auch das Bewußtsein der Besonderheit gegenüber anderen Nationen. Auf dem *Nationalbewußtsein* beruht der sich im 19. Jh. entwickelnde Nationalstaatsgedanke. In dem Wort *Nationalität*, das im innerstaatlichen Recht Volks- bzw. Staatszugehörigkeit, im Völkerrecht hingegen eine ethnische Minderheit innerhalb eines Staates meint, erweist sich der Zwiespalt von *Staatsnation* u. *ethnischer Nation*. Einen Staat, dem mehrere Völker angehören (z. B. die UdSSR), nennt man einen Nationalitätenstaat.

Nationaldemokratische Partei Deutschlands ↑NPD.

Nationalhymnen [lat.; gr.] *w*, *Mz.*, seit dem frühen 19. Jh. aus Kampfliedern oder vaterländischen Gesängen entwickelte Lieder, die als Ausdruck des nationalen Selbstverständnisses gelten. Sie werden bei feierlichen Anlässen gesungen oder gespielt. In der Bundesrepublik Deutschland ist die Nationalhymne das Deutschlandlied, von dem die dritte Strophe gesungen wird: „Einigkeit und Recht und Freiheit", in Österreich: „Land der Berge, Land am Strome", in Frankreich die ↑Marseillaise, in Großbritannien „God save the King" (bzw. „the Queen").

Nationalismus [lat.] *m*, eine auf die ↑Nation als wichtigsten Wert bezogene Ideologie, die die Angehörigen einer Nation verbindet u. sie von anderen Nationen abgrenzt. Der N. ist weder an bestimmte Gesellschafts- noch an bestimmte Staatsformen gebunden. Gesteigert zu nationaler Überheblichkeit führt N. leicht zur Mißachtung anderer Nationen oder ethnischer Minderheiten und war schon oft Anlaß zu Kriegen.

Nationalökonomie [lat.; gr.] *w*, ↑Volkswirtschaft.

Nationalrat [lat.; dt.] *m*, in Österreich u. in der Schweiz das Abgeordnetenhaus, die Volksvertretung. Auch der einzelne Abgeordnete zum Nationalrat wird als N. bezeichnet.

Nationalsozialismus [lat.] *m*, eine politisch-weltanschauliche Bewegung, die sich in der Weimarer Republik entwickelte u. von 1933 bis 1945 in Deutschland herrschte. Zu den Merkmalen des N. gehörten: eine krasse Selbstüberschätzung der eigenen (d. h. der deutschen) Nation u. der Glaube an die rassische Überlegenheit der „germanischen Völker"; die Ablehnung der parlamentarischen Demokratie u. die Hinwendung zu einer Herrschaftsform, in der sich sämtliche Angehörige des Volkes dem Willen eines „Führers" unterzuordnen haben; die Verherrlichung von Krieg u. Kampf als Gelegenheiten der Bewährung für die Völker u. für den einzelnen. Aus solchen Anschauungen folgte eine Politik der „Stärke", das Streben nach Ausweitung der deutschen Grenzen (Gewinnung von „Lebensraum" im Osten, mit dem Fernziel einer deutschen Weltherrschaft), die Unterdrückung der als minderwertig angesehenen slawischen Völker („Untermenschen") u. die gnadenlose Bekämpfung der Juden, die als Inbegriff allen Übels galten (↑Antisemitismus). Dies alles wurde mit romantischen Vorstellungen von Bauerntum u. Heimaterde („Blut u. Boden") verbunden u. mit dem Versuch, heidnisch-germanisches Brauchtum zu neuem Leben zu erwecken.

Geschichte: Zentrale Gestalt u. eigentlicher Begründer des N. als politischer Bewegung war ↑Hitler. Nach dem 1. Weltkrieg baute er seine Partei, die NSDAP, auf. Mit seinen Anhängern unternahm er 1923 in München einen Putsch (Marsch zur Feldherrnhalle), der jedoch mißglückte. Hitler wurde daraufhin zu Festungshaft verurteilt. Während dieser Zeit schrieb er sein Buch „Mein Kampf", in dem er die Ziele u. Vorstellungen des N. deutlich aussprach. Nach der Haftentlassung nahm er seine politische Tätigkeit wieder auf. Zur Durchsetzung seiner Absichten ließ er militärisch organisierte Kampftruppen aufstellen: die SA (= Sturmabteilung) u. die SS (= Schutzstaffel). Vieles konnte er sich zunutze machen, um die Schar seiner Anhänger zu vermehren: Die wirtschaftliche Not in Deutschland nach dem 1. Weltkrieg war groß, besonders wegen der harten u. niederdrückenden Bedingungen, die der ↑Versailler Vertrag dem deutschen Volk auferlegt hatte; die Not wuchs nach der Weltwirtschaftskrise von 1929. Als die Zahl der Arbeitslosen von Jahr zu Jahr anstieg (bis über 6 Mill.), befürchteten bürgerliche Kreise eine Machtübernahme durch die starke kommunistische Partei. Hitler versprach Rettung aus all dieser Not, für die er die demokratischen Parteien u. Einrichtungen der Weimarer Republik, die Kommunisten und die „jüdische Weltverschwörung" verantwortlich machte. Viele Bürger, die im Kaiserreich herangewachsen waren u. sich mit dem Ausgang des 1. Weltkrieges nicht abfinden konnten, standen der jungen Demokratie innerlich ablehnend gegenüber. Viele sehnten sich nach einer starken Führerpersönlichkeit u. träumten von deutscher Macht. Sie alle waren ansprechbar für Hitlers Schlagworte. Auch seine hemmungslose Hetze gegen die Juden fand bei vielen Gehör, von anderen wurde sie in ihrer Gefährlichkeit nicht ernst genug genommen. Einflußreiche Kreise der Industrie, die sich eine günstige Wirkung auf ihr Geschäft erhofften, gewährten Hitler u. seiner Partei finanzielle Hilfe. So erreichte Hitler, der außerdem Bündnisse mit anderen nationalistischen Gruppen ein-

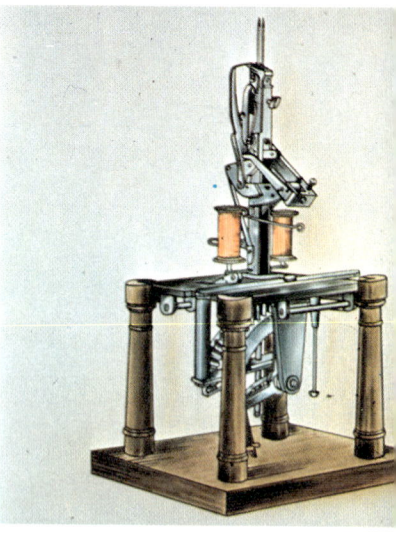

Nähmaschine. Mit der Maschine von Joseph Madersperger (um 1840) konnte erstmals eine Naht durch zwei Fäden gebildet werden, es entstand ein dem verknoteten Doppelsteppstich ähnlicher Stich

Nähmaschine. Moderne elektronische Haushaltsnähmaschine mit eingebautem doppeltem Stofftransport

Narzisse. Gelbe Narzisse

Nationalsozialismus

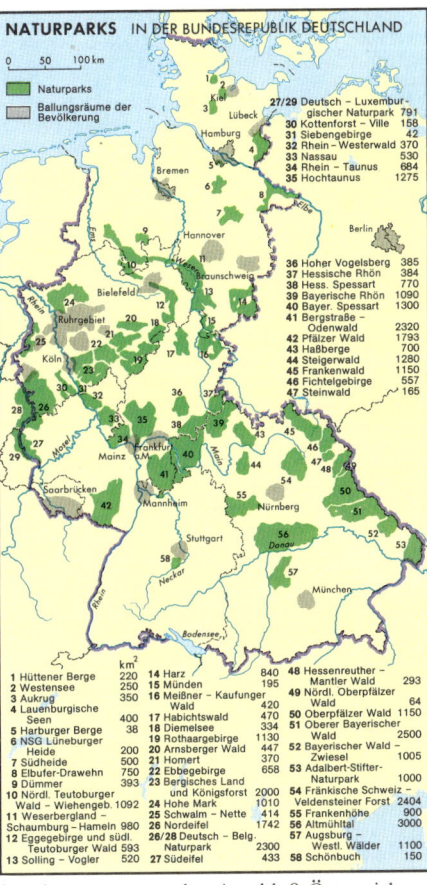

Naturschutz.
Der Siebenschläfer (oben links) ist ein geschütztes Tier, die Schachbrettblume (oben Mitte) eine geschützte Pflanze, die sogenannte Lange Anna an der Nordspitze Helgolands (unten links) ein Naturdenkmal

gegangen war, bei den Reichstagswahlen 1930 mit der NSDAP einen außerordentlichen Stimmengewinn. Alle Gegner u. Rivalen in seiner eigenen Partei entfernte er nach u. nach. Von ↑Hindenburg, der lange widerstrebte, wurde Hitler am 30. Januar 1933 zum Reichskanzler ernannt („Machtergreifung"): Die Gegner der Demokratie kamen so auf der Form nach rechtmäßigem Wege an die Macht. Kurz darauf (24. März) wurde das Ermächtigungsgesetz erlassen, das Hitler außerordentliche Vollmachten zusicherte. Es wurde mit den Stimmen der bürgerlichen Parteien verabschiedet, nur die SPD stimmte mutig dagegen (die Abgeordneten der KPD waren in Haft oder wurden an der Ausübung ihres Mandats gehindert). Mit diesem Gesetz vollzog Hitler die Umwandlung des Deutschen Reiches in eine Diktatur: durch das Verbot sämtlicher Parteien (mit Ausnahme der NSDAP), die Zerschlagung der Gewerkschaften, durch Aufhebung der Versammlungs- u. Pressefreiheit, Kontrolle des gesamten staatlichen Lebens durch die Partei u. die ↑Gestapo sowie durch die Einrichtung von Konzentrationslagern, in denen politische Feinde

gefangengesetzt und mißhandelt oder getötet wurden. Es fehlte nämlich nicht an mutigen Deutschen, die um ihrer Überzeugung willen, als Christen, Sozialisten u. Gewerkschafter, Kommunisten u. Liberale schwere Verfolgung auf sich nahmen. Doch auch unbequeme Personen aus seinen eigenen Reihen verschonte Hitler nicht: Die Führung der SA unter Ernst Röhm ließ er ermorden. Nach Hindenburgs Tod (1934) vereinigte er die Ämter des Reichspräsidenten u. des Reichskanzlers in seiner Hand (als „Führer und Reichskanzler"). Die Reichswehr ließ er auf seine Person vereidigen. Durch ein gewaltiges Programm der Arbeitsbeschaffung: 1933 durch Bau von Autobahnen, die Ankurbelung der Rüstungsindustrie (bei gleichzeitiger Staatsverschuldung), gelang es ihm, der wirtschaftlichen Not in Deutschland Herr zu werden. Trotz ausländischer Proteste u. des Risikos eines Krieges verfolgte Hitler Schritt für Schritt seine politischen Ziele: 1933 erklärte er den Austritt Deutschlands aus dem Völkerbund, 1935 führte er die allgemeine Wehrpflicht ein, 1936 ließ er in das entmilitarisierte Rheinland Truppen einmarschieren, 1938 er-

zwang er den Anschluß Österreichs u. des Sudetenlandes an das Deutsche Reich. Der wahre, auf Angriff u. Eroberung gerichtete Charakter seiner Außenpolitik wurde dann 1939 mit der militärischen Besetzung der übrigen Tschechoslowakei offenbar. Mit der Sowjetunion unter Stalin bereitete er heimlich die Teilung Polens vor. Im September 1939 löste er mit seinem Überfall auf Polen den 2. ↑Weltkrieg aus. In den eroberten u. besetzten Gebieten Europas wütete der Terror, vor allem durch die SS, die unter Himmler zum machtvollsten Instrument nationalsozialistischer Herrschaft geworden war. Schon 1935 hatten die Nationalsozialisten durch die ↑Nürnberger Gesetze die deutschen Juden unter entwürdigende Sondergesetze gestellt. In den Kriegsjahren begannen sie dann die „Endlösung der Judenfrage" herbeizuführen, d. h., die Juden in den nationalsozialistisch beherrschten Ländern systematisch zu ermorden; jüdische Männer, Frauen u. Kinder wurden in Konzentrationslagern zusammengetrieben, wo sie unmenschlicher Behandlung ausgesetzt waren; die Zahl derer, die durch Massenerschießungen u. in Gas-

407

Nationalversammlung

kammern getötet wurden, geht in die Millionen. – Der Widerstand gegen Hitler und sein Regime war in Deutschland niemals vollständig erloschen. Eine Widerstandsgruppe, der Ludwig Beck, Carl Friedrich Goerdeler, Claus Graf Schenk von Stauffenberg u. a. angehörten, verübte am 20. Juli 1944 ein Attentat auf Hitler, das jedoch mißlang. Ohne die Aussichtslosigkeit des Kampfes einzugestehen, suchte Hitler das Kriegsende hinauszuzögern. Als die sowjetischen Truppen nach Berlin vordrangen, beging er Selbstmord. Nach dem Krieg wurden in den ↑ Nürnberger Prozessen führende Nationalsozialisten von dem Militärgericht der Siegermächte verurteilt. – Die Folgen der deutschen Politik unter Hitler u. der Katastrophe, zu der sie führte, zeigen sich heute v. a. in der Teilung Deutschlands; auch die Veränderung der deutschen Ostgrenzen und die Vertreibung vieler Deutscher aus ihrer Heimat sind Folgen des von Hitler verursachten Krieges.

Nationalversammlung [lat.; dt.] w, Versammlung vom Volk gewählter Vertreter, die entweder eine Staatsverfassung erarbeiten u. beschließen, z. B. in Deutschland die Frankfurter N. von 1848 u. die N. in Weimar 1919, oder das Parlament bzw. die Abgeordnetenkammer (z. B. in Frankreich) bilden.

NATO ↑ internationale Organisationen.

Natrium [arab.] s, Metall, chemisches Symbol Na, Ordnungszahl 11; Atommasse ungefähr 23. Das sehr weiche, silberweiße Metall ist dem ↑ Kalium sehr ähnlich. Es hat eine Dichte von 0,97, einen Schmelzpunkt von 97,8 °C, einen Siedepunkt von 889 °C. Der Anteil des Leichtmetalls an der Erdkruste beträgt 2,63 %; es kommt in der Natur nur in Verbindungen vor, die sehr vielfältig sind (z. B. Natronfeldspat, Stein- oder Meersalz, Salpeter).

Nattern w, Mz., weltweit verbreitete, artenreichste Schlangenfamilie. N. sind meist ungiftige, zum Teil auch giftige Land- u. Wasserbewohner u. besitzen eine kreisrunde Pupille u. zahnreiche Kiefer. Zu ihnen gehören die Eier fressenden Eierschlangen, die Trugnattern (deren Biß für kleinere Tiere tödlich ist) u. die Giftnattern mit Giftzähnen, deren Biß auch für den Menschen gefährlich ist, z. B. die Kobra, die Mamba u. die Echten Nattern (sie umfassen etwa 1 000 ungiftige Arten v. a. in den Tropen). In Mitteleuropa leben die Ringelnatter, die mit einer dunkelbraunen Würfelzeichnung versehene *Würfelnatter*, die seltene, oberseits glänzend braungefärbte, bis zu 1,8 m lange *Äskulapnatter* u. die lebendgebärende, etwa 75 cm lange *Glatt-* oder *Schlingnatter*. Die einheimischen Arten sind geschützt.

Naturalisation [lat.] w, Einbürgerung, die Verleihung der Staatsbürgerschaft an einen Ausländer.

Naturalismus [lat.] m, Kunstrichtung in der Literatur, die eine möglichst getreue Wiedergabe der „Natur" (der Wirklichkeit) anstrebt. Sie will auch die Schattenseiten des Lebens, z. B. die sozialen Mißstände in der Großstadt u. die abstoßenden Erscheinungen der Alltagswelt, wirklichkeitsgetreu darstellen. Die Meinung, Häßlichkeit sei von der Bühne fernzuhalten, wurde von den Naturalisten abgelehnt. Sie zeigten das Elend, den Hunger u. die Verzweiflung. Hauptvertreter der Dichtung des N. waren in Frankreich Émile Zola, in Deutschland Gerhart Hauptmann u. Arno Holz.

Naturheilkunde [lat.; dt.] w, Heilmethode, bei der Medikamente möglichst vermieden werden. Meist versucht man mit Diät, Licht, Luft, Wasser, Wärme, Bewegung u. mit Kräutern eine Heilung zu erwirken. Die N. wird auch von Ärzten angewendet.

Naturschutz [lat.; dt.] m, alle Maßnahmen, die der Erhaltung von Naturdenkmälern (Wasserfälle, Felsengruppen, alte Bäume), Naturlandschaften oder naturnahen Kulturlandschaften (Schilfbestände, Moore, Urwälder) dienen sowie solche, die Tiere oder Pflanzen, die bedroht sind, schützen. *Naturschutzgebiete* sind in ihrem jetzigen natürlichen Zustand zu erhalten (das Betreten ist verboten), z. T. dürfen sie in vorgeschriebener Weise genutzt werden. *Landschaftsschutzgebiete* sind gegen Veränderungen geschützt (keine Bebauung, kein Abholzen oder Aufforsten). *Naturparks* sollen der Erholung dienen u. Einrichtungen dafür bieten, ansonsten sind sie wie Landschaftsschutzgebiete geschützt. – Abb. S. 407.

Naturvölker [lat.; dt.] s, Mz., Völker, die kaum technische Mittel zur Naturbeherrschung u. keine ausgebildete Schrift kennen u. als Jäger, Fischer, Hirten oder Sammler leben, z. B. die inneraustralischen Stämme.

Naturwissenschaften [lat.; dt.] w, Mz., Sammelbegriff für Wissenschaften, die sich mit der Erforschung der belebten u. der unbelebten Natur befassen. Dazu gehören u. a. Astronomie, Chemie, Physik, Meteorologie, Geologie, Botanik, Zoologie, Medizin u. a. Die Geographie ist ein Grenzgebiet, das bisweilen zu den N. zählt.

Naumburg/Saale, Stadt im Bezirk Halle, an der Saale, gegenüber der Unstrutmündung gelegen, mit 35 000 E. Der berühmte romanisch-gotische Dom (12.–14. Jh.) birgt bedeutende plastische Werke des Naumburger Meisters: Kreuzigungsgruppe, Reliefs u. die bekannten Stifterfiguren (u. a. Ekkehard und Uta).

Nauru, Koralleninsel im Pazifik, bildet die Republik N. mit 21 km², 8 000 E u. dem Verwaltungssitz *Yaren*. Einziger Wirtschaftszweig ist der Abbau u. Export von Phosphat. – N. war 1888–1914 deutsche Kolonie, kam dann unter australische, neuseeländische u. britische Treuhandverwaltung u. ist seit 1968 unabhängige Republik im Commonwealth.

Nautik [gr.] w, Schiffahrtskunde.

Navigation [lat.] w, die Bestimmung des Kurses bei See- u. Luftfahrzeugen, auch das Einhalten des gewählten oder befohlenen Kurses. Hilfsmittel der N. waren ursprünglich die Standortbestimmungen der Gestirne, Kompaß, Uhr u. Karten; heute werden in zunehmendem Maße elektronische Geräte (Funkpeilung, Radar u. a.) verwendet.

Nazareth, Stadt in Nordisrael, Wallfahrtsort mit 35 000 E. Das biblische N. war Wohnort Jesu.

Neandertaler m, Mz., altsteinzeitliche Menschengruppe, benannt nach den im Neandertal bei Düsseldorf gefundenen Skelettresten. Weitere Funde

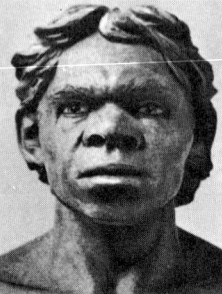

Rekonstruktion eines Neandertalers

in Europa, Asien u. Afrika vermitteln uns eine gute Vorstellung der N., die in der letzten Zwischeneiszeit (vor etwa 100 000 Jahren) u. der beginnenden letzten Eiszeit lebten. Sie sind gekennzeichnet durch verhältnismäßig kleinen Wuchs (etwa 160 cm groß im Durchschnitt), niedrige Stirn, vorspringende Augenbrauenwülste, tiefliegende Augen u. fliehendes Kinn.

Neapel (ital. Napoli), italienische Hafenstadt am Golf von N., am Fuße des Vesuv gelegen, mit 1,2 Mill. E. Die Stadt ist der kulturelle Mittelpunkt Süditaliens, besitzt eine alte Universität u. viele bedeutende Bauwerke u. Kirchen (u. a. Dom, Castel Nuovo, Palazzo Reale). N. ist weltberühmt wegen seiner landschaftlich schönen Lage. Es ist eine bedeutende Industriestadt, ein wichtiges Handels- u. Fremdenverkehrszentrum.

Nebel m: **1)** fein verteilte Wassertröpfchen in der Luft, bei einer Dichte, die die Sichtweite auf weniger als 1 km herabsetzt. N. ist eine unmittelbar auf der Erdoberfläche liegende Wolke. Zur Nebelbildung kommt es, wenn feuchter Erdboden abkühlt (*Ausstrahlungsnebel*), wenn feuchte Luft an

Bergen aufsteigt (*Bergnebel*), bei Kaltluft über wärmeren Seeflächen (*Seenebel* oder *Seerauch*); auch bei Abkühlung von vom Meer kommenden Luftmassen über polaren Eisflächen (*Polarnebel*) oder bei Mischung feuchtwarmer mit kalter Luft (*Mischungsnebel*); **2)** schwach leuchtende, nebelartige Gebilde am Sternhimmel.

Nebelhorn s, Gipfel in den Allgäuer Alpen in Bayern, nordöstlich von Oberstdorf, 2 224 m hoch. Auf den Berg führt eine Schwebebahn.

Nebelhorn s, weit zu hörende Signalanlage bei Schiffen, Leuchttürmen u. a., die bei Nebel bzw. schlechter Sicht betätigt wird.

Nebellicht s (Nebelscheinwerfer), zusätzliche Scheinwerfer an Kraftfahrzeugen, die bei Nebel eingeschaltet werden. Sie strahlen ein helles, gelbes oder weißes Licht aus u. liegen tiefer als die normalen Scheinwerfer, damit der Fahrzeugführer nicht durch das an den Nebeltröpfchen reflektierte Licht geblendet wird.

Nebennieren w, *Mz.*, beim Menschen zwei 10–18 g schwere, oben auf jeder Niere aufliegende Drüsen, die verschiedene lebensnotwendige Stoffe (v. a. Hormone) produzieren.

Nebensatz ↑Gliedsatz, ↑Satz.

Nebukadnezar II., † 562 v. Chr., König von Babylon. Er eroberte u. zerstörte Jerusalem u. führte die Juden in die „Babylonische Gefangenschaft". N. errichtete bedeutende Bauwerke in Babylon, u. a. einen Tempel, den „Turm zu Babel".

Necessaire [*neßäßär; frz*] s, Behältnis für Toiletten- oder Nähutensilien, wie man sie insbesondere auf Reisen benötigt.

Neckar m, rechter Nebenfluß des Oberrheins in Baden-Württemberg, 371 km lang. Der N. entspringt zwischen Schwarzwald u. Schwäbischer Alb (Baar), mündet bei Mannheim u. ist ab Plochingen kanalisiert u. schiffbar.

negativ [auch *ne...; lat.*]: **1)** verneinend, ablehnend; Gegensatz: positiv = bejahend; **2)** ergebnislos, ungünstig, schlecht; **3)** kleiner als Null (Zeichen: –); **4)** farblich dem Original gegenüber vertauscht (Druck, Fotografie).

Negativ [*lat.*] s, das beim Fotografieren auf dem durchsichtigen Film entstehende Bild. Bei ihm sind die Helligkeitswerte gerade umgekehrt wie beim aufgenommenen Original. Vom N. können beliebig viele Abzüge oder Vergrößerungen hergestellt werden, bei denen dann die Helligkeitswerte wieder mit denen des Originals übereinstimmen (*Positiv*). Bei der Farbfotografie hat das N. die Komplementärfarben des Originals. Erst beim Positiv erscheinen wieder die ursprünglichen Farben.

Negeb m (Negev), wellige Wüstenlandschaft im Süden Israels. Der wichtigste Ort ist *Beerscheba*. Im N. werden Kupfer u. Phosphat abgebaut, ferner gibt es Stein- u. Gipsbrüche. Bewässerungsanlagen ermöglichen im Norden Obst- u. Ackerbau.

Neger [*lat.*] m, *Mz.*, früher häufig verwendete Sammelbezeichnung für die dunkelhäutigen Bewohner Afrikas südlich der Sahara. Ihre Kennzeichen sind braune bis schwarze Hautfarbe, schwarzes, gekräuseltes Haar, wulstige Lippen u. eine breite, platte Nase. Heute wird die Bezeichnung N. als abwertend oder negativ empfunden u. deshalb meist ersetzt durch „Schwarze" (insbesondere für die in den USA lebenden N., die sich selbst als „black" [= schwarz] bezeichnen) oder auch durch „Afrikaner".

Negride ↑Rasse.

Negro Spirituals [*nigro^u βpiritju^{e}ls*] m oder s, *Mz.*, geistliche Gesänge der Afroamerikaner (amerikanische Schwarze), meist schwermütige Melodien in mitreißendem Rhythmus. Die N. Sp. sind musikalisch gekennzeichnet durch die Verbindung der überkommenen Musik der Afrikaner mit europäischen Einflüssen.

Nehrung w, langgestreckter, flacher Landstreifen, der Strandseen (Lagunen, Haffe) von der See trennt. Er ist meist mit Dünen bedeckt.

Neiße w, Name zweier Nebenflüsse der Oder: **1)** Glatzer N., auch Schlesische N., 195 km lang. Sie entspringt im Glatzer Schneegebirge u. mündet nahe Oppeln. **2)** Lausitzer N., auch Görlitzer N., 256 km lang. Sie entspringt im Isergebirge u. mündet nördlich von Guben. Seit 1945 bildet die Lausitzer N. die Grenze zwischen Polen u. der DDR (daher Oder-Neiße-Linie).

Neisse (poln. Nysa), Stadt in Oberschlesien, an der Glatzer Neiße, mit 37 000 E. Ein wichtiger Verkehrsknotenpunkt mit vielseitiger Industrie (Lebensmittel-, chemische, Maschinenindustrie). Die Stadt gehört seit 1945 zu Polen.

Nekrolog [*gr.*] m, Nachruf auf einen Verstorbenen, meist mit kurzem Lebensabriß; auch die Sammlung solcher Nachrufe.

Nektar [*gr.*] m: **1)** zuckerhaltiger Saft, der von *Nektarien* (Drüsengewebe oder Drüsenhaare), die in oder nahe der Blüte liegen, ausgeschieden wird. Er ist meist frei zugänglich oder wird in besonderen Behältern gespeichert. N. dient den Bienen als Ausgangsstoff bei der Honigbereitung; **2)** nach der griechischen Sage der Trank der Götter, der zusammen mit der Götterspeise *Ambrosia* Unsterblichkeit verleiht.

Nelken w, *Mz.*, Pflanzenfamilie mit etwa 2 000 Arten, die hauptsächlich in der nördlich gemäßigten Zone vorkommen. Sie sind Kräuter oder Halbsträucher mit schmalen Blättern u. formenreichen Blütenständen. Viele sind bekannte Wiesen- u. Gartenpflanzen, z. B. die rote *Steinnelke*, die vielgestaltige *Gartennelke*, die aus Südeuropa stammt u. meist mit Füllung gezogen wird, die *Kornrade* als eine unserer schönsten Feldblumen, die rosafarbene *Kuckucksnelke* auf feuchten Wiesen u. die purpurrote *Pechnelke* an trockenen Stellen. – Abb. S. 410.

Nelson, Horatio Viscount [*nelß^{e}n*], * Burnham Thorpe (Norfolk) 29. September 1758, † bei Trafalgar 21. Oktober 1805, englischer Admiral. Er vernichtete 1798 die französische Flotte bei Abukir (nahe Alexandria, Ägypten) u. begründete mit diesem Sieg die englische Seemachtstellung im Mittelmeer. 1805 siegte er über die vereinigte französisch-spanische Flotte bei Trafalgar (Spanien), wurde in der Schlacht tödlich verwundet. – Abb. S. 410.

Nemesis, griechische Göttin der Rache u. der ausgleichenden Gerechtigkeit. Sie bestraft Freveltaten u. wacht darüber, daß Glück u. Unglück den Menschen nach Verdienst zugeteilt werden.

Nennform ↑Verb.

Nenzen m, *Mz.* (Samojeden), ein Volk mongolischer Herkunft, das in Nordasien (im Bereich der UdSSR) von Rentierzucht, Rentierjagd u. Fischfang lebt.

neo..., Neo... [*gr.*; = neu], steht oft als Vorsilbe in Wortzusammensetzungen und bedeutet neu, jung. N. im Wort Neofaschismus = N. heißt „neu" im Sinne eines Wiederauftretens, Wiederauflebens des Faschismus.

Nepal, Königreich im Himalaja, mit 13,1 Mill. E. Die Hauptstadt ist *Katmandu* (150 000 E). N. erstreckt sich zwischen Indien und Tibet u. ist mit 140 797 km^2 etwa doppelt so groß wie Bayern. Die Mischbevölkerung umfaßt neben Indern auch Eingeborenenstämme, von denen die Gurkha am bekanntesten sind. In N. liegt der Hauptkern des Himalaja (Mount Everest). Die Täler werden landwirtschaftlich genutzt (u. a. Anbau von Reis, Weizen, Zuckerrohr, Obst, Gewürzpflanzen), in höheren Lagen wird Viehzucht betrieben. – N. ist Mitglied der UNO.

Neptun, römischer Gott des Meeres; er entspricht dem griechischen Gott ↑Poseidon.

Neptun [*lat.*] m, einer der großen Planeten unseres Sonnensystems (von der Sonne aus gerechnet der 8.); nicht mit bloßem Auge sichtbar. Er wurde 1846 von dem Berliner Astronomen J. G. Galle entdeckt. Der N. hat 2 Monde (Triton u. Nereid).

Neretva ↑Herzegowina.

Nero, Claudius Caesar Drusus Germanicus, * Antium (heute Anzio) 37 n. Chr., † bei Rom 68, römischer Kaiser. Er regierte seit 54. Eitel, grausam u. verschwenderisch, führte er ein zügel-

Nerven

loses Leben u. ließ u. a. seine Mutter, seinen Stiefbruder u. seine Frau ermorden. Beim Brand Roms geriet er in den Verdacht der Brandstiftung, doch lenkte er ihn auf die Christen u. veranlaßte die erste Christenverfolgung. Aufstände u. die Ächtung durch den Senat trieben ihn zum Selbstmord.

Nerven [lat.] *m, Mz.*: **1)** als Gehirn, Nervenknoten (Ganglien), Rückenmark, Nervenbündel und -fasern ausgebildete, zu einem *Nervensystem* (Zentralnervensystem und peripheres Nervensystem) verflochtene Strukturen, die bei Tier und Mensch Reize registrieren (über Sinneszellen), fortleiten, verarbeiten (eventuell auch bewußt werden lassen) bzw. Reaktionen auslösen. Sie bestehen aus einzelnen Nervenzellen (*Neuronen*) mit je einem oft besonders langen, meist von einer Markscheide (*Schwann-Scheide*) umhüllten, die Erregung wegleitenden Fortsatz (*Neurit*) und mehreren kürzeren, verzweigten, die Erregung aufnehmenden Fortsätzen (*Dendriten*). Man unterscheidet Bewegungsnerven (*motorische N.*), Sinnesnerven (*sensible N.*) u. gemischte N. (aus Fasern beider Nervenarten; ↑auch vegetatives Nervensystem; **2)** Bezeichnung für die Adern (Leitbündel) der Laubblätter.

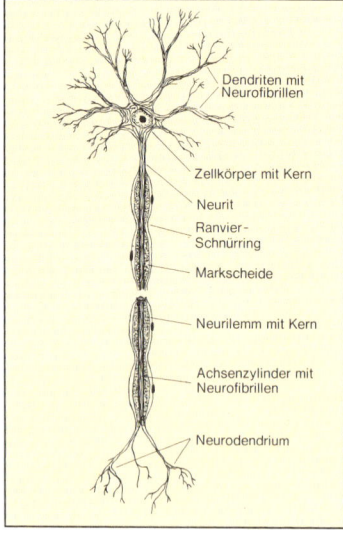

Nerven.
Neuron mit markhaltigem Neuriten

Nervenzelle ↑Ganglienzelle.
Nerze *m, Mz.*, bis etwa 53 cm körperlange, iltisähnliche Marder in schilfigem u. sumpfigem Gelände Eurasiens u. Nordamerikas. Sie sind gewandte Schwimmer u. Taucher, deren dichter, dunkelbrauner Pelz sehr geschätzt wird. Sie werden daher oft in Pelztierfarmen gezüchtet. Beim *Europäischen Nerz* sind Kehle, Ober- u. Unterlippe weißlich.

Er ist in Deutschland ausgerottet u. wird wie der *Amerikanische Nerz* (Mink) heute in größerem Maße gezüchtet.

Nesseltiere *s, Mz.*, Hohltiere, die in ihrer äußeren Körperwand *Nesselkapseln* ausbilden. Diese dienen der Abwehr u. dem Beutefang. Sie sind mikroskopisch kleine Giftwaffen, die einen Nesselfaden mit einer ätzenden Flüssigkeit ausstoßen, der auf kleine Tiere lähmend oder tötend wirkt. Die N. umfassen 10 000 Arten, die einen mundnahen Kranz von Tentakeln (Fangarme) besitzen. Sie treten als festsitzende Polypen (↑Polyp 1) oder als freischwimmende, getrenntgeschlechtliche Quallen auf.

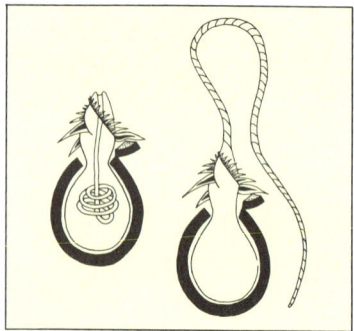

Nesseltiere. Nesselkapseln (schematisch): sich öffnender Deckel (links), ausgestoßener Nesselfaden (rechts)

Nestflüchter *m, Mz.*, Jungvögel, die sofort nach dem Ausschlüpfen das Nest verlassen. Sie sind so weit entwickelt, daß sie der Mutter folgen und selbständig Nahrung aufnehmen können. Zu ihnen gehören z.B. die Hühner u. Enten.

Nesthocker *m, Mz.*, noch hilflose u. nicht voll entwickelte Jungtiere, die von Altieren ernährt u. betreut werden u. daher längere Zeit im Nest bleiben müssen. Zu ihnen gehören z.B. die Singvögel, die Greifvögel u. die Eulen. Heute wird der Begriff auch auf einige Säugetiere, z.B. Insektenfresser u. Nagetiere, angewandt.

Nestor, Held der griechischen Sage. Er war unter den Griechen, die Troja belagerten, der älteste Fürst u. weiseste Ratgeber. In übertragenem Sinn nennt man sich den ältesten Gelehrten einer Wissenschaft oder allgemein einen klugen Ratgeber Nestor.

Nestroy, Johann Nepomuk [*nɛstrɔɪ*], *Wien 7. Dezember 1801, † Graz 25. Mai 1862, österreichischer Dichter. N. war auch Schauspieler u. spielte seine eigenen Rollen meisterhaft. Er schrieb volkstümliche Schauspiele, Komödien, Possen und Zauberstücke. Zu seinen bekanntesten Werken gehören: „Der böse Geist Lumpazivagabundus" (1835), „Einen Jux will er

Nelken. Kornrade

Horatio Viscount Nelson.
Das Flaggschiff „H. M. S. Victory", auf dem er 1805 bei Trafalgar den Tod fand

sich machen" (1844), „Der Zerrissene" (1845).

netto [ital.], rein, nach Abzug. Unter *Nettogewicht* einer Ware versteht man das Gewicht ohne Verpackung. Der *Nettolohn* eines Arbeiters ist der Lohn, den er nach Abzug von Steuern, Versicherungsbeiträgen u. ä. ausbezahlt erhält; ↑dagegen brutto.

Netzflügler *m, Mz.*, Insektenordnung, deren Vertreter 4 große, meist netzartig geaderte Flügel besitzen, die in Ruhe dachförmig zusammengelegt werden. Sie sind Raubinsekten mit kauenden Mundwerkzeugen. Zu ihnen gehört die Ameisenjungfer.

Neubrandenburg: 1) Bezirk in der DDR (Teil der alten Länder Mecklenburg, Brandenburg und Pommern), mit

Neuseeland

New York. Wallstreet

Niagara River. Niagarafälle (Hufeisenfall)

Schweiz, am Rand des Jura, 38 km lang, mit einer größten Tiefe von 153 m. An den Nordwesthängen wird Wein angebaut. Am Nordende des Sees wurden Pfahlbauten aus der ↑La-Tène-Zeit gefunden.

Neuengland (Neuenglandstaaten), die 6 im Nordosten der USA gelegenen Staaten, die zuerst von England aus besiedelt wurden: Maine, New Hampshire, Vermont, Massachusetts, Rhode Island u. Connecticut.

Neue Sachlichkeit w, Kunstrichtung der deutschen Malerei der 20er Jahre des 20. Jahrhunderts. Sie betonte – im Gegensatz zum ↑Expressionismus – eine präzise Darstellung der Realität u. bevorzugte eine kühle, fast starre Malweise.

Neues Testament [dt.; lat.] s, Teil der ↑Bibel, eine Sammlung von 27 Schriften (ursprünglich in griechischer Sprache). Es sind die vier Evangelien (Matthäus, Markus, Lukas u. Johannes), die Apostelgeschichte, die Briefe (des Apostels Paulus sowie die allgemeinen, die an keine bestimmten Empfänger gerichtet sind u. deren Verfasserschaft umstritten ist) u. die Geheime Offenbarung (Apokalypse des Johannes).

Neue Welt ↑Alte Welt.

Neufundland (engl. Newfoundland), Insel vor der kanadischen Ostküste, dem Sankt-Lorenz-Golf vorgelagert, etwa dreimal so groß wie Baden-Württemberg. Sie bildet zusammen mit Ost-Labrador die östlichste Provinz Kanadas (558 000 E). Die Hauptstadt ist *Saint John's* (mit umliegenden Orten 141 000 E). Der Fischreichtum der inselreichen Küsten ist berühmt. In der waldreichen, hügeligen Binnenlandschaft werden Eisenerze u. andere Bodenschätze (Kupfer, Blei, Zink) abgebaut, daneben gibt es Holz- und holzverarbeitende Industrie.

Neufundländer m, Rasse großer, kräftiger, schwarz- u. langhaariger Wachhunde. N. haben einen breiten Kopf, kleine herabhängende Ohren, kräftige Beine u. einen langen buschigen Schwanz. Sie sind sehr klug u. ausgezeichnete Schwimmer.

Neuguinea [...gi...], zweitgrößte Insel der Erde, mehr als dreimal so groß wie die Bundesrepublik Deutschland, nördlich von Australien gelegen, mit 3,1 Mill. E (Papua, Melanesier u. Zwergstämme). Die Menschen leben in dem schwer zugänglichen und z. T. noch wenig erschlossenen Binnenland, das von einem hohen, zentralen Gebirgszug durchzogen wird u. weithin mit tropischem Urwald bedeckt ist. Die Insel besitzt reiche Bodenschätze (Edelmetalle, Gold, Erdöl), in den Küstengebieten gedeihen Kaffee, Baumwolle, Bananen, Kokospalmen u. Kautschukbäume. Kautschuk ist neben Gold, Kopra, Perlen u. Perlmutter ein wichtiges Ausfuhrgut. Der Westteil Neuguineas gehört seit 1963 als Westirian zu Indonesien, der Ostteil gehört zu dem 1975 entstandenen Staat ↑Papua-Neuguinea.

Neukaledonien, Insel in Melanesien, nordöstlich von Australien im Pazifischen Ozean; bildet mit Nachbarinseln das französische Überseeterritorium N. mit 140 000 E u. der Hauptstadt *Nouméa*. Wichtigster Wirtschaftszweig ist der Nickelerzbergbau.

Neuklassik w (Neuklassizismus), eine Richtung in der ↑deutschen Literatur um 1900, die von neuem an die klassischen Kunsttraditionen (↑Klassik) anknüpfte (v. a. P. ↑Ernst).

Neulandgewinnung (Landgewinnung) w, ein in Küstengebieten angewandtes Verfahren, um dem Meer Land abzugewinnen. Durch vorgeschobene Deiche u. Pfahldämme (Buhnen) fällt im Wattenmeer Schlick an. Gräben verstärken den Schlickanfall, angesiedelte Pflanzen und Algen festigen den Boden. Dieser wird vom Wasser befreit u. durch neue Deiche geschützt. Das gewonnene Land nennt man Koog oder Polder. N. in großem Maßstab wird in den Niederlanden betrieben (↑Zuidersee).

Neumann, Balthasar, getauft in Eger 30. Januar 1687, † Würzburg 19. August 1753, deutscher Baumeister des Spätbarock. Er war beteiligt an Planung u. Bau der Würzburger Residenz. Berühmte Werke sind außerdem die Wallfahrtskirche Vierzehnheiligen sowie die Treppenhäuser der Schlösser Bruchsal u. Brühl bei Köln.

Neuralgie [gr.] w, in Form von Anfällen auftretende Schmerzen im Bereich der Sinnesnerven. Eine N. kann verschiedene Ursachen haben, z. B. Erkältung, Überanstrengung, Infektionskrankheiten.

Neurose [gr.] w, eine krankhafte Erscheinung infolge seelischer Störungen, insbesondere innerer Konflikte.

Neuseeland, Staat im südwestlichen Pazifischen Ozean, er umfaßt v. a. die beiden Hauptinseln Nord- u. Südinsel südöstlich von Australien; 268 676 km². Von den 3,1 Mill. E sind 89,5 % europäischer Abstammung (meist englisch- u. irischer), 7,9 % sind ↑Maori. Die Hauptstadt ist *Wellington* (140 000 E). Die Nordinsel ist ein Gebirgs- und Hügelland mit tätigen Vulkanen, Geysiren, heißen Quellen u. reichgegliederten Küsten; auf der Südinsel befinden sich die neuseeländischen Alpen (Mount Cook 3 764 m) mit gewaltigen Gletschern u. Schneegebieten. Beide Inseln sind durch die Cook-Straße voneinander getrennt. Das gemäßigte, subtropische Klima ist für Weiße günstig. Wichtiger Zweig der Landwirtschaft ist die Viehzucht, v. a. die Schafzucht (N. steht in der Erzeugung von Wolle an dritter Stelle in der Welt). Kohle, Silber u. Gold werden abgebaut.

624 000 E. Es wird vorwiegend Landwirtschaft betrieben, daneben gibt es auch Landmaschinen- und Nahrungsmittelindustrie; **2)** Hauptstadt von 1), mit 71 000 E.

Neuchâtel ↑Neuenburg.

Neuenburg (frz. Neuchâtel): **1)** Kanton in der westlichen Schweiz, vom Neuenburger See über den Schweizer Jura bis zur französischen Grenze, mit 165 000 E. La Chaux-de-Fonds u. Le Locle sind bedeutende Zentren der schweizerischen Uhrenindustrie; **2)** Hauptstadt von 1), mit 36 000 E, am Neuenburger See gelegen. N. besitzt eine Universität, zahlreiche Fach- u. Privatschulen u. Uhren-, Tabak- u. Schokoladenindustrie.

Neuenburger See m (frz. Lac de Neuchâtel), drittgrößter See in der

411

Neusiedler See

Die bedeutendsten Ausfuhrgüter sind Wolle, Molkereiprodukte, Gefrierfleisch u. Häute, die größten Häfen Auckland, Wellington u. Lyttelton (der Hafen von Christchurch). – N. wurde 1642 von dem Niederländer Tasman entdeckt, 1769 von J. ↑Cook erforscht, 1840 von Großbritannien in Besitz genommen u. 1931 unabhängig; Mitglied des Commonwealth u. der UN.

Neusiedler See m, ein flacher, fischreicher See im Burgenland an der österreichisch-ungarischen Grenze, von wechselnder Flächenausdehnung. Die Seetiefe beträgt 1–2 m. In dem teilweise breiten Schilfgürtel des Ufers nisten zahlreiche zum Teil seltene Vogelarten (Naturschutzgebiet).

neutral [lat.]: **1)** unbeteiligt, parteilos, keinem Staatenbündnis angehörend; **2)** n. nennen man in der Chemie eine Lösung, die weder wie eine Säure, noch wie eine Base reagiert. Als *Neutralisation* bezeichnet man den Vorgang, eine Säure durch Zusatz einer Lauge (oder umgekehrt) so lange zu versetzen, bis sie sich unter Bildung von Wasser u. eines Salzes in ihrer unterschiedlichen Wirkung gegenseitig aufheben; **3)** in der Physik vom ungeladenen Zustand gesagt. Als *Neutralisation* bezeichnet man in der Elektrizitätslehre die gegenseitige Aufhebung von Spannungen u. Ladungen.

Neutralität [lat] w, unparteiische Haltung, Nichteinmischung. Im *Völkerrecht* die Nichtbeteiligung eines Staates an einem Krieg oder einem sonstigen Konflikt zwischen anderen Staaten. Ein neutraler Staat darf die kriegführenden Länder weder politisch noch militärisch oder wirtschaftlich unterstützen. Die Schweiz, die Vatikanstadt u. seit 1955 Österreich sind von den übrigen Mächten als allzeit neutrale Staaten anerkannt.

Neutron [lat.] s, Zeichen n, einer der Bausteine des ↑Atoms.

Neutrum ↑Substantiv.

Neuzeit w, die Zeit seit dem Ende des Mittelalters (etwa 1500). Vielfach wird die Geschichte ab 1789 (Französische Revolution) als „Neuere Geschichte" bezeichnet. Den Abschnitt von 1917/18 bis zur Gegenwart bezeichnet man meist als Zeitgeschichte.

Newa w, Abfluß des Ladogasees (UdSSR). Die N. mündet in den Finnischen Meerbusen; sie ist 74 km lang u. von Mitte April bis Anfang Dezember schiffbar. Im Newadelta liegt Leningrad.

Newcastle [njúkāßl], australische Hafen- und Industriestadt in Neusüdwales, am Pazifischen Ozean, an der Mündung des Hunter River gelegen, mit 139 000 E. Die Stadt hat eine Universität. Sie ist Zentrum des bedeutendsten australischen Steinkohlenreviers, besitzt zahlreiche Werften sowie Eisen- u. Stahlwerke.

Newcastle upon Tyne [njúkāßl ᵉpon tain], nordostenglische Stadt am Tyne, 16 km vor seiner Mündung in die Nordsee, mit 212 000 E. Die an historischen Bauten reiche Stadt hat eine Universität, einen bedeutenden Hafen (Kohleexport) u. ist ein wichtiges Industriezentrum (v. a. Schiff- u. Maschinenbau).

New Orleans [nju oʳliᵉns, ...líns], Hafenstadt im Deltagebiet des Mississippi, größte Stadt von Louisiana, USA, mit 593 000 E. Die Stadt geht auf eine französische Gründung zurück, im französischen Viertel (Vieux Carré) gibt es noch heute zahlreiche Bauten im romanisch beeinflußten Stil des 18. u. 19. Jahrhunderts. N. O. war das Zentrum des frühen Jazz (bis etwa 1917). Die Stadt hat Universitäten, Bibliotheken, Museen. Sie ist ein bedeutender Industriemittelpunkt (Erdölverarbeitung, Auto-, Tabak-, Textil-, Zuckerindustrie), der zweitgrößte Hafen der USA (Ausfuhr von Erdölprodukten, Getreide, Baumwolle, Eisen, Stahl, Holz u. a.) u. einer der größten Baumwollumschlagplätze der Erde.

Newton, Sir Isaac [njutᵉn], * Woolsthorpe bei Grantham (Lincoln)

4. Januar 1643, † Kensington (heute zu London) 31. März 1727, englischer Physiker, Mathematiker u. Astronom. N. war einer der bedeutendsten Naturforscher. Er entwickelte gleichzeitig mit Leibniz, doch unabhängig von ihm, die Infinitesimalrechnung, leitete aus den Keplerschen Gesetzen das Schwerkraftgesetz (Gravitationsgesetz) ab, formulierte die Grundgleichungen u. -tatsachen der Mechanik (Newtonsche Gesetze) u. erklärte die Bewegung der Planeten um die Sonne sowie die Gezeiten. N. ist der Begründer der neuzeitlichen Naturwissenschaft. Von vielen weiteren richtungweisenden Forschungsergebnissen seien noch genannt: die Erklärung des Lichts u. der Farben sowie der Zerlegung der Lichtstrahlen durch Brechung u. der Fortpflanzung des Schalls.

Newton [njutᵉn] s, Einheitenzeichen N, gesetzliche, nach Isaac ↑Newton benannte Einheit der Kraft: 1 N ist gleich der Kraft, die einem Körper der Masse 1 kg die Beschleunigung 1 m/s² erteilt. Es gilt: 1 N = 1 kgm/s² = 10⁵ dyn = 0,10197 kp.

Newtonmeter [njutᵉn...; engl.; gr.] s, Einheitenzeichen Nm, Einheit der Energie; 1 Nm = 1 J (↑Joule) = 1 Ws (Wattsekunde).

Newtonsche Gesetze ↑Physik.

New York [njujoʳk], größte Stadt Amerikas, mit 7,9 Mill. E; als Groß N. Y., d. h. mit den Randgebieten, hat N. Y. 11,6 Mill. E. Die Stadt liegt an der Mündung des Hudson River in den Atlantischen Ozean, sie erstreckt sich über zahlreiche Inseln, besteht aus 5 Bezirken: Manhattan, Bronx, Brooklyn, Queens u. Richmond. Die langgezogene Flußinsel Manhattan zwischen Hudson River u. East River bildet den Stadtkern: Riesige Wolkenkratzer (Empire State Building [381 m], Waldorf Astoria, Rockefeller-Center u. a.) kennzeichnen ihn, das höchste ist das Welthandelszentrum, mit 411,5 m das höchste Gebäude der Stadt. Hier liegen die Hauptgeschäftsstraßen, die Fifth Avenue und der berühmte Broadway u. die Wallstreet, die Straße der Banken u. Börsen. Manhattan ist durch Brücken u. Tunnel mit dem Festland u. Long Island (Brooklyn u. Queens) verbunden. In N. Y. leben Menschen verschiedenster Herkunft; viele von ihnen wohnen in eigenen Stadtvierteln, so die Neger in Haarlem, die Chinesen in Chinatown. Riesige Fabrikanlagen erstrecken sich über die Stadtteile Bronx, Brooklyn, Queens u. Richmond. Der kaum vorstellbare Verkehr, der täglich Millionen Menschen in die Stadt u. aus der Stadt bringt, wird durch Hoch- u. Untergrundbahnen, Züge (unterirdischer Bahnhof) u. ein in mehreren Etagen übereinander ausgebautes Straßensystem bewältigt. N. Y. ist durch Flug- u. Schiffsverbindungen mit allen wichtigen Punkten der Erde verbunden u. besitzt mehrere Großflughäfen (u. a. John F. Kennedy International Airport). Der Hafen ist nach Rotterdam der größte der Erde. Die auf einer kleinen Insel errichtete Freiheitsstatue gilt als Wahrzeichen der Stadt u. Amerikas. Mehrere Universitäten, zahlreiche Hochschulen u. Fachschulen, Museen, Bibliotheken u. Theater unterstreichen die Bedeutung der Stadt als Kulturzentrum. N. Y. ist Sitz der UN. – Die Riesenstadt entwickelte sich aus einer 1614 errichteten kleinen Handelsstation der Niederländer (Neuamsterdam). Sie wurde 1664 als N. Y. englisch. – Abb. S. 411.

Niagara River [naiäǧᵉrᵉ –] m, der Abfluß des Eriesees zum Ontariosee, ein 55 km langer Grenzfluß zwischen den USA u. Kanada, mit zahlreichen Stromschnellen u. den *Niagarafällen.* Das Dröhnen der in die Tiefe stürzenden Wassermassen ist 60 km weit zu hören (Niagara bedeutet „donnerndes Wasser"). Durch eine Insel werden die Niagarafälle in den 790 m breiten kanadischen Hufeisenfall (Höhenunterschied 49 m) u. den 350 m breiten Amerikanischen Fall (Falltiefe 51 m) geteilt. Es bestehen 7 Kraftwerke. – Abb. S. 411.

Nibelungen *m, Mz.*, in der germanischen Heldensage ursprünglich die Mannen des *Nibelung*, der den **Nibelungenhort** besaß. Von diesem Zwergengeschlecht wurde der Name auf Siegfried übertragen, der den Schatz gewann, u. schließlich auf die Burgunden. Hagen versenkte nach der Ermordung Siegfrieds den Hort im Rhein.

Nibelungenlied *s*, ein um 1200 im Donauraum entstandenes Heldenepos in mittelhochdeutscher Sprache. In 2 Hauptteilen werden Siegfrieds Tod u. der Untergang der Burgunden am Hofe König Etzels geschildert. Das Werk hat immer wieder Künstler zur Neugestaltung angeregt, so u. a. Ch. F. Hebbel („Die Nibelungen", Tragödientrilogie) u. R. Wagner („Der Ring des Nibelungen", vierteiliges Musikdrama).

Nicaragua, Republik in Zentralamerika, mit 130 000 km² etwas mehr als halb so groß wie die Bundesrepublik Deutschland, mit 2,3 Mill. E (70 % Mestizen, 15 % Weiße, 5 % Indianer, 9 % Neger, Mulatten u. Zambos). Amtssprache ist Spanisch. Die Hauptstadt *Managua* (330 000 E) ist 1972 durch ein Erdbeben fast völlig zerstört worden. N. ist ein vulkanisches, waldreiches Gebirgsland mit heißem Klima u. fruchtbaren Gebieten an der Küste des Pazifischen Ozeans. Mehr als 70 % der Bevölkerung leben in diesem Küstengebiet. Baumwolle, Kaffee, Kakao, Zuckerrohr u. Bananen werden hier angebaut. Sie sind neben Edelhölzern (Mahagoni-, Palisander-, Zedern- und Rosenholz) wichtigstes Exportgut. – N. gehörte zum Generalkapitanat Guatemala, 1823–38 war es Mitglied der Zentralamerikanischen Föderation, seit dem ist es selbständige Republik. Mehr als 40 Jahre beherrschte die Familie Somoza das Land. Der Widerstand linksgerichteter Oppositionsgruppen ging ab 1977 in einen Bürgerkrieg über; 1979 mußte A. Somoza einer Revolutionsjunta weichen. N. ist Mitglied der UN.

nichteheliche Kinder ↑ uneheliche Kinder.

Nickel *s*, Metall, chemisches Symbol Ni, Ordnungszahl 28; Atommasse etwa 58,7. Das silberglänzende, dem Eisen u. Kobalt verwandte Schwermetall hat eine Dichte von 8,9, einen Schmelzpunkt von 1 453 °C u. einen Siedepunkt von 2 732 °C. In der Natur kommt N. meist in Verbindungen mit Schwefel, Arsen oder Antimon u. auch als ↑ Silicat vor. N. ist ein Metall mittlerer Reaktionsfähigkeit, dessen Verbindungen meist zweiwertig u. grün gefärbt sind. Der überwiegende Teil des produzierten Nickels wird zu nichtrostenden Nickelstählen verarbeitet.

Nidwalden ↑ Unterwalden.

Niederdeutsch (Plattdeutsch) *s*, in Norddeutschland gesprochene ↑ Mundarten. Sie sind von der 2. (hochdeutschen) Lautverschiebung nicht oder kaum erfaßt worden u. unterscheiden sich deutlich von den hochdeutschen Mundarten (z. B. Pipe = Pfeife; breken = brechen). Im Mittelalter war N. Literatur-, Geschäfts- u. Rechtssprache, heute ist es Umgangssprache (v. a. in ländlichen Gebieten) und wird in der Mundartdichtung verwendet; bekannt sind v. a. die plattdeutsch geschriebenen Werke von Fritz ↑ Reuter. N. ist mit dem Englischen verwandt.

Niederlande *Mz.* (oft fälschlich Holland), europäisches Königreich an der Nordsee, zwischen Ems- u. Scheldemündung, mit 13,9 Mill. E; 41 160 km². Die Hauptstadt ist Amsterdam, königliche Residenz u. Regierungssitz ist Den Haag. Das Tiefland (zum Teil Marschland) liegt wenig über, teilweise bis 6 m u. d. M. Vor allem im Rhein-Schelde-Mündungsgebiet ist die Küste buchtenreich u. durch Deiche u. natürliche Dünen gegen Sturmfluten geschützt. Nördlich u. nordöstlich von Den Helder sind der Küste die Westfriesischen Inseln mit ausgedehntem Watt vorgelagert. Große Einpolderungen (↑ Polder) besonders im IJsselmeer (↑ Zuidersee). In der Rhein-Maas-Mündung sind die bedeutendsten Acker- u. Viehzuchtgebiete des Landes mit Weizen-, Zuckerrüben-, Kartoffel- u. Bohnenanbau sowie Rinderzucht. Gartenbau hinter dem Dünengürtel. Im Nordosten der N. liegen ausgedehnte Geest- u. kultivierte Hochmoorgebiete. Die N. werden von zahlreichen eingedeichten Flüssen (v. a. Maas, Rhein, Waal) u. Kanälen durchzogen. Die Kanäle dienen v. a. der Entwässerung. Die vielen Windmühlen betreiben meist die Pumpanlagen. An Bodenschätzen gibt es Steinkohle u. Erdgas, auch Erdöl u. Salze. Für die Wirtschaft wichtig sind: Vieh- u. Milchwirtschaft, Acker- u. Gemüsebau (letzterer z. T. in Treibhauskulturen mit mehreren Ernten im Jahr), die bedeutende Blumenzucht (v. a. Tulpen), Fischerei, Nahrungsmittelindustrie, Schiffbau u. Metallindustrie, chemische, elektrotechnische u. Textilindustrie. Die N. haben eine sehr bedeutende See- u. Binnenschiffahrt. Rotterdam ist der größte Hafen der Erde. *Geschichte:* Zur Römerzeit waren die N. von Germanen bewohnt. Sie wurden später Teil des Fränkischen Reiches. Nach der Teilung des Reiches kamen sie an das Ostreich Ludwigs des Deutschen. In der Folgezeit bildeten sich bestimmte Herrschaftsgebiete heraus: Flandern, Brabant, Hennegau, Namur, Limburg, Lüttich im Süden, Holland, Seeland, Utrecht u. Geldern im Norden. Im Spätmittelalter entwickelten sich die N. zu einem der wirtschaftlich blühendsten Gebiete Europas. In Flandern hatte sich eine bedeutende Tuchfabrikation entwickelt, in Brabant eine Leinen- u. Spitzenfabrikation. Die niederländischen Handelsbeziehungen reichten bis nach Italien. Im Verlauf des 14. Jahrhunderts kamen die niederländischen Gebiete an das Herzogtum Burgund, durch die Heirat Maximilians I. mit Maria von Burgund 1477 an die Habsburger. Nach der Teilung der habsburgischen Gebiete unter Karl V. blieben die niederländischen Besitzungen mit Spanien verbunden. Die absolutistische Herrschaft Philipps II., der Versuch einer gewaltsamen Zurückdrängung der Reformation u. die Mißachtung der Rechte der Stände führten zu Unruhen; nachdem Spanien den Herzog von Alba gesandt hatte, brach 1567/68 der Freiheitskampf offen aus. Alba ließ ↑ Egmond u. andere hinrichten, konnte jedoch den Widerstand nicht brechen u. die Ausweitung des Aufstandes (seit 1572 unter Führung Wilhelms von Oranien) nicht verhindern. Erst 1579 gelang es, die südlichen, überwiegend katholischen Provinzen auf die Seite Spaniens zu ziehen. Dagegen schlossen sich die nördlichen Provinzen zusammen u. sagten sich 1581 von Spanien los. 1648 wurde im Westfälischen Frieden die Unabhängigkeit der Republik der Vereinigten N. anerkannt. Die N. stiegen zur bedeutenden See- u. Weltmacht auf. Sie gewannen Kolonien in Afrika u. Amerika. Die niederländische ostindische Kompanie hatte Niederlassungen bis nach Australien. Im Krieg gegen Ludwig XIV. von Frankreich 1672–78 konnten die N. ihre Unabhängigkeit wahren u. ihren Besitz behaupten. 1795 wurden sie von französischen Truppen erobert u. zur *Batavischen Republik* erklärt, 1806 dann zum Königreich Holland unter Louis Bonaparte. 1810 wurden die N. Frankreich einverleibt. – Die südlichen, katholischen N. fielen 1714 als österreichische N. an die Habsburger; sie wurden bereits 1794 Frankreich angegliedert. Sie bildeten mit den nördlichen Niederlanden seit dem Wiener Kongreß 1815 unter Wilhelm I. das „Königreich der Vereinigten N.", das in der Revolution von 1830 wegen der politischen, religiösen u. wirtschaftlichen Gegensätze zwischen beiden Landesteilen wieder zerbrach. Der südliche Teil ist seitdem als Belgien selbständig. – Im 1. Weltkrieg blieben die N. neutral. Im 2. Weltkrieg wurden sie trotz Neutralität von Deutschland angegriffen u. besetzt. In London bildete sich eine Exilregierung, im Lande selbst eine starke Widerstandsbewegung. Nach der Befreiung durch die Alliierten (1945) konnten Königin Wilhelmina u. die Regierung zurückkehren. Niederländisch-Indien löste sich nach dem Krieg von den Niederlanden (↑ Indonesien), Niederländisch-Guayana

Niederlande

Niederösterreich

(das heutige ↑Surinam) 1975. Die N. sind Gründungsmitglied der UN, Mitglied der NATO, der EG und der Union Benelux.

Niederösterreich, das größte österreichische Bundesland, mit 1,4 Mill. E. Verwaltungssitz ist Wien. N. erstreckt sich beiderseits der Donau zwischen Enns u. March u. umfaßt u. a. das Waldviertel, das fruchtbare Hügelland des Weinviertels, die Schwemmlandebene des Tullner Beckens, das Marchfeld u. das weite, fast baumlose Wiener Becken. Neben Forst- u. Landwirtschaft besitzt N. eine vielseitige Industrie (Holzverarbeitung, Textil-, Nahrungsmittel-, Leder-, Zuckerindustrie; Erdöl- u. Erdgasgewinnung; starker Fremdenverkehr.

Niedersachsen, Land der Bundesrepublik Deutschland, zwischen unterer Elbe u. niederländischer Grenze mit 7,2 Mill. E. Die Hauptstadt ist Hannover. N. hat im Süden mit dem Weserbergland u. dem westlichen Harz noch Anteil am deutschen Mittelgebirge. Nach Norden wird das Land allmählich flacher (u. a. Lüneburger Heide) bis zu den teilweise u. d. M. liegenden Marschen an der Küste. Vor der Küste liegt ein breiter Wattgürtel, der im Westen durch die Ostfriesischen Inseln von der Nordsee getrennt wird. Bedeutende Wasserstraßen sind: Ems, Weser, Mittellandkanal, Dortmund-Ems-Kanal. Im Bergland wird Ackerbau betrieben (Getreide, Hackfrüchte, u. a. Zuckerrüben), im Flachland herrscht Viehwirtschaft vor. An Bodenschätzen werden Erdöl u. Erdgas (Emsland, Ostfriesland, an der Aller u. bei Peine), Kalisalze (an der Aller u. Leine), Steinsalze, Braunkohle (bei Helmstedt) u. Eisenerze (bei Salzgitter u. Peine) gewonnen. Im Norden wird Torf abgebaut u. Moorkultur betrieben. N. hat eine vielseitige, auf den vorhandenen Landesprodukten aufbauende Industrie. Der Raum Hannover ist Verkehrszentrum des Landes. – N. wurde 1946 durch Zusammenschluß der früheren preußischen Provinz Hannover mit den Ländern Braunschweig, Oldenburg u. Schaumburg-Lippe gebildet.

Niederschlag *m,* zusammenfassende Bezeichnung für Tau, Reif, Rauhreif, Rauheis u. Rauhfrost (*abgesetzter N.*) sowie Regen, Eisnadeln, Schnee, Graupeln u. Hagel (*fallender Niederschlag*).

Niemandsland *s,* im Krieg der Gebietsstreifen zwischen zwei Kampffronten; auch zwischen Staatsgrenzen.

Nieren *w, Mz.,* Ausscheidungsorgane der Wirbeltiere u. des Menschen, die den Harn bilden u. ausscheiden. Beim Menschen sind sie paarige, zusammen etwa 300 g schwere, bohnenförmige Organe im Bereich der Lendenwirbel.

Niete [niederl.] *w:* **1)** ein Los, das nicht gewonnen hat. In übertragenem Sinn ist N. auch Bezeichnung für einen Menschen, der in einer bestimmten Situation versagt hat; **2)** umgangssprachlich für Niet (↑nieten).

nieten, zwei Metallstücke durch Metallbolzen unlösbar miteinander verbinden. Der zylindrische Metallbolzen (*Niet,* auch *Niete* genannt) besteht aus dem Nietschaft u. dem Nietkopf. Er wird durch die Löcher gesteckt, die vorher in die zu verbindenden Metallstücke gebohrt wurden. Das freie Ende wird dann mit einem Hammer breitgeschlagen oder durch eine kleine Sprengladung auseinandergesprengt (*Sprengniete*).

Nietzsche, Friedrich, * Röcken bei Lützen 15. Oktober 1844, † Weimar 25. August 1900, deutscher Philosoph u. Dichter. In seinen Werken wandte er sich gegen überkommene christliche Werte; das Christentum lehnte er als eine „Religion für die Schwachen" ab. Er verkündete einen neuen, vollkommenen u. höchsten Menschen, den „Übermenschen" (u. a. in „Also sprach Zarathustra"). Die kunstvolle Sprache seiner Gedichte u. Prosawerke hat stark auf die Entwicklung der deutschen Literatur eingewirkt. N. war krank und litt unter zunehmender Einsamkeit (Gedichte: „Vereinsamt", „Der Einsame").

Niger: 1) *m,* drittgrößter Fluß Afrikas, 4 160 km lang. Er entspringt an der Südgrenze Guineas, fließt in weitem Bogen durch die westliche u. südliche Sahara u. mündet in den Golf von Guinea. Die Wasserführung ist sehr unterschiedlich, der N. ist dadurch nur zeitweise schiffbar. Im Nigerdelta wird Erdöl gefördert, bedeutend ist auch der Fischfang; **2)** Republik in Zentralafrika, mit 1 189 000 km² mehr als fünfmal so groß wie die Bundesrepublik Deutschland, mit 4,9 Mill. E (davon 54 % ↑Haussa). Die Hauptstadt ist *Niamey* (150 000 E). N. umfaßt im Norden einen großen Teil der südlichen Sahara, im Süden herrscht Trockensavanne vor. Nur 2 % des Bodens können landwirtschaftlich genutzt werden. Hauptausfuhrgüter sind Uranerz, Erdnußprodukte u. Vieh. – Als ehemaliger Teil Französisch-Westafrikas erhielt N. 1960 die Unabhängigkeit. Es ist Mitglied der UN, der OAU u. der EWG assoziiert.

Nigeria, westafrikanische Republik am Golf von Guinea, mit 923 768 km² mehr als dreieinhalbmal so groß wie die Bundesrepublik Deutschland, mit 79,8 Mill. E. Die Hauptstadt ist Lagos. N. gliedert sich in die Hochfläche im Norden u. Westen (bis 1 780 m ü. d. M.) u. das südliche, mit steilem Abfall anschließende Flachland, das das Talgebiet des Niger einschließt. Der Nordu. Westteil ist Savannengebiet, der Süden meist mit tropischem Regenwald bedeckt. Die Förderung von Erdöl, Zinn u. Kohle ist neben dem Anbau

Niederlande. Blumenpark Keukenhof

Der heilige Nikolaus (Ikone)

von Kakao u. Erdnüssen die Grundlage der Wirtschaft. – Die ehemals britische Kolonie erhielt 1960 die Unabhängigkeit. Als sich *Biafra,* der Ostteil des Landes, 1967 für unabhängig erklärte, kam es zum Krieg, in dem Biafra 1970 kapitulieren mußte. – N. ist Mitglied des Commonwealth, der UN u. OAU. Es ist der EWG assoziiert.

Nihilismus [lat. nihil = nichts] *m,* Lehre, die keine Werte anerkennt. Der N. verneint alle gewonnenen Erkenntnisse u. bestehenden Ordnungen, er leugnet die Möglichkeit sittlicher Normen u. Werte. Der *Nihilist* ist von der Sinnlosigkeit des Lebens überzeugt.

Nikaragua ↑Nicaragua.

Nike, griechische Siegesgöttin; Begleiterin des Zeus u. der Athene.

Nikolaus, Heiliger der 1. Hälfte des 4. Jahrhunderts n. Chr., Bischof von

Königin Nofretete (1912 gefundene Büste)

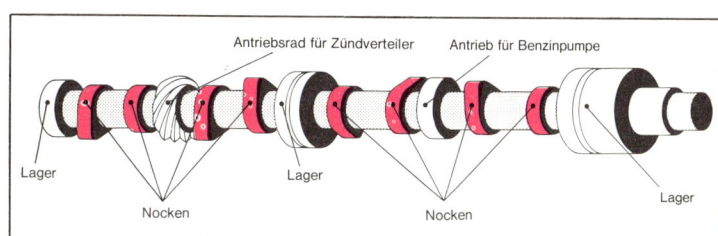

Nocken. Nockenwelle eines Kraftfahrzeugs, die von der Kurbelwelle angetrieben wird

Myra (Kleinasien). Ihm werden der Legende nach viele Wundertaten zugeschrieben, v. a. die Errettung Schiffbrüchiger und die Rettung der Stadt Myra aus einer großen Hungersnot. N. ist Patron der Kinder u. Seefahrer. Wegen seiner Wohltätigkeit werden an seinem Festtag, dem *Nikolaustag* (6. Dezember), nach altem Brauchtum die Kinder beschenkt.

Nikosia [auch: *nikosia*], Hauptstadt von Zypern, mit 116 000 E. Mit bedeutenden mittelalterlichen Kirchen (heute z. T. Moscheen), Moscheen und Resten venezianischer Wälle ist N. eine sehenswerte Stadt. Hergestellt werden Branntwein, Zigaretten, Lederwaren u. Textilien. N. ist auch ein bedeutender Handelsplatz u. hat einen Flugplatz.

Nikotin [frz.] *s*, ein sehr starkes Pflanzengift. Es kommt v. a. in den Blättern der Tabakpflanze vor, aber auch in anderen Nachtschattengewächsen. N. kann künstlich hergestellt werden. Es wirkt zuerst anregend, später lähmend. N. scheint ein krebserregender Stoff zu sein.

Nil *m*, der bedeutendste Strom in Nordostafrika, mit 6 671 km der längste Fluß Afrikas. Der N. besitzt 2 Quellflüsse, den Blauen u. den Weißen Nil, die sich bei Khartum im Sudan vereinigen. Er durchbricht das nubische Kalk- u. Sandsteinplateau in großem Bogen u. bildet dabei 6 Katarakte (große Stromschnellen), durchfließt dann das Wüstengebiet u. bildet in Oberägypten eine Flußoase, die 5–20 km breit ist. Die unregelmäßige Wasserführung überschwemmte bis vor wenigen Jahren jährlich weite Teile des Landes. Durch die Ablagerung des fruchtbaren Nilschlamms wurde das Wüstengebiet beiderseits des Flusses in eine fruchtbare Landschaft verwandelt. Unterhalb von Kairo mündet der Strom in großem Delta ins Mittelmeer. Die Nilüberschwemmungen wurden schon in den alten ägyptischen Reichen genutzt, das Wasser wurde auf höhergelegene Felder gepumpt. Heute sorgen Staudämme (z. B. bei ↑Assuan) für eine bessere Verteilung der Stromflut über das Jahr; dadurch wurde eine Ausdehnung der Anbaugebiete möglich, u. die Erträge der Landwirtschaft stiegen.

Niloten [gr.] *m, Mz.*, Negerstämme, die im Gebiet des oberen Nil u. in den Savannen Ostafrikas leben. Meist sind es viehzüchtende Ackerbauern.

Nilpferd ↑Flußpferde.

Nimbus [lat.] *m*, in der Kunst: Heiligenschein; übertragen für: Ruhmesglanz, Ansehen, Geltung.

Nîmes [*nim*], Stadt in Südfrankreich, mit 126 000 E. Berühmt ist N. v. a. wegen seiner antiken Baudenkmäler (u. a. Amphitheater, Tempel, römische Wasserleitung). N. besitzt eine vielseitige Industrie (Metall-, Textil-, Schuh- u. Nahrungsmittelindustrie) u. bedeutenden Weinhandel.

Nippel *m*, ein kurzes, mit Gewinde versehenes Rohrstück zum Verschrauben von Rohrenden, zum Spannen von Radspeichen an der Felge oder auch zum Verschließen von Schmierstellen (Schmiernippel).

Nirwana [sanskr.] *s*, das Heilsziel im Buddhismus: der Zustand völliger Ruhe, frei von jeglicher Begierde nach dem Leben; ↑auch Religion (Die großen Religionen).

Nissen *w, Mz.*, Läuseeier, die an Haaren oder an Stoffasern der Kleidung abgelegt werden.

Nitrate [gr.] *s, Mz.*, Salze der ↑Salpetersäure (↑Salpeter) mit der allgemeinen Formel MeNO$_3$ (Me = Metall).

Nitride [gr.] *s, Mz.*, Verbindungen des Stickstoffs mit Metall, aber auch mit gewissen Nichtmetallen (z. B. Bor, Silicium u. Phosphor), die sich durch ihre diamantähnliche Härte auszeichnen u. entsprechende industrielle Verwendung als Polier- u. Schleifmaterial finden, insbesondere als hochtemperaturbeständige Werkstoffe.

Nitroglycerin [gr.] *s*, ölige chemische Verbindung, die bei der Behandlung von ↑Glycerin mit Salpetersäure entsteht. Sie ist ein gefährliches Sprengmittel, das bereits bei einer geringen Erschütterung explodieren kann. Zur Verminderung der Explosionsgefahr „verdünnt" man das N. mit ↑Nitrozellulose. Dabei entsteht eine gallertartige Masse, das ↑Dynamit (das sicherer zu handhaben ist).

Nitrozellulose [gr.; lat.] *w*, chemische Verbindung aus Zellulose u. Salpetersäure, die wegen ihrer Explosivkraft als Schießwolle oder Schießbaumwolle bekannt geworden ist u. chemisch strenggenommen als Zellulosenitrat bezeichnet werden muß.

Niveau [*niwo*; frz.] *s:* **1)** waagerechte, ebene Fläche, Höhenstufe, auf der sich etwas erstreckt; **2)** in übertragenem Sinne der Rang oder die Wertstufe, auf der etwas steht, z. B.: von hohem N., ein Mensch mit niedrigem Bildungsniveau.

nivellieren [frz.]: **1)** Höhenunterschiede auf der Erdoberfläche vermessen. Die Landvermesser benutzen dazu ein *Nivelliergerät;* **2)** gleichmachen, einebnen.

Nixen *Mz.* (Einzahl: der Nix, die Nixe), nach dem Volksglauben Wassergeister, die in Märchen u. Sagen ihr Wesen treiben. Die Nixe wird meist mit weiblichem Oberkörper u. einem Fischschwanz dargestellt; der Nix heißt auch Neck, Nick oder Nickelmann.

Nizza (frz. Nice), Seebad und Luftkurort, mit 342 000 E größte Stadt an der französischen Riviera. Die wegen ihres milden Klimas, ihrer reizvollen Lage u. ihrer Feste (Karneval; Blumenfeste) berühmte Stadt ist ein Zentrum des Fremdenverkehrs.

Njassasee *m*, drittgrößter See in Afrika, mehr als 50mal so groß wie der Bodensee, bis zu 706 m tief. Der N. entwässert über den Shire zum Sambesi.

Nm, Einheitszeichen für: ↑Newtonmeter.

NN, Abkürzung für: ↑Normalnull.

Noah (Noe), Gestalt des Alten Testaments; N., der auf Befehl Gottes eine ↑Arche baute und dadurch vor der Sintflut gerettet wurde, gilt als der zweite Stammvater des Menschengeschlechts nach der Vernichtung der Menschheit durch die Sintflut.

Nobel, Alfred, * Stockholm 21. Oktober 1833, † San Remo 10. Dezember 1896, schwedischer Chemiker u. Industrieller. Er erfand das Dynamit, später auch andere Sprengstoffe u. erwarb sich in Europa u. in USA ein Vermögen von ungefähr 32 Mill. Schwedischen Kronen. Den größten Teil dieses Geldes vermachte er der *Nobelstiftung,* die seit 1901 (im Prinzip) jährlich die *Nobelpreise* verleiht. Sie werden für die bedeutendsten Leistungen auf den Gebieten Physik, Chemie, Medizin (oder Physiologie) u. Literatur sowie für die größten Verdienste um die Erhaltung des Friedens vergeben u. sollen ohne Berücksichtigung der Nationalität des Preisträgers verteilt werden. – Seit 1969 wird der sogenannte *Nobelpreis für Wirtschaftswissenschaften* verliehen.

Nocken *m,* Erhebung an Wellen u. Scheiben (Nockenwelle, Nockenscheibe). Bei Drehung der Welle oder Scheibe geben die N. anderen Maschinenteilen den Anstoß zur Bewegung (z. B. den Ventilen in Verbrennungskraftmaschinen). – Abb. S. 415.

Nocturne [*noktürn;* frz.] *s* oder *w* (italienisch Notturno), in der Musik ein träumerisch-stimmungshaftes Klavierstück. Berühmte Nocturnes schrieben Schumann u. Chopin.

Nofretete, altägyptische Königin des 14. Jahrhunderts v. Chr., Gemahlin von ↑Amenophis IV. Sie ist bekannt durch die 1912 bei Ausgrabungen in Amarna gefundene Büste (heute in Berlin-Charlottenburg). – Abb. S. 415.

NOK, Abkürzung für: **N**ationales **O**lympisches **K**omitee.

nolens volens [lat.; = nicht wollend – wollend], bedeutet soviel wie: wohl oder übel.

Nomaden [gr.] *m, Mz.,* Hirten- und Wandervölker ohne festen Wohnsitz. Sie betreiben Viehzucht (Schafe, Rinder, Ziegen, Pferde, Rentiere usw.) u. wandern mit ihren Herden von einem Weideplatz zum nächsten. In früher Zeit der menschlichen Entwicklung war Nomadentum die Regel, heute ist es nur soch selten, z. B. Beduinen in Nordafrika, Mongolen in Innerasien und Lappen in Nordskandinavien.

Nomen [lat.] *s,* Substantiv; auch Sammelbezeichnung für alle Wortarten, die deklinierbar sind, d. h. für Substantiv, Adjektiv, Pronomen, Zahlwort.

Nominativ (Werfall) ↑Fälle.

Nonne *w,* Nachtschmetterling, Trägspinnerart mit etwa 5 cm Flügelspannweite. Die Vorderflügel sind weiß mit gezackten schwarzen Querbändern. Die N. ist als Raupe grünlichbraun bis grauweiß u. ein gefährlicher Schädling an Nadel- und Laubbäumen.

Nonne [lat.] *w,* Angehörige einer weiblichen Ordensgemeinschaft.

Nonstop [engl.] *m,* ohne Halt, ohne Unterbrechung. Ein *Nonstopflug* z. B. ist ein Langstreckenflug ohne Zwischenlandung, ein *Nonstopkino* ein Kino, das pausenlos Filme vorführt (Einlaß ist jederzeit).

Nordamerika, drittgrößter Erdteil mit rund 300 Mill. E. Im Westen ist N. vom Pazifischen, im Osten vom Atlantischen Ozean begrenzt. Dem Kontinent vorgelagert sind im Norden der Kanadisch-Arktische Archipel u. im Nordosten Grönland. Im Nordwesten ist N. durch die Beringstraße von Asien getrennt, im Süden durch den Isthmus von Tehuantepec gegen Mittelamerika abgegrenzt. Die Atlantikküste ist stark gegliedert: Halbinseln (Labrador, Neuschottland, Neubraunschweig, Florida), eingreifende Meeresteile (Hudsonbai, Sankt-Lorenz-Golf, Golf von Mexiko), Fjordküsten (Labrador), haff- u. buchtenreiche Flachküsten im Osten u. Südosten. Die Pazifikküste ist eine buchtenarme Steilküste, die durch die Fjordküste im Nordwesten, durch den Alexanderarchipel, Vancouver Island u. im Südwesten durch die Halbinsel Niederkalifornien gegliedert ist. In der Breitenausdehnung nimmt N. von Norden nach Süden ab, entsprechend breiten sich die Gebirgssysteme von Süden nach Norden fächerförmig aus: Im Westen zieht ein Gebirgssystem in nord-nordwestlicher Richtung vom Hochland von Mexiko bis Alaska; der westliche Faltenstrang, der die Pazifikküste begleitet, wird aus der Sierra Madre Occidental, dem Küstengebirge, der kalifornischen Sierra Nevada, der Cascade Range, den Coast Mountains u. der Alaska Range gebildet (höchste Erhebungen: Mount McKinley 6 193 m, Mount Logan 5 950 m); parallel zieht der Faltenstrang der Rocky Mountains (Wasserscheide zwischen Pazifischem u. Atlantischem Ozean). Östliches Rückgrat Nordamerikas ist das von Südwesten nach Nordosten streichende Rumpfschollengebirge der Appalachen. Im Norden leitet der Kanadische Schild mit zahlreichen großen Seen zur arktischen Inselwelt über. N. hat Anteil an allen Klimazonen. Entsprechend vielseitig sind Pflanzen- u. Tierwelt: Tundrenzone im Norden mit Moosen, Flechten, Heidesträuchern, Zwergbirken, mit Ren, Schneehase, Polarfuchs, an den arktischen Küsten Eisbär u. Robbe, südlicher dann die Nadelwaldzone mit Bär, Wapitihirsch, Elch, Edelpelztieren; in den Präriegebieten leben Präriehunde, Gabelböcke, kleine Bisonherden. Die Zone sommergrüner Laubwälder leitet zu Gebieten immergrüner Laubhölzer u. subtropischer und tropischer Vegetation über. Typische amerikanische Tierarten, wie Puma, Opossum u. Klapperschlange, kommen bis Kanada vor, im übrigen ist die Tierwelt Nordamerikas der Nordasiens u. Nordeuropas sehr nahe verwandt (Hirsche, Wölfe, Nagetiere u. a.). – Die Bevölkerung bestand ursprünglich aus Eskimo im Norden u. im übrigen aus Indianern. Den Hauptanteil der heutigen Bevölkerung stellen Weiße (85 %), ferner Neger (10 %), Ostasiaten (0,3 %) u. Mischlinge; ↑auch Amerika, ↑Entdeckungen.

Nordamerikanischer Unabhängigkeitskrieg *m,* Kampf der 13 englischen Kolonien Nordamerikas gegen das Mutterland (1775–83). Sie erklärten am 4. Juli 1776 auf Grund der allgemeinen unveräußerlichen Menschenrechte ihre Unabhängigkeit („Declaration of Independence"). England widersetzte sich in einem jahrelangen Krieg, der 1783 nach dem Sieg der amerikanischen Kolonisten bei Yorktown mit der Anerkennung der Unabhängigkeit durch England endete. Erster Präsident der „Vereinigten Staaten von Amerika" wurde G. Washington. Er war neben B. Franklin u. Th. Jefferson einer der großen Führer der Aufständischen gewesen. Freiheitskämpfer aus Europa (Marquis de Lafayette, von Steuben) hatten die Aufständischen unterstützt.

Nordatlantikpakt ↑ internationale Organisationen.

Norddeutscher Bund *m,* der nach Auflösung des Deutschen Bundes 1866 gegründete deutsche Bundesstaat. Neben Preußen als der führenden Macht gehörten ihm deutsche Kleinstaaten nördlich der Mainlinie as sowie die nördlich dieser Linie gelegenen Teile Hessen-Darmstadts. 1871 ging der Norddeutsche Bund im Deutschen Reich auf.

Alfred Nobel

Novalis

Norden m, Himmelsrichtung, auf dem Horizont festgelegt durch den Nordpunkt, d. h. den senkrecht unter dem sphärischen Nordpol (in der Nähe des Polarsterns) gelegenen Punkt. Auf der Erde ist N. die Richtung zum Nordpol.

Nordfriesische Inseln w, Mz., Inselgruppe in der Nordsee, vor der Westküste Schleswig-Holsteins u. Nordschleswigs: die Halligen, Nordstrand, Pellworm, Amrum, Föhr, Sylt (gehören alle zur Bundesrepublik Deutschland) sowie Röm, Mandø u. Fanø (gehören zu Dänemark). Auf den Inseln wird v. a. Viehzucht betrieben. Der Fremdenverkehr (Seebäder) ist eine bedeutende Einnahmequelle.

Nordfriesland, Gebiet an der Westküste Schleswig-Holsteins zwischen Wiedau u. Eider einschließlich der ↑ Nordfriesischen Inseln. N. ist eine Marschenlandschaft mit zahlreichen Kögen (↑ Koog).

Nordirland, der zu Großbritannien gehörende Nordteil der Insel Irland, mit 5 Mill. E. Die Hauptstadt ist Belfast. Grundlage der Wirtschaft bildet die Landwirtschaft, v. a. Weidewirtschaft u. Geflügelzucht, mit der darauf aufbauenden Nahrungsmittelindustrie sowie die Industrie in den Städten, v. a. Schiff- u. Flugzeugbau u. die noch heute weit verbreitete Leinenweberei. – Als sich Irland 1920 von Großbritannien löste, verblieben die überwiegend von Angehörigen der anglikanischen Kirche bewohnten nördlichen Provinzen beim Mutterland; bis 1972/74 verfügte N. über ein eigenes Parlament, eine eigene Regierung u. einen Gouverneur als Vertreter der englischen Königin. Seit 1969 herrschen in N. bürgerkriegsähnliche Verhältnisse zwischen der katholischen Minderheit u. der anglikanischen Mehrheit der Bevölkerung.

nordische Kombination ↑ Wintersport (Skilauf).

Nordischer Krieg m, Krieg Schwedens gegen Dänemark, Sachsen-Polen u. Rußland 1700–21, in dem die schwedische Vorherrschaft in Nordeuropa brechen wollten. Preußen u. Hannover beteiligten sich ab 1713 (gegen Schweden). Karl XII. von Schweden fiel 1718. Der Krieg endete mit der Niederlage Schwedens, das die meisten seiner Besitzungen in Deutschland u. vor allem die baltischen Länder verlor. Rußland erhielt Zugang zur Ostsee u. wurde damit Großmacht.

Nordkap s, Vorgebirge auf der norwegischen Insel Magerøy, 307 m hoch. Das N. (71° 10′ nördlicher Breite) galt lange als nördlichster Punkt Europas (der jedoch auf derselben Insel noch um 1,5 km weiter nördlich liegt).

Nord-Korea ↑ Korea.

Nordlicht ↑ Polarlicht.

Nordöstliche Durchfahrt w (Nordostpassage, Nördlicher Seeweg), Seeweg vom Atlantischen zum Pazifischen Ozean durch das Nordpolarmeer entlang der Nordküste Europas u. Asiens, rund 6 500 km lang. Die N. D. wurde 1878/79 erstmals von dem Schweden A. E. Nordenskiöld vollständig befahren. Geringe Schiffahrt wegen der langen Vereisung.

Nord-Ostsee-Kanal m (früher Kaiser-Wilhelm-Kanal), Seekanal zwischen der Ostsee u. der Nordsee, 98,7 km lang. Er verläuft quer durch Schleswig-Holstein von der Kieler Förde bis Brunsbüttelkoog an der Mündung der Elbe u. wurde seit seiner Erbauung 1887–95 mehrfach verbreitert. 7–10 Stunden dauert die Durchfahrt, sie ist kürzer u. gefahrloser als der Seeweg durch das Skagerrak. Bei Rendsburg führt ein Verkehrstunnel unter dem Kanal hindurch; Eisenbahn- u. Straßenbrücken kreuzen ihn.

Nordpol m, der nördliche Schnittpunkt der Erdachse mit der Erdoberfläche, nördlichster Punkt der Erde, inmitten des packeisbedeckten Nordpolarmeeres gelegen; ↑ auch Entdeckungen (Zur Geschichte der Entdeckungen).

Nordpolarmeer ↑ Eismeere.

Nordrhein-Westfalen, Land im Westen der Bundesrepublik Deutschland, mit 17 Mill. E. Die Hauptstadt ist Düsseldorf. Ein Drittel des Landes ist gebirgig (Nordeifel, Sauerland, Rothaargebirge, Teutoburger Wald, Nordwestteil des Weserberglandes), zwei Drittel sind Tiefland (Münsterland, Niederrheinisches Tiefland). Im Übergangsgebiet vom Gebirge zum Flachland (dem Ruhrgebiet u. dem Aachener Becken) u. im Münsterland finden sich ausgedehnte Steinkohlevorkommen (Rheinisch-Westfälisches Industriegebiet, das größte deutsche Industrierevier). Im Sieger- und Sauerland sowie bei Aachen wird Erz abgebaut, in der Kölner Bucht Braunkohle im Tagebau. Am Gebirgsrand gibt es zahlreiche Heilquellen. N.-W. hat viele Talsperren. Über die Hälfte des Landes wird landwirtschaftlich genutzt mit Getreide- u. Zuckerrübenanbau, Viehwirtschaft, Obst- u. Gemüsebau. Duisburg ist der größte Binnenhafen Europas. N.-W. ist das industriell am stärksten entwickelte deutsche Land. Die Industrie ist sehr vielseitig, vorherrschend sind Roheisen- u. Stahlerzeugung, Metallverarbeitung, chemische, Textil- u. Nahrungsmittelindustrie. – N.-W. wurde 1946 aus dem nördlichen Teil der ehemaligen preußischen Rheinprovinz (Regierungsbezirke Aachen, Düsseldorf, Köln) u. der ehemaligen preußischen Provinz Westfalen gebildet; 1947 kam das Land Lippe hinzu.

Nordsee w, europäisches Randmeer des Atlantischen Ozeans. Es erstreckt sich zwischen den Shetlandinseln im Norden Großbritanniens, der Straße von Dover u. dem Kattegat. Die mittlere Tiefe beträgt 93 m, die größte Tiefe 725 m. In den Anliegerstaaten liegen einige der bedeutendsten Handelshäfen der Erde, u. a. London, Hamburg, Rotterdam. Die N. ist sehr fischreich (Kabeljau, Heringe, Schellfisch). Neuerdings wurde in der N. Erdöl gefunden. Stürme, Nebel u. Sandbänke bilden seit alters eine große Gefahr für die Schiffahrt (Nordsee = Mordsee!).

Nordwestliche Durchfahrt w (Nordwestpassage), der Seeweg zwischen dem Atlantischen u. Pazifischen Ozean durch die arktische Inselwelt Nordamerikas, das Nordpolarmeer u. die Beringstraße. Die N. D. wurde erstmals von R. Amundsen 1903–06 vollständig befahren. Wegen starker Vereisung für die Schiffahrt bedeutungslos.

Norm [lat.] w: **1)** Richtschnur, Maßstab, allgemeine Regel. **2)** aus Rationalisierungsgründen festgelegte, einheitliche Abmessung, Größe, Bezeichnung u. ä. bei industriellen u. gewerblichen Produkten, z. B. ↑ DIN.

Normalnull s, Abkürzung NN oder N. N., beliebiger Punkt der Erdoberfläche vom mittleren Meeresniveau, der als Bezugspunkt für Höhenmessungen dient. Der für die Bundesrepublik Deutschland geltende Bezugspunkt ist vom Nullpunkt des Amsterdamer Pegels abgeleitet. Neben N. verwendet man für die Höhe eines Punktes der Erdoberfläche auch die Bezeichnung: über bzw. unter dem Meeresspiegel (Abkürzung: ü. d. M., u. d. M.).

Normandie w, Landschaft in Nordwestfrankreich mit dem Hauptort Rouen u. vielen wichtigen Häfen (Caen, Cherbourg, Le Havre). Erwerbszweige der Bevölkerung sind neben Landwirtschaft (Obst- u. Frühgemüsekulturen) u. Viehzucht u. a. Eisenerzgewinnung, Metall- u. Textilindustrie. – Der Name N. kommt von den Normannen, die hier Anfang des 10. Jahrhunderts ein Herzogtum errichteten, an das noch viele historische Bauten erinnern. Zu Beginn des 13. Jahrhunderts fiel das Land an Frankreich zurück. Im 2. Weltkrieg war die N. Ausgangspunkt der alliierten Invasion im Westen (Landung am 6. Juni 1944). – Abb. S. 418.

Normannen m, Mz. („Nordmannen", auch Wikinger), als N. bezeichnet man die Bewohner Skandinaviens u. Dänemarks, die im frühen Mittelalter als Seefahrer u. Eroberer die Küsten Europas heimsuchten u. auf ihren Raub- u. Eroberungszügen auch weit ins Landesinnere vordrangen (Vorstöße auf den Flüssen nach Paris, nach Aachen u. Köln. Im 9. Jh. setzten sich N. in England fest, sie wurden in Island ansässig, besiedelten von dort aus Grönland u. erreichten um 1000 die Küste Nordamerikas (Leif Eriksson; erste Entdeckung Amerikas, die wieder in Vergessenheit geriet). Ein Teil ließ sich 911 in Frankreich an der Seine-

Normung

mündung in der Normandie nieder, die ihnen der französische König als Lehen gab († Rollo). 1066 eroberte Herzog Wilhelm von der Normandie England. Französische N. dieses Herzogtums waren es auch, die im 11. Jh. nach Unteritalien zogen u. hier ein mächtiges, gut organisiertes Reich errichteten, das später an die Staufer fiel. – An ihren Wegen von Nordeuropa zum Schwarzen Meer u. nach Byzanz gründeten die N. im 9. Jh. auch Herrschaften um Nowgorod u. Kiew in Rußland, die zum Kern des ersten russischen Staates, des Kiewer Reiches, wurden. Trotz zeitweiliger Macht u. Größe hatten die Reichsgründungen der N. keinen Bestand. Die N. vermischten sich mit der einheimischen Bevölkerung u. gingen in ihr auf. Die von Schweden nach Osten u. Südosten gezogenen N. heißen Waräger.

Normung [lat.] w, das Aufstellen von einheitlichen Richtlinien für die Form, die Abmessungen, die Qualität, die Herstellungs- u. die Prüfverfahren industriell gefertigter Produkte; ↑DIN.

Nornen w, Mz., in der germanischen Mythologie die drei Schicksalsgöttinnen Urd (Vergangenheit), Werdandi (Gegenwart) u. Skuld (Zukunft). Durch ihren Spruch bestimmen sie der Menschen Geschick u. Lebensdauer.

Norwegen, nordeuropäisches Königreich im Westen der Skandinavischen Halbinsel, mit Gebieten in der Arktis (Spitzbergen, Jan Mayen) u. in der Antarktis. N. hat 4 Mill. E (außer Norwegern auch Lappen u. Finnen) u. 323 886 km². Die Hauptstadt ist Oslo. Fast ganz N. wird von dem skandinavischen Gebirge durchzogen. Nur im Süden ist eine breitere Küstenebene vorgelagert. Die Küste ist durch Fjorde stark gegliedert. Vor ihr liegen zahlreiche Inseln. Das Klima ist unter dem Einfluß des ↑Golfstromes regenreich u. wintermild. Daher sind die Häfen an der Westküste auch eisfrei. 2,8 % des Landes werden landwirtschaftlich genutzt (Gerste, Hafer, Kartoffeln u. etwas Weizen). Schafe u. Rinder werden gezüchtet. 26 % des Landes sind bewaldet (Sägewerke, Holz- u. Papierindustrie), sonst ist alles Ödland. An Bodenschätzen sind vorhanden: Eisen, Kupfer, Titan u. Molybdän, auf Spitzbergen Kohle, in der Nordsee Erdöl u. Erdgas. Mit seiner Aluminiumproduktion steht N. an 4. Stelle in der Welt; bedeutend ist auch der Schiffbau. N. ist die fünftgrößte Fischereination. Seine Handelsflotte ist die viertgrößte der Erde. Wichtigster Hafen ist Narvik. *Geschichte:* N. wurde von Nordgermanen besiedelt, deren Kultur während der Römerzeit (1.–4. Jh.) deutlich erkennbar römischen Einfluß aufwies. Vom 5. bis 10. Jh. gingen auch von N. Eroberungszüge der ↑Normannen aus. Nach Kämpfen mit den Gaufürsten gelang Harald I. Hårfagre (= Schönhaar) die

Normandie. Steilküste und Strand bei Fécamp

Einigung Norwegens u. die Gründung eines Königreiches. 1028 kam N. an Dänemark, 1035 wurde es wieder selbständig. 1261 gewann N. Grönland, 1262 Island. 1319–63 hatten N. u. Schweden einen gemeinsamen König. Seit 1380 war N. in Personalunion mit Dänemark verbunden. Die dänische Königin Margarete vereinte 1397 in der Kalmarer Union die drei nordischen Reiche. N. blieb mit Schweden bis 1523, mit Dänemark bis 1814 vereinigt. 1536 wurde die Reformation in N. eingeführt. Im Kieler Frieden 1814 fiel N. an Schweden, konnte sich jedoch eine Sonderverfassung erzwingen. Trotz starker Spannungen blieb bis 1905 die Union N.-Schweden bestehen. Sie wurde dann durch Beschluß des norwegischen Parlaments u. durch Volksabstimmung aufgelöst. Der dänische Prinz Karl wurde als Haakon VII. zum König von N. gewählt. N. blieb im 1. Weltkrieg neutral. 1920 konnte es ↑Spitzbergen gewinnen. Im 2. Weltkrieg war N. 1940 bis 1945 von Deutschland besetzt. Der König war nach England geflüchtet. Unter Quisling bildete sich eine von Deutschland abhängige Regierung. Dagegen wirkte eine starke Untergrund- u. Widerstandsbewegung. 1945 kehrte der König zurück. Bis 1949 betrieb N. eine Neutralitätspolitik, dann schloß es sich dem Westen an. Es ist Mitglied der UN, der NATO und der EFTA.

Nostalgie [gr.] w, Heimweh; Sehnsucht nach vergangenen, in der Vorstellung verklärten Zeiten.

Notar [lat.] m, ein Jurist, der Rechtsvorgänge, z. B. Verträge, beurkundet u. beglaubigt. Das Amt eines Notars nennt man *Notariat.*

Notbremse w, eine schnellwirkende Bremse, mit der ein Fahrzeug im Falle einer Gefahr in kürzester Zeit zum Stillstand gebracht werden kann. In Eisenbahnzügen müssen in jedem Personenwagen mehrere Betätigungshebel

Norwegen. Geirangerfjord

für die N. angebracht sein, die von den Reisenden im Notfall bedient werden können (Mißbrauch ist strafbar).

Note [lat.] w: **1)** in der Musik Schriftzeichen für einen Ton; **2)** Geldschein (Banknote); **3)** persönliche Eigenart, z. B. der persönliche Geschmack in der Kleidung; **4)** förmliche schriftliche Mitteilung im diplomatischen Verkehr zwischen Regierungen (*Notenwechsel*).

Notenschlüssel ↑Schlüssel.

Notenschrift [lat.; dt.] w, mit der N. kann Musik schriftlich aufgezeichnet werden. Wichtige Bestandteile der N. sind neben dem Liniensystem u. den Notenzeichen Notenschlüssel, Taktstriche, Pausen- u. Versetzungszeichen.

Notstandsgesetze s, Mz., Gesetze, die nur für Zeiten großer Gefahr

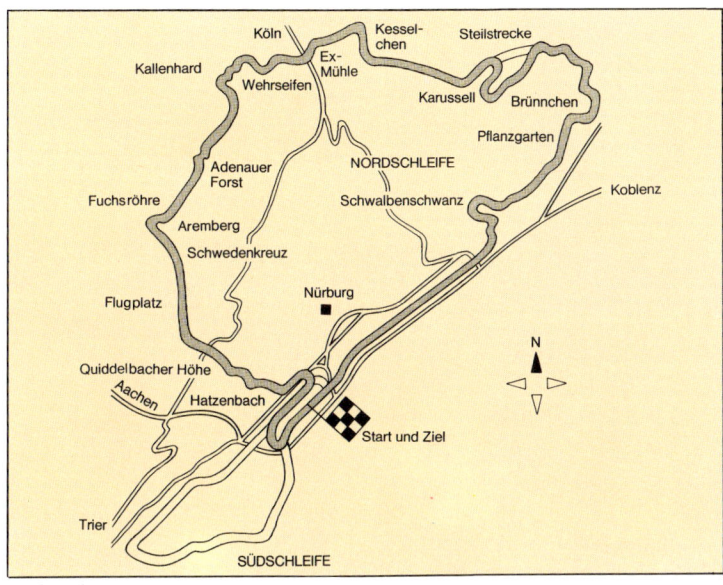
Nürburgring

gelten sollen, also v. a. im Krieg („Verteidigungsfall") oder auch schon, wenn ein Krieg oder ein Bürgerkrieg droht („Spannungsfall"), sowie bei Naturkatastrophen. Solche Gesetze sind strenger als die Regelungen für Friedenszeiten u. beschneiden die Rechte des einzelnen Bürgers empfindlich; z. B. kann jeder Bürger nach der sogenannten „Notstandsverfassung" der Bundesrepublik Deutschland (seit 1968 ein Teil des Grundgesetzes) verpflichtet werden, an einem bestimmten Ort zu bleiben. Männer können zum Wehrdienst einberufen werden oder müssen Ersatzdienst leisten, Frauen können im zivilen Sanitäts- oder Heilwesen u. bei ortsfesten militärischen Lazarettorganisationen dienstverpflichtet werden.

Notwehr w, die Verteidigung, die erforderlich ist, um einen rechtswidrigen gegenwärtigen Angriff abzuwehren. Wenn man sich z. B. gegen einen Überfall auf der Straße zur Wehr setzt u. dabei den Angreifer verletzt, so ist das N. straffrei bleibt.

Novalis, eigentlich Friedrich Leopold Freiherr von Hardenberg, * Oberwiederstedt (bei Hettstedt, DDR) 2. Mai 1772, † Weißenfels 25. März 1801, deutscher Dichter der Romantik. Sein bedeutendstes Werk ist der unvollendete Roman „Heinrich von Ofterdingen" (1802) mit dem Symbol der blauen Blume (Sehnsuchtssymbol der Romantik). Einige seiner „Geistlichen Lieder" (1802) sind ins evangelische Gesangbuch übernommen worden (u. a. „Wenn ich ihn nur habe"). Charakteristisch für seine von der Mystik beeinflußte Dichtkunst sind „Die Hymnen an die Nacht" (1800). – Abb. S. 416.

Novelle [lat.] w: **1)** eine kürzere Erzählung (meist Prosa), die knapp u. spannend über ein ungewöhnliches, in sich abgeschlossenes Ereignis, eine besondere Begebenheit berichtet. Die N. ist auf den Konflikt konzentriert u. läßt eigenwertigen Figuren nicht oder selten Raum. Novellen sind manchmal in Rahmenhandlungen eingekleidet. Bedeutende deutsche Novellendichter sind u. a. Tieck, Brentano, Kleist, Stifter, Gotthelf, die Droste, Gottfried Keller, Storm, Conrad Ferdinand Meyer u. Th. Mann; **2)** Nachtrag zu einem Gesetz, der einzelne Bestimmungen abändert oder ergänzt.

Novemberrevolution [lat.] w, die nach dem militärischen Zusammenbruch Deutschlands im 1. Weltkrieg ausgebrochene Revolution. Sie begann in den ersten Novembertagen 1918 mit der Meuterei auf Schiffen der Hochseeflotte in Kiel u. führte zur Beseitigung der Monarchie (Abdankung des Kaisers) u. Ausrufung der Republik.

Novize [lat.] m, Mönch während der Probezeit. Die mindestens einjährige Vorbereitungs- u. Einführungszeit nennt man *Noviziat*. Der N. hat noch keine Gelübde abgelegt u. kann deshalb jederzeit wieder aus dem Orden ausscheiden. Eine Nonne heißt in der Vorbereitungszeit *Novizin*.

Nowaja Semlja, sowjetische Doppelinsel im Nordpolarmeer vor der Küste Sibiriens. Die nördliche Insel ist größer als Niedersachsen, die südliche fast so groß wie Baden-Württemberg. Die Pflanzen- u. Tierwelt ist arktisch (Lemminge, Polarfüchse, Eisbären). N. S. ist nur von wenigen ↑Nenzen bewohnt; u. a. Wetterstationen.

Nowossibirsk, sowjetische Stadt in Westsibirien am Ob, mit 1,3 Mill. E die größte Stadt Sibiriens. Eine Universität, zahlreiche Hochschulen u. die Sibirische Abteilung der Akademie der Wissenschaften der UdSSR machen N. zu einem wissenschaftlichen Zentrum. Wirtschaftlich wichtig sind Hüttenwerke und Machinenbau.

NPD, Abkürzung für: Nationaldemokratische Partei Deutschlands, eine 1964 gegründete rechtsradikale Partei.

NSDAP, Abkürzung für: Nationalsozialistische Deutsche Arbeiterpartei (↑ Nationalsozialismus).

Nuance [nüangß^e; frz.] w, Abstufung, feiner Übergang, feiner Unterschied. Ein Farbton kann bei neuer Mischung z. B. um eine N. anders getönt sein. N. bedeutet deshalb auch: Schimmer, Spur, Kleinigkeit.

nuklear [lat.], den Atomkern betreffend; *nukleare Waffen* sind Kernwaffen, Atomwaffen.

Nukleinsäuren [lat.; dt.] w, Mz., hochmolekulare stickstoff- u. phosphorhaltige Verbindungen, die für die Proteinsynthese der Zelle von größter Bedeutung sind.

Nukleus [lat.] m, Kern, z. B. Atomkern, Zellkern.

Numerale ↑Zahlwort.

Numerus [lat.] m: **1)** Zahl; **2)** die Einzahl (Singular) oder Mehrzahl (Plural) eines Wortes, z. B. der Tisch – die Tische; **3)** Bezeichnung für den Potenzwert in der Logarithmenrechnung.

Numerus clausus [lat.; = geschlossene Zahl], Beschränkung der Zahl von Personen, die – bei nicht ausreichendem Angebot an Plätzen – die Zulassung zu einem Bildungsgang (besonders an ↑Hochschulen) erhalten können.

Numismatik [gr.] w, Münzkunde.

Nuntius ↑Diplomaten.

Nürburgring m, berühmte Autorennstrecke in der westlichen Eifel, mit Südschleife 28,29 km lang, mit zahlreichen Kurven u. Schleifen.

Nürnberg, Stadt an der Pegnitz, Mittelfranken, mit 491 000 E. Zweitgrößte Stadt Bayerns u. wirtschaftliches Zentrum Nordbayerns mit vielseitiger Industrie (Metall-, Elektro-, Fahrzeug-, Maschinen-, Spielwaren-, Bleistift-, optische, feinmechanische u. chemische Industrie; Lebkuchenherstellung, Brauereien). Das berühmte mittelalterliche Stadtbild erlitt im 2. Weltkrieg große Zerstörungen, doch ist N. noch immer reich an historischen Bauten: 4 km lange Stadtmauer mit Türmen, Kaiserburg, Lorenzkirche, Frauenkirche, Sebalduskirche, Albrecht-Dürer-Haus, Mauthalle, Fembohaus (heute Altstadtmuseum), Schöner Brunnen u. a. In N. sind Teile der Universität Erlangen-N., Fachhochschulen u. das Germanische Nationalmuseum. – Im Mittelalter war

Nürnberger Eier

Nürnberger Ei

N. eine blühende Reichsstadt mit weitreichenden Handelsbeziehungen u. ein bedeutender Kulturmittelpunkt. Durch den 1972 fertiggestellten Hafen ist N. an den im Bau befindlichen Rhein-Main-Donau-Großschiffahrtsweg angeschlossen.

Nürnberger Eier s, *Mz.*, Bezeichnung für die nach 1550 in Nürnberg hergestellten ovalen Taschenuhren. Die von Peter Henlein (um 1485–1542) angefertigte Taschenuhr in Dosenform ist kein Nürnberger Ei.

Nürnberger Gesetze s, *Mz.*, die 1935 während des nationalsozialistischen Reichsparteitages verkündeten Gesetze „zum Schutze des deutschen Blutes u. der deutschen Ehre". Sie richteten sich gegen die Juden u. schlossen sie aus dem „deutschen Volkskörper" aus: Mischehen zwischen Deutschen u. Juden wurden verboten; Juden konnten nicht mehr Reichsbürger sein; Beamte, Soldaten, Bauern, Studenten u. a. mußten den Nachweis erbringen, daß sie arisch, d. h. nicht „jüdischen Blutes" sind.

Nürnberger Prozesse m, *Mz.*, Sammelbezeichnung für die 1945 bis 1950 in Nürnberg geführten Gerichtsverfahren der Siegermächte des 2. Weltkriegs gegen führende Nationalsozialisten, Angehörige des Generalstabs u. die Verantwortlichen für die Verbrechen des Hitlerstaates. Hauptanklagepunkte waren: Verbrechen gegen den Frieden (Durchführung eines Angriffskrieges), Kriegsverbrechen u. Verbrechen gegen die Menschlichkeit, wie sie z. B. in den Konzentrationslagern begangen wurden. Im Hauptprozeß wurden 22 Personen (unter ihnen Heß, Ribbentrop, Rosenberg u. Göring, der Selbstmord beging) verurteilt: 12 zum Tode, 3 zu lebenslänglicher Haft, 4 zu langen Gefängnisstrafen. 3 Angeklagte wurden freigesprochen. Dem eigentlichen Prozeß schlossen sich 12 weitere Prozesse an, die gegen Ärzte, Juristen, Wirtschaftsführer, hohe Beamte u. a. geführt wurden.

Nürnberger Trichter m, scherzhafte Bezeichnung für ein Lehrverfahren, das es möglich machen soll, auch dem Dümmsten Wissen „einzutrichtern". Der Ausdruck stammt aus einer Schrift des 17. Jahrhunderts: „Poetischer Trichter, die Teutsche Dicht- u. Reimkunst in sechs Stunden einzugießen".

Nuß w, Schließfrucht, deren Fruchtwand beim Reifen zu einem harten Gehäuse wird, das meist nur einen Samen umschließt. Nüsse in diesem Sinne sind Bucheckern, Eicheln, Edelkastanien, Haselnüsse u. a.; nicht zu den Nüssen gehören Kokosnüsse u. Walnüsse.

Nußbaum, beliebtes Möbel- u. Furnierholz, das oft gelb, braun oder lila getönt ist u. gewellt gemaserte Äste u. kaum sichtbare Markstrahlen erkennen läßt. Die europäischen Sorten liefert die *Gemeine Walnuß*, die amerikanischen die *Schwarze Walnuß*.

Nut w, eine längliche Vertiefung in einem Werkstück, in die entweder ein zweites Werkstück mit einer entsprechenden Erhöhung eingepaßt wird oder in der ein Führungsstift gleitet.

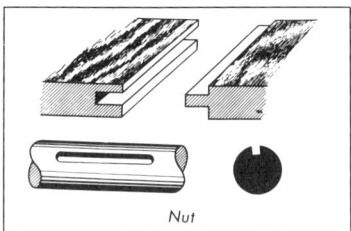

Nut

Nutria [span.] w (Sumpfbiber, Biberratte), etwa 45–60 cm langes Nagetier Südamerikas, das in Deutschland gelegentlich verwildert vorkommt. Es hat einen langen, runden, kaum behaarten Schwanz u. Schwimmhäute an den Hinterfüßen. Der Pelz, der von Grannenhaaren (härteren, längeren Deckhaaren) befreit wird, ist sehr begehrt. Heute werden Nutrias gezüchtet.

Nylon [*nailon*; engl.] s, Kunstfaser aus Polyamid. Der Name ist Warenzeichen.

Nymphen [gr.] w, *Mz.*, in der griechisch-römischen Mythologie und Dichtung weibliche Naturgeister (Töchter des Zeus). Sie leben u. a. auf Bergen (Oreaden), in Quellen u. Flüssen (Najaden), in Bäumen (Dryaden) u. im Meer (Nereiden).

Nymphomanie [gr.] w, gesteigertes sexuelles Verlangen der Frau (nach wechselnden Partnern) infolge schwerer seelischer Störungen.

O: 1) 15. Buchstabe des Alphabets; 2) Abkürzung für: Osten; 3) chemisches Symbol für: ↑Sauerstoff (lat. **Oxygenium**).

Oase [ägypt.] w, mit Pflanzen bestandene Stelle in Wüsten und Wüstensteppen oder an deren Rändern. Oasen sind fruchtbare Stellen in einer oft weithin unfruchtbaren Umgebung. Ermöglicht wird der Pflanzenwuchs durch Quellwasser oder nahe der Erdoberfläche liegendes Grundwasser. Auch durch einen Fluß, der wüstenhaftes Gebiet durchquert, kann eine O. entstehen (Flußoase). Oft werden Oasen durch künstliche Bewässerung erweitert. Größere Oasen sind meist dicht besiedelt, es werden v. a. Getreide, Dattelpalmen, Obst u. Gemüse angepflanzt. Charakterbaum vieler Oasen ist die Dattelpalme, deren Wurzeln bis zu 30 m Tiefe vordringen. – Abb. S. 422.

OAU ↑internationale Organisationen.

Ob m, wichtigste Wasserstraße in Westsibirien, UdSSR. Der Ob entsteht aus den Quellflüssen *Katun* u. *Bija* u. mündet in den *Obbusen* der Karasee. Der Ob ist 5410 km lang (mit dem *Irtysch*). Etwa 6 Monate jährlich ist er mit Eis bedeckt.

Obduktion [lat.] w, Leichenöffnung. Sie wird zur Feststellung der Todesursache vorgenommen.

Obelisk [gr.] m, hoher, meist vierkantiger Steinpfeiler, der sich nach oben verjüngt u. in einer pyramidenförmigen Spitze ausläuft. Obelisken wurden im alten Ägypten als Zeichen des Sonnengottes meist paarweise aufgestellt. Sie tragen oft Weiheinschriften. Nachahmungen waren in Rom, dann in der Renaissance u. im Barock beliebt.

Oberammergau, Sommerfrische u. Wintersportplatz an der *Ammer* in Oberbayern. O. hat 4900 E. Es gibt dort eine Fachschule für Holzbildhauer u. Holzschnitzer. Seit 1634 finden die *Oberammergauer Passionsspiele* statt, die alle 10 Jahre von Bürgern der Gemeinde aufgeführt werden.

Obelisken des Königs Thutmosis I. (links) und der Königin Hatschepsut in Karnak (Ägypten)

Oberer See m (engl. Lake Superior), größter u. westlichster See der Großen Seen in Nordamerika, zugleich größter Süßwassersee der Erde. Der Obere See ist größer als Bayern, er ist bis zu 397 m tief und liegt 184 m ü. d. M.

Oberhaus s, in der Regel ist das O. die erste Kammer eines Parlaments, das aus zwei Kammern besteht. In Großbritannien ist das O. die Versammlung der Lords (*House of Lords*). Es besteht aus Vertretern der hohen Geistlichkeit, des hohen Adels sowie den Mitgliedern des Obersten Gerichtshofs. Die Lords sind Mitglieder des Oberhauses auf Grund ihrer Stellung. Sie werden also nicht gewählt. Das O. hat begrenzte Mitwirkung bei der Gesetzgebung.

Oberhausen, Industriestadt im westlichen Ruhrgebiet, mit 234 000 E. Die Stadt hat Steinkohlenbergbau, Eisenhütten, Stahlwerke, Glaswerke u. chemische Industrie; außerdem gibt es eine Verwaltungs- u. Wirtschaftsakademie.

Oberon, altfranzösische Märchengestalt (Auberon), die dem Zwerg ↑Alberich entspricht. O. ist ein Elfenkönig, verheiratet mit Titania. Gute Menschen befreit er aus der Not. Die Oberonsage wurde mehrmals dichterisch gestaltet. Carl Maria von Weber schrieb eine Oper „Oberon" (1826).

Oberösterreich, Bundesland in Österreich, zwischen Inn u. Enns, mit 1,2 Mill. E. Die Hauptstadt ist Linz. Die Bevölkerung ist hauptsächlich in der Holzverarbeitung, in der Textilindustrie sowie in der Eisen- u. Stahlindustrie tätig. Ein wichtiger Erwerbszweig ist der Fremdenverkehr, v. a. im Südwesten (Teil des Salzkammerguts).

Oberpfälzer Wald m, Name des Teiles des Böhmerwaldes, der zur Bundesrepublik Deutschland gehört.

Oberrheinisches Tiefland s, das Gebiet beiderseits des Rheins zwischen Basel u. Mainz. Entstanden ist die bis 35 km breite Senke als Grabenbruch (Einsenkung der Erdkruste). Das Oberrheinische Tiefland ist klimatisch begünstigt. Hier gedeihen Tabak, Gemüse, Obst u. Wein.

Obervolta, Republik in Westafrika, mit 274 200 km² etwas größer als die Bundesrepublik Deutschland. Die 6,3 Mill. E sind meist Sudanneger. Die Hauptstadt ist *Ouagadougou* (132 000 E). Der Schwarze Volta ist der einzige ganzjährig wasserführende Fluß. Betrieben wird Wanderfeldbau (Hirse, Mais, Baumwolle, Erdnüsse), hauptsächlich aber Viehwirtschaft. An Bodenschätzen gibt es Gold u. Mangan. O. gehört zu den ärmsten Ländern der Erde. – Das Land war bis 1896 in französischem Besitz u. wurde 1960 unabhängig. O. ist Mitglied der UN u. OAU u. der EWG assoziiert.

Objekt [lat.] s: **1)** ein Gegenstand, eine Sache; **2)** Satzergänzung (↑Satz).

objektiv [lat.], unabhängig, sachlich, unparteiisch. Gegensatz: ↑subjektiv.

Objektiv [lat.] s, die ↑Linse, meist jedoch mehrere aufeinander abgestimmte Linsen (auch Spiegel) eines optischen Gerätes, das dem abzubildenden Objekt zugewandt ist; z. B. beim Fotoapparat, Mikroskop, Fernrohr.

Obligation [lat.] w, Verbindlichkeit, Verpflichtung; Schuldverschreibung.

obligatorisch [lat.], verpflichtend, verbindlich.

Oboe [frz.] w, Holzblasinstrument mit gerader, konischer Röhre. Eine O. hat 14 Klappen. Ihr Ton ist hoch u. näselnd. Das Baßinstrument der Oboenfamilie ist das Fagott.

Obolus [gr.] m, altgriechische Münze aus Gold, Silber, seltener Bronze; *einen O. entrichten* heißt eine Spende, Eintrittsgeld usw. entrichten.

Observatorium [lat.] s, Beobachtungsstation für astronomische, meteorologische u. geophysikalische Forschungen.

Obsidian [lat.] m, vulkanisches Gesteinsglas, das dunkel u. reich an Kieselsäure ist. O. wurde schon in der Steinzeit für Klingen u. ä. verwendet.

obskur [lat.], geheimnisvoll, dunkel, unklar, unbekannt, verdächtig.

Obstruktion [lat.] w, im Parlament die gezielte Beeinträchtigung des Ablaufs, um mißliebige Beschlüsse zu verhindern; auch allgemein etwa soviel wie Widerstand.

obszön [lat.], schlüpfrig, unanständig, schamlos.

Obwalden ↑Unterwalden.

Ochotskisches Meer s, Randmeer des Pazifischen Ozeans vor Nordostasien.

Ochse m, kastriertes männliches Hausrind.

Ocker m, Gemische aus Brauneisenerz (Limonit), FeO (OH), mit Ton sowie Quarz u. Kalk. Je nach der Zusammensetzung unterscheidet man verschiedene Arten, durch die auch die Farbe (Gelb bis Braun) bestimmt wird. Verwendet wird O. als Pigment, v. a. für Malerfarben.

Octavianus (Oktavian), Beiname des späteren Kaisers ↑Augustus (bis 27 v. Chr.).

Ode [gr.] w, feierliches lyrisches Gedicht in Strophen, der ↑Hymne verwandt. In der deutschen Dichtung v. a. bei Klopstock und Hölderlin.

Odense [*odh*ᵉ*nß*ᵉ], dänische Hafenstadt auf der Insel Fünen, mit 168 000 E. In O. wurde der Märchendichter H. Ch. Andersen geboren. Erwerbsquellen der Bevölkerung sind Schiffbau, chemische u. Metallindustrie. Seit 1966 hat O. eine Universität.

Odenwald m, westdeutsches Mittelgebirge zwischen Main und Neckar, bis 626 m hoch (Katzenbuckel). Am westlichen Fuß des Odenwalds führt die *Bergstraße* entlang. Südlich des Nekkars liegt der *Kleine Odenwald*. In dem reich bewaldeten, lieblichen Gebirge ist der Fremdenverkehr wichtig.

Oder w: **1)** ostdeutscher Fluß, entspringt im Odergebirge u. mündet bei Stettin im Stettiner Haff, das durch die Peene, Swine u. Dievenow mit der Ostsee verbunden ist. Bis zum Haff ist die O. 866 km lang. Sie ist ein wichtiger Schiffahrtsweg, der im Westen u. Osten durch Binnenkanäle mit der Elbe u. der Weichsel verbunden ist; **2)** rechter Nebenfluß der Rhume im Harz, mit der *Odertalsperre* bei Bad Lauterberg.

Oder-Neiße-Linie w, zwischen den USA, Großbritannien u. der UdSSR im Potsdamer Abkommen 1945 ausgehandelte Grenzlinie, die die ehemaligen deutschen Ostgebiete, die heute zu Polen bzw. zur UdSSR gehören, nach Westen abgrenzt. Die O.-N.-L. verläuft von der Oder, westlich von Swinemünde, an der Oder, dann an der Lausitzer Neiße bis an die Grenze der Tschechoslowakei. Die DDR erkannte die O.-N.-L. 1950 an. Die Bundesrepublik Deutschland hat sie im Deutsch-Polnischen Vertrag (1970) als westliche Staatsgrenze Polens bestätigt.

Odessa, wichtige sowjetische Hafen- und Industriestadt am Schwarzen Meer, in der Ukraine, mit 1,0 Mill. E. O. hat eine Universität u. zahlreiche Hochschulen.

Odin, nordischer Name für ↑Wodan.

Ödipus, Gestalt der griechischen Sage, Sohn des Königs Laos von Theben u. seiner Frau Iokaste. Ein ↑Orakel

Odium

vor seiner Geburt besagt, er werde seinen Vater töten u. seine Mutter heiraten. Um dies zu verhindern, wird er ausgesetzt. Er wird jedoch gerettet u. erfüllt den Orakelspruch, ohne von der Verwandtschaft zu wissen. Viele Dichter haben diese tragische Sage für die Bühne bearbeitet.

Odium [lat.] *s*, Haß, übler Beigeschmack, Makel.

Odoaker, * um 340, † Ravenna 15. März 493, germanischer König in Italien. O. setzte 476 den weströmischen Kaiser Romulus Augustulus ab u. wurde von germanischen Söldnern zum König ausgerufen. Von Theoderich dem Großen wurde er bei Verona besiegt u. nach dem Kampf um Ravenna von ihm getötet.

Odyssee *w*, ein unter dem Namen ↑Homer überliefertes griechisches Epos, das die abenteuerliche Heimfahrt des ↑Odysseus vom Krieg um Troja schildert.

Odysseus, Gestalt der griechischen Sage, König von Ithaka, verheiratet mit Penelope, Vater Telemachs. O. ist eine der bedeutenden Gestalten des Trojanischen Krieges; er zeichnet sich durch List u. Beredsamkeit, aber auch durch Tapferkeit aus. Ihm verdanken die Griechen die Idee, das ↑Trojanische Pferd zu bauen, das ihnen nach zehnjähriger Belagerung die Eroberung Trojas ermöglicht.

OECD ↑Europäisches Wiederaufbauprogramm.

OEEC ↑Europäisches Wiederaufbauprogramm.

Offenbach, Jacques (Jacob), * Köln 20. Juni 1819, † Paris 5. Oktober 1880, deutsch-französischer Kompo-

nist, Kapellmeister und Theaterunternehmer. Schöpfer der eigentlichen Operette. O. hinterließ mehr als 50 Operetten sowie eine Oper („Hoffmanns Erzählungen", 1881). Seine bekanntesten Operetten sind „Orpheus in der Unterwelt" (1858) u. „Die schöne Helena" (1864).

Offenbach am Main, Stadt in Hessen, östlich von Frankfurt am Main, mit 113 000 E. Die Stadt ist das Zentrum der deutschen Lederwarenindustrie (mit internationaler Lederwarenmesse), hat Maschinenbau u. einen Mainhafen. Sie ist Sitz einer Hochschule u. des Zentralamts des deutschen Wetterdienstes.

Offenbarung *w*, im religiösen Sinn ist O. die Enthüllung transzendenter Wahrheiten, d. h. außerhalb der Grenzen natürlicher menschlicher Erfahrung liegender, Gott u. Welt umfassender Sachverhalte, die vom Empfangenden im Glauben empfangen werden. Sie ist bestimmt für die Entstehung neuer Religionen (sogenannte Offenbarungsreligionen); ↑auch Religion.

Offenbarungseid *m*, eine vor dem Gericht vom Schuldner früher unter Eid, heute in Form einer *eidesstattlichen Versicherung* abzugebende Erklärung über seine Vermögensverhältnisse. Voraussetzung ist ein Antrag des Gläubigers nach erfolglosem Versuch der ↑Pfändung. Ein O. kann erzwungen werden.

Offenburg, Stadt in Baden-Württemberg, mit 51 000 E. Zu ihrer sehr vielseitigen Industrie gehören Druckereien. O. hat eine Fachhochschule.

Offensive [lat.] *w*, Angriff, Vorstoß; Gegensatz: ↑Defensive.

öffentliche Büchereien *w*, *Mz*. (öffentliche Bibliotheken, Volksbüchereien), meist von Städten oder Gemeinden eingerichtete Büchereien, die für geringes Entgelt oder kostenlos jedermann die Benutzung eines größeren Bücherbestands ermöglichen. Zur Versorgung von Vororten u. Randgebieten werden auch fahrbare Büchereien (als Bücherei eingerichtete Omnibusse) eingesetzt. Nicht nur die Nachfrage nach Unterhaltungsliteratur, sondern auch das Bedürfnis nach sachlicher Information (z. B. in der beruflichen Bildung) soll durch die öffentlichen B. besser be-

Oase. Dattelpalmenoase Tinerhir am Fuß des Hohen Atlas in Marokko

Okapis

friedigt werden. Die Zusammenstellung des Angebots erfolgt häufig unter Berücksichtigung bestimmter Bevölkerungsgruppen, u. es werden Abteilungen für Kinder, Jugendliche, ältere Menschen, Blinde, ausländische Arbeitnehmer usw. eingerichtet. Darüber hinaus sollen ö. B. auch ein Ort der Begegnung u. des Informationsaustauschs für das Lesepublikum sein. – ↑auch Bibliothek.

öffentliche Meinung *w*, die vorherrschende Meinung über Fragen, die die Allgemeinheit betreffen. Die ö. M. ist das Ergebnis der Meinungsbildung, die durch Gespräche, das Lesen von Zeitungen, Zeitschriften u. Büchern, durch Meldungen u. Kommentare in Rundfunk und Fernsehen, durch Plakatanschläge u. a. zustande kommt. All diese Kommunikationsmittel, die sich der Erkenntnisse der modernen Verhaltensforschung bedienen, u. alle, die diese Kommunikationsmittel für ihre Interessen einsetzen, können die Mei-

Olive

nungsbildung gezielt beeinflussen (manipulieren). Die ö. M. wirkt auf die Meinung des einzelnen, andererseits tragen die Meinungen der einzelnen zur öffentlichen Meinung bei. – ↑ auch Meinungsforschung.

Offerte [frz.] w, kaufmännisches Angebot; Anerbieten, etwas zu kaufen; Kostenvoranschlag.

offiziell [frz.], amtlich, feierlich, förmlich; ↑ auch offiziös.

Offizier [frz.] m, beim Militär Bezeichnung für alle Dienstgrade vom Leutnant an aufwärts.

offiziös [frz.], halbamtlich. Bei einer Mitteilung oder Bekanntmachung bedeutet dies, daß sie zwar aus amtlicher Quelle stammt, nicht aber als Standpunkt der amtlichen Stelle bzw. Behörde zu werten ist; ↑ auch offiziell.

Offsetdruck [engl.; dt.] m, ein Flachdruckverfahren, bei dem das zu bedruckende Papier nur indirekt mit der Druckform in Berührung kommt. Die Farben des Druckbildes werden zunächst auf eine entsprechend präparierte Gummiwalze übertragen und gelangen von dort auf das Papier; ↑ auch Drucken.

Ohio [ohaio] m, größter linker Nebenfluß des Mississippi, 1 579 km lang; schiffbar trotz starker Schwankungen des Wasserstandes.

Ohm, Georg Simon, * Erlangen 16. März 1789, † München 6. Juli 1854, deutscher Physiker. Nach ihm wurde die Maßeinheit des elektrischen Widerstands (Zeichen: Ω) benannt. Neben vielen anderen Erkenntnissen verdanken wir ihm das **Ohmsche Gesetz** (1826): Bei gleichbleibender Temperatur ist die elektrische Stromstärke I in einem metallischen Leiter der zwischen den Leitenden herrschenden Spannung U proportional (der Proportionalitätsfaktor R heißt elektrischer Widerstand: $U = IR$).

Ohnmacht w, plötzlich auftretende ↑ Bewußtlosigkeit. Der Bewußtlose ist blaß, hat einen „fliegenden" Puls.

Ohr s, Gehör- u. Gleichgewichtsorgan der Wirbeltiere. Beim Menschen besteht es aus dem von Ohrmuschel, äußerem Gehörgang u. Trommelfell gebildeten äußeren Ohr. Das Mittelohr setzt sich aus Ohrtrompete (Eustachische Röhre), Paukenhöhle u. den drei Gehörknöchelchen (Hammer, Amboß u. Steigbügel) zusammen. Zum inneren O. gehören das knöcherne Labyrinth, das häutige Labyrinth (Schneckengang) mit den Hörsinneszellen u. die aufeinander senkrecht stehende Bogengänge für den Gleichgewichts- u. Drehsinn.

Oise [oas] w, rechter Nebenfluß der Seine, 302 km lang.

O. K. (o. k.), Abkürzung für das englische Wort ↑ okay.

Oka w, rechter Nebenfluß der Wolga, 1 500 km lang; wichtiger Schiffahrtsweg.

Okapi [afrik.] s, kastanienbraune, kurzhalsige Giraffenart in den Urwäldern östlich des Kongo. Das etwa zebragroße O. besitzt weißgestreifte Beine, große Ohren u. zwei kurze, von Fell bedeckte Knochenzapfen (Hörner). Es wurde erst 1901 entdeckt.

Okarina [ital.] w, Schnabelflöte aus gebranntem Ton oder Porzellan in Form eines Gänseeies. Die O. hat 8 bis 10 Grifflöcher.

okay [oke, engl.], Abkürzung: O. K., o. K., richtig, in Ordnung.

Okklusion [lat.] w, in der ↑ Wetterkunde die Vereinigung einer Kaltfront mit einer Warmfront.

Okkultismus [lat.] m, Geheimlehre, Geheimwissenschaft. Die Lehre u. Praktiken von vermuteten (nicht bewiesenen) übersinnlichen Kräften u. Dingen, wie z. B. Hellsehen.

Okkupation [lat.] w, die Besetzung eines fremden Gebietes, meist durch Militär, um es dem eigenen einzuverleiben bzw. unter den Willen des Besetzenden zu unterwerfen; z. B. die O. der Tschechoslowakei durch die UdSSR u. andere Ostblockstaaten 1968.

Ökonomie [gr.] w, Wirtschaft, Wirtschaftskunde; Wirtschaftlichkeit; auch: sparsame Lebenshaltung.

ökonomisch [gr.], die Wirtschaft betreffend.

Oktant [lat.] m, Winkelmeßgerät (unterteilter Achtelkreis).

Oktave [lat.] w, der 8. Ton der Tonleiter; auch das ↑ Intervall von 8 Tönen.

Oktoberrevolution [lat.] w, die bolschewistische Revolution in Rußland am 25./26. Oktober 1917 in Leningrad u. am 30. Oktober 1917 in Moskau (beide nach dem alten Kalender). Gefeiert wird dieses Ereignis alljährlich am 7./8. November (nach dem neuen Kalender); ↑ auch UdSSR, Geschichte.

Okular [lat.] s, die Linse bei einem Fernrohr oder Mikroskop, die dem Auge des Beobachters zugewandt ist. Im Gegensatz dazu heißt die dem beobachteten Gegenstand zugewandte Linse ↑ Objektiv.

Okulation ↑ Veredelung.

Ökumene [gr.] w: **1)** die ganze bewohnte Erde; **2)** in der Sprache der Kirche: die ganze Christenheit.

ökumenische Bewegung w, Bezeichnung für die Gesamtheit der Einigungsbestrebungen der christlichen Kirchen (20. Jh.).

Okzident [lat.] m, ↑ Abendland. Gegensatz: ↑ Orient.

Ölbaum m, Gattung der Ölbaumgewächse, das 16 m hohe Bäume die über 1 000 Jahre alt werden. Der Stamm ist knorrig, oft drehwüchsig. Er trägt lederartige, lanzettliche, silberfarbene Blätter u. weiße Blütentrauben. Wegen seiner Frucht (↑ Olive) ist er die wichtigste Kulturpflanze des Mittelmeergebietes. Er wird dort in großen Olivenhainen angebaut.

Ölbaum. a blühender Zweig,
b Zweig mit Früchten,
c geöffnete Olive

Ölberg m, ein mehrfach in der Bibel erwähnter Höhenzug östlich von Jerusalem. Am westlichen Fuße liegt ↑ Gethsemane. Nach der Überlieferung der Bibel fuhr Jesus Christus vom Ö. in den Himmel auf.

Oldenburg, Verwaltungsbezirk im Westen des Landes ↑ Niedersachsen. Weite Teile sind Marsch u. Geest, im Süden Hügelland; bekannt durch Pferdezucht. – O. war 1815–1918 ein Großherzogtum.

Oldenburg (Oldenburg), Hauptstadt des Verwaltungsbezirks Oldenburg in Niedersachsen, mit 135 000 E. Die Stadt hat viele historische Bauten, darunter das Schloß (mit Landesmuseum), eine Universität (gegründet 1974) u. eine Fachhochschule. Erwerbsquellen sind der landwirtschaftliche Handel, Elektro- u. Fleischwarenindustrie u. a.

Öle s, Mz., im engeren Sinne ↑ Fette, die sich von anderen Fetten nur dadurch unterscheiden, daß sie bereits bei gewöhnlicher Temperatur flüssig sind. Eine zweite Gruppe von Ölen sind die ↑ Erdöle, die chemisch Gemische von ↑ Kohlenwasserstoffen darstellen.

Oleander [ital.] m, Gattung der Hundsgiftgewächse. Am bekanntesten ist der *Echte O.*, ein 3–6 m hoher Strauch oder Baum des Mittelmeergebiets. Er hat schmale, ledrige Blätter u. prächtige, je nach Kulturform unterschiedlich gefärbte, nachts duftende Blüten. Bei uns oft als Kübelpflanze gezüchtet.

Ölfarben w, Mz., Farben, deren färbender Bestandteil in öligen Substanzen gelöst ist.

Oligarchie ↑ Staat.

Olive [gr.-lat.] w, pflaumenähnliche, bei der Reife grüne bis schwärzlichblaue Steinfrucht des ↑ Ölbaumes. Sie enthält in ihrem Fruchtfleisch viel Öl (*Olivenöl*),

423

Olivier

das durch Auspressen gewonnen wird. Speiseoliven sind weniger ölhaltig.

Olivier, Sir Laurence [*oliwi*ᵉ], * Dorking (Surrey) 22. Mai 1907, britischer Schauspieler, Regisseur u. Theaterleiter. O., der auch in Filmen spielt, ist v. a. durch Shakespearerollen weltbekannt geworden.

Ölmalerei w, das Malen mit Farben auf Leinwand (früher auch auf Holztafeln). Die Farben sind mit Öl gebunden u. lassen sich, ohne zu verlaufen, sowohl übereinander als auch nebeneinander auf die Leinwand auftragen. – Abb. S. 426.

Olme m, Mz., Familie langgestreckter Schwanzlurche in Süßgewässern Europas u. Nordamerikas. Die O. tragen einen Flossensaum, zwei stummelförmige Beine u. einen seitlich zusammengedrückten Ruderschwanz. Zeitlebens verbleiben sie im Larvenzustand u. werden in diesem Zustand auch geschlechtsreif. Bekannt sind der *Grottenolm* in den Höhlen des jugoslawischen Karstgebirges (Augen klein, keine Augenlider) u. der amerikanische *Furchenmolch*, der bis 40 cm lang wird.

Olmütz (tschech. Olomouc), Stadt in der Tschechoslowakei, an der oberen March, mit 96 000 E. Die Stadt hat viele historische Bauten u. eine Universität. O. besitzt Nahrungsmittelindustrie, Maschinenbau u. chemische Industrie.

Ölpest [lat.] w, die Verschmutzung großer Meeresflächen, v. a. der Uferregionen samt der Flora u. Fauna durch Rohöl (z. B. aus havarierten [↑Havarie] Öltankern) oder Ölrückstand (z. B. aus der Reinigung von Tankern auf See). Die augenfälligste Folge der Ö. ist das massenhafte Verenden von Wasservögeln, deren Gefieder durch das Öl verklebt, so daß sie bewegungsunfähig werden. Meist versucht man, die Ö. durch Abschöpfen bzw. Abpumpen der Ölteppiche unschädlich zu machen.

Olten, Stadt an der Aare im schweizerischen Kanton Solothurn, mit 20 000 E. Die Stadt hat Maschinen-, Seifen- u. Möbelindustrie.

Olymp m, Gebirge in Mittelgriechenland, das bis zu 2 911 m hoch ist. In der griechischen Sage ist der O. der Sitz der Götter.

Olympia, griechischer Ort auf der ↑Peloponnes (mit 700 E). Kultstätte der Antike u. Austragungsort der ↑Olympischen Spiele. In O. sind umfangreiche Reste des Heiligtums, von Sportanlagen und von Verwaltungsbauten ausgegraben worden. Im nahen Museum sind die Skulpturen des Zeustempels aufgestellt. – Abb. S. 426.

Olympiade ↑Olympische Spiele.

olympische Fahne w, eine Fahne, die bei allen Olympischen Spielen gehißt wird. Sie zeigt fünf ineinandergreifende Ringe (olympische Ringe) in den Farben Blau, Gelb, Schwarz, Grün, Rot, die die Verbundenheit der fünf Erdteile symbolisieren. – Abb. S. 426.

olympischer Zweikampf ↑Gewichtheben.

Olympische Spiele s, Mz. (Olympiade), O. Sp. fanden bereits im 8. Jh. v. Chr. (nachgewiesen 776 v. Chr.; Siegerlisten) in ↑Olympia statt. Es waren Nationalspiele der alten Griechen zu Ehren des ↑Zeus. Zunächst bestanden diese Spiele nur aus sportlichen Wettkämpfen, aber bereits 632 v. Chr. kamen geistige u. künstlerische Darbietungen hinzu. Es waren nur Freigeborene zugelassen. Die jeweiligen Sieger wurden mit einem Ölzweig ausgezeichnet. Die Wettkämpfe wurden in einem Abstand von 4 Jahren abgehalten. Auch diesen Zeitabstand bezeichnete man als Olympiade. Im Jahre 393 n. Chr. verbot der römische Kaiser Theodosius diese Spiele, weil er sie als heidnisch empfand. – 1894 griff der Franzose Pierre de Coubertin den olympischen Gedanken wieder auf u. gründete das Internationale Olympische Komitee. Fast alle Staaten traten diesem Komitee bei, u. so entwikkelten sich diese griechischen Spiele zu internationalen Spielen, an denen alle Völker der Erde teilnehmen können. Es ist ein Wettstreit der Sportler in fast allen Sportarten. Die modernen Olympischen Spiele wurden 1896 zum erstenmal in Athen abgehalten, seither finden sie alle 4 Jahre (mit Ausnahme der Kriegsjahre 1916, 1940, 1944) an wechselnden Orten statt.

olympische Staffel w, Staffellauf für 4 Läufer über 1 600 m mit den Einzelstrecken (in dieser Reihenfolge) von 800 m, 200 m, 200 m, 400 m oder 400 m, 200 m, 200 m, 800 m. Die o. St. wird bei den Olympischen Spielen nicht ausgetragen.

Oman (bis 1970 allgemein Maskat u. Oman genannt), Sultanat im Osten der Arabischen Halbinsel, mit 820 000 E; 212 500 km². Die Hauptstadt ist *Maskat* (6 500 E). Die Bevölkerung besteht vorwiegend aus islamischen Arabern. Der überwiegende Teil des Landes ist Wüste. Sie wird von mehreren zeitweilig Wasser führenden Flüssen durchzogen, die den Anbau von Weizen, Baumwolle, Datteln u. Zitrusfrüchten erlauben. Weihrauch wird in den Karabergen gesammelt. An der Küste wird Fischfang betrieben. Wirtschaftlich am bedeutensten sind die Erdölvorkommen. O. ist Mitglied der UN u. der Arabischen Liga.

Omdurman ↑Khartum.

Omega [gr.] s: **1)** der letzte Buchstabe des griechischen Alphabets (Ω). **2)** (Ω) Zeichen für: ↑Ohm.

Omelett s (auch die Omelette) [frz.], kurz gebackene Speise aus geschlagenen Eiern; mitunter mit Kompott, Fleisch oder Gemüse gefüllt.

Omen [lat.] s, Vorzeichen, das dem Menschen ungesucht zuteil wird oder das er bewußt zu erkunden versucht. Träume, der Lauf der Gestirne, aber auch zufällige Ereignisse werden als O. aufgefaßt.

ominös [lat.], von schlechter Vorbedeutung, unheilvoll; verdächtig, bedenklich.

Omsk, Stadt in Westsibirien, UdSSR, am Fluß Irtysch, mit 1,0 Mill. E. Die Stadt hat eine Universität u. Hochschulen. Zu ihrer vielseitigen Industrie gehört eine Erdölraffinerie.

Onanie w, geschlechtliche Selbstbefriedigung; ↑auch Geschlechtskunde.

Onegasee m, zweitgrößter See Europas, im Nordwesten der UdSSR; mehr als 17mal so groß wie der Bodensee u. bis 120 m tief. Durch Kanäle ist er mit dem Weißen Meer u. mit dem Ladogasee u. der Wolga verbunden.

Ontariosee m, kleinster u. östlichster der Großen Seen in Nordamerika. Er ist etwa so groß wie Hessen. Durch den Sankt-Lorenz-Strom ist er mit dem Atlantischen Ozean verbunden.

Onyx [gr.] m, aus unterschiedlich gefärbten, meist schwarzen u. weißen Lagen bestehende Abart des Chalzedons. Als Schmuckstein u. für Ziergegenstände verwendet.

Opal [gr.-lat.] m, eingetrocknete, aber immer noch mehr oder weniger wasserhaltige Kieselsäure, deren glasglänzende, durchscheinende Kristallstücke wegen ihres irisierenden Farbeffektes als Schmuckstein verwendet werden. O. bildet sich bei der Zersetzung von ↑Silicaten durch heißes Wasser unter hohem Druck, wie sie in der Natur sehr häufig an und in heißen Quellen gegeben ist.

OPEC ↑internationale Organisationen.

Oper [ital.] w, Verbindung von dramatischer Handlung mit Musik u. Gesang. Der Text wird überwiegend gesungen u. von Instrumentalmusik begleitet. – Die ersten Versuche zur O. wurden im 16. Jh. in Italien unternommen. Die erste eigentliche O. im heutigen Sinne war „L'Orfeo" von Monteverdi (1607). Waren hier Musik u. Handlung gleichberechtigt, so wandelte sich die O. im Lauf der Zeit zu einem Spiel, in dem der Gesang vor der Handlung den Vorrang erhielt. Die sogenannte italienische Oper hatte trotz nationaler Entwicklungen bis in das 19. Jh. den Vorrang. Von den Komponisten des Barock ist besonders Händel zu nennen. Gluck vertritt die vorromantische O., den Höhepunkt des Opernschaffens stellen die Werke von Mozart dar. Weiter sind zu nennen Rossini, Verdi, Bizet und Weber (der mit dem „Freischütz" die sogenannte deutsche Oper begründete). R. Wagner gelangte zum Musikdrama als „Gesamtkunstwerk". In der Gegenwart haben auch die neuen Richtungen – atonale Musik, Jazz, elektronische Musik – Zugang zur O. gefunden. Bekannte moderne Opernkomponisten sind u. a. Strawinski, Hindemith, Britten, Berg, Henze.

Opera buffa [ital.] *w*, heitere, lustige Oper, die in Deutschland auch als *komische Oper* bezeichnet wird; z. B. „Der Barbier von Sevilla" von Rossini u. „Die Hochzeit des Figaro" von Mozart. Im Gegensatz zur O. b. steht die *Opera seria*, die ernste Oper.

Operation [lat.] *w*: **1)** ein chirurgischer Eingriff zur Entfernung krankhafter Erscheinungen an Geweben, inneren Organen, Gliedmaßen; auch zu kosmetischen Zwecken (Schönheitskorrekturen) u. ä.; **2)** Verrichtung, Verfahren, Arbeitsvorgang.

Operette [ital.] *w*, eine O. ist ein unterhaltendes Bühnenspiel mit Musik, Gesang u. meist auch mit Ballett. Melodiöse Arien, Duette u. Chöre sind in den gesprochenen Text eingestreut. Zentrum der O. war zunächst Paris (v. a. mit J. Offenbach), später erlangte die Wiener O. durch J. Strauß (Sohn), F. von Suppé, F. Lehár u. a. Weltruhm. Bedeutend war auch der Berliner O., vertreten durch P. Lincke, E. Künneke u. a. In der Gegenwart wird die O. vom ↑Musical zurückgedrängt.

Opfer [lat.] *s*, die älteste Form der religiösen Handlungen des Menschen: Darbringung von Gaben (Früchte, Tiere, aber auch Menschen) an heiligen Stätten zu Ehren der Götter, als Bitte, Sühne oder Dank. Das O. war an bestimmte Formen gebunden, vollzogen wurde es von Priestern. Für die Christen ist der Opfertod Christi die höchste O. – Allgemein versteht man unter O. eine freiwillige u. selbstlose Gabe, mit der man anderen Menschen hilft. Auch eine Person, die Schaden erlitten hat, wird als O. bezeichnet.

Opiate ↑Drogen.

Opitz, Martin, * Bunzlau 23. Dezember 1597, † Danzig 20. August 1639,

deutscher Dichter. In seinem „Buch von der Deutschen Poeterey" (1624) schuf er Regeln für die deutsche Kunstdichtung. Wichtig wurden v. a. seine Regeln für die Versdichtung. Er führte das ↑Sonett, die ↑Ode u. andere literarische Gattungen in die deutsche Literatur ein, auf die er großen Einfluß hatte.

Opium [gr.] *s*, Produkt aus getrocknetem Milchsaft des Schlafmohns. In der Medizin wird es zur Schmerzstillung u. zur Ruhigstellung z. B. des Darmes verwendet. Im Nahen u. Fernen Osten ist O. ein verbreitetes Rauschgift.

Opossum [indian.] *s*, etwa hauskatzengroße Beutelratte Nordamerikas. Das O. kann mit seinen Greifhänden u. mit seinem Greifschwanz gut klettern. Es ist weißlich bis grau gefärbt, frißt Vögel, Insekten u. kleine Wirbeltiere. Wertvolles Pelztier. – Abb. S. 426.

Opportunist [lat.] *m*, eine Person, die sich jeweils der Situation anpaßt, die für sie persönlich Vorteile bringt. Ein O. hat keine eigene Meinung oder er leugnet sie um eines Vorteils willen.

Opposition [lat.] *w*: **1)** Widerspruch, Widerstand, Gegensatz; **2)** in der Politik bezeichnet man die an der Regierung nicht beteiligten Parteien im Parlament als Opposition. Aufgabe der parlamentarischen O. ist es, die Regierung in besonderer Weise zu kontrollieren u. kritisieren sowie eine Alternative zur Politik der Regierung deutlich zu machen; **3)** im Schachspiel das unmittelbare Gegenüberstehen beider Könige auf einer Linie oder Reihe; **4)** in der Astronomie die Stellung zweier Sterne zueinander (z. B. Erde – Mond).

Optik [gr.] *w*, Teilgebiet der Physik, u. zwar die Lehre vom Licht. Die O. beschränkt sich nicht auf das sichtbare Licht, sondern untersucht auch für das menschliche Auge nicht wahrnehmbare Strahlungen, die sich ähnlich wie das sichtbare Licht verhalten (Infrarotlicht, Ultraviolettlicht, Röntgenstrahlen). Man unterteilt die O. in geometrische O., physikalische O., Quantenoptik u. physiologische O. Die *geometrische O.* (Strahlenoptik) untersucht u. beschreibt alle Vorgänge, bei denen man eine gradlinige Ausbreitung des Lichtes in Form von Strahlen annehmen kann. Dazu gehören Brechung u. Reflexion u. die darauf beruhende Bildentstehung bei Linsen, Spiegeln u. in daraus zusammengesetzten optischen Instrumenten. Die *physikalische O.* (Wellenoptik) befaßt sich mit all den Vorgängen, die sich nur durch die Wellennatur des Lichtes erklären lassen, wie Beugung, Interferenz u. Polarisation. Natürlich lassen sich auch alle in der geometrischen O. beschriebenen Erscheinungen aus der Wellennatur des Lichtes erklären. Die *Quantenoptik* beschäftigt sich insbesondere mit solchen Vorgängen, bei denen sich das Licht wie eine aus kleinen Teilchen bestehende Strahlung (Korpuskularstrahlung) verhält. Die *physiologische O.* befaßt sich mit dem Vorgang des Sehens.

Optimismus [lat.] *m*, bejahende Lebenseinstellung. Ein *Optimist* ist der Auffassung, die Welt u. die Menschen, das Leben u. der Fortschritt seien gut. Gegensatz: ↑Pessimismus.

Optische Täuschungen. Die scheinbar spiralförmig verlaufenden Linien sind in Wirklichkeit konzentrische Kreise

Optimum [lat.] *s*, das Bestmögliche, das Beste, das Höchstmaß.

optische Täuschungen *w*, *Mz.*, Fehlleistungen des menschlichen Auges bzw. des gesamten vom Auge bis zum Gehirn sich erstreckenden Sehvorganges. Die Fehlleistungen bewirken, daß wir Gegenstände anders sehen, als sie in Wirklichkeit sind.

Opus [lat.] *s*, Werk; besonders das literarische oder musikalische Werk eines Künstlers; Abkürzung in der Musik: op.

Orakel [lat.] *s*, Götterspruch, Weissagung für künftiges Schicksal. Im alten Griechenland nannte man zuerst den Ort, wo die Priester den Spruch der Götter verkündeten u. deuteten, Orakel. Das berühmteste O. war im Tempel des Apoll zu Delphi. Man spielt auf die Doppeldeutigkeit an, wenn man etwas Rätselhaftes O. nennt.

Oran, algerische Stadt am Mittelmeer, mit 485 000 E. Die Stadt ist Ausgangspunkt der Saharabahn u. des Saharaautoverkehrs. Wirtschaftlich bedeutend ist vor allem der Hafen.

Orangenbaum [*orangseh*ᵉ*n...*; pers.-frz.] *m* (Apfelsinenbaum), nur als Kulturpflanze bekannter, kleiner, immergrüner Baum. Er stammt wahrscheinlich aus China. Hauptverbreitungsgebiet ist das Mittelmeergebiet. Die rötlichgelben, fleischigen Früchte (Orangen, Apfelsinen) sind Beeren. Sie zählen zu den Zitrusfrüchten.

Orang-Utan [malai.] *m*, bis etwa 1,50 m großer, rötlichbrauner u. lang behaarter Menschenaffe. Er lebt in den Wäldern Sumatras u. Borneos. Mit kurzen Beinen u. langen, kräftigen, zum Hangeln geeigneten Armen ist er gut an das Baumleben angepaßt. Er ist ein Pflanzenfresser. Seine Schlafnester baut er in Bäumen.

Oranje

Oranje *m*, größter Fluß Südafrikas. Er ist 1 860 km lang, mündet in den Atlantischen Ozean, ist aber nicht schiffbar.

Oranjefreistaat *m*, Provinz der Republik Südafrika, am Oberlauf des Oranje, etwa halb so groß wie die BRD, 1,6 Mill. E. Die Hauptstadt ist *Bloemfontein* (180 000 E). Im O. wird Vieh gezüchtet und Ackerbau betrieben. Außerdem gibt es ergiebige Diamanten- und Goldvorkommen. – Der O. wurde 1842 als Republik der ↑Buren gegründet. Von 1902 bis 1910 war der O. eine Kronkolonie Großbritanniens.

Oratorium [lat.] *s*, in der Musik die Vertonung meist religiöser, aber auch weltlicher Texte für Chor, Solisten und Orchester. Die bedeutendsten Schöpfer von Oratorien waren Schütz, Händel und Haydn, später Pfitzner u. Honegger.

Orchester [...k...; gr.] *s*: **1)** der Raum für die Musiker, meist zwischen Bühne u. Publikum; **2)** Gemeinschaft von einer größeren Zahl von Musikern, die von einem Dirigenten geleitet wird. Das O. im heutigen Sinne entstand im 17. Jh. Es besteht heute im wesentlichen aus vier Gruppen: Streicher, Holz- u. Blechbläser, Schlagzeug. In der Gegenwart wird das O. mitunter durch eine Schlaginstrumentengruppe erweitert. Das Jazzorchester nennt man ↑Band.

Orchideen [gr.] *w*, *Mz.* (Knabenkräuter), Pflanzenfamilie mit etwa 20 000 meist weltweit verbreiteten Arten (hauptsächlich in den Tropen u. in den Subtropen). Sie sind ausdauernde Kräuter, wachsen oft auf anderen Pflanzen (Epiphyten) oder auf Humus. Ihre meist kompliziert gebauten Einzelblüten oder Blütenstände sind oft prächtig gefärbt. Zum Teil duften sie berauschend oder betäubend. Die einheimischen Arten sind fast alle geschützt (u. a. der Frauenschuh, verschiedene Knabenkrautarten, die Nestwurz u. das Waldvöglein). Auch die Vanille gehört zu den Orchideen. – Die Zahl der bis heute gezüchteten Orchideenarten u. Kreuzungen ist sehr groß.

Orchideen. Geflecktes Knabenkraut

Olympische Fahne

Orden [lat.] *m*: **1)** klösterliche Gemeinschaft (↑Mönche, ↑Nonnen), deren Mitglieder dem weltlichen Leben entsagt u. sich den drei Gelübden des Gehorsams, der Armut u. der Keuschheit verpflichtet haben. Sie leben jeweils unter einem gemeinsamen Oberen u. nach einer gemeinsamen Lebensregel (Regel, Konstitution). Einige O. widmen sich der Krankenpflege, der Erziehung (Ordensschulen) oder der Wissenschaft (v. a. theologische Studien). Der älteste katholische O. ist der Benediktinerorden. Auch die evangelische Kirche (Bruderschaften) und die orthodoxe Kirche haben O.; **2)** eine Auszeichnung bzw. ein Ehrenzeichen, das v. a. von Staatsoberhäuptern an verdienstvolle Personen verliehen wird. Es gibt O. für militärische, politische, wissenschaftliche und künstlerische Verdienste. O. haben verschiedene Formen, manche gibt es auch in verschiedenen Klassen. Nach der Tragweise unterscheidet man Schulterbandorden, Halsorden und Brustorden. Der Präsident der Bundesrepublik Deutschland verleiht u. a. das Bundesverdienstkreuz (eigentlich: Verdienstorden der Bundesrepublik Deutschland) in drei Klassen (Verdienstkreuz, Großes Verdienstkreuz, Großkreuz); es umfaßt 8 Stufen u. eine Medaille.

Ordinalzahlen [lat.] (Ordnungszahlen) *w*, *Mz.*, diejenigen Zahlen, mit denen die Reihenfolge von Elementen einer Menge angegeben wird (erster, zweiter usw.); ↑dagegen Kardinalzahlen; ↑auch Zahlwort.

ordinär [frz.], alltäglich, gemein, gewöhnlich, unfein.

Ordinariat [lat.] *s*: **1)** das Amt eines ordentlichen Professors (Ordinarius, ordentlicher Professor) an wissenschaftlichen Hochschulen; **2)** Hauptverwaltungsstelle eines kath. Bistums.

Ordinate [lat.] *w*, die senkrechte Achse (*y*-Achse) in einem rechtwinkligen Koordinatensystem (↑Koordinaten).

Ordination [lat.] *w*: **1)** im katholischen Kirchenrecht die Weihe in den Stufen Diakonat, Presbyterat u. Episkopat; in der evangelischen Kirche die feierliche Einsetzung eines Pfarrers in sein Amt; **2)** Sprechstunde eines Arztes; auch die ärztliche Verordnung.

Ordnungszahl *w*: **1)** ↑Ordinalzahl; **2)** Abkürzung: OZ, die Zahl, die angibt, an welcher Stelle ein chemisches Element im ↑Periodensystem der chemischen Elemente steht.

Olympia. Reste des dorischen Heratempels (um 600 v. Chr.)

Opossum

Orestes, griechische Sagengestalt; Sohn des Agamemnon, dessen Ermordung er an seiner Mutter Klytämnestra rächt. Als Muttermörder wird er von den ↑Erinnyen verfolgt. Der Stoff wurde vielfach im Drama behandelt, u. a. von Äschylus, Racine, Goethe u. Sartre.

Orff, Carl, * München 20. Juli 1895, deutscher Komponist. Bei Verwendung sehr einfacher Melodieführung erzielt er eine faszinierende Rhythmik. Seine bekanntesten Werke sind: „Carmina Burana" (1937), „Der Mond" (1939) u. „Die Kluge" (1943). Seine pädagogischen Ziele – er will aus den Hörern Mitwirkende machen – enthält sein „Schulwerk", ein Werk für Musikerziehung. Wesentliche Grundlage ist das Rhythmische, demzufolge werden rhythmische Instrumente („Orffsche Instrumente": Stabspiele, Xylophon, Metallophone und Glockenspiele) bevorzugt. Sie werden durch Blockflöten, Fideln, Lauten u. a. Instrumente ergänzt.

Organ [gr.] *s*: **1)** auf eine bestimmte Aufgabe spezialisierter Körperteil der mehrzelligen Lebewesen. Es ist deshalb oft typisch in seinem Aufbau u. in seiner Form, z. B. das Herz, die Lunge, das Auge, das Laubblatt, die Wurzel; **2)**

Orléans

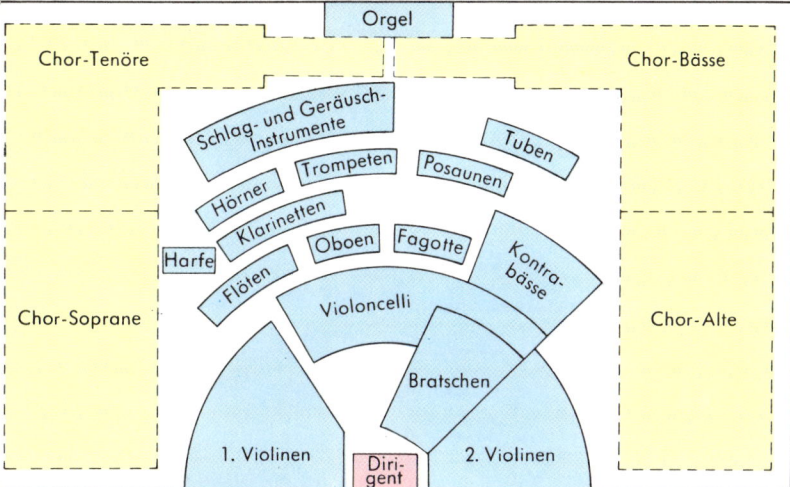

Orchester. Sitzanordnung

Orgel von Sankt Jacobi in Hamburg 1689–93 gebaut von Arp Schnitger

Person oder Personengruppe einer Organisation (Verein, Partei u. ä.) mit bestimmten Vertretungsbefugnissen (z. B. der Aufsichtsrat einer GmbH); **3)** häufig soviel wie: Zeitung oder Zeitschrift.
Organelle [gr.] w: **1)** charakteristisch gebauter Teil des Zellkörpers bei Einzellern, der in seiner Funktion dem ↑Organ der Vielzeller entspricht; **2)** Bestandteil einer Zelle (z. B. der durch eine Membran abgegrenzte Kern).
Organisation [frz.] w: **1)** planmäßige Ordnung und Verwirklichung im Zusammenwirken der an einer Arbeit beteiligten Kräfte; **2)** Zusammenschluß von Menschen, die ein bestimmtes Ziel erreichen wollen, in einer Partei, einem Verband, einem Verein usw.
organisch [gr.]: **1)** der belebten Natur angehörend; **2)** ein ↑Organ betreffend; **3)** zur organischen ↑Chemie gehörend.

organische Chemie [gr.] w, Chemie der Kohlenstoffverbindungen (↑Chemie).
Organismus [gr.] m, ein- oder vielzelliges, lebensfähiges Wesen, gekennzeichnet durch Stoffaufnahme u. -abgabe, Wachstum, Reizbarkeit u. Fortpflanzung. Seine Teile (Organe u. a.) bilden ein Ganzes, das nur als solches funktionsfähig ist.
Orgasmus [gr.] m, Höhepunkt der geschlechtlichen Erregung.
Orgel [gr.] w, das größte Tasteninstrument, zugleich mit dem größten Tonumfang. Die O. hat teils offene, teils gedeckte (gedackte) Pfeifen, die zur Tonerzeugung angeblasen werden. Die Übertragung von den angeschlagenen Tasten auf das Orgelwerk kann mechanisch, pneumatisch oder elektrisch erfolgen. Der *Organist* spielt auf bis zu fünf Manualen (Tastenreihen) und mit den Füßen auf dem klaviaturähnlichen Pedal. Durch Einstellung der Register (alle Pfeifen einer bestimmten Bauart bezeichnet man als Register) lassen sich die verschiedenen Klangfarben erzielen. Die O. ist vorwiegend ein Kirchenmusikinstrument. Nicht im eigentlichen Sinne Orgeln sind Instrumente, bei denen die Töne elektroakustisch erzeugt werden (z. B. Hammondorgel).
Orgie [gr.] w, im Altertum ursprünglich ein geheimer Gottesdienst mit mystischen Handlungen. Heute bezeichnet man mit O. ein ausgelassenes Fest, bei dem die Grenzen von Anstand u. Moral überschritten werden.
Orient [lat.] m, das Land im Osten (im engeren Sinn der Raum der vorderasiatischen Hochkulturen), wo die Sonne aufgeht (Morgenland als Entsprechung zu Abendland wird kaum noch verwendet). Zusammenfassende Bezeichnung für die Länder Vorderasiens u. Mittelasiens, oft zählt man auch die Länder des nordöstlichsten Teils von Afrika dazu. Gegensatz: ↑Okzident.
Original [lat.] s: **1)** das Ursprüngliche, eine Urschrift, eine von einem Autor oder Künstler stammende Fassung oder Form seiner Arbeit; **2)** ein eigentümlicher Mensch, ein Sonderling.
Orinoko m, Fluß im nördlichen Südamerika, in Venezuela, 2140 km lang. Der O. entspringt in der Sierra Parima, durchfließt die großen Weidegebiete, verliert etwa $^1/_3$ seines Wassers durch Flußgabelung (Bifurkation) an den Rio Negro u. mündet mit breitem Delta in den Atlantischen Ozean.
Orion [gr.] m, Sternbild der Äquatorzone, bei uns im Winter abends sichtbar. Mit seinen drei Gürtelsternen u. darunter dem sogenannten Schwertgehänge gehört der O. zu den gut erkennbaren ↑Sternbildern.

Orion. Die drei Gürtelsterne und das Schwertgehänge

Orkan [karib.] m, hohe Stufe der Windstärke (ab Windstärke 12) mit Windgeschwindigkeiten über 32,7 m/s bzw. 118 km/Std.
Orkneyinseln [ă′kni...] w, Mz., Inselgruppe im Atlantischen Ozean, nördlich von Schottland. Mehr als 70 Inseln, von denen 24 bewohnt sind (18 000 E). Die Bewohner ernähren sich hauptsächlich von der Schafzucht u. vom Fischfang. In beiden Weltkriegen war die Bucht *Scapa Flow* zwischen den südlichen O. ein wichtiger Flottenstützpunkt.
Orkus, römischer Gott, Herrscher der Unterwelt; auch das Totenreich in der Unterwelt; ↑auch Hades.
Orléans [orleą̃g], französische Stadt an der Loire, mit 105 000 E. Eine

427

Ornament

gotische Kathedrale u. viele Bürgerhäuser aus dem 16. Jh. prägen das malerische Stadtbild. In O. ist Nahrungsmittel-, Textil- u. chemische Industrie ansässig. – Die Stadt bestand bereits als keltische Siedlung. 1429 wurde O. von den Engländern belagert, aber durch die Jungfrau von O. (↑Jeanne d'Arc) befreit.

Ornament [lat.] s, Verzierung bzw. Schmuckform auf einer Fläche. Es gibt figürliche (Menschen, Pflanzen, Tiere) u. geometrische Ornamente. Häufig sind beide Formen kombiniert.

Ornat [lat.] m, feierliche Amtstracht (v. a. kirchlicher Würdenträger).

Ornithologie [gr.] w, Vogelkunde.

Orpheus, griechische Sagengestalt. Durch Gesang u. Saitenspiel bezaubert er Tiere u. Pflanzen. Seiner Gattin Eurydike folgt er in den Totenreich. ↑Hades gibt sie ihm zurück, macht aber zur Bedingung, daß O. sich nicht nach ihr umsehe, bevor sie die Oberwelt erreicht haben. Vor lauter Sehnsucht verstößt O. gegen diese Bedingung u. verliert Eurydike auf immer. – Der Stoff wurde u. a. in Opern (u. a. „Orpheus u. Eurydike" von Gluck) u. Dramen sowie im Film gestaltet.

orthodox [gr.], rechtgläubig, strenggläubig; zur orthodoxen Kirche gehörend; heute auch oft außerhalb des kirchlichen Bereichs verwendet für: an einem Programm, einer Überzeugung streng festhaltend.

orthodoxe Kirche w, Bezeichnung für diejenigen Ostkirchen, die sich im sogenannten Morgenländischen Schisma (Kirchenspaltung) seit 1054 von der römisch-katholischen Kirche lösten u. den Papst nicht als Oberhaupt anerkennen. Die orthodoxen Kirchen sind zwar in ihrer Liturgie einheitlich, aber ihrer Verwaltung nach einzelne selbständige Kirchen (z. B. die griechische, die russische, die serbische, die rumänische u. die bulgarische o. K.). Die Oberhäupter der einzelnen Kirchen werden Patriarch, Metropolit, Erzbischof oder Katholikos genannt, wobei der Patriarch von Konstantinopel einen gewissen Vorrang innehat. Die o. K. erkennt die Lehren der 7 ersten ökumenischen ↑Konzile an, lehnt aber die weiteren Dogmen der römischen Kirche ab (z. B. die Unbefleckte Empfängnis Mariens u. natürlich die Unfehlbarkeit des Papstes). Besonders ausgeprägt ist die Heiligen- u. Bilderverehrung (Ikonen). Man schätzt die Zahl der Mitglieder orthodoxer Kirchen auf etwa 120 Millionen.

Orthographie ↑Rechtschreibung.

Orthopädie [gr.] w, Fachgebiet der Medizin; Wissenschaft u. Lehre von den angeborenen oder erworbenen Fehlern des Bewegungsapparates (der Knochen, Gelenke u. Muskeln). Die O. behandelt die Leiden mit Massagen, Bestrahlungen, Gymnastik, Bandagen u. a., aber auch durch Operationen. Auch mit Prothesen versucht man, Leidenden zu helfen.

Ortler m, höchste Erhebung der Ortlergruppe in den Ostalpen Norditaliens. Der O. ist stark vergletschert und 3 899 m hoch.

Ortszeit w, die nach dem Sonnenstand errechnete Zeit an einem bestimmten Ort. Sie ist für alle Orte der Erde, die auf dem gleichen Längengrad liegen, gleich.

Osaka, zweitgrößte Stadt Japans u. bedeutende Hafenstadt, an der Osakabucht im Südwesten Hondos, mit 2,7 Mill. E. Die Stadt hat 5 Universitäten, zahlreiche Tempel u. ein Schloß. Nach Tokio ist sie das wichtigste Industrie- u. Handelszentrum Japans. Sie hat Eisen- u. Stahlerzeugung, Werften, Fahrzeug- u. Maschinenbau, chemische, Papier-, Textil-, Elektro- u. Elektronikindustrie.

Oseberg, kleiner Ort am Oslofjord in Norwegen. Hier entdeckte man 1903 in einem Grabhügel ein hölzernes, prunkvolles Totenschiff einer vornehmen Frau (wahrscheinlich die Großmutter König Haralds I.). Dieses Wikingerschiff, das man nach dem Fundort O. auch *Osebergschiff* nennt, stammt aus dem 9. Jh. n. Chr. Es ist 21,44 m lang u. 5,10 m breit. Außerdem fand man in dem Grabhügel einen vierrädrigen Wagen, mehrere Schlitten u. reichverzierte Geräte aus der gleichen Zeit.

Osiris, altägyptischer Gott der sterbenden u. wieder auflebenden Natur u. des Nil; Bruder u. Gemahl der ↑Isis. Von seinem Bruder Seth wird er im Nil ertränkt, von Isis, die von ihm ↑Horus empfängt, gerettet, danach von Seth ermordet u. zerstückelt. Isis sammelt die Teile u. begräbt sie. O. wird zu neuem Leben erweckt; später herrscht er im Totenreich als Richter u. ist Totengott schlechthin.

Oseberg. Osebergschiff

Osiris (links) und Isis

Oslo (1624–1924 Christiania bzw. Kristiania), Hauptstadt Norwegens, mit 462 000 E. Die Stadt liegt am nördlichen Ende des Oslofjords u. ist der größte Hafen und Handelsplatz des Landes. Die Stadt hat eine Universität, viele Museen u. historische Gebäude. In u. um O. hat sich eine sehr vielfältige Industrie angesiedelt (v. a. Werften, elektrotechnische u. Nahrungsmittelindustrie). – O. wurde Mitte des 11. Jahrhunderts gegründet und nach einem Großbrand durch Christian IV. neu aufgebaut (1624).

Osmanisches Reich ↑Türkei.

Osmium [gr.] s, Metall, chemisches Symbol Os, Ordnungszahl 76, Atommasse ungefähr 190,2; Schmelzpunkt 3 000 °C, Siedepunkt wahrscheinlich bei ungefähr 5 000 °C. Mit einer Dichte von 22,57 ist O. das schwerste aller bekannten Metalle. Verwendet wird es technisch für gewisse elektrische Kontaktlegierungen.

Osmose [gr.] w, einseitig gerichteter Durchdringungsvorgang (Diffusionsvorgang) durch eine halbdurchlässige Scheidewand (↑Membran 1). Die O. vollzieht sich zwischen Gasen u. Lösungen unterschiedlicher Konzentration. Die stärker konzentrierte Lösung zieht die schwächer konzentrierte Lösung an, wobei sich die Konzentrationsunterschiede ausgleichen. Hauptsächlich auf diesem Vorgang beruht der Stofftransport in pflanzlichen u. tierischen Zellen.

Osnabrück, Stadt in Niedersachsen, an der Hase, mit 160 000 E. Schon seit der Zeit Karls des Großen ist O. Bischofssitz. Der romanische Dom, mehrere gotische Kirchen, das Rathaus u. andere alte Bauten prägen das Bild der alten Hansestadt. O. hat eine Universität (gegründet 1970) u. 2 Fachhochschulen. Von der Industrie ist der Maschinen- u. Automobilbau wichtig.

Ossian [engl.], irische Sagengestalt, ein greiser u. blinder Sänger. Unter dem Namen O. hat der englische Dichter J. Macpherson (1736–96) „gefälschte" (angeblich aus dem Gälischen übersetzte) Lyrik geschrieben, die starken Einfluß auf die Dichter des Sturm u. Drangs (Herder, Goethe u. a.) ausübte.

Ostsiedlung

Ostblockstaaten m, Mz., ursprünglich gebraucht für die UdSSR u. die unter ihrem politischen Einfluß stehenden Staaten in Europa, heute meist für die Staaten, die im Rat für gegenseitige Wirtschaftshilfe (RGW) u. im Warschauer Pakt zusammengeschlossen sind; ↑auch internationale Organisationen.

Osten m, die Himmelsrichtung des Ostpunkts, d. h. des Punktes am Horizont, an dem die Sonne am Tag des Frühlings- u. Herbstanfangs scheinbar aufgeht.

Ostende (niederl. Oostende), belgisches Seebad und Hafenstadt an der Nordsee, mit 72 000 E. Ausgangspunkt der belgischen Hochseefischerei. In O. finden auch Fischauktionen statt; Spitzenherstellung, Tabakindustrie, Schiffbau u. chemische Industrie sind die wichtigsten Erwerbsquellen. Von O. gehen Fähren nach England (Dover u. Folkestone).

Osterinsel w, chilenische Insel im südlichen Pazifischen Ozean, 180 km². Auf der O. wohnen nur 1 600 Einheimische (polynesischer Herkunft). Die baumlose Insel ist nicht sehr fruchtbar. Bekannt wurde sie durch frühere Bewohner, die große Steinbüsten u. Plattformen errichteten. Man fand auch kunstvolle Darstellungen aus Holz u. Holztafeln mit einer Schrift, die zwischen Bilder- u. Lautschrift zu stehen scheint. Der Name O. geht darauf zurück, daß sie am Ostersonntag 1722 entdeckt wurde. Seit 1888 gehört die O. zu Chile.

Ostern s, das älteste Fest der christlichen Kirchen. Gefeiert wird die Auferstehung Jesu Christi. Das Fest wird durch die Fastenzeit u. die Karwoche vorbereitet. Das Konzil von Nizäa (325) bestimmte den ersten Sonntag nach dem ersten Frühlingsvollmond als Termin für das Osterfest.

Österreich ↑S. 430.

Osterinsel. Steinbüste und Steinkopf

ÖSTERREICH, BUNDESLÄNDER

Bundesland	Fläche in km²	Bevölkerung 1976 in 1 000	Hauptstadt
Wien	415	1 590	—
Niederösterreich	19 170	1 412	Wien*
Burgenland	3 965	268	Eisenstadt
Oberösterreich	11 979	1 241	Linz
Salzburg	7 154	422	Salzburg
Steiermark	16 386	1 192	Graz
Kärnten	9 533	529	Klagenfurt
Tirol	12 647	570	Innsbruck
Vorarlberg	2 601	291	Bregenz
insgesamt	83 850	7 515	—

* Verwaltungssitz

Österreich-Ungarn (Österreichisch-Ungarische Monarchie, Donaumonarchie), die aus Österreich u. Ungarn bestehende Doppelmonarchie, die 1867 geschaffen wurde. Der Kaiser von Österreich war zugleich König von Ungarn. Gemeinsam wurden die Außenpolitik, das Heeres- u. Kriegswesen sowie die Finanzen verwaltet. Die Friedensverträge nach dem 1. Weltkrieg führten zur Auflösung der Donaumonarchie und zur Entstehung der ganz oder teilweise auf ihrem Gebiet gelegenen sogenannten Nachfolgestaaten Österreich, Ungarn, Tschechoslowakei, Jugoslawien. Einzelne Gebietsteile fielen an Polen, Rumänien und Italien.

Ostfriesland, das Gebiet zwischen der Emsmündung u. dem Jadebusen. O. erstreckt sich an der Nordseeküste. Weite Teile sind Marschland, das sehr flach ist u. gegen Überflutungen durch ↑Deiche geschützt ist, u. kultivierte (fruchtbar gemachte) Moore. Das Land ist sehr fruchtbar u. erlaubt außer Viehzucht den Anbau von Getreide u. Gemüse sowie die Züchtung von Blumenzwiebeln. Wichtigste Stadt ist Emden. Vor der Küste liegen die *Ostfriesischen Inseln* mit bedeutenden Seebädern (von Westen nach Osten: Borkum, Juist, Norderney, Baltrum, Langeoog, Spiekeroog u. Wangerooge).

Ostgoten ↑Goten.

ostindische Kompanien w, Mz., Bezeichnung für die Handelsgesellschaften, die, mit weitreichenden Vollmachten ausgestattet, v. a. den Handel mit Indien betrieben; am bedeutendsten waren die *britische ostindische Kompanie*, die *niederländische ostindische Kompanie* sowie die *dänische ostindische Kompanie* (alle Anfang des 17. Jahrhundert gegründet, Anfang des 19. Jahrhunderts aufgelöst).

Ostpreußen, Gebiet zwischen Weichsel bzw. Nogat u. Memel. Im wesentlichen ist O. ein Teil des Baltischen Höhenrückens. Zahlreiche Seen, v. a. in Masuren; an der Küste Dünenlandschaften, Nehrungen u. Haffs. – O. wurde durch den Deutschen Orden besiedelt. 1525 wurde es Herzogtum (Preußen), kam 1618 zu Brandenburg u. teilte mit diesem, das im 18. Jh. den Namen Preußen annahm, das Schicksal Preußens bis zum Ende des 2. Weltkrieges. Seitdem gehört es teils (im Norden) zur UdSSR, teils (im Süden) zu Polen.

Oströmisches Reich ↑Byzantinisches Reich.

Ostsee w, Nebenmeer des Atlantischen Ozeans, nahezu doppelt so groß wie die Bundesrepublik Deutschland. Die O. wird begrenzt von Dänemark, Deutschland, Polen, der UdSSR, Finnland u. Schweden. Sie ist im Nordwesten durch den Öresund sowie den Kleinen Belt u. Großen Belt mit Kattegat, Skagerrak, Nordsee u. damit mit dem Atlantischen Ozean verbunden. Die mittlere Tiefe der O. liegt bei 55 m, die größte Tiefe beträgt 459 m. Der Salzgehalt ist gering, er beträgt bei Kiel 1,5 %, im Finnischen Meerbusen nur 0,1 %. Ebbe u. Flut wirken nicht bis in die O. Heringe, Flundern, Dorsche u. Aale sind die am meisten vorkommenden Fische. Schon seit dem Mittelalter bedeutende Schiffahrt (↑auch Hanse). Mit der Nordsee ist die O. auch durch den ↑Nord-Ostsee-Kanal verbunden.

Ostsiedlung w (deutsche Ostsiedlung; früher: deutsche Ostkolonisation), als O. bezeichnet man die seit dem Mittelalter erfolgte Besiedlung, Erschließung u. Christianisierung von Gebieten östlich der als Folge der Völkerwanderung entstandenen Grenze zwischen germanischen (deutschen) u. slawischen Stämmen durch deutsche Siedler. Teils wurden die slawischen Siedler zurückgedrängt, teils die deutschen Siedler ins Land gerufen, um Neuland und Wüstungen zu besiedeln. Erste Ansätze zur O. gab es unter den Karolingern, dann unter Otto I., dem Großen (Magdeburg als Zentrum der Missionierung unter den Slawen). Im 12. Jh. setzte die O. erneut ein; maßgeblich beteiligt waren die ↑Zisterzienser. Räumlich erfaßt wurden Holstein, Sachsen, Brandenburg, die Altmark u. die Lausitz, später auch Mecklenburg,

429

ÖSTERREICH

Österreich ist eine Republik im südlichen Mitteleuropa mit 7,5 Millionen Einwohnern (88 % Katholiken). Sie besteht aus 9 Bundesländern; die Hauptstadt ist Wien. Die gesetzgebende Gewalt liegt beim Nationalrat (der Volksvertretung) u. beim Bundesrat (der Vertretung der Bundesländer). Staatsoberhaupt ist der Bundespräsident. Die Regierungsgewalt wird vom Bundeskanzler, vom Vizekanzler u. den übrigen Bundesministern ausgeübt, die in ihrer Gesamtheit die Bundesregierung bilden.

Landschaftliche Gliederung: etwa 66 % der Landesfläche nehmen die Ostalpen ein, die in die kristallinen Zentralalpen (höchste Erhebung: Großglockner 3 797 m) u. die zum Teil verkarsteten Nördlichen u. Südlichen Kalkalpen unterteilt werden. Den Norden nimmt das Österreichische Granithochland ein (im Plöckenstein 1 378 m), in dem im Westen Granit u. im Osten Gneis vorherrschen. Zwischen beiden liegt das Österreichische Alpen- u. Karpatenvorland, ein flachwelliges, zum Teil lößbedecktes Hügelland aus eiszeitlichen Aufschüttungen. Im Osten hat Österreich Anteil an großräumigen, eingesenkten Beckenlandschaften. Hier erstreckt sich das Wiener Becken mit fruchtbaren Böden u. ausgedehnten bewaldeten Schotterflächen der Urdonau. Südlich schließen sich die Randgebiete (Tafel- und Hügelland mit breiten Tälern) des kleinen Ungarischen Tieflandes an, dessen Tiefebene bis zum Neusiedler See reicht. Österreich hat weitgehend mitteleuropäisches Übergangsklima; im Osten herrscht jedoch kontinentales Klima (heiße Sommer, kalte Winter) vor. Die Entwässerung erfolgt, vom äußersten Norden u. Westen abgesehen, durch die Donau u. ihre Nebenflüsse zum Schwarzen Meer.

Besiedlung und Wirtschaft teilen Österreich in 2 Großräume: 1. Im Alpenraum, in dem die Besiedlung den Tälern folgt, spielt die Industrie die entscheidende Rolle. Besonders die Täler von Mur u. Mürz, Traun, Inn, Salzach, Drau u. das westliche Vorarlberg sind bedeutende Industriestandorte (Metallgewinnung u. -verarbeitung, Fahrzeug- u. Maschinenbau, Textilindustrie, Holzverarbeitung). Hinzu tritt der Bergbau, v.a. mit Eisenerz (90 % im steirischen Erzberg), Magnesit (führend in der Welt), Salz (in den zentralen Nördlichen Kalkalpen), Braunkohle (v.a. um Köflach), Blei-Zink-Erz, Kupfererz, Graphit u. Kaolin. Die Landwirtschaft ist im wesentlichen Viehwirtschaft (Jungviehaufzucht u. Milchwirtschaft; zum Teil mit Almwirtschaft). Außerdem spielt der Fremdenverkehr eine sehr große Rolle. Der Alpenraum zeigt dank dieser wirtschaftlichen Struktur eine stetige Bevölkerungszunahme. 2. Die mehr flächenhaft besiedelten Mittelgebirge u. Bergländer im Norden u. Osten werden überwiegend landwirtschaftlich genutzt, daneben gibt es auch Weinbau (v.a. im Burgenland u. in der Wachau). Obstbau (besonders im Alpenvorland, im Burgenland u. in der Oststeiermark). Die Viehwirtschaft ist hauptsächlich auf Milchwirtschaft ausgerichtet. Industriegebiete sind im wesentlichen das Donautal (Maschinenbau, Wasserkraftwerke) u. das Waldviertel (Textilindustrie), aber Wien u. das südliche Wiener Becken bilden den größten Industrieraum des Landes. Wichtige Bergbaugebiete sind hier das nördliche Wiener Becken, in dem 90 % des österreichischen Erdöls u. fast das gesamte Erdgas gefördert werden. Der Rest kommt aus dem oberösterreichischen Alpenvorland (Hausruck), wo auch Braunkohle gefördert wird. Fast die Hälfte der Bevölkerung wohnt in Siedlungen unter 5 000 Einwohnern u. ein Drittel in den Großstädten Wien, Graz, Linz, Salzburg und Innsbruck.

Verkehrsmäßig ist Österreich Durchgangsland für den West-Ost- (Donau) u. den Nord-Süd-Verkehr (z. B. über den Brenner und die Tauern). Von den Flugplätzen ist der internationale Flughafen von Wien in Schwechat der wichtigste. Die einzige nennenswerte Wasserstraße Österreichs ist die Donau; wichtigster Donauhafen ist Linz, es folgen Wien u. Krems an der Donau.

G e s c h i c h t e: Karl der Große errichtete um 800 eine ↑Mark gegen die Awaren, die damals den Ostteil des heutigen Österreich beherrschten. Sie wurde von Otto dem Großen als Ostmark neu errichtet u. erhielt später den Namen Ostreich (Österreich). Nach 1278 wurde das Gebiet habsburgisch (Rudolf von Habsburg). Im weiteren Spätmittelalter entstand in diesem Raum die habsburgische Hausmacht (Nieder-, Oberösterreich, Steiermark, Kärnten, Krain, Tirol, Görz), nicht zuletzt auch durch die Erwerbung der luxemburgischen Besitzungen (Böhmen u. Mähren, Ungarn, 1437), in denen sich die Habsburger aber zunächst nicht behaupten konnten. Maximilian I. erwarb 1477 durch Heirat Burgund. Die Heirat Philipps des Schönen mit Johanna von Spanien begründete die österreichische Weltmachtstellung. Karl V. überließ 1521 seinem Bruder Ferdinand I. die habsburgischen Erblande. Damit wurde als Gegenstück zur spanischen Linie die österreichische Linie der Habsburger begründet. In der Folgezeit wurde Österreich zum Zentrum der katholischen Gegenreformation in Deutschland u. zum Hauptträger der Verteidigung gegen die osmanischen Türken (1683 Belagerung Wiens) u. gegen Frankreich. In den Türkenkriegen gewann es neben Ungarn das Banat, Teile Serbiens u. Siebenbürgen, im Spanischen Erbfolgekrieg 1701–14 die (bisher spanischen) Niederlande, Mailand u. weitere Besitzungen in Italien. Unter Maria Theresia begann der Kampf mit Preußen um die Vorherrschaft im Reich (Verlust Schlesiens; Siebenjähriger Krieg). 1772/75 wurden Galizien und die Bukowina gewonnen, 1779 das Innviertel. Die Reformen Kaiser Josephs II. wurden nach seinem Tod teilweise zurückgenommen. In den Napoleonischen Kriegen erlitt Österreich große Gebietsverluste. 1806 verzichtete Franz II., ab 1804 als Franz I. Kaiser von Österreich, auf die Krone des ↑Heiligen Römischen Reiches. Der Wiener Kongreß 1815 brachte eine geographische Abrundung der habsburgischen Besitzungen; in der Folgezeit wurde Österreich zur europäischen Großmacht des Ostens. Die nationalen, freiheitlichen Ideen, die den Bestand des Vielvölkerstaates gefährdeten, wurden zunächst unterdrückt (System Metternich). Danach setzte ein schrittweiser politischer Zerfall ein: Die Revolution von 1848 brachte den Sturz Metternichs u. die Abdankung Ferdinands I. zugunsten Franz Josephs I. (1848–1916). Aufstände in Ungarn, Böhmen u. Italien erschütterten die Monarchie. Der Krieg von 1866 entschied den Kampf um die Vormachtstellung zugunsten Preußens u. zwang Österreich zur Umgestaltung des Staates in die Doppelmonarchie Österreich-Ungarn (1867). Die Auflösung des Nationalitätenstaates erfolgte im 1. Weltkrieg 1914–18, den die Ermordung des österreichischen Thronfolgers Franz Ferdinand ausgelöst hatte. Im Frieden von Saint-Germain (1919) wurde die Aufteilung der Doppelmonarchie verfügt: Österreich wurde selbständige Bundesrepublik u. verlor unter anderem Böhmen u. Mähren, Südtirol u. die Südsteiermark. Die Siegermächte verboten den Anschluß an Deutschland. Inflation u. soziale Spannungen bedrohten den jungen Staat, dessen innere Krisen 1933 zur autoritären Regierung unter E. Dollfuß (1934 bei einem mißglückten nationalsozialistischen Putschversuch in Wien ermordet) führten. 1938 erfolgten der Einmarsch deutscher Truppen u. der Anschluß an das Deutsche Reich, mit dem Österreich bis zum Zusammenbruch 1945 vereinigt blieb. Nach dem Ende des 2. Weltkrieges wurde die Eigenstaatlichkeit Österreichs wieder hergestellt, das Land jedoch in vier Besatzungszonen aufgeteilt. Die alliierte Besetzung endete mit dem Abschluß des österreichischen Staatsvertrages am 15. Mai 1955. Österreich hat sich zur immerwährenden Neutralität verpflichtet. Es ist Mitglied der UN, des Europarats und der EFTA.

Ozelot

Oxford. Universität

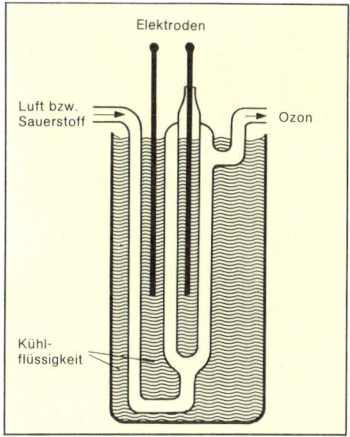
Ozon. Technische Gewinnung im Ozonisator

Pommern u. Schlesien. Der ↑Deutsche Orden stieß bis nach Preußen (Ostpreußen) vor; im Südosten erreichte die hier mehr punktuelle O. Siebenbürgen, die Zips und (v. a. vom 17. bis 19. Jh.) Galizien, die Bukowina, Bessarabien, die Dobrudscha, Wolynien, Mittelungarn, Baranya, Batschka, Banat, Slawonien, Sirmien sowie Rußland.

Oszillograph [lat.; gr.] *m*, Schwingungsschreiber; ein Gerät zur Aufzeichnung elektrischer Schwingungen.

Ottawa [ot^{e}w^e], Hauptstadt von Kanada, mit 291 000 E, am unteren O. River gelegen. Die Stadt hat eine sehr vielseitige Industrie, hauptsächlich jedoch Holz- u. Papierindustrie. Sie besitzt 2 Universitäten, Museen, Bibliotheken, eine Sternwarte u. eine Münzprägestätte. Außerdem ist sie ein wichtiger Verkehrsknotenpunkt.

Otter *m*, *Mz.*, weltweit (außer in Australien) verbreitete, zu den Mardern gehörende Raubtiere, die ans Wasserleben angepaßt sind. Sie besitzen kleine Ohrmuscheln (die Ohren sind verschließbar), kurze Beine mit Schwimmhäuten u. einen langen Schwanz. Ihr wertvolles Fell ist kurzhaarig u. glänzend. Bekannt sind u. a. der *Fischotter* u. der im Meer lebende, fast ausgerottete *Meerotter*.

Ottern ↑Vipern.

Otto I., der Große, * 23. November 912, † Memleben 7. Mai 973, Sohn Heinrichs I.; König seit 936, Kaiser seit 962. Otto I. unterwarf die Franken u. Lothringer. Bischöfe u. Äbte machte er als Reichsbeamte zu Stützen seiner Macht, nachdem er die Herrschaft der Stammesherzöge gebrochen hatte. Er unternahm drei Züge nach Italien. 962 ließ er sich in Rom zum Kaiser krönen. Er dehnte seine Herrschaft weit nach Norden (bis Dänemark) u. Osten aus. Am 10. August 955 errang er einen entscheidenden Sieg über die Ungarn auf dem Lechfeld.

Ottokar II., *1233, † bei Dürnkrut (Niederösterreich) 26. August 1278, Sohn Wenzels I., König von Böhmen seit 1253. O. brachte Österreich an sich, die Steiermark, Kärnten und Krain; er war der mächtigste Reichs- und Kurfürst. Von Rudolf von Habsburg wurde er 1278 bei Dürnkrut besiegt und später auf der Flucht erschlagen.

Ottomotor (Verbrennungsmotor) ↑Kraftwagen.

Ötztaler Alpen *Mz.*, Teil der Zentralalpen in Österreich u. Italien. Der höchste Berg ist die Wildspitze mit 3 774 m.

Ouvertüre [*uwer...*; frz.] *w*, instrumentales Musikstück, das eine Oper, eine Operette, ein Oratorium, ein Schauspiel oder auch eine Suite einleitet. Seltener ist die O. ein selbständiges Musikstück (Konzertouvertüre).

Ovation [lat.] *w*, Huldigung, stürmischer Beifall.

Ovid, * Sulmo (heute Sulmona) 20. März 43 v. Chr., † Tomis (heute Konstanza) 17 oder 18 n. Chr., römischer Dichter. Seine Werke zeichnen sich durch Eleganz der Sprache aus. In seinen frühen Gedichten huldigt er der Liebe, in der „Ars amatoria" stellte er die Kunst der Liebe dar. Berühmt sind seine „Metamorphosen" (Verwandlungssagen in Gedichtform nach griechischem Vorbild).

Oxalsäure [gr.; dt.] *w*, verhältnismäßig starke organische Säure, die v. a. in Form ihrer Salze, der *Oxalate*, in der Natur sehr häufig vorkommt (z. B. in Sauerklee und Sauerampfer). Sie dient als Färberei- u. Gerbereihilfsmittel u. eignet sich auch als Fleckentferner für Rost- u. Tintenflecken. Die O. ist giftig.

Oxford, mittelenglische Stadt an der Themse, mit 114 000 E. In O. befindet sich die älteste u. berühmteste englische Universität (gegründet im 13. Jh.) mit zahlreichen Colleges u. Bibliotheken. O. hat ein mittelalterliches Stadtbild. Außer Autoindustrie hat die Stadt v. a. Maschinenbau.

Oxydation [gr.] *w*, eine der häufigsten chemischen Reaktionen, die in der Verbindung eines chemischen Elementes mit Sauerstoff besteht (↑Chemie). Die Produkte der O. sind nach dieser Definition die Oxide.

Ozean [gr.-lat.] *m*, Weltmeer (↑Meer).

Ozeanien [gr.-lat.], zusammenfassende Bezeichnung für alle Inseln im Pazifischen Ozean, die nahe bei den ↑Wendekreisen liegen. O. erstreckt sich von Neuguinea und Neuseeland bis zur Osterinsel.

Ozeanographie [gr.-lat.; gr.] *w* (Meereskunde), Wissenschaft vom Meer; die Erforschung der physikalischen u. chemischen Erscheinungen u. Vorgänge im Weltmeer sowie die Erforschung des Meeresbodens.

Ozelot [frz.] *m*, bis 1 m lange Kleinkatze in den Wäldern Mittel- u. Südamerikas. Der O. ist oberseits rötlichgelbgrau gefärbt, unterseits gelblichweiß. Der Körper zeigt dunkelbraune, schwarz eingefaßte Flecken u. schwarze Tüpfel. Streifen an Kopf, Hals u. Beinen. Sein dichter u. weicher Pelz ist sehr begehrt.

Ozon [gr.] *s*, eine besondere Atomgruppierung des Sauerstoffs der Zusammensetzung O_3, während das normale Sauerstoffmolekül aus zwei Atomen Sauerstoff (O_2) besteht. O. wird sowohl im Laboratorium als auch in der Natur durch energiereiche Strahlung (Ultraviolettlicht) oder durch elektrische Entladung (Blitz) gebildet. Es spielt in der Chemie als Oxydationsmittel u. in der Hygiene als antibakterielles Mittel eine bedeutende Rolle.

P

P, 16. Buchstabe des Alphabets.

p, in der Musik Abkürzung für: piano (leise).

Pa, Einheitenzeichen für: ↑**Pa**scal.

Paarhufer *m, Mz.* (Paarzeher), Ordnung weltweit verbreiteter Huftiere mit etwa 200 Arten, die bei der Fortbewegung mit zwei verlängerten Zehen (bzw. Klauen) an jedem Bein auftreten. Sie sind mittelgroß bis groß u. an schnelles Laufen angepaßt (das Schlüsselbein fehlt). P. sind überwiegend Pflanzenfresser. Zu ihnen gehören (Nichtwiederkäuer:) Flußpferde, Schweine, (Wiederkäuer:) Kamele, Hirsche, Giraffen, Rinder, Ziegen, Schafe. Viele unter ihnen sind wichtige Haustiere; ↑ auch Unpaarhufer.

Pacht *w,* Vertrag, in dem sich der Verpächter verpflichtet, dem Pächter einen bestimmten Gegenstand gegen Entgelt (*Pachtzins*) für einen bestimmten Zeitraum zu überlassen, z. B. ein Stück Land, ein Geschäft oder ein Jagdrecht.

Packeis *s,* in Polargebieten Eisblöcke, die zusammen- u. übereinandergeschoben im Wasser treiben. Sie können bis 30 m Höhe erreichen.

Pädagoge [gr.; = Knabenführer] *m,* im Altertum ein mit der Erziehung der Kinder beauftragter Haussklave; heute ein ausgebildeter Erzieher oder Lehrer. Auch der Erziehungswissenschaftler wird so genannt.

pädagogische Hochschule [gr.; dt.] *w,* Abkürzung: PH, Ausbildungsstätte für Grund- und Hauptschullehrer (auch Realschullehrer). Das Studium (mindestens 6 Semester) ist mit praktischer Ausbildung verbunden.

Paddelboot [engl.; dt.] *s,* leichtes Sportboot aus Holz oder Kunststoff; bei zerlegbaren Paddelbooten (Faltbooten) wird das Holzgerüst mit gummiertem Stoff überzogen. Das P. wird mit Stech- oder Doppelpaddel vorwärtsbewegt, hierbei sitzt der Paddler in Fahrtrichtung. Die Vorbilder des Paddelbootes waren die Kajaks der Eskimo u. die Kanus der Indianer (↑ Kanusport).

Paderborn, Stadt am Ostrand des Münsterlandes, Nordrhein-Westfalen, mit 106 000 E. Das bekannteste Bauwerk der alten Bischofsstadt ist der romanisch-gotische Dom aus dem 13. Jahrhundert. P. hat eine Gesamthochschule, eine theologische Fakultät u. eine Abteilung der katholischen Fachhochschule Nordrhein-Westfalen. Zur Industrie der Stadt gehört u. a. die Computerherstellung.

Padua (ital. Padova), italienische Stadt westlich von Venedig, mit 242 000 E. Das Stadtbild der alten Universitäts- u. Handelsstadt ist von mittelalterlichen Bauten geprägt, z. B. der Grabkirche des hl. Antonius von P. aus dem 13. Jh. Auch der älteste botanische Garten Europas befindet sich in der Stadt.

Page [*pasch*ᵉ; frz.] *m,* früher: Edelknabe im Dienst eines Fürsten oder Ritters; heute: junger Hoteldiener in uniformähnl. Kleidung.

Pagode [drawid.] *w,* buddhistischer turmartiger Tempel mit vielen übereinanderstehenden Dächern, besonders in Indien, China und Japan. Fälschlicherweise wurden auch kleine ostasiatische Götterbilder mit beweglichen Köpfen so genannt.

Pakistan, Republik in Südasien, mit 75,3 Mill. E. Die Hauptstadt ist *Islamabad* (100 000 E); 803 943 km². P. umfaßt Belutschistan, das Stromgebiet des mittleren u. unteren Indus u. den Westen der Wüstensteppe Thar. 97 % der Bevölkerung sind Moslems, 1,5 % Hindus, 1 % Christen. Die Amtssprache ist Urdu. Im Norden u. Westen ist P. gebirgig, im Nordosten Hügelland u. im Südosten Tiefland. 86 % der Anbaufläche werden durch staatliche Kanäle bewässert. Angebaut werden v. a. Weizen, Reis, Zuckerrohr u. Baumwolle. Noch unterentwickelt ist die Viehhaltung (Rinder, Büffel, Schafe, Ziegen). P. hat reiche Erdgasvorkommen, auch etwas Erdölförderung, Kunstdüngerfabriken, Baumwoll- u. Nahrungsmittelindustrie. Die Metallindustrie wird ausgebaut. – P. entstand bei der Teilung Britisch-Indiens 1947 als Staat mit Moslembevölkerung u. bestand damals aus den beiden Landesteilen Ost- u. West-Pakistan, die mehr als 1 600 km voneinander getrennt waren. Seit Ende 1971 bildet Ost-Pakistan einen eigenen Staat u. nennt sich ↑Bangladesch. Seit 1947 besteht der Konflikt mit Indien um ↑Kaschmir. – P. ist Mitglied der UN.

Pakt [lat.] *m,* Vertrag, politisches oder militärisches Bündnis, z. B. Nordatlantikpakt.

Palais [*palä*; frz.] *s,* Palast, Herrschersitz, Schloß.

Paläolithikum ↑Altsteinzeit.

Paläontologie [gr.] *w,* die Wissenschaft von den Lebewesen u. ihrer Entwicklung im erdgeschichtlichen Verlauf. Sie befaßt sich mit ausgestorbenen u. uns meist aus Versteinerungen bekannten Lebewesen.

Paläozoikum ↑Erdgeschichte.

Palas ↑Burgen.

Palästina, seit dem Altertum gebräuchliche Bezeichnung für die geschichtliche Landschaft, die etwa dem Gebiet der heutigen Staaten Israel und Jordanien entspricht (ohne die Wüsten

Pagode. Daigodschipagode in Kioto

im Osten). Nach Zerstörung Jerusalems durch die Römer (70 n. Chr.) u. Auflösung des jüdischen Staates kam das Gebiet im Lauf der Jahrhunderte in die verschiedensten Herrschaftsbereiche. 634–640 eroberten die Araber Palästina. Von 1516 bis zum Ende des 1. Weltkriegs gehörte P. zum Osmanischen Reich; 1920–48 britisches Mandatsgebiet. Unter der osman. Herrschaft wuchs die jüdische Bevölkerung durch Zuzug v. a. aus Spanien sprunghaft an. Anfang des 18. Jahrhunderts begann die Zuwanderung aus Osteuropa, die nach russischen Pogromen von 1881/82 stark zunahm. Seit dem Ende des 19. Jahrhunderts, v. a. aber unter der britischen Mandatsregierung wanderten Zehntausende von Juden ein u. richteten eigenständige Institutionen wie Schulen u. Krankenhäuser, aber auch eine eigene Armee, Verwaltung u. Regierung ein. Gegensätze zwischen Juden u. Arabern führten zu Unruhen u. blutigen Auseinandersetzungen. 1947 beschlossen die UN die Teilung Palästinas in einen jüdischen u. einen arabischen Staat, die von den Arabern abgelehnt wurde. Nach Ausrufung des jüdischen Staates Israel griffen die arabischen Nachbarstaaten an, der 1. israelisch-arabische Krieg (bis 1949) begann, als Folge dessen Israel sein Staatsgebiet über den UN-Teilungsplan hinaus vergrößerte und Jerusalem geteilt wurde. Der nichtisraelische Teil fiel an Transjordanien (↑Jordanien), ein kleiner Streifen mit der Stadt Gasa an Ägypten. Seit dem Junikrieg von 1967 hält Israel diese Teile Palästinas besetzt. Die seit 1948 aus P. geflohenen Araber (*Palästinenser*) leben bis heute in den angrenzenden arabischen Staaten in Flüchtlingslagern. Aus den Bewohnern dieser Lager rekrutiert sich die Mehrheit der Mitglieder verschiedener Guerillaorganisationen, die durch terroristische Anschläge bekannt wurden und in der 1974 von allen arabischen Staaten anerkannten, 1975 bei den UN zugelassenen PLO (Abkürzung für: Palestine Liberation Organization) zusammengeschlossen sind. Zugunsten der PLO verzichtete Jordanien 1974 auf seine Ansprüche auf das von Israel besetzte Gebiet westlich des Jordan. Israel, das die Errichtung eines eigenen palästinensischen Staates aus Sicherheitsgründen strikt ablehnt und mit der PLO nicht verhandelt, vereinbarte in dem Friedensvertrag von 1979 mit Ägypten eine noch nicht näher bestimmte Autonomieregelung für die besetzten palästinensischen Gebiete, die in den nächsten Jahren in Kraft treten soll.

Palermo, Hauptstadt Siziliens, an der Nordküste der Insel gelegen, mit 673 000 E. Die Stadt hat eine Universität, verschiedene Hochschulen u. Museen mit bedeutenden Funden aus dem Altertum. Die von Phönikern gegründete Stadt geriet im Lauf der Jahrhunderte unter die Herrschaft verschiedener Völker u. Fürstenhäuser. Besonders unter den Normannenherrschern u. dem Stauferkaiser Friedrich II. erlebte die Stadt eine Zeit hoher Blüte, an die prächtige Bauten, u. a. die Cappella Palatina (Pfalzkapelle), erinnern.

Palestrina, Giovanni Pierluigi da, * Palestrina (?) um 1525, † Rom 2. Februar 1594, italienischer Komponist. Mit seinen rund 950 geistlichen Werken im überaus klaren, ausgewogenen A-cappella-Stil (mehrstimmiger Gesang ohne Instrumentalbegleitung) gehört P. zu den bedeutendsten Komponisten seiner Zeit u. der Kirchenmusik überhaupt.

Palette [frz.] *w:* 1) rundes oder rechteckiges, tellergroßes, mit einem Daumenloch versehenes Mischbrett für Farben; 2) Hubplatte zur Verladung von (stapelbaren) Gütern durch Gabelstapler.

Palisaden [frz.] *w, Mz.*, dicht nebeneinander gerammte, oben zugespitzte Pfähle, die früher als Befestigung dienten.

Pallino ↑Boccia.

Palmen [lat.] *w, Mz.*, Pflanzenfamilie mit etwa 3 400, v. a. tropischen u. subtropischen Arten. Sie sind meist holzige Bäume, Sträucher oder Lianen. Ihre Stämme sind selten verzweigt u. tragen meist kolbenartige Blütenstände. Die gestielten Blätter (Wedel) bilden oft einen endständigen Schopf. Viele P. sind Nutzpflanzen, wie z. B. die *Kokospalme* u. die *Ölpalme*. Die *Sagopalme* Südasiens enthält den Sago, ein wichtiges, stärkelieferndes Nahrungsmittel. Die *Dattelpalme* der Oasen liefert Datteln. – Abb. S. 434.

Pamir [auch ...*mir*] *m*, auch *s*, Hochgebirgsland in Zentralasien, genannt „Dach der Welt". Das Gebiet gehört hauptsächlich zur UdSSR, der Osten zu China, der Süden zu Afghanistan. Der höchste Gipfel ist der *Kungur* in China mit 7579 m.

Pampas [span.] *w, Mz.*, ebene baumarme Grassteppen in Argentinien, die als Weideland, heute teilweise auch für den Ackerbau genutzt werden.

Pampelmuse [niederl.] *w*, kleiner Baum, der von den Sundainseln stammt. Er trägt große, rundlich-birnenförmige Früchte, die man in England u. Amerika fälschlich zu ↑Grapefruit bezeichnet. Die P. gehört wie die Grapefruit zu den Zitrusfrüchten.

Pamphlet [engl.-frz.] *s*, Schmäh- oder Streitschrift; oft mit politischem Charakter oder als Angriff auf eine Person.

Pan, griechischer Waldgott, völlig behaart, mit Ziegenhörnern u. -beinen dargestellt. P. gilt als Erfinder der Hirtenflöte (Panflöte) u. ist der Gott der Jäger u. Hirten. Durch plötzliches Erscheinen versetzt er die Menschen in „panischen Schrecken".

pan..., Pan... [gr.], Bestimmungswort mit der Bedeutung „all, gesamt", z. B. Paneuropa oder Panslawismus.

Panama: 1) Republik in Zentralamerika, mit 1,8 Mill. E; 75 650 km². Das größtenteils bewaldete, bergige Land wird an seiner tiefsten und schmalsten Stelle von ↑Panamakanal durchschnitten. Hauptbauprodukte sind Reis, Mais, Kaffee, Bananen, Zuckerrohr u. Kakao. Ergiebig ist die Fischerei. Unter panamaischer Flagge fährt eine große Handelsflotte. – Im Jahre 1903 löste sich P. von Kolumbien. Im gleichen Jahr trat es den Gebietsstreifen zum Bau des Panamakanals an die USA ab. Ein 1977 mit den USA geschlossener Vertrag sieht die Übergabe des Panamakanals an P. bis zum Jahr 2000 vor. P. ist Mitglied der UN; 2) Hauptstadt u. größter Hafen von 1), an der pazifischen Einfahrt zum Panamakanal gelegen. P. hat 441 000 E, 2 Universitäten u. Industrie.

Panamakanal *m*, mittelamerikanischer Kanal zwischen Atlantischem u. Pazifischem Ozean durch die 50 km breite Landenge, den *Isthmus von Panama*. Der Gebietsstreifen beiderseits des Kanals wurde 1903 von ↑Panama an die USA abgetreten. Der P. ist eine der wichtigsten künstlichen Wasserstraßen der Erde; er ist 81,6 km lang, mindestens 152,4 m breit u. 14,3 m tief; durch 3 Schleusenanlagen überwindet er einen Höhenunterschied von 26 m. Der P. verkürzt den Seeweg von New York nach San Francisco um 15 000 km. Der Bau des Kanals wurde 1879 begonnen, aber erst 1914 konnte der P. in Betrieb genommen werden. – Abb. S. 434.

Pandora, Gestalt der griechischen Göttersage. P. wird von Zeus auf die Erde gesandt, um die Menschen für den Raub des Feuers (↑Prometheus) zu bestrafen. Hier öffnet sie das ihr mitgegebene Gefäß, die *Büchse der P.*, aus sich alle Leiden über die Menschheit ergießen.

Panik [gr.] *w*, plötzlicher, heftiger Schrecken, Entsetzen; auch Massenangst, die zu unüberlegtem Verhalten führt, das wiederum Verwirrung und Unheil stiftet; ↑auch Pan.

Panorama [gr.] *s:* 1) Rundblick, Ausblick auf eine Landschaft; 2) großes Rundgemälde.

Pantheismus [gr.] *m*, religiöse u. philosophische Lehre, nach der Gott u. die Welt ein u. dasselbe sind. Der bedeutendste Vertreter des P. war der Philosoph B. Spinoza (1632–77).

Pantheon [gr.] *s*, Tempelbau in Rom, der allen Göttern gewidmet war; der gewaltige Kuppelbau ist der großartigste erhaltene Raum aus dem Altertum. Der Tempel wurde 609 als christliche Kirche geweiht. – Das *Panthéon* in Paris, 1764–90 als Kirche erbaut, ist seit der Französischen Revolution der Ehrentempel der Franzosen.

Panther ↑Leopard.

Pantoffeltierchen *s*, 0,1–0,3 mm großes, ovales bis pantoffelförmiges Wimpertierchen, das v. a. in faulendem Wasser, in Aufgüssen u. Abwässern lebt. Es ernährt sich von kleinsten Partikeln, die es mit seinen Wimpern einstrudelt.

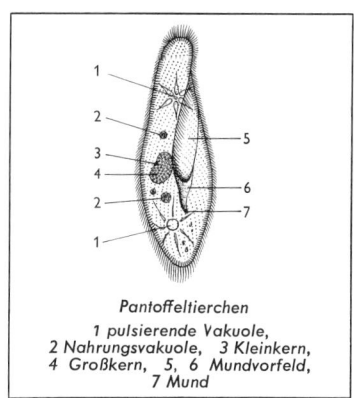

Pantoffeltierchen
1 pulsierende Vakuole,
2 Nahrungsvakuole, 3 Kleinkern,
4 Großkern, 5, 6 Mundvorfeld,
7 Mund

Pantomime [gr.] *w*, Bühnenspiel ohne Worte, in dem die Handlung nur durch Gebärden u. Mimenspiel ausgedrückt wird, auch in Verbindung mit Musik u. Tanz.

Panzer

Panzer [lat.-roman.] *m*: **1)** ↑Rüstung 1); **2)** ein geländegängiges, schwer bewaffnetes (Kanone, Maschinengewehre) Kettenfahrzeug, das zum Schutz vor feindlichem Beschuß mit dicken Stahlplatten gepanzert ist. Je nach Verwendungszweck unterscheidet man z. B. Jagd-, Kampf-, Schützen-, Schwimmpanzer. P. wurden erstmals im 1. Weltkrieg von den Engländern eingesetzt. Sie wurden damals Tanks genannt; **3)** feste, starre Körperbedeckung verschiedener Tiergruppen, die v. a. zum Schutz (gegen Feinde, gegen Austrocknung) u. als Stütze des Körpers dient. Der P. kann z. B. aus Kalk, Horn, Chitin oder aus Knochen bestehen u. entweder zeitlebens erhalten bleiben oder von Zeit zu Zeit gewechselt werden.

Papageien [frz.] *m, Mz.*, in den wärmeren Gebieten der Erde verbreitete Vogelfamilie. Sie sind z. T. große, meist bunte Tiere, die mit ihrem stark gebogenen hakigen Schnabel u. ihren Füßen geschickt auf Bäumen klettern. Sie können Laute nachahmen. Meist leben sie gesellig u. brüten vorwiegend in Baumhöhlen. Die bekanntesten sind die *Kakadus* (Australien bis Philippinen) mit aufrichtbarer Federhaube am Kopf, die sehr farbenprächtigen *Aras* Südamerikas mit langem Schwanz, der afrikanische sprachbegabte *Graupapagei* u. die *Wellensittiche*.

Papier [gr.-lat.] *s*, vorwiegend aus pflanzlichen Fasern hergestellter dünnblättriger Werkstoff, der zum Beschreiben, Bedrucken u. als Verpackungsmaterial verwendet wird. Der Rohstoff (Holz, Stroh, Zellstoff, Lumpen, Altpapier) wird zerfasert, gereinigt, ggf. gebleicht, mit Füllstoffen wie z. B. Kaolin, Talkum, Gips u. Leim vermischt u. als dünner, wäßriger Brei auf ein Rüttelsieb aufgetragen. Durch das Rütteln erfolgt die Verfilzung der Fasern. Das so entstandene P. läuft dann durch geheizte Rollen, wo es getrocknet u. geglättet wird. Aus Holzschliff (zerkleinerter Holzfaserstoff) hergestelltes P. wird vorwiegend als Zeitungspapier verwendet. Ausgangsstoff für das hochwertigere holzfreie (eigentlich holzschlifffreie) P. ist Zellstoff (chemisch hergestellter Holzfaserstoff). Es findet hauptsächlich als Zeichen- u. Schreibpapier Verwendung. Büttenpapier wird aus Hadern (Lumpen) meist in Handarbeit hergestellt (handgeschöpftes Bütten). Ungeleimtes P. ist besonders saugfähig. Es wird als Lösch- und Filterpapier verwendet. Papierformate ↑DIN.

Pappe *w*, dickes, festes Papier, das durch Zusammenpressen mehrerer Papierschichten hergestellt wird. P. wird v. a. als Verpackungsmaterial verwendet.

Pappeln [lat.] *w, Mz.*, Weidengewächse in Europa, Asien, Nordafrika u. Nordamerika; schnellwüchsige, sommergrüne Bäume mit meist eiförmigen Blättern. Die hängenden Blütenkätzchen sind zweihäusig. Viele P. werden als Nutzhölzer verwendet (weiches Holz). Die *Schwarzpappel* wird über 25 m hoch u. besitzt eine breite Krone. Die *Pyramidenpappel* mit ihren aufrecht stehenden Ästen ist an Landstraßen zu finden. Die *Silberpappel* mit ihren silbrig behaarten Blattunterseiten ist ein beliebter Parkbaum; ↑auch Espe.

Paprika [ungar.] *m*, Frucht der Paprikapflanze, eines einjährigen Krautes, das zu den Nachtschattengewächsen gehört u. aus dem tropischen Amerika stammt. Die Paprikapflanze wird in vielen Sorten angebaut, die weiße, gelbe, rote oder violette bis schwarze, lange schmale oder kurze Beerenfrüchte (Paprikaschoten) tragen. Der P. ist vitaminreich. Er wird unreif als Gemüse oder ausgereift als Salat gegessen oder auch als Gewürz (u. a. Paprikapfeffer) verwendet.

Papst [von lat. papa = Vater] *m*, Oberhaupt der römisch-katholischen Kirche, auf Lebenszeit vom Kardinalskollegium gewählt. Nach katholischer Lehre ist er als Nachfolger des Apostels ↑Petrus Stellvertreter Christi auf Erden. Das 1. Vatikanische Konzil (1870) verkündete das Unfehlbarkeitsdogma: In Glaubens- u. Sittenfragen ist der P. unfehlbar, wenn er „vom Lehrstuhl Petri aus" (ex cathedra) spricht. Derzeitiger P. ist ↑Johannes Paul II.

Papua *m, Mz.*, Eingeborene Neuguineas. Sie haben dunkelbraune Hautfarbe, dunkles, krauses Haar, sind Jäger u. Fischer, leben in Pfahlbauten oder Baumhäusern in meist isolierten Siedlungen u. huldigen einem Zauber- u. Ahnenkult.

Panamakanal. Die Doppelschleuse von Miraflores am Abstieg zum Pazifikniveau

Palmen. Dattelpalme (links) und Datteln tragende Fruchtrispen

Papageien. Der Ararauna gehört zur Gruppe der Aras

Parallelogramm

Papua-Neuguinea, Staat im westlichen Pazifischen Ozean, mit 2,9 Mill. E; 461 018 km². Die Hauptstadt ist *Port Moresby* (77 000 E). P.-N. ist ein Teil Melanesiens u. umfaßt den Ostteil der Insel Neuguinea, den Bismarckarchipel u. andere Inseln. Weite Teile des Staates sind von tropischem Regenwald bedeckt. Wirtschaftlich sind von Bedeutung sind Bergbau (Kupfer, Gold, Silber), Kopragewinnung, Kaffee- u. Kakaoanbau. *Geschichte:* Der Südostteil Neuguineas wurde 1884 britisches Protektorat u. bildete seit 1906 das australische Territorium Papua. Nordostneuguinea u. der Bismarckarchipel waren 1884–1919 deutsches Schutzgebiet, dann australisches Mandats- bzw. Treuhandgebiet. Ein unabhängiger Staat ist P.-N. seit 1975. Es ist Mitglied des Commonwealth u. der UN u. ist der EWG assoziiert.

Papyrusstaude [gr.; dt.] w, Grasart des tropischen Afrika, die in ausgedehnten Papyrussümpfen entlang der Flüsse wächst. Die P. wird 1–3 m hoch u. trägt einen Schopf von Blättern u. Blütenständen. Ihre Stengel und Wurzelstöcke werden gegessen, die Fasern werden zu Stricken, Matten u. Körben geflochten, ja sogar zu Booten verarbeitet. Aus dem Mark der Stengel wurde *Papyrus* hergestellt, auf dem im Altertum geschrieben wurde.

Parabel [gr.-lat.] w: **1)** gleichnishafte Erzählung, die eine religiöse oder sittliche Forderung durch ein einprägsames Beispiel darstellt, z. B. die Gleichnisse Jesu oder die Ringparabel in Lessings „Nathan der Weise"; **2)** eine zur Familie der ↑Kegelschnitte gehörende Kurve. Der Abstand aller auf der P. liegenden Punkte von einem festen Punkt, dem Brennpunkt F, u. einer festen Geraden, der Leitlinie l, ist jeweils gleich. Der Abstand des Brennpunktes von der Leitlinie heißt Parameter der P.; die Gleichung der P. lautet:

$$y^2 = 2px \ (p = \text{Parameter}).$$

Als Scheitel bezeichnet man den Parabelpunkt (A), der der Leitlinie am nächsten liegt.

parabolisch [gr.-lat.], parabelförmig gekrümmt.
Parabolspiegel [gr.; dt.] m, ↑Hohlspiegel, v. a. im Scheinwerfer verwendet.
Paracelsus, Philippus Aureolus Theophrastus, eigentlich Theophrastus Bombastus von (ab) Hohenheim, * Einsiedeln (Schweiz) 11. November (?) 1493, † Salzburg 24. September 1541,

Arzt, Naturforscher und Philosoph schwäbischer Abkunft. P. war zunächst Professor in Basel, später führte er ein unstetes Wanderleben u. war besonders als Wundarzt u. auf dem Gebiet der inneren Medizin tätig. Die Aufgabe des Arztes sah er darin, die ermüdenden Lebenskräfte des Kranken zu unterstützen, weil die Natur sich selbst helfen könne. P. erkannte die Lebensvorgänge als physikalische u. chemische Vorgänge. Er führte die chemischen Arzneimittel in die Medizin ein u. verfaßte philosophische u. theologische Schriften.

Paradies [pers.] s, in verschiedenen Religionen als Urzustand der Menschheit angenommener u. als Endzustand erwarteter Ort des Glücks oder auch der Gottesnähe.

Paradiesvögel [pers.; dt.] m, Mz., Vogelfamilie mit etwa 40 Arten in den Urwäldern Australiens, Neuguineas u. der Molukken. P. sind amsel- bis krähengroße Singvögel, deren Männchen meist prächtig gefärbt u. zugleich durch auffallende Federbildungen geschmückt sind u. ein stark ausgeprägtes Balzverhalten zeigen. Die Weibchen sind unscheinbar.

paradox [gr.], widersinnig.
Paraffin [nlat.] s, wachsähnliches, fast farbloses, geruch- u. geschmackloses Kohlenwasserstoffgemisch, das durch Destillation aus Erdöl gewonnen wird u. je nach Zusammensetzung Schmelzpunkte von etwa 40–60 °C hat.
Paragraph [gr.] m, Zeichen §; besonders in Gesetzestexten u. wissenschaftlichen Werken zur fortlaufenden Numerierung der einzelnen Abschnitte benutztes Zeichen u. zugleich Bezeichnung für diese Abschnitte u. deren Inhalt, z. B. § 1, § 2 usw.

Paraguay [...g"ai], Republik im Innern Südamerikas, mit 406 752 km² fast doppelt so groß wie die Bundesrepublik Deutschland. Von den 2,8 Mill. E sind mehr als 95 % Mestizen, etwa 2,5 % Indianer, der Rest Weiße u. Japaner. Die Hauptstadt ist Asunción. Das nach Osten leicht ansteigende Hügelland ist zu 50 % bewaldet. P. hat eine intensive Rinderzucht (Fleisch ist das wichtigste Ausfuhrgut). Angebaut werden Zuckerrohr, Tabak, Baumwolle, Getreide, Reis, Zitrusfrüchte u. Bananen. Die Industrie ist v. a. auf die Verarbeitung landwirtschaftlicher Produkte ausgerichtet. – 1610 wurde der Staat als „Ordensstaat" von Jesuiten gegründet, die 1768 vertrieben wurden; 1776 wurde P. dem spanischen Vizekönigreich La Plata eingegliedert, 1811 wurde es unabhängig. P. ist Mitglied der UN.

parallel [gr.], gleichlaufend; in der Mathematik werden 2 Geraden oder Ebenen p. genannt, wenn sie stets gleichen Abstand voneinander haben.

Parallelogramm [gr.] s, ein Viereck, bei dem die gegenüberliegenden Seiten parallel zueinander verlaufen. Das P. hat folgende Eigenschaften: 1. Die gegenüberliegenden Seiten sind gleichlang. 2. Die gegenüberliegenden

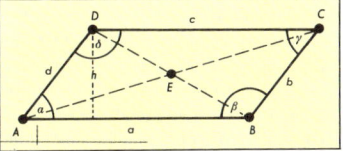

▲ Parallelogramm. A, B, C, D Ecken; $\alpha, \beta, \gamma, \delta$ Innenwinkel; a, b, c, d Seiten; E Diagonalschnittpunkt, h Höhe

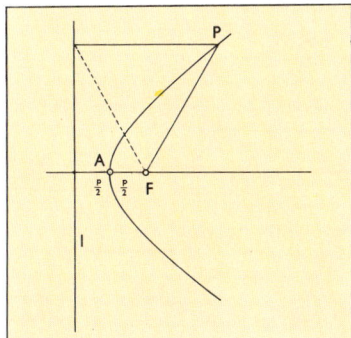
Parabel

Papyrusstaude

Großer Paradiesvogel

Paraná

Winkel sind gleichgroß. 3. Benachbarte Winkel ergänzen sich zu 180°. 4. Die Diagonalen halbieren einander. 5. Jede Diagonale zerlegt das P. in zwei deckungsgleiche Dreiecke. 6. Das P. ist punktsymmetrisch zum Schnittpunkt der Diagonalen. Spezielle Parallelogramme sind das Rechteck, der Rhombus u. das Quadrat.

Paraná m, Fluß in Südamerika, 3 700 km lang; der P. entsteht aus dem Rio Paranaíba u. dem Rio Grande, er mündet als Río de la Plata in den Atlantischen Ozean.

Parasiten [gr.] m, Mz. (Schmarotzer), Tiere oder Pflanzen, die auf Kosten anderer Tiere (bzw. des Menschen) oder Pflanzen leben, entweder in oder auf dem fremden Organismus (dem Wirt). Tierische P. sind beispielsweise Bandwürmer, Trichinen, Blutegel, zu den pflanzlichen gehören viele Bakterien, verschiedene Pilze, auch die Mistel.

Parcours [parkur; frz.] m, im Reitsport Bezeichnung für eine künstliche Hindernisstrecke.

Parenthese [gr.] w, ein Einschub, Redeteil (Wort, Wortgruppe, Satz), der außerhalb des eigentlichen Satzverbandes steht, z. B. ein Ausrufewort (au!, ach!), ein Anredefall („mein Sohn, was willst du tun?") oder ein Schaltsatz (das ist – wer wollte das bezweifeln – eine großartige Leistung). Die P. wird durch Beistriche, Gedankenstriche oder Klammern abgeheben.

Parfüm [frz.] s, alkoholische Lösung von Duftstoffen; kunstvolle Zusammenstellung von Riechstoffen, pflanzlichen Ölen, Haftstoffen u. Lösungsmitteln.

Parias [angloind.] m, Mz., europäische Bezeichnung für kastenlose Inder; übertragen für Menschen, die von der menschlichen Gesellschaft ausgestoßen, entrechtet sind.

Paris, griechische Sagengestalt, Prinz von Troja. Den von Hera, Athene u. Aphrodite begehrten Preis der Schönheit spricht er der letzteren zu (Urteil des P.); die schönste der Sterblichen, Helena, entführt er mit Hilfe Aphrodites aus Sparta u. entfesselt dadurch den ↑Trojanischen Krieg.

Paris, Hauptstadt von Frankreich an der Seine unterhalb der Marnemündung, in der Île de France, 2,3 Mill. E (mit Vorstädten 9,9 Mill. E). P. ist eine Weltstadt, Sitz internationaler Organisationen, u. a. der UNESCO. Die Sorbonne ist eine der traditionsreichsten Hochschulen Europas. Seit ihrer Teilung gibt es 13 Universitäten. P. hat Akademien u. wissenschaftliche Institute, die Nationalbibliothek, viele bedeutende Museen u. Theater. Berühmte Bauten sind u. a. die Kathedrale Notre-Dame (1163 begonnen), die Sainte-Chapelle (1246–48), der Invalidendom (1675–1706) mit dem Grab Napoleons, der Louvre (16.–19. Jh.), eines der berühmtesten Museen der Welt, der Triumphbogen (1836 vollendet, seit 1920 mit Grab des Unbekannten Soldaten), das ↑Panthéon, der Eiffelturm (1887–89; Wahrzeichen der Stadt). Moderne Bauten sind u. a. die Gebäude der Universitätsstadt und die Gebäude der UNESCO (1958 eröffnet). Vergnügungs- u. Künstlerviertel sind Montmartre u. Montparnasse, das geistige Zentrum von P. ist das Quartier latin. P. ist Mittelpunkt der Haute Couture (das die internationale Mode bestimmende Schneiderhandwerk), hat regelmäßige Ausstellungen, u. a. den internationalen Automobilsalon, hat einen bedeutenden Kunsthandel. Industriezweige sind: Fahrzeug-, Flugzeug-, Motoren- u. Maschinenbau, Elektro-, chemische (Parfümerie), Luxus-, Bekleidungsindustrie. P. ist die wichtigste Handelsstadt u. der bedeutendste Binnenhafen Frankreichs; es hat 3 Flughäfen. – Als Lutetia Parisiorum, einer gallische Siedlung, wurde P. erstmals von Cäsar erwähnt. Seit dem 5. Jh. wurde die Ansiedlung P. genannt. 508 war es Residenz ↑Chlodwigs I. u. war schon im frühen Mittelalter ein Mittelpunkt Frankreichs. Im 11. u. 12. Jh. entstanden Ansiedlungen im Norden (Markt u. Schloß) u. Süden (Universitätsviertel). Im 17./18. Jh. war P. kultureller Mittelpunkt Europas, dann Ausgangspunkt der Französischen Revolution u. blieb bis heute geistiges Zentrum Frankreichs. – Abb. S. 438.

Pariser Kommune w: 1) Gemeinderat von Paris vom 14. Juli 1789 bis 1795, der ab August 1792 das wichtigste Organ des ↑Jakobiner war; 2) Gemeinderat von Paris von Ende März bis Ende Mai 1871, gewählt nach dem Aufstand der Pariser Bevölkerung gegen die Regierung, der sich überwiegend aus republikanisch-revolutionären Kräften zusammensetzte. In Kämpfen mit Regierungstruppen unterlag die P. K. endgültig in der „blutigen Woche" (21.–28. Mai), in der rund 25 000 Kommunarden getötet wurden.

Parität [lat.] w: 1) Gleichstellung, Gleichberechtigung; 2) das Wertverhältnis zweier Währungen zueinander. Es wird im Wechselkurs ausgedrückt, z. B. 2,17 DM : 1 Dollar.

Park m, weiträumige Gartenanlage. Im 17. Jh. wurde der französische P. entwickelt. Kennzeichnend für ihn sind streng geometrische Formen, so daß Beete u. Rasenanlagen wie mit Zirkel u. Lineal gezogen wirken. Der englische P. (englischer Garten) gewann im 18. Jh. an Bedeutung. Mit lockeren Baumgruppen, Teichen, weiten Rasenflächen u. a. will er die natürliche Landschaft (idealisiert) wiedergeben. – Abb. S. 438.

Parkett [frz.] s, ein Fußbodenbelag, der aus zusammengesetzten Holzstäben oder Holztafeln besteht. Versiegeltes P. ist mit einem Kunstharz überzogen, wodurch Reinigung u. Pflege erleichtert werden.

Parlament [engl.] s, Volksvertretung; ↑Staat, ↑Wahl (Wählen, aber wie?).

Parlamentär [frz.] m, im Krieg ein Bevollmächtigter, der mit dem Feind Verhandlungen aufnehmen soll. Er ist durch die weiße Parlamentärfahne gekennzeichnet u. völkerrechtlich geschützt.

Parma, Stadt in Oberitalien, mit 178 000 E. Die Universität von P. wurde 1066 gegründet. Dom u. Baptisterium sind romanisch. Eine bedeutende Gemäldegalerie befindet sich im Palazzo della Pilotta, dort ist auch das ganz in Holz erbaute Theater aus dem frühen 17. Jh. zu sehen. Die Stadt hat Musikinstrumentenbau, Textil-, Nahrungsmittel- u. keramische Industrie. Bedeutend ist der Fremdenverkehr.

Parnaß m, Kalkgebirgsstock in Mittelgriechenland, 2 457 m hoch. In der griechischen Göttersage war der P. dem Gott Apoll geweiht u. der Sitz der Musen, daher übertragen für: Reich der Dichtkunst.

Parodie [gr.] w, Nachahmung eines bekannten literarischen Kunstwerks, wobei dessen Form für einen unpassenden Inhalt (meist Stoffe aus „niederen" sozialen Bereichen) benutzt wird. Bei Übertragung eines bekannten Stoffes in eine unangemessene, meist triviale Form spricht man dagegen von einer Travestie. In beiden Fällen entsteht eine witzige und spöttische Wirkung auf Kosten des nachgeahmten Werks.

Parodontose [gr.] w, fortschreitende Zahnbetterkrankung (im Bereich der Wurzel), die zu Lockerung u. Ausfall der Zähne führt.

Parole [frz.] w, militärisches Kennwort, Losung.

Partei [lat.-frz.] w, allgemein: eine Gruppe von Gleichgesinnten; insbesondere die politische P. (↑Staat).

Parthenon ↑Akropolis.

Parther, m, Mz., im Altertum ein nordiranischer Volksstamm, der um 250 v. Chr. im heutigen nordostiranischen Gebiet Chorasan ein Reich begründete, das sich über Persien u. Mesopotamien ausbreitete.

Partikel [lat.] w: 1) Teilchen; 2) in der Sprachlehre eine Wortart, die nicht veränderlich ist, also Umstands- (dort, dann), Verhältnis- (auf, in) u. Bindewort (und, auch).

Partikularismus [lat.] m, die Bestrebungen der Teilgebiete eines Staates, ihre besonderen Interessen gegen die allgemeinen Interessen des gesamten Staates zu wahren oder durchzusetzen.

Partisanen [ital.-frz.] m, Mz., Angehörige von organisierten Widerstandsbewegungen oder Freiwilligenkorps. Sie gehören nicht der Armee an, sind aber teilweise uniformiert u. militärisch ausgebildet. P. kämpfen mit allen Mitteln gegen eine feindliche Besatzungsmacht und hinter der Frontlinie des Feindes; ↑auch Guerilla.

Partitur [ital.] w, die schriftliche Festlegung eines vielstimmigen Tonwerkes; die Instrumentengruppen stehen in bestimmter Reihenfolge Takt für Takt untereinander angeordnet.

Partizip ↑Verb.

Party [pa'ti; engl.] w, geselliges Beisammensein, zwangloses Hausfest; als *Stehparty* etwa soviel wie Empfang.

Parzelle [frz.] w, kleinste Einheit einer Nutzfläche.

Parzen [lat.] w, Mz., die drei Schicksalsgöttinnen der römischen Mythologie.

Parzival, Held der Artussage. Nach mancherlei Abenteuern wurde er in den Kreis des Königs ↑Artus aufgenommen u. schließlich König über das Reich des ↑Grals; dichterische Gestaltung u. a. von Wolfram von Eschenbach u. R. Wagner („Parsifal", Musikdrama).

Pascal, Blaise, * Clermont-Ferrand 19. Juni 1623, † Paris 19. August 1662, französischer Mathematiker, Physiker u. Philosoph. Er war der bedeutendste Mathematiker seiner Zeit, gleichzeitig ein tiefreligiöser Mensch, der in seinen Schriften die Sittenlehre der Jesuiten bekämpfte. Nach P. verfügt der Mensch nicht nur über den Verstand („raison"), um zu Erkenntnissen zu gelangen, er braucht dafür und besonders für die Annäherung an den „verborgenen Gott" die „Logik des Herzens". – P. entwickelte 1642 die erste Rechenmaschine, entdeckte 1647 das Gesetz der kommunizierenden Röhren u. arbeitete u. a. über die Wahrscheinlichkeitsrechnung.

Pascal s, Einheitenzeichen Pa, nach dem Franzosen Blaise ↑Pascal benannte gesetzliche Einheit des Drucks u. der mechanischen Spannung. 1 P. ist gleich dem gleichmäßig auf eine ebene Fläche von 1 m² wirkenden Druck, wenn senkrecht auf diese Fläche die Kraft 1 N (↑Newton) ausgeübt wird: 1 Pa = 1 N/m² = 10^{-5} bar (↑Bar) = 0,10197 kp m = $0,98693 \cdot 10^{-5}$ atm. Es gelten die Umrechnungen:
1 bar = 100 000 Pa = 0,1 MPa;
1 at = 1 kp/cm² = 98 066,5 Pa.

Pascha [türk.] m, früherer Titel hoher orientalischer Offiziere oder Beamter.

Pasolini, Pier Paolo, * 1922, † 1975, italienischer Filmregisseur, ↑Film.

Paß [lat.-frz.] m: **1)** Personalausweis, amtliche Ausweisurkunde für Reisende; **2)** Bergübergang; niedrigster Punkt auf wasserscheidenden Kämmen u. Rücken; **3)** für die gotische Baukunst kennzeichnende Maßwerkfigur, z. B. als Dreipaß (geometrisches Ornament aus drei ineinandergreifenden Kreisen); **4)** genaue Ballabgabe (bei Mannschaftsspielen, besonders im Fußball); **5)** ↑Paßgang.

Blaise Pascal

Boris Leonidowitsch Pasternak

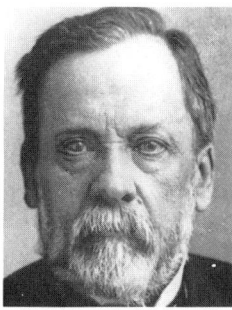
Louis Pasteur

Passagier [paßaʃehir; frz.] m, Reisender, Fahrgast (auf Schiffen, in Flugzeugen).

Passah [hebr.] s, jüdisches Fest am 14./15. Nisan (1. Frühlingsvollmond; März/April) zur Erinnerung an den Auszug des Volkes Israel aus Ägypten.

Passant [frz.] m, Fußgänger, Vorübergehender.

Passat [niederl.] m, gleichmäßige Luftströmung in der Tropenzone von den Roßbreiten zur äquatorialen Tiefdruckzone, bis in 2 km Höhe. Auf der nördlichen Halbkugel weht der P. aus nordöstlicher Richtung, auf der südlichen Halbkugel aus südöstlicher. Im allgemeinen ist er stetig u. ganzjährig. Er ist trocken, nur beim Aufsteigen an Gebirgsküsten bringt er Regen (sogenannter *Passatregen*). Zur Zeit der Segelschiffahrt war der P. sehr wichtig für die Überfahrt nach Südamerika.

Passau, bayrische Stadt am Zusammenfluß von Donau, Inn u. Ilz, mit 51 000 E. Die Altstadt beherrscht der barocke Dom (der Chor ist spätgotisch; berühmt ist die große Orgel). Ebenfalls barock ist die Neue bischöfliche Residenz. P. hat zahlreiche bedeutende Kirchen aus Mittelalter u. Barockzeit, eine Universität (seit 1978) u. eine philosophisch-theologische Hochschule. P. ist Sitz einer Brauerei, einer Zahnradfabrik u. a. Industrie sowie der Donaukraftwerke.

Paßgang m (Paß), Gangart von Tieren, die beide Beine einer Seite gleichzeitig jeweils anheben u. niedersetzen. Dadurch kommt die schaukelnde Gangart z. B. der Kamele u. Giraffen zustande.

Passion [lat.] w: **1)** Leidensgeschichte Jesu, die die Evangelien ziemlich übereinstimmend berichten: Jesu Todesangst u. Gefangennahme, Verhöre, Geißelung, Dornenkrönung, Verurteilung zum Kreuzestod durch Pilatus, Kreuztragung, Kreuzigung, Tod u. Begräbnis. – Teile der P. wurden seit dem 14. Jh. vertont. Berühmt sind v. a. die Passionen von J. S. Bach; ↑auch Passionsspiele; **2)** Leidenschaft; Liebhaberei, Hobby.

Passionsspiele [lat.; dt.] s, Mz., Schauspiele, in denen die Passion Jesu dargestellt wird (von Laienspielern). P. gibt es seit dem späten Mittelalter. Zunächst wurden sie in der Kirche aufgeführt, die Texte waren lateinisch. Volkstümlichkeit erlangten sie, als der Stoff in die deutsche Sprache übertragen u. die Aufführung auf den Marktplatz verlegt wurde. Vereinzelt werden auch heute noch P. aufgeführt; bekannt sind die P. von ↑Oberammergau.

passiv [lat.], untätig, teilnahmslos, duldend; Gegensatz: ↑aktiv.

Passiv ↑Verb.

Pastellmalerei [ital.; dt.] w, eine Malart, bei der mit *Pastellstiften* (aus Farbpulver u. einem Bindemittel bestehend) auf rauhem Papier oder Karton gemalt wird. *Pastelle* zeichnen sich durch helle, lichte Farbigkeit aus.

Pasternak, Boris Leonidowitsch, * Moskau 10. Februar 1890, † Peredelkino bei Moskau 30. Mai 1960, russisch-sowjetischer Dichter. Neben bedeutenden lyrischen Gedichten u. kleineren Erzählwerken verfaßte er den Roman „Doktor Schiwago", der 1957 in Italien erschien (deutsch 1958). Mittelpunkt dieses Romans sind die Gestalt u. die Probleme eines Dichters, in sich in der Zeit der politischen Umwälzungen vor, während u. nach der Oktoberrevolution außerhalb des gesellschaftlichen und politischen Geschehens stellt.

Pasteur, Louis [...stör], * Dole 27. Dezember 1822, † Villeneuve-l'Étang bei Paris 28. September 1895, französischer Chemiker u. Bakteriologe. P. ist einer der Begründer der modernen Bakteriologie. Er stellte Untersuchungen u. a. über den Erreger der Tollwut u. den Milzbrandbazillus an u. entwickelte Schutzimpfungen gegen Tollwut, Milzbrand, Rotlauf u. Hühnercholera. Auf P. geht auch das *Pasteurisieren* der Milch u. a. flüssiger Lebensmittel zurück, die durch vorsichtiges Erhitzen auf 60–80 °C haltbar gemacht werden.

Pastor [auch ...or; lat.; = Hirt] m, Bezeichnung für katholische u. evangelische Pfarrer; auch Anrede.

Pastorale

Pastorale [lat.-ital.] w, Musikstück, das die Stimmung des idyllischen Landlebens musikalisch wiedergibt. Die bevorzugten Instrumente sind Schalmei u. Oboe. P. ist auch der Name für die 6. Sinfonie von Beethoven.

Patagonien, südlicher Teil des südamerikanischen Festlandes (bis zum Río Colorado im Norden). Der zu Chile gehörende Westen hat eine reich gegliederte Fjordküste, wird von den *Patagonischen Kordilleren* (stellenweise vergletschert, bis 4058 m hoch) durchzogen u. ist großenteils bewaldet. Der viel größere Ostteil, der zu Argentinien gehört, ist ein nach Osten abfallendes, mit Gras- u. Strauchsteppe bedecktes Tafelland, auf dem Schafzucht betrieben wird; hier liegen außerdem große Erdölfelder. Kennzeichnend für die Tierwelt Patagoniens sind Strauße, Guanakos u. kleine Nagetiere.

Patchwork [*pätschwö*ʳ*k*; engl.; = Flickwerk] s, eine Handarbeitsart: in geometrische Formen (z. B. Rechteck, Dreieck, Raute) geschnittene Stoffteile werden aneinandergenäht u. ergeben ein mosaikartiges Muster. Man kann auf diese Weise bunte Kissen, Taschen usw. herstellen.

Pate [lat.] m, Taufzeuge (bei Katholiken auch Firmzeuge) mit der Verpflichtung, sich um die religiöse Erziehung des Täuflings (oder des Firmlings) zu kümmern (meist spielen heute jedoch die Patengeschenke eine größere Rolle). – Eine Patenschaft im übertragenen Sinn ist ein Fürsorgeverhältnis, z. B. wenn eine Stadt die Patenschaft über eine andere meist förderungsbedürftige Stadt übernimmt.

Patent [mlat.] s: **1)** Urkunde zur Verleihung von Rechten an Einzelpersonen (z. B. Offizierspatent) oder an Personengruppen (z. B. Gewährung der Religionsfreiheit für Lutheraner, Kalvinisten und Orthodoxe durch das Toleranzpatent Kaiser Josephs II. von 1781); **2)** das durch Verwaltungsrecht verliehene, absolute Recht an einer Erfindung. Es berechtigt den Patentinhaber zur alleinigen Nutzung u. gewerblichen Verwertung der Erfindung für einen Zeitraum von 18 Jahren. Das P. ist veräußerlich u. vererblich, es wird nur auf Antrag erteilt. Die Erteilung des Patents wird veröffentlicht u. in die *Patentrolle* eingetragen. Die Aufgabe des Patentwesens (auch die Patenterteilung) nimmt das *Deutsche Patentamt* in München wahr.

Pater [lat.; = Vater] m, Titel u. Anrede katholischer Ordensgeistlicher.

Paternoster [mlat.; = unser Vater] s, das Vaterunser, Gebet des Herrn; im Mittelalter gab es eine *Paternosterschnur* zum Zählen der Gebete, ähnlich dem ↑Rosenkranz.

Paternoster [mlat.] m, heute nicht mehr gebauter Personenaufzug, bei dem zahlreiche Kabinen ständig umlaufen. Sie sind vorn offen u. an einer „endlosen" Kette angebracht.

Pathologie [gr.] w, Lehre von den Krankheiten u. von ihren Ursachen.

Pathos [gr.] s, der gehoben feierliche Ausdruck in Sprache, Musik u. Malerei. Manchmal auch abwertend gebraucht für eine zu sehr auf Wirkung abzielende, übertrieben gefühlvolle Sprache.

Patient [*pazjänt*; lat.] m, Kranker in ärztlicher Behandlung.

Patina [ital.] w, graugrüne, schützende Oberflächenschicht auf Kupfer oder Kupferlegierungen aus basischen Kupfercarbonaten (auch Kupfersulfaten u. Kupferchloriden). Sie entsteht durch Einwirkung von Kohlensäure u. Sauerstoff. In übertragenem Sinn bedeutet P. das alte (ehrwürdige) Aussehen eines Gegenstandes, mitunter auch abwertend gebraucht im Sinne von antiquiert (veraltet) u. verstaubt.

Patras, griechische Stadt in Achaia, am *Golf von P.* (Meeresteil zwischen der nordwestlichen Peloponnes u. Ätolien), 112000 E, der Haupthafen der Peloponnes. Die Hauptausfuhrartikel sind Wein u. Korinthen. P. hat auch Textil- u. Papierindustrie. – P., im Altertum Patrai genannt, war im Peloponnesischen Krieg mit Athen verbündet und in römischer Zeit eine der größten griechischen Städte.

Patriarch [gr.] m: **1)** Bezeichnung für die alttestamentlichen Erzväter Israels: Abraham, Isaak u. Jakob u. dessen zwölf Söhne; **2)** Ehrentitel der katholischen Kirche, v. a. für den Papst (P. des Abendlandes), für die Bischöfe von Venedig u. Lissabon, für den Bischof von Jerusalem und für den Bischof von Goa. In den orthodoxen Kirchen Amts- u. Ehrentitel der obersten Geistlichen u. a. von Moskau und Konstantinopel (Istanbul).

Patriot [gr.] m, Vaterlandsfreund, jemand mit vaterländischer Gesinnung.

Patriotismus [gr.] m, Vaterlandsliebe, vaterländische Gesinnung.

Patrizier [lat.] m, *Mz.,* im alten Rom die Angehörigen des Geburtsadels, der ursprünglich im Alleinbesitz der politischen Macht war. Im Mittelalter waren die P. Mitglieder der begüterten Stadtadelsgeschlechter. Heute versteht man unter P. alte, einflußreiche Bürgerfamilien.

Patron [lat.] m: **1)** Schutzherr seiner Freigelassenen oder Klienten (Schutzbefohlene) im alten Rom; **2)** (auch Schutzheiliger) in der katholischen Kirche Engel oder Heiliger, der als besonderer Beschützer gilt, z. B. der P. einer Kirche (*Kirchenpatron*), einer Standes- oder Berufsgruppe (z. B. der heilige Christopherus als *Schutzpatron* der Kraftfahrer, Schiffer u. a.) oder einer Person (*Namenspatron*).

Patrone [frz.] w: **1)** Munition für Feuerwaffen. Die P. besteht aus einer

Paris. Triumphbogen

Park. Französischer Schloßpark von Schönbrunn bei Wien

Park. Englischer Garten (ein Teil des Schloßparks von Schwetzingen)

Hülse, in der sich die Treibladung u. der Zünder für die Treibladung befindet. Auf ihr steckt das Geschoß; **2)** Behälter für Kleinbildfilme; **3)** ein mit Tinte gefüllter Kunststoffbehälter, der in einen Füllhalter eingesetzt wird.

Patrouille [*patrulj*ᵉ; frz.] w, Spähtrupp (beim Militär), Streife (bei der Polizei).

Pauke w, Schlaginstrument, dessen Klangkörper ein meist kupferner, halbkugelförmiger Kessel ist. Über den Kessel ist eine Tierhaut gespannt. Mit Schrauben oder Pedal ist die Spannung

Pearl Harbor

Der Apostel Paulus
(Gemälde von Marco Zoppo um 1468)

Paviane. Mantelpavian

Pelzrobben. Kerguelen-Zwergpelzrobbe

Peking.
Der Himmelstempel in der Äußeren Stadt

und damit die Tonhöhe zu verändern. Die P. wird mit einem Paar Schlegeln zum Tönen gebracht. Oft nennt man (fälschlicherweise) eine große Trommel Pauke.

Paulus, Heiliger, jüdischer Name Saul, * Tarsus (Kilikien) Anfang des 1. Jahrhunderts n.Chr. (?), † Rom zwischen 63 u. 67 (?), Apostel und bedeutendster Missionar der christlichen Urgemeinde. P. stammte aus einer frommen jüdischen Familie, war aber durch seinen Vater römischer Staatsbürger. Als gesetzestreuer Jude schloß er sich den ↑Pharisäern an u. beteiligte sich an der Verfolgung der christlichen Gemeinde, wurde aber durch eine Christuserscheinung vor Damaskus zum Christentum bekehrt. Da P. ein glänzender Redner u. mit der griechischen Bildung vertraut war, wurde er zum „Heidenapostel" berufen. Seine Missionsreisen führten ihn nach Kleinasien u. nach Griechenland. 58 wurde er in Jerusalem verhaftet u. nach Rom gebracht, wo er nach wahrscheinlich mehrjähriger Haft unter Kaiser Nero hingerichtet wurde. P. trug die christliche Lehre nach Westen in das Zentrum des Römischen Reiches u. machte sie so zur Weltreligion. Im Mittelpunkt seiner Verkündigung steht die Lehre, daß der Mensch allein durch den Glauben die sündenvergebende Gnade Gottes erlangen kann (Luther knüpfte besonders an diesen Punkt an), u. der Glaube an die Wiederkunft Jesu Christi.

Pauschale [nlat.] w, einmalige Abfindung oder Vergütung von Einzelleistungen, z. B. die Vergütung von Überstunden, ohne die tatsächlich geleisteten Mehrarbeitsstunden nachzuzählen und zugrundezulegen.

Pavia, oberitalienische Stadt am Unterlauf des Tessin, mit 88 000 E. Das Stadtbild ist noch vom Mittelalter geprägt (romanische Krönungskirche San Michele, Dom u. a.). P. hat eine Universität, Textilindustrie u. Maschinenbau u. ist ein Bahnknotenpunkt. – P. war neben Ravenna Residenz Theoderichs des Großen, 572–774 Hauptstadt des Langobardenreiches, bis 1024 Krönungsstadt. Seit dem 9. Jh. war es Sitz einer Rechtsschule, aus der 1361 die Universität entstand.

Paviane [frz.-niederl.] m, Mz., große, kräftige Affen in den Bergen u. Savannen Afrikas. Sie sind vierfüßig laufende Bodenbewohner mit langer Schnauze, einem raubtierartigen Gebiß, bunt gefärbten Backentaschen u. großen, oft leuchtend roten Gesäßschwielen. Die Männchen haben oft eine Mähne, wie z. B. der *Mantelpavian*.

Paz, La [la pas], Regierungssitz u. größte Stadt Boliviens, mit 655 000 E. Südöstlich des Titicacasees gelegen. La P. ist eine der höchstgelegenen Städte der Erde (über 3 600 m ü. d. M.) u. besitzt eine Universität. Es ist auch das Wirtschaftszentrum des Landes u. hat Nahrungsmittel-, Textil-, Tabakwaren- u. a. Industrie.

Pazifischer Ozean m (Pazifik, Stiller oder Großer Ozean), das größte der drei Weltmeere (↑auch Meer), zwischen Amerika, Asien und Australien. Die mittlere Tiefe beträgt 4 300 m, die größte Tiefe 11 022 m. Rund 8 % der Meeresfläche werden von Nebenmeeren eingenommen, u. a. Beringmeer, Ochotskisches Meer, Japanisches Meer, Ostchinesisches Meer und Australasiatisches Mittelmeer. Die Nebenmeere werden durch Inselbögen (z. B. Aleuten, Kurilen, japanischer Inselbogen, Riukiuinseln) vom Hauptozean getrennt. Im Westen ist der Pazifische O. durch zahlreiche Inselgruppen u. mehrere große Tiefseegräben reich gegliedert. Die Oberflächentemperaturen schwanken zwischen 1 °C (im Norden) u. 29 °C (in der äquatorialen Zone). In den Pazifischen O. münden nur wenige große Ströme, daher ist er nährstoffarm u. somit verhältnismäßig arm an Meerestieren. Wal- u. Robbenfang wird betrieben, im Westen auch Fischfang. Verkehrsmäßig ist der Pazifische O. weit weniger bedeutend als der Atlantische Ozean. Knotenpunkt im Luft- u. Seeverkehr sind die Hawaii-Inseln. – Zum ersten Mal wurde der Pazifische O. 1520 von Magalhães überquert.

Pazifismus [lat.] m, grundsätzliche Ablehnung des Krieges aus religiösen, sittlichen und politischen Gründen. Zuerst waren es religiöse Gemeinschaften, wie Mennoniten u. Quäker, die den Kriegsdienst verweigerten. Im frühen 19. Jh. wurden pazifistische Gesellschaften gegründet. Sie waren Ausgangspunkt einer allgemeinen ↑Friedensbewegung.

Pearl Harbor [pörl harber], Hafen an der Südküste der Hawaii-Insel Oahu, USA, nordwestlich von Honolu-

439

Peary

lu; Marinestützpunkt. Der Überfall japanischer Luft- u. Seestreitkräfte auf P. H. am 7. 12. 1941 eröffnete die amerikanisch-japanischen Kriegshandlungen im 2. Weltkrieg.

Peary, Robert Edwin [*pi^eri*], * Cresson (Pennsylvanien) 6. Mai 1856, † Washington 20. Februar 1920, amerikanischer Polarforscher. P. unternahm sechs Expeditionen in die Arktis. 1901 umfuhr er die Nordküste Grönlands u. wies damit dessen Inselcharakter nach. 1909 kam P. als erster (F. A. Cook erhebt den gleichen Anspruch) bis dicht an den Nordpol.

Pech s, dunkler, zähflüssiger u. klebriger Stoff, der bei der Destillation von Erdöl u. Teer als Rückstand zurückbleibt.

Pechblende w (Uranpecherz), mit den verschiedensten chemischen Elementen, v. a. Thorium, Metallen der seltenen Erden u. Blei verunreinigtes Uranerz, chemisch ein Uranoxid der Zusammensetzung UO_2. Die P. ist heute ein begehrtes Mineral für die Gewinnung des als Kernbrennstoff dienenden Urans.

Pedal [lat.] s, ein Hebel oder eine Kurbel, die mit dem Fuß bedient wird.

Pedant [frz.] m, kleinlicher Mensch, Umstandskrämer.

Pediküre [frz.] w: **1)** Fußpflege; **2)** Fußpflegerin.

Pegasus (Pegasos) m, in der griechischen Göttersage ein geflügeltes Roß. Unter seinem Hufschlag entsprangen viele Quellen, u. a. die Quelle Hippokrene auf dem Helikon (Berg der Musen; hier knüpft die spätere Vorstellung von P. als Musenroß an).

Pegel m, eine Vorrichtung zum Messen des Wasserstandes in Flüssen, Seen u. Flüssigkeitsbehältern. Die einfachste Form ist ein Lattenpegel mit metrischer Einteilung.

Peilung w, die Bestimmung der Richtung (das heißt des Winkels, z. B. bezüglich der Nordrichtung), in der ein Punkt vom Beobachter aus gesehen erscheint. Er kann entweder sichtbar sein (optische P.) oder Funkwellen ausstrahlen (Funkpeilung). Die optische P. erfolgt mit Fernrohr u. Kompaß, die Funkpeilung mit einer drehbaren Rahmenantenne (Richtantenne) und einem dahintergeschalteten Funkempfänger. Die P. wird z. B. vorgenommen, um den Standort eines Flugzeugs oder Schiffes zu ermitteln. Dazu ist das Anpeilen von 2 festen Punkten erforderlich, deren Lage bekannt sein muß. Der Standort ergibt sich dann als Schnittpunkt der beiden Peillinien. Neben dieser eben beschriebenen Eigenpeilung wird oft auch die Fremdpeilung angewendet. Dabei sendet das Flugzeug oder Schiff ungerichtete Funkwellen aus, die von festen Peilstationen mit Rahmenantennen empfangen werden. Die Peilstationen werten das Ergebnis der P. aus und übermitteln es per Funk an das Flugzeug oder Schiff.

Peipussee m, See in der nordwestlichen UdSSR. Der P. ist (mit Pleskauer See) etwa achtmal so groß wie der Bodensee. Von Dezember bis Mai ist er eisbedeckt. Er ist bis 15 m tief u. fließt durch die Narwa ab.

Peking, Hauptstadt der Volksrepublik China, am Nordrand der Großen Ebene, mit umliegenden Orten 7,6 Mill. E. P. besteht aus der fast quadratisch angelegten, ehemals ummauerten Inneren Stadt (Mandschustadt, Tatarenstadt) im Norden u. der rechteckigen Äußeren Stadt (die sogenannte Chinesische Stadt) im Süden. Zur Inneren Stadt gehört die Kaiserstadt, in der wiederum die einst „Verbotene Stadt" (auch Rote Stadt, Purpurstadt) mit dem ehemaligen Kaiserpalast (heute Museum) liegt. P. ist politisches, kulturelles u. ein wirtschaftliches Zentrum Chinas. Es ist Sitz der Akademie der Wissenschaften, mehrerer Universitäten u. Hochschulen. Es hat bedeutende Museen und Bibliotheken, zahlreiche Tempel u. Parkanlagen. Wichtige Industriezweige sind: Eisen- u. Stahlindustrie, Maschinen- u. Fahrzeugbau, Textil-, chemische, Elektro- u. Nahrungsmittelindustrie. – Seit etwa 1000 v. Chr. war P. mit Unterbrechungen u. unter verschiedenen Namen Residenz wechselnder Dynastien. Es wurde mehrfach zerstört u. wiederaufgebaut. 1215 n. Chr. wurde P. von Dschingis-Khan erobert, seit 1264 neu erbaut u. um 1280 Hauptstadt des mongolischen Großreiches. Seit 1421 war es Residenz der Kaiser der Mingdynastie, 1644–1912 der Kaiser der Mandschudynastie. Seit 1949 Hauptstadt der Volksrepublik China. – Abb. S. 439.

pekuniär [lat.-frz.], geldlich; ↑ auch Geld.

Pelargonie [zu gr. pelargós = der Storch] w (Geranie), Gattung der Storchschnabelgewächse (↑ Storchschnabel) mit rund 250 Arten, v. a. in Südafrika. Pelargonien (v. a. die Edelpelargonie) gehören zu unseren beliebtesten Topfpflanzen.

Pelikane [gr.] m, Mz., heute mit Ausnahme einer weit verbreitete Familie großer Vögel (Ruderfüßer) der Tropen u. Subtropen, die sehr gut fliegen u. schwimmen, aber nicht tauchen können (Ausnahme sind die Meerespelikane Amerikas, die als Stoßtaucher ihre Nahrung fischen). Sie sind die größten Wasservögel. Mit langem Hals und sehr langem Schnabel, dessen Unterschnabel einen dehnbaren Hautsack trägt, schöpfen sie ihre Nahrung (Fische) aus dem Wasser.

Peloponnes w (auch m), griechische Halbinsel südlich des Golfs von Korinth, nur durch die Landenge von Korinth mit dem Festland verbunden. Die P. hat 987 000 E. Berg- u. Hügelländer, Hochflächen und fruchtbare Becken wechseln miteinander ab. Im Taygetos ist das Gebirge bis 2 407 m hoch. Wichtig ist die Landwirtschaft: Getreideanbau, Tabak-, Wein-, Zitrusfrüchte- u. Olivenkulturen sowie Viehzucht (Schafe u. Ziegen). Der Haupthafen ist Patras. Auf der P. befinden sich Überreste wichtiger Orte u. Kultstätten der Antike (u. a. Mykene, Epidauros, Sparta, Olympia).

Peloponnesischer Krieg m, Krieg um die Vorherrschaft in Griechenland zwischen dem Peloponnesischen Bund unter Führung Spartas u. Athen mit seinen Verbündeten 431–404 v. Chr. Der Krieg endete mit der völligen Niederlage Athens.

Pelota [span.] w, baskisches Ballspiel, das zu den ↑ Rückschlagspielen gehört u. dem Tennis verwandt ist. Zwei Mannschaften spielen gegeneinander.

Pelze m, Mz. (Fachbezeichnung: Rauchwaren), veredelte, d. h. zugerichtete u. zum Teil auch gefärbte Pelzfelle. Tiere, deren Felle zu Pelzen verarbeitet werden, sind u. a.: Fohlen, Fuchs, Otter, Opossum, Karakullamm (Persianer), Nerz, Nutria, Hermelin, Marder, Zobel, Seal (Pelzrobbe), Kaninchen, Seehund.

Pelzrobben w, Mz. (Seebären), zu den Ohrenrobben zählende ↑ Robben, die unter ihren Grannenhaaren ein seidenweiches, dichtes Wollkleid tragen. Dieses liefert einen sehr begehrten Pelz (Seal). Die P., etwa 1,5–2,5 m lang, leben mit 8 Arten v. a. an den Küsten u. auf den Inseln der Südhalbkugel. Die Bärenrobbe kommt nur im Beringmeer vor. – Abb. S. 439.

Pendel [lat.] s, im engeren Sinne ein an einem Faden hängender Körper, der nach Auslenkung aus der Ruhelage hin- u. herschwingt. Allgemein bezeichnet man als P. jeden um eine Achse oder einen Punkt drehbaren Körper, der Schwingungen auszuführen vermag. Besonders leicht lassen sich die Gesetze der Pendelschwingung am *mathematischen* P. ableiten. Darunter versteht man ein P., das aus einer punktförmigen Masse besteht, die an einem gewichtslosen Faden hängt. Natürlich kann ein solches P. nur gedacht, nicht aber wirklich konstruiert werden. Annähernd darstellen läßt es sich durch einen an einem dünnen Faden hängenden kleinen, schweren Körper (*Fadenpendel*). Als Schwingungsdauer oder Periode (T) eines Pendels bezeichnet man die Zeit, die für einen vollen Hin- und Hergang benötigt wird. Für die Schwingungsdauer des mathematischen Pendels gilt die Beziehung:

$$T = 2\pi \sqrt{\frac{l}{g}}$$

(l = Länge des Pendels, g = Fallbeschleunigung [↑ Fall 1]). Daraus ist ersichtlich, daß die Schwingungsdauer nur von der Pendellänge und der Fallbeschleunigung abhängt, nicht aber von

Periodensystem der chemischen Elemente

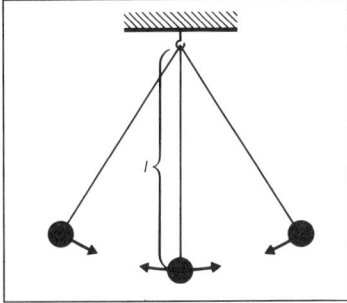

Mathematisches Pendel

der Masse des Pendels. Als *Sekundenpendel* bezeichnet man ein Fadenpendel, das für einen Hin- oder Hergang 1 Sekunde benötigt, dessen Schwingungsdauer also 2 Sekunden beträgt. Ein solches P. muß etwa 1 m lang sein. Als *physikalisches P.* bezeichnet man einen Körper, der um eine nicht durch seinen Schwerpunkt gehende Achse drehbar ist. Bei ihm ist die Schwingungsdauer allerdings auch von der Masse des Körpers abhängig. Wegen ihrer gleichmäßigen Schwingungsdauer werden P. zur Zeitmessung benutzt (*Pendeluhr*).

Penelope, griechische Sagengestalt; Gemahlin des Odysseus u. Mutter des Telemach. Während der Abwesenheit ihres Gemahls bleibt sie ihm treu u. wartet 20 Jahre auf seine Rückkehr.

penetrant [lat.-frz.], durchdringend, aufdringlich.

Penicillin (Penizillin) *s*, Bezeichnung für eine Gruppe von Antibiotika mit breiter Wirkung gegen Bakterien als Krankheitserreger. Der Engländer A. ↑Fleming hatte 1928 entdeckt, daß Bakterien durch Schimmelbefall geschädigt werden. Zehn Jahre später konnte aus den Schimmelpilzen der bakterienvernichtende Stoff („Antibiotikum") isoliert werden. Er wurde nach den Schimmelpilzen P. benannt. Seitdem spielen Antibiotika (es wurden zahlreiche spezifisch gegen bestimmte Erreger wirkende sowie sogenannte Breitbandantibiotika, die gegen eine Vielzahl von Bakterien wirken, entwickelt) eine überragende Rolle bei der Bekämpfung vieler Infektionskrankheiten.

Penis ↑Geschlechtskunde.

Penn, William, * London 14. Oktober 1644, † Ruscombe (Berkshire) 30. Juli 1718, englischer Quäker. Er gründete die nach ihm benannte Quäkerkolonie Pennsylvanien u. entwarf für sie eine Verfassung mit dem Grundsatz der religiösen Toleranz. 1683 gründete er Philadelphia.

Pennsylvanien (Abkürzung: Pa., Penn.), Bundesstaat im Nordosten der USA, von der Küstenebene u. dem Delaware River über die Appalachen zum Eriesee, mit 11,8 Mill. E. Die Hauptstadt ist *Harrisburg* (68 000 E), die größte Stadt ↑Philadelphia. P. ist ein fruchtbares landwirtschaftliches Gebiet (Mais-, Weizen-, Hafer-, Tabak-, Obst- und Kartoffelanbau, Viehzucht u. Milchwirtschaft) u. hat reiche Bodenschätze: Steinkohle-, Erdöl- u. Erdgas- sowie verschiedene Erzvorkommen. Es steht an führender Stelle in der Eisen- u. Stahlproduktion der USA. Daneben hat es noch Maschinenbau, Metallwaren-, elektrotechnische, Fahrzeug-, Nahrungsmittel-, Textil- u. chemische Industrie sowie Erdölraffinerien.

Pentagon [gr.; = Fünfeck] *s*, das auf fünfeckigem Grundriß 1941/42 errichtete Verteidigungsministerium der USA in Washington.

Pentameter [gr.; = Fünffuß] *m*, antiker Vers, der mit dem ↑Hexameter zusammen im ↑Distichon verwendet wird. Der P. besteht aus sechs (nicht fünf!) Versfüßen, von denen der dritte u. sechste nur eine lange Silbe enthalten. Da man diese beiden Silben als eine Einheit zählte, kam man auf 5 Versfüße.

Pentathlon [gr.] *s*, bei den antiken Olympischen Spielen ausgetragener Fünfkampf: 1. Stadionlauf (im allgemeinen 170–190 m), 2. Weitsprung, 3. Diskuswurf, 4. Speerwurf, 5. Ringkampf.

Pepsin [gr.] *s*, Eiweißstoffe spaltendes Enzym, das in Drüsen des Magens gebildet wird. Bei bestimmten Verdauungsstörungen wird es in der Medizin verwendet.

perfekt [lat.], vollendet, vollkommen; abgemacht, gültig.

Perfekt ↑Verb.

perforieren [lat.], durchbohren, mit Löchern versehen.

Pergament [gr.] *s*, besonders zubereitetes, haarfreies, nicht gegerbtes Ziegen-, Schaf- oder Kalbsleder. Es wurde vor der Erfindung des Papiers als Schreibmaterial verwendet.

Pergamon, ehemalige Hauptstadt des Pergamenischen Reiches an der Stelle der heutigen türkischen Stadt Bergama. P. war 262–133 v. Chr. Mittelpunkt eines mächtigen Reiches. 133 v. Chr. wurde es von dem kinderlosen König Attalos III. den Römern vermacht u. Hauptstadt der Provinz Asia. Seit 1878 finden Ausgrabungen statt. Man fand u. a. auf der Akropolis Reste mehrerer Tempel mit ausgedehntem Skulpturenschmuck, die Ruinen des königlichen Palastes und eines Theaters sowie den *Pergamonaltar*, einen Altar des Zeus und der Athene (180–160 v. Chr.). Er wurde 1929 im Pergamonmuseum in Berlin aufgestellt. Der große Relieffries mit dem Kampf der Götter gegen die Giganten gehört zu den bedeutendsten erhaltenen Werken der hellenistischen Kunst.

Perikles, * Athen um 500, † ebd. 429 v. Chr., athenischer Staatsmann. Er

stammte aus aristokratischer Familie. Seit 461 war er alleiniger Führer der demokratischen Partei Athens u. begann mit einer bedeutenden Reformtätigkeit. Er nahm teilweise als Feldherr am Krieg gegen Persien u. gegen Sparta teil. Seit 443 war P. ständiger gewählter Stratege (Feldherr u. Leiter des Staates). Der griechische Geschichtsschreiber Thukydides sagte vom Athen dieser Zeit, es sei „dem Namen nach eine Demokratie, in Wahrheit die Herrschaft des ersten Mannes". Damals entstanden die berühmten Bauten der Akropolis. P. war mit vielen Künstlern, Dichtern und Wissenschaftlern befreundet, u. a. mit Phidias, Sophokles, Herodot. Zwei Jahre nach dem Ausbruch des Peloponnesischen Krieges starb er an der Pest. Das sogenannte *Perikleische Zeitalter* war eine Blütezeit der bildenden Kunst, der Dichtung, der Philosophie u. der Geschichtsschreibung.

Periode [gr.] *w:* 1) allgemein: ein bestimmter Zeitabschnitt oder etwas regelmäßig Wiederkehrendes; 2) in der Grammatik ein vielgliedriger Satz, der aus mehreren Satzverbindungen, mehreren Satzgefügen oder einem Hauptsatz mit mehreren Gliedsätzen besteht, die zusammen das Satzganzes bilden; 3) Verslehre: eine aus der Verbindung mehrerer Verse sich ergebende Einheit; 4) in der Mathematik: eine sich ständig wiederholende Zahl oder Zahlengruppe bei unendlichen periodischen Dezimalbrüchen (z. B. 0,375375375... oder 0,6666...). Die P. wird dabei nur einmal geschrieben u. überstrichen. Statt 0,757575... schreibt man 0,$\overline{75}$, statt 0,38676767... schreibt man 0,38$\overline{67}$; 5) in der Physik: Bezeichnung für die Schwingungsdauer (↑Pendel, ↑Schwingungen); ↑Menstruation.

Periodensystem der chemischen Elemente *s*, systematisches Verzeichnis aller bisher bekannten 106 chemischen Elemente, die natürlich

441

PERIODENSYSTEM DER CHEMISCHEN ELEMENTE

Periode	Schale	Reihe	Gruppe I a / b	Gruppe II a / b	Gruppe III a / b	Gruppe IV a / b	Gruppe V a / b	Gruppe VI a / b	Gruppe VII a / b	Gruppe VIII (Gruppe VIII b)	Gruppe 0 (Gruppe VIII a)	Anzahl
1	1 s	I	1 H Wasserstoff 1,008								2 He Helium 4,003	2
2	2 p / 2 s	II	3 Li Lithium 6,940 1	4 Be Beryllium 9,013 2	5 B Bor 10,82 2/1	6 C Kohlenstoff 12,011 2/2	7 N Stickstoff 14,006 2/3	8 O Sauerstoff 16,000 2/4	9 F Fluor 19,00 2/5		10 Ne Neon 20,183 2/6	8
3	3 p / 3 s	III	11 Na Natrium 22,990 1	12 Mg Magnesium 24,32 2	13 Al Aluminium 26,982 1/2	14 Si Silicium 28,09 2/2	15 P Phosphor 30,975 2/3	16 S Schwefel 32,066 2/4	17 Cl Chlor 35,457 2/5		18 Ar Argon 39,944 2/6	8
4	3 d / 4 s	IV	19 K Kalium 39,100 1	20 Ca Calcium 40,08 2	21 Sc Scandium 44,96 1/2	22 Ti Titan 47,90 2/2	23 V Vanadin 50,95 3/2	24 Cr Chrom 52,01 5/1	25 Mn Mangan 54,94 5/2	26 Fe Eisen 55,85 6/2 / 27 Co Kobalt 58,94 7/2 / 28 Ni Nickel 58,71 8/2		
4	4 p / 3 d / 4 s	V	29 Cu Kupfer 63,540 10/1	30 Zn Zink 65,38 10/2	31 Ga Gallium 69,72 10/2/1	32 Ge Germanium 72,60 10/2/2	33 As Arsen 74,91 10/2/3	34 Se Selen 78,96 10/2/4	35 Br Brom 79,916 10/2/5		36 Kr Krypton 83,80 10/2/6	18
5	4 d / 5 s	VI	37 Rb Rubidium 85,48 1	38 Sr Strontium 87,63 2	39 Y Yttrium 88,92 1/2	40 Zr Zirkonium 91,22 2/2	41 Nb Niob 92,91 4/1	42 Mo Molybdän 95,95 5/1	43 Tc Technetium (99) 6/1	44 Ru Ruthenium 101,1 7/1 / 45 Rh Rhodium 102,91 8/1 / 46 Pd Palladium 106,4 10		
5	5 p / 4 d / 5 s	VII	47 Ag Silber 107,880 10/1	48 Cd Cadmium 112,41 10/2	49 In Indium 114,82 10/2/1	50 Sn Zinn 118,70 10/2/2	51 Sb Antimon 121,76 10/2/3	52 Te Tellur 127,61 10/2/4	53 J Jod 126,91 10/2/5		54 Xe Xenon 131,30 10/2/6	18
6	5 d / 6 s	VIII	55 Cs Cäsium 132,91 1	56 Ba Barium 137,36 2	57 La Lanthan 138,92 *)/1/2	72 Hf Hafnium 178,50 2/2	73 Ta Tantal 180,95 3/2	74 W Wolfram 183,86 4/2	75 Re Rhenium 186,22 5/2	76 Os Osmium 190,2 6/2 / 77 Ir Iridium 192,2 7/2 / 78 Pt Platin 195,09 9/1		
6	6 p / 5 d / 6 s	IX	79 Au Gold 197,00 10/1	80 Hg Quecksilber 200,61 10/2	81 Tl Thallium 2204,39 10/2/1	82 Pb Blei 207,21 10/2/2	83 Bi Wismut 209,00 10/2/3	84 Po Polonium (210) 10/2/4	85 At Astat [210] 10/2/5		86 Rn Radon [222] 10/2/6	32
7	6 d / 7 s	X	87 Fr Francium [223] 1	88 Ra Radium [226,05] 2	89 Ac Actinium [227] **)/1/2	104 Kurtschatovium	105 Hahnium	106				

*) Lanthanoide

| 5 d / 6 s / 4 f | | 58 Ce Cer 140,13 1/2/2 | 59 Pr Praseodym 140,92 3 | 60 Nd Neodym 144,27 4 | 61 Pm Promethium (147) 5 | 62 Sm Samarium 150,35 6 | 63 Eu Europium 152,0 7 | 64 Gd Gadolinium 157,26 1/2/7 | 65 Tb Terbium 158,93 9 | 66 Dy Dysprosium 162,51 10 | 67 Ho Holmium 164,94 11 | 68 Er Erbium 167,27 12 | 69 Tm Thulium 168,94 13 | 70 Yb Ytterbium 173,04 14 | 71 Lu Lutetium 174,99 1/2/14 |

**) Actinoide

| 6 d / 7 s / 5 f | | 90 Th Thorium 232,05 2/2 | 91 Pa Protactinium [231] 1/2/2 | 92 U Uran 238,07 1/2/3 | 93 Np Neptunium [237] 1/2/4 | 94 Pu Plutonium (242) 6 | 95 Am Americium [243] 7 | 96 Cm Curium [247] 1/2/7 | 97 Bk Berkelium [247] 1/2/8 | 98 Cf Californium (249) 1/2/9 | 99 Es Einsteinium [254] 1/2/10 | 100 Fm Fermium [253] 1/2/11 | 101 Md Mendelevium [256] 1/2/12 | 102 No Nobelium (254) 1/2/13 | 103 Lr Lawrencium (257) 1/2/14 |

persische Geschichte

Perlen. Perlenfischerei in Japan

vorkommen (Ordnungszahlen 1 bis 94) oder durch Kernreaktionen künstlich erzeugt worden sind (Ordnungszahlen ab 95). Nach verschiedenen vorangegangenen Ansätzen wurde 1869 das P. d. ch. E. von dem Russen D. I. Mendelejew (1834–1907) u. dem Deutschen L. Meyer (1830–95) unabhängig voneinander aufgestellt. Die beiden Forscher fanden, daß bei der Anordnung der chemischen Elemente nach steigender Atommasse eine gewisse Periodizität auftritt, d. h., daß in der Reihenfolge der steigenden Atommasse in gewissen Abständen immer wieder Elemente mit ähnlichen chemischen Eigenschaften auftreten. Bei dieser Anordnung lassen sich die auf die ersten beiden Elemente Wasserstoff u. Helium folgenden 16 Elemente Lithium bis Argon acht verschiedenen Gruppen zuordnen, den sogenannten *Hauptgruppen* (Ia bis VIIIa). Die auf das Element Argon folgenden Elemente Kalium u. Calcium schließen in ihren Eigenschaften wieder an die Elemente der ersten u. zweiten Hauptgruppe an; auf sie folgen jedoch zehn Elemente (Scandium bis Zink), die sich auf Grund ihrer abweichenden Eigenschaften nicht in die acht Hauptgruppen einfügen lassen u. daher acht sogenannten *Nebengruppen* zugeordnet werden, wobei man die drei nahe verwandten Elemente Eisen bis Nickel in einer einzigen Nebengruppe zusammenfaßt. Die auf das Element Zink folgenden Elemente Gallium bis Strontium lassen sich entsprechend ihren Eigenschaften wieder den Hauptgruppen zuordnen, die darauf folgenden Elemente Yttrium bis Cadmium den Nebengruppen usw. – Neben den Elementen, die sich den Haupt- oder Nebengruppen zuzählen lassen, gibt es noch Elemente, die wegen ihrer sehr ähnlichen Eigenschaften alle an einer einzigen Stelle im P. d. ch. E. eingefügt werden müßten; diese Elemente, die Lanthanoide u. die Actinoide, werden in Nebengruppen zweiter Art zusammengefaßt u. in gesonderten Reihen außerhalb des eigentlichen Systems angeführt.

Peripherie [gr.] *w:* 1) Begrenzungslinie einer geometrischen Figur, insbesondere des Kreises (Kreisperipherie); 2) Randgebiet, Stadtrand.

Periskop [gr.] *s*, ein zweimal geknicktes ↑Fernrohr, bei dem sich das ↑Objektiv weit oberhalb des ↑Okulars befindet. Die Richtung der Lichtstrahlen wird dabei zweimal umgelenkt (durch Prismen oder Spiegel). Das P. wird u. a. benutzt, um aus einem sicheren Unterstand heraus das Gelände überblicken zu können. Beim getauchten Unterseeboot kann das P. zur Beobachtung bis über die Wasseroberfläche ausgefahren werden.

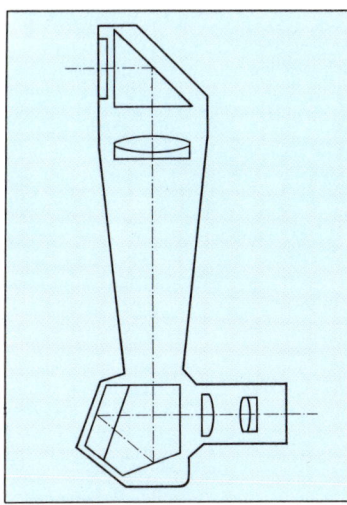

Periskop. Einfaches Periskop mit Prismenumkehrsystem

Perlen *w*, *Mz.*, etwa erbsengroße (selten bis walnußgroße) kugelige bis birnenförmige Gebilde aus ↑Perlmutter. P. sind krankhafte Erscheinungen, die sich zwischen der Schale u. dem Mantel einer Muschel um eingelagerte Fremdkörper bilden. Um den Fremdkörper wird von der Muschel Perlmutter ausgeschieden, das die mattglänzenden weißen, gelblichen oder rosafarbenen, seltener grauen bis fast schwarzen P. ergibt. Das „Wachsen" von P. dauert recht lange (bis 10 Jahre u. länger). Bei Zuchtperlen wird ein Perlkern (anstelle des Fremdkörpers) in die Muschel eingepflanzt. P. werden von Perlenfischern (Perlentauchern; auch Frauen) aus oft mehr als 20 m Tiefe tropischer oder subtropischer Meere gewonnen.

Perlhühner *s*, *Mz.*, Familie der Hühnervögel mit 6 Arten in den Steppen u. Regenwäldern Afrikas. Sie sind fast haushuhngroße Bodenbewohner mit kurzem Schwanz u. schöner, perlartiger Gefiederzeichnung. Schon die Römer hielten das zahme Perlhuhn als Haustier, v. a. wegen seiner Schönheit u. seines schmackhaften Fleisches.

Perlmutter *w* oder *s*, die stark schillernde Innenschicht (Perlmutterschicht) der Schalen von Weichtieren (hauptsächlich von Schnecken u. Muscheln). Aus P. stellt man Knöpfe u. Schmuck her; ↑auch Perlen.

Perm ↑Erdgeschichte.

permanent [lat.], dauernd, anhaltend, ununterbrochen.

Perpetuum mobile [lat.] *s*, eine Maschine, die sich von selbst bewegt u. dabei ↑Arbeit verrichtet, ohne daß ihr Energie zugeführt wird. In Unkenntnis der physikalischen Gesetze, nach denen ein P. m. unmöglich ist, haben Erfinder immer wieder vergeblich versucht, ein P. m. zu konstruieren. – Abb. S. 444.

perplex [lat.-frz.], verwirrt, bestürzt, verblüfft, überrascht.

Perseus, Gestalt der griechischen Göttersage, Sohn des Zeus u. der Danae. P. besiegt Medusa (↑Gorgonen) u. befreit ↑Andromeda, die er zur Gemahlin nimmt.

Persianer [nach Persien] *m*, Handelsbezeichnung für Pelzwaren aus schwarzem, bräunlichem bis grauem Fell von Karakullämmern, die erst wenige Tage alt sind. Kennzeichnend sind die feinen Locken des Fells, die fest geschlossene Röllchen bilden. *Persianerklaue* wird aus Fellanteilen der Beine u. Fellresten zusammengesetzt.

Persien ↑Iran.

persiflieren [frz.], auf geistreiche Art verspotten.

persische Geschichte *w*, das indogermanische Volk der Perser trat mit dem Königsgeschlecht der Achämeniden (7. Jh.–330 v. Chr.) in die Geschichte ein. Kyros II., der Große (559–529 v. Chr.), begründete durch die Eroberung Mediens, Lydiens u. Babylons das erste persische Großreich. Sein Sohn Kambyses II. (529–522 v. Chr.) eroberte Ägypten, ↑Darius I. (522–486 v. Chr.) unterwarf Thrakien, Makedonien u. das Indusgebiet. Unter den Nachfolgern zerfiel das Reich. In den Perserkriegen gegen die griechischen Stadtstaaten verloren die Perser die griechischen Städte an der kleinasiatischen Küste. ↑Darius III. (um 380–330 v. Chr.) wurde von Alexander dem Großen besiegt. Persien war seit 330 v. Chr. Teil des Makedonischen Reiches; nacheinander beherrschten es die ↑Seleukiden u. die ↑Parther. Ardaschir I. (224–241) erhob sich gegen die Parther u. begründete die Dynastie der ↑Sassaniden. Sie hatten Kämpfe gegen das Römische Reich,

443

Personalpronomen

später gegen vordringende Turkvölker zu bestehen u. brachten das Reich erst im 6. Jh. zu neuer Blüte. Zwischen 636 u. 642 wurde Persien von den Arabern unterworfen u. Teil des Kalifenreiches. 1258–1405 war Persien ein Teil des Mongolenreiches. Schah Abbas I., der Große (1557–1629), schuf eine Großmacht (Residenz in Isfahan). 1736 wurde Persien von dem späteren Nadir Schah, einem Turkmenen, erobert. Im 19. Jh. bemühten sich Großbritannien u. Rußland um politischen, militärischen u. finanziellen Einfluß in Persien. Der russisch-britische Vertrag von 1907 verfügte die Dreiteilung Persiens in eine nördliche Zone als russisches, eine südliche Zone als britisches Interessengebiet u. eine mittlere (neutrale) Zone. 1921 gelang der Staatsstreich des persischen Kosakenkommandeurs Resa Khan, der 1925 zum Schah ausgerufen wurde. 1934 wurde der Name Persien durch Iran ersetzt (↑Iran, Geschichte).

Personalpronomen ↑Pronomen.

Personalunion [lat.] w, die Vereinigung von Ämtern in der Hand einer Person; früher die Vereinigung selbständiger Staaten unter einem Monarchen, z. B. Großbritannien u. Hannover 1714–1837.

Personensorge w, Bestandteil der elterlichen Sorge. Unter P. versteht man v. a. das Recht u. die Pflicht, für die Person des Kindes (bzw. Mündels) zu sorgen, insbesondere es zu erziehen, zu beaufsichtigen u. seinen Aufenthalt zu bestimmen.

Personenstand [lat.; dt.] m (auch Familienstand), die gesamten persönlichen Verhältnisse des Menschen: Alter, Geschlecht, familienrechtliches Verhältnis zu anderen Personen. Urkundlich ist der P. festgehalten beim Standesamt des Geburtsortes.

Perspektive [lat.] w: **1)** Ausblick, Durchblick, Aussicht für die Zukunft. Auch den Standpunkt, von dem aus ein Geschehen gesehen u. dargestellt wird, nennt man P.; **2)** zeichnerische Darstellung eines Gegenstandes auf einer Ebene, u. zwar in der Art, daß er im Bild so erscheint, wie er in Wirklichkeit, im Raum also, gesehen wird. Nur die geraden Linien des Gegenstandes, die parallel zur Zeichenebene verlaufen,

behalten ihre Richtung in der Abbildung bei. Alle übrigen parallelen Geraden erscheinen im Bild als gerade Linien, die in einem Punkt, dem sogenannten Fluchtpunkt, zusammenlaufen. Liegt der Fluchtpunkt sehr tief, so spricht man von *Froschperspektive*, liegt er sehr hoch, dann spricht man von *Vogelperspektive*.

Peru, Republik an der pazifischen Küste Südamerikas, mit 16,6 Mill. E (hauptsächlich Indianer und Mestizen); 1 285 216 km². Die Hauptstadt ist Lima. Amtssprache ist Spanisch. P. wird in 3 Landschaftseinheiten gegliedert: 1. die *Costa*, die wüstenhafte Küstenebene. In Bewässerungsoasen werden hier Zuckerrohr u. Baumwolle angebaut, außerdem Reis, Gemüse, Obst, Tabak. In der Costa kommen Guano u. Schwefel vor, im Norden u. a. Erdöl; 2. die *Sierra*, das Andenhochland, in West-, Zentral- u. Ostkordillere gegliedert. Dieses Gebiet ist verhältnismäßig dicht besiedelt u. hat tropisches Gebirgsklima. Bedeutend sind Ackerbau u. Viehwirtschaft sowie der Erzbergbau; 3. die *Montaña*, die östliche Andenabdachung mit Anteil am Amazonastiefland. Dieses Gebiet ist hauptsächlich tropischer Regenwald u. immer noch weitgehend unerschlossen. Vor allem Edelhölzer u. Wildkautschuk werden hier gewonnen. In landwirtschaftlich erschlossenen Gebieten werden Kaffee, Kakao, Tee, Mais u. a. angebaut. Die Fischerei vor der Küste ist die ergiebigste der Welt. Wichtige Industrien: Erzaufbereitung und -verhüttung, Erdölraffinerien, Nahrungsmittel- (u. a. Fischkonserven), Textil-, Metallwaren-, chemische u. pharmazeutische Industrie. *Geschichte:* Bis 1533 war P. Zentrum des Inkareiches (↑Inka). Nach der Eroberung durch die Spanier wurde es Teil des spanischen Vizekönigreiches P., von dem 1739 das spätere Ecuador u. 1776 das spätere Bolivien abgetrennt wurden. 1821–24 kämpfte P. um seine Unabhängigkeit; 1860 erhielt es seine erste Verfassung, die 1879 von Spanien anerkannt wurde. – P. ist UN-Gründungsmitglied.

Pessimismus [lat. pessimus = sehr schlecht] m, die Neigung, alles von der schlechten Seite her zu sehen („Schwarzseherei"). Gegensatz: ↑Optimismus.

Pest [lat.] w, eine schwere, als Epidemie auftretende Infektionskrankheit, die fast immer zum Tode führt. Sie wurde durch Nagetiere, besonders Ratten, weltweit verbreitet. Der Erreger (Pestbakterium) wurde meist durch Flöhe von angesteckten Nagern auf den Menschen übertragen. Die Inkubationszeit beträgt 1–5 Tage. Je nach Art u. Verlauf der Infektion unterscheidet man z. B. die Beulenpest u. die Lungenpest. Man bekämpfte die P. durch Ausrotten der Nager und Pestflöhe sowie durch

Perpetuum mobile. Modell nach verschiedenen Vorlagen von Leonardo da Vinci

Quarantäne. Die schlimmste Pestepidemie traf Europa 1348–52, als etwa 25 Mill. Menschen am „Schwarzen Tod" starben. Im 20. Jh. gab es Pestepidemien nur noch in Asien.

Pestalozzi, Johann Heinrich, * Zürich 12. Januar 1746, † Brugg 17. Februar 1827, schweizerischer Pädagoge. P. war Begründer und Leiter verschiedener Erziehungsanstalten. Sein Streben galt einer umfassenden Menschenbildung u. nicht nur der Aneignung von Wissen. Sein pädagogisches Ziel war die Entfaltung der geistigen u. körperlichen Kräfte u. Anlagen. Dazu forderte er, daß der Unterricht anschaulich gestaltet werden u. vom Erkennen des Nächstliegenden zu dem des Ferneren fortschreiten müsse. Er verfaßte u. a. „Lienhard u. Gertrud" (1781–87) u. „Wie Gertrud ihre Kinder lehrt" (1801).

Peter I., der Große, * Moskau 9. Juni 1672, † Petersburg (heute Leningrad) 18. Februar 1725, russischer Zar seit 1682, zunächst unter Vormundschaft. Er besuchte 1697/98 Westeuropa u. ließ sich in den Niederlanden u. in England im Schiffbau ausbilden. Nach seiner Rückkehr führte er Reformen nach westlichem Vorbild durch (Vergrößerung des Heeres, Schaffung der Ostseeflotte, Förderung der Wirtschaft, Umgestaltung der Verwaltung u. a.). Nach dem Frieden mit der Türkei 1700 (Gewinn von Asow) besiegte P. die Schweden im ↑Nordischen Krieg u. erhielt im Frieden von Nystad (1721) Livland, Estland, Ingermanland u. Teile Kareliens. Damit war die russische Großmachtstellung begründet. 1703 gründete P. die Stadt Petersburg u. erhob sie zur Residenz. 1721 nahm P. den Titel „Kaiser" an, womit Rußland seinen An-

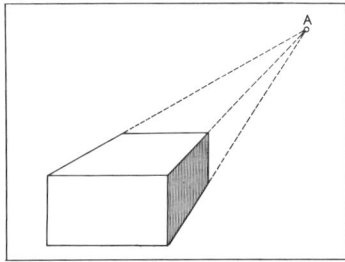

Perspektive. Ebenes Bild eines Quaders mit Fluchtpunkt A

Pfau

spruch auf Anerkennung als europäische Macht anmeldete. Im Feldzug gegen Persien (1722/23) gewann P. persische Gebiete am Kaspischen Meer. Die Steigerung der Macht Rußlands durch die Regierung Peters des Großen hat Rußland dem Westen nähergebracht. Seither nahm Rußland Einfluß auf das politische Geschehen in Europa.

Petition [lat.] w, schriftliche Eingabe außerhalb des Rechtsweges als Bitte oder Beschwerde, besonders an Staatsmänner oder an das Parlament. Das Petitionsrecht für die Bundesrepublik Deutschland ist im Artikel 17 des Grundgesetzes festgelegt.

Petrarca, Francesco, * Arezzo 20. Juli 1304, † Arquà 18. Juli 1374, italienischer Dichter u. Humanist. Seine in der Volkssprache (nicht mehr im damals üblichen Latein) verfaßte Lyrik enthält v. a. Gedichte (Sonette) an Laura, seine Geliebte. Petrarcas Lyrik hat entscheidend zur Ausbildung der italienischen Sprache beigetragen u. einen maßgebenden Einfluß auf die europäische Lyrik ausgeübt.

Petrolchemie ↑Erdöl.

Petroleum [mlat.] s, ein Erdölprodukt, das durch Destillation bei einer Temperatur zwischen 180 u. 240°C gewonnen wird. Es wurde früher v. a. für Beleuchtungszwecke, als Heizöl u. Lösungsmittel verwendet, heute besonders für Turbinentreibstoffe.

Petrus, † zwischen 63 u. 67, Apostel. P. lebte zur Zeit seiner Berufung durch Jesus als Fischer in Kapernaum. Die Evangelien des Neuen Testaments sprechen ihm eine gewisse Führerrolle im Kreis der Jünger Jesu zu. Diese Stellung wurde durch zwei Begebenheiten begründet u. gestärkt: P. erhielt bei seiner Berufung den aramäischen Namen *Kepha* (griechisch Petros), d. h. der Fels; auf P. wollte Jesus seine Gemeinde aufbauen (daher gelten die Päpste als Nachfolger des P.). Das zweite, wohl noch bedeutendere Ereignis im Leben des P. war die Auferstehung Jesu, deren erster Zeuge er wurde. Später war P. Oberhaupt der Gemeinde von Jerusalem, unternahm aber wohl auch Missionsreisen. Umstritten ist, ob er in Rom den Märtyrertod erlitt.

Petunie [indian.] w, eine Gattung der Nachtschattengewächse mit rund 25 Arten in Südamerika. Es sind meist buschig verzweigte, häufig klebrigweichhaarige Kräuter, die ziemlich große rote, violette oder weiße trichter- bis glockenförmige Blüten entwickeln. Die auf Balkonen u. in Gärten häufig zu findende, heute weltweit verbreitete *Gartenpetunie* ist aus einer Kreuzung einer weiß u. einer violett blühenden Art hervorgegangen. Sie kam um 1825 nach Europa u. wird in vielen Sorten gezüchtet.

Pfadfinder (Boy-Scouts) m, Mz., internationale Jugendorganisation (1907

Johann Heinrich Pestalozzi

Peter I., der Große

Francesco Petrarca

von R. St. S. ↑Baden-Powell in England gegründet; seit 1909 auch in Deutschland), die zu freiheitlichem Bürgersinn, einfachem Leben, sozialer Hilfsbereitschaft u. internationaler Verständigung erziehen will. Von den in der Bundesrepublik Deutschland bestehenden Pfadfinderbünden gehören nur die dem Ring Deutscher Pfadfinderbünde angeschlossenen Verbände dem Weltverband an.

Pfahlbauten m, Mz. (Einzahl: Pfahlbau), Wohn- u. Speicherbauten, die zum Schutz vor feindlichen Menschen, Tieren, Bodenfeuchtigkeit u. Ungeziefer auf eingerammte Pfähle gebaut sind u. frei über dem Boden stehen. Pf. findet man im nördlichen Südamerika, in Afrika im Kongogebiet, am Njassasee, am Weißen Nil u. an der Guineaküste, in Asien besonders häufig bei Malaien, in der Südsee auf Neuguinea und Melanesien. In Europa sind Pf. nur vereinzelt auf der Balkanhalbinsel zu finden. Verbreitet sind allerdings auf Pfähle gestellte Speicher. Bei den „Pf." der jüngeren Steinzeit u. späten Bronzezeit – v. a. an den Voralpenseen – handelt es sich nur ausnahmsweise um echte Pf.; in der Regel sind es Überreste von Siedlungen, die in der einst trockenen Uferzone lagen. Die neuere Forschung spricht deshalb von Uferrandsiedlungen. – Abb. S. 446.

Pfalz w, ehemaliges deutsches Territorium. Die Pfalzgrafschaft am Rhein entstand aus der Verbindung der lothringischen Pfalzgrafenwürde mit den rheinfränkischen Gütern der ↑Salier. 1214 belehnte Kaiser Friedrich II. die bayrischen ↑Wittelsbacher mit der Pf.; 1356 wurden die Pfalzgrafen Kurfürsten (Kurpfalz). Nach der Niederlage Kurfürst Friedrichs V. am Weißen Berg verlor die Pf. die Kurfürstenwürde an Bayern. 1648 wurde die Pf. erneut Kurfürstentum. Im Pfälzischen Erbfolgekrieg (1688–97) verwüstete König Ludwig XIV. von Frankreich, der fragliche Erbansprüche verfocht, die Pf.; 1777 wurde die Pf. mit Bayern vereint. 1816 wurde aus den linksrheinischen ehemaligen pfälzischen u. angrenzenden Gebieten der Bayerische Rheinkreis gebildet (seit 1838 „Rheinpfalz"), der seit 1946 zum Land Rheinland-Pfalz gehört.

Pfalz w, im Mittelalter die königliche Wohnburg. Die Pf. war Tagungsort der Hofgerichte u. meist Mittelpunkt einer größeren Grundherrschaft. Einzelne Pfalzen entwickelten sich später zu Städten, z. B. Goslar.

Pfandbrief m, ein ↑Wertpapier, das mit einem festen Zinssatz verzinst wird (z. B. 6 %). Ausgegeben werden Pfandbriefe z. B. von Hypothekenbanken (↑Banken), die das auf diesem Wege beschaffte Geld als ↑Hypotheken Hausbesitzern zur Verfügung stellen (gegen Zins).

Pfändung w, gerichtliche Maßnahme (Beschlagnahme), die z. B. auf Grund eines Gerichtsurteils angewendet werden kann, wenn jemand die im Urteil festgestellten Schulden nicht bezahlt. Die Pf. geschieht bei Sachen dadurch, daß der Gerichtsvollzieher sie in Besitz nimmt: Geld, Schmuck u. Wertpapiere nimmt er mit u. bewahrt sie auf, alle übrigen Sachen (z. B. Auto, Möbel), werden aber durch ein Siegel („Kuckuck") als gepfändet gekennzeichnet. Bestimmte Sachen (z. B. angemessene Kleidung, auch für den Beruf; angemessener Hausrat) dürfen nicht gepfändet werden. Das Gericht kann dem Schuldner ausnahmsweise (auf seinen Antrag) eine Frist zur Zahlung setzen. Nach deren Ablauf werden die gepfändeten Sachen öffentlich verkauft (versteigert).

Pfarrer m, ein Geistlicher, der mit der Verwaltung eines Pfarramts u. mit der Seelsorge für einen bestimmten Bezirk (Pfarrei, Gemeinde) betraut ist. In der katholischen Kirche wird der Pf. vom Bischof bestellt, in der evangelischen von der Kirchenbehörde eingesetzt oder auch von der Gemeinde gewählt.

Pfau [lat.] m, Hühnervogel in den Wäldern Südasiens u. Indonesiens u. in Afrika. Das Männchen trägt stark verlängerte, mit einer Augenzeichnung und schillernden Farben versehene

445

Pfauenauge

Schwanzdeckfedern, die zu einem Rad aufgerichtet werden können. Auf dem Kopf trägt der Pf. eine Krone aus schwärzlichen Kopffedern. Bei uns werden Pfaue zur Zierde in Parks, an Ausflugsorten u. in Tiergärten gehalten.

Pfauenauge [lat.; dt.] *s*, Sammelname für verschiedene Schmetterlingsarten, die auffallende Augenflecken auf den Flügeln tragen. Das braunrote *Tagpfauenauge* ist ein Tagfalter mit buntfarbigem Augenfleck auf Vorder- u. Hinterflügeln. Seine schwarzen, stacheligen Raupen leben auf Brennesseln. Das rotbraune *Abendpfauenauge*, ein Schwärmer, trägt einen großen Fleck mit blauem Ring an den Hinterflügeln. Die *Nachtpfauenaugen* sind große, wollig behaarte Nachtschmetterlinge. Zu ihnen gehört der größte u. schönste europäische Falter, das *Große* oder *Wiener Nachtpfauenauge* (Flügelspannweite 12–14 cm).

Pfeffer [gr.-lat.] *m*, kirschenartige, einsamige Steinfrucht mit holzigem Kern und scharfem Geschmack. Sie stammt vom Pfefferstrauch, einer südostasiatischen Schlingpflanze, die an Stangen kultiviert wird. Der Pf. ist ein bekanntes Gewürz. Kurz vor der Reife geerntet u. getrocknet, wird es als *Schwarzer Pf.*, ausgereift, aber ohne Fruchtfleisch, wird es als *Weißer Pf.* gehandelt.

Pfeffer. Früchte des Pfefferstrauches

Pfefferminze *w*, durch Kreuzung von Lippenblütlern entstandene Kulturart, die in Süddeutschland, in den Donauländern, in Italien und v. a. in den USA angebaut wird. Aus ihr wird entweder durch Aufgüsse der Blätter Tee bereitet oder Pfefferminzöl für die Zahn- u. Mundpflegemittel gewonnen.

Pfeil *m*, Geschoß für ↑Bogen, ↑Armbrust oder ↑Blasrohr. Der Pf. besteht aus einem Schaft (Holz, Rohr), der befiedert sein kann, u. einer Spitze aus Metall, Knochen, Stein u. a. Naturvölker verwenden bisweilen *Pfeilgifte*, um Tiere u. Menschen zu töten oder zu lähmen, z. B. *Kurare*, ein Pflanzengift, das südamerikanische Indianer benutzen.

Pfahlbauten in Westafrika

Pferd [mlat.] *s*, ältestes, schon bei den Römern gebräuchliches Turngerät für Sprung- (Langpferd) u. Schwungübungen (Seitpferd). Die Länge des Geräts beträgt 160–163 cm, die Breite (oben) 35 cm; die Höhe ist an den Beinen verstellbar (zwischen 95 u. 170 cm) u. beträgt bei Wettkämpfen 120 (Frauen) bzw. 135 cm (Männer).

Pferde [mlat.] *s, Mz.*, weltweit verbreitete Familie der Unpaarhufer in Savannen u. Steppen. Sie sind große, hochbeinige, schnellaufende Säugetiere. Die Mittelzehe ist verlängert u. endet in einem Huf; die anderen Zehen sind zurückgebildet. Pf. sind Herdentiere mit gutem Hör- u. Geruchsvermögen. Zu den Pferden gehören u. a. die Esel, die Zebras, die Wildpferde u. das Hauspferd, aus dem alle heutigen Pferderassen gezüchtet wurden. Man unterscheidet das lebhaftere, leicht gebaute, schnelle Warmblut vom ruhigeren, kräftigen Kaltblut; ↑auch Ponys.

Pferderennen [mlat.; dt.] *s, Mz.*, Wettläufe als Leistungsprüfung für Pferde, über verschiedene Distanzen (Entfernungen) mit unterschiedlichen Schwierigkeitsgraden. Es gibt *Galopprennen* (Flachrennen u. Hindernisrennen) u. *Trabrennen* (die Pferde ziehen einen leichten, zweirädrigen Wagen, den *Sulky*, auf dem der Fahrer sitzt).

Pferdesport [mlat.; engl.] *m*, zusammenfassende Bezeichnung für alle Sportarten, die der Mensch gemeinsam mit Pferden ausübt. Dabei wird zwischen Turniersport u. Rennsport unterschieden. Zum *Turniersport* rechnet man das ↑Dressurreiten, das ↑Springreiten u. die ↑Military, zum *Rennsport* zählen Galopp- u. Trabrennen (↑Pferderennen).

Pfau

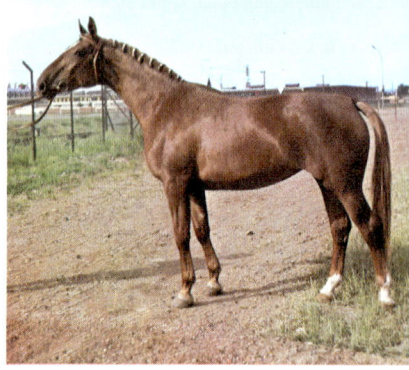

Pferde.
Ein Warmblutpferd ist der Hannoveraner

Pferdestärke [mlat.; dt.] w, Abkürzung: PS, gesetzlich nicht mehr zugelassene Einheit der ↑Leistung.

Pfingsten s, eines der großen christlichen Feste, am 7. Sonntag nach Ostern. Es wird zum Gedächtnis an die Sendung („Ausgießung") des Heiligen Geistes begangen.

Pfirsich [lat.] m, kugelige, seidig behaarte Steinfrucht des rot oder rosa blühenden Pfirsichbaumes. Er ist ein Rosengewächs aus China. Es gibt ihn in vielen Kultursorten, die sich von China aus, wo der Pfirsichbaum schon im 3. Jahrtausend v. Chr. kultiviert wurde, über Persien nach Europa (bereits im 1. Jh. n. Chr.) verbreitet haben. Zum Anbau verlangt der Pfirsichbaum ein mildes Klima.

Pfitzner, Hans, * Moskau 5. Mai 1869, † Salzburg 22. Mai 1949, deutscher Komponist. Mit spätromantischen Werken stellte er sich bewußt in die musikalische Tradition. Er schrieb Orchesterwerke, Chorwerke („Von deutscher Seele", 1921), Lieder, Kammermusik u. Opern; am bekanntesten wurde die musikalische Legende „Palestrina" (1917). – Abb. S. 448.

Pflanzen [lat.] w, Mz., Lebewesen, die sich im Gegensatz zu Tieren ganz von anorganischen Stoffen (autotroph) ernähren können (Ausnahmen z. B. Pilze, die meisten Bakterien, Parasiten). Sie erreichen das mit Hilfe ihres Blattgrüns und der ↑Photosynthese. Ihre Organe (meist Blätter) sind deshalb dem Licht zugewandt. Meist können sie sich (Ausnahme z. B. Einzeller) nicht frei fortbewegen. Ihre Zellwände bestehen aus festen Membranen (aus Zellulose).

Pflanzenfette s, Mz. (Pflanzenöle), aus den Früchten u. Samen von Ölpflanzen gewonnene Fette u. Öle. Sie werden meist durch Auspressen gewonnen; aus ihnen werden Speiseöle u. Margarine hergestellt. Pf. liefern z. B. Erdnüsse, Kokosnüsse, Oliven, Raps- u. Leinsamen, Sonnenblumenkerne, Palmkerne, Walnüsse.

Pflanzenläuse, artenreiche Tiergruppe, zu der Blattflöhe, Blattläuse, Schildläuse u. a. gehören.

Pflaume [gr.-lat.] w, meist rundlich-kugelige, blaue, gelbe oder auch rote Steinfrucht vieler Sorten des Pflaumenbaums. Er ist wahrscheinlich aus einer Kreuzung (Schlehdorn und Kirschpflaume) in Vorderasien entstanden. In Europa wird er in vielen Sorten angebaut. Bekannte Zuchtformen sind die Mirabelle (mit kleinen gelben Steinfrüchten), die Hauspflaume oder Zwetsche u. die Reneklode.

Pflegschaft w, Fürsorgeverhältnis, das nur bestimmte Angelegenheiten betrifft, also nicht so umfassend ist wie die ↑Vormundschaft.

Pflug m, landwirtschaftliches Gerät zur Bodenbearbeitung. Der von Zugtieren oder vom Traktor gezogene Pf. reißt

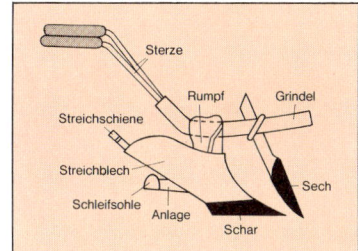

Pflug. Scharfpflug mit seinen wichtigsten Teilen

den Ackerboden auf u. wendet die Schollen um. Dabei werden Stoppeln u. Düngemittel unter den Erdboden gebracht (umgepflügt). Heute werden zumeist Pflüge mit mehreren Pflugscharen benutzt.

Pforzheim, Stadt am Nordrand des Schwarzwaldes, in Baden-Württemberg, mit 107 000 E. Weltbekannt sind die Schmuckwaren, die in Pf. hergestellt werden. Bedeutend sind auch die Uhren-, die optische u. die feinmechanische Industrie. Die Stadt hat 2 Fachhochschulen.

Pfropfung ↑Veredelung.

Pfund s: 1) noch gebräuchliche, jedoch gesetzlich nicht zugelassene Gewichtseinheit; in Deutschland 1 Pf. = 500 g = $^{1}/_{2}$ kg; das englische u. amerikanische Pf. („pound") hat 453,6 g; 2) englische Währungseinheit: 1 Pfund Sterling (Zeichen £) = 100 New Pence.

Phalanx [gr.] w, im Altertum die Schlachtordnung des schwerbewaffneten griechischen Fußvolks: mehrere dicht geschlossene Reihen hintereinander; heute oft auch im übertragenen Sinn: geschlossene Front.

Phänomen [gr.] s, Erscheinung; das, was sich zeigt; das, was erkannt werden kann; im allgemeinen Sprachgebrauch: eine seltene, aufsehenerregende Erscheinung (z. B. ein merkwürdiger Naturvorgang oder eine außerordentliche Persönlichkeit).

Phantasie [gr.] w, Einbildungskraft, Erfindungsgabe.

Phantom [gr.] s, Trugbild, Sinnestäuschung, Hirngespinst.

Pharao [ägypt.] m (Mz. Pharaonen), Bezeichnung für die altägyptischen Könige.

Pharisäer [hebr.] m, Mz., eine altjüdische, religiös-politische Gemeinschaft, die peinlich genau die jüdischen Gesetzesvorschriften, auch die mündlich überlieferten, befolgte. In vieler Hinsicht standen die Ph. den Lehren des Urchristentums nahe, sie werden gerade deshalb im Neuen Testament vielfach als selbstgerecht angegriffen.

pharmazeutisch [gr.], die ↑Pharmazie, die Arzneimittel u. ihre Anwendung betreffend.

Pharmazie [gr.] w, die Wissenschaft von den Arzneimitteln, ihrer Zusammensetzung, Herstellung u. Anwendung.

Phase [gr.-frz.] w: 1) Abschnitt einer Entwicklung oder eines Ablaufs; 2) Erscheinungsform der Planeten Merkur u. Venus u. des ↑Mondes; 3) in der Elektrotechnik die Zuleitungen des elektrischen Netzes bzw. die Spannung selbst.

Phidias, athenischer Bildhauer des 5. Jahrhunderts v. Chr., einer der Hauptmeister der griechischen Klassik. Er war Oberaufseher über die Bauarbeiten am Parthenon auf der Akropolis u. schuf hervorragende Standbilder, u. a. die Kolossalstatue des Zeus für den Tempel in Olympia (eines der Sieben Weltwunder) u. der Athene im Parthenon. Von einigen seiner Hauptwerke sind ausführliche Beschreibungen u. Nachbildungen erhalten. – Abb. S. 448.

Philadelphia [fil^{e}d$e$lfi$a$], mit 2 Mill. E die viertgrößte Stadt der USA. Sie liegt am Mündungstrichter des Delaware River in Pennsylvanien u. besitzt einen Seehafen. Ph. hat 3 Universitäten, Textil-, chemische, Maschinen-, Metallwaren- u. andere Industrie sowie bedeutende Druckereien u. Verlage. – Ph. wurde 1683 von W. ↑Penn gegründet. 1776 wurde hier die Unabhängigkeit der USA verkündet; 1790–1800 war Ph. Hauptstadt der USA.

Philatelie [gr.] w, Briefmarkenkunde. Der Briefmarkenkenner u. -sammler wird *Philatelist* genannt; ↑Briefmarken.

philharmonisch [gr.], „musikliebend"; *Philharmoniker* ist Namensbestandteil mehrerer bedeutender Orchester, z. B. Wiener Philharmoniker, Berliner Philharmoniker.

Philipp II., * Valladolid 21. Mai 1527, † El Escorial bei Madrid 13. September 1598, spanischer König (seit 1556), Sohn Kaiser Karls V.; Ph. verhinderte das Eindringen der Reformation in Spanien; sein Versuch, dieses auch in den spanischen Niederlanden zu tun, führte zu Aufständen, die er rücksichtslos zu unterdrücken versuchte. Die südliche Hälfte des Landes konnte er behaupten. Es gelang ihm, Portugal Spanien anzugliedern. Mit der Zerstörung der spanischen Flotte (Armada) durch England (1588) begann der Niedergang der spanischen Großmacht. – Abb. S. 448.

Philippinen Mz., die nordöstliche Inselgruppe des Malaiischen Archipels; sie besteht aus etwa 7 100 Inseln; die fünf größten sind Luzon, Mindanao, Samar, Negros u. Palawan. Die Ph. sind eine unabhängige Republik mit 45 Mill. E; 300 000 km^2. Die größte Stadt u. zugleich Regierungssitz ist Manila. Hauptstadt ist *Quezon City* (960 000 E), beide auf Luzon. Die Inseln sind gebirgig, mit zum Teil tätigen Vulkanen; häufig treten auch Erdbeben auf. Weite Teile der Gebirge sind mit Wäldern bedeckt. In dem feuchtheißen Monsunkli-

Philister

Hans Pfitzner

Phidias, Kopf des Apoll

Philipp II., König von Spanien

ma gedeihen Reis, Mais, Zuckerrohr, Hanfbananen (Manilahanf); die Viehzucht ist vielseitig (v. a. Schweine u. Büfel); eine wichtige Erwerbsquelle ist ferner der Fischfang. An Bodenschätzen haben die Ph. besonders Eisen, Mangan, Chrom u. Gold. Die Industrie verarbeitet fast nur heimische Rohstoffe wie Zucker, Öl, Tabak u. Kokosnüsse. – 1521 erreichte Magalhães als erster Europäer die Philippinen. In der 2. Hälfte des 16. Jahrhunderts wurden die Ph. spanisch (benannt nach Philipp II.); 1898 fielen sie an die USA. Nach vorübergehender japanischer Besetzung im 2. Weltkrieg erlangten sie 1946 ihre Unabhängigkeit, blieben aber durch Verträge an die USA gebunden. – Die Ph. sind Mitglied der UN.

Philister m, Mz., ein Volk, das um 1200 v. Chr. an die Grenzen Ägyptens kam, zurückgeschlagen wurde u. dann in den Küstengebieten Palästinas siedelte. Die Ph. werden im Alten Testament als Feinde des Volkes Israel geschildert. – Als Ph. bezeichnet man auch kleinlich denkende Spießbürger.

Philologie [gr.] w, Wissenschaft von der Erforschung von Texten. Man unterscheidet verschiedene Fachrichtungen wie die klassische Ph. (Altgriechisch u. Latein), romanische Ph. (Französisch, Italienisch, Spanisch, Rumänisch u. a.), englische Philologie usw.

Philosophie [gr.; = Liebe zur Weisheit] w, Wissenschaft, die nach dem Zusammenhang der Dinge in der Welt fragt, die Aussagen der einzelnen Wissenschaften in einer Gesamtschau zusammenzufassen sucht u. die Möglichkeit menschlicher Erkenntnis untersucht. Nach Aufgabe u. Zielsetzung unterscheidet man im wesentlichen folgende philosophische Disziplinen (Fachzweige): die Frage nach dem Allumfassenden u. Allgemeinsten, dem Sein (Metaphysik u. Ontologie), die Lehre vom richtigen Denken u. Schließen (Logik), die Lehre von den Möglichkeiten u. Formen der Erkenntnis (Erkenntnistheorie), die Lehre vom sittlichen Handeln des Menschen (Ethik) u. die Lehre vom Schönen (Ästhetik).

phlegmatisch [gr.], träge, schwerfällig, gleichgültig; zum *Phlegmatiker* ↑Temperament.

Phlox [gr.] w oder m, Gattung der Sperrkrautgewächse mit etwa 60 Arten in Nordamerika. Die Blüten stehen meist in doldenähnlichen Trauben oder in Rispen zusammen. Viele Arten werden als beliebte, in verschiedenen Farben (hauptsächlich rot, purpurrot, violett oder weiß) blühende Gartenblumen angepflanzt.

Phnom Penh, Hauptstadt von Kambodscha. Ihre Einwohnerzahl wurde 1975 auf 2,5 Mill. geschätzt. Infolge der Zwangsevakuierung aller Städte unter der Regierung der „Roten Khmer" in ↑Kambodscha ist Ph. P. heute (1979) fast entvölkert. Der Hafen am Mekong ist für Seeschiffe erreichbar. Die Stadt hat 2 Universitäten u. eine Pagode (15. Jh.). Der Königspalast (20. Jh.) ist Museum.

Phon [gr.] s, ein Maß für die Lautstärke. Ist der meßbare Schalldruck eines Geräuschs 10mal so groß wie ein gerade noch als Geräusch wahrnehmbarer Schalldruck (die sogenannte Hörschwelle), so beträgt die Lautstärke 20 Ph., ist der Schalldruck 100mal so groß wie an der Hörschwelle, beträgt die Lautstärke 40 Ph., ist er 1 000mal so groß, so liegt die Lautstärke 60 Ph. vor.

Phonetik [gr.] w (Lautlehre), Teilgebiet der Sprachwissenschaft, das die Lautbildung, d. h. die physikalischen (akustischen) u. physiologischen (artikulatorischen) Eigenschaften der Laute, zum Gegenstand hat. Die *Phonologie* dagegen untersucht die Funktion der Laute im System der Sprache; ↑auch Lautschrift.

Phöniker m, Mz., semitisches Volk, das spätestens im 2. Jahrtausend v. Chr. im Gebiet zwischen dem Libanongebirge u. der östlichen Mittelmeerküste (*Phönikien*) seßhaft war. In der phönikischen Kultur mischen sich babylonische, ägyptische u. andere Einflüsse. Die Ph. gründeten mehrere Stadtstaaten (Tyrus, Sidon, Byblos u. a.), die von Königen beherrscht wurden. Etwa um 1200 v. Chr. entwickelte sich das *phönikische Alphabet:* von ihm stammen, wenn auch über vielfache Veränderungen, sämtliche Buchstabenschriften der Erde ab (über die griechische Schrift auch unsere). Ab etwa 1100 v. Chr. blühte der phönikische Seehandel auf: Flotten wurden gebaut, die das Mittelmeer befuhren u. bis über die Straße von Gibraltar vordrangen; zahlreiche Handelskolonien wurden errichtet, u. a. auf Zypern, in Südspanien u. in Nordafrika (wo die Ph. *Punier* genannt wurden); die bedeutendste dieser Niederlassungen war ↑Karthago. Die wichtigsten Handelsartikel waren Wein, Öl, Erzeugnisse aus Metall, Glas u. Ton sowie Purpurstoffe (die Gewinnung des Farbstoffes aus der Purpurschnecke war wohl eine Erfindung der Ph.). Die Städte Phönikiens standen seit dem 9. Jh. v. Chr. unter fremder Herrschaft (Assyrer, Perser u. a.), konnten sich aber ihre große wirtschaftliche Bedeutung noch bis ins späte 4. Jh. v. Chr. bewahren.

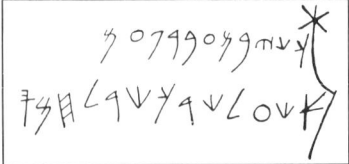
Phöniker. Phönikische Schrift

Phönix m, Fabelwesen der Antike, das als Erscheinung des Sonnengottes aufgefaßt wurde: ein Vogel, der sich selbst verbrennt, um aus der Asche neu zu entstehen (Sinnbild der ewigen Erneuerung u. Auferstehung). Im Christentum ist der Ph. Christussymbol.

PHON LAUTSTÄRKENTABELLE

0 Phon	=	Reiz- oder Hörschwelle
10 Phon	=	sehr leises Blätterrauschen
20 Phon	=	Flüstern
30 Phon	=	schwacher Straßenlärm
40 Phon	=	normale Unterhaltungssprache
50 Phon	=	laufender Wasserhahn, normale Lautsprechermusik
60 Phon	=	laute Lautsprechermusik
70 Phon	=	starker Verkehrslärm
80 Phon	=	sehr starker Verkehrslärm, Untergrundbahn, Schreien
90 Phon	=	lautes Autohupen
100 Phon	=	ungedämpftes Motorrad
110 Phon	=	stärkster Fabriklärm (Bearbeitung von Stahlplatten mit Preßlufthämmern)
120 Phon	=	Flugzeuggeräusche
130 Phon	=	Schmerzschwelle

PHYSIK

1. **Was ist Physik?** Der Name Physik leitet sich vom griechischen Wort „phýsis" ab, das „Natur" bedeutet. Unter Physik verstand man ursprünglich die Lehre von der gesamten Natur. Im Laufe der Entwicklung machte sich zunächst die Lehre von der belebten Natur unter dem Namen Biologie selbständig. Als Physik bezeichnete man dann nur noch die Lehre von der unbelebten Natur. Mit zunehmenden Erkenntnissen u. Entdeckungen wurde dieses Wissensgebiet immer größer, so daß sich einzelne Teilgebiete als selbständige Wissenschaften abspalteten. Dazu gehören die Astronomie, die sich mit den Gestirnen befaßt, die Geologie, die den Aufbau der Erde erforscht, u. die Chemie, die Naturvorgänge untersucht, bei denen eine stoffliche Umwandlung auftritt. Alle diese Gebiete haben jedoch eine Verbindung zur Physik. Als Physik bezeichnet man heute die Wissenschaft von den Erscheinungs- u. Zustandsformen der Materie in der unbelebten Natur, von ihrer Struktur, ihren Bewegungen u. ihren stofflichen Veränderungen erfolgenden Zustandsänderungen; sie ist die Wissenschaft von den an den verschiedenen Materieformen stattfindenden Prozessen u. Vorgängen sowie von den dafür verantwortlichen, zwischen den Materiebausteinen bzw. -aggregaten bestehenden Kräften u. Wechselwirkungen. Im Unterschied zur Chemie beschäftigt sich also die Physik vorwiegend nur mit solchen Vorgängen, bei denen keine stofflichen Umwandlungen eintreten, abgesehen von den in der Kernphysik vorgenommenen Einwirkungen auf die Atomkerne durch Beschuß mit atomaren Teilchen, die zu Kern- und damit Stoffumwandlungen führen. Bei einem makroskopischen physikalischen Vorgang bleibt der Stoff in seiner Art erhalten, lediglich seine äußere Form oder Zustand ändert sich. Einen physikalischen Vorgang stellt beispielsweise das Schmelzen von Eis oder das Sieden von Wasser dar. Der Stoff bleibt dabei als solcher erhalten, lediglich seine Temperatur, sein Rauminhalt und sein ↑Aggregatzustand (fest, flüssig oder gasförmig) ändern sich. Geht man auf die Ausgangstemperatur zurück, so erhält man den Stoff wieder in seinem ursprünglichen Zustand. Bei einem chemischen Vorgang dagegen ändert sich der Stoff. Beispiel für einen chemischen Vorgang ist die Verbrennung von Kohle. Der Stoff, die Kohle also, verändert sich dabei, es entstehen Asche u. flüchtige Verbrennungsgase. Die Veränderung läßt sich nicht rückgängig machen, indem man die Temperatur wieder auf den Ausgangswert zurückbringt.

2. **Aufgabe der Physik:** Die Physik beschäftigt sich nur mit solchen Vorgängen, die sich messen lassen. Ihre Aufgabe ist es, Zusammenhänge zwischen verschiedenen Erscheinungen aufzudecken, z. B. zwischen der Erwärmung eines Körpers und seiner Ausdehnung, zwischen der Ausdehnung einer Schraubenfeder u. der Kraft, mit der sie bestrebt ist, sich wieder zusammenzuziehen, zwischen der Höhe, aus der ein Stein herabfällt, u. der Geschwindigkeit, mit der er am Boden ankommt, oder zwischen der Länge eines Fadenpendels u. seiner Schwingungsdauer. Die Physik ist bestrebt, Gesetze zu formulieren, die diese Zusammenhänge zum Ausdruck bringen. Diese Gesetze werden in Form mathematischer Gleichungen dargestellt. Ein einfaches Beispiel ist das Ohmsche Gesetz, das einen Zusammenhang zwischen elektrischer Spannung (U), elektrischer Stromstärke (I) u. elektrischem Widerstand (R) in der Form $U = R I$ zum Ausdruck bringt. Ein weiteres einfaches Gesetz, das Fallgesetz, drückt den Zusammenhang zwischen der Fallzeit eines frei fallenden Körpers u. dem während dieser Zeit fallend zurückgelegten Weg aus (↑ S. 450). Weiter ist es Aufgabe der Physik, verwickelte u. unübersichtliche Vorgänge auf einfache Gesetzmäßigkeiten zurückzuführen. Zum Beispiel lassen sich die komplizierten Bewegungen, die die Himmelskörper ausführen, auf ein Gesetz, das Newtonsche Gravitationsgesetz, zurückführen. Mit Hilfe solcher Gesetze ist die Physik in der Lage, aus gegebenen Verhältnissen Aussagen über die Zukunft zu machen. Beispiele dafür sind die Voraussagen für Sonnen- u. Mondfinsternisse, die sich aus der Kenntnis physikalischer Gesetze ergeben. Weiterhin kann man beispielsweise aus der Kenntnis des Fallgesetzes voraussagen, wie hoch ein Stein fliegt, der mit einer bestimmten Anfangsgeschwindigkeit senkrecht nach oben geworfen wird, oder aus der Kenntnis des Gravitationsgesetzes, mit welcher Geschwindigkeit ein künstlicher Erdsatellit um die Erde kreist u. zu welchem Zeitpunkt er sich an einem genau bestimmten Ort befinden wird.

3. **Arbeitsweise der Physik:** Auf dem Wege zu einem allgemeingültigen physikalischen Gesetz werden folgende Stufen durchschritten: Beobachtung, Experiment, Messung, Induktion u. Hypothese. Der Abschluß des schwierigen Weges ist eine sogenannte Theorie, in der der gesetzmäßige Zusammenhang zahlreicher Einzelerscheinungen zusammengefaßt wird. Wir wollen uns diesen Weg am Beispiel des freien Falles eines Körpers im Schwerefeld der Erde deutlich machen. Die *Beobachtung:* Am Anfang jeder physikalischen Forschung steht die Beobachtung der Natur, in unserem Beispiel also die Beobachtung zu Boden fallender Körper. Man beobachtet, daß alle Körper zu Boden fallen, wenn sie nicht festgehalten werden. Der Apfel fällt vom Baum, der Blumentopf vom Balkon. Diese einfache u. unbewußte Beobachtung wird nun verfeinert. Es taucht beispielsweise die Frage auf: wie bewegt sich ein fallender Körper? Die Beobachtung erstreckt sich nun auf dieses Problem. Es erfolgt also eine gezielte Beobachtung. Dabei zeigt sich, daß manche Körper senkrecht nach unten fallen. Manche wiederum, wie z. B. ein waagerecht weggeworfener Stein, fallen auf einer gekrümmten Bahn nach unten, wieder andere, insbesondere leichte Körper, z. B. eine Feder, fallen mit einer ganz u. gar ungeregelten Bewegung zu Boden. Die Beobachtung der Natur zeigt also eine Vielfalt von Fallbewegungen, hinter denen sich, so scheint es, keine Gesetzmäßigkeit verbirgt.

Das *Experiment:* Die rein passive Beobachtung der Natur liefert im allgemeinen über einen Vorgang nur sehr unbestimmte Aussagen, aus denen sich keine Gesetzmäßigkeiten ermitteln lassen. Zu viele störende Einflüsse, deren Tragweite man nicht kennt, spielen eine Rolle. Man muß zum Experiment übergehen. Unter einem Experiment versteht man einen vom Menschen planmäßig vorbereiteten, ausgelösten u. beobachteten Naturvorgang. In unserem Fall also wird man bewußt verschiedene Körper herabfallen lassen. Jedes Experiment enthält eine ganz bestimmte Fragestellung u. wird auf diese Fragestellung angelegt. Will man beispielsweise die Natur danach befragen, auf welcher Bahn ein Körper fällt, so wird man im Experiment alle störenden Einflüsse auszuschalten suchen, die diese Bahn beeinflussen können. Das ist insbesondere der Wind. Man wird also seine Experimente in einem geschlossenen Raum ausführen, in dem keine Luftbewegung stattfindet. Des weiteren stellt man fest, daß manche Körper, z. B. Papierblätter, mit einer taumelnden Bewegung zu Boden fallen. Das ist offensichtlich auf den Luftwiderstand zurückzuführen. Also wird man die Fallversuche in einem luftleer gepumpten Raum durchführen. Und dann erhält man als Antwort auf die im Experiment gestellte Frage: Alle Körper fallen unabhängig von Form u. Gewicht gleich schnell senkrecht nach unten. Wenn man also 1 kg Blei u. eine leichte Daunenfeder im luftleeren Raum gleichzeitig aus gleicher Höhe herabfallen läßt, kommen beide zum gleichen Zeitpunkt am Boden an.

Die *Messung:* Um noch genauere Aussagen über die Bewegung frei fallender Körper machen zu können, müssen wir irgendeine Größe des Vorgangs messen. In der Wahl dieser zu messenden Größe haben wir freie Hand.

Physik (Forts.)

Beispielsweise könnten wir messen, welchen Weg der fallende Körper in einer bestimmten Zeit zurücklegt. Wir lassen den Körper im luftleeren Raum fallen u. messen mit einer Stoppuhr die Fallzeit u. mit einem Metermaß den in der betreffenden Zeit zurückgelegten Weg. Die Ergebnisse der Messung tragen wir zweckmäßigerweise in eine Tabelle ein. In dieser Tabelle stellen wir nebeneinander die Fallzeit (t) u. den innerhalb dieser Zeit zurückgelegten Weg (s). Die Messung ergibt folgende Werte:

Fallzeit in Sekunden	zurückgelegter Weg in Meter	Fallzeit in Sekunden	zurückgelegter Weg in Meter
1	5	5	125
2	20	6	180
3	45	7	245
4	80	8	320

In der 1. Sekunde wird ein Weg von 5 m zurückgelegt, in 2 Sekunden sind es 20 m, in 3 Sekunden 45 m, in 4 Sekunden 80 m usw. Die Geschwindigkeit eines frei fallenden Körpers nimmt also ständig zu.

Die *Induktion:* Die aus Beobachtung, Experiment u. Messung gewonnenen Ergebnisse müssen nun geordnet u. zusammengefaßt werden. Hat man festgestellt, daß bei gleichartigen Experimenten jedesmal auch die gleichen Ergebnisse erhalten werden, dann kann man einen gesetzmäßigen Zusammenhang zwischen den gemessenen Größen vermuten. Um diesen Zusammenhang zu formulieren, verwenden wir ein Prinzip, das zwar nicht beweisbar ist, dessen Gültigkeit wir aber tagtäglich erfahren, das sogenannte Kausalitätsprinzip. Es besagt: Gleiche Ursachen haben stets gleiche Wirkungen zur Folge. Einige Beispiele für dieses Kausalitätsprinzip seien im folgenden angeführt: Wenn ich den Finger ins Wasser tauche (Ursache), wird er naß (Wirkung), wenn ich im geschlossenen Zimmer einen Ofen in Betrieb setze (Ursache), wird es warm (Wirkung), wenn ich mit dem Auto gegen eine Wand fahre (Ursache), werde ich nach vorn geschleudert (Wirkung), wenn ich Blausäure trinke (Ursache), bin ich in wenigen Augenblicken tot (Wirkung). Das Kausalitätsprinzip ist uns so vertraut, daß wir die Wirkung von vielen Ursachen genau voraussagen können, so daß wir den Vorgang nicht selbst auszuprobieren müssen. Beispielsweise würde es keinem Menschen einfallen, Blausäure zu trinken, um die Wirkung dieser Tat an sich selbst auszuprobieren. Wenn also bei einem Experiment immer wieder dasselbe Ergebnis zustande kommt, schließen wir auf einen kausalen Zusammenhang u. können diesen Zusammenhang in Form eines Gesetzes formulieren. Für den Zusammenhang zwischen Fallzeit (t) u. innerhalb dieser Zeit zurückgelegtem Weg (s) ergibt sich also aus der obigen Tabelle, wie es an zahlreichen Experimenten nachgeprüft wurde, folgender Zusammenhang: $s = 5 t^2$. Genauere Messungen liefern das Ergebnis: $s = {}^1/_2 g t^2$ ($g \approx 9{,}81$ m/s² Fallbeschleunigung). Den so formulierten Zusammenhang haben wir aus einer beschränkten Anzahl von Experimenten ermittelt. Wir haben ein Gesetz „in" die experimentell gefundenen Werte „hineingelegt" (= induziert). Man spricht dabei von einer Induktion u. versteht darunter die Herleitung eines allgemeinen Gesetzes aus speziellen Beobachtungsergebnissen.

Die *Hypothese:* Durch Induktion haben wir nun ein Gesetz gefunden, dessen Allgemeingültigkeit keineswegs bewiesen ist. Grundlage für das Gesetz war ja nur eine beschränkte Anzahl von Experimenten. Nur unter Verwendung des Kausalitätsprinzips haben wir die Allgemeingültigkeit vermutet. Es könnten ja nun noch solche Größen einen Einfluß auf die Meßergebnisse haben, die im Experiment nicht berücksichtigt wurden. Solange dieser Einfluß nicht widerlegt worden ist, spricht man von einer Hypothese u. versteht darunter den Ansatz für ein Naturgesetz, an dessen Richtigkeit noch Zweifel bestehen, so daß es noch durch weitere Experimente erhärtet oder gegebenenfalls widerlegt werden muß. Im vorliegenden Beispiel des freien Falls eines Körpers muß nun u. a. überprüft werden, ob ein Körper, der aus größerer Höhe herabfällt, ebenfalls dem vermuteten Fallgesetz $s = {}^1/_2 g t^2$ gehorcht. Und dabei entdeckt man nun, daß das keineswegs der Fall ist. Das vorliegende Gesetz gilt also nur in der Nähe der Erdoberfläche. Es stellt einen Spezialfall eines umfassenderen Gesetzes, des Newtonschen Gravitationsgesetzes, dar. Dieses besagt, daß zwei Körper der Masse m_1 und m_2 sich gegenseitig mit einer Kraft K anziehen, die gegeben ist durch die Beziehung:

$$K = f \; \frac{m_1 \cdot m_2}{r^2}$$

Hierin ist r der Abstand der Mittelpunkte der beiden Massen und f die sogenannte Gravitationskonstante:

$$f = 6{,}670 \cdot 10^{-11} \; \text{kg}^{-1} \; \text{m}^3 \; \text{s}^{-2}.$$

Die *Theorie:* Wird eine Hypothese durch die verschiedensten Experimente immer erhärtet, so erhält man schließlich eine Theorie. Darunter versteht man eine Anzahl von untereinander in Beziehung stehenden allgemeinen Gesetzen, die eine größere Anzahl von Einzelerscheinungen, die oft auf den ersten Blick nicht miteinander gemein haben, in einen übergeordneten Zusammenhang stellen; so z. B. die Gravitationstheorie, die u. a. in dem Newtonschen Gravitationsgesetz zum Ausdruck kommt. Außer dem Fallgesetz beschreibt diese Theorie u. a. auch die Bewegung der Planeten oder die Bewegung eines Raumschiffs im Weltraum. Ist eine Theorie einmal aufgestellt, so lassen sich aus ihr durch Rechnung und logische Überlegung Schlüsse ziehen, die aus den ursprünglichen Experimenten nicht erkennbar waren. Im vorliegenden Beispiel ergibt sich aus der Gravitationstheorie, daß ein fallender Körper nicht nur von der Erde angezogen wird, sondern seinerseits auch selbst die Erde anzieht. Aus einer Theorie lassen sich also gewisse spezielle Aussagen herleiten. Diesen Vorgang bezeichnet man als *Deduktion*. Durch Deduktion lassen sich beispielsweise die Keplerschen Gesetze der Planetenbewegung aus der Gravitationstheorie herleiten.

4. Die Rolle von Modellen in der Physik: Manche Erscheinungen der Physik können wir nicht unmittelbar mit unseren Sinnen wahrnehmen. Wir können sie uns auch nicht vorstellen, so wie sie wirklich sind, weil sie nicht unseren täglichen Erfahrungen entsprechen. Dazu gehören beispielsweise die Atome oder der elektrische Strom. Um mit solchen Dingen u. Vorgängen trotzdem arbeiten zu können, versucht man, sie sich anschaulich vorzustellen. Man schafft sich ein anschauliches Bild oder Modell von ihnen u. arbeitet damit weiter. Beispielsweise stellt man sich den elektrischen Strom als Wasserstrom vor. Viele Erscheinungen des elektrischen Stroms lassen sich mit dieser Modellvorstellung anschaulich erklären, z. B. die elektrische Spannung als Wassergefälle oder der elektrische Widerstand als Strömungswiderstand in einem engen Rohr. Besonders erfolgreich war die Modellvorstellung in der Atomphysik. Das von Ernest ↑Rutherford u. Niels ↑Bohr aufgestellte Atommodell, bei dem man sich das Atom als ein Gebilde, bestehend aus einem kugelförmigen Kern, um den sich kugelförmige Teilchen, die Elektronen, auf verschiedenen Bahnen bewegen, vorstellt, verhalf der Physik zu wesentlichen Erkenntnissen. Das Erstaunliche ist dabei, daß mit Hilfe solcher Bilder oder Modelle, die ja mit der Wirklichkeit überhaupt nicht übereinstimmen, richtige Erkenntnisse und Theorien gewonnen werden können.

Physik (Forts.)

5. **Einteilung der Physik**: Das umfangreiche Gebiet der Physik ist in zahlreiche Teilgebiete untergliedert.

Die *Mechanik* ist die Lehre von den Kräften und den durch sie verursachten Bewegungen. Sie ist der älteste Zweig der Physik überhaupt. Zur Mechanik gehören beispielsweise das eben beschriebene Fallgesetz, die Hebelgesetze und das Gravitationsgesetz. Grundlage der gesamten Mechanik sind die 3 Newtonschen Gesetze bzw. Axiome. Sie lauten: 1. jeder Körper verharrt im Zustand der Ruhe oder der gleichförmigen geradlinigen Bewegung, solange keine Kräfte auf ihn einwirken (*Trägheitsgesetz*); 2. Kraft ist Masse mal Beschleunigung (*dynamisches Grundgesetz*); 3. die Kräfte, die zwei Körper aufeinander ausüben, sind stets gleich groß, aber von entgegengesetzter Richtung, d. h., es ist stets: Wirkung = Gegenwirkung bzw. actio = reactio (*Reaktions- oder Wechselwirkungsprinzip*).

Die *Akustik* ist die Lehre vom Schall. Da aber jede Schallempfindung durch eine mechanische Schwingung hervorgerufen wird, stellt die Akustik im Grunde ein Teilgebiet der Mechanik dar.

Die *Wärmelehre* oder *Thermodynamik* beschäftigt sich mit allen Vorgängen, bei denen einem Körper Wärme zugeführt oder Wärme entzogen wird. Auch die Wärmelehre kann weitgehend auf die Mechanik zurückgeführt werden, wie das in der sogenannten mechanischen Wärmetheorie geschieht. Die Ursache einer Wärmeempfindung ist nämlich die mehr oder weniger starke Bewegung der Moleküle oder Atome eines Körpers. Je rascher diese Bewegung erfolgt, um so größer sind die Temperatur u. der Wärmeinhalt des betreffenden Körpers.

Die *Elektrizitätslehre* beschäftigt sich mit allen Vorgängen, bei denen elektrisch geladene Körper eine Rolle spielen. Die Lehre von den ruhenden elektrischen Ladungen und den von ihnen erzeugten elektrischen Feldern heißt *Elektrostatik*, die Lehre von den bewegten elektrischen Ladungen (elektrischer Strom) u. den von ihnen erzeugten elektrischen und magnetischen Feldern heißt *Elektrodynamik*. Des weiteren wird in der Elektrizitätslehre der Zusammenhang zwischen elektrischen und magnetischen Erscheinungen untersucht (Elektromagnetismus). Ein besonders wichtiges Gebiet stellen die elektromagnetischen Schwingungen u. Wellen dar, die die Grundlage für die Rundfunk- und Fernsehtechnik bilden. Grundlage sind dabei die sogenannten Maxwellschen Gleichungen.

Die *Optik* ist die Lehre vom Licht. Man unterscheidet neben der *physiologischen Optik*, die sich v. a. mit den Vorgängen beim Sehen und im Auge befaßt, im Rahmen der physikalischen Optik im wesentlichen die geometrische Optik, die Wellenoptik u. die Quantenoptik. Die *geometrische Optik* geht bei ihren Untersuchungen davon aus, daß die Lichtstrahlen sich geradlinig ausbreiten, sie sieht also von Beugungs- u. Überlagerungserscheinungen ab. Sie beschäftigt sich insbesondere mit der Bildentstehung an Linsen und Hohlspiegeln u. mit dem Aufbau u. dem Strahlengang in optischen Geräten (z. B. Fernrohr oder Mikroskop). Sie berücksichtigt dabei nicht die Wellennatur des Lichtes. Das tut die *Wellenoptik*, die sich mit allen Erscheinungen des Lichtes befaßt, die in der Wellennatur begründet sind; dazu gehören u. a. Beugung u. Interferenz (Überlagerung). Die *Quantenoptik* ihrerseits behandelt die Entstehung des Lichts in Form von Quanten (Lichtquanten, Photonen) u. seine Wechselwirkung mit Materie in atomaren Bereichen. Die Optik beschränkt sich dabei nicht nur auf das sichtbare Licht, sie erstreckt sich auch auf Strahlen, die dem menschlichen Auge nicht wahrnehmbar sind (Infrarotstrahlen, Ultraviolettstrahlen, Röntgenstrahlen). Da die Lichtwellen elektromagnetische Wellen darstellen, kann man die Optik als Spezialgebiet der Elektrizitätslehre ansehen. Die Maxwellschen Gleichungen bilden auch hier die Grundlage.

Die *Atomphysik* untersucht den Aufbau der Materie. Sie beschäftigt sich mit Molekülen und Atomen. Derjenige Zweig der Atomphysik, der sich mit dem Bau des Atomkerns befaßt, heißt *Kernphysik*. Die Kenntnis über den Aufbau der Moleküle u. Atome erhält die Atomphysik aus dem Studium von Spektren sowie den experimentellen Untersuchungen der vielen atomaren Prozesse u. der Spuren, die die Elementarteilchen in sogenannten Nebel- oder Blasenkammern ziehen u. die den Kondensstreifen von hochfliegenden Düsenflugzeugen vergleichbar sind. Das Rüstzeug für die theoretische Erforschung des Aufbaus der Materie liefert die von der Quantenhaftigkeit der Materie u. der Energie ausgehende Quantentheorie.

6. **Aus der Geschichte der Physik**: Einige grundlegende physikalische Erscheinungen waren schon im Altertum bekannt. Der große Experimentator des Altertums war Archimedes (um 287 bis 212 v. Chr.). Jahrhunderte lang ruhte dann die experimentelle physikalische Forschung, bis Galileo Galilei (1564–1642) mit seinen Untersuchungen über die Fall- und Pendelgesetze wieder das Experiment in den Mittelpunkt des physikalischen Forschens stellte und damit die Physik in der heutigen Form begründete. Nun begann ein rascher Aufstieg. Das Fernrohr u. das Mikroskop wurden erfunden, Johannes Kepler (1571–1630) entdeckte die nach ihm benannten Gesetze der Planetenbewegung, u. Isaac Newton (1643–1727) begründete die Mechanik mit den drei nach ihm benannten Grundgesetzen. Das 19. Jh. kann als das Jh. der Elektrizitätslehre bezeichnet werden. Der Zusammenhang zwischen Elektrizität und Magnetismus wurde entdeckt, auf dem die technische Erzeugung elektrischer Energie mit Hilfe von Generatoren beruht. Zahlreiche elektrische Geräte wurden erfunden, z. B. Elektromotor, Glühbirne und Fernsprecher. 1888 entdeckte Heinrich Hertz (1857–94) die von James Clerk Maxwell (1831–79) vorhergesagten elektromagnetischen Wellen u. schuf damit die Grundlage für die gesamte drahtlose Nachrichtenübermittlung.

Max Planck (1858–1947) eröffnete 1900 mit der Aufstellung der Quantenhypothese ein neues Zeitalter in der Physik, die zur Entwicklung der Quantentheorie v. a. durch Werner Heisenberg (1901–76) führte. 1905 folgte die Relativitätstheorie von Albert Einstein (1879–1955). Diese beiden Theorien begründeten die moderne Physik. Sie liefern das Rüstzeug für die Atomphysik, die ihren ersten Höhepunkt 1938 mit der Entdeckung der Kernspaltung durch Otto Hahn (1879–1968) hatte. Das 20. Jh. wurde so zum Jh. der Atomphysik. Die gegenwärtige physikalische Forschung richtet mit großem Sachaufwand ihr Hauptaugenmerk auf den Bau der Atomkerne, auf die Elementarteilchen sowie auf die physikalischen Eigenschaften der festen Körper.

* * *

Phonologie

Pablo Picasso

Pablo Picasso, Die Familie (1970)

Phonologie ↑ Phonetik.
Phosphor [gr.] *m*, Nichtmetall, chemisches Symbol P, Ordnungszahl 15, Atommasse ungefähr 31. Ph. kommt in mehreren Formen (Modifikationen) vor. Die beiden wichtigsten sind der weiße u. der rote Ph. Der weiße Ph. ist eine wachsartige, gelbliche, sehr giftige u. schon an der Luft entzündliche u. oxydierende Substanz von der Dichte 1,82; Schmelzpunkt 44,2 °C; Siedepunkt 280 °C. Der rote Ph. hingegen ist ungiftig u. chemisch wesentlich reaktionsträger. Er findet Verwendung bei der Herstellung von Reibflächen für Zündhölzer, Feuerwerkskörpern u. a. Die Salze der Phosphorsäure, H_3PO_4, sind die *Phosphate*.
Phosphoreszenz [gr.] *w*, Eigenschaft einiger Stoffe (z. B. Zinksulfid), nach Beleuchtung mit Licht, Röntgenstrahlen oder Kathodenstrahlen noch eine begrenzte Zeitlang Licht auszusenden (nachzuleuchten).
Photoelement ↑ Photozelle.
Photographie ↑ Fotografie.
Photokopie ↑ Fotokopie.
Photometer [gr.] *s*, Gerät zur Messung der Lichtstärke eines strahlenden Körpers.
Photosynthese [gr.] *w*, Aufbau von Traubenzucker mit Hilfe des Lichts u. unter Mitwirkung des Blattgrüns bei der Kohlensäureassimilation (↑ Assimilation) der Pflanzen.
Photozelle [gr.; lat.] *w*, eine Vorrichtung, die mit Hilfe einer Spannungsquelle Helligkeitsschwankungen in Stromschwankungen umwandelt. Im Gegensatz zur Ph. benötigt das *Photoelement* keine Spannungsquelle. Bei ihm löst das auftretende Licht direkt einen elektrischen Strom aus. Photozellen werden in der Tonfilmtechnik u. vor allem als Lichtschranke verwendet (z. B. an Rolltreppen; eine stehende Rolltreppe setzt sich in Bewegung, wenn eine Person die Lichtschranke durchschreitet u. dabei eine Schwankung der Helligkeit bewirkt). Photoelemente werden v. a. als fotografische Belichtungsmesser verwendet.
Phrase [gr.] *w:* **1)** Redewendung; leere, abgedroschene Redensart; **2)** in der Musik eine zusammenhängende Folge von Tönen.
Physik ↑ S. 449 ff.
Physiologie [gr.] *w*, Lehre von den Lebensvorgängen im Organismus, die besonders die einzelnen Organe, die Gewebe u. die Zellen betreffen. Dabei werden v. a. chemisch-physikalische Grundlagen erforscht. Die Ph. ist ein Teilgebiet der Biologie u. der Medizin.
physisch [gr.], körperlich.
Picasso, Pablo, * Málaga 25. Oktober 1881, † Mougins (Alpes-Maritimes) 16. April 1973, spanischer Maler, Graphiker, Bildhauer u. Keramiker, bedeutender Vertreter der modernen Kunst. Er lebte seit 1904 fast ständig in Paris, seit 1946 in Südfrankreich. In seinem äußerst vielseitigen Werk treten alle Stilrichtungen des 20. Jahrhunderts auf, vom Realismus bis zur Abstraktion (rein abstrakte Bilder gibt es von P. nicht). 1907 malte P. das erste kubistische Bild („Les demoiselles d'Avignon") u. wurde so mit seinem Freund Braque richtungweisend für den Kubismus (↑ moderne Kunst). Zu seinen bekanntesten Werken gehören Bilder von Harlekinen, Akrobaten, Musikanten, kubistische Porträts, Kinderbilder, Stilleben sowie „Guernica" (ein Gemälde, das den Schrecken des Krieges u. der Zerstörung darstellt).
Piccard, Auguste [*pikar*], * Lutry (Kanton Waadt) 28. Januar 1884, † Lausanne 25. März 1962, schweizerischer Physiker. Er lieferte wertvolle wissenschaftliche Beiträge zur Erforschung der Stratosphäre (einer Luftschicht, die bis in 80 km Höhe reicht) u. der Tiefsee. 1932 erreichte er mit einem Freiballon die Höhe von 16 203 m, 1953 mit einem selbstkonstruierten Tiefseetauchgerät eine Tiefe von 3 150 m.
Piccolomini, Ottavio, Herzog von Amalfi, * Pisa oder Florenz 11. November 1599(?), † Wien 11. (10.?) August 1656, kaiserlicher Heerführer im Dreißigjährigen Krieg. Als Offizier der Leibgarde Wallensteins gewann er dessen Vertrauen. Er verriet dem Kaiser Wallensteins geheime Pläne u. wurde mit dessen Verhaftung beauftragt. Piccolominis Rolle bei der Ermordung Wallensteins hat Schiller in seinem „Wallenstein" dichterisch gestaltet.
Pier [engl.] *m*, Damm oder Brücke (Landungsbrücke) als Anlegestelle für Schiffe.
Pieta [*pi-eta*; ital.] *w*, Darstellung der trauernden Maria mit dem Leichnam Jesu auf dem Schoß; v. a. in der Plastik (seit dem 14. Jh.), seltener in der Malerei. – Abb. S. 454.
Pietät [*pi-e-...*; lat.] *w*, fromme Ehrfurcht (vor dem Heiligen), Achtung (vor den Toten).
Pietismus [*pi-e-...*; lat.] *m*, eine religiöse Erneuerungsbewegung innerhalb des Protestantismus im 17. u. 18. Jh. Sie erstrebte als Gegenbewegung zur Aufklärung eine vertiefte persönliche Frömmigkeit, die sich in Gebet u. Buße, in einem stark gefühlsbetonten Glauben u. in der tätigen Nächstenliebe äußerte. Die Anhänger der Bewegung, die

PILZE

Steinpilz (Herrenpilz): hervorragender Speisepilz, auch roh genießbar

Giftreizker (Birkenreizker, Giftmilchling, Pferdereizker): roh giftig

Speisemorchel (Maurich): hervorragender Speise- und Würzpilz

Goldröhrling (Goldgelber Lärchenröhrling): guter Speisepilz

Grüner Knollenblätterpilz (Grüner Giftwulstling): lebensgefährlich giftig

Semmelstoppelpilz (Semmelpilz, Stoppelpilz): nur jung guter Speisepilz

Heiderotkappe (Rothäubchen, Kapuziner): guter Speisepilz

Gallenröhrling (Bitterling, Bitterpilz): nicht giftig, aber ungenießbar

Maronenröhrling (Marone, Braunhäuptchen): hervorragender Speisepilz

453

Pigment

Pietisten, trafen sich auch in privaten Zusammenkünften (Konventikeln), in denen sie die Bibellesung u. das gemeinsame Gebet pflegten. Ihr praktisches Wirken richtete sich besonders auf die Heidenmission u. auf die Erziehung Jugendlicher.

Pigment [lat.] *s*, farbgebende Substanzen des pflanzlichen u. tierischen Organismus. P. ist in Form kleinster Körnchen z. B. in Zellen, in Zellwänden, im Gewebe oder in der Körperflüssigkeit enthalten. Beim Menschen bedingt das P. z. B. die Hautfarbe, die Augenfarbe u. die Haarfarbe; ↑ auch Albino.

Pilaster [frz.] *m*, in der Baukunst eine flache Wandvorlage, die nach Art der ↑ Säule gegliedert ist. Der P. dient zur Verstärkung der Wand oder als Träger der Dachkonstruktion. Oft sind P. auch nur schmückende Rahmen von Portal u. Fenster.

Pilatus, Pontius, † Rom 39 n. Chr., römischer Statthalter von Judäa. Er verurteilte Jesus zum Tode. Seine strenge und willkürliche Amtsführung rief mehrfach Unruhen hervor, so daß er von seinem Amt abberufen wurde. In der christlichen Überlieferung wird er nachsichtig beurteilt.

Pilatus *m*, Bergstock (2 129 m) am Vierwaldstätter See.

Pillendreher *m*, *Mz.*, Gattung der Mistkäfer; sie sind hauptsächlich im Mittelmeergebiet u. im südlichen Rußland verbreitet. P. sind schwarz, 2–4 cm groß u. bilden aus dem Kot von Huftieren mehrere Zentimeter große Kugeln für die eigene Ernährung oder Brutpillen für die Ernährung der Larven.

Der Heilige Pillendreher beim Rollen der Dungkugel

Pilot [roman.] *m*, Flugzeugführer; Rennfahrer (im Motorsport).

Pilsen (tschech. Plzeň), Stadt in Westböhmen, Tschechoslowakei, mit 156 000 E. Die Bedeutung der Stadt liegt v. a. in ihrer Industrie: Maschinen-, Motoren-, Kraftfahrzeugbau sowie Rüstungsindustrie. Weltbekannt ist das in P. gebraute Bier („Pilsener Urquell"). Sehenswert sind die spätgotische Bartholomäuskirche, die Klosterkirche aus dem 13. Jh. und mehrere Renaissancebauten (z. B. das Rathaus). – 1633/34,

im Dreißigjährigen Krieg, war die Stadt das Hauptquartier Wallensteins, der hier seine Offiziere zur Treue verpflichtete.

Pilze *m*, *Mz.*, Lagerpflanzen, die kein Blattgrün besitzen u. deshalb nicht selbst Nährstoffe herstellen können (heterotrophe ↑ Pflanzen). Sie entziehen die Nährstoffe dem Moderboden oder Wirtspflanzen (niedere P. schmarotzen auch auf u. in Tieren u. Menschen). Viele P. leben in ↑ Symbiose mit anderen Pflanzen (z. B. Birkenpilzen). Die Zellwände der P. bestehen meist aus ↑ Chitin, nur selten aus Zellulose. P. setzen sich meist aus Pilzgeflecht (Myzel) zusammen, das sich aus den verflochtenen Pilzfäden (Hyphen) gebildet hat, sowie aus dem aus Pilzfäden entstehenden Fruchtkörper, der die Fortpflanzungsorgane trägt. Zu den Pilzen gehören die Schleimpilze u. die Echten P. mit den Höheren Pilzen. Unter den Höheren Pilzen unterscheidet man die Hutpilze von den Bauch- (z. B. Bofiste) u. Strauchpilzen (z. B. Ziegenbart), unter den Hutpilzen wiederum Röhrenpilze (z. B. Steinpilz), Blätter- oder Lamellenpilze (z. B. Fliegenpilz) u. Stachelpilze (z. B. Habichtspilz). Viele P. sind Krankheitserreger (verursachen z. B. Fruchtfäule, Mehltau, Schorf) oder giftig (der giftigste Pilz unserer Wälder ist der ↑ Knollenblätterpilz); andere sind nützlich, wie z. B. die Hefepilze, oder eßbar; einige werden in der Medizin verwendet. – Abb. S. 453.

Pinakothek [gr.] *w*, Gemäldesammlung; berühmt ist die *Alte P.* in München.

Pindar, * Kynoskephalai bei Theben 522 oder 518, † Argos nach 446 v. Chr., griechischer Lyriker. In feierlich-ernsten Chorliedern (Oden), deren Sprache zuweilen dunkel u. schwer verständlich ist, preist er die Götter u. die Sieger sportlicher Wettkämpfe.

Pinguine *m*, *Mz.*, Vogelfamilie mit etwa 15 Arten in der Antarktis u. entlang der kalten Meeresströmungen. Sie sind bis 1,2 m große, flugunfähige, sehr gut ans Wasserleben angepaßte Meerestiere. Ihr Körper trägt kurze, zu Flossen umgewandelte Flügel und schuppenförmige Federn. P. ernähren sich von Fischen, Weichtieren u. Krebsen. Meist brüten sie in großen Kolonien auf Inseln. Bekannt sind v. a. der etwa 1 m große *Königspinguin* mit orangegelben Hals- u. Kopfseitenpartien u. der *Kaiserpinguin*. – Abb. S. 456.

Pinie [lat.] *w*, Kieferngewächs mit charakteristischer schirmartiger Krone. Die P. ist ein weitverbreiteter Baum in den Mittelmeerländern. Ihre Nadeln sind bis 20 cm lang u. halbrund. Die Samen (*Pinolen*) sind ölhaltig u. eßbar.

Pinscher *m*, mittelgroße, kräftige Hunderasse mit meist kupierten Stehohren, kupiertem, kurzem Schwanz u. meist kurzem, glatt anliegendem Haar-

Pieta (Lindenholz, um 1350)

Pilaster

kleid. Der P. ist ein aufmerksamer, kluger Haus- u. Begleithund.

Pinzette [frz.] *w*, kleine federnde Zange, die in der Medizin beispielsweise zum Fassen u. Entfernen kleiner, in das Gewebe eingedrungener Fremdkörper verwendet wird.

Pionier [frz.] *m*: **1)** allgemein: Wegbereiter, Vorkämpfer; **2)** ein Soldat der technischen Truppe (für Straßen- u. Brückenbauten, Sprengarbeiten usw.).

Pipeline [*paiplain;* engl.] *w*, Rohrleitung, durch die Flüssigkeiten (v. a. Erdöl), Gas (z. B. Erdgas) oder (in Wasser) feinkörnige Feststoffe (z. B. Zement, Kohle) über größere Entfernung gepumpt werden.

Pipette [frz.] *w* (Stechheber), kleines gläsernes Saugröhrchen mit verengter Spitze zum Entnehmen u. Abmessen geringer Flüssigkeitsmengen.

Pippin III., der Jüngere, * 714 oder 715, † Saint-Denis bei Paris 24. September 768, Vater Karls des Großen, fränkischer ↑ Hausmeier, seit 751 König. Nach Absetzung des letzten Merowingerkönigs, Childerichs III., wurde P.

zum König erhoben. 754 u. 756 unternahm er zur Unterstützung von Papst Stephan II. zwei Feldzüge nach Italien gegen die ↑Langobarden, zwang diese zur Abtretung des Exarchats von Ravenna (Gebiet um Ravenna) u. der Pentapolis (Gebiet der fünf Seestädte Rimini, Pesaro, Fano, Senigallia u. Ancona) u. übertrug diese Gebiete dem Papst (*Pippinsche Schenkung*). Damit entstand der ↑Kirchenstaat.

Piranha [...*nja;* indian.] (Piraya) *m*, ein etwa 30 cm langer Süßwasserfisch im östlichen Brasilien. Er ist ein hochrückiger Raubfisch mit grauem Rücken, silbrigen Seiten u. rotem Bauch. Die Piranhas leben in Schwärmen, sie fressen meist Fische, aber auch andere Wirbeltiere. Die Gefährlichkeit für Menschen ist nicht erwiesen.

Pirat [ital.] *m*, Seeräuber.

Piratenküste [ital.; dt.] *w*, Landschaft an der Ostküste der Arabischen Halbinsel, am Persischen Golf. Die vielen Buchten der Küste wurden früher von Piraten als Zufluchtsstätten benutzt. Die P. gehört heute zum Gebiet der Vereinigten Arabischen Emirate.

Piräus, griechische Hafenstadt am Golf von Ägina, mit 187 000 E. Die Stadt ist mit Athen zusammengewachsen. P. ist ein bedeutender Handelsplatz u. das wichtigste Industriezentrum Griechenlands (Schiff- u. Maschinenbau, chemische u. Textilindustrie). – Schon in der Blütezeit des alten Griechenland war P. der wichtigste griechische Hafen (493/492 v. Chr. wurde P. als Hafen ausgebaut).

Pirol *m* (Golddrossel, Pfingstvogel), etwa amselgroßer, scheuer Singvogel in Parkanlagen u. Laubwäldern des gemäßigten Eurasien. Das Männchen ist leuchtend gelb gefärbt. Seine Flügel u. sein Schwanz sind schwarz. Das Weibchen hat eine graugrüne Färbung. Der P. kehrt als einer der letzten Zugvögel erst um Pfingsten in seine Brutheimat zurück u. verläßt sie bereits im Spätsommer.

Pilsen. Das Rathaus an der Nordseite des Platzes der Republik. Im Vordergrund die barocke Pestsäule von 1681

Pirouette ↑Wintersport (Eislauf).

Pirsch ↑Jagd.

Pisa, italienische Stadt am unteren Arno, mit 103 000 E. Universitätsstadt mit bedeutenden Bauten aus der Blütezeit der Stadt im Mittelalter, darunter der Dom, dessen Kampanile als „Schiefer Turm von P." berühmt wurde. Schon während des Baues neigte sich der Turm (der Baugrund gab nach), u. noch heute verstärkt er seine Neigung (in 20 Jahren etwa 1 cm). Hier unternahm ↑Galilei die Versuche zu seinen Fallgesetzen. – Abb. S. 456.

Pistazie [gr.] *w*, Anakardiengewächs mit rund 20 Arten, v. a. im Mittelmeergebiet. Es besitzt Fiederblätter u. haselnußgroße, mandelförmige Steinfrüchte. Die Früchte der *Echten P.* enthalten je einen grünlichen, ölhaltigen, aromatisch schmeckenden Samen (*Pistazien*), die gesalzen oder geröstet gegessen u. in Konditorei- u. Wurstwaren verarbeitet werden. – Abb. S. 456.

Piste [frz.] *w*: **1)** Ski- oder Radrennstrecke; **2)** Start- u. Landebahn auf Flughäfen u. Flugplätzen; **3)** die von Kraftwagen benutzten Karawanenwege in der Sahara.

Pistole [tschech.] *w*, eine einläufige Faustfeuerwaffe. Heute werden fast ausnahmslos automatische Pistolen verwendet, die nacheinander 6–10 Schüsse abgeben können. Der Auswurf der leeren Patronenhülse, das Laden u. Spannen erfolgt durch den Rückstoß des vorhergehenden Schusses. Während bei automatischen P. jeder einzelne Schuß durch erneutes Betätigen des Abzughebels ausgelöst wird, feuert die Maschinenpistole ununterbrochen, solange der Abzughebel gezogen wird.

Pithecanthropus ↑Mensch.

Pittsburgh [*pitßbö’g*], Industriestadt in Pennsylvanien, USA, am oberen Ohio, mit 520 000 E. Die Stadt liegt inmitten reicher Eisen-, Kohlen- u. Erdöllager u. ist Zentrum der Schwerindustrie. Bedeutend sind auch Nahrungsmittel-, Glas- u. Elektroindustrie. P. hat 3 Universitäten. Wirtschaftlich wichtig ist auch der Flußhafen.

Pizarro, Francisco, * Trujillo (Cáceres) um 1475, † Lima 26. Juni 1541, spanischer Konquistador. Mit einer kleinen Söldnerschar eroberte er das Reich der Inka. Den Inkaherrscher Atahualpa ließ er gefangennehmen u. hinrichten, obwohl für ihn ein ungeheures Lösegeld gezahlt worden war. P. wurde von Anhängern seines ehemaligen Mitstreiters Almagro, den er hinrichten ließ, ermordet.

Plädoyer [...*doaje;* frz.] *s*, der zusammenfassende Schlußvortrag der Parteien im Prozeß, im Strafprozeß des Strafverteidigers u. des Staatsanwalts; ↑Recht (Wer spricht Recht?).

Plagiat [lat.] *s*, Diebstahl geistigen Eigentums. Wenn beispielsweise ein Schriftsteller aus den Büchern eines anderen Schriftstellers abschreibt u. so tut, als sei der Text von ihm, begeht er ein Plagiat.

Planck, Max, * Kiel 23. April 1858, † Göttingen 4. Oktober 1947, deutscher

Physiker. P. befaßte sich v. a. mit der Wärmestrahlung u. stellte ein nach ihm benanntes Strahlungsgesetz auf, das den Anstoß für die Entwicklung der Quantentheorie gab. Das von ihm eingeführte *Plancksche Wirkungsquantum* ist eine wichtige Naturkonstante. Die moderne Physik verdankt P. wichtige neue Erkenntnisse. 1918 erhielt P. den Nobelpreis.

Planetarium [gr.] *s*, Vorrichtung zur Darstellung der Bewegung der Gestirne (v. a. der Sonne, des Mondes u. der Planeten). Die Gestirne werden in einem kuppelförmigen Raum an die Decke projiziert. Es lassen sich die scheinbare Bewegung der Sterne, Sonnen- u. Mondfinsternisse u. der Lauf der Planeten darstellen. Großplanetarien befinden sich in Bochum, Hamburg, München, Nürnberg, Stuttgart u. in Berlin (West). – Abb. S. 457.

Planeten [gr.] *m, Mz.* (Wandelsterne), erkaltete Himmelskörper des Sonnensystems, die die Sonne in kreisnahen Ellipsen umrunden u. durch reflektiertes Sonnenlicht leuchten. Die neun P. sind (nach wachsender Entfernung von der Sonne): Merkur, Venus, Erde, Mars, Jupiter, Saturn, Uranus, Neptun u. Pluto; Merkur u. Venus bewegen sich innerhalb der Erdbahn um die Sonne (*innere P.*), die anderen außerhalb der Erdbahn (*äußere P.*). Wahrscheinlich sind auch außer der Sonne auch andere Fixsterne von einem *Planetensystem* umgeben. – Abb. S. 457.

Planetengetriebe ↑vollautomatisches Getriebe.

Planetoide [gr.] *m, Mz.*, kleine Körper, die wie Planeten die Sonne umkreisen u. nur im reflektierten Sonnenlicht leuchten. Mit gesicherten Bahnen sind zur Zeit 1 900 P. numeriert.

Plankton [gr.] *s*, Gesamtheit der im Wasser schwebenden tierischen u. pflanzlichen Kleinstlebewesen. Sie haben keine oder nur schwache Eigenbewegungen; sie werden durch den Wasserstrom verbreitet. P. setzt sich aus dem pflanzlichen (Phytoplankton) u.

Plantage

dem tierischen P. (Zooplankton) zusammen. Es ist ein wichtiger Nahrungslieferant für Wassertiere.

Plantage [...*taseh*ᵉ; frz.] *w*, Anpflanzung eines landwirtschaftlichen Großbetriebes der tropischen Länder. Meist wird nur eine Pflanzenart angebaut, v. a. Baumwolle, Zuckerrohr, Kaffee, Tee, Kakao u. Kautschuk. Oft wird die Ernte an Ort u. Stelle teilweise bearbeitet. Die Erzeugnisse sind wichtige Ausfuhrartikel.

Planwirtschaft *w*, eine Wirtschaftsordnung, bei der alle wirtschaftlichen Vorgänge zentral gelenkt werden: Produktion, Verkehr, Handel u. Verbrauch werden von staatlichen Stellen geplant. Preise u. Löhne werden festgesetzt. Der Arbeitseinsatz wird gelenkt. Industrie, Bankwesen u. Verkehr sind weitgehend oder völlig verstaatlicht. Durch die P. soll verhindert werden, daß einzelne durch wirtschaftliche Überlegenheit Vorteile erringen und weniger Begüterte (Arbeitnehmer) benachteiligt werden; der erwirtschaftete Gewinn soll der Allgemeinheit zufließen. Der Gegensatz zur P. ist die ↑Marktwirtschaft, die auf dem freien Wettbewerb beruht. Es gibt jedoch auch in der Marktwirtschaft staatliche Eingriffe (Handelsverträge des Staates, Ein- u. Ausfuhrverbote, Subventionen u. a.), wie es umgekehrt in der P. meist einige Freiheiten gibt. P. herrscht in der UdSSR und in den anderen kommunistisch regierten Staaten. Das Übergewicht der Verwaltung, Fehlplanungen, zu langsame Anpassung an sich verändernde Bedürfnisse oder Bedingungen u. a. wirken hemmend auf die wirtschaftliche Entwicklung. Andererseits bietet die P. den Vorteil, daß staatliche Anordnungen (z. B. Ausbau bestimmter Wirtschaftszweige) schneller u. straffer durchgeführt werden können.

Plasma [gr.] *s:* **1)** Kurzwort für ↑Protoplasma; **2)** der flüssige Bestandteil des Blutes; **3)** ein Gemisch aus ↑Ionen, freien ↑Elektronen, neutralen ↑Atomen u. ↑Molekülen; ein Gas, das im allgemeinen sehr heiß ist u. elektrisch leitet (im Gegensatz zu Gasen bei gewöhnlichen Temperaturen; darum wird der Plasmazustand auch als 4. ↑Aggregatzustand bezeichnet). P. kommt z. B. in Sternen u. bei Kernexplosionen (Explosionen von Atombomben) vor.

Plastik [gr.] *w:* **1)** ↑Bildhauerkunst, auch das einzelne Werk dieser Kunst; **2)** allgemeinsprachliche Bezeichnung für Kunststoff.

Plastilin [nlat.] *s*, Knetmasse zum Modellieren.

plastisch [gr.], die ↑Plastik betreffend; körperlich (nicht flächenhaft); verformbar; anschaulich, bildhaft.

Plata, Río de la, Mündungstrichter von Paraná u. Uruguay zwischen Argentinien u. Uruguay. Der R. de la P. ist überwiegend 3–4 m tief u. an der Mündung 200 km breit. Die Schiffahrt ist durch schwankenden Wasserstand behindert. Die bedeutendsten Häfen sind Buenos Aires und Montevideo.

Platanen [gr.] *w*, *Mz.*, bis 40 m hohe sommergrüne Laubbäume in Nordamerika bis Mexiko, Südosteuropa u. Südasien bis zum Himalaja. Sie sind meist hohe Park- u. Alleebäume mit hängenden, kugeligen Blüten- und Fruchtständen. Ihre Rinde blättert stückweise ab. Bei uns findet man die *Amerikanische Platane* mit meist dreilappigen Blättern u. kleinschuppiger Rinde, die *Orientalische Platane* mit meist 5- bis 7lappigen Blättern u. großschuppiger Rinde u. oft die *Ahornblättrige Platane*, eine Kreuzung der vorher genannten Arten.

Plateau [...*to*; frz.] *s*, Hochebene.

Platin [span.] *s*, Metall, chemisches Symbol Pt, Ordnungszahl 78, Atommasse etwa 195. P. ist ein sehr edles u. teures Schwermetall von der Dichte 21,45; Schmelzpunkt etwa 1 769 °C, Siedepunkt bei etwa 3 800 °C. In der Natur kommt P. meist gediegen (rein) vor.

Platon, * Athen (oder Ägina) 428 oder 427, † Athen 348/347 v. Chr., griechischer Philosoph. P. war ein Schüler des Sokrates, dessen Lehre u. weiterentwickelte. Nahe bei Athen begründete er die ↑Akademie 1). Die Grundlage seiner Philosophie ist die *Ideenlehre:* Danach existieren außerhalb der sicht-

baren, sinnlich erfaßbaren Welt Ideen – ewige u. unveränderliche Urbilder – als eigentliche Wirklichkeit (z. B. die Idee des Kreises). Alle sichtbaren Dinge sind nur unvollkommene u. vergängliche Abbilder der Ideen (z. B. ein bestimmter auf Papier gezeichneter Kreis). Gleichzeitig haben aber auf diese Weise die sichtbaren Dinge Anteil an der Welt des Ewigen u. Vollkommenen. In guter Mensch an der Idee des Guten, die bei P. auch „Gott" genannt wird). Seine politischen Vorstellungen versuchte P. eine Zeitlang in griechischen Stadtstaaten Siziliens u. Süditaliens zu verwirklichen, jedoch ohne Erfolg: Sein *Idealstaat* sollte von Philosophen regiert, von Kriegern u. Beamten bewacht u. vom 3. Stand (den Bauern, Handwer-

Pinguine. Kaiserpinguin

Pisa. Dom mit dem „Schiefen Turm"

Pistazie. Samen der Echten Pistazie

kern u. Kaufleuten) ernährt werden. Privateigentum sollte verboten sein. Die Werke Platons sind meist als kunstvolle Dialoge (Zwiegespräche) abgefaßt, in denen Sokrates als wichtigster Gesprächspartner auftritt. Grundlegende Werke sind: „Verteidigungsrede des Sokrates", „Phaidon", „Gastmahl", „Staat" u. „Timaios". – Platons Lehre hat nachhaltig auf die abendländische Philosophie gewirkt. Besonders stark war ihr Einfluß auf die frühen christlichen Denker, zur Zeit der Renaissance u. im deutschen ↑Idealismus.

platonisch: 1) die Philosophie Platons betreffend; **2)** in Worten zustimmend, aber wirkungslos; unsinnlich, rein seelisch, z. B. platonische Liebe.

Plutokratie

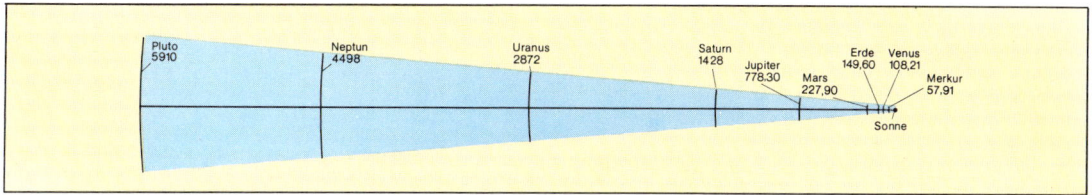

Planeten. Maßstabsgetreue Darstellung der Entfernung der Planeten von der Sonne (in Millionen km)

Plattdeutsch ↑Niederdeutsch.

Plattensee m (ungar. Balaton), langgestreckter, flacher, teilweise stark verlandeter See in Westungarn. Er ist etwas größer als der Bodensee, im Durchschnitt aber nur 3 m tief (an der tiefsten Stelle 11 m). Bekannt ist sein Fischreichtum. An den Ufern liegen beliebte Badeorte. In der Umgebung des Plattensees wird Wein angebaut.

Plattenspieler m (früher: Grammophon), Gerät zur Wiedergabe von auf ↑Schallplatten aufgezeichneter Sprache u. Musik: Bei der Tonwiedergabe werden die spiraligen Furchen der sich gleichmäßig drehenden Schallplatte von der Abtastnadel (aus Saphir oder Diamant) des Tonabnehmersystems abgetastet; die mechanischen Schwingungen der Nadel werden in elektrische Wechselspannungen (↑Wechselstrom) umgesetzt u. nach Verstärkung einem Lautsprecher (bei Stereowiedergabe zwei Lautsprechern) zugeführt.

Plebejer [lat.] m, Mz., im alten Rom die Angehörigen der nichtadligen breiten Volksschicht (Plebs); 287 v. Chr. erlangten die P. nach langem Ringen die politische Gleichberechtigung mit den Patriziern; die Bezeichnung bezog sich seit dieser Zeit auf das arme Volk in Rom. – Heute wird im übertragenen Sinn ein roher, ungehobelter Mensch als P. bezeichnet.

Plebiszit [lat.] s, Volksabstimmung, Volksbeschluß; Volksbefragung.

Pléiade [plejaˈd; frz.] w, Name einer französischen Dichterschule des 16. Jahrhunderts, der (bei wechselnder Zusammensetzung) 7 Dichter angehörten; besonders bekannt wurden Joachim Du Bellay (1522–60) u. Pierre de Ronsard (1525–85). Die P. wandte sich vom literarischen Tradition des Mittelalters ab, legte ihrem Schaffen die (griechische u. lateinische) Dichtung der Antike zugrunde u. leistete damit einen bedeutsamen Beitrag zur ↑Renaissance.

Plejaden [gr.] Mz. (Siebengestirn), ein Sternhaufen im Sternbild des Stiers. Von den rund 120 bekannten Sternen der P. kann man 6 bis 9 mit bloßem Auge sehen.

Plektron ↑Zupfinstrumente.

Plenarsitzung [lat.; dt.] w, Sitzung des ganzen Parlaments im Unterschied zu Ausschußsitzungen.

Plenum [lat.] s, die Vollversammlung einer politischen Körperschaft, besonders des Parlaments.

Pleonasmus [gr.-lat.] m, eine (überflüssige) Häufung sinngleicher oder sinnähnlicher Wörter, z. B. „kleiner Zwerg", „alter Greis".

Pleuelstange w, Maschinenteil, das eine Hin- u. Herbewegung in eine kreisförmige Bewegung umformen kann. Bei der Dampfmaschine u. beim Ottomotor setzt die P. die hin- u. hergehende Bewegung des Kolbens in die kreisförmige Bewegung des Schwungrades bzw. der Kurbelwelle um.

Plexiglas ⓌⓇ [lat.; dt.] s, Handelsname für einen bruchfesten, glasartigen Kunststoff, der sich leicht bearbeiten läßt. Es ist ein synthetischer organischer Kunststoff.

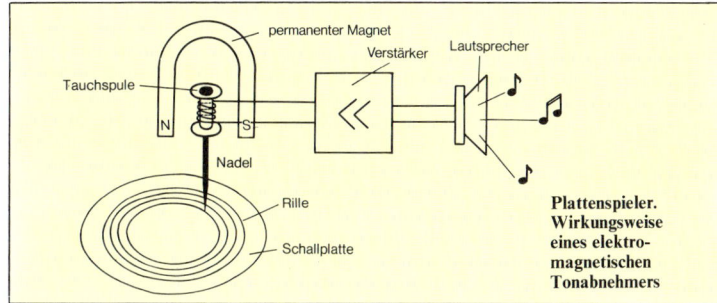

Plattenspieler. Wirkungsweise eines elektromagnetischen Tonabnehmers

Plissee [frz.] s, Gewebe mit kleinen Falten, die durch Weben, Pressen u. a. entstanden sind.

PLO ↑Palästina.

Ploiești [plojeschtj], rumänische Stadt am Südrand der Südkarpaten, mit 199 000 E. Zentrum des bedeutendsten rumänischen Erdölgebietes mit zahlreichen Raffinerien. Pipelines führen u. a. zum Schwarzmeerhafen Konstanza u. Donauhafen Giurgiu.

Plombe [frz.] w: 1) Zahnfüllung aus Metall, Kunststoff oder Porzellan; 2) ein meist aus Blei bestehendes Metallsiegel, mit dem Türen oder Geräteteile verschlossen (versiegelt) werden, um den Zugriff unbefugter Personen zu verhindern. Elektrizitätszähler im Haushalt sind z. B. mit Plomben verschlossen.

Plowdiw, zweitgrößte Stadt Bulgariens, im Süden des Landes an der Maritza gelegen, mit 288 000 E. Aus der Zeit der türkischen Herrschaft (1370 bis 1885) sind noch viele Moscheen erhalten. P. besitzt mehrere Hochschulen und Forschungsinstitute. Neben chemischer Industrie gibt es Textil-, Tabak-, Lebensmittel- u. metallverarbeitende Industrie. Alljährlich findet in P. eine internationale Messe statt.

Plural [lat.] m, Mehrzahl; Gegensatz: Singular (↑Numerus 2).

Plusquamperfekt ↑Verb.

Pluto, Beiname des Gottes ↑Hades, der auch Gott des Reichtums u. des Überflusses ist.

Pluto [gr.] m, der sonnenfernste der bisher bekannten großen ↑Planeten. Er wurde 1930 entdeckt. Man vermutet einen noch entfernteren Planeten, den man Transpluto nennt.

Plutokratie [gr.] w, Geldherrschaft; eine Staatsform, in der nur der Besitz politische Macht garantiert.

Planetarium. Zeiss-Projektionsplanetarium

457

Plutonium

Plutonium [gr.] s, chemisches Symbol Pu, radioaktives Element (↑Radioaktivität) aus der Gruppe der Actinoide, Ordnungszahl 94, Halbwertszeit bis zu 82 Mill. Jahre (Pu 244). Das silberweiße Schwermetall hat eine Dichte von 19,84 u. einen Schmelzpunkt von 640°C. Verwendet wird es als Kernbrennstoff in Reaktoren u. als Explosivstoff in Atombomben.

Plymouth [plim^{e}th], Hafenstadt in Südwestengland, mit 250 000 E. Die Stadt liegt am P. Sound, einer Bucht des Kanals. Der Stadtkern wurde nach Zerstörungen im 2. Weltkrieg wieder aufgebaut. In der Industrie sind Schiff- u. Maschinenbau bedeutend. Der Hafen ist Militär- u. Handelshafen.

Pneumatik [gr.] w, Teilgebiet der Mechanik, das sich mit dem Verhalten der Gase beschäftigt.

Po m, größter Fluß Italiens, 652 km lang. Er entspringt in den Westalpen nahe der französischen Grenze, durchfließt eine breite Ebene (*Poebene*) u. mündet mit einem Delta in die Adria. Durch starke Ablagerungen erhöht sich sein Bett ständig. Im Unterlauf ist sein Wasserspiegel oft höher als das umliegende Land: er fließt dort zwischen hohen Deichen. Bei Hochwasser (im Mai u. November) sind v. a. die Gebiete am Unterlauf von Überschwemmungen bedroht. – Die Poebene zwischen Alpen, Apennin u. Adria ist die am dichtesten besiedelte, landwirtschaftlich u. industriell reichste Landschaft (Zentren: Mailand u. Turin) Italiens.

Pocken Mz. (Blattern), schwere ↑Infektionskrankheit. Sie beginnt mit Schüttelfrost u. hohem Fieber. Rötlicher Ausschlag wird später eitrig u. heilt unter Narbenbildung ab. Der Erreger ist ein Virus. Die *Schwarzen P.* verlaufen meist innerhalb weniger Tage tödlich. Gegen P. schützt man sich durch die Impfung (mit Kuhpockenlymphe), die in der Bundesrepublik Deutschland gesetzlich vorgeschrieben ist.

Podiumsgespräch [gr.-lat.; dt.] s, öffentliche Diskussion vor Publikum, bei der Gesprächspartner (Politiker, Schriftsteller, Journalisten u. a.) auf einem *Podium* (trittartige Erhöhung) versammelt sind.

Poe, Edgar Allan [po^u], * Boston 19. Januar 1809, † Baltimore 7. Oktober 1849, amerikanischer Journalist u. Dichter. P. ist der bedeutendste amerikanische Romantiker. Er schrieb Gedichte, Kriminal- u. Abenteuererzählungen sowie zahlreiche phantastisch-unheimliche Kurzgeschichten.

Poesie [gr.] w, Dichtkunst, Dichtung; im engeren Sinne die in Versen geschriebene Dichtung im Gegensatz zur Prosa; ↑auch Lyrik, ↑Epik, ↑Drama.

Poetik [gr.] w, die Lehre vom Wesen, von den Gattungen u. den Formen der Dichtung.

Pogrom [russ.] m, ursprünglich Judenverfolgung im zaristischen Rußland; heute wird P. allgemein für Ausschreitungen gegen nationale, religiöse oder rassische Minderheiten gebraucht.

Pointe [poängt^e; frz.; = Spitze] w, geistreiche, überraschende Schlußwendung eines Witzes oder einer Anekdote.

Poker [engl.] s, aus Amerika stammendes Glücksspiel mit Karten.

Pol ↑Pole.

Polanski, Roman, * 1933, polnischer Filmregisseur, ↑Film.

Polarforschung ↑Entdeckungen (Zur Geschichte der Entdeckungen).

Polarfuchs [lat.; dt.] (Eisfuchs) m, 45–70 cm körperlanger Fuchs der arktischen Gebiete. Er hat einen 30–40 cm langen Schwanz u. kurze abgerundete Ohren. Je nach Fellfärbung im Winter unterscheidet man *Blaufuchs* (besonders wertvoller Pelz) und *Weißfuchs* (rein weiß); das Sommerfell ist bei beiden graubraun bis grau. – Abb. S. 460.

Polargebiete [lat.; dt.] s, Mz., die Gebiete der ↑Arktis u. ↑Antarktis.

Polarkreis [lat.; dt.] m, Mz., als P. (nördlicher u. südlicher Polarkreis) bezeichnet man die von den beiden Erdpolen um $23\frac{1}{2}°$ entfernten Parallelkreise. Die P. trennen die Polarzonen (arktische u. antarktische Zone) von den gemäßigten Zonen. An den Polarkreisen herrschen jährlich ein Tag lang ↑Polarnacht u. ein Tag lang Polartag; den Polen zu nimmt die Zahl der Polartage u. -nächte zu.

Polarlicht [lat.; dt.] s, eine nächtlich zu beobachtende Leuchterscheinung in den polaren Gebieten der Nord- (*Nordlicht*) und Südhalbkugel (*Südlicht*). Die Polarlichter entstehen dadurch, daß von der Sonne ausgehende elektrisch geladene Teilchen in der hohen Erdatmosphäre (meist in 100 km Höhe) auf Luftmoleküle treffen u. sie zum Leuchten bringen.

Polarnacht [lat.; dt.] w, die Zeit, in der die Sonne länger als 24 Stunden unter dem Horizont bleibt, d. h. nicht sichtbar ist. Die Dauer der P. wächst mit der geographischen Breite u. beträgt an den Polen nahezu ein halbes Jahr. Während auf einer Erdhalbkugel P. herrscht, ist auf der anderen *Polartag*, d. h. die Zeit, in der die Sonne für einen Ort der Polarzone länger als 24 Stunden über dem Horizont bleibt.

Polder [niederl.] m, eingedeichtes Neuland, besonders an der Nordseeküste der Niederlande. In Norddeutschland sagt man dafür *Koog*.

Pole [gr.] m, Mz.: **1)** zwei Punkte auf der Erdoberfläche, in denen die ↑Erdachse (d. h. die Gerade, um die sich die Erde dreht) die Erdoberfläche schneidet: der *Nordpol* und der *Südpol*. Auch bei anderen Himmelskörpern bezeichnet man die entsprechenden Punkte als Pole. Die Punkte, in denen die verlängerte Erdachse das Himmelsgewölbe (scheinbar) schneidet, nennt man *Himmelspole*; **2)** Anschlußstellen für die Stromzuführung oder -ableitung an einem elektrischen Gerät, z. B. einer Batterie. Beim Gleichstrom unterscheidet man den *Pluspol* u. den *Minuspol*; **3)** die beiden Stellen an einem ↑Magneten, von denen die magnetischen Kraftlinien ausgehen oder an denen sie enden (*Magnetpole*). Man nennt sie auch den *magnetischen Nordpol* u. den *magnetischen Südpol*. Die Erde besitzt ebenfalls zwei Magnetpole (sie stimmen nicht genau mit den geographischen Polen überein).

Polemik [gr.] w: **1)** eine scharfe, oftmals unsachlich geführte Auseinandersetzung um literarische, religiöse, politische oder wissenschaftliche Fragen; **2)** unsachlicher Angriff, scharfe Kritik.

polemisch [gr.], streitbar, scharf u. unsachlich.

Polen, Volksrepublik im östlichen Mitteleuropa, mit 34,7 Mill. E. Die Hauptstadt ist Warschau. P. ist mit 312 677 km² größer als die Bundesrepublik Deutschland. Es hat im Westen eine gemeinsame Grenze mit der DDR, im Norden u. Osten mit der UdSSR u. im Süden mit der Tschechoslowakei. Die vorwiegend katholische Bevölkerung besteht in erster Linie aus Polen; außerdem gibt es Minderheiten von Ukrainern, Weißrussen, Slowaken, Litauern u. Deutschen. – Der größte Teil des Landes ist Tiefland, das in seinem nördlichen Teil die Fortsetzung des Norddeutschen Tieflandes ist. Im Süden hat P. Anteil an den Ausläufern der Hohen Tatra u. der Karpaten, daran schließt sich nordwärts das erzreiche südpolnische Hügel- u. Stufenland (bis 611 m hoch) an. Das große flache Becken im Norden wird vom Pommerschen Höhenrücken im Nordwesten u. vom Preußischen Höhenrücken im Nordosten begrenzt. Weit mehr als die Hälfte des Landes wird landwirtschaftlich genutzt. Hauptanbaupflanzen sind Kartoffeln, Getreide u. Zuckerrüben. Daneben spielt auch die Viehzucht (Rinder, Schweine, Schafe) wirtschaftlich eine große Rolle. P. ist reich an Bodenschätzen, neben bedeutenden Stein- u. Braunkohlenvorkommen gibt

Edgar Allan Poe

Polyp

es Eisen-, Blei-, Zink- u. Kupfererze, im Süden darüber hinaus noch Erdöl- u. Erdgasvorkommen. Die Industrie gewinnt immer stärkere Bedeutung u. ist besonders auf den Gebieten der Schwerindustrie, Metall-, Maschinen- u. Nahrungsmittelindustrie gut ausgebaut. *Geschichte:* Im 9./10. Jh. entstand zwischen Weichsel u. Oder unter dem Geschlecht der Piasten das polnische Staatswesen, das sich in der Folgezeit vorübergehend zu einem polnischen Großreich ausweitete. Seit dem 13. Jh. wurden von den Piastenfürsten deutsche Siedler ins Land gerufen (↑ auch Deutscher Orden). Der innere Ausbau Polens u. seine Wendung nach Osten im 14. Jh. führten zum Erstarken des Reiches u. machten das Land bald zur führenden Macht in Osteuropa. Nach dem Aussterben des Herrscherhauses der Jagellonen (1386–1572) folgten eine lange Periode des Wahlkönigtums (der König gelangte nicht durch Erbfolge auf den Thron, sondern wurde gewählt) u. das Erstarken der Adelsherrschaft. Die Rivalität der einzelnen Fürsten untereinander brachte die Schwächung des Königtums sowie eine außenpolitische Ohnmacht Polens mit sich, die schließlich zum völligen Untergang des alten polnischen Reiches führte (1795). Dem endgültigen Niedergang waren die drei Teilungen Polens von 1772, 1793 u. 1795 vorausgegangen, in denen das polnische Staatsgebiet zwischen Preußen, Österreich u. Rußland aufgeteilt wurde. Das auf dem ↑Wiener Kongreß gebildete Königreich P. (Kongreßpolen) wurde durch Personalunion mit Rußland verbunden u. nach der mißglückten Revolution von 1830/31 russische Provinz. Während des 1. Weltkrieges wurde dann durch Deutschland u. Österreich wieder ein polnischer Staat ausgerufen, der 1918 unabhängige Republik wurde. Der 2. Weltkrieg, der mit dem deutschen Angriff gegen P. begann, brachte die erneute Aufteilung des Staatsgebietes zwischen Deutschland u. der UdSSR u. die Vernichtung eines großen Teils der polnischen Bevölkerung. Nach dem 2. Weltkrieg wurde die Republik P. (1952 in Volksrepublik P. umbenannt) wiederhergestellt. P. mußte seine Ostgebiete an die UdSSR abtreten, dafür kamen der überwiegende Teil der deutschen Gebiete östlich der ↑Oder-Neiße-Linie u. Danzig zu P. Im Deutsch-Polnischen Vertrag von 1970 wurde die Oder-Neiße-Linie als westliche Grenze Polens von der Bundesrepublik Deutschland anerkannt. – P. ist Mitglied der UN, des Warschauer Pakts u. des RGW.

Polier [frz.] *m*, Bauführer; besonders ausgebildeter Geselle bzw. Facharbeiter im Baugewerbe, der für die sachgemäße Baudurchführung verantwortlich ist.

Poliklinik [gr.] *w*, Krankenhaus, in das die Kranken zur ambulanten Behandlung (↑ambulant) kommen. Eine P. ist meist eine Abteilung größerer Kliniken, z. B. einer Universitätsklinik.

Polis ↑griechische Geschichte.

Politbüro [Kurzwort für *Politisches Büro*] *s*, die Führungsgruppe einer kommunistischen Partei; das P. wird vom ↑Zentralkomitee (ZK) der Partei gewählt u. ist zwischen den Tagungen des ZK für die Parteiarbeit verantwortlich. Die Leitung des Politbüros liegt meist in den Händen des Ersten Sekretärs des ZK der Partei.

Politik [gr.] *w*, auf die Durchsetzung bestimmter Ziele gerichtetes Verhalten u. Handeln von Einzelpersonen, Gruppen, Parteien, Parlamenten, Regierungen usw. im staatlichen Bereich. P. wird sowohl von den Interessen ihrer Träger als auch von bestimmten Wertvorstellungen über die bestehende gesellschaftliche Ordnung geprägt.

Polizei [gr.] *w*, staatliche Sicherheitsbehörde. Ihre mannigfaltigen Aufgabenbereiche erstrecken sich von der Aufrechterhaltung von Sicherheit u. Ordnung u. der Verbrechensbekämpfung über die Ordnung des Straßenverkehrs bis zum Jugendschutz. Daneben gehören das Feuerschutz- u. Gesundheitswesen u. vieles andere zu den polizeilichen Arbeitsbereichen. Sehr umfangreich ist die Tätigkeit der P. auch auf bestimmten Spezialgebieten (u. a. Wasserschutzpolizei). Die erste praktische Ausbildung erhalten die Polizeibeamten innerhalb der Polizeibereitschaften. Der weitere Unterricht wird an den Landespolizeischulen. Die kriminalpolizeiliche Schulung wird beim Bundeskriminalamt durchgeführt.

polizeiliches Führungszeugnis ↑Führungszeugnis, ↑Bundeszentralregister.

Polka [tschech.] *w*, beliebter Gesellschaftstanz des 19. Jahrhunderts. Die P. stammt aus Böhmen u. ist ein Paartanz meist in mäßig bewegtem $^2/_4$-Takt.

Pollen [lat.] *m* (Blütenstaub), die Gesamtheit der Pollenkörner, kleine, körnige Gebilde, die bei der Bestäubung der Samenpflanzen zur Befruchtung der Eizelle dienen. Sie stellen die männlichen Fortpflanzungszellen dar u. werden in den Staubblättern gebildet.

Pollution ↑Geschlechtskunde.

Polo, Marco, * Venedig (?) um 1254, † ebd. 8. Januar 1324, venezianischer Kaufmann. 1271–75 begleitete er seinen Vater u. einen Onkel auf einer Reise nach Mittelasien u. China. Er erwarb sich das Vertrauen des Mongolenherrschers Kublai, der ihn mit Aufträgen in verschiedene Gegenden seines Reiches sandte. Die Rückreise (1292–95) führte ihn über Sumatra, Vorderindien, Persien u. Konstantinopel; berühmt ist sein Bericht von der Reise.

Polo [engl.] *s*, Treibballspiel für 2 Mannschaften zu je 4 Spielern, meist als *Pferdepolo* auf einem 275 m langen u. 150 m breiten Feld gespielt. Die Reiter versuchen einen Ball aus Bambusholz mit etwa 1,10 m langen Schlägern in das 7 m breite, nach oben offene gegnerische Tor zu treiben. Daneben gibt es auch Radpolo u. Wasserpolo (die Teilnehmer sitzen in kleinen Booten).

Polonaise [...*näs^e*; frz.] *w*, ein Gesellschaftstanz im $^3/_4$-Takt, bei dem die Teilnehmer, paarweise geordnet, in vielen Figuren durch die Festräume schreiten.

poly..., Poly... [gr.], Bestimmungswort von Zusammensetzungen mit der Bedeutung „mehr, viel", z. B. polyglott (mehr-, vielsprachig), Polyphonie (Mehrstimmigkeit).

Polygon [gr.] *s*, ein Vieleck mit mindestens vier Seiten.

Polyhymnia, eine der ↑Musen.

Polymerisation [gr.-nlat.] *w*, Verbinden vieler gleicher u. gleichartiger ↑Moleküle zu einer chemischen Verbindung.

Polynesien [gr.], zusammenfassende Bezeichnung für die weit auseinanderliegenden kleinen u. kleinsten Vulkan- u. Koralleninseln im Pazifischen Ozean. Die wichtigsten Inselgruppen sind: Hawaii, Tokelau, Samoa-, Tonga-, Gesellschafts- u. Tuamotuinseln.

Polyp [gr.] *m*: **1)** festsitzende Ausbildungsform der ↑Nesseltiere. Am Ende des schlauchförmigen, aftorlosen, nur aus zwei Zellschichten bestehenden Körpers stehen rund um die Mundöffnung Fangarme. Bekannte im Meer lebende Arten sind die *Seerosen* u. *Korallen*. In klaren Süßgewässern an Wasserpflanzen kann man den etwa 1 cm langen *Grünen Süßwasserpolypen* fin-

Marco Polo (Holzschnitt, 15. Jahrhundert)

459

Polytheismus

den, in dessen Körper Grünalgen leben (↑Symbiose). Seine Fangarme tragen Nesselkapseln. Er fängt kleine Krebse, Würmer u. Insekten u. verschlingt sie. Unverdauliche Reste werden durch den Mund ausgestoßen; 2) veraltete Bezeichnung für verschiedene achtarmige Tintenfische.

Polytheismus [gr.] *m*, die Verehrung mehrerer Gottheiten. *Polytheistisch* waren beispielsweise die Religionen der alten Ägypter u. der Griechen. Gegensatz: ↑Monotheismus.

Pomeranze [ital.] *w* (Bitterorange), Unterart der Orange, die im Mittelmeergebiet u. in Indien angebaut wird. Sie hat aromatische Blätter u. Stengel. Die Fruchtschale schmeckt bitter, das Fruchtfleisch sauer. Die reifen Früchte werden bei der Herstellung von Konfitüren u. Likören verwendet.

Pommern, seen- u. waldreiche Landschaft entlang der Ostseeküste; westlich der Oder liegt *Vorpommern* (im Gebiet der DDR), östlich der Oder *Ostpommern* (auch *Hinterpommern*), das seit 1945 zu Polen gehört. *Geschichte:* Seit Ende des 12. Jahrhunderts war P. ein Herzogtum im Verband des deutschen Reiches. Die deutsche Besiedlung u. die Gründung zahlreicher Städte u. Dörfer erfolgten im 13. Jh. Nach dem Erlöschen des pommerschen Herzogshauses (1637) fiel P. an Brandenburg, das jedoch im Westfälischen Frieden (1648) nur Hinterpommern behielt, während Vorpommern schwedisch wurde. 1720 gewann Brandenburg-Preußen Teile, auf dem Wiener Kongreß (1815) auch das restliche P. zurück.

Pompeji (ital. Pompei), italienische Stadt u. antike Ruinenstätte in Kampanien, am Südostfuß des Vesuv, mit 22 000 E. Die antike Stadt, die 79 n. Chr. bei einem Vesuvausbruch unter vulkanischer Asche begraben wurde, ist weitgehend freigelegt worden. Viele Menschen besuchen P., um einen Eindruck von einer antiken Stadt zu gewinnen. Die antike Stadt wurde ab 1860 ausgegraben und sorgfältig restauriert und konserviert. Sie ist die besterhaltene Stadt des Altertums.

Ponys [engl.] *s, Mz.,* Bezeichnung für kleine, kurz- oder langhaarige ↑Pferde mit großem Kopf. Sie erreichen eine Schulterhöhe bis 1,48 m. Diese Hauspferderasse ist meist anspruchslos, sie ist zum Lastenziehen, zur Feldarbeit u. zum Reiten geeignet.

Pop-art [engl.-amer.] *w*, moderne Kunstrichtung, die einen neuen Realismus vertritt. Sie ist v.a. in den USA u. England verbreitet u. versteht sich als Bewegung gegen die gegenstandslose (abstrakte) Kunst. Vorgefertigte Gegenstände der technischen Umwelt (wie z. B. Röhren) werden als künstlerischer Gegenstand mit schockierender Absicht „gesetzt" oder reproduziert. Vertreter sind u. a. R. Rauschenberg, G. Segal, J. Johns, B. Lacey, A. Warhol, R. Lichtenstein, C. Oldenburg.

Pope [russ.] *m,* Bezeichnung für einen orthodoxen Weltgeistlichen; mitunter abwertend gebraucht.

Popeline [frz.] *w*, ein Textilgewebe in Leinwandbindung, meist aus Baumwolle, aber auch aus Wolle, Seide u. zahlreichen Chemiefasern. Vorwiegend für Hemden, Blusen, Kleider u. leichte Mäntel verwendet.

Popmusik ↑S. 461 f.

Popocatépetl *m,* 5452 m hoher Vulkan in Mexiko, südöstlich der Hauptstadt.

populär [lat.], volkstümlich, beliebt, allbekannt.

Popularität [lat.] *w,* Volkstümlichkeit, allgemeine Beliebtheit.

Pore [gr.] *w*, kleine Öffnung in der menschlichen Haut. In ihr münden die Ausfuhrkanäle der Schweißdrüsen.

Pornographie [gr.] *w*, grobe, den Geschlechtstrieb aufstachelnde Darstellung geschlechtlicher Vorgänge in Wort u. Bild.

Porphyr [gr.] *m*, Ergußgestein, in dessen dichter, feinkörniger Grundmasse größere Kristalle (z. B. Quarz, Feldspat u. Glimmer) eingestreut sind.

Porsche, Ferdinand, * Maffersdorf (Nordböhmisches Gebiet) 3. September 1875, † Stuttgart 30. Januar 1951, österreichisch-deutscher Ingenieur. Er konstruierte u. a. Kompressorrennwagen, den Volkswagen u. die Porsche-Sportwagen.

Portal [lat.] *s*, prunkvolles Tor, großer Eingang, z. B. bei Kirchen und Palästen.

Porta Nigra [lat.; = schwarzes Tor] *w*, monumentales römisches Stadttor (2. Jh. n.Chr.) in Trier. Im 11.Jh. wurde das Tor zur Kirche ausgebaut. Auf Befehl Napoleons wurden die mittelalterlichen Anbauten entfernt. Teile des Chors sind erhalten geblieben.

Portikus [lat.] *m*, Säulenhalle als Vorbau an der Haupteingangsseite eines Gebäudes, v. a. im Klassizismus.

Porto [ital.] *s*, Gebühr für die Beförderung von Postsendungen.

Porträt [*...trä;* frz.] *s:* 1) Darstellung eines Menschen, meist Brustbild oder Kopfbild (Plastik, Malerei, Graphik, Fotografie); 2) *literarisches P.:* in der Literatur die äußere u. charakterliche Beschreibung eines Menschen, meist in gedrängter, zusammenfassender Form. Porträtsendungen in Hörfunk u. Fernsehen wollen mit einer bestimmten Person bekannt machen.

Port Said [- *sait*], ägyptische Hafenstadt an der Nordeinfahrt zum Sueskanal, mit 250000 E. Die Stadt wurde bei den Auseinandersetzungen um den Sueskanal (1956, 1967) stark zerstört.

Portsmouth [*poʳtβmᵉth*], südenglische Hafenstadt am Kanal, mit

Polarfuchs. Weißfuchs

Polyp. Purpurseerose

Porta Nigra

200000 E. Der Hafen wurde schon um 1500 zum wichtigen Kriegshafen ausgebaut. Heute ist P. ein bedeutender Flottenstützpunkt mit ausgedehnten Dock- u. Hafenanlagen sowie ein bedeutender Handelshafen.

POPMUSIK

Mit dem ↑Rock 'n' Roll begann Mitte der 50er Jahre die neue Popmusik (zu engl. popular = ↑populär). Sie verknüpfte zwei amerikanische Traditionen: den ↑Rhythm and Blues der Schwarzen (authentische Musik einer unterdrückten Rasse) mit der Unterhaltungsmusik der Weißen (von einer Industriebranche produziert). Möglich wurde diese Vermischung durch den wirtschaftlichen Wohlstand in den USA der 50er Jahre, die Lockerung der Lebensbedingungen nach dem 2. Weltkrieg und die Verbreitung der elektrischen Gitarre. Denn erstens hatten viele Jugendliche in den USA und dann auch in den anderen kapitalistischen Ländern eine Menge Geld, zweitens stellten sie Ansprüche an ein eigenes Leben, griffen Eltern und Schule an; drittens machten die elektrischen Gitarren den nötigen Lärm, um gehört zu werden; Aggressivität und Sexualität machten den Schock dieser Musik aus, den sie in der „Erwachsenenwelt" auslöste. Die Musikindustrie begann sofort, Musik zum Zwecke der Abschöpfung dieser Teenagergelder zu produzieren, mußte dabei aber dem Bedürfnis der Teenager nach Liebe, Selbständigkeit und Kampf gegen die Erwachsenenwelt Rechnung tragen. Dieser Widerspruch zwischen einer Industrie, die Gewinn machen will und an „Ruhe und Ordnung" interessiert ist, und den Käufern dieser Musik, die ihr Bedürfnis nach Unruhe und Veränderung ausgedrückt sehen möchten, bestimmt den Charakter aller Popmusik; sie bewegt sich ständig zwischen diesen beiden Polen hin u. her.

Bob Dylan

Jimi Hendrix

**Elvis Presley
in seinem letzten Konzert**

Elvis Presley (1935–1977), der erste „König" der Popmusik, vereinigte diese Pole exemplarisch in sich, gab dem Kaiser, was des Kaisers ist (ging zum Militär, lobte die Mütter und kämmte sich die Haare), war aber auch sexy, aggressiv und jung. Er paßte sich, fest in den Händen eines cleveren Managers, den jeweiligen Marktlagen an, hatte immer gute Erfolge u. machte später raffinierte Shows für gemischtes Publikum, kaum mehr Pop.
Chuck Berry (* 1931) begann gleichzeitig und machte von vornherein Texte über Dinge, die Teenager angehen: Tanzen, Lippenstift, Autos, Eltern, Schule. Er erzählte von Jungen, die im Mondschein mit der Freundin in Vaters Auto sitzen und den Sicherheitsgurt nicht lösen können. Chuck Berry rockt heute noch (wie auch Little Richard und Jerry Lee Lewis). Diese Musik, die offener und wilder war als alles bis dahin Gehörte, brachte die lang aufgestaute Wut der meisten Teens über die Verbote der Erwachsenen, über die Unmöglichkeit, irgendwo hingehen zu können, wo man unter sich gewesen wäre, zur Explosion. Überall in Europa und in den USA bildeten sich Rocker- oder Halbstarkengruppen, Mopedcliquen, Fanclubs, private Tanzcliquen u. ä., die nachdrücklich den Anspruch der Jugendlichen auf eigene Lebensbereiche anmeldeten. Der Grundstein für die heutige Jugendlichen-Subkultur, für abweichende Verhaltensweisen, Lebensformen und Kleidungsgewohnheiten war gelegt. Stärker als jedes andere Medium (Bücher, Kino, Fernsehen) hat die Popmusik in diesem Prozeß eine auslösende und bestimmende Rolle gespielt. Das Interesse der Jugendlichen an dieser Musik wurde aber mehr und mehr zurückgedrängt, bis etwa Anfang der 60er Jahre die alten Schlagerelemente

461

Portugal

Popmusik (Forts.)

(Streichersatz, süßliche Arrangements, Hintergrundchor usw.) die Überhand gewannen (Connie Francis, Pat Boone, Paul Anka, Ricky Nelson u. a.). Übrig blieb der ↑Twist, der als Tanzmode v. a. das Diskothekengeschäft aufblühen ließ.

Diese Lage änderte sich mit dem Auftreten der ↑Beatles in Liverpool und ähnlicher Gruppen in Europa, die wieder Rockmusik machten, in der mehr Widerstand gegen die schlechten Lebensbedingungen zu hören war. Neu an den Beatles war, außer den langen, ins Gesicht gekämmten Haaren, vor allem das Image als Gruppe. Dieses Image machte Schule nicht allein wegen der Wirkung der Beatles, sondern weil sich in den Diskussionen der tonangebenden Gruppen in der Subkultur der Jugendlichen eine Kritik an den isolierenden Prinzipien der kapitalistischen Konkurrenzgesellschaft verbreitet hatte, zu deren positiven Gegenkonzepten das Konzept der solidarischen Gruppe gehörte und gehört. Große Wirkung hinsichtlich einer Politisierung der Popszene übte aber ein einzelner aus: *Bob Dylan* (*1941) hat mit artistischen wortspielreichen Texten, die in den Zusammenhang der amerikanischen Studentenbewegung gehören, und mit aufsässig nörgelnder Stimme die Popmusik zweifellos intellektualisiert; er griff dabei auf die musikalischen Traditionen der amerikanischen Gewerkschaftsbewegung zurück, auf den ↑Folksong sowie auf die Errungenschaften von Sängern und Gitarrenspielern wie Woody Guthrie und Phil Ochs. Dylans Beitrag zur Popmusik ist ebenso groß und umstritten wie der der späten Beatles: Nach Dylans, auch John Lennons anspruchsvollen Versen und nach der von den Beatles produzierten Langspielplatte „Sgt. Pepper's lonely hearts club band" (1967), in deren Liedern die verschiedensten musikalischen Traditionen anklingen, in der Popmusik alles möglich, ist der Rock'n'Roll als ihr alleiniges inneres Gerüst nicht mehr vorhanden. Weiter auf Rock'n'-Roll-Linie spielen Gruppen wie die ↑Rolling Stones und andere Musiker (John Mayall, Alexis Korner, Eric Clapton), die sich etwas mehr am Rhythm und Blues orientieren, wie auch die Interpreten der *Soulmusik* (↑Soul), die fast ausschließlich Schwarze sind. Die schwarze Popmusik hat immer die Tanzelemente betont und das Thema „Liebe" sexuell offener verarbeitet, so auch der Soul (v. a. Tina Turner, James Brown, Otis Redding). Die Neue Soulmusik versucht die politische Radikalisierung vieler Schwarzer in den USA aufzunehmen, aber sie tut es meist nur stichwortartig mit oft mystischer Musik (Isaac Hayes u. a.).

„Sgt. Pepper" war ein Signal in viele Richtungen: Bewußtseinserweiterung durch Drogen, mystische Trips in eine pseudoindische Philosophie sind ebenso enthalten wie die Verwendung musikalischer Elemente der Kammermusik, der elektronischen Musik, des Dixieland, der indischen Musik, der Zirkusmusik usw. Im Grunde hängt dieser Auflösungsprozeß des reinen Rock'n'Roll nicht mit den Beatles zusammen, sondern ist eine Folge des Versuchs der einzelnen Musiker, ihre eigene jeweilige musikalische Herkunft in die Musik einzubeziehen, der Versuch, auf die gesellschaftliche Situation zu reagieren. Es entstanden so verschiedene Gruppen wie Pink Floyd (experimentell elektronisch ausgerichtet), Frank Zappa (komponierte Rockmusik mit Musikzitaten aus allen Richtungen), Blood, Sweat & Tears (mit einem an Big Bands orientierten Bläsersatz). John McLaughlin u. a. gingen daran, Jazz und Rock musikalisch zu verbinden. *Jimi Hendrix* (1942–1970) überdrehte seine Elektrogitarre dermaßen, daß die alte harmlose Leadgitarre des Rock'n'Roll darin kaum mehr zu erkennen war; dies war sein Ausdruck des Protestes gegen die Gewalt, die er in den USA verkörpert sah. The Band oder James Taylor spielten ihre Musik parallel zu der Stadtfluchtbewegung vieler amerikanischer Jugendlicher („back to the country"). In der *Bundesrepublik Deutschland* experimentierte Amon Düül mit dem Ansatz freier Improvisation, oder „Ton/Steine/Scherben" versuchte mit Rockmusik und agitatorischen Texten die Notwendigkeit politischer Aktionen klarzumachen.

Eine Linie, auf der Popmusik momentan verliefe, läßt sich bei der Vielfalt der Ansätze nicht angeben. Man kann aber am jeweiligen Einzelfall fragen, inwieweit die verschiedenen Versuche dem ursprünglichen Anspruch der Popmusik, das Bedürfnis unterdrückter Jugendlicher nach Befreiung auszudrücken, genügen oder ob nach „Pop" klingender, geschickt arrangierter Lärm zum Zweck der Gewinnsteigerung der Plattenkonzerne auf den Markt geworfen wird.

* * *

Portugal, Republik im Westen der Iberischen Halbinsel, mit 9,8 Mill. E; 92 082 km². Die Hauptstadt ist Lissabon. Die Bevölkerung ist überwiegend katholisch. P. grenzt im Westen und Süden an den Atlantischen Ozean, im Norden u. Osten an Spanien. Zu P. gehören die Azoren u. Madeira. Das größtenteils gebirgige Land ist im Norden, wo die Gebirge Höhen von fast 2 000 m erreichen, dünn besiedelt u. verkehrstechnisch wenig erschlossen. Nach Süden zu werden die Gebirge niedriger, das Flachland überwiegt, durchzogen von einzelnen Mittelgebirgen. An der Küste ziehen sich schmale, nach Süden breiter werdende Flachlandstreifen entlang. P. hat maritimes bis subtropisches Klima, besonders im Norden fällt reichlich Niederschlag. – Wirtschaftlich bedeutend sind die Landwirtschaft (Anbau von Weizen, Mais, Roggen, Wein, Oliven, Zitrusfrüchten, Feigen u. Reis) mit Viehzucht (Schafe, Ziegen, Rinder) sowie der Bergbau (Steinkohle, Kupfer, Wolfram). Eine wichtige Erwerbsquelle der Bevölkerung sind Fischfang und Fischverarbeitung (besonders Sardinen und Thunfisch). Berühmt sind die Weinbaugebiete Portugals (besonders am Douro). Der Waldreichtum des Landes bildet eine weitere Erwerbsquelle der Bevölkerung; Kork gehört zu den wichtigsten portugiesischen Exportartikeln. *Geschichte:* P. war seit dem 12. Jh. ein unabhängiges Königreich. Seit Beginn des 15. Jahrhunderts unternahmen die Portugiesen ausgedehnte Entdeckungsfahrten entlang der afrikanischen Westküste bis nach Guinea. In die gleiche Zeit fällt die Entdeckung u. Besiedelung der Kapverdischen Inseln u. der Azoren. 1498 entdeckte der Portugiese Vasco da Gama den Seeweg nach Indien, es folgten Niederlassungen in China, West- u. Ostafrika. 1500 wurde die portugiesische Kolonie Brasilien gegründet. P. wurde zur Kolonialmacht u. zum reichsten Handelsstaat Europas. Das Aussterben des portugiesischen Königshauses führte 1580 zur Personalunion mit Spanien. In der Folgezeit verlor P. Kolonien an die Niederlande. Nach einem Volksaufstand (1640) wurde P. wieder ein von Spanien unabhängiges Königreich. Das 18. Jh. brachte für P. eine relativ ruhige Entwicklung, während im 19. Jh. innere Unruhen, Partei- u. Verfassungskämpfe das Land erschütterten. Die Vorgänge führten 1910 zum Sturz der Monarchie u. zur Ausrufung der Republik. Häufige Regierungswechsel, Wirtschafts- u. Finanzkrisen folgten. Ein militärischer Staatsstreich setzte den anarchistischen Zuständen durch die Errichtung einer Diktatur ein Ende (1926). Die Macht wurde von General Carmona als Staatspräsident (1928–51) u. Salazar als Ministerpräsident (1932–68) übernommen. Sie errichteten ein autoritäres Regime nach faschistischem Vorbild. 1974 wurde das Regime gestürzt, und es setzte ein Demokratisierungsprozeß ein. Die Kolonien in Afrika wurden von P. unabhängig. – P. ist Mitglied der NATO, der UN u. der EFTA.

Porzellan [ital.] s, Erzeugnis aus Kaolin, Quarz u. Feldspat. Die je nach der Art des Porzellans (Hart- u. Weichporzellan) unterschiedliche Mischung wird durch Drehen (z. B. bei Tellern) oder Gießen (z. B. bei Figuren) geformt, dann getrocknet, darauf bei etwa 1000°C erstmals gebrannt, glasiert u. bei etwa 1400°C nochmals gebrannt. Vor dem Glasieren werden die *Unterglasurfarben* aufgetragen. Besonders farbenfreudige Muster werden mit Aufglasurfarben erreicht, die in einem 3. Brand bei 800–900°C eingebrannt werden (jedoch bei stetigem Gebrauch verblassen können). Je nach der Brenntemperatur unterscheidet man Hartporzellan (im allgemeinen das europäische P.) u. Weichporzellan mit niedriger Brenntemperatur (mit wenigen Ausnahmen u. a. das ostasiatische P.). Außer im Haushalt wird P. v. a. in der chemischen Industrie u. in der Elektrotechnik verwendet. – Vermutlich wurde P. bereits im 7. Jh. in China hergestellt. Die Blütezeit des chinesischen Porzellans lag etwa in der Zeit zwischen 1662 u. 1722. Am Hof Augusts des Starken gelang J. F. Böttger (1682–1719) mit E. W. Graf v. Tschirnhaus (1651–1708) die Herstellung des ersten europäischen Porzellans. 1710 wurde in Meißen die erste deutsche Porzellanmanufaktur gegründet. – Abb. S. 464.

Posaune [lat.-frz.] w, Blechblasinstrument mit Kesselmundstück und ausziehbarem U-förmigem Rohrteil. Hauptformen der P.: *Tenorposaune* in B_1 (Umfang E–c^2), *Tenorbaßposaune*, eine Tenorposaune, bei der die Stimmung durch ein Ventil auf F_1 gesenkt werden kann, u. *Kontrabaßposaune* in F_1, bei der die Stimmung auf Es_1, C_1 u. gegebenenfalls auf As_2 gesenkt werden kann.

Pose [frz.] w, gekünstelte Stellung, auf Wirkung bedachte Haltung eines Menschen.

Poseidon, griechischer Gott des Meeres, Bruder des Zeus. Bei der Teilung der Welt erhält er die Herrschaft über das Meer. Mit seinem dreizinkigen Stab (*Dreizack*) läßt er Meer u. Erde erbeben. Darüber hinaus gilt er auch als Gott der Pferde. – Abb. S. 235.

Posen (poln. Poznań), Stadt an der Warthe, mit 516 000 E. Sie ist ein Handels-, Industrie- und Kulturzentrum in Westpolen mit 2 Universitäten. Wirtschaftlich bedeutend sind die Textil-, Nahrungsmittel- u. chemische Industrie sowie der Schiffsmotoren-, Werkzeugmaschinen- und Landmaschinenbau. Jährlich findet in P. eine internationale Messe statt. Im 2. Weltkrieg wurde die Stadt zum großen Teil zerstört. Viele der historischen Gebäude wurden wiederhergestellt, u. a. die Kathedrale (15. Jh.) u. die Marienkirche (15. Jh.). *Geschichte:* P. entstand im 9./10. Jh. als Ansiedlung um eine Wehrburg der polnischen Herzöge. Im 13. Jh. wurden ihr die Stadtrechte verliehen. In dieser Zeit überwog die deutsche Bevölkerung in der Stadt. Mitglied der Hanse im 15. u. 16. Jh.; 1793 fiel P. an Preußen. Mit kurzer Unterbrechung (1806–15) blieb P. bis 1918 preußisch.

Position [lat.] w: **1)** Ort, Stelle; Stellung (z. B. im Beruf); **2)** der Ort, an dem sich ein Schiff, Flugzeug oder Fahrzeug gerade befindet; **3)** bestimmte Haltung in einer wissenschaftlichen Auseinandersetzung (z. B. eine bestimmte P. einnehmen); **4)** beim Ballett: Stellung der Füße des Tänzers bzw. der Tänzerin.

Positionslaternen [lat.; gr.] w, Mz. (Positionslampen, Positionslichter), verschiedenfarbige Lichter, mit denen Schiffe u. Flugzeuge versehen sein müssen, damit man sowohl ihren Standort als auch ihre Bewegungsrichtung erkennen kann. U. a. muß auf der Steuerbordseite (in Fahrtrichtung gesehen rechts) ein grünes Positionslicht, auf der Backbordseite ein rotes Positionslicht gesetzt werden.

positiv [lat.]: **1)** bejahend, zustimmend, zutreffend; vorteilhaft, günstig, gut; **2)** in der Mathematik: größer als Null (Zeichen: +).

Positiv [lat.] s, in den Helligkeitswerten bzw. in der Farbe (im Gegensatz zum Negativ) dem Original entsprechend (Druck u. Fotografie).

Positiv ↑Adjektiv.

Posse [frz.] w, volkstümliche ↑Komödie mit derber, oft übertreibender Handlung. Träger der P. sind vornehmlich komische und lächerliche Personen, z. B. der betrogene Betrüger, der bestohlene Geizhals.

Possessivpronomen ↑Pronomen.

Post [ital.] w, öffentliche Einrichtung, die sich mit dem Transport von Sendungen (Postkarten, Briefen, Warensendungen, Päckchen, Paketen u. a.) sowie der elektromechanischen u. funktechnischen Nachrichtenübermittlung (Telegramme, Fernschreiber, Fernsprechdienst, Verbreitung von Rundfunk- und Fernsehsendungen) befaßt; darüber hinaus nimmt sie Aufgaben in den Bereichen des Geldverkehrs, des Sparkassenwesens u. des Personentransports wahr. Von wachsender Bedeutung ist dabei das Fernmeldewesen, woraus die Deutsche Bundespost 1975 bereits $2/3$ aller Einnahmen bezog. *Geschichte:* Schon im Altertum (besonders im Persischen Reich) gab es Übermittlungsdienste für Nachrichten. Die Chinesen hatten eine staatliche Post bereits in vorchristlicher Zeit. Auch im Römischen Reich der Kaiserzeit gab es staatliche Einrichtungen, die Nachrichten u. Personen beförderten. Im Mittelalter unterhielten Klöster, Reichsstädte u. Kaufleute eigene Botendienste. Die Familie Taxis (später Thurn u. Taxis) betrieb ab etwa 1500 die ersten größeren durch Deutschland führenden Postlinien; diese wurden im 17. u. 18. Jh. zu einem weiten Netz ausgebaut, das, zusammen mit eigenständigen Verbindungen verschiedener Städte u. Fürstentümer, bald nach der deutschen Reichsgründung 1871 einem Reichspostamt (ab 1919 einem Reichspostministerium) unterstellt wurde. In der Bundesrepublik Deutschland gibt es seit 1950 das *Bundesministerium für das Post- und Fernmeldewesen*.

postlagernd [ital.; dt.] (frz. poste restante), Personen, die keine feste Adresse haben, können sich ihre Postsendungen p. schicken lassen, d. h., die Sendungen werden an ein vereinbartes Postamt geschickt u. können dort vom Empfänger abgeholt werden. Besonders bei Urlaubsreisen wird von dieser Möglichkeit Gebrauch gemacht.

Postleitzahl [ital.; dt.] w, in vielen Ländern hat die Post Kennziffern für die Ortschaften ihres Landes eingeführt, die dazu dienen, die Verteilung der Post zu erleichtern (z. B. durch automatische Sortierung) u. die Zustellzeit zu verkürzen. Seit 1961 gibt es in der Bundesrepublik Deutschland die vierstelligen Postleitzahlen. Das gesamte Bundesgebiet ist in 8 Leitzonen eingeteilt, die Leitzonen wiederum in Leiträume, die Leiträume in Leitbereiche u. diese in Postorte. Bei der P. 6834 für Ketsch bedeuten 6 die Leitzone, 8 den Leitraum, 3 den Leitbereich u. 4 den Postort.

Potential [lat.] s, Leistungsfähigkeit, z. B. Kriegspotential, Industriepotential.

Potenz [lat.] w, ein Produkt aus gleichen Faktoren. Man schreibt:
$5 \cdot 5 \cdot 5 = 5^3$ (lies: 5 hoch 3) = 125,
$2 \cdot 2 \cdot 2 \cdot 2 \cdot 2 = 2^5 = 32$,
allgemein: $a^b = c$ (a heißt Grundzahl oder Basis, b heißt Hochzahl oder Exponent. c heißt Potenzwert). Der Exponent einer P. gibt also an, wieviel mal die Basis als Faktor gesetzt werden soll. Gemäß dieser Definition ist eine P. nur dann sinnvoll, wenn der Exponent eine ganze Zahl u. größer als 1 ist. Durch entsprechende Festlegungen wird der Potenzbegriff auch auf negative u. gebrochene Exponenten erweitert.

Potpourri [*potpuri*; frz.] s, ein Musikstück, das aus verschiedenen Melodien (u. a. aus mehreren Operetten, Opern oder auch Schlagern) zusammengesetzt ist.

Potsdam: 1) Bezirk in der DDR mit 1,1 Mill. E. Er umfaßt das zwischen der Prignitz u. dem Fläming gelegene Gebiet von Brandenburg, westlich von Berlin. Es ist im wesentlichen eine Heide- u. Waldlandschaft, durchzogen von mehreren Moränen und feuchten Niederungen (Havel); **2)** Hauptstadt von 1), mit 125 000 E. Die Nachbarstadt Berlins war 1685–1918 neben Berlin brandenburgisch-preußische Residenz

463

Potsdamer Abkommen

u. wurde im 2. Weltkrieg stark zerstört. Wiederhergestellt wurden die von Schinkel 1830–37 erbaute Nikolaikirche u. das Alte Rathaus (1753) sowie im Park von Sanssouci das Schloß Sanssouci (1745–47; von Knobelsdorff) u. das Neue Palais (1763–69 erbaut).

Potsdamer Abkommen *s*, am 2. August 1945 in Potsdam (Schloß Cäcilienhof) gefaßte Beschlüsse über die politische Zukunft Deutschlands. Teilnehmer der ab 17. Juli tagenden Konferenz waren der britische Premierminister Churchill (während der Konferenz durch seinen Amtsnachfolger Attlee ersetzt), der amerikanische Präsident Truman u. der sowjetische Staatschef Stalin. Das P. A. enthält im wesentlichen folgende Punkte: Bestätigung der Einteilung Deutschlands in vier Besatzungszonen, völlige Abrüstung u. Entmilitarisierung Deutschlands, Bestrafung der Kriegsverbrecher, Kriegsentschädigungen an die Siegermächte u. die Unterstellung der deutschen Gebiete östlich der Oder-Neiße-Linie unter polnischer bzw. des Nordteils von Ostpreußen unter sowjetische Verwaltung bis zum Abschluß eines Friedensvertrages.

Potsdamer Konferenz *w*, Konferenz, auf der das ↑Potsdamer Abkommen abgeschlossen wurde.

Pottwal ↑Wale.

prä..., Prä... [lat.], Vorsilbe mit der Bedeutung „vor, voran, voraus", z. B. präsentieren (= vorzeigen), ↑prähistorisch.

Präambel [lat.] *w*, eine feierliche Erklärung, die v. a. Urkunden u. Verträgen als Einleitung vorangesetzt wird.

Prädestination ↑Calvin.
Prädikat ↑Satz.
Präfix ↑Vorsilbe.

Prag (tschech. Praha), Hauptstadt der Tschechoslowakei, an der Moldau, mit 1,2 Mill. E. Die Stadt, die neben der Karls-Universität (gegründet 1348 als 1. deutsche Universität) eine weitere Universität u. Hochschulen hat, ist Wirtschafts-, Handels- u. Kulturzentrum der Tschechoslowakei u. zugleich eine der schönsten Städte Europas. Das Stadtbild ist besonders durch die spätgotischen Bauten aus der Zeit Karls IV. u. Bauten der Barockzeit geprägt. Die zahlreichen Kirchen aus den verschiedensten Jahrhunderten brachten der Stadt den Namen *hunderttürmiges Prag* ein. Wahrzeichen der Stadt ist die Burg auf dem Hradschin. Sie vereinigt alle Baustile von der Romanik über die Gotik bis zur Renaissance. Seit 1918 ist sie Sitz des Staatspräsidenten. Inmitten dieses Gebäudekomplexes liegt der berühmte St.-Veits-Dom (1344–85), der reich an Kunstschätzen ist. Von den übrigen Sehenswürdigkeiten der Stadt sind v. a. folgende zu nennen: die Karlsbrücke über die Moldau, das Altstädter Rathaus mit der astronomischen Uhr,

Prag. Blick über Moldau und Karlsbrücke auf Hradschin und Sankt-Veits-Dom

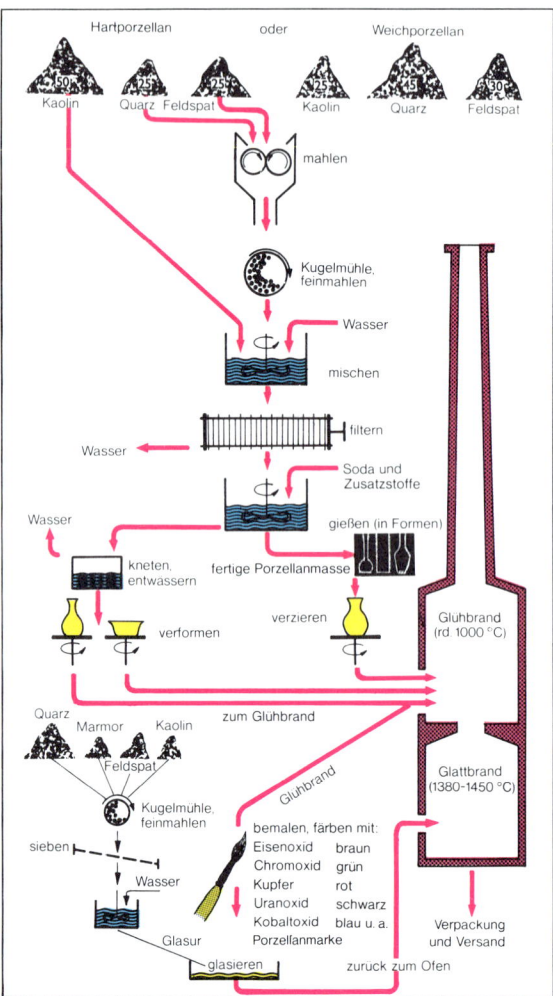

Porzellan. Herstellungsschema

464

der mittelalterliche Pulverturm, der alte jüdische Friedhof (begründet im 14. Jh.) u. die Synagoge, die zu den ältesten erhaltenen Bauwerken dieser Art gehört. Zentrum der Stadt ist der Wenzelsplatz mit dem Standbild des heiligen Wenzel. Hier treffen die Prager seit jeher zu Feiern u. Demonstrationen zusammen. *Geschichte:* P. wurde im 8. Jh. erstmals urkundlich erwähnt u. erlangte als Bischofssitz (973) u. Handelsplatz Bedeutung. Unter Karl IV. erlebte P. im 14. Jh. eine kulturelle u. wirtschaftliche Blütezeit, die im wesentlichen die folgenden Jahrhunderte anhielt.

pragmatisch [gr.], sachlich, auf Tatsachen beruhend; fachkundig; geschäftsmäßig.

Pragmatische Sanktion [gr.; lat.] *w*, das Hausgesetz Kaiser Karls VI. von 1713, das die Unteilbarkeit der habsburgischen Länder festlegte u. die weibliche Erbfolge zuließ.

prägnant [lat.], eindrucksvoll, treffend, knapp, scharf, genau.

prähistorisch [lat.; gr.], vorgeschichtlich.

Prälat [lat.] *m*, in der katholischen Kirche die Bezeichnung für einen geistlichen Würdenträger, der Träger der Kirchengewalt ist (v. a. Bischöfe, Äbte, Pröpste u. Dekane) oder bestimmte Ehrenämter am päpstlichen Hof innehat; in manchen evangelischen Landeskirchen Amtstitel der Leiter von Kirchenbezirken.

Präludium [lat.] *s*, in der Musik ein instrumentales Vorspiel, oft die Einleitung einer Suite oder Fuge. Das P. kann auch ein selbständiges Instrumentalstück sein.

Prämie [lat.] *w:* **1)** eine Belohnung für besondere Leistungen; **2)** Versicherungsbeitrag.

Pranger *m*, ein Schandpfahl, an dem früher Verbrecher öffentlich zur Schau gestellt wurden; jemanden oder etwas *anprangern:* öffentlich tadeln, mißbilligen.

Präposition ↑Verhältniswort.

Präpositionalobjekt ↑Satz.

Prärie [lat.-frz.] *w*, baumlose Grassteppe in Nordamerika. Sie reicht vom Golf von Mexiko bis in das südliche Kanada u. wird u. a. für den Getreideanbau u. die Viehzucht genutzt. Früher weideten hier riesige Herden von ↑Bisons.

Präriehunde [lat.-frz.] *m, Mz.,* mit 2 Arten in Nordamerika lebende Nagetiergattung (Erdhörnchen). P. legen ein weitläufiges Netz unterirdischer Gänge an, das sie in großer Zahl bewohnen. Sie ähneln unseren Murmeltieren, sind jedoch nur halb so groß (Körperlänge etwa 30 cm) u. nicht so plump. In früheren Zeiten waren sie neben den Bisons die charakteristischen Tiere der nordamerikanischen Prärie. Ihrem hundeartigen Bellen verdanken sie ihren Namen.

Präriehund

Präriewolf

Präriewolf [lat.-frz.; dt.] *m* (Kojote), in Prärien u. Wäldern Nord- u. Mittelamerikas weit verbreitetes Raubtier, das sich überwiegend von Kleintieren ernährt. Etwa 80–95 cm lang, mit buschigem, herabhängendem Schwanz, Fell meist bräunlich- bis rötlichgrau. Der meist nachtaktive P. gibt kurze, hohe Heultöne von sich.

Präsens ↑Verb.

präsentieren [lat.]: **1)** vorweisen, überreichen; **2)** mit der Waffe die militärische Ehrenbezeigung erweisen.

Präsident [lat.] *m*, der Vorsitzende oder Leiter einer Versammlung, einer Behörde, einer Organisation u. ä. In Republiken ist P. meist der Titel des Staatsoberhauptes.

Präteritum ↑Verb.

Prätor [lat.] *m*, in Rom seit der Republik Titel des obersten Justizbeamten; ab 241 v. Chr. gab es 2 Prätoren, später bis zu 10.

Praxis [gr.] *w:* **1)** Berufsausübung, Tätigkeit; **2)** die Räume, in denen besonders der Arzt, Zahnarzt oder der Rechtsanwalt seinen Beruf ausübt.

Präzedenzfall [lat.; dt.] *m*, ein Musterfall (z. B. für bestimmte Entscheidungen), der für zukünftige, ähnlich gelagerte Fälle richtungweisend ist.

Präzision [lat.] *w*, Genauigkeit.

Preiselbeere [slaw.; dt.] (Kronsbeere) *w*, Art der Gattung Heidelbeere u. a. auf Heiden. Die P. ist ein etwa 10 cm hoher, immergrüner, kriechender Strauch mit lederartigen Blättern. Die scharlachroten, glänzenden, erbsengroßen, hängenden Beerenfrüchte schmecken herbsauer. Mit Zucker eingekocht werden sie als Beilage v. a. zu Wild gegessen.

Premier [*prǝ^emie;* frz.] *m*, Kurzform für Premierminister (Regierungschef, u. a. in Großbritannien).

Premiere [frz.] *w*, die Erst- oder Uraufführung eines Theaterstückes, einer Oper u. ä.

Presbyter [gr.; = der Ältere] *m*, der Gemeindeälteste der christlichen Urgemeinde. In der katholischen Kirche Bezeichnung für Priester. In einigen deutschen evangelischen Kirchen ist ein P. ein Mitglied des Gemeindekirchenrats.

Presbyterianer [gr.] *m, Mz.,* eine im 16. Jh. in Schottland von dem Reformator John Knox (1505–1572) begründete reformierte (kalvinistische) kirchliche Gemeinschaft. Die P. verbreiteten sich von Schottland aus v. a. nach England, Wales u. den USA.

Presley, Elvis [*präßli*], * Tupelo (Mississippi) 8. Januar 1935, † Memphis (Tennessee) 16. August 1977, amerikanischer Sänger u. Gitarrist, der als „König des Rock 'n' Roll" besonders in den 50er Jahren gefeiert wurde u. noch heute eine hervorragende Rolle in der ↑Popmusik spielt (bestimmt durch Können u. Ausstrahlung). Er trat auch in Filmen auf.

Preßburg (slowak. Bratislava), tschechoslowakische Stadt an der Donau, mit 341 000 E. Sie ist die Hauptstadt der Slowakei u. ein wichtiger Verkehrsknotenpunkt. Außer der Universität hat sie mehrere Hochschulen u. ist reich an bedeutenden Bauwerken. Sehenswert sind u. a. das Alte Rathaus (15. Jh.), der gotische Martinsdom, der Primaspalast (18. Jh.) u. die zahlreichen Renaissance- u. Barockhäuser. Neben chemischer Industrie hat P. v. a. Maschinenbau u. Nahrungsmittelindustrie. – P. wurde 907 erstmals urkundlich genannt; im Mittelalter aufblühende Handelsstadt. 1526–1784 Hauptstadt Ungarns.

Presse [frz.] *w:* **1)** das gesamte Zeitungs-, Zeitschriften- u. dazugehörige Nachrichtenwesen. Merkmal (u. Aufgabe) der P. sind Aktualität u. Vielseitigkeit des Inhalts sowie das regelmäßige Erscheinen; die P. ist ein wichtiges Instrument der Meinungsbildung (↑öffentliche Meinung); **2)** eine Vorrichtung (u. a. Hebelpresse, hydraulische P.) zum Zusammendrücken, Formen, Schneiden oder Entwässern von Stoffen, die in vielen Bereichen der Technik verwendet wird.

Pressefreiheit [frz.; dt.] *w*, wichtiges demokratisches Grundrecht. Es garantiert nicht nur das Recht der freien Meinungsverbreitung durch die Presse, sondern schützt auch die Presse als Einrichtung. Im Grundgesetz der Bundesrepublik Deutschland ist die P. im Artikel 5 verankert.

465

Preßluft

Preßluft (Druckluft) w, in einem Kompressor verdichtete Luft, die als Betriebsmittel für Druckluftwerkzeuge (z. B. Preßlufthammer), Druckluftgeräte (z. B. Sandstrahlgebläse) u. Druckluftmaschinen (z. B. Grubenlokomotive) dient.

Prestige [...*isch*ᵉ; frz.] s, Ansehen, Geltung.

presto [ital.], musikalische Tempobezeichnung für: schnell.

Pretoria, Hauptstadt von Transvaal u. Regierungssitz der Republik Südafrika, mit 562 000 E. Die Stadt hat 2 Universitäten u. mehrere Forschungsinstitute, ein großes Stahlwerk, Nahrungsmittel-, Arzneimittel- u. andere Industrie.

Preußen, ursprünglicher Name des aus dem Staat des Deutschen Ordens hervorgegangenen Herzogtums, das 1618 mit ↑Brandenburg vereinigt u. durch Friedrich Wilhelm, den Großen Kurfürsten, von der polnischen Lehnshoheit befreit wurde. Das 1701 in P. begründete *Königreich P.* umfaßte auch die übrigen Länder der Hohenzollern (Brandenburg, Pommern, Magdeburg, Mark, Kleve u. a.). 1720 wurde Vorpommern erworben; unter Friedrich II., dem Großen, auch Ostfriesland u. Schlesien. Bei den drei Teilungen Polens (1772, 1793 u. 1795) gewann P. u. a. Westpreußen, das Ermland u. den Netzedistrikt u. wurde neben Österreich europäische Großmacht. Die Großmachtstellung Preußens wurde unter Napoleon I. nur vorübergehend geschwächt. P. wurde nach 1815 durch bedeutenden Gebietszuwachs im Rheinland u. in Mitteldeutschland die vorherrschende Macht in Norddeutschland. Im Krieg gegen Dänemark um Schleswig-Holstein (1864) u. gegen Österreich (1866) sowie im Deutsch-Französischen Krieg (1870/71) wurde die Einigung der deutschen Staaten unter preußischer Führung vorbereitet. Dabei wurden Hannover, Schleswig-Holstein, Kurhessen, Nassau u. Frankfurt am Main preußisch. 1871 folgte dann die Gründung des Deutschen Reiches (Zusammenschluß der süddeutschen Staaten mit dem 1867 gegründeten Norddeutschen Bund) mit dem preußischen König als erblichem deutschem Kaiser an der Spitze. P. spielte als wichtigster Gliedstaat des Deutschen Reiches eine führende Rolle. Nach der Abdankung Wilhelms II. als deutscher Kaiser u. als preußischer König (1918) wurde P. Republik. Bis 1945 war es ein Land des Deutschen Reiches und wurde danach durch die Alliierten formell aufgelöst.

Priel [niederdt.] m, schmale Wasserrinne im Wattengebiet der Nordsee.

Priester [gr.] m, in fast allen Religionen eine hervorgehobene Person, die als Mittler zur Gottheit Opfer u. Gebet leitet, das Heiligtum behütet u. die Gläubigen unterweist. Während die Ostkirchen und die katholische Kirche ein Amtspriestertum (↑Hierarchie) entwickelt haben, betonen die Protestanten das „allgemeine Priestertum aller Gläubigen".

Prima [lat.] w, ursprünglich die 1. (oberste) Klasse, später – unterteilt in Unter- und Oberprima – Bezeichnung für die heutige 12. und 13. Klasse bzw. Jahrgangsstufe am Gymnasium.

primär [lat.-frz.], ursprünglich, anfänglich; vordringlich, wesentlich.

Primarbereich [lat.; dt.] m, umfaßt als Primarstufe im Bildungswesen die für alle Kinder gemeinsame Grundschule (u. den Schulkindergarten) von der 1. bis zur 4. (in Berlin: 6.) Klasse.

Primat [lat.] m oder s, Vorrang, bevorzugte Stellung; **P. des Papstes,** in der katholischen Kirche der absolut vorrangige Stellung des Papstes unter Berufung auf die Nachfolge des Apostels Petrus.

Primaten. ↑Herrentiere.

Primelgewächse [lat.; dt.] s, *Mz.*, Pflanzenfamilie mit etwa 800 Arten in den gemäßigten Zonen. P. sind hauptsächlich Kräuter, die oft Drüsenhaare besitzen. Die Blüten können einzeln, in Dolden, Rispen oder Trauben stehen. Viele sind bekannte Zierpflanzen, wie z. B. *Alpenveilchen*, die *Hohe Schlüsselblume*, die im Unterschied zur *Duftenden Schlüsselblume* schwefelgelbe, meist geruchlose Blüten besitzt. Die *Mehlprimel* hat fleischfarbene Blüten u. unterseits mit Mehl überzogene Blätter. Die *Chinesische Primel* ruft durch ihre Drüsenhaare, die ein Gift ausscheiden, bei manchen Menschen Ausschläge hervor.

primitiv [lat.], einfach, urtümlich; von niedrigem geistigem Niveau; dürftig, ohne Komfort.

Primzahlen [lat.; dt.] w, *Mz.*, natürliche Zahlen, die nur durch sich selbst u. durch 1 teilbar sind. Es gibt unendlich viele P.; die ersten zehn sind: 2, 3, 5, 7, 11, 13, 17, 19, 23, 29. Jede natürliche Zahl, die keine Primzahl ist, läßt sich als Produkt von P. schreiben (Zerlegung in Primfaktoren), z. B.:
78 = 2 · 3 · 13,
136 = 2 · 2 · 2 · 17 = 2^3 · 17.

Prinz [lat.] m, Titel der nicht regierenden Mitglieder von Fürstenhäusern; die weibliche Form ist *Prinzessin*.

Prinzip [lat.] s, Grundsatz, Grundlage; z. B. P. der Gleichberechtigung.

Prior [lat.] m, Vorsteher eines Klosters (z. B. bei den Dominikanern); bei den von Äbten geleiteten Klöstern ist der P. der Vertreter des Abtes (z. B. bei den Benediktinern).

Priorität [lat.] w, Vorrecht, Vorrang, Erstrecht, Vorzug.

Prise [frz.] w: **1)** aufgebrachtes feindliches oder Schmuggelware führendes neutrales Schiff; auch die beschlagnahmte Ladung selbst wird P. genannt; **2)** so viel eines pulverigen, feinkörnigen oder feinzerkleinerten Stoffes (z. B. Salz, Tabak), wie man zwischen zwei Fingern greifen kann.

Prisma [gr.] s: **1)** ein geometrischer Körper, dessen Grund- u. Deckflächen parallelliegende deckungsgleiche Vielecke sind. Daraus ergibt sich, daß die Seitenflächen Parallelogramme sind. Stehen die Seitenflächen senkrecht zur Grundfläche, dann spricht man von einem geraden P., anderenfalls von einem schiefen Prisma. Der Rauminhalt V eines Prismas ergibt sich aus der Beziehung: $V = G \cdot h$ (G = Flächeninhalt der Grundfläche, h = Höhe = Abstand zwischen Grund- u. Deckfläche). Ein spezielles P. ist der Quader (gerades P. mit Rechtecken als Grund- u. Deckfläche); **2)** das optische P. ist ein durchsichtiger Körper aus Glas, Kristall oder Kunststoff, der die Form eines dreiseitigen Prismas hat (Grund- u. Deckflächen sind Dreiecke). Beim Durchgang durch ein solches P. wird ein Lichtstrahl aus seiner ursprünglichen Richtung abgelenkt. Weißes Licht wird dabei in seine farbigen Bestandteile zerlegt, es entsteht ein ↑Spektrum. Optische Prismen werden u. a. auch zur Umlenkung von Lichtstrahlen in Fernrohren (Prismenfernrohr) verwendet. Man spricht dann von einem Umkehrprisma (↑ auch Licht).

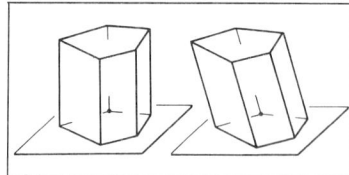

Prisma. Gerades (links) und schiefes Prisma

privat [lat.], persönlich; vertraulich; häuslich, nichtöffentlich.

Privatschule (auch freie Schule, Ersatzschule, Ergänzungsschule) w, nicht vom Staat, sondern von Kirchen, Vereinen, Stiftungen oder Privatpersonen unterhaltene Schule. Privatschulen unterstehen als Ersatzschulen der staatlichen Schulaufsicht; ihnen wird jedoch größere Freiheit gewährt, um pädagogischen Entwicklungen im Bereich der Lehrpläne, des Schullebens u./oder der Unterrichtsgestaltung einzuleiten. Beispiele: Odenwald-Schule, ↑Waldorfschule.

Privileg [lat.] s (Mz. Privilegien), Vorrecht, Sonderrecht.

Problem [gr.] s, Schwierigkeit, zu lösende Aufgabe, Fragestellung.

Produkt [lat.] s, Ertrag, Erzeugnis, Ergebnis.

Produktion [lat.] w, Herstellung, Erzeugung (z. B. von Autos).

Produktionsgenossenschaften [lat.; dt.] w, *Mz.*, gewerbliche oder landwirtschaftliche ↑Genossenschaften zur gemeinsamen Herstellung u. zum gemeinsamen Verkauf von Gütern.

Produktionsmittel [lat.; dt.] *s, Mz.*, die Mittel, die für die wirtschaftliche Produktion erforderlich sind: u. a. Maschinen u. Geräte, Rohstoffe.

profan [lat.], weltlich, unkirchlich, ungeweiht; alltäglich.

Professor [lat.] *m*, Abkürzung: Prof.: **1)** Titel von Lehrern an Universitäten, Hochschulen, Fachhochschulen und Studienseminaren; **2)** in einigen Ländern (z. B. Frankreich, Österreich) Titel von Lehrern an höheren Schulen; **3)** ein als Anerkennung für hervorragende wissenschaftliche oder künstlerische Leistungen verliehener Titel.

Profi ↑ Sport.

Profil [ital.] *s*: **1)** Seitenansicht eines Gesichts; **2)** in der Geologie ein zeichnerisch dargestellter senkrechter Schnitt durch ein Stück der Erdkruste. Das P. dient zur Veranschaulichung der Lagerungsverhältnisse der Gesteine; **3)** bei Gummisohlen, -reifen u. ä. die Riffelung; **4)** stark ausgeprägte persönliche Eigenart, z. B. ein Politiker mit Profil.

Prognose [gr.] *w*, Vorhersage einer zukünftigen Entwicklung, z. B. eines Krankheitsverlaufes oder des Wetters.

Programm [gr.] *s*: **1)** Plan, Ziel, Darlegung von Grundsätzen, z. B. Regierungsprogramm, Parteiprogramm; **2)** festgelegte Folge, vorgesehener Ablauf, z. B. Theater-, Fernsehprogramm; **3)** eine Folge von Anweisungen für eine elektronische Datenverarbeitungsanlage (↑ Computer) zur Lösung einer bestimmten Aufgabe (z. B. einer komplizierten Berechnung). Das P. wird vom ↑ Programmierer zusammengestellt.

Programmierer [gr.] *m*, technischer Beruf; der P. hat die Aufgabe, Probleme aus Verwaltung, Technik oder Wissenschaft aus der üblichen Sprache in Symbole umzusetzen (*zu programmieren*), die von einer elektronischen Rechenanlage (↑ Computer) „verstanden" u. ausgewertet werden können.

programmierter Unterricht [gr.; dt.] *m*, Unterricht, der das Unterrichtsziel durch Einsatz eines Lernprogramms erreichen will. Der zu lernende Stoff wird hierbei in eine Anzahl von kleinen Schritten (Lerneinheiten) zerlegt; Fragen und Antworten werden vorformuliert; Anweisungen zur Bearbeitung werden gegeben, die Antworten werden kontrolliert. Erst nach der richtigen Lösung der Aufgabe kann man zur nächsten Frage übergehen. Neben Programmen in Buchform sind sogenannte Lehrautomaten und elektronische Lehrmaschinen (computerunterstützter Unterricht) und im Bereich der Sprachen Tonbandprogramme entwickelt worden. Wichtigstes Ziel: Der Schüler soll sich im Selbstunterricht (ohne Unterstützung eines Lehrers) den Stoff im ihm angemessenen Tempo an-

eignen. Voraussetzung ist allerdings, daß beim Schüler genügend Reife und Motivation vorhanden sind. V. a. hierauf ist es zurückzuführen, daß der programmierte U. sich im schulischen Bereich kaum durchgesetzt hat. P. U. ist zunächst in den USA entwickelt worden und dort, sowie in der UdSSR, verbreitet.

progressiv [lat.], fortschrittlich.

Projekt [lat.] *s*, Plan, Entwurf, Vorhaben.

Projektion [lat.] *w*: **1)** Abbildung eines Gegenstandes auf einer Bildebene, z. B. der Erdoberfläche auf einer Karte; **2)** die meist vergrößerte Abbildung von Bildern auf einer Bildwand mit Hilfe eines ↑ Projektionsapparates.

Projektionsapparat [lat.] *m*, Bildwerfer; ein optisches Gerät, mit dessen Hilfe auf einer Bildwand ein vergrößertes Abbild von einem meist durchsichtigen Filmbild (Diapositiv) erzeugt wird. Der P. besteht im wesentlichen aus einer

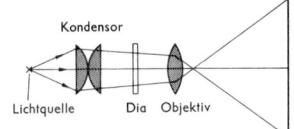

Lichtquelle, einem Kondensor u. einem Objektiv. Der Kondensor ist eine Sammellinse, die die von der Lichtquelle ausgehenden Strahlen sammelt u. durch das Diapositiv lenkt. Dieses befindet sich zwischen der einfachen u. der doppelten Brennweite des Objektivs, das somit ein vergrößertes, reelles u. umgekehrtes Bild erzeugt. Das Diapositiv muß deshalb umgekehrt in den P. gesteckt werden.

Proklamation [lat.] *w*, Bekanntmachung, Aufruf; Verkündung, z. B. einer Verfassung; gemeinsame öffentliche Erklärung mehrerer Staaten.

Prokura [ital.] *w*, Vollmacht, die der Inhaber eines Handelsgeschäftes (oder dessen gesetzlicher Vertreter) einem Mitarbeiter durch eine ausdrückliche Erklärung erteilt hat. Der Inhaber der Vollmacht (*Prokurist*) ist berechtigt, geschäftliche u. gerichtliche Angelegenheiten zu regeln (wenige gesetzlich bestimmte Einschränkungen). P. kann einem einzelnen oder mehreren gemeinsam erteilt werden. Sie muß ins Handelsregister (beim Amtsgericht) eingetragen werden. Unterschriften eines Prokuristen müssen mit dem Zusatz *ppa.* oder *pp.* (= per procura) versehen sein.

Proletariat [lat.] *s*, die soziale Klasse der wirtschaftlich abhängigen, besitzlosen Arbeiter (*Proletarier*); Begriff des ↑ Marxismus.

Prolog [gr.] *m*, der einleitende Teil eines Dramas, meist in Form eines Vorspruchs oder einer Vorrede. Mit dem P. wird das Publikum begrüßt, wird auf den äußeren Anlaß der Aufführung

hingewiesen oder werden Hinweise zum Verständnis des Stückes gegeben.

Prometheus, Gestalt der griechischen Mythologie. Der Titan hintergeht Zeus u. bringt den Menschen das Feuer. Zur Strafe für diese Tat läßt Zeus ihn an einen Felsen schmieden. Ein Adler frißt täglich an seiner Leber, die nachts wieder nachwächst. – Das Schicksal des P. als Freund u. Kulturbringer der Menschheit wurde in Literatur u. Musik oft behandelt (Äschylus, Voltaire, Goethe, Byron, Camus; Beethoven, Orff u. a.).

Promille [lat.] *s*, Zeichen ‰, Abkürzung p. m., Bedeutung: von Tausend (Abkürzung: v. T.); z. B. 10‰ von 5000 = 50.

prominent [lat.], hervorragend, bedeutend, berühmt.

Promotion [lat.] *w*, Erwerbung u. Verleihung des Doktorgrades. Der *Doktorand* muß eine selbständige wissenschaftliche Arbeit, die *Dissertation*, vorlegen u. eine mündliche Prüfung, das *Rigorosum*, ablegen; ↑ auch Doktor.

Pronomen [lat.] *s* (auch Fürwort), ein Wort, das ein Substantiv (auch Nomen) vertritt oder begleitet, z. B. Er (= der Mann) arbeitet; *mein* Mann. Man unterscheidet: Personalpronomen (persönliches Fürwort), z. B. ich; Possessivpronomen (besitzanzeigendes Fürwort), z. B. mein; Demonstrativpronomen (hinweisendes Fürwort), z. B. dieser, jener; Relativpronomen (bezügliches Fürwort), z. B. welcher; Interrogativpronomen (fragendes Fürwort), z. B. wer?; Indefinitpronomen (unbestimmtes Fürwort), z. B. irgendeiner.

Propaganda [lat.] *w*, als P. bezeichnet man den Versuch, mit geeigneten Werbemethoden die Meinung anderer (↑ auch öffentliche Meinung) zu beeinflussen; der Begriff P. wird meist im Bereich der politischen Meinungsbildung verwendet; ↑ auch Agitation, ↑ Werbung.

Propangas [gr.] *s*, gasförmiger ↑ Kohlenwasserstoff der Formel C_3H_8, der infolge seines hohen Brennwertes als Brennstoff für Gaskocher verwendet wird. Zu diesem Zweck wird P. meistens unter hohem Druck verflüssigt und in Stahlflaschen an seinen Verbrauchsort transportiert.

Propeller [lat.] *m*, Antriebsschraube für Wasser- und Luftfahrzeuge (Schiffsschraube, Luftschraube). Die Wirkungsweise des Propellers besteht darin, daß er Wasser bzw. Luft ansaugt u. nach hinten wegschleudert. Dadurch erfolgt ein Vortrieb. Auch Landfahrzeuge werden bisweilen von Propellern angetrieben (Schlitten, Schienenzeppelin).

Prophet [gr.] *m*, von Gott berufener Sprecher, der den göttlichen Willen verkündet u. die Zukunft weissagt. Das Alte Testament unterscheidet zwischen 12 Kleinen u. den 4 Großen Propheten Jesaja, Jeremia, Hesekiel (Ezechiel) u.

Proportion

Daniel. P. wird auch in übertragenem Sinn verwendet für jemanden, der die Zukunft oder die zukünftige Entwicklung voraussagt.

Proportion [lat.] w: **1)** allgemein: Größenverhältnis; rechtes Maß; Ebenmaß, Gleichmaß; **2)** in der Mathematik eine Verhältnisgleichung, d. h. eine Gleichung der Form $a:b = c:d$. Die Außenglieder a u. d u. die Innenglieder b u. c dürfen unter sich vertauscht werden, es gilt also auch $d:b = c:a$ und $a:c = b:d$. Das Produkt der Innenglieder einer P. ist gleich dem Produkt der Außenglieder: $a \cdot d = b \cdot c$.

Proporz m, Kurzwort aus Proportionalwahl, das heißt Verhältniswahl (↑Wahlrecht; Wählen, aber wie?). Als P. bezeichnet man auch das Verhältnis der Parteien, Konfessionen, Interessengruppen (nach Mitgliederstärke, Stimmenzahl usw.), das bei der Verteilung von Ämtern u. Posten berücksichtigt wird.

Propst [lat.] m, in der katholischen Kirche der erste Würdenträger in Dom- u. Stiftskapiteln; in einigen evangelischen Kirchen höherer Geistlicher.

Propyläen [gr.] Mz, monumentale Torbauten von griechischen Heiligtümern. Am berühmtesten sind die P. der Akropolis von Athen (438–432 v. Chr. erbaut).

Prosa [lat.] w, freie Sprachform, die im Gegensatz zur Versdichtung nicht an Versmaß und Reim gebunden ist. Die P. dient als Sprache des Alltags hauptsächlich den Zwecken des täglichen Lebens (daher *prosaisch* = nüchtern, poesielos, platt). Die durch Klang u. Rhythmus gegliederte *Kunstprosa* dagegen ist die Sprachform von Roman, Novelle u. modernem Drama.

Prospekt [lat.] m: **1)** Werbeschrift, die durch Beschreibungen u. Fotos das Angebot, z. B. eines Versandhauses oder Reisebüros, dem Kunden schildert u. ihn zum Kauf anregen soll; **2)** perspektivisches Gemälde, das eine Stadt- oder Landschaftsansicht naturgetreu wiedergibt; **3)** gemalter Bühnenhintergrund; **4)** vorderer, sichtbarer Teil der Orgel.

Protektion [lat.] w, Gönnerschaft, Förderung, Schutz (auch unverdiente Begünstigung). Unter *Protektionismus* versteht man wirtschaftspolitische Maßnahmen einer Regierung, die durch Schutzzölle u. ä. die inländische Wirtschaft gegen die ausländische Konkurrenz schützt.

Protektorat [lat.] s, Schutzherrschaft eines Staates über ein fremdes Gebiet. Als P. wird auch dieses Gebiet selbst bezeichnet. – Das 1939 von Hitler mit Gewalt errichtete *P. Böhmen u. Mähren* waren kein echtes Protektorat.

Protest [lat.] m: **1)** Einspruch, Widerspruch; **2)** amtliche Bescheinigung über die Verweigerung der Annahme eines Wechsels oder eines Schecks.

Protestantismus [lat.] m, Bezeichnung für die Gesamtheit der evangelischen Kirchen u. deren Lehre. Auf dem Reichstag zu Speyer im Jahre 1529 erhoben die evangelischen Stände feierlichen Einspruch („protestatio") gegen den Beschluß der katholischen Mehrheit, die alle Neuerungen auf kirchlichem Gebiet verbieten wollte. Gemeinsame Grundlage aller protestantischen Kirchen ist die hohe Bewertung der Bibel, die als Gottes Wort einzige Quelle des christlichen Glaubens ist. Die z. T. in Lehre, Gottesdienst u. Kirchenverfassung unterschiedlichen Kirchen streben in der ↑ökumenischen Bewegung nach größerer Einheit.

Protestsong [lat.; engl.] m, ein Lied, das Mißstände anklagt. Der P. richtet sich z. B. gegen Krieg und Rassendiskriminierung (Herabwürdigung von Menschen wegen ihrer Rassenzugehörigkeit). Bekannte Protestsänger sind Bob Dylan u. Joan Baez.

Prothese [gr.] w, Ersatzglied; ein künstliches Glied, das verlorengegangene Körperteile ersetzen soll; vor allem Zahn-, Arm-, Hand- u. Beinprothesen.

Protokoll [gr.] s: **1)** Niederschrift, die Verlauf u. Ergebnisse einer Verhandlung, Sitzung oder Prüfung zusammenfaßt; **2)** Bezeichnung für die im diplomatischen Verkehr gebräuchlichen Formen (z. B. beim Empfang eines Staatsoberhauptes).

Proton [gr.] s, Zeichen p, einer der Bausteine des ↑Atoms.

Protoplasma [gr.] (Plasma) s, Substanz der tierischen, pflanzlichen u. menschlichen Zelle, zu der auch der Zellkern gehört. P. ist Grundsubstanz der Lebewesen u. besteht hauptsächlich aus Eiweißstoffen, die ein kompliziert zusammengesetztes Gemisch mit bestimmten Strukturen darstellen.

Prototyp [gr.] m, Urbild, Muster, Inbegriff. In der Technik bezeichnet man als P. z. B. das erste betriebsfertige Modell eines Autos, Flugzeugs oder dergleichen, nach dessen Erprobung dann gegebenenfalls die Serienfertigung beginnt.

Protuberanz ↑Sonne.

Provence [*prowangß*; frz.] w, Landschaft im Südosten Frankreichs zwischen der unteren Rhone, den Seealpen u. dem Mittelmeer. In dem sehr milden Klima gedeihen Wein, Maulbeerbäume (Seide!), Südfrüchte und Reis; auch der Fremdenverkehr spielt eine wichtige Rolle.

Provinz [lat.] w: **1)** im alten Rom Bezeichnung für ein erobertes Gebiet außerhalb Italiens, das von einem römischen Statthalter verwaltet wurde; **2)** größeres staatliches oder kirchliches Verwaltungsgebiet; **3)** abwertende Bezeichnung für kulturell rückständige ländliche Gebiete.

Provision [lat.] w, Vergütung für die Vermittlung eines Geschäftes. Handelsvertreter erhalten meist eine P., sie wird in % vom Umsatz berechnet.

provisorisch [lat.], vorläufig, behelfsweise.

Provokation [lat.] w, Herausforderung.

Prozent [ital.] s, Zeichen %, Abkürzung: p. c., Bedeutung: von Hundert (Abkürzung: v. H.); z. B.: $10\,\%$ von $500 = 50$.

Prozeß [lat.] m: **1)** Verlauf, Ablauf, Entwicklung eines Vorgangs, z. B. Heilungsprozeß; **2)** das gerichtliche Verfahren zur Entscheidung von Rechtsstreitigkeiten; ↑Recht (Wer spricht Recht?).

Prozession [lat.] w, feierlicher kirchlicher Umzug als gottesdienstliche Feier oder Bittgang. Am bekanntesten ist die P. an Fronleichnam.

PS, Abkürzung für: ↑**P**ferde**s**tärke.

Psalm [gr.] m, religiöses Lied des jüdischen Volkes; im Psalter des Alten Testaments sind 150 Psalmen gesamelt. Seit dem 16. Jh. bezeichnet man auch Kirchenlieder, deren Text Psalmen nachgedichtet ist, als Psalmen.

pseud[o]..., Pseud[o]... [gr.], Bestimmungswort mit der Bedeutung: falsch, unecht, vorgetäuscht.

Pseudonym [gr.] s, Deckname, Künstlername, z. B. Novalis für Friedrich Leopold Freiherr von Hardenberg.

Psychiatrie [gr.] w, Lehre von den Geistes- u. Gemütskrankheiten.

psychisch [gr.], seelisch.

Psychoanalyse [gr.] w, eine Methode, seelisch bedingte Störungen oder Erkrankungen zu erforschen. Sie wurde von Sigmund Freud und J. Breuer entwickelt.

Psychologie [gr.; = Seelenkunde] w, Wissenschaft, die sich mit dem Verhalten des Menschen befaßt u. die dem Verhalten zugrundeliegenden Gesetzmäßigkeiten des Seelenlebens untersucht. Auch die den seelischen Vorgängen zugrundeliegenden Anlagen wie Charakter, Wille, Intelligenz u. Gefühl werden untersucht. Die Erkenntnisse werden in der *angewandten* P. auf das praktische Leben bezogen.

Psychopath [gr.] m, Mensch mit abnormer seelischer Veranlagung. Wegen ihres von der Regel abweichenden Gefühls- u. Gemütslebens kommen Psychopathen oft nicht mit ihrer Umwelt zurecht.

Psychose [gr.] w, Bezeichnung für verschiedenartige Krankheitszustände, die mit erheblichen Störungen psychischer Funktionen einhergehen, wobei meist Fehleinschätzungen der Realität u. unbegründet erscheinende Verhaltensänderungen auftreten.

Ptolemäer m, Mz., ägyptisches Königsgeschlecht griechischer Herkunft, das von 323 bis 30 v. Chr. in Ägypten herrschte. Der Begründer der Dynastie (Herrscherhaus) war *Ptolemäus I.*, der als Heerführer Alexanders

Pumpe

des Großen nach Ägypten kam u. sich nach Kämpfen mit den anderen ↑Diadochen zum König krönte. Die letzte Ptolemäerin war Kleopatra.

Ptolemäus, Claudius, *Ptolemais um 100, †Canopus (?) um 160, Astronom, Mathematiker u. Geograph in Alexandria. P. begründete das *ptolemäische Weltsystem*, das die Erde als Kugel u. als Mittelpunkt der Welt ansah (geozentrisches System). Diese Lehre wurde erst durch ↑Kepler widerlegt.

Pubertät [lat.] w, Entwicklung des Menschen zwischen Kindheit u. Erwachsensein durch die Reifung der Geschlechtsdrüsen; ↑auch Geschlechtskunde.

Publicity [pablißiti; engl.] w, Öffentlichkeit; öffentliches Bekanntwerden; Reklame, öffentliches Aufsehen.

Public Relations [pablik rileⁱ-sch⁰ns; amer.] *Mz.*, Abkürzung: PR, Öffentlichkeitsarbeit; Bemühungen eines Unternehmens, auch einer führenden Persönlichkeit, um Vertrauen u. Interesse in der Öffentlichkeit.

publik [lat.], öffentlich, allgemein bekannt; *etwas publik machen* heißt, es der Öffentlichkeit bekannt machen.

Publikation [lat.] w, Veröffentlichung; meist im Druck erschienenes Werk.

Publizistik [lat.] w, die Gesamtheit der am öffentlichen Informations- u. Meinungsbildungsprozeß beteiligten Massenkommunikationsmittel (z. B. Zeitungen, Zeitschriften, Film, Hörfunk, Fernsehen, Bücher), die von ihnen verbreiteten Aussagen sowie die an diesem Prozeß beteiligten Personen.

Puccini, Giacomo [putschini], *Lucca 22. Dezember 1858, †Brüssel 29. November 1924, italienischer Opernkomponist, dessen Werke mit großem Erfolg in der ganzen Welt aufgeführt wurden. Seine bekanntesten Opern sind „La Bohème" (1896), „Tosca" (1900), „Madame Butterfly" (1904), „Turandot" (1926; unvollendet). Berühmt sind die Arien aus diesen Opern.

Giacomo Puccini

Puck ↑Wintersport (Eishockey).

Pudel *m*, Rasse sehr anhänglicher, lebhafter, lernbegieriger Hunde mit gekräuseltem Haarkleid. Sie werden meist schwarz, weiß oder braun gezüchtet u. nach der Größe als Groß-, Klein- oder Zwergpudel bezeichnet.

Puerto Rico, östlichste Insel der Großen Antillen. Sie bildet einen mit den USA assoziierten Staat (mit 8 897 km² u. 3,2 Mill. E). Die Hauptstadt ist *San Juan* (471 000 E). Die gebirgige Insel hat tropisches Klima, das den Anbau von Zuckerrohr, Tabak, Kaffee u. Südfrüchten ermöglicht. – Die Insel wurde 1899 von den Spaniern, die P. R. seit 1508 kolonisiert hatten, an die USA abgetreten. Seit 1952 hat P. R. volle innere Autonomie. Seine Bürger besitzen zwar die US-Staatsbürgerschaft, nehmen aber nicht an Wahlen in den USA teil.

Pulpa [lat.] *w* (Zahnpulpa, Zahnmark), netzartiges Bindegewebe mit Nerven u. Blutgefäßen, das die Pulpahöhle im ↑Zahn ausfüllt.

Pulque ↑Agave.

Puls [lat.] *m*, spürbare, rhythmische Bewegungen an den Wänden der an der Oberfläche liegenden Blutgefäße (vorwiegend Schlagadern). Der P. wird durch die vom Herzschlag fortgeleitete Blutwelle erzeugt. Der P. wird meist an der Speichenschlagader am Handgelenk „gefühlt" (ertastet); im Durchschnitt u. bei Ruhe beträgt der P. pro Minute:

bei Neugeborenen	130 Schläge
bei Vierjährigen	100 Schläge
bei Zehnjährigen	90 Schläge
bei Erwachsenen	60–80 Schläge.

Puma [peruan.] *m* (Silberlöwe, Berglöwe), etwa 105–160 cm lange Raubkatze mit einfarbig silbergrauem Fell. Der P. ist kleiner als der Leopard; seine Heimat sind die Wälder des südlichen Nordamerika u. Südamerika.

Pumpe [niederl.] w, Arbeitsmaschine zum Heben u. Fördern von Flüssigkeiten oder zum Zusammenpressen bzw. Verdünnen von Gasen (↑Luftpumpe, ↑Kompressor). Nach ihrer Arbeitsweise unterscheidet man im wesentlichen drei Arten: die Kolbenpumpe, die Kreiselpumpe u. die Strahlpumpe. Bei der *Kolbenpumpe* saugt ein hin- u. hergehender Kolben die Flüssigkeit bzw. das Gas an u. befördert es dann durch Druck weiter. Dazu sind zwei Ventile (Saugventil u. Druckventil) erforderlich, die sich wechselweise öffnen. Sonderformen der Kolbenpumpe sind die Kreiskolbenpumpe und die Membranpumpe. Während die Kolbenpumpe stoßweise arbeitet, fördert die *Kreiselpumpe* das Fördergut stetig. Kreiselpumpen besitzen ein sich rasch drehendes Flügelrad, das das Fördergut infolge der Fliehkraft nach außen wegschleudert u. dabei gleichzeitig neues Fördergut ansaugt (Kreiselpumpen arbeiten also umgekehrt wie Wasserturbi-

Putzerfische.
Meerschwalbe am Mondgauklerfisch

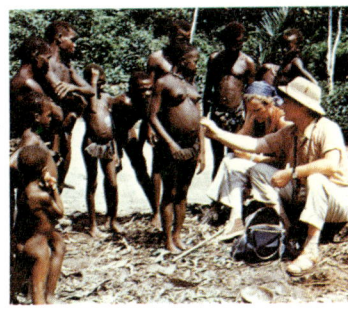

Pygmäen

Puppe. Deutsche Arbeit um 1870 (links), japanische Arbeit aus der 2. Hälfte des 19. Jahrhunderts (Mitte), deutsche Arbeit zwischen 1895 und 1900 (rechts)

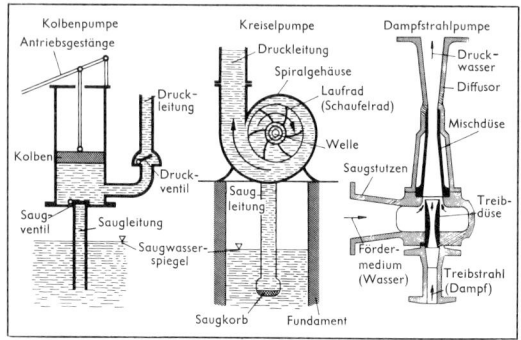

Pumpe. Arbeitsweise verschiedener Pumpen

nen). Bei *Strahlpumpen* wird durch einen aus einer Düse austretenden Luft-, Dampf- oder Wasserstrahl ein Unterdruck erzeugt, durch den das Fördergut angesaugt wird, um dann vom Strahl mitgerissen zu werden.

Punier [lat.] *m*, die Phöniker Nordafrikas, bes. Karthager.

Punische Kriege *m*, *Mz.*, 3 Kriege Roms gegen die Karthager (↑Phöniker) um die Vorherrschaft im westlichen Mittelmeer: Der *1. Punische Krieg* (264–241 v. Chr.) wurde hauptsächlich in Sizilien geführt, auf das Karthago verzichten mußte. Sizilien wurde römische Provinz. Auch der *2. Punische Krieg* (218–201 v. Chr.) endete mit einem Sieg Roms, obwohl die Karthager unter ihrem Feldherrn Hannibal bedeutende Siege in Italien (z. B. 216 v. Chr. bei Cannae) erringen konnten. Die Römer eroberten Spanien, von Sizilien aus setzten sie nach Afrika über, wo sie die Karthager bei Zama (202 v. Chr.) vernichtend schlugen. Karthago verlor alle Besitzungen außerhalb Afrikas u. mußte seine Flotte ausliefern. Der *3. Punische Krieg* (149–146 v. Chr.) endete mit der Zerstörung Karthagos. Rom beherrschte nun das westliche Mittelmeer.

Punkt [lat.] *m*: **1)** Grundgebilde in der Geometrie; **2)** ↑Zeichensetzung.

Punsch [engl.] *m*, würziges Getränk aus Wein, Zucker, Wasser (oder Tee), Weinbrand, Südfrüchten u. Gewürzen.

Puppe [lat.] *w*: **1)** Entwicklungsstadium der Insekten zwischen Larven u. Vollinsekt; **2)** Kinderspielzeug, das zu allen Zeiten u. in allen Kulturen bekannt war. – Abb. S. 469.

Puppenspiel [lat.; dt.] *s*, seit dem Mittelalter beliebte Form des volkstümlichen Theaters. Die Puppen werden entweder von den Händen der Spielleute bewegt (Handpuppen) u. sind auf Stäbe aufgesetzt (Stab- oder Stockpuppen). Eine besondere Art des Puppenspiels ist das Marionettentheater, bei dem die beweglichen Gliederpuppen (Marionetten) an Fäden aufgehängt sind u. durch diese bewegt werden. Die bekannteste Figur im P. ist der Kasper, der in ständigem Kampf mit dem Teufel, den Räubern u. dem Krokodil liegt, aber mit Hilfe von Polizist u. Großmutter Sieger bleibt.

Puritaner [engl.] *m*, *Mz.*, Anhänger einer reformerischen Richtung des Protestantismus, die im 16. Jh. in England entstand. Die P. wandten sich gegen den Prunk der anglikanischen Kirche u. strebten die Reinheit (lat. puritas) der Kirche u. ein einfaches sittenstrenges Leben an, dessen Erfüllung Arbeit u. Beruf ist. Viele P. wanderten nach Amerika aus u. gründeten dort Kolonien. Der durch Frömmigkeit, Sittenstrenge u. Arbeitswille gekennzeichnete *Puritanismus* prägte für lange Zeit den Volkscharakter in England u. in den USA.

Purpur [gr.] *m*, rotvioletter Farbstoff, der im Altertum (wohl zuerst von den Phönikern) aus dem Saft der Purpurschnecke gewonnen wurde. Der teure P. (12 000 Schnecken ergaben nur 2 g) wurde zum Einfärben kostbarer Gewänder verwendet u. galt als Zeichen der Königswürde. Heute wird P. künstlich hergestellt.

Puschkin, Alexander Sergejewitsch, * Moskau 6. Juni 1799, † Petersburg (heute Leningrad) 10. Februar 1837, bedeutender russischer Dichter. Neben sprachlich vollendeten lyrischen Gedichten schrieb P. Verserzählungen u. Versromane, u. a. „Eugen Onegin" (1833), u. Dramen, von denen die Tragödie „Boris Godunow" (1825, gedruckt 1831) am bekanntesten wurde.

Sein Roman „Die Hauptmannstochter" (1836) ist der erste bedeutende russische Prosaroman.

Pußta [ungar.] *w*, baumlose, steppenartige Ebene in Süd- und Ostungarn. Die P. wurde früher fast ausschließlich als Weideland (Rinder u. Schafe) genutzt, heute ist sie durch künstliche Bewässerung zum großen Teil als Ackerland erschlossen.

Putsch ↑Staatsstreich.

Putten [ital.] *Mz.* (Einzahl Putte *w* oder Putto *m*), nackte, oft geflügelt dargestellte Knaben in der Malerei u. Bildhauerkunst der Renaissance u. des Barock. P. sind Ausdruck der Lebensfreude.

Putzerfische *m*, *Mz.*, Bezeichnung für kleine Fische, die Haut, Kiemen u. Mundhöhle großer Fische (meist Raubfische) von Schmarotzern reinigen. Die großen Fische fordern durch bestimmte Verhaltensweisen die P. zu diesem Tun auf. – Abb. S. 469.

Pygmäen *m*, *Mz.*, Zwergvölker, die in Zentralafrika, vorwiegend im Kongogebiet leben. Die P. sind etwa 1,30–1,40 m groß, sie sind Jäger u. Sammler. – Abb. S. 469.

Pyramide [gr.] *w*: **1)** ein geometrischer Körper, der von einem ebenen Vieleck als Grundfläche u. in einem Punkt S zusammenstoßenden Dreiecken begrenzt wird. Der Punkt S heißt Spitze der Pyramide. Das Lot vom Punkt S auf die Grundfläche heißt Höhe der Pyramide. Den Rauminhalt (V) der P. erhält man aus der Beziehung:
$$V = \tfrac{1}{3} G \cdot h$$
(G = Grundfläche, h = Höhe);
2) Grab- u. Tempelform verschiedener Kulturen; im alten Ägypten Königsgrab vom 3. Jahrtausend bis ins 16. Jh. v. Chr. Im Innern des Baues befinden sich die Bestattungsräume. Zur gesamten Grabanlage, deren Mittelpunkt die P. ist, gehören der Taltempel (nur für die Beisetzungsfeierlichkeiten) u. der Totentempel (für die regelmäßige Verehrung des Verstorbenen). Am berühmtesten sind die Pyramiden der Könige Cheops, Chephren u. Mykerinos (etwa aus der Zeit zwischen 2650 u. 2540 v. Chr.) bei Gise. Die größte von ihnen, die *Cheopspyramide*, war ursprünglich 146,6 m hoch (heute 137 m), ihre Seitenlänge betrug 230,38 m (heute 227,5 m). Pyramiden in Stufenform erbauten die Kulturvölker Altamerikas (Mayas, Azteken, Inkas u. a.). Diese Pyramiden dienten als Unterbauten für Tempel, bargen teilweise jedoch auch Gräber.

Pyrenäen *Mz.*, Grenzgebirge zwischen Frankreich u. Spanien. Die P. erstrecken sich rund 430 km vom Mittelmeer bis zum Golf von Biskaya (Atlantischer Ozean) und erreichen im Pico de Aneto eine Höhe von 3 404 m. Im Gegensatz zu dem trockenen u. flacheren Südabfall sind die steilen Nordhänge des Gebirges stark bewaldet. Auf französischer Seite werden Eisen-, Blei-, Zinkerze und Bauxit abgebaut. Nur wenige Pässe führen über das unzugäng-

Pyramide.
Tempelpyramide in Chichén Itzá (Mexiko)

Pyramide. Cheopspyramide bei Gise (Ägypten) mit der Sphinx im Vordergrund

liche Gebirge, in dessen Innerem die Republik ↑Andorra liegt. Die P. sind ein junges Faltengebirge, sie entstanden gleichzeitig mit den Alpen.
Pyrenäenhalbinsel ↑Iberische Halbinsel.
Pyrit [gr.] *m* (Eisenkies, Schwefelkies), metallisch glänzendes, meist hellgelbes Mineral aus Eisen u. Schwefel (Eisensulfid, FeS_2).
Pyrotechnik [gr.] *w*, Feuerwerkstechnik; sie umfaßt die Herstellung u. Anwendung von Feuerwerkskörpern u. Sprengkörpern, die z. B. als Signalmunition verwendet werden.
Pythagoras, * auf Samos um 580, † Metapont (?) um 500 v. Chr., griechischer Philosoph; seine Schüler, die *Pythagoreer* (↑auch Euklid), überlieferten seine Lehre: Die Zahl gilt als das einzig Feststehend-Gültige im Fluß des Werdens und Vergehens. Die in *Harmonie* geordneten Zahlenverhältnisse bestimmten den Kosmos wie auch den Menschen (Mikrokosmos). Bei ihren Untersuchungen über die Zahlen gelangten die Pythagoreer zu wichtigen mathematischen Erkenntnissen, von denen der sogenannte **pythagoreische Lehrsatz** (Satz des P.) am bekanntesten ist. Er besagt, daß in einem rechtwinkligen Dreieck die Summe der Quadrate über den Katheten

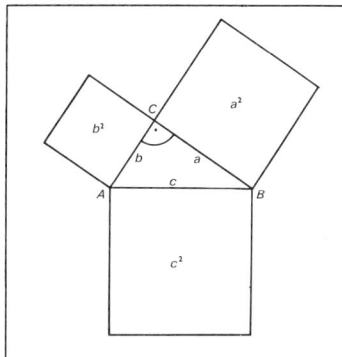

Pythagoreischer Lehrsatz

gleich dem Hypotenusenquadrat ist ($a^2 + b^2 = c^2$).
Pytheas, griechischer Seefahrer u. Geograph der 2. Hälfte des 4. Jahrhunderts v. Chr., der bei Reisen bis nach Britannien, eventuell noch weiter nach Norden kam.
Pythia *w*, Priesterin des griechischen Gottes Apoll in dessen Heiligtum in Delphi. Wenn sie weissagte, saß sie auf einem Dreifuß über einer Erdspalte, aus der Dämpfe aufstiegen. Sie verkündete dann Orakelsprüche, die für ihre Vieldeutigkeit bekannt waren.

Q, 17. Buchstabe des Alphabets.
q, Abkürzung für: Quadrat..., z. B. qcm = Quadratzentimeter (seit 31. 12. 1974 gesetzlich nicht mehr zugelassen); heute ist die Schreibung cm^2 usw. verbindlich.
Quacksalber [niederl.] *m*, Kurpfuscher; jemand, der ärztliche Behandlungen ohne zureichende Kenntnisse u. Mittel durchführt.
Quaden *m*, *Mz.*, germanischer Volksstamm der Stammesgruppe der Sweben. Die Qu. siedelten im 1. Jh. v. Chr. im Maingebiet. Im Zuge der Völkerwanderung kam ein Teil der Qu. im 5. Jh. n. Chr. mit den Vandalen nach Spanien, ein anderer Teil zog mit den Langobarden nach Italien.
Quader ↑Prisma.
Quadrat [lat.] *s*, ein Viereck mit vier gleich langen Seiten u. vier rechten Winkeln. Gegenüberliegende Seiten verlaufen parallel. Die Diagonalen des Quadrates sind gleich lang, sie stehen senkrecht aufeinander u. halbieren einander u. die Quadratwinkel. Den Flächeninhalt *F* des Quadrates erhält man aus der Beziehung: $F = s^2$ (*s* = Seitenlänge).
Quadratwurzel ↑Wurzel 3).
Quadriga [lat.] *w*, offener, zweirädriger Wagen, der von vier nebeneinandergespannten Pferden gezogen wird. Die Qu. wurde in der Antike zuerst als Streitwagen, dann hauptsächlich in Rom als Renn- u. Triumphwagen benutzt. – Als Kunstwerk bekannt ist die Qu. auf dem Brandenburger Tor in Berlin, die, im Krieg zerstört, 1958 in einer Kopie wieder aufgestellt wurde.
Quadrille [*kadrịlje;* frz.] *w*, aus Frankreich stammender Gruppentanz für vier Paare (besonders im 19. Jh.).
Quäker [engl.; = Zitterer] *m*, *Mz.* (Quakers), Anhänger einer von G. Fox (1624–91) in England begründeten religiösen Gemeinschaft. Sie selbst nannten sich „Gesellschaft der Freunde" (der Name Qu. war ursprünglich ein Spottname). Die Qu. lehnen eine organisierte Kirche, Sakramente, Priestertum und festgelegte Glaubenssätze ab. Sie beziehen sich in ihrem Glauben auf das „innere Licht" des Heiligen Geistes, das nach ihrer Lehre in jedem Menschen leuchtet. Aus diesem Grunde lehnen sie Sklaverei, Krieg u. Eid ab. Die Qu. zeichneten sich durch ihre umfangreiche soziale Hilfstätigkeit aus, z. B. bei der Flüchtlingshilfe und bei Hungersnöten. 1947 erhielt ein englisch-amerikanischer Quäkerverband dafür den Friedensnobelpreis. Zur Zeit gibt es rund 200 000 Qu. (v. a. in den USA).

Qualifikation [lat.] *w*, Befähigung, Eignung. Als Qu. bezeichnet man auch den Nachweis für bestimmte Fähigkeiten; z. B. eine Fußballmannschaft erlangt die Qu. (qualifiziert sich) für ein Meisterschaftsspiel, d. h., sie erwirbt die Teilnahmeberechtigung auf Grund bestimmter Erfolge.
Qualität [lat.] *w*, Art der Beschaffenheit, Besonderheit eines Dinges im Gegensatz zur ↑Quantität (Menge). Mit Qu. bezeichnet man auch die Güte oder den Wert z. B. einer Ware.
qualitativ [lat.], der Qualität (Wert, Beschaffenheit) nach.
Quallen *w*, *Mz.* (Medusen), Nesseltiere, die frei in Meeren, seltener in Süßgewässern schweben, sich frei bewegen. Qu. gibt es in der Größe von 1 cm bis über 1 m. Ihr Körper hat die Form einer Glocke oder eines Schirmes. Der Körper ist gallertartig-durchscheinend. Nach unten hängt das Mundrohr herab, das durch vier lappige, gefältete Mundarme verlängert sein kann. Der Schirmrand trägt ↑Tentakeln. Diese erzeugen bei Berührung am Menschen einen roten, stark juckenden Ausschlag (nicht alle Arten). Die Qu. bewegen sich durch ruckartiges Zusammenziehen des Schirmrandes. Dabei pressen sie das Wasser aus der Höhle

Quanten

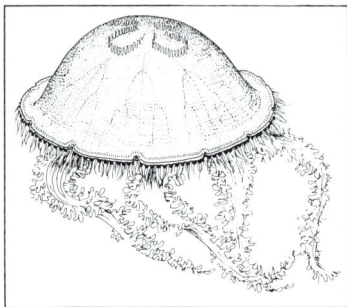

Quallen. Ohrenqualle

unter dem Leib (Rückstoßprinzip der Bewegung).

Quanten [lat.] s, Mz., die kleinsten in einem Wellenvorgang (z. B. in Licht) auftretenden „Energieportionen" (z. B. Lichtquanten, sog. Photonen). Die **Quantentheorie** geht von dem Vorhandensein solcher „gequantelter" Energien (auch Drehimpulse u. a.) aus; sie beschreibt mit einem mathematischen Formalismus das Verhalten von Atomen, Molekülen u. Elementarteilchen.

Quantität [lat.] w, Menge, Masse, Anzahl, Umfang, Größe von Dingen. **quantitativ** [lat.], der Quantität (Menge) nach.

Quantum [lat.] s, Menge, Anzahl, aber auch Anteil, bestimmtes Maß; ein Motor braucht für eine Leistung z. B. ein bestimmtes Qu. Treibstoff.

Quarantäne [kar...; frz.] w, räumliche Absonderung von Personen, Tieren oder Sachen, die eine ansteckende Krankheit oder die Erreger einer solchen Krankheit übertragen könnten. Durch Qu. soll die Einschleppung oder Ausbreitung von Seuchen verhindert werden. Die Dauer der Qu. hängt von der Inkubationszeit der Krankheit ab, deren Übertragung man verhindern will.

Quark [slaw.] m (Weißkäse, Topfen), geronnener, weiß ausgeflockter Käsestoff (Kasein) der Kuhmilch. Er wird durch Sauerwerden der Milch (Sauermilchquark) oder durch Zugeben eines Ferments (Lab) zur Milch hergestellt; Qu. ist leicht verdaulich; er enthält etwa 14–17 % Eiweiß und kommt in mehreren Fettgehaltsstufen auf den Markt.

Quarta [lat.] w, veraltete Bez. für die 3. Klasse an einer höheren Schule (7. Schuljahr).

Quartal [lat.] s, Vierteljahr.

Quartär ↑ Erdgeschichte.

Quarte (Quart) [lat.] w, der 4. Ton der Tonleiter sowie das Intervall zwischen dem ersten u. dem vierten Ton einer Tonleiter.

Quartett [ital.] s: **1)** ein Musikstück für vier Stimmen oder für vier Instrumente; auch die entsprechende Gruppe von Musizierenden oder Singenden wird so genannt; **2)** unterhaltendes Kartenspiel, bei dem je vier zusammengehörende Karten (ein Qu.) vom Spieler gesammelt werden müssen.

Quarz m, eines der verbreitetsten Minerale, bestehend aus Siliciumdioxid (SiO$_2$). Je nach seiner kristallinen Ausbildung u. seinen färbenden Beimengungen kennt man Qu. in Form von Sand, Kies u. Schmucksteinen (z. B. Bergkristall, Amethyst).

Quarz. Bergkristall

Quarzglas s, aus reinem Quarz hergestelltes hochwertiges, äußerst hitzebeständiges Glas. Seine hervorragendste Eigenschaft ist seine Durchlässigkeit für ultraviolettes Licht.

Quarzlampe w, eine mit Quecksilberdampf gefüllte Röhre, die bei Anlegen einer elektrischen Spannung ultraviolettes Licht aussendet, das durch die aus Quarzglas bestehende Lampenhülle nach außen gelangt. Quarzlampen werden u. a. als Analysenlampen, zur Sterilisation von Räumen u. als Bestrahlungslampen (Höhensonne ®) verwendet.

Quarzuhr ↑ Uhr.

quasi [lat.], gleichsam, als ob, gewissermaßen.

Quebec [kwibek] (frz. Québec): **1)** größte Provinz Kanadas, umfaßt den Hauptteil von Labrador, rund sechsmal so groß wie die Bundesrepublik Deutschland. Von den 6,2 Mill. E sind rund 80 % Frankokanadier (Kanadier französischer Sprache). Das sehr waldreiche Land geht im Norden in Tundra über. Hauptsiedlungsgebiet ist das Flußtal des Sankt-Lorenz-Stromes. Dort werden Kartoffeln, Getreide, Tabak u. Zuckerrüben angebaut; daneben Milchwirtschaft. Auf den Eisen-, Kupfer-, Zink-, Gold- u. Silbervorkommen baut eine vielseitige Industrie auf. Auch die Holzwirtschaft u. die Fischerei (kanadischer Lachs) sind von Bedeutung; **2)** Hauptstadt von 1), an der Mündung des Sankt-Lorenz-Stromes in den Atlantischen Ozean gelegen, mit 174 000 E. Die Stadt hat eine Universität. Neben Papier-, Metallwaren-, Nahrungsmittel- u. Bekleidungsindustrie sind v. a. die Werften von Bedeutung. – Die 1608 gegründete Stadt war zuerst Hauptstadt des französischen, dann des britischen Kanada; seit 1867 ist sie die Hauptstadt der Provinz Quebec.

Quecke w, Süßgräser mit rundem, an den Knoten verdickten Stempel u. zweizeiligen Blättern; wegen ihrer oft meterlangen unterirdischen Sproßteile sind Quecken ein lästiges Unkraut.

Quecksilber s, Metall, chemisches Symbol Hg, Ordnungszahl 80, Atommasse ungefähr 200,6, Dichte etwa 13,5. Das grau glänzende Schwermetall ist das einzige Metall u. neben Brom das einzige Element, das bei Zimmertemperatur flüssig ist. Es schmilzt bei −38,87 °C u. siedet bei 356,57 °C. Am bekanntesten ist die Verwendung von Qu. als Thermometer- und Barometerfüllung und als Zahnfüllung.

Quedlinburg, Stadt an der Bode, im Bezirk Halle, mit 29 000 E. Auf dem Burgberg liegen das Schloß u. die Stiftskirche aus dem 12. Jh., in der sich das Grab Heinrichs I. u. seiner Gemahlin Mathilde befindet. Qu. ist Sitz eines Instituts für Pflanzenzüchtung u. bekannt für seine Samen- u. Blumenzucht.

Queen [kwin; engl.] w, Königin.

Quellen w, Mz.: **1)** natürliche Austritte von Grundwasser an der Erdoberfläche; besondere Arten von Qu. sind die ↑ artesischen Brunnen u. die ↑ Geysire; **2)** im übertragenen Sinn allgemeine Bezeichnung für Herkunft u. Ursprung, z. B. Rohstoffquellen; **3)** in der Geschichts- u. Literaturwissenschaft bezeichnet man als Qu. alle diejenigen Zeugnisse, die in Form von Texten oder Gegenständen Aufschluß über geschichtliche Daten u. Zusammenhänge geben oder zum Auslegen einer Dichtung von Nutzen sind. So dienen z. B. Grabinschriften aus dem alten Ägypten als Qu. für die Geschichte dieses Landes. Für die Erklärung literarischer Werke können z. B. Briefe des Dichters als Qu. herangezogen werden. Auch die von einem Autor benutzten Vorlagen werden als Qu. bezeichnet.

Querflöte ↑ Flöte.

Quersumme [dt.; lat.] w, die aus den einzelnen Ziffern einer natürlichen Zahl gebildete Summe; die Qu. von 375 604 ist 3 + 7 + 5 + 6 + 4 = 25. Wenn die Qu. einer Zahl durch 3 (9) teilbar ist, ist auch die Zahl durch 3 (9) teilbar.

Querulant [lat.] m, Nörgler, Quertreiber; jemand, der dauernd Streit sucht oder durch häufige unbegründete Beschwerden lästig wird.

Queue ↑ Billard.

Quinta [lat.] w, veraltete Bezeichnung für die 2. Klasse an einer höheren Schule (6. Schuljahr).

Quinte (Quint) [lat.] w, 5. Ton der Tonleiter sowie das Intervall zwischen dem 1. u. 5. Ton einer Tonleiter.

Quintessenz [lat.] w, das Wesentliche, der Hauptgedanke oder das Endergebnis einer Sache oder einer Untersuchung.

Quintett [ital.] *s*, Musikstück für fünf Instrumente oder für fünf Singstimmen; auch die entsprechende Gruppe von fünf Musizierenden oder Sängern wird so genannt.

Quito [*kito*], Hauptstadt von Ecuador, mit 557 000 E. Die Stadt liegt 2850 m ü. d. M. in einem Hochtal der Kordilleren. Sie hat 2 Universitäten, mehrere Museen u. ein Observatorium. Bekannt ist das Kunsthandwerk aus Qu. sowie die Textil- u. Lederindustrie. – Im Jahre 1533 wurde die zum Inkareich gehörende Stadt von den Spaniern erobert. Seit 1830 ist Qu. die Hauptstadt von Ecuador.

Quitte [gr.-lat.] *w*: **1)** Rosengewächs aus Vorderasien. Die Qu. ist ein bis 8 m hoher Baum mit rötlichweißen Blüten. Nach der Form der Früchte, die zu Gelee oder Mus verarbeitet werden, unterscheidet man Apfel- u. Bir-

Blüten der Japanischen Quitte

nenquitten; **2)** (Japanische Qu.) Rosengewächs aus Ostasien. Der 1–2 m hohe Strauch mit roten Blüten u. dornigen Zweigen ist eine prächtige Zierpflanze.

Quittung [lat.-frz.] *w*, schriftliche Bestätigung über den Empfang von Geld oder Waren. Jede Qu. muß mit einer Orts- u. Zeitangabe versehen u. vom Empfänger unterschrieben sein.

Quiz [*kwis*; engl.] *s*, heiteres Frage-und-Antwort-Spiel, das aus den USA stammt. Bei Quizveranstaltungen, die häufig im Rundfunk oder Fernsehen gesendet werden, stellt der Quizmaster (Leiter des Spiels) den Teilnehmern Fragen, die innerhalb einer bestimmten Zeit zu beantworten sind.

Quote [lat.] *w*, Anteil, der bei der Aufteilung eines Ganzen auf den einzelnen entfällt, z. B. Gewinnquote bei einer Lotterie.

Quotient [lat.] *m*, das Ergebnis einer Division (Teilung), z. B. 24 : 3 = 8; 8 ist der Qu. Auch eine unausgerechnete Divisionsaufgabe in Form eines Bruches wird als Qu. bezeichnet, z. B. $\frac{3}{4}$.

R, 18. Buchstabe des Alphabets.
Ra ↑Re.
Raab: 1) *w* (ungarisch Rába), rechter Nebenfluß der Donau; die 300 km lange R. entspringt am Rande der Fischbacher Alpen in Österreich u. mündet bei der gleichnamigen Stadt in die *Kleine Donau*; **2)** (ungarisch Györ) ungarische Stadt an der Mündung von 1), mit 120 000 E. Die Stadt hat einen Dom aus dem 13. Jh., der später mehrere Male umgebaut wurde, u. die Bischofsburg aus dem 16. Jh. In R. befinden sich wichtige Industrieanlagen für den Waggon-, Motoren- u. Werkzeugmaschinenbau.

Raabe, Wilhelm, * Eschershausen 8. September 1831, † Braunschweig 15. November 1910, deutscher Dichter. Er schildert wirklichkeitsnah das Leben der deutschen Kleinstadt im 19. Jh. Die Helden seiner Romane sind, obgleich oft Sonderlinge, von warmer Menschlichkeit erfüllt u. stehen häufig im Kampf mit einer böswilligen Umwelt. Besonders das Alterswerk Raabes vermittelt eine Lebensweisheit, die Selbstüberwindung u. Ergebung angesichts der immer materialistischer werdenden Welt anrät. Die bekanntesten Werke des Dichters sind „Die Chronik der Sperlingsgasse" (1857), „Der Hungerpastor" (1864), „Die schwarze Galeere" (1865) u. „Die Akten des Vogelsangs" (1896).

Rabat, Hauptstadt Marokkos, am Atlantischen Ozean. Die 746 000 E große Stadt hat neben einer Universität Museen mit wertvollen Sammlungen u. eine Rundfunk- u. Fernsehstation. Auf der Grundlage des einheimischen Gewerbes entwickelten sich Textil-, Leder- u. Nahrungsmittelindustrie. – Auf dem Boden einer römischen Siedlung gründeten Mauren im 12. Jh. die Stadt, die seit 1912 Hauptstadt Marokkos u. zu einer modernen Stadt ausgebaut ist.

Rabatt [ital.] *m*, Preisnachlaß, der meist in Prozent vom Kaufpreis ausgedrückt wird. R. wird aus verschiedenen Gründen gewährt, z. B. Mengenrabatt (Preisnachlaß beim Kauf größerer Mengen einer Ware) oder Barzahlungsrabatt (auch *Skonto* genannt).

Rabbiner [hebr.] *m*, Titel der jüdischen Schriftgelehrten. Die R. üben z. T. eine private Schiedsgerichtsbarkeit in den jüdischen Gemeinden aus, entscheiden religionsgesetzliche Fragen u. nehmen Amtshandlungen vor; als geistiger Leiter der Gemeinde ähnelt ihre Stellung der der christlichen Geistlichen.

Raben *m*, *Mz.*, große, kräftige, meist schwarze Rabenvögel. In Europa lebt der über 60 cm große *Kolkrabe*.

Rabenvögel *m*, *Mz.*, eine Familie drossel- bis kolkrabengroßer Singvögel. Zu ihnen gehören z. B. ↑Dohlen, ↑Elstern, ↑Krähen u. ↑Raben.

Rachen *m*, ein erweiterter Raum des Schlundes bei Säugetieren, der hinter der Mundhöhle liegt. An der Decke des Rachens liegt die Rachenmandel, an seinen beiden Seiten liegen die Gaumenmandeln.

Racine, Jean [*raßin*], * La Ferté-Milon bei Soissons, getauft am 22. Dezember 1639, † Paris 21. April 1699, französischer Dichter. Er gilt neben Corneille als der Schöpfer u. Vollender des klassischen französischen Dramas. Seine in maßvoller Sprache (↑Alexandriner) geschriebenen Tragödien zeigen seelische Konfliktsituationen, die durch leidenschaftliche Liebe heraufbeschworen werden. Im Alter wandte sich R. religiösen u. biblischen Stoffen zu. Bekannte Dramen: „Iphigenie in Aulis" (1675), „Phädra" (1677), „Esther" (1689).

Rackenvögel *m*, *Mz.*, 10–100 cm lange Singvögel, die hauptsächlich in den Tropen u. Subtropen vorkommen. Sie sind häufig leuchtend bunt gefärbt u. besitzen eine lärmende Stimme. Nahe verwandt sind sie mit den Spechten.

Wilhelm Raabe

Jean Racine

473

Rad

Rad s: **1)** das R. stellt eine der wichtigsten Erfindungen der Menschheit dar. Mit seiner Hilfe läßt sich die sehr große Gleitreibung in die wesentlich kleinere Rollreibung umsetzen. Dadurch wird der Transport schwerer Gegenstände ermöglicht. Das R. besteht aus dem Radkranz (Felge), der durch Speichen (Speichenrad) oder einer Scheibe (Scheibenrad) mit der auf der Drehachse sitzenden Nabe verbunden ist. Im Getriebe werden Räder zur Kraftübertragung benutzt. Sie wirken dabei wie Hebel. Der Radius des Rades entspricht der Länge des Hebelarmes. Bei Zahnrädern ist der Radkranz mit Zähnen versehen, die in ein zweites Zahnrad, eine Zahnstange oder eine Kette eingreifen; **2)** Kurzform für: ↑Fahrrad.

Radar m oder s, Abkürzung für: **Ra**dio **d**etection **a**nd **r**anging (= Entdeckung u. Messung durch Funk), eine Funkmeßtechnik; ein Verfahren, mit dessen Hilfe man Gegenstände wie Schiffe, Flugzeuge, Raketen u. ä. orten u. ihre Entfernung vom Beobachter messen kann. R. beruht auf dem ↑Echo. Es arbeitet ganz ähnlich wie ein ↑Echolot, nur daß statt Schallwellen elektromagnetische Wellen (Funkwellen) von sehr kurzer Wellenlänge benutzt werden. Die in einem Sender erzeugten elektromagnetischen Wellen werden von einer Richtstrahlantenne (Antenne mit Parabolspiegel) in Form von kurzzeitigen Impulsen gebündelt ausgesendet. Treffen sie auf ein Hindernis, so werden sie reflektiert (zurückgeworfen), von derselben Antenne wieder empfangen u. über eine Weiche einem Empfangs- u. Anzeigegerät zugeführt. Aus der Zeit, die zwischen Senden u. Empfangen vergeht, kann die Entfernung des betreffenden Gegenstandes von der Beobachtungsstation bestimmt werden. Zur fortlaufenden Überwachung eines größeren Gebietes, beispielsweise eines Hafens oder des Luftraumes über einem Flugplatz, werden drehbare Radarantennen verwendet. Sie bestreichen mit den Funkimpulsen das gesamte zu überwachende Gebiet. Das Funkecho wird auf eine Bildröhre geleitet, auf der sich die erfaßten Gegenstände als leuchtende Punkte zeigen. – Abb. S. 476.

Radballspiel s, nur von Männern ausgetragenes Ballspiel. Zwei Mannschaften (beim Spiel in der Halle 2, auf Rasen 6 Spieler) versuchen, einen Ball (Durchmesser 16–18 cm) mit dem Vorder- oder Hinterrad in das gegnerische Tor zu stoßen.

Rädelsführer m, ursprünglich der Anführer eines Rädleins (kreisförmige Kampfformation von Landsknechten); heute bezeichnet man mit R. den Anführer einer Bande, einer Verschwörung oder eines Aufruhrs.

Rädertiere s, Mz., meist 0,1–1 mm große Schlauchwürmer, die meist im Süßwasser, aber auch im Moosrasen u. selten im Meer leben. An ihrem Vorderende besitzen sie ein Räderorgan, mit dem sie sich fortbewegen u. Nahrung herbeistrudeln.

Radiant ↑Winkel.

Radierung [lat.] w, künstlerische Technik, bei der die Zeichnung mit einer stählernen *Radiernadel* in den Ätzgrund einer Kupferplatte eingeritzt wird. Die Platte wird dann in eine Säure getaucht, die Kupfer angreift, so daß die Teile der Platte, von denen der schützende Ätzgrund abgehoben worden ist, von der Säure angegriffen werden u. Vertiefungen bilden. Von der so auf die Kupferplatte übertragenen Zeichnung können dann Abzüge im Tiefdruckverfahren gemacht werden. Wird die Zeichnung ohne Ätzung direkt in das Kupfer eingeritzt, nennt man das Verfahren *Kaltnadelradierung*. Die Technik der R. wurde zuerst von der Künstlerfamilie Hopfer in Augsburg im frühen 16. Jh. angewandt. Zu den bedeutendsten Meistern der R. gehören u. a. Rembrandt u. Goya.

radikal [lat.], bis an die Wurzel gehend; gründlich, konsequent; rücksichtslos.

Radio [lat.] s, Gerät zum Empfang von Rundfunkprogrammen (↑Rundfunk).

radioaktiv [lat.], bestimmte Strahlen aussendend (↑Radioaktivität).

Radioaktivität [lat.] w, die Eigenschaft der Atomkerne bestimmter Atomarten (sog. *Radionuklide*), sich ohne äußeren Einfluß unter Aussendung von Strahlungsenergie in andere Atomkerne umzuwandeln. Man spricht in diesem Zusammenhang von einem *radioaktiven Zerfall* der betreffenden Atomkerne. Zerfallen sie unmittelbar von selbst, so spricht man von natürlicher R.; erfolgt der Zerfall dagegen erst, nachdem die Atomkerne durch Beschuß von stabilen Atomkernen mit geeigneten Elementarteilchen (v. a. Neutronen) in Kernreaktionen entstanden sind, dann liegt eine künstliche R. vor. Natürliche R. tritt bei allen Atomkernen auf, deren Kernladungszahl (Ordnungszahl) größer als 82 ist. Dabei treten drei energiereiche Strahlenarten auf, die Alphastrahlen, die Betastrahlen u. die Gammastrahlen. *Alphastrahlen* bestehen aus den Atomkernen von Heliumatomen (Alphateilchen), d. h., sie setzen sich aus je zwei Protonen u. zwei Neutronen zusammen, sind also doppelt positiv geladen. Wenn daher ein Atomkern ein Alphateilchen aussendet, nimmt seine Masse um vier Einheiten ab, während sich seine Kernladungszahl (Ordnungszahl) um zwei verringert. Der so neu entstandene Atomkern gehört daher zu einem Nuklid, das im ↑Periodensystem der chemischen Elemente zwei Stellen vor dem Ausgangsnuklid steht. *Betastrahlen* bestehen aus Elektronen, sind also negativ geladen. Wenn ein Atomkern ein Elektron aussendet, nimmt seine Kernladungszahl (Ordnungszahl) um eins zu, seine Masse dagegen bleibt nahezu gleich. Der so entstandene neue Atomkern gehört daher zu einem Nuklid, das im Periodensystem eine Stelle hinter dem Ausgangsnuklid steht. *Gammastrahlen* werden stets nur im Zusammenhang mit Alpha- oder Betastrahlen ausgesandt. Sie stellen eine sehr kurzwellige elektromagnetische Strahlung dar. Der radioaktive Zerfall einer Anzahl von Atomkernen geht nun so vor sich, daß in gleichen Zeiten jeweils der gleiche Bruchteil der noch vorhandenen Kerne zerfällt. Wenn beispielsweise in einem Jahr die

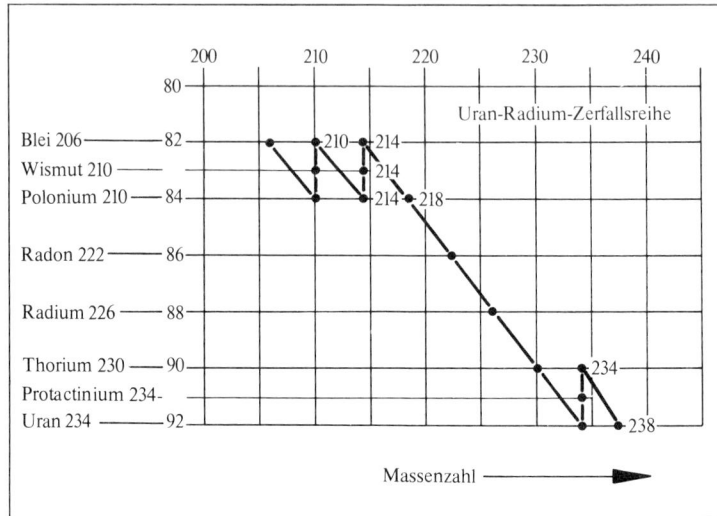

Radioaktivität.
Schema einer radioaktiven Zerfallsreihe

Hälfte aller Atomkerne in einem Gramm irgendeines Radionuklids zerfällt, so bleibt nach einem Jahr ein halbes Gramm übrig. Im nächsten Jahr zerfällt wieder die Hälfte der noch vorhandenen Atome, es bleibt also die Hälfte von $^1/_2$ Gramm = $^1/_4$ Gramm übrig usw. Die Zeit, in der die Hälfte einer Menge radioaktiver Atomkerne zerfällt, heißt Halbwertszeit. Die Halbwertszeiten sind bei den verschiedenen radioaktiven Elementen bzw. ihren Radionukliden sehr unterschiedlich. Während sie für Uran 238 beispielsweise 4,5 Milliarden Jahre beträgt, liegt sie für Thorium C′ bei 0,000 0003 Sekunden. Da die beim radioaktiven Zerfall entstehenden Atomkerne in der Regel ebenfalls radioaktiv sind und weiter zerfallen, ergeben sich sogenannte radioaktive Zerfallsreihen. In der Natur kommen drei solcher Zerfallsreihen vor, die Uran-Radium-Reihe, die Uran-Actinium-Reihe u. die Thoriumreihe. Jede der drei Reihen endet beim Blei, dem letzten Element im Periodensystem der chemischen Elemente mit stabilen Nukliden. – Die beim radioaktiven Zerfall auftretende Strahlung ist für den Menschen äußerst gefährlich. Radioaktive Stoffe müssen deshalb in Bleibehältern aufbewahrt werden, da Blei die Strahlen verschluckt (absorbiert). Die Strahlung v. a. von künstlich hergestellten Radionukliden wird in geringen Dosen (Mengen) u. a. zur Krebsbehandlung verwendet. Eine recht genaue Altersbestimmung von Gesteinen u. ä. wird durch die Kenntnis von Halbwertszeiten ermöglicht.

Radiosonde [lat.; frz.] w (Aerosonde), ein in der Wetterkunde verwendetes Meßgerät zur Feststellung von Temperatur, Luftdruck u. Luftfeuchtigkeit in den verschiedenen Höhenlagen. Die R. steigt, an einem Ballon hängend, auf u. sendet die gemessenen Werte durch Funk zur Erde. Nach den Messungen trennt sie sich vom Ballon u. schwebt an einem Fallschirm zur Erde zurück.

Radium [lat.] s, metallisches Element, chemisches Symbol Ra, Ordnungszahl 88. Der Schmelzpunkt liegt bei etwa 700 °C, der Siedepunkt wahrscheinlich bei über 1 737 °C. R. ist ebenso wie ↑Radon ein Element, das sowohl durch radioaktiven Zerfall anderer Elemente (Uran) entsteht u. durch radioaktiven Zerfall auch wieder in Radon übergeht. Das weißglänzende Metall verhält sich chemisch etwa so wie ↑Barium u. bildet eine große Anzahl ähnlicher Verbindungen. Die Halbwertszeit des langlebigsten Radiumisotops beträgt 1622 Jahre. Das metallische Element kommt entsprechend seiner Entstehung in Uranlagerstätten vor. Durch den radioaktiven Zerfall sendet R. eine Fluoreszenzstrahlung aus, die von Zifferblättern auf Uhren bekannt ist. Wegen der Gefährlichkeit der Strahlung

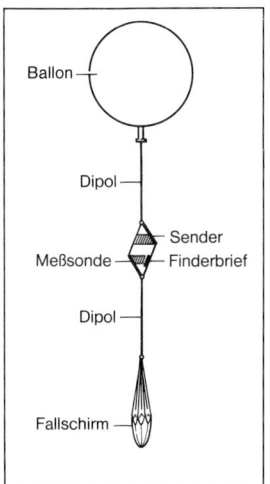

Radiosonde. Schematische Anordnung eines Radiosondengespanns

werden heute ungefährlichere Leuchtstoffe verwendet.

Radius [lat.] m (Halbmesser), Formelzeichen: r, die Entfernung vom Kreismittelpunkt bis zur Kreislinie bzw. vom Kugelmittelpunkt bis zur Kugeloberfläche (↑Kreis, ↑Kugel).

Radon s (Emanation, Nitron), chemisches Symbol Rn, Ordnungszahl 86. Das gasförmige Element entsteht nur als kurzlebiges Zwischenprodukt beim radioaktiven Zerfall von Uran, Thorium u. Actinium. Die Halbwertszeit (↑Radioaktivität) beträgt bei der langlebigsten Atomart (Isotop) von R. 3,8 Tage. Auf Grund seiner Unbeständigkeit zählt R. zu den seltensten Elementen.

Radsport m, zusammenfassende Bezeichnung für die sehr unterschiedlichen sportlichen Wettbewerbe, die auf Fahrrädern ausgetragen werden. Es gibt Wettrennen auf Hallenbahnen, auf der Straße, Querfeldeinrennen, Etappenrennen (am bekanntesten die „Tour de France"), daneben Kunstradfahren in der Halle. Zum Radsport gehören auch das ↑Radballspiel u. Radpolo (↑Polo). – Abb. S. 477.

Raffael [...fa-el], eigentlich Raffaello Santi, * Urbino vermutlich 6. April 1483, † Rom 6. April 1520, italienischer Maler u. Baumeister. Er lebte seit 1508 in Rom, wo er seit 1515 die Bauleitung der Peterskirche innehatte (von seinen Plänen ist wenig ausgeführt worden). Zu seinen Hauptwerken zählen die Fresken in den Stanzen (u. a. die sogenannte „Disputa" u. „Die Schule von Athen") u. Loggien des Vatikans, die Fresken in der Villa Farnesina (u. a. „Triumph der Galatea"), die „Sixtinische Madonna" (in Dresden) u. andere Madonnenbilder sowie bedeutende Porträts. R. stellt den Menschen in harmonischer Schönheit dar (klassisches Ideal). Mit Michelangelo u. Leonardo da Vinci zählt R. zu den größten Künstlern der Renaissance.

Raffinerie [frz.] w, Fabrikanlage, in der Naturstoffe wie Erdöl oder Zucker gereinigt bzw. veredelt werden. In der Zuckerraffinerie wird aus dem braungelben Rohzucker weißer Zucker (Zuckerraffinade) hergestellt. In der Erdölraffinerie wird das Rohöl in seine Bestandteile wie Benzin, Heizöl, Schmieröl u. a. zerlegt.

raffiniert [frz.]: **1)** verfeinert; gerissen, schlau; **2)** gereinigt (↑Raffinerie).

Ragout [ragu; frz.] s, Gericht aus gewürfeltem Fleisch, unter das häufig Pilze gemischt werden. Das mildgewürzte, gedünstete Fleisch wird mit einer pikanten Soße übergossen.

Ragtime [rägtaim; engl.-amer.; = zerrissener Takt] m, nordamerikanischer Musikstil, v. a. als Pianospielform: stark gegensätzliches Nebeneinander von melodischer Synkopierung (Betonung der unbetonten Taktwerte) der rechten Hand u. streng regelmäßigem Beat (Schlagrhythmus) der linken Hand. Kompositionsformen sind v. a. Marsch u. Charakterstück. Die Form des R. ist etwa 1870 entstanden. Die Blütezeit war zwischen 1890 u. 1915. Hauptvertreter waren u. a. Scott Joplin u. Jelly Roll Morton. Ursprünglich war R. die allgemeine Bezeichnung für den frühen Jazz.

Rahe w, waagrechte, am Schiffsmast befestigte Stange. Beim Segelschiff ist die R. meistens aus Holz u. frei beweglich; an ihr sind die trapezförmigen *Rahsegel* angebracht. Bei Motorschiffen dagegen ist die Rahe feststehend u. dient z. B. als *Signalrah* zum Anbringen von Leinen für Flaggensignale.

Rahmenerzählung w, eine Erzählung, die wie ein „Rahmen" um eine oder mehrere Erzählungen gelegt ist. In der Anlaß ist die eigentliche, d. h. der „Binnenerzählung" berichtet werden. So kann z. B. erzählt werden, wie sich eine Gruppe von Personen nachts an einem finsteren Ort trifft, um Gespenstergeschichten zu erzählen; Ort u. Handlung der Rahmenerzählung bereiten die Stimmung vor. Die R. ist orientalischen Ursprungs. Eine bekannte R. ist „Das Wirtshaus im Spessart" von W. Hauff.

Raimund, Ferdinand, eigentlich F. Raimann, * Wien 1. Juni 1790, † Pottenstein 5. September 1836 (Selbstmord), österreichischer Dramendichter u. Schauspieler. R. war neben Nestroy der führende Komiker des Wiener Volkstheaters. In dem von ihm geleiteten Leopoldstädter Theater führte er mit großem Erfolg seine Stücke auf, in denen er selbst die Hauptrolle spielte. Zu seinen bekanntesten Stücken gehören: „Der Alpenkönig und der Menschenfeind" (1828) und „Der Verschwender" (1834).

Raisting

Radar. Fluglotse am Radarbildschirm

Raisting, Gemeinde in Oberbayern, mit 1 400 E, südlich des Ammersees gelegen. Hier befindet sich die Erdfunkstelle der Deutschen Bundespost, eine Bodenstation für den interkontinentalen Fernmeldedienst mit Hilfe von Fernmeldesatelliten.
Raketen ↑S. 477.
Raleigh (Ralegh), Sir Walter [*råli*], * Hayes Barton (Devonshire) um 1554, † London 29. Oktober 1618, englischer Seefahrer u. Entdecker. Als Günstling Königin Elisabeths unternahm er in ihrem Auftrag Raub- u. Entdeckungsfahrten nach Übersee, besonders in die amerikanischen Kolonien der damals führenden Seemacht Spanien. Sein Versuch, in Virginia die ersten britischen Niederlassungen zu gründen, schlug fehl. In seinem Kampf gegen die Spanier wurde R. zum Vorkämpfer für die spätere britische Seeherrschaft u. das britische Weltreich. Unter König Jakob I. wurde er 1603 wegen Hochverrats zum Tode verurteilt u. bis 1616 im Tower eingekerkert. Nachdem er für eine Expedition nach Guayana freigelassen worden war, ließ der König nach deren Scheitern das Todesurteil vollstrecken. – Abb. S. 478.
Rallye [*rali*, auch: *räli*; engl.-frz.] *w*, im Autosport bezeichnet R. eine Sternfahrt mit serienmäßig hergestellten Automobilen (keine Rennwagen!), bei der zahlreiche Wertungen u. bestimmte Sonderprüfungen vorgenommen werden.
Ramses, Name von elf altägyptischen Königen (Pharaonen) der 19. u. 20. Dynastie (Herrscherhaus); besonders R. II. (1290–1224 v. Chr.) u. R. III. (1186 bis etwa 1155 v. Chr.) wurden bekannt durch ihre Feldzüge gegen die Hethiter u. die „Seevölker" (u. a. Griechen) u. durch mehrere gewaltige Tempelbauten (u. a. die Bauten in Luxor, Karnak u. Abu Simbel). Wahrscheinlich ist R. II. der „Pharao" des Alten Testamentes. – Abb. S. 478.

Ranch [*räntsch*; span.-engl.] *w*, landwirtschaftlicher Betrieb in Nordamerika, in dem vorwiegend Viehwirtschaft betrieben wird.
Rangun, Hauptstadt von Birma, am Ostrand des Irawadideltas gelegen, mit 1,6 Mill. E. Die Stadt hat neben einer Universität (1920 gegründet) das höchste buddhistische Heiligtum des Landes, die Shwe-Dagon-Pagode, die mit ihrem vergoldeten Dach das Wahrzeichen der Stadt ist. R. ist Handels- und Industriezentrum von Birma und der größte birmanische Ausfuhrhafen für Reis.
Ranke, Leopold von, * Wiehe (Bezirk Halle) 21. Dezember 1795, † Berlin 23. Mai 1886, bedeutender deutscher Geschichtswissenschaftler. R., der als Professor der Geschichte in Berlin lehrte, gilt als der Begründer der modernen Geschichtswissenschaft. Er forderte vom Geschichtsforscher (Historiker) strenge Sachlichkeit u. Unparteilichkeit u. verlangte in seinem Urteile, die auf unvoreingenommenes Studium von ↑Quellen 3) gestützt sind. Seine bedeutendsten u. bekanntesten Werke sind: „Deutsche Geschichte im Zeitalter der Reformation" (1839–47), „Zwölf Bücher preußischer Geschichte" (1874) u. „Weltgeschichte"(ab 1881).–Abb.S.478.
Ranken *w, Mz.*, fadenförmig oder schnurartig verlängerte Klammerorgane bei Pflanzen zum Festhalten an fremden Stützen.
Rappe *m,* schwarzes Pferd.
Rappen *m,* schweizerische Münze (100 R. = 1 Schweizer Franken).
Raps *m,* 60–120 cm hoher Kreuzblütler mit gelben, in Trauben angeordneten Blüten u. blaugrünen Blättern. R. wird in 2 Formen angebaut: als einjähriger Sommerraps u. als zweijähriger Winterraps. Vielseitige Nutzpflanze, aus der Öl gewonnen wird.
Rapunzel *w:* **1)** (Feldsalat) Baldriangewächs, das auch als wohlschmeckender Salat angepflanzt wird;

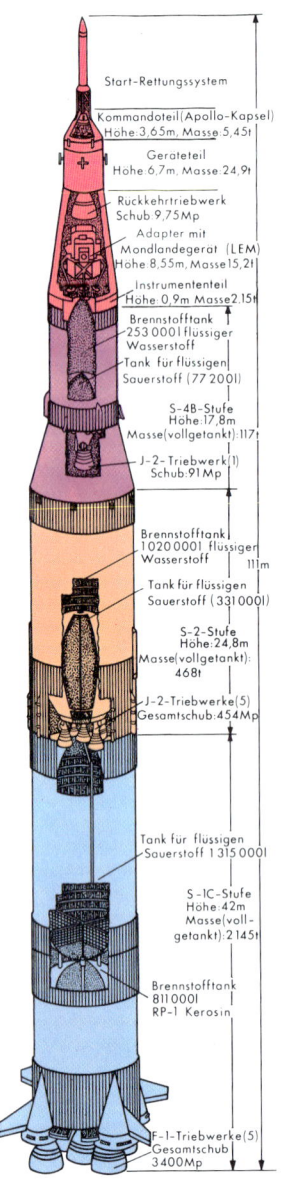

RAKETE

Saturn-Rakete (schematisch), in den USA 1962–67 entwickelt; Länge der Rakete 111,25 m, Durchmesser der Rakete 10 m; 3 Stufen; die Startmasse beträgt 2700 t, die Nutzmasse für die Erdumlaufbahn 120–130 t, für die Fluchtgeschwindigkeit (aus dem Schwerefeld der Erde) 43–45 t.

476

RAKETEN

Das Wort Rakete ist von dem italienischen Wort rocchetta abgeleitet. Es bezeichnete zunächst fliegende Feuerwerkskörper, während heute meistens die röhrenförmigen Flugkörper, die sich nach Zündung einer Treibladung durch Rückstoß fortbewegen, Raketen genannt werden.

Das entscheidende Kennzeichen der Rakete ist das von der Atmosphäre unabhängige Triebwerk; alle zu seinem Betrieb erforderlichen Stoffe werden von der Rakete mitgeführt. Ein Flugzeug entnimmt dagegen den Sauerstoff, der für die Verbrennung des Treibstoffs gebraucht wird, der Atmosphäre.

Die Rakete besteht aus Triebwerk, Zelle, Steuer- und Regelgeräten, Funk- und Meßanlagen. Vom Raketentriebwerk werden Masseteilchen (verbrannter Treibstoff) entgegen der Flugrichtung mit großer Geschwindigkeit abgestoßen. Dadurch ergibt sich in entgegengesetzter Richtung, also in Flugrichtung, eine Rückstoßkraft, die die Beschleunigung der mit dem Raketentriebwerk fest verbundenen Raketenzelle und der transportierten Nutzmasse bewirkt. Die hier wirksam werdende Kraft wird als „Schub" bezeichnet und meist noch in Kilopond (kp) oder Megapond (1 Mp = 1 000 kp) angegeben, neuerdings in Newton (N) oder Kilonewton (1 kN = 1 000 N).

Wenn der Treibstoffvorrat vollständig aufgebraucht ist (Brennschluß), verfügt die Rakete über die größte Geschwindigkeit. Diese Endgeschwindigkeit ist abhängig von der Ausströmgeschwindigkeit der Masseteilchen und dem sogenannten Massenverhältnis der Rakete. Unter dem Massenverhältnis ist das Verhältnis von Anfangsmasse (Startmasse einschließlich Treibstoffvorrat) und Endmasse (gleich Anfangsmasse, vermindert um die Masse des verbrauchten Treibstoffes) zu verstehen.

Eine Steigerung der Endgeschwindigkeit ist mit Hilfe der mehrstufigen Rakete möglich. Jede Stufe besitzt mindestens ein eigenes Triebwerk u. enthält in ihrer Zelle den erforderlichen Treibstoffvorrat, die letzte Stufe trägt außerdem die Nutzlast. Ist der Treibstoffvorrat der ersten Stufe (Startstufe) verbraucht, so wird sie von den übrigen Stufen abgetrennt. Der von der nächstfolgenden Stufe entwickelte Schub dient zur weiteren Geschwindigkeitssteigerung der nunmehr verringerten Raketenmasse.

Die geschoßähnliche äußere Form des Raketenkörpers ist erforderlich, um den Strömungswiderstand beim Flug durch die Lufthülle der Erde klein zu halten. Zur Stabilisierung der Fluglage werden, wenn nötig, Stabilisierungsflossen verwendet.

Nach der Art der Erzeugung der Vortriebsenergie unterscheidet man Raketen mit chemothermischen, kernenergetischen und elektrischen Triebwerken. Zur Zeit werden ausschließlich chemothermische Triebwerke verwendet. Die Vortriebsenergie wird durch Verbrennung eines Treibstoffes erzeugt. Der Treibstoff enthält alle für die Verbrennung erforderlichen Bestandteile, den Brennstoff als energieabgebenden Teil und den Oxydator (Sauerstoffträger). *Feststoffraketentriebwerke* enthalten in der Brennkammer Mischungen eines Brennstoffes und eines Oxydators in fester oder gummiartiger Form; *Hybridraketentriebwerke* verwenden meist feste Brennstoffe sowie einen in getrenntem Tank mitgeführten flüssigen Oxydator; *Flüssigkeitsraketentriebwerke* verwenden flüssige Brennstoffe und flüssige Oxydatoren, die getrennt mitgeführt und getrennt der Brennkammer zugeführt werden. Kernenergetische und elektrische Triebwerke sind noch in der Entwicklung.

Mit Sprengladungen ausgestattete kleinere Raketen werden im militärischen Bereich z. B. zur Panzerabwehr und zur Flugabwehr verwendet. Die meisten Kampfflugzeuge und Kriegsschiffe sind heute mit Raketenwaffen ausgerüstet. Große militärische Raketen, die Ziele in 300 km Entfernung und mehr erreichen können, werden als Mittelstreckenraketen bezeichnet; bei Reichweiten von 15 000 km und mehr spricht man von Interkontinentalraketen. Diese militärischen Großraketen sind mit nuklearen Sprengköpfen (Atomsprengköpfen) ausgerüstet. – Besondere Bedeutung haben die Raketen für die ↑ Weltraumfahrt.

* * *

Radsport. Dietrich Thurau in der Tour de France 1977

2) (Nachtkerze) Gattung der Nachtkerzengewächse. Kräuter, Stauden oder Halbsträucher mit verschieden gefärbten Blüten. Die bei uns bekannteste ist die *Gemeine Nachtkerze* mit großen gelben Blüten, die sich in der Dämmerung öffnen u. von Nachtschmetterlingen bestäubt werden; **3)** (Rapunzelglockenblume) etwa 0,5–1 m hohes Glockenblumengewächs mit blauvioletten Blüten, dickfleischiger, eßbarer Wurzel. Heute nur noch selten angebaut.

Rasse w, eine Einheit in der Tier- u. Pflanzensystematik. Als R. werden Menschen, Tiere oder Pflanzen zusammengefaßt, die sich weitgehend gleichen, sich von anderen Mitgliedern derselben Art jedoch durch bestimmte Merkmale, die sie an ihre Nachkommenschaft vererben, unterscheiden. – Bei den Menschen unterscheidet man 3 große Rassenkreise. Zum *mongoliden Rassenkreis* zählt man die Bewohner Chinas u. Japans, die meisten Völker Sibiriens u. Südostasiens sowie die Indianer u. die Eskimos; gemeinsame Kennzeichen sind die gelbliche Hautfarbe, die vorgeschobenen Wangenknochen, geschlitzte Augen mit Mongolenfalte (Hautfalte am oberen Augenlid), Mongolenfleck (bräunlicher Fleck an der Wirbelsäule in Taillenhöhe), straffes u. schwarzes Haar. Zum *negriden Rassenkreis* gehören die dunklen Völker Afrikas, die Urbevölkerung Australiens u. die Bewohner verschiedener Inseln im Pazifischen Ozean; gemeinsame Merkmale sind eine sehr dunkle Hautfarbe, krauses Haar, wulstige Lippen, breite Nase u. vorstehender Oberkiefer. Zum *europiden Rassenkreis* rechnet man die Bewohner Europas u. Nordafrikas, die meisten Völker des Vorderen Orients u. Indiens sowie verschiedene Völker Hinterindiens u. der pazifischen Inselwelt; gemeinsame Kennzeichen sind schlichtes bis lockiges Haar, schmale, hohe Nase u. eine Neigung zur Aufhellung der Farben bei Haut, Augen u. Haaren.

Rassismus *m.* Bezeichnung für alle Lehren, die die Überlegenheit einer Menschenrasse gegenüber einer anderen behaupten u. damit versuchen, die Herrschaft über Menschen, Volksgruppen u. Völker anderer Herkunft zu

477

Raster

rechtfertigen. Rassisten behaupten, Angehörige einer anderen Rasse oder Bevölkerungsgruppe (z. B. Farbige, Zigeuner, Juden, Gastarbeiter) seien von Natur aus „minderwertig" (z. B. dumm, unehrlich, unordentlich, faul, schmutzig, sittenlos), u. es sei darum nur recht, diese Menschen verächtlich zu behandeln, ihnen ihre Rechte vorzuenthalten, sie zu unterdrücken oder gar zu verfolgen. R. ist von der Vernunft her nicht zu begründen, er hat schon oft die unmenschlichsten Formen angenommen, ist aber dennoch weit verbreitet.

Raster [lat.] *m*, ein System von [sich kreuzenden] Linien bzw. das dadurch gebildete System schmaler Streifen oder kleiner Flächen (Rasterpunkte). In der graphischen Technik werden R. (meist Kreuzraster) insbesondere zur Zerlegung von Halbtonbildern (Fotografien) verwendet.

Rat der Volksbeauftragten *m*, die nach dem Sturz der Monarchie am 10. November 1918 gebildete vorläufige deutsche Regierung. Sie blieb bis zum 10. Februar 1919 im Amt.

Ratengeschäft *s* (Abzahlungsgeschäft), Verkauf von Gebrauchsgegenständen (z. B. Möbel oder Kraftfahrzeuge) auf Ratenzahlung. Der Käufer zahlt eine gewisse Summe an u. übernimmt die Ware sofort. Die Restkaufsumme wird in meist monatlichen Teilbeträgen (Raten) abgezahlt. Der Käufer muß für die Summe, die er zunächst schuldig bleibt, Zinsen zahlen.

Räterepublik ↑ Rätesystem.

Rätesystem [dt.; gr.] *s*, Regierungsform, bei der die gesetzgebende u. die vollziehende Gewalt in den Händen von Räten, z. B. *Arbeiter-, Bauern- u. Soldatenräten* liegt; die Räte werden in Betrieben, Wohneinheiten oder Kasernen gewählt u. wählen wiederum die höheren Räte. 1917 wurde das R. in Rußland eingeführt (russisch: Sowjet = Rat), aber durch die Verfassung vom November 1936 ersetzt u. mit der Verfassungsreform 1977 praktisch abgeschafft. – Vorübergehend waren auch Bayern u. Ungarn 1919 *Räterepubliken*.

Rat für gegenseitige Wirtschaftshilfe ↑ internationale Organisationen.

Rathenau, Walther, * Berlin 29. September 1867, † ebd. 24. Juni 1922, deutscher Politiker. Er leitete 1921 Wiederaufbau-, 1922 Außenminister des Deutschen Reiches. In diesem Amt trat er für die Erfüllung des Vertrages von Versailles ein. Er schloß mit der UdSSR den Vertrag von Rapallo ab, in dem die Aufnahme diplomatischer u. wirtschaftlicher Beziehungen beschlossen wurde. Wegen seiner jüdischen Abstammung u. seiner sogenannten Erfüllungspolitik war R. den Rechtsradikalen verhaßt. Sie ermordeten ihn.

Rätien (lat. Raetia), im Altertum Bezeichnung für das Gebiet vom Alpen-

Sir Walter Raleigh

Ramses II., König von Ägypten (Granitkopf)

Leopold von Ranke

nordrand zwischen Bodensee und Inn bis zu den oberitalienischen Seen. Im Jahre 15 v. Chr. von Rom unterworfen, wurde es, nach Norden bis zur oberen Donau ausgedehnt, zur römischen Provinz. Die Hauptstadt der Provinz war Augusta Vindelicorum, das heutige Augsburg.

Ratifikation [mlat.] *w* (Ratifizierung), Bestätigung eines von der Regierung eines Staates abgeschlossenen völkerrechtlichen Vertrages durch das Parlament. Nach Austausch der Ratifikationsurkunden treten die Verträge in Kraft.

Ratio [lat.] *w*, Vernunft, Verstand; auch das vernunftgemäße Denken.

Rationalisierung [lat.] *w*, möglichst zweckmäßige Gestaltung von Arbeitsvorgängen zur Steigerung der Wirtschaftlichkeit eines Betriebes. Die angestrebte Leistungssteigerung bei gleichzeitiger Kostensenkung u. Krafteersparnis wird z. B. durch Einführung entsprechender Maschinen u. Geräte, durch Spezialisierung auf bestimmte Produkte, durch Normung von Erzeugnissen u. Maschinen u. Verbesserung der Organisation erreicht; ↑ auch Automatisierung.

Rationalismus [von lat. ratio = Vernunft] *m*, Geisteshaltung, die im Gegensatz zum Empirismus dem Denken den Vorrang vor der sinnlichen Erfahrung oder dem Gefühl (Intuition) als Erkenntnisquelle zuweist. Der R. geht von der Überzeugung aus, daß die Welt vernünftig aufgebaut ist u. darum für die menschliche Vernunft auch vor aller Erfahrung durchschaubar ist. Ferner sind die *Rationalisten* der Meinung, daß das sittliche Handeln des Menschen von seiner Vernunft geleitet werde u. es daher nur der vernunftgemäßen Schulung bedürfe, um die Menschen mündig zu machen u. moralisch zu bessern. In der Geistesgeschichte des Abendlandes trat der R. besonders im 17. u. 18. Jh. hervor. Am Anfang dieser auch als ↑ Aufklärung bezeichneten Geistesrichtung steht der französische Philosoph ↑ Descartes, während ↑ Kant diese Epoche abschließt.

Rätoromanen [lat.] *m, Mz.,* durch Vermischung der Bevölkerung ↑ Rätiens mit den Römern entstandenes Alpenvolk mit romanischer Sprache in mehreren Mundarten, das hauptsächlich in Friaul, Graubünden u. Südtirol lebt; heute gibt es rund 550 000 Rätoromanen.

Ratten *w, Mz.:* **1)** eine Gattung der Echtmäuse, die weltweit verbreitet ist. Gefürchtet sind sie als Vorratsschädling u. als Überträger zahlreicher Krankheiten, wie z. B. der Pest. Einheimische Arten sind die Hausratte und die Wanderratte. **2)** Bezeichnung für Tiere aus verschiedenen Familien, z. B. Bisamratte, Beutelratte.

Rattenfänger von Hameln *m*, eine mittelalterliche Sagengestalt. Es wird berichtet, er habe Hameln von der Rattenplage befreit, indem er die Ratten durch sein Flötenspiel anlockte u. in einem Fluß ertränkte. Um den Lohn betrogen, entführte er die Kinder der Stadt auf dieselbe Weise in einen Berg.

Raubbau *m*, besonders in Land- u. Forstwirtschaft vorkommende Art der Wirtschaftsführung, bei der nur auf den augenblicklich hohen Ertrag geachtet wird (z. B. Abholzen ganzer Wälder), die Erhaltung der Rohstoffquelle jedoch nicht berücksichtigt wird (z. B. kein planmäßiges Aufforsten der kahlgeschlagenen Flächen). In übertragener Bedeutung sagt man z. B.: mit seiner Gesundheit R. treiben (ohne Rücksicht auf seine Gesundheit leben).

Raubfische *m, Mz.,* Fische, die sich hauptsächlich von anderen Fischen ernähren, z. B. Hecht, Flußbarsch, Raubwels, viele Haifischarten.

Raubtiere *s, Mz.,* eine fast weltweit verbreitete Säugetierordnung. Ihr Gebiß zeigt kräftig entwickelte, spitze Eckzähne u. scharfe Reißzähne. Ihre Sinnesorgane sind hochentwickelt. Sie ernähren sich hauptsächlich von frisch gerissenen Tieren, aber auch von Aas u. z. T. von Pflanzen. Zu den Raubtieren gehören u. a. Hundeartige (Füchse, Hunde), Bären, Marder, Schleichkatzen, Hyänen, Katzen. Zuweilen werden auch die Robben zu ihnen gerechnet.

Raubvögel *m*, *Mz.*, veraltete Bez. für ↑Greifvögel und ↑Eulen 1).
Rauhes Haus ↑Wichern, Johann Hinrich.
Raumfahrt ↑Weltraumfahrt.
Raummeter ↑Festmeter.
Raupen *w*, *Mz.*, Larven von Schmetterlingen. Sie besitzen eine Doppelreihe von Brust- u. Afterfüßen. Ihre Haut ist mit Haaren u. Borsten besetzt, die z. T. giftig sind. Ihre Nahrung besteht hauptsächlich aus Blättern. Raupenähnlich sind die Larven der Pflanzenwespen u. Schnabelfliegen.
Rauschgifte ↑Drogen.
Raute *w*: **1)** ↑Rhombus; **2)** Gattung der Rautengewächse. In Deutschland kommt als einzige Art die *Weinraute* vor. Sie ist ein bis 50 cm hoher Halbstrauch mit bläulichgrünen, gefiederten Blättern u. gelblichen Blüten in einem reich verzweigten Blütenstand.
Ravel, Maurice, * Ciboure (Pyrénées-Atlantiques) 7. März 1875, † Paris 28. Dezember 1937, französischer Komponist. Er gilt neben Debussy als der bedeutendste Vertreter der impressionistischen Musik in Frankreich. Sein Werk wurde u. a. von der spanischen Volksmusik u. vom Jazz beeinflußt. Eines seiner bekanntesten Werke ist der „Boléro" (1928).
Ravenna, oberitalienische Stadt mit 138 000 E, nahe dem Adriatischen Meer gelegen. R. hat zahlreiche frühchristliche Baudenkmäler, von denen das sogenannte Mausoleum der Galla Placidia (um 450) und die Kirche San Vitale (526–47) durch ihre Mosaiken besondere Bedeutung haben. Außerdem ist das Grabmal Theoderichs (um 520) erwähnenswert. Neben der Zucker- u. der chemischen Industrie sind die Erdölraffinerie u. die Förderung von Erdgas von Bedeutung. – R. ist eine Gründung der Etrusker; im 2. Jh. v. Chr. kam die Stadt an die Römer, die sie unter Augustus zur bedeutenden Hafenstadt ausbauten. Im 5. Jh. n. Chr. verlegten die römischen Kaiser ihre Residenz hierher. Damit begann die Blüte der Stadt. 493 wurde R. Sitz der ostgotischen Könige, 533 byzantinische Residenz. Seit dem 8. Jh. gehörte es zum ↑Kirchenstaat.
Razzia [arab.] *w*, großangelegte Fahndungsstreife der Polizei, die meistens überraschend vorgenommen wird. Verdächtige Personen u. solche, die sich nicht ausweisen können, werden vorübergehend festgenommen.
Re (auch: Ra), altägyptischer Sonnengott, der hauptsächlich in Heliopolis verehrt wurde. Er war neben Amun u. Ptah der Hauptgott Ägyptens.
Reagenz (Reagens) [lat.] *s*, ein chemischer Stoff, der mit einem anderen eine bestimmte chemische Reaktion herbeiführt u. ihn so kenntlich macht.
Reaktion [lat.] *w*: **1)** im allgemeinen: die durch das Wirken einer Person oder Sache hervorgerufene Ge-

Re mit der Sonnenscheibe auf dem Haupt

genwirkung; **2)** Bezeichnung für diejenigen politischen Kräfte, die an überholten Zuständen u. Ideen festhalten u. diesen wieder allgemeine Geltung verschaffen wollen; **3)** chemischer Vorgang, der unter stofflichen Veränderungen abläuft.
Reaktor ↑Kernreaktor.
real [lat.], wirklich, tatsächlich, der Wirklichkeit entsprechend (Gegensatz: *irreal*); dinglich, sachlich (Gegensatz ↑*imaginär*).
Realismus [lat.] *m*: **1)** in der Umgangssprache versteht man darunter praktischen Wirklichkeitssinn oder auch einen Nützlichkeitsstandpunkt; **2)** als Weltanschauung und philosophische Lehre nimmt der R. eine vom menschlichen Bewußtsein unabhängige Außenwelt an u. meint, daß die Dinge so sind, wie sie wahrgenommen werden; **3)** in der Literatur u. der bildenden Kunst bezeichnet man mit R. eine Stilrichtung, die die Wirklichkeit genau darzustellen versucht. Besonders die Literatur der zweiten Hälfte des 19. Jahrhunderts war vom R. geprägt, so z. B. Dickens, Flaubert, Tolstoi, im deutschen Sprachgebiet u. a. Keller, Storm, Fontane u. Raabe. In der Kunst traten besonders H. Daumier, G. Courbet u. W. Leibl als Realisten hervor. Eine „realistische" Strömung des 20. Jahrhunderts ist z. B. der ↑sozialistische Realismus.
Realschule (früher auch: Mittelschule) *w*, in der Bundesrepublik Deutschland diejenigen Schulen, die bis zur sogenannten mittleren Reife führen. Die R. baut auf der ↑Grundschule auf und endet mit der 10. Klasse. Sie lehrt eine Pflichtfremdsprache (in der Regel Englisch). Der Realschulabschluß (↑ auch mittlere Reife) ist Voraussetzung für eine Reihe beruflicher Bildungsgänge und für den Besuch der Fachoberschule und ermöglicht die Aufnahme in die gymnasiale Oberstufe.
Reaumur-Skala [*reomür*; nach dem frz. Naturwissenschaftler R. A. F. de Réaumur, 1683–1757] *w*, eine Temperaturskala, bei der der Zwischenraum zwischen Gefriertemperatur u. Siedetemperatur des Wassers in 80 gleiche Teilabschnitte zerlegt wird. Die Gefriertemperatur des Wassers beträgt dabei 0 °R (sprich: 0 Grad Reaumur), die Siedetemperatur 80 °R. Die Verwendung der R.-S. ist in der Bundesrepublik Deutschland gesetzlich nicht mehr zugelassen (↑Celsius, ↑Kelvin).
Rebell [lat.-frz.] *m*, Aufrührer, Aufständischen.
Rebhuhn *s*, etwa 30 cm großer Vogel auf Feldern u. Wiesen. Die Flügel sind kurz u. breit, der ebenfalls kurze Schwanz ist rotbraun gefärbt. Seine dunkelbraune Oberseite trägt eine schwarze u. helle Zeichnung. Das Gesicht ist rosafarben, Hals u. Brust sind grau, die Brust hat außerdem einen großen braunen Fleck.
Reblaus *w*, bis etwa 1,4 mm lange, gelbe bis bräunliche Zwerglaus, die ursprünglich nur in Nordamerika lebte. Im 19. Jh. wurde sie nach Europa eingeschleppt u. verbreitete sich über alle Weinbaugebiete. Jährlich werden mehrere Generationen geboren. Die R. saugt an Blättern u. Wurzeln, an denen dadurch Gallen entstehen.
Rechenmaschine [dt.; frz.] *w*, eine Maschine, mit der Rechenoperationen auf mechanischem, elektrischem oder elektronischem Wege ausgeführt werden können. Die mechanischen Rechenmaschinen (mit Antrieb durch Handkurbel) und die elektrischen Rechenmaschinen (Antrieb durch Elektromotor) wurden in den letzten Jahren immer mehr durch elektronische Rechenmaschinen verdrängt, die man

Walther Rathenau

Maurice Ravel

479

Rechenschieber

meist als Rechner (z. B. Taschenrechner), Rechenanlagen oder ↑Computer bezeichnet.

Rechenschieber *m* (Rechenstab), ein stabförmiges Rechengerät, mit dessen Hilfe man unter Anwendung der Logarithmengesetze (↑Logarithmus) multiplizieren u. dividieren kann. Der R. besteht im Prinzip aus zwei gegeneinander verschiebbaren Teilen, dem Stab u. der Zunge (Schieber). Auf beiden sind die Logarithmen der Zahlen 1 bis 10 abgetragen. Sollen zwei Zahlen multipliziert werden, so werden die beiden entsprechenden Strecken auf den beiden Skalen addiert, bei der Division werden sie subtrahiert. Die gebräuchlichen R. besitzen darüber hinaus noch weitere Skalen, mit deren Hilfe Potenzen, Wurzeln, Logarithmen, Winkelfunktionen u. a. leicht berechnet werden können.

Rechenzentrum [dt.; lat.] *s*, Institut mit großen (meist elektronischen) Rechenanlagen (↑Computer), die schwierige Berechnungen, wie sie zur Lösung von wirtschaftlichen, technischwissenschaftlichen u. Verwaltungsproblemen benötigt werden, rasch ausführen.

Recht ↑S. 481 ff.

Rechteck *s*, ein Viereck mit vier rechten Winkeln u. je 2 zueinander parallelen Seiten. Die parallelen Seiten sind gleich lang. Das R. stellt also ein spezielles ↑Parallelogramm dar u. besitzt somit alle Eigenschaften des Parallelogramms. Die Diagonalen des Rechtecks sind gleich lang u. halbieren einander. Jede von ihnen zerlegt das R. in zwei deckungsgleiche rechtwinklige Dreiecke. Der Flächeninhalt F ist:
$F = a \cdot b$, wobei a u. b die beiden verschieden langen Rechteckseiten sind.

Rechtsanwalt *m*, vollausgebildeter Jurist (mit zweitem Staatsexamen), der freiberuflich, gegen Honorar, seinen ↑Klienten berät, vor Gericht vertritt oder dessen Verteidigung übernimmt.

Rechtschreibung *w* (Orthographie), richtige Schreibweise der Wörter u. richtige Zeichensetzung. Eine einheitliche R. gibt es in Deutschland erst seit dem Ende des 19. Jahrhunderts. Dies ist auch ein Verdienst von Konrad Duden, dessen „Vollständiges, Orthographisches Wörterbuch der deutschen Sprache" (1880), später einfach „Duden" genannt, im deutschen Sprachraum für die Rechtschreibung maßgebend wurde.

Reck *s*, Turngerät, bei dem eine Reckstange auf 2 Ständersäulen gelagert ist, die 2,40 m voneinander entfernt sind. Die Höhe der Stange ist zwischen 1,45 u. 2,50 m verstellbar.

Recklinghausen, Industriestadt im Ruhrgebiet, in Nordrhein-Westfalen, mit 121 000 E. In R. besteht eine Abteilung der Fachhochschule Bochum u. eine Volkssternwarte mit ↑Planetarium. Außer dem heute stark eingeschränkten Steinkohlenbergbau werden Maschinen-, Metall- u. Textilindustrie betrieben. Bekannt wurde R. auch durch die Ruhrfestspiele (seit 1947).

Reconquista ↑Spanien (Geschichte).

Redakteur [...tör; frz.] *m*, Mitarbeiter v. a. in Verlagen u. Rundfunkanstalten, der Texte oder Fotos (Bildredakteur) beziehungsweise Filme für die Veröffentlichung in Zeitungen, Zeitschriften, Sammelwerken u. Lexika, für Rundfunk- oder Fernsehsendungen beschafft, auswählt u. bearbeitet oder eigene Arbeiten im Rahmen seines ↑Ressorts verfaßt.

Reduktion [lat.] *w:* **1)** allgemein Zurückführung, Verringerung, Herabsetzung; **2)** chemischer Vorgang, bei dem ein Stoff (*Reduktionsmittel*) Elektronen an einen anderen abgibt; dieser wird *reduziert*, d. h., er nimmt Elektronen auf, während das Reduktionsmittel selbst *oxydiert* wird.

Reduktionsteilung ↑Vererbungslehre.

reell [frz.], wirklich; ehrlich. In der Optik versteht man unter einem *reellen Bild* ein wirkliches, auf einer Bildfläche (Schirm) auffangbares Bild.

Referat [lat.] *s:* **1)** mündlich oder schriftlich erstatteter Bericht; **2)** das Arbeitsgebiet des Sachbearbeiters einer Dienststelle (↑auch Ressort).

Referendar [lat.] *m*, Anwärter für die höhere Beamtenlaufbahn in Schulwesen, Rechtswesen, Verwaltung, Forstdienst. Dem Abschluß des Studiums mit der ersten Staatsprüfung folgt ein Vorbereitungsdienst, während dessen er mit der praktischen Seite seines zukünftigen Berufes vertraut gemacht wird. Nach Abschluß dieser Zeit u. der bestandenen zweiten Staatsprüfung wird er zum Assessor ernannt.

Referendum ↑Volksentscheid.

Referent [lat.] *m*, Berichterstatter; Gutachter; jemand, der ein ↑Referat hält; auch Sachbearbeiter einer Dienststelle.

Referenz [lat.-frz.] *w*, Empfehlung; Beziehung.

Reflektor [lat.] *m:* **1)** Spiegelteleskop, ein ↑Fernrohr mit Hohlspiegel, das den Gegenstand im Abbild vergrößert. Reflektoren werden v. a. in der Astronomie zur Himmelsbeobachtung benutzt; **2)** Vorrichtung, mit der die von einer Lichtquelle nach allen Seiten sich ausbreitenden Lichtstrahlen gebündelt in eine bestimmte Richtung gelenkt werden, z. B. Parabolspiegel in Scheinwerfern u. Taschenlampen, Lampenschirme u. ä.; **3)** ein hohlspiegelförmiges Drahtgeflecht (oder Metallschirm), mit dessen Hilfe elektromagnetische Wellen (Funkwellen) gebündelt u. gerichtet gesendet werden können. Die eigentliche Antenne befindet sich im Brennpunkt des Hohlspiegels.

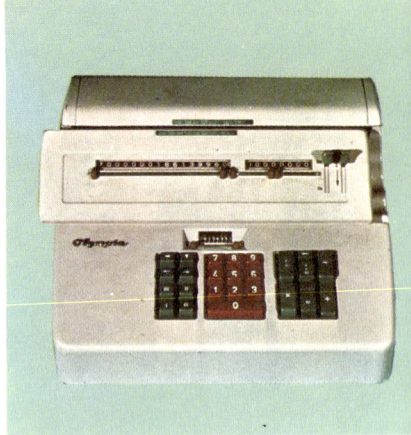

Rechenmaschine.
Durch Elektromotor angetriebener mechanischer Rechenautomat von 1962

Rechenmaschine.
Mechanische Sprossenradmaschine von 1892

Reflex [lat.] *m:* **1)** der von einem spiegelnden Körper zurückgeworfene Widerschein; **2)** unwillkürliche, nicht durch den Willen beeinflußte Bewegung bei Mensch u. Tier, die durch einen Reiz ausgelöst wird, z. B. Schließen der Augen bei plötzlichem Licht, Kniescheibenreflex. *Unbedingte Reflexe* sind angeboren, *bedingte Reflexe* können durch Gewöhnung u. Dressur ausgelöst werden.

Reflexion [lat.] *w:* **1)** das Zurückwerfen von Licht, Schallwellen u. a. an der Grenzfläche zu einem 2. Medium, z. B. an einem Spiegel; **2)** das prüfende und vergleichende Nachdenken, die Überlegung.

reflexiv ↑Verb.

Reform [lat.] *w*, Umgestaltung, Neuordnung, mit dem Ziel, das Bestehende zu verbessern; so spricht man z. B. von Hochschulreform oder Verwaltungsreform.

Reformation [lat.] *w*, Bezeichnung für die durch Luthers Thesenanschlag (1517) ausgelöste religiöse Bewegung, die eine Erneuerung der Kirche anstrebte u. später zur Bildung der protestantischen Kirchen führte. Die R.

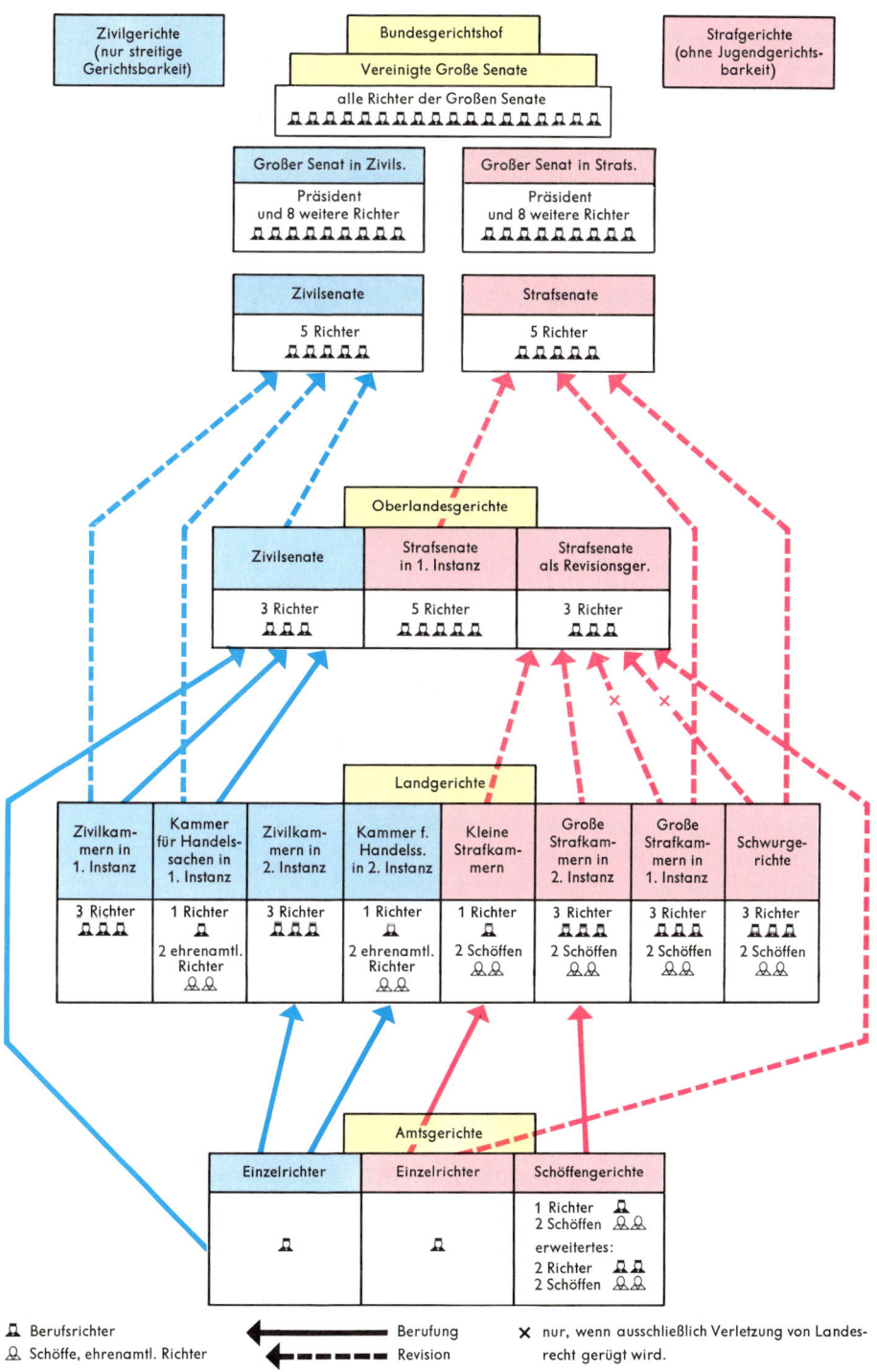

WER SPRICHT RECHT?

Der achtzehnjährige Erich hat einen Einbruchdiebstahl begangen. Was soll mit ihm geschehen? Es sind sehr verschiedene Möglichkeiten denkbar, mit einem Menschen zu verfahren, der gewaltsam in die Rechte anderer eingegriffen hat. In früheren Zeiten hat man sich für solche Fälle fürchterliche Strafen ausgedacht. Viel wichtiger jedoch ist zu verhüten, daß Erich das gleiche noch einmal tut. Ob die von unseren Gesetzen vorgesehenen Maßnahmen, nämlich Geldstrafe oder Freiheitsstrafe, die richtigen sind, ist schon seit langem recht zweifelhaft. Ein Strafrichter, der nicht Jugendrichter ist, wird von den im Jugendgerichtsgesetz vorgesehenen Besserungsmaßnahmen (wie Erziehungsmaßregeln u. Zuchtmittel) in der Regel nicht Gebrauch machen, sondern sich streng an die strafrechtlichen Regelungen halten. Das deutsche Strafgesetzbuch stammt aus dem Jahre 1871, ist seitdem allerdings mehrfach geändert worden.

Der achtzehnjährige Erich ist „auf frischer Tat betroffen" und von der Polizei festgenommen worden. Spätestens am folgenden Tag (bis 24 Uhr) muß er einem Richter vorgeführt oder wieder freigelassen werden. Der Richter stellt fest, ob ein besonderer Grund für Untersuchungshaft vorliegt (z. B. Fluchtgefahr), u. nur dann erläßt er einen Haftbefehl. Aber auch in diesem Falle wäre Erich nicht etwa unfreundlichen Polizisten hilflos ausgeliefert, er darf weder seelisch noch körperlich mißhandelt werden. Er darf auch auf keinen Fall länger in Untersuchungshaft gehalten werden, als die Dauer einer etwa zu erwartenden Freiheitsstrafe betragen würde.

Wer ist nun, wenn die Untersuchung abgeschlossen ist, Erichs Richter? Wie wird das Gericht zusammengesetzt sein, vor dem Erich erscheinen muß? Gibt es einen Jugendrichter am Amtsgericht, so wird dieser sein Richter sein, denn Erich ist zwar nicht mehr Jugendlicher im Sinne des Jugendgerichtsgesetzes (das sind die Vierzehn- bis Siebzehnjährigen), aber „Heranwachsender". Das Jugendgerichtsgesetz könnte auch auf ihn angewendet werden, wenn er noch nicht die Reife eines Achtzehnjährigen erreicht hat oder wenn sein Delikt eine „typische Jugendverfehlung" (z. B. Sachbeschädigung im Zusammenhang mit Krawallen Jugendlicher) ist. Ob das der Fall ist, wird sich bei der Verhandlung herausstellen. Auf jeden Fall steht sein gesetzlicher Richter von vornherein fest, nämlich durch die Geschäftsverteilung des zuständigen Amtsgerichts. Irgendwelche unklaren Verschiebungen braucht Erich nicht zu befürchten. Der zuständige Staatsanwalt wird die Sache beim Einzelrichter oder Schöffengericht anklagen.

In der Hauptverhandlung verhandelt und entscheidet der Einzelrichter allein. Am Richtertisch sitzen außer ihm noch der Staatsanwalt und der Urkundsbeamte der Geschäftsstelle als Protokollführer; aber diese beiden sind nicht „Gericht", auch wenn sie schwarze Roben tragen, die der Robe des Richters ähnlich sind. Der feierliche Eindruck wird noch dadurch unterstrichen, daß alle im Gerichtssaal Anwesenden beim Eintreten des Richters aufzustehen haben u. sich erst setzen dürfen, wenn der Richter Platz genommen hat. Aufstehen müssen sie auch, wenn ein Zeuge den Eid leistet u. wenn der Richter das Urteil verkündet. Vom Zeugen wird erwartet, daß er immer dann aufsteht, wenn er gefragt wird u. etwas sagen will. Bei Ereignissen im Gerichtssaal, die die „Würde des Gerichts" verletzen, kann der Richter den Störer entfernen lassen oder mit einer Reihe von „Ungebühr" mit Geldstrafe oder Haft bis zu drei Tagen belegen.

Was sich in der Hauptverhandlung abspielen wird, wer geladen ist, welche Zeugen u. Sachverständigen gehört oder vereidigt werden, in welcher Reihenfolge die Plädoyers (zusammenfassende Vorträge) des Staatsanwalts u. des Verteidigers vorgetragen werden, hat die deutsche Strafprozeßordnung festgelegt (Grundfassung von 1864 mit zahlreichen Änderungen). Für das Jugendstrafverfahren (nach dem Jugendgerichtsgesetz von 1953), das in Erichs Fall nicht angewendet wird, gelten allerdings eine Reihe von Besonderheiten: So braucht zum Beispiel die Hauptverhandlung in vielen Fällen gar nicht stattzufinden. Statt dessen kann, wenn der Beschuldigte geständig ist, der Richter eine Ermahnung aussprechen, eine Arbeitsauflage erteilen oder ihm andere besondere Pflichten auferlegen. Die Verhandlung ist bei Vierzehn- bis Siebzehnjährigen nicht öffentlich. Der Jugendrichter soll eine Persönlichkeit mit pädagogischen Fähigkeiten sein, denn statt der sonst üblichen Strafen stehen ihm Erziehungsmaßregeln verschiedener Art zur Verfügung, außerdem sogenannte Zuchtmittel, nämlich Verwarnung, Auferlegung besonderer Pflichten u. Jugendarrest, ferner die Jugendstrafe in der Jugendstrafanstalt. Der Jugendrichter ist auch Leiter des Arrest- u. Strafvollzugs. Seine besondere pädagogische Fähigkeit muß er allerdings vor Antritt seines Amtes nicht nachweisen. So ist er schon bei der Frage, ob Erich seiner persönlichen Reife nach als Erwachsener oder als Jugendlicher anzusehen ist, auf ein psychologisches Gutachten angewiesen, wenn er sich mit dieser Entscheidung überfordert fühlt.

Jeder Richter ist unabhängig, das garantiert ihm unsere Verfassung. Er braucht sich bei der Urteilsfindung von niemandem, auch nicht von Vorgesetzten oder höheren Richtern, hineinreden zu lassen. Er ist Richter auf Lebenszeit u., sollte er sich nicht besonderer Verfehlungen schuldig machen, unabsetzbar u. (außer in ganz besonderen Fällen) sogar unversetzbar. Sein Amt ist selbstverständlich nicht vereinbar mit einer Tätigkeit als Abgeordneter im Parlament, denn der Richter repräsentiert ja neben Gesetzgebung und Verwaltung die Justiz als dritte Gewalt eines demokratischen Staates. Innerhalb u. außerhalb seines Amtes hat er sich so zu verhalten, daß das Vertrauen in seine Unabhängigkeit nicht gefährdet wird. Außerdienstlich darf er weder Rechtsgutachten erstatten noch eine Bezahlung für erteilte Rechtsauskünfte annehmen. Trotz seiner Unabhängigkeit aber untersteht er, was die Ausführung seiner Amtsgeschäfte angeht, der Dienstaufsicht durch seinen Vorgesetzten.

Die Hauptverhandlung in einer Strafsache wie der von Erich bestreitet der Richter nahezu allein. Zu einem Duell zwischen dem Staatsanwalt als Ankläger u. dem Rechtsanwalt als Verteidiger wie in England oder in den USA kommt es nach deutschem Recht fast nie. Der Richter eröffnet die Sitzung, läßt den Staatsanwalt die Anklage verlesen, vernimmt den Angeklagten zur Person u. zur Sache, vernimmt u. vereidigt die Zeugen, hört u. vereidigt die Sachverständigen u. erteilt dem Staatsanwalt u. dem Verteidiger das Wort, wenn sie darum bitten. Er schließt die Beweisaufnahme, um dem Ankläger u. dem Verteidiger das Wort zu ihren Plädoyers u. dem Angeklagten schließlich das „letzte Wort" zu erteilen. Er „berät" allein über das Beweisergebnis, verkündet das Urteil u. begründet es. Er erteilt die Rechtsmittelbelehrung (das heißt, er informiert über die Möglichkeiten von Berufung u. Revision) u. schließt die Sitzung.

Im Gegensatz zum Richter handelt der Staatsanwalt als weisungsgebundener Beamter. Sein höchster Vorgesetzter ist der Justizminister des Landes.

Der Staatsanwalt erhebt als Mitglied der Staatsanwaltschaft die Anklage. Der Rechtsanwalt hingegen vertritt seinen Mandanten (den Angeklagten, der ihn mit der Wahrnehmung seiner Rechte beauftragt hat), er berät u. verteidigt ihn. Der Rechtsanwalt ist völlig unabhängig, er übt selbständig seine Praxis aus.

Ähnlich wäre die Sache verlaufen, wenn Erich vor dem Jugendschöffengericht angeklagt worden wäre. Die Verhandlungsführung hätte auch dann beim Vorsitzenden, dem Berufsrichter, gelegen. Nur wäre er von zwei Laienrichtern (ehrenamtlichen Richtern) unterstützt worden, d. h. von

Wer spricht Recht? (Forts.)

gewählten Vertretern aus dem Amtsgerichtsbezirk, die in der Verhandlung Fragen stellen, in der Beratung gleichberechtigt über das Urteil mitentscheiden u. den Berufsrichter sogar überstimmen können. Wenn auch das Fachwissen dem Berufsrichter größeres Gewicht gibt, muß doch gesagt werden, daß in der Bundesrepublik Deutschland nicht nur Berufsrichter, sondern auch Laienrichter Recht sprechen. Wer als Schöffe von seiner Gemeinde (als Jugendschöffe vom Jugendwohlfahrtsausschuß) vorgeschlagen und von einem Gerichtsausschuß gewählt wird, kann diese ehrenvolle Berufung nur ablehnen, wenn er besondere Gründe hat. Der Schöffe übernimmt eine ehrenamtliche Richteraufgabe. Das gleiche gilt im Schwurgerichtsprozeß. Dort fällen 2 Schöffen u. 3 Berufsrichter das Urteil (Schwurgerichte sind nur zuständig für schwere Verbrechen).
Nehmen wir an, der Richter habe Erich mildernde Umstände zugebilligt u. ihn zu 8 Monaten Freiheitsstrafe auf Bewährung verurteilt. Die Mindeststrafe für diesen Fall des Einbruchdiebstahls beträgt 3 Monate, u. Mindeststrafe hat der Verteidiger beantragt. Deswegen legt er jetzt Berufung ein. Als 2. Instanz wird dann die Kleine Strafkammer beim Landgericht tätig. Dort sitzen ein Berufsrichter u. zwei Schöffen, die den ganzen Fall noch einmal verhandeln. Bestätigen sie das Urteil, so gibt es nur noch die Revision, eine rein rechtliche Überprüfung des Verfahrens u. des Urteils beim Oberlandesgericht. Bei der Verhandlung dort vor einem Senat mit drei Berufsrichtern ist Erichs Erscheinen nicht mehr notwendig. Überhaupt wird sich Erich (bzw. sein Vater) über die Aussichten einer Revision, schon wegen der entstehenden Kosten, vom Verteidiger genauestens unterrichten lassen, ehe er sie riskiert.
Der Einzelrichter beim Amtsgericht ist zuständig für 1. Vergehen, bedroht mit Freiheitsentzug bis zu 6 Monaten oder bei Anklage der Staatsanwaltschaft, wenn keine höhere Strafe als 1 Jahr Freiheitsentzug zu erwarten ist; 2. „Privatklagen" (der Verletzte klagt ohne Staatsanwalt selbst gegen den Straftäter, was aber nur bei bestimmten, im Gesetz aufgezählten geringeren Delikten möglich ist). – Er ist als Jugendrichter zuständig, wenn Erziehungsmaßregeln, Zuchtmittel oder Jugendstrafe bis zu 1 Jahr zu erwarten sind.
Das Schöffengericht beim Amtsgericht ist zuständig für alle übrigen Vergehen u. Verbrechen, soweit nicht die Große Strafkammer, das Schwurgericht oder das Oberlandesgericht zuständig ist. u. nicht mehr als 3 Jahre Freiheitsentzug zu erwarten sind. – Es ist zuständig als Jugendschöffengericht für alle nicht zur Zuständigkeit des Einzelrichters gehörenden Delikte, soweit nicht die Jugendstrafkammer zuständig ist.
Die Kleine Strafkammer beim Landgericht ist zuständig für Berufungen gegen Urteile der Einzelrichter.
Die Große Strafkammer beim Landgericht ist zuständig in 1. Instanz für alle Verbrechen, für die weder das Amtsgericht noch das Schwurgericht, noch das Oberlandesgericht zuständig sind; in 2. Instanz für Berufungen gegen Schöffengerichtsurteile. – Sie ist zuständig als Jugendkammer für Berufungen gegen Amtsgerichtsurteile u. in 1. Instanz für besonders umfangreiche Sachen u. für Verbrechen, die sonst zur Zuständigkeit des Schwurgerichts gehören.
Das Schwurgericht beim Landgericht ist zuständig für alle schweren Verbrechen, ausgenommen politische Delikte.
Der Strafsenat als Rechtsmittelinstanz beim Oberlandesgericht ist in erster Linie zuständig für Revisionen gegen Amtsgerichtsurteile u. gegen Berufungsurteile der landgerichtlichen Strafkammern.
Der Strafsenat in 1. Instanz beim Oberlandesgericht ist zuständig für politische Sachen.

Der Strafsenat beim Bundesgerichtshof ist zuständig für Revisionen gegen Urteile des Schwurgerichts, der Großen Strafkammer u. des Strafsenats des Oberlandesgerichts.
Der Große Strafsenat beim Bundesgerichtshof entscheidet, wenn ein Senat von der Entscheidung eines anderen oder von dem des Großen Senats abweichen möchte.
Mag nun bei den Strafrechtlern darüber gestritten werden, ob es nicht besser wäre, die Strafen überhaupt durch Sicherungs- u. Besserungsmaßnahmen zu ersetzen (also Führerscheinentzug statt Freiheitsstrafe bei Verkehrsdelikten, Erziehungsheime für jüngere Straftäter, dauernde Einschließung für psychisch Kranke u. gewohnheitsmäßig festgelegte Täter), so steht für die Zivilisten fest, daß jemand eine Sache zurückgeben muß, die er sich zu Unrecht angeeignet hat, daß jemand den Kaufpreis einer gekauften Sache auch bezahlen muß u. daß er den Wert einer Sache ersetzen muß, die er zerstört hat.
Erich hat, so wollen wir annehmen, bei seinem Einbruch einen Sachschaden von 200,– DM angerichtet. Diesen Betrag wird er bezahlen müssen. Tut er es nicht, so kann er ohne weiteres dazu gezwungen werden. Obwohl der ganze Sachverhalt, v. a. Erichs Verschulden, völlig unbestritten zu sein scheint, könnte es doch sein, daß Erich nun behauptet, die Fensterscheibe sei schon vorher zerschlagen gewesen, eine wertvolle Vase habe gar nicht auf dem Fensterbrett gestanden u. folglich auch nicht von ihm zerstört werden können. Gegen einen Zahlungsbefehl, den ihm der Geschädigte durch das Amtsgericht schicken läßt, legt er Widerspruch ein u. läßt es auf einen Zivilprozeß ankommen. Mit dem Strafprozeß, den er hinter sich hat, hat das gar nichts zu tun. Ein Zivilprozeß ist auch keineswegs ehrenrührig. Manche Leute führen ständig Prozesse, u. man kann nicht dagegen wehren, verklagt zu werden. Im Termin (Verhandlung) beim Zivilrichter geht es ganz anders zu als beim Strafrichter. Hier treten hauptsächlich Rechtsanwälte für die streitenden Parteien auf. Die Parteien selbst, Kläger u. Beklagter, erscheinen selten persönlich, obwohl gerade beim Amtsgericht, wo kleinere Sachen bis zum Streitwert von 3 000,– DM verhandelt werden, ein Anwalt nicht erforderlich ist (kein Anwaltszwang). Der Zivilrichter unterscheidet sich in seiner Ausbildung nicht vom Strafrichter, aber seine Tätigkeit ist anders. Er wartet, was die streitenden Prozeßparteien unternehmen werden, ob sie Klage erheben, was sie beantragen, ob sie ihren Klageantrag zurücknehmen oder ihn erweitern, ob sie Beweiserhebungen beantragen u. Beweise für ihre Behauptungen anbieten. Die streitenden Parteien können sich vor Gericht u. außergerichtlich wieder einigen (vergleichen) oder die Sache für erledigt erklären. Der Zivilrichter setzt Verhandlungs- u. Beweistermine an, hört sich an, was man ihm vorträgt, nimmt Schriftsätze entgegen, vernimmt Zeugen, prüft Beweismaterial u. verkündet schließlich das Urteil u. setzt die Kosten fest, wenn der Fall entscheidungsreif ist. Er gibt der Klage statt oder weist sie ab.
Wird Erich zur Zahlung von 200,– DM verurteilt (dazu kommen für den Verlierer noch die Gerichtskosten; er muß außerdem den gegnerischen Rechtsanwalt bezahlen), dann kann er noch einmal beim nächsthöheren Gericht, dem Landgericht, versuchen, seine Auffassung durchzusetzen. Verliert er wieder, dann sind die Gerichts- und Anwaltskosten bedeutend höher. Außerdem muß er beim Landgericht einen Anwalt nehmen; es entstehen also weitere Kosten. Zu einem höheren Gericht kann Erich dann nicht mehr gehen. Prozessieren lohnt sich bei kleinen Streitwerten kaum, u. den Richtern, die jeden kleinen Fall genauso sorgfältig prüfen u. entscheiden müssen wie die großen Fälle, wäre es lieber, wenn sie von Bagatellsachen verschont blieben. Zivilsachen mit einem Streitwert über 3 000,– DM, aber auch zum Beispiel alle Ehescheidungsklagen kommen gleich in

reformierte Kirche

Wer spricht Recht? (Forts.)

erster Instanz an das Landgericht vor eine Kammer mit drei Richtern. Das Zivilrecht ist etwas für Fachjuristen. Laienrichter gibt es hier nicht, mit Ausnahme in den Kammern für Handelssachen beim Landgericht. Für das Verfahren gelten eine Zivilprozeßordnung von 1898 u. als wichtigstes Zivilgesetzbuch das Bürgerliche Gesetzbuch (BGB) von 1900, die beide inzwischen oft geändert wurden.

Der Einzelrichter beim Amtsgericht ist zuständig für vermögensrechtliche Streitigkeiten bis 3 000,– DM u. ausschließlich zuständig für besondere Streitigkeiten, z. B. Mietsachen, Feststellung der Vaterschaft u. Unterhaltsansprüche auf Grund von Ehe oder Verwandtschaft.

Die Zivilkammer beim Landgericht ist zuständig für vermögensrechtliche Streitigkeiten über 3 000,– DM, Ehesachen u. Ansprüche wegen Amtspflichtverletzung sowie ferner für Berufungen u. Beschwerden gegen Urteile u. gegen Beschlüsse des Einzelrichters beim Amtsgericht (mit Ausnahme der Kindschaftssache).

In der Bundesrepublik Deutschland gab es am 1. 1. 1978 572 Amtsgerichte, 93 Landgerichte, 20 Oberlandesgerichte u. den Bundesgerichtshof (BGH in Karlsruhe). Man nennt diese Gerichte die ordentlichen Gerichte, weil es außer ihnen noch besondere Gerichtsbarkeiten gibt, die jeweils ein oberes Bundesgericht an der Spitze haben: das Bundesarbeitsgericht in Kassel, das Bundesverwaltungsgericht in Berlin (West), das Bundessozialgericht in Kassel u. den Bundesfinanzhof in München.

Wegen der Strafsache kann Erich Schwierigkeiten mit seinem Arbeitgeber bekommen, der um den guten Ruf seines kleinen Betriebes besorgt ist u. der Erich deswegen kündigen möchte. Es könnte um die Frage gehen, ob er aus diesem Grunde kündigen darf, u. wenn ja, ob Erich noch Geld für seinen nicht genommenen Urlaub zusteht. Wegen dieser Sache müßte sich Erich notfalls an das nächste Arbeitsgericht wenden u. um Klärung bitten. Das Arbeitsgericht ist eigentlich ein Zivilgericht, aber es geht dort nicht ganz so zu wie beim Amtsrichter in Zivilsachen. Abgesehen davon, daß das Verfahren billiger ist, erscheinen hier die streitenden Parteien persönlich. Erich wird sich wahrscheinlich nicht mit einem Rechtsanwalt auseinandersetzen müssen, sondern könnte den Streit mit seinem Arbeitgeber selbst vor dem Richter (Arbeitsgerichtsrat) austragen und sich mit ihm, wie das beim Arbeitsgericht üblich ist, über einen Kompromiß durch einen gerichtlichen Vergleich einigen. Sollte das nicht gelingen, wird man sich noch einmal vor diesem Gericht, diesmal jedoch vor der Kammer treffen, u. diese könnte eine Entscheidung (das Urteil) fällen. Der Richter am Arbeitsgericht hat in der Kammer zwei Beisitzer, diese sind ehrenamtliche Richter. Einer stammt aus den Kreisen der Arbeitgeber, der andere aus denen der Arbeitnehmer. Beim nächsthöheren Landesarbeitsgericht besteht eine Kammer ebenfalls aus einem Berufs- u. zwei ehrenamtlichen Richtern. Beim Bundesarbeitsgericht besteht ein Senat aus 3 Berufs- u. 2 ehrenamtlichen Richtern. – ↑auch Jugendrecht.

Mit den Verwaltungsgerichten hat ein Bürger im allgemeinen seltener zu tun. Viele Leute klagen beim Verwaltungsgericht, wenn ihnen von der Baubehörde ein Gesuch um Baugenehmigung abgelehnt ("abschlägig beschieden") wird. Andere wiederum wehren sich gegen eine bestimmte Verfügung der Polizei oder des Amtes für öffentliche Ordnung oder auch der Schulbehörde. In all diesen Fällen geht es beim Verwaltungsgericht um eine Klage gegen eine Behörde der Gemeinde, des Landes oder des Bundes oder, wie es einfach heißt, gegen den Staat. Daß man vor Gericht gegen den Staat klagen kann, war nicht immer u. ist auch heute keineswegs in allen Staaten selbstverständlich. Ein Verwaltungsgericht kann also den Staat zu einem bestimmten Handeln oder Unterlassen verurteilen. Das gleiche kann ein Finanzgericht, das im wesentlichen darüber urteilt, ob in einem bestimmten Fall Steuern zu zahlen sind oder ein Sozialgericht, zu dessen Zuständigkeit v. a. Sozialversicherungssachen gehören. Die Rechtsprechung (Jurisdiktion) ist durch die genannten Gerichte deutlich als unabhängige dritte Staatsgewalt neben der Gesetzgebung (Legislative) sowie der Regierung u. Verwaltung (Exekutive) erkennbar. Die Möglichkeit der unabhängigen Gerichte, die Exekutive u. auch die Legislative zu kontrollieren, ist eine der Grundvoraussetzungen eines demokratischen Rechtsstaates.

Das politisch bedeutendste Gericht ist das Bundesverfassungsgericht in Karlsruhe. Es ist mit ganz besonderen Aufgaben betraut: Es wacht als Hüter der Verfassung über die Einhaltung des Grundgesetzes. In 2 Senaten sitzen je 8 Richter, die mindestens 40 Jahre alt sein müssen. Die Richter an den Senaten werden je zur Hälfte vom Bundestag u. vom Bundesrat gewählt, ehe sie vom Bundespräsidenten ernannt werden. Der Erste Senat entscheidet darüber, ob ein Gesetz mit dem Grundgesetz vereinbar ist, u. über Behauptungen eines Staatsbürgers, er sei in seinen verfassungsmäßigen Grundrechten verletzt worden (Verfassungsbeschwerde). Der Zweite Senat entscheidet zum Beispiel über die Verwirkung von Grundrechten, über die Verfassungswidrigkeit von Parteien, bei Meinungsverschiedenheiten über Rechte u. Pflichten des Bundes u. der Länder, über das Verhältnis von Bundesrecht und Völkerrecht.

* * *

wandte sich zuerst gegen innerkirchliche Mißstände (z. B. den Ablaßhandel) u. suchte die Rechtfertigung des Menschen vor Gott nur aus der in der Bibel bezeugten göttlichen Gnade abzuleiten. Parallele Bewegungen zur R., die sie z. T. beeinflußten u. ihre Ausbreitung förderten, waren der europäische ↑Humanismus, der Niedergang des päpstlichen Ansehens u. die Bestrebungen deutscher Fürsten, eigene Landeskirchen aufzubauen, um vom Papst u. Kaiser unabhängiger zu werden. Die Erfindung des Buchdrucks beschleunigte die Verbreitung der neuen Gedanken (Bibeldrucke, Flugschriften). Auch soziale Bewegungen (Bauernkrieg) nährten sich aus reformatorischem Gedankengut. Auf dem Augsburger Reichstag (1530) begründeten die protestantischen Städte u. Fürsten ihren neuen Glauben u. grenzten ihn gegen die römische Kirche ab (Augsburger Bekenntnis). Da Kaiser Karl V. sich ablehnend verhielt, schlossen sich die Protestanten zum Schmalkaldischen Bund zusammen, erlitten aber 1547 bei Mühlberg (an der Elbe) eine schwere Niederlage gegen die kaiserlichen Truppen. Trotzdem mußte der Kaiser im Augsburger Religionsfrieden (1555) das Augsburger Bekenntnis anerkennen u. den Landesfürsten die freie Religionswahl zugestehen. Damit hatte sich die R. in Deutschland begrenzt durchgesetzt. Auch in anderen, insbesondere in den skandinavischen Staaten breitete sich die R. schnell aus. Reformatoren der Schweiz waren Zwingli u. Calvin.

reformierte Kirche w, Sammelname für die protestantischen Kirchen, deren Lehre auf die Reformatoren ↑Zwingli u. ↑Calvin zurückgeht. Reformierte Kirchen bildeten sich hauptsächlich in Westeuropa. In Deutschland sind sie zum Teil heute mit den Lutheranern in den Kirchen der Union zusammengeschlossen. Im Gegensatz zu Luther betonten die reformierten Kirchen besonders die Lehre von der göttlichen Vorherbestimmung der einzelnen Menschen zum Glauben oder Unglauben (Prädestinationslehre); auch die Abendmahlslehre (↑Abendmahl)

Registriergerät

unterscheidet sich von der Luthers. Die gottesdienstlichen Räume sind bewußt einfach u. nüchtern gehalten.

Refrain [r*e*fräng; lat.] m, Kehrreim; in gleichmäßigen Abständen wiederkehrende Wortfolge oder Wort- u. Tonfolge in Gedichten u. Liedern.

Refraktion ↑Brechung.

Refraktor [lat.] m, ein ↑Fernrohr, bei dem das vergrößerte Abbild des beobachteten Gegenstandes von Linsen erzeugt wird. Im Gegensatz dazu werden beim ↑Reflektor (Spiegelteleskop) Hohlspiegel für die Bilderzeugung verwendet.

Regatta [ital.] w, sportlicher Wettbewerb besonders für Segel-, Ruder- und Motorboote.

Regen m, Niederschlag in Form von kleinen Wassertröpfchen, deren Durchmesser zwischen 0,5 mm (Sprühregen) u. 7 mm (Wolkenbruch) liegt. Wie jede Art von Niederschlag entsteht auch der R. immer dann, wenn Luft, die mit Wasserdampf gesättigt ist, sich abkühlt u. dabei ein Teil des Wasserdampfes zu Wasser kondensiert. Das kann geschehen, wenn die feuchte Luft aufsteigt u. in größerer Höhe abgekühlt wird (z. B. bei „Steigungsregen" vor Gebirgen) oder wenn eine Kaltluftfront auf warme, feuchte Luftmassen trifft; ↑auch Luftfeuchtigkeit.

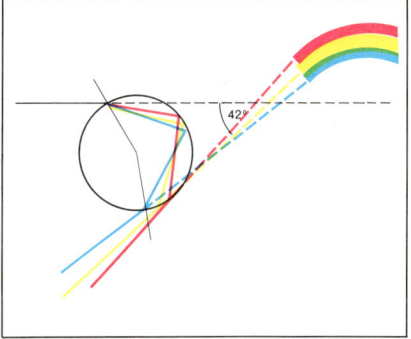

Regenbogen. Entstehung des Hauptregenbogens durch einmalige innere Reflexion am Regentropfen

Reh

Regenbogen m, farbige Lichterscheinung in der Atmosphäre in Form eines Kreisbogens. Sie kommt zustande, wenn die Sonnenstrahlen in den Regentropfen gebrochen, damit in die Spektralfarben zerlegt u. reflektiert werden. Die Farben des Regenbogens entsprechen denen des ↑Spektrums (Rot, Orange, Gelb, Grün, Blau, Violett). Der R. erscheint an dem der Sonne entgegengesetzten Teil des Himmelsgewölbes (als Kreis um den Sonnengegenpunkt): Genau bei Sonnenuntergang ist ein halbkreisförmiger R. zu sehen. Der Radius des Regenbogens entspricht einem Blickwinkel von 42,5°. Die Farben sind so angeordnet, daß Rot außen u. Violett innen liegt. Außer diesem sogenannten Hauptregenbogen ist oft noch ein Nebenregenbogen zu sehen, dessen Mittelpunkt mit dem des Hauptregenbogens übereinstimmt. Die Reihenfolge der Farben ist beim Nebenregenbogen gerade umgekehrt. Regenbogenähnliche Erscheinungen können häufig bei Wasserfällen u. Springbrunnen beobachtet werden.

Regenbogenhaut w (Iris), die zweite Schicht des Auges, die hinter der Hornhaut liegt. Sie enthält Farbstoff u. bestimmt damit die Augenfarbe; ↑auch Auge.

Regeneration [lat.] w, im allgemeinen versteht man unter R. Erneuerung oder Wiederauffrischung. In der Biologie wird mit R. die Fähigkeit bestimmter Lebewesen bezeichnet, verlorengegangene oder beschädigte Organe zu ersetzen. Sie ist besonders häufig bei Pflanzen u. niederen Tieren.

Regenpfeifer m, Familie lerchenbis taubengroßer, kräftiger Watvögel mit kurzem Schnabel. Meist sind sie auffällig weiß u. schwarz gezeichnet. Sie leben auf Wiesen, Hochmooren u. an sandigen Ufern, z. B. der Kiebitz.

Regensburg, Hauptstadt des Regierungsbezirkes Oberpfalz in Bayern, an der Mündung des Regen u. der Naab in die Donau, mit 134 000 E. Die Stadt hat eine Universität u. eine Fachhochschule. Die bekanntesten Bauwerke in R. sind der Dom (um 1250 begonnen), die romanische Kirche St. Emmeram (12. u. 13. Jh.), der Herzogshof (12. u. 13. Jh.), das Alte (14. u. 15. Jh.) u. das Neue (1660–1720) Rathaus. Außer den Schiffswerften sind Leder- u. Lebensmittelindustrie von Bedeutung. – R. wurde im 2. Jh. n. Chr. als römisches Legionslager gegründet (*Castra Regina*), seit 1245 war R. Reichsstadt, von 1663 bis 1806 Sitz des ständigen Reichstages. Im Jahre 1810 kam R. an Bayern.

Regent [lat.] m, Staatsoberhaupt in einer Monarchie, entweder der Monarch (König, Fürst) selbst oder ein Stellvertreter, der, falls der Monarch etwa noch zu jung oder schwerkrank ist, die *Regentschaft* führt.

Regenwürmer m, Mz., mittelgroße bis große Ringelwürmer mit wenigen Borstenpaaren. Sie leben in feuchter Erde u. fressen dort verwesende pflanzliche Stoffe u. Erde. Dadurch, daß sie zahlreiche Gänge bauen, lockern sie die oberen Erdschichten auf. In Deutschland kommt häufig der *Gemeine Regenwurm* vor, der bis 30 cm lang wird u. schmutzigrot gefärbt ist.

Reger, Max, * Brand bei Marktredwitz 19. März 1873, † Leipzig 11. Mai 1916, deutscher Komponist. Im Mittel-

punkt seines Schaffens steht die Orgel- und Kammermusik. Er versuchte die Musik der Romantik (Wagner) mit der des Barocks (Bach) u. der der Klassik (Mozart) zu verbinden u. schrieb seine Stücke hauptsächlich in den Formen der Fuge, der Sonate u. der Variation. Eines seiner bekanntesten Werke: „Variationen u. Fuge über ein Thema von Mozart" (1914).

Regie [re*sehi*; frz.] w, Spielleitung; bei Theater, Film, Fernsehen u. Rundfunk leitet der *Regisseur* [re*sehißör*] (Spielleiter) die Einstudierung eines (dramatischen) Werkes u. sorgt für das Zusammenspiel der Mitwirkenden, besonders der Schauspieler.

Regierung ↑Staat.

Regime [re*sehim*; frz.] s, Regierungsform, Herrschaft; oft wird das Wort in abwertendem Sinn gebraucht, z. B. für eine Diktatur.

Regisseur ↑Regie.

Register [lat.] s: **1)** ein alphabetisches Verzeichnis (auch Index genannt) der Personennamen u. Sachbegriffe, auch der Ortsnamen; meist am Ende eines Buches; entweder in einem Alphabet zusammengestellt oder getrennt (Personen-, Sach- u. Ortsnamenregister); dazu ist jeweils angegeben, auf welchen Textseiten ein Name oder ein Begriff zu finden ist; **2)** amtliches Verzeichnis über rechtlich wichtige Verhältnisse, z. B. ↑Bundeszentralregister, ↑Handelsregister; **3)** bei der Orgel: Pfeifengruppe gleicher Bauart u. Klangfärbung.

registrieren [lat.], in ein ↑Register eintragen; aufzeichnen; wahrnehmen.

Registriergerät [lat.; dt.] s, ein Meßgerät, das die gemessenen Werte auch aufzeichnet. Es besteht aus dem

485

Regler

Meßgerät selbst, (anstelle des Zeigers) einer Schreibvorrichtung und einem von einem Uhrwerk oder Elektromotor bewegten Papierstreifen, auf dem die Meßergebnisse aufgeschrieben werden (z. B. Fahrtschreiber).

Regler *m*, eine Steuerungsvorrichtung, durch die eine bestimmte Größe (z. B. die Drehzahl eines Motors, die Temperatur in einem Raum oder die elektrische Spannung in einem Stromkreis) auf einem einmal eingestellten Wert (Sollwert) gehalten wird. Ein einfaches Beispiel für einen mechanischen R. ist der Schwimmer im Vergaser des Ottomotors, der die Benzinzufuhr regelt. Außer mechanischen Reglern gibt es elektrische u. elektronische. Die R. spielen eine grundlegende Rolle bei der Steuerung von vollautomatischen Produktionsabläufen, mit deren Problemen sich die *Regelungstechnik* befaßt.

regulär [lat.], der Regel gemäß; vorschriftsmäßig; üblich, gewöhnlich.

Reh *s*, etwa 75 cm schulterhohes Huftier aus der Gattung der Trughirsche mit rotbraunem Sommer- u. graubraunem Winterkleid. Das Fell des Kitzes (junges Reh) trägt kleine, helle Flecken. Das männliche Tier besitzt ein Geweih. – Abb. S. 485.

Rehabilitation [lat.] *w:* **1)** Maßnahmen, mit denen Menschen, die infolge abweichenden Verhaltens oder wegen nicht normalem körperlichem Zustand aus dem gesellschaftlichen Lebenszusammenhang ausgeschlossen wurden (z. B. Straffällige, körperlich Behinderte) wieder in diesen eingegliedert werden sollen. Man versucht, sie zu befähigen, wieder am allgemeinen Leben teilzunehmen; **2)** Wiederherstellung der durch Straftat oder Strafverfahren berührten Ehre einer Person.

Reibung *w*, diejenige hemmende Kraft, die ein Körper erfährt, wenn er auf einen anderen Körper gleitet (Gleitreibung) oder abrollt (Rollreibung). Hervorgerufen wird die R. durch die Unebenheiten der aufeinander gleitenden oder aneinander abrollenden Flächen. Von dieser äußeren R. unterscheidet man die innere R., die immer dann auftritt, wenn Teile desselben Körpers sich gegeneinander bewegen. Sie tritt meist in Flüssigkeiten u. Gasen auf. Die Reibungskraft ist stets der Bewegungsrichtung entgegengesetzt, sie versucht, die Bewegung zum Stillstand zu bringen. Die Größe der R. ist abhängig von der Oberflächenbeschaffenheit u. von der Kraft, mit der die aufeinander gleitenden oder aneinander abrollenden Körper aufeinander lasten. Da die Gleitreibung stets sehr viel größer ist als die Rollreibung, versucht man jede Art von Gleitreibung in Rollreibung umzusetzen. Das geschieht mit Hilfe von Rädern, Rollen u. Kugellagern. Auch durch Schmiermittel wie Öl u. Fett läßt sich die Reibung herabsetzen. Ganz ausschalten läßt sie sich allerdings nicht. Bisweilen ist die R. auch erwünscht. Würde beispielsweise zwischen Autoreifen u. Straße keine Reibung auftreten, so würden die Räder beim Anfahren „durchdrehen". Ebenso könnte das fahrende Auto nicht bremsen, würden doch die feststehenden Räder ungehindert auf der Straße gleiten. Bei Glatteis muß deshalb durch Streugut die Reibung zwischen Rad u. Straße erhöht werden. Mit der R. ist immer die Entstehung von Wärme (*Reibungswärme*) verbunden.

Reichenau *w*, Insel im Bodensee (Untersee); die 4,5 km² große Insel hat 4 500 E, die hauptsächlich vom Gemüse- u. Weinbau, der Blumenzucht u. dem Fremdenverkehr leben. Die Insel ist durch einen Damm mit dem Festland verbunden. Im Jahre 724 n. Chr. wurde hier eine Benediktinerabtei gegründet, die ein bedeutender Mittelpunkt frühmittelalterlicher Kultur war u. besonders durch ihre Buchmalerei berühmt wurde. Hervorragende Bauwerke sind das Münster und zwei Stiftskirchen aus dem 10.–12. Jahrhundert.

Reichsdeputationshauptschluß [dt.; lat.; dt.], im Heiligen Römischen Reich wurde der Ausschuß der Reichsstände, der zur Erledigung bestimmter politischer Aufgaben ernannt war, Reichsdeputation genannt. Als nach dem Frieden von Lunéville (1801) das Reich das linke Rheinufer an Frankreich abtreten mußte, bestimmte die letzte außerordentliche Reichsdeputation im R. (1803), daß die durch Gebietsverluste betroffenen weltlichen deutschen Fürsten durch Gebiete enteigneter geistlicher Fürsten u. bisher freier Reichsstädte entschädigt werden sollten.

Reichsinsignien [dt.; lat.] *Mz.*, die ↑ Insignien, die die Könige u. Kaiser (bis 1806) des Heiligen Römischen Reiches bei der Krönung trugen, v. a. die Reichskrone, der Reichsapfel und das Zepter (heute in der Schatzkammer der Wiener Hofburg).

Reichsmark ↑ DM.

Reichsstädte *w, Mz.*, im Heiligen Römischen Reich bis 1806 wurden die nur dem König unterstellten Städte R. genannt. Sie waren „reichsunmittelbar", im Gegensatz zu den anderen Städten, die einem Landesherrn (Fürsten) unterstanden. Seit dem 16. Jh. hießen die R. allgemein Freie R., sie waren schon seit 1489 regelmäßig auf den Reichstagen vertreten.

Reichsstände *m, Mz.*, im Heiligen Römischen Reich bis 1806 dessen reichsunmittelbare Glieder, soweit sie Recht auf Sitz u. Stimme im Reichstag hatten. Man unterscheidet geistliche R. (geistliche Kurfürsten, Erzbischöfe, Bischöfe, Reichsäbte beziehungsweise Reichsäbtissinnen) u. weltliche R. (weltliche Kurfürsten, Herzöge, Markgrafen, gefürstete Grafen u. Freiherren sowie die Reichsstädte).

Reichstag *m*, im Heiligen Römischen Reich bis 1806 die Versammlung der ↑ Reichsstände, deren Mitwirkung beim Beschluß von Reichsgesetzen u. anderen Reichsangelegenheiten erforderlich war. Zunächst wurde der R. nur zu Einzelsitzungen an jeweils verschiedenen Orten einberufen, 1663–1806 tagte er als immerwährender Gesandtenkongreß in Regensburg. Im Deutschen Reich von 1871 bis 1918 war der R. die gesetzmäßige Vertretung des Volkes, hatte aber kaum Einfluß auf die Regierungsbildung. Das änderte sich in der Weimarer Republik (1919–33): Der R. wurde als Parlament zum Träger der Reichsgewalt, bei ihm lag die Entscheidung über Krieg und Frieden, er hatte entscheidenden Einfluß auf die Regierungsbildung. Nach 1933 wurde der R. von den Nationalsozialisten seiner Funktion beraubt, blieb jedoch formal erhalten.

Reifeteilung ↑ Vererbungslehre.

Reiher *m, Mz.*, Stelzvögel mit schlankem Körper, langem Hals, langen Beinen u. langem, spitzem Schnabel. Sie leben meist gesellig an Süßgewässern (seltener an Meeresküsten) u. in Sümpfen, z. B. Fischreiher, Seidenreiher, Rohrdommel.

Reim *m*, der Gleichklang von Wörtern in einer oder in mehreren Silben. Man unterscheidet nach dem Versausgang (Kadenz), der Zahl der Silben, die durch den R. gebunden werden, den *männlichen* R., der auf eine einzige u. betonte Silbe fällt (z. B. Bild – Schild), den zweisilbigen *weiblichen* R. (Bilder – Schilder) und den *reichen* R., der dreioder mehrsilbig ist (Bilderwand – Schilderrand). Außerdem werden die Reime nach ihrer Stellung im Vers unterschieden: *Anfangsreim, Endreim* (die bei weitem gebräuchlichste Art des Reims), *Mittelreim* (ein R., der im Inneren von zwei aufeinanderfolgenden Versen steht), *Binnenreim* (der R. zweier Wörter innerhalb einer einzigen Verszeile, z. B. „Eine starke, schwarze Barke"). Die Unterschiede der Klangfarbe ergeben eine Einteilung in *reinen* R. (gießen – fließen), *unreinen* R. (gießen – grüßen) u. *rührenden* R. (klingen – Klingen). – In der Dichtung ist der R. ein Mittel, den Wohlklang zu erhöhen, die Verse zu verbinden, zu der Strophe zu gliedern. Die antike u. die germanische Versdichtung kannten den Endreim nicht (↑ auch Stabreim). Erst seit dem 9. Jh. drang er aus der mittellateinischen Hymnendichtung in die deutsche Literatur ein.

Reims [*rängß*], französische Stadt nordöstlich von Paris in der Champagne, mit 178 000 E. Das bekannteste Bauwerk R. ist die gotische Kathedrale (1210 begonnen), die als eine der schönsten ihrer Art gilt. Die Stadt hat eine Universität u. ist Mittelpunkt der

Remscheid

nordfranzösischen Textilindustrie. In ihren Kellereien wird der weltbekannte Champagner hergestellt. – R. war seit 1180 die Krönungsstadt der französischen Könige.

Reis *m*, sehr alte, südostasiatische Kulturpflanze aus der Familie der Gräser. Die kleinen, einblütigen Ährchen stehen in Rispen. Der R. wird in 2 Formen angebaut: als Sumpfreis in Terrassen, die zeitweilig unter Wasser gesetzt werden, oder als Bergreis, der weniger anspruchsvoll u. ergiebig u. bis in 2 000 m Höhe gedeiht. Die Hauptanbaugebiete liegen in Süd- u. Ostasien, in Afrika, Süd- u. Mittelamerika sowie in geringerem Umfang in Italien, Spanien u. Südfrankreich.

Reißbrett *s*, ein rechtwinkliges Zeichenbrett, auf dem technische Zeichnungen angefertigt werden können. Mit Hilfe eines Lineals mit senkrechter Querleiste, das an die Reißbrettkante angelegt werden kann (Reißschiene), lassen sich senkrechte u. waagrechte Linien sowie parallele Geraden ohne Mühe zeichnen.

Reißen *s*, Disziplin des ↑Gewichthebens.

Reitsport ↑Pferdesport.

Reklamation [lat.] *w*, Beanstandung, Beschwerde.

Reklame [frz.] *w*, Werbung für wirtschaftliche Produkte, z. B. Waschmittel, Möbel, Autos usw., durch Plakate, Anzeigen sowie in Funk u. Fernsehen, auch durch an Häusern angebrachte *Lichtreklame*. Heute spricht man meist von ↑Werbung.

Rekonstruktion [lat.] *w*, Wiederherstellung (z. B. eines Bauwerks, das auf Grund alter Pläne u. Zeichnungen in seinen ursprünglichen Zustand versetzt wird), Nachbildung; Wiedergabe eines Vorgangs oder Erlebnisses im Bericht.

Rekord [engl.] *m*, anerkannte sportliche Höchstleistung, z. B. Hallenrekord, Europarekord oder Weltrekord.

Rektor [lat.] *m*: 1) Leiter einer Grund-, Haupt-, Real- oder Sonderschule; 2) ehren- oder hauptamtlicher Leiter einer ↑Hochschule (Universität, Gesamt-, Fachhochschule usw.) im Rahmen der akademischen Selbstverwaltung. Der R. – an einigen Hochschulen auch Präsident genannt – vertritt die Hochschule nach außen und ist (meist) Vorsitzender des zentralen Gremiums (z. B. Senat, Konvent) der Hochschule, von dem er auch für eine bestimmte Zeit (zwischen einem und fünf Jahren) gewählt wird. Seine Vertreter sind die Prorektoren; sie bilden mit ihm u. dem hauptberuflichen obersten Verwaltungsbeamten der Hochschule (Kanzler, Kurator u. ä.) häufig ein Leitungsgremium (Rektorat).

Relais [r^e*lä*; frz.] *s*, ein Schalter, der durch einen schwachen elektrischen Strom, den Steuerstrom, betätigt wird u. dabei einen Stromkreis mit einem viel stärkeren Strom, dem Arbeitsstrom, öffnet oder schließt. Die gebräuchlichsten R. enthalten einen kleinen Elektromagneten, einen Anker u. zwei Kontaktfedern. Fließt der Steuerstrom durch den Elektromagneten, so wird der Anker angezogen u. schließt oder öffnet dabei über die Kontaktfedern den Arbeitsstromkreis. R. werden vor allem dann benutzt, wenn der Arbeitsstromkreis über weite Entfernungen hinweg geschaltet werden soll. Durch die Schaltleitung fließt nur ein geringer Strom, die Drähte können also dünn sein. Neben den eben beschriebenen elektromagnetischen R. gibt es noch zahlreiche weitere Bauarten, die zum Teil durch Funksignale betätigt werden können. – Abb. S. 488.

relativ [lat.], auf etwas bezogen, verhältnismäßig, bedingt; Gegensatz: ↑absolut.

Relativitätstheorie [lat.; gr.] *w*, eine von Albert ↑Einstein begründete physikalische Theorie, in der die Zeit als vierte Koordinate einer Raum-Zeit-Welt eingeführt wird; ihre grundlegende Aussage ist die Konstanz der Lichtgeschwindigkeit für alle messenden Beobachter, wie immer sie sich auch bewegen. Folgerungen sind: 1. Die Lichtgeschwindigkeit ist eine nicht überschreitbare Grenz- bzw. Signalgeschwindigkeit; 2. Längen- u. Zeitmessungen sind abhängig von der Bewegung des Messenden bzw. des Meßobjekts; 3. Masse u. Energie sind einander äquivalent; 4. die Masse eines Körpers wächst mit seiner Geschwindigkeit. – Die R. gab der gesamten Physik eine neue Grundlage.

Relativpronomen ↑Pronomen.

Relativsatz [lat.; dt.] *m*, Gliedsatz, der durch ein Relativpronomen oder ein bezügliches Adverb eingeleitet wird, z. B. „Er gab ihm das Geld, *das er gewonnen hatte*", „Er fuhr, *wohin er fahren sollte*".

Release-Zentren [*rilis-*] ↑Drogen.

Relief [frz.] *s*: 1) Geländeoberfläche oder deren plastische Nachbildung; 2) Gattung der Bildhauerkunst: eine erhabene Arbeit, bei der die plastisch vorspringenden Teile aus einer Fläche, die damit zum Hintergrund wird, herausgearbeitet u. oft farbig gestaltet werden. Nach der Höhe – dem Reliefgrad – unterscheidet man *Hochrelief* u. *Flachrelief*. Eine Sonderform ist das versenkte Relief. Das R. hat eine Mittelstellung zwischen Plastik u. Malerei.

Religion ↑S. 490 f.

Religionsfreiheit [lat.; dt.] *w*, in der Verfassung verankertes Grundrecht, das jedem Bürger die freie Wahl und Ausübung einer Religion zusichert.

religionsmündig ↑Mündigkeit.

Reling *w*, Geländer, das die freiliegenden Decks eines Schiffes an der Bordwand begrenzt u. absichert.

Reliquien [lat.] *w, Mz.*, in der katholischen Kirche die Überreste von Heiligen, d. h. deren Gebeine oder Asche, aber auch ihre Kleider oder von ihnen benutzte Gebrauchsgegenstände. R. werden religiös verehrt.

Rembrandt, eigentlich R. Harmensz. van Rijn, * Leiden 15. Juli 1606, † Amsterdam 4. Oktober 1669, niederländischer Maler, Zeichner u. Radierer. Er ist der Hauptmeister der niederländischen Barockmalerei u. eine der bedeutendsten Künstlerpersönlichkeiten. Sein Werk umfaßt etwa 650 Gemälde, 280 Radierungen und 1 400 Zeichnungen. Bevorzugte Bildthemen sind das Bildnis (Einzel- u. Gruppenbild; viele Selbstbildnisse) u. biblische Darstellungen. Kennzeichnend für R. ist die bedeutsame Rolle des Lichtes, durch das eine Gestalt oder ein Vorgang aus dem Dunkel hervorgehoben wird u. so mit verstärkter Betonung erhält. Berühmte Bilder Rembrandts sind u. a.: „Die Anatomie des Dr. Tulp", „Die Nachtwache", „Der Mann mit dem Goldhelm", „Christus in Emmaus", „Jakobssegen", seine Selbstbildnisse und die Landschaften, unter den Radierungen etwa das „Hundertguldenblatt" mit der Darstellung des Kranke heilenden Christus und „Die drei Kreuze". – Abb. S. 488.

remis [r^e*mi*; frz.], unentschieden, v. a. beim Schachspiel u. bei sportlichen Wettkämpfen.

Remscheid, Industriestadt in Nordrhein-Westfalen, mit 131 000 E, im Bergischen Land. R. ist Mittelpunkt der deutschen Werkzeugindustrie.

Ren

487

Ren

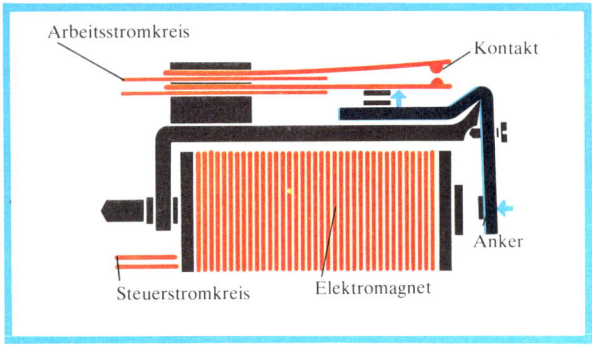

Relais

Rembrandt, Die Nachtwache ▶

Ren s (Rentier), bis 1,2 m schulterhoher Trughirsch in Nordeuropa, Nordasien u. Nordamerika (mit Grönland). Das leicht gewellte, dichte u. langhaarige Fell ist dunkelbraun bis graubraun, aber auch gelblichweiß oder gescheckt, im Winter heller. Beide Geschlechter tragen ein Geweih. Das heute halbzahme, in Herden lebende R. führt jährlich weite Wanderungen durch. Als sehr anspruchsloses Tier dient es den nordischen Nomaden als Zug- u. Tragtier; es liefert Milch u. Fleisch. – Abb. S. 487.

Renaissance [r^enäßangß; frz.; = Wiedergeburt] w, kulturgeschichtlicher Begriff, der im engeren Sinn die Kultur u. Kunst zu Beginn der Neuzeit, besonders in Italien im 15. u. 16. Jh., umfaßt. In weiterem Sinn kann man R. auch auf andere Epochen anwenden (z. B. karolingische R.). Die R. in Italien erstrebte eine Wiedergeburt oder Wiedererweckung der Kunst u. Kultur der klassischen Antike. Führend wurde Florenz; um 1420 wirkten entscheidend: der Baumeister Brunelleschi mit der Wiederaufnahme der antiken Säulenordnungen, der Bildhauer Donatello mit der Entdeckung der Gesetze des Ausgleichs von Stand- u. Spielbein usw. u. der Maler Masaccio mit seinem Bemühen, die Natur nachzuahmen. Die Frührenaissance wurde um 1500 in Italien durch die Hochrenaissance abgelöst. Ihre Hauptvertreter sind Leonardo da Vinci, Michelangelo u. Raffael. Zwischen 1520 u. 1530 kann man den Beginn der Spätrenaissance (beziehungsweise des ↑Manierismus) ansetzen. In Deutschland setzte sich der Einfluß der italienischen R. erst nach 1500 durch (u. a. im Werk Dürers). Insgesamt vollzog sich durch die R. eine Umformung des geistigen Lebens in allen seinen Bereichen, unterstützt durch den ↑Humanismus. Die R. brachte die Lösung des Menschen aus der mittelalterlichen Ordnung. Der Mensch begann sich als Einzelwesen zu fühlen, auf sich selbst gestellt, für sich selbst verantwortlich. Gleichzeitig regte sich ein neues staatspolitisches Denken (bei Machiavelli u. a.).

Rendezvous [rangdewu; frz.] s, Verabredung, Stelldichein, verabredetes Treffen.

renitent [lat.], widerspenstig, widersetzlich.

Renoir, Auguste [$r^e n^u$ar], * Limoges 25. Februar 1841, † Cagnes-sur-Mer 3. Dezember 1919, französischer Maler, einer der Hauptvertreter des Impressionismus. Im Gegensatz zu den anderen Impressionisten, die v. a. Landschaften malten, bevorzugte R. Figurenbilder (v. a. weibliche Akte) u. Porträts, heiter u. sinnenfroh in der Gesamtstimmung.

renommieren [frz.], angeben, prahlen; dagegen bedeutet **renommiert:** berühmt, angesehen, z. B. eine renommierte Persönlichkeit.

renovieren [lat.], erneuern, instand setzen, wiederherstellen.

rentabel [frz.], ertragreich, zinsbringend; man sagt z. B.: ein Geschäft arbeitet rentabel.

Rente [frz.] w, regelmäßige Zahlung einer bestimmten Summe in festgelegten Zeitabständen (z. B. Jahr oder Monat); eine R. wird besonders auf Grund einer Versicherung (z. B. Alters- u. Hinterbliebenenrente) gezahlt.

Rentenmark ↑DM.

Reparationen [lat.] w, Mz., Kriegsentschädigungen, die in Form von Geld- u. Sachleistungen von besiegten Staaten an die Siegermächte entrichtet werden.

Reportage [...taseh^e; frz.] w, Erlebnisbericht eines oder mehrerer Reporter in Wort u./oder Bild für Zeitungen, Zeitschriften, Hörfunk, Fernsehen u.ä. Die R. soll den Leser, Hörer oder Betrachter das Ereignis möglichst wirklichkeitsnah miterleben lassen.

Repräsentantenhaus [lat.; dt.] s, in den USA u. einigen anderen Staaten (z. B. Australien u. Neuseeland) die zweite Kammer des Kongresses, in der die Wähler vertreten sind (Abgeordnetenhaus).

repräsentieren [lat.], würdig oder standesgemäß auftreten; jemanden oder etwas vertreten (z. B. als Abgeordneter die Wählerschaft repräsentieren; auch als Repräsentant, beispielsweise einer Firma).

Repressalien [lat.] w, Mz., Druckmittel, Vergeltungsmaßnahmen.

Reproduktion [lat.] w, Nachbildung, Wiedergabe von Bildern, Schriften, Noten u. a. im Druck. Reproduktionsverfahren sind beispielsweise der Holzschnitt, der Kupferstich u. die verschiedenen Verfahren der Metallätzung.

Reptilien [lat.] s, Mz. (Kriechtiere), eine Wirbeltierklasse, die besonders wärmere Gegenden bewohnt. R. atmen durch Lungen, legen meistens Eier u. sind wechselwarm; ihr Körper trägt Hornschuppen oder Knochenplatten. Sie leben hauptsächlich auf dem Land, seltener im Meer oder Süßwasser. Zu den R. gehören Schildkröten, Krokodile, Echsen u. Schlangen.

Republik ↑Staat.

Requiem [...i-e...; lat.] s, die katholische Toten- oder Seelenmesse; die Bezeichnung leitet sich her vom Anfang des lateinischen Textes: „Requiem aeternam dona eis" = „Gib ihnen die

488

Revolution

Reuse eines birmanischen Fischers

ewige Ruhe". Berühmte Vertonungen stammen von Haydn, Mozart, Berlioz und Verdi.

Reservate [lat.] s, Mz. (Reservationen), in Kanada u. in den USA fest umgrenzte Landesteile, die den Indianern als Wohngebiete zugewiesen sind. In den Reservaten können die Indianer eigene Verwaltung und eigene Gerichtsbarkeit ausüben. In Australien gibt es R. für die eingeborenen Australier. – R. heißen auch Gebiete, in denen bestimmte Tier- u./oder Pflanzenarten vor der Ausrottung durch den Menschen geschützt sind.

Reservation ↑ Reservate.

Reserve [lat.] w: 1) Zurückhaltung, Verschlossenheit; 2) Vorrat, Rücklage (für den Notfall); auch betriebliche Rücklagen; 3) die Gesamtheit der aus dem aktiven Wehrdienst ausgeschiedenen Wehrpflichtigen.

Residenz [lat.] w, Wohnsitz eines Staatsoberhauptes, eines Fürsten oder eines hohen Geistlichen; auch die Hauptstadt eines Territoriums.

Resistenz [lat.] w, Widerstand, Gegenwehr; die angeborene Widerstandsfähigkeit des Körpers, z. B. gegen Krankheitserreger.

resolut [lat.], entschlossen, beherzt, tatkräftig.

Resolution [lat.] w, Beschluß, Entschließung; v.a. die abschließend formulierte Erklärung von Versammlungen, Ausschüssen usw., mit denen diese Einfluß auf die öffentliche Meinung zu nehmen versuchen.

Resonanz [lat.] w, Sonderfall einer erzwungenen ↑ Schwingung. R. liegt vor, wenn ein schwingungsfähiges Gebilde durch eine periodisch wirkende äußere Kraft zu Schwingungen erregt wird u. die Frequenz der äußeren Kraft mit der Eigenfrequenz des schwingungsfähigen Gebildes übereinstimmt. Die Amplitude (Schwingungsweite) der erzwungenen Schwingung erreicht dabei einen größtmöglichen Wert. Anschaulich zeigen läßt sich die Resonanz an zwei gleichgestimmten Stimmgabeln. Schlägt man eine von ihnen an, so beginnt die zweite nach kurzer Zeit ebenfalls zu schwingen u. zu tönen. Schädliche Resonanzerscheinungen können auftreten, wenn eine Kolonne im Gleichschritt über eine Brücke marschiert. Stimmt nämlich die Frequenz der Marschtritte mit der Eigenfrequenz der Brücke überein, so beginnt diese so stark zu schwingen, daß sie einstürzen kann.

Respekt [lat.] m, Ehrerbietung, Achtung.

Ressort [reßor; frz.] s, Geschäfts- oder Amtsbereich; Arbeits- oder Aufgabengebiet.

Restauration [lat.] w, die Wiederherstellung einer alten Ordnung, insbesondere einer politischen u. sozialen Ordnung nach einem Umsturz. Im engeren Sinne bezeichnet R. die Zeit von 1814/15 bis 1830 beziehungsweise bis 1848, in der man in den Verfassungen von fast allen europäischen Staaten den Status vor der Französischen Revolution wieder herstellte.

Resultat [lat.] s, Ergebnis.

Retorte [frz.] w, früher in Laboratorien verwendetes Destillationsgefäß. Die R. ist heute durch geeignetere Glasapparaturen verdrängt worden. – Die noch gebrauchte Redewendung, eine Verbindung oder ein Stoff könne „in der Retorte" hergestellt werden, besagt, man könne die Verbindung oder den Stoff künstlich (synthetisch) herstellen.

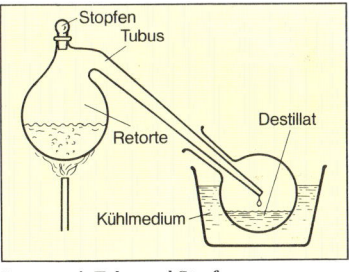

Retorte mit Tubus und Stopfen

Retusche [frz.] w, bevor eine Bildvorlage reproduziert wird (↑ Reproduktion), wird sie vom Fachmann überarbeitet (das Negativ oder das Positiv): Fehler werden beseitigt u. die Bildwirkung wird allgemein verbessert (es wird retuschiert).

Reuse w, ein Fischfanggerät, bestehend aus einem kasten- oder zylinderförmig aufgespannten Netz, in das die Fische durch eine kegelförmige Öffnung zwar hinein-, aus dem sie aber nicht wieder herausschwimmen können.

reüssieren [frz.], Erfolg, Glück haben; ein Ziel erreichen.

Reuter, Fritz, * Stavenhagen (Mecklenburg) 7. November 1810, † Eisenach 12. Juli 1874, bedeutender deutscher Mundartdichter. Seine Sprache ist das Mecklenburger Platt (Niederdeutsch). In seinen Erzählungen u. Romanen, die z. T. eigenes Erleben widerspiegeln, zeichnet er ein wirklichkeitsgetreues u. humorvolles Bild vom

bäuerlichen u. kleinbürgerlichen Leben seiner Heimat: „Ut de Franzosentid" (1860), „Ut mine Festungstid" (1862) u. „Ut mine Stromtid" (1862–64).

Reval (estn. Tallinn), Hauptstadt von Estland (UdSSR) u. wichtiger Ostseehafen am Finnischen Meerbusen, mit 408 000 E. Bedeutende Baudenkmäler sind Dom, Rathaus u. Gildehaus, die hochtürmige Olaikirche u. die Stadtbefestigung mit großen Rundtürmen (14.–16. Jh.). Die Stadt besitzt eine Akademie der Wissenschaften u. mehrere Hochschulen. Neben Schiff-, Maschinen- u. Waggonbau gibt es Elektro-, Textil-, Holz-, Nahrungsmittel- u. chemische Industrie. – R. war im Mittelalter eine bedeutende Hansestadt u. gehörte zum Staat des Deutschen Ordens.

Revanche [rewangsche; frz.] w, Vergeltung, Rache; im Sport: Rückspiel.

Revanchismus [...sch...; frz.] m, Schlagwort für eine auf ↑ Revanche (insbesondere die Rückgewinnung verlorener Gebiete) gerichtete Politik.

Reverenz [lat.] w, Ehrerbietung; Verbeugung.

Revision [lat.] w, allgemein: Nachprüfung (z. B. in der Buchhaltung oder im Bankwesen); Änderung (z. B. einer Ansicht). In der Rechtsprechung bezeichnet man als R. die Überprüfung eines Urteils durch ein übergeordnetes Gericht, bevor das Urteil rechtskräftig wird. Zu untersuchen ist jedoch nur, ob das Gesetz richtig angewendet worden ist oder ob bei der Gerichtsverhandlung Verfahrensmängel vorgekommen sind; nicht mehr untersucht werden die Tatsachen (im Gegensatz zur Berufung, bei der sowohl die Tatsachen als auch die rechtliche Beurteilung überprüft werden).

Revolte [frz.] w, bewaffneter Aufstand, Aufruhr.

Revolution [lat.] w, gewaltsamer Umsturz politischer bzw. gesellschaftlicher Ordnungen, der auf eine grundlegende Umgestaltung der gesellschaftlichen Struktur zielt. In der Regel gehen revolutionäre Veränderungen von benachteiligten Schichten, unterdrückten Klassen usw. aus, auch wenn als Wortführer oft Angehörige der Oberschicht auftreten. Revolutionen wurden oft zu

Fortsetzung S. 491

DIE GROSSEN RELIGIONEN

Jüdische Religion

Die jüdische Religion hatte eine lange Enwicklung von einer einfachen Stammesreligion zu einem erhabenen Monotheismus (Glaube an einen einzigen Gott). *Jahwe*, der allmächtige, allwissende, ewige, richtende u. unsichtbare Gott, Schöpfer und Lenker des Kosmos (Weltall), war ursprünglich wohl ein Stammesgott in Kanaan-Palästina. Moses (13. Jh. v. Chr.), der eigentliche Stifter u. Gesetzgeber der jüdischen Religion, erhob ihn zum nationalen Bundesgott. In Jahwe sollte das „auserwählte Volk" Israel zugleich den „Gott der Väter" (Adam, Noah, Abraham, Isaak, Jakob) erkennen. Die 12 geeinten „Stämme Israels" erhielten von Jahwe am Sinai durch Moses ihr Gesetz, die „Zehn Gebote". Durch die Propheten (v. a. Elia, Jesaja, Jeremia) wurde der Gottesglaube vertieft u. gereinigt. Unter den Königen (David, Salomo) erhielt Israel ein zentrales Heiligtum im Tempel zu Jerusalem. Nach der endgültigen Zerstörung des Tempels (70 n. Chr.) durch die Römer haben die Juden auch in der Diaspora (als religiöse Minderheit in viele Länder zerstreut) unter sehr verschiedenen Lebens- u. Kulturbedingungen ihre Religion bewahrt. Unsterblichkeitshoffnung, für die „Endzeit" die Erwartung eines Messiaskönigs u. einer weltweiten Geltung des Jahweglaubens, Engel u. Dämonen gehören zur jüdischen Religion ebenso wie zahlreiche Speisegesetze (koschere Speisen = reine Speisen) u. genaueste Vorschriften für das Gebet u. den Sabbat (der Samstag als wöchentlicher Feiertag). Die feierliche Aufnahme der männlichen Gläubigen in die Religionsgemeinschaft geschieht durch die Beschneidung (Entfernung der Vorhaut des männlichen Gliedes). Der jüdische Kult wurde früher am Jerusalemer Tempel vom Hohenpriester, von einer erblichen Priesterschaft u. den Leviten (Tempeldiener) mit vielen Tieropfern vollzogen. Heute wird er am Sabbat und an den Hochfesten (v. a. Laubhüttenfest, ↑Passah u. Wochenfest sowie Jom Kippur, das Versöhnungsfest im Oktober) unter Leitung von Rabbinern in der Synagoge bzw. vom Hausvater in der Familie gefeiert. Die heilige Schrift des Judentums ist die hebräische Bibel (in christlicher Sprechweise das „Alte Testament"); hoch angesehen sind auch spätjüdische Gesetzessammlungen (Talmud), zahlreiche religiöse Dichtungen (Haggada) u. Überlieferungen (Halacha). Es gibt etwa 14 Mill. Juden.

Christentum

Das Christentum ist die von *Jesus von Nazareth*, genannt *Jesus Christus* (= der Gesalbte; † um 30 n. Chr.), gestiftete Offenbarungs- und Erlösungsreligion. Sie ging aus der jüdischen Religion hervor u. versteht sich als deren Vollendung, Überwindung und Abschluß. Zentrales Glaubensgeheimnis ist die „Dreifaltigkeit", der eine Gott in drei Personen: Vater, Sohn u. Heiliger Geist. Der geschichtliche Jesus, ein wortmächtiger Prediger u. Wundertäter, geriet mit den jüdischen Religionsvertretern in Konflikt. Diese lieferten ihn an die römischen Behörden aus. Darauf ließ ihn der Landpfleger von Palästina, Pontius Pilatus, kreuzigen. 50 Tage nach seiner Auferstehung begannen seine Jünger, v. a. ein engerer Kreis, die 12 Apostel, die Auferstehung u. Himmelfahrt Jesu zu verkünden, deren Zeugen sie geworden seien. Gleichzeitig predigten die Apostel „in der Kraft des Heiligen Geistes" von Jesus als dem „Christus": Er ist der menschgewordene Sohn Gottes, wahrer Gottmensch, Höhe- u. Wendepunkt der gesamten Weltgeschichte. Durch seinen Tod hat er die Sünden u. den Schuldfluch der Menschheit vor Gott auf sich genommen und die Menschen erlöst. Durch Glaube u. Sakramente (Taufe und Abendmahl) werden die Christen Brüder Christi, Kinder Gottes u. Glieder der „Kirche" (festumschriebener Kreis der Anhänger Jesu Christi). Sie erwarten am Jüngsten Tage die Auferstehung von den Toten u. ein ewiges Leben in der Seligkeit bei Gott. Vom Christen wird gleichermaßen eine unbedingte Liebe zu Gott wie zum Nächsten gefordert (bis zur radikalen Feindesliebe). Als „Heilige Schrift" gelten das Alte Testament (im wesentlichen die Bibel der jüdischen Religion) u. die 27 Schriften des Neuen Testaments (vier Evangelienberichte über das Wirken Jesu, eine Apostelgeschichte, Lehrbriefe der Apostel u. die Offenbarung des Johannes). Das Christentum, v. a. von dem Apostel Paulus als Weltreligion verkündet, breitete sich noch im 1. Jahrhundert über das ganze Römische Reich aus u. wurde unter Kaiser Theodosius I. (380/381) Staatsreligion (allgemeine Religion im Reich). Unter stetiger Entfaltung der Lehre bildeten sich ein östlicher (die heutige ↑orthodoxe Kirche) u. ein abendländischer Zweig aus, letzterer mit betont hierarchischer Gliederung (von höchsten Ämtern bis zum Kirchenvolk: Papst – Bischöfe – Priester – Laien). Die Reformation des 16. Jahrhunderts führte zur Abspaltung der protestantischen Kirchen, insbesondere der lutherischen u. reformierten Kirchen in der Nachfolge der Reformatoren Luther, Calvin u. Zwingli. Sie wollten die „Reinheit der Lehre" (wie in der Zeit der Apostel) wiederherstellen, erreichten aber nicht eine allgemeine Reform der Gesamtkirche. Bald darauf setzte eine große Missionsbewegung ein, die das Christentum zur heute größten Weltreligion machte. Im 20. Jh. führte Besinnung auf denselben Ursprung, reformerische Gedanken führten zu einer ökumenischen Bewegung, die eine Annäherung der getrennten Kirchen anstrebt (etwa 552 Mill. Katholiken, 324 Mill. Protestanten, 91 Mill. orthodoxe u. 33 Mill. sonstige Christen).

Islam

Mohammed (um 570–632) verkündete die Religion von *Allah*, dem einen, allmächtigen Schöpfer- u. Richtergott, u. von seinem Propheten Mohammed. In Mohammed fanden die zerstrittenen Araberstämme die geniale religiöse und politische Führerpersönlichkeit. Nach Visionen und Offenbarungen wußte er sich zum Propheten Allahs berufen, fand aber in Mekka, seiner Heimatstadt, zunächst kein Echo. 622 (Anfang der islamischen Zeitrechnung) brachte die Auswanderung (Hedschra) nach Medina die Wende zum Erfolg. Die Anhänger des Islams waren sendungsbewußt u. kriegerisch, sie verbreiteten die Lehre des Propheten u. dehnten das islamische Reich über alle Araberstämme aus, bald über ganz Nordafrika, Persien (642), Spanien (711), später Indien (um 1000; Reste jetzt in Pakistan), im 15. Jh. Indonesien, im 20. Jh. Mittel- u. Ostafrika. Zentrales Heiligtum des Islams wurde der Schwarze Stein (Kaaba) in Mekka; daneben sind Medina u. Jerusalem Wallfahrtsstätten. In der Lehre vereinigten sich altarabische u. jüdisch-christliche Gedanken sowie solche der orientalischen Gottesschau: Mohammed ist der „letzte Prophet" (nach Abraham, Moses u. Jesus). Allah hat alles vorherbestimmt; trotzdem ist der Mensch frei, soll sich aber als Gläubiger (Moslem, Muslim) ganz in den Willen Gottes fügen (Kismet). Engel sind die Boten Allahs. Das Heil, die Auferstehung von den Toten u. ein Leben im Paradies, erwartet den Gläubigen nach dem Tode; die Ungläubigen verfallen ewigen Höllenstrafen. Mit dem „Koran", der heiligen Schrift der Moslems, eingeteilt in 114 Abschnitte (Suren), machte Mohammed den Islam zur Schriftreligion. Angesehen sind auch die Aufzeichnungen der Überlieferung (Sunna, ↑Sunniten) u. die Worte u. Taten des Propheten (Hadith). Verschiedene Rechtsschulen machten den Islam zur Gesetzesreligion. Die fünf Hauptpflichten des Gläubigen sind: Glaubensbekenntnis (Schahada), täglich fünfmaliges Gebet (Salat), Almosen (Sakat), Fasten im Monat Ramadan (Saum) u. eine Wallfahrt (Haddsch) nach Mekka. Bedeutende Mystiker und Dichter bereicherten das religiöse Leben. In ordensähnlichen Gemeinschaften finden sich zu einem Leben der Entsagung berufene Gläubige (Derwi-

Die großen Religionen (Forts.)

sche) zusammen. Eine Priesterschaft oder ein zentrales Lehramt kennt der Islam nicht. Mohammed erlaubte sich u. seinen Anhängern die Mehrehe. 90 % der Moslems zählen sich zur Hauptgruppe der Sunniten; der Rest gliedert sich in die Schiiten (abgespalten im Streit um die Rechtsnachfolge des Propheten, heute v. a. in Iran verbreitet) u. zahlreiche Sekten. Der Islam ist heute die herrschende Religion im Vorderen Orient, in Nordafrika, Pakistan, Irak, Iran u. Indonesien (insgesamt etwa 550 Mill. Moslems).

Hinduismus

Als Hinduismus wird die vielgestaltige Religion Indiens bezeichnet. Hindu wird man nicht durch ein Glaubensbekenntnis, sondern durch die Zugehörigkeit zu einer Kaste. Religiös läßt der Hindu alles gelten: Mono- u. Polytheismus (Glaube an einen oder mehrere Götter), primitiven Dämonenglauben, Zauberei, Pflanzen- und Tierkult, sogar Atheismus (Bestreiten eines Gottes). Einen genialen Religionsstifter oder -einiger kennt der Hinduismus nicht. Das Kastenwesen führten die um 1500 v. Chr. von Nordwesten eindringenden Arier ein. Streng trennten sie sich als Herrenschicht von den Ureinwohnern in vier Hauptkasten: 1. Priester (Brahmanen), 2. Krieger (Adel u. Könige), 3. Bauern, Handwerker, Kaufleute, 4. Knechte. Die Kasten zerfallen wieder in etwa 3 000 streng geschiedene Unterkasten. Nachkommen der Urbevölkerung sind die Parias (Unberührbare, Kastenlose, Ausgestoßene; heute etwa 60 Millionen). Buddhismus, Islam u. Christentum konnten auf die Dauer nicht Fuß fassen, hinterließen aber ihre Spuren. Die Götter der Arier sind aus den heiligen Schriften der „Weden" bekannt, verfaßt in der altindischen Gelehrtensprache Sanskrit. Es sind Götterhymnen (Rigweda), Opfergesänge (Samaweda), Opfer- (Jadschurweda) u. Zaubersprüche (Atharwaweda). In den späteren „Upanischaden" wird nach „Brahma" gesucht, dem überweltlichen, übergöttlichen, all-einen Wesen, dem Vergänglichen (alles Irdische ist Schein = Maja) überlegen ist. Alle 4 320 000 Jahre geht ein „Brahma-Tag" mit Weltuntergang zu Ende. 100 Brahma-Jahre lebt der Gott Brahma, dann wird ein neues Weltsystem beginnen. Neben der Verehrung von Erde, Flüssen (v. a. Ganges), Pflanzen, Tieren (v. a. heilige Kühe) steht die Verehrung von Helden, Dämonen, Halb- u. Naturgöttern. Es gibt neben Brahma unzählige Götter, an der Spitze *Wischnu*, der Welterhalter (in seinen Wiedergeburten u. a. als Held Krischna u. als Buddha), u. der segnende und zerstörende *Schiwa*. Viel verehrt wird die schreckliche *Durga* u. der elefantenköpfige *Ganescha*, der Ratgeber. Das ganze Leben des Hindu ist von Zeremonien umgeben u. geprägt von Fasten, Gelübden, Meditationen (religiöser Versenkung), üppigem Tempelkult, Waschungen, Salbungen, Wallfahrten, prunkvollen Prozessionen. Oberstes sittliches Gesetz ist die Vergeltung aller Taten (Karma bzw. Karman) durch das unpersönliche Weltgesetz der Wiedergeburten (Samsara). Es gilt für Götter u. Menschen. Das jetzige leiderfüllte Leben ist Sühne für die Sünden des vorangegangenen Lebens. Der moderne gebildete Hindu glaubt an *einen* Gott nach dem Vorbild Mahatma ↑Gandhis.

Buddhismus

Der Buddhismus wurde von Buddha begründet. *Buddha* (= der Erleuchtete) ist der spätere Ehrenname des legendenumwobenen indischen Fürstensohnes Siddhartha Gautama († vermutlich 480 v. Chr.). Nach der Legende lebte er bis zum 29. Lebensjahr glücklich in Reichtum u. mit Frau u. Kind. Dann begegneten ihm Krankheit, Alter u. Tod. Er ging in die Einsamkeit. Sieben Jahre lang suchte er vergebens bei brahmanischen Weisen den Weg zur Erlösung. Unter einem Feigenbaum bei Bodh Gaya erlangte er nach tiefer Versenkung die Erleuchtung. Danach verkündete er seine neue, nüchtern-strenge Selbsterlösungslehre: Alles Leben u. Tun ist Leid. Dessen Ursache ist die Gier nach Dasein, Leben u. Lust. Götter u. Menschen sind dieser Gier erlegen. Deshalb unterliegen sie zahllosen leidvollen Wiedergeburten. Erlösung vom Leid bieten der achtteilige Pfad (rechte Anschauung u. Gesinnung, rechtes Reden, Handeln, Leben, Streben, Überdenken u. Sichversenken) sowie die Einhaltung der fünf Gebote (nicht töten, stehlen, lügen, Unkeusches tun, Berauschendes trinken). So werden Gier u. Leiden vernichtet, und der Heilige geht ins „Nirwana" ein, in die selige, vollkommene Ruhe. Das Kastenwesen besteht für Buddhas Mönche nicht. Über den unendlich vielen Welten und Ewigkeiten gibt es auch keinen absoluten Gott. Ewig u. unveränderlich sind allein das Weltgesetz der Vergeltung und das Nirwana. Buddhas Lehren wurden erst 500 Jahre nach seinem Tod in der umfangreichen Sammlung des Pali-Kanons aufgezeichnet. Im Ursprungsland Indien erlosch der Buddhismus im 12. Jahrhundert. Die strenge Form, das Hinajana (= Kleines Fahrzeug), herrscht heute v. a. auf Ceylon u. in Hinterindien vor. Das Mahajana (= Großes Fahrzeug), um Christi Geburt entstanden, betet Buddha mit großem Pomp an u. verehrt zahllose weitere Buddhas u. fromme Bodhisattwas (= zukünftige Buddhas), die durch freiwilligen Verzicht aufs Nirwana die Gläubigen erlösen. Die geforderte Sittlichkeit ist hier mehr dem Laien angepaßt u. lebensbejahend. Diese Form gelangte über China (↑auch Konfuzius) und Korea nach Japan, das sie entscheidend prägte. Tibet u. die Mongolei beherrscht das Wadschrajana (= Diamantfahrzeug) mit geheimnisvollen Gottesdienstformen und prunkvollem Zauber- u. Dämonenkult, um 1400 reformiert durch die mönchische Sekte der Gelbmützen, die Tibet zu einem Gottes- u. Priesterstaat für lange Zeit machten. Die Idee von der Selbsterlösung ist hier ganz vergessen. Das Nirwana wird durch die Verehrung von Buddhas, Bodhisattwas, Göttern u. Dämonen, durch magische Zaubersprüche u. geheimnisvolle Bräuche beschworen.

* * *

gestaltenden Kräften in der Geschichte, dies gilt z. B. für die Französische R. u. für die russische Oktoberrevolution; ↑dagegen Staatsstreich, ↑auch Konterrevolution.

Revolver [engl.] *m* (Drehpistole), mehrschüssige Pistole, bei der sich die Patronen in einer drehbaren Trommel befinden. Nach jedem Schuß dreht sich die Trommel so weit, daß die nächste Patrone abschußbereit vor dem Lauf liegt.

Revue [*rewü*; frz.] *w*: **1)** eine lose verbundene Programmfolge von tänzerischen, akrobatischen und musikalischen Darbietungen; **2)** (engl. Review) Rundschau; häufig Titelbestandteil von Zeitschriften.

Reykjavík [*ré̱kjawi̱k*], Hauptstadt u. wichtigster Hafen Islands, mit 85 000 E, an der Faxabucht im Westen der Insel gelegen. R. ist das Kultur- u. Wirtschaftszentrum des Landes, mit Universität, Schiffbau, Kraftfahrzeugmontage, Fischverarbeitung u. anderer Industrie. Die Stadt wird mit erbohrtem Heißwasser beheizt.

Rezension [lat.] *w*, kritische Besprechung von Büchern, Filmen, Theateraufführungen u. ä. in der Presse. Der Verfasser einer R. wird *Rezensent* genannt.

Rezession [lat.] *w*, in der Wirtschaft: ein sich selbst verstärkender Schrumpfungsprozeß mit sinkender Produktion.

reziproker Wert [lat.; dt.] m, derjenige Wert eines Bruches, den man erhält, wenn man Zähler u. Nenner miteinander vertauscht. Der reziproke Wert zu $\frac{3}{5}$ ist also $\frac{5}{3}$. Allgemein gilt: Der reziproke Wert zu a/b ist b/a. Auch von ganzen Zahlen läßt sich der reziproke Wert bilden, wenn man sie als Brüche mit dem Nenner 1 auffaßt. Der reziproke Wert von 5 ($=\frac{5}{1}$) ist $\frac{1}{5}$; oder allgemein: der reziproke Wert zu a ist $1/a$.

Rezitation [lat.] w, kunstvoller Vortrag von Dichtungen. Der Vortragskünstler wird *Rezitator* genannt.

Rezitativ [lat.] s, instrumental begleiteter solistischer Sprechgesang, bei dem sich die Musik der Sprachmelodie möglichst weitgehend anpaßt.

Rhabarber [ital.] m, ein Knöterichgewächs mit rund 40 Arten. Die Blätter sind groß, die Blütenstände sind große Rispen. Die dicken Wurzeln werden als Abführmittel u. gegen Magen- u. Darmkatarrh verwendet. Die Blattstiele der in Mitteleuropa angebauten Arten werden als Kompott zubereitet.

Rhapsodie [gr.] w, ein Instrumentalwerk in freier Form, in dem Volksmelodien (Lieder, Tänze) verwendet werden (z. B. die „Ungarischen Rhapsodien" von Liszt).

Rhein m, europäischer Strom von 1 320 km Länge (deutscher Anteil: 867 km). Der Rh. ist eine der wichtigsten Binnenwasserstraßen Europas, da er viele, darunter wirtschaftlich sehr bedeutende Länder berührt oder durchfließt: so die Schweiz, Liechtenstein, Österreich, dann die Bundesrepublik Deutschland, Frankreich u. die Niederlande. Seine Quellflüsse, der *Vorderrhein* u. der *Hinterrhein*, entspringen in der Schweiz. Man unterscheidet: den *Alpenrhein* (vom Zusammenfluß des Vorder- u. des Hinterrheins bis zum Bodensee), den *Hochrhein* (vom Bodensee bis Basel, mit dem 150 m breiten u. rund 20 m hohen *Rheinfall bei Schaffhausen*), den *Oberrhein* (von Basel durch das Oberrheinische Tiefland bis Bingen), den *Mittelrhein* (von Bingen durch das Rheinische Schiefergebirge bis Bonn), den *Niederrhein* (von Bonn durch das Niederrheinische Tiefland bis zur Gabelung in Lek u. Waal); die Niederlande durchfließt der Rh. in mehreren Armen, u. mündet in einem Delta in die Nordsee. Besonders für die Bundesrepublik Deutschland ist der Strom von großer wirtschaftlicher Bedeutung, da er Südwestdeutschland mit den westdeutschen Industriegebieten u. den niederländischen Häfen verbindet. Es bestehen Kanalverbindungen zu Rhone, Marne, Ems, Weser u. Elbe (ein Kanal zur Donau ist im Bau u. zur Zeit bis Nürnberg befahrbar). Die wichtigsten Binnenhäfen (von Süden nach Norden) sind: Basel, Straßburg, Karlsruhe, Ludwigshafen am Rhein, Mannheim u.

Rhein. Rheinfall bei Schaffhausen mit Schloß Laufen (rechts)

Duisburg; Mündungshafen ist Rotterdam. Der landschaftlich reizvolle Mittelrhein mit seinen Burgen, alten Städten u. Weinbergen zieht viele Besucher an. Seit der Römerzeit war der Rh. in politischer, wirtschaftlicher u. kultureller Hinsicht von großer Bedeutung.

Rheinbund m, ein Bund von zunächst 16 süd- u. westdeutschen Fürsten, der sich 1806 auf Veranlassung Napoleons I. bildete u. unter dessen Schutzherrschaft stand. Die Mitglieder des Rheinbundes (u. a. Bayern, Württemberg, Baden) traten aus dem deutschen Reichsverband aus. Franz II. legte die Kaiserwürde nieder, das ↑Heilige Römische Reich hörte auf zu bestehen. Napoleon verschaffte den Rheinbundfürsten Standeserhöhungen (Großherzogs- u. Königstitel) u. Länderzuwachs; dafür mußten sie ihm mit ihren Truppen Kriegsdienste leisten. Bis 1811 schlossen sich 20 weitere deutsche Staaten dem Rh. an; außerhalb blieben Österreich, Preußen, Braunschweig u. Kurhessen. 1813, nach der Völkerschlacht bei Leipzig, in der Napoleon geschlagen wurde, löste sich der Rh. auf.

Rheingau m, zwischen Wiesbaden u. Aßmannshausen liegende Südabdachung des Taunus. Das zum Rhein abfallende Hügelland ist klimatisch besonders begünstigt u. ein bedeutendes Wein- u. Obstbaugebiet.

Rheinisches Schiefergebirge s, deutsches Mittelgebirge beiderseits des Rheins; die einzelnen Teile des Gebirges sind der Hunsrück, der Taunus, die Eifel, der Westerwald, das Siebengebirge, das Bergische Land, das Sauerland u. das Rothaargebirge. Der Große Feldberg (878 m) u. der Kahle Asten (842 m) sind die höchsten Erhebungen des Gebirges, das sonst eine Höhe zwischen 400 u. 700 m hat.

Rheinland-Pfalz, Land der Bundesrepublik Deutschland, mit 3,6 Mill. E. Die Hauptstadt ist Mainz. Das Land ist größtenteils gebirgig (Eifel, Westerwald, Hunsrück, Pfälzerwald u. a.); außerdem gehört ein Teil des Oberrheinischen Tieflandes dazu. Es werden v. a. Zuckerrüben, Obst, Gemüse u. Tabak angebaut. Von besonderer Bedeutung ist der Weinbau (an der Ahr, an Mosel-Saar-Ruwer, am Mittelrhein, an der Nahe, in Rheinhessen u. in der Pfalz): Das Land besitzt 70 % der gesamten Rebfläche der Bundesrepublik Deutschland. Bedeutendste Industriestadt ist Ludwigshafen am Rhein. Wichtige Industriezweige sind: chemische, Maschinen-, Möbel-, Metallindustrie und die Schuhindustrie in der Westpfalz. In der Eifel finden sich die größten Bimssteinvorkommen Deutschlands. – Das Land Rh.-Pf. wurde 1946 durch die Zusammenlegung der bayrischen Pfalz, der hessischen Provinz Rheinhessen sowie der preußischen Regierungsbezirke Koblenz, Trier (Rheinprovinz) und Montabaur (Provinz Hessen-Nassau) gebildet.

Rhesusfaktor [gr.; lat.] (Rh-Faktor, abgekürzt: Rh) m, erbliches, antigenes Merkmal der roten Blutkörperchen, das bei etwa 85 % der weißhäutigen Menschen vorkommt. Der Rh. wurde 1940 im Blut von Rhesusaffen entdeckt. Sein Vorhandensein oder Fehlen muß v. a. bei Blutübertragungen u. bei Schwangerschaften, wenn die Mutter Rh-negativ, der Vater Rh-positiv ist, beachtet werden.

Rhetorik [gr.] w, die Kunst der öffentlichen Rede, die darin besteht, einen Gedanken überzeugend zu vertreten u. so Denken u. Handeln anderer zu beeinflussen; auch Bezeichnung für die Wissenschaft u. Theorie dieser Kunst.

Richelieu

rhetorisch [gr.], die ↑Rhetorik betreffend; übertragen für: schönrednerisch, phrasenhaft.

Rheumatismus [gr.] *m* (Rheuma), Sammelbezeichnung für schmerzhafte Erkrankungen der Muskeln u. des Skelettapparats mit verschiedener Ursache.

Rhinozerosse ↑Nashörner.

Rhodesien ↑Simbabwe-Rhodesien.

Rhododendron [gr.] *m* (Alpenrose), Gattung der Heidekrautgewächse, Sträucher oder Bäume mit ungeteilten, meist immergrünen Blättern. Die roten, violetten, gelben oder weißen Blüten stehen oft in Doldentrauben.

Rhodos: 1) griechische Insel vor der kleinasiatischen Küste, mit 67 000 E. Die gebirgige Insel ist wald- u. wasserreich. Auf Rh. werden Hafer, Baumwolle, Wein u. Oliven angebaut. Bedeutend für die Wirtschaft ist der Fremdenverkehr. – Die Insel spielte in der Geschichte des Mittelmeeres eine bedeutende Rolle. Im Altertum war sie ein unabhängiges Kultur- u. Handelszentrum sowie eine starke Seemacht. Später, namentlich im Mittelalter, war sie Streitobjekt fremder Mächte, die hier ihre militärischen oder Handelsstützpunkte errichteten (1309–1523 befand sich die Insel im Besitz des ↑Johanniterordens 1); **2)** Hafenstadt an der Nordostküste von 1), mit 32 000 E. Aus dem Mittelalter sind bedeutende Baudenkmäler u. Befestigungsanlagen erhalten.

Rhomboid [gr.] *s*, ein ↑Parallelogramm. Die Bezeichnung Rh. wird immer dann verwendet, wenn man ein schiefwinkliges Parallelogramm mit zwei verschieden langen Seitenpaaren von speziellen Parallelogrammen wie ↑Rhombus, ↑Rechteck abheben will.

Rhombus [gr.] *m* (Raute), ein schiefwinkliges ↑Parallelogramm mit vier gleich langen Seiten. Im Rh. stehen die Diagonalen senkrecht aufeinander. Darüber hinaus hat er alle Eigenschaften des Parallelogramms.

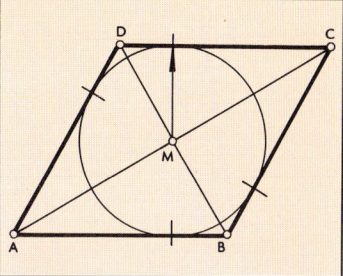

Rhombus

Durchmesser besteht, die in schulterbreitem Abstand durch Querstangen verbunden sind. Die Sportler halten sich mit Händen u. Füßen an diesen Querstangen fest und bewegen sich mit dem Rh. (Vor- u. Zurückrollen, seitliches Neigen usw.).

Rhythm and Blues [rithm ᵉnd blus; engl.-amer.], meist von Bläsern begleitete Musik der Schwarzen in den Großstädten der 40er u. 50er Jahre. Rh. a. B. führte Mitte der 50er Jahre mit zur Entstehung des ↑Rock 'n 'Roll; ↑auch Popmusik.

Rhythmus [gr.] *m*, gleichmäßig gegliederte Bewegung, z. B. die Wiederkehr von Naturvorgängen in bestimmten Abständen (Jahreszeiten, Ebbe u. Flut), der regelmäßige Wechsel von betonten u. unbetonten Taktteilen in der Musik, der freie oder harmonische Wechsel von Betonung u. nichtbetonten Silben im Vers.

Riad, Ar ↑Rijad, Ar.

Richard I. Löwenherz, * Oxford 8. September 1157, † Châlus (Haute-Vienne) 6. April 1199, König von England seit 1189. 1190–92 beteiligte er sich am 3. Kreuzzug; auf dem Rückweg wurde er von Leopold V. von Österreich, den er beleidigt hatte, gefangengesetzt (Burg Dürnstein) u. an Kaiser Heinrich VI. ausgeliefert, der ihn auf der Burg Trifels festhielt u. schließlich gegen ein hohes Lösegeld freiließ. R. L. führte ein ritterliches Leben voller Fehden u. Abenteuer, so daß er bald ein Held der Sage u. Dichtung wurde.

Richelieu, Armand Jean du Plessis, Herzog von [rischᵉljö], * Paris 9. September 1585, † ebd. 4. Dezember 1642, französischer Staatsmann u. Kardinal, seit 1624 leitender Minister König Ludwigs XIII. Er setzte den königlichen Absolutismus gegen den Adel durch u. brach die politische und militärische Macht der ↑Hugenotten. Sein außenpolitisches Ziel war es, Frankreich aus der Umklammerung durch das Haus Habsburg (in Deutschland u. Spanien) zu befreien u. die habsburgische Macht zu zerschlagen. Er unterstützte daher die Gegner des Römischen Kaisers in Deutschland, führte Frankreich auf schwedischer Seite in den Dreißigjährigen Krieg u. ließ Lothringen militärisch

Rhön. Blick von der Wasserkuppe auf die Kuppenrhön

Ludwig Richter,
Genoveva in der Waldeinsamkeit

Rhön *w*, Teil des Hessischen Berglandes zwischen oberer Fulda, mittlerer Werra u. Fränkischer Saale. Die Rh. ist außer aus Buntsandstein u. Muschelkalk aus vulkanischem Gestein (Basalt) aufgebaut u. mit Matten, Mooren u. Wald bedeckt. Sie ist Quellgebiet vieler Wasserläufe, u. a. der Fulda, die bei der Wasserkuppe (950 m) entspringt, der höchsten Erhebung der Rh. u. der Heimat des Segelfliegens. 350 km² der Rh. sind Naturpark.

Rhone *w*, Fluß in der Schweiz u. in Südfrankreich, 812 km lang. Die Rh. entspringt dem *Rhonegletscher* (am Dammastock in den Berner Alpen), durchfließt den Genfer See, bildet bei Lyon den *Rhonegraben* u. mündet mit breitem Delta westlich von Marseille ins Mittelmeer; schiffbar ist sie ab Lyon. An der Rh. sind zahlreiche Wasserkraftwerke.

Rhönrad *s*, Sportgerät, das aus 2 Stahlrohrreifen von 1,60 bis 2,20 m

493

Richtantenne

besetzen. R. verfolgte seine politischen Ziele mit Umsicht, zäher Energie u. Rücksichtslosigkeit. Er begründete die französische Vormachtstellung in Europa.

Richtantenne ↑Richtfunk.

Richter, [Adrian] Ludwig, * Dresden 28. September 1803, †ebd. 19. Juli 1884, deutscher Maler u. Zeichner. Am bekanntesten sind seine idyllischen Darstellungen des deutschen Volks- u. Familienlebens u. seine Illustrationen zu Sagen u. Märchen. – Abb. S. 493.

Richter ↑Recht (Wer spricht Recht?).

Richter-Skala ↑Erdbeben.

Richtfunk m, funktechnische Nachrichtenübermittlung mit Hilfe sogenannter *Richtantennen*, die die elektromagnetischen Wellen bevorzugt in eine Richtung, z. T. auch in mehrere diskrete Richtungen (*Richtstrahler*), abstrahlen bzw. aus ihr empfangen.

Richtstrahler ↑Richtfunk.

Ricke w, das weibliche Reh.

Ried s, Rohr oder Schilf; auch mooriges Gebiet.

Riemen m, schaufelförmig verbreiterte Holzstange (allgemein Ruder genannt), die mit beiden Händen bewegt wird, im Gegensatz zum paarweise bewegten *Skull*.

Riemenschneider, Tilman (Till, Dill), * Heiligenstadt (?) um 1460, † Würzburg 7. Juli 1531, deutscher Bildhauer u. Bildschnitzer. Er war Bürgermeister in Würzburg u. wurde im Bauernkrieg wegen seiner Parteinahme für die aufständischen Bauern festgenommen u. gefoltert. R. war einer der großen Meister der deutschen Spätgotik. Kennzeichnend für seine Kunst sind seine feingliedrigen, vergeistigt wirkenden Figuren. Höhepunkte seines Schaffens sind die Schnitzaltäre in Creglingen, Dettwang u. Rothenburg ob der Tauber (in St. Jakob); ferner schuf er Arbeiten in Stein (u. a. „Adam u. Eva"), zahlreiche Darstellungen Marias mit dem Kinde u. Grabdenkmäler.

Ries, Adam (nicht Riese), * Staffelstein (Bayern) 1492 (?), † Annaberg (heute Annaberg-Buchholz) 30. März 1559, deutscher Rechenmeister. Er verfaßte eines der ersten deutschen Rechenbücher. Auf ihn bezieht sich die sprichwörtliche Wendung „nach Adam Riese".

Riesengebirge s, der höchste Teil der Sudeten. Auf dem Kamm, dessen Höhe bei 1 300 m liegt, verläuft die Grenze zwischen Schlesien u. der Tschechoslowakei. Höchste Erhebung ist die Schneekoppe (1 602 m). Das R. ist teilweise stark bewaldet u. ein beliebtes Wintersportgebiet. Auf der tschechischen Seite befindet sich das Quellgebiet der Elbe.

Riesenschlangen w, Mz., bis 10 m lange, ungiftige Schlangen in tropischen u. subtropischen Gebieten. Sie töten ihre Beute durch Umschlingen u. Erdrücken; zu den R. gehören u. a. Anakonda, Boaschlangen, Pythonschlangen.

Riesenslalom ↑Wintersport.

Riff s, meist längliche, schmale Untiefe, an Flachküsten als Sandriff, ansonsten aus Fels oder Korallenkalk; knapp unter dem Wasserspiegel liegend oder ihn gering überragend. – Abb. S. 496.

Riga, Hauptstadt von Lettland (UdSSR) u. bedeutende Hafenstadt an der Düna, nahe ihrer Mündung in den *Rigaischen Meerbusen*, mit 806 000 E. Zu den Baudenkmälern der Stadt gehören u. a. der ehemalige Dom (13. bis 18. Jh.), St. Petri (13.–18. Jh.) u. das Schloß (14./15. Jh.). R. hat eine Akademie der Wissenschaften u. eine Universität u. ist auch eine wichtige Industriestadt (u. a. Bau von Rundfunkgeräten, Waggons, Kleinbussen u. Landmaschinen). – R. war im Mittelalter eine bedeutende Hansestadt u. gehörte zum Herrschaftsbereich des ↑Deutschen Ordens.

rigoros [lat.], streng, unerbittlich, rücksichtslos.

Rijad, Ar (Ar Riad), Hauptstadt Saudi-Arabiens, mit 450 000 E. Die Stadt besitzt 2 Universitäten. Sie hat Oasenwirtschaft (Dattelpalmen), eine Erdölraffinerie u. ist ein Mittelpunkt des Handels.

Rikscha [jap.] w, in Ostasien ein leichter zweirädriger Wagen zur Personenbeförderung; früher wurde er von einem zwischen den Deichseln laufenden Mann, dem *Rikschakuli*, gezogen, heute meist mit Hilfe eines Fahrrads oder Motorrads.

Rilke, Rainer Maria, * Prag 4. Dezember 1875, † bei Montreux 29. Dezember 1926, österreichischer Dichter. Schwermütige Stimmungen kennzeichnen sein Frühwerk (u. a. „Die Weise von Liebe u. Tod des Cornets Christoph R.", 1906). Unter dem Eindruck zweier Rußlandreisen entstand das „Stunden-Buch" (1905), ein lyrisches Gebetbuch. Unter dem Einfluß des Bildhauers ↑Rodin (in Paris) rücken die „Dinge" in den Vordergrund seiner Dichtung (z. B. „Der Panther"). Verzweiflung über den Zusammenbruch seines gotterfüllten Weltbildes prägte den Roman „Die Aufzeichnungen des Malte Laurids Brigge" (1910). Sprachlich kühn u. von neuem Klang sind seine „Duineser Elegien" (1923) u. „Die Sonette an Orpheus" (1923).

Rimini, italienische Hafenstadt u. Seebad an der Adria (rund 20 km Strand), mit 126 000 E. Die Stadt besitzt Baudenkmäler aus römischer Zeit (Augustusbogen, Tiberiusbrücke) u. aus dem Mittelalter. Die Industrie stellt v. a. Textilien u. Nahrungsmittel her.

Rinder s, Mz., weltweit verbreitete Unterfamilie der Paarhufer; zu ihr gehören u. a. Büffel, Bison, Jak u. das Hausrind, dessen Stammform der Auerochse ist. Das Hausrind ist als Arbeitssowie zur Fleisch-, Milch- u. Ledergewinnung von großer wirtschaftlicher Bedeutung. Gute Milchkühe liefern bis über 4000 l Milch pro Jahr. – Abb. S. 496.

Ringelnatter w, bis 1,5 m lange, einheimische, harmlose, graue bis graugrünliche Natter. Ihr Rücken zeigt manchmal eine dunklere Zeichnung. Ein charakteristisches Merkmal ist ein halbmondförmiger, gelber Fleck beiderseits des Hinterkopfes. – Abb. S. 496.

Ringelspinner m, ein dunkel- bis hellbrauner Nachtfalter mit Flügelspannweite zwischen 30 u. 35 mm. Der R. heftet seine Eier spiralig um junge Zweige. Die ausschlüpfenden Raupen sind sehr schädlich durch Blattfraß.

Ringelwürmer m, Mz. (Gliederwürmer), zu den Gliedertieren zählende, bis 3 m lange Würmer, deren Körper aus wenigen bis zahlreichen, annähernd gleichen Abschnitten (Segmenten) besteht (äußerlich meist als Ringe erkennbar). Die R. leben im Boden oder im Wasser, manche in selbstgebauten Röhren. Man kennt rund 8 700 Arten. Bekannt sind Regenwurm u. Blutegel.

Ringen s, nur von Männern ausgeübter sportlicher Zweikampf, der auf einer mindestens 10 cm dicken, runden Matte von 7 bis 9 m Durchmesser ausgetragen wird. Die beiden Kämpfer versuchen, den Gegner durch Griffe und Schwünge auf beide Schultern zu zwin-

Armand Jean du Plessis, Herzog von Richelieu

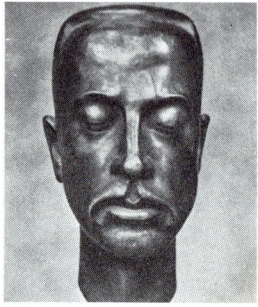

Rainer Maria Rilke (Bronzebüste)

Rogen

gen (dann ist der Kampf vorzeitig beendet) oder nach Punkten zu gewinnen. Es wird zwischen griechisch-römischem Stil u. Freistil unterschieden. Beim *griechisch-römischen Stil* sind nur Griffe vom Kopf bis zur Hüfte erlaubt, Beinstellen u. Fassen an den Beinen (beim *Freistilringen* erlaubt) sind verboten.

Ringrichter *m*, Schiedsrichter beim Boxkampf.

Ringtennis *s*, dem Tennis ähnliches Spiel, bei dem ein Gummiring so über ein Netz in das gegnerische Feld geworfen wird, daß er vom Gegner nicht mehr erreicht werden kann u. den Boden berührt.

Rio de Janeiro [- - schanero], brasilianische Hafenstadt an der Bucht von Guanabara; sie wird von mehreren Bergen überragt, darunter von dem 395 m hohen *Zuckerhut*, dem Wahrzeichen der Stadt, u. dem 704 m hohen *Corcovado*, der mit einer Christusstatue gekrönt ist. Die Stadt hat 4,3 Mill. E. Sie besitzt 3 Universitäten u. andere wissenschaftliche Einrichtungen. Zu den Erzeugnissen ihrer Industrie gehören Textilwaren, Chemikalien, Arznei- u. Nahrungsmittel sowie Maschinen, Metall- und Schmuckwaren. R. de J. zählt zu den schönsten Städten der Erde u. zieht viele Fremde aus aller Welt an; berühmt ist der Badestrand *von Copacabana*. – Die Stadt wurde 1565 gegründet; von 1773 bis 1960 war sie die Hauptstadt Brasiliens (danach wurde Brasília Hauptstadt). – Abb. S. 496.

Rippen *w*, *Mz.:* 1) knorpelige bis knöcherne, spangenartige Gebilde in der Brustgegend. Sie gehen von der Wirbelsäule aus u. setzen am Brustbein an (echte R.) oder enden frei in der Brusthöhle (falsche R.); 2) Blattadern.

Rippenfell *s*, der Teil des Brustfells, der über den Rippen liegt.

Risiko [ital.] *s*, Wagnis, die Möglichkeit des Verlustes.

Rispe *w*, ein zusammengesetzter ↑Blütenstand.

Rittberger ↑Wintersport (Eiskunstlauf).

Ritter *m*, *Mz.:* 1) im alten Rom ursprünglich die berittenen Krieger, dann der Stand der reichen Bürger; 2) im Mittelalter zunächst die freien, zu Pferd kämpfenden Krieger, dann auch ↑Ministerialen im Waffendienst; sie bildeten nach ihrer Vereinigung einen abgeschlossenen Stand mit bestimmten ritterlichen Lebensformen. Als dessen Bedeutung im späten Mittelalter mehr u. mehr sank u. sich auch wirtschaftliche Not einstellte, entwickelte sich das Unwesen der *Raubritter*, die Klöster plünderten, Kaufleute überfielen u. Reisende verschleppten, um Lösegeld zu erpressen.

Ritterorden *m*, *Mz.*, religiöse Personenverbände, die während der Kreuzzüge entstanden. Ihre Mitglieder legten die Mönchsgelübde ab u. wirkten im Waffendienst für die Verteidigung und Ausbreitung des christlichen Glaubens. Die bedeutendsten R. waren der ↑Deutsche Orden, der ↑Johanniterorden u. der ↑Templerorden.

Rittersporn *m*, Gattung der Hahnenfußgewächse mit rund 400 Arten. Die gesporten Blüten haben einen blumenblattartig gefärbten Kelch.

Ritus [lat.] *m*, ein festgelegter religiöser Brauch; das Vorgehen nach festgelegter Ordnung, Zeremoniell.

Ritzel *s*, Antriebsrad mit der geringeren Zahnzahl bei einem Zahnradpaar.

Rivale [frz.] *m*, Nebenbuhler, Mitbewerber, Gegner.

Riviera [ital.] *w*, schmaler Küstensaum am Ligurischen Meer, zwischen Saint-Raphaël u. La Spezia. Der größte Teil ist italienisch; der französische Anteil heißt ↑Côte d'Azur. An der R. liegen berühmte Badeorte (Cannes, Nizza, Monte Carlo, San Remo, Rapallo, Viareggio u. a.).

Rizinus [lat.] *m*, tropisches Gewächs aus der Gattung der Wolfsmilchgewächse, das v. a. durch das aus seinem Samen gewonnene Rizinusöl bekannt ist. Dieses wird als unschädliches Abführmittel sowie als Schmiermittel verwendet.

Robben *w*, *Mz.* (Flossenfüßer), 1,4 bis 6,5 m lange Säugetiere mit rund 30 Arten in allen Meeren. Ihr Körper ist stromlinienförmig. Die Gliedmaßen sind zu Flossen umgewandelt. Nasen- u. Ohröffnungen können verschlossen werden. Eine dicke Speckschicht schützt sie vor Kälte. R. sind hervorragende Schwimmer u. Taucher. Ihre Nahrung besteht aus Fischen, Krebsen u. Tintenfischen. Sie leben meist in großen Herden. Die Pelze vieler Arten sind sehr wertvoll (↑Pelzrobben). Zu den R. gehören Seehunde, Ohrenrobben u. Walrosse.

Robespierre, Maximilien de [robeßpjär], * Arras 6. Mai 1758, † Paris 28. Juli 1794, Führer der radikalen Partei (Jakobiner) in der ↑Französischen Revolution. Mit dem Vorsitz im Wohlfahrtsausschuß errang er die uneingeschränkte Macht. Damit begann die jakobinische Schreckensherrschaft (Aburteilung der politischen Gegner, Hinrichtung aller „Verdächtigen"). R. wurde schließlich gestürzt u. selber hingerichtet.

Robin Hood [robin hud], Held der englischen Sage, ein edelmütiger Räuber u. Helfer der Armen.

Robinie ↑Akazien.

Robinson Crusoe [-krusoʷ], der Held des gleichnamigen Abenteuerromans von D. ↑Defoe. Vorbild für die Gestalt des R. C. war der schottische Matrose *Alexander Selkirk* († 1721), der fast 5 Jahre allein auf der Pazifikinsel *Más a Tierra* (Juan-Fernández-Inseln, vor der Küste Chiles) gelebt hatte.

Roboter [tschech.] *m*, Maschinenmensch; eine Maschine, die in ihrer äußeren Form einem Menschen mehr oder weniger ähnlich u. gewisse manuelle Funktionen eines Menschen ausführen kann. Der R. wird ferngesteuert oder durch Sensorsignale bzw. einprogrammierte Befehlsfolgen dirigiert. Als *Industrieroboter* bezeichnet man elektronisch gesteuerte Arbeitsgeräte, die mit Greifern, Werkzeugen u. a. bestimmte Arbeitsgänge ausführen können.

Rochen *m*, *Mz.*, bis 6 m lange Knorpelfische mit scheibenförmig abgeflachtem Körper und einem schlanken Schwanz. Die Brustflossen sind stark verbreitet. Mund, Nasenöffnungen u. Kiemenspalten liegen auf der Unterseite, die Spritzlöcher auf der Kopfoberseite hinter den Augen. Der *Stachelrochen* besitzt in seinem Schwanz einen Giftstachel. Der *Zitterrochen* betäubt seine Opfer durch elektrische Schläge, die in einem Organ zwischen Brustflosse u. Kopf erzeugt.

Rocker [engl.] *m*, *Mz.*, Mitglieder jugendlicher Gruppen, die ihre Umgebung zu provozieren, teils auch zu terrorisieren suchen.

Rock 'n' Roll [roknroʷl; engl.] *m*, eine rhythmische Technik, die, etwa beim Rhythm and Blues, ein Wiegen u. Rollen suggeriert; auch Modetanz im $^4/_4$-Takt aus den USA; ↑Popmusik.

Rocky Mountains [- mauntins] *Mz.* (Felsengebirge), die von Alaska bis New Mexico ziehende, vielfach gegliederte Hauptkette der nordamerikanischen ↑Kordilleren, bis 4398 m; im Norden waldreich u. zum Teil vergletschert, im Süden steppenhaft.

Rodin, Auguste [rodäng], * Paris 12. November 1840, † Meudon 17. November 1917, französischer Bildhauer. Seine Werke stehen am Beginn der modernen Plastik. Hauptmerkmale seines Stils sind das Pathos des Ausdrucks u. der bewußte Verzicht auf Vollständigkeit in der Gestaltung. Berühmt sind „Die Bürger von Calais", „Der Denker", „Der Kuß", das Denkmal für Balzac.

Rogen *m*, Eier der Fische. Der R. des Störs liefert echten Kaviar.

Roggen

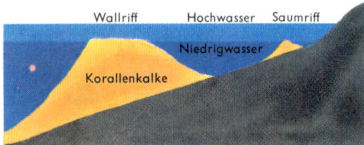

Riff. Korallenkalke als Riffbildner

Roggen *m*, wichtigste Getreidepflanze Nordeuropas u. der Gebirgsgegenden. Die verschiedenen Zuchtsorten werden im Herbst, meist im September, als *Winterroggen* oder im zeitigen Frühjahr (*Sommerroggen*) ausgesät u. dann im gleichen Jahr geerntet. Die sehr kälteteste Süßgrasgattung entwickelt 60 bis etwa 200 cm lange Halme mit 5–20 cm langer Ähre aus zweiblütigen Ährchen, deren Deckspelze eine lange Granne trägt. Die Frucht (Roggenkorn) enthält etwa 60 % Stärke, 11 % Eiweiß, fast 2 % Fett u. neben anderen Wirkstoffen hauptsächlich Vitamin B sowie Mineralsalze; ↑ auch Getreide.

Rohrdommel *w*, in Schilfdickichten brütender Reihervogel. Charakteristisch ist die Pfahlstellung, die bei Gefahr eingenommen wird. Dabei werden Schnabel, Hals u. Körper möglichst senkrecht nach oben aufgerichtet.

Rohrpost *w*, Anlage zur Beförderung von Briefen u. kleinen Päckchen in zylinderförmigen Büchsen, die in einem Rohrleitungsnetz mittels Druck- oder Saugluft fortbewegt werden.

Rohrsänger *m*, *Mz.*, bis 30 cm große Grasmücken in Schilfdickichten, seltener in Getreidefeldern. Die unauffällig gefärbten Vögel können geschickt klettern.

Rohrzucker *m*, süßschmeckendes, wasserlösliches, bräunliches oder weißes, kristallines Kohlenhydrat, das aus Zuckerrohr gewonnen wird. Im Gegensatz zum ↑ Traubenzucker ist der R. chemisch dem aus Zuckerrüben gewonnenen Rübenzucker gleich.

Rohstoffe *m*, *Mz.*, ungenaue Gruppenbezeichnung für diejenigen Stoffe, die zur Weiterverarbeitung und/oder zur Veredelung bestimmt sind. Typische R. sind z. B. ↑ Erze, die zum Zwecke der Gewinnung von reinen Metallen gefördert u. später weiterverarbeitet werden.

Rokoko [frz.] *s*, ein Kunststil am Ausgang des Barock (etwa 1720/30 bis 1780), der in Frankreich entstand. R. ist im wesentlichen ein Dekorationsstil. In der Gestaltung des Innenraums fand das R. seine höchste Erfüllung: Decken- u. Wandgemälde, umrahmt von anmutigen Stuckornamenten, verzierte kostbare Möbel in geschwungenen Formen, Lackmöbel, Porzellanfiguren, -vasen, -lampen, Musterung der Textilien verraten die Vorliebe für ostasiatische Kultur. Ein berühmtes Beispiel für den Rokokostil ist die Amalienburg in Nymphenburg (München). – In der *Literatur* eine Stilrichtung zwischen 1730 und 1770: Im Vordergrund stehen verspielte Dichtungsformen, die den Lebensgenuß, die Liebe und den Wein preisen (besonders beliebt ist die – unwirkliche – Welt zärtlich tändelnder u. verliebter Schäfer u. Schäferinnen). Auch ernstere Themen werden heiter-ironisch abgehandelt. Hauptvertreter des deutschen R. (das literarische Kurzformen pflegt) sind Hagedorn, Wieland u. Goethe (in seiner Leipziger Zeit).

Roland (Hruodlandus, ital. Orlando), † bei Roncesvalles 15. August 778, Markgraf der Bretonischen Mark; der Sage nach ein Neffe Karls des Großen; er fiel im Kampf auf dem Rückzug aus Spanien. R. ist der Held des altfranzösischen *Rolandsliedes* (11. Jh.) u. anderer Dichtungen. – In vielen deutschen Städten wurden **Rolandssäulen** aufgestellt: überlebensgroße Standbilder in Gestalt eines Ritters mit bloßem Schwert (z. B. der steinerne Roland am Bremer Rathaus von 1404); es ist nicht sicher, ob sie Symbol der hohen Gerichtsbarkeit oder der städtischen Rechte sind.

Rolling Stones [*ro"ling ßto"ns*], eine englische Rockgruppe, besonders durch Mick Jagger (* 1944) geprägt, der gemeinsam mit Keith Richard (* 1944) fast sämtliche Lieder der R. St. verfaßt. Die Lieder – voller Aggression, Obszönität u. Poesie – u. das übersteigerte Auftreten Jaggers beim Singen lösten zeitweise eine Teenager-Massenhysterie aus.

Rollkur, zur Behandlung von Magenschleimhautentzündung u. Magengeschwür angewandte Kur, bei der nach Einnahme des Arzneimittels die Körperlage des liegenden Kranken zur Rundumbenetzung der Magenwand jeweils nach einigen Minuten geändert wird.

Rinder. Die Hausrindrasse Höhenfleckvieh

Ringelnatter

Rio de Janeiro. Blick über die Bucht von Botafogo auf den Zuckerhut

Romantik

Rolling Stones.
Mick Taylor, Mick Jagger, Charlie Watts, Keith Richard und Bill Wyman (von links)

Rom. Rechtes Tiberufer mit der Engelsburg und der Peterskirche (im Hintergrund)

Rollo (Hrolf), † um 932, Normannenführer, Herzog der Normandie (seit 911); setzte sich an der Seinemündung fest und schloß mit Karl III., dem Einfältigen, 911 einen Vertrag, wonach ihm die Normandie übertragen wurde; nach der Taufe nahm R. den Namen Robert an.

Rollschuhe *m, Mz.*, Schlittschuhen verwandte Sportgeräte, die an Stelle der Kufen Räder haben. Auch der Rollschuhsport ist dem Eislaufen ähnlich. Wettbewerbe werden auf Beton- u. a. Laufflächen ausgetragen: Rollschnellauf (über verschieden lange Distanzen), Rollkunstlauf u. Rollhockey, das dem Eishockey verwandt ist.

Rollsprung ↑Hochsprung.

Rom (ital. Roma), Hauptstadt Italiens, am unteren Tiber, in der Campagna, mit 2,9 Mill. E. Innerhalb des Stadtgebietes befindet sich die ↑Vatikanstadt. R. entstand auf sieben Hügeln, es lagert sich um das Forum Romanum (↑Forum 1). Die Stadt ist reich an bedeutenden Baudenkmälern. Aus der Antike stammen u. a. der Konstantinsbogen, das Kolosseum (ein riesiges Amphitheater), das ↑Pantheon, die Engelsburg. Aus der Zeit des frühen Christentums sind zahlreiche Basiliken u. Baptisterien erhalten. Das Stadtbild wird auch von den vielen hervorragenden Bauten aus der Renaissance u. dem Barock geprägt. Hier ist v. a. die Peterskirche zu erwähnen, eine der bedeutendsten Kirchenbauten des Abendlandes. Eindrucksvoll sind auch moderne Bauten u. Anlagen, z. B. die Universitätsstadt u. der Bahnhof Stazione Termini. R. ist kultureller Mittelpunkt Italiens mit Universitäten, zahlreichen Akademien, Hochschulen, wissenschaftlichen Instituten, berühmten Museen. Die Industrie ist vielseitig. Das ganze Jahr über kommen viele Pilger u. andere Fremde nach Rom. – Die antike Geschichte Roms ist untrennbar mit der Geschichte des Römischen Reiches verbunden (↑römische Geschichte). Nach der Teilung des Römischen Reiches 395 verlor die Stadt an Bedeutung. Im 5. Jh. wurde sie von Westgoten u. Vandalen geplündert u. teilweise zerstört, im 8. Jh. durch die Pippinsche Schenkung (↑Pippin III., der Jüngere) zum Mittelpunkt des ↑Kirchenstaates. 800–1452 wurden in R. die Kaiser des Heiligen Römischen Reiches gekrönt. In der Renaissance war R. der geistige Mittelpunkt des Abendlandes. 1527 wurde die Stadt von den Söldnern Kaiser Karls V. geplündert. 1798 besetzten die Franzosen Rom. Seit 1870 ist R. die Hauptstadt Italiens.

Roman [frz.] *m*, ein größeres erzählendes Prosawerk eines Dichters oder Schriftstellers, das über das Schicksal einer Einzelperson oder einer Gruppe berichtet. Im Gegensatz zur ↑Novelle oder zur Erzählung ist der R. umfangreich, die Handlung wird ausführlich erzählt u. begründet. Oft läuft neben der Haupthandlung eine Nebenhandlung her. Neben den Personen u. ihren Erlebnissen wird meistens auch die Umwelt geschildert. – Es gibt zahlreiche Arten von Romanen, z. B. Abenteuer-, Reise-, Gesellschafts-, Künstler-, Bauern-, Erziehungs-, Entwicklungs-, Schelmen-, Schauer-, Kriminal-, Zukunfts-, historische, utopische, psychologische Romane.

Romanen [lat.] *m, Mz.*, die Angehörigen der Völker mit *romanischer Sprache*, d. h. einer Sprache, die aus dem Lateinischen hervorgegangen ist (Französisch, Italienisch, Spanisch, Portugiesisch, Rumänisch u. a.).

Romanik [lat.] *w* (auch *romanischer Stil*), erster allgemeiner Kunststil des europäischen Mittelalters. Der Beginn der R. wird meist um 950 angesetzt, die *hochromanische Periode* 1050–1150, *Spätromanik* 1150–1250 (in Deutschland die Kunst zur Zeit der Staufer; in Frankreich beginnt teilweise bereits 1140 die Frühgotik). Die einzelnen Gebiete (z. B. Burgund, Lombardei) haben Besonderheiten entwickelt; ↑auch Stilkunde.

Romanistik [lat.] *w*, Wissenschaft von den romanischen Sprachen, Literaturen u. Kulturen.

Romantik [frz.-engl.] *w*, eine geistige u. künstlerische Strömung, die im 18. Jh. von England ausging u. zu Beginn des 19. Jahrhunderts v. a. West- u. Mitteleuropa erfaßte. Die R. war gegen Aufklärung u. Klassizismus gerichtet. Kennzeichnend für diese ist die Ablehnung aller Nüchternheit u. der Überwertung des Verstandes. Sie betont Phantasie u. Gefühl sowie die Sehnsucht nach dem Unendlichen. Die *Romantiker* hatten eine Vorliebe für die Vergangenheit des eigenen Volkes. Sie „entdeckten" das Mittelalter wieder u. schätzten an ihm die Einheit von Leben

497

Romanze

und christlichem Glauben. Diese Besinnung auf die Vergangenheit führte zur Sammlung von Volksliedern, Sagen u. Märchen (Brüder Grimm). Die Romane, Novellen u. Schauspiele der Dichter der R. zeigen ein verklärtes Bild des Mittelalters. In Märchen u. Erzählungen mischen sich Phantasie, Spuk u. Wirklichkeit. Die bildende Kunst, v. a. die Malerei der R., suchte einerseits in der Wiedererweckung der mittelalterlichen Welt eine ideale, harmonische Welt zu finden, andererseits in Landschaftsbildern die Schönheit u. Großartigkeit der Natur darzustellen. Mit der Musik wurden Naturstimmungen (z. B. Gewitter), oder Gefühle geschildert (Trauer, Übermut, Freude, Frohsinn). Namhafte Dichter der R. waren L. Tieck, Novalis, A. von Arnim, C. Brentano, E. T. A. Hoffmann, J. von Eichendorff. Eine Nachblüte der R. war die *Schwäbische Romantik*, der L. Uhland, J. Kerner, W. Hauff u. a. zugerechnet werden. Bekannte Maler der R. waren Ph. O. Runge, C. D. Friedrich, M. von Schwind, L. Richter. Besonders kennzeichnend für die Eigenart der romantischen Musik ist das Werk Robert Schumanns.

Romanze [span.] *w:* 1) ein erzählendes volkstümliches Gedicht (nach spanisch-portugiesischem Vorbild), ähnlich der ↑Ballade; 2) ein liedartiges Musikstück.

römische Geschichte *w*, die Geschichte der Entwicklung des Römischen Reiches beginnt mit der Sage von der Gründung Roms durch Romulus u. Remus, die 753 v. Chr. angesetzt wurde. Mit diesem Datum beginnt die römische Zeitrechnung (ab urbe condita = seit Gründung der Stadt). Die Lage Roms im Brennpunkt Italiens machte es zum Durchgangs- u. Zielort des gesamten Handels der Griechen Süditaliens mit den ↑Etruskern. Unter den etruskischen Königen kam es zu großer Blüte u. wurde zum bedeutendsten Ort in Latium. Um 470 (der Überlieferung nach 509) wurde die etruskische Fremdherrschaft gestürzt, Rom wurde Republik. Diese war aber zunächst eine reine Adelsherrschaft. Die soziale Ordnung war bestimmt durch die scharfe Trennung zwischen Patriziern (Adel) u. der Masse des Volkes (Plebejer). Seit dem 5. Jh. bekämpften sich Patrizier u. Plebejer, die 287 v. Chr. die Gleichstellung erreichten. Während dieser Zeit gelang Rom der Aufstieg zur beherrschenden Macht in Italien, nachdem es Mittel- u. Süditalien unterwerfen konnte. Die neugewonnenen Gebiete wurden mit Militärkolonien durchsetzt, die Unterworfenen als Bundesgenossen (socii) in die römisch-italische Wehrgenossenschaft eingegliedert. Das Ausgreifen nach Süden brachte Rom in Konflikt mit der herrschenden Seemacht des Mittelmeeres, Karthago. Im 1. Punischen Krieg (264–241 v. Chr.) gewann Rom Sizilien u. Sardinien. Der 2. Punische Krieg (218–201 v. Chr.) führte Rom an den Rand des Zusammenbruchs, als Hannibal in Italien erschien. Die Römer konnten jedoch den Nachschub des karthagischen Heeres blockieren u. den Krieg schließlich nach Afrika tragen. 202 fiel bei Zama die Entscheidung über die Herrschaft im westlichen Mittelmeer durch den Sieg P. C. Scipios Africanus des Älteren über Hannibal zugunsten Roms. Damit gewann Rom Korsika, Spanien, die Balearen und Nordafrika. Es griff auch nach Osten u. Norden aus, besiegte Makedonien, Griechenland u. Syrien u. gewann durch Erbe 133 v. Chr. die Provinz Asia. Damit beherrschte Rom das Mittelmeer u. war zur Weltmacht geworden. Im Innern verschärften sich die sozialen Gegensätze. Die Reformen der Gracchen (133 u. 121 v. Chr.) scheiterten jedoch, so daß sich die Spannungen erst langsam, z. T. in Bürgerkriegen, entluden. Die zahlreichen Kriege u. Aufstände stärkten die Stellung der Feldherren. 60 v. Chr. schlossen Cäsar, Pompejus u. Crassus das sogenannte 1. Triumvirat. Schließlich errang Cäsar die Alleinherrschaft u. wurde 45 v. Chr. Diktator auf Lebenszeit. Sein Streben nach der Monarchie machte ihn bei den Republikanern verhaßt u. führte zu seiner Ermordung (15. März 44 v. Chr.), die einen heftigen Kampf um die Nachfolge auslöste. Antonius, Octavianus (Augustus) u. Lepidus bildeten 43 v. Chr. das 2. Triumvirat zur Bekämpfung der Cäsarmörder, die 42 v. Chr. bei Philippi geschlagen wurden. Aus den nachfolgenden Kämpfen zwischen den Triumvirn ging Octavianus als Alleinherrscher hervor. Mit der Herrschaft des Augustus begann die römische Kaiserzeit (27 v. Chr. Verleihung des Titels Augustus). Die Grenzen wurden gesichert u. bis Euphrat u. Donau vorgeschoben. Unter Kaiser Trajan (98–117 n. Chr.) erreichte das Römische Reich seine größte Ausdehnung (u. a. Gewinnung der Provinzen Dacia, Arabia, Armenia, Mesopotamia u. Assyria). Die folgenden Kaiser richteten ihre Politik hauptsächlich auf die Sicherung der Grenzen aus. Mark Aurel hatte gegen Markomannen u. Parther zu kämpfen. Im 3. Jh. entstanden im Innern unter den vom Heer erhobenen Soldatenkaisern schwere Krisen: wirtschaftlicher Niedergang, Wendung breiter Schichten zu Geheimlehren u. Zauberkünsten, Aufstieg des Christentums (250 Christenverfolgung unter Kaiser Decius). Erst Kaiser Diokletians (284–305) Reichsreform konnte das Reich wieder festigen. Der Kampf um die Nachfolge brachte ↑Konstantin I., den Großen, an die Macht (ab 324 Alleinherrscher). Er erkannte 313 das Christentum an. 330 gründete er die neue Hauptstadt Konstantinopel. Unter Theodosius I., dem Großen (379–395), setzte sich das Christentum endgültig durch (391 Staatsreligion). Unter den Söhnen des Theodosius wurde das Reich geteilt: Arcadius (395–408) erhielt den Osten (Oströmisches Reich, Byzantinisches Reich), Honorius (395–423) den Westen. Den Stürmen der Völkerwanderung zeigte sich das durch Thronwirren geschwächte Westrom nicht mehr gewachsen. 476 entthronte ↑Odoaker den letzten weströmischen Kaiser Romulus Augustulus. Germanische Reiche traten das Erbe Westroms an.

römische Kunst *w*, die Kunst in Rom u. im römischen Weltreich. Sie ist erwachsen auf der Grundlage der italischen und etruskischen Kunst unter starker Einwirkung der hellenistischen Kunst (↑griechische Kunst). Die Baukunst, das Porträt u. das historische Relief (Relief mit historischer Darstellung) standen in allen Epochen der römischen Kunst im Vordergrund. In ihnen sprachen sich römischer Geist u. römisches Ethos (moralische Grundhaltung) am unmittelbarsten aus – trotz griechischen Formengutes. In der *Baukunst* sind die wichtigsten Elemente der Bogen, die Wölbung, die Kuppel. Mit ihnen verbinden sich – als griechisches Erbe – die Säulenordnungen. Die römische Tempelform ist der Podiumtempel (Tempel auf einem hohen Unterbau) mit Betonung der Frontseite (Eingang, zu dem eine Freitreppe hinaufführt), daneben auch der Rundtempel. Das Bild der römischen Stadt wurde durch große, meist in Marmor ausgeführte Staatsbauten bestimmt: Tempel, Forum (d. h. große Markt- u. Gerichtshalle), Theater, Thermen, Triumphbögen, Ehrensäulen, Stadttore, Aquädukte. Bedeutende Beispiele römischer Baukunst sind v. a. in Rom erhalten, aber auch in Split (Diokletianspalast), in Trier, Nîmes, Arles u. anderen Orten. In *Malerei* u. *Plastik* (Porträtbüsten, Reliefs) herrschte abwechselnd ein nüchtern-trockener Realismus u. ein die Wirklichkeit täuschend nachahmender Stil vor. Die pompejanische Wandmalerei gibt bedeutende Beispiele der römischen Malerei.

Römisches Reich *s* (lat. Imperium Romanum), das in der Antike von Rom aus beherrschte Reich (↑römische Geschichte).

römische Ziffern *w, Mz.*, Zahlzeichen der Römer: I = 1, V = 5, X = 10, L = 50, C = 100, D = 500, M = 1 000. Durch Zusammensetzung dieser Zeichen werden sämtliche Zahlen gebildet. Keine Ziffer wird öfter als dreimal hintereinander gesetzt; z. B. III (3), IV (5 – 1 [I vor die V gesetzt] = 4); z. B.: MDCCCXXIV (1824).

römisch-katholisch, Abkürzung röm.-kath., zum Bekenntnis der ↑katholischen Kirche gehörend.

Römische Kunst. Marmorrelief (um 85 n. Chr.)

Römische Kunst. Trajansbogen in Benevent (114–120)

Römische Kunst. Maxentiusbasilika in Rom (nach 313 vollendet)

Rondo [ital.] s, musikalische Form, bei der das Hauptthema nach mehreren Zwischenspielteilen (*Couplets*) stets wiederkehrt (*Refrain*). Das R., meist heiter u. anmutig, findet man häufig als Schlußsatz von Sonaten, Sinfonien u. Konzerten.

Röntgen, Wilhelm Conrad, * Lennep (heute Remscheid-Lennep) 27. März 1845, † München 10. Februar 1923, deutscher Physiker. Er entdeckte 1895 die nach ihm benannten ↑Röntgenstrahlen; 1901 erhielt er den Nobelpreis. – Abb. S. 500.

Röntgenstrahlen [nach W. C. ↑Röntgen] (X-Strahlen) *Mz.*, unsichtbare elektromagnetische Wellenstrahlung, deren Wellenlänge (↑Welle 1) sehr viel kleiner ist als die des Lichtes. R. entstehen, wenn Elektronenstrahlen auf einen metallischen Körper prallen. Erzeugt werden sie in der Röntgenröhre. Diese besteht aus einem weitgehend luftleer gepumpten Glaskolben, in dem sich 3 Elektroden befinden, die Glühkathode, die Anode u. die Antikathode. Im Gegensatz zu Lichtstrahlen besitzen R. ein hohes Durchdringungsvermögen. Es ist um so größer, je kürzer die Wellenlänge ist. In der Technik werden R. deshalb zur Materialprüfung verwendet. Man durchstrahlt beispielsweise Metallgegenstände, um eventuell vorhandene Hohlräume aufzuspüren. In der Medizin werden R. zur Durchleuchtung des menschlichen Körpers benutzt. Mit ihnen lassen sich beispielsweise Knochenbrüche, Geschwülste, Herz- und Lungenkrankheiten feststellen. Krebsgeschwüre werden mit Röntgenbestrahlungen behandelt. Längeres oder häufiges Bestrahlen mit R. ruft im menschlichen Körper krankhafte Veränderungen hervor. Die an Röntgengeräten arbeitenden Personen schützen sich durch Bleischürzen.

Rosegger, Peter, * Alpl bei Krieglach (Obersteiermark) 31. Juli 1843, † Krieglach 26. Juni 1918, österreichischer Schriftsteller. In seinen volkstümlichen Erzählungen schildert er Land und Leute, Sitten u. Bräuche seiner Heimat. Bekannt wurden u. a. „Die Schriften des Waldschulmeisters" (1875) u. „Als ich noch der Waldbauernbub war" (1902). – Abb. S. 500.

Rosen *w*, *Mz.*, Gattung der Rosengewächse mit über 100 Arten u. zahllosen Gartenformen. Es sind Sträucher mit gefiederten Blättern, meist haben die Zweige Stacheln. Die Sammel- u. Scheinfrüchte heißen Hagebutten. Aus Wildformen, die in China u. Kleinasien vorkommen, sind die zahlreichen Kulturrassen gezüchtet worden.

Rosenkäfer *m*, *Mz.*, kleine bis 12 cm lange Blatthornkäfer, die hauptsächlich in den Tropen leben u. oft metallisch glänzen. Viele Arten sind Blütenbesucher.

Rosenkranz *m*, in der katholischen Kirche ein betrachtendes Gebet zu Ehren Marias; auch die dabei verwendete Perlenschnur, mit deren Hilfe die Zahl der einzelnen Gebete überprüft wird, nennt man Rosenkranz.

Rosenöl *s*, wohlriechendes farbloses, zähflüssiges, aus den Blütenblättern von Rosen (v. a. der Damaszenerrose) gewonnenes Gemisch flüchtiger Öle. Es ist bereits seit dem frühen Mittelalter (hauptsächlich aus dem Vorderen Orient) bekannt u. wird zur Herstellung kosmetischer Artikel, Likóressen-

Rosinen

Wilhelm Conrad Röntgen   Peter Rosegger   Gioacchino Rossini

zen u. als aromatischer Zusatz für Süßwaren verwendet. Für die Gewinnung von 1 g Öl werden etwa 5 kg Rosenblütenblätter benötigt.

Rosinen [frz.] w, Mz., in der Sonne südlicher Länder getrocknete Weinbeeren. Je nach der Art der Weinbeeren spricht man von *Sultaninen* (groß, rötlichgelb, kernlos) u. *Korinthen* (klein, dunkelviolett bis fast schwarz).

Rosmarin [lat.] m, im gesamten Mittelmeergebiet vorkommender Strauch, der v. a. dadurch bekannt ist, daß man aus seinen Blättern, Blüten u. Zweigen ein gelbliches, wohlriechendes Gemisch flüchtiger Öle, sogenanntes Rosmarinöl, gewinnt. Es findet Verwendung bei der Herstellung von Parfüms u. Seifen.

Roßbreiten w, Mz., windschwache Zonen mit hohem Luftdruck nördlich u. südlich des Äquators, jeweils etwa zwischen dem 25. u. dem 35. Breitengrad.

Rossini, Gioacchino [Antonio], * Pesaro 29. Februar 1792, † Paris 13. November 1868, italienischer Komponist. Seine gefälligen Melodien brachten ihm großen Erfolg. Er schrieb rund 40 Opern, darunter „Die Italienerin in Algier" (1813), „Wilhelm Tell" (1829) u., als sein Hauptwerk, „Der Barbier von Sevilla" (1816), ferner Kirchenmusik („Stabat mater", 1842) u. Kammermusik.

Rost m: **1)** gelb- bis braunrote, poröse, lockere u. leicht abbröckelnde Schicht von wasserhaltigen Eisenoxiden, die sich auf Eisen oder Stahl an feuchter Luft u. im Wasser bilden. Da die entstehende Rostschicht keine undurchlässige Schutzschicht bildet, setzt sich der Prozeß des Rostens bis zur völligen Zerstörung des betreffenden Eisenteils fort. Durch das Rosten werden alljährlich beträchtliche Werte vernichtet. Dem Rostschutz kommt deshalb hohe wirtschaftliche und technische Bedeutung zu; **2)** aus parallel angeordneten oder sich kreuzenden Drähten, Stäben, Bohlen, Pfählen, Trägern u. a. bestehendes Bauteil oder Bauwerk, z. B. als Tragwerk im Brückenbau oder als Unterlage zum Backen u. Grillen.

3) Gitter aus Stahl, auf dem in Öfen u. Heizkesseln die Kohle verbrennt. Es ist so geformt, daß die Verbrennungsrückstände (Asche u. Schlacke) in den Aschebehälter oder -raum hindurchfallen können; **4)** Bezeichnung für Rostpilze, eine schädliche Pilzart auf Pflanzen, die v. a. Getreide befällt u. großen Schaden anrichten kann.

Rostock: 1) Bezirk der DDR, mit 876 000 E. Er nimmt die ganze Ostseeküste der DDR mit den vorgelagerten Inseln ein. Wirtschaftlich bedeutend sind der Getreide- u. Zuckerrübenanbau, die Viehzucht, die Fischerei u. Fischverarbeitung, der Schiffbau u. die Kreideindustrie; **2)** Hauptstadt von 1), an der unteren Warnow, mit 221 000 E. Sehenswert sind die Bauten der Backsteingotik, u. a. die Marienkirche, sowie die mittelalterlichen Stadttore. R. hat eine Universität. Neben Schiff-, Maschinen- u. Dieselmotorenbau gibt es chemische u. Lebensmittelindustrie. Bedeutend sind der Fischereihafen u. der neue Überseehafen. Der Stadtteil *Warnemünde* ist als Seebad bekannt.

Rotation [lat.] w: **1)** Drehbewegung eines Körpers um eine Achse (Drehachse, Rotationsachse); **2)** Drehbewegung einer Kurve oder Fläche um eine Achse. Es entsteht dabei ein *Rotationskörper*. Durch R. eines Rechtecks um eine Seite entsteht beispielsweise ein Zylinder, durch Rotation eines Dreiecks um eine Seite ein Kegel.

Rotbuche ↑Buche.

Rötel m, mit Ton oder Kreide vermengter Roteisenstein (eine Art Hämatit). R. wird als Farbstoff verwendet.

Röteln Mz., eine ansteckende Krankheit, die v. a. bei Kindern auftritt. Kennzeichnend sind ein rotfleckiger Hautausschlag u. die Schwellung der Lymphknoten im Nacken.

Rote Rübe w (Rote Bete), ein Gänsefußgewächs, das bereits im Altertum angebaut wurde. Die Rübe ist weichfleischig u. tief rot gefärbt; sie wird als Salat gegessen.

Rotes Kreuz s, ein internationales Hilfswerk, das die Beschlüsse der ↑Genfer Konvention zu verwirklichen sucht. Die Organisation entstand 1863 in Genf auf Anregung H. ↑Dunants. Das Internationale Komitee vom Roten Kreuz (gegründet 1863, dreimal mit dem Friedensnobelpreis ausgezeichnet), die Liga der Rotkreuz-Gesellschaften (gegründet 1919) u. die Gesellschaften der einzelnen Länder bilden zusammen das *Internationale Rote Kreuz* (IRK). Das Schutzzeichen, ein rotes Balkenkreuz auf weißem Feld, ist in manchen Ländern durch andere Symbole ersetzt: z. B. in der Türkei durch den roten Halbmond, im Iran durch den roten Löwen, in Japan durch die rote Sonne. – Das *Deutsche Rote Kreuz* (DRK) der Bundesrepublik hat seinen Sitz in Bonn. Seine Mitglieder leisten ↑Erste Hilfe u. betätigen sich im Rettungsdienst, in der Krankenpflege, im Suchdienst u. in der Wohlfahrtspflege. Dem DRK stehen ehrenamtliche Helferinnen u. Helfer zur Verfügung; Jugendliche werden im *Jugendrotkreuz* an die Aufgaben der Gesellschaft herangeführt. Die Krankenschwestern des DRK gehören einem Mutterhaus an (zusammengefaßt im *Verband Deutscher Mutterhäuser vom Roten Kreuz*).

Rotes Meer s, ein langgestrecktes Binnenmeer des Indischen Ozeans zwischen Nordostafrika u. Arabien, mit dem Mittelmeer durch den Sueskanal verbunden. Das Rote M. ist bis 2 600 m tief u. eines der wärmsten Meere (Oberflächentemperatur bis +35 °C).

Roth, Joseph, * Brody (Gebiet Lemberg) 2. September 1894, † Paris 27. Mai 1939, österreichischer Schriftsteller, der (selbst der Herkunft nach Jude) in seinen Romanen die Tragik des Juden-

Rübezahl (Gemälde von Moritz von Schwind)

Rückkopplung

tums u. der untergehenden Donaumonarchie zum Thema machte: „Radetzkymarsch" (1932), „Die Kapuzinergruft" (1938) u. a. Er starb im Exil (seit 1933) arm u. vom Alkohol zerstört.

Rothenburg ob der Tauber, bayrische Stadt am Nordwestfuß der Frankenhöhe, mit 12 000 E. Sie ist berühmt wegen ihres mittelalterlichen, malerischen Stadtbildes (mit erhaltener Stadtmauer) u. daher ein Anziehungspunkt für den Fremdenverkehr.

Rotkehlchen s, etwa 15 cm langer Singvogel in unterholzreichen Wäldern, Parkanlagen u. Gärten. Die Oberseite ist braun, Brust u. Kehle sind orangerot, der Bauch ist weißlich gefärbt.

Rotor [lat.] m: **1)** der sich drehende Teil bei einer elektrischen Maschine, auch Läufer genannt; **2)** der rotierende Flügel bei Drehflügelflugzeugen (z. B. Hubschrauber).

Rotschwänzchen s, Gattung der Drosseln mit rostrotem Schwanz.

Rotterdam, niederländische Hafenstadt an der Neuen Maas, mit

Rubin in Verbindung mit Quarz auf Gneis

Rügen. Der Königsstuhl ist die höchste Erhebung der Stubbenkammer

601 000 E. Die 1940 weitgehend zerstörte Innenstadt wurde modern wieder aufgebaut. R. hat eine Universität. Die Industrie umfaßt Schiff-, Maschinen- u. Fahrzeugbau, die Herstellung von Nahrungsmitteln, Chemikalien, Eisen-, Glas- u. Textilwaren sowie eine riesige Erdölraffinerie. R. hat den größten Hafen der Welt. Mit der Nordsee ist die Stadt durch den *Nieuwe Waterweg* verbunden, einen 33 km langen, schleusenlosen Kanal (erbaut 1866–72), an dessen Mündung sich die neuen Hafenanlagen *Europoort* u. *Maasvlakte* befinden. Vom Vorhafen *Hoek van Holland* aus verkehren Fährschiffe nach England.

Rotwild s, weidmännische Bezeichnung für den Rothirsch. Das männliche Tier heißt Hirsch, das weibliche Tier Rottier, das Kalb Hirschkalb oder Edelkalb.

Rouen [r^u*ang*], französische Stadt mit 114 000 E, an der unteren Seine gelegen. R. hat viele historische Bauten, u. a. eine gotische Kathedrale (12.–16. Jh.). Die Industrie umfaßt Schiff- u. Maschinenbau, Erdölraffinerien, chemische und Textilindustrie. R. hat einen bedeutenden Hafen (auch für Seeschiffe erreichbar).

Roulett [*ru...*; frz.] s, ein Glücksspiel.

Rousseau, Jean-Jacques [*rußo*], * Genf 28. Juni 1712, † Ermenonville bei Senlis 2. Juli 1778, französischer Schriftsteller u. Kulturphilosoph. Großes Aufsehen erregte es mit der Behauptung, der kulturelle u. gesellschaftliche Fortschritt habe die Menschen nur verdorben; sie müßten wieder zu Freiheit, Unschuld u. natürlicher Sittlichkeit zu-

rückfinden. Mit seiner Forderung, die natürliche Rechtsgleichheit aller Menschen wieder herzustellen, wurde er zu einem Wegbereiter der Französischen Revolution. Sein vielseitiges Werk („Du contrat social", 1762; „Emil, oder über die Erziehung", 1762; die umfangreiche Autobiographie „Bekenntnisse", 1764 bis 1770; u. a. Musikbesprechungen und eigene Kompositionen) beeinflußte nachhaltig die Lehre vom Staat, die Pädagogik und die gesamte Geistesgeschichte Europas.

Routine [*ru...*; frz.] w, Kunstfertigkeit, Übung, Erfahrung.

Ruanda-Urundi, ehemaliges belgisches Mandatsgebiet in Ostafrika; 1962 wurde es in ↑Burundi u. ↑Rwanda geteilt.

Rüben w, Mz., Speicherorgan bei Pflanzen, die knollig verdickt sind. Man unterscheidet Wurzelrüben mit verdickter Hauptwurzel u. Sproßrüben mit verdicktem Stengelabschnitt.

Rubens, Peter Paul, * Siegen 28. Juni 1577, † Antwerpen 30. Mai 1640, Hauptmeister der flämischen Barockmalerei. Er unterhielt einen großen Werkstattbetrieb, aus dem zwischen 2 000 u. 3 000 Arbeiten hervorgingen. Von seiner eigenen Hand stammen etwa 600 Gemälde. Das Werk von R. ist äußerst vielseitig: Er stellte Themen aus Religion, Geschichte u. Mythologie dar, schuf Bildnisse, Landschaften, Tier- und Jagdstücke, Altäre. Bedeutend sind auch seine Zeichnungen. Zu seinen berühmtesten Werken gehören das „Große Jüngste Gericht", „Der Höllensturz", der Medici-Zyklus, „Der Liebesgarten", „Die drei Grazien". Kennzeichnend für seine Malweise sind höchste Pracht u. sinnliche Fülle sowie leuchtende Farbigkeit. – Abb. S. 53.

Rübezahl, deutsche Sagengestalt: der Berggeist des Riesengebirges; er hilft Armen u. Bedrängten u. rächt sich an Spöttern.

Rubidium [lat.] s, chemisches Symbol Rb, Alkalimetall (↑Alkalien), Ordnungszahl 37. R. ist ein an frischen Schnittflächen silberglänzendes Metall, das in seinem Verhalten dem ↑Kalium ähnelt, aber noch heftiger reagiert. So tritt z. B. an der Luft Selbstentzündung ein (man muß deshalb das Metall, wie auch Natrium u. Kalium, unter Petroleum aufbewahren). R. ist wichtig für die Elektrotechnik. R. wurde erstmals 1861 nachgewiesen.

Rubin [mlat.] m, rotgefärbter Schmuckstein. Chemisch gesehen ist R. ein durch Chromoxid gefärbter Korund. Kleine, weniger wertvolle Rubine werden in der Uhrenindustrie als Lagersteine verwendet. Rubine können heute synthetisch hergestellt werden.

Rückenschwimmen ↑Schwimmen.

Rückenmark s, bei allen Wirbeltieren vorkommender, vom Gehirn ausgehender runder oder ovaler Strang, der im Wirbelkanal in der Körperlängsrichtung verläuft. Es enthält Nervenzellen u. -fasern u. stellt einen Teil des Nervensystems dar.

Rückgrat ↑Wirbelsäule.

Rückkopplung w, die Beeinflussung der Eingangswerte einer Anlage durch die Ausgangswerte eben dieser Einrichtung. R. führt so zur Beeinflussung der neu entstehenden Ausgangswerte. Dieses Zusammenspiel ist im Regelkreis die eigentliche Grundlage jeder Regelung. Die R. wird z. B. eingesetzt in Geräten der Nachrichtentechnik (Sender u. Empfänger). Eine uner-

Rückschlagspiele

wünschte R. ist die akustische R. zwischen Mikrofon u. Lautsprecher, bei der ein schriller Pfeifton entsteht.

Rückschlagspiele *s, Mz.*, Bezeichnung für alle Spiele, in denen ein Ball zurückgespielt werden muß. Die bei uns am meisten gespielten R. sind Tennis, Squash, Tischtennis, Federball (als Wettkampfsport Badminton), Faust- u. Volleyball. Auch ↑Pelota gehört dazu. Ziel aller R. ist es, den Ball so zu schlagen, daß er nicht zurückgespielt werden kann.

Rückstoß *m*, die Kraft, die auf einen Körper ausgeübt wird, von dem eine Masse mit einer bestimmten Geschwindigkeit ab- oder ausgestoßen wird, z. B. beim Ausströmen der Brenngase auf eine Rakete.

Rüde *m:* 1) das männliche Tier bei Mardern, Hunden, Wölfen u. a.; 2) weidmännische Bezeichnung für jeden Hund, der zur Hetzjagd verwendet wird.

Ruder *s*, Steuerungsvorrichtung an Schiffen u. Flugzeugen. Sie besteht aus einer drehbaren Fläche. Das Schiff benötigt nur ein R., u. zwar für die seitliche Richtungsänderung. Das Flugzeug hingegen braucht drei R.: das Höhenruder, das Seitenruder u. das Querruder.

Rudersport *m*, als Wettkampf in langen, schmalen Booten ausgetragene Disziplin des Wassersports. Die Boote werden von den Ruderern, die gegen die Fahrtrichtung sitzen, mit Riemen oder Skulls vorwärtsbewegt. Wettbewerbe werden im Einer (Skiff), Doppelzweier (beides Skullboote), Zweier und Vierer (beides Riemenboote) ohne Steuermann, im Zweier, Vierer u. Achter (alles Riemenboote) u. im Doppelvierer (Skullboot) mit Steuermann ausgetragen.

Rudiment [lat.] *s*, Rest, Überbleibsel; *rudimentär*, unvollständig, verkümmert.

Rudolf I., Graf von Habsburg, *Schloß Limburg (Breisgau) 1. Mai 1218, † Speyer 15. Juli 1291, deutscher König seit 1273. Er erweiterte die habsburgischen Besitzungen durch Erbschaft, Heirat u. zahlreiche Fehden. Seine Wahl zum deutschen König beendete das ↑Interregnum. R. besiegte ↑Ottokar II. von Böhmen, belehnte seine Söhne mit Österreich, Steiermark u. Krain u. begründete damit die Hausmacht der ↑Habsburger. Als tatkräftiger Herrscher von einfachem, ritterlichem Wesen erwarb er sich große Volkstümlichkeit.

Rugby [*rakbi*; engl.] *s*, ein Ballspiel, das im Spielgedanken dem Fußball u. dem Handball verwandt ist. Zwei Mannschaften zu je 15 Spieler versuchen, einen eiförmigen Ball (Gewicht zwischen 382 bis 425 Gramm) in das gegnerische Malfeld hinter die Mallinie zu legen, zu tragen oder zu treten. Gespielt werden 2 Halbzeiten zu je 40 Minuten.

Rügen, mit 926 km² die größte deutsche Insel. Sie liegt in der DDR vor der vorpommerschen Ostseeküste u. hat 84 000 E. Die Küste ist stark gegliedert, im Norden u. Osten fällt sie stellenweise als Steilküste ab (besonders Stubbenkammer u. bei Arkona). Auf R. gibt es zahlreiche vorgeschichtliche Fundplätze. Durch den *Rügendamm* besteht eine Verbindung mit Stralsund. Die Wirtschaft umfaßt Ackerbau, Kreidegewinnung u. Fischerei. An der Ostküste liegen beliebte Seebäder, u. a. Saßnitz (Hafen), Binz, Sellin. – Abb. S. 501.

Ruhr *w*, rechter Nebenfluß des Rheins, mit einer Länge von 235 km. Sein Mittellauf bildet die Südgrenze des **Ruhrgebietes**, eines Teils des Rheinisch-Westfälischen Industriegebietes (↑Nordrhein-Westfalen).

Ruin [lat.] *m*, Zusammenbruch, Zerrüttung, Untergang.

Rumänien, Republik in Südosteuropa, mit 21,6 Mill. E; 237 500 km². Hauptstadt ist Bukarest. In einem weiten Bogen durchziehen die ↑Karpaten das Land, im südlichen Teil weithin als Hochgebirge, im östlichen Teil als bewaldetes Mittelgebirge. Innerhalb dieses Bogens liegt das Siebenbürgische Hochland, das nach Westen zu durch das Westsiebenbürgische Gebirge begrenzt wird. Im Westen öffnet sich R. zum Großen Ungarischen Tiefland. Zwischen Südkarpaten und Donau liegt das lößbedeckte, fruchtbare Donautiefland, das durch den Fluß Alt in die Große u. die Kleine Walachei gegliedert wird. Zwischen Ostkarpaten u. Pruth liegt das stark zerschnittene Hügelland der Moldau u. östlich der unteren Donau das Tafelland der Dobrudscha mit der Schwarzmeerküste. In den Niederungen der unteren Donau u. vor allem im Donaudelta erstrecken sich weite Sumpfgebiete, in denen eine reiche Tierwelt lebt, besonders Vögel (auch Pelikane). Die Bewohner des Landes sind überwiegend Rumänen, daneben gibt es Minderheiten (7,9 % Ungarn, 1,6 % Deutsche, außerdem Serben, Ukrainer u. a.). Staatssprache ist Rumänisch, eine auf der Grundlage des Lateinischen entstandene Sprache; die Minderheiten haben eigene kulturelle Einrichtungen (Schulen, Theater). Die wirtschaftliche Grundlage ist die Landwirtschaft: Anbau von Mais, Weizen, Sonnenblumen, Zuckerrüben, Flachs, Hanf, Tabak, Obst u. Wein sowie Viehzucht (Rinder, Schweine, Schafe). Seit dem Ende des 2. Weltkrieges macht die Industrialisierung des Landes gute Fortschritte. An der Spitze stehen Erdölgewinnung u. -industrie (besonders um Ploiești), daneben Kohlenförderung, Eisenerzbergbau u. Salzgewinnung, Eisen-, Stahl-, Baustoff-, Textil-, Maschinenbau-, Leder- u. holzverarbeitende Industrie. In den letzten Jahren hat der Fremdenverkehr, besonders in den Seebädern am Schwarzen Meer, an Bedeutung gewonnen. Der einzige Seehafen des Landes ist Konstanza, bedeutende Donauhäfen sind Brăila, Galatz u. Giurgiu. *Geschichte:* Große Teile Rumäniens waren seit dem Beginn des 2. Jahrhunderts Teil des Römischen Reiches. Vom 3. bis 11. Jh. war das Land Durchzugs- und Siedlungsgebiet zahlreicher Völker, im 7.–10. Jh. entstanden die rumänische Sprache u. das rumänische Volk. Im 14. Jh. bildeten sich die rumänischen Donaufürstentümer Walachei u. Moldau, die im 15. u. 16. Jh. mit Siebenbürgen unter türkische Oberhoheit gerieten. 1859 wurden Moldau u. Walachei vereinigt, die seit 1881 (mit der Dobrudscha) das unabhängige Königreich R. bildeten, das nach dem 1. Weltkrieg Siebenbürgen u. die westlich angrenzenden Gebiete von Ungarn gewann. 1941 trat R. auf deutscher Seite in den 2. Weltkrieg ein. Nach dem Volksaufstand am 23. August 1944 schloß es Waffenstillstand. In der neugebildeten Regierung erlangten die Kommunisten immer stärkeren Einfluß, 1947 mußte König Michael abdanken. Die „Sozialistische Republik Rumänien" (so heißt das Land heute amtlich) ist Mitglied der UN, ebenso des RGW u. des Warschauer Paktes, betont aber, v. a. gegenüber der UdSSR, seine nationale Selbständigkeit.

Run [*ran;* engl.] *m*, Ansturm (auf bestimmte Waren oder auf Kassen u. Banken), Andrang, Zulauf.

Rundfunk *m*, Einrichtung zur drahtlosen Übertragung von Nachrichten, belehrenden u. unterhaltenden Programmen für einen großen Hörerkreis. Die erste Rundfunkübertragung erfolgte im Jahre 1920. In der Bundesrepublik Deutschland sind die Rundfunkanstalten Körperschaften des öffentlichen Rechts der Länder.

Rundfunktechnik [dt.; gr.] *w*, derjenige Zweig der Technik, der sich mit der Sendung u. mit dem Empfang von Rundfunkprogrammen befaßt. Die Übertragung erfolgt drahtlos mit Hilfe elektromagnetischer ↑Wellen. G. Marconi verwendete sie 1896 erstmals zur drahtlosen Übertragung von Morsezeichen. Im Rundfunksender werden die zu übertragenden Schallschwingungen durch ein ↑Mikrofon in elektrische Schwingungen umgewandelt. Diese werden einer Trägerschwingung von hoher Frequenz aufmoduliert (↑Modulation 2). Das Ganze wird nun verstärkt u. über eine Antenne ausgestrahlt. Im Empfänger wird ein Schwingungskreis auf die Trägerfrequenz des gewünschten Senders abgestimmt. Er empfängt die elektromagnetischen Wellen u. beginnt im gleichen Rhythmus zu schwingen. Diese Schwingungen werden, da sie sehr schwach sind, zunächst ver-

Rwanda

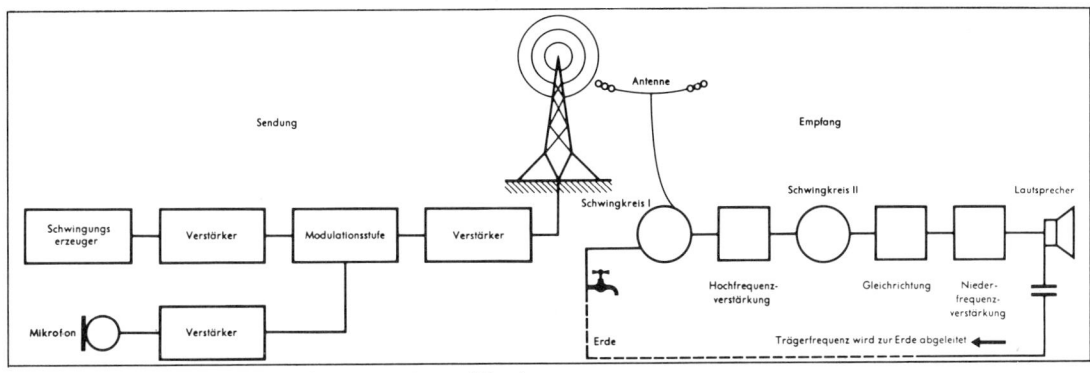

Rundfunktechnik. Schematische Darstellung von Sendung und Empfang

stärkt (↑ Verstärker) u. dann gleichgerichtet. Es entsteht ein pulsierender Gleichstrom. Nun erfolgt die Demodulation, d. h., die schallfrequenten Schwingungen werden von den Trägerschwingungen getrennt. Die Trägerschwingungen werden zur Erde abgeleitet, die schallfrequenten Schwingungen dagegen einem ↑ Lautsprecher zugeleitet, von dem sie als Schall abgestrahlt werden.

Runen [germ.] w, Mz., Schriftzeichen der Germanen; die R. wurden in Holz, Erz oder Stein eingeritzt (als Inschriften, Symbole u. Zaubermittel).

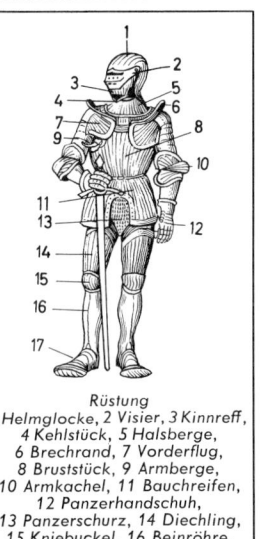

Runen.
Die 24 Zeichen mit Varianten

Ruß m, feinverteilter Kohlenstoff, der sich z. B. infolge Sauerstoffmangels bei nicht vollständiger Verbrennung kohlenstoffreicher Verbindungen (z. B. von Kohlenwasserstoffen) bildet u. sich an den kälteren Stellen des Verbrennungsraumes (z. B. in Schornsteinen) ablagert. R. spielt technisch eine große Rolle bei der Herstellung von Druckfarben, Tuschen usw. sowie in der Reifenindustrie als Füllstoff. R. wird in großem Maße technisch hergestellt.

Rußland, unkorrekte Bezeichnung für die ↑ UdSSR; im engeren Sinne die größte der sowjetischen Unionsrepubliken, die Russische Sozialistische Föderative Sowjetrepublik; auch historische Bezeichnung für das Zarenreich.

Rüster ↑ Ulmen.

Rüstung w: **1)** militärische Schutzkleidung im Altertum u. im Mittelalter: zunächst eine gepolsterte Lederjacke (mit dem Zubehör von Helm, Schild, Waffen usw.); daraus entwickelten sich die ärmellose Panzerjacke u. das Panzerhemd (*Brünne*) mit Beinschutz, schließlich im Hochmittelalter der *Har-*

Rüstung
1 Helmglocke, 2 Visier, 3 Kinnreff,
4 Kehlstück, 5 Halsberge,
6 Brechrand, 7 Vorderflug,
8 Bruststück, 9 Armberge,
10 Armkachel, 11 Bauchreifen,
12 Panzerhandschuh,
13 Panzerschurz, 14 Diechling,
15 Kniebuckel, 16 Beinröhre,
17 Bärlatsch

nisch (Vollrüstung aus geschmiedeten, überlappenden Eisenplatten: Visierhelm, Brust- u. Rückenschutz, Armzeug u. Beinschienen); **2)** militärische Vorbereitung eines Staates auf einen Krieg.

Ernest Rutherford

Rutherford, Ernest [$radh^{er}f^{e}rd$], Lord R. of Nelson and Cambridge, * Nelson (Neuseeland) 30. August 1871, † Cambridge 19. Oktober 1937, englischer Physiker. Er arbeitete über radioaktive Strahlen (↑ Radioaktivität) sowie über den Aufbau der ↑ Atome. 1919 gelang ihm die erste künstliche Atomumwandlung (am Stickstoffatom. Im Jahre 1908 erhielt er den Nobelpreis für Chemie.

Rütli m, Bergwiese im schweizerischen Kanton Uri, auf einer Terrasse über dem Urner See. Nach der Überlieferung (geschichtlich nicht gesichert) wurde hier durch den *Rütlischwur* 1291 die Schweizer Eidgenossenschaft gegründet.

Rwanda, Republik in Ostafrika, Bergland östlich des Kiwusees, einer der kleinsten, aber auch dichtest besiedelten Gebiete Afrikas, mit 4,5 Mill. E; 26 338 km². Hauptstadt ist *Kigali* (40 000 E). Anbau von Jamswurzeln, Mohrenhirse, Maniok, Bananen, Bohnen u. Mais; ferner wird Viehzucht betrieben. An Bodenschätzen werden v. a. Zinnstein u. Wolfram gewonnen. – R. war früher ein Teil von ↑ Ruanda-Urundi, 1962 wurde es selbständig. R. ist Mitglied von UN u. OAU u. der EWG assoziiert.

503

S

S: 1) 19. Buchstabe des Alphabets; **2)** Abkürzung für: **S**üden; **3)** chemisches Symbol für: Schwefel (**S**ulfur).

s, Abkürzung für: ↑**S**ekunde.

Saalburg w, römisches Kastell am ↑Limes, im Taunus bei Bad Homburg vor der Höhe gelegen. Die Burg wurde auf Veranlassung des römischen Kaisers Domitian um 90 n. Chr. angelegt, als dieser auch den Limes errichten ließ. Sie wurde unter ↑Hadrian u. Caracalla endgültig ausgebaut. – In der 2. Hälfte des 19. Jahrhunderts wurde die S. ausgegraben u. auf Veranlassung von Kaiser Wilhelm II. zwischen 1898 u. 1907 rekonstruiert (d. h. aufgrund der gefundenen Grundmauern nachgebaut.

Saale w, linker Nebenfluß der Elbe, 427 km lang. Die S. entspringt im Fichtelgebirge u. mündet bei Barby/Elbe. Sie hat im Oberlauf 2 Talsperren. Im Unterlauf ist sie schiffbar.

Saar (frz. Sarre) w, rechter Nebenfluß der Mosel, der in den nördlichen ↑Vogesen entspringt. Die S. ist 246 km lang, für Flußschiffe streckenweise befahrbar u. mündet bei Konz, südwestlich von Trier. An den Uferhängen werden Reben angebaut.

Saarbrücken, Hauptstadt des Saarlandes, mit 202 000 E, an der Saar gelegen. S. hat eine Universität, eine pädagogische Hochschule, eine Musikhochschule u. 2 Fachhochschulen, Museen, gotische Kirchen (z. B. die ehemalige Stiftskirche), ein barockes Rathaus u. ein Schloß (18./19. Jh.). Neben Hüttenwerken, Maschinen- u. Fahrzeugbau besitzt S. Elektro- u. Textilindustrie. Am Stadtrand wird Steinkohlenbergbau betrieben.

Saarland s, Land der BRD, mit 1,1 Mill. E. Die Hauptstadt ist Saarbrücken. Das S. liegt beiderseits der ↑Saar. Es ist in Stufen gegliedert u. stark bewaldet. Seine Wirtschaft baut auf dem starken Vorkommen von Steinkohle auf; es gibt daher zahlreiche Bergwerke, Stahlwerke sowie Maschinenindustrie, chemische u. keramische Industrie. *Geschichte:* Ein großer Teil des Saarlands war seit 1381 nassauisch. Es war immer ein zwischen Deutschland u. Frankreich umstrittenes Gebiet. Nach vielen vergeblichen Versuchen der Franzosen, das S. in Besitz zu nehmen, wurde es ihnen 1801 zugesprochen. Bereits 1815 mußten sie es wieder an Preußen zurückgeben. Nach dem Ende des 1. Weltkriegs wurde das S. für die Dauer von 15 Jahren der Verwaltung des ↑Völkerbunds unterstellt. Auf Grund einer Volksabstimmung am 13. Januar 1935 kam das S. wieder zum Deutschen Reich. Nach Ende des 2. Weltkrieges wurde S. wirtschaftlich an Frankreich angeschlossen u. sollte später europäisiert werden. Nach einer Volksabstimmung (1955) jedoch wurde es am 1. Januar 1957 ein Land der Bundesrepublik Deutschland.

Saaterbse ↑Erbsen.

Saba, ein historische Landschaft in Südarabien. Der Name leitet sich vom Stamm der *Sabäer* her, die dort ansässig waren.

Saba, Königin von, eine Gestalt des Alten Testaments. Die K. von S. war angeblich eine unermeßlich reiche Frau (vielleicht eine Priesterin), die ↑Salomo besuchte. Sie prüfte seine Weisheit durch Rätselfragen u. gebar ihm einen Sohn namens *Menelik.* Die Kaiser von ↑Äthiopien führten ihren Stammbaum auf die K. von S. zurück.

Sabah ↑Malaysia.

Sabbat [hebr.] *m,* jüdischer Ruhe- u. Feiertag (der 7. Tag der Woche = Samstag), an dem durch das Gesetz Mose jegliche Arbeit verboten ist. Der S. wird auch von nichtjüdischen Religionsgemeinschaften gefeiert, z. B. von den ↑Adventisten. – ↑auch Sonntag.

Säbel ↑Fechten.

Sabotage [...*aseh^e*; frz.] *w,* planmäßige, heimliche und anscheinend unbeabsichtigte Beeinträchtigung militärischer oder politischer Aktionen, auch von Betriebsanlagen oder Betriebsabläufen durch (passiven) Widerstand oder durch Beschädigung bzw. Zerstörung.

Saccharin [gr.] *s,* künstlich hergestellter Zuckerersatz, dessen Süßkraft etwa 550mal größer ist als die von Zucker.

Sachalin, sowjetische Insel vor der Ostküste Sibiriens, zwischen Ochotskischem u. Japanischem Meer. Die Insel, gut doppelt so groß wie Baden-Württemberg, hat 662 000 E. S. ist sehr waldreich u. verfügt über gute Kohle- u. Erdölvorkommen. Außerdem gibt es dort Holz- u. Papierindustrie sowie Fischfang u. Fischverarbeitung. – Die Insel wurde 1643 entdeckt. Bis 1945 war sie nur teilweise in sowjetischem Besitz (der Norden), der Süden gehörte zu Japan. Die Besitzverhältnisse waren häufig umstritten. Seit 1945 gehört S. ganz zur UdSSR.

Sachs, Hans, * Nürnberg 5. November 1494, † ebd. 19. Januar 1576. Als Sohn eines Schneidermeisters erlernte Hans S. das Schuhmacherhandwerk; er war zugleich Dichter u. wurde der be-

Saar. Saarschleife bei Mettlach

Saarbrücken. Stadtteil Sankt Johann am rechten Saarufer

Sahara

Hans Sachs (Holzschnitt)

Sahara. Sanddünen

rühmteste deutsche ↑Meistersinger. Er schuf zahlreiche Meisterlieder, Spruchgedichte, Schauspiele und ↑Fastnachtsspiele. R. ↑Wagner verewigte ihn in seiner Oper „Die Meistersinger von Nürnberg".

Sachsen, historisches Territorium. Es liegt zwischen den Flüssen Weiße Elster u. Lausitzer Neiße, seine Hauptstadt war Dresden. S. erstreckt sich von der Norddeutschen Tiefebene über das Vogtland bis zum Elster-, Erz- u. Elbsandsteingebirge. Der Norden ist ein bedeutendes Landwirtschaftsgebiet (Roggen, Kartoffeln, Zuckerrüben u. Viehzucht). S. ist aber auch ein Bergbau- (Steinkohle, Braunkohle, Uran, Silber, Kaolin) u. Industriegebiet (Maschinenbau, Autoindustrie, optische Geräte, Spielwaren, Glasindustrie, Wollwaren). – Das Land S. hat eine sehr wechselvolle Geschichte. Zeitweise war es in Personalunion mit Polen verbunden. Auf dem ↑Wiener Kongreß mußte es die Hälfte seines Besitzes an Preußen abtreten (daraus entstand die preußische Provinz S.). 1918 wurde S. vorübergehend Freistaat. 1952 wurde S. in die Bezirke Leipzig, Chemnitz (heute Karl-Marx-Stadt) u. Dresden aufgeteilt.

Sachsen *m, Mz.,* westgermanischer Stamm, der spätestens seit dem 2. Jh. n. Chr. in Holstein siedelte. Ein Teil zog mit den Angeln u. Jüten im 5. Jh. n. Chr. nach Britannien u. begründete dort die angelsächsischen Reiche. Der andere Teil, unter Führung von Herzog Widukind, wurde in den *Sachsenkriegen* (722–804) von Karl dem Großen unterworfen, mit Gewalt zum Christentum bekehrt u. in das Fränkische Reich eingegliedert.

Sachsen-Anhalt, 1945 aus der ehemaligen preußischen Provinz Sachsen u. dem Land Anhalt gebildet, 1952 im wesentlichen in die Bezirke ↑Halle und ↑Magdeburg aufgeteilt.

Sächsische Schweiz ↑Elbsandsteingebirge.

Sadismus *m*, eine krankhafte Neigung, durch körperliche oder seelische Schmerzzufügung bei anderen Lust zu empfinden. Meist unterscheidet man zwischen S. im täglichen Umgang u. sexuellem Sadismus.

Safari [arab.] *w:* **1)** in Ost- u. Südafrika Bezeichnung für einen längeren Überlandmarsch mit Trägern oder Lasttieren; **2)** Überlandreise zur Jagd oder Tierbeobachtung (v. a. in Afrika; als sogenannte Fotosafari) mit geländegängigen Autos.

Safe [*ße'f;* engl.] *m* (auch *s*), ein besonders gesicherter Stahlbehälter zur Aufbewahrung von Wertsachen.

Saffianleder [pers.] *s*, feines gegerbtes und gefärbtes Ziegenleder; v. a. für Bucheinbände, Handtaschen, Brieftaschen, Geldbörsen verwendet.

Safran [pers.-arab.] *m*, aus den 2 bis 3 cm langen Narben des in Südfrankreich u. Spanien wachsenden Echten Safrans gewonnenes gelbes Pulver, das als Gewürz für Speisen u. zum Färben von Nahrungsmitteln (Gebäck, Käse) dient. 100 000–300 000 Pflanzen liefern nur etwa 1 kg Safran.

Saga [altnord.] *w*, eine altnordische Form der Prosaerzählung, die auf ↑Island entstanden ist. Die Sagas wurden zunächst nur mündlich überliefert. Sie sind Darstellungen von Familien- u. Heldenschicksalen.

Sage *w*, Erzählung, die mündlich überliefert u. erst später schriftlich aufgezeichnet wurde. Die S. geht teilweise von wahren Begebenheiten aus, die phantasievoll ausgeschmückt sind, oder sie entspringt der Phantasie. Es gibt Volkssagen, Heldensagen u. Göttersagen in unübersehbarer Zahl. Bei allen Völkern entstanden Sagen, die oft an benachbarte Sprachgebiete weitergegeben, umgeformt u. ausgeschmückt oder stark verändert wurden.

Säge *w*, Werkzeug zum Trennen u. Schlitzen von Holz, Metall, Stein u. ä. Hauptteil der S. ist das Sägeblatt. Es besteht aus gehärtetem Stahl u. besitzt eine Anzahl von spitzen Zähnen, die abwechselnd nach rechts u. links gebogen (geschränkt) sind. Dadurch wird der Trennspalt breiter als das Sägeblatt, dieses kann sich also nicht verklemmen. Gebräuchliche Sägeformen sind der Fuchsschwanz, die Stichsäge u. die Schrotsäge. Bei ihnen ist, im Gegensatz zur Spannsäge, Bügelsäge u. Laubsäge, das Sägeblatt nicht fest eingespannt. Bei der Sägemaschine wird das Sägeblatt durch einen Motor angetrieben. Man unterscheidet hier u. a. die Kreissäge, das Gatter, die Bügelsägemaschine u. die Bandsäge. Zum Fällen wird die durch einen Verbrennungsmotor angetriebene Motorkettensäge benutzt. – Abb. S. 506.

Sägefisch *m*, bis 10 m langer Rochen der tropischen u. subtropischen Meere, der mitunter in Brackwassergebiete zieht u. sogar ins Süßwasser geht. Etwa ein Drittel der Körperlänge dieses Fisches macht der langausgezogene, seitlich mit 20–32 Paar Zähnen besetzte Knorpelvorsprung des Schädels aus. Diesen benutzt der S. sowohl zum Aufwühlen u. Durchstöbern des Bodens als auch zum Erschlagen der Beute.

Sahara [auch: *sahara*] *w*, größte Wüste der Erde. Die S. liegt in Nordafrika u. ist fast so groß wie Europa. Sie erstreckt sich vom Atlantischen Ozean bis zum Nil u. ist Bestandteil mehrerer Länder. Die S. umfaßt alle Wüstenformen von der Kies-, Fels- und Sandwüste bis zum mächtigen Gebirge (im Emi

Saigon

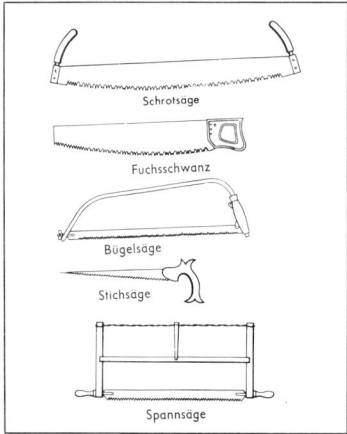

Säge. Verschiedene Formen

Kussi 3 415 m hoch). V. a. an den Rändern der S. gibt es ↑Oasen, in denen die meisten der etwa 1,5 Mill. Bewohner leben. Die wichtigsten Verkehrsmittel sind Autos u. Kamele. Die Temperaturunterschiede zwischen Tag u. Nacht sowie zwischen Sommer u. Winter sind sehr groß. Die in der S. lebenden Tiere halten sich gewöhnlich in den Randgebieten auf. Es gibt Esel, Geparde, Giraffen, Kamele, Mähnenschafe, Wüstenhasen, Wüstenschlangen u. a. In neuerer Zeit ist die S. auch in wirtschaftlicher Hinsicht von Bedeutung, da man dort bedeutende Vorkommen an Erdöl, Erdgas, Eisen, Phosphat u. Uran entdeckt hat.

Saigon, Stadt u. wichtigstes Industriezentrum im südlichen Vietnam, mit 3,2 Mill. E. Die moderne Stadt am Nordrand des Mekongdeltas hat 2 Universitäten. Ihr Flußhafen kann von Seeschiffen erreicht werden.

Saint Christopher and Nevis ↑Westindische Assoziierte Staaten.

Saint-Exupéry, Antoine de [*ßängtegsüperi*], eigentlich Marie Roger Comte de S.-E., * Lyon 29. Juni 1900, † 31. Juli 1944 (Flugzeugabsturz), französischer Schriftsteller. S.-E. war militärischer und ziviler Pilot; er versuchte mit seinem Erzählwerk für menschliches Verhalten u. Pflichtbewußtsein auch in einer von Technik und Krieg bestimmten Welt einzutreten. Bekannt sind seine Romane „Nachtflug" (deutsch 1932), „Wind, Sand u. Sterne" (deutsch 1940) u. das Märchen „Der kleine Prinz" (deutsch 1950).

Saint-Germain-en-Laye [*ßängschermängangl*ä], Stadt an der Seine u. Vorort von Paris, mit 37 000 E. – Am 10. September 1919 wurde im Frieden von S.-G.-en-L. (zwischen den Siegermächten des 1. Weltkrieges und Österreich) die Doppelmonarchie Österreich-Ungarn aufgelöst. Österreich mußte große Gebiete an Italien, Jugoslawien u. die Tschechoslowakei abtreten.

Saint Louis [*ß*ᵉ*nt luiß*], Stadt in Missouri, USA, mit 622 000 E, am rechten Mississippiufer. In S. L. gibt es 3 Universitäten. Die Stadt ist ein bedeutender Verkehrsknotenpunkt u. hat große Vieh-, Getreide- u. Wollmärkte. Neben Nahrungsmittelindustrie und Brauereien gibt es u. a. Flugzeug- u. Fahrzeugbau sowie Elektronik- u. chemische Industrie.

Saint Lucia ↑Westindische Assoziierte Staaten.

Saint Vincent ↑Westindische Assoziierte Staaten.

Saite w, dünner, elastischer Faden aus Darm, Kunststoffen (Nylon), Metall oder Seide, der zur Bespannung von Streich- oder Zupfinstrumenten u. von Tennisschlägern verwendet wird.

Saiteninstrumente s, Mz., Musikinstrumente (Geige, Zither, Mandoline u. a.), die mit ↑Saiten bespannt sind.

sakral [lat.], heilig, geweiht. Das Wort s. bezeichnet auch alle Dinge, die zur Religion oder zum Gottesdienst gehören. Als *sakrale Kunst* bezeichnet man Kunstwerke, die religiösen Charakter haben, als *Sakralbauten* Bauwerke, die einem Kult dienen.

Sakrament [lat.] s, äußeres Zeichen der Gnade Gottes. Die katholische und die orthodoxe Kirche kennen 7 Sakramente (Taufe, Firmung, Eucharistie, Buße, Krankensalbung, Ordination u. Ehe). Die protestantischen Kirchen kennen zwei Sakramente (Taufe u. Abendmahl).

Säkularisation [lat.] w, die Übernahme kirchlichen Besitzes durch den Staat.

Säkularisierung [lat.] w, Lösung aus der Bindung an die Kirche; Verweltlichung.

Säkulum [lat.] s, Jahrhundert.

Salamanca, Stadt im Westen Spaniens, mit 131 000 E. Ihre Universität galt bis in das 16. Jh. als eine der bedeutendsten Universitäten des Abendlandes. S. hat eine Alte Kathedrale (11.–13. Jh.) u. eine Neue Kathedrale (1513 u. später) sowie alte Adelspaläste. Die Plaza Mayor gilt als der schönste Platz Spaniens.

Salamander [gr.] m, Schwanzlurch mit plumpem Körper u. kurzem, im Querschnitt rundem Schwanz, der, wenn er erwachsen ist, meist mit Lungen ausgestattet ist u. an Land lebt (der *Alpensalamander* z. B. ist von Gewässern unabhängig; Abb. S. 25); ↑auch Feuersalamander.

Salamis, griechische Insel westlich von Athen, im Saronischen Golf. Die Insel hat 18 000 E, die hauptsächlich in der Landwirtschaft tätig sind (Anbau von Weizen, Oliven u. Wein). – In den Perserkriegen siegte 480 v. Chr. die griechische über die persische Flotte in der Nähe dieser Insel.

Salbe w, eine Arzneimittelzubereitung aus einem kleinen Anteil eines Arzneimittels u. einem überwiegenden Anteil von Salbengrundlage zur äußerlichen Anwendung.

Salbei [mlat.] m, Lippenblütler mit ährenartigen Blütenständen. Mit 500 Arten in warmen u. gemäßigten Gebieten vertreten. Heimisch ist bei uns der blaue *Wiesensalbei*. Der aus dem Mittelmeerraum stammende, immergrüne *Gartensalbei* wird als Heil- u. Gewürzpflanze gezogen.

Salchow ↑Wintersport (Eiskunstlauf).

Saldo [ital.] m, in der Buchhaltung der Unterschied zwischen der Soll- u. der Haben-Seite eines Kontos. Im allgemeinen ist der S. der Unterschied beim Vergleich von Forderungen und Schulden.

Salesianer m, Mz., Mitglieder der Gesellschaft des heiligen Franz von Sales, eine von Don ↑Bosco 1857 in Turin begründete katholische Kongregation (Gemeinschaft). Die S. bemühen sich besonders um die Erziehung gefährdeter männlicher Jugendlicher.

Salicylsäure [lat.; gr.; dt.] w, organische Säure, die in reiner Form oder in Form ihrer Verbindungen als Ausgangsprodukt für Heilmittel gegen Rheumatismus u. gegen Fieber verwendet wird. Da S. schädlich auf Bakterien wirkt, wird sie auch als Speisekonservierungsmittel zur Verhinderung von Gärung oder Fäulnis verwendet. In größeren Mengen ist S. für den Menschen schädlich.

Antoine de Saint-Exupéry

Jonas Edward Salk

Salier *m, Mz.:* **1)** eine Stammesgruppe der ↑Franken, die im 5. Jh. am Niederrhein u. in Nordgallien siedelte; **2)** fränkisches Adelsgeschlecht, das im Gebiet von Speyer u. Worms Besitz u. Macht hatte. Mit Konrad II. erlangten die S. das Königtum. Die bekanntesten S. sind Heinrich III., Heinrich IV. u. Heinrich V.

Saline [lat.] *w,* Anlage zur Gewinnung von Kochsalz aus dessen hochkonzentrierten Lösungen (Sole). In *Meeressalinen* (Salzgärten) wird das Salz durch Verdunstung von Strandwasser auskristallisiert. Andere Salinen arbeiten mit Gradierwerken. Bei modernen Salinen werden Siedepfannen, Zentrifugen u. Verdampfungsanlagen verwendet. – Abb. S. 508.

Salk, Jonas Edward [*βå(l)k*], * New York 28. Oktober 1914, amerikanischer Bakteriologe. Er erforschte v. a. die Ursachen der Grippe u. der Kinderlähmung (Poliomyelitis) u. entwickelte eine erfolgreiche Impfmethode gegen die Kinderlähmung (Salk-Impfung).

Salmiak [mlat.] *m* (Ammoniumchlorid), weißes, kristallines Salz, gebildet aus dem Ammoniak u. der Salzsäure nach der Formel:
$$NH_3 + HCl \rightarrow NH_4Cl.$$
S. wird vielfach in der chemischen Industrie verwendet, z. B. in der Färbereitechnik.

Salmiakgeist ↑Ammoniak.

Salome, Gestalt des Neuen Testaments; nachdem S. ihren Stiefvater durch einen Tanz erfreut hatte, verlangte sie als Belohnung den Kopf von *Johannes dem Täufer;* Herodes ließ ihn töten u. ihr den blutigen Kopf auf einer Schüssel überreichen. Diese Geschichte wurde von O. Wilde zu einer Tragödie, von R. Strauss zu einer Oper verarbeitet.

Salomo, König von Juda u. Israel (um 965–926); Sohn ↑Davids. S. errichtete den Tempel in Jerusalem u. ließ die Stadt mit vielen Palästen zur Residenz ausbauen. Er begann gute Beziehungen zu den Herrschern der Nachbarländer anzuknüpfen u. baute die Handelsbeziehungen aus. Nach der Überlieferung war S. ein weiser Mann. Er erfaßte Bücher, Psalmen u. Sprüche u. soll bei Streitigkeiten sehr klug entschieden haben. Daher nennt man ein kluges Urteil ein *salomonisches Urteil.*

Salomoninseln *w, Mz.,* Staat im westlichen Pazifik, mit 200 000 E (93 % Melanesier); 29 785 km². S. umfaßt die nordöstlich von Australien gelegenen S. (außer den beiden nördlichen Inseln Bougainville u. Buka, die zu Papua-Neuguinea gehören). Die Hauptstadt ist *Honiara* (15 000 E) auf der größten Insel Guadalcanal. Die wichtigsten Wirtschaftsprodukte sind Kopra u. Holz. Außerdem wird Bauxit abgebaut. – Die 1567 entdeckten Inseln wurden zwischen 1893 u. 1900 britisch u. im Juli 1978 unabhängig. Sie sind Mitglied des Commonwealth u. der UN.

Saloniki (griech. Thessaloniki), Hafenstadt in Nordgriechenland, mit 339 000 E. Die Stadt hat eine Universität sowie zahlreiche Bauwerke aus römischer, byzantinischer u. türkischer Zeit (Triumphbogen, Stadtmauer, Zitadelle u. a.). – S. wurde etwa 316/315 v. Chr. gegründet u. war eine Zeitlang Hauptstadt der römischen Provinz *Macedonia.* Später wurde die Stadt byzantinisch. 1430–1912 war sie türkisch; seither gehört S. zu Griechenland.

salopp [frz.], nachlässig, ungezwungen.

Salpeter [lat.] *m* (Nitrate), allgemeine Bezeichnung für die Salze der ↑Salpetersäure. Sie finden vielfältige Verwendung, hauptsächlich als künstliche oder auch natürlich vorkommende Düngemittel (↑Guano) sowie als herkömmlicher u. vergleichsweise ungefährlicher Sprengstoff, v. a. in Form des Ammonsalpeters oder Ammoniumnitrats, NH_4NO_3.

Salpetersäure [lat.; dt.] *w,* HNO_3, neben ↑Salzsäure und ↑Schwefelsäure die in der chemischen Industrie am meisten verwendete, starke anorganische Säure. Sie ist in reinem Zustand eine farblose Flüssigkeit, die sich aber bereits bei Zimmertemperatur u. Lichteinwirkung unter Abgabe von Stickstoffoxiden zersetzt u. sich dabei mehr oder minder stark gelblich färbt. Bei konzentrierter S. geht diese Zersetzung so weit, daß rote Dämpfe aufsteigen. Man spricht daher von roter, rauchender S. Die Säure wurde früher teilweise auch Scheidewasser genannt, weil sie als einzige Säure sämtliche Metalle außer Gold u. Platin zu lösen vermag. Daher ist man mit S. in der Lage, die häufig vorkommende Legierung zwischen Silber u. Gold zu trennen (zu „scheiden"). Die Salze der S. sind die Nitrate (oft ↑Salpeter genannt).

SALT ↑Abrüstung.

Salt Lake City [*βålt leⁱk βiti*], Hauptstadt von Utah, USA, mit 176 000 E, südöstlich des Großen Salzsees (Great Salt Lake). Sie ist das Zentrum der Mormonen u. hat eine Universität. Die wichtigsten Industrieunternehmungen sind eine Erdölraffinerie, Nahrungsmittel- sowie Metallindustrie. – S. L. C. wurde 1847 von den ↑Mormonen gegründet.

Salto [ital.] *m,* in verschiedenen Sportarten ausgeführter freier Überschlag um die Breitenachse des Körpers mit einer oder mehreren Umdrehungen (Doppelsalto, Dreifachsalto). Der *Salto mortale* (= Todessprung) ist ein gefährlicher Kunstsprung der Artisten, der im Zirkus oft in großer Höhe ausgeführt wird.

Salut [lat.-frz.] *m,* ein Ehrengruß, besonders beim Militär u. bei feierlichen Anlässen; ↑auch Salve.

Salvador, El, Republik in Zentralamerika, am Pazifischen Ozean; 20 935 km². Von den 4,1 Mill. E sind über 90 % Mestizen. Die Hauptstadt ist *San Salvador* (500 000 E). Das Innere des Landes ist gebirgig u. fruchtbar. Die Bewohner treiben v. a. Landwirtschaft. Ausgeführt werden Kaffee, Baumwolle u. Zuckerrohr. – 1524/25 wurde das Land von Spaniern erobert; seit 1838 ist es unabhängig. Gründungsmitglied der UN.

Salve [lat.-frz.] *w,* das gleichzeitige Schießen mit mehreren Gewehren oder Geschützen auf Kommando. Bei feierlichen Anlässen spricht man dagegen von ↑Salut.

salve! [lat.], sei gegrüßt!

Salz *s* (Steinsalz, Kochsalz), allgemeine Bezeichnung für das aus Natriumhydroxid u. Salzsäure nach der Formel:
$$NaOH + HCl \rightarrow NaCl + H_2O$$
gebildete u. im Haushalt als Gewürz verwendete Natriumchlorid (NaCl). Es kommt in der Natur in fester Form als Steinsalz u. in gelöster Form im Meer vor (↑auch Saline). NaCl ist eine der in der chemischen Industrie am häufigsten vorkommenden Substanzen mit zahlreichen Verwendungsmöglichkeiten. – Der monatliche Bedarf eines Menschen an NaCl beträgt im Mittel etwa 90 g, die dem Körper jedoch größtenteils als Bestandteil von Nahrungsmitteln (Gemüse, Fleisch u. a.) zugeführt werden. Mit gemischter Kost nimmt der Mensch bis zu 600 g S. im Monat auf, was der Gesundheit nicht förderlich ist (nur bei starkem Schwitzen notwendig). NaCl ist für den menschlichen, tierischen u. pflanzlichen Organismus lebensnotwendig.

Salzach *w,* rechter u. größter Nebenfluß des Inn, 220 km lang. Die S. entspringt in den Kitzbüheler Alpen in Österreich, durchfließt Salzburg u. mündet nordöstlich von Burghausen in Oberbayern.

Salzburg: 1) Bundesland Österreichs, das sich zu beiden Seiten der ↑Salzach erstreckt, mit 422 000 E. Im Land S. gibt es zahlreiche Wasserkraftwerke. Erwerbsquellen der Bevölkerung sind v. a. Vieh- u. Holzwirtschaft. Betrieben wird Salz- u. Kupfererzbergbau. Wirtschaftlich wichtig ist auch der Fremdenverkehr; **2)** Hauptstadt von 1), mit 136 000 E. Die von der Salzach durchflossene Stadt liegt zwischen dem Mönchsberg (mit der Festung Hohensalzburg) u. dem Kapuzinerberg u. hat ein mittelalterliches Stadtbild. Sie besitzt eine Universität, das Mozarteum sowie viele Kirchen, darunter die Stiftskirche St. Peter (1130–43) u. den Dom (1614–28). Hinzu kommen weitere prächtige Bauten, wie Schloß Mirabell (1721 u. später), die Residenz (1595 bis 1792) u. Schlösser am Stadtrand. Seit 1920 finden im Sommer die *Salzburger*

Salzgitter

Festspiele statt, die die Stadt weltberühmt gemacht haben. S. hat bedeutenden Fremdenverkehr, aber auch eine vielseitige Industrie (Metall-, Nahrungsmittel- u. Genußmittelindustrie). Die *Geschichte* Salzburgs geht auf eine Klostergründung des heiligen Rupert um das Jahr 700 zurück. Bereits im 15. Jh. war S. eine prunkvolle und reiche Handelsstadt.

Salze *s, Mz.*, Bezeichnung für die bei der Reaktion zwischen ↑Säuren u. ↑Basen entstehenden chemischen Verbindungen († auch Chemie). Als Nebenprodukt entsteht in den meisten Fällen Wasser (H_2O). Die am häufigsten vorkommenden S. sind die Chloride (aus der Salzsäure, HCl), die Sulfate (aus der Schwefelsäure, H_2SO_4), die Nitrate (aus der Salpetersäure, HNO_3) u. die Phosphate (aus der Phosphorsäure, H_3PO_4). Die Anzahl der denkbaren u. zum größten Teil auch herstellbaren S. ist nahezu beliebig groß, da jede anorganische oder organische Säure mit jeder anorganischen oder organischen Base ein Salz bilden kann. S. haben in der Regel die Eigenschaft, sich in Lösung in ein oder mehrere positiv geladene Kationen u. ein oder mehrere negativ geladene Anionen zu trennen, wobei sich jedes Ion mit einer Hülle von Lösungsmittelmolekülen umgibt. Diesen Vorgang bezeichnet man als *Solvatisierung*, beim Wasser als *Hydratisierung*.

Salzgitter, Industriestadt im nördlichen Harzvorland in Niedersachsen, mit 116 000 E. Sie besteht aus mehreren auseinanderliegenden Stadtteilen. In u. bei S. befindet sich das größte deutsche Eisenerzvorkommen mit einem Vorrat von 3 Milliarden Tonnen. Es gibt dort auch Kali-, Steinsalz- u. Erdölvorkommen. Die Schwerindustrie, der Erzbergbau u. der Waggonbau sind die wichtigsten Wirtschaftszweige. Zwischen den einzelnen Stadtteilen gibt es noch ausgedehnte Landwirtschaft. Ein Stichkanal verbindet S. mit dem Mittellandkanal.

Salzkammergut *s*, Landschaft in den österreichischen Alpen mit zahlreichen Seen (Sankt-Wolfgang-See, Mond-, Atter-, Traunsee, Hallstätter See u. a.) und stark verkarsteten Gebirgen (Dachstein, Totes Gebirge, Höllengebirge). Durch seinen Reichtum an Naturschönheiten ist das S. ein bedeutendes Fremdenverkehrsgebiet.

Salzsäure *w*, wäßrige Lösung von Chlorwasserstoff, HCl, eine sehr viel gebrauchte, starke Säure, die in der Industrie aus Schwefelsäure, H_2SO_4, u. Natriumchlorid (↑Salz) nach folgendem Reaktionsschema gewonnen wird:

$$2\,NaCl + H_2SO_4 \rightarrow Na_2SO_4 + 2\,HCl$$

Bei genügender Konzentration entweicht das HCl gasförmig u. wird anschließend in Wasser wieder aufgefangen. Die Salze der S. sind die ↑Chloride, deren bekannteste das Natriumchlorid u. das Ammoniumchlorid (↑Salmiak) sind. S. wirkt stark ätzend, darum ist beim Hantieren mit S. Vorsicht geboten.

Salzseen *m, Mz.*, meist abflußlose Seen in heißen Trockengebieten, die infolge der starken Verdunstung einen sehr hohen Salzgehalt haben. Die bekanntesten S. sind das ↑Tote Meer und der Große Salzsee in Utah, USA.

Samariter *m, Mz.* (Samaritaner), im Altertum wohnten die S. in der Stadt u. der Landschaft *Samaria* (westlich des Jordan u. östlich der Scharon). Die S. bildeten eine Sondergruppe innerhalb der jüdisch-israelitischen Religion u. wurden von den Juden verachtet. Sie bauten sich auf dem Berg Garizim einen eigenen Tempel. Im *Gleichnis vom barmherzigen S.* stellt Jesus den Juden einen S. als Vorbild für tätige Nächstenliebe vor. Heute bezeichnet man hilfreiche Menschen als Samariter.

Samarkand, Stadt in Usbekistan, UdSSR, mit 304 000 E. Die Stadt ist ein altes kulturelles u. politisches Zentrum, sie hat zahlreiche Denkmäler aus islamischer Vergangenheit (mehrere Moscheen) u. eine Universität. Die Industrie ist sehr vielseitig und umfaßt sowohl Maschinen- u. Konservenindustrie als auch Fleisch-, Lederverarbeitung, Seidenwebereien u. Baumwollentkörnung. – Stadt S. war bereits den Griechen als *Marakanda* bekannt. Sie wurde von Alexander dem Großen erobert, war später in arabischem Besitz u. wurde 1220 von ↑Dschingis-Khan erobert u. zerstört. Hauptstadt eines Mongolenreiches war sie unter Timur-Leng.

Sambesi *m*, größter Fluß Südafrikas, 2 660 km lang. Er entspringt im äußersten Norden von Sambia. Der S. hat viele Stromschnellen u. Wasserfälle (am bekanntesten sind die ↑Victoriafälle). Durch den Karibadamm (120 m hoch, 580 m lang) wird der Fluß zum Karibasee gestaut. Der S. mündet bei Chinde (Moçambique) mit breitem Delta in den Indischen Ozean. – Livingstone erforschte 1851–56 den Mittellauf.

Sambia, Republik im südlichen Afrika, am ↑Sambesi. Sambia ist mit 752 614 km² etwa dreimal so groß wie die Bundesrepublik Deutschland u. hat 5,4 Mill. E. Die Hauptstadt ist *Lusaka* (401 000 E). Nur ein geringer Teil des Landes wird landwirtschaftlich genutzt (Anbau von Mais, Hirse, Tabak, Erdnüssen; Rinderzucht). S. hat bedeutenden Bergbau (Kupfer, Blei u. Zink), die Industrie fußt überwiegend auf den Bodenschätzen des Landes. – S. kam im späten 19. Jh. unter britischen Einfluß. 1964 wurde S. Republik. Es ist Mitglied des Commonwealth, der UN u. der OAU u. der EWG assoziiert.

Saline. Meeressaline in Südportugal

Salzburg. Altstadt mit der Franziskanerkirche (Mitte links) und dem Dom (rechts)

San Francisco

Samen *m:* **1)** bei Samenpflanzen aus der befruchteten Eizelle durch Zellteilung hervorgegangenes, vielzelliges Gebilde, das der Vermehrung dient. Der S. enthält in einer mehrschichtigen Hülle (Samenschale) einen vorübergehend ruhenden Embryo, der bei geeigneten Außenbedingungen keimt; **2)** bei Tier u. Mensch ↑Samenzellen.

Samenzellen *w, Mz.* (Spermien), männliche Fortpflanzungszellen bei Mensch u. Tier. Meistens (z. B. bei Hohltieren, Insekten u. Wirbeltieren) sind sie fadenförmig, mit einem kleinen Kopf an der Spitze, der den Zellkern enthält, mit einem kurzen Mittelstück u. einem langen, dünnen Schwanzfaden (Geißel), der der Fortbewegung dient; ↑ auch Geschlechtskunde.

Samland *s,* eine Halbinsel zwischen dem Frischen Haff u. dem Kurischen Haff in Ostpreußen. Im Westen hat das S. eine bis 60 m hohe Steilküste (ergiebige Bernsteinvorkommen).

Samoainseln *w, Mz.,* Inselgruppe im südlichen Pazifischen Ozean, die aus 10 größeren, bewohnten und einigen kleineren, unbewohnten Inseln besteht u. sich über eine Länge von 560 km erstreckt. Die Bewohner sind Polynesier. Die östlichen Inseln gehören zu den USA (Territorium Amerikanisch-Samoa mit 31 000 E), die westlichen Inseln sind ein selbständiger Staat (↑ Westsamoa). – Die S. wurden 1722 von J. Roggeveen entdeckt. Deutschland, Großbritannien u. die USA errichteten um die Mitte des 19. Jahrhunderts auf den S. Handelsstationen. 1899 erhielten die USA den östlichen Teil, Deutschland den westlichen Teil, das heutige Westsamoa.

Samojeden ↑Nenzen.

Samos, griechische Insel im Ägäischen Meer vor der Westküste Anatoliens. S. ist gebirgig, es werden Wein (Samoswein), Oliven, Zitrusfrüchte u. Tabak angebaut.

Samowar [russ.] *m,* v. a. in Rußland verwendeter Wassererhitzer, aus dem das Wasser zur Teeaufbereitung über einen Auslaufhahn entnommen wird. Der S. hält durch ein Holzkohlefeuer oder durch elektrische Heizung das Teewasser ständig warm.

Samt [gr.] *m,* Gewebe mit aufrechtstehenden, kurzen Gewebefäden (Florgewebe), das meist leicht glänzt u. sich pelzig anfühlt. Samte werden aus Baumwolle oder Seide, mitunter auch aus Kunstseide hergestellt.

Samurai [jap.] *m,* Angehöriger der adligen japanischen Kriegerkaste in der Zeit des Feudalismus; im engeren Sinne waren die S. Vasallen der Lehnsfürsten u. der mächtigen Kronfeldherren.

San Antonio [*bänᵉntoᵘnio*ᵘ], Stadt im südlichen Texas, in den USA, mit 654 000 E. Die Stadt hat 2 Universitäten, ist ein wichtiges Handels- u. Verkehrszentrum u. hat neben starkem Fremdenverkehr (Winterkurort) auch eine vielseitige Industrie (Erdölraffinerien, chemische Industrie, Maschinenbau u. a.). Zur Erinnerung an den texanischen Unabhängigkeitskrieg von 1836 wurde die ehemalige Missionsstation *The Alamo* zum Nationaldenkmal erklärt.

Sanatorium [lat.] *s,* ein Kur- oder Erholungsheim, das unter der Aufsicht u. Leitung eines Arztes steht. Sanatorien sind meist für bestimmte Krankheiten vorgesehen (z. B. Lungensanatorium).

Sancho Pansa ↑Cervantes Saavedra, Miguel de.

Sanddorn *m,* dorniger Strauch mit schmalen, unten silbrig glänzenden Blättern, der auf mageren Sandböden gedeiht. Die orangegelben, zu einem Fruchtstand vereinigten Beeren werden zu Mus oder Saft verarbeitet (hoher Vitamin-C-Gehalt).

Sandläufer *m,* metallisch grüner Käfer mit weißgefleckten Deckflügeln. Der S. nährt sich von Insekten.

Sanduhr *w,* eines der ältesten Zeitmeßgeräte. Die S. ist ein Glasgefäß, das in den meisten Fällen wie zwei mit der Spitze aufeinandergestellte Kegel aussieht. Im oberen Teil befindet sich eine bestimmte Menge Sand, die in einer genau bestimmten Zeit durch die Verengung in den unteren Teil rieselt. Man kann nun die S. umdrehen u. den Vorgang erneut ablaufen lassen; heute v. a. als Eieruhr gebräuchlich.

Sandviper *w,* in Österreich u. auf dem Balkan heimische Viper. Die leicht nach oben aufgebogene Schnauzenspitze trägt ein langes, mit Schuppen besetztes Horn. Der Biß der S. kann zum Tode führen.

Sanduhren

Sandwich [*säntwitsch;* engl.] *s,* belegte Brotschnitte (meist Weißbrot). Die Bezeichnung S. geht angeblich auf den Engländer J. M. Sandwich (4. Earl of S.; 1718–92) zurück. Er war ein leidenschaftlicher Spieler, der nur Zeit zum Essen von belegten Schnitten hatte.

San Francisco, Stadt in Kalifornien, USA, mit 716 000 E. Die Stadt liegt auf einer Halbinsel zwischen dem Pazifischen Ozean und der Bucht von S. F. am ↑Golden Gate. S. F. hat 4 Universitäten sowie Museen, Theater u. ein Planetarium. An Industrie gibt es v. a. Schiff- u. Maschinenbau, Nahrungsmittel- u. Metallwarenindustrie, chemische Industrie u. Erdölraffinerien. Der Hafen ist der bedeutendste Hafen der USA

San Marino. Die Festungsanlage Rocca Guaita auf dem Monte Titano

Sänfte

an der Pazifikküste u. ist besonders für den Ostasienhandel wichtig. – S. F. wurde 1776 als Niederlassung der Franziskaner gegründet u. war zuerst nur eine Missionsstation, neben der die befestigte Kolonistensiedlung Yerba Buena entstand; ab 1821 in mexikanischem, seit 1848 unter dem Namen S. F. in amerikanischem Besitz. Die Stadt erlebte durch Entdeckung von Goldvorkommen eine große wirtschaftliche Blüte. 1906 wurde sie durch ein Erdbeben größtenteils zerstört. In S. F. wurden 1945 die ↑UN begründet.

Sänfte w, von Menschen oder Lasttieren getragenes Gestell zum Transport von Menschen oder Lasten. Sänften waren in allen Kulturbereichen anzutreffen. Schon Babylonier u. Ägypter benutzten die S., bei den Römern wurde sie durch den Wagen ersetzt. Im 17. u. 18. Jh. war sie in den europäischen Städten in Gebrauch.

Sängerknaben m, Mz., Knabenchöre, die für den kirchlichen Gesang ausgebildet sind, aber auch weltliche Lieder vortragen. Die bekanntesten Chöre dieser Art sind die *Wiener S.*, der *Thomanerchor* in Leipzig u. die *Regensburger Domspatzen*.

Sanguiniker [lat.] m, leichtblütiger, heiterer u. leicht ansprechbarer Mensch; ↑auch Temperament.

Sanierung [lat.] w: **1)** allgemein: Heilung; **2)** in der Wirtschaft bedeutet S. die Zuführung neuer Geldmittel, Rationalisierungsmaßnahmen oder auch Änderung der Betriebspolitik, um den Betrieb wieder lebensfähig zu machen; **3)** städtebauliche Maßnahmen, die darauf abzielen, in einem alten, verwohnten u. deshalb nicht mehr attraktiven Wohnviertel wieder gesunde Wohn- bzw. Lebensverhältnisse zu schaffen. Zur S. gehören u. a. Abriß u. Neuaufbau von Häusern bzw. Modernisierung der Wohnungen, Besserung der Verkehrsverhältnisse, Anlage von Grünanlagen u. Spielplätzen. Nicht immer werden die Wohnverhältnisse dadurch menschlicher; steigende Mietpreise, auch das Gefühl der Fremdheit verdrängen die ursprünglich ansässige Bevölkerung, oft verschwinden auch kulturhistorisch interessante Stadtviertel.

sanitär [lat.-frz.], das Gesundheitswesen betreffend, notwendig für die Gesundheit; sanitäre Anlagen sind v. a. Toiletten u. Waschräume.

Sankt [lat.], Abkürzung meist: St.; das Wort bedeutet *heilig* u. wird den Namen von Heiligen vorangestellt, z. B. St. Nikolaus. Es ist auch Teil von Ortsnamen u. anderen geographischen Namen, wenn sich diese auf Heilige beziehen, z. B. Sankt Anton, Sankt Bernhard. In Fremdsprachen haben z. B. *Saint, San, Sao, Sint* die gleiche Bedeutung.

Sankt Anton am Arlberg, Luftkurort u. Wintersportplatz in Tirol in Österreich. Der Ort liegt östlich vom ↑Arlberg 1300 m ü. d. M. u. hat 2 100 Einwohner.

Sankt Bernhard, zwei Pässe in den Westalpen: 1. *Großer S. B.*, 2 469 m hoch, führt vom Aostatal in Italien ins Wallis in der Schweiz. Ein Straßentunnel führt durch den Berg. Auf dem Paß befindet sich das S.-B.-Kloster, wo Augustinermönche sich früher u. a. der Zucht der ↑Bernhardiner gewidmet haben; 2. *Kleiner S. B.*, 2 188 m hoch, führt vom Tal der Isère in Frankreich ins Aostatal in Italien.

Sankt Gallen: 1) Kanton in der nordöstlichen Schweiz, mit 385 000 E. Der Kanton ist ein Zentrum der schweizerischen Textilindustrie u. hat auch Textilmaschinenbau; vorherrschend sind aber die Alm- und Holzwirtschaft sowie der Weinbau im Rheintal; außerdem Fremdenverkehr; **2)** Hauptstadt von 1) mit 77 000 E. Die Stadt hat eine Hochschule für Wirtschafts- u. Sozialwissenschaften, verschiedene Fachschulen, Theater u. Museen sowie die berühmte ehemalige Benediktinerabtei, mit barocker Stiftskirche u. der Stiftsbibliothek mit einer bedeutenden Sammlung mittelalterlicher Handschriften, früher Drucke u. Elfenbeinarbeiten. S. G. ist Mittelpunkt der Herstellung von Sankt Gallener Stickereien, hinzu kommen Textil- u. Maschinenindustrie sowie Schokoladenherstellung. – S. G. entstand in Anlehnung an das Kloster S. G., das auf die Gründung einer Mönchszelle durch den heiligen Gallus (frühes 7. Jh.) zurückgeht. Es war vom 9. bis 11. Jh. ein Zentrum deutscher Literatur u. Kunst. S. G. wurde 1180 Reichsstadt, das Kloster wurde 1206 Reichsabtei. S. G. wurde 1454 „zugewandter Ort" der Eidgenossenschaft.

Sankt Gotthard ↑Gotthardgruppe.

Sankt Helena, eine britische Vulkaninsel im Süden des Atlantischen Ozeans, mit 5 100 E. Der Hauptort u. Hafen heißt *Jamestown* (1 600 E). Die Insel dient hauptsächlich als Funk- u. kabelstation. Ab 1815 lebte ↑Napoleon I. hier als Verbannter.

Sanktion [lat.-frz.] w: **1)** Zustimmung u. Bestätigung, besonders zu Gesetzen durch die Regierung; **2)** Maßnahme, die gegen einen Staat, der das Völkerrecht verletzt hat, verhängt wird; **3)** Zwangsmaßnahme; **4)** gesellschaftliche Reaktion gegen Personen, meist bei normwidrigem Verhalten.

Sankt-Lorenz-Strom m, Fluß in Nordamerika, zugleich Grenzfluß zwischen den USA u. Kanada. Er entspringt als Saint Louis River nördlich von Duluth am Oberen See u. ist auch Abfluß der Großen Seen zum Sankt-Lorenz-Golf. Der Fluß ist 1 170 km lang und als Teil des *Sankt-Lorenz-Seeweges* (3 770 km) eine der größten Wasserstraßen der Erde. Er ist für Seeschiffe bis Chicago u. Duluth befahrbar.

Sankt Moritz [auch: -...*riz*], weltberühmter Luftkurort u. Wintersportplatz im Oberengadin in der Schweiz. S. M. liegt 1 822 m ü. d. M. u. hat 5 700 Einwohner.

Sankt Pölten, Industriestadt in Niederösterreich, westlich von Wien, mit 51 000 E. Die Stadt hat viele Barockbauten (Bürgerhäuser, Rathaus u. a.) u. einen romanisch-frühgotischen Dom (im Barock umgebaut). Es gibt v. a. Maschinenbau, Papier- u. Textilindustrie.

Sankt Wolfgang im Salzkammergut, Ort im Salzkammergut in Oberösterreich, am *Sankt-Wolfgang-See*, mit 2 400 E. Der Ort ist auf Grund seiner landschaftlich schönen Lage ein bedeutender Fremdenverkehrsort. In der spätgotischen, im Barock umgebauten Pfarrkirche stehen der berühmte Hochaltar von Michael Pacher (1471 bis 1481) u. der Doppelaltar von Th. Schwanthaler (1675/76).

San Marino: 1) ein kleiner selbständiger Staat (Republik), im nordöstlichen Fuß des Apennins innerhalb Italiens. S. M. hat 60,57 km² (etwa $^{1}/_{10}$ der Fläche Hamburgs) u. 20 000 E, die sich von Schafzucht, Getreideanbau, Weinbau, Bausteinindustrie u. vom Fremdenverkehr ernähren. – S. M. konnte seine Selbständigkeit seit dem 13. Jh. behaupten. u. wurde auch 1815 auf dem Wiener Kongreß anerkannt. Seit 1862 hat es einen Schutzvertrag mit Italien; **2)** Hauptstadt von 1), auf dem dreigipfeligen Berg *Monte Titano*, der bis 756 m hoch ist, mit 4 500 E. – Abb. S. 509.

San Salvador ↑Salvador, El.

Sansibar [auch ...*bar*]: **1)** eine Insel aus Korallenkalk vor der ostafrikanischen Küste. Sie liegt etwa 40 km vom Festland entfernt u. hat 190 000 E; S. gehört zu ↑Tansania; **2)** Hauptort von 1), an der Westküste der Insel, mit 68 000 E; bedeutend als Handelszentrum u. als Hafenstadt.

Sanskrit s, die klassische Form der altindischen Schriftsprache, die etwa um 400 v. Chr. von dem indischen Grammatiker *Panini* aufgezeichnet wurde. S. ist zugleich die älteste bekannte indogermanische Sprache. Das klassische S. galt bis ins 20. Jh. als Gelehrten- und Literatursprache (ähnlich wie früher Latein im Abendland).

Sanssouci [*sangßußi*; frz.], S. bedeutet „sorgenfrei" oder „ohne Sorge", u. so benannte Friedrich II., der Große, von Preußen ein Schloß in der Nähe von Potsdam, das sein Lieblingsaufenthalt war u. in dem er auch starb. Das Schloß war von Knobelsdorff 1745–47 (zum Teil nach eigenhändigen Plänen des Königs) erbaut worden.

Santiago (S. de Compostela), Stadt im nordwestlichen Spanien, mit 75 000 E. Die Stadt hat eine Universität, eine Kathedrale, die nach kirchlicher Überlieferung über dem Grab des Apostels Jakobus des Älteren erbaut wurde (1078–1211; im Barock umgestaltet), sowie andere alte Bauten. S. war im Mittelalter ein sehr berühmter Wallfahrtsort.

Santiago de Chile [- - *tschile*], Hauptstadt Chiles, mit 518 000 E. Sie hat eine barocke Kathedrale, 3 Universitäten, zahlreiche Institute, Bibliotheken u. Museen. Die Industrie ist vielseitig: Textil-, Leder-, Papier- u. Metall- sowie chemische Industrie. S. de Ch. wurde 1541 gegründet.

Säntis *m*, 2 502 m hoher Berg in den Appenzeller Alpen im Nordosten der Schweiz. Auf den S. führt eine Schwebebahn. Es gibt dort eine Wetterwarte, einen Radio- u. Fernsehsender.

Santos, brasilianische Hafenstadt auf der Küsteninsel São Vicente, im Bundesstaat São Paulo, mit 341 000 E. Welthauptumschlagsplatz für Kaffee. Daneben werden Zucker, Obst, Baumwolle, Häute u. Fleisch ausgeführt.

Saône [*βonᵉ*] *w*, rechter Nebenfluß der Rhone in Frankreich. Er entspringt in den Monts Faucilles u. mündet bei Lyon, ist 480 km lang u. durch Kanäle mit Mosel, Maas, Marne, Seine, Loire u. Rhein verbunden.

São Paulo [*βau paulu*]: 1) wichtigster Bundesstaat Brasiliens, etwa so groß wie die Bundesrepublik Deutschland, mit 21,3 Mill. E. Hauptanbauprodukte sind Kaffee, Baumwolle, Zuckerrohr, Tabak, Mais, Obst u. Gemüse. In der Küstenebene werden Bananen u. Reis angebaut. Bedeutend ist auch die Viehzucht. Die Industrie hat sich überwiegend in der Nähe der Hauptstadt angesiedelt; 2) Hauptstadt von 1), mit 5,2 Mill. E. Die Stadt hat 3 Universitäten, ein Sparinstitut, Museen u. Theater. S. P. ist das wichtigste Industriezentrum Brasiliens: Maschinen- u. Fahrzeugbau, Metall-, Elektro-, Leder- u. Papierindustrie sowie chemische Industrie. – S. P. wurde 1554 von Jesuiten gegründet. 1822 erklärte Peter I. hier die Unabhängigkeit Brasiliens. Der wirtschaftliche Aufschwung setzte mit Beginn des Kaffeeanbaus (1880) ein.

São Tomé und Príncipe [*βau tumä, pringβipᵉ*], Republik in Westafrika, mit 81 000 E; 964 km². Sie besteht aus 2 Inseln im Golf von Guinea, die 135 km voneinander entfernt liegen. Der Hauptort ist *São Tomé* (17 000 E) auf der gleichnamigen Insel. Die Bewohner leben v. a. vom Anbau von Kakao, Kaffee u. Kokospalmen. – Die Inseln wurden 1470/71 entdeckt. Bevor sie 1975 unabhängig wurden, waren sie in portugiesischem Besitz. Sie sind Mitglied der UN u. der EWG assoziert.

Saphir [auch: ...*ir*; gr.] *m*, wie ↑Rubin ein in mehreren Blautönen vorkommende Abart des ↑Korunds; ihre blaue Farbe verdankt sie geringen Beimengungen an Eisen- u. Titanoxid. Saphire werden als Schmucksteine u. zur Herstellung von Abtastnadeln für Tonabnehmersysteme (↑Plattenspieler) verwendet.

Sappho, eine griechische Dichterin, die um 600 v. Chr. auf der Insel Lesbos lebte. Sie sammelte einen Kreis junger Mädchen um sich u. dichtete Götterhymnen, Hochzeitslieder u. Liebeslyrik in formvollendeter Sprache.

Sapporo, Stadt auf der japanischen Insel Hokkaido, mit 1,2 Mill. E. Sie hat 2 Universitäten sowie Keramik- u. andere Industrie. Außerdem ist S. ein Heilbad mit Thermalquellen u. Wintersportort. Hier fand die Winterolympiade 1972 statt.

Sarabande [span.-frz.] *w*, ursprünglich ein spanischer Tanz im Dreiertakt. Im 17. u. 18. Jh. war die S. ein französischer Gesellschaftstanz u. Teil der französischen Suite.

Saragossa ↑ Zaragoza.

Sarajevo, Hauptstadt der jugoslawischen sozialistischen Republik Bosnien u. Herzegowina, mit 244 000 E. Die Stadt hat eine Universität. Zahlreiche Moscheen, Basare u. enge Gassen geben der modernen Stadt ein teilweise orientalisches Gepräge. Es gibt viele Teppichknüpfereien u. Schmuckwarensteller, aber auch Auto-, Leder-, Metall- u. Waffenindustrie. – S. wurde im 13. Jh. gegründet, später unter türkischer Herrschaft, ab 1878 unter österreichischer Verwaltung. Die Ermordung des österreichisch-ungarischen Thronfolgers Franz Ferdinand und seiner Gemahlin am 28. Juni 1914 in S. löste den 1. Weltkrieg aus. Seit dem 1. Weltkrieg jugoslawisch. – Abb. S. 512.

Saratow, bedeutende sowjetische Industrie- u. Hafenstadt an der unteren Wolga, mit 848 000 E. Die Stadt hat eine Universität, ist Mittelpunkt einer bedeutenden Erdöl- u. Erdgasförderung u. Ausgangspunkt mehrerer Erdgasleitungen. Ferner gibt es Maschinen- u. Apparatebau, Flugzeugbau, elektrotechnische u. chemische Industrie sowie Erdölraffinerien. – S. war ursprünglich eine Siedlung der Tataren; Ende des 16. Jahrhunderts neu gegründet.

Sarawak ↑ Malaysia.

Sarazenen [arab.-gr.] *m, Mz.*, im Altertum Bezeichnung für die im nordwestlichen Arabien lebenden Araber. Im Mittelalter nannte man alle Araber bzw. alle Moslems Sarazenen.

Sardelle [ital.] *w*: 1) Handelsbezeichnung für gesalzene Sardinen; 2) kleinere Verwandte der Sardine.

Sardine [ital.] *w*, in den westeuropäischen Meeren heimische, bis 20 cm lange Verwandte des Herings. Die S. zieht in großen Schwärmen. Sie kommt gesalzen als Sardelle oder in Öl eingelegt als Ölsardine in den Handel.

Sardinien (ital. Sardegna), große italienische Insel im Westen des Tyrrhenischen Meeres, mit 1,6 Mill. E. Die Hauptstadt heißt Cagliari. Das Innere der Insel ist gebirgig, meist mit Gras bedeckt u. bis zu 1 834 m hoch (Punta Lamarmora). In den Gebirgsgegenden herrschen Schaf- u. Ziegenhaltung vor, während in den teils sehr fruchtbaren Ebenen Getreide, Obst, Wein, Oliven u. Korkeichen angebaut werden. Es gibt auch Erzbergbau (Eisen, Blei, Antimon) sowie Steinbrüche. In der Nähe der Hauptstadt wird aus Salzseen Meersalz gewonnen. Der Fremdenverkehr hat an der Nordküste größere Bedeutung. – Im 9. Jh. v. Chr. war S. von den Phönikern besiedelt, später karthagische Niederlassung. Im 5. Jh. n. Chr. wurde die Insel von den Vandalen erobert. Nach mehrfachem Wechsel der Herrschaft fiel S. 1713 an die österreichischen Habsburger, im Tausch gegen ↑Sizilien 1720 an ↑Savoyen; mit Savoyen, Piemont u. a. bildete S. ein Königreich, das nach der italienischen Einigung 1859/61 in Italien aufging.

Sargassosee *w* (Sargassomeer), Teil des westlichen Atlantischen Ozeans, südlich der Bermudainseln. Laichgebiet der Flußaale.

Sarkasmus [gr.-lat.] *m*, beißender Spott; **sarkastisch**, höhnisch, spöttisch.

Sarkophag [gr.] *m*, monumentaler Sarg, der in einer Grabkammer u. ä. aufgestellt wurde; meist ist er reich verziert. In Sarkophagen wurden meist Kaiser, Könige u. andere bedeutende Personen beigesetzt.

Sarnen ↑ Unterwalden.

Sartre, Jean-Paul [*βartrᵉ*], * Paris 21. Juni 1905, französischer Philosoph u. Schriftsteller, zugleich wichtigster Vertreter des ↑Existenzialismus. Sartres philosophisches Hauptwerk ist „Das Sein u. das Nichts" (deutsch 1952). Er

schrieb erfolgreiche Dramen (u. a. „Die Fliegen", „Die schmutzigen Hände", beide deutsch 1949), den Roman „Der Ekel" (deutsch 1949), literaturkritische Werke und Essays (u. a. „Marxismus und Existenzialismus", deutsch 1964) sowie Filmdrehbücher. S. tritt für einen undogmatischen Sozialismus ein. Er lehnte 1964 die Annahme des Nobelpreises für Literatur ab.

Sassaniden *m, Mz.*, persisches Herrscherhaus, das 224–651 regierte.

Satan ↑ Teufel.

Satanspilz

Sarajevo. Stadtkern mit Begova-Moschee und türkischem Uhrturm

Satanspilz [hebr.; dt.] *m*, seltener, sehr giftiger Röhrenpilz, ähnelt dem Dickfußröhrling. Das weiße Fleisch verfärbt sich bei Verletzung blau. Der Stiel ist dickbauchig u. netzartig rot gezeichnet.

Satellit [lat.] *m:* **1)** in der Astronomie bezeichnet man Monde u. andere Himmelskörper, die einen Planeten begleiten, als Satelliten; so z. B. ist der Mond ein S. der Erde; **2)** im Zeitalter der Weltraumfahrt auch Bezeichnung für die Raumschiffe u. Raumsonden, die auf Bahnen um die Erde geschossen werden u. dort kreisen; **3)** Kurzbezeichnung für einen *Satellitenstaat*, d. h. für einen Staat, der unabhängig ist u. doch unter dem beherrschenden Einfluß einer Großmacht steht.

Satellitenstadt ↑Trabantenstadt.

Satin [*satäng*: frz.] *m*, glattes, meist glänzendes Gewebe, das meist als Futterstoff, selten als Kleiderstoff verwendet wird.

Satire [lat.] *w*, eine literarische Form, die hauptsächlich von Journalisten u. Schriftstellern, aber auch von Rednern angewandt wird. Mit Witz u. Geistesschärfe greift die S. in bissiger u. ironischer Ausdrucksweise menschliche Torheiten u. Zustände an und verurteilt sie.

satirisch [lat.], in der Art einer ↑Satire.

Saturn, römischer Gott des Landbaues.

Saturn *m*, der zweitgrößte Planet des Sonnensystems, von der Sonne aus gezählt der 6. Planet. Die Umlaufzeit um die Sonne beträgt 29,46 Jahre, die mittlere Entfernung zu ihr 1 428 Mill. km. Der S. ist von 10 Monden u. einem freischwebenden Ring umgeben, der aus zahllosen Eispartikeln besteht.

Satyrn *m, Mz.*, griechische Sagengestalten, Feld-, Wald- und Fruchtbarkeitsdämonen, die zechend u. berauscht durch die Natur streifen u. den Menschen manchen Schabernack spielen.

Satz *m*, sinnvolle sprachliche Einheit, die in sich abgeschlossen u. nach den Regeln der Grammatik, Intonation, Stilistik u. Logik im allgemeinen aus mehreren Wörtern zusammengefügt ist. Man unterscheidet 4 Satzarten: 1. *Aussagesatz* (z. B. „Er hilft dem Verletzten"), 2. *Aufforderungssatz* („Hilf dem Verletzten!"), 3. *Ausrufesatz* („Wenn doch bald Hilfe käme!"), 4. *Fragesatz* („Hilft niemand dem Verletzten?"). – Im Deutschen wird der Satz gegründet u. zusammengehalten durch die Personalform des Verbs: die *Satzaussage* oder das Prädikat („Er *bittet* um Hilfe"). Nur ausnahmsweise kann die Satzaussage fehlen, z. B. im Einwortsatz („Hilfe!") oder im Telegrammstil („Der Bundeskanzler in Paris"). Alle Satzglieder werden von der Satzaussage her bestimmt. Der *Satzgegenstand* (Subjekt) gibt an, von wem etwas ausgesagt wird. Als Substantiv oder Pronomen steht er im Werfall und ist mit der Satzaussage auf zweifache Weise verbunden, nämlich durch Zahl u. Person („Der Junge lacht. Die Jungen lachen. Ich lache auch"). Die *Satzergänzungen* (Objekte) werden vom Prädikat gesteuert u. können im Wenfall (Akkusativobjekt), im Wemfall (Dativobjekt) oder im Wesfall (Genitivobjekt) stehen („Der Arzt untersucht *den* Verletzten. Er hilft *dem* Verletzten. Er nimmt sich *des* Verletzten an."). Satzergänzungen, die mit einem Verhältniswort (Präposition) gebildet werden, heißen Präpositionalobjekte („Der Arzt kümmert sich *um den Verletzten*"). Wenn die Satzaussage ein Substantiv im Werfall erfordert, so spricht man von einem Gleichsetzungs-

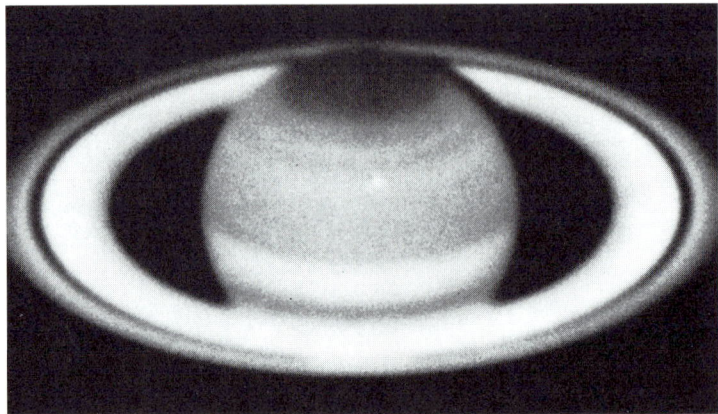

Saturn

nominativ („Dieser Mann ist *ein Verletzter*"). Die *Umstandsangaben* (Umstandsbestimmungen, adverbiale Bestimmungen) gliedern sich in Umstandsangaben des Raumes (wo?), der Zeit (wann?), der Art (wie?) u. der Begründung (warum?), z. B. „Er hilft dem Verletzten *aus Pflichtgefühl*". Hierbei unterscheidet man noch verschiedene Untergruppen, etwa die Umstandsangaben des Mittels (womit?) und des Zweckes (wozu?), die zu den Begründungsangaben gezählt werden. Schließlich gehören zum Satz die *Beifügungen* (Attribute) als Satzgliedteile, durch die Substantive, Adjektive oder Adverbien näher bestimmt werden („Der *geschickte* Helfer verbindet *sehr* behutsam den Arm *des Verletzten*"). Eine *Satzverbindung* besteht aus zwei oder mehreren Hauptsätzen, die nebengeordnet sind, z. B. „Ich bestelle einen Krankenwagen (Hauptsatz), [denn] der Verletzte muß sofort ins Krankenhaus gebracht werden" (Hauptsatz). Dagegen besteht das *Satzgefüge* aus einem Hauptsatz u. einem oder mehreren Gliedsätzen (Nebensätzen), die dem Hauptsatz untergeordnet sind, z. B. „Ich bestelle einen Krankenwagen (Hauptsatz), damit der Verletzte sofort ins Krankenhaus gebracht wird" (Gliedsatz). Bei mehreren Gliedsätzen gibt es verschiedene Grade der Unterordnung, z. B. „Er half dem Verletzten (Hauptsatz), als er sah (1. Gliedsatz), daß niemand da war (2. Gliedsatz), der sich um ihn kümmerte" (3. Gliedsatz).

Satzaussage ↑Satz.
Satzbauplan *m*, der jeweils für eine bestimmte Klasse von Sätzen typische Satzbau, v.a. im Hinblick auf die für den Satz notwendigen Satzglieder.
Satzergänzung ↑Satz.
Satzgefüge ↑Satz.
Satzgegenstand ↑Satz.
Satzglied ↑Satz.
Satzlehre ↑Syntax.
Satzverbindung ↑Satz.
Saudi-Arabien, Königreich in Vorderasien, mit etwa 2 Mill. km² etwa zehnmal so groß wie die Bundesrepublik Deutschland, mit 9,5 Mill. E. Die Hauptstadt ist Ar Rijad. Große Flächen des Landes sind Sand- u. Steinwüsten, teils gebirgig. u. steil ansteigend bis zu 3 133 m Höhe. Die Bewohner (Nomaden) betreiben vorwiegend Weidewirtschaft (Aufzucht von Kamelen u. Pferden u. a.) sowie in den Oasen den Anbau von Datteln usw. An den Küsten kommt Fischfang hinzu. Die bedeutenden Erdölvorkommen am Persischen Golf sind die wichtigste Einnahmequelle des Landes. Es gibt im Landesinnern kaum ausgebaute Straßen, so daß der Verkehr hauptsächlich von Karawanen u. Flugzeugen bewältigt wird. Bedeutende Pilgerstädte sind ↑Medina u. ↑Mekka (Zentrum des Islams). – Die S.-A. bildenden Gebiete standen bis zum Ende des 1. Weltkriegs unter türkischer Herrschaft. Danach wurden sie unabhängig. 1926 brachte Ibn Saud sie unter seine Herrschaft, 1932 wurde S.-A. Königreich. S.-A. ist Gründungsmitglied der UN u. Mitglied der Arabischen Liga.

Sauerampfer *m*, Knöterichgewächs, dessen pfeilförmige Blätter Oxalsäure enthalten. Als Viehfutter sind sie deshalb schädlich; für Menschen sind sie nur in großen Mengen ungesund (man ißt S. als Salat u. Gemüse).

Sauerland *s*, waldreicher, gebirgiger Teil Westfalens im Nordosten des Rheinischen Schiefergebirges. Im S. überwiegen Textil- u. Kleinindustrie; lebhafter Fremdenverkehr.

Sauerstoff *m*, gasförmiges Element, chemisches Symbol O, Ordnungszahl 8, Atommasse 15,9994, farb- u. geruchlos, Fließpunkt −218,4 °C, Siedepunkt −182,97 °C. S. reagiert mit allen Elementen außer den Edelgasen; die entstehenden Verbindungen heißen Oxide. Die wichtigste Verbindung ist das Wasser (H_2O). S. ist als Oxid u. Salz der Sauerstoffsäuren mit 47,3 Gewichtsprozent das häufigste Element der Erdrinde (in der Luft 20,95 %). S. ist lebensnotwendig für fast alle Lebewesen.

Säugetiere *s, Mz.*, warmblütige Wirbeltiere, mit Ausnahme der Ameisenigel u. Schnabeltiere lebendgebärend. Die Jungen werden von der Mutter aus Milchdrüsen genährt. Die größtenteils behaarte Haut besitzt Schweiß- u. Talgdrüsen. Alle S. atmen durch Lungen. Die Vordergliedmaßen können zu Flossen (Robben, Wale, Delphine) oder zu Flugorganen (Flughunde, Fledermäuse) umgestaltet sein.

Saugheber ↑Heber.
Säugling *m*, das Kind im 1. Lebensjahr. In dieser Zeit wächst die Körperlänge auf das Eineinhalbfache, das Gewicht auf das Dreifache.

Saul, Name des ersten Königs von Israel, der bis um 1004 v. Chr. lebte.

Säule *w*, entweder als freistehende S. ein Denkmal oder als Bauelement u. Stütze (meist für ein Dach) dienend. In der griechischen Baukunst sind folgende Grundformen entwickelt worden: dorische S., ionische S. u. korinthische Säule. Man spricht jeweils auch von **Säulenordnung.** Es gibt auch Säulen u. Halbsäulen, die lediglich dekorativen (schmückenden) Charakter haben.

Säuren *w, Mz.*, große u. neben den ↑Salzen u. ↑Basen eine der wichtigsten Gruppen chemischer Verbindungen. Sie können mit Basen Salze bilden (↑Chemie), wobei die „sauren" Wasserstoffatome der S. durch Metallatome ersetzt werden. Ein weiteres Kriterium für die S. ist ihre Fähigkeit, ↑Lackmus rot zu färben. Je nach der Zahl der

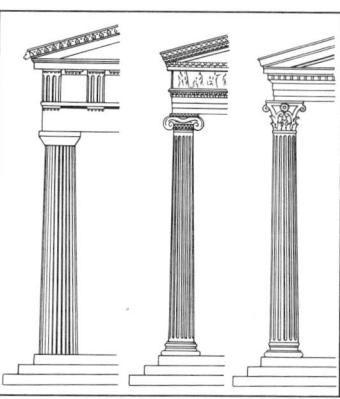

Säule. Dorische (links), ionische (Mitte) und korinthische Säulenordnung

gegen Metall austauschbaren H-Atome unterscheidet man einbasige (einwertige), zweibasige (zweiwertige), dreibasige (dreiwertige) S. usw. So sind z. B. HCl (Salzsäure), H_2SO_4 (Schwefelsäure), H_3PO_4 (Phosphorsäure) ein-, zwei- bzw. dreibasige Säuren. Die drei genannten S. sind zusammen mit der Salpetersäure auch die wichtigsten u. am meisten verwendeten S. der anorganischen Chemie. Bekannte Beispiele aus der Vielzahl der organischen S. sind die Ameisensäure, die Essigsäure, die Zitronensäure, die Salicylsäure u. a. Die in den säuerlich schmeckenden Fruchtsäften vorhandenen Säuren, wie die Zitronen- oder Weinsäure, sollen angeblich der Verbindungsgruppe den Namen gegeben haben.

Saurier [gr.] *m, Mz.*, wie riesenhafte Echsen aussehende, ausgestorbene Reptilien hauptsächlich der Jura- u. Kreidezeit. Sie lebten als Pflanzenfresser oder Räuber, waren Land- oder Wasserbewohner oder konnten fliegen. Die größten S. (↑Dinosaurier) waren bis 35 m lang u. bis 12 m hoch. Wenn sie sich auf den kräftigen Hinterbeinen aufrichteten, den massigen Schwanz dabei als Stütze benutzend, mußten sie furchterregend aussehen. Die im Meer lebenden Fischechsen der Gattung Ichthyosaurus hatten eine torpedoartige Gestalt; sie waren lebendgebärend.

Savanne [span.] *w*, ein Übergangsland zwischen Wald u. Grasland, das einen geschlossenen Graswuchs aufweist sowie in mehr oder weniger großem Abstand Holzgewächse (Sträucher u. Bäume).

Save *w*, rechter Nebenfluß der Donau in Jugoslawien, ist 940 km lang, mündet bei Belgrad u. ist auf einer Strecke von rund 580 km für Schiffe befahrbar.

Savoyen [βawoje̯n], französische Gebirgslandschaft südlich des Genfer Sees. – Im Jahre 1416 wurde S. Herzogtum, dessen Schwerpunkt in Piemont lag. Das 1713 gewonnene Sizilien wurde

Saxophon

1720 gegen Sardinien eingetauscht. 1860 kam S. zu Frankreich.

Saxophon [nlat., nach dem Erfinder Adolphe Sax] s, ein Blasinstrument aus Metall mit Schnabelmundstück u. mehreren Klappen. Es wurde früher hauptsächlich in der Militärmusik verwendet. Seit etwa 1920 ist es ein wichtiges Instrument im Jazz; Soloinstrumente sind v.a.: Sopran-, Alt-, Tenor- u. Baritonsaxophon.

Saxophon von Adolphe Sax (um 1870)

SBZ, Abkürzung für: **S**owjetische **B**esatzungs**z**one, heute ↑Deutsche Demokratische Republik.

Schaben w, Mz., wärmeliebende Schädlinge, die über die ganze Erde verbreitet sind u. nachts in Bäckereien, Brauereien u. Lebensmittellagern auf Nahrungssuche gehen. Tagsüber halten sie sich in Schlupfwinkeln verborgen. Es sind Geradflügler mit flachem Körper u. großem Halsschild. Die Männchen tragen ein Flügelstummel. Sch. sind gefährliche Krankheitsüberträger.

Schablone w, ein aus Blech, Pappe, Holz oder Kunststoff geformtes Muster. Mit einer Sch. werden bildliche Darstellungen, Schriften u. ä. vervielfältigt. Im übertragenen Sinn bedeutet Sch.: herkömmliche Form, geistlose Nachahmung.

Schachspiel [pers.; dt.] s, Brettspiel für 2 Personen mit je 16 Figuren – 8 Offiziere (König, Dame, 2 Läufer, 2 Springer, 2 Türme) u. 8 Bauern – auf 64 Feldern. Die Spieler sind bemüht, den gegnerischen König durch eigenen Figureneinsatz matt zu setzen. Dies ist erreicht, wenn der König auf die gegnerische Anzeige „Schach dem König" kein Feld mehr findet, das nicht von einer Figur des Gegners bedroht ist. Das Sch. erfordert wie kein anderes Brettspiel Konzentration u. Intelligenz der Spieler. Es stammt wahrscheinlich aus Indien u. nahm seinen Weg nach Europa über Persien, Arabien, Nordafrika.

Schacht m, im ↑Bergwerk ein senkrecht verlaufender Grubengang. Der Tagesschacht geht von der Erdoberfläche aus senkrecht nach unten. Der Blindschacht dagegen beginnt unter Tage, er verbindet waagrecht verlaufende Grubengänge miteinander.

Schachtelhalme m, Mz., Farnpflanzen, die in früheren erdgeschichtlichen Zeiten als große, kräftige Bäume wuchsen. Heute treten Sch. nur noch als bis 1 m hohe, krautige Pflanzen auf, die mit einem verzweigten, Vorratsknollen tragenden Wurzelstock überwintern. Die Sprosse bestehen aus ineinandersteckenden Gliedern, die in einem Zackenkrönchen aus rückgebildeten Blättern enden. – Der *Ackerschachtelhalm* treibt im Frühjahr blaßrote Triebe, an deren Enden die Sporenähren sitzen. Aus den Sporen gehen die getrenntgeschlechtlichen Vorkeime hervor. Auf dem weiblichen Vorkeim entwickelt sich aus einer befruchteten Eizelle eine junge Pflanze (↑Generationswechsel). Sobald die Sporen ausgestreut sind, sterben die Frühjahrstriebe ab. Aus dem Wurzelstock gehen dann die blattgrünreichen Sommertriebe hervor, die an den Stengelknoten mehrere Ästchen treiben. Sie tragen niemals Sporenähren. Die sporentragenden Frühjahrstriebe des *Waldschachtelhalms* ergrünen. Beim *Sumpf-* u. *Teichschachtelhalm* treten die Sporenähren an der Spitze der grünen Stengel auf.

Schädel m, Kopfskelett der Wirbeltiere u. des Menschen, das aus zwei Hauptteilen besteht: der *Hirnschädel* umschließt als knorpelige oder knöcherne Kapsel das Gehirn u. bildet Höhlen für Augen, Nase u. Ohren. Der *Gesichtsschädel* besteht aus den Knochen der Mundregion, des Rachens u. der Nase u. trägt als einzigen beweglichen Knochen den Unterkiefer.

Schaf s, paarzehiges, wiederkäuendes Huftier mit hohen, dünnen Beinen u. kurzem, ringsum behaartem Schwanz. Die männlichen Tiere (Widder) tragen seitlich eingerollte, geringelte Hörner. Schon seit mehreren tausend Jahren wird das Sch., das mit kärglichem Weideland u. hartblättrigen Heidepflanzen zufrieden ist, als Haustier gehalten. Zur Gewinnung der Wolle wird das Sch. zweimal im Jahr geschoren. Die Milch ist fettreich u. wird zu Käse verarbeitet, die Felle werden für Pelze oder Leder genutzt.

Schäferhund m: 1) (Deutscher Sch.) Hunderasse mit Stehohren u. buschigem, hängendem Schwanz. Das Fell ist schwarz, grau oder gelblich. Der Sch. war früher v.a. Hütehund, heute wird er meist als Wach-, Polizei- u. Begleithund (u.a. Blindenführhund) gehalten; 2) (Schottischer Sch., *Collie*) Lang- oder kurzhaarige, ausdauernde Hunde verschiedener Färbung. Die Nase ist schwarz.

Schaf. Das schwarze Fell des Karakulschafs färbt sich im Alter grau

Schaffhausen: 1) schweizerischer Kanton westlich des Bodensees, mit 70 000 E. In dem Kanton herrschen Obst- u. Ackerbau sowie Holzwirtschaft vor; **2)** Hauptstadt von 1), mit 34 000 E. In der Nähe von Sch. liegt der *Rheinfall von Schaffhausen*. In Sch. gibt es ein romanisches Münster (zur ehemaligen Benediktinerabtei gehörend) sowie zahlreiche Renaissance- u. Barockbauten. Überragt wird Sch. von der Festung Munot (16.Jh.). In u. um Sch. sind Aluminium-, Leder-, Textil-, Uhren- und Präzisionsinstrumentenindustrie ansässig.

Schafgarbe w, Korbblütlergattung mit mehr als 100 Arten. Die Blütenköpfchen bestehen aus weißen, weiblichen Randblüten u. gelblichen, zwittrigen Röhrenblüten; sie sind zu großen Trugdolden gehäuft. Die Blütenköpfe werden als Tee gegen Verdauungsbeschwerden verwendet.

Schah [pers.] m, Titel des Herrschers in Persien seit dem 3. Jh. n. Chr. (entspricht etwa dem Titel Kaiser). Der Sch. von Persien führte den offiziellen Titel Schah-in-Schah (d.h.: Schah der Schahs).

Schakal [türk.] m, kräftiger, fuchsähnlicher Wildhund, der in Rudeln jagt, aber auch Aas frißt. Der Sch. lebt in

Schäferhund. Deutscher Schäferhund

Schachtelhalme. Ackerschachtelhalm

Scharbockskraut

trockenen Gebieten Südosteuropas, Asiens u. Afrikas. Er gehört zu den Vorfahren der Haushunderassen.

Schalenwild s, die jagdbaren Huftiere: Hirsch, Damhirsch, Reh, Elch, Rentier, Gemse, Steinbock, Mufflon, Wildschwein.

Schall m, mit räumlicher u. zeitlicher Änderung der Dichte bzw. des Drucks verbundene Störung eines materiellen ↑ Mediums (z. B. Luft), das sich wellenförmig ausbreitet (*Schallwellen*), wobei alle davon erfaßten Teilchen um ihre Ruhelage schwingen (*Schallschwingungen*). Frequenzen zwischen 16 u. 20 000 Hz (dem Hörbereich) rufen im menschlichen Ohr eine Wahrnehmung hervor. Frequenzen unter 16 Hz werden als Infraschall, über 20 000 Hz als Ultraschall bezeichnet. Der einfachste Sch. ist der Ton. Die Tonhöhe entspricht dabei der Frequenz, die Tonstärke der Schwingungsweite (Amplitude). Als Klang bezeichnet man ein Gemisch aus Tönen, deren Frequenzen ganzzahlige Vielfache der Frequenz des tiefsten vorhandenen Tones (Grundtones) sind. Ein Geräusch setzt sich aus zahlreichen Tönen rasch wechselnder Frequenzen u. Stärke zusammen, während ein Knall ein Sch. ist, der durch eine kurzzeitige Schwingung hervorgerufen wird. Der Sch. pflanzt sich in Luft mit etwa 331 m/s, in Wasser mit 1 464 m/s, in Eisen mit 5 170 m/s fort. – Abb. S. 516.

Schallmauer w, Bezeichnung für den plötzlichen, starken Anstieg des Luftwiderstands, der auftritt, wenn ein Flugzeug die Schallgeschwindigkeit erreicht oder überschreitet. Fliegt ein Flugzeug mit Überschallgeschwindigkeit (hat es die Sch. durchbrochen), so bildet sich an seinem Bug eine kegelförmige Druckwelle aus, die sich als lauter Knall äußert (*Überschallknall*).

Schallplatte w, ein heute vorwiegend aus Kunststoff bestehender, scheibenförmiger Tonträger, auf dem beidseitig nicht löschbare Schallaufzeichnungen gespeichert sind. Man unterscheidet dabei die Seitenschrift u. die Tiefenschrift. Bei der Seitenschrift werden die Schallschwingungen als waagerechte, bei der Tiefenschrift als senkrechte Wellenlinien in die Schallplatte eingeritzt. Bei Stereoschallplatten werden entweder beide Schriftarten gleichzeitig benutzt oder zwei Tonspuren in eine Rille unter einem Winkel von 45° eingegraben (Flankenschrift). Die Wiedergabe der Schallaufzeichnung erfolgt durch einen ↑ Plattenspieler.

Schalmei [frz.] w, ein Holzblasinstrument, das aus Vorderasien stammt. Die Sch. ist eine Vorläuferin der ↑ Oboe.

Schaltjahr ↑ Kalender.

Schamotte [ital.] w, aus 42–45 % Aluminiumoxid u. 50–54 % Siliciumdioxid bestehendes, durch Brennen von flußmittelarmem Ton u. Kaolin u. anschließendes Mahlen gewonnenes Produkt, das zur Herstellung von *Schamottesteinen* (zur Auskleidung von Öfen) u. *Schamottemörtel* verwendet wird.

Schanghai [auch: *schanghai*], größte Stadt Chinas, mit 10,8 Mill. E. Die Stadt liegt im Mündungsgebiet des Jangtsekiang u. hat den größten Hafen Chinas. Zugleich ist Sch. ein bedeutendes Industriezentrum Chinas mit Eisen- u. Stahlindustrie, Schiff-, Fahrzeug- u. Maschinenbau, chemischer u. anderer Industrie. Sch. hat 2 Universitäten. – Bis ins 12. Jh. war Sch. ein Fischerdorf. Ihre heutige Bedeutung erlangte die Stadt, als ab 1842 der Handel mit Europa über den Hafen von Sch. abgewickelt wurde.

Schantung, chinesische Provinz am Gelben Meer, etwas mehr als halb so groß wie die Bundesrepublik Deutschland. Sch. hat 60 Mill. E. Die Hauptstadt heißt *Tsinan* (1,1 Mill. E).

Schanze ↑ Wintersport.

Scharade [frz.] w, ein Rätsel, bei dem das zu erratende Wort in Einzelteile zerlegt wird. Die Teile werden beschrieben, gezeichnet oder in Pantomime dargestellt (z. B. wird das Lösungswort *Hanswurst* in *Hans* u. *Wurst* zerlegt).

Scharbockskraut s, niedriges Hahnenfußgewächs mit gelben Blütensternen u. veilchenähnlichen Blättern. Der Vermehrung dienen Wurzelknollen u. kleine Brutknöllchen in den Blattachseln.

Schärenküste [schwed.; dt.] w, eine vom Meer überflutete Rundhöckerlandschaft; die Rundhöcker ragen mit ihrem oberen Teil in großer Zahl aus dem Wasser hervor (v. a. vor Schweden u. Finnland in der Ostsee).

Scharlach m, ↑ Infektionskrankheit, an der v. a. Kinder (selten Erwachsene) erkranken. Sie beginnt mit Fieber, Kopf- u. Halsschmerzen; Mandeln u. Rachen sind „scharlachrot", die Zunge ist weiß u. pelzig belegt. Es folgt ein Hautausschlag; in der 2. bis 4. Woche löst sich die Haut ab. Häufig treten Nachkrankheiten auf. Sch. hinterläßt meist lebenslange Immunität.

Scharlatan [frz.] m, Aufschneider, Schwindler, Schwätzer; als Sch. bezeichnet man auch den Kurpfuscher.

Schanghai. Innenstadt mit der Hauptpost (rechts) am Fluß Suchow

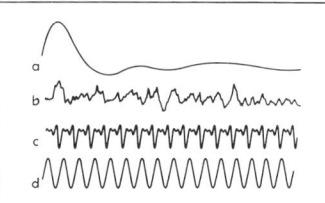

Schall.
a Knall, b Geräusch, c Klang, d Ton

Scharnier [frz.] s, Gelenk, mit dem zwei Teile, z. B. Tür u. Türrahmen oder Fenster u. Fensterrahmen drehbar miteinander verbunden werden.

Schaṭṭ Al Arab m, Name des gemeinsamen Mündungsflusses von Euphrat u. Tigris. Er mündet in den Persischen Golf. Der Fluß, eine bedeutende Wasserstraße, ermöglicht Seeschiffen die Zufahrt zu den Häfen Al Faw, Abadan u. Basra.

Schattenriß m (Schattenbild), Wiedergabe einer Person, eines Gegenstands oder auch einer Bildszene als einfarbige (schwarze) Fläche mit genauen Konturen. Vom 17. Jh. bis zum Aufkommen der Fotografie sehr beliebt.

Schattenspiel s, eine Art des ↑Puppenspiels. Die Figuren sind Schattenbilder von Puppen, die hinter einem durchscheinenden, von hinten angeleuchteten Schirm bewegt werden. Ursprungsland des Schattenspiels ist China und Indien.

Schaumburg-Lippe, ein Landkreis in Niedersachsen. Der Verwaltungssitz ist Stadthagen. – 1807–1918 war Sch.-L. selbständiges Fürstentum.

Schaumkraut s, Gattung der Kreuzblütler mit rund 100 Arten. Am bekanntesten ist das *Wiesenschaumkraut*, dessen unpaarig gefiederte Blätter im niedrigen Gras eine Rosette bilden, sich im hohen Gras jedoch aufrichten. Die bläulichen Blüten stehen in einer Traube, bei Regen u. Einbruch der Dämmerung schließen sie sich, die Blütenstiele neigen sich nach unten („Schlafstellung"). Die Frucht ist eine Schote. Die Larve der Schaumzikade (↑Zikaden) setzt sich an Stiel u. Blättern fest u. scheidet einen Schaum ab (Name!).

Schauspiel s, zum Teil als ↑Synonym für ↑Drama gebraucht. Im engeren Sinn ist Sch. die Bezeichnung für ein Drama, dessen Handlung zu tragischen Situationen führt, die jedoch überwunden werden (z. B. Goethes „Iphigenie").

Schauspielkunst w, die Kunst, einer erdichteten beziehungsweise erdachten Gestalt durch Rede, Gebärden- u. Mienenspiel auf der Bühne (auch in Film, Fernsehen usw.) Leben zu verleihen, d. h. so darzustellen, daß der Zuschauer oder Zuhörer von der Gestalt oder der Gestaltung überzeugt ist.

Scheck [engl.] m, eine Zahlungsanweisung, in der ein Bankkunde seine Bank beauftragt, dem Überbringer einen bestimmten Betrag aus seinem Konto auszuzahlen (*Barscheck*) oder dessen Konto gutzuschreiben (*Verrechnungsscheck*). Wer einen Sch. ausstellt, obwohl er weiß, daß er kein entsprechendes Guthaben hat u. sein Konto nicht überziehen darf, begeht Scheckbetrug u. wird bestraft. – Der *eurocheque* (*Euroscheck*) ist ein Sch., der bis zu 300,— DM aufgrund einer Bankverpflichtung, die der Bankkunde mit seiner Scheckkarte dokumentiert, stets eingelöst wird.

Scheel, Walter, *Solingen 8. Juli 1919, deutscher Politiker (FDP). 1961 bis 1966 Bundesminister für wirtschaftliche Zusammenarbeit, 1968–74 Vorsitzender der FDP u. 1969–74 Bundesaußenminister, 1974–79 Bundespräsident.

Scheffel, Joseph Victor von, *Karlsruhe 16. Februar 1826, †ebd. 9. April 1886, deutscher Lyriker u. Erzähler. Sch. schrieb außer bekannten Studentenliedern die volkstümlichste Verserzählung des 19. Jahrhunderts („Der Trompeter von Säckingen", 1854) sowie den Roman „Ekkehard" (1855), der Geschichte u. Landschaft des Bodenseeraumes lebendig in die Handlung einbezieht.

Scheffel m, altes Hohlmaß. 1 preußischer Scheffel hatte 54,962 Liter.

Scheherazade ↑Tausendundeine Nacht.

Scheibenbremse w, eine Bremsvorrichtung, bei der zwei zangenförmige Bremsbacken von beiden Seiten auf eine Bremsscheibe drücken. Da die Bremsscheibe dabei zum größten Teil außerhalb der Bremsbacken läuft, wird die beim Bremsen entstehende Wärme rasch abgeführt.

Scheibenhantel w, ein Sportgerät, das beim ↑Gewichtheben verwendet wird. An einer Stange sind an beiden Enden auswechselbare Gewichtsscheiben angebracht.

Scheich [arab.] m, Sch. bedeutet „alter Mann" u. ist ein Ehrentitel für führende Persönlichkeiten der traditionellen islamischen Gesellschaft (insbe-

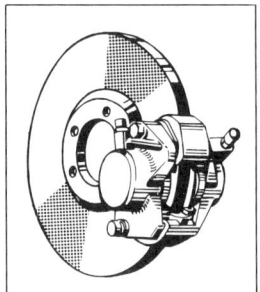

Scheibenbremse

sondere: Stammeshäuptling, Dorfbürgermeister, Lehrer, Ordensmeister der Derwische).

Scheide w, von der Gebärmutter nach außen führendes Hohlorgan; ↑auch Geschlechtskunde.

Scheidemünze ↑Geld.

Scheidewasser s, veraltete Bezeichnung für ↑Salpetersäure.

Scheinfrucht w, Fruchtstand aus mehreren Einzelfrüchten, z. B. beim Apfel, der eine Einzelfrucht vortäuscht; ↑auch Frucht.

Scheinwerfer m, eine Leuchte, mit der Lichtstrahlen scharf gebündelt in eine bestimmte Richtung ausgesandt werden können. Der Sch. besteht im wesentlichen aus einem Parabolspiegel (Reflektor), in dessen Brennpunkt sich eine Lichtquelle (z. B. Glühlampe) befindet. Diese ist nach vorn meist abgedeckt. All ihre Strahlen fallen also auf den Parabolspiegel, von dem sie so zurückgeworfen (reflektiert) werden, daß sie als paralleles Strahlenbündel laufen (↑Hohlspiegel). Sch. werden u. a. bei Kraftfahrzeugen u. Leuchttürmen sowie bei Aufnahmen für Film u. Fernsehen sowie beim Fotografieren verwendet.

Schelde w (frz. Escaut), ein 370 km langer Fluß, der im Nordosten Frankreichs entspringt. Die Sch. durchfließt Belgien und mündet nordwestlich von Antwerpen mit einem weitverzweigten Delta, das zum größten Teil auf niederländischem Gebiet liegt, in die Nordsee. Fast vollständig schiffbar.

Joseph Victor von Scheffel

Walter Scheel

Friedrich Wilhelm von Schelling

Schelf [engl.] m oder s, der Teil der Kontinente, der vor den Küsten bis zum Abfall der Kontinente zur Tiefsee unter der Meeresoberfläche liegt (bis etwa 200 m Tiefe). Das Meer über dem Sch. heißt Schelfmeer (z. B. die Nordsee).

Schellack [niederl.] m, Mischung aus Baumharz u. Wachsabscheidungen der Lackschildlaus (auch anderer Schildläuse), die als Lack für Holz- oder Metallgegenstände verwendet wird. Die meist rotbraune Masse wird mit Lösemitteln verflüssigt.

Schellfisch m, bis 1 m langer graubrauner Knochenfisch der Familie Dorsche. Der Sch. lebt in größeren Tiefen der Nordsee u. des Skagerraks u. nährt sich von Muscheln, kleinen Krebsen u. Stachelhäutern. Kennzeichnend ist ein schwarzer Fleck schräg über der Brustflosse. Speisefisch.

Schelling, Friedrich Wilhelm von, * Leonberg 27. Januar 1775, † Bad Ragaz (Schweiz) 20. August 1854, deutscher Philosoph. Er war einer der bedeutendsten Vertreter des deutschen ↑Idealismus.

Schema [gr.] s (Mz. Schemen oder Schemata), anschauliche (graphische) Darstellung; auch vereinfachendes Muster, durch das wesentliche Züge (die Grundform oder -struktur) deutlich gemacht werden.

Schemen m, Schatten, Schattenbild, Trugbild, Maske, wesenloses Etwas.

Scherenschnitt m, Umrißbild aus Papier oder Stoff, schwarz oder farbig, das (im Gegensatz zum Schattenriß) auf dem Bild auch zeichnerische Elemente enthält.

Schersprung ↑Hochsprung.

Scherzo [ßk...; ital.] s, Musikstück mit heiterem Charakter, meist im Dreiertakt. Als selbständiges Musikstück ist ein Sch. meist ein Klavierstück. Als Satz in der Sinfonie oder in der Sonate (meist der 3. Satz) gibt es seit Beethoven auch Scherzi (Scherzos), die dramatischen Charakter haben.

Schi (Ski) ↑Wintersport.

Schicksal s, unter Sch. versteht man eine nicht näher bestimmte Macht, die das Leben des Menschen entscheidend mitbestimmt, die sich nicht berechnen oder beeinflussen läßt u. der sich der Mensch nicht entziehen kann.

schiefe Ebene w, eine gegen die Waagrechte um einen bestimmten Winkel α geneigte Ebene. Ein Körper, der sich auf der schiefen Ebene befindet, erfährt in Richtung der schiefen Ebene schräg nach unten eine Kraft K (Hangabtriebskraft), die kleiner ist als sein Gewicht. Die Kraft ist um so kleiner, je kleiner der Neigungswinkel der schiefen Ebene gegen die Waagrechte ist. Für ihre Größe gilt die Beziehung: $K_1 = G \cdot h/l = G \cdot \sin \alpha$ (G Gewicht des Körpers; l Länge der schiefen Ebene; h Höhe der schiefen Ebene). Aus diesem Grunde läßt sich ein Körper auf einer schiefen Ebene leichter in eine bestimmte Höhe bringen, als wenn man ihn senkrecht hochhebt. Mit Hilfe der schiefen Ebene läßt sich also Kraft auf

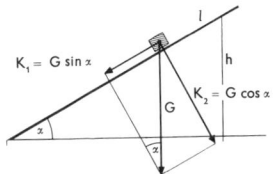

Kosten des Weges einsparen. Schiefe Ebenen werden z. B. zum Verladen von Bierfässern verwendet. Schrauben stellen aufgewickelte schiefe Ebenen dar. Die sch. E. gehört zu den einfachsten ↑Maschinen.

Schielen s, das Abweichen der Augenachsen von der normalen Parallelstellung beim Blick in die Ferne. Am häufigsten ist das Einwärtsschielen, das meist mit Schwachsichtigkeit verbunden ist. Es kommt bei etwa 2% aller Kinder vor. Die Schwachsichtigkeit wird durch Brillengläser korrigiert, zur Korrektur des Schielens kommt eine Übungsbehandlung u. eventuell eine Operation in Frage.

Schienbein s, der dreikantige, vom Kniegelenk zum inneren Fußknöchel führende Knochen im Unterschenkel. Die Vorderkante liegt dicht unter der Haut u. ist daher leicht schmerzhaften Verletzungen ausgesetzt. Das Sch. überträgt den gesamten Druck, der auf dem Bein liegt, vom Oberschenkel auf den Fuß.

Schiene w, Vorrichtung, mit der ein sich bewegender Körper auf einer bestimmten Bahn geführt wird, z. B. Gardinenschienen, Straßenbahnschienen, Eisenbahnschienen. Die Eisenbahnschiene hat einen pilzförmigen Querschnitt. Sie besteht aus Kopf, Steg u. Fuß. Eisenbahnschienen werden paarweise auf Schwellen, die in einem Schotterbett liegen, befestigt. Der Abstand der beiden Schienen beträgt bei Normalspur 1 435 mm (etwa 70% des Welteisenbahnnetzes), bei Schmalspur 750 mm oder 1 000 mm.

Schierling m, sehr giftiges Doldengewächs, dessen Blätter der glattblättrigen Petersilie ähneln. Die grünen Teile des *Gartenschierlings* riechen knoblauchartig. Der Stengel des *Gefleckten Schierlings* ist bläulich bereift, die dreieckigen Blattstiele sind hohl. – Im antiken Athen wurde u. a. Sokrates durch einen Trank mit dem Saft aus einem Schierlingssproß hingerichtet.

Schießsport m, im Wettkampf ausgeübte sportliche Schießübungen, die mit Armbrust, Bogen, Gewehr u. Pistole durchgeführt werden.

Schiffahrt ↑S. 519f.

Schifferklavier s, volkstümliche Bezeichnung für Pianoakkordeon (↑Akkordeon).

Schiffshebewerk s, Vorrichtung, mit der Höhenunterschiede im Fahrwasser von Binnenwasserstraßen überwunden werden. Das Sch. besteht aus einem großen Wassertrog, in den das Schiff einfährt. Der Trog wird dann entweder wie in einem Aufzug senkrecht oder auf einer schiefen Ebene schräg nach oben bzw. nach unten bewegt. Schiffshebewerke werden immer dann anstelle von Schleusen verwendet, wenn der Höhenunterschied zwischen Oberwasser u. Unterwasser mehr als 16–20 m beträgt. Ein Sch. mit einer Hubhöhe von 37,2 m befindet sich am Oder-Havel-Kanal bei Niederfinow.

Schiiten [arab.] m, Mz., Anhänger des Schiismus, einer Richtung des Islams (↑Religion [Die großen Religionen]), die nur die Nachkommen des Kalifen Ali († 661 n. Chr.) u. seiner Ge-

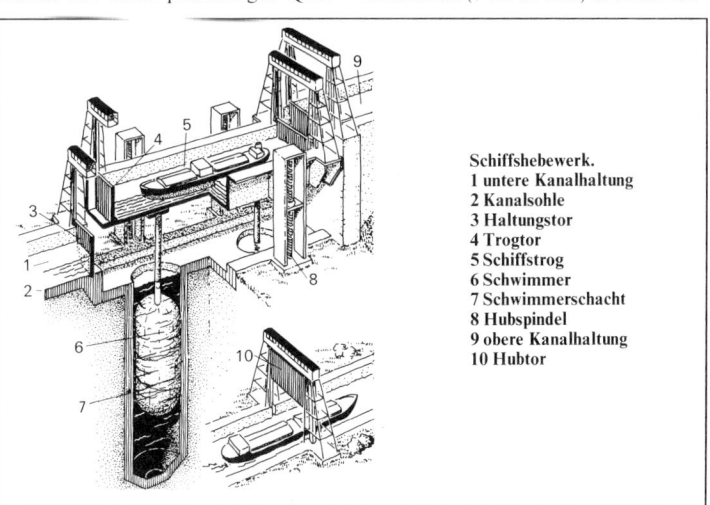

Schiffshebewerk.
1 untere Kanalhaltung
2 Kanalsohle
3 Haltungstor
4 Trogtor
5 Schiffstrog
6 Schwimmer
7 Schwimmerschacht
8 Hubspindel
9 obere Kanalhaltung
10 Hubtor

Schikane

mahlin Fatima (Tochter des Propheten Mohammed) als rechtmäßige Nachfolger des Propheten anerkennt. Die Sch. sind heute hauptsächlich in Iran vertreten.

Schikane [frz.] w, Bosheit, böswillig verursachte Schwierigkeit; jemanden **schikanieren**, jemandem böswillig Schwierigkeiten bereiten.

Schild m, Schutz gegen Hiebe, Stiche, Pfeilschüsse u. Steinwürfe. Schilde sind die ältesten bekannten Schutzwaffen (aus vorgeschichtlicher Zeit überliefert). Sie waren aus Holz, Leder oder Metall hergestellt u. oft reich verziert. Form u. Größe richteten sich nach den jeweiligen Kampfmethoden.

Schildbürger m, Mz., Bezeichnung für die Bürger der sächsischen Stadt Schildau (Schilda). Von ihnen werden im Volksbuch „Die Sch." (1598) viele lächerliche Streiche berichtet (die sie jedoch nicht wirklich vollführt haben). Beim Bauen eines Rathauses sollen sie vergessen haben, Öffnungen für die Fenster zu lassen. Sie entschlossen sich daher, tagsüber Licht in Säcke zu füllen u. diese in das Rathaus zu tragen. Als es trotzdem dunkel blieb, sollen sich die Sch. sehr gewundert haben.

Schilddrüse w, halbmondförmige Hormondrüse, die beim Menschen vor dem Kehlkopf liegt. Die Sch. bildet mehrere Jodverbindungen, die den Stoffwechsel beeinflussen. Es gibt sowohl Überfunktion als auch Unterfunktion der Schilddrüse, beides muß behandelt werden. Eine Vergrößerung der Sch. führt zur Kropfbildung.

Schildkröten w, Mz., plumpe, mit Hornschuppen u. Hornplatten bedeckte Reptilien, etwa 10–200 cm lang, mit rund 200 Arten. Die Sch. sind mit ihrem Panzer verwachsen, der aus einem gewölbten Rücken- u. einem flachen Bauchteil besteht. Der Rückenschild ist mit den Brust-, Lenden- u. Kreuzbeinwirbeln sowie den Rippen verschmolzen. Der zahnlose Mund besitzt scharfkantige Mundränder. Unter den pflanzenfressenden Landschildkröten gibt es Riesenformen, die mehrere Zentner wiegen u. einige hundert Jahre alt werden können. Die Vorderbeine der Seeschildkröten sind flossenartig. Zur Eiablage müssen die Seeschildkröten an Land gehen, sonst schwimmen sie im offenen Meer u. nähren sich von kleinen Meerestieren u. Tang.

Schildläuse w, Mz., Gleichflügler mit rund 4000 Arten, meist Pflanzensaft saugende Schädlinge mit Rückenschilden, die den ganzen Körper bedecken. Die flügellosen Weibchen saugen mit langen Stechborsten die Nahrung. Die geflügelten Männchen sind rüssellos u. nehmen während ihres Lebens keine Nahrung auf. Geschlechtliche Fortpflanzung wechselt mit ungeschlechtlicher Vermehrung ab (↑Generationswechsel). Die San-José-Schildlaus

Friedrich von Schiller

stammt aus Kalifornien, sie tauchte 1927 erstmals in Europa auf; sie kann ganze Obstkulturen vernichten.

Schildpatt s, Hornplatte des Panzers mehrerer Schildkrötenarten. Aus Sch. wurden u. werden (heute selten) u. a. wertvolle Kämme, Knöpfe u. Brillengestelle hergestellt.

Schilfrohr (Gemeines Schilfrohr) s, an stehenden u. langsam fließenden Gewässern sowie auf feuchten Wiesen wachsendes, bis 4 m hohes Gras mit $1/2$ m langen, lanzettlichen Blättern. Die Wurzelstöcke kriechen im Schlamm u. senden lange Ausläufer aus, so daß die bewachsenen Gewässer langsam verlanden. Die Halme dienen u. a. zur Herstellung von Geflechten, u. a. zum Wärmeschutz, u. zum Dachdecken. In China werden die jungen Sprosse von Sch. gegessen.

Schiller, Friedrich von, * Marbach am Neckar 10. November 1759, † Weimar 9. Mai 1805, deutscher Dichter. Als Sohn eines Offiziers, der in württembergischen Diensten stand, kam Sch. auf Geheiß Herzog Karl Eugens auf die Karlsschule in Stuttgart, wo er zuerst Jura, dann Medizin studierte. In der strengen Zucht der Schule, wo Sch. sich zeitweise mehr dem Studium der Literatur als der von ihm geforderten Wissenschaft hingab, keimten revolutionäre Ideen in ihm. 1780 wurde er Regimentsarzt in Stuttgart, 1782 floh er, weil der Herzog ihm jede literarische Tätigkeit untersagte. 1783 kam Sch. als Theaterdichter an das Mannheimer Theater. 1785–87 war er dann in Leipzig, Dresden u. Weimar, wo er bedeutende Persönlichkeiten kennenlernte (Herder, Goethe u. a.). 1789 ging er nach Jena, dort lehrte er als Geschichtsprofessor. 1799 ging er dann mit seiner Familie nach Weimar (Sch. hatte 1790 Charlotte von Lengefeld geheiratet). In Weimar pflegte er enge Beziehungen

Schild. Prunkschild aus Eisen mit Gold, Silber und Perlen

zu Goethe. 1802 wurde er geadelt. 1805 starb er an Tuberkulose. Sch. ist einer der bedeutendsten deutschen Dichter. Seine Werke umfassen historische Arbeiten, ästhetisch-philosophische Schriften („Über naive u. sentimentalische Dichtung", 1795), philosophische Gedichte („Der Spaziergang", „Die Götter Griechenlands"), satirische Gedichte gemeinsam mit Goethe („Xenien", 1796), das große „Lied von der Glocke" (1799), zahlreiche Balladen (u. a. „Der Taucher", „Die Kraniche des Ibykus", „Die Bürgschaft"), Erzählungen („Der Verbrecher aus verlorener Ehre", 1789), Übersetzungen u. Dramen, mit denen er sein dichterisches Schaffen begann u. beendete. Sch. wurde bekannt mit dem revolutionären Drama „Die Räuber" (1782 in Mannheim uraufgeführt) und „Luise Millerin" (1784; von Iffland, dem Regisseur der Uraufführung, in „Kabale u. Liebe" umbenannt). Schon diese frühen Dramen, die dem ↑Sturm u. Drang zugehören, zeigen sein außergewöhnliches Talent. Es folgte 1784 das republikanische Trauerspiel „Die Verschwörung des Fiesko zu Genua", dann als erstes klassisches Drama „Don Carlos, Infant von Spanien" (1787). Ab 1800 verfaßte er die großen klassischen Dramen, zuerst die Wallenstein-Trilogie (1800), dann „Maria Stuart" (1801), „Die Jungfrau von Orleans" (1801), „Die Braut von Messina" (1803), „Wilhelm Tell" (1804). So unterschiedlich Schillers klassische Dramen auch sind, gemeinsam ist ihnen die Kunst des Dramatikers, in packenden, ausgewogenen Dialogen mit dramatischen Höhepunkten lebendige Charaktere zu gestalten, die sein Ideal von Wahrheit u. Sittlichkeit verkörpern.

Schilling m, österreichische Währungsmünze; 1 Sch. (Abkürzung: S) = 100 Groschen.

SCHIFFAHRT

Wasser trennte die Menschen der verschiedensten Kulturen jahrtausendelang. Der Anfang der Schiffahrt liegt weit zurück; zuvor mußten die Menschen lernen, aus Schilfrohr Bündel zu machen u. gegeneinanderzufügen, damit sie einen Menschen tragen konnten; sie mußten lernen, Bäume zu Flößen zu vereinen u. Baumstämme auszuhöhlen, um sich darin fortzubewegen. Später kam die Entwicklung von Rudern u. Paddeln hinzu. Doch Schiffe waren diese frühen „Wasserfahrzeuge" noch nicht, sondern eher zweckdienliche Mittel, um einen Fluß oder auch einen See zu befahren oder zu überqueren. Als die Menschen diese ersten primitiven Mittel erprobt hatten, gingen sie daran, auch die Kraft des Windes auszunutzen, sie verwendeten Segel.

Wie sich diese Entwicklung im einzelnen vollzogen hat, ist unbekannt. Schon in der Steinzeit haben Schiffe die Besiedlung von Inseln möglich gemacht. Schiffe, die mit Rudern bewegt wurden, auch solche, die eine größere Mannschaft mit Paddeln bewegte, sind aus der Bronzezeit bekannt.

Landungsfahrzeug der Barbe-Klasse der Bundesmarine der Bundesrepublik Deutschland

Segelschulschiff „Gorch Fock II" der Bundesmarine der Bundesrepublik Deutschland

Um 4000 v. Chr. gab es einen regen Bootsverkehr auf dem Nil. Auf Grund von Ausgrabungen weiß man, daß in Mesopotamien die ersten Boote im 5. Jahrtausend v. Chr. verwendet wurden. Die ägyptische Königin Hatschepsut soll um 1480 v. Chr. eine Handelsexpedition mit größeren Booten nach Punt (vielleicht an der Somaliküste) geschickt haben. Danach wurden immer häufiger u. immer wieder Handelsexpeditionen in fremde Länder entsandt, um neue Güter zu entdecken u. Waren zu holen. Aber auch die ersten kriegerischen Auseinandersetzungen auf See fallen in vorchristliche Zeit. Die erste bekannte Seeschlacht fand an der ägyptischen Küste statt, als Ramses III. (regierte etwa 1186 bis 1155 v. Chr.) den Einfall der „Seevölker" (welcher weiß man nicht) abwehrte.

Die Geschichte der Schiffahrt ist zugleich eine Geschichte ständiger Eroberungen u. Auseinandersetzungen der Stämme u. Völker untereinander, denn um ihre Truppen an feindlichen Ufern landen zu können, benötigten sie Schiffe. Sie bekämpften sich auch auf See. Sie bauten größere Schiffe, um mehr transportieren zu können, schnellere, um Gegnern zu entkommen, und stärkere, um ihren jeweiligen Feinden standzuhalten.

Im Mittelmeer entwickelte sich Kreta zu einer beachtlichen Seemacht; es unterhielt Handelsbeziehungen zu allen erreichbaren fremden Stämmen und Völkern. Später waren die Phöniker die gewaltigste Seemacht. Sie bauten Häfen u. Handelsstädte, wo immer sie gelandet waren, u. trugen dadurch wesentlich zum Austausch der verschiedensten Kulturen bei. Ihnen folgten die Römer in der Beherrschung des Mittelmeeres. Edle Hölzer, Felle, Wein, Öl, Korn, aber auch Keramikarbeiten und Schmuck zählten damals zu den wichtigsten Handelsgütern, die mit mächtigen Segelschiffen über die bekannten Meere befördert wurden. Wo soviel Reichtum transportiert wurde, konnte es nicht ausbleiben, daß sich auch bald Piraten zusammenfanden, um die Handelsschiffe zu überfallen. Deshalb wurden die größeren Handelsschiffe von leichteren Kriegsschiffen begleitet, die die Angreifer abwehren konnten. Diese Begleitschiffe wurden von vielen Ruderern bedient u. versuchten, die Angreifer durch Rammen zu versenken oder so zu beschädigen, daß sie den Handelsschiffen nicht mehr gefährlich werden konnten. Der Bug (Vorderteil) war mit Bronze beschlagen, damit die Schiffe beim Rammen standhielten.

Aber auch Völker in anderen Teilen der Erde hatten sich der Schiffahrt bedient. Die Besiedlung Amerikas, Australiens, zahlreicher Inseln im Atlantischen u. Pazifischen Ozean ist ohne Schiffahrt nicht denkbar. Die Polynesier z. B. stießen mit Kanus in den Pazifischen Ozean vor. Die Chinesen entwickelten in früher Zeit ↑Dschunken, die bis heute kaum verändert haben. Schließlich seien auch die Wikinger (↑Normannen) aus dem hohen Norden genannt. Auch die Araber erbauten eine Handels- u. Kriegsflotte u. segelten in alle Richtungen; zunächst, um Handel zu treiben, später mit dem Wunsch, alle erreichbaren Gebiete zu erobern. Die wichtigsten Handelshäfen jener Zeit waren Bagdad u. Konstantinopel.

Das 15. u. 16. Jh. wurde das Zeitalter der ↑Entdeckungen (Zur Geschichte der Entdeckungen). Kühne Seeleute überquerten die Meere in allen Richtungen. Ihre Fahrten waren möglich geworden, weil sich der Schiffbau inzwischen verbessert hatte. Die Kenntnisse der nord- u. südländischen Schiffbauer ergänzten sich gut; man lernte Schiffe bauen, denen man das Wagnis von Reisen ins Unbekannte zutrauen konnte. Hinzu kam, daß Heinrich der Seefahrer in Portugal eine Akademie gegründet hatte (um 1430), wo alle seemännischen Erkenntnisse registriert und zusammengefaßt wurden. Es entstanden genauere Landkarten sowie Seekarten; die Seeleute lernten den Umgang mit Kompaß u. Winkelmesser, um ihren Standort genauer zu ermitteln. Die ständige Wei-

519

Schiffahrt (Forts.)

terentwicklung in der Schiffahrt sowie die damit verbundenen Erfolge in der Entdeckungsgeschichte führten zu vielen Rivalitäten unter den europäischen Staaten, die in Seeräuberei, Freibeuterei u. Kriegen zu Wasser u. zu Land ausarteten. Die führenden seefahrenden Nationen jener Epoche waren Spanien, Portugal, England, Frankreich u. Holland.
Mit der Erfindung der Dampfmaschine kam auch die Idee zum Bau von dampfgetriebenen Schiffen. Der Franzose D. Papin (1647–1712) machte den Anfang (um 1700). Es blieb jedoch den Amerikanern vorbehalten, auf diesem Gebiet wirkliche Erfolge zu erzielen. Robert Fulton (1765–1815) führte als erster die Dampfschiffahrt zu praktischem und wirtschaftlichem Erfolg. Eindrucksvoll war die erste Fahrt des von Fulton entwickelten Dampfschiffes „Clermont" auf dem Hudson (am 17. August 1807). Auf den amerikanischen Flüssen u. Seen setzte sich diese neue Antriebsart sehr schnell durch, in Europa dauerte es wesentlich länger. Hier waren es v. a. die Engländer, die die Flußschiffahrt mit Dampfantrieb populär machten. Aber noch immer waren diese Schiffe aus Holz gebaut u. mit seitlich angebrachten Schaufelrädern ausgerüstet (Raddampfer); die Takelage (Besegelung) behielt man lange Zeit daneben bei. Erst im Jahr 1819 überquerte das erste Schiff mit Dampfantrieb den Atlantischen Ozean von Amerika nach England. Es war das amerikanische Segelschiff „Savannah", das zwar unter vollen Segeln fuhr, aber mit einem Dampfantrieb u. Schaufelrädern ausgerüstet war. Trotz dieses bahnbrechenden Unternehmens war das offene Meer noch lange vorwiegend den Seglern vorbehalten, u. selbst die Kriegsschiffe der großen Nationen wurden noch lange als Segler gebaut. Obwohl 1838 die ersten englischen Dampfschiffe den Passagierverkehr nach Amerika eröffneten, bauten sowohl die Amerikaner als auch die Engländer noch jahrelang sehr schnelle, schnittige Segelschiffe, die unter der Gattungsbezeichnung „Klipper" den Verkehr auf den Weltmeeren beherrschten. Diese „Klipper" waren immer noch schneller u. auch komfortabler als die ersten Dampfschiffe.
Erst die Eröffnung des Sueskanals im Jahre 1869 ließ die Segelschiffe in der Folgezeit immer mehr in den Hintergrund treten. Der Seeweg nach Ostasien war kürzer geworden, u. der Sueskanal war für die (auf Wind angewiesenen) Segelschiffe denkbar ungünstig. Größere Segelschiffe haben sich lediglich als sogenannte Schulschiffe der Marine bis in die Gegenwart erhalten.
Nach der erfolgreichen Überquerung des Atlantischen Ozeans durch die beiden englischen Dampfschiffe „Sirius" u. „Great Western" im Jahre 1838 begann man den Schiffsrumpf aus Eisen zu konstruieren u. die Schiffe mit Schraubenantrieb (statt der Räder nun Schrauben, die die Form riesiger Propeller haben) auszurüsten. Die erste Dampfschiffahrtsgesellschaft, die „Cunard Line", wurde 1840 gegründet; es folgten rasch weitere Gründungen, so die Hamburg-Amerika-Linie 1856 u. der Norddeutsche Lloyd 1857. Von nun an machte die Dampfschiffahrt rasche Fortschritte. War der Rumpf zunächst noch aus Eisen, so verwendete man später Stahl. Benutzte man zunächst noch vorzugsweise Schaufelräder, so begann die Schiffsschraube sich mehr u. mehr durchzusetzen.
Kurze Zeit darauf verzichtete man auch auf die zusätzliche Segelausrüstung. Selbst die zunächst sehr skeptischen Seestreitkräfte erkannten im Krimkrieg (1853–56) den Wert gepanzerter Dampfschiffe. Es begann ein Wettrüsten der Seemächte. Allerdings zog auch die Handels- u. Passagierschiffahrt Nutzen daraus. Große Schlachtschiffe wurden entwickelt; die seefahrenden Nationen versuchten sich zu übertrumpfen. Die Entwicklung mächtiger Passagierdampfer folgte. Wurden zuerst mehrere Schrauben miteinander verbunden, damit die Schiffe den nötigen Antrieb hatten, so ging man nicht viel später zu Dampfturbinen über. Die Zeit für große Schiffe dieser Art brach zu Beginn des 20. Jahrhunderts an. Es war die „Mauretania" der britischen Cunard Line, die diese Epoche einleitete (Stapellauf 1907). 22 Jahre lang war sie das größte u. schnellste Schiff auf dem Atlantischen Ozean. Andere Nationen konstruierten in der Folgezeit ähnliche große u. schnelle Schiffe.
Eine große Wende kam erst wieder nach dem Ende des 2. Weltkriegs. Nun wurden die ersten Schiffe mit Atomantrieb ausgerüstet, wie z. B. das amerikanische Kombischiff „Savannah" u. das deutsche Frachtschiff „Otto Hahn" (1968). Gleichzeitig wurde die Handelsflotte immer stärker spezialisiert. Am meisten betroffen davon waren die Tankerflotten, die heute über Riesentanker mit Tonnagen bis über 500 000 t verfügen. Die Passagierflotten hingegen haben an Bedeutung verloren, da der Luftverkehr einen ungeheuren Aufschwung genommen hat. Man baut daher nur noch Schiffe mittlerer Größe, die sich zwar für den Linienverkehr eignen, aber hauptsächlich zu Urlaubs- u. Vergnügungsfahrten eingesetzt werden.
Unter dem Begriff „Schiffahrt" versteht man heute jeden Verkehr mit Schiffen. Man untergliedert diesen Begriff weiter in Binnenschiffahrt (auf Flüssen und Seen) u. Seeschiffahrt. Die Seeschiffahrt wiederum unterteilt man in Linienschiffahrt (die regelmäßig auf bestimmten Routen verkehrt) u. die Trampschiffahrt (lediglich bei Bedarf auf beliebigen Routen u. zwischen beliebigen Häfen).
Schiffe unterteilt man je nach ihrer Verwendung in Fahrgastschiffe (Passagierschiffe), Handelsschiffe u. Kriegsschiffe. In der Gruppe der Handelsschiffe haben in den vergangenen Jahren auch sogenannte Kombischiffe große Bedeutung erlangt, sie transportieren sowohl Güter als auch Fahrgäste. Der Antrieb der Schiffe erfolgt heute überwiegend durch Dieselmotoren. Der Antrieb über Atomreaktoren ist noch selten, bei ↑Kriegsschiffen jedoch schon häufiger. Neue Schiffstypen treten ständig in Erscheinung (z. B. ↑Tragflügelboote u. ↑Luftkissenfahrzeuge).

* * *

Schimmelpilze m, Mz. (Schimmel), kleine Schlauchpilze, die als Fäulnisbewohner auf totem organischem Material wuchern. Die Sporen werden in der Regel in pinselförmigen Fruchtständen gebildet.

Schimpanse [afrik.] m, bis 1,70 m hoher ↑Menschenaffe mit flachem Gesicht. Die Nase ist breit u. springt wenig vor, die Ohren sind groß u. abstehend. Der Sch. lebt in kleinen Familien u. baut Nester aus Zweigen auf Bäumen. Der Sch. ist klug, lebhaft u. jung leicht zähmbar.

Schintoismus [chin.-jap.] m, Nationalreligion der Japaner. Die Schintoisten verehren eine Vielzahl von Göttern, beseelt gedachte Naturkräfte, heilige Berge, ihre verstorbenen Ahnen. Der Sch. ordnet auch den Kaiser von Japan in den göttlichen Bereich ein. Die Schintoisten feiern ihre Götter in festgelegten Gebeten u. durch Reis- u. Sakeopfer (Sake = Reiswein) daheim oder in öffentlichen Schintoschreinen (Tempeln).

Schipkapaß m, ein Paß im mittleren Balkan, zwischen Gabrowo u. Kasanlak (Bulgarien). Der Sch. ist 1 200 m hoch.

Schlagball

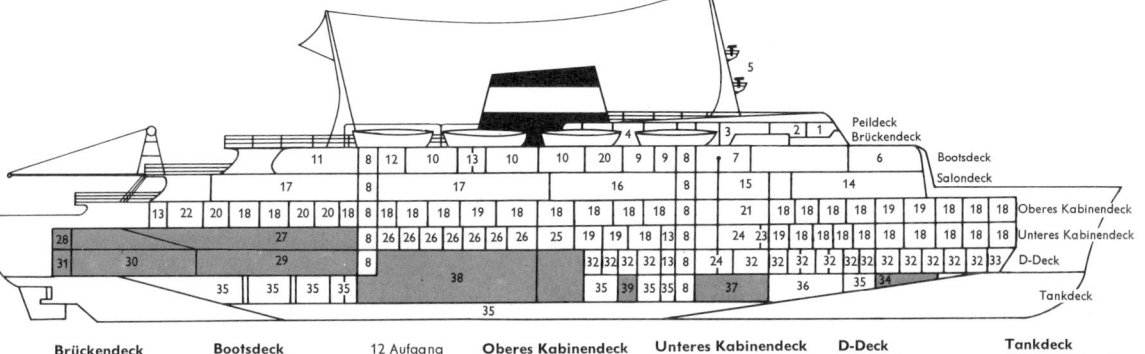

Brückendeck
1 Kommandobrücke
2 Kartenraum
3 Wohng. Kapitän
4 Wohng. Offiziere
Peildeck
5 Radarantennen

Bootsdeck
6 Veranda
7 Kleine Halle
8 Lift
9 Wohng. 1. Offizier
10 Hospital
11 Grillraum

12 Aufgang
13 Toiletten
Salondeck
14 Rauchsalon
15 Foyer
16 Lounge
17 Speisesaal

Oberes Kabinendeck
18 2-Bett-Kabinen
19 3-Bett-Kabinen
20 1-Bett-Kabinen
21 Empfangshalle
22 Schwimmbad

Unteres Kabinendeck
23 Dusche
24 Aufgang
25 Messe Offiziere
26 Kabinen d. Assistenten
27 Wagenhalle
28 Notdiesel

D-Deck
29 Kühlräume
30 Trockenproviant
31 Ruderanlage
32 Mannschaftskabinen
33 Kettenkasten

Tankdeck
34 Querschubanlage
35 Tanks
36 Sauna
37 Wäscherei
38 Maschinenraum
39 Stabilisatoren

Schiras, Stadt in Südiran, mit 410 000 E, im Sagrosgebirge in 1 600 m Höhe gelegen. Sch. hat eine Universität, ein Museum, Moscheen u. berühmte Rosengärten, die über 1 000 Jahre alt sind. Bei Sch. entstand eine neue Industriezone mit Erdölraffinerie, chemischer, Elektronik- u. anderer Industrie.

Schirokko [arab.-ital.] *m,* heißer, staubbeladener Südwind in den Mittelmeerländern. Der Sch. kommt zunächst heiß u. trocken aus der Sahara, nimmt dann über dem Mittelmeer Feuchtigkeit auf u. ist nördlich des Mittelmeers oft schwül.

Schisma [gr.] *s,* Spaltung, besonders Kirchenspaltung (nicht zu verwechseln mit ↑Häresie). Anhänger eines Schismas nennt man *Schismatiker.* In der Kirchengeschichte bedeutsame Schismen waren das *Morgenländische Sch.* (Loslösung der orthodoxen Kirchen von der westlichen Kirche 1054) u. das *Abendländische Sch.* (1378–1449, entstanden aus der Frage nach dem rechtmäßigen Papst, da 2 bzw. 3 Päpste die höchste kirchliche Gewalt beanspruchten).

Schiwa, eine der Hauptgottheiten des Hinduismus.

Schizophrenie [gr.] *w,* schwere Geisteskrankheit, bei der bestimmte Persönlichkeitsbereiche gestört sind; z. B. werden eigene Gefühle u. Gedanken als fremd bzw. als von außen gesteuert erlebt; das Denken ist unscharf u. sprunghaft; die Beziehungen zur Umwelt (Mimik, Gefühlsäußerung) sind herabgesetzt oder unangemessen; häufig zieht sich der Kranke vollkommen in sich zurück.

Schlacke *w:* **1)** die bei der Verbrennung von Steinkohlen oder Koks zurückbleibende, poröse, stückige Masse; **2)** (Hochofenschlacke) das sich beim metallurgischen Schmelzen aus der Gangart u. den Zuschlägen bildende Gemisch (v. a. Kieselsäure, Aluminiumoxid, Kalk, weitere Metalloxide), das wegen seiner geringen Dichte auf der metallischen Phase schwimmt u. nach dem Abkühlen glasig erstarrt.

Schlaf *m,* vom Körper in regelmäßigen Abständen geforderte Zeit der Erholung u. Kräftigung. Ausgelöst wird der Sch. durch Ermüdung des Zentralnervensystems, besonders des Großhirns. Bewußtsein u. Wille werden dabei ausgeschaltet, Reflexbewegungen und bestimmte vegetative Vorgänge werden weiterhin ausgeführt. Beim Schlafen wird die Atmung verlangsamt u. vertieft, Körpertemperatur u. Muskelspannung werden herabgesetzt. Das Schlafbedürfnis beträgt beim Erwachsenen 7–8, beim Kind 10–14 Stunden.

Schlafkrankheit *w,* besonders in Zentralafrika auftretende, durch ein im Blut schmarotzendes Geißeltierchen hervorgerufene Infektionskrankheit. Nach Fieberanfällen u. Schwellung der Lymphknoten treten zunehmend nervöse Störungen (Lähmungen, Krämpfe, Schlafsucht) auf. Allgemeiner Kräfteverfall führt schließlich zum Tode. Überträger des Erregers der Sch. ist eine Stechfliege (Tsetsefliege).

Schlafmäuse *w, Mz.* (Schläfer, Bilche), tagsüber auf Bäumen schlafende Nagetiere. Der schmale Kopf mit spitzer Schnauze trägt große Augen u. Ohren. Vertreter: Sieben-, Baum-, Gartenschläfer, Haselmaus.

Schlafwandeln (Nachtwandeln) *s,* Handlungen wie Aufstehen u. Umhergehen während des Schlafs, ohne daß der Betroffene sich nach dem Schlafen daran erinnert. Sch. beruht im wesentlichen auf einer gestörten Weckreaktion infolge nicht abgestimmter Schlaf- u. Wachzustände. Ein Einfluß des Mondes (Mondsüchtigkeit) ist nicht nachweisbar.

Schlagader *w* (Arterie), vom Herzen wegführendes Blutgefäß (↑Blutkreislauf, ↑auch Puls).

Schlagball *m,* Ball- u. Laufspiel, das von 2 Mannschaften zu je 12 Teilnehmern gespielt wird. Das Spielfeld besteht aus dem Lauffeld, dem Schlagmal u. dem Schrägraum. Das Lauffeld ist 70 m lang u. 25 m breit. 10 m von einer der Schmalseiten entfernt befindet sich das Laufmal. Das Schlagmal liegt an der anderen Schmalseite außerhalb des Lauffeldes. Der Schrägraum, dessen

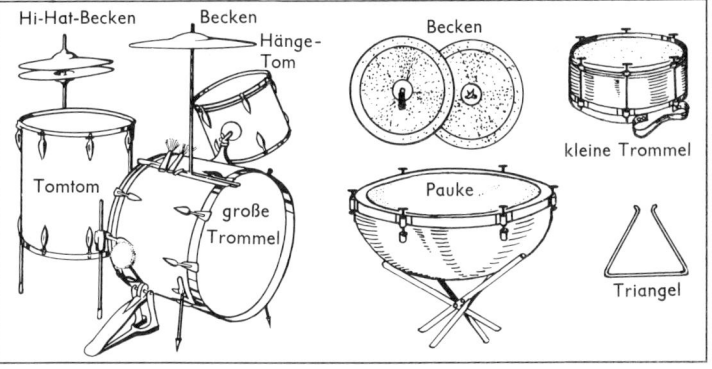

Schlagzeug

521

schlagende Wetter

beide Außenlinien bis zu 140 m lang sind, schließt sich an diejenige Breitseite an, bei der sich das Laufmal befindet. Die beiden Mannschaften kämpfen um das Schlagrecht, das von der Schlagpartei verteidigt wird. Jeweils ein Spieler schlägt den Ball vom Schlagmal aus in das von der Fangpartei besetzte Lauffeld u. versucht dann, zum Laufmal u. wieder zum Schlagmal zu laufen. Die Mitglieder der Fangpartei sind bemüht, ihn mit dem Ball abzuwerfen oder aus den Grenzen des Laufffeldes hinauszudrängen. Falls dies gelingt, wird der Platz gewechselt, auch dann, wenn der Ball am Schlagmal zurückgeworfen wird, an dem sich kein Schläger mehr befindet. Die Fänger werden Schläger u. umgekehrt. Kann der Schläger jedoch zum Schlagmal zurückkehren, dann hat er das Schlagrecht verteidigt, u. ein neuer Spieler derselben Mannschaft tritt an seine Stelle.

schlagende Wetter (Schlagwetter) *s, Mz.,* hochexplosive Gemische aus Luft u. Grubengas (Methan), die sich in Bergwerken bilden u. bei Entzündung schwere Schäden hervorrufen können. Verhindern lassen sich Schlagwetterexplosionen durch eine gute Be- und Entlüftung (Wetterführung) der Grube.

Schlager *m,* ein leichtes Lied oder eine leichte Melodie, die durch ihre Eingängigkeit u. ihren Rhythmus sehr schnell, aber meist nur für kurze Zeit, weite Verbreitung findet. Der Sch. ist selten von hoher musikalischer Qualität; ↑auch Evergreen.

Schlaginstrumente ↑Schlagzeug.

Schlagzeug *s,* zusammenfassende Bezeichnung für die Rhythmus- u. Geräuschgruppe eines Orchesters. Außer den Schlaginstrumenten, bei denen der Ton durch Schlag mit einem Klöppel, Hammer, Metallstab, Metallbesen oder ähnlichem erzeugt wird, gehören auch Rumbakugeln, Ratsche u. a. Geräuschinstrumente dazu. Zu den Schlaginstrumenten gehören u. a. Becken, Gong, Triangel, große u. kleine Trommel, Tomtom, Glockenspiel, Xylophon, Celesta u. (nur z. T.) Pauke. – Abb. S. 521.

Schlangen *w, Mz.,* Unterordnung der Schuppenkriechtiere mit rund 2 500 etwa 15 cm–10 m langen Arten. Sch. haben lange ungegliederte Körper. Die Augenlider sind unbeweglich, das Maul ist weit dehnbar, da die Kiefer durch elastische Bänder verbunden sind. Äußeres Ohr rückgebildet, Trommelfell stets fehlend; Sch. sind daher taub u. können lediglich Bodenerschütterungen wahrnehmen. Die Haut ist trocken, mit hornigen Schuppen besetzt u. wird bei der Häutung als Ganzes (sog. „Natternhemd") abgeworfen. ↑Giftschlangen besitzen im Oberkiefer beiderseits je einen Giftzahn. Die ungiftigen Schlangen, darunter ↑Anakonda u. ↑Boaschlangen, töten ihre Beute meist, indem sie sie umschlingen u. erdrücken.

Schlangengift *s,* in den Giftdrüsen der ↑Giftschlangen erzeugte Flüssigkeit. In das Blut gelangt, rufen Schlangengifte, bei denen man Nerven- u. Blutgifte unterscheidet, schon in kleinsten Mengen Ohnmacht, Krämpfe u. Herzlähmung hervor. Vorsichtig getrocknet, bleibt Sch. jahrelang wirksam.

Schlaraffenland *s,* ein Märchenland, in dem Milch u. Honig fließen, in dem Faulheit verdienstvoll u. Fleiß ein Laster ist.

Schlauchboot *s,* ein aufblasbares Gummiboot.

Schlauchpilze *m, Mz.,* Klasse der höheren Pilze mit rund 30 000 Arten. Die ↑Sporen werden zu je acht im Innern schlauchartiger Zellen erzeugt. Vertreter der Sch. sind: Morcheln, Lorcheln, Trüffel, Mutterkorn, Mehltau, Schimmelpilze, Schorf, Baumkrebs, Hefepilze.

Schlegel: 1) August Wilhelm von, * Hannover 5. September 1767, † Bonn 12. Mai 1845, deutscher Dichter u. Literaturwissenschaftler; Bruder von 2). Sein feines Gespür für sprachliche Formen ließ ihn zu einem anerkannten Übersetzer werden. Als wichtigste Leistung auf diesem Gebiet gilt die noch heute maßgebende Shakespeare-Übersetzung; **2)** Friedrich von, * Hannover 10. März 1772, † Dresden 12. Januar 1829, deutscher Dichter der Romantik u. führender Literaturtheoretiker u. Kritiker seiner Zeit. Bedeutend sind seine genialen u. geistvollen Aphorismen. Er schrieb auch kritische u. historische Abhandlungen, den Roman „Lucinde" (1799) u. die Vorlesungen „Geschichte der alten u. neuen Literatur" (1815).

Schlehdorn *m* (auch Schwarzdorn), 2 bis 3 m hoher Strauch mit dornigen Ästen u. schwarzer Rinde. Die weißen, duftenden Blüten erscheinen vor den

Schlangen.
Leopardnatter bei der Häutung

Schleiereule

Blättern. Die blauschwarzen, herben Früchte (Steinobstgewächs) sind erst nach einem Frost genießbar.

Schleie *w* (Schlei), meist 20–30 cm langer Karpfenfisch mit kleinen, tief in der schleimigen Haut steckenden Schuppen. Zwei Barteln (Bartfäden) stehen an dem zahnlosen, vorschiebbaren Maul. Die Sch. lebt von Pflanzen u. Tieren, die sie vom Boden ruhiger Gewässer aufnimmt.

Schleiereule *w,* fast weltweit verbreiteter Eulenvogel; meist in der Dämmerung oder nachts jagender Vogel mit weichem, unterseits hellem, oberseits gelbgrauem, mit Perlenflecken gezeichnetem Gefieder. Der Schleier (strahlenförmig um die Augen angeordnete schmale Federn) ist herzförmig. Die Sch. frißt fast ausschließlich Kleinsäugetiere.

Schleimhäute *w, Mz.,* zarte, gefäßreiche, Schleim absondernde Auskleidung von Hohlorganen (Nase, Mund, Lungen u. a.).

Schlesien, Landschaft beiderseits der mittleren Oder; sie umfaßt im wesentlichen die Breslauer Bucht, den Schlesischen Landrücken, Teile der waldreichen Sudeten u. die Oberschlesische Platte. Vor allem in Mittelschlesien werden Getreide u. Zuckerrüben ange-

Schleswig-Holstein.
Elbmarschen in Eddelak (Dithmarschen)

baut, während sich die Industrie im oberschlesischen Industriegebiet, in Breslau u. um Waldenburg (Schlesien) konzentriert. *Geschichte:* Sch. erhielt seinen Namen von den *Silingen,* einem Teilstamm der Vandalen, die etwa seit dem 4. Jh. v. Chr. in dieser Gegend siedelten. In der Völkerwanderung drangen slawische Stämme nach Sch. ein, das zwischen Böhmen u. Polen umstritten war, dann unter die Herrschaft der polnischen Piasten geriet. Die deutsche Besiedlung des Landes begann im 12. Jh. u. war 1350 abgeschlossen. Im 14. Jh. ging die Lehnshoheit über Sch. von Polen an Böhmen über, 1526 fiel das Land an die Habsburger. Durch die Schlesischen Kriege zwischen Österreich u. Preußen im 18. Jh. kam der größte Teil Schlesiens an Preußen. Nach dem 1. Weltkrieg mußten Teile Schlesiens an die Tschechoslowakei u. an Polen abgetreten werden. Seit 1945 gehört Sch. östlich der ↑Oder-Neiße-Linie zu Polen, der Rest gehört zu den DDR-Bezirken Dresden u. Cottbus.

Schleswig-Holstein, nördlichstes Land der Bundesrepublik Deutschland, mit 2,6 Mill. E. Die Hauptstadt ist Kiel. Im Westen erstreckt sich ein Saum von Marschen u. Dünen- u. Marscheninseln (Nordfriesische Inseln), in der Mitte ein Geest- u. Heidestreifen, im Osten an der hafenreichen Fördenküste (Flensburg, Eckernförde, Kiel, Lübeck) ein seen- u. waldreicher Moränengürtel mit der Holsteinischen Schweiz. Es wird v. a. Landwirtschaft (Anbau von Getreide, Futterpflanzen u. Hackfrüchten, auch Viehzucht) betrieben, daneben Fischerei; Schiffbau in Kiel, Lübeck, Flensburg. Erdöl kommt in Dithmarschen vor. *Geschichte:*

Schleuse. Bergfahrt eines Schiffes durch eine Kammerschleuse bei Hirschhorn (Neckar). Nachdem sich das Untertor (vorn) geschlossen hat, wird die Kammer gefüllt; nach Öffnen des Obertors kann das Schiff ins Oberwasser ausfahren

August Wilhelm von Schlegel   Friedrich von Schlegel   Heinrich Schliemann

Schleswig und Holstein wurden 1386 vereinigt, als die Grafen von Holstein das Herzogtum Schleswig als dänisches ↑Lehen erhielten. 1460 verband der dänische König Christian I. Schleswig u. Holstein in Personalunion mit Dänemark u. versprach, daß die Herzogtümer „ewich tosamende ungedelt" bleiben sollten. 1815 wurde Holstein Glied des Deutschen Bundes, seitdem strebte Dänemark danach, Schleswig von Holstein zu trennen u. Dänemark einzuverleiben. Im deutsch-dänischen Krieg 1848 bis 1850 siegte Dänemark. Nach dem deutsch-dänischen Krieg 1864 mußte Dänemark Sch.-H. u. Lauenburg an Preußen u. Österreich abtreten. Bis 1866 wurde Sch.-H. von Preußen u. Österreich gemeinsam verwaltet, dann wurde es mit Lauenburg preußische Provinz. 1920 fiel Nordschleswig an Dänemark, 1946 wurde aus der preußischen Provinz das Land Sch.-H. gebildet.

Schleuder ↑Zentrifuge.

Schleuderball *m,* aus Leder gefertigter Ball (ist für Männer 1,5 kg, für Frauen u. Jugendliche 1 kg schwer), an dem eine 28 cm lange u. 2,5 cm breite Schlaufe angebracht ist. Das *Schleuderballspiel* ist ein Treibballspiel, das zwischen 2 Mannschaften (5–8 Teilnehmer) auf einem 100 m langen u. 15 m breiten Spielfeld ausgetragen wird. Ziel ist es, den Sch. möglichst oft über die hintere Linie des gegnerischen Feldes zu werfen. Die Spielzeit beträgt 2 × 15 Minuten.

Schleuse *w,* in Kanälen u. schiffbaren Flüssen eine Vorrichtung, mit deren Hilfe Schiffe von einem Gewässerabschnitt mit niedrigerem Wasserspiegel (Unterwasser) auf einen Gewässerabschnitt mit höherem Wasserspiegel (Oberwasser) gehoben bzw. umgekehrt gesenkt werden können. Die Sch. besteht aus einer Schleusenkammer, die durch zwei Tore abgeschlossen ist. Kommt das Schiff vom Unterwasser her, wird das entsprechende Tor geöffnet. Der Wasserspiegel der Schleusenkammer entspricht dann dem Unterwasser. Das Schiff fährt in die Schleusenkammer. Das Tor wird geschlossen. Nun wird ein Ventil zwischen Oberwasser u. Schleusenkammer geöffnet. Der Wasserspiegel der Schleusenkammer steigt an, bis er mit dem des Oberwassers übereinstimmt. Das Tor zum Oberwasser kann jetzt geöffnet werden. Bei der Talfahrt verläuft der Vorgang umgekehrt. Größere Höhenunterschiede werden durch mehrere hintereinanderliegende Schleusen (Schleusentreppen) oder durch ↑Schiffshebewerke überwunden.

Schliemann, Heinrich, * Neubukow (Bezirk Rostock) 6. Januar 1822, † Neapel 26. Dezember 1890, deutscher Altertumsforscher. Als Kaufmann erwarb er ein großes Vermögen, mit dem er später Ausgrabungen finanzierte. Durch die „Ilias" angeregt, suchte er nach ↑Troja, das er an der vermuteten Stelle entdeckte. Auch in Griechenland (Mykene, Orchomenos u. Tiryns) waren seine Ausgrabungen erfolgreich. Sch. verfaßte Forschungsberichte und eine „Selbstbiographie" (1891).

Schlingpflanzen (Windepflanzen) *w, Mz.,* Pflanzen, die an anderen Pflanzen (oder Gerüsten) emporklettern. Der schraubige Wuchs kommt durch eine den Sch. eigentümliche (nicht durch Berührung wie bei Ranken) kreisende Wachstumsbewegung zustande. Durch starkes Umwinden können andere Pflanzen ersticken („Baumwürger"). Einheimisch ist z. B. das ↑Geißblatt.

Schlittschuh *m,* am Schuh befestigtes Gerät zum Gleiten auf dem Eis; wichtigster Teil ist die (je nach Sportart verschiedene) geschliffene Stahlkufe. – Abb. S. 524.

Schlöndorff, Volker, * 1939, deutscher Filmregisseur, ↑Film.

Schloß *s:* **1)** ein Sch. besteht aus Riegel, Zuhaltung u. Schlüssel u. dient als Verschlußvorrichtung. Man unterscheidet u. a. Kasten-, Einlaß-, Einsteck- u. Vorlegeschlösser. Durch Einbau mehrerer Zuhaltungen (*Sicherheitsschloß*) kann die Sicherheit erhöht werden. Dasselbe gilt für Zahlen- oder Buchstabenschlösser, die nur geöffnet

Schluckimpfung

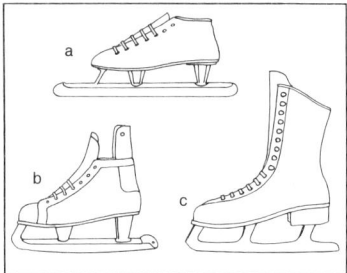

Schlittschuh. a Eishockey-, b Eisschnellauf-, c Eiskunstlaufschlittschuh

werden können, wenn zuvor eine bestimmte Zahlen- oder Buchstabenkombination eingestellt wird; **2)** stattlicher u. prunkvoller Wohnsitz des Adels (im Unterschied zu den ↑ Burgen nicht befestigt).

Schluckimpfung *w*, Immunisierung durch Einnahme von abgeschwächtem Lebendimpfstoff. Am bekanntesten ist die von dem amerikanischen Forscher A. B. Sabin (* 1906) entwickelte Sch. gegen Kinderlähmung.

Schlupfwespen *w*, *Mz.*, Überfamilie der Hautflügler. Das Weibchen besitzt anstelle des Giftstachels einen Legebohrer, mit dem es die Eier meist in Insektenlarven, besonders Schmetterlingsraupen, ablegt. Die beinlosen Larven der Sch. fressen den Körper der Wirtslarve aus u. verpuppen sich darin oder daran.

Schlüssel *m* (Notenschlüssel), in der Musik wird zur Bestimmung der Tonhöhe ein System von Linien verwendet, auf u. zwischen denen die Noten wie auf einer Leiter auf- u. absteigen. Um die absolute Tonhöhe der Noten zu bestimmen, werden an den Anfang der Liniensysteme verschiedene Sch. (stilisierte Tonbuchstaben) gesetzt. Am gebräuchlichsten sind der *Violin-* u. der *Baßschlüssel* (G- u. F-Schlüssel). Für einige Instrumente sind noch die *C-Schlüssel* (Sopranschlüssel, Alt- oder Bratschenschlüssel sowie Tenorschlüssel) gebräuchlich.

Schlüsselbein *s*, Knochen des Schultergürtels. Er verbindet das Schulterblatt mit dem Brustbein. An beiden Knochen setzt das Sch. gelenkig an, so daß die Schulter bewegt werden kann; ↑ auch Skelett.

Schlüsselblume (Duftende Schlüsselblume) *w*, Frühjahrsblüher mit Wurzelstock, ein ↑ Primelgewächs. Die eiförmigen Blätter bilden eine Rosette. Die gelben Blüten sind meist zu einer Dolde auf langem, blattlosem, behaartem Stiel vereinigt. Die Kelch- u. Blumenblätter der fünfzähligen Blüte sind verwachsen. Die Frucht ist eine vielsamige Kapsel. – Abb. S. 526.

Schlüter, Andreas, * Danzig (?) um 1660, † Moskau oder Petersburg (heute Leningrad) 1714, dt. Baumeister und Bildhauer. 1694–1713 war er Hofbildhauer u. teilweise auch Baumeister in Berlin. Er erbaute u. a. Teile des Berliner Schlosses u. das Zeughaus, schuf die 22 berühmten Masken sterbender Krieger am Zeughaus, das Reiterdenkmal des Großen Kurfürsten u. prunkvolle Sarkophage im Berliner Dom. 1713 rief ihn der russische Zar Peter I., der Große, an seinen Hof. Sch. entwickelte einen eigenen norddeutschen, klassizistisch-barocken Baustil.

Schmalkaldischer Bund *m*, der in Schmalkalden (Thüringen) am 27. Februar 1531 von Kurfürst Johann von Sachsen, Landgraf Philipp I., dem Großmütigen, von Hessen u. anderen Fürsten sowie von mehreren Städten zur Verteidigung des evangelischen Glaubens gegründete Bund. Er richtete sich gegen die Religionspolitik Kaiser Karls V. u. wurde bald zum Mittelpunkt aller antihabsburgischen Kräfte in Europa; weitere deutsche Fürsten u. Städte schlossen sich an. Im *Schmalkaldischen Krieg* wurde der Bund 1547 bei Mühlberg/Elbe geschlagen u. zerfiel.

Schmarotzer ↑ Parasiten.

Schmeißfliege *w*, 8–14 mm lange, borstig behaarte Fliege mit blauglänzendem Hinterleib. Die Sch. legt ihre Eier an eiweißreichen Nahrungsmitteln (Fleisch, Käse) u. Tierleichen ab; gefährlich als Krankheitsüberträger.

Schmelzen *s*, der Übergang eines Stoffes vom festen in den flüssigen ↑ Aggregatzustand. Den umgekehrten Vorgang bezeichnet man als *Erstarren*.

Schmelzpunkt *m*, Bezeichnung für diejenige Temperatur, bei der eine Substanz z. T. in fester, z. T. in flüssiger Form vorliegt. So hat z. B. ein mit kaltem Wasser u. Eisbrocken gefüllter Behälter stets genau die Schmelzpunkttemperatur des Wassers (0° C). Theoretisch müßte der Sch. mit dem Erstarrungspunkt identisch sein. Dies ist jedoch in der Praxis wegen sehr häufig auftretender sogenannter Unterkühlungserscheinungen meist nicht der Fall. Deshalb definiert man den Sch. als die Temperatur, bei der der Stoff vom festen in den flüssigen Zustand übergeht u. nicht umgekehrt. Wenn Substanzen beim Schmelzen chemische Veränderungen erfahren, spricht man nicht vom Sch. sondern vom Zersetzungspunkt. Glasartige Stoffe haben keinen scharfen Sch., sie werden allmählich in einem mehr oder minder großen Temperaturbereich biegsam, knetbar, zähflüssig u. schließlich flüssig.

Andreas Schlüter, Reiterdenkmal des Großen Kurfürsten (Bronze) in Berlin (heute im Ehrenhof des Schlosses Charlottenburg)

Schmelzpunkt einiger Stoffe:

Wolfram	3 380 °C
Eisen	1 535 °C
Blei	327,5 °C
Wasser	0 °C
Quecksilber	−38,87 °C
Stickstoff	−210,0 °C
Sauerstoff	−218,1 °C
Wasserstoff	−259,1 °C
Helium	−272,2 °C

Schmerz *m*, Empfindung, die durch Reize (Druck, niedere u. hohe Temperatur, chemische Reize) auf die drei bis vier Millionen in der Hautoberfläche liegenden *Schmerzpunkte* hervorgerufen wird. Der Sch. kann durch örtliche Betäubung (Beeinflussung der Schmerzpunkte) u. Narkose (Beeinflussung der Gehirnzentren) ausgeschaltet werden.

Schmetterlinge *m*, *Mz.*, Ordnung der Insekten mit mehr als 150 000 Arten. Sch. haben vier meist mit Schuppen bedeckte Flügel, drei verwachsene Brustringe u. einen aus den Unterkiefern

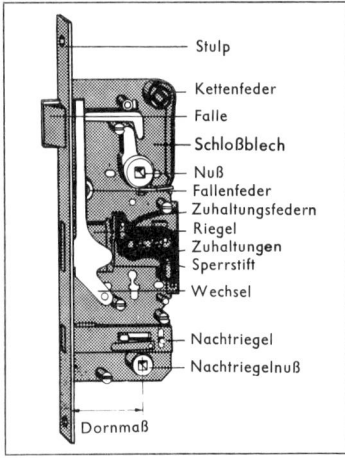

Schloß

Schnecken

gebildeten, in Ruhe aufgerollten Saugrüssel. Die Larven (↑Raupen) besitzen drei Paar Beine u. zwei bis fünf Paar Bauchfüße u. beißende Mundwerkzeuge. *Tagfalter:* Der Leib ist schlank, die Fühler sind am Ende verdickt. Die Flügel sind breit u. in Ruhestellung nach oben zusammengelegt; ihre Oberseite ist kräftig gefärbt, die Unterseite unscheinbar. Die Raupen sind wenig behaart oder glatt. *Schwärmer:* In der Dämmerung oder bei Nacht fliegende Sch. mit kräftigem Körper. Die langen, schmalen Vorderflügel bedecken in Ruhestellung die Hinterflügel u. die Seiten des Rumpfes dachartig. Die auffallend gefärbten Raupen sind unbehaart u. tragen am Körperende ein Horn. Die Puppen überwintern in der Erde. *Spinner:* Nachtschmetterlinge mit plumpem, behaartem Körper u. kammartigen Fühlern. Die behaarten Raupen umgeben sich mit einem Gespinst. *Spanner:* Kleine Sch., den Tagfaltern in der Gestalt ähnelnd. Die unbehaarten Raupen besitzen außer den Nachschiebern nur ein Paar Bauchfüße. *Eulen:* Nachtfalter mit starker Behaarung an Kopf u. Brust. In Ruhe legen sie die Flügel wie die Schwärmer dachförmig an. Die Raupen sind meist nackt. – Abb. S. 526.

Schmetterlingsblütler *m, Mz.*, Kräuter, Sträucher u. Bäume mit zweiseitigen, einem Schmetterling ähnelnden Blüten. Der Kelch endet in fünf Zipfeln. Das obere Blumenblatt (*Fahne*) ist meist größer als die anderen Blütenblätter; die beiden seitlichen (*Flügel*) sind kleiner, die beiden unteren, schmalen, zum *Schiffchen* verwachsenen umschließen die Staubgefäße u. den Blütenstiel. Die Frucht, eine Hülse, entsteht aus einem langen Fruchtblatt, das in der Mittelrippe gefaltet u. an den Rändern verwachsen ist. An diesen sitzen in je einer Reihe die Samen. Stickstoffbindende Bakterien veranlassen die Sch., knollige Wucherungen an den Wurzeln zu bilden. – Sch. mit *Griffelbürste* (9 der 10 Staubgefäße sind verwachsen): Erbse, Bohne, Wicke, Linse, Robinie, Schnurbaum. Sch. mit *Klappvorrichtung* (bei Berührung des Schiffchens treten Stempel u. Staubblätter vor): Klee, Esparsette, Goldregen. Sch. mit *Schnellvorrichtung* (Stempel u. Staubblätter kehren nach dem Hervortreten nicht mehr in die Blüte zurück): Ginster, Luzerne. Sch. mit *Pumpeneinrichtung* (die Staubblätter schwellen an u. drücken den Blütenstaub aus dem Schiffchen): Lupine, Hornklee.

Schmetterlingsschwimmen
↑Schwimmen.

Schmidt, Helmut, * Hamburg 23. Dezember 1918, deutscher Politiker. Studierte Staats- u. Wirtschaftswissenschaften. Trat 1946 der SPD bei. 1961–65 war er Hamburger Innensenator, 1967 wurde er Fraktionsvorsitzender der SPD im Bundestag. Im Oktober 1969 übernahm er das Amt des Verteidigungsministers, im Juli 1972 das des Wirtschafts- u. Finanzministers, im Dezember 1972 das des Finanzministers.

Nach dem Rücktritt von Bundeskanzler W. Brandt wurde er am 16. Mai 1974 mit den Stimmen der SPD u. FDP zum Bundeskanzler gewählt, erneut nach der Bundestagswahl 1976.

Schmieden *s*, das Verformen meist bis zum Glühen erhitzter Metalle oder Metallegierungen durch Bearbeitung mit einem Hammer oder durch Drücken in der sogenannten Schmiedepresse. Die Bearbeitung mit dem Hammer, der unter Umständen auch eine große Maschine sein kann (Dampfhammer), wählt man bei der geringer Stückzahl der zu schmiedenden Teile. Wenn große Serien gleicher Teile geschmiedet werden sollen, benutzt man Schmiedepressen. Voraussetzung für das Sch. ist eine gewisse Dehnbarkeit des Werkstoffs; spröde Metalle lassen sich nicht schmieden. – Die *Schmiedekunst* ist bereits aus der Bronzezeit überliefert; der Beruf des *Schmieds* kann als der älteste des Metallhandwerks gelten.

Schmirgel *m* (Smirgel), kleinkörniges Gemenge von Korund, Magnetit, Hämatit, Quarz u. a., das heute auch synthetisch hergestellt werden kann. Wegen seiner großen Härte dient Sch. in gemahlenem Zustand als Schleifu. Poliermittel, in Griesform oder als Schmirgelpapier, auf starkes Papier oder Leinwand aufgeklebt, verwendet wird.

Schmucksteine *m, Mz.*, Bezeichnung für alle natürlich vorkommenden oder heute z. T. auch künstlich hergestellten Minerale, die wegen ihrer Schönheit zu Schmuck u. Schmuckgegenständen verarbeitet werden. Die herausragende Gruppe der Sch. sind die besonders wertvollen ↑Edelsteine. Von Edelsteinen werden hochwertige optische Eigenschaften verlangt, die naturgemäß nur durchsichtige Steine aufweisen. Diamant, Korund, Rubin, Saphir, Topas, Smaragd, Aquamarin rechnet man zu den Edelsteinen, während Amethyst, Bergkristall, Rauchquarz, Rosenquarz, Granat, Mondstein, Türkis, Opal, Malachit u. Achat zu den „gewöhnlichen" Schmucksteinen gezählt werden.

Schmuggel *m* (Schleichhandel), das Einführen, Ausführen oder Durchführen abgabepflichtiger Waren, ohne sie bei der zuständigen Zollstelle zu verzollen.

Schnabelkerfe *m, Mz.*, Insekten mit stechend-saugenden Mundwerkzeugen. Mit diesem gegliederten „Schnabel" saugen die Sch. Blut, vorverdaute tierische Säfte u. Pflanzensäfte. Hierher gehören: Land- u. Wasserwanzen, Zikaden, Blatt- u. Schildläuse.

Schnabeltier *s*, ein eierlegendes Säugetier, das nur noch in Südaustralien vorkommt. Die bis etwa 45 cm lange Sch. besitzt einen dicht behaarten, walzenförmigen Körper, einen abgeplatteten Schwanz, Schwimmhäute zwischen den Zehen u. an den Vorderfüßen Grabkrallen. Mit diesen gräbt es einen langen, unter Wasser beginnenden Bau. Der Schnabel dient zum Gründeln im Schlamm. Die Nahrung besteht aus Muscheln, Schnecken u. Krebsen. Das weibliche Sch. legt zwei pergamentschalige Eier u. brütet sie aus. – Abb. S. 526.

Schnaken *w, Mz.:* 1) große, langbeinige, nicht stechende Mücken. Sie ernähren sich von Pflanzensäften (z. B. Nektar). Einige Arten sind Schädlinge (z. B. die Kohlschnake); 2) besonders in Süddeutschland gebräuchliche Bezeichnung für ↑Stechmücken.

Schnauzer *m, Mz.*, draht- oder zottelhaarige mittelgroße Hunde mit kräftigem Schnauzbart. Die Augenbrauen sind struppig. Die Farbe des Fells ist meist grau oder schwarz, die Rute (Schwanz) hoch angesetzt. – Abb. S. 526.

Schnecken *w, Mz.*, nicht symmetrisch gebaute Weichtiere, deren Weichkörper in Kopf, Kriechsohle (Fuß), Mantel (eine Hautverdoppelung) u. Eingeweidesack gegliedert ist. Der

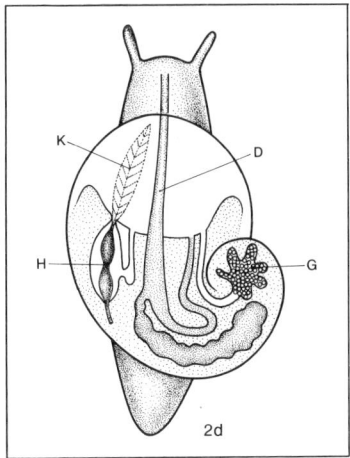

Wasserschnecke (schematisch).
D Darm, G Geschlechtsdrüse, H Herz,
K blattförmige Kieme

Schneckengetriebe

Schlüsselblume

Schmetterlinge. Das Tagpfauenauge

Schnabeltier

Mantelrand scheidet den Kalk für das Gehäuse ab; dieses kann auch stark rückgebildet sein oder ganz fehlen (Nacktschnecken). Die meisten Sch. sind ↑Zwitter. Der Kopf, der wie der Fuß in die Schale zurückgezogen werden kann, trägt zwei einziehbare Fühlerpaare; auf dem längeren sitzen die Augen. Vom auf der Rückseite gelegenen Herzen, das aus einem Vorhof u. einer Herzkammer besteht, geht das offene Blutgefäßsystem aus. *Lungenschnecken:* Die von Blutgefäßen reich durchzogene Haut der Mantelhöhle dient als „Lunge"; es gibt sowohl Land- als auch Wasserbewohner. Bei *Kiemenschnecken* ragen die vor oder hinter dem Herzen liegenden Kiemen in die Mantelhöhle hinein.

Schneckengetriebe s, Getriebe, bestehend aus einer Welle mit Schraubengewinde (Schnecke) u. einem Zahnrad, dessen Zähne in das Schraubengewinde eingreifen. Drehachse der Schnecke u. Drehachse des Zahnrades

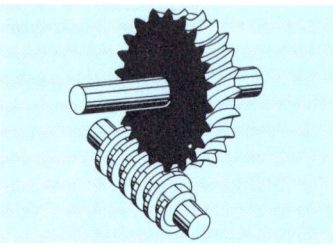

verlaufen senkrecht zueinander. Die Kraftübertragung erfolgt nur in einer Richtung, und zwar von der Schnecke zum Zahnrad.

Schnee m, Niederschlag in Form von meist verzweigten kleinen Eiskristallen. Die Kristallform hängt von der Temperatur ab. Trockener, feinkörniger Sch. wird als Pulverschnee bezeichnet. Der bei Temperaturen um 0°C auftretende Pappschnee dagegen ist grobkörnig u. naß. Da der Sch. ein schlechter Wärmeleiter ist, schützt die winterliche Schneedecke den Boden u. die darin befindlichen Pflanzen u. Tiere vor Frost.

Schneeglöckchen s, ein Amaryllisgewächs mit zehn Arten in Europa u. Westasien. Die Blüten stehen meist einzeln, die äußere Blütenhülle besteht aus drei Blütenblättern. Bereits im Herbst tritt aus der Zwiebel der Sproß hervor. Er durchbricht die Erdoberfläche im zeitigen Frühjahr. Die Blüte neigt sich erst, wenn sie aus dem umhüllenden Hochblatt heraustritt.

Schnellkäfer m, weltweit verbreiteter Käfer, der sich aus der Rückenlage emporschnellen kann, um wieder auf die Beine zu gelangen. Dabei stemmt er einen Dorn am ersten Brustring gegen den Rand einer Vertiefung im zweiten Brustring. Dann drückt er die Brust so lang nach unten, bis der Dorn einrastet (Knipston!). Dabei schlagen Rücken- u. Flügeldecken so stark gegen die Unterlage, daß der Käfer durch den Rückstoß in die Höhe geworfen wird.

Schnepfen w, *Mz.,* mittelgroße Sumpfvögel, die mit ihrem langen, schmalen Schnabel den weichen Boden nach Würmern durchsuchen. Meist sind Sch. Bodenbrüter u. Zugvögel. In Mitteleuropa brütet nur die *Waldschnepfe,* die meist am 3. bis 5. Fastensonntag vor Ostern hier eintrifft. Zu den Sch. gehört auch die Bekassine.

Schnorchel m: 1) bei Unterseebooten ein ausfahrbares Rohr, durch das Frischluft angesaugt u. Abgase abgeleitet werden können. Ein Kugelventil sorgt dafür, daß kein Wasser eindringen kann; 2) etwa 30 cm langes Rohr mit Ventil, mit dem ein Schwimmer Atemluft ansaugen kann u. lange unter der Wasseroberfläche „schnorcheln" kann.

Schnupfen m, durch ↑Viren hervorgerufene Entzündung der Nasenschleimhäute. Trockenheit u. Kitzeln in der Nase führen zum Niesen, dann schwellen die Schleimhäute stark an u. sondern viel Flüssigkeit ab.

Schock [frz.] m, durch Verletzungen, Operationen, heftigen Schreck u. andere seelische Erschütterungen ausgelöste Störung in der Tätigkeit des Zentralnervensystems. Dabei werden Puls u. Atmung verlangsamt, oft tritt eine Blutleere im Gehirn (Ohnmacht) auf. Ein schwerer Sch. kann zum Tode führen.

Schöffe m, ehrenamtlicher Richter in der Strafgerichtsbarkeit. Schöffen wirken mit bei Schöffengerichten der Amtsgerichte, bei kleinen u. großen Strafkammern u. Schwurgerichten sowie bei den Jugendkammern der Landgerichte. Sie werden auf Grund von Vorschlagslisten der Gemeinden (bei Jugendschöffen des Jugendwohlfahrtsausschusses) auf 4 Jahre vom Schöffenwahlausschuß der Amtsgerichte gewählt. Schöffen können nur Deutsche werden; ↑auch Recht (Wer spricht Recht?).

Scholastik [gr.] w, Bezeichnung für die im Mittelalter betriebene Wissenschaft, besonders die Philosophie u. Theologie. Die Sch. knüpfte an die Lehre des ↑Augustinus u. die Philosophie der Griechen an u. versuchte, die durch Vernunft bestimmte Philosophie mit der auf dem christlichen Glauben beruhenden Lehre der Kirche in Einklang zu bringen. Die bedeutendsten Lehrer

Schnauzer

Schottland

dieser Zeit waren ↑Albertus Magnus u. sein Schüler ↑Thomas von Aquin. Die katholische Theologie ist bis heute von der Sch. geprägt.

Scholl, Hans, * Ingersheim (heute zu Crailsheim) 22. September 1918, u. Sophie, * Forchtenberg bei Heilbronn 9. Mai 1921, † (beide hingerichtet) München 22. Februar 1943. Hans u. Sophie Sch. gehörten als Studenten der Widerstandsgruppe „Weiße Rose" an. Beim Verteilen von Flugblättern in der Münchner Universität wurden sie verhaftet u. vom Volksgerichtshof zum Tode verurteilt. Das Urteil wurde am gleichen Tag vollstreckt. – Abb. S. 528.

Schollen w, Mz., Plattfische im Atlantischen Ozean (mit Nord- u. Ostsee) mit zahlreichen Arten von etwa 25 cm bis 2 m Länge. – Aus den Eiern, die auf hoher See abgesetzt werden, gehen durchsichtige kleine Fischchen hervor. Sobald diese 15 cm lang sind, wird der Körper höher u. flacher, bald legen sie sich mit der linken Seite auf den Meeresboden, das linke Auge sowie das linke Nasenloch beginnen nach der rechten, nach oben gekehrten Seite zu wandern. Die Unterseite wird weiß, die Oberseite braun oder grau mit gelbroten Flecken. Sch. ernähren sich von Muscheln, Würmern u. kleinen Krebsen. Als Speisefisch werden neben dem *Goldbutt* (Scholle im engeren Sinn) auch die bis etwa 45 cm lange *Flunder* u. die ↑Seezunge geschätzt. Der über 1 m lange *Steinbutt* besitzt in der Haut steinartige Hautknochen. Bis 2 m Länge u. 200 kg Gewicht erreicht der *Heilbutt*.

Schöllkraut s (Schellkraut), ein Mohngewächs, das an Wegrändern, Mauern u. Schutthalden im April seine gelben, in Dolden stehenden Blüten aus 4 Blüten- u. 2 Kelchblättern zu entfalten beginnt. Die blaugrünen Laubblätter sind fiederspaltig. Der 30–70 cm hohe Stengel ist behaart; in ihm ist ein giftiger Milchsaft enthalten. Die Schoten bergen schwarze Samen mit fleischigen Anhängseln (verbreitet werden die Samen durch Ameisen).

Schomburgk, Hans, * Hamburg 28. Oktober 1880, † Berlin 27. Juli 1967, deutscher Afrikaforscher. Sch. unternahm ab 1898 zahlreiche Forschungsreisen in Afrika, auf denen er bis dahin unbekannte Tiere entdeckte. Er schrieb viele Reiseberichte u. Tierschilderungen, u. a.: „Mein Afrika" (1928) u. „Tiere in Afrika" (1935).

Schoner [engl.] m, ein zwei- oder mehrmastiges Segelschiff, meist mit Gaffelsegeln (↑Segel).

Schongauer, Martin, * Colmar wahrscheinlich um 1450, † ebd. 2. Februar 1491, deutscher Kupferstecher u. Maler der Spätgotik. Er gab dem Kupferstich technisch neue Ausdrucksmöglichkeiten. Seine Bilder wirken gleichzeitig großzügig, klar u. streng. Zu seinen bekannten Kupferstichen gehören „Die große Kreuztragung" u. „Maria im Hofe". Das berühmteste seiner erhaltenen Gemälde ist „Maria im Rosenhag" in Colmar.

Schonung w, meist durch Umzäunung gegen Wildverbiß, Weidevieh, Betreten durch Menschen u. Befahren geschützte Anpflanzung junger Waldbäume.

Schonzeit w, Zeitraum, in dem die jagdbaren Tiere (auch Fische) nicht gejagt oder gefangen werden dürfen. Im Bundesjagdgesetz sind bestimmte Zeiten festgesetzt, in denen Jagd u. Fischerei verboten sind. Sch. bei jagdbaren Tieren ist oft die Zeit der Jungtiere, die Paarungszeit u. die winterliche Notzeit, bei Fischen im allgemeinen die Laichzeit.

Schopenhauer, Arthur, * Danzig 22. Februar 1788, † Frankfurt am Main 21. September 1860, deutscher Philosoph. Seine Philosophie knüpft an Platon, Kant und indische Weisheitslehren an u. ist von Pessimismus (alles Leben ist Leiden) geprägt. Das Hauptwerk Schopenhauers ist „Die Welt als Wille u. Vorstellung" (1819). – Abb. S. 528.

Schorf m: 1) eingetrocknetes Blut u. eingetrocknete Gewebsflüssigkeit auf Wunden u. Geschwüren; 2) durch ver-

Martin Schongauer, Maria im Rosenhag

schiedene Pilze hervorgerufene Pflanzenkrankheiten, wobei die befallenen Teile rauhe, dunkle Flecken aufweisen. Die Früchte bleiben klein u. werden rissig.

Schote w, aus zwei Fruchtblättern hervorgegangene Kapselfrucht, die sich mit zwei von der Scheidewand ablösenden Klappen öffnet. Ist die Sch. breiter als lang, bezeichnet man sie als Schötchen. Besonders häufig sind Schoten bei Kreuzblütlern. Schoten: Hederich, Senf, Rettich, Goldlack; Schötchen: Hungerblümchen, Hirtentäschelkraut, Kresse. – Abb. S. 194.

Schott [arab.] m, Bezeichnung für Salztonebene in Nordafrika.

Schotten [niederdt.] s, Mz. (auch Schotte w), wasserdichte Querwände in Schiffen. Sie unterteilen den Schiffskörper in einzelne Abschnitte. Bei Wassereinbruch werden alle Schotttüren von der Kommandobrücke aus geschlossen, so daß das Wasser nicht in alle Räume eindringen kann.

Schottland, Nordteil der Insel Großbritannien, mit der Hauptstadt Edinburgh. Das gebirgige Land umfaßt rund ein Drittel der Fläche der Bundesrepublik Deutschland u. hat 5,2 Mill. E. Der Norden besteht hauptsächlich aus den unwirtlichen, von Moor u. Heide bedeckten *Highlands* (Hochländer), an die sich südlich die industriereichen u. dicht besiedelten *Lowlands* (Tiefländer) anschließen, wo neben Eisenerz- u. Steinkohlenbergbau Schwerindustrie u. bedeutender Schiff- u. Maschinenbau betrieben wird. Hier liegt auch Glasgow, die größte u. neben der Hauptstadt wichtigste Stadt Schottlands. *Geschichte:* Im Altertum war Sch. von Pikten (einem nichtkeltischen Volk) besiedelt,

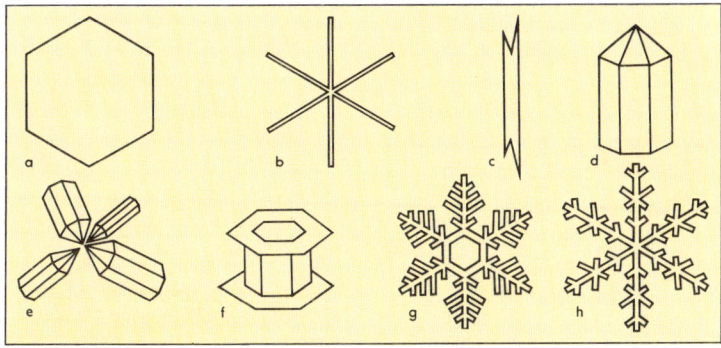

Schnee, typische Schneekristallformen. a–d einfache Formen: a Plättchen, b Stern, c Nadel, d Prismen; e–h zusammengesetzte Formen: e Prismenaggregat, f Prisma mit Plättchen, g dendritisches (verästeltes) Plättchen, h dendritischer (verästelter) Stern

527

Schraube

Sophie Scholl

Hans Scholl

Arthur Schopenhauer

gegen die die Römer, die England erobert hatten, einen Schutzwall, den Hadrianswall, errichteten. Im 6. Jh. n. Chr. wanderten die Skoten, die dem Land den Namen gaben, aus Irland ein; die beiden Völker vereinigten sich im Jahre 844 zu einem Königreich, das seine Unabhängigkeit gegenüber England erfolgreich verteidigte. Im 16. Jh. siegte die Reformation in Sch., die katholische Königin Maria Stuart wurde gestürzt, ihr Sohn wurde aber 1603 als Jakob I. König von England u. Sch.; 1707 wurde Sch. endgültig mit England zum Königreich Großbritannien vereinigt.

Schraube w, ein zylindrischer Metallbolzen, in den ein Gewinde geschnitten ist. Schrauben werden zur lösbaren Verbindung zweier Teile verwendet. Die Sch. besteht aus Schraubenkopf u. Schraubenbolzen. Die Kopfform ist je nach Verwendungszweck verschieden (Sechskantschrauben, Innensechskantschrauben, Senkkopfschraube mit Schlitz u. a.). Stiftschrauben haben keinen Kopf. Auf den Schraubenbolzen wird die Mutter geschraubt. Die Mutter ist überflüssig, wenn einer der beiden Teile, die mit der Sch. zu verbinden sind, eine zylindrische Vertiefung mit einem entsprechenden Innengewinde besitzt, in das die Sch. eingreift. *Holzschrauben* haben einen kegelförmigen Schraubenbolzen mit scharfkantigem Gewinde. Sie werden direkt, also ohne Mutter, in das Holz geschraubt.

Schreitvögel m, Mz., meist große u. ans Wasser gebundene hochbeinige Vögel, die einen langen Hals u. einen langen, schmalen Schnabel besitzen. Die Sch. leben teilweise in Kolonien. Zu ihnen gehören Störche, Ibisse, Löffler u. Reiher. Reiher fliegen mit eingezogenem, die anderen mit gestrecktem Hals.

Schrift w, geschriebene Sprache; nach bestimmten Regeln aneinandergefügte Wort- oder Lautzeichen. Die älteste Form ist die *Bilderschrift*, bei der einzelne Wörter durch vereinfachte u. einheitlich gemalte oder in Stein gehauene Bilder wiedergegeben werden, die durch Aneinanderreihen in einen größeren Zusammenhang gestellt werden können. Eine solche Sch. entwickelten die Sumerer bereits um 3100 v. Chr.; auch die altägyptischen u. hethitischen ↑Hieroglyphen u. die chinesische Sch. sind Formen der Bilderschrift. Eine Weiterentwicklung dieser Schriftart war die ↑Keilschrift, die einzelne Silben wiedergibt; sie wurde von den Völkern des Alten Orients (Babyloniern u. Assyrern) geschrieben. Der entscheidende Schritt zur modernen Sch. war die von semitischen Völkern (Phöniker) um 1200 v. Chr. entwickelte, nur in Konsonanten (Mitlauten) geschriebene *Buchstabenschrift*, die gegen Ende des 2. Jahrtausends v. Chr. von den Griechen entlehnt u., um die Vokale (Selbstlaute) erweitert, zum griechischen Alphabet (9. Jh. v. Chr.) umgeformt u. ausgebaut wurde. Dies war der Ausgangspunkt der Entwicklung der europäischen Schriftformen; die Slawen entwickelten daraus die *kyrillische* Sch., die italischen Völker (Etrusker u. Latiner) die lateinische *Majuskelschrift*, die wiederum die Wurzel unseres Alphabets wurde. – 1941 wurde in Deutschland die *Deutsche Normalschrift* eingeführt, die an die Stelle der Deutschen Schreibschrift trat u. im wesentlichen dem lateinischen Alphabet entspricht.

Schriftsprache ↑Standardsprache.

Schrot m oder s: **1)** grob oder fein zerkleinerte, gereinigte Getreidekörner; man unterscheidet Roggenschrot (oder einfach: Schrot), Weizenschrot usw.; **2)** kleine, 2 bis 4 mm dicke Bleikügelchen für Flintenpatronen. Die Größe richtet sich nach der zu erlegenden Wildart.

Schrott m, Bezeichnung für Metallabfälle u. Altmetall.

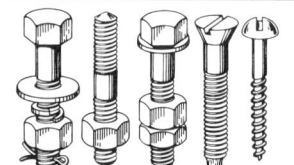

Schrauben (von links nach rechts): Sechskantschraube mit Unterlegscheibe, Federring, Mutter u. Splint; Stiftschraube mit Kegelstift; Bundschraube; Senkkopfschraube; Holzschraube

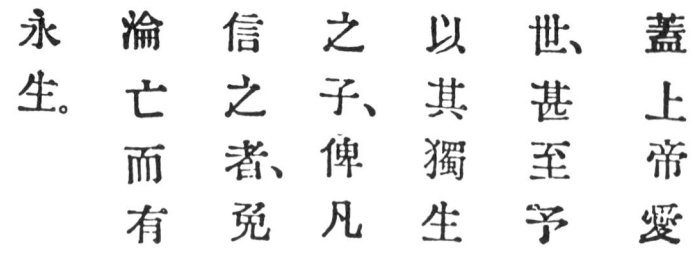

chinesische Schrift (von rechts nach links geschrieben)

hebräische Schrift (von rechts nach links geschrieben)

griechische Schrift (altgriechisch)

kyrillische Schrift (russisch)

Schubert, Franz, * Lichtental (heute zu Wien) 31. Januar 1797, † Wien 19. November 1828, österreichischer Komponist. Von der Wiener Klassik herkommend, überschritt Sch. bereits die Grenze zur Romantik. Im Mittelpunkt seines Schaffens steht das Lied, das er zu höchster Vollendung führte. Seine Lieder zeichnen sich durch die Schlichtheit der Melodieführung und die kunstvolle Begleitmusik aus. Neben rund 630 Liedern schrieb Sch. auch bedeutende Kammermusik, Klavierwerke und neun Sinfonien; seine bekanntesten Werke sind die Liederzyklen „Die schöne Müllerin" u. „Die Winterreise", das Streichquartett „Der Tod u. das Mädchen", das „Forellenquintett" u. die „Unvollendete" (Sinfonie in h-Moll).

Schublehre w (Schieblehre), ein Gerät zur Längen- u. Dickenmessung. Der zu messende Gegenstand wird zwischen zwei parallele Schneiden gebracht, von denen die eine feststeht, die andere verschiebbar ist. Auf einer Skala kann der Abstand der Meßschneiden u. damit die Länge oder Dicke des dazwischenliegenden Gegenstandes abgelesen werden. Die rückwärtige Verlängerung der Meßschneiden ist so ausgebildet, daß mit ihnen auch der Innendurchmesser von Röhren u. dergleichen gemessen werden kann. Für kleine Abmessungen verwendet man das ↑ Mikrometer.

Schukostecker ⓦ m, Kurzwort für: **Schutz**kontakt**stecker**, eine elektrische Steckverbindung, bei der außer den stromführenden Teilen auch eine Erdverbindung (↑Erdung) vorhanden ist. Der Sch. wird in eine Schukosteckdose gesteckt. Die Erdleitung des Stekkers (Nulleiter) erhält dabei Kontakt mit der Erdleitung der Steckdose. Wenn Sch. in gewöhnliche Steckdosen (ohne Erdleitung) gesteckt werden, besteht kein Schutz vor elektrischen Unfällen.

Schule [gr.-lat.] w, öffentliche oder private Einrichtung, in der durch planmäßigen Unterricht Kinder u. Jugendliche erzogen u. ihnen Wissen u. Bildung vermittelt werden. In der Bundesrepublik Deutschland unterscheidet man im wesentlichen folgende Schulen u. Schularten: die *Grundschule* (1.–4. Schuljahr), auf die die *Hauptschule* (5. bis 9. Schuljahr; geplant 5.–10. Schuljahr; bei Bestehen einer zweijährigen

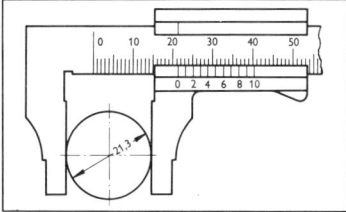
Schublehre

Franz Schubert

Robert Schumann

Kurt Schumacher

Förderstufe [Orientierungsstufe] 7.–9. [10.] Schuljahr) oder die sechsjährige Realschule (früher Mittelschule) bzw. das neunjährige ↑Gymnasium aufbaut. Nach ihrer Aufgabe u. Zielsetzung unterscheidet man allgemeinbildende Schulen (zu denen die oben genannten gehören) u. berufsbildende Schulen (dazu gehören: ↑ Berufsfachschulen, Berufsschulen u. Fachschulen). – *Geschichte:* Unser Schulwesen hat seinen Ursprung im alten Griechenland, in dessen ältesten Schulen, die bis ins 8. Jh. v. Chr. zurückgehen, Musik, Sport u. Wehrerziehung betrieben wurden (Gymnasien); ungefähr im 5. Jh. v. Chr. traten ↑Rhetorik, Staatskunde, Literatur, Philosophie u. Mathematik hinzu. Diese Fächer wurden v. a. auch von Wanderlehrern, den Sophisten, gelehrt. Die berühmtesten Schulen des griechischen Altertums waren die von Platon 387 v. Chr. gegründete *Akademie* u. das *Lykeion* (336/335 v. Chr. gegründet) seines Schülers Aristoteles. Mit dem Sieg des Christentums übernahm die Kirche die Unterrichtsaufgaben in kirchlichen Schulen, die für ein Jahrtausend beherrschend blieben; es entstanden die mittelalterlichen *Kloster-* u. Domschulen, in denen Mönche u. Priester ausgebildet wurden, zu denen aber auch Laien zugelassen waren. In der Renaissance (15. u. 16. Jh.) trat durch den ↑ Humanismus besonders das Studium der alten Sprachen (Griechisch u. Latein) in den Vordergrund, verbunden mit einer Rückbesinnung auf das Bildungsideal des Altertums. Die Schulbildung wurde jetzt auch über die religiöse Unterweisung hinaus schon als Berufsvorbereitung verstanden. Nach 1600 zeigten sich die ersten Anfänge der allgemeinen *Volksschule,* die *Schulpflicht* wurde in verschiedenen deutschen Ländern im 18. Jh. eingeführt. Zur Zeit des Absolutismus übernahm der Staat mehr u. mehr die Schulverwaltung u. -aufsicht. Der muttersprachliche Unterricht u. die Naturwissenschaften wurden gefördert u. die praktisch-nützliche Ausrichtung der Sch. gefordert. Im 19. Jh. dagegen strebte die Sch. die Bildung zu einer harmonischen Persönlichkeit an (Einführung des neunjährigen humanistischen Gymnasiums) und gab der Allgemeinbildung den Vorrang. Gleichzeitig bemühte man sich aber auch um Fürsorge-, Sozial- u. Kleinkindererziehung (Kindergarten). Im Rahmen der Industrialisierung u. dem damit verbundenen Aufschwung von Technik u. Naturwissenschaft kam es zur Gründung von Fach- u. Realschulen. Zu Beginn des 20. Jahrhunderts bemühte man sich allgemein um eine Reform des Schulwesens; die *Einheitsschule* wurde eingeführt, deren Ziel neben der Vermittlung von Wissen u. Bildung die staatsbürgerliche Erziehung war. Aber erst nach 1918 drangen umfangreichere Reformen durch: Erstmals wurde die ↑Schülermitwirkung gefördert, die Kunsterziehung entwickelt und die Lernschule in eine Arbeitsschule umgewandelt. Nach 1945 knüpfte man an diese Versuche neu an. In der Bundesrepublik Deutschland sind die Schulen der Kulturhoheit der Bundesländer unterstellt; 1955 trafen die Länder ein Abkommen zur Vereinheitlichung des Schulwesens, das 1964 neu gefaßt wurde. Mehrere Versuche wurden und werden unternommen, um das Schulwesen den heutigen Erkenntnissen u. Forderungen anzupassen. Für diese Schulreform sind v. a. zu nennen: die Gesamtschule (Vereinigung von Hauptschule, Realschule u. Gymnasium), die Neugestaltung der gymnasialen Oberstufe in der Sekundarstufe II, die Einführung einer Orientierungsstufe in den Klassen 5 u. 6, die Reform des beruflichen Bildungswesens u. die Neugestaltung der Mitwirkungsrechte u. -möglichkeiten.

Schülermitwirkung w, die Mitwirkungsmöglichkeiten von Schülern in verschiedenen Organen der Schule (↑Schulmitwirkung). Durch die Mitwirkung sollen Schüler erleben u. lernen, wie man auf demokratische Weise Rechte wahrnehmen, Probleme lösen u. eigene Interessen mit den Interessen anderer in Einklang bringen kann. Mitwirkungsorgane der Schüler sind z. B. die Klasse, die Jahrgangsstufe, der Schülerrat, die Schülerversammlung. Inhalt u. Umfang der Mitwirkung ergeben sich in der Regel aus dem Auftrag der Schule. Sie sind in den einzel-

Schulfunk

nen Bundesländern unterschiedlich u. können Informations-, Mitwirkungs- u. Entscheidungsrecht beinhalten.

Schulfunk *m*, besondere Sendungen des Rundfunks, die, den verschiedenen Schulstufen angepaßt, den Unterricht ergänzen u. unterstützen sollen. Schulfunksendungen dienen meist der Veranschaulichung des Unterrichtsstoffes, besonders in den Fächern Heimatkunde, Geschichte, Gemeinschaftskunde, Erdkunde, Musik u. Sprachen.

Schulmitwirkung *w*, institutionalisierte Form der Zusammenarbeit von Eltern, Schülern u. Lehrern zur Gestaltung des Schullebens (↑Elternmitwirkung, ↑Schülermitwirkung). Nach Verabschiedung des Schulmitwirkungsgesetzes am 13. 12. 1977 in Nordrhein-Westfalen wurde als zentrales Organ die Schulkonferenz eingesetzt. Sie setzt sich zur Hälfte aus Vertretern der Lehrer, zur anderen Hälfte aus Vertretern der Eltern u. Schüler zusammen. Die Aufgaben sind nicht nur gestaltend und mitwirkend. Die Sch. hat umfassende Aufgaben u. Rechte, sie trifft abschließende u. die Schule bindende Entscheidungen z. B. über Hausaufgaben, Leistungsprüfungen, Lernmittel und Schulordnung.

Schulpflicht *w*, gesetzlich festgelegte Verpflichtung zum Schulbesuch für Kinder im Alter von 6 Jahren (Stichtag 30. Juni). Die Schulpflicht erstreckt sich auf mindestens 9 Jahre u. verpflichtet zum Besuch der Grundschule, einer Hauptschule oder einer Sonderschule: anstatt der Hauptschule kann der Schüler auch eine Realschule, ein Gymnasium oder eine Gesamtschule besuchen. Die Berufsschulpflicht im Anschluß an die Hauptschule beträgt 3 Jahre (↑Berufsschule). Für die Erfüllung sind die Erziehungsberechtigten verantwortlich. Bei Nichteinhaltung ist der Staat berechtigt, schulpflichtige Kinder u. Jugendliche der Schule zwangsweise zuzuführen. *Schulzwang* ist der darüber hinausgehende Zwang, eine bestimmte Schule zu besuchen. Er besteht in der Bundesrepublik Deutschland für die Grundschule.

Schulreform ↑S. 532.

Schumacher, Kurt, *Culm 13. Oktober 1895, †Bonn 20. August 1952, deutscher Politker (SPD). Sch., der Schwerkriegsbeschädigter des 1. Weltkriegs war, wurde 1930 in den Deutschen Reichstag gewählt; 1933–45 war er (mit Unterbrechungen) in Konzentrationslagern. 1946 wurde er Vorsitzender der SPD der Westzonen u. setzte sich erfolgreich gegen eine Verschmelzung von SPD u. KPD ein. Seit 1949 war er Vorsitzender der SPD-Bundestagsfraktion u. entschiedener Gegner der Politik Adenauers. – Abb. S. 529.

Schumann, Robert, *Zwickau 8. Juni 1810, †Endenich (heute zu Bonn) 29. Juli 1856, deutscher Komponist. Er ist einer der bedeutendsten Vertreter der romantischen Musik, v. a. in seinen Liedern. Sein Werk umfaßt ferner Klaviermusik (u. a. „Phantasiestücke", „Kinderszenen"), vier Sinfonien, Kammermusik, Instrumentalkonzerte (u. a. Klavierkonzert in a-Moll, Cellokonzert) u. a. – Abb. S. 529.

Schumannplan *m*, von Robert Schumann (1886–1963), dem französischen Außenminister, am 9. Mai 1950 vorgelegter Plan einer westeuropäischen Gemeinschaft für Kohle u. Stahl, der später in der Montanunion verwirklicht wurde; ↑internationale Organisationen.

Schüttelreim *m*, Reimspiel, bei dem die Anfangskonsonanten der reimenden Silben vertauscht werden, so daß neue Worte entstehen; z. B. „Wir aßen heut' den Suppenhahn, den wir noch gestern huppen sah'n (hier sind s und h von Suppenhahn vertauscht worden).

Schutzimpfungen *w*, *Mz.*, zum Schutz gegen bestimmte Infektionskrankheiten vorgenommene Immunisierungen (↑Impfung). Sch. sind z. T. gesetzlich vorgeschrieben, werden aber auch beim Auftreten von Epidemien oder beim Einreisen in bestimmte Länder angeordnet werden.

Schwaben: 1) südwestbayrischer Regierungsbezirk zwischen Iller u. Lech, mit 1,5 Mill. E, Hauptstadt Augsburg; **2)** germanischer Volksstamm, ↑Sweben; **3)** ehemaliges deutsches Herzogtum, das im frühen 10. Jh. entstand u. nach dem Volksstamm der Sweben (Schwaben) benannt wurde. Sch. umfaßte das alemannisch-schwäbische Stammesgebiet (die deutschsprachige Schweiz, das Elsaß, Südbaden, Südwürttemberg u. das bayrische Sch. bis zum Lech). 1079 kam das Herzogtum an die Staufer; nach deren Aussterben (1268) zerfiel es in mehrere Territorien. Heute bezeichnet man als Sch. den inneren Bereich des ehemaligen Herzogtums zwischen Schwarzwald u. Lech, dem mittleren Neckar u. dem Bodensee.

Schwachstrom *m*, ein Strom, ganz gleich welcher Stärke, der von einer Spannung unterhalb 24 Volt erzeugt wird. Diese Spannung ist für den Menschen ungefährlich, es sei denn, es lägen äußerst ungünstige Umstände vor (sehr feuchter Boden, große Berührungsfläche, wie sie beispielsweise eine in der Badewanne sitzende Person hat).

Schwalben *w*, *Mz.*, gesellig lebende Singvögel, die im September nach Afrika ziehen u. Anfang April zurückkehren. Mit ihren langen, schmalen Flügeln u. dem gegabelten Schwanz sind die Sch. sehr schnelle u. gewandte Flieger. Ihre Nahrung (Fliegen u. Mücken) erbeuten sie fliegend; im Flug trinken u. baden sie auch. Nur zum Sammeln des Nestbaumaterials kommen die Sch. auf den Boden. Das Nest wird aus Schlamm u. Lehm hergestellt; Federn u. Grashälmchen u. der Speichel des Vogels werden mit den Baustoffen vermischt u. ergeben die nötige Festigkeit. Zwei- bis dreimal im Jahr ziehen die Sch. 4–5 Junge auf. Die schwarzblaue *Rauchschwalbe* besitzt eine braunrote Stirn u. Kehle. Ursprünglich ein Felsenbewohner, baut sie heute ihr Nest besonders in Ställen u. dörflichen Hauseingängen unter der Decke. Die *Hausschwalbe*, mit weißer Bauchseite, baut ihr Nest an der Außenseite von Häusern, dicht unter dem Dach, so daß nur ein kleines Flugloch bleibt. Die *Uferschwalbe* gräbt mit Schnabel u. Füßen $1/2$–1 m lange Röhren in die Steilwände von Ufern, Sandgruben u. Hohlwegen. Der Gang endet in einer weich ausgepolsterten Bruthöhle.

Schwalbenschwanz *m*, großer Tagschmetterling mit je einem langausgezogenen Zipfel an den gezackten Rändern der Hinterflügel.

Schwalbenschwanz *m*, eine Verbindungsart zwischen zwei Bauteilen; häufig verwendet bei Holzschubkästen. Der Schwalbenschwanz dient auch als Führung, wenn zwei Maschinenteile ineinander gleiten.

Schwämme *m*, *Mz.*, Vielzeller mit zahlreichen Arten, unter 1 cm bis über 2 m groß. Sch. leben meist im Meer; sie sitzen fest an einer Stelle u. sind oft leuchtend gefärbt. Sie haben keine Nerven, keine Muskeln u. keine Organe. Das Wasser spült ihre Nahrung

Schwäne. Höckerschwäne (links) und Trauerschwan mit Jungem

Schwefel

(Einzeller) durch Poren ins Innere, durch Öffnungen fließt das Wasser wieder ab. Meist haben Sch. ein Skelett aus Kalk u. Kieselsäure. Sch. vermehren sich teils geschlechtlich, teils ungeschlechtlich.

Schwäne *m, Mz.*, weltweit (mit Ausnahme von Afrika) verbreitete Entenvögel. Sie werden bis fast 2 m groß u. sehr kräftig. Sie haben einen langen Hals u. kommen v. a. auf vegetationsreichen Süßgewässern vor. Sie fliegen stets mit horizontal ausgestrecktem Hals u. lassen (je nach Art) trompetentonartige Rufe ertönen. In Europa heimisch ist nur der weiße *Höckerschwan* mit (in beiden Geschlechtern) orangefarbenem Schnabel u. schwarzem Höcker. Die Männchen sind besonders in der Brutzeit (April–Juni) leicht reizbar u. angriffslustig. In einem aus Schilfhalmen errichteten Bodennest (meist auf Inseln u. ä.) werden 5–7 Eier ausgebrütet. Nicht selten sind auf unseren Seen u. Teichen der schwarze, rotschnäbelige *Trauerschwan* aus Australien u. der weiße, gelbschnäbelige *Singschwan* Nordeurasiens zu sehen.

Schwangerschaft ↑Geschlechtskunde.

Schwank *m*, scherzhafter Einfall, lustige Begebenheit; auch eine kurze, launige, oft derbe Erzählung oder ein Theaterstück von unbeschwerter Heiterkeit u. Fröhlichkeit, bei der meist eine Person eine andere überlistet. Schwänke waren im Mittelalter und besonders im 16. Jh. beliebt und verbreitet. Die bekannteste Gestalt einer alten Schwanksammlung ist Till ↑Eulenspiegel.

Schwärmer ↑Schmetterlinge.

Schwarzes Meer *s*, Nebenmeer des Mittelländischen Meeres. Das Schwarze Meer grenzt im Süden an die Türkei, im Westen an Bulgarien u. Rumänien u. im Norden u. Osten an die UdSSR. Es ist mit 0,46 Mill. km² fast doppelt so groß wie die Bundesrepublik Deutschland u. bis zu 2244 m tief; der Salzgehalt beträgt 1,5–1,8 % u. ist somit geringer als der des Mittelländischen Meeres (3,74 %), mit dem es durch den Bosporus, das Marmarameer u. die Dardanellen verbunden ist. Der Fischfang beschränkt sich in der Hauptsache auf Störe. Die größten Flüsse, die in das Schwarze Meer münden, sind die Donau, der Dnjepr u. der Don; bedeutende Häfen sind Odessa, Sewastopol, Konstanza u. Warna.

Schwarzwald *m*, Mittelgebirge in Baden-Württemberg, am südöstlichen Rand des Oberrheinischen Tieflandes, zwischen dem Hochrhein u. dem Kraichgau gelegen. Der Sch. ist rund 150 km lang u. 30–50 km breit; nach Westen fällt er steil ab, während er sich nach Osten allmählich abdacht. Die höchste Erhebung im Norden ist die Hornisgrinde (1164 m), im südlichen Teiles (Hochschwarzwald) der Feldberg (1493 m). Das regenreiche Gebirge wird von zahlreichen Flüssen entwässert (u. a. von der Kinzig, der Murg, der Enz, den Donauquellflüssen u. der Wutach) u. ist zu rund 60 % bewaldet (hauptsächlich Nadelwald). Neben der feinmechanischen Industrie (Schwarzwälder Uhren) sind die Holz-, Textil- u. Papierindustrie von Bedeutung. Als Fremdenverkehrsgebiet ist der Sch. sehr beliebt, er hat zahlreiche Kurorte, Heilbäder u. Wintersportplätze.

Schwarzwild *s*, in der Jägersprache Bezeichnung für das Wildschwein. Für das Sch. gibt es keine Schonzeit; geschützt sind Muttertiere (Bachen), die Jungtiere (Frischlinge) führen. Das männliche Schwarzwild nennt man Keiler.

Schwebebahn *w*, Bahn, bei der das Fahrzeug an einer Schiene (Schienenschwebebahn) oder an einem Seil (Seilschwebebahn) hängt. Der Antrieb erfolgt entweder durch einen im Fahrzeug befindlichen Motor oder über ein umlaufendes, endloses Zugseil, das durch einen an der Endstation befindlichen Motor bewegt wird. Seilschwebebahnen werden v. a. im Gebirge als Bergbahnen verwendet.

Schweden, nordeuropäisches Königreich im Osten der Skandinavischen Halbinsel. Sch. umfaßt mit 449 964 km² etwa die doppelte Fläche der Bundesrepublik Deutschland, hat aber nur 8,3 Mill. E. Die Hauptstadt ist Stockholm. Sch. ist zu 50 % bewaldet; das Klima zeichnet sich bei gemäßigten Sommern durch lange u. strenge Winter aus. Etwa 7,3 % der Gesamtfläche werden intensiv von einer modernen u. hochentwickelten Landwirtschaft genutzt. Der Reichtum Schwedens beruht auf seinen Bodenschätzen: die hochwertigen schwedischen Eisenerze (v. a. aus Kiruna u. Gällivare) sind weltbekannt; ferner werden Gold-, Silber-, Blei-, Kupfer-, Zinkerze, Arsen u. Pyrit abgebaut. Neben einer starken Hütten- u. Metallindustrie sind die Holz-, Papier- u. Nahrungsmittelindustrie, der Maschinen- u. Schiffbau von Bedeutung. Die wichtigsten Häfen sind Stockholm, Göteborg, Malmö und der Erzhafen Luleå. *Geschichte:* Der schwedische Staat formte sich um 1000 n. Chr. unter Olaf Schoßkönig u. wurde nach dessen Taufe allmählich christianisiert; ab 1397 war Sch. mit Norwegen u. Dänemark vereinigt (Kalmarer Union), wurde aber unter Gustav I. (1523–1560) aus dem Hause Wasa wieder selbständig. Einführung der Reformation im 16. Jahrhundert. Nach dem Eintritt in den Dreißigjährigen Krieg unter Gustav II. Adolf stieg Sch. zur europäischen Großmacht auf, verlor aber diese Stellung wieder im ↑Nordischen Krieg. 1810 wurde der französische Marschall Bernadotte zum schwedischen Kronprinzen gewählt; er regierte als König Karl XIV. Johann ab 1818 u. begründete das jetzige Herrscherhaus. Im 1. u. 2. Weltkrieg blieb Sch. neutral; es ist Mitglied der UN u. der EFTA.

Schwefel *m*, typisches Nichtmetall, chemisches Symbol S; Ordnungszahl 16; Atommasse 32,04. Sch. kommt zwar in mehreren Formen (Modifikationen) vor, jedoch ist die unter normalen Bedingungen beständige Modifikation des Schwefels eine gelbe, spröde, in Wasser unlösliche Substanz. Sch. zählt zu den häufiger vorkommenden Elementen unserer Erde u. steht in der Reihe der Häufigkeit an 15. Stelle (noch vor dem Kohlenstoff). In der Natur kommt Sch. sowohl gediegen (in Sizilien u. im Süden der USA), als auch in Form von mineralischen Sulfiden oder Sulfaten vor. Zu den mineralischen Sulfiden gehören die sogenannten Glanze, Kiese u. Blenden (z. B. Bleiglanz PbS, Kupferkies $CuFeS_2$ u. Zinkblende ZnS); die häufigsten mineralischen Sulfate sind der Anhydrit (Calciumsulfat $CaSO_4$) u. der Baryt (Bariumsulfat $BaSO_4$). Darüber hinaus kommt Sch. auch in der Form des (sehr giftigen) Schwefelwasserstoffs H_2S, v. a. in vulkanischen Gasen u. Erdgasen, vor. Die Gewinnung von Sch. geschieht aus den Sulfiden durch verschiedene Oxydationsverfahren, aus den Sulfaten durch geeignete Reduktionsverfahren. Der gediegene Sch. wird z. B. in den USA aus seinen Lagerstätten mit überhitztem Wasserdampf herausgeschmolzen. Sch. ist die Grundsubstanz für viele in der chemischen Technik unentbehrliche Verbindungen. Nahezu die Hälfte des Schwefels wird zur Herstellung von ↑Schwefelsäure verbraucht. Ferner findet er Verwendung bei der Vulkanisierung von Gummi, in der Kunststoff- u. Zündholzindustrie, bei der Herstellung von Schießpulver, zur Ausschwefelung von Weinfässern u. in der Medizin zur Bekämpfung von Krätze u. anderen Hautkrankheiten so-

Schwefel. Schwefelkristalle

Fortsetzung S. 535

SCHULREFORM

Unter dem Begriff Schulreform lassen sich alle Maßnahmen zusammenfassen, die das Schulwesen insgesamt oder den Schulunterricht oder die Organisation der Schule verändern wollen. Ziel der Sch. ist es, Chancenungleichheiten unter den Schülern abzubauen u. Übergänge u. Weiterkommen besser als bisher zu ermöglichen. Die Bemühungen um eine Reform des Schulwesens wurden Anfang der sechziger Jahre erheblich verstärkt. Vergleiche mit anderen hochentwickelten Ländern hatten u. a. ergeben, daß die Bundesrepublik Deutschland im Schul- u. Bildungswesen rückständig war, da hier relativ wenig Geld für Bildung ausgegeben wurde, relativ wenig Kinder Vorschuleinrichtungen besuchen konnten, relativ wenig Jugendliche das Abitur machten u. relativ wenige studierten. Diese Mängel wurden zunächst durch eine Ausdehnung u. Erweiterung des Schulwesens behoben; entsprechend stieg in den letzten zehn Jahren beispielsweise die Zahl der Schüler an allgemein- u. berufsbildenden Schulen um über 30 %. Neben dieser Ausdehnung stand weiterhin die Struktur des Schulwesens im Mittelpunkt der Diskussion. Traditionell gliederte sich das Schulwesen (nach der Grundschule) in Hauptschule, Realschule u. Gymnasium. Diese vertikale Dreigliedrigkeit wurde zunehmend kritisiert, da sie einer Gliederung der Gesellschaft in Unter-, Mittel- und Oberschicht entspräche und die Kinder nach ihrer Schichtzugehörigkeit der Schulform zugeordnet würden: Unterschicht zur Hauptschule, Mittelschicht zur Realschule, Oberschicht zu Gymnasium (u. damit später auch Studium); für Kinder aus Unterschichten bestünden wenige – u. dann auch noch sehr schwierige – Möglichkeiten, über eine bessere Schulbildung in höhere Schichten aufzusteigen. Kritik an dieser Dreigliedrigkeit wurde auch geübt, weil die Durchlässigkeit zwischen den drei Schulformen zu gering war: statt einer Förderung der Schüler fände eine ständige Auslese (u. somit Verhinderung des Besuchs höherer Schulformen) statt.

Um zukünftig möglichst hohe Chancen der Schullaufbahn (u. damit des späteren Lebensweges) offenzuhalten, strebte man inzwischen eine Umwandlung der vertikalen Gliederung des Schul- u. Bildungswesens in eine horizontale Gliederung an: Statt dreier nebeneinander stehender Schulformen u. -typen soll es jetzt aufeinander aufbauende u. aufeinander bezogene Schulstufen (Primarstufe, Sekundarstufe I, Sekundarstufe II) geben, die sich über alle Schulformen erstrecken und damit vielfältige Übergangsmöglichkeiten u. gemeinsamen Unterricht verschiedener Schulformen, teilweise in Gesamtschulen, ermöglichen. Durch diese Maßnahmen der Schulreform konnte der bisher höchste Stand im Qualifikationsniveau der Jugendlichen erreicht werden. Ihre Chancen im Zugang zu weiterführenden Bildungsgängen u. Abschlüssen nach der Pflichtschulzeit sind erheblich verbessert worden. Im Vergleich mit 1965 waren 1975 140 000 Schüler mehr im teilweise neu eingeführten 9. Hauptschuljahr, 1 500 000 Schüler mehr auf dem Weg zum mittleren Abschluß an Realschulen, Gymnasien u. Gesamtschulen, 300 000 Schüler mehr in der Oberstufe des Gymnasiums, 270 000 Schüler mehr in beruflichen Vollzeitschulen; es gingen mehr als doppelt so viele Jugendliche in die 9. u. dreimal so viele in die 12. Klasse, es erreichten doppelt so viele einen mittleren Abschluß u. fast viermal soviel eine Fachhochschul- u. Hochschulreife; die Zahl der Studienanfänger verdoppelte sich, die Zahl der ins Erwerbsleben eintretenden Ungelernten halbierte sich u. der Anteil der Hauptschüler ohne Abschluß ging um ein Drittel zurück. Trotz dieser zahlenmäßigen Erfolge ist eine intensive Fortführung der Schulreform erforderlich, da weiterhin die Lösung zentraler Probleme ansteht: Einführung eines zehnten Pflichtschuljahres, Erweiterung des Angebotes an Ganztagsschulen, Ausbau von Orientierungsstufen in der 5. u. 6. Klasse, Verstärkung des Praxisbezuges u. der vorberuflichen Orientierung, Verbindung von allgemeiner u. beruflicher Bildung, Einführung eines Berufsgrundbildungsjahres, Bereitstellung beruflicher Ausbildungsplätze, Ausbau der Gesamtschulen, Fortführung der Reform der gymnasialen Oberstufe, gegenseitige Anerkennung von Schulabschlüssen durch die einzelnen Bundesländer, inhaltliche, methodische u. didaktische Reform des Schulunterrichtes (Curriculumreform), Mitwirkung von Schülern, Eltern u. Lehrern an der Gestaltung der Schule (Schulmitwirkung).

Schulpolitik (Gestaltung, Verwaltung und Finanzierung) ist im föderalistischen System der Bundesrepublik Deutschland Aufgabe der Länder; über Fragen der Schulrefom haben deshalb die im wesentlichen die Kultusminister (bzw. Senatoren) der einzelnen Bundesländer, bei überregionalen Fragen in der Kultusministerkonferenz, und die Landesparlamente zu entscheiden. Vielfach sind – als wichtigste Schulträger – auch die Kommunen zuständig. Zunehmend werden aber im Bestreben bundesweiter u. einheitlicher Regelungen in grundsätzlichen Fragen stärkere Kompetenzen des Bundes auch für den Schulbereich u. seine Reform gefordert.

Zur ständigen Begleitung u. Initiierung von Schulreformen sind regionale u. überregionale Beratungsgremien u. wissenschaftliche Institute eingerichtet worden. An der schulpolitischen Diskussion und den Bemühungen um eine Schulreform beteiligen sich Lehrergewerkschaften u. -verbände, Elternvertretungen u. -vereine sowie Jugend- u. Schülerorganisationen. Sie nehmen ihre Verantwortung in demokratischer Mitwirkung wahr, indem sie einzelne Maßnahmen der Schulreform kritisieren oder begrüßen sowie neue Vorschläge entwickeln. Bei aller Kritik an einzelnen Entwicklungen u. Folgen von Schulreformen, die teilweise nicht vorhersehbar waren, darf nicht vergessen werden, daß die Bundesrepublik Deutschland im Vergleich zu anderen Ländern einen erheblichen Nachholbedarf hatte, den in kürzester Zeit bei gleichzeitiger Ausweitung, inhaltlichen u. organisatorischen Veränderungen zu bewältigen war, um den ständig wachsenden Anforderungen aus Gesellschaft, Berufs- u. Arbeitswelt gerecht werden zu können und den Anschluß an das Bildungsniveau anderer Länder zu erreichen.

* * *

SCHÜLER 1970–1978

Schulgattung	1970	1971	1972	1973	1974	1975	1976	1977	1978
Grund- u. Hauptschulen	6 347 451	6 476 721	6 509 705	6 499 638	6 481 256	6 425 116	6 277 564	6 019 128	5 718 124
Schulen für Behinderte	322 037	346 115	364 730	378 122	384 888	393 800	398 176	398 015	387 829
Realschulen	863 450	912 511	981 207	1 043 575	1 100 311	1 147 217	1 248 652	1 316 669	1 350 721
Gymnasien	1 379 455	1 442 792	1 567 276	1 686 616	1 779 750	1 863 479	1 913 954	1 971 708	2 013 353
Gesamtschulen	–	61 492	83 253	106 955	135 448	165 812	186 882	198 235	206 930

Quelle: Statistisches Jahrbuch 1979 für die Bundesrepublik Deutschland

SCHWEIZ

Die Schweiz ist ein Bundesstaat im Südwesten Mitteleuropas. Sie besteht aus 20 Kantonen u. 6 Halbkantonen, ist mit 41 288 km² etwa ⅕ so groß wie die Bundesrepublik Deutschland u. hat 6,33 Mill. E (1977), von denen 65 % Deutsch, 18 % Französisch, 12 % Italienisch, 1 % Rätoromanisch sprechen. Die Bundeshauptstadt ist Bern. Die Schweiz gliedert sich in drei Landschaftseinheiten: den Schweizer Jura (⅙ des Landes) im Nordwesten, das sich südlich u. östlich anschließende Schweizer Mittelland (⅓ des Landes) u. die Schweizer Alpen im Süden u. Osten (hauptsächlich Teile der Westalpen, nur östlich des Splügen Ostalpen). Der Schweizer Jura (im Mont Tendre 1 679 m) ist ein überwiegend aus Kalken aufgebautes Mittelgebirge, im zentralen und südwestlichen Teil leicht gefaltet (Faltenjura), im nördlichen Teil ein zerschnittenes Tafelland (Tafeljura); seine Hänge sind bewaldet, die höheren Lagen verkarstet; es gibt nur wenig Landwirtschaft, vorherrschend sind Weideflächen; die Besiedlung ist demzufolge nicht dicht (50 E pro km²); neben holzverarbeitenden Betrieben u. Zementwerken ist v. a. die Uhrenindustrie von wirtschaftlicher Bedeutung. Das Schweizer Mittelland ist eine Tafel- u. Hügellandschaft aus gehobenem Abtragungsmaterial der Alpen (höchste Erhebung Rigikulm, 1 798 m), das in der Eiszeit durch Eismassen umgestaltet wurde (Ablagerung von Moränen, Ausbildung vieler Seen, unter denen der Genfer See u. der Bodensee die größten sind). Es ist der eigentliche Wirtschaftsraum der Schweiz: Die Moränenböden ermöglichen landwirtschaftliche Nutzung, außerdem liegen hier die meisten Industriebetriebe (Schokolade, Konserven, Molkereiprodukte; v. a. im Zentrum u. im Nordosten Textilindustrie, Maschinenbau u. Schuhfabrikation). In dieser am dichtesten besiedelten Landschaft (durchschnittlich 100 E pro km², örtlich aber bis 200 pro km²) befinden sich auch die meisten Städte (darunter das Wirtschaftszentrum Zürich).
Die Schweizer Alpen werden durch den auffallenden Längseinschnitt, der von oberer Rhone u. Vorderrhein durchflossen wird, in nördliche u. südliche Gebirgsgruppen geteilt (höchste Erhebung: Dufourspitze des Monte Rosa 4 634 m), die im Quellgebiet dieser Flüsse, im Gotthardmassiv, ineinander übergehen; sie sind in den Gipfellagen vergletschert u. bilden die Klimascheide zwischen dem immerfeuchten mitteleuropäischen Klima im Norden u. dem mediterranen Klima im Süden, mit Frühjahrs- u. Herbstregen. Die landwirtschaftliche Nutzung ist weitgehend Almwirtschaft; im klimatisch günstigen Tal der oberen Rhone u. im südlichen Tessin (Ausläufer des südlichen Alpenvorlandes) werden auch Sonderkulturen (Obst, Wein, Kastanien, Gemüse) angebaut. Wichtigste Wirtschaftszweige sind Energieerzeugung (Wasserkraftwerke) und Fremdenverkehr (auch im Winter; Wintersport). Dank der Naturschönheiten u. klimatischer Vorzüge vieler Orte sind die Schweizer Alpen das älteste Fremdenverkehrsgebiet der Erde (Davos, Arosa, Engadin, Berner Oberland, Zermatt mit Matterhorn).
Im ganzen ist die Schweiz ein Industrieland (knapp 50 % der Bevölkerung lebt von Industrie, Handwerk u. Baugewerbe), obwohl Rohstoffe so gut wie ganz fehlen. Hergestellt werden hochwertige Erzeugnisse (Maschinen, Instrumente, Uhren, Apparate, Textilien, Papierwaren, Lacke, Arzneimittel u. a.), von denen viele ausgeführt werden. Die Landwirtschaft (mit Forstwirtschaft 6 % der Erwerbstätigen) ist im wesentlichen Viehwirtschaft (1,9 Mill. Rinder, 1,9 Mill. Schweine; 80 % der landwirtschaftlichen Nutzfläche sind Weiden) mit bedeutender Milchwirtschaft (unter anderem Schweizer Käse); daneben gibt es Getreideanbau u. Obstbau (Obstsäfte und Obstspirituosen). Neben dem Handel u. den Bildungsinstituten (besonders im französischen Sprachgebiet) kommt den Geldinstituten besonderes Gewicht zu. In der Schweiz, die dank ihrer Neutralitätspolitik als „sicheres" Land gilt, sind große Summen ausländischen Kapitals angelegt. Die Schweiz ist auch Sitz internationaler Organisationen (v. a. in Genf: Internationales Rotes Kreuz, Internationale Arbeitsorganisation u. a.).
Die Schweiz verfügt über ein gutes Straßen- u. Eisenbahnnetz (4 990 km, weitgehend elektrifiziert); bedeutende Alpenpässe mit Verkehrswegen (Straßen, Eisenbahnen, teils in Tunneln) führen von Norden nach Italien (v. a. St. Gotthard, der Große St. Bernhard u. der Simplon). Basel, das auch Zentrum der pharmazeutischen Industrie ist, hat einen bedeutenden Binnenschiffahrtshafen (Rheinhafen), in Zürich, Basel u. Genf befinden sich wichtige Flughäfen.
Geschichte: Das Gebiet der Schweiz kommt nach der Unterwerfung der Helvetier (58 v. Chr.) und Rätier (15 v. Chr.) unter die Herrschaft der Römer. In der Völkerwanderungszeit dringen Burgunder u. Alemannen ein, die im 6. Jh. von den Franken unterworfen werden. Bei der Teilung des Fränkischen Reiches 843 fallen die Gebiete östlich der Aare an König Ludwig II. u. werden später Teil des Herzogtums Schwaben; die westlichen Gebiete erhält Lothar I.; sie fallen 1033 ebenfalls an das Reich zurück. Unter den kleineren örtlichen Herrschaften gewinnen besondere Bedeutung die Habsburger (Stammburg „Habichtsburg" im Aargau), die mit Graf Rudolf von Habsburg die deutsche Königskrone gewinnen u. auch in der Schweiz versuchen, ihre Hausmacht zu vergrößern. Gegen ihren wachsenden Druck schließen die „Waldstätte" (Urkantone) Uri, Schwyz u. Unterwalden 1291 einen „Ewigen Bund" (der Rütlischwur ist historisch nicht nachweisbar, Tell eine sagenhafte Gestalt). Der Eidgenossenschaft treten 1332 Luzern, 1351 Zürich, 1352 Glarus u. Zug sowie 1353 Bern bei. Bis 1513 ist der Bund auf

SCHWEIZ, KANTONE

Kanton	Fläche in km²	Bevölkerung, geschätzt 1976	Hauptorte
Aargau	1 405	443 600	Aarau
Appenzell Außerrhoden	243	47 200	Herisau
Appenzell Innerrhoden	172	13 400	Appenzell
Basel-Landschaft	428	220 400	Liestal
Basel-Stadt	37	213 700	Basel
Bern	6 050	923 000	Bern
Freiburg	1 670	181 900	Freiburg
Genf	282	337 900	Genf
Glarus	685	36 000	Glarus
Graubünden	7 109	164 800	Chur
Jura*	837	67 500	Delsberg
Luzern	1 492	292 800	Luzern
Neuenburg	797	164 600	Neuenburg
Sankt Gallen	2 014	385 300	Sankt Gallen
Schaffhausen	298	70 200	Schaffhausen
Schwyz	908	92 800	Schwyz
Solothurn	791	224 100	Solothurn
Tessin	2 811	264 700	Bellinzona
Thurgau	1 013	184 500	Frauenfeld
Unterwalden nid dem Wald	276	26 500	Stans
Unterwalden ob dem Wald	491	25 300	Sarnen
Uri	1 076	34 200	Altdorf
Waadt	3 219	523 900	Lausanne
Wallis	5 226	213 700	Sitten
Zug	239	73 400	Zug
Zürich	1 729	1 120 000	Zürich

* gebildet 1978

Schweiz (Forts.)

13 „Orte" angewachsen, hinzu kommen weitere Bündnismitglieder (die sogenannten zugewandten Orte). Die habsburgischen Angriffe können in den Schlachten am Morgarten 1315, bei Sempach (Winkelriedsage) 1386 u. 1388 bei Näfels abgewehrt werden. Im 15. Jh. erobern die Eidgenossen den Aargau u. den Thurgau. 1474 wird der Bund von den Österreichern anerkannt, er verteidigt seine Selbständigkeit auch erfolgreich gegen Herzog Karl den Kühnen von Burgund in den Schlachten von Granson u. Murten 1476 u. 1477 bei Nancy. Die Ausdehnungspolitik nach Süden bringt den Gewinn des Tessins u. Veltlins (1512). Im 16. Jh. folgt die Einführung der Reformation (Zwingli in Zürich; Calvin in Genf); sie hat die dauernde konfessionelle Spaltung des Landes zur Folge. Den tatsächlichen Verhältnissen nach schon unter Kaiser Maximilian I. vom Reich losgetrennt, scheidet die Schweiz 1648 auch staatsrechtlich aus dem Staatsverband aus (Westfälischer Friede). 1798 wird nach der Eroberung durch die Franzosen im Zusammenhang mit der Französischen Revolution die Helvetische Republik gebildet, die 1803 durch die Mediationsakte in einen Staatenbund von 19 Kantonen umgewandelt wird. Seine „ewige Neutralität" wird bei der Neuordnung Europas auf dem Wiener Kongreß 1815 anerkannt. Nach der Pariser Julirevolution von 1830 erhalten 12 Kantone demokratische Verfassungen. 1845 schließen sich die sieben katholischen Kantone zum „Sonderbund" zusammen, der 1847 von den liberalen Kantonen im Sonderbundskrieg niedergeworfen wird. 1848 Umwandlung des Staatenbundes in einen Bundesstaat mit demokratischer Verfassung, die – 1874 und 1913 weiterentwickelt – noch heute gültig ist. In den beiden Weltkriegen 1914–18 und 1939–45 kann die Schweiz ihre Neutralität bewahren. 1910 Beitritt zum Völkerbund unter Vorbehalt der Neutralität (Sitz des Völkerbundes war Genf). Die Schweiz ist aus Neutralitätsgründen nicht Mitglied der Vereinten Nationen (UN). 1960 wurde die Schweiz Mitglied der Europäischen Freihandelszone (EFTA).

SCHWIMMEN

Man kann nicht früh genug anfangen, schwimmen zu lernen. Nicht nur deshalb, weil immer noch in jedem Jahr zahlreiche Menschen ertrinken, sondern auch weil es kaum eine andere Sportart gibt, die den gesamten Körper in gleichem Maße beansprucht, stärkt u. abhärtet wie das Schwimmen. Obwohl die älteste bekannte Darstellung eines Schwimmers aus dem 4. Jahrtausend v. Chr. stammt (Felszeichnung in der Libyschen Wüste), setzt die eigentliche Entwicklung des Schwimmsports erst im 19. Jh. ein. Man begann Freibäder zu bauen u. an den Schulen Schwimmunterricht einzuführen. Den Anfang machte die berühmte Fürstenschule Schulpforta 1810. Von den deutschen Schwimm- u. Turnverbänden wurde das Schwimmen gefördert. Bald entstanden in Deutschland die ersten Schwimmvereine, die ersten Schwimmwettkämpfe wurden durchgeführt. 1886 wurde der Deutsche Schwimmverband (DSV) gegründet, in dem heute die Schwimmvereine der Bundesrepublik Deutschland zusammengeschlossen sind.

Im Lauf der Zeit haben sich folgende Stilarten des Schwimmens entwickelt:

1. Brustschwimmen: Das Brustschwimmen ist von allen Schwimmstilen der langsamste. Wie bei allen Schwimmarten müssen die Arm- u. Beinbewegungen genau aufeinander abgestimmt sein. Der Körper liegt flach u. gestreckt im Wasser, die Arme sind nach vorn gerichtet. Beide Arme werden gleichzeitig u. gleichmäßig auseinandergeführt u. mit nach außen gedrehten Handflächen bis kurz vor Schulterhöhe leicht abwärts durch das Wasser gezogen. Dann werden die Arme nach innen vor die Brust gebracht u. kräftig nach vorn in Strecklage gestoßen. Damit ist ein voller Armzug abgeschlossen. Gleichzeitig erfolgt die Beinbewegung. Dabei werden beide Beine gleichmäßig angezogen, wobei die Knie geöffnet sind. In fließendem Bewegungsablauf werden die Beine leicht gegrätscht, die Unterschenkel schwingen dabei nach außen. Dann werden die Beine gestreckt u. geschlossen. Im gesamten Bewegungsablauf erfolgt das Anziehen der Beine, wenn die Arme die Zugbewegung beendet haben. Der Unterschenkelschwung wird parallel mit dem Strecken der Arme ausgeführt. Normalerweise wird während der Armschwungs kräftig eingeatmet. Die Ausatmung erfolgt bei Vorstrecken der Arme durch Mund u. Nase ins Wasser.

2. Delphinschwimmen (bis 1960 Schmetterlingsschwimmen, Butterflystil): Es ist der zweitschnellste Schwimmart. Als selbständige Disziplin gibt es das Schmetterlingsschwimmen erst seit 1953. Die Arme werden gleichzeitig in kreisähnlichen Bahnen neben den Hüften aus dem Wasser gezogen u. vor dem Kopf wieder ins Wasser geführt. Da durch diese Art des „Brustschwimmens" wesentlich schnellere Zeiten erzielt wurden, verschwand die herkömmliche Art des Brustschwimmens fast ganz aus den internationalen Wettbewerben. Der internationale Schwimmverband schuf deshalb die Disziplinen Brustschwimmen u. Schmetterlingsschwimmen. Die bei den Brustschwimmern geforderte Beingrätsche durfte durch eine bis in die Hüften gehende, gleichlaufende Auf- u. Abbewegung beider Beine ersetzt werden. Da diese Bewegung der Schwanzflossenbewegung des Delphins ähnelt, wurde der neue Schwimmstil dann Delphinschwimmen genannt. In der Gesamtbewegung werden gewöhnlich auf eine vollständige Armbewegung zwei Fußschläge ausgeführt. Während dieses Gesamtablaufes wird einmal ein- u. ausgeatmet.

3. Kraulschwimmen: Von allen Schwimmarten ist das Kraulschwimmen die schnellste (erstmals schwamm der Amerikaner J. Weissmuller 1922 die 100 m unter 1 Minute; er wurde auch im Film als Tarzan berühmt). Der Körper liegt langgestreckt im Wasser (die Schultern etwas höher als das Becken). Die Arme werden wechselseitig über den Kopf geführt, vor der Schulter ins Wasser gebracht, nach vorn gestreckt u. unter Wasser bis zur Hüfte durchgezogen. Die Armbewegungen müssen schnell, locker u. harmonisch erfolgen. Die Beine werden aus der Hüfte in Paddelbewegung auf- u. abbewegt. Beim Gesamtablauf müssen Arm- u. Beinbewegung genauestens aufeinander abgestimmt sein. Am häufigsten angewendet wird der sogenannte Sechserschlag, das heißt, auf jeden Doppelarmzug fallen sechs Beinschläge eines jeden Beines. Meist atmet man während einer vollständigen Armbewegung aus u. ein. Geübtere Schwimmer beherrschen auch die sogenannte Dreierzugatmung, bei der auf jeden dritten Einzelarmzug eingeatmet wird, wobei der

Brustschwimmen

 Delphinschwimmen
 Kraulschwimmen
 Rückenschwimmen

Kopf abwechselnd nach rechts u. nach links gewendet ist. Nur so können die Schwimmer die Gegner auf beiden Seiten während des Wettkampfes beobachten.
Da bei den Wettkämpfen im *Freistilschwimmen* heute ausschließlich das Kraulschwimmen angewendet wird, versteht man von vornherein unter Freistilschwimmen Kraulschwimmen.
4. *Rückenschwimmen:* Das Rückenschwimmen ähnelt dem Kraulschwimmen sehr. Es werden jedoch nicht die gleichen schnellen Zeiten erreicht. Der Körper liegt in Rückenlage gestreckt im Wasser, die Arme werden wechselseitig über den Kopf nach hinten geführt und unter Wasser bis zur Hüfte durchgezogen. Die Beinbewegung entspricht etwa der des Brustkraulschwimmens. Auch beim Rückenschwimmen wird der oben beschriebene Sechserzug angewendet.

Gewöhnlich wird beim Führen eines Armes über Wasser eingeatmet u. beim Führen desselben Armes unter Wasser ausgeatmet.
Bei *Schwimmwettkämpfen* soll die Länge des Schwimmbeckens 50 m, die Breite 21 m betragen. Gefordert werden 8 durch Kunststoffleinen abgegrenzte Bahnen, deren jede 2,50 m breit sein soll. Die Startblöcke müssen 75 cm hoch (über Wasser) sein. Das Wasser soll an allen Stellen mindestens 1,80 m tief sein. Neben Einzel- u. Staffelwettbewerben in allen Stilarten über verschiedene Längen gibt es Wettkämpfe im sogenannten *Lagenschwimmen,* das bei Einzelwettbewerben in der Reihenfolge Delphin-, Rücken-, Brust- und Freistilschwimmen, in der Lagenstaffel in der Reihenfolge Rücken-, Brust-, Delphin- und Freistilschwimmen ausgetragen wird.

* * *

wie zur Bekämpfung des Mehltaus bei Reben u. Rosen. Viele organische Farbstoffe enthalten Schwefelverbindungen.
Schwefelsäure w, eine der wichtigsten u. stärksten Säuren, H_2SO_4. Hochkonzentrierte Sch. ist eine ölige farblose Flüssigkeit. Beim Vermischen mit Wasser kommt es zu einer Wärmeentwicklung. Aus diesem Grunde darf man nur konzentrierte Sch. in Wasser gießen (u. nicht umgekehrt), weil es sonst zu einem Verspritzen der stark ätzenden Säure u. damit zu unter Umständen schweren Verletzungen kommt. Die Gewinnung der Sch. geschieht in der Regel durch Oxydation des Schwefeldioxids (SO_2) zu Schwefeltrioxid (SO_3) u. dessen Einleitung in Wasser. Sch. ist eines der wichtigsten Halbfabrikate der chemischen Industrie, das in der Hauptsache der Herstellung von Düngemitteln dient. Die Salze der Sch. sind die Sulfate (↑ Schwefel).
Schwefelwasserstoff m (Schwefelwasserstoffsäure), farbloses, brennbares, wie faule Eier riechendes, giftiges Gas der chemischen Formel H_2S. Sch. kommt in Vulkan- u. auch in Erdgasen vor. Auch bei der Verwesung von Eiweiß wird er gebildet. Der natürlich oder technisch anfallende Sch. dient in der Hauptsache der Gewinnung von Schwefel oder Schwefeldioxid.
Schweine s, *Mz.*, Familie nicht wiederkäuende Paarhufer mit acht Arten. Das *Hausschwein,* das vom Wildschwein abstammt, trägt auf kurzen Beinen einen plumpen Rumpf mit kurzem Kopf u. kleinem, geringeltem Schwanz. Die fette Haut ist nur wenig behaart (Borsten). Der Rüssel endet in einer beweglichen, knorpeligen Scheibe, Gehör-, Geruch- u. Tastsinn sind sehr gut. Als Allesfresser durchwühlt das Sch. den Boden auf der Suche nach Nahrung. Gebiß: 6 Schneidezähne, auf jeder Seite ein wurzelloser, ständig nachwachsender Eckzahn (Hauer) u. 7 Backenzähne. Das Sch. tritt mit dritter u. vierter Zehe auf. Ein bis zwei Mal jährlich wirft das Sch. 6–12 Ferkel. Das Sch. ist wirtschaftlich überaus wichtig (Fleisch, Leder, Borsten).
Schweiß m: **1)** die zu 99 % aus Wasser bestehende Ausscheidung der Schweißdrüsen. Der Sch. enthält neben dem Wasser Kochsalz, Fette und Harnstoff. Die *Schweißdrüsen* sind über die ganze Haut des Menschen verbreitet, an einigen Körperstellen sind sie gehäuft. Die Drüsen entlasten die Nieren bei der Ausscheidung, dienen jedoch in erster Linie der Regulierung der Körpertemperatur (Verdunstungskälte!); **2)** in der Jägersprache bezeichnet man das Blut der Jagdtiere u. der Hunde als Schweiß.
Schweißen s, ein Verfahren zur unlösbaren Verbindung zweier Metallteile. Beim *Preßschweißen* werden die beiden zu verbindenden Teile an der Verbindungsstelle so stark erhitzt, daß sie teigig werden und unter starkem Druck zusammengepreßt werden können. Nach der Abkühlung sind sie fest miteinander verbunden. Beim *Schmelzschweißen* werden die beiden zu verbindenden Teile an der Verbindungsstelle so stark erhitzt, daß sie flüssig werden. Sie fließen ineinander, wobei meist noch ein Zusatzstoff (Schweißdraht) mit eingeschmolzen wird. Die Erhitzung der Schweißstelle erfolgt entweder durch eine Gasflamme (autogenes Schweißen) oder durch elektrischen Strom (Widerstandsschweißen, Lichtbogenschweißen). Neben den genannten (wichtigsten) Schweißverfahren gibt es noch zahlreiche weitere.
Schweißhunde m, *Mz.*, Hunde, die darauf abgerichtet sind, den Schweiß (d. h. das Blut) von angeschossenem Wild aufzuspüren.
Schweitzer, Albert, * Kaysersberg bei Colmar 14. Januar 1875, † Lambaréné (Gabun) 4. September 1965, evangelischer Theologe, Musiker, Arzt u. Philosoph. Sch. studierte zuerst Theologie, dann Medizin u. ging 1913 als Missionsarzt nach Lambaréné, wo er ein großes Tropenkrankenhaus mit einer Leprastation aufbaute. Um die Geldmittel dafür zu beschaffen, unternahm er Vortragsreisen, gab Konzerte u. machte so die ganze Welt auf seine Arbeit u. die Not der Eingeborenen aufmerksam. Auch als Theologe war Sch. von Bedeutung. Er lehrte u. lebte einen „christ-

Schweiz

lichen Humanismus", der sich auf die „Ehrfurcht vor dem Leben" gründete. Als Musiker zeichnete er sich durch die Herausgabe u. Interpretation der Orgelwerke Bachs aus. Auch über den Orgelbau schrieb er grundlegende Abhandlungen. 1952 erhielt Sch. den Friedensnobelpreis.

Schweiz ↑S. 533f.

Schweizergarde ↑Garde.

Schwerathletik [dt.; gr.] w, zusammenfassende Bezeichnung für diejenigen Sportarten, die vom Körpergewicht entscheidend beeinflußt werden (deshalb Einteilung in Gewichtsklassen) u. zu deren Ausübung besondere Körperkraft notwendig ist, v.a. Boxen, Ringen, Judo, Gewichtheben.

schweres Wasser s, Wasser, dessen Moleküle statt des gewöhnlichen Wasserstoffs 2 Atome Deuterium enthalten; Formel D$_2$O. Der Unterschied zwischen Wasserstoff u. Deuterium besteht darin, daß das Deuterium in seinem Atomkern neben dem Proton des Wasserstoffs noch ein Neutron enthält u. daher die Massenzahl bzw. die Atommasse 2 hat (↑Atom). D$_2$O ist in geringer Menge (0,015 %) im Wasser enthalten u. kann durch Elektrolyse angereichert werden. Es findet in Atomreaktoren Verwendung als Bremssubstanz (Moderator). Der Gefrierpunkt des D$_2$O liegt bei 3,72 °C, das spezifische Gewicht bei 1,107 g/cm^3.

Schwerin: 1) Bezirk im Nordwesten der DDR (ohne den Küstenstreifen), mit 589 000 E. Der nördliche Teil ist eine fruchtbare Moränenlandschaft, im Süden befinden sich Sandflächen. Vorherrschend ist die Landwirtschaft (Kartoffeln und Getreide, Viehzucht). Daneben gibt es Baustoffindustrie (Ziegeleien) u. einen geringen Braunkohlenabbau; 2) Hauptstadt von 1), am Westufer des Schweriner Sees, mit 113 000 E. Die Stadt hat einen gotischen Dom, ein Schloß, Museen u. ein Rathaus aus dem 18. Jh. Sch. wurde 1160 von Heinrich dem Löwen gegründet. Neben Maschinenbau hat es Metall-, Holz-, Textilindustrie und Brauereien.

Schwerindustrie [dt.; frz.] w, Sammelbezeichnung für alle Betriebe, die sich mit Bergbau, Eisenerzeugung und Eisenverarbeitung befassen.

Schwerkraft w, Sonderfall der Gravitationskraft (↑Gravitation).

Schwermetalle s, Mz., Bezeichnung für alle Metalle mit einer Dichte von über 4,5 g/cm^3. Zu den Schwermetallen (Gegensatz: Leichtmetalle) gehören 65 der insgesamt 78 Metalle. Die höchste Dichte hat Osmium mit 22,57 g/cm^3.

Schweröle s, Mz., bei der Destillation von Erdöl u. Steinkohlenteer gewonnene Mineralöle mit einem Siedepunkt zwischen 230 u. 270 °C. Sie finden hauptsächlich Verwendung als Heizöl u. Dieselkraftstoff.

Schwerpunkt m: 1) derjenige Punkt eines Körpers, den man sich als Angriffspunkt der Schwerkraft vorstellen kann (Massenmittelpunkt). Unterstützt man einen Körper in seinem Sch., so befindet er sich im Gleichgewicht. Hängt man einen Körper frei beweglich an einem Faden auf, so befindet sich sein Sch. senkrecht unter dem Aufhängepunkt. Unter Ausnutzung dieser Erscheinung kann man den Sch. eines Körpers bestimmen, wenn man ihn nacheinander an mindestens zwei verschiedenen Punkten (A, B) aufhängt.

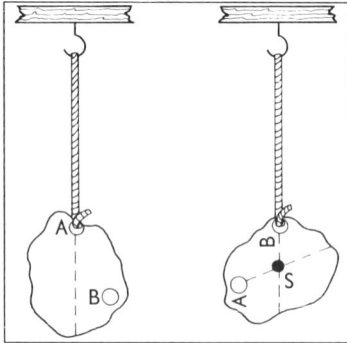

Der Schnittpunkt der so erhaltenen Schwerelinien ist der Sch. (S). Der Sch. kann auch außerhalb des Körpers liegen (beim Ring z. B. genau im Mittelpunkt, also außerhalb des Ringes); 2) in übertragenem Sinne ist Sch. die wichtigste, interessanteste Frage, das Ziel, das vorrangig angestrebt wird.

Schwertfisch m, Knochenfisch, der in tropischen bis gemäßigten Meeren verbreitet ist. Sein Oberkiefer ist schwertartig ausgezogen und macht fast ein Drittel der bis über 4 m betragenden Körperlänge aus. Vielleicht benutzt der Sch. sein Schwert, indem er es in einem Fischschwarm hin- und herschlägt u. so seine Beute verletzt oder tötet. Genaues ist nicht bekannt.

Schwertlilie [dt.; lat.] w, Gattung der Schwertliliengewächse mit rund 200 Arten. An Teichen u. Bächen kommt bei uns die *Wasserschwertlilie* vor. Der unterirdische Sproß (Wurzelstock) trägt blütenlose Kurz- u. blühende Langtriebe. Die Blüte besteht aus 2 Kreisen von je drei verwachsenen Hüllblättern, wobei die äußeren beträchtlich größer sind als die inneren. Dem unterständigen Fruchtknoten sitzen drei Staubgefäße auf. Die Frucht ist eine dreifächerige, dreiklappige Kapsel. Weitere Vertreter der Schwertliliengewächse sind: Gartenformen der Sch. (Iris), Krokus, Freesien, Gladiolen, Montbretien.

Schwimmblase w, häutiges, zweiteiliges Säckchen bei allen nicht über die Lunge atmenden Knochenfischen, das mit der Speiseröhre in Verbindung steht. Durch Schlucken von Luft wird die Sch. gefüllt u. dient der Anpassung des spezifischen Gewichts des Fisches an die Wassertiefe. Den Lungenfischen dient die Sch. als Atmungsorgan.

Schwimmen ↑ S. 534f.

Schwimmerflugzeug ↑Wasserflugzeug.

Schwimmkäfer m, Mz., flugfähige Käfer mit flachem, kahnförmigem Körper. Es gibt rund 400 Arten, die wenige mm bis 5 cm lang sind. Die platten, mit Borsten besetzten Hinterbeine dienen zum Schwimmen. Um einen Luftvorrat unter den Flügeldecken anzulegen, müssen die Sch. öfter ihre Hinterleibsspitze über den Wasserspiegel emporheben. Sie leben räuberisch von kleinen Wassertieren.

Schwindsucht w, früher gebraucht für Lungentuberkulose (↑Tuberkulose).

Schwinger m, ein mit leicht angewinkeltem Arm aus größerer Entfernung ausgeführter Boxschlag.

Schwingrasen m, geschlossene Pflanzendecke, die sich an der Oberfläche verlandender Gewässer bildet. Beim Betreten gerät sie in Schwingbewegungen.

Schwingungen w, Mz., ein Vorgang, bei dem eine physikalische Größe in untereinander gleichen Zeitabschnitten regelmäßig zwischen zwei Werten schwankt. Einfachstes u. anschaulichstes Beispiel einer Schwingung ist die Bewegung eines an einer Schraubenfeder hängenden Körpers (Federpendel). Lenkt man den Körper aus seiner Ruhelage u. läßt ihn dann los, so wird er von der Feder in Richtung der Ruhelage zurückbewegt. Er schießt aber über die Ruhelage hinaus u. steigt weiter nach oben, wobei seine Geschwindigkeit allmählich auf Null absinkt. Durch die Schwerkraft wird der Körper wieder nach unten gezogen, schießt wieder über die Ruhelage hinaus, spannt dabei die Feder u. kommt schließlich zur Ruhe. Die physikalische Größe, die sich bei dieser eben beschriebenen Federschwingung regelmäßig ändert, ist also

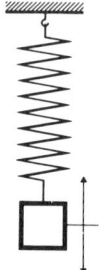

der Abstand des Körpers von der Ruhelage. Eine Schwingung wird beschrieben durch: 1. die Elongation (= Schwingungsweite), die die jeweilige Entfernung des schwingenden Körpers von der Ruhelage ist. 2. Die Amplitude ist die größtmögliche Schwingungsweite. Sie wird an den beiden Umkehrpunkten der Schwingung erreicht. 3. Die Schwingungsdauer oder Periode ist die Zeit, die für eine volle Schwingung, also für einen vollen Hin- u. Hergang, benötigt wird. 4. Die Frequenz oder Schwingungszahl ist die Anzahl der Sch. pro Zeiteinheit. Sie wird gemessen in Hertz (Hz). 1 Hz ist gleich 1 Schwingung pro Sekunde. 5. Die Phase ist der jeweilige Schwingungszustand des Körpers, bestimmt durch Elongation und Schwingungsrichtung. Zwischen Schwingungsdauer T u. Frequenz f besteht die Beziehung: $T = 1/f$ bzw. $f = 1/T$. Unter ungedämpfter Schwingung versteht man eine Schwingung,

Albert Schweitzer

Robert Falcon Scott

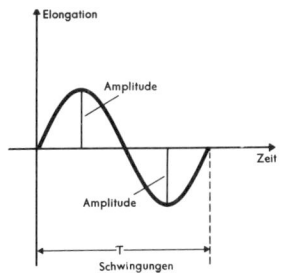

deren Amplitude stets gleich bleibt. Bei der gedämpften Schwingung dagegen nimmt die Amplitude allmählich ab. Wegen der stets auftretenden Reibung u. der damit verbundenen Umwandlung mechanischer Energie in Wärmeenergie sind alle nach einem erstmaligen Anstoß sich selbst überlassenen Sch. gedämpfte Sch. Um ungedämpfte Schwingungen zu erhalten, muß ständig mechanische Energie zugeführt werden. Die graphische Darstellung der Schwingung erhält man, wenn man an dem schwingenden Körper einen Schreibstift befestigt. Er beschreibt auf einem gleichförmig daran vorbeibewegten Papierstreifen eine wellenförmige Kurve. Versieht man sie zur besseren Auswertung mit einem Achsenkreuz, so muß man auf der senkrechten Achse die Elongation u. auf der waagerechten Achse die Zeit abtragen. Als harmonische Schwingung (Sinusschwingung) bezeichnet man eine Schwingung, bei der die graphische Darstellung eine Sinuskurve ergibt. Außer mechanischen Sch., zu denen die vorher beschriebenen Sch. eines Federpendels gehören, treten in der Physik noch zahlreiche andersgeartete Sch. auf. Von besonderer Bedeutung sind die elektromagnetischen Sch. Sie stellen eine periodische Änderung elektrischer u. magnetischer Felder dar. Hierzu gehören Licht-, Wärme-, Röntgen- u. Funkstrahlen.

Schwingungskreis m (Schwingkreis), ein elektrischer Stromkreis, der aus einem Kondensator u. einer Spule besteht. Wird der Kondensator aufgeladen, entsteht zwischen seinen Platten ein elektrisches Feld. Der Kondensator entlädt sich nun über die Spule. Während des Stromflusses bildet sich um diese herum ein Magnetfeld aus (↑Magnet, ↑Elektromagnet). Hat sich die Kondensatorspannung ausgeglichen, bricht das Magnetfeld der Spule zusammen, wodurch der Stromfluß in gleicher Richtung noch eine Weile aufrechterhalten (↑Induktion 1) bleibt. Der Kondensator lädt sich infolgedessen umgekehrt auf. Das Spiel beginnt von vorn. Es bildet sich eine Schwingung heraus. Sie ist im allgemeinen gedämpft, da sich ein Teil der elektrischen Energie in Wärmeenergie umwandelt. Will man eine ungedämpfte Schwingung erhalten, so muß man dem Sch. jeweils im geeigneten Augenblick neue elektrische Energie zuführen. Das geschieht mit Hilfe der ↑Rückkopplung. Einen offenen Sch. erhält man, wenn man die beiden Kondensatorplatten auseinanderzieht. Mit Hilfe eines solchen offenen Schwingungskreises können elektromagnetische Wellen ausgesendet werden. Schwingungskreise bilden die Grundlage der Funk- u. Fernsehtechnik.

Schwungkraft ↑Zentrifugalkraft.

Schwungrad s, ein Rad mit sehr großer Masse, die sich vorwiegend im Radkranz befindet. Dadurch hat es ein sehr großes Trägheitsmoment: Einmal in Umdrehung versetzt, bewegt es sich sehr lange u. kann nur mit großer Kraftanstrengung abgebremst werden. Wegen dieser Eigenschaft wird es als Speicher für Bewegungsenergie verwendet. Bei Kolbenmaschinen (Dampfmaschine, Verbrennungsmotor) ist die Kraftwirkung nicht gleichmäßig. Da sie beispielsweise an den Umkehrpunkten des Kolbens gleich Null ist, sorgt ein Sch. dafür, daß der Lauf einer solchen Maschine gleichmäßig erfolgt.

Schwurgericht ↑Recht (Wer spricht Recht?).

Schwyz [*schwiz*]: **1)** schweizerischer Kanton südlich vom Zürichsee, mit 93 000 E. Vorherrschend ist die Weidewirtschaft; daneben gibt es Textil- und Maschinenindustrie. – 1291 schloß sich Sch. mit den Kantonen Uri u. Unterwalden zum Ewigen Bund zusammen; **2)** Hauptstadt von 1), mit 12 000 E. Sie besitzt eine spätbarocke Pfarrkirche u. das Bundesbriefarchiv mit bedeutenden Erinnerungsstücken u. geschichtlichen Urkunden. Die Stadt ist ein Anziehungspunkt für den Fremdenverkehr.

Science-fiction [engl. *ßai^{e}nß-fiksch^{e}n*] w, gattungsmäßig an die utopischen Romane (↑utopisch) anknüpfende Erzählungen, Comics, Hörspiele u. Filme, die eine aus Wissenschaft u. Technik abgeleitete ↑Utopie zum Inhalt haben.

Scotland Yard [*ßkotl^{e}nd ja^{r}d*; engl.] m, Kriminalpolizei in London, die nach ihrem früheren Dienstgebäude am S. Y. so genannt wird.

Scott, Robert Falcon, * Devonport 6. Juni 1868, † in der Antarktis Ende März 1912, englischer Polarforscher. Er erreichte am 18. Januar 1912, 4 Wochen nach R. Amundsen, den Südpol. Auf dem Rückweg kam er ums Leben.

SDS m, Abkürzung für: **S**ozialistischer **D**eutscher **S**tudentenbund; marxistisch ausgerichtete politische Studentenorganisation (gegründet 1946). Seine Aktivitäten richteten sich zunächst gegen das seiner Meinung nach undemokratische Hochschulwesen; in den 1960er Jahren war er treibende Kraft der ↑außerparlamentarischen Opposition bei ihren Protesten gegen die geplante Notstandsgesetzgebung u. gegen den Krieg in Vietnam. 1970 löste sich der SDS als Bundesorganisation auf.

Sechstagerennen s, auf Hallenbahnen ausgetragenes Radrennen über 6 Tage u. 6 Nächte. 2 Fahrer, die sich beliebig oft abwechseln, bilden eine Mannschaft; in den frühen Morgen- u. Vormittagsstunden ruht das Rennen. Sieger ist diejenige Mannschaft, die die meisten Runden fährt oder in den Wertungsspurts mehr Punkte als die Gegner sammelt.

SED, Abkürzung für: **S**ozialistische **E**inheitspartei **D**eutschlands; herrschende kommunistische Partei der DDR; sie entstand 1946 durch die Eingliederung der SPD in die KPD. Die obersten Organe der straff organisierten Partei sind das Zentralkomitee (ZK)

Sedimentgesteine

◀ Seepferdchen

▲ Seeigel

Seesterne. Stachelseestern

u. das Politbüro. In Berlin (West) ist sie unter dem Namen SEW (Abkürzung für: **S**ozialistische **E**inheitspartei **W**est-Berlin) zugelassen.

Sedimentgesteine ↑ Gesteine.
Seebären ↑ Pelzrobben.
Seebeben s, ↑ Erdbeben im Meeresbereich.
Seegras s, Wasserpflanze, die auf sandigem u. schlammigem Boden der Strandzone der Meere wächst. Die bis 1 m langen, riemenförmigen Blätter können mit den Wellen hin- u. herfluten. Das S. wird getrocknet als Füllmaterial für Polster verwendet, daneben auch als Düngemittel.
Seehund m, Meeressäugetier, dessen Körper dem Leben im Wasser angepaßt ist. Der S. (8 Arten, etwa 1,2 bis über 3 m lang) hat eine torpedoartige Gestalt, die kurzen Haare liegen an, eine Fettschicht unter der Haut hält die Körpertemperatur aufrecht, die Ohren sind, wie auch die Nasenlöcher, verschließbar. Die vorderen u. hinteren Gliedmaßen sind stark verkürzt, die Finger bzw. Zehen behaart, mit Krallen versehen u. durch Schwimmhäute verbunden. Die Vorderbeine stehen seitlich u. dienen wie Flossen der Fortbewegung. Die Hinterbeine sind parallel nach hinten gerichtet u. dienen als Steuerorgane. Durch Hochwölben u. Strecken des Körpers schwimmt der S. gewandt u. schnell, an Land bewegt er sich nur mühsam fort. Seine Nahrung besteht hauptsächlich aus Fischen. Jährlich bringt das Seehundweibchen ein Junges zur Welt, das sehend u. mit einem Wollpelz geboren wird. Der S. gehört zu den Robben. Sein Fell wird zu Pelzen verarbeitet.
Seeigel m, Stachelhäuter, dessen kugelige Körperwandung aus zehn Doppelreihen fest miteinander verwachsener Skelettplatten besteht, die in großer Zahl bewegliche Stacheln sowie Putz-, Greif- u. Giftorgane tragen. Die Saugfüßchen treten nur aus fünf dieser Reihen aus. An der Unterseite des Seeigels liegt der Kauapparat. Ein weibliches Tier entwickelt in fünf Keimdrüsen bis zu 20 Millionen Eier.

Seejungfern w, Mz., Libellen mit weichem, stabförmigem Leib u. langsamem, schwebendem Flug.
Seekühe w, Mz., meist gesellig im flachen Wasser warmer Meere lebende, bis 4 m lange u. bis etwa 400 kg wiegende Säugetiere. Der Körper ist fast nackt. Die Vorderbeine sind flossenartig verbreitert, die Hinterbeine fehlen. Der Schwanz ist ebenfalls flossenartig. Die S. leben von Wasserpflanzen.
Seeland: 1) Hauptinsel Dänemarks, die zwischen dem Großen Belt u. dem Sund liegt, mit 2,2 Mill. E, Hauptstadt Kopenhagen. Auf der fruchtbaren Insel wird intensiver Akkerbau u. Viehzucht (v. a. Schweinezucht) betrieben; **2)** niederländische Provinz im Gebiet der Scheldemündung, mit 336 000 E. Verwaltungssitz Middelburg. S. umfaßt z. T. Festland, z. T. Inseln u. durch Einpolderung dem Meer abgewonnenes Land; in der fruchtbaren Marschlandschaft betreibt man Pferdezucht u. baut Getreide u. Zuckerrüben an; neben der Fischerei ist auch die Muschelzucht (auch Austern) von Bedeutung.
Seele w, das jedem einzelnen Menschen zugeschriebene geistige, lebenspendende Prinzip. Nach verbreiteter Vorstellung sind in der S. Gemüt u. Geist lokalisiert.
Seemeile ↑ Meile.
Seepferdchen s, Fischchen aus der Familie der Seenadeln, das v. a. in warmen Meeren vorkommt. Das S. schwimmt in senkrechter Körperhaltung, wobei der Kopf nach vorn abgebogen ist, während der dünne Schwanz als Greiforgan dient. Die im Mittelmeer vorkommenden Arten sind 2–15 cm groß.
Seerose w: **1)** Zierpflanze der heimischen Seen. Der bis armdicke Sproß, der im Seegrund durch Wurzeln verankert ist, wächst am Vorderende alljährlich ein Stück weiter, während das Hinterende abstirbt. Die großen, ledrigen Blätter sind unter Wasser zum Schutz vor der Wasserbewegung eingerollt, an der Wasseroberfläche breiten sie sich aus. Die Blattstiele sind mit Luft gefüllt, ebenso die Blätter. Die Spaltöffnungen finden sich nur auf der Oberseite der Blätter. Die Knospe wird unter Wasser von vier Kelchblättern fest umschlossen. Die zahlreichen Blütenblätter der nektarlosen Blüte werden nach innen kleiner u. umgeben viele Staubblätter.

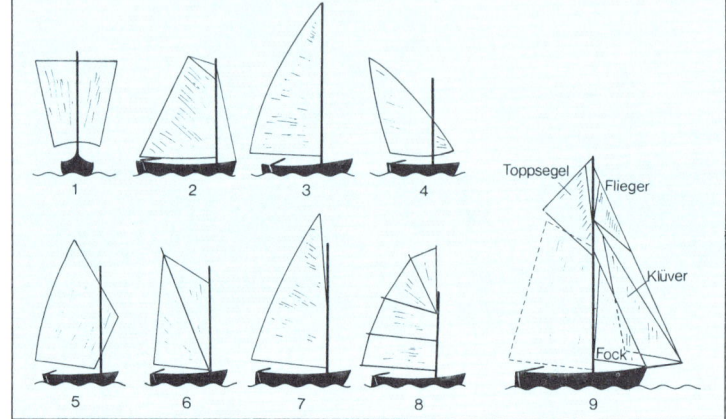

Segel. 1 Rahsegel, 2 Gaffelsegel, 3 Hochsegel, 4 Lateinersegel, 5 Luggersegel, 6 Sprietsegel, 7 Spitzsegel, 8 Fledermaussegel, 9 Stag- (Flieger, Klüver, Fock) und Toppsegel

Seide

Die von einer klebrigen, zum Schwimmen dienenden Hülle umgebenen Samen sinken nach Auflösung der Hülle auf den Grund des Gewässers. – Weiße S., Gelbe S. u. Lotusblume gehören zu den *Seerosengewächsen;* **2)** Ordnung (mit etwa 1 000 Arten) in allen Meeren lebender Hohltiere; darunter die häufig in Seeaquarien gehaltene rote Dickhörnige Seerose.

Seeschlangen *w, Mz.,* gesellig in warmen Meeren lebende, 80 cm bis 3 m lange Giftschlangen. Der Schwanz ist als kurzer Ruderschwanz ausgebildet. Die S. sind lebendgebärend.

Seeschwalben *w, Mz.,* Möwenvögel mit langen, spitzen Flügeln u. gegabeltem Schwanz. Mit dem starken Schnabel fangen die gewandt fliegenden Vögel Fische, Frösche sowie Wasserinsekten.

Seesterne *m, Mz.,* flache, fünfstrahlige Stachelhäuter. Das Hautskelett besteht aus vielen gegeneinander beweglichen Skelettplättchen. Vom Mund aus verläuft je eine Doppelreihe Saugfüßchen auf der Unterseite der Arme. Die Nahrung (Schnecken, Muscheln) wird mit den Armen u. den Saugfüßchen erfaßt, danach tritt der Magen aus dem Mund heraus u. stülpt sich über die Beute; größere Tiere werden außerhalb des Körpers verdaut.

Seezeichen *s, Mz.,* international gültige Verkehrszeichen für Schiffe. S. finden sich v. a. in küstennahen Gewässern u. vor Häfen. Sie zeigen die Fahrrinne an u. geben Hilfe bei der ↑ Navigation. Zu den S. gehören ↑ Leuchtfeuer, Baken u. Tonnen.

Seezunge *w,* Plattfisch mit breitem, rundem Kopf u. schmalem Körper. Die S. lebt auf schlammigem Grund von Muscheln, Krebsen u. Würmern. Der bis 60 cm lange, bis 4 kg schwere Fisch ist ein vorzüglicher Speisefisch.

Segel *s,* gegen den Wind gestellte Tuchfläche (aus Segeltuch), die beim ↑ Segeln (sowie beim Eissegeln u. beim Windsurfing) den Vortrieb bewirkt.

Segelflug ↑ S. 542.

Segeln *s,* allgemein die Vorwärtsbewegung eines Schiffes, eines Bootes, eines Strandseglers, eines Eisseglers oder eines Schlittens durch ↑ Segel. Im engeren Sinne denkt man bei S. an den Segelsport in den einzelnen Bootsklassen, von denen bei Olympischen Spielen 6 zugelassen sind: 1. *Finn-Dingi* (1 Mann; 4,50 m lang; Segelfläche 9,30 m^2), 2. *Flying Dutchman* (2 Mann; 6,05 m lang; Segelfläche 16 m^2), 3. *Soling* (3 Mann; 8,15 m lang; Segelfläche 21,9 m^2), 4. *Drachenboot* (3 Mann; 8,90 m lang; Segelfläche 22 m^2), 5. *Starboot* (2 Mann; 6,92 m lang; Segelfläche 26 m^2), 6. *5,5-m-Rennjacht* (3 Mann; 9,50 m lang; Segelfläche 28,80 m^2).

Seggen *w, Mz.* (Riedgräser), Gräser mit harten, scharfkantigen Blättern, die auf sumpfigen Böden wachsen. Sie sind als Viehfutter nicht geeignet. Der Stengel ist dreikantig u. knotenlos; die Blätter stehen in drei Zeilen. Der Blütenstand ist meist eine zusammengesetzte Ähre. Zahlreiche S. treiben Ausläufer.

Seghers, Anna [seg^{e}rß], eigentlich Netty Radványi, geborene Reiling, * Mainz 19. November 1900, deutsche Schriftstellerin. Als Kommunistin muß-

Seidenspinner

te sie 1933 auswandern; sie lebte in Frankreich, Spanien u. Mexiko; 1947 kehrte sie nach Berlin (Ost) zurück. Zu ihrem erzählerischen Werk, das v. a. Darstellungen sozialrevolutionärer Kämpfe enthält, gehören besonders „Aufstand der Fischer von St. Barbara" (Erzählung, 1928) sowie die Romane „Das siebte Kreuz" (1942), „Transit" (spanisch 1944, deutsch 1948) u. „Die Toten bleiben jung" (1949).

Segler *m, Mz.,* schwarze, höhlenbrütende Vögel mit sensenförmigen Flügeln, größer als Schwalben. Der schwarze *Mauersegler* mit weißer Kehle ist nur von Mai bis Ende Juli bei uns anzutreffen. Die Flügel sind so lang, daß sie in Ruhelage über den gegabelten Schwanz hinausragen. Im Flug erreicht der Mauersegler bis zu 200 km in der Stunde. Mit nach vorn gerichteten Krallen haken sich die Vögel zum Ausruhen an einer Mauer fest. Gesunde Tiere gehen in der Regel nicht zu Boden, Nahrung u. Nestmaterial ergreifen sie im Fluge. Die Jungen sind beim ersten Verlassen des Nestes völlig selbständig.

Segment [lat.] *s:* **1)** Fläche: beim ↑ Kreis ein durch eine Gerade abgeschnittenes Stück der Kreisfläche (Kreisabschnitt). Ganz allgemein bezeichnet man als S. ein von einer gekrümmten Kurve u. einer Geraden begrenztes Flächenstück; **2)** Raum: bei der ↑ Kugel das durch eine Ebene abgeschnittene Stück des Kugelvolumens. Ganz allgemein bezeichnet man als S. jeden von einer gekrümmten Fläche u. einer Ebene begrenzten Körper; **3)** ein in mehr oder weniger gleicher Art mehrfach hintereinander angeordneter Körperabschnitt (z. B. bei Gliedertieren) oder auch der Wirbel der Wirbelsäule.

Sehne *w:* **1)** gerade Verbindungslinie zweier Punkte einer gekrümmten Linie oder Fläche (↑ auch Kreis); **2)** aus Bindegewebe bestehender straffer Strang, der einen Muskel mit dem Knochen, der durch ihn bewegt werden soll, verbindet.

Seide *w,* weicher, glänzender u. hochelastischer Faden, der von der

Segeln. Segler der Soling-Klasse (Olympische Sommerspiele 1976)

Seidenraupe

Raupe des Seidenspinners beim Verpuppen erzeugt wird. Die mit dem Seidenfaden umsponnenen Raupen (*Kokons*) werden bei der Seidengewinnung in heißem Wasser eingeweicht u. durch Bürsten von der lockeren Außenschicht, der Flockseide, befreit; danach werden mehrere Kokons gleichzeitig abgehaspelt u. die Fäden zum Strang gezwirnt. – S. und Seidenherstellung stammen aus dem alten China, wo sie eine bedeutende Rolle in der Wirtschaft des Landes spielten. Von dort wurde die S. auf den sogenannten Seidenstraßen in den Orient u. bis nach Europa gebracht, wo die Seidenverarbeitung erst im 14. Jh. bekannt wurde.

Seidenraupe w, Larve des ↑Seidenspinners. Die S. frißt die Blätter des Maulbeerbaumes.

Seidenspinner m, etwa 5 cm langer, weißer Nachtfalter mit plumpem, behaartem Körper u. kammartigen Fühlern. Den 300 bis 500 Eiern, die ein Weibchen ablegt, entschlüpfen anfangs schwarzen, später grauweißen Larven, die ↑Seidenraupen. Der S. wurde bereits im 3. Jahrtausend v. Chr. in China zur Gewinnung von ↑Seide gezüchtet. – Abb. S. 539.

Seife w: **1)** wasserlösliche Natrium- oder Kaliumsalze der höheren organischen Fettsäuren (Stearinsäure, Palmitinsäure, Ölsäure usw.). Seifen haben die Fähigkeit, die Oberflächenspannung des reinen Wassers wesentlich zu verringern u. dessen Benetzungsvermögen so zu vergrößern, daß die Ablösung von Schmutzteilchen, die an der Oberfläche z. B. der Haut haften, wesentlich erleichtert wird; **2)** in der Lagerstättenkunde bezeichnet man mit S. sekundäre Lagerstätten von Sand oder Kies, die einen gewissen Gehalt an seltenen Metallen, Mineralen u. teilweise sogar Edelsteinen haben. Diese edlen u. teuren Bestandteile versucht man durch Aufschwemmen mit viel Wasser u. durch Sieben zu gewinnen (Goldwäscherei).

Seifenkistenrennen s, Wettfahrt von Jungen mit selbstgebauten, antriebslosen, aus einfachen Bestandteilen hergestellten vierrädrigen Fahrzeugen auf abschüssigen Strecken. In den USA, von wo aus das S. verbreitet wurde, finden Weltmeisterschaften im S. statt.

Seilbahn w, eine Transporteinrichtung für Personen oder Güter, bei der die Wagen keinen eigenen Antriebsmotor besitzen, sondern durch ein Zugseil bewegt werden. Hängen die Transportwagen dabei an einer Schiene oder einem Tragseil, spricht man von einer Seilschwebebahn (↑Schwebebahn). Laufen die Wagen auf Schienen, so handelt es sich um Standseilbahnen. Seilbahnen werden vorwiegend dort verwendet, wo (in unwegsamem Gelände) große Höhenunterschiede überwunden werden müssen (Bergbahn).

Seilfahrt w, Beförderung von Personen in den Schächten eines Bergbaus mit den Schachtfördereinrichtungen.

Seine [bän^e] w, französischer Fluß, der auf dem Plateau von Langres entspringt u. südlich von Le Havre in den Kanal mündet. Die S. ist 776 km lang u. hat Kanalverbindungen zu: Schelde, Maas, Rhein, Rhone u. Loire; ab Rouen für Seeschiffe befahrbar.

Seismograph [gr.] m (Seismometer), ein Gerät, mit dem Erdbebenwellen aufgezeichnet werden können. Seismographen sind so empfindlich, daß sie selbst ↑Erdbeben, deren Herd Tausende von Kilometern von der Beobachtungsstelle entfernt ist, aufzeichnen. Die von einem Seismographen gezeichneten Kurven heißen *Seismogramme*. Aus ihnen lassen sich sowohl die Lage des Erdbebenherdes als auch die Stärke der Erderschütterungen ablesen.

Sekretion [lat.] w, Abscheidung meist flüssiger Stoffe v. a. aus Drüsen. Diese Stoffe (Sekrete) erfüllen im Organismus bestimmte Aufgaben (Speichel, Magen- u. Darmsaft, Galle) oder werden (bei Pflanzen) als Stoffwechselprodukte abgelagert (Harze, Wachse, Gerbstoffe).

Sekte [lat.] w, Bezeichnung für eine Gruppe, die sich von einer größeren Religionsgemeinschaft abgespalten u. eine eigene Lehre entwickelt hat (häufig durch starke Betonung eines einzelnen Lehrpunktes). Da die Anhänger der Sekten diesen oft freiwillig beitreten (d. h. nicht wie meistens bei den Großkirchen „hineingeboren" sind) u. sich häufig für besonders auserwählt halten, zeichnen sie sich durch eifrige u. opferfreudige Missionsarbeit u. durch stark ausgeprägten Gemeinschaftssinn aus. Eine S. bilden z. B. die ↑Zeugen Jehovas.

Sektor [lat.] m: **1)** Fläche: beim ↑Kreis ein von zwei Radien u. dem dazugehörigen Kreisbogen begrenztes Stück der Kreisfläche. Ganz allgemein bezeichnet man als S. jedes von den Schenkeln eines Winkels u. einer gekrümmten Kurve begrenzte Flächenstück; **2)** Raum: ein von einem Kegelmantel u. einer gekrümmten Fläche begrenzter Körper.

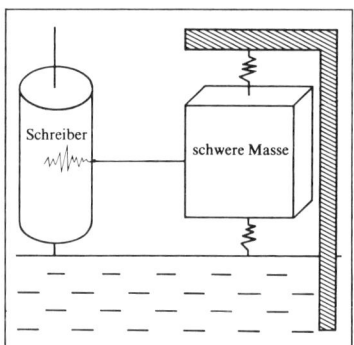

Seismograph. Schematische Darstellung seiner Wirkungsweise

Sekunda [lat.] w, ursprünglich die 2. Klasse, später – unterteilt in Unter- und Obersekunda – Bezeichnung für die heutige 10. u. 11. Klasse bzw. Jahrgangsstufe am Gymnasium.

Sekundarbereich m, im Anschluß an den ↑Primarbereich (Primarstufe) umfaßt der S. die weiterführenden Schulen; er teilt sich in die Sekundarstufe I u. die Sekundarstufe II. Zur Sekundarstufe I zählen die Haupt- und Realschulen u. die Klassen 5 bis 10 von Gesamtschule u. Gymnasium; zur Sekundarstufe II zählen allgemein die Klassen 11 bis 13 von Gymnasium u. Gesamtschule u. das berufsbildende Schulwesen (Berufs-, Berufsfach- u. Berufsaufbau-, Fach- u. Fachoberschulen).

Sekunde [lat.] w: **1)** Einheitenzeichen s (früher auch sec, sek., Sek.), Maßeinheit der Zeit. Die S. ist festgelegt als der 31 556 925,9747te Teil des tropischen Jahres, das am 31. 12. 1899 um 12 Uhr mittags begann (Greenwich-Zeit); **2)** Einheitenzeichen ", auch Altsekunde genannt, der 3 600ste Teil eines Winkelgrades (↑Grad 1); **3)** das Intervall (Zwischenraum) zwischen zwei nebeneinanderliegenden Tönen einer Tonleiter.

Selbstbestäubung ↑Bestäubung.

Selbstbestimmungsrecht s, das Recht eines Volkes, über die eigene Regierung u. Staatsform selbst zu entscheiden. Das S. der Völker wurde in die Satzung der UN aufgenommen, wird aber häufig nicht respektiert.

Selbstinduktion [dt.; lat.] w, die Induktionswirkung (↑Induktion 1), die ein sich ändernder Strom auf den eigenen Leiterkreis ausübt.

Selbstlaut m (Vokal), Sprachlaut wie a, e, i, o, u im Gegensatz zu den ↑Mitlauten (b, c, d usw.).

Selektionslehre ↑Darwin.

Selen [gr.] s, Nichtmetall, chemisches Symbol Se, Ordnungszahl 34; mittlere Atommasse 78,96. Das S. verhält sich chemisch analog dem ↑Schwefel, wobei allerdings die vierwertigen Verbindungen im Gegensatz zum

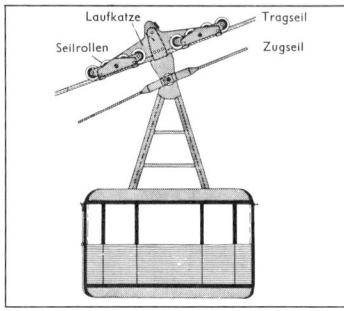

Seilbahn

Schwefel am beständigsten u. damit auch am häufigsten sind. Der nichtmetallische Charakter des Selens ist weniger ausgeprägt als beim Schwefel. Von wesentlicher Bedeutung ist die Eigenschaft der metallischen Modifikation (Form) des Selens, den elektrischen Strom bei Belichtung etwa 1000mal so gut zu leiten wie im Dunkeln. Dies ermöglicht die vielfältige Verwendung von S. in der Elektrotechnik u. Elektronik. Die bekannteste Anwendung ist die Selenphotozelle (elektrisches Auge) als hochlichtempfindliche Alarmanlage.

Seleukiden *m, Mz.*, hellenistische Herrscherdynastie in Syrien, begründet von Seleukos I., einem der ↑Diadochen, der seit 305 v. Chr. syrischer König war. Die S. regierten bis 64/63 v. Chr.

Sellerie [ital.] *m* oder *w*, wild auf salzhaltigen Wiesen u. am Ufer von Gräben u. Bächen wachsendes Doldengewächs, das als Küchengewürz kultiviert wird. Blätter (gebleicht) u. Knollen werden auch als Salat geschätzt.

Semantik [gr.] *w*, Teilgebiet der Sprachwissenschaft, das die Bedeutung sprachlicher Einheiten (z. B. der Wörter u. Wortgruppen) zum Gegenstand hat.

Semester [lat.] *s*, Studienhalbjahr.

Semikolon ↑Zeichensetzung.

Seminar [lat.] *s*: **1)** Ausbildungsstätte, besonders für geistliche u. pädagogische Berufe; auch Fortbildungskurs; **2)** Hochschulinstitut, in dem wissenschaftliche Übungskurse stattfinden u. Arbeitsräume (auch Bibliothek) vorhanden sind (z. B. Germanistisches S.); auch die Übungskurse werden Seminare genannt.

Semiten *m, Mz.*, verfälschende Bezeichnung für den orientalischen Rassenkreis. S. sind eigentlich eine Völkergruppe mit untereinander verwandten Sprachen.

Senat [lat.] *m*: **1)** im alten Rom wurde mit S. der „Rat der Alten" bezeichnet, ein offizielles Beratungsgremium, das die entscheidende politische Macht innehatte, in der Kaiserzeit aber an Bedeutung und Macht verlor; **2)** die erste Kammer (neben dem ↑Repräsentantenhaus) des Kongresses, der gesetzgebenden Körperschaft in den USA; jeder Bundesstaat ist im S. mit zwei Abgeordneten vertreten; **3)** die Regierung in den Ländern Bremen u. Hamburg sowie in Berlin (West); **4)** Richtergremium bei höheren Gerichten (↑Recht [Wer spricht Recht?]); **5)** zentrales Koordinations- und Entscheidungsgremium einer Hochschule (häufig auch Universitätsparlament oder Konvent genannt); den Vorsitz führt meist der ↑Rektor (bzw. Präsident).

Senefelder, Alois, * Prag 6. November 1771, † München 26. Februar 1834, österreichischer Erfinder. Er druckte mit Kupferplatten (Hochdruck) u. erfand 1797 das erste Flachdruckverfahren (mit eben geschliffenem Solnhofener Plattenkalk als Druckform).

Senegal: 1) *m*, Fluß in Westafrika: der S. ist 1430 km lang (zusammen mit dem Quellfluß Bafing) und bildet die Grenze zwischen Mauretanien und der Republik Senegal; **2)** Republik an der westafrikanischen Küste. Das Land umfaßt mit 196 192 km² rund $^3/_4$ der Fläche der Bundesrepublik Deutschland, hat aber nur 5,1 Mill. E. Die Hauptstadt ist Dakar. Im Norden erstrecken sich weite Trockensavannen (Weidewirtschaft), an die sich südlich ausgedehnte Ackerbaugebiete u. Baumsavannen anschließen (Anbau v. a. von Erdnüssen); im äußersten Süden des Landes herrscht tropischer Regenwald vor (in Küstennähe Anbau von Reis). Von den Bodenschätzen sind besonders die hochwertigen Phosphate wichtig, die östlich der Stadt Thiès abgebaut werden. Die Industrie des Landes konzentriert sich auf die Städte Dakar und Thiès u. verarbeitet hauptsächlich Erdnüsse (Ölmühlen), die 57 % des Exportes ausmachen. *Geschichte:* Bereits im 15. Jh. setzten sich Portugiesen im Gebiet von S. fest; im 16. Jh. folgten Niederländer, im 17. Jh. Franzosen, die das Land Mitte des 19. Jahrhunderts in Besitz nahmen. 1958 wurde S. autonome Republik innerhalb der Französischen Gemeinschaft u. 1960 unabhängig. S. ist Mitglied der UN u. OAU u. der EWG assoziiert.

Senf [gr.-lat.] *m*, Kreuzblütler mit gelben Blüten. Die Kelchblätter stehen ab, die Schote ist nur schwach gegliedert. Da eine Pflanze bis zu 25 000 Samen mit langanhaltender Keimfähigkeit entwickelt, gehört der S. zu den lästigsten Unkräutern. Die Samen (Senfkörner) werden ganz als Gewürz oder gemahlen u. mit Essig gemischt als Speisesenf verwendet.

Senior [lat.; = der Ältere] *m*: **1)** der Ältere (bei Namensgleichheit oft mit Namenszusatz: sen.); **2)** Sportler, der auf Grund seines Alters der Seniorenklasse angehört; **3)** in studentischen Verbindungen oder Wohnheimen der für (meist) ein Semester gewählte Sprecher der Verbindung bzw. des Hauses.

Senkblei ↑Lot 1) und 2).

Sentenz [lat.] *w*, knapper, treffender Ausspruch; Denkspruch.

sentimental [mlat.-engl.], empfindsam, übertrieben gefühlvoll.

Seoul [s*eu*l], Hauptstadt von Süd-Korea, die mit umliegenden Orten 6,9 Mill. E hat. S. besitzt 16 Universitäten, ehemalige Königspaläste u. eine Marmorpagode. Mit seinem Hafen u. dem Flugplatz ist S. der bedeutendste Verkehrsknotenpunkt des Landes. Unter den Industriezweigen ragen Textil-, Metall- und Nahrungsmittelindustrie heraus.

separat [lat.], abgesondert, einzeln; z. B. ein separates Zimmer.

Separatismus [lat.] *m*, Bestrebungen einzelner Gruppen oder bestimmter Gebiete, sich aus einem Staatsverband herauszulösen u. einen selbständigen Staat zu bilden oder sich einem anderen Staat anzuschließen. So wurden z. B. nach dem 1. Weltkrieg im Rheinland Versuche unternommen, diese Gebiete vom Deutschen Reich abzutrennen.

Sepsis ↑Blutvergiftung.

Serbien, jugoslawische sozialistische Republik, mit 8,9 Mill. E. Sie ist mit der Hauptstadt Belgrad das Kerngebiet Jugoslawiens. Das größtenteils gebirgige Land ist sehr erzreich (Kupfer, Blei, Zink u. Eisen) u. hat Steinkohlenlager; im Norden werden auf fruchtbaren Böden Getreide, Tabak u. Hanf angebaut, auch die Obstkulturen (besonders Pflaumen) dieses Gebietes sind bekannt. *Geschichte:* Im 5./6. oder erst im 7. Jh. wanderten die Serben in dieses zum Oströmischen Reich gehörende Gebiet ein. Sie wurden im 12. Jh. von Byzanz unabhängig. Im 14./15. Jh. geriet das serbische Reich mehr u. mehr unter die Herrschaft der Türken. Nach langen Freiheitskämpfen mußten die Türken 1878 die Unabhängigkeit Serbiens anerkennen, das in wachsenden politischen Gegensatz zu Österreich-Ungarn geriet. Die Ermordung des österreichischen Thronfolgers in Sarajevo war Anlaß des 1. Weltkrieges. Nach 1918 wurde S. ein Teil des Königreiches der Serben, Kroaten u. Slowenen; ↑Jugoslawien (Geschichte).

Serenade [frz.] *w*, Abendmusik; Ständchen.

Serengeti, ebene Trockensavanne im Hochland 1800 m ü. d. M.) östlich des Victoriasees, im Norden Tansanias. S. ist größtenteils Naturschutzgebiet für Großwild (S.-*Nationalpark*) u. mit mehr als 12 500 km² größter Nationalpark in Tansania (über 1 Mill. Großtiere).

serielle Musik *w*, aus der ↑Zwölftonmusik entwickelte Kompositionstechnik, bei der neben Tonhöhen u. Tonfolgen weitere Toneigenschaften (z. B. Dauer, Stärke) nach bestimmten Verfahren geordnet werden.

Serienschaltung [lat.; dt.] *w* (Reihenschaltung, Hintereinanderschaltung), elektrische Schaltung, bei der mehrere Schaltelemente, z. B. Widerstände, Glühbirnen, Kondensatoren, so in den Stromkreis geschaltet werden, daß sie alle vom gleichen Strom durchflossen werden. Bei der S. gibt es also keine Stromverzweigungspunkte, die Stromstärke ist überall gleich groß.

seriös [frz.], ernsthaft (z. B. seriöses Gespräch), anständig (z. B. eine seriöse Persönlichkeit), vertrauenswürdig (z. B. ein seriöses Geschäft).

Serpentine [lat.] *w*, in Schlangenlinie an- bzw. absteigende Straße am Berghang; auch die einzelne Kehre einer solchen Straße.

SEGELFLUG

Nach kurzen Gleitflügen (1884 J. J. Montgomery, USA; 1895 O. Lilienthal, Deutschland; 1911 W. Wright, USA), die als Vorversuche zum Motorflug dienten (↑ Luftfahrt), beginnt der eigentliche Segelflug mit den Stundenflügen der Deutschen Martens u. Hentzen im Hangaufwind der Rhön 1922. Hangaufwind entsteht durch die Ablenkung des Windes am Berghang. In den darauffolgenden 11 Jahren entdeckte man weitere Aufwindquellen, die große Strecken- u. Höhenflüge erst ermöglichten: die Thermik, blasenförmig aufsteigende Warmluft, die sich bei örtlich unterschiedlicher Erwärmung des Erdbodens durch die Sonneneinstrahlung entwickelt. Die aufsteigende Luft kühlt sich nach Beginn der Wolkenbildung langsamer ab als zuvor, dadurch nimmt die Aufwindstärke in den Wolken zu (Wolkenaufwind). Weiterhin findet man Aufwind vor Gewitterfronten u. an den dem Wind abgekehrten Seiten von Gebirgen. Ein Segelflugzeug verliert beim Fliegen ständig an Höhe, es sinkt (ebenso wie eine Kugel, die eine Rinne hinabrollt). Der Höhenverlust beziehungsweise die Sinkgeschwindigkeit ist um so größer, je schneller das Segelflugzeug fliegt (oder die Kugel rollt). Es besteht aber doch ein Unterschied zwischen Segelflugzeug u. Kugel: Stellt man die Rinne waagerecht, so bleibt die Kugel liegen; sie hat weder Vorwärtsgeschwindigkeit, noch verliert sie an Höhe. Das ist beim Segelflugzeug nicht möglich. Es muß eine Mindestfluggeschwindigkeit behalten, damit die Kräfte der Luft, die am Flügel durch das Umströmen des Flugzeugs wirksam werden, das Segelflugzeug tragen können. Würde es zu langsam fliegen, müßte es wie ein Stein eine gewisse Höhe fallen, bis es seine Mindestfluggeschwindigkeit erreicht hat. Will ein Pilot möglichst lange fliegen (Dauerflug), dann wird er mit kleiner Fluggeschwindigkeit u. damit auch kleiner Sinkgeschwindigkeit fliegen. Je größer das Gesamtgewicht des Flugzeuges, desto größer ist seine Sinkgeschwindigkeit. Der Konstrukteur ist deshalb bestrebt, an Baumaterialien soviel wie möglich zu sparen, nur solche von geringem Gewicht zu verwenden (wenig Stahl) u. die Festigkeiten der Werkstoffe bis an ihre Grenzen auszunutzen (Leichtbau).

Bauweisen für Segelflugzeuge sind: stoffbespannte Stahlrohrkonstruktion, Schalenkonstruktionen in Sperrholz, Kunststoff (mit Glasfasern verstärkt), Leichtmetall u. gemischte Bauweisen. Es gibt Übungs- (als Schulflugzeuge meist doppelsitzig), Leistungs- u. Hochleistungsflugzeuge, Motorsegler (mit Hilfsmotor) u. Kunstflugzeuge (besitzen hohe Festigkeit). Um den Flug zu überwachen, Auf- u. Abwind zu messen u. die günstigste Fluggeschwindigkeit ermitteln zu können, werden Bordinstrumente mitgeführt: Höhenmesser, Fahrtmesser (für Fluggeschwindigkeit), Variometer (zeigt Steig- oder Sinkgeschwindigkeit des Flugzeugs an). Leistungs- u. Hochleistungsflugzeuge sind außerdem ausgerüstet mit Wendezeiger (zeigt Drehen und Schieben des Flugzeuges an) oder künstlichem Horizont (für Blindflug), Kompaß, Borduhr sowie Barograph (Höhenschreiber). Weiterhin gehören zur Ausrüstung: Funksprech- u. Sauerstoffgerät (ab 4 000 m Höhe).

Gestartet werden Segelflugzeuge mit einer Motorwinde oder durch Motorflugzeugschlepp, selten (am Berghang) mit einem Gummiseil. Sobald der Pilot sein Flugzeug vom Schleppseil gelöst hat, ist er bestrebt, ein Aufwindgebiet zu finden. Wenn die Aufwindgeschwindigkeit der Sinkgeschwindigkeit seines Flugzeugs gleich ist, kann er ohne Höhenverlust fliegen. Ist die Aufwindgeschwindigkeit größer als seine Sinkgeschwindigkeit, kann er mit der Differenzgeschwindigkeit im Aufwind steigen, bis dieser sich aufgelöst hat. Da die Luft immer in einem Kreislauf auf- u. abströmt, findet der Segelflieger neben Aufwindgebieten auch Abwinde, die er möglichst schnell durchfliegt, um im nächsten Aufwind weiter zu steigen (Dauer-, Höhenflug) oder um bei der günstigsten Gleitzahl den Höhengewinn in Flugstrecke umzusetzen (Überlandflug). Um das Rückholen des Segelflugzeugs von einem weiten Streckenflug zu vermeiden, führt man Dreieckflüge aus.

Die stillen, nur von einem leisen Pfeifen der Luftströmung begleiteten Flüge im unsichtbaren Aufwind u. der Kampf mit Abwind, Luftturbulenz (Luftwirbel) u. Vereisung, das Betrachten der Landschaft aus großer Höhe oder das Fliegen über dem Wolkenmeer machen den Reiz des Segelfliegens aus.

Im Segelflugsport werden heute folgende Konkurrenzen ausgetragen: freier Streckenflug, Zielstreckenflug, Zielflug mit Rückkehr zum Startort, Höhenflug, Dreieckflug und Geschwindigkeitsflug über 100, 200, 300 oder 500 km.

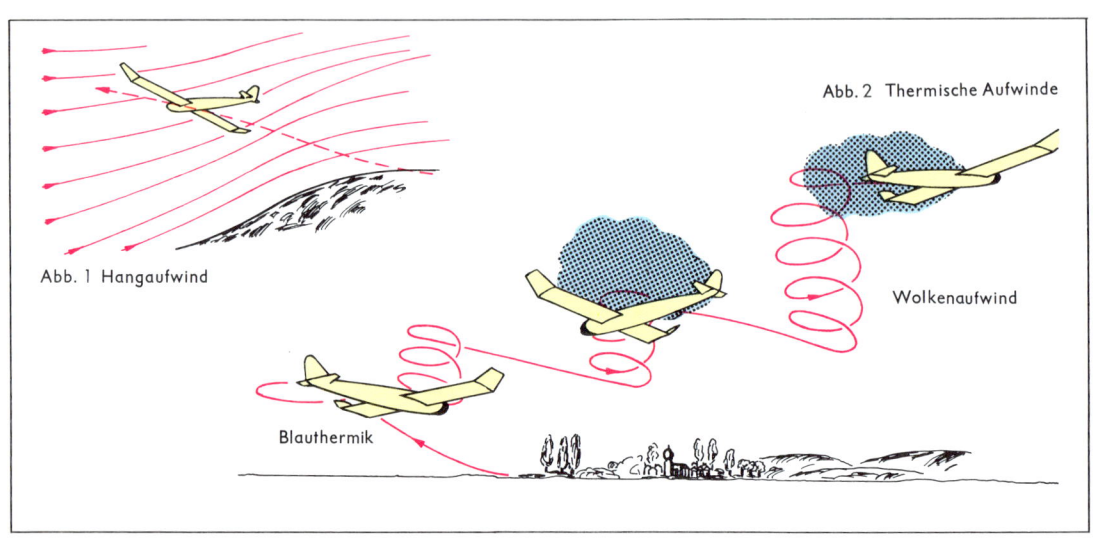

Abb. 1 Hangaufwind
Abb. 2 Thermische Aufwinde
Blauthermik
Wolkenaufwind

Setter. Irischer Setter

Serum [lat.] s: **1)** die klare Blutflüssigkeit, die sich bei der ↑Blutgerinnung absetzt; **2)** aus dem Blutserum von Tieren gewonnene Heilmittel.

Sessellift m, eine Seilbahn zur Beförderung von Personen auf hängenden Sitzen. Im Gebirge wird der S. von Skifahrern benutzt.

Session [lat.] w, Sitzung; aber auch die Sitzungszeit oder -dauer (Sitzungsperiode), z. B. eines Parlaments.

Seth, ägyptischer Gott der Unruhe, der Unordnung, des Verkehrten; Gegenspieler des ↑Horus, dessen Vater ↑Osiris er ermordet. Deshalb wurde S. im 1. Jahrtausend v. Chr. als böser Gott verfolgt.

Setter [engl.] m, Mz., mittelgroße (etwa 65 cm schulterhoch), langhaarige Hunde. Der *Englische S.* mit langem Fang (Schnauze) u. dichtbehaarter Rute (Schwanz) besitzt ein weißes Fell mit schwarzbraunen oder gelben Tupfen. Das glatthaarige, schwarze Fell des *Schottischen Setters* ist rot gezeichnet. Der *Irische S.* hat ein kurzhaariges, goldfarben glänzendes Fell.

Seuche w (Epidemie), Infektionskrankheit bei Mensch u. Tier, die in kurzer Zeit viele befällt. In den meisten Staaten gibt es Gesetze zur Verhütung u. Bekämpfung von Seuchen, die Impfung, Meldepflicht von Erkrankungen, ↑Quarantäne, gegebenenfalls Schließung öffentlicher Einrichtungen (Schulen, Bäder) u. a. regeln.

Sevilla [sewilja], spanische Hafenstadt am unteren Guadalquivir, mit 625 000 E. Die Stadt hat eine Universität. Die gotische Kathedrale (1402 bis 1506) ist an Stelle einer maurischen Moschee erbaut worden, von der ein hohes Minarett, die „Giralda", erhalten ist, das heute das Wahrzeichen Sevillas bildet. Daneben findet man in S. eine Fülle historischer Bauwerke, die z. T. aus der maurischen, vorwiegend aber aus der Renaissancezeit (so z. B. das Rathaus der Stadt) stammen (der Alkazar aus maurischer Zeit sowie aus dem 14. u. 16. Jh.). S. hat Textil-, Waffen-, Maschinen- u. chemische Industrie. – Die von Phöniken gegründete Stadt wurde 45 v. Chr. von Cäsar erobert; während der Völkerwanderung wurde S. von Vandalen u. Westgoten, 712 von den Arabern eingenommen. S. wurde zum Zentrum des maurischen Spanien. 1248 kam S. im Zuge der Eroberung Südspaniens durch die Spanier an Kastilien.

Sewastopol, bedeutende sowjetische Hafenstadt (Kriegs- und Handelshafen) am Schwarzen Meer, an der Südwestküste der Halbinsel Krim, mit 290 000 E. Die Stadt wurde im Krimkrieg (1853–56) u. im 2. Weltkrieg heftig umkämpft.

Sex [lat.-engl.] m, Geschlecht, Geschlechtstrieb.

Sex-Appeal [...ᵉpil; engl.] m, starke sinnliche Anziehungskraft auf das andere Geschlecht.

Sexta [lat.] w, ursprünglich die 6. Klasse unter der Prima, später Bezeichnung für die 1. Klasse am Gymnasium, die heute 5. Klasse genannt wird.

Sextant [lat.] m, ein Winkelmeßgerät, mit dessen Hilfe die Höhe eines Gestirns über dem Horizont gemessen werden kann. Sextanten werden vorwiegend zur Ortsbestimmung in der Schiffahrt verwendet.

Sexualität [lat.] w, Geschlechtlichkeit; die Gesamtheit der auf dem Geschlechtstrieb beruhenden Äußerungen u. Verhaltensweisen. Die S. beschränkt sich im Gegensatz zur ↑Erotik auf das rein Körperliche; ↑auch Geschlechtskunde.

sexuell [lat.], zum Geschlechtsleben gehörig, geschlechtlich.

Seychellen [seschelen] Mz., Republik im Indischen Ozean, mit 59 000 E; 309 km². Sie umfaßt die Inselgruppe der S. (32 Inseln) u. weitere 57 Inseln nördlich von Madagaskar. Die Hauptstadt ist *Victoria* (15 000 E) auf Mahé, der größten Insel. – Die S. wurden Anfang des 16. Jahrhunderts von Portugiesen entdeckt. Sie waren 1743–1814 in französischem, dann in britischem Besitz, bis sie 1976 unabhängig wurden.

Sextant. Spiegelsextant mit Minutenmeßschraube

William Shakespeare

Die S. sind Mitglied des Commonwealth, der UN u. der OAU; sie sind der EWG assoziiert.

Sezession [lat.] w, Absonderung, Trennung; insbesondere die Absonderung einer Künstlergruppe von einer älteren Künstlergemeinschaft; Verselbständigung von Staatsteilen.

Sezessionskrieg [lat.; dt.] m, Bürgerkrieg in den USA (1861–65). Der S. wurde verursacht durch die wirtschaftlichen u. gesellschaftlichen Gegensätze zwischen den Nord- u. Südstaaten der USA (während die Nordstaaten die Sklaverei abgeschafft hatten, blieb sie im Süden bestehen). Nachdem A. Lincoln (1809–65) zum Präsidenten der USA gewählt worden war, erfolgte der Austritt der 11 Südstaaten aus der Union. Der Norden erklärte die Abspaltung (Sezession) für unzulässig u. setzte seine militärische Macht gegen den Süden ein. Nach erbitterten Kämpfen u. schweren Verlusten auf beiden Seiten (etwa 650 000 Tote) siegten die Nordstaaten.

sezieren [lat.], eine Leiche öffnen, zerlegen; auch in übertragener Bedeutung, z. B. Gedanken sezieren.

Shaba [*schaba*] (früher Katanga), Provinz im Südosten der Republik ↑Zaïre, mit 3,1 Mill. E. Die Hauptstadt *Lubumbashi* (438 000 E) hieß früher Elisabethville. Das an Bodenschätzen reiche Sh. fördert Kupfer, Uran, Kobalt, Mangan u. Zinn. In dem Savannenhochland wird Viehwirtschaft betrieben. – Mehrmals wurden Bestrebungen, die Provinz von ↑Zaïre zu trennen u. selbständig zu machen, gewaltsam unterdrückt (bereits 1960, zuletzt 1978).

Shakespeare, William [*scheˈikßpir*], getauft Stratford-upon-Avon 26. April 1564, † ebd. 23. April 1616, englischer Dichter. Den größten Teil seines Lebens verbrachte Sh. in London, wo er als Schauspieler und Theaterdichter wirkte u. Mitbesitzer des „Globe Theatre" war. 1610 kehrte er als wohlhabender Mann nach Stratford zurück. Sh. gilt als der bedeutendste Dramatiker des Abendlandes. Neben 154 Sonetten u. 2 Versepen schrieb er 36 Dramen.

543

Sein Werk wird meist in vier Schaffensperioden eingeteilt: Am Beginn stehen Verserzählungen u. frühe historische Dramen (z. B. „Richard III.", um 1593); auch die „Komödie der Irrungen" (um 1591) entstand in dieser Zeit. Es folgten in der 2. Periode weitere historische Dramen (z. B. „Heinrich IV.", um 1596 bzw. 1597), in denen sich Sh. um objektive Darstellung der geschichtlichen Wirklichkeit bemühte. Die Komödien (z. B. „Ein Sommernachtstraum", 1595, und „Wie es euch gefällt", um 1599) zeigen tiefsinnigen Humor, der über den Wortwitz der frühen Komödien hinausgeht u. ernste Hintergründe nicht bloß überspielt. Um 1595 entstand die romantische Tragödie „Romeo u. Julia". Den Übergang zur dritten, der sogenannten „dunklen" Periode bildet „Julius Cäsar" (um 1599). Wieder auf geschichtlichem Hintergrund gestaltet Sh. Charaktertragödien, in denen das Verhängnis im Charakter des Helden begründet ist (z. B. „Hamlet", um 1601, „Othello", 1604, „König Lear", um 1605, und „Macbeth", um 1608). Auch die Komödien dieser Zeit (z. B. „Die lustigen Weiber von Windsor", 1600/01) haben eine pessimistische Grundstimmung. In der letzten Schaffensperiode erreicht der Dichter höchste dichterische Reife, so z. B. in den Märchenspielen „Der Sturm" (1611) u. „Das Wintermärchen" (1611). - In Deutschland wurde Sh. besonders durch Lessing, Herder u. Goethe bekannt. Die bisher unübertroffene deutsche Shakespeareübersetzung stammt von A. W. Schlegel (herausgegeben 1825-33).

Shaw, George Bernard [*schå*], *Dublin 26. Juli 1856, †Ayot Saint Lawrence (Hertford) 2. November 1950, irischer Schriftsteller. Sh., der aus einer ehemals englischen Familie stammte,

begann 1885 in London als Theater- u. Musikkritiker. Anfänglich als Schriftsteller erfolglos, wurde er durch sein umfangreiches Bühnenwerk u. seine originelle Persönlichkeit bald weltbekannt. 1925 erhielt er den Nobelpreis für Literatur. Sein Werk ist gekennzeichnet durch Kritik an überkommenen gesellschaftlichen Verhaltensweisen und persönlichen Vorurteilen, beißenden Spott humorvolle Ironie.

Zu seinen bekanntesten Stücken gehören: „Frau Warrens Gewerbe" (deutsch 1904), „Helden" (deutsch 1903), „Pygmalion" (deutsch 1913; 1956 zu dem Musical „My fair lady" verarbeitet) u. „Die heilige Johanna" (deutsch 1924).

Sheriff [*scherif*; engl.] *m,* in England ehrenamtlicher Verwaltungsbeamter einer Grafschaft; in den USA gewählter Beamter mit (z. T. unseren polizeilichen Befugnissen entsprechenden) richterlichen u. Verwaltungsaufgaben.

Sherlock Holmes [*schö'rläk houms*], Hauptgestalt (Meisterdetektiv) der Kriminalromane von Sir A. C. Doyle.

Shetlandinseln [*schetlend...*] *w, Mz.,* schottische Inselgruppe nordöstlich der Orkneyinseln. Es sind etwa 100 Inseln, von denen die meisten unbewohnt sind; der Hauptort ist *Lerwick*. Die 19 000 E betreiben hauptsächlich Schaf-, Pferdezucht u. Fischerei.

Shkodër [*schkod^er*] (dt. Skutari), nordalbanische Stadt südöstlich des *Skutarisees* (größter See der Balkanhalbinsel, bis 44 m tief), mit 59 000 E. Die Stadt hat Metall-, Holz-, Textil- u. Nahrungsmittelindustrie.

Siam ↑Thailand.

Sibirien [*...ien*], nordasiatische Großlandschaft in der UdSSR, mit rund 13 Mill. km² ungefähr 50mal so groß wie die Bundesrepublik Deutschland, S. hat aber nur 30 Mill. E. Einteilung in 5 Großräume: das *Westsibirische Tiefland* mit weithin versumpftem Flachland (70% Sumpftaiga) zwischen Ural und Jenissei, das *Mittelsibirische Bergland* (Lärchentaiga u. im Norden Tundra) zwischen Jenissei, Lena u. Baikalsee, das *nordostsibirische Gebirgsland* (bei Oimjakon der Kältepol der nördlichen Erdhalbkugel) in Nordostasien, das *südliche Randgebirge* (Bodenschätze u. Industrie, relativ hohe Bevölkerungsdichte) mit Altai u. Sajangebirge, der *Ferne Osten* (viele Bodenschätze u. bedeutende Industrie). S. hat kontinentales Klima mit kurzen, niederschlagsreichen Sommern u. sehr kalten Wintern. Durch die Ausbeutung der reichen Bodenschätze u. die wachsende Industrialisierung entstehen in S. zahlreiche Großstädte. Das *Klima* ist kontinental, einige Gebiete haben mehr als 9 Monate Frost. *Bevölkerung:* vorwiegend Russen, die das Land seit dem 16. Jh. erschlossen, daneben mongolische Völkerschaften und im Nordosten Altsibirier.

Sicherheitslampe *w,* eine Grubenlampe, bei der eine offene Flamme von einem dichten Drahtnetz umgeben ist. Befinden sich explosive Gase (↑schlagende Wetter) in der Grube, so bilden sich um die Lampe bläuliche Lichterscheinungen (Aureolen), die die Bergleute warnen. Durch das Drahtnetz wird verhindert, daß sich das Gru-

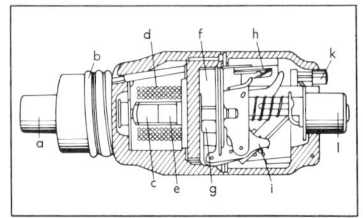

Sicherung. Schraubensicherungsautomat: a Fußkontakt, b Gewinde, c bewegliches Ankerstück, d Magnetspule, e Weicheisenkern, f feste Schaltkontakte, g bewegliche Schaltbrücke, h Bimetall des thermischen Auslösers, i Klinkwerk zur Übertragung der Einschaltbewegung auf die Schaltkontakte, k Handauslösedruckknopf, l Einschaltdruckknopf

bengas außerhalb der Lampe entzündet.

Sicherheitsrat, Organ der ↑UN.

Sicherung *w,* eine in elektrischen Stromkreisen eingeschaltete Schutzvorrichtung, die den Stromfluß unterbricht, wenn die Stromstärke bei einem Kurzschluß oder bei Überlastung über einen bestimmten Höchstwert ansteigt. Die Schmelzsicherung besteht aus einem dünnen Draht, der sich in einem Porzellanrohr befindet. Sie wird so in den Stromkreis geschaltet, daß der gesamte Strom durch das Drähtchen fließen muß. Dieses schmilzt bei Überschreiten einer bestimmten Stromstärke u. unterbricht damit den Stromkreis. Der heute vorwiegend benutzte Sicherungsautomat ist ein Schutzschalter, der sich bei Überlastung des Stromkreises selbsttätig ausschaltet. Nach Beseitigung der Ursachen für die Überlastung kann er wieder eingeschaltet werden.

Siebenbürgen (rumän. Transilvania, auch Ardeal), Becken- u. Gebirgslandschaft in Rumänien. S. wird vom Karpatenbogen u. vom Westsiebenbürgischen Gebirge begrenzt u. von der Maros durchflossen. In den fruchtbaren Senken werden Mais, Weizen u. Wein angebaut u. Rinder- u. Pferdezucht betrieben; in den Gebirgen wird Gold, Bauxit u. Salz abgebaut u. Erdgas gewonnen. - In S. wurden im 12. u. 13. Jh. deutsche Kolonisten (Siebenbürger Sachsen) angesiedelt. Es gehörte ab Ende des 17. Jahrhunderts zu Österreich, seit 1867 zu Ungarn. 1920 wurde es rumänisch, 1940-47 gehörte Nordsiebenbürgen wieder zu Ungarn.

Siebengebirge *s,* Berggruppe südöstlich von Bonn, am rechten Rheinufer. Das S. ist ein Teil des ↑Rheinischen Schiefergebirges. Es erhielt seinen Namen nach 7 besonders hervorragenden Kuppen.

Siebengestirn ↑Plejaden.

Siebenjähriger Krieg *m,* Bezeichnung für den 3. Schlesischen Krieg zwischen Preußen (Friedrich II., der Große) und Österreich (Maria Theresia) u. die gleichzeitige Auseinandersetzung

Sierra Leone

Sibirien. Nach den langen, sehr kalten Wintern in Nordostsibirien verzögert sich das Auftauen der Flüsse bis in den Sommer (die Aufnahme entstand im Juni)

zwischen Frankreich u. Großbritannien in den Kolonien (1756–63). Preußen, das mit Großbritannien verbündet war, erlitt im Kampf gegen Österreich, das mit Frankreich, Rußland, Schweden u. der Mehrzahl der ↑Reichsstände verbündet war, nach anfänglichen Siegen (u. a. bei Roßbach u. Leuthen) bei Kunersdorf (1759) eine schwere Niederlage, wurde aber durch das Ausscheiden Rußlands aus dem Krieg gerettet u. im *Frieden von Hubertusburg* (1763) im Besitz von Schlesien bestätigt. – Frankreich verlor nach bedeutenden englischen Siegen im *Pariser Frieden* (1763) seine wertvollsten Kolonialgebiete in Nordamerika (Kanada) u. Indien.

Sieben Weltwunder *Mz.*, Bezeichnung für sieben berühmte Bau- u. Kunstwerke des Altertums: 1. ägyptische Pyramiden, 2. die Hängenden Gärten der Semiramis (9./8. Jh.?) in Babylon, Terrassengärten, die vielleicht erst von Nebukadnezar II. (605–562 v. Chr.) für seine Gemahlin Amytis angelegt wurden, 3. Tempel der Artemis in Ephesus (6. Jh. v. Chr.), 4. Kultbild des Zeus in Olympia (von Phidias um 430 v. Chr.), 5. Mausoleum (Grabmonument des Mausolos, der 353 v. Chr. starb) in Halikarnassos, 6. Koloß von Rhodos (Statue des Helios an der Hafeneinfahrt, um 285 v. Chr.), 7. Leuchtturm der ehemaligen Insel Pharus bei Alexandria (vollendet 279 v. Chr.).

Siedepunkt *m*, die Temperatur, bei der die Flüssigkeit in den gasförmigen Zustand übergeht.

Siedlung *w*, jede Art menschlicher Niederlassung vom Nomadenzelt bis zur Großstadt, in der Vergangenheit (z. B. vor- und frühgeschichtliche S.) u. in der Gegenwart. Man unterscheidet städtische Siedlungen (z. B. Klein- u. Großstadt) u. ländliche Siedlungen (z. B. Gehöft oder Dorf) u. bei diesen wiederum verschiedene *Siedlungsformen*, die sich nach Zweck und Anlage voneinander unterscheiden: Das *Haufendorf* hat unregelmäßigen Straßenverlauf u. Aufbau der Gehöfte, der Umfang des Dorfes ist nicht scharf begrenzt; planmäßig angelegt dagegen sind *Reihendörfer*, die entlang einer Straße (Straßendorf), eines Baches (Waldhufendorf) oder eines Deiches (Deichhufendorf) angeordnet sind; in Talsohlen findet man häufig das *Straßenangerdorf*, bei dem die Straße sich zwischen den beiden Häuserreihen gabelt und einen Anger mit Teich und die meist etwas erhöht liegende Kirche umschließt; der *Rundling* schließlich war ein Verteidigungsdorf mit um den Dorfplatz angeordneten Gehöften, das mit einer Mauer umgeben war; in neuerer Zeit sind viele Rundlinge nur noch am Umriß des Ortskerns zu erkennen; ↑auch Stadt.

Siegel [lat.] *s*, Abdruck eines geprägten oder geschnittenen Stempels in Siegellack, eine infolge von Erwärmung weiche, später erhärtende Masse (früher wurden S. auch in Metall, Ton oder Wachs abgedrückt). Das S. ist ein Beglaubigungszeichen von hohem rechtlichem Wert (z. B. auf Urkunden).

Siegfried, Gestalt der germanischen Heldensage; seine Taten werden in der „Edda" und im „Nibelungenlied" überliefert. S. erwirbt den Nibelungenschatz, vermählt sich mit Kriemhild u. gewinnt für König Gunther Brunhild durch eine List. Brunhild rächt sich dafür an S. u. läßt ihn durch Hagen hinterhältig ermorden.

Siemens, Werner von, * Lenthe (heute zu Gehrden) 13. Dezember 1816, † Berlin 6. Dezember 1892, deutscher Ingenieur u. Industrieller. S. machte grundlegende Erfindungen auf dem Gebiet der Elektrotechnik (z. B. Konstruktion der Dynamomaschine) u. wurde zum Begründer der Starkstromtechnik. 1847 gründete er mit J. G. Halske die *Telegraphen-Bauanstalt von S. & Halske,* heute in der *S. AG* aufgegangen. – Abb. S. 546.

Sierra Leone, westafrikanische Republik, die mit 71 740 km² knapp ein Drittel der Fläche der Bundesrepublik Deutschland umfaßt u. nur 3,5 Mill. E hat. Hauptstadt u. wichtigster Hafen ist *Freetown* (274 000 E). Das Land glie-

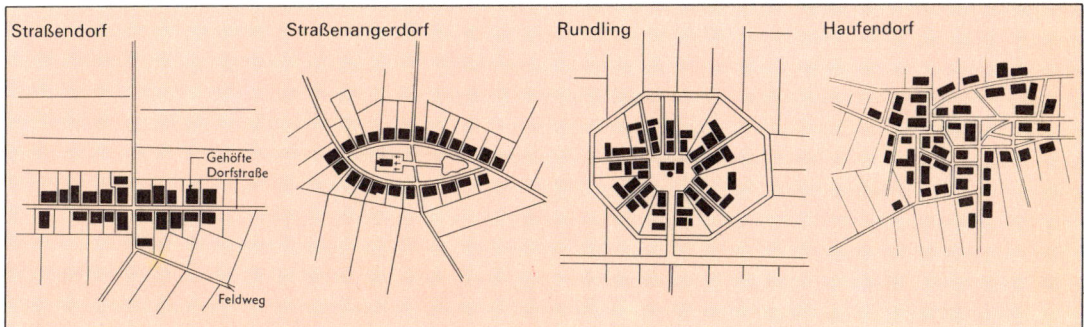

Siedlung. Verschiedene Siedlungsformen

Sigel

dert sich in eine feuchte Küstenebene u. ein Savannenhochland im Innern. Es ist reich an Bodenschätzen (v. a. Diamanten, Eisen, Bauxit). Ausgeführt werden auch Kaffee, Ölpalmkerne u. Kakao. – Das Gebiet wurde 1462 von den Portugiesen entdeckt u. 1808 britische Kronkolonie. Seit 1961 ist S. L. unabhängig. S. L. ist Mitglied des Commonwealth, der UN u. der OAU; es ist der EWG assoziiert.

Sigel [lat.] s, festgelegtes Abkürzungszeichen für Silben, Wörter oder Wortgruppen, das z. B. in alten Handschriften verwendet wurde; auch Zeichen der ↑ Kurzschrift.

Sikkim, indischer Bundesstaat im östlichen Himalaja. 1950–74 war S. indisches Protektorat.

Silber s, Edelmetall, chemisches Symbol Ag (von lat. argentum), Ordnungszahl 47; Atommasse 107,68. S. ist ein weißglänzendes, spiegelndes Metall, das von allen Elementen die höchste Leitfähigkeit für Wärme u. Elektrizität zeigt. In der Natur kommt S. gediegen (rein), häufig auch in Form seiner Sulfide, meist in Begleitung von Kupfer, Zink oder Blei vor. Neben seiner bekannten Verwendung als Schmuck- u. Münzmetall spielt S. in Form seiner Halogenide AgCl, AgBr u. AgJ wegen deren Lichtempfindlichkeit in der fotografischen Industrie eine bedeutende technische Rolle.

Silberfischchen s, ein bis 1 cm langes, silbrig beschupptes, flügelloses Urinsekt, das in Ritzen bewohnter Räume u. in Speisevorräten lebt.

Silberfuchs m, Verwandter des Rotfuchses mit blauschwarzem Fell mit silbrigen Haarspitzen u. schwarzem Schwanz mit weißem Ende. Er lebt in Nordeuropa u. Nordamerika, wird aber zur Gewinnung des Fells in vielen Ländern in Farmen gezüchtet.

Silberlöwe ↑ Puma.

Silhouette [siluät^e; frz.] w, Umriß, ↑ Schattenriß.

Silicate [lat.] s, Mz., Salze der verschiedenen Sauerstoffsäuren (↑ Säuren) des ↑ Siliciums, der sogenannten Kieselsäuren, die z. T. einen recht komplizierten Aufbau haben. Die einfachste Kieselsäure ist die Orthokieselsäure, H$_4$SiO$_4$, woraus sich für die einfachsten S. die Formel Me$_4$SiO$_4$ ableitet (Me steht hier für ein einwertiges Metall). Die überragende Bedeutung der S. geht schon daraus hervor, daß über 90% der festen Erdkruste aus Silicaten u. Siliciumdioxid, SiO$_2$, bestehen. Es gehören so bekannte gebirgsbildende Gesteine wie Granit u. Basalt u. auch durch Verwitterung entstandene sogenannte Sedimente, wie Tone u. Lehm, zu den Silicaten. Die silicatischen Gesteine werden im Straßen- u. Gleisbau verwendet. Sie sind auch wichtige Grundstoffe für die Zement-, Keramik- u. Glasindustrie.

 **Werner von Siemens**  **Upton Sinclair**  **Bedřich Smetana**

Silicium [lat.] s, Halbmetall, chemisches Symbol Si, Ordnungszahl 14; Atommasse 28,09. S. ist nach dem Sauerstoff das am häufigsten vorkommende chemische Element auf der Erde. Sein Anteil an der Erdkruste beträgt ungefähr 26%. S. kommt ausschließlich in mineralischer Form als Oxid (Quarz, SiO$_2$) oder als ↑ Silicat vor. Die Verwendung des elementaren Siliciums beschränkt sich auf wenige Gebiete: Es dient als Desoxydationsmittel u. härtender Legierungszusatz sowie als Material für Kristalldetektoren in der Kurzwellentechnik. Von wesentlicher Bedeutung sind heute die künstlich hergestellten sogenannten siliciumorganischen Verbindungen, die man meist unter dem Begriff *Silicone* zusammenfaßt u. die z. B. als Schmiermittel große technische Bedeutung erlangt haben.

Silicone ↑ Silicium.

Silo [span.] m, turmartiger Großbehälter zur Speicherung von Schüttgütern wie Getreide, Kohle, Erz u. ä. oder zur Herstellung u. Lagerung von Gärfutter.

Silvrettagruppe w, Berggruppe in den Zentralalpen an der schweizerisch-österreichischen Grenze nordwestlich vom Unterengadin. Die stark vergletscherten Berge erreichen eine Höhe von 3411 m u. werden von der Silvretta-Hochalpenstraße durchzogen.

Simbabwe-Rhodesien, ein Binnenstaat im südlichen Afrika, zwischen Sambesi u. Limpopo; 390 580 km². Von den 6,7 Mill. E sind 95% Afrikaner, 4,5% Weiße, der Rest Asiaten u. Mischlinge. Die Hauptstadt ist *Salisbury* (570000 E). S.-Rh. ist ein Bergland von 1 200 bis 1 800 m Höhe, das im Osten zu einem Hochgebirge ansteigt (bis fast 2 600 m). Es ist vorwiegend mit Savanne, teilweise auch mit lichten Wäldern bedeckt. Die wichtigsten Anbauprodukte sind: Tabak (der wertmäßig an der Spitze aller wirtschaftlichen Erzeugnisse u. des Exportes steht), Mais u. Baumwolle. Auf den Hochflächen wird Rinderzucht betrieben. An Bodenschätzen werden v. a. Gold, Asbest, Kohle, Kupfer-, Chrom-, Nickel-, Zinn- u. Eisenerz gefördert. Die Industrie ist vielseitig u.

gut entwickelt (Metallverarbeitung, Nahrungsmittel, Textil- u. Tabakwaren, Chemie, Papier, Möbel). – 1891 wurde das Land (Süd-Rhodesien) britisches Protektorat, 1924 britische Kolonie (mit Selbstverwaltung der weißen Siedler). 1965 erklärte die weiße Minderheitsregierung unter I. Smith einseitig die Unabhängigkeit Rhodesiens (Name seit 1964) von Großbritannien, die von keinem Staat außer der Republik Südafrika anerkannt wurde. Die Weißen hielten mit Unterdrückung u. Terror hartnäckig ihre Herrschaft aufrecht, gegen die sich schwarze Befreiungsbewegungen mit Gewalt zur Wehr setzten. Der sich verschärfende Guerilakrieg u. der Druck westlicher Staaten führten 1978 dazu, daß sich Smith mit einem Teil der Befreiungsbewegungen auf eine schwarze Mehrheitsregierung einigte. Nach der neuen Verfassung von 1979 haben jedoch die Weißen immer noch Vorrechte u. entscheidende Positionen (u. a. Polizei, Militär) in dem jetzt S.-Rh. genannten Staat, der von den Guerillas der Patriotischen Front weiter bekämpft wird.

Simplon [auch ...on] m, schweizerischer Paß vom Oberwallis zum Tessin (2 005 m ü. d. M.); der 19,8 km lange *Simplontunnel* (zwei parallel verlaufende Eisenbahntunnel) verläuft nordöstlich vom Simplon.

simultan [lat.], gemeinsam; gleichzeitig (z. B. simultan dolmetschen).

Sinai, Halbinsel [...a-i] w, Halbinsel zwischen dem Golf von Sues u. dem Golf von Akaba; das wüstenhafte Gebiet wird im Süden von dem zerklüfteten *Sinaigebirge* (bis 2637 m hoch) durchzogen.

Sinclair, Upton [ßingklär'], * Baltimore 20. September 1878, † Bound Brook (New Jersey) 25. November 1968, amerikanischer Schriftsteller, der in seinen Romanen die sozialen Mißstände besonders in der amerikanischen Industrie anprangert, z. B. in seinem Roman „Der Sumpf" (deutsch 1906) die Zustände in den Schlachthöfen. Bekannt sind auch „König Kohle" (deutsch 1918) u. „Petroleum" (deutsch 1927).

Sinfonie (Symphonie) [ital.] w, neben Sonate u. Streichquartett eine der wichtigsten Gattungen der Instrumentalmusik. Die S. entstand im 18. Jh. aus dem dreiteiligen Einleitungssatz der neapolitanischen Oper. Der 1. Satz der gewöhnlich viersätzigen S. hat meist Sonatensatzform (↑ Sonate). Die allgemein übliche Satzfolge ist: Allegro, Andante oder Adagio, Scherzo (Frühform: Menuett mit Trio), Allegro. Bedeutende Sinfonien komponierten Haydn, Mozart, Beethoven, Schubert, Schumann, Mendelssohn-Bartholdy, Brahms, Berlioz, Liszt, Bruckner, Mahler, Dvořák, Tschaikowski, Sibelius, Schostakowitsch u. Prokofjew.

Singapur, Republik in Südostasien, nur 581 km² groß (kleiner als Hamburg). Die 2,3 Mill. E leben hauptsächlich in der gleichnamigen Hauptstadt. Die Stadt S. ist als ein Knotenpunkt des Luft- u. Seeverkehrs einer der bedeutendsten Häfen u. Umschlagplätze Südostasiens. Sie hat 2 Universitäten, zahlreiche Kirchen, Moscheen u. Tempel. – Als britischer Handelsstützpunkt wurde S. 1819 gegründet; 1965 wurde es unabhängig. Es ist Mitglied des Commonwealth u. der UN.

Singschwan ↑ Schwäne.

Singspiel s, ein heiteres Bühnenstück mit Lied- u. Musikeinlagen, bei dem (im Gegensatz zur Oper) der Dialog gesprochen wird; z. B. Mozarts „Entführung aus dem Serail".

Singular [lat.] m, Einzahl; ↑ Numerus 2).

Singvögel m, Mz., kleine bis mittelgroße Vögel, mit etwa 4000 Arten fast die Hälfte der Vögel umfassend. Sie bauen meist ihre Nester in Bäumen u. bringen jährlich zwei bis drei Bruten mit je 2–5 Jungvögeln hervor. Ihr Kehlkopf ermöglicht ihnen das Singen (mitunter nur krächzende Laute). Die Jungen reißen bei der Nahrungsaufnahme den an den Rändern bunt gefärbten Schnabel weit auf („sperren"). Viele S. sind als Vertilger schädlicher Insekten von großer Bedeutung. Einheimische S. sind: Drosseln, Schnäpper, Würger, Schwalben, Meisen, Finken, Lerchen, Raben, Stare. In den Tropen kommen u. a. Paradiesvögel, Webervögel, Honigfresser u. Tangoren hinzu.

Sinnesorgane [dt.; gr.] s, Mz., Organe, die der Aufnahme von Reizen dienen. Die S. sind mit Nervenzellen versorgt; sie bestehen aus Sinneszellen u. vielen Hilfszellen bzw. Hilfsorganen. Durch Nervenbahnen sind die S. mit Wahrnehmungszentren im Gehirn verbunden, wo sich die bewußte Wahrnehmung u. die Speicherung der empfangenen Sinneseindrücke vollziehen. Man unterscheidet: Gesichtssinn (Augen), Gehör (Ohren), Geruch (Schleimhaut der Nase), Geschmack (Papillen auf der Zunge), Drucksinn, Schmerzsinn, Tastsinn, Temperatursinn (in der Haut),

Gleichgewichts- u. Lagesinn (Bogengänge des inneren Ohres).

Sintflut w, die im Alten Testament geschilderte Überschwemmungskatastrophe, mit der Gott die sündige Menschheit nahezu vernichtet; nur Noah wird mit seiner Familie u. seinen Tieren in der Arche gerettet.

Sioux [siuks] m, Mz., nordamerikanische Indianerstämme, die zu einer weit verbreiteten indianischen Dialektgruppe gehören. Die S. lebten als kriegerische Prärieindianer im Mississippigebiet (heute noch rund 40000 in Reservaten).

Sippe w, Verband blutsverwandter Familien. Bei Naturvölkern spielt die S., die von einem Sippenältesten geleitet wird, eine wichtige gesellschaftliche Rolle.

Sir [bör; engl.], in den angloamerikanischen Ländern allgemein übliche Anrede im Sinne von „Herr" (wird aber ohne den Namen gebraucht); der niedere englische Adelstitel S. wird mit dem Vornamen als Anrede gebraucht, z. B. Sir Alec.

Sirene [gr.] w, Schallquelle, bei der ein Ton dadurch erzeugt wird, daß ein Luftstrom durch eine sich drehende Lochscheibe periodisch unterbrochen wird. Die Tonhöhe ist abhängig von der Anzahl der Löcher u. von der Drehgeschwindigkeit der Lochscheibe. Sirenen werden vorwiegend als Signaleinrichtungen verwendet (z. B. als Warnsignal).

Sirius m, der hellste Fixstern des Himmels.

Sisalagave [mex.; frz.] w, Agavenart auf der mexikanischen Halbinsel Yucatán, die bis 1 m hoch wird u. sehr widerstandsfähig gegen Trockenheit ist. Die S. wird auch in Brasilien, Ost- u. Westafrika, auf Madagaskar u. in Indonesien zur Fasergewinnung angebaut.

Sisalhanf [mex.; dt.] m, grobe Blattfasern der Sisalagaven, die zu Stricken, Tauen, Bindfäden, Matten u. Teppichen verarbeitet werden.

Sisyphus, Gestalt der griechischen Sage. S. wurde wegen seines ruchlosen Lebenswandels von den Göttern dazu verurteilt, in der Unterwelt einen Felsblock einen Berg hinaufzuwälzen, wobei ihm der Felsblock immer wieder entgleitet u. er von vorn beginnen muß. Daher nennt man *Sisyphusarbeit* eine sinnlose Arbeit oder eine vergebliche Anstrengung.

Sit-in [bit in; engl.] s, eine Demonstration, deren Teilnehmer sich auf der Straße, auf einem Platz oder in einem Raum (z. B. im Hörsaal einer Universität) niedersetzen, oft nach Unterbrechung einer laufenden Veranstaltung durch ein *Go-in* („Hineingehen"). Zweck des Sit-in ist es, durch dieses auffällige, als Störung wirkende Verhalten auf die Forderungen der Demonstrantengruppe aufmerksam zu machen, eventuell eine Veranstaltung zu verhindern oder eine Diskussion in Gang zu bringen.

Sitten, ↑ Wallis.

Sittiche [gr.-lat.] m, Mz., Bezeichnung für alle kleinen bis mittelgroßen Papageien Südasiens, Amerikas u. Afrikas, Australiens u. der Südsee. Zahlreiche Arten sind als Käfigvögel beliebt.

Situation [lat.] w, Zustand, Lage.

Sizilien (ital. Sicilia), mit 25462 km² (etwas größer als Hessen) u. 4,9 Mill. E die größte Insel Italiens mit der Hauptstadt Palermo; südlich der italienischen Halbinsel im Mittelmeer gelegen; der höchste Berg der Insel ist der ↑ Ätna. Auf S. werden Wein, Oliven, Zitrusfrüchte, Weizen u. Mais angebaut; neben Schwefelvorkommen spielen Steinsalz- u. Kalisalz, Asphalt, Erdöl u. Erdgas eine Rolle. Die *Geschichte* Siziliens ist wechselvoll u. bunt: Seit dem 8. Jh. v. Chr. wanderten Griechen ein, im 6. Jh. v. Chr. folgten ihnen die Karthager. Dann eroberten die Römer die Insel im 1. ↑ Punischen Krieg. Im Mittelalter u. in der Neuzeit wechselte S. häufig die Besitzer, u. a. Ostgoten, Byzantiner, Araber. Eine Blütezeit erlebte die Insel unter den Normannen u. den Staufern. S. fiel dann an die französischen Anjou, später an Aragonien. 1720 kam S. zu Österreich, 1735 fiel es an die spanischen Bourbonen, 1861 wurde es Teil des Königreichs Italien.

Skagerrak s oder m, Teil der Nordsee zwischen der Südküste Norwegens, der Westküste Schwedens u. der Nordküste Jütlands (bis 725 m tief).

Skala [lat.-ital.] w, Maßeinteilung an Meßinstrumenten, z. B. die Temperaturskala an Thermometern, die S. eines Voltmeters.

Skalden m, Mz., altnordische Dichter u. Sänger, die in kunstvollen Dichtungen, den *Skaldenliedern,* die Taten der Helden besangen.

Skalp [engl.] m, früher bei den Indianern ein abgezogenes, behaartes Stück Kopfhaut des Gegners als Siegeszeichen.

Skandal [frz.] m, Aufsehen u. Anstoß erregendes Vorkommnis.

Skandinavien, nordeuropäische Halbinsel zwischen dem Atlantischen Ozean u. der Ostsee; im engeren Sinne besteht S. aus ↑ Norwegen und ↑ Schweden, im weiteren Sinne schließt man auch ↑ Dänemark u. ↑ Finnland mit ein.

Skarabäus [gr.-lat.] m (Heiliger Skarabäus), Mistkäfer (↑ Pillendreher), der in den Mittelmeerländern vorkommt u. in der alten Ägyptern heilig war; auch die altägyptischen Nachbildungen des Tieres als geschnittene Siegelsteine werden Skarabäen genannt.

Skateboard [skēʳtboʳd; engl.] s (Rollerbrett), ein aus den USA stammendes Freizeitsportgerät; man stellt sich auf das mit 4 federnd gelagerten Rollen bestückte Brett (55–90 cm lang,

Skeleton

15–25 cm breit) u. kommt durch Gewichtsverlagerungen ins Rollen, das nach allen Richtungen möglich ist.

Skeleton [βkeˡeˀtⁿ; engl.] m, niedriger, schwerer Rennschlitten. Der Fahrer liegt auf dem Bauch u. steuert den Schlitten mit Händen u. Füßen. S. wird v. a. in der Schweiz gefahren.

Skelett [gr.] s, das Knochengerüst der Wirbeltiere u. des Menschen. Das S. gibt dem Organismus Halt u. schützt die inneren Organe. Von ihm gehen die Skelettmuskeln aus. Das S. ist zuerst knorpelig, es verknöchert im Laufe der Entwicklung. – Auch das tragende Grundgerüst bei Bauwerken wird S. genannt (Skelettbauweise).

skeptisch [gr.], zweiflerisch, mißtrauisch; kühl abwägend.

Sketch [βketsch; engl.; = Skizze, Stegreifstudie] m (Mz. Sketches), kurze, wirkungsvolle dramatische Szene, oft ironisch-witzig, meist bezogen auf gegenwärtige Ereignisse, mit überraschendem Schluß.

Ski ↑ Wintersport.

Skiff [engl.] s, schmales u. leichtes Einmannruderboot.

Skifliegen ↑ Wintersport.

Skikjöring [schijöring; norweg.] s, Skifahren hinter Pferden oder Motorrädern; im Norden Skandinaviens auch hinter Rentieren.

Skilauf ↑ Wintersport.

Skilift [schi...; norweg.; engl.] m, eine Seilbahn, mit der Skisportler zu den Ausgangspunkten von Skipisten befördert werden. Beim Schlepplift wird man, mit den Skiern auf dem Boden gleitend, gezogen; ↑ auch Sessellift.

Skizze [ital.] w, erster, flüchtiger Entwurf (als Zeichnung oder Ölskizze); eine kurze literarische Darstellung.

Sklaverei [mlat.] w, Ausnutzung der Arbeitskraft eines abhängigen u. entrechteten Menschen, des *Sklaven*, der Eigentum seines Herrn ist, also gekauft u. verkauft werden kann. Die S. spielte in der Wirtschaft des Alten Orients, Griechenlands u. Roms eine bedeutende Rolle. Die durch Geburt oder Kriegsgefangenschaft zu Sklaven gewordenen Menschen wurden als billige Arbeitskräfte eingesetzt. Die Massen von Sklaven im Römischen Reich (man schätzt sie gegen Ende der Republik auf 33–75 % der Bevölkerung) wehrten sich in Aufständen, die in sogenannten Sklavenkriegen blutig unterdrückt wurden. Nach der Entdeckung Amerikas blühte die S. erneut auf, da man in den neuen Kolonien viele Arbeiter für den Bergbau u. die Plantagen benötigte. Als Sklaven wurden v. a. Neger aus Afrika unter zum Teil entsetzlichen Umständen eingeführt. Eine Bewegung gegen die S. kam erst mit der Aufklärung auf. Verbote des Sklavenhandels u. der S. überhaupt durch einzelne Staaten datieren aus dem späten 18. Jh. u. aus der ersten Hälfte des 19. Jahrhunderts.

Skonto [ital.] m oder s, Preisnachlaß bei Barzahlung oder Zahlung innerhalb kurzer Frist.

Skorbut [mlat.] m, schwere Erkrankung infolge Mangel an Vitaminen, besonders an Vitamin C. Anzeichen: Blutungen der Schleimhäute u. des Zahnfleisches, Schwellungen u. Geschwürbildung. In schweren Fällen kann es zu inneren Blutungen kommen. Verhütet und behandelt wird S. durch Zufuhr von Vitamin C. In früheren Zeiten war S. eine große Gefahr auf Seereisen u. Expeditionen, weil kaum oder gar kein Obst u. Gemüse mitgeführt werden konnte.

Dickschwanzskorpion

Skorpione [gr.] m, Mz., bis 18 cm lange Spinnentiere mit über 600 Arten. Die Kiefertaster sind zu kräftigen Scheren entwickelt. Der Hinterleib besteht aus einem breiten Anfangs- u. einem schwanzartigen Endteil, der einen Giftstachel trägt. Dieser wird beim Angriff über das Kopfbruststück nach vorn gestreckt. Die S. sind z. T. lebendgebärend; sie leben als nächtliche Räuber v. a. in warmen u. heißen Gegenden. Der Stich einiger Arten kann auch für Menschen tödlich sein.

Skrupel [lat.] m (häufig in der Mz. gebraucht), Bedenken, Gewissensbisse.

Skull ↑ Riemen.

Skulptur [lat.] w, plastisches Bildwerk, das aus festem Material, meist aus Stein, herausgearbeitet ist.

skurril [lat.], komisch, verschroben.

Skutari ↑ Shkodër.

Skythen m, Mz., iranisches Reitervolk des Altertums, das wohl im 9./8. Jh. v. Chr. in das Gebiet zwischen Don u. Karpaten einwanderte. Die S. waren v. a. Viehzüchter. Als Krieger waren sie gefürchtet. Kulturell ist ein starker griechischer Einfluß nachweisbar. Bedeutend war ihre Schmiedekunst. Die Geschichte der S. endet 109/108 v. Chr.

Slalomlauf ↑ Wintersport.

Slang ↑ Jargon 2).

Slawen m, Mz., einheitliche Völkergruppe des slawischen Sprachstamms, die ursprünglich nördlich der Karpaten zwischen Weichsel u. Dnjepr beheimatet war. Heute unterscheidet man zwischen Ostslawen (Russen, Ukrainer u. Weißrussen), Südslawen (Slowenen, Kroaten, Serben, Bulgaren u. Makedonen) u. Westslawen (Polen, Tschechen, Slowaken, Kaschuben u. Sorben).

Slawistik [nlat.] w, Wissenschaft von den slawischen Sprachen, Literaturen u. Kulturen.

Slevogt, Max, * Landshut 8. Oktober 1868, † Hof Neukastell (Landkreis Südliche Weinstraße) 20. September 1932, deutscher Maler u. Graphiker. S. war einer der führenden Vertreter des deutschen ↑ Impressionismus. Neben Bildnissen wurden v. a. seine Buchillustrationen bekannt (u. a. zur „Ilias", zum „Lederstrumpf", zur „Zauberflöte" u. zum „Faust").

Slogan [βloᵘgⁿ; engl.] m, einprägsamer Werbespruch, Werbeschlagwort, z. B. „Nur der Duden ist der Duden".

Slowakei w (Slowakische Sozialistische Republik), Nationalstaat der Tschechoslowakei. Die S. liegt östlich der March u. der Mährischen Pforte u. hat 4,8 Mill. E. Die Hauptstadt ist Preßburg. In dem überwiegend gebirgigen Land werden Holzwirtschaft und Viehzucht betrieben, in den weiten Tälern Weizen, Mais, Zuckerrüben, Wein und Tabak angebaut. An Bodenschätzen werden Kupfer-, Eisen-, Nickelerze, Braunkohle u. Erdöl gefördert. Auf dem Waldreichtum und den Bodenschätzen

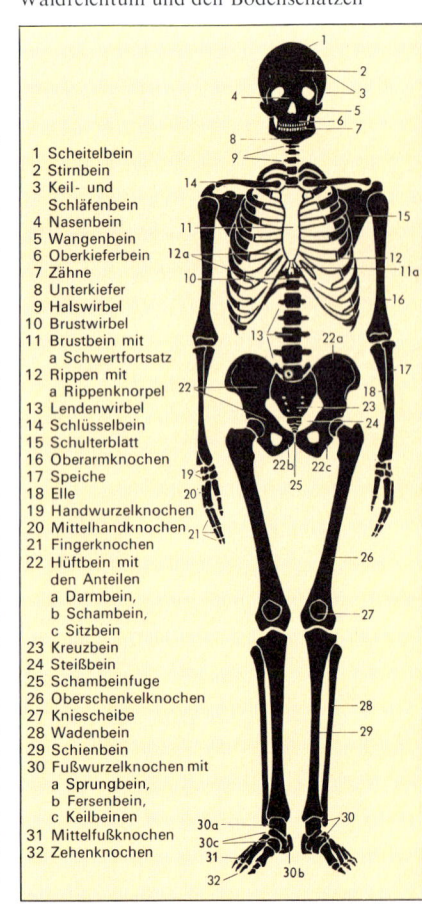

1 Scheitelbein
2 Stirnbein
3 Keil- und Schläfenbein
4 Nasenbein
5 Wangenbein
6 Oberkieferbein
7 Zähne
8 Unterkiefer
9 Halswirbel
10 Brustwirbel
11 Brustbein mit a Schwertfortsatz
12 Rippen mit a Rippenknorpel
13 Lendenwirbel
14 Schlüsselbein
15 Schulterblatt
16 Oberarmknochen
17 Speiche
18 Elle
19 Handwurzelknochen
20 Mittelhandknochen
21 Fingerknochen
22 Hüftbein mit den Anteilen a Darmbein, b Schambein, c Sitzbein
23 Kreuzbein
24 Steißbein
25 Schambeinfuge
26 Oberschenkelknochen
27 Kniescheibe
28 Wadenbein
29 Schienbein
30 Fußwurzelknochen mit a Sprungbein, b Fersenbein, c Keilbeinen
31 Mittelfußknochen
32 Zehenknochen

des Landes baut die Industrie auf. Zur *Geschichte* ↑Tschechoslowakei.

Slowenien, nördlichste jugoslawische sozialistische Republik, mit 1,8 Mill. E. Die Hauptstadt ist Ljubljana. Das waldreiche Bergland wird von Drau u. Save durchflossen. Es werden Holzwirtschaft, Wein- u. Ackerbau u. Schafzucht (auch Wollverarbeitung) betrieben. Auf Quecksilber-, Blei- u. Braunkohlevorkommen baut eine Hütten- u. Metallindustrie auf.

Slowfox [βlo"...; engl.] *m,* langsamer Foxtrott, ein Gesellschaftstanz im ⁴/₄- oder im ²/₄-Takt.

Slum [*slạm*; engl.] *m,* Elendsviertel, in dem die untersten Schichten sozialer Minderheiten u. benachteiligter Gruppen in meist abbruchreifen oder provisorischen Unterkünften leben.

Smaragd [gr.] *m,* tiefgrün gefärbter ↑Beryll; er gehört neben Diamant, Saphir u. Rubin zu den besonders wertvollen Schmucksteinen.

smart [engl.], gewandt, flott; aber auch: gerissen, durchtrieben.

Smetana, Bedřich (Friedrich), * Litomyšl (Ostböhmisches Gebiet) 2. März 1824, † Prag 12. Mai 1884, tschechischer Komponist, Schöpfer einer nationalen tschechischen Musik. Besonders bekannt wurde er mit der Oper „Die verkaufte Braut" (1866/1870) u. der sinfonischen Dichtung „Die Moldau" aus dem Zyklus „Mein Vaterland". – Abb. S. 546.

Smog [Kurzwort aus engl. **sm**oke = Rauch u. engl. f**og** = Nebel] *m,* mit schmutzigen u. schädlichen Stoffen (v. a. Schwefeldioxid, Ruß, Fahrzeugabgase) durchsetzte Dunst- oder Nebelschicht über städtischen oder industriellen Ballungsgebieten, die bei bestimmten Witterungsverhältnissen (besonders an naßkalten Herbst- u. Wintertagen) auftreten u. für die dort lebende Bevölkerung gesundheitsgefährdend sein kann.

Smoking [engl.] *m,* meist schwarzer Gesellschaftsanzug, für den seidenbelegte Revers u. eine Krawattenschleife charakteristisch sind.

Smolensk, sowjetische Stadt am oberen Dnjepr, mit 258 000 E. Die Stadt hat zahlreiche Baudenkmäler, u. a. die Uspenski-Kathedrale (ab 1677). Die Industrie stellt Leinen, keramische Erzeugnisse, Flugzeuge u. a. her.

Snob [βnọb; engl.] *m,* eingebildeter, überheblicher Mensch, arroganter Vornehmtuer.

Soda [span.] *w* auch *s* (Natriumcarbonat), Natriumsalz der Kohlensäure, Formel Na₂CO₃, allgemeinsprachlich auch als kohlensaures Natrium bezeichnet. S. wird heute in großem Maße technisch hergestellt. In der Natur kommt es in Form von Salzablagerungen an einigen Seeufern vor. Technisch wird S. v. a. in der Seifen-, Glas- u. Papierindustrie verwendet sowie als fettlösendes Mittel in der Wäscherei u. im Haushalt.

Smaragd

Sojabohne. Schoten mit reifen Bohnen

Sodawasser *s,* kohlensäurehaltiges Wasser.

Sodomie [nlat., nach der biblischen Stadt Sodom] *w,* Geschlechtsverkehr mit Tieren.

Sofia, Hauptstadt von Bulgarien, mit 946 000 E. Zu den Sehenswürdigkeiten gehören die Sophienkirche (6. Jh.) u. die Alexander-Newski-Kathedrale (1912 vollendet). S. hat eine Universität. Die Industrie stellt v. a. Fahrzeuge, Maschinen, Schuhe, Textilwaren u. Nahrungsmittel her.

Softball [*sóftbål*; engl.] *m,* von Jugendlichen ausgeführte Form des ↑Baseballs.

Sog *m,* saugende Kraft, die in strömenden Gasen u. Flüssigkeiten auftritt. Besonders stark ist der S. bei Wirbeln, die sich hinter fahrenden Autos oder Schiffen ausbilden. Der S. hemmt die Vorwärtsbewegung. Durch ↑Stromlinienform kann die Wirbelbildung erheblich herabgesetzt werden.

Sojabohne [jap.; dt.] *w,* in Ostasien heimische, auch in Nordamerika u. Afrika angebaute Verwandte der Bohne. Die runden, angenehm nach Mandeln riechenden Samen stellen wegen ihres Eiweiß- u. Fettgehaltes ein hochwertiges Nahrungsmittel dar. Sie werden zu Sojamehl, Sojaschrot, Sojamilch, Sojakäse u. Sojasoße verarbeitet.

Sokrates, * Athen um 470, † ebd. 399 v. Chr., griechischer Philosoph. Durch geschickte Fragen, oft mit Ironie, suchte er bei seinen Gesprächspartnern hohles Scheinwissen zu entlarven. Er lehrte, daß die rechte Einsicht in das sittlich Gute notwendig gutes Handeln nach sich ziehe; Sittlichkeit sei also lehrbar. Böses Tun führte er dagegen auf Unkenntnis des Guten zurück. Auf Grund von Verleumdungen wurde er zum Tode verurteilt. Er schlug die Fluchtmöglichkeit, die ihm geboten wurde, aus, weil er sich nicht dem Gesetz entziehen wollte, u. trank den Giftbecher. Seine Lehren sind durch ↑Platon überliefert. – Abb. S. 550.

Söldner [lat.] *m,* gegen Lohn (Sold) dienender Krieger. S. bildeten bis gegen Ende des 18. Jahrhunderts die Masse der Heere; ↑auch Fremdenlegion.

Sole *w,* salzhaltiges Quellwasser; in der Industrie verwendete Bezeichnung für: wäßrige Salzlösung.

Solidarität [lat.] *w,* Zusammengehörigkeitsgefühl von Individuen oder Gruppen, das sich in gegenseitiger Hilfe u. Unterstützung äußert.

Solingen, Stadt im Bergischen Land, Nordrhein-Westfalen, mit 169 000 E. Bekannt ist S. vor allem als Zentrum der deutschen Besteck- und Schneidwarenindustrie (Messer, Scheren, Rasierklingen). Die Stadt besitzt ein Klingenmuseum. Außerdem hat S. Maschinen- u. Apparateherstellung, chemische u. Elektroindustrie sowie Kunststoffverarbeitung.

Solist [lat.] *m,* Einzelsänger oder Einzelspieler eines Musikinstrumentes.

solo [ital.], allein, ohne Begleitung.

Solon, * Athen um 640, † ebd. um 560 v. Chr., athenischer Staatsmann. S. war ein weitgereister Kaufmann, der 594 v. Chr. das wichtigste Staatsamt im republikanischen Athen erlangte. Er hob die Schuldknechtschaft (Knechtschaft für Verschuldete) auf, sorgte für die Aufzeichnung des geltenden Privatrechts, schuf die Einteilung der Bürgerschaft in 4 nach dem Einkommen abgestufte Klassen u. vereidigte die Athener Bürger auf die Beachtung seiner Gesetze. S. war auch Dichter; seine Elegien stellte er in den Dienst seiner politischen Ziele.

Solothurn: 1) schweizerischer Kanton im Jura u. im Mittelland, mit 224 000 E. Im Gebirge werden Forst- u. Viehwirtschaft betrieben, im Mittelland vorwiegend Ackerbau. Bedeutend sind die Uhren-, die Maschinen- u. die Textilindustrie sowie der Fremdenverkehr; **2)** Hauptstadt von 1), an der Aare, mit 16 000 E. In S. sind Reste der römischen u. der mittelalterlichen Befestigung erhalten. Sehenswert sind auch

549

Solschenizyn

die zahlreichen Bauten aus der Renaissance u. dem Barock. – S. wurde 1481 Mitglied der Eidgenossenschaft.

Solschenizyn, Alexander Issajewitsch [βalsehⁿnizin], * Kislowodsk 11. Dezember 1918, sowjetischer Schriftsteller, der v. a. durch die Erzählung „Ein Tag im Leben des Iwan Denissowitsch" (1962 in der UdSSR erschienen) u. die Romane „Krebsstation" u. „Der erste Kreis der Hölle" (beide nicht in der UdSSR veröffentlicht; deutsch 1968) bekannt wurde. Diese stark autobiographisch gefärbten Werke wie auch der dokumentarische Bericht „Der Archipel GULAG" (deutsch 1974–76) setzen sich kritisch mit der Stalinära auseinander. 1970 erhielt S. den Nobelpreis. 1974 wurde er aus der Sowjetunion ausgewiesen u. lebt seit 1976 in den USA.

Sokrates   Alexandr I. Solschenizyn   Sophokles

solvent [lat.], zahlungsfähig.

Somalia, Republik in Ostafrika, 3,4 Mill. E. Mit insgesamt 637 657 km² umfaßt sie die Somalihalbinsel u. die südlich anschließende Küstenebene. Hauptstadt u. größter Hafen ist *Mogadischu* (400 000 E). Weite Teile des Landes bestehen aus Busch u. Trockensavanne. Die Bewohner, die Somal, leben großenteils als Nomaden von der Viehhaltung (Ziegen, Schafe, Kamele, Rinder). Vor allem im Bereich der Flüsse werden Bananen, Hirse, Mais u. Zuckerrohr angebaut. Außerdem ist S. der bedeutendste Weltmarktlieferant für Myrrhe u. Weihrauch. – Der Nordteil des Landes war früher britisch, der Südteil italienisch. Als beide Teile 1960 die Unabhängigkeit erlangten, schlossen sie sich zur Republik zusammen. – S. ist Mitglied der UN, der OAU u. der Arabischen Liga. Es ist der EWG assoziiert.

Sombrero [span.] *m*, Strohhut mit breitem Rand, v. a. in Mittel- u. Südamerika getragen.

Sommer *m*, eine der 4 Jahreszeiten. Auf der Nordhalbkugel dauert der S. vom 21. Juni (*Sommersonnenwende*) bis zum 23. September (Herbstäquinoktium; ↑Äquinoktium); auf der Südhalbkugel umfaßt er die Zeit vom 23. Dezember bis zum 20. März.

Sommersprossen *w*, *Mz.*, kleine braune Fleckchen, die durch ungleichmäßige Anreicherung des Hautfarbstoffs besonders auf der dem Licht ausgesetzten Haut des Gesichtes, des Halses, der Handrücken u. Arme auftreten. Im Winter verschwinden oder verblassen sie meist.

Sonate [ital.] *w*, ursprünglich Bezeichnung für Instrumentalstücke verschiedener Art; dann 3- oder 4sätziges Musikstück für Klavier allein oder für ein anderes Soloinstrument (z. B. Violine, Horn, Cello) mit Klavier. Vor allem für die Wiener Klassik (Haydn, Mozart, Beethoven) ist folgende Reihenfolge der Sätze kennzeichnend: schneller Satz (Allegro), langsamer Satz (Adagio, Andante), Menuett (später Scherzo), schneller Satz (oft in Rondoform). Meistens ist der erste Satz in *Sonatensatzform* geschrieben; seit Haydn versteht man darunter die Auseinandersetzung zweier Hauptthemen nach folgendem (vereinfachtem) Schema: *Exposition* (Aufstellung der Themen), *Durchführung* (freie Verarbeitung der Themen) und *Reprise* (Wiederaufnahme der Exposition); dazu kommt oft eine *Koda* (Schlußteil). Die Form des Sonatensatzes findet man auch in Sinfonien, Konzerten, Quartetten, bei Ouvertüren u. a. Die *Sonatine* ist eine kleine, leichter spielbare Sonate, die meist nur 2 oder 3 Sätze umfaßt.

Sonde [frz.] *w*: **1)** ein stab- oder schlauchförmiges Instrument, das in Körperöffnungen oder Hohlorgane eingeführt werden kann. Mit der Magensonde wird beispielsweise Magensaft zur Untersuchung entnommen; **2)** Raumfahrt: ein Raumflugkörper, mit dessen Hilfe die Verhältnisse im Weltraum oder auch auf benachbarten Himmelskörpern erforscht werden (Raumsonde); **3)** Bergbau: Versuchsbohrung; **4)** langer Stab zur Suche von verschütteten Personen bei Lawinenunglücken.

Sonderschule *w*, eine eigene Schulform, die nach neun Sonderschultypen gegliedert ist. Schulpflichtige Behinderte werden entsprechend ihrer Behinderung in der Sonderschule für Blinde, Sehbehinderte, Gehörlose, Schwerhörige, geistig Behinderte, Körperbehinderte, Lernbehinderte, Sprachbehinderte u. Verhaltensgestörte unterrichtet. Einer der wesentlichen Gründe für die Entstehung der verschiedenen Sonderschulformen liegt in der mangelnden Berücksichtigung der Lernmöglichkeiten behinderter Kinder in der allgemeinen Schule. Man unterscheidet öffentliche u. private Sonderschulen, die z. T. über das Ziel der Hauptschule hinausführen (z. B. Fachoberschulreife) u. berufsbildende Sonderschulen.

Sonett [ital.] *s*, Gedichtform italienischer Herkunft. Das S. besteht aus 14 Zeilen, die gewöhnlich in 2 vierzeilige (Quartette) u. 2 dreizeilige (Terzette) Strophen gegliedert sind. In der deutschen Literatur v. a. im Barock, in der Romantik, erneut im 20. Jahrhundert.

Sonne *w*, Zentralkörper des Sonnensystems, der durch seine große Masse (333 000 Erdmassen) die Planeten (mit deren Monden) sowie zahlreiche Kleinkörper auf kreisähnlichen Bahnen hält. Die S. ist ein ↑Stern (Radius 696 000 km = 109 Erdradien), ein glühender Gasball, in dessen Zentrum eine Temperatur von etwa 14,6 Mill. Kelvin (Abkürzung: K; ↑absolute Temperatur) u. ein Druck von etwa 6 Mill. bar herrschen. Dort finden Kernprozesse statt, wobei ein geringer Bruchteil von Materie in Energie umgewandelt wird. Diese gelangt zur Oberfläche u. wird von dort in einer etwa 400 km dicken Schicht, der *Photosphäre* (Temperatur etwa 5870 K), abgestrahlt. Die Dichte der S. fällt nach außen stetig ab. Ihre Oberfläche ist nicht gleichmäßig hell, sie wirkt vielmehr körnig durch *Granulen* (aufsteigende, heißere Gasmassen, Durchmesser rund 1 000 km). Größere fleckige Gebilde sind die *Sonnenflecke* von etwa 2 000 bis 20 000 km Durchmesser; das sind Gebiete, in denen Materie mit einer Geschwindigkeit von rund 2,5 km in der Sekunde nach außen strömt. Große Ausbrüche heißer Gase, wie man sie bei einer Sonnenfinsternis am Rande der verdunkelten „Scheibe" beobachten kann, nennt man *Protuberanzen*: dabei werden die Gasmassen bis über 100 000 km hochgeschleudert. Über der Photosphäre liegt die *Chromosphäre*, eine Schicht von etwa 10 000 km mit einer Temperatur von etwa 4 500–5 000 K, die in etwa 8 000 km Höhe bis auf 8 000 K ansteigt. In der *Sonnenkorona*, dem bei totalen Sonnenfinsternissen sichtbar werdenden Strahlenkranz der S., erhöht sich die Temperatur auf rund 1 Mill. Kelvin. – An die S. knüpft sich eine Fülle von Mythen.

Sonnenblumen *w*, *Mz.*, bis 4 m hohe Korbblütler mit derben, herzförmigen Blättern. Die großen Blütenköpfe enthalten gelbe Randblüten (Zungenblüten) u. eine große Anzahl brauner Scheibenblüten (Röhrenblüten). Die

Southampton

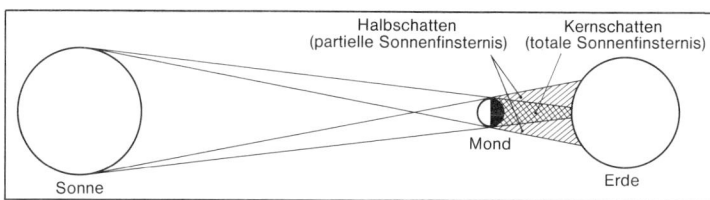
Sonnenfinsternis

vierkantigen Samen enthalten ein wertvolles Öl, die Blätter werden als Viehfutter verwendet. – Abb. S. 552.

Sonnenfinsternis w, eine S. entsteht, wenn der Mond, von einem irdischen Beobachtungsort aus gesehen, vor die Sonne tritt. Wenn nahezu Deckungsgleichheit zwischen beiden besteht, handelt es sich um eine *totale S.* (jedoch nur für das Gebiet der Erde, das im Mondschatten liegt). Wird die Sonne nur teilweise verdeckt, spricht man von *partieller Sonnenfinsternis*. Steht der Mond in Erdferne, so daß sein scheinbarer Durchmesser kleiner als der scheinbare Sonnendurchmesser ist, u. läßt allseitig den Sonnenrand frei, herrscht eine *ringförmige Sonnenfinsternis*.

Sonnenstich m, Hirnhautreizungen u. Überwärmung, die durch länger anhaltende starke Sonnenbestrahlung des unbedeckten Kopfes u. Nackens hervorgerufen werden u. sich in Kopfschmerzen, Schwindel, Erbrechen äußern. In schweren Fällen kommt es zu Bewußtseinsstörungen u. Krämpfen, zu Herz- und Atemstörungen; ↑ auch Erste Hilfe.

Sonnentau m, fleischfressende Pflanze. Auf Moorböden breitet der S. seine roten Blattrosetten aus, im Hochsommer wachsen daraus Schäfte mit kleinen, weißen Blüten empor. Die runden Laubblätter sind an der Oberseite mit zahlreichen roten Härchen bedeckt, die in einem Köpfchen enden u. eine klebrige Flüssigkeit absondern. Gerät ein Insekt auf ein Blatt, so bleibt es zunächst kleben; langsam krümmen sich die Härchen u. halten es fest. Die abgeschiedene Flüssigkeit, die eiweißhaltige Stoffe zu verdauen vermag, löst den Weichkörper des Beutetieres auf, mit ihr nehmen die Blätter die verdauten Stoffe auf. Der S. kann auch ohne tierische Nahrung leben. – Abb. S. 552.

Sonntag m, im Christentum der 1. Tag der Woche, Feier- u. Ruhetag zum Gedenken an die Auferstehung Christi. 1976 wurde in der Bundesrepublik Deutschland der S. (gesetzlich) zum 7. Tag der Woche erklärt.

Sophisten [gr.] m, Mz., Wanderlehrer in Athen (seit dem 5. Jh. v. Chr.). Sie wollten den Menschen durch ihre Lehren eine Bildung vermitteln, die sie zu politischem Handeln befähigt. Sie unterrichteten junge Leute gegen Bezahlung in Philosophie, Staatslehre, Literatur u. Rhetorik.

Sophistik [gr.] w, Lehre u. philosophische Epoche der Sophisten; auch abwertend gebraucht für: spitzfindige Scheinwissenschaft.

Sophokles, * Athen um 496, † ebd. wahrscheinlich 406 v. Chr., griechischer Tragödiendichter. Von seinen 130 Stücken sind 7 erhalten (u. a. „Antigone", „König Ödipus", „Elektra"). Die ↑Tragik entwickelt S. aus dem Charakter seiner Helden, die in ihrem Bestreben, Unheil zu vermeiden, an den Fügungen höherer Mächte zerbrechen.

Sopran [ital.] m, die höchste menschliche Stimmlage, bei Frauen u. Knaben. Eine etwas tiefere Stimmlage (zwischen S. u. Alt) ist der *Mezzosopran*.

Sorben m, Mz. (Wenden), kleine westslawische Volksgruppe (rund 100 000) in der Lausitz (besonders im Spreewald), DDR. Die S. haben eigene Amtssprache, eigene Schulen, an denen in Sorbisch unterrichtet wird, u. a.

Sorbonne [*ßorbǫn*; frz.] w, Name der berühmten Pariser Universität; 1968 wurde die S. in 13 selbständige Universitäten aufgegliedert.

Sortiment [ital.] s, das Warenangebot (besonders einer Warenart) eines Kaufmanns; z. B. ein breites S. in Bettwäsche (viele verschiedene Muster, Farben u. Qualitäten).

SOS, internationales Funksignal von Schiffen, die sich in Not befinden. Es wird gedeutet als englisch: **s**ave our **s**hip (= Rettet unser Schiff!) oder: **s**ave our **s**ouls (= Rettet unsere Seelen!).

SOS-Kinderdörfer ↑Kinderdörfer.

Souffleur [suflör; frz.] m (weiblich: Souffleuse), Vorsager bei Theateraufführungen, der den Schauspielern oder Sängern ihren Text zuflüstert, wenn sie ihn nicht sicher beherrschen. Der S. sitzt im verdeckten *Souffleurkasten* am vorderen Rand der Bühne.

Soul [*ßoᵘl*; amer.] m, der S. ist eine Verbindung von Gospel (rhythmisches religiöses Lied der amerikanischen Schwarzen) u. ↑Rhythm and Blues. Die ausdrucksstarke Musik war besonders um 1966/67 in Mode; ↑ auch Popmusik.

Sound [*ßaᵘnd*; engl.] m, kennzeichnender Klang oder kennzeichnende Tonbildung eines Musikers, eines Unterhaltungsorchesters oder einer Jazzband.

Southampton [*ßauthämptᵉn*], englische Hafenstadt am Kanal, mit 212 000 E. In S. gibt es eine Universität. Die wichtigsten Industriezweige sind

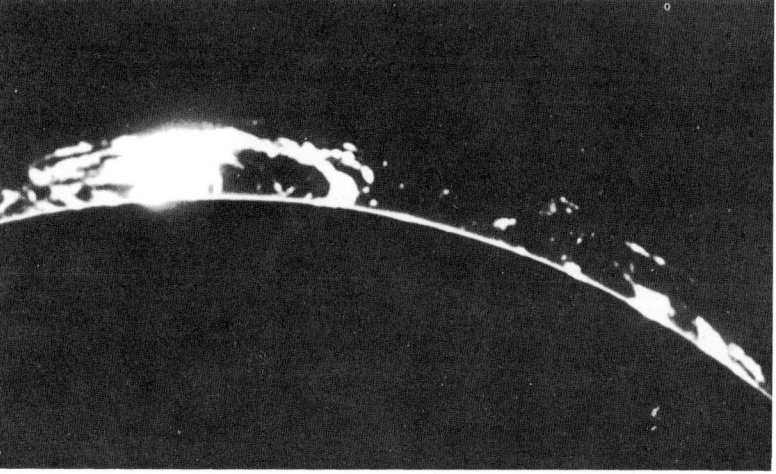

Sonne. Die Sonnenkorona (oben) wurde während der totalen Sonnenfinsternis im Februar 1952 in Khartum aufgenommen. Rechts: Protuberanzen am Sonnenrand

Souvenir

Schiff-, Flugzeug- u. Motorenbau, Elektro-, Kunststoff- u. Erdölindustrie.

Souvenir [ßuweː...; frz.] s, Andenken.

souverän [suweː...; frz.], unumschränkt herrschend; beherrschend; überlegen. Der **Souverän** ist ein Herrscher von unumschränkter Gewalt. Unter **Souveränität** versteht man die Hoheitsgewalt eines Staates, besonders seine rechtliche Unabhängigkeit von anderen Staaten.

Sowjet [russ.; = Rat] m, Bezeichnung für die Behörden und Organe der Selbstverwaltung in der UdSSR. Der *Oberste S.*, der 2 Kammern umfaßt, ist die oberste Volksvertretung. Ursprünglich (während der russischen Revolutionen von 1905 u. 1917) waren die Sowjets Arbeiter-, Bauern- u. Soldatenräte; ↑ auch Rätesystem.

Sowjetunion ↑ UdSSR.

sozial [lat.-frz.], die Gesellschaft oder die Gemeinschaft betreffend, gesellschaftlich; gemeinnützig, wohltätig.

Sozialdemokratische Partei Deutschlands ↑ SPD.

soziale Marktwirtschaft ↑ Marktwirtschaft.

Sozialhilfe [lat.; dt.] w (früher: Fürsorge), alle Hilfen, die einem Menschen, der in einer persönlichen Notlage ist, von öffentlicher oder institutionalisierter privater Seite gewährt werden. Die vom Staat gewährte S. setzt dann ein, wenn der einzelne sich nicht selbst helfen kann und durch andere keine Hilfe erhält.

Sozialisierung [nlat.] w, die Überführung von Privateigentum (an Betrieben, Grund u. Boden, Rohstoffen u. a.) in Eigentum des Staates (*Verstaatlichung*), der Gemeinde, einer Genossenschaft oder einer anderen Instanz. Mit der S. wird eine Änderung sowohl der Wirtschafts- als auch der Gesellschaftsstruktur angestrebt.

Sozialismus ↑ S. 554.

sozialistischer Realismus [lat.-frz.; lat.] m, die staatlich gewünschte Kunstrichtung (besonders für Literatur u. bildende Kunst) in der UdSSR u. anderen sozialistischen Staaten. Der sozialistische Realismus soll ein getreues Abbild der Wirklichkeit liefern (↑ auch Realismus 3), aber gleichzeitig erzieherisch wirken durch deutliche Parteinahme für den Sozialismus, Ausblicke auf eine glückliche Zukunft u. durch vorbildliche Gestalten („positive Helden").

Sozialprodukt [lat.-frz.; lat.] s (häufig auch als Volkseinkommen bezeichnet), alle in einem Staat in einem Jahr erzeugten Güter u. erbrachten Dienstleistungen (als Dienstleistung bezeichnet man z. B. die Tätigkeiten eines Friseurs, eines Taxifahrers oder eines Versicherungsangestellten, die ja keine Ware herstellen). Teilt man das S. auf die Zahl der Einwohner auf, so erhält man das *Pro-Kopf-Einkommen*. Dies ist eine Größe, die den Vergleich der wirtschaftlichen Leistungsfähigkeit verschiedener Länder ermöglicht. Das S. der Bundesrepublik Deutschland betrug 1977 rund 1 193 Milliarden DM (19 400 DM pro opf).

Sozialstaat [lat.-frz.; lat.] m, moderne Bezeichnung für eine Demokratie, die soziale Sicherheit (hinreichende Alters- u. Krankenversorgung, Arbeitslosenversicherung u. a.) gewährleistet.

Sozialversicherung [lat.-frz.; dt.] w, eine gesetzliche Versicherung, die auf dem Gedanken beruht, daß die Allgemeinheit dem einzelnen im Krankheitsfall, bei Unfall, Arbeitslosigkeit oder im Alter helfen muß. In der Bundesrepublik Deutschland sind v. a. Arbeiter und Angestellte (mit bestimmten Ausnahmen) in der gesetzlichen Krankenversicherung, Unfallversicherung, Rentenversicherung sowie Arbeitslosenversicherung versichert. Die monatlichen, nach dem Einkommen festgelegten Beiträge werden teils vom Versicherten getragen, teils vom Arbeitgeber.

Soziolekt [lat.-gr.] m, Sprache als Sprachbesitz u. Sprachverhalten einer sozialen Gruppe, z. B. die Fachsprache, Jugendsprache; ↑ Idiolekt, ↑ Mundart.

Soziologie [lat.; gr.; = Gesellschaftslehre] w, Wissenschaft von den Formen des Zusammenlebens der Menschen u. den Gesetzmäßigkeiten der menschlichen Gesellschaft u. deren Entwicklung. Die S. greift auf andere Wissenschaften (z. B. Rechtssoziologie u. Religionssoziologie) über.

Sozius [lat.] m: **1)** Teilhaber (eines Geschäfts oder Unternehmens), Mitgesellschafter; **2)** Beifahrer (z. B. auf dem Motorrad); auch Bezeichnung für den Beifahrersitz.

Spanien, südwesteuropäisches Königreich auf der Iberischen Halbinsel, den Balearen u. den Kanarischen Inseln, mit 36,4 Mill. E; 504 750 km². Die Hauptstadt ist Madrid. Kerngebiet ist das vom Kastilischen Scheidegebirge durchzogene Hochzentralland, das im Norden, Nordosten u. Süden von Gebirgen begrenzt wird. Im Nordosten sind zwischen dem Iberischen Randgebirge und den Pyrenäen die von Natur aus steppenhaften Trockenlandschaften des Ebrobeckens eingesenkt. Im

Sozialistischer Realismus. Karl-Marx-Denkmal (1971) in Karl-Marx-Stadt

Sonnenblume

Sonnentau

Südwesten öffnet sich das Guadalquivirbecken zum Golf von Cádiz. Das Klima ist im Innern heiß u. trocken u. im Winter kalt, während das Küstenklima im Westen u. Norden feucht u. mild u. im Süden u. Osten mediterran ist. An den Küsten u. in den künstlich bewässerten Flußtälern Anbau von Weizen, Gerste, Mais, Zuckerrüben, Kartoffeln u. Reis, im Süden von Baumwolle, Zitrusfrüchten, Wein, Tabak u. Oliven. Der Fischfang spielt ebenfalls eine bedeutende Rolle. Auf den Hochflächen wird Viehzucht betrieben. Im Vergleich zu den reich vorhandenen Rohstoffen (Quecksilber, Erze, Steinkohle; auch Erdöl) ist die Industrie gering entwickelt: Hütten-, Metall-, Textil- u. Papierindustrie. *Geschichte:* Während im Innern des Landes Iberer u. Kelten zu Keltiberern verschmolzen, siedelten an der Küste nacheinander Phöniker, Griechen, Karthager u. Römer. In der Völkerwanderungszeit gründeten v. a. die Westgoten in Sp. ein Reich, das 711 n. Chr. den Arabern unterlag. Seit dem frühen 10. Jh. erlebte Sp. eine Blütezeit maurischer (↑ Mauren) Kultur. Im 12. Jh. bildeten sich im Norden verschiedene christliche Reiche, besonders Kastilien u. Aragonien, die den Kampf mit den Mauren aufnahmen (*Reconquista* [rekonkißta], d. h.: Wiedereroberung). 1469 wurden Kastilien u. Aragonien vereinigt, im 15. Jh. wurde dann durch Kolumbus das spanische Kolonialreich in Übersee begründet. Die Ehe zwischen Philipp I., dem Schönen, u. Johanna der Wahnsin-

Spektrum. Kontinuierliches Spektrum

nigen brachte die Vereinigung der spanischen und habsburgischen Besitzungen. Dieses Weltreich wurde durch die Abdankung ↑Karls V. 1556 geteilt in die habsburgischen Erblande u. Spanien mit seinen burgundischen u. italienischen Besitzungen sowie den Kolonien. Philipp II. regierte absolutistisch, streng u. selbstherrlich. Seit Ende des 16. Jahrhunderts ging Spaniens Macht dann langsam zurück. Die nördlichen Niederlande fielen ab, die spanische Seeflotte („Armada") wurde 1588 von den Engländern vernichtet; im Krieg gegen Frankreich mußte Sp. 1659 den unvorteilhaften Pyrenäenfrieden abschließen. Nach dem Spanischen Erbfolgekrieg um den spanischen Thron zwischen Österreich u. Frankreich fielen die südlichen Niederlande u. die spanischen Besitzungen in Italien an Österreich, den Thron erhielten die Bourbonen; Gibraltar kam an England. 1808 besetzte Napoleon das Land. 1810–25 errangen die südamerikanischen Kolonien Spaniens die Unabhängigkeit. Im Innern herrschten im 19. Jh. Thronwirren. Durch den Krieg mit den USA (1898) verlor Sp. Kuba, Puerto Rico u. die Philippinen. Im 1. Weltkrieg blieb Sp. neutral, die innere Lage Spaniens war sehr gespannt. Die Militärrevolte General Francos stürzte Sp. in einen blutigen Bürgerkrieg (1936 bis 1939), der mit dem Sieg Francos endete u. dem Land eine lange Diktatur brachte. Sp. trat nicht in den 2. Weltkrieg ein. 1955 wurde es Mitglied der UN. 1969 bestimmte Franco Prinz Juan Carlos von Bourbon zum künftigen König; seine Einsetzung erfolgte 1975. 1976 begann die Demokratisierung Spaniens.

Spanner ↑Schmetterlinge.

Spannung *w*: **1)** Mechanik: die Kräfte, mit denen ein fester Körper auf eine Verformung reagiert. Eine gespannte Feder beispielsweise versucht sich wieder zu entspannen; die dabei auftretenden Kräfte können zum Antrieb eines Uhrwerks verwendet werden; **2)** Elektrizitätslehre: elektrische Sp., Zeichen U, ist Ursache eines elektrischen Stromflusses. Die zwischen zwei Punkten bestehende Sp. ist gleich der Arbeit, die erforderlich ist, um die Ladungseinheit von dem einen Punkt zu dem anderen zu befördern. Gemessen wird die elektrische Sp. in Volt (Abkürzung: V). Zwischen zwei Punkten eines Leiters besteht die Sp. 1 Volt, wenn bei einem Strom von 1 Ampere zwischen diesen beiden Punkten eine Leistung von 1 Watt umgesetzt wird. 1 Kilovolt (kV) = 1 000 Volt (V). Einige Spannungen:

Taschenlampenbatterie:	3 oder 4,5 V
Autobatterie:	6 oder 12 V
Steckdose im Haushalt:	220 V
Straßenbahn:	500–800 V
elektrische Lokomotive:	15 000 V
Hochspannungsleitung:	380 000 V
Gewitter:	bis zu 10^7 V

Sparbuch *s*, ein Heft, das man erhält, wenn man bei einer Bank oder Sparkasse ein Sparkonto anlegt. Jedesmal, wenn man Geld einzahlt oder abhebt, wird dieser Vorgang im Sp. vermerkt. Ebenso werden am Ende eines jeden Jahres die ↑Zinsen für das Geld, das auf dem Sparkonto liegt, in das Sp. eingetragen. Im Gegensatz zum Girokonto (↑Giro) dient das Sparkonto nicht der Erleichterung des Zahlungsverkehrs. Es soll vielmehr dem Sparer die Möglichkeit bieten, sein Geld sicher und zinsbringend zu sparen. Die Bank bzw. Sparkasse leiht nämlich das Geld, das sie von den Sparern bekommt, gegen Zinsen aus. Einen Teil davon gibt die Bank bzw. Sparkasse als Zinsen an die Sparer weiter.

Spargel [gr.] *m*, zur Familie der Liliengewächse gehörende Pflanze, die auf lockeren Sandböden wächst. Wegen seiner als Gemüse geschätzten jungen, unterirdischen Triebe wird er auf Feldern angebaut. Die Triebe entspringen dem Sproß, der tief unter der Erdoberfläche liegt u. sehr lange Wurzeln aussendet. Die keilförmige Spitze ist beim Durchbrechen des Bodens durch schuppenförmige Blättchen geschützt. Durch tiefes Setzen der jungen Pflanzen u. Anhäufen lockerer Erde über den Pflanzstellen erhält man besonders lange Triebe. Sobald sie an die Oberfläche kommen, sticht man sie tief im Boden ab. Die nicht gestochenen Triebe wachsen zu meterhohen, baumartig verzweigten Stengeln aus. Von den Achseln schuppiger, brauner Blättchen gehen nadelförmige Seitenzweige aus. In den grüngelben, hängenden Blütenglöckchen sind entweder die Staubblätter oder die Stempel verkümmert. Die Früchte sind rote Beeren.

Sparkassen *w*, *Mz.*, Unternehmen, die v. a. das Spargeschäft betreiben u. die eingelegten Gelder langfristig ausleihen.

Sparta, griechische Stadt im Süden der Peloponnes, mit 12 000 E. Die Stadt wurde um 1 000 v. Chr. von ↑Doriern gegründet. Die unterworfene Bauernbevölkerung (*Heloten*) sowie die handeltreibende Schicht (*Periöken*) hatten keine politischen Rechte; diese waren der Herrenschicht (*Spartiaten*) vorbehalten, die auch ausschließlich die Krieger stellte. Um 500 v. Chr. war dieser kleine, straff organisierte Stadtstaat die Hauptmacht Griechenlands. Im Peloponnesischen Krieg 431–404 v. Chr. kämpfte der Peloponnesische Bund unter Führung Spartas gegen das inzwischen reich und mächtig gewordene Athen, das schließlich völlig besiegt wurde. Sp. seinerseits wurde 371 u. 362 v. Chr. von Theben besiegt, 222 von Makedonien, 146 v. Chr. von Rom unterworfen.

Spartakus, † in Lukanien 71 v. Chr., Anführer des 3. Sklavenaufstands gegen die Römer. Sp. war thrakischer Herkunft u. als Sklave in eine Schule für Gladiatoren in Capua geschickt worden. Dort entfloh er 73 v. Chr., sammelte ein Heer von entflohenen Sklaven, besiegte in Unteritalien mehrmals römische Truppen u. drang nach Oberitalien vor. Schließlich wurde er von M. L. Crassus besiegt, den Rest der Truppen vernichtete Pompejus. Die Absichten des Sp. sind umstritten.

Spartakusbund *m*, 1917 von der SPD unter Führung von Karl ↑Liebknecht und Rosa ↑Luxemburg abgespaltene linksradikale Gruppe, die in Deutschland nach russischem Vorbild eine Räterepublik (↑Rätesystem) errichten wollte. Aus dem Sp. ging 1918/19 die KPD hervor.

Spatz ↑Sperling.

SPD, Abkürzung für: **S**ozialdemokratische **P**artei **D**eutschlands, eine der großen Parteien der Bundesrepublik Deutschland. Grundlegend für ihre Politik ist das Godesberger Grundsatzprogramm von 1959: Die SPD will, obwohl vom ↑Sozialismus ausgehend, keine Weltanschauungspartei sein, sondern eine allen Schichten offene politische Partei. Seit 1966 ist die SPD Regierungspartei (1966–69 zusammen mit

Speer. Speerwerfen

553

SOZIALISMUS

Sozius ist ein lateinisches Wort u. heißt Begleiter, Kamerad, Genosse. Soziales Verhalten bedeutet also mitmenschliches Handeln. Soziales Verhalten als Grundlage aller staatlichen Gesetze u. Einrichtungen wird zum S., zu einer Lehre vom Staat, in dem die Staatsbürger, frei von Eigennutz oder persönlicher Bereicherung, immer auch für die anderen arbeiten, weil sie wissen, daß sie selbst ohne die Hilfe der anderen nicht leben könnten. In einem solchen Staat, den die Anhänger des S. erstreben, sollten deswegen die einen die anderen nicht unterdrücken. Der S. geht davon aus, daß bis heute in jeder menschlichen Gesellschaft Gruppen andere Gruppen beherrschen, zum Beispiel die Grundbesitzer die Landarbeiter, die Männer die Frauen, die Priester die Gläubigen, die Gelehrten die Unwissenden. Karl ↑Marx nennt die Gruppen Klassen u. die so entstandenen Gesellschaften Klassengesellschaften. Für die wichtigste menschliche Eigenschaft hält er die Fähigkeit zu arbeiten, die Möglichkeit also, sich durch seine körperliche u. geistige Kraft als Mensch zu verwirklichen. Die Arbeitsteilung bedeutete den ersten Schritt zur Bildung von Klassen. Manche Arbeit wurde höher geschätzt als andere, sie wurde auch besser bezahlt. Durch den allmählich so entstandenen oder auch zufälligen Besitz an Land, Geld u. schließlich an Maschinen wurden die Besitzenden zu Herren u. die Besitzlosen zu Sklaven. Im allgemeinen behalten die Nachkommen der besitzenden u. damit herrschenden Klasse weiterhin ihre Vorrechte; die Nachkommen der beherrschten Klasse vermögen die einmal bestehende Lage nur schwer zu ändern. Weil diese Unterdrückten u. Ausgebeuteten aber immer versuchen werden, sich gegen die Herrschaft aufzulehnen, ist – so lehrt Marx – die Geschichte der Menschen eine Geschichte von Klassenkämpfen.

Seit dem Beginn der Industrialisierung ist das sogenannte Proletariat (die Lohnabhängigen und besonders im 19. Jh. die unter elenden Verhältnissen lebenden Arbeiter) die unterdrückte, ausgebeutete Klasse. Sie leistet Arbeit für die herrschende Klasse u. vermehrt durch ihre Arbeit den Besitz der Herrschenden; das sind u.a. die Großgrundbesitzer, Fabrikeigentümer u. Bankiers. Obwohl die lohnabhängigen Arbeiter durch ihre Arbeit den Hauptteil des gesellschaftlichen Reichtums erzeugen, reicht der Anteil der Arbeiter an diesem Reichtum meistens gerade aus, sich und ihre Familie zu erhalten.

Die Hauptforderung des S. ist es daher, diese Herrschaftsverhältnisse abzuschaffen, d. h., das kapitalistische Privateigentum in gesellschaftliches Eigentum umzuwandeln. Dieses gesellschaftliche Eigentum bildet die wirtschaftliche Grundlage des S., der sich gleichzeitig auch als Staatsform versteht. Erst in einem sozialistischen Staat soll Demokratie überhaupt möglich sein, da in einem nur formal demokratischen Staat die Interessen der Besitzenden (Herrschenden) in den entscheidenden Fragen ausschlaggebend sind.

Folgende wesentliche Bedingungen für die Verwirklichung des S. lassen sich bei Marx herauslesen: 1. die Überwindung der wirtschaftlichen Knappheit, 2. die vielfältige Ausbildung aller Menschen, um sie zu befähigen, in den verschiedenen Produktions-, Verwaltungs- u. Führungsaufgaben u. in der freien schöpferischen Tätigkeit zu wirken, 3. die Abschaffung der Lohnarbeit, zu deren Ergebnis der Arbeitende keine persönliche Beziehung hat.

Im technischen Zeitalter ist es aber schwierig, eine Herrschaft der Gutausgebildeten (der sogenannten Technokraten) über die Schlechtausgebildeten zu vermeiden, selbst wenn alle Produktionsmittel der Allgemeinheit gehören. Nach sozialistischer Auffassung sollen die Menschen deshalb so erzogen werden, daß sie ihre besonderen Fähigkeiten nicht zur Errichtung neuer Herrschaft ausnutzen, sondern sie in den Dienst der Schwächeren stellen; ↑auch Marxismus.

Der S., wie Marx ihn verstanden u. geprägt hat, ist die heute lebendigste Form einer Theorie, die schon in der Antike gewisse Vorläufer hat, die im ausgehenden Mittelalter eine Rolle gespielt hat u. vor allem seit dem 16./17. Jahrhundert in recht unterschiedlicher Form Vertreter u. Anhänger gefunden hat.

DER STAAT

Fragen wir zuerst, was ist das, ein Staat? Für den liberalen englischen Politiker Edmund Burke (1729–1797) war der Staat die Vereinigung der Lebenden, der Toten u. der Kommenden. Der deutsche Soziologe Max Weber (1864–1920) stellte fest, daß der Staat das Monopol legitimer (rechtmäßiger) physischer Gewalt innehabe, der amerikanische Soziologe Robert M. MacIver (1882–1970) hingegen sieht im Staat nur einen reinen Zweckverband. Die Reihe der Äußerungen ließe sich noch beliebig verlängern, eine allgemeingültige Definition des Staates werden wir nirgends finden. Im allgemeinen spricht man von einem Staat, wenn eine große Anzahl von Menschen (das Staatsvolk) auf einem begrenzten Teil der Erde (dem Staatsgebiet) unter einer souveränen Herrschaftsmacht (der Staatsgewalt) geeint ist. Als *Staatsvolk* begreift man die gesamte Bevölkerung des Staates; sie kann verschiedener Abstammung sein, verschiedene Sprachen sprechen u. unterschiedliche Sitten haben (z. B. in einem Vielvölkerstaat wie der UdSSR) oder mit gleicher Abstammung, Sprache u. Sitte eine *Nation* bilden (z. B. in Deutschland). Alle Mitglieder des Staatsvolkes sind mit ihrem Staat durch das rechtliche Band der *Staatsangehörigkeit* verbunden. Wie u. wann ein Staatsbürger sie erwirbt, ist in den einzelnen Staaten unterschiedlich geregelt. Die deutsche Staatsangehörigkeit wird im wesentlichen erworben: 1. durch die Geburt (eheliche Kinder erhalten die Staatsangehörigkeit des Vaters, nichteheliche die der Mutter), 2. durch Eheschließung zwischen Ausländern und Deutschen (auf Antrag) und 3. durch Verleihung (Einbürgerung). Mit der Staatsangehörigkeit werden zugleich alle Rechte und Pflichten eines Staatsbürgers erworben, also z. B. das aktive u. passive ↑Wahlrecht sowie das Recht zur Bekleidung öffentlicher Ämter.

Das *Staatsgebiet* umfaßt den geographischen Raum, auf den die Hoheit eines Staates begrenzt ist. Das Küstenmeer gehört im Umkreis von meist 3 Seemeilen ebenfalls zum Staatsgebiet (viele Staaten haben die *Dreimeilenzone* erweitert, eine internationale Regelung steht noch aus), auch der Luftraum über diesen Gebieten wird dazugerechnet (Lufthoheit).

Das dritte Grundelement, die *Staatsgewalt*, äußert sich einmal darin, daß der Staat von keiner anderen Macht rechtlich abhängig ist (also souverän ist) u. daß ihm die höchste Herrschafts- und Befehlsgewalt obliegt. Träger der Staatsgewalt können ein einzelner, eine Gruppe oder das gesamte Staatsvolk sein. In der Bundesrepublik Deutschland liegt laut Verfassung (Grundgesetz Art. 20 Abs. 2) die Staatsgewalt beim Volk.

Die Staatsgewalt hängt in erster Linie von der Staatsform ab. Unter Staatsform versteht man die Bestimmung darüber, wem die höchste Gewalt im Staat zukommt und wie diese höchste Gewalt ausgeübt wird. Für den griechischen Philosophen Aristoteles (384–322 v. Chr.) gab es drei gute und

Der Staat (Forts.)

drei schlechte Staatsformen. Die guten waren 1. die *Monarchie* – als Herrschaft eines einzelnen, 2. die *Aristokratie* – als Herrschaft der Besten eines Volkes und 3. die *Demokratie* – als Herrschaft des Volkes. Diesen guten Staatsformen stellte Aristoteles als Entartungsformen drei schlechte gegenüber: 1. die *Tyrannis* – als Willkürherrschaft eines einzelnen, 2. die *Oligarchie* – als Herrschaft einer kleinen Minderheit, die nicht das Wohl des Volkes im Auge hat, sondern nur ihren eigenen Nutzen, u. 3. die *Ochlokratie* – als schrankenlose Gewaltherrschaft des Pöbels. Im Laufe der Geschichte haben sich zwei Staatsformen herausgebildet, auf die sich alle anderen zurückführen lassen. Diese beiden Grundformen sind die Monarchie als Einherrschaft auf der einen Seite u. die Republik als Vielherrschaft auf der anderen Seite.

Wenden wir uns zunächst der Monarchie zu; sie ist eine Staatsform, in der eine durch ihre Herkunft legitimierte (berechtigte) Einzelperson, der Monarch (z. B. Kaiser, König), Träger der Staatsgewalt, also Ausgangspunkt der staatlichen Willensbildung ist. Sie kann als Erbmonarchie oder als Wahlmonarchie bestehen. Als reinste Form der Monarchie kennen wir die absolute Monarchie. Hier liegt die Staatsgewalt allein u. uneingeschränkt beim Monarchen (Absolutismus). Wenn er dabei den Nutzen seines Staates in den Vordergrund stellt, spricht man von aufgeklärtem Absolutismus. Als klassische Form der absoluten Monarchie gilt die Regierungsweise des französischen Königs Ludwig XIV. (1638–1715), die in dem ihm zugeschriebenen, berühmten Ausspruch zum Ausdruck kommt: „Der Staat bin ich". Der preußische König Friedrich II., der Große (1712–86), begründete die Regierungsweise des aufgeklärten Absolutismus, indem er sich selbst dem Staatsnutzen unterordnete. Seiner Meinung nach sollte der Fürst der erste Diener seines Staates sein. Neben der *absoluten Monarchie* gab es als weitere Form die *ständische Monarchie*, in der der Monarch bei der Ausübung der staatlichen Gewalt durch die Stände (z. B. Adel, Geistlichkeit) eingeschränkt war. Die ständische Monarchie war besonders im ausgehenden Mittelalter verbreitet. Sie läßt sich gewissermaßen als Vorläufer der *konstitutionellen Monarchie* bezeichnen, die die wichtigste Staatsform des 19. Jahrhunderts war. Hier ist die monarchische Gewalt nicht durch Stände, sondern durch eine Volksvertretung eingeschränkt, die zwar nicht an der Regierung selbst, aber an der Gesetzgebung u. der Bewilligung der Staatsfinanzen entscheidenden Anteil hat. Die staatliche Gewalt ist also geteilt, indem der Monarchen steht noch immer die Ausübung der Staatsgewalt zu, er ist noch immer die stärkste politische Macht. Seine Minister sind nur ihm verantwortlich, über ihre Ernennung u. Absetzung hat nur er zu entscheiden. Als eines der vielen Beispiele für die konstitutionellen Monarchie sei das Deutsche Reich von 1871 bis 1918 genannt. Eine noch heute gebräuchliche monarchische Staatsform ist die *parlamentarische Monarchie*, deren Ursprungsland England ist. Der wesentlichste Unterschied zur konstitutionellen Form liegt darin, daß nicht der Monarch, sondern die Volksvertretung (das Parlament) der wichtigste politische Faktor im Staat ist. Die Regierung muß das Vertrauen des Parlaments besitzen, das an der Regierungsbildung teilhat, beziehungsweise diese selbst vornimmt. Der Monarch ist dem Staatsoberhaupt in parlamentarischen Republiken gleichzusetzen, seine wesentlichen Aufgaben sind repräsentativer Art.

Alleinherrschaft kann außer von einem Monarchen auch von einem Diktator ausgeübt werden. *Diktatur* ist die unumschränkte Gewaltherrschaft eines einzelnen oder einer Gruppe. Man unterscheidet heute die verfassungsmäßige (konstitutionelle) Diktatur, mit der man eine Krise zu überwinden sucht u. die nur vorübergehend bestehen darf, von der verfassungswidrigen, unbeschränkten (totalitären) Diktatur. Diktatoren waren z. B. Benito Mussolini (1883–1945) in Italien und Adolf Hitler (1889–1945) in Deutschland.

Als Republik bezeichnet man all die Staaten, in denen nicht ein einzelner, sondern eine Mehrzahl von Personen die Staatsgewalt innehat. Es gibt *aristokratische*, in neuerer Zeit gewöhnlich *demokratische Republiken*. Grundgedanke dieser Staatsform ist die Volkssouveränität. Das Wort Republik leitet sich von dem lateinischen Wort „res publica" her, das „öffentliche Angelegenheit", Staat, bedeutet. Eine demokratische Republik kann einmal eine mittelbare, zum anderen eine unmittelbare Demokratie sein. Von einer *unmittelbaren Demokratie* spricht man dann, wenn die Staatsgewalt direkt vom Volk ausgeübt wird. Diese Form der Demokratie wurde v. a. im Stadtstaat Athen geübt, wo alle wahlberechtigten Bürger als Volksversammlung ihre Regierung in direkter, geheimer Wahl bestimmten. Eine unmittelbare Demokratie läßt sich nur in kleineren, überschaubaren Staaten (z. B. Stadtstaaten) mit Erfolg durchführen. Diese Form der Demokratie finden wir noch in einigen Schweizer Kantonen, in denen die Bürgerschaft unmittelbar über die Zusammensetzung der Kantonsregierung entscheidet. In den meisten modernen demokratischen Republiken sind nur noch bescheidene Reste unmittelbarer Beteiligung des Volkes an der Staatsgewalt vorhanden. Die Mehrzahl der modernen Republiken sind also *mittelbare* oder *repräsentative Demokratien*. Das Volk ist zwar Träger der Staatsgewalt, hat aber nicht selbst, sondern nur durch eine von ihm gewählte Vertretung (das Parlament) an der Ausübung der Staatsgewalt teil. Doch nicht nur Republiken können demokratisch sein. Heute bezeichnen sich politische Systeme der verschiedensten Arten (also auch Monarchien) als demokratisch. Die Bedeutung dieses Wortes ist nicht fest umrissen. Neben dem Grundprinzip, daß alle Staatsgewalt vom Volke auszugehen habe, haben sich im Laufe der Jahrhunderte noch andere Grundprinzipien demokratischer Herrschaft herausgebildet, und zwar im einzelnen: das Mehrheitsprinzip, das heißt, es gilt grundsätzlich die Meinung der Mehrheit; gegen einen Mißbrauch dieses Prinzips gegenüber der Minderheit bestehen Gesetze zum Schutz der Minderheit. Da z. B. auch die Regierung von der Mehrheit des Parlaments gestellt wird, kommt hier der Minderheit in der Form der parlamentarischen Opposition eine wichtige Kontrollfunktion zu. Ein weiteres Grundprinzip ist die politischrechtliche Gleichheit aller Staatsbürger. Sie äußert sich einmal bei der Wahl, wo die Stimme jedes Wahlberechtigten gleiches Gewicht hat, also unabhängig von seiner gesellschaftlichen Stellung und seinem Besitz gewertet wird (↑ dagegen Dreiklassenwahlrecht), zum anderen in der Gleichheit vor dem Gesetz. Außerdem müssen in einer Demokratie die Bürger aktive staatsbürgerliche Rechte besitzen. Solche Rechte sind neben dem Wahlrecht z. B. die Grundrechte wie Meinungs- u. Versammlungsfreiheit, Vereinigungsfreiheit, die Unverletzlichkeit der Wohnung u. die Gewährleistung des Eigentums. Ein weiteres wichtiges demokratisches Grundprinzip ist die *Gewaltenteilung*, also die Trennung von Gesetzgebung (Legislative), Regierung und Verwaltung (Exekutive) u. Rechtsprechung (Judikative). Dadurch wird der gesamte politische Prozeß durchschaubar und kontrollierbar. Die Lehre von der Gewaltentrennung entstand im 18. Jh. u. fand zuerst in England Anwendung. Ohne Gewaltenteilung ist kein *Rechtsstaat* möglich. Rechtsstaatliche u. demokratische Grundsätze bilden eine notwendige gegenseitige Ergänzung in modernen Staatswesen. In einem Rechtsstaat muß die Staatsgewalt rechtlich begrenzt sein; rechtsstaatliche Grundsätze verhindern demnach, daß die Demokratie in schranken- und gesetzlose Herrschaft des Volkes oder einer Mehrheit ausartet. Darum müssen in einer echten Demokratie die Gerichte unabhängig sein, wie sie es in der Bundesrepublik

Der Staat (Forts.)

Deutschland sind (die Richter sind nur dem Gesetz unterworfen). Weder Legislative noch Exekutive haben auf die Entscheidungen der Richter Einfluß. Viele der genannten demokratischen Grundsätze (insbesondere die Gewaltenteilung) haben in der von den kommunistischen Ländern entwickelten Form der *Volksdemokratie* keine Gültigkeit. Partei und Staatsapparat, die eng miteinander verflochten sind, bilden hier die politische Grundlage des Staates. Die Volksdemokratie ist in der Regel ein Einparteienstaat (in einigen Volksdemokratien sind dem Namen nach verschiedene Parteien zu einem „Block" zusammengeschlossen). Eine echte Einflußnahme der Wähler auf die Zusammensetzung der Volksvertretung ist damit ausgeschlossen. Oft sind Parteistellen gegenüber den staatlichen Stellen sogar weisungsberechtigt. Die Volksdemokratien sind nach unserem Verständnis also keine demokratischen Staaten.

Gerade das Vorhandensein mehrerer *Parteien* (mindestens zwei) ist für uns wesentliche Bedingung eines demokratischen Staates. Sie stellen in den modernen parlamentarisch-demokratischen Staaten die notwendigen Träger der politischen Willensbildung dar. Ihnen ist es möglich, die Bürger, die politisch aktiv werden wollen, wirksam (in der Partei) zusammenzufassen. Vor allem kann die Partei die Vielzahl der Meinungen, Interessen u. Wünsche der Staatsbürger als Organisation wirksam vertreten. Man kann die Parteien, aber auch die anderen politischen u. gesellschaftlichen Gruppen, wie Gewerkschaften u. Verbände, als Mittler zwischen dem Volk und den Staatsorganen ansehen. Die großen Parteien des 20. Jahrhunderts stützen sich auf zahlreiche Berufspolitiker u. eine feste Anhängerschaft (Mitglieder). Sie vertreten in der Regel nicht mehr wie früher fest umrissene Einzelinteressen, sondern sind bemüht, mit ihren Programmen alle sozialen Schichten anzusprechen, um die Partei der Mehrheit zu werden u. damit die politische Macht zu erringen. Die Mehrheitspartei stellt im allgemeinen die Regierung. Sie kann sich dazu mit anderen Parteien verbünden (Regierungskoalition). Alle nicht an der Regierung beteiligten Parteien haben im Parlament das Recht u. die Pflicht zur Opposition, deren dagegen nur in einer Republik geben. Das vom Volk wichtigste Aufgabe die Kontrolle der Regierung ist. Diese Form der *parlamentarischen Demokratie* wurde in England in der klassischen Form des Zweiparteiensystems ausgebildet u. kam von dort auf den Kontinent. Die Form der parlamentarischen Demokratie mit starken Kontrollfunktionen des Parlaments ist nicht an die äußere Staatsform Republik oder Monarchie gebunden. Die Form der *Präsidialdemokratie*, die in den USA ihren Ursprung hat, kann es dagegen nur in einer Republik geben. Das vom Volk gewählte (in den USA gibt es ein besonderes Wahlverfahren durch Wahlmänner) Staatsoberhaupt ist zugleich Regierungschef, u. seine Regierung ist dem Parlament nicht verantwortlich. Der Präsident ist mit starken Machtbefugnissen ausgestattet.

Alle genannten Grundsätze demokratischer Staatsform müssen in der Regel in der *Verfassung* eines Staates niedergelegt sein. Sie bestimmt die Organisation des Staates, legt die Tätigkeit u. Art der obersten Staatsorgane fest u. regelt das Verhältnis zwischen dem Staat und seinen Bürgern. Die Verfassung ist immer das höchste Gesetz eines Staates. Genaue Vorschriften legen fest, wann u. wie dieses höchste Staatsgesetz abgeändert werden darf. Die ersten schriftlich niedergelegten demokratischen Verfassungen in modernem Sinn sind die Verfassung des späteren amerikanischen Bun-

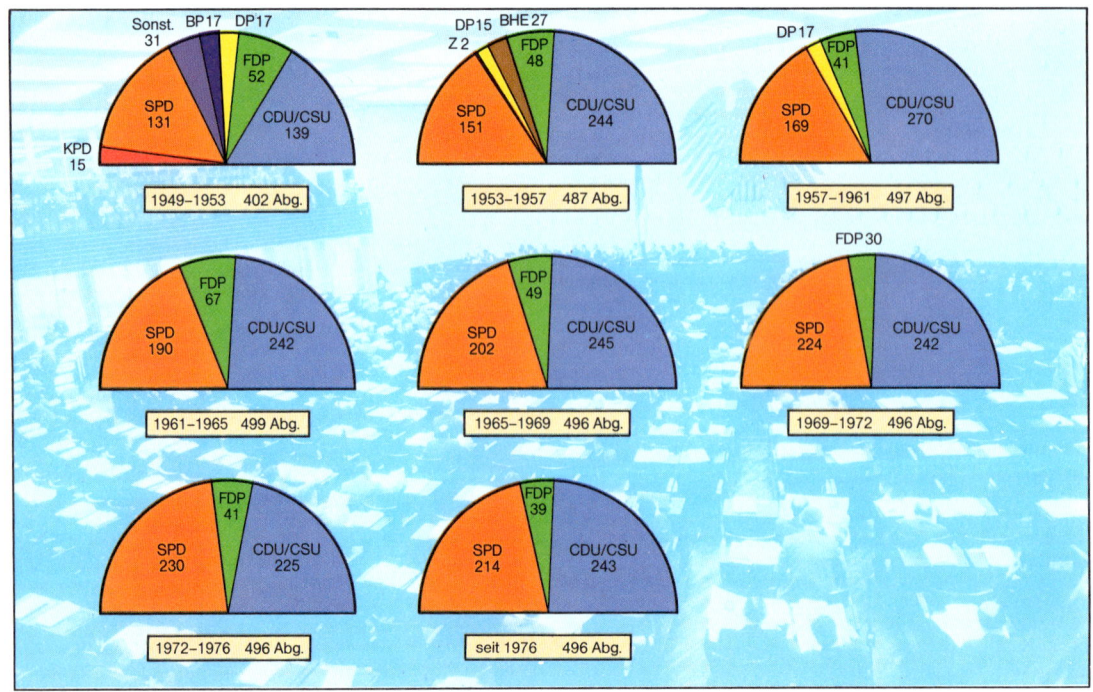

ZUSAMMENSETZUNG DER DEUTSCHEN BUNDESTAGE

BHE: Bund der Heimatvertriebenen und Entrechteten; BP: Bayernpartei; CDU: Christlich-Demokratische Union; CSU: Christlich-Soziale Union; DP: Deutsche Partei; FDP: Freie Demokratische Partei; SPD: Sozialdemokratische Partei Deutschlands; Z: Zentrum; KPD: Kommunistische Partei Deutschlands

Der Staat (Forts.)

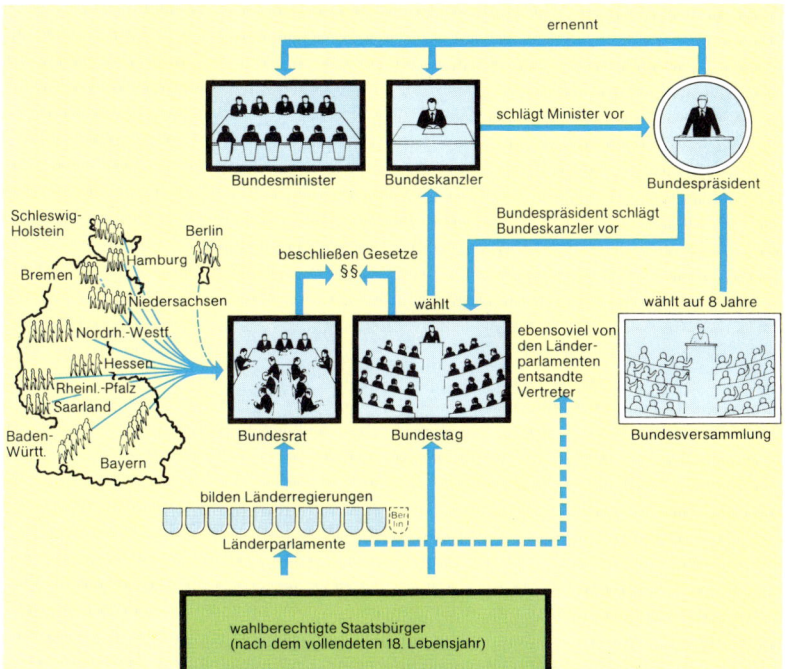

Wer wählt wen in der Bundesrepublik Deutschland

desstaates Virginia von 1776 u. die Bundesverfassung der USA von 1787. Die USA waren von Anbeginn ein demokratischer Staat, der die Volkssouveränität, die Gewaltenteilung u. die Menschenrechte als unbedingte Grundprinzipien anerkannte. Der spätere Präsident der USA Abraham Lincoln (1809–65) prägte den Begriff der demokratischen Regierung, wie sie noch heute in den USA verstanden wird: als Regierung des Volkes, durch das Volk, für das Volk. Die erste moderne Verfassung in Europa wurde 1791 in Frankreich in Kraft gesetzt. Frankreich wurde durch sie zur konstitutionellen Monarchie erklärt u. das bis dahin absolute Königtum durch die Gewaltenteilung eingeschränkt. Im Laufe des 19. Jahrhunderts gaben sich fast alle Staaten Verfassungen, mit denen die demokratischen Verfassungsgrundsätze mehr oder weniger stark verwirklicht wurden. Die *Verfassung des Deutschen Reiches von 1871* enthält monarchische wie demokratische Grundsätze. So war der aus allgemeinen, gleichen Wahlen (wahlberechtigt waren nur Männer über 25 Jahre) hervorgegangene *Reichstag* ein demokratisches Element. Der Reichstag hatte das Recht, Gesetze vorzuschlagen u. zu beschließen. Sein wichtigstes Recht war die Verabschiedung des jährlichen Haushaltsplans (Budgetrecht). Oberstes verfassungsrechtliches Reichsorgan war der *Bundesrat*, der aus Vertretern der Länder bestand. Alle Reichsgesetze waren an seine Zustimmung gebunden. An der Spitze des Reiches stand als Deutscher Kaiser der König von Preußen. Er ernannte den *Reichskanzler*, der dem Reichstag gegenüber keinerlei Verantwortung hatte. Die konstitutionelle Monarchie von 1871 wurde durch die parlamentarisch-demokratische Weimarer Republik abgelöst. Die *Weimarer Verfassung von 1919* enthielt u. a. den Grundsatz der Volkssouveränität, die Verantwortung der Regierung dem Parlament gegenüber, die Teilung der Gewalten sowie die Grundrechte und Grundpflichten der Deutschen. Erstmals in der deutschen Geschichte stand das Wahlrecht zur Volksvertretung (*Reichstag*) auch den Frauen zu. Das Wahlalter wurde auf 20 Jahre herabgesetzt. Der *Reichsrat*, als Vertretung der Länder, hatte nur noch geringe Befugnisse. An der Spitze der Republik stand der direkt vom Volk auf sieben Jahre gewählte *Reichspräsident*, der mit starken Vollmachten ausgestattet war. Die Weimarer Verfassung diente dem Grundgesetz der Bundesrepublik Deutschland von 1949 als Vorbild, doch war man bestrebt, die Schwächen u. Fehler jener Verfassung zu vermeiden, um eine möglichst dauerhafte demokratische Grundordnung zu garantieren.

Der Staatsaufbau der Bundesrepublik Deutschland

Die Staatsform der Bundesrepublik Deutschland wird im Artikel 20 unserer Verfassung – dem *Grundgesetz* – deutlich definiert. Danach ist die Bundesrepublik Deutschland demokratischer und sozialer Bundesstaat. Da der Artikel 20 nicht abgeändert werden darf, ist die Umgestaltung der Bundesrepublik Deutschland in eine Monarchie verfassungsrechtlich nicht möglich. In einer Republik muß, wie schon gesagt, eine Mehrzahl von Personen Träger der Staatsgewalt sein. Diese Mehrzahl wird durch den Zusatz „demokratisch" bestimmt, d.h., das ganze Volk ist Träger der Staatsgewalt. Alle genannten Grundsätze der Demokratie müssen also verwirklicht sein. Zum anderen ist die Bundesrepublik Deutschland nach dem unabänderlichen Artikel 20 auch ein *Bundesstaat*. Das Staatsgebiet besteht also aus mehreren Ländern (Gliedstaaten), die gemeinsam den Bund bilden, dem sie bestimmte Teile ihrer Staatsgewalt übertragen. Die Aufteilung der Staatsgewalt ist ebenfalls im Grundgesetz festgelegt worden. Der Bund hat demnach u. a. das alleinige Recht, die auswärtigen Angelegenheiten (Außenpolitik) sowie das Währungs- und Geldwesen zu bestimmen, die Landesverteidigung (Bundeswehr) wahrzunehmen, den Schutz der Zivilbevölkerung sicherzustellen und vieles mehr. Das Grundgesetz grenzt die Zuständigkeit von Bund und Ländern deutlich ab. Die Zuständigkeit für die Kulturpolitik (darunter Schulwesen) liegt bei den Ländern. Im großen und ganzen läßt sich sagen, daß der Schwerpunkt der Verwaltung bei den Ländern liegt, der Schwerpunkt der Gesetzgebung jedoch beim Bund. Der Gegensatz zum Bundesstaat ist der *Einheitsstaat* (Zentralstaat), dessen Untergliederungen keinen staatlichen Charakter haben, sondern nur Verwaltungseinheiten sind; sämtliche staatlichen Angelegenheiten werden zentral geregelt. Ein Einheitsstaat ist z. B. die Republik Frankreich.

Die Bundesrepublik Deutschland ist aber nicht nur ein demokratischer, sondern auch ein sozialer Bundesstaat. Sie bekennt sich damit zum Sozialstaatsprinzip, d. h., sie ist verpflichtet, ihr staatliches Handeln den Grundsätzen sozialer Gerechtigkeit zu unterwerfen. Im Grundgesetz finden wir neben dem Bekenntnis zur demokratischen und sozialen Bundesrepublik auch das Bekenntnis zum Rechtsstaat. An Gesetz und Recht sind die Gesetzgebung, die vollziehende Gewalt und die Rechtsprechung unbedingt gebunden. Jedem Bürger, der sich in seinen Rechten, die ihm das Grundgesetz verbürgt, durch die öffentliche Gewalt beeinträchtigt oder verletzt fühlt, steht der Rechtsweg offen, d. h., er kann jede Maßnahme von den Gerichten auf ihre Rechtmäßigkeit hin überprüfen lassen.

Welche Organe garantieren uns nun den demokratischen und sozialen Rechtsstaat? Das Grundgesetz nennt viele Organe, deren Aufgaben es festlegt. Dazu gehört auch das Volk, dessen Aufgaben, Pflichten und Rechte im Grundgesetz aufgeführt sind. Da eines der Grundprinzipien der Demokratie die Volkssouveränität ist, bekennt sich auch das Grundgesetz ausdrücklich dazu, daß alle Staatsgewalt vom Volke auszugehen habe. Mit dem *Bundestag* wählt es seine Volksvertretung (Parlament). Mit der Wahl (↑ Wahlrecht; Wählen, aber wie?) der Abgeordneten durch die wahlberechtigte Bevölkerung wird der Bundestag berechtigt, im Namen des Volkes seine Entscheidungen nach bestem Wissen und Gewissen zu treffen. Zu seinen Hauptaufgaben und Rechten gehören: die Beschlußfassung über die Bundesgesetze, das Budgetrecht (also die Bewilligung der öffentlichen Gelder), die Zustimmung zu Verträgen mit anderen Staaten, die Wahl des Bundeskanzlers, die Mitwirkung bei der Besetzung der obersten Gerichtshöfe und des Bundesverfassungsgerichts. An der Spitze des Bundestages steht der von ihm gewählte *Bundestagspräsident*. Dieser vertritt den Bundestag und regelt dessen Geschäfte. Er wahrt dessen Würde und Rechte, leitet die Verhandlungen (u. a. Debatten, Sitzungen) und übt das Hausrecht und die Polizeigewalt im Bundestagsgebäude aus. Vom Vertrauen des Bundestages abhängig ist der „Chef" der Bundesregierung, der *Bundeskanzler*, der vom Bundestag gewählt wird. In der Praxis stellt die Partei, die bei der Bundestagswahl die meisten Stimmen erlangt hat, den Kanzler. Er wird dem Bundestag vom Bundespräsidenten vorgeschlagen. Die Wahl erfolgt geheim (mit verdeckten Stimmzetteln). Der Bundestag ist jedoch an den Vorschlag nicht gebunden. Er kann, wenn der Vorgeschlagene nicht die Stimmen der Mehrheit erhält, seinerseits einen Bundeskanzler vorschlagen und wählen.

Bisher waren nach jeder Bundestagswahl die Mehrheitsverhältnisse so klar, daß immer der Kanzlerkandidat der stärksten Partei (bisher CDU/CSU oder SPD) gewählt wurde. Auf die übrigen Mitglieder der *Bundesregierung* (die Bundesminister) hat der Bundestag keinen direkten Einfluß, da sie vom Bundespräsidenten auf Vorschlag des Bundeskanzlers ernannt und entlassen werden. Die Richtlinien der Politik werden vom Bundeskanzler bestimmt, der für sie auch die Verantwortung dem Bundestag gegenüber trägt. Innerhalb dieser Richtlinien leiten die *Bundesminister* ihren Geschäftsbereich selbständig und sind dafür selbst verantwortlich. In Zweifelsfällen und bei Meinungsverschiedenheiten entscheidet jedoch immer der Bundeskanzler. Ein weiteres wichtiges Bundesorgan neben dem Bundestag ist der *Bundesrat*, durch den die einzelnen Länder bei der Gesetzgebung und Verwaltung des Bundes mitwirken. Die Bundesratsmitglieder (z. Zt. 41, ohne Berlin) werden nicht wie die Abgeordneten des Bundestages direkt vom Volk gewählt, sondern von den Regierungen der Bundesländer entsandt. Sie wählen aus ihrer Mitte für ein Jahr den *Präsidenten des Bundesrates*. Bei allen wichtigen Gesetzen (z. B. Grundgesetzänderungen) muß der Bundesrat seine Zustimmung geben, gegen andere Gesetze kann er Einspruch erheben. Wie Bundesregierung und Bundestag hat auch der Bundesrat die Gesetzesinitiative, also das Recht, Gesetzesvorlagen im Bundestag einzubringen. Wie bei der Gesetzgebung sind die Länder auch bei der Wahl des Bundespräsidenten (Staatsoberhaupt) entscheidend beteiligt. Der *Bundespräsident* wird nicht vom Volk direkt (wie z. B. in der Weimarer Republik), sondern von der *Bundesversammlung* gewählt. Sie besteht aus den Abgeordneten des Bundestages und einer gleichen Anzahl von Mitgliedern der einzelnen Landtage. Ort und Zeitpunkt des Zusammentretens der Bundesversammlung werden vom Bundestagspräsidenten bestimmt. Jeder Deutsche, der das Wahlrecht zum Bundestag besitzt und das vierzigste Lebensjahr vollendet hat, kann zum Bundespräsidenten gewählt werden. Seine Amtszeit beträgt fünf Jahre, er kann einmal wiedergewählt werden. Zu seinen Hauptaufgaben gehört die völkerrechtliche Vertretung der Bundesrepublik, die Ausfertigung, Gegenzeichnung und Verkündung der Gesetze (im Bundesgesetzblatt). Seine politische Macht ist relativ gering, seine Anordnungen bedürfen der Gegenzeichnung des Bundeskanzlers bzw. des zuständigen Bundesministers. Eine wichtige Aufgabe ist ihm bei der Wahl des Bundeskanzlers vom Grundgesetz zugewiesen worden. Wird der von ihm dem Bundestag vorgeschlagene Kanzlerkandidat nicht gewählt, und erhält auch der vom Bundestag selbst vorgeschlagene Kandidat nicht die erforderliche Mehrheit, so muß unverzüglich ein neuer Wahlgang stattfinden. Erreicht keiner der Kandidaten (also weder der vom Bundespräsidenten ausgewählte noch irgendein anderer) die Stimmen der Mehrheit der Mitglieder des Bundestages (absolute Mehrheit), so hat der Bundespräsident das Recht, denjenigen Kandidaten, der die meisten Stimmen bekommen hat (einfache Mehrheit), trotzdem zum Bundeskanzler zu ernennen oder den Bundestag aufzulösen und Neuwahlen anzuordnen. Der Präsident des Bundesrats vertritt den Bundespräsidenten, wenn dieser verhindert ist (z. B. durch Krankheit oder eine Auslandsreise) in allen Angelegenheiten. Der Amtssitz des Bundespräsidenten ist die Villa Hammerschmidt in Bonn.

Solange alle staatlichen Machtträger (Staatsorgane, Parteien, Volk usw.) einander die Waage halten, ist der eine Machtträger durch den anderen begrenzt. Es kommt also in einem demokratischen Staat in erster Linie darauf an, dieses Gleichgewicht der Kräfte zu sichern, um zu verhindern, daß ein Machtträger das Gleichgewicht zu seinen Gunsten zu verschieben versucht und die Alleinherrschaft anstrebt. Nur wenn dieses Gleichgewicht gesichert ist, kann die freiheitlich-soziale Grundordnung in der modernen Demokratie erhalten bleiben.

* * *

der CDU/CSU, seitdem mit der FDP). *Geschichte:* Die SPD entstand aus Arbeiterbewegungen der Mitte des 19. Jahrhunderts. Seit 1918 rückte sie deutlich vom Kommunismus ab. Sie wurde die stärkste deutsche Partei u. war in der Weimarer Republik maßgeblich an den Regierungen beteiligt. 1933 wurde die SPD verboten, 1945 neu gegründet. In der SBZ (heute DDR) wurde die SPD 1946 mit der KPD zur ↑SED vereinigt.

Specht *m*, ein Klettervogel, der in Wäldern, Parkanlagen u. großen Obstgärten lebt. Beim Klettern dient ihm der eng zusammengelegte Schwanz als Stütze; mit zwei nach vorn u. zwei nach hinten stehenden Zehen besitzt der Sp. einen ausgesprochenen Kletterfuß. Mit großer Wucht schlägt er den harten, geraden Schnabel an der Brutstätte von Baumschädlingen in die Rinde. Sobald die Beute freigelegt ist, schnellt die Zunge vor; diese ist zweieinhalbmal so lang wie der Schnabel, spitz, klebrig, mit Widerhaken u. Tastorganen versehen u. sehr fest. Der Sp. baut seine Höhle, in der er nächtigt u. seine Brut aufzieht, jährlich neu; mit dem Schnabel schafft er sich eine Aushöhlung in morschen Bäumen. Er ist ungesellig. Im Winter nährt er sich von Samen u. Früchten (Haselnüsse, Eicheln, Tannensamen), die er in einen Spalt einklemmt u. mit dem Schnabel aufmeißelt. Vertreter: u. a. Buntspechte, Schwarzspecht, Grünspecht, Grauspecht.

Speckstein *m* (Steatit), besonders dichte, sich fettig anfühlende Art des ↑Talks (Magnesiumsilicat). Der Sp. findet Verwendung u. a. als Schneiderkreide u. als Rohstoff für Isoliermaterial.

Speer *m:* **1)** einfache Stangenwaffe für Stoß u. Wurf, die schon in der Altsteinzeit aufkam; **2)** in der Leichtathletik eine Wurfstange aus Holz oder Metall mit mindestens 25 cm langer Metallspitze. Im sportlichen Wettkampf, dem *Speerwerfen,* wiegt der Sp. für Männer bei einer Länge von 2,6 bis 2,7 m 800 g, für Frauen bei einer Länge von 2,2–2,3 m 600 g. – Abb. S. 553.

Speiche *w:* **1)** einer der beiden Unterarmknochen des Menschen, u. zwar der auf der Seite des Daumens liegende. Der zweite Unterarmknochen heißt *Elle;* **2)** bei einem ↑Rad die stabförmige Verbindung zwischen Radkranz (Felge) u. Nabe.

Speiseröhre *w*, ein muskulöser Schlauch, der vom Schlund zum Magen zieht u. hinter der Luftröhre liegt. Die Nahrung wird durch Ringmuskeln, die sich hinter dem Bissen zusammenziehen, in den Magen geschoben. Ein von der Wand der Sp. abgeschiedener Schleim erleichtert das Hinabgleiten. In Ruhe liegt die Sp. in Längsfalten.

Spektralanalyse ↑Spektrum.
Spektralfarben [lat.; dt.] *w, Mz.*, die Farben des ↑Spektrums.

Spektrum [lat.] *s*, das farbige Lichtband, das entsteht, wenn man weißes Licht durch ein Prisma schickt. Das weiße Licht stellt ein Gemisch verschiedener Farben dar, deren jede einer bestimmten Wellenlänge entspricht. Beim Durchgang durch ein Prisma werden die verschiedenen Farben verschieden stark gebrochen. Das rote Licht wird am schwächsten, das violette Licht am stärksten gebrochen. Im Sp. lassen sich neben zahlreichen Zwischenfarben besonders deutlich die folgenden Farben erkennen: Violett, Blau, Grün, Gelb, Orange, Rot. Jenseits von Rot u. Violett setzt sich das Sp. fort. Dem Rot folgt das unsichtbare Infrarotlicht. Es ist an seiner Wärmewirkung erkennbar. Dem Violett folgt das unsichtbare ↑Ultraviolett. Es kann fotografisch nachgewiesen werden. Das eben beschriebene Sp., bei dem die Farben lückenlos ineinander übergehen, bezeichnet man als *kontinuierliches Sp.;* alle glühenden festen u. flüssigen Stoffe senden Licht aus, das sich in ein solches kontinuierliches Sp. zerlegen läßt. Schickt man dagegen das Licht von glühenden Gasen durch ein Prisma, so erhält man ein Sp., das aus einzelnen leuchtenden Linien (Spektrallinien) besteht; man spricht von einem *Linienspektrum.* Jedes chemische Element liefert ein ganz besonderes Linienspektrum, das sozusagen sein Steckbrief ist. Die chemische Zusammensetzung eines Stoffes läßt sich aus seinem Linienspektrum ermitteln. Dieses Verfahren heißt *Spektralanalyse.* Mit ihrer Hilfe kann man beispielsweise die chemische Zusammensetzung von Sternen bestimmen. Außer mit Prismen lassen sich Spektren auch beim Durchgang des Lichts durch ein sehr enges Gitter (*Beugungsgitter*) erzeugen (*Beugungsspektrum*). – Abb. S. 553.

Spekulation [lat.] *w*, Geschäftsabschluß in Erwartung einer gewinnbringenden Preisänderung; z. B. kauft jemand ein Grundstück, das er einige Zeit später wieder verkaufen will, weil er hofft, daß er damit Geld verdient, wenn die erwartete Preissteigerung eintritt. Man spricht auch von Sp. auf Erfolg u. ä. und meint damit Hoffnung auf Erfolg. Sp. bedeutet auch allgemein: vage Berechnung, Abwägung von Möglichkeiten.

spekulativ [lat.], in der Philosophie nennt man ein Denken sp., das das durch Erfahrung gesicherte Wissen überschreitet.

Sperber *m*, etwa 30 cm großer Greifvogel. Das Gefieder des Sperbers ist auf der Oberseite grau, auf der Unterseite weiß mit rostroten Wellenlinien. Der Schnabel ist kurz u. scharfkantig, die Beine sind dünn u. hoch. Die Nahrung besteht aus kleinen Singvögeln, insbesondere Sperlingen.

Sperling *m* (Spatz), gehört mit rund 25 Arten zur Familie Webervögel; ur-

spezifisches Gewicht

sprünglich kamen die Sperlinge in Afrika u. Südasien vor, heute sind sie weltweit verbreitet. Die etwa 15 cm langen Singvögel bauen ihre Nester u. a. in Baumhöhlen u. Gemäuer. Sie nähren sich v. a. von Samen. Ihr größter Feind ist der Sperber. – Der *Feldsperling* ist etwas kleiner als der *Haussperling* u. hat einen schwarzen Fleck auf den weißen Wangen.

Sperlingsvögel *m, Mz.*, mit über 5 000 Arten sind die Sp. auf der ganzen Erde verbreitet. Zu ihnen gehören außer den ↑Singvögeln u. a. auch Leierschwänze, Zehenkoppler u. Schreivögel (v. a. in den Tropen). Die Sp. sind gute Flieger, die Jungen Nesthocker.

Sperma ↑Geschlechtskunde (Zeugung und Geburt).
Sperrholz ↑Furnier.
Spesen [ital.] *Mz.*, Auslagen oder Unkosten, die bei der Erledigung eines Geschäfts (z. B. einer Geschäftsreise) entstehen.

Spessart *m*, Bergland im Mainviereck, südlich der Kinzig, das zu Bayern u. Hessen gehört. Der Sp. ist eine laubwaldreiche, siedlungsarme, wellige Buntsandsteinhochfläche; mehrere Gebiete sind heute Naturpark. Höchster Berg mit 585 m ist der Geyersberg. Landwirtschaft u. Industrie finden sich v. a. an den Rändern.

Speyer, Stadt am Oberrhein, Rheinland-Pfalz, mit 44 000 E. In Sp. gibt es eine Hochschule für Verwaltungswissenschaften. Berühmt ist der alte Kaiserdom, der von 1030 bis um 1106 in romanischem Stil erbaut wurde. 1689 ausgebrannt, 1794 verwüstet, im 18. u. 19. Jh. wieder aufgebaut. 1957–72 wurde der Dom restauriert. In der Krypta die Gräber von 8 Königen u. Kaisern des Heiligen Römischen Reiches. – Sp. war im Mittelalter Schauplatz zahlreicher Reichs- u. Hoftage. Es besaß eine starke jüdische Gemeinde. 1689 wurde Sp. weitgehend durch französische Truppen zerstört, der allmähliche Wiederaufbau setzte im 18. Jh. ein. – Abb. S. 117.

Spezialist [lat.] *m*, Fachmann, Facharbeiter, Facharzt.
spezifisch [lat.], für eine Sache typisch, einer Sache ihrer Eigenart nach zukommend, arteigen.

spezifisches Gewicht [lat.; dt.] *s* (Wichte), Zeichen γ, der Quotient aus dem Gewicht (↑Gewicht 2) G eines Körpers (genauer: dem Normgewicht bei Vorliegen der Normalfallbeschleunigung) u. seinem Volumen V, also: $\gamma = G/V$, bzw. das Produkt aus der Dichte eines Körpers u. der Normalfallbeschleunigung. Die Einheit des spezifischen Gewichts ist 1 N/m³ (↑Newton pro Kubikmeter). Das spezifische Gewicht u. die Dichte eines Körpers haben die gleichen Zahlenwerte, wenn sein Gewicht in [Kilo]pond, seine Masse in [Kilo]gramm angegeben werden.

Sphäre

◀ Kreuzspinne

Spinnen. Harlekinspinne, eine Springspinne

Sphäre [gr.] w: **1)** in der Astronomie Bezeichnung für die Himmelskugel (↑Himmel); **2)** Gesichts-, Gesellschafts-, Wirkungskreis; [Macht]bereich.

Sphinx [ßf...; gr.] w, Ungeheuer der altorientalischen u. griechischen Göttersage. Die S. hat den Rumpf eines geflügelten Löwen, den Kopf u. die Brust einer Frau. Der griechischen Sage nach sitzt sie vor Theben u. gibt jedem, der vorüberkommt, ein Rätsel auf. Wer es nicht lösen kann, wird von ihr getötet. ↑Ödipus gelingt die Lösung. Daraufhin stürzt sich die S. vom Felsen. – Von der S. gibt es zahlreiche Darstellungen in der bildenden Kunst. In der ägyptischen Kunst ist die S. meist ein männliches Wesen u. symbolisiert die übermenschliche Kraft eines Königs.

Spielkarte w, ein steifes, rechteckiges Kartenblatt, das auf der Vorderseite mit Figuren (As, König, Dame, Bube), Zahlen u. Zeichen von besonderer Bedeutung bedruckt ist. Die Rückseite zeigt ein gleichbleibendes Muster. Die *deutsche Sp.* (32 Blatt) hat die „Farben" Eicheln (Kreuz), Grün (Laub, Schippen), Rot (Herz), Schellen; die entsprechenden „Farben" der *französischen Karte* (mit 52 oder 32 Blatt) sind Treff (Kreuz), Pik, Cœur (Herz), Karo. – Spielkarten gibt es in Europa seit dem 14. Jahrhundert.

Spießbürger m (auch Spießer), früher mit Spieß bewaffneter, zu Fuß kämpfender Stadtbürger. Heute in abschätzigem Sinn gebraucht für: kleinlicher, engstirniger Mensch, dem seine Ruhe über alles geht.

Spinat [pers.-arab.] m, aus Südwestasien stammendes Gemüse. Die Blätter sind stumpf-dreieckig oder spießförmig. Die unscheinbaren zweihäusigen Blüten stehen in Knäueln. Wegen seines Gehalts an Vitamin A u. C u. Mineralsalzen (v. a. Eisen) gilt Sp. als wertvolle Salat- u. Gemüsepflanze.

Spinett [ital.] s, ein Tasteninstrument, bei dem die Saiten mit einem Dorn oder einem Federkiel angerissen werden. Je eine Taste entspricht einer Saite. Das Sp. ist ein Vorläufer des Cembalos.

Spinnen w, Mz., Ordnung fühler- u. flügelloser Gliederfüßer. Weltweit mit über 30 000 Arten verbreitet. Der Körper besteht aus Kopfbruststück u. Hinterleib. Das Kopfbruststück trägt in Reihen geordnete Punktaugen, 2 Paar Mundwerkzeuge u. 4 Paar Laufbeine. Nur die Echten Sp. besitzen am Hinterleib Spinnwarzen. Die Atmung erfolgt durch ↑Tracheen. Aus den Eiern entwickeln sich direkt die Jungspinnen, die mehrere Häutungen durchmachen. – *Webspinnen mit Fanggewebe:* Kreuzspinne, Hausspinne, Wasserspinne (Luftvorrat im glockenförmigen Netz!). *Jagdspinnen* (= Webspinnen ohne Netz): Springspinnen, Krabbenspinnen (Seitwärtsgang!), Wolfsspinnen, Vogelspinnen. *Spinnen ohne Spinnwarzen:* Weberknechte. – Spinnentiere im weiteren Sinne sind Skorpione u. Milben.

Spinner ↑Schmetterlinge.

Spion [ital.] m: **1)** Späher, Horcher, heimlicher Kundschafter; jemand, der im Auftrag oder im Interesse einer fremden Macht militärische u. wirtschaftliche Geheimnisse erkundet u. an diese verrät; **2)** außen am Fenster angebrachter Spiegel, in dem man die Vorgänge auf der Straße beobachten kann, ohne selbst gesehen zu werden; **3)** Guckloch in den Zellentüren der Strafanstalten u. in Wohnungstüren.

Spirale [gr.-lat.] w, eine ebene Kurve, die, von einem Punkt ausgehend, diesen in unendlich vielen, immer größer werdenden Windungen umläuft.

Spirillen [gr.] w, Mz., korkzieherartig gewundene, am Ende büschelige ↑Bakterien; häufig krankheitserregend.

Spiritismus [lat.] m, unwissenschaftliche Lehre, die Erscheinungen wie z. B. Tischrücken, geheimnisvolles Klopfen, Spuk u. ä. als Mitteilungen von Verstorbenen („aus der Geisterwelt") erklärt.

Spiritus [lat.] m, volkstümliche Bezeichnung für den Äthylalkohol (meist für denaturierten Äthylalkohol; ↑Alkohole.

Spitz m, fuchsähnlicher Hund mit dichtem Fell. Der lange Schwanz wird über dem Rücken getragen. Nase, Augenlider u. Lippen sind stark gefärbt. – Der *Große Sp.* mit einer Schulterhöhe bis 45 cm ist weiß, schwarz oder grau; der *Kleine Sp.* (bis 25 cm hoch) ist weiß, schwarz oder braun.

Spitzbergen, norwegische Inselgruppe im nördlichen Atlantischen Ozean, östlich von Nordgrönland. Bildet mit der Bäreninsel das Verwaltungsgebiet *Svalbard*, mit 3 500 E (Norweger, Russen). Der Hauptort ist *Longyearbyen*. Die größte Insel ist Westspitzbergen. An der Küste findet man Gletscher, im Innern breitet sich Inlandeis aus. Die Vegetation ist arktisch, das arktische Klima wird durch den Golfstrom gemildert. In norwegischen u. sowjetischen Gruben wird Kohle gefördert. Der Pelztierfang spielt heute eine untergeordnete Rolle. Meteorologische Stationen leisten wichtige Arbeit für den Wetterdienst. – Sp. wurde 1194, erneut 1596 entdeckt, 1920 Norwegen zugesprochen, 1925 diesem eingegliedert. 1949 wurde Sp. gegen Widerspruch der UdSSR, die auf Sp. das Recht hat, Kohle abzubauen, in die NATO eingegliedert.

Spitzweg, Carl, * München 5. Februar 1808, † ebd. 23. September 1885, deutscher Maler u. Illustrator. In seinen farblich reizvollen Bildern schildert Sp. mit leichtem Spott u. sicherer Erfassung der unfreiwilligen Komik die kleinbürgerliche Welt der Biedermeierzeit, u. a. „Der arme Poet", „Ständchen".

Splendid isolation [ßplendid aiß^eleⁱsch^en; engl.; = glanzvolles Alleinsein] w, politisches Schlagwort für die Bündnislosigkeit Großbritanniens im 19. Jahrhundert.

spontan [lat.], freiwillig, aus eigenem plötzlichem Antrieb, unmittelbar.

Spore [gr.] w, ungeschlechtliche Fortpflanzungszelle der Sporenpflanzen.

Carl Spitzweg, der Liebesbrief

Sprengstoffe

Stahl. Beschicken eines Konverters (Ofen) mit flüssigem Roheisen

Stabhochsprung

Sporenpflanzen [gr.; dt.] w, Mz., blütenlose Pflanzen, die den Blütenpflanzen (↑Bedecktsamer u. ↑Nacktsamer) gegenüberstehen. Sie umfassen die Farne, Schachtelhalme, Bärlappe, Moose, Pilze u. Algen. Die Vermehrung geschieht durch einzellige Sporen, die ungeschlechtlich sind. Bei Farnen, Schachtelhalmen, Bärlappen u. Moosen gehen aus den Sporen Vorkeime hervor, auf denen männliche u. weibliche Keimzellen entstehen. Aus der Verschmelzung dieser Keimzellen gehen die jungen Pflanzen auf geschlechtlichem Wege hervor (↑Generationswechsel). Bei Pilzen u. Algen gehen die jungen Pflanzen direkt aus den Sporen hervor.

Sporentierchen [gr.; dt.] s, Mz., einzellige ↑Parasiten in Blut oder anderen Körperflüssigkeiten von Mensch u. Tieren. Die Sp. nehmen die Nahrung mit der ganzen Körperoberfläche auf. Die Entwicklung erfolgt mit ↑Generationswechsel, der mit einem Wirtswechsel verbunden sein kann. Die gefährlichsten Sp. sind die Erreger der ↑Malaria.

Sport [engl.; = Zerstreuung, Zeitvertreib, Spiel; das Wort entstand etwa im 15. Jh. in England aus lat. „disportare" = sich zerstreuen] m, ursprünglich bedeutete Sp. nichts anderes als jede planmäßige körperliche Betätigung, die aus Freude an der Sache betrieben wurde. Diese Bedeutung trifft z. T. auch heute noch zu. Der Sportler muß dabei die Möglichkeit haben, die seinen Neigungen entsprechende Sportart aus freien Stücken zu wählen. Meist sucht der Mensch den sportlichen Wettkampf mit anderen, um im Spiel einen Ausgleich zum Alltag zu haben u. sein Leistungsvermögen zu erproben. Die in Laufe der Zeit auf eine große Anzahl angewachsenen Sportarten (vgl. die betreffenden Einzelstichwörter) kann man in zwei große Gruppen einteilen: 1. Sportarten, die von einzelnen ausgeübt, oft aber als Zweikämpfe ausgetragen werden (z. B. Boxen, Fechten); 2. Mannschaftswettbewerbe, in denen sich jedes Mitglied einer Mannschaft durch ein hohes Maß an Gemeinschaftsgeist u. Uneigennützigkeit auszeichnen muß (z. B. Fußball, Handball). Der Wert des Sports für die Gesundheit ist unbestritten. Die idealen Grundgedanken haben im Laufe der Zeit ihre ursprüngliche Bedeutung zum großen Teil verloren u. treffen nur noch auf den echten Amateursport zu. Gerade dieser Begriff ist umstritten wie nie zuvor, denn *Amateur* darf sich eigentlich nur nennen, wer seine sportliche Tätigkeit aus reiner Liebhaberei ausübt. Dies trifft heute nur noch auf den „Freizeitsportler" zu, der Sp. als Ausgleich um seiner selbst willen betreibt. Es ist wohl richtig, daß der Amateursportler den von ihm ausgeübten Sp. nicht zu seinem (geldeinbringenden) Beruf machen darf, aber der immer größer werdende Konkurrenzkampf im Leistungssport erfordert ein immer ausgedehnteres u. härteres Training, hinter dem Beruf oder Ausbildung zurückstehen müssen, was wiederum heißt, daß die Amateursportler finanziell unterstützt werden muß. Durch diese Entwicklung ist die Grenze zum Berufssportler (*Professional* oder kurz: *Profi*), dessen sportliche „Arbeit" bezahlt wird, fließend geworden.

Sportabzeichen, Deutsches s, für sportliche Leistungen verliehenes Abzeichen in 3 Stufen (Bronze, Silber, Gold je nach Alter). Die Sportarten können vom Bewerber aus einer größeren Anzahl verschiedener Möglichkeiten ausgewählt werden. Jugendliche zwischen 12 u. 18 Jahren haben die Möglichkeit, das *Deutsche Jugendsportabzeichen* zu erwerben.

Deutsches Sportabzeichen in Gold

Sprache w, zunächst die Fähigkeit zu sprechen u. der mit Hilfe der Sprechorgane bewirkte Sprechvorgang, dann die Gesamtheit der sprachlichen Ausdrucksmittel, die einer menschlichen Gemeinschaft zur Verfügung stehen. Das Wort Sp. bezieht sich also sowohl auf die Sprachfähigkeit des einzelnen als auch auf den Sprachbesitz einer Gemeinschaft. Als Sprachbesitz (Muttersprache) ist Sp. ein geschichtlich gewordenes, geordnetes Ganzes aus einem gegliederten Wortschatz, aus Satzgliedern u. aus Grundformen des Satzbaus. Ihrem Wesen nach ist Sp. eine Kraft, eine Tätigkeit des Geistes, die Welt in Wort u. Satz zu erschließen. Ihrer Verwendung nach ist die Sp. ein Ausdrucksmittel, besonders aber, da Sp. niemals unabhängig von Menschen existiert, ein Mittel zur Mitteilung u. Verständigung.

Sprachlabor [dt.; lat.] s, mit Tonbandgeräten u. a. ausgestatteter Raum für den ↑programmierten Unterricht zum Erlernen einer Fremdsprache.

Sprachwissenschaft w, Wissenschaft von der Sprache, die eine oder mehrere Sprachen in Aufbau u. Funktion beschreibt u. analysiert; ↑Linguistik.

Spree w, linker Nebenfluß der Havel, 403 km lang. Im Mittellauf ist die Sp. stark verzweigt, dieses Gebiet heißt *Spreewald*, das, früher ein Sumpfwaldgebiet, heute landwirtschaftlich genutzt wird. Bevölkerung teilweise ↑Sorben.

Spreizfuß m, Verbreiterung des Fußes durch Einsinken des Fußgewölbes, was zu Beschwerden beim Gehen u. Stehen führt. Behandlung durch Schuheinlagen.

Sprengstoffe m, Mz., in der Umgangssprache verwendete Bezeichnung für Explosivstoffe. Es handelt sich dabei um chemische Verbindungen, die sich bei Entzündung durch Schlag oder Erwärmung in Gase umwandeln u. dadurch eine plötzliche räumliche Ausdehnung erfahren, die sich auf die Umgebung als Explosion auswirkt. Man benutzt Sp. zur Füllung von Granaten, Bohrlöchern bei Gesteinssprengungen usw., wobei die durch Aufschlag bzw. Zündung entstehenden Gase auf die Umgebung eine zerreißende Wirkung

561

Sprichwort

ausüben. Bekannte Sp. sind Ammoniumnitrat, Dynamit, Nitroglycerin, Trinitrotoluol u. das am langsamsten abbrennende Schieß- oder Schwarzpulver. Eine zweite Gruppe von Sprengstoffen sind in neuerer Zeit die in der Atom- oder Wasserstoffbombe verwendeten nuklearen Sprengstoffe. Hier beruht die ungleich größere Sprengwirkung auf der Auswirkung der bei ↑Kettenreaktionen der Atomkerne freiwerdenden Energie von radioaktivem Material (z. B. Uran u. Plutonium).

Sprichwort s, im Volksmund überlieferter Sinnspruch, der eine Regel des sittlichen Verhaltens oder eine Erfahrung des praktischen Lebens bildhaft, zuweilen ironisch ausdrückt; z. B. „Voller Bauch studiert nicht gern".

Springreiten (Jagdspringen) s, im Pferdesport das Reiten über künstliche Hindernisse innerhalb eines ↑Parcours.

Sprint [engl.] m, Kurzstreckenlauf.

Sproßpflanzen w, Mz., zusammenfassende Bezeichnung für Farn- u. Samenpflanzen. Sp. sind unterteilt in Wurzel u. Sproß (der Pflanzenteil mit Blättern u. Blüten) gegliedert.

Sprunglauf ↑Wintersport.

Spulwürmer m, Mz., etwa 40 cm lange Schmarotzer im Dünndarm von Tieren u. Menschen. Sie leben von verdauter Nahrung. Wie alle Fadenwürmer besitzen die Sp. weder Ringe noch Borsten. Ein Weibchen bringt Millionen von widerstandsfähigen Eiern hervor, die mit dem Kot abgehen. Die Übertragung erfolgt durch Unsauberkeit u. den Genuß schlecht gewaschener Früchte u. Salate.

Spurenelemente [dt.; lat.] s, Mz., chemische Elemente, die in kleinsten Mengen für die Ernährung von Mensch, Tier u. Pflanze unentbehrlich sind. Wichtig sind v.a. Arsen, Bor, Fluor, Eisen, Jod, Kobalt, Kupfer, Mangan u. Zink.

Spurt [engl.] m, plötzliche Steigerung der Geschwindigkeit innerhalb (*Zwischenspurt*) oder am Ende (*Endspurt*) eines Laufs oder Rennens.

Spyri, Johanna [...*iri*], * Hirzel bei Zürich 12. Juni 1827, † Zürich 7. Juli 1901, schweizerische Schriftstellerin. Sie wurde bekannt durch ihre in zahlreiche Sprachen übersetzten Jugendbücher. Diese zeichnen sich durch Mitleid mit den ärmlich lebenden Schweizer Bergbauern u. durch Religiosität aus. Am bekanntesten wurde das Buch „Heidi's Lehr- u. Wanderjahre" (1881; mehrmals verfilmt).

Squash [*bkwåsch*, engl.] s, ein Rückschlagspiel gegen eine Wand für 2 bzw. 4 Spieler (Einzel oder Doppel wie beim Tennis). Das 9,75 × 6,40 m große Spielfeld hat 3 Spielwände. Aus dem Aufgabefeld wird der Weichgummiball (etwa 30 g schwer, 4 cm Durchmesser) mit einer Art Tennisschläger an die Vorderwand, u. zwar über die 2 m vom Boden entfernte Fehlerlinie geschlagen. Beim Rückprall darf der Ball die anderen Wände berühren, aber höchstens einmal auf dem Boden aufschlagen (bei der Aufgabe im Feld des Gegners) wonach er abwechselnd an die Vorderwand zurückgeschlagen wird. Ein Satz ist beendet, sobald ein Spieler 15 (Männer) bzw. 11 (Frauen) Fehlerpunkte hat.

Squaw [*bk"å*; indian.-engl.] w, englische Bezeichnung für die nordamerikanische Indianerfrau.

Sri Lanka (bis 1972 Ceylon [*zailon*]), Inselrepublik im Indischen Ozean, südlich von Indien, mit 14 Mill. E; 65 610 km². Die Hauptstadt ist Colombo. Das zentrale Gebirgsland (bis 2 524 m hoch) ist von Hügelländern u. Küstenstreifen umgeben. Der Westen u. der Süden sind regenreich mit tropischer Vegetation (z. T. Urwald), im Norden u. Osten herrscht die Savanne vor. Die Bevölkerung besteht hauptsächlich aus Singhalesen (Buddhisten) u. Tamilen (Hindus). In den Küstenebenen wird Reis angebaut, in den Gebirgen Tee u. Kautschukbäume. Die Industrie ist wenig entwickelt. – Teile der Insel Ceylon waren seit 1505 (1515) in portugiesischem, dann in niederländischem Besitz. Ceylon wurde 1795/96 britisch u. 1948 unabhängig. Mitglied des Commonwealth u. der UN.

SSR, Abkürzung für: **S**ozialistische **S**owjet**r**epublik.

Staat ↑S. 554 ff.

Staatenbund [lat.; dt.] m, (Konföderation, Föderation), der völkerrechtliche Zusammenschluß souveräner (unabhängiger) Staaten. Sie übertragen einen Teil ihrer Aufgaben gemeinsamen Organen, ohne aber eine Staatsgewalt anzuerkennen, die über den einzelnen Staaten steht (z. B. der ↑Deutsche Bund); ↑dagegen Bundesstaat (↑auch Staat).

Staatenlose [lat.; dt.] m oder w, Mz., Personen, die keine Staatsangehörigkeit besitzen.

Staatsangehörigkeit ↑Staat.

Staatsanwalt ↑Recht (Wer spricht Recht?).

Staatsstreich [lat.; dt.] m, schlagartig u. planmäßig durchgeführte Änderung der verfassungsmäßigen Ordnung eines Staates durch eine Personengruppe, die selbst einen Teil der Staatsgewalt innehat (z. B. höhere Offiziere, Minister). Die Gruppe will entweder die gesamte staatliche Macht an sich reißen oder die Teilvollmachten anderer Gewalten zusätzlich übernehmen. *Putsch* ist dagegen der Aufstand einer kleineren Gruppe, die nicht Teilhaber der Staatsgewalt ist.

Stabhochsprung m, leichtathletische Sprungübung für Männer, bei der mit Hilfe eines Sprungstabes (heute werden nur noch Glasfiberstäbe verwendet) nach dem Anlauf eine in der Höhe verstellbare Sprunglatte überquert werden muß. – Abb. S. 561.

Stabilität [lat.] w, Beständigkeit, Dauerhaftigkeit; Festigkeit.

Stabreim m, im Altnordischen, Altenglischen, Altsächsischen u. Althochdeutschen durch gleichen Anlaut gebildeter Lautreim, z. B. „wehe, waltender Gott".

Stachelhäuter m, Mz., Meerestiere von Kugel-, Stern- oder Walzenform; dazu gehören: Seeigel, See- u. Haarsterne u. Seewalzen. In die Körperhaut sind Kalkplättchen eingelagert, so daß ein beweglicher oder starrer Panzer entsteht. Auf ihm erheben sich Stacheln u. Greifzangen (Seeigel u. Seesterne). Der Fortbewegung dienen Saugfüßchen, die mit dem reichverzweigten Wassergefäßsystem im Inneren des Körpers in Verbindung stehen. Durch Einpressen einer wäßrigen Flüssigkeit in die Füßchen werden diese ausgestreckt u. an der Unterlage festgedrückt. Sinnesorgane fehlen.

Stachelrochen ↑Rochen.

Stachelschwein s, in Nordafrika, Italien u. Südosteuropa vorkommendes, etwa 65 cm langes, pflanzenfressendes, nächtlich lebendes Nagetier. Die langen, schwarzweiß gebänderten hohlen Stacheln sitzen lose im Fell u. sind aufrichtbar. Sie können bösartige Verletzungen hervorrufen. Das Schwanzende ist als Hornrassel ausgebildet.

Stadion [gr.] s, altgriechisches Längenmaß (meist zwischen 179 m u. 213 m), dann auch der Lauf über entsprechende Strecken, z. B. beim ↑Pentathlon. Heute bedeutet St. eine mit Zuschauerrängen versehene große Sportstätte, z. B. Fußballstadion, Schwimmstadion.

Stadt w, eine geschlossene Siedlung, Mittelpunkt von Gewerbe, Handel, Kultur, Verwaltung, mit besonderem Ortsbild (Platz mit Rathaus, Kirche u. a.); größere Städte sind in einzelne Stadtviertel gegliedert, z. B. Industrie-, Wohnviertel. – Im Mittelalter war die St. die fortschrittliche Siedlungsform; dort entwickelten sich Handwerk, Handel, Bankwesen u. bürgerliche Kultur. Die besonders im 13./14. Jh. zahlreichen Stadtgründungen übten durch ihre Befestigungsanlagen, ihre Markt- u. Verkehrsrechte eine große Anziehungskraft auf die ländliche Bevölkerung aus; gegenüber den Abhängigkeiten (von den Grundherren) auf dem Land bot die St. gewisse Aufstiegsmöglichkeiten: „Stadtluft macht frei". – Seit dem 19. Jh. ist im *rechtlichen* Sinn jede St. eine ↑Gemeinde, die durch einen Verwaltungsakt (wegen ihrer Größe oder wirtschaftlichen Bedeutung) zur St. erhoben worden ist. Man unterscheidet kreisangehörige u. kreisfreie Städte, je nachdem, ob die Staatsaufsicht von einer unteren oder einer höheren Verwaltungsbehörde ausgeübt wird. Im *stati-*

stischen Sinn ist in Deutschland jede Siedlung über 2000 E eine St.; man unterscheidet: Landstadt (2000 bis 5000 E), Kleinstadt (5000 bis 20000 E), Mittelstadt (20000 bis 100000 E) u. Großstadt (über 100000 E). In anderen Staaten ist die Klassifizierung unterschiedlich: in den USA z. B. ist eine Siedlung ab 2500 E eine St., in der UdSSR ab 12000 E.

Stadtgas *s* (Leuchtgas), der in den Städten zur Energieversorgung durch Rohrleitungen verteilte gasförmige Brennstoff. Das St. wird durch Stein- oder Braunkohlenentgasung nach verschiedenen Verfahren gewonnen, z. T. auch durch entsprechende Verwertung von Erdöl. Während diese Prozesse früher in der Mehrzahl in den städtischen Gaswerken vorgenommen wurden, ist es heute vielfach möglich, das in der Industrie anfallende Kokereigas (↑ auch Koks) mittels Fernleitungen in die Städte zu bringen. St. hat den großen Nachteil, einen bis etwa 20% reichenden Anteil von dem sehr giftigen ↑ Kohlenmonoxid CO zu besitzen, worauf viele Unglücksfälle infolge von undichten Gasleitungen im Haushalt usw. zurückzuführen sind. In neuerer Zeit geht man auf Grund der überraschend großen Erdgasfunde dazu über, dieses ungiftige u. viel stärker heizende Gas, das im wesentlichen aus dem einfachsten Kohlenwasserstoff Methan (CH_4) besteht, durch lange Rohrleitungen (Pipelines) zur Energieversorgung in die Haushalte u. die Industrie zu bringen. Die Bundesrepublik Deutschland bezieht Erdgas u. a. aus den Niederlanden u. aus der UdSSR.

Stadtstaat *m*, Staat, dessen Staatsgebiet aus einer Stadt u. dem unmittelbar umgebenden Gebiet besteht (z. B. Venedig bis 1797).

Stahl *m*, ↑ Legierung des ↑ Eisens mit bis zu 1,7 % Kohlenstoff. Die meisten Gegenstände, die wir als Eisen bezeichnen, bestehen in Wahrheit aus St., denn reines Eisen ist ein nahezu unbrauchbares, weiches, biegsames Metall, während der St. sich gießen, schmieden, pressen u. walzen läßt. Zudem kann man durch geeignete Behandlung der Stahlschmelze oder der Oberfläche bereits erstarrter Stahlteile die mechanischen Eigenschaften (wie Festigkeit, Härte, Dehnbarkeit usw.) ebenso wie auch die chemische Beständigkeit in weiten Grenzen verändern. Auch durch Zusatz von anderen Legierungsbestandteilen, wie ↑ Schwermetalle, Phosphor oder Silicium, lassen sich die Eigenschaften des heute meistgebrauchten Werkstoffes St. in nahezu beliebiger Weise verändern u. verbessern. St. wird in der Regel aus dem sehr kohlenstoffhaltigen, im Hochofen gewonnenen Roheisen hergestellt, indem man den Überschuß des im Roheisen enthaltenen Kohlenstoffs teilweise mit Sauer-

Iossif Wissarionowitsch Stalin

Sir Henry Morton Stanley

Claus Graf Schenk von Stauffenberg

stoff nach folgender Formel in gasförmige Kohlenoxide überführt u. entweichen läßt:

$$C + O_2 \rightarrow CO_2 \text{ oder: } 2C + O_2 \rightarrow 2CO$$

Dieser Prozeß, den man „Frischen" nennt, wird so lange fortgesetzt, bis die Roheisenschmelze auf den gewünschten Kohlenstoffgehalt zurückgegangen ist. Dieser liegt bei St. in Grenzen von etwa 0,05 bis 1,7 %. Ein bedeutsamer Rohstoff für die Stahlgewinnung ist auch der ↑ Schrott. – Abb. S. 561.

Stalagmit ↑ Tropfsteine.

Stalaktit ↑ Tropfsteine.

Stalin, Iossif Wissarionowitsch, eigentlich I. W. Dschugaschwili, * Gori bei Tiflis 21. Dezember 1879, † Moskau 5. März 1953, sowjetischer Staatsmann, Sohn eines georgischen Schuhmachers. Wegen illegaler politischer Tätigkeit gegen das Zarenreich wurde er wiederholt verhaftet u. nach Sibirien verbannt. Nach der Revolution 1917 wurde St. Volkskommissar für Nationalitätenfragen (bis 1923), dann Generalsekretär der Kommunistischen Partei u. schließlich 1924, nach Lenins Tod, dessen Nachfolger. In den 30er Jahren setzte sich St. als Diktator durch. Er erreichte durch umfassende Terrormaßnahmen, v. a. durch sogenannte „Säuberungen", die Ausschaltung aller gegnerischen Kräfte; er begann die Industrialisierung, unter ihm wurde die UdSSR zu einer Großmacht. Im 2. Weltkrieg ließ sich St. zum Marschall u. Oberbefehlshaber ernennen. Durch geschickte Politik gegenüber den Westmächten gelang es ihm nach Kriegsende, den sowjetischen Machtbereich auf Mitteleuropa auszudehnen. Nach 1945 konnte er die Großmachtstellung der UdSSR ausbauen. In der Innen- u. Außenpolitik steuerte er einen harten Kurs. Ab 1956 verstärkte sich die Kritik an St., besonders an seinem Personenkult („Tauwetter").

Stand *m*, eine geschlossene Gruppe innerhalb der Gesellschaft, Teil eines Volkes oder eines Staates. Die Mitglieder gehören durch Herkunft oder Beruf dazu. – Im ↑ Feudalismus galten als Stände nur Adel u. Geistlichkeit. Sie genossen bestimmte Vorteile u. besondere Rechte. Das Bürgertum bezeichnete man später als den „dritten St." u. im 19. Jh. die Arbeiterschaft als „vierten Stand".

Standard [engl.] *m*: **1)** allgemeiner Maßstab, Norm, Richtschnur; als *Lebensstandard* bezeichnet man die Art, wie ein Volk oder eine Gruppe von Menschen in bezug auf die äußeren Lebensbedingungen (Wohnung, Essen, Erholung usw.) gestellt ist; man spricht von hohem oder niedrigem Lebensstandard; **2)** im Warenverkehr ein anerkannter Qualitätstyp (Markenartikel).

Standardsprache (Hochsprache, Literatursprache, Schriftsprache) *w*, die über Umgangssprache, Gruppensprachen u. Mundarten stehende allgemeinverbindliche Sprachform, die sich im mündlichen u. schriftlichen Gebrauch normsetzend entwickelt hat.

Standarte [frz.] *w*, kleine viereckige Fahne berittener Truppen; auch die [kleine viereckige] Fahne als Hoheitszeichen v. a. der Staatsoberhäupter.

Ständerat *m*, eine der beiden Kammern der schweizerischen Bundesversammlung, die aus dem Nationalrat (Versammlung der Abgeordneten des ganzen Landes) u. dem St. (Versammlung der Abgeordneten der ↑ Kantone) besteht.

Standesamt *s*, staatliche Behörde zur Beurkundung von Geburten, Eheschließungen u. Todesfällen. Diese werden durch den *Standesbeamten* in die Personenstandsbücher eingetragen.

Standvögel ↑ Strichvögel.

Stanley, Sir Henry Morton [βtänli], eigentlich John Rowlands, * Denbigh (Wales) 28. Januar 1841, † London 10. Mai 1904, englischer Afrikareisender. Er kam als Journalist nach Afrika u. fand 1871 auf einer Suchexpedition den verschollenen Forschungsreisenden D. Livingstone. Er erkundete den Victoria-, Albert- u. Tanganjikasee, entdeckte den Eduardsee u. den Leopold-II.-See u. verfolgte den Kongolauf bis zur Mündung. In belgischem Auftrag begründete er mehrere Koloniensiedlungen im Kongogebiet. St. verfaßte

Stanniol

u. a. „Wie ich Livingstone fand" (deutsch 1879) u. „Im dunkelsten Afrika" (deutsch 1890).

Stanniol [nlat.] *s*, Bezeichnung für dünn ausgewalzte Folien (bis $1/100$ mm) aus Zinn, die zur Verpackung von Zigaretten u. ä. und zur Herstellung von Lametta dienten. Seit etwa 1920 ist das Zinn (lat. stannum) durch das billigere Aluminium verdrängt worden. Fälschlicherweise werden auch diese Aluminiumfolien oft als St. bezeichnet.

Stans ↑Unterwalden.

Star *m*, etwa 22 cm großer Singvogel. Bei der Rückkehr aus den Mittelmeerländern im Frühjahr trägt er ein grün oder purpurn schillerndes, schwarzes Gefieder. Nach der Mauser ist jede Deckfeder an der Spitze hell gefärbt. Als Höhlenbrüter baut er sein Nest in Baumhöhlen oder Nistkästen. Außer Würmern u. Insekten frißt der St. Früchte (Kirschen, Trauben). Sein Gesang ist schwatzend; er vermag auch andere Vogelstimmen u. verschiedene Geräusche nachzuahmen. Beim ersten Frost ziehen Stare in großen Schwärmen nach Süden; manche bleiben als Strichvögel, andere als Standvögel bei uns. – Von den über 100 Arten sind zahlreiche in Asien beheimatet.

Star *m*, verschiedene Augenerkrankungen; 1. *grauer Star:* Trübung der Linse, 2. *grüner Star:* durch Drucksteigerung im Augeninneren kann es zum Erblinden kommen, 3. *schwarzer Star:* vollständiges Erblinden durch Verödung des Sehnervs infolge Verletzung oder Erkrankung.

Star [engl.; = Stern] *m*, bewunderte Bühnen-, Film- oder Sportgröße.

Stärke *w*, im pflanzlichen Organismus zu Riesenmolekülen zusammengebaute Form der ↑Kohlenhydrate. Die beim Pflanzenstoffwechsel aufgebauten niedermolekularen Kohlenhydrate, wie z. B. die verschiedenen Zuckerarten, werden in gelöster Form durch die Leitungsbahnen der Pflanze an bestimmte Stellen (Samen, Früchte u. Wurzelknollen) transportiert u. dort zu der unlöslichen St. zusammengelagert. Diese Stärkelager haben die Aufgabe von Nahrungsmittelspeichern, aus denen im Bedarfsfall (z. B. beim Keimen von Samenkörnern) die St. durch chemische Vorgänge wieder in Zucker gespalten u. so im Pflanzenstoffwechsel wieder verbraucht werden kann. Der St. entsprechende Stoff im tierischen u. menschlichen Körper ist das Glykogen (tierische Stärke).

Starkstrom *m*, Bezeichnung für einen Strom, der von einer Spannung von mehr als 24 Volt erzeugt wird. Solche Spannungen sind gefährlich für den Menschen. Blanke Stromkabel nicht berühren!

Starkstromtechnik [dt.; gr.] *w*, derjenige Zweig der Elektrotechnik, der sich mit der Stromerzeugung (Kraftwerke), der Übertragung elektrischer Energie (Hochspannungsleitungen u. Transformatoren) u. der Umwandlung elektrischer Energie in andere Energieformen (z. B. Elektromotor) befaßt.

Start [engl.] *m*, Beginn eines sportlichen Wettkampfes. St. bezeichnet auch die Stelle dieses Beginns; auch Bezeichnung für den Abflug, z. B. eines Flugzeuges. Allgemein bedeutet St. einen Anfang, einen Beginn.

Statik [gr.] *w*, ein Teilgebiet der Physik, speziell der Mechanik, das sich mit dem Gleichgewicht der auf einen Körper wirkenden Kräfte befaßt. In der Technik spielt die St. für die Berechnung von tragenden Teilen eines Bauwerks eine wichtige Rolle.

Statist [lat.] *m*, im Theater, beim Film u. im Fernsehen ein Darsteller kleiner, meist textloser Rollen, besonders in Massenszenen.

Statistik [lat.] *w*, eine wissenschaftliche Methode, Massenerscheinungen durch Zählung u. Auswertung zu messen u. zu deuten, z. B. Erfassung der Berufstätigen in einem bestimmten Gebiet, Gesamtzahl sowie Aufschlüsselung nach Art des Berufes, nach Alter u. Geschlecht, oder Feststellung des durchschnittlichen Butterverbrauchs, der Zu- oder Abnahme der Wareneinfuhr usw. Von diesem Querschnitt wird dann auf die Gesamtheit geschlossen.

Statue [lat.] *w*, Standbild, meist freistehendes, vollplastisches Bildwerk eines Menschen oder auch eines Tieres.

Status quo [lat.] *m*, gegenwärtiger Zustand.

Statut [lat.] *s*, Satzung, Grundgesetz.

Staubblatt *s* (Staubgefäß), Behälter des Blütenstaubs bei den Blütenpflanzen. Die Staubblätter der Nacktsamer weisen verschiedene Gestalt auf, die der Bedecktsamer bestehen aus einem unteren Teil, dem Staubfaden, u. einem oberen, dickeren, dem Staubbeutel. Der Blütenstaub (Pollen) wird im Staubbeutel gebildet.

Staudte, Wolfgang, * 1906, deutscher Filmregisseur, ↑Film.

Steinkauz

Staufer *Mz.*, schwäbisches Fürstengeschlecht. Es hat seinen Namen von der Stammburg auf dem ↑Hohenstaufen. Der Stammvater war Friedrich, dessen Enkel Friedrich I. von seinem Schwiegervater, Kaiser Heinrich IV., 1079 das Herzogtum Schwaben erhielt. Nach dem Aussterben der ↑Salier 2) erbten die St. deren Hausgüter. Mit Konrad III., Friedrich I. Barbarossa, Heinrich VI., Philipp von Schwaben, Friedrich II. u. Konrad IV. hatten die St. 1138–1254 den deutschen Königs- u. Kaiserthron inne. Der letzte St., Konradin, wurde 1268 in Neapel enthauptet.

Stauffenberg, Claus Graf Schenk von, * Schloß Jettingen bei Günzburg 15. November 1907, † Berlin 20. Juli 1944, deutscher Offizier u. Widerstandskämpfer. Er wurde während des 2. Weltkrieges zum leidenschaftlichen Gegner des ↑Nationalsozialismus u. Hitlers. Am 20. Juli 1944 unternahm er ein Attentat auf Hitler. In der Annahme, das Attentat sei geglückt, begab er sich nach Berlin, um den geplanten Staatsstreich zu leiten. Von hitlertreuen Offizieren wurde er verhaftet u. erschossen. – Abb. S. 563.

Stearin [gr.] *s*, Gemisch aus der farblosen oder gelblichen, wachsartigen Stearin- u. Palmitinsäure, das durch

Steinhuder Meer. Insel Wilhelmstein

Steinbock

Heinrich F. K. Reichsfreiherr vom und zum Stein — George Stephenson — Robert Louis Stevenson

Einwirkung von Laugen auf ↑Fette u. anschließende Abtrennung der flüssigen Bestandteile Glycerin u. Ölsäure gewonnen wird. St. dient v. a. zur Herstellung von Kerzen.

Stechapfel *m*, auf Schutthalden u. an Wegen wachsende Pflanze, deren Stengel sich gabelig verzweigen. Die Blätter sind ausgebuchtet. Die langen, weißen, röhrenförmigen Blüten öffnen sich gegen Abend u. locken mit starkem Duft Nachtfalter an. Die stacheligen Fruchtkapseln dieses Nachtschattengewächses enthalten giftige Samen.

Stechheber ↑Heber.

Stechmücken *w*, *Mz*. (Moskitos, Schnaken), Insekten, die in Form von Waldmücken, Wiesenmücken u. Hausmücken überall auftreten. Sie stellen eine Plage für Mensch u. Tier dar. Ihr Körper ist empfindlich gegen Austrocknung, deshalb halten sich die St. tagsüber an feuchten Stellen auf. In der Abendkühle oder Gewitterschwüle steigen sie sirrend in die Luft empor. Der schlanke Körper trägt ein Paar häutige Flügel u. drei Paar dünne, lange Beine. Die Männchen leben von Pflanzensäften, die Weibchen saugen mit einem Stechsaugrüssel Blut. Der Speichel, den die St. in die kleine Wunde fließen lassen, verhindert das Gerinnen des Blutes. Die Entwicklung der St., eine vollkommene Verwandlung, läuft in warmen, stehenden Gewässern ab u. dauert etwa dreieinhalb Wochen.

Stechpalme *w*, Strauch, bei dem die Blätter der jungen Pflanzen u. der unteren Zweige älterer Pflanzen in stachelige Spitzen ausgezogen u. am Rand wellig sind. Die anderen Blätter sind länglich u. ganzrandig. Alle Blätter sind immergrün u. lederartig. Aus den weißen Blüten des zweihäusigen Strauches entwickeln sich rote Steinfrüchte. Häufig wird die St. in Gärten u. Anlagen als Zierstrauch angepflanzt.

Steckbrief *m*, öffentliche Aufforderung des Gerichts, der Staatsanwaltschaft oder der Polizei, eine im St. genau beschriebene verdächtige Person aufzufinden, um deren Festnahme zu ermöglichen.

Stecklinge *m*, *Mz.*, Endtriebe krautiger Pflanzen, die der Vermehrung dienen. Die unterhalb einer Blattknospe abgeschnittenen St. bilden in feuchter Erde oder in Wasser Wurzeln u. entwickeln sich zu selbständigen Pflanzen. Viele Sommergewächse und immergrüne Laubgehölze werden durch St. vermehrt.

Stegreif *m*, soviel wie Steigbügel (metallener Bügel als Stütze für die Füße des Reiters). So heißt *aus dem St.*: ohne vom Pferd zu steigen, unvorbereitet. Ein Spiel ohne vorgeschriebenen Text nennt man *Stegreifspiel* (vorgegeben sind Thema u. Spielverlauf).

Steherrennen *s*, besondere Art des Radrennens, bei dem ein Radfahrer hinter einem Schrittmacher (vorausfahrender Motorradfahrer) fährt, der den Luftwiderstand entscheidend verringert.

Steiermark *w*, österreichisches Bundesland, mit 1,2 Mill. E. Die Hauptstadt ist Graz. Die St. liegt in Mittel- u. Südostösterreich. Die Mur-Mürz-Furche teilt sie in zwei Teile. Im Norden liegt die *Obersteiermark* mit den höchsten Gebirgsketten, Teilen der Nördlichen Kalkalpen (Hoher Dachstein 2 995 m) u. den durch das Ennstal von ihnen getrennten Niederen Tauern, mit Alm- u. Holzwirtschaft, bedeutendem Eisenerzbergbau bei ↑Eisenerz, Magnesit- u. Braunkohlenabbau sowie Hüttenindustrie. In der Obersteiermark herrscht starker Fremdenverkehr. Im Süden liegt die klimatisch mildere *Untersteiermark* mit dem Grazer Feld (Ebene nördlich von Graz), der Gleinalpe und den Fischbacher Alpen. Hier wird vorwiegend Landwirtschaft betrieben. – Fast die Hälfte der St. ist mit Wald bedeckt. Die Industrie ist hauptsächlich im Mur- u. Ennstal ansässig: Eisen- u. Stahl-, Maschinen-, Elektro-, Papier- u. holzverarbeitende Industrie. Die Energie wird überwiegend durch Ausnutzung der Wasserkräfte gewonnen. *Geschichte:* In römischer Zeit war die St. Teil der Provinzen Noricum u. Pannonien. Ende des 6. Jahrhunderts wurde sie von Slowenen, dann von Bayern besiedelt. 1180 wurde die St. selbständiges Herzogtum, 1282 wurde sie habsburgisch. 1919 kam der südliche Teil der St. an Jugoslawien.

Steigerungsstufe ↑Adjektiv.

Stein, Heinrich Friedrich Karl Reichsfreiherr vom und zum, * Nassau 25. Oktober 1757, † Cappenberg bei Lünen 29. Juni 1831, deutscher Staatsmann. Er war seit 1780 im preußischen Staatsdienst, seit 1804 Minister, seit 1807 an der Spitze der preußischen Verwaltung, deren grundlegende Reform er begann. Er führte die ↑Bauernbefreiung durch, regelte in der Städteordnung von 1808 die städtische Selbstverwaltung u. wirkte für eine Modernisierung der obersten Staatsverwaltung; auch regte er die Veröffentlichung deutscher Geschichtsquellen an. 1812 war er Berater des Zaren Alexander I. Er vermittelte das preußisch-russische Bündnis gegen Napoleon u. wurde eine der treibenden Kräfte der ↑Befreiungskriege.

Steinbock *m*, sehr gewandtes, in Rudeln lebendes Gebirgstier. Die lan-

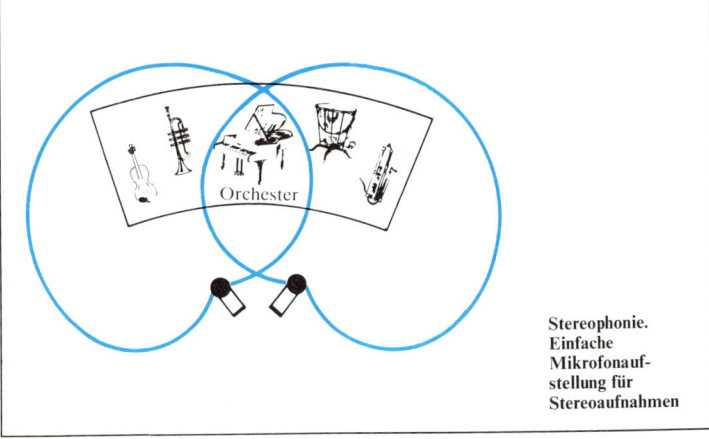

Stereophonie. Einfache Mikrofonaufstellung für Stereoaufnahmen

565

Steinbrechgewächse

gen Hörner sind rückwärts u. nach außen gebogen (horntragender wiederkäuender Paarzeher). Die Bestände des gelbbraunen *Alpensteinbocks*, der in den Alpen fast ausgerottet war, sind heute wieder gesichert.

Steinbrechgewächse s, *Mz.*, Sträucher u. krautige Pflanzen mit fünfzähliger Blüte. Der Blütenboden ist mit dem unterständigen Fruchtknoten verwachsen. Die Früchte sind Beeren oder Kapseln. Gattungen der St. sind u. a. Stachelbeere, Johannisbeere, Pfeifenstrauch (u. a. Blasser Pfeifenstrauch = Falscher Jasmin), Hortensien, Herzblatt. Unter Naturschutz stehen die Steinbrecharten mit Blattrosetten wie Körniger Steinbrech u. Traubensteinbrech.

Stein der Weisen m, in der ↑Alchimie ein sagenhaftes Mittel, das unedle Metalle in Gold verwandeln, aber auch Kranke heilen soll.

Steingut s, ein hellfarbiges, poröses, undurchsichtiges Erzeugnis aus gebranntem Ton mit durchsichtiger Glasur. Aus St. werden Haushaltsgeschirr, Wandfliesen, Waschbecken u. ä. hergestellt.

Steinhuder Meer s, See zwischen Weser u. Leine, nordwestlich von Hannover, Niedersachsen. Im St. M. liegen Insel u. Festung Wilhelmstein (18. Jh.). – Abb. S. 564.

Steinkauz m, kaum amselgroßer Kauz, der meist in Baumhöhlen oder Mauerlöchern brütet u. Kleinsäuger, Vögel u. Insekten frißt. – Abb. S. 564.

Steinkohle ↑ Kohle.

Steinobst s, Obst, bei dem die Samen in einer harten Schale liegen, die von saftigem Fruchtfleisch umgeben ist. Zum St. gehören v. a. Kirschen, Pflaumen, Mirabellen, Aprikosen, Pfirsiche.

Steinpilz m, ein wertvoller u. schmackhafter Speisepilz der Laub- u. Nadelwälder. Der dickfleischige Pilz hat einen braunen Hut u. einen knolligen, anfangs netzartig gezeichneten Stiel. Die Röhrenschicht (Röhrenpilz) ist anfangs weiß, später gelblich bis grün. Das feste Fleisch bleibt beim Anschneiden weiß. Eine Verwechslung mit den ungenießbaren oder giftigen Gallen-, Satans- u. Steinpilzen ist möglich.

Steinschloßgewehr s, vom 17. bis 19. Jh. gebräuchliches Gewehr, bei dem der Zündfunke durch Aufschlag des Hahns (mit einem Feuerstein) auf einer Metallplatte erzeugt wurde.

Steinzeit w, längste Periode der Menschheitsgeschichte. Sie begann vor rund 2 Mill. Jahren und dauerte in wenigen abgelegenen, von der Zivilisation unberührten Gebieten bis ins 20. Jh. Die St. ist der erste Abschnitt der vorgeschichtlichen Zeit, in dem der Mensch zur Herstellung der Werkzeuge u. Waffen neben Knochen, Horn, Holz u. a. hauptsächlich Stein verwendete (↑auch Vorgeschichte).

Steinzeug s, durch Brennen hergestelltes keramisches Material, das man für Geschirr, Gefäße, Tröge usw. verwenden kann, das aber auch in der Bauwirtschaft in Form von Kanalisationsrohren, Fliesen u. säurefesten Steinen gebraucht wird. St. ist sowohl nach Qualität u. Schönheit des verwendeten Tonmaterials als auch nach der Höhe der Brenntemperatur ein Mittelding zwischen dem porösen, bei etwa 900 bis 1 000 °C gebrannten Steingut u. dem glasigen, fast durchsichtigen, farblosen und wasserundurchlässigen Porzellan, dessen Brenntemperaturen bis an 2 000 °C heranreichen. Der Scherben des Steinzeugs ist nicht durchscheinend wie beim Porzellan, jedoch härter u. weniger porös als beim Steingut.

Steißbein s, der Ausläufer des Rückgrats bei Menschenaffen u. Menschen. Er besteht aus drei bis fünf Wirbeln, die miteinander verschmolzen sind. Es sind verkümmerte Schwanzwirbel, also Überbleibsel von urzeitlichen tierischen Vorfahren des Menschen.

Stelzwurzeln w, *Mz.*, Wurzeln mancher in Sümpfen wachsender Bäume, besonders der ↑Mangrove. Sie wachsen wie Stelzen vom Stamm oberhalb des sumpfigen Grundes bzw. des Wasserspiegels nach unten u. verankern so den Baum fest nach allen Seiten.

Stempel m: 1) ein einfaches Gerät zum Drucken oder Prägen; 2) Stütze aus Holz oder Metall, mit der die Decke eines Stollens in Bergwerken abgestützt wird; 3) das weibliche Organ der Blüte, das aus einem oder mehreren Fruchtblättern gebildet wird. Ein St. besteht aus dem Fruchtknoten mit den Samenanlagen, dem Griffel u. der mehrlappigen Narbe, die der Aufnahme des Blütenstaubes dient.

Stenographie ↑ Kurzschrift.

Stephenson, George [βtiw^{e}nβ^{e}n], *Wylam (Northumberland) 9. Juni 1781, †Chesterfield 12. August 1848, englischer Ingenieur. Er baute 1814 die erste brauchbare Lokomotive, 1825 die erste Lokomotive für einen Personenzug. – Abb. S. 565.

Steppe [russ.] w, überwiegend baumloses Grasland in außertropischen Klimazonen. Es gibt Strauch-, Gras- u. Wüstensteppen. Bei der Wüstensteppe ist mehr als die Hälfte der Bodenfläche ohne Pflanzenwuchs. Steppen finden sich in den Subtropen, in den an Wüsten angrenzenden Gebieten u. in den kontinentalen Bereichen der gemäßigten Zonen aller Erdteile; ↑auch Pampas, ↑Prärie.

Stereometrie [gr.] w, derjenige Zweig der Geometrie, der sich mit den räumlichen Gebilden (Körper, gekrümmte Flächen) befaßt.

Stereophonie [gr.] w, Schallaufnahme- u. -wiedergabeverfahren, bei dem ein räumlicher Höreindruck hervorgerufen wird. Der Schall wird mit 2 Mikrofonen aufgenommen u. über 2 Übertragungskanäle zwei getrennt stehenden Lautsprechern zugeleitet. – Abb. S. 565.

Stereoskop [gr.] s, optisches Gerät zum Betrachten räumlicher Bilder. Solche Bilder werden hergestellt, indem man den abzubildenden Gegenstand mit zwei Kameras oder mit einer Kamera mit zwei Objektiven von zwei verschiedenen Blickpunkten aus fotografiert. Es ergibt sich ein Bildpaar (Raumbild). Betrachtet man es durch ein St., so sieht jedes Auge nur eines dieser beiden Bilder. Jedes Auge sieht also den abgebildeten Gegenstand wie beim direkten Betrachten aus einem anderen Blickwinkel. Dadurch entsteht der Eindruck eines räumlichen Sehens.

steril [lat.], keimfrei; unfruchtbar; geistig unfruchtbar, nicht schöpferisch.

Sternberg, Josef von, *1894, †1969, amerikanischer Filmregisseur österreichischer Herkunft, ↑Film.

Sternbilder s, *Mz.*, Gruppen von Sternen, die wegen ihrer Stellung zueinander zu Figuren (Bildern) zusammengefaßt u. mit Namen belegt worden sind. Die Namen stammen (v. a. am nördlichen Sternhimmel) meist aus dem Altertum (oft mit Sagen verbunden).

Sterne m, *Mz.*, allgemeine Bezeichnung für die leuchtenden Objekte an der Himmelskugel (mit Ausnahme des Mondes). St. in eigentlichem Sinn sind nur die sogenannten *Fixsterne*, von denen sich die Wandelsterne (↑Planeten) unterscheiden, die sich um die Sonne bewegen (dazu gehört auch die Erde). Der uns nächste Stern ist die ↑Sonne. Die Mehrzahl der St. ist der Sonne in Aufbau, Größe, Masse, Dichte u. Energieerzeugung ähnlich. Es gibt aber auch viel größere St. (Überriesen) mit bis zu 2 000 Sonnendurchmessern, St. mit Temperaturen bis 100 000 K, mit bis zu 50 Sonnenmassen sowie St., die zwar klein, aber von großer Dichte sind (Weiße Zwerge). Man nimmt an, daß sich auch heute noch St. aus dünn im Raum verteilter Materie bilden. Das Alter der St. schätzt man auf einige Millionen bis 10 bis 12 Milliarden Jahre. Große Sterngruppen (100 Mill. bis 200 Milliarden St.) bilden Einheiten, die man *Sternsysteme* nennt. Das Sternsystem, dem unsere Sonne mit ihren Planeten angehört, heißt ↑Milchstraße.

Sternschnuppe ↑ Meteor.

Stettin (poln. Szczecin), Hafenstadt an der Oder, kurz vor ihrer Mündung ins Stettiner Haff, mit 370 000 E. In St. gibt es mehrere Hochschulen. Die Renaissanceschloß, die gotische Jakobikirche u. die gotische Johanniskirche sowie das Alte Rathaus wurden nach dem 2. Weltkrieg wieder aufgebaut. Aus der vielseitigen Industrie ragen vor allem Werften, dann Hütten-, Textil-, chemische, Papier-, Baustoff- u. Nahrungsmittelindustrie heraus. St. ist auch ein wichtiger Umschlagplatz (Ausfuhr schlesischer Kohle, Einfuhr schwedischer Erze). – St. ist eine slawische Gründung. Seit dem 13. Jh. siedelten sich deutsche Handwerker u. Kaufleute an. 1243 Stadtrechte, bald darauf Mitglied der Hanse. Zeitweise war St. Sitz der pommerschen Herzöge. 1648 wurde St. schwedisch, 1720 fiel es an Preußen, 1945 an Polen.

Steuerbord ↑Backbord.

Steuern w, *Mz.*, einmalige oder laufende, zwangsweise zu leistende Zahlungen von Bürgern an den Staat (Bund, Länder, Gemeinden). Diese Einnahmen verwendet der Staat zur Erfüllung seiner vielfältigen Aufgaben (z. B. Bau von Straßen, Schulen, Krankenhäusern; Gewährleistung der Sicherheit der Bürger durch die Polizei). Man unterscheidet: *direkte Steuern*, sie werden unmittelbar gezahlt (z. B. Lohnsteuer), *indirekte Steuern*, sie sind in den Preisen für Güter enthalten (z. B. Mehrwertsteuer). *Besitzsteuern* beziehen sich auf die Besteuerung von Besitzwerten, d. h. von Erträgen, Einkommen, Vermögen. *Verkehrsteuern* besteuern Vorgänge u. Rechtsgeschäfte des Wirtschaftsverkehrs, z. B. den Kauf von Grundstücken. *Verbrauchsteuern* besteuern den Verbrauch bestimmter Güter, z. B. Bier, Tabak, Tee. Man unterscheidet Bundes-, Landes- u. Gemeindesteuern.

Stevenson, Robert Louis [*ßtiw^{e}n-ß^{e}n*], * Edinburgh 13. November 1850, † Haus Vailima bei Apia (Westsamoa) 3. Dezember 1894, schottischer Schriftsteller. Er lebte seit 1890 auf Samoa. Berühmt wurde er durch die phantasievolle u. spannende Abenteuererzählung „Die Schatzinsel" (deutsch 1897). Ein weiterer Erfolg war die Erzählung „Der seltsame Fall des Doctor Jekyll u. des Herrn Hyde" (deutsch 1889), in der St. das Problem der Persönlichkeitsspaltung behandelt. Neben historischen Romanen schrieb er auch Südsee-Erzählungen, darunter „Das Flaschenteufelchen" (deutsch 1923). – Abb. S. 565.

Steward [*ßtju^{e}rt*; engl.] *m*, Betreuer der Gäste an Bord von Flugzeugen u. auf Schiffen sowie in Omnibussen; häufig ein Beruf für Frauen (*Stewardeß* [*ßtju^{e}rdeß*]), der hohe Anforderungen, besonders beim Dienst im Flugzeug, stellt.

Stichlinge *m*, *Mz.*, schuppenlose Knochenfische. Der Körper des *Großen Stichlings* (4–9 cm) u. des *Neunstacheligen Stichlings* (3–6 cm) ist zusammengedrückt, der Schwanzstiel ist dünn. Die Haut ist nicht beschuppt; Knochenplatten schützen die Seiten der St. Im Frühling färbt sich die Oberseite der Männchen grün, die Unterseite rot; jetzt sucht sich das männliche Tier ein Revier, das es verteidigt u. wo es ein überdachtes Nest anlegt. Dort legt ein Weibchen 60–120 Eier ab. Das Männchen stößt den Samen (Milch) ab. Nun wird das weibliche Tier verjagt, u. das Männchen bewacht allein den Laich u. die Jungfische. St. bewohnen Süß- u. Brackwasser sowie Meeresküsten der nördlichen Halbkugel.

Stickstoff *m*, typisches Nichtmetall, chemisches Symbol N, Ordnungszahl 7; Atommasse 14. St. ist ein chemisches reaktionsträges, unbrennbares, farb- u. geruchloses Gas, das mit ungefähr 78 % den Hauptbestandteil der uns umgebenden Luft ausmacht. In der belebten Natur ist der St. unentbehrlich als Bestandteil aller ↑Eiweißstoffe. St. spielt eine bedeutende Rolle in Form seiner Verbindungen: v. a. ↑Ammoniak, ↑Lachgas, ↑Salpetersäure u. deren Salze, die (als Düngemittel wichtigen) ↑Nitrate. Die Gewinnung des Stickstoffs geschieht nach dem Prinzip der Luftverflüssigung (↑flüssige Luft).

Stieglitz *m* (Distelfink), etwa 12 cm großer, auffallend bunt gefärbter heimischer Finkenvogel mit schwarz-weiß-rotem Kopf u. schwarz-gelbem, kegelförmigem Schnabel. Er ernährt sich von Sämereien. Das Weibchen legt im Mai 4–5 grünlichweiße, gefleckte Eier.

Stier *m*, männliches Rind.

Stierkampf *m*, Kampfspiel, meist vor einer großen Zuschauermenge, bei dem ein zum Kampf gezüchteter Stier gereizt u. in der Regel getötet wird. Der Kampf geht nach festen Regeln in der Arena vor sich. Der Stier wird von Toreros mit roten Tüchern gereizt u. von berittenen Picadores mit Lanzen gestochen, dann stoßen Banderilleros Widerhaken in seinen Nacken. Der Stier wird nun von einem einzelnen Torero (Matador) gereizt. Zuletzt wirft der Torero sein rotes Tuch weg und tötet den Stier mit einem Degen. Stierkämpfe finden v. a. in Spanien u. in Südamerika statt, in Südfrankreich u. Portugal wird der Stier bei einem ähnlich ablaufenden Kampf nicht getötet.

Stifter, Adalbert, * Oberplan (Südböhmisches Gebiet) 23. Oktober 1805, † Linz 28. Januar 1868, österreichischer Erzähler. Seine ruhigen Schilderungen der Natur u. der Menschen zeichnen sich durch einen klaren Stil aus; sie

Sternkarte des nördlichen Fixsternhimmels. 1 Himmelspol mit Polarstern, 2 Ekliptik, 3 Himmelsäquator, 4 Wendekreis des Krebses, 5 Grenzkreis der Zirkumpolarsterne (Sterne um den Pol), 6 Frühlingspunkt, 7 Herbstpunkt, 8 Sommersonnenwendepunkt, 9–34 Sternbilder: 9 Adler, 10 Pegasus, 11 Walfisch, 12 Fluß Eridanus, 13 Orion, 14 Großer Hund, 15 Kleiner Hund, 16 Wasserschlange, 17 Löwe, 18 Jungfrau, 19 Waage, 20 Schlange, 21 Herkules, 22 Leier, 23 Schwan, 24 Andromeda, 25 Stier, 26 Siebengestirn (Plejaden), 27 Fuhrmann, 28 Zwillinge, 29 Großer Wagen (Großer Bär), 30 Ochsentreiber (Bootes), 31 Nördliche Krone, 32 Drache, 33 Kassiopeia, 34 Kleiner Wagen, 35 Milchstraße

Stil

Adalbert Stifter

beruhen auf einer scharfen Beobachtungsgabe. Neben zwei großen Romanen („Der Nachsommer", 1857; „Witiko", 1865–67) schrieb er v. a. Erzählungen, u. a. „Der Hochwald" (1842), „Abdias" (1842), „Brigitta" (1843), „Bunte Steine" (1853; darin die Erzählung „Bergkristall", 1845).

Stil [lat.; = Griffel] *m*, die Einheit der Ausdrucksformen eines Kunstwerkes, eines Menschen, auch einer Zeit. Zuerst bezog sich das Wort nur auf die Art u. Weise des Schreibens (auf den Sprachstil), dann auch auf die Art u. Weise der Darstellung in der Literatur u. bezog damit auch künstlerische Momente ein. Erst im 18. Jh. wird der Begriff St. auch auf die bildende Kunst (↑Stilkunde) und Musik angewendet. – Man spricht von einem *Personalstil*, dem jeder einzelne gemäßen St. (jeder Mensch schreibt seinen eigenen St., jeder Maler malt auf seine persönliche Art). Auch hat man festgestellt, daß jede Zeit ihre eigene Ausdrucksweise hat; Zeitgenossen sind sich im St. ähnlich (*Zeitstil*). – Heute verwendet man St. in einem noch weiteren Bereich, man spricht z. B. von einem St. der Lebensführung und meint damit eine bestimmte Art der Lebensführung.

Stilkunde ↑S. 572 ff.

Stilleben *s*, ein Bild, das tote oder reglose Dinge darstellt. Der Maler stellt Früchte, Gläser, Tafelgerät, tote Tiere oder Blumen zusammen u. gestaltet danach ein Stilleben.

Stiller Ozean ↑Pazifischer Ozean.

Stimmbruch *m*, das Tieferwerden der Stimmlage beim männlichen Jugendlichen in der Pubertätszeit. Der Grund ist das Wachstum des Kehlkopfes u. eine Verlängerung der Stimmbänder. Da diese schnell wachsen, ist die Stimme „im St." bald hoch, bald tief.

Stimme *w*, durch Schwingungen der Stimmbänder im Kehlkopf entstehen Töne. Das Anblasen der Stimmbänder erfolgt durch die Ausatmungsluft, während die Stimmbänder durch die Kehlkopfmuskeln einander genähert werden. Die weiblichen Stimmbänder sind kürzer als die männlichen. Bei der Bruststimme ist die Stimmritze stark verengt, die Luft im Brustkorb schwingt mit. Bei der Kopf- oder Falsettstimme ist die Stimmritze stärker geöffnet.

Stinktiere *s*, *Mz*., Tiere, die aus einer am Enddarm liegenden Drüse eine wochenlang widerlich riechende, ölige Flüssigkeit spritzen können. In Nordamerika ist der etwa 60 cm lange *Skunk* beheimatet; der *Zorilla* lebt in Südafrika. Beide haben ein dunkles Fell mit weißen Streifen, das zu Kragen u. Manschetten verarbeitet wird. Als Verwandte des Dachses leben sie räuberisch, ernähren sich von Würmern, Vögeln u. Kleinsäugern.

Stipendium [lat.] *s*, Geldbeihilfe, die finanziell schlecht stehende u. hochbegabte Studenten u. Schüler von staatlicher Seite (↑Ausbildungsförderung) oder auch von verschiedenen Stiftungen während ihrer Ausbildungszeit erhalten können. Darüber hinaus gibt es Forschungsstipendien für Wissenschaftler.

Stockente ↑Enten.

Stockfisch *m*, getrockneter, ungesalzener Fisch; v. a. Dorschfische werden auf Stöcke aufgezogen u. auf Holzgerüsten getrocknet.

Stockholm, Hauptstadt von Schweden, zwischen Mälarsee u. Ostsee, auf Schären, Inseln u. Halbinseln u. dem angrenzenden Festland erbaut. Die sehr moderne Stadt hat 661 000 E u. ist der Sitz der wichtigsten Kulturinstitute Schwedens: Universität, eine technische u. zahlreiche andere Hochschulen u. Akademien, Nobelinstitute, Museen (u. a. ein Freilichtmuseum), Theater u. Oper, botanischer Garten u. a. Die historischen Bauten stammen aus dem 13., 17. u. 18. Jh.: Riddarholmskirche mit schwedischen Königsgräbern, Große Kirche, Ritterhaus, Königliches Schloß. Aus dem beginnenden 20. Jh. stammt das Stadthaus. – Im 13. Jh. war St. eine blühende Hansestadt, im 17. Jh. wurde St. endgültig Hauptstadt. Im 20. Jh. entwickelte sich die Hafenstadt zu einer vielseitigen Industriestadt (Maschinenbau, Metall-, chemische, Papier-, Bekleidungs- u. Nahrungsmittelindustrie).

Stoffwechsel *m*, Vorgang der Stoffaufnahme, -umwandlung u. -abgabe, der ununterbrochen im Körper abläuft. Der Betriebsstoffwechsel entnimmt der Nahrung (Kohlenhydrate, Fette, Eiweiße) die Energie für Arbeitsleistung u. ersetzt die verbrauchten Stoffe. Beim Baustoffwechsel werden die aufgenommenen Stoffe (insbesondere Eiweiße) in körpereigene Eiweiße umgesetzt. Die vom Körper nicht genutzten Stoffe werden ausgeschieden.

Stilleben mit Kaninchen von Joan Miró

Stockholm. Insel Riddarholm mit der Riddarholmskirche (rechts)

Strahlentierchen

stoisch [gr.; nach der antiken Philosophenschule Stoa, in der Selbstbeherrschung u. Gelassenheit als höchste Tugenden galten], von unerschütterlicher Ruhe, gleichmütig, gelassen.

Stola [gr.-lat.] *w*, im alten Rom das Obergewand der Frau sowie das des obersten römischen Priesters. Heute ein langer, schmaler Stoffstreifen, der von katholischen Geistlichen bei bestimmten Anlässen getragen wird; auch in manchen lutherischen Kirchen gebraucht. In der Damenmode wird ein langer, schmaler Umhang St. genannt.

Stoppuhr *w*, eine Uhr zum sehr genauen Messen kurzer Zeitabschnitte (v. a. im Sport). Sie wird durch Druck auf einen Startknopf in Bewegung gesetzt. Durch abermaliges Drücken auf den Startknopf wird sie angehalten. Ein dritter Druck auf denselben Knopf bewirkt die Rückstellung der Zeiger auf den Nullpunkt. Bisweilen erfolgt die Rückstellung auch über einen besonderen Rückstellknopf. Bei elektrischen Stoppuhren werden Start u. Stopp elektrisch ausgelöst. Meist steuert der zu messende Vorgang dabei das Ein- u. Ausschalten der St. selbsttätig.

Stör *m*, zu den Knochenfischen gehörender Fisch. Das Skelett der Störe ist nicht vollständig verknöchert, an Stelle einer Wirbelsäule besitzen sie einen Knorpelstrang. Die Körperseiten des Störs sind mit Knochenplatten gepanzert. Das Maul ist schnabelförmig verlängert u. trägt vier Bartfäden. Von den Küsten Amerikas aus Europas ein dringt der St. in Flüsse ein. Seine gesalzenen Eier (*Kaviar*) werden gegessen.

Storchschnabel *m*, Pflanze, bei der die oberen Teile der sehr langen Fruchtblätter einen Schnabel bilden. Allmählich zerfällt der aus den Fruchtblättern gebildete Fruchtknoten in 5 Teilfrüchte. Jede Teilfrucht umschließt einen Samen u. ist zu einer langen Granne ausgezogen. Beim *Wiesenstorchschnabel* bleiben die Grannen oben mit der Mittelsäule verbunden. Der Samen wird weit weggeschleudert, wenn sich die Teilfrüchte von der Mittelsäule lösen. – Bei den kleinblumigen Storchschnabelarten lösen sich die Grannen völlig von der Mittelsäule ab u. schnellen mit den geschlossenen Teilfrüchten fort.

Storchschnabel *m* (Pantograph), ein Zeichengerät, mit dem von einer gezeichneten Vorlage eine vergrößerte oder verkleinerte Abbildung hergestellt werden kann. Die Originalzeichnung

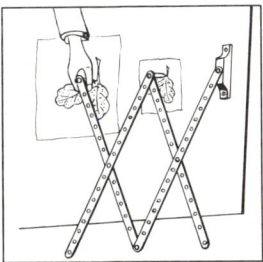

wird mit einem Stift (Fahrstift) nachgefahren. Ein mit ihm über ein parallelogrammförmiges Hebelsystem verbundener Zeichenstift liefert dann die Abbildung.

Storchvögel *m, Mz.*, langbeinige u. langschnäbelige Vögel, deren Zehen nicht durch Schwimmhäute verbunden sind. Vertreter: Störche, Nimmersatte, Schuhschnäbel, Reiher, Löffler. – Der *Weiße Storch* mit einer Länge von 1 m u. einer Flügelspannweite von 2 m lebt auf feuchten Wiesen u. Sümpfen. Mit seinen langen, roten Beinen watet er im Wasser u. fängt Frösche u. Fische. Außerdem frißt er Mäuse, Insekten, Eidechsen u. Schlangen. Das Nest legt der Storch meist auf Dächern oder Schornsteinen an; die Eltern wechseln sich im Brüten ab. Im Fluge streckt der Storch den Hals u. hält den Schnabel u. die Beine waagerecht. Im August ziehen die Störche auf zwei Wegen nach Afrika: Die einen wandern entlang der Donau zum Bosporus u. von da über Kleinasien nach Afrika, die anderen über Spanien u. Gibraltar.

Storm, Theodor, * Husum 14. September 1817, † Hademarschen bei Rendsburg 4. Juli 1888, deutscher Dichter. Neben schlichter Lyrik schrieb St. v. a. Novellen: Liebesnovellen u. besonders in der Spätzeit Novellen, die in packender Dramatik den Menschen in Auseinandersetzung mit dem unabwendbaren Schicksal zeigen; die berühmtesten sind: „Immensee" (1851), „Pole Poppenspäler" (1875), „Aquis submersus" (1877), „Die Söhne des Senators" (1881) u. „Der Schimmelreiter" (1888).

Story [*ßtåri*; engl.] *w*, Geschichte, Erzählung; *Short story* [*schå*r*t ßtåri*] ist eine Kurzgeschichte.

Stoß, Veit, * Horb am Neckar (?) um 1448, † Nürnberg 1533, deutscher Bildhauer. St. war einer der großen Meister der Spätgotik. Er schuf Marienfiguren, Kruzifixe u. Altäre, von denen v. a. der Hochaltar in der Marienkirche in Krakau berühmt ist.

Stoß *m*: **1)** Zusammenprall zweier Körper. Zwar ändern die beiden Körper beim St. ihre Geschwindigkeit nach Größe u. Richtung, die Summe ihrer Bewegungsgrößen (Produkt aus Masse u. Geschwindigkeit) dagegen bleibt unverändert. Unverändert bleibt auch der Bewegungszustand des gemeinsamen Schwerpunktes der beiden Körper (wenn keine von außen wirkenden Kräfte auftreten); **2)** Seitenwand in einem Bergwerksstollen; **3)** Verbindungsstelle zweier aneinanderstoßender Schienen, Balken, Eisenplatten u. a.

Stoßdämpfer ↑ Kraftwagen (Federung).

Stoßen *s*, Disziplin des ↑ Gewichthebens.

Stottern *s*, nervös bedingte Sprachstörung, bei der meist am Anfang von Wörtern Silben oder Laute wiederholt werden (kürzer oder länger anhaltende Krämpfe der Sprechmuskulatur); meist heilbar.

Straddle ↑ Hochsprung.

Strafmündigkeit *w*, ein Kind kann nicht Recht u. Unrecht des eigenen Handelns unterscheiden. Dies kann man ab von einem 14jährigen Jugendlichen erwarten. Er ist deshalb *strafmündig*, d. h., wenn er weiß, daß seine Tat ein Unrecht ist, kann man ihn auch deswegen zur Rechenschaft ziehen.

Strafraum ↑ Fußball.

Strafregister ↑ Bundeszentralregister.

Strafstoß ↑ Fußball.

Strahlenpilze *m, Mz.*, zu den Bakterien (oder Spaltpilzen) zählende Lebewesen, die bei Pflanzen den Schorf verursachen. Eine Art der St. führt beim Menschen zu Erkrankungen der Mundhöhle sowie der Atmungs- u. Verdauungsorgane. Die Sporen dieses Strahlenpilzes haften an Grashalmen u. Getreideahren.

Strahlentierchen *s, Mz.*, meeresbewohnende Einzeller (Wurzelfüßer), deren Protoplasma aus zwei Schichten besteht: die innere, dichtere Protoplas-

Storchvögel. Weißer Storch mit Nestlingen

Strandhafer

Theodor Storm

569

Strahltriebwerk

makugel ist von einer durchlöcherten Kapsel umgeben, der äußere Mantel besteht aus dünnerem Protoplasma u. sendet fadenförmige Scheinfüßchen aus. Ein Skelett aus Kieselsäure durchsetzt das ganze Protoplasma. Diese Skelette, die von besonderer Schönheit sind, bilden Ablagerungen auf dem Meeresboden u. sind am Aufbau von Gesteinsschichten beteiligt.

Strahltriebwerk s, ein vorwiegend bei Flugzeugen u. Raketen verwendeter Antriebsmotor, dessen Wirkungsweise auf dem Prinzip des Rückstoßes beruht. Im St. werden durch explosionsartige Verbrennungsvorgänge heiße Gase erzeugt, die mit großer Geschwindigkeit aus einer Düse ausströmen. Der dabei auftretende Rückstoß wird als Antriebskraft verwendet. Seine Größe ist abhängig von der pro Zeiteinheit ausströmenden Gasmenge und von der Ausströmgeschwindigkeit des Gases. Da der Rückstoß auch im luftleeren Raum auftritt, eignen sich Strahltriebwerke besonders zum Antrieb von Flugkörpern, die in große Höhen oder in den Weltraum vordringen sollen.

Strandhafer m, ein Ährenrispengras, das mit seinen meterlangen, vielfach verzweigten Wurzelstöcken dazu geeignet ist, die lockeren Sandmassen von Dünen sowie Deiche zu befestigen. – Abb. S. 569.

Strandläufer m, Mz., Schnepfenvögel, die oft an Küsten leben. Die häufigste Art ist der *Alpenstrandläufer*. Im Herbst ziehen die St. nach Süden bis über den Äquator; sie legen dabei jährlich 12 000 bis 20 000 km zurück.

Straßburg (frz. Strasbourg), alte Stadt im Unterelsaß, Frankreich, mit 252 000 E. Im Mittelpunkt der Altstadt erhebt sich das Straßburger Münster mit dem berühmten Westbau (1276 bis 1439), der in dem unteren Geschoß von Meister Erwin von Steinbach erbaut wurde. Die Portale sind mit bedeutenden Skulpturen geschmückt, die bemalten Glasfenster stammen aus dem 12.–15. Jh. Dicht beim Münster befinden sich einige der schönsten Häuser Straßburgs: Kammerzellsches Haus (15. u. 16. Jh.), Schloß Rohan (1730–42). St. hat eine Gesamtuniversität u. ist Sitz des ↑Europarats, für den 1977 ein neues Tagungsgebäude eingeweiht wurde. Die Stadt lebt von vielseitiger Industrie u. dem wichtigen Flußhafen. – Seit dem Mittelalter war St. freie Stadt, 1681 wurde es von Frankreich erobert, 1871 bis 1918 war St. Hauptstadt des Reichslandes Elsaß-Lothringen.

Straßenbahn w, eine elektrisch betriebene Schienenbahn, die vorwiegend der Personenbeförderung in großen Städten dient. Die Schienen sind dabei so in die Straßenoberfläche eingelassen, daß sie den übrigen Verkehr nicht oder nur wenig behindern. Häufig hat die St. auch einen eigenen Gleiskörper in der Mitte oder am Rand der Straße. Die Stromzufuhr erfolgt über eine Oberleitung, an der ein Stromabnehmer gleitet. Der Rückfluß des Stromes erfolgt über die Schienen. Die Betriebsspannung der St. beträgt in der Regel 600–800 Volt Gleichstrom. Ihre Höchstgeschwindigkeit liegt bei 50 bis 60 km pro Stunde. In den Innenstädten wird die St. immer mehr von den wendigeren Omnibussen abgelöst, in großen Städten verkehrt sie z. T. auch als Untergrundbahn.

Straßenverkehr ↑S. 574 ff.

Stratege [gr.] m, Heerführer, Feldherr.

Strategie [gr.] w, die umfassende Planung des Krieges, in die auch politische, wirtschaftliche u. andere wesentliche Gesichtspunkte außerhalb des militärischen Bereichs einbezogen werden. – Das Wort St. wird im übertragenen Sinn auch allgemein für die Planung von Unternehmungen verwendet.

Stratosphäre [lat.; gr.] w, die etwa zwischen 10 u. 50 km Höhe liegende Schicht der ↑Atmosphäre der Erde.

Strauß: 1) Johann St. (Vater), * Wien 14. März 1804, † ebd. 25. September 1845, österreichischer Komponist, der Walzer u. Märsche komponierte u. mit seiner Kapelle beliebte Unterhaltungskonzerte veranstaltete; 2) Johann St. (Sohn), * Wien 25. Oktober 1825, † ebd. 3. Juni 1899, österreichischer Komponist. Er begründete wie sein Vater eine eigene Kapelle, mit der er auf Gastspielreisen u. in Wien als „Walzerkönig" gefeiert wurde. Zu seinen berühmtesten Walzern gehören „An der schönen blauen Donau", „Wiener Blut". 1871 begann St. Operetten zu komponieren und wurde zum Schöpfer der Wiener Operette („Die Fledermaus", „Der Zigeunerbaron", „Eine Nacht in Venedig" u. a.).

Strauß m, mit einer Scheitelhöhe bis 2,75 m der größte unter den lebenden Vögeln. Er bewohnt die Wüsten u. Steppen Afrikas. Da die Flügel u. das Flügelskelett stark zurückgebildet sind, vermag der St. nicht zu fliegen. Die nicht befiederten Beine sind so lang u. kräftig, daß er Schritte von 4 m Länge

Johann Strauß (Vater)   Johann Strauß (Sohn)   Richard Strauss

machen u. so schnell laufen kann, daß ihn auf kurzen Strecken ein Rennpferd nicht einholt. Der St. hat an jedem Fuß nur zwei Zehen; die große Hauptzehe trägt ein kissenartiges Polster, wodurch das Laufen auf hartem Boden erleichtert u. das Einsinken im Sand verhindert wird. Um Wasser u. Nahrung zu finden, muß der St. oft weite Wanderungen unternehmen. Die Eier sind 15 cm lang u. werden in einer Sandmulde von beiden Eltern abwechselnd bebrütet. – Verwandt sind der kleinere *Amerikanische Strauß* oder *Nandu*, der südaustralische *Emu* sowie der in den Urwäldern Neuguineas lebende *Helmkasuar* (mit einer hornüberzogenen Knochenwucherung auf dem Kopf).

Strauss, Richard, * München 11. Juni 1864, † Garmisch-Partenkirchen 8. September 1949, deutscher Komponist. Mit Hilfe eines großen Orchesters erzielt St. reiche klangliche u. rhythmische Wirkungen. Bekannt sind seine Tondichtungen, v. a. „Till Eulenspiegels lustige Streiche" (1895), u. Opern, z. B. „Der Rosenkavalier" (1911), „Ariadne auf Naxos" (1912), „Arabella" (1933).

Strawinski, Igor, * Oranienbaum (heute Lomonossow) 17. Juni 1882, † New York 6. April 1971, amerikanischer Komponist russischer Herkunft, der die Entwicklung der modernen Musik wesentlich bestimmte. In Paris wurde St. seit 1910 von Diaghilew beauftragt, für seine Ballette die Musik zu schreiben, u. es entstand eine Reihe von nicht einfach zu tanzenden, aber außerordentlich rhythmischen Balletten (v. a. „Der Feuervogel", „Petruschka"). In strengem, einfachem Stil ist „Die Geschichte vom Soldaten" komponiert. St. wies jedem Werk gern einen eigenen Stil zu u. erfand für jedes eine eigene Ordnung von Tönen.

Strebewerk ↑Gotik.
Streckformverb ↑Funktionsverb.
Streichgarn ↑Kammgarn.
Streichinstrumente [dt.; lat.] s, Mz., Musikinstrumente, deren Saiten durch Streichen mit einem Bogen zum Erklingen gebracht werden. Dazu zählen Violine (Geige), Bratsche, Gambe, Violoncello, Kontrabaß.

Streik [engl.] *m*, gemeinsame, planmäßige Einstellung der Arbeit durch Arbeitnehmer, um den Arbeitgeber (bzw. Arbeitgeberverband) zu veranlassen, Forderungen (z. B. nach mehr Lohn) nachzugeben u. mit der ↑Gewerkschaft entsprechende Vereinbarungen (↑Tarifvertrag) abzuschließen. Ein St. wird von der Gewerkschaft ausgerufen, wenn in einer ↑Urabstimmung eine ausreichende Mehrheit der Mitglieder dafür gestimmt hat. Ohne Urabstimmung kann nur ein kurzer *Warnstreik* erfolgen. Die streikenden Arbeitnehmer, die Gewerkschaftsmitglieder sind, erhalten einen Teil ihres Lohnausfalls aus der gewerkschaftlichen *Streikkasse* ersetzt. – Weitere Arten von St. sind der sogenannte *wilde St.* (Arbeitsniederlegung ohne gewerkschaftliche Leitung), der *Schwerpunktstreik* (nur einige Betriebe werden bestreikt) u. der *Generalstreik* (alle Arbeitnehmer eines Landes streiken).

Stresemann, Gustav, * Berlin 10. Mai 1878, † ebd. 3. Oktober 1929, deutscher Staatsmann. Während seiner Amtszeit als Reichskanzler 1923 gelang eine gewisse politische u. wirtschaftliche Stabilisierung der Weimarer Republik. Als Außenminister (1923–29) versuchte St. unter schwierigen Bedingungen (z. T. erfolgreich) eine Verständigung mit den Siegermächten, besonders mit Frankreich, zu erreichen, u. wurde dabei oft als „Erfüllungspolitiker" des Versailler Vertrages angegriffen. Zusammen mit dem französischen Außenminister ↑Briand erhielt er 1926 den Friedensnobelpreis.

Strichvögel *m*, *Mz.*, Vögel, die auf der Suche nach Nahrung im Winter ihren sommerlichen Standort verlassen u. umherziehen. Oft lassen sie sich in der Nähe menschlicher Siedlungen nieder. St. sind u. a. Meisen, Dompfaff, Eisvogel. – Ihrem Standort treu bleiben die *Standvögel*, z. B. Rebhuhn, Rabe, Elster, Häher, Amsel, Sperling, Eulen.

Stromlinienform [dt.; lat.] *w*, diejenige Form, die man einem Körper geben muß, damit er den geringstmöglichen Widerstand in einem Gas oder einer Flüssigkeit erfährt. Wird ein stromlinienförmiger Körper von einem Gas oder einer Flüssigkeit umströmt, so treten keine bremsenden Wirbel auf. Fallende Wassertropfen besitzen eine St.; zur Erhöhung der Geschwindigkeit u. Verminderung des Kraftstoffverbrauches erhalten Autos, Flugzeuge, Schiffe u. ä. eine stromlinienförmige Gestalt.

Strömungsgetriebe (Föttinger-Getriebe) *s*, ein stufenlos arbeitendes Getriebe, v. a. bei Kraftwagen. Es enthält in seinem mit einer Flüssigkeit (meist Öl) gefüllten Gehäuse drei Schaufelräder, von denen das Pumpenrad mit der Antriebswelle, das Turbinenrad mit der Abtriebswelle verbun-

Gustav Stresemann

den ist, während das Leitrad sich nicht dreht, sondern nur durch Strömungsbeeinflussung eine Drehmomentenänderung an der Antriebswelle ermöglicht: Bei Antrieb des Pumpenrades entsteht ein Ölkreislauf, der sich über das Turbinenrad u. das Leitrad zurück zum Pumpenrad schließt. Die Kraftwirkung des Ölstromes auf das Turbinenrad u. damit auf die Abtriebswelle wird um so größer, je langsamer sich das Turbinenrad gegenüber dem Pumpenrad bzw. der Antriebswelle dreht. Das St. paßt sich mit seinem Übersetzungsverhältnis stufenlos den jeweiligen Erfordernissen an (↑ auch Kraftwagen).

Strömungslehre *w*, dasjenige Teilgebiet der Physik, das sich mit den Vorgängen in strömenden Gasen u. Flüssigkeiten beschäftigt. Insbesondere werden dabei die Vorgänge u. Kräfte untersucht, die bei der Umströmung von festen Körpern u. beim Durchströmen von Röhren u. Kanälen auftreten.

Strontium [nlat.] *s*, Metall, chemisches Symbol Sr, Ordnungszahl 38; Atommasse 87,6. St. verhält sich chemisch etwa wie ↑Calcium. Das silberweiß glänzende Metall läßt sich leicht schneiden, läuft an den frischen Schnittflächen sehr schnell an u. verbindet sich mit Sauerstoff zu Strontiumoxid, SrO. Viele Strontiumverbindungen verbrennen mit leuchtend karminroter Farbe, was man sich für farbig abbrennende Feuerwerkskörper zunutze macht.

Strophe [gr.] *w*, Verbindung mehrerer Verse (Zeilen) zu einem metrischen u. rhythmischen Ganzen, wobei meist auch der ↑Reim eine wichtige Rolle spielt.

Struktur [lat.] *w*, [Sinn]gefüge, Bau, Aufbau, innere Gliederung, z. B. Bau eines Moleküls, Gefüge eines Satzes, Aufbau der Wirtschaft; in der Geologie: Gefüge von Gesteinen, geologische Bauform.

Strychnin [gr.] *s*, giftiges Alkaloid aus dem Samen der Brechnuß. Bereits Dosen von 0,1 bis 0,3 g St. führen bei erwachsenen Menschen zum Tod durch Atemlähmung.

Stuart [βtju^{e}rt; engl.], Name einer schottischen Dynastie, die ab 1370 in Schottland u. 1603–49 sowie 1660–1714 in England u. Schottland regierte. Bedeutend waren v. a. Jakob I., Karl I., Karl II. und Jakob II.; bekannt wurde auch ↑Maria Stuart.

Stuck [ital.] *m*, rasch erhärtende Masse aus Gips, Kalk, Sand u. Wasser, aus der im feuchten Zustand Figuren u. Schmuckformen für Wände u. Dekken hergestellt werden können.

Student [lat.] *m*, Besucher einer Hochschule oder Universität mit dem Ziel, eine wissenschaftliche Ausbildung zu erwerben; die Studierenden an Fachhochschulen u. Fachschulen.

Studienrat [lat.; dt.] *m*, Lehrer an weiterführenden Schulen (v. a. an Gymnasien u. berufsbildenden Schulen), der in ein Beamtenverhältnis auf Lebenszeit übernommen ist. Bevor ein solcher Lehrer zum Beamten auf Lebenszeit ernannt wird, ist er *Studienassessor*. Ein *Studienreferendar* steht noch vor der erforderlichen Zweiten Staatsprüfung.

Studio [ital.] *s*, Aufnahmeraum für Schallplatten, Film, Fernsehen u. Rundfunk; auch soviel wie ↑Atelier u. Bezeichnung für eine abgeschlossene Einzimmerwohnung.

Studium [lat.] *s*, Ausbildung an einer Hochschule, Universität oder Fachhochschule; auch die wissenschaftliche Beschäftigung mit einem Wissensgebiet.

Stufenrakete [dt.; ital.] *w*, eine aus mehreren hintereinander befindlichen Teilraketen bestehende Rakete; sie hat bei gleicher Schubkraft u. gleichem Treibstoffverbrauch einen bei weitem größeren Wirkungsgrad als normale einstufige ↑Raketen.

Stuntman ↑Double.

Stürmer ↑Fußball.

Sturm und Drang *m* (auch Geniezeit genannt), Epoche der deutschen Literatur (etwa 1770–85), die nach einem Drama von F. M. Klinger benannt ist. Die jungen Dichter wandten sich gegen das herrschende Ideal des kühlen Verstandesmenschen u. die überlieferten Regeln der Dichtung ebenso wie gegen die starren Formen der absolutistischen Gesellschaft. Sie pochten auf die Freiheit u. Originalität des einzelnen, auf Schöpferkraft, Gefühl u. Phantasie. Goethe u. Schiller gehören mit einigen Werken ihrer Frühzeit zu dieser Gruppe („Götz von Berlichingen mit der eisernen Hand", 1773; „Die Räuber", 1781).

Sturmvögel *m*, *Mz.*, auf den offenen Meeren der südlichen Halbkugel, weit entfernt von jeder Küste lebende Vögel. Mit ihren langen, schmalen Flügeln nutzen sie die Luftbewegungen über dem Wasser aus (Segelflug). Nur einmal im Jahr verlassen sie das Meer, um auf einsamen Felseninseln zu brüten. Mit über 3 m Flügelspannweite ist der *Albatros* der größte unter den Sturmvögeln.

STILKUNDE

In der bildenden Kunst versteht man unter St. die Lehre u. Kenntnis vom Stil einzelner Zeiträume. Es sind ganz besondere Merkmale, die einen Stil auszeichnen u. ihn damit von einem anderen Stil unterscheiden. Das Erkennen dieser Eigentümlichkeiten befähigt den Betrachter eines Bauwerks, einer Plastik, eines Bildes, eines Möbelstücks usw., den betreffenden Gegenstand zeitlich einzuordnen.

Bei unserer Stilbetrachtung beginnen wir mit der *karolingischen Kunst* (8.–10. Jh.), weil mit ihr eine eigenständige Entwicklung der Kunst des Abendlandes einsetzt. Ihre Grundlagen sind die spätantike u. altchristliche Kunst, Erbe des Römischen Reiches, das nun von den jungen germanischen Völkern aufgenommen, wiederbelebt u. mit neuem Geist erfüllt wird. In der kirchlichen Baukunst wird die altchristliche ↑Basilika weiterentwickelt. Neu sind doppelchörige Anlagen (Ost- u. Westchor), neu ist das Westwerk (ein mächtiger zweitürmiger Vorbau im Westen). Neben Basiliken werden ↑Zentralbauten der Abendlandes errichtet. Einer der schönsten erhaltenen Zentralbauten ist die Pfalzkapelle Karls des Großen in Aachen. Von spätantiken Bauten angeregt, erheben sich in strenger Raumordnung über den Pfeilerarkaden (Bogenreihe auf Pfeilern) die leichteren Säulen der Emporen, die die oberen Geschosse gegen den Mittelraum öffnen.

Auch für die *Romanik* (etwa 10.–12. Jh.) war das römische Erbe ausschlaggebend. Der romanische Stil ist ernst, schwer, wuchtig, gewaltig. Das wird v. a. in der Baukunst deutlich. Die Basiliken, zunächst flach, später gewölbt, haben massige, nur wenig gegliederte Wandflächen. Die Arkadenreihe im Erdgeschoß ist nunmehr gegliedert in einen Wechsel der Stützen (abwechselnd ein Pfeiler u. eine Säule oder zwei einzelne Säulen). Nur oben, unterhalb der Decke durchbricht eine Reihe kleiner Fenster im sogenannten Lichtgaden die Wand. Mächtige Turmgruppen kennzeichnen den Außenbau. Die rundbogigen Portale zieren Heiligenfiguren. Blendarkaden (aufgelegte Bogenreihen) u. Zwerggalerien (kleine offene Bogenreihen) unterhalb der Simse gliedern den ↑Chor, v. a. bei den großen Domen. Die Plastik wirkt in ihrer Vereinfachung vergeistigt. Auch im Relief u. in der Buchmalerei ist die körperliche Erscheinung nur als Gefäß für die Darstellung eines heilsgeschichtlichen Geschehens zu verstehen.

Für die *Gotik* (etwa 12.–16. Jh.) ist v. a. das „Himmelstrebende", Schwerelose kennzeichnend. Die Wand ist dünn geworden, von bunten Glasfenstern durchbrochen. Spitzbogen u. Strebewerk (Pfeiler mit Bogen an das Bauwerk gebunden) am Außenbau mindern den Druck der hohen Wände. Über der hohen spitzbogigen Arkadenreihe (die Pfeiler sind in dünne Säulchen, sogenannte Dienste, aufgelöst) ist die Wand gegliedert in das Triforium (in drei Bogen gegen den Raum geöffneter Laufgang) u. die Fensterzone. Die Fenster sind mit Maßwerk (in Stein gehauene geometrische Formen) verziert. Rippengewölbe, Netz- u. Sterngewölbe sind für den gotischen Stil typisch. Am Außenbau, v. a. an französischen Kathedralen (z. B. in Paris u. Amiens), sind die Portale reich mit Figuren geschmückt. Neben Basiliken werden, besonders in Deutschland, Hallenkirchen (Hauptschiff u. Nebenschiffe sind gleich hoch) gebaut. In den Städten werden Rathäuser errichtet, Zeugnisse des aufstrebenden Bürgertums. Die gotische Plastik ist zartgliedrig, eine Gewandfigur, geschwungen in S-Form. Im weiteren Verlauf wird sie, das wird auch in der Malerei (Buchmalerei, Glasmalerei, Tafelmalerei) deutlich, immer „irdischer", immer mehr Darstellung der körperlichen Erscheinung.

In der *Renaissance* (15. u. 16. Jh.), der „Wiedergeburt" der Antike, soll das Kunstwerk Abbild der Wirklichkeit sein. Hier ist die Antike Vorbild. Das wirkt sich besonders in der Darstellung des menschlichen Körpers aus. In der Plastik wird der Kontrapost wiederentdeckt, d. h. der Ausgleich zwischen Ruhe u. Bewegung in der Unterscheidung von Stand- u. Spielbein. In der Malerei erstrebt man das Bild des schönen Menschen. In der Baukunst werden antike Formen wieder aufgenommen, der Rundbogen über Fenster u. Portal, antike Säulen zur Gliederung der Fassade. Nicht mehr hochstrebend, sondern breit hingelagert ist der Bau sowohl von Kirchen (wo der Zentralbau Idealform wird) als auch von Palästen, Rathäusern u. Bürgerhäusern (deutsche Sonderform mit Giebel). Die Möbel haben ähnliche Einzelformen wie die Bauwerke.

Der *Barock* (etwa 1580–1760) verwendet die Renaissanceformen, aber er setzt sie anders ein. Die Säule z. B., nicht mehr gleichmäßig gereiht, dient, nun meist verdoppelt, zur Betonung besonderer Teile der Fassade eines Bauwerks, so etwa des Eingangs. Der Rundbogen im Innern ist in der Mitte des Raumes höher und gewaltiger als an den Seiten. So wird die Mitte herausgehoben und betont. Durch diese Scheidung in betonte u. unbetonte Teile wirkt der Bau des Barock so bewegt. Die Wand ist nicht mehr starr. Sie schwingt vor u. zurück. Die Barockbaumeister gestalten weite, lichterfüllte Räume. Plastik u. Malerei dienen dazu, im Kirchenraum die Vorstellung von überirdischen Erschei-

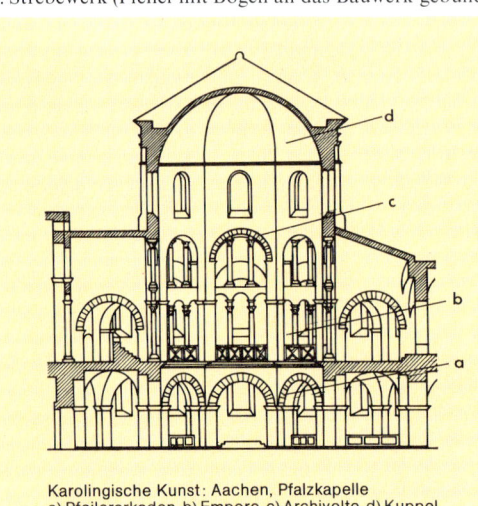

Karolingische Kunst: Aachen, Pfalzkapelle
a) Pfeilerarkaden, b) Empore, c) Archivolte, d) Kuppel

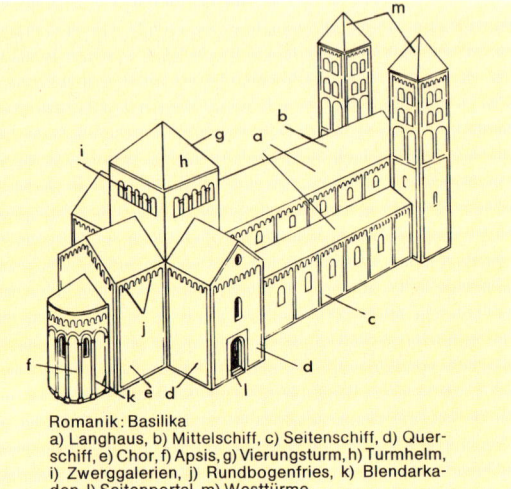

Romanik: Basilika
a) Langhaus, b) Mittelschiff, c) Seitenschiff, d) Querschiff, e) Chor, f) Apsis, g) Vierungsturm, h) Turmhelm, i) Zwerggalerien, j) Rundbogenfries, k) Blendarkaden, l) Seitenportal, m) Westtürme

STILKUNDE

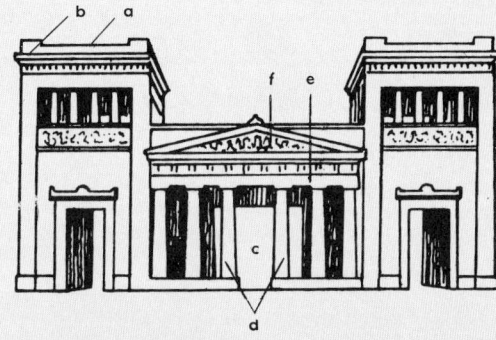

Klassizismus: Propyläen in München
a) Attika über dem b) Gesims, c) Portikus mit d) Säulen, e) Gebälk (Querbalken für die Dachkonstruktion), f) Giebelfeld

Gotik: Wandsystem einer Kirche
a) Dienste, b) spitzbogige Arkaden, c) Triforium, d) Maßwerk, e) Fensterarkadenreihe

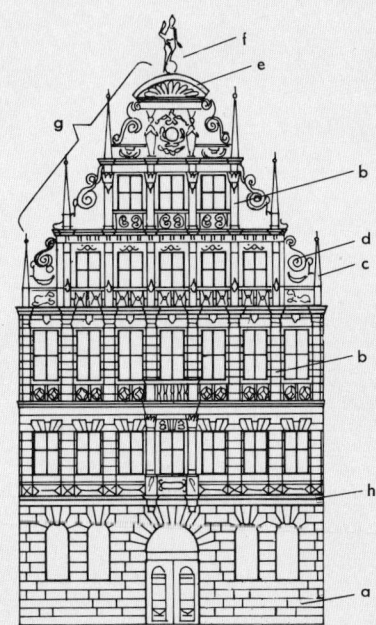

Renaissance: deutsches Patrizierhaus
a) Erdgeschoß, aus quaderförmigen Steinen gemauert, b) Pilaster, c) Obelisk, d) Volute, e) Halbkreismuschel, f) krönende Figur, g) Giebel, h) Gesims

Barock: Kirchenfassade
a) Doppelsäule, b) gekröpftes Gesims, c) Figurennische, d) Giebel in gebrochener Form, e) Dachfigur, f) welsche Haube mit g) Laterne

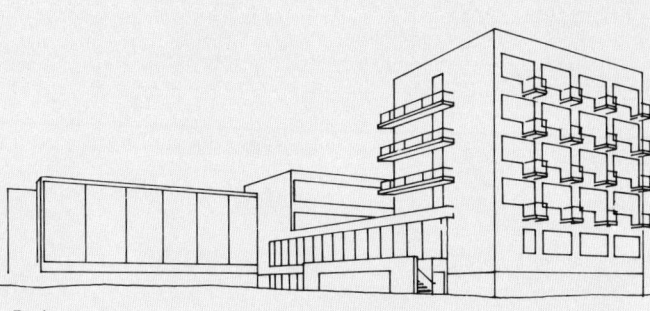

Bauhaus

Stilkunde (Forts.)

nungen zu erwecken. Der kirchliche Barock ist Ausdruck des leidenschaftlichen Glaubens, der weltliche Barock Ausdruck der fürstlichen Macht. Der barocke Stil ist prunkvoll, kraftvoll bewegt, ausdrucksvoll u. pathetisch. Auch die Möbel sind schwer, wuchtig, aufwendig. Der Ausklang des Barock, das *Rokoko*, wendet das Schwere, Pathetische ins Leichte, Anmutige, Schwerelose.

Der *Klassizismus* (etwa 1770–1830) greift wieder auf die Antike zurück, und zwar auf die griechische in der Sicht des späten 18. Jahrhunderts („edle Einfalt, stille Größe"). Der griechische Tempel wird Vorbild. Die Fassade ist bestimmt von dem dreieckigen Giebelfeld, das von Säulen u. Architrav (dem waagerechten Balken) getragen wird. Ein anderes Vorbild ist das römische Pantheon, also ein Kuppelbau. In der Plastik sind weiße Marmorfiguren antiken Statuen nachempfunden. Einfach, schlicht, mitunter nüchtern sind Kennzeichen des klassizistischen Stils. So sind auch die Möbel, v. a. in der Endzeit des Stils, im *Empire*.

Das *Biedermeier* (1815–1848) ist v. a. ein Möbelstil: betont schlichte, zweckentsprechende, helle Möbel mit hellen Bezügen. Das *19. Jahrhundert* baut in vielen Stilen, weithin historisierend. Es greift die Gotik auf u. baut neugotisch, es baut im Renaissance- u. im Barockstil.

Erst das *20. Jahrhundert* findet wieder eigene Formen, zunächst im Jugendstil mit neuen Schmuckformen pflanzlicher Art, die Linie betonend. Dann (wichtig ist dabei das „Bauhaus" gewesen) entstand eine Architektur, die vom Zweck, von der Funktion ausgeht. Nicht mehr die Fassade ist bestimmend, sondern der jeweilige Verwendungszweck des Raumes. So berücksichtigen unsere Häuser heute stärker als früher die Bedürfnisse ihrer Bewohner, so sind unsere Möbel schlicht u. zweckentsprechend. Die Aufgaben der Architektur haben eine Änderung erfahren. Sogenannte Zweckbauten: Bahnhöfe, Flughäfen, Verwaltungsgebäude, Kongreßhallen usw., ja selbst Fabriken gehören zu ihrem Aufgabenbereich.

* * *

VERHALTEN IM STRASSENVERKEHR

(Die im Text gesetzten Abbildungsziffern beziehen sich auf die Tafeln S. 576 f.)

Immer wieder geschehen alltägliche Verkehrsunfälle: Jungen oder Mädchen laufen irgendwo über die Straße, ohne sich darum zu kümmern, daß sich an der nächsten Kreuzung ein mit Zebrastreifen gekennzeichneter Fußgängerüberweg befindet. Ein Autofahrer wird dadurch gezwungen, heftig zu bremsen. In vielen Fällen kann er noch rechtzeitig anhalten; in anderen gelingt ihm dies nicht mehr, das Kind wird angefahren u. mehr oder weniger verletzt. Manchmal verliert der Fahrer aus Schreck die Herrschaft über sein Fahrzeug, er fährt gegen eine Hauswand oder einen Baum, das Fahrzeug wird beschädigt, die Insassen erleiden Verletzungen. All das hätte sich bei etwas mehr Vorsicht u. Rücksichtnahme vermeiden lassen: Man muß nach links und rechts schauen, bevor man die Fahrbahn betritt, u. sich davon überzeugen, ob sie überquert werden kann! Noch besser: Man geht bis zum nächsten Fußgängerüberweg, wenn immer dies möglich ist. Man erspart sich u. seinen Eltern dadurch Ärger, Strafmandate u. Kosten, wenn nicht sogar Schlimmeres (z. B. einen Krankenhausaufenthalt). Verschuldet ein Kind einen Unfall, so kann der Fahrer des beschädigten Autos Ansprüche an den Vater des Kindes stellen. Für den Schaden kommt oft eine von diesem abgeschlossene Versicherung auf. Leider erkennt man oft erst dann, wenn man selbst oder wenn der Vater zahlen muß, wie wichtig u. notwendig es ist, sich richtig u. vernünftig im Straßenverkehr zu verhalten u. die allgemeinverbindlichen Regeln zu beachten. Man muß es tun aus Gründen der eigenen Sicherheit u. um die Sicherheit der anderen nicht zu gefährden! Außerdem – u. das wissen noch längst nicht alle Jugendlichen – kann falsches Verhalten im Straßenverkehr dazu führen, daß man selbst für den entstandenen Schaden aufkommen muß! Da Jugendliche dazu noch nicht in der Lage sind, wird die Zahlung aufgeschoben, bis sie selbst ein Arbeitsverhältnis eingehen u. Geld verdienen.

Um Schaden an Leib u. Leben u. Sachschäden nach Möglichkeit zu vermeiden, bestimmt der § 1 der Straßenverkehrsordnung:
1. Die Teilnahme am Straßenverkehr erfordert ständige Vorsicht u. gegenseitige Rücksicht.
2. Jeder Verkehrsteilnehmer hat sich so zu verhalten, daß kein anderer geschädigt, gefährdet oder mehr, als nach den Umständen unvermeidbar, behindert oder belästigt wird.

Man gefährdet andere, wenn man z. B. mit dem Fahrrad ohne Licht fährt, den Bürgersteig als Fahrbahn benutzt oder die Hände nicht an der Lenkstange läßt. Fußgänger gefährden andere, wenn sie unüberlegt u. plötzlich auf die Straße laufen oder außerhalb von Ortschaften zum Gehen die falsche Straßenseite benutzen (nämlich die rechte, statt der linken). Man schädigt Menschen, wenn man sie z. B. anfährt, dabei ihre Kleidung beschädigt oder sie sogar verletzt. Alle diese Fälle sind bei diszipliniertem Verhalten vermeidbar. Es gibt aber auch Verkehrssituationen, in denen eine Beeinträchtigung anderer nicht vermieden werden kann, z. B. wenn bei einem Kraftwagen der Motor plötzlich aussetzt u. er auf einer Kreuzung stehenbleibt. Der Wagen ist dann eben so schnell wie möglich an einen Platz zu schieben, an dem er keine Behinderung mehr darstellt. Oder wenn ein Fahrrad mitten im Verkehr einen „Platten" bekommt, die Lenkung blockiert oder ähnliches. Der Fahrer behindert dann für kurze Zeit unvermeidbar den Verkehr, bis er das Fahrrad an den Rand der Fahrbahn geschoben u. aus dem Verkehr genommen hat. Er darf nicht mehr weiterfahren, auch wenn dies zur Not noch möglich wäre! Denn dann würde er nicht mehr unvermeidbar behindern, sondern sogar gefährden. Daß beide Bremsen eines Fahrrades versagen, ist so gut wie ausgeschlossen; eben aus diesem Grund müssen Fahrräder mit 2 Bremsen ausgerüstet sein. Außerdem muß sich jeder Fahrer vor Antritt der Fahrt davon überzeugen, daß sein Fahrzeug in Ordnung ist.

Um ein gefahrloses Fließen des Verkehrs zu ermöglichen, sind über die Grundregeln des § 1 hinaus Gesetze u. Regeln notwendig, die von allen beachtet werden müssen. Wie sollte der Verkehr funktionieren, wenn jeder nach Belieben auf der rechten oder linken Straßenseite fahren könnte! Durch Gesetz ist deshalb festgelegt, daß man in Deutschland (wie in fast allen Ländern) nur rechts fahren darf. (In Großbritannien z. B. fährt man dagegen links.) Damit also überhaupt ein Verkehr auf den Straßen möglich ist, sind Regeln, Gebote u. Verbote aufzustellen, an die sich jeder Verkehrsteilnehmer halten muß. Ein wichtiges Hilfsmittel sind hierbei die amtlichen Verkehrszeichen, die auch jedes Kind u. jeder Jugendliche kennen sollte. Wir wollen hier die wichtigsten der in der Bundesrepublik Deutschland gebräuchlichen Verkehrszeichen zusammenstellen u. kurz erläutern. Es gibt: I. Gefahrzeichen, II. Vorschriftzeichen, III. Richtzeichen.

Straßenverkehr (Forts.)

Gefahrzeichen sollen, wie der Name erkennen läßt, auf eine Gefahrstelle hinweisen. Sie haben die Form eines gleichseitigen Dreiecks, dessen Spitze nach oben zeigt. Ihre Grundfarbe ist weiß, sie sind rot umrandet u. haben in der Mitte ein schwarzes Zeichen, das auf die zu erwartende oder mögliche Gefahr hinweist. So zeigt die Warnungstafel I. 7 deutlich eine Querrinne. Ist ein solches Zeichen am Fahrbahnrand aufgestellt, heißt es: abbremsen, langsam fahren. Sonst besteht die Gefahr, daß man die Herrschaft über das Fahrzeug verliert (Fahrrad!) oder es beschädigt. Abbildung I. 8 warnt vor Schleudergefahr, Abbildung I. 6 vor einem gefährlichen Gefälle, wobei auch der Neigungswinkel angegeben wird. Die Länge der Gefällstrecke wird oft auf einer Zusatztafel angezeigt (I. 5). Abbildung I. 11 gibt den Hinweis auf einen Engpaß, die Fahrbahn wird (gelegentlich auch einseitig; I. 12) für einige Zeit enger und schmaler, meist wegen Bauarbeiten. Also Vorsicht! Außerdem gibt es für Hinweise auf Baustellen auch ein eigenes Warnschild (I. 13).
Andere Gefahrzeichen zeigen Kinder (I. 19), einen auf einem Fußgängerüberweg gehenden Fußgänger (I. 18) oder Tiere (I. 21 u. 22). Sie warnen vor Stellen, an denen sich häufig Kinder aufhalten oder die Straße überqueren (bei Schulen, Kindergärten, Spielplätzen) u. deshalb besondere Vorsicht geboten ist, weisen auf einen Fußgängerüberweg hin oder darauf, daß Wild oder Tiere die Fahrbahn betreten oder über die Fahrbahn wechseln können. Die auf Bild I. 15 angedeutete Brücke über einen Fluß weist auf eine bewegliche Brücke hin (Vorsicht! Sie könnte sich gerade öffnen!). Zwei gegeneinanderstehende Pfeile warnen vor Gegenverkehr auf einer Fahrbahn, auf der sonst nur in einer Richtung gefahren wird (I. 14). Die Bilder I. 3 u. 4 weisen auf eine Kurve hin, Bild I. 2 auf eine Kreuzung oder Einmündung mit Vorfahrt von rechts. Bei mehreren hintereinanderfolgenden Kurven kann unter dem Gefahrzeichen eine rechteckige weiße Tafel angebracht sein mit einer Zahl, z. B. 3. Dies bedeutet einen Hinweis auf 3 Kurven, es muß dann nicht vor jeder Kurve ein eigenes Zeichen aufgestellt werden. Die Zeichen I. 24–26 warnen vor beschrankten (daher das erkennbare Gitter) oder unbeschrankten Bahnübergängen. Auf den Baken ist durch rote, schräge Streifen die Entfernung zum Bahnübergang angegeben, ein Streifen bedeutet etwa 80 m. Er ist je nach der Straßenseite, an der sich die Baken befinden, nach links oben oder rechts oben gerichtet. Eine Bake mit drei Streifen steht also etwa 240 m vor dem Übergang, eine zweistreifige 160 m u. eine einstreifige 80 m. Zur Kennzeichnung von Bahnübergängen, an denen Schienenfahrzeuge Vorrang vor anderem Verkehr haben, stehen rechts an der Fahrbahn Warnkreuze (II. 1).
Nun kann man aber nicht für alle nur erdenklichen Gefahrstellen immer neue Schilder entwerfen. Deshalb gibt es auch ein Gefahrzeichen, das ganz allgemein auf eine Gefahr hinweist (I. 1). Wo ein solches Verkehrszeichen steht, ist immer Vorsicht geboten. Und noch ein Hinweis: Gerade dieses Zeichen wird gern mit einem anderen verwechselt, dem Vorschriftzeichen „Vorfahrt gewähren!" (II. 2).
Damit sind wir bereits bei den Vorschrift- u. Richtzeichen. Ein auf der Spitze stehendes weißes gleichseitiges Dreieck mit rotem Rand bedeutet: Vorfahrt gewähren! (II. 2). Hier gilt also nicht die allgemeine Vorfahrtsregel, nach der ein von rechts kommende Fahrer grundsätzlich vorfahrtberechtigt ist. Noch nachdrücklicher verlangt ein Beachten der Vorfahrt das achteckige rote Verkehrszeichen mit schmalem, weißem Rand, auf dem in weißen Großbuchstaben STOP geschrieben steht (II. 3). Das Schild steht unmittelbar vor der Kreuzung oder Einmündung u. bedeutet: unbedingtes Haltgebot. Die Verkehrsteilnehmer müssen dort anhalten, wo man die Vorfahrtsstraße übersehen kann, in jedem Fall jedoch an der Haltlinie.

Ein weißer Pfeil mit der Aufschrift „Einbahnstraße" in einem blauen Rechteck (II. 6) zeigt an, daß die so gekennzeichnete Straße nur in einer Richtung befahren werden darf. Weitere wichtige Vorschriftzeichen sind die zahlreichen runden blauen Schilder mit weißen Pfeilen: Pfeile, die nach unten rechts (II. 7) oder unten links weisen, zeigen, wo vorbeigefahren werden muß, z. B. links oder rechts um eine Fußgängerinsel. Zeigen die Pfeile waagrecht nach links oder rechts (II. 5b) oder weisen sie in einem Bogen nach rechts (II. 5a) oder links, so bedeutet das: Vorgeschriebene Fahrtrichtung ist rechts bzw. links. Zeigt der Pfeil nach oben, so ist geradeaus die vorgeschriebene Fahrtrichtung. Ein nach rechts u. links weisender Doppelpfeil überläßt es dem Fahrer, zwischen den vorgeschriebenen Fahrtrichtungen rechts oder links zu wählen. Geradeausfahren darf er aber nicht! Ähnlich ist es bei dem Zeichen II. 5c: Die vorgeschriebene Fahrtrichtung ist rechts oder geradeaus. Ist auf der blauen runden bzw. rechteckigen Scheibe ein Radfahrer, ein Reiter, eine Fußgängerin mit Kind oder ein Auto abgebildet, heißt das: Gebot für Radfahrer (II. 10a), Reiter (II. 10b), Fußgänger (II. 10c), Kraftfahrzeuge (III. 8 u. 11), Verbot für alle anderen Verkehrsteilnehmer. Das runde weiße rotumrandete Schild (II. 11) ist ein Verkehrsverbot für Fahrzeuge aller Art (also auch für Fahrräder u. Mopeds). Die rote Scheibe mit waagrechtem weißen Streifen bedeutet Verbot der Einfahrt, ebenfalls für Fahrzeuge aller Art (II. 15). Meist wird mit diesem Schild das Ende einer Einbahnstraße gekennzeichnet, um zu verhindern, daß in der verkehrten Richtung eingefahren wird. Ist in der weißen Scheibe mit rotem Rand ein Motorrad, Fahrrad oder Auto (II. 12) schwarz abgebildet, so ist dies ein Verkehrsverbot für die abgebildete Fahrzeugart (vergleiche auch II. 13, 14, 17). Ein rundes Schild mit breitem, rotem Rand und blauem Grund, auf dem von links oben nach rechts unten ein breiter roter Streifen verläuft, verbietet das Halten auf der Fahrbahn ausgenommen zum Ein- oder Aussteigen oder zum Be- oder Entladen (II. 24). Das gleiche Schild, jedoch mit einem zusätzlichen roten Querstreifen von rechts oben nach links unten verbietet jedes Halten auf der Fahrbahn (II. 23).
Eine weiße, nicht unterbrochene Linie auf der Fahrbahn (manchmal besteht sie aus dicht aneinandergereihten Nägeln) darf weder überfahren noch mit den Rädern berührt werden. Befindet sich neben der nicht unterbrochenen Linie eine unterbrochene, darf die nicht unterbrochene Linie nur von der Seite aus überfahren werden, an der sich die unterbrochene befindet. Von den Richtzeichen (rechteckige Tafeln) ist für uns das Hinweiszeichen für den Einsatz von Schülerlotsen (III. 16) besonders wichtig. Diese dürfen in der Nähe von Schulen an gefährlichen Übergängen das Überqueren der Straße regeln. Weitere Hinweiszeichen gibt es für Zeltplätze, für Gottesdienste, für Hilfsposten (III. 17) u. a. Ortstafeln sind gelbe Tafeln mit schwarzem Rand und schwarzer Aufschrift. Auf ihrer Rückseite ist der Name des Ortes mit einem von rechts oben nach links unten verlaufenden breiten roten Strich durchkreuzt (III. 5). Die Rückseite der Ortstafel zeigt dem Verkehrsteilnehmer das Ende des betreffenden Ortes an (Aufhebung der Geschwindigkeitsbeschränkung innerhalb einer geschlossenen Ortschaft). Das Bundesstraßennummernschild hat keine vorfahrtregelnde Funktion (III. 22a). Die Vorfahrt wird durch die Zeichen III. 1 u. 2 geregelt. Das Richtzeichen III. 1 gibt die Vorfahrt nur an der nächsten Kreuzung oder Einmündung an. Das Zeichen III. 2 steht am Anfang einer Vorfahrtstraße u. wird an jeder Einmündung von rechts wiederholt.
Der Verkehrsregelung durch einen Polizeibeamten muß immer Folge geleistet werden. Auch dann, wenn an einer Kreuzung die Ampel Rot zeigt, kann ein dort stehender Polizist den Weg freigeben. Denn die Weisungen der Polizeibeamten gehen vor. Es ist also dem Polizisten zu filgen u. nicht

STRASSENVERKEHR, VERKEHRSZEICHEN

I Gefahrzeichen: 1 Gefahrstelle (mit Zusatzschildern: schlechter Fahrbahnrand und Wintersport), 2 Kreuzung oder Einmündung mit Vorfahrt von rechts, 3 Kurve (rechts), 4 Doppelkurve (zunächst rechts), 5 Gefälle (mit Zusatzschild: auf 400 m), 6 Steigung, 7 unebene Fahrbahn (mit Zusatzschild: in 50 m Entfernung), 8 Schleudergefahr bei Nässe oder Schmutz (mit Zusatzschild: Gefahr unerwarteter Glatteisbildung), 9 Steinschlag, 10 Seitenwind, 11 verengte Fahrbahn, 12 einseitig (rechts) verengte Fahrbahn, 13 Baustelle, 14 Gegenverkehr, 15 bewegliche Brücke, 16 Ufer, 17 Lichtzeichenanlage, 18 Fußgängerüberweg, 19 Kinder, 20 Radfahrer kreuzen, 21 Tiere, 22 Wildwechsel, 23 Flugbetrieb, 24 Bahnübergang mit Schranken oder Halbschranken, 25 unbeschrankter Bahnübergang (mit dreistreifiger Bake: in 240 m Entfernung), 26 Bahnübergang in 160 m (a) bzw. 80 m Entfernung (b); II Vorschriftzeichen: 1 Andreaskreuz (an Bahnübergängen), 2 Vorfahrt gewähren!, 3 Halt! Vorfahrt gewähren! (mit Zusatzschildern: in 100 m Entfernung und mit abknickender Vorfahrt), 4 dem Gegenverkehr Vorfahrt gewähren, 5 vorgeschriebene Fahrtrichtung (a rechts, b hier rechts, c geradeaus und rechts), 6 Einbahnstraße, 7 rechts vorbeifahren, 8 Haltestellen für Straßenbahnen (a) und Kraftfahrlinien (b), 9 Taxenstand, 10 Sonderwege für Radfahrer (a), Reiter (b) und Fußgänger (c), 11 Verbot für Fahrzeuge aller Art, 12 Verbot für Kraftwagen, 13 Verbot für Lastkraftwagen mit einem zulässigen Gesamtgewicht über 2,8 t und Zugmaschinen, 14 Verbot für Fahrzeuge, deren tatsächliches Gewicht (a), tatsächliche Achsenlast (b), Breite (c), Höhe (d), Länge (e) eine bestimmte Grenze überschreitet (jeweils einschließlich Ladung)

STRASSENVERKEHR, VERKEHRSZEICHEN

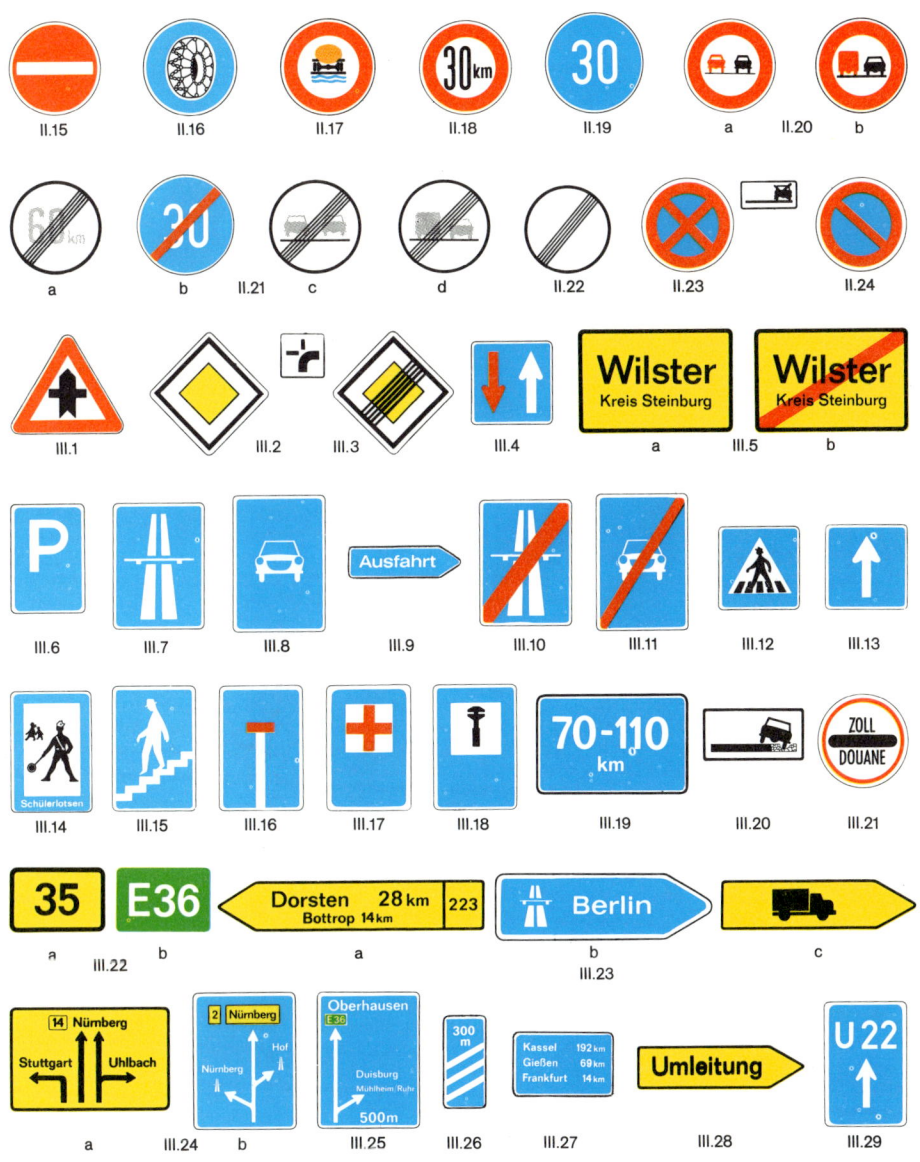

15 Verbot der Einfahrt, 16 Schneeketten sind vorgeschrieben, 17 Verbot für Fahrzeuge mit einer Ladung von mehr als 3000 l wassergefährdender Stoffe, 18 zulässige Höchstgeschwindigkeit, 19 vorgeschriebene Mindestgeschwindigkeit, 20 Überholverbot für Kraftfahrzeuge aller Art (a) und Lastkraftwagen mit einem zulässigen Gesamtgewicht über 2,8 t (b), 21 Ende der zulässigen Höchstgeschwindigkeit (a), der vorgeschriebenen Mindestgeschwindigkeit (b), des Überholverbots für Kraftfahrzeuge (c) und für Lastkraftwagen (d), 22 Ende sämtlicher Streckenverbote, 23 Haltverbot (mit Zusatzschild: auch auf dem Seitenstreifen), 24 eingeschränktes Haltverbot; III Richtzeichen: 1 Vorfahrt, 2 Vorfahrtstraße (mit Zusatzschild: abknickende Vorfahrt), 3 Ende der Vorfahrtstraße, 4 Vorrang vor dem Gegenverkehr, 5 Ortstafel (a Vorder-, b Rückseite), 6 Parkplatz, 7 Autobahn, 8 Kraftfahrstraße, 9 Ausfahrt von der Autobahn, 10 Ende der Autobahn, 11 Ende der Kraftfahrstraße, 12 Fußgängerüberweg, 13 Einbahnstraße, 14 Schülerlotsen, 15 Fußgängerunter- oder -überführung, 16 Sackgasse, 17 Erste Hilfe, 18 Pannenhilfe, 19 Richtgeschwindigkeit, 20 Seitenstreifen nicht befestigt, 21 Zollstelle, 22 Nummernschild für Bundesstraßen (a) und Europastraßen (b), 23 Wegweiser auf Bundesstraßen (a), zur Autobahn (b) und für bestimmte Verkehrsarten (c), 24 Vorwegweiser mit Einordnungshinweis (a) und zur Autobahn (b), 25 Vorwegweiser auf Autobahnen, 26 Entfernungsbake zur Ausfahrt auf Autobahnen, 27 Entfernungstafel auf Autobahnen, 28 Umleitung, 29 Bedarfsumleitung für Autobahnverkehr

Straßenverkehr (Forts.)

dem Verkehrszeichen. Der Beamte wird für sein Eingreifen Gründe haben: Er sucht vielleicht eine Verkehrsstauung zu vermeiden, nimmt eine Umleitung vor oder sperrt wegen eines Unfalls die Straße. Für die Zeichen, mit der ein Polizist den Verkehr lenkt, gelten bestimmte Regeln. Steht er an einer Kreuzung quer zur Fahrtrichtung, muß angehalten werden. Dies gilt wie immer für alle Verkehrsteilnehmer, also auch für Fußgänger. Ein einprägsamer Merksatz lautet: Zeigt der Schutzmann Brust und Rücken, mußt Du auf die Bremse drücken! Fußgänger müssen stehenbleiben. Hebt der Beamte ein Arm hoch, so bedeutet das: Achtung! Die noch gesperrte Richtung wird bald freiwerden, die Wartenden können sich schon darauf vorbereiten. (Die bisher freie Richtung dagegen wird in wenigen Augenblicks gesperrt, die Verkehrsteilnehmer müssen anhalten!) Durch seitliches Ausstrecken der Arme in Fahrtrichtung oder durch Winken in dieser Fahrtrichtung gibt der Polizist nun die bisher gesperrte Straße frei. Radfahrer und Fußgänger müssen – wie alle andern – die Straße dann zügig überqueren. Für fahrende Verkehrsteilnehmer bleibt noch mehr zu beachten, wenn sie die Fahrtrichtung wechseln, also nach rechts oder links einbiegen wollen. Zunächst einmal die Richtungsänderung rechtzeitig (!) u. angezeigt werden! Radfahrer sollen den Arm ausstrecken! Dann – dies gilt für Rechtsabbieger – sich eng am Bürgersteig halten (engen Bogen fahren) u. sorfältig auf die Fußgänger achten, denn für diese ist die Straße ja freigegeben worden, sie haben das Vorrecht. Rad-, Moped- u. Autofahrer müssen notfalls anhalten. Linksabbieger warten auf der Kreuzung zunächst einmal den Gegenverkehr ab, der Vorfahrt hat. Ist dann die Einfahrt in die links abbiegende Straße möglich, müssen auch sie besonders Rücksicht auf die Fußgänger nehmen und notfalls anhalten. Hebt der Schutzmann erneut den rechten Arm, so bedeutet dies wieder: Achtung! Die bisher freie Richtung wird alsbald gesperrt, die gesperrte frei! Noch auf der Kreuzung befindlichen Verkehrsteilnehmer sollen diese nunmehr so schnell wie möglich freimachen. Die in der bisher freien Richtung Fahrenden oder Gehenden halten vor der Kreuzung an. Wer sich als Fußgänger auf der Fahrbahn befindet, hat noch Zeit, zum gegenüberliegenden Bürgersteig zu gehen. Wartende dürfen die Fahrbahn nicht mehr betreten.
Für die Verwendung von Ampeln gelten folgende Regeln: Grün heißt „Straße frei!". Ein grüner Pfeil bedeutet, daß die Straße nur in Pfeilrichtung freigegeben ist. Gelb in Verbindung mit Rot (gleichzeitig) bedeutet für Verkehrsteilnehmer in der vorher gesperrten Richtung: „Achtung!", Gelb nach Grün in der vorher freien Richtung: „Anhalten!". Rot bedeutet: „Halt!", ebenso ein gelbes Blinklicht: „Vorsicht!". Wenn Gelb u. Rot gleichzeitig auf einer Ampel erscheinen, so zeigt dies an, daß bald Grün kommt. Viele Ampeln sind automatisch gesteuert, sie wechseln in bestimmten Abständen von Grün über Gelb zu Rot u. umgekehrt. Die Grünphase ist meist nach dem fließenden Verkehr berechnet, oftmals mit anderen Ampeleinrichtungen gekoppelt bzw. übereinstimmend geschaltet (z. B. an einer Durchgangsstraße), so daß eine „grüne Welle" zustandekommt. Sie erlaubt den fahrenden Verkehrsteilnehmern, wenn sie ein bestimmtes Tempo einhalten, das oft durch besondere Leuchtsignale angezeigt wird, mehrere Kreuzungen bei Grün zu überqueren, ohne anhalten zu müssen. Automatische Ampelregelung des Verkehrs wird z. B. auch an Baustellen eingesetzt, die eine Fahrbahnseite blockieren. In Großstädten sind die Ampeln meist elektronisch gesteuert, außerdem überwacht man den Verkehr über Fernsehschirme u. kann die Farben so schalten, wie der Verkehr es verlangt. Es gibt aber auch handgesteuerte Ampeln, die von Fußgängern bei Bedarf durch Knopfdruck bedient werden können. Der Verkehr wird dann für die kurze Zeit gesperrt, die man benötigt, um auf die andere Straßenseite hinüberzugehen.

Für den Erwerb der Führerscheinklassen 1–3 (Kraftwagen, Krafträder über 50 cm^3 Hubraum, Lastkraftwagen) wird ein Mindestalter von 18 bzw. 21 Jahren vorausgesetzt. Die am frühesten, nämlich im Alter von 16 Jahren zu erwerbende Fahrerlaubnis umfaßt die Führerscheine Klasse 4 u. 5. Die Klasse 4 berechtigt zum Führen von Kraftfahrzeugen unter 50 cm^3 Hubraum oder solchen, deren Geschwindigkeit 20 km in der Stunde nicht übersteigt; er gilt also hauptsächlich für Mopeds u. Kleinstroller. Der Führerschein Klasse 5 gilt für Fahrräder mit Hilfsmotor und Kleinstkrafträder (Kleinstmotorräder) mit einer Höchstgeschwindigkeit von nicht mehr als 40 km in der Stunde. Kraftfahrzeuge bis zu einer Stundengeschwindigkeit von 6 km dürfen ohne Führerschein gefahren werden, auch für das Mofa (bis 25 km in der Stunde) benötigt man keinen Führerschein. Man muß aber älter als 15 Jahre sein, um es benutzen zu dürfen. Mofafahrer sollten sich an die gesetzlichen Bestimmungen halten u. Belästigungen durch Lärm vermeiden, soweit das nur immer möglich ist. Die Geräuschentwicklung darf das unvermeidbare technische Maß nicht übersteigen, die Auspuffanlage sollte in Ordnung sein. Und es versteht sich eigentlich von selbst, daß das Starten in Hauseinfahrten, Innenhöfen u. Durchfahrten verboten ist, ebenso Hupen u. Klingeln, wenn es die Umstände nicht unbedingt erfordern. Bei Mißachtungen der Verkehrsvorschriften können alle Verkehrsteilnehmer, auch Jugendliche über 14 Jahre, von Polizeibeamten zur Teilnahme an einem Verkehrsunterricht verpflichtet werden. Niemals darf man vergessen, vor Antritt einer Fahrt zu prüfen, ob sich das Fahrrad oder Mofa in verkehrssicherem Zustand befindet. Fahrräder müssen neben 2 Bremsen einen Scheinwerfer besitzen, der so eingestellt ist, daß er andere Verkehrsteilnehmer weder blendet noch stört. An der Rückseite müssen sie mit einer Schlußleuchte für rotes Licht u. einem roten Rückstrahler ausgerüstet sein (Mindesthöhe 40 bzw. 60 cm). Auch gelbe rückleuchtende Leuchtpedalen sind Vorschrift. Eine Aufzählung der Vorschriften für Mofas erübrigt sich, da sie vom Handel so auf den Markt gebracht werden, wie es die gesetzlichen Bestimmungen verlangen.
Zum Schluß noch einige wichtige Hinweise zur Beachtung der Vorfahrt u. des Vorrangs, den andere Verkehrsteilnehmer haben. Die wichtigsten Vorfahrtsregelungen haben wir bereits kennengelernt. Wir wissen, daß Weisungen u. Zeichen von Polizeibeamten Vorrang haben vor allen anderen Verkehrszeichen u. -regeln. Und das bedeutet: Wer von einem Polizisten das Zeichen „Straße frei" bekommt, hat Vorfahrt. Fußgänger an Kreuzungen haben Vorrang vor rechts u. links abbiegenden Fahrzeugen. Vorfahrt hat auch die Eisenbahn. An Feld- u. Fußwegen fehlen meist Warnkreuze, deshalb ist dort besondere Vorsicht geboten. Auch durch Schwenken einer roten Fahne oder einer roten Lampe kann von einem Bahnbeamten darauf aufmerksam gemacht werden, daß sich ein Zug nähert. Dies ist häufig in der Nähe von Fabriken der Fall, die über einen eigenen Gleisanschluß verfügen. Fahrgäste von Straßenbahnen haben Vorrang beim Ein- u. Aussteigen an Haltestellen. Fahrende Verkehrsteilnehmer (also auch Fahrrad- u. Mopedfahrer) dürfen an ihnen nur mit mäßiger Geschwindigkeit u. in so weitem Abstand vorbeifahren, daß niemand gefährdet werden kann. Daß Fußgänger auf gekennzeichneten Fußgängerüberwegen gegenüber dem Verkehr Vorrecht haben, ist bekannt. Aber immer wieder findet man verantwortungslose Fahrer, u. zwar keineswegs nur Jugendliche, die darauf keine Rücksicht nehmen. Wer aus Toreinfahrten oder Grundstückseinfahrten kommt, hat die davor auf dem Bürgersteig gehenden u. bevorrechtigten Fußgänger zu achten, macht sich strafbar. Das Gleiche gilt für das Einbiegen in solche Einfahrten: Fußgänger vorbeigehen lassen, bevor man sein Fahrzeug in Bewegung setzt! Wenn Polizeihupensignale zu hören u.

Straßenverkehr (Forts.)

ein Blaulicht zu sehen ist, müssen alle Verkehrsteilnehmer die Straße freimachen bzw. an den Rand fahren. Die damit ausgerüsteten Fahrzeuge (Polizei, Feuerwehr und Krankenwagen) sind im Einsatz stets bevorrechtigt. Der Grund dafür ist offensichtlich: Beim Löschen eines Brandes, bei der Anfahrt zu einer Unfallstelle, bei dringenden Fahrten ins Krankenhaus, bei der Verfolgung von Verbrechern geht es oft um Sekunden.

* * *

Stute w, weibliches Pferd.

Stuttgart, Hauptstadt von Baden-Württemberg, mit 588 000 E. Die Stadt liegt in einem weiten Tal am mittleren Neckar. St. hat 2 Universitäten (früher technische u. landwirtschaftliche Hochschule), eine berufspädagogische u. eine Musikhochschule, eine Akademie für bildende Künste sowie 4 Fachhochschulen, außerdem Museen, Theater u. eine Oper. Die Stadt verfügt über z. T. hochmoderne Anlagen u. Bauten. Das Alte u. Neue Schloß (16. bzw. 18. Jh.) u. die Stiftskirche (14.–16. Jh.) wurden wiederhergestellt. Stuttgarts Industrie ist vielseitig, sie umfaßt Elektro-, Fahrzeug-, Maschinen-, chemische, optische, feinmechanische, Konfektions- u. Lebensmittelindustrie. – Um 1160 erstmals genannt; zeitweise württembergische Residenz.

Styx m, Fluß der Unterwelt in der griechischen Göttersage.

Subjekt ↑Satz.

subjektiv [lat.], das Subjekt (Ich) betreffend, von ihm ausgehend; persönlich; unsachlich, einseitig; z. B. hat ein *subjektives Urteil* keine allgemeine Gültigkeit.

Sublimation ↑Verdampfung.

Substantiv [lat.] s (auch Hauptwort, Dingwort), ein Wort zur Benennung von Lebewesen, Dingen, Begriffen usw. Mehr als die Hälfte aller Wörter der deutschen Sprache sind Substantive; auf Grund der häufigen Ableitungssilben -ung, -heit, -keit, -ei überwiegen die Feminina. Die Wörter jeder anderen Wortart können auch substantiviert werden, z. B. das *Tun* u. *Lassen,* das große *Aber,* das *Du,* das *Große,* das *Gestern.* Man unterscheidet beim S. im Deutschen drei grammatische Geschlechter: das *männliche* (Maskulinum, z. B. der Tisch), das *weibliche* (Femininum, z. B. die Tür) u. das *sächliche* Geschlecht (Neutrum, z. B. das Fenster). Die Substantive werden unterteilt in Konkreta (Einzahl: Konkretum), das sind Wörter, die sinnlich wahrnehmbare Gegenstände bezeichnen, u. Abstrakta (Einzahl: Abstraktum), das sind Wörter, die sinnlich nicht wahrnehmbar, z. B. Eigenschaften (*Fleiß*), Zustände (*Frieden*), Beziehungen (*Freundschaft*), Vorgänge (*Erholung*) bezeichnen.

Substanz [lat.] w: **1)** Stoff, Materie; **2)** allgemein: der Kern einer Sache; **3)** in der Philosophie v. a. der Griechen u. des Mittelalters das Beharrende u. Bleibende des Seienden. Diese S. ist etwas Gedachtes, von dem angenommen wird, daß es hinter den Eigenschaften steht u. in den Dingen ist, aber selbst nicht sichtbar oder faßbar ist.

subtrahieren [lat.], abziehen (↑Subtraktion).

Subtraktion [lat.] w (Abziehen), eine der vier Grundrechenarten. Bei der S. wird der Unterschied (die Differenz) zwischen zwei Zahlen ermittelt. Die Zahl, von der man abzieht, heißt *Minuend,* die, die abgezogen wird, *Subtrahend,* das Ergebnis *Differenz.* Die S. stellt die Umkehrung der ↑Addition dar.

Subvention [lat.] w, Finanzhilfe, besonders der Zuschuß, den der Staat einzelnen Unternehmen, Wirtschaftszweigen oder Wirtschaftsgebieten gewährt, die bei der wirtschaftlichen Entwicklung benachteiligt sind bzw. aus politischen Gründen einer Förderung bedürfen. Der Staat erhält dafür keine Gegenleistung.

Sucre ↑Bolivien.

Südafrika, Republik im Süden des afrikanischen Kontinents, mit 22,5 Mill. E (66 % Bantu, 20 % Weiße, 11 % Mischlinge, 3 % Asiaten); 1,135 Mill. km². Die Hauptstadt ist Pretoria, Sitz des Parlaments ist Kapstadt. Die Amtssprachen sind Afrikaans u. Englisch. Das Zentralgebiet ist ein muldenförmiges Hochland mit niedrigen Höhenrücken u. vielen Einzelbergen. Es senkt sich nach Norden zur Wüste Kalahari u. wird im Süden u. Südwesten von Randgebirgen gesäumt, die in Steilstufen zur Küste abfallen. Der Osten wird durch den Gebirgszug der Drakensberge bestimmt. Im Norden geht das Hochland in weite Hochebenen über, u. a. in die des Krüger-Nationalparks. Der Küstenstreifen ist im allgemeinen nur schmal. Das Klima ist subtropisch, im äußersten Süden mediterran mit Winterregen. S. ist arm an Wald, im Innern herrscht Grassteppe vor, an den Flüssen finden sich Waldstreifen (Galeriewälder), im Osten und Nordosten Trockensavanne. Angebaut wird u. a. Mais, außerdem Weizen, Kartoffeln, Ölfrüchte, Zuckerrohr, Baumwolle, Tabak, Obst, Wein. Ein wichtiger Zweig der Landwirtschaft ist die Schaf- u. Rinderzucht. Der ertragreichste Wirtschaftszweig des Staates ist der Bergbau. Für Platin, Gold, Antimon, Mangan u. Vanadin ist S. der wichtigste, für Chrom, Diamanten u. Lithium der zweitwichtigste Lieferant am Weltmarkt. Andere Bergbauprodukte sind Uran, Kohle, Eisen, Kupfer, Zinn, Silber, Asbest, Magnesit, Smaragde u. Salz. S. ist das am stärksten industrialisierte Land Afrikas. Das Hauptindustriegebiet liegt um Johannesburg (v. a. Eisen- u. Stahl- sowie chemische Industrie), weitere Industriezentren sind die Hafenstädte Durban, Kapstadt, Port Elizabeth u. East London. Internationale Flughäfen haben Johannesburg u. Durban. *Geschichte:* 1652 gründete J. van Riebeeck Kapstadt. 1806 besetzte England die Kapkolonie (1814 zur britischen Kolonie erklärt). Zwischen 1835 u. 1838 wanderten zahlreiche ↑Buren nach Norden aus. Nach der Niederlage der Buren im ↑Burenkrieg wurden der Oranjefreistaat u. Transvaal britische Kolonien. 1910 wurden diese beiden Kolonien mit Natal u. der Kapkolonie zur Südafrikanischen Union als britisches Dominion vereinigt. Durch ihre Politik der ↑Apartheid (Rassentrennung) geriet die Union in immer stärkeren Gegensatz zu Großbritannien u. den übrigen Commonwealthländern u. schied 1961 als unabhängige Republik S. aus dem Commonwealth of Nations aus. Im Rahmen der Apartheidspolitik waren zunächst (1913) Eingeborenenreservate, später (1936) sogenannte Bantuheimatländer geschaffen worden, in denen verschiedenen Bantustämmen eine gewisse Selbstverwaltung gewährt wurde. Die zahlreichen in S. lebenden u. arbeitenden Stammesmitglieder galten offiziell als Einwohner der jeweiligen Heimatländer. 1976 erklärte S. die Transkei, 1977 Bophuthatswana für unabhängig, jedoch wurden diese bisher in keinem Staat der Erde anerkannt. In den Städten Südafrikas gibt es unter den Bantus u. Mischlingen verbreiteten Widerstand gegen die weiße Minderheitsregierung (z. B. 1976 schwere Unruhen in Soweto bei Johannesburg. Ende 1977 wurden die Organisationen der Schwarzen verboten. Trotz wirtschaftlicher Zusammenarbeit mit westlichen Ländern befindet sich S. in außenpolitischer Isolation. – S. ist Gründungsmitglied der UN.

Südamerika, südlicher Teil des Doppelkontinents Amerika, mit 17,83 Mill. km² viertgrößter Erdteil, 230 Mill. E. Der Kontinent ist fast allseitig von

Sudan

Meeren umgeben und nur durch die Landbrücke von Mittelamerika mit Nordamerika verbunden. Der nur im Süden stärker gegliederten Küste sind wenige Inseln vorgelagert: im Norden Trinidad, im Süden die Falklandinseln, der Feuerlandarchipel u. die chilenischen Inseln. Im Westen, entlang der gesamten Küste steil aufsteigend, erhebt sich das Faltengebirgssystem der Anden (Kordilleren), vor dem nur stellenweise schmale Küstenebenen liegen. Im Nordosten u. Osten liegen die ausgedehnten, mäßig hohen Bergländer von Guayana u. Brasilien. Zwischen ihnen u. den Anden erstreckt sich eine weite Senkungszone, die sich in den Mündungsgebieten von Orinoko, Amazonas, Paraná u. Rio Colorado bis zum Meer erstreckt. Die Anden sind die Wasserscheide zwischen Pazifischem u. Atlantischem Ozean. Die größten Stromsysteme sind die des Orinoko, Amazonas u. Paraguay-Paraná-Río de la Plata. Der größte Teil Südamerikas gehört in die Tropen an. Im Norden reicht es in die trockene Passatzone, im äußersten Süden in die kühl-gemäßigte Zone. Die Anden sind Klimascheide. Das Amazonasbecken ist das größte zusammenhängende tropische Regenwaldgebiet der Erde. Im Norden u. Süden schließen sich Savannen („Llanos") an. Südlich folgen dem oberen Paraná subtropischer Regen- u. Höhenwald, westlich u. südlich davon baumlose Grassteppe. In Patagonien und auf Feuerland breiten sich heideartige Pflanzenformationen aus (z. T. Tundren). S. hat einen großen Artenreichtum an Tieren, u. a. zahlreiche endemische (nur dort heimische) Formen, z. B. Ameisenbär, Faultier, Gürteltier, Guanako, Jaguar, unter den Vögeln Kondor, viele Kolibris, Papageien. *Bevölkerung:* Die indianische Urbevölkerung ist von Weißen u. Negern stark zurückgedrängt worden. Nur in den Anden Boliviens, Perus u. Ecuadors, dem Bereich der altamerikanischen Kulturen, haben sie sich behaupten können. Durch Eroberung u. Kolonisation haben Spanier u. Portugiesen S. zu einem Gebiet der romanischen Sprachen u. Kulturen gemacht („Lateinamerika"). Durch die Sklaven, die im Zuge der Plantagenwirtschaft nach S. gebracht wurden, erhielt besonders Brasilien einen bedeutenden Anteil an Negern. Seit dem 19. Jh. erfolgte eine starke europäische Einwanderung, es kamen aber auch Araber, Japaner, Südasiaten. Sie gingen v. a. nach Argentinien, Uruguay, Brasilien u. Chile, die dadurch zum Zentrum der Bevölkerung u. Wirtschaft Südamerikas wurden. Heute gliedert sich die Bevölkerung in etwa 50 % Weiße, rund 18 % Mestizen, 15 % Mulatten, 7 % Indianer, 7 % Neger. *Wirtschaft:* Obwohl die Verstädterung weit fortgeschritten ist, ist die Landwirtschaft nach wie vor beherrschend. Die meisten wichtigen Kulturpflanzen und Haustiere sind aus der Alten Welt eingeführt worden, nur Mais, Kakao, Bohnen, Tabak u. Kartoffeln sind in S. heimisch. In den tieferen Lagen der Tropen werden v. a. Zuckerrohr, Kakao, Tabak, Baumwolle, Bananen angebaut, in den höheren Lagen v. a. Kaffee. Die Hauptnahrungsmittelproduktion liegt in den warmgemäßigten Breiten. Der Erzbergbau spielt in den Andenländern u. in Brasilien eine große Rolle. Erdöl wird hauptsächlich in Venezuela, Ecuador, Argentinien, Kolumbien, Brasilien u. Peru gefördert. Die industrielle Entwicklung ist sehr unterschiedlich, doch haben Erdöl-, Textil-, Leder- u. Nahrungsmittelindustrie (Fleischverarbeitung) an Bedeutung stark zugenommen. Bildungsrückstand u. ungünstige soziale Verhältnisse behindern die wirtschaftliche Entwicklung. – Bereits um 1550 war das Zeitalter der großen ↑Entdeckungen in S. abgeschlossen. Die wissenschaftliche Erforschung wurde durch die Reisen Alexander von Humboldts (1799–1804) eingeleitet.

Sudan [auch: *sud...*] *m:* **1)** afrikanische Großlandschaft südlich der Sahara, zwischen der Küste des Atlantischen Ozeans im Westen u. dem Abessinischen Hochland im Osten, im Süden durch die tropischen Regenwaldgebiete der Guineaküste u. des Kongobeckens begrenzt. Der S. wird in den Westlichen S. (Senegal- u. Nigergebiet), den Mittleren S. (Gebiete um den Tschadsee) u. in den Östlichen S. (größtenteils die Republik S. umfassend) gegliedert. Das meist hügelige, im Westen ebene Land hat einige bedeutende Erhebungen (u. a. Gabal Marra 3 071 m) u. wird durch Senegal, Niger, Schari u. Nil entwässert. Vorherrschende Pflanzenformation ist die Savanne. Im S. leben noch zahlreiche Großwildherden (Elefanten, Antilopen, Giraffen u. a.) sowie Löwen. Die Bevölkerung setzt sich im wesentlichen aus Sudannegern, Fulbe, Haussa, Tuareg u. Arabern zusammen; **2)** Republik beiderseits des oberen Nil, in Nordostafrika, flächenmäßig der größte Staat Afrikas (2,506 Mill. km^2). Die Republik hat 16,1 Mill. E (im Norden Araber, im Süden Niloten u. a. Neger), die sich aber nicht gleichmäßig über das Land verteilen, sondern sich an günstigen

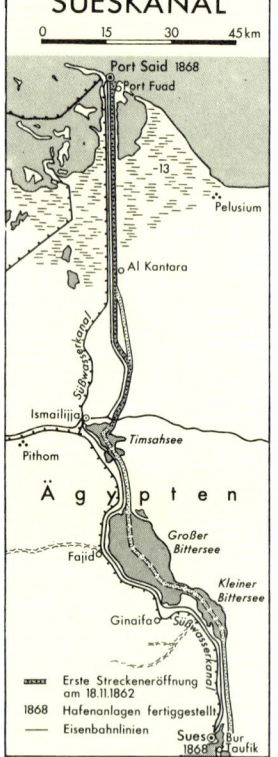

Sueskanal. Die Durchfahrt erfolgt im Konvoi von etwa 10 Schiffen

Sueskanal

Surinam. Markt in Paramaribo

Stellen konzentrieren. Die Hauptstadt ist Khartum. S. ähnelt einem weiten Becken, das fast allseitig zu Gebirgen ansteigt, im Norden gibt es völlig regenlose Gebiete, im Süden regnet es 9 Monate im Jahr. Angebaut werden v. a. (teilweise mit künstlicher Bewässerung) Baumwolle, Hirse, Weizen, Erdnüsse. Bedeutend ist die Gewinnung von Gummiarabikum (80% der Weltproduktion). Industrie findet sich hauptsächlich in der Umgebung von Khartum. *Geschichte:* Im 19. Jh. dehnte Ägypten seine Herrschaft über den S. aus. 1899 begann die englisch-ägyptische Herrschaft über den S.; seit 1956 ist S. eine unabhängige Republik.

Süden *m*, Abkürzung: S, Himmelsrichtung, die dem ↑Norden entgegengesetzt ist.

Sudeten *Mz.*, waldreiches Gebirge mit vielen Gebirgsketten in der Tschechoslowakei, in Polen u. der DDR. Zu den S. gehört u. a. auch das Riesengebirge; in den S. entspringen Elbe u. Oder. Die Täler sind dicht besiedelt, die Bewohner leben von Bergbau, Textil-, Glas-, Porzellan- u. a. Industrie, auch der Fremdenverkehr ist eine Erwerbsquelle. Das *Sudetenland* schließt sich im N an die S. u. das Erzgebirge an.

Sudetendeutsche *Mz.*, seit 1919 allgemein Bezeichnung für die deutsche Volksgruppe, die ein Gebiet am Rande des Böhmischen Beckens bewohnte u. dort einen überwiegenden Anteil der Bevölkerung stellte. Dieses Sudetenland kam 1919 an die Tschechoslowakei. Da die tschechoslowakische Regierung die Rechte der deutschen Volksgruppe einschränkte, gewann die auf Selbständigkeit drängende Sudetendeutsche Partei immer mehr Anhänger u. forderte 1936 die Autonomie für die Sudetendeutschen. Hitler benutzte diese Bestrebungen für seine Zwecke; das Sudetenland wurde 1938 Deutschland einverleibt (Münchner Abkommen). Nach dem 2. Weltkrieg fiel das Gebiet an die Tschechoslowakei zurück, die Sudetendeutschen wurden größtenteils vertrieben.

Südjemen, bis 1970 Name der demokratischen Volksrepublik ↑Jemen.

Süd-Korea ↑Korea.

Südpol *m*, der südliche Schnittpunkt der Erdachse mit der Erdoberfläche. Der S. liegt in der Antarktis auf vereistem Festland 2800 m ü. d. M.; ↑auch Entdeckungen.

Südsee *w*, volkstümliche Bezeichnung für die zentralen Teile des Pazifischen Ozeans, in denen die Inseln Polynesiens liegen.

Südtirol: 1) der südlich des Brenners gelegene Teil von Tirol, das Gebiet der autonomen Provinz Bozen, die zu der italienischen autonomen Region Trentino-Südtirol gehört; **2)** in umfassenderen, historischen Sinn der ganze 1919 an Italien gefallene Teil des altösterreichischen Kronlandes Tirol, das heutige Trentino-Südtirol. Während die Provinz Bozen hauptsächlich deutschsprachig ist, ist die Provinz Trient überwiegend italienisches Sprachgebiet. Besonders während der Zeit des Faschismus wurde der Zuzug von Italienern in das deutschsprachige Gebiet gefördert; 1939 wurde mit Hitler ein Abkommen über die Umsiedlung der deutschsprachigen Tiroler nach Deutschland geschlossen (jedoch kaum durchgeführt). 1946 wurde die österreichische Forderung nach einer Rückgliederung des deutschsprachigen Teils an Österreich abgelehnt, allerdings sollte der deutschsprachigen Bevölkerung weitgehend Autonomie gewährt wer-

Sumpfdotterblume

den. Statt dessen wurden dann die Provinzen Bozen u. Trient gemeinsam zu einer autonomen Region erhoben. Dadurch wurde die Überstimmung der deutschsprachigen Gruppen möglich, was zu großer Erbitterung geführt hat. Terrorakte haben die Fronten in den folgenden Jahren weiter versteift. Seit 1969 ist die Gleichstellung der deutsch u. der italienisch sprechenden Bevölkerung garantiert.

Südwestafrika ↑Namibia.

Sueben ↑Sweben.

Sueskanal *m*, einer der bedeutendsten Großschiffahrtskanäle der Erde. Er verbindet das Mittelmeer mit dem Roten Meer u. erspart damit die Umschiffung Afrikas auf dem Weg zwischen Europa u. Asien. Der Kanal ist 171 km lang u. durchschneidet die Landenge von Sues. Seine Breite beträgt an der Oberfläche 100–135 m, seine Tiefe 13,5 m. Der Kanal hat keine Schleusen. Seit dem israelisch-arabischen Krieg

Surrealismus. „Der Gentleman" von Joan Miró

Sueskonflikt

1967 von Ägypten gesperrt; die Wiedereröffnung erfolgte 1975. – Der Kanal wurde 1859–69 von F. de ↑Lesseps erbaut.

Sueskonflikt ↑ägyptische Geschichte.

Suffix ↑Nachsilbe.

Suffragetten [engl.] w, Mz., Bezeichnung für Frauen, die um 1900 v. a. in Großbritannien für das Wahlrecht der Frauen eintraten u. zu diesem Zweck demonstrierten, in Hungerstreik traten u. andere für Frauen damals ungewöhnliche Aktionen durchführten.

Suggestion [lat.] w, meistens beabsichtigte Beeinflussung eines anderen oder auch vieler (Massensuggestion), wobei Wünsche, Gefühle, Vorstellungen u. Gedanken (nicht der Verstand!) auf geschickte Weise angesprochen u. die gewünschten Handlungen ausgelöst werden. Besonders bedient sich die Werbung der S., indem sie den Kunden bestimmte Kaufinteressen („Bedürfnisse") *suggeriert* („einredet").

Suhl: 1) Bezirk im Südwesten der DDR, mit 548 000 E. Er umfaßt Teile des Thüringer Waldes, des Werratals u. der Rhön. In dem waldreichen Gebiet gibt es viele Kurorte. Industriereich sind die Täler des Thüringer Waldes (Glas-, Spielwaren- und Kleineisenindustrie). Der Bezirk besitzt Kalisalzlager; die Eisenerzbergbau wurde eingestellt; **2)** Hauptstadt von 1), am Südwestrand des Thüringer Waldes, mit 41 000 E. Die Industrie stellt Mopeds, feinmechanische Geräte, Waffen u. a. her.

Sulfate [lat.] s, Mz., Salze der Schwefelsäure (↑Schwefel).

Sulfide [lat.] s, Mz., Salze des Schwefelwasserstoffs (↑Schwefel).

Sulfite [lat.] s, Mz., Salze der schwefligen Säure.

Sulfonamide [Kunstwort] s, Mz., Bezeichnung für eine große u. wichtige Gruppe von Arzneimitteln, die gegen Bakterien wirken.

Sulky ↑Pferderennen.

Sulla, Lucius Cornelius, * 138, † bei Puteoli (heute Pozzuoli) 78 v. Chr., römischer Feldherr und Staatsmann. Während S. den Kampf gegen die Parther führte, ließ sich sein Gegner Marius, dem S. zu mächtig wurde, in Rom den Oberbefehl über das Heer übertragen u. errichtete bald eine Schreckensherrschaft. Nachdem S. den pontischen König Mithridates VI. zum Frieden gezwungen hatte, erschien er 83 mit seinem Heer in Italien u. besiegte u. vernichtete die Anhänger des Marius. 82–79 war S. Diktator. Er erließ u. a. eine Verfassungsreform, die dem Senat mehr Machtbefugnisse gab.

Sultan [arab.] m, Herrschertitel in islamischen Ländern, in der Türkei bis 1922.

Sumatra [auch: *su*...], zweitgrößte der Großen Sundainseln, mit 22,7 Mill. E (Indonesier u. Chinesen), ein Teil ↑Indonesiens. Mit einigen vorgelagerten Inseln, die zu S. gerechnet werden, ist S. flächenmäßig fast doppelt so groß wie die Bundesrepublik Deutschland. Entlang der Westküste ziehen sich hohe Gebirgsketten mit tätigen Vulkanen, hier liegen auch mehrere gute Häfen, während die Ostküste schwer zugänglich ist, da sie mit Mangrovenwäldern bedeckt ist, denen sich weite Sumpfgebiete anschließen. Endlose tropische Regenwälder, die Edelhölzer u. Harze liefern, bedecken das Land. Angebaut werden Reis, Tabak, Kautschukbäume, Tee, Kaffee, Sisal, Ölpalmen, Pfeffer. Aus S. stammen mehr als 80 % der indonesischen Erdölförderung. Außerdem wird Kohle abgebaut. Weitere Bodenschätze sind bisher ungenutzt.

Sumerer m, Mz., die ältesten historisch bekannten Bewohner Südmesopotamiens, wohin sie um die Mitte des 4. Jahrtausends v. Chr. einwanderten. Die verschiedenen Gruppen gründeten eigene Städte, von denen einige sehr mächtig wurden u. zeitweilig die Vorherrschaft über andere sumerische Städte erlangten. Die S. waren Träger einer bedeutenden Kultur, von ihnen stammen die ältesten Zeugnisse einer Schrift (sie erfanden die Keilschrift), sie entwickelten eine reiche Mythologie u. schufen besonders im 3. Jahrtausend großartige Kunstwerke (Tempelbauten, Plastiken, Metallarbeiten). Die S. gingen um 1800 v. Chr. in den Akkadern auf.

Sumpfdotterblume w, Pflanze, die an das Leben auf nassen Standorten angepaßt ist. Die Pflanze ist unbehaart, die Blätter sind groß, die Wurzeln strangartig. Die gelben Blüten enthalten mehrere griffellose Stempel. Die S. ist ein Hahnenfußgewächs. – Abb. S. 581.

Sundainseln, Inseln in Südostasien. Die 4 *Großen* S. (Borneo, Sumatra, Celebes, Java) u. die zahlreichen *Kleinen* S. östlich von Java gehören mit Ausnahme des nördlichen ↑Borneo zu Indonesien.

Sünde w, eine Handlung, durch die sich der Mensch vor der Gottheit schuldig macht. In den christlichen Kirchen wird die S. allgemein als Übertretung der göttlichen Gebote verstanden; man unterscheidet *Erbsünde* u. *Tatsünde*; während letztere eine bewußte Verletzung der göttlichen Gebote ist, wird die Erbsünde als Auflehnung des Menschengeschlechts (in der Gestalt Adams) gegen Gott verstanden.

Sunniten [arab.] m, Mz., Anhänger der Hauptrichtung des Islams (↑Religion [Die großen Religionen]), die sich auf die *Sunna* (Aussprüche und Lebensgewohnheiten des Propheten Mohammed) als Richtschnur des Lebens stützen; eine andere Auffassung vertreten die ↑Schiiten.

Superlativ ↑Adjektiv.

Supermakt [lat.; dt.] m, Großkaufhaus mit vielfältigem Warenangebot. Die Kunden bedienen sich selbst u. zahlen am Ausgang. Dadurch sind die Preise oft niedriger als in Einzelhandelsgeschäften.

Surfing ↑Wasserski.

Surinam, Republik an der Nordküste Südamerikas, mit 450 000 E (Inder, Kreolen, Javaner, Buschneger, Indianer, Chinesen sowie Europäer); 163 265 km². Die Hauptstadt ist *Paramaribo* (152 000 E). Drei Viertel des Landes sind von tropischem Regenwald u. Savanne bedeckt, nur ein 40–50 km breiter Küstenstreifen ist besiedelt; dort werden Reis, Zuckerrohr, Kaffee u. a. angebaut. S. hat reiche Bauxitvorkommen. – Von 1667 an war S. in niederländischem Besitz (Niederländisch-Guayana); S. wurde 1975 unabhängig. Es ist Mitglied der UN u. der EWG assoziiert. – Abb. S. 581.

Surrealismus [lat.] m, seit etwa 1921 sich ausbreitende künstlerische Bewegung, die ihren Mittelpunkt in Frankreich hatte. Der S. hat Vertreter in der Literatur u. Malerei. Wie der Name sagt, soll über den Realismus hinausgegangen werden, Dichter u. Maler sollen neue Erkenntnisse u. neue Gestaltungsformen finden, indem sie sich dem ↑Unbewußten öffnen, Verstand u. Wissen ausschalten u. die Träume, Bilder u. Gedankenverknüpfungen der Phantasie festhalten. Zu den Hauptvertretern des literarischen S. gehört u. a. A. Breton, zu denen der Malerei S. Dalí, M. Ernst u. R. Magritte. – Abb. S. 581.

Süßholz ↑Lakritze.

Süßwasser s, das nur geringe Mengen von Kochsalz enthaltende Wasser der Flüsse u. Binnenseen.

Suttner, Bertha Freifrau von, geborene Gräfin Kinsky, * Prag 9. Juni 1843, † Wien 21. Juni 1914, österreichische Schriftstellerin, deren Buch „Die Waffen nieder!" (1889) weltbekannt wurde.

Durch dieses Buch wurden der Friedensidee weite Kreise gewonnen. B. v. S. regte die Stiftung des Friedensnobelpreises an, den sie 1905 erhielt.

Swasiland, Königreich in Südafrika, mit 499 000 E (vorwiegend Bantu); 17 363 km². Die Hauptstadt ist *Mbabane* (14 000 E). Die Wirtschaft um-

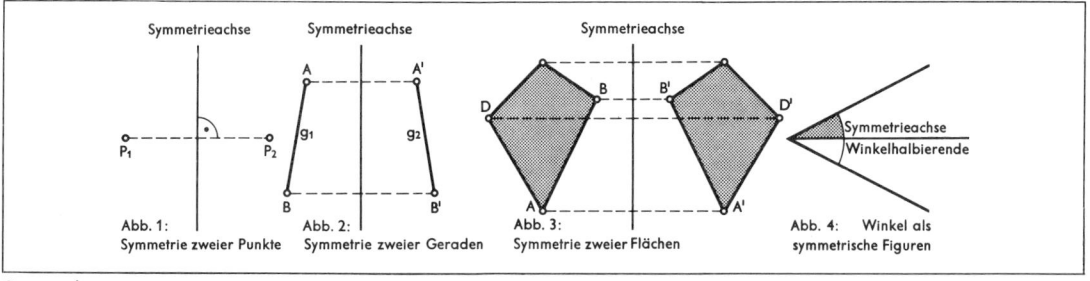

Abb. 1: Symmetrie zweier Punkte
Abb. 2: Symmetrie zweier Geraden
Abb. 3: Symmetrie zweier Flächen
Abb. 4: Winkel als symmetrische Figuren

Symmetrie

faßt den Anbau von Mais, Reis, Zuckerrohr, Südfrüchten u. a., Viehzucht u. die Gewinnung von Eisenerz, Asbest, Kohle u. Gold. – S. wurde 1907 britisches Protektorat u. 1968 unabhängig. S. ist Mitglied des Commonwealth, der UN u. OAU. Es ist der EWG assoziiert.

Sweben (Sueben) *Mz.*, Verband westgermanischer Stämme, die ursprünglich im Gebiet zwischen Elbe und Oder saßen. Die Hauptgruppe stellten die Semnonen. Nach und nach verließen verschiedene Gruppen diesen Raum (↑Markomannen, ↑Quaden und Stämme unter ↑Ariovist). Im 3. Jh. n. Chr. drangen neue Stämme, die Alemannen, nach Südwestdeutschland vor, die den Namen S. zum Teil beibehielten (heute: Schwaben).

Swift, Jonathan [*swift*], * Dublin 30. November 1667, † ebd. 19. Oktober 1745, irisch-englischer Schriftsteller. S. war ein großer Spötter. Bittere Enttäuschung über die Menschen erfüllte ihn. Seine harte Kritik galt besonders den Verhältnissen in England und Irland zu seiner Zeit. Eines seiner satirischen Werke ist durch geschickte Bearbeitung ein berühmtes Jugendbuch geworden: „Gullivers Reisen"; S. führt Gulliver in das Land der Zwerge, zu den Riesen u. den sprechenden Pferden.

Sydney [*βidni*], größte Stadt u. wichtigstes Handels- u. Verkehrszentrum (großer Hafen u. Flughafen) Australiens, an der australischen Südostküste, 52 000 E (mit Vorstädten 3 Mill. E). Die Stadt hat 3 Universitäten, Museen, Fernseh- u. Rundfunkstationen. S. ist reich an Industrie: Automobil-, Flugzeugbau, Werften, Zinkschmelze, Erdölraffinerien, chemische, Textil- u. Nahrungsmittelindustrie. – Abb. S. 584.

Sylt [*sült*], größte der nordfriesischen Inseln (99,2 km^2), in Schleswig-Holstein, mit 24 000 E. Die Insel wird im Sommer von zahlreichen Urlaubern besucht, die am Meer und in der Dünenlandschaft Erholung suchen. S. ist über den 1927 erbauten Hindenburgdamm vom Festland aus erreichbar.

Sylvensteinsee [*sil...*] *m*, Stausee der oberen Isar, in Bayern, 6,2 km^2.

Symbiont [gr.] *m*, Lebewesen, das mit Lebewesen einer anderen Art in ↑Symbiose lebt.

Symbiose [gr.] *w*, das Zusammenleben verschiedenartiger Tiere oder Pflanzen sowie von Tier u. Pflanze, wobei jeder Partner einen Nutzen hat. Beispiele: Flechten (Algen u. Pilze), Knöllchenbakterien an den Wurzeln von Hülsenfrüchtlern; Zusammenleben von Einsiedlerkrebs u. Seerose.

Symbol [gr.] *s*, Sinnbild; bedeutungsvolles Zeichen (Gegenstand oder Handlung) für einen [übersinnlichen] Begriff; in der Dichtung als in Sprache gefaßtes „Bild" mit über sich hinausweisender Bedeutung. Beispiele sind das Kreuz (für die christliche Erlösung), die blaue Blume (für die romantische Poesie), Hammer u. Sichel (für die Solidarität von Arbeitern [= Hammer] u. Bauern [= Sichel]) usw. Wissenschaftliche Symbole sind z. B. die chemischen Symbole zur Bezeichnung der chemischen Elemente, die mathematischen Symbole zur Darstellung mathematischer Aussagen.

Symbolismus [gr.] *m*, Ende des 19. Jahrhunderts in Frankreich entstandene literarische Strömung, die v. a. auf die europäische Lyrik wirkte. Es soll nicht mehr die sogenannte Wirklichkeit dargestellt werden, sondern die geheimnisvollen Beziehungen zwischen den Ideen, Dingen und Menschen. Die bedeutendsten französischen Symbolisten sind Baudelaire, Rimbaud, Verlaine, Mallarmé.

Symmetrie [gr.] *w*, Gleichmaß, Ebenmaß; Spiegelungsgleichheit; die Eigenschaft zweier Punkte, zweier Geraden oder zweier flächenhafter Figuren, die sich durch Klappen um eine

Jonathan Swift

Gerade, die sogenannte Symmetrieachse (Achsensymmetrie), oder durch Drehung um einen Punkt, den sogenannten Zentralpunkt oder das sogenannte Symmetriezentrum (Punktsymmetrie), zur Deckung bringen lassen. Auch zwei Körper können symmetrisch sein. Sie besitzen dann an Stelle der Symmetrieachse eine Symmetrieebene. Als symmetrische Figuren bezeichnet man solche Figuren, die sich durch eine Achse in zwei symmetrische Teilfiguren gliedern lassen oder die durch Drehung um einen festen Punkt in sich selbst übergeführt werden können.

Sympathie [gr.] *w*, Zuneigung, Wohlwollen, das oft als unmittelbares Angesprochensein durch einen anderen Menschen erlebt wird, aber auch in der Gleichgerichtetheit der Anschauungen u. des Verhaltens begründet ist.

Symptom [gr.] *s*, Anzeichen, Merkmal; häufig wird S. im Zusammenhang mit Krankheiten verwendet (das Gelbwerden der Haut weist als S. auf Gallen- und Leberkrankheiten hin).

Synagoge [gr.] *w*, Versammlungsstätte der Juden zu Gebet u. Belehrung. Der Betraum liegt in der Regel eine Stufe unter dem Bodenniveau, die Gebetsrichtung weist nach Jerusalem, die Frauen haben einen abgesonderten Teil auf der Empore oder in einem Anbau. Der Baustil ist sehr unterschiedlich, je nach der Bauweise des Landes, in dem die Juden wohnen.

synchron [gr.], gleichzeitig, gleichlaufend, aufeinander abgestimmt.

synchronisieren [gr.], allgemein: zwei oder mehrere Vorgänge aufeinander abstimmen. In der Filmtechnik z. B. ist Synchronisieren das Abstimmen von Ton u. Bild bei nachträglicher Vertonung oder bei Übertragung des Films in eine andere Sprache.

Syndikat [gr.] *s*: **1)** Zusammenschluß von Unternehmen der gleichen Branche, wobei das S. den Absatz für die beteiligten Unternehmen übernimmt; **2)** Bezeichnung für Verbrecherorganisationen in den USA, die als Geschäftsunternehmen getarnt sind.

Synkope [gr.] *w*, in der Musik die Betonung eines sonst unbetonten Taktwertes (also nicht, wie die Regel, des ersten Taktwertes).

583

Synkope

Synkope [gr.] w, Ausfall eines unbetonten Selbstlautes zwischen Mitlauten im Wortinnern, z. B. Abwickelung u. Abwicklung; auch der Ausfall einer Senkung im Vers.

Synode [gr.; = Zusammenschluß] w, in der katholischen Kirche Versammlung z. B. der Bischöfe (*Bischofssynode*) oder der Geistlichen u. gewählten Laien eines bestimmten Gebietes, die theologische u. kirchliche Fragen beraten u. gegebenenfalls darüber Beschlüsse fassen; oft gleichbedeutend mit ↑Konzil. In der evangelischen Kirche die Versammlung von Geistlichen u. gewählten Laien, die u. a. über Fragen der kirchlichen Selbstverwaltung beraten u. beschlußfähig sind.

Synonyme [gr.] s, Mz., bedeutungsähnliche oder -gleiche Wörter, die in einem bestimmten Textzusammenhang trotz gewisser Nebenbedeutungen, inhaltlicher u./oder stilistischer Unterschiede gegeneinander ausgetauscht werden können, sofern der begriffliche Kern der Aussage gleichbleibt. S. können sowohl dem Wechsel des Ausdrucks als auch zur Verdeutlichung, Erweiterung, Verstärkung u. Abschwächung dienen (z. B. Gesicht, Antlitz, Angesicht, Visage; Fabrik, Werk, Betrieb). Ihre Verwendung ist abhängig von der jeweiligen Angemessenheit hinsichtlich der Sache, des Darstellungszwecks u. des Mitteilungsempfängers. Tucholsky charakterisierte durch synonymische Ausdrucksweise folgendermaßen die damalige soziale Struktur Berlins: Berlin S *arbeitet*, Berlin N *jeht uff Arbeet*, Berlin O *schuftet*, Berlin W *hat zu tun*. – Es gibt auch landschaftliche S., z. B. in Süddeutschland „schaffen" für „arbeiten" (er geht schaffen); Gegensatz ↑Antonym.

Syntax [gr.; = Zusammenordnung] w (auch Satzlehre), der Teil der Grammatik, der Bau u. Gliederung des ↑Satzes behandelt.

Synthese [gr.] w: **1)** Zusammenfügung einzelner Teile zu einem Ganzen; so gelingt z. B. eine S., wenn jemand zwei gegensätzliche Behauptungen durch eine neue gedankliche Wendung zu einer Einheit zusammenfassen kann; **2)** in der Chemie der Aufbau eines Stoffes aus einfacheren Stoffen (aus chemischen Elementen, Rohstoffen, organischen u. anorganischen Grundstoffen). Die Herstellung gelingt bei Anwendung bestimmter chemischer Verfahren, die Bedingungen schaffen, unter denen die Ausgangsstoffe sich verbinden können.

Syphilis [nlat.] w, die gefährlichste Geschlechtskrankheit. Zunächst bildet sich ein hartes, bald zerfallendes Knötchen an der Ansteckungsstelle; danach kommt es zu zerstörerischen Veränderungen an Haut, inneren Organen, Knochen, Gehirn u. Rückenmark. Hervorgerufen wird die S. durch winzige schraubenförmige Organismen, übertragen wird sie fast immer durch Geschlechtsverkehr mit einem an S. erkrankten Partner. Wer sich mit S. angesteckt hat, ist gesetzlich verpflichtet, zur Behandlung einen Arzt aufzusuchen.

Syrakus (ital. Siracusa), Stadt an der Südostküste von Sizilien. Ihre 121 000 E leben v. a. von Fischfang, Salzgewinnung u. Mühlenbetrieb. S. ist eine Gründung der Griechen u. war im Altertum, besonders im 5.–3. Jh. v. Chr., größer als heute. Aus der Antike sind u. a. erhalten: ein Theater aus dem 3. Jh. v. Chr. u. eine Burg, wahrscheinlich aus dem 4./3. Jh. v. Chr.

Syrien, Republik in Vorderasien, mit 7,8 Mill. E (88 % Araber); 185 180 km². Die Hauptstadt ist Damaskus. S. erstreckt sich vom Mittelmeer bis in die Syrische Wüste im Südosten u. nach Mesopotamien im Nordosten. Das Land besteht größtenteils aus wüsten- u. halbwüstenhaften Ebenen, die von Gebirgen durchzogen sind. Die Hauptanbaugebiete liegen an der Mittelmeerküste, in Flußoasen sowie um Damaskus. Angebaut werden Getreide, Hülsenfrüchte, Wein, Tabak, Feigen u. a., am Euphrat besonders Baumwolle. Die ↑Nomaden wandern nach wie vor mit großen Herden. Die Erdölfelder u. alle wichtigen Industriebetriebe sind verstaatlicht. Für die Erdölleitungen, die aus Irak u. Saudi-Arabien durch S. zum Mittelmeer führen, erhält S. Gebühren. *Geschichte:* Semitische Völker sind seit dem 3./2. Jahrtausend in S. ansässig und wurden nacheinander von den großen Reichen des Orients beherrscht (Ägypten, Mitannireich, Hethiterreich, Assyrien, Babylonien, Persien). 333 v. Chr. wurde S. von Alexander dem Großen erobert, 64 v. Chr. wurde es römische Provinz. Von tiefgreifender Wirkung war die Einnahme Syriens durch die Araber im 7. Jh. n. Chr.; 1517 wurde S. türkisch. 1920 wurde es französisches Mandat, 1944 endgültig unabhängig. 1958–61 war S. mit Ägypten vereinigt. 1967 u. 1973 war es an den arabisch-israelischen Kriegen beteiligt. S. ist Mitglied der Arabischen Liga u. der UN.

System [gr.] s, einheitliches u. geordnetes Ganzes. Der Begriff wird in verschiedenen Bereichen verwendet; z. B. bedeutet S. in der Philosophie, daß ein Philosoph jeder seiner Überlegungen einen festen Platz in bezug auf alle übrigen zugewiesen hat, so daß sich alles zu einem in sich stimmenden Ganzen fügt. In der Biologie gibt es ein S. der Pflanzen u. Tiere (Linnésches System), in das diese nach ihrer Verwandtschaft eingereiht sind. Häufig spricht man von einem Regierungssystem und meint damit die jeweilige Staatsform eines Landes.

Szene [gr.] w: **1)** Schauplatz einer Theateraufführung, Bühne; **2)** Auftritt in einem Drama, Schauspiel, im Film u. Fernsehen, in der Oper usw., der meistens von anderen Szenen abgegrenzt ist durch das Auftreten oder Abtreten einer oder auch mehrerer Personen; übertragen gebraucht man das Wort im täglichen Leben besonders für irgendeine ungewöhnliche Situation, aber auch für jede augenblickliche Lage (Straßenszene) oder für einen sozialen Bereich, der durch bestimmte Aktivitäten u. einheitliche Verhaltensweisen gekennzeichnet ist, z. B. Popszene.

Szylla (Skylla) w, nach der Schilderung von Homer ein sechsköpfiges Meeresungeheuer, das in einer Meerenge (eventuell ist die Straße von Messina gemeint) zusammen mit der ↑Charybdis die Seefahrer bedrohte.

Sydney. Als neues Wahrzeichen der Stadt gilt das auf der Landzunge Bennelong Point errichtete Opernhaus. Im Hintergrund die 520 m lange Harbour Bridge

T

T, 20. Buchstabe des Alphabets.

t, Abkürzung für: **1)** Temperatur; **2)** Tempus (Formelzeichen für die Zeit); **3)** ↑Tonne (Einheit der Masse).

Tabak [span.] *m*, krautiges Nachtschattengewächs mit stiellosen Blättern u. Kapselfrüchten. Die Blüten stehen in Rispen. Die großen, ovalen Blätter enthalten wie alle anderen Pflanzenteile (außer den Samen) ↑Nikotin. T. wird heute weltweit in den tropischen, subtropischen u. gemäßigten Zonen angebaut, v.a. die Arten *Virginischer T.* u. *Bauerntabak.*

Tabelle [lat.] *w*, listenmäßige, übersichtliche Zusammenstellung von Zahlenwerten, meist in Spalten nach bestimmten Gesichtspunkten geordnet.

Tabernakel [lat.] *s* auch *m*, in katholischen Kirchen ein kunstvoll gearbeitetes Gehäuse, in dem das ↑Allerheiligste aufbewahrt wird.

Tabu [auch: *tabu;* polynes.] *s*, bei Naturvölkern das Verbot, bestimmte Gegenstände zu berühren, gewisse Speisen zu essen, bestimmte Orte zu betreten u. ähnliches; auch Personen (z. B. Häuptlinge, Krieger, Gebärende) können *tabu* sein. Tabuvorstellungen beruhen auf dem Glauben an ein *Mana*, an eine geheimnisvolle, übernatürliche Kraft in bestimmten Dingen, Tieren oder Menschen. Die Übertretung eines Tabus hat nach diesem Glauben Unheil u. Strafe zur Folge. Bisweilen wird derjenige, der ein T. bricht, vom ganzen Stamm geächtet. – Im übertragenen Sinne wird das Wort auf Verbotenes angewendet oder auf Sachverhalte, über die „man" nicht spricht.

Tachometer [gr.] *s*, Geschwindigkeitsmesser an Fahrzeugen (mit einem Kilometerzähler verbunden); auch als Drehzahlmesser z. B. an Zentrifugen.

Tacitus, Cornelius, * um 55, † nach 115, römischer Geschichtsschreiber. In den „Annalen" und „Historien" beschreibt er die Geschichte Roms u. der römischen Kaiser vom Tode des Augustus (14 n. Chr.) bis zum Tod Domitians (96). In seiner „Germania" schildert er Land, Sitten und Gebräuche der Germanen.

Tadschikistan, Unionsrepublik im Süden der UdSSR, mit 3,5 Mill. E. Die Hauptstadt ist *Duschanbe* (448 000 E). T., ein Hochgebirgs- u. Bergland, besitzt zahlreiche Bodenschätze (Erdöl, Zink-, Blei-, Wolfram- u. andere Erze). Es werden Baumwolle, Getreide, Reis u. Wein angebaut (z. T. künstliche Bewässerung); bedeutend sind ferner die Schaf- u. die Seidenraupenzucht. Die Industrie stellt v.a. Textilien u. Nahrungsmittel her.

Tadsch Mahal *s*, Mausoleum bei Agra (Indien); berühmtes Grabmal, das der indische Großmogul Schah Dschahan für seine Lieblingsfrau 1630–48 errichten ließ.

Tafelberg *m*, Berg mit ebener, oft weit ausgedehnter, tafelartiger Gipfelfläche.

Taft [pers.] *m*, steifer Seidenstoff mit sehr feinen Querrippen (heute auch aus Chemiefasern).

Tagebau *m*, Form des Bergbaus, bei dem die Bodenschätze von der Erdoberfläche aus gewonnen werden. Zunächst wird die über den Bodenschätzen liegende Erddecke (Deckgebirge) abgetragen. In Deutschland wird im T. vorwiegend Braunkohle gewonnen.

Tagebuch *s*, persönliche Aufzeichnungen, die man täglich oder in kurzen Abständen niederschreibt; auch das Buch oder das Heft, das diese Aufzeichnungen enthält. Ereignisse, die dem Verfasser wichtig erscheinen, Erlebnisse u. Beobachtungen, Beschreibungen u. Gedanken sind der Inhalt. Wegen der Unmittelbarkeit der Schilderung u. des Erlebens u. wegen der künstlerischen Möglichkeiten, die darin liegen, fand das T. auch in die Literatur Eingang: als Tagebuchroman (z. B. W. Raabes „Chronik der Sperlingsgasse") oder als künstlerisch gestaltetes T., das auf wirklichen Erlebnissen beruht (z. B. Goethes „Italienische Reise"). Neben literarischen Tagebüchern beanspruchen auch solche von Politikern u. Wissenschaftlern (auch von Schauspielern) breiteres Interesse.

Tagraubvögel *m, Mz.*, veraltete Bezeichnung für ↑Greifvögel.

Tagundnachtgleiche ↑Äquinoktium.

Tahiti, größte der ↑Gesellschaftsinseln, mit 79 000 E. Der Hauptort ist *Papeete* (25 000 E). Die gebirgige, großenteils mit tropischem Regenwald bedeckte Insel besteht aus 2 Teilen, die durch eine schmale Landenge verbunden sind. Angebaut werden Vanille, Zuckerrohr, Bananen. Kopragewinnung u. Perlfischerei sind weitere Einnahmequellen der Bevölkerung. Berühmt wegen seiner landschaftlichen Schönheit, wird T. von vielen Fremden besucht.

Taifun [chin.-engl.] *m*, Bezeichnung für in Südostasien auftretende Wirbelstürme, die oft starke Verheerungen verursachen.

Taiga [auch: *taíga;* russ.] *w*, der russisch-sibirische Teil der nördlichen Nadelwaldzone (im westlichen Teil finden sich auch Laubbäume, Birken u. Espen, nach Osten hin hauptsächlich Lärchen). Mit etwa 6 000 km Länge u. einer Breite bis über 2 000 km stellt die T., die häufig versumpft ist, das gewaltigste Waldgebiet der Erde dar. Es wird erst langsam erschlossen. Die wichtigsten Verkehrsmittel sind Flugzeug u. Schiff. Neben reichen Bodenschätzen ist die Pelztierjagd bedeutsam.

Taipeh, Hauptstadt von Taiwan, im Norden der Insel, mit 2,1 Mill. E. In T. gibt es 6 Universitäten. Die Industrie umfaßt Hüttenwerke, Maschinen- und

Tadsch Mahal

585

Taiwan

Fahrzeugbau, Zementfabriken, chemische u. Nahrungsmittelindustrie. Hafen für T. ist Keelung.

Taiwan (Formosa), Inselrepublik vor der südostchinesischen Küste, mit 35 981 km² etwa so groß wie Baden-Württemberg, mit 16,7 Mill. E (Chinesen). Die Hauptstadt ist Taipeh. Das dicht bewaldete Gebirgsland, das bis 3 997 m ansteigt, liefert Holz u. Kampfer. An Bodenschätzen hat T. Kohle, Erdöl, Erdgas u. Gold. Hauptwirtschaftsgebiet ist das fruchtbare Küstenland (besonders der Westen u. Nordwesten der Insel). Die wichtigsten landwirtschaftlichen Erzeugnisse sind Reis u. Süßkartoffeln, für den Export Rohrzucker, Spargel, Pilze, Bananen, Ananas u. Tee. Nach Japan ist T. der wichtigste Industriestaat Ostasiens. T. exportiert u. a. Fernseh- u. Rundfunkgeräte, Wirkwaren, aber auch komplette Fabrikanlagen. Eine weitere Erwerbsquelle ist der Fischfang (vor allem an der Ostküste). Die Haupthäfen sind Keelung u. Kaohsiung. – T. wurde 1683 chinesisch, 1895 japanisch und 1945 erneut chinesisch. 1949, nach der Niederlage im chinesischen Bürgerkrieg, floh die nationalchinesische Regierung nach T., wo 1950 die Republik China (meist als „Nationalchina" bezeichnet) ausgerufen wurde. T. war bis 1971 Mitglied der UN. – Abb. S. 588.

Tajo [*taeho*] (portug. Tejo) *m*, mit einer Länge von 1 008 km der längste Fluß der Iberischen Halbinsel. Er entspringt in der Serranía de Cuenca (Spanien) u. mündet bei Lissabon (Portugal) in den Atlantischen Ozean. Im Sommer trocknet er weitgehend aus; schiffbar sind nur etwa 210 km des Unterlaufs. Für die künstliche Bewässerung spielt er eine große Rolle. Die Stromschnellen des T. werden für Wasserkraftwerke genutzt.

Takelung *w* (auch Takelage oder Takelwerk), Sammelbezeichnung für die Teile eines Segelschiffes, die zur Ausnutzung der Windkraft dienen. Die T. besteht aus *Rundhölzern* (z. B. Masten, Spieren u. Rahen), *stehendem u. laufendem Gut* (z. B. Hanfseile zum Setzen u. Bergen der Segel) u. den ↑ Segeln.

Takt [frz.] *m*: **1)** Schicklichkeitsgefühl, Feingefühl, Rücksichtnahme. Das Verhalten eines Menschen, der es vermeidet, andere in Verlegenheit zu bringen, nennt man *taktvoll* (Gegensatz: *taktlos*); **2)** in der Musik die abgemessene Bewegung der Töne nach einem bestimmten Zeitmaß; auch die Gruppe oder Zusammenfassung der einzelnen Takteinheiten. In der Notenschrift werden die Gruppen durch *Taktstriche* getrennt; die Grundregel dabei ist, daß der Schwerpunkt des Taktes hinter dem Taktstrich liegt (im ³/₄-Takt ist das erste Viertel schwer, das zweite und dritte Viertel sind leicht; ↑ auch Synkope; **3)** bei Verbrennungsmotoren der einzelne Arbeitsgang während des Kolbenlaufs im Zylinder, z. B. vier Takte beim Viertakt-Ottomotor (↑ Kraftwagen).

Taktik [gr.] *w*: **1)** die Kunst der Truppenführung auf dem Gefechtsfeld (im Unterschied zur ↑ Strategie); **2)** kluges, planmäßiges Vorgehen, um eine bestimmte Absicht zu verwirklichen.

Talar [lat.] *m*, ein weites u. langes Gewand, das als Amtstracht von Geistlichen, Richtern, Rechtsanwälten und z. T. (bei festlichen Gelegenheiten) von Hochschullehrern getragen wird.

Talent [gr.] *s*, altgriechische Gewichtseinheit (meist das attische T. von 26,196 kg) u. Geldeinheit.

Talent [gr.] *s*, Anlage zu überdurchschnittlichen geistigen oder körperlichen Fähigkeiten auf einem bestimmten Gebiet, eine besondere Begabung.

Taler *m*, ehemalige deutsche Silbermünze (zuerst Guldengroschen genannt); als Reichstaler mit einem Wert zwischen 21 u. 30 Groschen; wichtige Handelsmünze des 16. u. 17. Jahrhunderts.

Talg *m*, körnig-feste Fettmasse, die aus dem Fettgewebe von Rindern u. Schafen ausgeschmolzen wird u. als Speisefett oder zur Herstellung von Seifen u. Kerzen verwendet wird.

Talisman [arab.] *m*, Gegenstand, der gegen Schaden u. Zauber schützen u. Glück bringen soll.

Talk [arab.] *m*, farbloses bis hellgrünes, fettglänzendes Mineral, das aus Magnesium, Silicium u. Sauerstoff besteht (Magnesiumsilicat). Meist ist T. etwas wasserhaltig. Das blätter- oder schuppenförmige Mineral wird wegen seiner geringen Härte, seines hohen Schmelzpunktes u. seiner Beständigkeit gegen Säuren v. a. als Hochtemperaturschmiermittel verwendet. In gemahlener Form (*Talkum*) wird es bei der Papier-, Gummi- u. Textilherstellung verwendet, ferner als Bestandteil von wetterfesten Farben, Seifen, Schminken u. Streupuder.

Talleyrand, Charles Maurice de [*talärãɡ*] (T.-Périgord), * Paris 2. Februar 1754, † ebd. 17. Mai 1838, französischer Staatsmann. Er war 1797–1807 Außenminister Frankreichs und unterstützte den Staatsstreich Napoleons I., lehnte aber dessen Eroberungspolitik ab. Nach Napoleons Niederlage setzte er sich für die Rückkehr der Bourbonen (↑ Bourbon) ein und wurde erneut Außenminister. Durch seine meisterhafte Politik auf dem ↑ Wiener Kongreß erreichte er die Gleichberechtigung Frankreichs als europäische Großmacht.

Talmi [frz.] *s*, vergoldeter Tombak (Legierung mit 72–95 % Kupfer u. Zink). Im übertragenen Sinn bedeutet T. „Unechtes".

Talmud [hebr.; = Lehre] *m*, religiös-rechtliches Literaturwerk der Auslegung des biblischen Gesetzes

Charles Maurice de Talleyrand

(Thora) durch Rabbiner und der Gesetzesüberlieferung in nachbiblischer Zeit. Zwei bedeutende Sammlungen: der „T. des Landes Israel" aus dem 4. Jh. u. der umfangreichere „babylonische T." aus dem 6. Jh., der als T. schlechthin gilt. Die Auslegungen des Alten Testaments im T., die für die Juden verbindlich ist, trug zu ihrem Zusammenhalt in der ↑ Diaspora wesentlich bei.

Talsperre *w*, künstlicher Stausee, der dadurch entsteht, daß ein Flußtal durch Dämme oder Mauern (Staumauern) abgesperrt wird. Talsperren dienen zur Gewinnung elektrischer Energie (Wasserkraftwerke, die das Gefälle nutzen), zum Schutz vor Überschwemmungen z. B. während der Zeit der Schneeschmelze, zur Regelung des Wasserstandes in schiffbaren Flüssen u. zur Trinkwasserversorgung. Die größte deutsche T. ist die Bleilochtalsperre der Saale (Fassungsvermögen: 215 Mill. m³, Stauseefläche: 9,2 km²).

Tamarisken [vulgärlat.] *w*, *Mz.*, Sträucher oder Bäume mit kleinen, schuppenförmigen Blättern. Die rosafarbenen Blüten stehen in Trauben. Die Rinde u. die Gallen mancher Arten enthalten Gerbmittel. Einige T. werden als Ziersträucher angepflanzt. – Abb. S. 588.

Tampon [frz.] *m*, Bausch aus weitmaschigem, dünnem Baumwollgewebe (Mull) oder Watte, der zum Stillen oder Aufsaugen von Blutungen (auch der Regelblutung), zum Ausstopfen von Wundhöhlen oder zum Heranbringen heilender Salben an schwer zugängliche Körperstellen dient.

Tandem [lat.-engl.] *s*, ein Fahrrad für 2 Personen mit 2 hintereinanderliegenden Sitzen u. 2 Tretkurbelpaaren.

Tang [nord.] (Seetang) *m*, derbe, im Meer lebende Rot- u. Braunalgen. T. wird u. a. als Ersatzfuttermittel, zur Füllung von Matratzen u. Kissen u. zur Gewinnung von Jod-, Kali- u. Bromsalzen verwendet. – Abb. S. 588.

Tanganjika ↑ Tansania.

Tanganjikasee *m*, ein rund 660 km langer Süßwassersee im Zentralafrikanischen Graben, der zu Tansania,

Burundi, Sambia u. Zaïre gehört. Sein Wasserspiegel liegt 773 m ü. d. M. Der T. ist bis 1 435 m tief. Er entwässert zum Kongo. Der Fischfang ist für die anwohnende Bevölkerung von großer wirtschaftlicher Bedeutung. Auf dem See besteht Schiffsverkehr.

Tangente [lat.] w, eine Gerade, die eine Kurve oder gekrümmte Fläche in nur einem Punkt berührt.

Tanger, Hafen- u. Handelsstadt in Marokko, an der Straße von Gibraltar, mit 188 000 E. In der mauerumgebenen Altstadt (Medina) stehen die Große Moschee (17. Jh.) u. der ehemalige Sultanspalast (17. Jh. u. später); nach 1906 entstand die Neustadt. Die Industrie stellt Fischkonserven, Textilwaren, Seife u. a. her; ferner gibt es Schiffbau. – T. war vom 15. bis zum 17. Jh. nacheinander portugiesisch, spanisch u. britisch; 1684 brachte es der Sultan von Marokko unter seine Herrschaft. 1912 wurde die Stadt mit ihrem Umland internationale Zone (1940–45 war T. von Spanien besetzt), 1956 kam T. wieder an Marokko.

Tango [span.] m, südamerikanischer Volkstanz im $^2/_4$- oder $^4/_8$-Takt; seit etwa 1910 ist er als Gesellschaftstanz in Europa verbreitet. Typisch sind der Synkopenrhythmus (↑Synkope) u. der Figurenreichtum.

Tank [engl.] m: **1)** geschlossener Behälter für Flüssigkeiten oder Gase;

Talsperre. Bogengewichtsstaumauer am Oberlauf der Piave in Italien

Talsperre. Hohlpfeilerstaumauer des Olefstausees in der Eifel

2) veraltete Bezeichnung für ↑Panzer 2).

Tanker [engl.] m (Tankschiff), ein Schiff zum Transport von Flüssigkeiten, v. a. von Erdöl. Der Schiffsrumpf ist in einzelne Tanks unterteilt, die durch Rohrleitungen untereinander verbunden sind. Da die Transportkosten um so geringer sind, je größer das Fassungsvermögen des Tankers ist, werden Riesentanker bis etwa 500 000 t gebaut. Verunglückte T. richten durch das Auslaufen von Öl nach Schiffsunglücken häufig unermeßliche Schäden an; ↑auch Ölpest. – Abb. S. 588.

Tanne w, ein bis 80 m hoher immergrüner pyramidenförmiger Nadelbaum, v. a. auf der nördlichen Halbkugel. Die glatte Borke ist grau. Die Nadeln zeigen unten meist zwei weißliche, mit Wachs gefüllte Rinnen. Die Samenzapfen stehen aufrecht. Bei der Reife fallen die Schuppen ab. Das Holz gilt als wertvolles Bauholz.

Tansania [auch: ...nia], Republik in Ostafrika, mit 16,1 Mill. E; 945 087 km². Die Hauptstadt ist *Daressalam* (517 000 E). T. besteht aus den beiden Landesteilen *Tanganjika* (auf dem Festland) u. *Sansibar* (gebildet aus den Inseln ↑Sansibar u. Pemba). Tanganjika steigt von der tropischen schmalen Küstenzone zu einer savannenbedeckten Hochebene auf, die von Gebirgen u. Vulkanstöcken (Kilimandscharo) überragt ist. Die Landwirtschaft ist der wichtigste Wirtschaftszweig: Es werden u. a. Kaffee (wichtigstes Exportgut), Baumwolle, Sisalagaven u. Tee, an der Küste Zuckerrohr angebaut; bedeutend ist die Viehzucht auf den Hochebenen (Rinder, Ziegen, Schafe). Die vorhandenen Bodenschätze (Kohle, Erze) werden bisher nur wenig genutzt; eine Ausnahme bildet die Diamantenförderung. Die Industrie ist noch sehr wenig entwickelt. In Sansibar werden 70 % der Welternte an Gewürznelken angebaut. *Geschichte:* Tanganjika wurde 1895 deutsches Schutzgebiet (es bildete den Hauptteil von Deutsch-Ostafrika), 1919 britisch u. 1961 unabhängige Republik. Sansibar, das seit dem Mittelalter arabisch war u. dann die Besitzer mehrfach wechselte, wurde 1963 unabhängig u. kurz darauf Volksrepublik. 1964 schlossen sich beide Staaten zur Vereinigten Republik von Tanganjika u. Sansibar zusammen, der Staatenname T. wurde im Oktober 1964 gewählt. – T. ist Mitglied des Commonwealth, der UN u. OAU. Es ist der EWG assoziiert.

Tantal [gr.] s, Schwermetall, chemisches Symbol Ta, Ordnungszahl 73; Atommasse rund 181. T. ist ein hartes, zäh-elastisches, graues Metall, das man bei genügender Reinheit schmieden u. walzen kann. Wegen seines hohen Schmelzpunktes (2 996 °C) u. seiner großen chemischen Widerstandsfähigkeit kann T. in vielen Fällen an Stelle von Platin (das teurer ist) verwendet werden. T. ist ein relativ seltenes Metall. Es kommt meistens zusammen mit dem ihm verwandten Niob vor, von dem es nicht leicht zu trennen ist.

Tantalus, Gestalt der griechischen Sage, ein kleinasiatischer König. Er setzt den Göttern seinen Sohn zur Speise vor, um ihre Allwissenheit zu erproben. Diesen Frevel muß er in der Unterwelt büßen: Er steht bis zum Kinn im Wasser, über ihm hängen Zweige mit Früchten, aber er leidet ständig Hunger u. Durst, da die Früchte u. das Wasser vor ihm zurückweichen, wenn er versucht, sie zu erreichen. Daher kommt die Bezeichnung *Tantalusqualen* für besonders starke Leiden.

Tanz m, von Musik begleitete rhythmische Bewegungen des Körpers. Sie können seelische Zustände ausdrücken, dramatische Vorgänge wiedergeben oder, v. a. als Paar- u. Gruppentanz, der gesellschaftlichen Unterhaltung dienen. – Als ursprüngliche Lebensäußerung des Menschen ist der T. bei Naturvölkern weit verbreitet u. meist mit zauberisch-religiösen Vorstellungen verknüpft: u. a. Tiertänze, Fruchtbarkeitstänze, Maskentänze, Kriegstänze. Auch bei den Kulturvölkern war der T. zunächst eine Handlung, die magischen Zwecken diente; Tänzer gestalteten Schicksale von Göttern u. Helden. Paartänze sind erst seit dem 14. Jh. bekannt. Seit etwa 1910 drangen amerikanische Tanzformen nach Europa, erneut nach 1945; ↑auch Ballett.

Taoismus [chin.-nlat.] m, von ↑Laotse ausgehende Lehre, die, mit ostasiatischen philosophischen Lehren vermengt, eine chinesische Volksreligion war.

Tapete [gr.-lat.] w, Wandbekleidung, meist aus Papier. Besonders wertvolle Tapeten bestehen aus Naturfasern, Stoff oder Leder.

Tapioka ↑Maniok.

Tapire [indian.] m, Mz., Familie der Unpaarhufer in Mittel- und Südamerika sowie in Südostasien. T. werden bis 1,2 m schulterhoch u. 1,8–2,5 m lang. Ihr Körper ist plump u. kurzbeinig. Nase u. Oberlippe sind miteinander verwachsen u. zu einem kurzen Rüssel ausgezogen. Die Jungtiere zeigen meist eine streifige Fleckenzeichnung. T. sind Dämmerungstiere, sie leben meist in Wäldern. Sie sind stammesgeschichtlich eine sehr alte Tierform. – Abb. S. 589.

Taranteln [ital.] w, Mz., bis etwa 5 cm lange Wolfsspinnen im Mittelmeergebiet, wo sie Erdröhren bewohnen. Nachts jagen sie Insekten, die sie mit ihrem giftigen Biß lähmen. Ihr Biß ist für den Menschen schmerzhaft, aber ungefährlich.

Tarif [arab.] m, Verzeichnis der Preis- beziehungsweise Gebührensätze

Tarifvertrag

◀ Tamariske

Tang. Sägetang (Braunalgenart)

Tang. Kammtang (Rotalgenart)

für bestimmte Lieferungen u. Leistungen, z. B. Eisenbahn-, Zoll- und Lohntarif. – Der **Tarifvertrag,** der zwischen einem Arbeitgeber beziehungsweise einem Arbeitgeberverband u. einer Gewerkschaft abgeschlossen wird, regelt arbeitsrechtliche Beziehungen zwischen den Sozialpartnern (Arbeitnehmer u. Arbeitgeber). Er hat die Wirkung eines Gesetzes, wenn Arbeitgeber u. Arbeitnehmer Mitglieder der jeweiligen Tarifvertragspartei sind. Für andere Arbeitsverhältnisse gilt der Tarifvertrag grundsätzlich nur bei entsprechender Vereinbarung im Arbeitsvertrag. Der *Manteltarif* (*Rahmentarif*) enthält allgemeine Bestimmungen (z. B. über Arbeitszeit, Urlaub, Nachtarbeit), die für längere Zeiträume gelten und die Grundlage für Arbeitsverträge bilden. *Lohn- u. Gehaltstarife* werden für kürzere Zeiträume abgeschlossen, um von Zeit zu Zeit (heute meist jährlich) neue Vereinbarungen treffen zu können. Den Gewerkschaften steht im Kampf um bessere Bedingungen für die Arbeitnehmer (mehr Geld, mehr Urlaub, Verkürzung der Arbeitszeit, besserer Kündigungsschutz u. a.) als äußerstes Mittel der ↑Streik zur Verfügung (dem die von der Gewerkschaft vertretenen Arbeitnehmer in einer Urabstimmung zustimmen müssen).

Tarimbecken s, steppen- u. wüstenhaftes Hochbecken (zwischen 780 u. 1 300 m ü. d. M.) im Westen Chinas. Den größten Teil nimmt die Sandwüste Takla Makan ein. An ihrem Nordrand fließt der *Tarim*, ein Fluß von 2 030 km Länge, der im Sumpfgebiet um den Salzsee Lop Nor versiegt. In den Randgebieten des Tarimbeckens liegen Oasen (Ackerbau, Viehzucht). Durch diese Gebiete führen auch bedeutende Handelswege.

Tartarus m, in der griechischen Sage Teil der Unterwelt, Aufenthaltsort der Dämonen u. Büßer.

Taschenrechner m, nach dem Prinzip der Computer arbeitendes Rechengerät, das durch die Verwendung ↑integrierter Schaltungen in kleiner, handlicher Form gebaut werden kann. Die Anzeige der mit Hilfe einer Tastatur eingegebenen u. der errechneten Werte erfolgt meist acht- oder zehnstellig mit Leuchtziffern (Leuchtdiodenanzeige, LED) oder als Flüssigkristallanzeige (LCD). Man unterscheidet einfache T., mit denen sich nur die vier Grundrechenarten ausführen lassen, T. mit Funktionstasten (für die Berechnung von Prozenten, Wurzeln, trigonometrischen Funktionen usw.), T. mit Speichern (in denen sich Zwischenergebnisse speichern u. wieder abrufen lassen) u. programmierbare T., in die man bestimmte Rechenprogramme zur Durchführung komplizierter Berechnungen eingeben kann. – Abb. S. 590.

Taschkent, Hauptstadt von Usbekistan, UdSSR, mit 1,7 Mill. E. Sie ist der kulturelle u. wirtschaftliche Mittel-

Taiwan. Zuckerrohr wird vor dem Abtransport gebündelt

Tanker. Öltanker „Batillus"

588

Taufe

Tapire.
Schabrackentapir

Tauchen.
Sporttaucher mit Unterwasserkamera

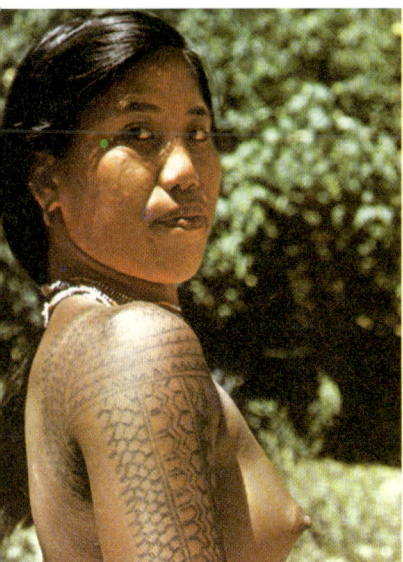

Tätowierung.
Mädchen aus dem Stamm der Kalinga auf den Philippinen mit Tätowierungen

punkt des sowjetischen Teils von Zentralasien. T. hat eine Universität, zahlreiche Hochschulen u. eine Akademie der Wissenschaften. Die Altstadt (mit vielen Moscheen) ist von orientalisch-ländlichem Charakter. Daneben besteht eine ausgedehnte Neustadt. Außer Maschinenbau (u. a. Landmaschinen) gibt es Baumwoll-, Nahrungsmittel- u. chemische Industrie.

Tasmanien, Insel vor der Südostküste Australiens, mit waldreichen Gebirgen und mit Grashochländern. Die 403 000 E bauen Getreide, Kartoffeln u. Obst an u. betreiben Schafzucht. Im Bergbau werden Zink-, Blei-, Kupfer-, Zinn- u. andere Erze gewonnen. Bedeutend sind die Nahrungsmittelindustrie (v. a. Obst- u. Fischkonserven) sowie die Woll- u. Lederindustrie. Die Insel wurde 1642 von dem niederländischen Seefahrer *Tasman* entdeckt. Seit 1901 bildet T. mit Nebeninseln das gleichnamige australische Bundesland.

Tastsinn *m,* die Fähigkeit, Berührungsreize aufzunehmen; diese werden meist über Tastsinnesorgane wahrgenommen. Fast alle Lebewesen haben einen Tastsinn.

Tataren *m, Mz.,* ursprünglich ein Reitervolk, das sich im Mittelalter u. in der frühen Neuzeit in der südrussischen u. westsibirischen Steppe aus Mongolen, Turkvölkern, Ostslawen u. Wolgafinnen gebildet hat. Heute leben die fast 6 Mill. T. in der Autonomen Tatarischen Sozialistischen Sowjetrepublik (Hauptstadt ↑Kasan), im Wolgagebiet, auf der Krim u. in Sibirien.

Tatform ↑Verb.

Tätigkeitswort ↑Verb.

Tätowierung (eigentlich Tatauierung) [tahit.] *w,* Muster oder Zeichnung auf der Haut. Die T. wird mit Farbstoffen in die Haut eingeritzt (*Stichtätowierung,* bei Südseevölkern) oder durch Narben angebracht (*Narbentätowierung,* bei afrikanischen Völkern). Sie dient als Schmuck, Abzeichen oder religiöses Symbol. Die Stichtätowierung ist auch unter Seeleuten verbreitet.

Tau *m,* Niederschlag in Form von kleinen Tröpfchen, die sich bei nächtlicher Abkühlung der Luft in Bodennähe an Bäumen, Gräsern, Blumen u. a. bilden. Bei Temperaturen unter 0°C entsteht *Reif.*

Tau *s,* dickes Seil.

Tauben *w, Mz.,* Familie meist mittelgroßer, kräftiger Vögel mit rund 300 Arten, die v. a. in Wäldern u. Baumsteppen leben. Ihr kurzer Schnabel besitzt am Grunde des Oberschnabels eine Wachshaut. T. sind geschickte und schnelle Flieger (↑auch Brieftauben). Ihr Nest bauen sie auf Bäumen oder in Höhlen. Die Jungen sind Nesthocker. Ihre erste Nahrung ist die Kropfmilch, die sich im Kropf der Eltern bildet. – Die aus der Felsentaube gezüchteten,

Haustaube

z. T. verwilderten Haustaubenrassen sind in den Städten teilweise zur lästigen Plage geworden.

Täublinge *m, Mz.,* Lamellenpilze mit einer oft farbigen Hutoberseite. Das Fleisch ist mürbe (ohne Milchsaft). Die Lamellen splittern beim Darüberstreichen. Die meisten einheimischen Arten sind eßbar, einige sind giftig.

Taubnessel *w,* Gattung der Lippenblütler mit rund 40 Arten, Kräuter oder Stauden mit gestielten oder stiellosen, gesägten oder gekerbten, manchmal nesselähnlichen Blättern u. weißen, gelben oder roten Blüten. Der Stengel ist hohl u. an vier Kanten durch rippenartige Längsstränge versteift.

Taubstummheit *w,* angeborene oder früh erworbene Taubheit, die das Erlernen des Sprechens verhindert bzw. eine bereits vorhandene Sprechfähigkeit rückbildet. Die Sprechorgane sind gesund, deshalb können Taubstumme bei intensiver Schulung durch Absehen vom Munde u. Nachahmung der Artikulationsbewegungen bis zu einem gewissen Grade sprechen lernen. Überwiegend verständigen sie sich aber durch die Zeichen der Hand- u. Fingersprache.

Tauchen *s,* man unterscheidet T. mit u. T. ohne Gerät. *Ohne Gerät* (mit Flossen, Maske u. Schnorchel) kann der Mensch etwa $1/2$ bis 3 Minuten bis etwa 40 m (Extremwert 100 m) tauchen. *Mit Gerät* kann die benötigte Luft durch Pumpen u. Schläuche von der Oberfläche zugeführt oder in Stahlflaschen mitgeführt werden. Die Tauchzeit wird begrenzt durch die mitführbare Luft, die Tauchtiefe durch den Wasserdruck. Eine der Gefahren beim T. in größere Tiefen ist die Anreicherung von Stickstoff im Körpergewebe. Beim Auftauchen muß das Gas allmählich über die Lunge ausgeatmet werden. Langsames Auftauchen ist deshalb erforderlich. Der Berufstaucher hat z. T. eine Taucherglocke oder ein Helmtauchgerät zur Verfügung.

Taufe *w,* das allen christlichen Kirchen gemeinsame ↑Sakrament, durch

Täufer

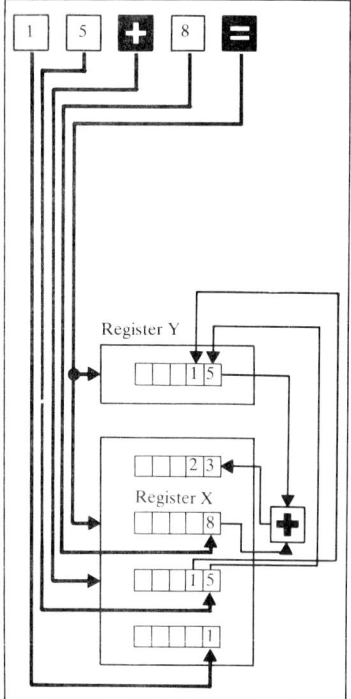

Taschenrechner. Verknüpfung zwischen Anzeigeregister X, Rechenregister Y und Rechenwerk (+) am Beispiel der Addition 15+8

das der Täufling in die Gemeinde aufgenommen wird. Im Urchristentum wurde nur der Erwachsene getauft, der durch Glaubensbekenntnis und Buße darauf vorbereitet war; heute ist allgemein die Kinder- bzw. Säuglingstaufe üblich. Die T. geht auf das im Neuen Testament überlieferte Wirken Johannes' des Täufers zurück u. knüpft direkt an den Taufbefehl Jesu an (Matthäus 28, 19).

Täufer *m, Mz.*, Angehörige einer Bewegung der ↑Reformation, die auf ehemalige Schüler Zwinglis zurückgeht u. in Zürich um 1525 entstand. Zwingli lehnte die T. ab u. nannte sie abschätzig Wiedertäufer, weil sie die Gemeinde nur durch die freiwillige Erwachsenentaufe begründet sahen. Das Täufertum ergriff zunächst die Schweiz u. breitete sich von dort über Oberdeutschland, Mähren u. Norddeutschland aus. In Münster in Westfalen errichteten die T. 1534 ein kurzlebiges „Reich", das bereits 1535 blutig niedergeworfen wurde. Das eigentliche Täufertum Menno Simons (1496–1561) führte zur Freikirche der ↑Mennoniten.

Taufliege (Essigfliege) *w*, bis 5 mm große Fliegenart; das wichtigste Versuchstier der Vererbungsforscher ist die 2,5 mm lange *Drosophila melanogaster*; sie eignet sich wegen der raschen Folge der Generationen dazu.

Taunus *m*, der südöstliche Teil des Rheinischen Schiefergebirges. Der T. besteht aus einer etwa 400 m hohen, bewaldeten Hochfläche, die sich langsam nach Nordwesten abdacht, u. einem höheren Quarzitrücken am Südrand, der steil zur Rhein-Main-Ebene abfällt. Die höchste Erhebung ist der Große Feldberg (878 m). Auf der Hochfläche wird Forst- u. karge Landwirtschaft betrieben. An den dichtbesiedelten Rändern finden sich viele Badeorte (Wiesbaden, Bad Soden am Taunus, Bad Homburg v.d.H., Bad Nauheim) u. Industrien.

Taurus *m*, junges Faltengebirge am Südrand u. im Osten von Kleinasien (Türkei) mit Gipfeln bis über 3 700 m Höhe. Der Ostaurus geht ins Hochland von Armenien über. Die stark beregneten Hänge tragen Laubwälder (Eichen, Platanen u. Nußbäume). Der Westtaurus hat reiche Chromerzvorkommen.

Tausendfüßer *m, Mz.*, wenige Millimeter bis fast 30 cm lange, bodenwohnende Gliederfüßer, mehr als 10 000 Arten. Der Kopf trägt ein Fühlerpaar, der Rumpf ist flügellos, langgestreckt u. in viele gleichförmige Ringe gegliedert, die je ein oder 2 Paar gegliederte Beine tragen (bis zu 340 Beinpaare). Die zu den Tausendfüßern gehörenden *Hundertfüßer* haben an ihrem ersten Rumpfbeinpaar eine Giftdrüse. Der Giftbiß größerer Arten ist schmerzhaft. – Abb. S. 592.

Tausendgüldenkraut *s*, krautiges Enziangewächs mit rosa, gelben oder weißen Blüten mit sehr langer Kronröhre. Das Echte T. wird als appetit- u. verdauungsförderndes Mittel verwendet.

Tausendschön ↑Gänseblümchen.

Tausendundeine Nacht, eine Sammlung von Märchen, Sagen, Abenteuer- u. Liebesgeschichten, die wahrscheinlich im 9. Jh. ins Arabische übersetzt wurde u. im 16. Jh. ihre heutige Form erhielt. Die meisten Geschichten sind persischen Ursprungs, beruhen aber auf einer indischen Vorlage. Am bekanntesten sind „Ali Baba u. die 40 Räuber", „Sindbad der Seefahrer" u. „Aladins Wunderlampe". Zusammengehalten werden die einzelnen Erzählungen von einer Rahmenhandlung: Die kluge *Scheherazade* unterhält mit ihren Geschichten ihren Mann, den Sultan, so gut, daß er von seinem Vorhaben abläßt, sie wie seine früheren Frauen zu töten.

Taxameter [lat.; gr.] *m*, ein automatisch arbeitender Fahrpreisanzeiger im ↑Taxi.

Taxi [lat.] *s*, Auto mit Chauffeur, das man für meist kürzere Strecken mietet; zu zahlen ist für die zurückgelegte Strecke (↑auch Taxameter).

Tb (Tbc) ↑Tuberkulose.

Teach-in [*titsch in*; engl.] *s*, eine Demonstration, deren Teilnehmer eine Diskussion in Gang setzen, um die Zuhörer auf Mißstände u. auf Mittel zu deren Beseitigung hinzuweisen (d. h. um sie zu „belehren"); ↑auch Sit-in.

Teakbaum [*tik...*; engl.] *m*, bis 50 m hoher Baum (Eisenkrautgewächs) mit bis 60 cm langen elliptischen Blättern. Seine Heimat ist Südostasien; heute wird er in vielen tropischen Gebieten angepflanzt. Das sehr harte u. dauerhafte *Teakholz* ist gelb bis dunkelgoldbraun (zum Teil streifig). Teakholz wird v. a. im Schiffbau u. für Möbel verwendet.

Team [*tim*; engl.] *s*, Arbeitsgruppe; Mannschaft (im Sport).

Teamwork [*tim"ö̈rk*] *s*, Gemeinschaftsarbeit, Gruppenarbeit; auch das gemeinsam Erarbeitete.

Technik [gr.] *w*, alle Maßnahmen, Objekte (Werkzeuge u. Maschinen) u. Verfahren, die vom Menschen zur sinnvollen Ausnutzung der Naturgesetze u. Naturprozesse sowie geeigneter Stoffe ergriffen, hergestellt bzw. angewendet werden (in der Produktion sowie im Bereich des Kommunikationswesens). Wichtige Meilensteine in der Geschichte der T. sind die Dienstbarmachung des Feuers, die Erfindung des Rades, des Pfluges, des Schießpulvers u. der Dampfmaschine, die Nutzbarmachung

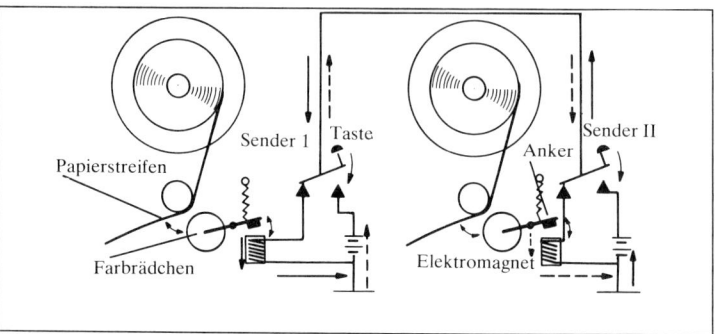

Telegrafie.
Schematische Darstellung der Morsetelegrafie mit zwei Sendern, die gleichzeitig auch als Empfänger dienen

der elektrischen Energie, die Entdeckung der Atomenergie sowie die Entwicklung von Mikroprozessoren.

Techniker [gr.] m, Mz., Personen, die als Fachkräfte auf verschiedenen Arbeitsgebieten tätig sind, z. B. Ingenieure (grad.) und Diplomingenieure nach der Ausbildung an Fachhochschulen, technischen Hochschulen u. Universitäten, aber auch andere Fachkräfte, die eine *Technikerschule* besucht haben.

technische Hochschule [gr.; dt.] w, Abkürzung: TH, wissenschaftliche Hochschule (heute oft technische Universität), deren Schwergewicht auf den Ingenieur- u. Naturwissenschaften liegt. Vertreten sind v. a. die Fachrichtungen Mathematik, Physik, Chemie, Maschinenwesen, Elektrotechnik, Architektur, Ingenieurbauwesen. Der Besuch einer TH wird mit einem Diplom abgeschlossen (z. B. Diplomingenieur); danach ist die Promotion (z. B. Dr.-Ing.) möglich.

Technologie [gr.] w, die Gesamtheit der Arbeitsvorgänge für bestimmte Aufgaben; Zweigebiet der Technik, das sich mit dem Ablauf eines Produktionsvorganges befaßt.

Tee [chin.] m: 1) (echter T.) die getrockneten, jungen Blätter u. Blattknospen des Teestrauches, die Koffein, Gerbstoffe u. ätherische (flüchtige) Öle enthalten. Auch das durch Aufbrühen der Blätter gewonnene Getränk wird als T. bezeichnet. In China wird T. seit dem 6. Jh. getrunken, in Europa ist das Getränk etwa seit der Mitte des 17. Jahrhunderts verbreitet. Es gibt schwarzen u. grünen T.; Abb. S. 592. 2) (Matetee) ein Aufguß aus den Blättern der Matepflanze, eines kleinen, immergrünen Strauches, der in Südamerika wächst; 3) allgemein ein Getränk aus Aufgüssen getrockneter Pflanzenteile, z. B. Pfefferminztee.

TEE m, Abkürzung für: Trans-Europ-Express; auf westeuropäischen Hauptstrecken eingesetzte, komfortabel ausgestattete Eisenbahnzüge, die der Schnellverbindung zwischen den bedeutendsten Städten dienen. Ein besonderer Fahrpreiszuschlag wird erhoben, die Züge führen nur 1. Klasse; ↑ auch Intercity-Züge.

Teenager [*tineˈdschᵉʳ*; engl.] m, ein Mädchen oder ein Junge im Alter (engl. *age*) von dreizehn („*thirteen*") bis neunzehn („*nineteen*") Jahren.

Teer m, eine bräunliche bis tiefschwarze zähflüssige Masse, die beim Erhitzen von Holz (Holzteer), Braunkohle (Braunkohlenteer, Schwelteer) oder Steinkohle (Steinkohlenteer) unter Luftabschluß entsteht. Früher hatte man bei dieser Hitzebehandlung der Brennstoffe nur die Gewinnung von ↑ Stadtgas u. Koks im Auge u. sah den dabei anfallenden T. als unerwünschtes Nebenprodukt an, das man allenfalls zum Straßenbau verwenden konnte. Heute ist T. (v. a. Steinkohlenteer) die Grundlage mehrerer chemischer Industriezweige. Die verschiedenen Bestandteile des Teers sind eine ausgezeichnete u. billige Ausgangsbasis für die künstliche Herstellung von Farbstoffen, Kraftstoffen, Lösungsmitteln, Arzneimitteln, Kunststoffen u. a.

Teheran, Hauptstadt von Iran, am Südfuß des Elbursgebirges, mit 4,5 Mill. E. Die Stadt hat mehrere Paläste (Kaiserpalast u. a.), viele Moscheen sowie Parks, eine Oper, Museen u. 5 Universitäten. Sie ist das Handelszentrum des Landes u. Sitz verschiedener Industrien (Textil-, Seiden-, Tabak-, Zucker-, chemische Industrie, Teppichknüpferei).

Teint [*täng*; frz.] m, Beschaffenheit oder Tönung der Gesichtshaut.

Tektonik [gr.-lat.] w, Lehre vom Aufbau der Erdkruste u. von den sich darin abspielenden Bewegungsvorgängen.

Tel Aviv-Jaffa, größte israelische Stadt, Hafenstadt am Mittelmeer, mit 368 000 E. Die Stadt hat eine Universität, Museen u. ein bedeutendes Theater, die Habima. Neben Nahrungs- u. Arzneimittelherstellung sowie Metall- u. Holzverarbeitung gibt es elektrotechnische und chemische Industrie. – 1950 wurde die alte Hafenstadt Jaffa mit der 1909 gegründeten Stadt Tel Aviv vereinigt.

Telefon ↑ Fernsprecher.

telegen ↑ fotogen.

Telegrafie [gr.] w, Nachrichtenübertragung mit Hilfe von besonderen Telegrafiezeichen (↑ Morsezeichen) oder mit Hilfe von Buchstaben (↑ Fernschreiber). Beim Bildtelegrafen werden Bilder in einzelne Punkte zerlegt, deren Helligkeitswerte dem Empfänger übermittelt u. dort wieder zu einem Bild zusammengesetzt werden.

Telegramm [gr.] s, durch Telegrafie übermittelte Nachricht. Das *dringende Telegramm* wird von der Post bevorzugt übermittelt u. befördert u. kostet die doppelte Gebühr.

Teleobjektiv [gr.-lat.] s, Linsensystem, das als Objektiv mit großer Brennweite die fotografische Aufnahme weit entfernter Gegenstände ermöglicht.

Telepathie [gr.] w, das außersinnliche Wahrnehmen von seelischen Vorgängen, die sich in einem anderen Menschen abspielen. Dies geschieht wohl in Form einer „Gedankenübertragung". Die T. ist wissenschaftlich nicht erklärbar. Meist tritt sie zwischen Menschen auf, die sich sehr nahestehen.

Teleskop [gr.] s, ein Fernrohr, bei dem (im Unterschied zum ↑ Refraktor) ein Hohlspiegel zur Bilderzeugung verwendet wird (Spiegelteleskop; ↑ Reflektor).

Tell, Wilhelm, Gestalt der schweizerischen Sage u. Schweizer Nationalheld. Er soll den tyrannischen Landvogt Hermann ↑ Geßler erschossen u. damit das Zeichen zum Aufstand gegen die Habsburger gegeben haben. Nach der Überlieferung tötete T. den Landvogt, nachdem dieser ihn gezwungen hatte, einen Apfel vom Kopf seines Sohnes zu schießen (der Apfelschuß ist ein Motiv der nordischen Sage). Außerhalb der Schweiz wurde die Gestalt Wilhelm Tells v. a. durch Schillers Schauspiel bekannt.

Temesvar [*témeschwar*] (rumän. Timişoara), rumänische Stadt im Banat, mit 269 000 E. Neben sehenswerten Kirchenbauten hat T. eine Universität u. andere Hochschulen. Die Industrie stellt Elektromotoren u. Transformatoren, Textil- u. Schuhwaren, Chemikalien u. Nahrungsmittel her.

Tempel [lat.] m, ursprünglich ein abgegrenzter heiliger Bezirk, dann der einem Gott oder auch mehreren Göttern geweihte Kultbau. Der älteste bekannte T. stammt aus dem 5. Jahrtausend v. Chr. (in Mesopotamien). Der *griechische T.* besteht aus einem langgestreckten u. fensterlosen Raum (Cella). Dieser ist durch Säulenreihen in mehrere (meist drei) Schiffe unterteilt. Hier steht meist das Götterbild. Vor der Cella liegt an der einen Schmalseite eine Vorhalle. Ihr entspricht gelegentlich an der anderen Schmalseite eine rückseitige Vorhalle. Umgeben wird der T. von einer Säulenreihe. Es gibt auch T., um die zwei Säulenreihen laufen u. solche, die nur an der Vorder- u. an der Rückseite je eine Säulenreihe haben. Der *römische T.* steht erhöht auf einem Podium. Er ist frontal angelegt, d. h. auf eine Vorderansicht hin. Eine Treppe führt an der Vorderseite zur Vorhalle. – Abb. S. 592.

Temperament [lat.] s, die für ein Individuum spezifische, relativ konstante Art des Fühlens, Erlebens, Handelns u. Reagierens. Herkömmlicherweise unterscheidet man *4 Temperamente: Sanguiniker* (lebhaft, heiter), *Choleriker* (reizbar, unbeherrscht), *Melancholiker* (schwermütig, trübsinnig), *Phlegmatiker* (schwerfällig, träge). Die neuere Psychologie stellt dieser Einteilung Einzelformen mit feineren Unterscheidungsmerkmalen entgegen.

Temperatur [lat.] w, ein Maß für den Wärmezustand eines Körpers. Hervorgerufen wird die T. durch die Bewegung der Moleküle bzw. Atome des Körpers. Je stärker sie sich bewegen, um so höher ist die T. (kinetische Wärmetheorie). Als absoluten Nullpunkt bezeichnet man die T., bei der sich die Moleküle bzw. Atome eines Körpers überhaupt nicht mehr bewegen. Der absolute Nullpunkt stellt also die tiefstmögliche T. überhaupt dar. Gemessen wird die T. zumeist in Grad Celsius (°C) oder in ↑ Kelvin (↑ auch absolute Temperatur). Fundamentalpunkte der Celsiusskala (↑ auch Celsius) sind der Schmelzpunkt (0 °C) u. der Siedepunkt (100 °C)

Templerorden

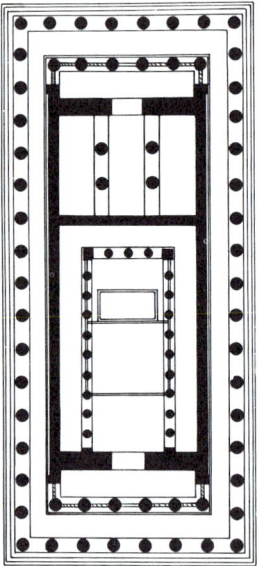

◀ Tempel. Grundriß des Parthenons auf der Akropolis von Athen

Tempel. Einer der antiken dorischen Tempel von Agrigent auf Sizilien

des Wassers bei Normaldruck. Der absolute Nullpunkt liegt bei −273,15 °C. Gemessen wird die T. mit einem ↑Thermometer.

Templerorden *m*, einer der großen geistlichen ↑Ritterorden. Er wurde 1119 in Palästina von französischen Rittern zum Schutze christlicher Pilger gegründet. Seine Mitglieder, die *Templer* oder *Tempelherren,* trugen einen weißen Mantel mit achtspitzigem rotem Kreuz. 1291 wurde der Orden nach Zypern verlegt. Daneben war er v. a. in Frankreich verbreitet. Er geriet dort in wachsenden Gegensatz zum französischen Königtum. Schwere Anschuldigungen, u. a. wegen angeblicher Ketzerei, führten dazu, daß zahlreiche Ordensangehörige verhaftet und z. T. verbrannt wurden. 1312 hob der Papst unter Druck den T. auf.

Tempo [ital.] *s:* **1)** Geschwindigkeit, Schnelligkeit, Hast; **2)** Zeitmaß, in dem ein Musikstück gespielt wird. Für die Tempoangabe werden in der Regel italienische Wörter benutzt, z. B. largo (sehr langsam), allegretto (etwas lebhaft), presto (schnell).

Temporalsatz ↑Umstandssatz.

Tendenz [lat.-frz.] *w*, Entwicklung in eine bestimmte Richtung (z. B. T. des Wetters) bzw. Betonung oder einseitige Wiedergabe einer Richtung (z. B. politische T. eines Theaterstücks, einer Berichterstattung); *tendenziös* heißt: etwas bezweckend, parteilich, einseitig (z. T. vergröbernd u. verfälschend).

Teneriffa (span. Tenerife), größte der Kanarischen Inseln, mit 552 000 E. Die größte Stadt ist *Santa Cruz de Tenerife* (163 000 E), die höchste Erhebung der Pico de Teide mit 3 718 m. Es werden Wein, Südfrüchte, Gemüse, Obst und Tabak angebaut. Weitere Wirtschaftszweige sind Fischfang, Spitzenherstellung u. Industrie (Erdölraffinerien, Schuh- u. Glasfabriken). Wegen des milden Klimas herrscht ein überaus reger Fremdenverkehr. – Abb. S. 593.

Tennis [engl.] *s*, ein Rückschlagspiel, das in seiner heute verbreiteten Form in England entwickelt wurde. Es wird auf einem 23,77 m langen u. 8,23 m breiten Spielfeld (Hart-, Zement- oder Rasenplatz, auch in Hallen gespielt) ausgetragen, das bei Doppelspielen an beiden Seiten durch je einen 1,37 m breiten Korridor vergrößert wird. Das in der Mitte an 2 Pfosten in Höhe von 1,06 m hängende Netz teilt den Platz in 2 Hälften. Gespielt wird mit nahtlosen, filzüberzogenen Gummihohlbällen (Durchmesser zwischen 6,35 u. 6,67 cm, Gewicht zwischen 56,7 u. 58,57 g). Der Schläger aus Holz, neuerdings auch aus Metall oder Glasfiber, mit Darm- oder Kunstsaiten bespannt, hat ein Gewicht von 10 englischen Unzen für Jugendliche und von 12 bis 14,5 Unzen für Erwachsene (1 Unze = 28,35 g). Ziel des Spiels ist es, den Ball im Feld des Gegners so zu placieren, daß diesem ein regelrechter Rückschlag nicht möglich ist. T. wird als Einzel, als Doppel (jeweils für Frauen u. Männer) u. als Mixed (↑gemischtes Doppel) gespielt. Wertung: Zu einem Sieg gehören normalerweise 2 (für Frauen u. Mixed immer) oder 3 Gewinnsätze. Ein Satz ist beendet, wenn eine Seite 6 Spiele (mit mindestens 2 Spielen Vorsprung) gewonnen hat; ein Spiel ist mit 4 Gewinnpunkten beendet: der 1. Punkt zählt 15, der 2. Punkt 30, der 3. Punkt 40; steht es beim 3. Punkt unentschieden 40:40 („Einstand"), wird so lange weitergespielt, bis ein Spieler 2 Punkte mehr als sein Gegner hat (nach dem 40:40 heißt der erste weitere Punkt „Vorteil", dann folgt entweder der Siegpunkt oder abermals „Einstand"). – ↑auch Tischtennis.

Tenno [jap.; = himmlischer Herrscher] *m*, Titel des japanischen Kaisers.

Tenor [lat.] *m*, Sinn, Inhalt (z. B. eines Schriftstücks), Verlauf (einer Sache). „Der T. (Sinn) seiner Rede war eine Anklage gegen die Gesellschaft".

Tenor [ital.] *m*, hohe Männerstimme. Je nach ihrem Klang werden Helden-, Charakter- u. lyrischer T. unterschieden.

Tentakel [lat.] *m* oder *s:* **1)** Körperanhang in Mundnähe bei wirbellosen Tieren (z. B. bei Tintenfischen). Die T. sind mit Sinnesorganen versehen u. dienen zum Aufspüren u. Ergreifen der Beute; **2)** Fanghaar, haarähnliche Blattausstülpung verschiedener fleischfressender Pflanzen (z. B. Sonnentau).

Teppich [gr.-lat.] *m*, Bodenbelag oder Wandbekleidung aus Textilien. Die Technik der geknüpften oder gewirkten Teppiche entwickelte sich im Orient. Die Teppichkunst erreichte v. a. in Persien einen außergewöhnlich hohen Stand. Die verbreitetste Art des Orientteppichs ist der *Knüpfteppich.* Dieser mit der Hand geknüpfte T. wird

Tausendfüßer. Schnurfüßer

Tee. Teesträucher in China

Terrakotta

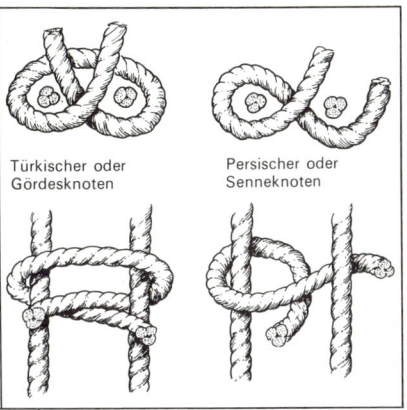

Teppich. Teppichknüpferei

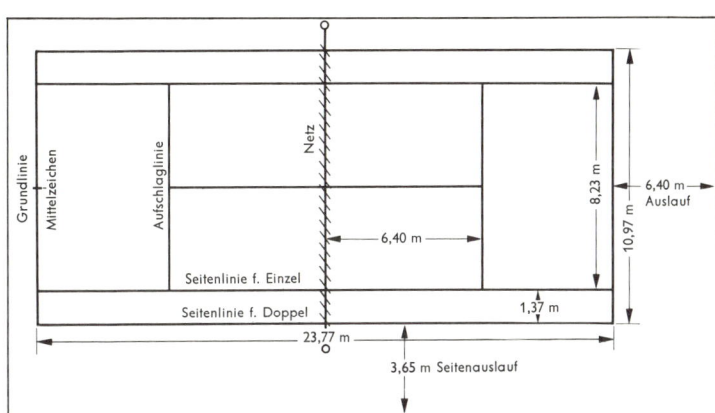

Tennis. Spielfeldmaße für Einzel- und Doppelspiel

an einem *Knüpfstuhl* gearbeitet. Zuerst werden die Längsfäden (*Kettfäden*) gespannt. Sie sind meist naturfarben (Schafwolle oder Baumwolle) u. müssen sehr kräftig sein, denn sie sind es, die dem T. seine Festigkeit und Haltbarkeit sichern. Nun werden mit Hilfe einer Webenadel für den Teppichrand einige Reihen Querfäden „eingeschossen"; der einzelne Querfaden wird als *Schuß* bezeichnet. Der Faden wird hin- u. hergeführt. Dann werden 2–5 cm lange farbige Fäden (meist Wolle) in das Grundgewebe eingeknotet (das farbige Muster des Teppichs). Die beiden Enden stehen nach oben u. bilden den sogenannten *Flor*. Wenn eine Reihe Knoten eingeknüpft ist, wird der Schuß durchgezogen u. die Knotenreihe mit einem kammähnlichen Gerät fest niedergedrückt. Knüpfreihe folgt nun auf Knüpfreihe. Je dichter und enger die Knotenreihe ist, desto fester u. wertvoller ist der T. Ein sehr grob geknüpfter T. hat pro m² eine Knotenzahl von etwa 15 000 Knoten, ein sehr fein geknüpfter T. etwa 200 000 Knoten. – Der *Wirkteppich* ist bei uns unter dem Sammelnamen Kelim bekannt. Das Kennzeichnende für diese Teppichart ist, daß auf seiner Vorder- u. Rückseite das gleiche Farb- u. Musterbild erscheint. – Neben den Orientteppichen gibt es eine Vielzahl anderer Teppicharten. Die bei uns hergestellten Teppiche sind maschinell angefertigt. Man unterscheidet im allgemeinen Teppiche ohne Flor (Haargarn u. a.), Teppiche mit aufgeschnittenen Noppen, d. h. Knoten (Veloursteppich), und Teppiche mit unaufgeschnittenen Noppen (Brüsseler Teppiche u. a.).

Termiten [lat.] *w, Mz.*, eine ursprünglich fast ausschließlich tropische Insektenordnung mit rund 2 000 farblos-weißen oder braunen Arten. Ihre Larven wachsen unter fortlaufenden Häutungen zum fertigen Insekt heran. T. leben meistens in Form hochentwickelter Staaten, die von einem König, einer Königin u. vielen Arbeiterinnen u. Soldaten gebildet werden. Zu bestimmten Zeiten entstehen geflügelte Geschlechtstiere, die sich auf einem Hochzeitsflug zu Paaren zusammenfinden. Anschließend werfen sie ihre Flügel ab u. bauen eine Hochzeitskammer. Damit beginnt die Anlage eines Termitenbaus. Die Nachkommen übernehmen sämtliche Aufgaben. Die Königin legt täglich mehrere tausend Eier. Termitenbauten werden als hohe Bauten (bis 7 m) aus Erde und Sekret angelegt oder als gekammerte Räume in Holz. T. sind lichtscheu, sie ernähren sich von tierischen und pflanzlichen Stoffen u. sind gefürchtet als Schädlinge an Nutz- u. Bauholz. Bekämpft werden sie durch Gifte, durch Sprengung u. Ausräuchern der Nester.

Terpentin [gr.] *s*, harzähnliche, honigfarbene Masse, die sich beim Anritzen von Kiefernarten an der Oberfläche abscheidet. Der wesentliche Bestandteil des Terpentins ist das Terpentinöl, das v. a. als Lösungs- bzw. Verdünnungsmittel für die Herstellung von Kautschuk u. a. verwendet wird. Terpentinartige Harze liefern auch andere Bäume.

Terpsichore, eine der ↑Musen.

Terrakotta [ital.; = gebrannte Erde] *w*, gebrannte Tonware, verwendet für Gefäße, Plastiken u. als Baumaterial. Höhepunkte der *Terrakottaplastik* mit meist kleinen, auch bemalten Figuren waren die frühe u. die nachklassische Kunst Griechenlands sowie die etruskische Kunst. Auch im Mittelalter

Termiten. Termitenhügel

Teneriffa. Pico de Teide

Terrier. Irischer Terrier

593

Terrarium

gab es bedeutende Werke der Terrakottaplastik, ebenso in der frühen Renaissance.

Terrarium ↑ S. 595.

Terrier [engl.] *m*, kleiner bis mittelgroßer, temperamentvoller Haushund mit länglich-schmalem Kopf u. meist kleinen, V-förmigen Ohren. Der T. wurde in England gezüchtet. – Abb. S. 593.

Territorium [lat.] *s*, Staats-, Hoheitsgebiet.

Terror [lat.] *m*, Schreckens-, Gewaltherrschaft, Unterdrückung.

Tertia [lat.] *w*, ursprünglich die 3. Klasse unter der Prima, später – unterteilt nach Unter- u. Obertertia – Bezeichnung für die heutige 8. u. 9. Klasse am Gymnasium.

Tertiär ↑ Erdgeschichte.

Tertiärbereich [lat.] *m*, umfaßt im Bildungswesen alle Hochschulen und besonderen Berufsausbildungsstätten, die auf Abschlüssen im Sekundarbereich (v. a. Abitur, Fachhochschulreife) aufbauen.

Terz [lat.] *w*, der dritte Ton einer Tonleiter (also e der C-Dur-Tonleiter) sowie das Intervall aus erstem und drittem Ton. Die *große T.* (Dur) besteht aus zwei Ganztönen (z. B. c–e), die *kleine T.* (Moll) besteht aus Ganz- u. Halbton (z. B. c–es).

Terzett [ital.] *s*, Komposition für 3 Singstimmen (meist mit Instrumentalbegleitung) oder für 3 Musizierende.

Tessin (ital. Ticino) *s*, südschweizerischer Kanton, mit 265 000 E. Die Hauptstadt ist *Bellinzona* (18 000 E). Die Bevölkerung spricht italienisch. Den größten Teil nehmen die *Tessiner Alpen* ein. Die für den Verkehr nach Italien wichtige Gotthardbahn verläuft im Tal des Flusses T.; der Lago Maggiore u. der Luganer See reichen in den Kanton hinein. In den Tälern werden Obst, Wein u. Tabak angebaut. Bedeutend ist der Fremdenverkehr. – Seit etwa 1400 zur Schweizer Eidgenossenschaft.

Tetanus [gr.] *m* (Wundstarrkrampf), schwere Krankheit, die durch das Eindringen von Tetanusbazillen in offene Wunden hervorgerufen wird. Die Krankheit äußert sich in Krämpfen der Gesichtsmuskeln, in schweren Fällen auch der Atemmuskulatur, was zum Tod durch Ersticken führen kann. Einer Ansteckung mit Tetanusbazillen kann durch eine *Tetanusschutzimpfung* vorgebeugt werden.

tetra..., Tetra... [gr.], Vorsilbe mit der Bedeutung „vier", so z. B. Tetragon = Viereck, Tetrapode = Vierfüßer, Tetrode = Elektronenröhre mit 4 Elektroden.

Tetrachlorkohlenstoff [gr.; dt.] *m*, eine farblose, nicht entflammbare Flüssigkeit, die als Lösungsmittel für Fette, Öle, Harze usw. dient. Verwendet wird T. auch als Fleckenwasser, zur chemischen Reinigung u. als Feuerlöschmittel.

Tetraeder [gr.] *s*, Vierflächner, ein regelmäßiger Körper, der von 4 gleichseitigen Dreiecken begrenzt wird.

Teufel *m*, Personifikation der widergöttlichen Macht. Die Gestalt des Teufels geht im christlichen Bereich auf den *Satan* im Alten Testament zurück u. ist mitbeeinflußt durch Vorstellungen anderer Religionen (Parsismus, griechische Religion). Der Teufelsglaube fand im Mittelalter seinen Höhepunkt.

Teutoburger Wald *m*, sehr schmaler, waldreicher Ausläufer des Weserberglandes, etwa 120 km lang. Die höchste Erhebung ist die *Velmerstot* (468 m). Der Überlieferung nach fand im T. W. 9 n. Chr. die Hermannsschlacht statt, in der ↑ Arminius die Römer schlug. Daran erinnert heute das nahe bei Detmold gelegene *Hermannsdenkmal* (rund 26 m hohe Figur auf einem 30,7 m hohen Rundtempel). Nicht weit davon befinden sich die *Externsteine*, die früher vielleicht ein germanisches Heiligtum waren; in einem der Felsen befindet sich eine Kapelle aus dem frühen 12. Jh., an der äußeren Felswand ein großes Relief der Kreuzabnahme. Heute ist ein Teil des Teutoburger Waldes Naturpark. – Abb. S. 596.

Teutonen *m*, *Mz.*, germanisches Volk an der Küste Jütlands u. der Elbmündung, das sich auf dem Weg nach Süden den Kimbern anschloß u. 102 v. Chr. von dem römischen Feldherrn Marius bei Aquae Sextiae (heute Aix-en-Provence, Südfrankreich) vernichtend geschlagen wurde.

Texas (Abkürzung: Tex.), Staat der USA, an der mexikanischen Grenze u. am Golf von Mexiko, mit einer breiten Küstenebene im Südosten und Sandsteinhochfläche des Llano Estacado im Nordwesten u. Ausläufern der Rocky Mountains im Westen; der größte Teil ist Prärieland. T. hat 12,2 Mill. E, die Hauptstadt ist *Austin* (252 000 E). T. ist in den USA der führende Staat in Baumwollanbau, Viehzucht (Rinder, Schafe). Erdöl- u. Erdgasgewinnung. – T. gehörte 1821–36 zu Mexiko u. war danach selbständig. Seit 1845 ist es Staat der USA.

Textilien [lat.] *Mz.*, aus natürlichen oder Chemiefasern hergestellte Waren für Bekleidungs-, Ausstattungs- u. industrielle Zwecke. Die *Textil- u. Bekleidungsindustrie* stellt Garne u. Stoffe her u. verarbeitet sie in Spinnereien u. Webereien, in Textilveredelungsbetrieben (Färbereien, Druckereien), in Strickereien u. Wirkereien sowie in Konfektionsbetrieben (↑ Konfektion).

Thailand (früher Siam), Königreich in Hinterindien, mit 44,0 Mill. E (99 % Thai); 514 000 km². Die Hauptstadt ist Bangkok. Kernzone ist die Ebene des Menam, die durch ein Gebirge von dem großflächigen Sandsteinplateau im Osten getrennt wird. Der Norden u. Westen sind gebirgig. Es herrscht tropisches Monsunklima. Haupterwerbsquelle ist die Landwirtschaft, an deren Spitze der Reisanbau steht. Weitere Anbauprodukte sind u. a. Mais, Maniok, Zuckerrohr; ferner wird Kautschuk gewonnen. Rinder (besonders Büffel) werden meist nur als Arbeitstiere gehalten. Die Wälder liefern Edelhölzer (u. a. Teakholz). Wirtschaftlich bedeutend sind auch die Hochsee- u. Binnenfischerei. Im Bergbau werden Zinn-, Wolfram-, Antimon- u. Eisenerze gefördert. – Das heute regierende Königshaus wurde 1782 durch General Chakkri (Rama I.) begründet. Das nach 1945 westlich orientierte Land wurde seit 1932 häufig von Militärregierungen beherrscht. Th. ist Mitglied der UN.

Thales von Milet, * um 625, † um 547 v. Chr., griechischer Philosoph. Leben u. Gestalt des Th. liegen im dunkeln, aber bereits Aristoteles nannte ihn den „Ahnherrn" der Philosophie: Th.

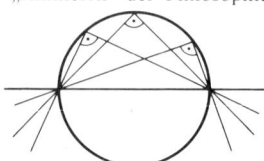

versuchte nämlich als erster, die Entstehung der Welt vernunftmäßig zu erklären. Der nach Th. benannte geometrische Lehrsatz (*Satz des Th.*) war bereits den Babyloniern bekannt (um 2000 v. Chr.); er besagt, daß alle Winkel, deren Scheitel auf einem Kreis liegen, dem sogenannten *Thaleskreis*, liegen u. deren Schenkel durch die Endpunkte eines Kreisdurchmessers gehen, rechte Winkel sind.

Thalia, eine der ↑ Musen.

Theater ↑ S. 597 f.

Theben: 1) griechische Stadt nordwestlich von Athen, mit 16 000 E, v. a.

Terrakotta. Etruskische Schale (6. Jahrhundert v. Chr.)

Fortsetzung S. 596

TERRARIUM

Ein Terrarium ist ein Behälter, in dem kleine Landtiere (v. a. Lurche, Kriechtiere u. kleinere Säugetiere) zur Beobachtung oder zum biologischen Studium gehalten werden. Ähnlich wie beim Aquarium will man das Leben u. Treiben der Tiere beobachten u. sich daran erfreuen.

In der Regel ist ein T. ein mehr oder weniger großes Rahmengestell aus Eisen oder Zink mit Glas- oder Fliegengitterwänden u. einem Deckel aus Maschendraht. Häufig wird auch ein entsprechend hergerichtetes Rahmenaquarium (↑ Aquarium) verwendet. In jedem T. ist der Boden mit einer Erdschicht (die Bezeichnung des Behälters bezieht sich auf lat. terra = Erde) bedeckt, die bepflanzt u. mit Steinen, Wurzeln u. a. versehen wird. Versteck- u. Unterschlupfmöglichkeiten sollten den Tieren geboten werden; auch eine Schale mit Wasser darf nicht fehlen. Sehr gut macht sich immer ein unregelmäßig geformtes, einzementiertes (u. damit natürlichen Gegebenheiten nahekommendes) Wasserbecken. Allerdings muß sein Wasser vier- bis fünfmal innerhalb einer Woche gewechselt werden, bevor man Tiere (z. B. zarte, durch Kiemen atmende Amphibienlarven) einsetzt. Ungebundene Stoffe aus dem Zement gehen sonst in das Wasser über u. schaden den Tieren.

Ein T. muß stets den Lebensbedürfnissen der darin gehaltenen Tiere entsprechend eingerichtet werden. Es ist deshalb oberstes Gebot, sich genau über das Leben seiner Pfleglinge zu informieren, bevor man ein T. anlegt. Dafür stehen Fachbücher u. Fachzeitschriften zur Verfügung. Hier können lediglich einige Richtlinien über die Lebensweisen der großen Tiergruppen gegeben werden, wobei jeweils ein oder mehrere bezeichnende Beispiele herausgegriffen u. näher besprochen werden.

Die *Lurche* (oder Amphibien) sind Landtiere, die aber oft, wenn auch jeweils nur kurz, Gewässer aufsuchen. Sie benötigen Wasser besonders während der Fortpflanzungszeit. Daneben lieben sie möglichst gleichmäßige Temperaturen, die bei einheimischen Arten +23 °C nicht wesentlich übersteigen sollen. Dementsprechend muß ein T. mit Lurchen feucht sein; es muß ein verhältnismäßig großes Wasserbecken enthalten, in dem sich die Tiere tummeln können. Auf keinen Fall sollte man es der prallen Sonne längere Zeit aussetzen. Will man sich zum Beispiel die gar nicht so seltenen, schön leuchtendgelb u. schwarz gefärbten Feuersalamander halten (die allerdings unter Naturschutz stehen, doch hin u. wieder im Handel erhältlich sind), so besorgt man sich aus einem nahegelegenen Wald eine Moosdecke u. einige Farne u. bepflanzt damit den Boden des Terrariums. Für mehrere Unterschlupfmöglichkeiten sollte gesorgt werden. Am besten stellt man ein T. mit Moosen u. Farnen in die Nähe eines günstig gelegenen Fensters, damit die Pflanzen genügend indirektes Licht erhalten. Man besprengt sie dann von Zeit zu Zeit, wobei Vorsicht geboten ist, weil das absickernde Wasser nicht ablaufen kann. Die Tiere fressen Regenwürmer u. kleine Nacktschnecken.

Für *Laubfrösche* eignen sich Farne als Terrarienpflanzen weniger gut. Hier muß man für feste Unterlagen sorgen (z. B. dickere Baumwurzeln, vielleicht mit kräftigen Pflanzen umrankt), auf denen die Tiere sitzen u. darauf lauern, daß Fliegen (als ihre Nahrung) in erreichbare Nähe kommen. Das „Laubfroschglas" (ein größeres, rundes Einmachglas) ist nicht geeignet (Tierquälerei).

Sehr empfindlich sind fast alle Lurche gegen Unreinlichkeiten. Man sollte deshalb stets für sorgfältige Entfernung von Kot u. Nahrungsresten sorgen u. das Wasser oft wechseln. Sonst können leicht Hautkrankheiten, die als „Molchpest" bezeichnet werden, auftreten, u. die Tiere können unter Umständen daran eingehen. Wie empfindlich manche Lurcharten sind, mag der (in Deutschland wohl kaum im Handel erhältliche) Grottenolm zeigen: Ihn stören selbst die Zinkböden u. der Mennigekitt der Terrarien, so daß er in einem Vollglasaquarium gehalten werden muß.

Ganz andere Bedingungen verlangen dagegen die *Kriechtiere* (oder Reptilien), für die v. a. Sonne u. Wärme lebensnotwendig sind. Auch sie gehen ab und zu gern ins Wasser. Die Paarung findet jedoch auf dem Lande statt. Die Eier werden meist in die oberste Bodenschicht gegraben, wo sie von den wärmenden Sonnenstrahlen „ausgebrütet" werden. Demnach muß ein Terrarium mit Kriechtieren möglichst warm gehalten werden u. in der Sonne stehen. Wo dies für längere Zeit nicht möglich ist, muß durch elektrische Lampen (besonders Ultraviolettlampen) ein entsprechender Ersatz geschaffen werden. Gerade ultraviolettes Licht ist für die Entwicklung u. das Wohlergehen der meisten Kriechtiere unbedingt notwendig. Die nicht seltenen Klagen, daß Tiere (wie junge Landschildkröten) eingegangen sind, lassen sich meist darauf zurückführen, daß Glasscheiben den Durch- u. Eintritt der ultravioletten Strahlen verhindern. Will man sich zum Beispiel eine Griechische Landschildkröte halten, so wäre es am besten, sich ein Freilandterrarium anzulegen. Man weiß seit langem, daß gerade solche Tiere die vitaminarme Jahreszeit (= Ruheperiode) im Freien besser überstehen als in Zimmerterrarien gehaltene. Die Meinung, daß man dabei auf Höhlen u. Unterschlupfmöglichkeiten verzichten könne, ist indessen völlig falsch. Während der heißen, sonnigen Mittagsstunden verkriechen sich die Tiere gern in die Erde. Besonders abends u. morgens wird ausgiebig gebadet, damit durch die Haut Wasser aufgenommen werden kann. Das Wasserbecken muß also groß genug sein. Im allgemeinen frißt die Griechische Landschildkröte gern Obst (Tomaten, Birnen, Pflaumen u. a.) und verschiedenes Grünzeug (Salat- u. Löwenzahnblätter). Auch Regenwürmer u. Schnecken werden gern angenommen. – Wenn die Nächte im Oktober kühler werden, holen wir unseren Pflegling ins Haus u. stecken ihn in eine mit schwach feuchtem Torfmoos gefüllte Kiste. Das Ganze kommt in einen dunklen Raum mit etwa +5 bis 7 °C. Nach dem Erwachen im Frühling ist es gut, das Tier in ein flaches Gefäß mit handwarmem Wasser zu setzen, damit es durch die Haut Wasser aufnehmen kann. Anschließend bekommt es zu fressen.

Sehr hübsch sind die meist recht kleinen *Wasserschildkröten*, die in einem Aquarium mit niedrigem Wasserstand gehalten werden können. Allerdings muß man für eine oder mehrere Inseln sorgen (am besten dickere, unregelmäßig geformte Baumwurzeln, die vorher etwa zwei Stunden auszukochen sind), auf die die Tierchen kriechen können. Wasserschildkröten fressen neben pflanzlichen Stoffen vorwiegend Fleisch, v. a. zerschnittene Süßwasserfische u. Regenwürmer (Herz u. Leber nur gelegentlich). Wichtig ist, daß man ihnen Garnelenschrot (Granat) reicht (wegen des Kalkgehaltes), damit es zur normalen Panzerausbildung kommt.

* * *

Theiß

ein landwirtschaftliches Handelszentrum. – Th. war im Altertum eine bedeutende Stadt u. im 4. Jh. v. Chr. vorübergehend die mächtigste Stadt Griechenlands, wovon Reste der mächtigen Burganlagen zeugen; **2)** ehemalige Stadt in Oberägypten, die im wesentlichen am rechten Ufer des Nils an der Stelle des heutigen Karnak und Luxor lag. Th. war zeitweise die Hauptstadt des Neuen Reiches (↑ägyptische Geschichte) u. religiöser Mittelpunkt des Landes. Westlich der alten Stadt befindet sich eine riesige Totenstadt mit dem Totentempel Sethos' I., dem Terrassentempel der Königin Hatschepsut, dem berühmten Tal der Könige (u. a. Grab des Tutanchamun) u. dem Tal der Königinnengräber.

Theiß (ungar. Tisza) w, linker Nebenfluß der Donau, 970 km lang. Er entspringt in zwei Quellflüssen in den Waldkarpaten, bildet teilweise die Grenze zwischen Rumänien und der UdSSR, durchfließt Ungarn und den Nordosten Jugoslawiens und mündet nördlich von Belgrad.

Thema [gr.] s: **1)** der Gegenstand, der in einem Vortrag, Aufsatz, Artikel usw. behandelt wird; Gesprächsstoff; Aufgabe; **2)** der musikalische Grundgedanke, der einem Tonstück (z. B. einer Fuge) oder den Teilen eines Tonstückes (z. B. den Sätzen einer Sinfonie) zugrunde liegt.

Themistokles, * Athen um 525, † Magnesia (Kleinasien) kurz nach 460 v. Chr., athenischer Feldherr u. Staatsmann. Th. setzte den Bau einer großen Flotte durch. 480 v. Chr. besiegte er in der Seeschlacht von Salamis die Perser. Von den Athenern wegen seines Hochmutes u. seiner Habgier verbannt, des

Hochverrats beschuldigt u. in Abwesenheit zum Tode verurteilt, trat er in die Dienste des Perserkönigs.

Themse w (engl. Thames), längster Fluß Großbritanniens, 346 km lang. Er durchfließt fast ganz Südengland von Westen nach Osten u. mündet in die Nordsee. Bis London ist die Th. für Seeschiffe befahrbar.

Theoderich der Große, * um 453, † Ravenna 30. August 526, König der Ostgoten seit 474. Mit Einverständnis des oströmischen Kaisers führte er sein Volk nach Italien, wo er ↑Odoaker besiegte. Er wählte Ravenna zu seiner Residenz (dort befindet sich sein Grabmal) u. errichtete ein starkes Germanenreich auf römischem Boden. Er war auf friedlichen Ausgleich zwischen Goten und Römern bedacht. Sein Ziel, eine Stabilisierung des westeuropäischen Staatengefüges, erreichte er nicht. – Als *Dietrich von Bern* wurde Th. ein Held der deutschen Sage.

Theodolit m, Gerät mit kleinem Fernrohr für die Geländevermessung. Mit dem einfachen Theodoliten werden waagerechte Winkel gemessen, ein Universalgerät hat noch einen Höhenteilkreis zur Bestimmung von Höhenwinkeln.

Theologie [gr.; = Rede, Lehre von Gott] w, wissenschaftliche Darstellung u. Entfaltung von religiösen Glaubensaussagen, deren Offenbarung, Überlieferung (Tradition) und Geschichte.

Theorie [gr.] w: **1)** Lehrmeinung, Lehre, die wissenschaftliche Erkenntnis von Tatsachen u. Zusammenhängen; **2)** die sich selbst genügende Erkenntnis ohne Rücksicht auf die praktische Anwendbarkeit.

Thermen [gr.] w, Mz.: **1)** (Thermalquellen) Quellen mit einer Wassertemperatur über 20 °C (ab 50 °C werden sie als *heiße Quellen* bezeichnet); **2)** öffentliche Badeanstalten der Antike, die vielfach mit Heißluftzentralheizung ausgestattet waren. Die ältesten sind griechische Th. aus dem 5./4. Jh.; bei den Römern waren sie sehr verbreitet.

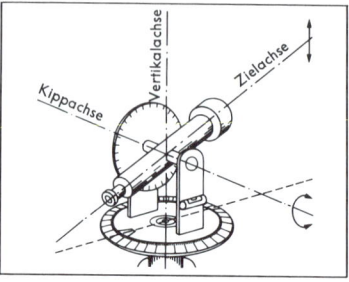

Theodolit mit Horizontalkreis und Höhenteilkreis

Thermik [gr.] w, warme Aufwinde, die durch Erwärmung der Erdoberfläche infolge Sonneneinstrahlung hervorgerufen werden. Die Segelflieger nutzen die Th. aus, um Höhe zu gewinnen; ↑auch Segelflug.

thermodynamische Temperatur ↑absolute Temperatur.

Thermometer [gr.] s, ein Gerät zur Messung der ↑Temperatur eines Körpers, das die Erscheinung ausnutzt, daß die meisten Stoffe sich beim Erwärmen ausdehnen. Das *Quecksilberthermometer* besteht aus einer engen, mit Quecksilber gefüllten Röhre, an deren unterem Ende sich ein kugelförmiges Vorratsgefäß befindet. Beim Erwärmen dehnt sich das Quecksilber aus, die Quecksilbersäule steigt in dem Glasrohr, beim Abkühlen sinkt sie. Das *Weingeistthermometer* enthält an Stelle des Quecksilbers gefärbten Alkohol. Das *Maximum-Minimum-Thermometer* registriert die höchste u. tiefste Temperatur während eines bestimmten Zeitabschnitts (meist eines Tages). Beim *elektrischen Widerstandsthermometer* wird zur Messung der Temperatur die Erscheinung genutzt, daß sich der Widerstand eines elektrischen Leiters mit der Temperatur ändert. Beim *Bimetall-*

Teutoburger Wald. Externsteine

Fortsetzung S. 598

THEATER

Das Wort Theater kommt aus der griechischen Sprache u. wird mit „Schaustätte" übersetzt. Ursprünglich verstand man darunter nur den Platz für die Zuschauer, später wurde auch die Bühne in diesen Begriff einbezogen. Heute versteht man unter Th. den Ort der Aufführung u. auch die Gesamtheit aller darstellenden Künste (Schauspiel, Oper, Operette, Ballett).

Das Th. der alten Griechen, mit ihm beginnt die Geschichte des europäischen Theaters, hatte seinen Ursprung in religiösen Spielen, die zu Ehren des Dionysos gefeiert wurden. Das Äußere des griechischen Theaters, das unter freiem Himmel lag, sah in groben Zügen etwa folgendermaßen aus: Räumliche Grundlage war der flache, kreisrunde Tanzplatz: die Orchestra, der Spielplatz des Chors. Dieser Chor führte ursprünglich Tänze zu Ehren des Gottes Dionysos auf, dessen Altar sich in der Mitte der Orchestra befand. Thespis, ein griechischer Dichter des 6. Jahrhunderts v. Chr., stellte dem Chor den ersten Schauspieler gegenüber. Thespis war es auch, der während der 61. Olympiade (die Zeit von 536/535 bis 533/532) die erste griechische Tragödie aufführte. Äschylus fügte später den zweiten, Sophokles den dritten Schauspieler hinzu (ein Schauspieler konnte mehrere Rollen übernehmen). Den Griechen waren übrigens nur männliche Schauspieler bekannt, die auch Frauenrollen spielten. Der Chor griff nun nicht mehr in die Handlung ein, sondern besang nur noch erläuternd das Geschehen auf der Bühne. Die Schauspieler trugen Masken u. Stiefel mit dicken Sohlen, sogenannte Kothurne. Um die Orchestra wurden Holzbänke, später auch Steinbänke als Zuschauerraum errichtet. Dieser Zuschauerraum wurde *Theatron* genannt. Eine Seite war von Sitzbänken frei. An dieser Stelle befand sich die *Skene* (aus diesem Wort ist Szene mit Wechsel der Bedeutung entstanden), das hölzerne Bühnengebäude, vor dem die Schauspieler auftraten. Das Th. der Römer war weitgehend von dem der Griechen beeinflußt, wenngleich auch eigene Vorstellungen im Theaterbau wie in der Schauspielkunst verwirklicht wurden. Eine Besonderheit der Römer war das *Amphitheater*, ein ovales Bauwerk mit festen Außenmauern u. ansteigenden Sitzreihen, die durch Gänge unterteilt waren. Der freie Platz in der Mitte, auf dem nur Fechterspiele u. Tierkämpfe, jedoch keine Theateraufführungen stattfanden, war von den Sitzen rings umgeben.

Das Th. des Mittelalters ist vom Th. der Antike völlig unbeeinflußt geblieben. Man fand auf ganz neuen Wegen zur Schauspielkunst. Aus der kirchlichen Liturgie (Gottesdienst, Prozessionen u. a.) entwickelte sich das geistliche Th., das von Bürgern, also Laienschauspielern, aufgeführt wurde. Bevorzugtes Thema war die Heils- u. Leidensgeschichte Jesu. Dem religiösen Charakter der Darbietungen entsprechend, fanden die Aufführungen im Chorraum der Kirche statt. Mit zunehmender Verweltlichung wurden die Kirchenspiele, die durch eine übergroße Fülle von Darstellern gekennzeichnet waren, auf den Marktplatz verlegt, wo man besondere Theatergerüste aufbaute. Bei rein weltlichen Spielen war man auf Säle, Scheunen, unbedeckte Hofräume usw. angewiesen. Die Schauplätze der Handlung lagen nebeneinander u. waren während der Aufführung immer sichtbar. Diese Art der Bühne nennt man *Simultanbühne*. Besonderer Beliebtheit erfreuten sich im Mittelalter die Fastnachtsspiele, die sich durch Derbheit u. Komik auszeichnen. Einige von ihnen werden noch heute gespielt. Seit dem 13. Jh. kennt man in England die sogenannte *Wagenbühne*, bei der die einzelnen Szenen auf mehreren Wagen nebeneinander aufgebaut waren. Seit dem 16. Jh. setzte sich in England die *Shakespearebühne* durch, bei der die Zuschauersitze rund um die kleine Bühne angeordnet waren. Zu dieser Zeit gab es auch die ersten festen Th. in geschlossenen Theaterbauten. Die Shakespearebühne hatte drei Spielebenen: ein rechteckiges, in den Zuschauerraum vorragendes Podium, eine schmale Hinterbühne und eine Ober- oder Balkonbühne. Bei der *Guckkastenbühne* ist der Spielort durch den Bühnenhintergrund u. die seitlichen Kulissen abgeschlossen, vom Zuschauerraum trennt sie ein Vorhang.

Das Th. der Moderne entwickelte sich bereits in der *Renaissance*. Neue szenische Möglichkeiten erschloß die Kulissenbühne. Nach u. nach fand man zu Effekten, die sich durch besondere Beleuchtung, schnell verstellbare Kulissen u. verschiedene Bühnenmaschinerien erzielen ließen. Der heute übliche äußere (eiserne) Vorhang ist aus sicherheitstechnischen Gründen aus Eisen u. außerdem mit einer Berieselungsanlage versehen. Die modernen Bühnensysteme, deren es verschiedene gibt (zwei werden im folgenden genannt), entstanden etwa seit der Mitte der 80er Jahre des 19. Jahrhunderts. Über der Bühne befindet sich unter dem Dach der sogenannte Rollenboden (meist fälschlich als Schnürboden bezeichnet), ein über den Bühnen liegendes Geschoß aus stählernen Trägern oder Fachwerken. In ihm sind alle oberhalb der Bühne liegenden maschinellen Einbauten untergebracht.

Am häufigsten wird die *Drehbühne* verwendet, eine maschinell bewegbare, kreisförmige Fläche, die fächerartig mit den einzelnen Szenen bebaut ist. Die Ausschnitte, die für die jeweiligen Szenen benötigt werden, gelangen durch Drehung der Scheibe vor die Bühnenöffnung. Schnelligkeit u. Geräuschlosigkeit des Szenenwechsels zeichnen dieses Bühnensystem aus. Es gibt kein zeitraubendes „Kulissenschieben"

Das Theater von Epidauros, erbaut im 3. Jahrhundert v. Chr., ist das besterhaltene antike Theater Griechenlands

Thermopylen

Theater (Forts.)

Drehbühne (Modell)

mehr. Bei der *Versenkbühne* wird die Verwandlung des Bühnenbildes durch maschinelles Heben oder Senken des Bühnenbodens erreicht. Die verschiedenen Bühnensysteme werden nicht nur unabhängig voneinander benutzt, sondern man versucht, durch Kombinationen das gesamte System zu verbessern.

Die *Schauspieler* standen in der Antike in sehr hohem Ansehen. Sie rückten zum Teil in hohe Ämter auf. Diese Einstellung hat sich im Mittelalter ins Gegenteil verkehrt. Man sah in den Schauspielern nur Herumtreiber, Possenreißer, was z. T. gerechtfertigt war und sich bis ins 18. Jh. nicht änderte. Vor allem Friederike Caroline Neuber (genannt die „Neuberin") u. Gotthold Ephraim Lessing waren es, die um eine Hebung der Schauspielkunst u. des Ansehens der Schauspieler bemüht waren, die, nach englischem Vorbild, Berufsschauspieler waren. Einigen hervorragenden Vertretern (z. B. in Deutschland Iffland u. Devrient) gelang es, für den ganzen Stand Wertschätzung beim Volk zu erlangen. Im 19. Jh. war das Th. Mittelpunkt allen gesellschaftlichen Lebens. Einige bedeutende Bühnen haben den Aufführungsstil von Theaterstücken entscheidend geprägt, so die Meininger, eine Schauspielergruppe des Meininger Hoftheaters (zwischen 1874 u. 1890), das v. a. um die historisch getreue Ausstattung bemüht war, oder das Wiener Burgtheater, das auch heute noch als eines der wegweisenden klassischen Th. gilt. Neben den Theatern, an denen heute Berufsschauspieler nach einer gründlichen Ausbildung wirken, gibt es Laienspieltheater sowie avantgardistische Theatergruppen, die auf Straßen, Plätzen usw. die Zuschauer in ihr Spiel einbeziehen oder zur Kritik herausfordern wollen.

* * *

thermometer wird zur Temperaturmessung die Verbiegung eines Bimetallstreifens verwendet. Der Bimetallstreifen ist aus 2 Metallen (bi... = zwei) zusammengeschweißt, die sich beim Erwärmen verschieden stark ausdehnen. Er biegt sich beim Erwärmen nach der Seite, auf der sich das Metall mit der geringeren Wärmeausdehnung befindet. Beim Abkühlen biegt er sich nach der entgegengesetzten Seite. Ein Hebelsystem überträgt die Verbiegung auf einen Zeiger, der die Temperatur auf einer Skala anzeigt.

Thermopylen *Mz.*, 7 km langer Engpaß in Mittelgriechenland, 40 km südlich von Lamia. Berühmt wurde er dadurch, daß hier ↑ Leonidas mit seinen Kriegern das persische Heer aufzuhalten versuchte.

Thermosflasche [gr.; dt.] *w*, ein Gefäß zum Warm- bzw. Kühlhalten von Speisen u. Getränken. Die Th. besteht aus einem doppelwandigen, innen verspiegelten Gefäß, das in einer mit wärmeisolierendem Stoff ausgekleideten Röhre steckt. Die Verspiegelung verhindert den Wärmeaustausch durch Wärmestrahlung. Der Raum zwischen den beiden Wänden des Glasgefäßes ist weitgehend luftleer gepumpt; dadurch wird eine Wärmeleitung verhindert.

Thermostat [gr.] *m*, eine Vorrichtung, mit der eine einmal eingestellte Temperatur selbständig aufrechterhalten wird. Der Th. besteht aus einem Temperaturfühler (Thermometer), das Heiz- bzw. Kühlgerät je nach Bedarf selbständig ein- oder ausschaltet. Thermostate werden u. a. in Kühlschränken, Bügeleisen u. bei Raumheizungen verwendet.

These [gr.] *w*, Lehrsatz, Behauptung (die noch bewiesen werden muß); ↑ auch Dialektik.

Theseus, griechische Sagengestalt, König von Athen. Th. vollbringt zahlreiche Heldentaten; u. a. tötet er den ↑ Minotaurus.

Thing (Ding) *s*, germanische Volks-, Gerichts- u. Heeresversammlung. Sie fand unter freiem Himmel statt u. stand unter einem besonderen *Thingfrieden*. In nordischen Ländern ist das Wort Th. noch heute Bestandteil der Bezeichnungen für das Parlament (z. B. Althing in Island, Storting in Norwegen).

Thoma: 1) Hans, * Bernau (Landkreis Waldshut) 2. Oktober 1839, † Karlsruhe 7. November 1924, deutscher Maler u. Graphiker. Sein umfangreiches Werk erwuchs aus seiner lebenslangen Bindung an die Schwarzwälder Heimat. Er malte Landschaften, Tier- und Figurenbilder; **2)** Ludwig, * Oberammergau 21. Januar 1867, † Rottach am Tegernsee (heute Rottach-Egern) 26. August 1921, deutscher Schriftsteller. Teils humorvoll, teils satirisch schildert er das bayrische Leben mit Angriffen auf spießbürgerliche Moral, politische Beschränktheit u. kirchliche Machtsprüche. Er schrieb u. a. die Komödie „Die Lokalbahn" (1902) u. die vielgelesenen „Lausbubengeschichten" (1905).

Thomas von Aquin, * Burg Roccasecca bei Aquino 1225 (1226?), † Fossanova 7. März 1274, mittelalterlicher Philosoph u. Theologe; 1323 heiliggesprochen. Th., der als Universitätslehrer in Paris, Köln, Bologna, Rom

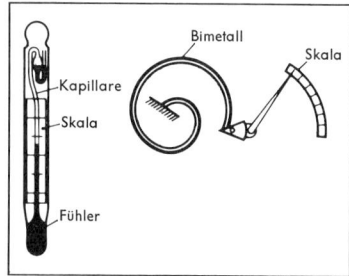

Thermometer. Quecksilberthermometer (links) und Bimetallthermometer

Tiefbau

u. Neapel wirkte, gilt als der bedeutendste Denker der ↑Scholastik; in seiner Lehre unterscheidet er zwischen den übervernünftigen Offenbarungswahrheiten, wie z. B. Dreieinigkeit und Menschwerdung Gottes, die nicht beweisbar sind u. in das Gebiet der Theologie gehören, und den der Philosophie zugehörenden, beweisbaren Wahrheiten, wie z. B. das Dasein Gottes u. die Unsterblichkeit der Seele. Die Lehre des Th. übt bis in die Gegenwart großen Einfluß auf die katholische Theologie aus.

Thomasmehl s, ein phosphorhaltiges Düngemittel, das als Abfallprodukt beim ↑Thomasverfahren anfällt.

Thomasverfahren s, von dem Engländer S. G. Thomas (1850–85) entwickeltes Verfahren zur Stahlerzeugung; dabei wird dem geschmolzenen Roheisen in der *Thomasbirne*, die mit Calcium- u. Magnesiumoxid ausgekleidet ist, durch eingepreßte Luft (u. Zugabe von Kalk) Kohlenstoff u. Phosphor entzogen. – Abb. S. 600.

Thor, bei den Nordgermanen Name für ↑Donar.

Thora [auch: *tora*; hebr.; = Lehre] w, das jüdische Gesetz, wie es in den 5 Büchern Mose enthalten ist (daher auch allgemein Bezeichnung für diese). Für gottesdienstliche Lesungen wird der Text auf einer Pergamentrolle (ebenfalls Th. genannt) aufgezeichnet.

Thorium [altnord.] s, chemisches Symbol Th, radioaktives Schwermetall, Ordnungszahl 90; Atommasse 232. Die Halbwertszeit des langlebigsten Isotops (Th 232) beträgt $1,39 \cdot 10^{10}$ Jahre; Th 232 ist das Anfangsglied einer radioaktiven Zerfallsreihe (↑Radioaktivität) u. wird auf diesem Wege in das Bleiisotop 208 umgewandelt. Da Th. häufiger vorkommt als Uran, wird es zunehmend in der Kernreaktortechnik verwendet. Weitere Verwendung findet Th. bei der Herstellung von Glühdrähten.

Thorn (poln. Toruń), polnische Stadt an der Weichsel, mit 149 000 E. Sehenswert sind die Baudenkmäler aus der Zeit des Deutschen Ordens (Kirchen, Rathaus, Stadtmauer u. a.). Th. hat eine Universität. In der Industrie werden u. a. Maschinen, Chemikalien und Nahrungsmittel hergestellt. – Die vom Deutschen Orden gegründete Stadt (Stadtrecht 1233) wurde 1466 polnisch, 1793 preußisch und fiel 1919 wieder an Polen.

Thrombose [gr.] w, Bildung fester Blutpfropfen (Blutgerinnsel), die Blutgefäße verstopfen u. dadurch eine *Embolie* hervrufen können.

Thukydides, *Athen zwischen 460 u. 455, †um 400 v. Chr., griechischer Geschichtsschreiber. Mit seinem Bestreben, die geschichtlichen Ereignisse genau, unparteiisch u. in ihrem inneren Zusammenhang darzustellen, wurde er zum Begründer der wissenschaftlichen Geschichtsschreibung. Er schrieb die „Geschichte des Peloponnesischen Krieges:" 1) (unvollendet).

Thule: 1) Ort an der Nordwestküste Grönlands, mit 750 E. Th. ist Handelsstation u. Luftstützpunkt der USA; 2) Name eines nicht näher bestimmten Gebietes; ↑Entdeckungen (Zur Geschichte der Entdeckungen).

Thunfisch (Gewöhnlicher Thunfisch, Roter Thunfisch) m, bis 5 m großer, meist jedoch wesentlich kleinerer, v. a. im Atlantischen Ozean u. in der Nordsee vorkommender, wertvoller Speisefisch. Der Rücken ist blauschwarz, die Körperseiten sind silbrig grau, der Bauch weiß. Der Th. wandert in Schwärmen, wobei Kleinfische als Nahrung verfolgt werden. Zur Laichzeit wandert er ins Mittelmeer.

Thurgau m, schweizerischer Kanton am Südufer des Bodensees, mit 185 000 E. Die Hauptstadt ist Frauenfeld. Der Kanton wird von der *Thur* (linker Nebenfluß des Rheins, 131 km) durchflossen. Die Wirtschaft umfaßt Viehzucht, Ackerbau, Obst- u. Gemüsebau, Textil-, Maschinen- u. Nahrungsmittelindustrie. – Der Th. wurde 1460 von den Eidgenossen erobert u. 1803 ein selbständiger Kanton.

Thüringen, Gebiet in der DDR, das etwa den Bezirken ↑Erfurt, ↑Gera u. ↑Suhl entspricht. Kerngebiet ist das *Thüringer Becken* zwischen Harz u. Thüringer Wald. Das lößbedeckte Innere des Beckens ist ein fruchtbares Ackerbauland (Weizen, Zuckerrüben). Im Norden liegt die fruchtbare Goldene Aue. Südlich des Beckens zieht sich der *Thüringer Wald* hin, ein waldreicher Gebirgszug mit dem Großen Beerberg (982 m) als höchster Erhebung; hier gibt es zahlreiche Luftkurorte sowie Spielwaren-, Glaswaren- u. Kleineisenindustrie. Vielseitige Industrie hat sich in den Städten entwickelt, u. a. Maschinen- und Fahrzeugbau in Eisenach u. optische Industrie in Jena. – Th., einst eine Landgrafschaft, wurde seit dem späten Mittelalter vielfach geteilt und zersplittert. 1920 wurden die Einzelgebiete zum Land Th. zusammengeschlossen (später noch erweitert). 1952 erfolgte die Aufteilung in Bezirke.

Thurn und Taxis, deutsches, ursprünglich aber oberitalienisches Geschlecht, das sich um das deutsche Postwesen verdient gemacht hat (↑Post).

Tiara ↑Krone.

Tiber (ital. Tevere) m, größter Fluß Mittel- u. Süditaliens, 405 km lang; entspringt im Etruskischen Apennin u. mündet südwestlich von Rom ins Tyrrhenische Meer. Er ist nicht schiffbar.

Tibet, größtes Hochland der Erde, in Zentralasien zwischen Kunlun im Norden u. Himalaja im Süden. T. gehört zu China (der größte Teil zur *Autonomen Region T.,* 1,5 Mill. E). Die Hauptstadt ist Lhasa. T. liegt durchschnittlich 4500 bis 5000 m ü. d. M. Zahlreiche Gebirgsketten durchziehen das Land. Auf den spärlich bewachsenen Hochflächen weiden Herden von Jaks, Wildeseln, Wildschafen u. Antilopen. Raubtiere (Bär, Wolf, Fuchs u. a.) sind häufig. Die Wirtschaft beruht vorwiegend auf nomadischer Viehhaltung (Schafe, Jaks, Pferde, Rinder). In jüngster Zeit entstanden einige Industriebetriebe. *Geschichte:* Im 7. Jh. vereinigten sich die tibetischen Stämme zu einem Reich. T. nahm den Buddhismus an, entwickelte ihn zum Lamaismus u. wurde im 14. Jh. ein Priesterstaat (d. h., die Staatsgewalt wird von Priestern ausgeübt). Seit dem 13. Jh. stand T. unter dem Einfluß der chinesischen Kultur; es geriet im 18. Jh. auch in politische Abhängigkeit von China, die erst 1912 wieder gelöst wurde. 1950 marschierten Truppen der Volksrepublik China in T. ein u. annektierten das Land. Viele seiner Bewohner flüchteten.

Tieck, Ludwig, *Berlin 31. Mai 1773, †ebd. 28. April 1853, deutscher Dichter der Romantik. Er schrieb Romane, Schauspiele und Kunstmärchen, er bearbeitete mittelalterliche Volksbücher u. wirkte an A. W. Schlegels Shakespeare-Übersetzung mit. – Abb. S. 600.

Tief ↑Wetterkunde.

Tiefbau m, Teilgebiet des Bauwesens, das sich mit Bauten an oder unter der Erdoberfläche befaßt (Straßenbau, Kanalisation usw.); *Hochbau* dagegen betrifft Bauwerke über der Erdoberfläche.

Ludwig Thoma

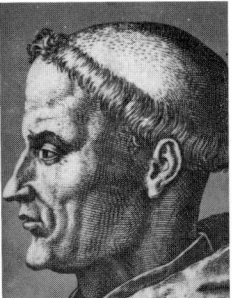
Thomas von Aquin

Thukydides (Marmor)

Tiefsee

Tiefsee w, Bereich des Meeres von mehr als 1 000 m Tiefe. In der T. herrscht eine niedrige Temperatur u. ein hoher Wasserdruck. Wegen der Dunkelheit gibt es keine Pflanzen. Die Tierwelt zeigt oft sehr ausgefallene Formen; Fische, darunter zahlreiche Leuchtfische, kommen bis zu 6 000 m Tiefe vor.

Tienschan [chin.; = Himmelsgebirge] m, Gebirgssystem in Zentralasien, zwischen Fergana- und Tarimbecken im Süden sowie der Dsungarei im Norden. Höchster Berg ist der Pik Pobeda (7 439 m). Das Gebirge ist größtenteils steppen- u. wüstenhaft, nur im Norden ist es von Nadelwald bedeckt. Der T. ist reich an Bodenschätzen (Erdöl, Kupfer, Uran u. a.). Er gehört hauptsächlich zu China, im Westen zur UdSSR.

Tientsin, Hauptstadt der chinesischen Provinz Hopeh, mit 4,3 Mill. E, südöstlich von Peking. T. hat 2 Universitäten. Es ist eine bedeutende Handels-, Hafen- und Industriestadt (Eisen-, Stahl-, chemische, Textil-, Gummi- und andere Industrie).

Ludwig Tieck

Tiere s, Mz., weltweit verbreitete Lebewesen mit etwa 1,2 Mill. Arten, von denen rund 40 000 (jede 4. davon parasitisch lebend) in Mitteleuropa vorkommen. T. ernähren sich (im Gegensatz zu den ↑Pflanzen) von organischen Stoffen. Meist sind sie frei beweglich. Man kann einzellige (rund 20000 Arten) u. vielzellige Tiere (Vielzeller; einschließlich Mensch) unterscheiden. Das Unterreich der Vielzeller unterteilt man in 19 Stämme. Im Unterschied zu den Pflanzen ist das Wachstum der Tiere in der Regel zeitlich begrenzt. Tiere zeigen einen hohen Differenzierungsgrad u. eine ausgeprägte Anpassungsfähigkeit, die vielen Tieren die Besiedlung auch extremer Lebensräume ermöglicht. – Man schätzt die ausgestorbenen Arten auf etwa 500 Millionen.

Tierkreis m, die Himmelszone beiderseits der scheinbaren Sonnenbahn (↑Ekliptik), in der die 12 Tierkreissternbilder liegen u. innerhalb deren sich der Mond u. die Planeten bewegen. Der T., der von der Sonne innerhalb eines Jahres durchlaufen wird, wurde bereits im Altertum in 12 gleiche Abschnitte von jeweils 30° eingeteilt, die mit den Namen der Tierkreissternbilder belegt wurden. In der ↑Astrologie haben sie magische Bedeutung. Diese astrologischen Tierkreiszeichen u. die entsprechenden Abschnitte der Ekliptik fallen heute nicht mehr mit den Sternbildern gleichen Namens zusammen. Die Namen der 12 Tierkreiszeichen sind: Widder, Stier, Zwillinge, Krebs, Löwe, Jungfrau, Waage, Skorpion, Schütze, Steinbock, Wassermann u. Fische (↑auch Sternbilder).

Tierschutz m, Schutz der Tiere gegen Quälereien u. Schmerzen. In der Bundesrepublik Deutschland ist durch das Tierschutzgesetz Tierquälerei verboten (u. mit Strafe bedroht). Im *Deutschen Tierschutzbund* sind örtliche Tierschutzvereine zusammengefaßt, die für die Errichtung u. den Unterhalt von Tierheimen („Tierasylen") sorgen.

Tiflis (heute Tbilissi), Hauptstadt von Georgien, UdSSR, mit 1,0 Mill. E. Neben einer großzügig angelegten Neustadt mit Prachtbauten gibt es eine kleine, orientalisch geprägte Altstadt u. kirchliche Bauten aus dem 6. u. 7. Jh. Die Stadt hat eine Universität u. andere Hochschulen sowie eine Akademie der Wissenschaften. Die Industrie umfaßt Maschinenbau u. die Herstellung von Textilwaren, Schuhen, Chemikalien, Arznei- u. Nahrungsmitteln.

Tiger [pers.-gr.] m, blaßgelbe bis leuchtend rotbraune Großkatze mit dunkler Streifenzeichnung. Der T. kann eine Körperlänge bis 2,8 m erreichen, der Schwanz kann bis 95 cm lang sein. Seine Lebensdauer beträgt bis zu 25 Jahren. Er lebt meist als Einzelgänger in Wäldern u. Rohrdickichten. T. kommen sowohl im winterkalten u. schneereichen Ostasien (*Sibirischer Tiger*) als auch im feuchtheißen Indien und Hinterindien (*Königstiger*) u. auf Sumatra, Java u. Bali (*Sundatiger*) vor.

Tigerschlange [pers.-gr.; dt.] w (Tigerpython), bis etwa 7 m lange Schlange in Vorder- u. Hinterindien. Als Hauptnahrung werden Säugetiere bis zur Größe eines Leoparden gefressen. Die T. ist ruhig u. leicht zähmbar.

Tigris m, Fluß in Vorderasien, 1 900 km lang. Er entspringt im Osttaurus (Türkei), durchfließt den Irak u. vereinigt sich mit dem Euphrat zum Schatt Al Arab, der in den Persischen Golf mündet. Der T. ist ab Bagdad, bei Hochwasser bis Mosul schiffbar. Er ist die Lebensader ↑Mesopotamiens.

Till Eulenspiegel ↑Eulenspiegel, Till.

Tinte [lat.] w, allgemeine Bezeichnung für lichtbeständige Farblösungen, die zum Schreiben verwendet werden. Wichtig sind v. a. die aus Eisensulfat u. Tanin oder Gallus hergestellten unlöslichen Verbindungen. Heute werden meist synthetische organische Farbstoffe benutzt.

Tintenfische m, Mz. (Kopffüßer), im Meer lebende, kleine bis sehr große

Tiger. Sundatiger

Tintenfisch

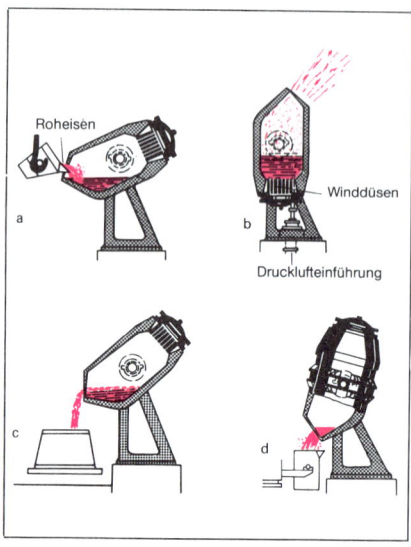

Thomasverfahren. a Füllen der Thomasbirne, b Stellung beim Blasen, c Abguß der Schlacke, d Ausgießen des Stahls

Tizian, Himmlische und irdische Liebe

Lew Nikolajewitsch Graf Tolstoi (Ölgemälde von Repin)

Weichtiere (eigentlich Tintenschnekken) mit 8 (bei Kraken), 10 oder noch mehr sehr beweglichen Armen am Kopf, die Saugnäpfe besitzen. Der weiche Körper ist torpedo- oder sackförmig. Er ist schalenlos, oder er besitzt eine spiralige äußere oder innere Schale. Gehirn u. Augen sind hochentwickelt. Manche Arten besitzen einen Tintenbeutel, der einen dunklen Farbstoff enthält, den die Tiere bei Gefahr ausstoßen. Die Tiere entziehen sich durch die Färbung des Wassers der Verfolgung.

Tirana, Hauptstadt von Albanien, mit 183 000 E. Die Stadt besitzt eine Universität sowie Maschinen-, Glas-, Schuh- u. Textilindustrie.

Tirol: 1) zusammenfassende Bezeichnung für 2) u. ↑Südtirol; 2) österreichisches Bundesland, mit 570 000 E, Hauptstadt Innsbruck. T. ist ein Gebirgsland in den Nördlichen Kalkalpen u. in den Zentralalpen. Etwa je $1/3$ der Fläche sind Weide- u. Waldland. Dementsprechend sind Viehzucht, Milch- u. Forstwirtschaft wichtige Wirtschaftszweige. Im Inntal wird Ackerbau betrieben. Bedeutend ist der Fremdenverkehr. – T. war seit 1363 im Besitz der Habsburger. 1805 mußte es an Bayern abgetreten werden. Gegen die französisch-bayrische Herrschaft erhoben sich die Tiroler 1809 unter Andreas Hofer. 1814 kam das Land wieder an Österreich. Nach dem 1. Weltkrieg fiel Südtirol an Italien.

Tischtennis ↑S. 603.

Titan [gr.] *s*, Metall, chemisches Symbol Ti, Ordnungszahl 22; Atommasse 47,9. Das meist etwas verunreinigte T. ist spröde, hart u. hat in diesem Zustand meist eine schwammartige, poröse Struktur. Lediglich die hochreine T., dessen Gewinnung gewisse Schwierigkeiten mit sich bringt, kann schon in der Kälte zu Blechen u. Drähten gewalzt, geschmiedet oder gezogen werden. Das Metall ist chemisch recht beständig u. findet daher zunehmend Verwendung als Legierung von Sonderstählen für hochbeanspruchte Werkteile, zumal T. eine nur geringe Dichte (rund 4,5) aufweist.

Titanen *m, Mz.*, in der griechischen Göttersage die 6 Söhne und 6 Töchter des Uranos u. der Gäa. Die T. wurden von Zeus in einem gewaltigen Kampf besiegt.

Titania ↑Oberon.

Titicacasee *m*, größter See Südamerikas. Er liegt 3 812 m ü. d. M. im Andenhochland zwischen Bolivien u. Peru, ist etwa 14mal so groß wie der Bodensee u. bis zu 281 m tief.

Tito, Josip, eigentlich Josip Broz, * Kumrovec (Kroatien) 7. Mai 1892, jugoslawischer Staatsmann u. Marschall. T. organisierte 1941 die kommunistische Partisanenbewegung im besetzten Jugoslawien u. begann die politische Neuordnung seines Landes. 1945 begründete er die Föderative Volksrepublik Jugoslawien, deren Ministerpräsident er bis 1953 war (1953 wurde er Staatspräsident). 1948 löste er sich vom sowjetischen Einfluß u. schlug eine blockfreie politische Richtung ein, die man allgemein mit *Titoismus* bezeichnet (↑ Marxismus).

Tizian, * Pieve die Cadore (Provinz Belluno) um 1477, † Venedig 27. August 1576, italienischer Maler. Kennzeichnend für ihn sind die blühenden, tief leuchtenden Farben u. die reich bewegten Figuren sowie die eindringliche Menschenschilderung. Zu seinen Hauptwerken gehören u. a. „Himmlische u. irdische Liebe", „Dornenkrönung", Porträts.

Tobago ↑Trinidad und Tobago.

Toga [lat.] *w*, das knöchellange Obergewand der freien römischen Bürger; es wurde über der ↑Tunika getragen.

Togo, Republik in Westafrika, mit 2,3 Mill. E; 56 000 km². Die Hauptstadt ist *Lomé* (214 000 E). Angebaut werden v. a. Hirse, Mais, Maniok, Baumwolle u. Erdnüsse, in höheren Lagen Kaffee u. Kakao. Der wichtigste Industriezweig ist die Phosphatindustrie. – T. war früher deutsches Kolonialgebiet u. wurde nach dem 1. Weltkrieg zwischen Frankreich und Großbritannien aufgeteilt. Der französische Teil wurde 1960 zur selbständigen Republik T., der britische gehört seit 1957 zu Ghana. – T. ist Mitglied der UN u. OAU u. der EWG assoziiert.

Tokio, Hauptstadt Japans, an der Ostküste der Insel Hondo, 8,5 Mill. E (mit Vorstädten 12 Mill. E). Im Zentrum liegt der 2 km² große Bezirk des Kaiserpalastes. T. besitzt zahlreiche

Josip Tito

Tokkata

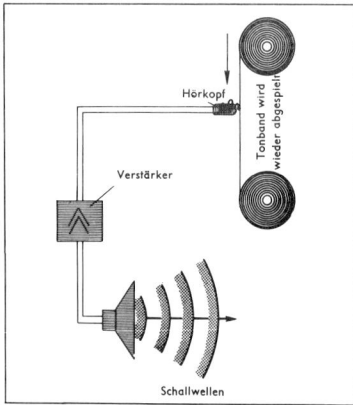

Tonbandgerät. Wiedergabe

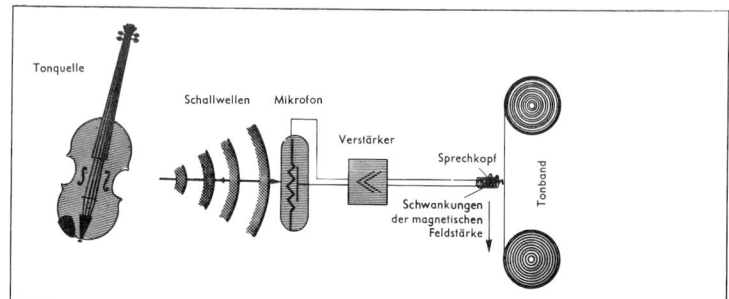

Tonbandgerät. Aufnahme

Tempel sowie mehr als 30 Universitäten. Die umfangreiche Industrie stellt u. a. Flugzeuge, Schiffe u. Autos, Maschinen, Textilwaren, Chemikalien, Papier, Porzellan u. feinmechanische Erzeugnisse her. T. bildet mit Jokohama eine Hafengemeinschaft.

Tokkata [ital.] w, Musikstück ohne vorgeschriebene Form, für Tasteninstrumente (v. a. Orgel, Klavier, Cembalo). Kennzeichnend ist ein Wechsel zwischen breiten Akkorden u. schnellen Läufen u. Figuren. Bei J. S. Bach erreichte die Entwicklung der T. ihren Höhepunkt.

Toledo, spanische Stadt am oberen Tajo, mit 51 000 E. Sie hat bedeutende Bauten, u. a. eine gotische Kathedrale u. eine Burg (Alkazar), die heute als Nationalheiligtum gilt. Bekannt sind die Waffenherstellung u. das Kunstgewerbe der Stadt. – T. war vom 6. Jh. bis 711 Hauptstadt des spanischen Westgotenreiches u. danach bis 1085 Hauptstützpunkt der Mauren.

Toleranz [lat.] w: **1)** Duldsamkeit gegen Fremde u. andersartige Anschauungen, Sitten und Gewohnheiten; ursprünglich bezogen auf Religionsfreiheit; **2)** (begrenzte) Widerstandsfähigkeit gegen Arzneimittel, auch gegen Alkohol; **3)** in der Technik die zulässige Abweichung von der vorgeschriebenen Maßgröße.

Tollkirsche w, ein bis 1,5 m hohes, giftiges Nachtschattengewächs, das hauptsächlich in Kahlschlägen wächst. Die Blüten sind bräunlich u. glockenförmig, die Beerenfrüchte schwarz u. glänzend. Die Früchte werden von Vögeln gefressen, denen das Gift nicht schadet. In kleinen Mengen wird das Gift der Pflanze in der Medizin verwendet. Es wirkt krampflösend u. beruhigend.

Tollwut w, eine anzeigepflichtige, auf den Menschen übertragbare Infektionskrankheit der Tiere, die durch ein Virus verursacht wird. Wird die Krankheit nicht behandelt, verläuft sie tödlich. Sie führt zu Rückenmarks- u. Gehirnentzündungen. Infektionsquelle für den Menschen sind v. a. an T. erkrankte Katzen u. Hunde, die mit erkrankten Wildtieren (u. a. Füchse, Eichhörnchen) in Berührung gekommen sind. Bekämpft wird die T. insbesondere durch Impfung u. Abschießen kranker Tiere.

Tolstoi, Lew Nikolajewitsch Graf (Leo T.), * Jasnaja Poljana bei Tula 9. September 1828, † Astapowo (Gebiet Lipezk) 20. November 1910, russischer Schriftsteller. In seinen Werken, die oft stark auf eigenes Erleben zurückgreifen, schildert er gleichermaßen treffend die äußere Wirklichkeit u. komplizierte seelische Vorgänge. Nach einer religiösen Krise wendet er sich vom Glauben der orthodoxen Kirche ab, leugnete die Werte der traditionellen Kultur und Gesellschaft und versuchte, durch Unterstützung der Armen, durch die Predigt von Gewaltlosigkeit u. Askese den Grundsätzen des Urchristentums nahezukommen. Er schrieb u. a. die Romane „Krieg und Frieden" (deutsch 1885), „Anna Karenina" (deutsch 1885), „Auferstehung" (deutsch 1899) und die Erzählung „Die Kreutzersonate" (deutsch 1890); schrieb auch Dramen. – Abb. S. 601.

Tomahawk [tómahak, ...hak; indian.-engl.] m, Streitaxt nordamerikanischer Indianer.

Tomate [mex.-span.] w, 0,3 bis 1,5 m hohes Nachtschattengewächs, das wahrscheinlich aus Peru u. Ecuador stammt. Die Blätter sind unterbrochen gefiedert, die Blüten sind gelb. Die Beerenfrüchte sind meist rot; sie enthalten Vitamin C sowie Vitamine der B-Gruppe. Tomaten werden in vielen Zuchtsorten angepflanzt.

Ton [gr.] m, einfacher Schall, der durch eine sinusförmige mechanische ↑Schwingung (harmonische Schwingung) hervorgerufen wird. Die Tonhöhe ist von der ↑Frequenz der Schwingung, die Tonstärke von der Weite der Schwingung abhängig.

Ton m, feinkörniges wasserundurchlässiges Gestein. In feuchtem Zustand läßt es sich leicht formen. Beim Erhitzen wird T. sehr hart. Verwendet wird er v. a. zur Herstellung von Haushaltsgeschirr (↑Steingut, ↑Steinzeug), Figuren u. Bausteinen.

Tonart [gr.; dt.] w, Anordnung von Tönen, die in ihrer Gesamtheit auf eine *Tonika* bezogen sind, d. h. auf einen Grundton bzw. auf den Dreiklang über diesem Grundton. Grundton kann jeder der 12 Töne der chromatischen ↑Tonleiter sein. Die Tonika kann in einem Dur- oder Molldreiklang bestehen u. bestimmt somit, ob es sich um eine Dur- oder Molltonart handelt. Beispiel: Auf dem Grundton c mit dem Dreiklang c–e–g baut sich die Tonart C-Dur auf, auf c mit dem Dreiklang c–es–g die Tonart c-Moll.

Tonbandgerät [gr.; dt.] s, Gerät zur magnetischen Schallaufzeichnung. Tonträger ist ein Kunststoffband, auf das ein magnetisierbarer Belag (Eisenoxid) aufgetragen ist. Bei der Schallaufzeichnung wird der Schall zunächst über ein ↑Mikrofon in elektrische Stromschwankungen umgewandelt. Diese rufen im Tonkopf ein Magnetfeld wechselnder Stärke (↑Elektromagnet) hervor, durch das ein daran vorbeibewegtes Tonband verschieden stark magnetisiert wird. Bei der Wiedergabe läuft das Tonband an einer Spule vorbei. Durch die Magnetisierung des Bandes wird in der Spule ein dem aufgezeichneten Schall entsprechender Wechselstrom hervorgerufen (↑Induktion 1). Dieser wird über einen Verstärker einem ↑Lautsprecher zugeleitet, von dem er als Schall abgestrahlt wird. Je schneller die Bewegung des Tonbandes ist, um so besser sind Schallaufzeichnung u. -wiedergabe.

Tonfilm [gr.; engl.] m, ein Film, bei dem Bilder und der dazugehörige Ton aufgezeichnet werden. In der Regel wird dabei fotografische Schallaufzeichnung verwendet. Der Schall wird zunächst (mit Hilfe einer sogenannten Kerr-Zelle) in Helligkeitsschwankungen eines Lichtstrahls umgewandelt. Die Helligkeitsschwankungen schwärzen ein schmales Stück am Rande des Films verschieden stark. Bei der Wiedergabe wird ein Lichtstrahl durch diesen verschieden stark geschwärzten Streifen auf eine ↑Photozelle gerichtet. Die Helligkeitsschwankungen werden

TISCHTENNIS

Das Tischtennisspiel gehört zur Gruppe der sogenannten ↑Rückschlagspiele. Es ist eine verhältnismäßig junge Sportart; um die Jahrhundertwende wurde es nur als Unterhaltungsspiel (*Ping-Pong*) betrieben. Das Spiel stammt wahrscheinlich aus Ostasien u. kam auf Umwegen nach Europa, zuerst nach England. In Deutschland wurde es erst nach dem 1. Weltkrieg zu einem echten Sportspiel entwickelt; heute erfreut es sich größter Beliebtheit u. wird in weiten Kreisen gespielt. Die über die gesamte Bundesrepublik Deutschland verbreiteten Tischtennisvereine sind im Deutschen Tisch-Tennis-Bund zusammengeschlossen. Gespielt wird auf einem 76 cm hohen Tisch von 274 cm Länge u. 152,5 cm Breite. Er darf aus beliebigem Material gefertigt sein (meist wird Holz verwendet), jedoch muß ein gleichmäßiger Aufsprung u. eine international festgelegte Sprunghöhe des Balles gesichert sein: Ein Ball, der aus einer Höhe von 30,5 cm auf die Tischplatte fällt, muß eine Sprunghöhe zwischen 20 u. 23 cm erreichen. Die Oberfläche des Tisches wird durch ein 15,25 cm hohes Netz in zwei gleich große Spielfelder unterteilt, die durch einen (nur beim Doppel bedeutsamen) weißen Mittelstrich in der Länge halbiert sind. Die Grund- u. Seitenlinien sind durch 2 cm breite, weiße Striche begrenzt, die jedoch zum Spielfeld gehören. Deshalb ist ein Ball, der während des Spiels diese Linien berührt oder von der Tischkante abspringt, gültig, wenn kein anderer Regelverstoß vorliegt. Der Tischtennisball besteht aus mattweißem oder mattgelbem Zelluloid, er soll einen Durchmesser zwischen 37,2 u. 38,2 mm u. ein Gewicht zwischen 2,4 u. 2,53 Gramm haben.

Das Spiel wird mit Holzschlägern (alle anderen Materialien sind nicht zulässig), die mit einer elastischen Auflage versehen sind, ausgetragen. Während für die Auflage früher auch Kork verwendet wurde, ist man heute ganz zu Gummi übergegangen. Bei einfachem Noppengummi darf die Stärke des Belags auf jeder Seite des Schlägers nur bis jeweils 2 mm betragen. Mit einer eventuell unter dem Noppengummi vorhandenen Schaumgummischicht darf die Stärke jeder Seite 4 mm nicht übersteigen.

Das Spiel wird als Einzel (2 Damen oder 2 Herren), als Doppel (4 Damen oder 4 Herren) oder als Mixed (↑gemischtes Doppel) ausgetragen. Ziel des Spiels ist es, den Ball im Spielfeld des Gegners so zu placieren, daß diesem ein Rückschlag unmöglich ist. Begonnen wird mit dem Aufschlag. Der Ball wird in die Luft geworfen u. so geschlagen, daß er erst in der eigenen Hälfte, dann über das Netz hinweg in der gegnerischen Hälfte aufspringt. Der Aufschlag wird wiederholt, wenn der Ball das Netz oder dessen Stützen berührt, bevor er das gegnerische Feld erreicht, oder wenn der Gegner noch nicht spielbereit war. Jeder Spieler hat hintereinander fünf (gültige) Aufschläge (Ausnahmen siehe unten). Sobald der Ball nach gültigem Aufschlag „im Spiel" ist, muß er nach einmaligem Aufspringen über oder um das Netz herum in die gegnerische Hälfte zurückgeschlagen werden. Ein Spieler erhält einen Punkt, wenn dem Gegner ein Fehler unterläuft. Das ist u. a. dann der Fall, wenn der Ball ins Netz oder ins „Aus" geschlagen, wenn er nicht (bevor er ein zweites Mal aufspringt) erreicht oder nicht in das gegnerische Feld zurückgebracht wird. Ein Spiel ist beendet, wenn einer der Spieler 2 oder (bei Meisterschaften meist) 3 Sätze gewonnen hat. Ein Satz ist dann beendet, wenn einer der beiden Spieler 21 Punkte erreicht u. mindestens zwei Punkte Vorsprung hat (also 21:19). Beim Stand von 20:20 (von nun an wird der Aufschlag nach jedem Punkt gewechselt) wird so lange gespielt, bis einem der Spieler der zum Sieg erforderliche Vorsprung von zwei Punkten gelungen ist (also 22:20, 23:21, 24:22 usw.). Sollte ein Satz nach 20 Minuten noch nicht entschieden sein, tritt die sogenannte Zeitregel in Kraft: Der Aufschlag wird nach jedem Punkt gewechselt. Der aufschlagende Spieler muß nach spätestens elf Ballwechseln einen Punkt erzielt haben, sonst wird der Punkt dem Gegner zugesprochen. Im Doppelspiel gelten die gleichen Regeln wie im Einzelspiel. Der Aufschlag muß lediglich immer von der rechten Seite des Tisches diagonal auf die rechte Seite des rückschlagenden Spielers abgegeben werden. Außerdem dürfen die Spieler den Ball nur abwechselnd schlagen.

* * *

dabei in Stromschwankungen umgewandelt; diese werden über einen Verstärker einem Lautsprecher zugeleitet, der dann den ursprünglichen Schall wieder abstrahlt. Bei Schmalfilmen wird der Ton auch auf einem am Rande des Films befindlichen Magnetband (↑Tonbandgerät) aufgezeichnet.

Tonga, Königreich im südlichen Pazifischen Ozean, mit 90 000 E; 699 km². Die Hauptstadt ist *Nukualofa* (25 000 E) auf der Insel Tongatapu. T., das 1900 bis 1970 britisches Protektorat war, ist Mitglied des Commonwealth u. der EWG assoziiert. T. umfaßt die **Tongainseln** (Freundschaftsinseln), eine Inselgruppe von rund 150 Vulkan- u. Koralleninseln. Wichtige Anbauprodukte sind Kokospalmen u. Bananen.

Tonika ↑Tonart.

Tonleiter [gr.; dt.] w, Stufenfolge von Tönen im Ganz- u. Halbtonabstand innerhalb einer Oktave. Sie bildet die Grundlage für die Melodie- u. Klangbildung eines Musikstücks u. dessen Tonart. Man unterscheidet hauptsächlich siebenstufige, *diatonische* Tonleitern, darunter Durtonleitern (z. B. c d e f g a h c) u. Molltonleitern (z. B. a h c d e f g a), u. zwölfstufige, *chromatische* Tonleitern mit Halbtönen: c cis (des) d dis (es) e f fis (ges) g gis (as) a ais (b) h c.

Tonne [mlat.] *w*, Einheitenzeichen t, gesetzliche Einheit der Masse (bzw. des Gewichts). 1 t = 1 000 kg.

Topas [gr.-lat.] *m*, verschieden gefärbtes Mineral in Form durchsichtiger Kristalle. Der klare o. reinfarbige *Edeltopas* wird als Schmuckstein verwendet. – Abb. S. 604.

Topographie [gr.] *w*, Orts- u. Lagebeschreibung.

Torf *m*, ein Zersetzungsprodukt organischer Substanzen (besonders von Pflanzen), das in Mooren entsteht. Dabei unterscheidet man den Flachmoortorf von Flachmooren u. den T. von Hochmooren, deren oberste Lagen als Weißtorf bezeichnet werden. Die unteren Lagen nennt man Schwarztorf, weil sie dunkler gefärbt sind. Der T. wird gestochen, getrocknet u. als Brennstoff verwendet oder als Bodenverbesserungsmittel. In der Medizin verwendet man T. für Packungen u. Bäder (Moorbäder).

Torfmoos *s*, ein Laubmoos, das in dichten Polstern in Mooren u. feuchten Wäldern wächst. Blätter, Stengel u. Zweige besitzen wasserspeichernde Zellen, die Niederschlagswasser bis zu 40 % ihres Eigengewichtes festhalten können. Das T. kann bis zu 10 m hohe Hochmoore aufbauen. – Abb. S. 604.

Torlauf ↑Wintersport.

Tornado [span.] *m* (Trombe), starker Wirbelsturm im Golf von Mexiko u. in Nordamerika.

Toronto, zweitgrößte Stadt Kanadas, 682 000 E (mit umliegenden Orten 2,1 Mill. E), Hauptstadt der Provinz Ontario. T. hat 2 Universitäten, ein Planetarium u. Museen. Die Stadt ist ein bedeutendes Handels- u. Industriezentrum mit Hafen u. Flughafen.

Torpedo [lat.] *m*, ein zigarrenförmiges, schweres Unterwassergeschoß, das einen eigenen Antrieb u. eine eigene Steuerungsanlage besitzt. Der T. kann eine Sprengladung bis zu 500 kg Ge-

Torr

wicht über größere Entfernungen ins Ziel bringen. Damit können auch stark gepanzerte Schiffe zerstört werden. Es gibt ferngelenkte Torpedos u. solche mit automatischen Zielsucheinrichtungen.

Torr s, gesetzlich nicht mehr zugelassene Einheit des Druckes; 1 Torr = $\frac{1}{760}$ atm = 1,33 mbar (↑Bar) = 133 Pa (↑Pascal).

Torso [ital.] m, als Bruchstück erhaltene oder unvollendete Statue; allgemein: Bruchstück, unvollendetes Werk.

Toskana (ital. Toscana) w, Landschaft u. Region in Mittelitalien, mit 3,6 Mill. E und der Hauptstadt Florenz. Im fruchtbaren Arnotal werden Getreide, Wein u. Oliven angebaut. Weite Teile sind gebirgig (Apennin) oder Hügelland. Starker Fremdenverkehr.

total [lat.], vollständig, gänzlich.

totalitär [lat.], alles erfassend. Der *totalitäre Staat* verlangt nicht nur – wie die Diktatur – politische Unterwerfung, sondern sucht seinen Einfluß auf alle Lebensbereiche des Bürgers (Erziehung, Beruf, Freizeit, Familie u. a.) auszudehnen.

Totem [indian.] s, bei Naturvölkern ein Lebewesen oder ein Ding, das als Ahne oder Verwandter eines Menschen, einer Sippe oder einer sonstigen Gruppe gilt. Das T. (meist ein Tier) wird als zauberischer Helfer verehrt u. darf nicht getötet oder verletzt werden. Der *Totempfahl* (bei den Indianern Nordwestamerikas) ist ein geschnitzter Holzpfahl mit Bildern des Totemtiers u. Darstellungen aus der Ahnenlegende der Sippe.

Totenkopfschwärmer m, ein bis 13 cm spannender Nachtfalter mit einer totenkopfähnlichen Zeichnung auf dem Rücken. Er dringt oft als Honigräuber in Bienenstöcke ein. Bei Störungen gibt er piepsende Laute von sich.

Totes Meer s, abflußloser Salzsee zwischen Israel u. Jordanien, in den der Jordan mündet. Das Tote Meer ist bis etwa 400 m tief, sein Wasserspiegel liegt 396 m u. d. M., der Salzgehalt des Wassers ist so hoch (an der Oberfläche 29 %), daß kein Leben darin möglich ist.

Toto (Kurzwort für Totalisator) m, Einrichtung zur Entgegennahme von Wetten im Fußball- und Pferdesport; auch Bezeichnung für die Wetten selbst.

Toulon [*tulong*], französische Hafenstadt am Mittelmeer, mit 181 000 E. Wichtigster französischer Kriegshafen. Sehenswert ist die Kathedrale (12. u. 17. Jh.). Die Stadt besitzt Werften, chemische, Maschinen-, Möbel- u. andere Industrie sowie ein Universitätszentrum.

Toulouse [*tulus*], Stadt in Südfrankreich, an der Garonne, mit 371 000 E. Die Regionshauptstadt hat eine Gesamtuniversität, Hoch- u. Fachschulen u. als Bauten: Kathedrale (11. bis 16. Jh.), Jakobinerkirche (13. Jh.), bedeutendes Museum im ehemaligen Augustinerkloster. Die als Handelszentrum bekannte Stadt hat u. a. Flugzeugindustrie.

Toulouse-Lautrec, Henri [Marie Raymond] de [*tuluslotrɛk*], *Albi (Tarn) 24. November 1864, †Schloß Malromé (Gironde) 9. September 1901, französischer Maler u. Graphiker. Bekannt wurde er durch seine Plakate, für die er Motive aus dem Pariser Nachtleben, so Kabarett, Zirkus, Rennbahn u. a. verwendete. Die gleiche Umwelt schildert er auch in seinen bedeutenden Farblithographien u. in seinen Gemälden.

Toupet [*tupe*; frz.] s, Halbperücke, Haarersatzstück.

Tour [*tur*; frz.] w: **1)** Ausflug, Wanderung, Reise: auch Fahrt oder Strecke; **2)** der Umlauf oder die Umdrehung eines bestimmten Maschinenteils.

Tour de France [*turdᵉfrangß*; frz.] w, schwerstes u. längstes Straßen-Etappenradrennen über 20–23 Etappen (zwischen 4000 u. 4600 km) durch Frankreich für Berufsfahrer; seit 1903 (mit Ausnahme der Jahre 1915–18 u. 1940–46) wird die T. de F. alljährlich ausgetragen.

Toxine [gr.] s, *Mz.*, in Wasser lösliche pflanzliche oder tierische Giftstoffe.

Trabant [tschech.?] m: **1)** früher Leibwächter eines Fürsten; dann auch Bezeichnung für die Begleiter einer ein-

Topas

flußreichen Persönlichkeit; **2)** Himmelskörper, der als natürlicher ↑Satellit einen ↑Planeten umkreist.

Trabantenstadt [tschech.?; dt.] w, eine zur Entlastung einer Großstadt neu angelegte „Stadt", die überwiegend Wohngebiet (*Schlafstadt*) ist; meist mit Einkaufszentrum, Schule u. ä. notwendigen Einrichtungen, aber isoliert vom eigentlichen städtischen Leben. Im Unterschied zur T. ist die *Satellitenstadt* auch Gewerbestandort.

Tracheen [gr.] w, *Mz.:* **1)** Luftröhren bei Insekten, Spinnen u. Tausendfüßern, die der Atmung dienen. Sie entstehen aus Einstülpungen der Haut u. verzweigen sich im Körper. Bei Fluginsekten sind sie häufig zu Luftsäcken u. Luftkammern erweitert; **2)** Wasserleitungsbahnen bei Pflanzen, hauptsächlich bei Bedecktsamern. Sie sind zusammengesetzt aus meist weiten, längeren toten Zellen, deren Querwände aufgelöst sind. T. werden meist von lebenden Begleitzellen umhüllt.

Tracht w, die Bekleidung, die verschiedenen Völkern, Stämmen u. Ständen eigentümlich ist; im engeren Sinne die Volkstrachten.

Tradition [lat.] w, Überlieferung, Herkommen; Bewahrung von Kulturbesitz u. Wertvorstellungen vergangener Zeiten bzw. Generationen.

Tragflügelboote (Tragflächenboote) s, *Mz.,* Wasserfahrzeuge, bei denen unter dem Rumpf Tragflügel (ähnlich denen bei Flugzeugen, jedoch kleiner) angeordnet sind. Die Tragflügel geben dem Boot bei zunehmender Geschwindigkeit einen dynamischen Auftrieb, der das Boot über das Wasser hebt. Der Widerstand wird dadurch gemindert; mit verhältnismäßig geringer Antriebsleistung werden Geschwindigkeiten von etwa 50–70 Knoten erreicht. T. werden hauptsächlich zur Personenbeförderung eingesetzt.

Trägheit ↑Beharrungsvermögen.

Tragik [gr.] w, Gattungsmerkmal der Tragödie: T. liegt im Unterliegen des Helden in einem unausgleichbaren Konflikt bzw. in einer ausweglosen Situation; allgemein gebraucht im Sinne von: ungewöhnlich schweres Leid.

Torfmoos

Henri Toulouse-Lautrec, Cancan (Plakat)

604

Transurane

Tragflügelboot „Atlas", das zwischen Poreč (Kroatien) und Venedig verkehrt

Tragikomödie [gr.] *w*, ein Drama, in dem Tragisches mit Komischem verbunden ist.

Tragödie [gr.] *w* (Trauerspiel), ein Drama, in dem ↑Tragik gestaltet wird.

Training [*träning*; engl.] *s*, planmäßiges Üben zur Vorbereitung auf einen sportlichen Wettkampf, meist unter der Anleitung eines *Trainers*, der den Sportler oder die Mannschaft betreut. T. wird auch außerhalb des Sports für planmäßige Schulung verwendet, z. B. Gedächtnistraining.

Trajekt [lat.] *m* oder *s*, Eisenbahnfähre.

Traktat [lat.] *m* oder *s*, Abhandlung; religiöse Flugschrift; auch abwertend für sehr tendenziöse Schriften.

Traktor [lat.-engl.] *m* (Trecker, Schlepper), eine vorwiegend in der Landwirtschaft verwendete starke Zugmaschine, die von einem Verbrennungsmotor (meist Dieselmotor) angetrieben wird. Die Geländegängigkeit des Traktors wird u. a. dadurch bewirkt, daß die angetriebenen Hinterräder einen sehr großen Durchmesser haben.

trampen [auch: *trämpᵉn*; engl.], Autos anhalten und sich (meist mit bestimmtem, entferntem Ziel) mitnehmen lassen.

Trampolin [ital.] *s*, stark gefedertes Sprungtuch für sportliche u. artistische Darbietungen.

Tran *m*, dickflüssiges Öl, das von Meeressäugetieren, hauptsächlich von Walen u. Robben, sowie von Fischen gewonnen wird. Es dient als Rohstoff für Margarine u. für Heilzwecke (z. B. Lebertran).

Trans-Europ-Express ↑TEE.

Transfer [engl.] *m*: **1)** Überführung; Transport, z. B. im Reiseverkehr vom Flugzeug zum Hafen; **2)** Wertübertragung (meist durch Umwandlung in eine fremde Währung) ins Ausland.

Transformator [lat.] *m*, Kurzform: Trafo, Umspanner; ein Gerät, mit dessen Hilfe eine elektrische Spannung von Wechselströmen bei gleichbleibender Frequenz erhöht oder verringert werden kann. Der T. besteht aus zwei auf einem geschlossenen Eisenkern sitzenden Spulen, zwischen denen keine leitende Verbindung besteht. Die an die Spannungsquelle angeschlossene Spule heißt Primärspule, die zweite heißt Sekundärspule. Fließt durch die Primärspule ein Wechselstrom, so wird durch elektromagnetische Induktion (↑Induktion 1) in der Sekundärspule eine Induktionsspannung hervorgerufen. Dabei gilt die folgende Beziehung:
$$\frac{U_1}{U_2} = \frac{w_1}{w_2}.$$
(U_1 = Spannung an der Primärspule [Primärspannung], U_2 = Spannung an der Sekundärspule [Sekundärspannung], w_1 = Windungszahl der Primärspule, w_2 = Windungszahl der Sekundärspule). Will man also eine höhere Spannung erhalten (herauftransformieren), so muß die Windungszahl der Sekundärspule größer sein als die der Pri-

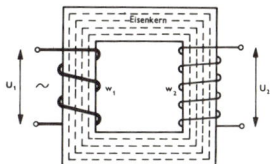

märspule (beim Herabtransformieren muß sie dagegen geringer sein).

Transfusion ↑Blutübertragung.

Transhimalaja [auch: ...*laja*] *m* (Hedingebirge), etwa 1 000 km langes Kettengebirge in Tibet. Die höchste Erhebung ist der Aling Gangri (7 315 m).

Transistor [lat.-engl.] *m*, ein elektrisches ↑Halbleiterelement, bestehend aus Germanium- oder Siliciumkristallen, das ähnlich wirkt wie eine Verstärkerröhre (Triode, ↑Elektronenröhre). Der T. besitzt (mindestens) 3 Elektroden, die Basis (*B*), den Emitter (*E*) u. den Kollektor (*K*). Die Basis entspricht der Kathode einer Elektronenröhre, der Kollektor entspricht der Anode, der Emitter dem Gitter. Transistoren werden in elektrischen Verstärkern verwendet. Da sie keinen Heizstrom benötigen u. darüber hinaus sehr klein sind, haben sie die früher gebräuchlichen Elektronenröhren in Radios, Funk- u. Fernsehgeräten fast vollständig verdrängt.

transitiv ↑Verb.

Transmission [lat.] *w*, eine Vorrichtung, mit deren Hilfe die Kraft einer Antriebsmaschine auf mehrere Arbeitsmaschinen übertragen werden kann. Sie besteht aus einer Welle, auf der Scheibenräder mit verschiedenen Durchmessern sitzen. Von ihnen laufen Treibriemen zu den Arbeitsmaschinen.

transparent [frz.], durchscheinend, durchsichtig; klar, durchschaubar.

Transplantation [lat.] *w*, die Verpflanzung von lebendem Gewebe oder lebenden Organen (von Haut, Knochen, Sehnen, Hornhaut u. a. sowie von ganzen Organen, z. B. Herz u. Niere); ↑auch Herztransplantation.

Transurane [lat.; gr.] *s, Mz.*, Sammelname für alle chemischen Elemente, die im ↑Periodensystem der chemischen

Tracht.
Estnische Tracht (links) und armenische Tracht (oben)

605

Trapez

Elemente hinter dem Uran stehen, deren Ordnungszahl (= Kernladungszahl) also größer als 92 ist. Die T. kommen in der Natur nicht vor, sie werden durch Beschuß natürlicher Elemente mit Elementarteilchen künstlich erzeugt. Sie sind sämtlich radioaktiv. Bisher bekannt sind die T. mit den Ordnungszahlen 93–106.

Trapez [gr.] s, ein Viereck mit zwei verschieden langen parallelen Seiten (Grundlinien) u. zwei nichtparallelen Seiten (Schenkeln). Die beiden an einem Schenkel gelegenen Trapezwinkel ergänzen sich zu 180°. Verbindet man die Mittelpunkte der beiden Schenkel, so erhält man die Mittellinie (m) des Trapezes. Sie verläuft parallel zu den beiden Grundlinien (a u. b). Ihre Länge ist gleich dem arithmetischen Mittel der Grundlinien:

$$m = \frac{a+b}{2}.$$

Den Flächeninhalt F des Trapezes erhält man aus der Beziehung:

$$F = \frac{a+b}{2} \cdot h = m \cdot h$$

(h = Höhe = Abstand der beiden parallelen Seiten). Ein spezielles T. ist das *gleichschenklige T.*, bei dem sind die beiden nicht parallelen Seiten gleich lang, die an den Grundlinien gelegenen Trapezwinkel sind gleich groß.

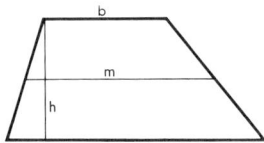

Trappen w, Mz., etwa huhn- bis truthahngroße, kräftige u. scheue Vögel, die mit den Kranichen nahe verwandt sind. Sie ernähren sich von Knollen, Körnern u. Knospen, aber auch von Insekten. Die Jungen sind Nestflüchter. T. sind Bodenvögel. Sie leben v.a. in den Halbwüsten Eurasiens u. Afrikas. In Europa brüten die *Groß-* u. die *Zwergtrappe.* – Abb. S. 608.

Trapper [engl.] m, nordamerikanischer Pelztierjäger und Fallensteller.

Trasse [frz.] w, Linienführung von Straßen, Kanälen u.a.

Traubenzucker m (Glucose), in vielen Früchten enthaltener (in der Natur am häufigsten vorkommender) Zucker, der weniger süß ist als ↑Rohrzucker. Da er im Gegensatz zum Rohrzucker beim Essen nicht erst chemisch gespalten werden muß, geht er direkt u. rasch wirkend in die Blutbahn über. Deshalb wird T. z. B. vor anstrengenden Wettkämpfen von Sportlern genommen. Kranke Menschen, die keine Nahrung zu sich nehmen können, werden z.T. durch direkte Einspritzung oder Einträufelung (Infusion) von T. (u.a. Substanzen) in die Venen künstlich ernährt.

Traum m, bildhafte Erlebnisse u. Vorstellungen während des Schlafs, die bei geringer Schlaftiefe mehrfach auftreten. Teilweise sind es Tageserlebnisse, die nachwirken, oder unbefriedigte Wünsche, die im T. Erfüllung finden, oder auch symbolische Deutungen des eigenen Lebens. So vermag der T. ein gestörtes seelisches Gleichgewicht wiederherzustellen. Die Traumdeutung gehört in der Seelenforschung (Psychoanalyse) eine große Rolle.

Trauma [gr.] s: **1)** Verletzung durch äußere Gewalteinwirkung (z.B. Schlag, Sturz, Schuß); **2)** starke seelische Erschütterung (psychisches T.) in Form von Angst, Schreck, Freude oder Enttäuschung, die Ursache einer seelischen Erkrankung sein kann.

Traunsee (Gmundner See) m, österreichischer See im Salzkammergut. Er ist 24 km² groß, bis zu 228 m tief u. wird von der *Traun* durchflossen, einem 180 km langen Donauebenfluß.

Travestie ↑Parodie.

Treck [niederdt.] m, Auswanderungszug einer Menschengruppe, die auf der Suche nach neuen Siedlungsgebieten ist (besonders die Auswanderungszüge der Buren aus der Kapkolonie ab 1835 u. die Kolonistenzüge zur Besiedlung des amerikanischen Westens); auch Bezeichnung für den Zug der Flüchtlinge (Flüchtlingstreck) aus dem Osten Deutschlands gegen Ende des 2. Weltkriegs.

Treibhaus s, ein Gewächshaus, in dem besonders durch künstliche Wärme, auch durch künstliches Licht, Kulturpflanzen zu schnellerem Wachstum angeregt werden. Durch das T. wird es möglich, z.B. Tomaten, Gurken, Rettiche, Salat, auch Küchenkräuter (wie Schnittlauch, Petersilie) oder Obst (z.B. Weintrauben, Erdbeeren) viel früher auf dem Markt zum Verkauf zu bringen, als dies bei Feld- u. Gartenanbau der Fall ist.

Treibstoff m, Brennstoff für den Antrieb von Motoren, Turbinen oder Strahltriebwerken. Man unterscheidet gasförmige (Flüssiggas, Treibgas), flüssige (Benzin, Dieselöl) u. feste (Kohlenstaub, Magnesium) Treibstoffe.

Trend [engl.] m, die Grundrichtung einer Entwicklung.

Tresor [frz.] m, Panzerschrank, Stahlkammer einer Bank zur Aufbewahrung von Geld, Wertsachen u.a.

Triangel [lat.] m, Schlaginstrument: ein Stahlstab, der zu einem oben offenen Dreieck gebogen ist u. aufgehängt wird. Mit einem Metallstab geschlagen, gibt er einen durchdringend hellen Klang.

Trias ↑Erdgeschichte.

Trichinen ↑Fadenwürmer.

Trieb m, ein innerer Reiz, der zu einer bestimmten Verhaltensweise führt. Diese führt eine Situation herbei, die eine Handlung auslöst, mit der der T. (Reiz) befriedigt wird (z.B. Freßtrieb, Paarungstrieb). Während Tiere dem T. folgen, ist es dem Menschen im allgemeinen möglich, den T. durch den Willen zu regulieren.

Triebwagen m, ein Schienenfahrzeug, bei dem Fahrgastraum u. Antrieb in einem Wagen vereinigt sind. Man unterscheidet elektrisch angetriebene u. von Dieselmotoren angetriebene Triebwagen. Ein besonders kleiner T. ist der Schienenbus.

Trient (ital. Trento), italienische Stadt an der Etsch, mit 98 000 E. Zu den Sehenswürdigkeiten gehören der romanische Dom u. die Burg (13. bis 16. Jh.). T. hat Walzwerke, Textil- u. andere Industrie sowie Fremdenverkehr. – T. war 1545–63 Tagungsort des *Trienter Konzils* (Tridentinum), das den Anstoß zur Gegenreformation gab u. eine Erneuerung der katholischen Kirche einleitete.

Trier, Stadt an der Mosel, Rheinland-Pfalz, mit 98 000 E. Die vielen Sehenswürdigkeiten der Stadt stammen v.a. aus römischer Zeit (Porta Nigra, ein Stadttor, Basilika [nach Zerstörung im 2. Weltkrieg rekonstruiert], Kaiserthermen) u. aus dem Mittelalter (Dom, Liebfrauenkirche). T. hat eine Universität, eine Fachhochschule und eine Richterakademie sowie bedeutenden Weinhandel u. vielseitige Industrie. – Die Stadt wurde zwischen 16 u. 13 v.Chr. als römische Kolonie *Augusta Treverorum* gegründet u. entwickelte sich zu einer Weltstadt innerhalb des Römischen Reiches; seit dem 3.Jh. ist T. Bischofssitz.

Triest (ital. Trieste), oberitalienische Stadt an der Adria, mit 268 000 E. Die Stadt besitzt eine Universität, an Sehenswürdigkeiten römische Baureste, eine Kathedrale u. ein Schloß (1630 vollendet). Der rege Hafenbetrieb ließ Erdölraffinerien u. Werften entstehen, an Industriegütern werden Maschinen-, Metallwaren u. Chemikalien erzeugt. – Der 1947 aus der Stadt u. ihrem Hinterland gebildete *Freistaat T.* wurde 1954 zwischen Jugoslawien u. Italien geteilt.

Triforium ↑Gotik.

Trigonometrie [gr.] w (Dreieckslehre), Teilgebiet der Geometrie, das sich mit den ↑Dreiecken befaßt. Die *ebene T.* beschäftigt sich mit Dreiecken, die in einer Ebene liegen, die *sphärische T.* dagegen mit Dreiecken, die auf Kugeloberflächen liegen.

Trikolore [frz.] w, dreifarbige Flagge; v.a. Bezeichnung für die französische Nationalflagge in den Farben Blau–Weiß–Rot (in senkrechten Streifen), die während der Französischen Revolution eingeführt wurde.

Trikot [...ko; frz.] s, eng anliegendes, aber nicht beengendes, gewirktes Kleidungsstück (v.a. für Sportler u. Artisten); elastische, maschinengestrickte Wirkware.

Trilobiten [gr.] *m, Mz.* (Dreilapper), ausgestorbene meerbewohnende Gliederfüßer mit gepanzertem Körper, die während des Paläozoikums lebten. Die T. sind wichtige Leitfossilien (↑ Fossilien).

Trilogie [gr.] *w*, Folge von drei zusammengehörenden Teilen, v.a. von Dichtwerken u. Kompositionen (z. B. Schillers Dramentrilogie „Wallenstein").

Trimmbewegung [engl.; dt.] *w*, eine vom Deutschen Sportbund 1970 begründete Bewegung (Aktion „Trimm dich durch Sport"), die darauf abzielt, den Mangel an körperlicher Betätigung in breiten Bevölkerungsschichten durch mäßiges, aber wiederholtes Training in der Freizeit zu überwinden. Dazu wurden vielerorts *Trimmpfade* (Wege mit Hindernissen u. Geräten für sportliche Übungen) angelegt. Eine derzeit populäre Trimmform ist das *Jogging* [*dschoging*], eine Art Dauerlauf (4- bis 7mal pro Woche etwa je 1600 m), wobei es auf den gesundheitlichen Erfolg (Atmung, Blutkreislauf, Muskelspannung u. -entspannung) ankommt.

Trinidad und Tobago [--...*be*i*gou*], aus 2 Inseln bestehende Republik vor der Nordküste Südamerikas, mit 1,1 Mill. E; 5128 km². Die Hauptstadt ist *Port of Spain* (65 000 E) auf Trinidad. Führend in der Wirtschaft ist die Erdölförderung u. -verarbeitung. Für den Export werden v. a. Zuckerrohr, Kakao u. Zitrusfrüchte angebaut. – Beide Inseln wurden 1498 von Kolumbus entdeckt. Trinidad wurde 1797, Tobago 1814 britisch. Die 1962 unabhängig gewordenen Inseln sind Mitglied des Commonwealth u. der UN; sie sind der EWG assoziiert.

Trio [ital.] *s*: **1)** Musikstück für 3 Instrumente; auch Bezeichnung für die Ausführenden; **2)** Mittelteil eines Menuetts, Marsches oder Scherzos.

Tripolis, Hauptstadt von Libyen, Hafenstadt am Mittelmeer, mit 551 000 E. Einer ummauerten orientalischen Altstadt schließt sich die moderne Neustadt an. T. hat eine Universität sowie Thunfisch- u. Tabakverarbeitung u. andere Industrie.

Tripper [niederdt.] *m* (Gonorrhö), Geschlechtskrankheit, die die Schleimhäute der Harnröhre und der Geschlechtsorgane befällt (eitriger Ausfluß, Schmerzen beim Wasserlassen u. a.), später auch Allgemeinerkrankungen hervorrufen kann. Erreger sind die *Gonokokken*, kommaförmige Bakterien, die beim Geschlechtsverkehr mit einem an T. erkrankten Partner übertragen werden. Wer an T. leidet, ist gesetzlich verpflichtet, sich ärztlich behandeln zu lassen.

Triumvirat [lat.] *s*, Zusammenschluß dreier Männer zur politischen Herrschaft; ↑ auch römische Geschichte.

trivial [lat.], alltäglich, abgedroschen, platt, seicht; selbstverständlich.

Trizeps ↑ Bizeps.

Trochäus [gr.] *m*, Versfuß aus einer langen (betonten) u. einer kurzen (unbetonten) Silbe. In Trochäen steht beispielsweise der Vers: „Fréude, schöner Götterfúnken" (Schiller).

Troja (auch Ilion), vorgeschichtliche Stadt im Nordwesten Kleinasiens, nahe der Küste, die in historischer Zeit mit dem T. der griechischen Sage gleichgesetzt wurde. Bei Ausgrabungen (von H. ↑ Schliemann u. a.) wurden 9 Schichten von aufeinanderfolgenden Siedlungen festgestellt. Das T. des ↑ Trojanischen Krieges soll in der VI., nach anderer Auffassung in der VII. Schicht liegen.

Trojanischer Krieg *m*, sagenhafter Krieg der Griechen gegen die Trojaner, nach antiker Berechnung 1194–1184 v. Chr. (vielleicht sind die historischen Vorkommnisse, die nach Kleinasien drängenden Achäer, um 1200 anzusetzen), z. T. durch den Bericht in der „Ilias" überliefert (↑ auch Troja). Nach der Sage ist der Anlaß des Krieges die Entführung der ↑ Helena durch den trojanischen Prinzen ↑ Paris. Auf der Seite der Griechen stehen unter der Führung Agamemnons: Menelaos, Odysseus, Achill, Ajax u. a., auf der Seite der Trojaner unter der Führung Hektors, des ältesten Sohnes des Priamos: Paris, Troilos, Äneas. Im 10. Jahr der Belagerung gelingt es den Griechen, mit Hilfe des ↑ Trojanischen Pferdes in die Stadt einzudringen. Troja wird zerstört, die meisten Bewohner werden hingemetzelt oder als Sklaven verschleppt.

Trojanisches Pferd *s*, nach der Sage ein von den Griechen vor Troja auf den Rat des Odysseus gebautes hölzernes Pferd, in dessen Bauch sich die besten griechischen Helden verbergen. Nach dem vorgetäuschten Abzug der Griechen schaffen die Trojaner das Pferd als Weihegeschenk an die Göttin Athene in die Stadt. m. mit ihm kommen Griechen, die dann die Stadt erobern.

Trommel *w*, zylinderförmiges Schlaginstrument, das auf beiden Seiten mit Fell bespannt ist. Die T. wird mit Trommelstöcken oder Schlegeln, z. T. auch mit Teilen der Hand geschlagen. – Abb. S. 608.

Trommelfell *s*, ein kleines Häutchen im ↑ Ohr, das den Gehörgang gegen das Mittelohr abgrenzt. Trifft ein Schall aufs Ohr, so beginnt das T. zu schwingen. Die Schwingungen werden auf die dahinterliegende Gehörknöchelkette übertragen, von wo sie zum Innenohr gelangen. Dort rufen sie Schallempfindungen hervor.

Trompete [frz.] *w*, hellklingendes Blasinstrument aus Messing oder Neusilber mit Kesselmundstück u. mittelbreit ausladender Stürze.

Leo Trotzki

Pjotr Iljitsch Tschaikowski

Troja. Reste eines Turms der VI. Schicht

Tropen

Trappen. Großtrappe

Tropen [gr.] *Mz.*, die Zone um den Äquator bis zu den Wendekreisen. Sie hat, außer in den Hochlagen, gleichmäßig heißes Klima, keine Jahreszeiten wie bei uns, dafür aber meist starke Temperaturschwankungen zwischen Tag u. Nacht. Charakteristisch ist der Wechsel zwischen Regen- u. Trockenzeiten. In den inneren T., nahe am Äquator, nehmen zwei Regenzeiten fast das ganze Jahr ein; hier breitet sich dichter, immergrüner Regenwald aus. Gegen die Wendekreise hin, in den äußeren T., nehmen die Trockenzeiten zu. Hier ist das Gebiet der Savannen, Steppen u. Halbwüsten (wüstenähnliche, nahezu vegetationslose Gebiete).

Tropfsteine *m, Mz.*, in Höhlen auftretende, verschieden geformte Gebilde (Kalkausscheidungen). Von der Decke her entwickeln sich eiszapfenartige *Stalaktiten*, von der Sohle her spitze, turmartige *Stalagmiten*.

Trophäe [gr.] *w*, Siegeszeichen, Beutestück (z. B. erbeutete Waffen, ein Geweih als Jagdtrophäe).

Trotzki, Leo (Lew), * Iwanowka (?) bei Cherson 7. November 1879, † Mexiko 21. August 1940, sowjetischer Politiker. Er war der engste Mitarbeiter Lenins u. organisierte als Volkskommissar für Verteidigung die Rote Armee. Im politischen Machtkampf unterlag er Stalin u. wurde 1929 des Landes verwiesen. Zuletzt lebte er in Mexiko, wo er (vermutlich von einem sowjetischen Agenten) ermordet wurde. – Abb. S. 607.

Troubadour [*trubadur*; provenzal.-frz.] *m*, Dichter u. Sänger, meist ritterlichen Standes, an den Fürstenhöfen Südfrankreichs im 12. u. 13. Jahrhundert. Im Mittelpunkt der Troubadourdichtung, die stark auf die Dichtung der deutschsprachigen ↑Minnesänger einwirkte, stand die Verehrung einer meist höhergestellten Frau.

Truchseß *m*, im Mittelalter zunächst der Vorsteher der königlichen Hausverwaltung, dann derjenige, der mit der Aufsicht über die königliche Tafel betraut war. Seit dem 13. Jh. wurde das Amt mit der pfälzischen Kurwürde verbunden (*Erztruchseß*). Die ursprüngliche Aufgabe wurde nur noch bei der Königskrönung wahrgenommen.

Tropfsteine. Die Adelsberger Grotten in Slowenien gehören zu den größten Tropfsteinhöhlen der Erde

Truffaut, François [*trüfo*], * 1932, französischer Filmregisseur, ↑Film.

Trüffel *w, Mz.*, Schlauchpilze mit unterirdischen, kartoffelähnlichen Fruchtkörpern. Die Fruchtkörper sind von einer rauhen, dunklen Haut umgeben. T. sind z. T. sehr geschätzte, kostbare Würz- u. Speisepilze. Sie werden dort, wo sie zahlreich vorkommen, meist mit Hilfe von Hunden u. Schweinen aufgespürt.

Trust [*trast*; engl.] *m*, Zusammenschluß mehrerer großer Handels- oder Industrieunternehmen unter einer Dachgesellschaft, bei dem die Einzelunternehmen ihre rechtliche u. wirtschaftliche Selbständigkeit meist verlieren. Für den T. ist charakteristisch, daß er die Marktbeherrschung anstrebt.

Truthuhn *s*, häufig als Haustier gehaltener Hühnervogel. Er ist aus dem Wildtruthuhn hervorgegangen, das in den Wäldern Nord- u. Mittelamerikas meist am Boden lebt (fliegt selten). Der Truthahn ist größer als die Henne, besitzt einen Stirnzapfen. Kopf u. Hals sind nackt, rötlichviolett u. haben rote, lappenförmige Anhänge. Seit dem 16. Jh. in Europa. – Abb. S. 610.

Tschad, Republik in Zentralafrika, mit 4,1 Mill. E; 1,28 Mill. km². Die Hauptstadt ist N'Djamena (179 000 E). Das Land besteht aus Savanne, Steppe u. Wüste. Es werden Baumwolle, Hirse, Reis, Mais, Bohnen, Kartoffeln u. a. angebaut. Von großer wirtschaftlicher Bedeutung ist die Viehhaltung (v. a. Rinder). – T., ehemals französisches Kolonialgebiet, wurde 1960 unabhängig. Es ist Mitglied der UN u. OAU u. der EWG assoziiert.

Trient. Altstadt mit altem Turm

Trommel. 1 große Trommel, 2 Doppelfell-Handtrommel, 3 Rahmentrommeln (Handtrommeln), 4 Bongos, 5 kleine Trommel (Wirbeltrommel), 6 Rahmentrommel mit Plastikfell, 7 Rahmenschellentrommeln

Tschadsee *m*, seichter, inselreicher See in Zentralafrika. Je nach Trocken- oder Regenzeit schwankt die Ausdehnung zwischen achtundzwanzig- (bei 1 bis 3 m Tiefe) u. sechsundvierzigfacher (bei einer Tiefe bis zu 7 m) Größe des Bodensees. Die Ufer sind reich an Schilf u. ↑Schwingrasen. Der See übt große Anziehungskraft auf das Wild u. die Zugvögel der weiten Umgebung aus.

Tschaikowski, Pjotr Iljitsch (deutsch Peter T.), * Wotkinsk 7. Mai 1840, † Petersburg (heute Leningrad) 6. November 1893, russischer Komponist. Von der deutschen Romantik ausgehend, fand er zu einem eigenen ausdrucksstarken Stil, der v. a. in seinen rhythmischen Elementen russisch ist. Er schrieb 7 Sinfonien, Ballette („Schwanensee", „Dornröschen", „Der Nußknacker"), Opern („Eugen Onegin", 1879), Instrumentalkonzerte u. a.

Tschechoslowakei w, Abkürzung: ČSSR, Bundesstaat in Mitteleuropa, mit 15,1 Mill. E (Tschechen, Slowaken u. Minderheiten); 127 977 km². Die Hauptstadt ist Prag. Die T. besteht aus den beiden Staaten Tschechische Sozialistische Republik u. Slowakische Sozialistische Republik. Das Land ist im Norden, Westen u. Südwesten von Gebirgen umschlossen (Sudeten, Riesengebirge, Erzgebirge, Oberpfälzer Wald, Böhmer Wald); in der Slowakei, deren südlicher Teil zum Donautiefland gehört, erhebt sich die Hohe Tatra (als höchster Teil der Karpaten) bis zu 2 655 m. Wirtschaftliches Kerngebiet ist das dichtbesiedelte Böhmische Becken. Hochentwickelt sind Ackerbau (Getreide, Zuckerrüben, Kartoffeln), Viehzucht (Rinder, Schweine, Schafe) u. Forstwirtschaft. Die Industrie ist am dichtesten in Böhmen u. Mähren (Maschinen- u. Rüstungsindustrie, Schuh-, Leder-, Elektro-, Glas-, Porzellan- u. chemische Industrie sowie Hüttenwerke). An Bodenschätzen werden v. a. Braun- u. Steinkohle, daneben Eisen-Uran- u. andere Erze sowie etwas Erdöl gewonnen. Es gibt bedeutende Heilbäder (Karlsbad, Marienbad, Franzensbad u. a.). *Geschichte:* Nach starken tschechischen Unabhängigkeitsbestrebungen seit dem 19. Jh. kam es 1918 zur Gründung der T. aus Teilen Österreich-Ungarns. Die Benachteiligung der Minderheiten (Deutsche, Ungarn u. a.) führte zu starken innerpolitischen Spannungen. Auf Grund des Münchner Abkommens (das auf Hitlers Betreiben zustande kam) mußte die T. 1938 die sudetendeutschen Gebiete an das Deutsche Reich abtreten. Die Besetzung der übrigen T. durch deutsche Truppen („Reichsprotektorat Böhmen-Mähren") bedeutete das Ende des Staates; die Slowakei wurde unabhängig. 1945 wurde die T. wiederhergestellt (gleichzeitig kam es zur Vertreibung der meisten Deutschen und vieler Ungarn). Nach der erzwungenen Vereinigung der Sozialdemokraten mit den Kommunisten, der stärksten Partei des Landes, folgte die Anlehnung an die UdSSR u. die Umgestaltung des staatlichen u. wirtschaftlichen Lebens nach sowjetischem Vorbild. Die Anfang 1968 einsetzende Liberalisierung (der Versuch, „Sozialismus u. Demokratie" zu verbinden) hatte zur Folge, daß im August 1968 Truppen des Warschauer Paktes (außer Rumänien) das Land besetzten. 1969 wurde die T. in eine Föderation einer tschechischen u. einer slowakischen Republik umgewandelt. Der 1973 abgeschlossene Vertrag zwischen der T. u. der Bundesrepublik Deutschland erklärt das Münchner Abkommen für ungültig; damit erkennt die Bundesrepublik Deutschland die heutigen Grenzen der T. an. Die T. gehört zu den Gründungsmitgliedern der UN u. ist Mitglied des Warschauer Paktes u. des COMECON.

Tschenstochau (poln. Częstochowa), polnische Stadt nördlich von Kattowitz, mit 200 000 E. Wallfahrtsort u. Mittelpunkt der Marienverehrung in Polen (Schwarze Madonna von T.). Die Stadt hat v. a. Hütten- u. Textilindustrie.

Tschiang Kai-schek (Chiang Kai-shek), eigentlich Chiang Chung-cheng, * bei Ningpo (Tschekiang) 31. Oktober 1887, † Taipeh (Taiwan) 5. April 1975, chinesischer Staatsmann. Er war führender Politiker der chinesischen demokratisch-nationalen Partei, die unter ihm 1928 Regierungspartei wurde. 1927 verfeindete er sich mit der UdSSR u. mit den chinesischen Kommunisten. Im chinesischen Bürgerkrieg konnte er sich nicht gegen die Kommunisten behaupten, u. wurde immer weiter gen Süden gedrängt u. 1949 zum Rückzug nach ↑Taiwan gezwungen; dort war er ab 1950 Staatspräsident.

Tsetsefliegen [Bantusprache; dt.] w, *Mz.,* etwa 1 cm große, blutsaugende Fliegen im tropischen Afrika. Durch ihren Stich übertragen sie krankheitserregende einzellige Tierchen (die Trypanosomen), die u. a. bei Hausrindern die *Tsetsekrankheit,* bei Menschen die *Schlafkrankheit* hervorrufen.

Tuareg *Mz.* (Einzahl: Targi *m),* berberische Hirtennomaden (rund 300 000) im Gebiet der westlichen Sahara. Bei den T. herrscht Mutterrecht (d. h., die Frauen nehmen die bevorzugte Stellung ein); die Männer tragen einen Mundschleier. – Abb. S. 610.

Tuba [lat.] *w:* **1)** gerade Heerestrompete bei den Römern; **2)** tiefes Blechblasinstrument mit becherförmigem Mundstück u. 3–5 Ventilen.

Tuberkulose [lat.] *w,* Abkürzungen: Tb, Tbc, Tbk, gefährliche ansteckende Krankheit. Sie wird durch Tuberkelbakterien hervorgerufen. Neben der Lunge können u. a. Knochen, Gelenke, Nieren u. Haut befallen werden. Infektionsquelle sind meist kranke, d. h. tuberkulöse Menschen. Vorbeugung durch Schutzimpfungen, Isolierung der Kranken u. Reihenuntersuchungen. T. ist meldepflichtig.

Tucholsky, Kurt, * Berlin 9. Januar 1890, † Hindås bei Göteborg 21. Dezember 1935 (Selbstmord), deutscher Schriftsteller. Nach seiner Emigration aus Deutschland u. seiner Ausbürgerung durch die Nationalsozialisten lebte er in Schweden. T. schrieb Satiren

in Vers u. Prosa, in denen er mit den politischen u. gesellschaftlichen Zuständen seiner Zeit scharf ins Gericht ging, daneben auch heitere Skizzen wie „Rheinsberg. Ein Bilderbuch für Verliebte" (1912) u. den Roman „Schloß Gripsholm" (1931).

Tuff [ital.] *m,* verfestigte vulkanische Lockermassen (Asche, Gesteinstrümmer u. a.). T. lagert auf fast allen Ergußgesteinen.

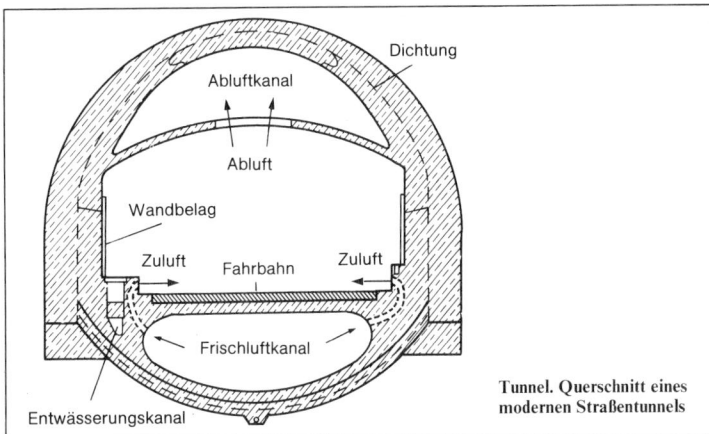

Tunnel. Querschnitt eines modernen Straßentunnels

Tüll

Tüll [frz.] *m*, feines, netzartiges Gewebe (z. B. für Gardinen).

Tulpe [pers.] *w*, Gattung der Liliengewächse mit rund 60 Arten; Zwiebelpflanze mit linealischen, stiellosen Blättern u. aufrechten, glockigen oder fast trichterförmigen Blüten. Viele Arten sind Gartenzierpflanzen. Die *Gartentulpe* wird seit etwa 1000 Jahren in Vorderasien gezüchtet. Im 16. Jh. wurde sie nach Europa eingeführt. Gezüchtet werden Tulpen heute v. a. in den Niederlanden.

Tundra [finn.] *w*, baumlose Kältesteppe im Polargebiet, v. a. in den nördlichen Teilen Rußlands u. Sibiriens sowie Nordamerikas (hier als „barren grounds" bezeichnet). In der T. gedeihen nur Sträucher, Gräser, Moose u. Flechten, von denen sich die Rentiere ernähren.

Tunesien, Republik in Nordafrika, mit 6,1 Mill. E; 164 150 km². Die Hauptstadt ist Tunis. Das Land besteht aus Gebirge (im Norden), Wüste mit Oasen (im Süden), Steppe mit Salzseen (in der mittleren Zone) u. einer fruchtbaren Küstenebene (im Osten). Anbauprodukte sind Getreide, Wein, Oliven, Datteln, Zitrusfrüchte u. a. In den Steppen wird nomadische Weidewirtschaft betrieben. Bedeutung hat die Förderung von Erdöl, Erdgas u. Phosphat. Die Industrie umfaßt außer Nahrungsmittel- u. Textilwarenherstellung auch Metall-, chemische u. Elektroindustrie. Bedeutend ist das Kunsthandwerk (Teppiche, Keramik). Badeorte u. historische Stätten sind Anziehungspunkte für den Fremdenverkehr. – Im 7. Jh. eroberten die Araber das Land. Seit 1574 stand T. unter osmanischer Oberhoheit (die tunesische Seeräuberflotte, zugleich Teil der osmanischen Kriegsflotte, war im ganzen Mittelmeer gefürchtet), 1881 wurde T. französisch, 1956 unabhängig. T. ist Mitglied der UN u. der Arabischen Liga; es ist der EWG assoziiert.

Tunika [lat.] *w*, knielanges, aus zwei Teilen genähtes Gewand für Männer u. Frauen im alten Rom, meist aus weißer Wolle.

Tunis, Hauptstadt Tunesiens, nahe der Nordküste, mit 550 000 E. Sie hat eine enge, orientalische Altstadt u. eine moderne Neustadt. T. hat 2 Universitäten, Fachschulen u. Forschungsinstitute. Neben Textil-, Nahrungsmittel-, Hütten- u. chemischer Industrie hat das Kunsthandwerk Bedeutung.

Tunnel [engl.] *m*, unterirdischer Verkehrsweg (Straße, Eisenbahnlinie) durch Gebirge oder unter Flüssen und Meeresarmen. Bekannte Tunnelbauten sind der Simplontunnel (als Eisenbahntunnel zwischen der Schweiz u. Italien; 19 823 m; fertiggestellt 1906) u. in Deutschland der Zugspitzbahntunnel (4 466 m; 1930). – Abb. S. 609.

Turban [türk.] *m*, gewickelte Kopfbedeckung orientalischer Völker.

Turbine [frz.] *w*, eine Kraftmaschine, bei der der Antrieb durch strömende Gase (Gasturbine), Dämpfe (Dampfturbine) oder Flüssigkeiten (Wasserturbine; ↑auch Wasserrad) erfolgt. Die T. besitzt Schaufelräder, die durch die Gas- bzw. Flüssigkeitsströmung in Bewegung versetzt werden. Turbinen haben einen gleichmäßigeren Lauf als Kolbenmaschinen, bei denen zunächst eine hin- u. hergehende Bewegung entsteht, die dann in eine Drehbewegung umgewandelt werden muß. Die Verbindung einer T. mit einem elektrischen Generator zur Stromerzeugung bezeichnet man als *Turbogenerator*.

Turboprop, Kurzbezeichnung für: Turbinen-Propeller-Luftstrahltriebwerk. Beim Turboproptriebwerk wird die Luftschraube von einer Gasturbine angetrieben, die von verdichteter Luft (gemischt mit Brennstoff) getrieben wird.

Turin (ital. Torino), italienische Stadt am oberen Po, mit 1,2 Mill. E. Zu den Sehenswürdigkeiten gehören neben mehreren mittelalterlichen u. Barockkirchen der Dom (1492–98) u. das ehemalige königliche Schloß (1646–58). T. besitzt eine Universität u. ist eine bedeutende Industriestadt: Automobil-, Flugzeug-, Aluminium-, Textilindustrie, Herstellung von Nahrungsmitteln.

Türkei *w*, Republik in Vorderasien und Südosteuropa, mit 41,2 Mill. E; 780 576 km². Die Hauptstadt ist Ankara. Die europäische T., ein meist flaches Tafelland, ist durch Dardanellen, Marmarameer u. Bosporus von der weitaus größeren asiatischen T. getrennt. Diese umfaßt ganz Anatolien sowie Teile Armeniens u. Kurdistans; sie besteht aus dem Hochland Anatoliens, hohen Gebirgen (Pontisches Gebirge im Norden,

Truthahn

◀ Tuareg. Targi in typischer Tracht

Taurus im Süden) u. einer schmalen Küstenzone. Im Westen u. Süden ist das Klima mittelmeerisch, im Inneren trocken und winterkalt (Steppe, Halbwüste). Angebaut werden v. a. Weizen, Mais, Kartoffeln, Tabak, Mohn (für Opium), Baumwolle, Gemüse, Obst, Südfrüchte, Wein u. Haselnüsse. Bedeutend sind auch die Viehzucht (Schafe, Angoraziegen, Rinder) u. die Küstenfischerei. Die T. besitzt vielfältige Bodenschätze (Eisen-, Chrom-, Uran- u. andere Erze, Stein- u. Braunkohle, Erdöl, Meerschaum u. Schwefel). Die Industrie befindet sich im Ausbau (besonders Textil-, Tabak-, Nahrungsmittel-, chemische, Baustoff-, Montageindustrie, Erdölraffinerien). Die Haupthäfen sind Istanbul und İzmir. *Geschichte*: Osman I. (um 1300–1326) begründete das *Osmanische Reich*, das sich über ganz Kleinasien und unter den Nachfol-

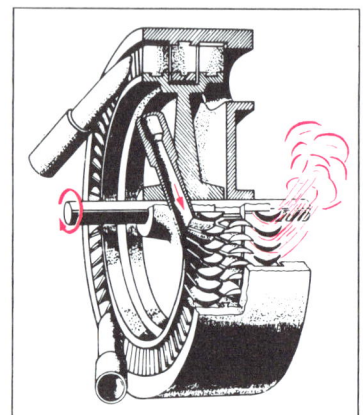

Turbine. Schematische Darstellung des Antriebs eines Rades mit Laufschaufeln bei einer Dampfturbine

Tyrrhenisches Meer

gern rasch auf dem Balkan ausbreitete. Unter Suleiman II., dem Großen (Sultan von 1520 bis 1566), erlangte das Reich seine größte Ausdehnung (bis nach Ungarn u. ins westliche Nordafrika). In den Kriegen mit Österreich u. Ungarn, besonders nach der 2. Belagerung Wiens (1683), setzte ein Machtzerfall ein, der die europäischen Besitzungen allmählich abbröckeln ließ. Schwere Gebietsverluste auf dem Balkan brachte v.a. der Russisch-Türkische Krieg 1877/78; auch die nordafrikanischen Besitzungen gingen im 19. Jh. verloren. Trotz innerer Reformen blieb das Osmanische Reich der „kranke Mann am Bosporus". 1908 kam es zur Revolution der Jungtürken, einer Gruppe von Politikern, die eine moderne Verfassung anstrebten. Am 1. Weltkrieg nahm die T. auf seiten Deutschlands u. Österreichs teil. 1923 wurde sie Republik. Als erster Präsident gestaltete Kemal Atatürk sie zu einem modernen Staat nach europäischem Muster um. Nach der Verfassung von 1961 ist die T. eine parlamentarische Demokratie. Durch eine 1973 fertiggestellte Hängebrücke über den Bosporus wurde zwischen dem europäischen u. dem asiatischen Teil der T. eine Verbindung geschaffen. Die T. gehört zu den Gründungsmitgliedern der UN, sie ist Mitglied der NATO u. des Europarats. Der EWG ist sie assoziiert.

Turkestan, Gebiet in Innerasien. Es umfaßt zwei durch Pamir u. Tienschan getrennte Großlandschaften; der Osten (im wesentlichen das Tarimbecken) gehört zu China, der Westen zur UdSSR.

Türkis [türk.-frz.] m, undurchsichtiges, wachsglänzendes, blaues oder grünes Mineral, das als Schmuckstein verwendet wird.

Türkei. Die Innenstadt der Hauptstadt Ankara

Turkmenen Mz., Volk in der sowjetischen Unionsrepublik im Nordiran u. im Nordwesten Afghanistans. Die T. sind Moslems. Früher lebten sie als Hirtennomaden, heute sind sie als Ackerbauern u. Viehzüchter ansässig.

Turkvölker s, Mz., Völkergruppe in Nord-, Mittel- u. Westasien sowie Osteuropa. Zu den Turkvölkern gehören: Aserbaidschaner, Tataren, Turkmenen, Kasachen, Usbeken und Türken.

Turnen s, ursprünglich alle planmäßigen Leibesübungen; später verstand man unter T.: Gymnastik, Geräteturnen, leicht- u. schwerathletische Disziplinen, Turnspiele, Fechten, Judo, Schwimmen u. a. In Deutschland wurde das T. v. a. vom „Turnvater" Friedrich Ludwig Jahn entwickelt, der die körperliche Ertüchtigung als wesentlichen Teil der Persönlichkeitsbildung u. – bedingt durch die damalige politische Lage – als patriotische Pflicht u. Ausdruck vaterländischer Gesinnung verstand. Heute wird der Begriff in einem engeren Sinn gebraucht u. ist von aller Ideologie befreit. Man versteht unter T. das Geräteturnen (Kunstturnen). Turngeräte des Kunstturnens sind Reck, Barren, Boden, Pferd (Seitpferd u. Längspferd) u. Ringe für Männer, Stufenbarren, Schwebebalken, Boden u. Längspferd für Frauen.

Turnier [frz.] s: **1)** im Mittelalter ein ritterliches Kampfspiel mit stumpfen oder scharfen Waffen. Es wurde nach bestimmten Regeln zur Erprobung des Mutes u. der Waffentüchtigkeit veranstaltet; **2)** von mehreren Sportlern oder Mannschaften ausgetragener Wettbewerb (z. B. im Fußball, Handball, Eishockey, Tennis, Schach).

Tusche [frz.] w, eine wäßrige Lösung oder Aufschwemmung von Farbstoffen zum Schreiben u. Zeichnen.

Tutanchamun, ägyptischer König, der von 1347 bis 1337 v. Chr. regierte. Sein Grab, das 1922 entdeckt u. geöffnet wurde, enthielt überaus reiche, für die Kenntnis der ägyptischen Kultur wichtige Schätze.

Tuvalu, Staat im südwestlichen Pazifischen Ozean, mit 5900 E (Polynesier); 24,6 km². Er umfaßt die Ellice-Inseln (9 Atolle), die nordwestlich der Samoainseln liegen. Der Verwaltungssitz liegt auf der Insel Funafuti. – T. war seit 1877 in britischem Besitz u. wurde im Oktober 1978 unabhängig. Staatsoberhaupt ist die brit. Königin. Es ist Mitglied des Commonwealth.

Twain, Mark ↑Mark Twain.

Twen [engl.] m, Bezeichnung für junge Leute in den Zwanzigern (engl. twenty).

Twist [engl.-amer.] m, aus den USA stammender Modetanz im $^4/_4$-Takt, bei dem sich die Partner, ohne einander zu berühren, im Rhythmus bewegen.

Tympanon [gr.] s, beim griechischen Tempel das Giebelfeld, beim romanischen und gotischen Portal das Bogenfeld zwischen Türsturz u. den ↑Archivolten.

Typ [gr.] m, Vorbild oder Grundform für Art oder Aussehen eines Gegenstandes oder bestimmter Wesenseigenschaften. Man spricht z. B. von Autotyp oder man sagt: Robin Hood ist der T. des edlen Räubers.

Typhus [gr.] m, eine seuchenartig auftretende, meldepflichtige Infektionskrankheit des Lymphgefäßsystems, hauptsächlich des Dünndarms. Erreger sind die Typhusbakterien. Übertragen wird die Krankheit meist durch Nahrungsmittel u. Trinkwasser.

Tyr ↑Ziu.

Tyrann [gr.] m, im Altertum ein ungesetzlicher Alleinherrscher; ein willkürlicher Gewaltherrscher; im übertragenen Sinn ein herrschsüchtiger Mensch, Peiniger.

Tyrannis ↑Staat.

Tyrrhenisches Meer s, Teil des Mittelmeeres zwischen Italien u. den Inseln Korsika u. Sardinien.

Tutanchamun.
Maske der Mumie (Gold mit Einlagen)

U

U: 1) 21. Buchstabe des Alphabets; **2)** chemisches Symbol für: ↑Uran.

u, Einheitszeichen für: atomare Masseneinheit (↑Masse).

U-Bahn w, Kurzwort für: ↑Untergrundbahn.

Ubangi m, rechter Nebenfluß des Kongo, rund 1 000 km lang.

Überschallgeschwindigkeit w, Geschwindigkeit eines sich bewegenden Körpers, die größer ist als die Schallgeschwindigkeit in dem umgebenden ↑Medium (in Luft etwa 1 200 km pro Stunde). Mit Propellerantrieb läßt sich ein Flugzeug nicht auf Ü. bringen, dazu bedarf es eines Strahltriebwerkes. Zu den beim Erreichen der Schallgeschwindigkeit auftretenden Erscheinungen ↑Schallmauer.

Übersee, Bezeichnung für Gebiete jenseits der Meere.

U-Boot s, Kurzwort für: ↑Unterseeboot.

UdSSR w, Abkürzung für: **U**nion **d**er **S**ozialistischen **S**owjet**r**epubliken (auch Sowjetunion genannt), Staat in Osteuropa und Asien, Hauptstadt Moskau, mit 22,4 Mill. km² (90mal so groß wie die Bundesrepublik Deutschland) das größte Staatsgebiet auf der Erde, mit 258,7 Mill. E. Nach China u. Indien der volksreichste Staat der Erde, trotzdem eines der am dünnsten besiedelten Länder der Erde. Die größte Bevölkerungsdichte hat der europäische Teil der UdSSR. 62 % der Bevölkerung leben in Städten. In der UdSSR leben über 100 Völker mit großenteils eigenen Sprachen; staatlich ist die UdSSR in 15 Unionsrepubliken geteilt (↑Tabelle S. 613). *Geographische Gliederung:* Die UdSSR erstreckt sich über die durch flache Höhenrücken geteilte osteuropäische Ebene u. ganz Sibirien. Im Süden hat die UdSSR Anteil an den jungen alpidischen Faltengebirgen, so in den Karpaten, im Jailagebirge (an der Südküste der Halbinsel Krim), im Großen Kaukasus, im Koppe Dagh u. im Hochland von Pamir, zu dem der höchste Berg der UdSSR, der Pik Kommunismus (7 495 m), gehört. Östlich des Pamir reihen sich schwer passierbare Hochgebirge: Alaigebirge, Tienschan, Altai, Westlicher u. Östlicher Sajan. *Klima u. Vegetation:* Der Norden der UdSSR ist ↑Tundra (3 Mill. km²), die Menschen leben von Renzucht u. Fischerei. Auch im Sommer ist es nicht warm (Mittel des wärmsten Monats nicht über 10 °C), die Winter sind lang, kalt u. stürmisch. Südlich anschließend folgt die ↑Taiga (11 Mill. km²), die Böden sind zum Teil infolge der kalten Winter dauernd gefroren. Die einzige einträgliche Erwerbsquelle ist hier der Pelztierfang: Zobel, Fuchs, Edelmarder u. Eichhörnchen. Südlich der Taiga schließt sich Waldsteppe an, der Wald löst sich auf in einzelne Laubwaldinseln zwischen einer natürlichen Krautsteppenvegetation oder beschränkt sich auf Flußtäler. Nur in Osteuropa schiebt sich zwischen Taiga und Waldsteppe keilförmig im Mischwaldgebiet mit Fichten, Kiefern, Eichen, Eschen, Linden und Ahornbäumen. An den Waldsteppengürtel schließt sich Steppe an mit humusreichen Böden (aus ↑Löß entstanden). Die Steppe wird etwa zur Hälfte für Ackerbau u. Viehzucht genützt; es wachsen dort Weizen, Sonnenblumen, Mais, Baumwolle. Auf den Waldböden des Übergangsgebietes wachsen Roggen, Hafer und Kartoffeln. Den Schäden durch heiße sommerliche Winde in den Steppen versucht man durch Anpflanzen von Windschutzhecken u. Waldstreifen zu begegnen. Weiter südlich geht die Steppe in Halbwüste u. Wüste über. Die Böden ergeben bei künstlicher Bewässerung reiche Ernten an Baumwolle, Reis, Gemüse u. Obst. Solche Oasenkulturen gibt es am Amu-Darja, Syr-Darja u. an der unteren Wolga, im Ferganabecken, in Buchara u. Sarmakand. *Bodenschätze und Industrie:* Die UdSSR ist reich an Bodenschätzen aller Art, nur liegen sie oft in verkehrsentlegenen Gebieten, was ihre Nutzung sehr verteuert oder unrentabel macht. Trotzdem erreicht die Ausbeutung schon fast die der USA, u. die Industrie, jedenfalls die Schwerindustrie, steht kaum hinter der der USA zurück. Das älteste Industriezentrum der UdSSR liegt im Mittleren u. Südlichen Ural u. beruht auf den dortigen Vorkommen von hochwertigen Eisen- u. Kupfererzen, Bauxit, Zink, Nickel u. Edelsteinen. Für die Hütten- u. Stahlindustrie wird Kohle aus Karaganda herbeigeschafft. Außerdem werden hier Schwermaschinen, Traktoren, Waggons u. a. gebaut. Weitere bedeutende Industriegebiete liegen in Westsibirien (Vorland des Altai u. des Westlichen Sajan) u. in Südsibirien (um Irkutsk). In Westsibirien sind Kohle (im Kusbass), Eisenerze u. neuerdings bedeutende Erdöllagerstätten, die als Drittes ↑Baku bezeichnet werden, Grundlage der Industrie. Westsibirien liefert heute fast 50 % des sowjetischen Erdöls. Das Irkutsker Industriezentrum verdankt seine Entwicklung dem Irkutsker Kohlenbecken, der Verkehrserschließung durch die Transsibirische Eisenbahn u. den großen Wasserkraftwerken an der Angara. - Diese Aufzählung nannte nur die allergrößten Industriezentren; es gibt zahlreiche andere (wie Donbass, Kriwoi Rog) mit beträchtlicher Rohstofferzeugung sowie auch verarbeitender Industrie, besonders sind z. B. noch Moskau (Maschinen-, Textil- und feinmechanische Industrie) u. Leningrad (Maschinen-, Schiff- und Apparatebau) zu nennen. Der wirtschaftlichen Entwicklung Sibiriens soll eine neue Eisenbahnlinie, die 3 145 km lange Baikal-Amur-Magistrale, dienen. Sie ist seit 1974 im Bau. *Geschichte:* Die Entstehung des Russischen Reiches geht auf Normannen zurück, die im 9. Jh. Herrschaften in Nowgorod und Kiew errichteten, die dann im Kiewer Reich zusammengeschlossen wurden. Dieses bald slawisierte u. seit dem 10. Jh. christliche (orthodoxe) Reich erlebte seine Blütezeit im 11. Jh., dann zerfiel es in Teilreiche, die den Mongoleneinfällen des 13. Jahrhunderts erlagen. Das politische Schwergewicht verlagerte sich nach Moskau. Iwan III. (1462–1505) befreite Rußland von der Mongolenherrschaft u. machte es zu einem Einheitsstaat, in dem er unumschränkt herrschte. Iwan IV., der Schreckliche, festigte die Zentralgewalt. Der Druck der Lehnsherren lastete besonders auf den Bauern. 1582 begann die Erschließung Sibiriens. 1605 begann die Zeit der Wirren; verschiedene Betrüger, die sich als Zaren ausgaben, versuchten die Herrschaft an sich zu reißen. Ab 1613 regierte das Haus Romanow, das Russische Reich festigte sich wieder, 1654 kam die Ukraine unter russische Oberhoheit, die weitere Eroberungspolitik richtete sich gegen die Türkei. Peter I., der Große (1682/89–1725), suchte die europäische Lebensweise an seinem Hof u. auf diesem Weg für sein Land durchzusetzen; er gründete 1703 Petersburg als neue Hauptstadt. Im ↑Nordischen Krieg gegen Schweden erwarb Peter der Große die Ostseeprovinzen, Rußland wurde europäische Großmacht. Katharina II., die Große (1762–96), gewann die Schwarzmeerküste, die bis dahin zum Osmanischen Reich gehört hatte, u. in den Teilungen Polens Litauen, Kurland, Weißrußland sowie Teile der Westukraine. Im Kampf gegen Napoleon I. stärkte Rußland seine europäische Stellung; Bessarabien u. das Königreich Polen wurden russisch. Mit dem Kaiser von Österreich u. dem König von Preußen schloß der Zar 1815 die ↑Heilige Allianz. Die Zaren des 19. Jahrhunderts unterdrückten mehrfach Freiheitsbewegungen im eigenen Land oder in anderen Ländern (z. B. in Ungarn). Die sozialen Spannungen in Rußland wurden nicht gelöst, auch nicht durch die ↑Bauernbefreiung von 1861. Außenpo-

UdSSR

litisch war das 19. Jh. durch Eroberungsstreben bestimmt sowie durch eine Politik, die alle slawischen Völker einigen sollte. Auf dem Balkan (Krimkrieg u. Russisch-Türkischer Krieg 1877/78) geriet Rußland dadurch in Gegensatz zu Österreich-Ungarn. Im Krieg gegen Japan (1904/05) erlitt Rußland eine Niederlage. 1905/06 brach eine Revolution aus, die daraufhin erfolgten Zugeständnisse des Zaren waren nicht ausreichend. Nach schweren Niederlagen im 1. Weltkrieg, an dem Rußland gegen Deutschland u. Österreich teilnahm, brach im März 1917 eine Revolution aus, durch die Zar Nikolaus II. gestürzt wurde. In Rußland wurde die Republik ausgerufen, die durch die bolschewistische ↑Oktoberrevolution desselben Jahres beseitigt wurde. Die Bolschewisten stützten sich auf die Lehre von Marx u. Lenin (↑auch Marxismus). Lenin war die führende Persönlichkeit der bolschewistischen Partei, die 1903 entstanden war. Ihm gelang es 1917, neben dem eigentlichen revolutionären Kern von Intellektuellen u. Arbeitern die Bauern u. Soldaten für sich u. die Revolutionspläne seiner Partei zu gewinnen u. sie in die Oktoberrevolution einzubeziehen. Es wurden dann Arbeiter-und Soldaten-Räte gebildet (↑Rätesystem), die die „Diktatur des Proletariats" verwirklichen sollten; diese wurden aber mehr u. mehr beiseitegedrängt, u. Lenin errichtete die Diktatur der kommunistischen Partei. Im März 1918 wurde der Friede von Brest-Litowsk mit den Mittelmächten geschlossen, am 7. Juli 1918 wurde die Verfassung der Russischen Sozialistischen Föderativen Sowjetrepublik (RSFSR) angenommen, im Dezember 1922 wurde dann durch Zusammenschluß der einzelnen Sowjetrepubliken die Union der Sozialistischen Sowjetrepubliken (UdSSR) gegründet. Nach Lenins Tod (1924) gelang es ↑Stalin, die Führung der KPdSU (= Kommunistische Partei der Sowjetunion) an sich zu reißen u. ↑Trotzki auszuschalten. Stalin unternahm nun alles, um der UdSSR eine politische u. wirtschaftliche Machtposition zu verschaffen. Dies wurde gemäß den marxistisch-kommunistischen Vorstellungen besonders durch die Umordnung der Besitzverhältnisse des Bodens versucht, das Land wurde Gemeinschaftsbesitz der Bauern („Kollektivierung der Landwirtschaft"), die in ↑Kolchosen zusammengefaßt wurden. Die Industrialisierung wurde vorangetrieben, oft durch politisch Andersdenkende, die in Lagern Zwangsarbeit verrichten mußten. Besonders 1933–38 wurden viele Schauprozesse (mit zahlreichen Todesurteilen) veranstaltet, um Kritik an der Regierung zum Verstummen zu bringen (sogenannte „Säuberungen"). 1939 schlossen Deutschland u. die UdSSR einen Nichtangriffspakt; Deutschland sicherte der UdSSR Ostpolen zu. Nach Ausbruch des 2. Weltkriegs marschierten die Sowjets in Polen ein, im Winter 1939/40 annektierten sie Karelien, 1940 Litauen, Lettland u. Estland. Am 22. 6. 1941 griff Deutschland die UdSSR an. Am Ende des 2. Weltkrieges standen die sowjetischen Truppen in Berlin u. an der Elbe. Die UdSSR behauptete sich im Besitz von Ostpolen, der Karpato-Ukraine, der Nordbukowina u. Bessarabiens; seit 1945 gehört auch der nördliche Teil von Ostpreußen zur UdSSR. Die angrenzenden Staaten gerieten so stark unter sowjetischen Einfluß, daß man sie Satellitenstaaten nennt. Das Verhältnis zwischen den USA u. der UdSSR verschlechterte sich nach dem 2. Weltkrieg sehr schnell, es entstand der Gegensatz von Ost u. West in der Weltpolitik. Stalin starb 1953, sein Nachfolger war zunächst Malenkow u. dann Chruschtschow, der 1956 die „Entstalinisierung" verkündete. In den 60er Jahren begann sich eine neue Entwicklung anzubahnen durch Auseinandersetzungen zwischen der UdSSR u. dem kommunistischen China. Die UdSSR macht in diesem Kampf um die kommunistische Ideologie, wie überhaupt in allen Auseinandersetzungen der „sozialistischen" Staaten untereinander, einen absoluten Führungsanspruch geltend. 1964 wurde Chru-

DIE STAATLICHE GLIEDERUNG DER UdSSR

Unionsrepubliken	Größe in 1000 km²	E in 1000 (Jan. 1977)	E/km²	wichtigste Nationalitäten in %	Hauptstadt
Russische Sozialistische Föderative Sowjetrepublik (RSFSR)	17 075,4	135 600	7,9	Russen 82,8, Tataren 3,5, Ukrainer 2,9	Moskau
Ukrainische SSR	603,7	49 300	81,6	Ukrainer 75, Russen 19,4, Juden 1,6	Kiew
Kasachische SSR	2 713,3	14 500	5,3	Kasachen 32,6, Russen 42, Ukrainer 7,2, Tataren 2,1	Alma-Ata
Usbekische SSR	447,4	14 500	32,4	Usbeken 65, Russen 12,5, Tataren 4,9, Kasachen 4,1	Taschkent
Weißrussische SSR	207,6	9 400	45,2	Weißrussen 81, Russen 2,1, Polen 10,4, Juden 1,6	Minsk
Aserbaidschanische SSR	86,6	5 800	66,9	Aserbaidschaner 74, Russen 10, Armenier 9	Baku
Georgische SSR	69,7	5 000	71,7	Georgier 66,8, Armenier 9,7, Russen 8,5, Aserbaidschaner 4,6	Tiflis
Moldauische SSR	33,7	3 900	115,7	Moldauer 65, Ukrainer 14, Russen 11,6, Juden 2,7, Gagausen 3,5	Kischinjow
Tadschikische SSR	143,1	3 600	25,1	Tadschiken 56, Usbeken 23, Tataren 2,9	Duschanbe
Kirgisische SSR	198,5	3 500	17,6	Kirgisen 44, Russen 29, Usbeken 11,3, Ukrainer 4	Frunse
Litauische SSR	65,2	3 300	50,6	Litauer 80, Russen 8,6, Polen 7,7, Juden 0,9	Wilna
Armenische SSR	29,8	2 900	97,3	Armenier 89, Aserbaidschaner 5,9, Russen 2,7, Kurden 1,5	Jerewan
Turkmenische SSR	488,1	2 700	5,5	Turkmenen 66, Russen 14,5, Usbeken 8,3, Kasachen 3,2	Aschchabad
Lettische SSR	63,7	2 500	39,2	Letten 57, Russen 30, Weißrussen 2,9, Polen 2,9, Juden 1,7	Riga
Estnische SSR	45,1	1 400	31,0	Esten 68,2, Russen 24,7	Reval

Uganda

schtschow durch Breschnew u. Kossygin abgelöst. Durch den 1972 in Kraft getretenen Deutsch-Sowjetischen Vertrag von 1970 erkennen die UdSSR u. die Bundesrepublik Deutschland die Unverletzlichkeit der bestehenden Grenzen in Europa an. Die UdSSR ist Mitglied des RGW u. des Warschauer Pakts u. Gründungsmitglied der UN.

Uganda, Republik im östlichen Afrika, nördlich des Victoriasees, mit 236 036 km² etwa so groß wie die Bundesrepublik Deutschland, mit 12,4 Mill. E. Die Hauptstadt ist *Kampala* (mit umliegenden Orten 340 000 E). U. ist ein vorwiegend mit Savanne bedecktes Hochland, im Westen vom Ruwenzorimassiv (5109 m), im Osten von Vulkanen (Mount Elgon) umrahmt. Angebaut u. exportiert werden v. a. Kaffee u. Baumwolle, aber auch Tee, Tabak, Mais, Zuckerrohr u. Erdnüsse. Das Land besitzt Kupfer-, Kobalt- u. Phosphatvorkommen und eine vielseitige Industrie (Holzverarbeitung, Textilindustrie, Ölmühlen, Kaffeeaufbereitung u. a.). Ausfuhrhafen ist Mombasa (Kenia). – U. war 1894–1962 britisches Protektorat, seit 1962 ist es unabhängig. U. ist Mitglied des Commonwealth, der UN u. OAU. Es ist der EWG assoziiert.

Uhland, Ludwig, *Tübingen 26. April 1787, †ebd. 13. November 1862, deutscher Dichter. Er schrieb viele schlichte, volkstümliche Gedichte („Die Kapelle" u. a.), von denen manche Volkslieder wurden (Lied vom „Guten Kameraden"). Berühmt sind auch seine Balladen („Das Glück von Edenhall", „Schwäbische Kunde", „Des Sängers Fluch") u. U. war 1848 Abgeordneter der ↑Frankfurter Nationalversammlung.

Uhr *w,* ein Gerät zur Zeitmessung. Im Grunde genommen kann jeder Vorgang, der gleichmäßig abläuft, als Grundlage für die Zeitmessung verwendet werden. Früher benutzte man zur Zeitmessung die Geschwindigkeit, mit der Wasser (Wasseruhr) oder Sand (Sanduhr) aus einem Gefäß strömt. Bei Sonnenuhren bestimmt man die Tageszeit aus der Richtung des Schattens eines Stabes. Heute verwendet man vorwiegend Uhren, bei denen die Schwingungen eines Pendels (Pendeluhr) oder eines mit einer Spiralfeder versehenen Rades (↑Unruh; in der Taschen- oder Armbanduhr) die Grundlage der Zeitmessung bilden. Als Antrieb solcher Uhren wird ein Zuggewicht, die Spannung einer Spiralfeder oder ein Elektromotor verwendet. Für äußerst genaue Zeitmessungen hat man Quarz- oder Atomuhren, bei denen die Periodendauer der Schwingungen eines Quarzkristalls oder von Atomen bzw. Molekülen als Zeitmaß dient.

Uhu *m,* bis 70 cm großer Eulenvogel. Das Gefieder ist gelb- bis dunkelbraun mit dunkelbraunen bis schwarzen Flecken u. Bändern. Die Augen sind orangerot, die Ohren tragen lange Federbüschel. Der U. ernährt sich v. a. von maus- bis hasengroßen Säugetieren. Er nistet in Felsnischen, Baumhöhlen u. verlassenen Nestern. In Mitteleuropa war der U. fast ausgerottet, wird aber wieder angesiedelt.

Ukraine *w,* Unionsrepublik der UdSSR, am Schwarzen Meer, der Flächenausdehnung nach größer als Spanien und Portugal zusammen. In ihr wohnen 49,1 Mill. E (meist Ukrainer). Die Hauptstadt ist Kiew. Die U. ist ein sehr fruchtbares u. wichtiges Ackerbaugebiet der UdSSR („Kornkammer Rußlands"). Angebaut werden v. a. Getreide, Mais, Sonnenblumen, Kartoffeln u. Zuckerrüben, auch Viehzucht wird betrieben. Im Osten liegt das an Industrie u. Steinkohlenvorkommen reiche Donezbecken (Donbass), eines der bedeutendsten sowjetischen Industriegebiete. Ein weiteres Zentrum der Schwerindustrie liegt im Dnjeprbogen (Eisenerz- u. Manganerzabbau bei Kriwoi Rog) mit vielen Stahlwerken, großen Stauanlagen u. Kraftwerken. Am Karpatenrand werden Erdöl und Erdgas gewonnen.

UKW, Abkürzung für: ↑Ultrakurzwellen.

Ulan Bator, Hauptstadt der Mongolischen Volksrepublik, mit 320 000 E. Die Stadt hat eine Universität, mehrere Museen, Theater u. Pagoden. Sie ist ein wichtiger Verkehrsknotenpunkt (Anschluß an die Transsibirische Eisen-

UdSSR. Traditionelle Holzhäuser kennzeichnen die alten mittelrussischen Kleinstädte (im Bild Puschkino)

UdSSR. In einem klimatisch unwirtlichen Gebiet liegen die Kolyma-Goldfelder in Nordostsibirien

Ultramikroskop

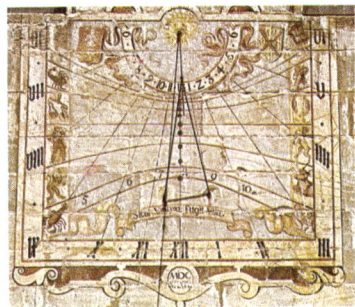

Uhr. Sonnenuhr

Uhu

Ludwig Uhland

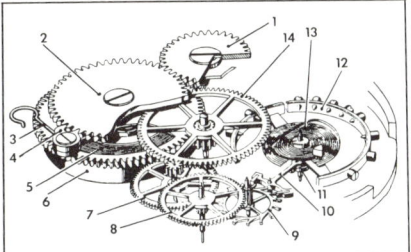

Uhr mit Unruh (12) und Spiralfeder (13):
1 Aufzugrad, 2 Sperrad, 3 Feder der Sperrklinke (4), 5 Feder, 6 Federgehäuse, 7 Kleinbodenrad, 8 Sekundenrad, 9 Ankerrad, 10 Gabel, 11 Unruhachse, 14 Minutenrad

bahn; Kreuzungspunkt ehemaliger mongolischer Karawanenstraßen) u. das bedeutendste Industriezentrum des Landes.

Ulfilas (Wulfila = Wölflein), * in westgotischem Gebiet an der unteren Donau 311, † Konstantinopel (heute Istanbul) (?) um 383, Bischof der Westgoten. Er übersetzte die Bibel ins Gotische u. schuf dafür ein eigenes Alphabet. Eine Abschrift dieser Übersetzung, nur teilweise erhalten, wird in der Universitätsbibliothek von Uppsala (Schweden) aufbewahrt: Sie ist mit silbernen Buchstaben auf purpurfarbenem Grund geschrieben u. wird Codex argenteus (= silberne Handschrift) genannt.

Ulm, Stadt in Baden-Württemberg, mit 99 000 E, an der Donau am Ostfuß der Schwäbischen Alb gelegen. Das berühmte Münster ist die größte gotische Pfarrkirche Deutschlands u. hat den höchsten Kirchturm der Erde (161,6 m). Die Stadt hat eine Universität, eine Fachhochschule sowie Fahrzeug-, Rundfunkgeräte-, Textil- u. Maschinenindustrie. – U. war seit dem 14. Jh. Reichsstadt und wurde 1810 württembergisch.

Ulmen w, Mz. (Rüstern), vorwiegend sommergrüne Bäume oder Sträucher mit meist doppelt gesägten Blättern, deren Blatthälften ungleich groß sind. Oft bereits vor der Belaubung erscheinen die in Büscheln sitzenden unauffälligen Blüten. Die Früchte sind Nüßchen, um-

geben von einem breiten, häutigen Saum, der zur Verbreitung durch den Wind dient. Ulmenholz wird als Möbel- u. Werkholz verwendet. Einheimische Arten sind Feldulme, Bergulme u. Flatterulme.

Ulster [*alßt^{er}*], Gebiet im Norden Irlands; seit 1921 gehört ein Teil zu ↑Nordirland, der andere ist als Provinz U. Teil der Republik Irland.

Ultimatum [lat.] s, „letzte" Aufforderung eines Staates an einen anderen, innerhalb einer bestimmten Frist eine Bedingung zu erfüllen. Das U. ist mit einer Drohung verbunden. Am 1. September 1939 z. B. stellten Großbritannien u. Frankreich unter Kriegsandrohung an Deutschland das U., den Einmarsch deutscher Truppen nach Polen rückgängig zu machen.

Ultimo [lat.] m, letzter Tag eines bestimmten Zeitabschnitts (Monat, Jahr u. a.); z. B. ist U. 1979 der 31. Dezember 1979.

Ultrakurzwellen [lat.; dt.] w, Mz., Abkürzung: UKW, elektromagnetische Wellen, deren Wellenlängen etwa zwischen 10 u. 1 m liegen. Das entspricht einer Frequenz von 30–300 MHz. Sie werden bei Rundfunk- und Fernsehübertragungen verwendet. U. breiten sich wie Lichtwellen, also geradlinig aus. Ihre Reichweite entspricht deshalb etwa der Reichweite von Lichtstrahlen. Ein Empfang über größere Entfernungen ist nicht möglich.

Ultramarin [lat.] s (Lasurblau), eine leuchtendblaue Mineralfarbe. Sie wird durch Erhitzen von Ton, Soda u. Schwefel gewonnen.

Ultramikroskop [lat.; gr.] s, ein mit Lichtstrahlen arbeitendes Mikroskop, mit dem auch Gegenstände, deren Abmessungen kleiner sind als die Wellenlänge des Lichts, beobachtet werden können. Mit dem U. läßt sich nur das Vorhandensein, nicht aber die tatsächliche Gestalt des betrachteten Gegenstandes erkennen. Mit diesem Verfahren können noch Gegenstände bis zu 0,000 004 mm Größe nachgewiesen werden.

UN. Generalversammlung in New York

615

Ultraschall [lat.; dt.] *m*, elastische Schwingungen mit Frequenzen von mehr als 20 000 Hz, die für das menschliche Ohr nicht mehr wahrnehmbar sind.

Ultrastrahlung [lat.; dt.] *w* (kosmische Strahlung, Höhenstrahlung), eine aus dem Weltraum in die Erdatmosphäre kommende, sehr energiereiche Strahlung, die aus schnell bewegten Protonen und Atomkernen besteht. Ihre Stärke ist an den Magnetpolen der Erde besonders groß. Schon am äußersten Rande der Erdatmosphäre werden die Teilchen abgebremst u. rufen eine sogenannte Sekundärstrahlung hervor, die auch auf der Erdoberfläche, ja selbst in Wassertiefen bis zu 1 300 m nachgewiesen werden kann.

Ultraviolett [lat.] *s*, Abkürzung: UV, unsichtbare elektromagnetische Wellen, die sich im ↑Spektrum an das Violett anschließen. Die ultravioletten Strahlen lassen sich fotografisch u. durch ↑Fluoreszenz nachweisen. Sie röten bzw. bräunen die menschliche Haut. Von Glas und Luft werden ultraviolete Strahlen stark absorbiert („verschluckt"). Das ultraviolette Licht der Sonne gelangt deshalb nur sehr geschwächt bis zur Erdoberfläche. In größeren Höhen dagegen sind die ultravioletten Strahlen oft so stark, daß man sich vor gesundheitlichen Schäden (Hautverbrennungen) schützen muß.

Umformer *m*, eine umlaufende elektrische Maschine, mit deren Hilfe elektrische Energie von einer Form in eine andere gebracht werden kann. Mit Umformern kann z. B. Gleich- in Wechselstrom, Wechselstrom in Wechselstrom einer anderen Frequenz, Gleichstrom niedriger Spannung in solchen höherer Spannung u. ä. umgewandelt werden.

Umgangssprache *w*, unterschiedlich gebrauchte Bezeichnung: einerseits für die Sprache, wie sie im täglichen Leben im Umgang mit anderen Menschen verwendet wird, andererseits für die nachlässige, saloppe bis derbe Ausdrucksweise; ↑auch Standardsprache.

Umkehrfilm *m*, ein fotografischer Film, bei dem nach der Entwicklung sofort ein Positiv, also ein Bild mit den Helligkeits- u. Farbwerten des aufgenommenen Gegenstandes entsteht. Im Gegensatz dazu erhält man beim Negativfilm zunächst ein Negativ, von dem in einem zweiten Arbeitsgang ein Positiv hergestellt wird. Umkehrfilme werden v. a. bei der Farbfotografie verwendet. Sie liefern ein ↑Diapositiv; ↑auch Fotografie.

Umlaut *m*, in der deutschen Sprache die Veränderung von a, o, u, au zu ä, ö, ü, äu; z. B. stark – stärker, Dorf – Dörfer, Kunst – Künste, laufen – läuft. Der U. ist sprachgeschichtlich zu erklären; er ist entstanden durch einen hellen Selbstlaut, besonders i, in der Folgesilbe: z. B. ahd. gast (= der Gast) – gesti (= die Gäste), „ubil" wird zu „übel"; ↑Ablaut.

Umsatz *m*, die Warenmenge, die eine Fabrik oder ein Geschäft während eines bestimmten Zeitraumes umsetzt (verkauft); auch der Wert (Erlös) dieser verkauften Güter heißt Umsatz.

Umsatzsteuer ↑Mehrwertsteuer.
Umstandsangabe ↑Satz.
Umstandsbestimmung ↑Satz.
Umstandssatz (Adverbialsatz) *m*, es gibt Umstandssätze der Absicht (Finalsätze), z. B. er ließ ihn bewachen, damit er nicht entfliehen konnte; der Art u. Weise (Modalsätze), z. B. er verabschiedete sich von mir, indem er mir freundlich zunickte; der Bedingung (Konditionalsätze), z. B. falls die Straßen vereist sind, fahre ich mit der Bahn; der Einräumung (Konzessivsätze), z. B. er liebt sie, obwohl sie ihn betrogen hat; der Folge (Konsekutivsätze), z. B. ich bin so glücklich, daß ich weinen könnte; des Grundes (Kausalsätze), z. B. er kann nicht kommen, weil er krank ist; der Zeit (Temporalsätze), z. B. als er abfuhr, begann es zu regnen.

Umstandswort ↑Adverb.
Umweltschutz *m*, Bezeichnung für alle wissenschaftlich-technischen Maßnahmen, die dazu beitragen, der zunehmenden Umweltgefährdung entgegenzuwirken u. damit das Leben auf der Erde auch in Zukunft zu erhalten. Aufgaben des Umweltschutzes sind neben dem Landschafts- u. Naturschutz v. a. die Reinhaltung von Luft u. Wasser, die Beseitigung bzw. die Lagerung des Abfalls (auch von radioaktivem Material aus Kernreaktoren; „Entsorgung" von Kernkraftwerken), die Erhöhung der Umweltverträglichkeit von Pflanzenschutz-, Schädlingsbekämpfungsmitteln u. a., die Lärmbekämpfung u. der Strahlenschutz.

UN *Mz.*, Abkürzung für englisch: United Nations [*junaitid ne^isch^ens*], Vereinte Nationen. Die UN sind eine überparteiliche und überstaatliche Organisation zur Erhaltung des Weltfriedens u. zur Förderung der internationalen Zusammenarbeit; sie wurden 1945 in San Francisco gegründet; der Sitz ist in New York. Zur Zeit gehören 155 Mitgliedsstaaten zu den UN. Diese entsenden ihre Vertreter zu einer Versammlung (*Generalversammlung*). Ein besonderes Organ, das ständig tagt, ist der *Sicherheitsrat* mit fünf ständigen u. zehn auf Zeit gewählten Mitgliedern. Er soll auf die Beilegung von internationalen Streitigkeiten hinwirken u. bei Bedrohung des Weltfriedens friedliche, notfalls auch militärische ↑Sanktionen beschließen. Ausführendes Organ der UN ist das ständige geschäftsführende Sekretariat, geleitet vom *Generalsekretär* (seit 1972 Kurt Waldheim). Sonderorganisationen der UN sind u. a. ↑UNESCO u. ↑UNICEF. – Abb. S. 615.

Unbewußtes *s* (auch Unterbewußtes oder Unterbewußtsein), Bezeichnung für diejenigen seelischen Vorgänge u. Inhalte (z. B. Gefühle), die vom wachen Bewußtsein überdeckt werden, diesem nicht gegenwärtig sind u. auch nicht verstandesmäßig gesteuert werden können. So können z. B. unangenehme u. deshalb verdrängte Erlebnisse als U. fortbestehen und z. B. im Traum wieder auftauchen oder das Verhalten eines Menschen in einzelnen Situationen, ohne daß er sich der Gründe seines Verhaltens bewußt wird.

Uncle Sam [*ankl ßäm*; = Onkel Sam(uel)], scherzhafte Bezeichnung für die USA, v. a. für die Regierung, aber auch für die Nordamerikaner. Der Name geht wohl auf die ehemalige amtliche Abkürzung U.S.-Am. (= United States of America) zurück.

Undine, eine Wasserjungfrau in menschlicher Gestalt, die der Sage nach dann eine unsterbliche Seele erhält, wenn sie unter den Menschen einen Gatten gefunden hat. F. de la Motte-Fouqué schrieb eine Märchennovelle „Undine". Sie wurde von E. T. A. Hoffmann u. Albert Lortzing als Oper bearbeitet.

uneheliche Kinder (nichteheliche Kinder) *s*, *Mz.*, Kinder einer Frau, die nicht verheiratet ist. Sie tragen den Familiennamen der Mutter. Das Grundgesetz der Bundesrepublik Deutschland fordert für u. K. gleiche Bedingungen wie für eheliche Kinder. Seit 1970 sind u. K. entgegen der früheren Regelung auch rechtlich mit ihrem Vater verwandt. Die Mutter allein hat die ↑elterliche Sorge für das Kind; das Kind erhält jedoch für die Wahrnehmung bestimmter Angelegenheiten grundsätzlich einen Pfleger. Bei der Festsetzung des zu leistenden Unterhalts ist die Lebensstellung beider Eltern entscheidend. Persönliche Beziehungen zwischen Kind u. Vater sind grundsätzlich nur mit Zustimmung der Mutter möglich, es sei denn, ein persönlicher Umgang mit dem Vater dient dem Wohle des Kindes. In diesem Fall kann das Vormundschaftsgericht nach Anhörung des Jugendamts entscheiden. Beim Tod des Vaters hat das Kind einen Anspruch auf die dem Erbteil entsprechende Geldsumme aus dem Vermögen des Vaters; vom 21. bis zum 27. Lebensjahr können u. K. vom Vater einen vorzeitigen Erbausgleich in Geld verlangen.

UNESCO *w*, Abkürzung für englisch: United Nations Educational, Scientific and Cultural Organization [*junaitid ne^isch^ens edjuke^isch^en^el, ßaientifik ^end kaltsch^er^el o^rg^enaise^isch^en*], Organisation der ↑UN für Erziehung, Wissenschaft und Kultur. Sie wurde 1945 gegründet zum Zwecke der internationalen Zusammenarbeit auf den genannten Gebieten. Die UNESCO hat ihren

Unikum

Sitz in Paris. Ihr gehören 144 Mitgliedsstaaten an.

Ungarn, Volksrepublik im südöstlichen Mitteleuropa, mit 93 032 km² etwa doppelt so groß wie Niedersachsen, mit 10,6 Mill. E (davon etwa 97 % Ungarn, 2 % Deutsche sowie Slowaken, Rumänen, Serben u. Kroaten). Die Hauptstadt ist Budapest. Im Westen ist U. von Ausläufern der Alpen begrenzt, im Nordwesten des Landes liegt das Kleine Ungarische Tiefland, anschließend das Ungarische Mittelgebirge; östlich der Donau breitet sich das Große Ungarische Tiefland aus. U. hat im allgemeinen trocken-heiße Sommer u. stürmisch-kalte Winter. Bedeutend ist die Landwirtschaft: Anbau von Mais, Weizen, Zuckerrüben, Kartoffeln, Wein, Obst, Gemüse (Paprika) u. Tabak, daneben auch Viehhaltung (Schweine, Rinder, Schafe, Enten, Gänse). Die Rohstoffe, Grundlage der Industrie, müssen weitgehend eingeführt werden, vorhanden sind v. a. Bauxit, Braunkohle, Steinkohle und Erdgas. Wichtigster Industriezweig ist der Maschinen- und Fahrzeugbau, es folgen Nahrungsmittel-, chemische u. Hüttenindustrie. *Geschichte:* Im 5. Jh. n. Chr. war U. Kerngebiet des Hunnenreiches, dann bis ins 8. Jh. des Reiches der ↑Awaren. Um 900 wanderten Madjaren (die heutigen Ungarn) ein, die nach der Niederlage auf dem Lechfeld (Bayern) 955 gegen Otto I., den Großen, ihre Vorstöße nach Westen einstellten u. endgültig seßhaft wurden. Unter König Stephan I., dem Heiligen (979–1038), wurden die Ungarn christianisiert, im 11./12. Jh. festigte sich das Reich; Kroatien u. Dalmatien wurden angegliedert. 1241 erlitten die Ungarn eine schwere Niederlage gegen die Mongolen, woraus eine Schwächung der Königsgewalt folgte. Erst unter Ludwig I., dem Großen (1342–82), wurde die ungarische Machtstellung wiederhergestellt. J. Hunyadi schlug 1456 die Türken zurück, u. Matthias I. Corvinus behauptete sich gegen den deutschen Kaiser u. den König von Böhmen. 1526 aber unterlagen die Ungarn in der Schlacht bei Mohács gegen die Türken, u. der größte Teil Ungarns kam für 150 Jahre unter die Herrschaft des Osmanischen Reiches. Der Rest der ungarischen Krone kam an Habsburg, nur Siebenbürgen blieb selbständig. Nach der Rückeroberung im Türkenkrieg 1683–99 wurde U. österreichisches Kronland. Die Ungarn versuchten sich 1848/49 unter L. Kossuth von Österreich unabhängig zu machen, die Bewegung wurde aber von Österreich u. Rußland niedergeworfen. 1867 gewann U. im Rahmen der Doppelmonarchie Österreich-Ungarn neben Österreich volle Gleichberechtigung. Nach dem 1. Weltkrieg wurde U. um rund zwei Drittel seines Gebietes verringert u. von Österreich abgetrennt. 1918 war die Republik U. ausgerufen worden, aber 1920 wurde die Monarchie (Reichsverweser Horthy) wieder eingeführt. Am 2. Weltkrieg nahm U. auf deutscher Seite teil, 1944 wurde es trotzdem von deutschen Truppen besetzt, da man den Abfall Ungarns befürchtete; 1944/45 wurde es dann von sowjetischen Truppen besetzt. Die deutsche Bevölkerung wurde größtenteils vertrieben. 1948 erfolgte die Übernahme der Regierung durch die Kommunisten, 1949 wurde U. in eine Volksrepublik nach sowjetischem Muster umgewandelt. 1956 wurde ein Volksaufstand gegen die stalinistische Regierung von sowjetischen Truppen blutig niedergeschlagen. U. ist Mitglied der UN, des RGW u. des Warschauer Paktes. – Abb. S. 618.

ungelernter Arbeiter *m*, ein Arbeiter, der keinen Beruf erlernt hat. Er wird als Hilfskraft für niedrig bezahlte Arbeiten eingestellt, die keine Ausbildungszeit voraussetzen.

Ungeziefer *s*, Tiere, die Menschen u. Haustiere belästigen u. schädigen, z. B. Läuse, Flöhe; auch Haus- u. Vorratsschädlinge, z. B. Kleidermotten. U. wird als Hilfskraft für schlecht bezahlt den bekämpft.

UNICEF, Abkürzung für englisch: United Nations International Children's Emergency Fund [*junaitid ne^{i}sch^{e}ns int^{e}rnäsch^{e}n^{e}l tschildr^{e}ns imö^{r}dseh^{e}nßi fand*], Kinderhilfswerk der ↑UN, 1946 gegründet.

unierte Kirchen *w, Mz.:* **1)** Ostkirchen (aus der orthodoxen Kirche u. anderen Gruppen), die sich unter Beibehaltung ihrer gottesdienstlichen Eigenart der römisch-katholischen Kirche anschlossen; **2)** eine Anzahl von evangelischen Landeskirchen in Deutschland, in denen Reformierte u. Lutheraner trotz ihres unterschiedlichen Bekenntnisses zusammengeschlossen sind. Die unierten Kirchen sind im 19. Jh. entstanden.

uniform [frz.], gleichförmig, gleichmäßig, einheitlich.

Uniform [frz.] *w*, eine in Farbe u. Form einheitliche Dienstkleidung, wie sie besonders beim Militär u. bei der Polizei üblich ist, aber auch bei Post-, Eisenbahn-, Forstbeamten u. a.

Unikum [lat.] *s:* **1)** etwas in seiner Art Einziges, Seltenes. So bezeichnet man das einzige Exemplar eines Stichs, eines Buches u. ä. als U. (auch als Unikat); **2)** origineller Mensch, Sonderling.

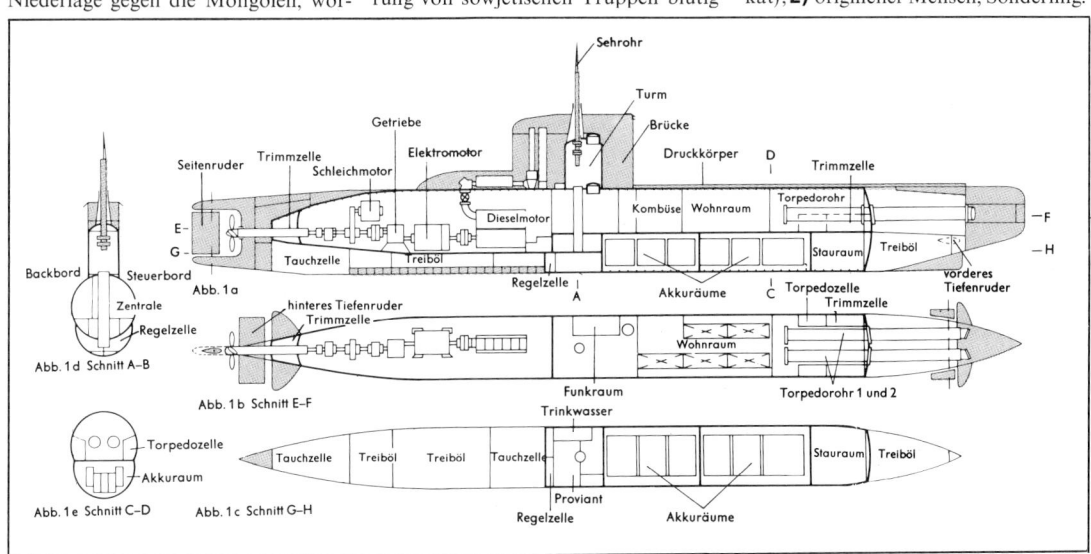

Unterseeboot im Schnitt

Union

Union [lat.] w, Bund, Vereinigung, Verbindung.

Union Jack [*juni*ᵉ*n dschäk*] m, volkstümliche Bezeichnung der Nationalflagge Großbritanniens (Abb. S. 184).

universal [lat.], allgemein, gesamt, umfassend, weltweit.

Universität [lat.] w, älteste u. traditionell ranghöchste ↑Hochschule zur Pflege der Wissenschaften in Forschung, Lehre u. Studium u. zur wissenschaftlichen Vorbildung für die sogenannten akademischen Berufe. Die Bezeichnung U. ist von lat. universitas (litterarum, magistrorum, scolarium) abgeleitet u. bedeutet „Gesamtheit (der Wissenschaften, Lehrenden, Lernenden)". Die ersten abendländischen Universitäten entstanden ab der Mitte des 11. Jahrhunderts in Italien (Salerno, Bologna, Padua, Neapel), Frankreich (Paris, Montpellier), England (Oxford, Cambridge), Spanien u. Portugal; die ersten deutschen Universitätsgründungen waren Prag (1348), Wien (1365), Heidelberg (1386), Köln (1388) u. Leipzig (1409). Bis ins 18. Jh. wurde die Lehre an den Universitäten durch kirchliche Dogmen u. religiöse Orientierungen bestimmt; erst im Zuge der Aufklärung entstand ein Wissenschaftsbegriff, der sich auf Erfahrung u. Experiment gründet. Gleichzeitig erhielten neben den Geisteswissenschaften die Naturwissenschaften ihren Platz in den Universitäten. Mit Gründung der Berliner U. (1810) schließlich wurden die Ideen Wilhelm von Humboldts bestimmend: Einheit von Forschung u. Lehre u. Autonomie der Universität. In den 60er Jahren des 20. Jahrhunderts begannen umfassende u. tiefgreifende Reformen organisatorischer (z. B. Beteiligung aller Gruppen in Entscheidungsgremien), materieller (z. B. Ausbau u. Neugründungen) u. inhaltlicher (z. B. Studienreform) Art, die bisher allerdings nur teilweise zu Ergebnissen geführt haben.

Universum ↑Weltall.

Unke w (Feuerkröte), eine Kröte mit warziger Haut u. vollständig angewachsener Zunge. Die Unterseite ist gelb bis rotgelb u. dunkel geflecht. In Deutschland gibt es z. B. die Tiefland- oder Rotbauchunke u. die Berg- oder Gelbbauchunke.

Unkräuter s, *Mz.*, Stauden, ein- oder zweijährige Kräuter, die als unerwünschte Eindringlinge in Kulturpflanzenbeständen wachsen. Sie sind häufig an bestimmte Kulturpflanzen gebunden u. werden besonders mit Chemikalien bekämpft.

unmündig, als u. bezeichnet man (nicht ganz richtig) ↑Minderjährige.

Unpaarhufer m, *Mz.* (Unpaarzeher), Ordnung der Säugetiere mit einer ungeraden Anzahl Zehen. Dabei ist die mittlere, dritte Zehe häufig verstärkt u. allein vollständig entwickelt, die übrigen Zehen sind verschieden stark zurückgebildet. Die U. sind nichtwiederkäuende Pflanzenfresser. Zu ihnen gehören Nashörner, Pferde u. Tapire.

Unruh w, kleines Rädchen in Uhren, das, mit einer Spiralfeder verbunden, Drehschwingungen ausführt u. dabei den gleichmäßigen Lauf des Uhrwerkes steuert. Die U. entspricht dem Pendel bei Pendeluhren. Sie wird vorwiegend in Taschen- u. Armbanduhren verwendet sowie in allen Uhren, die keinen festen Standort haben (z. B. Wecker).

Untergrund m: **1)** in den U. gehen häufig politische Gruppierungen, deren Arbeit sich unter strenger Geheimhaltung gegen die herrschende staatliche Ordnung wendet; **2)** (engl. Underground [*and*ᵉ*rgraund*]) eine sich von allen anerkannten gesellschaftlichen Normen absetzende Gruppe; eine künstlerische Protestbewegung (z. B. in Literatur, Film), die sich über den allgemein üblichen Geschmack hinwegsetzt. Die Kunst des Untergrunds bricht mit den traditionellen Stilarten, um sich auf völlig neue Weise mitzuteilen.

Untergrundbahn w, oft kurz: U-Bahn, eine elektrisch betriebene Bahn zur Personenbeförderung in großen Städten, deren Streckenführung meist unter der Erdoberfläche in U-Bahn-Tunneln erfolgt.

Unterhaus s (engl. House of Commons = Haus der Gemeinen), die britische Volksvertretung. Das U. (dem Bundestag vergleichbar) bildet zusammen mit dem ↑Oberhaus das britische Parlament. Die vom englischen Volk gewählten Abgeordneten besitzen ein entscheidendes Mitwirkungsrecht bei der Gesetzgebung. Die Mehrheitspartei des Unterhauses schlägt den Premierminister (Regierungschef) vor, das Kabinett ist dem U. verantwortlich.

Unternehmer m, selbständiger u. eigenverantwortlicher Leiter eines Unternehmens. Der U. muß nicht unbedingt Eigentümer des Unternehmens sein.

Unterricht m, im weitesten Sinne der Lehr- u. Lernprozeß, in dem Vermittlung von Wissen, Fähigkeiten, Fertigkeiten, Handlungsweisen u. Einstellungen durch einen (oder mehrere) Lehrer an mehrere (oder einen) Schüler in geplanter u. institutionalisierter Form geschieht. Nicht immer hat es U. gegeben. Als Lernen in früheren Kulturen noch ausschließlich durch Erfahrung, Beobachtung und Nachahmung geschah, war es weder geplant noch institutionalisiert. Zunehmende Differenzierung und Spezialisierung, kompliziertere Techniken u. das Anwachsen der notwendigen Kenntnisse zum Bestehen in der Gesellschaft machten dann eine Lösung des Lernens vom Leben, eine Institutionalisierung u. Planung notwendig. Älteste u. immer noch wichtigste Form der Institutionalisierung ist die Schule. Sie organisiert Lehr- u. Lernprozesse unabhängig vom Wechsel der Lehrenden u. Lernenden. Es gibt jedoch in vielen Bereichen (zusätzlich) Unterrichtsangebote (u. a. Privatunterricht, Lehrgänge, Kurse an Musikschulen, an Volkshochschulen, aber auch in Rundfunk u. Fernsehen). Zwei gegenläufige Tendenzen werden heute sichtbar: Die immer schnellere technische u. kulturelle Entwicklung macht immer mehr U. notwendig (*Verschulung der Gesellschaft*); der immer größer gewordene Abstand des Unterrichts vom Leben erfordert andere Formen u. eine stärkere Einbeziehung der Praxis (*Entschulung der Schule*). U. ist durch mehrere voneinander abhängige Faktoren be-

Ungarn. Gebäude des ungarischen Parlaments in Budapest

Ural

Ural. Der Obelisk deutet die Grenze zwischen Europa und Asien an

◀ Uri. Alter Streckenabschnitt des Sankt-Gotthard-Passes und Teufelsbrücke über die Schöllenen, dahinter die neue Brücke der Gotthardautobahn

stimmt. Er findet unter bestimmten Voraussetzungen bei den Lehrenden (z. B. Erwartungen, Ausbildung, Einstellungen), bei den Lernenden (z. B. Entwicklungsstand, Herkunft, Vorkenntnisse) u. in der Gesellschaft (z. B. Zielsetzungen, Finanzierung, Berufschancen) statt. Im U. werden Unterrichtsziele verfolgt u. Inhalte vermittelt, die von den Lehrenden, Lernenden oder von beiden gemeinsam festgelegt oder von der Gesellschaft (Lehrpläne, Curriculum) vorgeschrieben werden. Zur Erreichung der Ziele u. Vermittlung der Inhalte werden verschiedene Methoden u. Medien eingesetzt. Schließlich gehört zum U. als organisiertem Lehr- bzw. Lernprozeß die Erfolgskontrolle. Diese Faktoren u. ihre gegenseitige Abhängigkeit werden von der Unterrichtsforschung (*Didaktik*) untersucht.

Unterseeboot s, oft kurz: U-Boot, ein v. a. für Kriegszwecke verwendetes Schiff, das unter der Wasseroberfläche tauchen u. Unterwasserfahrten ausführen kann. Beim Tauchen werden die Tauchtanks geflutet, d. h. mit Wasser gefüllt. Zum Auftauchen wird das Wasser mit Preßluft aus den Tauchtanks getrieben. Bei Tauchfahrten in geringer Tiefe erfolgt die Luftzufuhr u. -abfuhr durch einen ausgefahrenen ↑Schnorchel. Bei Tauchfahrten in größerer Meerestiefe wird die verbrauchte Luft in besonderen Anlagen wieder aufbereitet. Der Antrieb erfolgt bei Überwasserfahrt durch Dieselmotoren, bei Unterwasserfahrt durch Elektromotoren. Die modernsten U-Boote besitzen Atomantrieb. Bewaffnet sind U-Boote vorwiegend mit Torpedos und Raketen, die unter Wasser abgeschossen werden können. – Abb. S. 617.

Untersuchungshaft w, U. kann vom Richter nur angeordnet werden, wenn ein Haftbefehl vorliegt. Sie wird gegen Personen verhängt, die einer strafbaren Handlung dringend verdächtigt sind u. wenn die Gefahr besteht, daß sie fliehen oder daß durch Beseitigung von Beweismaterial oder Beeinflussung von Zeugen die Klärung der Straftat erschwert werden könnte. U. kann auch angeordnet werden, wenn der Betroffene wegen bestimmter Delikte erneut straffällig werden könnte. Zur *vorläufigen Festnahme* sind Polizeibeamte u. unter Umständen jeder Bürger berechtigt. Über die weitere U. entscheidet der Richter.

Unterwalden, schweizerischer Kanton südlich des Vierwaldstätter Sees. Er besteht aus den Halbkantonen Nidwalden (U. nid dem Wald): 27 000 E, Hauptort *Stans* (5 200 E) u. Obwalden (U. ob dem Wald): 25 000 E, Hauptort *Sarnen* (7 000 E). Hauptsterwerbszweige sind Forstwirtschaft, Viehzucht u. vor allem der Fremdenverkehr. – U. ist einer der ↑Urkantone der Schweiz.

Unterwelt w: **1)** in der griechischen Mythologie das unter der Erde liegende, von Gewässern umflossene Totenreich. Die Toten werden vom Gott Hermes geleitet, vom Fährmann Charon in einem Kahn übergesetzt u. in der U. von den Totenrichtern gerichtet. Die Frommen gelangen ins Elysium, die Verdammten werden in den Tartarus geworfen. Die U. hieß bei den Griechen Hades, bei den Römern Orkus; **2)** das (meist organisierte) Verbrechertum der Großstädte.

Untiefe w, flache, seichte Stelle in einem schiffbaren Gewässer.

Uppsala, schwedische Stadt nordwestlich von Stockholm, mit 140 000 E. Sitz der ältesten schwedischen Universität mit einer berühmten Bibliothek. Der Dom war Krönungsstätte vieler schwedischer Könige.

up to date [apt^ede^it; engl.], zeitgemäß, modern, auf dem neuesten Stand.

Ur, Ruinenstätte einer bedeutenden Stadt der ↑Sumerer im Süden Mesopotamiens (Irak). Ur heißt heute Tall Al Mukaijar. Von der großen Machtentfaltung u. Bautätigkeit der sumerischen Könige im 3. Jahrtausend v. Chr. zeugen riesige Tempel- u. Grabanlagen, kostbare Grabbeigaben (Metallarbeiten aus Gold, Silber, Bronze, Bernstein u. a.), die durch englisch-amerikanische Ausgrabungen freigelegt wurden. Nach biblischer Überlieferung ist Ur die Heimat Abrahams. – Abb. S. 620.

Ur ↑Auerochse.

Urabstimmung w, Abstimmung der betroffenen, gewerkschaftlich organisierten Arbeitnehmer darüber, ob ein ↑Streik eingeleitet werden soll. Der Streik wird durchgeführt, wenn je nach Gewerkschaftssatzung mindestens 50 %, meist jedoch 75 % Jastimmen in einer geheimen, unmittelbaren Abstimmung abgegeben werden.

Ural m: **1)** Grenzgebirge zwischen Europa u. Asien, das sich in einer Länge von über 2 000 km von Norden nach Süden quer durch die UdSSR erstreckt. Es erreicht im Subpolaren U. eine Höhe von 1 894 m. Im Norden etwa 20 km breit, im Süden bis zu 150 km. Der U. ist besonders im mittleren und südlichen Teil reich an Bodenschätzen. Abgebaut werden vor allem Eisen-, Kupfer- und Chromerze, Gold, Platin, Bauxit, Erdöl, Kohle, Asbest. Hier entstand

619

Uran

ein bedeutender Ballungsraum der sowjetischen Schwer- und verarbeitenden Industrie; **2)** Fluß in der UdSSR, 2534 km lang. Er entspringt im Südlichen U. u. mündet ins Kaspische Meer. Der U. wird als Grenzfluß zwischen Europa u. Asien betrachtet.

Uran [gr.] s, Metall, chemisches Symbol U, Ordnungszahl 92; Atommasse 238. Das weiche, silberweiße Schwermetall bildet drei-, vier-, fünf-, aber vorwiegend sechswertige Verbindungen. U. gehört zu den verhältnismäßig leicht reagierenden Metallen. So bildet es beispielsweise schon bei Zimmertemperatur oder geringer Erwärmung Verbindungen mit Fluor, Chlor, Brom, Jod u. Schwefel. Ebenso leicht wird es von verdünnten Säuren gelöst, lediglich bei der Salpetersäure geht dieser Prozeß nur langsam vor sich. In der Natur kommt U. hauptsächlich in Form von Pechblende vor (Uranoxid, U_3O_8), jedoch sind noch viele andere Uranminerale bekannt. Das früher nicht sehr beachtete Element hat nach der Entdeckung der Kernspaltung u. der sich anschließenden Entwicklung der Kerntechnik überragende Bedeutung als Brennstoff für Kernreaktoren u. für die Herstellung von Atombomben gefunden. Wegen der militärischen Bedeutung sind Herstellung u. Anreicherung kerntechnisch besonders interessanter Uranisotope durch internationale Verträge geregelt oder unterliegen zumindest staatlicher Kontrolle.

Urania, eine der ↑Musen.

Uranus [gr.] m, von der Sonne aus der 7. Planet (entdeckt 1781). Der U. braucht über 84 Jahre, um die Sonne einmal zu umlaufen, wobei sein mittlerer Abstand von ihr 2872 Mill. km beträgt. Wegen dieser großen Entfernung ist seine Oberflächentemperatur tief (um $-180\,°C$). Der U. wird von 5 Monden umkreist.

Uraufführung w, die erste öffentliche Aufführung eines künstlerischen Werkes, insbesondere der dramatischen Dichtung (Schauspiel u. ä.), der Musik (Oper, Operette, Sinfonie, Kammerkonzert u. ä.), des Balletts und der Filmkunst.

Urchristentum s, das Frühchristentum des 1. Jahrhunderts n. Chr., die Zeit der ↑Apostel.

Urflügler m, Mz., ausgestorbene, meist 5–10 cm, manchmal bis 40 cm große, libellenähnliche Insekten. Sie lebten v. a. in der Steinkohlenzeit (Karbon u. Perm). Vermutlich sind sie die Ahnen aller geflügelten Insekten.

Urgeschichte ↑Vorgeschichte.

Urheberrecht s, das Recht, das das „geistige Eigentum" an einem Werk, z. B. an einem Buch oder einem Musikstück, sichert. Der Künstler oder Schriftsteller (der Urheber) besitzt die alleinigen Rechte an dem von ihm geschaffenen Werk; nur er darf dieses Recht vererben oder anderen übertragen. Das unberechtigte Nachdrucken von Büchern, die unberechtigte Verwendung von Bildern u. Fotografien, die unerlaubten Aufführungen von Musikstücken u. ä. werden bestraft. Das U. endet in der Bundesrepublik Deutschland grundsätzlich mit Ablauf des 70. Jahres nach dem Tod des Urhebers. Der Vermerk ↑Copyright gilt (bis auf wenige Ausnahmen) in allen Ländern der Erde als Zeichen für die Inanspruchnahme des Urheberrechts.

Uri, Kanton in der Schweiz am Nordabfall der Gotthardgruppe, mit 34 000 E. Hauptort ist *Altdorf* (8 600 E; Tellspielhaus u. -denkmal). Haupterwerbszweige sind Holzindustrie, Viehzucht u. Fremdenverkehr. In Steinbrüchen wird Granit gebrochen. Uri ist einer der ↑Urkantone der Schweiz. – Abb. S. 619.

Urin ↑Harn.

Urkantone m, Mz., die drei ersten Kantone der Schweizerischen Eidgenossenschaft: Schwyz, Uri u. Unterwalden. Sie schlossen 1291 den „Ewigen Bund".

Urkunde w, ein Dokument oder Schriftstück, das einen rechtlich wichtigen Inhalt hat u. geeignet ist, diesen zu beweisen (z. B. Testament, Vertrag, Ausweis, Zeugnis, aber auch Scheck oder Quittung). Wer Urkunden, deren Aussteller erkennbar sein muß, ändert oder falsche Urkunden herstellt oder verwendet, begeht Urkundenfälschung u. wird bestraft. Bestimmte von staatlichen Stellen (z. B. von einem Notar) ausgestellte Urkunden nennt man öffentliche Urkunden.

Urlaub m, die jedem Arbeitnehmer zustehende Anzahl von Tagen innerhalb eines Jahres, an denen er nicht arbeitet, sondern sich erholt. Der Lohn wird während der Urlaubszeit weitergezahlt. Der Urlaubsanspruch ist in der Bundesrepublik Deutschland durch Gesetze geregelt: 18 Werktage umfaßt der U. mindestens; er beträgt für Jugendliche, die zu Beginn des Kalenderjahres noch nicht 16 Jahre alt sind, mindestens 30 Werktage, für die, die noch nicht 17 Jahre alt sind, mindestens 27 Werktage u. für die, die noch nicht 18 Jahre alt sind, mindestens 25 Tage, für Schwerbeschädigte 6 Tage mehr als der Mindesturlaub.

Urnen [lat.] w, Mz.: **1)** hohe bauchige, geschlossene Gefäße, meist aus Ton, zur Aufnahme der Asche nach der Leichenverbrennung (bei Feuerbestattung); **2)** Behälter, in denen die Stimmzettel bei einer Wahl gesammelt werden (Wahlurnen).

Urstromtal s, breites, flaches Tal, das im Eiszeitalter entstanden ist. Es bildete sich als Sammelrinne für das Schmelzwasser des Inlandeises vor dem Eisrand u. leitete es ab.

Ur. Grabanlagen mit königlichen Mausoleen (links)

Urtierchen s, *Mz.* (Einzeller), einzellige Organismen, die meistens so klein sind, daß man sie nur unter dem Mikroskop erkennen kann. Viele U. sind Krankheitserreger.

Uruguay [...g"ai]: **1)** *m*, Grenzfluß zwischen Brasilien, Uruguay und Argentinien. Er entspringt in Südbrasilien, ist 1 600 km lang und mündet in den Río de la Plata; **2)** Republik in Südamerika, mit 186 926 km² mehr als doppelt so groß wie Portugal, mit 2,8 Mill. E. Die Hauptstadt ist Montevideo. Das von weiten Grasflächen bedeckte Hügelland geht im Süden u. Südosten in die argentinischen ↑ Pampas über; 74 % des Landes sind Weidegebiete, auf denen riesige Rinder- u. Schafherden gehalten werden. Viehzucht ist der Haupterwerbszweig des Landes; außerdem werden v. a. Weizen, Mais u. Reis angebaut. Die Industrie verarbeitet hauptsächlich tierische u. andere landwirtschaftliche Produkte. – Nach der Erhebung gegen die spanische Kolonialherrschaft (1811) wurde U. 1817 von Portugal annektiert u. Brasilien angegliedert. 1825–28 erkämpfte sich das Land die Unabhängigkeit. U. ist Gründungsmitglied der UN.

Urwald *m*, urtümlicher Wald, der unberührt von Menschenhand wächst u. wuchert u. ein fast undurchdringliches Pflanzen- u. Baumgewirr bildet. Bekannt sind v. a. die tropischen Urwälder in Zentralafrika u. im Amazonas- u. Orinokogebiet Südamerikas. Weite Urwaldgebiete gibt es auch in Sibirien, Kanada u. Alaska.

USA *Mz.*, Abkürzung für: United States of America (Vereinigte Staaten von Amerika), Union von 50 Bundesstaaten und einem Bundesdistrikt in Nordamerika. Die USA umfassen 9 363 130 km², das ist ein Gebiet fast so groß wie Europa bis zum Ural. Von den 216,8 Mill. E sind etwa 87 % Weiße, 11 % Neger, weiter Indianer, Japaner, Chinesen u. a. Die Hauptstadt der USA ist Washington, das in der Bevölkerungszahl von anderen Millionenstädten wie New York, Chicago, Los Angeles, Philadelphia, Detroit, Boston u. San Francisco noch überflügelt wird. Die meisten der großen Städte liegen im Osten der USA, der überhaupt die größte Bevölkerungsdichte hat. *Geographische Gliederung:* Der Hauptteil mit den traditionellen 48 Bundesstaaten wird im Norden von Kanada u. im Süden von Mexiko begrenzt. Vom Pazifischen Ozean bis zur atlantischen Küste im Osten erstreckt sich das Land über mehr als 4 000 km, von der kanadischen Grenze bis zum Golf von Mexiko über mehr als 2 000 km. Das westliche Drittel wird von dem Hochgebirge der Rocky Mountains durchzogen, der mittlere Teil ist ein riesiges Stufenland, das sich zum Mississippi senkt. Die Küste am Atlantischen Ozean ist flach, die Appalachen hinter dem Küstengebiet haben Mittelgebirgscharakter. Außerdem gehören Alaska, durch Kanada von den übrigen Bundesländern getrennt, sowie Hawaii im nördlichen Pazifischen Ozean zu den USA. *Klima u. Vegetation:* Der größte Teil der USA liegt in der gemäßigten Zone u. hat kontinentales Klima, da die Gebirge ein Übergreifen ozeanischer Luftmassen ins Innere hemmen. Westlich der Appalachen breitet sich die Prärie aus, die im äußersten Süden in Dornstrauchsteppe übergeht. Die Appalachen sind von Mischwäldern bedeckt, in der atlantischen Küstenebene wachsen Kiefernwälder, in den Rocky Mountains Nadelwälder. In den Tälern u. Becken zwischen den Gebirgszügen erstreckt sich oft Wüstensteppe, Florida

DIE STAATEN DER USA

Staat mit Hauptstadt	Beitritt zur Union	Fläche in km²	E in 1000 (1975; geschätzt)	E/km²
Alabama (Montgomery)	1819	133 666	3 614	27,0
Alaska (Juneau)	1959	1 518 796	352	0,2
Arizona (Phoenix)	1912	295 022	2 224	7,5
Arkansas (Little Rock)	1836	137 538	2 116	15,4
Colorado (Denver)	1876	269 998	2 534	9,4
Connecticut (Hartford)	1788	12 973	3 095	238,6
Delaware * (Dover)	1787	5 328	579	108,7
District of Columbia ** (Washington)	1791	174	716	4 114,9
Florida (Tallahassee)	1845	151 670	8 357	55,1
Georgia * (Atlanta)	1788	152 488	4 926	32,3
Hawaii (Honolulu)	1959	16 705	865	51,8
Idaho (Boise)	1890	216 412	820	3,8
Illinois (Springfield)	1818	146 075	11 145	76,3
Indiana (Indianapolis)	1816	93 993	5 311	56,5
Iowa (Des Moines)	1846	145 791	2 870	19,7
Kalifornien (Sacramento)	1850	411 012	21 185	51,5
Kansas (Topeka)	1861	213 063	2 267	10,6
Kentucky (Frankfort)	1792	104 623	3 396	32,5
Louisiana (Baton Rouge)	1812	125 674	3 791	30,2
Maine (Augusta)	1820	86 027	1 059	12,3
Maryland * (Annapolis)	1788	27 394	4 098	149,6
Massachusetts * (Boston)	1788	21 386	5 828	272,5
Michigan (Lansing)	1837	150 779	9 157	60,7
Minnesota (Saint Paul)	1858	217 735	3 926	18,0
Mississippi (Jackson)	1817	123 584	2 346	19,0
Missouri (Jefferson City)	1821	180 486	4 763	26,4
Montana (Helena)	1889	381 084	748	2,0
Nebraska (Lincoln)	1867	200 017	1 546	7,7
Nevada (Carson City)	1864	286 296	592	2,1
New Hampshire * (Concord)	1788	24 097	818	33,9
New Jersey * (Trenton)	1787	20 295	7 316	360,5
New Mexico (Santa Fe)	1912	315 113	1 147	3,6
New York * (Albany)	1788	128 401	18 120	141,1
Norddakota (Bismarck)	1889	183 022	635	3,5
Nordkarolina * (Raleigh)	1789	136 197	5 451	40,0
Ohio (Columbus)	1803	106 765	10 759	100,8
Oklahoma (Oklahoma City)	1907	181 090	2 712	15,0
Oregon (Salem)	1859	251 180	2 288	9,1
Pennsylvania * (Harrisburg)	1787	117 412	11 827	100,7
Rhode Island * (Providence)	1790	3 144	927	294,8
Süddakota (Pierre)	1889	199 551	683	3,2
Südkarolina * (Columbia)	1788	80 432	2 818	35,0
Tennessee (Nashville)	1796	109 412	4 188	38,3
Texas (Austin)	1845	692 403	12 237	17,7
Utah (Salt Lake City)	1896	219 932	1 206	5,5
Vermont (Montpelier)	1791	24 887	471	18,9
Virginia * (Richmond)	1788	105 716	4 967	47,0
Washington (Olympia)	1889	176 617	3 544	20,1
West Virginia (Charleston)	1863	62 629	1 803	28,8
Wisconsin (Madison)	1848	145 438	4 607	31,7
Wyoming (Cheyenne)	1890	253 597	374	1,5

* Gründerstaaten der USA (mit dem Jahr der Ratifizierung der Verfassung)
** Gebiet der Bundeshauptstadt

USA

Das Kapitol, das Parlamentsgebäude der USA in Washington

Wolkenkratzer der City von Detroit

(im Südosten der USA) hat subtropisches Klima, Kalifornien (im Südwesten der USA) hat Mittelmeerklima. *Land- u. forstwirtschaftlich* genutzt werden rund 80% der Festlandfläche; angebaut werden v. a. Mais, Weizen, Hafer, Sojabohnen, Reis, Gerste; auch Baumwolle, Tabak, Zuckerrohr, Gemüse, Zitrusfrüchte u. a. Obst sind wichtig; ausgedehnte Bewässerungswirtschaft; die Mechanisierung in der Landwirtschaft ist weit fortgeschritten. Rinder, Schweine, Schafe u. Geflügel werden gezüchtet (große Fleischkonservenfabriken). – Der Küsten- u. Hochseefischfang ist bedeutend, auch die Austernzucht. *Bodenschätze u. Industrie:* Die USA besitzen zahlreiche große, noch lange nicht erschöpfte Steinkohlenlager, die ausgedehntesten sind in den Appalachen. Die Förderung ist außerordentlich hoch (1975: 568 Mill. t). Bedeutende Erdöllager befinden sich v. a. in Texas, Louisiana, Kalifornien u. ↑Alaska, 1976 wurden 403 Mill. t gefördert. Das Rohöl wird durch ein dichtes Netz von Pipelines in die Raffinerien geleitet, die sich zum Teil direkt in den Verbrauchsgebieten der Küste befinden. Erdgas ist ebenfalls reichlich vorhanden. Zur Energiegewinnung werden weitgehend Wasserkräfte ausgenutzt, außerdem gibt es Kernkraftwerke. Ein besonderer Reichtum der USA sind die Kupfererzvorkommen, v. a. im Bingham Canyon. Es gibt außerdem wichtige Gold-, Blei-, Zink-, Molybdän-, Vanadin- u. Wolframerzlagerstätten. Reiche Eisenerzlager finden sich am Oberen See (Mesabi Range) u. in Alabama (Birmingham). Uranerze werden v. a. in Colorado, Utah, Wyoming u. New Mexico gefördert. Nichtmetallische Minerale sind vertreten durch Schwefel, Phosphate u. Kalisalze. Die Eisen- und Stahlerzeugung hat ihre Standpunkte v. a. in den Industriegebieten von Pittsburgh, Youngstown, Steubenville, Wheeling, Detroit, Toledo, Chicago u. Gary. In Alabama befindet sich das südappalachische Industriegebiet (mit Birmingham, Bessemer und Chattanooga). Große metallverarbeitende Industrien liegen in Philadelphia, Chicago, Dayton, Worcester, Saint Louis, Syracuse. Die Hauptzentren der Automobilindustrie befinden sich in Michigan (u. a. Detroit). Die Gummiindustrie ist besonders in Akron (Ohio) konzentriert, neben natürlichem Kautschuk werden zunehmend synthetische Produkte verarbeitet. Die Flugzeugindustrie hat ihre bevorzugten Standorte längs der Westküste sowie in Kansas u. Texas. Die wichtigsten Schiffswerften befinden sich dagegen an der atlantischen Küste. Im Osten der USA ist die Textilindustrie sehr verbreitet, es überwiegt die Baumwollverarbeitung, aber auch die Chemiefaserindustrie ist stark entfaltet, ebenso an der Golfküste. Die Wollindustrie ist auf die nördlichen Staaten beschränkt. Weitere bedeutende Produktionszweige sind die chemische Industrie (besonders in Houston) sowie die Elektro-, optische u. feinmechanische Industrie. Die vielseitige Nahrungs- u. Genußmittelindustrie macht rund 11% der gesamten industriellen Produktion aus. Verkehrsmäßig ist der Wirtschaftsraum der USA weitgehend erschlossen, besonders im Osten ist das Netz der Straßen und Schienenwege sehr dicht. Der Luftverkehr verbindet im Liniendienst alle wichtigen Zentren. Der Binnenschiffahrt dienen die Großen Seen, die durch den Sankt-Lorenz-Seeweg auch für Ozeanschiffe zugänglich sind, die Verbindung zwischen den Großen Seen u. dem Golf von Mexiko über den Mississippi sowie der Intracoastal Waterway.

Geschichte: Die USA entstanden aus den britischen Kolonien an der nordamerikanischen Ostküste; die älteste dieser Kolonien war Virginia (gegründet 1607). Seit 1620 besiedelten puritanische Einwanderer (↑Puritaner) die Gebiete nördlich von Virginia. Die ersten kamen mit der ↑Mayflower u. gründeten Plymouth. Bei der fortschreitenden Kolonisation wurden die Indianer immer weiter nach Westen zurückgedrängt. Im Norden scheiterte die weitere Ausbreitung an den französischen Kolonisten (Frankreich mußte aber 1763, nach dem Siebenjährigen Krieg, auf sein Kolonialreich verzichten). 13 englische Kolonien schlossen sich 1774 auf dem Kongreß in Philadelphia zusammen; hier forderten sie v. a., daß England keine Besteuerung einführen dürfe, ohne die Zustimmung der Kolonien einzuholen. Gegen die daraufhin eingesetzten englischen Truppen stellte George Washington ein Heer auf. Am 4. Juli 1776 erklärten die 13 Kolonien in Philadelphia ihre Unabhängigkeit, 1783 wurde diese im Frieden von Versailles durch England anerkannt. Am 4. März 1789 verkündeten die Vereinigten Staaten eine Verfassung, die Grundlage für die Entwicklung der USA wurde. Immer mehr Länder schlossen sich der Union an, einige wurden auch gekauft (Louisiana, Florida) oder in Kriegen der Union einverleibt (u. a. Kalifornien). Zwischen den Nord- u. den Südstaaten bestanden große Gegensätze, die Sklaverei auf den riesigen Plantagen im Süden empörte die „Yankees" (Nordamerikaner). 11 Südstaaten traten 1861 aus der Union aus; sie erklärten, daß die Negersklaven für ihre Plantagen unbedingt notwendig seien. Im ↑Sezessionskrieg (1861–65) wurden sie besiegt u. weite Landstriche verwüstet. Aber die Einheit der Union war gerettet. 1867 kauften die USA Alaska von Rußland, 1897 wurden Hawaii u.

1898 die Philippinen u. Puerto Rico gewonnen. Die Industrialisierung der USA nahm stetig zu. – Seit 1823 hatten sich die USA aus den europäischen Angelegenheiten herausgehalten. Die deutsche Erklärung des uneingeschränkten U-Boot-Krieges führte 1917 aber doch zum Eintritt der USA in den 1. Weltkrieg. Präsident Wilson konnte seine Friedenspläne (14 Punkte) 1918 nicht durchsetzen; der Kongreß lehnte eine Annahme des Versailler Vertrags ab, ebenso wie den Beitritt der USA zum Völkerbund. 1929 erlebten die USA eine schwere Wirtschaftskrise, die sich zu einer Weltwirtschaftskrise ausweitete. Roosevelt bekämpfte sie mit bis dahin in den USA ungewohnten staatlichen Eingriffen in die Wirtschaftsabläufe (New Deal). Der japanische Überfall auf Pearl Harbor löste den Kriegseintritt der USA in den 2. Weltkrieg aus, der den Kriegsverlauf entscheidend beeinflußte. Nach 1945 zerbrach das Einvernehmen mit der UdSSR, die sich durch den 2. Weltkrieg weit nach Europa vorgeschoben hatte. Präsident Trumans neuer Kurs (seit 1947) suchte durch militärische u. wirtschaftliche Unterstützung der „freien Welt" der kommunistischen Expansion entgegenzuwirken. Das Europäische Wiederaufbauprogramm (Marshallplan) 1948–52 sollte ein Europa schaffen, das für die USA ein bedeutender Bündnispartner im Widerstand gegen den Ostblock sein könnte. Aus demselben Grund erhielten Griechenland u. die Türkei besondere Unterstützung. 1949 schon schlossen die USA mit den europäischen Ländern einen militärischen Bündnispakt, die NATO, 1954 ein Abkommen mit europäischen u. südostasiatischen Ländern (SEATO; 1977 aufgelöst). Die USA waren darauf bedacht, daß sich die Machtverhältnisse nicht zugunsten der UdSSR verschoben. In Krisenfällen bewiesen sie die Zuverlässigkeit ihrer Politik auch gegenüber ihren Partnern. Sie finanzierten 1948/49 die „Luftbrücke" nach Berlin, als die UdSSR versuchte, Berlin (West) verkehrsmäßig abzuschneiden. Es waren auch die USA, die im Koreakrieg 1950–53 die Durchführung des Beschlusses der UN (die USA sind Gründungsmitglied), die von Nord-Korea aus nach Süd-Korea vorgedrungenen Kommunisten zurückzuwerfen, ermöglichten. 1952 wurde der frühere General Eisenhower Präsident, der mit seinem Außenminister John F. Dulles der eigentliche Vertreter einer „Politik der Stärke" war. Die immer häufiger gewährte Entwicklungshilfe für Länder der Dritten Welt hatte zweifellos den Zweck, die eigene Machtbasis zu stärken u. kommunistischen Einflüssen vorzubeugen. 1957 wurde durch den Start des ersten Erdsatelliten, des sowjetischen „Sputnik", jäh deutlich, daß den USA in der UdSSR in technischer, militärischer u. allgemein industrieller Hinsicht ein durchaus gleichwertiger Gegner erwuchs. 1960 wurde John F. Kennedy Präsident, der nicht nur auf Abschreckung durch die eigene Abwehrkraft setzte, sondern sich von dem Bemühen um einen friedlichen Ausgleich mit dem Ostblock Erfolg versprach. Als die UdSSR jedoch 1962 in Kuba, unmittelbar „vor der Haustür" der USA, Raketenbasen anzulegen begann, reagierte Kennedy energisch, so daß die Basen wieder abgebaut wurden u. eine kriegerische Verwicklung verhindert wurde. Das während seiner Amtszeit einsetzende militärische Engagement in Vietnam zugunsten der Regierung des südlichen Landesteils erwies sich als verfehlt; 1975 mußten die USA den Sieg kommunistischer Regime in Vietnam u. den Nachbarstaaten Laos u. Kambodscha hinnehmen. Wegen der großen militärischen Belastungen blieben die schon von Kennedy begonnenen Sozialreformen in den USA, auf die Lyndon B. Johnson, Kennedys Nachfolger nach dessen Ermordung, großen Wert legte, in den Ansätzen stecken. Die USA, das reichste Land der Erde, haben nämlich in Armut verelendete Bevölkerungsgruppen, v. a. die Schwarzen in den Slums der Großstädte. 1968 wurde R. Nixon zum Präsidenten gewählt. Die mit seiner Wiederwahl (1972) zusammenhängende Watergate-Affäre löste in den USA eine innenpolitische Krise aus, Nixon mußte zurücktreten. Auch unter seinem Nachfolger G. R. Ford (1974–76) wurden die Folgen dieser Krise u. die innenpolitischen Nachwirkungen des verlorenen Vietnamkriegs nur z. T. überwunden. Seit 1977 ist J. E. Carter Präsident der USA.

Usbekistan, mittelasiatische Unionsrepublik der UdSSR, fast doppelt so groß wie die Bundesrepublik Deutschland, mit 14,1 Mill. E. Die Hauptstadt ist Taschkent. Größtenteils Wüste u. Steppe, nur an den Gebirgshängen fallen reichere Niederschläge. Angebaut werden besonders Reis, Südfrüchte u. Wein. Bedeutend ist die Baumwollerzeugung u. die Karakulschaf- u. Seidenraupenzucht (Textilindustrie). Auf den Bodenschätzen (Erdöl u. -gas, Kupfererze u. Schwefel) baut eine Hütten- u. chemische Industrie auf.

Usedom, Ostseeinsel zwischen dem Stettiner Haff u. der Pommerschen Bucht. Die stark gegliederte Insel umfaßt 445 km²; die Einwohner leben hauptsächlich vom Fremdenverkehr, von der Fischerei u. vom Ackerbau, Hauptorte sind *Swinemünde* u. die Stadt *U.*; seit 1945 gehört der östliche Teil mit Swinemünde zu Polen.

Ussuri *m*, russischer Fluß in Ostsibirien, mit dem Quellfluß Ulache 909 km. Der U. mündet bei Chabarowsk in den Amur. Der schiffbare u. fischreiche Fluß bildet in weiten Teilen die Grenze zwischen der UdSSR u. China. Übergriffe am U. (1969), deren China u. die UdSSR sich gegenseitig beschuldigten, verschlechterten das Verhältnis der beiden Staaten.

Utensilien [lat.] *s, Mz.*, allerlei Gebrauchsgegenstände, Geräte, Sachen, die man, zum Teil für bestimmte Arbeiten, benötigt. So bezeichnet man Pinsel, Farben u. Palette als *Malutensilien*.

Uterus [lat.] *m*, fachsprachliche Bezeichnung für: ↑Gebärmutter.

USA. Auf einer Nehrung vor der Ostküste Floridas liegt Miami Beach, ein vielbesuchter Fremdenverkehrsort mit gleichmäßig warmem Klima

Utopie

Utopie [gr.] w, ein als unausführbar geltender Plan. Der Name u. der Begriff leiten sich her von dem Roman des Thomas Morus „Utopia" (= „Nirgendwo-Land"). In ihm beschreibt Morus einen Idealstaat bzw. eine Idealgesellschaft, die es nicht gibt u. nicht geben kann; ↑ auch utopisch.

utopisch [gr.], unwirklich, unerfüllbar, wirklichkeitsfremd; auch schwärmerisch. *Utopische Romane* sind die literarische Form einer ↑ Utopie, Schilderungen einer (noch) nicht existierenden Wirklichkeit. Oft handelt es sich in neuerer Zeit um naturwissenschaftlich-technische Zukunftsromane (z. B. von Jules Verne, Hans Dominik, H. G. Wells); ↑ auch Science-fiction.

Utrecht, Stadt in den Niederlanden, am Amsterdam-Rhein-Kanal, mit 245 000 E. Die Stadt besitzt eine Universität u. eine von Alter u. Neuer ↑ Gracht durchzogene reizvolle Altstadt mit gotischer Kathedrale. U. ist ein wichtiges Industrie- u. Handelszentrum (Eisen- u. Aluminiumhütten, Maschinenbau, Chemiewerke, Nahrungsmittel- u. Textilindustrie, Kunstgewerbe, Eisenbahnwerkstätten). U. geht auf ein römisches Kastell zurück.

V: 1) der 22. Buchstabe des Alphabets; **2)** römisches Zahlzeichen für: fünf; **3)** Abkürzung für: ↑ Volt; **4)** Abkürzung für: **V**olumen.

Vaduz [fa...], Hauptstadt des Fürstentums Liechtenstein, mit 4 500 E. Die Stadt liegt im Tal des Alpenrheins u. wird von der Residenz, Schloß Hohen-Liechtenstein, überragt. In V. gibt es eine berühmte Gemäldesammlung sowie ein Postmuseum. Die wichtigsten Einnahmequellen sind Firmen, die ihren Sitz in V. haben (aber anderswo ihre Geschäfte tätigen; Grund dafür ist die Steuerfreiheit in Liechtenstein), u. der Fremdenverkehr. Bei V. wird auch Wein angebaut.

Vaganten [w...; lat.] m, Mz., im 12. u. 13. Jh. fahrende Leute, besonders fahrende Schüler (also Studenten), die dichtend u. singend durch die Lande zogen. Sie lobten in ihren Versen die Genüsse des Lebens (Spiel, Liebe u. Trunk) u. verspotteten die weltlichen u. geistlichen Herren.

Vagina ↑ Geschlechtskunde.

vakant [w...; lat.], frei, leer, offen.

Vakanz [w...; lat.] w: **1)** freie Zeit, Ferien; **2)** freie, unbesetzte Stelle.

Vakuole [w...; lat.] w, Hohlraum in Zellen, v. a. in älteren pflanzlichen Zellen.

Vakuum [w...; lat.] s, allgemeine Bezeichnung für einen leeren Raum. In der Physik verwendet man die Bezeichnung V. hauptsächlich für einen luftleeren Raum. Ein absolutes V. läßt sich technisch nicht herstellen. Die Qualität eines Vakuums wird bestimmt durch den Druck des noch im Raum vorhandenen Gases (gemessen in ↑ Bar bzw. Millibar). Man unterscheidet:
Grobvakuum: 1 000–1 mbar
Feinvakuum: 1–0,001 mbar
Hochvakuum: 0,001–0,000 001 mbar
Höchstvakuum: weniger als 0,000 001 mbar.
Vakua werden mit Hilfe von ↑ Luftpumpen hergestellt.

Valencia [w...], südostspanische Hafenstadt an der Mündung des Turia in den Golf von V., mit 767 000 E. Die Stadt hat eine Universität, eine bedeutende Kathedrale (1262–1482, die Ausstattung hauptsächlich Renaissance u. Barock) sowie zahlreiche andere interessante Bauten, eine bedeutende Gemäldegalerie u. Museen. Es gibt eine vielfältige Industrie, darunter Maschinenbau, Papierherstellung, keramische u. chemische Industrie. Über V. werden Zitrusfrüchte, Olivenöl u. Wein exportiert. – Die 138 v. Chr. von den Römern gegründete Stadt wurde 714 von den Mauren erobert u. war unter ihnen Hauptstadt eines Königreichs. 1238 wurde V. von Aragoniern erobert. Während des Spanischen Bürgerkrieges war V. von 1936 bis 1939 Sitz der republikanischen Regierung.

Valenz [lat.] w, die Wertigkeit eines chemischen Elements. Sie gibt an, mit wieviel Atomen des einwertigen Wasserstoffs sich ein Atom des betreffenden Elements verbinden kann.

Valletta [w...], Hauptstadt des Staates Malta, mit 14 000 E. Die Stadt wurde als Festungsstadt planmäßig angelegt. V. hat eine Universität sowie bedeutende Bauwerke aus dem 16. Jh., u. a. die Kirche San Giovanni, das Großmeisterhospital u. Herbergen der Malteser (↑ Johanniterorden 1). Der Fremdenverkehr u. die Häfen (mit Reparaturanlagen) sind die wichtigsten Erwerbsquellen. – V. war von 1530 bis um 1800 Sitz der Malteser u. wurde nach deren Großmeister *J. P. de La Valette* (1494 bis 1568) benannt.

Valparaiso [w...], chilenische Hafenstadt, mit 255 000 E. Die Stadt hat 2 Universitäten u. eine Marineakademie. Die Industrie ist vielseitig (Textil-, Lederindustrie, chemische Industrie, Zuckerraffinerien u. a.). V. ist Ausgangspunkt der Andenbahn.

Vamp [wämp; engl.] m, Bezeichnung für einen Frauentyp, der in kalt berechnender Weise Männer betört u. sie skrupellos für eigene Zwecke ausnutzt. Das Wort leitet sich wahrscheinlich von ↑ Vampir ab.

Vampir [w...; serb.] m, im osteuropäischen Volksglauben ein Toter bzw. dessen Geist, der nachts das Grab verläßt, um Lebenden das Blut auszusaugen.

Vampire [w...; slaw.] m, Mz., blutsaugende Fledermäuse Süd- u. Mittelamerikas. Die Gefährlichkeit ihres Bisses wird meist stark übertrieben, sie verursachen an Menschen nur winzige Wunden. Gefährlich sind V. vielmehr als Übertrager von Krankheiten. – Der *Große Vampir* ist kein Blutsauger, er ernährt sich von Früchten u. Insekten.

Vanadin [altnord.] s (früher Vanadium), Metall, chemisches Symbol V, Ordnungszahl 23; Atommasse etwa 51. Das Schwermetall zeigt die gleiche Neigung zur Verunreinigung mit Sauerstoff, Stickstoff oder Kohlenstoff u. a. wie das ↑ Tantal; es ist verunreinigt ebenfalls hart, spröde u. kaum bearbeitbar. Das reine Metall jedoch ist ein gut verformbarer u. geschmeidiger Werkstoff. Das Metall ist gegen Chemikalien beständig. In der Industrie wird V. v. a. als veredelnder Legierungszusatz für hochwertige Stähle verwendet (Vanadinstahl).

Vandalen (Wandalen) m, Mz., ein ostgermanischer Stamm, der ursprünglich in Skandinavien ansässig war. Im 1 Jh. v. Chr. siedelten die V. im Gebiet von Schlesien u. Polen, Ende des 2. Jahrhunderts an der oberen Theiß. 406 n. Chr. zogen die V. über den Rhein, durch Gallien, über die Pyrenäen u. setzten bei Gibraltar über das Meer. Sie ließen sich in Nordafrika nieder u. gründeten unter ihrem König Geiserich ein Reich mit der Hauptstadt ↑ Karthago. Von dort aus beherrschten sie das westliche Mittelmeer. Auf ihren Kriegszügen plünderten sie u. a. Rom im Jahre 455. Das Vandalenreich wurde 534/535 durch den oströmischen Feldherrn Belisar vernichtet.

van Dyck ↑ Dyck.

Vänersee [wä...] m, drittgrößter See Europas, im Westen des mittelschwedischen Flachlandes. Der V. ist knapp zehnmal so groß wie der Bodensee, sehr fischreich, 92 m tief.

van Eyck ↑ Eyck.

van Gogh ↑ Gogh.

Vanille [wanil(j)e; roman.] w, eine tropische Orchideengattung, deren bekannteste Art, die Gewürzvanille, in Mexiko heimisch ist. Sie ist eine ↑ Liane mit elliptischen, etwa 20 cm langen fleischigen Blättern u. unscheinbaren, duftenden Blüten. Ihre Früchte liefern die Vanillestangen (als Gewürz verwendet).

Varanasi (früher Benares), indische Stadt am mittleren Ganges, mit 607 000 E. Der bedeutende Wallfahrtsort mit ungefähr 1 500 Tempeln (u. a. der Goldene Tempel) u. zahlreichen Moscheen ist das religiöse Zentrum des Hinduismus. Große Freitreppen führen zum Ganges, dem heiligen Fluß der Hindus, hinab. V. ist Sitz einer Hindu- u. einer Sanskrit-Universität.

Variable [w...; lat.] w, eine mathematische Größe, deren Wert nicht festliegt; auch das entsprechende Zeichen für diese Größe; z. B. in der Gleichung $y = 2x$ ist y die *abhängige V.*, x die *unabhängige Variable*.

Variation [w...; lat.] w: **1)** im allgemeinen bedeutet das Wort Abwandlung bzw. Änderung; **2)** in der Musik bedeutet V. die Veränderung einer ursprünglichen Melodie (auch Thema genannt) in melodischer, rhythmischer u./oder harmonischer Hinsicht; **3)** in der Biologie bezeichnet V. (hier auch *Modifikation* genannt) eine nicht erbliche, sondern durch Einflüsse der Umwelt bedingte Abweichung der Nachkommen von den Eltern; ↑ auch Mutation 1).

Varieté [*wari-ete;* frz.] s, ein Theater mit bunt wechselndem Programm, das hauptsächlich aus artistischen Darbietungen sowie tänzerischen u. gesanglichen Einlagen besteht. Mehr u. mehr ersetzt das Fernsehen derartige Unterhaltungsformen.

Variometer [w...; lat.; gr.] s, Gerät zur Bestimmung kleinster Luftdruckschwankungen; es wird u. a. zur Messung der Steig- u. Sinkgeschwindigkeit von Flugzeugen benutzt.

Varus, Publius Quinctilius [w...], * um 46 v. Chr., † im Teutoburger Wald 9 n. Chr., seit 7. n. Chr. römischer Statthalter in Germanien. Im Teutoburger Wald wurde seine Truppe durch Germanen unter ↑Arminius im Jahre 9 n. Chr. überfallen u. besiegt. V. verlor drei Legionen u. beging aus Verzweiflung Selbstmord.

Vasall ↑ Lehen.

Vasco da Gama ↑ Gama, Vasco da.

Vaseline [Kunstwort] w, ein beim Destillieren von Erdölen in einem gewissen Temperaturbereich anfallendes schmierfähiges Gemisch von festen u. auch flüssigen Kohlenwasserstoffen des Erdöls. V. dient als Schmiermittel u. Grundlage für die Herstellung von ↑Salben; sie hat den Vorteil, nicht ranzig zu werden.

Vatikan [w...; lat.] m, Residenz des Papstes auf dem Mons Vaticanus am westlichen Ufer des Tibers in Rom. Im 15. u. 16. Jh. wurde die Anlage zum größten Palast der Erde ausgebaut u. umfaßt u. a. die Sixtinische Kapelle, die Vatikanischen Sammlungen, die Vatikanische Bibliothek u. das Vatikanische Archiv.

Vatikanstadt [w...; lat.; dt.] w, der kleinste selbständige Staat der Erde, mit 1 000 E. Er liegt innerhalb Roms u. hat eine Ausdehnung von 0,44 km². Die V umfaßt den ↑Vatikan, die Peterskirche sowie einige Nebengebäude, u. a. einen Bahnhof. Auf Grund der Lateranverträge (↑ Kirchenstaat) ist die V. weltliches Hoheitsgebiet, das von einem vom Papst ernannten Gouverneur verwaltet wird. – Abb. S. 626.

Vättersee [wä...] m, im Süden Schwedens gelegener See, etwas mehr als dreimal so groß wie der Bodensee, bis 128 m tief.

VEB, Abkürzung für: ↑volkseigener Betrieb.

Vega Carpio, Lope Félix de [w...], * Madrid 25. November 1562, † ebd. 27. August 1635, spanischer Dichter. V. C.

war sehr berühmt als Lyriker. Er schrieb auch Erzählungen, v. a. aber Dramen (etwa 1 500 Stücke, von denen rund 500 erhalten sind), die im 17. Jh. die spanischen Theater beherrschten. Mit ihnen begründete er das nationale spanische Theater.

Vegetarier [w...; engl.] m, ein Mensch, der kein Fleisch ißt, sondern

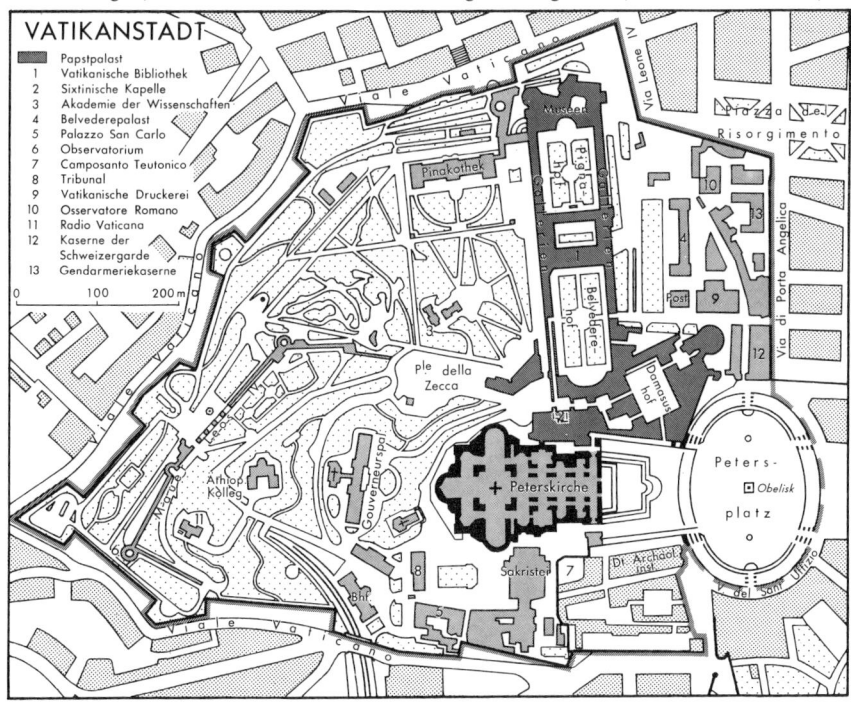

Vegetation

Vanille. Pomponvanille

Vatikanstadt. Peterskirche und Petersplatz mit Obelisk

nur pflanzliche Kost zu sich nimmt. Es gibt eine strenge Gruppe von Vegetariern, die alle tierischen Produkte ablehnen, u. eine gemäßigte Gruppe von Vegetariern, die Eier, Milch u. Milcherzeugnisse essen. Begründet wird die Ablehnung von tierischer Kost teils mit gesundheitlichen, teils mit ethischen (↑ Ethik) Motiven.

Vegetation [w...; lat.] w (Pflanzendecke), die Gesamtheit aller Pflanzen, die ein bestimmtes Gebiet mehr oder weniger dicht bedecken. Maßgebend für die Zusammensetzung der Pflanzendecke sind Bodenverhältnisse, Temperatur, Feuchtigkeit, Wind usw.; alle Faktoren zusammen bewirken, daß sich bestimmte Pflanzengesellschaften ausbilden, die das Bauelement der V. darstellen.

vegetatives Nervensystem [w...; lat.; dt.; gr.] (autonomes Nervensystem) s, Bezeichnung für den Teil des Nervensystems der Wirbeltiere (einschließlich Mensch), der nicht dem Willen unterworfen ist. Zu ihm gehören u. a. die Nerven, die die Tätigkeit des Herzens, der Eingeweide, Blutgefäße u. Drüsen steuern.

vegetative Vermehrung [w...] (ungeschlechtliche Vermehrung) w, eine Vermehrungsweise vieler Lebewesen, bei der keine Keimzellen beteiligt sind. Die v. V. geht von Körperzellen durch Zellteilungen (ohne Reduktionsteilung) aus. Weit verbreitet ist die v. V. im Pflanzenreich, z. B. durch Ausbildung von Knollen, Zwiebeln, Ausläufern, Brutknospen. Der Gärtner verwendet u. a. Ableger u. Absenker, um Pflanzen künstlich zu vermehren. Bei Tieren u. Menschen ist die Entstehung eineiiger Zwillinge eine v. V. Durch Ausbildung von Knospen u. Abschnürung vom Mutterkörper vermehren sich z. B.

viele Nesseltiere. Trennen sich Tochtertiere nicht völlig vom Mutterorganismus, so entstehen oft sehr große Tierstöcke. Einzeller werden durch einfache Teilung ihres Zellkörpers zu zwei neuen Einzellebewesen. Auch die Sporenbildung ist eine ungeschlechtliche Vermehrungsweise. Oft wechseln eine v. V. u. eine geschlechtliche Vermehrung ab (↑ Generationswechsel).

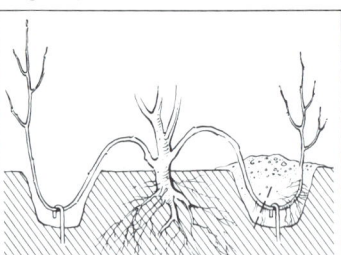

Vegetative Vermehrung. Ableger (von links nach rechts die einzelnen Stadien dieser Art der Pflanzenvermehrung)

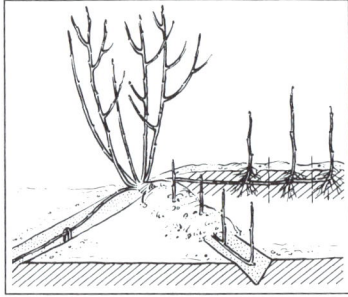

Vegetative Vermehrung. Absenker (links das Befestigen des Triebes in der Grube, rechts das Stadium, in dem der Trieb sich bereits bewurzelt hat; an der gestrichelten Linie wird er abgetrennt)

vegetieren [w...; lat.], meist in übertragenem Sinn gebraucht als: kümmerlich, ärmlich dahinleben.

Veilchen [lat.] s, Mz., Gattung der Veilchengewächse mit rund 450 Arten; meist Stauden, seltener Halbsträucher mit oft blauen bis violetten, meist einzeln stehenden Blüten, die zweiseitig-symmetrisch gebaut sind. Neben den Frühlingsblüten erscheinen später im Jahr häufig Blüten, die sich nicht öffnen und sich deshalb selbst bestäuben. Die Samen werden durch Ameisen verbreitet. Bei uns kommen z. B. vor: Hundsveilchen, Waldveilchen, Märzveilchen u. Spornveilchen.

Velázquez, Diego Rodríguez de Silva y [welathketh], getauft Sevilla 6. Juni 1599, † Madrid 6. August 1660, spanischer Maler, der als Hauptmeister der spanischen Barockmalerei gilt. Er war u. a. Hofmaler in Madrid. V. malte mythologische u. religiöse Bilder, Szenen aus dem Volksleben, Einzel- u. Gruppenbilder hauptsächlich mit Angehörigen des Madrider Hofes.

Venedig [w...] (ital. Venezia), italienische Hafenstadt am Golf von V., mit 362 000 E. Die Stadt ist auf 118 Inseln in der *Lagune von V.* erbaut, die durch etwa 400 Brücken miteinander verbunden sind. V. wird von 150 Kanälen durchzogen, am bekanntesten ist der Canal Grande (3,8 km lang) mit der Rialtobrücke. Die Hauptverkehrsmittel sind Motorboote u. Gondeln. Mit dem Festland ist V. durch eine 3,6 km lange Straßen- u. Eisenbahnbrücke verbunden. Im Zentrum der Stadt liegen der Markusplatz mit der Markuskirche (Baubeginn um 830, im wesentlichen aber im 11. Jh. erbaut) sowie die Piazzetta mit dem Dogenpalast. V. ist eine weltbekannte Fremdenverkehrsstadt u. ein bedeutendes Kulturzentrum (Museen, Kunstausstellungen, Musik- u. Filmfestspiele). Zahlreiche Paläste u. Kirchen aus Gotik, Renaissance u. Barock prägen das Bild dieser schönen Stadt. Gewerbe u. Industrie sind sehr vielfältig. Bedeutend ist das Kunstgewerbe (Verarbeitung von Gold, Silber u. Glas) sowie die Spitzenherstellung. Nicht minder wichtig sind Erdölraffinerien, Maschinen- u. Schiffbau sowie die Metallindustrie und die chemische Industrie. Der Hafen ist einer der größten Italiens. Auf einer vorgelagerten Insel liegt der als Seebad bekannte Stadtteil *Lido di Venezia.* – V. wurde im 5. Jh. gegründet, war danach bis in das 9. Jh. unter der Oberherrschaft von Byzanz. Nach der Befreiung von der byzantinischen Herrschaft nannte sich V. „Republik von San Marco", es war eine Stadtrepublik, an deren Spitze ein ↑Doge stand. V. entwickelte sich zur mächtigsten italienischen See- u. Handelsstadt. Seit dem 18. Jh. sank der Einfluß Venedigs, von 1797 bis 1866 gehörte es mit kurzen Unterbrechungen zu Österreich, seitdem zu Italien.

Diego Rodríguez de Silva y Velázquez, Reiterbildnis des Baltasar Carlos

Venedig. Canal Grande mit Rialtobrücke

Veilchen. Hundsveilchen

Venedigergruppe [w...] w, westlichste Gebirgsgruppe der Hohen Tauern, in Österreich, an der Grenze gegen Italien. Die V. ist stark vergletschert, im Großvenediger ist sie 3 674 m hoch.

Venen [w...; lat.] w, *Mz.*, meist dünnwandige, weichhäutige Blutgefäße, die das Blut dem Herzen zuführen. Sie sind z. T. mit Klappen versehen, die ein Zurückfließen des Blutes verhindern sollen.

Venezuela [w...], Bundesrepublik im Norden Südamerikas, mit 912050 km^2 nicht ganz viermal so groß wie die Bundesrepublik Deutschland. Von den 12,7 Mill. E sind rund 70% Mestizen u. Mulatten, rund 20% Weiße, außerdem gibt es etwa 30000 Indianer. Die Hauptstadt heißt Caracas. Im Süden u. Südosten erstreckt sich ein Bergland, das vom Orinoko, dem Hauptstrom Venezuelas, umflossen wird. Im zentralen Tiefland befinden sich große Grassteppen, wo Viehzucht (Rinder u. Pferde) betrieben wird. Den Nordwesten dieses Staates bilden die Nordketten der östlichen Kordillere (Anden), die das Maracaibobecken (Maracaibosee) einschließen. Im Norden u. Nordwesten werden je nach Höhenlage Kakao, Kaffee, Baumwolle, Zuckerrohr, Tabak u. Getreide angebaut, daneben gibt es Milchviehhaltung u. Holzgewinnung, an der Küste auch Fischerei. Auf Grund der reichen Erdölvorkommen steht V. unter den Erdöl exportierenden Ländern an 4. Stelle. Weiterhin besitzt V. hochwertige Eisenerze, Gold, Diamanten, Phosphate, Kohle u. Bauxit. Die Industrie umfaßt Erdöl- u. Zuckerraffinerien, Textil- u. chemische Industrie, Stahlwerke, Schiffbau u. Automontage. Die Haupthäfen sind: Maracaibo, La Guaira, Puerto Cabello u. Puerto Ordaz. – V. war seit der Entdeckung (1498) in spanischem Besitz (1528–46 war es Pfandbesitz der ↑Welser). 1811 erklärte es seine Unabhängigkeit; es gehörte zunächst zu Groß-Kolumbien u. wurde 1830 völlig unabhängig. Nach Erschließung der Erdölfelder 1918 setzte der wirtschaftliche Aufschwung ein. Gründungsmitglied der UN.

Ventil [w...] s, eine Vorrichtung, mit der Flüssigkeits- oder Gasströme in Rohrleitungen freigegeben, gedrosselt oder abgesperrt werden können. Rückschlagventile schließen sich automatisch, wenn sich die Strömungsrichtung umkehren will.

Ventilator [w...; engl.] m, ein Gebläse, mit dem ein Luftstrom erzeugt werden kann. Ventilatoren werden zur Kühlung oder zur Be- u. Entlüftung von Räumen verwendet.

Venus [w...; lat.], zunächst italische Frühlings- u. Gartengöttin, später der griechischen ↑Aphrodite gleichgesetzt als Göttin der Schönheit u. der Liebe.

Venus [w...; lat.] w, 2. Planet von der Sonne aus; ein Planet, der uns auf der Erde als hellster Stern am Himmel erscheint, sowohl als Morgenstern als auch als Abendstern. Man muß annehmen, daß auf der V. kein Leben möglich ist (die Oberflächentemperatur liegt um 300 °C, möglicherweise noch höher).

Verb [lat.] s (auch Zeitwort, Tätigkeitswort), ungefähr ein Viertel aller Wörter der deutschen Sprache sind Verben. Es sind Wörter, die uns sagen, was sich ereignet hat oder was ist (z. B. der Vater *ruft*). Da sich aber für uns alles Geschehen oder Sein im Erleben (der Gegenwart), in der Erinnerung (an die Vergangenheit) oder in der Erwartung (der Zukunft) vollzieht, sind auch diese Wörter nach den verschiedenen Zeiten veränderbar; man nennt sie daher auch Zeitwörter. Es gibt starke u. schwache Verben. Die *starken Verben* sind dadurch gekennzeichnet, daß sich in der Vergangenheitsform gegenüber der Gegenwartsform der Selbstlaut des Stammes ändert (sogenannter Ablaut) u. daß das Mittelwort der vollendeten Gegenwart auf -en ausgeht (z. B. *rufe, rief,* geruf*en*); *schwache Verben* bilden, bei gleichbleibendem Selbstlaut, die Vergangenheitsform mit t u. enden im Mittelwort der vollendeten Gegenwart mit -(e)t (z. B. lerne, lern*te,* ge*lernt*). Von der Verwendung im Satz her unterscheidet man *zielende* (transitive) u.

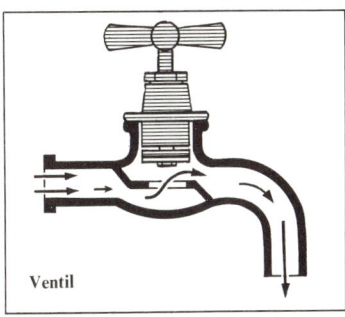
Ventil

Verbrennung

nichtzielende (intransitive) *Verben;* zielend sind Verben, wenn sie sich auf eine Satzergänzung im Wenfall (Akkusativobjekt) beziehen (z. B. ich *rufe den Hund*); nichtzielend sind demgegenüber alle Verben, die keine Satzergänzung im Wenfall nach sich ziehen können (z. B. laufen, blühen) oder die so im Satz verwendet werden, daß sie sich nicht auf eine Satzergänzung im Wenfall beziehen (z. B. ich *rufe*). – *Reflexive* (rückbezügliche) *Verben* sind Verben, bei denen sich die Handlung auf den Satzgegenstand zurückbezieht (z. B. ich *entschließe mich;* es *ereignet sich*).
Im folgenden werden die verschiedenen Zeiten des Verbs mit je einem Beispiel aufgeführt:
Gegenwart (Präsens): ich rufe,
Vergangenheit (Präteritum, Imperfekt): ich rief,
vollendete Gegenwart (Perfekt): ich habe gerufen,
vollendete Vergangenheit (Plusquamperfekt): ich hatte gerufen,
Zukunft (1. Futur): ich werde rufen,
vollendete Zukunft (2. Futur): ich werde gerufen haben,
Befehlsform (Imperativ): rufe!
Nennform (Infinitiv): rufen,
Mittelwort der Gegenwart (Partizip Präsens): rufend,
Mittelwort der Vergangenheit (Partizip Perfekt): gerufen.
Die Aufgabe der *Hilfsverben* – haben, sein, werden – ist es, anderen Verben bei der Formenbildung zu „helfen" (z. B. ich *habe* gerufen, ich *werde* rufen). – Die bisher aufgeführten Formenbeispiele standen alle in der *Tatform* (Aktiv), d. h., sie bezeichneten innerhalb eines ↑Satzes (z. B. ich rufe) den Satzgegenstand (ich) als Urheber des Geschehens. Die Formen können aber auch, mit den entsprechenden Abwandlungen, in der *Leideform* (Passiv) stehen: dann wirkt der Satzgegenstand nicht mehr tätig am Geschehen mit, sondern es geschieht etwas mit ihm (ich werde gerufen). – Unabhängig davon, ob die Tat- oder die Leideform vorliegt, werden die Formen nach der *Aussageweise* (Modus) unterschieden: die *Wirklichkeitsform* (Indikativ) sagt aus, daß tatsächlich etwas geschieht, geschah oder geschehen wird (z. B. ich habe gerufen); dagegen bezeichnet die *Möglichkeitsform* (Konjunktiv) nur ein mögliches Geschehen (ich hätte gerufen); gelegentlich wird die Möglichkeitsform durch die *Bedingungsform* (Konditional) ersetzt, die besagt, daß ein Geschehen unter bestimmten Bedingungen eintreten würde (ich würde rufen, ...). Die Abwandlung des Verbs durch sämtliche Formen oder durch eine Gruppe von Formen nennt man *Beugung* (Konjugation; nicht zu verwechseln mit der Beugung der Haupt-, Eigenschafts- u. Geschlechtswörter, die man Deklination nennt).
↑ auch Funktionsverb, ↑ Hilfsverb.

Verbrennung w, die schnell verlaufende chemische Umsetzung von mehr oder minder energiehaltigen Stoffen (Kohle, Gas, Schießpulver) mit den verschiedensten Oxydationsmitteln (↑Chemie), meist aber mit Sauerstoff. Verbrennungen werden durch Reibung, Schlag oder Erhitzung ausgelöst u. erfolgen unter Wärme-, meist auch unter Flammenentwicklung. Die bei diesem chemischen Prozeß freiwerdende Wärme (Wärmeenergie) ist als Verbrennungswärme definiert. Sie bildet die Grundlage der Energieversorgung beispielsweise unserer Haushalte u. wird in ↑Joule (auch noch in ↑Kalorien) gemessen. Den ebenfalls Energie erzeugenden Abbau der Nahrungsmittel im menschlichen u. tierischen Organismus bezeichnet man im allgemeinen als langsame Verbrennung.

Verbrennungskraftmaschine [dt./frz.] w, Verbrennungsmotor, eine Wärmekraftmaschine, bei der Bewegungsenergie durch die Verbrennung eines Gas-Luft-Gemisches gewonnen wird; ↑Kraftwagen, ↑Dieselmotor, ↑Zweitaktmotor, ↑Wankelmotor.

Verbzusatz ↑ Vorsilbe.

Verdampfung w, Überführung einer Flüssigkeit in den gasförmigen ↑Aggregatzustand durch Wärmezufuhr oder Druckverminderung. Wenn ein fester Stoff unter Umgehung des flüssigen Zustands direkt in den gasförmigen Zustand „verdampft", spricht man von *Sublimation.*

Verdauung w, die Zerlegung der Nahrung im Körper von Mensch u. Tier in Nährstoffe u. unbrauchbare Bestandteile. Die V. beginnt im Mund mit der Zerkleinerung der Nahrung u. der Absonderung des Speichels, sie wird im Magen u. im Darm fortgesetzt. Die Nährstoffe werden vom Blut aufgenommen, die unverdaulichen Teile werden ausgeschieden.

Verdi, Giuseppe [w...], * Le Roncole (heute zu Busseto, Provinz Parma) 10. Oktober 1813, † Mailand 27. Januar 1901, italienischer Opernkomponist. V.

schuf zahlreiche bedeutende Opern, die ganz vom Text her angelegt sind u. die Einheit von Text u. Musik anstreben. Mit seinen Kompositionen steht V. trotz mancher Neuerungen in der italienischen Tradition. Seine bekanntesten Opern sind: „Rigoletto" (1851), „Der Troubadour" (1853), „La Traviata" (1853), „Ein Maskenball" (1859), „Aida" (1871), „Otello" (1887).

Verdun [werdöng], französische Stadt an der Maas, in Lothringen, mit 23 000 E. Die Stadt hat eine romanische Kathedrale u. ein barockes Rathaus. V. wurde nach 1870 zu einer bedeutenden Festung ausgebaut, die im 1. Weltkrieg hart umkämpft wurde.

Verdunstung w, der Übergang eines Stoffes vom flüssigen in den gasförmigen ↑Aggregatzustand bei Temperaturen, die unterhalb des Siedepunktes liegen. Im Gegensatz zum Verdampfen erfolgt das Verdunsten nur an der Oberfläche einer Flüssigkeit.

Veredelung w, eine Maßnahme zur Qualitätsverbesserung von Pflanzen; sie wird im Obst- u. Weinbau u. in der Gärtnerei (z. B. Rosenzucht) angewandt: Der Sproß einer wertvollen Sorte, das *Edelreis,* wird auf eine weniger wertvolle Sorte, die *Unterlage*, übertragen. Die Stellen, an denen Edelreis u. Unterlage zusammengefügt sind, werden bis zum Anwachsen mit Bast verbunden. Man unterscheidet 3 Hauptverfahren der V.: *Pfropfung:* Der abgeschnittene, Knospen tragende Teil der wertvollen Pflanze wird mit der weniger wertvollen Pflanze an einer Wundstelle vereinigt; *Okulation* (Augenveredelung): Die Rinde der Pflanze, die veredelt werden soll, wird T-förmig eingeschnitten; hinter die Rinde wird ein Rindenstückchen der edlen Pflanze mit Auge (Knospe) geschoben; *Kopulation:* Edelreis u. Unterlage, die etwa gleich stark sein sollen, werden über schräge, gleich lange Schnittflächen vereinigt.

Verein m, Zusammenschluß von Personen, die gemeinsam ein ganz bestimmtes Ziel verfolgen. Das Ziel kann sehr verschiedener Art sein, z. B. hat ein Kegelverein das Ziel, gemeinsam zu kegeln, ein Goethe-Verein dagegen will das Andenken Goethes pflegen oder die Forschung über sein Werk unterstützen. Vereine können auch wirtschaftliche Ziele verfolgen (z. B. Herstellung von Maschinen). Die rechtlichen Formen eines Vereins sind sehr unterschiedlich. Werden z. B. keine wirtschaftlichen Ziele verfolgt, so kann der Verein beim zuständigen Amtsgericht in das Vereinsregister eingetragen werden. Er führt dann hinter seinem Namen den Zusatz e. V. (= *eingetragener V.*) u. hat im Unterschied zum *nicht rechtsfähigen V.* die Stellung einer ↑juristischen Person.

Vereinigte Arabische Emirate, bundesstaatlicher Zusammenschluß von sieben Emiraten (Abu Dhabi, Adschman, Dubaij, Fudschaira, Ras Al Chaima, Schardscha u. Umm Al Kaiwain) auf der Halbinsel Arabien. Der Staat liegt im Bereich der ↑Piratenküste

u. hat 656000 E; 77540 km². Die Hauptstadt ist *Abu Dhabi* (60000 E) in Abu Dhabi. Wichtigster Wirtschaftszweig ist die Erdölförderung (v. a. in Abu Dhabi). – Bis 1971 stand das Gebiet unter britischer Schutzherrschaft u. wurde Befriedetes Oman genannt. Der Staat ist Mitglied der UN u. der Arabischen Liga.

Vereinigte Arabische Republik w, 1958–71 Name Ägyptens (↑ägyptische Geschichte).

Vereinigte Staaten von Amerika ↑USA.

Vereinte Nationen ↑UN.

Vererbung w, die Übertragung von Erbanlagen der Eltern auf ihre Nachkommen bei der geschlechtlichen u. ungeschlechtlichen Fortpflanzung. – Abb. S. 630.

Vererbungslehre w (Genetik), Wissenschaft u. Lehre von der Übertragung (Vererbung) körperlicher, geistiger u. seelischer Eigenschaften (Merkmale) der Eltern auf die Nachkommen. – In den Kernschleifen (Chromosomen) des Zellkerns der Keimzellen (Ei- u. Samenzellen) liegen die Erbeinheiten (Gene). Jede Erbeinheit hat eine ganz bestimmte Aufgabe bei der Entwicklung eines Lebewesens zu erfüllen. Meist wirken mehrere Erbeinheiten zusammen, um eine bestimmte Eigenschaft, z. B. eine bestimmte Haar- oder Augenfarbe, auszubilden. Die meisten tierischen Lebewesen entstehen aus dem Zusammenwirken eines Männchens u. eines Weibchens (Ausnahme z. B. bei Jungfernzeugung). Eine bei der Begattung in das Weibchen übertragene Samenzelle (innere Befruchtung; bei der äußeren Befruchtung, z. B. der Fische, kommen Ei- u. Samenzelle außerhalb des weiblichen Körpers im Wasser zusammen) dringt bei der Befruchtung in die Eizelle ein u. führt ihr das väterliche Erbgut (Erbanlage) zu. Aus dem väterlichen u. mütterlichen Erbgut zusammen entsteht so das neue Lebewesen, das daher immer zweierlei Kernschleifen, solche vom Vater u. solche von der Mutter in den Zellkernen seiner Körperzellen, hat (doppelter Chromosomensatz). Bei der Geschlechtsreife bilden sich wiederum Keimzellen: bei weiblichen Nachkommen Eizellen, bei männlichen Samenzellen. Dies geschieht in den Keimdrüsen (Eierstöcke bzw. Hoden). Dabei werden die zweierlei Kernschleifen des doppelten (diploiden) Chromosomensatzes (von den beiden Eltern her) wieder voneinander getrennt. Der doppelte Chromosomensatz wird bei dieser *Reduktionsteilung* (Reifeteilung) halbiert, d. h. auf 2 Zellen verteilt, die dann nur noch einen einfachen (haploiden) Chromosomensatz aufweisen. Dabei kommt z. B. die vom Vater stammende Kernschleife in die eine sich ausbildende Samen- bzw. Eizelle, die von der Mutter stammende

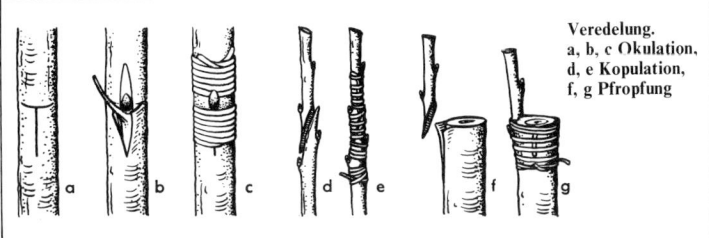

Veredelung. a, b, c Okulation, d, e Kopulation, f, g Pfropfung

Kernschleife in die andere. Pflanzt sich nun dieses Lebewesen wieder fort, so verbindet sich entweder die eine Keimzelle oder die andere, wie es der Zufall will, mit der fremden, vom neuen Geschlechtspartner kommenden Keimzelle. Die Kinder aus dieser neuen Verbindung können daher die von einem Großvater herkommende Kernschleife mitbekommen oder die von der Großmutter. War der Großvater blond, die Großmutter schwarz u. beider Tochter (die nunmehrige Mutter) daher dunkelblond, so kann das Enkelkind von seiner Mutter die Kernschleife mit dem Erbfaktor für „blond" (vom Großvater her) oder mit dem für „schwarz" (von der Großmutter her) mitbekommen haben. Nun kommt es darauf an, was für Chromosomen der Vater dieses Kindes von seinen Eltern, also den beiden anderen Großeltern mitbekommen hat. Kommen beim Enkelkind zwei Kernschleifen mit den Erbeigenschaften „blond" zusammen, so wird es blond werden. Bei zwei Chromosomen mit „schwarz" wird das Kind schwarzhaarig. Hat die eine Kernschleife die Eigenschaft für blond, die andere für schwarz, so ist das Enkelkind mischerbig, d. h. dunkelblond. – Diese Gesetzmäßigkeiten der Vererbung (Erbgesetze) werden auch *Mendelsche Regeln* genannt, von denen wir drei unterscheiden: 1. die *Uniformitäts-* oder *Gleichförmigkeitsregel*, die besagt, daß die Nachkommen reinerbiger (homozygoter) Eltern untereinander völlig gleichförmig (uniform) sind; 2. die *Spaltungsregel*, nach der bei Geschwisterkreuzung der gleichförmigen Nachkommen von 1) die nächstfolgende Generation wiederum die Merkmale der Großeltern in bestimmten Zahlenverhältnissen zeigt, u. zwar entsprechend je 25 % wieder den beiden Großeltern u. 50 % den Eltern (Spaltungsverhältnis 1:2:1); überdecken die Merkmale des einen Großelternteils die Merkmale des anderen (Dominanz), d. h., wenn die Generation der gleichförmigen Nachkommen ganz dem Elternteil gleicht, dann ist das Spaltungsverhältnis 3:1 (75 % gleichen ihren Eltern bzw. dem Großelternteil mit den stärkeren Genen u. 25 % dem Großelternteil mit den schwächeren); 3. die *Unabhängigkeitsregel* (Regel der Neukombination der Gene), die aussagt, daß sich die Erbmasse aus selbständigen, voneinander trennbaren einzelnen Erbfaktoren zusammensetzt, so daß bei Kreuzungen mit mehreren unterschiedlichen Merkmalen völlig neue, bei den Eltern nicht vorhandene Merkmalkombinationen auftreten. Zu diesen Regeln ist jedoch zu sagen, daß die Vererbung in Wirklichkeit sehr viel komplizierter ist. Nur z. B. bei den Blütenfarben einiger Pflanzen (z. B. der Erbse) ist der Erbgang so übersichtlich. Neben den Chromosomen kann auch das Zellplasma Erbeigenschaften übertragen. Auch die Umwelt kann das Aussehen (Erscheinungsbild) beeinflussen (so können z. B. unter Umständen im Erbbild nach, in normaler Erde weißblühende Pflanzen in saurem Boden rötliche Blüten tragen). Auch sind manche Erbfaktoren sehr viel stärker als ihre entsprechenden anderwertigen. So können aus der Kreuzung eines schwarzen mit einem roten Rind alle Nachkommen völlig schwarz sein. Der Erbfaktor für „schwarz" war dann übergeordnet (*dominant*) über „rot"; „rot" war dann seinerseits *rezessiv*, d. h. „schwarz" untergeordnet. Wir sprechen dann von einem *dominanten Erbgang* für „schwarz" bzw. einem *rezessiven Erbgang* für „rot", im Gegensatz zum *intermediären* (in der Mitte liegend) *Erbgang*, bei dem die beiden einander entsprechenden (allelen) Gene gleich stark in Erscheinung treten würden. In unserem Beispiel wäre dann eine Mischfarbe zwischen schwarz u. rot das Ergebnis. – Manche Erbmerkmale sind geschlechtsgebunden.

Verfahrenstechnik w, ein Gebiet der Technik, das sich v. a. mit den technischen Fragen bei der Herstellung chemischer Stoffe befaßt.

Verfassung w: **1)** unter V. verstehen wir in den meisten Fällen eine Staatsverfassung (Grundgesetz). In der Staatsverfassung sind die Aufgaben der obersten Staatsorgane geregelt u. die obersten Grundsätze der staatlichen Rechtsordnung festgelegt. Die Staatsverfassung steht immer über allen anderen Gesetzen (↑auch Staat). Auch andere Gemeinschaften können sich eine V. geben, in der Zweck, Einrichtung, Organe u. Verwaltung geregelt sind; **2)** allgemein soviel wie Zustand; z. B.: er ist in guter Verfassung.

Verführung

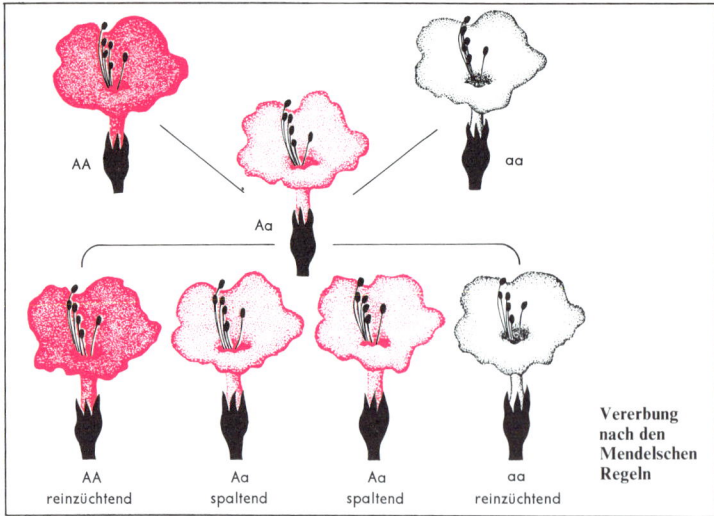

Vererbung nach den Mendelschen Regeln

Jan Vermeer, Die Spitzenklöpplerin

Verführung w, Verleitung eines noch nicht 16jährigen Mädchens oder Knaben zum Geschlechtsverkehr (Verführung Minderjähriger); die V. wird strafrechtlich verfolgt.
Vergällung ↑Denaturierung.
Vergangenheit ↑Verb.
Vergaser ↑Kraftwagen.
Vergiftung w, mehr oder weniger schwere Erkrankung, die durch die Aufnahme von schädlichen Stoffen in den Körper (durch Atmungsluft, Speisen, Haut oder auch durch direkten Eintritt in die Blutbahn, z. B. bei Verletzungen u. offenen Wunden) hervorgerufen wird. Die Schwere der V. hängt 1. von der Wirksamkeit des Giftes ab, 2. von dessen Menge u. 3. von der Fähigkeit des betroffenen Organismus, die giftigen Stoffe unschädlich zu machen oder auszuscheiden. Vergiftungen werden z. B. häufig durch das im ↑Stadtgas enthaltene Kohlenmonoxid, durch zu viele Schlaftabletten, durch Verwechslung von Medikamenten u. durch Giftpilze verursacht; ↑auch Erste Hilfe.
Vergil (lat. Publius Vergilius Maro) [w...], * Andes (heute Pietole bei Mantua) 15. Oktober 70, † Brundisium (heute Brindisi) 21. September 19 v. Chr., römischer Dichter. Sein Hauptwerk ist das Epos „Äneis", das 12 Bücher umfaßt. Darin schildert V. die Irrfahrten des Helden Äneas, der aus dem brennenden ↑Troja flieht u. nach Italien kommt, wo er sich mit dem König von Latium verbindet.
Vergleichsformen ↑Adjektiv.
Verhaltensforschung w, ein Teilgebiet der Zoologie, das sich mit der vergleichenden Beobachtung tierischer Verhaltensformen befaßt, die aus angeborenen Instinkten (Nahrungserwerb, Verhalten Feinden gegenüber, Balz, Nestbau, Brutpflege) u. aus erlernten Verhaltensweisen (Lernvorgänge in der Wildnis, aber auch durch Dressur) erklärt werden.
Verhältniswahl ↑Wahlrecht (Wählen, aber wie?).
Verhältniswort s (Präposition), ein Wort zur Bezeichnung des Verhältnisses, das zwischen Dingen, Personen, Ereignissen usw. besteht; z. B. die Lampe *über*, die Vase *auf*, der Stuhl *neben*, der Teppich *unter* dem Tisch.
Verjährung w, nach Ablauf einer gesetzlich festgelegten Zeit, der *Verjährungsfrist*, erlischt ein Anspruch, aber auch die Befugnis, Straftaten zu verfolgen. Die Fristen sind unterschiedlich lang. Mord u. Völkermord verjähren nicht. Geldforderungen an einen Schuldner verjähren z. B. meist nach 2 Jahren (jeweils am 31. Dezember).
Verkarstung w, Entstehung von ↑Karst.
Verkehrszeichen ↑Straßenverkehr (Verhalten im Straßenverkehr).
Verlag m, ein V. ist ein wirtschaftliches Unternehmen, das Bücher, Zei-

Verwitterung. Die Wollsackverwitterung an Granit ist eine chemische Verwitterung; im Verwitterungsgrus bleiben „sackartig" geformte Granitblöcke übrig

Versailles, die bedeutendste Schloßanlage Frankreichs

Versailles

tungen, Zeitschriften, Broschüren, Kunstblätter, Noten, Landkarten u. ä. herstellt oder herstellen läßt u. vertreibt. Der Verleger (eine Person oder auch eine Personengruppe) trifft im allgemeinen die Entscheidung, was verlegt wird. Er erwirbt (gegen Entgelt) vom Autor (Verfasser) des zu verlegenden Werkes oder von dessen Beauftragtem (eventuell auch von den Erben des Autors) das Recht, das Werk zu vervielfältigen u. die Vervielfältigungen zu verkaufen.

Verlagssystem [dt-; gr.] s, Form der organisierten Heimarbeit, bei der ein Verleger (früher allgemein Unternehmer) den Verkauf der in Heimarbeit hergestellten Erzeugnisse (z. B. Zigarren oder Stoffe) übernimmt u. gegebenenfalls die Rohstoffe u. die erforderlichen Arbeitsgeräte zur Verfügung stellt. Historisch gesehen bedeutet das V. den Übergang vom Handwerk zum Fabrikbetrieb.

Verlies s, ein unterirdischer Kerker, so besonders bei Burgen (Burgverlies; ↑ Burgen).

Verlöbnis s, das gegenseitige Eheversprechen zweier Personen verschiedenen Geschlechts, dessen Durchsetzung aber nicht gerichtlich erzwungen werden kann. Bei ungerechtfertigtem Rücktritt vom V. ist der Betreffende verpflichtet, eventuell entstandenen Schaden des anderen (auch der Eltern) zu ersetzen.

Vermeer, Jan (Johannes) [w...], genannt V. van Delft, getauft Delft 31. Oktober 1632, begraben ebd. 15. Dezember 1675, niederländischer Maler; anscheinend wenig umfangreiches Werk (etwa 36 Bilder bekannt); Interieurs mit wenigen Figuren, oft stillen häuslichen Szenen; der Mensch, die einzelnen Dinge und der Raum werden mit gleich tiefer Aufmerksamkeit behandelt; die Komposition ist fest u. ausgewogen, einfach und kunstvoll zugleich (auffallend in der Lichtverteilung und Farbgebung); die klaren, verhaltenen Farben (Gelb, Blau) sind wesentliche Stimmungsträger; u. a. „Die Allegorie der Malerei".

Verne, Jules [wern], * Nantes 8. Februar 1828, † Amiens 24. März 1905, französischer Schriftsteller. V. schrieb

Vesuv. Blick in den Krater; im Vordergrund zwei Forschungsinstitute

zunächst für die Bühne, dann halbwissenschaftliche Zukunftsromane, die zu den meistübersetzten Büchern der französischen Literatur gehören. Wenn man heute diese ↑ utopischen Bücher liest, staunt man immer wieder, wie vieles von dem, was V. damals schrieb, Wirklichkeit geworden ist, wenn auch meist auf technisch etwas anderem Wege. Zu seinen bekanntesten Büchern gehören: „Reise um den Mond", „Reise um die Erde in 80 Tagen", „20 000 Meilen unter dem Meer", „Reise nach dem Mittelpunkt der Erde".

Verona [w...], italienische Stadt östlich vom Gardasee, mit 271 000 E. Sie ist ein landwirtschaftliches Handelszentrum (mit Landwirtschaftsmesse) u. eine bedeutende Industriestadt (Maschinen-, Papier- u. chemische Industrie). Aus römischer Zeit sind ein Theater u. ein ↑ Amphitheater erhalten; alte Kirchen aus dem 12.–15. Jh. (u. a. der romanische Dom), eine Burg aus dem 14. Jh. u. zahlreiche andere Baudenkmäler machen die Stadt sehenswert.

Verrechnungsscheck ↑ Scheck.

Verrenkung w, die Verschiebung von Knochen gegeneinander, die durch ein Gelenk miteinander verbunden sind.

Vers [lat.] m: **1)** eine rhythmische Einheit in der gebundenen Rede (im Gedicht, Epos u. Drama). Ein V. wird meist in *Versfüße* (Grundeinheit, z. B. Jambus, Trochäus, Spondeus, Daktylus, Anapäst) rhythmisch gegliedert. Verse können – müssen aber nicht – mit einem Reim enden. Im Deutschen ist der V. akzentuierend (eine Einheit von betonten u. unbetonten Silben), der antike V. ist meist quantitierend (eine Einheit von Kürzen u. Längen). Ganz andere Verse gibt es z. B. im Japanischen, wo eine feste Silbenzahl einen V. ausma-

chen kann. Die Lehre vom V. heißt Metrik oder Verslehre; ↑ auch Versmaß; **2)** der kleinste Abschnitt eines Bibeltextes, eine Strophe beim evangelischen Kirchenlied (daher werden V. u. Strophe oft fälschlich gleichgesetzt).

Versailler Vertrag [werßaj^e r -] m, der Vertrag vom 28. Juni 1919, der den 1. Weltkrieg zwischen dem Deutschen Reich u. den Siegerstaaten beendete. Durch den V. V. kamen Elsaß-Lothringen an Frankreich, Moresnet u. Eupen-Malmedy an Belgien, fast ganz Westpreußen u. Posen, der Kreis Soldau u. Ostoberschlesien an Polen, Nordschleswig an Dänemark, das Hultschiner Ländchen an die Tschechoslowakei. Das Memelland kam unter alliierte Verwaltung. Das Saargebiet wurde für 15 Jahre wirtschaftlich Frankreich angeschlossen, danach sollte eine Volksabstimmung das Weitere entscheiden. Das linke Rheinufer wurde von den Alliierten besetzt (teils für 5, 10 u. 15 Jahre). Deutschland verlor seine Kolonien. Das deutsche Heer wurde auf 100 000 Mann beschränkt. Deutschland wurde zur Zahlung von Reparationen (Kriegsentschädigung) verpflichtet. Die größten deutschen Flüsse wurden für den internationalen Verkehr freigegeben. Der V. V. trat am 10. Januar 1920 in Kraft. Die harten Bedingungen sind mitschuldig am Scheitern der Weimarer Republik (↑ auch Deutschland).

Versailles [werßaj], französische Stadt südwestlich von Paris, mit 93 000 E. Sie ist berühmt durch Schloß- u. Parkanlagen, die der französische König Ludwig XIV. 1661–89 errichten ließ. In V. wurde am 18. Januar 1871 der preußische König zum deutschen Kaiser ausgerufen (Wilhelm I.), am 26. Februar 1871 der Deutsch-Französi-

631

Versalien

sche Krieg durch den *Vorfrieden von V.* beendet; ↑ auch Versailler Vertrag. – Abb. S. 630.

Versalien [w...; lat.] *m, Mz.*, Großbuchstaben (meist große Anfangsbuchstaben).

Versfuß ↑ Vers.

Versicherung *w*, durch Vertrag mit einer Versicherungsgesellschaft erlangte Garantie, daß im Falle eines Schadens (z. B. Feuer, Tod, Krankheit, Haftpflicht) der Schaden ganz oder teilweise gedeckt (ersetzt) wird oder ein bestimmter Geldbetrag durch die Versicherungsgesellschaft gezahlt wird. Es gibt Versicherungen auf privater vertraglicher Grundlage u. solche auf gesetzlicher Grundlage (↑ Sozialversicherung). Bei der privatrechtlichen V. wird zwischen der Versicherungsgesellschaft u. dem Versicherungsnehmer (dem Versicherten) ein Vertrag geschlossen, der den Versicherungsnehmer zur Zahlung der Prämie (Versicherungsbeitrag) verpflichtet u. die Versicherungsgesellschaft zur Leistung (d. h. zur Zahlung), wenn der Versicherungsfall (also z. B. Tod, Unfall, Haftpflicht, Feuer) eintritt.

Version [w...; lat.-frz.] *w*, Lesart, Fassung (z. B. einer Erzählung).

Verslehre [lat.; dt.] *w* (Metrik), die Lehre vom ↑ Vers, v. a. vom ↑ Versmaß.

Versmaß [lat.; dt.] *s*, als V. oder Metrum bezeichnet man die metrische Regel, die ein Vers befolgt. Bekannte Versmaße sind z. B. der ↑ Alexandriner, der ↑ Hexameter, der ↑ Pentameter u. der im deutschen Drama der Klassik vorherrschende ↑ Blankvers. Die älteste deutsche Dichtung verwendete den ↑ Stabreim.

Verstaatlichung *w*, Überführung von Privateigentum in Staatseigentum.

Verstärker *m, Mz.*, Geräte unterschiedlicher Art u. Wirkungsweise, die mit schwachen, am Eingang aufgenommenen Signalen einen zugeführten größeren Energiefluß steuern (d. h. ihm die Signale aufprägen), so daß am Ausgang die Signale verstärkt abgenommen werden können. Bei elektronischen Verstärkern (mit Elektronenröhren oder Transistoren), z. B. in Rundfunk- u. Fernsehgeräten, bewirken die von der Antenne kommenden kleinen Signalströme (Spannungsschwankungen) entsprechende Schwankungen der dem V. aus dem Netz oder einer Batterie zugeführten elektrischen Energie.

Versteigerung *w* (Auktion), Sonderform des Verkaufs. Der Preis wird im Wechselspiel zwischen dem *Versteigerer* u. den Kaufinteressenten durch Überbieten gesteigert. Der Meistbietende erhält den *Zuschlag* (gilt als Abschluß eines Kaufvertrages).

Versteinerungen ↑ Fossilien.

vertikal [w...; lat.], senkrecht, lotrecht.

Vertrag *m*, rechtlich gültige Vereinbarung zwischen zwei oder mehreren Personen, Firmen, Staaten usw. Ein V. kommt regelmäßig dadurch zustande, daß einer den V. anbietet u. der Vertragspartner ihn annimmt. Auch mündliche Vereinbarungen sind Verträge. Trotzdem werden Verträge meistens schriftlich ausgefertigt, schon weil dadurch Zweifel an den Vereinbarungen weitgehend ausgeschlossen werden können. Nur in bestimmten Fällen ist durch Gesetz vorgeschrieben, daß ein V. schriftlich ausgefertigt werden muß, eventuell sogar mit Beglaubigung durch einen Notar oder ein Gericht. Einem V. kann man sich nur unter ganz bestimmten Voraussetzungen entziehen (z. B. durch Kündigung, wobei im V. vorgesehene Fristen einzuhalten sind).

Vertrauensarzt *m*, Bezeichnung für einen Arzt, der Versicherungsanstalten, u. a. Krankenkassen, berät u. in ihrem Auftrag Kranke untersucht, um Arbeitsunfähigkeit oder Erwerbsminderung zu überprüfen.

Verwerfungen *w, Mz.*, Brüche der Gesteinskruste in einzelne Schollen; am auffälligsten treten sie bei Erdbeben in Erscheinung. Wird eine Scholle gehoben, so spricht man von einem Horst (Harz), sinkt sie, so entsteht ein Graben (Oberrheingraben). Die Ränder der Horste u. Gräben sind durch Verwerfungslinien gekennzeichnet. V. können als Gebirgshänge gut sichtbar sein, oft sind sie aber bereits eingeebnet. Auch waagerechte Verschiebungen übereinander sind häufig (Alpen). An den Bruchflächen bilden sich im Gefolge von heraufdrängenden Magmamassen Erzgänge u. Heilquellen.

Verwesung *w*, Abbau von ↑ Eiweißstoffen durch die Stoffwechseltätigkeit von Bakterien und Pilzen, wobei die Gegenwart von Luft (Sauerstoff) Voraussetzung ist. Bei der V. entstehen außer Kohlendioxid neben Wasser (H_2O) auch Ammoniak (NH_3) u. Kohlendioxid (CO_2). Bei schwefelhaltigen Eiweißstoffen bildet sich daneben noch Schwefelwasserstoff (H_2S).

Verwitterung *w*, die vorwiegend wetterbedingte Zersetzung der Gesteinskruste an der Erdoberfläche, hauptsächlich zu Lehmen, Tonen u. Sanden. Daraus entstehen unter Mitwirkung von Kleinlebewesen (Bakterien) die Böden. Art u. Stärke der V. sind in den einzelnen Klimazonen sehr verschieden. Die *physikalische* (*mechanische*) V. wirkt in den gemäßigten Breiten vorwiegend als Frostsprengung, besonders in felsigen Gebirgen: Das Regenwasser in den Felsspalten gefriert, u. das Eis reißt infolge seiner Ausdehnung das Gestein auseinander. Ähnlich wirkt die *physikalisch-biologische* V., verursacht durch wachsende Wurzeln. Je feuchter u. wärmer das Klima, um so stärker ist die *chemische* V.; deren wichtigste Art ist die Hydrolyse (Spaltung mechanischer Verbindungen

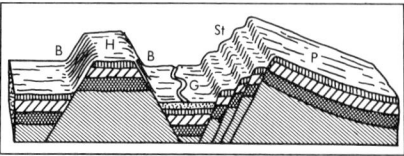

Verwerfungen. Schematische Darstellung von Bruchformen: H Horst, P Pultscholle, G Graben, St Staffelbruch, B Bruchlinie

durch Wasser) der sehr häufig vorkommenden Feldspate zu Tonerden. Auch die Lösungsverwitterung ist weit verbreitet (↑ Karst). – Abb. S. 630.

Vesper [*f*...; lat.; = Abend] *w*: **1)** in der katholischen Kirche das Stundengebet am Abend, zu dem die Geistlichen u. Ordensleute verpflichtet sind; auch allgemein für Abendgottesdienst (z. B. Christvesper); **2)** Zwischenmahlzeit, meist am Nachmittag; Abendbrot (Vesperbrot).

Vespucci, Amerigo [*weßputschi*], * Florenz 9. März 1454 (1451 ?), † Sevilla 22. Februar 1512, italienischer Seefahrer in spanischen u. portugiesischen

Diensten. Er unternahm Reisen an die Küsten Mittel- u. Südamerikas u. entdeckte die Mündung des Amazonas. Nach seinem Vornamen wurde der von Kolumbus entdeckte Kontinent 1507 von dem deutschen Kartographen M. Waldseemüller „Amerika" benannt.

Vesta [w...], römische Göttin des Herdfeuers, die in jedem römischen Haus verehrt wurde. Der Haupttempel der Göttin stand auf dem Forum Romanum in Rom (↑ Forum 1), ihre Priesterinnen, die *Vestalinnen*, unterhielten dort ein ewiges Feuer.

Vesuv [w...] *m*, ↑ Vulkan südlich von Neapel, Italien; der einzige Vulkan auf dem europäischen Festland, der noch zeitweise tätig ist. Der V. ist 1 281 m hoch, sein Krater ist 400–600 m breit u. mehr als 200 m tief. Bei jedem Ausbruch des Vulkans (der letzte größere erfolgte 1944) ändern sich Krater u. Höhe. Bei einem Ausbruch 79 n. Chr. wurden mehrere Orte, darunter ↑ Pompeji, verschüttet. Viele Menschen kamen dabei um. – Abb. S. 631.

Veteran [w...; lat.] *m*, als Veteranen bezeichnet man einen altgedienten Soldaten, den Teilnehmer an einem vergangenen Krieg, auch einen bewährten, im Dienst ergrauten Mann.

Veterinär [w...; lat.] m, ein Tierarzt, der Beamter ist u. vor allem mit Aufgaben der Lebensmittelüberwachung (Fleischbeschau u. a.), Seuchenbekämpfung u. Marktkontrolle betraut ist.

Veto [w...; lat.; = ich verbiete] s, Einspruch; *ein V. einlegen* heißt: gegen einen Beschluß Einspruch erheben u. damit den Beschluß unwirksam machen.

Viadukt [w...; lat.] m, ein über ein Tal oder eine Schlucht führender Brückenbau; Überführung.

Vibration [w...; lat.] w, Schwingung, Erschütterung, Beben.

Victoriafälle [w...] Mz., Wasserfälle, die der Sambesi an der Grenze von Sambia u. Simbabwe-Rhodesien bildet. Der Sambesi stürzt auf einer Breite von 1700 m in fünf Teilfällen in eine 110 m tiefe Schlucht. Im April sind die stürzenden Wassermassen am stärksten, in einer Sekunde stürzen 5 400 m³ in die Tiefe. In der Umgebung der Fälle gedeiht durch den Niederschlag des Sprühwassers eine reiche, immergrüne Vegetation. – Abb. S. 634.

Victoriasee [w...] m, größter See Afrikas, etwa so groß wie Bayern, der 1134 m ü. d. M. liegt u. bis 85 m tief ist. Der V. gehört zu Kenia, Uganda u. Tansania. Auf dem See, in dem im Norden zahlreiche kleinere, im Süden einige größere Inseln liegen, herrscht reger Schiffsverkehr (Warentransport der Anliegerstaaten, Passagierverkehr). Der See ist reich an Fischen (Fischerei).

Vielfraß m, einer der größten Marder. Er wird bis 45 cm schulterhoch, ist plump u. lebt in Nordeuropa, Asien u. Amerika. Das dichte, lange Fell ist braun mit einem breiten, gelblichen Streifen an den Seiten. Der V. frißt nicht mehr als andere Raubtiere, bisweilen tötet er aber mehr, als er fressen kann, u. a. Hasen, Jungvögel, Rentiere. – Abb. S. 634.

Vientiane ↑ Laos.

Viertaktmotor, Verbrennungsmotor († Kraftwagen).

Vierwaldstätter See m, stark gegliederter See am Nordrand der Alpen in der Schweiz, von Bergen umgeben. Der V. S. liegt 434 m ü. d. M., er ist bis 214 m tief u. 114 km² groß (etwa $^1/_5$ des Bodensees). An den Ufern des Sees zahlreiche beliebte Fremdenverkehrsorte.

Vietnam [wi-ätnam], sozialistische Republik an der Ostküste Hinterindiens, mit 47,9 Mill. E; 332 560 km². Die Hauptstadt ist Hanoi. Das Land ist vorwiegend gebirgig (bis 3 142 m). Im Norden liegt das Tiefland um das Deltagebiet des Roten Flusses, im Süden das Deltagebiet des Mekong. Etwa 40 % des Landes sind bewaldet, im Gebirge u. a. mit Teakbäumen u. Bambus. Das Hauptanbauprodukt des Agrarlandes ist Reis, daneben werden u. a. Kautschuk (im Süden), Mais, Mohrenhirse, Kartoffeln, Maniok, Sojabohnen, Baumwolle, Jute u. Tee angebaut. Auch der Fischfang ist von wirtschaftlicher Bedeutung. Zu den Bodenschätzen im Norden gehören v. a. Steinkohle, Erze u. Phosphat. Die Industrie befindet sich im Ausbau. *Geschichte:* V. war seit 1887 Teil des französischen Kolonialgebiets Indochina. Im 2. Weltkrieg war es von Japan besetzt. In dieser Zeit bildete sich eine Unabhängigkeitsbewegung (Vietminh), die 1945 die Republik ausrief. Seitdem war ↑Ho Chi Minh Staatspräsident. 1945 kehrten die Franzosen nach V. zurück. Sie gewährten dem Land Selbständigkeit innerhalb der Französischen Union. Trotzdem kam es immer wieder zu Auseinandersetzungen zwischen den Franzosen u. dem Vietminh, die schließlich zum Krieg führten. 1954 endete dieser Kampf mit großen Verlusten für Frankreich. V. wurde in das kommunistische Nord-Vietnam u. das den westlichen Ländern nahestehende Süd-Vietnam aufgeteilt. Seit 1956 arbeitete der Vietcong (eine mit Nord-Vietnam verbündete, antiamerikanische Befreiungsbewegung) gegen das Regime in Süd-Vietnam. Nach der Ermordung des südvietnamesischen Präsidenten 1963 nahm die innenpolitische Unsicherheit in Süd-Vietnam zu. Der Vietcong gewann durch Überfälle u. Sabotageakte immer mehr an Einfluß u. kontrollierte Anfang 1965 das ganze Land (außer den Städten). Im Februar 1965 begann dann der *Vietnamkrieg* (ohne Kriegserklärung). Süd-Vietnam kämpfte seitdem gemeinsam mit den USA gegen den Vietcong im eigenen Land u. gegen Nord-Vietnam, das v. a. von der UdSSR u. der Volksrepublik China unterstützt wurde. Auf beiden Seiten gab es große Verluste. 1968 nahmen die Beteiligten in Paris Waffenstillstandsverhandlungen auf, die jahrelang erfolglos blieben. Der Kampf dauerte mit unverminderter Härte an. Erst 1973 schlossen Nord-Vietnam, der Vietcong, Süd-Vietnam u. die USA ein Abkommen über die Beendigung des Krieges, das jedoch von der südvietnamesischen Regierung nicht eingehalten wurde. Daraufhin eroberten kommunistische Truppen den Süden des Landes (bis 1975), die „Provisorische Revolutionsregierung" übernahm die Gewalt bis zur Wiedervereinigung mit Nord-Vietnam 1976. – V. ist Mitglied der UN u. des RGW.

Vikar [w...; lat.] m: **1)** in der katholischen Kirche der Vertreter in einem geistlichen Amt, z. B. Pfarrvikar; **2)** in der evangelischen Kirche Bezeichnung für einen Theologen nach dem 1. Examen, auch für den Gehilfen des Pfarrers (Pfarrvikar) oder den als selbständigen Verwalter einer Gemeinde (an Stelle eines Pfarrers) tätigen Geistlichen.

Viktoria [w...], römische Siegesgöttin; sie entspricht der griechischen Göttin Nike.

Viktualien [w...; lat.] Mz., veraltete Bezeichnung für Lebensmittel. In München gibt es noch einen *Viktualienmarkt*.

Villach [f...], Stadt an der Drau, in Kärnten, Österreich, mit 52 000 E. Die Stadt hat schöne, alte Gebäude aus dem 16. Jh. Neben dem Fremdenverkehr (Warmbad V., mit Thermalquellen bis 30 °C) sind Holz-, Maschinen-, Nahrungsmittel- u. chemische Industrie die Haupteinnahmequellen der Bevölkerung.

Vinci, Leonardo da ↑ Leonardo da Vinci.

Vinzenz von Paul [w...], Heiliger, * Pouy (heute Saint-Vincent-de-Paul) 24. April 1581, † Paris 27. September 1660, französischer Priester. V. v. P. wirkte in Volksmissionen, in der Armen- u. Krankenfürsorge, er sorgte für Waisen- u. Schulkinder, für Alte u. Geisteskranke. Auch für die Sträflinge auf den ↑Galeeren setzte er sich ein. Man nennt ihn den Begründer der modernen Wohltätigkeit. In seinem Sinne wirken die von ihm gegründeten Vereinigungen noch heute.

Viola [w...; ital.] w, früher Bezeichnung für eine Gruppe von Streichinstrumenten, zu denen die ↑Gambe gehörte. Heute bezeichnet man noch die ↑Bratsche als Viola.

Violine ↑ Geige.

Violoncello [w...; ital.] s, Streichinstrument, „Tenorstimme" der Violenfamilie. Es wird mit einem Stachel auf den Boden aufgesetzt u. zwischen den Knien gespielt. Das V. ist mit vier Saiten bespannt, gestimmt C, G, d, a.

Vipern [w...] w, Mz. (Ottern), eine Giftschlangenfamilie in Afrika, Asien u. Europa. V. werden 0,3–fast 2 m lang. Ihr Körper ist meist gedrungen mit einem kurzen Schwanz u. einem breiten, mehr oder weniger rechteckig abgesetzten Kopf. Die beiden röhrenförmigen Giftzähne im vorderen Oberkiefer können in Ruhe nach hinten geklappt u. in eine Hautfalte gelegt werden. Zu den V. gehören u. a. Kreuzotter, Hornviper, Aspisviper, Puffotter, Sandotter.

Virchow, Rudolf [...cho], * Schivelbein bei Belgard (Persante) 13. Oktober

633

Viren

Victoriafälle

Vielfraß

1821, † Berlin 5. September 1902, deutscher Arzt (Pathologe) u. Politiker. V. wirkte bahnbrechend auf dem Gebiet der Geschwulstforschung u. der Hygiene (Desinfektion, Kanalisation). Als Politiker war er Gegner Bismarcks im Verfassungskonflikt; er prägte den Begriff ↑Kulturkampf. 1880–93 war er Mitglied des Reichstages.

Viren [w...; lat.] s, auch m, Mz. (Einzahl Virus), Stäbchen, Kugeln oder anders geformte Gebilde, die an der Grenze zwischen Belebtem u. Unbelebtem stehen. Sie sind kleiner als Bakterien u. nur mit dem Elektronenmikroskop zu sehen. Hauptsächlich bestehen sie aus ↑Nukleinsäure u. Eiweiß, sie stellen also keine Zellen dar. Wenn sie in lebende Zellen gelangen, veranlassen sie diese, statt ihres normalen Eiweißes Viruseiweiß herzustellen. Nur so werden V. vermehrt. Viele V. gehören zu den Krankheitserregern, z. B. von Pocken, Masern, Grippe, Papageienkrankheit.

Virginia [auch: w*er*dsch*i*nj*e*] (Abkürzung: Va.), Bundesstaat im Osten der USA (einer der sogenannten Südstaaten), nicht ganz halb so groß wie die Bundesrepublik Deutschland, mit 5 Mill. E. Die Hauptstadt ist *Richmond* (248 000 E). V. erstreckt sich von der Küste des Atlantischen Ozeans bis zu den Appalachen. Bekannt ist es v. a. durch den *Virginiatabak;* weiterhin werden Mais, Getreide, Baumwolle u. Kartoffeln angebaut. Bedeutend sind auch die Viehzucht u. die Küstenfischerei (Austern u. Krabben). An Bodenschätzen werden Kohle, Zink-, Blei- u. Titanerze abgebaut. Die Industrie umfaßt Tabakverarbeitung, Textil- u. Metallindustrie sowie chemische Industrie u. Schiffbau. – V. war die älteste britische Kolonie in Amerika (seit 1607) u. einer der 13 Gründerstaaten der USA.

Virtuose [w...; lat.-ital.] *m,* ein Künstler (speziell Musiker), der seine Kunst technisch vollendet ausübt.

vis-à-vis [wisawi̱; frz.], gegenüber.

Visconti, Luchino [w...], * 1906, † 1976, italienischer Filmregisseur, ↑Film.

Visier [w...; frz.] s: **1)** bei mittelalterlichen Rüstungen der bewegliche, das Gesicht bedeckende Teil des Helmes; **2)** Zielvorrichtung; besteht bei Handfeuerwaffen aus Kimme u. Korn; während das Korn in der Nähe der Laufmündung aufgesetzt ist, befindet sich die Kimme am anderen Ende des Laufes; beim Zielen müssen Kimme u. Korn durch das Auge zusammen- u. mit dem Ziel auf eine Linie gebracht werden.

Vision [w...; lat.] w, eine „übernatürliche" Erscheinung, die manchen religiösen Menschen als Traumvorstellung widerfährt. Sie kann prophetischen Charakter haben (z. B. bei den Propheten des Alten Testaments u. bei Paulus im Neuen Testament). Die Echtheit sowie die Grenzen zwischen V. u. ↑Halluzination sind wissenschaftlich nicht zu ermitteln.

visionär [lat.], seherisch.

Visite [w...; lat.-frz.] *w:* **1)** der Krankenbesuch eines Arztes im Hause des Erkrankten; auch der tägliche Rundgang des Arztes bei den Kranken im Krankenhaus; **2)** ein privater oder geschäftlicher Besuch; daher der Ausdruck **Visitenkarte** für die Karte mit Name, Beruf usw. des Besuchers, die dieser zu Beginn des Besuchs überreicht oder überreichen läßt.

Viskose [lat.] w, zähflüssige Lösung von Zelluloseverbindungen bei der Herstellung von Viskoseseide u. -zellwolle. Die zähflüssige (viskose) Lösung wird durch feinporige Düsen in geeignete Säurebäder gepreßt, wobei die Zelluloseverbindungen zerfallen u. Fäden von Viskoseseide bzw. -zellwolle entstehen, die sofort auf Rollen aufgespult werden.

Viskosität [w...; lat.] w, die Zähigkeit von Flüssigkeiten (beruht auf innerer Reibung). Eine besonders große V. besitzen beispielsweise Sirup u. Honig, besonders gering ist die V. bei Wasser, Alkohol u. Äther.

visuell [w...; lat.], den Gesichtssinn, das Sehen betreffend. Mancher Mensch behält das, was er sieht, leichter im Gedächtnis; man spricht dann von einem *visuellen Gedächtnis.*

Visum [w...; lat.; = Gesehenes] s, ein Eintrag im Reisepaß durch den Staat, der besucht werden soll. Dieser Staat gibt mit dem V. im voraus zu erkennen, daß er mit dem Besuch einverstanden ist.

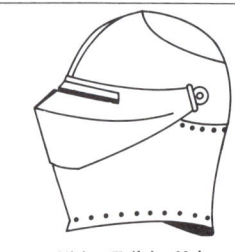
Visier (Teil des Helmes)

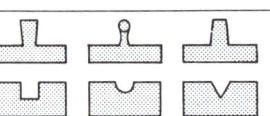
Visier (Kimme und Korn). Von links nach rechts: Rechteckkorn und Rechteckkimme (Pistolen), Perlkorn und runde Kimme (Jagdgewehre), Dachkorn und Dreieckskimme (Militärgewehre)

Vogelfluglinie

Vitalität [w...; lat.] w, Lebenskraft. Man spricht insbesondere dann von V., wenn ältere Leute körperlich u. geistig frisch wirken.

Vitamine [w...; Kunstwort] s, Mz., für den menschlichen u. tierischen Körper unentbehrliche Wirkstoffe, die mit der Nahrung aufgenommen werden müssen. Dabei genügen schon geringste Mengen, um den Bedarf zu decken. Ein Mangel an Vitaminen führt zu schweren Vitaminmangelkrankheiten (Avitaminosen), weshalb unsere Kost vitaminreich sein soll. Durch langes Lagern oder durch Kochen der Lebensmittel werden viele V. zerstört. Ein Zuviel an Vitaminen (hauptsächlich durch Tabletten) ist jedoch auch schädlich. – Die wichtigsten V. sind: *Vitamin A* (Vorkommen z. B. in Lebertran, Karotten, Tomaten, Eigelb, Milch, Butter; Mangel verursacht Nachtblindheit, Schäden der Haut, besonders der Schleimhäute; ein Überangebot ist giftig); *Vitamin B_1* (Vorkommen in Hefe, Weizenkeimlingen; Mangel verursacht ↑Beriberi); *Vitamin B_2* (Vorkommen in Hefe, Leber, Fleischextrakt, Nieren; Mangel verursacht örtliche Haut- u. Schleimhauterkrankungen mit bräunlicher Verfärbung u. Rissigkeit sowie Magen- u. Darmschäden u. nervöse u. seelische Störungen); *Vitamin B_6* (Vorkommen in Hefe, Getreidekeimlingen u. Kartoffeln; Mangel verursacht Hautveränderungen u. Krämpfe); *Vitamin B_{12}* (Vorkommen in Leber, Rindfleisch, Eigelb; Mangel verursacht perniziöse Anämie, d. h. Blutarmut durch Abnahme der Zahl der roten Blutkörperchen); *Vitamin C* (Ascorbinsäure; Vorkommen besonders in Orangen, Zitronen, Johannisbeeren und Paprikafrüchten; Mangel verursacht ↑Skorbut); *Vitamin-D-Gruppe* (Vorkommen in Lebertran, Eigelb, Butter; Mangel verursacht Rachitis, auch englische Krankheit genannt, besonders bei Kleinkindern, wobei die Knochen ungenügend verkalken, so daß sie weich bleiben u. sich verbiegen, auch das Wachstum wird gestört; ein Überangebot ist giftig); *Vitamin H* (Biotin; Vorkommen in Hefe, Erdnüssen, Schokolade, Eigelb; Mangel verursacht Haarausfall, Hautkrankheiten, Appetitlosigkeit); *Vitamin-K-Gruppe* (Vorkommen in Kohl, Spinat; Mangel verursacht eine Störung der Blutgerinnung, wodurch auftretende Blutungen schwer stillbar sind). – Die aufgeführten V. kommen auch in zahlreichen anderen Lebensmitteln vor, wenn auch in kleineren Mengen.

Vitrine [w...; frz.] w, Glasschrank; auch ein gläserner Schaukasten, v. a. in Kaufhäusern u. Museen.

Vitriole [mlat.] s, Mz., schwefelsaure Salze zweiwertiger Metalle.

Vivaldi, Antonio [wiw...], * Venedig 4. März 1678, † Wien 28. Juli 1741, Komponist u. Geigenvirtuose des italienischen Barock. Er schuf v. a. Solokonzerte (für eine oder mehrere Geigen, für Flöte, Oboe, Fagott, auch Sonaten, Kantaten, Opern u. a.; V. hat wesentlich zur Entwicklung der Konzertform beigetragen.

Vivarium [wiw...; lat.] s, Behälter für lebende Tiere, z. B. ↑Aquarium u. ↑Terrarium; auch das Gebäude dafür.

Vivisektion [wiw...; lat.] w, ein operativer Eingriff an meist narkotisierten, lebenden Tieren zur wissenschaftlichen Erforschung bestimmter Vorgänge. Die V. soll nur dann angewendet werden, wenn das Forschungsziel auf andere Art u. Weise nicht zu erreichen ist.

Vize... [f...; lat.] Bestimmungswort von Zusammensetzungen mit der Bedeutung „an Stelle von ..., stellvertretend". Ein *Vizekanzler* z. B. ist der Stellvertreter des Kanzlers.

Vlaminck, Maurice de [wlamängk], * Paris 4. April 1876, † Rueil-la-Gadelière (Eure-et-Loir) 11. Oktober 1958, französischer Maler; zunächst von van Gogh beeinflußt; schloß sich 1901 den Fauves an; expressive, vehement gemalte, düstere Landschaften mit gewittriger Beleuchtung.

Vögel m, Mz., eine weltweit verbreitete Klasse der Wirbeltiere mit Federn u. mit zu Flügeln umgebildeten Vordergliedmaßen. Die V. sind warmblütige, gleichwarme Tiere, die von den Kriechtieren abstammen; z. T. haben sie ihr Flugvermögen verloren, z. B. Strauße, Pinguine. Augen u. Gehör sind besonders gut entwickelt, der Geruchssinn dagegen ist schwach ausgebildet. V. legen stets mit einer Kalkschale versehene Eier in Nester, die oft kunstvoll gebaut sind. Man unterscheidet die V. außer nach Ordnungen u. Familien auch nach ihrer Lebensweise: Standvögel, ↑Strichvögel u. ↑Zugvögel. – Abb. S. 638 f.

Vogelbeerbaum m (Gemeine Eberesche), bis 8 m hoher Baum (auch Strauch) in Europa, Kleinasien u. Nordafrika. Die Blätter sind gefiedert u. gesägt; Blüten in Doldenrispe, Früchte zuerst gelb, dann rot.

Vogelfluglinie w, Fernverkehrsstrecke (Eisenbahn und Straße) zwischen der Ostküste Schleswig-Holsteins u. Südschweden. Ihren Namen hat sie daher, daß sie dem Weg der Zugvögel folgt. Sie verbindet Großenbrode (auf dem schleswig-holsteinischen Festland) u. die Insel Fehmarn durch eine 963 m lange Brücke. Fährhäfen befinden sich in Puttgarden (Nordfehmarn) u. Rødbyhavn (Südlolland); von hier aus werden Eisenbahnzüge, Kraftwagen u. Personen auf Fähren über den Fehmarnbelt befördert. Später folgt die V. dem dänischen Verkehrsweg nach Kopenhagen.

Volkskunst. Besticktes Brautmieder aus den Niederlanden

◀ **Volkskunst.** Tongefäß aus Peru

635

vogelfrei

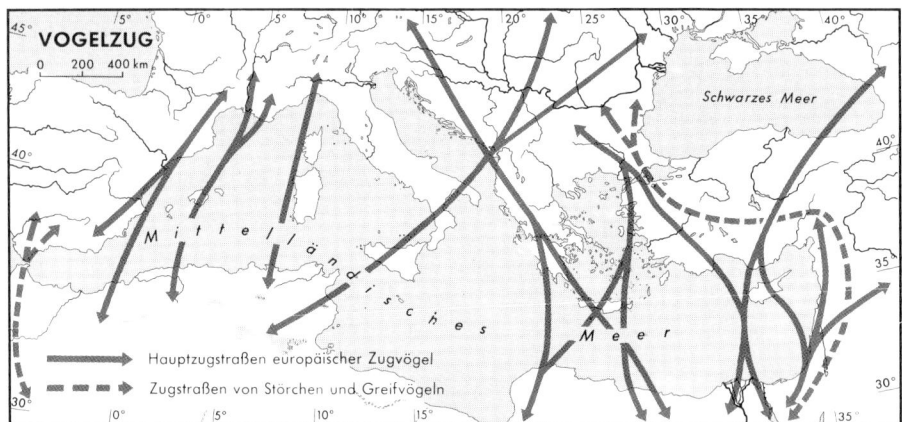

vogelfrei, geächtet, friedlos. Eine Person war nach germanischem Recht v., wenn sie aus der Gemeinschaft ausgestoßen war u. von jedermann getötet werden konnte; ↑auch Acht.

Vogelsberg *m,* Teil des Hessischen Berglandes zwischen Fulda u. Gießen. Der V. ist die größte zusammenhängende Basaltmasse (mit Steinbrüchen) in der Bundesrepublik Deutschland. Der höchste Teil ist der Oberwald, der im *Taufstein* 774 m ü. d. M. erreicht.

Vogelspinnen *w, Mz.,* 0,5–9 cm große Spinnen in tropischen Ländern. Sie sind meist rot- bis schwarzbraun u. lang behaart. Sie weben keine Fangnetze, sondern überwältigen ihre Beute im Sprung. Der Biß ist für den Menschen schmerzhaft, die Giftwirkung meist gering. V. werden häufig mit Bananen nach Europa eingeschleppt.

Vogelwarte *w,* Institut für Vogelforschung, besonders für die Erforschung des Vogelzugs. Um festzustellen, welchen Weg die Vögel bei ihren Wanderungen nehmen, werden regelmäßig Vögel eingefangen u. mit Fuß- oder Flügelringen versehen, auf denen eine Nummer u. der Name der V. steht; danach werden die Tiere wieder freigelassen. Bei erneutem Fang kann man ihre Herkunft feststellen. Vogelwarten in Deutschland gibt es auf Helgoland, in Möggingen (bei Radolfzell am Bodensee) u. auf der Insel Hiddensee (westlich von Rügen).

Vogelzug *m,* die Wanderung vieler Vogelarten, der Zugvögel, zwischen Brut- und Winterquartier. Man unterscheidet den Frühjahrszug, bei dem die Vögel nach Norden ins Brutgebiet zurückkehren, u. den Herbstzug, bei dem die Vögel zur Überwinterung in den Süden ziehen. Die Orientierung und der Zeitpunkt des Aufbruchs sind meist angeboren. Am Tag fliegende Vögel orientieren sich u. a. nach Meeresküsten, Flußtälern, Bergrücken u. dem Sonnenstand, die Nachtflieger häufig nach dem Sternenhimmel. Die Vögel fliegen einzeln oder in Scharen u. verständigen sich durch Rufe.

Vogesen [*w...*] (früher deutsch Wasgenwald; frz. Vosges) *Mz.,* ein waldreiches Mittelgebirge in Ostfrankreich, westlich des Oberrheinischen Tieflandes, gegenüber dem ↑Schwarzwald. Im *Großen Belchen* sind die V. 1 423 m hoch.

Vokabel [*w...;* lat.] *w,* eine V. ist ein einzelnes Wort, besonders im Hinblick auf eine fremde Sprache. Mit **Vokabular** bezeichnet man den Wortschatz einer Person, aber auch ein Wörterverzeichnis.

Vokal ↑Selbstlaut.

Vokalmusik [*w...;* lat.; gr.] *w,* Gesang, auch Kompositionen, die für Singstimme (mit oder ohne Begleitung durch Instrumente) geschrieben wurden.

Voliere [*woliär*ᵉ; frz.] *w,* Vogelhaus, großer Flugkäfig.

Volk *s:* **1)** eine durch die geschichtliche Entwicklung entstandene Lebens- u. Kulturgemeinschaft von Menschen gleicher Abstammung u. gleicher Sprache. Wesentlich ist das Gefühl innerer, meist auch äußerer (räumlicher) Zusammengehörigkeit. Häufig wird V. mit Nation oder Staatsvolk gleichbedeutend verwendet; **2)** in großen Gruppen lebende Insekten, z. B. Bienenvolk.

Völkerball *m,* Spiel für 6 bis 24 Teilnehmer, die sich in 2 gleichgroße Mannschaften („Völker") aufteilen. Beide Mannschaften beziehen je für sich ein quadratisches Spielfeld (8 bis 12 m Seitenlänge), das mit einer Seite an das Spielfeld der Gegenpartei grenzt. Die Spieler versuchen, einen Ball auf die gegnerischen Spieler zu werfen. Wenn diese vom Ball getroffen werden, ohne ihn zu fangen, müssen sie das Spielfeld verlassen. Sie gelten dann als „Gefangene", können sich aber von außerhalb weiterhin am „Abwerfen" der Gegner beteiligen. Sieger ist die Mannschaft, die alle Spieler der Gegenpartei aus dem Feld geschlagen hat.

Völkerbund *m,* Bezeichnung der ersten großen internationalen Organisation zur Erhaltung des Weltfriedens. Sie wurde 1919 auf der Versailler Friedenskonferenz auf Anregung von W. ↑Wilson gegründet. Obwohl der V. die Beachtung der Regeln des ↑Völkerrechts u. die Friedenssicherung zu seinen Hauptanliegen machte, war er bei Ausbruch des 2. Weltkriegs aktionsunfähig u. wurde 1946 aufgelöst. – Deutschland war 1926–33 Mitglied. – Nachfolgeorganisation des Völkerbunds sind die ↑UN.

Völkerkunde *w,* die Wissenschaft von den Kulturerscheinungen der Völker, beschränkt auf die schriftlosen Völker außerhalb der Hochkulturen. Die V. ist in Deutschland seit Ende des 19. Jahrhunderts eine selbständige Wissenschaft.

Völkerrecht *s,* das Recht, das die Beziehungen selbständiger Staaten u. internationaler Organisationen untereinander regelt. Es beruht auf Rechtsgewohnheiten oder auf ausdrücklichen Verträgen (z. B. ↑Genfer Konvention) u. betrifft Grenzziehungen, die Rechte der Gesandten, Verhütung von Kriegen, Ahndung von Kriegsverbrechen u. a. Die Wahrung des Völkerrechts liegt bei den UN u. bei Kommissionen, die von den streitenden Parteien zur Entscheidung eingesetzt oder angerufen werden.

Völkerschlacht ↑Leipzig 2).

Völkerwanderung *w,* eine Wanderung germanischer Völkerschaften u. Stammesverbände, die durch den Einbruch der Hunnen nach Osteuropa um 375 ausgelöst wurde. Allerdings gab es schon seit dem 2. Jh. n. Chr. Wanderbewegungen unter den germanischen Stämmen. Auch später hingen nicht alle Germanenzüge mit dem Hunneneinbruch zusammen. Durch die Hunnen gerieten die ↑Goten in Bewegung, ebenso die Burgunder, Sweben u. Vandalen. Da das Römische Reich schon seit dem 3. Jh. seine Grenzen nicht mehr behaupten konnte (die Römer hatten ganze germanische Stämme innerhalb ihrer Grenzen als Bundesgenossen angesiedelt), gelang jetzt erst recht der Durchbruch, u. die Germanen gründeten verschiedene Reiche auf römischem Boden (u. a. in Norditalien nacheinander das Reich Odoakers, das Reich Theoderichs des Großen u. das Reich der Langobarden), in Südwestgallien u. Spanien (Reich der Westgoten) u. in Nordafrika (Reich der Vandalen). Nach Britannien wanderten Angeln, Jüten u. Sachsen ein. Nur das ↑Fränkische Reich in Gallien, an der Mosel u. am Main vermochte seinen Bestand zu wahren u. wurde Grundlage des Reiches Karls des Großen u. damit des Heiligen Römischen Reiches sowie des Königreiches Frankreich.

Volksbildung w, das auf Breitenwirkung ausgerichtete Bemühen verschiedener Einrichtungen, Kenntnisse über die Gesellschaft u. die Welt, in der wir leben, zu fördern u. dem einzelnen das Verständnis seiner selbst durch solches Wissen zu erleichtern. Sicher dient auch das Schulwesen diesem Ziel, jedoch kann die Schule allein diese Aufgabe nicht erfüllen, besonders da sie die jungen Menschen früh entläßt, oft in eine eng begrenzte Arbeits- u. Berufswelt. Deshalb wird versucht, den Jugendlichen u. Erwachsenen die Möglichkeit zur Weiterbildung neben der Berufstätigkeit zu geben; v. a. die Einrichtungen der Erwachsenenbildung (wie Volkshochschulen und Volksbildungswerke, öffentliche Büchereien, Museen, Abendakademien, kirchliche u. gesellschaftliche Bildungseinrichtungen) bemühen sich um V. durch ein Angebot von Kursen u. Vorträgen. – V. ist eine Idee des ausgehenden 18. Jahrhunderts. Die ↑Aufklärung sah in der allgemeinen Bildung eine große Hoffnung für den einzelnen Menschen, die Gesellschaft u. den Staat. Im 19. Jh. wurde mit der allgemeinen Schulpflicht dann die Grundlage für die Bildung des gesamten Volkes gelegt.

Volksbuch s, volkstümliche Nacherzählung älterer Literatur, etwa in der Zeit von 1450 bis 1700. Vorlagen waren höfische Epen der mittelhochdeutschen Literatur, Heldensagen, lateinische Legenden, französische Dichtungen u. a. Durch Umsetzen in einfache Prosa wurden sie u. a. nach der Erfindung des Buchdrucks einem breiteren Leserkreis zugänglich gemacht.

Volksbüchereien ↑öffentliche Büchereien.

Volksdemokratie [dt.; gr.] w, Staatsform zur Durchsetzung sozialistischer Produktionsverhältnisse nach der Befreiung vom ↑Kolonialismus, ↑Imperialismus oder ↑Faschismus. Die politischen Organisationsformen sind unterschiedlich. Meist werden parlamentarisch-demokratische Formen (auch das Mehrparteiensystem) übernommen; beherrschend ist jedoch die jeweilige sozialistische oder kommunistische Partei (*Diktatur des Proletariats*).

Volksdeutsche m, Mz., Bezeichnung für außerhalb der deutschen Reichsgrenzen von 1937 u. außerhalb von Österreich lebende Personen und Personengruppen, die zwar auf Grund ihrer Sprache u. kulturellen Tradition die deutsche Volkszugehörigkeit besaßen, aber eine fremde Staatsangehörigkeit angenommen hatten. V. gab es bis 1945 v. a. in den ost- u. südosteuropäischen Ländern (z. B. in der Tschechoslowakei u. in Ungarn). Die meisten von ihnen wurden nach 1945 gewaltsam nach Deutschland u. Österreich abgeschoben.

volkseigener Betrieb m, Abkürzung: VEB, nach 1945 in der heutigen DDR verstaatlichter Betrieb; auch die seither errichteten Staatsbetriebe.

Volksentscheid m (Referendum), Abstimmung der Bevölkerung eines Teilgebietes über eine Gesetzesvorlage der Regierung. In der Bundesrepublik Deutschland sieht das Grundgesetz nur den einen V. vor, wenn das Bundesgebiet neu gegliedert werden soll (d. h., wenn Gebietsteile eines Bundeslandes an ein anderes angeschlossen werden sollen).

Volksetymologie w, sprachliche Erscheinung, bei der sich eine lautliche u. inhaltliche Veränderung eines inhaltlich nicht durchschauten, nicht [mehr] verständlichen Wortes in der Weise vollzieht, daß das Wort durch volkstümliche Umdeutung einen erkennbaren Sinn erhält, z. B. Maulwurf, eigentlich: moltwerf = Erdaufwerfer (molt = Erde); ↑Etymologie.

Volkshochschule w, eine öffentliche u. meist in keiner Weise auf politische oder religiöse Grundsätze festgelegte Bildungseinrichtung im Bereich der Weiterbildung. Träger von Volkshochschulen sind v. a. Städte u. Gemeinden. In Vorträgen, Kursen u. Arbeitsgemeinschaften werden bestimmte Themenkreise behandelt. Neben den Sprachkursen werden Kurse zur beruflichen Weiterbildung angeboten sowie Anleitung zu praktischer u. künstlerischer Tätigkeit gegeben. Wichtige Ziele sind Erziehung zu selbständiger Urteilsbildung. Der Unterricht findet meist abends statt, aber auch in mehrtägigen ganztägigen Kursen. Die Veranstaltungen der V. gliedern sich in Semester u. Trimester. Ziele, Inhalte u. Veranstaltungsformen sind regional unterschiedlich. – Das Volkshochschulwesen entwickelte sich seit Mitte des 19. Jahrhunderts. Name u. Idee der V. stammen von dem dänischen Volkserzieher N. F. S. Grundtvig. Das deutsche Volkshochschulwesen erlebte nach ersten Ansätzen Anfang des 20. Jahrhunderts nach dem 1. Weltkrieg einen großen Aufschwung; von den Nationalsozialisten zerschlagen, wurde es nach 1945 neu aufgebaut. Der Ausbau ist noch nicht abgeschlossen.

Volkskunde w, eine Wissenschaft, die sich mit den Lebensformen u. den Lebensäußerungen eines Volkes beschäftigt. Hierzu zählen u. a. die Wohnungs- u. Siedlungsformen, Orts- u. Flurnamengebung, Volksglaube, -brauch, -sprache, -dichtung u. -musik sowie die ↑Volkskunst; ↑auch Folklore.

Volkskunst w, das von einem Volk oder Volksteil ausgeübte Kunsthandwerk, hauptsächlich künstlerische Tischler- u. Töpferarbeiten, Stickereien u. Webereien. Besonders das Haus, seine Einrichtung u. die Kleidung (Trachten) sind Gegenstand der V., die sich alter Formen bedient. Die verwendeten Muster sind meistens vereinfachte Darstellungen von Dingen aus dem Umkreis einer ländlichen Bevölkerung. – Abb. S. 635.

Volkslied s, der Begriff V. wurde 1773 von J. G. von ↑Herder geprägt. Er bezieht sich auf ein einfaches, gereimtes Lied, das im allgemeinen ohne Instrumentalbegleitung gesungen wird. Die Verfasser von Volksliedern sind meist unbekannt; der Text wurde von Generation zu Generation mündlich überliefert u. war daher manchen Änderungen oder auch der Hinzufügung neuer Strophen unterworfen. Es gibt u. a. Liebes-, Abschieds-, Trink- u. Tanzlieder, auch Studenten-, Handwerker-, Arbeits- u. Soldatenlieder. Herder gab 1778/79 die Sammlung „Volkslieder" heraus, die später unter dem Titel „Stimmen der Völker in Liedern" erschienen ist. Eine bedeutende Sammlung von Volksliedern ist auch „Des Knaben Wunderhorn" (1806–08 von A. von Arnim u. C. Brentano herausgegeben).

Volkspolizei w, Bezeichnung für die Polizei der DDR.

Volksrepublik [dt.; lat.] w, Abkürzung: VR, von Volksdemokratien verwendete Selbstbezeichnung.

Volkstänze m, Mz., die in einem Volk erhaltenen, von Generation zu Generation vererbten Tanzformen, die mit Brauchtum, Volkslied u. Tracht der einzelnen Völker oder auch Landschaften verbunden sind. Sie unterscheiden sich oft sehr wesentlich von Gesellschafts- u. Kunsttänzen, haben aber diese stark beeinflußt. V. sind z. B. der ↑Csárdás, der Fandango (Spanien) u. der Schuhplattler (Alpengebiet). Andererseits leben Gesellschaftstänze als V. weiter (Mazurka, Rheinländer). V. werden wieder gepflegt, ihre Verbreitung gefördert.

Volkswirt m, Wirtschaftswissenschaftler nach einem Studium der Volkswirtschaftslehre (↑auch Volkswirtschaft). Das Studium wird mit einer Diplomprüfung abgeschlossen (Di-

Fortsetzung S. 640

VÖGEL I

Hausrotschwanz

Zeisig

Teichrohrsänger

Gartenbaumläufer

Girlitz

Seidenschwanz

Haussperling

Star

638

VÖGEL II

Wacholderdrossel

Amsel

Blaumeise

Kleiber

Mehlschwalbe

Stieglitz

Baumpieper

639

Volkswirtschaft

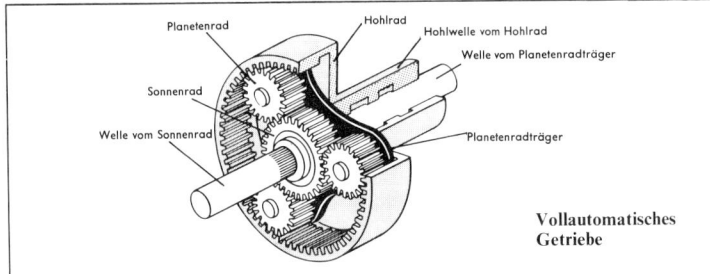

Vollautomatisches Getriebe

plomvolkswirt); auch der Erwerb des Doktorgrades ist möglich.

Volkswirtschaft w, die Gesamtheit des wirtschaftlichen Zusammenwirkens in einem durch staatliche Grenzen festgelegten Raum. Dazu gehören nicht nur diejenigen, die etwas herstellen, sondern auch all diejenigen, die den gesamten wirtschaftlichen Ablauf ermöglichen (also neben den Industrie- u. Handwerksbetrieben, dem Handel, der Land- u. Forstwirtschaft usw. auch die Geld- u. Kreditinstitute, Bahn u. Post, Verwaltungen u. vieles andere). Eine V. hat eine einheitliche Währung. Sie wird durch die Wirtschafts- u. Sozialpolitik nach einheitlichen Gesichtspunkten gelenkt. Die Grundsätze dieser Politik können allerdings recht unterschiedlich sein, z. B. ↑Planwirtschaft u. ↑Marktwirtschaft.

Volkszählung w, eine umfassende statistische Erhebung zur Feststellung der Bevölkerungszahl in einem Staatsgebiet oder einem Teil davon. Volkszählungen finden im allgemeinen alle 10 Jahre statt. Gefragt wird nach: Name, Vorname, Geschlecht, Alter, Beruf, Familienstand u. a. Volkszählungen gab es schon im alten China u. im alten Rom (dort als *Zensus* bezeichnet).

vollautomatisches Getriebe [dt.; gr.; dt.] s, ein Getriebe im Kraftwagen, bei dem der Fahrer nur den Gas- u. Bremshebel bedient. Heutige automatische Getriebe bestehen im allgemeinen aus einer hydraulischen Kupplung oder einem hydraulischen Getriebe, denen ein oder mehrere Planetengetriebe nachgeschaltet sind. Planetengetriebe sind Umlaufgetriebe, deren Zahnräder dauernd im Eingriff sind. Das „Schalten" u. damit die Wahl einer anderen Übersetzung erfolgt hier durch wahlweises Festhalten der einzelnen Bauteile des Getriebes. Die Abbildung unten zeigt den grundsätzlichen Aufbau eines Planetengetriebes. Wie die Planeten um die Sonne können die Planetenräder um ein zentrales Sonnenrad kreisen. Die Planetenräder sind mit ihren Achsen in einem Planetenradträger (auch Steg genannt) gelagert. Dieser Steg kann sich ebenfalls drehen. Außen fassen die Planetenräder in die Innenverzahnung eines Hohlrades, das sich selbst auch drehen kann. In der Abbildung kann man sehen, daß das Hohlrad auf einer Hohlwelle sitzt, durch deren Bohrung die Welle des Planetenradträgers nach rechts führt. Da das Getriebe insgesamt drei Wellen hat, könnte man jede der Wellen zur Antriebswelle machen. Bei gleichzeitigem Festhalten einer der noch freien Wellen könnte man an der dann noch freibleibenden Welle die Antriebsdrehzahl entnehmen. Es sind somit sechs Übersetzungsverhältnisse an einem Planetengetriebe möglich. Als siebente Übersetzung kann man das ganze Getriebe verblocken, so daß es als Ganzes umläuft. So entsteht noch ein direkter Gang. Meistens nutzt man von den sieben Möglichkeiten nur drei aus, da man fast immer nur ein u. dieselbe Welle antreibt. Treibt man z. B. immer das Sonnenrad an u. hält im ersten Falle das Hohlrad fest, so wälzen sich die Planetenräder in dem feststehenden Hohlrad ab u. nehmen den Planetenradträger in Drehrichtung des Sonnenrades, aber langsamer als dieses drehend, mit. Hält man im zweiten Falle den Planetenradträger fest, so drehen sich die Planetenräder um ihre jetzt feststehende Achse, wodurch sich das Hohlrad entgegengesetzt zur Welle des Sonnenrades dreht (Rückwärtsgang). Kuppelt man den Planetenradträger mit dem Hohlrad, d. h., stellt man eine feste Verbindung zwischen ihnen her, so dreht sich das ganze Getriebe als verblocktes Ganzes. Es ergibt sich dann die Übersetzung 1 : 1 zwischen Antriebs- u. Abtriebswelle. Das Festhalten der einzelnen Bauteile geschieht fast immer durch Bremsen, die durch Öldruck u. damit das Schalten einer anderen Übersetzung wird abhängig von der Fahrgeschwindigkeit, von der Motordrehzahl u. der Gashebelstellung gesteuert.

vollendete Gegenwart ↑Verb.
vollendete Vergangenheit ↑Verb.
vollendete Zukunft ↑Verb.

Volleyball [wǫli...; engl.; dt.] m, von 2 Mannschaften auf einem 18 m langen u. 9 m breiten Spielfeld ausgetragenes Flugballspiel. Das Feld wird in der Mitte durch ein Netz (für Männer 2,43, für Frauen 2,24 m hoch) in 2 Hälften geteilt. Ziel des Spiels ist es, den Ball (Umfang 65–67 cm, Gewicht 250–280 g) mit den Händen so im gegnerischen Feld zu placieren, daß ein Rückschlag (mit flacher, offener Hand) nicht möglich ist. Der Ball darf nicht den Boden u. beim Anspiel nicht das Netz berühren. Das Spiel ist dann beendet, wenn eine Mannschaft 2 oder 3 Sätze (bei 15 Punkten, jedoch wenigstens 2 Punkte Vorsprung, also 15:13, sonst 16:14 usw.) gewonnen hat.

Volljährigkeit w, V. tritt nach dem Recht der Bundesrepublik Deutschland mit Vollendung des 18. Lebensjahres ein. Die V. hat die unbeschränkte ↑Geschäftsfähigkeit zur Folge. Mit ihr endet die ↑elterliche Sorge. V. ist nicht gleichbedeutend mit ↑Mündigkeit.

Vollmacht w, die Macht, einen anderen bei Geschäften oder in Rechtsangelegenheiten zu vertreten. Im geschäftlichen Bereich unterscheidet man nach dem Umfang *Generalvollmacht* (für einen größeren Geschäftsbereich) u. *Spezialvollmacht* (für bestimmte Geschäfte); ↑auch Prokura. – Bei gerichtlichen Verfahren vertritt der Rechtsanwalt die Partei (ermächtigt durch eine *Prozeßvollmacht*).

Vollverb s, Bezeichnung für ein Verb in bezug auf seine Funktion u. Bedeutung im Unterschied zum ↑Modalverb, ↑Hilfsverb.

Volontär [w...; frz.] m, Bezeichnung für einen Arbeitnehmer, der sich ohne eigentliche Ausbildung in einen Beruf einarbeitet (besonders in journalistischen, kaufmännischen u. landwirtschaftlichen Berufen). Diese Einarbeitungszeit heißt *Volontariat*.

Volt [w...; nach A. Graf Volta] s, Abkürzung: V, gesetzliche Einheit für die elektrische ↑Spannung 2).

Volta, Alessandro Graf [w...], * Como 18. Februar 1745, † ebd. 5. März 1827, italienischer Physiker. V. leistete bahnbrechende Arbeit auf dem Gebiet der Elektrizitätslehre u. setzte die Ar-

beit von ↑Galvani fort. Er konstruierte die *Voltasche Säule* (eine Batterie); nach ihm wurde das ↑Volt benannt.

Volta [w...] m, wichtigster Fluß Ghanas, der durch den Zusammenfluß von Schwarzem u. Weißem V. entsteht. Er ist rund 1 500 km lang u. mündet bei Ada in den Golf von Guinea. Bei Akosombo wurde ein Staudamm mit Kraftwerken errichtet.

VORGESCHICHTE

Unter Geschichte im engeren Sinn versteht man den Teil der menschlichen Vergangenheit, von dem wir durch schriftliche Überlieferungen wissen. Diese Zeit begann vor etwa 3000 Jahren in Vorderasien u. Ägypten, in Mitteleuropa mit den Berichten der Römer um Christi Geburt u. in Australien erst in den letzten 200 Jahren. Alles, was wir von den Menschen wissen, die davor lebten, wird Vorgeschichte – manchmal auch Urgeschichte – genannt.

Wie Detektive untersuchen die Forscher alle Spuren und Überreste, die die Menschen hinterlassen haben. Sie versuchen herauszubekommen, wie alt die Funde sind, wie die Menschen damals lebten, was sie gemeinsam hatten u. worin sie sich unterschieden haben. Manche Funde werden zufällig gemacht, z. B. beim Pflügen oder bei Ausschachtarbeiten; viele Ausgrabungen gehen von solchen Zufallsfunden aus. Andere planmäßige Grabungen beginnt man dort, wo man vorgeschichtliche Spuren vermutet, sei es auf Grund einer auffälligen Oberflächenstruktur der Erde, sei es auf Grund von Überlieferung. Nach den Rohstoffen, aus denen die wichtigsten Werkzeuge (u. Waffen) hergestellt wurden, unterscheidet man die *Steinzeit*, die *Bronzezeit* (Ende des 3. bis Anfang des 1. Jahrtausends v. Chr.) u. die *Eisenzeit* (seit etwa der Mitte des 2. Jahrtausends v. Chr.). Die Steinzeit beginnt wahrscheinlich vor rund 2 Millionen Jahren. Schon damals gab es Lebewesen, die Werkzeuge aus Stein in einer bestimmten Technik herstellen konnten. Dazu gehörte eine gewisse Geschicklichkeit. Man mußte von den Erfahrungen Älterer lernen, bei der Arbeit selber neue machen u. sie weitergeben. Das tun von allen bekannten Lebewesen nur die Menschen. Die ältesten Steinwerkzeuge sind deshalb auch die frühesten Zeugnisse dafür, daß es damals schon Menschen gab. Glücklicherweise bleiben solche Werkzeuge aus Stein viel länger erhalten als Knochen oder gar Holz. Nach einigen Jahrhunderttausenden wurden sogenannte Faustkeile entwickelt. Sie waren für verschiedene Zwecke nützlich, sind aber oft so gut gearbeitet, daß ihre Hersteller offenbar auch beabsichtigten, ihnen eine möglichst schöne Form zu geben.

Nach den Faustkeilen kam die Zeit der Neandertaler (so genannt nach einem Fund im Neandertal bei Düsseldorf). Sie waren tüchtige Jäger, bestatteten Tote sehr sorgsam u. hatten ein Gefühl für Farben u. gleichmäßige Formen. Zwar lebten sie oft in Höhlen, waren aber sicherlich nicht so „wilde Höhlenmenschen", wie meistens gedacht wird. Ihnen folgten am Ende der letzten Eiszeit seit etwa 35 000 bis 40 000 Jahren Menschen, die sich äußerlich kaum noch von uns unterschieden. Sie waren hervorragende Jäger u. Künstler. Ihre Malereien u. Ritzungen an Höhlenwänden (manchmal mehrere 100 Meter vom Eingang entfernt) tief in den Bergen Südfrankreichs, Spaniens u. des Urals müssen als Kunstwerke zu den besten gezählt werden, die bis heute geschaffen wurden. Wahrscheinlich entstanden die meisten dieser Bilder bei Feiern u. Prüfungen, die zur Aufnahme junger – etwa 12 bis 15 Jahre alter – Menschen in die Gemeinschaft der Erwachsenen stattfanden. In dieser Zeit vermochten sich die Menschen schon den Bedingungen aller Klimazonen anzupassen. Es begann die Besiedlung Amerikas von Sibirien her. Aus dieser Zeit kennen wir auch eine größere Zahl von Funden, nach denen man Hütten u. Zelte rekonstruieren kann.

Vor 8000 bis 10 000 Jahren (Jungsteinzeit) fing man an, Haustiere (zuerst Hunde, Schafe, Ziegen) zu halten u. Pflanzen (in Vorderasien zuerst Gerste u. eine Weizenart, wahr-

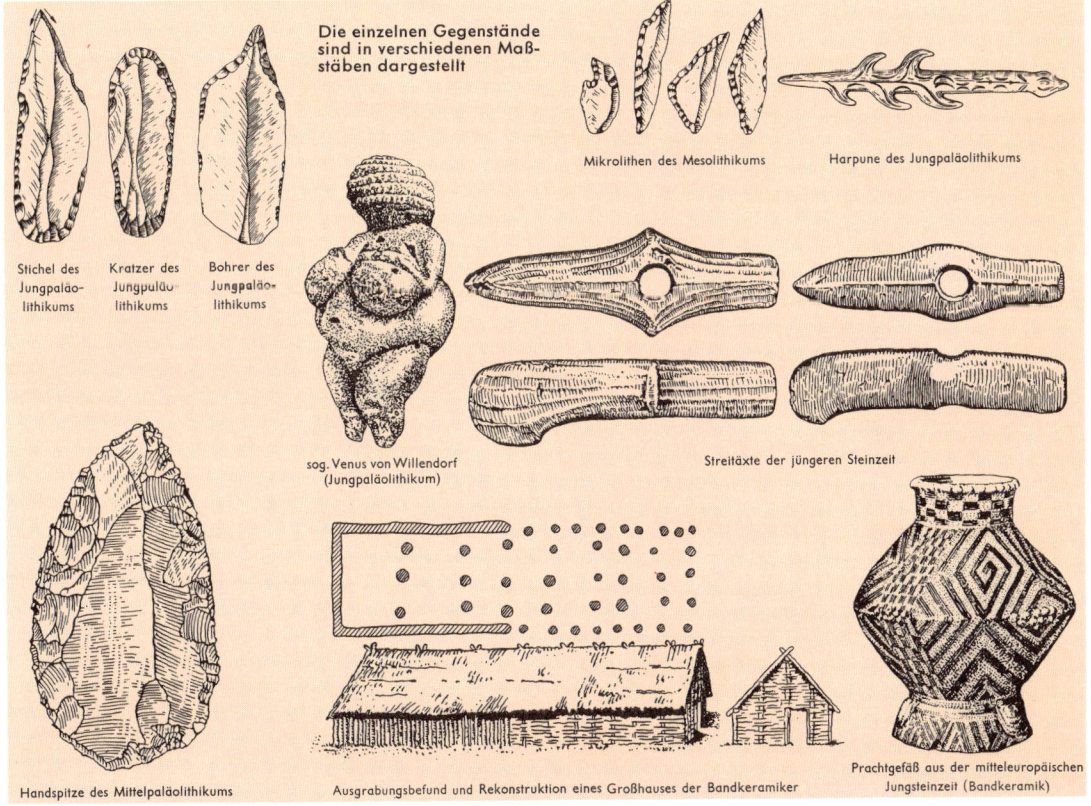

Die einzelnen Gegenstände sind in verschiedenen Maßstäben dargestellt

Stichel des Jungpaläolithikums
Kratzer des Jungpaläolithikums
Bohrer des Jungpaläolithikums
Mikrolithen des Mesolithikums
Harpune des Jungpaläolithikums
sog. Venus von Willendorf (Jungpaläolithikum)
Streitäxte der jüngeren Steinzeit
Handspitze des Mittelpaläolithikums
Ausgrabungsbefund und Rekonstruktion eines Großhauses der Bandkeramiker
Prachtgefäß aus der mitteleuropäischen Jungsteinzeit (Bandkeramik)

Voltaire

Vorgeschichte (Forts.)

scheinlich auch Hirse u. Hülsenfrüchte) anzubauen. Das ergab eine ganz neue Lebensform. Viel mehr Menschen konnten jetzt zusammenleben, so entstanden Wohnhäuser, Dörfer u. Städte. Steinbeile u. -äxte wurden zugeschliffen u. nicht wie bisher geschlagen. Man erkannte auch, daß der weiche Ton durch Brennen hart u. dauerhaft wird, u. stellte daraus Figuren u. Gefäße her. Dies war meistens die Arbeit der Frauen, ebenso wie das um diese Zeit beginnende Spinnen u. Weben. Pfeil u. Bogen – wahrscheinlich schon vor mehr als 10 000 Jahren erfunden – dienten als Waffe für Jagd u. Krieg; einige Völker bevorzugten die Schleuder als Waffe.

Im 4. Jahrtausend v. Chr. wurden in Vorderasien das Wagenrad u. der Pflug erfunden, den gezähmte Rinder zogen. Um dieselbe Zeit wurde Kupfer als erstes Metall bearbeitet. In Vorderasien u. in Ägypten bildeten sich Staaten. Aus der Zeit um 3 000 v. Chr. kennen wir bei den alten Sumerern u. Ägyptern die ersten Schriftzeugnisse. Währenddessen waren die Stämme, die Getreide u. Hülsenfrüchte anbauten u. Schafe, Ziegen, Schweine u. Rinder züchteten, bis nach Mitteleuropa vorgedrungen. Nach der Verzierung ihrer Töpfe werden die ältesten dieser jungsteinzeitlichen Stämme Bandkeramiker genannt.

Im Laufe des 3. Jahrtausends v. Chr. breitete sich v. a. über Westeuropa bis Norddeutschland u. Südschweden die Sitte aus, Sammelgrüfte als Großbauten aus großen Steinen zu errichten, die mit einem (inzwischen meist abgeschwemmten) Erdhügel bedeckt waren. Nur die Steine der äußeren Begrenzung blieben sichtbar. Was wir heute in Deutschland, v. a. in Niedersachsen, der Altmark, Schleswig-Holstein u. Mecklenburg, als Hünengräber kennen, sah ursprünglich anders aus. In den Jahrhunderten um 2 000 v. Chr. lernte man, das weiche Kupfer durch Beimischung anderer Metalle (v. a. Zinn) zu härten. Die Bronze wurde für mehr als 1 000 Jahre der wichtigste Rohstoff für den Guß von Werkzeugen, Schmuck (soweit er nicht aus Gold war) u. Waffen. Kupferbergwerke aus dieser Zeit kennt man aus den Alpen südlich von Salzburg, vermutet sie in Mitteldeutschland u. im Saarland. Zinnbergwerke waren seltener. Wahrscheinlich kam ein großer Teil des zur Bronzeherstellung nötigen Zinns aus Südwestengland. Es gab also weiträumige Handelsbeziehungen, größere Handwerksbetriebe u. große Unterschiede in Reichtum u. Macht.

Seit 1200 v. Chr. wurden im Bereich des östlichen Mittelmeeres u. seit dem 8. Jh. v. Chr. in Mitteleuropa immer mehr Werkzeuge u. Waffen aus Eisen hergestellt. Die Schmucksachen wurden weiterhin aus Bronze u. Gold (seltener aus Silber) gearbeitet. Eisen war viel leichter zu finden, konnte damals aber noch nicht gegossen, sondern mußte durch Schmieden geformt u. gehärtet werden. Seit der Eisenzeit kann man auch in Mitteleuropa von Völkerschaften sprechen (Germanen, Kelten); die Namen der Träger der Kulturen früherer Zeit sind unbekannt. Ein großer Teil der sogenannten „Ringwälle", die meistens auf Bergen angelegt wurden, stammt aus dieser Zeit. Es waren teils Fluchtburgen (↑Burgen), teils Fürstensitze (wie die Heuneburg bei Riedlingen an der Donau). Im 1. Jh. v. Chr. legten Kelten stadtartige befestigte Siedlungen an (z. B. Otzenhausen im Saarland, auf dem Donnersberg in der Pfalz, dem Dünsberg in Hessen, bei Urach in Württemberg, bei Zarten – nach dem alten Namen Tarodunum – in Baden, bei Kelheim u. Manching in Bayern). Was wir heute als dammartige Wälle sehen, sind die eingestürzten Reste ehemaliger „Mauern", die, durch Holzbalken gestützt, meistens aus Erde oder Steinen errichtet, mindestens an der Außenseite senkrecht aufragten. Mörtel gab es damals noch nicht, auch keine gebrannten Ziegel oder behauene Steine. Mit den Eroberungen der Römer kamen immer größere Teile Europas in den unmittelbaren Bereich der Geschichte. Außerhalb des Raumes der Grenzbefestigung des Römischen Reiches lebten auf deutschem Boden Germanen, in viele Stämme gegliedert, z. T. als Bauern in Einzelhöfen oder -siedlungen, also ohne Städte.

* * *

Voltaire [woltär], eigentlich François Marie Arouet, *Paris 21. November 1694, †ebd. 30. Mai 1778, französischer Philosoph u. Schriftsteller. V. ist einer der bedeutendsten Vertreter der französischen ↑Aufklärung. Einige Jahre lebte er im Exil in England, drei Jahre war er Gast am Hofe Friedrichs des Großen. Seine Dramen entsprechen weitgehend dem Geschmack der spätklassischen Epoche. Kritik am ↑Feudalismus u. am Klerus sowie das Eintreten für Fortschritt in Handel u. Gewerbe, für mehr Gerechtigkeit u. Toleranz kennzeichnen seine Werke zur Geschichte, Wissenschaft u. Philosophie; auch humorvolle, meist satirische Erzählungen; am bekanntesten ist der Roman „Candide" (deutsch 1776).

Voltmeter [w...] s, Gerät zur Messung der elektrischen ↑Spannung.

Volumen [w...; lat.] s, Abk. V, Rauminhalt eines Körpers.

Vorarlberg, westlichstes Bundesland Österreichs, mit 291 000 E. Die Hauptstadt ist Bregenz. Von der Rheinebene im Westen abgesehen, ist V. überwiegend ein Gebirgsland, das sich bis „vor den Arlberg" erstreckt. In der Ebene wird Obst- u. Ackerbau betrieben, im Gebirge (über 50 % der gesamten Fläche sind Grünland) Milch- u. Viehwirtschaft. In der Industrie überwiegen Textilindustrie (Hauptort Dornbirn) u. Energieerzeugung. Daneben gibt es Metall-, Nahrungsmittel- u. Elektroindustrie. Zahlreiche Sommerfrischen u. Wintersportorte machen V. zu einem bedeutenden Fremdenverkehrsgebiet. V. war seit dem 6. Jh. Teil des Herzogtums Schwaben. Es zerfiel später in kleinere Gebiete, die im 14.–16. Jh. an die Habsburger kamen.

Vorderasien, Bezeichnung für den südwestlichen Teil Asiens. V. umfaßt den asiatischen Teil der Türkei, Zypern, Arabien, Israel, Libanon, Jordanien, Syrien, Irak u. Iran.

Vorderindien, Halbinsel und Landschaft in Südasien. V. erstreckt sich vom Indischen Ozean bis zum Himalaja u. deckt sich größtenteils mit den Staatsgebieten von ↑Indien, ↑Pakistan, ↑Bangladesch u. ↑Sri Lanka.

Vorgeschichte ↑641 f.

Vormund m, vom Amtsgericht bestellte u. beaufsichtigte Vertrauensperson, die bei Minderjährigen (wenn die Eltern ihrer Aufsichtspflicht nicht nachkommen oder nachkommen können), bei Entmündigten u. Geisteskranken die **Vormundschaft** (Kuratel) ausübt; der Vormund nimmt die Interessen seines *Mündels* wahr, er ist dessen gesetzlicher Vertreter.

Vorschule w, Einrichtung zur Erziehung noch nicht schulpflichtiger Kinder. Ziel der V. ist in der Regel die Förderung von körperlichen, seelischen u. geistigen Kräften.

Vorsilbe w (lat. Präfix), eine vor dem Wortstamm stehende Silbe, die als selb-

Wachs

ständiges Wort nicht vorkommt, z. B. be-, ent-, un- in: *be*stellen, *ent*lassen, *un*höflich, oder ein Wort, das vor ein anderes gesetzt wird u. in dieser Verbindung in seiner eigentlichen Bedeutung verblaßt oder eine allgemeinere annimmt (Halbpräfix), z. B. *Riesen*hunger = *sehr großer Hunger*; *über*heizt = *zuviel geheizt*. Die trennbaren Vorsilben bei Verben werden auch Verbzusatz genannt, z. B. *fest*stehen, *es steht fest*; ↑auch Nachsilbe.

Vorwort *s*, Vorrede eines Buch. Sie soll dem Benutzer über Entstehung, Sinn u. Zweck des Werkes, oft auch über Gliederung u. a. Auskunft erteilen.

Votivbild [*w...; lat.; dt.*] *s*, ein Bild als ↑Votivgabe. Auf dem Bild dargestellt ist meistens der Grund der Bitte (möglichst realistisch), der Bittende sowie als Gnadenbild die heilige Person, an die die Bitte gerichtet wurde.

Votivgabe [*w...; lat.; dt.*] *w*, eine Opfergabe oder ein Weihegeschenk an Götter oder Heilige auf Grund eines Gelübdes als Dank für die Erhörung einer Bitte, Rettung aus Krankheit oder Not u. a.; meist in Form eines ↑Votivbildes, aber auch in Form von Schrifttafeln, plastischen Darstellungen von Sachen, Körperteilen oder Tieren. Votivgaben findet man hauptsächlich in Wallfahrtsorten.

Votum [*w...; lat.*] *s*, Gelübde; Urteil, Gutachten; auch Wahlstimme.

vulgär [*w...; lat.-frz.*], abwertend: gewöhnlich, gemein.

Vulgärlatein ↑Latein.

Vulgata [*w...; lat.*] *w*, die lateinische Bibelübersetzung (aus dem 4./5. Jh.), die von der katholischen Kirche offiziell (seit 1546) anerkannt u. benutzt wird.

Vulkan [*w...; lat.*] *m*, eine Stelle der Erdoberfläche, an der ↑Magma (Gesteinsschmelze im Erdinnern) zutage tritt; im engeren Sinne ein Berg, der durch solche Stoffanhäufung entstanden ist. *Tätige Vulkane* kommen an den Schwächezonen der Erdkruste vor (z. B. an den Rändern von Kontinenten oder auf den Inselketten, die diesen vorgelagert sind). Bei *Vulkanausbrüchen* steigt das Magma durch einen Schlot auf, der sich zu einem trichterförmigen Krater öffnet. Das ausgestoßene Material besteht aus ↑Lava, Asche, Gasen u. a. Neben solchen Schlotvulkanen gibt es Spaltenvulkane, bei denen Lava aus Spalten aufdringt u. sich flächenhaft ausbreitet. Der größte der rund 450 tätigen Vulkane ist der Mauna Loa (4 169 m) auf Hawaii. Tätige Vulkane Europas sind der Ätna (Sizilien; Abb. S. 44), der Vesuv (Süditalien; Abb. S. 631), der Stromboli (Liparische Inseln) u. der Hekla (Island); ↑auch Krakatau.

Vulkanisieren [*w...; lat.*] *s*, die Umwandlung des Rohkautschuks sowie des Synthesekautschuks in Gummi mit Hilfe geeigneter Chemikalien (meist Schwefel), z. B. bei der Reifenherstellung u. Reifenreparatur.

W

W: 1) 23. Buchstabe des Alphabets; 2) Abkürzung für: ↑Watt.

Waadt *w* (Waadtland; frz. Vaud), Kanton in der Westschweiz, mit 524 000 E, zwischen dem Neuenburger u. dem Genfer See gelegen; Hauptstadt ist Lausanne. Die W. hat im Westen Anteil am Jura (Holzwirtschaft, Viehzucht; Uhrenindustrie, Instrumentenbau), im Osten am Schweizer Mittelland (Obst-, Gemüse-, Weinbau; Fremdenverkehr) u. im Südosten an den Berner Alpen (Viehzucht; Fremdenverkehr).

Waage *w*, Sternbild am südlichen Himmel.

Waage *w*, Meßgerät, mit dem man das Gewicht bestimmen kann. Man unterscheidet u. a.: *Balken-* oder *Hebelwaage*: Sie besteht aus einem zweiarmigen Hebel, im Drehpunkt auf einer Schneide gelagert; die Hebelenden sind mit Schalen versehen. In die eine Schale wird ein geeichtes Gewichtsstück (oder mehrere) gelegt, in die andere die zu wiegende Last. *Federwaage*: Sie besitzt eine oder mehrere Federn; durch das Gewicht werden die Federn gedehnt oder zusammengedrückt. *Neigungswaage* (z. B. Briefwaage): Beim Auflegen der Last wird ein gleichbleibendes Gegengewicht schräg angehoben u. dadurch der Hebelarm verlängert. *Dezimalwaage*: Hier verhalten sich die Hebelteile (Gewichtsarm u. Lastarm) wie 10:1. Die gewogene Last ist demnach zehnmal so schwer wie das Gewichtsstück. *Laufgewichtswaage*: Hier wird ein Massenstück auf einer Skala, an der das Gewicht abgelesen werden kann, verschoben u. der Hebelarm dadurch verändert (Küchenwaage). *Hydraulische W.*: Die Last drückt auf den Kolben eines mit Flüssigkeit gefüllten Zylinders; der Druck ist auf einem ↑Manometer abzulesen.

Wabe *w*, Bauteil des Bienenstocks, den die Bienen aus dem Wachs bauen, das sie aus Drüsen auf der Bauchseite des Hinterleibes ausscheiden. In den Waben werden Pollen u. Nektar gespeichert. Jede W. besteht aus einer Doppelschicht regelmäßig sechseckiger Zellen, die mit dem geschlossenen Ende aneinandergefügt sind. In den Zellen der Waben entwickeln sich auch die Eier über das Larven- u. Puppenstadium bis zur fertigen Biene. – Abb. S. 644.

Wachau *w*, Durchbruchstal der Donau zwischen Melk u. Krems in Niederösterreich. Auf den Terrassen u. Talhängen werden Wein u. Obst angebaut. Die W. ist berühmt wegen ihrer Burgruinen (Dürnstein), romantischen alten Städte (Stein, Mautern, Spitz), herrlichen Klosterbauten (Melk) u. der landschaftlichen Schönheit. – Abb. S. 644.

Wacholder *m*, selbst auf sehr kargem Boden gedeihender immergrüner, zweihäusiger Strauch. Bei diesem Nacktsamer verwachsen die drei obersten Fruchtblätter an den Zapfen u. bilden eine schwarzblaue Scheinbeere, die erst im zweiten Jahr reift.

Wachs *s*, Bezeichnung für eine große Gruppe von Gemischen chemisch sehr verschiedener Art. Es gibt tierische Wachse (z. B. Bienenwachs, Schafwollwachs), pflanzliche Wachse (z. B. Karnaubawachs) u. sogenannte mineralische Wachse, die aus Erdöl oder Steinkohlenteer herausdestilliert werden oder auch als Erdwachs in na-

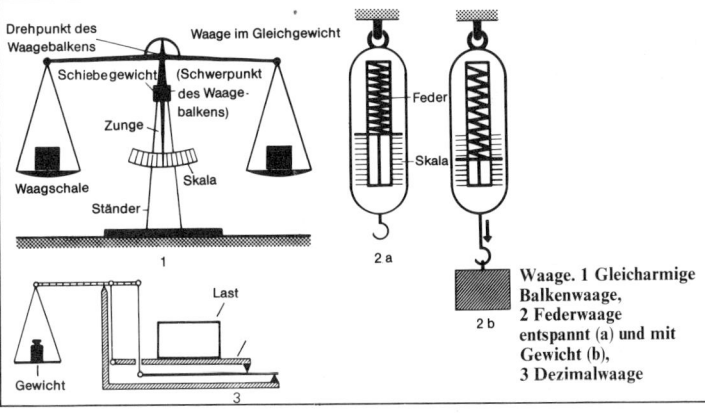

Waage. 1 Gleicharmige Balkenwaage, 2 Federwaage entspannt (a) und mit Gewicht (b), 3 Dezimalwaage

643

Wachstuch

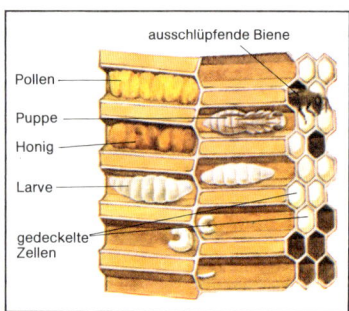

Wabe. Längsschnitt

türlichen Lagerstätten vorkommen. Zu den Wachsen zählt aber auch die ständig größer werdende Gruppe der entweder teilweise oder vollkommen künstlich hergestellten Wachse, von denen beispielsweise die Bohnerwachse zu erwähnen sind. Im engeren Sinne ist W. ein fettähnlicher Ester (↑Chemie), der aus einem hochmolekularen Alkohol u. einer hochmolekularen Säure gebildet ist. Fast jedes W. besteht aber wiederum aus einem komplizierten Gemisch solcher Ester u. deren Abkömmlingen, so daß eine chemische Definition des Begriffs nicht möglich ist. Wachse als Warengattung sind jedoch fast durchweg milchig trübe, spröde, brüchige Massen, die ab etwa 20 °C knetbar werden u. ab etwa 40 °C ohne chemische Veränderung in Flüssigkeiten übergehen.

Wachstuch s, mit einer Lackschicht aus Kunstharz überzogenes Gewebe aus Baumwolle, Jute oder Leinen.

Wachtel w, der einzige Zugvogel unter den Hühnervögeln. Die nur etwa die Größe der Drosseln erreichenden Wachteln fliegen in Scharen. Sie kommen erschöpft nach Überfliegen des Mittelmeers an den nordafrikanischen Küsten an, weil sie mit ihren kurzen, runden Flügeln den Flug nur mit großer Anstrengung bewältigen. – In Japan wird die W. wegen ihrer wohlschmeckenden Eier gezüchtet.

Wadi [arab.] s, ein meist tief eingeschnittenes, ausgetrocknetes Bett eines Wüstenflusses; es führt nur nach plötzlichen heftigen Regenfällen Wasser, das dann rasch abfließt.

Wagen (Sternbild) ↑Großer Bär, ↑Kleiner Bär.

Wagner, Richard, * Leipzig 22. Mai 1813, † Venedig 13. Februar 1883, deutscher Komponist und Dichter. W. führte ein wechselvolles Leben: 1839 abenteuerliche Flucht vor seinen Gläubigern aus Riga nach Paris; 1842, nach der Aufführung seiner Oper „Rienzi", Hofkapellmeister in Dresden, wo auch „Der Fliegende Holländer" u. „Tannhäuser" entstanden u. uraufgeführt wurden. Er beteiligte sich an der Revolution 1848/49 u. mußte fliehen; 1864 rief ihn König Ludwig II. von Bayern nach München (Uraufführungen von „Tristan u. Isolde", 1865, und der „Meistersinger von Nürnberg", 1868) u. ermöglichte ihm die Errichtung des Festspielhauses in Bayreuth, das 1876 mit dem vollständigen „Ring des Nibelungen" eröffnet wurde und auch die Uraufführung von Wagners letztem Werk „Parsifal" (1882) erlebte. W. war sein eigener Textdichter, die Stoffe entnahm er meist der Sagenwelt. Schon mit „Lohengrin" (1850) hatte er sich von der traditionellen Opernform gelöst. In seinem „Musikdrama" gilt die Dichtung als das Ursprüngliche, musikalisch übernimmt das Orchester die Führung, herkömmliche Arien usw. treten zurück. Immer wiederkehrende Motive (Leitmotive) verwendet er zur Charakterisierung von Personen, Situa-

Wadi in Arabien

tionen usw. Sein „Gesamtkunstwerk" sucht Dichtung, Musik, Tanz, Bühnenbild u. Darstellung zu künstlerischer Einheit zu verbinden. – Abb. S. 648.

Wahl, Wahlrecht ↑Wählen, aber wie? S. 645 ff.

Wahn m, eine nicht der Wirklichkeit entsprechende Vorstellung, wobei richtig Wahrgenommenes falsch gedeutet wird. Der unter Wahnvorstellungen Leidende kann sich selbst u. seine Umwelt nicht der Wirklichkeit gemäß beurteilen (z. B. Größenwahn, Verfolgungswahn) u. ist einer Berichtigung unzugänglich.

Währung w, das gesetzliche Zahlungsmittel (Münzen, Papiergeld), das in einem Staat als Geldeinheit eingeführt ist, z. B. DM in der Bundesrepublik Deutschland, Franc in Frankreich, Franken in der Schweiz, Schilling in Österreich.

Wal ↑Wale.

Walachei w, rumänische Landschaft zwischen dem Kamm der Südkarpaten u. der Donau, durch den Alt in Kleine u. Große W. geteilt, ein sehr fruchtbares Gebiet. In der W. werden Getreide, Baumwolle, Flachs, Raps u. Gemüse angebaut, im Westen u. am Karpatenrand gedeihen Wein u. Obst. Bei Ploieşti befinden sich große Erdöllager.

Wald m, eine Pflanzengesellschaft, in der Bäume vorherrschen u. einen geschlossenen Bestand bilden. W. verlangt eine Durchschnittstemperatur von mehr als 10 °C im wärmsten Monat u. mehr als 500 mm jährlichen Niederschlag. Die tropischen Regenwälder, die Hartlaubwälder des Mittelmeerraumes u. die Nadelwälder sind immergrün. Laubwechsel findet in den Trockenwäldern der Tropen u. den Laubwäldern der gemäßigten Zonen statt.

Waldhorn s, Blechblasinstrument mit engem gewundenem Rohr u. allmählich sich erweiterndem Trichtermundstück.

Wachau. Donauschleife bei Dürnstein

WÄHLEN, ABER WIE?

Ein neues Schuljahr beginnt, viele alte u. einige neue Gesichter sind zu sehen. Ein Jahr lang wird die Klasse wieder eine geschlossene Gemeinschaft sein, in der es viele Aufgaben gibt, die gemeinsam bewältigt werden müssen. Da sind Klassenfeste zu planen u. Ausflüge, das Klassenzimmer soll verschönert werden u. vieles mehr. All das muß mit dem Klassenlehrer besprochen werden. Nun kann nicht jeder Schüler einzeln seine Vorschläge anbringen, das würde zu viel Zeit kosten. Was liegt also näher, als einen Vertrauensschüler – einen Klassensprecher – zu wählen? Doch wie geht das Wählen vor sich? Was ist eine Wahl? Wer darf wählen? Und wer soll gewählt werden? Zweifellos sind alle der Meinung, daß die ganze Klasse wählen darf, da der Klassensprecher ja auch die ganze Klasse vertreten u. das Vertrauen der ganzen Klasse haben soll. Wie geht man vor? Der einfachste Weg ist, daß die Schüler selbst Vorschläge machen. Sie nennen einen oder mehrere Mitschüler, von denen sie glauben, daß sie sich als Klassensprecher eignen. Derjenige, für den die meisten Stimmen abgegeben werden, hat die Wahl gewonnen. Selbstverständlich können sich die einzelnen Schüler selbst vorschlagen, sich also selbst um das Amt bewerben. Zu einer echten Wahl gehören mehrere Bewerber bzw. Anwärter (*Kandidaten*), denn wählen heißt auswählen, jemanden aus einer bestimmten Anzahl von Bewerbern erwählen. Um eine ordnungsgemäße Wahl zu gewährleisten, muß es einen unparteiischen *Wahlleiter* geben. Ihn könnte man auf die gleiche Art wie den Klassensprecher wählen. Da es sich aber nur um eine kurze u. nur um eine einzige Aufgabe handelt, kann man einfacher vorgehen. Die Klasse einigt sich in offener Aussprache über die Person des Wahlleiters. Ist der Wahlleiter ernannt, kann die Wahl beginnen. Dafür müssen bestimmte Voraussetzungen erfüllt sein: 1. Die Wahl muß *frei* sein, d. h. niemand darf gezwungen werden zu wählen. Ob jemand wählt oder nicht, muß sein freier Entschluß bleiben. 2. Die Wahl muß *geheim* sein, d. h., jeder gibt seine Stimme für den einen oder anderen Bewerber schriftlich ab, er braucht den Zettel niemandem zu zeigen, niemand braucht zu erfahren, wem er seine Stimme gegeben hat. Die Stimmzettel müssen daher alle gleich aussehen. 3. Die Wahl muß *gleich* sein, d. h., die Stimme jedes einzelnen hat gleiches Gewicht, ist gleichwertig. 4. Die Wahl muß *unmittelbar* sein, d. h., die abgegebene Stimme gilt direkt für den Bewerber und nicht etwa für einen Mittelsmann, der dann die letzte Wahlentscheidung selbst trifft. 5. Die Wahl muß *allgemein* sein, d. h., kein Mitschüler darf ausgeschlossen werden. Sind alle Stimmzettel abgegeben, so kann die Auszählung durch den Wahlleiter u. seine Helfer beginnen, damit festgestellt werden kann, wer die Wahl gewonnen hat. u. damit Klassensprecher wird. Die geschilderte Wahl des Klassensprechers erfolgte nach dem *Mehrheitswahlsystem*, auch Persönlichkeitswahlsystem genannt. Dies ist eine der Hauptwahlformen. Zwei Unterformen muß man unterscheiden: die *absolute* Mehrheitswahl u. die *relative* Mehrheitswahl. Bei der Form der absoluten (völligen) Mehrheitswahl muß der Bewerber mehr als die Hälfte aller abgegebenen Stimmen bekommen, von 100 Stimmen also mindestens 51. Bei der zweiten Form, der relativen (bedingten) Mehrheitswahl, genügt es, daß der Bewerber die höchste Zahl der abgegebenen Stimmen auf sich vereinigt, ohne Rücksicht darauf, ob sie auch die Hälfte aller Stimmen ausmacht. Von 100 abgegebenen Stimmen würden z. B. 40 Jastimmen zum Wahlsieg genügen, sofern kein anderer Bewerber mehr Stimmen erhalten hat.

In allen demokratischen Staaten sind Wahlen das einzig legitime Mittel zur Bestellung aller leitenden Staatsorgane. Dabei sind die Grundsätze der allgemeinen, freien, gleichen, geheimen u. unmittelbaren Wahl unbedingte Voraussetzung für demokratische Wahlen. Welcher Personenkreis wählen darf, ist in den Wahlgesetzen der einzelnen Länder festgelegt.

Der Grundsatz der allgemeinen Wahl besagt jedoch, daß grundsätzlich kein Staatsbürger von dem Wahlrecht ausgeschlossen sein darf. Ausnahme von dieser Regel bildet einmal das Wahlalter, zum anderen kann bestimmten Personenkreisen (Geisteskranken, Verbrechern u. ä.) das Wahlrecht aberkannt werden. Entsprechende Gesetze müssen dafür sorgen, daß diese Ausnahmeregeln nicht mißbraucht werden. Das Mindestwahlalter ist in den Staaten verschieden, in der Bundesrepublik Deutschland wird man wahlberechtigt, wenn man das 18. Lebensjahr vollendet u. seit mindestens 3 Monaten vor dem Wahltag einen Wohnsitz im Bundesgebiet hat. Das Recht zu wählen heißt *aktives Wahlrecht*, das Recht gewählt zu werden, also selbst für ein Amt zu kandidieren, wird *passives Wahlrecht* genannt (in der Bundesrepublik Deutschland ist z. B. in den Bundestag wählbar, wer das Volljährigkeitsalter hat). Auch hier gilt der Grundsatz der allgemeinen Wahl, d. h., niemand darf z. B. wegen seiner Herkunft, seines Berufes, seiner Religionszugehörigkeit oder seiner Hautfarbe von diesem Recht ausgeschlossen sein. Das Mehrheitswahlsystem ist die am weitesten verbreitete Wahlform. Wahlen begegnen uns ja nicht nur im politischen Leben. In vielen Bereichen des täglichen Lebens gibt es Aufgaben u. Ämter, die auf dem Weg der Wahl vergeben werden (z. B. Wahl des Aufsichtsrats in einer Aktiengesellschaft oder, wie in unserem Beispiel, die Wahl des Klassensprechers). Neben dem Mehrheitswahlsystem gibt es als zweite Hauptform das weit schwierigere *Verhältniswahlsystem*. Hierbei werden die Ämter genau nach dem Verhältnis

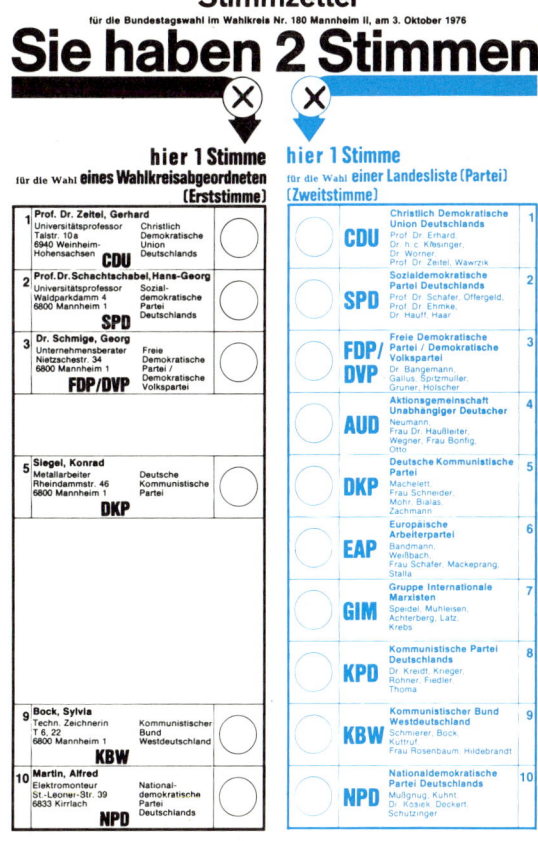

645

Wählen, aber wie? (Forts.)

der für die einzelnen Bewerber abgegebenen Stimmen vergeben. Die Verhältniswahl wird vorwiegend bei politischen Wahlen angewendet, wenn es notwendig erscheint, vielfache Interessen zu berücksichtigen. Während bei dem Mehrheitswahlsystem nur diejenigen gewählt sind, die die Mehrheit der Stimmen errungen haben, also nur die Meinung der Mehrheit berücksichtigt wird, bekommen bei dem Verhältniswahlsystem auch die Minderheiten ihre Vertreter. Jede Gruppe wird also im Verhältnis ihrer Stärke berücksichtigt. Dieser Punkt ist ein entscheidender Vorteil gegenüber dem Mehrheitswahlsystem. Das politische Wahlsystem in der Bundesrepublik Deutschland ist eine Mischung aus Mehrheits- u. Verhältniswahlsystem. Es wurde versucht, die Vorteile beider Formen zu verbinden u. die Nachteile möglichst auszuschalten.

Auf politischer Ebene gibt es in der Bundesrepublik Deutschland Kommunal-, Landtags- u. Bundestagswahlen. Als *Kommunalwahlen* werden die Wahlen zu den örtlichen Gemeindevertretungen (z. B. Gemeinderat) bezeichnet. Die Gemeinden können selbständig ihre örtlichen Angelegenheiten bestimmen, also insbesondere die Versorgung der Gemeinde mit Wasser, Gas, Strom, die Müllabfuhr u. die Unterhaltung der Schulen u. der Gemeindestraßen selbst regeln. In den Kommunalwahlen entscheiden die wahlberechtigten Einwohner selbst, welche Mitbürger sie in den Gemeinderat (oder Stadtrat) wählen wollen, die dann stellvertretend für alle die örtlichen Aufgaben wahrnehmen. Der Gemeinderat wählt als „Regierungschef" der Gemeinde den Bürgermeister. Kommunalwahlen finden in der Regel alle 5 Jahre statt, in einzelnen Bundesländern aber auch alle 4 oder 6 Jahre. Die Wahlen zu den Ländervertretungen werden *Landtagswahlen* genannt. Da die Bundesrepublik Deutschland ein Bundesstaat ist, haben die Länder eine ziemlich weitgehende Selbstverwaltung. Neben den allgemeinen Verwaltungsaufgaben liegen die Aufgaben der Länder besonders auf kulturellem Gebiet. Alles, was die Schulen u. Hochschulen betrifft, fällt z. B. in diesen Bereich. Die weiteren Aufgaben der Länder lassen sich aus dem Grundgesetz – der Verfassung für die Bundesrepublik Deutschland – u. aus den Landesverfassungen entnehmen. Die Landtagswahl, die in der Regel in den einzelnen Ländern alle 4 Jahre, in einigen Ländern auch alle 5 Jahre (z. B. im Saarland) stattfindet, ist die Wahl zur Volksvertretung (Parlament) des Landes. Das Landesparlament heißt *Landtag*, mit Ausnahme von Berlin (dort Abgeordnetenhaus) sowie Hamburg u. Bremen (dort Bürgerschaft). Die Regierung des Landes trägt in den meisten Ländern den Namen *Landesregierung* (Ausnahmen: Staatsregierung [Bayern], Senat [Berlin, Bremen, Hamburg]). Die von den wahlberechtigten Einwohnern des Landes gewählte Volksvertretung (Landtag, Bürgerschaft, Abgeordnetenhaus) wählt ihrerseits dann den Regierungschef – meist *Ministerpräsident* genannt, in Berlin Regierender Bürgermeister, in Hamburg Erster Bürgermeister (Präsident des Senats), in Bremen Präsident des Senats. Der Regierungschef wählt die Mitglieder seiner Regierung (Landesregierung), die Minister bzw. Senatoren, aus.

Die dritte u. wichtigste Wahl auf politischer Ebene in der Bundesrepublik ist die alle 4 Jahre stattfindende *Bundestagswahl*. Hier wählen die wahlberechtigten Bürger (also alle diejenigen, die das 18. Lebensjahr vollendet haben) aller Länder am selben Tag ihre Volksvertretung (Parlament; genannt *Bundestag*) für das gesamte Bundesgebiet. Die Mitglieder des Bundestages heißen *Abgeordnete*. Sie sind Vertreter des ganzen Volkes u. an Aufträge u. Weisungen nicht gebunden. In ihren Handlungen sind sie nur ihrem Gewissen unterworfen. Die Wähler können also die Entscheidungen der Abgeordneten nicht direkt beeinflussen. Der Bundestag kann daher Beschlüsse fassen, die zum Willen der Wähler in Widerspruch stehen. Deshalb ist es für jeden Staatsbürger wichtig zu prüfen, ob der Abgeordnete, dem er durch seine Stimme für 4 Jahre zu einem Mandat (= das Amt des gewählten Abgeordneten) verholfen hat, seine Aufgaben richtig erfüllen wird. Ist dies nicht der Fall, so kann der Wähler dem Abgeordneten das Mandat wieder entziehen, indem er bei der nächsten Wahl einen anderen Kandidaten wählt. Der Wahl voraus geht der *Wahlkampf* um die Stimmen der wahlberechtigten Bevölkerung. Mit Unterstützung ihrer Parteien werben die Kandidaten (sie wurden vorher von ihren Parteien selbst gewählt) auf Veranstaltungen, in Versammlungen, durch Zeitungsinserate, Wahlplakate oder auch durch persönliche Besuche bei den Wählern um deren Stimmen. Die sehr hohen Kosten des Wahlkampfes bestreiten die Parteien durch die Mitgliedsbeiträge, durch Spenden u. staatliche Zuwendungen. – Wenden wir uns nun der Technik der Wahl zu. Der *Ablauf der Wahl* ist durch das Bundeswahlgesetz in der Fassung vom 1. 9. 1975 geregelt. Danach wird das gesamte Wahlgebiet (Bundesrepublik Deutschland, ohne Berlin) in *Wahlkreise* (zur Zeit 248) eingeteilt, die Wahlkreise ihrerseits wieder in *Wahlbezirke*. Jeder Wahlkreis muß ein zusammenhängendes Ganzes bilden u. eine annähernd gleiche Anzahl von Wahlberechtigten haben. Die Ländergrenzen müssen eingehalten werden. Die Zahl der Abgeordneten beträgt 496 (= 2 × 248; durch „Überhangmandate" [siehe unten] kann sie sich geringfügig erhöhen). Jeder Wähler besitzt zwei Stimmen. Mit der *Erststimme* wählt er den Wahlkreisabgeordneten (gewählt ist derjenige Bewerber, der die meisten Stimmen auf sich vereinigt: relative Mehrheitswahl), die *Zweitstimme* ist für die Wahl nach einer Landesliste bestimmt, auf der nur eine bestimmte Partei gewählt werden kann, kein spezieller Kandidat. Alle Zweitstimmen, die eine Partei erhalten hat, werden zusammengezählt. Zunächst wird von der Gesamtzahl der Sitze die Zahl aller Kandidaten abgezogen, die in ihrem Wahlkreis erfolgreich waren u. ein *Mandat (Direktmandat)*

Wahllokal, 1 Wahlhelfer, 2 Wählerkartei, 3 Wählerkarte, 4 Stimmzettel, 5 Abstimmungsumschlag, 6 Wählerin, 7 Wahlzelle, 8 Wähler, 9 Wahlordnung, 10 Schriftführer, 11 Führer der Gegenliste, 12 Wahlvorsteher (Abstimmungsleiter), 13 Wahlurne

Wählen, aber wie? (Forts.)

errungen haben; dann wird nach einem bestimmten Auszählverfahren (d'Hondtsches Höchstzahlverfahren genannt) festgestellt, wieviele Mandate auf die einzelnen Parteien auf Grund der für sie abgegebenen Stimmen entfallen. Von dieser so ermittelten Zahl werden die Direktmandate der Partei abgezogen. Ist die Zahl der Direktmandate höher als die nach der Berechnung der Partei zustehende Mandatszahl, so behält die Partei trotzdem diese Mandate, die man *Überhangmandate* nennt. Ist die Zahl der Direktmandate jedoch niedriger als die Zahl der Mandate, die der Partei auf Grund des Wahlergebnisses (der Zweitstimmen) zusteht, so werden die restlichen Mandate an die auf der Landesliste aufgeführten Bewerber vergeben.
Stehen einer Partei also z. B. noch 10 Mandate mehr zu, als ihre Kandidaten in den Wahlkreisen errungen haben, so kommen die ersten 10 Bewerber, die auf der Landesliste stehen, in den Bundestag. Sind unter diesen solche, die ein Direktmandat errungen haben, werden sie nicht berücksichtigt. Dem Bundestag gehören außer den 496 gewählten noch 22 (nicht voll stimmberechtigte) Abgeordnete aus Berlin an, die vom dortigen Abgeordnetenhaus gewählt werden (also nicht von der wahlberechtigten Bevölkerung wie im übrigen Bundesgebiet). – Die Wahlkreiskandidaten sind meistens bekannte Persönlichkeiten, während auf den *Landeslisten* der Partei die der Öffentlichkeit weniger bekannten Kandidaten verzeichnet sind (z. B. Fachleute für besondere Gebiete wie Rentenversicherung, Rechtsfragen u. ä.). Angeführt werden die Landeslisten jedoch von Persönlichkeiten, die den Wähler bekannt sind. Um sicherzugehen, daß die Spitzenpolitiker bzw. die von der Partei besonders erwünschten Kandidaten auch tatsächlich in den Bundestag kommen, besetzt man mit diesen die ersten Plätze der Landesliste. Die Auswahl u. Aufstellung der Kandidaten für die Bundestagswahl ist in erster Linie den Parteien vorbehalten. Sie bestimmen ihre Bewerber für die einzelnen Wahlkreise u. legen die Reihenfolge ihrer Kandidaten auf der Landesliste fest. Bewerber, die keiner Partei angehören, müssen die Unterstützung von mindestens 200 Wahlberechtigten ihres Wahlkreises durch deren persönliche Unterschriften nachweisen. Um allerdings bei der Sitzverteilung berücksichtigt zu werden, muß eine Partei mindestens 5 % der im Bundesgebiet abgegebenen Stimmen (*Fünfprozentklausel*) oder mindestens 3 Direktmandate errungen haben. Diese Sperrklausel verhindert eine Zersplitterung des Bundestages

* * *

Waldkauz *m*, ein kräftiger, etwa 40 cm langer Kauz mit großem, rundem Kopf. Den Tag über sitzt der W. still auf einem Ast, an den Stamm geschmiegt, durch die rindenartige Tarnfärbung geschützt. Nur das Eulengesicht mit den dunklen, starren Augen fällt auf. Gewöhnlich stehen zwei Zehen nach vorn, u. zwei nach hinten; die äußerste (4.) Zehe kann nach vorn u. hinten gestellt werden. Mit Einbruch der Dämmerung fliegt der W., geleitet von seinem Gehör u. Gesichtssinn, aus, um v. a. Wühlmäuse, Vögel, Kriechtiere u. Insekten zu jagen. Seine Beute ergreift er mit den Fängen, erdolcht sie mit den Krallen u. frißt sie ganz auf. Das Unverdauliche würgt er als „Gewölle" wieder aus. Sein ungepolstertes Nest legt der W. in Baumhöhlen an. Die Jungen sind eine Woche lang blind, nach etwa 4 bis 5 Wochen sind sie flügge. – Abb. S. 648.

Waldorfschule (Freie Waldorfschule) *w*, Privatschule mit zwölfjährigem Ausbildungsgang; Lehrplan u. Unterricht basieren auf den pädagogischen Grundsätzen der ↑Anthroposophie. Sie streben eine umfassende Bildung von Phantasie, Gemüt u. Willen an u. wollen die individuellen Fähigkeiten besonders ausbilden. Gleichberechtigt neben den traditionellen Fächern, die hauptsächlich im Hinblick auf eine intellektuelle Bildung ausgewählt sind, stehen deshalb künstlerische (z. B. Musik, Schauspiel, Eurhythmie) u. handwerkliche (z. B. Gartenbau, Metall- u. Holzverarbeitung, Landwirtschaft) Unterrichtsfächer. Einzelne Fächer werden nicht fortwährend, sondern in Epochen, d. h. in drei- bis vierwöchigen Kursen mit jeweils 2 Stunden am Tag, unterrichtet. Die W. kann vom 1. bis zum 12. Schuljahr besucht werden. Sitzenbleiben u. Zensuren gibt es nicht. Die Beurteilung in den Zeugnissen erfolgt durch Beschreibung der Fähigkeiten. Im 12. Jahr fertigen die Schüler eine Abschlußarbeit an u. bekommen das Abschlußzeugnis, das auf Wunsch der Schüler in ein Notenzeugnis umgewandelt u. als Hauptschulabschluß oder Realschulabschluß anerkannt wird. Nach einem freiwilligen 13. Jahr kann nach staatlichen Lehrplänen auch das Abitur abgelegt werden. Die Waldorfschulen versuchen auch, Allgemeinbildung u. Berufsausbildung (z. B. Lehre oder Ausbildung zum Erzieher) zu verbinden. – Die erste W. wurde 1919 in Stuttgart vom Leiter der Waldorf-Astoria-Zigarettenfabrik für die Kinder der Arbeiter u. Angestellten gegründet u. von Rudolf Steiner geleitet. Heute bestehen in der Bundesrepublik Deutschland 51 Waldorfschulen, rund 40 im europäischen Ausland u. in Amerika.

Waldrebe *w*, Kletterpflanze, die mit Hilfe von Blattstielen an Waldbäumen emporrankt. Die Griffel der in Trugdolden angeordneten Blüten (Hahnenfußgewächs) wachsen zu langen Flugwerkzeugen für die Früchte aus. Die meist großblumigen Waldrebenarten (Klematis) in Gärten u. an Lauben stammen aus Südeuropa u. Asien. Bei uns ist v. a. die Gemeine W. (weiße bis gelbliche Blüten) u. die Alpenwaldrebe (violette Blüten) bekannt. – Abb. S. 648.

Wale *m, Mz.*, im Wasser lebende Säugetiere mit torpedoförmigen Körpern u. gut ausgebildeten Flossen. Das jeweils einzige Junge wird im Wasser geboren u. von der Mutter mit Milch gesäugt. Die Körpertemperatur ist fast so hoch wie beim Menschen; eine bis 40 cm dicke Fettschicht schützt vor Wärmeverlust. In den Brustflossen sind die Knochen von Arm u. Hand vorhanden. Weiterhin weist das Skelett Schulterblätter, 15–16 Rippenpaare u. Reste des Beckengürtels auf, das Beinskelett fehlt. W. haben auch Lunge u. Zwerchfell. – Das riesige Maul der *Bartenwale* ist zahnlos; in mehreren hundert Hornplatten, den Barten, bleiben kleine Krebse u. Weichtiere hängen u. werden von der mächtigen Zunge gegen den Gaumen gedrückt. Das mit der Nahrung aufgenommene Wasser wird durch die Mundspalten herausgepreßt. Unter den Bartenwalen ist der Blauwal mit etwa 30 m Länge ein Riese der Meere; er übertrifft an Körperlänge u. Gewicht (bis über 130 t) alle anderen Tiere. Das Junge ist bei der Geburt bereits über 7 m lang u. etwa 2 t schwer. Es wächst schnell heran. Das beim Ausatmen mit hochgeschleuderte Meerwasser ist weithin als Springbrunnen sichtbar. – Die *Zahnwale* halten mit den gleichförmigen Zähnen Fische u. Tintenfische fest u. zerkleinern sie. Unter diesen ist der 20 m lange *Pottwal* der größte; sein klobiger Kopf nimmt ein Drittel der Körperlänge ein. Zu den Zahnwalen gehören auch die Delphine (mit Tümmlern) u. die Gründelwale. – Abb. S. 649.

Wales [$^{e^i}$ls], Landesteil von Großbritannien, mit 2,7 Mill. E. W. umfaßt den westlichen Teil der Insel Großbritannien zwischen der Irischen See u. dem Bristolkanal, einschließlich der Insel Anglesey. Die Hauptstadt ist Cardiff; die Bewohner sind hauptsächlich Waliser. Im Bergland werden v. a. Schaf- u. Rinderzucht betrieben; im Süden gibt es bedeutende Eisenerz- u. Kohlelager mit metallverarbeitender Industrie (Cardiff, Rhondda, Swansea);

Walhall

ein zweites entsprechendes Industriegebiet ist im Nordosten bei Wrexham. – W. wurde im späten 13. Jh. vom englischen König Eduard I. unterworfen; seit 1301 führen die englischen Thronfolger den Titel „Prince of Wales".

Walhall ↑ germanischer Götterglaube.

Walküren w, Mz., Kampfjungfrauen der nordischen Göttersage. Sie wählen die dem Tod geweihten Helden aus u. führen sie nach Walhall. „Die Walküre" heißt eine Oper von Richard Wagner (2. Teil seines Werkes „Der Ring des Nibelungen").

Wallenstein (Waldstein), Albrecht Wenzel Eusebius von, Herzog von Friedland, Herzog von Mecklenburg, Fürst von Sagan, genannt der Friedländer, * Hermanitz (heute Heřmanice, Ostböhmisches Gebiet) 24. September 1583, † Eger 25. Februar 1634, kaiserlicher Heerführer im Dreißigjährigen

Krieg. Er stand seit 1604 in habsburgischen Diensten u. erwarb große Besitzungen, die Kaiser Ferdinand II. zum Herzogtum Friedland erhob (1624). W. wurde Reichsfürst, stellte 1625 dem Kaiser ein eigenes Söldnerheer zur Verfügung u. erhielt den Oberbefehl über alle kaiserlichen Truppen im Reich. Trotz zahlreicher militärischer Erfolge (Vorstoß bis Jütland) wurde er 1630 auf den Druck politischer Gegner hin entlassen. 1632 erhielt er erneut den Oberbefehl mit fast unbeschränkten Vollmachten. Seine Kriegführung u. sein persönliches Verhalten wurden immer undurchsichtiger, seine Verhandlungen mit Schweden, Sachsen u. Brandenburgern brachten ihn in Gegensatz zum Kaiser. 1634 wurde er abgesetzt u. verurteilt. Er u. mehrere seiner Generäle (Terzka, Ilow, Kinský) fielen einem Mordanschlag kaisertreuer Offiziere zum Opfer. – W. ist die Titelfigur eines dreiteiligen Dramas von Schiller.

Wallfahrt w, Bittgang, Bußfahrt zu einer heiligen Stätte, zu Gräbern oder Gnadenbildern. Die W. ist eine religiöse Übung, die oft als Sühne unternommen wird oder um einer Bitte willen (z. B. Heilung von einer Krankheit). Im alten Israel war die W. zum Jerusalemer Tempel üblich. Der Islam gebietet den Gläubigen die Pilgerfahrt nach Mekka.

Richard Wagner

Bedeutende katholische Wallfahrtsorte sind: Rom, Fatima, Lourdes, Tschenstochau, Santiago de Compostela u. a.

Wallis s (frz. Valais), Kanton in der Südwestschweiz, mit 214 000 E. Der Hauptort ist *Sitten* (frz. Sion; 23 000 E). Das W. ist ein Hochalpenland, vom Südabfall der Berner Alpen, dem oberen Rhonetal u. den Walliser Alpen durchzogen. Haupterwerbszweige sind Almwirtschaft, in günstigen Lagen (Rhonetal) Obst-, Wein- u. Gemüsebau sowie der Fremdenverkehr.

Wallonen m, Mz., die etwa 4 Mill. Bewohner Südbelgiens, die einen französischen Dialekt, das Wallonische, sprechen. Hauptort *Walloniens* ist Lüttich.

Wallstreet [″*ålßtrit*; amerik.] w, Name einer Straße in New York mit der Börse u. vielen Banken. In übertragenem Sinn bedeutet W. soviel wie amerikanisches Geld- und Finanzzentrum, das amerikanische Kapital als wirtschaftliche Macht.

Walnuß w, in Griechenland u. Vorderasien wild wachsender Baum, der von den Römern kultiviert u. auch in Germanien eingeführt wurde. Die Kätzchen mit Staubblüten u. die Stempelblüten erscheinen mit den unpaarig gefiederten Blättern. Die Wand der Steinfrucht besteht aus einer grünen, fleischigen Hülle u. einer harten, zweiklappigen Schale. Die Samen sind von einer Samenhaut umgeben u. bestehen aus einem kleinen Keimling u. zwei großen, mehrfach gelappten, nährstoffreichen Keimblättern.

Walpurgisnacht w, die Nacht vor dem 1. Mai (dem Fest der heiligen Walpurgis). Nach dem Volksglauben sollen in der W. die ↑Hexen auf Besen zum „Blocksberg" (z. B. der Brocken im Harz) reiten u. dort ein ausgelassenes Fest feiern.

Walroß s, die Küsten u. Meere des hohen Nordens bewohnendes, etwa 3 bis 4 m langes Wasserraubtier (Robbe). Die oberen Eckzähne (v. a. bei den Männchen zu gewaltigen Hauern ausgebildet) liefern Elfenbein, weshalb das W. stark bejagt wurde (bedrohliche Verminderung der Bestände, in manchen Gebieten völlige Ausrottung). Heute ist die Jagd auf Walrosse eingeschränkt u. wird streng kontrolliert.

Walstatt w, in der germanischen Sage das Schlachtfeld, der Kampfplatz der Helden.

Waltharilied s, mittellateinisches Heldenepos. Es schildert die Taten Walthers von Aquitanien, v. a. seine Flucht mit Hildegunde aus der hunnischen Gefangenschaft am Hof König Etzels. Daß der Mönch Ekkehart I. (um 910–973) aus dem Kloster St. Gallen das W. in der uns vorliegenden Form bearbeitet hat, ist umstritten.

Walther von der Vogelweide, * wahrscheinlich in Österreich um 1170, † um 1230 (nach einer späten, jedoch wahrscheinlichen Nachricht im Kreuzgang der Neumünsterkirche in Würzburg begraben), deutscher Dichter und Minnesänger. Sein Lebensweg ist nur lückenhaft bekannt: Er lebte zuerst am Hof in Wien, führte danach ein unstetes Wanderleben als „fahrender Ritter", war u. a. auf der Wartburg, trat in die Dienste Kaiser Ottos IV. u. Kaiser Friedrichs II., der ihm um 1220 ein Lehen in der Nähe von Würzburg schenkte. W. v. d. V. ist der bedeutendste Dichter mittelhochdeutscher Lyrik, er ist der Vollender des Minnesangs, den er mit neuer Erlebniskraft u. Wärme des Gefühls erfüllte. In seiner Spruchdichtung, die er als erster zu einer scharfen u. treffsicheren politischen Waffe machte, verteidigte er die Ordnung des staufischen Reiches gegen die Machtansprüche Roms.

Waldkauz

Waldrebe. Alpenwaldrebe

648

Wale. Die Weißwale sind Gründelwale

Walroß

Walnuß. Zweig mit Früchten

Walther von der Vogelweide
(Buchmalerei aus dem 14. Jahrhundert)

Walze w: **1)** Geometrie: ein gerader Kreiszylinder (↑Zylinder); **2)** Landwirtschaft: ein Ackergerät, mit dessen Hilfe Ackerschollen zerkleinert, lockerer Boden verdichtet u. die Saat angedrückt wird.

Walzer m, Gesellschaftstanz im $^3/_4$-Takt. Er entstand gegen Ende des 18. Jahrhunderts und erlebte seine Blüte in Wien unter Lanner u. Johann Strauß, Vater u. Sohn (*Wiener W.*) Der W. fand auch in die Kunstmusik Eingang: Schubert, Schumann, Carl Maria von Weber, Franz Liszt, Dvořák, Tschaikowski, Chopin u. a. schrieben Walzer.

Walzwerk s, eine Maschinenanlage, bei der Metallblöcke zwischen Walzen hindurchlaufen u. dabei gestreckt u. verformt werden. Walzwerkerzeugnisse sind u. a. Schienen, Röhren u. Drähte. – Abb. S. 652.

Wandelsterne ↑Planeten.

Wanderalbatros ↑Albatrosse.

Wanderheuschrecken ↑Heuschrecken.

Wandervogel ↑Jugendbewegung.

Wandlung w: **1)** in der katholischen Meßfeier der Vorgang, bei dem (nach katholischer Lehre) Brot u. Wein in Leib u. Blut Christi verwandelt werden; **2)** Rückgängigmachung eines Kaufvertrages, weil die gelieferte Ware Mängel aufweist.

Wandmalerei w, Malerei an Wänden, auf Decken u. Gewölben. W. ist eine uralte Technik, u. wurde schon in der Frühzeit des Menschen angewandt (↑Felsbilder). An Tempeln, Palästen, Gräbern u. Häuserwänden sind viele Wandmalereien der Ägypter, Etrusker, Römer (Pompeji) überliefert; auch aus dem Mittelalter sind bedeutende figürliche oder ornamentale Werke (v. a. in Kirchen) erhalten. Man unterscheidet verschiedene Techniken, je nachdem, ob auf die trockene oder feuchte Wand gemalt wird: Seccomalerei (a secco [*βä-ko;* ital.]: „auf das Trockene", d. h. auf

Wanzen

den trockenen Putz) u. Freskomalerei (a fresco [ital.]: „auf frischem", d. h. noch feuchtem Putz). – Abb. S. 652.

Wankelmotor (Rotationskolbenmotor) m, von Felix Wankel (1902–78) erfundener Motor. Beim W. dreht sich ein dreieckiger Kolben mit nach außen gewölbten Seiten in einem ovalen Gehäuse, das in der Mitte leicht eingeschnürt ist. Der Kolben ist mit seiner großen Innenbohrung auf eine Exzenterwelle (↑Exzenter) aufgeschoben u. um diesen frei drehbar. Die Exzenterwelle ist fest mit der Kurbelwelle verbunden u. läuft mit dieser zwangsläufig um. In der Innenbohrung des Kolbens sitzt außerdem noch ein mit dem Kolben fest verbundenes Zahnrad mit Innenverzahnung. Dieses greift in ein kleineres Zahnrad, das am Gehäuse befestigt ist u. sich dadurch nicht drehen kann. Die Kurbelwelle ist mit diesem kleinen Zahnrad verbunden, sie kann sich in dem feststehenden kleinen Zahnrad, das zu diesem Zweck durchbohrt ist, frei drehen. Die Zahl der Zähne des großen u. des kleinen Rades verhalten sich wie 3:2. Wird die Kurbelwelle des Wankelmotors in Drehung versetzt, so nimmt die Exzenterwelle den Kolben mit. Gleichzeitig muß sich der Kolben mit seiner Innenverzahnung am feststehenden kleinen Zahnrad abwickeln. Durch den Exzenterantrieb führt zwar der Kolbenmittelpunkt bei einer Kurbelwellenumdrehung mit der Exzenterwelle ebenfalls eine Drehung um 360° durch; da sich aber beide Verzahnungen gegeneinander „abwickeln" müssen, führt der Kolben um seinen Mittelpunkt gleichzeitig eine Rückwärtsdrehung aus. Wegen der Übersetzung 3:2 beträgt diese 240°, denn 3:2 = 360°: 240°. Der Kolben hat sich mit seinen Dichtleisten also nur um 360°–240° = 120° weitergedreht. Es sind also immer drei Kurbelwellenumdrehungen erforderlich, bis jede Dichtleiste einen einzigen Umlauf ausgeführt hat. Die drei Räume, die von je zwei Dichtleisten, dem Kolben u. dem Gehäuse, abgegrenzt werden, führen ebenfalls bei drei Kurbelwellenumdrehungen einen Umlauf aus, wobei sie sich zweimal abwechselnd vergrößern u. verkleinern. Wie bei einem Zweitaktmotor wird jeder der Arbeitsräume im richtigen Moment mit der Einlaßöffnung oder der Auslaßöffnung verbunden oder davon abgesperrt. Trotzdem ist der W. zu den Viertaktmotoren zu rechnen, da sich die vier Takte: Ansaugen, Verdichten, Arbeiten, Ausschieben genau voneinander abgrenzen lassen. – Abb. S. 650.

Wanzen w, *Mz.*, Insekten mit stechend-saugenden Mundwerkzeugen, zur Ordnung der Schnabelkerfe gehörend; rund 40 000 Arten, davon etwa 800 einheimische. Die W. besitzen oft Stinkdrüsen, ihr Körper ist meist stark abgeflacht, die Vorderflügel sind teil-

649

Wappenkunde

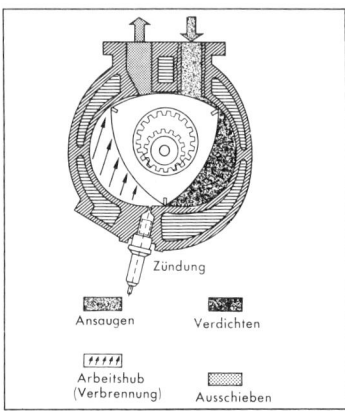

Wankelmotor

weise ledrig. Man unterscheidet Landwanzen (zu ihnen gehört die überriechende *Bettwanze*, 5–6 mm groß, die sich tagsüber versteckt, nachts Blut saugt u. für den Menschen gefährliche Krankheiten übertragen kann) u. Wasserwanzen.

Wappenkunde w (Heraldik, Heroldskunde), eine der historischen Hilfswissenschaften; das Wappen war ursprünglich eine Waffenauszeichnung u. hauptsächlich auf dem Schild oder Helm eines Ritters angebracht. In späterer Zeit waren die Wappen dann in der Form eines bildlichen Abzeichens einer Person oder Familie zugeordnet. Die Wappen wurden erblich. Man unterscheidet bei den Wappenbildern zwischen Heroldsbildern (bestimmte Muster) u. gemeinen Figuren (Pflanzen, Tiere u. ä.); oft ist auf den Wappen auch beides gemeinsam zu finden.

Warmblüter m, Mz., Säugetiere (einschließlich Mensch) u. Vögel, die ihre Körpertemperatur in engen Grenzen konstant zu halten vermögen. Dies geschieht durch Wärmeregulatoren, die die Außentemperatur oder auch eine höhere Wärmebildung im Körper (z. B. durch körperliche Anstrengung) auszugleichen vermögen. Bei warmblütigen Tieren, die Winterschlaf halten, kann in dieser Zeit die Körpertemperatur gesenkt werden.

Wärme w (Wärmeenergie), eine Energieform, u. zwar die Bewegungsenergie der Moleküle u. Atome eines Körpers. Maß für die Wärmemenge ist das ↑Joule (seltener noch die ↑Kalorie). Als *spezifische* W. eines Stoffes bezeichnet man diejenige Wärmemenge, die erforderlich ist, um die Temperatur von 1 kg dieses Stoffes um 1 °C zu erhöhen. Die *Schmelzwärme* eines Stoffes ist diejenige Wärmemenge, die gebraucht wird, um 1 kg dieses Stoffes ohne Temperaturerhöhung vom festen in den flüssigen Aggregatzustand zu überführen. Für Eis beträgt sie 335 kJ/kg (80 kcal/kg). Die Schmelzwärme wird beim Erstarren wieder frei. Als *Verdampfungswärme* eines Stoffes bezeichnet man diejenige Wärmemenge, die erforderlich ist, um 1 kg dieses Stoffes ohne Temperaturerhöhung vom flüssigen in den gasförmigen Aggregatzustand zu überführen. Sie beträgt für Wasser 2257 kJ/kg (539 kcal/kg). Beim Kondensieren wird sie wieder frei. Wie jede Energieform läßt sich auch Wärmeenergie in andere Energieformen, z. B. in mechanische u. elektrische Energie, umwandeln.

Wärmepumpe w, eine Anlage, mit der unter Aufwendung mechanischer bzw. elektrischer Energie einem Wärmespeicher (z. B. dem Erdboden oder einem großen See) Wärme entnommen u. einem schon auf höherer Temperatur befindlichen Körper oder Raum zu Heizzwecken zugeführt wird. Die Arbeitsweise der W. ist ähnlich der eines Kühlschranks, der die Wärme den zu kühlenden Lebensmitteln entzieht u. diese (an der Rückseite) an die Umgebungsluft abgibt, sie also zusätzlich erwärmt.

Warschau (poln. Warszawa), Hauptstadt Polens, an der Weichsel gelegen, mit 1,5 Mill. E; der wirtschaftliche u. kulturelle Mittelpunkt des Landes. Im 2. Weltkrieg von deutschen Truppen stark zerstört, v. a. bei der Vernichtung des jüdischen Ghettos (April bis Juni 1943) u. bei der Niederwerfung des im August 1944 ausgebrochenen polnischen Aufstands. Die Stadt wurde zum Teil historisch getreu wiederaufgebaut (Altstadt, Marktplatz, Stadtmauer u. a.). W. besitzt eine Universität, eine technische Universität, eine Akademie der Wissenschaften u. zahlreiche Hochschulen, Bibliotheken, Theater u. Museen. Das Stadtbild beherrscht der im sowjetischen „Zuckerbäckerstil" errichtete Palast für Kultur u. Wissenschaft (erbaut 1952–55, 227 m hoch). Die Stadt ist ein wichtiges Industrie- und Handelszentrum (Maschinen- und Fahrzeugbau, Schwer-, Textil-, Glas-, Leder-, Schuh-, Holz-, Nahrungsmittel-, feinmechanische Industrie, zahlreiche Druckereien sowie Verlage).

Warschauer Pakt ↑ internationale Organisationen.

Wartburg w, Burg in Thüringen bei Eisenach, angeblich 1067 gegründet, heutiger Bau 12./13. Jh., im 19. Jh. wiederhergestellt. Die W. war im Hochmittelalter Sitz der Landgrafen von Thüringen. Auf ihr soll der sagenhafte Sängerkrieg stattgefunden haben, ein Wettstreit berühmter mittelhochdeutscher Dichter wie ↑Wolfram von Eschenbach, ↑Walther von der Vogelweide u. a., den Richard Wagner in seiner Oper „Tannhäuser" künstlerisch gestaltete. Moritz von Schwind schmückte die W. mit Fresken (1853–55), die diesen Sängerkrieg darstellen. Auf der W. lebte im 13. Jh. die heilige Elisabeth von Thüringen; Martin ↑Luther fand auf ihr Zuflucht (1521/22) u. übersetzte hier das Neue Testament. Auf der W. trafen sich 1817 zur Erinnerung an die Völkerschlacht bei Leipzig u. das Reformationsfest (1517) studentische Burschenschaften (*Wartburgfest*).

Warthe w, rechter Nebenfluß der Oder, 808 km lang. Sie entspringt auf der Krakau-Tschenstochauer Höhe, durchfließt im Unterlauf das Warthebruch u. mündet bei Küstrin.

Warze w, gutartige Wucherung der Haut, meist mit vermehrter Hornbildung einhergehend. Sie wird von einem Virus verursacht u. ist übertragbar.

Waschbär m, langgeschwänzter amerikanischer Kleinbär, der seine Nahrung mit waschenden Bewegungen zwischen den Pfoten reibt. Das langhaarige, meist graue Fell wird zu Pelzkleidung verarbeitet. 1934 im Gebiet des Edersees ausgesetzt, hat sich über die deutschen Grenzen verbreitet (teils bereits eine Plage). – Abb. S. 653.

Washington, George [ˈu̯ǎsching-tən], * Wakefield (Westmoreland County, Virginia) 22. Februar 1732, † Mount Vernon (Virginia) 14. Dezember 1799, amerikanischer General u. Staatsmann. W. war im Unabhängigkeitskrieg der nordamerikanischen Kolonien gegen England Oberbefehlshaber der amerikanischen Truppen u. zwang nach

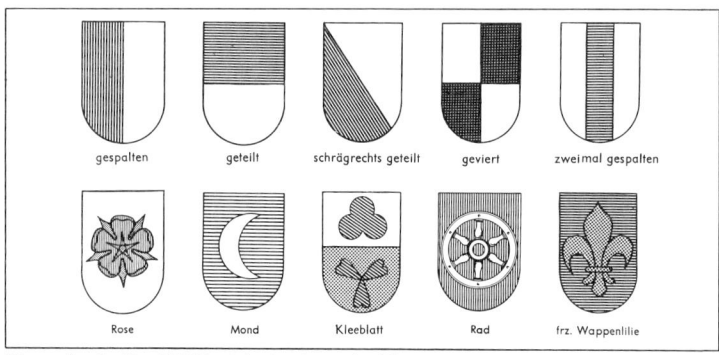

Wappenkunde. Heroldsbilder (oben) und gemeine Figuren (unten)

Wasserkultur

Wartburg

wechselvoller Kriegführung 1781 die Engländer zur Kapitulation von Yorktown. 1787 leitete er die Beratungen der verfassunggebenden Bundesversammlung, 1789 wurde er einstimmig zum 1. Präsidenten der USA gewählt, 1792 wiedergewählt. Auf eine zweite Wiederwahl verzichtete er 1796 in seiner berühmten Abschiedsbotschaft. W. festigte den neuen Staat, er wird als „Vater der amerikanischen Union" verehrt. Die Bundeshauptstadt Washington wurde nach ihm benannt.

Washington [ˇäschingt^{e}n]: **1)** Bundeshauptstadt der USA, im District of Columbia, am unteren Potomac River, mit 716 000 E. Die Stadt ist Sitz des amerikanischen Präsidenten (Weißes Haus) u. des Kongresses der USA (Kapitol). Neben 5 Universitäten gibt es zahlreiche wissenschaftliche Institute, Museen, Bibliotheken, Theater, Kirchen u. Denkmäler (Jefferson Memorial, Lincoln Memorial, W. Monument); **2)** Staat im Nordwesten der USA, mit 3,5 Mill. E. Die Hauptstadt ist *Olympia* (23 000 E), größte Stadt u. Industriezentrum *Seattle* (531 000 E).

Wasser s, die auf der Erde am häufigsten vorkommende Flüssigkeit, eine Wasserstoff-Sauerstoff-Verbindung der Zusammensetzung H_2O. Ein Molekül W. besteht also aus zwei Atomen Wasserstoff u. einem Atom Sauerstoff. Die physikalischen Eigenschaften des Wassers hat man zur Grundlage der Temperaturmessung (↑Temperatur), Wärmemengenmessung (↑Joule) u. der Gewichtsmessung (1 l Wasser bei 4 °C = 1 kg) gemacht. Die für das Leben auf der Erde wichtigste Eigenschaft des Wassers besteht darin, daß es bei +4 °C seine größte Dichte hat. Bei +4 °C ist W. schwerer als Eis. Diesem Umstand ist es zu verdanken, daß Seen, Flüsse u. Meere nur an der Oberfläche zufrieren u. damit eine wärmeisolierende Schicht bilden, die u. a. die Voraussetzung für das Überwintern der Wasserpflanzen u. -tiere ist. Die Ausdehnung des Wassers beim Gefrieren ist auch einer der wesentlichen Gründe für die ↑Verwitterung. Das flüssige, in Gesteinsritzen eingesickerte W. dehnt sich beim Gefrieren aus u. sprengt so bei jeder Frostperiode kleine Teilchen des Gesteins ab, die dann bei der Schneeschmelze durch W. oder auch durch Wind weggetragen werden. Ohne W. wäre kein Leben auf der Erde möglich. Mensch u. Tier bestehen bis zu 60–70 % aus W., Pflanzen sogar bis zu 98 %. Der Mensch kann in äußersten Notfällen bis zu einem Monat lang hungern, während bei Fehlen jeglicher Wasseraufnahme der Tod bereits nach wenigen Tagen eintritt. Das für Trinkzwecke gebrauchte W. wird meist Quellen oder Gewässern entnommen; in quellarmen Gegenden geht man heute dazu über, Meerwasser zu entsalzen u. damit trinkbar zu machen.

Wasserball m, ein dem Handball ähnliches Ballspiel zweier Schwimmannschaften zu je 7 Spielern in einem 20–30 m langen u. 8–20 m breiten Schwimmbecken. Beide Mannschaften versuchen, den Ball (Gewicht 540 g) möglichst oft ins gegnerische Tor zu bringen. Der Ball darf nicht mit der Faust geschlagen u. nicht unter Wasser gespielt werden. Gespielt wird 4 × 5 Minuten.

Wasserflöhe m, *Mz.*, in pflanzenreichen Gewässern massenhaft auftretende, durchsichtige Krebstiere. Sie sind wichtig für die Ernährung der Fische. Der Rumpf der etwa 0,4–0,6 mm großen W. steckt in einer zweiklappigen Chitinschale. Die blattartig verbreiterten Beinpaare erzeugen einen Wasserstrom, dem die W. Nahrung u. Sauerstoff entnehmen. Die Ruderantennen bewegen die Tiere ruckartig durchs Wasser. Das große, schwarze, unpaare Facettenauge dreht sich ständig. – Im Frühjahr u. Sommer entstehen aus den unbefruchteten Eiern nur Weibchen. Wenn am Ende des Sommers Männchen auftreten, werden überwinternde dotterreiche u. hartschalige Dauereier abgelegt, aus denen im kommenden Frühjahr wieder nur Weibchen entstehen (Generationswechsel).

Wasserflugzeug s, ein Flugzeug, das für die Landung auf dem Wasser entweder statt des Fahrgestells mit Schwimmern (bootsähnlichen Körpern) ausgestattet ist (*Schwimmerflugzeug*) oder als ↑Flugboot konstruiert ist.

Wasserglas s, wäßrige Lösung von ↑Silicaten des Natriums oder des Kaliums, die die Eigenschaft hat, an der Luft zu erstarren. Aus diesem Grunde verwendet man W. als Klebemittel für Papiere u. Pappen, als Bindemittel für Farben, als Konservierungsmittel (z. B. früher für Eier) usw.; auch bei der Produktion von Waschmitteln ist W. von großer technischer Bedeutung.

Wasserkultur ↑Hydrokultur.

George Washington

Wasserrad einer Wasserturbine

651

Wasserpest

Wasserpest w, untergetaucht lebende Froschbißgewächse mit rund 15 Arten. Aus Amerika eingeschleppt, hat sich die W. in den europäischen Süßgewässern, besonders in den stehenden u. langsam fließenden, stark ausgebreitet. Der Stengel dieser Wasserpflanze ist verzweigt, die Blättchen sind spiralig angeordnet. Manche Arten sind Aquarienpflanzen.

Wasserpflanzen w, Mz., alle Gewächse in stehenden u. fließenden Gewässern. Man unterscheidet im Boden verankerte W. u. wurzellose Schwimmpflanzen. In großen Gewässern u. im Meer überwiegen Algen, in Ufernähe u. kleinen Gewässern Blütenpflanzen.

Wasserrad s, eine Vorrichtung, mit deren Hilfe die Energie fließenden Wassers (Strömungsenergie) ausgenutzt wird, u. a. zum Antrieb von Arbeitsmaschinen oder von elektrischen Generatoren. Steht ein starkes Gefälle zur Verfügung, so verwendet man ein *oberschlächtiges W.*, das in seinem Radkranz neben Schaufeln offene Kästen enthält,

in die das Wasser von oben einströmt u. durch sein Gewicht eine Drehung bewirkt. Das oberschlächtige W. nutzt also v. a. die Lageenergie des fallenden Wassers aus. Steht kein größeres Gefälle, dagegen aber ein rasch strömender Wasserlauf zur Verfügung, dann benutzt man das *unterschlächtige W.*, das an seinem Radkranz zahlreiche Schaufeln trägt u. von oben in den Wasserlauf eintaucht. Durch die Strömung werden die ins Wasser tauchenden Schaufeln weggedrückt, wobei sich das Rad dreht. Unterschlächtige Wasserräder nutzen

also die Bewegungsenergie fließenden Wassers aus. Die technische Weiterentwicklung der Wasserräder stellen die *Wasserturbinen* (Abb. S. 651) dar. Am gebräuchlichsten ist die *Peltonturbine* (Freistrahlturbine), deren Wirkungsweise der des unterschlächtigen Wasserrades ähnelt. Sie wird immer dort verwendet, wo ein großes Gefälle

Walzwerk. Walzenstraße zur Erzeugung von Stabstahl

besteht (Wasserkraftwerke bei Talsperren). Die *Kaplanturbine* arbeitet umgekehrt wie eine Schiffsschraube. Sie besteht aus einem propellerartigen Flügelrad mit senkrecht stehender Achse. Das Wasser strömt von oben nach unten, also in Richtung der Achse, und setzt dabei das Flügelrad in Bewegung. Kaplanturbinen werden immer dort verwendet, wo das Gefälle nur gering ist, jedoch große Wassermengen zur Verfügung stehen (Flußkraftwerke).

Wasserscheide w, Grenze zwischen Abflußgebieten, meist ein Höhenzug oder Gebirge, von wo Flüsse u. Bäche in verschiedenen Richtungen abfließen. Eine W. ist z. B. der Thüringer Wald: nach Norden fließen die Gewässer der Elbe, nach Süden der Werra-Weser zu.

Wasserski m, bis 23 cm breiter Ski; beim Wasserskilaufen gleitet man im Schlepp eines Motorboots mit 2 Wasserskiern über das Wasser; beim Slalomlauf wird meist nur ein Ski, der aber wesentlich breiter ist, benutzt. Beim *Wellenreiten* (*Surfing* [*bö'fing*; engl.]) steht der Sportler auf einem Brett u. läßt sich auf den Brandungswellen ans Ufer tragen. – ↑auch Windsurfing.

Wasserspinne w, eine Spinne, die ständig unter Wasser lebt, obwohl sie ein Luft atmendes Tier ist. Ihre an untergetauchten Pflanzenteilen befestigte, nach unten offene Gespinstglocke füllt sie mit Luft, die sie als silbrig glänzende Blase am behaarten Hinterleib herumträgt. Von ihrer „Taucherglocke" aus macht sie Jagd auf kleine Wassertiere (Kleinkrebse u. Insekten). Zur Fortpflanzung spinnt sie eine zweistöckige Glocke, oben leben die Eikokons u. später die Jungspinnen, unten lebt sie selbst.

Wassersport m, zusammenfassende Bezeichnung für alle Sportarten, die in oder auf dem Wasser ausgeführt werden, u. a. Schwimmen, Tauchen, Kunst- u. Turmspringen, Segeln, Rudern, Kanusport.

Wasserstoff m, gasförmiges Element, chemisches Symbol H (Hydrogenium), Ordnungszahl 1; Atommasse 1,00797. W. ist das leichteste aller chemischen Elemente. Er ist ein farb-, geruch-, geschmackloses, ungiftiges Gas, dessen Atome lediglich aus einem Proton u. einem Elektron bestehen. Es gibt jedoch auch Isotope des Wasserstoffs, die in ihrem Kern noch ein oder sogar zwei Neutronen tragen u. Deuterium bzw. Tritium genannt werden (↑Atom; ↑schweres Wasser). Chemisch läßt sich der W. weder den metallähnlichen noch den nichtmetallischen Elementen zuordnen, da er in allen möglichen Verbindungen einerseits als positives Kation Metallatome zu ersetzen vermag

Wandmalerei aus dem Grab des ägyptischen Königs Haremheb in Theben (Ende des 14. Jahrhunderts v. Chr.)

Weberknechte

Waschbär

Watussirinder

Wasserski. Wellenreiten

(so wird z. B. aus einem Salz eine Säure), sich andererseits auch wie ein negativ geladenes Anion verhalten u. mit Metallen sogenannte Hydride bilden kann (z. B. Calciumhydrid, CaH_2). Technisch wird W., der in der Industrie sehr viel gebraucht wird, durch ↑Elektrolyse von Wasser gewonnen, wobei neben gasförmigem W. gasförmiger Sauerstoff entsteht.

Wasserstoffbombe w (H-Bombe), durch eine normale Atombombe (Kernspaltungsbombe) gezündete Bombe, deren Wirkungsweise darauf beruht, daß durch ↑Kernverschmelzung von Atomkernen des schweren Wasserstoffs (Deuterium) zu Heliumkernen ein Teil der ursprünglich vorhandenen Masse in Energie umgewandelt wird.

Wasserstoffsuperoxid [dt.; lat.; gr.] s (Wasserstoffperoxid), Oxydationsmittel der Formel H_2O_2. Die flüssige, farblose, in konzentrierter Form hochexplosive Verbindung wird wegen ihrer oxydierenden Wirkung als Bleich- u. Desinfektionsmittel verwendet. Bekannt ist die Verwendung des Wasserstoffsuperoxids als Blondiermittel. In der Industrie findet W. überaus vielfältige Anwendung, die fast durchweg auf seiner Oxydationsfähigkeit beruht.

Wasserturbine ↑Wasserrad.

Wasserverdrängung w, Maß für die Größe eines Schiffes, bei dem angeben wird, wieviel Tonnen Wasser das Schiff verdrängt. Gemäß dem ↑Archimedischen Prinzip ist das Gewicht der verdrängten Wassermasse gleich dem Eigengewicht des Schiffes.

Wasserwaage (Setzwaage) w, ein hauptsächlich im Bauwesen verwendetes Gerät, mit dem überprüft werden kann, ob eine ebene Fläche genau waagerecht oder genau senkrecht verläuft. Die W. besteht aus einer Holz- oder Metallschiene, in die eine ↑Libelle eingelassen ist, die das eigentliche Prüfgerät ist.

Wasserzeichen s, Mz., im Papier bei Durchsicht gegen helles Licht erkennbare Muster oder Zeichnungen. Sie werden in die Papiermasse eingewalzt oder als Muster in die Schöpfform eingeflochten. W. dienen zur Kennzeichnung von Papiersorten (Markenzeichen); als Echtheitsnachweis bei Banknoten u. Wertpapieren sollen sie Fälschungen erschweren.

Watt, James [ˮåt], * Greenock (Strathclyde) 19. Januar 1736, † Heathfield (heute zu Birmingham) 19. August 1819, englischer Ingenieur u. Erfinder. Er konstruierte die erste brauchbare Dampfmaschine. – Abb. S. 654.

Watt s, Abkürzung: W, gesetzliche Einheit der ↑Leistung (↑Elektrizität).

Watt [niederdt.] s, der Meeresboden flacher Küsten mit Ebbe u. Flut. Er besteht aus Sand u. Schlick, wird bei Flut überspült (Wattenmeer) u. fällt bei Ebbe trocken. Ausgedehnte Watten erstrecken sich an der deutschen u. der niederländischen Nordseeküste.

Watussirind s, große schlanke, meist hell- bis dunkelbraune Hausrinderrasse mit mächtigen, ausladenden Hörnern, im tropischen Afrika. Das W. ist anspruchslos u. mit dem Zebu verwandt. Es wird v. a. vom Stamm der Watussi als Zeichen des Wohlstands gehalten.

Watvögel m, Mz., Unterordnung der Vögel mit rund 200 Arten. Sumpfvögel mit langem Hals u. langen Beinen. W. sind u. a.: Regenpfeifer, Schnepfen, Ibisse, Störche, Reiher.

Watzmann m, Gebirgsstock in den Berchtesgadener Alpen, westlich des Königssees, mit 2713 m Höhe der zweithöchste Berg Deutschlands.

weben ↑Webstuhl.

Weber, Carl Maria von, * Eutin 18. oder 19. November 1786, † London 5. Juni 1826, deutscher Komponist. Mit seinem „Freischütz" (1821) wurde er zum Schöpfer der deutschen romantischen Oper. Ferner komponierte er die Opern „Euryanthe" (1823) u. „Oberon" (1826), Bühnenmusiken, Klavierwerke, Kammermusik u. a. – Abb. S. 654.

Weberknechte m, Mz., bis 2 cm lange Spinnentiere ohne Spinnwarzen. Dem Kopf-Brust-Stück sitzt bei den Weberknechten ein gegliederter Hinterleib breit an. Ihre Kiefer enden in Scheren. Die W. stelzen auf langen Beinen

Watt an der Nordseeküste

653

Webervögel

einher, wenn sie nachts auf Insekten Jagd machen.

Webervögel *m, Mz.*, kleine, gesellig lebende Vögel mit meist kegelförmigem Schnabel u. zehn Handschwingen, in Afrika, Südostasien u. auf den Südseeinseln. Die meisten W. bauen kunstvolle, beutelförmige, hängende Nester, in denen die Brut mit Insekten aufgezogen wird, während sonst Körner u. Samen als Nahrung überwiegen. – Einige einheimische Vertreter sind Haus- u. Feldsperling.

Webstuhl *m*, eine Arbeitsmaschine zur Herstellung von Textilgeweben aus sich rechtwinklig kreuzenden Fäden. Die Kettfäden verlaufen parallel zueinander. Die Schußfäden verlaufen bei der einfachsten Bindung abwechselnd über u. unter den Kettfäden, von Schuß zu Schuß (Durchführen des Schußfadens) jeweils versetzt. Die Kettfäden sind in sogenannten Schäften so befestigt, daß man sie abwechselnd teilweise nach oben u. unten bewegen kann. Sie bilden dabei ein Fach, durch das das Schiffchen mit dem Schußfaden hindurchgeschossen wird. – Abb. S. 656.

Wechsel *m*, ein schriftliches Zahlungsversprechen; eine Urkunde, in sich der Aussteller verpflichtet, zu einem bestimmten Zeitpunkt demjenigen, der den W. dann hat, unbedingt den im W. genannten Betrag zu zahlen. Für die Ausstellung von Wechseln gibt es Vordrucke, die ausgefüllt u. unterschrieben werden. Einen W. benutzt man z. B., wenn man etwas kauft, z. B. ein Auto, u. nicht genügend Geld hat, aber sicher weiß, daß man zwei Monate später genügend Geld haben wird. Mit dem W. verpflichtet man sich dem Verkäufer gegenüber, daß man nach Ablauf von zwei Monaten zahlen wird. Wenn der Inhaber des Wechsels schon vor dem im W. genannten Zahlungstermin über das Geld verfügen möchte, kann er den W. bei einer Bank einlösen (man nennt das diskontieren). Die Bank übernimmt den W. u. zahlt den Betrag an den Wechselinhaber, nachdem sie einen bestimmten Zinssatz (den Diskont) für sich abgezogen hat. Wenn der W. fällig wird, muß der Aussteller an die Bank zahlen. Für die zwangsweise Einziehung der Wechselsumme gibt es ein vereinfachtes Gerichtsverfahren.

Wechselrichter *m*, ein elektrisches Gerät, mit dessen Hilfe ein Gleichstrom in einen Wechselstrom umgewandelt werden kann.

Wechselstrom *m*, ein elektrischer Strom, dessen Stärke u. Richtung sich periodisch mit der Zeit ändern. Er wächst von Null auf einen Höchstwert an, sinkt dann wieder auf Null zurück, ändert seine Richtung, erreicht in dieser entgegengesetzten Richtung einen höchsten Wert u. geht dann wieder auf Null zurück. Darauf beginnt der Vor-

James Watt   Carl Maria von Weber

gang von vorn. Die Dauer eines solchen Vorganges bezeichnet man als Periode des Wechselstromes, die Anzahl von Perioden pro Zeiteinheit bezeichnet man als Frequenz des Wechselstromes. Sie wird in Hertz gemessen. Normalerweise beträgt die Frequenz 50 Hz. Beim W. vollführen die Ladungsträger (Elektronen, Ionen) keine fortlaufende Bewegung, sondern eine Schwingungsbewegung um ihre Ruhelage. Der W. hat den Gleichstrom, bei dem die Stromstärke ständig ihren Wert u. ihre Richtung beibehält, weitgehend verdrängt. Hauptgrund dafür war die Tatsache, daß man die den W. verursachende Wechselspannung mit Hilfe eines ↑Transformators beliebig vergrößern oder verkleinern kann. Dadurch ist es beispielsweise möglich, elektrische Energie über weite Strecken zu übertragen. Dabei treten infolge der Erwärmung des Drahtes durch den Stromzufluß Verluste auf. Diese sind um so größer, je größer die Stromstärke ist. Die elektrische Leistung (N) ist gleich dem Produkt aus einer elektrischen Spannung (U) u. der Stromstärke (I): $N = U \cdot I$. Je höher die Spannung ist, um so geringer braucht, bei gleicher Leistung, die Stromstärke zu sein. Deshalb wird bei der elektrischen Energieübertragung eine sehr hohe Spannung gewählt. Die Stromstärke u. damit auch die Energieverluste sind dadurch sehr gering. Beim Energieverbraucher wird die Wechselspannung durch Transformatoren wieder erniedrigt. Die Verkettung dreier gegeneinander jeweils um $1/3$ Periode verschobener Wechselströme bezeichnet man als Drehstrom. – Abb. S. 656.

Wechselwarme *Mz.* (Kaltblüter), Tiere, die ihre Körpertemperatur nicht oder nur sehr unvollkommen regulieren können, so daß ihre Körpertemperatur der Umgebung weitgehend entspricht. Zu den Wechselwarmen zählen alle Tiere, ausgenommen Vögel u. Säugetiere.

Weckamine ↑Drogen.

Wegerich *m*, Kräuter oder Sträucher mit Blattrosetten, die an Wegen, Feldern u. auf Wiesen wachsen. Die Wegeriche haben tiefgehende Pfahlwurzeln u. ganzrandige, oben mit Rinnen versehene Blätter. Die einfachen Blüten bilden eine Ähre, sie bestehen aus vierteiligem Kelch, einer kleinen Blumenkrone mit vierzipfeligem Saum, vier Staubblättern u. einem Stempel. Nur die älteren Blüten geben Blütenstaub ab. – Der *Spitzwegerich* hat schmale, lanzettliche Blätter. Die elliptischen Blätter des *Mittleren Wegerichs* sind kurzgestielt. Dagegen laufen die breiten Blattflächen des *Breitwegerichs* in einen langen Blattstiel aus.

Wehr *s*, eine Stauvorrichtung in fließenden Gewässern. Meist benutzt man Wehre, um Flüsse durch Erhöhung des Wasserspiegels schiffbar zu machen oder um eine genügende Fallhöhe des Wassers zum Antrieb von Wasserturbinen zu erhalten. Man unterscheidet fest eingebaute Wehre u. bewegliche Wehre, bei denen die Stauhöhe verändert bzw. die Stauung zeitweise ganz aufgehoben werden kann.

Wehrbeauftragter *m*, der Wehrbeauftragte des Bundestages hat dafür zu sorgen, daß die Grundrechte der Soldaten gewahrt bleiben. Er soll die parlamentarische Kontrolle über die Bundeswehr ausüben. An ihn können sich Soldaten mit Beschwerden wenden.

Wehrgang ↑Burgen.

Wehrpflicht *w*, die Verpflichtung zum Wehrdienst; sie besteht in der Bundesrepublik Deutschland für Männer vom 18. Lebensjahr an u. umfaßt den Grundwehrdienst, Wehrübungen u. im Verteidigungsfall den unbefristeten Wehrdienst (↑auch Zivildienst). In manchen Staaten, z. B. in Israel, gibt es auch eine W. für Frauen.

Weiche *w*, eine Vorrichtung, mit deren Hilfe Schienenfahrzeuge von einem Gleis auf ein anderes übergeleitet werden können. Weichen befinden sich immer dort, wo zwei Gleise zusammenstoßen. Die beiden äußeren durchgehenden Schienen heißen Mittelschienen. Die beiden innen liegenden Schienen schneiden sich im Herzstück der Weiche. Die Richtungseinstellung erfolgt durch zwei miteinander gekoppelte bewegliche Weichenzungen, die sich entweder an die rechte oder linke Schiene anlegen. Kreuzungsweichen stellen eine Verbindung von einer Gleiskreuzung mit einer oder mehreren Weichen dar.

Weichsel w, längster Fluß zur Ostsee, 1 068 km lang. Die W. entspringt in den Westbeskiden (Karpaten), durchfließt in großem Bogen ganz Polen u. mündet mit großem Delta in die Danziger Bucht. Einer der Mündungsarme, der *Nogat*, mündet ins Frische Haff. Wegen der schlechten Wasserführung ist die W. nur für kleine Schiffe befahrbar. Am Oberlauf befinden sich Stauseen.

Weichtiere s, *Mz.*, Tierstamm mit heute rund 125 000 Arten, zu dem Schnecken, Muscheln u. Tintenfische gehören. Die W. sind meist Meeresbewohner. Der Körper ist wenig gegliedert u. von einer drüsenreichen Haut bedeckt, die den Mantel bildet. Dieser scheidet die Schalen (bei Muscheln zweiklappig, bei Schnecken gewunden, bei Nacktschnecken u. Tintenfischen als innere Schalenreste) ab. Der an der Bauchseite gelegene Fuß ist sohlenartig (Schnecken), beilförmig (Muscheln) oder als Trichter ausgebildet (Tintenfische). Das Nervensystem besteht aus paarigen, miteinander durch Nervenstränge verbundenen Nervenknoten. Die W. sind getrenntgeschlechtlich oder zwittrig. Lungenschnecken u. Tintenfische entwickeln sich direkt, Kiemenschnecken u. Muscheln über ein Larvenstadium.

Weiden w, *Mz.*, niedrige Bäume oder Sträucher an meist feuchten Standorten. Ihre Zweige sind biegsam u. werden zu Korbgeflechten verarbeitet. Die Wurzeln sind lang u. stark verzweigt. Die Blätter sind jung gänzlich, später nur noch auf der Unterseite behaart. Die W. sind getrenntgeschlechtlich u. zweihäusig; die Blüten der Staubkätzchen besitzen jeweils zwei gelbe Staubblätter u. eine Honigdrüse. In den Blüten der Stempelkätzchen finden sich ein flaschenförmiger Fruchtknoten mit gelber Narbe u. ebenfalls eine Honigdrüse. Die Frucht ist eine Kapsel; die behaarten Samen werden vom Wind verweht. – Die *Salweide* hat eiförmige, gekerbte Blätter, die Blätter der *Korbweide* sind schmal-lanzettlich.

Weihnachten s, Fest der Geburt Christi. Es wird seit dem Jahr 354 am 25. Dezember (dem Festtag des römischen Sonnengottes) gefeiert, obwohl das genaue Datum der Geburt Christi unbekannt ist. Die zahlreichen *Weihnachtsbräuche* (Geschenksitte, Verwendung von Lichtern, Umzüge u. a.) gehen vielfach auf römisches u. germanisches Brauchtum zurück. Der *Weihnachtsbaum* (Christbaum) ist erstmals 1509 auf einem Kupferstich L. Cranachs des Älteren nachweisbar.

Weihrauch m, Gummiharz bestimmter Arten des *Weihrauchbaumes* (Ostafrika bis Indien), das beim Verbrennen einen aromatischen Duft verbreitet. W. wird seit dem Altertum bei religiösen Feiern verwendet (heute noch in der katholischen u. in der orthodoxen Kirche).

Weihwasser s, in der katholischen Kirche: geweihtes Wasser, das zu Segnungen dient (bei fast allen liturgischen Segnungen) sowie bei der Selbstbekreuzigung verwendet wird.

Weiler m, Siedlungsform: eine lockere Gruppe von meist nur wenigen Gehöften.

Weimar, Stadt an der Ilm, im Bezirk Erfurt, mit 63 000 E. Die Stadt war zur Zeit Goethes der Mittelpunkt des deutschen Geisteslebens: hier lebten u. wirkten Goethe, Schiller, Herder, Wieland u. andere bedeutende Persönlichkeiten. Daran erinnern zahlreiche Bauten (heute teils Museen), so das Goethehaus am Frauenplan, die Gartenhäuschen Goethes, das Schillerhaus, die Fürstengruft (mit den Gräbern Goethes u. Schillers) u. die Herderkirche. Von den ehemals herzoglichen Gebäuden sind zu nennen: das Neue Schloß, das Wittumspalais und das Schlößchen Tiefurt (außerhalb der Stadt). W. besitzt Hochschulen u. Verlage. Die Industrie stellt Landmaschinen, Baustoffe, feinmechanische u. optische Geräte her. – W. war 1573–1918 Hauptstadt des Herzogtums (seit 1815 Großherzogtums) Sachsen-Weimar. 1919 tagte hier die Deutsche Nationalversammlung, die die Verfassung der Weimarer Republik erarbeitete.

Weimarer Republik ↑Deutschland.

Weimutskiefer ↑Weymouthskiefer.

Wein m, Getränk, das durch alkoholische Gärung aus dem frischen Beerensaft der Weinrebe hergestellt wird. Es gibt *Weißwein* u. *Rotwein* (die Rotfärbung entsteht durch die farb- u. gerbstoffhaltigen Fruchtschalen blauer und roter Beeren). Die Hauptweinernte (*Weinlese*) findet in Deutschland von September bis Anfang November statt.

Weinbergschnecke w, Lungenschnecke in Mittel- u. Südeuropa, auf kalkigen Böden. Ihre Schale wird bis 4 cm hoch u. breit. Das längere Fühlerpaar trägt in der Auge, das kürzere dient dem Tasten u. Riechen. Als Feuchtlufttier geht die W. erst am Abend auf Nahrungssuche. Pflanzenteile zerreibt sie mit der mit vielen tausend Zähnchen besetzten Reibplatte. Die W. ist ein Zwitter (wechselseitige Begattung). Sie legt in der Stunde 2,5 bis 4,5 m zurück. – Abb. S. 656.

Weingeist ↑Alkohole.

Weinraute ↑Raute.

Weinstock m (Echte Weinrebe), ein Strauch, dessen Heimat wahrscheinlich das östliche Mittelmeergebiet ist; demgemäß ist die W. licht- u. wärmebedürftig. Da die Wurzeln bis zu 20 m tief in den Boden dringen, kann er selbst in trockenen Sommer- u. Herbstmonaten noch genügend Wasser beschaffen. Stamm u. Äste (Reben) sind von einer graubraunen Rinde bedeckt, die in Streifen abblättert. Mit Hilfe von Sproßranken hält sich der W. an Stützen (Spaliere, Pflöcke, Drähte) fest. Die herzförmigen, grob gezähnten Blätter sind teils in fünf Lappen geteilt. Die unscheinbaren, stark duftenden Blüten stehen in Rispen (keine Traube!). Die Früchte (Beeren) enthalten bis vier Samen u. sind durch einen Wachsüberzug gegen Nässe u. Fäulnis geschützt. Die Beeren werden roh oder getrocknet (als Rosinen) genossen. Durch Vergären des Preßsaftes entsteht der ↑Wein.

Weinstraße w, Landstrich am Fuße der Haardt, in Rheinland-Pfalz. Das milde Klima begünstigt den Wein- u. Obstbau. Bekannte Weinorte u. Anziehungspunkte für den Fremdenverkehr sind Bad Dürkheim, Deidesheim, Forst, Wachenheim, Edenkoben u. a. Die durch dieses Gebiet führende Straße (*Deutsche W.*) führt von Bockenheim an der W. (im Norden) bis zum Weintor bei Schweigen nahe der französischen Grenze (im Süden).

Weinviertel s, der nordöstlichste Teil von Niederösterreich, nördlich der Donau.

Weisel ↑Honigbiene.
Weisheitszahn ↑Gebiß.

Weiss, Peter, * Nowawes (heute zu Potsdam) 8. November 1916, deutscher Schriftsteller, Maler u. Graphiker; emigrierte 1939 nach Schweden (schwedischer Staatsbürger). Er veröffentlichte z. T. autobiographische Romane u. Erzählungen in glasklarer, mikroskopisch genauer Beschreibung, u. a. „Der Schatten des Körpers des Kutschers" (1960). Für das Theater schrieb W. Dokumentationsstücke, u. a. „Die Verfolgung u. Ermordung Jean Paul Marats ..." (1964, verfilmt 1966), „Die Ermittlung" (1965), „Hölderlin" (1971).

Weißfische m, *Mz.*, allgemeinsprachliche Bezeichnung für kleinere, etwa 15–20 cm lange Süßwasserfische; als Speisefische meist wenig geschätzt. Sie ähneln sich u. gehören meist zu den Karpfenfischen: *Weißfisch* (Ukelei), *Plötze*, *Rotfeder*, *Elritze* u. *Bitterling*.

Weißling ↑Albino.
Weißrußland (Belorußland), Unionsrepublik in der westlichen UdSSR, mit 9,4 Mill. E. Die Hauptstadt ist Minsk. W. ist eine flachwellige Moränenlandschaft u. ein wichtiges landwirtschaftliches Gebiet (Flachs, Hanf, Kartoffeln, Getreide, außerdem Rinder- u. Schweinezucht). Ein Drittel der Fläche ist bewaldet. Neben der Holz- u. der Nahrungsmittelindustrie ist die chemische Industrie u. der Maschinenbau bedeutend.

Weiterbildung w, W. u. Erwachsenenbildung werden häufig synonym

Weitsichtigkeit

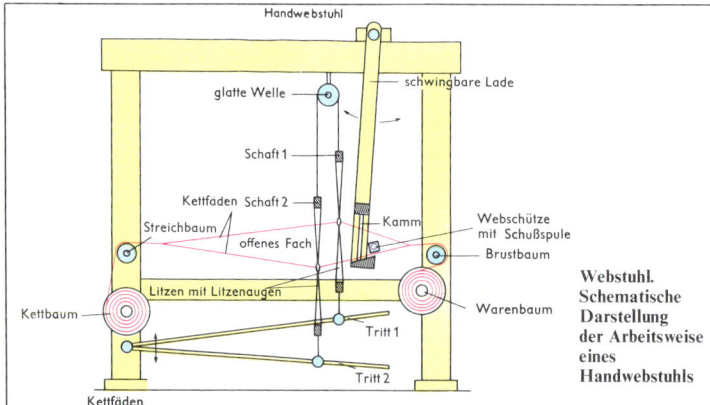

Webstuhl. Schematische Darstellung der Arbeitsweise eines Handwebstuhls

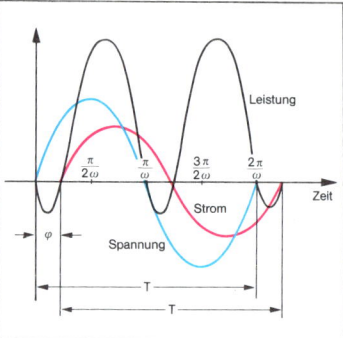

Wechselstrom. Zeitlicher Verlauf von Wechselstrom und Wechselspannung (mit Phasenverschiebung φ durch vorhandene elektrischen Widerstände) sowie der resultierenden elektrischen Leistung (ω Kreisfrequenz, $T = 2\pi/\omega$ Periodendauer)

verwendet als Bezeichnung für die Lernmöglichkeit für Erwachsene. Der Deutsche Bildungsrat versteht unter W. die Fortsetzung oder Wiederaufnahme organisierten Lernens nach Abschluß einer (unterschiedlich ausgedehnten) ersten Bildungsphase. Der Weiterbildungsbereich in der Bundesrepublik Deutschland ist gekennzeichnet durch eine Vielheit von Interessen, Zielen u. Konzepten. Weiterbildungsangebote werden z. B. von Volkshochschulen, Bildungswerken, Gewerkschaften, Betrieben, Hochschulen gemacht. Ziel der Bildungspolitik ist es, die vielfältigen Formen u. Arten der W. langfristig zu einem vierten Bereich im Bildungssystem auszubauen.

Weitsichtigkeit w, Erschwerung des Nahsehens, die durch einen zu kurzen Bau des Augapfels (↑Auge) oder eine zu flache Augenlinse bedingt ist: parallele Lichtstrahlen werden nicht auf der Netzhaut (wie bei Normalsichtigkeit), sondern in einem Punkt hinter ihr vereinigt. Eine besondere Form der W. ist die *Alterssichtigkeit*, die dadurch zustande kommt, daß die Augenlinse unelastisch wird u. sich nicht mehr scharf auf nahe Gegenstände einstellen kann. W. kann durch eine Brille (mit Sammellinsen) korrigiert werden.

Weitsprung m, leichtathletische Sprungübung, bei der der Springer nach einem Anlauf vom Sprungbalken, der nicht übertreten werden darf, abspringt.

Weizen m, Gattung der Süßgräser; als ↑Getreide der Saatweizen, der wohl aus Afghanistan stammt. Er verlangt mehr Wärme als der Roggen u. tonig-lehmigen Boden. Hauptanbaugebiete sind Kanada, die USA, Argentinien u. Australien, in Europa Frankreich u. die Ukraine. Seit Jahrtausenden angebaut, sind mehrere Arten entstanden: ohne Grannen der *Kolbenweizen*, mit Grannen der *Bartweizen* sowie der *Sandweizen*, der auch auf Sandböden gedeiht. Beim winterharten *Dinkel*, seit der Bronzezeit in Süddeutschland angebaut, stehen die Einzelährchen weiter auseinander; seine unreif geernteten u. gedörrten Körner liefern Grünkern. Der *Emmer* wird nur selten angebaut, v. a. für Graupen- u. Stärkegewinnung. Ebenso selten ist heute das Einkorn.

Welfen m, Mz., deutsches Fürstengeschlecht, nachweisbar seit dem 8. Jahrhundert. Die ältere Linie starb 1055 aus. Die jüngere Linie (aus ihr stammt u. a. Heinrich der Löwe) teilte sich in mehrere Nebenlinien. Davon war v. a. bedeutend die Braunschweig-Lüneburgische Linie, die bis 1866 in Hannover, bis 1918 in Braunschweig u. von 1714 bis 1901 in Großbritannien regierte.

Welle w: **1)** ursprünglich Bezeichnung für die Vorgänge, die auftreten, wenn Wind über eine Wasserfläche weht oder wenn man einen Stein ins Wasser wirft (Oberflächenwellen). Verallgemeinert versteht man unter einer W. die Ausbreitung eines physikalischen Vorgangs im Raum. Besonders deutlich lassen sich Wellenvorgänge an der sogenannten Machschen Wellenmaschine untersuchen. Sie besteht aus einer großen Anzahl nebeneinander hängender, gleichlanger Fadenpendel (↑Pendel), die untereinander durch kleine Schraubenfedern verbunden (gekoppelt) sind. Stößt man beispielsweise das links außen hängende Fadenpendel senkrecht zur Ebene an, in der die Fadenpendel hängen, so beginnt es zu schwingen. Durch die Schraubenfeder wird nun das benachbarte Fadenpendel ebenfalls in Schwingungen versetzt, dieses wiederum bringt das nächste Pendel zum Schwingen usw. So breitet sich die Schwingung allmählich von links nach rechts durch die gesamte Pendelreihe hindurch aus. Dabei hinkt die Schwingung eines jeden Pendels der des links neben ihm befindlichen nach. Die Auslenkungen der Pendelkörper bilden in ihrer Gesamtheit eine W., die von links nach rechts durch die Pendelreihe läuft. Sie besteht aus Wellenbergen u. Wellentälern. Als Wellenlänge (λ) bezeichnet man die Entfernung zwischen zwei benachbarten Wellenbergen, Wellentä-

Weinbergschnecke

Weitsprung von Bruce Jenner (USA), Goldmedaillengewinner im Zehnkampf bei den Olympischen Sommerspielen 1976

656

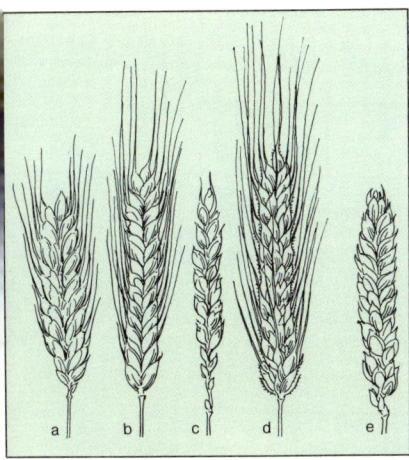

Weizen. Ähren: a Einkorn, b Emmer, c Kolbendinkel, d Bartweizen, e Kolbenweizen

lern oder ganz allgemein zwei benachbarten Punkten mit gleichem Schwingungszustand (gleicher Phase). Unter Frequenz (f) der W. versteht man die Anzahl von Schwingungen pro Sekunde, die die einzelnen Fadenpendel ausführen. Als Fortpflanzungsgeschwindigkeit (c) bezeichnet man die Geschwindigkeit, mit der sich der Schwingungszustand durch die Pendelreihe ausbreitet. Für die Fortpflanzungsgeschwindigkeit gilt: $c = \lambda \cdot f$. Die Amplitude einer W. ist die größte auftretende Schwingungsweite. Bei der eben beschriebenen, mit der Machschen Wellenmaschine durch Queranstoß erzeugten W. erfolgen die Schwingungen der einzelnen Fadenpendel senkrecht zur Fortpflanzungsrichtung. Solche Wellen heißen Quer- oder Transversalwellen. Bei ihnen folgen Wellental u. Wellenberg aufeinander. Wellen, bei denen die Schwingungsrichtung mit der Ausbreitungsrichtung übereinstimmt, bezeichnet man als Längs- oder Longitudinalschwingungen (sie lassen sich in der Wellenmaschine durch Anstoß in Richtung der Pendelverbindungslinie erzeugen). Bei ihnen folgen Verdichtungen u. Verdünnungen aufeinander. Die einzelnen schwingenden Körper vollführen bei Wellen keine fortschreitende Bewegung, sondern lediglich eine Schwingungsbewegung um ihre Ruhelage. Was sich ausbreitet, ist der Schwingungszustand. In einer W. erfolgt also ein Energietransport, ohne daß gleichzeitig auch Masse transportiert wird. Treffen Wellen aufeinander, so überlagern sie sich zu einer Gesamtwelle. Von besonderer Bedeutung ist die Überlagerung von zwei Wellen gleicher Frequenz und gleicher Amplitude. Man spricht dabei von Interferenz. Wenn zwischen den beiden Wellen ein Phasenunterschied von genau einer halben Wellenlänge besteht, so löschen sie sich gegenseitig aus. Diese Erscheinung dient als Beweis für die Wellennatur eines Vorgangs. Trifft eine W. auf ein Hindernis, das sie nicht durchdringen kann, so wird sie zurückgeworfen (reflektiert). Durch Überlagerung einer ankommenden W. mit der reflektierten W. kann es unter bestimmten Voraussetzungen zur Ausbildung einer *stehenden W.* kommen. Bei ihr ist der Schwingungszustand eines jeden schwingenden Teilchens zeitlich unverändert. Es gibt also dabei Teilchen, die ständig mit maximaler Amplitude schwingen, u. solche, die ständig in Ruhe bleiben. Ein Energietransport findet in stehenden Wellen nicht statt. Weitere Erscheinungen bei der Wellenausbreitung sind die Beugung und die Brechung.

Wellenvorgänge spielen in vielen Bereichen der Physik eine wichtige Rolle. Von besonderer Bedeutung sind Schallwellen u. elektromagnetische Wellen. *Schallwellen* entstehen, wenn die Luft oder irgendein anderes elastisches ↑Medium an einer Stelle in Schwingungen versetzt wird. Der Schwingungszustand breitet sich in Form einer Longitudinalwelle nach allen Seiten aus. Im Gegensatz zu den Schallwellen bedürfen die *elektromagnetischen Wellen* keines Ausbreitungsmediums. Sie pflanzen sich mit einer Geschwindigkeit von 300 000 km pro Sekunde im leeren Raum fort. Elektromagnetische Wellen stellen räumlich, zeitlich periodische Änderungen von magnetischen u. elektrischen Feldern dar, die im allgemeinen senkrecht zur Ausbreitungsrichtung erfolgen, also Transversalwellen sind. Je nach ihrer Frequenz haben sie ganz unterschiedliche Eigenschaften:

1. Rundfunkwellen haben eine Wellenlänge zwischen 15 km u. 1 m. Sie werden als Trägerwellen für die Übermittlung von Rundfunkprogrammen verwendet. Man unterscheidet: a) Langwellen (Wellenlänge 15 km–1 km, Frequenz 20 kHz bis 300 kHz), b) Mittelwellen (Wellenlänge 1 000 m bis 100 m, Frequenz 300 kHz–3 000 kHz), c) Kurzwellen (Wellenlänge 100 m–10 m, Frequenz 3 MHz–30 MHz) u. d) Ultrakurzwellen (Wellenlänge 10 m bis 1 m, Frequenz 30 MHz–300 MHz).

2. Dezimeter- u. Zentimeterwellen besitzen eine Wellenlänge zwischen 100 cm u. 1 cm, entsprechend einer Frequenz zwischen 300 MHz u. 30 000 MHz. Sie werden vorwiegend im Richtfunk u. in der Radartechnik verwendet, da sie sich gut bündeln lassen.

3. Wärmestrahlen (Infrarotstrahlen) haben eine Wellenlänge zwischen 1 mm u. 0,78 µm (Frequenz zwischen 300 u. 380 000 Milliarden Hz). Sie werden von jedem Körper, v. a. aber von Heizgeräten abgestrahlt u. vom Menschen als Wärme empfunden.

4. Lichtstrahlen haben eine Wellenlänge zwischen 780 u. 400 nm (nm = Millionstel mm) u. eine Frequenz zwischen 380 u. 750 Billionen Hz. Sie werden vom menschlichen Auge als Licht wahrgenommen. Die Farbe des Lichts ist dabei von der Wellenlänge abhängig (große Wellenlänge Rot, kleinste Wellenlänge Violett).

5. Ultraviolettstrahlen haben eine Wellenlänge zwischen 360 nm u. 10 nm (Frequenzen zwischen 830 u. 30 000 Billionen Hz). Sie sind unsichtbar für das menschliche Auge (↑Ultraviolett).

6. Röntgenstrahlen besitzen eine Wellenlänge von 60 nm bis 0,001 nm (Frequenzen zwischen 5 u. 3 000 000 Billarden Hz). Sie sind dem menschlichen Auge unsichtbar, können aber auf Leuchtschirmen oder fotografischen Platten sichtbar gemacht werden. Sie können feste Körper durchdringen, u. zwar um so besser, je kürzer ihre Wellenlänge ist; 2) ein zylinderförmiger Stab zur Übertragung von Drehbewegungen, z. B. die W. zwischen Schiffsmaschine u. Schiffsschraube.

Wellenreiten ↑Wasserski.

Wellensittich *m*, ein kleiner Papageienvogel, der aus Australien stammt. Der Schnabel ist stark gebogen, die Nasenlöcher sind von einer aufgetriebenen Wachshaut umgeben. Aus der grünen Wildform wurden gelbe, blaue u. weiße Formen gezüchtet. Der W. ist ein beliebter Stubenvogel.

Wels *m*, größter einheimischer Süßwasserfisch, bis 3 m lang u. bis 300 kg schwer. Dieser schuppenlose Knochenfisch lebt am Grunde ruhiger, tiefer Gewässer u. geht nachts auf Raub aus.

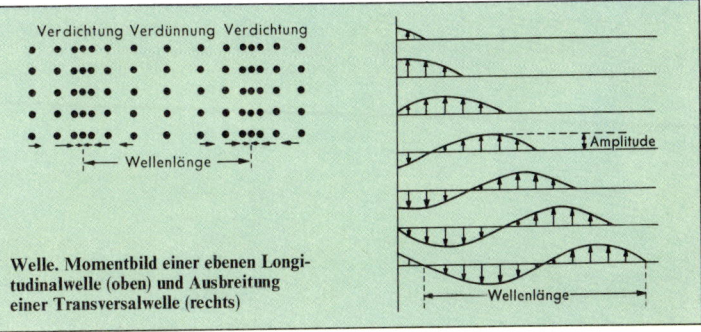

Welle. Momentbild einer ebenen Longitudinalwelle (oben) und Ausbreitung einer Transversalwelle (rechts)

WELTBEVÖLKERUNG

Auf der Erde leben heute etwa 4,1 Milliarden Menschen. Noch 1960 waren es nur rund 3 Milliarden, im Jahr 2000 werden es voraussichtlich schon etwa 6 Milliarden Menschen sein, also doppelt so viele wie 1960. Jeden Tag nimmt die Zahl der Menschen um rund 200 000 zu, das sind mehr als zwei in jeder Sekunde. Dieses Bevölkerungswachstum ist aber nicht überall gleich groß. So ist z. B. in der Bundesrepublik Deutschland die Bevölkerung von 1950 bis 1972 von etwa 51 Mill. auf etwa 62 Mill. Menschen gewachsen, z. T. freilich aus besonderen Gründen, weil nämlich v. a. in den 1950er Jahren viele Aussiedler u. Flüchtlinge in die Bundesrepublik Deutschland kamen. Seit 1974 nimmt die Bevölkerung in der Bundesrepublik sogar ab. Es sind seitdem jedes Jahr mehr Menschen gestorben als geboren wurden. Auch in anderen europäischen Ländern wächst die Bevölkerung kaum noch. Daß die Menschheit sich insgesamt trotzdem so schnell vermehrt, liegt an dem Bevölkerungswachstum in den armen Ländern der sogenannten Dritten Welt, den Entwicklungsländern. Während in Europa die Bevölkerung von 1960 bis zum Jahr 2000 voraussichtlich nur noch um etwa 24 % zunehmen wird, wird sie sich im gleichen Zeitraum in Asien verdoppeln, in Mittel- u. Südamerika sogar verdreifachen. Diese Länder sind es auch, die nicht genug Nahrungsmittel haben, um die schnell wachsende Bevölkerung zu ernähren. Jedes Jahr sterben dort etwa 4 Mill. Menschen an Hunger.

Aber auch in Europa gab es einmal eine solche „Bevölkerungsexplosion", u. zwar im 18. und v. a. im 19. Jahrhundert. Durch den Fortschritt der Medizin u. bessere hygienische Verhältnisse erhöhte sich die durchschnittliche Lebenserwartung, d. h., die Menschen wurden im Durchschnitt älter als vorher, v. a. weil die Säuglingssterblichkeit zurückging. So erhöhte sich die Bevölkerungszahl zunächst rasch. Mit zunehmender Industrialisierung u. wachsendem Wohlstand aber änderten sich auch die Lebensgewohnheiten der Menschen. Sie wollten, schon um sich z. B. mehr leisten zu können, nicht mehr so viele Kinder haben. Diese Entwicklung zur Kleinfamilie wurde später auch noch durch die Möglichkeit begünstigt, mit Hilfe der Antibabypille selbst zu bestimmen, ob man ein Kind will. Die Geburtenrate begann zu sinken, bis schließlich, wie jetzt auch in der Bundesrepublik Deutschland, die Bevölkerungszahl gleich blieb oder sogar zurückging.

Man glaubt, daß es eine solche Entwicklung auch in den Ländern geben wird, deren Bevölkerung jetzt noch schnell zunimmt. In China z. B., dem bevölkerungsreichsten Land der Erde mit etwa 900 Mill. Menschen, wächst die Bevölkerung schon nicht mehr so schnell wie vorher. Fachleute haben ausgerechnet, daß die Weltbevölkerung voraussichtlich um das Jahr 2100 herum aufhören wird, weiter zu wachsen. Dann werden wohl über 12 Milliarden Menschen auf der Erde leben.

* * *

An der Oberseite des abgeplatteten Kopfes liegen die kleinen Augen. Das breite Maul ist von sechs Bartfäden umgeben, deren zwei obere beweglich sind. Der W. wird als Speisefisch geschätzt.

Welser m, Mz., altes Augsburger Kaufmannsgeschlecht, das bedeutende Handelsunternehmungen gründete u. zu großem Reichtum gelangte. *Bartholomäus* W. (1484–1561) war Bankier Kaiser Karls V.; 1528 erhielt er das Recht zur Kolonisation Venezuelas; ↑ auch Fugger.

Welt w, im allgemeinen Sprachgebrauch oft verwendet für: Erde, v. a. in Zusammensetzungen (z. B. Weltbevölkerung, Weltgeschichte); in der Kosmologie die Gesamtheit aller wirklichen Dinge.

Weltall s (Kosmos, Universum), die Welt als Ganzes; der gesamte mit Materie u. Strahlung erfüllte Raum, in dem sich alles uns faßbare Räumliche u. Zeitliche abspielt.

Weltanschauung w, Bezeichnung für die Gesamtauffassung eines Menschen von der Welt u. ihrem Sinn, von der Natur u. ihrer Entwicklung, vom Sinn des Lebens, vom Wesen des Menschen, dessen Fähigkeiten u. Möglichkeiten im Bereich menschlicher Kultur. Jede W. setzt einen Standort voraus, einen religiösen oder einen philosophischen (man spricht u. a. von materialistischer oder religiöser Weltanschauung).

Weltkrieg m, militärische Auseinandersetzung, die durch die Beteiligung vieler Staaten weltweite Ausmaße annimmt. Im engeren Sinne bezeichnet man die beiden Kriege, die Deutschland in der ersten Hälfte des 20. Jahrhunderts mit seinen Verbündeten im wesentlichen gegen Frankreich, Großbritannien, Rußland u. die USA führte, als den 1. u. 2. Weltkrieg. Der *1. W.* (1914–18) wurde ausgelöst durch die Ermordung des österreichischen Thronfolgers in Sarajevo, hatte aber tiefer liegende Ursachen. Sie lagen z. T. in der Konkurrenz der westlichen Großmächte (deutsche Flottenpolitik, durch die England seine Weltmachtstellung bedroht sah), z. T. in überlieferten Gegensätzen (Deutschland–Frankreich), sind aber auch im Streben der kleineren Völker Ostmitteleuropas nach nationaler Unabhängigkeit zu suchen. Nachdem Österreich-Ungarn Serbien den Krieg erklärt hatte (28. Juli 1914), versetzte Rußland seine gesamten Streitkräfte in Kriegsbereitschaft. Deutschland, das mit Österreich-Ungarn verbündet war, erklärte Rußland am 1. August 1914 den Krieg, ebenso dem mit Rußland verbündeten Frankreich am 3. August 1914. Als deutsche Truppen in das neutrale Belgien einrückten, trat auch Großbritannien in den Krieg ein. – Nach anfänglichen deutschen Erfolgen erstarrte der Bewegungskrieg im Westen Ende 1914 zum Stellungskrieg; im Osten hatten sich die deutschen Truppen nur auf die Verteidigung beschränkt, schlugen aber die vorgedrungenen russischen Truppen bei Tannenberg. In Osteuropa kamen deutsche Truppen der von den Russen hart bedrängten österreichisch-ungarischen Armee zu Hilfe; schließlich erstarrten auch im Osten die Fronten zum Stellungskrieg. Bereits Ende Oktober 1914 war die Türkei auf seiten der Mittelmächte (Deutschland und Österreich) in den Krieg eingetreten; ein Jahr später folgte Bulgarien. Am 23. Mai 1915 erklärte der ehemalige Bundesgenosse Italien Österreich u. am 28. August 1916 Deutschland den Krieg. Das österreichische Heer behauptete sich von 1915 bis 1917 in den Schlachten am Isonzo u. warf mit deutscher Unterstützung 1917 die Italiener bis zur Piave zurück. Das Kriegsgeschehen im Westen war gekennzeichnet durch den deutschen Angriff auf Verdun (seit Februar 1916), der sich nach Anfangserfolgen festlief, wie auch der britisch-französische Angriff an der Somme. Seit 1917 wurde die wirtschaftliche Lage der Mittelmächte immer bedrohlicher, da infolge der britischen Seeblockade ein starker Mangel an Rohstoffen u. Lebensmitteln eintrat; innenpolitische Schwierigkeiten erschwerten die Lage. Nach der bolschewistischen Oktoberrevolution 1917 schied Rußland aus dem Krieg aus u. schloß am 3. März 1918 in Brest-Litowsk mit den Mittelmächten Frieden. Nach der unentschiedenen abgebrochenen Seeschlacht am Skagerrak (31. Mai/1. Juni 1916) stellte sich die britische Flotte nicht wieder zum Kampf, sondern beschränkte sich auf die Blockade an den Nordseezugängen. Der uneingeschränkte U-Boot-Krieg Deutschlands hatte zum Kriegseintritt

Fortsetzung S. 662

WELTRAUMFAHRT

Unter Weltraumfahrt versteht man die Bewegung jedes bemannten oder unbemannten künstlichen Flugkörpers, dessen Bahn weit über die Atmosphäre der Erde hinausreicht. Alle Bemühungen der Weltraumfahrt zielen auf die Durchführung von Raumflügen ab. Die Raumflugkörper werden mit mehrstufigen ↑Raketen auf eine Bahn gebracht, die sie aus der Lufthülle der Erde hinaus in den Weltraum führen. Um eine Nutzmasse, z. B. einen künstlichen Satelliten oder ein Mondlandefahrzeug, in den Weltraum zu bringen, sind mehrstufige Trägerraketen erforderlich. Da sie im allgemeinen nur einmal verwendet werden können, werden gegenwärtig neuartige, wiedergewinnbare u. mehrfach einsetzbare Transportgeräte entwickelt u. erprobt, die sogenannten Raumtransporter. Der erste in den USA entwickelte Raumtransporter (Space Shuttle) besteht aus einer flugzeugähnlichen Transporteinheit, an die beim Start ein großer Außentank mit Raketentreibstoff u. zwei zusätzliche Starthilfsraketen angekoppelt werden. Die flugzeugähnliche Transporteinheit, der „Orbiter", kann so in eine Erdumlaufbahn gebracht werden u. – da sie mit Tragflächen ausgestattet ist – wie ein Flugzeug durch die Atmosphäre zur Erde zurückkehren. Die vom Raketentriebwerk erzeugte Antriebsenergie dient nur zur Überwindung der Anziehungskraft der Erde u. des Luftwiderstands.

Flugkörper, die sich auf kreis- oder ellipsenförmigen Bahnen um die Erde bewegen, werden Satelliten genannt. Körper, die sich außerhalb des Gravitationsfeldes der Erde bewegen, bezeichnet man als Raumsonden (z. B. Sonnensonden, Planetensonden). Bei größeren oder bemannten Raumflugkörpern spricht man meist von Raumfahrzeugen. – Auf einen die Erde (Masse M) im Abstand r (vom Gravitationszentrum Z aus gemessen) umkreisenden Satelliten von der Masse m wirkt die Massenanziehungs- oder Gravitationskraft $K = \gamma \cdot M \cdot m / r^2$, wobei γ die Gravitationskonstante ist. Damit der Flugkörper nicht auf die Erde herabfällt, muß auf ihn eine gleichgroße, aber entgegengesetzt gerichtete Kraft wirken, die durch die Bewegung auf der gekrümmten Bahn entsteht (Flieh- oder Zentrifugalkraft). Sie wird nach der Formel $F = m \cdot v^2 / r$ berechnet (v = Bahngeschwindigkeit). Der Satellit verhält sich also gewissermaßen wie ein Stein, der, an einer Schnur befestigt, herumgeschleudert wird. Nur tritt an die Stelle der Schnur beim Satelliten die Erdanziehungskraft. Wenn die erforderliche Umlaufbahngeschwindigkeit nicht erreicht wird, fällt der Raumflugkörper wie ein geworfener Stein zur Erde zurück. Die Zeit, die bei einem einmaligen Durchlaufen der Flugbahn verstreicht, heißt Umlaufzeit. Für einen in 200 km Höhe über der Erdoberfläche umlaufenden Satelliten beträgt die Kreisbahngeschwindigkeit 7,8 km/s, die Umlaufzeit 88 min. Ein Satellit, der in 35 900 km Höhe über dem Äquator in Richtung der Erddrehung mit einer Geschwindigkeit von 3,1 km/s in 24 Stunden umläuft, erscheint von der Erde aus als stillstehend u. wird als geostationärer Satellit oder Synchronsatellit bezeichnet.

Weicht die Geschwindigkeit, über die der Flugkörper im Brennschlußpunkt der Rakete (d. h., wenn die letzte Raketenstufe abschaltet) verfügt, von der Kreisbahngeschwindigkeit ab, so ergeben sich folgende Flugbahnen:
1. Ist die Geschwindigkeit kleiner als die Kreisbahngeschwindigkeit, so kehrt der Flugkörper auf einem Ellipsenbogen zur Erde zurück.
2. Ist die Geschwindigkeit größer, so ergibt sich als Flugbahn eine Ellipse.
3. Wenn die Geschwindigkeit gleich dem 2fachen der Kreisbahngeschwindigkeit ist, verläßt der Körper das Gravitationsfeld der Erde u. wird zur Raumsonde. Diese Geschwindigkeit heißt Flucht- oder Entweichgeschwindigkeit; die Flugbahn ist ein Stück einer Parabel.
4. Bei noch größerer Geschwindigkeit hat die Flugbahn Hyperbelform.

Um zum Mond fliegen zu können, gibt es zwei Möglichkeiten. Entweder fliegt man eine sehr langgestreckte Ellipsenbahn, deren fernster Punkt (Apogäum) hinter der Mondbahn liegt, oder man fliegt mit einer höheren Geschwindigkeit als sie Satelliten haben. Sie muß so groß sein, daß die Erdanziehung weitgehend überwunden wird (Fluchtgeschwindigkeit). Interplanetarische Weltraumflüge müssen auf Bahnen durchgeführt werden, die möglichst geringen Energieaufwand erfordern. Der Startzeitpunkt eines solchen Fluges muß so gewählt sein, daß der Zielplanet zum Zeitpunkt des Eintreffens der Raumsonde auch im Berührungs- bzw. Schnittpunkt der Flugbahn steht. Günstige Möglichkeiten ergeben sich, wenn der Start der Raumsonde von einer Satellitenbahn aus vollzogen wird.

Bei der Rückkehr eines Raumflugkörpers zur Erde muß die hohe Geschwindigkeit abgebremst werden. Die Bremsung kann aerodynamisch (Ausnutzung des Luftwiderstandes) oder durch Bremstriebwerke erfolgen; das Durchqueren der unteren, dichten Schichten der Lufthülle läßt sich mit Fallschirmsystemen abbremsen. Die Erhitzung der Außenhaut des Flugkörpers durch Reibungswärme beim Eintauchen in die Lufthülle kann durch das Einhalten geeigneter Einfallswinkel u. durch Hitzeschutzschild (Verbrauch der Reibungswärme zum Schmelzen eines geeigneten Stoffes) gedämpft werden.

Die eigentliche Weltraumfahrt begann am 4. Oktober 1957 mit dem Start des sowjetischen Erdsatelliten „Sputnik 1", der die Erde 92 Tage lang umrundete. Der erste amerikanische Satellit folgte im Februar 1958. Mit dem Start von ersten Raumsonden begann bald darauf auch die Erforschung der weiteren Umgebung der Erde. 1961 gelang mit dem sowjetischen Raumflugkörper „Wostok 1" der erste bemannte Raumflug (Kosmonaut J. A. Gagarin, eine Erdumrundung), wenig später folgten auch amerikanische bemannte Raumflugkörper vom Typ „Mercury" u. „Gemini". Nachdem durch unbemannte Raumsonden die Oberflächenbeschaffenheit des Mondes erkundet worden war, landete am 21. Juli 1969 im Rahmen des amerikanischen Apollo-Programms das erste bemannte Raumfahrzeug mit den Astronauten N. A. Armstrong u. E. E. Aldrin auf dem Mond. Fünf weitere Mondlandungen amerikanischer Astronauten folgten (bis 1972). – 1971 wurde „Saljut 1", die erste sowjetische Raumstation, in eine Erdumlaufbahn gebracht; in dieser Station konnten sich jeweils drei Kosmonauten aufhalten u. wissenschaftliche Arbeiten durchführen. 1973 wurde auch die erste amerikanische Raumstation „Skylab" in eine Umlaufbahn gebracht. – Andere Raumfahrtprogramme richten sich noch weiterhin auf die Erforschung des interplanetaren Raumes, der Planeten u. ihrer Monde sowie der Sonne. Planetensonden setzten Landegeräte mit Meßinstrumenten auf den Planeten Mars u. Venus ab, die viele neue wissenschaftliche Erkenntnisse lieferten. Eine große Anzahl von Erdsatelliten dient heute der Übermittlung von Rundfunk- u. Fernsehsendungen (Nachrichten- oder Kommunikationssatelliten), der Wetterbeobachtung u. -vorhersage (Wettersatelliten, z.B. METEOSAT), der Navigation, der ständigen Beobachtung von Meeren, Wäldern u. großen landwirtschaftlichen Anbaugebieten (Erderkundungssatelliten) sowie unterschiedlichsten Forschungsaufgaben u. militärischen Zwecken.

* * *

WELTRAUMFAHRT I

Die bemannten Raumfahrzeuge „Apollo 18" (mit Kopplungsschleuse; links) und „Sojus 19" während ihres Ankopplungsmanövers zu einem zweitägigen gemeinsamen Flug in einer Erdumlaufbahn im Juli 1975 (Bildmontage)

Erster bemannter Probeflug des Raumtransporters (Space Shuttle) „Enterprise" am 18. Juni 1977 über der Mojavewüste in Südkalifornien, montiert auf einer Boeing 747

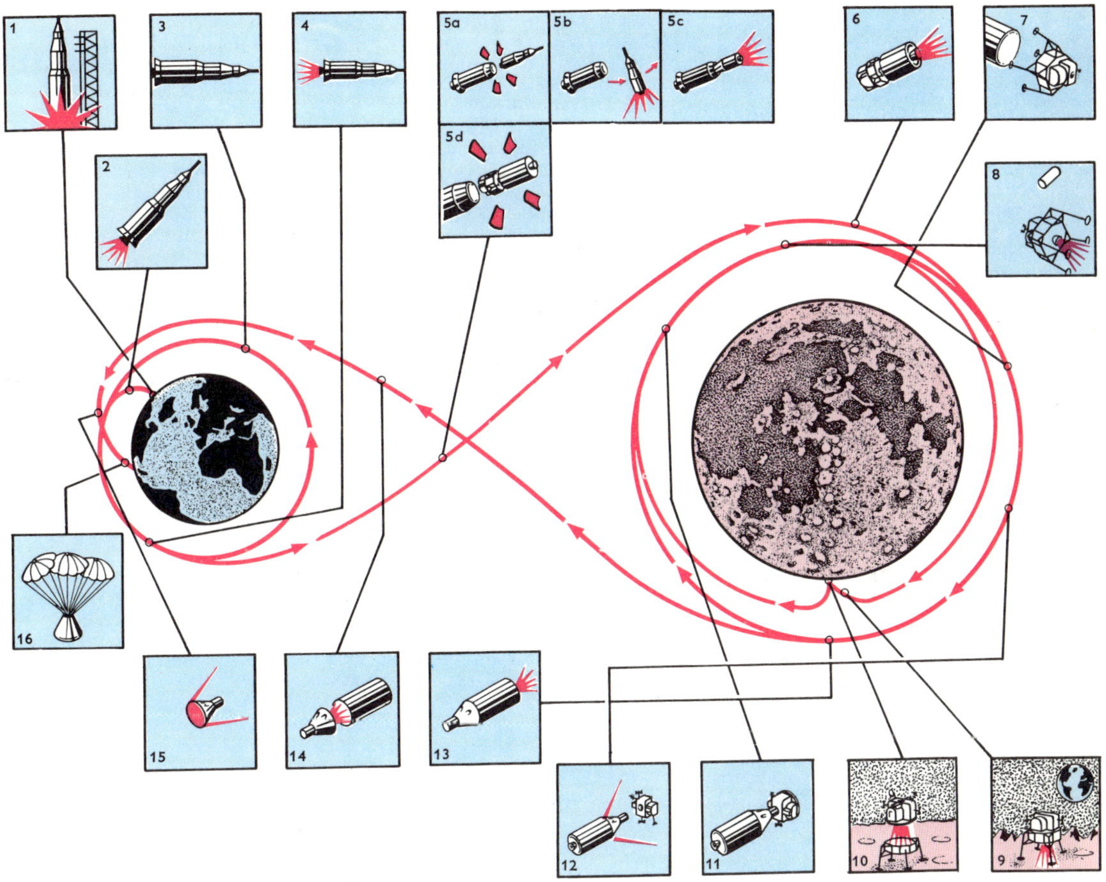

WELTRAUMFAHRT II

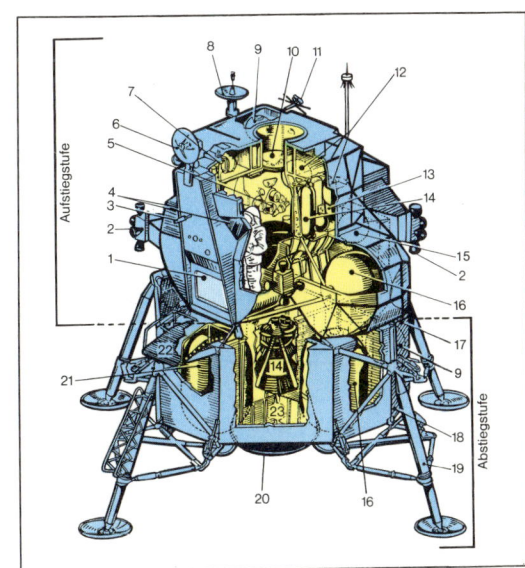

Phasen des bemannten Apollofluges: 1 Start der Saturn 5, 2 Zündung der Zweitstufe in 69,7 km Höhe, 3 nach Brennschluß der 3. Stufe Einschwenken in eine Erdparkbahn in 172,9 km Höhe, 4 Wiederzündung der 3. Stufe und Beginn des Fluges zum Mond, 5a–5d Abtrennen der Kommando- und Triebwerkseinheit, Drehen um 180°, Kopplung an die Mondfähre und Trennung von der 3. Stufe, 6 Zünden der Bremsraketen und Einschwenken in eine elliptische Umlaufbahn um den Mond, 7 Trennung der Mondfähre von der Kommandoeinheit, 8 Umlenkung zur Abstiegsbahn, 9 Abstieg und Landung der Mondfähre auf dem Mond, 10 Start von der Mondoberfläche, 11 Rendezvous und Kopplung mit der Kommando- und Triebwerkseinheit, 12 Abstoßen der nicht mehr benötigten Mondfährenoberstufe, 13 Einschuß in die Rückkehrbahn zur Erde, 14 Abtrennung der Triebwerkseinheit, 15 Wiedereintritt mit 11 km/s, 16 Landung der Kommandozentrale am Fallschirm

Die aus Abstiegstufe und Aufstiegstufe bestehende Mondlandefähre (Lunar Module) des amerikanischen Apollo-Programms: 1 Ein- und Ausstiegsluke, 2 Lageregelungstriebwerke, 3 Anflugantenne, 4 Fenster, 5 Klima- und Druckbelüftungssystem, 6 Rendezvous-Radarantenne (beweglich), 7 Dockingteleskop, 8 Richtantenne für Bodenstelle, 9 Wasserbehälter, 10 obere Luke, 11 Antenne, 12 Sauerstofftank für Lageregelungstriebwerke, 13 Treibstofftanks des Lageregelungssystems, 14 Sauerstofftanks, 15 Druckgas-Treibstofffördertanks, 16 Treibstofftank, 17 Instrumentenbehälter, 18 Batterieraum, 19 Federbein, 20 Triebwerk, 21 Oxydatortank, 22 Ein- und Ausstiegsplattform, 23 Flüssigheliumtank

der USA (6. April 1917) geführt. Bevor die amerikanische Hilfe wirksam werden konnte, versuchte das deutsche Heer von März bis Juli 1918, durch großangelegte Angriffe an der Westfront die Entscheidung zu erzwingen. Gegenstöße der Alliierten, zum Teil mit dem Einsatz von „Tanks" (Panzern), zwangen aber zur Rückverlegung der deutschen Front. Nachdem seine Verbündeten aus dem Krieg ausgeschieden waren, schloß das Deutsche Reich, das nach der Novemberrevolution 1918 Republik geworden war, am 11. November Waffenstillstand. Seinen Abschluß fand der 1. W. im ↑Versailler Vertrag. Zum 2. W. kam es durch die Ausdehnungspolitik Hitlers, die auf die „Beseitigung des Diktats von Versailles" u. auf die Gewinnung von „Lebensraum" ausgerichtet war. Die Verbündeten Deutschlands waren Italien und Japan („Achse" Berlin–Rom–Tokio; daher „Achsenmächte"). Im März 1938 erfolgte der „Anschluß" Österreichs an das Deutsche Reich; im Münchener Abkommen (1938) erhielt Deutschland das Sudetenland zugesprochen, besetzte aber trotzdem im März 1939 die Tschechoslowakei. Dieser Bruch feierlicher Abmachungen veranlaßte England u. Frankreich, zweiseitige Verträge mit dem bedrohten Polen zu schließen. Am 23. August 1939 schloß Hitler mit Stalin einen Nichtangriffspakt u. begann am 1. September den Angriff auf Polen, was sofort die Kriegserklärung Großbritanniens und Frankreichs nach sich zog (3. September). Am 17. September griff die UdSSR Polen von Osten her an. Polens Verteidigung brach rasch zusammen: am 27. September kapitulierte Warschau, u. am 6. Oktober erlosch der letzte Widerstand. Am 9. April 1940 besetzten deutsche Truppen die neutralen Staaten Dänemark u. Norwegen, um die Zufuhr schwedischer Erze zu sichern. Im Westfeldzug, der am 10. Mai 1940 begann, drangen die deutschen Truppen in die Niederlande u. in Belgien ein, u. umgingen so die Verteidigungswerke an der französischen Ostgrenze (Maginotlinie); bei Dünkirchen wurden die in Frankreich eingesetzten britischen Truppen eingekesselt, konnten sich aber nach England retten. Am 22. Juni 1940 unterzeichnete Frankreich den Waffenstillstandsvertrag; der größte Teil des Landes wurde besetzt, nur im Süden behielt eine französische Regierung unter Marschall Pétain (mit Sitz in Vichy) beschränkte Regierungsgewalt. Italien trat am 10. Juni 1940 auf deutscher Seite in den Krieg ein, erlitt aber gegen britische Truppen in Nordafrika schwere Niederlagen. Dies machte den Einsatz des deutschen Afrikakorps (unter Rommel) notwendig, das bis zur ägyptischen Grenze vorstieß. Nach einem gescheiterten italienischen Angriff auf Griechenland eroberten deutsche Truppen im Balkanfeldzug Jugoslawien und Griechenland; Kreta wurde von Fallschirmjägern besetzt. Am 22. Juni 1941 überfielen Hitlers Truppen die UdSSR u. zerschlugen in verschiedenen Kesselschlachten große Teile der Roten Armee; erst kurz vor Moskau kam der deutsche Vorstoß durch Gegenangriffe zum Stehen u. brach in der Kälte des harten russischen Winters zusammen. In dieser Zeit griffen die Japaner den amerikanischen Stützpunkt Pearl Harbor an (7. Dezember 1941), worauf auch die deutsche u. die italienische Kriegserklärung an die USA erfolgten (11. Dezember 1941). Die Japaner eroberten weite Teile des ostasiatischen u. des pazifischen Raumes, die erst nach der japanischen Niederlage in der Seeschlacht bei den Midwayinseln (4.–7. Juni 1942) von den amerikanischen Truppen zurückerobert werden konnten. Die Wende an der Ostfront brachte die Schlacht um Stalingrad, in der die 6. deutsche Armee (rund 300 000 Mann) vernichtet wurde (Anfang 1943). Jetzt drangen die sowjetischen Truppen unaufhaltsam nach Westen vor, woran auch der letzte deutsche Gegenstoß auf Kursk (5. Juni 1943) nichts mehr ändern konnte. Angesichts der näherrückenden sowjetischen Truppen brach am 1. August 1944 ein polnischer Aufstand in Warschau aus, der aber mangels sowjetischer Unterstützung scheiterte. Inzwischen waren die Alliierten in Marokko und Algerien gelandet u. setzten nach der Eroberung Nordafrikas nach Sizilien über. Daraufhin schied Italien am 8. September 1943 aus dem Krieg aus u. wurde jetzt von deutschen Truppen besetzt, die bei Montecassino erbitterten Widerstand gegen die vordringenden britischen u. amerikanischen Streitkräfte leisteten; am 28. April 1945 kapitulierten die deutschen Truppen in Italien. Am 6. Juni 1944 waren die Alliierten in der Normandie u. am 15. August in Südfrankreich gelandet u. drängten die deutschen Truppen aus Frankreich zurück; eine deutsche Gegenoffensive am 16. Dezember 1944 in den Ardennen blieb stecken. Der deutsche Widerstand brach jetzt an allen Fronten zusammen; der Rhein wurde am 24. März 1945 von den Alliierten überschritten, Berlin kapitulierte am 2. Mai (wo Hitler am 30. April Selbstmord begangen hatte). Am 9. Mai trat der Waffenstillstand in Kraft, dem bis heute noch kein Friedensvertrag gefolgt ist; ↑auch Deutschland. – Nach dem Abwurf der ersten amerikanischen Atombomben auf Hiroschima u. Nagasaki endete der Krieg im Fernen Osten mit der Kapitulation Japans am 2. September 1945.

Weltliteratur [dt./lat.] w, die gesamte Literatur aller Zeiten u. Völker oder eine Auswahl nur hervorragenden Werken aller Literaturen.

Weltraumfahrt ↑S. 659ff.

Weltsprachen w, Mz., im internationalen Verkehr bevorzugte Sprachen, im Altertum z. B. Griechisch, dann bis ins Mittelalter Latein, heute v. a. Englisch, daneben Französisch, Spanisch u. auch Russisch.

Weltzeit w, die Ortszeit des durch ↑Greenwich verlaufenden Längengrades (0°). Sie ist gleichbedeutend mit der westeuropäischen Zeit (WEZ).

Wemfall (Dativ) ↑Fälle.

Wendekreise m, Mz., die beiden Kreise 23°27' nördlicher u. südlicher Breite, die parallel zum Äquator der Erde verlaufen. An ihnen ändert die Sonne scheinbar ihre Bewegungsrich-

Werft. Blick in das Schiffsgerippe (links), Stapellauf eines Schiffes (Mitte) und Beplattung der Schiffsaußenwand (rechts)

Weströmisches Reich

tung am 22. 6. u. am 23. 12. (Sommer- u. Winteranfang). W. heißen auch die dazu parallelen Himmelskreise.

Wenden *m, Mz.*, ursprünglich deutsche Bezeichnung für die Slawen; im engeren Sinne die ↑Sorben.

Wenfall (Akkusativ) ↑Fälle.

Werbung *w*, als W. bezeichnet man alle Maßnahmen (Anzeigen, Prospekte, Funk- u. Fernsehwerbung usw.), die den Verkauf von Waren oder die Nachfrage bei Dienstleistungen fördern sollen. Vereine betreiben *Mitgliederwerbung*, Parteien *Wahlwerbung*; ↑auch Propaganda.

Werfall (Nominativ) ↑Fälle.

Werfel, Franz, * Prag 10. September 1890, † Beverly Hills (Kalifornien) 26. August 1945, österreichischer Lyriker, Erzähler u. Dramatiker. Er stammte aus einer jüdischen Kaufmannsfamilie

u. mußte vor dem Nationalsozialismus (in die USA) fliehen. Anfangs stand W. dem Expressionismus nahe, später wandte er sich der realistischen Gestaltung religiöser, historischer u. politischer Stoffe zu. Er schrieb u. a. die Romane „Der veruntreute Himmel" (1939), „Das Lied von Bernadette" (1941) u. die Komödie „Jacobowsky u. der Oberst" (1944).

Werft [niederl.] *w*, ein Betrieb, der sich mit dem Bau, der Ausrüstung u. der Reparatur von Schiffen u. Booten befaßt.

Wergeld [ahd. wer = Mann] *s*, im germanischen Recht das Sühnegeld für Totschlag. Es wurde zur Beendigung der ↑Fehde von den Angehörigen des Täters an die des Erschlagenen gezahlt.

Wermut *m* (Wermutwein), alkoholhaltiges Getränk aus Likörwein und Zuckerlösung mit Kräuterauszügen aus dem *Wermutkraut*, einem gelb blühenden Korbblütler. Das Wermutkraut enthält Öle, die in größeren Mengen giftig sind, u. Bitterstoffe, die für Heilzwecke verwendet werden.

Werra *w*, Hauptquellfluß der Weser, 292 km lang; entspringt im Südwesten des Thüringer Waldes und vereinigt sich bei Münden mit der Fulda zur Weser.

Wertigkeit *w*, die Anzahl derjenigen Bindungen, die ein ↑Atom (oder eine positiv oder negativ geladene Atomgruppe) betätigen kann. Anders ausgedrückt bezeichnet man mit W. die Anzahl der Elektronen, die ein Atom oder ein Ion für die Vereinigung mit anderen Atomen oder Ionen zur Verfügung stellt oder stellen kann. Die Atome eines chemischen Elements bzw. dieses selbst hat meist die W., die der Zahl der Gruppe des ↑Periodensystems der chemischen Elemente entspricht, in der es steht. So ist z. B. Natrium einwertig, Magnesium zweiwertig, Aluminium dreiwertig usw. Jedoch können Atome bzw. Elemente auch mehrere Wertigkeiten besitzen (z. B. ↑Schwefel).

Wertpapiere *s, Mz.*, Urkunden, die das Recht an einem Vermögen verbriefen, z. B. ein ↑Scheck, eine ↑Aktie. Nur mit dem Wertpapier kann man seine Rechte geltend machen. Bei *Namenspapieren* wird der Berechtigte namentlich genannt. Das gleiche gilt für *Orderpapiere*, hinzu kommt aber, daß jeder die Leistungen aus dem Papier beanspruchen kann, der vom Benannten dem Auftrag (die Order) dazu erhalten hat. *Inhaberpapiere* lauten nicht auf den Namen des Besitzers, so daß der jeweilige Inhaber die Rechte aus ihnen geltend machen kann.

Werwolf *m*, im Volksglauben ein Mensch (althochdeutsch wer = Mann), der sich zeitweise in einen Wolf verwandelt u. wie ein Wolf lebt.

Weser *w*, schiffbarer Strom in Norddeutschland, 440 km lang. Er entsteht bei Münden aus Werra u. Fulda, durchfließt bis zur Porta Westfalica das Weserbergland, tritt dann ins Norddeutsche Tiefland ein u. mündet bei Bremerhaven in die Nordsee. An der Unterweser liegt Bremen.

Wesfall (Genitiv) ↑Fälle.

Wesir [arab.] *m*, Staatsminister in islamischen Monarchien. *Großwesir* war ursprünglich der Titel für den Vertreter des türkischen Sultans, dann für den Ministerpräsidenten der Türkei (bis 1922).

Wespen *w, Mz.*, Hautflügler, die im Gegensatz zu den Bienen u. Hummeln kaum behaart sind u. weder Saugrüssel noch Sammelbeine besitzen. Sie nähren sich u. ihre Larven von anderen Insekten, die sie durch einen Stich mit dem Giftstachel töten, benagen aber mit ihren gezackten Oberkiefern auch reifes Obst. – Die staatenbildenden W., wie die *Deutsche Wespe*, bauen ihre Nester aus Holz- u. Rindenteilchen. Sie leben nur einen Sommer zusammen. – Die *Pillenwespe*, eine einzeln lebende Wespe, baut aus Lehm, den sie mit Speichel aufgeweicht hat, ein kugeliges Nest, in das sie ein Ei u. mehrere gelähmte Spannerraupen als Nahrung für die Larve legt. Auch die ↑Hornisse gehört zu den Wespen.

Westen *m*, Himmelsrichtung, die nach dem *Westpunkt* festgelegt ist, d. h. nach dem Punkt am Horizont, an dem die Sonne bei Tagundnachtgleiche (↑Äquinoktium) untergeht.

Westerwald *m*, Teil des Rheinischen Schiefergebirges zwischen Rhein, Sieg, Dill u. Lahn. Die höchste Erhebung ist der Fuchskauten (657 m). Der westliche *Unterwesterwald* ist waldreich, der *Hohe W.* großenteils entwaldet. Die Wirtschaft basiert vor allem auf dem Braunkohlenanbau, der Eisenindustrie, der Viehzucht u. einer bedeutenden keramischen Industrie (dank reicher Tonvorkommen im *Kannenbäkkerland*, nordwestlich von Montabaur).

Westeuropäische Union ↑internationale Organisationen.

Westfalen, der Nordostteil von ↑Nordrhein-Westfalen. Er umfaßt die *Westfälische Bucht*, das nordwestliche Weserbergland und das Sauerland.

Westfälischer Frieden *m*, die 1648 von Kaiser u. Reich mit Frankreich in Münster, mit Schweden in Osnabrück abgeschlossenen Verträge, die den ↑Dreißigjährigen Krieg beendeten. Schweden erhielt Vorpommern, Wismar u. die Herzogtümer Bremen u. Verden, Frankreich die österreichischen Gebiete im Elsaß u. die Bistümer Metz, Toul u. Verdun. An Brandenburg kamen u. a. Minden, Halberstadt u. Hinterpommern. Die Schweiz u. die heutigen Niederlande schieden aus dem Verband des Reiches aus. Die ↑Reichsstände erhielten volle Landeshoheit u. das Recht, Bündnisse zu schließen. Der ↑Augsburger Religionsfrieden wurde wiederhergestellt, d. h., das Luthertum u. auch das Bekenntnis der reformierten Kirche wurden anerkannt, die Religion des Landesherrn wurde für die Untertanen verbindlich.

Westgoten ↑Goten.

Westindische Assoziierte Staaten, eine Gruppe ehemals britischer Kolonien im Bereich der Kleinen Antillen, die 1967 mit Großbritannien assoziierte Staaten wurden. Es gehören dazu: *Antigua* (71 000 E), *Saint Christopher and Nevis* (48 000 E), *Saint Lucia* (114 000 E) u. *Saint Vincent* (102 000 E).

Westindische Inseln *w, Mz.* (Westindien), der mittelamerikanische Inselbogen der Großen u. Kleinen Antillen. Der Name stammt von Kolumbus, der bei seiner Landung auf einer dieser Inseln glaubte, sie gehöre zu Indien.

Westpreußen, bis 1918 preußische Provinz beiderseits der unteren Weichsel. Nachdem auf Grund des ↑Versailler Vertrages der größte Teil an Polen gelangt war, bildete der Rest seit 1922 einen Regierungsbezirk im Westen der Provinz Ostpreußen. Seit 1945 gehört ganz W. zu Polen.

Weströmisches Reich *s*, Bezeichnung für die Westhälfte des Römischen Reiches nach der Teilung 395 durch Theodosius I. (↑römische Geschichte).

663

Westsamoa

Westsamoa, Staat im südlichen Pazifischen Ozean, mit 152 000 E; 2 842 km². Er umfaßt den westlichen Teil der ↑Samoainseln. Die Hauptinseln sind Savai'i u. Upolu. Die Hauptstadt ist *Apia* (29 000 E) auf Upolu. Die Bevölkerung lebt von Schweine- u. Rinderzucht u. von der Fischerei. Exportiert werden Kopra, Kakao u. Bananen. – Die Inseln waren seit 1899 in deutschem Besitz, standen seit 1920 unter neuseeländischer Verwaltung u. erlangten 1962 die Unabhängigkeit. W. ist Mitglied des Commonwealth u. der UN. Es ist der EWG assoziiert.

Wetterkarte ↑S. 666f.
Wetterkunde ↑S. 666f.
Wetterleuchten s, der nächtliche Widerschein von Gewitterblitzen, die so weit entfernt sind, daß der Donner nicht mehr zu hören ist.
Wetterregeln w, *Mz.*, volkstümliche, meist bäuerliche u. manchmal gereimte Sprüche, die auf Erfahrung gründen u. aus bestimmten Gegebenheiten (z. B. Wolkenbildung u. Verhalten von Tieren) eine Wettervorhersage ableiten, die aber häufig landschaftlich gebunden ist; z. B. „Wie der Freitag sich neigt, so der Sonntag sich zeigt".
Wettersteingebirge s, Teil der Tirolisch-Bayerischen Kalkalpen, zwischen Loisach u. Isar. Höchste Erhebung ist die Zugspitze (2 962 m).
Wettervorhersage ↑S. 666f.
WEU ↑internationale Organisationen.
Weymouthskiefer [*weimutß...*; auch: "*e¹meth...*; engl.; dt.] w, nordamerikanische Kiefer mit dünnen, weichen, bis zu 10 cm langen Nadeln u. zimtbraunen Zapfen, die über 10 cm lang werden. Die W., die in der Jugend eine schlanke pyramidenförmige, später eine breite Krone trägt, wird 18 bis 50 m hoch. Ihr Holz ist gut bearbeitbar.
Wichern, Johann Hinrich, * Hamburg 21. April 1808, † ebd. 7. April 1881, deutscher evangelischer Theologe. Angesichts der damaligen Kinder- u. Jugendverwahrlosung begründete er 1833 das „Rauhe Haus" in Hamburg-Horn, wo gefährdete männliche Jugendliche in familienähnlichen Gruppen betreut u. ausgebildet wurden. Als ein Mann mit scharfem Blick für gesellschaftliche Mißstände rief W. 1848 die evangelische Kirche zur Inneren Mission (↑Mission 2) auf. 1857 wurde ihm in Berlin die Umgestaltung des Gefängniswesens übertragen. W. gilt als der bedeutendste evangelische Gesellschaftsreformer im 19. Jahrhundert.
Wicken w, *Mz.*, Schmetterlingsblütler, die wie andere Schmetterlingsblütler (z. B. Erbsen u. Bohnen) eine Griffelbürste u. einseitigen Haarbesatz am Ende des Griffels besitzen. Die *Saatwicke* u. die *Zottige Wicke* sind wichtige Futterkräuter. Die *Vogelwicke* mit blauen, zu Trauben gehäuften Blüten tritt häu-

Vogelwicke

fig als Unkraut unter Getreide auf. Wenige rötlichviolette Blüten hat die *Zaunwicke*, die sich an Büschen u. Hecken emporrankt. – Viele Wickenarten scheiden auf der Unterseite der Nebenblätter einen süßen Saft aus.
Wicki, Bernhard, *1919, österreichischer Filmregisseur, ↑Film.
Wickler m, *Mz.*, Obst- u. Rebenschädlinge, die zu den Kleinschmetterlingen gehören. Der *Apfelwickler* legt seine winzigen Eier an jungen Apfel- oder Birnenfrüchten ab. Die ausschlüpfende Larve, die „Obstmade", dringt in die Frucht ein u. ernährt sich von den unreifen Samen; an einem Spinnfaden läßt sich zur Erde herab u. verpuppt sich. In Zwetschen u. Pflaumen lebt die Raupe des *Pflaumenwicklers*.
Widder m, das männliche Schaf.
Widerstand m: **1)** in der Mechanik jede Kraft, die die Bewegung eines Körpers zu hindern bestrebt ist. In den meisten Fällen ist die Ursache des Widerstands ein Reibungsvorgang, durch den ein Teil der Bewegungsenergie in Wärmeenergie (↑Energie) umgewandelt wird; **2)** elektrischer W., Zeichen *R*, das Verhältnis der an den Enden eines Leiters liegenden ↑Spannung *U* zu der Stärke des durch den Leiter hindurchfließenden Stromes (*I*): $R = U/I$. Gemessen wird der elektrische W. in Ohm (Ω). Ein Leiter hat den elektrischen W. 1 Ω, wenn die Spannung von 1 Volt zwischen seinen Enden den Strom von 1 Ampere erzeugt. Der Kehrwert des Widerstandes wird als Leitwert bezeichnet. Er wird in Siemens (S) gemessen: $1 S = 1/\Omega$. Der elektrische W. ist vom Material des Leiters abhängig. Als spezifischer W. (Zeichen ϱ) bezeichnet man den W. eines Drahtes von 1 m Länge u. 1 mm² Querschnitt. Er wird gemessen in $\Omega \cdot mm^2/m$. Spezifische Widerstände einiger Stoffe bei 18 °C in $\Omega \cdot mm^2/m$:

Silber	0,016
Kupfer	0,017
Gold	0,023
Aluminium	0,032
Platin	0,108
Quecksilber	0,958
Kohle	50–100

Je größer der spezifische W. ist, um so schlechter leitet der betreffende Stoff den elektrischen Strom.
Außer vom Material ist der elektrische W. eines Leiters von seiner Länge (*L*) und seinem Querschnitt (*q*) abhängig. Je länger er ist, um so größer ist sein W., je größer die Querschnittsfläche ist, um so geringer ist sein W. Diese Abhängigkeit beschreibt das Widerstandsgesetz: $R = \varrho \cdot 1/q$.
Darüber hinaus ist der W. eines Körpers auch von seiner Temperatur abhängig. Er nimmt im allgemeinen mit wachsender Temperatur zu. Bei Wechselströmen treten außer dem eben beschriebenen W. (ohmscher W. genannt) noch andere Widerstände auf, u. zwar der W. von Kondensatoren (kapazitativer W.) u. Spulen (induktiver W.). Als W. bezeichnet man nicht nur den Quotienten U/I, sondern auch ein Gerät, das die Aufgabe hat, dem elektrischen Strom einen W. entgegenzusetzen. Das Schaltzeichen für einen W. ist: ⊣☐⊢ oder ⊣▨⊢ (regelbar).
Widerstandsbewegung w, gemeinschaftlich organisierte Auflehnung gegen eine diktatorische Herrschaft bzw. gegen eine Besatzungsmacht. Zu nennen sind v. a. die französische W. (Résistance) gegen die deutsche Besetzung im 2. Weltkrieg u. die verschiedenen deutschen Widerstandsbewegungen gegen die nationalsozialistische Herrschaft bzw. gegen Hitler. Die Widerstandskämpfer kamen in Deutschland von der politischen Linken (Kommunisten, Sozialdemokraten, Gewerkschaften), aus den christlichen Konfessionen, aus Militär, Adel u. anderen Bevölkerungsschichten. Bekannt wurden die Widerstandskämpfer, die das Attentat auf Hitler am 20. Juli 1944 vorbereiteten (C. Graf Schenk von Stauffenberg, C. F. Goerdeler, L. Beck u. a.), der sogenannte Kreisauer Kreis (um H. J. Graf von Moltke), die „Weiße Rose" (eine W. an der Münchener Universität mit den Geschwistern Scholl) u. a. Die deutschen Widerstandsbewegungen blieben im Dritten Reich ohne den erstrebten Erfolg.

Wickler. Fruchtschaden durch die Larve des Apfelwicklers: die z. T. mit Kot angefüllte Fraßhöhle (rechts) und eine zweite Öffnung am Apfel (links), über die der Kot nach außen befördert wird

Wien

Wiedehopf

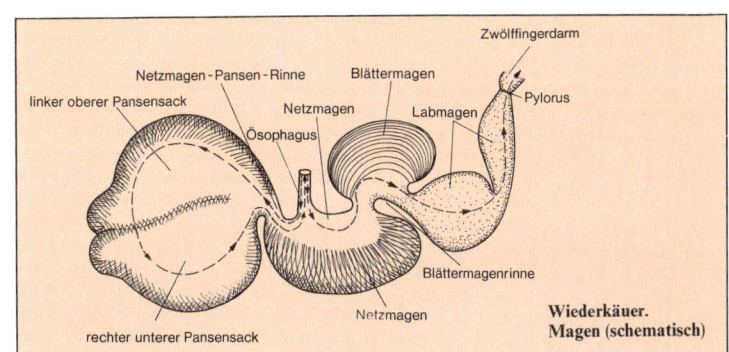
Wiederkäuer. Magen (schematisch)

Wien. Stephansdom

Widukind (Wittekind), † zwischen 804 u. 812(?), Führer der Sachsen im Kampf gegen Karl den Großen. Er entfachte seit 777 immer wieder Aufstände gegen die Franken. 785 unterwarf er sich u. ließ sich taufen.

Wiedehopf *m*, ein Rackenvogel, der in Afrika u. im südlichen u. gemäßigten Eurasien lebt. Der rostfarbene W. trägt auf dem Kopf ein Federbüschel mit schwarzen Spitzen, das er wie einen Fächer entfalten kann. Seine Beine sind sehr kurz. Mit seinem langen, dünnen Schnabel durchsucht er den Dung der Weidetiere u. den Boden nach Insekten u. Insektenlarven. Der Ausscheidung der Bürzeldrüse beim brütenden Weibchen u. bei den noch nicht flüggen Jungen entströmt ein widerlicher Geruch; dieser soll Raubtiere vom Nest, das in Baumhöhlen angelegt wird, abhalten. Der W. ist ein Zugvogel.

Wiederkäuer *m*, *Mz.*, Unterordnung der Paarhufer; in dem meist aus vier Abschnitten bestehenden Magen nutzen die W. das nährstoffarme pflanzliche Futter möglichst völlig aus. Dieses gelangt wenig zerkleinert in den Netzmagen u. in den bis hundert Liter fassenden Pansen. Hier vorverdaut, wird der Futterbrei beim Wiederkäuen durch eine Rinne in der Speiseröhre in kleinen Portionen ins Maul zurückbefördert. Nachdem die Nahrung zum zweiten Male, diesmal gründlicher, gekaut worden ist, gleitet sie durch die Speiseröhre über Pansen u. Netzmagen in den Blättermagen, wo die Flüssigkeit abgepreßt wird. Zuletzt gelangt der Speisebrei in den Labmagen, wo die Verdauungssäfte abgegeben werden, die in dem etwa zwanzig Körperlängen messenden Darm auf die Nahrung einwirken. – Bei den Wiederkäuern, die Paarhufer sind, ist die 2. u. 5. Zehe rückgebildet, die 1. Zehe fehlt. Die männlichen Tiere, bei vielen Arten auch die Weibchen, tragen Hörner oder jährlich erneuerte Geweihe. Zu den Wiederkäuern gehören 5 Familien, darunter Hirsche u. Horntiere.

Wiedertäufer ↑Täufer.

Wieland, Gestalt der germanischen Heldensage. Er wird von König Nidhad gelähmt, gefangengehalten und zu Schmiedearbeiten gezwungen, flieht jedoch mit selbstgefertigten Flügeln.

Wieland, Christoph Martin, * Oberholzheim (heute zu Achstetten, Landkreis Biberach) 5. Sept. 1733, † Weimar 20. Januar 1813, deutscher Dichter. Nach pietistischen Gedichten u. Lehrgedichten wandte er sich einer aufgeklärten, weltmännischen Kultur zu u. bemühte sich in seinen Werken um harmonischen Ausgleich zwischen Sinnlichkeit u. Vernunft. Sein Hauptwerk ist die „Geschichte des Agathon" (1766/67).

Wien, Bundeshauptstadt u. kleinstes der Bundesländer Österreichs, mit 1,6 Mill. E. Die Stadt liegt an der Donau. Sie besitzt eine Universität, eine technische Universität, eine Universität für Bodenkultur, eine Wirtschaftsuniversität u. eine veterinärmedizinische Universität sowie bedeutende Museen. Sie ist Sitz der Internationalen Atombehörde. Eine wichtige Rolle spielt W. als Theater- u. Musikstadt: Weltbekannt sind die Staatsoper, das Burgtheater, das Theater in der Josefstadt, das Theater an der Wien, die Wiener Philharmoniker, die Wiener Symphoniker, die Wiener Sängerknaben u.a. Der Kern der Stadt ist hauptsächlich durch barocke Bauten geprägt, obwohl es mittelalterliche Schwerpunkte gibt, wie den weitgehend gotischen Stephansdom (ein Wahrzeichen der Stadt, mit 136 m hohem Südturm), die Kirche Maria am Gestade (1330–1414) u. die Minoritenkirche (14. Jh., zuletzt im 20. Jh. umgestaltet). Zu den vielen barocken Kirchen Wiens gehören die Kapuzinerkirche mit der Kapuzinergruft (in der ↑Maria Theresia und andere habsburgische Herrscher beigesetzt sind) u. die Karlskirche. Die Hofburg, deren Teile aus verschiedenen Zeiten stammen (13. bis 19. Jh.), ist das ehemalige kaiserliche Schloß. Zu den großen Sehenswürdigkeiten der Hofburg gehören die Geistliche u. die Weltliche Schatzkammer (mit Kaiserkrone, Reichsapfel, Zepter u. anderen Herrschaftszeichen des alten deutschen Kaisertums). In einem weiteren Teil der Hofburg ist die Spanische Reitschule untergebracht, in der die Reitkunst gepflegt wird (↑auch Lipizzaner). Die Österreichische Nationalbibliothek, ein prächtiger Barockbau, ist die größte Bibliothek Österreichs u. enthält wertvolle Sammlungen (Handschriften, Porträts, Theatersammlung u.a.). Ebenfalls aus der Barockzeit stammt das Schloß Belvedere. Von den zahlreichen Parks der Stadt hat der Prater Berühmtheit erlangt: einen Teil davon nehmen Vergnügungsstätten ein (Volks- oder Wurstelprater); hier befindet sich auch das über 64 m hohe Riesenrad (eines der Wiener Wahrzeichen). Die Industrie umfaßt Fahrzeug- u. Maschinenbau, Elektroindustrie, Erdölraffinerien (in Schwechat bei W.), die Herstellung von Nahrungs- u. Genußmitteln, von Textil- u. Lederwaren, von Möbeln, Baustoffen, Porzellan u.a. Ferner gibt es in W. bedeutende Verlage, zahlreiche Druckereien u. kunstgewerbliche Betriebe. Die Stadt ist ein internationales Modezentrum u.

Fortsetzung S. 667

665

WETTERKUNDE, WETTERVORHERSAGE

Die Wetterkunde oder Meteorologie ist die Lehre vom Wettergeschehen, das sich in der Atmosphäre abspielt. Seit ältesten Zeiten hat sich der Mensch für das Wetter interessiert u. versucht, dessen Entwicklung vorherzusehen. Eine genaue Wettervoraussage (Wetterprognose) ist jedoch an zwei Bedingungen geknüpft, die erst im Lauf der Jahrhunderte erfüllt wurden: Der augenblickliche Wetterzustand über einem größeren Gebiet der Erde muß bekannt sein, u. es müssen die physikalischen Gesetzmäßigkeiten erforscht sein, nach denen sich die Wetterentwicklung vollzieht.

Erst in der zweiten Hälfte des 19. Jahrhunderts begannen regelmäßige Wetterbeobachtungen in Europa. Die deutschen Länder richteten vom Jahre 1878 an Wetterdienste ein, deren Aufgabe es war, Wettermeldungen aus einem großen Raum zu sammeln, Wetterkarten zu zeichnen, Wettervorhersagen zu erarbeiten u. diese möglichst schnell zu verbreiten. Mit der raschen Entwicklung von Wirtschaft u. Verkehr wuchs auch die Bedeutung der Meteorologie. Da sich das Wettergeschehen global (weltweit) abspielt, konnte die Wetterkunde nicht auf den nationalen Raum beschränkt bleiben. Die Meteorologen aller Länder kamen überein, im gegenseitigen Interesse zu gleichen, international vereinbarten Zeiten (meist alle drei Stunden) u. nach einheitlichen Methoden Wetterbeobachtungen durchzuführen u. diese auszutauschen. Auf Grund des nun vorliegenden großen Beobachtungsmaterials u. theoretischer Überlegungen lernten die Meteorologen immer besser die physikalischen Vorgänge in der Atmosphäre verstehen. Sie erkannten den engen Zusammenhang zwischen dem Wettergeschehen in den unteren Atmosphärenschichten u. den Vorgängen in höheren Luftschichten.

Es entwickelte sich als neues Teilgebiet der Meteorologie die *Aerologie*, die die höheren Atmosphärenschichten, die sogenannte freie Atmosphäre, erforscht. Mit verschiedenen Ballonen u. Drachen wurden schreibende meteorologische Meßgeräte in die Höhe getragen; später wurde dann auch das Wetterflugzeug zur Erforschung der freien Atmosphäre eingesetzt, u. Raketen u. Wettersatelliten liefern heute Meßdaten aus den höchsten Atmosphärenschichten. Zur regelmäßigen Überwachung der Luftschichten bis etwa 20–30 km Höhe dient die Radiosonde. Radiosonden sind wasserstoffgefüllte Gummiballone mit Meßgeräten u. einem kleinen Kurzwellensender, der beim Aufstieg, meist zweimal täglich, Meßwerte von Luftdruck, Temperatur u. Luftfeuchte fortlaufend zur Bodenstation funkt. Aus der Versetzung des Ballons mit der Luftströmung, die man vom Boden aus messen kann, erhält man gleichzeitig Angaben über Windrichtung u. Windgeschwindigkeit in den einzelnen durchflogenen Luftschichten.

Die aerologischen Beobachtungswerte wurden bald ebenso weltweit verbreitet wie die Wettermeldungen der Bodenstationen u. die von Schiffen auf den Ozeanen. Um die Wetterbeobachtungen international verständlich zu machen, werden sie „verschlüsselt". Nach dem „Internationalen Wetterschlüssel" werden sie in 5 bis 6 Zahlengruppen von je 5 Ziffern übersetzt, von denen die erste Gruppe zur Kennzeichnung der Station dient, an der die Wetterbeobachtungen durchgeführt wurden. Die verschlüsselten Wettermeldungen werden auf dem schnellsten Wege einer Sendezentrale zugeleitet u. dort nach einem international vereinbarten Zeitplan über ein großes Gebiet ausgestrahlt. Hier werden auch die Wetterfunksendungen aufgenommen. Das nationale Wetterzentrum u. die Sendezentrale für das Gebiet der Bundesrepublik Deutschland ist das Zentralamt des Deutschen Wetterdienstes in Offenbach am Main. Die eingelaufenen Wettermeldungen werden hier in die *Wetterkarte* eingetragen. Dabei benutzt der Wetterdiensttechniker ein international einheitliches Schema aus Zahlen u. Zeichen, nach dem er die Beobachtungswerte um die Station (als Kreis in der Karte) gruppiert. Sind alle Wettermeldungen in die Karte eingetragen, beginnt die Arbeit des Meteorologen. Das Teilgebiet der Meteorologie, das die gleichzeitigen Wetterbeobachtungen benutzt, um die Entwicklung des Wetters zu erkennen u. eine Vorhersage für die nächste Zeit aufzustellen, ist die *Synoptik*. Der Synoptiker verbindet zunächst in der Wetterkarte alle Orte gleichen Luftdrucks durch sogenannte Isobaren (Isobare = Linie gleichen Luftdrucks). Dadurch erkennt er die Gebiete hohen Luftdrucks, die er mit H (Hoch) bezeichnet, u. die tiefen Luftdrucks, die ein T (Tief) erhalten. Diese großen Druckgebiete bestimmen den Wetterablauf maßgeblich. Darum muß der Synoptiker auch darauf achten, ob sie sich abschwächen oder verstärken oder irgendwo neu bilden. Das sagt ihm die Luftdruckänderung, die ebenfalls in die Karte eingetragen ist; sie zeigt ihm außerdem, wohin sich die großen Druckgebiete verlagern. Die Niederschlags- u. Nebelgebiete werden farbig schraffiert, die gemel-

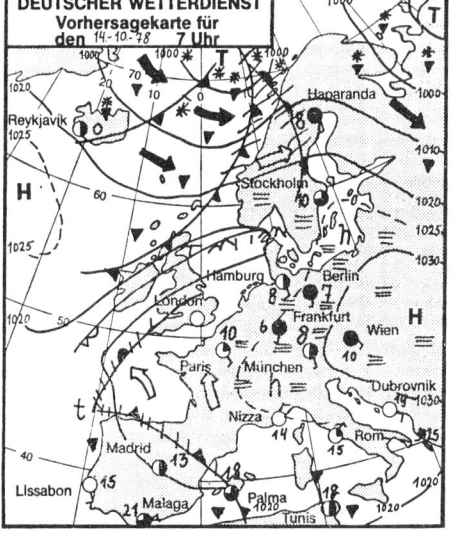

666

Wiener Kongreß

Wetterkunde, Wettervorhersage (Forts.)

dcten Gewitter besonders hervorgehoben. Danach werden die Fronten in die Wetterkarte eingezeichnet. Eine Front zeigt an, wo verschieden warme u. verschieden feuchte Luftmassen aneinandergrenzen. Da sich die Luftmassen bewegen, wandern auch die Fronten. Sie sind meist mit sehr einschneidenden Wetteränderungen verbunden. Der Synoptiker erkennt sie an der Bewölkung, dem Niederschlag, Änderungen von Windrichtung, Luftdruck, Temperatur u. Sichtweite. Mit der Einzeichnung der Fronten ist die Bodenwetterkarte im wesentlichen fertiggestellt. Gleichzeitig liegen dem Meteorologen noch verschiedene Kartendarstellungen der Druck-, Temperatur- u. Windverhältnisse aus höheren Luftschichten vor, die auf Grund von Radiosondenmessungen gezeichnet werden. Aber nicht nur diese Karten des letzten Beobachtungstermins helfen dem Synoptiker beim Erkennen der Wetterentwicklung, er muß auch die vorangegangene Entwicklung kennen u. auf ihr aufbauen; dazu hat er die Wetterkarten der Vortage. Es gehört außerdem viel Erfahrung aus oft langjähriger Berufsarbeit dazu, auf Grund der derzeitigen Wetterlage eine genaue Vorhersage der weiteren Wetterentwicklung zu geben. Das Ergebnis der Abschätzungen u. Berechnungen ist eine *Vorhersagekarte*, die in Zeitungen abgedruckt wird, als Grundlage für die Wetterkarte im Fernsehen dient u. auf der die Wettervorhersage im Rundfunk basiert.
Trotz großer Fortschritte in der Meteorologie ist doch nach wie vor das Problem einer unbedingt sicheren Wettervorhersage ungelöst. Wetterprognosen für längere Zeiträume (Wochen u. Monate) sind leider noch sehr ungenau. Wie wichtig aber solche Langfristprognosen besonders für Planungszwecke in der Wirtschaft u. im Verkehr sind, braucht nicht betont zu werden. Die Voraussetzung für eine exakte Langfristprognose soll ein internationales Arbeitsprogramm, die Welt-Wetter-Wacht („WWW"), schaffen. Diese soll unter Einsatz modernster technischer Mittel ein engmaschiges Beobachtungsnetz über die gesamte Erdoberfläche u. bis zu einer Höhe von 30 km spannen. Denn noch immer gibt es große Lücken im meteorologischen Stationsnetz, besonders auf der Südhalbkugel u. den Ozeanen. Wegen der weltweiten Zusammenhänge im Wettergeschehen wird aber erst eine Überwindung dieser schwachen Stellen zu einer Verbesserung der Wettervorhersage führen können. Zu diesem Zweck werden neue Wettersatelliten u. Meßballone sowie automatische Wetterstationen auf den großen Ozeanen eingesetzt. Die nationalen Wetterdienste, besonders in den Entwicklungsländern, sollen weiter einheitlich ausgebaut werden. Wettermeldungen aus wirklich allen Teilen der Erde sollen mittels modernster Nachrichtenverbindung zentralen Stellen übermittelt werden, wo sie mit Hilfe von Computern weiter bearbeitet u. in Form von Karten verschiedener Art wieder verbreitet werden. Die drei großen Weltwetterzentren sind Washington, Moskau u. Melbourne. – Parallel zu dieser Entwicklung laufen der weitere Ausbau u. die Verbesserung der mathematisch „berechneten" Wettervorhersage (numerische Wettervorhersage). So besteht die Hoffnung, daß es eines Tages gelingen wird, der Luft- u. der Seefahrt, der Landwirtschaft u. der Medizin u. allen anderen interessierten Stellen eine genügend genaue Wetterprognose für einen längeren Zeitraum zur Verfügung stellen zu können.
Außer der Synoptik, dem bekanntesten Zweig der Meteorologie, u. der Aerologie gibt es eine Reihe weiterer Arbeitsbereiche der Wetterkunde. Die *Klimatologie* erforscht den mittleren Zustand der Atmosphäre u. den durchschnittlichen Verlauf der Witterung an einem Ort. Die *Bioklimatologie* untersucht die Einwirkungen des Klimas auf die Lebewesen, besonders auch auf den Menschen. Die *Agrarmeteorologie* befaßt sich mit den Auswirkungen der atmosphärischen Vorgänge auf das Pflanzenwachstum. Die *technische Klimatologie* studiert die Bedeutung der einzelnen Klimafaktoren bei technischen Prozessen. Von großer Bedeutung ist auch die *Flugmeteorologie*, die die meteorologischen Voraussetzungen für die Luftfahrt erarbeitet. Es gibt noch weitere Arbeitsgebiete der Meteorologie, das modernste ist die *Satellitenmeteorologie*, die sich mit dem Studium der Wolkenaufnahmen u. Beobachtungswerte von Wettersatelliten befaßt. Der erste europäische Wettersatellit wurde Ende 1977 gestartet.

* * *

Wien (Stich)

Ort internationaler Messen. – W. entstand an der Stelle des römischen Militärlagers *Vindobona*. Im 12. Jh. wurde es Residenz der österreichischen Herzöge, 1276 habsburgisch. 1529 u. 1683 belagerten die Türken W. vergeblich. W. wurde 1805 u. 1809 von französischen Truppen besetzt. 1814/15 war die Stadt Tagungsort des ↑Wiener Kongresses. Im 18. Jh. wurde die Stadt großzügig als Kaiserresidenz ausgebaut; damit begann ihre Entwicklung zu einem europäischen Kulturmittelpunkt. Die Geschichte der Musik erreichte einen Höhepunkt in der ↑Wiener Klassik. Im 19. Jh. entwickelte sich Wien zu einer modernen Großstadt.

Wiener Klassik w, in der Musik die stilgeschichtliche Bezeichnung für die Epoche Haydns, Mozarts u. Beethovens (alle in Wien), in der Werke höchster Vollendung entstanden sind.

Wiener Kongreß m, Versammlung europäischer Herrscher u. Staatsmänner 1814/15 in Wien unter der Leitung ↑Metternichs. Ziel des Wiener Kongresses war es, Europa nach dem Sturz Napoleons I. neu zu ordnen (Schaffung des Deutschen Bundes, Wiederherstellung des Kirchenstaates u. der Schweiz, Gebietszuwachs für Rußland, Preußen, die Niederlande u. andere Maßnahmen). Dabei waren starke Bestrebungen, die

Wienerwald

Thornton Wilder

Kaiser Wilhelm I.

Kaiser Wilhelm II.

Wiesel. Hermelin

politischen Zustände der Zeit vor der Französischen Revolution wiederherzustellen, wirksam. Auf dem W. K. wurde die ↑Heilige Allianz vorbereitet.

Wienerwald m, bewaldetes Mittelgebirge westlich von Wien, ein Nordostausläufer der Alpen, bis 890 m hoch. Der W. ist ein beliebtes Ausflugsgebiet.

Wiesbaden, Hauptstadt von Hessen, im südlichen Vorland des Taunus, mit 270 000 E. Die Stadt besitzt 27 heiße Quellen (bis zu 67 °C) u. ist daher auch Kurort. Sehenswert sind das Barockschloß in W.-Biebrich (1698–1721) sowie neuere Bauten (Kurhaus, Landtagsgebäude, Staatstheater). W. hat 2 Fachhochschulen u. Verlage. Die Industrie stellt Zement, Zellglas, Zellstoffe, Kälteanlagen, Dünger, Kleidung, Sekt, Chemikalien u.a. her.

Wiesel s, Gattung der Marder mit mehr als 10 Arten. Mit dolchartigen Eckzähnen u. Reißzähnen kann das W., das sich hauptsächlich von Mäusen ernährt, Tiere bis zur Größe eines Feldhasen erlegen. Die bekannte Art ist der ↑Hermelin. Das Fell des *Mauswiesels* ist das ganze Jahr über oberseits braun (keine schwarze Schwanzspitze). – Einmal im Jahr, Ende Mai bis Anfang Juni, bringt das Weibchen vier bis sieben Junge zur Welt, die wochenlang blind sind. Bei Gefahr entleert das W. die Stinkdrüsen.

Wigwam [indian.-engl.] m, zeltartige Behausung der Indianer Nordostamerikas.

Wikinger ↑Normannen.

Wild s, Bezeichnung für die jagdbaren Säugetiere (Reh, Hirsch, Hase, Wildkaninchen, Wildschwein u.a.) u. Vögel (Fasan, Rebhuhn, Wachtel u. a.).

Wildbret s, das Fleisch des geschossenen Wildes.

Wilde Jagd w (Wildes Heer), in der germanischen Sage u. im Volksglauben ein gespenstisches Totenheer. Angeführt vom *Wilden Jäger* (ursprünglich Wodan), reitet es in Sturmnächten durch die Lüfte.

Wildente w, Bezeichnung für jede wild vorkommende Entenart (im Gegensatz zur Hausente), v.a. für die Stockente, die häufig gejagt wird.

Wilder, Thornton [ᵘ*aild*ᵉʳ], * Madison (Wisconsin) 17. April 1897, † Hamden bei New Haven (Connecticut) 7. Dezember 1975, amerikanischer Schriftsteller. Sein Werk ist von weltanschaulichen (z. T. religiösen) Fragestellungen bestimmt. Er schrieb die Romane „Dem Himmel bin ich auserkoren" (deutsch 1935) u. „Die Iden des März" (deutsch 1949), die Dramen „Unsere kleine Stadt" (deutsch 1944), „Wir sind noch einmal davongekommen" (deutsch 1944) u. a.

Wilderei w, unerlaubtes Jagen oder Fischen. Auch wer Sachen (z. B. Hochsitze, Netze) beschädigt, zerstört oder sich aneignet, die dem Jagd- oder Fischereirecht eines anderen unterliegen, ist ein *Wilderer.* W. wird mit Freiheitsentzug bestraft.

Wilder Wein m, als Zierpflanze kultivierte Weinrebenpflanze, deren Blätter sich im Herbst stark verfärben. Mit zierlichen Tastorganen klammert er sich an Hauswänden, Lauben u. ä. fest.

Wildgans w, Bezeichnung für wild vorkommende Gänse (im Gegensatz zur Hausgans). Die bei uns vom Herbst bis zum Frühling einfallenden Scharen von Wildgänsen sind meist *Saatgänse* mit dunkelgrauem Gefieder u. roten Beinen u. weißstirnige *Bläßgänse.* Die hell- bis mittelgraue *Graugans* brütet nur selten nördlich u. östlich der Elbe.

Wildschwein s, in feuchten Wäldern u. Waldgebieten lebende Art der Schweine. Der Rumpf ist schlanker als der des Hausschweins, Beine u. Rücken sind höher, der Schädel ist länger, der Schwanz nicht geringelt. Der ganze Körper ist dicht mit schwarzen Borsten bedeckt. Die Jungen (Frischlinge) haben ein kurzhaariges, gelbschwarz gestreiftes Fell. V. a. in der Dämmerung durchpflügt das W. die Erde auf der Suche nach Nahrung (Wurzeln, Knollen, Würmer, Engerlinge, Raupen, Insektenpuppen). Es bricht auch bei Nacht in Felder ein u. verwüstet mitunter große Teile der Ernte. – Das W. ist in Europa, Asien u. Nordafrika verbreitet.

Wilhelm: *deutsche Kaiser:* **1) W. I.,** * Berlin 22. März 1797, † ebd. 9. März 1888, König von Preußen seit 1861, deutscher Kaiser seit 1871. Anfangs ↑liberal eingestellt, nahm er später eine ↑konservative Haltung ein. Er war 1858–61 Regent für seinen geisteskranken Bruder Friedrich Wilhelm IV. Der liberalen Opposition trat er durch Bismarcks Berufung zum Ministerpräsidenten entgegen. 1867–71 war W. I. Präsident des Norddeutschen Bundes. 1871 wurde er in Versailles zum deutschen Kaiser ausgerufen; **2) W. II.,** * Berlin 27. Januar 1859, † Schloß Doorn (Provinz Utrecht) 4. Juni 1941, deutscher

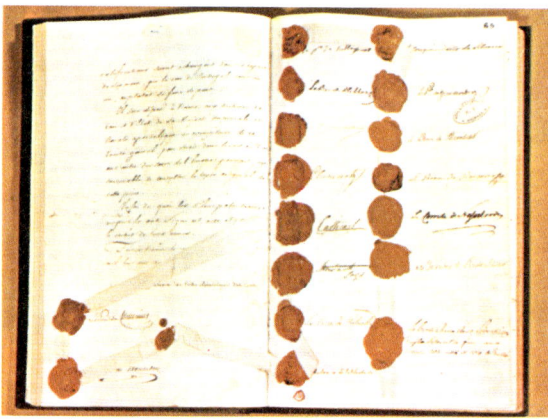
Wiener Kongreßakte (1815)

Windsor

Kaiser u. König von Preußen 1888 bis 1918. Der Gegensatz zu Bismarck führte 1890 zu dessen Entlassung. W. beeinflußte durch seine unausgeglichene Innen- u. Außenpolitik u. sein betont kriegerisches Auftreten die weltpolitische Entwicklung sehr zuungunsten Deutschlands. Während des 1. Weltkriegs trat er zunehmend in den Hintergrund. Nach dem Ausbruch der deutschen Novemberrevolution von 1918 dankte er ab u. ging in die Niederlande. – *England*: **3)** **W. I.**, der Eroberer, * Falaise (Normandie) um 1027, † Rouen 9. September 1087, Herzog der Normandie seit 1035, seit 1066 König von England. 1066 landete er bei Hastings an der englischen Küste u. begründete durch seinen Sieg über die Angelsachsen die Herrschaft der Normannen in England, das er bis 1071 völlig eroberte. England, das nach Skandinavien ausgerichtet war, wandte sich nun dem Festland (besonders Frankreich) zu.

Wilhelmshaven, Stadt am Jadebusen, in Niedersachsen, mit 102 000 E. Sie besitzt eine Fachhochschule u. Forschungsanstalten. Die Industrie umfaßt eine Erdölraffinerie, Chemiewerke, Textilindustrie, Büromaschinen- u. Kranbau sowie eine Werft. W. ist der größte deutsche Erdölhafen (mit einer Erdölleitung ins Ruhrgebiet). Es ist auch Nordseebad.

Wille *m* (Wollen), die Fähigkeit des Menschen, sich bewußt u. aus eigener Verantwortung für eine bestimmte Handlung zu entscheiden (im Unterschied zum ↑Trieb); der Mensch erlebt so ein zielgerichtetes Bewußtsein als den Grund seiner Handlungen. Eine feste Willenshaltung, die auf vernünftigen Motiven aufbaut, ist die Grundlage der Charakterbildung einer Persönlichkeit.

Wilna (litau. Vilnius), Hauptstadt von Litauen, UdSSR, mit 447 000 E. Die Stadt besitzt bedeutende Bauten aus verschiedenen Epochen, zwei Burgen u. zahlreiche Kirchen. Sie hat eine Universität u. andere Hochschulen. Neben der Herstellung von Werkzeug- u. Landmaschinen gibt es Elektro-, Textil-, Leder- u. Möbelindustrie.

Wilson, (Thomas) Woodrow [^{u}ilβ^en], * Staunton (Virginia) 28. Dezember 1856, † Washington 3. Februar 1924, 28. Präsident der USA von 1913 bis 1921. Unter seiner Präsidentschaft traten die USA in den 1. Weltkrieg ein. Nach Kriegsende setzte er die Errichtung des ↑Völkerbundes durch, nicht jedoch sein Programm des Weltfriedens („Vierzehn Punkte"). 1919 erhielt W. den Friedensnobelpreis.

Wimpel *m*, meist kleinere, schmale, dreieckige Flagge (z. B. als Abzeichen von Jugendgruppen oder zur Kennzeichnung von Schiffen).

Wimpertierchen *s, Mz.* (Infusorien), Urtierchen (Protozoen), deren „Körper" (nur eine Zelle) ganz oder teilweise mit Wimpern besetzt ist. Der Zellkörper der W. weist einen hohen Grad an Aufgliederung in spezielle Organellen auf u. gilt deshalb als höchstentwickelter Zellkörper bei Einzellern. Bei freibeweglichen W. (Pantoffeltierchen) dienen die Wimpern der Fortbewegung, bei festsitzenden Arten (Glocken-, Trompetentierchen) dem Herbeistrudeln der Nahrung.

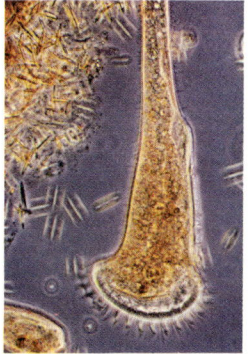
Wimpertierchen. Trompetentierchen

Wind *m*, eine Luftströmung, die entsteht, wenn zwischen zwei Orten ein Luftdruckunterschied besteht. Die Luft strömt dabei stets von dem Ort des höheren Drucks (Hochdruckzone) zu dem Ort des geringeren Drucks (Tiefdruckzone). Die Strömung erfolgt nicht geradlinig, infolge der Erdumdrehung tritt eine seitliche Ablenkung auf.

Winde *w*, eine Vorrichtung, mit der eine Last senkrecht gehoben oder gesenkt, seitlich versetzt oder herangezogen werden kann. Die einfachste W. ist die *Seilwinde*. Bei ihr hängt die Last an einem Seil, das auf eine Trommel aufgewickelt wird. Seilwinden werden bei Kränen verwendet. Bei der *Schraubenwinde* wird die Last durch eine Schraubenspindel bewegt, die sich in einer Mutter dreht. *Zahnstangenwinden* bestehen aus einer Zahnstange, in die ein kleines Zahnrad eingreift. Wenn es sich dreht, wird die Zahnstange je nach Drehrichtung aus- oder eingefahren. Die meisten Wagenheber sind als Schrauben- oder Zahnstangenwinde gebaut. Die *hydraulische W.* arbeitet nach demselben Prinzip wie eine ↑hydraulische Presse.

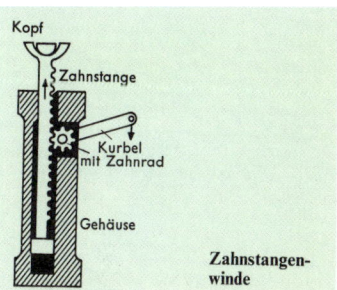
Zahnstangenwinde

Windmühle *w*, eine Mühle, die die natürliche Kraft der Luftströmungen als Antrieb für ein Mahlwerk (Getreidemühle), einen elektrischen Generator u. ä. ausnutzt. Die W. besitzt Flügelräder, die sich meist selbständig schräg zur Windrichtung einstellen, so daß die Windkraft sie in Drehung versetzt. Ihre Wirkungsweise ist gerade umgekehrt wie die eines ↑Propellers bzw. ↑Ventilators.

Windpocken *w, Mz.*, durch ↑Viren hervorgerufene Infektionskrankheit, bei der ein Hautausschlag in Form von flüssigkeitsgefüllten Bläschen (Windpocke) auftritt. Verläuft meist gutartig.

Windrose *w*, ein Kreis, auf dem die 4 Haupthimmelsrichtungen u. die dazwischenliegenden Teilungen angegeben sind, v. a. die Kompaßscheibe (↑Kompaß).

Windsor [^{u}ins^{er}] (New Windsor), englische Stadt an der Themse westlich von London, mit 30 000 E. Hier befindet

Windmühle aus dem 18. Jahrhundert

Windsurfing

Windstärken

sich die königliche Sommerresidenz *W. Castle* (um 1070 begonnen; An- u. Umbauten bis ins 19.Jh.). Nach ihr trägt die britische Königsfamilie seit 1917 den Namen Windsor.

Windstärken w, *Mz.*, Einteilung der Winde nach ihrer Geschwindigkeit u. ihren Auswirkungen. Gebräuchlich ist im allgemeinen die Skala nach Sir Francis Beaufort.

Windsurfing [*bö'fing*; engl.] *s*, eine Wassersportart (eine Kombination aus Wellenreiten, Segeln u. Wasserski), wobei der Sportler auf einem Kunststoffbrett (etwa 3,70 m lang, 0,50 m breit, Gewicht 27 kg) steht u. dieses mit dem um 360° schwenkbaren Gabelbaum steuert, indem er das daran u. am 4,30 m hohen (ebenfalls drehbaren) Mast angebrachte Segel der Windrichtung entsprechend bewegt. – Abb. S. 669.

Winkel *m*, Richtungsunterschied zwischen zwei von einem Punkt (Scheitelpunkt des Winkels) ausgehenden Strahlen (Schenkel des Winkels). Der W. wird bestimmt durch die Drehung, durch die der eine Schenkel in den anderen übergeführt werden kann. Gemessen wird der W. in ↑Grad 1). Einer vollen Umdrehung entspricht ein Gradmaß von 360°. Häufig wird ein W. auch im sogenannten Bogenmaß gemessen. Zur Angabe der Winkelgröße wird dabei die Länge des Kreisbogens mit dem Radius 1 gewählt, der zwischen den beiden Schenkeln des Winkels verläuft. Diese Maßeinheit für ebene W. wird als *Radiant* (Abkürzung: rad) bezeichnet.

Da einem W. von 360° eine Bogenlänge von 2π entspricht, beträgt das Bogenmaß eines Winkels von 1° also

$$\frac{2\pi}{360} \text{ rad} = \frac{\pi}{180} \text{ rad}.$$

Mithin gilt folgende Umrechnungsbeziehung zwischen Gradmaß u. Bogenmaß

$$\alpha \text{ [in°]} \,\hat{=}\, \frac{\pi}{180°} \cdot \alpha \text{ rad}.$$

In der folgenden Tabelle sind Gradmaß u. Bogenmaß einiger W. gegenübergestellt:

Gradmaß	Bogenmaß
30°	$\pi/6$ rad
45°	$\pi/4$ rad
60°	$\pi/3$ rad
90°	$\pi/2$ rad
180°	π rad
270°	$3/2\,\pi$ rad
360°	2π rad

Zur groben Kennzeichnung der W. benutzt man folgende Bezeichnungen:
spitzer Winkel: $0° < \alpha < 90°$
rechter Winkel: $\alpha = 90°$
stumpfer Winkel: $90° < \alpha < 180°$
gestreckter Winkel: $\alpha = 180°$
überstumpfer Winkel: $180° < \alpha < 360°$
Vollwinkel: $\alpha = 360°$.

SKALA DER WINDSTÄRKEN
(nach Beaufort)

Windstärke	Bezeichnung der Windstärke	Wirkung des Windes	mittlere Geschwindigkeit in m/s
0	Windstille	Rauch steigt senkrecht empor	0–0,2
1	leiser Zug	Rauch zeigt Ablenkung	0,3–1,5
2	leichte Brise	im Gesicht eben fühlbar	1,6–3,3
3	schwache Brise	Baumblätter leicht bewegt	3,4–5,4
4	mäßige Brise	bewegt kleine Zweige, streckt Wimpel	5,5–7,9
5	frische Brise	bewegt größere Zweige, unangenehm spürbar	8,0–10,7
6	starker Wind	Pfeifen in Telegrafenleitungen	10,8–13,8
7	steifer Wind	Schaumkronen auf Wellen, bewegt schwache Baumstämme	13,9–17,1
8	stürmischer Wind	bewegt Bäume, behindert Fußgänger	17,2–20,7
9	Sturm	ruft leichte Beschädigungen an Häusern hervor	20,8–24,4
10	schwerer Sturm	entwurzelt Bäume	24,5–28,4
11	orkanartiger Sturm	schwere Zerstörungen	28,5–32,6
12			32,7–36,9
13			37,0–41,4
14			41,5–46,1
15	Orkan	verwüstende Wirkungen	46,2–50,9
16			51,0–56,0
17			$\geq 56,1$

Als *Nebenwinkel* bezeichnet man 2 W., die einen gemeinsamen Schenkel besitzen u. deren beide andere Schenkel eine Gerade bilden. Nebenwinkel ergänzen sich infolgedessen zu 180°. *Komplementwinkel* nennt man 2 W., deren Summe 90° beträgt, *Supplementwinkel* nennt man 2 W., deren Summe 180° beträgt.

Winkeldrucker *m*, früher übliche Bezeichnung für Drucker, die ohne Genehmigung arbeiteten und häufig vom Nachdruck lebten.

Winkelfunktionen (trigonometrische Funktionen) *w*, *Mz.*, Sammelbezeichnung für alle ↑Funktionen, die eine Beziehung zwischen einem Winkel u. zwei Seiten im rechtwinkligen Dreieck zum Ausdruck bringen. Bezeichnet man die dem Winkel α anliegende Kathete als Ankathete, die ihm gegenüberliegende Kathete als Gegenkathete, so sind die W. folgendermaßen definiert (festgelegt):

Sinus α (sin α) = $\dfrac{\text{Gegenkathete}}{\text{Hypotenuse}}$

Kosinus α (cos α) = $\dfrac{\text{Ankathete}}{\text{Hypotenuse}}$

Tangens α (tan α) = $\dfrac{\text{Gegenkathete}}{\text{Ankathete}}$

Kotangens α (cot α) = $\dfrac{\text{Ankathete}}{\text{Gegenkathete}}$

Sekans α (sec α) = $\dfrac{\text{Hypotenuse}}{\text{Ankathete}}$

Kosekans α (cosec α) = $\dfrac{\text{Hypotenuse}}{\text{Gegenkathete}}$

Diese Definition gilt nur für Winkel, die kleiner oder die gleich 90° sind ($\alpha \leq 90°$).

Für größere Winkel werden die W. am Einheitskreis definiert (vergleiche Abbildung). Zwischen den W. bestehen u. a. folgende Beziehungen:

$\sin^2 \alpha + \cos^2 \alpha = 1$

$\tan \alpha \cdot \cot \alpha = 1$

$\tan \alpha = \dfrac{\sin \alpha}{\cos \alpha} = \dfrac{1}{\cot \alpha}$

$\cot \alpha = \dfrac{\cos \alpha}{\sin \alpha} = \dfrac{1}{\tan \alpha}$

$\sec \alpha = \dfrac{1}{\cos \alpha}$

$\text{cosec } \alpha = \dfrac{1}{\sin \alpha}$.

Die graphische Darstellung der W. zeigt die Abbildung. W. spielen u. a. eine wichtige Rolle bei der Berechnung von Dreiecken, insbesondere bei der Landvermessung sowie bei der Berechnung von Wechselstromvorgängen.

Winkelmesser *m*, ein Gerät zur Messung von ↑Winkeln, bestehend aus einem Halbkreis, dessen Umfang in 180 gleiche Abschnitte eingeteilt ist, von denen jeder einem Winkelgrad entspricht. Der W. wird so an den zu messenden Winkel gelegt, daß der Mittelpunkt des Halbkreises mit dem Scheitelpunkt des Winkels u. der Durchmesser des Halbkreises mit dem einen Schenkel des Winkels zusammenfällt. Wo der zweite Schenkel den Halbkreis schneidet, wird die Winkelgröße abgelesen.

Wissenschaft

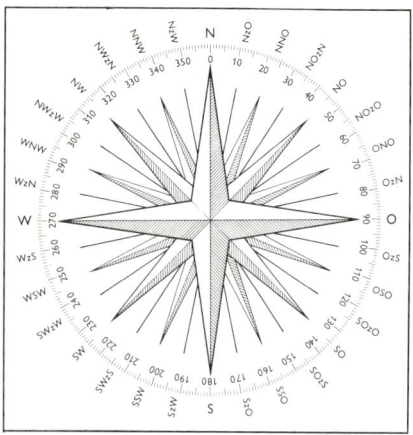

Windrose

Winnipeg [ᵘin...], Hauptstadt der kanadischen Provinz Manitoba, mit 553 000 E. Die Stadt besitzt eine Universität. W., das Verkehrs- u. Wirtschaftszentrum Südkanadas, ist ein wichtiger Weizenmarkt. Es hat Schlachthöfe, Fleischverarbeitungsbetriebe, Automontage, Maschinenbau, Stahl-, chemische u. Papierindustrie.

Winter *m*, eine der 4 Jahreszeiten. Auf der Nordhalbkugel dauert der W. vom 21. Dezember (*Wintersonnenwende*) bis zum 31. März (Frühlingsäquinoktium; ↑Äquinoktium), auf der Südhalbkugel umfaßt er die Zeit vom 21. Juni bis zum 23. September.

Winterschlaf *m*, viele Wirbeltierarten der gemäßigten u. kalten Zonen verbringen den Winter in Höhlen oder gepolsterten Erdlöchern in einem Ruhezustand, dem Winterschlaf. Dabei sinkt die Körpertemperatur auf wenige Grad über Null ab, Herztätigkeit u. Atmung sind verlangsamt. Von den Säugetieren halten u. a. Murmeltiere, Siebenschläfer, Hamster, Fledermäuse, Igel u. Dachs einen W.; Kaltblüter (Lurche, Reptilien, Wirbellose) verfallen in nahezu völlige Kältestarre (*Winterstarre*).

Wintersport ↑S. 673ff.

Winkelfunktionen

Winterthur, schweizerische Stadt nördlich von Zürich, mit 89 000 E. Sie ist ein bedeutendes Kulturzentrum (Musikpflege, Kunstsammlung) u. hat wichtige Industrien (Maschinenbau, Textil- u. chemische Industrie, Lederverarbeitung).

wirbellose Tiere *s, Mz.,* Tiere ohne Wirbelsäule; ihre Oberhaut ist einschichtig. Hierzu gehören die einzelligen Tiere (Urtiere), Hohltiere, Weichtiere, Würmer, Stachelhäuter, Gliederfüßer u. Schwämme.

Wirbelsäule *w* (Rückgrat), bei den Wirbeltieren die knöcherne Achse des Skeletts. Sie besteht aus zahlreichen einzelnen Knochen, den Wirbeln. Da zwischen je zwei Wirbeln die Bandscheibe, eine elastische Knorpelscheibe mit gallertigem Kern, liegt, ist die W. insgesamt biegsam. Rückenwärts weisen die Wirbelkörper einen Knochenring mit Fortsätzen auf; sämtliche Wirbelringe bilden einen Kanal, in dem das Rückenmark geborgen ist. – Die W. des Menschen besteht aus 7 Hals-, 12 rippentragenden Brust-, 5 Lenden-, 5 verwachsenen Kreuzbein- u. 4 bis 5 Steißbeinwirbeln († Skelett).

Wirbeltiere *s, Mz.,* Tiere mit einem knorpeligen oder knöchernen Innenskelett mit einer gegliederten Wirbelsäule. Der Körper ist in Kopf, Rumpf, Schwanz u. zwei Gliedmaßenpaare gegliedert. Rückenwärts von der Wirbelsäule liegt im Wirbelkanal das Rückenmark, das zum Gehirn überleitet u. mit diesem das Zentralnervensystem bildet, bauchwärts der Darm u. die Hauptblutgefäße. In dem stets geschlossenen Blutgefäßsystem wird das Blut durch das in 2–4 Kammern geteilte Herz bewegt. Der Ausscheidung dienen paarige Nieren. Die Körperhaut besteht aus zwei Schichten. Dem gut entwickelten Gehirn entsprechen hochentwickelte Sinnesorgane. – Abb. S. 672.

Wirklichkeitsform ↑Verb.

Wirkungsgrad *m*, Zeichen η, das Verhältnis der von einer Maschine nutzbar abgegebenen Energie (Nutzenergie) zu der für ihren Betrieb aufgewendeten Energie (Antriebsenergie):

$$\text{Wirkungsgrad} = \frac{\text{Nutzenergie}}{\text{Antriebsenergie}}.$$

Da in jeder Maschine Reibungsvorgänge auftreten, bei denen ein Teil der zugeführten Energie in nutzlose Wärmeenergie umgewandelt wird, ist die Nutzenergie stets kleiner als die Antriebsenergie, der W. also stets kleiner als 1.

Wirtschaft *w*, alle Einrichtungen u. Maßnahmen, die sich auf die Herstellung (Produktion) u. den Verbrauch (Konsum) von Gütern beziehen. Zu den Gütern im wirtschaftlichen Sinne gehören auch die Dienstleistungen, z. B. Transport- u. Verkehrswesen, ↑Banken); ↑auch Marktwirtschaft, ↑Planwirtschaft.

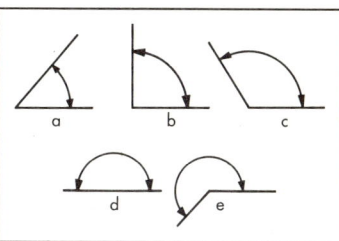

Winkel. a spitzer Winkel (kleiner als 90°), b rechter Winkel (90°), c stumpfer Winkel (größer als 90°, kleiner als 180°), d gestreckter Winkel (180°), e überstumpfer Winkel (größer als 180°, kleiner als 360°)

Wischnu ↑Religion.

Wisent *m*, schwarzbraunes Wildrind, bis 3,5 m lang. Es erreicht eine Schulterhöhe von 2 m. Einst lebte der W. in großen Herden unter Führung eines weiblichen Leittieres in den europäischen Wäldern, heute findet man ihn nur noch in Wildgehegen. – Abb. S. 672.

Wismar, Hafenstadt an der Ostsee, mit 57 000 E, im Bezirk Rostock. W. ist Exporthafen für Kalisalze u. hat einen Großwerft.

Wismut *s*, metallisches Element, chemisches Symbol Bi, Ordnungszahl 83; Atommasse etwa 209. W. ist wie Tantal v. Vanadin ein Metall, das durch die Neigung zu Verunreinigungen mit anderen Elementen meist recht spröde u. unbearbeitbar ist; mit zunehmender Reinheit wird das Metall zunehmend dehn- u. verformbar. Das relativ seltene Element wird hauptsächlich als Legierungsbestandteil für niedrigschmelzende ↑Legierungen verwendet, die beispielsweise für Strom- u. Feuersicherungsanlagen gebraucht werden.

Wissenschaft *w*, Gesamtheit der planmäßigen Bemühungen der Menschen, vernunftgemäße Erkenntnisse u. wahre, nachprüfbare Aussagen über die Natur u. den Menschen zu gewinnen. Die W. als Ganzes ist in viele unterschiedliche Wissenschaften (Einzelwissenschaften) unterteilt, die nach dem Objekt ihrer Erkenntnis u. nach ihrer ↑Methode u. Zielsetzung unterschieden u. benannt werden; so spricht man traditionell von *Naturwissenschaften*, die ihre Erkenntnisse durch Experimente (Versuche) gewinnen (1. physikalisch u. mathematisch erfaßbare *exakte Naturwissenschaften*: Physik, Chemie, Astronomie, Geologie u. a.; 2. *biologische Naturwissenschaften*), u. von *Geisteswissenschaften* (Philologie, Geschichtswissenschaft u. a.), die weniger auf mathematisch faßbare Tatsachen, sondern vielmehr auf das Verständnis historischer Zusammenhänge (die geistigen, künstlerischen u. politischen Leistungen der Menschen in Wechselwirkung zur Gesellschaft ihrer Zeit) gerichtet sind. Eine Abgrenzung der beiden Bereiche ist

671

Wittelsbacher

Wisent

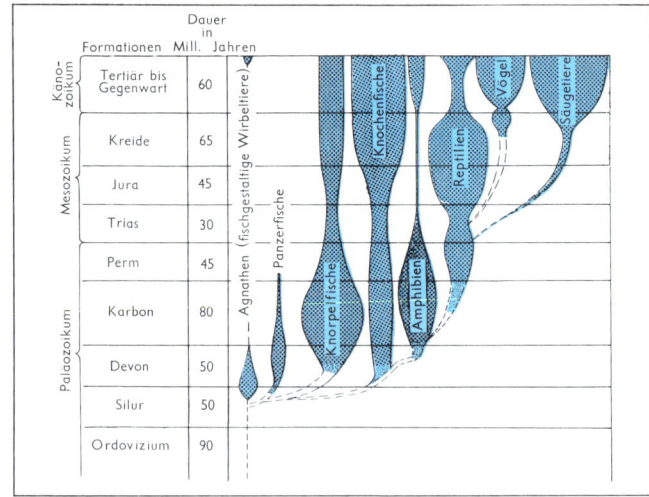

Wirbeltiere. Entstehung und Entfaltung der Klassen im Verlauf der Erdgeschichte

heute u. a. deshalb schwierig, weil die sogenannten Geisteswissenschaften mehr u. mehr die exakten Methoden der Naturwissenschaften benutzen.

Wittelsbacher *m, Mz.,* deutsches Fürstengeschlecht, benannt nach der Burg *Wittelsbach* bei Aichach in Oberbayern. Die W. wurden 1180 Herzöge von Bayern, 1214 auch Pfalzgrafen bei Rhein. 1255 teilte sich das Geschlecht in zwei Hauptlinien: in eine bayrische (1777 erloschen) u. in eine pfälzische. 1806–1918 waren die W. Könige von Bayern.

Wittenberg (Lutherstadt W.), Kreisstadt an der mittleren Elbe, im Bezirk Halle, mit 52 000 E. Zu den Sehenswürdigkeiten dieser Stadt, in der Luther lebte und wirkte, gehören u. a. die gotische Stadtkirche u. das spätgotische Schloß mit der Schloßkirche (wo sich die Gräber Luthers u. Melanchthons befinden). Die Universität, von der 1517 die Reformation ausging, wurde 1817 mit der von Halle/Saale vereinigt u. nach dort verlegt.

Witterung *w*: **1)** der über mehrere Tage hin gleichbleibende Zustand des Wetters, z. B. günstige W.; **2)** in der Jägersprache Bezeichnung für den vom Menschen kaum oder gar nicht spürbaren Geruch, den der Hund oder das Wild beim *Wittern* (Riechen) wahrnehmen; so wittert z. B. der Hund eine frische Wildfährte oder das Wild den Menschen.

Wladiwostok, sowjetische Hafenstadt am Japanischen Meer, mit 526 000 E. Die Stadt hat eine Universität sowie Werften, Herstellung von Bergbauausrüstungen u. Fischverarbeitungsindustrie. W. ist Ausgangspunkt für Fisch-, Robben- u. Walfang.

Woche *w,* Zeitraum von 7 Tagen (Montag bis Sonntag). Die Römer kannten eine achttägige W., die siebentägige wurde aus Vorderasien übernommen.

Wittenberg. Marktplatz mit Rathaus und den Denkmälern Luthers und Melanchthons; im Hintergrund die Stadtkirche

Wodan (Wotan; nordgermanisch Odin) ↑germanischer Götterglaube.

Wohlfahrtspflege *w,* Maßnahmen zur Unterstützung notleidender u. sozial gefährdeter Personen. Die *freie W.* wird von zahlreichen privaten u. kirchlichen Einrichtungen (freie Wohlfahrtsverbände) durchgeführt; zur *öffentlichen W.* ↑Sozialhilfe, ↑Jugendhilfe.

Wohlfahrtsstaat *m,* Staat, der durch entsprechende Gesetzgebung u. umfassende Maßnahmen (Hilfeleistungen in sozialen Notfällen, Sozialversicherung, Arbeitsschutz, Förderungsmaßnahmen im Wohnungsbau u. a.) für die soziale Sicherheit der Allgemeinheit sorgt.

Woiwode [poln.] *m,* ursprünglich slawischer Heerführer (dem Herzog entsprechend), dann in Polen oberster Beamter einer Provinz (*Woiwodschaft*).

Wolf, Christa, * Landsberg (Warthe) 18. März 1929, deutsche Schriftstellerin in der DDR; ihre von B. Brecht u. Anna Seghers beeinflußten Erzählwerke sind im einzelnen kritisch, bejahen aber grundsätzlich den Sozialismus, u. a. die Romane „Der geteilte Himmel" (1963), „Nachdenken über Christa T." (1968), „Kindheitsmuster" (1977).

Wolf, Hugo, * Windischgraz (Slowenien) 13. März 1860, † Wien 22. Februar 1903, österreichischer Komponist. Er schrieb v. a. Lieder („Spanisches Liederbuch", „Italienisches Liederbuch", Lieder nach Texten von Eichendorff, Goethe, Mörike u. a.), ferner Chorwerke, die Oper „Der Corregidor" (1896) u. Kammermusik.

Wolf *m,* Raubtier, das einem großen Schäferhund ähnelt; sein Pelz ist grau bis schwarz. Zu Beginn des 19. Jahrhunderts war der W. noch in ganz Deutschland anzutreffen, heute gibt es größere Wolfsbestände nur noch in den asiatischen Teilen der UdSSR, in Alaska u.

WINTERSPORT

Mit Wintersport werden alle jene Sportarten bezeichnet, die im Winter auf Schnee u. Eis betrieben werden können. Dabei bleibt außer acht, daß man einige dieser Sportarten das ganze Jahr über in Hallen ausüben kann. Wenn auch im folgenden nicht auf alle Wintersportarten eingegangen werden kann (wir verzichten z. B. auf die etwas am Rande liegenden Sportarten Bandy, Eissegeln u. Eisschießen), so sollen doch die bei uns bekannteren Disziplinen kurz beschrieben werden:

I. *Der Skisport:* Das Wort Ski stammt aus dem Norwegischen u. wird mit Scheit übersetzt. Der Ski ist ein aus Holz (heute meist aus Metall oder Kunststoff) gefertigter Schneeschuh mit einer Spezialbindung, mit der er am Stiefel befestigt wird. Es sind fast ausschließlich Sicherheitsbindungen, die sich automatisch lösen. Auf diese Weise soll schweren Verletzungen vorgebeugt werden.

Das Skilaufen ist mehr als 5000 Jahre alt. (Etwa 5000 Jahre alt sind Belege: Moorfunde u. Darstellungen). Der Ski war ursprünglich ein reines Zweckgerät für solche Gegenden, in denen man im tiefen Schnee kein anderes Fortbewegungsmittel hatte; v. a. zur Verfolgung des Wildes bei der lebensnotwendigen Jagd im Winter waren diese „Schneegleitschuhe" erforderlich. Im Mittelalter war das Skilaufen besonders in Skandinavien weit verbreitet.

Der moderne Skisport wurde in Norwegen entwickelt u. ist heute v. a. in den Ländern Skandinaviens, der UdSSR, den Alpenländern u. in den USA verbreitet. Man unterscheidet zwischen nordischen u. alpinen Wettbewerben. Zu den *nordischen Disziplinen* gehören der Langlauf u. der Sprunglauf (auch Skispringen genannt). Der *Langlauf*, zweifellos der älteste Skiwettbewerb, wird mit dem Langlaufski ausgetragen. Dieser ist leicht u. schmal, zur Spitze hin etwas breiter u. hat eine Länge bis zu 2,25 m. Die Langlaufstrecke enthält zu gleichen Teilen steigendes, fallendes u. ebenes Gelände. Künstliche Hindernisse dürfen nicht aufgestellt werden. Wettkämpfe werden über folgende Strecken ausgetragen: 5 u. 10 km für Damen (Höhenunterschied nicht mehr als insgesamt 150 m); 15, 30 (Höhenunterschied nicht mehr als 275 m) u. 50 km für Herren (Höhenunterschied nicht über 350 m). Staffelwettbewerbe gibt es bei den Damen über 3 mal 5 km, bei den Herren über 4 mal 10 km. Der Wechsel erfolgt jeweils bei Start u. Ziel, d. h., der nächste Läufer darf erst auf die Strecke, wenn sein vor ihm laufender Mannschaftskamerad das Ziel erreicht hat. Mit Ausnahme der Staffelläufe wird einzeln gestartet. Zwischen den Teilnehmern, die nacheinander auf die Strecke gehen, liegt ein Zeitunterschied von mindestens einer halben Minute. Ein Sonderlauf ist das *Biathlon* (das Wort stammt aus dem Lateinischen u. Griechischen u. bedeutet „Zweikampf"). Es handelt sich bei diesem nur von Herren ausgetragenen (olympischen) Wettbewerb um einen Skilanglauf über 20 km, bei dem zwischen den Kilometern 3 u. 18 an vier verschiedenen Schießständen aus dem mitgenommenen Gewehr je 5 Schüsse auf verschieden große Scheiben abgegeben werden. Für jeden Schuß, der das Ziel verfehlt, wird dem Teilnehmer eine Strafzeit von 2 Minuten angerechnet. Die Strafzeit wird zur eigentlichen Laufzeit hinzugerechnet.

Der *Sprunglauf* ist ein Springen mit speziellen Skiern (breiter als Laufskier u. 2,20 bis 2,50 m lang) von einer *Schanze*. Diese besteht aus der Anlaufbahn mit einem Winkel zwischen 30 u. 35 Grad, dem in einem Winkel zwischen 5 u. 8 Grad geneigten Schanzentisch, der dem Flugbahn des Springers annäherenden Aufsprungbahn u. dem Auslauf. Der Normpunkt jeder Schanze ist jene Stelle in der Aufsprungbahn, bis zu der ein geübter Springer unter normalen Bedingungen sicher aufsetzen kann. Der Springer läuft in der Hocke an u. hebt mit sehr hoher Geschwindigkeit vom Schanzentisch ab. Um weit zu springen, muß er versuchen, den Körper in Vorlage möglichst weit an die Skier anzunähern u. in dieser Stellung möglichst lange zu bleiben. Besonders schwierig ist die „Landung", da die Geschwindigkeit beim Aufsetzen nach über 80 m ungefähr 100 km/Stunde beträgt. Gewertet werden im Wettbewerb Weite u. Haltung. Sprunglaufwettbewerbe werden auf Normalschanzen, auf der Sprünge bis etwa 80 m möglich sind, u. auf Großschanzen, die Sprünge über 80 m zulassen, ausgetragen. Bei Sprüngen von Schanzen, die Sprünge von weit mehr als 100 m zulassen, spricht man von *Skifliegen* (kritischer Punkt bei Flugschanzen über 120 m; Weltrekord zur Zeit: 176 m). Eine kombinierte Disziplin aus einem Langlauf über 15 km u. einem Springen von der Normalschanze ist die sogenannte *nordische Kombination*.

Zu den *alpinen Disziplinen*, die sich vorwiegend in den Alpenländern entwickelt haben, gehören Abfahrtslauf, Slalomlauf u. Riesenslalomlauf. Alle drei Wettbewerbe werden von Herren u. Damen ausgetragen. Der *Abfahrtslauf* für Herren muß einen Höhenunterschied zwischen 800 (in Ausnahmefällen 750) u. 1000 m aufweisen. Bei den Läufen der Damen soll der Höhenunterschied zwischen 400 u. 700 m liegen. Die Strecke darf keine ebenen oder ansteigenden Stellen enthalten. Um zu hohe u. für die Läufer gefährliche Geschwindigkeiten zu verringern, werden sogenannte Kontrolltore gesteckt, die 8 m breit sein müssen. Der *Slalomlauf* (kurz: Slalom, auch Torlauf genannt) ist ein Lauf, bei dem die Teilnehmer eine Strecke befahren, die durch zahlreiche Flaggenpaare, die sogenannten Tore, markiert ist. Der Slalom wird als Wettrennen in zwei Durchgängen entschieden. Bei Olympischen Spielen, Weltmeisterschaften u. in zahlreichen bedeutenden internationalen Rennen werden immer zwei verschiedene Strecken ausgewählt. Der Höhenunterschied soll für Herren 180 bis 220, für Damen zwischen 120 u. 180 m betragen. Die Tore sind zwischen 3,20 u. 4 m breit. Jeder Teilnehmer, der ein Tor nicht durchfährt, wird vom Wettkampfgericht disqualifiziert.

Der *Riesenslalom* (auch Riesentorlauf genannt) ist als eine Zwischenform zwischen Slalom u. Abfahrtslauf anzusehen. Auch hier müssen die Teilnehmer einer Strecke mit Flaggentoren folgen, die jedoch weiträumiger als beim Slalom angeordnet sind. Der Höhenunterschied beträgt für Herren mindestens 400, für Damen 300 m. Die Strecke muß mindestens 30 Tore (Start u. Ziel eingeschlossen) aufweisen, deren Breite zwischen 4 u. 8 m liegt. Bei Wettbewerben werden bisweilen wie beim Slalom zwei Durchgänge ausgetragen. Abfahrtslauf u. Slalom werden zur *alpinen Zweierkombination*, Abfahrtslauf, Slalom u. Riesenslalom zur *alpinen Dreierkombination* zusammengefaßt. Beim (nichtolympischen) *Parallelslalom* starten 2 Rennläufer zugleich auf nebeneinanderliegenden, genau parallel abgesteckten Strecken; der jeweilige Verlierer scheidet aus, so daß am Ende die beiden besten Läufer um den Gesamtsieg kämpfen.

II. Einen bedeutenden Rang im Wintersport nimmt das *Eislaufen* ein. Hier wird zwischen Eisschnellaufen u. Eiskunstlaufen unterschieden. *Eisschnelläufe* werden auf einer $333\frac{1}{3}$ oder 400 m langen Eisbahn ausgetragen, die in zwei 4 bis 5 m breite Laufbahnen eingeteilt ist. In jedem Lauf starten zwei Teilnehmer. Auf der Gegengeraden befindet sich die 70 m lange Kreuzungsstrecke, auf der die beiden Wettläufer in jeder Runde die Bahn wechseln müssen. Wer beim Start die Innenbahn gelost hat, muß auf der Kreuzungsstrecke auf die Außenbahn u. umgekehrt. Die verschieden langen Strecken werden als Einzelwettbewerb oder als Mehrkampf ausgetragen. Es gibt folgende Einzeldisziplinen: für Frauen 500, 1000, 1500 u. 3000 m, für Männer 500, 1000, 1500, 5000 u. 10000 m. Der (nichtolympische) Mehrkampf, der aus vier Disziplinen besteht, wird in zwei aufeinanderfolgenden Tagen über jeweils zwei Strecken ausgetragen. Die Frauen müssen am ersten Tag 500 u. 1500 m, am zweiten Tag 1000 u. 3000 m laufen. Für Männer gibt es den großen

Wintersport (Forts.)

u. den kleinen Mehrkampf. Der kleine Mehrkampf umfaßt die Wettbewerbe über 500 u. 3 000 m am ersten u. über 1 500 u. 5 000 m am zweiten Tag. Beim großen Mehrkampf werden am ersten Tag 500 u. 5 000, am zweiten Tag 1 500 u. 10 000 m gelaufen.
Der Eisschnellauf ist v. a. in den skandinavischen Ländern, in den Niederlanden u. in der UdSSR verbreitet. Aber auch die Läufer anderer Nationen konnten in den letzten Jahren bedeutende Erfolge erringen.
Mehr Anhänger hat indessen das *Eiskunstlaufen*, das in folgende Disziplinen eingeteilt ist: Einzellauf für Damen, Einzellauf für Herren, Paarlauf u. Eistanzen.
Das Eiskunstlaufen gehört zweifellos zu den schönsten, aber auch schwierigsten Sportarten. Es ist ein sehr harter u. sehr entbehrungsreicher Weg bis zu der technischen u. künstlerischen Perfektion, die man an Meisterläufern als fast selbstverständlich bewundert. Das Einzellaufen besteht aus Pflichtlaufen u. Kürlaufen. Beim Pflichtlaufen sind vorgeschriebene Figuren in das Eis zu „zeichnen". Es ist ferner vorgeschrieben, auf welcher Kante des Schlittschuhs (mit der äußeren Kante = *auswärts*, mit der inneren Kante = *einwärts*) u. in welcher Richtung (*vorwärts, rückwärts*) gelaufen werden muß.
Wichtige Figuren sind v. a. der Bogenachter, der Dreier, die Wende u. die Schlinge. Die *Schlinge* z. B. gehört zu den schwierigsten Figuren, die es in der Pflicht des Eiskunstlaufs gibt. Sie baut auf dem Grundkreis des Bogenachters auf. Der Läufer muß jedoch nach einem halben Bogen auf dem Scheitelpunkt des Kreises sich einmal um die Längsachse drehen u. einen kleineren Kreis beschreiben. Die auf diese Weise entstehende Schlingenspur hat der Figur den Namen gegeben. Die Leistungen der einzelnen Läufer werden von einem Kampfgericht, das aus mehreren Richtern besteht, bewertet. Jeder Kampfrichter gibt für jede gelaufene Figur eine Note zwischen Null u. Sechs. Der zweite Teil des Einzellaufes ist das Kürlaufen. Hier darf der Läufer im Gegensatz zur Pflicht seine Übung selbst zusammenstellen. Dennoch ist eine bestimmte Anzahl schwieriger Sprünge, Schrittkombinationen u. a. von jedem Teilnehmer zu erbringen, der eine gute Benotung anstrebt. Der freie Vortrag nach Musik dauert bei den Wettkämpfen für Damen 4, bei denen der Herren u. im Paarlaufen 5 Minuten. Dabei sollen sportliche Schwierigkeiten des Laufens sowie die musikalische u. künstlerische Darbietung eine Einheit bilden. Deshalb werden auch nach dem Lauf von den Kampfrichtern zwei Wertungsnoten vergeben. Mit der sogenannten A-Note wird der Gesamteindruck der Darbietung, mit der B-Note der sportliche Inhalt bewertet. Auch beim Kürlaufen liegen die Noten zwischen Null u. Sechs. Seit 1972 besteht der Wettkampf aus Pflicht, Pflichtkür u. Kür. Kür u. Pflicht tragen je 40 %, die Pflichtkür 20 % zum Gesamtergebnis bei.
Beim Paarlaufen werden v. a. Harmonie, Gleichmäßigkeit u. Abgestimmtheit der Bewegungen gefordert. Im übrigen werden die gleichen Figuren wie beim Einzellaufen verlangt. Dazu kommen noch Hebefiguren u. Schleudersprünge, bei denen die Partnerin vom Partner unterstützt wird. Das Paarlaufen besteht aus der sogenannten Pflichtkür, bei der einige der Sprünge u. Hebefiguren verlangt werden, u. der eigentlichen Kür, die, wie beim Einzellaufen, dem freien Vortrag vorbehalten bleibt. Die bekanntesten Figuren u. Sprünge sind: Pirouette, Axel-Paulsen, Salchow, Rittberger, Lutz, Butterfly u. Spreizsprung.
Beim *Eistanzen*, der jüngsten Disziplin im Eiskunstlauf, startet wie beim Paarlaufen ein Paar. Von den Läufern sollen v. a. Tanzschritte dargeboten werden. Einige Figuren, deren Dauer jedoch genau festgelegt ist, sind erlaubt. So soll gewährleistet werden, daß der Charakter des Tanzes erhalten bleibt. Im sportlichen Wettkampf gibt es seit 1971 drei Pflichttanzgruppen, von denen eine ausgelost wird. Für jedes Paar werden vier Tänze ausgelost. Die Wertung erfolgt wie bei allen anderen Disziplinen des Eiskunstlaufens nach Punkten zwischen Null u. Sechs. Neben den Pflichttänzen wird ein Kürtanz von 4 Minuten, bei dem die Teilnehmer Schritte u. Figuren selbst zusammenstellen dürfen, gefordert. Verboten sind die für das Paarlaufen charakteristischen Hebesprünge.
Zum Eislaufen gehört auch das *Eishockeyspiel*. Es gilt als das schnellste u. härteste Spiel von allen Kampfspielen. Es findet auf einer Eisbahn statt, deren Normalmaße 60 m in der Länge u. 30 m in der Breite sind (die vorgeschriebenen Mindestmaße betragen 56 m zu 26 m, die Höchstmaße 61 m zu 30 m). Das Spielfeld ist von Holzbanden umschlossen, die nicht höher als 1,22 u. nicht tiefer als 1 m sein dürfen. An den Ecken ist das Spielfeld gerundet. Die in einem Abstand von 3, höchstens aber 4 m von den Endbanden des Spielfeldes aufgestellten Tore sind 1,22 m hoch u. 1,83 m breit. Das Spielfeld ist durch zwei Linien in drei gleich große Drittel geteilt. In der Mitte des Spielfeldes ist die rote Mittellinie gezogen. Die Zone, in der das Tor der eigenen Mannschaft steht, ist für diese das Verteidigungsdrittel, für den Gegner das Angriffsdrittel. Das Drittel in der Mitte ist die neutrale Zone. Jede Eishockeymannschaft besteht aus 15 Spielern auf Schlittschuhen. Von ihnen dürfen sich jeweils nur 6 auf dem Eis befinden. Das Spiel beginnt am Anspielpunkt in der Mitte des Spielfeldes mit dem *Bully*: Dabei stehen sich je ein Spieler der beiden Mannschaften gegenüber u. versuchen, den *Puck* (eine Hartgummischeibe mit 7,6 cm Durchmesser u. 2,5 cm Dicke), der vom Schiedsrichter zwischen beide geworfen wird, mit ihren Schlägern in ihren Besitz zu bringen oder ihn einem Mannschaftskameraden zuzuspielen. Der Stock ist vierkantig u. läuft unten in eine flache Klinge aus. Klinge u. Stiel bilden einen stumpfen Winkel. Die Länge des Stiels darf 1,35 m, die Länge der Klinge 37 cm, die Höhe der Stockschaufel 7,5 cm nicht überschreiten. Jede Mannschaft versucht, den Puck möglichst oft ins gegnerische Tor zu spielen. Sieger ist diejenige Mannschaft, die nach Ablauf der Spielzeit die meisten Tore erzielt hat. Ein in Abseitsstellung erzieltes Tor ist ungültig. *Abseits* liegt dann vor, wenn ein oder mehrere Spieler der angreifenden Mannschaft in das gegnerische Verteidigungsdrittel gelaufen sind, bevor ein von einem Mannschaftskameraden gespielte Puck dort angelangt ist. Aus dem eigenen Verteidigungsdrittel darf der Puck – auch in bedrängter Situation – nicht über die gegnerische Torlinie, sondern nur auf das Tor geschlagen werden. Spiel über zwei Linien ist dann verboten, wenn der Puck aus dem Verteidigungsdrittel über die blaue Linie u. über die rote Mittellinie in das gegnerische Feld gespielt u. dort von einem Mannschaftskameraden angenommen wird. Erlaubt ist der sogenannte *Bodycheck*, das harte Rempeln des Gegners (Stoß mit der Schulter oder der Hüfte), auch wenn der Gegner dadurch zu Fall kommt. Nicht erlaubt ist der Bodycheck im Angriffsdrittel, verboten ist auch der *Crosscheck*, das Stoßen des Gegners mit dem mit beiden Händen gehaltenen Stock, sowie das Halten u. Behindern des Gegners u. Beinstellen. Alle diese u. noch andere kleinere u. größere Regelverstöße werden mit Strafzeiten geahndet. Der Spieler, der gegen die Regeln verstoßen hat, muß das Eis für zwei oder fünf Minuten (v. a. wenn der Gegner bei dem Regelverstoß verletzt wurde) verlassen. Bei sehr schweren Regelverstößen wird eine Disziplinar- (10 Minuten) oder gar eine Matchstrafe (Ausschluß für den Rest der gesamten Spielzeit) verhängt. Die bestrafte Mannschaft muß während dieser Zeit mit fünf oder, falls zwei Spieler auf der Strafbank sitzen, mit vier Spielern auskommen. Bei Disziplinar- oder Matchstrafen darf nach fünf Minuten ein Auswechselspieler einspringen. Gelingt während einer Zwei-Minuten-Strafe dem Geg-

Wintersport (Forts.)

ner ein Tor, darf der ausgeschlossene Spieler auf das Eis zurück. Gespielt werden 3 Spieldrittel zu je 20 Minuten. Zwei Schiedsrichter leiten das Spiel.

III. Der *Schlittensport:* Hierher gehören die Bob- u. Rennschlittenwettbewerbe. Beides sind olympische Disziplinen. Das *Rennrodeln* hat mit dem allgemein verbreiteten Rodeln nur noch den Namen gemeinsam. Das erste Schlittenrennen fand 1883 auf der Straße von Davos nach Klosters statt. 1888 wurde der erste brauchbare Rennschlitten konstruiert. Die Bahn muß bei offiziellen Rennen 1 000 bis 2 000 m lang sein. Das Gefälle darf 11 % nicht übersteigen. Die Bahnsohle hat eine Breite von 1,2 bis 1,5 m. Wettbewerbe gibt es im Einsitzer für Damen u. Herren, im Doppelsitzer nur für Herren. Der erfahrene Rennrodler lenkt, ohne den Boden mit den Händen oder Füßen zu berühren (was früher üblich war). Durch leichten Druck in die gewünschte Richtung u. Gewichtsverlagerung wird der Schlitten gesteuert. Die ersten *Bobrennen* wurden 1898 ausgetragen. Zuerst waren es zwei Engländer, die zwei Rennschlitten zu einem Gespann zusammenbanden, bei dem die Kufen des vorderen Schlittens beweglich waren. Heute haben die Bobschlitten eine Zugseil- oder Radsteuerung, mit der das vordere drehbare Kufenpaar bewegt werden kann. Außerdem ist an ihnen die Handbremse angebracht, deren Bremsbänder mit breiten dreieckigen Zähnen versehen sind. Wettbewerbe (nur für Herren) gibt es im Zweier- u. im Viererbob.

* * *

Kanada. Im Sommer lebt der W. einzeln oder in Paaren u. legt auf der Suche nach Beute in einer Nacht bis zu 80 km zurück. Im Winter vereinen sich Wölfe zu Rudeln, um zu jagen, oder sie brechen in Ställe ein. Leittier im Rudel ist das stärkste Tier, dem sich die anderen unterordnen, die ihrerseits wieder um eine Rangordnung kämpfen. – Abb. S. 676.

Wolfram von Eschenbach, *Eschenbach (heute Wolframs-Eschenbach) bei Ansbach um 1170/80, † ebd. um 1220, deutscher Dichter. Er war ritterlichen Standes, aber unbegütert u. auf ein Wanderleben angewiesen. Sein Hauptwerk – in mittelhochdeutscher Sprache – ist das Epos ↑ „Parzival"; es behandelt das im Mittelalter oft erörterte Problem, wie die Hingabe an Gott u. ein weltliches Ritterleben miteinander zu vereinbaren seien.

Wolfram s, Schwermetall, chemisches Symbol W, Ordnungszahl 74; Atommasse 183,85. Das weißglänzende Metall bildet zwei-, drei-, vier-, fünf- u. sechswertige Verbindungen († Chemie), wovon die sechswertigen am häufigsten u. beständigsten sind. Es ist wie Tantal in reinem Zustand ein leicht zu verarbeitendes Metall, meist jedoch verunreinigt (oft mit Kohlenstoff) u. dann recht hart u. spröde. W. wird vorwiegend als Legierungsbestandteil besonders für Werkzeugstähle genutzt, die gegen Säuren u. gegen mechanische Beanspruchung beständig sein sollen. Bekannt ist die Verwendung von W., dessen Schmelzpunkt mit etwa 3 400 °C sehr hoch liegt, als Material für Glühfäden in Lampen u. Röhren aller Art.

Wolfsburg, Stadt an der Aller u. am Mittellandkanal, in Niedersachsen, mit 127 000 E. Die Stadt (1938 aus 2 Gemeinden gebildet) wird durch das Volkswagenwerk geprägt.

Wolfsmilch w, Unkraut in Garten u. Feld. Alle Pflanzenteile enthalten einen weißen, klebrigen Milchsaft, der ätzend u. giftig ist u. die Verletzungsstelle schnell verschließt. Die schmalen Blätter stehen wechselständig. Der Stengel verzweigt sich an der Spitze mehrfach; jeder der Zweige trägt am Ende einen Blütenstand aus einer becherförmigen, gelbgrünen Hülle, einer nur aus dem Stempel bestehenden weiblichen Blüte u. mehreren nur aus je einem Staubblatt bestehenden männlichen Blüten. Am Fuße des Stempels u. der Staubblätter findet sich je ein kleines Blättchen (Einzelblüten). Die am Rande der Hüllbechers stehenden Honigdrüsen locken Insekten an. Aus dem Fruchtknoten geht eine dreifächerige Kapsel mit kleinen schwarzen Samen hervor.

Wolga w, der längste u. wasserreichste Strom Europas. Er fließt in der UdSSR u. ist 3 530 km lang. Die W. entspringt in den Waldaihöhen u. mündet mit breitem Delta (rund 150 km) ins Kaspische Meer. Sie ist der wichtigste Großschiffahrtsweg der UdSSR u. durch Kanäle mit der Ostsee, dem Weißen Meer, dem Schwarzen Meer sowie mit Moskau verbunden. An ihrem Lauf befinden sich zahlreiche Stauseen mit Großkraftwerken.

Wolgograd (bis 1925 Zarizyn, bis 1961 Stalingrad), sowjetische Stadt an der unteren Wolga. Sie hat 918 000 E u. eine bedeutende Industrie (Traktoren-, Schiffbau, Erdölraffinerien, Stahl-, Holzindustrie u. a.). – Die Kesselschlacht von Stalingrad 1942/43, in der die 6. deutsche Armee vernichtet wurde, bedeutete die Wende des 2. Weltkriegs an der deutschen Ostfront.

Wolken w, Mz., Ansammlung von feinen schwebenden Wassertröpfchen oder Eiskristallen in der Atmosphäre der Erde. Auf der Erdoberfläche aufsitzende W. bezeichnet man als Nebel. W. entstehen immer dann, wenn feuchte Luft sich so weit abkühlt, daß ein Teil des in ihr enthaltenen (unsichtbaren) Wasserdampfes zu Wassertröpfchen oder Eiskristallen kondensiert († Kondensation, ↑ Luftfeuchtigkeit). Die Abkühlung erfolgt dadurch, daß eine Warmluftfront auf kalte Luftmassen trifft oder daß die am Erdboden erwärmte Luft aufsteigt u. sich in größeren Höhen abkühlt. Je nach Form u. Höhe werden die W. in zahlreiche Gruppen unterteilt.

Wolkenkratzer m, vielgeschossiges, sehr hohes Gebäude, Hochhaus.

Wolle w, verspinnbare Wollhaare des Hausschafes (Schafwolle). Sie werden durch Schur gewonnen u. sind durch Kräuselung, Dehnbarkeit u. a. gekennzeichnet. Man unterscheidet *Schurwolle* (von lebenden Tieren, die beste Qualität), *Haut-* oder *Schlachtwolle* (von geschlachteten, gesunden Tieren, etwas geringere Qualität) u. *Sterblingswolle* (von verendeten Tieren, schlechteste Qualität). – W. ist auch ungenaue Bezeichnung für alle verspinnbaren tierischen Haare (z. B. vom Angorakaninchen).

Worms, Stadt am Oberrhein, in Rheinland-Pfalz, mit 75 000 E. Die Stadt hat bedeutende Kirchenbauten: Dom (1170-1230), Pauluskirche (11. Jh.), Martinskirche (1265) u. a. Die Synagoge wurde in alter Form neu erbaut. Die Wirtschaft umfaßt Konserven-, Metall-, Möbel- u. chemische Industrie, Weinbau, Sektkellereien u. a. – W. war um 420 Mittelpunkt des Burgunderreiches und gilt daher als Schauplatz vieler Geschehnisse aus der Nibelungensage (daran erinnern das Hagendenkmal und der Siegfriedbrunnen). Vom 8. bis 16. Jh. fanden in W. viele Reichstage statt, darunter der Reichstag von 1521, auf dem Luther seine Lehre zu vertreten hatte u. auf dem das *Wormser Edikt* (die Reichsacht über Luther und Anhänger) beschlossen wurde. – In W. gab es eine bedeutende Judengemeinde. – Abb. S. 676.

Wort s, Lautgruppe mit festgelegter Bedeutung innerhalb einer Sprache; kleinster selbständiger sprachlicher Bedeutungsträger. Man unterscheidet mehrere *Wortarten:* Verb (Tätigkeitswort, Zeitwort; z. B.), Substantiv (Hauptwort; z. B. Haus), Adjektiv (Eigenschaftswort; z. B. schön), Artikel (Geschlechtswort; z. B. der), Pronomen (Fürwort; z. B. ich, mein, dieser), Zahlwort (Numerale; z. B. sechs), Adverb (Umstandswort; z. B. gern), Verhältniswort (Präposition; z. B. auf), Bindewort (Konjunktion; z. B. und) u. Ausrufewort (Interjektion; z. B. ach!).

Wortart ↑ Wort.

Wörther See m, See in Kärnten, westlich von Klagenfurt, mit beliebten

Wortschatz

Badeorten. Er ist 18,8 km² groß u. bis 86 m tief.

Wortschatz m, die Schätzungen des deutschen Wortschatzes schwanken um 500 000, wobei die ↑Substantive anteilig an erster Stelle stehen, dann folgen die ↑Verben u. die ↑Adjektive. Im Vergleich dazu schätzt man den W. der französischen Sprache auf 100 000, den der englischen auf 600 000 bis 800 000 Wörter. Der *aktive* (gesprochene) W. eines deutschen Durchschnittssprechers liegt heute schätzungsweise bei 12 000 bis 15 000 Wörtern, davon sind etwa 3 500 Fremdwörter. Der gebildete Deutsche beherrscht im Durchschnitt 15 000 bis 20 000 Wörter. Der gesprochene W. eines Grundschulkindes liegt bei 5 000 bis 10 000 Wörtern. Der *passive* (gelesene u. gehörte) W. umfaßt etwa 25 000 bis 40 000 Wörter. Der einzelne kennt nur einen mehr oder weniger großen Teil des Gesamtwortschatzes. Luther verwendete etwa 8 000, Goethe etwa 20 000 u. Storm ungefähr 22 000 Wörter.

Wrack s, ein gesunkenes, gestrandetes, manövrierunfähiges oder ausgedientes Schiff.

Wright [*rait*], die Brüder *Wilbur* (1867–1912) u. *Orville* (1871–1948) W., zwei Amerikaner, waren Pioniere der ↑Luftfahrt. Gemeinsam führten sie Modellflugversuche u. Gleitflüge durch. 1903 gelang ihnen der erste gesteuerte Motorflug mit einem Doppeldecker.

Wucher m, des Wuchers macht man sich schuldig, wenn man die Notlage, den Leichtsinn oder die Unerfahrenheit eines anderen ausnutzt, um sich ohne angemessene Gegenleistung große Vermögensvorteile zu verschaffen (z. B. durch unverhältnismäßig hohe Zinsen beim Geldverleihen). W. ist strafbar.

Wucherblume w, ein Korbblütler; von Juni bis Oktober findet man auf Wiesen die weißen Sterne der W. oder *Margerite*. Jeder der bis 60 cm hohen Stengel trägt nur ein Blütenkörbchen mit gelben, röhrenförmigen Scheibenblüten (bis 500) u. weißen, zungenförmigen Randblüten. Die unteren Blätter sind gestielt, die oberen sind ungestielt u. umfassen den Stengel. Die Pflanze erhielt ihren Namen, weil sie rasch wächst u. sich schnell verbreitet.

Wuhan, chinesische Hafen-, Industrie- u. Handelsstadt an der Mündung des Hankiang in den Jangtsekiang, mit 2,6 Mill. E. Die Stadt hat eine Universität. – W. entstand 1953 durch die Vereinigung der Städte Hankow, Hanyang u. Wuchang.

Wühlmäuse w, Mz., Unterfamilie der Mäuse, die dem Leben in der Erde angepaßt ist; der Körper ist gedrungener, der Kopf kürzer u. dicker als bei der Hausmaus, der Schwanz behaart u. höchstens von halber Rumpflänge. W. haben 16 Zähne, die Backenzähne sind wurzellos. Die bekannteste u. häufigste Vertreterin ist die gelbbraune *Feldmaus*, die von Zeit zu Zeit in Massen auftritt u. die Getreideernte bedroht. Die dunkelbraune *Schermaus* kommt bei uns in zwei Rassen vor: Als „Wasserratte" lebt sie im u. am Wasser, als „Wühlmaus" beißt sie Baumwurzeln ab u. vernichtet Gemüsepflanzen. Zu den Wühlmäusen gehört auch die ↑Bisamratte.

Wulfila ↑Ulfilas.

Wunder s, ein als außergewöhnlich (den Naturgesetzen widersprechend) empfundenes Ereignis, das Staunen oder Furcht erregt u. vom religiösen Menschen als göttliche Machtbezeugung verstanden wird.

Wünschelrute w, Gerät, das bei der Auffindung von Wasser, Erdöl u. Erzen helfen soll: ein gegabelter Weiden- oder Haselzweig, auch ein gebogener Draht (Bandeisen) u. a. Der *Rutengänger* hält die W. in beiden Händen u. wartet darauf, daß ihr Ausschlag ihm das Gesuchte zeigt. Der Wert der Rutengängerei ist umstritten, die Gründe für Erfolge sind wenig geklärt.

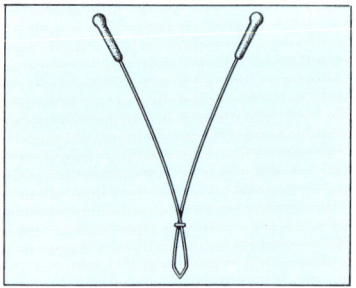

Wuppertal, Stadt an der Wupper im Bergischen Land, Nordrhein-Westfalen, mit 400 000 E. Interessant ist die 1898–1903 erbaute Schwebebahn, die z. T. über der Wupper verläuft. W. hat eine Gesamthochschule u. eine kirchliche Hochschule. Bekannt ist der zoologische Garten. W. hat v. a. Textilindustrie u. auch eisen- und metallverarbeitende Industrie. – Die Stadt W. ist 1929 aus dem Zusammenschluß der Städte Barmen, Cronenberg, Elberfeld, Ronsdorf, Vohwinkel u. der Gemeinde Beyenburg entstanden u. hieß bis 1930 Barmen-Elberfeld.

Würger m, Mz., eine Familie der Singvögel. Kennzeichnend für die W. sind der hakig gebogene Oberschnabel und ein schwarzes Band durch das Auge. – Der *Rotrückige* W. oder *Neuntöter*, etwas größer als der Buchfink, spießt erbeutete Tiere (Insekten, Eidechsen, Frösche, Mäuse u. a.), die er nicht gleich verzehrt, an Dornen von Schlehen oder Weißdorn auf.

Würmer m, Mz., volkstümliche Sammelbezeichnung für langgestreckte Wirbellose, zu denen u. a. Platt-, Faden- u. Ringelwürmer gehören. 1. Die *Platt-*

Wolf. Eurasische Wölfe

Worms. Dom

Wörther See mit Pörtschach (links) und Karawanken (im Hintergrund)

676

würmer mit abgeplattetem Körper u. ohne Gliedmaßen besitzen keine Leibeshöhle. Der meist stark verästelte Darm endet blind, Ausscheidungsorgane u. Keimdrüsen sind über den ganzen Körper verteilt. Ein Blutgefäßsystem fehlt. Das Nervensystem besteht aus Längssträngen mit Querverbindungen. Fast alle Plattwürmer sind Zwitter, zu ihnen gehören Strudelwurm, Leberegel, Bandwurm. 2. Der langgestreckte Körper der *Fadenwürmer* ist rund u. ohne Gliedmaßen, er besitzt eine flüssigkeitsgefüllte Leibeshöhle mit durchgehendem Darm. Ein Blutgefäßsystem fehlt. Das Nervensystem besteht aus je einem Rücken- u. Bauchstrang mit vier Seitensträngen u. einem Schlundring; z. B. Trichine, Spulwürmer. 3. Die *Ringelwürmer* haben einen außen u. innen gegliederten, runden oder abgeplatteten Körper. Jeder Körperabschnitt (= Segment) enthält alle wichtigen Organe. Das Nervensystem ist ein auf der Bauchseite liegendes Strickleiternervensystem mit Oberschlundknoten. Das Blut wird im geschlossenen Blutgefäßsystem durch ein muskulöses Rückengefäß bewegt. Der Hautmuskelschlauch besteht aus einer drüsenreichen Haut u. einer Ring- u. Längsmuskelschicht; zu ihnen gehören Regenwurm, Blutegel, Köderwurm.

Wurt w (Wurte, auch Warf u. Warft), zum Schutz vor dem Hochwasser aufgeschütteter Erdhügel als Wohnplatz (im norddeutsch-niederländischen Marschengebiet u. auf den Halligen).

Württemberg, östlicher Teil von Baden-Württemberg, der vom Bodensee bis zur Jagst u. Tauber reicht u. vom Schwarzwald u. Kraichgau bis zur Frankenhöhe u. zum Ries. Den nördlichen Teil nimmt das Schwäbische Stufenland ein, südlich der Schwäbischen Alb u. der Donau schließt sich das oberschwäbische Hügelland an. Die Hauptstadt des Landes W. war Stuttgart, das im 19. Jh. die bedeutendste württembergische Industriestadt wurde, wie überhaupt die Industrie von W. vorwiegend im Nordteil liegt (Maschinen-, Textil-, Elektrowaren-, Uhren-, Autoindustrie). Die Hochflächen des Schwäbischen Stufenlandes sind sehr fruchtbar, aber auch in Oberschwaben werden Ackerbau, Viehzucht u. Milchwirtschaft betrieben. – W. entstand aus den Besitzungen der Grafen von W. im mittleren Neckartal u. im Remstal. Die Grafen konnten 1268 in Schwaben beträchtliche Gebiete erwerben. 1495 wurde W. Herzogtum (*W. u. Teck*), 1520–34 vorübergehend habsburgischer Besitz. 1803 erhielt W. den Rang eines Kurfürstentums, u. 1806 wurde es mit bedeutenden Gebietserweiterungen Königreich. Seit 1871 gehörte W. zunächst als Königreich, seit 1918 als Freistaat zum Deutschen Reich. Seit 1949 Teil der Bundesrepublik Deutschland (seit 1952 als Teil Baden-Württembergs).

Würzburg, bayrische Stadt in Unterfranken, am Main, mit 116 000 E. Die alte Universitätsstadt ist auch Sitz einer Musikhochschule u. einer Fachhochschule. Sie hat zahlreiche bedeutende Baudenkmäler, so den Dom (11. bis 13. Jh.), die Festung Marienberg (12. Jh. u. 13.–18. Jh.), die Marienkapelle (14./15. Jh.), das Neumünster (13. Jh., im Barock umgestaltet), die figurenreiche Alte Mainbrücke (um 1500), aus der Barockzeit die ehemalige fürstbischöfliche Residenz mit berühmtem Treppenhaus u. das Käppele (eine Wallfahrtskirche). Von Bedeutung für die Wirtschaft ist neben verschiedenen Industrien (v. a. Betriebe der Metallverarbeitung) der Weinhandel (Frankenwein in Bocksbeuteln).

Wurzel w: **1)** in der Pflanzenkunde: der meist in die Erde eindringende Teil der Pflanze, der niemals Blätter u. Blüten trägt. Wie der Sproß bildet die W. seitliche Verzweigungen, die Nebenwurzeln, die an der Spitze feine Härchen zur Wasser- u. Nährsalzaufnahme tragen; **2)** in der Tierkunde u. Medizin: der in den Zahnfächern der Kieferknochen steckende Teil des Zahns; **3)** Bezeichnung für die Lösung x einer Gleichung der Form $x^n = a$, wobei n eine positive ganze Zahl u. a eine beliebige vorgegebene Zahl ist. Man schreibt $x = \sqrt[n]{a}$ (gelesen: x gleich n-te Wurzel aus a), z. B. $\sqrt[5]{32}$ (fünfte Wurzel aus 32). Die unter dem Wurzelzeichen $\sqrt{\ }$ stehende Größe (a) ist der *Radikand*, n der *Wurzelexponent*. Die Rechenoperation, die den Wert der W. liefert, nennt man *Wurzelziehen* oder *Radizieren*. – Die zweite Wurzel ($n = 2$) bezeichnet man als *Quadratwurzel* (sie wird im allgemeinen ohne Wurzelexponent geschrieben), die dritte Wurzel als *Kubikwurzel*. – Beispiele: $\sqrt{9} = 3$, denn $3^2 = 3 \cdot 3 = 9$; $\sqrt[3]{125} = 5$, denn $5^3 = 5 \cdot 5 \cdot 5 = 125$; $\sqrt[5]{32} = 2$, denn $2^5 = 2 \cdot 2 \cdot 2 \cdot 2 \cdot 2 = 32$.

Wurzelknöllchen ↑ Erbsen.

Wüste w, Gebiet, in dem es keinen oder nur sehr geringen Pflanzenwuchs gibt. Man unterscheidet Trockenwüsten (ohne Wasser) u. Kältewüsten (die niedrigen Temperaturen machen Pflanzenwuchs unmöglich).

Wurt auf der Hallig Nordstrandischmoor

Würzburg. Die Gartenfront der ehemaligen fürstbischöflichen Residenz

XYZ

X: 1) 24. Buchstabe des Alphabets; **2)** römisches Zahlzeichen für 10.

Xanten, Stadt westlich von Wesel, in Nordrhein-Westfalen, mit 16 000 E. Sehenswert sind die ehemalige Domkirche St. Viktor (1263–1530) u. die Reste der Stadtbefestigung. – X. ist eine römische Gründung (*Colonia Traiana*) u. erhielt 1228 Stadtrechte.

Xanthippe, Frau des Sokrates. Ihr Ruf als zank- u. streitsüchtige Ehefrau geht zumindest teilweise auf Verleumdungen zurück.

Xenon [gr.] s, Edelgas, chemisches Symbol Xe, Ordnungszahl 54; Atommasse 131,30; Siedepunkt $-107,1\,°C$. X. ist ein farb- u. geruchloses Edelgas, das sich in der Luft befindet, aus der es bei Verflüssigung gewonnen wird. Es wird als Füllgas in Leuchtröhren u. Glühlampen verwendet.

Xenophon, * Athen um 430, † Korinth oder Athen (?) um 354 (nach 355) v. Chr., griechischer Geschichtsschreiber. Neben politischen u. philosophischen Schriften verfaßte er zahlreiche historische Werke, darunter „Hellenika", eine Fortsetzung des Geschichtswerkes von Thukydides für die Jahre 411–362 v. Chr.

Xerxes I., * um 519, † Susa 465 v. Chr., König von Persien seit 486 v. Chr. Er unterdrückte Aufstände in Ägypten u. Babylonien, versuchte aber vergeblich, Griechenland zu erobern (↑ auch griechische Geschichte). X. wurde vom Anführer seiner Leibwache ermordet.

X-Strahlen ↑ Röntgenstrahlen.

Xylophon [gr.] s, ein Schlaginstrument: Es besteht aus abgestimmten Holzstäben (oder auch Metallplatten), die auf einem Holzrahmen befestigt sind u. mit 2 Holzschlegeln geschlagen werden. Das X. hat einen Tonumfang von bis zu 4 Oktaven.

Y, 25. Buchstabe des Alphabets.

Yankee [*jängki;* engl.] m, in den USA Spitzname für die Bewohner von ↑ Neuengland; außerhalb der USA für Bürger der USA (besonders in Mittel- u. Südamerika oft negativ gemeint).

Yard [*j...;* engl.] s, angelsächsisches Längenmaß; 1 Y. = 0,914 m.

Yggdrasil, in der nordischen Sage die Weltesche, der Mittelpunkt der Welt. Unter ihren 3 Wurzeln liegen die Menschen-, die Riesen- u. die Totenwelt.

Yorck von Wartenburg, Johann (Hans) David Ludwig Graf, * Potsdam 26. September 1759, † Klein Oels (heute in Polen) 4. Oktober 1830, preußischer Feldmarschall. Er befehligte 1812 im Rußlandfeldzug Napoleons I. das preußische Hilfskorps, sagte sich aber eigenmächtig von Napoleon los u. schloß einen Neutralitätsvertrag mit Rußland (*Konvention von Tauroggen*).

Youngplan [*jang...*] m [nach dem amerikanischen Finanzmann u. Politiker Owen D. Young, 1874–1962], ein Plan, der die deutschen Wiedergutmachungsleistungen (Reparationen) nach dem 1. Weltkrieg regeln sollte. Der Y. setzte die Reparationsschuld auf 34,9 Milliarden Goldmark fest, die in 59 Jahresraten (bis 1988) zahlbar sein sollten. Er galt ab 1930 u. wurde, als sich zeigte, daß er undurchführbar war, 1932 aufgehoben.

Yucatán, Halbinsel [*jukatan*] w, mittelamerikanische Halbinsel am Golf von Mexiko u. am Karibischen Meer. Der größte Teil gehört zu Mexiko. Der Norden, ein trockenes Savannengebiet, hat einen bedeutenden Anbau von Sisalagaven; der Süden ist mit dichten Urwäldern bedeckt. Auf Y. befinden sich zahlreiche Ruinen aus der Zeit der ↑ Maya (Tempel, Paläste, Observatorien u. a.).

Yukon [*juk⁴n*] m, Fluß im Nordwesten Amerikas, 3 185 km lang. Er entspringt im nordwestlichen Kanada, durchfließt Alaska (USA) u. mündet mit breitem Delta ins Beringmeer. Im Sommer bis nach Kanada hinein schiffbar.

Yverdon [*iwerdong*], schweizerische Stadt u. Kurort (mit warmer Schwefelquelle) am Neuenburger See, mit 21 000 E. Das ehemalige Schloß (13. Jh.) war 1805–25 Wirkungsstätte J. H. Pestalozzis; heute ist es Museum.

Z, 26. Buchstabe des Alphabets.

Zagreb [*sagräp*] (dt. Agram), mit 566 000 E die zweitgrößte Stadt Jugoslawiens u. Hauptstadt von Kroatien. Z. hat eine Universität, eine pädagogische Hochschule u. bekannte Museen. In der malerisch gelegenen Altstadt gibt es gotische u. barocke Kirchen. Z. ist Industrie- u. Messestadt.

Zahl w, ein mathematischer Begriff, mit dem angegeben wird, wie viele Elemente (Glieder) eine Menge enthält. Der Zahlbegriff könnte ursprünglich entstanden sein, um die Menge der bei einer Jagd erlegten Tiere zu bezeichnen. Es entstanden dabei die *natürlichen Zahlen* 1, 2, 3, 4, 5, ... Addiert man zwei natürliche Zahlen, so erhält man wiederum eine natürliche Z. Im Bereich der natürlichen Zahlen kann also unbeschränkt addiert werden. Dagegen gibt es aber Subtraktionsaufgaben, die im Bereich der natürlichen Zahlen nicht lösbar sind, z. B. die Aufgaben:
$5-6=\ ;\ 3-3=\ ;\ 7-121=\ .$
Um sie ebenfalls lösen zu können, führte man die *negativen Zahlen* und die Z. 0 ein:
$0, -1, -2, -3, -4, ...$
Diesen erweiterten Zahlenbereich bezeichnet man als Bereich der *ganzen Zahlen*. Im Bereich der ganzen Zahlen kann unbeschränkt addiert, subtrahiert u. multipliziert werden. Die Lösung einer solchen Aufgabe ist stets wieder eine ganze Z.:
$5+8=13;\ 7\cdot 9=63;\ 13-30=-17.$
Nicht lösbar im Bereich der ganzen Zahlen sind Divisionsaufgaben wie z. B. $3:4=\ ;\ (-13):17=\ .$ Um so geartete Aufgaben lösen zu können, wurden die *Brüche* eingeführt:
$$\frac{1}{2}, \frac{7}{4}, \frac{15}{19}, ...$$
Die ganzen Zahlen u. die Brüche zusammen bilden die *rationalen Zahlen*. Im Bereich der rationalen Zahlen ist somit jede Additions-, Subtraktions-, Multiplikations- und Divisionsaufgabe lösbar. Jede dieser Rechenarten führt wieder auf eine rationale Z. Alle rationalen Zahlen lassen sich als gemeine Brüche, als endliche oder unendliche periodische Dezimalbrüche schreiben. Auf eine neue Zahlenart führen Aufgaben wie z. B. $\sqrt{2}$ (↑ Wurzel 3). Diese Aufgabe ist im Bereich der rationalen Zahlen nicht lösbar; es gibt keine rationale Z., deren Quadrat gleich 2 ist. Die Lösung der Aufgabe $\sqrt{2}$ stellt einen unendlichen, nicht periodischen Dezimalbruch dar. Solche Zahlen heißen *irrationale Zahlen*. Ein weiteres Beispiel für eine irrationale Z. ist die Kreiszahl π. Die rationalen u. irrationalen Zahlen werden unter dem Begriff *reelle Zahlen* zusammengefaßt. Eine nochmalige Erweiterung des Zahlenbereiches ergibt sich aus der Aufgabe $\sqrt{-1}$. Diese Aufgabe hat im Bereich der reellen Zahlen keine Lösung, da es keine reelle Z. gibt, deren Quadrat gleich -1 ist. Man führt eine neue Zahlenart ein, die *imaginären Zahlen*, deren Einheit $i = \sqrt{-1}$ ist. Die Gesamtheit aller so erhaltenen Zahlen bezeichnet man als *komplexe Zahlen*.

Johann David Ludwig Graf Yorck von Wartenburg

Zecken

Im Bereich der komplexen Zahlen kann nun unbeschränkt addiert, subtrahiert, multipliziert, dividiert und radiziert (= Wurzelziehen) werden. Zeichnerisch dargestellt werden die reellen Zahlen als Punkte auf der Zahlengeraden, die komplexen Zahlen als Punkte auf der Zahlenebene.

Zahlensystem s, Darstellung von Zahlen auf Grund gewisser Regeln mit Hilfe bestimmter Zeichen (Ziffern). Es gibt verschiedene Zahlensysteme, ein Z. ist z. B. auch das ↑Dualsystem. Dem *Dezimalsystem* (Zehnersystem) liegen die Zahlen 0, 1, 2, ..., 9 zugrunde.

Zahlungsbilanz [dt.; ital.] w, eine Übersicht, die in bestimmten Zeitabständen von der Zentralbank eines Landes über den Stand der Geschäfte zwischen In- u. Ausland aufgestellt wird. Der Stand der Geschäfte wird durch Nennung der Geldsummen ausgedrückt, die einerseits für aus dem Ausland gekaufte Waren u. andererseits für ins Ausland verkaufte Waren über die Banken gelaufen sind. Alle Geschäfte zwischen In- u. Ausland müssen nämlich über die Banken laufen, einfach deshalb, weil jeweils die inländische Währung gegen die entsprechende ausländische Währung verrechnet werden muß. Von einer *aktiven* Z. spricht man, wenn die Ausfuhr eines Landes größer ist als die Einfuhr (dadurch sammeln sich fremde Währungen an). Ist die Einfuhr dagegen größer als die Ausfuhr, so ergibt sich eine *passive* Z. (die Bank muß ausländisches Geld leihen, um die eingeführten Waren zu bezahlen).

Zahlwort s (lat. Numerale), Wort, das eine Zahl oder eine zahlenmäßig ausgedrückte Mengenangabe bezeichnet, z. B. eins, zweiter, vierfach, viertel, einmal.

Zähne m, Mz., Hartgebilde in der Mundhöhle der meisten Wirbeltiere, in der Gesamtheit als ↑Gebiß bezeichnet. In ihrer Form entsprechen sie ihrer Aufgabe, z. B. Nagezähne bei den Nagetieren, Reißzähne beim Raubtier. Beim Menschen unterscheiden wir nach Form u. Aufgabe Schneidezähne, Eckzähne u. Mahlzähne (Backenzähne).

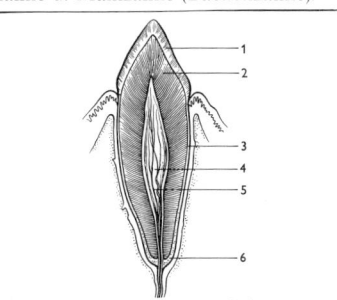

Zahn des Menschen (schematisch). 1 Schmelz, 2 Dentin, 3 Zement, 4 Pulpa (Zahnhöhle), 5 Blutgefäße und Nerv, 6 Zahnwurzel

Zahnrad s, ein Rad, dessen Umfang mit Zähnen versehen ist, die in die entsprechend geformten Zähne eines zweiten Zahnrades oder einer Zahnstange eingreifen. Mit Zahnrädern werden Kräfte u. Bewegungen von einer Welle auf eine andere übertragen. Die Form der Zähne ist unterschiedlich u. dem jeweiligen Verwendungszweck angepaßt.

Zahnradbahn w, eine auf Schienen fahrende Bergbahn. Der Antrieb erfolgt über ein Zahnrad, das in eine zwischen den beiden Schienen liegende Zahnstange eingreift.

Zaïre [*saïr*] (bis 1971 Demokratische Republik Kongo), Republik in Zentralafrika, mit 2,345 Mill. km² fast zehnmal so groß wie die Bundesrepublik Deutschland, mit 26,4 Mill. E (90 % Bantu, 10 % Sudanneger). Die Hauptstadt *Kinshasa* (1,8 Mill. E) hieß früher Léopoldville. Z. nimmt den größten Teil des Kongobeckens ein. Im Osten wird es durch die Seenkette des innerafrikanischen Grabens begrenzt. Tropischer Regenwald bedeckt 52 % der Staatsfläche. In der Landwirtschaft, die für 70 % der Bevölkerung die Lebensgrundlage ist, ist der Wanderhackbau vorherrschend. Wichtige Einnahmequelle des Staates ist der Kupferbergbau in der Provinz ↑Shaba. Mit seiner Kupferförderung steht Z. an 5. Stelle in der Welt, bei Diamanten mengenmäßig an 1. Stelle. Gewonnen werden neben anderen Erzen auch Gold sowie seit 1975 Erdöl. Die Industrie ist im wesentlichen auf Shaba beschränkt. Haupthafen ist Matadi. – Der 1881 vom belgischen König gegründete Staat wurde 1908 belgische Kolonie u. 1960 unabhängig. Sofort setzten erst 1965 beigelegte Unruhen ein: Die Provinz Katanga (heute Shaba) erklärte sich mit Hilfe der belgischen Bergwerksgesellschaft für selbständig; der erste Ministerpräsident P. Lumumba wurde ermordet; UN-Truppen griffen ein. Staatschef ist seit 1965 S. S. Mobutu. Nach erneuten Unruhen in Shaba 1977/78 verpflichtete sich Z. gegenüber dem Westen, die Verwaltung u. die zerrütteten Staatsfinanzen zu ordnen, um Finanzhilfe zu erhalten. – Z. ist Mitglied der UN u. OAU u. der EWG assoziiert.

Zambos ↑Mischlinge.

Zander m (Schill), gefräßiger, schnellwüchsiger Raubfisch, meist 40 bis 50 cm lang, mit zwei Rückenflossen. Er lebt in Süß- u. Brackgewässern Europas. Der Z. laicht im April/Mai, er bewacht seine 200 000 bis 300 000 Eier. Er liefert ein zartes, weißes, festes Fleisch.

Zar [slaw.] m, ehemaliger Herrschertitel bei Bulgaren, Serben u. Russen. *Zarewitsch* war der Titel für den Sohn des russischen Zaren, den russischen Kronprinzen.

Zaragoza [*tharagotha*] (Saragossa), spanische Stadt am mittleren Ebro, mit 612 000 E. Sie hat eine Universität, bedeutende Kirchen (u. a. romanisch-gotische Kathedrale, Barockkathedrale) u. Reste eines Maurenschlosses (11. Jh.), das später den Königen von Aragonien als Schloß diente. Die Industrie stellt Maschinen, Elektrogeräte, Glas- u. Textilwaren, Chemikalien u. Nahrungsmittel her.

Zarathustra (Zoroaster), persischer Prophet zwischen 1000 u. 600 v. Chr. Der iranische Religionsstifter lehrte, daß zwei entgegengesetzte Mächte um die Welt u. den Menschen ringen: der gute Gott Ahura Masda (später Ormuzd genannt) u. der böse Gott Ahriman. Der Mensch hat sich zwischen beiden zu entscheiden. Nach einem großen Endkampf wird alles Böse vernichtet werden. Diese Lehre wird *Mazdaismus* genannt; ihre heutigen Anhänger in Indien heißen *Parsen*. – Den Namen (nicht aber die Lehre) des iranischen Religionsstifters übernahm F. Nietzsche für seine philosophische Dichtung „Also sprach Zarathustra" (1883–85).

Zäsur [lat.] w, Einschnitt, Unterbrechung, besonders im Vers oder in einem Musikstück.

Zauber m, im Glauben von Naturvölkern geheimnisvolle Zeichen (z. B. ein ↑Amulett) oder bestimmte magische Handlungen (↑Magie), durch die Dämonen vertrieben oder gute Geister angelockt werden sollen. Durch einen Z. will man auch auf andere Menschen einwirken (z. B. Liebeszauber) oder z. B. Ernte u. Jagd beeinflussen (Wetter- u. Jagdzauber).

Zaunkönig m, ein kleiner, brauner Singvogel mit kurzem, hochgestelltem Schwanz, der Gebüsche nach Insekten durchsucht. Das Männchen des Zaunkönigs baut v. a. in Hecken oder Baumstümpfen mehrere kugelförmige Nester mit seitlichem Einschlupf. In einem brütet das Weibchen, die anderen sind Schlafnester.

Zebaoth [hebr.; = (Herr der) Heerscharen], im Alten Testament ein zusätzlicher Name für Gott.

Zebra [afrik.] s, schwarzweiß gestreifter Einhufer. In den Steppen Süd- u. Ostafrikas leben die Zebras noch in großen Herden. Sie sind den Pferden u. Eseln so nahe verwandt, daß man Kreuzungen (Pferd- u. Eselzebroide) züchten kann. – Abb. S. 680.

Zebu [tibet.] m oder s (Buckelochse), Hausrind in Südasien u. großen Teilen Afrikas. In Indien dient der Z. als Zug- u. Reittier, in Afrika mehr als Fleisch- u. Milchtier. Er trägt meist einen buckelartigen Schulterhöcker und eine starke vom Hals herabhängende Hautfalte.

Zecken w, Mz., blutsaugende Milben. Von ihrem Geruchssinn geleitet, lassen sich die Z. von Zweigen auf

679

Zedern

Vögel, Eidechsen oder Säugetiere fallen u. saugen mittels ihres Stechrüssels Blut. Dabei schwillt der Hinterleib bis zur Größe einer Erbse an.

Zedern [gr.] *w*, *Mz.*, Kiefergewächse. Im Bau u. in der Anordnung der Nadeln ähneln die Z. der Lärche, doch werfen sie die Nadeln nicht ab. Als Zier- u. Parkbäume angepflanzt, wachsen die *Libanonzedern* u. die *Himalajazedern* zu stattlichen Bäumen mit ausladender Krone heran u. erreichen ein hohes Alter. Das Holz enthält das wohlriechende Zedernholzöl.

Zehn Gebote *s*, *Mz.* (griechisch: Dekalog = Zehngebot), Bezeichnung für die im Alten Testament überlieferten Gebote, die Gott dem Volk Israel durch Moses am Berg Sinai gegeben hat.

Zehnkampf *m*, leichtathletischer Mehrkampf für Männer, mit 10 Übungen an 2 aufeinanderfolgenden Tagen. Am ersten Tag werden nacheinander folgende Wettbewerbe ausgetragen: 100-m-Lauf, Weitsprung, Kugelstoßen, Hochsprung u. 400-m-Lauf. Am zweiten Tag finden statt: 110-m-Hürdenlauf, Diskuswerfen, Stabhochsprung, Speerwerfen u. 1 500-m-Lauf. Sieger ist derjenige Teilnehmer, der die meisten Punkte erreicht hat, die für die einzelnen Wettbewerbe vergeben werden. Der Sieger in einem Z. wird wegen der hohen Anforderungen „König der Athleten" genannt.

Zehnt *m*, in früheren Jahrhunderten eine regelmäßige Abgabe, die ein Zehntel des Ertrages oder des Einkommens betrug. Die abendländische Kirche forderte seit dem 6. Jh. von ihren Gläubigen den *Kirchenzehnten*. Seit dem 9. Jh. erhoben auch weltliche Grundherren den Zehnten. Der *Feldzehnt* bestand aus Getreide, Wein, Früchten, der *Tierzehnt* aus Vieh (Blutzehnt) oder aus tierischen Produkten. Im 18. u. 19. Jh. wurde der Z. abgeschafft bzw. durch andere Formen der Abgabe ersetzt.

Zeichensetzung ↑S. 682ff.

Zeisig *m*, ein Finkenvogel. Im Sommer hält sich der gelbgrüne Z. in den Nadelholzwipfeln der Bergwälder versteckt. Im Winter hangelt er scharenweise an Erlen u. Birken, um sich von deren Samen zu ernähren.

Zeit *w*, ein physikalischer Grundbegriff, der als physikalische Größe zur Charakterisierung des Nacheinanders aller in der Natur ablaufenden Vorgänge dient. Jeder Vorgang nimmt im Ablauf der Z. einen ganz bestimmten Abschnitt ein. Nichts, was in der Natur existiert, ist zeitlos. Die Z. gliedert sich in die drei Abschnitte Vergangenheit, Gegenwart, Zukunft. Die Gegenwart stellt dabei im Grunde nichts anderes dar als die Nahtstelle zwischen Vergangenheit u. Zukunft. Zur Zeitmessung kann jeder gleichförmig ablaufende Vorgang verwendet werden, wie z.B. die Schwingung eines Pendels (↑ auch Uhr). Als Grundlage unserer Zeitmessung dient die Umdrehung der Erde um ihre Achse (Tag) u. um die Sonne (Jahr); ↑ auch Kalender.

Zeitalter *s*: **1)** ein Zeitraum in der Geschichte, der nach einem entscheidenden Ereignis, einer bedeutenden Persönlichkeit u.ä. bezeichnet wird, z.B. das Z. der Reformation, das Z. Goethes, das Atomzeitalter; **2)** eine Gruppe mehrerer erdgeschichtlicher Formationen (↑ Erdgeschichte).

Zeitgeschichte ↑S. 688 ff.

Zeitrechnung ↑Kalender.

Zeitschrift *w*, ein regelmäßig erscheinendes Druckerzeugnis, das über ein bestimmtes Gebiet unterrichtet (Fach-, Kunst-, Börsenzeitschriften u.a.) oder der Unterhaltung dient (Illustrierte).

Zeitung *w*, Druckerzeugnis, das einen breiten Leserkreis in regelmäßiger Folge über allgemeine Tagesfragen unterrichtet u. diese mit Kommentaren versieht (in Leitartikeln, Reportagen, Berichten, Kritiken u.a.). Der Vielseitigkeit des Inhalts entsprechen in der *Zeitungsredaktion* die zahlreichen Arbeitsgebiete (Ressorts): Politik, Wirtschaft, Kultur u. Unterhaltung (Feuilleton), Lokales (Nachrichten aus der Stadt, in der die Z. erscheint, u. aus der näheren Umgebung), Sport u.a. Zeitungen sind nach Stil, Aufmachung u. Umfang sehr verschieden; so gibt es z.B. die große politische Z., die einen urteilsfähigen Leser verlangt, die kleinere Heimatzeitung u. das in großen Auflagen erscheinende, billige Massenblatt, das vor allem Sensationsnachrichten, Klatsch u. vereinfachende Stellungnahmen zu schwierigen Sachverhalten (auch politischen) bietet. – Politische Mitteilungen wurden erstmals regelmäßig in Rom von Cäsar herausgegeben. Die ersten Zeitungen im heutigen Sinn erschienen 1609 in Straßburg u. Augsburg; ↑ auch Pressefreiheit.

Zeitwort ↑Verb.

Zelle *w*, die kleinste lebensfähige Einheit. Die einzelligen Tiere u. Pflanzen bestehen aus nur einer Z., die oft Geißeln oder Wimpern für die Fortbewegung besitzt. Der Körper der vielzelligen Tiere u. Pflanzen ist aus verschieden abgewandelten (differenzierten) Zellen aufgebaut. In der Z. findet der Ab- u. Aufbau der Eiweiße, Fette und Kohlenhydrate statt. Sie setzt sich zusammen aus *Zellwand* (besteht meist aus Zellulose; fehlt bei tierischen Zellen) u. der Hauptsubstanz, dem *Protoplasma*, das sich in das *Kernplasma*, Inhalt des Zellkerns, u. das *Zellplasma* (Zytoplasma), den übrigen Teil der Z., gliedern läßt. Der *Zellkern* steuert über die Chromosomen die Vorgänge in der Z. Als Speicher hauptsächlich für Eiweißstoffe sind die *Kernkörperchen* (Nukleolen) im Zellkern anzusprechen. Das Zellplasma ist von einem feinen *Kanälchensystem* (endoplasmatisches Retikulum) durchzogen. Hier werden v.a. als wichtige Eiweißkörper die Enzyme gebildet. Wichtige Organellen des Zellplasmas sind noch die *Mitochondrien* (verantwortlich für die Zellatmung, die der Energiegewinnung dient) u. in Pflanzenzellen die *Farbstoffträger* (Plastiden; z.B. die Chloroplasten als Träger des Blattgrüns). Große *Crafträume* (Zellvakuolen) weisen v.a. ältere Pflanzenzellen auf. Oft finden sich auch Öltröpfchen u. kleine Kristallkörperchen im Zellplasma. Die Zellen vermehren sich durch Teilung.

Zebras. Steppenzebras

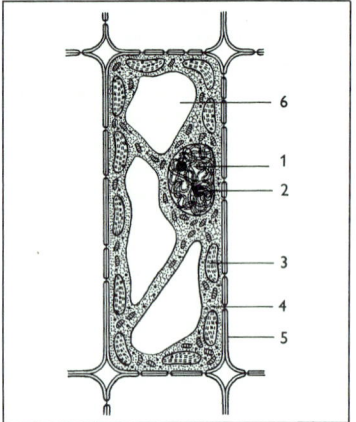

Ältere Pflanzenzelle.
1 Zellkern, 2 Kernkörperchen,
3 Farbstoffträger, 4 Zellplasma,
5 Zellwand, 6 Saftraum

Zellstoff ↑Zellulose.

Zelluloid [lat.; gr.] *s* (Zellhorn), glasartige, feste Lösung von ↑Nitrozellulose in ↑Kampfer. Der feste, elastische Stoff wird bei 80 °C verformbar u. kann so (zumal er auch beliebig färbbar ist) durch Pressen, Ziehen oder Blasen zu allen möglichen Gegenständen, wie Dosen, Kämmen, Spielzeug usw., verarbeitet werden.

Zellulose [nlat.] *w*, aus ↑Kohlenhydraten bestehender Stoff, der im wesentlichen das Gerüst der Zellwände von Pflanzen bildet. Z. wird gewonnen, indem man Pflanzenteile, v.a. zerkleinertes Holz, mit Laugen, die Sulfite enthalten, behandelt. Dabei bleibt die Z. ungelöst zurück u. kann abgetrennt werden. Sie dient zur Herstellung von Papieren, Zellwolle, Zelluloid u. a. Das Halbfabrikat (nicht weiterverarbeitete Z.) wird auch *Zellstoff* genannt.

Zellwolle w, besondere Form der aus ↑Zellulose gewonnenen Chemiespinnfasern. Z. wird oft zusammen mit Schafwolle u. Baumwolle versponnen.

Zeloten [gr.] m, Mz.: **1)** fanatische Glaubensstreiter; **2)** radikale jüdische Nationalisten zur Zeit Christi, die zum Aufstand gegen die Römer trieben.

Zelt s, eine Unterkunft, die im allgemeinen nicht an einen bestimmten Standort gebunden ist. Häute, Felle, Leinwand, Gummiplanen u. a. werden von Verstrebungen u. Halterungen gespannt u. gehalten. Jäger- u. Hirtenvölker benutzen Zelte als Behausung. Bei uns werden Zelte v. a. von Soldaten, von Jugendlichen auf Fahrten u. von Campingreisenden verwendet.

Zement [lat.] m, mehlförmiger Baustoff, der aus Kalkstein, Ton, Aluminiumoxiden, Eisenoxiden u. sehr häufig auch aus feinzermahlener Hochofenschlacke durch Brennen, Mahlen u. Vermischen mit verschiedenen Bindemitteln hergestellt wird. Mit mehr oder weniger Sand u. Wasser vermischt, erhält man den *Zementmörtel*, der infolge chemische Quellungsvorgänge sowie Kristallbildung u. -verfilzung auch ohne Gegenwart von Luft, also auch unter Wasser, steinartig erhärtet. Je nach der Zusammensetzung unterscheidet man verschiedene Arten von Z., die bekanntesten sind der Portland- u. der Hochofenzement. Besonders feine u. farblose Zemente werden zur Füllung von Zähnen verwendet.

Zenit [arab.] m (Scheitelpunkt), senkrecht über dem Beobachtungspunkt gelegener höchster Punkt des Himmelsgewölbes. Im übertragenen Sinne sagt man, daß jemand im Z. seines Lebens (d. h. auf dem Höhepunkt) steht.

Zensur [lat.] w: **1)** die Note, mit der eine Leistung in der Schule bewertet wird, wobei Zahlen die Grundlage des Bewertungssystems bilden. Der Umfang der Notenskala ist in den einzelnen Ländern unterschiedlich (DDR: 1 bis 5; Niederlande: 1 bis 10; Frankreich: 0 bis 20; Bundesrepublik Deutschland: 1 bis 6). Die Zensurengebung ist in einigen Bundesländern in der Grundschule (1. bis 3. Jahr) durch verbale Umschreibung der Fähigkeiten u. in der gymnasialen Oberstufe durch Punktewertung abgelöst worden; **2)** die Aufsicht, die staatliche, kirchliche oder andere Behörden über Bücher, Zeitungen u. Zeitschriften, Filme, Theaterstücke u. dergleichen ausüben, verbunden mit der Macht, deren Erscheinen (Aufführung) zu verhindern oder den Wortlaut zu verändern (*Vorzensur*) bzw. sie nach Erscheinen (Aufführung) einzuziehen oder zu verbieten (*Nachzensur*). Im Grundgesetz der Bundesrepublik Deutschland (Artikel 5) wird bestimmt: „Eine Z. findet nicht statt"; ↑auch Pressefreiheit.

Zentaur (auch Kentaur) [gr.] m, Fabelwesen der griechischen Sage, halb Mensch, halb Tier. Der Z. hat einen männlichen Oberkörper mit Kopf u. Armen u. einen Pferdeleib mit Pferdebeinen.

Zentner [lat.] m, alte, gesetzlich nicht mehr zulässige Masseneinheit; 1 Z. = 50 kg; 1 Doppelzentner (Abkürzung: dz) = 100 kg.

Zentralafrikanisches Kaiserreich s, Kaiserreich in Innerafrika, mit 2,6 Mill. E; 622 984 km². Die Hauptstadt ist *Bangui* (302 000 E, Flußhafen). Der größte Teil des Landes ist mit Feuchtsavanne bedeckt; im Süden u. an den Flüssen wachsen tropische Wälder. Zu den Anbauprodukten gehören Baumwolle u. Kaffee (für den Export), Maniok, Erdnüsse, Hirse u. Mais. Abgebaut werden derzeit nur Diamanten (wichtigstes Ausfuhrgut). Die Industrie befindet sich erst im Aufbau. – Das Land war früher französische Kolonie unter dem Namen *Ubangi-Schari*. 1960 wurde es eine unabhängige Republik, die 1976 in ein Kaiserreich umgewandelt wurde (Kaiser ist J. B. Bokassa). Es ist Mitglied der UN u. OAU u. der EWG assoziiert.

Zentralamerika ↑Mittelamerika.

Zentralbau [lat.; dt.] m, Bau, der auf einen Mittelpunkt (Zentrum) ausgerichtet ist, im Gegensatz zum Längsbau. Zentralbauten sind oft von einer Kuppel überwölbt.

Zentralheizung ↑Heizung.

Zentralisation [lat.] w, Zusammenfassung gleichartiger oder ähnlicher Aufgaben; Vereinigung in einem Mittelpunkt; ↑auch Zentralismus.

Zentralismus [lat.] m, der Grundsatz oder das Bestreben, Politik u. Verwaltung eines Staates zusammenzuziehen u. nur einer oder wenige Stellen mit Entscheidungen zu betrauen; besonders das Bestreben, die Selbständigkeit von Gliedstaaten (Ländern) zugunsten einer zentralen Staatslenkung einzuschränken (im Gegensatz zum ↑Föderalismus).

Zentralkomitee [gr.; lat.] s, Abkürzung: ZK, in kommunistischen u. einigen sozialistischen Parteien das höchste Organ. Es wird vom Parteitag gewählt.

Zentralnervensystem [gr.; lat.; gr.] s, aus Gehirn u. Rückenmark bestehender Teil des Nervensystems (bei Wirbeltieren einschließlich Mensch).

Zentrifugalkraft [lat.; dt.] w (Fliehkraft, Schwungkraft), eine auf der Erscheinung der Trägheit (↑Beharrungsvermögen) beruhende Kraft, die der Richtungsänderung eines bewegten Körpers entgegenwirkt. Wenn man z. B. einen an eine Schnur gebundenen Stein im Kreis herumschleudert, so erfährt er eine Kraft nach außen, die an jedem Punkt die Richtung des Bahnradius hat. Diese Kraft, die Z., spannt den Faden. Um den Körper auf seiner Kreisbahn zu halten, ist eine gleich große, aber genau entgegengesetzt gerichtete Kraft, die sogenannte *Zentripetalkraft*, erforderlich. Für die Größe Z der Zentrifugal- bzw. Zentripetalkraft gilt die Beziehung:

$$Z = \frac{m \cdot v^2}{r} = m r \omega^2,$$

wobei m die Masse des bewegten Körpers, v die Bahngeschwindigkeit, r der Abstand des bewegten Körpers vom Mittelpunkt der Bahn, ω die Winkelgeschwindigkeit ist.

Zentrifuge [lat.] w, Trennschleuder, eine auf der Erscheinung der ↑Zentrifugalkraft beruhende Vorrichtung zur Trennung von Stoffgemischen, deren Bestandteile verschiedene spezifische Gewichte besitzen. Das Gemisch wird in einen Behälter gegeben, der sich mit hoher Geschwindigkeit dreht. Da die Größe der Zentrifugalkraft von der Masse abhängig ist, sammeln sich die spezifisch schweren Bestandteile des Gemischs am Rande, die spezifisch leichteren in der Mitte des Behälters. Zentrifugen werden u. a. zur Trennung des Rahms von der Milch (Milchzentrifuge) u. zur Wäschetrocknung (Wäscheschleuder) verwendet.

Zentripetalkraft ↑Zentrifugalkraft.

Zentrum [lat.] s: **1)** Mittelpunkt; Schwerpunkt; ein überschaubarer Bereich, in dem versucht wird, gleichartige Interessen umfassend entgegenzukommen, z. B. *Einkaufszentrum* (Konzentration von Läden, Gaststätten, Post, Bank usw.); ↑Jugendzentrum; **2)** Innenstadt.

Zeppelin m, ein von Ferdinand Graf von Zeppelin (1837–1917) konstruiertes starres ↑Luftschiff. Die erste Fahrt eines Zeppelins erfolgte 1900.

Zepter [gr.] s, Herrscherstab, sinnbildliches Zeichen der Macht u. Würde, v. a. bei Kaisern u. Königen; ↑auch Reichsinsignien.

Zerberus m, in der griechischen Sage der Höllenhund, der die Unterwelt bewacht.

Zeremonie [auch: ...*moni*; lat.] w, feierliche, meist durch Überlieferung geregelte Handlung (z. B. bei Krönung eines Monarchen). Das *Zeremoniell* ist die Gesamtheit der Vorschriften, die bei höfischen, staatlichen oder kirchlichen Feierlichkeiten zu beachten sind.

Zerfallsreihe ↑Radioaktivität.

Zermatt, schweizerischer Ort in den Walliser Alpen, am Fuße des Matterhorns, mit 3 100 E; bekannt als Sommerfrische u. Wintersportplatz.

Zerstörer ↑Kriegsschiffe.

ZEICHENSETZUNG

Die Zeichensetzung (Interpunktion) ist die Lehre von den Satzzeichen.
Die Satzzeichen insgesamt haben den Zweck, einen geschriebenen Text zu gliedern. Zugleich hat das einzelne Zeichen die Aufgabe, bestimmte Merkmale des Textes zu kennzeichnen; so macht z. B. das Fragezeichen nach einem Satz sichtbar, daß dieser als Frage aufzufassen ist, so zeigen etwa die Anführungszeichen an, daß es sich bei den entsprechenden Textstellen um eine direkte Rede, um ein Zitat u. ä. handelt.
Die Satzzeichen sollen als Gliederungs- und Merkmalszeichen dem Lesenden das Verständnis eines Textes erleichtern. Ihr Gebrauch ist in den folgenden Regeln festgelegt.

Der Punkt

I. Der Punkt ist ein Schlußzeichen.
1. Er kennzeichnet im fortlaufenden Text das Ende eines Satzes oder eines Satzgefüges.
a) Er steht nach Aussagesätzen, auch wenn diese verkürzt sind:
 Das Auto fuhr mit höchster Geschwindigkeit durch das Tor. Vor dem Haus bremste es scharf. Ein Mann mit einem schwarzen Filzhut stieg aus. Keiner der Bewohner hatte ihn je zuvor gesehen. Niemand kannte ihn.
 Kommst du morgen? Vielleicht komme ich.
 (Verkürzt:) Kommst du morgen? Vielleicht.
 (Aber ohne Punkt, wenn der Satz Satzteil ist:)
 „Aller Anfang ist schwer" ist eine Redensart.
b) Der Punkt steht nach einem Satzgefüge, auch wenn dieses mit einem indirekten Fragesatz endet:
 Er läßt fragen, ob Frank zu Hause ist.
mit einem abhängigen Wunschsatz endet:
 Er wünschte, alles wäre vorbei.
mit einem abhängigen Befehlssatz endet:
 Er befahl, sofort das Auto zu holen.
c) Der Punkt steht an Stelle eines Ausrufezeichens nach einem unabhängigen Wunsch- oder Befehlssatz, der ohne Nachdruck gesprochen wird:
 Bitte geben Sie mir das Buch. Vergleiche S. 25 seiner letzten Veröffentlichung.
2. Der Punkt steht nicht nach freistehenden Zeilen, d. h. nach Sätzen, Satzstücken und einzelnen Wörtern, die im Druck- oder Schriftbild in besonderen Zeilen deutlich herausgehoben werden und inhaltlich selbständig sind wie etwa
a) Datumsangaben:
 Mannheim, [den/am] 1. 10. 1978
b) Anschriften und Unterschriften in Briefen:
 Schüler   Mit herzlichem Gruß
 Gerhard Schlüter   Dein
 Bahnhofstr. 1   Stephan
 5000 Köln 1
c) Titel von Schulaufsätzen, Überschriften und Schlagzeilen, Buch- und Zeitungstitel:
 Mein schönster Ferientag
In den vergangenen Ferien habe ich zum ersten Mal einen Flughafen besucht
 Der Frieden ist gesichert
Nach den schwierigen Verhandlungen zwischen den Vertragspartnern ...
d) Schulzeugnisse, Gliederungen, Inhaltsverzeichnisse:
 Religion: gut   Englisch: ausreichend
 Deutsch: sehr gut Mathematik: gut
 Sport: gut   Physik: gut
 Das Fernsehen – seine Vorzüge und Nachteile
 A. Fast jede Familie besitzt heute einen Fernseher
 B. Folgende Gefahren und Vorzüge des Fernsehens sind zubeachten:
  1. Die Gefahren
   a) Das Fernsehen nimmt viel Zeit in Anspruch

3. Als Schlußzeichen steht der Punkt in der Regel nach Abkürzungen, die im vollen Wortlaut der zugrundeliegenden Wörter gesprochen werden (z. B.: Abb. – gesprochen: Abbildung):
 Abb. = Abbildung   geb.   = geboren
 Abk. = Abkürzung   i. allg. = imallgemeinen
 Bd. = Band   kath.   = katholisch
 (Am Satzende:) In diesem Buch werden Autos beschrieben, Flugzeuge, Raketen u. a.
4. Der Punkt steht in der Regel nicht nach Abkürzungen, die buchstabenweise als selbständige Wörter (Buchstabenwörter) gesprochen werden:
 BGB [gesprochen: begebe] = bürgerliches Gesetzbuch
 Lkw [gesprochen: elkawe] = Lastkraftwagen
 UKW [gesprochen: ukawe] = Ultrakurzwellen
 (Am Satzende:) Dort stand ein Lkw.
Der Punkt steht auch nicht nach Abkürzungen der Maße und Gewichte, der Himmelsrichtungen, der meisten Münzbezeichnungen und der chemischen Grundstoffe:
 m = Meter   DM = Deutsche Mark
 g = Gramm   Na = Natrium
 (Am Satzende:) Er hat nur noch 3 DM.
II. Der Punkt steht nach Zahlen, die in Ziffern geschrieben sind und als Ordnungszahlen gekennzeichnet werden sollen:
 der 2. Weltkrieg, zum 5. Mal, der 15. April, sein 65. Geburtstag, 1. FC Nürnberg, Friedrich II.
 (Am Satzende:) An der Wand hing ein Bild Friedrichs III.
II. Drei Auslassungspunkte kennzeichnen den Abbruch der Rede. Hinter den Auslassungspunkten steht kein besonderer Schlußpunkt:
 Der Horcher an der Wand ...
 Er sagte: „Am besten wäre es, ich würde ..."
 (Nach Abkürzungen mit einem Punkt:) Es geschah in Frankfurt a. M. ...
Die Auslassungspunkte stehen ferner bei Zitaten, um anzuzeigen, daß Wörter oder Sätze weggelassen worden sind:
 „Ich gehe", sagte er mit Entschiedenheit.
 Er nahm den Mantel und ging hinaus.
 (Mit Auslassung:) „Ich gehe", sagte er ... und ging hinaus.

Das Komma (der Beistrich)

Das Komma gliedert den Satz und unterteilt ihn.
I. Es steht zwischen Satzteilen.
1. Es unterteilt Aufzählungen von Wörtern und Wortgruppen und steht daher
a) bei aufgezählten Wörtern der gleichen Wortart:
 Bernd, Marion und Gerhard sind schüchtern.
 Auf dem Bauplatz standen ein Kran, ein Bagger, ein Lastwagen und ein Betonmischer.
 Er sucht einen schönen, gut erhaltenen Gebrauchtwagen.
 (Aber ohne Komma, weil das letzte der Eigenschaftswörter mit dem Hauptwort einen festen Begriff bildet:) einige lehrreiche physikalische Versuche; ein Glas dunkles bayrisches Bier.
b) bei Aufzählungen in Orts-, Wohnungs- und Zeitangaben. Zwischen eng zusammengehörenden Angaben wird kein Komma gesetzt:
 Weidendamm 4, Hof rechts, 1 Treppe links bei Müller (abgekürzt: ... Hof r., 1. Tr. l. bei Müller); Schüler Gerhard Schmitt in Wiesbaden, Wilhelmstr. 24, 1. Stock hat diesen Antrag gestellt; Berlin, den 4. Juli 1960; Mannheim, im November 1966; Frankfurt, Weihnachten 1967; Dienstag, den 6. 9. 1960; Mittwoch, den 25. Juli, 20 Uhr findet die Sitzung statt. Das Fußballspiel findet statt in Mannheim, Sonntag, den 19. September, um 11 Uhr.
c) bei Aufzählungen von Stellenangaben in Büchern, Aufsätzen, Schriftstücken u. ä.:

Zeichensetzung (Forts.)

Diese Regel ist im Duden, Rechtschreibung, Zeichensetzung, S. 20, R 13 aufgeführt.
(Aber bei Hinweisen auf Gesetze, Verordnungen usw. ohne Komma:) §6 Abs. 2 der Personalverordnung.
Beachte:
Mehrere vorangestellte [Vor]namen und Titel werden nicht durch Komma getrennt:
 Hans Albert Schulze (aber: Schulze, Hans Albert); Direktor Professor Dr. Müller.
In der Regel steht auch kein Komma bei *geb., verh., verw.,* usw.:
 Martha Schneider geb. Kühn ...; (mitunter auch:)
 Martha Schneider, geb. Kühn, ...

2. Das Komma trennt herausgehobene Satzteile ab und steht daher
a) bei der Anrede:
 Klaus, kommst du heute mittag? So hör doch, Klaus, was ich dir sage! So komm doch, Klaus! Ich habe von Dir, lieber Thilo, lange nichts mehr gehört. Junge, paß doch auf! Du, hör mal zu!
b) bei betonter Interjektion (Empfindungswort), Bejahung oder Verneinung:
 Ach, das ist schade! Oh, das ist schlecht! Au, das tut weh! Hurra, wir haben gewonnen! Ja, daran ist nicht zu zweifeln. Nein, das geht zu weit!
 (Aber ohne Komma, wenn sich das Wort eng an den folgenden Text anschließt:) Ach Gott, was soll ich nur machen? Ja wenn er nur käme!

3. Das Komma trennt Einschübe und Zusätze ab und steht daher
a) bei einer nachgetragenen Apposition (hauptwörtliche Beifügung):
 Johannes Gutenberg, der Erfinder der Buchdruckerkunst, wurde in Mainz geboren. In Frankfurt, der bekannten Handelsstadt, befindet sich ein großes Messegelände.
 (Aber ohne Komma, wenn die einfache Apposition als Beiname zum Namen gehört:) Friedrich der Große ist der bedeutendste König aus dem Hause Hohenzollern. Heinrich der Löwe wurde in Braunschweig beigesetzt.
 (Aber mit Attribut [Beifügung]:) Joe Louis, der „braune Bomber", war lange Weltmeister im Schwergewicht.
b) bei einer nachgetragenen näheren Bestimmung vor allem dann, wenn sie durch *und zwar, und das, nämlich, namentlich, insbesondere, d. h., d. i., z. B.* u. a. eingeleitet wird:
 Er liebte die Musik, namentlich die Lieder Schuberts, seit seiner Jugend. Das Schiff kam wöchentlich einmal, und zwar sonntags.
 (Beachte die Kommasetzung:) Wir werden ihn am 27. Oktober, d. h. an seinem Geburtstag, besuchen. (Aber:) Wir werden ihn am 27. Oktober, d. h., wenn er Geburtstag hat, besuchen.

4. Für die Setzung des Kommas bei bestimmten Konjunktionen, die zwischen Satzteilen stehen, ist folgendes zu beachten:
a) Das Komma steht vor den Konjunktionen (Bindewörtern) *aber, allein, [je]doch, sondern, vielmehr* u. ä. sowie zwischen Satzteilen, die durch die Konjunktionen *bald–bald, einerseits–andererseits, einesteils–anderenteils, jetzt–jetzt, ob–ob, teils–teils, nicht nur–sondern auch, halb–halb* u. a. verbunden sind:
 Du bist klug, aber faul. Bald ist er in Frankfurt, bald in München, bald in Mannheim. Die Kinder spielten teils auf der Straße, teils im Garten. Er ist nicht ein guter Schüler, sondern auch ein guter Sportler.
b) Das Komma steht nicht vor den Konjunktionen *und, sowie, wie, oder, sowohl–als auch, weder–noch, entweder–oder,* wenn sie Satzteile verbinden:
 Heute oder morgen will er dich besuchen. Der Becher war innen wie außen vergoldet. Auf dem Parkplatz stand sowohl ein Fiat als auch ein Porsche. Weder ihm noch mir war es gelungen. Du mußt entweder das eine oder das andere tun.
 (In Verbindung mit einer Aufzählung:) Ich weiß weder seinen Nachnamen noch seinen Vornamen, noch sein Alter, noch seine Anschrift.
c) Das Komma steht nicht vor den vergleichenden Konjunktionen *als, wie, denn,* wenn sie Satzteile verbinden:
 Heike ist größer als Ute. Thilo ist so stark wie Gerhard. Er war als Sprinter besser denn als Springer.
Merke:
Das Komma steht erst bei vollständigen Vergleichssätzen und beim Infinitiv mit *zu:*
 Heike ist größer, als Ute im gleichen Alter war. Komm so schnell, wie du kannst. Das Auto ist schneller, als du denkst.

II. Bei Partizipien (Mittelwörtern) steht kein Komma, wenn diese keine oder nur eine aus einem Wort bestehende Bestimmung haben:
 Lachend kam er auf mich zu. Gelangweilt schaute er zum Fenster hinaus. Schreiend und johlend durchstreiften sie die Straßen.
Jede Partizipialgruppe, bei der die nähere Bestimmung aus mehr als einem Wort besteht, wird durch Komma abgetrennt:
 Von dem Namen Uwe Seeler angelockt, strömten Zehntausende von Zuschauern in das Stadion. Er sank, zu Tode getroffen, zu Boden. Er kam auf mich zu, aus vollem Halse lachend.

III. Für die Setzung des Kommas **bei Infinitiven** (Nennformen) mit *zu* ist es wichtig, zwischen erweitertem Infinitiv und nichterweitertem (bloßem, reinem) Infinitiv zu unterscheiden. Tritt zu einem Infinitiv mit *zu* eine nähere Bestimmung, dann spricht man vom erweiterten Infinitiv. Ein Infinitiv ist bereits erweitert, wenn *ohne zu, um zu, als zu* oder *anstatt zu* an Stelle des bloßen *zu* steht.

1. Der erweiterte Infinitiv wird in der Regel durch Komma abgetrennt:
 Sie ging in die Stadt, um einzukaufen. Er redete, anstatt zu handeln. Seine Absicht, uns zum Flughafen zu fahren, freute uns sehr. Er hatte keine Gelegenheit, sich zu verteidigen. Es war sein fester Wille, ihn über die Vorgänge aufzuklären und ihn dabei zu warnen. Ihm zu folgen, bin ich jetzt nicht bereit. Ich hoffe, Dich morgen bei uns zu sehen, und grüße Dich.

2. Durch Komma werden auch die nichterweiterten Infinitive Perfekt Aktiv und Passiv (vollendete Gegenwart in der Tat- und Leideform) abgetrennt:
 Ich erinnere mich, widersprochen zu haben. Er war begierig, gelobt zu werden. Ich bin der festen Überzeugung, verraten worden zu sein.

3. Immer ohne Komma steht der erweiterte Infinitiv in Verbindung mit den hilfszeitwörtlich gebrauchten Verben *sein, haben, brauchen, pflegen* und *scheinen:*
 Sie haben nichts zu verlieren. Die Wunde ist schwer zu heilen. Er pflegt uns jeden Sonntag zu besuchen.
Bei den Verben *anfangen, aufhören, beginnen, bitten, fürchten, gedenken, glauben, helfen, hoffen, versuchen, wissen, wünschen* u. a. ist die Setzung des Kommas freigestellt:
 Er glaubt[,] mich mit diesen Einwänden zu überzeugen. Wir bitten[,] diesen Auftrag schnell zu erledigen.
Tritt zu diesen Verben eine Umstandsangabe oder eine Ergänzung, dann muß ein Komma gesetzt werden:
 Der Arzt glaubte fest, den Kranken durch eine Operation retten zu können.

4. Der reine Infinitiv mit *zu* wird in der Regel nicht durch Komma abgetrennt:
 Ich befehle dir zu gehen. Die Schwierigkeit unterzukommen war sehr groß. Er ist bereit zu arbeiten. Zu arbeiten ist er bereit.

683

Zeichensetzung (Forts.)

(Mehrere vorangestellte Infinitive:)
Zu raten und zu helfen war er immer bereit.
(Aber eingeschoben oder nachgestellt:)
Er war immer bereit, zu raten und zu helfen.
Ohne den Willen, zu lernen und zu arbeiten, wird er es nicht schaffen.
Vermeide Mißverständnisse:
Wir rieten ihm, zu folgen. (Aber:) Wir rieten, ihm zu folgen.

IV. Für die Setzung des Kommas **bei Sätzen** ist es wichtig, zwischen Haupt- und Nebensätzen zu unterscheiden.

1. Das Komma trennt vollständige Hauptsätze, auch wenn sie durch Konjunktionen (*und, oder, weder–noch, entweder–oder*) verbunden sind:
Ich kam, ich sah, ich siegte. Die Bremsen quietschten laut, und ein Auto hielt vor der Tür. Ihr müßt euere Aufgaben gewissenhaft erledigen, oder ihr versagt in der Prüfung. Er hat ihn weder gesehen, noch hat er irgend etwas von ihm gehört.. Willst du mit mir gehen, oder hast du etwas anderes vor?
(Kein Komma bei kurzen und eng zusammengehörenden Hauptsätzen:) Nimm und lies! Er lief oder er fuhr.

2. Das Komma steht zwischen Hauptsatz und Nebensatz:
Wenn es möglich ist, werden wir morgen kommen. „Ich bin müde", sagte er. Ich weiß, er will nicht kommen.
Nach der wörtlichen Rede steht kein Komma, wenn sie durch ein Fragezeichen oder durch ein Ausrufezeichen abgeschlossen ist:
„Was ist das für ein Auto?" fragte er.

3. Das Komma trennt Nebensätze, die nicht durch *und* oder *oder* verbunden sind:
Ich höre, daß du morgen nicht kommst, sondern daß du nach Berlin fliegst. Er war zu klug, als daß er in die Falle gegangen wäre, die man ihm gestellt hatte.
(Aber mit *und*:) Du kannst glauben, daß ich deinen Vorschlag ernst nehme und daß ich ihn unterstützen werde. Er sagte, er wisse es und der Vorgang sei ihm völlig klar. (Mit *oder*:) Ich fürchte, der Brief ist verloren oder du hast ihn gar nicht abgeschickt.

4. In verkürzten Sätzen wird nur der Hauptbegriff wiedergegeben, während die übrigen Satzteile weggelassen sind. Das Komma steht wie im vollständigen Satz:
Vielleicht [geschieht es], daß er noch eintrifft. Ich weiß nicht, was [ich] anfangen [soll].
Das auffordernd betonte *bitte* kann als verkürzter Satz aufgefaßt werden. Es wird dann durch Komma abgetrennt:
Bitte, komm doch einmal her! Gib mir, bitte, das Buch!
Wird *bitte* als Höflichkeitsformel aufgefaßt, dann steht kein Komma:
Bitte wenden Sie sich an uns. Geben Sie mir bitte das Buch.
Unvollständige Nebensätze, die mit *wie, wenn* u. ä. eingeleitet werden, stehen oft, besonders am Ende des Satzes, ohne Komma, wenn sie formelhaft geworden sind:
Sein Aufsatz endete wie folgt (= folgendermaßen). Er legte sich wie üblich (= üblicherweise) um 10 Uhr ins Bett. Er ging wie immer (= gewohntermaßen) nach dem Mittagessen zum Sportplatz.

Das Semikolon (der Strichpunkt)
Das Semikolon nimmt eine Mittelstellung zwischen dem Komma und dem Punkt ein. Es trennt stärker als das Komma, aber schwächer als der Punkt. Das erste Wort nach einem Semikolon wird klein geschrieben, sofern es kein Substantiv (Hauptwort) ist.

1. Das Semikolon kann gesetzt werden
a) an Stelle eines Punktes, wenn Hauptsätze ihrem Inhalt nach eng zusammengehören:
Die Größe der Werbeabteilung ist in den einzelnen Unternehmen verschieden; sie richtet sich nach der Größe des gesamten Betriebes.
b) an Stelle eines Kommas zwischen Hauptsätzen, besonders wenn sie durch Konjunktionen wie *denn, doch, darum, daher, allein, deswegen, deshalb* u. a. verbunden sind:
Du kannst mitkommen; doch besser wäre es, du bliebst zu Hause. Die Angelegenheit ist erledigt; darum wollen wir nicht länger streiten.

2) Das Semikolon bei Aufzählungen dient dazu, Gruppen zusammengehörender Wörter kenntlich zu machen:
In dieser fruchtbaren Gegend wachsen Roggen, Gerste, Weizen; Kirschen, Pflaumen, Äpfel; Tabak und Hopfen.

Der Doppelpunkt
Der Doppelpunkt kündigt an; er macht auf das Folgende aufmerksam.

1. Der Doppelpunkt steht vor angekündigten Sätzen oder Satzteilen, und zwar
a) vor der wörtlichen (direkten) Rede, wenn diese vorher angekündigt ist, und vor ausdrücklich angekündigten Sätzen. Das erste Wort nach dem Doppelpunkt wird groß geschrieben:
Er sagte: „Mein Name ist Gruber". Die einzige Antwort war: „Kein Kommentar". Er frage mich: „Weshalb darf ich das nicht?" und begann zu schimpfen.
Gebrauchsanweisung: Man nehme jede Stunde eine Tablette.
b) vor angekündigten Einzelwörtern und Satzstücken, die auch die Form einer Aufzählung haben können. Das erste Wort nach dem Doppelpunkt wird klein geschrieben, sofern es kein Substantiv ist:
Latein: befriedigend. Die Schüler mußten schreiben: unser neues Auto. Nächste TÜV-Untersuchung: 30. 9. 1960. Er hat schon mehrere Länder besucht: Frankreich, Spanien, Rumänien, Polen. Er hatte alles verloren: seine Frau, seine Kinder und sein ganzes Vermögen.
(Aber vor *d. h., d. i., nämlich* steht kein Doppelpunkt, sondern ein Komma:) Das Jahr hat zwölf Monate, nämlich Januar, Februar, März, usw.

2. Der Doppelpunkt steht weiterhin vor Sätzen, die das vorher Gesagte zusammenfassen oder die Folgerungen aus dem vorher Gesagten ziehen. Das erste Wort nach dem Doppelpunkt wird klein geschrieben, sofern es kein Substantiv ist:
Haus und Hof, Geld und Gut: alles ist verloren.

Das Fragezeichen
Das Fragezeichen hat die Aufgabe, einen Satz u. ä. als Frage zu kennzeichnen.
Es steht deshalb
a) nach einem direkten Fragesatz, auch wenn dieser eine Überschrift bildet. Steht das Fragezeichen im Innern eines Satzganzen, dann wird das folgende Wort klein geschrieben, sofern es kein Substantiv ist:
Hat das Auto Scheibenbremsen? Wie heißt du? „Weshalb darf ich das nicht?" fragte er.
(Als Überschrift:)
Keine Chancen für eine Lösung?
b) nach Fragewörtern, die allein oder innerhalb eines Satzes stehen:
Wie?; Warum?; Weshalb?
Auf die Frage wem? steht der Dativ.
Stehen mehrere Fragewörter, die nicht besonders betont sind, nebeneinander, dann werden sie durch Komma getrennt. Das Fragezeichen steht nur nach dem letzten Fragewort:
Warum, weshalb, weswegen?
Aber bei besonderer Betonung jedes einzelnen Fragewortes:
Warum? Weshalb? Weswegen?

Zeichensetzung (Forts.)

c) nach Einzelwörtern und Satzstücken, die einen Fragesatz vertreten:
Fertig? (für: Bist du/Seid ihr fertig?)
Bitte ein Stück Torte. – Mit oder ohne Sahne?

Das Ausrufezeichen
Das Ausrufezeichen hat die Aufgabe, ein einzelnes Wort, das besonders betont ist, oder einen Satz, der eine eindringliche Aussage macht, zu kennzeichnen.
Es steht deshalb
a) nach Sätzen, die eine Aufforderung, einen Wunsch oder einen Befehl ausdrücken, auch wenn diese eine Überschrift bilden. Steht das Ausrufezeichen im Innern eines Satzganzen, dann wird das folgende Wort klein geschrieben, sofern es kein Substantiv ist:
Komm sofort zurück! Rauchen verboten! „Komm sofort zu mir!" befahl er. Wäre die Prüfung doch schon vorbei!
b) nach Ausrufen, die die Form eines Satzes haben können oder auch aus Einzelwörtern oder Einzellauten bestehen können:
Welch ein Glück! „Pfui!" rief er entrüstet. Pst! Au!
Stehen mehrere Ausrufe, die nicht besonders betont sind, nebeneinander, dann werden sie durch Komma getrennt. Das Ausrufezeichen steht nur nach dem letzten Ausruf:
„Nein, nein!" rief er.
Aber bei besonderer Betonung jedes einzelnen Ausrufes:
„Nein! Nein! Ich sage noch einmal: Nein!"
(Als Überschrift:) Die dritte Goldmedaille!
c) nach der Anrede in Briefen. An Stelle des Ausrufezeichens kann auch ein Komma stehen:
Lieber Frank!
Nach einem herrlichen Flug haben wir Paris erreicht.
Lieber Frank,
nach einem herrlichen Flug haben wir Paris erreicht.
Nach den üblichen Schlußformeln in Briefen wie *Mit herzlichem Gruß* u. ä. steht kein Ausrufezeichen.

Der Gedankenstrich
Der Gedankenstrich hat verschiedene Aufgaben. Er steht
a) zwischen Sätzen und einzelnen Wörtern, um den Wechsel eines Gedankens, eines Themas oder den Wechsel des Sprechers zu kennzeichnen:
... weswegen wir nicht in der Lage sind, Ihren Wunsch zu erfüllen. – Der begonnene Bau des Zweigwerkes muß sofort gestoppt werden, weil ...
Inhalt: Rechnungsarten – Zinsrechnung – Rechenhilfen.
„Komm bitte einmal her!" – „Ja, ich komme sofort".

b) innerhalb eines Satzes, um eine Pause zu kennzeichnen, die die Erwartung oder die Spannung gegenüber dem Folgenden erhöhen soll:
Plötzlich – ein vielstimmiger Schreckensruf! Paris – das Herz Frankreichs.
Zuletzt tat er das, woran niemand gedacht hatte – er wurde Rennfahrer.
c) um den Abbruch der Rede zu kennzeichnen:
„Schweig, du –!" schrie er ihn an.
d) vor und nach eingeschobenen Sätzen und Satzteilen, die das Gesagte näher erklären oder nachdrücklich betonen. Die Satzzeichen des einschließenden Satzes müssen so stehen, als ob der durch Gedankenstriche eingeschlossene Satz oder Satzteil nicht stünde:
Aus diesem Grunde glaubte ich, an dieser – für meine weitere Untersuchung sehr wichtigen – Stelle unterbrechen zu müssen.
Sie wundern sich – schreiben Sie –, daß ich so selten von mir hören lasse.
Ich fürchte – hoffentlich zu Unrecht –, daß du sehr krank bist.

Die Anführungszeichen
Die Anführungszeichen, umgangssprachlich auch Gänsefüßchen genannt, haben im allgemeinen folgende Form: „Haus" oder ‚Haus'.
a) Die Anführungszeichen kennzeichnen eine wörtlich wiedergegebene Rede, einen wörtlich wiedergegebenen Gedanken sowie eine wörtlich wiedergegebene Textstelle aus einem Buch, einem Brief usw.:
„Es ist unbegreiflich, daß ich das vergessen habe", sagte er.
„So – das ist also Stephan", dachte Frank.
Über das Ausscheidungsspiel berichtete ein Journalist:
„Das Stadion glich einem Hexenkessel. Das Publikum stürmte auf das Spielfeld."
„Wir werden morgen nach Frankfurt fahren", erkärte Gerhard, „wir müssen jedoch noch ein Auto dafür besorgen."
b) Die Anführungszeichen werden gesetzt, um einzelne Wörter oder Wortteile, kurze Aussprüche und Titel von Büchern, Zeitschriften, Gedichten u. ä. hervorzuheben:
Das Wort „Konfirmand" wird mit *d* geschrieben. Das Wort „Mehr sein als scheinen" stammt von Moltke.
Bei allgemein bekannten Titeln oder bei eindeutiger Angabe eines Titels können die Anführungszeichen fehlen:
Die Klasse liest zur Zeit Goethes Faust.
G. Graß: Die Blechtrommel.

* * *

Zertifikat [lat.] *s*, amtliche Bestätigung, Bescheinigung, Zeugnis.
Zeuge *m:* **1)** Person, die bei bestimmten Rechtshandlungen anwesend sein muß, wenn diese gültig sein sollen (z. B. *Trauzeuge*); **2)** Person, die in einem gerichtlichen (nicht sie selber betreffenden) Verfahren zur Aufklärung des Sachverhalts vernommen wird. Der Z. hat die Pflicht, auf Vorladung hin zu erscheinen u. wahrheitsgemäße Aussagen zu machen (*Zeugnispflicht*), gegebenenfalls unter ↑Eid. Das Recht, die Aussage zu verweigern (*Zeugnisverweigerungsrecht*), steht jedoch nahen Verwandten, Ehegatten u. Verlobten des Angeklagten zu sowie Personen, die durch ihren Beruf zur Geheimhaltung bestimmter Tatsachen verpflichtet sind (z. B. Geistliche, Ärzte). Auch wer sich selbst damit schaden würde, hat das Recht, die Aussage zu verweigern.
Zeugen Jehovas *m*, *Mz.*, religiöse Gemeinschaft, 1874 von dem Amerikaner Ch. T. Russell (1852–1916) gegründet, die die baldige Wiederkunft Christi und ein dann einsetzendes tausendjähriges Reich des Friedens u. des Glücks lehrt. Die Berechnungen für diesen Zeitpunkt, die man an Hand der Bibel vornahm (u. a. für 1914, 1918 u. 1925), erwiesen sich als unhaltbar. Die Z. J. lehnen die christlichen Kirchen u. jede Form des Staates (auch den Wehrdienst) ab; sie wurden während des Nationalsozialismus verfolgt.

Zeughaus *s*, alte Bezeichnung für ein Gebäude, in dem Waffen, Uniformen u. andere militärische Ausrüstungsgegenstände aufbewahrt wurden. Die Zeughäuser sind oft besonders stattliche, repräsentative Gebäude (z. B. in Berlin).
Zeugnis *s:* **1)** Aussage über Tatsachen, z. B. Z. *ablegen* für etwas; **2)** schriftliche Bestätigung einer Leistung; z. B. das Schulzeugnis oder das Z., das der Arbeitgeber bei Beendigung eines Arbeitsverhältnisses oder -abschnittes (z. B. Lehre) über den Arbeitnehmer auszustellen hat. Art u. Form der Leistungsbeurteilung u. deren Wiedergabe im Z. (Noten, Punktzahlen, verbale Umschreibungen) sind umstritten.

Zeus, in der griechischen Sage der höchste Gott („Göttervater"). Er ist Gott des Donners u. des Blitzes u. gilt als Hüter des Rechts, als Schützer von Haus u. Familie, von Freundschaft u. Gastrecht; ↑ auch griechischer und römischer Götterglaube.

Ziegel *m, Mz.,* aus Ton, Lehm oder tonigen Massen gebrannte Baumaterial. *Mauerziegel* (Backsteine) sind rechteckig u. haben meist ein Format von 240 × 115 × 71 mm. Es gibt Voll- u. Lochziegel; besondere Qualitätsanforderungen werden an Klinker gestellt (hart u. glasartig gebrannt). Zum Dachdecken verwendet man verschieden geformte *Dachziegel.* Herstellungsbetriebe für diese u. andere Erzeugnisse sind die *Ziegeleien.*

Ziegen *w, Mz.,* kleinere paarzehige Wiederkäuer. Die männlichen Tiere der bei uns gehaltenen Z. tragen meist mächtige, kantige Hörner, die weiblichen Tiere (Geißen) sind meist hornlos. Außer der Milch wird besonders das Fleisch der jungen Z. u. ihr Fell geschätzt. In Südeuropa werden die Z. in Herden gehalten. Sie klettern im Fels so gut wie Gemsen. Die Z. wurden in der Steinzeit in Südosteuropa u. Vorderasien gezähmt.

Ziegenpeter ↑ Mumps.

Ziehharmonika ↑ Akkordeon.

Ziffern [arab.] *w, Mz.,* Zeichen zur schriftlichen Darstellung von Zahlen. Allgemein üblich sind die 10 arabischen Z. des Dezimalsystems, die, von den Indern erfunden, im 12. Jh. über die Araber nach Europa kamen; ↑ auch römische Ziffern.

Zigeuner *m, Mz.,* unstet lebendes Wandervolk, das aus Indien stammt. Die umherziehenden Z. (von Osteuropa bis Spanien) treten als Händler u. Hausierer auf, seßhafte Z. leben meist an den Ortsrändern. Die einzelnen Zigeunerstämme haben sich in Gruppen aufgelöst, die von gewählten Häuptlingen angeführt werden; eine besondere Rolle spielt die „Zigeunermutter" als Hüterin der Stammessitten. — Den Zigeunern, die besonders der nationalsozialistischen Unterdrückung u. Verfolgung ausgesetzt waren u. in großer Zahl in den Konzentrationslagern umkamen, werden auf Grund ihrer Eigenart vielfach noch heute Vorurteile entgegengebracht.

Zikaden [lat.] *w, Mz.,* Schnabelkerfe. In den Mittelmeerländern, besonders aber in den Tropen, leben viele große Arten von Z., deren Männchen sehr laut zirpen; die Weibchen sind stumm. Nördlich der Alpen kommen *Singzikaden* nur in besonders warmen Gegenden vor (v. a. Wiener Becken, Würzburger Raum, Mainfranken, Rhein-Main-Gebiet). Im Frühling läßt die Larve der *Schaumzikade* an Wiesenpflanzen in Körperausscheidungen die verbrauchte Atemluft aus den Tracheen einperlen; dabei entsteht blasiger Schaum, der die Larve einhüllt. Die Zikade springt so gut wie eine Heuschrecke.

Zillertal *s,* ein von vielen Urlaubern besuchtes Tal in Tirol (Österreich). Es wird vom *Ziller* durchflossen, einem rund 50 km langen rechten Nebenfluß des Inn. Die größte Ortschaft ist *Mayrhofen* (3 400 E). An den Hängen ziehen sich Wälder u. Bergweiden (Almen) hin.

Zimbern ↑ Kimbern.

Zimt [semit.-gr.] *m,* Speisegewürz, das aus den bastartigen Innenrinden der Zweige verschiedener Zimtbäume hergestellt wird. Diese Rinden kommen entweder in zusammengerollter, getrockneter Form oder als gemahlenes Pulver in den Handel.

Zink *s,* Schwermetall, chemisches Symbol Zn, Ordnungszahl 30; Atommasse ungefähr 65,4. Z. ist ein stark glänzendes, weiches Metall, das nach Silber, Kupfer, Gold u. Aluminium zu den besten Leitern von elektrischem Strom gehört. Von großem technischem Interesse ist die Tatsache, daß sich Z. an feuchter Luft mit einer schützenden Deckschicht überzieht, die den chemischen Angriff auf das darunterliegende Metall weitgehend verhindert. Aus diesem Grunde liegt die Hauptverwendung von Z. in der Herstellung von Zinküberzügen auf Stahl u. anderen Metallen (Verzinkung). Weitere große Zinkmengen werden zur Herstellung von ↑ Messing verwendet. Die beiden wichtigsten Zinkminerale sind die Zinkblende (Zinksulfid, ZnS) und die Galmei (Zinkcarbonat, ZnCO$_3$). Hauptproduktionsländer sind Kanada, Sowjetunion, Australien, Peru, USA.

Zinn *s,* Schwermetall, chemisches Symbol Sn, Ordnungszahl 50; Atommasse etwa 118,7. Das Z. kommt in mehreren Formen (Modifikationen) vor. Das bei normaler Temperatur vorliegende Z. ist ein sehr weiches, gut walzbares Metall, das früher in großen Mengen zu ↑ Stanniol verarbeitet wurde. Unterhalb von 13,2 °C geht Z. in eine graue, pulvrige Modifikation über, was man häufig an Zinngeschirr beobachten kann (Zinnkrätze, Zinnpest). In der Natur kommt Z. hauptsächlich in Form seines Oxides SnO$_2$ (Zinnstein) vor, woraus es durch ↑ Reduktion mit Kohle nach folgender Gleichung gewonnen wird:

$$SnO_2 + 2C \rightarrow Sn + 2CO.$$

Das Metall ist chemisch widerstandsfähig. Da es von den in vielen Nahrungsmitteln vorkommenden Säuren nicht oder kaum angegriffen wird, verwendet man es zur Herstellung von Konservendosen (Weißblechdosen, mit Zinnüberzug). Sonst dient das Metall als Bestandteil von ↑ Bronze u. anderen Legierungen verwendet. Hauptproduktionsländer sind Malaysia, Bolivien, Indonesien, China.

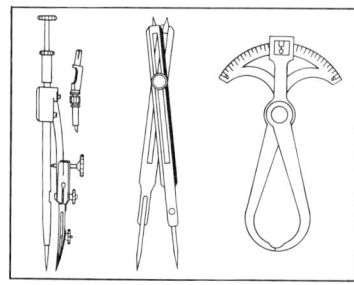

Zirkel. Nullenzirkel (links), Reduktionszirkel (Mitte), Greifzirkel (rechts)

Zinnen *w, Mz.,* Aufbauten auf alten Befestigungsbauten, die wie Zähne auf Mauern aufgesetzt sind. Sie dienten den Verteidigern als Deckung.

Zinnober [pers.] *m,* rotes, stark glänzendes Mineral aus Quecksilber u. Schwefel von der chemischen Zusammensetzung HgS. Der Z. ist das wichtigste Mineral für die Gewinnung von Quecksilber und dient wegen seiner schönen roten Färbung als Malerfarbe. Vorkommen v. a. in Spanien, in der Toskana, in Kalifornien, in Mexiko u. im Donezbecken.

Zins [lat.] *m:* **1)** Preis für die zeitweilige Überlassung von Geld. Wenn z. B. ein Geschäftsmann bei einer Bank Geld leiht, muß er dafür so lange Zinsen zahlen (z. B. 6 % vom Kapital pro Jahr), bis er das Geld zurückgezahlt hat. Andererseits erhält man von der Bank Zinsen für Spargutbaben. Werden nun die Zinsen (eines Kapitals) in bestimmten Zeitabschnitten zum Kapital geschlagen u. im folgenden Zeitabschnitt mitverzinst, dann spricht man von *Zinseszinsen;* **2)** früher Bezeichnung für: Abgabe, Steuer; auch Miete (Mietzins) oder Pacht.

Zinsrechnung [lat.; dt.] *w,* Berechnung des Zinses nach der Zinsformel:

$$Z = \frac{K \cdot t \cdot p}{100}$$

(K = Kapital, t = Jahre, p = Zinsfuß [z. B. 6 bei einer Zinshöhe von 6 %]).

Zion, ursprünglich Name der Festung von Jerusalem, der später auch für den Tempelberg u. schließlich

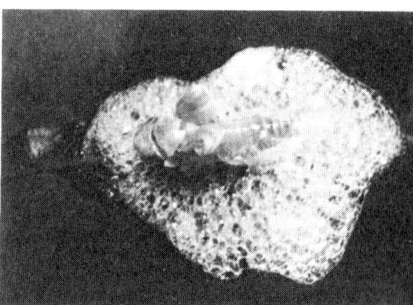

Zikaden. Schaumzikade

gleichbedeutend mit Jerusalem gebraucht wurde. Im Alten Testament ist oft von „Tochter Zion" die Rede, womit die Stadt Jerusalem gemeint ist.

Zionismus [hebr.] *m*, von Th. Herzl (1860–1904) begründete jüdische Bewegung, die u. a. die Rückführung der Juden nach Palästina u. die Gründung eines jüdischen Staates zum Ziel hatte; die Forderungen des Z. wurden durch die Gründung des Staates Israel 1948 erfüllt.

Zirbeldrüse *w*, drüsenartiges Organ, das sich beim Menschen nach dem 8. Lebensjahr zurückbildet. Es steuert die Entwicklung der Keimdrüsen.

Zirbelkiefer ↑Arve.

Zirkel [lat.] *m*: **1)** ein Gerät zum Zeichnen von Kreisen. Der Z. besteht aus 2 Schenkeln, die mit einem Scharnier verbunden sind. Der eine Schenkel trägt eine Spitze, der zweite eine Schreibvorrichtung (Bleistiftmine oder Reißfeder). *Stechzirkel* besitzen an beiden Schenkeln Spitzen. Sie dienen zum Abgreifen, Abtragen u. Messen von Strecken; **2)** Gruppe oder Personenkreis mit gemeinsamen (meist kulturellen) Interessen, z. B. Lesezirkel.

Zirkonium *s*, Metall, chemisches Symbol Zr, Ordnungszahl 40; Atommasse ungefähr 91,2. Die wichtigsten Zirkoniumminerale sind die Zirkonerde (Baddeleyit, ZrO_2) u. der Zirkon ($ZrSiO_4$). Z. verhält sich chemisch hinsichtlich seiner technischen Verwendbarkeit sehr ähnlich wie Tantal.

Zirkulation [lat.] *w*, Kreislauf, Umlauf.

Zirkus [lat.] *m*: **1)** in altrömischer Zeit eine langgestreckte Kampfspielbahn mit ansteigenden Sitzreihen für die Zuschauer. Der Z. war Austragungsort der zirzensischen Spiele (Wagen-, Pferderennen, Gladiatorenkämpfe u a.); **2)** großes Zelt oder Gebäude mit Manege, in der Tierdressuren, artistische Kunststücke u. ä. vorgeführt werden; auch Bezeichnung für das ganze Unternehmen.

Zisterne [gr.] *w*, ein unterirdischer Behälter, in dem Regenwasser aufgefangen u. gespeichert wird.

Zisterzienser *m*, *Mz.*, Ende des 11. Jahrhunderts in Cîteaux [βito] (daher der Name Z.) entstandener Mönchsorden. Der bekannteste Abt der Z., unter dem der Orden sehr an Bedeutung gewann, war ↑Bernhard von Clairvaux. Die Z. betonen Innerlichkeit u. Einfachheit, pflegen das Bibelstudium u. die praktische Arbeit. Durch ihre Musterlandwirtschaft trugen sie wesentlich zur deutschen ↑Ostsiedlung bei. Angeschlossen sind die *Zisterzienserinnen*.

Zitat [lat.] *s*, wörtlich angeführte Stelle aus einem Buch, einem Schriftstück oder einer Rede.

Zither [gr.] *w*, volkstümliches Zupfinstrument. Bis zu 42 Saiten sind über einen flachen, rechteckigen Schallkörper gespannt, der zum Spielen auf einen Tisch gelegt wird. Von diesen Saiten werden 5 für die Melodie mit einem Stahlring angerissen; die übrigen sind Baßsaiten u. werden mit den Fingern gespielt.

Zitrone [lat.-ital.] *w*, aus dem südlichen Himalaja stammende ↑Zitruspflanze, die heute v. a. in Italien (besonders Sizilien) u. in den USA (besonders Kalifornien) in großen Kulturen gepflanzt wird. Sie ist ein kleiner, dorniger Baum (*Zitronenbaum*) mit hellgrünen, ovalen Blättern, weißen Blüten u. gelben, sauer schmeckenden Früchten (mit hohem Gehalt an Vitamin C).

Zitronenfalter [lat.-ital.; dt.] *m*, leuchtend gelber Tagfalter. Er fliegt bereits im Vorfrühling u. überwintert wie einige andere Tagfalter (Großer Fuchs, Trauermantel) als Falter in geschützten Schlupfwinkeln in Kältestarre. Die Eier legt das Weibchen im Spätsommer an den Faulbaum, wo noch im Herbst die Falter schlüpfen.

Zitronensäure [lat.-ital.; dt.] *w*, dreibasige, organische Säure (↑Chemie), die in sehr vielen Früchten, v. a. auch in den Zitrusfrüchten vorkommt. Sie spielt aber auch als Stoffwechselprodukt im menschlichen u. tierischen Organismus eine so bedeutende Rolle, daß ein wichtiger, komplizierter Teil des menschlichen Stoffwechsels nach ihr als *Zitronensäurezyklus* bezeichnet wird. Als durstlöschende, erfrischende Substanz spielt die Z. in der Getränkeindustrie als Zusatz für Limonaden u. a. eine bedeutende Rolle.

Zitrusfrüchte [lat.; dt.] *w*, *Mz.*, Früchte der ↑Zitruspflanzen.

Zitruspflanzen [lat.; dt.] *w*, *Mz.*, Sammelbezeichnung für etwa 60 Arten der Gattung Citrus aus der Familie der Rautengewächse, die aus China u. Südostasien stammen, heute aber in allen subtropischen Gebieten der Erde angebaut werden. Die häufigsten Arten wachsen als Bäume u. haben große, weiße, angenehm duftende Blüten u. meist wohlschmeckende, an Vitamin C reiche Früchte; die bekanntesten Arten sind: Pampelmuse, Zitrone, Mandarine, Pomeranze u. Orange.

Zitterfische *m*, *Mz.*, Fische, die verschiedenen Gattungen angehören u. aus Muskulatur oder Haut hervorgegangene elektrische Organe besitzen. Damit betäuben sie ihre Beute oder orientieren sich nach Art der Radarpeilung. Vertreter: Zitteraal (Südamerika), Zitterwels (Afrika), Zitterrochen (Meere der warmen u. der gemäßigten Zone; ↑Rochen).

Ziu (Tiu, Tyr), germanischer Gott des Krieges u. des Rechts.

zivil [lat.], bürgerlich.

Zivildienst *m*, Ersatzdienst Wehrpflichtiger, den anerkannte Kriegsdienstverweigerer zu leisten haben. Im Z. sind Aufgaben, die dem Allgemeinwohl dienen (vorrangig im sozialen Bereich) zu erfüllen.

Zivilisation [lat.] *w*, die Gesamtheit der durch die Technik geschaffenen verbesserten Lebensbedingungen, die sich nicht auf den Bereich der ↑Kultur 1) u. 2) erstrecken (im englischen u. französischen Sprachbereich bedeuten Z. u. Kultur dasselbe. Unter Z. versteht man auch im weiteren Sinn Gesittung oder Lebensverfeinerung (z. B. sagt man: ein zivilisierter Mensch).

ZK, Abkürzung für: ↑Zentralkomitee.

Zobel [slaw.] *m*, Raubmarder im nördlichen Asien, bis 45 cm lang, mit 15–20 cm langem buschigem Schwanz. Das langhaarige, weiche, dunkelbraune Fell ist sehr kostbar (Pelze). In der UdSSR auch in Farmen gezüchtet.

Zölibat [lat.] *s* oder *m*, in manchen Religionen die von Priestern u. Ordensleuten geübte Ehelosigkeit u. Keuschheit. In der katholischen Kirche sind alle Träger von Weihen (Subdiakone, Diakone, Priester, Bischöfe) zum Z. verpflichtet.

Zoll [gr.-lat.] *m*: **1)** vom Staat erhobene Abgabe auf eine Ware, die über die Staatsgrenze gebracht wird. Man unterscheidet im wesentlichen *Finanzzoll*, der, ähnlich der Steuer, dem Staat Einnahmen bringen soll, u. *Schutzzoll*, der die eigene Wirtschaft vor billigerer ausländischer Ware schützen soll; **2)** heute nur noch selten verwendetes Längenmaß (2,615 cm).

Zone [gr.] *w*: **1)** allgemein: Teilgebiet; **2)** Erdgürtel. Man unterscheidet die *tropische* Z. (beiderseits des Äquators), die *gemäßigten Zonen* (zwischen den Wende- u. den Polarkreisen) u. die *Polarzonen* (nördlich des nördlichen Polarkreises u. südlich des südlichen Polarkreises).

Zoologie [gr.] *w*, die Lehre von den Tieren, die Tierkunde; ↑auch Verhaltensforschung.

Zoroaster ↑Zarathustra.

Zotten *w*, *Mz.*, fransenartige Gewebsausstülpungen, z. B. an der inneren Dünndarmwand (*Darmzotten*) zur Flächenvergrößerung u. zum Aufsaugen der Nährstoffe.

Züchtung *w*, aus Wildformen werden durch die Z. Kulturpflanzen u. Haustiere herangebildet. Die Z. erfolgt durch Auslese oder Kreuzung besonders geeigneter Organismen oder auch durch Behandlung der Keimzellen mit Röntgenstrahlen, Kälte- und Hitzeschocks oder Colchicin (dem Gift der Herbstzeitlose).

Zucker *m*, wichtiges Nahrungsmittel, das aus Kohlenstoff, Sauerstoff u. Wasserstoff besteht, also zu den Kohlenhydraten gehört. Z. wird in Pflanzen durch ↑Photosynthese gebildet. Man kennt eine große Anzahl von Zuckern; hauptsächlich unterscheidet man jedoch die sogenannten Monosaccharide,

ZEITGESCHICHTE

Wichtige Daten der Nachkriegsgeschichte (für die vorangehende Zeit ↑ Zeittafeln zur Geschichte S. 212 ff.).

1945

Febr.	Konferenz von Jalta
März	Gründung der Arabischen Liga
Mai	Bedingungslose Kapitulation Deutschlands (8. 5.)
Juni	Aufteilung Deutschlands in vier Besatzungszonen
	Gründung der UN
Juli	Aufteilung Österreichs in vier Besatzungszonen u. Wiens in vier Sektoren
	Saargebiet unter französischer Verwaltung
	Teilung Berlins in vier Sektoren
Juli/Aug.	Potsdamer Konferenz
Aug.	Londoner Vier-Mächte-Abkommen
Sept.	US-Militärregierung in Japan
Okt.	Gründung des Weltgewerkschaftsbundes
	Die Charta der UN tritt in Kraft (24. 10.)
Nov.	Beginn der Nürnberger Kriegsverbrecherprozesse

1946

April	Gründung der SED im sowjetischen Sektor von Berlin u. in der SBZ
Juni	Italien wird Republik (nach Volksabstimmung)
Dez.	Verfassung der Vierten Republik in Frankreich

1947

Jan.	Die amerikanische u. die britische Zone in Deutschland schließen sich zur Bizone zusammen
Febr.	Friedensschlüsse der Siegerstaaten des 2. Weltkriegs mit Italien, Ungarn, Rumänien, Finnland, Bulgarien
April	UN-Kommission für Palästina
Mai	Demokratische Verfassung in Japan (3. 5.)
Juni	Marshallplan
Aug.	Indien u. Pakistan werden unabhängig
Sept.	Abschluß der Bodenreform in der SBZ
Okt.	GATT-Abkommen (31. 10.) zum Abbau von Handelsschranken
Nov.	Zustimmung der UN zur Teilung Palästinas in einen jüdischen u. einen arabischen Staat
Dez.	Währungsreform in Österreich

1948

Jan.	Mahatma Gandhi ermordet (20. 1.)
April	Gründung der OEEC (↑ Europäisches Wiederaufbauprogramm)
Mai	Gründung des Staates Israel (14. 5.), Beginn des Angriffs der arabischen Nachbarstaaten
Juni	Währungsreform in den Westzonen (20. 6.) u. in der SBZ (23. 6.)
	Beginn der Blockade Berlins (bis Mai 1949), Berliner Luftbrücke
Sept.	Parlamentarischer Rat in Bonn konstituiert
Okt.	Der Magistrat von Berlin verlegt seinen Amtssitz nach Berlin (West)
Dez.	Deklaration der Menschenrechte der UN-Vollversammlung

1949

Jan.	Gründung des RGW (COMECON) in Warschau
Febr.	Waffenstillstandsabkommen zwischen Israel u. Ägypten (später zwischen Israel-Syrien, Libanon u. Jordanien)
April	Austritt Irlands aus dem Commonwealth
	Gründung des Nordatlantikpaktes (NATO) am 4. April
Mai	In Westdeutschland Beitritt der französischen Zone zur Bizone (Trizone)
	Ende der Berliner Blockade
	Grundgesetz (in Kraft getreten am 24. 5.) u. Gründung der Bundesrepublik Deutschland
Mai/Juni	Annahme einer Verfassung für eine Deutsche Demokratische Republik durch den III. Volkskongreß in der SBZ
Aug.	Gründung des Europarates
	Wahlen zum ersten Deutschen Bundestag
Sept.	Gründung des Deutschen Gewerkschaftsbundes
	Th. Heuss wird erster Bundespräsident
	K. Adenauer wird erster Bundeskanzler der Bundesrepublik Deutschland
	Besatzungsstatut tritt in der Bundesrepublik Deutschland in Kraft
	Mao Tse-tung Vorsitzender des Rates der Zentralen Volksregierung der Volksrepublik China
Okt.	Proklamation der Volksrepublik China
	Gründung der DDR (7. 10.)
Dez.	Indonesien wird selbständige Republik

1950

Jan.	Indien wird Republik
Febr.	Freundschafts- u. Beistandspakt zwischen der UdSSR u. der Volksrepublik China
Mai	Schumanplan wird verkündet
Juni	Beginn des Koreakrieges
Juli	Anerkennung der Oder-Neiße-Grenze durch die DDR
Sept.	DDR wird Mitglied des RGW
Okt.	Einmarsch chinesischer Truppen in Tibet

1951

April	Gründung der europäischen Gemeinschaft für Kohle u. Stahl (Montanunion)
	Beitritt der Bundesrepublik Deutschland zum Europarat
Juli	Beginn der Waffenstillstandsverhandlungen in Korea
Sept.	Friedensvertrag von San Francisco mit Japan
	Berliner Abkommen über Interzonenhandel tritt in Kraft
Nov.	W. Churchill wird britischer Premierminister
Dez.	Proklamation des Königreiches Libyen

1952

Febr.	Tod König Georgs VI. von Großbritannien (6. 2.), Königin Elisabeth II. wird Nachfolgerin
März	Sowjetischer Vorschlag eines neutralisierten Deutschland, der ohne Antwort blieb
Mai	Abschluß des Deutschlandvertrages
	Vertrag über die Gründung der Europäischen Verteidigungsgemeinschaft
Juli	In der DDR Neugliederung des Staatsgebietes
	Sturz des ägyptischen Königs Faruk durch General Nagib
Aug.	Husain wird König von Jordanien
	Tod des deutschen Politikers K. Schumacher (20. 8.)
Nov.	Amerikanische Wasserstoffbombenversuche
	Dwight D. Eisenhower wird zum Präsidenten der USA gewählt

1953

März	Tod Stalins (5. 3.)
April	D. Hammarskjöld wird Generalsekretär der UN

Zeitgeschichte (Forts.)

Juni	Aufstand in der DDR (17. 6.)	Mai	Atomwaffendebatte im Deutschen Bundestag
	Ägypten wird Republik		Erster britischer Wasserstoffbombenversuch
Juli	Ende der Kampfhandlungen in Korea. Es bleibt weiterhin geteilt in Nord- u. Süd-Korea	Okt.	Bildung des dritten Kabinetts Adenauer
Aug.	Sowjetischer Wasserstoffbombenversuch		Die UdSSR startet den ersten Erdsatelliten (Sputnik) am 4. 10.
Sept.	N. Chruschtschow wird Erster Sekretär des ZK der KPdSU		

1954

			1958
März	Erklärung der UdSSR über die Souveränität der DDR	Febr.	Gründung der Vereinigten Arabischen Republik (VAR)
April/Juli	Genfer Indochinakonferenz; Teilung Vietnams		Staatsvertrag über die Wirtschaftsunion der Benelux-Länder
Mai	Der Vietminh erobert die französische Festung Dien Bien Phu in Indochina	März	R. Schuman wird Präsident des Europäischen Parlaments
Aug.	Ablehnung der Europäischen Verteidigungsgemeinschaft in der französischen Nationalversammlung		Chruschtschow Ministerpräsident der UdSSR
		April	Erste Konferenz der unabhängigen Staaten Afrikas in Accra
Sept.	Abschluß des SEATO-Paktes	Mai	Militärputsch französischer Truppen in Algier u. Regierungsübernahme durch de Gaulle

1955

Febr.	Abschluß des Bagdadpaktes	Sept.	Neue Verfassung in Frankreich (Fünfte Republik)
April	Beginn der Unruhen in der britischen Kronkolonie Zypern		Beginn der engeren deutsch-französischen Zusammenarbeit
	Konferenz der afro-asiatischen Staaten in Bandung		**1959**
Mai	Beitritt der Bundesrepublik Deutschland zur WEU (Westeuropäische Union) u. zur NATO	Jan.	Verträge über die EWG u. EURATOM treten in Kraft
	Abschluß des Warschauer Paktes		De Gaulle erster Staatspräsident der Fünften Republik
	Österreichischer Staatsvertrag (15. 5.)		Sieg der kubanischen Aufstandsbewegung unter F. Castro
Juli	Genfer Gipfelkonferenz der USA, UdSSR, Großbritanniens u. Frankreichs	Febr.	Castro Ministerpräsident Kubas
Aug.	Ausweitung der Unruhen in Marokko, Eingreifen französischer Truppen		**1960**
Sept.	Besuch Adenauers in Moskau u. Aufnahme der diplomatischen Beziehungen zwischen der Bundesrepublik Deutschland u. der UdSSR		Zahlreiche afrikanische Kolonien erhalten die Unabhängigkeit, u. a. Senegal, Togo, Nigeria, Kamerun, Obervolta, Tschad, Dahomey, Somalia, Mauretanien
	Sturz u. Flucht des argentinischen Staatspräsidenten J. Perón	Jan.	Gründung der Europäischen Freihandelsassoziation (EFTA)
Okt.	Volksabstimmung im Saargebiet, Ablehnung des Saarstatuts	Febr.	Erster französischer Atomwaffenversuch
		März	Blutige Konflikte in der Südafrikanischen Union als Folge der Rassenpolitik

1956

Jan.	Gesetz über die Schaffung der Nationalen Volksarmee der DDR	April	Abschluß der Kollektivierung der Landwirtschaft in der DDR
Febr.	Geheimrede Chruschtschows auf dem XX. Parteitag der KPdSU zur Verurteilung Stalins		**1961**
	Proklamierung der Islamischen Republik Pakistan	März	Aufwertung der Deutschen Mark
März	Beitritt Österreichs zum Europarat	April	Umsturzversuch auf Kuba gelandeter Exilkubaner scheitert
	Frankreich erkennt die Souveränität Tunesiens u. Marokkos an		Erster bemannter Weltraumflug der UdSSR (Gagarin)
Juni	Nasser wird ägyptischer Staatspräsident	Mai	Südafrika wird Republik u. scheidet aus dem Commonwealth aus
Juli	Verstaatlichung des Sueskanals		
Aug.	Verbot der KPD in der Bundesrepublik Deutschland	Aug.	Errichtung der Mauer entlang der Sektorengrenze in Berlin
Okt.	„Frühling im Oktober" in Polen. Neuer Kurs unter Gomulka	Sept.	Militärputsch in Syrien; Austritt Syriens aus der VAR
	Aufstand in Ungarn		Erste Konferenz blockfreier Staaten in Belgrad
	Sueskonflikt (↑ ägyptische Geschichte)		U Thant wird als Nachfolger D. Hammarskjölds Generalsekretär der UN
Nov.	Niederwerfung des ungarischen Aufstands durch sowjetische Truppen		
			1962

1957

Jan.	Das Saargebiet wird Land der Bundesrepublik Deutschland		Verschärfung des Gegensatzes zwischen der Volksrepublik China u. der UdSSR
	Indien annektiert einen Teil Kaschmirs	Jan.	Einführung der allgemeinen Wehrpflicht in der DDR
März	Eisenhower-Doktrin über die Nahostpolitik		
	Römische Verträge: Unterzeichnung des Vertrages über die Europäische Wirtschaftsgemeinschaft (EWG)	März	Französisch-algerischer Waffenstillstand beendet die seit Jahren andauernden Kämpfe

689

Zeitgeschichte (Forts.)

Juli	Algerien wird unabhängige Republik
	US-Satellit Telstar wird für Fernsehübertragungen nach Europa eingesetzt
	Kubakrise. Abbau der sowjetischen Raketenbasen auf Kuba nach Blockadebefehl Kennedys

1963

Jan.	Abschluß des Vertrages über die deutsch-französische Zusammenarbeit
	Frankreich verhindert die Aufnahme Großbritanniens in die EWG
Mai	Die Schweiz wird Mitglied des Europarates
Aug.	Abkommen zwischen den USA, der UdSSR u. Großbritannien über eine Einschränkung von Kernwaffenversuchen
	Der „heiße Draht" zwischen Washington u. Moskau wird geschaffen
Okt.	Rücktritt Adenauers als Bundeskanzler; neuer Kanzler wird L. Erhard
Nov.	Ermordung des amerikanischen Präsidenten Kennedy in Dallas (22. 11.); L. B. Johnson wird sein Nachfolger

1964

Okt.	Sturz Chruschtschows in der UdSSR. Kossygin wird Ministerpräsident, Breschnew Parteichef der KPdSU
	Erster chinesischer Atombombenversuch

1965

Febr.	Beginn des Krieges in Vietnam
April	Militärische Intervention der USA in der Dominikanischen Republik
Mai	Israel u. die Bundesrepublik Deutschland nehmen diplomatische Beziehungen auf. Abbruch der diplomatischen Beziehungen zwischen der Bundesrepublik Deutschland u. den meisten arabischen Ländern
Aug.	Indisch-pakistanischer Krieg um Kaschmir

1966

Jan.	Indisch-pakistanisches Abkommen von Taschkent
Juli	Frankreich zieht sich aus der militärischen NATO-Integration zurück
Nov.	Rücktritt Bundeskanzler Erhards
Dez.	K. G. Kiesinger wird Bundeskanzler einer CDU/CSU-SPD-Regierung (große Koalition)
	1966/67 „Kulturrevolution" in der Volksrepublik China

1967

Jan.	Aufnahme diplomatischer Beziehungen zwischen der Bundesrepublik Deutschland u. Rumänien
April	Militärdiktatur in Griechenland
Juni	Krieg zwischen Israel u. den arabischen Staaten (Sechstagekrieg)
Dez.	Erste Herzverpflanzung am Menschen

1968

April	Martin Luther King ermordet (4. 4.). Rassenunruhen in den USA
	Demonstrationen gegen geplante Notstandsgesetze in der Bundesrepublik Deutschland
Mai	Notstandsverfassung in der Bundesrepublik Deutschland verabschiedet
	Maiunruhen in Paris. Generalstreik
Juni	Auflösung der französischen Nationalversammlung
	Beginn amerikanisch-nordvietnamesischer Friedensverhandlungen in Paris über Vietnam
Aug.	Truppen des Warschauer Paktes besetzen die Tschechoslowakei, um eine von der Regierung Dubček eingeleitete Liberalisierung des Landes zu verhindern
Nov.	Wahl R. Nixons zum Präsidenten der USA
	Beginn der innenpolitsch-konfessionellen Krise in Nordirland

1969

März	Erster schwerer Grenzzwischenfall zwischen der UdSSR u. der Volksrepublik China am Ussuri
April	Rücktritt de Gaulles nach Abstimmungsniederlage
	Dubček wird durch Husák als KP-Chef in Prag abgelöst. Verurteilung seiner Politik durch die neue Parteiführung
Juli	Amerikanischen Astronauten gelingt die erste Landung auf dem Mond
Sept.	Tod Ho Chi Minhs
	Eine Militärjunta übernimmt die Macht in Brasilien
Okt.	Bildung einer sozialliberalen Koalition von SPD und FDP unter Bundeskanzler Willy Brandt in der Bundesrepublik Deutschland

1970

März	Der Atomwaffensperrvertrag tritt in Kraft
	Treffen zwischen Bundeskanzler Brandt (Bundesrepublik Deutschland) und Ministerpräsident Stoph (DDR) in Erfurt
Juni	E. Heath wird britischer Premierminister
Juli	Schwere Unruhen in Nordirland
Aug.	Erste Entführung eines Jumbo-Jets nach Havanna
	Unterzeichnung des Deutsch-Sowjetischen Vertrages
Okt.	Sadat wird nach dem Tode Nassers Staatspräsident der Vereinigten Arabischen Republik
	In Chile wird der sozialistische Politiker S. Allende Gossens zum Präsidenten gewählt
Dez.	Unterzeichnung des Deutsch-Polnischen Vertrages

1971

März	Unabhängigkeitserklärung Ost-Pakistans als Bangladesch; daraufhin Bürgerkrieg
Nov.	Indische Truppen greifen in den pakistanischen Bürgerkrieg ein
Dez.	Kapitulation pakistanischer Truppen in Ost-Pakistan (Bangladesch) vor den indischen Truppen

1972

Jan.	Mujibur Rahman wird Ministerpräsident von Bangladesch
	Großbritannien, Irland u. Dänemark treten den Europäischen Gemeinschaften bei
Mai	Verkehrsvertrag zwischen der DDR u. der Bundesrepublik Deutschland
Juni	Unterzeichnung des Viermächteabkommens über Berlin
Juli	Kuba wird Mitglied des RGW (COMECON)
Dez.	Unterzeichnung eines Grundvertrages zwischen der DDR u. der Bundesrepublik Deutschland

1973

Jan.	Unterzeichnung eines Waffenstillstandsabkommens für Vietnam

Zeitgeschichte (Forts.)

Febr.	Die nordirische Bevölkerung spricht sich in einer Volksabstimmung mehrheitlich für den Verbleib bei Großbritannien aus
Sept.	Militärputsch in Chile u. Tod des Präsidenten Allende
	Aufnahme der Bundesrepublik Deutschland u. der DDR in die UN
	Perón wird in Argentinien zum Präsidenten gewählt
Okt.	Vierter israelisch-arabischer Krieg
Nov.	Erdölboykott arabischer Länder gegen Staaten, die sich im israelisch-arabischen Konflikt pro-israelisch verhalten
Dez.	Aufnahme diplomatischer Beziehungen der Bundesrepublik Deutschland mit Ungarn u. Bulgarien

1974

Jan.	Israelisch-ägyptisches Truppenentflechtungsabkommen am Suezkanal
Febr.	H. Wilson (Labour Party) wird neuer Premierminister Großbritanniens
März	In der Bundesrepublik Deutschland wird das Volljährigkeitsalter vom 1. Jan. 1975 von 21 auf 18 Jahre herabgesetzt
April	In Portugal werden Staatspräsident u. Regierung durch einen Militärputsch gestürzt. Der Übergang von der Diktatur zur Demokratie beginnt
Mai	Bundeskanzler W. Brandt tritt im Zusammenhang mit dem Spionagefall Guillaume zurück. Neuer Bundeskanzler wird H. Schmidt
	V. Giscard d'Estaing wird französischer Staatspräsident
Juli	Der argentinische Staatspräsident J. Perón stirbt
	Putsch der zyprischen Nationalgarde entfesselt blutige Kämpfe. Türkische Invasionstruppen besetzen 40% der Insel
	Das Militärregime in Athen übergibt die Macht einer Zivilregierung, die die bürgerlichen Freiheiten wieder herstellt
Aug.	Der Präsident der USA, R. Nixon, entzieht sich der drohenden Absetzung im Zusammenhang mit der Watergate-Affäre durch Rücktritt. Neuer Präsident wird G. Ford
Sept.	Der bereits entmachtete äthiopische Kaiser Haile Selassie wird vom Militär abgesetzt

1975

Febr.	Ausrufung eines autonomen türkischen Teilstaates auf Zypern
März	König Faisal von Saudi-Arabien wird ermordet
April	Unter dem Druck der Roten Khmer bricht das Militärregime in Kambodscha zusammen
	Wahlen zur Verfassunggebenden Versammlung in Portugal; die nichtkommunistischen Parteien erhalten über 70% der Stimmen
	Der Vietnamkrieg endet mit der völligen Niederlage Süd-Vietnams
Mai	Beginn der blutigen Kämpfe der rivalisierenden Befreiungsbewegungen in Angola
	In Stuttgart-Stammheim beginnt der Prozeß gegen A. Baader, Ulrike Meinhof, Gudrun Ensslin u. J.-C. Raspe
Juni	Nach achtjähriger Sperre wird der Suezkanal wieder geöffnet
	Moçambique wird unabhängig
	In Indien ruft Indira Gandhi, korrupter Wahlpraktiken beschuldigt, den Ausnahmezustand aus u. läßt politische Gegner verhaften
Juli	Die Kapverdischen Inseln werden unabhängig
Aug.	In Helsinki wird die Schlußakte der „Konferenz über Sicherheit u. Zusammenarbeit in Europa" von 35 Staats- u. Regierungschefs unterzeichnet
Sept.	Neues israelisch-ägyptisches Interimsabkommen zur Truppenentflechtung auf der Sinaihalbinsel
Nov.	Angola wird unabhängig
	Spanien, Marokko u. Mauretanien einigen sich über die Aufteilung der Spanischen Sahara
	Der spanische Staatschef Franco stirbt. Prinz Juan Carlos wird spanischer König
Dez.	Der kommunistische Pathet Lao übernimmt die Macht in Laos

1976

Febr.	Nachfolger des verstorbenen chinesischen Ministerpräsidenten Tschu En-lai wird Hua Kuo-feng
März	Argentiniens Staatspräsidentin, die Witwe J. Peróns, wird gestürzt
April	Portugal hat eine neue Verfassung. Erste freie Wahlen nach 50 Jahren; die Sozialisten werden stärkste Partei
Mai	Der Bürgerkrieg im Libanon hat bisher über 17000 Todesopfer gefordert
Juni	Blutige Unruhen in den schwarzen Vorstädten von Johannesburg u. Pretoria
	Wiedervereinigung Nord- u. Süd-Vietnams
Sept.	Der Vorsitzende der chinesischen KP, Mao Tse-tung, stirbt
Okt.	Hua Kuo-feng wird Nachfolger Mao Tse-tungs
Nov.	Der Demokrat J. E. Carter wird zum neuen Präsidenten der USA gewählt

1977

März	In Madrid treffen erstmals die KP-Chefs Frankreichs, Italiens u. Spaniens zusammen, um ihre Politik abzustimmen
April	In Karlsruhe wird der Generalbundesanwalt S. Buback von Terroristen ermordet
Mai	Bei Parlamentswahlen in Israel erleidet die Arbeiterpartei eine schwere Niederlage
Juni	Erste demokratische Parlamentswahlen in Spanien seit 41 Jahren
	Der sowjetische Parteichef L. I. Breschnew wird neues Staatsoberhaupt der UdSSR
Juli	Die Witwe Mao Tse-tungs u. die drei weiteren Mitglieder der oppositionellen „Viererbande" werden aus der chinesischen KP ausgeschlossen
Aug.	Äthiopien erleidet Gebietsverluste im Kampf mit Somalia um die Provinz Ogaden
Sept./Okt.	Der Präsident der Deutschen Arbeitgeberverbände, H. M. Schleyer, wird entführt, vier seiner Begleiter ermordet. Die Entführer fordern die Freilassung von elf inhaftierten Terroristen. Vier Palästinenser entführen ein deutsches Passagierflugzeug, um die Forderungen der Erpresser zu unterstützen. Ein Kommando des Bundesgrenzschutzes kann die Maschine in Mogadischu stürmen. Schleyer wird ermordet aufgefunden
Nov.	Der ägyptische Staatspräsident Sadat reist nach Israel, um eine friedliche Lösung des Nahostkonflikts zu suchen

1978

Jan.	Der neue türkische Päsident B. Ecevit stellt sein Koalitionskabinett vor
Febr.	Verteidigungsminister G. Leber tritt im Zusammenhang mit einer neuen Abhöraktion des Militärischen Abschirmdienstes (MAD) zurück

Zuckerkrankheit

Zeitgeschichte (Forts.)

März	Hua Kuo-feng wird auf dem 5. Nationalen Volkskongreß als Partei- u. Regierungschef Chinas bestätigt
	Der ehemalige italienische Ministerpräsident A. Moro wird von einem Kommando der „Roten Brigaden" entführt (ermordet aufgefunden)
April	China unterzeichnet sein erstes Handelsabkommen mit der EWG
	Afghanistans Staatspräsident M. Daud Khan wird durch einen Staatsstreich der Armee gestürzt und erschossen. Ein „Nationaler Revolutionsrat" wird gebildet
Juni	Der Ausbruch neuer Kämpfe zwischen Vietnam u. Kambodscha wird bekannt
Juli	Ägypten legt einen neuen Nahostfriedensplan vor
	Die EG-Länder einigen sich auf die Grundzüge eines Europäischen Währungssystems
	Weltwirtschaftsgipfel der sieben wichtigsten westlichen Industrienationen (USA, Bundesrepublik Deutschland, Japan, Großbritannien, Frankreich, Italien, Kanada) in Bonn
Aug.	Ein chinesisch-japanischer Friedens- u. Freundschaftsvertrag wird in Peking unterzeichnet
Sept.	Nahostgipfelkonferenz in Camp David
Okt.	Das deutsche Bundeskabinett beschließt, den 30 ärmsten Ländern der Welt ihre Schulden aus Entwicklungshilfekrediten in Höhe von insgesamt 4,3 Milliarden DM zu erlassen
	Die Verhandlungen über einen ägyptisch-israelischen Friedensvertrag werden in Washington eröffnet
	Der polnische Kardinal K. Wojtyła wird zum Papst gewählt (Johannes Paul II.). Damit wird seit 1522/23 zum ersten Mal ein Nichtitaliener Papst
	Eine neue spanische Verfassung wird vom Parlament verabschiedet. Sie verankert die parlamentarische Demokratie
Dez.	Präsident J. E. Carter kündigt die Aufnahme voller diplomatischer Beziehungen mit China u. den Abbruch der Beziehungen zu Taiwan an
	Wegen anhaltender Massendemonstrationen u. Streikaktionen stellt die Regierung in Teheran die Exporte iranischen Erdöls völlig ein
	Kambodscha meldet Grenzkämpfe mit Vietnam

1979

Jan.	Ein Revolutionsrat ruft in Kambodscha die Volksrepublik Kambodscha aus, nachdem die Roten Khmer die Hauptstadt verlassen haben
	Der Schah des Iran verläßt sein Land. R. Chomaini, der Führer der religiösen Opposition, hat in Paris bereits ein Schattenkabinett gebildet
Febr.	Der von Chomaini ernannte Chef einer provisorischen Regierung übernimmt die Regierungsgeschäfte
März	Ein amerikanischer Kompromißvorschlag für einen Friedensvertrag zwischen Ägypten u. Israel wird angenommen
	Die Staaten der Arabischen Liga beschließen einen Wirtschaftsboykott gegen Ägypten
April	Chomaini erklärt den Iran zur islamischen Republik
	Ugandas Hauptstadt Kampala wird unter starker Beteiligung tansanischer Truppen erobert, der Sturz von I. Amin Dada wird verkündet
	Die DDR beschränkt die Arbeitsmöglichkeiten westlicher Journalisten
	Wahlen in Rhodesien für das erste gemischtrassige Parlament
Mai	Bei den Unterhauswahlen in Großbritannien siegt die Konservative Partei. Frau Thatcher wird Premierministerin
	Die USA u. die UdSSR einigen sich auf eine weitere Begrenzung der strategischen Rüstung (Salt II)
Juni	Direktwahlen zum Europäischen Parlament in den Staaten der Europäischen Gemeinschaft
	Die OPEC-Staaten beschließen eine weitere Erhöhung für den Erdölpreis um rund 24%
	Die Volkskammer der DDR beschließt gravierende Gesetzesänderungen

* * *

deren Gerüst von einer aus 6 Kohlenstoffen bestehenden Kette gebildet wird, u. die sogenannten Disaccharide, die einfach eine Verknüpfung zweier Monosaccharide sind. Das bekannteste Monosaccharid ist der ↑Traubenzucker, das bekannteste Disaccharid der ↑Rohrzucker (bzw. Rübenzucker). Z. können im pflanzlichen u. tierischen Organismus zu hochmolekularen Substanzen (↑Stärke) zusammengelagert werden u. dienen somit als jederzeit verfügbares Nährmitteldepot. Durch Hefebakterien werden Z. (natürlich auch die Stärke) zu Alkohol u. Kohlensäure chemisch umgesetzt (vergoren). Z. bilden also einen wesentlichen Rohstoff für die Herstellung von alkoholischen Getränken.

Zuckerkrankheit w (Diabetes), gestörter Abbau der Kohlenhydrate, der durch ungenügende Produktion von ↑Insulin entsteht. Es kommt dann zur Ausscheidung von Traubenzucker im Harn (Hauptkennzeichen der Krankheit). Stärke- u. Zuckergenuß müssen deshalb bei der Ernährung verringert werden.

Zuckerrohr s, in tropischen Ländern angebautes, zu den Gräsern zählendes schilf- bis bambusartiges Gewächs, das wegen seines hohen Gehaltes an Rohrzucker angebaut wird. Die Zuckerrohrpflanzen erreichen eine Höhe von 4–6 m.

Zuckerrübe w, Kulturform der Runkelrübe, bei der es gelungen ist, den Zuckergehalt von knapp 2% auf über 20% zu steigern. Sie wird deshalb in Ländern mit gemäßigtem Klima angebaut u. verarbeitet. Das oberirdische, kaum zuckerhaltige Kraut stellt ein wertvolles Viehfutter dar.

Zuckmayer, Carl, * Nackenheim (Landkreis Mainz-Bingen) 27. Dezember 1896, † Visp (im Wallis, Schweiz) 18. Januar 1977, deutsch-schweizerischer Schriftsteller. Während der Herrschaft des Nationalsozialismus emigrierte Z. in die Schweiz, 1938 ging er für fast 20 Jahre in die USA u. lebte dann wieder in der Schweiz. Z. schrieb v. a. erfolgreiche Dramen, in denen sich

eine frische, bisweilen derbe Natürlichkeit mit lyrischer Stimmung verbindet, u. Problemstücke: „Der fröhliche Weinberg" (1926), „Schinderhannes" (1927), „Der Hauptmann von Köpenick" (1931), „Des Teufels General" (1946),

„Der Gesang im Feuerofen" (1950). 1967 erschienen seine Erinnerungen „Als wär's ein Stück von mir".

Zug, schweizerischer Kanton mit 73 000 E, um den Zuger See gelegen. Die Hauptstadt *Zug* hat 22 000 E. Neben Viehhaltung, Acker- u. Obstbau gibt es viele Industriebetriebe.

Zugspitze w, höchster Berg des Wettersteingebirges und Deutschlands, 2 962 m. Von Garmisch-Partenkirchen aus führt eine Zahnradbahn (18,5 km) zum Schneefernerhaus (auf dem Sattel zwischen den beiden Gipfeln). Von dort sowie vom Eibsee aus führen Seilschwebebahnen zum Westgipfel, auf dem sich eine Wetterbeobachtungsstation befindet. Die Z. ist auch von Ehrwald (Tirol) aus zu erreichen (Seilschwebebahn u. anschließende Gipfelseilbahn).

Zugvögel m, *Mz.*, Vögel, die alljährlich in bestimmte Winterquartiere ziehen. Die meisten der insektenfressenden Vögel ziehen am Ende des Sommers in wärmere Länder. Viele Arten fliegen in großen Schwärmen in einer bestimmten *Flugordnung*. Auf dem Flug legen die Z. 40–80 km in der Stunde zurück. Dabei halten sie bestimmte *Flugstraßen* ein (↑Vogelzug). Mehrmals werden während des Vogelzuges mehrstündige bis mehrtägige Futter- u. Ruhepausen eingelegt. – Bei manchen Arten (Star, Storch, Kuckuck u. a.) ziehen die Jungvögel vor ihren Eltern a. finden ihr Ziel; die Orientierung muß ihnen angeboren sein.

Zuidersee [*seud*...] w, tief ins Land reichende ehemalige Nordseebucht (rund 3 700 km²) in den nordwestlichen Niederlanden, die bis zum 16. Jh. durch Meereseinbrüche zu einer Binnensee entstanden ist. Nach Errichtung eines 32,5 km langen u. 90 m breiten Abschlußdammes 1927–32 wurde die Z. vom Wattenmeer getrennt u. nach dem Hauptzufluß, der IJssel, in *IJsselmeer* umbenannt. Große Teile des IJsselmeeres wurden zur Neulandgewinnung eingepoldert (↑Polder). Rund 145 000 ha sollen als Süßwasserreservoir verbleiben.

Zukunft ↑Verb.

Zukunftsroman ↑utopisch.

Zulassung w, die Z. zu einem Bereich, einer Stufe im ↑Bildungswesen setzt im allgemeinen den erfolgreichen Abschluß der vorhergehenden Stufe voraus. So ist für die Z. zum Studium an einer Hochschule in der Regel der Abschluß des Sekundärbereichs erforderlich, wobei allgemeine (↑Abitur) u. fachgebundene Hochschulreife (für Fachhochschulen) unterschieden werden, u. teilweise weitere Voraussetzungen u. Beschränkungen (Auswahl u. Verteilung der einzelnen Universitäten bei ↑Numerus clausus) bestehen. Für den Hochschulbereich werden die Zulassungsverfahren für jedes Semester neu von der Zentralstelle für die Vergabe von Studienplätzen (Sitz in Dortmund) durchgeführt.

Zündkerze w, Teil eines Verbrennungsmotors, mit dem das Gas-Luft-Gemisch im Zylinder zur Explosion gebracht (gezündet) wird. Die Z. besteht aus einem Porzellankörper mit zwei voneinander isolierten ↑Elektroden,

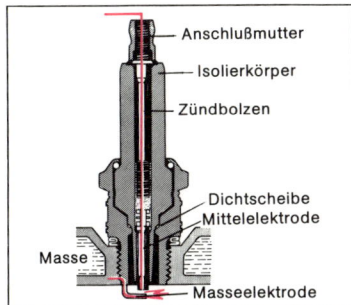

zwischen denen dann im Augenblick der Zündung ein elektrischer Funke überspringt.

Zunft w, genossenschaftliche Vereinigung von Handwerkern einer Stadt (bis ins 19. Jh.). Die Zünfte entstanden im 12. Jh. u. hatten oft großen Einfluß auf die Stadtherrschaft. Meister u. Gesellen waren zum Beitritt verpflichtet (*Zunftzwang*). Die Z. legte die Preise der handwerklichen Erzeugnisse fest u. überwachte deren Qualität u. die Ausbildung der Lehrlinge (*Zunftordnung*). Mit der weitgehenden Ablösung des Handwerks durch die Industrie lösten sich die Zünfte auf.

Zunge w, ein muskulöses, bewegliches Organ im Mundraum, das am Vorgang des Kauens u. Schluckens beteiligt ist. Die Z. ist am Zungenbein verankert u. am Mundboden mit dem Zungenbändchen so befestigt, daß Spitze u. Ränder frei sind. Sie ist von einer Schleimhaut überzogen u. mit vielen Geschmackssinnesorganen besetzt. Beim Menschen ist die Z. am Sprechvorgang (Artikulation) beteiligt.

Zupfinstrumente [dt.; lat.] s, *Mz.*, mit Saiten bespannte Schallkörper. Sie werden durch Anreißen der Saiten zum Tönen gebracht. Angerissen werden sie mit dem Finger oder mit einem Plektron (Plättchen aus Holz, Elfenbein, Metall u. a.). Zu den Zupfinstrumenten gehören u. a. Harfe, Zither, Gitarre, Mandoline u. Laute.

Zürich: 1) Kanton in der Nordschweiz, mit 1,1 Mill. E; ein Teil des Schweizer Mittellandes mit breiten, dem Rhein zustrebenden Tälern. Grundlage der Wirtschaft sind Ackerbau, Vieh- u. Milchwirtschaft, Textil- u. Metallindustrie; **2)** Hauptstadt von 1), am Zürichsee u. an der Limmat, mit 388 000 E. Als Kulturzentrum besitzt Z. eine Universität und andere Hochschulen, Theater, bedeutende Museen, Bibliotheken u. Verlage, als Geldmarkt der Schweiz eine Börse u. viele Banken, als Wirtschaftszentrum Maschinen-, Textil-, Papier- und chemische Industrie. Bedeutende Kirchenbauten sind das Großmünster (v. a. 12. u. 13. Jh.), das romanisch-gotische Fraumünster u. die spätgotische Wasserkirche. – 1351 Z. in den Ewigen Bund mit den Schweizer ↑Urkantonen ein. Im 16. Jh. wurde die Stadt geistiges Zentrum der von Zwingli ausgehenden Reformation.

Zwangsvollstreckung w, ein Verfahren, mit dem durch staatliche Machtmittel Ansprüche einer berechtigten Person durchgesetzt werden, z. B. durch ↑Pfändung eines Gegenstandes.

Zweiflügler m, *Mz.*, Fliegen u. Mücken bilden die Ordnung der Zweiflügler. Die Vorderflügel sind häutig, die Hinterflügel sind zu kleinen Schwingkölbchen umgestaltet, die der Erhaltung des Gleichgewichts dienen. Die Z. haben einen Rüssel, mit dem die Fliegen lecken u. saugen, die Mücken stechen u. saugen.

zweihäusig, z. nennt man Pflanzen, bei denen weibliche u. männliche Blüten auf verschiedene Pflanzen einer Art verteilt sind (z. B. bei Eibe u. Weiden).

Zweistromland s, veraltete Bezeichnung für ↑Mesopotamien.

Zweitaktmotor [dt.; lat.] m, Verbrennungsmotor, der im Gegensatz zum Viertaktmotor (↑Kraftwagen) keine Ventile hat. Seine Arbeitsweise ist folgende: 1. Takt: Das im Zylinder befindliche Gemisch wird verdichtet. Der Kolben verschließt dabei den Einlaß- u. den Auslaßkanal. Gleichzeitig wird in das unterhalb des Kolbens befindliche Kurbelgehäuse neues Gemisch angesaugt. 2. Takt: Das Gemisch im Zylinder wird gezündet. Der Kolben wird nach unten getrieben. Er gibt dabei den Einlaß- u. den Auslaßkanal frei. Die Verbrennungsgase werden durch das in den Zylinder strömende Gemisch ausgetrieben.

zweiter Bildungsweg m, Bezeichnung für die Möglichkeit, in besonderen Abend- u. Aufbauschulen oder durch Fernunterricht u. Veranstaltungen von Volkshochschulen neben einer beruflichen Tätigkeit über den bereits erworbenen Schulabschluß hinaus (z. B. mittlere Reife) nächsthöhere Schulabschlüsse (z. B. Abitur) zu erreichen; ↑auch Kolleg.

Zweiter Weltkrieg ↑Weltkrieg.

Zwerchfell s, Scheidewand, die bei den Säugetieren (einschließlich Mensch) die Brusthöhle von der Bauchhöhle trennt. Es ist ein kuppelförmiges, muskulöses Organ, das bei der Atmung eine große Rolle spielt: Beim Abflachen des Zwerchfells wird die Brusthöhle erweitert. Luft angesaugt; gleichzeitig drückt das Z. die Eingeweide nach unten u. vorn, so daß die Bauchdecke sich wölbt (Bauchatmung).

Zwerge

Durch ruckartiges Zusammenziehen des Zwerchfells entsteht der *Schluckauf*.

Zwerge m, Mz.: **1)** im früheren Volksglauben kleine, geisterhafte Wesen, die man sich oft als Helfer der Menschen dachte; **2)** Menschen mit außergewöhnlich kleinem Körper; Männer unter 1,50 m, Frauen unter 1,38 m. Zwergwuchs tritt bei bestimmten Rassen (z. B. bei den ↑Pygmäen) als natürliches Erbmerkmal auf oder bei erwachsenen Personen als abnorme Kleinheit, die auf verschiedene krankhafte Ursachen zurückgehen kann (Hormonstörungen, Stoffwechselmängel u. a.). Besonders kleine Menschen nennt man Liliputaner.

Zwetsche (Zwetschge) w, eine Form der Pflaume, die aus Westasien stammt. Die blauvioletten, eiförmigen Früchte haben gelbes, säuerliches Fruchtfleisch.

Zwiebel w: **1)** unterirdischer Stengelteil zahlreicher Pflanzen, der von fleischigen, Reservestoffe enthaltenden Blättern umgeben ist. Der Vermehrung dienen die in den Achseln dieser „Zwiebelschalen oder -schuppen" entstehenden Brutzwiebeln; **2)** dem Lauch verwandtes Liliengewächs (Küchen- oder Speisezwiebel), das ein häufig verwendetes Küchengewürz liefert. Am Ende des 60–80 cm hohen Stengels steht eine Dolde aus weißgrünen Blüten.

Zwillinge m, Mz., zwei von derselben Mutter unmittelbar hintereinander geborene Junge bei Tier und Mensch; ↑auch Geschlechtskunde.

Zwinger m: **1)** eingezäunter Raum oder Käfig für Hunde oder Raubtiere; **2)** bei Stadt- u. Burgbefestigungen der Bereich zwischen innerer u. äußerer Ringmauer, in dem häufig Bären gehalten wurden (↑auch Burgen); **3)** im ehemaligen Zwingergarten von ↑Dresden von D. Pöppelmann geschaffener barocker Festplatz mit Pavillons u. Galerien (1711–28).

Zwingli, Ulrich, * Wildhaus (Kanton St. Gallen) 1. Januar 1484, † bei Kappel am Albis 11. Oktober 1531, schweizerischer Reformator. Er führte unter dem Einfluß Luthers 1523 in Zürich die ↑Reformation ein, die bei ihm aber strengere Züge als bei Luther annahm (z. B. Abschaffung von Orgel, Kirchengesang u. Altären) u. zum Aufbau einer obrigkeitlich gelenkten Volkskirche führte (u. a. Einrichtung eines Ehe- u. Sittengerichts). Die ↑Täufer, die auf ihn zurückgehen, trennten sich 1525 von ihm; auch mit Luther geriet er v. a. wegen der Lehre vom ↑Abendmahl in Streit (Marburger Religionsgespräch 1529). Der Gegensatz zwischen den reformierten Kantonen u. den katholisch gebliebenen schweizerischen Orten führte zum Krieg. In der Schlacht bei Kappel fiel Z. als Feldprediger.

Zwischendeck s, auf Passagierschiffen das untere Fahrgastdeck, heute mit vielbettigen u. darum billigeren Kabinen, früher mit großen Räumen.

Zwischenwirt m, der Organismus, auf dem ein ↑Parasit sein jugendliches Entwicklungsstadium durchmacht (im Gegensatz zum Hauptwirt).

Zwitter m, Organismus, bei dem sowohl männliche als auch weibliche Geschlechtsorgane ausgebildet sind; besonders bei niederen Tieren, z. B. bei Schnecken u. Bandwürmern. *Zwittrige Blüten* haben sowohl Fruchtknoten als auch Staubbeutel.

Zwölftafelgesetz s, erste schriftliche Aufzeichnung des ältesten römischen Rechts auf 12 Tafeln; das Z. entstand wohl um 450 v. Chr.; die Tafeln wurden wahrscheinlich 386 vernichtet, zahlreiche Bruchstücke des Texts sind jedoch überliefert.

Zwölftonmusik w, eine Kompositionsart des 20. Jahrhunderts. Sie beruht darauf, daß eine *Reihe* aufgestellt wird, die alle 12 Töne der chromatischen ↑Tonleiter enthält. Diese Reihe, an keine Tonart und Harmonie gebunden, wird ständig verändert, so daß es zu immer neuen Gruppierungen der 12 Töne kommt; ein Ton darf erst nach Ablauf der Reihe wiederkehren. Die Z. geht im wesentlichen auf den österreichischen Komponisten Arnold Schönberg (1874–1951) zurück.

Zyanide ↑Cyanide.

Zyanwasserstoff ↑Cyanwasserstoff.

Zyklotron [gr.] s, ein Teilchenbeschleuniger, ein Gerät also, mit dem elektrisch geladene ↑Elementarteilchen auf eine hohe Geschwindigkeit gebracht werden können. Die Teilchen bewegen sich dabei in einem weitgehend luftleer gepumpten Raum auf einer spiralförmigen Bahn. Bei jedem Umlauf kommen sie zweimal durch ein elektrisches Feld, in dem sie eine starke Beschleunigung erfahren. Nach dem letzten Umlauf werden sie durch eine Elektrode abgelenkt u. treten durch ein „Fenster" aus dem Z. heraus.

Zyklus [gr.] m: **1)** Kreis, Kreislauf; **2)** eine Reihe von zusammengehörigen literarischen oder musikalischen Werken (z. B. Liederzyklus), Vorträgen u. ä.; **3)** der Zeitraum vom Eintritt einer Regelblutung bis zum Beginn der nächsten (↑Geschlechtskunde).

Zylinder [gr.] m: **1)** ein geometrischer Körper, von zwei deckungsgleichen, krummlinig begrenzten Flächen (Grundflächen) u. einer darum gelegten Mantelfläche (Zylindermantel) begrenzt wird. Steht die Mantelfläche senkrecht auf den Grundflächen, spricht man von einem geraden Z., andernfalls von einem schiefen Z. Beim Kreiszylinder sind die beiden Grundflächen deckungsgleiche Kreise. Die Mantelfläche des geraden Kreiszylinders stellt ein zusammengerolltes Rechteck dar. Für den Rauminhalt (V) des geraden Kreiszylinders gilt die Beziehung: $V = \pi r^2 h$. Für die Oberfläche (O) gilt: $O = 2\pi r^2 + 2\pi rh = 2\pi r(r+h)$, dabei ist r der Radius der Grundkreise, h der Abstand der Grundflächen (Höhe des Zylinders); **2)** röhrenförmiger Hohlkörper, in dem sich gleitend der Kolben bewegt (z. B. bei Dampf- u. Verbrennungskraftmaschinen); **3)** hoher Herrenhut aus schwarzer Seide, bisweilen auch farbig u. aus Filz. Der Z. kam Ende des 18. Jahrhunderts in England auf. Er wird meist bei feierlichen Anlässen, aber auch als Teil der traditionellen Berufstracht getragen (z. B. von Schornsteinfegern).

zynisch [gr.], verletzend-spöttisch, bissig, schamlos-verletzend.

Zypern, Inselstaat im östlichen Mittelmeer. Z. ist mit 9 251 km² etwa halb so groß wie Rheinland-Pfalz u. hat 640 000 E (78 % Griechen u. eine türkische Minderheit). Die Hauptstadt ist Nikosia. Zwischen zwei Gebirgsketten, die die Insel der Länge nach durchziehen, liegt eine fruchtbare Schwemmlandebene, wo Getreide, Wein, Oliven u. Zitrusfrüchte angebaut werden. In den Bergen werden Schafe u. Ziegen gehalten, an der Küste wird Fischerei betrieben. An Bodenschätzen kommen Chromerze und Asbest vor. *Geschichte:* Im Altertum war Z. von Griechen u. Phönikern besiedelt u. wurde im Jahre 58 v. Chr. von Rom erobert. 1193 wurde die Insel ein selbständiges Königreich, kam aber, nachdem sie fast ein Jh. lang zu Venedig gehört hatte, 1571 unter türkische u. 1878 unter britische Herrschaft. Nach heftigen Unruhen wurde Z. 1960 unabhängige Republik (Staatspräsident war 1960–77 Erzbischof Makarios), wurde aber immer wieder von teilweise blutigen Auseinandersetzungen zwischen der griechischen u. der türkischen Volksgruppe erschüttert. Ein von der Militärdiktatur in Griechenland unterstützter Putsch gegen Makarios führte 1974 zur Besetzung des Nordteils der Insel durch türkische Truppen, die bis heute anhält. Die türkischen Zyprer riefen dort 1975 den „Türkischen Föderationsstaat von Z." aus, während die international anerkannte zyprische Regierung nur noch über den Südteil Zyperns die Herrschaft ausübt. Gespräche über eine Lösung des Konflikts blieben bisher ergebnislos. Z. ist Mitglied des Commonwealth, des Europarats u. der UN.

Zypresse [gr.-lat.] w, Nadelbaum des Mittelmeerraumes, der aus dem westlichen Asien stammt. Die Äste stehen unregelmäßig, die Zweige sind vierkantig. Die im zweiten Jahr reifenden, verholzenden Zapfen sind kugelig. Die 25–30 m hohe *Echte Z.* wird bis 2 000 Jahre alt. Säulenförmigen Wuchs zeigt die *Säulen-* oder *Pyramidenzypresse;* die meist hängenden Äste der *Trauerzypresse* laden weit aus.

WEITERFÜHRENDE LITERATUR

(Verwendet wurden folgende Abkürzungen: Aufl. = Auflage; Ausg. = Ausgabe; Hg., hg. = Herausgeber, herausgegeben; Neuaufl. = Neuauflage; Neuausg. = Neuausgabe; Neubearb. = Neubearbeitung; Tb. = Taschenbuch; Tsd. = Tausend)

Afrika, ↑auch Erdkunde, ↑einzelne Länder.
W. Holzer: 26mal Afrika. Neuausg. 1979.
K. Lütgen: Lockendes Abenteuer Afrika. 7. Aufl. 1977.
Schlag nach! Afrika. 1976.
A. Carr: Afrika. Flora u. Fauna. rororo-Sachbuch, das farbige Life-Bildsachbuch. 1975.
H. Pleticha: Afrika aus erster Hand. Geschichte u. Gegenwart Schwarzafrikas ... 2. Aufl. 1974.
K. R. Seufert: 3000 Jahre Afrika. Geschichte der Entdeckungen u. Erforschungen Afrikas. 1973.
K. R. Seufert: Durch den Schwarzen Kontinent. Von Mungo Park bis Henry Lhote. 1973.
F. Ansprenger: Versuch der Freiheit. Afrika nach der Unabhängigkeit. 1972.
Ägypten
T. Allan u. V. Henry: So lebten die alten Ägypter. 1978.
W. Boase: Wissenswertes über das alte Ägypten. MV-Jugendsachbuch in Farbe. 1978.
D. Macauley: Wo die Pyramiden stehen. dtv-Junior. 1978.
H. Schamp: Ägypten. Das Land am Nil im wirtschaftlichen u. sozialen Umbruch. Studienbücher Geographie. 1. Aufl. der Neubearb. 1978.
Ägypten. – Das alte Kulturland am Nil auf dem Wege in die Zukunft. Hg. von H. Schamp. Ländermonographien. 1977.
R. May: Die große Zeit der Ägypter. Boje-Wissen in Farbe. 1977.
E. Nack: Ägypten u. der Vordere Orient im Altertum. 1977.
L. Casson: Ägypten. Die Pharaonenreiche. rororo-Sachbuch, das farbige Life-Bildsachbuch. 1976.
Alaska
H.-O. Meissner: Bezaubernde Wildnis. Wandern, Jagen, Fliegen in Alaska. 1975.
Th. Jeier: Der große Goldrausch von Alaska. 2. Aufl. 1973.
Alexander der Große
E. Hartenstein: Im Schatten Alexanders des Großen. 1978.
H. Baumann: Der große Alexanderzug. dtv-Junior. 1977.
P. Bamm: Alexander der Große. Ein königliches Leben. Knaur-Tb. 1971.
Alpen
F.-M. Engel: Das große Buch der Alpen. 1971.
Altertum
K. Branigan: Atlas der alten Kulturen. 1978.
B. Jacobi: Als die Götter zahlreich waren. Frühkulturen u. Bastei-Tb. 1978.
A. Millard: Ich erforsche die Geschichte: Die ersten Kulturen. Aktive Jugendsachbücher. 1978.
H. Reichardt: Die Germanen. Was ist was. 1978.
P. Vanaga: Ich erforsche die Geschichte: Herrscher u. Barbaren. Aktive Jugendsachbücher. 1978.
S. N. Kramer: Die Wiege der Kultur. Life – Zeitalter der Menschheit. Neuaufl. 1969.
Amazonas
Th. Sterling: Der Amazonas. Life – Die Wildnisse der Welt. 1974.

M. F. Homet: Geheimnis am Amazonas. Arena-Sachbuchreihe Wissenschaft u. Abenteuer. 1973.
Amerika ↑Nordamerika, ↑Südamerika.
Amundsen, Roald
E. Calic: Roald Amundsen. 1963.
Angeln ↑Sport.
Antarktis ↑Polargebiete.
Aquarium
H. Frey: Aquarienpraxis kurz gefaßt. 12. Aufl. 1977.
H. Frey: Das Süßwasseraquarium. 21. Aufl. 1977.
S. Schmitz: Aquarienfische. Die wichtigsten Arten für das Süßwasseraquarium, ihre Haltung u. Pflege. 1977.
H. J. Mayland: Das Aquarium. Einrichtung, Pflege u. Fische für Süß- u. Meerwasser. 1975.
Archäologie
L. Cottrell: Verschollene Königreiche. Die Wunder versunkener Kulturen. 1978.
E. Lindner u. A. Raban: Versunkene Schätze auf dem Meeresboden. 1978.
A. Ronen: Das Abenteuer der Vorgeschichte. Einführung in die Archäologie. 1978.
J. Cooke u. a.: Archäologie. Tessloff-Wissen. 1977.
L. Deuel: Das Abenteuer der Archäologie. 5. Aufl. 1977.
H.-G. Richardi: Die großen Augenblicke in der Archäologie. 1977.
Alte Kulturen ans Licht gebracht. Neue Erkenntnisse der Archäologie. Hg. von R. Pörtner. 1975.
L. Jarkmann u. a.: Unterwasser-Archäologie. Ein neuer Forschungszweig. 1973.
C. W. Ceram: Götter, Gräber u. Gelehrte im Bild. rororo-Sachbuch. 1972.
C. W. Ceram: Götter, Gräber u. Gelehrte. Roman der Archäologie. rororo-Sachbuch. 1972.
Archimedes
J. Szava: Der Gigant von Syrakus. 1978.
Arktis ↑Polargebiete.
Asien, ↑auch Erdkunde, ↑einzelne Länder.
S. Hedin: Durch Asiens Wüsten. 12. Aufl. 1978.
Schlag nach! Asien, Australien (mit Ozeanien). 1977.
Das moderne Asien. Hg. von L. Bianco. Fischer-Weltgeschichte. 3. Aufl. 1975.
Astronomie
S. Engelbrektson: Sterne u. Weltall. Goldmann-Ratgeber. Farbige Welt. 1978.
H.-M. Hahn: Erde, Sonne u. Planeten. Raumsonden erforschen das Sonnensystem. 1978.
J. Herrmann: Der Amateurastronom. Beobachtungsmittel u. -möglichkeiten für den Sternfreund. 2. Aufl. 1978.
Ich erforsche die Welt: Sterne u. Planeten. Alles Wissenswerte über das Weltall. Aktive Jugendsachbücher. 1978.
K. Wicks: Sterne u. Planeten. Tessloff-Wissen. 1978.
A. Krause: Himmelskunde für jedermann. 8., überarbeitete Aufl. 1977.
W. Widmann u. K. Schütte: Welcher Stern ist das? Kosmos-Naturführer. 20. Aufl. 1977.
J. Huxley u. P. Finch: Das Weltall. 1971.
Siegfried Schmitz: Astronomie. blv-juniorwissen. 1971.

W. Ley: Die Himmelskunde. Eine Geschichte der Astronomie von Babylon bis zum Raumzeitalter. 1965.
Atom
H. Lindner: Grundriß der Atom- u. Kernphysik. 12., verbesserte Aufl. 1977.
N. Ardley: Atom u. Energie. Tessloff-Wissen. 1976.
O. Scholz: Atomphysik kurz u. bündig. Atomphysik-Skelett. Kamprath-Reihe: Grundwissen. 4., durchgesehene Aufl. 1975.
H. Haber: Der Stoff der Schöpfung. rororo-Sachbuch. 1971.
Atomenergie ↑Energie.
Australien, ↑auch Erdkunde.
B. Peter: Der schlafende Bumerang. 1978.
J. Carter: Ungezähmtes Land. 1977.
K. Lütgen: Auf Geheimkurs. Geschichten u. Gestalten der Entdeckung Australiens. Südland-Saga. 1977.
K. Lütgen: Weit hinter dem Wüstenmond (Fortsetzung von „Auf Geheimkurs"). 1977.
E. Reiner u. E. Löffler: Australien. 1977.
Schlag nach! Asien, Australien (mit Ozeanien). 1977.
J. Moffitt: Der australische Busch. Life – Die Wildnisse der Welt. 1976.
D. Bergamini: Australien. Flora u. Fauna. rororo-Sachbuch, das farbige Life-Bildsachbuch. 1975.
Auto
W. Hauck: Autotechnik für die Jugend. 1977.
H. G. Isenberg u. D. Maxeiner: Die schnellsten Autos der Welt. Falken, bunte Welt. 1977.
J. Rutland: Wunderwelt der Autos. Hg. von J. Olliver. 1976.
H. Schrader: Autos. blv-juniorwissen. 1975.
Ch. Turney: Das Automobil. Tessloff-Wissen. 1975.
Bach, Johann Sebastian
W. Neumann: Das kleine Bach-Buch. Rowohlt Tb. 1978.
L. A. Marcel: Johann Sebastian Bach. rowohlts monographien. 1977.
Bakterien ↑Mikroben.
Ballett
E. Rebling: Ballett A–Z. 3. Aufl. 1977.
O. F. Regner: Reclams Ballettführer. 5., neubearbeitete Aufl. 1972.
Bastelbücher
J. Allen: Tolle Sachen zum Modellieren. 1978.
M. Bacher: Spiel mit Wind u. Papier. 1978.
T. Birks: Töpfern. 1978.
F. E. Lentz: Makramee. Schöpferische Knüpfereien mit Fäden u. Schnüren. 11. Aufl. 1978.
E. Röttger u. a.: Das Spiel mit den bildnerischen Mitteln:
Band 1: Werkstoff Papier. 13. Aufl. 1977.
Band 2: Werkstoff Holz. 10. Aufl. 1977.
Band 3: Keramik. 8. Aufl. 1977.
Band 4: Textiles Werken. 6. Aufl. 1974.
Band 5: Farbe u. Gewebe. Batik. 5. Aufl. 1973.
Band 6: Wellpappe. 6. Aufl. 1976.
Band 7: Werkstoff Metall. 5. Aufl. 1978.
W. Sack: Schnitzereien aus Ast- u. Stammstücken. 1978.
R. Zechlin: Werkbuch für Mädchen. 37. Aufl. 1978.
A. Bauta: Werken mit Peddig. 6. Aufl. 1977.
H. Hoppe: Schnitzen in Holz. 9. Aufl. 1977.

695

Weiterführende Literatur

M. Kahn: Bastelkunst aus aller Welt. 1977.
G. Kiegeland: Modelleisenbahnen. Handbuch für Modelleisenbahnbauer. Heyne-Ratgeber. 1977.
G. Kluge: Drucken auf Papier u. Stoff. 1977.
J. Lammér: Das große Ravensburger Hobbybuch. Basteln–Werken–Handarbeiten. 1977.
H. Meyers: 150 bildnerische Techniken. 15. Aufl. 1977.
K. Zechlin: Emaillieren, ein schönes Hobby. 22. Aufl. 1977..
R. Wollmann: Werkbuch für Jungen. 31. Aufl. 1976.
M. Harwood: Spaß am Tischlern. 1973.
G. Voss: Knaurs Bastelbuch. Knaur-Tb. 1973.
Brunnen-Reihe. Fortlaufende Reihe mit zahlreichen Bastelvorschlägen.
Ravensburger Hobbybücher. Fortlaufende Reihe mit zahlreichen Bastelvorschlägen.
Beethoven, Ludwig van
F. Zobeley: Ludwig van Beethoven. rowohlts monographien. 1978.
F. Huch: Beethoven. 1975.
Behring, Emil von
W. Quednau: Heilsames Gift. 2. Aufl. 1973.
Die Großen der Welt, Band 2. Hg. von G. Popp. 1977.
Bergsteigen ↑ Sport.
Beringstraße
K. Lütgen: Vitus J. Bering. 1976.
Berufe
Berufe a–z. Über 200 Berufe ohne Abitur. 1978.
Berufswahl-Lexikon für Haupt- u. Realschüler. Hg. von Ch. Hablitzel. 6., überarbeitete Aufl. 1978.
Einrichtungen zur beruflichen Bildung. Hg. von der Bundesanstalt für Arbeit. Bearbeitet von M. Weber u. a.
Band 1: Allgemeinbildung (2. Bildungsweg) u. Berufsvorbereitung. Berufsausbildung. 4. Aufl. 1977.
Band 2: Berufliche Weiterbildung. Meisterausbildung. Techniker u. zugehörige Sonderkräfte. 4. Aufl. 1977.
Ernstfall Lehre. Was wir erwarten. Was uns erwartet. Was wir tun können. Autorenkollektiv W. Brunkhorst u. a. 3., aktualisierte u. überarbeitete Aufl. 1977.
Lehrlingslexikon. Hg. von A. Brock u. a. Informationen zur Berufsausbildung u. Arbeitsqualifizierung für Schüler, Eltern, Jugendliche u. Ausbilder. 1977.
G. Schrattenecker: Mittlere Reife – was dann? Hg. von W. Eggerer. 2., verbesserte Aufl. 1977.
L. Schultz-Wild: Berufe. Ratgeber zur Ausbildungs- u. Berufswahl für Hauptschüler, Jugendliche mit mittlerem Bildungsabschluß, Abiturienten. Mit Begabungstest. rororo-Sachbuch. 1977.
Was werden? Hg. von A. Schnorbus. 1976.
K. Zenke u. G. Knödler: Berufswahl ... Mit Arbeitsvorschlägen, Checklisten, Prüfungsunterlagen u. Materialien. 1977.
H. Bach: Berufsbildung behinderter Jugendlicher. 2., ergänzte Aufl. 1973.
Blätter zur Berufskunde. Hg. von der Bundesanstalt für Arbeitsvermittlung. Vollständige, laufend ergänzte Loseblattsammlung ausführlich beschriebener Berufe mit ihren Voraussetzungen, Ausbildungswegen u. Möglichkeiten. 4 Reihen:
1. Ausbildungsberufe.
2. Fachschul-, Akademie- u. ähnliche Berufe.
3. Hochschulberufe.
4. Ausbildungsformen von Berufen.
Bibel
Reclams Bibellexikon. Hg. von K. Koch u. a. 1978.
H. Ockert: Bibelkunde für junge Christen. ABC-Team-Tb. 1977.
K.-H. Schelkle: Das Neue Testament. Eine Einführung. 4. Aufl. 1970.
Biographien, ↑ auch Einzelpersönlichkeiten.
Die Großen der Welt. Künstler u. Wissenschaftler, die jeder kennen sollte. Hg. von G. Popp. Band 1: Von Echnaton bis Gutenberg. Völlig neu überarbeitete Ausg. 1978.
Band 2: Von Kolumbus bis Röntgen. 1977.
Die Großen des 20. Jahrhunderts. Hg. von G. Popp. 1978.
Große Männer der Weltgeschichte. 1 000 Biographien in Wort u. Bild. 1977.
H. Schreiber: Vom Experiment zum Erfolg. Die Großen der Naturwissenschaft u. Technik von Leonardo da Vinci bis Otto Hahn. 3. Aufl. 1975.
Biologie
Dynamische Biologie. Hg. von E. Weismann u. a. 10 Bände:
1. E. Weismann: Partnersuche u. Ehen im Tierreich. 1975.
2. A. Bertsch: Blüten – lockende Signale. 1975.
3. W. Schwoerbel: Zwischen Wolken u. Tiefsee. Anpassung an den Lebensraum. 1976.
4. E. Weismann: Entwicklung u. Kindheit der Tiere. 1976.
5. K.-H. Scharf: Pflanzen u. Tiere schützen sich vor Feinden. 1977.
6. A. Bertsch: In Trockenheit u. Kälte. Anpassung an extreme Lebensbedingungen. 1977.
7. Tiere schließen sich zusammen.
8. E. Weismann: Revierverhalten u. Wanderungen der Tiere. 1978.
9. A. Bertsch: Wie Pflanzen u. Tiere sich ernähren. Parasiten u. Ernährungsspezialisten im Pflanzenreich. 1979.
10. W. Schwoerbel: Evolution. Strategie des Lebens. 1978.
Übungen zur Schulbiologie. Aufgaben mit Lösungen. Bearbeitet von E. Retzlaff. Duden-Übungsbuch. 1978.
P. Herrlich: Was ist Leben? 1977.
Schülerduden. Die Biologie. 1976.
J. Illies: Biologie u. Menschenbild. Herderbücherei. 1975.
F. Moisl: Biologie. dtv-Junior. 1974:
Band 1: Die Entstehung des Lebens.
Band 2: Die Vererbung u. die Entwicklung der Lebewesen.
Bismarck, Otto Fürst von B.-Schönhausen
H. Kranz: Bismarck u. das Reich ohne Krone. Arena-Tb. 1973.
Blut
I. Asimov: Träger des Lebens. 1963.
Bohr, Niels
Die Großen des 20. Jahrhunderts. Hg. von G. Popp. 1978.
Boxen ↑ Sport.
Brasilien, ↑ auch Amazonas.
F. Braumann: Straße der Abenteuer. Faszinierende Abenteuer an der brasilianischen Transamazonica. 1977.
H. Harrer: Huka-Huka. Bei den Xingu-Indianern im Amazonasgebiet. 3. Aufl. 1977.
G. Brunn: Brasilien. Edition Zeitgeschehen. 1974.
H. Rittlinger: Ganz allein zum Amazonas. 6. Aufl. 1973.
Braun, Wernher Freiherr von
H. Gartmann: Wernher von Braun. Köpfe des 20. Jahrhunderts. 1959.
Briefmarken
Siegfried Schmitz: Briefmarken sammeln. blv-juniorwissen. 1976.
K. K. Doberer: Kleine Briefmarkenkunde. Eine Anleitung für junge Sammler. dtv-Junior. 1974.
Bundesrepublik Deutschland ↑ Deutschland.
Bürgerinitiative
H. Knirsch u. F. Nickolmann: Die Chance der Bürgerinitiativen. 3. Aufl. 1977.
Byzantinisches Reich
Ph. Sherrard: Byzanz. Kaisertum zwischen Europa u. Asien. rororo-Sachbuch, das farbige Life-Bildsachbuch. 1974.
Cäsar
H. Oppermann: Julius Caesar. rowohlts monographien. 1976.
Chemie
H. Römpp u. H. Raaf: Chemische Experimente, die gelingen. 19. Aufl. 1979.
F. Freytag: Chemie von A–Z. 2., verbesserte Aufl. 1975.
Chemie in Übersichten. Wissensspeicher für die Sekundarstufe I. Bearbeitet von K. Sommer. 1976.
H. Römpp u. H. Raaf: Chemie des Alltags. 23. Aufl. 1976.
Schülerduden. Die Chemie. 1976.
H. Römpp u. H. Raaf: Organische Chemie im Probierglas. 13. Aufl. 1975.
J. Huxley u. P. Finch: Die Welt der Chemie. 1973.
W. Botsch: Chemie für jedermann. 2. Aufl. 1972.
China
H. Schreiber: Die Chinesen. Reich der Mitte im Morgenrot. 1978.
R. Wagner: Durch China. Eine Reportage. rororo-Rotfuchs. 1978.
B. Wiethoff: China. Edition Zeitgeschehen. 5., überarbeitete Aufl. 1978.
E. H. Schäfer: Das alte China. Life-Zeitalter der Menschheit. Neubearbeitete Aufl. 1974.
China. Das Reich der Mitte. Einführung von W. Franke. rororo-Sachbuch, das farbige Life-Bildsachbuch.1973.
R. Clayton: China. Land und Leute. 1973.
J. Kwok: China aus erster Hand. Geschichte u. Gegenwart Chinas ... Hg. von H. Pleticha u. a. 1978.
Cook, James
K. Lütgen: Der große Kapitän. 10. Aufl. 1977.
Cortez, Hernando, ↑ auch Mexiko.
I. Bayer: Hernando Cortez. Große Gestalten. 1975.
Curie, Marie
E. Curie: Madame Curie. 6. Aufl. 1977.
Daimler, Gottlieb Wilhelm
A. Kuberzig: Daimler. Die Fahrt im Teufelsauto. 4. Aufl. 1963.
Dänemark
R. Dey: Dänemark. 1978.
DDR ↑ Deutschland.
Denkspiele ↑ Rätsel.
Deutschland
T. Österreich: Gleichheit, Gleichheit über alles. Alltag zwischen Elbe u. Oder. 1978.
J. Gellert u. H. J. Kramm: DDR. Land, Volk, Wirtschaft in Stichworten. Hirts Stichwortbücher. 1977.
Deutschland. Landschaft, Städte, Dörfer u. Menschen. Zusammengestellt von H. Busch. 30. Aufl. 1974.

Weiterführende Literatur

Deutschland, Geschichte
H. zu Löwenstein: Deutsche Geschichte. 1978.
E. Schneider: Die DDR. Geschichte, Politik, Wirtschaft, Gesellschaft. Bonn aktuell. 2. Aufl. 1978.
R. Wildermuth: Heute, u. die dreißig Jahre davor. Erzählungen, Gedichte u. Kommentare zu unserer Zeit. Ellermann-Lese-Buch. 1978.
V. von Szondy u. a.: Deutsche Geschichte von den Anfängen bis zur Gegenwart. 1977.
R.-H. Tenbrock: Geschichte Deutschlands. 3., neubearbeitete Aufl. 1977.
Die Weimarer Republik. Hg. von W. Tormin. Edition Zeitgeschehen. Völlig neubearbeitete Aufl. 1977.
R. Wildermuth: Als gestern heute war. Erzählungen, Gedichte u. Kommentare zu unserer Geschichte 1789–1949. 1977.
H. Kranz: Die letzten hundert Jahre. Erzählte Geschichte. Arena-Tb.:
Band 1: Bismarck u. das Reich ohne Krone. 1973.
Band 2: Schwarzweißrot u. Schwarzrotgold. 1974.
Band 3: Das Ende des Reiches. 1975.
R. Pörtner: Mit dem Fahrstuhl in die Römerzeit. Städte u. Stätten deutscher Frühgeschichte. Knaur-Tb. 1975.
R. Pörtner: Die Erben Roms. Städte u. Stätten des deutschen Frühmittelalters. Knaur-Tb. 1975.
Das Dritte Reich. Hg. von E. Aleff. Edition Zeitgeschehen. 5. Aufl. 1973.
G. Binder: Epoche der Entscheidungen. Deutsche Geschichte des 20. Jahrhunderts mit Dokumenten in Text u. Bild. 15., neubearbeitete u. erweiterte Aufl. 1972.

Dreißigjähriger Krieg
H. E. Hausner: Der Dreißigjährige Krieg. Zeit-Bild. 1977.
R. Huch: der Dreißigjährige Krieg. 2 Bände. Insel-Tb. 1974.
H. Pleticha: Landsknecht, Bundschuh, Söldner. Die große Zeit der Landsknechte, die Wirren der Bauernaufstände u. des Dreißigjährigen Krieges. 1974.

Dritte Welt
R. Friedrich: Das große Buch der Dritten Welt. 1978.
O. F. Lang: Warum zeigst du der Welt das Licht? dtv-Junior. 1978.
Wer sagt denn, daß ich weine? Geschichten über Kinder in Afrika, Asien u. Lateinamerika (sowie in den USA u. der Schweiz). Zusammengestellt von R. Renscher. 1977.
Lesebuch Dritte Welt. Eine Auswahl von Texten aus afrikanischen, asiatischen u. lateinamerikanischen Entwicklungsländern. Gesamt-Konzeption: H. G. Schmidt. 1974.
Unterentwicklung. Wem nutzt die Armut der Dritten Welt? Arbeitsmaterialien für Schüler, Lehrer u. Aktionsgruppen. Hg. von E. Meueler. 2 Bände. rororo-Sachbuch 1974.
M. Thomsen: Arm in Arm mit den Armen. Eine Chronik des Friedenskorps. 1972.

Drogen
A. Kreuzer: Jugend – Rauschdrogen – Kriminalität. Theorie u. soziale Praxis. 1978.
I. Bayer: Trip ins Ungewisse. Zwischen Leistungszwang u. Rauschmittel. dtv-Junior. 1977.
Drogenberatung – wo? Einrichtungen der Beratung, Behandlung u. Wiedereingliederung für Drogen-, Alkohol- u. Medikamentengefährdete u. -abhängige in der Bundesrepublik Deutschland. 3. Aufl. 1977.
H. Lindemann: Suchtstoffe. Trip ohne Wiederkehr. Gefahr u. Abwehr. 1971.

Droste-Hülshoff, Annette Freiin von
P. Berglar: Annette von Droste-Hülshoff. rowohlts monographien. 1967.

Dürer, Albrecht
Die Großen der Welt. Hg. von G. Popp. 1977.
E. Raboff: Dürer. Kunst für Kinder. 1971.

Edison, Thomas Alva
K. Kuberzig: Edison. 3. Aufl. 1961.

Einstein, Albert
J. Wickert: Einstein. rowohlts monographien. 1977.

Eisenbahn
V. Hand u. H. Edmonson: Eisenbahnen in Farbe. Lokomotiven aus aller Welt. 1977.
O. S. Nock: Eisenbahnen – gestern u. heute. Heyne-Tb. 1977.
J. R. Day: Eisenbahnen. Farbiges Wissen. Ravensburger Tb. 1976.
F. Kurowski: Wir fahren in die Zukunft. Die Entwicklung von der ersten Eisenbahn zum Verkehrssystem der Zukunft. Arena-Sachbuch. 1976.
R. R. Rossberg: Eisenbahn. blv-juniorwissen. 1976.
R. Menzel: Bis ans Ende der Welt. Die Eroberung der Erde durch die Eisenbahn. 1971.

Elektrizität
H. Richter: Elektrotechnik für Jungen (u. Junggebliebene). Eine Einführung durch Selbstbau u. Experimente, die jedem gelingen. 12. Aufl. 1978.
Ich erforsche die Welt: Elektrizität. Aktive Jugendsachbücher. 1977.
J. Weinert u. F. Krups: Die Elektrofibel. 4. Aufl. 1973.

Elektronik
D. Nührmann: Der Weg zum Hobby-Elektroniker. Dioden u. Transistoren. Halbleiterpraxis leicht gemacht. Franzis-Elektronikbuch für jedermann. 1977.
H. Stöckle: Das große Bastelbuch der Elektronik ... Eine Einführung vom Halbleiterexperiment bis zum Schaltungsentwurf. 3. Aufl. 1977.

Energie
P. Müller: Energie. Von der Staumauer zum Kernkraftwerk. 1978.
Sonnenenergiefibel. Eine kleine Einführung in die Nutzung der Wind- u. Sonnenenergie. 1. Teil. 1978.
F. Frisch: Klipp u. klar. 100 × Energie. Von der Windmühle bis zum Kernkraftwerk. 1977.
R. Gerwin: So ist das mit der Kernenergie. 2. Aufl. 1977.
J. Moshage: Energie – Kraft ohne Grenzen. Vom Wasserrad zum Atomreaktor. Arena-Sachbuch. 1974.

England ↑ Großbritannien

Entdeckungsgeschichte, Expeditionen
Atlas der Entdeckungen. Die großen Abenteuer der Forschungsreisen in Wort, Bild u. Karte. 1976.
Entdeckungsgeschichte aus erster Hand. Berichte u. Dokumente von Augenzeugen u. Zeitgenossen aus drei Jahrtausenden. Hg. von H. Harrer u. H. Pleticha. Arena-Großbände. 4. Aufl. 1976.
C. Feeser: Entdecke mit Entdeckern. Die spannende Geschichte der großen Entdecker. 1976.
W. D. Townson: Berühmte Entdecker. Tessloff-Wissen. 1975.

Entwicklungsländer ↑ Dritte Welt

Erde
H. Klein: Steine erzählen. Ferienreise in die Erdgeschichte. 1978.
J. Negendank: Geologie, die uns angeht. Aktuelles Wissen. 1978.
A. Beiser: Die Erde. rororo-Sachbuch, das farbige Life-Bildsachbuch. 1977.
S. P. Clark: Die Struktur der Erde. Geowissen kompakt. 1977.
Th. Dolezol: Planet des Menschen. Entwicklung u. Zukunft der Erde. 1975.

Erdkunde
Das große Buch der Welt. 1978.
Schülerduden. Die Geographie. 1978.
G. Vallardi: Der neue Bildatlas für junge Leser. 1978.
E. Brunnöhler u. B. Ehrenfeuchter: Grundwissen Erdkunde A/B. Gymnasium u. Realschule. 2., überarbeitete Aufl. 1977.
Länder – Völker – Kontinente. Hg. von G. Fochler-Haucke.
Band 1: Europa, Vorderer Orient, Nordafrika. Band 2: Afrika u. Amerika. Band 3: Sowjetunion, Asien, Australien u. Ozeanien, Arktis u. Antarktis. Die Meere. Lexikothek. 1977.
Erdkunde in Stichworten. Von G. Borchert u. a. Hirts Stichwortbücher. 4., überarbeitete u. erweiterte Aufl. 1976.
E. J. Werner: Lebendige Geographie. 16. Aufl. 1975.

Erdöl
H. Kurth: Jetzt weiß ich mehr über Erdöl. 1976.
J. M. Le Corfec: Erdöl. Farbiges Wissen. Ravensburger Tb. 1976.

Erfindungen ↑ Technik, ↑ Experiment

Erste Hilfe
N. Kaiser: Erste Hilfe bei Unfällen u. plötzlichen Erkrankungen. 2., erweiterte Aufl. 1978.

Eskimos
J. Hughes: Wissenswertes über die Eskimos. Zivilisation u. Kulturen. MV-Jugendsachbuch in Farbe. 1976.
Th. Jeier: Die Eskimos. Geschichte u. Schicksal der Jäger im hohen Norden. 1977.

Etrusker
D. J. Hamblin: Die Etrusker. Life – Die Frühzeit des Menschen. 1975.
H. Gerstner: Lorenzo entdeckt die Etrusker. Die abenteuerliche Geschichte eines italienischen Jungen. 1972.

Europa, ↑ auch Weltkrieg, Zweiter.
Grundkurs über europäische Fragen. Perspektiven 1980. Kleine Europabibliothek. 1979.
G. A. Craig: Geschichte Europas im 19. u. 20. Jh. 2 Bände. Beck'sche Sonderausg. 1978.
E. Noël: So funktioniert Europa. Schriftenreihe Europäische Wirtschaft. 1978.
O. Bär: Geographie Europas. 1977.
Schlag nach! Europa (mit Sowjetunion). 1977.

Europäische Gemeinschaften ↑ Europa

Experiment
H. J. Press: Spiel – das Wissen schafft. 100 interessante Experimente aus Natur u. Technik. 11. Aufl. 1978.
C. Feeser: Erfinde mit Erfindern. Die spannende Geschichte der großen Erfinder mit vielen einfachen Experimenten zum „Nacherfinden". dtv-Junior. 1977.

697

Weiterführende Literatur

G. Graeb: Das große Experimentierbuch für Kinder, Eltern u. Erzieher. 1976.

Fahrt
A. Mercanti: Abenteuer unter freiem Himmel. Das große Buch für Fahrt u. Lager. 1978.
K. Thöne: Karte u. Kompaß. Eine praktische Anleitung zum Gebrauch von Karte u. Kompaß. 13. Aufl. 1977.

Fernsehen
E. G. Jones: Fernsehen. Farbiges Wissen. Ravensburger Tb. 1979.
V. Dittel: Televisionen. Die Welt des Fernsehens. 1978.
K.-O. Saur: Klipp u. klar. 100 × Fernsehen u. Hörfunk. Von der Studiotechnik bis zum Serienkrimi. 1978.
H. Kurth: Jetzt weiß ich mehr über das Fernsehen. So kommen Bild u. Ton ins Haus. 1977.

Feuerwehr
H. G. Prager: Florian 14: Achter Alarm! Das Buch der Feuerwehr. 2., verbesserte u. ergänzte Aufl. 1978.

Finnland
V. Bonin u. W. Nigg: Finnland. Modernes Land im hohen Norden. 1977.

Filmen ↑ Fotografieren.

Fische ↑ Tiere.

Fleming, Sir Alexander
Die Großen des 20. Jahrhunderts. Hg. von G. Popp. 1978.

Fliegen ↑ Luftfahrt.

Fotografieren
A. Barret: Die ersten Photoreporter: 1848–1914. 1978.
O. Croy: Alles über Nahaufnahmen. Goldmann-Ratgeber. 1978.
G. Blitz: Filmen ist keine Hexerei. Filmen mit Super-8-Kameras „blitzschnell" gelernt. 15. Aufl. 1977.
O. Croy: Faustregeln für Farbfotos. Neuer Foto-Dienst. 1977.
P. Tausk: Geschichte der Fotografie im 20. Jh. Von der Kunstfotografie bis zum Bildjournalismus. DuMont-Dokumente. 1977.
Die Kamera. Life – die Photographie. Revidierte Aufl. 1976.
Licht u. Film. Life – die Photographie. 4. Aufl. 1976.
Das Bild. Life – die Photographie. 4. Aufl. 1976.
O. Croy: Photos helfen zeichnen. Tips für neue Photozaubereien u. für eigenschöpferische optische Effekte. 1971.

Frankreich
Frankreich. Eine Länderkunde. Hg. von K. Hänsch. Hallo, Nachbarn. 1978.
F. Sieburg: Französische Geschichte. 3. Aufl. 1977.
K. Hänsch: Frankreich: Eine politische Landeskunde. Zur Politik und Zeitgeschichte. Neu bearbeitete Aufl. 1976.

Friedenskorps ↑ Dritte Welt.

Friedrich II., Kaiser
H. Nette: Friedrich II. von Hohenstaufen. rowohlts monographien. 1975.

Friedrich II., der Große
N. Mitford: Friedrich der Große. Fischer-Tb. 1976.
G. Holmsten: Friedrich II. rowohlts monographien. 1973.

Fußball ↑ Sport.

Galilei, Galileo, ↑ auch Newton, Sir Isaac.
J. Hemleben: Galileo Galilei. rowohlts monographien. 2. Aufl. 1970.

Gama, Vasco da
A. Hageni: Herren über Wind u. Meer. Die Portugiesen entdecken den Seeweg nach Indien. 1978.

Garten
P. G. Wilhelm: Das Gartenbuch für jedermann mit vielen Tips u. Arbeitsanleitungen. 3., völlig neubearbeitete Aufl. 1978.

Geld
Ch. Maynard: Wunderwelt Geld. 1978.
H. Rittmann: Auf Heller u. Pfennig. Die faszinierende Geschichte des Geldes u. der wirtschaftlichen Entwicklung ... 1976.
E. Samhaber: Das Geld. Eine Kulturgeschichte. 1976.

Geschichte, ↑ auch Mittelalter, ↑ Zeitgeschichte, ↑ Deutschland, Geschichte.
Meyers illustrierte Weltgeschichte.
20 Bände. Seit 1979:
Band 1: Die Vorgeschichte (bis 3. Jh. v. Chr.).
Band 2: Die frühen Hochkulturen in Afrika u. Asien.
Band 3: Die Ausbreitung der Kultur durch Kaufleute u. Krieger.
Band 4: Die griechischen Stadtstaaten u. asiatischen Großreiche (6.–4. Jh. v. Chr.).
Band 5: Die hellenistische Welt (4.–3. Jh. v. Chr.).
Band 6: Das römische Reich u. die Großmächte in Asien (2. Jh. v. Chr.–1. Jh. n. Chr.).
Band 7: Die spätantike Welt (1.–3. Jh. n. Chr.).
Band 17: Der Kampf um nationale Einheit.
H.-J. Draeger: Die Torstraße. Häuser erzählen Geschichte. 1978.
Panorama der Weltgeschichte. Hg. von H. Pleticha u. a. Lexikothek:
Band 1: Urgeschichte u. Altertum. 1978.
Band 2: Mittelalter u. Neuzeit. Vom Frankenreich bis zur Französischen Revolution. 1978.
Band 3: Die Moderne. Von Napoleon bis zur Gegenwart. 1977.
dtv-Atlas zur Weltgeschichte. Hg. von H. Kinder u. W. Hilgemann:
Band 1: Von den Anfängen bis zur Französischen Revolution. 13. Aufl. 1977.
Band 2: Von der Französischen Revolution bis zur Gegenwart. 12. Aufl. 1977.
A. Franzen: Kleine Kirchengeschichte. Herderbücherei. 6., durchgesehene u. ergänzte Aufl. 1978.
K. Kunze u. K. Wolff: Grundwissen Geschichte. Neubearb. 3. Aufl. 1976.
G. Prause: Niemand hat Columbus ausgelacht. Fälschungen u. Legenden der Geschichte richtiggestellt. 1976.
Quellen zur Allgemeinen Geschichte. Hg. von G. Guggenbühl u. a.:
Band 1: Altertum. 3., neubearbeitete Aufl. 1964.
Band 2: Mittelalter. 5. Aufl. 1973.
Band 3: Neuere Zeit. 4., neubearbeitete Aufl. 1976.
Band 4: Neueste Zeit. 4., erweiterte Aufl. 1966.
Geschichte aus erster Hand. Die Weltgeschichte von Thutmosis bis Kennedy – berichtet von Augenzeugen u. Zeitgenossen. Hg. von H. Pleticha. 6. Aufl. 1975.
Menschen in ihrer Zeit. Konzeption des Gesamtwerkes: F. J. Lucas. 1975:
Band 1: R. Frey u. a.: Im Altertum u. frühen Mittelalter.
Band 2: W. Hug u. a.: Im Mittelalter u. in der frühen Neuzeit.
Band 3: J. Grolle u. a.: In der Neuzeit.
Band 4: F. J. Lucas u. a.: In unserer Zeit.
H. G. Wells: Die Geschichte unserer Welt. Diogenes-Tb. 1975.
K. Ploetz: Auszug aus der Geschichte. Schul- u. Volksausgabe. 2., überarbeitete u. ergänzte Aufl. 1974.

Geschlechtskunde, Geschlechtserziehung
M.-B. Bergström-Walan: Wir werden erwachsen. Was Kinder über Sexualität wissen sollten. 7., korrigierte Aufl. 1976.
H. Grothe: Wie ist das eigentlich mit der Liebe? Aufklärung für Jungen u. Mädchen von 11–15 Jahren. 1976.
Die Sache mit dem Sex. Hg. von I. Brender. Informationen für Jugendliche. 1977.

Gesellschaft, ↑ auch Staatsbürgerkunde.
P. L. Berger u. B. Berger: Wir u. die Gesellschaft. Eine Einführung in die Soziologie – entwickelt an der Alltagserfahrung. rororo-Sachbuch. 1976.
F. Fürstenberg: Die Sozialstruktur der Bundesrepublik Deutschland. 5., verbesserte Aufl. 1976.
Jugend in der modernen Gesellschaft. Hg. von L. von Friedeburg. Neue wissenschaftliche Bibliothek. 8. Aufl. 1976.

Gesteine
H. Pape: Der Gesteinssammler. Eine Anleitung zum Sammeln u. Erkennen von Gesteinen u. zum Aufbau einer Sammlung. Kosmos-Handbücher für die praktische naturwissenschaftliche Arbeit. 3., verbesserte Aufl. 1978.
D. Stobbe: Findet den ersten Stein. Mineralien, Steine u. Fossilien. 1978.
W. Schumann: Mineralien u. Gesteine. Die wichtigsten Mineralien u. Gesteine nach Farbfotos. BLV-Naturführer. 1977.
A. Woolley, C. Bishop u. R. Hamilton: Der Kosmos-Steinführer. Minerale, Gesteine, Fossilien. 3. Aufl. 1977.
R. Börner: Welcher Stein ist das? Tabellen zum Bestimmen der wichtigsten Mineralien, Edelsteine u. Gesteine. Kosmos-Naturführer. 16. Aufl. 1974.

Goethe, Johann Wolfgang von
P. Boerner: Johann Wolfgang Goethe. rowohlts monographien. 1973.

Gold
O. Kostenzer: Das kleine Buch vom Gold. Alles Wissenswerte vom Gold u. seiner Geschichte. Umschau-Tb. 3., auf den neuesten Stand ergänzte Aufl. 1976.

Griechenland
C. M. Bowra: Griechenland. Von Homer bis zum Hellenismus. rororo-Sachbuch, das farbige Life-Bildsachbuch. 1976.
E. von Dryander: 6 × Griechenland. Piper – Panoramen der Welt. 2., aktualisierte Aufl. 1976.
F. Sauerwein: Griechenland. Land, Volk, Wirtschaft in Stichworten. Hirts Stichwortbücher. 1976.
E. Nack u. W. Wägner: Hellas. Land u. Volk der alten Griechen. 1975.

Grönland
H. Barüske: Grönland – Wunderland der Arktis. Welt von heute. 1977.
H. Kranz: Flucht zu den Eishaijägern. Abenteuer in Grönland. 9. Aufl. 1971.
A. Wegener: Tagebuch eines Abenteurers. Mit Pferdeschlitten quer durch Grönland. Reisen u. Abenteuer. 1961.

Großbritannien
R. W. Leonhardt: 77mal England. Panorama

Weiterführende Literatur

einer Insel. Piper-Panoramen der Welt. 11. Aufl. 1978.
W. Rolfe: Großbritannien in Farbe. 1977.
J. Schmidt-Liebich: Daten englischer Geschichte. Von den Anfängen bis zur Gegenwart. 1977.
R. Sutcliff: Drachenschiffe drohen am Horizont. dtv-Junior. 1977.
H. H. Rass: Großbritannien. Eine politische Landeskunde. Zur Politik u. Zeitgeschichte. Ergänzte Aufl. 1976.
H. Ch. Kirsch: England aus erster Hand. Arena Länderreihe. 3. Aufl. 1975.
H. Höpfl: Geschichte Englands u. des Commonwealth. 2., erweiterte Aufl. 1973.
Guevara, Ernesto
F. Hetmann: Ich habe sieben Leben. Die Geschichte des Ernesto Guevara, genannt Che. 5. Aufl. 1977.
Gutenberg, Johannes
H. Presser: Johannes Gutenberg. rowohlts monographien. 1977.
Hahn, Otto
F. Baumer: Otto Hahn. Köpfe des 20. Jahrhunderts. 1974.
E. Berninger: Otto Hahn. rowohlts monographien. 1974.
Handarbeiten
J. u. J. P. Habert: Gewebte Handarbeiten. Alte Technik – neu entdeckt. Ullstein-Sachbuch. 1978.
J. Rübel: Wir nähen u. schneidern. Ein Knaur-Handarbeitsbuch. 1978.
Das große praktische Handarbeitsbuch. Zusammenstellung u. Bearbeitung von R. Göök. 1977.
L. Kunder: Schneidere selbst. 8. Aufl. 1977.
Schachenmayr: Das neue Strick- u. Häkelbuch. 13. Aufl. 1977.
Händel, Georg Friedrich
R. Friedenthal: Georg Friedrich Händel. rowohlts monographien. 1970.
Hannibal
P. Connolly: Hannibal u. die Feinde Roms. 1978.
Haustiere ↑ Tiere.
Haydn, Joseph
H. Ch. R. Landon: Das kleine Haydnbuch. 1972.
P. Barbaud: Joseph Haydn. rowohlts monographien. 1960.
Heilige
Das große Buch der Heiligen. Geschichte u. Legende im Jahreslauf. Hg. von E. u. H. Melchers. 1978.
Heinrich IV.
R. Wahl: Der Gang nach Canossa. Kaiser Heinrich IV. 3. Aufl. 1977.
Heisenberg, Werner
A. Herrmann: Werner Heisenberg. rowohlts monographien. 1976.
Hethiter
C. W. Ceram: Enge Schlucht u. Schwarzer Berg. Entdeckung des Hethiter-Reiches. rororo-Sachbuch. 1973.
Heuss, Theodor
H. Bott: Theodor Heuss in seiner Zeit. Persönlichkeit u. Geschichte. 1966.
Himalaja
K. M. Herrligkoffer: Kampf u. Sieg am Nanga Parbat. Die Bezwingung der höchsten Steilwand der Erde. 1978.
R. Messner: Everest. Expedition zum Endpunkt. 1978.
E. Hillary: Ich stand auf dem Everest. 5. Aufl. 1974.

Hiroschima
Kinder von Hiroshima. Japanische Kinder über den 6. August 1945. Eine Sammlung von A. Osada. 1965.
K. Bruckner: Sadako will leben. 1975.
Hitler, Adolf
P. Borowsky: Adolf Hitler. 1978.
Hohenstaufen
O. Engels: Die Staufer. Urban-Tb. 2., ergänzte Aufl. 1977.
Höhle
H. W. Franke: In den Höhlen dieser Erde. Vorstöße in unbekannte Tiefen. 1978.
K. Thein: Die schönsten Höhlen Europas. 1978.
Humboldt, Alexander Freiherr von
K. F. Kohlenberg: Alexander von Humboldt. Große Gestalten. 1975.
A. Meyer-Abich: Alexander von Humboldt. rowohlts monographien. 1969.
Hunde ↑ Tiere.
Indianer
P. Baumann: Reise zum Sonnentanz. Indianer zwischen gestern u. heute. Fischer-Tb. Erweiterte Neuausg. 1978.
B. Capps: Die Indianer. Life – Der Wilde Westen. 1978.
O. La Farge: Die Welt der Indianer. Ravensburger Tb. 1977.
H. J. Stammel: Indianer. Legende u. Wirklichkeit von A–Z. 1977.
G. Fronval: Das große Buch der Indianer. 2. Aufl. 1976.
E. Lips: Sie alle heißen Indianer. 1976.
Indien
V. S. Naipaul: Indien. Eine verwundete Kultur. 1978.
V. Vuckovacki: Indien im Monsun. Reise in ein Land uralter Kulturen ... Fischer-Tb. 1978.
L. Schulberg: Indien. Reiche zwischen Indus u. Ganges. rororo-Sachbuch, das farbige Life-Bildsachbuch. 1976.
E. Weigt: Entwicklungsland Indien. 1976.
L. Schulberg: Das frühe Indien. Life – Zeitalter der Menschheit. 6. Aufl. 1974.
Inka
F. Braumann: Sonnenreich des Inka. Glanz u. Untergang des größten Indianerreiches der Geschichte. Arena-Tb. 1977.
H. Baumann: Gold u. Götter von Peru. Ravensburger Tb. 5. Aufl. 1975.
Insekten ↑ Tiere.
Irland
P. Warner: Irland. Ullstein-Tb. 1978.
J. u. L. Uris: Irland, schreckliche Schönheit. Eine Geschichte des heutigen Irlands. 1976.
H. Böll: Irisches Tagebuch. dtv. 1961.
Islam
D. Stewart: Islam. Die mohammedanische Stadtwelt. rororo-Sachbuch, das farbige Life-Bildsachbuch. 1976.
Israel
W. Kampmann: Israel – Gesellschaft u. Staat. Quellen u. Arbeitshefte zur Geschichte u. Politik. 2. Aufl. 1977.
M. Metzger: Grundriß der Geschichte Israels. 4., überarbeitete u. erweiterte Aufl. 1977.
H. Meier-Cronemeyer, R. Rendtorff u. U. Kusche: Israel. Geschichte des Zionismus. Religion u. Gesellschaft. Der Nahost-Konflikt. Edition Zeitgeschehen. 3. Aufl. 1975.
Italien
H. Schlitter: Italien. Industriestaat u. Entwicklungsland. Edition Zeitgeschehen. 1977.

E. Dietl: Traumstraßen Italiens. 1974.
H. Pleticha: Italien aus erster Hand. Geschichte u. Gegenwart der Apenninhalbinsel. 1969.
Japan
K. Lütgen: Japan aus erster Hand. Geschichte u. Gegenwart Nippons in Berichten u. Dokumenten. Arena-Sachbuch. 1978.
Japan. Hg. von H. Hammitzsch. Kultur der Nationen. Geistige Länderkunde. 1975.
G. Haasch: Japan. Eine politische Landeskunde. Zur Politik u. Zeitgeschichte. 1973.
Jazz
Die Story des Jazz. Vom New Orleans zum Rock Jazz. Hg. von J. E. Berendt. rororo-Sachbuch. 1978.
C. Bohländer u. K. H. Holler: Reclams Jazzführer. 2. Aufl. 1977.
J. E. Berendt: Das Jazz-Buch. Von Rag bis Rock. Fischer-Tb. 21. Aufl. 1975.
Judo ↑ Sport.
Kajak ↑ Sport.
Kanada, ↑ auch USA.
Das moderne Länderlexikon. Band 5. 1978.
A. E. Johann: Wälder jenseits der Wälder. Bericht aus der Frühe Kanadas. 1977.
Ch. Wassermann: Kanada. Land der Zukunft. 1976.
W. Weiss: Kanada. Über den Trans-Canada u. den Alaska-Highway. Ferienstraßen. 1976.
Karl der Große
W. Braunfels: Karl der Große. rowohlts monographien. 1972.
Kartographie
E. Baumann: Wer hat Himmel u. Erde gemessen? Von Erdmessungen, Landkarten, Pol-Schwankungen, Schollenbewegungen, Forschungsreisen u. Satelliten. 1965.
Katzen ↑ Tiere.
Keller, Helen
E. Clevé: Helen Keller. 10. Aufl. 1974.
Kennedy, John F.
J. Schwelien: John F. Kennedy. 1976.
Kepler, Johannes
J. Hemleben: Johannes Kepler. rowohlts monographien. 1971.
Kernenergie ↑ Energie.
King, Martin Luther
F. Hetmann: Martin Luther King. 1979.
H.-G. Noack: Der gewaltlose Aufstand. Martin Luther King u. der Kampf der amerikanischen Neger. Arena-Tb. 2. Aufl. 1978.
Kochen, Haushalten
V. Baldner: Handbuch für den perfekten Haushalt. 1 000 bewährte Tips u. Kniffe. 1978.
Ch. Fahrtmann u. R. Fink: Küchenkönig bin ich heut. Ein Kochbuch für Kinder. dtv-Junior. 1977.
Kolumbus, Christoph
H. Pleticha: Kolumbus – Person, Zeit, Nachwelt. Geschichte in Lebensbildern. 1977.
A. Hageni: Ich will nach Indien. Christoph Columbus. dtv-Junior. 1976.
Kongo
K. R. Seufert: Das Geheimnis des Lualaba. Henry Morton Stanleys abenteuerliche Entdeckungsreise zum Kongo. Wissenschaft u. Abenteuer. 1974.
Kopernikus, Nikolaus
B. M. Rosenberg: Nicolaus Copernicus. 1473–1543. Persönlichkeit u. Geschichte. 1973.
Kraftwagen ↑ Auto.
Kreta
K. Gallas: Kreta. Kultur, Landschaft, Menschen. 1979.

Weiterführende Literatur

Krieg
Masken des Krieges. Ein Lesebuch. Hg. von H. Frevert. 2. Aufl. 1979.
Kulturgeschichte
W. Stein: Kulturfahrplan. Die wichtigsten Daten der Kulturgeschichte von Anbeginn bis heute. Fischer-Tb. 6 Bände 1977–78.
Kulturgeschichte aus erster Hand. Von H. Pleticha. Arena Großbände. 3. Aufl. 1970.
Kunst
L. Lang: Malerei u. Graphik in der DDR. 1979.
E. Isphording u.a.: Klipp u. klar. 100 × Kunst. 1978.
K. Thomas: Bis heute: Stilgeschichte der bildenden Kunst im 20. Jh. DuMont-Dokumente. 4., erweiterte Aufl. 1978.
A. Zacharias: Kleine Kunstgeschichte abendländischer Stile. 12. Aufl. 1976.
Lexikon der Kunststile. rororo-Ratgeber u. Handbuch:
Band 1: Von der griechischen Archaik bis zur Renaissance.
Band 2: Vom Barock bis zur Popart. 1974.
R. Behrends: Der Künstler u. seine Werkstatt. Kunstbücher für Kinder. Kinderbücher über Kunst. 1973.
Kunsterziehung
B. Dunstan: Porträtmalerei als Hobby. 4. Aufl. 1977.
B. Jaxtheimer: Knaurs Mal- u. Zeichenbuch. Knaur-Tb. 1977.
B. Jaxtheimer: Linoldruck. 1977.
R. Hilder: Aquarellmalerei als Hobby. Anregungen u. Anleitungen. 8. Aufl. 1977.
S. Parr: Töpfern. 1977.
Kybernetik
V. H. Brix: Alles ist Kybernetik. 1971.
Lappen
R. Crottet: Am Rande der Tundra. Eine Reise durch Lappland. 1978.
L. Radauer: Fahrt zur Mitternachtssonne. Abenteuer in Lappland. 1977.
Laue, Max von
E. Hiemendahl: Wegbereiter unserer Zukunft. 1968.
Leichtathletik ↑ Sport.
Leonardo da Vinci
B. Nardini: Leonardo da Vinci. Leben u. Werk. 1978.
Licht
C. G. Mueller u. M. Rudolph: Licht u. Sehen. rororo-Sachbuch, das farbige Life-Bildsachbuch. 1976.
Lincoln, Abraham
A. Haller: Der Sklavenbefreier. 4. Aufl. 1969.
Literatur
Kritisches Lexikon zur deutschsprachigen Gegenwartsliteratur. Hg. von H. L. Arnold. 1978.
G. von Wilpert u. I. Ivask: Moderne Weltliteratur. Die Gegenwartsliteraturen Europas u. Amerikas. Kröners Taschenausgabe. 1978.
F. G. Hoffmann u. H. Rösch: Grundlagen, Stile, Gestalten der deutschen Literatur. 5., erweiterte Aufl. 1972.
Kleines literarisches Lexikon. Hg. von H. Rüdiger u. E. Koppen. Sammlung Dalp:
Band 1: Autoren I. Von den Anfängen bis zum 19. Jh. 4. Aufl. 1969.
Band 2 a, b: Autoren II. 20. Jh. 4. Aufl. 1972.
Band 3: Sachbegriffe. 4. Aufl. 1966.
Luftfahrt
C. C. Bergius: Die Straße der Piloten im Bild. Die dramatische Geschichte der Luftfahrt. Goldmann-Sachbücher. 1979.

M. Wilson u. R. Scagell: Fliegen. Farbiges Wissen. 1979.
E. H. Heimann: Die schnellsten Flugzeuge der Welt. Von 1906 bis heute. 1978.
K. Müller: Cockpit, Tower, Sicherheit. Luftverkehr der Jumbo-Zeit. 1978.
K. J. Rells: Klipp u. klar. 100 × Luftverkehr. 1978.
G. Hilscher: Das Buch von der Luftfahrt. 1977.
H. Lochner: Weltgeschichte der Luftfahrt. Vom Heißluftballon zum Überschallflugzeug. Arena Sonderausgabe. 2. Aufl. 1976.
K. A. Kruse: Das große Buch der Fliegerei. 2. Aufl. 1974.
R. Metzler: Schneller als die Sonne. Das große Buch der modernen Luftfahrt. 2. Aufl. 1974.
G. Stever u. J. J. Haggerty: Der Flug. Life – Wunder der Wissenschaft. 1974.
Magalhães, Fernão de
H. Schreiber: Magellan u. die Meere der Welt. 1978.
A. Hageni: Karavellen Kurs West. Fernando Magellan – die erste Weltumsegelung. 1977.
Mao Tse-tung
P. Kuntze: Mao Tse-tung. 1977.
Marokko
F. Kitamura: Marokko. 1976.
Marx, Karl
F. Raddatz: Karl Marx. Heyne-Biographien. 1977.
W. Blumenberg: Karl Marx. rowohlts monographien. 1962.
Mathematik
I. Walter: Mathematik für Alle leicht gemacht. 1979.
H. Athen u. F. Ballier: Die neue Mathematik für Schüler + Eltern. Goldmann-Ratgeber. 1978.
D. Benjamin: Die Mathematik. rororo-Sachbuch, das farbige Life-Bildsachbuch. 4. Aufl. 1976.
M. J. Wygodski: Elementarmathematik griffbereit. 2. Aufl. 1976.
R. Knerr: Knaurs Buch der Mathematik. 1973.
W. R. Fuchs: Knaurs Buch der modernen Mathematik. Knaur-Tb. 1972.
Schülerduden. Die Mathematik I u. II. 1970–72.
E. Colerus: Von Pythagoras bis Hilbert. Die Epochen der Mathematik u. ihre Baumeister. rororo-Sachbuch. 1969.
Mayas
K. R. Seufert: Die Schätze von Copán. 1972.
Meer
Das große Buch der Ozeane. 3., revidierte Aufl. 1978.
Meeresküsten. Aktive Jugendsachbücher – Ich entdecke die Natur. 1977.
R. Carson: Pflanzen u. Tiere der Ozeane. Ravensburger Tb. 1974.
F. Kurowski: In die Tiefen der Meere. Von der ersten Taucherglocke zum modernsten Tieftauchboot. 1977.
S. Schmitz: Erforschung der Meere. blv-juniorwissen. 1973.
A. F. Marfeld: Die Zukunft: Meer. Ozeanographie, Schiffahrt, Meerestechnik. Welt des Wissens. 1972.
Mensch, ↑ auch Vorgeschichte.
G. Kleemann: Den Urmenschen auf der Spur. Erzählung aus 2 Mill. Jahren. Neuausg. 1978.
J. Waechter: Der Urmensch in seiner Zeit.

Die Geschichte der Evolution des Menschen. 1978.
Wie funktioniert das? Der Mensch u. seine Krankheiten. Neuaufl. 1977.
G. Glowatzki: Die Rassen des Menschen. Entstehung u. Ausbreitung. Kosmos-Bibliothek. 1976.
R. H. Mailey: Das Gehirn. Life – Menschliches Verhalten. 1976.
A. E. Nourse: Der Körper. rororo-Sachbuch, das farbige Life-Bildsachbuch. 1976.
G. Heberer u.a.: Der Ursprung des Menschen. Fischer-Tb. 4., völlig neu bearbeitete u. erweiterte Aufl. 1975.
J. vom Scheidt: Rätsel Mensch. Psychologie für junge Leute. 1975.
Menschenrechte, ↑ auch Staatsbürgerkunde.
B. Rahm: Pionierinnen u. Pioniere für Menschenrechte.
Band 1: Freiheit u. Frieden. 1978.
Das Recht, ein Mensch zu sein. Dokumente zur politischen Verfolgung. Hg. von I. Esterer u. a. 1970.
G. Oestreich: Die Idee der Menschenrechte in ihrer geschichtlichen Entwicklung. Zur Politik u. Zeitgeschichte. 1963.
Mexiko
K. A. Frank: Als der Sonnenadler stürzte. Der Kampf um die Schätze der Azteken nach dem Bericht des Hauptmanns Bernal Diaz des Castillo u. ... dtv-Junior. 1977.
I. Nicholson: Mexiko heute. Länder heute. 2. Aufl. 1968.
K. Bruckner: Viva Mexiko. 3. Aufl. 1969.
F. de Cesco: Der Prinz von Mexiko. 7. Aufl. 1975.
Michelangelo
B. Nardini: Michelangelo. 1977.
Mikroben
G. Venzmer: Den Mikroben auf der Spur. 1977.
Th. G. Aylesworth: Die Welt der Mikroben. Wissen der Welt. 1975.
Mittelalter
K. Bosl: Europa im Mittelalter. Weltgeschichte eines Jahrtausends. 2. Aufl. 1978.
D. Reiche: Der Bleisiegelfälscher. 1977.
H. Pleticha: Bürger, Bauer, Bettelmann, Stadt u. Land im späten Mittelalter. 2. Aufl. 1976.
Modellbau
E. Rabe: Automodelle – ferngesteuert. 2., verbesserte u. erweiterte Aufl. 1978.
H. Bruss: Transistorsender für die Modellfernsteuerung. Radio-Praktiker-Bücherei. 6. Aufl. 1977.
W. Knobloch: Modelleisenbahnen – elektrisch gesteuert. 4 Bände. 1974–77.
E. Rabe: Elektroflugmodelle. Praktikum für Freunde des Flugmodellbaus. 1977.
G. R. Williams: Das große Buch der Schiffsmodelle – international. Neuaufl. 1975.
L. Hildebrand u. O. Kilgenstein: 36 Elektronik-Schaltungen. Topp-Buchreihe Elektronik. 7. Aufl. 1974.
Mond, Mondflug
R. Metzler: Hallo Erde! Das Raumfahrtbuch der Jugend. 5. Aufl. 1972.
F. Sutton: Der Mond. Was ist was. 1969.
Motorsport ↑ Sport.
Mozart
K. Höcker: Das Leben des Wolfgang Amadé Mozart. 3. Aufl. 1978.
H. E. Jacob: Mozart. Heyne-Biographien. 1976.
R. Hinderks-Kutscher: Donnerblitzbub Wolfgang Amadeus. dtv-Junior. 1971.

Weiterführende Literatur

Münzen
H. Erpf: Münzen in deiner Hand. Münzkunde für junge Sammler. dtv-Junior. 1976.
T. Kroha: Münzen sammeln. Mit einem ausführlichen ABC des Münzsammlers. 6., erweiterte Aufl. 1975.
Musik, ↑ auch Popmusik.
Reclams Konzertführer (Orchestermusik). Reclams Universalbibliothek. 11. Aufl. 1978.
N. Ingman: Die Geschichte der Musik. 1977.
K. Panofsky: Musik hören – Musik verstehen. Goldmann-Sachbuch. 1977.
P. Gammond: Buch der Musik. 1975.
Reclams Opernführer. Reclams Universalbibliothek. 27. Aufl. 1975.
Mythologie
E. Tripp: Reclams Lexikon der antiken Mythologie. 2. Aufl. 1975.
Nansen, Fridtjof
W. Bauer: Fridtjof Nansen. Humanität als Abenteuer. Neuausg. 1979.
L. Nockher: Fridtjof Nansen. Polarforscher u. Helfer der Menschheit. Große Naturforscher. 1955.
Napoleon I.
Hans Erik Hausner (Herausgeber): „Zeit im Bild ‚Napoleon'", mit Illustr. u. Bildern. 1978.
M. Göhring: Napoleon. Persönlichkeit u. Geschichte. 3. Aufl. 1975.
F. Sieburg: Napoleon. Heyne-Biographien. 1974.
Nationalsozialismus
M. von der Grün: Wie war das eigentlich? Kindheit u. Jugend im 3. Reich. Luchterhand Jugendbuch. 1979.
H. Burger: Warum warst du in der Hitlerjugend? 4 Fragen an meinen Vater. rororo-Rotfuchs, 1978.
I. Deutschkron: Ich trug den gelben Stern. 1978.
G. Weisenborn: Der lautlose Aufstand. Bericht über die Widerstandsbewegung des deutschen Volkes 1933–45. Bibliothek des Widerstandes. 4., verbesserte Aufl. 1974.
H. Grebing: Der Nationalsozialismus – Ursprung u. Wesen. Geschichte u. Staat. 18. Aufl. 1973.
Naturschutz
R. L. Carson: Der stumme Frühling. Beck'-sche Schwarze Reihe. 1976.
Nepal
H. Uhlig: Am Thron der Götter. Abenteuerliche Reisen in Hindukusch u. Himalaya. 1978.
Nerven
H. Grünewald: Schaltplan des Geistes. Eine Einfürung in das Nervensystem. rororo-Tele. 1978.
Newton, Sir Isaac
W. Bixby u. H. Pleticha: Galilei u. Newton. 1966.
Nordamerika, ↑ auch Erdkunde, ↑ USA.
Fischer Länderkunde. Band 6: B. Hofmeister: Nordamerika. Fischer-Tb. 6. Aufl. 1976.
St. L. Udall: Nordamerika. Flora u. Fauna. rororo-Sachbuch, das farbige Life-Bildsachbuch. 1975.
Normannen
H. Pleticha: Drachensegler am Horizont. Die packendsten Berichte über Leben, Fahrten u. Abenteuer der Nordmänner. 1976.
Norwegen
J. Dose: Die skandinavischen Staaten. Edition Zeitgeschehen. 1978.
Nordland. Ferienstraßen. 2., veränderte Aufl. 1974.

Olympische Spiele
W. Finley: Die olympischen Spiele der Antike. 1976.
U. Natus: Ist Olympia noch zu retten? Sport in der heutigen Gesellschaft. Informationen für Jugendliche. 1976.
Olympische Sieger-Tabellen. 1896–1972. 1972.
U. Schröder: Ruhm u. Medaillen. Die olympischen Spiele: Geschichte, Sportler, Regeln. 1972.
Österreich
W. Kleindl: Österreich: Daten zur Geschichte u. Kultur. 1978.
L. Leopold: Österreich: Land, Volk, Wirtschaft in Stichworten. Hirts Stichwortbücher. 3. Aufl. 1978.
E. Kolnberger: Farbiges Österreich. 1977.
Palästina
F. Schatten: Entscheidung in Palästina. Katastrophe oder Koexistenz. 1976.
Party
R. Gööck: Das Party-Buch. Heyne-Tb. 1978.
Pfadfinder
W. Hansen: Das große Pfadfinderbuch. 1979.
Pferde ↑ Tiere.
Pferdesport ↑ Sport.
Pflanzen, ↑ auch Tiere.
S. Duflos u. R. Brandicourt: Der Strand lebt. Streifzüge an der Küste. 1979.
D. Aichele u. H. W. Schwegler: Der Kosmos-Pflanzenführer. 1978.
D. Aichele u. H. W. Schwegler: Welcher Baum ist das? Kosmos-Feldführer. 17. Aufl. 1978.
K. Jacobi: Hausbuch der Zimmerpflanzen. 6. Aufl. 1978.
A. Quartier: Bäume u. Sträucher: die europäischen Bäume u. Sträucher erkennen an Blüte, Blatt u. Rinde. BLV-Bestimmungsbuch. 1978.
D. Aichele: Das blüht an allen Wegen. Ein Führer zu 120 häufigen Pflanzen. Kosmos-Naturführer. 5. Aufl. 1977.
U. Rüdt: Heil- u. Giftpflanzen. 120 Arzneipflanzen Mitteleuropas in Farbe. 2. Aufl. 1977.
Philosophie
A. Diemer: Elementarkurs Philosophie, philosophische Anthropologie. 1978.
H. Störig: Kleine Weltgeschichte der Philosophie. 11., überarbeitete u. erweiterte Aufl. 1970.
Photographieren ↑ Fotografieren.
Physik
E. Lüscher: Pipers Buch der modernen Physik. 1978.
W. H. Westphal: Deine tägliche Physik. 1978.
E. Lüscher u. Ch. Holzhey: Kinder entdecken Physik. 1977.
W. Braunbek: Neue Physik. Die Revolutionierung des physikalischen Weltbildes. rororo-Sachbuch. 1976.
E. J. Feicht u. U. Graf: Knaurs Buch der Physik. 1974.
Schülerduden. Die Physik. 1974.
J. Huxley u. P. Finch: Die Welt der Physik. 1973.
H. Backe: Physik selbst erlebt. 3., durchgesehene Aufl. 1972.
P. Karlson: Du u. die Physik. 1971.
W. Braunbek: Physik für alle. 5. Aufl. 1970.
Pilze
H. Haas u. G. G. Gossner: Pilze Mitteleuropas. Speise- u. Giftpilze. Kosmos-Naturführer. 14. Aufl. 1978.

Piraten
W. zu Mondfeld: Das große Piratenbuch. 1976.
Planck, Max
A. Hermann: Max Planck. rowohlts monographien. 1973.
Polargebiete
K. Lütgen: Schnelle Hunde, wilde Fahrt. Abenteuer von außergewöhnlichen Schlittenhunden. Blaue-Punkt-Reihe. 1978.
D. Mountfield: Die großen Polarexpeditionen. 1978.
F. Behounek: Sieben Wochen auf der Eisscholle. Hg. von H. Pleticha. Arena-Sachbuchreihe Wissenschaft u. Abenteuer. 1973.
Polen
K. Staemmler: Polen aus erster Hand. Geschichte u. Gegenwart in Berichten u. Dokumenten. 1975.
F. Jernsson: Polen – Gesellschaft, Wirtschaft u. Staat im Wandel. 1978.
Politik ↑ Staatsbürgerkunde.
Polo, Marco
H. Schreiber: Marco Polo. Karawanen nach Peking. 1974.
Polynesien
Schlag nach! Asien, Australien (mit Ozeanien). 1977.
Popmusik
A. Shaw: Von den Anfängen im Blues zu den Hits aus Memphis u. Philadelphia. rororo-Sachbuch. 1979.
D. Gelley: Wie eine Pop-Gruppe arbeitet. In Zusammenarbeit mit P. McCartney u. der Pop-Gruppe „Wings". Musik erklärt für junge Leute. 1978.
A. Shaw: Rock 'n' Roll. Die Stars, die Musik u. die Mythen der fünfziger Jahre. rororo-Sachbuch. 1978.
S. Schmidt-Joos u. a.: Rock-Lexikon. rororo-Handbuch. 1975.
P. Hemphill: Nashville Sound. Die Welt der Country u. Western Music. 1971.
Portugal
Schlag nach! Europa (mit Sowjetunion). 1977.
O. Siegner: Portugal. 1969.
Presse
H. Schulte-Willekes: Schlagzeile. Ein Zeitungsreporter berichtet. rororo-Rotfuchs. 1977.
W. Kirst: Die Zeitung. Reporter-Bücher. 1973.
Puppenspiel
E. Zimmermann: Wir spielen Puppentheater. Erprobte Texte u. lustige Einfälle zum Lesen, Spielen u. Selbermachen. 1976.
B. E. Andersen: Das Puppenspielbuch. Bühne, Ton, Beleuchtung, Spiel u. viele neue Puppen. 1975.
F. Arndt: Das Handpuppenspiel. 5. Aufl. 1971.
F. M. Denneborg: Denneborgs Kasperleschule. 1969.
Radsport ↑ Sport.
Rätselbücher
H. Gebert: Das große Rätselbuch. 1979.
H. H. Morra: Bilder-Rätsel-Bilder. Ravensburger Spiel- u. Spaßbücher. 2. Aufl. 1978.
H. Damm: Pfiffiges für helle Köpfe. Arena-Tb. 3. Aufl. 1977.
B. H. Bull: Rätselkönig. 222 Rätsel in 99 Geschichten. 2. Aufl. 1977.
W. Blüm: Kniffeln, knobeln, Nüsse knacken. Rätselfragen u. Denkaufgaben. Arena-Tb. 5. Aufl. 1974.

Weiterführende Literatur

K. H. Paraquin: Denkspielbuch. Mit 387 Denkspielen für die ganze Familie. 1973.
Rechtskunde
H. J. Tosberg u. S. Tosberg: Jugendlexikon Recht. rororo-Handbuch. 1976.
Reformation
F. Kantzenbach: Martin Luther. Persönlichkeit u. Geschichte. 1972.
Religion
Schülerduden. Die Religionen. 1977.
Renaissance
Aufbruch in die Neuzeit. Die glanzvolle Zeit der Renaissance in Wort u. Bild. 1976.
Rhein
P. Hübner: Der Rhein. Von den Quellen bis zu den Mündungen. 1974.
Robin Hood
M. Voegeli: Die abenteuerliche Geschichte des Robin Hood. 4. Aufl. 1969.
Römische Geschichte
P. Connolly: Hannibal u. die Feinde Roms. 1978.
D. Macaulay: Eine Stadt wie Rom. Planen u. Bauen in der römischen Zeit. dtv-Junior. 1978.
I. Lissner: So lebten die römischen Kaiser. Macht u. Wahn der Cäsaren. dtv-Allgemeine Reihe. 1977.
Ch.-M. Ternes: Die Römer an Rhein u. Mosel. Geschichte u. Kultur. 1975.
Röntgen, Wilhelm Conrad
Wilhelm Conrad Röntgen. 1845–1925. Hg. von A. Herman. 1973.
Rumänien
M. Huber: Grundzüge der Geschichte Rumäniens. Grundzüge. 1973.
Rundfunk, Rundfunktechnik
E. Hériter: Jahrbuch für den Funkamateur. Reihe für den Funkamateur. 1979.
K. O. Saur: Klipp u. klar. 100 × Fernsehen u. Hörfunk. 1978.
R. Zierl: Neue Radiotechnik. Telekosmos Elektronik. 1976.
F. Bergtold: Die große Rundfunkfibel. 11., völlig neu bearbeitete u. erweiterte Aufl. 1973.
Rußland ↑ UdSSR.
Sahara
K. R. Seufert: Die Karawane der weißen Männer. Roman einer Expedition durch die Sahara. Arena-Tb. 1975.
J. Swift: Die Sahara. Life – Wildnisse der Welt. 1975.
Sammeln ↑ Briefmarken, ↑ Münzen.
Scharade
T. Budenz u. E. J. Lutz: Werkbuch für Scharadenspiele. 1964.
Schauspiel
Reclams Schauspielführer. Reclams Universalbibliothek. 14. Aufl. 1978.
Schiffahrt
K. Grieder: Sternstunden der Schiffahrt. Von Windjammern, Dampfbooten u. Ozeanriesen. 1978.
A. Hageni: Herren über Wind u. Meer. Die Portugiesen entdecken den Seeweg nach Indien. dtv-Junior. 1978.
H. Langenberg: Schiffe. blv-juniorwissen. 2. Aufl. 1977.
H. G. Prager: Retter ohne Ruhm. Das Abenteuer der Seenothilfe. 3., überarbeitete Aufl. 1978.
K. Lütgen: Das Rätsel Nordwestpassage. Der Kampf um den Seeweg vom Atlantik zum Pazifik. Arena-Tb. 2. Aufl. 1976.
D. Sharp: Schiffe – vom Papyrusboot zum Supertanker. Blick hinein. 1976.

J. G. Leithäuser: Weltweite Seefahrt. Von Wikingerbooten u. Hansekoggen bis zum modernen Segelsport. Welt des Wissens. Neubearbeitet u. erweitert. 1975.
Schiller, Friedrich von
B. von Wiese: Friedrich Schiller. 3., durchgesehene Aufl. 1963.
Schliemann, Heinrich
H. Schliemann: Vom Skamander zum Löwentor. Bearbeitet u. hg. von H. Pleticha. Arena-Sachbuchreihe Wissenschaft u. Abenteuer. 2. Aufl. 1978.
F. G. Brustgi: Heinrich Schliemann. Bastei-Biographie. 1978.
Schubert, Franz
F. Hug: Franz Schubert. Heyne-Biographien. 1976.
M. Schneider: Franz Schubert. rowohlts monographien. 1966.
Schule
H.-Ch. Kirsch: Bildung im Wandel. Die Schule gestern, heute u. morgen. 1979.
Schweden
Schweden. Hg. von W. Lange. Goldstadt-Reiseführer. 3. Aufl. 1976.
M. Jungblut u. a.: Schweden-Report. 1974.
A. von Gadolin: Schweden. Geschichte u. Landschaft. 1973.
Schweiz
A. Pichard: Land der Schweizer. Ein Porträt der 22 Kantone. 1978.
F. R. Allemann: 25mal die Schweiz. Panorama einer Konföderation. Piper-Panoramen der Welt. 3., überarbeitete u. ergänzte Aufl. 1977.
U. Im Hof: Geschichte der Schweiz. Urban-Tb. 2. Aufl. 1976.
Zürich. Text u. Aufnahmen von M. Hürlimann. Städte u. Regionen. Neuausg. 1974.
A. Jaggi: Helvetier, Römer, Alemannen u. der Sieg des Christentums in unserem Lande. 3. Aufl. 1973.
Schwimmen ↑ Sport.
Seefahrt ↑ Schiffahrt.
Segelflug
Ph. Wills: Auf freien Schwingen. Erlebnisse u. Erfahrungen in 40 Jahren Segelflug. 1975.
W. Kassera: Flug ohne Motor. Ein Lehrbuch für den Segelflieger. 3. Aufl. 1973.
Segeln ↑ Sport.
Sexualkunde ↑ Geschlechtskunde.
Shakespeare, William
L. B. Wrigth: Shakespeare u. seine Zeit. Bearbeitet u. hg. von H. Pleticha. 1965.
Sibirien
H. Portisch: So sah ich Sibirien. Europa hinter dem Ural. rororo-Sachbuch. 1976.
Siemens, Werner von
S. von Weiher: Werner von Siemens. Persönlichkeit u. Geschichte. 1970.
Sokrates
W. Birnbaum: Sokrates. Persönlichkeit u. Geschichte. 1973.
Sonne, ↑ auch Astronomie.
G. Doebel: Die Sonne – Stern des Lebens. Astrophysikalisches für jedermann. Astrokosmos. 1975.
Soziologie ↑ Gesellschaft.
Spanien
Meyer, H.: Spanien – eine politische Länderkunde. 1978.
K. Arndt: Roberto. Ein Junge aus Spanien. 1975.
H. Schreiber: Spanien aus erster Hand. Geschichte u. Gegenwart der Iberischen Halbinsel. Länder aus erster Hand. 1974.

Der spanische Bürgerkrieg in Augenzeugenberichten. Hg. von H.-Ch. Kirsch. dtv-Allgemeine Reihe. 1971.
Spielbücher
J. Griesbeck: Spiele für Gruppen. 2. Aufl. 1978.
St. Lemke u. M.-L. Pricken: Spielen, lachen, selbermachen. 1978.
H. P. Sibler: Spiele ohne Sieger. Spiele miteinander, statt gegeneinander. 1977.
Das Sprachbastelbuch. Bild u. Schrift von G. Zotter. 1976.
E. Glonnegger: Das goldene Spielbuch. 5. Aufl. 1974.
Sport
E. Erd: Athleten machen Schlagzeilen. Arena-Tb. 1976.
Das große Buch vom Sport. 10. Aufl. 1972.
Angeln
M. Grünefeld: Der sportgerechte Angler. 8. Aufl. 1975.
Bergsteigen
A. Heckmair: Bergsteigen für Anfänger u. Forgeschrittene. 1978.
Boxen
M. Schmeling: ... 8 – 9 – aus! Meine großen Kämpfe. Goldmann-Tb. 1977.
O. Klose: They never come back ... die größten Boxkämpfe der Jahrhunderte. 1976.
Fußball
B. Harder: Die besten 11 Fußballclubs. Wie sie wurden – was sie sind. 1978.
B. Harder: Fußball international. Alles über Weltmeister, Europameister, Europapokale, Länderspiele u. vieles andere. 1978.
G. Seith: Erklär mir den Fußball. Piper Erklär mir Sachbuch. 1978.
F. Beckenbauer: Fußballschule. 1977.
Judo
P. Barth u. U. Kaiser: Judo für Jugendliche. 1978.
C. Beissner u. M. Birod: Judo. Training, Technik, Taktik. rororo-Sachbuch. 1977.
Kajak
M. Schäfer: Durch Strudel u. wilde Wasser. 1978.
Leichtathletik
R. J. Geline: Läufer leben länger. Alles über Jogging. 1979.
U. Jonath u. a.: Leichtathletik. Training, Technik, Taktik. rororo-Sachbuch. 1977: Band 1: Laufen u. Springen. Band 2: Werfen u. Mehrkampf.
Motorsport und Radsport
Ph. Chapman: Heiße Öfen. Ich erforsche die Technik. 1979.
O. Gebhardt: Rund um das Velo. Tips für Hobby-Radsportler, Touren- u. Rennfahrer. Orell-Füssli Sportbuch. 1978.
V. Rauch: Motorrad-Weltmeisterschaft. 1968–1978.
H. Erdmann: Rundenjagden u. Rekorde. Die Geschichte des Rennsports. Wissen macht Spaß. 1972.
Pferdesport
H. Blake: Versteh dein Pferd. 1976.
G. Hedlund: Das Einmaleins des Reitens. Franckhs Reiterbibliothek. 1976.
Schwimmen
W. Freitag: Schwimmen. Training, Technik, Taktik. rororo-Sachbuch. 1977.
Segeln
K. Prade: Richtig segelsurfen. blv-sportpraxis. 1978.
H. Schlichting: Segeln. Training, Technik, Taktik. rororo-Sachbuch. 1977.

Weiterführende Literatur

Tauchen
J. Claus: Tauchen. Junior Sport. 1976
W. Mattes: ABC des Tauchsports. Neptun-Bücherei. 7. Aufl. 1976.

Tennis und Tischtennis
K. Bohlens u. R. Hamann: Tenniskurs. Training, Technik, Taktik. rororo-Sachbuch. 1978.
O. Brucker: Tischtennis modern gespielt. falkenbücherei. 1975.

Turnen
W. Wiesenberg-Sásdi: Turnen, kinderleicht. Sport bei Franckh. 1978.
W. Donnhauser u. a.: Boden- u. Geräteturnen. 2. Aufl. 1972.

Wintersport
W. Brehm: Skifahren für Kinder u. Jugendliche. Training, Technik, Taktik. rororo-Sachbuch. 1978.
H. Fritz u. G. Januschkowetz: Rodeln für Anfänger u. Fortgeschrittene. 1978.
F. Stein: Eiskunstlaufen. 6. Aufl. 1975.
L. Horsky: Eishockey. Training, Technik, Taktik. 1967.

Sprachkunde
Schülerduden. Rechtschreibung u. Wortkunde. 2. Aufl. 1978.
Schülerduden. Fremdwörterbuch. Herkunft u. Bedeutung der Fremdwörter. 1975.
Schülerduden. Grammatik. Eine Sprachlehre mit Übungen u. Lösungen. Bearbeitet von W. Mentrup. 1971.
Schülerduden. Bedeutungswörterbuch. Bedeutung u. Gebrauch der Wörter. Bearbeitet von P. Grebe. 1970.
W. Seibicke: Wie schreibt man gutes Deutsch? Eine Stilfibel. Duden Tb. 1969.
F. Folsom: Das Wunder der Sprache. 1968.
W. Mentrup: Die Regeln der deutschen Rechtschreibung. Duden Tb. 1968.

Staatsbürgerkunde
Schülerduden. Politik u. Gesellschaft. 1979.
F. Berber: Das Staatsideal im Wandel der Weltgeschichte. 2., neubearbeitete Aufl. 1978.
Parteiendemokratie. Wahlen u. Parteien in der Bundesrepublik Deutschland. 1978.
K. Hartwich u. K. H. Stoll: Die Bundesrepublik Deutschland. Bd. 2: Wirtschaft u. Gesellschaft. 4. Aufl. 1975.
D. Claessens: Jugendlexikon Gesellschaft. 1976.
H.-R. Hoegen: Der Staat bin ich. Informationen für Jugendliche. 1976.
H. Lauber: Das Grundgesetz für die Bundesrepublik Deutschland in Wort u. Bild. 1972.
Lexikon der Politik. Gesellschaft u. Staat. Hg. von H. Drechsler u. a. 4., durchgesehene u. ergänzte Aufl. 1971.

Stahl
F. Daubriant: Stahl. Farbiges Wissen. 1975.

Sternbilder
W. Schadewaldt: Sternsagen. 1976.
W. Widmann u. a.: Welcher Stern ist das? Kosmos-Naturführer. 18. Aufl. 1972.

Südafrika
E. Runge: Südafrika – Rassendiktatur zwischen Elend u. Widerstand. rororo aktuell. 1974.
T. Hopkinson: Südafrika. 1969.

Südamerika
M. Niedergang: 20 mal Lateinamerika. Von Mexico bis Feuerland. Piper-Panoramen der Welt. 1979.
T. Guldimann: Lateinamerika. Die Entwicklung der Unterentwicklung. Beck'sche Schwarze Reihe. 1975.

Südamerika. Flora u. Fauna. rororo-Sachbuch, das farbige Life-Bildsachbuch. 1975.
H. Helfritz: Südamerika: Präkolumbianische Hochkulturen. DuMont-Dokumente. 1975.
J. Diaz-Rozzotto: Lateinamerika – ein Kontinent wird geschmiedet. 1973.
A. Bollinger: Spielball der Mächtigen. Geschichte Lateinamerikas. 1972.

Sueskanal
W. P. Kirsch: Negrelli. Der Schöpfer des Sues-Kanals. 1971.
S. C. Burchell: Straße zum Orient. Der Bau des Suezkanals. Bearbeitet von H. Pleticha. 1967.

Sumerer
H. Baumann: Im Lande Ur. Tempel, Türme u. Paläste zwischen Euphrat u. Tigris. 1979.
H. Keiser: Tempel u. Türme in Sumer. Archäologen auf der Spur von Gilgamesch. 1977.
K. R. Seufert: Und morgen nach Nimrud. Arena-Sachbuchreihe Wissenschaft u. Abenteuer. 1971.

Tanz
G. Krombholz: Tanzen für alle – von den Grundelementen zu geselligen Tanzformen. 1976.

Tauchen ↑ Sport.

Technik, ↑ auch Energie, ↑ Experiment.
T. Palumbo: Supermaschinen. Farbiges Wissen. 1979.
N. Ardley: Wunderwelt der Maschinen. 1978.
F. Moisl: Beobachten, Experimentieren, Verstehen. dtv-Junior. 1978.
J. Paton: Erste Wissenschaft u. Technik für Kinder. 1978.
G. Steinbach: Unsere Welt. Mensch, Natur, Technik. 1978.
Wie funktioniert das? Die Technik im Leben von heute. 2., vollständig überarbeitete Aufl. 1978.
J. Rutland: Das Dampfzeitalter. Junior-Information. 1978.
C. Feeser: Erfinde mit Erfindern. Die spannende Geschichte der großen Erfinder mit vielen einfachen Experimenten zum „Nacherfinden". dtv-Junior. 1977.
E. A. Rauter: Vom Faustkeil zur Fabrik. Warum die Werkzeuge die Menschen u. die Menschen die Werkzeuge verändern. 2. Aufl. 1977.
A. Mitgutsch: Rund ums Rad. 3. Aufl. 1976.
P. Coll: Das gab es schon im Altertum. Der blaue Punkt. 1975.
Forscher proben die Zukunft. Die Bedrohung unserer Erde setzt neue Ziele für Wissenschaft u. Technik. Hg. von G. Siefarth. Arena-Großband. 1974.
J. Augusti: Information. Das Abenteuer der Nachrichtentechnik. 1972.
M. A. Rothmann: Kybernetik. Steuern, Regeln, Informieren. Wissen der Welt. 1972.

Tennis ↑ Sport.

Terrarium
W. Bechtle: Bunte Welt im Terrarium. 120 Tiere in Farbe. Bunte Kosmos-Taschenführer. 2. Aufl. 1972.
S. Schmitz: Terrarium. blv-juniorwissen. 1971.

Theater
A. Schmolke: Das Bewegungstheater. Hilfen u. Anregungen für das Spielen mit Kindern u. Erwachsenen. 1976.
J. Pschorr: Feierabend im Rampenlicht. Lehrbuch für das Laienspiel. Ein Landsberger Freizeit-Sachbuch. 1975.

H. Knudsen: Deutsche Theatergeschichte. 2., neu bearbeitete u. erweiterte Aufl. 1970.

Tiere
B. Grzimek: Serengeti darf nicht sterben. 367 Tiere suchen einen Staat. Gelbe Bücherei. 1978.
F. Schmidt u. G. Steinbach: Ungezähmt in Wald u. Flur. Begegnung mit den Wildtieren unserer Heimat. 1978.
P. Bang u. P. Dahlström: Tierspuren. Tiere erkennen an Fährten, Fraßzeichen, Bauen u. Nestern. BLV-Bestimmungsbuch. 3. Aufl. 1977.
B. Grzimek: Bedrohte Tierwelt. 1976.
Die Säugetiere. Einführung von W. Herre. rororo-Sachbuch, das farbige Life-Bildsachbuch. 1976.
M. Burton: Wildtiere Europas. Falken – Bunte Welt. 1975.
M. Chinery: Gemeinschaften der Tiere. 1973.
U. Sedlag: Die Tierwelt der Erde. 1973.
M. Burton: Übersinnlich? Vom 6. Sinn der Tiere. 1971.
H.-W. Smolik: rororo-Tierlexikon. rororo-Sachbuch. 5 Bände. 1970.

Fische
F. Terofal: Fische. Unsere Süßwasser- u. Meeresfische nach Farbfotos bestimmen. 1978.
F. D. Ommanney: Die Fische. rororo-Sachbuch, das farbige Life-Bildsachbuch. 1976.

Haustiere
Großes Handbuch für den Haustierfreund. Hg. von D. von Buggenhagen. 1976.
H. W. Brehm: Tiere als Hobby zuhaus. Das Buch für alle Tierliebhaber. Welt des Wissens. 1970.

Hunde
U. Klever: Dein Hund, Dein Freund. rororo-Sachbuch. 1978.
E. Schneider-Leyer: Welcher Hund ist das? Beschreibung von über 200 Rassen u. Schlägen. Kosmos-Naturführer. 5., wesentlich überarbeitete Aufl. 1974.

Insekten
K. Dumpert: Das Sozialleben der Ameisen. Pareys Studium-Texte. 1978.
C. A. Guggisberg: Käfer u. andere Insekten. Hallwag-Tb. 4. Aufl. 1977.
G. Hess: Die Biene. Hallwag-Tb. 5. Aufl. 1977.
H. Schröder: Insekten der Trockengebiete in Farben. Ravensburger Naturbücher in Farben. 1974.
G. Warnecke: Welcher Schmetterling ist das? Ein Bestimmungsbuch der Schmetterlinge Mitteleuropas. 4. Aufl. 1973.

Katzen
H. Schulberg: Deine Katze u. du! Die Pflege von Katzen in gesunden u. kranken Tagen. 3., verbesserte Aufl. 1974.
W. Schneider: Knaurs Katzenbuch. Rassen, Aufzucht, Pflege. 1977.

Pferde
U. Bruns: Richtiger Umgang mit Pferden. Handbuch für den Freizeitreiter. 1978.
J. Nissen: Welches Pferd ist das? 102 Rassen u. Schläge, einschließlich der russischen. Kosmos-Naturführer. 9. Aufl. 1976.

Tiere und Pflanzen
H. Streble: Was find ich am Strande? Pflanzen u. Tiere der Strände, Deiche, Küstengewässer. Kosmos-Taschenführer. 1978.
A. Kosch u. H. Sachsse: Was find ich in den Alpen. Tiere – Pflanzen – Gesteine. Kosmos-Naturführer. 1976.

Weiterführende Literatur

Die Welt der Tiere u. Pflanzen. Das große Südwest-Bilderlexikon der Natur. Hg. von M. Chinery. 1975.
H. Garms: Pflanzen u. Tiere Europas. dtv-Tb. 1969.

Verhaltensforschung
Wie sprechen die Tiere. Hg. von G. Petter unter Mitarbeit von B. Garau. Leben heute. 1979.
V. B. Dröscher: Tierwelt unserer Heimat. Faszinierende Ergebnisse der Verhaltensforschung. 1978.
E. Weismann: Entwicklung u. Kindheit der Tiere. Dynamische Biologie. Band 4. 1977.

Vögel
M. Everett: Raubvögel der Welt. 1978.
Th. Mebs: Greifvögel Europas u. die Grundzüge der Falknerei. 5. Aufl. 1978.
H. Stern u. a.: Rettet die Vögel, wir brauchen sie. 1978.
R. T. Peterson u. a.: Die Vögel Europas. Ein Taschenbuch für Ornithologen u. Naturfreunde über alle in Europa lebenden Vögel. 11., erweiterte Aufl. 1976.
G. Thielcke: Vogelstimmen. Verständliche Wissenschaft. 1970.
I. Engelhardt: Mein kleines Vogelbuch. Umschau-Tb.:
Band 1: Heimische Vögel im Garten.
Band 2: Heimische Vögel in Wald u. Flur. 2. Aufl. 1969.
H. Schaefer: Wunderwelt unserer Vögel. Welt des Wissens. 1966.

Zoo
H. Barisch: Mit wilden Tieren leben. Von Leben u. Arbeit in den großen Tiergärten der Welt. 1979.
H. Hediger: Zoologische Gärten – gestern, heute u. morgen. Hallwag-Tb. 1977.

Tischtennis ↑ Sport.

Tonbandgerät
H. Bluthard: 50 Experimente mit Tonband u. Cassette. 2., überarbeitete Aufl. 1977.
H.-R. Schatter: Tonband u. Schallplatte. blv-juniorwissen. 1973.

Tschechoslowakei
Tschechoslowakei. Hg. vom Collegium Carolinum. Länderberichte Osteuropa. 1977.
M. Blažek u. a.: CSSR. Land. Volk. Wirtschaft. Hirts Stichwortbücher. 1971.

Türkei
U. Klever: Das Weltreich der Türken. 1978.
Die Türkei. Raum u. Mensch, Kultur u. Wirtschaft in Gegenwart u. Vergangenheit. Hg. von W. Kündig-Steiner. Buchreihe Landesmonographien. 2. Aufl. 1977.

Turnen ↑ Sport.

UdSSR
Fischer-Länderkunde. Band 9: A. Karger: Sowjetunion. Fischer-Handbücher. 1978.
R. Federmann: Rußland aus erster Hand. Geschichte u. Gegenwart in Berichten von Augenzeugen u. Zeitgenossen. 2. Aufl. 1976.
S. G. George: Rußland: Wüsten u. Berge. Life – Wildnisse der Welt. 1974.
Rußland – Gestern u. heute. Hg. von H. Bondi u. a. Humboldt Tb. 1971.
Rußland unter Hammer u. Sichel. Die Sowjetunion 1917–1967. 1967.
H. Mossow: Rußland unter den Zaren. Bearbeitet von H. Pleticha. 1964.

UN
G. Unser: Die Uno. Aufgaben u. Struktur der Vereinten Nationen. Geschichte u. Staat. 2., völlig neu überarbeitete Aufl. 1978.

Ungarn
L. Singer: Der ungarische Weg. Zeitpolitische Schriftenreihe. 1978.
G. Fekete: Ungarn-Bildband. 1972.

USA
G. Eisenkolb: Auf den Spuren der Hudson Bay Company. 1978.
J. Holdt: Bilder aus Amerika. Eine Reise durch das Schwarze Amerika. 1978.
H. G. Noack: Der gewaltlose Aufstand. Arena-Tb. 2. Aufl. 1978.
H. Riege: Nordamerika. Vereinigte Staaten u. Kanada. Beck'sche Schwarze Reihe. Einführungen in die Landeskunde. 1978:
Band 1: Geographie, Geschichte, Politik, System, Recht.
Band 2: Wirtschaft, Gesellschaft, Religion, Erziehung.
M. Cortesi: Wie wild war der Wilde Westen? 1977.
Schlag nach! Amerika. 1977.
Die amerikanische Revolution in Augenzeugenberichten. Hg., eingeleitet u. übersetzt von W. P. Adams u. A. Meurer Adams. 1976.
K. Isernhagen: Nordamerika in erster Hand. Geschichte u. Gegenwart in Berichten u. Dokumenten. 1976.
F. Hetman: Amerika-Saga. Von Cowboys, Tramps u. Desperados. 8. Aufl. 1975.
F. Steuben: Mississippi-Saga. Reisen, Eroberungen, Untergang u. Tod des Sieur de la Salle. 2. Aufl. 1974.
Der amerikanische Bürgerkrieg in Augenzeugenberichten. Hg. von V. Austia. dtv 1973.
Th. Jeier: Der große Goldrausch in Alaska. Das letzte Abenteuer der amerikanischen Pioniergeschichte. 2. Aufl. 1973.

Vererbungslehre
D. M. Rorvik: Nach seinem Ebenbild. 1978.
E. Lausch: Manipulation. Der Griff nach dem Gehirn. rororo-Sachbuch. 1974.

Verhaltensforschung ↑ Tiere.

Vietnam
Ho-Tschi-Minh-Stadt. Die Stunde Null. Reportage vom Ende eines 30jährigen Krieges. Hg. von Borries Gallasch. rororo aktuell. 1975.
Vietnam. Wissenschaftliche Analysen, politische Reden, Interviews, Stellungnahmen, Gedichte. Für die Schule hg. von V. Merkelbach. Texte u. Materialien zum Literaturunterricht. 1972.
A. Eckardt u. Nguyen Tien Huu: Vietnam. Geschichte u. Kultur. 1968.

Vögel ↑ Tiere.

Völkerkunde
J. R. Llobera: Naturvölker. Sozialsysteme im Einklang mit der Umwelt. rororo-Sachbuch, das farbige Life-Bildsachbuch. 1978.

Volkslieder
Volkslieder aus 500 Jahren. Texte mit Noten u. Begleitakkordeon. Hg. von E. Klusen. Fischer-Tb. 1978.

Vorgeschichte
I. Lissner: So lebten die Völker der Urzeit. dtv-Allgemeine Reihe. 1978.
A. Ronen: Das Abenteuer der Vorgeschichte. 1978.
J. Cole: Erlebte Steinzeit. Experimentelle Archäologie. 1977.
J. Kleibl: Menschen der Urzeit. 1976.

Wasser
M. Vöge: Mit Tauchmaske u. Reagenzglas. Leitfaden für eigene Untersuchungen u. Experimente. 1975.
R. Platt: Wasser. Die Substanz des Lebens. 1973.
P. Rondière: Kampf um das Wasser. Wissen der Welt. 1973.

Weltkrieg, Zweiter, ↑ auch Zeitgeschichte, ↑ Geschichte, ↑ Deutschland, Geschichte.
J. Lukacs: Die Entmachtung Europas: der letzte europäische Krieg 1939–1941. Überarbeitete u. gekürzte Ausg. 1978.
Lexikon des Zweiten Weltkrieges mit einer Chronik der Ereignisse von 1939–1945 u. ausgewählten Dokumenten. Hg. von Ch. Zentner. 1977.
K. Zentner: Illustrierte Geschichte des Zweiten Weltkrieges. 8. Aufl. 1973.

Weltraumfahrt
H. Couper u. N. Henbest: Raumfahrt. Farbiges Wissen. 1979.
W. Büdeler: Raumfahrt in Deutschland. Forschung – Entwicklung – Ziele. Ullstein-Tb. 1978.
Th. Dolezol: Aufbruch zu den Sternen. Die uralte Sehnsucht des Menschen nach Partnern im All. Geschichte u. Zukunft. dtv-Junior. 1977.
Ich erforsche die Welt – Raumfahrt. Text von K. Gatland. Aktive Jugendsachbücher. 1977.
H. W. Köhler: Klipp u. klar. 100 × Raumfahrt. 1977.
A. C. Clarke: Mensch u. Weltraum. rororo-Sachbuch, das farbige Life-Bildsachbuch. 1975.

Wetterkunde
H. Reuter: Die Wissenschaft vom Wetter. Verständliche Wissenschaft. 2., neubearbeitete Aufl. 1978.
A. Watts: Wolken u. Wetter. Wolkentafeln zur kurzfristigen Wettervorhersage. 5. Aufl. 1977.
G. Breuer: Wetter nach Wunsch? Perspektiven u. Gefahren ... 1976.
S. Schöpfer: Wie wird das Wetter? Eine leichtverständliche Einführung in die Wetterkunde. Kosmos-Naturführer. 5. Aufl. 1976.

Wikinger ↑ Normannen.

Wintersport ↑ Sport.

Wirtschaft
E. Samhaber: Kaufleute wandeln die Welt. Handel macht Geschichte. 1978.
Wie funktioniert das? Die Wirtschaft heute. 1976.
H. Günter: Jugendlexikon Wirtschaft. Einfache Antworten auf schwierige Fragen. rororo-Handbuch. 1975.
J. Duché: Vom Tauschhandel zur Weltwirtschaft. Wissen der Welt. 1972.

Zeitgeschichte, ↑ auch Deutschland, Geschichte.
Quellen zur Geschichte der Neuesten Zeit. Hg. von G. Guggenbühl u. a. Quellen zur allgemeinen Geschichte. 5., ergänzte Aufl. 1978.
B. U. Weller: Der große Augenblick der Zeitgeschichte. Von den großen Revolutionen zu Beginn unseres Jahrhunderts bis zur aktuellen politischen Weltszene. 1978.
Zeitgeschichte aus erster Hand. Von der russischen Revolution bis zur Besetzung der Tschechoslowakei. Hg. von Carlo Schmid u. H. Pleticha. Arena-Tb. 1974.
Carlo Schmid u. H. Pleticha: Zeitgeschichte im Spiegel der Dichtung. Die letzten 100 Jahre in der Sicht der zeitgenössischen Dichtung. Arena Großbände. 1973.

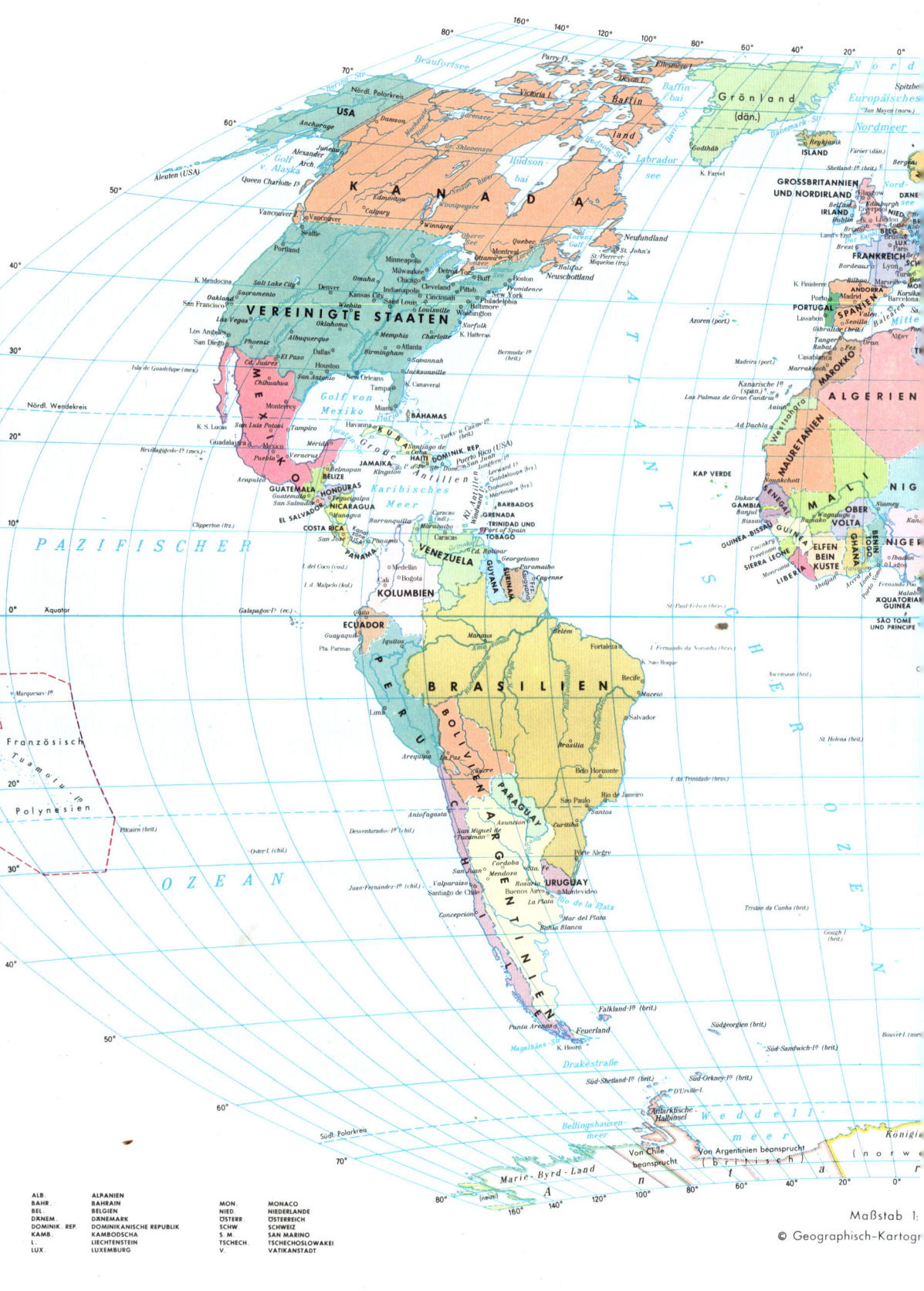